U0417710

“十四五”时期国家重点出版物
出版专项规划项目

药理活性海洋天然产物手册
HANDBOOK OF PHARMACOLOGICALLY ACTIVE MARINE NATURAL PRODUCTS

聚酮、甾醇和脂肪族化合物
Polyketones, Sterols and Aliphatic Compounds

周家驹 —— 编著

化学工业出版社
·北京·

内容简介

本手册数据信息取材于中国科学院过程工程研究所分子设计研究组研制的“海洋天然产物数据库”的活性数据，从19715种海洋天然产物中遴选出含有药理活性的海洋天然产物8344种，并按照物质的结构特征分类介绍。手册的编排注重化学结构的多样性、生物资源的多样性和药理活性的多样性。对每一种化合物，分别描述了其中英文名称、生物来源、化学结构式和分子式、所属类别、基本性状、药理活性及相应的参考文献。本卷总结了聚酮、甾醇、脂肪族化合物等海洋天然产物的相关信息。

本手册适合海洋天然产物化学、药理研究以及新药开发的人员参考。

图书在版编目（CIP）数据

药理活性海洋天然产物手册. 第三卷，聚酮、甾醇和脂肪族化合物/周家驹编著. —北京：化学工业出版社，2023.1

ISBN 978-7-122-42290-3

Ⅰ. ①药… Ⅱ. ①周… Ⅲ. ①聚酮-海洋生物-手册②聚酮-海洋药物-药理学-手册③甾醇-海洋生物-手册④甾醇-海洋药物-药理学-手册⑤脂肪族化合物-海洋生物-手册⑥脂肪族化合物-海洋药物-药理学-手册 Ⅳ. ①Q178.53-62②R282.77-62

中国版本图书馆CIP数据核字（2022）第181268号

责任编辑：李晓红　　装帧设计：刘丽华

责任校对：田睿涵

出版发行：化学工业出版社（北京市东城区青年湖南街13号　邮政编码100011）

印　　装：北京科印技术咨询服务有限公司数码印刷分部

787mm×1092mm　1/16　印张34　字数1024千字　2023年5月北京第1版第1次印刷

购书咨询：010-64518888　　售后服务：010-64518899

网　　址：http://www.cip.com.cn

凡购买本书，如有缺损质量问题，本社销售中心负责调换。

定　　价：**288.00元**

贡献者名单

本书是周家驹及中国科学院过程工程研究所分子设计研究组全体人员集体智慧的结晶，在此向所有为本书的编写做出贡献的成员表示感谢。

下面是 11 位贡献者的名单及对本书的贡献，按姓氏笔画先后顺序排列。

姓　名	对本书的贡献	当前工作单位
乔颖欣	数据源搜寻，原始论文收集，关键信息查找	中国国家图书馆
刘　冰	早期数据收集	Lead Dev. Prophix Software Inc.（加拿大）
刘海波	编辑转换专用软件研制	中国医学科学院药用植物研究所
何险峰	早期数据收集	中国科学院过程工程研究所
唐武成	部分原始论文收集	中国科学院过程工程研究所
彭　涛	自动产生索引软件研制	北京联合大学计算机学院
谢桂荣	数据收集、整理和编辑	中国科学院过程工程研究所
谢爱华	部分数据收集	河北中医学院药学院
雷　静	博士毕业论文	中华人民共和国教育部教学设备研究发展中心
裴剑锋	早期数据收集	北京大学交叉学科研究院定量生物学中心
廖晨钟	原始论文收集	合肥科技大学生物药物工程学院药学系

序

《药理活性海洋天然产物手册》（以下简称“手册”）是编著者所在的中国科学院过程工程研究所分子设计研究组研制的“海洋天然产物数据库”的活性数据选集。海洋天然产物数据库收录了海洋天然产物19715种，本手册选录了其中具有药理活性的海洋天然产物8344种。

广袤的海洋是地球上最后也是最大的资源宝库，迄今为止人类尚未对其进行系统研究和开发。

海洋的性质及其生态环境和陆地有很大的不同。首先它是一个全面联通的，又永远流动的盐水体系。其次，在一定深度以下，它又是一个高压、缺氧、缺光照的特殊体系。海洋特殊的性质及其生态环境决定了海洋生物具有和陆地生物迥然不同的多样性，其分布和景观更加多姿多彩。因此，海洋生物的二级代谢产物在结构类型、药理活性等方面也具有和陆地天然产物很不相同的多样性。

本手册论及的“海洋天然产物”是一个化学概念，它是指源于海洋生物的次生代谢物有机小分子，而不是指海洋生物本身。有机化学把有机分子分为两类：一类是天然产物；另一类是人工合成的化合物。对于天然产物，应该是研究探索其产生和变化的自然规律，进而根据自然规律加以利用，以利于人类和自然的和谐共存与发展。

海洋天然产物小分子的分子结构千变万化，具有极为丰富的药理活性和结构多样性，无论从资源的角度，还是从信息的角度，对于研制开发新型药物的人们都具有巨大的吸引力。根据分子结构的类型不同，我们把本手册划分为四卷，分别是：

第一卷　萜类化合物

第二卷　生物碱

第三卷　聚酮、甾醇和脂肪族化合物

第四卷　氧杂环、芳香族和肽类化合物

这些化合物的天然来源是3025种海洋生物，包括各类海洋微生物、海洋植物和各类海洋无脊椎动物，但不包括鱼类等海洋脊椎动物。所有的内容都是由全世界的海洋生物学家、化学家、药物学家进行分离、鉴定和生物活性测定，并公开发表在有关领域核心杂志上的实验结果，因而数据全面、翔实、可靠。

手册系统收集范围截止到2012年，并包括了直至2016年的部分核心期刊新数据。这些化合物中大约有85%是1985~2014年这30年间发表的，而在此前发表的只占20%。要查找1984年以前发表的“老”化合物，不建议使用本手册，推荐使用文献[R1]和[R2]。查找1985~2016年发表的“新”化合物，推荐使用本手册。

手册编著分两个时间段，其中1998~2001年为准备阶段，2011~2020年为主要编著阶段。在最初的原始版本中，收集的化合物约为25000种，其中3000多种是来自不同作者的重复化合物，因此收集的化合物真正种类约为22000种。经过数据定义规范化、交叉验证、评估确认、重复结构识别和相关数据整合等全面的数据整理过程，最终完成的数据集含有 19715 种化合物，其中有药理活性数据的为 8344 种。

编著过程分四个步骤。首先，从 D. J. Faulkner 1986~2002 年发表在 *Nat. Prod. Rep.*上的连续 17 篇综述[R3] 和 J. W. Blunt 等 2003~2015 年发表在 *Nat. Prod. Rep.* 上的连续 13 篇综述[R4] 中得到 25000 多种海洋天然产物的名单、来源和结构等信息；第二步，根据此名单处理数千篇原始文献，核实和完善各种数据，并使用网上的化合物信息系统，以交叉验证法确定各类数据的准确性；第三步，以人工识别和计算机程序相结合，对整理过的 22000 种化合物重新检查，并对信息进行整合，得到 19715 种化合物的数据全集；最后一步，从此数据全集中提取全部有药理活性数据的化合物 8344 种，编成本手册。

编制多学科工具书要解决三个问题：一是对涉及的所有定义和概念都应明确其知识的内涵和外延；二是对所有类型的数据进行可靠性评估；三是对重复数据的搜索识别和信息集成。十分幸运的是，我们自行开发的几款实用型软件可以帮助自动进行许多种作业，例如自动识别绝大多数重复的化合物等。剩下的问题则是结合手动过程来解决的。

本手册的特点可以用“三种多样性”来描述，即“化学结构的多样性”“生物资源的多样性”和“药理活性的多样性”。在化学结构多样性方面，我们采用了以前在中药数据库和中药有关书籍中使用过的行之有效的分类体系[R5]，该体系可以根据最新的研究和发展随时改进分类框架的结构，使之具有随时能更新的可持续发展性，建议读者浏览参看本手册各卷的目录，这些目录都是按照化学结构的详尽分类排序的，结构的分类又有三个详细的层次。

在编写过程中我们采用了两项方便读者阅读的新举措。一是对所有化合物都根据一般规则给出了中文名称，书中 15%已经有中文名称者均保留已有的名称，另外 85%没有中文名称的新化合物，则根据一般规则由编者定义中文名称。二是对 3025 种海洋生物都给出了“捆绑式”的中文-拉丁文生物名称，为读者在阅读中自然而然地熟悉大批海洋生物提供可能。

使用文后的 7 个索引，不但能方便地进行一般性查询，更重要的是从这些索引出发，读者可以方便地开展许许多多以前难以进行的信息之间关系的系统研究。

本手册将帮助海洋资源管理者、研究者和教学者，以及对海洋资源感兴趣的社会各界读者了解海洋生物资源及海洋天然产物的概貌和详情。对相关专业的大学生、研究生等也有助益。

是为序。

周家驹

2022 年于京华寓所

参考文献

[R1] J. Buckingham (Executive Editor), Dictionary of Natural Products, Chapman & Hall, London, Vol 1~Vol 7, 1994; Vol 8, 1995; Vol 9, 1996; Vol 10, 1997; Vol 11, 1998.

[R2] CRC Press, Dictionary of Natural Products on DVD, Version 20.2, 2012.

[R3] D. J. Faulkner. Marine Natural Products (综述). Nat. Prod. Rep., 1986~2002, Vol 3~Vol 19.

[R4] J. W. Blunt, et al. Marine Natural Products (综述). Nat. Prod. Rep., 2003~2015, Vol 20~Vol 32.

[R5] 周家驹，谢桂荣，严新建. 中药药理活性成分丛书. 北京：科学出版社, 2015.

新海洋天然产物中文名称的命名

本手册收集了 8344 种海洋天然产物化合物，绝大部分在原始文献中都只有英文名称。为了使中国读者能尽快熟悉这一大批新的海洋天然产物，更方便、顺畅地阅读和掌握它们的相关信息并进而不失时机地开展研究，编著者根据化合物命名的一般规则，基于英文名称，定义了目前各种工具书中都没有中文名的新化合物的中文名称，约占总数的 85%。新化合物中文名称的命名依据有下面五种情况。

（1）根据系统命名法把英文名称译成中文名称，各卷举例如下：

卷	代码	化合物英文名称	化合物中文名称
1	**63**	(3*Z*,5*E*)-3,7,11-Trimethyl-9-oxododeca-1,3,5-triene	(3*Z*,5*E*)-3,7,11-三甲基-9-氧代十二烷基-1,3,5-三烯
2	**1958**	2-Amino-8-benzoyl-6-hydroxy-3*H*-phenoxazin-3-one	2-氨基-8-苯甲酰基-6-羟基-3*H*-吩噁嗪-3-酮
3	**1163**	2-Amino-9,13-dimethylheptadecanoic acid	2-氨基-9,13-二甲基十七烷酸
4	**782**	*N*-Phenyl-1-naphthylamine	*N*-苯基-1-萘胺

（2）根据化合物半系统命名法命名，各卷举例如下：

卷	代码	化合物英文名称	化合物中文名称
1	**116**	1-Hydroxy-4,10(14)-germacradien-12,6-olide	1-羟基-4,10(14)-大根香叶二烯-12,6-内酯
2	**898**	3,4-Dihydro-6-hydroxy-10,11-epoxymanzamine A	3,4-二氢-6-羟基-10,11-环氧曼扎名胺 A
3	**1076**	(24*R*)-Stigmasta-4,25-diene-3,6-diol	(24*R*)-豆甾-4,25-二烯-3,6-二醇
4	**871**	Physcion-10,10′-*cis*-bianthrone	大黄素甲醚-10,10′-*cis*-二蒽酮

（3）根据化合物结构类型+通用词尾命名，各卷举例如下：

卷	代码	化合物英文名称	化合物中文名称	结构类型		通用词尾	
				英文	中文	英文	中文
1	**115**	(+)-Germacrene D	(+)-大根香叶烯 D	Germacrane	大根香叶烷倍半萜	-ene	-烯
2	**784**	1-Methyl-9*H*-carbazole	1-甲基-9*H*-咔唑	Carbazole	咔唑类生物碱	-zole	-唑
3	**696**	Cholest-4-ene-3,24-dione	胆甾-4-烯-3,24-二酮	Cholestane	胆甾烷甾醇	-dione	-二酮
4	**1416**	Anabaenopeptin A	鱼腥藻肽亭 A	Anabaenopeptin	鱼腥藻肽亭类	-tin	-亭

（4）根据化合物源生物的名称+通用词尾命名，各卷举例如下：

卷	代码	化合物英文名称	化合物中文名称	生物来源		通用词尾	
				中文	拉丁文	英文	中文
1	**40**	Plocamene D	海头红烯 D	红藻蓝紫色海头红	*Plocamium violaceum*	-ene	-烯

续表

卷	代码	化合物英文名称	化合物中文名称	生物来源		通用词尾	
				中文	拉丁文	英文	中文
2	**6**	Acarnidine C	丰肉海绵定 C	丰肉海绵属	*Acarnus erithacus*	-dine	-定
3	**2**	Aureoverticillactam	金黄回旋链霉菌内酰胺	金黄回旋链霉菌	*Streptomyces aureoverticillatus*	-lactam	-内酰胺
4	**2**	Salinosporamide B	热带盐水孢菌酰胺 B	热带盐水孢菌	*Salinispora tropica*	-amide	-酰胺

（5）根据化合物源生物名称+结构类型或特征+通用词尾命名，各卷举例如下：

卷	代码	化合物英文名称	化合物中文名称	结构类型或特征	生物来源	
					中文	拉丁文
1	**4**	Plocamenone	海头红烯酮	烯酮	海头红属红藻	*Plocamium angustum*
2	**135**	Flavochristamide A	黄杆菌酰胺 A	酰胺类生物碱	黄杆菌属海洋细菌	*Flavobacterium* sp.
3	**722**	Dendronesterol B	巨大海鸡冠珊瑚甾醇 B	胆甾烷甾醇类	巨大海鸡冠珊瑚	*Dendronephthya gigantean*
4	**295**	Terrestrol D	土壤青霉醇 D	苄醇类	海洋真菌土壤青霉	*Penicillium terrestre*

此外，还有极少数化合物不便归入上述五类者，直接采用英文名称音译为中文名称。

海洋生物“捆绑式”中-拉名称

本手册正文包含了 8344 种海洋天然产物化合物，它们当中大约 85%都是 1985~2014 年这 30 年来新发现的海洋天然产物，源自 3000 多种海洋生物。这些海洋生物包括：海洋细菌、海洋真菌等海洋微生物；红藻、绿藻、棕藻、甲藻、金藻、微藻等海洋藻类；红树、半红树等海洋植物；以及海绵、珊瑚、海鞘、软体动物等各类海洋无脊椎动物。这一大批海洋生物对于绝大部分读者都是不熟悉的。为了方便广大中国读者和海洋生物及其天然产物研究者尽快熟悉这批数以千计的各类海洋生物，本手册对所有的海洋生物都采用了“捆绑式”中-拉名称来表达。

对 3025 种海洋生物，首先根据有关的工具书[1-8]编辑审定其中文名称，进而使用网上的软件 “世界海洋物种注册表”（WoRMS，World Register of Marine Species）审定、确认该种海洋生物在生物分类体系中的正确位置；最后定义其中文名称。本手册各卷中的索引 6 就系统地给出了全部“捆绑式”中-拉海洋生物名称。

本手册对于海洋生物中文名称有下列四种不同的表达格式。

（1）标准格式

只有属名或属种名的格式称为标准格式，例如：

卷 1 中的埃伦伯格肉芝软珊瑚 *Sarcophyton ehrenbergi*，凹入环西柏柳珊瑚 *Briareum excavatum*。

卷 1 中的巴塔哥尼亚箱海参 *Psolus patagonicus*，白底辐肛参 *Actinopyga mauritiana*，碧玉海绵属 *Jaspis* sp.。

卷 2 中的阿拉伯类角海绵 *Pseudoceratina arabica*，巴厘海绵属 *Acanthostrongylophora* sp.，碧玉海绵属 *Jaspis duoaster*。

卷 2 中的豹斑褶胃海鞘 *Aplidium pantherinum*，髌骨海鞘属 *Lissoclinum vareau*，柄雷海鞘 *Ritterella tokioka*。

卷 3 中的柏柳珊瑚属 *Acabaria undulate*，斑锚参 *Synapta maculate*，斑沙海星 *Luidia maculata*。

卷 3 中的埃伦伯格肉芝软珊瑚 *Sarcophyton ehrenbergi*，矮小拉丝海绵 *Raspailia pumila*，爱丽海绵属 *Erylus* cf. *lendenfeldi*。

卷 4 中的碧玉海绵属 *Jaspis* sp.，扁板海绵属 *Plakortis* sp.，不分支扁板海绵 *Plakortis simplex*。

卷 4 中的艾丽莎美丽海绵 *Callyspongia aerizusa*，澳大利亚短足软珊瑚 *Cladiella australis*。

（2）类别信息+标准格式的复合格式

在属种名前面加上红藻、绿藻、棕藻、红树、半红树、软体动物、半索动物等类别信息（用下划线标出的部分），例如：

卷 1 中的红藻顶端具钩海头红 *Plocamium hamatum*，红藻钝形凹顶藻 *Laurencia obtuse*，红藻粉枝藻 *Liagora viscid*。

卷 1 中的绿藻瘤枝藻 *Tydemania expeditionis*，绿藻石莼属 *Ulva* sp.，绿藻小球藻属 *Chlorella zofingiensis*。

卷 2 中的软体动物前鳃蝾螺属 *Turbo stenogyrus*，软体动物褶纹冠蚌 *Cristaria plicata*。

卷 2 中的棕藻鼠尾藻 *Sargassum thunbergii*，棕藻黏皮藻科辐毛藻 *Actinotrichia fragilis*。

卷 3 中的海蛇尾卡氏筐蛇尾 *Gorgonocephalus caryi*，海蛇尾南极蛇尾 *Ophionotus victoriae*。

卷 3 中的甲藻共生藻属 *Symbiodinium* sp.，甲藻前沟藻属 *Amphidinium* sp.。

卷 4 中的半索动物翅翼柱头虫属 *Ptychodera* sp.，半索动物肉质柱头虫 *Balanoglossus cornosus*。

卷 4 中的半红树黄槿 *Hibiscus tiliaceus,* 红树海桑 *Sonneratia caseolaris,* 红树金黄色卤蕨 *Acrostichum aureum*。

（3）生物分类系统中的位置+标准格式的复合格式

例如：

卷 1 中的软体动物腹足纲囊舌目海天牛属 *Elysia* sp.。软体动物裸鳃目海牛亚目海牛科疣海牛 *Doris verrucosa*。

卷 1 中的刺胞动物门珊瑚纲八放亚纲海鸡冠目软珊瑚 *Plumigorgia terminosclera*，六放珊瑚亚纲棕绿纽扣珊瑚 *Zoanthus* sp.。

卷 2 中的钵水母纲根口目根口水母科水母属 *Nemopilema nomurai*，脊索动物背囊亚门海鞘纲海鞘 *Atapozoa* sp.。

卷 2 中的棘皮动物门海百合纲羽星目句翅美羽枝 *Himerometra magnipinna*，棘皮动物门真海胆亚纲海胆亚目毒棘海胆科喇叭毒棘海胆 *Toxopneustes pileolus*。

卷 3 中的棘皮动物门真海胆亚纲海胆科秋葵海胆 *Echinus esculentus*，棘皮动物门真海胆亚纲心形海胆目心形棘心海胆 *Echinocardium cordatum*。

卷 3 中的匍匐珊瑚目绿色羽珊瑚 *Clavularia viridis*，软体动物翼足目海若螺科南极裸海蝶 *Clione antarctica*。

卷 4 中的软体动物门腹足纲囊舌目树突柱海蛞蝓 *Placida dendritica*，水螅纲软水母亚纲环状加尔弗螅 *Garveia annulata*。

卷 4 中的百合超目泽泻目海神草科二药藻属海草 *Halodule wrightii*。

（4）来源说明+标准格式的复合格式

例如：

卷 1 中的海洋导出的真菌新喀里多尼亚枝顶孢 *Acremonium neo-caledoniae*，海绵导出的放线菌珊瑚状放线菌属 *Actinomadura* sp.。

卷 2 中的红树导出的真菌黄柄曲霉 *Aspergillus flavipes*，红树导出的放线菌诺卡氏放线菌属 *Nocardia* sp.。

卷 3 中的海洋导出的灰色链霉菌 *Streptomyces griseus*，海洋导出的产黄青霉真菌 *Penicillium chrysogenum*。

卷 4 中的海洋导出的原脊索动物 *Amaroucium multiplicatum*，红树导出的真菌红色散囊菌 *Eurotium rubrum*。

总之，对海洋生物采用“捆绑式”中-拉名称来表达，首先是为了读者能无障碍地顺畅地阅读本手册，同时又便于读者在不经意间逐步扩大海洋生物的有关知识。

工具性参考文献：

[1] 杨瑞馥等主编. 细菌名称双解及分类词典. 北京：化学工业出版社, 2011.

[2] 蔡妙英等主编. 细菌名称. 2 版. 北京：科学出版社, 1999.

[3] P. M. Kirk, et al. Dictionary of the Fungi. 10th Edition. CABI, 2011, Europe-UK.

[4] C. J. Alexopoulos 等编. 菌物学概论. 4 版. 姚一建，李玉主译. 北京：中国农业出版社, 2002.

[5] 中国科学院植物研究所. 新编拉汉英植物名称. 北京：航空工业出版社, 1996.

[6] 赵毓堂，吉金祥. 拉汉植物学名辞典. 长春：吉林科学技术出版社, 1988.

[7] 齐钟彦主编. 新拉汉无脊椎动物名称. 北京：科学出版社, 1999.

[8] 陆玲娣，朱家柟主编. 拉汉科技词典. 北京：商务印书馆, 2017.

[9] WoRMS, World Register of Marine Species.

体 例 说 明

在国际上常用的科学数据库和英文信息表达体系中，每一个化合物及其各种属性信息的集合称为一个“入口 (entry)”。本手册沿用这一普遍使用的概念。

对每一个化合物入口，按顺序最多给出 12 项数据。其中，加粗标题行包括 3 项数据：各卷中的化合物唯一代码、化合物英文名、化合物中文名。数据体部分包括 8 项数据：化合物英文别名、中文别名、分子式、物理化学性质、结构类型、天然来源、药理活性、参考文献。最后第 12 项是包含立体化学信息的化合物化学结构式。

其中，化合物代码、英文名称、中文名称、分子式、结构类型、天然来源、药理活性、参考文献和化学结构式等 9 项是非空项目，其它 3 项是可选项。应该指出，在看似复杂纷纭的诸多类别信息中，分子结构及其类型、规范化的药理活性以及用中文名和拉丁文名“捆绑”表达的天然来源这三项是最有价值的核心信息。

（1）化合物唯一代码　即本手册正文中化合物的顺序号，用加粗字体给出，是一个非空项。在后面的 7 个索引中，也都是用化合物代码来代表化合物，从索引中查到化合物代码之后，就可以方便地从正文部分查到该化合物的全部信息。

（2）化合物英文名　用加粗字体给出，首字母大写，是一个非空项。前缀中所用的 *α-*, *β-*, *γ-*, *δ-* ,*ε-*, *ξ-*, *ψ-*; *dl-*, *R-*, *S-*; *cis-*, *trans-*, *Z-*, *E-*; *Δ*（双键符号）; *o-*, *m-*, *p-*; *O-*, *N-*, *S-*; *sec-*, *n-*, *t-*, *ent-*, *meso-*, *epi-*, *rel-*, *all-*等符号均为斜体。但 D-, L-, iso-, abeo-, seco-, nor-等用正体。对极少数没有英文名的化合物，采用一种可以自解释其原始参考文献来源的英文名称代码。

（3）化合物中文名　用加粗字体给出。有星号*标记的化合物中文名都是由本手册编著者命名的。

（4）别名　此项数据为可选项。本手册对部分化合物给出了英文别名和中文别名。

（5）基本信息　包括分子式和物理化学性质。其中分子式各元素按国际上通用的 Hill 规则排序；物理化学性质为可选项，包括形态、熔点、沸点、旋光性等性质。

（6）结构类型　是一个非空项。在小标题【类型】后面给出。有两种情形，一种是用本手册目录中的最后一个层次的结构类型表达，另一种是用分类更细的结构类型表达。

（7）天然来源　是一个非空项。在小标题【来源】后面给出每一个化合物的海洋生物来源信息。为方便读者在无障碍的条件下顺畅地阅读本手册，对所有的海洋生物天然来源都给出了“捆绑式”中-拉名称。由本手册编著者命名的海洋生物中文名在正文和索引中出现时右上角处标有星号*。

（8）药理活性　是一个非空项。在小标题【活性】后面给出每一入口化合物的药理活性实验数据。同一化合物有多项药理活性时，各项数据平行排列，用分号隔开。来自不同原始文献的同种药理活性数据一般不予合并。各项活性数据的出现先后顺序是随机的，并不表示其重要性的顺序，只有 LD_{50} 等毒性数据统一规定放在最后。在每一项药理活性数据中，按照下面的规范化格式进行细节的描述：关于该项药理性质的进一步描述、实验对象、定量活性数据、对照物及定量活性数据、关于作用机制等的补充描述。对于发表了实验数据但是未发现明显活性甚至没有活性的数据，同样作为有价值的科学实验数据加以收集，因此数据收集范围不仅包括活性成分，也包括少量无活性成分，这些无活性结果的表达格式是“活性条目 + 实验无活性”。这样的格式保证了在药理活性索引（索引 4）中无活性结果紧随在同一条目有活性结果之后，便于读者查找相关信息。

（9）参考文献　是一个非空项。在小标题【文献】后面给出参考文献，包括第一作者、期刊名称、卷、期、页码及年代等。多篇参考文献用分号“;”隔开，例如：C. Klemke, et al. JNP, 2004, 67, 1058; M.

D. Lebar, et al. NPR, 2007, 24, 774 (Rev.); S. S. Ebada, et al. BoMC, 2011, 19, 4644.

（10）化学结构式　是一个非空项。化学结构及其类型是本手册的核心信息。其立体化学一般根据最新的文献。所有的化学结构式都和分子式数据进行过一致性检验。

（11）索引　在本手册各卷的正文后面都编制了 7 个索引，索引词对应的数字是化合物的编号（即化合物在该卷中的唯一代码），而不是页码。通过这些化合物的编号来查找定位化合物最为方便。

导　读

编者在此试图用实例说明如何从本手册的数据库出发，用极为简单有效的方法获得系统的完整知识，从而引领重大领域的高效率、开拓性综合研究。和本手册完全对应的数据库是由一系列WORD表格形式的“数据库根文件”组成的，需要该数据库部分文件的读者可致函本手册编者(jjzhou@mail.ipe.ac.cn）无偿得到这些文件。

科学研究方法总体上可划分为“分析”和“综合”两大类，二者相辅相成，共同构成完整的科研体系，不应偏废。手册类工具书的编著就是一个典型的综合研究课题。综合研究有三个灵魂因素：严格的定义，合理的分类，以及用数理统计、逻辑推理、人工智能等方法找出不同类别研究对象之间有统计意义的关系。简言之，综合研究的目标就是寻找“关系”。近年来社会上开始看重人工智能，殊不知只有有了量大质精的数据集合，才有人工智能的用武之地。精准数据集合是“水”，而人工智能是“渠”，只有“水到”，才能“渠成”!

近十多年来，大数据应用得到迅猛发展，明确预示长期坐冷板凳的综合方法将迎来李时珍、林奈、达尔文时代之后的第二个春天。只要有了规模足够大的精准数据集合后，只需要初级人工智能，就完全可以方便快捷地开展许许多多综合研究课题，包括综合理论研究、综合比较研究和综合应用研究。反之，如果面对良莠不齐、杂乱无章的被我们戏称为“荆棘丛数据”的数据，再高级的人工智能也无能为力，根本无法开展工作，更谈不上得到任何有意义的结果。

本手册作为我们综合研究的成果，不仅得到一个实用有效的查找工具，还可以作为系统、综合地研究海洋天然产物的基础平台，用来综合提取各种知识。也就是说，用科学的大数据研究方法，建立一个多学科的、支撑新药开发及其它有关领域研究的精准数据系统，打开低成本、高效率、科学、丰产的综合研究大门。

从知识计算机化角度看，科学知识就是不同类型研究对象之间相互关系的表达，寻找规律就是寻找“关系”。在过去没有电脑的时期，人们通过传统方式学习和传播知识，包括教育、阅读和相互信息交换等。本手册将提供一种全新的方法，用来研究、管理和保存系统的完整的知识，而且系统的更新也非常方便，可以与时俱进，有良好的可扩展性和可持续发展性。简言之，这一新方法的应用就是寻找许许多多的“关系”，这在过去是根本无法进行的。

下面用一个具体的实例来说明基础平台的巨大作用。此例是关于如何发现先导化合物的。说明这里提出的方法是如何以低成本、高效率的方式，经过数据提取和综合分析两个简单步骤，得到极有实用价值的结果。

例如，某研究团队以聚酮类化合物为主要研究目标，他们面临的核心问题是：哪些结构的聚酮类化合物可以作为设计新药先导物的候选物？从它们出发可以设计哪些类型的新药?

首先，从本卷的WORD表格文件（这个表格文件就是我们研发的数据库“根文件”）出发，用拷贝、排序等基本功能得出全部625个活性聚酮类化合物。其次，以半抑制浓度$IC_{50}\leqslant 0.5\mu g/mL$（或$IC_{50}\leqslant 2\mu mol/L$）作为高活性的判据，利用匹配、替换、删除、排序等基本功能筛选出177个高活性聚酮类化合物，筛选出的化合物信息示例如下表所示。在此我们强调$IC_{50}\leqslant 0.5\mu g/mL$这一判据比文献中通用的活性判据$IC_{50}\leqslant 4\mu g/mL$要严格很多!

表　177 个高活性聚酮类化合物结构示例

化合物序号	化合物代码	化合物名称	结构类型	海洋生物来源	药理活性
1	**30**	陵水醇*	线型聚酮类	甲藻前沟藻属 *Amphidinium* sp.	细胞毒 (A549, IC_{50} = 0.21μmol/L; HL60, IC_{50} = 0.23μmol/L)
2	**32**	苔藓动物酮 3*	线型聚酮类	苔藓动物裸唇纲 *Myriapora truncata.*	细胞毒 (和苔藓动物酮 4 不可分离的平衡混合物, 0.2μg/mL, L_{1210}, InRt = 88%)
3	**67**	15-去-*O*-甲基奥恩酰胺*	鞘丝藻酰胺和有关酰胺	岩屑海绵蒂壳海绵属 *Theonella* sp.	细胞毒 (P_{388}, IC_{50} = 0.15μg/mL)
4	**68**	6,7-二氢奥恩酰胺 A*	鞘丝藻酰胺和有关酰胺	岩屑海绵蒂壳海绵属 *Theonella* sp. [产率 = 41.3×10^{-4}% (湿重), 庆连间群岛外海, 冲绳, 日本] 和岩屑海绵蒂壳海绵属 *Theonella* sp. (冲绳, 日本)	细胞毒 (L_{1210}, IC_{50} = 0.0046μg/mL; KB, IC_{50} = 0.0050μg/mL)
5	**195**	新去甲冈田软海绵素 B	拉德聚醚	扁矛海绵属 *Lissodendoryx* sp. (产率 = 1×10^{-6}%, 凯库拉海岸外, 南岛, 新西兰, 深度 100m, 1992 年 2 月采样)	细胞毒 (P_{388}, IC_{50} = 0.4ng/mL)
6	**203**	网状原角藻亭 I *	拉德聚醚	甲藻网状原角藻* *Protoceratium reticulatum*, 未鉴定的贻贝.	细胞毒 (人癌细胞株, IC_{50} < 0.0005μmol/L, 显示某些细胞株的选择性)
7	**318**	小单孢菌内酯 A*	巴佛洛霉素类	海洋导出的细菌小单孢菌属 *Micromonospora* sp.	抑制海星的原肠胚形成 (海燕 *Asterina pectinifera* 胚胎, MIC = 0.010μg/mL)
8	**353**	斯普列诺新 B*	抑菌霉素类	海洋导出的链霉菌属 *Streptomyces* sp. CNQ-431 (沉积物, 拉霍亚, 加利福尼亚, 美国).	抗炎 (抑制促炎细胞因子的生成, TH2 T 淋巴细胞细胞因子白介素-5, IC_{50} = 3.1nmol/L)
9	**354**	斯普列诺新 C*	抑菌霉素类	海洋导出的链霉菌属 *Streptomyces* sp. CNQ-431 (沉积物, 拉霍亚, 加利福尼亚, 美国).	抗炎 [抑制促炎细胞因子的生成, TH2 T 淋巴细胞细胞因子白介素-5, IC_{50} = 6.7nmol/L; TH2 T 淋巴细胞细胞因子白介素-13 (IL-13), IC_{50} = 7.3nmol/L]
10	**379**	苔藓虫素 13	苔藓虫素类	苔藓动物多室草苔虫 *Bugula neritina.*	细胞毒 (淋巴细胞白血病 P_{388} 细胞, ED_{50} = 0.0054μg/mL)

续表

化合物序号	化合物代码	化合物名称	结构类型	海洋生物来源	药理活性
11	**394**	前沟藻内酯B4	前沟藻内酯类	甲藻前沟藻属 *Amphidinium* spp. Y-25和甲藻前沟藻属 *Amphidinium* sp.	细胞毒 (小鼠淋巴癌 L_{1210}, IC_{50} = 0.00012μg/mL; 人表皮样癌KB细胞, IC_{50} = 0.001μg/mL); 细胞毒 (培养癌细胞 *in vitro*, IC_{50} = 0.00014~0.0045μg/mL)
12	**395**	前沟藻内酯B5	前沟藻内酯类	甲藻前沟藻属 *Amphidinium* sp.	细胞毒 (小鼠淋巴癌 L_{1210}, IC_{50} = 0.0014μg/mL; 人表皮样癌KB细胞, IC_{50} = 0.004μg/mL)
13	**435**	海兔罗灵碱D*	海兔罗灵碱类	软体动物黑斑海兔 *Aplysia kurodai* (三重县, 日本)	细胞毒 (HeLa-S3细胞, IC_{50} = 0.075nmol/L)
14	**460**	新喀里多尼亚岩屑海绵内酯C*	斯芬克斯内酯类	岩屑海绵Phymatellidae科海绵 *Reidispongia coerulea* [新喀里多尼亚岸外, 新喀里多尼亚 (法属)]	细胞毒 [NCI筛选试验, 平均 $lgIC_{50}$ (mol/L) = –6.5]
15	**465**	斯芬克斯内酯E*	斯芬克斯内酯类	岩屑海绵Rhodomelaceae科 *Neosiphonia superstes*	细胞毒 [NCI筛选试验, 平均 $lgIC_{50}$ (mol/L) = –8.1]
16	**475**	斯氏蒂壳海绵内酯B*	斯氏蒂壳海绵内酯类	岩屑海绵蒂壳海绵属 *Theonella* sp.和岩屑海绵斯氏蒂壳海绵* *Theonella swinhoei* (红海)	细胞毒 (KB细胞, IC_{50} = 0.041μg/mL)
17	**541**	劳力姆内酯*	其它大环聚酮内酯	格形海绵属 *Hyattella* sp.	细胞毒 (KB细胞株, IC_{50} = 1.5ng/mL)
18	**547**	髌骨海鞘内酯A*	其它大环聚酮内酯	髌骨海鞘属 *Lissoclinum* sp. (奥歌亚湾, 南非东南海岸)	细胞毒 [人肺癌NCI-H460, IC_{50} (48h) = 12nmol/L, 小鼠neuro-2a成神经细胞瘤, IC_{50} (48h) = 29nmol/L]
19	**558**	八拉克亭A*	其它大环聚酮内酯	海洋导出的链霉菌属 *Streptomyces* sp., 来自未鉴定的柳珊瑚	细胞毒 (B16-F-10, IC_{50} = 0.0072μg/mL; HCT116, IC_{50} = 0.5μg/mL)
20	**615**	艾多萨霉素A*	三环聚酮类	海洋导出的链霉菌属 *Streptomyces* sp. NPS-643 (沉积物, 高知港, 日本)	细胞毒 (HT29细胞, IC_{50} = 0.59μmol/L)
⋮	⋮	⋮	⋮	⋮	⋮

目　　录

1 聚酮

1.1 线型聚酮类 002
1.2 那可亭类 010
1.3 胞变霉素类 011
1.4 扣来投二醇类 013
1.5 鞘丝藻酰胺和有关酰胺 014
1.6 安沙霉素类 024
1.7 其它多烯抗生素 025
1.8 线型四环素类 025
1.9 安古克林类 026
1.10 海葵毒素非大环内酯聚醚类 029
1.11 前沟藻醇类非大环内酯聚醚 030
1.12 其它非大环内酯聚醚 031
1.13 拉德聚醚 033
1.14 聚醚抗生素 050
1.15 海兔毒素类 057
1.16 黄曲霉毒素及有关聚酮 059
1.17 叟比西林聚合物类 062
1.18 雏海绵苷类聚酮 068
1.19 巴佛洛霉素类 069
1.20 红霉素类 072
1.21 基雅尼霉素类 072
1.22 二羟基苯甲酸内酯类 075
1.23 抑菌霉素类 080
1.24 苔藓虫素类 083
1.25 丰富霉素类 088
1.26 福基霉素类 088
1.27 前沟藻内酯类 088
1.28 海兔罗灵碱类 096
1.29 扁矛海绵内酯类 098
1.30 扇贝毒素类 099
1.31 斯芬克斯内酯类 101
1.32 斯氏蒂壳海绵内酯类 103
1.33 其它大环聚酮内酯 107
1.34 双环聚酮类 130
1.35 三环聚酮类 133
1.36 四及四以上环聚酮类 135

2 甾醇

2.1 孕甾醇类 (C_{21}) 137
2.2 胆固醇-24-酸类甾醇 139
2.3 胆甾烷甾醇 (C_{27}) 140
2.4 去甲和双去甲胆甾烷类甾醇 177
2.5 A-去甲-甾醇类 179
2.6 蜕皮类固醇 179
2.7 呋甾烷类甾醇 (C_{27}) 180
2.8 麦角甾烷类甾醇 (不含睡茄内酯) (C_{28}) 183
2.9 27-去甲麦角甾烷类甾醇 217
2.10 睡茄内酯类甾醇 (C_{28}) 217
2.11 豆甾烷甾醇 (C_{29}) 219
2.12 柳珊瑚烷及其它环丙烷胆甾烷类甾醇 233
2.13 开环胆甾烷甾醇 238
2.14 杂项甾醇 242

3 脂肪族化合物

3.1 饱和脂肪族链状化合物 246
3.2 烯类化合物 250
3.3 炔类化合物 267
3.4 杂项炔类化合物 297
3.5 单碳环化合物 299
3.6 多碳环醛和酮 309
3.7 杂脂环 312
3.8 前列腺素类 337
3.9 氧脂类（不包括花生酸类） 338
3.10 酰基甘油类 352
3.11 磷脂类 354
3.12 糖脂类 362
3.13 神经鞘脂类 367
3.14 枝孢环内酯类 386
3.15 真菌源大环三内酯类 386
3.16 大环细菌源内酯类 388
3.17 长链芳香系统 390
3.18 海洋多聚乙酰类 393

附 录

附录 1 缩略语和符号表 396
附录 2 癌细胞代码表 402

索 引

索引 1 化合物中文名称索引 408
索引 2 化合物英文名称索引 438
索引 3 化合物分子式索引 468
索引 4 化合物药理活性索引 479
索引 5 海洋生物拉丁学名及其成分索引 497
索引 6 海洋生物中拉捆绑名称及成分索引 511
索引 7 化合物取样地理位置索引 524

1

聚酮

1.1 线型聚酮类

1 Balticolide 波罗的海内酯*

【基本信息】$C_{12}H_{16}O_4$, 无色油状物, $[\alpha]_D^{22} = 135.2°$ ($c = 0.35$, 甲醇).【类型】无分支线型聚酮类.【来源】未鉴定的子囊菌类真菌 (漂流木, 格赖夫斯瓦尔德, 波罗的海, 德国).【活性】抗病毒 (HSV-1 病毒, $IC_{50} = 0.45\mu mol/L$).【文献】M. A. M. Shushni, et al. Mar. Drugs, 2011, 9, 844; S. Z. Moghadamtousi, et al. Mar. Drugs, 2015, 13, 4520 (Rev.).

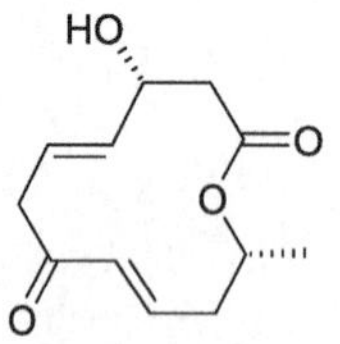

2 Aureoverticillactam 金黄回旋链霉菌内酰胺*

【基本信息】$C_{28}H_{39}NO_4$, 无定形固体.【类型】单分支线型聚酮类.【来源】海洋导出的链霉菌金黄回旋链霉菌 *Streptomyces aureoverticillatus* NPS001583.【活性】细胞毒 [HT29, $EC_{50} = (3.6\pm2.6)\mu mol/L$; B16-F-10, $EC_{50} = (2.2\pm0.9)\mu mol/L$; JurKat, $EC_{50} = (2.3\pm1.1)\mu mol/L$].【文献】S. S. Mitchell, et al. JNP, 2004, 67, 1400.

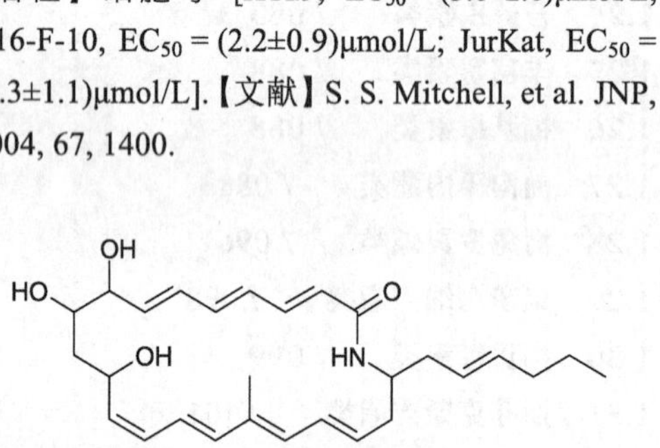

3 Cyanolide A 兰细菌鞘丝藻内酯 A*

【基本信息】$C_{42}H_{72}O_{16}$, 油状物, $[\alpha]_D^{23} = -59°$ ($c = 0.6$, 氯仿).【类型】二分支线型聚酮类.【来源】蓝细菌鞘丝藻属 *Lyngbya bouillonii* (鸽子岛, 巴布亚新几内亚).【活性】灭螺剂 (光滑双脐螺 *Biom-phalaria glabrata,* LC_{50}= 1.2μmol/L, 很有效); 杀贝剂 (控制血吸虫病传播); 有毒 (盐水丰年虾, LC_{50} =10.8μmol/L).【文献】H. Kim, et al. Org. Lett., 2010, 12, 2880; A. R. Pereira, et al. JNP, 2010, 73, 217.

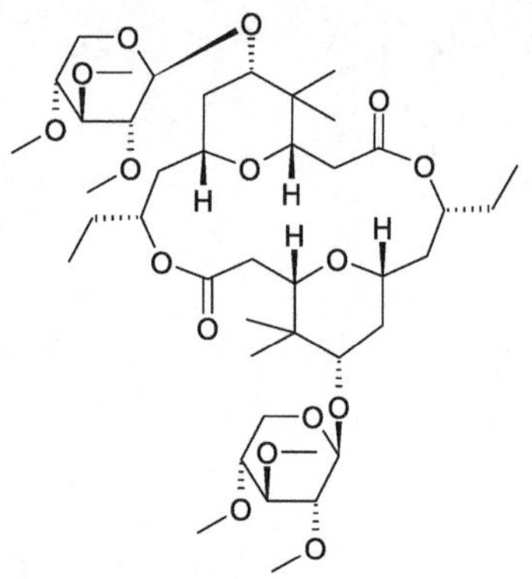

4 Formosalide A 台湾原甲藻多醇 A*

【基本信息】$C_{32}H_{50}O_9$, 无定形固体, $[\alpha]_D^{25} = +17.3°$ ($c = 0.01$, 甲醇).【类型】二分支线型聚酮类.【来源】原甲藻属 *Prorocentrum* sp. (海藻清洗, 南湾, 台湾南部, 中国).【活性】细胞毒 (CCRF-CEM, $LD_{50} = 0.54\mu g/mL$; DLD-1, $LD_{50} > 40\mu g/mL$);.【文献】C.-K. Lu, et al. Tetrahedron Lett., 2009, 50, 1825.

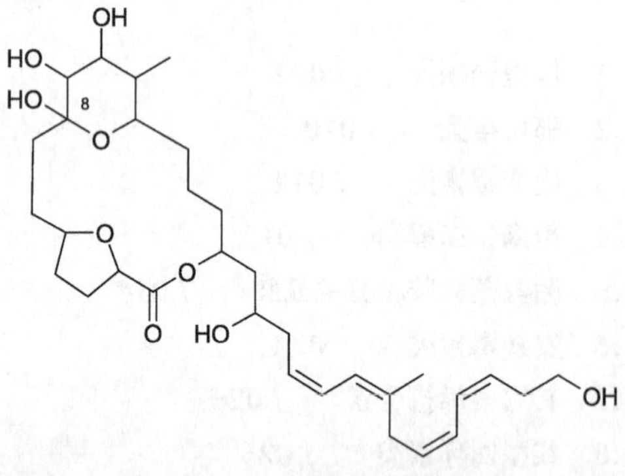

5 Formosalide B 台湾原甲藻多醇 B*

【基本信息】$C_{33}H_{52}O_9$, 无定形固体, $[\alpha]_D^{24} = +18.8°$ ($c = 0.04$, 甲醇).【类型】二分支线型聚酮类.【来源】原甲藻属 *Prorocentrum* sp. (海藻清洗, 南湾, 台湾南部, 中国).【活性】细胞毒 (CCRF-CEM, $LD_{50} = 0.43\mu g/mL$; DLD-1, $LD_{50} = 2.73\mu g/mL$).【文献】C.-K. Lu, et al. Tetrahedron Lett., 2009, 50, 1825.

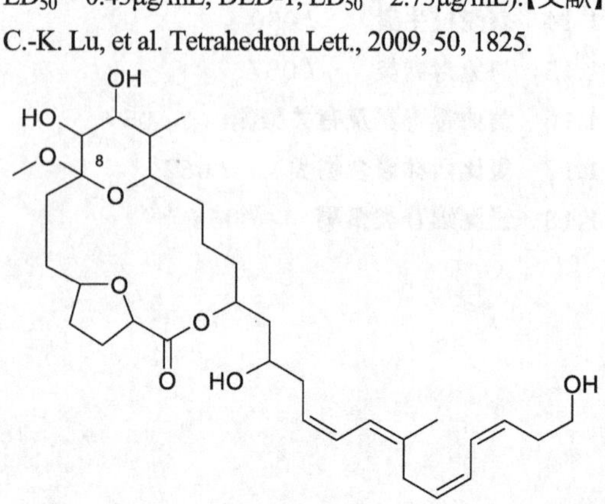

6　Koshikalide　扣西卡内酯*

【基本信息】$C_{17}H_{26}O_4$，油状物，$[\alpha]_D^{22}$= +156° (c = 0.03，甲醇).【类型】二分支线型聚酮类.【来源】蓝细菌鞘丝藻属 *Lyngbya* sp.【活性】细胞毒 (HeLa-S3 细胞，IC_{50} = 42μg/mL，低活性).【文献】A. Iwasaki, et al. Tetrahedron Lett., 2010, 51, 959.

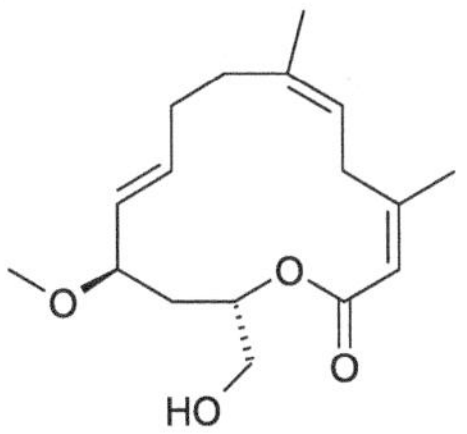

7　Colopsinol A　柯洛西醇甲*

【基本信息】$C_{71}H_{120}O_{25}S$，$[\alpha]_D^{20}$ = −11° (c = 0.35，甲醇).【类型】三分支线型聚酮类.【来源】甲藻前沟藻属 *Amphidinium* sp. Y-5.【活性】DNA 聚合酶 α 抑制剂 (IC_{50} = 13μmol/L). DNA 聚合酶 β 抑制剂 (IC_{50} = 7μmol/L).【文献】J. Kobayashi, et al. JOC, 1999, 64, 1478; T. Kubota, et al. JCS Perkin Trans. Ⅰ, 1999, 3483; J. Kobayashi, et al. Pure Appl. Chem. , 2003, 75:337.

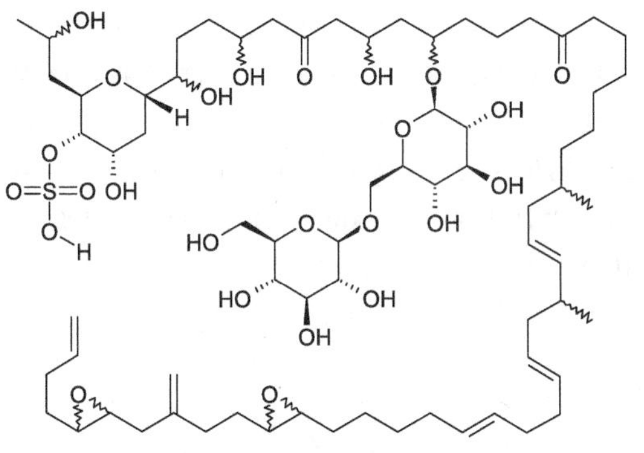

8　Colopsinol C　柯洛西醇丙*

【基本信息】$C_{62}H_{104}O_{20}S$，无定形固体 (钠盐).【类型】三分支线型聚酮类.【来源】甲藻前沟藻属 *Amphidinium* sp. Y-5.【活性】细胞毒 (L_{1210}, IC_{50} = 7.8μg/mL).【文献】J. Kobayashi, et al. JOC, 1999, 64, 1478; T. Kubota, et al. JCS Perkin Trans. Ⅰ, 1999, 3483; J. Kobayashi, et al. Pure Appl. Chem. , 2003, 75:337.

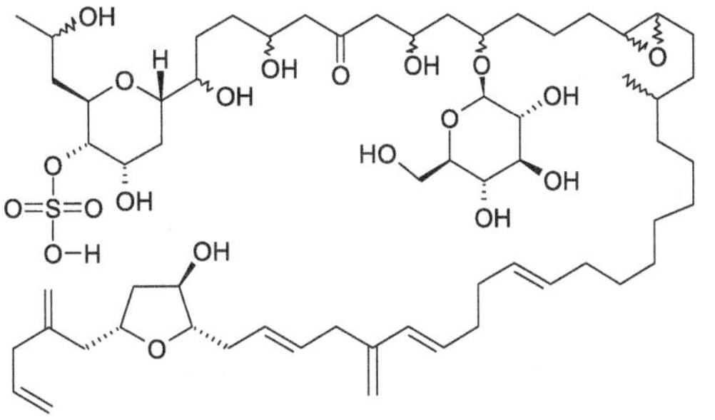

9　Colopsinol E　柯洛西醇戊*

【基本信息】$C_{65}H_{110}O_{20}S$ (氯仿，钠盐).【类型】三分支线型聚酮类.【来源】甲藻前沟藻属 *Amphidinium* sp. Y-5.【活性】细胞毒 (L_{1210}, IC_{50} = 7.0μg/mL).【文献】T. Kubota, et al. CPB, 2000, 48, 1447; J. Kobayashi, et al. Pure Appl. Chem. , 2003, 75:337.

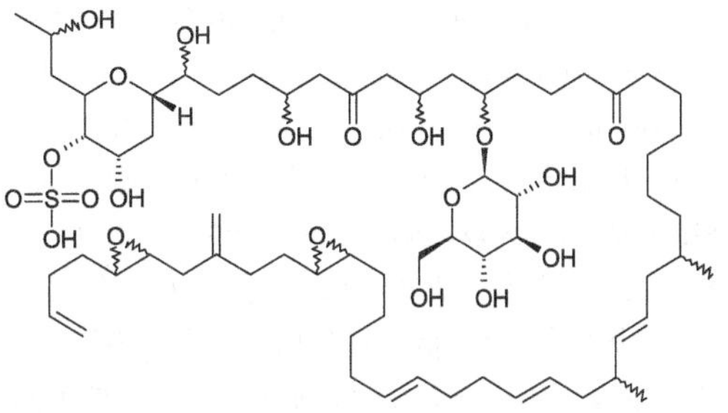

10　2-[3,5-Diethyl-5-(2-ethyl-3-hexen-1-yl)-2(5*H*)-furanylidene]acetic acid methyl ester 2-[3,5-二乙基-5-(2-乙基-3-己烯-1-基)-2(5*H*)-呋喃亚基]乙酸甲酯

【别名】Methyl 9,10-didehydro-3,6-epoxy-4,6,8-triethyl-2,4-dodecadienoic acid ester; 9,10-二去氢-3,6-环氧-4,6,8-三乙基-2,4-十二(碳)二烯酸甲酯【基本信息】$C_{19}H_{30}O_3$，$[\alpha]_D$ = −175° (c = 1.4，四氯化碳).【类型】三分支线型聚酮类.【来源】日本扁板海绵* *Monotria japonica* [syn. *Plakortis japonica*]. (根据 WoRMS-World Register of Marine Species)，扁板海绵属 *Plakortis halichondrioides,* 不分支扁板海绵* *Plakortis simplex* (永兴岛，南海，中国).【活性】细胞毒[HeLa, IC_{50} = (2.6±0.3)μmol/L; K562, IC_{50} = (0.8±0.1)μmol/L; A549, IC_{50} > 100μmol/L; Bel7402, IC_{50} > 100μmol/L. 对照阿霉素: HeLa, IC_{50} = (0.6±0.0)μmol/L; K562, IC_{50} = (0.3±0.0)μmol/L; A549, IC_{50} = (0.2±0.0)μmol/L] (Zhang, 2013)；卵母细胞裂解活性 (海燕 *Asterina pectinifera*，非选择性溶解未成熟海星的卵母细胞，裂解卵母细胞

的质膜和核膜, MEC = 25μg/mL).【文献】D. B. Stierle, et al. JOC, 1980, 45, 3396; A. Rudi, et al. JNP, 1993, 56, 1827; E. W. Schmidt, et al. Tetrahedron Lett., 1996, 37, 6681; M. Yanai, et al. BoMC, 2003, 11, 1715; C. W. Lim, et al. Agric. Chem. Biotechnol., 2006, 49, 21; J. Zhang, et al. JNP, 2013, 76, 600.

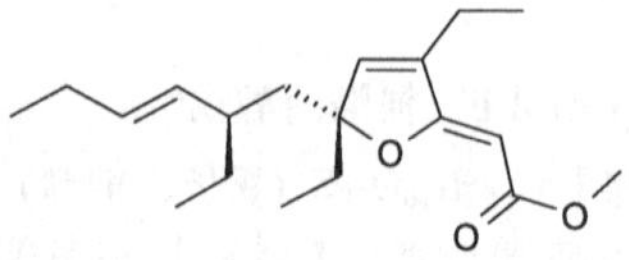

11 2-[3,5-Diethyl-5-(2-ethylhexyl)-2(5*H*)-furanylidene]acetic acid methyl ester 2-[3,5-二乙基-5-(2-乙基己基)-2(5*H*)-呋喃亚基]乙酸甲酯

【别名】Methyl(2*Z*,6*R*,8*S*)-3,6-epoxy-4,6,8-triethyl-dodeca-2,4-dienoate; (2*Z*,6*R*,8*S*)-3,6-环氧-4,6,8-三乙基十二(碳)-2,4-二烯酸甲酯.【基本信息】$C_{19}H_{32}O_3$, 油状物, $[\alpha]_D = -78°$ ($c = 0.19$, 氯仿).【类型】三分支线型聚酮类.【来源】扁板海绵属 *Plakortis* aff. *angulospiculatus* (帕劳, 大洋洲) 和不分支扁板海绵* *Plakortis simplex* (永兴岛, 南海, 中国).【活性】抗利什曼原虫 (影响墨西哥利什曼原虫 *Leishmania mexicana* 前鞭毛体的增殖, $LD_{50} = 2.71$μg/mL; 对照海绵代谢物伊马喹酮, $LD_{50} = 5.6$μg/mL; 对照酮康唑, $LD_{50} = 0.06$μg/mL) (Compagnone, 1998); 细胞毒 [HeLa, $IC_{50} = (4.2±0.4)$μmol/L; K562, $IC_{50} = (5.3±0.5)$μmol/L; A549, $IC_{50} > 100$μmol/L; Bel7402, $IC_{50} > 100$μmol/L. 对照阿霉素: HeLa, $IC_{50} = (0.6±0.0)$μmol/L; K562, $IC_{50} = (0.3±0.0)$μmol/L; A549, $IC_{50} = (0.2±0.0)$μmol/L] (Zhang, 2013).【文献】R. S. Compagnone, et al. Tetrahedron, 1998, 54, 3057; J. Zhang, et al. JNP, 2013, 76, 600.

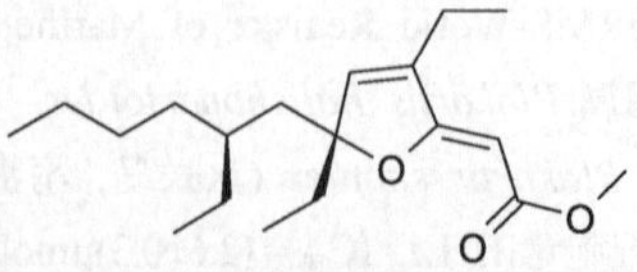

12 Gracilioether B 纤细群海绵素 B*

【基本信息】$C_{19}H_{28}O_4$, 无定形固体, $[\alpha]_D^{35} = -120°$ ($c = 0.03$, 甲醇).【类型】三分支线型聚酮类.【来源】纤细群海绵* *Agelas gracilis* (新曾根大岛, 日本).【活性】杀疟原虫的 (恶性疟原虫 *Plasmodium falciparum* ItG, $IC_{50} = 0.5$μg/mL); 抗利什曼原虫 (*Leishmania major*).【文献】R. Ueoka, et al. JOC, 2009, 74, 4203.

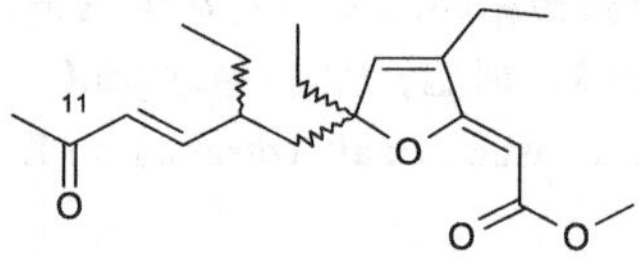

13 Gracilioether C 纤细群海绵素 C*

【基本信息】$C_{19}H_{30}O_4$, 无定形固体, $[\alpha]_D^{32} = -24°$ ($c = 0.02$, 甲醇).【类型】三分支线型聚酮类.【来源】纤细群海绵* *Agelas gracilis* (新曾根大岛, 日本).【活性】抗疟疾; 细胞毒.【文献】R. Ueoka, et al. JOC, 2009, 74, 4203.

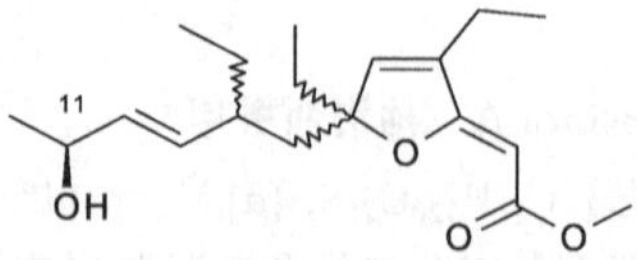

14 Methyl(2*Z*,6*R*,8*S*)-4,6-diethyl-3,6-epoxy-8-methyldodeca-2,4-dienoate (2*Z*,6*R*,8*S*)-4,6-二乙基-3,6-环氧-8-甲基十二(碳)-2,4-二烯酸甲酯

【基本信息】$C_{18}H_{30}O_3$, 油状物, $[\alpha]_D = -92°$ ($c = 1.1$, 氯仿).【类型】三分支线型聚酮类.【来源】扁板海绵属 *Plakortis* aff. *angulospiculatus* (帕劳, 大洋洲).【活性】抗利什曼原虫 (影响墨西哥利什曼原虫 *Leishmania mexicana* 前鞭毛体的增殖, $LD_{50} = 1.86$μg/mL; 对照海绵代谢物伊马喹酮, $LD_{50} = 5.6$μg/mL; 对照酮康唑, $LD_{50} = 0.06$μg/mL).【文献】R. S. Compagnone, et al. Tetrahedron, 1998, 54, 3057; J. C. Braekman, et al. JNP, 1998, 61, 1038.

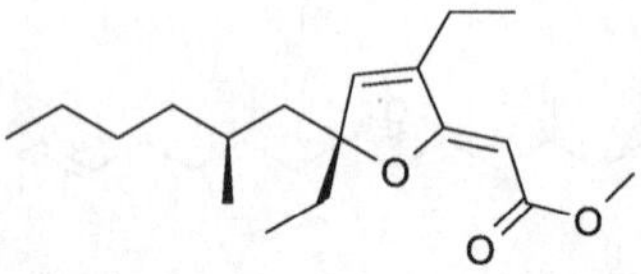

15 Methyl-3,6-epoxy-4*R*,8*R*-diethyl-6*S*-methyl-2*Z*,9*E*-dodecadienoate 3,6-环氧-4*R*,8*R*-二乙基-6*S*-甲基-2*Z*,9*E*-十二(碳)二烯酸甲酯

【基本信息】$C_{18}H_{30}O_3$, 油状物, $[\alpha]_D^{25} = +20°$ ($c = 0.001$, 氯仿).【类型】三分支线型聚酮类.【来源】不分支扁板海绵* *Plakortis simplex* (加勒比海).【活性】细胞毒 (WEHI-164, $IC_{50} = 10$μg/mL).

【文献】F. Cafieri, et al. Tetrahedron, 1999, 55, 7045.

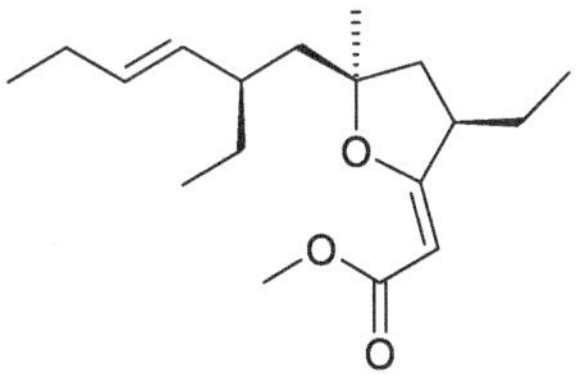

16 Methyl-3,6-epoxy-4,8-diethyl-6-methyl-2-dodecenoate 3,6-环氧-4,8-二乙基-6-甲基-2-十二(碳)烯酸甲酯

【基本信息】$C_{18}H_{32}O_3$, 油状物, $[\alpha]_D^{25} = +5°$ (c = 0.001, 氯仿).【类型】三分支线型聚酮类.【来源】不分支扁板海绵* *Plakortis simplex* (加勒比海).【活性】细胞毒 (WEHI-164, IC_{50}= 15.5μg/mL).【文献】F. Cafieri, et al. Tetrahedron, 1999, 55, 7045.

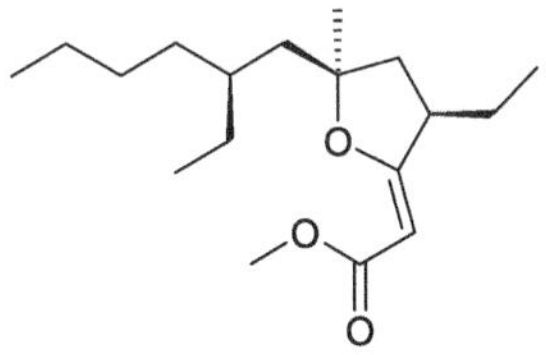

17 Ostreol A 蛎甲藻醇 A*

【基本信息】$C_{67}H_{112}N_2O_{23}$.【类型】三分支线型聚酮类.【来源】甲藻卵形蛎甲藻* *Ostreopsis* cf. *ovata* (附生植物, 底栖生物, 济州岛, 韩国).【活性】有毒的 (盐水丰年虾, 毒性显著).【文献】B. S. Hwang, et al. Bioorg. Med. Chem. Lett., 2013,23, 3023.

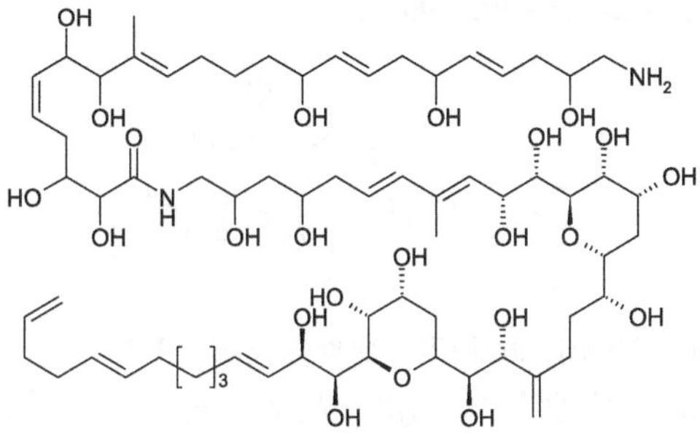

18 Prorocentrol 原甲藻醇*

【基本信息】$C_{68}H_{114}O_{34}$.【类型】三分支线型聚酮类.【来源】原甲藻属 *Prorocentrum hoffmannianum* CCMP683.【活性】细胞毒 (P_{388}, 温和活性); 灭藻剂, 抗硅藻 *Nitzschia* sp.【文献】K. Sugahara, et al. JOC, 2011, 76, 3131.

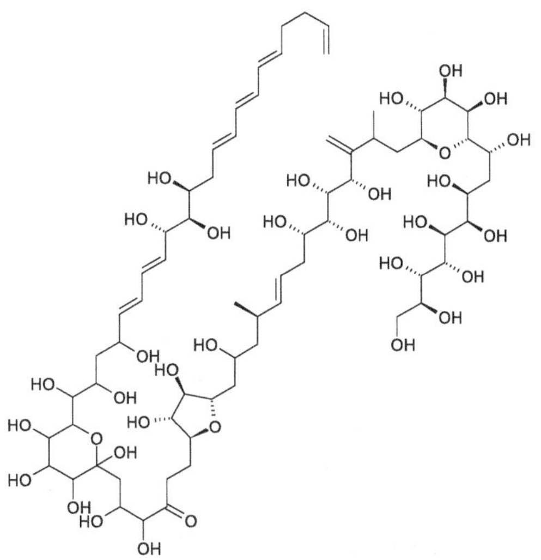

19 Spongidepsin 角骨海绵新*

【基本信息】$C_{27}H_{39}NO_3$, 白色无定形固体, $[\alpha]_D$ = –61.8° (c = 0.014g/100mL, 甲醇).【类型】三分支线型聚酮类.【来源】角骨海绵属 *Spongia* sp. [寻常海绵纲, Spongidae 科; 瓦努阿图, 1997 年 5 月采样, 凭证样本 R1739 在努美阿 IRD 中心, 新喀里多尼亚 (法属)].【活性】细胞毒 (抗恶性细胞增生, 小鼠单核细胞/巨噬细胞 J774.A1, IC_{50} = 0.56μmol/L, 对照 6-巯基嘌呤, IC_{50} = 0.003μmol/L; 人上皮肾癌细胞 HEK-293, IC_{50} = 0.66μmol/L, 6-巯基嘌呤, IC_{50} = 0.007μmol/L; WEHI-164, IC_{50} = 0.42μmol/L, 6-巯基嘌呤, IC_{50} = 0.017μmol/L).【文献】A. Grassia, et al. Tetrahedron, 2001, 57, 6257.

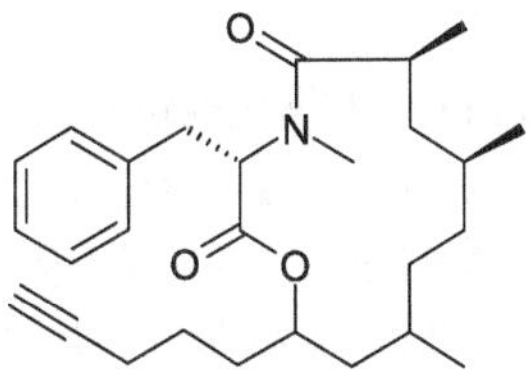

20 Amphidinin A 前沟藻宁 A*

【基本信息】$C_{22}H_{38}O_4$, 无色油状物, $[\alpha]_D^{18}$ = –300° (c = 0.03, 甲醇).【类型】四及以上分支线型聚酮类.【来源】甲藻前沟藻属 *Amphidinium* sp.【活性】细胞毒 (L_{1210}, IC_{50} = 3.6μg/mL; KB, IC_{50} = 3.0μg/mL).【文献】J. Kobayashi, et al. Tetrahedron Lett., 1994, 35, 7049.

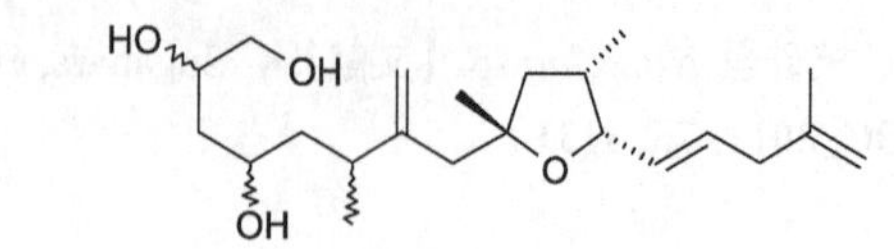

21 Amphirionin 4 前沟藻瑞欧宁 4*

【基本信息】$C_{26}H_{40}O_3$.【类型】四及以上分支线型聚酮类.【来源】甲藻前沟藻属 *Amphidinium* sp.【活性】细胞生长促进剂 (小鼠骨髓基质细胞 ST-2, 非常有效且有选择性).【文献】M. Minamida, et al. Org. Lett., 2014, 16, 4858.

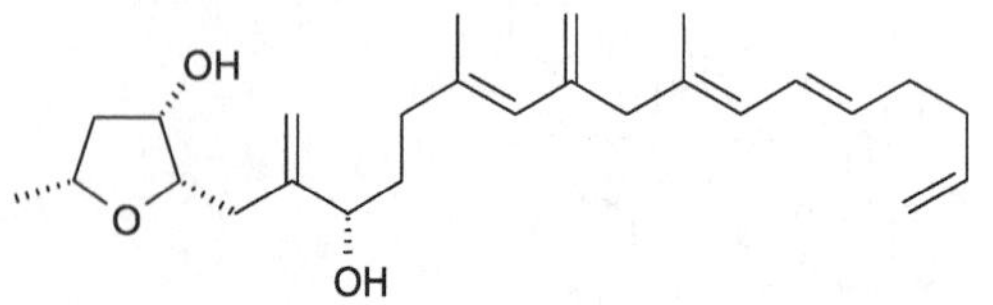

22 Aspericin A 艾斯坡瑞新 A*

【基本信息】$C_{17}H_{30}O_4$, 浅黄色蜡状物, $[\alpha]_D^{22}$ = +24° (c = 0.1, 氯仿).【类型】四及以上分支线型聚酮类.【来源】海洋导出的真菌根霉属 *Rhizopus* sp. 2-PDA-61, 来自苔藓动物多室草苔虫属 *Bugula* sp. (中国水域).【活性】细胞毒 (P_{388}, IC_{50} > 100μmol/L, 对照 VP-16, IC_{50} = 0.064μmol/L; HL60, IC_{50} = 49.3μmol/L, VP-16, IC_{50} = 0.083μmol/L; A549, IC_{50} > 100μmol/L, VP-16, IC_{50} = 1.400μmol/L; Bel7402, IC_{50} = 55.1μmol/L, VP-16, IC_{50} = 1.025μmol/L).【文献】F. Wang, et al. Magn. Reson. Chem., 2010, 48, 155.

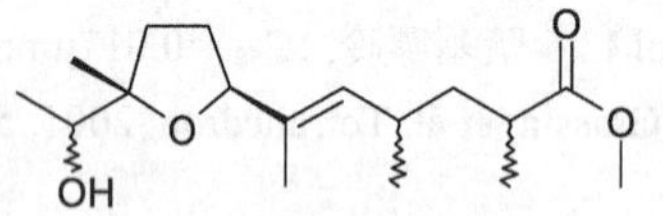

23 Aspericin C 艾斯坡瑞新 C*

【基本信息】$C_{17}H_{30}O_4$, 蜡状物, $[\alpha]_D^{22}$ = −2° (c = 0.1, 氯仿).【类型】四及以上分支线型聚酮类.【来源】海洋导出的真菌根霉属 *Rhizopus* sp. 2-PDA-61, 来自苔藓动物多室草苔虫属 *Bugula* sp. (中国水域).【活性】细胞毒 (P_{388}, IC_{50} = 14.6μmol/L, 对照 VP-16, IC_{50} = 0.064μmol/L; HL60, IC_{50} = 7.1μmol/L, VP-16, IC_{50} = 0.083μmol/L; A549, IC_{50} = 61.4μmol/L, VP-16, IC_{50} = 1.400μmol/L; Bel7402, IC_{50} = 24.2μmol/L, VP-16, IC_{50} = 1.025μmol/L).【文献】F. Wang, et al. Magn. Reson. Chem., 2010, 48, 155.

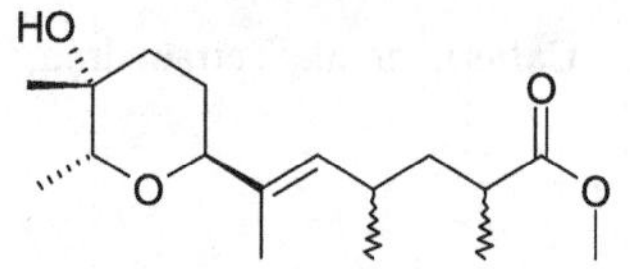

24 Belizeanolic acid 伯利兹原甲藻酸*

【基本信息】$C_{81}H_{134}O_{21}$, 无定形固体, $[\alpha]_D^{25}$ = −5.2° (c = 0.002, 甲醇).【类型】四及以上分支线型聚酮类.【来源】伯利兹原甲藻* *Prorocentrum belizeanum*.【活性】细胞毒 [A2780, GI_{50} = (0.26±0.09)μmol/L; SW1573, GI_{50} = (0.31±0.06)μmol/L; HBL100, GI_{50} = (0.32±0.04)μmol/L; T47D, GI_{50} = (0.40±0.09)μmol/L; WiDr, GI_{50} = (0.41±0.04)μmol/L].【文献】J.G Napolitano, et al. Angew. Chem., Int. Ed., 2009, 48, 796.

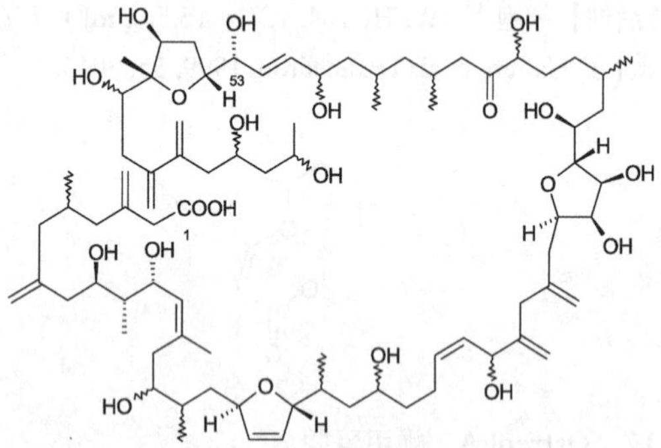

25 Denticulatin A 细齿菊花螺亭 A*

【基本信息】$C_{23}H_{40}O_5$, 油状物, $[\alpha]_D$ = −30.7° (c = 1.49, 氯仿).【类型】四及以上分支线型聚酮类.【来源】软体动物细齿菊花螺* *Siphonaria denticulata*.【活性】鱼毒.【文献】J. E. Hochlowski, et al. JACS, 1983, 105, 7413; I. Peterson, et al. Tetrahedron Lett., 1992, 33, 801.

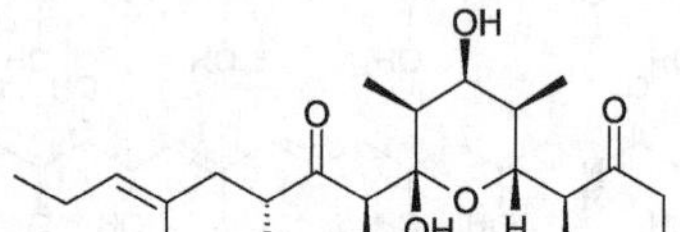

26 Denticulatin B 细齿菊花螺亭 B*

【基本信息】$C_{23}H_{40}O_5$, 晶体, mp 137~141°C, $[\alpha]_D$ = −26.4° (c = 0.39, 氯仿).【类型】四及以上分支线型聚酮类.【来源】软体动物细齿菊花螺* *Siphonaria denticulata*.【活性】鱼毒.【文献】J. E. Hochlowski, et al. JACS, 1983, 105, 7413; I. Peterson, et al. Tetrahedron Lett., 1992, 33, 801.

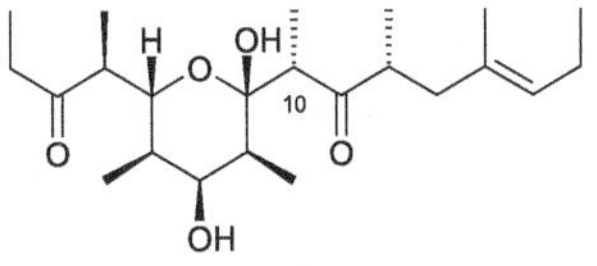

27 Halichomycin 海猪鱼霉素*

【基本信息】$C_{33}H_{49}NO_5$，油状物，$[\alpha]_D^{20}$ = +3.8° (c = 1.2，氯仿).【类型】四及以上分支线型聚酮类.【来源】海洋导出的吸水链霉菌 *Streptomyces hygroscopicus*，来自细棘海猪鱼 *Halichoeres bleekeri*.【活性】细胞毒 (P_{388}，ED_{50} = 0.13μg/mL).【文献】C. Takahashi, et al. Tetrahedron Lett., 1994, 35, 5013.

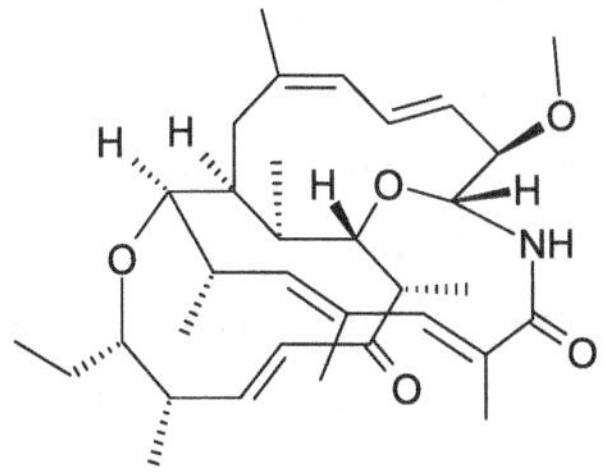

28 5-Hydroxymethyl-discodermolate 5-羟基甲基圆皮海绵醇酯*

【基本信息】$C_{34}H_{59}NO_9$，固体，$[\alpha]_D^{21}$ = +14.6° (c = 0.1，甲醇).【类型】四及以上分支线型聚酮类.【来源】岩屑海绵圆皮海绵属 *Discodermia* sp. (多处，巴哈马，加勒比海，使用 Johnson-Sea-Link 潜水器).【活性】细胞毒 (P_{388}，IC_{50} = 65.8nmol/L；A549，IC_{50} = 74nmol/L).【文献】S. P. Gunasekera, et al. JNP, 2002, 65, 1643; P. L. Winder, et al. Mar. Drugs, 2011, 9, 2644 (Rev.).

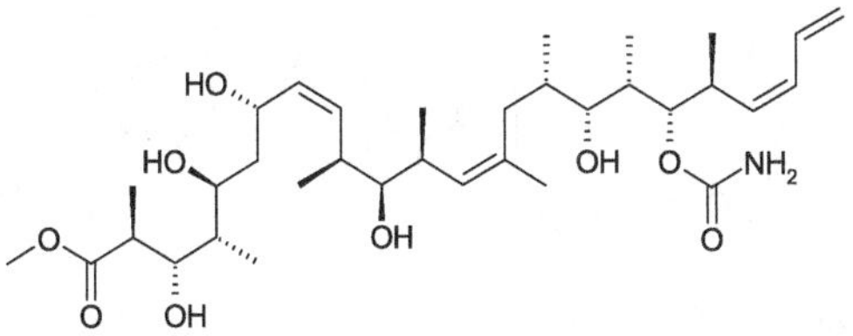

29 Karatungiol A 卡拉通格醇 A*

【基本信息】$C_{73}H_{132}O_{28}$，浅黄色固体，$[\alpha]_D^{17}$= +3.6° (c = 0.1，甲醇).【类型】四及以上分支线型聚酮类.【来源】甲藻前沟藻属 *Amphidinium* sp.【活性】抗真菌.【文献】K. Washida, et al. Tetrahedron Lett., 2006, 47, 2521.

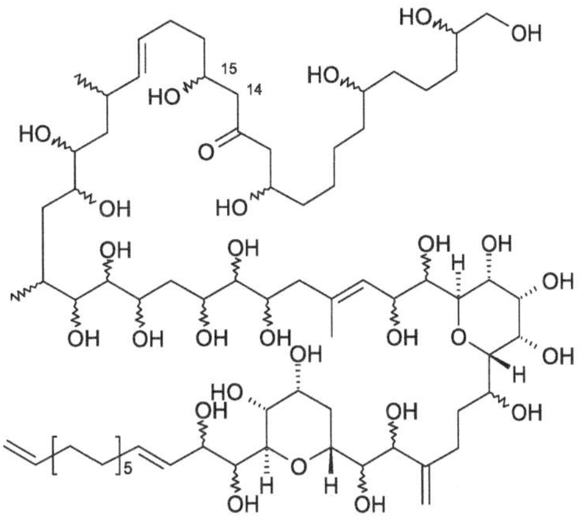

30 Lingshuiol 陵水醇*

【基本信息】$C_{69}H_{122}O_{25}$，浅黄色固体，$[\alpha]_D^{25}$= −8° (c = 0.28，甲醇).【类型】四及以上分支线型聚酮类.【来源】甲藻前沟藻属 *Amphidinium* sp.【活性】细胞毒 (A549，IC_{50} = 0.21μmol/L；HL60，IC_{50} = 0.23μmol/L)；有毒的 (主要对大鼠肝细胞，IC_{50} = 0.21μmol/L).【文献】X.-C. Huang, et al. BoMCL, 2004, 14, 3117; X. M. Qi, et al. Toxicon, 2007, 50, 278.

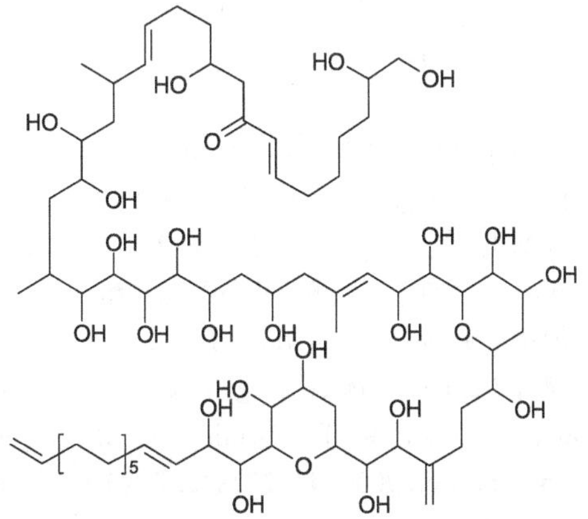

31 Luteophanol A 扁虫醇 A*

【基本信息】$C_{60}H_{102}O_{25}S$，无定形固体，$[\alpha]_D^{29}$ = −7.6° (c = 1，甲醇).【类型】四及以上分支线型聚酮类.【来源】甲藻前沟藻属 *Amphidinium* sp. Y-52，来自内肛动物门无肠目海洋扁虫 *Pseudaphanostoma luteocoloris*.【活性】抗菌 (金黄色葡萄球菌 *Staphylococcus aureus*，MIC = 33μg/mL；藤黄八叠球菌 *Sarcina lutea*，MIC = 33μg/mL；枯草杆菌 *Bacillus subtilis*，MIC = 66μg/mL)；藻毒素.【文献】Y. Doi, et al. JOC, 1997, 62, 3820.

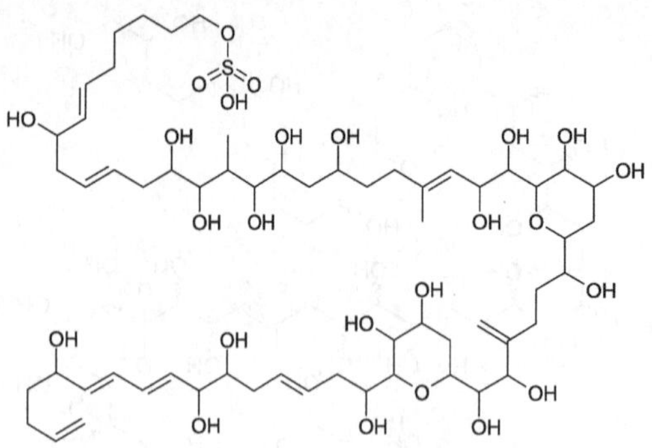

32 Myriaporone 3 苔藓动物酮 3*

【别名】Antibiotics MT 332; 抗生素 MT 332.【基本信息】$C_{19}H_{32}O_7$.【类型】四及以上分支线型聚酮类.【来源】苔藓动物裸唇纲 *Myriapora truncata*.【活性】细胞毒 (和苔藓动物酮 4 不可分离的平衡混合物, 0.2μg/mL, L_{1210}, InRt = 88%).【文献】M. Pérez, et al. Angew. Chem., Int. Ed., 2004, 43, 1724; K. N. Fleming, et al. Angew. Chem., Int. Ed., 2004, 43, 2728; J.-F. Cheng, et al. JNP, 2007, 70, 332.

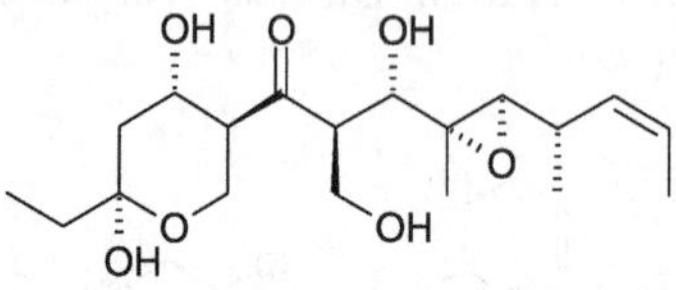

33 Myriaporone 4 苔藓动物酮 4*

【基本信息】$C_{19}H_{32}O_7$.【类型】四及以上分支线型聚酮类.【来源】苔藓动物裸唇纲 *Myriapora truncata*.【活性】细胞毒 (和苔藓动物酮 3 不可分离的平衡混合物, 0.2μg/mL, L_{1210}, InRt = 88%).【文献】M. Pérez, et al. Angew. Chem., Int. Ed., 2004, 43, 1724; K. N. Fleming, et al. Angew. Chem., Int. Ed., 2004, 43, 2728; J.-F. Cheng, et al. JNP, 2007, 70, 332.

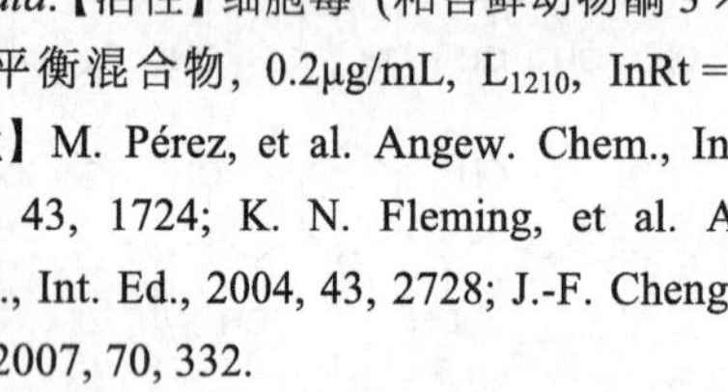

34 Niuhinone A 头足类酮 A*

【基本信息】$C_{24}H_{36}O_3$, 油状物, $[\alpha]_D$ +55° (c = 0.68, 己烷).【类型】四及以上分支线型聚酮类.【来源】头甲鱼属 *Bulla occidentalis* (尤卡坦海岸, 墨西哥湾) 和软体动物头足目拟海牛科 *Philinopsis speciosa*.【活性】有毒的 (盐水丰年虾).【文献】S. J. Coval, et al. Tetrahedron Lett., 1985, 26, 5359; A. Cutignano, et al. Tetrahedron Lett., 2011, 52, 4595.

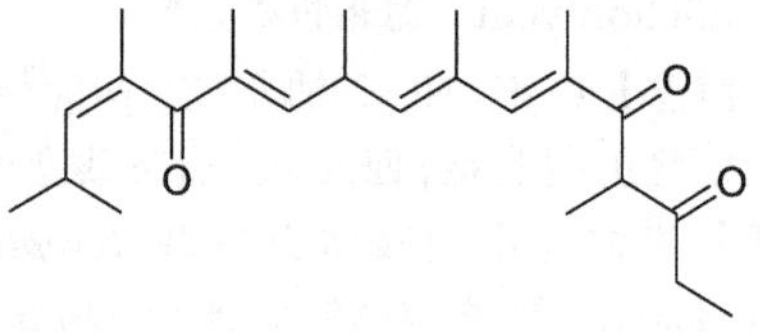

35 Niuhinone B 头足类酮 B*

【基本信息】$C_{25}H_{38}O_3$, $[\alpha]_D$ +55° (c = 0.47, 己烷).【类型】四及以上分支线型聚酮类.【来源】头甲鱼属 *Bulla occidentalis* (尤卡坦海岸, 墨西哥湾), 头甲鱼属 *Bulla gouldiana*, 软体动物头足目拟海牛科 *Navanax inermis* 和软体动物头足目拟海牛科 *Philinopsis speciosa*.【活性】有毒的 (盐水丰年虾).【文献】S. J. Coval, et al. Tetrahedron Lett., 1985, 26, 5359; A. Spinella, et al. Tetrahedron, 1993, 49, 3203; A. Cutignano, et al. Tetrahedron Lett., 2011, 52, 4595.

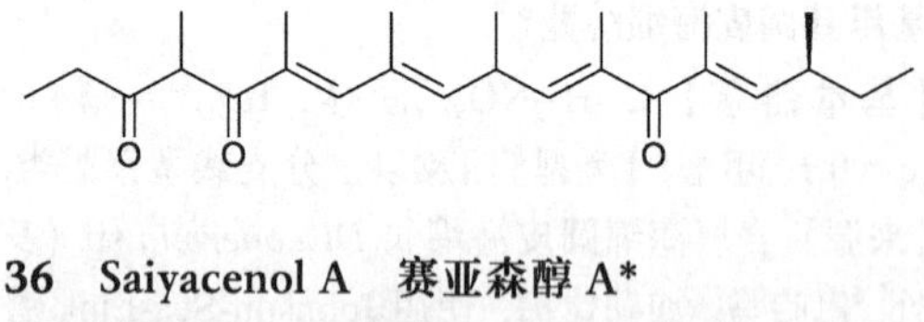

36 Saiyacenol A 赛亚森醇 A*

【基本信息】$C_{30}H_{51}BrO_6$.【类型】四及以上分支线型聚酮类.【来源】红藻 *Laurencia viridis* (卡亚俄萨尔瓦赫, 特内里费岛, 加那利群岛, 西班牙).【活性】细胞毒.【文献】F. Cen-Pacheco, et al. Tetrahedron, 2012, 68, 7275.

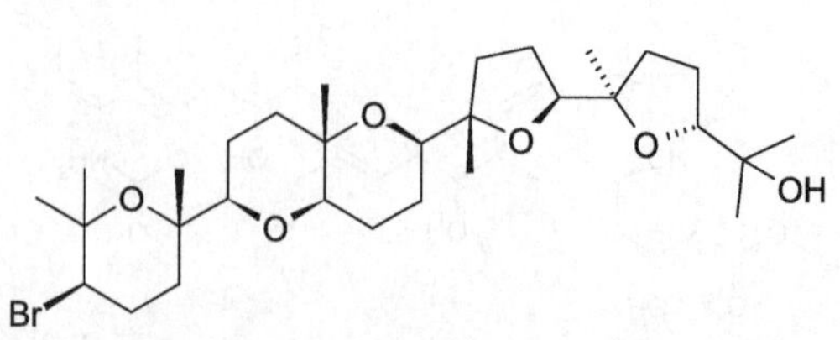

37 Saiyacenol B 赛亚森醇 B*

【基本信息】$C_{30}H_{51}BrO_6$.【类型】四及以上分支线型聚酮类.【来源】红藻 *Laurencia viridis* (卡亚俄萨尔瓦赫, 特内里费岛, 加那利群岛, 西班牙).【活性】细胞毒.【文献】F. Cen-Pacheco, et al. Tetrahedron, 2012, 68, 7275.

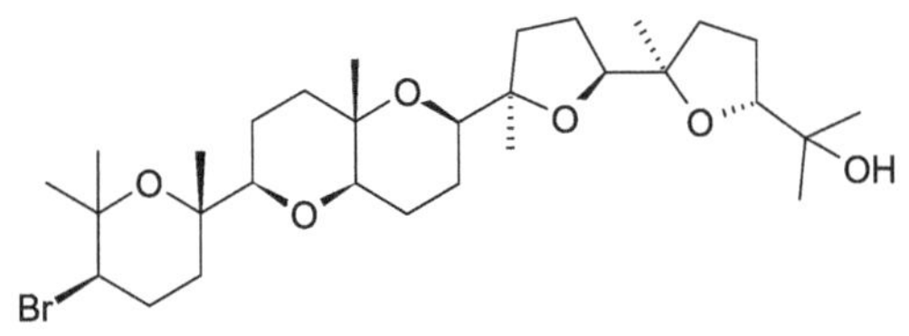

38 Saliniketal A 盐水孢菌醛 A*

【基本信息】$C_{22}H_{37}NO_5$, 无定形粉末, $[\alpha]_D = -13.7°$ ($c = 0.13$, 甲醇).【类型】四及以上分支线型聚酮类.【来源】海洋导出的放线菌栖沙盐水孢菌 (模式种) *Salinispora arenicola* YM23-082, 海洋导出的链霉菌属 *Streptomyces arenicola* CNR-005.【活性】抗菌 (金黄色葡萄球菌 *Staphylococcus aureus* IFO 12732, MIC = 37μg/mL; 枯草杆菌 *Bacillus subtilis* IFO 3134, MIC = 111μg/mL; 海黄噬细胞菌 *Cytophaga marinoflava* IFO 14170, MIC > 200μg/mL; 大肠杆菌 *Escherichia coli* IFO 3301, MIC > 200μg/mL; 铜绿假单胞菌 *Pseudomonas aeruginosa* IFO 3446, MIC > 200μg/mL); 抗真菌 (白色念珠菌 *Candida albicans* IFO 1060, MIC > 200μg/mL); 鸟氨酸脱羧酶诱导抑制剂 (IC_{50} = 1.9~7.8μg/mL).【文献】S. Matsuda, et al. J. Antibiot., 2009, 62, 519; P. G. Williams, et al. JNP, 2007, 70, 83.

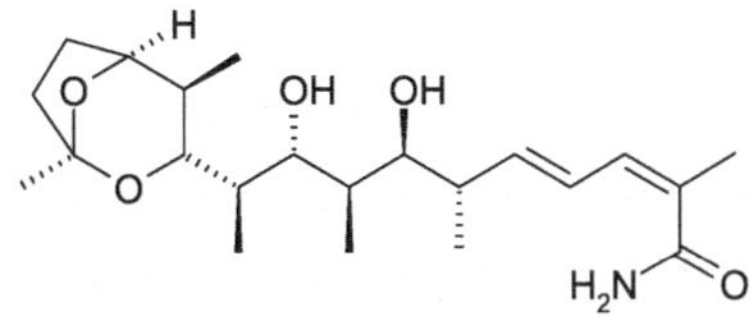

39 Saliniketal B 盐水孢菌醛 B*

【基本信息】$C_{22}H_{37}NO_6$, 无定形粉末, $[\alpha]_D = -22.4°$ ($c = 0.11$, 甲醇).【类型】四及以上分支线型聚酮类.【来源】海洋导出的链霉菌属 *Streptomyces arenicola* CNR-059.【活性】鸟氨酸脱羧酶诱导抑制剂 (IC_{50} = 1.9~7.8μg/mL).【文献】P. G. Williams, et al. JNP, 2007, 70, 83.

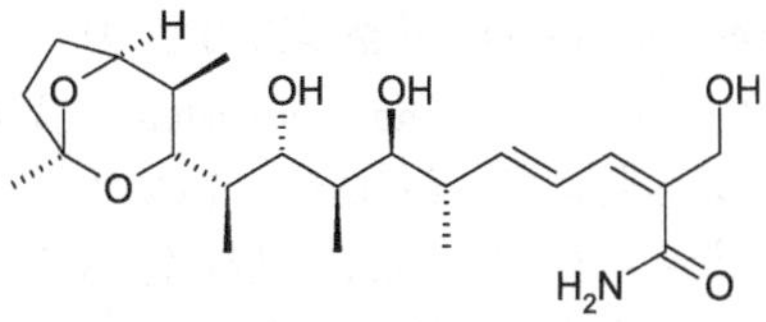

40 Simplakidine A 不分支扁板海绵啶 A*

【基本信息】$C_{24}H_{37}NO_6$, 无定形固体, $[\alpha]_D^{25} = -21.7°$ ($c = 1.2$, 甲醇).【类型】四及以上分支线型聚酮类.【来源】不分支扁板海绵* *Plakortis simplex*.【活性】细胞毒 (低活性).【文献】C. Campagnuolo, et al. Org. Lett., 2003, 5, 673.

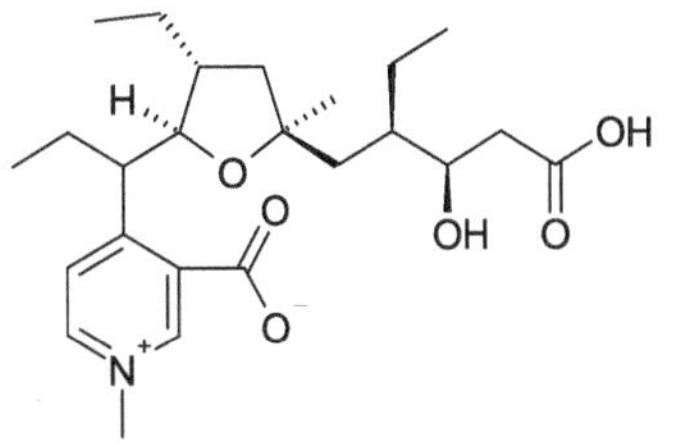

41 Siphonarienedione 菊花螺烯二酮*

【基本信息】$C_{20}H_{36}O_2$, 油状物, $[\alpha]_D = +32.5°$ ($c = 0.52$, 氯仿).【类型】四及以上分支线型聚酮类.【来源】软体动物栉状菊花螺* *Siphonaria pectinata* (加的斯, 西班牙, W6°18′ N36°32′) 和软体动物灰菊花螺* *Siphonaria grisea*.【活性】细胞毒 (P_{388}, A549, HT29 和 MEL28, 所有的 ED_{50} ≥ 10μg/mL); 抗菌 (革兰氏阳性菌); 抗真菌.【文献】M. Norte, et al. Tetrahedron, 1990, 46, 1669; M. C. Paul, et al. Tetrahedron, 1997, 53, 2303; M. A. Calter, et al. JACS, 2002, 124, 13127.

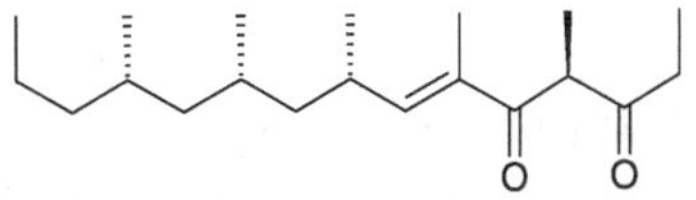

42 Z-Siphonarienfuranone Z-菊花螺烯呋喃酮*

【基本信息】$C_{20}H_{34}O_3$.【类型】四及以上分支线型聚酮类.【来源】软体动物栉状菊花螺* *Siphonaria pectinata* (加的斯, 西班牙, W6°18′ N36°32′) 和软体动物灰菊花螺* *Siphonaria grisea*.【活性】细胞毒 (P_{388}, A549, HT29 和 MEL28, 所有的 ED_{50} = 2.5μg/mL); 抗菌 (革兰氏阳性菌).【文献】Norte, M. et al. Tetrahedron, 1990, 46, 1669; M. C. Paul, et al. Tetrahedron, 1997, 53, 2303.

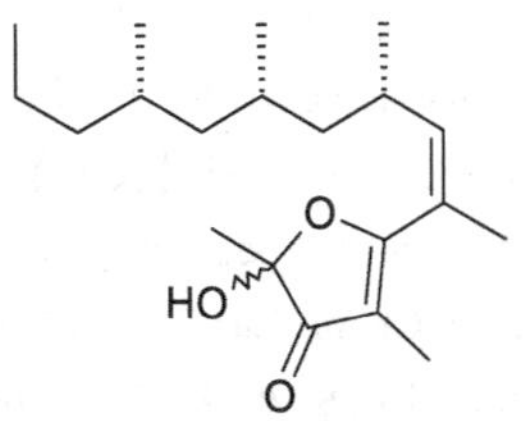

43 Siphonarienfuranone 菊花螺烯呋喃酮*

【基本信息】$C_{20}H_{34}O_3$, 油状物, $[\alpha]_D = +101.5°$ (c = 0.14, 氯仿).【类型】四及以上分支线型聚酮类.【来源】软体动物栉状菊花螺* *Siphonaria pectinata* (加的斯, 西班牙, W6°18′ N36°32′) 和软体动物灰菊花螺* *Siphonaria grisea*.【活性】细胞毒 (P_{388}, A549, HT29 和 MEL28, 所有的 ED_{50} = 5μg/mL); 抗菌 (革兰氏阳性菌).【文献】Norte, M. et al. Tetrahedron, 1990, 46, 1669; M. C. Paul, et al. Tetrahedron, 1997, 53, 2303.

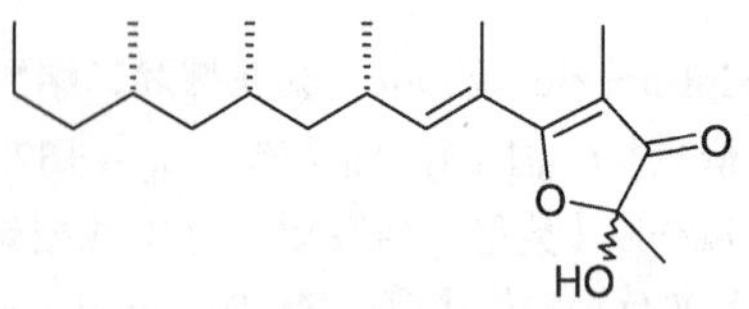

44 Siphonarienolone 菊花螺烯醇酮*

【基本信息】$C_{20}H_{38}O_2$, 油状物, $[\alpha]_D = +19.6°$ (c = 0.11, 氯仿).【类型】四及以上分支线型聚酮类.【来源】软体动物栉状菊花螺* *Siphonaria pectinata* (加的斯, 西班牙, W6°18′ N36°32′) 和软体动物灰菊花螺* *Siphonaria grisea*.【活性】细胞毒 (P_{388}, A549, HT29 和 MEL28, 所有的 ED_{50} = 2.5μg/mL); 抗菌 (革兰氏阳性菌); 抗真菌.【文献】M. Norte, et al. Tetrahedron, 1990, 46, 1669; M. C. Paul, et al. Tetrahedron, 1997, 53, 2303; M. A. Calter, et al. JACS, 2002, 124, 13127.

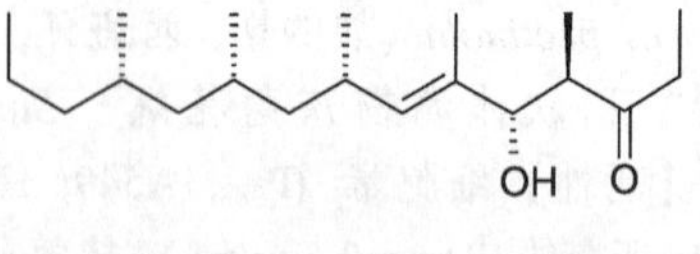

45 Vatoxin-a 卵形蛎甲藻新 a*

【基本信息】$C_{132}H_{228}N_2O_{51}$.【类型】四及以上分枝线型聚酮类.【来源】甲藻卵形蛎甲藻 *Ostreopsis ovata* (海水, 亚得利亚和第勒尼安海岸, 意大利).【活性】有毒 (*in vivo*, 小鼠, 在很短的时间内就会死亡, 还会导致肢体瘫痪).【文献】P. Ciminiello, et al. J. Am. Soc. Mass Spectrom., 2008, 19, 111; P. Ciminiello, et al. Chem.-Eur. J., 2012, 18, 16836; P. Ciminiello, et al. JACS, 2012, 134, 1869.

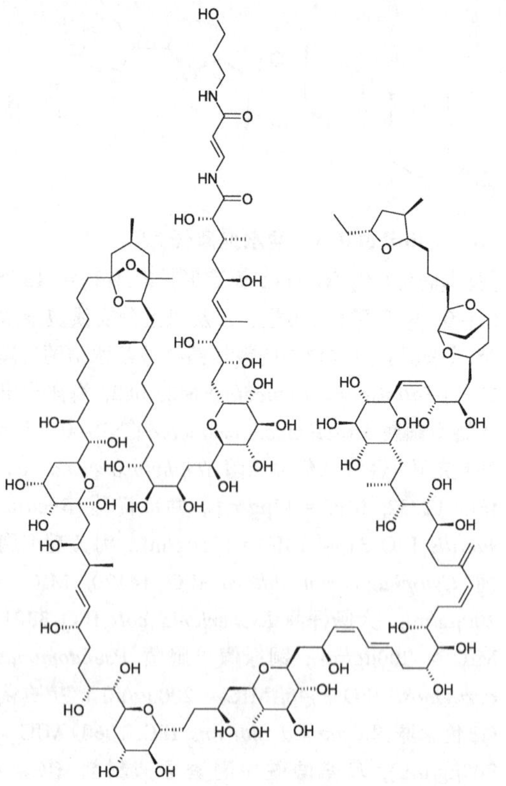

1.2 那可亭类

46 Feigrisolide C 非格里索内酯 C*

【别名】Nonactyl homononactoate; 无活菌素基高无活菌素酯*.【基本信息】$C_{21}H_{36}O_7$, 粉末, $[\alpha]_D^{20} = +17.2°$ (c = 0.4, 甲醇).【类型】那可亭类.【来源】海洋导出的链霉菌属 *Streptomyces* sp.【活性】抗菌.【文献】H. Laatsch, Dissertation, Univ. of Göttingen, 2005.

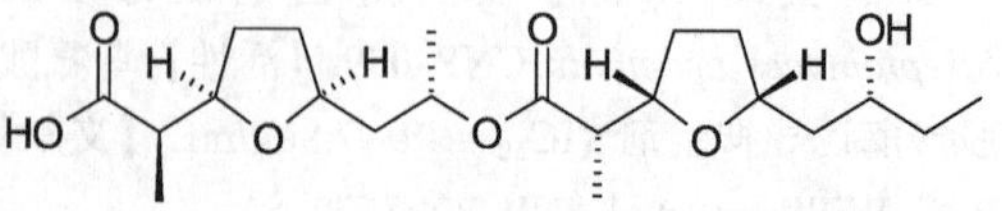

47 Feigrisolide D 非格里索内酯 D*

【别名】Homononactyl homononactoate; 高无活菌素基高无活菌素酯*.【基本信息】$C_{22}H_{38}O_7$, 油状物, $[\alpha]_D^{20} = +15.7°$ (c = 0.2, 甲醇).【类型】那可亭类.【来源】海洋导出的链霉菌属 *Streptomyces* sp.【活性】抗菌.【文献】Y. Q. Tang, et al. J. Antibiot., 2000, 53, 934.

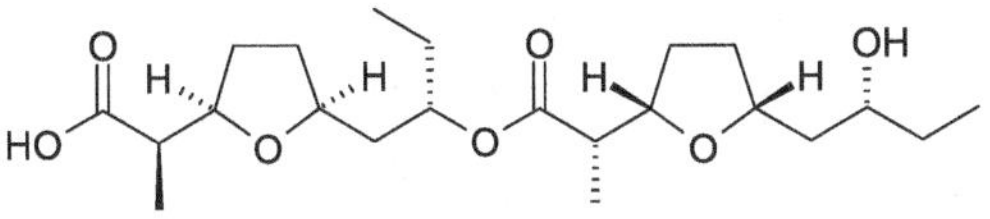

48　Nonactin　无活菌素

【别名】Werramycin; 韦腊霉素.【基本信息】$C_{40}H_{64}O_{12}$, 针状晶体 (甲醇), mp 149~150°C, $[\alpha]_D^{20} = 0°$ (c = 2, 氯仿).【类型】那可亭类.【来源】海洋导出的链霉菌属 *Streptomyces* sp. KORDI-3238.【活性】抗菌 (革兰氏阳性菌); 钾离子膜转运体; 选择性铵配合物 (铊和钾离子, 用于特定的铵电极).【文献】S.-Y. Jeong, et al. J. Antibiot., 2006, 59, 234.

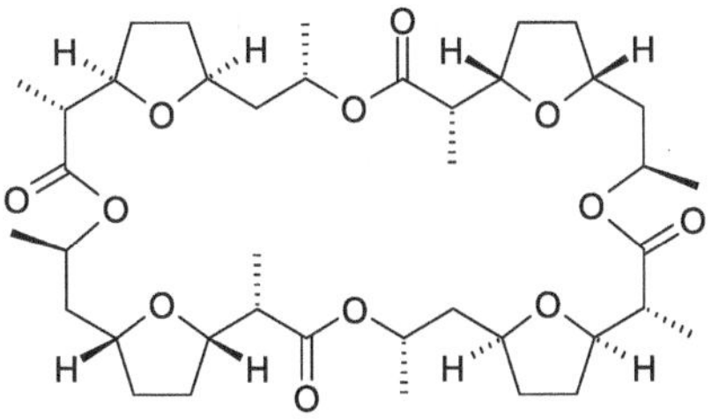

1.3　胞变霉素类

49　Antibiotics IB 96212　抗生素 IB 96212

【基本信息】$C_{54}H_{94}O_{16}$, 晶体, mp 165~166°C, $[\alpha]_D^{25} = -42.3°$ (c = 0.22, 氯仿).【类型】胞变霉素类.【来源】海洋导出的细菌小单孢菌属 *Micromonospora* sp. (发酵液体).【活性】细胞毒.【文献】L. M. Cañedo, et al. J. Antibiot., 2000, 53, 479.

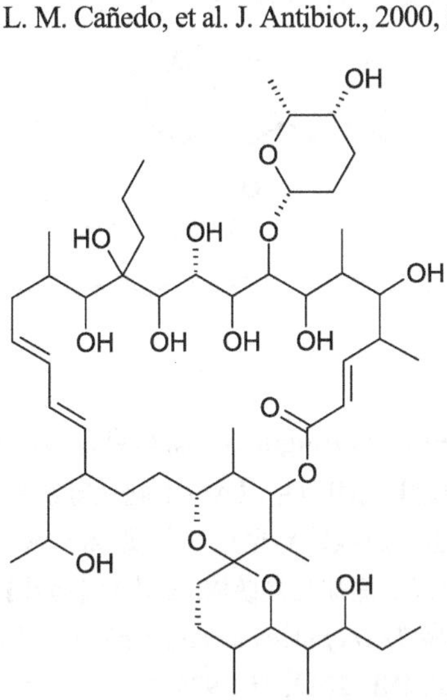

50　Maclafungin　马克拉方斤*

【基本信息】$C_{46}H_{80}O_{12}$, 粉末, mp 195°C, $[\alpha]_D = +32.8°$ (c = 0.41, 氯仿).【类型】胞变霉素类.【来源】未鉴定的放线菌 Y-8521050.【活性】抗真菌.【文献】T. Mukhopadhyay, et al. Tetrahedron, 1998, 54, 13621.

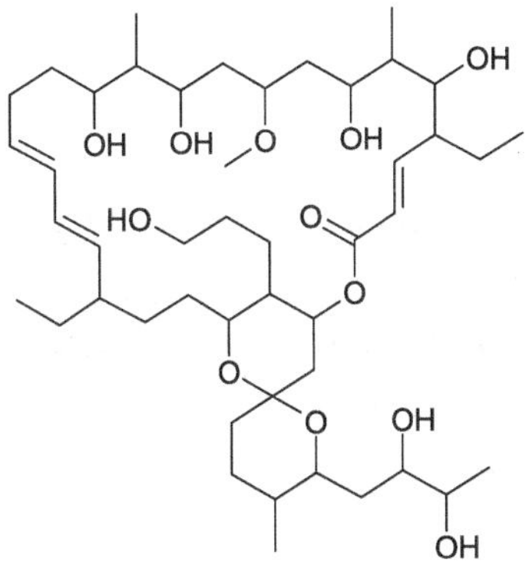

51　Neomaclafungin A　新马克拉方斤 A*

【基本信息】$C_{44}H_{76}O_{11}$.【类型】胞变霉素类.【来源】海洋导出的放线菌异壁放线菌属 *Actinoalloteichus* sp. (沉积物, 高知县乌萨湾, 日本).【活性】抗真菌 (须发癣菌 *Trichophyton mentagrophytes*).【文献】S. Sato, et al. JNP, 2012, 75, 1974.

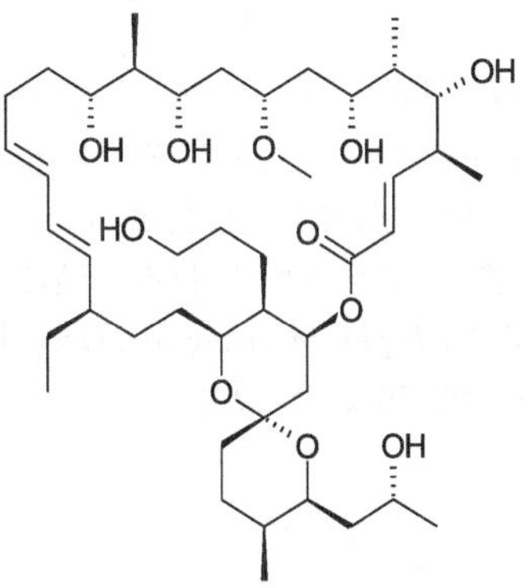

52　Neomaclafungin B　新马克拉方斤 B*

【基本信息】$C_{45}H_{78}O_{11}$.【类型】胞变霉素类.【来源】海洋导出的放线菌异壁放线菌属 *Actinoalloteichus* sp. (沉积物, 高知县乌萨湾, 日本).【活性】抗真菌 (须发癣菌 *Trichophyton mentagrophytes*).【文献】S. Sato, et al. JNP, 2012, 75, 1974.

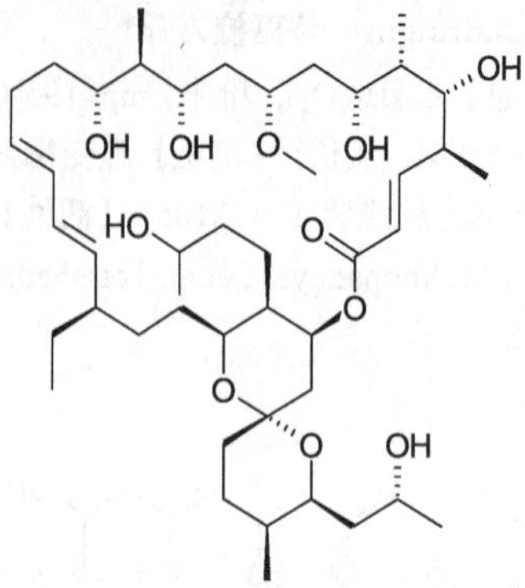

53 Neomaclafungin C 新马克拉方斤 C*

【基本信息】$C_{45}H_{78}O_{11}$.【类型】胞变霉素类.【来源】海洋导出的放线菌异壁放线菌属 *Actinoalloteichus* sp. (沉积物, 高知县乌萨湾, 日本).【活性】抗真菌 (须发癣菌 *Trichophyton mentagrophytes*).【文献】S. Sato, et al. JNP, 2012, 75, 1974.

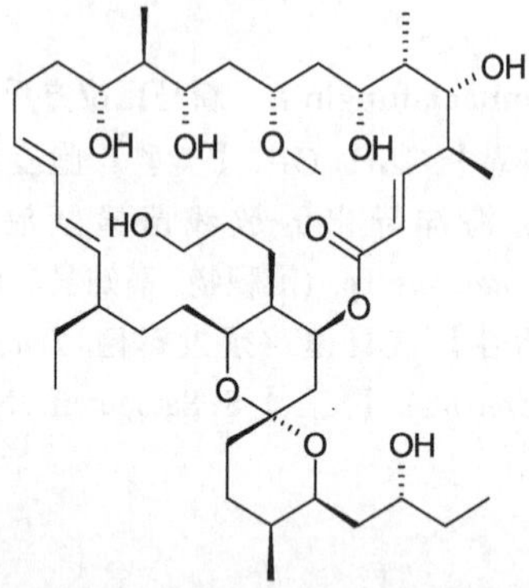

54 Neomaclafungin D 新马克拉方斤 D*

【基本信息】$C_{46}H_{80}O_{11}$.【类型】胞变霉素类.【来源】海洋导出的放线菌异壁放线菌属 *Actinoalloteichus* sp. (沉积物, 高知县乌萨湾, 日本).【活性】抗真菌 (须发癣菌 *Trichophyton mentagrophytes*).【文献】S. Sato, et al. JNP, 2012, 75, 1974.

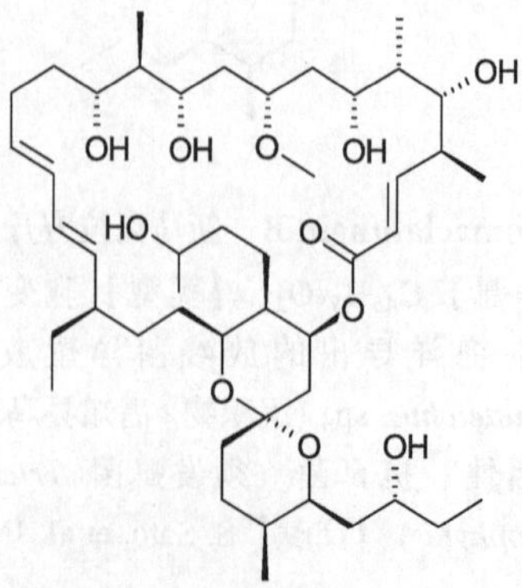

55 Neomaclafungin E 新马克拉方斤 E*

【基本信息】$C_{43}H_{74}O_{10}$.【类型】胞变霉素类.【来源】海洋导出的放线菌异壁放线菌属 *Actinoalloteichus* sp. (沉积物, 高知县乌萨湾, 日本).【活性】抗真菌 (须发癣菌 *Trichophyton mentagrophytes*).【文献】S. Sato, et al. JNP, 2012, 75, 1974.

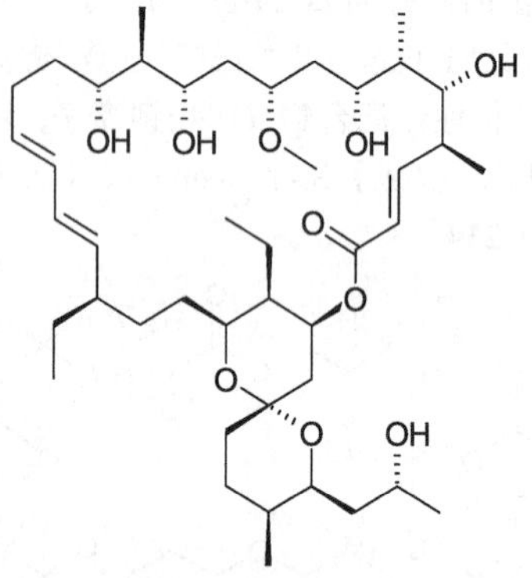

56 Neomaclafungin F 新马克拉方斤 F*

【基本信息】$C_{44}H_{76}O_{10}$.【类型】胞变霉素类.【来源】海洋导出的放线菌异壁放线菌属 *Actinoalloteichus* sp. (沉积物, 高知县乌萨湾, 日本).【活性】抗真菌 (须发癣菌 *Trichophyton mentagrophytes*).【文献】S. Sato, et al. JNP, 2012, 75, 1974.

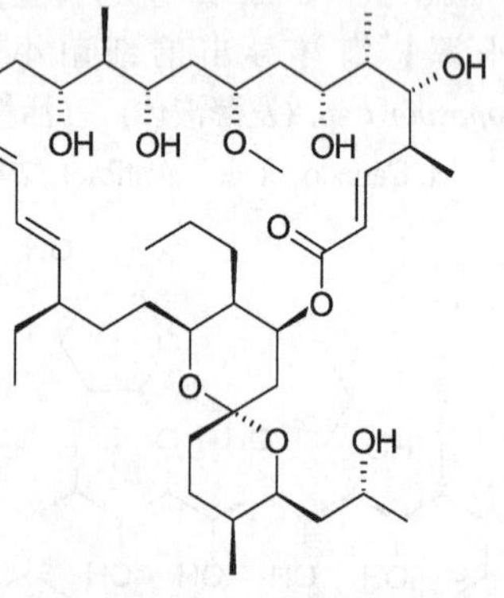

57 Neomaclafungin G 新马克拉方斤 G*

【基本信息】$C_{45}H_{78}O_{10}$.【类型】胞变霉素类.【来源】海洋导出的放线菌异壁放线菌属 *Actinoalloteichus* sp. (沉积物, 高知县乌萨湾, 日本).【活性】抗真菌 (须发癣菌 *Trichophyton mentagrophytes*).【文献】S. Sato, et al. JNP, 2012, 75, 1974.

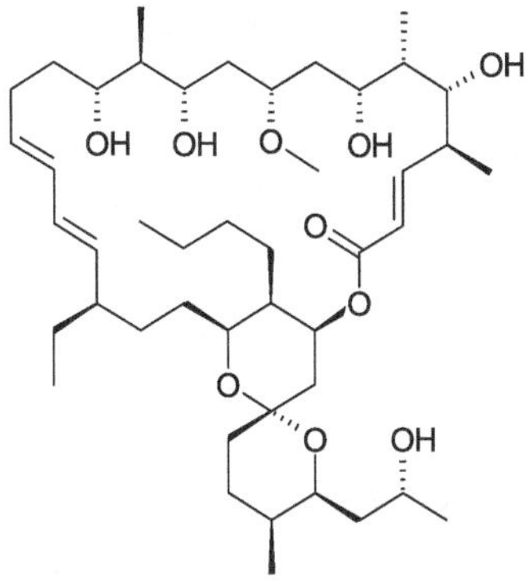

58 Neomaclafungin H 新马克拉方斤 H*

【基本信息】$C_{45}H_{78}O_{10}$.【类型】胞变霉素类.【来源】海洋导出的放线菌异壁放线菌属 *Actinoalloteichus* sp. (沉积物, 高知县乌萨湾, 日本).【活性】抗真菌 (须发癣菌 *Trichophyton mentagrophytes*).【文献】S. Sato, et al. JNP, 2012, 75, 1974.

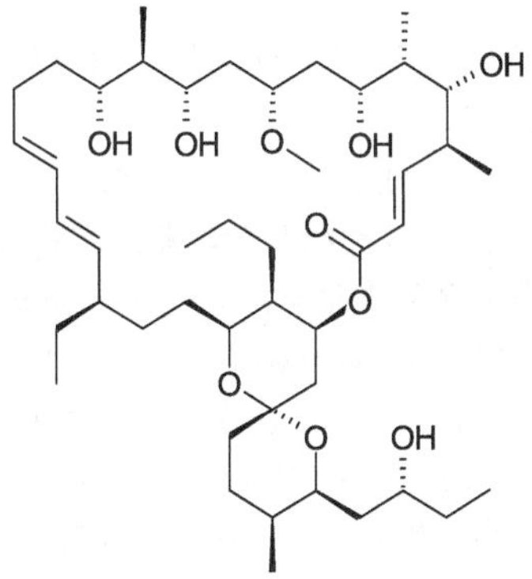

59 Neomaclafungin I 新马克拉方斤 I*

【基本信息】$C_{46}H_{80}O_{10}$.【类型】胞变霉素类.【来源】海洋导出的放线菌异壁放线菌属 *Actinoalloteichus* sp. (沉积物, 高知县乌萨湾, 日本).【活性】抗真菌 (须发癣菌 *Trichophyton mentagrophytes*).【文献】S. Sato, et al. JNP, 2012, 75, 1974.

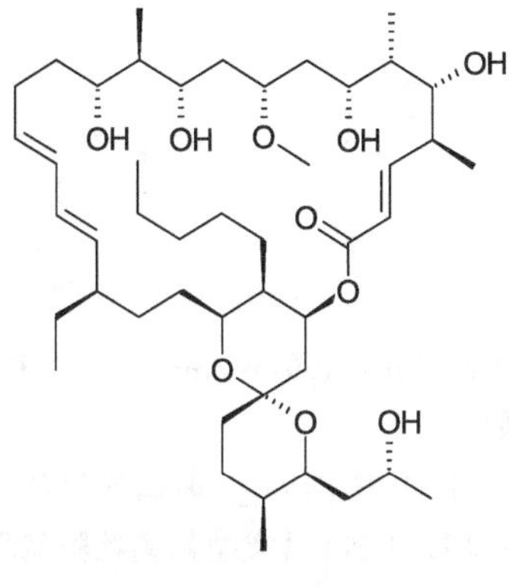

1.4 扣来投二醇类

60 Clonostachydiol 黏帚霉二醇*

【基本信息】$C_{14}H_{20}O_6$, 晶体, mp 164°C, $[\alpha]_D^{20}$ = +103° (c = 1, 甲醇).【类型】扣来投二醇大环双内酯.【来源】海洋导出的真菌黏帚霉属 *Gliocladium* sp.【活性】驱虫剂.【文献】S. Grabley, et al. J. Antibiot., 1993, 46, 343; A. V. R. Rao, et al. Tetrahedron Lett., 1995, 36, 139; 143.

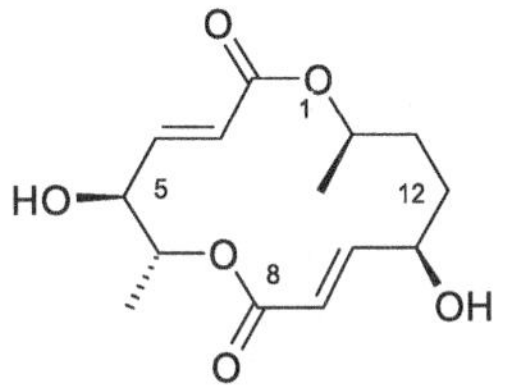

61 Colletoketol 扣来投克特醇*

【别名】Grahamimycin A; 格拉哈米霉素 A*.【基本信息】$C_{14}H_{18}O_6$, 棱柱状晶体 (丙酮/石油醚), mp 147.5~150°C (分解), mp 142~143°C, $[\alpha]_D^{25}$ = –34.2° (c = 0.05, 氯仿).【类型】扣来投二醇大环双内酯.【来源】海洋导出的真菌分枝变枕孢 *Varicosporina ramulosa* (特内里费岛, 加那利群岛, 西班牙).【活性】抗藻.【文献】U. Höller, et al. Acta Crystallogr., Sect. C, 1999, 55, 1310.

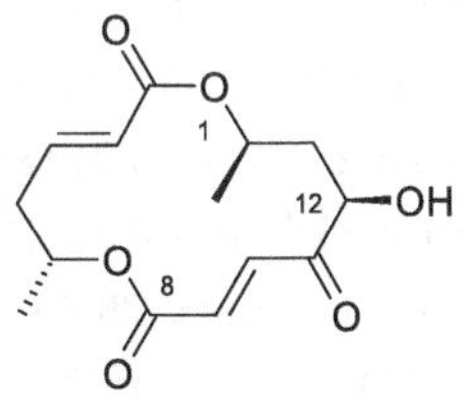

62 9,10-Dihydrocolletodiol 9,10-二氢扣来投二醇*

【基本信息】$C_{14}H_{22}O_6$, 固体, mp 152~154°C, $[\alpha]_D^{20}$= –48° (c = 0.3, 氯仿).【类型】扣来投二醇大环双内酯.【来源】海洋导出的真菌分枝变枕孢 *Varicosporina ramulosa*.【活性】抗真菌 (匍匐散囊菌原变种 *Eurotium repens*, IZD = 2mm, 抑制匍匐散囊菌原变种 *Eurotium repens* 的生长).【文献】U. Höller, et al. EurJOC, 1999, 2949.

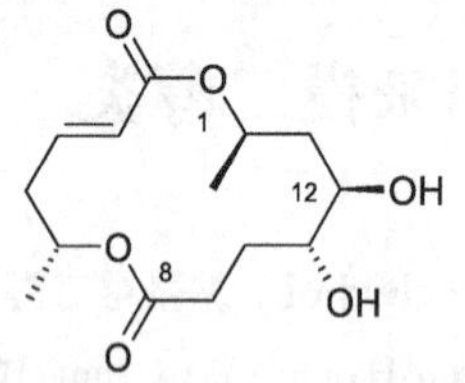

63 Grahamimycin A₁ 格拉哈米霉素 A₁*

【基本信息】$C_{14}H_{18}O_6$，黄色长菱形晶体，mp 91~92°C，$[\alpha]_D^{22}$ = −14.7° (c = 0.76，氯仿).【类型】扣来投二醇大环双内酯.【来源】海洋导出的真菌分枝变枕孢 *Varicosporina ramulosa*.【活性】抗菌(革兰氏阳性菌和革兰氏阴性菌，低活性)；抗蓝细菌（蓝绿藻，低活性)，孢子发芽抑制剂.【文献】R. C. Ronald, et al. Tetrahedron Lett., 1980, 21, 681.

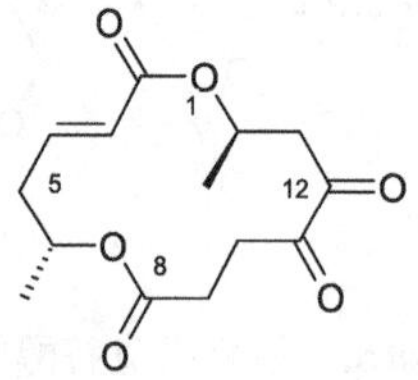

1.5 鞘丝藻酰胺和有关酰胺

64 8-O-Acetylmalyngamide C 8-O-乙酰基鞘丝藻酰胺 C*

【基本信息】$C_{26}H_{40}ClNO_6$，油状物，$[\alpha]_D$ = −32.4° (c = 1.4，乙醇).【类型】鞘丝藻酰胺和有关酰胺.【来源】蓝细菌稍大鞘丝藻 *Lyngbya majuscula*.【活性】细胞毒 (MTT 试验：NCI-H460，IC_{50} = 0.98μg/mL；neuro-2a，IC_{50} = 0.91μg/mL；HCT116，IC_{50} = 0.8μg/mL)；微分细胞毒性［圆盘扩散软琼脂菌落形成试验 (Valeriote, 2002)：C38 和 L_{1210}，地区差单位 < 250，无选择性活性］；电压控制钠离子通道 VGSC 激活剂 (3μg/mL，有毒的；1μg/mL，激活 45%；0.3μg/mL，无活性).【文献】R. D. Ainslie, et al. JOC, 1985, 50, 2859; H. Gross, et al. Phytochemistry, 2010, 71, 1729.

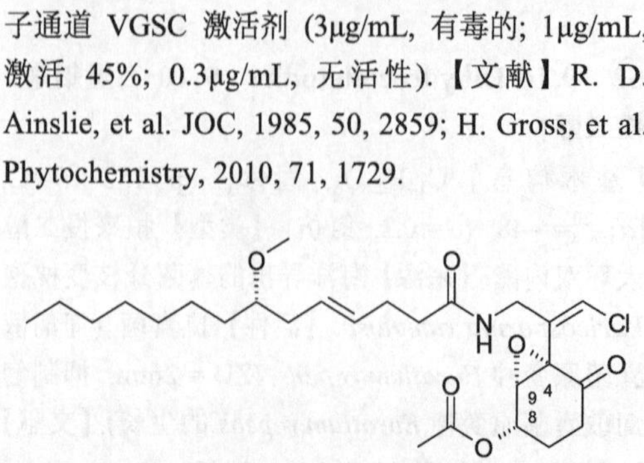

65 8-O-Acetyl-8-epi-malyngamide C 8-O-乙酰基-8-epi-鞘丝藻酰胺 C*

【基本信息】$C_{26}H_{40}ClNO_6$.【类型】鞘丝藻酰胺和有关酰胺.【来源】蓝细菌稍大鞘丝藻 *Lyngbya majuscula* (特鲁蓝湾，格林纳达，美国).【活性】细胞毒 (MTT 试验，NCI-H460，IC_{50} = 4.2μg/mL；neuro-2a，IC_{50} = 5.3μg/mL)；微分细胞毒性［圆盘扩散软琼脂菌落形成试验 (Valeriote, 2002)：C38 和 L_{1210}，地区差单位 < 250，无选择性活性］；电压控制钠离子通道 VGSC 阻滞剂 (3μg/mL，阻断 71%；1μg/mL，阻断 10%；0.3μg/mL，无活性).【文献】H. Gross, et al. Phytochemistry, 2010, 71, 1729.

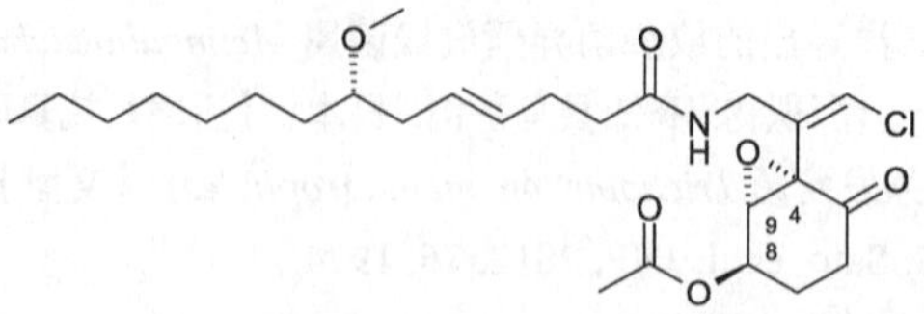

66 6-O-Acetylmalyngamide F 6-O-乙酰基鞘丝藻酰胺 F*

【基本信息】$C_{26}H_{40}ClNO_5$，油状物，$[\alpha]_D^{25}$ = −15.1° (c = 3.6，氯仿).【类型】鞘丝藻酰胺和有关酰胺.【来源】蓝细菌稍大鞘丝藻 *Lyngbya majuscula*，蓝细菌稍大鞘丝藻 *Lyngbya majuscula* (浅水多种样本).【活性】细胞毒 (MTT：NCI-H460，IC_{50} = 7.6μg/mL；neuro-2a，IC_{50} = 3.1μg/mL；HCT116，无活性)；微分细胞毒性［圆盘扩散软琼脂菌落形成试验 (Valeriote, 2002)：C38 和 L_{1210}，地区差单位 = 250，有选择性活性］；VGSC 活化剂 (3μg/mL，活化 19%；1μg/mL，无活性)；电压控制钠离子通道 VGSC 阻滞剂 (3μg/mL，阻断 29%；1μg/mL，阻断 15%；0.3μg/mL，无活性).【文献】W. H. Gerwick, et al. Phytochemistry, 1987, 26, 1701; H. Gross, et al. Phytochemistry, 2010, 71, 1729.

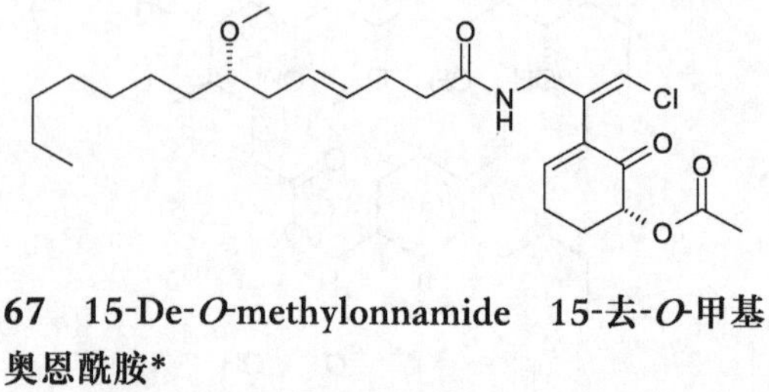

67 15-De-O-methylonnamide 15-去-O-甲基奥恩酰胺*

【基本信息】$C_{38}H_{61}N_5O_{12}$，玻璃状固体，$[\alpha]_D^{23}$ = +70° (c = 0.1，甲醇).【类型】鞘丝藻酰胺和有关

酰胺.【来源】岩屑海绵蒂壳海绵属 *Theonella* sp.【活性】细胞毒 (P_{388}, IC_{50} = 0.15μg/mL).【文献】S. Sakemi, et al. JACS, 1988, 110, 4851; S. Matsunaga, et al. Tetrahedron, 1992, 48, 8369.

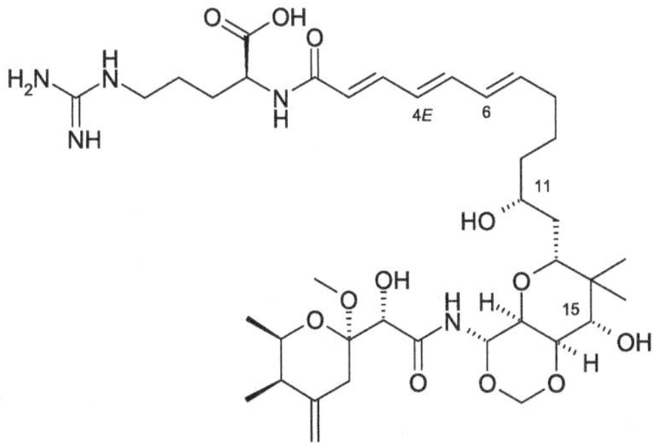

68 6,7-Dihydroonnamide A 6,7-二氢奥恩酰胺 A*

【基本信息】$C_{39}H_{65}N_5O_{12}$.【类型】鞘丝藻酰胺和有关酰胺.【来源】岩屑海绵蒂壳海绵属 *Theonella* sp. [产率 = 1.3×10^{-4}%（湿重）；庆连间群岛外海，冲绳，日本] 和岩屑海绵蒂壳海绵属 *Theonella* sp.（冲绳，日本).【活性】细胞毒 (L_{1210}, IC_{50} = 0.0046μg/mL; KB, IC_{50} = 0.0050μg/mL) (Kobayashi, 1993); cytotoxic (P_{388}, IC_{50} = 0.04μg/mL) (Matsunaga, 1992).【文献】S. Matsunaga, et al. Tetrahedron, 1992, 48, 8369; J. Kobayashi, et al. JNP, 1993, 56, 976.

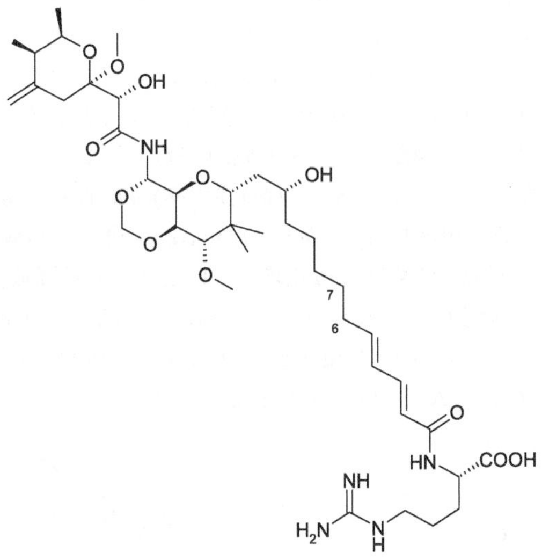

69 6,7-Dihydro-11-oxoonnamide A 6,7-二氢-11-氧代奥恩酰胺 A*

【基本信息】$C_{39}H_{63}N_5O_{12}$, 固体, $[\alpha]_D^{24}$ = +39° (c = 0.42, 甲醇).【类型】鞘丝藻酰胺和有关酰胺.【来源】岩屑海绵蒂壳海绵属 *Theonella* sp. [产率 = 5.6×10^{-5}% (湿重), 庆连间群岛外海, 冲绳, 日本].【活性】细胞毒 (L_{1210}, IC_{50} = 0.016μg/mL; KB, IC_{50} = 0.023μg/mL).【文献】J. Kobayashi, et al. JNP, 1993, 56, 976.

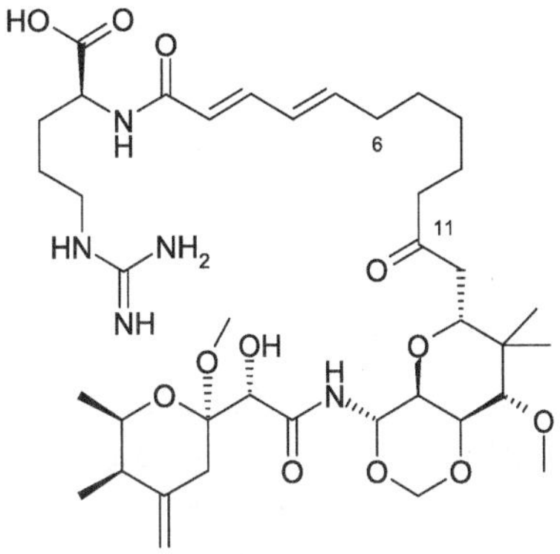

70 Isomalyngamide A 异鞘丝藻酰胺 A*

【基本信息】$C_{29}H_{45}ClN_2O_6$, 无色油状物, $[\alpha]_D^{29}$ = –4.8° (c = 2.9, 二氯甲烷), $[\alpha]_D^{25}$ = –5.7° (c = 0.21, 甲醇).【类型】鞘丝藻酰胺和有关酰胺.【来源】蓝细菌稍大鞘丝藻 *Lyngbya majuscule* (台湾水域, 中国).【活性】细胞毒 (MTT 试验: MCF7, 抗增殖, IC_{50} = 4.6μmol/L; MDA-MB-231, 抗增殖, IC_{50} = 2.8μmol/L; MDA-MB-231, 抑制迁移, IC_{50} = 0.060μmol/L; 大鼠肝, 抑制 α-2,3-唾液酸转移酶, IC_{50} = 77.2μmol/L); 致死毒性 (小龙虾 *Procambarus clarkia*, ip, 250μg/kg).【文献】Y. Kan, et al. JNP, 2000, 63, 1599; T. T. Chang, et al. Eur. J. Med. Chem. 2011, 46, 3810.

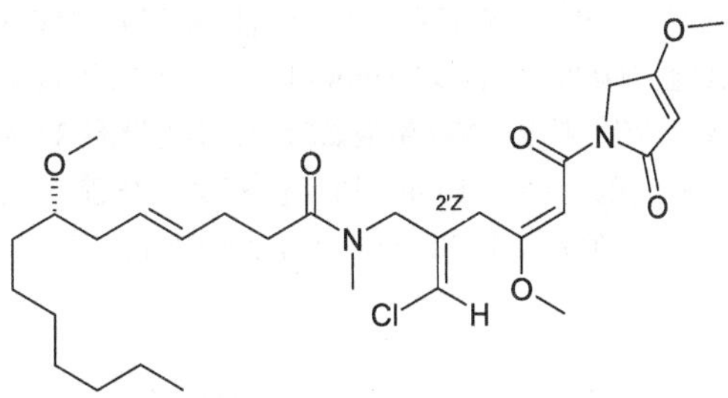

71 Isomalyngamide A_1 异鞘丝藻酰胺 A_1*

【基本信息】$C_{28}H_{43}ClN_2O_6$, 浅黄色油状物, $[\alpha]_D^{25}$ = –7.3° (c = 0.53, 甲醇).【类型】鞘丝藻酰胺和有关酰胺.【来源】蓝细菌稍大鞘丝藻 *Lyngbya majuscule* (台湾水域, 中国).【活性】细胞毒 (MTT 试验: MCF7, 抗增殖, 20μmol/L 时抑制 28%;

MDA-MB-231, 抗增殖, IC_{50} = 12.7μmol/L; MDA-MB-231, 抑制迁移, IC_{50} = 0.337μmol/L; 大鼠肝, 抑制 *α*-2,3-唾液酸转移酶, IC_{50} = 65.7μmol/L).【文献】T. T. Chang, et al. Eur. J. Med. Chem., 2011, 46, 3810.

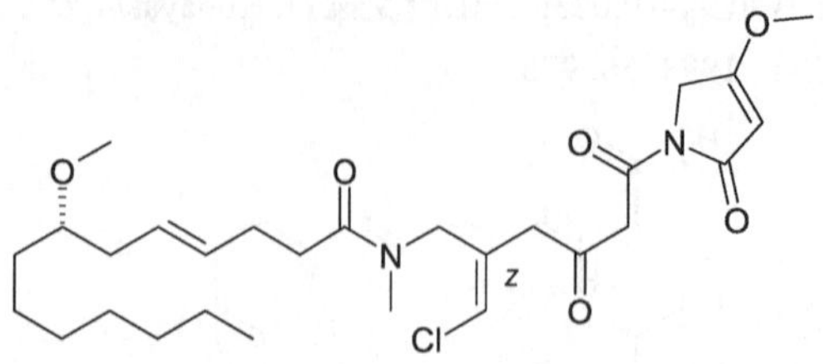

72 Isomalyngamide B 异鞘丝藻酰胺 B*

【基本信息】$C_{28}H_{45}ClN_2O_6$, $[\alpha]_D^{27}$ = +46.0° (*c* = 0.4, 二氯甲烷).【类型】鞘丝藻酰胺和有关酰胺.【来源】蓝细菌稍大鞘丝藻 *Lyngbya majuscule* (台湾水域, 中国).【活性】致死毒性 (小龙虾 *Procambarus clarkia*, ip, 500μg/kg).【文献】Y. Kan, et al. JNP, 2000, 63, 1599.

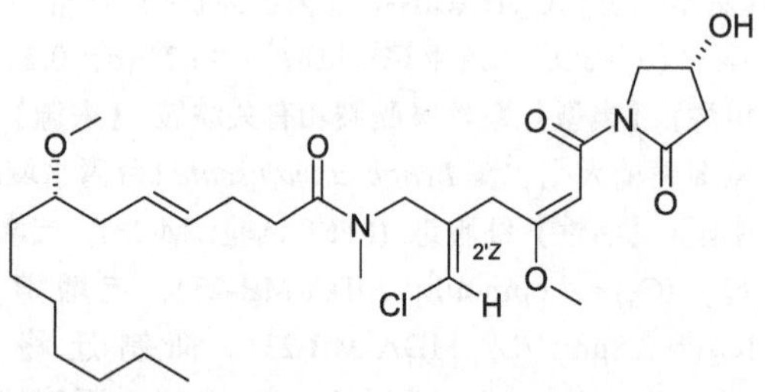

73 Malyngamide 2 稍大鞘丝藻酰胺 2*

【基本信息】$C_{25}H_{42}ClNO_6$, 浅黄色油状物; $[\alpha]_D$ = 1.1° (*c* = 2.5, 氯仿).【类型】鞘丝藻酰胺和有关酰胺.【来源】蓝细菌暗鞘丝藻* *Lyngbya sordida* (达奇斯岛, 巴布亚新几内亚).【活性】细胞毒 (MTT 试验, H460, IC_{50} = 27.3μmol/L); neuro-2a 钠离子通道活化; 抗炎 (NO 生成试验, LPS-诱导的 RAW 巨噬细胞, IC_{50} = 8.0μmol/L, 仅有适度细胞毒活性).【文献】K. L. Malloy, et al. JNP 2011, 74, 95.

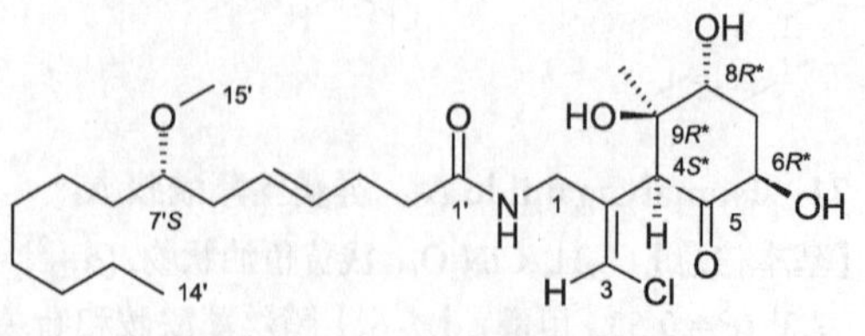

74 Malyngamide 3 稍大鞘丝藻酰胺 3*

【基本信息】$C_{29}H_{48}ClNO_7$, 无色无定形粉末, $[\alpha]_D^{25}$ = −10.1° (*c* = 0.36, 甲醇).【类型】鞘丝藻酰胺和有关酰胺.【来源】蓝细菌稍大鞘丝藻 *Lyngbya majuscula* (科科斯潟湖, 关岛, 美国).【活性】细胞毒 (MCF7, IC_{50} = 29μmol/L; HT29, IC_{50} = 48μmol/L).【文献】S. P. Gunasekera, et al. JNP, 2011, 74, 871.

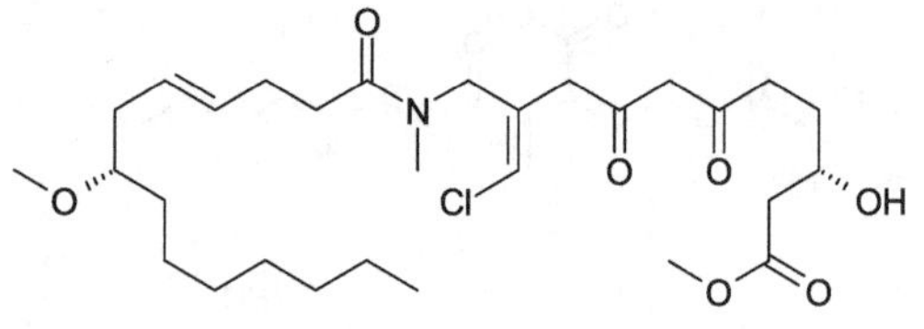

75 Malyngamide 4 稍大鞘丝藻酰胺 4*

【基本信息】$C_{28}H_{43}ClN_2O_5$.【类型】鞘丝藻酰胺和有关酰胺.【来源】蓝细菌鞘丝藻属 *Moorea producens* (吉达市, 沙特阿拉伯).【活性】细胞毒 (数种 HTCL 细胞, 温和活性).【文献】L. A. Shaala, et al. Phytochem. Lett., 2013, 6, 183.

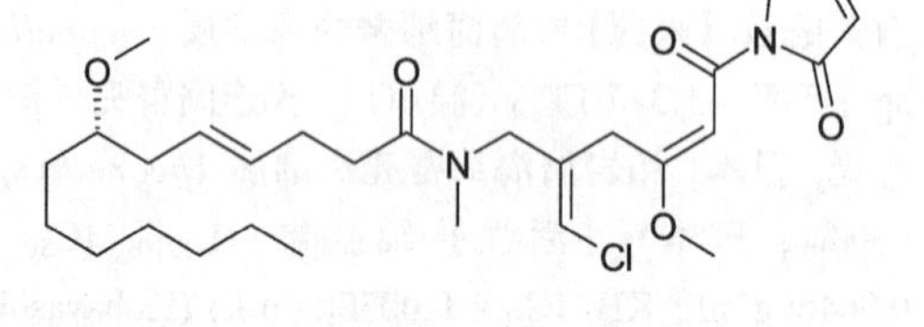

76 Malyngamide A 稍大鞘丝藻酰胺 A*

【别名】*N*-[2-(Chloromethylene)-6-(2,5-dihydro-4-methoxy-2-oxo-1*H*-pyrrol-1-yl)-4-methoxy-6-oxo-4-hexenyl]-7-methoxy-*N*-methyl-4-tetradecenamide; *N*-[2-(氯亚甲基)-6-(2,5-二氢-4-甲氧基-2 氧代-1*H*-吡咯-1-基)-4-甲氧基-6-氧代-4-己烯基]-7-甲氧基-*N*-甲基-4-十四酰胺.【基本信息】$C_{29}H_{45}ClN_2O_6$, 油状物, $[\alpha]_D^{25}$ = −6.5° (*c* = 0.77, 二氯甲烷).【类型】鞘丝藻酰胺和有关酰胺.【来源】蓝细菌稍大鞘丝藻 *Lyngbya majuscula* (浅水槽).【活性】拒食活性 (用海兔 *Stylocheilus longicauda* 进行饮食偏好研究: 低浓度摄取量增加, 高浓度摄取量降低).【文献】J. H. Cardellina, et al. Phytochemistry, 1978, 17, 2091; D. G. Nagle, et al. Mar. Biol., 1998, 132, 267; W. A. Gallimore, JNP, 2000, 63, 1422.

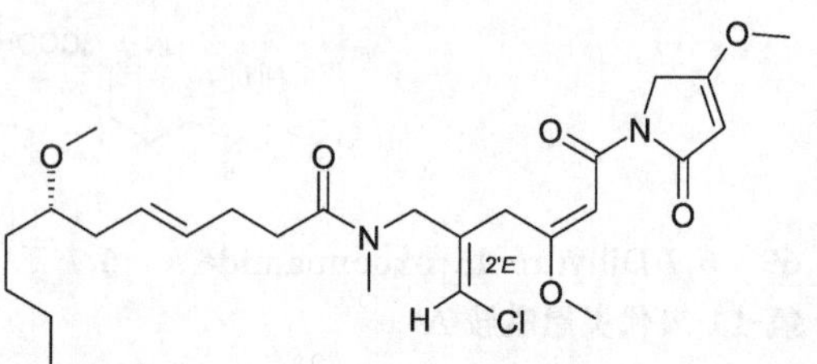

77 Malyngamide B 稍大鞘丝藻酰胺 B*

【基本信息】$C_{28}H_{45}ClN_2O_6$.【类型】鞘丝藻酰胺和有关酰胺.【来源】蓝细菌鞘丝藻属 *Lyngbya* sp. (皮提湾弹洞, 关岛, 美国) 和蓝细菌稍大鞘丝藻 *Lyngbya majuscula* (浅水槽).【活性】拒食活性 (用海兔 *Stylocheilus longicauda* 进行饮食偏好研究: 低浓度摄取量增加, 高浓度摄取量降低); 大麻酚酸模拟物 (降低毛喉素诱导的 cAMP 积累).【文献】J. H. Cardellina, et al. Phytochemistry, 1978, 17, 2091; D. G. Nagle, et al. Mar. Biol., 1998, 132, 267; W. A. Gallimore, et al. JNP, 2000, 63, 1422; R. Montaser, et al. Chem. Biol. Chem. , 2012, 13, 2676.

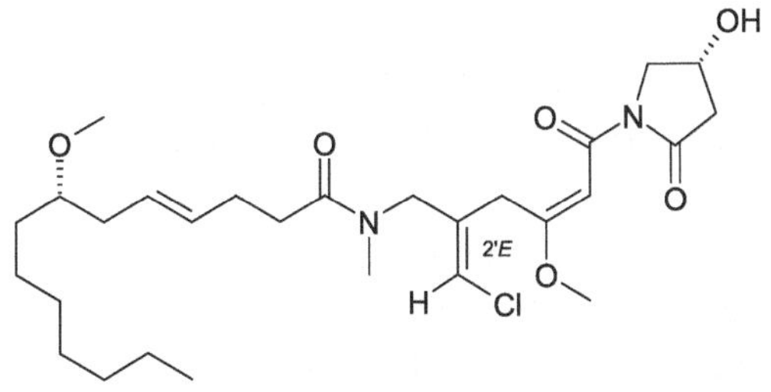

78 Malyngamide C 稍大鞘丝藻酰胺 C*

【基本信息】$C_{24}H_{38}ClNO_5$, 油状物, $[\alpha]_D^{23.5} = -19.6°$ ($c = 1.4$, 氯仿), $[\alpha]_D = -27.4°$ ($c = 5.8$, 乙醇).【类型】鞘丝藻酰胺和有关酰胺.【来源】蓝细菌稍大鞘丝藻 *Lyngbya majuscula*.【活性】细胞毒 (MTT: NCI-H460, $IC_{50} = 1.4μg/mL$; neuro-2a, $IC_{50} = 3.1μg/mL$; HCT116, $IC_{50} = 0.2μg/mL$); 细胞毒 (HT29, $IC_{50} = 5.2μmol/L$); 抑制细菌群体感应 (采访基因试验); 电压控制钠离子通道 VGSC 活化剂 (3μg/mL, 活化 67%; 1μg/mL, 活化 19%; 0.3μg/mL, 无活性).【文献】J. H. Cardellina, et al. Phytochemistry, 1978, 17, 2091; R. D. Ainslie, et al. JOC, 1985, 50, 2859; J. C. Kwan, et al. JNP, 2010, 73, 463; H. Gross, et al. Phytochemistry, 2010, 71, 1729.

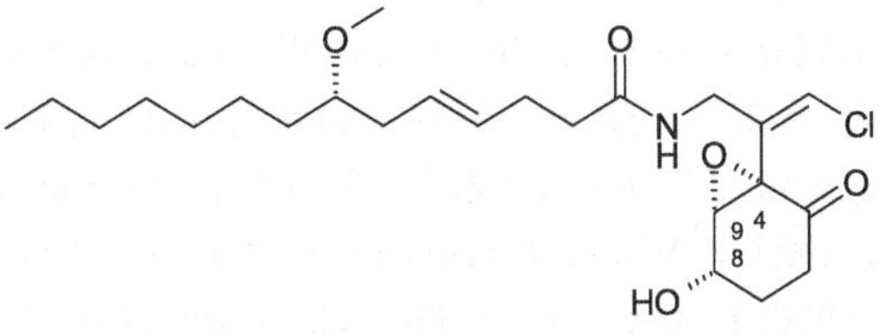

79 8-*epi*-Malyngamide C 8-*epi*-稍大鞘丝藻酰胺 C*

【基本信息】$C_{24}H_{38}ClNO_5$, 发亮棕色油状物, $[\alpha]_D^{20} = -8°$ ($c = 0.36$, 甲醇).【类型】鞘丝藻酰胺和有关酰胺.【来源】蓝细菌稍大鞘丝藻 *Lyngbya majuscula* (布什礁, 干龟岛, 佛罗里达, 美国).【活性】细胞毒 (MTT: NCI-H460, $IC_{50} = 4.5μg/mL$; neuro-2a, $IC_{50} = 10.9μg/mL$); 细胞毒 (HT29, $IC_{50} = 15.4μmol/L$); 抑制细菌群体感应 (采访基因试验).【文献】H. Gross, et al. Phytochemistry, 2010, 71, 1729; J. C. Kwan, et al. JNP, 2010, 73, 463.

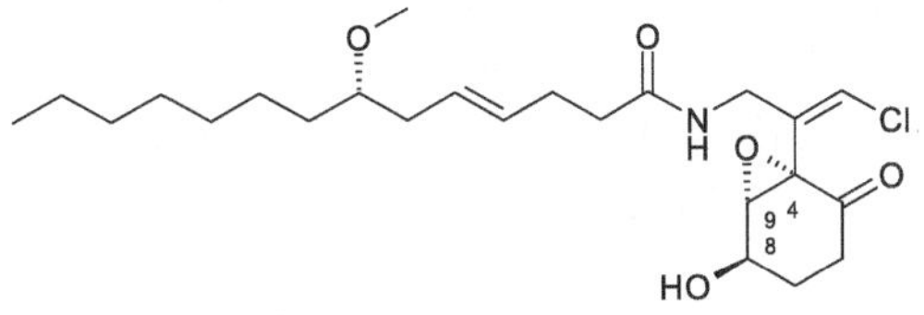

80 Malyngamide D 稍大鞘丝藻酰胺 D*

【基本信息】$C_{31}H_{57}NO_7$, $[\alpha]_D^{25} = -33°$ ($c = 0.53$, 氯仿).【类型】鞘丝藻酰胺和有关酰胺.【来源】蓝细菌稍大鞘丝藻 *Lyngbya majuscula* (采样深度 80~100ft, 1ft=0.3048m).【活性】细胞毒 (KB, $ID_{50} < 30μg/mL$).【文献】J. S. Mynderse, et al. JOC, 1978, 43, 4359; W. H. Gerwick, et al. Phytochemistry, 1987, 26, 1701.

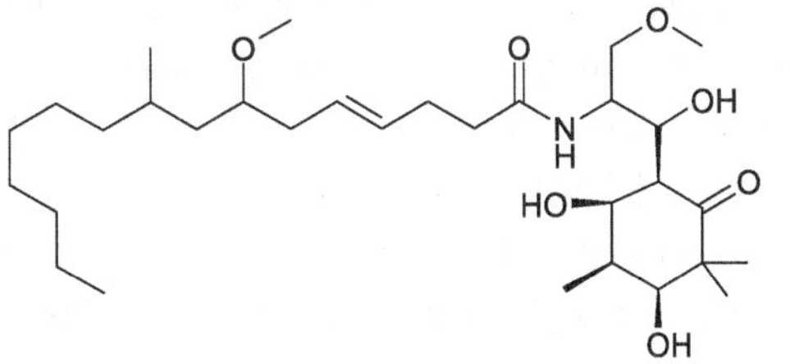

81 Malyngamide E 稍大鞘丝藻酰胺 E*

【别名】*N*-[2-Hydroxy-2-(4-hydroxy-3,5,5-trimethyl-6-oxo-1-cyclohexen-1-yl)-1-(methoxymethyl)ethyl]-7-methoxy-9-methyl-4-hexadecenamide; *N*-[2-羟基-2-(4-羟基-3,5,5-三甲基-6-氧代-1-环己烯-1-基)-1-(甲氧甲基)乙基]-7-甲氧基-9-甲基-4-十六(碳)烯酰胺.【基本信息】$C_{31}H_{55}NO_6$, $[\alpha]_D^{24} = +24.2°$ ($c = 0.6$, 氯仿).【类型】鞘丝藻酰胺和有关酰胺.【来源】蓝细菌稍大鞘丝藻 *Lyngbya majuscula* (采样深度 80~100ft).【活性】抗菌 (包皮垢分枝杆菌

Mycobacterium smegmatis 和枯草杆菌 *Bacillus subtilis,* 温和活性).【文献】J. S. Mynderse, et al. JOC, 1978, 43, 4359.

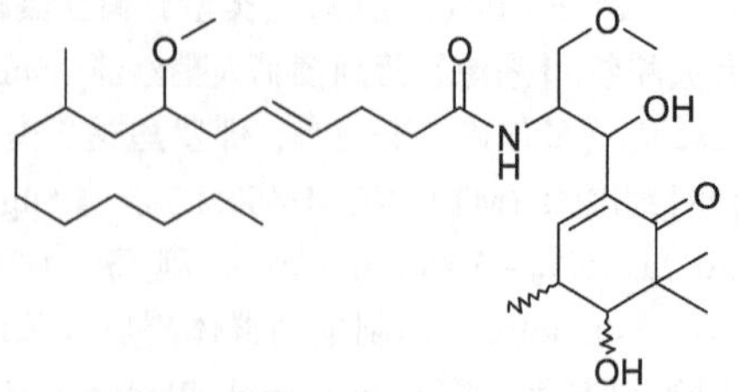

82 Malyngamide F 稍大鞘丝藻酰胺 F*

【基本信息】$C_{24}H_{38}ClNO_4$, $[\alpha]_D^{25} = +17°$ ($c = 0.9$, 氯仿).【类型】鞘丝藻酰胺和有关酰胺.【来源】蓝细菌稍大鞘丝藻 *Lyngbya majuscula.*【活性】细胞毒 (温和活性).【文献】W. H. Gerwick, et al. Phytochemistry, 1987, 26, 1701.

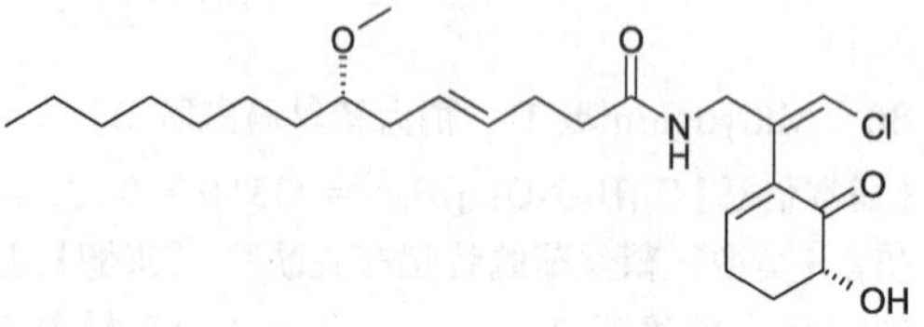

83 Malyngamide H 稍大鞘丝藻酰胺 H*

【基本信息】$C_{26}H_{41}NO_4$, 黄色油状物, $[\alpha]_D^{26} = +26.1°$ ($c = 0.5$, 氯仿).【类型】鞘丝藻酰胺和有关酰胺.【来源】蓝细菌稍大鞘丝藻 *Lyngbya majuscula.*【活性】电压控制钠离子通道 VGSC 阻滞剂 (10μg/mL, 阻断 82%; 3μg/mL, 阻断 69%; 1μg/mL, 阻断 53%; 0.3μg/mL, 阻断 9%); 鱼毒的.【文献】J. Orjala, et al. JNP, 1995, 58, 764; J. S. Todd, et al. Tetrahedron Lett., 1995, 36, 7837; H. Gross, et al. Phytochemistry, 2010, 71, 1729.

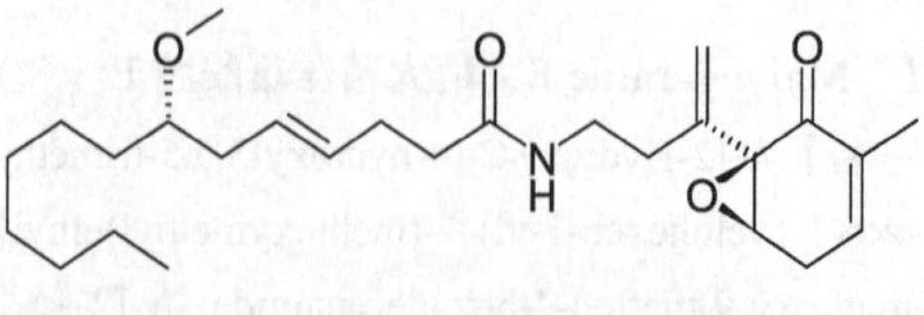

84 Malyngamide I 稍大鞘丝藻酰胺 I*

【基本信息】$C_{26}H_{42}ClNO_5$, $[\alpha]_D^{27} = +10.6°$ (甲醇).【类型】鞘丝藻酰胺和有关酰胺.【来源】蓝细菌稍大鞘丝藻 *Lyngbya majuscula* (冲绳, 日本).【活性】LD_{50} (盐水丰年虾) = 35μg/mL, LD_{50} (金鱼) < 10μg/mL.【文献】J. Orjala, et al. JNP, 1995, 58, 764; J. S. Todd, et al. Tetrahedron Lett., 1995, 36, 7837.

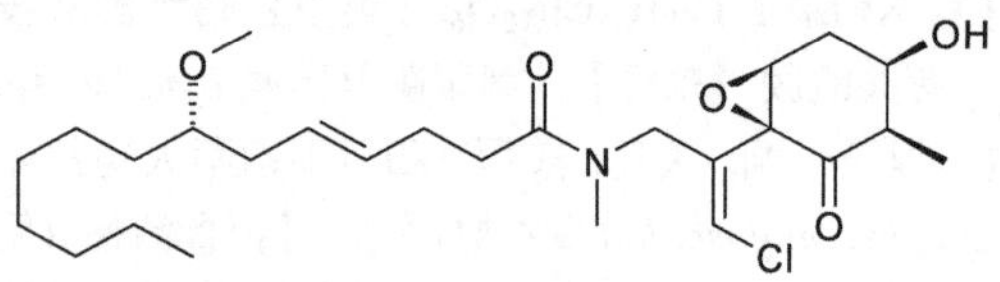

85 Malyngamide J 稍大鞘丝藻酰胺 J*

【基本信息】$C_{33}H_{53}NO_9$, $[\alpha]_D = +64°$ ($c = 0.1$, 氯仿).【类型】鞘丝藻酰胺和有关酰胺.【来源】蓝细菌稍大鞘丝藻 *Lyngbya majuscula.*【活性】细胞毒 (MTT: NCI-H460, $IC_{50} = 10.8$μg/mL; neuro-2a, $IC_{50} = 4.0$μg/mL; HCT116, 无活性); 微分细胞毒性 [圆盘扩散软琼脂菌落形成试验 (Valeriote, 2002): C38 和 L_{1210}, 地区差单位 < 250, 无选择性活性]; 电压控制钠离子通道 VGSC 阻滞剂 (3μg/mL, 阻断 44%; 1μg/mL, 阻断 19%; 0.3μg/mL, 无活性); 鱼毒的 (鱼, $LC_{50} = 7$μg/mL); 有毒的 (盐水丰年虾, $LC_{50} = 18$μg/mL).【文献】M. Wu, et al. Tetrahedron, 1997, 53, 15983; H. Gross, et al. Phytochemistry, 2010, 71, 1729.

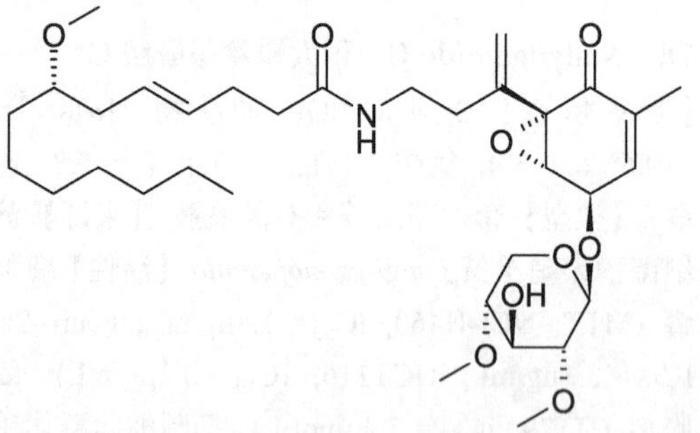

86 Malyngamide K 稍大鞘丝藻酰胺 K*

【别名】Dideoxymalyngamide C; 双去氧稍大鞘丝藻酰胺 C*.【基本信息】$C_{24}H_{38}ClNO_3$, $[\alpha]_D = -8.4°$ ($c = 0.3$, 氯仿).【类型】鞘丝藻酰胺和有关酰胺.【来源】蓝细菌稍大鞘丝藻 *Lyngbya majuscula.*【活性】细胞毒 (MTT 试验: NCI-H460, $IC_{50} = 1.1$μg/mL; neuro-2a, $IC_{50} = 0.49$μg/mL; HCT116, 无活性); 微分细胞毒性 [圆盘扩散软琼脂菌落形成试验 (Valeriote, 2002): C38 和 L_{1210}, 地区差单位 < 250, 无选择性活性]; 鱼毒的 (鱼, $LC_{50} = 8$μg/mL); 有毒的 (盐水丰年虾, $LC_{50} = 40$μg/mL).【文献】M. Wu, et al. Tetrahedron, 1997, 53, 15983; 15986; H. Gross, et al. Phytochemistry, 2010, 71, 1729.

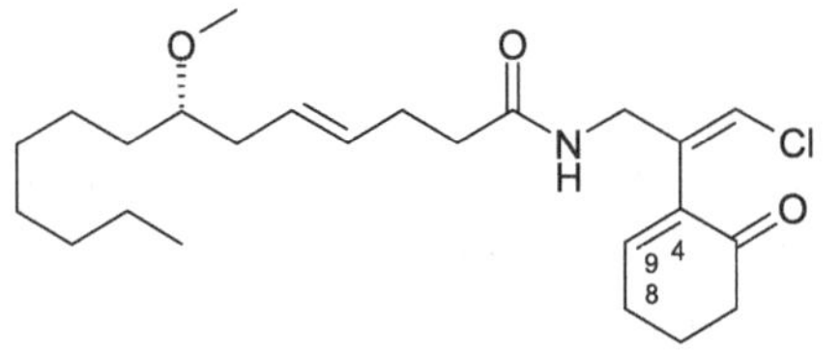

87　Malyngamide L　稍大鞘丝藻酰胺 L*

【基本信息】$C_{26}H_{42}ClNO_4$，油状物，$[\alpha]_D = +17.3°$ ($c = 0.1$，乙醇)．【类型】鞘丝藻酰胺和有关酰胺．【来源】蓝细菌稍大鞘丝藻 *Lyngbya majuscula* (库拉索岛，加勒比海)．【活性】鱼毒 (鱼，$LC_{50} = 15\mu g/mL$)；有毒的 (盐水丰年虾，$LC_{50} = 6\mu g/mL$)．【文献】M. Wu, et al. Tetrahedron, 1997, 53, 15983.

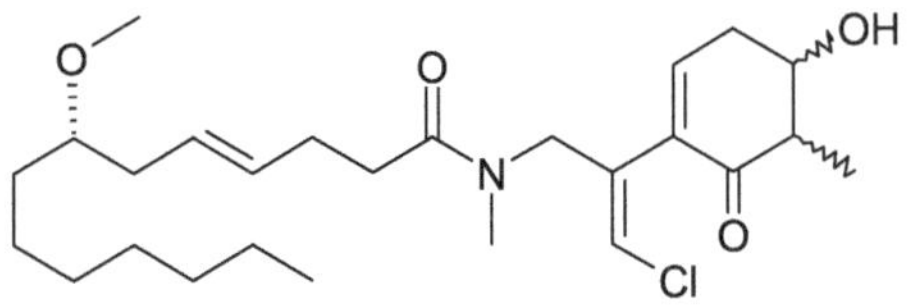

88　Malyngamide M　稍大鞘丝藻酰胺 M*

【基本信息】$C_{26}H_{40}ClNO_3$，$[\alpha]_D = -35°$ ($c = 0.06$，甲醇)．【类型】鞘丝藻酰胺和有关酰胺．【来源】红藻伞房江蓠 *Gracilaria coronopifolia*．【活性】细胞毒 (小鼠成神经细胞瘤细胞，$IC_{50} > 20\mu mol/L$)．【文献】Y, Kan, et al. JNP, 1998, 61, 152.

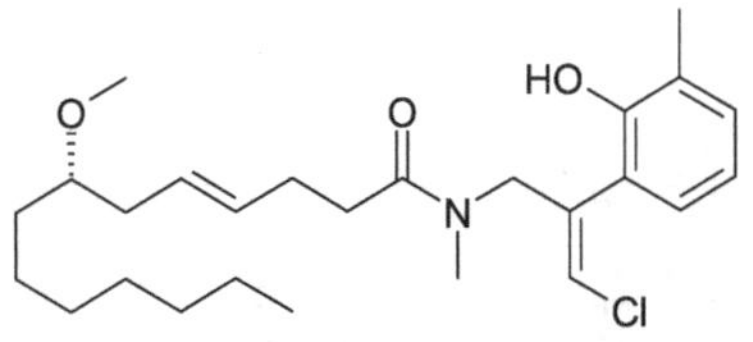

89　Malyngamide N　稍大鞘丝藻酰胺 N*

【别名】Deacetoxystylocheilamide；去乙酰氧海兔酰胺*．【基本信息】$C_{26}H_{40}ClNO_4$，$[\alpha]_D^{25} = 11.3°$ ($c = 15.7$，甲醇)．【类型】鞘丝藻酰胺和有关酰胺．【来源】红藻伞房江蓠 *Gracilaria coronopifolia*，软体动物 Aplyciidae 科海兔 *Stylocheilus longicauda* (夏威夷，美国)．【活性】细胞毒 (小鼠成神经细胞瘤细胞，$IC_{50} = 4.9\mu g/mL$)．【文献】A. F. Rose et al. JACS, 1978, 100, 7665; Y, Kan, et al. JNP, 1998, 61, 152.

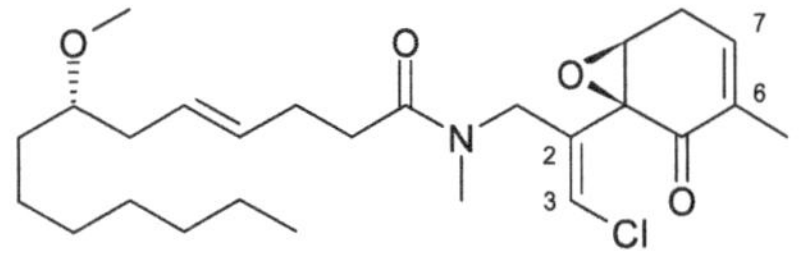

90　Malyngamide O　稍大鞘丝藻酰胺 O*

【基本信息】$C_{25}H_{42}ClNO_5$，浅黄色油状物，$[\alpha]_D = -55.6°$ ($c = 0.018$，甲醇)．【类型】鞘丝藻酰胺和有关酰胺．【来源】蓝细菌稍大鞘丝藻 *Lyngbya majuscula*．【活性】细胞毒 (P_{388}，$IC_{50} = 2\mu g/mL$；A549 和 HT29，中等活性)．【文献】W. A. Gallimore, et al. JNP, 2000, 63, 1022; 1422.

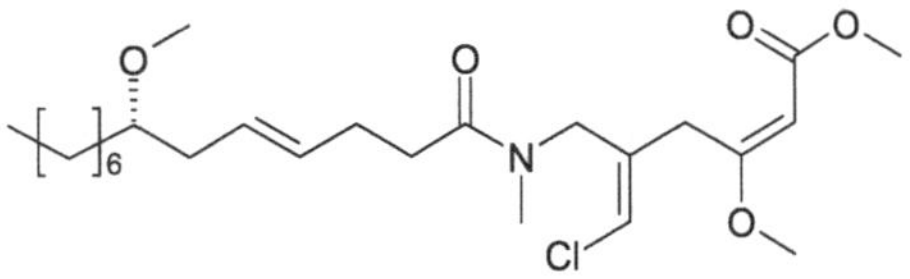

91　Malyngamide R　稍大鞘丝藻酰胺 R*

【基本信息】$C_{30}H_{47}ClN_2O_7$，浅黄色油状物，$[\alpha]_D^{25} = +2.0°$ ($c = 0.9$，甲醇)．【类型】鞘丝藻酰胺和有关酰胺．【来源】蓝细菌稍大鞘丝藻 *Lyngbya majuscula* (马达加斯加)．【活性】有毒的 (盐水丰年虾，$LD_{50} = 18\mu g/g$，甲醇，$c = 0.8$)．【文献】K. E. Milligan, et al. JNP, 2000, 63, 965.

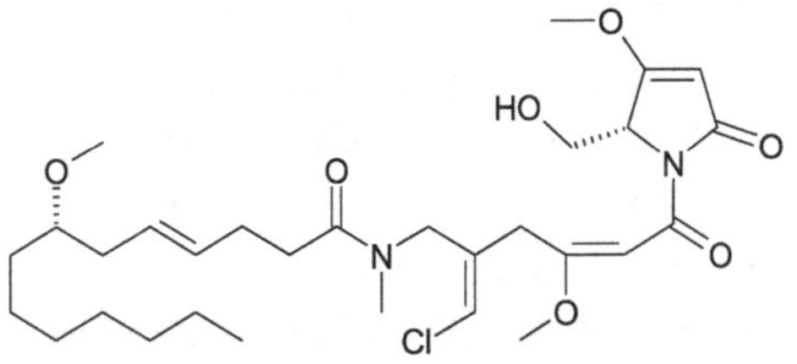

92　Malyngamide X　稍大鞘丝藻酰胺 X*

【基本信息】$C_{33}H_{57}N_3O_7$，浅黄色油状物，$[\alpha]_D^{27} = -6.8°$ ($c = 0.18$，氯仿)．【类型】鞘丝藻酰胺和有关酰胺．【来源】软体动物海兔科海兔 *Bursatella leachii*．【活性】细胞毒 (温和活性)．【文献】S. Suntornchashwej, et al. Chem. Asian J., 2007, 2, 114.

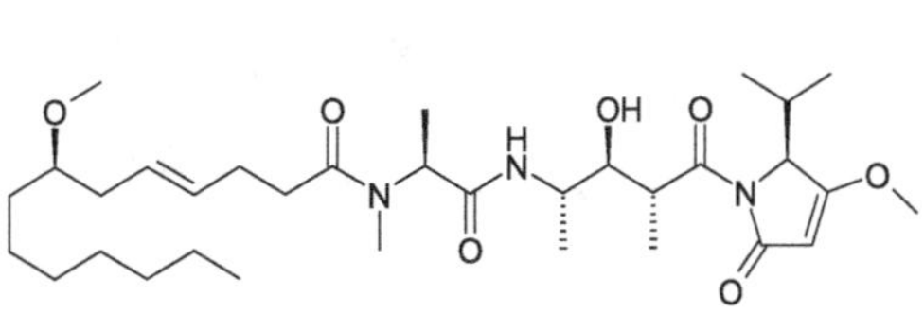

93　4*Z*-Onnamide A　4*Z*-奥恩酰胺 A*

【基本信息】$C_{39}H_{63}N_5O_{12}$，固体，$[\alpha]_D^{23}=+81°$ ($c=0.59$，甲醇).【类型】鞘丝藻酰胺和有关酰胺.【来源】岩屑海绵蒂壳海绵属 *Theonella* sp. [产率 $=7.9\times10^{-5}\%$ (湿重)，庆连间群岛外海，冲绳，日本].【活性】细胞毒 (L_{1210}, $IC_{50}=0.0015\mu g/mL$; KB, $IC_{50}=0.0029\mu g/mL$).【文献】J. Kobayashi, et al. JNP, 1993, 56, 976.

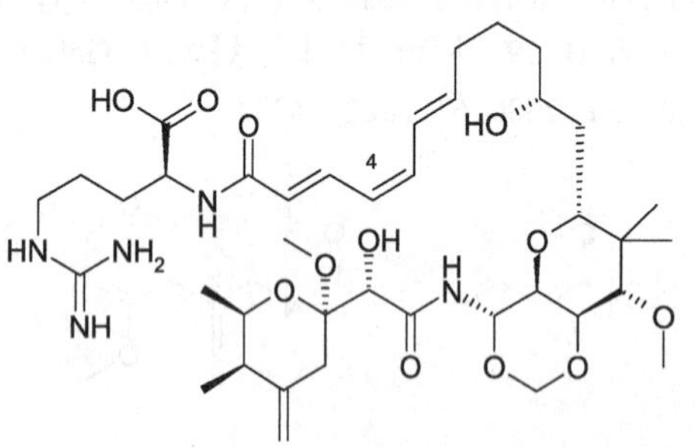

94　Onnamide A　奥恩酰胺 A*

【基本信息】$C_{39}H_{63}N_5O_{12}$，浅黄色固体，$[\alpha]_D^{20}=+99.1°$ ($c=5.5$，甲醇).【类型】鞘丝藻酰胺和有关酰胺.【来源】岩屑海绵斯氏蒂壳海绵* *Theonella swinhoei* 和岩屑海绵蒂壳海绵属 *Theonella* sp. [产率 $=8.8\times10^{-4}\%$ (湿重)，庆连间群岛，冲绳，日本].【活性】诱导 p38 激酶和 JNK 的活化；抗病毒；细胞毒 (L_{1210}, $IC_{50}=0.002\mu g/mL$; KB, $IC_{50}=0.0036\mu g/mL$; P_{388}, $IC_{50}=0.01\mu g/mL$).【文献】S. Sakemi, et al. JACS, 1988, 110, 4851; S. Matsunaga, et al. Tetrahedron, 1992, 48, 8369; J. Kobayashi, et al. JNP, 1993, 56, 976; K.-H. Lee, et al. Cancer Sci. 2005, 96, 357; D. Skropeta, et al. Mar. Drugs, 2011, 9, 2131 (Rev.).

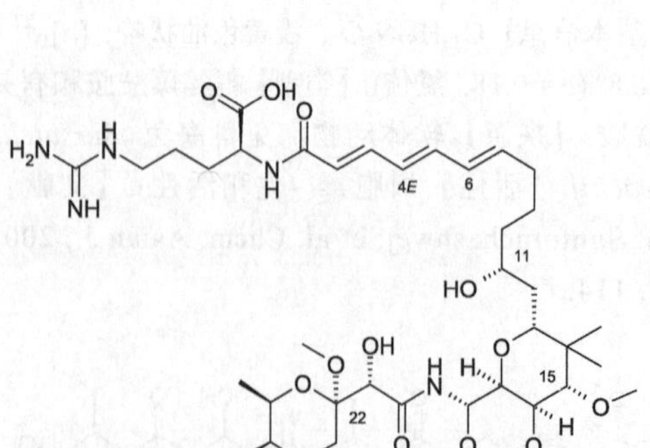

95　Onnamide B　奥恩酰胺 B*

【基本信息】$C_{37}H_{61}N_5O_{12}$，玻璃状固体，$[\alpha]_D^{23}=+61.8°$ ($c=0.5$，甲醇).【类型】鞘丝藻酰胺和有关酰胺.【来源】岩屑海绵蒂壳海绵属 *Theonella* sp.【活性】细胞毒 (P_{388}, $IC_{50}=0.13\mu g/mL$).【文献】S. Matsunaga, et al. Tetrahedron, 1992, 48, 8369.

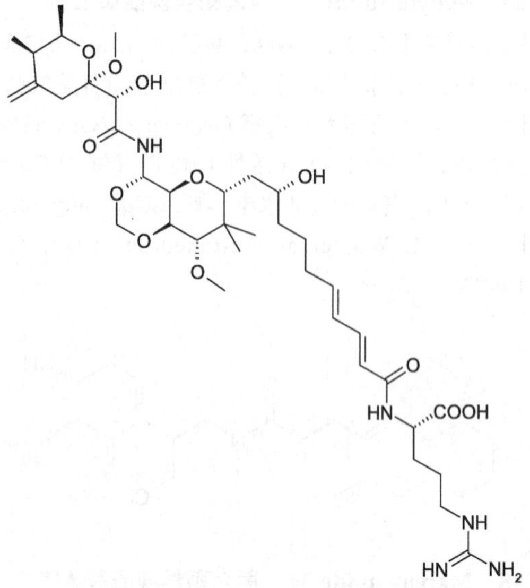

96　Onnamide C　奥恩酰胺 C*

【基本信息】$C_{39}H_{61}N_5O_{14}$，玻璃状固体，$[\alpha]_D^{23}=+45.4°$ ($c=0.2$，甲醇).【类型】鞘丝藻酰胺和有关酰胺.【来源】岩屑海绵蒂壳海绵属 *Theonella* sp.【活性】细胞毒 (P_{388}, $IC_{50}=0.07\mu g/mL$).【文献】S. Matsunaga, et al. Tetrahedron, 1992, 48, 8369.

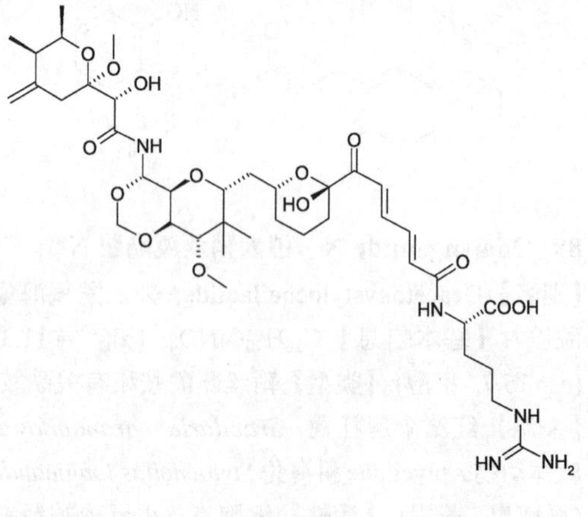

97　Onnamide D　奥恩酰胺 D*

【基本信息】$C_{38}H_{63}N_5O_{11}$，玻璃状固体，$[\alpha]_D^{23}=+51.4°$ ($c=0.1$，甲醇).【类型】鞘丝藻酰胺和有关

酰胺.【来源】岩屑海绵蒂壳海绵属 *Theonella* sp.【活性】细胞毒 (P_{388}, IC_{50} = 0.02μg/mL).【文献】S. Matsunaga, et al. Tetrahedron, 1992, 48, 8369.

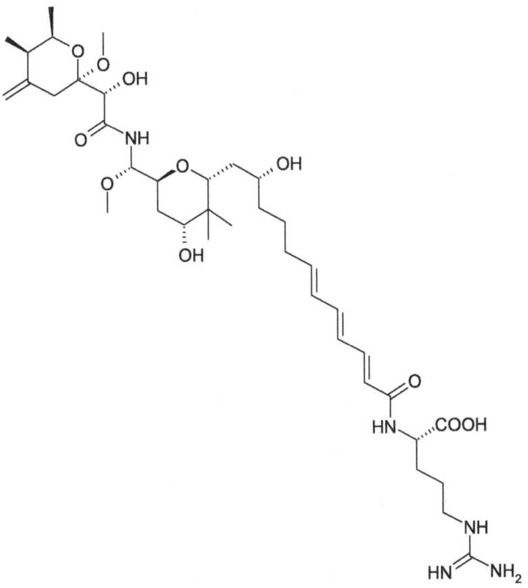

98 Onnamide F 奥恩酰胺 F*

【基本信息】$C_{31}H_{51}NO_{10}$, 浅黄色固体, $[\alpha]_D^{22}$ = +22° (*c* = 0.16, 甲醇).【类型】鞘丝藻酰胺和有关酰胺.【来源】粗枝海绵属 *Trachycladus laevispirulifer* (南澳大利亚).【活性】杀线虫剂 (有效的); 抗真菌.【文献】D. Vuong, et al. JNP, 2001, 64, 640.

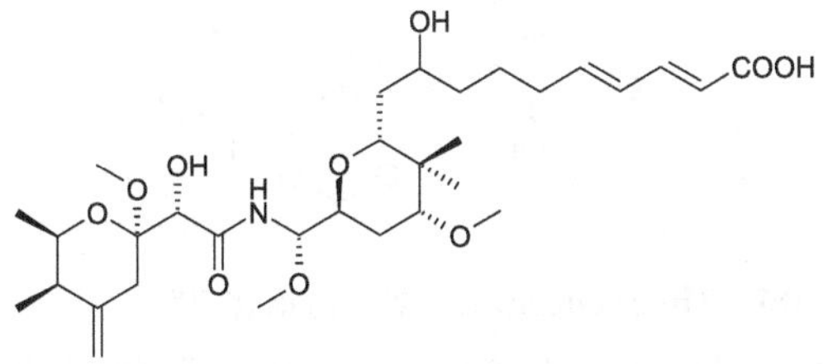

99 11-Oxoonnamide A 11-氧代奥恩酰胺 A*

【基本信息】$C_{39}H_{61}N_5O_{12}$, 固体, $[\alpha]_D^{23}$ = +90° (*c* = 0.24, 甲醇).【类型】鞘丝藻酰胺和有关酰胺.【来源】岩屑海绵蒂壳海绵属 *Theonella* sp. [产率 = 3.0×10^{-5}% (湿重), 庆连间群岛外海, 冲绳, 日本].【活性】细胞毒 (L_{1210}, IC_{50} = 0.0092μg/mL; KB, IC_{50} = 0.013μg/mL).【文献】J. Kobayashi, et al. JNP, 1993, 56, 976.

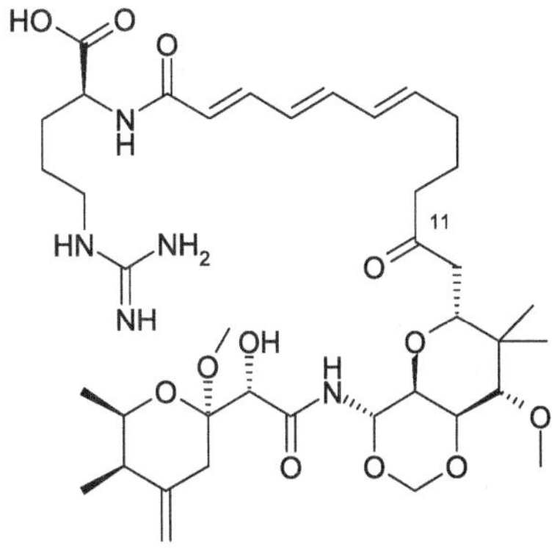

100 17-Oxoonnamide B 17-氧代奥恩酰胺 B*

【基本信息】$C_{37}H_{59}N_5O_{12}$, 玻璃体状固体, $[\alpha]_D^{23}$ = +59.7° (*c* = 0.2, 甲醇).【类型】鞘丝藻酰胺和有关酰胺.【来源】岩屑海绵蒂壳海绵属 *Theonella* sp.【活性】细胞毒 (P_{388}, IC_{50} = 0.10μg/mL).【文献】S. Matsunaga, et al. Tetrahedron, 1992, 48, 8369.

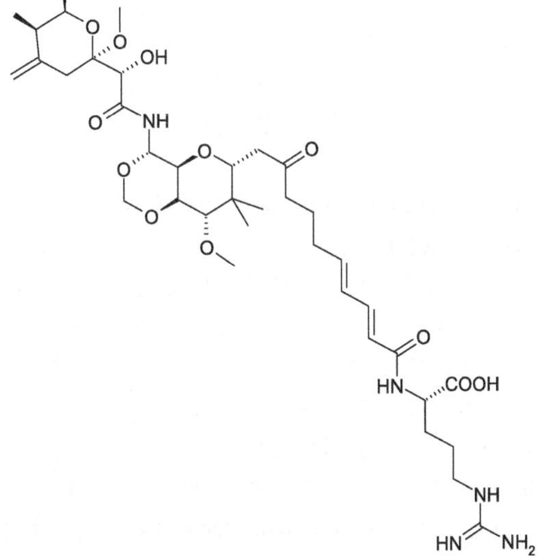

101 Stylocheilamide 海兔酰胺*

【别名】Acetoxycrenulide; 乙酰氧基小圆齿网地藻内酯*.【基本信息】$C_{28}H_{44}ClNO_6$, 非晶体, $[\alpha]_D^{28}$= +10.6° (*c* = 28.2, 甲醇).【类型】鞘丝藻酰胺和有关酰胺.【来源】棕藻小圆齿网地藻* *Dictyota crenulata*, 软体动物 Aplyciidae 科海兔 *Stylocheilus longicauda* (夏威夷, 美国) 和软体动物海兔属 *Aplysia vaccaria*.【活性】细胞毒 (小鼠成神经细胞瘤细胞, IC_{50} = 7.1μg/mL).【文献】A. F. Rose, et al. JACS, 1978, 100, 7665; J. S. Todd, et al. Tetrahedron Lett., 1995, 36, 7837 (Struct. revised); Y, Kan, et al. JNP, 1998, 61, 152.

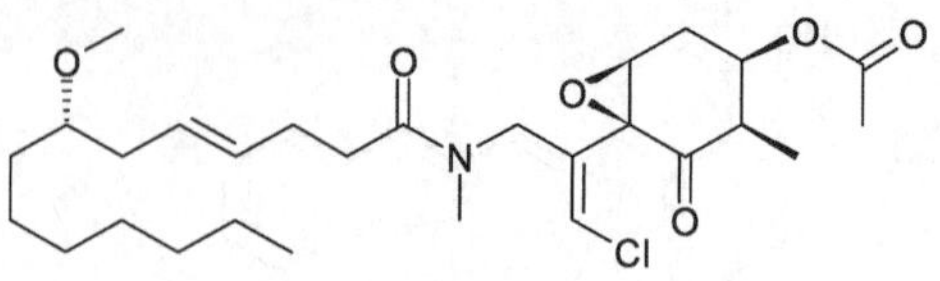

102 Theopederin A 蒂壳海绵林 A*

【基本信息】$C_{27}H_{45}NO_{10}$, $[\alpha]_D$ = +88.1° (c = 0.1, 氯仿).【类型】鞘丝藻酰胺和有关酰胺.【来源】岩屑海绵斯氏蒂壳海绵* *Theonella swinhoei* (庆良间群岛岸外, 琉球群岛, 26°13′N, 127°23′E) 和岩屑海绵蒂壳海绵属 *Theonella* sp.【活性】细胞毒 (P_{388}, IC_{50} = 0.05ng/mL); 抗肿瘤 [P_{388}, 0.1mg/(kg•d), 处理 1d, 2d 和 4~6d, ip, *T/C* = 205%].【文献】N. Fusetani, et al. JOC, 1992, 57, 3828; S. Tsukamoto, et al. Tetrahedron, 1999, 55, 13697.

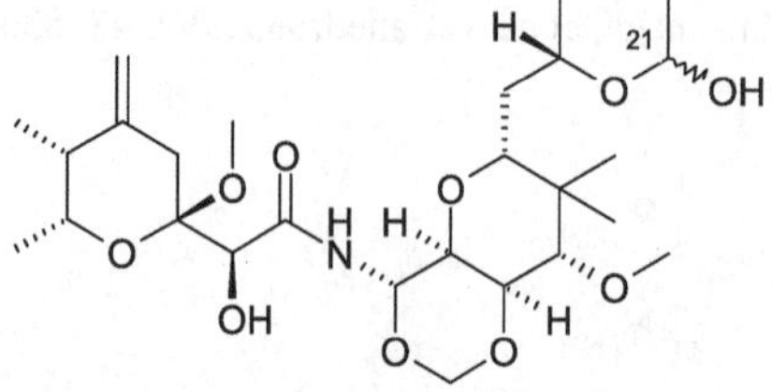

103 Theopederin B 蒂壳海绵林 B*

【基本信息】$C_{28}H_{47}NO_{11}$, $[\alpha]_D$ = +49.1° (c = 0.03, 氯仿).【类型】鞘丝藻酰胺和有关酰胺.【来源】岩屑海绵斯氏蒂壳海绵* *Theonella swinhoei* [产率 = 2.1×10^{-5}% (湿重), 庆良间群岛岸外, 琉球群岛 26°13′N, 127°23′E] 和岩屑海绵蒂壳海绵属 *Theonella* sp.【活性】细胞毒 (P_{388}, IC_{50} = 0.1ng/mL); 抗肿瘤 [P_{388}, 0.4mg/(kg•d), 处理 1d, 2d 和 4~6d, ip, *T/C* = 173%]; 诱导 p38 激酶和 JNK 活化.【文献】N. Fusetani, et al. JOC, 1992, 57, 3828; S. Tsukamoto, et al. Tetrahedron, 1999, 55, 13697; D. Skropeta, et al. Mar. Drugs, 2011, 9, 2131 (Rev.).

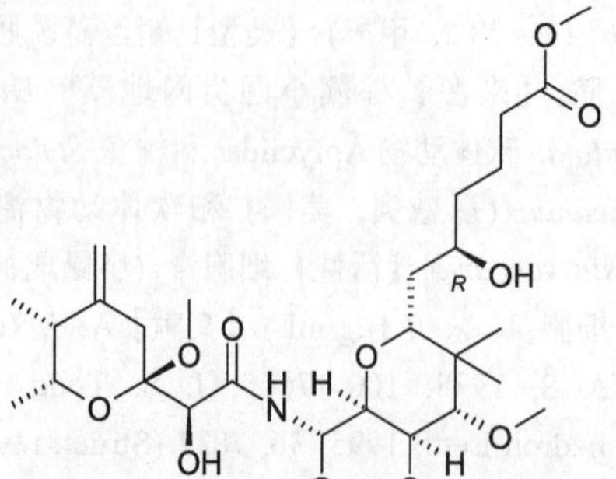

104 Theopederin C 蒂壳海绵林 C*

【基本信息】$C_{27}H_{43}NO_{10}$, $[\alpha]_D$ = +172° (c = 0.03, 氯仿).【类型】鞘丝藻酰胺和有关酰胺.【来源】岩屑海绵斯氏蒂壳海绵* *Theonella swinhoei* [产率 = 2.8×10^{-5}% (湿重), 庆良间群岛岸外, 琉球群岛 26°13′N, 127°23′E] 和岩屑海绵蒂壳海绵属 *Theonella* sp. (日本水域).【活性】细胞毒 (P_{388}, IC_{50} = 0.7ng/mL).【文献】N. Fusetani, et al. JOC, 1992, 57, 3828; S. Tsukamoto, et al. Tetrahedron, 1999, 55, 13697.

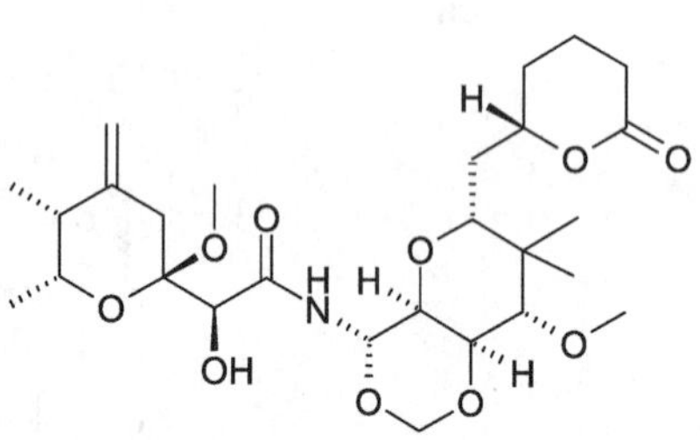

105 Theopederin D 蒂壳海绵林 D*

【基本信息】$C_{26}H_{41}NO_{10}$, $[\alpha]_D$ = +80° (c = 0.04, 氯仿).【类型】鞘丝藻酰胺和有关酰胺.【来源】岩屑海绵蒂壳海绵属 *Theonella* sp. (日本水域).【活性】细胞毒 (P_{388}, IC_{50} = 1.0ng/mL); 抗肿瘤 (小鼠).【文献】N. Fusetani, et al. JOC, 1992, 57, 3828; P. J. Kocienski, et al. Synlett., 1998, 869; 1432.

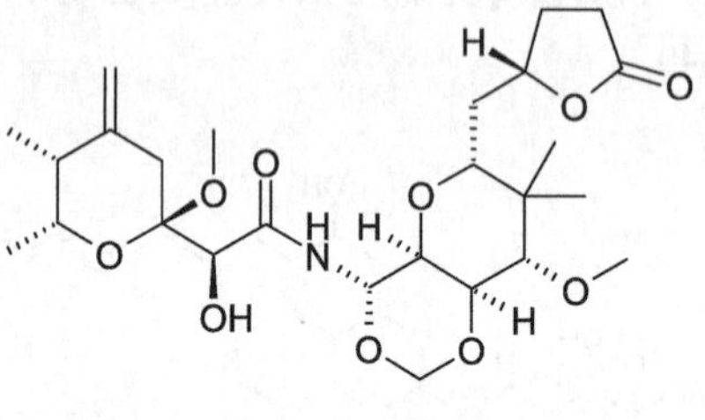

106 Theopederin E 蒂壳海绵林 E*

【基本信息】$C_{22}H_{37}NO_9$, $[\alpha]_D$ = +136.7° (c = 0.03, 氯仿).【类型】鞘丝藻酰胺和有关酰胺.【来源】岩屑海绵斯氏蒂壳海绵* *Theonella swinhoei* [产率 = 1.6×10^{-5}% (湿重), 庆良间群岛岸外, 琉球群岛, 26°13′N, 127°23′E] 和岩屑海绵蒂壳海绵属 *Theonella* sp.【活性】细胞毒 (P_{388}, IC_{50} = 9.0ng/mL); 抗肿瘤 (小鼠).【文献】N. Fusetani, et al. JOC, 1992, 57, 3828; J. S. Simpson, et al. JNP, 2000, 63, 704; S. Tsukamoto, et al. Tetrahedron, 1999, 55, 13697.

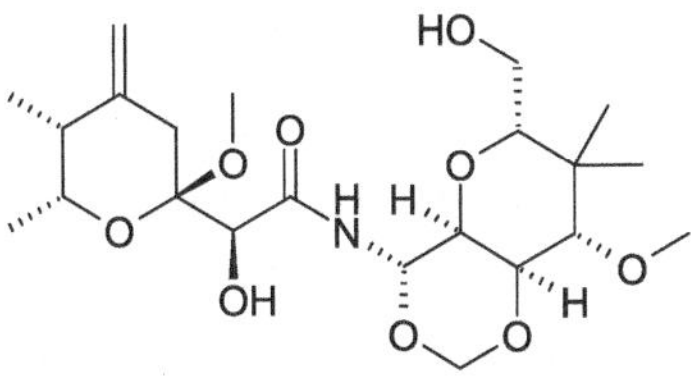

107 Theopederin F 蒂壳海绵林 F*

【基本信息】$C_{27}H_{47}NO_{10}$, $[\alpha]_D^{24}$ = +32° (c = 0.3, 甲醇).【类型】鞘丝藻酰胺和有关酰胺.【来源】岩屑海绵斯氏蒂壳海绵* *Theonella swinhoei* [产率 = 5.7×10^{-6}% (湿重), 庆良间群岛岸外, 琉球群岛, 26°13′N, 127°23′E].【活性】抗真菌 (抑制野生型酿酒酵母 *Saccharomyces cerevisiae* 生长: 10pg/盘, IZD = 11mm; erg6 突变, 1μg/盘, IZD = 12mm); 细胞毒 (P_{388}, IC_{50} = 0.28nmol/L = 15ng/mL).【文献】S. Tsukamoto, et al. Tetrahedron, 1999, 55, 13697.

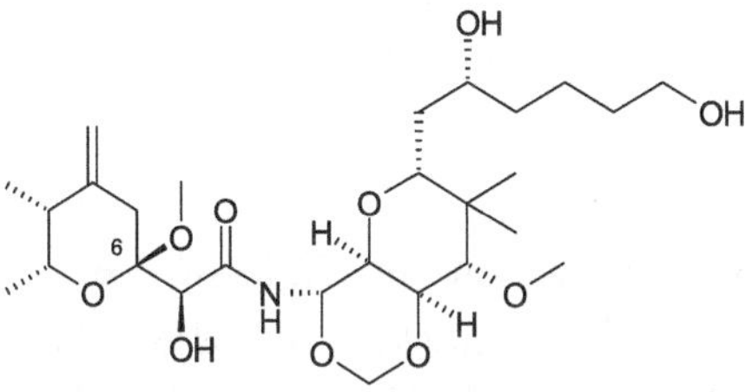

108 Theopederin G 蒂壳海绵林 G*

【基本信息】$C_{30}H_{47}NO_{11}$, $[\alpha]_D^{24}$ = +45° (c = 0.12, 甲醇).【类型】鞘丝藻酰胺和有关酰胺.【来源】岩屑海绵斯氏蒂壳海绵* *Theonella swinhoei* [产率 = 2.1×10^{-6}% (湿重), 庆良间群岛岸外, 琉球群岛, 26°13′N, 127°23′E].【活性】抗真菌; 细胞毒 (P_{388}, IC_{50} < 90ng/mL).【文献】S. Tsukamoto, et al. Tetrahedron, 1999, 55, 13697.

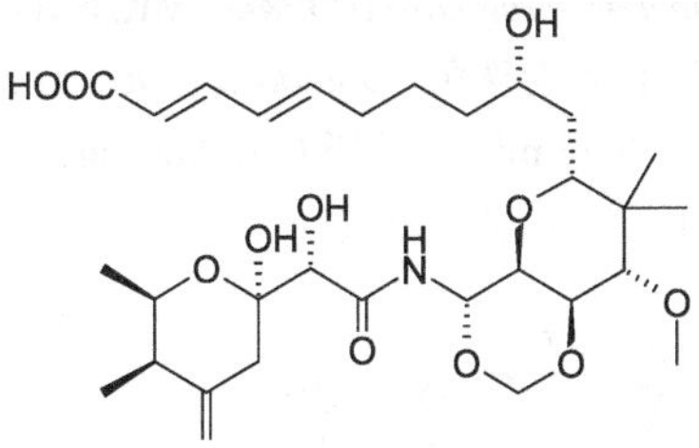

109 Theopederin H 蒂壳海绵林 H*

【基本信息】$C_{30}H_{45}NO_{11}$, $[\alpha]_D^{24}$ = +60° (c = 0.02, 甲醇).【类型】鞘丝藻酰胺和有关酰胺.【来源】岩屑海绵斯氏蒂壳海绵* *Theonella swinhoei* [产率 = 4.3×10^{-7}% (湿重), 庆良间群岛岸外, 琉球群岛, 26°13′N, 127°23′E].【活性】抗真菌; 细胞毒 (P_{388}, IC_{50} < 90ng/mL).【文献】S. Tsukamoto, et al. Tetrahedron, 1999, 55, 13697.

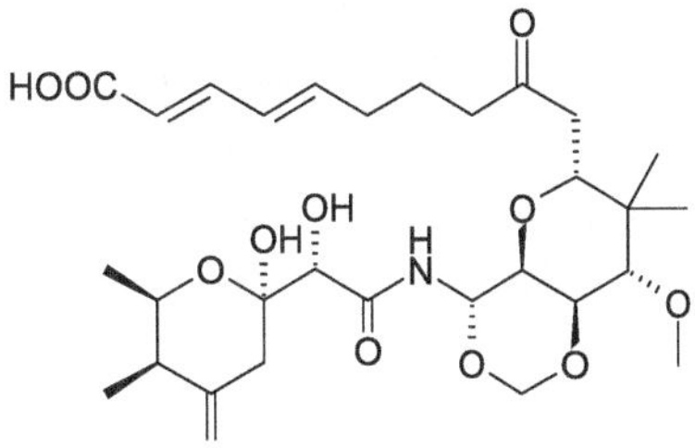

110 Theopederin I 蒂壳海绵林 I*

【基本信息】$C_{32}H_{49}NO_{11}$, $[\alpha]_D^{24}$ = +54° (c = 0.08, 甲醇).【类型】鞘丝藻酰胺和有关酰胺.【来源】岩屑海绵斯氏蒂壳海绵* *Theonella swinhoei* [产率 = 1.4×10^{-6}% (湿重), 庆良间群岛岸外, 琉球群岛, 26°13′N, 127°23′E].【活性】抗真菌; 细胞毒 (P_{388}, IC_{50}< 90ng/mL).【文献】S. Tsukamoto, et al. Tetrahedron, 1999, 55, 13697.

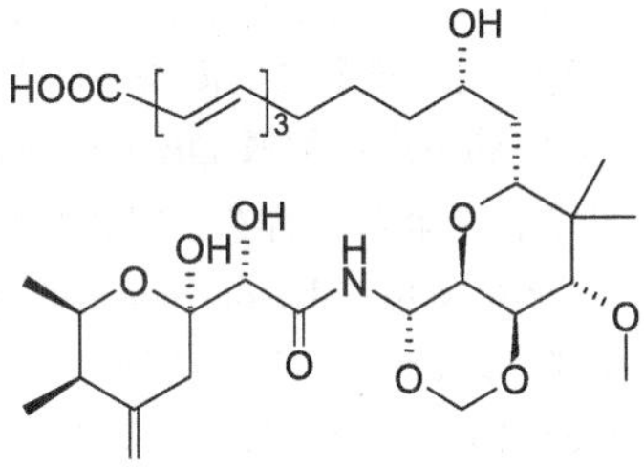

111 Theopederin J 蒂壳海绵林 J*

【基本信息】$C_{34}H_{51}NO_{11}$, $[\alpha]_D^{24}$ = +48° (c = 0.04, 甲醇).【类型】鞘丝藻酰胺和有关酰胺.【来源】岩屑海绵斯氏蒂壳海绵* *Theonella swinhoei* [产率 = 7.1×10^{-7}% (湿重), 庆良间群岛岸外, 琉球群岛, 26°13′N, 127°23′E].【活性】抗真菌; 细胞毒 (P_{388}, IC_{50} < 90ng/mL).【文献】S. Tsukamoto, et al. Tetrahedron, 1999, 55, 13697.

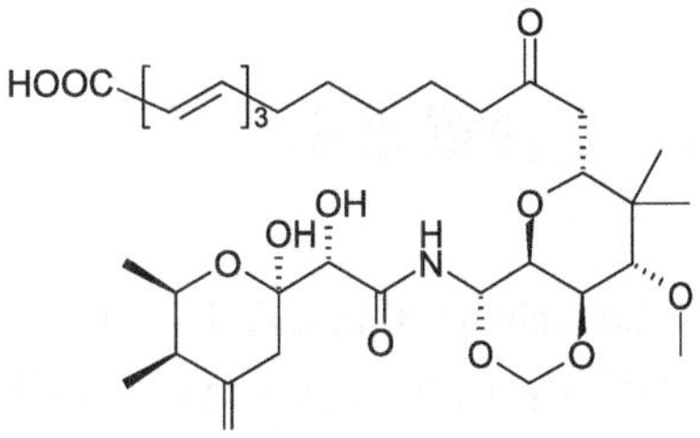

112 Theopederin K 蒂壳海绵林 K*

【别名】Discalamide A; 蒂斯卡拉酰胺 A*.【基本

信息】$C_{32}H_{49}NO_{11}$, 无定形粉末, $[\alpha]_D^{21}=+90.3°$ ($c=0.43$, 甲醇).【类型】鞘丝藻酰胺和有关酰胺.【来源】岩屑海绵圆皮海绵属 *Discodermia* sp. (4个样本, 洪都拉斯北海岸岸外, 洪都拉斯, 采样深度 121~125m, 使用 Johnson-Sea-Link 潜水器).【活性】细胞毒 (P_{388}, $IC_{50}=0.1nmol/L$; A549, $IC_{50}=1.5nmol/L$).【文献】G. K. Paul, et al. JNP, 2002, 65, 59; P. L. Winder, et al. Mar. Drugs, 2011, 9, 2644 (Rev.).

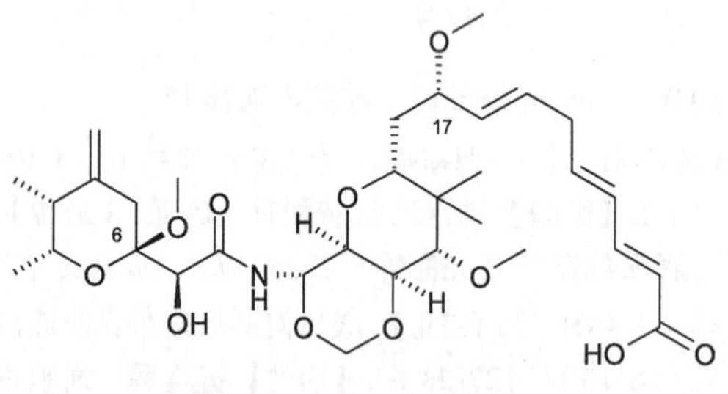

113 Theopederin L 蒂壳海绵林 L*

【别名】Discalamide B; 蒂斯卡拉酰胺 B*.【基本信息】$C_{31}H_{47}NO_{11}$, 无定形粉末, $[\alpha]_D^{21}=+34°$ ($c=0.05$, 甲醇).【类型】鞘丝藻酰胺和有关酰胺.【来源】岩屑海绵圆皮海绵属 *Discodermia* sp. (4个样本, 洪都拉斯北海岸岸外, 洪都拉斯, 采样深度 121~125m, 使用 Johnson-Sea-Link 潜水器).【活性】细胞毒 (P_{388}, $IC_{50}=7.3nmol/L$; A549, $IC_{50}=3.2nmol/L$).【文献】G. K. Paul, et al. JNP, 2002, 65, 59; P. L. Winder, et al. Mar. Drugs, 2011, 9, 2644 (Rev.).

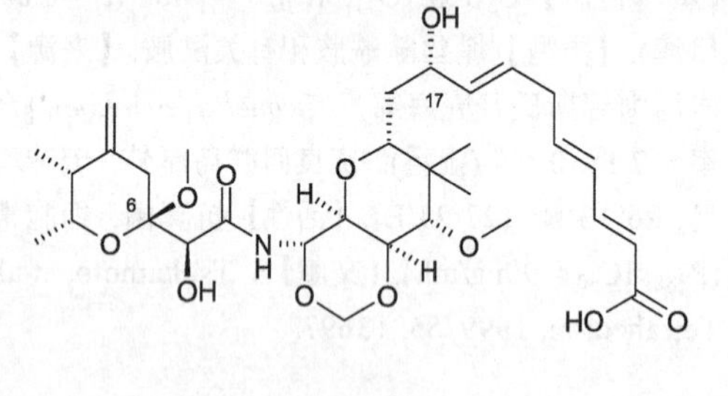

1.6 安沙霉素类

114 Rifamycin S 利福霉素 S

【基本信息】$C_{37}H_{45}NO_{12}$, 黄橙色晶体 (甲醇), mp 179~181°C (分解), $[\alpha]_D^{20}=+476°$ ($c=0.1$, 甲醇).【类型】安沙霉素类.【来源】海洋导出的放线菌栖沙盐水孢菌 (模式种) *Salinispora arenicola* YM23-082.【活性】抗菌 (金黄色葡萄球菌 *Staphylococcus aureus* IFO 12732, MIC = 0.0056μg/mL; 枯草杆菌 *Bacillus subtilis* IFO 3134, MIC = 1.4μg/mL; 海黄噬细胞菌 *Cytophaga marinoflava* IFO 14170, MIC = 12.3μg/mL; 大肠杆菌 *Escherichia coli* IFO 3301, MIC > 200μg/mL; 铜绿假单胞菌 *Pseudomonas aeruginosa* IFO 3446, MIC > 200μg/mL); 抗真菌 (白色念珠菌 *Candida albicans* IFO 1060, MIC > 200μg/mL).【文献】S. K. Arora, et al. J. Antibiot., 1992, 45, 428; S. Matsuda, et al. J. Antibiot., 2009, 62, 519.

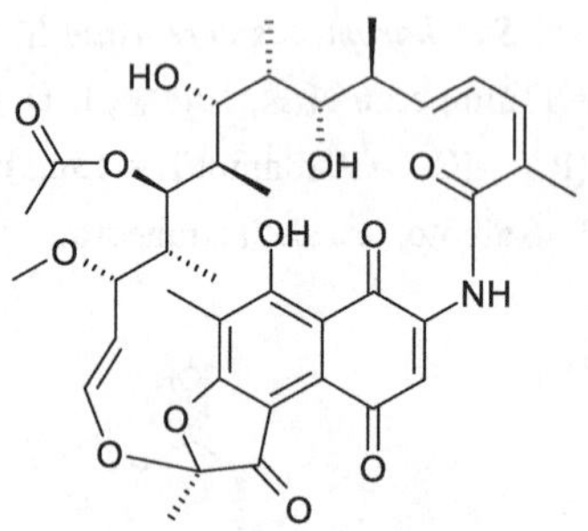

115 Salinisporamycin 盐水孢菌霉素*

【基本信息】$C_{33}H_{43}NO_9$, 无定形固体, $[\alpha]_D=+36°$ ($c=0.7$, 甲醇).【类型】安沙霉素类.【来源】海洋导出的放线菌栖沙盐水孢菌 (模式种) *Salinispora arenicola* CNH643.【活性】细胞毒 (A549, $IC_{50}=3μg/mL$); 抗菌 (金黄色葡萄球菌 *Staphylococcus aureus* IFO 12732, MIC = 0.46μg/mL; MIC = 4.1μg/mL; 枯草杆菌 *Bacillus subtilis* IFO 3134, 海黄噬细胞菌 *Cytophaga marinoflava* IFO 14170, MIC > 200μg/mL; 大肠杆菌 *Escherichia coli* IFO 3301, MIC > 200μg/mL; 铜绿假单胞菌 *Pseudomonas aeruginosa* IFO 3446, MIC > 200μg/mL); 抗真菌 (白色念珠菌 *Candida albicans* IFO 1060, MIC > 200μg/mL).【文献】S. Matsuda, et al. J. Antibiot., 2009, 62, 519.

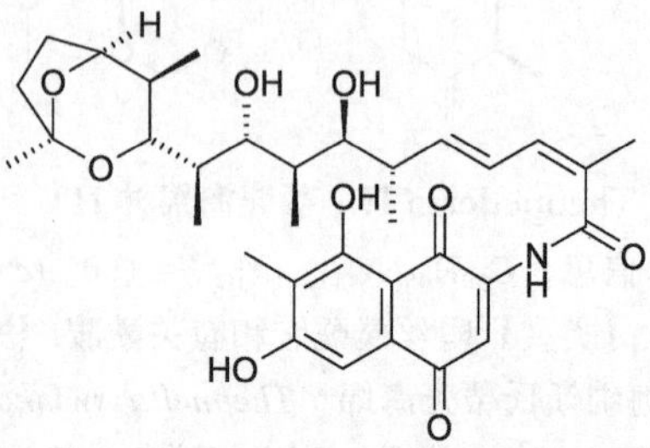

1.7 其它多烯抗生素

116 Antibiotics ML 449 抗生素 ML 449.
【基本信息】$C_{29}H_{39}NO_3$.【类型】其它多烯抗生素.【来源】海洋导出的链霉菌属 *Streptomyces* sp. MP39-85.【活性】抗菌 (藤黄色微球菌 *Micrococcus luteus*); 抗真菌 (白色念珠菌 *Candida albicans*, 光滑念珠菌 *Candida glabrata*).【文献】H. Jørgensen, et al. Appl. Environ. Microbiol., 2010, 76, 283.

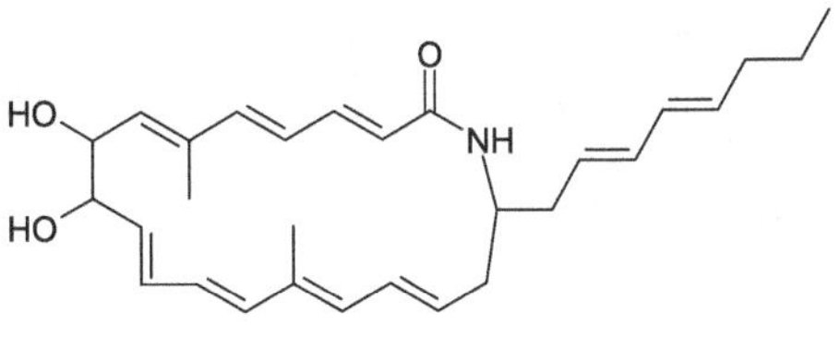

117 Bahamaolide A 巴哈马内酯 A*
【基本信息】$C_{39}H_{64}O_{11}$.【类型】其它多烯抗生素.【来源】海洋导出的链霉菌属 *Streptomyces* sp. (沉积物, 北卡特岛, 巴哈马).【活性】异柠檬酸裂解酶抑制剂 (白色念珠菌 *Candida albicans*, 高活性).【文献】D.-G. Kim, et al. JNP, 2012, 75, 959.

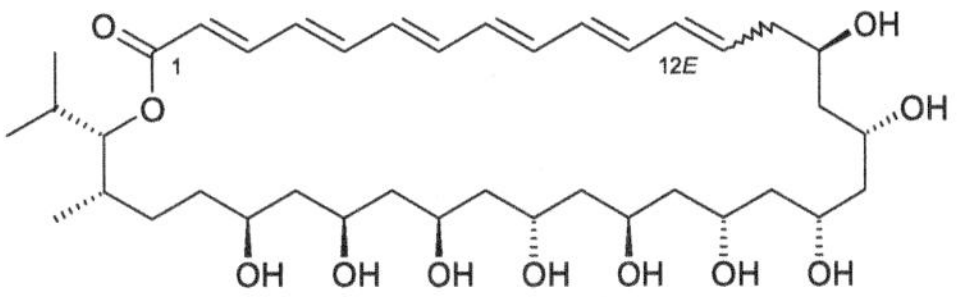

118 Symbiodinolide 共生藻属内酯*
【基本信息】$C_{137}H_{233}NO_{57}S$, 油状物, $[\alpha]_D^{20}$ = +9.6° (c = 0.4, 氯仿).【类型】其它多烯抗生素.【来源】甲藻共生藻属 *Symbiodinium* sp.【活性】电压依赖型 N 型钙离子通道激活剂 (IC_{50} = 7nmol/L, 作用的分子机制: 环氧合酶 1 抑制剂).【文献】M. Kita, et al. Tetrahedron, 2007, 63, 6241.

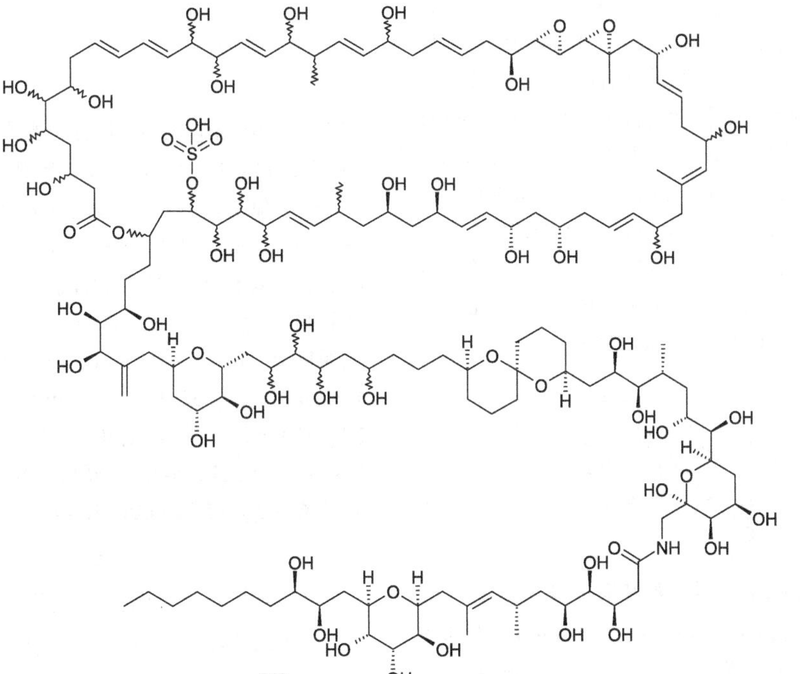

1.8 线型四环素类

119 Seragakinone A 濑良垣酮 A*
【基本信息】$C_{26}H_{26}O_{12}$, 浅黄色无定形固体, $[\alpha]_D^{26}$ = +146° (c = 1.0, 甲醇).【类型】线型四环素类.【来源】未鉴定的海洋导出的真菌 K063, 来自红藻角网藻 *Ceratodictyon spongiosum* (冲绳, 日本).【活性】抗菌 (金黄色葡萄球菌 *Staphylococcus aureus* 209P, MIC = 10μg/mL; 藤黄色微球菌 *Micrococcus luteus* IFM 2066, MIC = 20μg/mL; 结膜干燥棒状

杆菌 *Corynebacterium xerosis* IFM 2057, MIC = 20μg/mL; 枯草杆菌 *Bacillus subtilis*, MIC = 41μg/mL); 抗真菌 (白色念珠菌 *Candida albicans* ATCC 90028, MIC = 83μg/mL).【文献】H. Shigemori, et al. Tetrahedron, 1999, 55, 14925; A. Takada, et al. Angew. Chem., Int. Ed., 2011, 50, 2297.

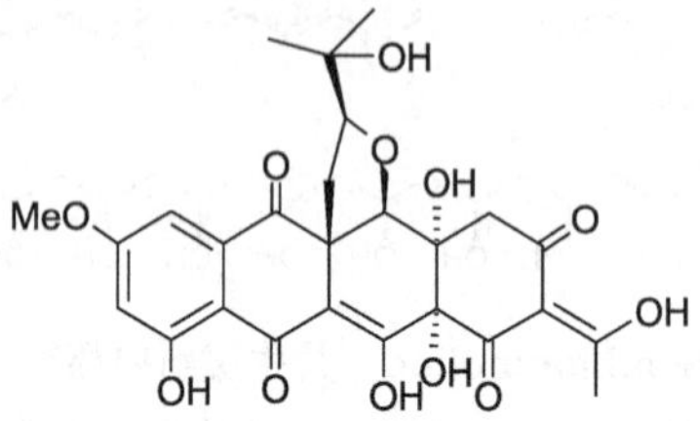

1.9 安古克林类

120 Antibiotics SS-228Y 抗生素 SS-228Y

【基本信息】$C_{19}H_{14}O_6$, 黄棕色粉末, mp 256~266°C (分解), $[\alpha]_D = -85°$, (c = 1.0, 丙酮).【类型】安古克林类.【来源】海洋真菌钦氏菌属 *Chainia* spp. (浅水域海泥).【活性】抗菌 (革兰氏阳性菌); 多巴胺 β-羟基化酶抑制剂; LD_{50} (小鼠, ivn) = 6~12mg/kg, LD_{50} (小鼠, ipr) = 1.5~5.5mg/kg.【文献】T. Okazaki, et al. Antibiotics, 1975, 28, 176; T. Kitahara, et al. J. Antibiotics, 1975, 28, 280; N. Imamura, et al. J. Antibiotics, 1982, 35, 602; Y. Tamura, et al. JOC, 1985, 50, 2273.

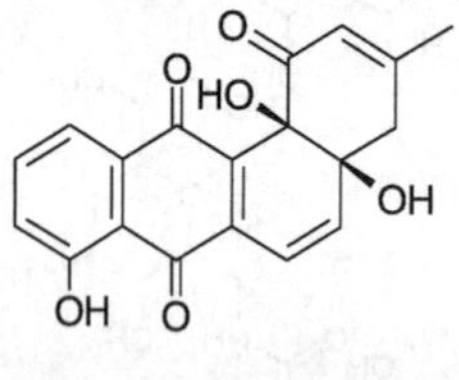

121 Grincamycin A 格林卡霉素 A*

【别名】Antibiotics A300; 抗生素 A300.【基本信息】$C_{49}H_{62}O_{18}$, 黄色粉末或淡红色粉末, mp 153~158°C, $[\alpha]_D^{22} = -48°$ (c = 0.1, 氯仿), $[\alpha]_D^{25} = -61°$ (c = 0.33, 氯仿).【类型】安古克林类.【来源】海洋导出的链霉菌葡萄牙链霉菌 *Streptomyces lusitanus* SCSIO LR32 (深海沉积物, 南海, 中国).【活性】细胞毒 (B16, IC_{50} = 1.1μmol/L, 对照 5-氟尿嘧啶, IC_{50} = 33μmol/L, 对照阿霉素, IC_{50} = 1.7μmol/L; HepG2, IC_{50} = 5.3μmol/L, 5-氟尿嘧啶, IC_{50} = 34μmol/L, 阿霉素, IC_{50} = 7.1μmol/L; SW1990, IC_{50} = 6.4μmol/L, 5-氟尿嘧啶, IC_{50} = 45μmol/L, 阿霉素, IC_{50} = 5.3μmol/L; HeLa, IC_{50} = 5.3μmol/L, 5-氟尿嘧啶, IC_{50} = 43μmol/L, 阿霉素, IC_{50} = 11μmol/L; NCI-H460, IC_{50} = 11μmol/L, 5-氟尿嘧啶, IC_{50} = 29μmol/L, 阿霉素, IC_{50} = 6.9μmol/L; MCF7, IC_{50} = 2.1μmol/L, 5-氟尿嘧啶, IC_{50} = 35μmol/L); 抗微生物.【文献】H. Huang, et al. JNP, 2012, 75, 202.

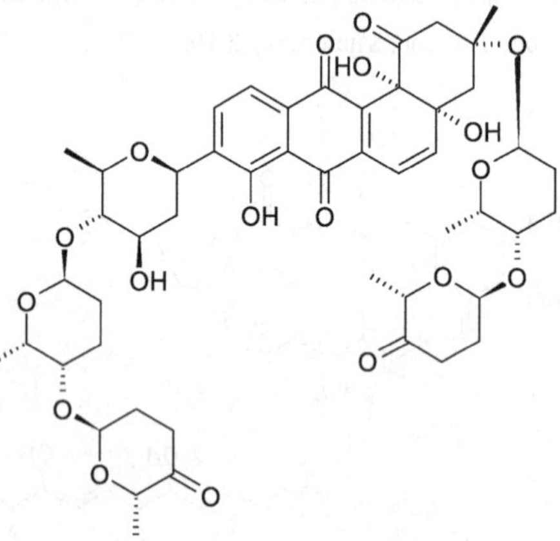

122 Grincamycin B 格林卡霉素 B*

【基本信息】$C_{49}H_{62}O_{18}$, 红色固体, $[\alpha]_D^{25} = -18°$ (c = 0.4, 氯仿).【类型】安古克林类.【来源】海洋导出的链霉菌葡萄牙链霉菌 *Streptomyces lusitanus* SCSIO LR32 (深海沉积物, 南海, 中国).【活性】细胞毒 (B16, IC_{50} = 2.1μmol/L, 对照 5-氟尿嘧啶, IC_{50} = 33μmol/L, 对照阿霉素, IC_{50} = 1.7μmol/L; HepG2, IC_{50} = 8.5μmol/L, 5-氟尿嘧啶, IC_{50} = 34μmol/L, 阿霉素, IC_{50} = 7.1μmol/L; SW1990, IC_{50} = 11μmol/L, 5-氟尿嘧啶, IC_{50} = 45μmol/L, 阿霉素, IC_{50} = 5.3μmol/L; HeLa, IC_{50} = 6.4μmol/L,

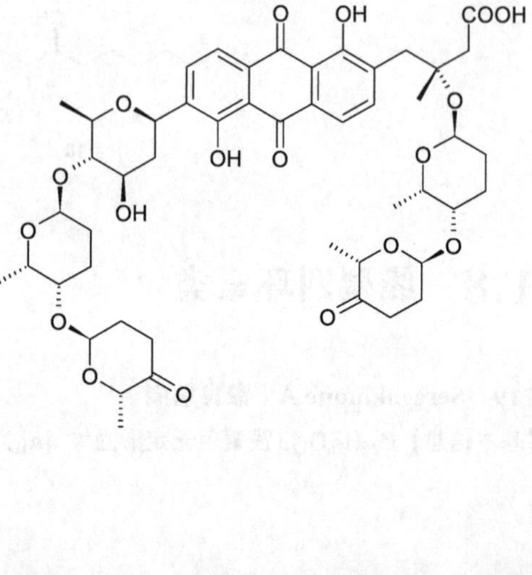

5-氟尿嘧啶，IC_{50} = 43μmol/L，阿霉素，IC_{50} = 11μmol/L; NCI-H460, IC_{50} > 100μmol/L, 5-氟尿嘧啶，IC_{50} = 29μmol/L，阿霉素，IC_{50} = 6.9μmol/L; MCF7，IC_{50} = 12μmol/L，5-氟尿嘧啶，IC_{50} = 35μmol/L).【文献】H. Huang, et al. JNP, 2012, 75, 202.

123 Grincamycin C 格林卡霉素 C*

【基本信息】$C_{37}H_{44}O_{14}$, 红色无定形固体, $[\alpha]_D^{25}$ = –41° (c = 0.73, 氯仿).【类型】安古克林类.【来源】海洋导出的链霉菌葡萄牙链霉菌 *Streptomyces lusitanus* SCSIO LR32 (深海沉积物, 南海, 中国).【活性】细胞毒 (HepG2, IC_{50} = 31μmol/L, 对照 5-氟尿嘧啶, IC_{50} = 34μmol/L, 对照阿霉素, IC_{50} = 7.1μmol/L; SW1990, IC_{50} = 31μmol/L, 5-氟尿嘧啶, IC_{50} = 45μmol/L, 阿霉素, IC_{50} = 5.3μmol/L; MCF7, IC_{50} = 11μmol/L, 5-氟尿嘧啶, IC_{50} = 35μmol/L).【文献】H. Huang, et al. JNP, 2012, 75, 202.

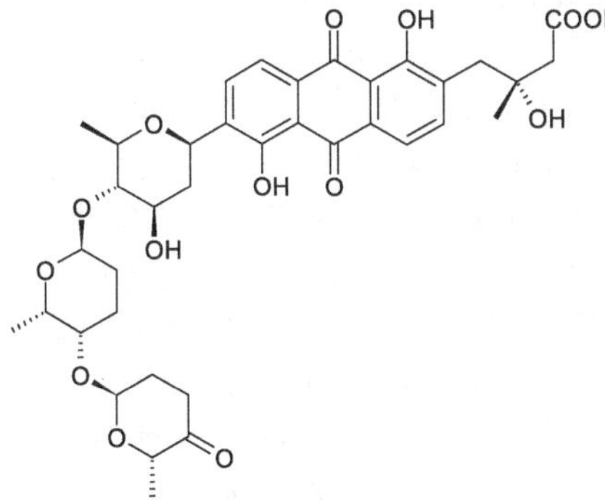

124 Grincamycin D 格林卡霉素 D*

【基本信息】$C_{43}H_{50}O_{16}$，棕黄色无定形固体，$[\alpha]_D^{25}$ = +70° (c = 0.55, 氯仿).【类型】安古克林类.【来源】海洋导出的链霉菌葡萄牙链霉菌 *Streptomyces lusitanus* SCSIO LR32 (深海沉积物, 南海, 中国).【活性】细胞毒 (B16, IC_{50} = 9.7μmol/L, 对照5-氟尿嘧啶, IC_{50} = 33μmol/L, 对照阿霉素, IC_{50} = 1.7μmol/L; HepG2, IC_{50} = 9.7μmol/L, 5-氟尿嘧啶, IC_{50} = 34μmol/L, 阿霉素, IC_{50} = 7.1μmol/L; SW1990, IC_{50} = 22μmol/L, 5-氟尿嘧啶, IC_{50} = 45μmol/L, 阿霉素, IC_{50} = 5.3μmol/L; HeLa, IC_{50} = 12μmol/L, 5-氟尿嘧啶，IC_{50} = 43μmol/L，阿霉素，IC_{50} = 11μmol/L; NCI-H460, IC_{50} = 30μmol/L, 5-氟尿嘧啶，IC_{50} = 29μmol/L，阿霉素，IC_{50} = 6.9μmol/L; MCF7，IC_{50} = 6.1μmol/L，5-氟尿嘧啶，IC_{50} = 35μmol/L).【文献】H. Huang, et al. JNP, 2012, 75, 202.

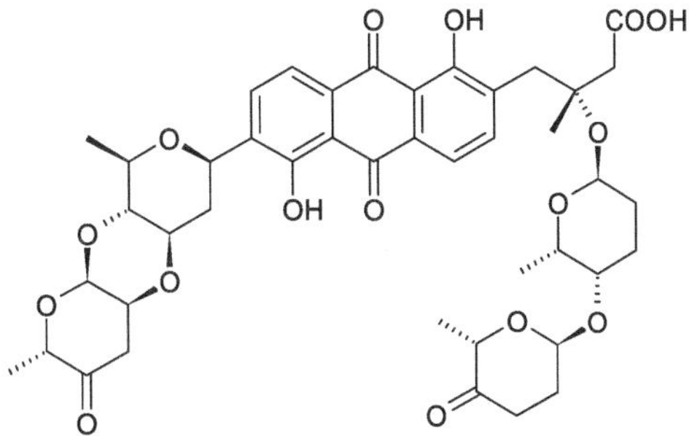

125 Grincamycin E 格林卡霉素 E*

【基本信息】$C_{49}H_{60}O_{17}$，浅黄色粉末，$[\alpha]_D^{25}$ = –112° (c = 0.17, 氯仿).【类型】安古克林类.【来源】海洋导出的链霉菌葡萄牙链霉菌 *Streptomyces lusitanus* SCSIO LR32 (深海沉积物, 南海, 中国).【活性】细胞毒 (B16, IC_{50} = 5.4μmol/L, 对照 5-氟尿嘧啶, IC_{50} = 33μmol/L, 对照阿霉素, IC_{50} = 1.7μmol/L; HepG2, IC_{50} = 11μmol/L, 5-氟尿嘧啶, IC_{50} = 34μmol/L, 阿霉素, IC_{50} = 7.1μmol/L; SW1990, IC_{50} = 16μmol/L, 5-氟尿嘧啶, IC_{50} = 45μmol/L, 阿霉素, IC_{50} = 5.3μmol/L; HeLa, IC_{50} = 11μmol/L, 5-氟尿嘧啶，IC_{50} = 43μmol/L，阿霉素，IC_{50} = 11μmol/L; MCF7, IC_{50} = 8.7μmol/L, 对照 5-氟尿嘧啶, IC_{50} = 35μmol/L).【文献】H. Huang, et al. JNP, 2012, 75, 202.

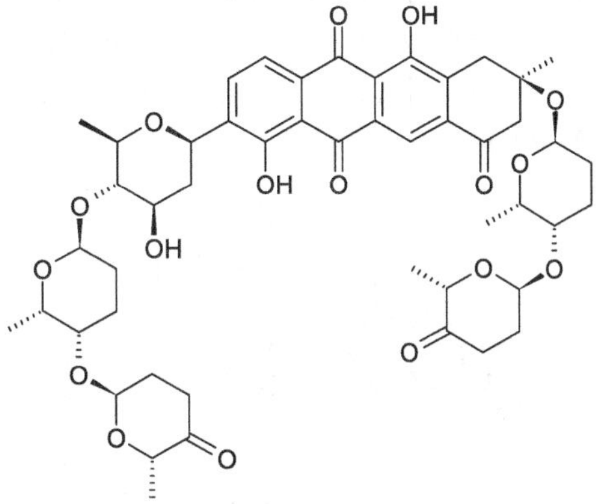

126 Grincamycin F 格林卡霉素 F*

【基本信息】$C_{57}H_{66}O_{20}$，暗红色粉末，$[\alpha]_D^{25}$ = +110° (c = 0.09, 氯仿-甲醇, 9:1).【类型】安古克林类.【来源】海洋导出的链霉菌葡萄牙链霉菌 *Streptomyces lusitanus* SCSIO LR32 (深海沉积物, 南海, 中国).【活性】细胞毒 (B16, HepG2, SW1990, HeLa 和 NCI-H460, IC_{50} > 100μmol/L; MCF7, IC_{50} = 19μmol/L, 对照 5-氟尿嘧啶, IC_{50} = 35μmol/L).【文献】H. Huang, et al. JNP, 2012, 75, 202.

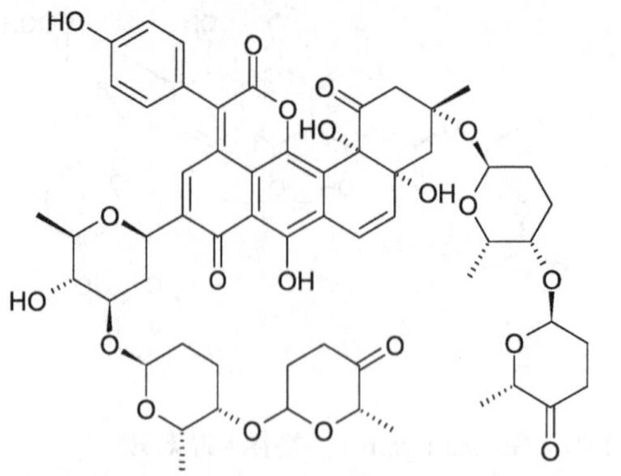

127 Marmycin A 马尔霉素 A*

【基本信息】$C_{26}H_{23}NO_4$, 红色针状晶体 (四氢呋喃/戊烷), mp 257~259ºC (分解), $[\alpha]_D^{20}$ = +520º (c = 0.05, 四氢呋喃).【类型】安古克林类.【来源】海洋导出的链霉菌属 *Streptomyces* sp.【活性】细胞毒 (HCT116, IC_{50} = 60.5nmol/L); 细胞毒 (一组 12 种人肿瘤细胞株 (乳腺癌, 前列腺癌, 结肠癌, 肺癌和白血病), 药物接毒 72h 后, 平均 IC_{50} = 0.022μmol/L, IC_{50} = 0.007~0.058μmol/L); 细胞毒 (在细胞循环 G_1 期诱导适度活性的细胞凋亡和终止: 剂量 20nmol/L, 4.4%细胞凋亡, 2.9% < G_1, 48% G_1, 41% S, 7.3% G_2, 0.8% > G_2; 剂量 60nmol/L, 6.9%细胞凋亡, 4.1% < G_1, 50% G_1, 39% S, 4.5% G_2, 1.9% > G_2; 剂量 200nmol/L, 5.8%细胞凋亡, 2.4% < G_1, 55% G_1, 35% S, 8.0% G_2, 0.6% > G_2).【文献】G. D. A. Martin, et al. JNP, 2007, 70, 1406.

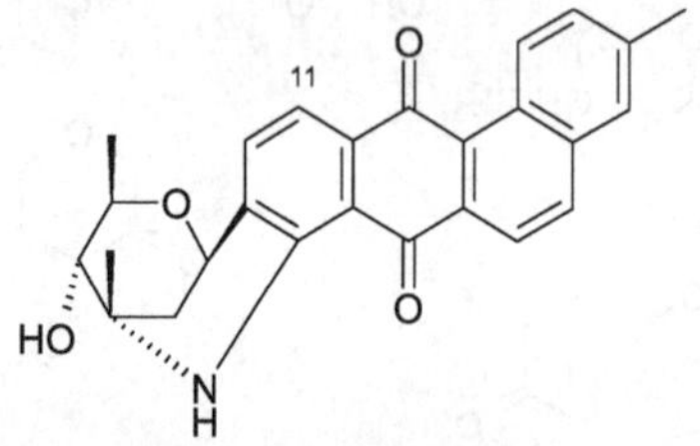

128 Marmycin B 马尔霉素 B*

【基本信息】$C_{26}H_{22}ClNO_4$, 粉色针状晶体 (四氢呋喃/戊烷), mp 291~293ºC (分解), $[\alpha]_D^{20}$ = +600º (c = 0.1, 四氢呋喃).【类型】安古克林类.【来源】海洋导出的链霉菌属 *Streptomyces* sp.【活性】细胞毒 (HCT116, IC_{50} = 1.09μmol/L); 细胞毒 (一组 12 种人肿瘤细胞株 (乳腺癌, 前列腺癌, 结肠癌, 肺癌和白血病), 药物接毒 72h 后, 平均 IC_{50} = 3.5μmol/L, IC_{50} = 1.0~4.4μmol/L).【文献】G. D. A. Martin, et al. JNP, 2007, 70, 1406.

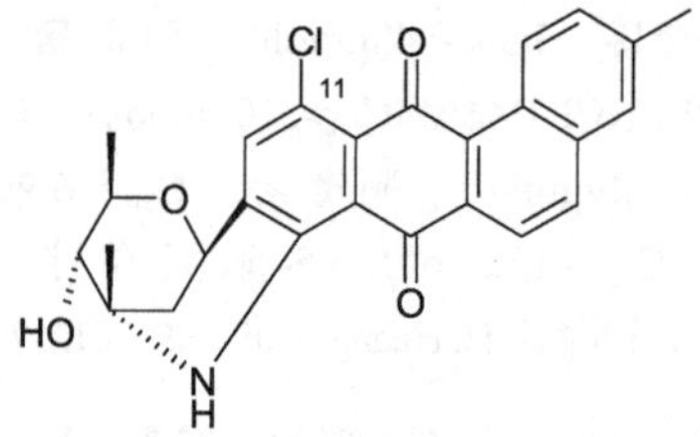

129 Mayamycin 马亚霉素*

【基本信息】$C_{26}H_{25}NO_7$, 深棕色粉末.【类型】安古克林类.【来源】海洋导出的链霉菌属 *Streptomyces* sp. HB202, 来自面包软海绵 *Halichondria panicea* (波罗的海).【活性】抗菌 (枯草杆菌 *Bacillus subtilis*, IC_{50} = 8.0μmol/L, 对照氯霉素, IC_{50} = 9.0μmol/L; 表皮短杆菌 *Brevibacterium epidermidis*, IC_{50} = 7.45μmol/L, 对照四环素, IC_{50} = 13.9μmol/L; 人皮肤棒状杆菌 *Dermabacter hominis*, IC_{50} = 8.4μmol/L, 四环素, IC_{50} = 1.2μmol/L; 肺炎克雷伯菌**Klebsiella pneumonia*, IC_{50} = 2.5μmol/L; 痤疮丙酸杆菌 *Propionibacterium acnes*, IC_{50} = 31.2μmol/L, 氯霉素, IC_{50} = 1.0μmol/L; 铜绿假单胞菌 *Pseudomonas aeruginosa*, IC_{50} = 2.5μmol/L, 氯霉素, IC_{50} = 27.3μmol/L; 金黄色葡萄球菌 *Staphylococcus aureus*, IC_{50} = 2.5μmol/L, 对照 Moxifloxacin, IC_{50} = 7.5μmol/L; 金黄色葡萄球菌 *Staphylococcus aureus* MRSA, IC_{50} = 1.25μmol/L; 表皮葡萄球菌 *Staphylococcus epidermidis*, IC_{50} = 0.31μmol/L; 缓慢葡萄球菌 *Staphylococcus lentus*, IC_{50} = 8.0μmol/L, 氯霉素, IC_{50} = 2.3μmol/L; 油菜黄单胞菌 *Xanthomonas campestris*, IC_{50} = 30.0μmol/L, 氯霉素, IC_{50} = 3.6μmol/L); 细胞毒 (HepG2, IC_{50} = 0.2μmol/L, 对照泰莫西芬, IC_{50} = 23.4μmol/L; HT29, IC_{50} = 0.3μmol/L, 泰莫西芬, IC_{50} = 38.6μmol/L; GXF-251L, IC_{50} = 0.2μmol/L, 对照 ADM, IC_{50} = 0.052μmol/L; LXF-529L, IC_{50} = 0.16μmol/L, ADM, IC_{50} = 0.052μmol/L; MAXF-401NL, IC_{50} = 0.29μmol/L, ADM, IC_{50} = 0.052μmol/L; MEXF-462NL, IC_{50} = 0.13μmol/L, ADM, IC_{50} = 0.052μmol/L; PAXF-1657L,

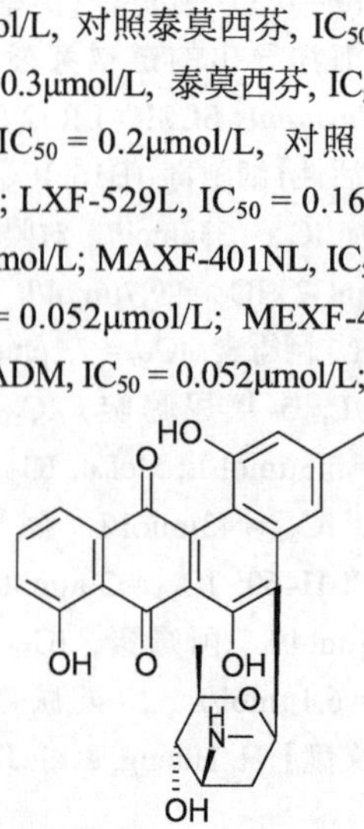

IC_{50} = 0.15μmol/L, ADM, IC_{50} = 0.052μmol/L; RXF-486L, IC_{50} = 0.33μmol/L, ADM, IC_{50} = 0.052μmol/L).【文献】I. Schneemann, et al. JNP, 2010, 73, 1309.

130 Urdamycin E 乌尔达霉素 E*

【基本信息】$C_{44}H_{58}O_{17}S$, 红色无定形固体.【类型】安古克林类.【来源】海洋导出的链霉菌属 *Streptomyces* sp., 来自锉海绵属 *Xestospongia* sp. (西昌岛, 春武里府, 泰国).【活性】抗疟疾 (恶性疟原虫 *Plasmodium falciparum* K1, 有潜力的); 抗结核 (结核分枝杆菌 *Mycobacterium tuberculosis*).【文献】K. Supong, et al. Phytochem. Lett., 2012, 5, 651.

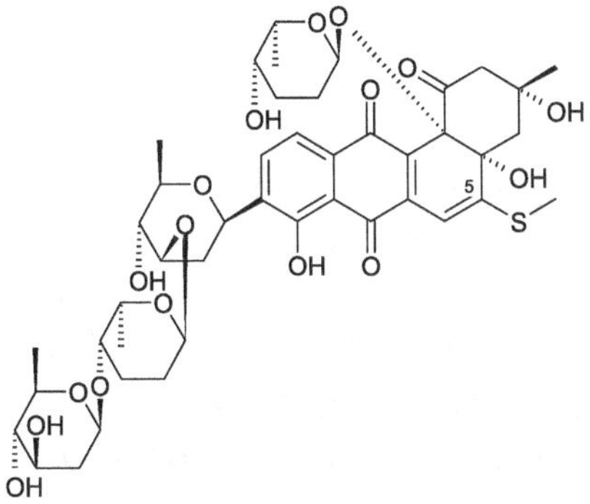

131 Urdamycinone G 乌尔达霉素酮 G*

【基本信息】$C_{26}H_{26}O_9S$.【类型】安古克林类.【来源】海洋导出的链霉菌属 *Streptomyces* sp., 来自锉海绵属 *Xestospongia* sp. (西昌岛, 春武里府, 泰国).【活性】抗疟疾 (恶性疟原虫 *Plasmodium falciparum* K1, 有潜力的); 抗结核 (结核分枝杆菌 *Mycobacterium tuberculosis*).【文献】M. Sezaki, et al. Tetrahedron, 1970, 26, 5171; K. Supong, et al. Phytochem. Lett., 2012, 5, 651.

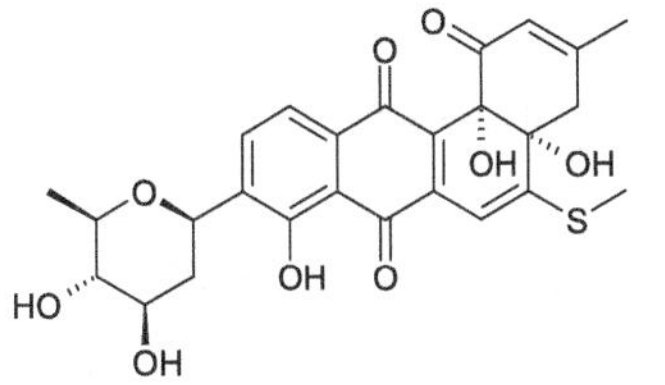

1.10 海葵毒素非大环内酯聚醚类

132 Palytoxin 海葵毒素

【别名】PTX.【基本信息】$C_{129}H_{223}N_3O_{54}$, 溶于吡啶, 二甲亚砜, 水; 易溶于甲醇, 乙醇; 不溶于氯仿, 丙酮.【类型】海葵毒素非大环内酯聚醚类.【来源】六放珊瑚亚纲有毒沙群海葵 *Palythoa toxica,* 六放珊瑚亚纲结核沙群海葵 *Palythoa tuberculosa* 和六放珊瑚亚纲沙群海葵属 *Palythoa* sp. (石峘岛, 冲绳, 日本).【活性】有毒的 (最致命的非蛋白类毒素); 钠/钾-腺苷三磷酸酶抑制剂; 精子运动抑制剂; 心脏中毒和溶血剂; 冠状血管收缩剂; LD_{50} (小鼠, iv) = 0.45mg/kg, LD_{50} (小鼠, ipr) = 0.05mg/kg, LD_{50} (蟹) = 62.5ng/kg.【文献】R. E. Moore, et al. Science, 1971, 172, 495; D. Uemura, et al. Tetrahedron, 1985, 41, 1007; E. M. Suh, et al. JACS., 1994, 116, 11 205; Y. Kan, et al. Tetrahedron Lett., 2001, 42, 3197.

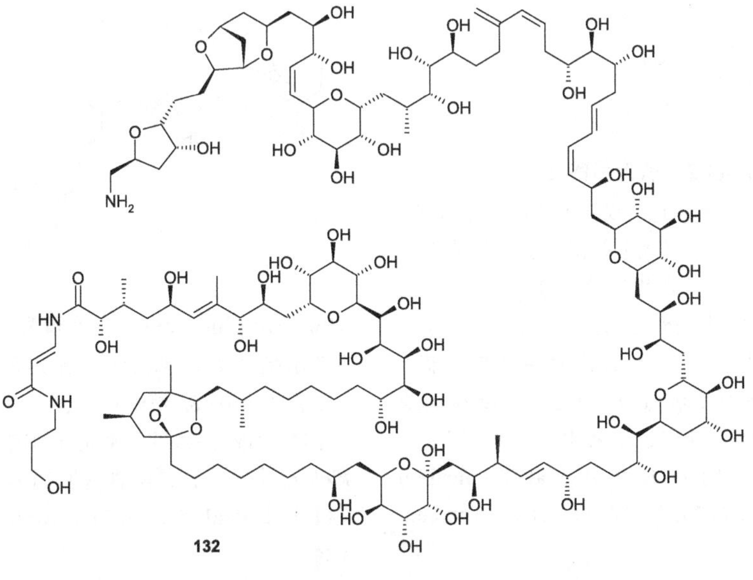

132

1.11 前沟藻醇类非大环内酯聚醚

133 Amphidinol 1 前沟藻醇 1*

【别名】Amphidinol; 前沟藻醇*.【基本信息】$C_{73}H_{126}O_{27}S$, 浅黄色固体 (钠盐), $[\alpha]_D^{23} = -25°$ ($c = 0.18$, 甲醇).【类型】前沟藻醇类非大环内酯聚醚.【来源】甲藻克氏前沟藻 *Amphidinium klebsii.*【活性】抗真菌 (黑曲霉菌 *Aspergillus niger,* 6μg/盘, 生长抑制活性为两性霉素 B 的 3 倍); 溶血的 (小鼠血细胞, 溶血活性为对照皂苷的 120 倍).【文献】M. Satake, et al. JACS, 1991, 113, 9859.

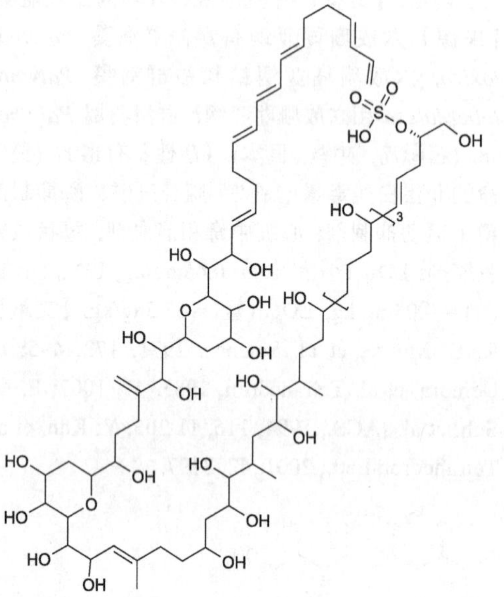

134 Amphidinol 2 前沟藻醇 2*

【基本信息】$C_{71}H_{122}O_{25}$, 浅黄色固体, $[\alpha]_D^{25} = +2.1°$ ($c = 0.1$, 甲醇).【类型】前沟藻醇类非大环内酯聚醚.【来源】甲藻克氏前沟藻 *Amphidinium klebsii.*【活性】溶血的 (人红细胞, $EC_{50} = 7.3$nmol/L, 比对照皂苷活性高数百倍); 抗真菌 (黑曲霉菌 *Aspergillus niger*, 6μg/盘); 杀藻剂; 有毒的 (原发大鼠肝细胞, $IC_{50} = 6.4$μmol/L).【文献】G. K. Paul, et al. Tetrahedron Lett., 1995, 36, 6279; X. M. Qi, et al. Toxicon, 2007, 50, 278.

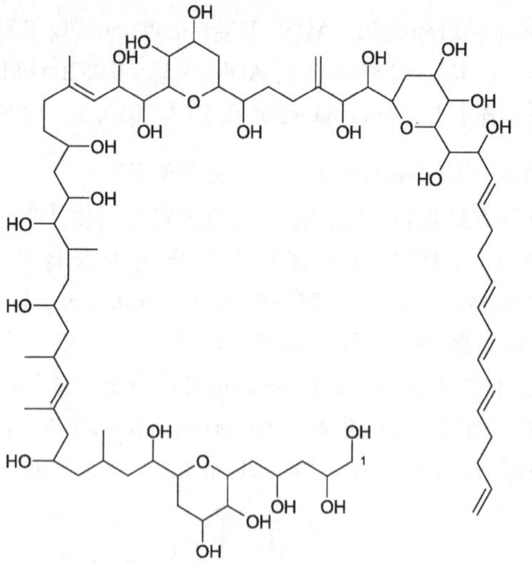

135 Amphidinol 5 前沟藻醇 5*

【基本信息】$C_{72}H_{122}O_{24}$, 浅黄色固体, $[\alpha]_D^{26} = -52°$ ($c = 0.1$, 甲醇).【类型】前沟藻醇类非大环内酯聚醚.【来源】甲藻克氏前沟藻 *Amphidinium klebsii.*【活性】去除含有胆固醇的脂质膜.【文献】G. K. Paul, et al. J. Mar. Biotechnol., 1997, 5, 124.

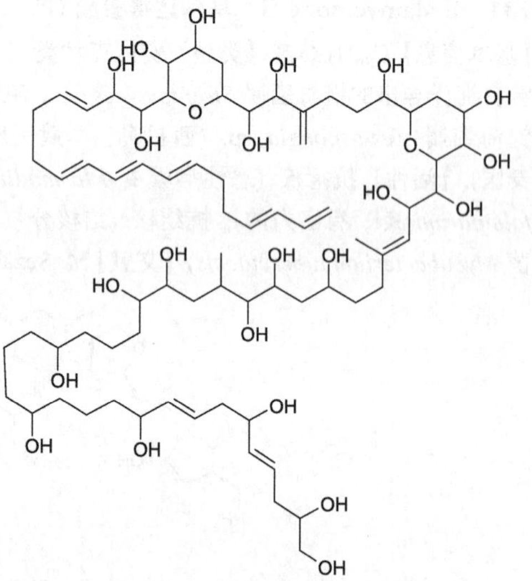

136 Amphidinol 6 前沟藻醇 6*

【基本信息】$C_{70}H_{120}O_{24}$, 无定形固体, $[\alpha]_D^{27} = -29.9°$ ($c = 0.08$, 甲醇).【类型】前沟藻醇类非大环内酯聚醚.【来源】甲藻克氏前沟藻 *Amphidinium klebsii.*【活性】去除含有胆固醇的脂质膜.【文献】G. K. Paul, et al. J. Mar. Biotechnol., 1997, 5, 124.

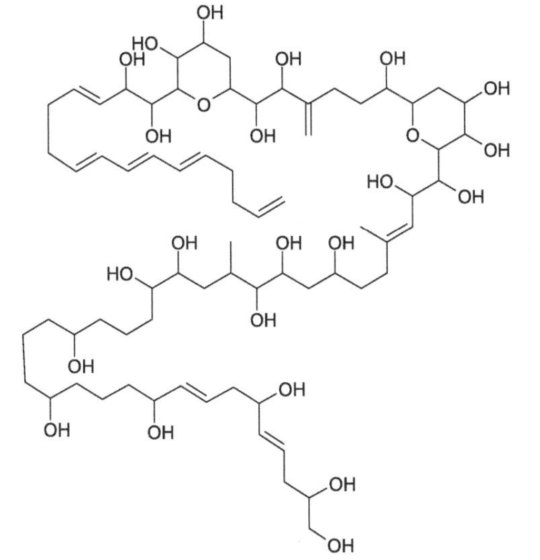

137 Amphidinol 17 前沟藻醇 17*

【别名】AM17.【基本信息】$C_{63}H_{110}O_{24}S$, 浅黄色半固体, $[\alpha]_D^{25} = -6°$ ($c = 0.1$, 甲醇).【类型】前沟藻醇类非大环内酯聚醚.【来源】甲藻前沟藻属 *Amphidinium carterae*.【活性】溶血的 (人红细胞, $EC_{50} = 4.9\mu mol/L$).【文献】Y. Meng, et al. JNP, 2010, 73, 409.

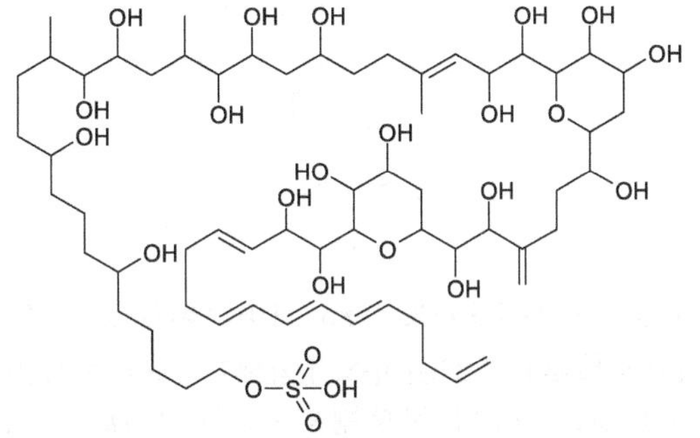

1.12 其它非大环内酯聚醚

138 (65*E*)-Chloro-KmTx1 (65*E*)-氯-KmTx1

【基本信息】$C_{69}H_{125}ClO_{24}$.【类型】其它非大环内酯聚醚.【来源】甲藻剧毒卡罗藻 *Karlodinium veneficum* CCMP 2936 (培养物, 特拉华湾, 美国).【活性】溶血的.【文献】R. M. Van Wagoner, et al. Tetrahedron Lett., 2008, 49, 6457.

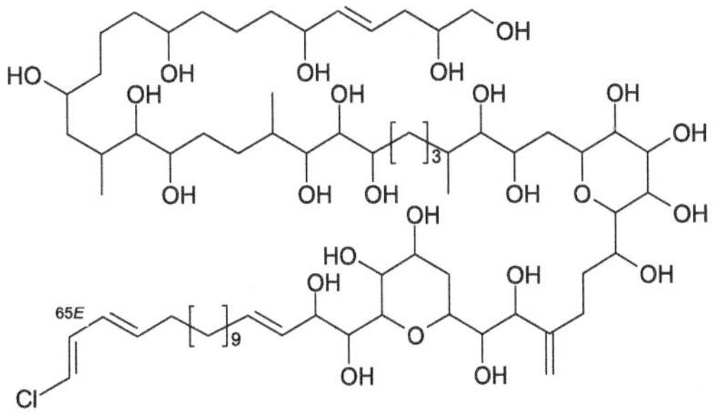

139 (64*E*)-Chloro-KmTx3 (64*E*)-氯-KmTx3

【基本信息】$C_{68}H_{123}ClO_{24}$.【类型】其它非大环内酯聚醚.【来源】甲藻剧毒卡罗藻 *Karlodinium veneficum* CCMP 2936 (培养物, 特拉华湾, 美国).【活性】溶血的.【文献】R. M. Van Wagoner, et al. Tetrahedron Lett., 2008, 49, 6457.

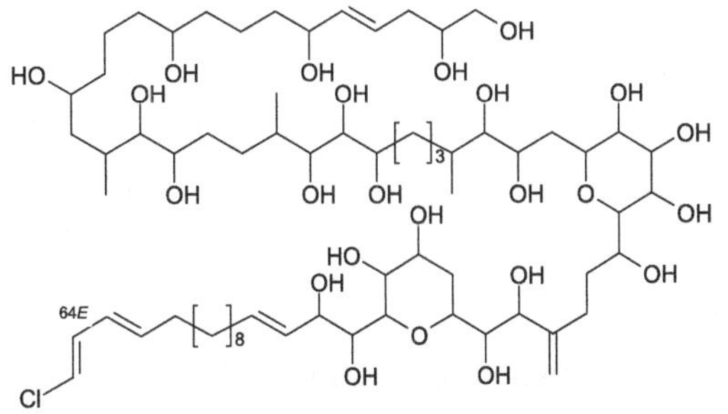

140 KmTx3

【别名】Karlotoxin 3; 卡罗藻毒素 3*.【基本信息】$C_{68}H_{124}O_{24}$.【类型】其它非大环内酯聚醚.【来源】甲藻剧毒卡罗藻 *Karlodinium veneficum* CCMP 2936 (培养物, 特拉华湾, 美国).【活性】溶血的.【文献】R. M. Van Wagoner, et al. Tetrahedron Lett., 2008, 49, 6457.

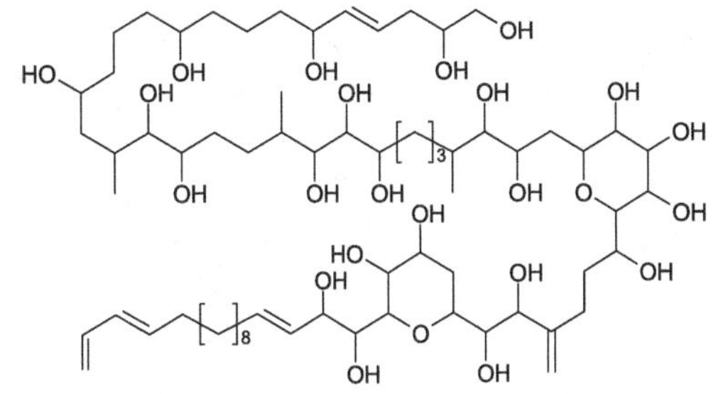

141 Ostreocin D 蛎甲藻新 D*

【别名】42-Hydroxy-3,26-didemethyl-19,44-dideoxy-palytoxin; 42-羟基-3,26-双去甲基-19,44-双去氧海葵毒素.【基本信息】$C_{127}H_{219}N_3O_{53}$, $[\alpha]_D^{23} = +16.6°$ ($c = 0.1$, 水).【类型】其它非大环内酯聚醚.

【来源】甲藻蛎甲藻属 *Ostreopsis siamensis*.【活性】细胞毒; 溶血的; LD_{50} (小鼠, ip) = 0.75mg/kg.【文献】M. Usami, et al. JACS, 1995, 117, 5389; T. Ukena, et al. Biosci. Biotechnol. Biochem., 2001, 65, 2585; T. Ukena, et al. Rapid Commun. Mass Spectrom., 2002, 16, 2387.

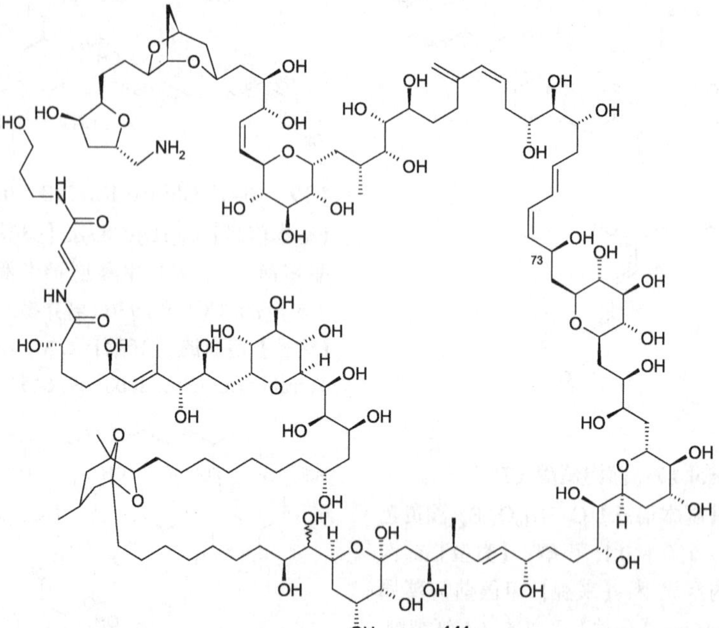

142 Symbiopolyol 共生体多醇

【基本信息】$C_{60}H_{100}O_{23}S$.【类型】其它非大环内酯聚醚.【来源】甲藻前沟藻属 *Amphidinium* sp., 来自水母 *Mastigias papua* (共生体, 高知县, 日本).【活性】在人脐静脉内皮细胞 HUVEC 模型中, 抑制血管细胞黏附分子-1 (VCAM-1) 的表达.【文献】N. Hanif, et al. JNP, 2010, 73, 1318.

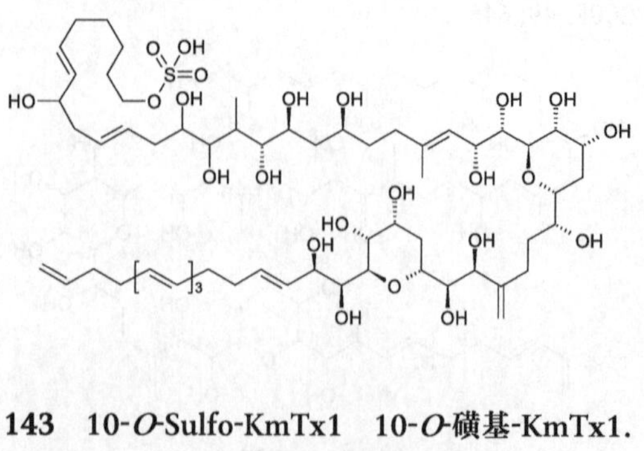

143 10-*O*-Sulfo-KmTx1 10-*O*-磺基-KmTx1.

【基本信息】$C_{69}H_{126}O_{27}S$.【类型】其它非大环内酯聚醚.【来源】甲藻剧毒卡罗藻 *Karlodinium veneficum* CCMP 2936 (培养物, 特拉华湾, 美国).【活性】溶血的.【文献】R. M. Van Wagoner, et al. Tetrahedron Lett., 2008, 49, 6457.

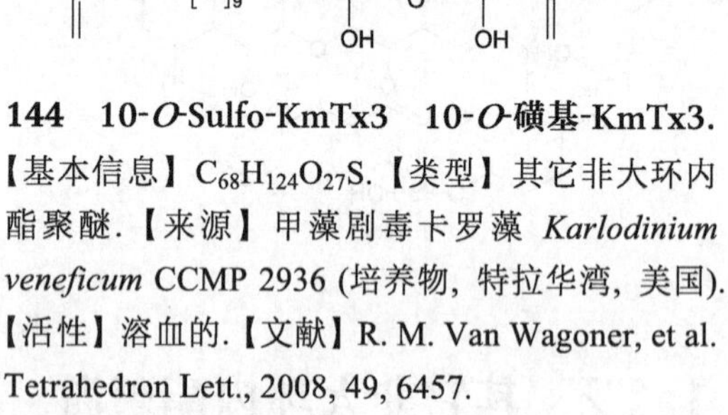

144 10-*O*-Sulfo-KmTx3 10-*O*-磺基-KmTx3.

【基本信息】$C_{68}H_{124}O_{27}S$.【类型】其它非大环内酯聚醚.【来源】甲藻剧毒卡罗藻 *Karlodinium veneficum* CCMP 2936 (培养物, 特拉华湾, 美国).【活性】溶血的.【文献】R. M. Van Wagoner, et al. Tetrahedron Lett., 2008, 49, 6457.

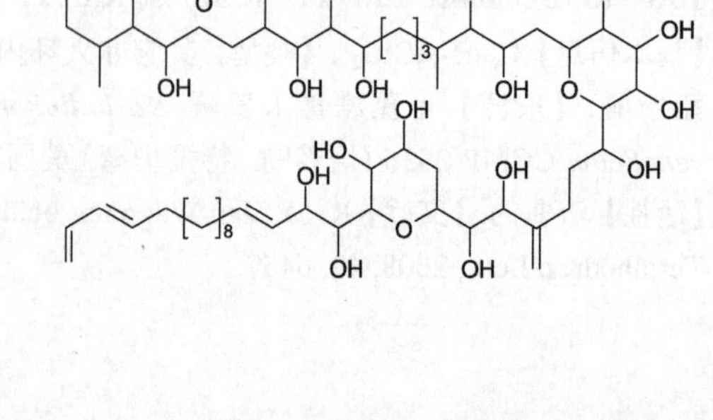

1.13 拉德聚醚

145 Adriatoxin 亚德里亚海毒素*

【基本信息】$C_{42}H_{66}O_{24}S_3$.【类型】拉德聚醚.【来源】紫贻贝* *Mytilus galloprovincialis* (消化腺, 意大利亚德里亚海岸).【活性】毒素.【文献】P. Ciminiello, et al. Tetrahedron Lett., 1998, 39, 8897.

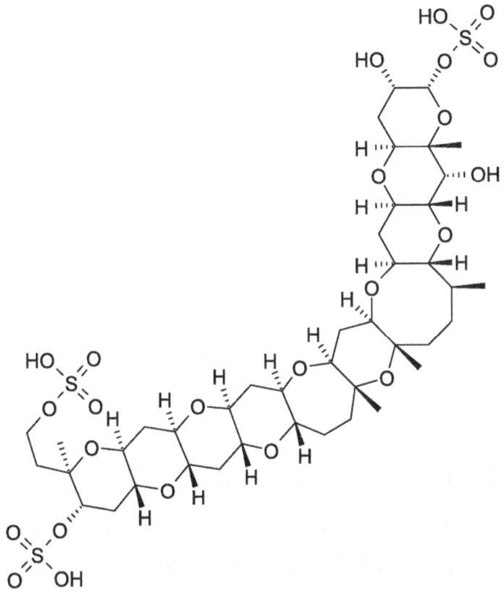

146 Brevetoxin A 短裸甲藻毒素 A

【别名】Toxin GB1; PbTx1; 毒素 GB1.【基本信息】$C_{49}H_{70}O_{13}$, 细棱柱状晶体 (乙腈), mp 197~199°C, mp 218~220°C (双熔点).【类型】拉德聚醚.【来源】甲藻短裸甲藻 *Gymnodinium breve* [Syn. *Ptychodiscus brevis*] (佛罗里达红潮).【活性】神经毒素; 鱼毒.【文献】Y. Shimizu, et al. JACS, 1986, 108, 514; J. Pawlak, et al. JACS, 1987, 109, 1144; K. S. Rein, et al. JOC, 1994, 59, 2101+ 2107.

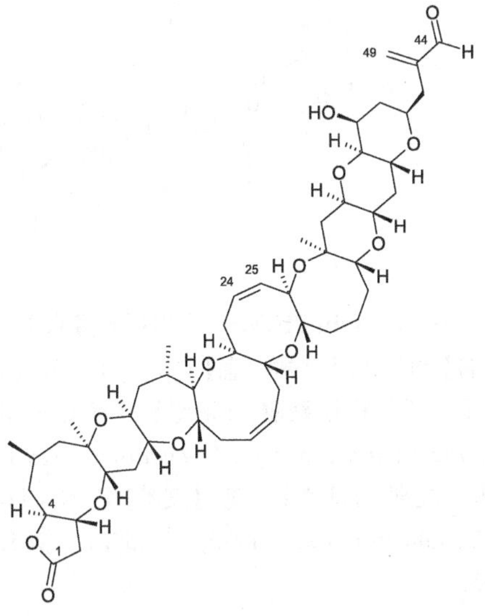

147 Brevetoxin B 短裸甲藻毒素 B

【别名】PbTx2.【基本信息】$C_{50}H_{70}O_{14}$, 晶体, mp 295~297°C.【类型】拉德聚醚.【来源】甲藻短裸甲藻 *Gymnodinium breve* [Syn. *Ptychodiscus brevis*] (佛罗里达红潮).【活性】鱼毒; 心脏中毒; 钠离子通道激活剂.【文献】Y. Lin, et al. JACS, 1981, 103, 6773; Y. Shimizu, et al. JACS, 1986, 108, 514; K. S. Rein, et al. JOC, 1994, 59, 2101; 2107.

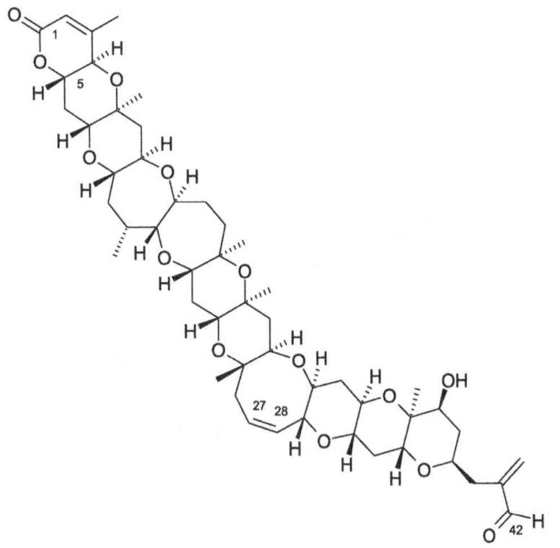

148 Brevetoxin B₁ 短裸甲藻毒素 B₁

【别名】BTXB1;【基本信息】$C_{52}H_{75}NO_{17}S$, 无定形固体 (钠盐).【类型】拉德聚醚.【来源】乌蛤 *Austrovenus stutchburyi*.【活性】聚醚类海洋毒素;

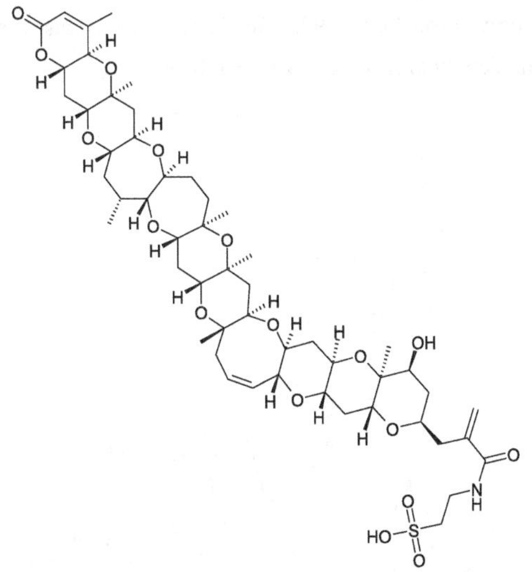

MLD (小鼠, ip) = 0.05mg/kg.【文献】H. Ishida, et al. Tetrahedron Lett., 1995, 36, 725; A. Morohashi, et al. Tetrahedron Lett., 1995, 36, 8995.

149 Brevetoxin B_2 短裸甲藻毒素 B_2

【别名】BTXB2.【基本信息】$C_{51}H_{75}NO_{17}S$, 无定形固体, $[\alpha]_D^{25} = +19°$ ($c = 0.6$, 乙腈水溶液).【类型】拉德聚醚.【来源】小管股贻贝* *Perna canaliculus* (新西兰).【活性】细胞毒 (成神经细胞瘤细胞, 通过钠离子通道起作用, 活化效力是 PbTx-3 效力的 1/3); MLD (小鼠, ip) = 306μg/kg.【文献】K. Murata, et al. Tetrahedron, 1998, 54, 735.

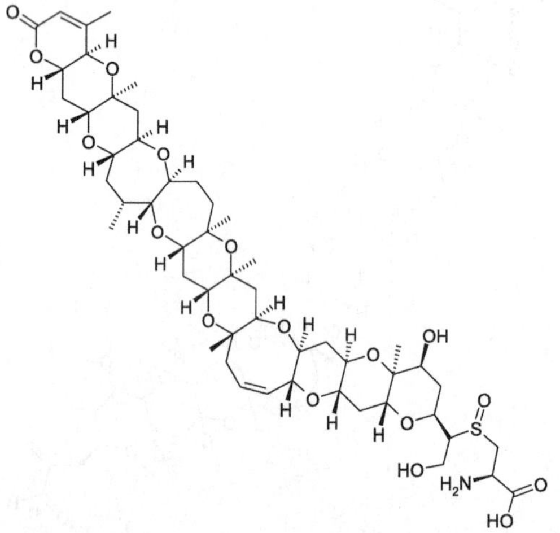

150 Brevetoxin B_{3a} 短裸甲藻毒素 B_{3a}

【别名】BTXB3A.【基本信息】$C_{64}H_{96}O_{17}$.【类型】拉德聚醚.【来源】小管股贻贝* *Perna canaliculus*.【活性】聚醚类海洋毒素.【文献】H. Ishida, et al. Tetrahedron Lett., 1995, 36, 725; A. Morohashi, et al. Tetrahedron Lett., 1995, 36, 8995.

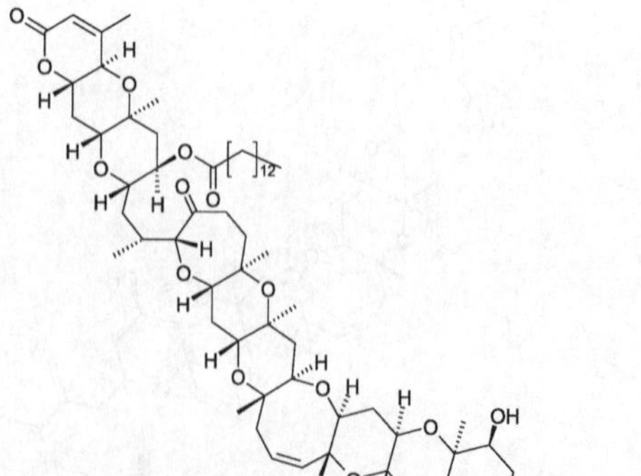

151 Brevetoxin B_{3b} 短裸甲藻毒素 B_{3b}

【别名】BTXB3B.【基本信息】$C_{66}H_{100}O_{17}$.【类型】拉德聚醚.【来源】小管股贻贝* *Perna canaliculus*.【活性】聚醚类海洋毒素.【文献】H. Ishida, et al. Tetrahedron Lett., 1995, 36, 725; A. Morohashi, et al. Tetrahedron Lett., 1995, 36, 8995.

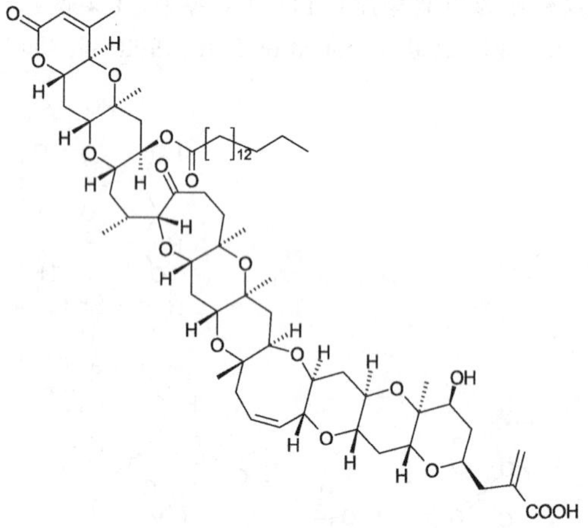

152 Brevetoxin B_{4b} 短裸甲藻毒素 B_{4b}

【基本信息】$C_{69}H_{109}NO_{18}S$.【类型】拉德聚醚.【来源】小管股贻贝* *Perna canaliculus* (新西兰).【活性】毒素.【文献】A. Morohashi, et al. Nat. Toxins, 1999, 7, 45.

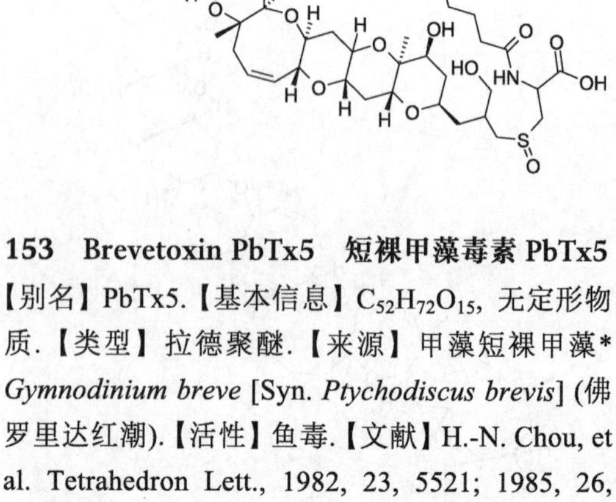

153 Brevetoxin PbTx5 短裸甲藻毒素 PbTx5

【别名】PbTx5.【基本信息】$C_{52}H_{72}O_{15}$, 无定形物质.【类型】拉德聚醚.【来源】甲藻短裸甲藻* *Gymnodinium breve* [Syn. *Ptychodiscus brevis*] (佛罗里达红潮).【活性】鱼毒.【文献】H.-N. Chou, et al. Tetrahedron Lett., 1982, 23, 5521; 1985, 26, 2865.

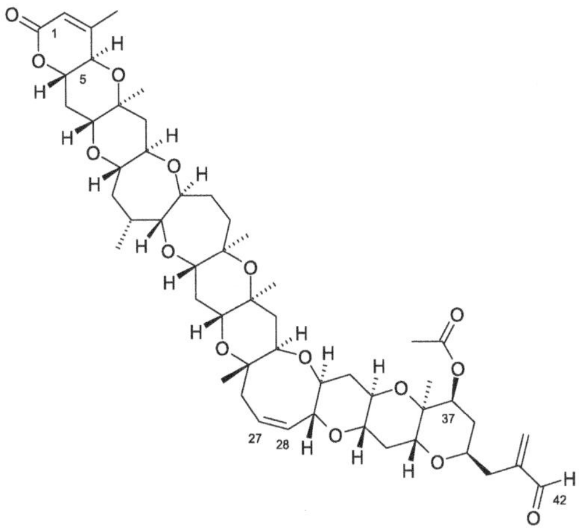

154 Brevetoxin PbTx6 短裸甲藻毒素 PbTx6

【别名】PbTx6.【基本信息】$C_{50}H_{70}O_{15}$, 晶体 (甲醇), mp 295~297°C, 255°C 烧结.【类型】拉德聚醚.【来源】甲藻短裸甲藻* *Gymnodinium breve* [Syn. *Ptychodiscus brevis*] (佛罗里达红潮).【活性】鱼毒; 神经毒素.【文献】H.-N. Chou, et al. Tetrahedron Lett., 1982, 23, 5521; 1985, 26, 2865.

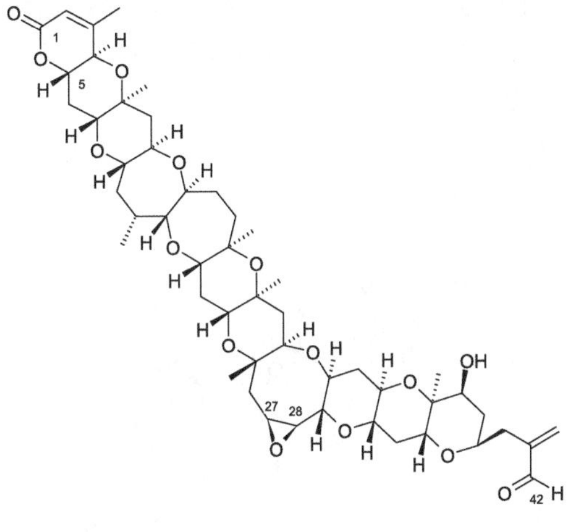

155 Brevetoxin PbTx7 短裸甲藻毒素 PbTx7

【别名】PbTx7.【基本信息】$C_{49}H_{72}O_{13}$.【类型】拉德聚醚.【来源】裸甲藻属甲藻 *Gymnodinium breve* [Syn. *Ptychodiscus brevis*] (佛罗里达红潮).【活性】神经毒素; 鱼毒.【文献】Y. Shimizu, et al. JACS, 1986, 108, 514; K. S. Rein, et al. JOC, 1994, 59, 2101+ 2107.

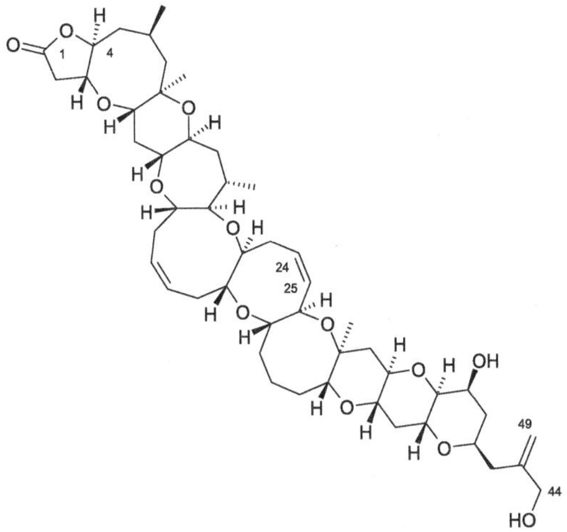

156 Brevetoxin PbTx8 短裸甲藻毒素 PbTx8

【别名】PbTx8; Brevetoxin C; 短裸甲藻毒素 C.【基本信息】$C_{49}H_{69}ClO_{14}$.【类型】拉德聚醚.【来源】裸甲藻属甲藻 *Ptychodiscus brevis* [Syn. *Gymnodinium breve*].【活性】毒素.【文献】J. Golik, et al. Tetrahedron Lett., 1982, 23, 2535.

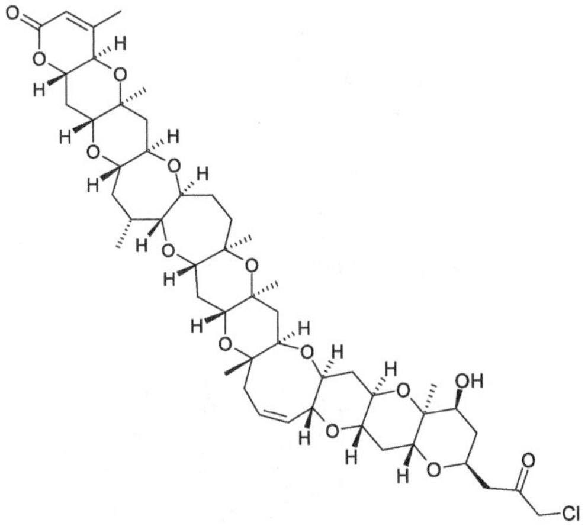

157 Brevisin 腰鞭毛藻新*

【基本信息】$C_{39}H_{62}O_{11}$, 无定形固体, $[\alpha]_D^{25} = -21°$ ($c = 0.33$, 甲醇).【类型】拉德聚醚.【来源】甲藻短凯伦藻 *Karenia brevis*. (Wilson's 58 克隆).【活性】抑制裸甲藻毒素 3 与电压敏感钠离子通道的结合 (大鼠大脑突触体).【文献】M. Satake, et al. JOC, 2009, 74, 989; R. M. Van Wagoner, et al. JNP, 2010, 73, 1177.

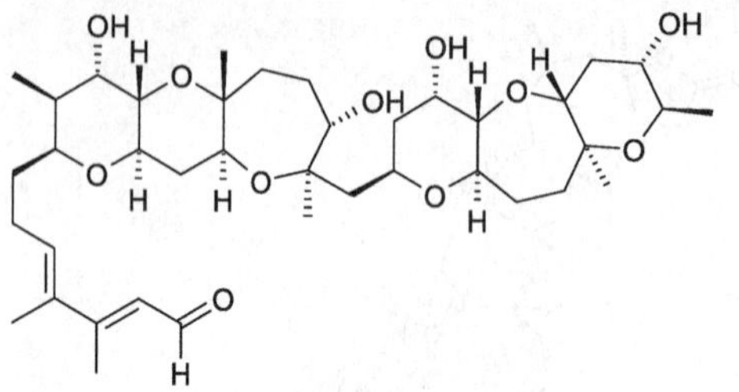

158 Brevisulcenal F 腰鞭毛藻醛 F*

【基本信息】$C_{107}H_{160}O_{38}$.【类型】拉德聚醚.【来源】甲藻凯伦藻属 *Karenia brevisulcata* (惠灵顿, 新西兰).【活性】细胞毒 (P_{388}); 致死性 (小鼠).【文献】P. T. Holl and, et al. Harmful Algae, 2012, 13, 47; Y. Hamamoto, et al. JACS, 2012, 134, 4963.

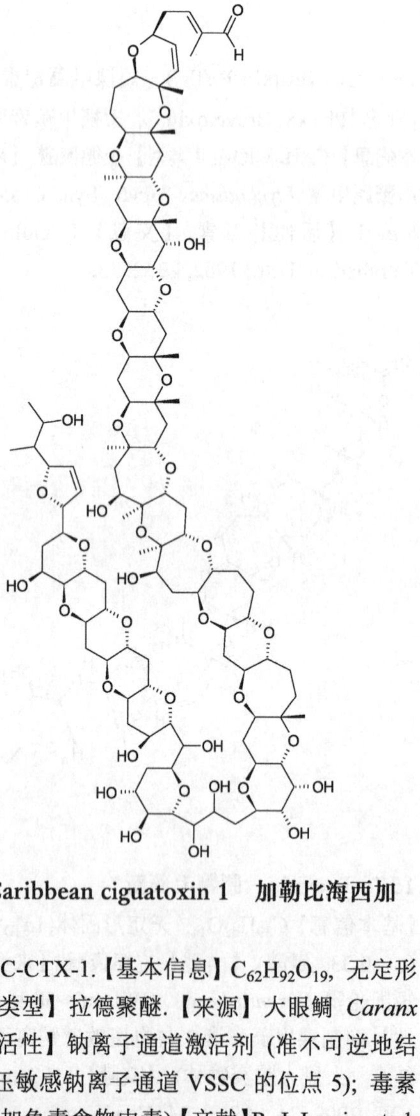

159 Caribbean ciguatoxin 1 加勒比海西加毒素 1

【别名】C-CTX-1.【基本信息】$C_{62}H_{92}O_{19}$, 无定形固体.【类型】拉德聚醚.【来源】大眼鲷 *Caranx latus*.【活性】钠离子通道激活剂 (准不可逆地结合到电压敏感钠离子通道 VSSC 的位点 5); 毒素 (引起西加鱼毒食物中毒).【文献】R. J. Lewis, et al. JACS, 1998, 120, 5914.

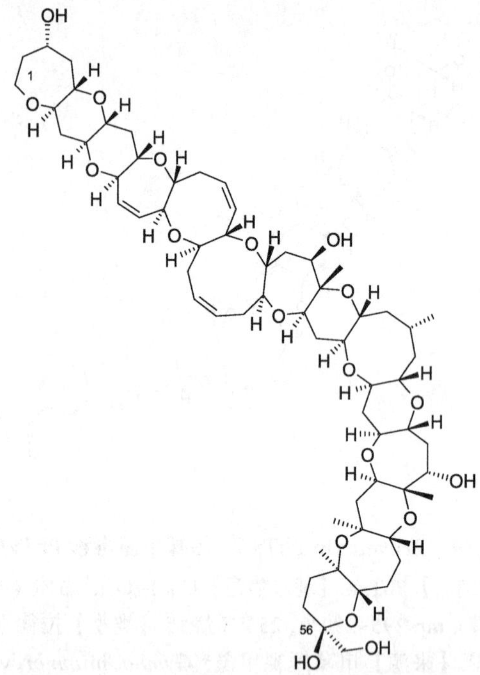

160 Caribbean ciguatoxin 2 加勒比海西加毒素 2

【别名】C-CTX-2.【基本信息】$C_{62}H_{92}O_{19}$.【类型】拉德聚醚.【来源】大眼鲷 *Caranx latus*.【活性】钠离子通道激活剂 (准不可逆地结合到电压敏感钠离子通道 VSSC 的位点 5); 毒素 (引起西加鱼毒食物中毒).【文献】R. J. Lewis, et al. JACS, 1998, 120, 5914.

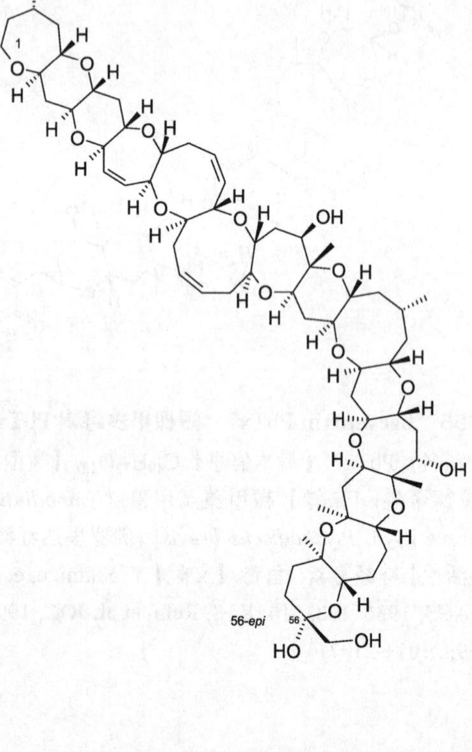

161 1-Desulfoyessotoxin 1-去磺基扇贝毒素

【基本信息】$C_{55}H_{82}O_{18}S$.【类型】拉德聚醚.【来源】蓝贻贝 *Mytilus edulis* (消化腺, 挪威).【活性】毒素.【文献】M. Satake, et al. Nat. Toxins, 1997, 5, 107; 164; 1998, 6, 235.

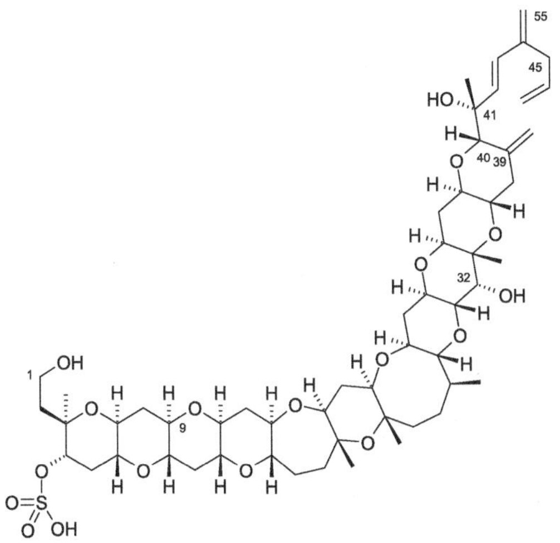

162 Dihydrobrevetoxin B 二氢短裸甲藻毒素 B

【别名】PbTx3.【基本信息】$C_{50}H_{72}O_{14}$, 针状晶体 (乙腈), mp 291~293℃.【类型】拉德聚醚.【来源】甲藻短裸甲藻* *Gymnodinium breve* [Syn. *Ptychodiscus brevis*] (佛罗里达红潮).【活性】鱼毒; 神经毒素.【文献】H.-N. Chou, et al. Tetrahedron Lett., 1982, 23, 5521; 1985, 26, 2865; R. C. Crouch, et al. Tetrahedron, 1995, 51, 8409.

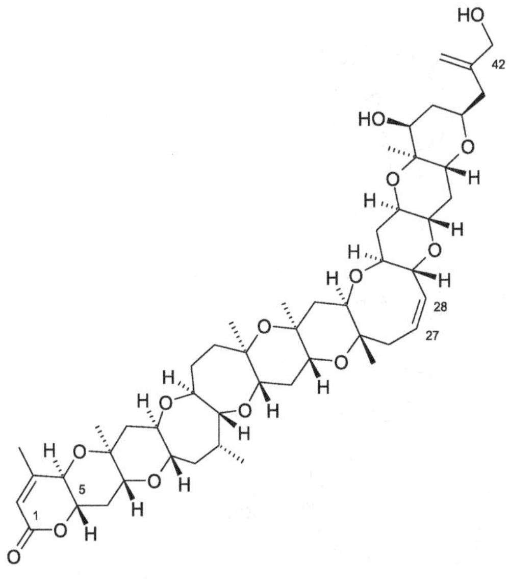

163 2,3-Dihydro-2,3-dihydroxyciguatoxin 3C 2,3-二氢-2,3-二羟基西加毒素 3C

【别名】Ciguatoxin 2A1; 西加毒素 2A1.【基本信息】$C_{57}H_{84}O_{18}$.【类型】拉德聚醚.【来源】甲藻毒性甘比尔鞭毛虫 *Gambierdiscus toxicus*.【活性】毒素.【文献】M. Satake, et al. Tetrahedron Lett., 1998, 39, 1197.

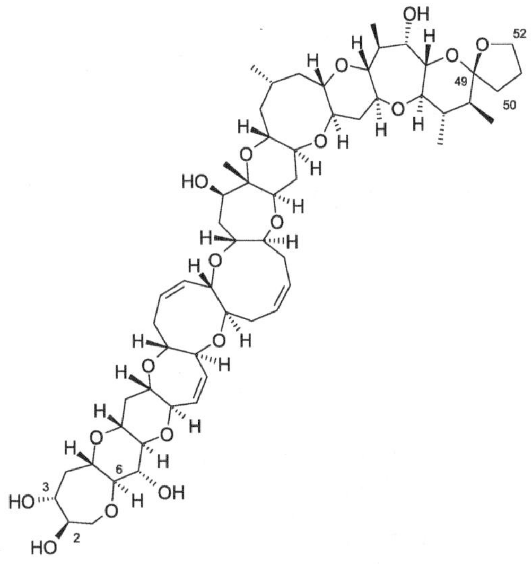

164 Gambieric acid A 甘比尔鞭毛虫酸 A*

【别名】GA-A.【基本信息】$C_{59}H_{92}O_{16}$, 白色无定

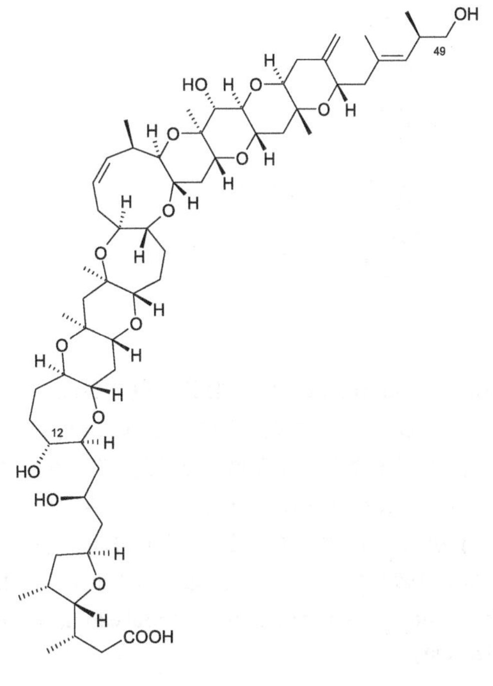

形固体, $[\alpha]_D^{20}=+33°$ ($c=0.49$, 甲醇).【类型】拉德聚醚.【来源】甲藻毒性甘比尔鞭毛虫 *Gambierdiscus toxicus* (共培养物).【活性】抗真菌 (有潜力的).【文献】H. Nagai, et al. JACS, 1992, 114, 1102; H. Nagai, et al. JOC, 1992, 57, 5448; A. Morohashi, et al. Tetrahedron, 2000, 56, 8995.

165 Gambieric acid B 甘比尔鞭毛虫酸 B*

【别名】GA-B.【基本信息】$C_{60}H_{94}O_{16}$, 白色无定形固体.【类型】拉德聚醚.【来源】甲藻毒性甘比尔鞭毛虫 *Gambierdiscus toxicus* (培养物).【活性】抗真菌 (有潜力的).【文献】H. Nagai, et al. JACS, 1992, 114, 1102; H. Nagai, et al. JOC, 1992, 57, 5448; A. Morohashi, et al. Tetrahedron, 2000, 56, 8995.

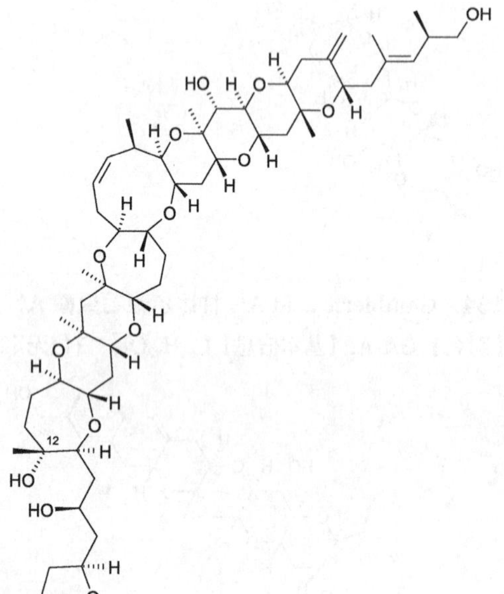

166 Gambieric acid C 甘比尔鞭毛虫酸 C*

【别名】GA-C.【基本信息】$C_{65}H_{100}O_{19}$, 白色无定形固体.【类型】拉德聚醚.【来源】甲藻毒性甘比尔鞭毛虫 *Gambierdiscus toxicus* (培养物).【活性】抗真菌 (有潜力的).【文献】H. Nagai, et al. JACS, 1992, 114, 1102; H. Nagai, et al. JOC, 1992, 57, 5448; A. Morohashi, et al. Tetrahedron, 2000, 56, 8995.

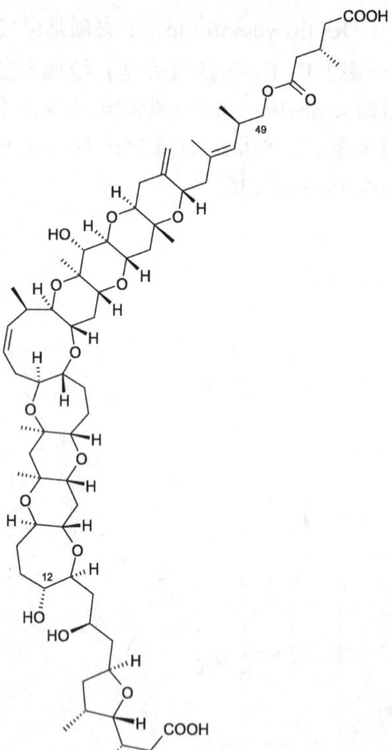

167 Gambieric acid D 甘比尔鞭毛虫酸 D*

【别名】GA-D.【基本信息】$C_{66}H_{102}O_{19}$, 白色无定

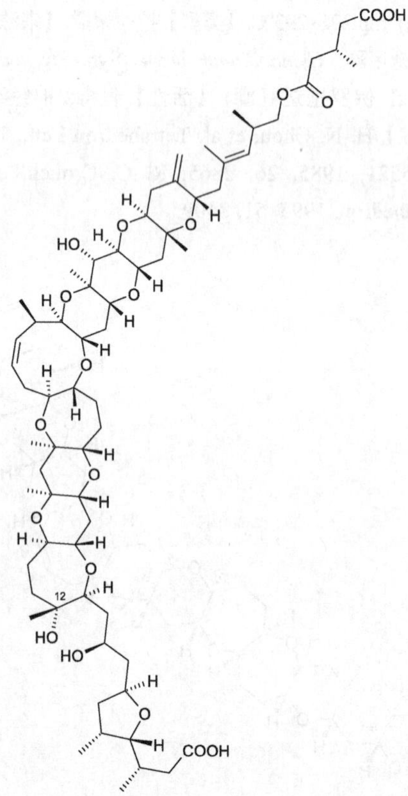

形固体.【类型】拉德聚醚.【来源】甲藻毒性甘比尔鞭毛虫 *Gambierdiscus toxicus* (培养物). 【活性】抗真菌 (有潜力的).【文献】H. Nagai, et al. JACS, 1992, 114, 1102; H. Nagai, et al. JOC, 1992, 57, 5448; A. Morohashi, et al. Tetrahedron, 2000, 56, 8995.

168 Gambierol 甘比尔鞭毛虫醇*

【基本信息】$C_{43}H_{64}O_{11}$，无定形固体，溶于甲醇，吡啶，二氯甲烷；难溶于水.【类型】拉德聚醚.【来源】甲藻毒性甘比尔鞭毛虫 *Gambierdiscus toxicus* [波利尼西亚 (法属)，大洋洲].【活性】毒素.【文献】M. Satake, et al. JACS, 1993, 115, 361; A. Morohashi, et al. Tetrahedron Lett., 1999, 40, 97.

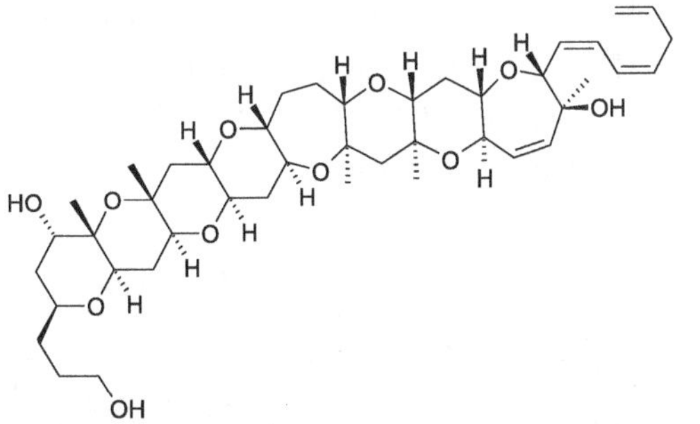

169 Gymnocin A 长崎裸甲藻新 A*

【基本信息】$C_{55}H_{80}O_{18}$，无定形固体，$[\alpha]_D^{20} = +12.5°$ ($c = 0.11$，氯仿).【类型】拉德聚醚.【来源】甲藻米氏凯伦藻 *Karenia mikimotoi* [Syn.长崎裸甲藻 *Gymnodinium mikimotoi*] (红潮).【活性】细胞毒 (P_{388}, $IC_{50} = 1.3\mu mol/L$).【文献】M. Satake, et al. Tetrahedron Lett., 2002, 43, 5829; C. Tsukano, et al. Tetrahedron Lett., 2006, 47, 6803.

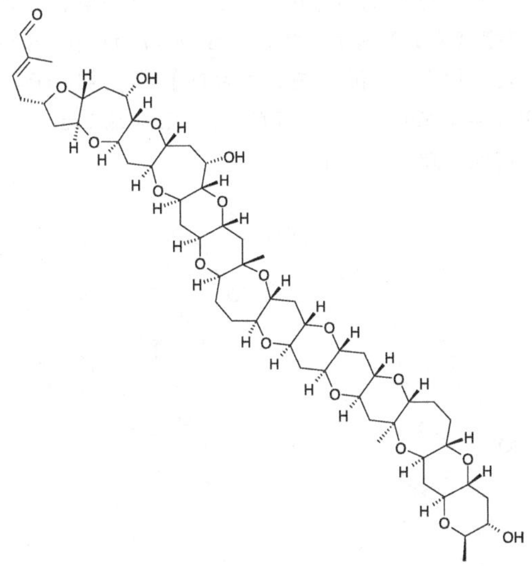

170 Gymnocin A₂ 长崎裸甲藻新 A₂*

【基本信息】$C_{55}H_{80}O_{18}$.【类型】拉德聚醚.【来源】甲藻长崎裸甲藻 *Gymnodinium mikimotoi* (Syn.米氏凯伦藻 *Karenia mikimotoi*) (串本町，和歌山市，日本).【活性】细胞毒 (P_{388}，中等活性).【文献】Y. Tanaka, et al. Heterocycles, 2013, 87, 2037.

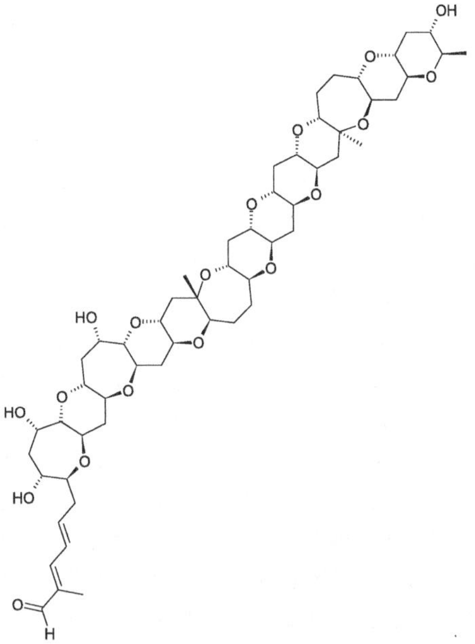

171 Gymnocin B 长崎裸甲藻新 B*

【基本信息】$C_{62}H_{92}O_{20}$，无定形固体.【类型】拉

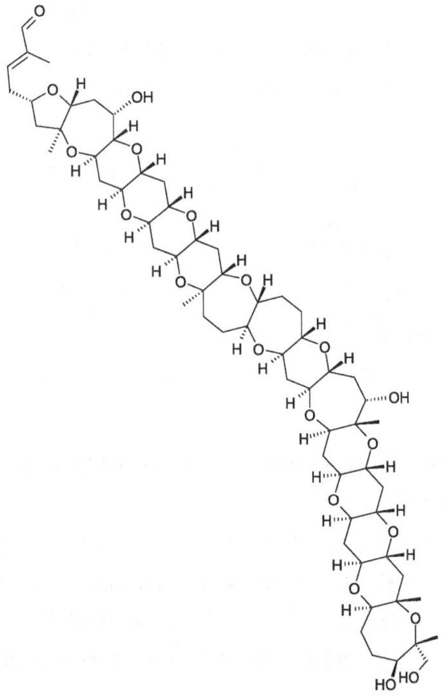

德聚醚.【来源】甲藻米氏凯伦藻 *Karenia mikimotoi* [Syn.长崎裸甲藻 *Gymnodinium mikimotoi*] (红潮).【活性】细胞毒 (P_{388}, IC_{50} = 1.47μg/mL).【文献】M. Satake, et al. Tetrahedron Lett., 2005, 46, 3537.

172 Halichondrin B 冈田软海绵素 B

【基本信息】$C_{60}H_{86}O_{19}$, 晶体, mp 164~166°C, $[\alpha]_D = -58.9°$ (c = 0.94, 甲醇).【类型】拉德聚醚.【来源】扁矛海绵属 *Lissodendoryx* sp. (产率 = 5.1×10^{-5}%, 凯库拉海岸外, 南岛, 新西兰, 深度 100m, 1992 年 2 月采样), 卡特里扁海绵* *Phakellia carteri* (产率 = 3.5×10^{-6}%, 科摩罗群岛), 小轴海绵属 *Axinella* spp., 冈田软海绵* *Halichondria okadai* 和扁矛海绵属 *Lissodendoryx* sp.【活性】细胞毒 (分子作用机制: 微管解聚); 细胞毒 (P_{388}, IC_{50} = 0.78ng/mL) (Litaudon, 1994); 细胞毒 (一组 NCI 人癌细胞, 平均 $GI_{50} = 1.38\times10^{-10}$mol/L, COMPARE 软件相关系数 = 1.00 (以冈田软海绵素 B 为"种子") (Litaudon, 1994); 在美国国家癌症研究所进行临床前实验 (1994); 抑制放射性标记的长春花碱和三磷酸鸟苷 GTP 对微管蛋白的结合; 抗有丝分裂 (引起细胞积累, 阻止有丝分裂).【文献】Y. Hirata, et al. Pure Appl. Chem., 1986, 58, 701; T. D. Aicher, et al. JACS, 1992, 114, 3162; G. R. Pettit, et al. JOC, 1993, 58, 2538; M. Litaudon, et al. Tetrahedron Lett., 1994, 35, 9435; G. R. Pettit, et al. J. Med. Chem., 1994, 37, 1165; M. Litaudon, et al. JOC, 1997, 62, 1868; K. L. Jackson, et al. Chem. Rev., 2009, 109, 3044; S. J. H. Hickford,et al. BoMC, 2009, 17, 2199.

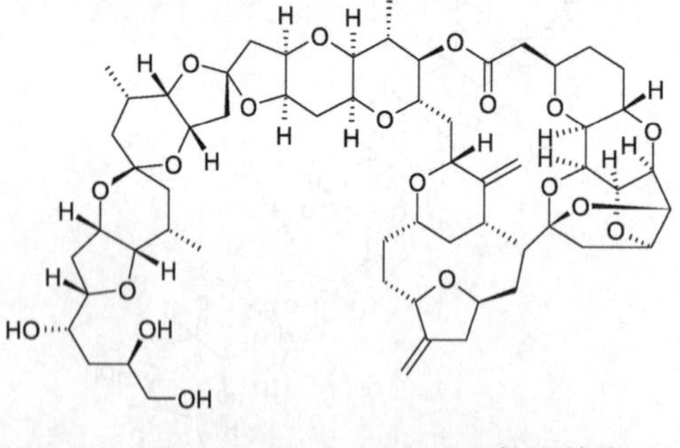

173 Halichondrin B-1020 冈田软海绵素 B-1020

【基本信息】$C_{56}H_{76}O_{17}$, 白色固体.【类型】拉德聚醚.【来源】扁矛海绵属 *Lissodendoryx* sp. (大样本, 凯库拉, 新西兰).【活性】细胞毒 (P_{388}, IC_{50} = 1.1ng/mL).【文献】S. J. H. Hickford, et al. BoMC, 2009, 17, 2199.

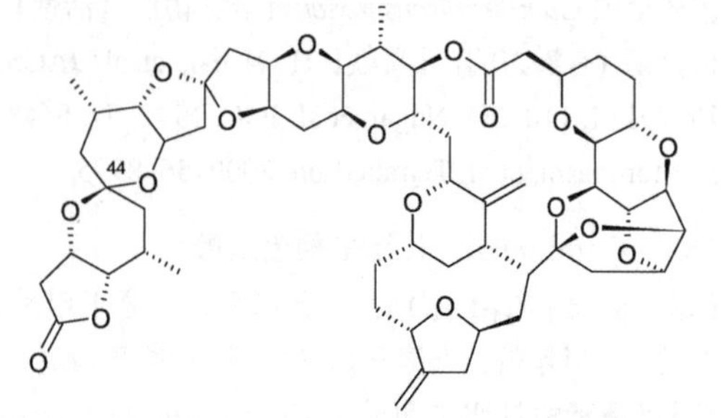

174 Halichondrin B-1076 冈田软海绵素 B-1076

【基本信息】$C_{59}H_{80}O_{18}$, 白色固体.【类型】拉德聚醚.【来源】扁矛海绵属 *Lissodendoryx* sp. (大样本, 凯库拉, 新西兰).【活性】细胞毒 (P_{388}, IC_{50} = 1.1ng/mL).【文献】S. J. H. Hickford, et al. BoMC, 2009, 17, 2199.

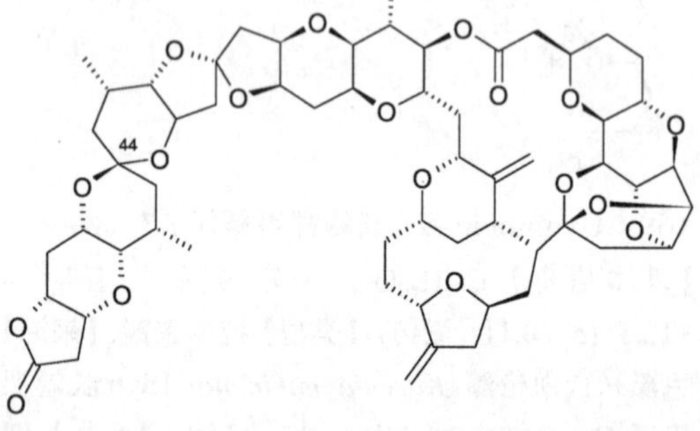

175 Halichondrin B-1092 冈田软海绵素 B-1092

【基本信息】$C_{61}H_{86}O_{17}$, 白色固体.【类型】拉德聚醚.【来源】扁矛海绵属 *Lissodendoryx* sp. (大样本, 凯库拉, 新西兰).【活性】细胞毒 (P_{388}, IC_{50} = 0.76ng/mL).【文献】S. J. H. Hickford, et al. BoMC, 2009, 17, 2199.

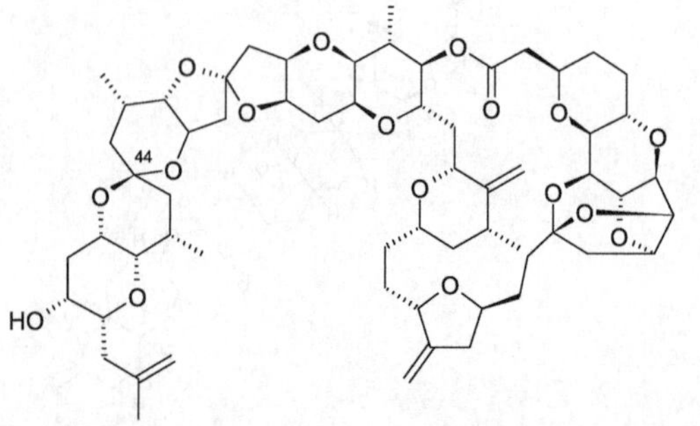

176 Halichondrin B-1140 冈田软海绵素 B-1140

【基本信息】$C_{61}H_{85}ClO_{18}$, 白色固体.【类型】拉德聚醚.【来源】扁矛海绵属 *Lissodendoryx* sp. (大样本, 凯库拉, 新西兰).【活性】细胞毒 (P_{388}, IC_{50} = 2.0ng/mL).【文献】S. J. H. Hickford, et al. BoMC, 2009, 17, 2199.

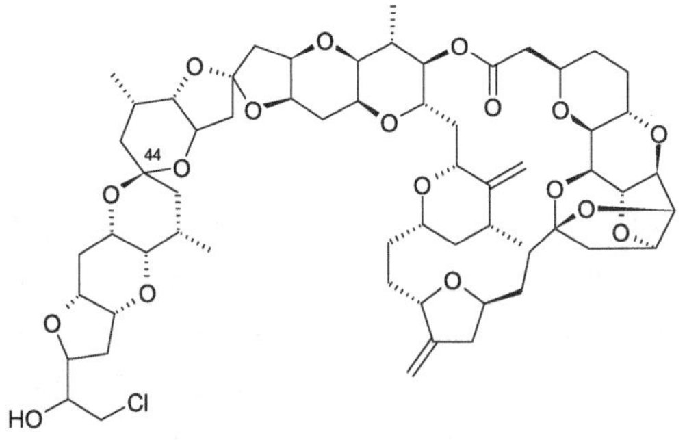

177 Halichondrin C 冈田软海绵素 C

【基本信息】$C_{60}H_{86}O_{20}$, 晶体, mp 169~172°C, $[\alpha]_D$ = –41.6° (c = 0.49, 甲醇).【类型】拉德聚醚.【来源】冈田软海绵* *Halichondria okadai*.【活性】细胞毒 (分子作用机制: 微管解聚); 细胞毒.【文献】Y. Hirata, et al. Pure Appl. Chem., 1986, 58, 701; K. L. Jackson, et al. Chem. Rev., 2009, 109, 3044.

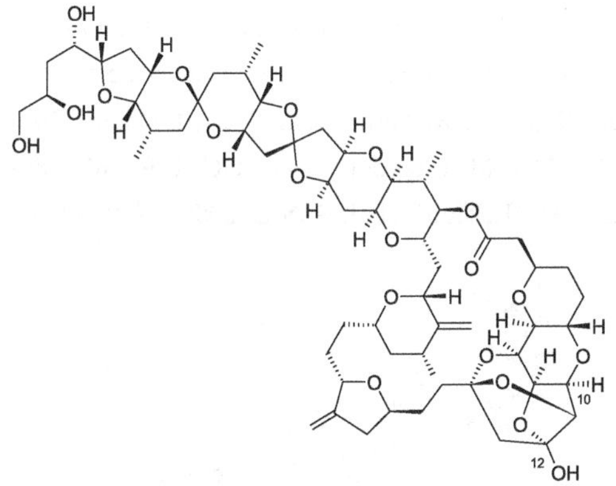

178 Halistatin 1 哈里他汀 1*

【别名】10-Hydroxyhalichondrin B; Isohalichondrin C; 10-羟基冈田软海绵素 B; 异冈田软海绵素 C.【基本信息】$C_{60}H_{86}O_{20}$, 无定形固体, $[\alpha]_D^{25}$ = –58.4° (c = 0.57, 甲醇).【类型】拉德聚醚.【来源】卡特里扁海绵* *Phakellia carteri* (产率 = 8.8×10^{-7}%, 科摩罗群岛) 和卡特里小轴海绵* *Axinella carteri*.【活性】细胞毒 (P_{388}, ED_{50} =4×10^{-4}μg/mL; NCI 60 种癌细胞筛选程序, 总平均 GI_{50} = 7×10^{-10}mol/L); 抗有丝分裂 (引起细胞积累, 阻止有丝分裂); 微管蛋白聚合抑制剂; 抑制放射性标记的长春花碱和三磷酸鸟苷 GTP 对微管蛋白的结合.【文献】G. R. Pettit, et al. JOC, 1993, 58, 2538.

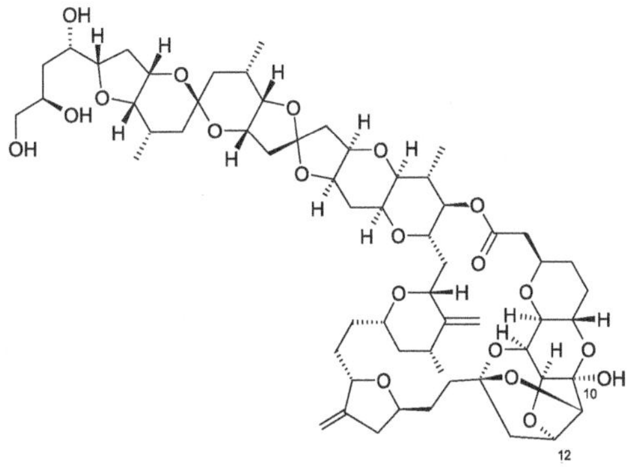

179 Halistatin 2 哈里他汀 2*

【基本信息】$C_{61}H_{86}O_{20}$.【类型】拉德聚醚.【来源】卡特里小轴海绵* *Axinella carteri*.【活性】微管蛋白聚合抑制剂.【文献】G. R. Pettit, et al. Gazz. Chim. Ital., 1993, 123, 371.

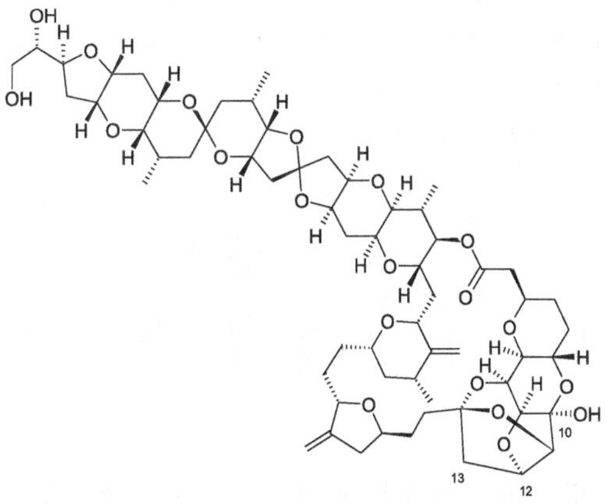

180 Halistatin 3 哈里他汀 3*

【别名】Neohomohalichondrin B; 新高冈田软海绵素 B.【基本信息】$C_{61}H_{88}O_{19}$, mp 185~187°C, $[\alpha]_D^{25}$ = –62° (c = 0.04, 甲醇).【类型】拉德聚醚.【来源】

扁海绵属 *Phakellia* sp.和扁矛海绵属 *Lissodendoryx* sp. (产率 = 8×10^{-6}%, 凯库拉海岸外, 南岛, 新西兰, 深度 100m, 1992 年 2 月采样).【活性】细胞毒 (P_{388}, IC_{50} = 0.8ng/mL); 细胞毒 (P_{388}, ED_{50} = 3.5×10^{-5}μg/mL); 细胞毒 (SF295, GI_{50} = 3.5×10^{-5}μg/mL; OVCAR-3, GI_{50} = 1.3×10^{-5}μg/mL; A498, GI_{50} = 5.6×10^{-5}μg/mL; SK-MEL-5, GI_{50} = 2.5×10^{-5}μg/mL).【文献】G. R. Pettit, et al. J. Chem. Soc., Chem. Commun., 1995, 383; M. Litaudon, et al. JOC, 1997, 62, 1868.

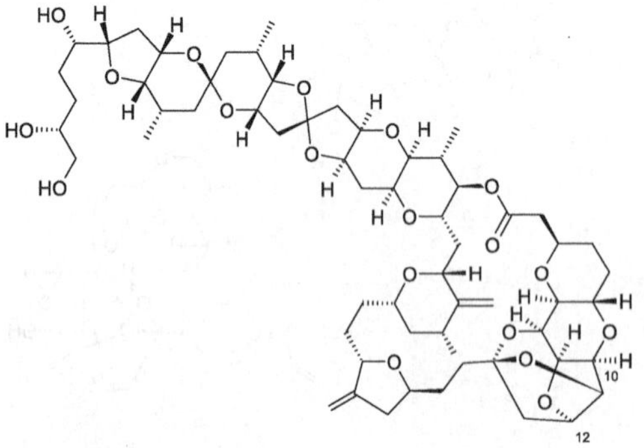

181 Hemibrevetoxin B 半短裸甲藻毒素 B

【别名】GB-N; 短裸甲藻 N.【基本信息】$C_{28}H_{42}O_7$, 非晶固体, $[\alpha]_D^{22}$ = +115° (c = 0.1, 氯仿).【类型】拉德聚醚.【来源】甲藻短裸甲藻* *Gymnodinium breve*.【活性】细胞毒 (培养的小鼠成神经细胞瘤细胞); 毒素.【文献】V. K. Prasad, et al. JACS, 1989, 111, 6476; I. Kadota, et al. Tetrahedron Lett., 1995, 36, 5777; M. Morimoto, et al. Tetrahedron Lett., 1996, 37, 6365.

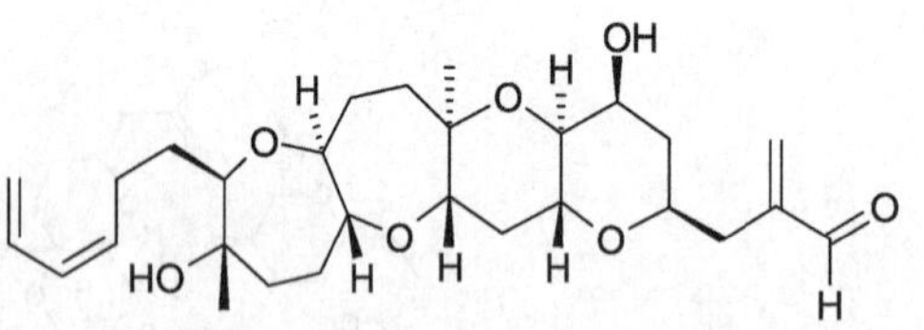

182 Homohalichondrin A 高冈田软海绵素 A

【基本信息】$C_{61}H_{86}O_{21}$, $[\alpha]_D$ = −97.1° (c = 1.23, 甲醇).【类型】拉德聚醚.【来源】冈田软海绵* *Halichondria okadai* 和小轴海绵属 *Axinella* sp.【活性】细胞毒 (分子作用机制: 微管解聚); 细胞毒.【文献】Y. Hirata, et al. Pure Appl. Chem., 1986, 58, 701.

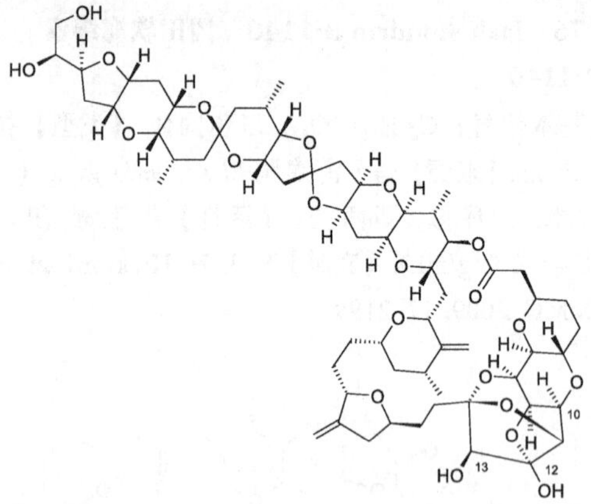

183 Homohalichondrin B 高冈田软海绵素 B

【基本信息】$C_{61}H_{86}O_{19}$.【类型】拉德聚醚.【来源】扁矛海绵属 *Lissodendoryx* sp. (产率 = 5.3×10^{-5}%, 凯库拉海岸外, 南岛, 新西兰, 深度 100m, 1992 年 2 月采样), 卡特里扁海绵* *Phakellia carteri* (产率 = 3.4×10^{-6}%, 科摩罗群岛), 冈田软海绵* *Halichondria okadai* 和卡特里小轴海绵* *Axinella carteri*.【活性】细胞毒 [分子作用机制: 微管解聚; P_{388}, IC_{50} = 0.22ng/mL; 一组 NCI 人癌细胞, 平均 GI_{50} = 1.58×10^{-10}mol/L, COMPARE 软件相关系数 = 0.91 (以软海绵林 B 为"种子")]; 抗有丝分裂 (引起细胞积累, 阻止有丝分裂); 抑制放射性标记的长春花碱和三磷酸鸟苷 GTP 对微管蛋白的结合.【文献】Y. Hirata, et al. Pure Appl. Chem., 1986, 58, 701; T. D. Aicher, et al. JACS, 1992, 114, 3162; G. R. Pettit, et al. JOC, 1993, 58, 2538; M. Litaudon, et al. Tetrahedron Lett., 1994, 35, 9435; G. R. Pettit, et al. J. Med. Chem., 1994, 37, 1165; M. Litaudon, et al. JOC, 1997, 62, 1868; S. J. H. Hickford, et al. BoMC, 2009, 17, 2199.

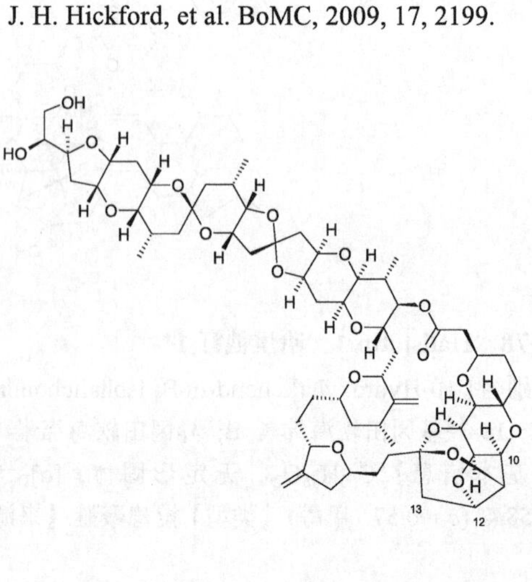

184 Homohalichondrin C 高冈田软海绵素 C

【基本信息】$C_{61}H_{86}O_{20}$.【类型】拉德聚醚.【来源】冈田软海绵* *Halichondria okadai*.【活性】细胞毒(分子作用机制: 微管解聚).【文献】Y. Hirata, et al. Pure Appl. Chem., 1986, 58, 701; T. D. Aicher, et al. JACS, 1992, 114, 3162.

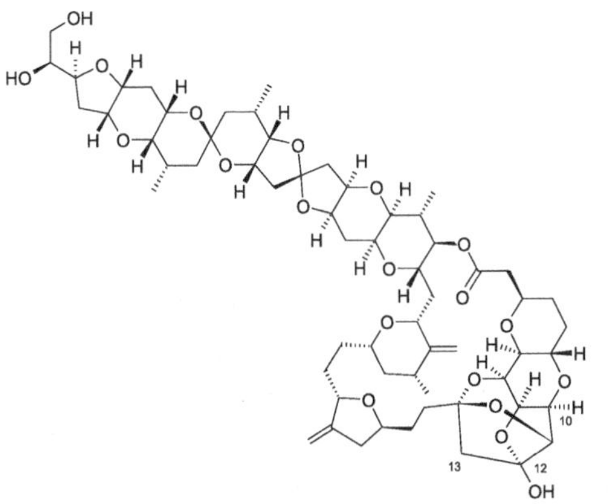

185 51-Hydroxyciguatoxin 3C 51-羟基西加毒素 3C

【别名】51-HydroxyCTX 3C; 51-羟基 CTX 3C.【基本信息】$C_{57}H_{82}O_{17}$.【类型】拉德聚醚.【来源】甲藻毒性甘比尔鞭毛虫 *Gambierdiscus toxicus*.【活性】LD_{50} (小鼠) = 0.27μg/kg.【文献】M. Satake, et al. Tetrahedron Lett., 1998, 39, 1197.

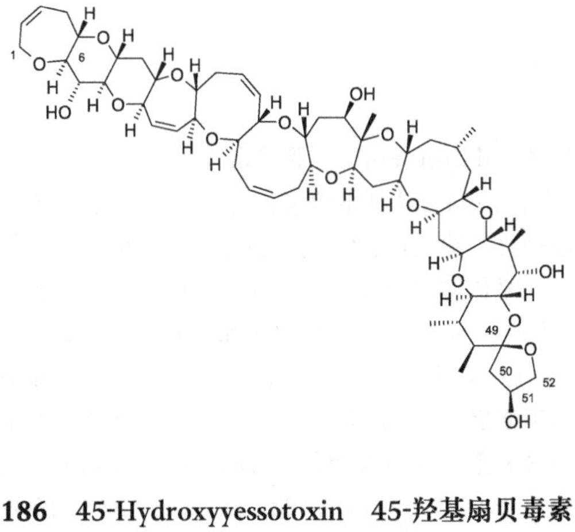

186 45-Hydroxyyessotoxin 45-羟基扇贝毒素

【基本信息】$C_{55}H_{82}O_{22}S_2$, 无定形固体.【类型】拉德聚醚.【来源】软体动物双壳纲扇贝科虾夷盘扇贝 *Patinopecten yessoensis*, 紫贻贝* *Mytilus galloprovincialis*.【活性】LD_{50} (小鼠, ipr) = 0.5mg/kg.【文献】M. Satake, et al. Tetrahedron Lett., 1996, 37, 5955; A. Morohashi, et al. Biosci. Biotechnol. Biochem. 2000, 64, 1761.

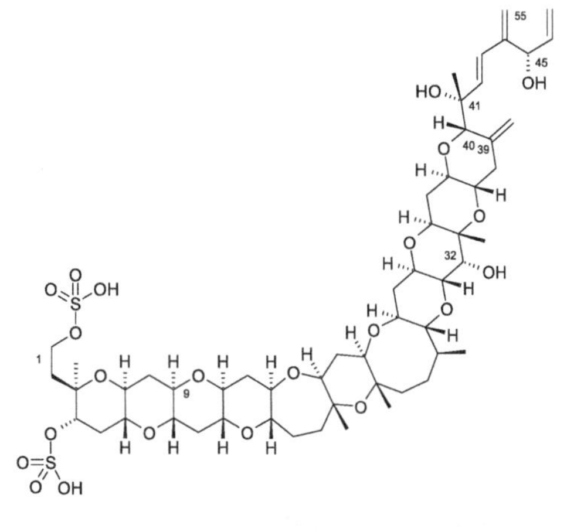

187 Isohomohalichondrin B 异高冈田软海绵素 B

【基本信息】$C_{61}H_{86}O_{19}$.【类型】拉德聚醚.【来源】扁矛海绵属 *Lissodendoryx* sp. (产率 = 6.7×10^{-5}%, 凯库拉海岸外, 南岛, 新西兰, 深度 100m, 1992 年 2 月采样).【活性】细胞毒 [*in vitro*, P_{388}, IC_{50} = 0.18ng/mL; 一组 NCI 人癌细胞株, 平均 GI_{50} = 1.15×10^{-10}mol/L, COMPARE 软件相关系数 = 0.80 (软海绵林 B 作为“种子”)]; 微管蛋白聚合抑制剂; 抗有丝分裂.【文献】S. J. H. Hickford,et al. BoMC, 2009, 17, 2199; M. Litaudon, et al. Tetrahedron Lett., 1994, 35, 9435; M. Litaudon, et al. JOC, 1997, 62, 1868.

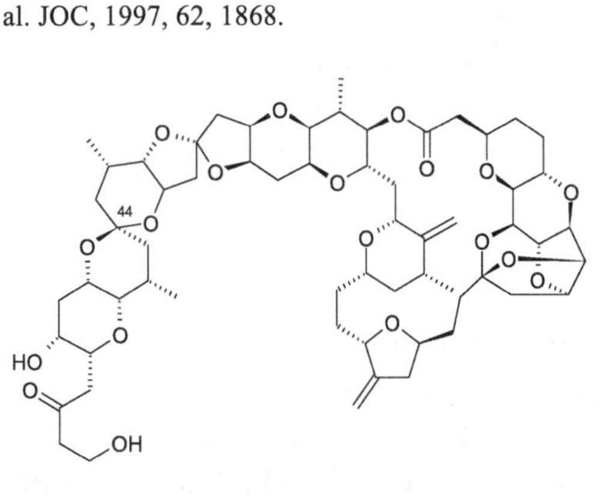

188 38-*epi*-Isohomohalichondrin B 38-*epi*-异高冈田软海绵素 B

【基本信息】$C_{61}H_{86}O_{19}$.【类型】拉德聚醚.【来源】扁矛海绵属 *Lissodendoryx* sp. (凯库拉海岸外, 南

岛, 新西兰, 深度 100m,1992 年 2 月采样).【活性】细胞毒 (P_{388}, IC_{50} = 3.4ng/mL).【文献】M. Litaudon, et al. JOC, 1997, 62, 1868.

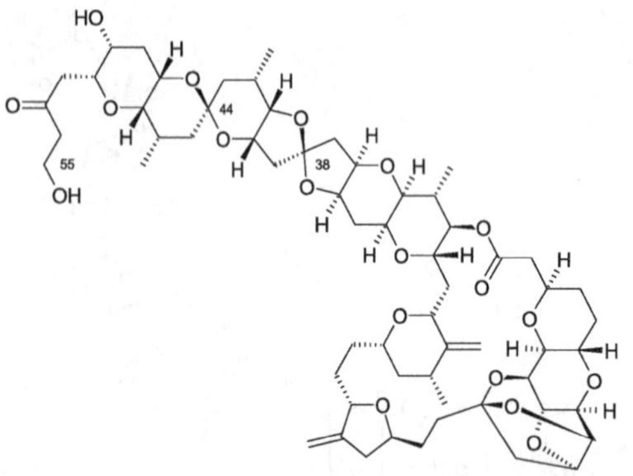

189 Lituarine A 海笔素 A*

【别名】4,5-Dideoxy-lituarine C; 4,5-双去氧海笔素 C*.【基本信息】$C_{38}H_{55}NO_9$, 晶体, mp 83~85ºC.【类型】拉德聚醚.【来源】珊瑚纲八放珊瑚亚纲海鳃目新喀里多尼亚海笔* *Lituaria australasiae* [新喀里多尼亚 (法属)].【活性】细胞毒 (KB, IC_{50} = 3.7~5.0ng/mL).【文献】J.-P. Vidal, et al. JOC, 1992, 57, 5857.

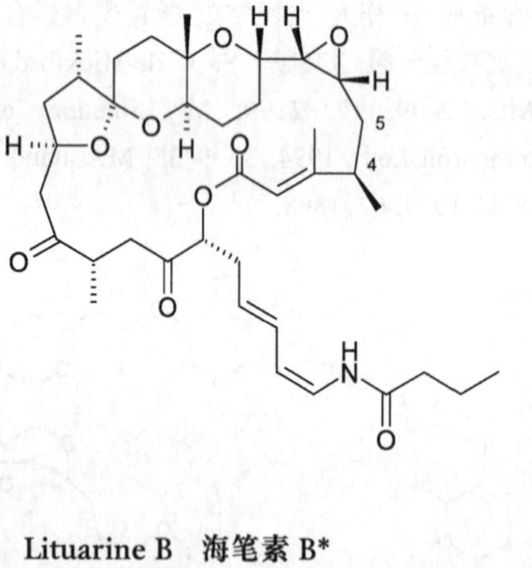

190 Lituarine B 海笔素 B*

【别名】5-Acetyl-lituarine C; 5-乙酰基海笔素 C*.【基本信息】$C_{40}H_{57}NO_{12}$, 晶体, mp 126~129ºC.【类型】拉德聚醚.【来源】珊瑚纲八放珊瑚亚纲海鳃目新喀里多尼亚海笔* *Lituaria australasiae* [新喀里多尼亚 (法属)].【活性】细胞毒 (KB, IC_{50} = 1~2ng/mL).【文献】J.-P. Vidal, et al. JOC, 1992, 57, 5857.

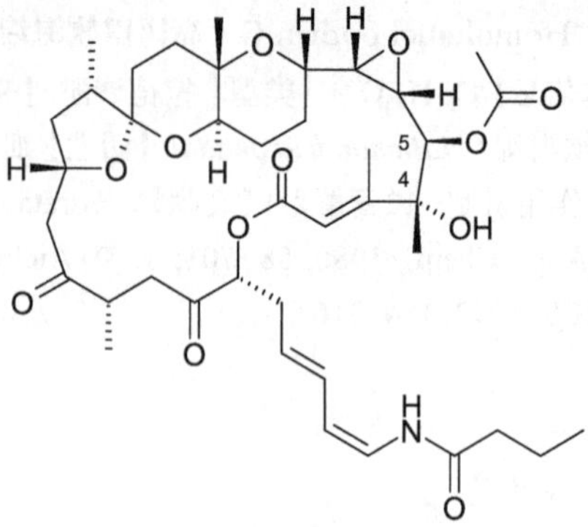

191 Lituarine C 海笔素 C*

【基本信息】$C_{38}H_{55}NO_{11}$, 晶体, mp 153~157ºC.【类型】拉德聚醚.【来源】珊瑚纲八放珊瑚亚纲海鳃目新喀里多尼亚海笔* *Lituaria australasiae* [新喀里多尼亚 (法属)].【活性】细胞毒 (KB, IC_{50} = 5~6ng/mL); 抗肿瘤; 抗真菌.【文献】J.-P. Vidal, et al. JOC, 1992, 57, 5857.

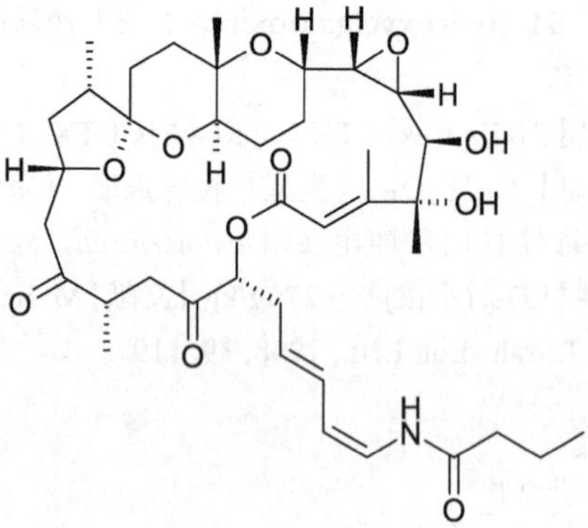

192 Maitotoxin 迈脱毒素

【别名】MTX.【基本信息】$C_{164}H_{258}O_{68}S_2$, 无定形固体 (二钠盐).【类型】拉德聚醚.【来源】甲藻毒性甘比尔鞭毛虫 *Gambierdiscus toxicus* GII-1.【活性】有毒的 [最大的 (3422Da) 和最毒的毒素]; LD_{50} (小鼠, ip) = 0.17μg/kg; 最有效力的非蛋白毒素之一; 藻毒素; 神经毒素; 钙离子通道和蛋白激酶激活剂.【文献】T. Yasumoto, et al. Chem. Rev., 1993, 93, 1897; M. Murata, et al. JACS, 1993, 115, 2060; 1994, 116, 7098; W. Zheng, et al. JACS, 1996, 118, 7946; M. Sasaki, et al. Angew. Chem., Int. Ed. Engl., 1996, 35, 1672; T. Nonomura, et al. Angew. Chem., Int. Ed. Engl., 1996, 35, 1675.

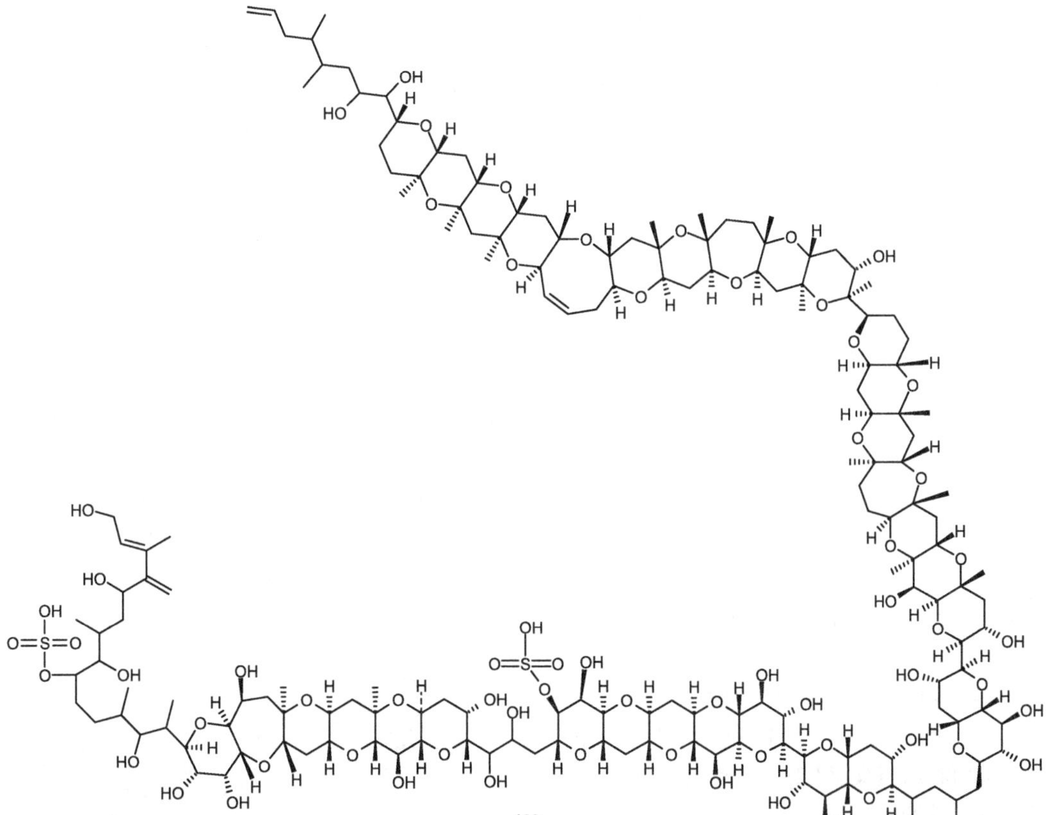

192

193　53-Methoxy-neoisohomohalichondrin B
53-甲氧基-新异高冈田软海绵素 B

【基本信息】$C_{62}H_{88}O_{19}$，油状物.【类型】拉德聚醚.【来源】扁矛海绵属 *Lissodendoryx* sp. (产率 = 1.8×10^{-5}%，凯库拉海岸外，南岛，新西兰，深度 100m，1992 年 2 月采样).【活性】细胞毒 (P_{388}，IC_{50} = 0.1ng/mL).【文献】M. Litaudon, et al. JOC, 1997, 62, 1868.

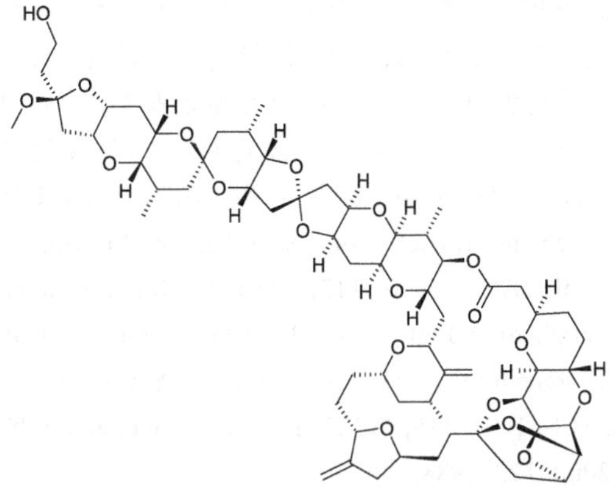

194　55-*O*-Methylisohomohalichondrin B
55-*O*-甲基异高冈田软海绵素 B

【基本信息】$C_{62}H_{88}O_{19}$，油状物.【类型】拉德聚醚.【来源】扁矛海绵属 *Lissodendoryx* sp. (产率 = 8×10^{-7}%，凯库拉海岸外，南岛，新西兰，深度 100m，1992 年 2 月采样).【活性】细胞毒 (P_{388}，IC_{50} = 10ng/mL).【文献】M. Litaudon, et al. JOC, 1997, 62, 1868.

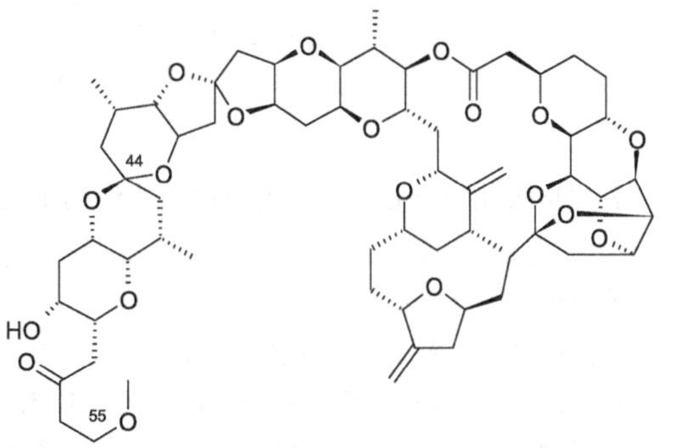

195　Neonorhalichondrin B　新去甲冈田软海绵素 B

【基本信息】$C_{59}H_{84}O_{19}$，油状物.【类型】拉德聚

醚.【来源】扁矛海绵属 *Lissodendoryx* sp. (产率 = $1\times10^{-6}\%$, 凯库拉海岸外, 南岛, 新西兰, 深度 100m, 1992 年 2 月采样).【活性】细胞毒 (P_{388}, IC_{50} = 0.4ng/mL).【文献】M. Litaudon, et al. JOC, 1997, 62, 1868.

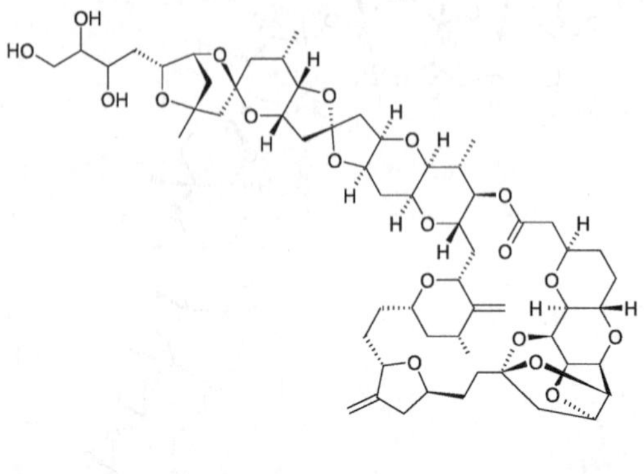

196 Norhalichondrin A 去甲冈田软海绵素 A

【基本信息】$C_{59}H_{82}O_{21}$, $[\alpha]_D$ = –47.8° (*c* = 1.13, 甲醇).【类型】拉德聚醚.【来源】冈田软海绵* *Halichondria okadai*.【活性】细胞毒 (分子作用机制: 微管解聚).【文献】D. Uemura, et al. JACS, 1985, 107, 4796.

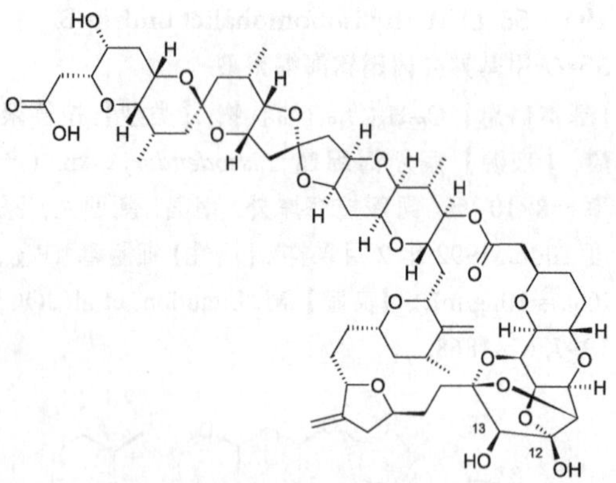

197 Norhalichondrin B 去甲冈田软海绵素 B

【基本信息】$C_{59}H_{82}O_{19}$.【类型】拉德聚醚.【来源】扁矛海绵属 *Lissodendoryx* sp. (产率 = $7\times10^{-7}\%$, 凯库拉海岸外, 南岛, 新西兰, 深度 100m, 1992 年2月采样) 和冈田软海绵* *Halichondria okadai*.【活性】细胞毒 (分子作用机制: 微管解聚).【文献】Y. Hirata, et al. Pure Appl. Chem., 1986, 58, 701; T. D. Aicher, et al. JACS, 1992, 114, 3162; M. Litaudon, et al. JOC, 1997, 62, 1868.

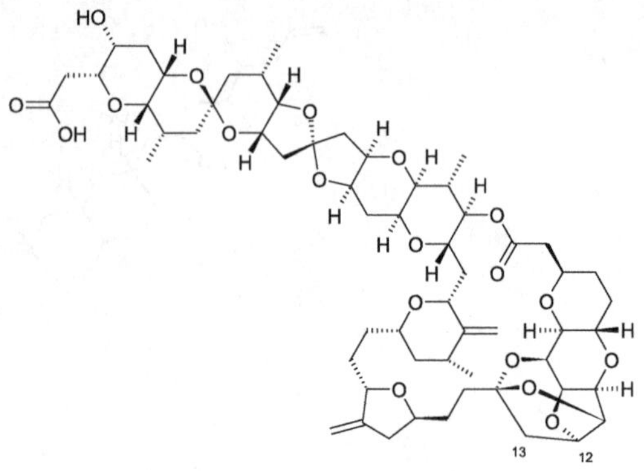

198 Norhalichondrin C 去甲冈田软海绵素 C

【基本信息】$C_{59}H_{82}O_{20}$.【类型】拉德聚醚.【来源】冈田软海绵* *Halichondria okadai*.【活性】细胞毒 (分子作用机制: 微管解聚).【文献】Y. Hirata, et al. Pure Appl. Chem., 1986, 58, 701.

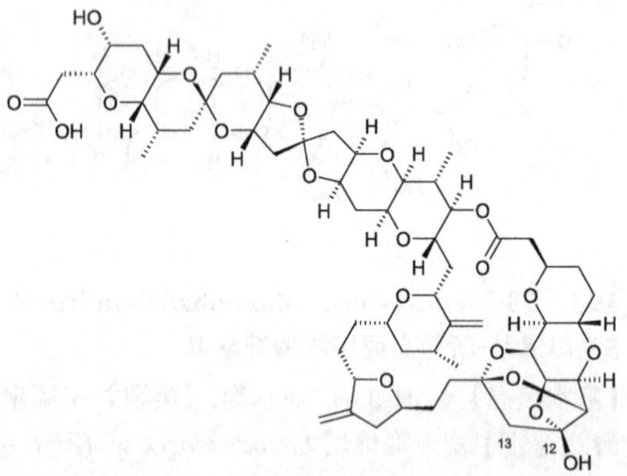

199 Pacific ciguatoxin 1 太平洋西加毒素 1

【别名】P-CTX 1.【基本信息】$C_{60}H_{86}O_{19}$.【类型】拉德聚醚.【来源】甲藻毒性甘比尔鞭毛虫 *Gambierdiscus toxicus*, 裸胸海鳝 *Gymnothorax javanicus*, 其它鱼类和甲壳类, 珊瑚礁鱼类, 肉食性鱼类 [波利尼西亚 (法属), 大洋洲].【活性】有毒的 (当食用热带岩鱼例如海鳗时引起人中毒); 有毒的 (引起西加鱼毒食品中毒, 甲藻毒性甘比尔鞭毛虫 *Gambierdiscus toxicus* 是中毒的根源).【文献】P. J. Scheuer, Bioact. Mol., 1989, 10, 265; M. Murata, et al. JACS, 1990, 112, 4380; M. Murata, et al. Tetrahedron Lett., 1992, 33, 525; H. Oguri, et al. Tenrahedron, 1997, 53, 3057; M. Satake, et al. JACS, 1997, 119, 11325; T. Yasumoto, et al. JACS, 2000, 122, 4988.

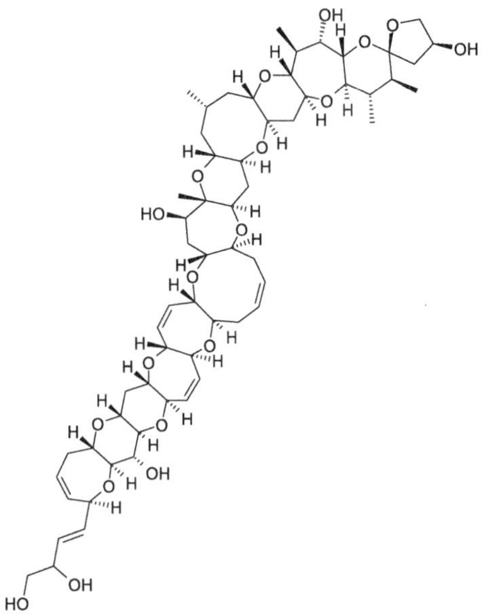

200 Pacific ciguatoxin 2 太平洋西加毒素 2. 【别名】P-CTX 2.【基本信息】$C_{60}H_{86}O_{18}$.【类型】拉德聚醚.【来源】狼齿海鳝 *Lycodontis javanicus*.【活性】心脏毒素.【文献】R. J. Lewis, et al. Toxicon, 1993, 31, 637.

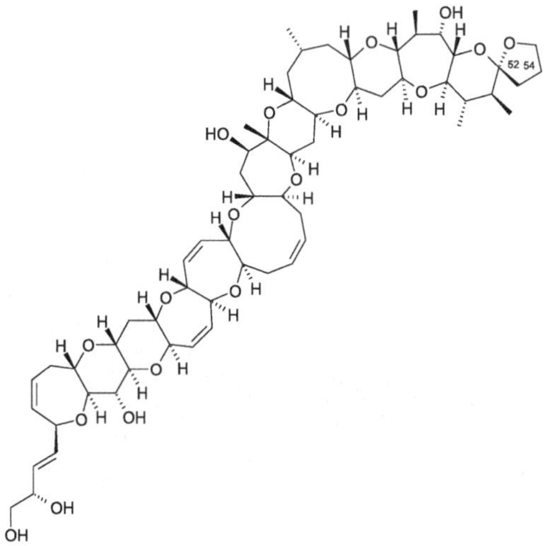

201 Pacific ciguatoxin 3C 太平洋西加毒素 3C

【别名】P-CTX 3C.【基本信息】$C_{57}H_{82}O_{16}$.【类型】拉德聚醚.【来源】甲藻毒性甘比尔鞭毛虫* *Gambierdiscus toxicus* (培养物).【活性】剧毒, LD_{50} (小鼠, ipr) = 0.0013mg/kg.【文献】M. Murata, et al. JACS, 1990, 112, 4380.

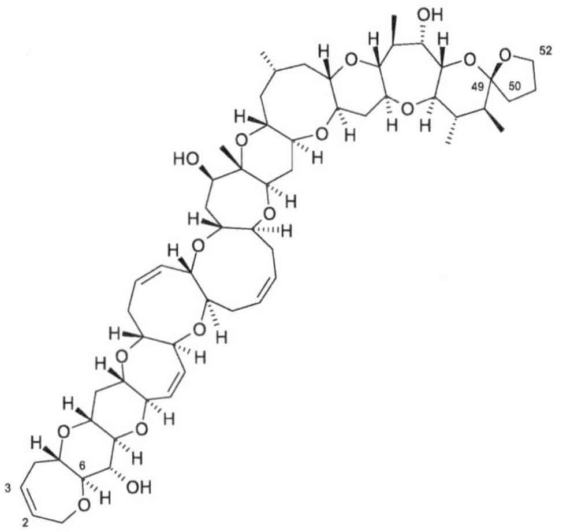

202 Pacific ciguatoxin 4B 太平洋西加毒素 4B

【基本信息】$C_{60}H_{84}O_{16}$.【类型】拉德聚醚.【来源】甲藻毒性甘比尔鞭毛虫* *Gambierdiscus toxicus*.【活性】神经毒素; 心脏毒素; 鱼毒.【文献】M. Satake, et al. Biosci. Biotechnol. Biochem., 1997, 60, 2103.

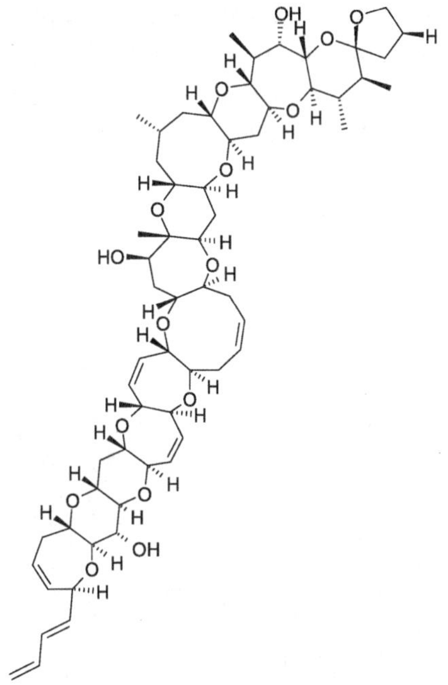

203 ProtoceratinⅠ 网状原角藻亭Ⅰ*

【别名】1α-Homoyessotoxin; 1α-高扇贝毒素.【基本信息】$C_{56}H_{84}O_{21}S_2$, 无定形固体 (二钠盐), $[\alpha]_D^{20} = -5.5°$ ($c = 1$, 甲醇) (二钠盐).【类型】拉德聚醚.【来源】甲藻网状原角藻* *Protoceratium reticulatum*, 未鉴定的贻贝.【活性】细胞毒 (人癌

细胞株, IC_{50} < 0.0005μmol/L, 显示某些细胞株的选择性).【文献】M. Konishi, et al. JNP, 2004, 67, 1309.

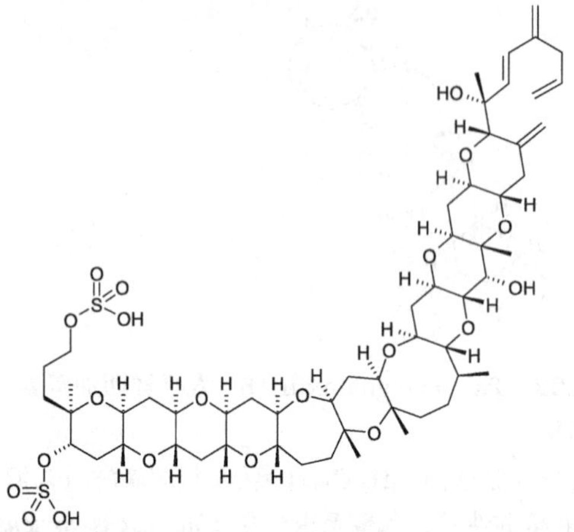

204 ProtoceratinⅡ 网状原角藻亭Ⅱ*

【基本信息】$C_{66}H_{100}O_{29}S_2$, $[\alpha]_D^{20} = +12.1°$ (c = 0.2, 甲醇).【类型】拉德聚醚.【来源】甲藻网状原角藻* *Protoceratium reticulatum*.【活性】细胞毒 (人癌细胞株, IC_{50} < 0.0005μmol/L, 显示某些细胞株的选择性).【文献】M. Konishi, et al. JNP, 2004, 67, 1309.

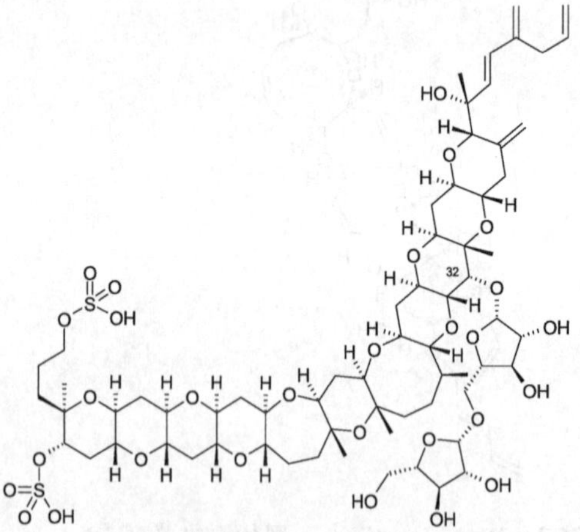

205 ProtoceratinⅢ 网状原角藻亭Ⅲ*

【基本信息】$C_{61}H_{92}O_{25}S_2$.【类型】拉德聚醚.【来源】甲藻网状原角藻* *Protoceratium reticulatum*.【活性】细胞毒 (人癌细胞株, IC_{50} < 0.0005μmol/L, 显示某些细胞株的选择性).【文献】M. Konishi, et al. JNP, 2004, 67, 1309.

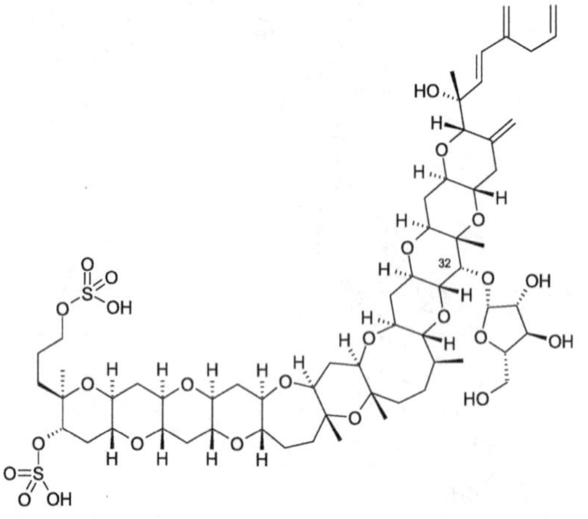

206 ProtoceratinⅣ 网状原角藻亭Ⅳ*

【基本信息】$C_{71}H_{108}O_{33}S_2$.【类型】拉德聚醚.【来源】甲藻网状原角藻* *Protoceratium reticulatum*.【活性】细胞毒 (人癌细胞株, IC_{50} < 0.0005μmol/L, 显示某些细胞株的选择性).【文献】M. Konishi, et al. JNP, 2004, 67, 1309.

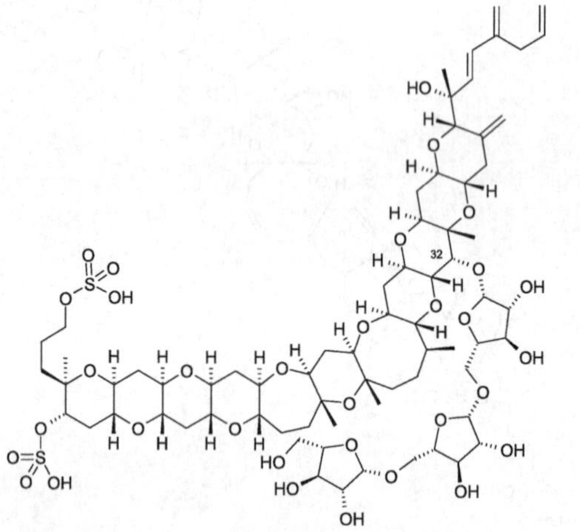

207 Prymnesin 1 定鞭金藻毒素 1

【基本信息】$C_{107}H_{154}Cl_3NO_{44}$.【类型】拉德聚醚.【来源】金藻小定鞭金藻* *Prymnesium parvum* (Haptophyceae 纲定鞭藻).【活性】溶血的; 鱼毒.【文献】T. Lgarashi, et al. JACS, 1996, 118, 479; 1999, 121, 8499; M. Sasaki, et al. Tetrahedron Lett., 2001, 42, 5725.

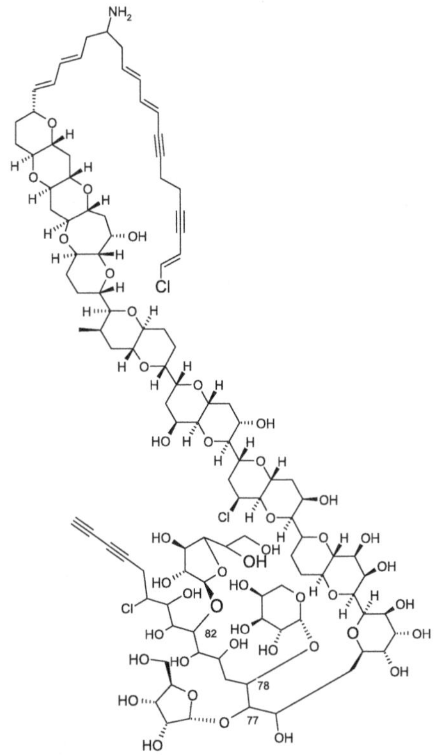

208 Prymnesin 2 定鞭金藻毒素 2

【基本信息】$C_{96}H_{136}Cl_3NO_{35}$，浅黄色固体，$[\alpha]_D^{23}$ = +21.2° (c = 0.1，二氧六环/乙酸).【类型】拉德聚醚.【来源】金藻小定鞭金藻* *Prymnesium parvum* (Haptophyceae 纲定鞭藻).【活性】溶血的；鱼毒的.【文献】T. Lgarashi, et al. JACS, 1996, 118, 479; L. Glendenning, et al. Bull. Chem. Soc. Jpn., 1996, 69, 2253; T. Lgarashi, et al. JACS, 1999, 121, 8499; M. Sasaki, et al. Tetrahedron Lett., 2001, 42, 5725.

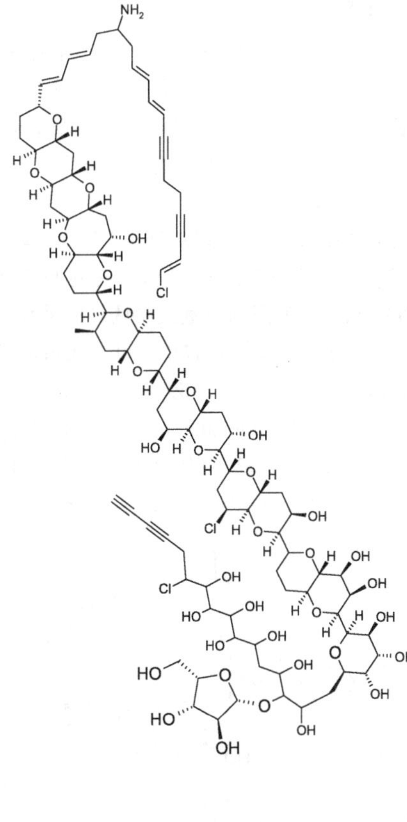

209 Tamulamide A 塔木短凯伦藻酰胺 A*

【基本信息】$C_{35}H_{45}NO_9$.【类型】拉德聚醚.【来源】甲藻短凯伦藻* *Karenia brevis* (Wilson's 58 克隆).【活性】和裸甲藻毒素 3 竞争结合键位 (大鼠大脑突触体，不伴随裸甲藻毒素类的毒性).【文献】L. T. Truxal, et al. JNP, 2010, 73, 536.

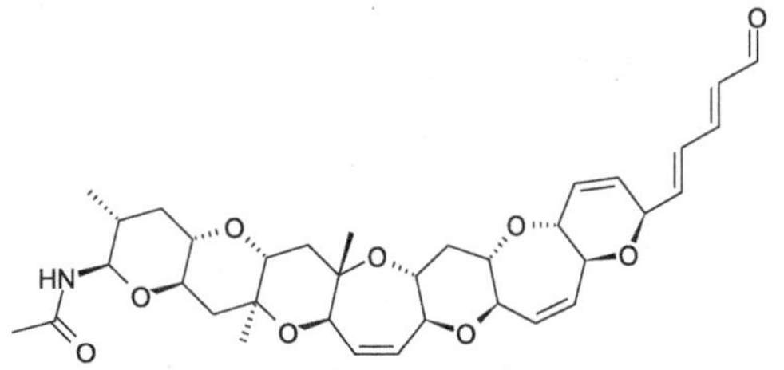

210 Tamulamide B 塔木短凯伦藻酰胺 B*

【基本信息】$C_{34}H_{43}NO_9$.【类型】拉德聚醚.【来源】甲藻短凯伦藻* *Karenia brevis* (Wilson's 58 克隆).【活性】和裸甲藻毒素 3 竞争结合键位 (大鼠大脑突触体，不伴随裸甲藻毒素类的毒性).【文献】L. T. Truxal, et al. JNP, 2010, 73, 536.

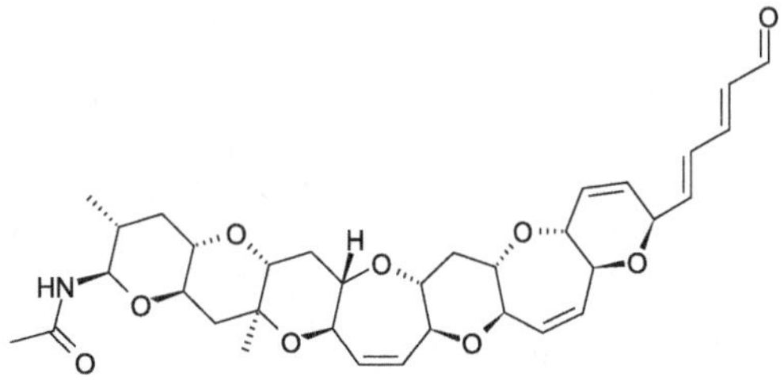

211 45,46,47-Trinoryessotoxin 45,46,47-三去甲扇贝毒素

【基本信息】$C_{52}H_{78}O_{21}S_2$，无定形固体.【类型】拉德聚醚.【来源】软体动物双壳纲扇贝科虾夷盘扇贝 *Patinopecten yessoensis*.【活性】有毒的；LD_{50} (小鼠，ipr) = 0.22mg/kg.【文献】M. Satake, et al. Tetrahedron Lett., 1996, 37, 5955.

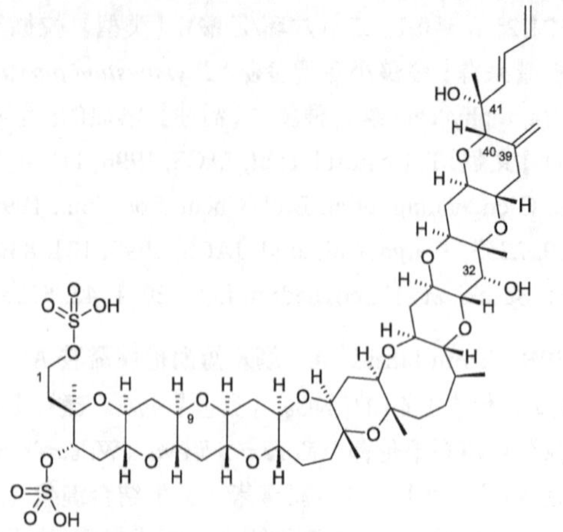

212 Yessotoxin 扇贝毒素

【别名】YTX.【基本信息】$C_{55}H_{82}O_{21}S_2$, 无定形固体 (二钠盐), $[\alpha]_D^{20} = +3.01°$ ($c = 0.45$, 甲醇).【类型】拉德聚醚.【来源】甲藻网状原角藻* *Protoceratium reticulatum* 和甲藻刺膝沟藻* *Gonyaulax spinifer*, 软体动物双壳纲扇贝科虾夷盘扇贝 *Patinopecten yessoensis,* 紫贻贝* *Mytilus galloprovincialis*.【活性】有毒的 (扇贝的有毒成分); LD_{50} (小鼠, ipr) = 0.1mg/kg.【文献】M. Murata, et al. Tetrahedron Lett., 1987, 28, 5869; M. Kumagai, et al. CA, 1988, 108, 70214v; H. Takahashi, et al. Tetrahedron Lett., 1996, 37, 7087.

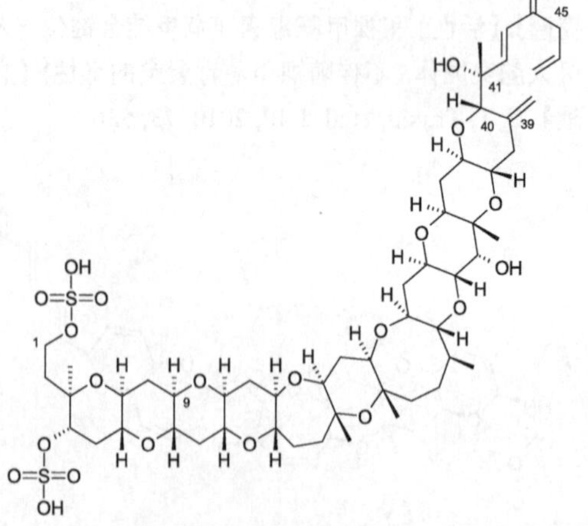

1.14 聚醚抗生素

213 Acanthifolicin 加勒比海绵新*

【别名】Acanthifolic acid; 加勒比海绵酸*.【基本信息】$C_{44}H_{68}O_{13}S$, 晶体 (氯仿/苯), mp 167~169°C, $[\alpha]_D = +25.3°$ ($c = 0.08$, 氯仿).【类型】聚醚抗生素.【来源】Microcionidae 科加勒比海绵 *Pandaros acanthifolium* 和其它海绵.【活性】细胞毒 (P_{388}, $ED_{50} = 2.8\times10^{-4}$μg/mL; KB, $ED_{50} = 2.1\times10^{-3}$μg/mL; L_{1210}, $ED_{50} = 3.9\times10^{-3}$μg/mL); 抗肿瘤; 用作生长刺激剂或处理球虫症; 鱼毒; 藻毒素; 蛋白磷酸酶抑制剂; 平滑肌收缩剂; 离子载体; LD_{50} (小鼠, ivn) = 0.14mg/kg.【文献】F. J. Schmitz, et al. JACS, 1981, 103, 2467; US Pat., 1981, 4302470; CA, 96, 74612; CRC press, DNP on DVD, 2012, version 20.2.

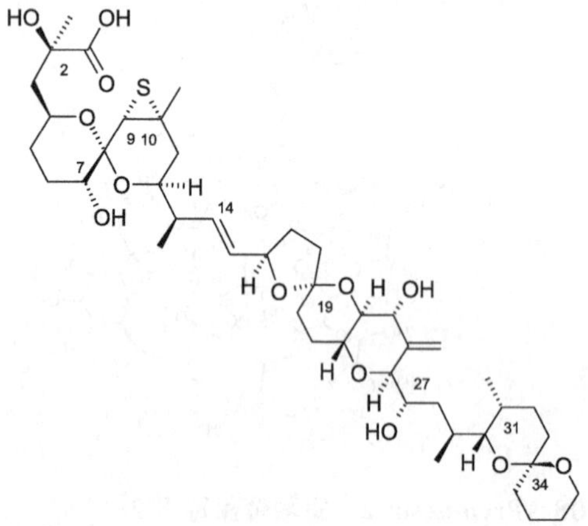

214 13-Demethylspirolide C 13-去甲基斯毕罗毒素内酯 C*

【别名】SPX.【基本信息】$C_{42}H_{61}NO_7$.【类型】聚醚抗生素.【来源】未鉴定的污染的扇贝, 未鉴定的浮游植物, 亚历山大甲藻属* *Alexandrium ostenfeldii* (来自未鉴定的浮游植物集聚物, 新斯科舍省, 加拿大).【活性】微藻毒素; 抗 AD 症临床前试验 (目标: 降低 GSK-3β 和 ERK; 动物模型: 3xTg 小鼠外皮神经元; 效果: 在对照和 3xTg 小鼠神经元二者都抑制谷氨酸盐诱导的神经毒性) (Russo, 2016).【文献】T. Hu, et al. J. Chem. Soc., Chem. Commun., 1995, 2159; T. Hu, et al. JNP, 2001, 64, 308; S. L. MacKinnon, et al. JOC, 2006, 71, 8724; M.D. Lebar, et al. NPR, 2007, 24, 774 (Rev.); P. Russo, et al. Mar. Drugs, 2016, 14, 5 (Rev.).

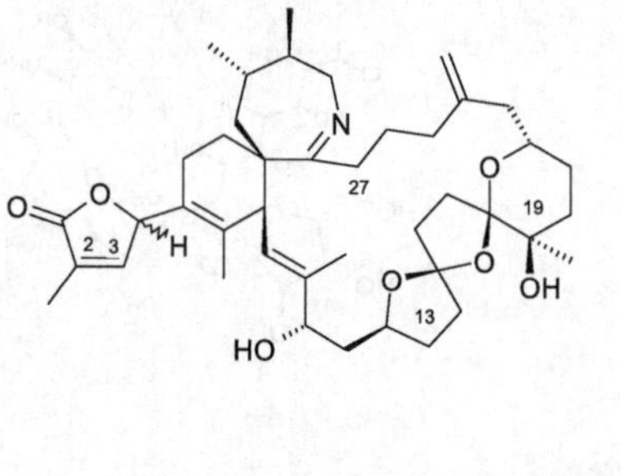

215　7-Deoxyokadaic acid　7-去氧软海绵酸*

【基本信息】$C_{44}H_{68}O_{12}$，晶体.【类型】聚醚抗生素.【来源】利马原甲藻* *Prorocentrum lima.*【活性】抗真菌 (10μg/盘，黑曲霉菌 *Aspergillus niger,* 索状青霉 *Penicillium funiculosum* 和皱褶假丝酵母 *Candida rugosa*)；细胞毒；丝氨酸/苏氨酸特异性蛋白磷酸酶 PP 抑制剂.【文献】H. Nagai, et al. J. Appl. Phycol., 1990, 2, 305; A. B. Dounay, et al. Angew. Chem., Int. Ed., 1999, 38, 2258.

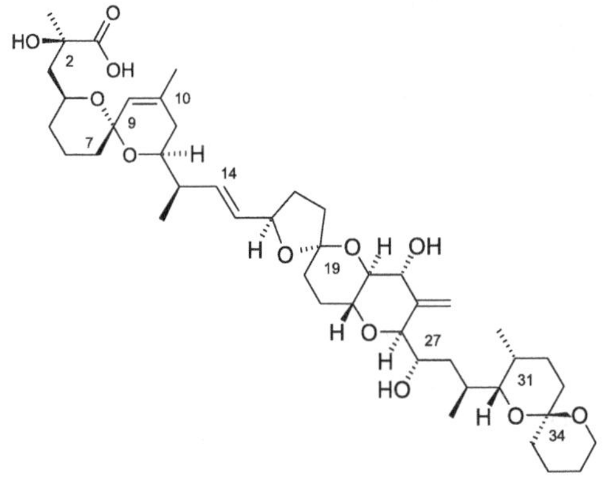

216　13,19-Didemethylspirolide C　13,19-二去甲基斯毕罗毒素内酯 C*

【基本信息】$C_{41}H_{59}NO_7$.【类型】聚醚抗生素.【来源】亚历山大甲藻属* *Alexandrium ostenfeldii*, 来自污染的甲壳类动物.【活性】微藻毒素.【文献】S. L. MacKinnon, et al. JNP, 2006, 69, 983; M.D. Lebar, et al. NPR, 2007, 24, 774 (Rev.).

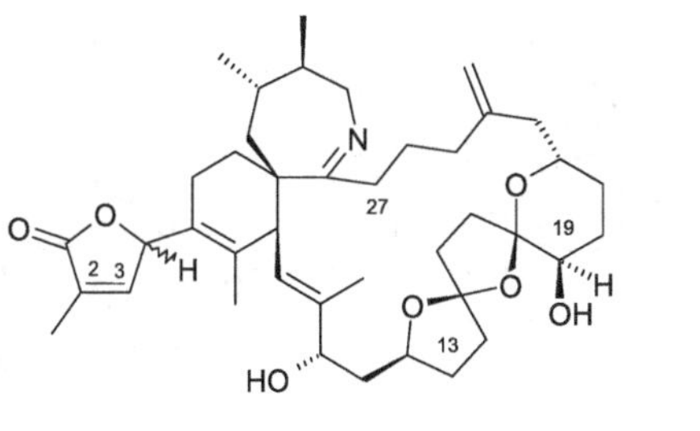

217　14,15-Dihydrodinophysistoxin 1　14,15-二氢鳍藻毒素 1

【基本信息】$C_{45}H_{72}O_{13}$，无定形固体，$[\alpha]_D^{25} = +19°$ ($c = 0.36$，氯仿).【类型】聚醚抗生素.【来源】扁海绵属 *Phakellia* sp. (缅因州海岸，缅因州，美国).【活性】细胞毒 (L_{1210})；抗病毒 (HSV-1 和 VSV).【文献】R. Sakai, et al. JNP, 1995, 58, 773.

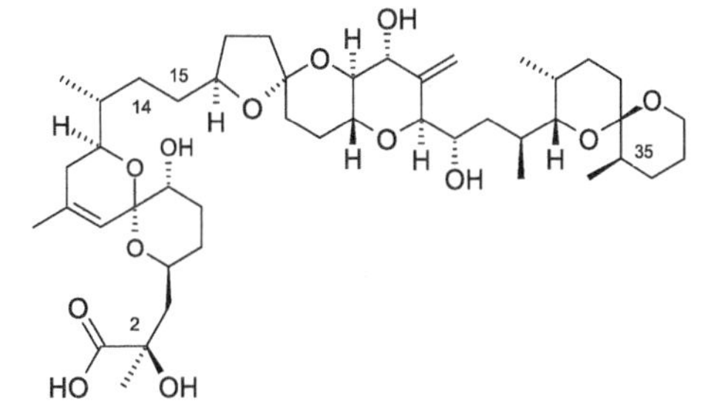

218　Dinophysistoxin 1　鳍藻毒素 1

【别名】DTX1.【基本信息】$C_{45}H_{70}O_{13}$，固体，mp 134°C，$[\alpha]_D^{20} = +28°$.【类型】聚醚抗生素.【来源】甲藻倒卵形鳍藻 *Dinophysis fortii*，软体动物双壳纲扇贝科虾夷盘扇贝 *Patinopecten yessoensis,* 存在于双壳类中.【活性】有毒的 (腹泻性贝毒).【文献】T. Yasumoto, et al. Terrahedron, 1985, 41. 1019; T. Suzuki, et al. Toxicon, 1999, 37, 187; K. Larsen, et al. Chem. Res. Toxicol., 2007, 20, 868.

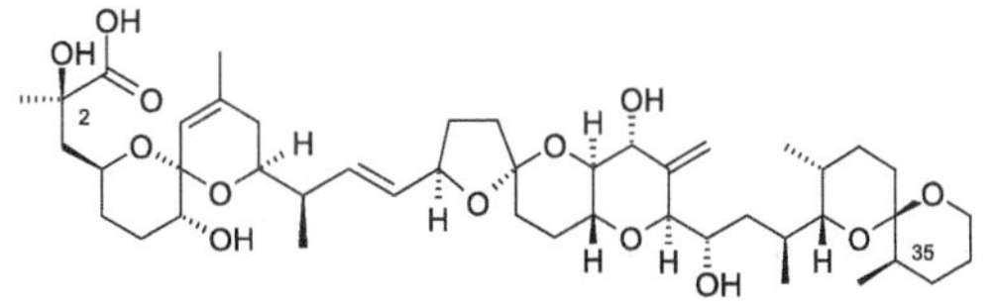

219　Dinophysistoxin 2　鳍藻毒素 2

【别名】DTX2.【基本信息】$C_{44}H_{68}O_{13}$，无定形固体，mp 128~130°C，$[\alpha]_D = +15.49°$ ($c = 0.213$，氯仿).【类型】聚醚抗生素.【来源】甲藻鳍藻属 *Dinophysis* spp.，蓝贻贝 *Mytilus edulis* (消化腺).【活性】有毒的 (腹泻性贝毒).【文献】M. Murata, et al. Bull. Jpn. Soc. Sci. Fish., 1982, 48, 549; T. Yasumoto, et al. Tetrahedron, 1985, 41, 1019; T. Hu, et al. Chem. Commun., 1992, 39; K. Larsen, et al. Chem. Res. Toxicol., 2007, 20, 868.

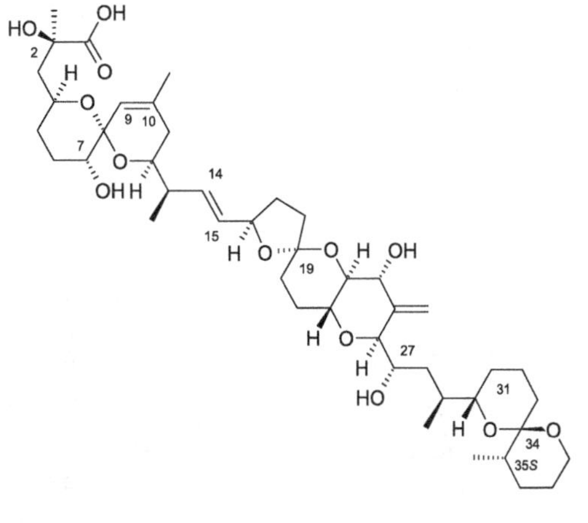

220 Dinophysistoxin 4 鳍藻毒素 4

【别名】DTX4.【基本信息】$C_{66}H_{104}O_{30}S_3$, 固体, mp > 300ºC (分解), $[\alpha]_D^{26} = -12.0°$ (c = 0.1, 甲醇).【类型】聚醚抗生素.【来源】原甲藻属 *Protocentrum lima*.【活性】磷酸酶 PP1 抑制剂; 磷酸酶 PP2A 抑制剂; LD_{50} (小鼠) = 610μg/kg.【文献】T. Hu, et al. J. Chem. Soc., Chem. Commun., 1995, 597.

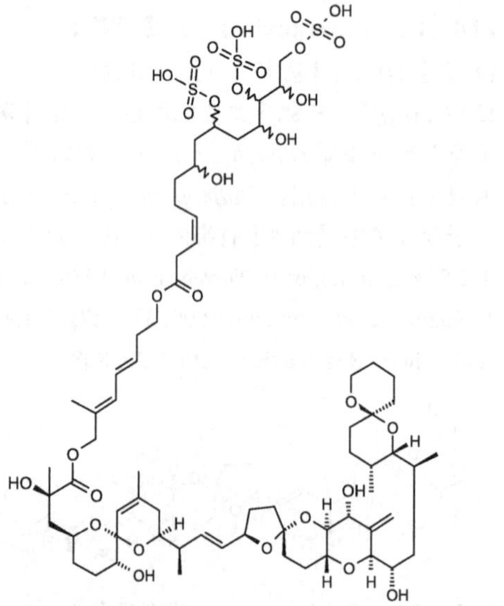

221 Dinophysistoxin 5a 鳍藻毒素 5a

【别名】DTX5a.【基本信息】$C_{65}H_{101}NO_{27}S_2$.【类型】聚醚抗生素.【来源】原甲藻属 *Protocentrum maculusum* [Syn. *Protocentrum concavum*] (培养物).【活性】磷酸酶 PP1 抑制剂; 磷酸酶 PP2A 抑制剂.【文献】T. Hu, et al. JNP, 1992, 55, 1631; T. Hu, et al. Tetrahedron Lett., 1995, 36, 9273.

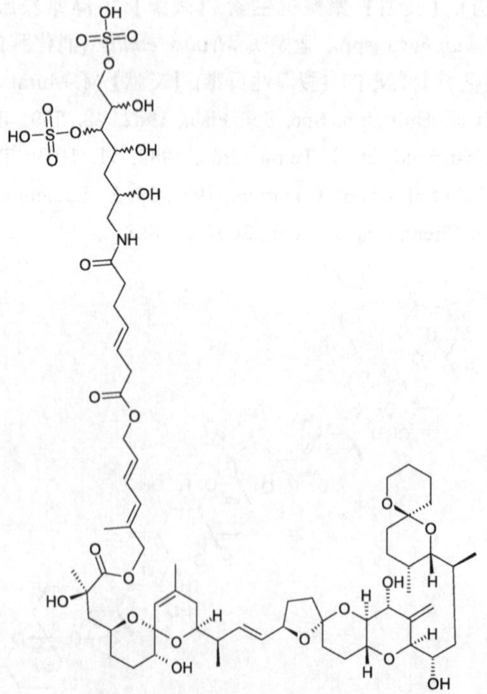

222 Dinophysistoxin 5b 鳍藻毒素 5b

【别名】DTX5b.【基本信息】$C_{66}H_{103}NO_{27}S_2$.【类型】聚醚抗生素.【来源】原甲藻属 *Protocentrum maculusum* [Syn. *Protocentrum concavum*] (培养物).【活性】磷酸酶 PP1 抑制剂; 磷酸酶 PP2A 抑制剂.【文献】T. Hu, et al. JNP, 1992, 55, 1631; T. Hu, et al. Tetrahedron Lett., 1995, 36, 9273.

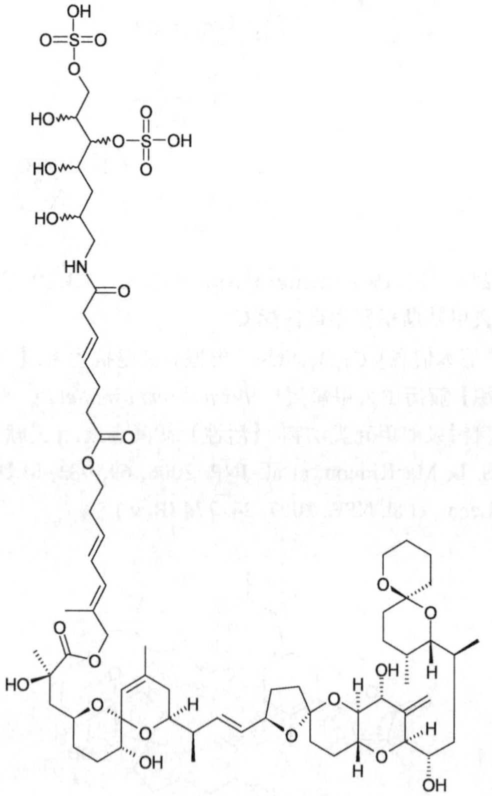

223 20-Methylspirolide G 20-甲基斯毕罗毒素内酯 G*

【基本信息】$C_{43}H_{63}NO_7$.【类型】聚醚抗生素.【来源】亚历山大甲藻属* *Alexandrium ostenfeldii*, 来自污染的甲壳类动物.【活性】微藻毒素.【文献】M. D. Lebar, et al. NPR, 2007, 24, 774 (Rev.).

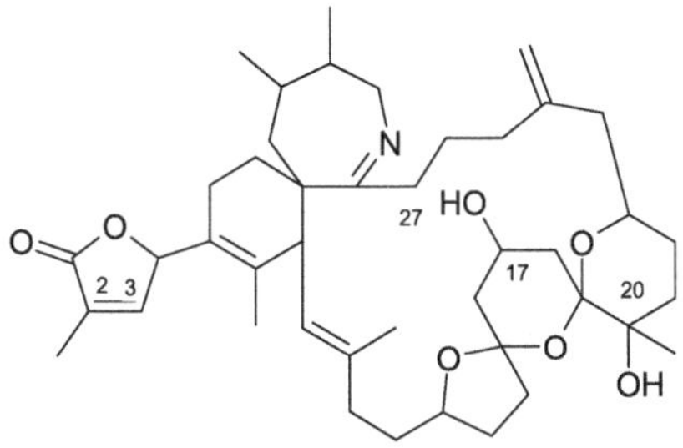

224 Okadaic acid 软海绵酸

【基本信息】$C_{44}H_{68}O_{13}$, 晶体 (苯/氯仿), mp 164~166°C, $[\alpha]_D^{20} = +53.3°$ ($c = 0.182$, 氯仿); mp 127~133°C, $[\alpha]_D^{25} = +28°$ ($c = 0.38$, 氯仿).【类型】聚醚抗生素.【来源】原甲藻属 *Protocentrum lima*, 冈田软海绵* *Halichondria okadai* (日本水域) 和软海绵属 *Halichondria melanodocia* (加勒比海).【活性】细胞毒 (人表皮样癌); 蛋白磷酸酶 1 和蛋白磷酸酶 2A 抑制剂 (KD = 0.96nmol/L, 分子作用机制: 软海绵酸键合到蛋白 OABP1 和 OABP2); LD_{50} (小鼠, ip) = 192μg/kg.【文献】K. Tachibana, et al. JACS, 1981, 103, 2469; M. Murakami, et al. Bull. Jpn. Soc. Sci. Fish., 1982, 48, 69; T. Hu, et al. J. Chem. Soc., Chem. Commun., 1995, 597; N. B. Perry, et al. Nat. Prod. Lett., 1998, 11, 305; S. V. Ley, et al. JCS Perkin Trans. Ⅰ, 1998, 3907; N. Sugiyama, et al. Biochemistry, 2007, 46, 11410.

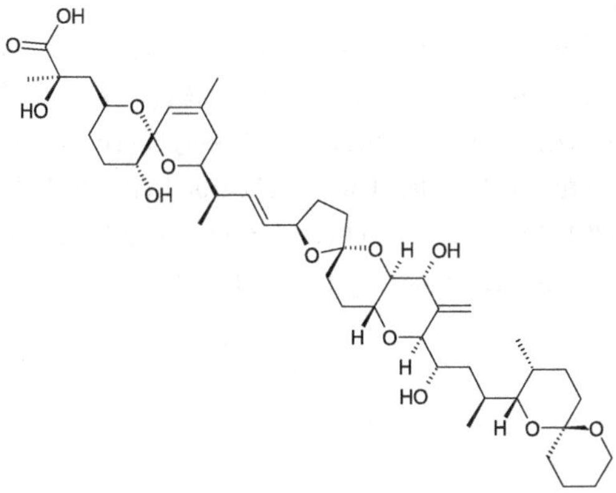

225 19-*epi*-Okadaic acid 19-*epi*-软海绵酸

【基本信息】$C_{44}H_{68}O_{13}$.【类型】聚醚抗生素.【来源】伯利兹原甲藻* *Prorocentrum belizeanum*.【活性】蛋白磷酸酶 2A 抑制剂 (IC_{50} = 0.47nmol/L).【文献】P. G. Cruz, et al. Org. Lett., 2007, 9, 3045; B. Paz, et al. Mar. Drugs, 2008, 6, 489.

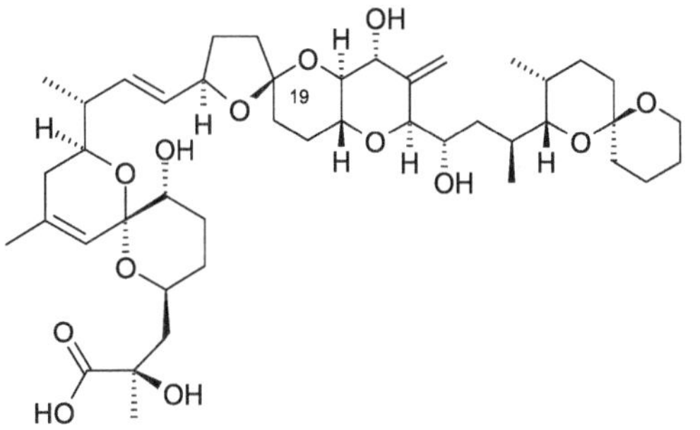

226 Okadaic acid 7-hydroxy-2,4-dimethyl-2*E*,4*E*-heptadienyl ester 软海绵酸 7-羟基-2,4-二甲基-2*E*,4*E*-庚二烯酯

【基本信息】$C_{53}H_{82}O_{14}$, 无定形粉末, $[\alpha]_D = +21.4°$ ($c = 0.5$, 氯仿).【类型】聚醚抗生素.【来源】利马原甲藻* *Prorocentrum lima* PL2.【活性】酶抑制剂; 有毒的; 肿瘤促进剂.【文献】M. Norte, et al. Tetrahedron, 1991, 47, 7437; 1994, 50, 9175.

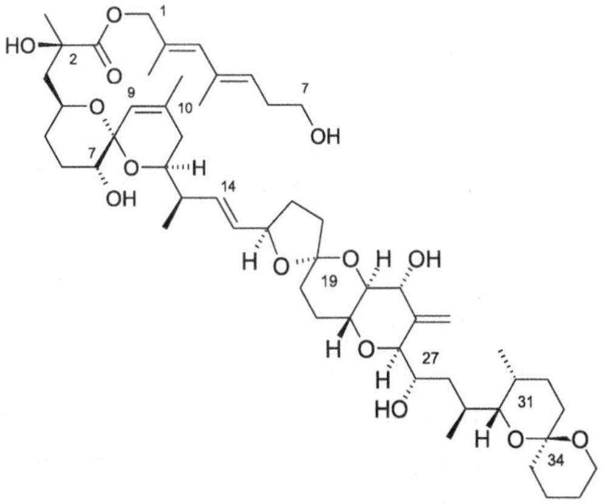

227 Okadaic acid 7-hydroxy-4-methyl-2-methylene-4*E*-heptenyl ester 软海绵酸 7-羟基-4-甲基-2-亚甲基-4*E*-庚烯基酯

【基本信息】$C_{53}H_{82}O_{14}$, 无定形粉末, $[\alpha]_D = +17.3°$ ($c = 0.1$, 氯仿).【类型】聚醚抗生素.【来源】利马原甲藻* *Prorocentrum lima* PL2.【活性】酶抑制剂; 有毒的; 肿瘤促进剂.【文献】M. Norte, et al. Tetrahedron, 1991, 47, 7437; 1994, 50, 9175; T. Hu, et al. JNP, 1992, 55, 1631.

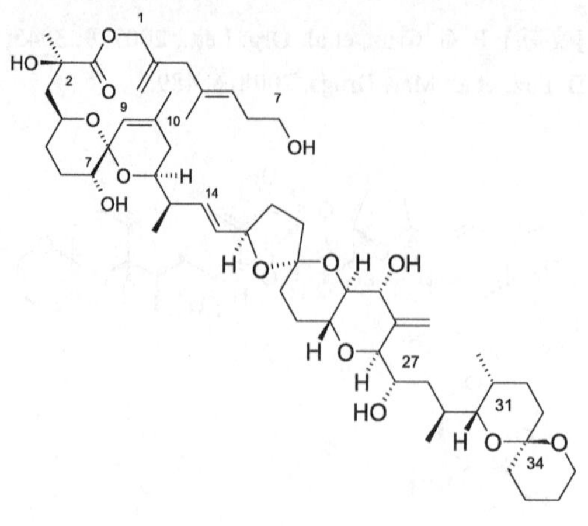

228 17-*O*-Palmitoyl-20-methylspirolide G 17-*O*-棕榈酰基-20-甲基斯毕罗毒素内酯 G*

【基本信息】$C_{59}H_{93}NO_8$.【类型】聚醚抗生素.【来源】亚历山大甲藻属* *Alexandrium ostenfeldii*, 来自污染的甲壳类动物.【活性】微藻毒素.【文献】J. Aasen, et al. Rapid Commun. Mass Spectrom., 2006, 20, 1531; M. D. Lebar, et al. NPR, 2007, 24, 774 (Rev.).

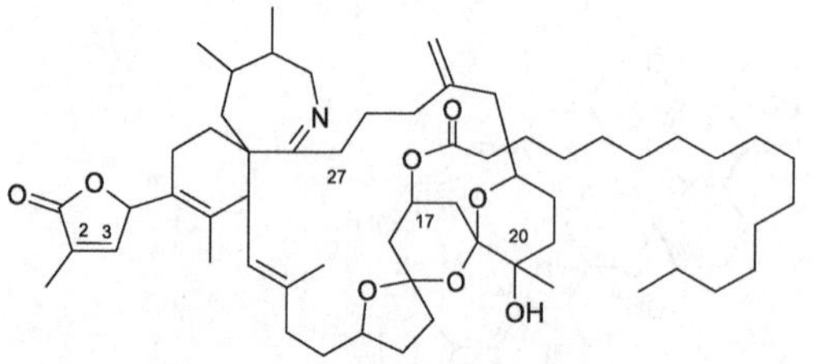

229 Pinnatoxin A 裂江瑶毒素 A*

【基本信息】$C_{41}H_{61}NO_9$, $[\alpha]_D = +2.5°$ ($c = 0.32$, 甲醇).【类型】聚醚抗生素.【来源】多棘裂江瑶 *Pinna muricata* (冲绳, 日本), 细长裂江瑶 *Pinna attenuate* 和紫色裂江瑶 *Pinna atropurpurea* (主要毒素), 长巨牡蛎 *Crassostrea gigas* (消化腺, 太平洋澳大利亚南岸).【活性】钙离子通道激活剂; 平滑肌收缩剂 (表现类似河豚毒素的效果); 有毒的 (贝类毒性, 高活性); LD_{50} (小鼠, ip, 急性毒性) = 2.7μg/MU.【文献】D. Uemura, et al. JACS, 1995, 117, 1155; J. A. McCauley, et al. JACS, 1998, 120, 7647; N. Takada, et al. Tetrahedron Lett., 2001, 42, 3491; M. Kuramoto, et al. Mar. Drugs, 2004, 2, 39; A. I. Selwood, et al. J. Agric. Food Chem., 2010, 58, 6532.

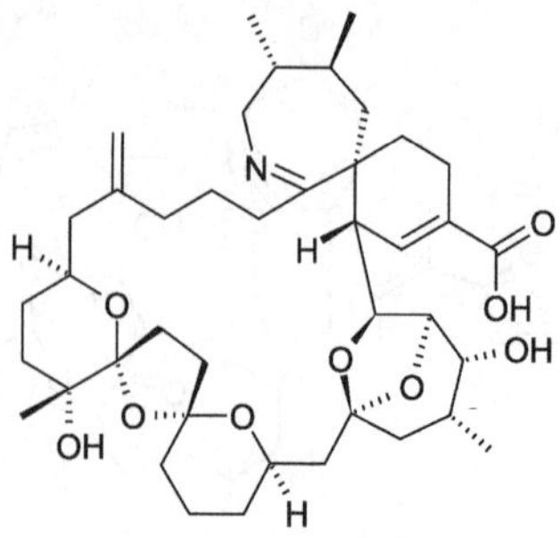

230 Pinnatoxin B 裂江瑶毒素 B*

【基本信息】$C_{42}H_{64}N_2O_9$.【类型】聚醚抗生素.【来源】多棘裂江瑶 *Pinna muricata* (冲绳, 日本).【活性】毒素 (裂江瑶毒素家族中活性最高者); 裂江瑶毒素 B 和 C 1:1 混合物的 LD_{50} = 0.99μg/kg (ip, 小鼠).【文献】N. Takada, et al. Tetrahedron Lett., 2001, 42, 3491; M. Kuramoto, et al. Mar. Drugs, 2004, 2, 39; F. Matsuura, et al. Org. Lett., 2006, 8, 332.

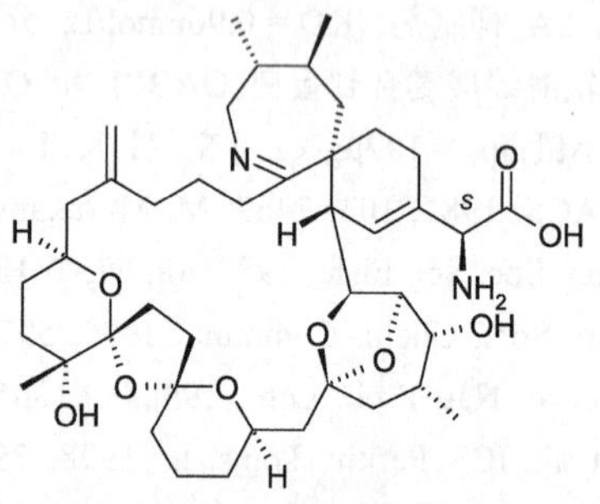

231 Pinnatoxin C 裂江瑶毒素 C*

【基本信息】$C_{42}H_{64}N_2O_9$.【类型】聚醚抗生素.【来源】多棘裂江瑶 *Pinna muricata* (冲绳, 日本).【活性】毒素 (裂江瑶毒素家族中活性最高者); 裂江瑶毒素 B 和 C 1:1 混合物的 LD_{50} = 0.99μg/kg (ip, 小鼠).【文献】N. Takada, et al. Tetrahedron Lett., 2001, 42, 3491; M. Kuramoto, et al. Mar. Drugs, 2004, 2, 39; F. Matsuura, et al. Org. Lett., 2006, 8, 332.

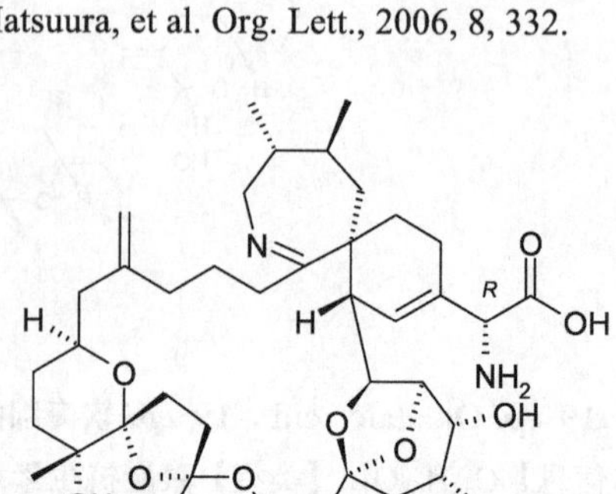

232　Pinnatoxin D　裂江瑶毒素 D*

【基本信息】$C_{45}H_{67}NO_{10}$, 固体, $[\alpha]_D = +42.5°$ (c = 0.5, 甲醇).【类型】聚醚抗生素.【来源】多棘裂江瑶 *Pinna muricata*, 细长裂江瑶 *Pinna attenuata* 和紫色裂江瑶 *Pinna atropurpurea,* 长巨牡蛎 *Crassostrea gigas* (消化腺, 太平洋澳大利亚南岸).【活性】钙离子通道激活剂; 有毒的 (高活性), LD_{50} (小鼠, ip, 急性毒性) > 10μg/MU, 对哺乳类动物比其它裂江瑶毒素毒性低); 细胞毒 (小鼠白血病 P_{388}, IC_{50} = 2.5μg/mL, 最有潜力的).【文献】T. Chou, et al. Tetrahedron Lett., 1996, 37, 4023; 4027; M. Falk, et al. Tetrahedron, 2001, 57, 8659; M. Kuramoto, et al. Mar. Drugs, 2004, 2, 39; A. I. Selwood, et al. J. Agric. Food Chem., 2010, 58, 6532.

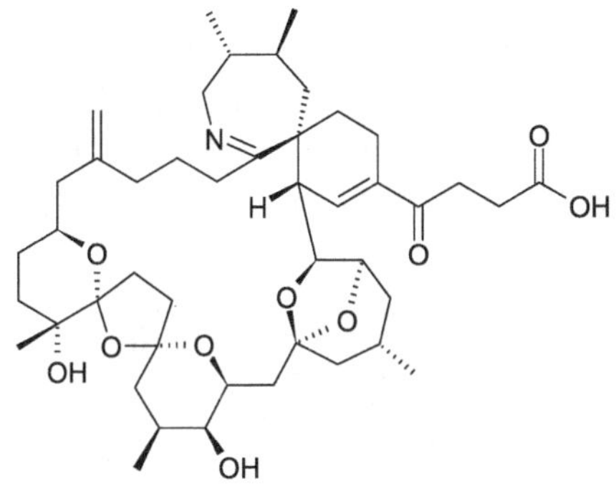

233　Pteriatoxin A　珍珠贝毒素 A*

【基本信息】$C_{45}H_{70}N_2O_{10}S$.【类型】聚醚抗生素.【来源】企鹅珍珠贝 *Pteria penguin* (冲绳, 日本).【活性】有毒的 (小鼠, 来自双壳类企鹅珍珠贝 *Pteria penguin,* 急性毒性).【文献】N. Takada, et al. Tetrahedron Lett., 2001, 42, 3495; M. Kuramoto, et al. Mar. Drugs, 2004, 2, 39; F. Matsuura, et al. JACS, 2006, 128, 7463+ 7742.

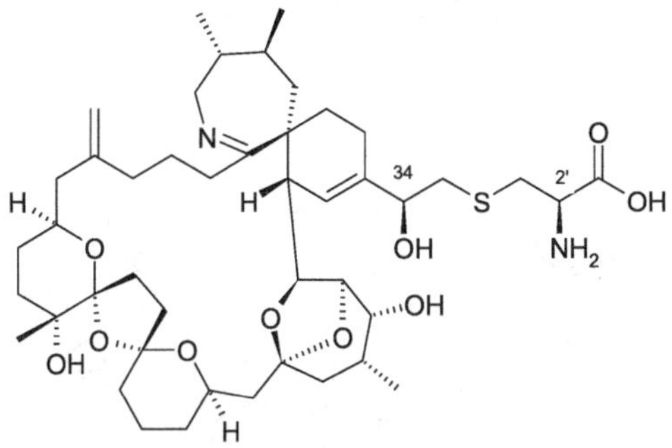

234　Pteriatoxin B　珍珠贝毒素 B*

【基本信息】$C_{45}H_{70}N_2O_{10}S$.【类型】聚醚抗生素.【来源】企鹅珍珠贝 *Pteria penguin* (冲绳, 日本).【活性】有毒的 (小鼠, 来自双壳类企鹅珍珠贝 *Pteria penguin,* 急性毒性).【文献】N. Takada, et al. Tetrahedron Lett., 2001, 42, 3495; F. Matsuura, et al. JACS, 2006, 128, 7463; 7742.

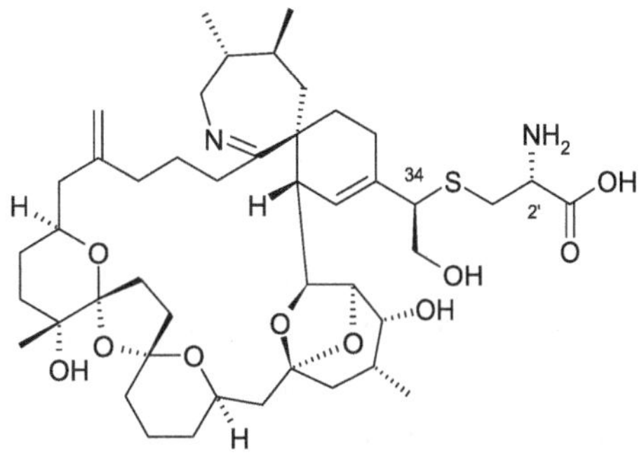

235　Pteriatoxin C　珍珠贝毒素 C*

【基本信息】$C_{45}H_{70}N_2O_{10}S$.【类型】聚醚抗生素.【来源】企鹅珍珠贝 *Pteria penguin* (冲绳, 日本).【活性】有毒的 (小鼠, 来自双壳类企鹅珍珠贝 *Pteria penguin,* 急性毒性).【文献】N. Takada, et al. Tetrahedron Lett., 2001, 42, 3495; F. Matsuura, et al. JACS, 2006, 128, 7463+ 7742.

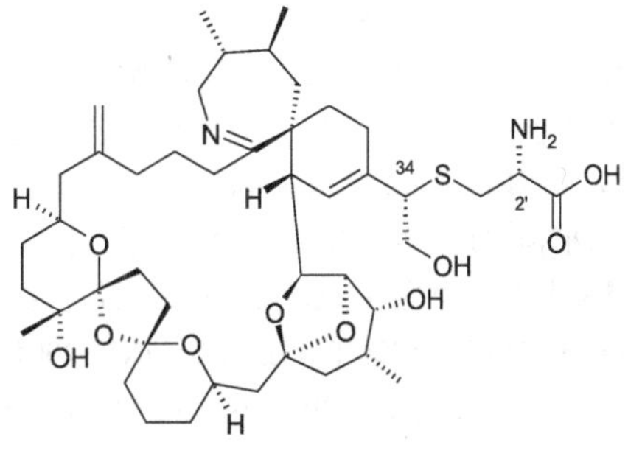

236　Spirolide A　斯毕罗毒素内酯 A*

【基本信息】$C_{42}H_{61}NO_7$.【类型】聚醚抗生素.【来源】未鉴定的污染的扇贝, 未鉴定的浮游植物, 亚历山大甲藻属* *Alexandrium ostenfeldii* (来自未鉴定的浮游植物, 新斯科舍省, 加拿大).【活性】微藻毒素; LD_{50} = 250μg/kg.【文献】T. Hu, et al. J. Chem. Soc., Chem. Commun., 1995, 2159; T. Hu, et al. JNP, 2001, 64, 308; M. D. Lebar, et al. NPR, 2007, 24, 774 (Rev.).

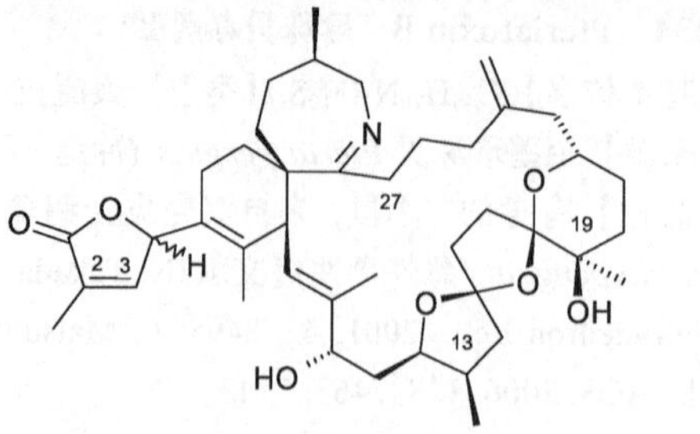

237 Spirolide B 斯毕罗毒素内酯 B*

【基本信息】$C_{42}H_{64}NO_7^+$.【类型】聚醚抗生素.【来源】亚历山大甲藻属* *Alexandrium ostenfeldii* (在各种污染的扇贝中, 如兰贻贝 *Mytilus edulis*, 海扇贝 *Placopecten magellanicus* 等).【活性】L 型钙离子通道激活剂 (低活性); 有毒的 (藻毒素).【文献】T. Hu, et al. J. Chem. Soc., Chem. Commun., 1995, 2159; M. Falk, et al. Tetrahedron, 2001, 57, 8659; L. Sleno, et al. Anal. Bioanal. Chem., 2004, 378, 969; 977; M. D. Lebar, et al. NPR, 2007, 24, 774 (Rev.).

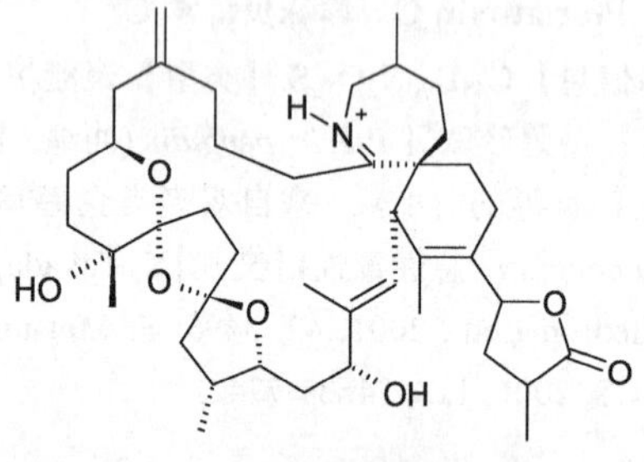

238 Spirolide C 斯毕罗毒素内酯 C*

【基本信息】$C_{43}H_{63}NO_7$.【类型】聚醚抗生素.【来源】未鉴定的污染的扇贝, 未鉴定的浮游植物, 亚历山大甲藻属* *Alexandrium ostenfeldii* (来自未鉴定的浮游植物, 新斯科舍省, 加拿大).【活性】微藻毒素.【文献】T. Hu, et al. J. Chem. Soc., Chem. Commun., 1995, 2159; T. Hu, et al. JNP, 2001, 64, 308; M. D. Lebar, et al. NPR, 2007, 24, 774 (Rev.).

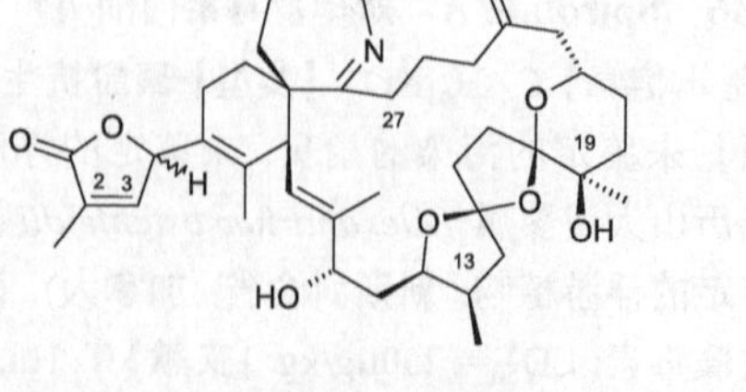

239 Spirolide D 斯毕罗毒素内酯 D*

【基本信息】$C_{43}H_{66}NO_7^+$.【类型】聚醚抗生素.【来源】亚历山大甲藻属* *Alexandrium ostenfeldii*, 来自污染的甲壳类动物.【活性】L 型钙离子通道激活剂 (低活性); 毒素.【文献】T. Hu, et al. J. Chem. Soc., Chem. Commun., 1995, 2159; M. Falk, et al. Tetrahedron, 2001, 57, 8659; M.D. Lebar, et al. NPR, 2007, 24, 774 (Rev.).

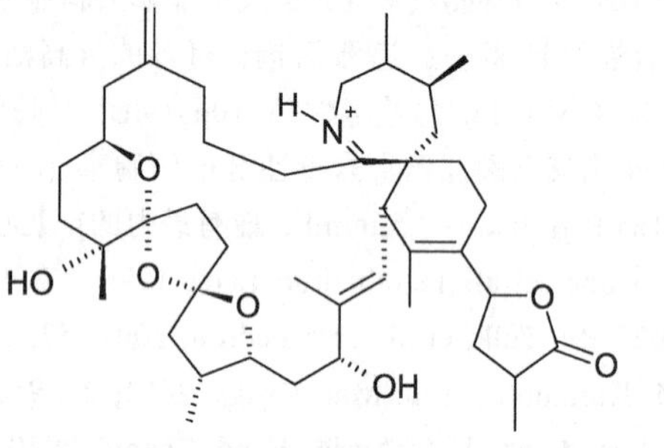

240 Spirolide E 斯毕罗毒素内酯 E*

【基本信息】$C_{42}H_{63}NO_8$.【类型】聚醚抗生素.【来源】亚历山大甲藻属* *Alexandrium ostenfeldii*, 来自污染的甲壳类动物.【活性】微藻毒素.【文献】T. Hu, et al. Tetrahedron Lett., 1996, 37, 7671; M.D. Lebar, et al. NPR, 2007, 24, 774 (Rev.).

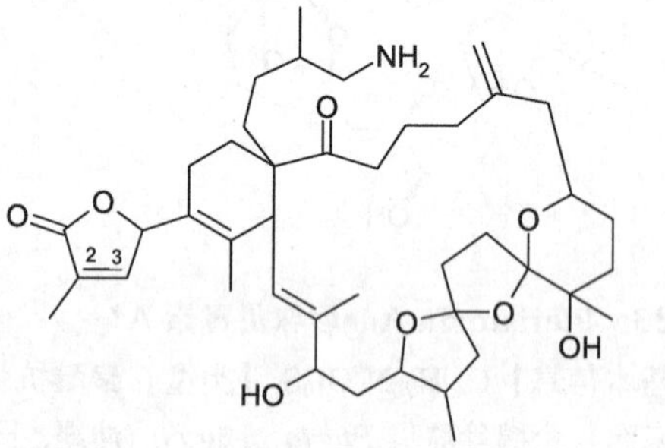

241 Spirolide F 斯毕罗毒素内酯 F*

【基本信息】$C_{42}H_{65}NO_8$.【类型】聚醚抗生素.【来源】亚历山大甲藻属* *Alexandrium ostenfeldii*, 来自污染的甲壳类动物.【活性】微藻毒素.【文献】T. Hu, et al. Tetrahedron Lett., 1996, 37, 7671; M.D. Lebar, et al. NPR, 2007, 24, 774 (Rev.).

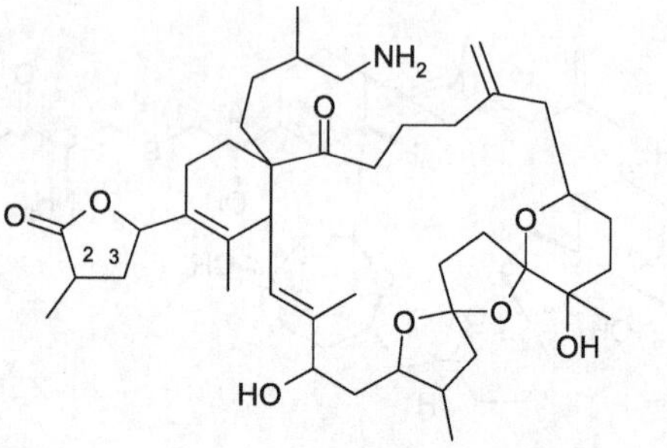

242 Spirolide G 斯毕罗毒素内酯 G*

【基本信息】$C_{42}H_{61}NO_7$.【类型】聚醚抗生素.【来源】亚历山大甲藻属* *Alexandrium ostenfeldii*, 来自污染的甲壳类动物.【活性】微藻毒素.【文献】J. Aasen, et al. Chem. Res. Toxicol., 2005, 18, 509; M. D. Lebar, et al. NPR, 2007, 24, 774 (Rev.).

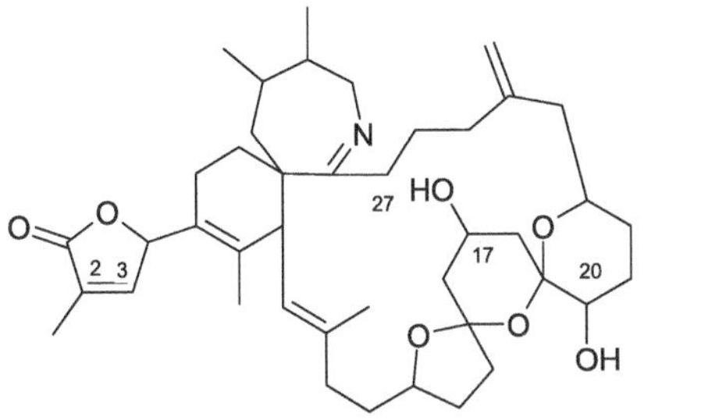

1.15 海兔毒素类

243 Anhydrodebromoaplysiatoxin 脱水去溴海兔毒素

【基本信息】$C_{32}H_{46}O_9$, 晶体 (乙醚/戊烷), mp 116~117.5°C, $[\alpha]_D = +25.6°$ ($c = 0.02$, 甲醇).【类型】海兔毒素类.【来源】红藻伞房江蓠 *Gracilaria coronopifolia*.【活性】肿瘤诱发物; 引起腹泻 (小鼠); 毒素.【文献】H. Nagai, et al. Biosci. Biotechnol. Biochem., 1998, 62, 1011.

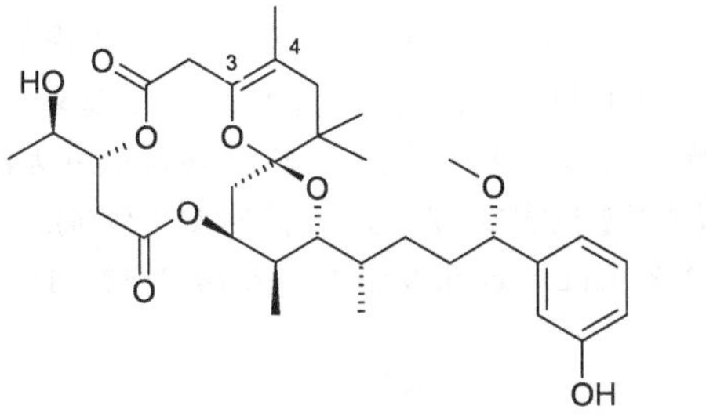

244 Aplysiatoxin 海兔毒素

【基本信息】$C_{32}H_{47}BrO_{10}$, 油状物.【类型】海兔毒素类.【来源】蓝细菌稍大鞘丝藻 *Lyngbya majuscula*, 软体动物 Aplyciidae 科海兔 *Stylocheilus longicauda* (夏威夷, 美国).【活性】毒素; LD_{100} (小鼠, ip) = 0.3mg/kg.【文献】Y. Kato, et al. Pure Appl. Chem., 1975, 41, 1; R. E. Moore, et al. JOC, 1984, 49, 2484; H. Nagai, et al. JNP, 1997, 60, 925.

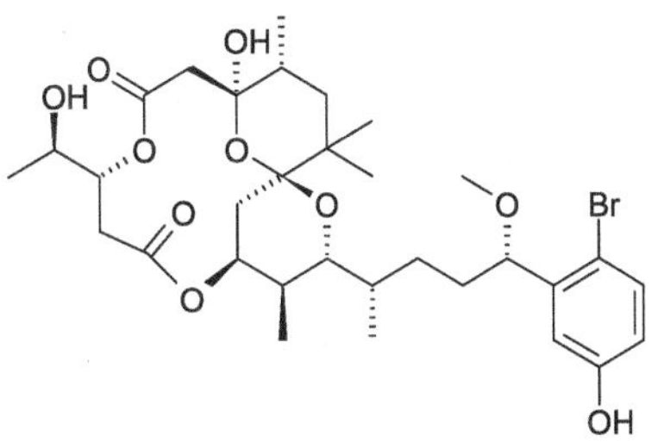

245 19-Bromoaplysiatoxin 19 溴海兔毒素

【基本信息】$C_{32}H_{46}Br_2O_{10}$.【类型】海兔毒素类.【来源】蓝细菌钙生裂须藻* *Schizothrix calcicola* 和蓝细菌墨绿颤藻 *Oscillatoria nigroviridis*.【活性】毒素.【文献】J. S. Mynderse, et al. JOC, 1978, 43, 2301.

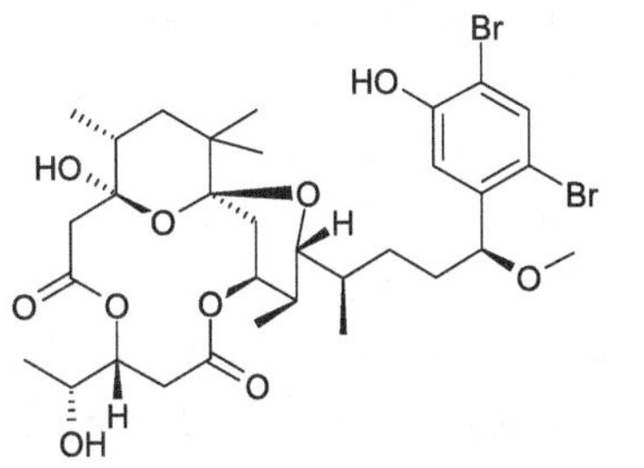

246 17-Bromooscillatoxin A 17-溴墨绿颤藻毒素 A*

【基本信息】$C_{31}H_{45}BrO_{10}$.【类型】海兔毒素类.【来源】蓝细菌钙生裂须藻* *Schizothrix calcicola* 和蓝细菌墨绿颤藻 *Oscillatoria nigroviridis*.【活性】毒素.【文献】J. S. Mynderse, et al. JOC, 1978, 43, 2301.

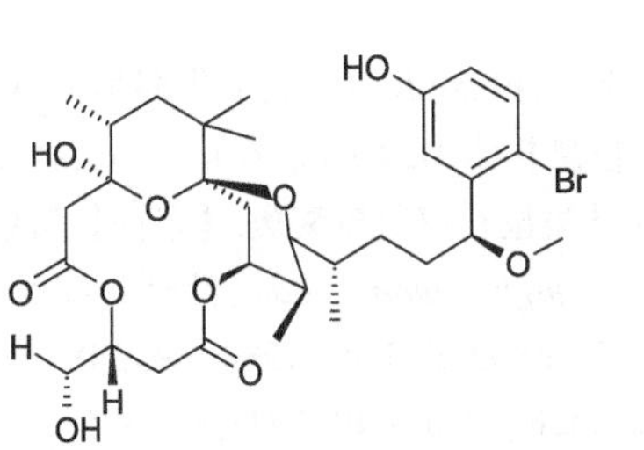

247 Debromoaplysiatoxin 去溴海兔毒素

【基本信息】$C_{32}H_{48}O_{10}$.【类型】海兔毒素类.【来源】蓝细菌稍大鞘丝藻 *Lyngbya majuscula* (浅水体), 蓝细菌鞘丝藻属 *Lyngbya gracilis* 和其它蓝细菌, 软体动物 Aplyciidae 科海兔 *Stylocheilus longicauda*.【活性】刺激剂; 毒素; 肿瘤促进剂; LD_{50} (小鼠, ipr) = 0.5mg/kg.【文献】Y. Kato, et al.

JACS, 1974, 96, 2245; Y. Kato, et al. Pure Appl. Chem., 1975, 41, 1; J. S. Mynderse, et al. Science, 1977, 196, 538; D. J. Faulkner, Tetrahedron, 1977, 33, 1421; J. H. Cardellina, II, et al. Science, 1979, 204, 193; R. E. Moore, et al. JOC, 1984, 49, 2484; P. Park, et al. JACS, 1987, 109, 6205; H. Nagai, T. Yasumoto, et al. JNP, 1997, 60, 925.

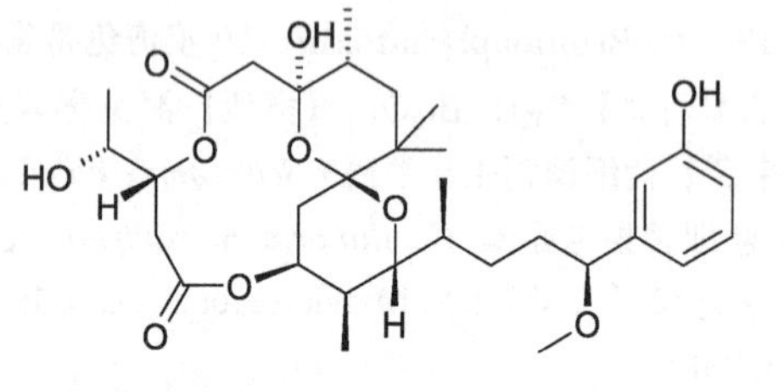

248 17,19-Dibromooscillatoxin A 17,19-二溴墨绿颤藻毒素 A*

【别名】19,21-Dibromooscillatoxin A; 19,21-二溴墨绿颤藻毒素 A*.【基本信息】$C_{31}H_{44}Br_2O_{10}$.【类型】海兔毒素类.【来源】蓝细菌钙生裂须藻* *Schizothrix calcicola* 和蓝细菌墨绿颤藻 *Oscillatoria nigroviridis*.【活性】毒素.【文献】J. S. Mynderse, et al. JOC, 1978, 43, 2301.

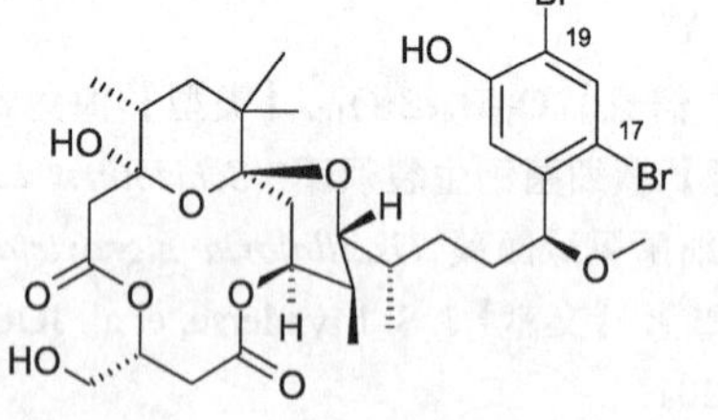

249 Manauealide A 美那优阿里得 A*

【基本信息】$C_{32}H_{47}ClO_{10}$, $[\alpha]_D$= +13.8° (c = 0.55, 甲醇).【类型】海兔毒素类.【来源】蓝细菌稍大鞘丝藻 *Lyngbya majuscula*.【活性】毒素.【文献】R. E. Moore, et al. JOC, 1984, 49, 2484; H. Nagai, T. Yasumoto, et al. JNP, 1997, 60, 925.

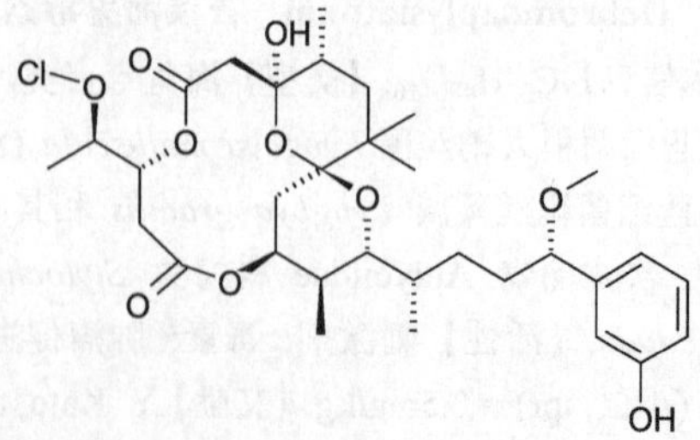

250 Manauealide B 美那优阿里得 B*

【基本信息】$C_{32}H_{47}BrO_{10}$, $[\alpha]_D$ = +21.3° (c = 0.3, 氯仿).【类型】海兔毒素类.【来源】蓝细菌稍大鞘丝藻 *Lyngbya majuscula*.【活性】毒素.【文献】R. E. Moore, et al. JOC, 1984, 49, 2484; H. Nagai, T. Yasumoto, et al. JNP, 1997, 60, 925.

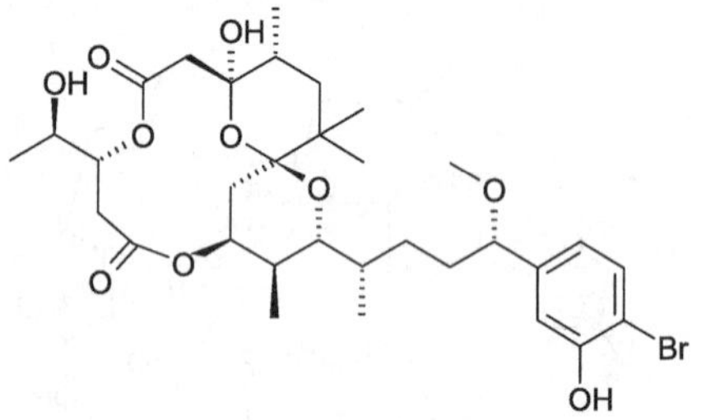

251 Manauealide C 美那优阿里得 C*

【基本信息】$C_{34}H_{50}O_{11}$, $[\alpha]_D$= +33.1° (c = 1.0, 氯仿).【类型】海兔毒素类.【来源】蓝细菌稍大鞘丝藻 *Lyngbya majuscula*.【活性】毒素.【文献】R. E. Moore, et al. JOC, 1984, 49, 2484; H. Nagai, T. Yasumoto, et al. JNP, 1997, 60, 925.

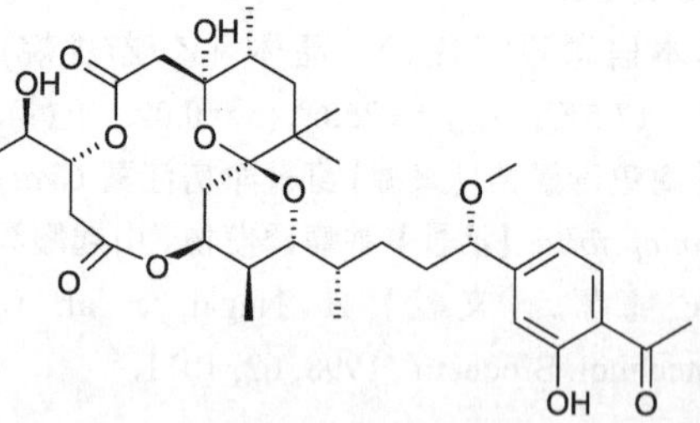

252 3-Methoxyaplysiatoxin 3-甲氧基海兔毒素

【基本信息】$C_{33}H_{49}BrO_{10}$.【类型】海兔毒素类.【来源】蓝细菌红海红颤藻 *Trichodesmium erythraeum*.【活性】抗病毒 (基孔肯雅热病毒抑制剂).【文献】D. K. Gupta, et al. Mar. Drugs, 2014, 12, 115.

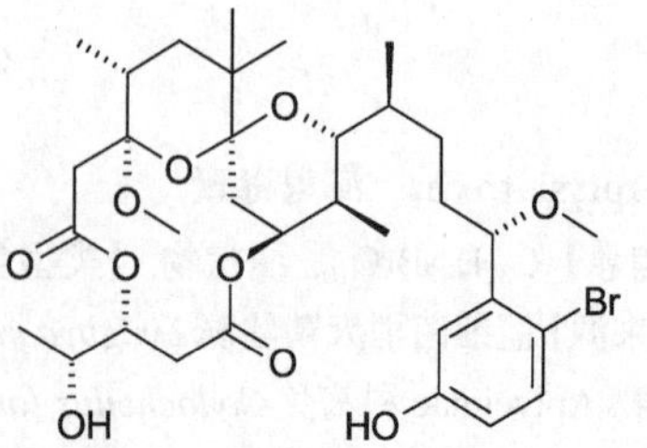

253 3-Methoxydebromoaplysiatoxin 3-甲氧基去溴海兔毒素

【基本信息】$C_{33}H_{50}O_{10}$.【类型】海兔毒素类.【来

源】蓝细菌红海红颤藻 *Trichodesmium erythraeum*.【活性】抗病毒 (基孔肯雅热病毒抑制剂).【文献】D. K. Gupta, et al. Mar. Drugs, 2014, 12, 115.

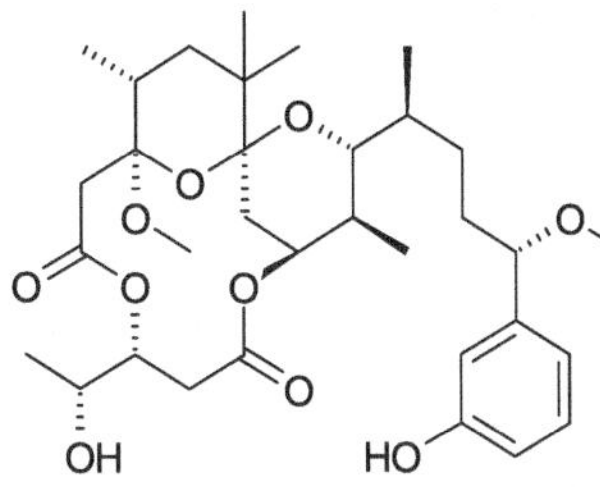

254　31-Noroscillatoxin B　31-去甲墨绿颤藻毒素 B*

【基本信息】$C_{31}H_{44}O_{10}$, 树胶状物, 溶于甲醇, 氯仿; 难溶于水, 己烷.【类型】海兔毒素类.【来源】蓝细菌钙生裂须藻* *Schizothrix calcicola* 和蓝细菌墨绿颤藻 *Oscillatoria nigroviridis* (混合物).【活性】毒素.【文献】M. Entzeroth, et al. JOC, 1985, 50, 1255.

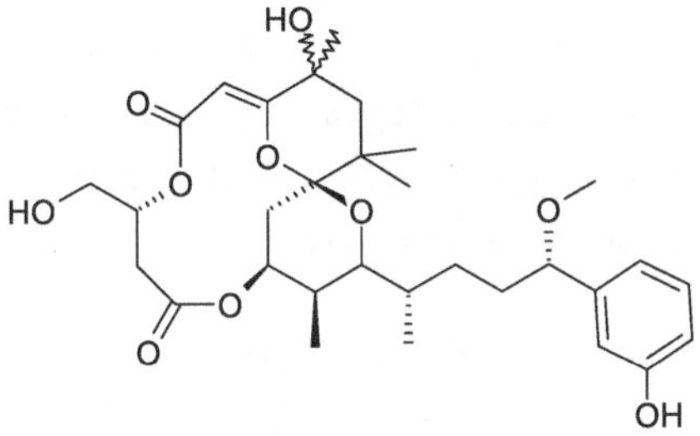

255　Oscillatoxin A　墨绿颤藻毒素 A*

【基本信息】$C_{31}H_{46}O_{10}$.【类型】海兔毒素类.【来源】蓝细菌钙生裂须藻* *Schizothrix calcicola* 和蓝细菌墨绿颤藻 *Oscillatoria nigroviridis*.【活性】有毒的 (主要有毒代谢物).【文献】J. S. Mynderse, et al. JOC, 1978, 43, 2301.

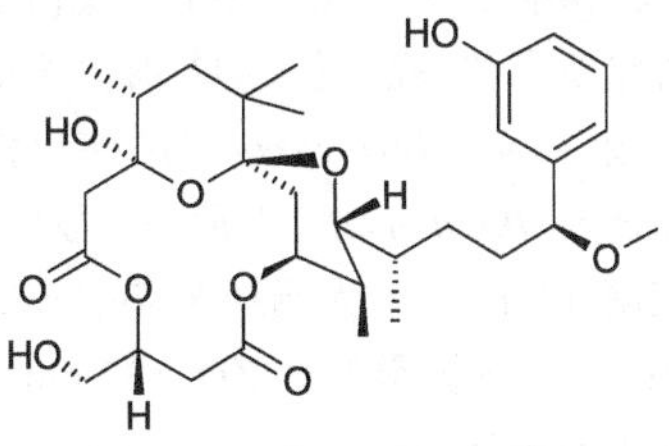

256　Oscillatoxin B_1　墨绿颤藻毒素 B_1*

【基本信息】$C_{32}H_{46}O_{10}$, 固体, mp 89°C (分解).【类型】海兔毒素类.【来源】蓝细菌稍大鞘丝藻 *Lyngbya majuscula* (深水水域).【活性】毒素.【文献】M. Entzeroth, et al. JOC, 1985, 50, 1255.

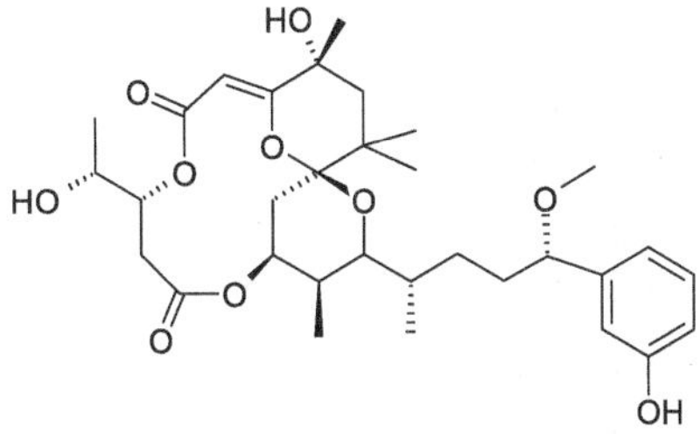

257　Oscillatoxin B_2　墨绿颤藻毒素 B_2*

【基本信息】$C_{32}H_{46}O_{10}$, 固体.【类型】海兔毒素类.【来源】蓝细菌稍大鞘丝藻 *Lyngbya majuscula* (深水水域).【活性】毒素.【文献】M. Entzeroth, et al. JOC, 1985, 50, 1255.

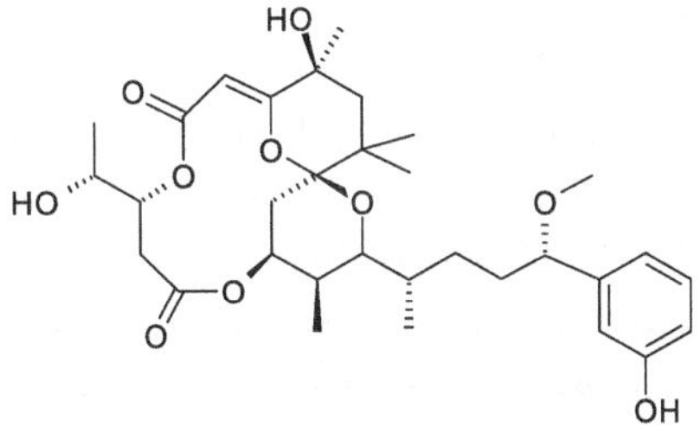

1.16　黄曲霉毒素及有关聚酮

258　Acyl-hemiacetal sterigmatocystin　酯酰半缩醛杂色曲霉素*

【基本信息】$C_{20}H_{16}O_8$, 亮黄色无定形粉末, $[\alpha]_D^{25} = -20°$ ($c = 0.5$, 甲醇/氯仿 = 5:3).【类型】黄曲霉毒素及有关聚酮.【来源】海洋导出的真菌变色曲霉菌 *Aspergillus versicolor* MF359.【活性】抗菌 (金黄色葡萄球菌 *Staphylococcus aureus* (ATCC 6538), 枯草杆菌 *Bacillus subtilis* (ATCC 6633), MRSA (临床分离的309) 和铜绿假单胞菌 *Pseudomonas aeruginosa* (ATCC 15692), 所有的 MIC > 100μg/mL).【文献】F. H. Song, et al. Appl. Microbiol. Biotechnol., 2014, 98, 3753.

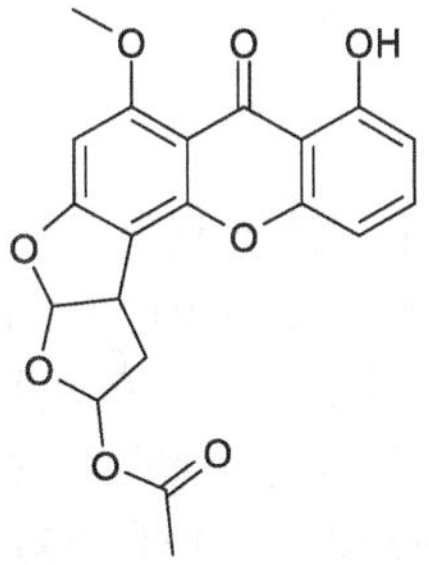

259 Asperxanthone 曲霉呫吨酮*

【基本信息】$C_{18}H_{12}O_6$，无定形粉末，$[\alpha]_D^{21}=-32°$ ($c=0.36$，甲醇).【类型】黄曲霉毒素及有关聚酮.【来源】海洋导出的真菌曲霉菌属 *Aspergillus* sp. MF-93 (海水，中国水域).【活性】抗病毒 (抑制 TMV 增殖，0.2mg/mL，InRt = 62.9%).【文献】Z.-J. Wu, et al. Pest Manag. Sci., 2009, 65, 60.

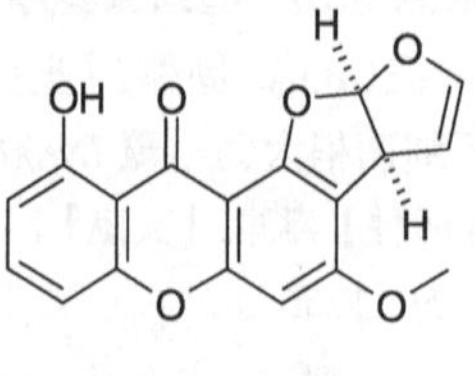

260 Aversin 变色曲霉新*

【基本信息】$C_{20}H_{16}O_7$，金色针状晶体 (丙酮)，mp 217°C，$[\alpha]_D^{20}=-222°$ ($c=0.248$，氯仿).【类型】黄曲霉毒素及有关聚酮.【来源】海洋导出的真菌变色曲霉菌 *Aspergillus versicolor* 来自棕藻鼠尾藻 *Sargassum thunbergii* (平潭岛，福建，中国) 和海洋导出的真菌变色曲霉菌 *Aspergillus versicolor* MF359.【活性】抗菌 (30μg/盘：大肠杆菌 *Escherichia coli*, IZD = 6mm，对照氯霉素，IZD = 32mm；金黄色葡萄球菌 *Staphylococcus aureus*, IZD = 6mm，氯霉素，IZD = 31mm)；有毒的 (盐水丰年虾 *Artemia salina*, 30μg/盘，致死率 = 17.5%)；真菌毒素；抗菌 (金黄色葡萄球菌 *Staphylococcus aureus* (ATCC 6538)，枯草杆菌 *Bacillus subtilis* (ATCC 6633)，MRSA (临床分离的309) 和铜绿假单胞菌 *Pseudomonas aeruginosa* (ATCC 15692)，所有的 MIC > 100μg/mL) (Song, 2014).【文献】C. Shao, et al. Magn. Reson. Chem., 2007, 45, 434; F.-P. Miao, et al. Mar. Drugs, 2012, 10, 131; F. H. Song, et al. Appl. Microbiol. Biotechnol., 2014, 98, 3753.

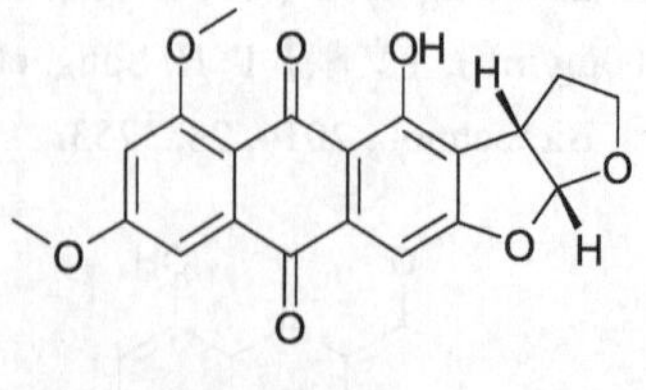

261 Averufin 奥佛尼红素

【基本信息】$C_{20}H_{16}O_7$，亮橙红色条状晶体 (丙酮)，mp 280~282°C (分解)，$[\alpha]_D=0°$.【类型】黄曲霉毒素及有关聚酮.【来源】海洋导出的真菌黑曲霉菌 *Aspergillus niger* (海水，中国水域).【活性】抗病毒 (TMV，中等活性).【文献】Z. J. Wu, et al. Chin. J. Chem., 2008, 26, 759.

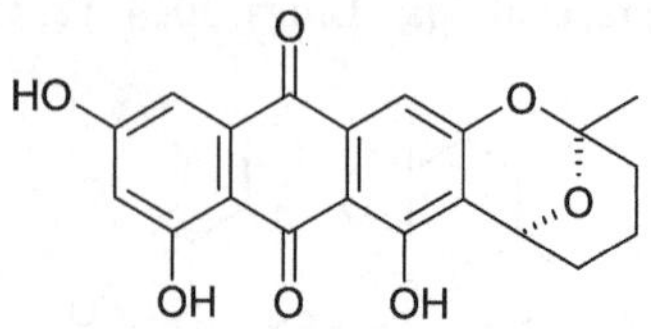

262 6,8-Di-*O*-methylaverufin 6,8-双-*O*-甲基奥佛尼红素

【基本信息】$C_{22}H_{20}O_7$，晶体 (丙酮)，mp 208~209°C.【类型】黄曲霉毒素及有关聚酮.【来源】海洋导出的真菌变色曲霉菌 *Aspergillus versicolor* 来自棕藻鼠尾藻 *Sargassum thunbergii* (平潭岛，福建，中国)，海洋导出的真菌青霉属 *Penicillium flavidorsum* SHK1-27.【活性】抗菌 (30μg/盘：大肠杆菌 *Escherichia coli*, IZD = 10mm，对照氯霉素，IZD = 32mm；金黄色葡萄球菌 *Staphylococcus aureus*, IZD = 10mm，氯霉素，IZD = 31mm)；有毒的 (盐水丰年虾 *Artemia salina*, 30μg/盘，致死率 = 100%，LC_{50} = 0.5μg/mL).【文献】F.-P. Miao, et al. Mar. Drugs, 2012, 10, 131; H. Ren, et al. Chin. J. Med. Chem., 2007, 17, 148.

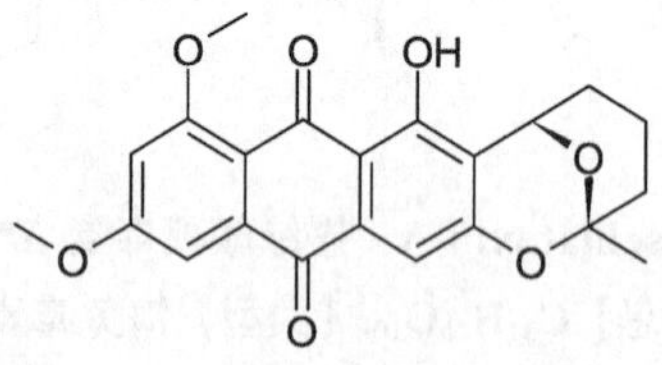

263 6,8-Di-*O*-methylnidurufin 6,8-双-*O*-甲基尼都绛酯*

【基本信息】$C_{22}H_{20}O_8$，晶体 (丙酮/己烷)，mp 211~213°C，$[\alpha]_D^{25}=-77°$ ($c=0.15$，氯仿).【类型】黄曲霉毒素及有关聚酮.【来源】海洋导出的真菌变色曲霉菌 *Aspergillus versicolor* 来自棕藻鼠尾藻 *Sargassum thunbergii* (平潭岛，福建，中国).【活性】抗菌 (30μg/盘：大肠杆菌 *Escherichia coli*, IZD = 7mm，对照氯霉素，IZD = 32mm；金黄色葡萄球菌 *Staphylococcus aureus*, IZD = 7mm，氯霉素，IZD = 31mm)；有毒的 (盐水丰年虾 *Artemia salina*, 30μg/盘，致死率 = 29.1%).【文献】F.-P. Miao, et al. Mar. Drugs, 2012, 10, 131; Y. Zhang, et al. Biosci. Biotechnol. Biochem., 2012, 76, 1774.

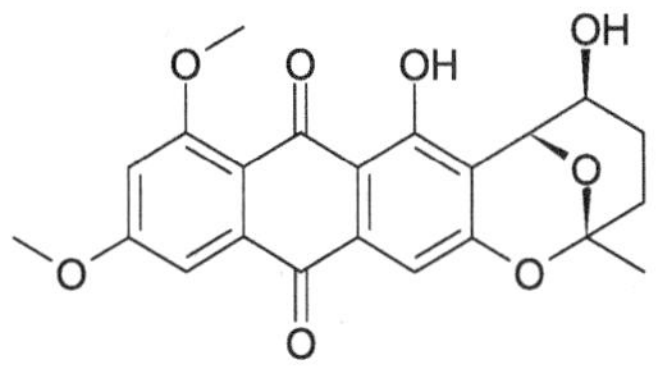

264 Hemiacetal sterigmatocystin 半缩醛杂色曲霉素

【基本信息】$C_{18}H_{14}O_7$, 亮黄色无定形粉末, $[\alpha]_D^{25} = -78.7°$ ($c = 0.13$, 甲醇/氯仿 5:3).【类型】黄曲霉毒素及有关聚酮.【来源】海洋导出的真菌变色曲霉菌 *Aspergillus versicolor* MF359.【活性】抗菌 (金黄色葡萄球菌 *Staphylococcus aureus* (ATCC 6538), 枯草杆菌 *Bacillus subtilis* (ATCC 6633), MRSA (临床分离的 309) 和铜绿假单胞菌 *Pseudomonas aeruginosa* (ATCC 15692), 所有的 MIC > 100μg/mL).【文献】F. H. Song, et al. Appl. Microbiol. Biotechnol., 2014, 98, 3753.

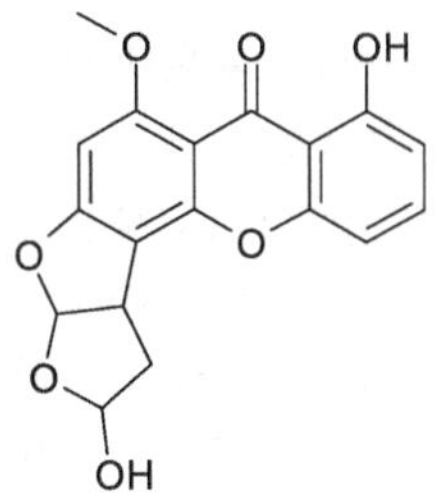

265 5-Methoxydihydrosterigmatocystin 5-甲氧基二氢杂色曲霉素*

【基本信息】$C_{19}H_{16}O_7$, 亮黄色无定形粉末, $[\alpha]_D^{25} = -168.7°$ ($c = 0.10$, 甲醇/氯仿 = 5:3).【类型】黄曲霉毒素及有关聚酮.【来源】海洋导出的真菌变色曲霉菌 *Aspergillus versicolor* MF359.【活性】抗菌 [金黄色葡萄球菌 *Staphylococcus aureus* (ATCC 6538), MIC = 12.5μg/mL, 对照万古霉素, MIC = 1μg/mL; 枯草杆菌 *Bacillus subtilis* (ATCC 6633), MIC = 3.125μg/mL, 万古霉素, MIC = 0.5μg/mL; MRSA (临床分离的 309), MIC > 100μg/mL, 万古霉素, MIC = 1μg/mL; 铜绿假单胞菌 *Pseudomonas aeruginosa* (ATCC 15692), MIC > 100μg/mL, 万古霉素, MIC = 1μg/mL].【文献】F. H. Song, et al. Appl. Microbiol. Biotechnol., 2014, 98, 3753; L. Xu, et al. Mar. Drugs, 2015, 13, 3479 (Rev.).

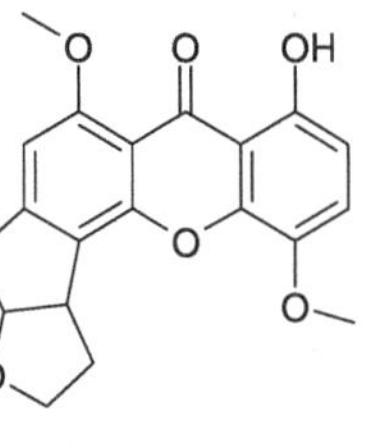

266 6-*O*-Methylaverufin 6-*O*-甲基奥佛尼红素

【基本信息】$C_{21}H_{18}O_7$.【类型】黄曲霉毒素及有关聚酮.【来源】海洋导出的真菌变色曲霉菌 *Aspergillus versicolor* 来自棕藻鼠尾藻 *Sargassum thunbergii* (平潭岛, 福建, 中国).【活性】抗菌 (30μg/盘: 大肠杆菌 *Escherichia coli,* IZD = 10mm, 对照氯霉素, IZD = 32mm; 金黄色葡萄球菌 *Staphylococcus aureus,* IZD = 10mm, 氯霉素, IZD = 31mm); 有毒的 (盐水丰年虾 *Artemia salina,* 30μg/盘, 致死率 = 38.5%).【文献】F.-P. Miao, et al. Mar. Drugs, 2012, 10, 131.

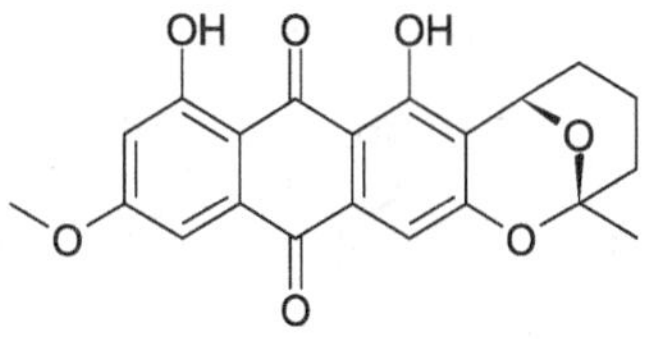

267 Nidurufin 尼都绛酯*

【基本信息】$C_{20}H_{16}O_7$, 晶体 (甲醇/氯仿), mp 188°C.【类型】黄曲霉毒素及有关聚酮.【来源】未鉴定的红树导出的真菌 2526 (南海), 来自未鉴定的红树, 海洋导出的真菌黑曲霉菌 *Aspergillus niger* (海水, 中国水域).【活性】抗病毒 (TMV, 中等活性).【文献】F. Zhu, et al. Youji Huaxue, 2004, 24, 1114; M. Saleem, et al. NPR, 2007, 24, 1142 (Rev.); Z. J. Wu, et al. Chin. J. Chem., 2008, 26, 759.

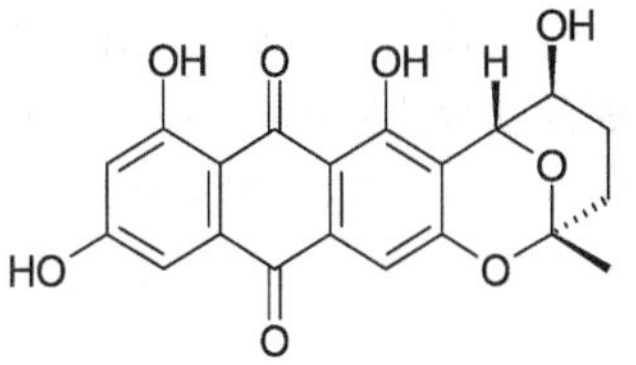

268 Sterigmatocystin 柄曲霉素

【基本信息】$C_{18}H_{12}O_6$, 浅黄色针状晶体, mp 246°C (分解), $[\alpha]_D^{21} = -387°$ ($c = 0.424$, 氯仿).【类型】黄曲霉毒素及有关聚酮.【来源】未鉴定的海洋导出的真菌 1850.【活性】真菌毒素; 抗真菌 (小孢子蒲头霉*Mycotypha microspore, 50μg/盘, IZD = 11mm); 抗藻 (绿藻暗色小球藻*Chlorella fusca, 50μg/盘, IZD = 5mm).【文献】Kralj, et al. JNP , 2006, 69, 995; F. Zhu, et al. Chem. Nat. Compd. (Engl. Transl.), 2007, 43, 132.

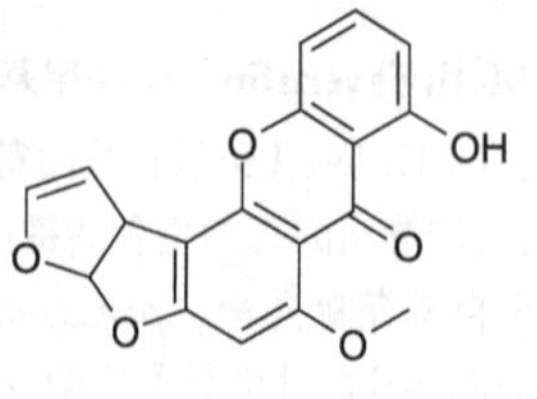

269 Versicolorin C 杂色曲霉素 C

【基本信息】$C_{18}H_{12}O_7$, 橙红色针状结晶 (丙酮), mp 350ºC.【类型】黄曲霉毒素及有关聚酮.【来源】未鉴定的红树导出的真菌 2526 (南海), 来自未鉴定的红树.【活性】真菌毒素.【文献】F. Zhu, et al. Youji Huaxue, 2004, 24, 1114; M. Saleem, et al. NPR, 2007, 24, 1142 (Rev.).

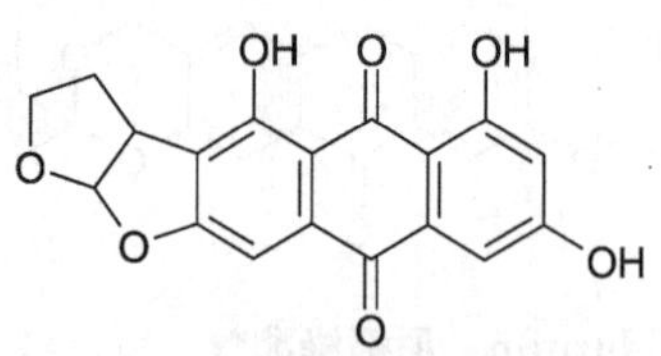

1.17 叟比西林聚合物类

270 Antibiotics JBIR-59 抗生素 JBIR-59

【基本信息】$C_{23}H_{28}O_7$, 无定形黄色固体, $[\alpha]_D^{27}$ = –350º (c = 0.1, 甲醇).【类型】叟比西林聚合物类.【来源】海洋导出的真菌橘青霉 *Penicillium citrinum* SpI080624G1f01, 来自未鉴定的海绵 (寻常海绵纲, 石峘岛, 冲绳, 日本).【活性】抗氧化剂; 谷氨酸盐毒性抑制剂 (神经元杂交瘤细胞 N18-RE-105 细胞, EC_{50} = 71μmol/L).【文献】J. Ueda, et al. J. Antibiot., 2010, 63, 203.

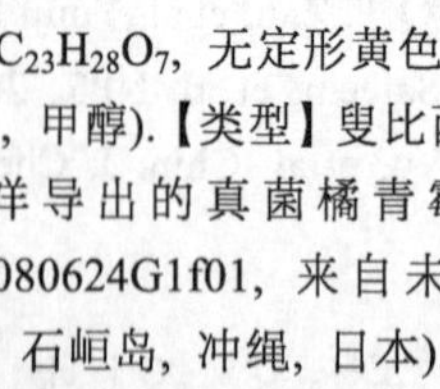

271 Bisorbibutenolide 双叟比丁烯酸内酯*

【别名】Bislongiquinolide; 双木霉喹啉内酯*.【基本信息】$C_{28}H_{32}O_8$, 无定形黄色粉末, $[\alpha]_D^{27}$ = +124.4º (c = 0.5, 甲醇).【类型】叟比西林聚合物类.【来源】海洋导出的真菌木霉属 *Trichoderma* sp. f-13 (中国沉积物样本).【活性】细胞毒 (HL60 细胞株, IC_{50} > 50μmol/L, 对照 VP-16, IC_{50} = 2.1μmol/L; 提高细胞在亚 G_1 部分的百分数, 亚 G_1 = 8.0%, 负效应对照甲醇, sub-G_1 = 2.3%).【文献】N. Abe, et al. Biosci. Biotechnol. Biochem. 1998, 62, 2120; S. Sperry, et al. JOC, 1998, 63, 10011; L. Du, et al. CPB, 2009, 57, 220.

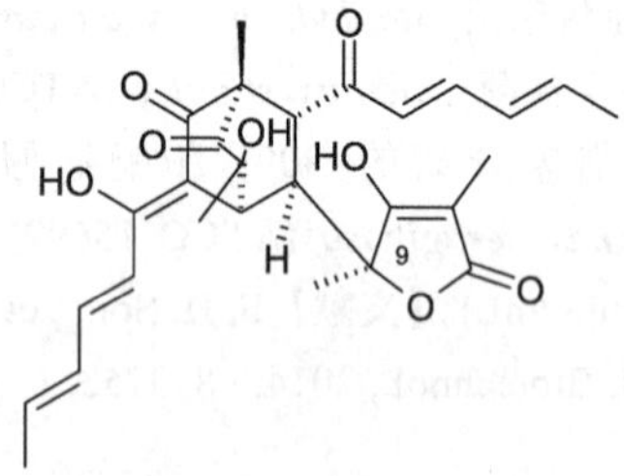

272 Bisorbicillinol 双叟比西林醇*

【基本信息】$C_{28}H_{32}O_8$, 无定形黄色粉末, $[\alpha]_D^{28}$ = +195.2º (c = 0.5, 甲醇).【类型】叟比西林聚合物类.【来源】海洋导出的真菌木霉属 *Trichoderma* sp. f-13 (中国沉积物样本).【活性】细胞毒 (HL60 细胞株, IC_{50} > 50μmol/L, 对照 VP-16, IC_{50} = 2.1μmol/L; 提高细胞在亚 G_1 部分的百分数, 亚 G_1 = 7.3%, 负效应对照甲醇, 亚 G_1 = 2.3%); 抗氧化剂 (DPPH 自由基清除剂).【文献】L. Du, et al. CPB, 2009, 57, 220; N. Abe, et al. Biosci. Biotechnol. Biochem., 1998, 62, 661+2120.

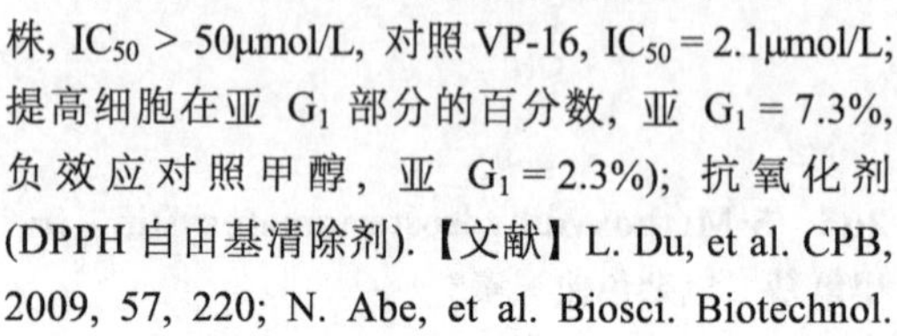

273 Bisvertinolone 双沃汀醇酮*

【基本信息】$C_{28}H_{34}O_8$.【类型】叟比西林聚合物类.【来源】海洋导出的真菌木霉属 *Trichoderma* sp. f-13 (中国沉积物样本) 和产黄青霉真菌 *Penicillium chrysogenum*.【活性】细胞毒 (HL60 细胞株,

IC_{50} = 5.3μmol/L, 对照 VP-16, IC_{50} = 2.1μmol/L; 提高细胞在亚 G_1 部分的百分数, 亚 G_1 = 89.6%, 负效应对照甲醇, 亚 G_1 = 2.3%); 抗氧化剂 (DPPH 自由基清除剂).【文献】M. Kontani, et al. Tetrahedron Lett., 1994, 35, 2577; L. Du, et al. CPB, 2009, 57, 220.

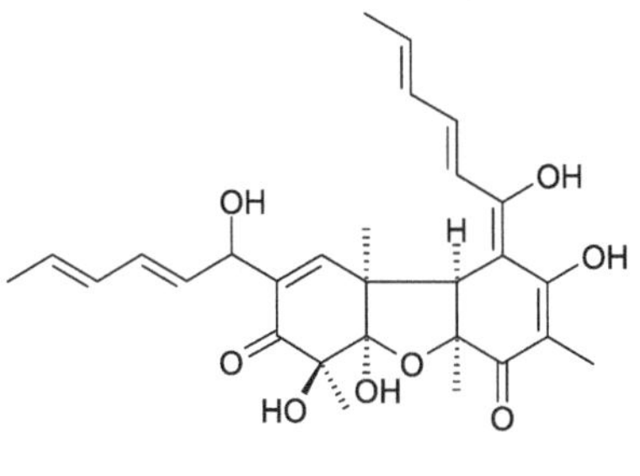

274 Bisvertinoquinol 双沃替醌醇*

【基本信息】$C_{28}H_{34}O_8$, 黄色三角形棱镜状晶体, mp 160~163°C (分解), $[\alpha]_D^{20}$ = +329° (*c* = 0.2, 氯仿).【类型】叟比西林聚合物类.【来源】海洋导出的真菌木霉属 *Trichoderma* sp. f-13 (中国沉积物样本).【活性】细胞毒 (HL60 细胞株, IC_{50} > 50μmol/L, 对照 VP-16, IC_{50} = 2.1μmol/L; 提高细胞在亚 G_1 部分的百分数, 亚 G_1 = 4.0%, 负效应对照甲醇, sub-G_1 = 2.3%).【文献】L. S. Trifonov, et al. Tetrahedron, 1983, 39, 4243; L. Du, et al. CPB, 2009, 57, 220.

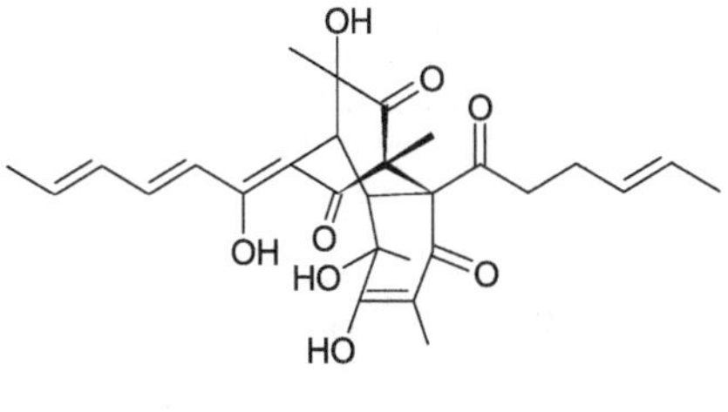

275 Chloctanspirone A 克罗克坦螺酮 A*

【基本信息】$C_{21}H_{23}ClO_7$, 黄色粉末, $[\alpha]_D^{25}$ = +304° (*c* = 0.1, 甲醇).【类型】叟比西林聚合物类.【来源】海洋导出的真菌青霉属 *Penicillium terrestre* (沉积物, 胶州湾, 山东, 中国).【活性】细胞毒 (HL60, IC_{50} = 9.2μmol/L; A549, IC_{50} = 39.7μmol/L).【文献】D. Li, et al. Tetrahedron, 2011, 67, 7913.

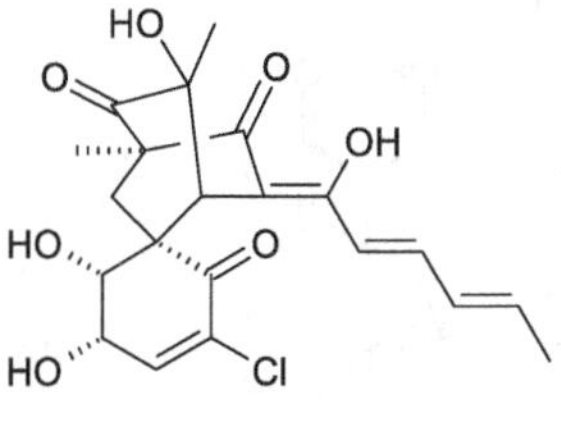

276 Chloctanspirone B 克罗克坦螺酮 B*

【基本信息】$C_{21}H_{23}ClO_7$, 黄色粉末, $[\alpha]_D^{25}$ = +110° (*c* = 0.1, 甲醇).【类型】叟比西林聚合物类.【来源】海洋导出的真菌青霉属 *Penicillium terrestre* (沉积物, 胶州湾, 山东, 中国).【活性】细胞毒 (HL60, IC_{50} = 37.8μmol/L; A549, IC_{50} > 100μmol/L).【文献】D. Li, et al. Tetrahedron, 2011, 67, 7913.

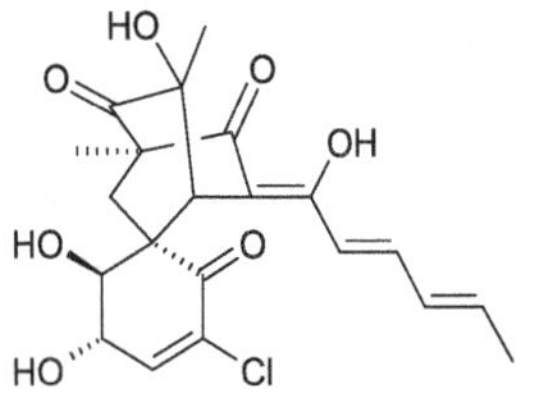

277 10,11-Dihydrobisvertinolone 10,11-二氢双沃汀醇酮*

【别名】2″,3″-Dihydrobisvertinolone; 2″,3″-二氢双沃汀醇酮*.【基本信息】$C_{28}H_{34}O_9$, 黄色固体 (甲醇), $[\alpha]_D^{20}$ = −340° (*c* = 0.32, 甲醇).【类型】叟比西林聚合物类.【来源】海洋导出的真菌木霉属 *Trichoderma* sp. f-13 (中国沉积物样本).【活性】细胞毒 (HL60, IC_{50} = 49.0μmol/L, 对照 VP-16, IC_{50} = 2.1μmol/L; 提高细胞在亚 G_1 部分的百分数, 亚 G_1 = 22.6%, 负效应对照甲醇, 亚 G_1 = 2.3%).【文献】L. Du, et al. CPB, 2009, 57, 220.

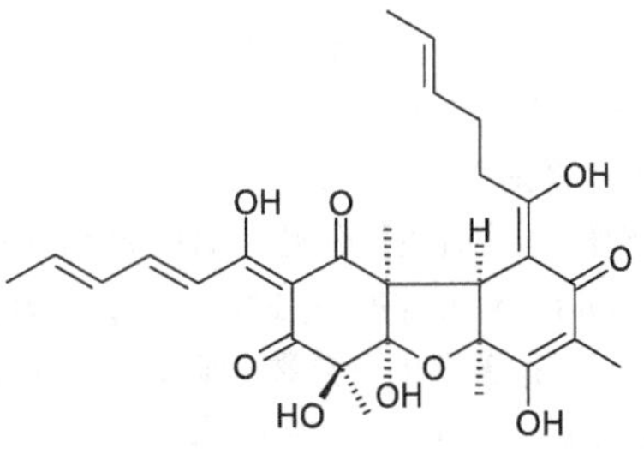

278 Dihydrodemethylsorbicillin 二氢去甲基叟比西林*

【基本信息】$C_{13}H_{16}O_3$, 浅黄色粉末.【类型】叟比西林聚合物类.【来源】海洋导出的真菌 *Phialocephala* sp. (深海沉积物, 东太平洋).【活性】细胞毒 [P_{388}, IC_{50} = (0.1±0.1)μmol/L, 对照 CDDP, IC_{50} = (0.04±0.03)μmol/L; K562, IC_{50} = (4.8±0.3)μmol/L, 对照 CDDP, IC_{50} = (0.08±0.05)μmol/L].【文献】D.-H. Li, et al. Chem. Biodiversity, 2011, 8, 895.

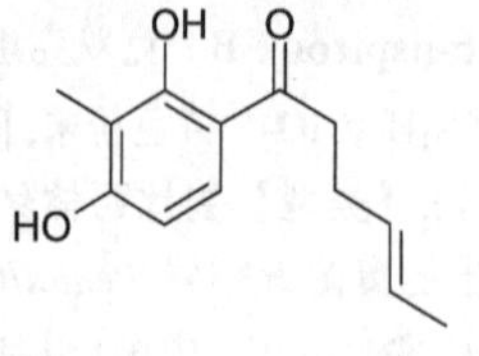

279 10,11-Dihydro-oxosorbiquinol 10,11-二氢氧代叟比对苯二酚*

【别名】Dihydrooxosorbiquinol; 二氢氧代叟比对苯二酚*.【基本信息】$C_{28}H_{34}O_9$, 棕色糖浆状物, $[\alpha]_D^{20}$ = +94° (c = 0.08, 甲醇).【类型】叟比西林聚合物类.【来源】深海真菌 *Phialocephala* sp. FL30r (深海沉积物, 采样深度 5059m).【活性】细胞毒 (P_{388}, IC_{50} = 40.3μmol/L; A549, IC_{50} = 97.6μmol/L; HL60, IC_{50} = 10.5μmol/L; Bel7402, IC_{50} = 31.8μmol/L; K562, IC_{50} = 68.2μmol/L).【文献】D. H. Li, et al. J. Antibiot., 2007, 60, 317.

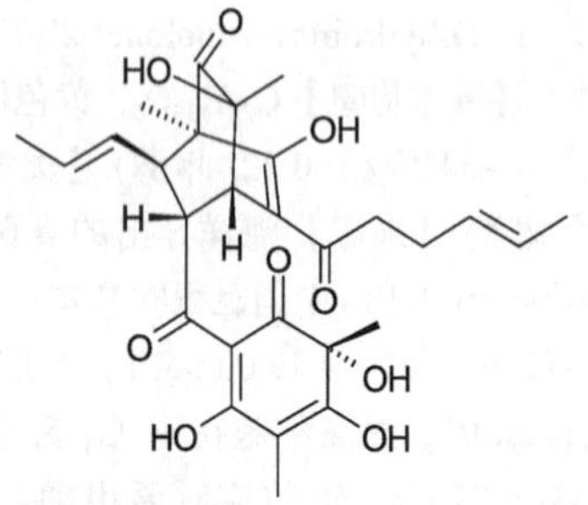

280 2′,3′-Dihydrosorbicillin 2′,3′-二氢叟比西林*

【基本信息】$C_{14}H_{18}O_3$, 针状晶体 (乙醚/戊烷), mp 67~70°C.【类型】叟比西林聚合物类.【来源】海洋导出的真菌木霉属 *Trichoderma* sp. f-13 (中国沉积物样本).【活性】细胞毒 (HL60 细胞株, IC_{50} > 50μmol/L, 对照 VP-16, IC_{50} = 2.1μmol/L; 提高细胞在亚 G_1 部分的百分数, 亚 G_1 = 4.5%, 负效应对照甲醇, 亚 G_1 = 2.3%); 真菌毒素.【文献】R. P. Maskey, et al. JNP, 2005, 68, 865; L. Du, et al. CPB, 2009, 57, 220.

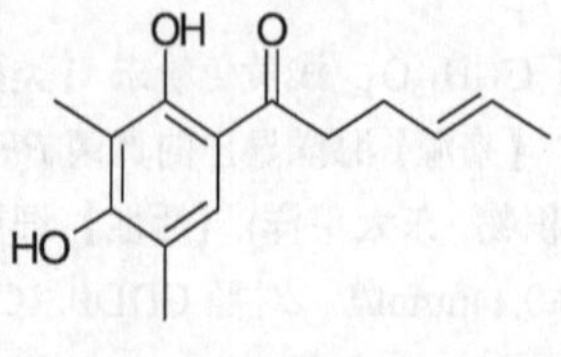

281 Dihydrotrichodermolide 二氢木霉内酯*

【基本信息】$C_{24}H_{30}O_5$, 深黄色糖浆状物, $[\alpha]_D^{20}$ = +31.5° (c = 0.10, 甲醇).【类型】叟比西林聚合物类.【来源】海洋导出的真菌 *Phialocephala* sp. (深海沉积物, 东太平洋).【活性】细胞毒 [P_{388}, IC_{50} = (11.5±1.4)μmol/L, 对照 CDDP, IC_{50} = (0.04±0.03)μmol/L; K562, IC_{50} = (22.9±0.8)μmol/L,CDDP, IC_{50} = (0.08±0.05)μmol/L].【文献】D.-H. Li, et al. Chem. Biodivers., 2011, 8, 895.

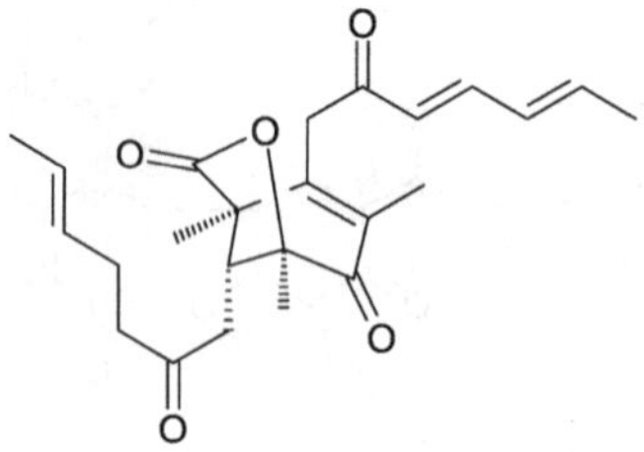

282 Dihydrotrichodimerol 二氢木霉醇*

【基本信息】$C_{28}H_{34}O_8$, 黄色粉末, mp 82~83°C, mp 112~117°C, $[\alpha]_D$ = +99° (c = 0.01, 甲醇).【类型】叟比西林聚合物类.【来源】海洋导出的真菌木霉属 *Trichoderma* sp. f-13 (中国沉积物样本) 和 *Penicillium terrestre*, 未鉴定的真菌 B00853.【活性】细胞毒 (HL60 细胞株, IC_{50} = 36.4μmol/L, 对照 VP-16, IC_{50} = 2.1μmol/L; 提高细胞在亚 G_1 部分的百分数, 亚 G_1 = 55.7%, 负效应对照甲醇, 亚 G_1 = 2.3%).【文献】D. Lee, et al. J. Antibiot., 2005, 58, 615; L. Du, et al. CPB, 2009, 57, 220.

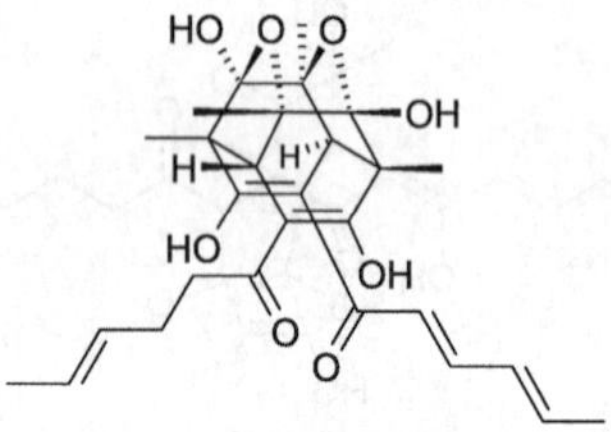

283 Epoxysorbicillinol 环氧叟比西林醇*

【基本信息】$C_{14}H_{16}O_5$, 无定形黄色粉末, $[\alpha]_D$ = +75° (c = 0.15, 甲醇).【类型】叟比西林聚合物类.【来源】海洋导出的真菌木霉属 *Trichoderma longibrachiatum*, 来自蜂海绵属 *Haliclona* sp. (印度尼西亚).【活性】色素.【文献】S. Sperry, et al. JOC, 1998, 63, 10011; J. L. Wood, et al. JACS, 2001, 123, 2097.

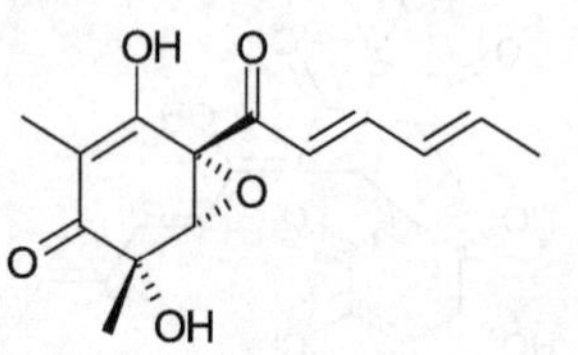

284　JBIR-124　抗生素JBIR-124

【基本信息】$C_{25}H_{32}O_6$.【类型】叟比西林聚合物类.【来源】海洋导出的真菌橘青霉 *Penicillium citrinum* 来自未鉴定的海绵 (石岖岛, 冲绳, 日本).【活性】抗氧化剂 (DPPH 自由基清除剂)【文献】T. Kawahara,et al. J. Antibiot., 2012, 65, 45.

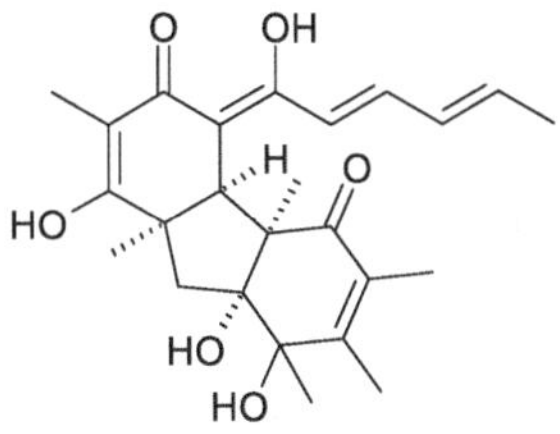

285　Oxosorbiquinol　氧代叟比对苯二酚*

【基本信息】$C_{28}H_{32}O_9$, 棕色糖浆状物, $[\alpha]_D^{20}$ = +255° (c = 0.1, 甲醇).【类型】叟比西林聚合物类.【来源】海洋导出的真菌 *Phialocephala* sp. FL30r (采样深度 5059m, 深海沉积物).【活性】细胞毒 (P_{388}, IC_{50} = 29.9μmol/L; A549, IC_{50} = 103.5μmol/L; HL60, IC_{50} = 8.9μmol/L; Bel7402, IC_{50} = 12.7μmol/L; K562, IC_{50} = 56.3μmol/L).【文献】D. H. Li, et al. J. Antibiot., 2007, 60, 317.

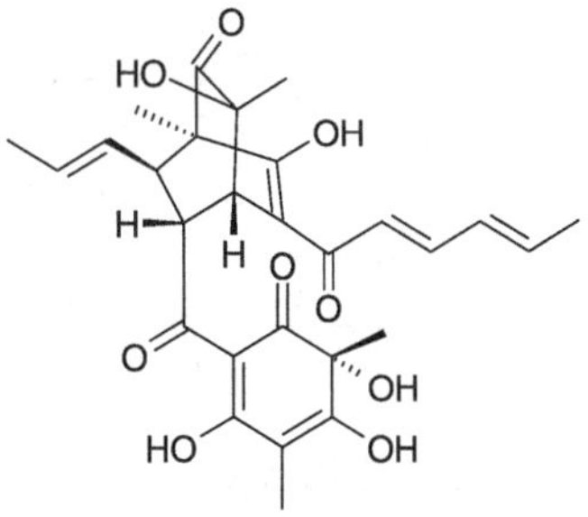

286　Sorbicatechol A　叟比邻苯二酚 A*

【基本信息】$C_{23}H_{26}O_6$.【类型】叟比西林聚合物类.【来源】海洋导出的产黄青霉真菌 *Penicillium chrysogenum* PJX-17.【活性】抗病毒 (流感病毒 IFV, IC_{50} = 85μmol/L).【文献】J. Peng, et al. JNP, 2014, 77, 424.

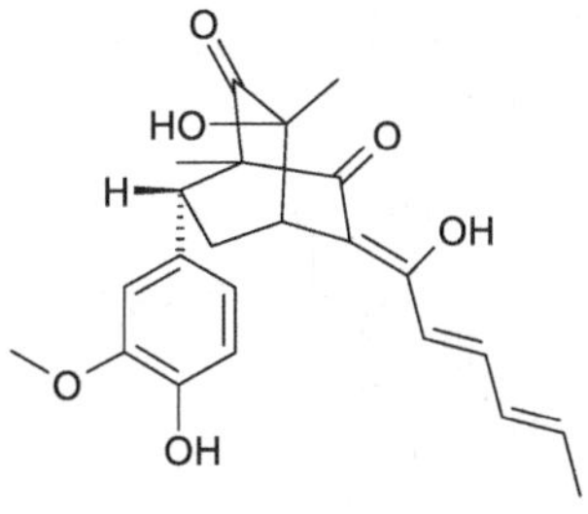

287　Sorbicatechol B　叟比邻苯二酚 B*

【基本信息】$C_{23}H_{26}O_6$.【类型】叟比西林聚合物类.【来源】海洋导出的产黄青霉真菌 *Penicillium chrysogenum* PJX-17.【活性】抗病毒 (流感病毒 IFV, IC_{50} = 113μmol/L).【文献】J. Peng, et al. JNP, 2014, 77, 424.

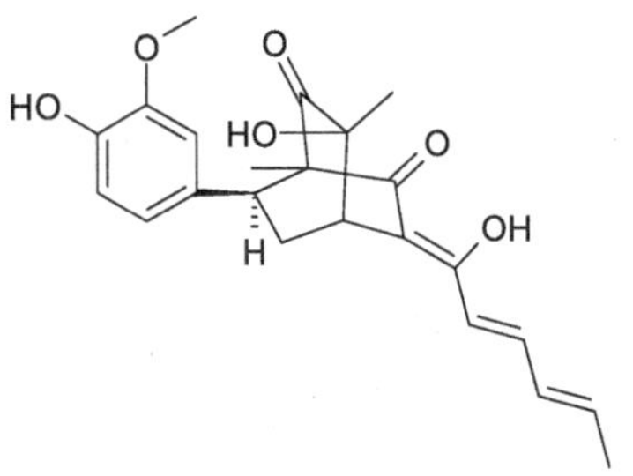

288　Sorbicillactone A　叟比西林内酯 A*

【基本信息】$C_{21}H_{23}NO_8$, 黄色针状晶体 (甲醇水溶液), mp 205°C (分解), $[\alpha]_D^{20}$ = −939° (c = 0.2, 甲醇).【类型】叟比西林聚合物类.【来源】海洋导出的产黄青霉真菌 *Penicillium chrysogenum* (100g 规模) 来自簇生束状羊海绵* *Ircinia fasciculata*.【活性】细胞生长抑制剂 (L5178Y); 抗HIV.【文献】G. Bringmann, et al. Prog. Mol. Subcell. Biol., 2003, 37, 231; G. Bringmann, et al. Tetrahedron, 2005, 61, 7252; G. Bringmann, et al. Mar. Drugs, 2007, 5, 23.

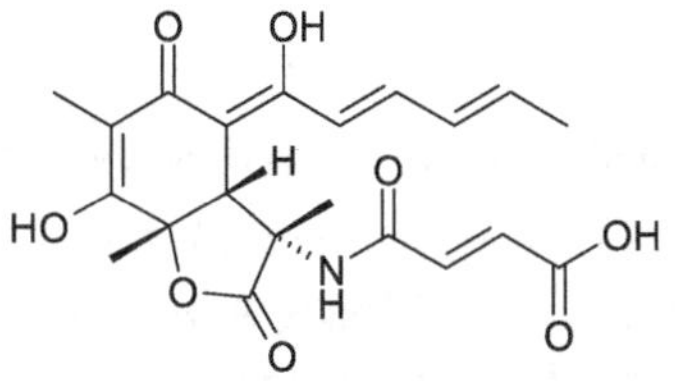

289　Sorbicillamine A　叟比西林胺 A*

【基本信息】$C_{18}H_{23}NO_4$.【类型】叟比西林聚合物类.【来源】深海真菌青霉属 *Penicillium* sp. F23-2.【活性】细胞毒 (HeLa, Bel7402, HCT116, P_{388} 和 HEK-293 细胞株, 所有的 IC_{50} > 10μmol/L, 低活性).【文献】W. Guo, et al. JNP, 2013, 76, 2106.

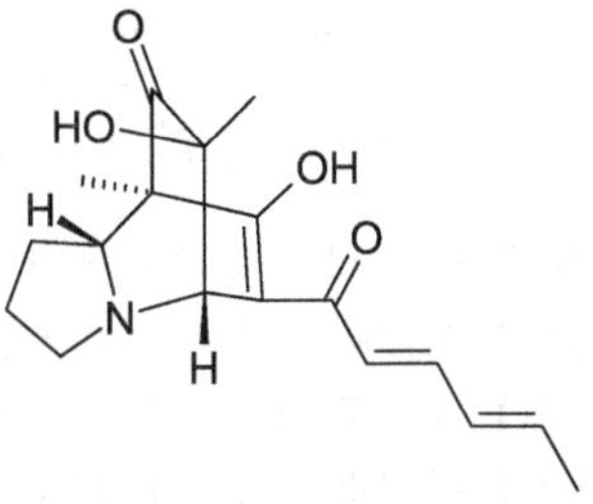

290 (*R*)-Sorbicillamine B (*R*)-叟比西林胺 B*

【基本信息】$C_{28}H_{35}NO_8$.【类型】叟比西林聚合物类.【来源】深海真菌青霉属 *Penicillium* sp. F23-2.【活性】细胞毒 (HeLa, Bel7402, HCT116, P_{388} 和 HEK-293 细胞株, 所有的 IC_{50} > 10μmol/L, 低活性).【文献】W. Guo, et al. JNP, 2013, 76, 2106.

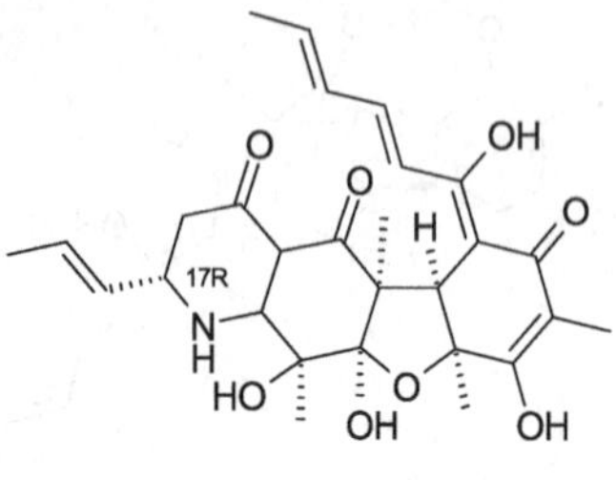

291 (*S*)-Sorbicillamine B (*S*)-叟比西林胺 B*

【基本信息】$C_{28}H_{35}NO_8$.【类型】叟比西林聚合物类.【来源】深海真菌青霉属 *Penicillium* sp. F23-2.【活性】细胞毒 (HeLa, Bel7402, HCT116, P_{388} 和 HEK-293 细胞株, 所有的 IC_{50} > 10μmol/L, 低活性).【文献】W. Guo, et al. JNP, 2013, 76, 2106.

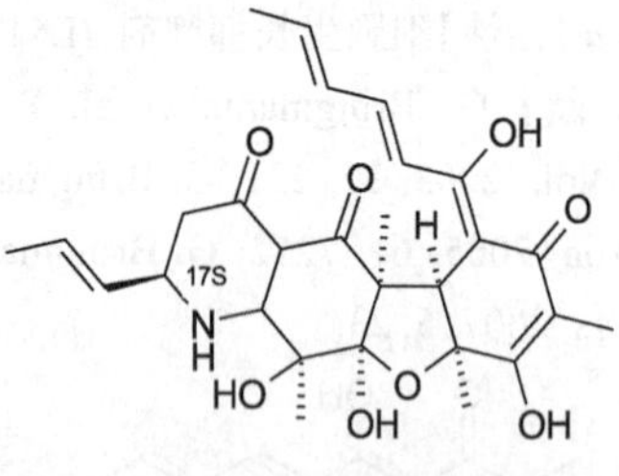

292 Sorbicillamine C 叟比西林胺 C*

【基本信息】$C_{28}H_{33}NO_8$.【类型】叟比西林聚合物类.【来源】深海真菌青霉属 *Penicillium* sp. F23-2.【活性】细胞毒 (HeLa, Bel7402, HCT116, P_{388} 和 HEK-293 细胞株, 所有的 IC_{50} > 10μmol/L, 低活性).【文献】W. Guo, et al. JNP, 2013, 76, 2106.

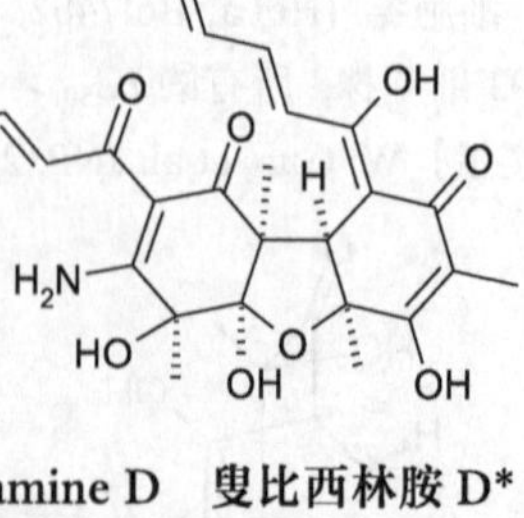

293 Sorbicillamine D 叟比西林胺 D*

【基本信息】$C_{42}H_{49}NO_{12}$.【类型】叟比西林聚合物类.【来源】深海真菌青霉属 *Penicillium* sp. F23-2.【活性】细胞毒 (HeLa, Bel7402, HCT116, P_{388} 和 HEK-293 细胞株, 所有的 IC_{50} > 10μmol/L, 低活性).【文献】W. Guo, et al. JNP, 2013, 76, 2106.

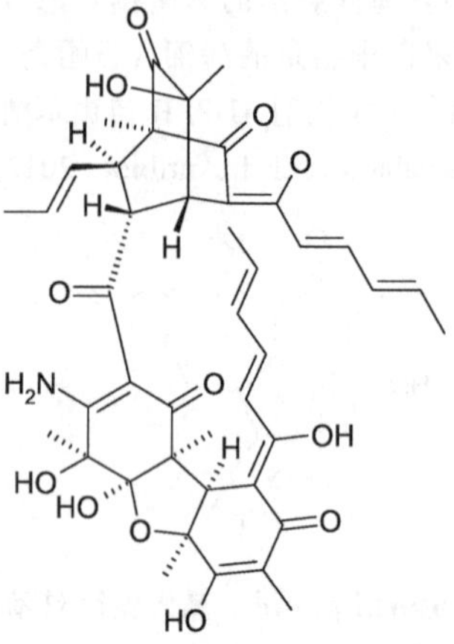

294 Sorbicillamine E 叟比西林胺 E*

【基本信息】$C_{28}H_{32}O_9$.【类型】叟比西林聚合物类.【来源】深海真菌青霉属 *Penicillium* sp. F23-2.【活性】细胞毒 (HeLa, Bel7402, HCT116, P_{388} 和 HEK-293 细胞株, 所有的 IC_{50} > 10μmol/L, 低活性).【文献】W. Guo, et al. JNP, 2013, 76, 2106.

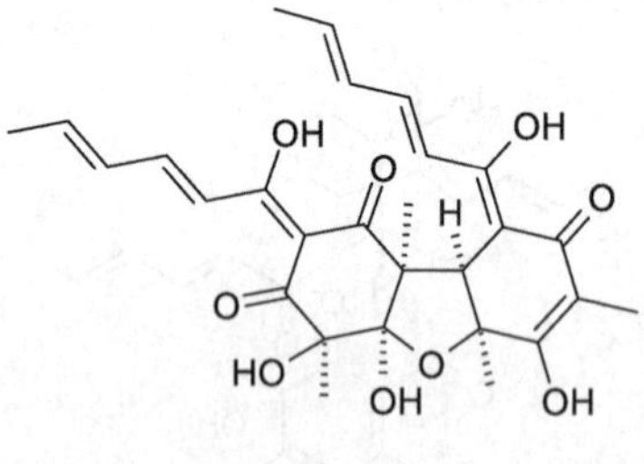

295 Sorbicillin 叟比西林*

【基本信息】$C_{14}H_{16}O_3$, 橙色板状晶体或黄色晶体, mp 122~125°C.【类型】叟比西林聚合物类.【来源】海洋导出的真菌木霉属 *Trichoderma* sp. f-13 (中国沉积物样本).【活性】细胞毒 (HL60, IC_{50} = 12.7μmol/L, 对照 VP-16, IC_{50} = 2.1μmol/L; 提高细胞在亚 G_1 部分的百分数, 亚 G_1 = 79.9%, 负效应对照甲醇, 亚 G_1 = 2.3%), 抗氧化剂 (DPPH 自由基清除剂); 真菌毒素.【文献】L. Du, et al. CPB, 2009, 57, 220.

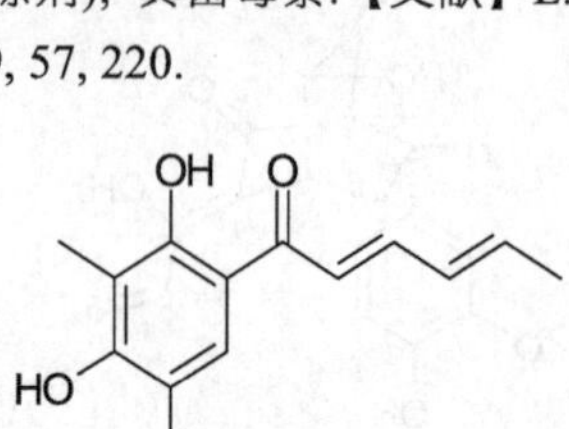

296 Sorbiterrin A 曳比青霉林 A*

【基本信息】$C_{20}H_{20}O_6$.【类型】曳比西林聚合物类.【来源】海洋导出的真菌青霉属 *Penicillium terrestre* (沉积物, 胶州湾, 山东, 中国).【活性】AChE 抑制剂 (中等活性).【文献】L. Chen, et al. Tetrahedron Lett., 2012, 53, 325.

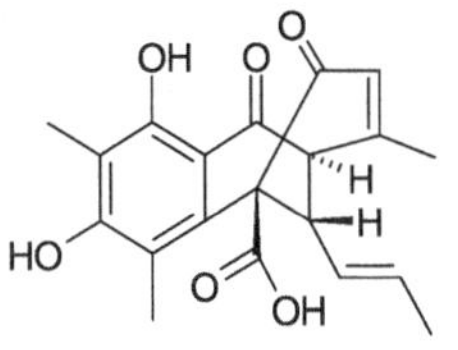

297 Trichodermanone A 曳比西林聚合物类木霉酮 A*

【基本信息】$C_{21}H_{28}O_8$, 微黄色黏性油, $[\alpha]_D^{22}$ = +203° (c = 0.24, 甲醇).【类型】曳比西林聚合物类.【来源】海洋导出的真菌木霉属 *Trichoderma* sp., 来自不同群海绵* *Agelas dispar* (加勒比海).【活性】抗氧化剂 (DPPH 自由基清除剂, 中等活性).【文献】K. Neumann, et al. EurJOC, 2007, 2268.

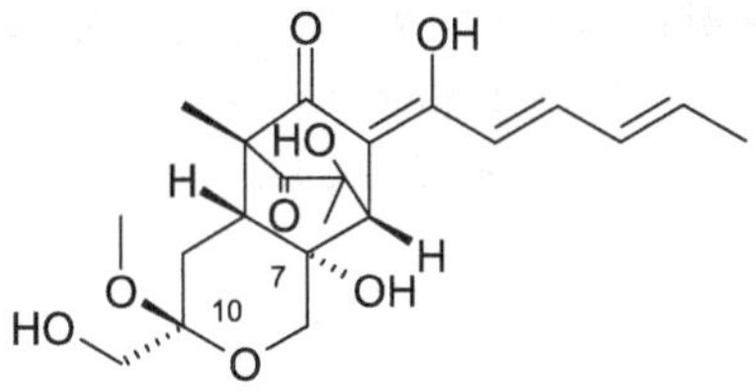

298 Trichodermanone B 曳比西林聚合物类木霉酮 B*

【基本信息】$C_{21}H_{28}O_8$, 微黄色黏性油, $[\alpha]_D^{22}$ = +251° (c = 0.2, 甲醇).【类型】曳比西林聚合物类.【来源】海洋导出的真菌木霉属 *Trichoderma* sp., 来自不同群海绵* *Agelas dispar* (加勒比海).【活性】抗氧化剂 (DPPH 自由基清除剂, 中等活性).【文献】K. Neumann, et al. EurJOC, 2007, 2268.

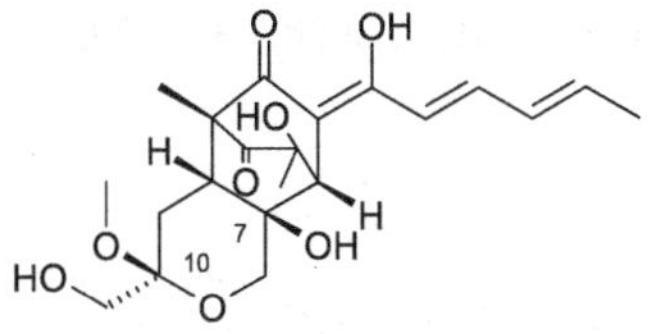

299 Trichodermanone C 曳比西林聚合物类木霉酮 C*

【基本信息】$C_{20}H_{26}O_8$, 微黄色黏性油, $[\alpha]_D^{22}$ = +265.7° (c = 0.5, 甲醇).【类型】曳比西林聚合物类.【来源】海洋导出的真菌木霉属 *Trichoderma* sp., 来自不同群海绵* *Agelas dispar* (加勒比海).【活性】抗氧化剂 (DPPH 自由基清除剂, 中等活性).【文献】K. Neumann, et al. EurJOC, 2007, 2268.

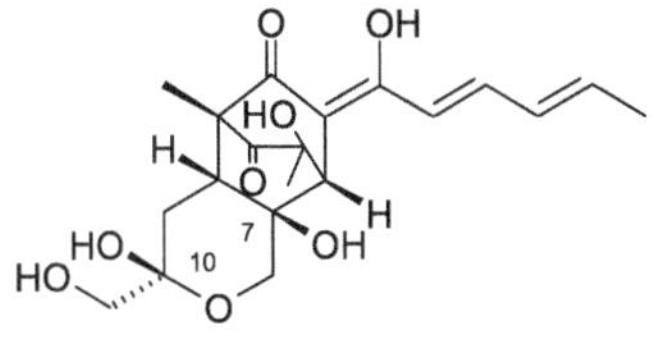

300 Trichodimerol 木霉醇*

【基本信息】$C_{28}H_{32}O_8$, 浅黄色晶体, mp 166~167°C, $[\alpha]_D$ = −376° (c = 0.26, 甲醇).【类型】曳比西林聚合物类.【来源】海洋导出的真菌木霉属 *Trichoderma* sp. f-13 (中国沉积物样本) 和 *Penicillium terrestre*.【活性】细胞毒 (HL60 细胞株, IC_{50} = 7.8μmol/L, 对照 VP-16, IC_{50} = 2.1μmol/L; 提高细胞在亚 G_1 部分的百分数, 亚 G_1 = 89.3%, 负效应对照甲醇, 亚 G_1 = 2.3%); 抗氧化剂 (DPPH 自由基清除剂).【文献】Q. Gao, et al. JNP, 1995, 58, 1817; G. A. Warr, et al. J. Antibiot., 1996, 49, 234; L. Du, et al. CPB, 2009, 57, 220.

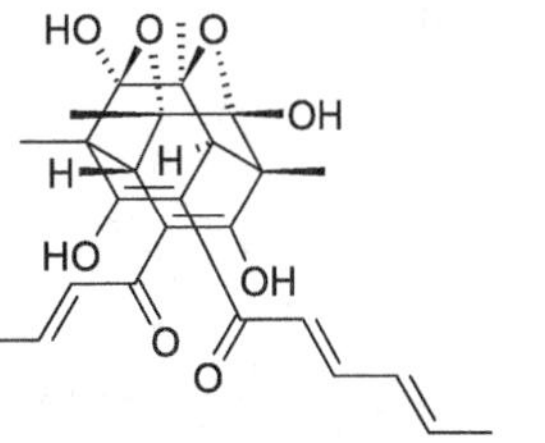

301 Trisorbicillinone A 三曳比西林酮 A*

【基本信息】$C_{42}H_{48}O_{13}$, 棕色糖浆状物.【类型】曳比西林聚合物类.【来源】深海真菌 *Phialocephala* sp. FL30r (深海沉积物, 采样深度 5059m).【活性】细胞毒 (MTT 试验, HL60, IC_{50} = 9.10μmol/L; P_{388}, IC_{50} = 9.10μmol/L; K562, IC_{50} = 30.2μmol/L Bel7402, IC_{50} = 60.3μmol/L; A549, IC_{50} > 100μmol/L).【文献】D. Li, et al. Tetrahedron Lett., 2007, 48, 5235.

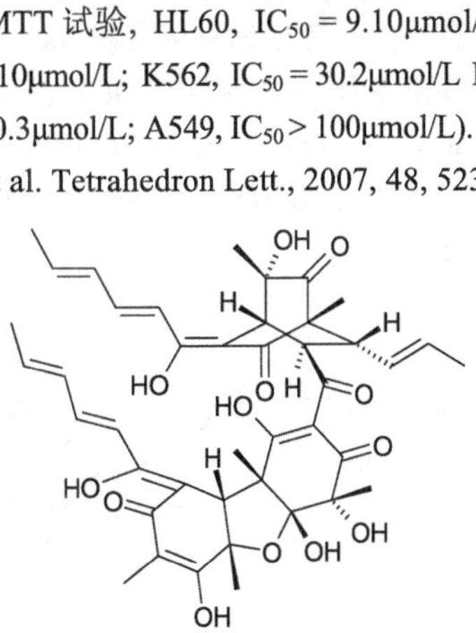

302 Trisorbicillinone B 三叟比西林酮 B*

【基本信息】$C_{42}H_{48}O_{13}$.【类型】叟比西林聚合物类.【来源】海洋导出的真菌 *Phialocephala* sp. FL30r (深海沉积物, 采样深度 5059m).【活性】细胞毒 (P_{388}, IC_{50} = 77.1μmol/L; K562, IC_{50} = 88.2μmol/L, 非常弱的活性).【文献】D. H. Li, et al. Tetrahedron, 2010, 66, 5101.

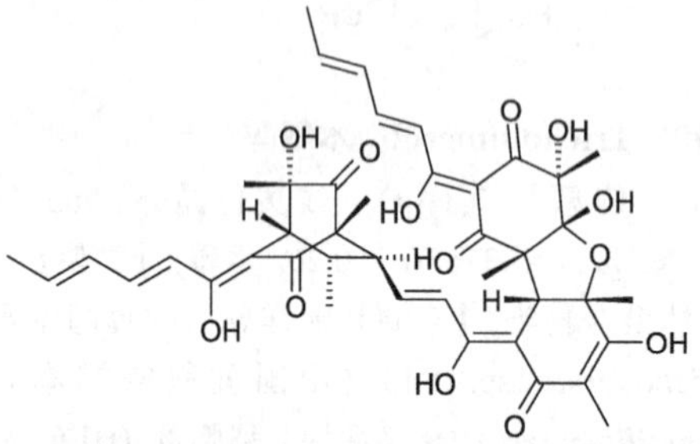

303 Trisorbicillinone C 三叟比西林酮 C*

【基本信息】$C_{42}H_{48}O_{13}$.【类型】叟比西林聚合物类.【来源】海洋导出的真菌 *Phialocephala* sp. FL30r (深海沉积物, 采样深度 5059m).【活性】细胞毒 (P_{388}, IC_{50} = 78.3μmol/L; K562, IC_{50} = 54.3μmol/L, 非常弱的活性).【文献】D. H. Li, et al. Tetrahedron, 2010, 66, 5101.

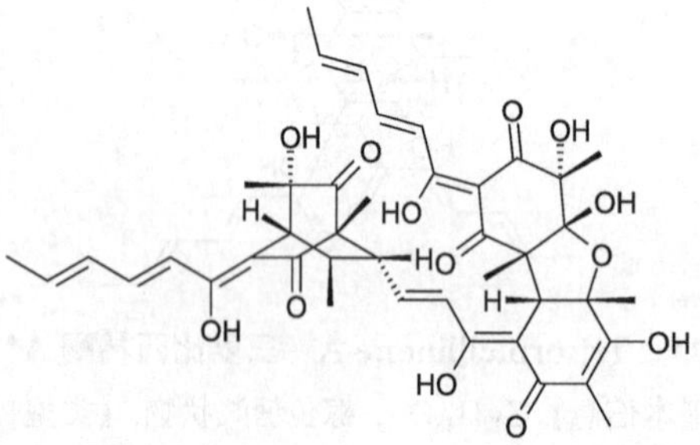

304 Trisorbicillinone D 三叟比西林酮 D*

【基本信息】$C_{42}H_{48}O_{12}$.【类型】叟比西林聚合物类.【来源】海洋导出的真菌 *Phialocephala* sp. FL30r (深海沉积物, 采样深度 5059m).【活性】细胞毒 (P_{388}, IC_{50} = 65.7μmol/L; K562, IC_{50} = 51.2μmol/L; 非常弱的活性).【文献】D. H. Li, et al. Tetrahedron, 2010, 66, 5101.

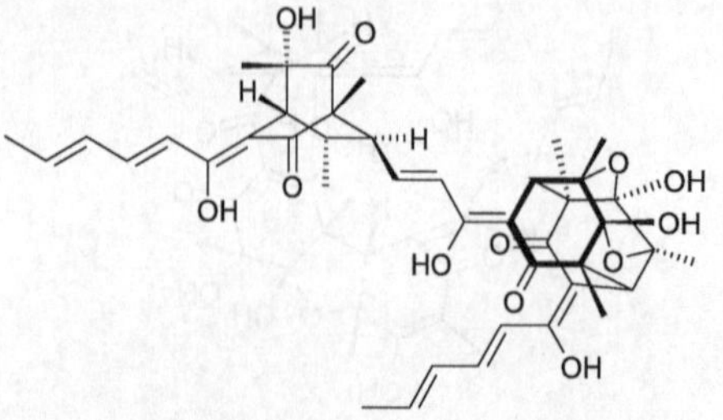

1.18 雏海绵苷类聚酮

305 Phorbaside A 雏海绵苷 A*

【基本信息】$C_{33}H_{49}ClO_{10}$, 固体, $[\alpha]_D^{23}$ = +38° (*c* = 0.06, 甲醇).【类型】雏海绵苷类聚酮.【来源】雏海绵属 *Phorbas* sp.【活性】细胞毒 (HCT116, IC_{50} = 30.0μmol/L).【文献】C. K. Skepper, et al. JACS, 2007, 129, 4150; J. B. MacMillan, et al. JOC, 2008, 73, 3699.

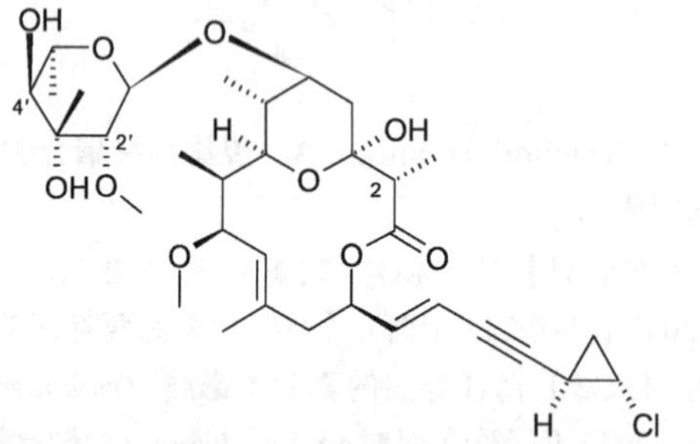

306 Phorbaside C 雏海绵苷 C*

【基本信息】$C_{40}H_{61}ClO_{14}$.【类型】雏海绵苷类聚酮.【来源】雏海绵属 *Phorbas* sp.【活性】细胞毒 (HCT116, IC_{50} = 2.0μmol/L).【文献】J. B. MacMillan, et al. JOC, 2008, 73, 3699.

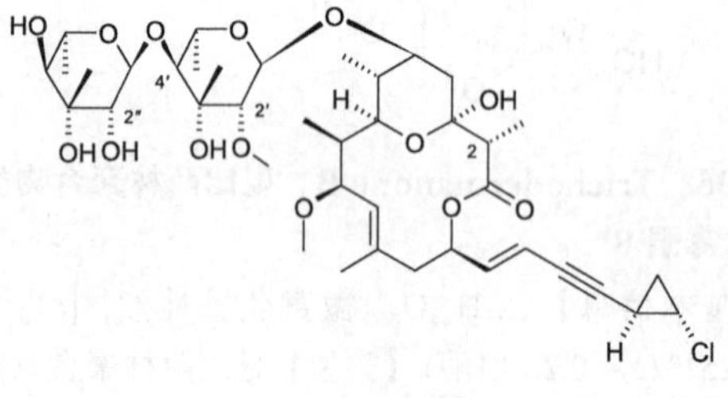

307 Phorbaside D 雏海绵苷 D*

【基本信息】$C_{34}H_{48}ClNO_{10}$.【类型】雏海绵苷类聚酮.【来源】雏海绵属 *Phorbas* sp.【活性】细胞毒 (HCT116, IC_{50} = 61.9μmol/L).【文献】J. B. MacMillan, et al. JOC, 2008, 73, 3699.

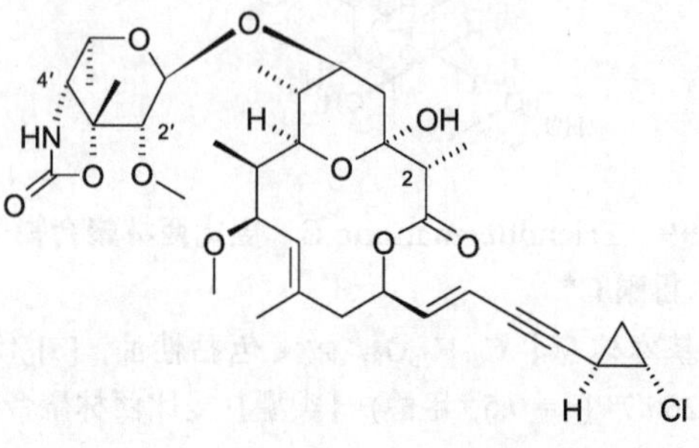

308 Phorbaside E 雏海绵苷 E*

【基本信息】$C_{40}H_{61}ClO_{14}$.【类型】雏海绵苷类聚酮.【来源】雏海绵属 *Phorbas* sp.【活性】细胞毒 (HCT116, IC_{50} = 10.2μmol/L).【文献】J. B. MacMillan, et al. JOC, 2008, 73, 3699.

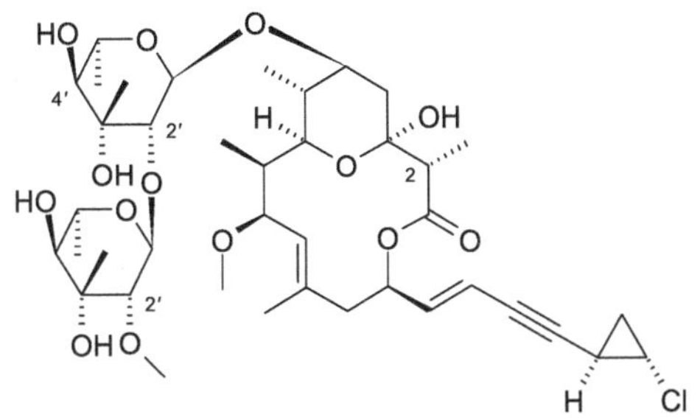

1.19 巴佛洛霉素类

309 Bafilomycin D 巴佛洛霉素 D*

【别名】Tubaymycin; Antibiotics 3D5; 土贝霉素*; 抗生素 3D5.【基本信息】$C_{35}H_{56}O_8$, 微晶粉末 (异丙醚), mp 106°C, $[\alpha]_D^{25}$ = −251° (*c* = 0.6, 氯仿).【类型】巴佛洛霉素类.【来源】海洋导出的链霉菌属 *Streptomyces* sp. RJA635, 灰色链霉菌 *Streptomyces griseus* 和吸水链霉菌 *Streptomyces hygroscopicus*.【活性】抗菌 (革兰氏阳性菌), 抗真菌, 杀昆虫剂, 除草剂.【文献】A. Kretschmer, et al. Agric. Biol. Chem., 1985, 49, 2509; M. G. O'Shea, et al. J. Antibiot., 1997, 50, 1073; G. Carr, et al. JNP, 2010, 73, 422.

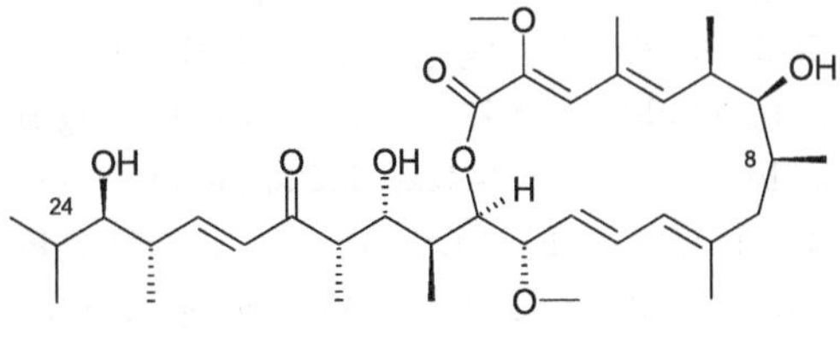

310 Bafilomycin F 巴佛洛霉素 F*

【基本信息】$C_{42}H_{65}NO_{13}S$, 玻璃体, $[\alpha]_D^{20}$ = +10° (*c* = 0.3, 甲醇).【类型】巴佛洛霉素类.【来源】海洋导出的链霉菌属 *Streptomyces* sp. RJA635.【活性】自噬抑制剂.【文献】G. Carr, et al. JNP, 2010, 73, 422.

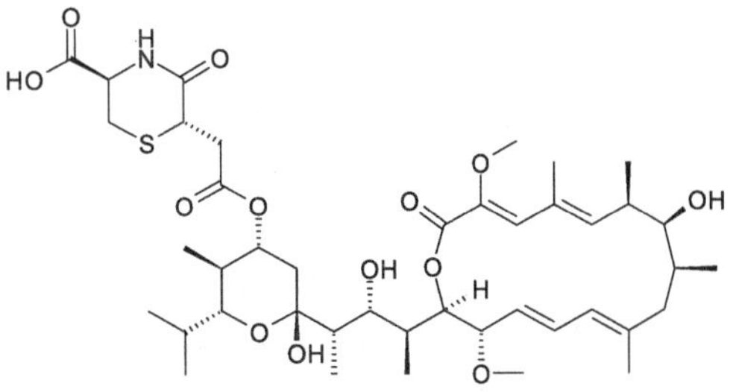

311 Bafilomycin G 巴佛洛霉素 G*

【基本信息】$C_{36}H_{60}O_9$, 玻璃体, $[\alpha]_D^{20}$ = −29° (*c* = 0.4, 甲醇).【类型】巴佛洛霉素类.【来源】海洋导出的链霉菌属 *Streptomyces* sp. RJA71.【活性】杀昆虫剂, 抗寄生虫药 (蠕虫类和线虫类).【文献】G. Carr, et al. JNP, 2010, 73, 422.

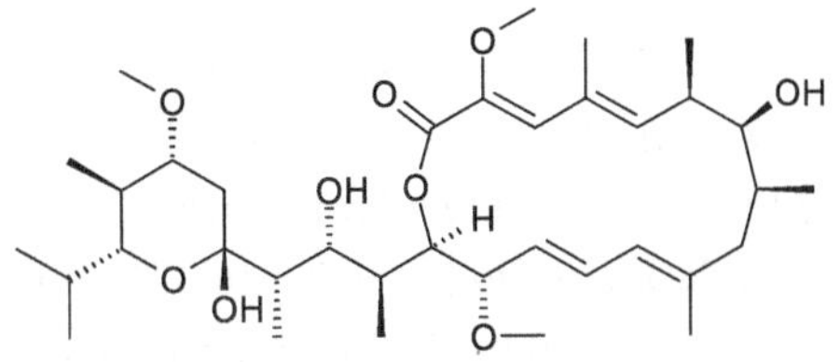

312 Bafilomycin I 巴佛洛霉素 I*

【基本信息】$C_{36}H_{56}O_7$, 玻璃体, $[\alpha]_D^{20}$ = +140° (*c* = 0.1, 甲醇).【类型】巴佛洛霉素类.【来源】海洋导出的链霉菌属 *Streptomyces* sp. RJA71.【活性】自噬抑制剂.【文献】G. Carr, et al. JNP, 2010, 73, 422.

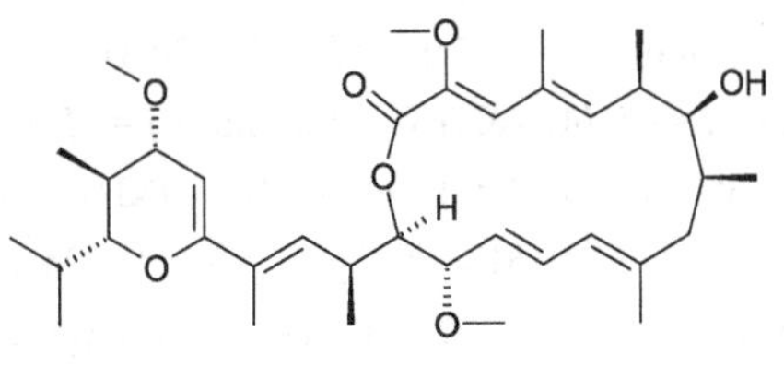

313 11′,12′-Dehydroelaiophylin 11′,12′-去氢伊来欧菲林*

【基本信息】$C_{56}H_{90}O_{15}$.【类型】巴佛洛霉素类.【来源】海洋导出的链霉菌属 *Streptomyces* sp. (沉积物, 黑石礁湾, 山东-大连, 中国).【活性】抗菌 (MRSA 和 VRE).【文献】C. Wu, et al. JNP, 2013, 76, 2153.

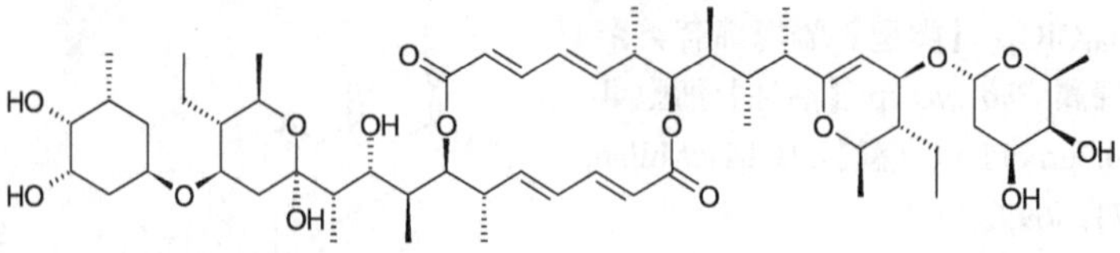

314 Halichoblelide A 细棘海猪鱼内酯 A*

【基本信息】$C_{55}H_{88}O_{18}$【类型】巴佛洛霉素类.【来源】海洋导出的吸水链霉菌 *Streptomyces hygroscopicus* OUPS-N92, 来自细棘海猪鱼 *Halichoeres bleekeri*.【活性】细胞毒 (乳腺癌: HBC4, $lgGI_{50}$ (mol/L) = –5.72; BSY1, $lgGI_{50}$ (mol/L) = –5.78; HBC5, $lgGI_{50}$ (mol/L) = –5.81; MCF7, $lgGI_{50}$ (mol/L) = –5.70; MDA-MB-231, $lgGI_{50}$ (mol/L) = –5.63; 脑癌: U251, $lgGI_{50}$ = –5.73; SF268, $lgGI_{50}$ (mol/L) = –5.74; SF295, $lgGI_{50}$ (mol/L) = –5.75; SF539, $lgGI_{50}$ (mol/L) = –5.96; SNB75, $lgGI_{50}$ (mol/L) = –5.95; SNB78, $lgGI_{50}$ (mol/L) = –5.85; 结肠癌: HCC2998, $lgGI_{50}$ (mol/L) = –5.75; KM12, $lgGI_{50}$ (mol/L) = –5.74; HT29, $lgGI_{50}$ (mol/L) = –7.73; HCT15, $lgGI_{50}$ (mol/L) = –5.75; HCT116, $lgGI_{50}$ (mol/L) = –5.78; 肺癌: NCI-H23, $lgGI_{50}$ (mol/L) = –5.68; NCI-H226, $lgGI_{50}$ (mol/L) = –5.79; NCI-H522, $lgGI_{50}$ (mol/L) = –5.73; NCI-H460, $lgGI_{50}$ (mol/L) = –5.71; A549, $lgGI_{50}$ (mol/L) = –5.72; DMS273, $lgGI_{50}$ (mol/L) = –5.68; DMS114, $lgGI_{50}$ (mol/L) = –5.81; 黑色素瘤: LOX-IMVI, $lgGI_{50}$ (mol/L) = –5.69; 卵巢癌: OVCAR-3, $lgGI_{50}$ (mol/L) = –5.73; OVCAR-4, $lgGI_{50}$ (mol/L) = –5.73; OVCAR-5, $lgGI_{50}$ (mol/L) = –5.74; OVCAR-8, $lgGI_{50}$ (mol/L) = –5.70; SK-OV-3, $lgGI_{50}$ (mol/L) = –5.74; 肾癌: RXF-631L, $lgGI_{50}$ (mol/L) = –5.74; ACHN, GI_{50} (mol/L) = –5.77; 胃癌: St4, $lgGI_{50}$ (mol/L) = –5.71; MKN1, $lgGI_{50}$ (mol/L) = –5.75; MKN7, $lgGI_{50}$= –5.77; MKN28, $lgGI_{50}$ (mol/L) = –5.70; MKN45, $lgGI_{50}$ (mol/L) = –5.73; MKN74, $lgGI_{50}$ (mol/L) = –5.76; 前列腺癌: DU145, $lgGI_{50}$ (mol/L) = –5.75; PC3, $lgGI_{50}$ (mol/L) = –5.72; MG-MID [所有 39 种实验的细胞株 $lgGI_{50}$: 平均值 $lgGI_{50}$(mol/L) = –5.75; Δ (最敏感细胞和 MG-MID 的差值) = 0.22; 范围 (最敏感细胞和最不敏感细胞) = 0.33].【文献】T. Yamada, et al. Tetrahedron Lett., 2002, 43, 1721; 2012, 53, 2842.

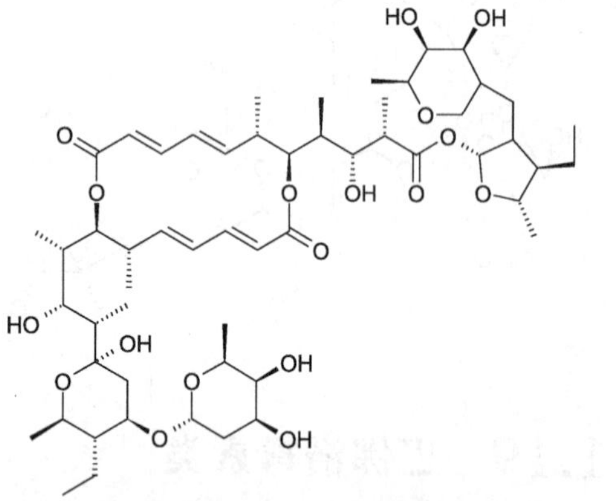

315 Halichoblelide B 细棘海猪鱼内酯 B*

【基本信息】$C_{51}H_{84}O_{15}$.【类型】巴佛洛霉素类.【来源】海洋导出的吸水链霉菌 *Streptomyces hygroscopicus*, 来自细棘海猪鱼 *Halichoeres bleekeri*.【活性】细胞毒 (乳腺癌: HBC4, $lgGI_{50}$ (mol/L) = –5.72; BSY1, $lgGI_{50}$ (mol/L) = –5.71; HBC5, $lgGI_{50}$ (mol/L) = –5.71; MCF7, $lgGI_{50}$ (mol/L) = –5.69; MDA-MB-231, $lgGI_{50}$ (mol/L) = –5.71; 脑癌: U251, $lgGI_{50}$ (mol/L) = –5.75; SF268, $lgGI_{50}$ (mol/L) = –5.76; SF295, $lgGI_{50}$ (mol/L) = –5.74; SF539, $lgGI_{50}$ (mol/L) = –5.59; SNB75, $lgGI_{50}$ (mol/L) = –5.73; SNB78, $lgGI_{50}$ (mol/L) = –5.63; 结肠癌: HCC2998, $lgGI_{50}$ (mol/L) = –5.71; KM12, $lgGI_{50}$ (mol/L) = –5.71; HT29, $lgGI_{50}$ (mol/L) = –5.72; HCT15, $lgGI_{50}$ (mol/L) = –5.71; HCT116, $lgGI_{50}$ (mol/L) = –5.73; 肺癌: NCI-H23, $lgGI_{50}$ (mol/L) = –5.71; NCI-H226, $lgGI_{50}$ (mol/L) = –5.74; NCI-H522, $lgGI_{50}$ (mol/L) = –5.78; NCI-H460, $lgGI_{50}$ (mol/L) = –5.75; A549, $lgGI_{50}$ (mol/L) = –5.75; DMS273, $lgGI_{50}$ (mol/L) = –5.76; DMS114, $lgGI_{50}$ (mol/L) = –5.75; 黑色素瘤: LOX-IMVI, $lgGI_{50}$ (mol/L) = –5.69; 卵巢癌: OVCAR-3, $lgGI_{50}$ (mol/L) = –5.71; OVCAR-4, $lgGI_{50}$ (mol/L) = –5.65; OVCAR-5, $lgGI_{50}$ (mol/L) = –5.72; OVCAR-8, $lgGI_{50}$ (mol/L) = –5.70; SK-OV-3, $lgGI_{50}$ (mol/L) =

–5.70; 肾癌: RXF-631L, $lgGI_{50}$ (mol/L) = –5.76; ACHN, $lgGI_{50}$ (mol/L) = –5.74; 胃癌: St4, $lgGI_{50}$ (mol/L) = –5.78; MKN1, $lgGI_{50}$ (mol/L) = –5.76; MKN7, $lgGI_{50}$ (mol/L) = –5.80; MKN28, $lgGI_{50}$ (mol/L) = –5.72; MKN45, $lgGI_{50}$ (mol/L) = –5.71; MKN74, $lgGI_{50}$ (mol/L) = –5.75; 前列腺癌: DU145, $lgGI_{50}$ (mol/L) = –5.71; PC3, $lgGI_{50}$ (mol/L) = –5.72; MG-MID (所有实验的细胞株 $lgGI_{50}$ 平均值 (mol/L): $lgGI_{50}$ (mol/L) = –5.72; Δ (最敏感细胞和 MG-MID 的差值) = 0.08; 范围 (最敏感细胞和最不敏感细胞) = 0.21).【文献】T. Yamada, et al. Tennen Yuki Kagobutsu Toronkai Koen Yoshishu, 2001, 43, 455; T. Yamada, et al. Tetrahedron Lett., 2002, 43, 1721; 2012, 53, 2842.

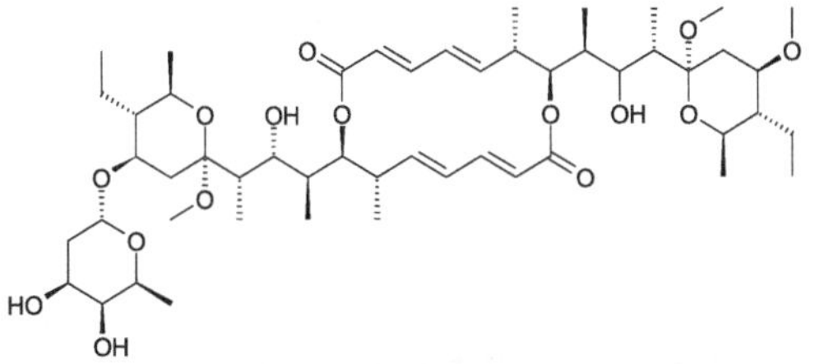

316 Halichoblelide C 细棘海猪鱼内酯 C*

【基本信息】$C_{50}H_{82}O_{15}$.【类型】巴佛洛霉素类.【来源】海洋导出的吸水链霉菌 *Streptomyces hygroscopicus*, 来自细棘海猪鱼 *Halichoeres bleekeri*.【活性】细胞毒 (乳腺癌: HBC4, $lgGI_{50}$ (mol/L) = –5.70; BSY1, $lgGI_{50}$ (mol/L) = –6.20; HBC5, $lgGI_{50}$ (mol/L) = –6.03; MCF7, $lgGI_{50}$ (mol/L) = –5.73; MDA-MB-231, $lgGI_{50}$ (mol/L) = –5.89; 脑癌: U251, $lgGI_{50}$ (mol/L) = –5.84; SF268, $lgGI_{50}$ (mol/L) = –5.65; SF295, $lgGI_{50}$ (mol/L) = –5.78; SF539, $lgGI_{50}$ (mol/L) = –5.79; SNB75, $lgGI_{50}$ (mol/L) = –6.01; SNB78, $lgGI_{50}$ (mol/L) = –5.56; 结肠癌: HCC2998, $lgGI_{50}$ (mol/L) = –5.95; KM12, $lgGI_{50}$ (mol/L) = –5.82; HT29, $lgGI_{50}$ (mol/L) = –5.80; HCT15, $lgGI_{50}$ (mol/L) = –5.75; HCT116, $lgGI_{50}$ (mol/L) = –5.81; 肺癌: NCI-H23, $lgGI_{50}$ (mol/L) = –5.90; NCI-H226, $lgGI_{50}$ (mol/L) = –6.18; NCI-H522, $lgGI_{50}$ (mol/L) = –6.32; NCI-H460, $lgGI_{50}$ (mol/L) = –5.96; A549, $lgGI_{50}$ (mol/L) = –6.12; DMS273, $lgGI_{50}$ (mol/L) = –6.23; DMS114, $lgGI_{50}$ (mol/L) = –6.56; 黑色素瘤: LOX-IMVI, $lgGI_{50}$ = –5.74; 卵巢癌: OVCAR-3, $lgGI_{50}$ (mol/L) = –6.43; OVCAR-4, $lgGI_{50}$ (mol/L) = –5.73; OVCAR-5, $lgGI_{50}$ (mol/L) = –5.77; OVCAR-8, $lgGI_{50}$ (mol/L) = –5.80; SK-OV-3, $lgGI_{50}$ (mol/L) = –5.61; 肾癌: RXF-631L, $lgGI_{50}$ (mol/L) = –6.52; ACHN, $lgGI_{50}$ (mol/L) = –5.73; 胃癌: St4, $lgGI_{50}$ (mol/L) = –5.85; MKN1, $lgGI_{50}$ (mol/L) = –5.81; MKN7, $lgGI_{50}$ (mol/L) = –5.88; MKN28, $lgGI_{50}$ (mol/L) = –5.69; MKN45, $lgGI_{50}$ (mol/L) = –6.26; MKN74, $lgGI_{50}$ (mol/L) = –6.31; 前列腺癌: DU145, $lgGI_{50}$ (mol/L) = –5.78; PC3, $lgGI_{50}$ (mol/L) = –5.98; MG-MID (所有实验的细胞株 $lgGI_{50}$ 平均值(mol/L): $lgGI_{50}$ (mol/L) = –5.93; Δ (最敏感细胞和 MG-MID 的差值) = 0.63; 范围 (最敏感细胞和最不敏感细胞) = 1.00).【文献】T. Yamada, et al. Tennen Yuki Kagobutsu Toronkai Koen Yoshishu, 2001, 43, 455; T. Yamada, et al. Tetrahedron Lett., 2002, 43, 1721; 2012, 53, 2842.

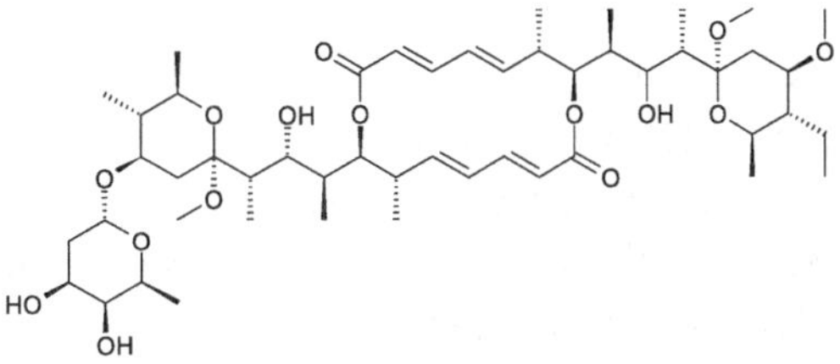

317 Leiodermatolide 滑皮海绵内酯*

【基本信息】$C_{34}H_{51}NO_8$.【类型】巴佛洛霉素类.【来源】岩屑海绵滑皮海绵属 *Leiodermatium* sp. (迈阿密平台, 佛罗里达海峡, 美国, 使用 Johnson-Sea-Link 潜水器, 采样深度 401m).【活性】抗有丝分裂 (有潜力的, 和其它 G_2/M 阻滞剂比较有独特的作用模式; 细胞毒 (非常有潜力的: A549, IC_{50} = 3.3nmol/L; NCI-ADR-Res, 233nmol/L; P_{388}, IC_{50} = 3.3nmol/L; PANC1, IC_{50} = 5.0nmol/L; DLD-1, IC_{50} = 8.3nmol/L).【文献】I. Paterson, et al. Angew. Chem. Int. Ed. 2011, 50, 3219; P. L. Winder, et al. Mar. Drugs, 2011, 9, 2644 (Rev.).

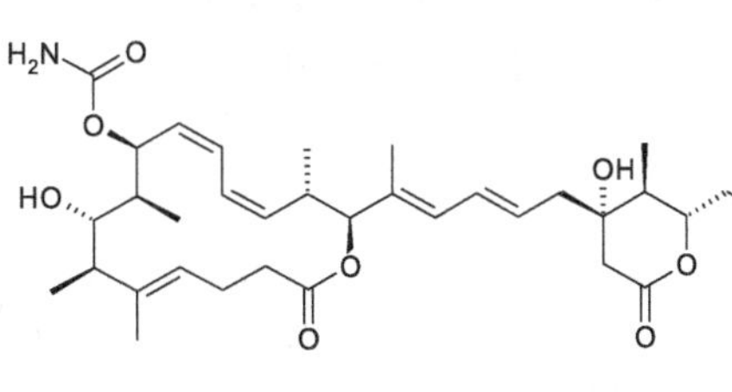

318 Micromonospolide A 小单孢菌内酯 A*

【基本信息】$C_{46}H_{65}NO_{13}$, 灰白黄色针状晶体, mp

141~142°C (分解), $[\alpha]_D^{25}$ = +14.3° (*c* = 0.63, 甲醇).【类型】巴佛洛霉素类.【来源】海洋导出的细菌小单孢菌属 *Micromonospora* sp.【活性】抑制海星的原肠胚形成 (海燕 *Asterina pectinifera* 胚胎, MIC = 0.010μg/mL).【文献】E. Ohta, et al. Tetrahedron, 2001, 57, 8463; E. Ohta, et al. Tetrahedron Lett., 2001, 42, 4179.

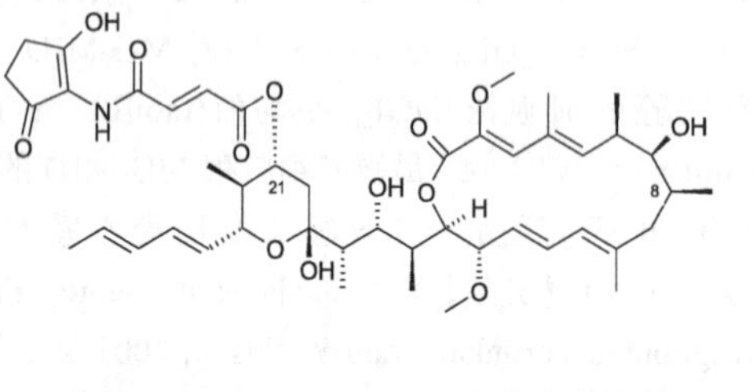

319 Micromonospolide B 小单孢菌内酯 B*

【基本信息】$C_{37}H_{58}O_9$, 无色针状晶体, mp 111~114°C (乙醚/乙烷), $[\alpha]_D^{25}$ = +22° (*c* = 0.06, 甲醇).【类型】巴佛洛霉素类.【来源】海洋导出的细菌小单孢菌属 *Micromonospora* sp.【活性】抑制海星的原肠胚形成 (海燕 *Asterina pectinifera* 胚胎, MIC = 0.011μg/mL).【文献】E. Ohta, et al. Tetrahedron, 2001, 57, 8463.

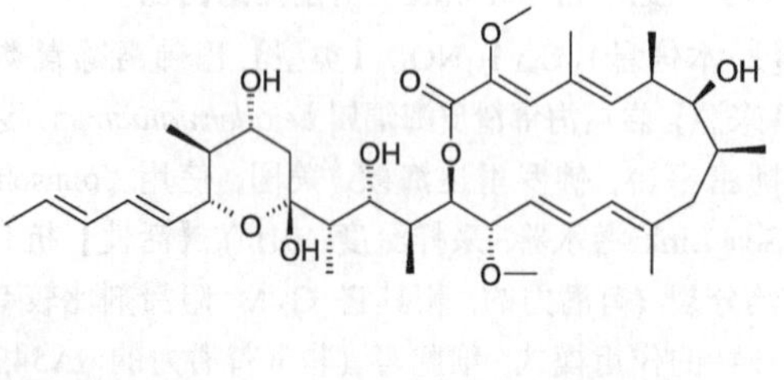

320 Micromonospolide C 小单孢菌内酯 C*

【基本信息】$C_{37}H_{56}O_8$, 白色无定形固体, mp 54~58°C, $[\alpha]_D^{25}$ = −23° (*c* = 0.1, 甲醇).【类型】巴佛洛霉素类.【来源】海洋导出的细菌小单孢菌属 *Micromonospora* sp.【活性】抑制海星的原肠胚形成 (海燕 *Asterina pectinifera* 胚胎, MIC = 1.6μg/mL).【文献】E. Ohta, et al. Tetrahedron, 2001, 57, 8463.

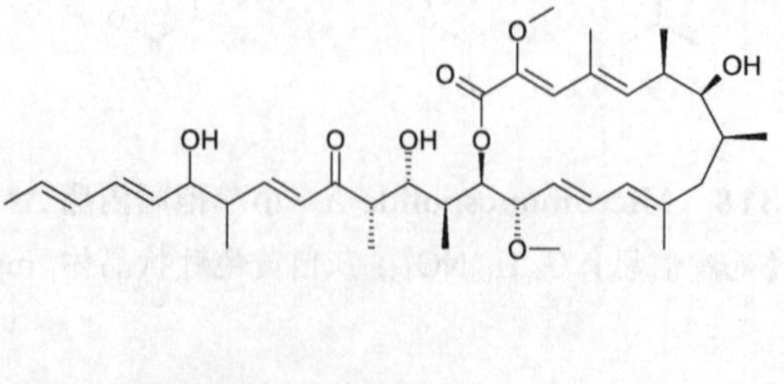

1.20 红霉素类

321 Cochliomycin A 旋孢腔菌霉素 A*

【基本信息】$C_{22}H_{28}O_7$.【类型】红霉素类.【来源】海洋导出的真菌旋孢腔菌属 *Cochliobolus lunatus*, 来自灯芯柳珊瑚 *Dichotella gemmacea* (涠州礁, 南海, 广西, 中国).【活性】抗污剂 (纹藤壶 *Balanus amphitrite* 幼虫, 有潜力的); 抗菌 (金黄色葡萄球菌 *Staphylococcus aureus*, 中等活性).【文献】C.-L. Shao, et al. JNP, 2011, 74, 629.

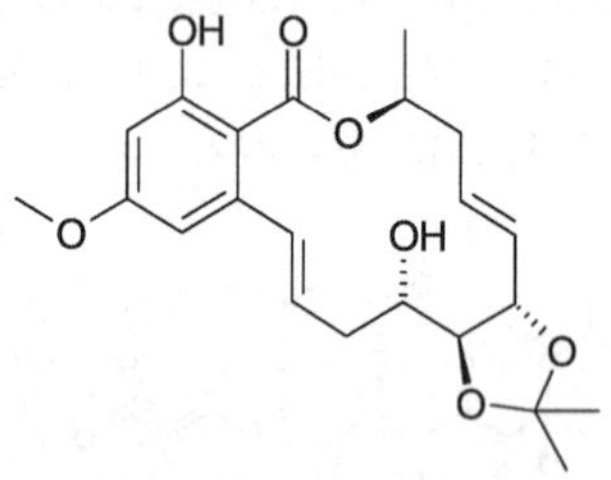

1.21 基雅尼霉素类

322 Lobophorin A 棕藻旋卷匍扇藻林 A*

【基本信息】$C_{61}H_{92}N_2O_{19}$, $[\alpha]_D^{22}$ = −175° (*c* = 0.28, 甲醇).【类型】基雅尼霉素类.【来源】未鉴定的海洋导出的放线菌 CNB-837 (培养, 热带海洋), 来自棕藻旋卷匍扇藻 *Lobophora convolute* (表面, 伯利兹).【活性】抗炎 (小鼠耳试验, 抑制 PMA 诱导的局部水肿).【文献】Z.-D. Jiang, et al. BoMCL, 1999, 9, 2003.

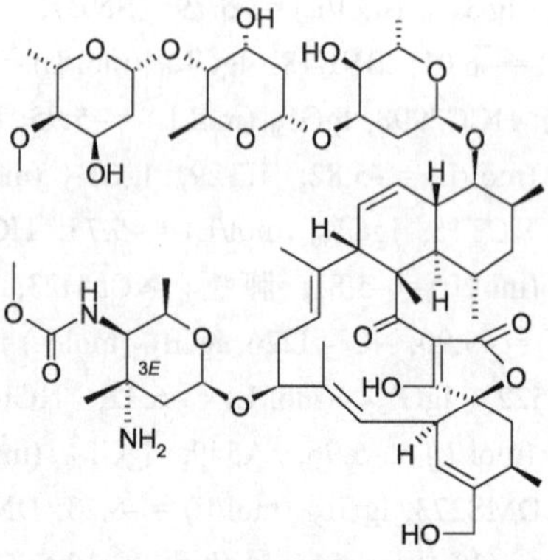

323 Lobophorin B 棕藻旋卷匍扇藻林 B*

【别名】3^B-De-*O*-digitoxosylkijanimicin; 3^B-去-*O*-

洋地黄毒糖基基雅尼霉素*.【基本信息】$C_{61}H_{90}N_2O_{21}$, 粉末, $[\alpha]_D = -129.5^{\circ}$ ($c = 0.3$, 甲醇).【类型】基雅尼霉素类.【来源】未鉴定的海洋导出的放线菌 CNB-837 (培养, 热带海洋), 来自棕藻旋卷匍扇藻 *Lobophora convolute* (表面, 伯利兹).【活性】抗炎 (小鼠耳试验, 抑制 PMA 诱导的局部水肿).【文献】Z.-D. Jiang, et al. BoMCL, 1999, 9, 2003.

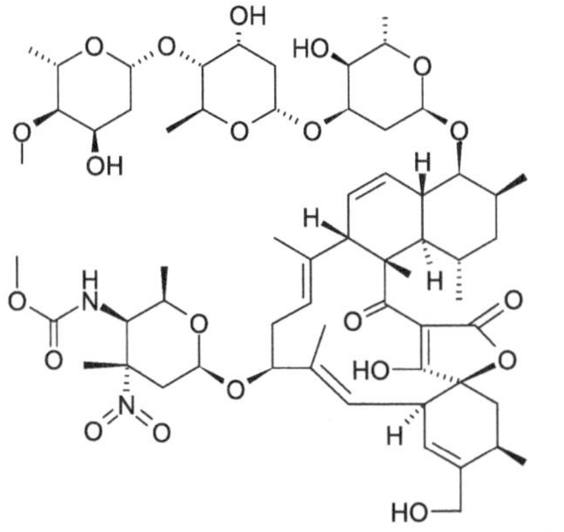

324 Lobophorin G 棕藻旋卷匍扇藻林 G*

【基本信息】$C_{63}H_{84}N_2O_{20}$.【类型】基雅尼霉素类.【来源】海洋导出的链霉菌属 *Streptomyces* sp. (沉积物, 南海).【活性】抗菌 (牛型分枝杆菌 *Mycobacterium* 的 Bacille Calmette-Guérin (BCG) 菌株和枯草杆菌 *Bacillus subtilis*); 抗结核 (结核分枝杆菌 *Mycobacterium tuberculosis*, 中等活性).【文献】C. Chen, et al. Appl. Microbiol. Biotechnol., 2013, 97, 3885.

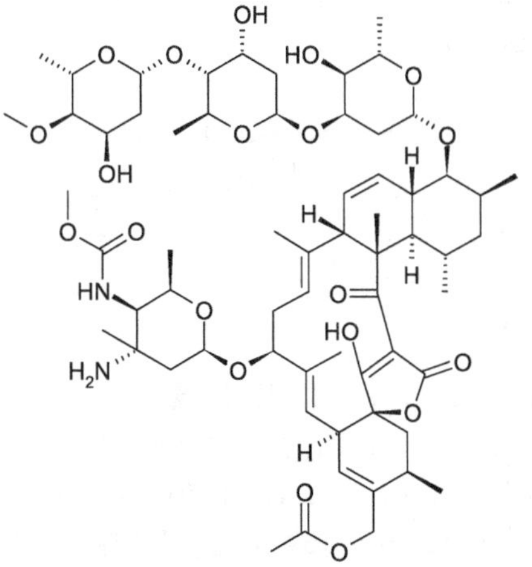

325 Lobophorin H 棕藻旋卷匍扇藻林 H*

【基本信息】$C_{61}H_{87}N_2O_{20}$.【类型】基雅尼霉素类.【来源】海洋导出的链霉菌属 *Streptomyces* sp. (深海沉积物, 南海).【活性】抗菌 (枯草杆菌 *Bacillus subtilis*, 有值得注意的活性; 金黄色葡萄球菌 *Staphylococcus aureus*, 中等活性).【文献】H.-Q. Pan, et al. Mar. Drugs, 2013, 11, 3891.

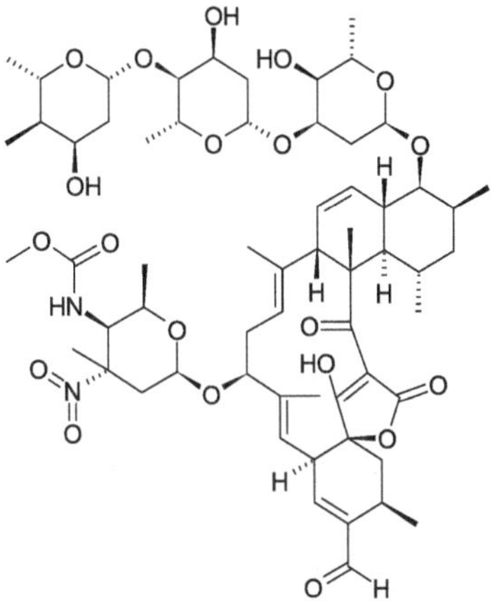

326 Lobophorin I 棕藻旋卷匍扇藻林 I*

【基本信息】$C_{48}H_{68}N_2O_{15}$.【类型】基雅尼霉素类.【来源】海洋导出的链霉菌属 *Streptomyces* sp. (深海沉积物, 南海).【活性】抗菌 (枯草杆菌 *Bacillus subtilis* 和金黄色葡萄球菌 *Staphylococcus aureus*, 活性低于旋卷匍扇藻林 H).【文献】H.-Q. Pan, et al. Mar. Drugs, 2013, 11, 3891.

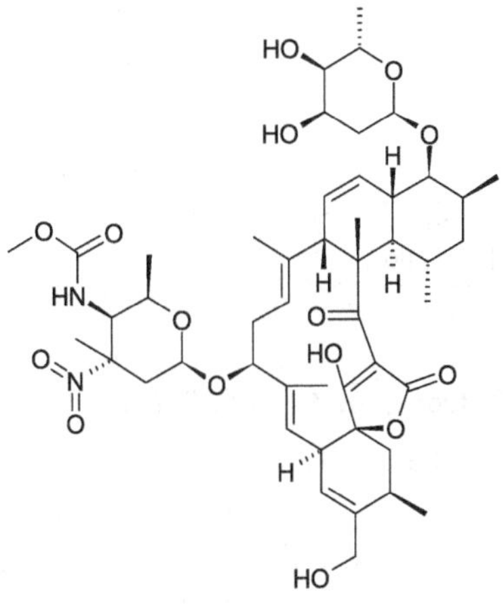

327 Tetromycin 1 特脱霉素 1*

【基本信息】$C_{50}H_{65}NO_{13}$, 亮黄色无定形固体, $[\alpha]_D^{20} = -40.2^{\circ}$ ($c = 1.92$, 甲醇).【类型】基雅尼霉素类.【来源】海洋导出的链霉菌海洋海绵链霉菌 *Streptomyces axinellae* Pol001, 来自小轴海绵属 *Axinella polypoides* (滨海巴纽尔斯自由城, 法国).

【活性】抗锥虫 (布氏锥虫 *Trypanosoma brucei brucei,* 48h, IC_{50} = 29.30μmol/L; 72h, IC_{50} = 31.69μmol/L); 抗利什曼原虫 (*Leishmania major,* IC_{50} > 100μmol/L); 细胞毒 (293T 肾癌上皮细胞, IC_{50} > 100μmol/L; J774.1 巨噬细胞, IC_{50} > 100μmol/L).【文献】S. Pimentel-Elardo, et al. Mar. Drugs, 2011, 9, 1682.

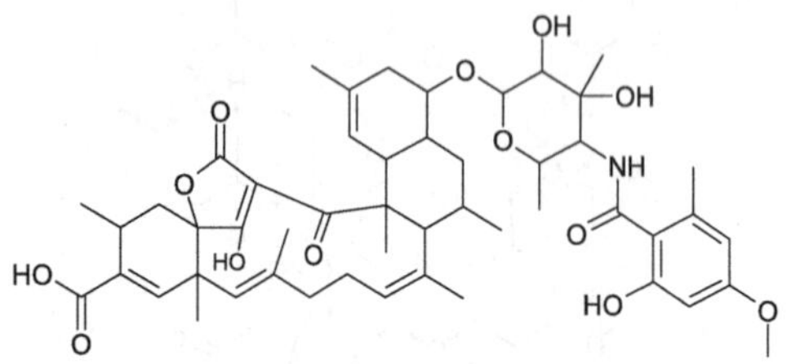

328 Tetromycin 2 特脱霉素 2*

【基本信息】$C_{50}H_{64}O_{14}$, 亮黄色无定形固体, $[\alpha]_D^{20}$ = −38.8° (*c* = 2.50, 甲醇).【类型】基雅尼霉素类.【来源】海洋导出的链霉菌海洋海绵链霉菌 *Streptomyces axinellae* Pol001, 来自小轴海绵属 *Axinella polypoides* (滨海巴纽尔斯自由城, 法国).【活性】抗锥虫 (布氏锥虫 *Trypanosoma brucei brucei,* 48h, IC_{50} = 45.39μmol/L; 72h, IC_{50} = 80.27μmol/L); 抗利什曼原虫 (*Leishmania major,* IC_{50} > 100μmol/L); 细胞毒 (293T 肾癌上皮细胞, IC_{50} > 100μmol/L; J774.1 巨噬细胞, IC_{50} = 50.21μmol/L).【文献】S. Pimentel-Elardo, et al. Mar. Drugs, 2011, 9, 1682.

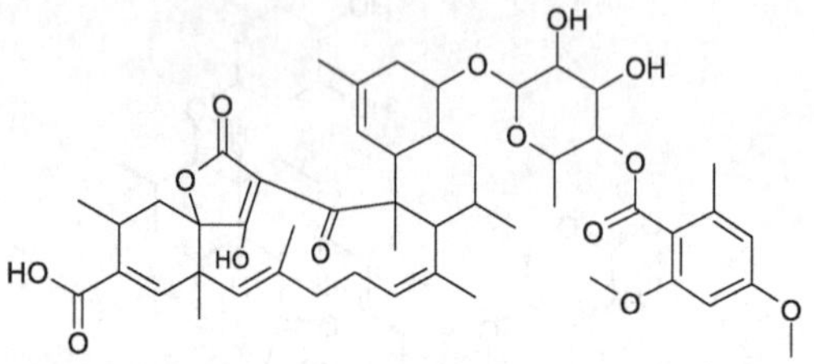

329 Tetromycin 3 特脱霉素 3*

【基本信息】$C_{49}H_{62}O_{14}$, 亮黄色无定形固体, $[\alpha]_D^{20}$ = −47.7° (*c* = 3.00, 甲醇).【类型】基雅尼霉素类.【来源】海洋导出的链霉菌海洋海绵链霉菌 *Streptomyces axinellae* Pol001, 来自小轴海绵属 *Axinella polypoides* (滨海巴纽尔斯自由城, 法国).【活性】抗锥虫 (布氏锥虫 *Trypanosoma brucei brucei,* 48h, IC_{50} = 26.90μmol/L; 72h, IC_{50} = 30.35μmol/L); 抗利什曼原虫 (*Leishmania major,* IC_{50} = 36.80μmol/L); 细胞毒 (293T 肾癌上皮细胞, IC_{50} = 33.38μmol/L; J774.1 巨噬细胞, IC_{50} = 25.72μmol/L); 类似组织蛋白酶 L 的蛋白酶抑制剂 [半胱氨酸蛋白酶 Rhodesain, K_i = (2.10±0.90)μmol/L; 半胱氨酸蛋白酶 Falcipain-2, K_i = (1.65±0.25)μmol/L; 组织蛋白酶 L, K_i = (15.0±1.95)μmol/L; 组织蛋白酶 B, K_i = (0.57±0.04)μmol/L].【文献】S. Pimentel-Elardo, et al. Mar. Drugs, 2011, 9, 1682.

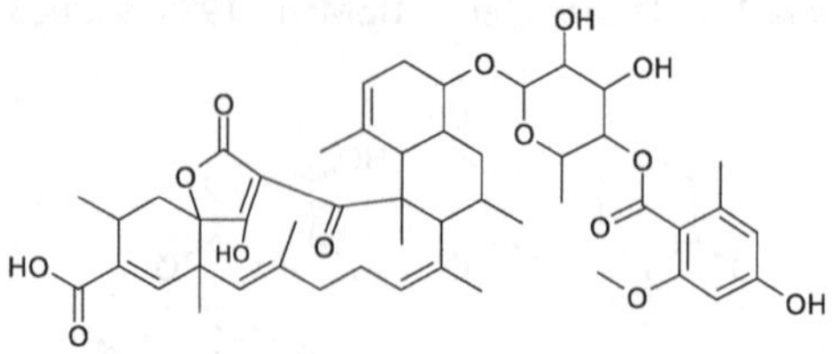

330 Tetromycin 4 特脱霉素 4*

【基本信息】$C_{49}H_{62}O_{14}$, 亮黄色无定形固体, $[\alpha]_D^{20}$ = −44.1° (*c* = 3.83, 甲醇).【类型】基雅尼霉素类.【来源】海洋导出的链霉菌海洋海绵链霉菌 *Streptomyces axinellae* Pol001, 来自小轴海绵属 *Axinella polypoides* (滨海巴纽尔斯自由城, 法国).【活性】抗锥虫 (布氏锥虫 *Trypanosoma brucei brucei,* 48h, IC_{50} = 35.85μmol/L; 72h, IC_{50} = 41.61μmol/L); 抗利什曼原虫 (*Leishmania major,* IC_{50} > 100μmol/L); 细胞毒 (293T 肾癌上皮细胞, IC_{50} = 58.58μmol/L; J774.1 巨噬细胞, IC_{50} = 27.54μmol/L); 类似组织蛋白酶 L 的蛋白酶抑制剂[半胱氨酸蛋白酶 Rhodesain, K_i = (4.00±0.30)μmol/L; 半胱氨酸蛋白酶 Falcipain-2, K_i = (3.10±0.20)μmol/L; 组织蛋白酶 L, K_i = (22.40±0.80)μmol/L; 组织蛋白酶 B, K_i = (1.60±0.10)μmol/L; SARS-CoV-PL, K_i = (40.00±6.50)μmol/L].【文献】S. Pimentel-Elardo, et al. Mar. Drugs, 2011, 9, 1682.

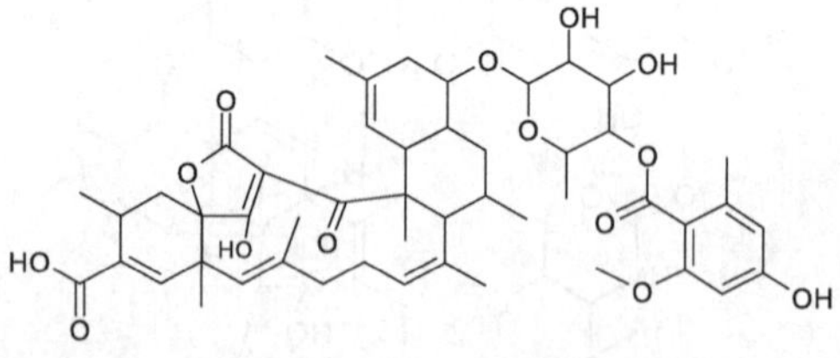

331 Tetromycin B 特脱霉素 B*

【基本信息】$C_{34}H_{46}O_5$, 亮黄色无定形固体, $[\alpha]_D^{20}$ = −12.0° (*c* = 1.83, 甲醇); mp 143~146°C, $[\alpha]_D^{24}$ = −0.2° (*c* = 0.59, 甲醇).【类型】基雅尼霉素类.【来源】海洋导出的链霉菌海洋海绵链霉菌 *Streptomyces axinellae* Pol001, 来自小轴海绵属 *Axinella polypoides* (滨海巴纽尔斯自由城, 法国),

陆地链霉菌属 *Streptomyces* sp. MK67-CF9.【活性】抗锥虫 (布氏锥虫 *Trypanosoma brucei brucei,* 48h, IC_{50} = 30.87μmol/L; 72h, IC_{50} = 34.22μmol/L); 抗利什曼原虫 (*Leishmania major,* IC_{50} > 100μmol/L); 细胞毒 (293T 肾癌上皮细胞, IC_{50} = 71.77μmol/L; J774.1 巨噬细胞, IC_{50} = 20.20μmol/L); 类似组织蛋白酶 L 的蛋白酶抑制剂[半胱氨酸蛋白酶 Rhodesain, K_i = (0.62±0.03)μmol/L; 半胱氨酸蛋白酶 Falcipain-2, K_i = (1.42±0.01)μmol/L; 组织蛋白酶 L, K_i = (32.50±0.05)μmol/L; 组织蛋白酶 B, K_i = (1.59±0.09)μmol/L; SARS-CoV-PL, K_i = (69.60±7.20)μmol/L].【文献】T. Takeuchi, et al. Jpn. Kokai Tokkyo Koho, 1996, JP 08165286; S. Pimentel-Elardo, et al. Mar. Drugs, 2011, 9, 1682.

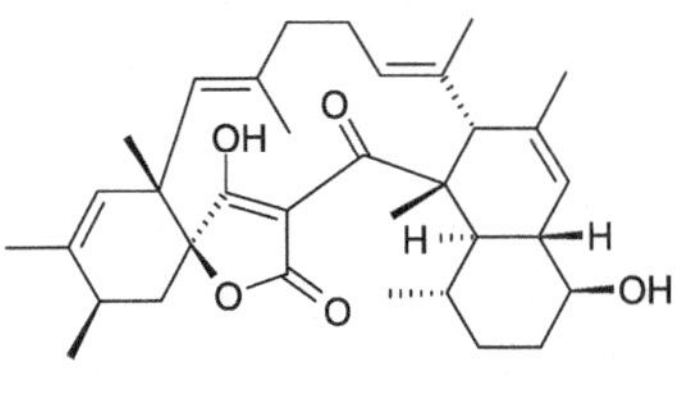

1.22 二羟基苯甲酸内酯类

332 Aigialomycin A 海洋红树真菌霉素 A*

【基本信息】$C_{19}H_{22}O_8$, 晶体, mp 166~168°C, $[\alpha]_D$ = +17° (*c* = 0.5, 氯仿).【类型】二羟基苯甲酸内酯类.【来源】海洋导出的真菌格孢菌目 Aigialaceae 科海洋红树真菌 *Aigialus parvus* BCC 5311, 来自未鉴定的红树.【活性】细胞毒 (KB 细胞, IC_{50} > 20μg/mL, 对照玫瑰树碱, IC_{50} = 0.46μg/mL; BC-1 细胞, IC_{50} = 11μg/mL, 对照玫瑰树碱, IC_{50} = 0.60μg/mL; Vero 细胞, IC_{50} = 4.3μg/mL, 对照玫瑰树碱, IC_{50} = 1.0μg/mL).【文献】M. Isaka, et al. JOC, 2002, 67, 1561.

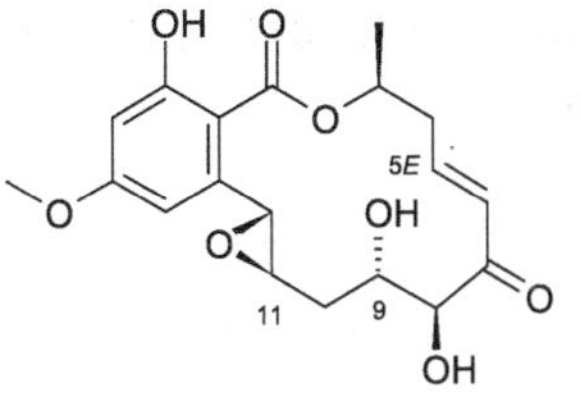

333 Aigialomycin D 海洋红树真菌霉素 D*

【基本信息】$C_{18}H_{22}O_6$, 晶体, mp 83~85°C, $[\alpha]_D^{24}$ = −19° (*c* = 0.24, 甲醇).【类型】二羟基苯甲酸内酯类.【来源】海洋导出的真菌格孢菌目 Aigialaceae 科海洋红树真菌 *Aigialus parvus* BCC 5311, 来自未鉴定的红树.【活性】杀疟原虫的 (恶性疟原虫 *Plasmodium falciparum,* IC_{50} = 6.6μg/mL, 对照氯喹二磷酸盐, IC_{50} = 0.16μg/mL); 细胞毒 (KB 细胞, IC_{50} = 3.0μg/mL, 对照玫瑰树碱, IC_{50} = 0.46μg/mL; BC-1 细胞, IC_{50} = 18μg/mL, 对照玫瑰树碱, IC_{50} = 0.60μg/mL; Vero 细胞, IC_{50} = 1.8μg/mL, 对照玫瑰树碱, IC_{50} = 1.0μg/mL).【文献】M. Isaka, et al. JOC, 2002, 67, 1561; L.-X. Xu, et al. JNP, 2010, 73, 885.

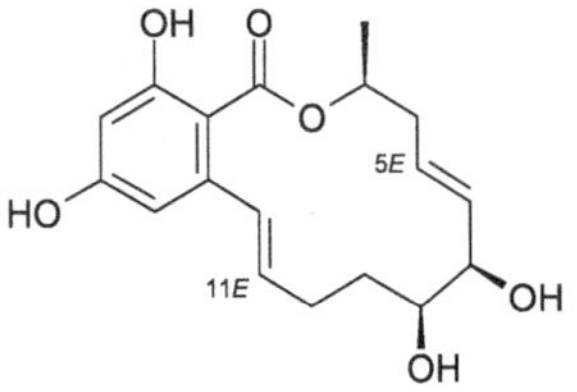

334 Aigialomycin E 海洋红树真菌霉素 E*

【基本信息】$C_{18}H_{22}O_6$, 无定形固体, mp 91~94°C, $[\alpha]_D^{24}$ = +14° (*c* = 0.28, 甲醇).【类型】二羟基苯甲酸内酯类.【来源】海洋导出的真菌格孢菌目 Aigialaceae 科海洋红树真菌 *Aigialus parvus* BCC 5311, 来自未鉴定的红树.【活性】细胞毒 (KB 细胞, IC_{50} > 20μg/mL, 对照玫瑰树碱, IC_{50} = 0.46μg/mL; BC-1 细胞, IC_{50} = 15μg/mL, 对照玫瑰树碱, IC_{50} = 0.60μg/mL; Vero 细胞, IC_{50} > 20μg/mL, 对照玫瑰树碱, IC_{50} = 1.0μg/mL).【文献】M. Isaka, et al. JOC, 2002, 67, 1561.

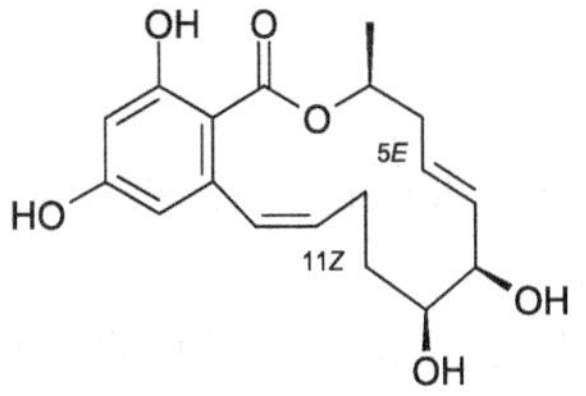

335 Curvulone A 弯孢霉酮 A*

【基本信息】$C_{16}H_{16}O_6$, 晶体, mp 63~65°C, $[\alpha]_D^{25}$ = −76° (*c* = 0.75, 乙醇).【类型】二羟基苯甲酸内酯类.【来源】海洋导出的真菌弯孢霉属 *Curvularia* sp. 6540, 来自红藻江蓠属 *Gracilaria* sp. (圣约翰走廊, 马德拉海滩, 墨西哥湾, 佛罗里达, 美国).【活性】抗菌 (革兰氏阳性菌巨大芽孢杆菌

Bacillus megaterium, 最终浓度 0.4μg/mL, InRt = 92%); 抗真菌 (最终浓度 0.4μg/mL: 花药黑粉菌 *Microbotryum violaceum,* InRt = 68%; 小麦壳针孢 *Septoria tritici,* InRt = 62%); 抗藻 (暗色小球藻*Chlorella fusca, 最终浓度 0.4μg/mL, InRt = 59%). [文献] J. Dai, et al. EurJOC, 2010, 6928.

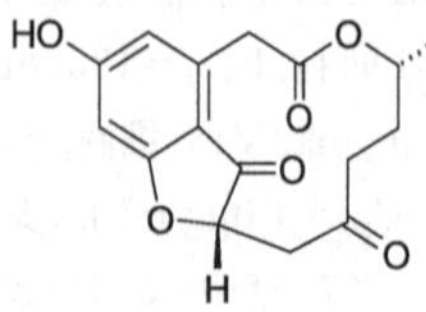

336 Curvulone B 弯孢霉酮 B*

【基本信息】$C_{17}H_{22}O_6$, 油状物, $[\alpha]_D^{25} = -22°$ ($c = 0.27$, 乙醇).【类型】二羟基苯甲酸内酯类.【来源】海洋导出的真菌弯孢霉属 *Curvularia* sp. 6540, 来自红藻江蓠属 *Gracilaria* sp. (圣约翰走廊, 马德拉海滩, 墨西哥湾, 佛罗里达, 美国).【活性】抗菌 (革兰氏阳性菌巨大芽孢杆菌 *Bacillus megaterium,* 最终浓度 0.4μg/mL, InRt = 88%); 抗真菌 (最终浓度 0.4μg/mL: 花药黑粉菌 *Microbotryum violaceum,* InRt = 79%; 小麦壳针孢 *Septoria tritici,* InRt = 68%); 抗藻 (暗色小球藻*Chlorella fusca, 最终浓度 0.4μg/mL, InRt = 74%).【文献】J. Dai, et al. EurJOC, 2010, 6928.

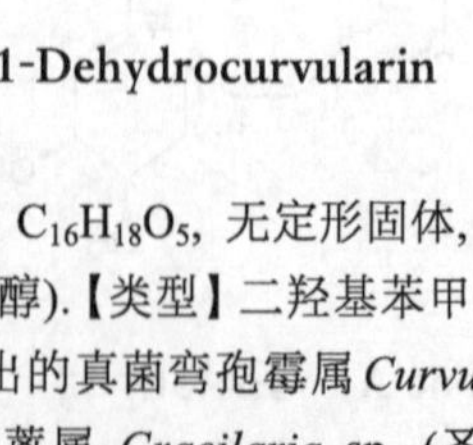

337 10,11-Dehydrocurvularin 10,11-去氢弯孢霉菌素

【基本信息】$C_{16}H_{18}O_5$, 无定形固体, $[\alpha]_D^{22} = +79.1°$ ($c = 0.4$, 甲醇).【类型】二羟基苯甲酸内酯类.【来源】海洋导出的真菌弯孢霉属 *Curvularia* sp. 6540, 来自红藻江蓠属 *Gracilaria* sp. (圣约翰走廊, 马德拉海滩, 墨西哥湾, 佛罗里达, 美国), 海洋导出的真菌弯孢霉属 *Curvularia* sp. 768, 来自红藻松节藻科穗状鱼栖苔 *Acanthophora spicifera.*【活性】抗菌 (革兰氏阳性菌巨大芽孢杆菌 *Bacillus megaterium,* 最终浓度 0.4μg/mL, InRt = 72%); 抗真菌 (最终浓度 0.4μg/mL: 花药黑粉菌 *Microbotryum violaceum,* InRt = 60%; 小麦壳针孢 *Septoria tritici,* InRt = 43%); 抗藻 (暗色小球藻 *Chlorella fusca, 最终浓度 0.4μg/mL, InRt = 11%); 细胞毒 (一组 36 种人肿瘤细胞, 平均 IC_{50} =1.25μmol/L; 膀胱癌 BXF-1218L, IC_{50} = 0.43μmol/L; 膀胱癌 BXF-T24, IC_{50} = 0.5μmol/L; 恶性胶质瘤 CNXF-498NL, IC_{50} = 1.98μmol/L; 恶性胶质瘤 CNXF-SF268, IC_{50} = 0.36μmol/L; 结肠癌 CXF-HCT116, IC_{50} = 3.35μmol/L; 结肠癌 CXF-HT29, IC_{50} = 3.22μmol/L; 胃癌 GXF-251L, IC_{50} = 0.81μmol/L; 头颈癌 HNXF-536L, IC_{50} = 1.84μmol/L; 肺癌 LXF-1121L, IC_{50} = 1.56μmol/L; 肺癌 LXF-289L, IC_{50} = 0.28μmol/L; 肺癌 LXF-526L, IC_{50} = 1.11μmol/L; 肺癌 LXF-529L, IC_{50} = 1.4μmol/L; 肺癌 LXF-629L, IC_{50} = 2.17μmol/L; 肺癌 LXF-H460, IC_{50} = 2.88μmol/L; 乳腺癌 MAXF-401NL, IC_{50} = 0.4μmol/L; 乳腺癌 MAXF-MCF7, IC_{50} = 2.63μmol/L; 黑色素瘤 MEXF-276L, IC_{50} = 5.45μmol/L; 黑色素瘤 MEXF-394NL, IC_{50} = 0.68μmol/L; 黑色素瘤 MEXF-462NL, IC_{50} = 0.38μmol/L; 黑色素瘤 MEXF-514L, IC_{50} = 0.5μmol/L; 黑色素瘤 MEXF-520L, IC_{50} = 1.27μmol/L; 卵巢癌 OVXF-1619L, IC_{50} = 1.75μmol/L; 卵巢癌 OVXF-899L, IC_{50} = 0.58μmol/L; 卵巢癌 OVXF-OVCAR3, IC_{50} = 1.84μmol/L; 胰腺癌 PAXF-1657L, IC_{50} = 4.54μmol/L; 胰腺癌 PAXF-PANC1, IC_{50} = 1.99μmol/L; 前列腺癌 PRXF-22RV1, IC_{50} = 0.76μmol/L; 前列腺癌 PRXF-DU145, IC_{50} = 0.81μmol/L; 前列腺癌 PRXF-LNCAP, IC_{50} = 3.75μmol/L; 前列腺癌 PRXF-PC3M, IC_{50} = 0.4μmol/L; 间皮细胞瘤 PXF-1752L, IC_{50} = 0.79μmol/L; 肾癌 RXF-1781L, IC_{50} = 2.14μmol/L; 肾癌 RXF-393NL, IC_{50} = 2.03μmol/L; 肾癌 RXF-486L, IC_{50} = 3.27μmol/L; 肾癌 RXF-944L, IC_{50} = 2.31μmol/L; 子宫癌 UXF-1138L, IC_{50} = 0.89μmol/L) (Greve, 2008).【文献】J. Zhan, et al. J. Antibiot., 2004, 57, 341; H. Greve, et al. EurJOC, 2008, 5085; J. Dai, et al. EurJOC, 2010, 6928.

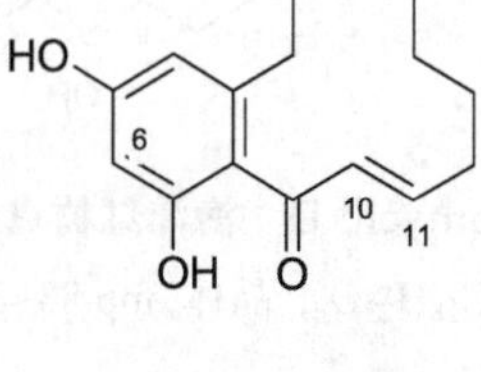

338　10,11-Dehydro-13-hydroxycurvularin　10,11-去氢-13-羟基弯孢霉菌素

【基本信息】$C_{16}H_{18}O_6$, 无定形固体, $[\alpha]_D^{25}$ = +126.5° (*c* = 0.29, 乙醇).【类型】二羟基苯甲酸内酯类.【来源】海洋导出的真菌弯孢霉属 *Curvularia* sp. 768, 来自红藻松节藻科穗状鱼栖苔 *Acanthophora spicifera* (关岛, 美国).【活性】细胞毒 (一组 36 种人肿瘤细胞, 平均 IC_{50} = 30.06μmol/L; 膀胱癌 BXF-1218L, IC_{50} = 12.3μmol/L; 膀胱癌 BXF-T24, IC_{50} > 32.64μmol/L; 恶性胶质瘤 CNXF-498NL, IC_{50} = 13.88μmol/L; 恶性胶质瘤 CNXF-SF268, IC_{50} = 24.01μmol/L; 结肠癌 CXF-HCT116, IC_{50} > 32.64μmol/L; 结肠癌 CXF-HT29, IC_{50} > 32.64μmol/L; 胃癌 GXF-251L, IC_{50} > 32.64μmol/L; 头颈癌 HNXF-536L, IC_{50} = 15.55μmol/L; 肺癌 LXF-1121L, IC_{50} = 23.67μmol/L; 肺癌 LXF-289L, IC_{50} > 32.64μmol/L; 肺癌 LXF-526L, IC_{50} > 32.64μmol/L; 肺癌 LXF-529L, IC_{50} > 32.64μmol/L; 肺癌 LXF-629L, IC_{50} > 32.64μmol/L; 肺癌 LXF-H460, IC_{50} > 32.64μmol/L; 乳腺癌 MAXF-401NL, IC_{50} = 16.99μmol/L; 乳腺癌 MAXF-MCF7, IC_{50} > 32.64μmol/L; 黑色素瘤 MEXF-276L, IC_{50} = 21.47μmol/L; 黑色素瘤 MEXF-394NL, IC_{50} = 14.31μmol/L; 黑色素瘤 MEXF-462NL, IC_{50} > 32.64μmol/L; 黑色素瘤 MEXF-514L, IC_{50} > 32.64μmol/L; 黑色素瘤 MEXF-520L, IC_{50} = 25.93μmol/L; 卵巢癌 OVXF-1619L, IC_{50} > 32.64μmol/L; 卵巢癌 OVXF-899L, IC_{50} > 32.64μmol/L; 卵巢癌 OVXF-OVCAR3, IC_{50} > 32.64μmol/L; 胰腺癌 PAXF-1657L, IC_{50} = 32.64μmol/L; 胰腺癌 PAXF-PANC1, IC_{50} > 32.64μmol/L; 前列腺癌 PRXF-22RV1, IC_{50} > 32.64μmol/L; 前列腺癌 PRXF-DU145, IC_{50} > 32.64μmol/L; 前列腺癌 PRXF-LNCAP, IC_{50} > 32.64μmol/L; 前列腺癌 PRXF-PC3M, IC_{50} > 32.64μmol/L; 间皮细胞瘤 PXF-1752L, IC_{50} = 28.18μmol/L; 肾癌 RXF-1781L, IC_{50} > 32.64μmol/L; 肾癌 RXF-393NL, IC_{50} > 32.64μmol/L; 肾癌 RXF-486L, IC_{50} > 32.64μmol/L; 肾癌 RXF-944L, IC_{50} = 33.94μmol/L; 子宫癌 UXF-1138L, IC_{50} > 32.64μmol/L).【文献】H. Greve, et al. EurJOC, 2008, 5085.

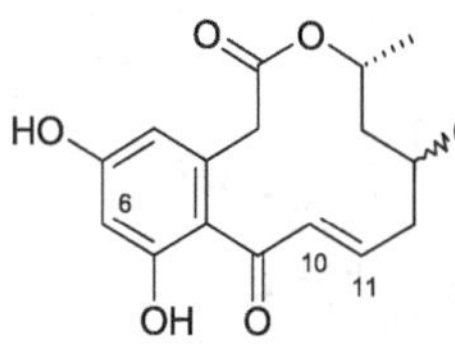

339　11α-Hydroxycurvularin　11α-羟基弯孢霉菌素

【基本信息】$C_{16}H_{20}O_6$, 无定形固体, $[\alpha]_D^{22}$ = +6.9° (*c* = 0.47, 乙醇).【类型】二羟基苯甲酸内酯类.【来源】海洋导出的真菌弯孢霉属 *Curvularia* sp. 768, 来自红藻松节藻科穗状鱼栖苔 *Acanthophora spicifera* (关岛, 美国).【活性】细胞毒 (一组 36 种人肿瘤细胞, 平均 IC_{50} = 6.09μmol/L; 膀胱癌 BXF-1218L, IC_{50} = 7.34μmol/L; 膀胱癌 BXF-T24, IC_{50} = 3.14μmol/L; 恶性胶质瘤 CNXF-498NL, IC_{50} = 1.75μmol/L; 恶性胶质瘤 CNXF-SF268, IC_{50} = 2.96μmol/L; 结肠癌 CXF-HCT116, IC_{50} = 11.11μmol/L; 结肠癌 CXF-HT29, IC_{50} = 8.78μmol/L; 胃癌 GXF-251L, IC_{50} = 12.51μmol/L; 头颈癌 HNXF-536L, IC_{50} = 7.35μmol/L; 肺癌 LXF-1121L, IC_{50} = 7.66μmol/L; 肺癌 LXF-289L, IC_{50} = 13.34μmol/L; 肺癌 LXF-526L, IC_{50} = 9.63μmol/L; 肺癌 LXF-529L, IC_{50} = 3.59μmol/L; 肺癌 LXF-629L, IC_{50} = 7.93μmol/L; 肺癌 LXF-H460, IC_{50} = 11.2μmol/L; 乳腺癌 MAXF-401NL, IC_{50} = 1.86μmol/L; 乳腺癌 MAXF-MCF7, IC_{50} = 4.44μmol/L; 黑色素瘤 MEXF-276L, IC_{50} = 14.04μmol/L; 黑色素瘤 MEXF-394NL, IC_{50} = 0.92μmol/L; 黑色素瘤 MEXF-462NL, IC_{50} = 10.96μmol/L; 黑色素瘤 MEXF-514L, IC_{50} = 3.84μmol/L; 黑色素瘤 MEXF-520L, IC_{50} = 2.22μmol/L; 卵巢癌 OVXF-1619L, IC_{50} = 6.04μmol/L; 卵巢癌 OVXF-899L, IC_{50} = 10.61μmol/L; 卵巢癌 OVXF-OVCAR3, IC_{50} = 13.09μmol/L; 胰腺癌 PAXF-1657L, IC_{50} = 14.14μmol/L; 胰腺癌 PAXF-PANC1, IC_{50} = 4.02μmol/L; 前列腺癌 PRXF-22RV1, IC_{50} = 2.5μmol/L; 前列腺癌 PRXF-DU145, IC_{50} = 2.44μmol/L; 前列腺癌 PRXF-LNCAP, IC_{50} = 6.55μmol/L; 前列腺癌 PRXF-PC3M, IC_{50} = 3.24μmol/L; 间皮细胞瘤 PXF-1752L, IC_{50} = 16.21μmol/L; 肾癌 RXF-1781L, IC_{50} = 12.04μmol/L; 肾癌 RXF-393NL, IC_{50} = 11.9μmol/L; 肾癌 RXF-486L, IC_{50} = 9.07μmol/L; 肾癌 RXF-944L, IC_{50} = 4.57μmol/L; 子宫癌 UXF-1138L, IC_{50} = 8.96μmol/L).【文献】H. Greve, et al. EurJOC, 2008, 5085.

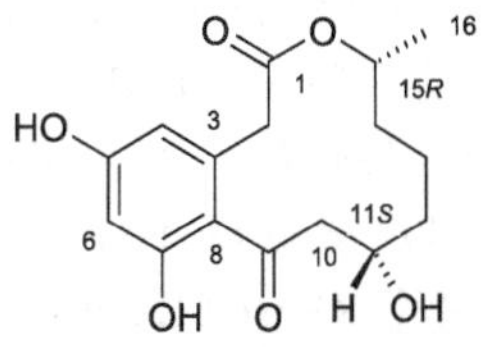

340　11β-Hydroxycurvularin　11β-羟基弯孢霉菌素

【基本信息】$C_{16}H_{20}O_6$, 无定形固体, $[\alpha]_D^{22}$ = +25.2º (*c* = 0.26, 乙醇).【类型】二羟基苯甲酸内酯类.【来源】海洋导出的真菌弯孢霉属 *Curvularia* sp. 6540, 来自红藻江蓠属 *Gracilaria* sp. (圣约翰走廊, 马德拉海滩, 墨西哥湾, 佛罗里达, 美国); 海洋导出的真菌弯孢霉属 *Curvularia* sp. 768, 来自红藻松节藻科穗状鱼栖苔 *Acanthophora spicifera*.【活性】抗菌 (革兰氏阳性菌巨大芽孢杆菌 *Bacillus megaterium,* 最终浓度 0.4μg/mL, InRt = 78%); 抗真菌 (最终浓度 0.4μg/mL: 花药黑粉菌 *Microbotryum violaceum,* InRt = 80%; 小麦壳针孢 *Septoria tritici,* InRt = 56%); 抗藻 (暗色小球藻*Chlorella fusca*, 最终浓度 0.4μg/mL, InRt = 74%); 细胞毒 (一组 36 种人肿瘤细胞, 平均 IC_{50} = 12.99μmol/L; 膀胱癌 BXF-1218L, IC_{50} = 13.17μmol/L; 膀胱癌 BXF-T24, IC_{50} = 10.67μmol/L; 恶性胶质瘤 CNXF-498NL, IC_{50} = 11.34μmol/L; 恶性胶质瘤 CNXF-SF268, IC_{50} = 10.12μmol/L; 结肠癌 CXF-HCT116, IC_{50} = 21.2μmol/L; 结肠癌 CXF-HT29, IC_{50} = 13.0μmol/L; 胃癌 GXF-251L, IC_{50} = 16.66μmol/L; 头颈癌 HNXF-536L, IC_{50} = 8.0μmol/L; 肺癌 LXF-1121L, IC_{50} = 13.63μmol/L; 肺癌 LXF-289L, IC_{50} = 17.92μmol/L; 肺癌 LXF-526L, IC_{50} = 16.18μmol/L; 肺癌 LXF-529L, IC_{50} = 9.78μmol/L; 肺癌 LXF-629L, IC_{50} = 13.31μmol/L; 肺癌 LXF-H460, IC_{50} = 17.11μmol/L; 乳腺癌 MAXF-401NL, IC_{50} = 16.87μmol/L; 乳腺癌 MAXF-MCF7, IC_{50} = 11.31μmol/L; 黑色素瘤 MEXF-276L, IC_{50} = 19.01μmol/L; 黑色素瘤 MEXF-394NL, IC_{50} = 2.05μmol/L; 黑色素瘤 MEXF-462NL, IC_{50} = 13.45μmol/L; 黑色素瘤 MEXF-514L, IC_{50} = 14.77μmol/L; 黑色素瘤 MEXF-520L, IC_{50} = 10.26μmol/L; 卵巢癌 OVXF-1619L, IC_{50} = 8.02μmol/L; 卵巢癌 OVXF-899L, IC_{50} = 11.23μmol/L; 卵巢癌 OVXF-OVCAR3, IC_{50} = 23.46μmol/L; 胰腺癌 PAXF-1657L, IC_{50} = 18.0μmol/L; 胰腺癌 PAXF-PANC1, IC_{50} = 10.77μmol/L; 前列腺癌 PRXF-22RV1, IC_{50} = 11.45μmol/L; 前列腺癌 PRXF-DU145, IC_{50} = 9.77μmol/L; 前列腺癌 PRXF-LNCAP, IC_{50} = 20.46μmol/L; 前列腺癌 PRXF-PC3M, IC_{50} = 9.58μmol/L; 间皮细胞瘤 PXF-1752L, IC_{50} = > 32.43μmol/L; 肾癌 RXF-1781L, IC_{50} = 15.73μmol/L; 肾癌 RXF-393NL, IC_{50} = 15.5μmol/L; 肾癌 RXF-486L, IC_{50} = 14.88μmol/L; 肾癌 RXF-944L, IC_{50} = 11.84μmol/L; 子宫癌 UXF-1138L, IC_{50} = 12.48μmol/L).【文献】J. Zhan, et al. J. Antibiot., 2004, 57, 341; H. Greve, et al. EurJOC, 2008, 5085; J. Dai, et al. EurJOC, 2010, 6928.

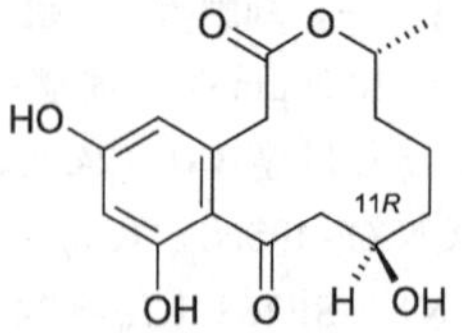

341　Hypothemycin　寄端霉素

【基本信息】$C_{19}H_{22}O_8$, 棱柱状晶体 (甲醇), mp 173~174ºC.【类型】二羟基苯甲酸内酯类.【来源】红树导出的真菌 Aigialaceae 科 *Aigialus parvus* BCC 5311.【活性】杀疟原虫的 (恶性疟原虫 *Plasmodium falciparum,* IC_{50} = 2.2μg/mL, 对照氯喹二磷酸盐, IC_{50} = 0.16μg/mL); 细胞毒 (KB, IC_{50} = 17μg/mL, 对照玫瑰树碱, IC_{50} = 0.46μg/mL; BC-1, IC_{50} = 6.2μg/mL, 对照玫瑰树碱, IC_{50} = 0.60μg/mL; Vero, IC_{50} = 6.3μg/mL, 对照玫瑰树碱, IC_{50} = 1.0μg/mL); 抗真菌 (抗原生动物和植物致病真菌); MEK 激酶抑制剂.【文献】A. Zhao, et al. J. Antibiot., 1999, 52, 1086; M. Isaka, et al. JOC, 2002, 67, 1561.

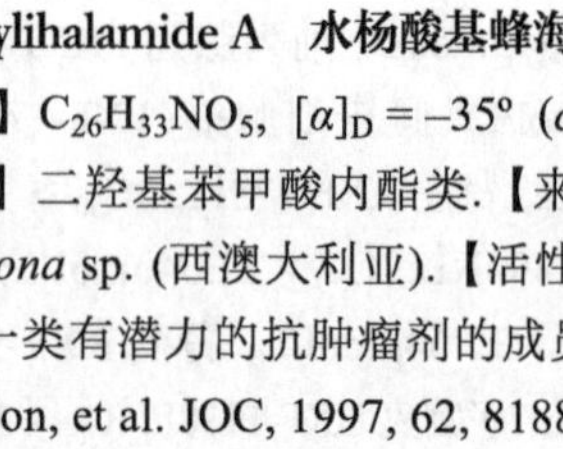

342　Salicylihalamide A　水杨酸基蜂海绵酰胺 A*

【基本信息】$C_{26}H_{33}NO_5$, $[\alpha]_D$ = −35º (*c* = 0.7, 甲醇).【类型】二羟基苯甲酸内酯类.【来源】蜂海绵属 *Haliclona* sp. (西澳大利亚).【活性】抗肿瘤 (重要的新一类有潜力的抗肿瘤剂的成员).【文献】K. L. Erickson, et al. JOC, 1997, 62, 8188; 2001, 66, 1532 (correction).

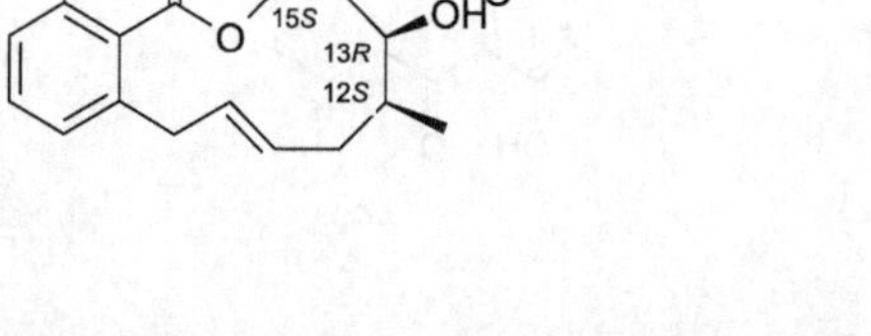

343　Salicylihalamide B　水杨酸基蜂海绵酰胺 B*

【基本信息】$C_{26}H_{33}NO_5$，无定形固体，$[\alpha]_D = -73^\circ$ ($c = 0.3$，甲醇)．【类型】二羟基苯甲酸内酯类．【来源】蜂海绵属 *Haliclona* sp. (西澳大利亚)．【活性】抗肿瘤．(重要的新一类有潜力的抗肿瘤剂的成员)．【文献】K. L. Erickson, et al. JOC, 1997, 62, 8188; 2001, 66, 1532 (correction).

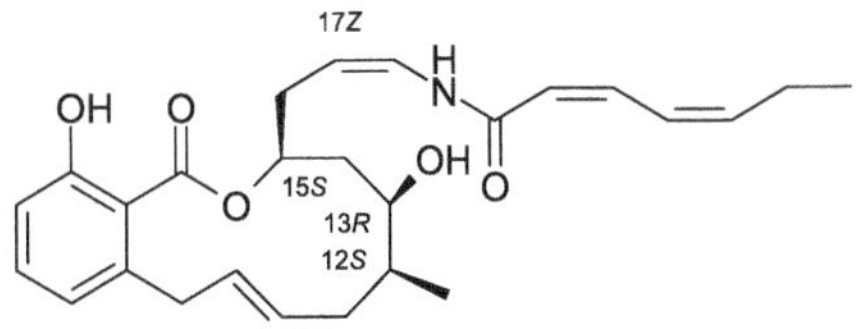

344　(3*R*,5*R*)-Sonnerlactone　(3*R*,5*R*)-海桑内酯*

【基本信息】$C_{14}H_{18}O_5$，晶体（甲醇水溶液），mp 146~147°C，$[\alpha]_D^{20} = +9^\circ$ ($c = 1$，乙醇)．【类型】二羟基苯甲酸内酯类．【来源】未鉴定的红树导出的真菌 Zh6-B1，来自红树无花瓣海桑* *Sonneratia apetala* (树皮，珠海，广东，中国)．【活性】细胞毒 (多重抗药性癌细胞株 KV/MDR，100μmol/L，抑制 KV/MDR 生长 42.4%，对耐药肿瘤可能具有有益的治疗潜力)．【文献】K.-K. Li, et al. BoMCL, 2010, 20, 3326.

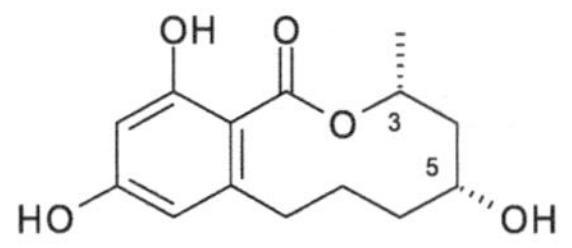

345　(3*R*,5*S*)-Sonnerlactone　(3*R*,5*S*)-海桑内酯*

【基本信息】$C_{14}H_{18}O_5$，粉末，mp 159~160°C，$[\alpha]_D^{20} = +64^\circ$ ($c = 1$，乙醇)．【类型】二羟基苯甲酸内酯类．【来源】未鉴定的红树导出的真菌 Zh6-B1，来自红树无花瓣海桑* *Sonneratia apetala* (树皮，珠海，广东，中国)．【活性】细胞毒 (多重抗药性癌细胞株 KV/MDR，100μmol/L，抑制 KV/MDR 生长 41.6%，对耐药肿瘤可能具有有益的治疗潜力)．【文献】K.-K. Li, et al. BoMCL, 2010, 20, 3326.

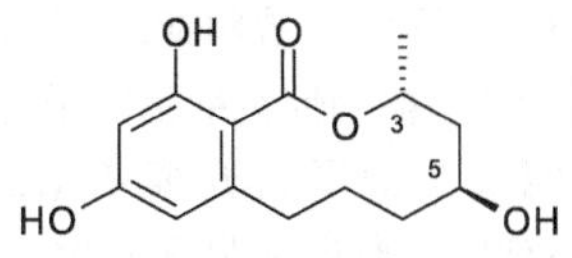

346　Sumalarin A　青霉拉林 A*

【基本信息】$C_{20}H_{26}O_8S$．【类型】二羟基苯甲酸内酯类．【来源】红树导出的真菌青霉属 *Penicillium sumatrense*，来自红树总状花序榄李* *Lumnitzera racemosa* (根际土壤，文昌，海南，中国)．【活性】细胞毒 (几种人肿瘤细胞 HTCLs)．【文献】L.-H. Meng, et al. JNP, 2013, 76, 2145.

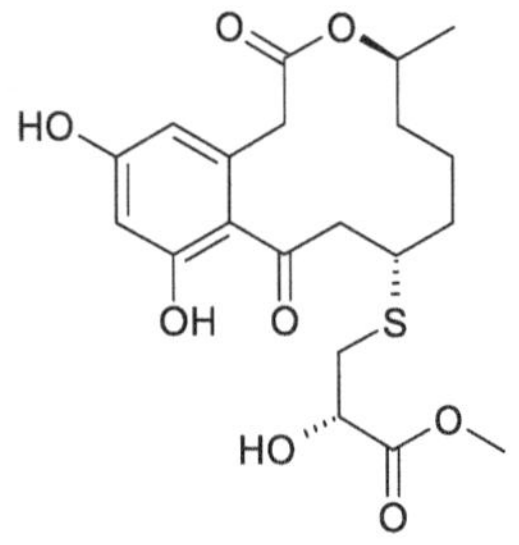

347　Sumalarin B　青霉拉林 B*

【基本信息】$C_{25}H_{32}O_{11}S$．【类型】二羟基苯甲酸内酯类．【来源】红树导出的真菌青霉属 *Penicillium sumatrense*，来自红树总状花序榄李* *Lumnitzera racemosa* (根际土壤，文昌，海南，中国)．【活性】细胞毒 (几种人肿瘤细胞 HTCLs)．【文献】L.-H. Meng, et al. JNP, 2013, 76, 2145.

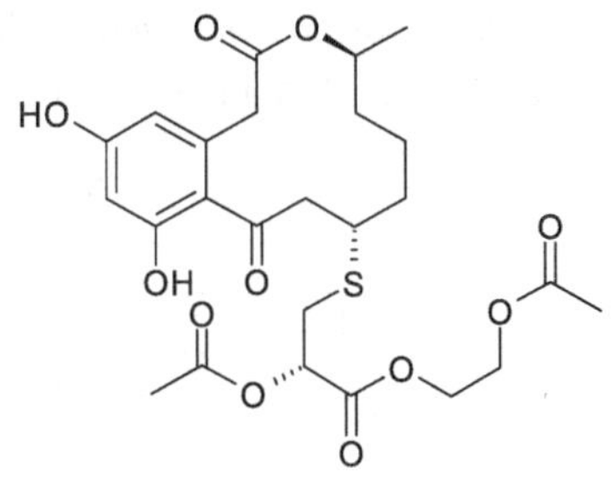

348　Sumalarin C　青霉拉林 C*

【基本信息】$C_{19}H_{24}O_8S$．【类型】二羟基苯甲酸内酯类．【来源】红树导出的真菌青霉属 *Penicillium sumatrense* 来自红树总状花序榄李* *Lumnitzera racemosa* (根际土壤，文昌，海南，中国)．【活性】细胞毒 (几种人肿瘤细胞 HTCLs)．【文献】L.-H. Meng, et al. JNP, 2013, 76, 2145.

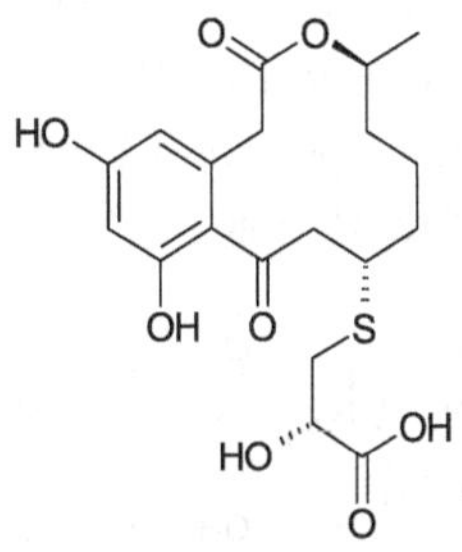

1.23 抑菌霉素类

349 Antimycin A₁₉ 抗霉素 A₁₉.

【基本信息】$C_{28}H_{40}N_2O_8$.【类型】抑菌霉素类.【来源】海洋导出的链霉菌抗生链霉菌 *Streptomyces antibioticus* (沉积物, 广东, 中国).【活性】抗真菌 (酵母白色念珠菌 *Candida albicans*, 有潜力的).【文献】L.-Y. Xu, et al. J. Antibiot., 2011, 64, 661.

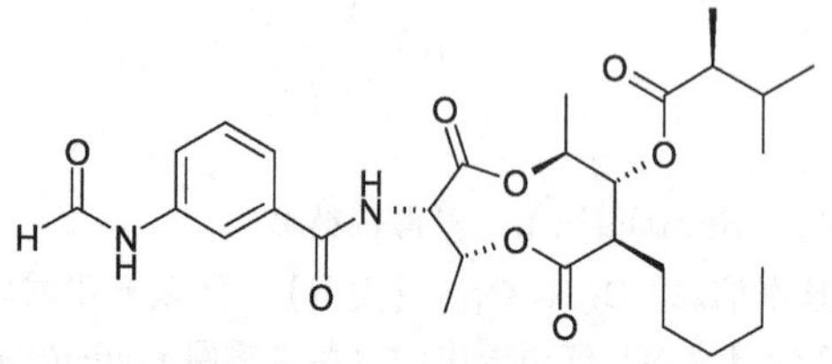

350 Antimycin A₂₀ 抗霉素 A₂₀.

【基本信息】$C_{24}H_{32}N_2O_9$.【类型】抑菌霉素类.【来源】海洋导出的链霉菌抗生链霉菌 *Streptomyces antibioticus* (沉积物, 广东, 中国).【活性】抗真菌 (酵母白色念珠菌 *Candida albicans*, 有潜力的).【文献】L.-Y. Xu, et al. J. Antibiot., 2011, 64, 661.

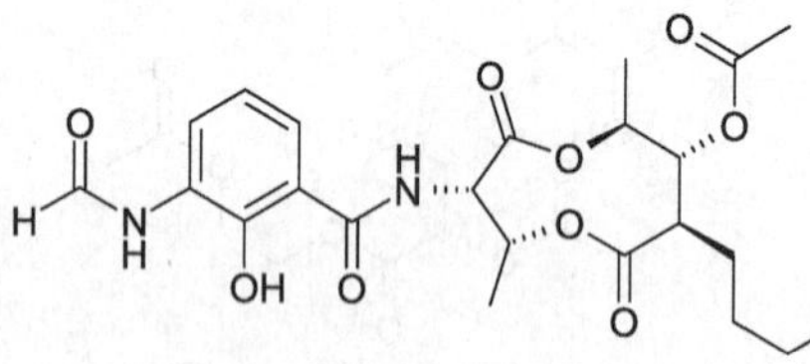

351 Antimycin B₂ 抗霉素 B₂.

【基本信息】$C_{26}H_{30}N_2O_{10}$, 亮棕色无定形固体, $[\alpha]_D^{25} = 0°$ ($c = 0.1$, 甲醇).【类型】抑菌霉素类.【来源】红树导出的链霉菌葡萄牙链霉菌 *Streptomyces lusitanus*, 来自红树马鞭草科海榄雌 *Avicennia marina* (沉积物, 福建, 中国).【活性】抗菌 (金黄色葡萄球菌 *Staphylococcus aureus*, MIC = 32.0μg/mL, 对照青霉素 G, MIC = 0.25μg/mL; 香港鸥杆菌 *Laribacter hongkongensis*, MIC = 8.0μg/mL, 对照青霉素 G, MIC = 2.00μg/mL).【文献】Z. Han, et al. Mar. Drugs, 2012, 10, 668.

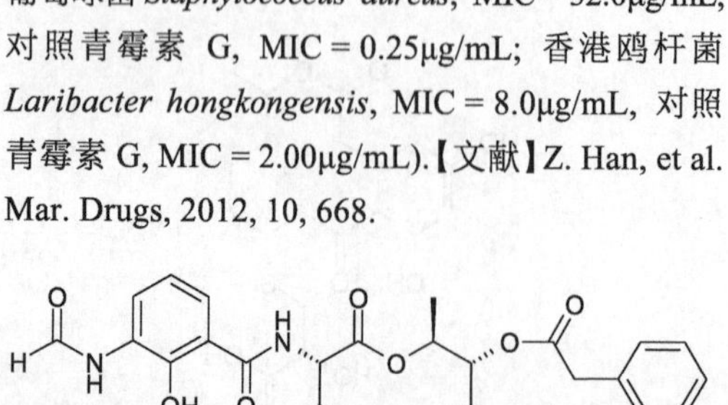

352 Splenocin A 斯普列诺新 A*

【基本信息】$C_{26}H_{28}N_2O_9$, 无定形粉末.【类型】抑菌霉素类.【来源】海洋导出的链霉菌属 *Streptomyces* sp. CNQ-431 (沉积物, 拉霍亚, 加利福尼亚, 美国).【活性】抗炎 (抑制促炎细胞因子的生成, TH2 T 淋巴细胞细胞因子白介素-5 (IL-5), IC_{50} = 5.0nmol/L; TH2 T 淋巴细胞细胞因子白介素-13 (IL-13), IC_{50} = 5.0nmol/L; 细胞毒 LD_{50} > 7100nmol/L).【文献】W. K. Strangman, et al. JMC, 2009, 52, 2317.

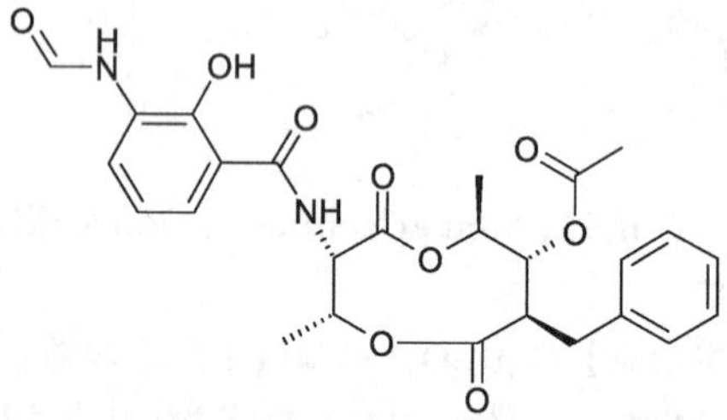

353 Splenocin B 斯普列诺新 B*

【基本信息】$C_{28}H_{32}N_2O_9$, 无定形粉末, $[\alpha]_D = +68°$ ($c = 0.1$, 甲醇).【类型】抑菌霉素类.【来源】海洋导出的链霉菌属 *Streptomyces* sp. CNQ-431 (沉积物, 拉霍亚, 加利福尼亚, 美国).【活性】抗炎 (抑制促炎细胞因子的生成, TH2 T 淋巴细胞细胞因子白介素-5 (IL-5), IC_{50} = 3.1nmol/L; 细胞毒 LD_{50} > 1800nmol/L).【文献】W. K. Strangman, et al. JMC, 2009, 52, 2317.

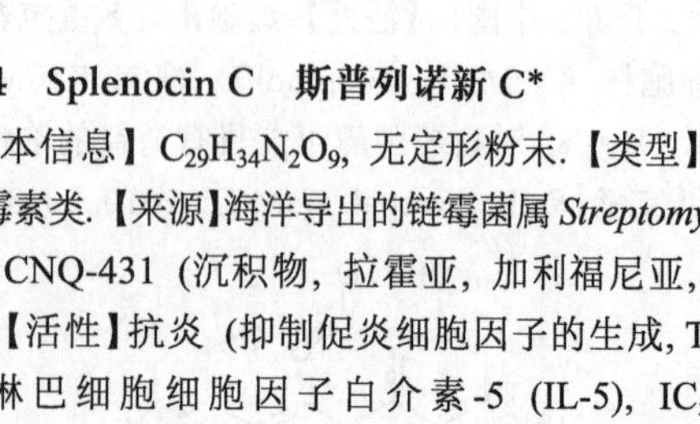

354 Splenocin C 斯普列诺新 C*

【基本信息】$C_{29}H_{34}N_2O_9$, 无定形粉末.【类型】抑菌霉素类.【来源】海洋导出的链霉菌属 *Streptomyces* sp. CNQ-431 (沉积物, 拉霍亚, 加利福尼亚, 美国).【活性】抗炎 (抑制促炎细胞因子的生成, TH2 T 淋巴细胞细胞因子白介素-5 (IL-5), IC_{50} = 6.7nmol/L; TH2 T 淋巴细胞细胞因子白介素-13 (IL-13), IC_{50} = 7.3nmol/L; 细胞毒 LD_{50} > 560nmol/L).【文献】W. K. Strangman, et al. JMC, 2009, 52, 2317.

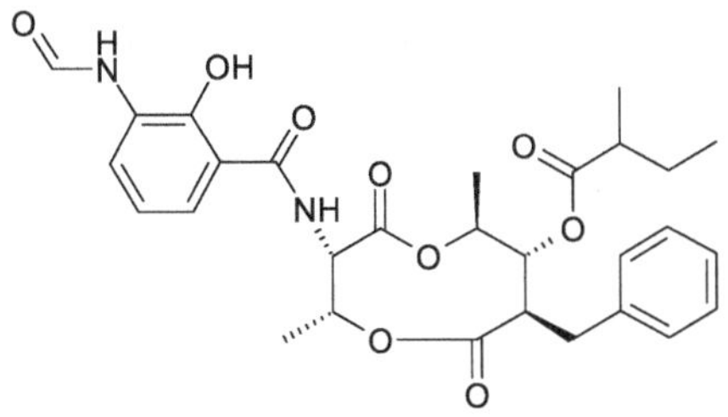

355 Splenocin D 斯普列诺新 D*

【基本信息】$C_{26}H_{28}N_2O_9$, 无定形粉末.【类型】抑菌霉素类.【来源】海洋导出的链霉菌属 *Streptomyces* sp. CNQ-431 (沉积物, 拉霍亚, 加利福尼亚, 美国).【活性】抗炎 [抑制促炎细胞因子的生成, TH2 T 淋巴细胞细胞因子白介素-5 (IL-5), IC_{50} = 47.9nmol/L; TH2 T 淋巴细胞细胞因子白介素-13 (IL-13), IC_{50} = 43.7nmol/L; 细胞毒 LD_{50} > 550nmol/L].【文献】W. K. Strangman, et al. JMC, 2009, 52, 2317.

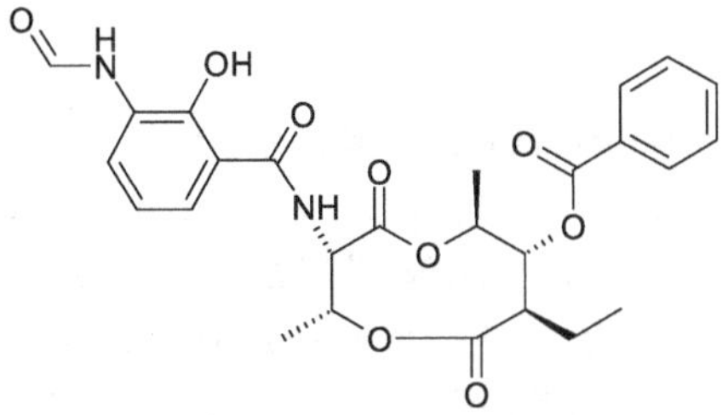

356 Splenocin E 斯普列诺新 E*

【基本信息】$C_{28}H_{32}N_2O_9$, 无定形粉末.【类型】抑菌霉素类.【来源】海洋导出的链霉菌属 *Streptomyces* sp. CNQ-431 (沉积物, 拉霍亚, 加利福尼亚, 美国).【活性】抗炎 [抑制促炎细胞因子的生成, TH2 T 淋巴细胞细胞因子白介素-5 (IL-5), IC_{50} = 16.6nmol/L; TH2 T 淋巴细胞细胞因子白介素-13 (IL-13), IC_{50} = 15.9nmol/L; 细胞毒 LD_{50} > 570nmol/L].【文献】W. K. Strangman, et al. JMC, 2009, 52, 2317.

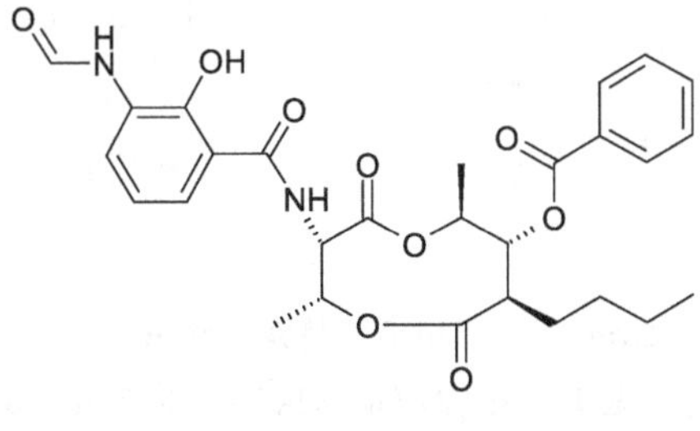

357 Splenocin F 斯普列诺新 F*

【基本信息】$C_{29}H_{34}N_2O_9$, 无定形粉末.【类型】抑菌霉素类.【来源】海洋导出的链霉菌属 *Streptomyces* sp. CNQ-431 (沉积物, 拉霍亚, 加利福尼亚, 美国).【活性】抗炎 [抑制促炎细胞因子的生成, TH2 T 淋巴细胞细胞因子白介素-5 (IL-5), IC_{50} = 9.4nmol/L; TH2 T 淋巴细胞细胞因子白介素-13 (IL-13), IC_{50} = 6.8nmol/L; 细胞毒 LD_{50} > 560nmol/L].【文献】W. K. Strangman, et al. JMC, 2009, 52, 2317.

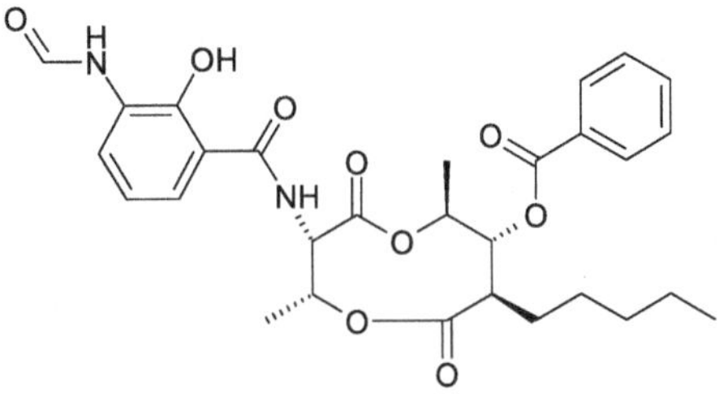

358 Splenocin G 斯普列诺新 G*

【基本信息】$C_{30}H_{36}N_2O_9$, 无定形粉末.【类型】抑菌霉素类.【来源】海洋导出的链霉菌属 *Streptomyces* sp. CNQ-431 (沉积物, 拉霍亚, 加利福尼亚, 美国).【活性】抗炎 [抑制促炎细胞因子的生成, TH2 T 淋巴细胞细胞因子白介素-5 (IL-5), IC_{50} = 5.0nmol/L; TH2 T 淋巴细胞细胞因子白介素-13 (IL-13), IC_{50} = 5.2nmol/L; 细胞毒 LD_{50} > 550nmol/L].【文献】W. K. Strangman, et al. JMC, 2009, 52, 2317.

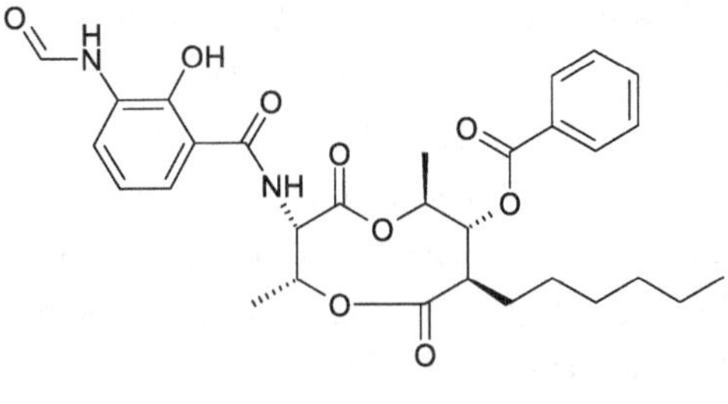

359 Splenocin H 斯普列诺新 H*

【基本信息】$C_{31}H_{38}N_2O_9$, 无定形粉末.【类型】抑菌霉素类.【来源】海洋导出的链霉菌属 *Streptomyces* sp. CNQ-431 (沉积物, 拉霍亚, 加利福尼亚, 美国).【活性】抗炎 [抑制促炎细胞因子的生成, TH2 T 淋巴细胞细胞因子白介素-5 (IL-5), IC_{50} = 4.3nmol/L; TH2 T 淋巴细胞细胞因子白介素-13 (IL-13), IC_{50} = 5.1nmol/L; 细胞毒 LD_{50} > 1600nmol/L].【文献】W. K. Strangman, et al. JMC, 2009, 52, 2317.

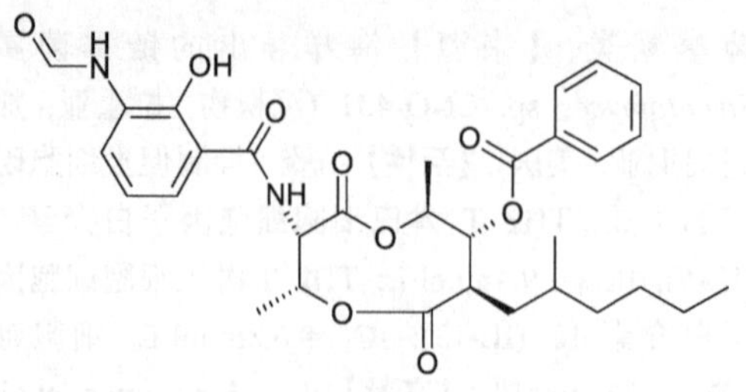

360 Splenocin I 斯普列诺新 I*

【基本信息】$C_{31}H_{30}N_2O_9$, 无定形粉末.【类型】抑菌霉素类.【来源】海洋导出的链霉菌属 *Streptomyces* sp. CNQ-431 (沉积物, 拉霍亚, 加利福尼亚, 美国).【活性】抗炎 [抑制促炎细胞因子的生成, TH2 T 淋巴细胞细胞因子白介素-5 (IL-5), IC_{50} = 15.8nmol/L; TH2 T 淋巴细胞细胞因子白介素-13 (IL-13), IC_{50} = 15.2nmol/L; 细胞毒 LD_{50} > 540nmol/L].【文献】W. K. Strangman, et al. JMC, 2009, 52, 2317.

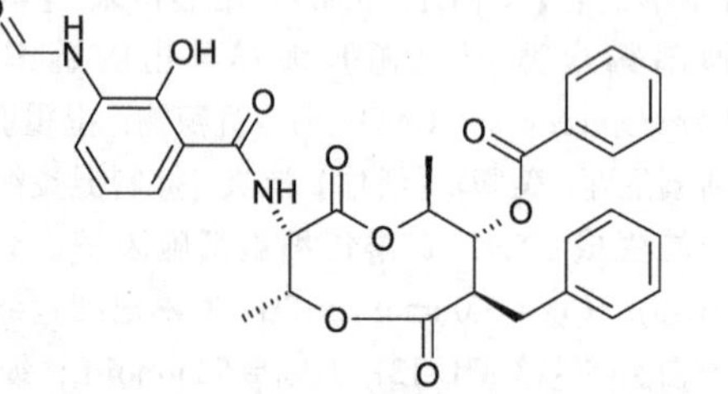

361 Splenocin J 斯普列诺新 J*

【基本信息】$C_{24}H_{26}N_2O_8$, 无定形粉末.【类型】抑菌霉素类.【来源】海洋导出的链霉菌属 *Streptomyces* sp. CNQ-431 (沉积物, 拉霍亚, 加利福尼亚, 美国).【活性】抗炎 [抑制促炎细胞因子的生成, TH2 T 淋巴细胞细胞因子白介素-5 (IL-5), IC_{50} = 1023nmol/L; TH2 T 淋巴细胞细胞因子白介素-13 (IL-13), IC_{50} = 826nmol/L; 细胞毒 LD_{50} > 6000nmol/L].【文献】W. K. Strangman, et al. JMC, 2009, 52, 2317.

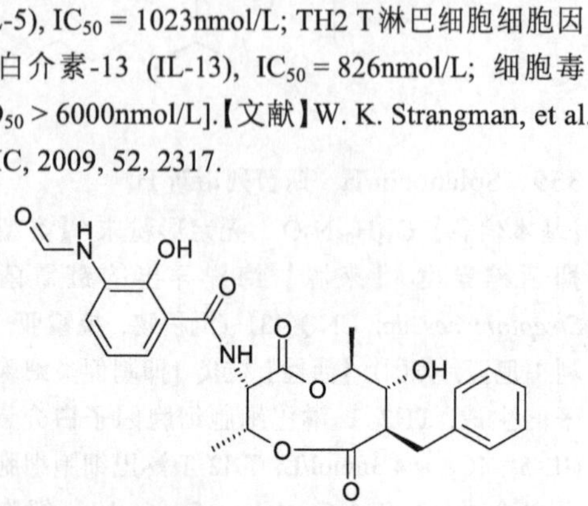

362 Streptobactin 链霉菌巴克亭*

【基本信息】$C_{51}H_{69}N_{15}O_{18}$.【类型】抑菌霉素类.【来源】海洋导出的链霉菌属 *Streptomyces* sp., 来自棕藻萱藻科 Scytosiphonaceae *Analipus japonicus* (查拉苏奈海滩, 室兰港口, 日本).【活性】铁载体; 螯合铁活性 (可以和去铁胺甲磺酸盐相比).【文献】Y. Matsuo, et al. JNP, 2011, 74, 2371.

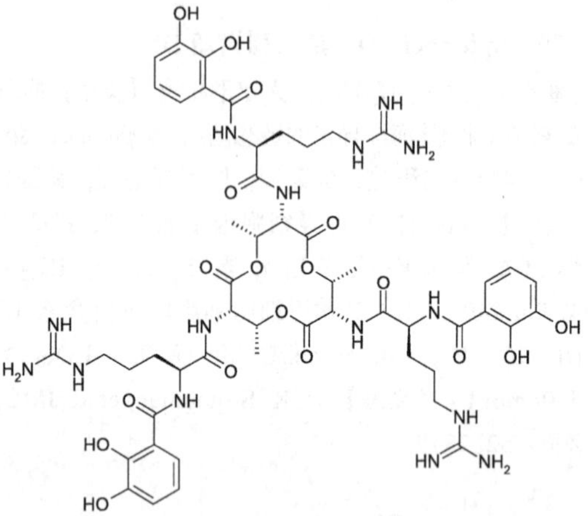

363 Tribenarthin 三比那尔亭*

【基本信息】$C_{51}H_{71}N_{15}O_{19}$.【类型】抑菌霉素类.【来源】海洋导出的链霉菌属 *Streptomyces* sp., 来自棕藻萱藻科 Scytosiphonaceae *Analipus japonicus* (查拉苏奈海滩, 室兰港口, 日本).【活性】铁载体; 嗜铁素.【文献】Y. Matsuo, et al. JNP, 2011, 74, 2371.

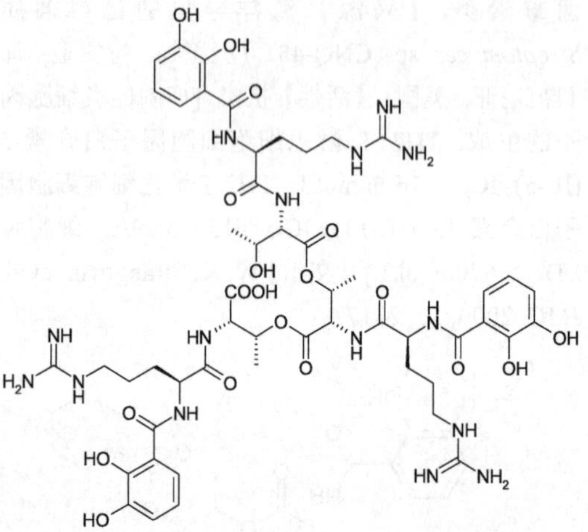

364 Urauchimycin A 乌龙霉素 A*

【基本信息】$C_{22}H_{30}N_2O_8$, $[\alpha]_D^{26}$ = +46.7° (c = 0.03, 甲醇).【类型】抑菌霉素类.【来源】海洋导出的链霉菌属 *Streptomyces* sp. Ni-80.【活性】乌龙霉

素是从海洋放线菌中分离得到的抑菌霉素类抗生素；对植物有毒；抗真菌.【文献】N. Imamura, et al. J. Antibiot., 1993, 46, 241; K.-I. Hayashi, et al. J. Antibiot., 1999, 52, 325.

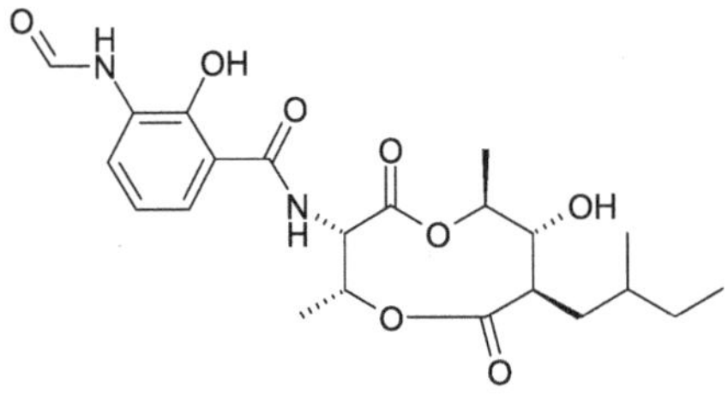

365 Urauchimycin B 乌龙霉素 B*

【基本信息】$C_{22}H_{30}N_2O_8$, $[\alpha]_D^{26}$ = +50° (c = 0.1, 甲醇).【类型】抑菌霉素类.【来源】海洋导出的链霉菌属 *Streptomyces* sp. Ni-80 和 *Streptomyces* sp. B1751.【活性】乌龙霉素是从海洋放线菌中分离得到的抑菌霉素类抗生素；形态变异抑制剂.【文献】N. Imamura, et al. J. Antibiot., 1993, 46, 241; C. B. F. Yao, et al. Z. Naturforsch., B, 2006, 61, 320.

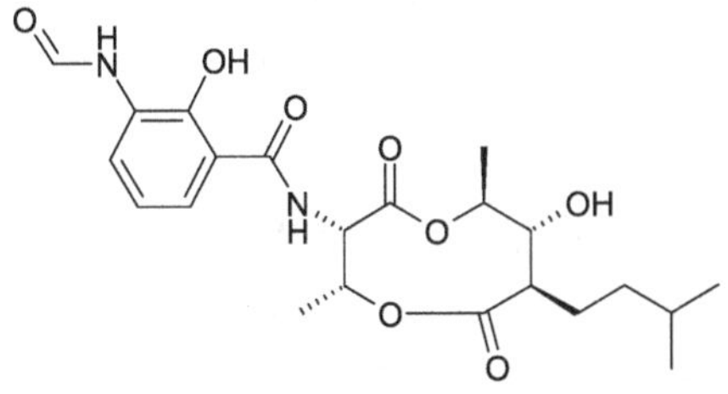

1.24 苔藓虫素类

366 Bryostatin 1 苔藓虫素 1

【基本信息】$C_{47}H_{68}O_{17}$, 晶体 (二氯甲烷/甲醇), mp 230~235°C, $[\alpha]_D^{25}$ = +34.1° (c = 0.044, 甲醇).【类型】苔藓虫素类.【来源】苔藓动物多室草苔虫 *Bugula neritina* 和苔藓动物旋花愚苔虫 *Amathia convoluta*.【活性】药理学 (有潜力的海洋药物的开发目标，可用在不相关的不同疾病，包括癌症、艾滋病和神经退行性疾病)；抗肿瘤 (二期临床试验结果是苔藓虫素 1 能在组合管理抗癌药物如顺铂治疗转移性或不可切除的胃癌肿瘤中有效)；PKC 的有潜力的调节器 (苔藓虫素 1 唤醒一个快速短时活化和连续的 PKC 自我磷酸化，连续诱导 PKC 膜易位，随后 PKC 下调；PKC-δ 同工酶的下调显示了独特的两相模式：在低浓度是下调，在较高浓度是机制的保护)；抗 AD 的临床前研究 [临床前研究表明苔藓虫素 1 能够：(i) 增强空间学习和长期记忆能力 (大鼠，小鼠，家兔和海洋裸鳃类)；(ii) 增加树突棘素和突触素，增加突触蛋白水平，引起突触结构改变；(iii) 发挥神经保护作用 (AD 转基因小鼠)；(iv) 改进记忆 (经受瑞典突变的 APP/PS1 小鼠，转基因小鼠)；(v) 降低 Aβ 水平 (*in vitro,* 单体 Aβ 处理的细胞，*in vivo* Tg2576 AD 小鼠)；(vi) 恢复神经营养活性和突触的损失；(vii) 防止神经细胞凋亡；(viii) 抑制 τ 磷酸化；(ix) 提升突触发生]；抗 AD 临床实验 (有 3 项临床实验正在进行：实验 A NCT00606164，题目：安全性、有效性、药物动力学和药效学. 目标：发现单剂量安全性并确定有效的单剂量苔藓虫素 1 的量，找出苔藓虫素 1 一旦进入血液发生了什么，并测量血液中的 PKC-C；实验 B NCT02221947 结束了查证，题目：研究评估初步安全、功效、PK 和 PD. 目标：评估静脉注射后的安全性和耐受性剂量；实验 C NCT02431468，题目：评估苔藓虫素 1 在中度至重度 AD 治疗中的作用. 目标：比较不同剂量治疗中、重度 AD 的疗效) (Russo, 2016).【文献】G. R. Pettit, et al. JACS, 1982, 104, 6846; 1984, 106, 6768; J. B. Smith, et al. Biochem. Biophys. Res. Commun., 1985, 132, 939; M. Gschwendt, et al. Carcinogenesis (London), 1988, 9, 555; P. Russo, et al. Mar. Drugs, 2016, 14, 5 (Rev.).

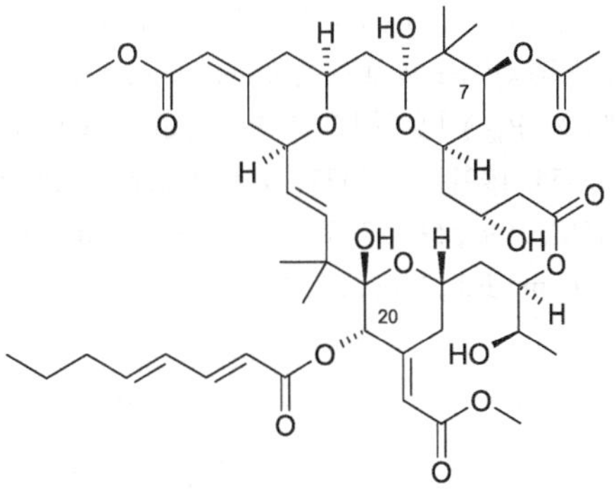

367 Bryostatin 2 苔藓虫素 2

【基本信息】$C_{45}H_{66}O_{16}$, 细晶体 (二氯甲烷/甲醇), mp 201~203°C, $[\alpha]_D^{25}$ = +50° (c = 0.05, 甲醇).【类型】苔藓虫素类.【来源】苔藓动物多室草苔虫 *Bugula neritina* 和苔藓动物旋花愚苔虫 *Amathia convoluta*.【活性】抗肿瘤.【文献】G. R. Pettit, et al. JNP, 1983, 46, 528; 1986, 49, 231; 661; J. B. Smith, et al. Biochem. Biophys. Res. Commun., 1985, 132, 939.

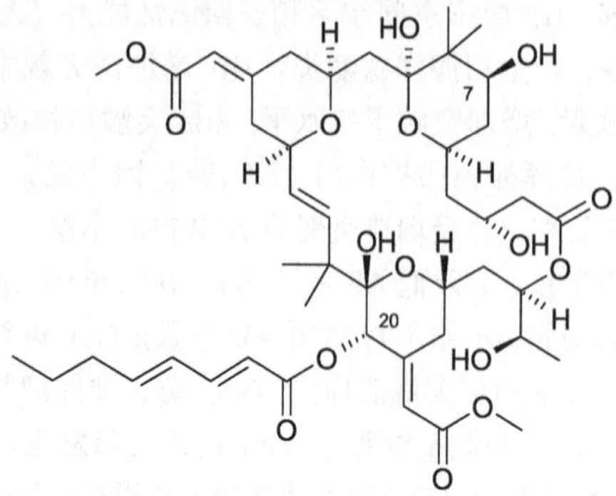

368　20-*epi*-Bryostatin 3　20-*epi*-苔藓虫素 3

【基本信息】$C_{46}H_{64}O_{17}$, 无定形固体, $[\alpha]_D^{25} = +61°$ ($c = 0.26$, 甲醇).【类型】苔藓虫素类.【来源】苔藓动物多室草苔虫 *Bugula neritina*.【活性】抗肿瘤.【文献】G. N. Chmurny, et al. JOC, 1992, 57, 5260.

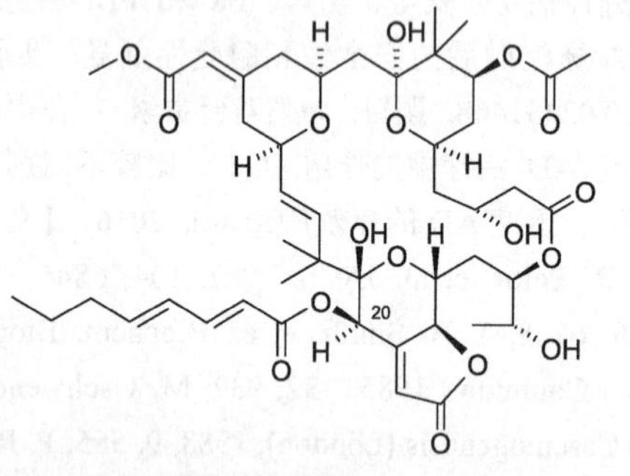

369　Bryostatin 3　苔藓虫素 3

【基本信息】$C_{46}H_{64}O_{17}$.【类型】苔藓虫素类.【来源】苔藓动物多室草苔虫 *Bugula neritina*.【活性】抗肿瘤 (P_{388}).【文献】G. R. Pettit, et al. JOC, 1983, 48, 5354; 1991, 56, 1337; D. E. Schaufelberger, et al. JOC, 1991, 56, 2895; K. Ohmori, et al. Angew. Chem., Int. Ed., 2000, 29, 2290.

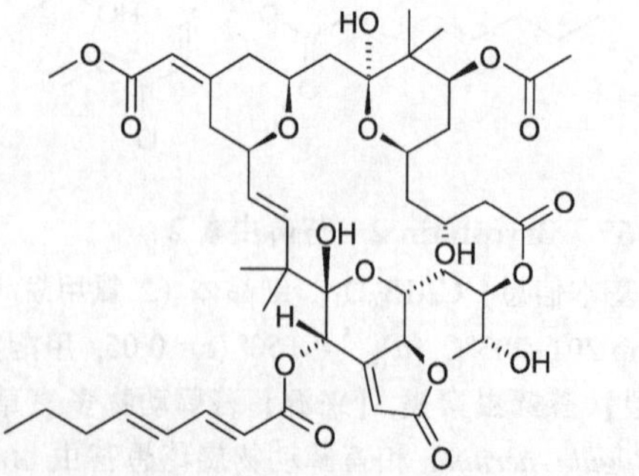

370　Bryostatin 4　苔藓虫素 4

【基本信息】$C_{46}H_{70}O_{17}$, 无定形粉末, mp 198~200°C.【类型】苔藓虫素类.【来源】等网扁矛海绵 *Lissodendoryx isodictyalis,* 苔藓动物多室草苔虫 *Bugula neritina* 和苔藓动物旋花愚苔虫 *Amathia convoluta,* 褶胃海鞘属 *Aplidium californicum*.【活性】细胞毒 (小鼠 P_{388} 淋巴细胞白血病); 蛋白磷酸化作用刺激剂; 蛋白激酶 C 键合剂; 中性粒细胞白血球活化剂.【文献】G. R. Pettit, et al. JACS, 1982, 104, 6846; 1984, 106, 6768; G. R. Pettit, et al. JNP, 1983, 46, 528; 1986, 49, 231; 661; G. R. Pettit, et al. Pure Appl. Chem., 1986, 58, 415.

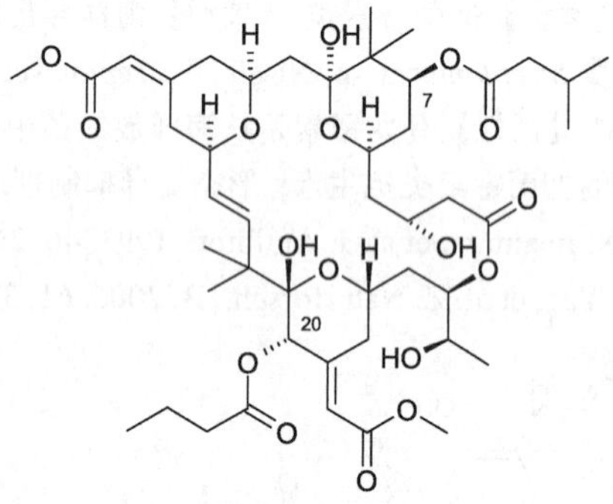

371　Bryostatin 5　苔藓虫素 5

【基本信息】$C_{44}H_{66}O_{17}$, 针状晶体 (二氯甲烷/甲醇), mp 169~172°C, $[\alpha]_D^{27} = +106.92°$ ($c = 0.028$, 甲醇).【类型】苔藓虫素类.【来源】等网扁矛海绵 *Lissodendoryx isodictyalis,* 苔藓动物多室草苔虫 *Bugula neritina* 和苔藓动物旋花愚苔虫 *Amathia convoluta,* 褶胃海鞘属 *Aplidium californicum*.【活性】细胞毒 (小鼠 P_{388} 淋巴细胞白血病).【文献】G. R. Pettit, et al. JNP, 1983, 46, 528; 1986, 49, 231; 661; G. R. Pettit, et al. Pure Appl. Chem., 1986, 58, 415.

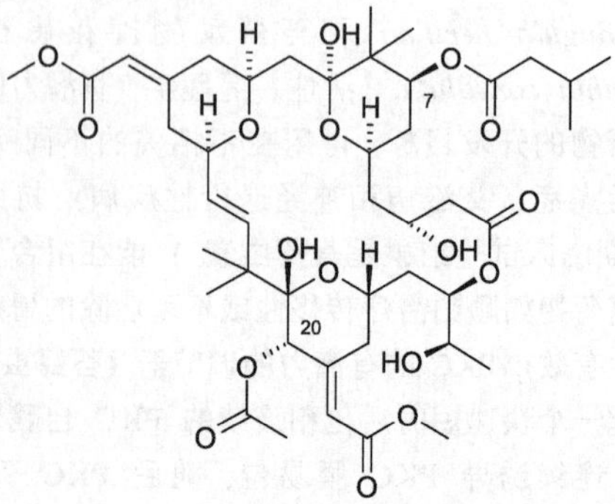

372 Bryostatin 6 苔藓虫素 6

【别名】NSC 362617.【基本信息】$C_{43}H_{64}O_{17}$, 针状晶体 (二氯甲烷/甲醇), mp 172~175°C, $[\alpha]_D^{27}$ = +39.92° (*c* = 0.05, 甲醇).【类型】苔藓虫素类.【来源】等网扁矛海绵 *Lissodendoryx isodictyalis*, 苔藓动物多室草苔虫 *Bugula neritina* 和苔藓动物旋花愚苔虫 *Amathia convoluta*.【活性】抗肿瘤 (小鼠淋巴细胞白血病 P_{388} 细胞株).【文献】G. R. Pettit, et al. Tetrahedron, 1985, 41, 985; G. R. Pettit, et al. Pure Appl. Chem., 1986, 58, 415; G. R. Pettit, et al. JOC, 1991, 56, 1337.

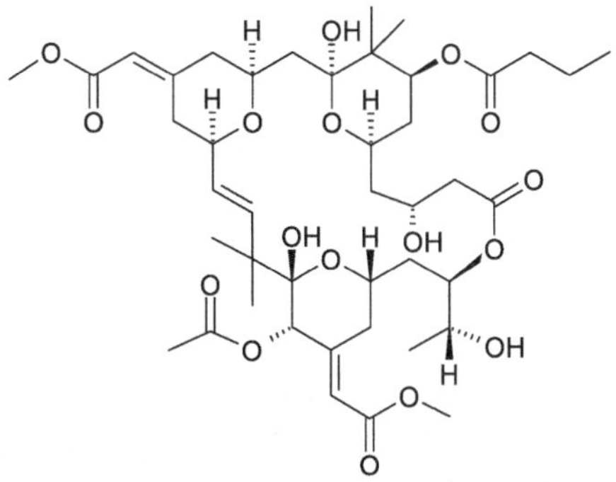

373 Bryostatin 7 苔藓虫素 7

【基本信息】$C_{41}H_{60}O_{17}$, 针状晶体 (二氯甲烷/甲醇), mp 176~179°C, $[\alpha]_D^{27}$ = +39.92° (*c* = 0.05, 甲醇).【类型】苔藓虫素类.【来源】苔藓动物多室草苔虫 *Bugula neritina* 和苔藓动物旋花愚苔虫 *Amathia convoluta*.【活性】细胞毒 (小鼠淋巴细胞白血病 P_{388} 细胞株).【文献】G. R. Pettit, et al. Can. J. Chem., 1985, 63, 1204.

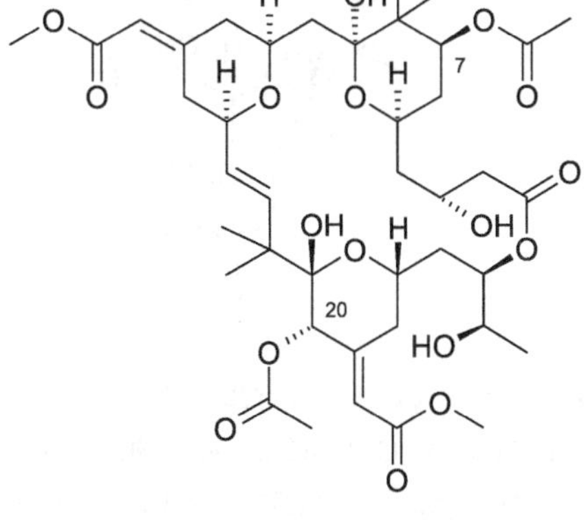

374 Bryostatin 8 苔藓虫素 8

【基本信息】$C_{45}H_{68}O_{17}$, 无定形粉末, mp 170~173°C, $[\alpha]_D^{27}$ = +49.9° (*c* = 0.04, 甲醇).【类型】苔藓虫素类.【来源】苔藓动物多室草苔虫 *Bugula neritina* 和苔藓动物旋花愚苔虫 *Amathia convoluta*.【活性】细胞毒 (小鼠淋巴细胞白血病 P_{388} 细胞株); 抗肿瘤 (P_{388}).【文献】G. R. Pettit, et al. Tetrahedron, 1985, 41, 985; G. R. Pettit, et al. Pure Appl. Chem., 1986, 58, 415.

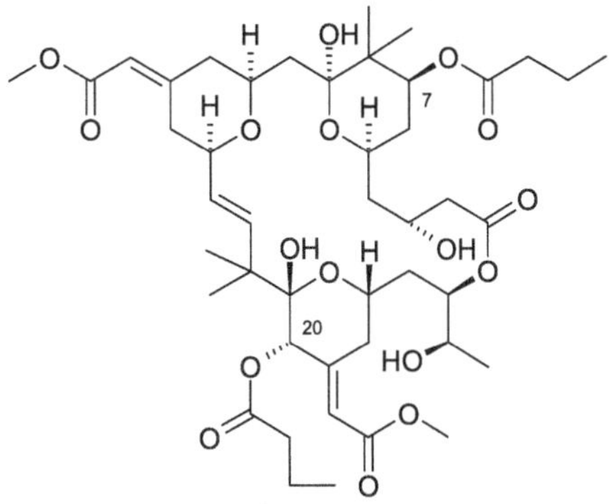

375 Bryostatin 9 苔藓虫素 9

【基本信息】$C_{43}H_{64}O_{17}$, 针状晶体, mp 159~162°C, $[\alpha]_D^{28}$ = +87.31° (*c* = 0.04, 甲醇).【类型】苔藓虫素类.【来源】苔藓动物多室草苔虫 *Bugula neritina*.【活性】抗肿瘤.【文献】G. R. Pettit, et al. JNP, 1983, 46, 528; 1986, 49, 231; 661.

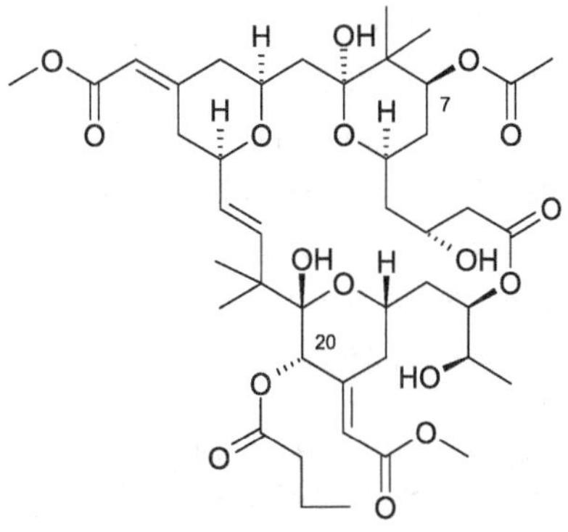

376 Bryostatin 10 苔藓虫素 10

【基本信息】$C_{42}H_{64}O_{15}$, 片状晶体 (甲醇/二氯甲烷), mp 161~164°C, $[\alpha]_D^{27}$ = +99.8° (*c* = 0.04, 甲醇).【类型】苔藓虫素类.【来源】苔藓动物多室草苔虫 *Bugula neritina*.【活性】细胞毒 (*in vitro* 淋巴细胞白血病 P_{388} 细胞, $ED_{50} = 7.6\times10^{-4}$μg/mL); 有毒的 (受精海胆卵实验, ED_{50} = 0.16μg/mL; P_{388}, ED_{50} = 0.0018μglmL); 甾类生成刺激剂 [使用荧光测定法的甾类生成试验: 原代培养的牛肾上腺皮质细胞, 以皮质醇为标准, 采用荧光定量法测

定激素水平，结果显示为每 10^5 个细胞每小时皮摩尔皮质醇的产生，被苔藓虫素 10 刺激后，促肾上腺皮质激素诱导的类固醇生成增加大约 1.8 倍 (1141pmol/10^5cell·h, 当刺激只用 10pmol/L 促肾上腺皮质激素时，类固醇生成的量是 635pmol/10^5 cell·h,)]；有毒的 (盐水丰年虾).【文献】G. R. Pettit, et al. JOC, 1987, 52, 2848; Y. Kamano, et al. Tennen Yuki Kagobutsu Toronkai Koen Yoshishu, 1993, 35, 282; Y. Kamano, et al. JNP, 1995, 58, 1868.

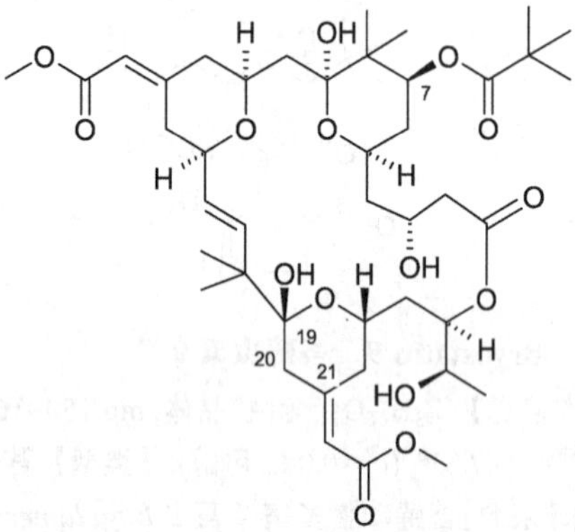

377 Bryostatin 11 苔藓虫素 11

【基本信息】$C_{39}H_{58}O_{15}$，针状晶体 (甲醇/二氯甲烷), mp 171~173ºC, $[\alpha]_D^{27} = +42.5°$ (c = 0.05, 甲醇).【类型】苔藓虫素类.【来源】苔藓动物多室草苔虫 *Bugula neritina*.【活性】细胞毒 (*in vitro*, 淋巴细胞白血病 P_{388} 细胞, $ED_{50} = 1.8\times10^{-5}$μg/mL)；抗肿瘤 (*in vivo*, P_{388} 淋巴细胞白血病细胞, 92.5μg/kg, 生命延长 64%).【文献】G. R. Pettit, et al. JOC, 1987, 52, 2848.

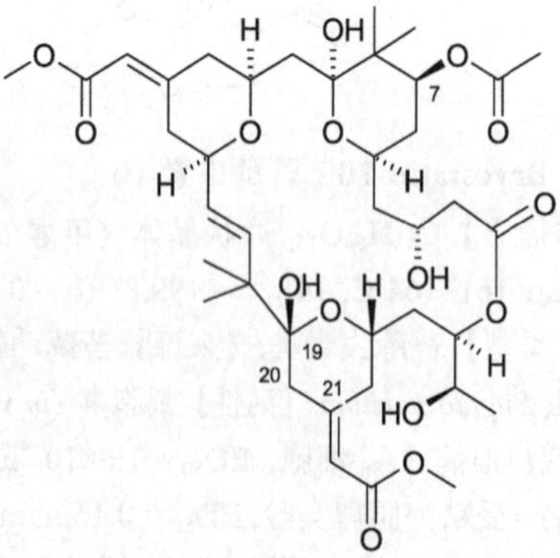

378 Bryostatin 12 苔藓虫素 12

【基本信息】$C_{49}H_{72}O_{17}$, $[\alpha]_D^{27} = +39°$ (c = 0.108, 甲醇).【类型】苔藓虫素类.【来源】苔藓动物多室草苔虫 *Bugula neritina*.【活性】细胞毒 (*in vitro*, P_{388} 淋巴细胞白血病细胞, $ED_{50} = 0.014$μg/mL)；抗肿瘤 (*in vivo*, 淋巴细胞白血病 P_{388} 细胞, 30~50μg/kg, 生命延长 47~68%)；RNA 生物合成抑制剂.【文献】G. R. Pettit, et al. JOC, 1987, 52, 2854.

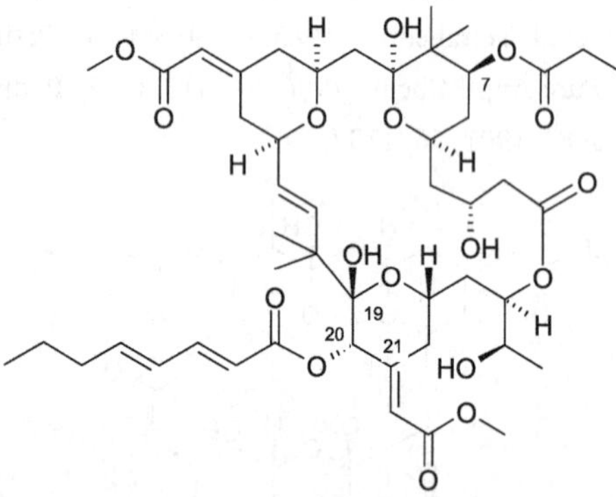

379 Bryostatin 13 苔藓虫素 13

【基本信息】$C_{41}H_{62}O_{15}$.【类型】苔藓虫素类.【来源】苔藓动物多室草苔虫 *Bugula neritina*.【活性】细胞毒 (*in vitro*, 淋巴细胞白血病 P_{388} 细胞, ED_{50} = 0.0054μg/mL)；抗肿瘤 (*in vivo*, P_{388} 淋巴细胞白血病细胞, 92.5μg/kg, 生命延长 64%).【文献】G. R. Pettit, et al. JOC, 1987, 52, 2854.

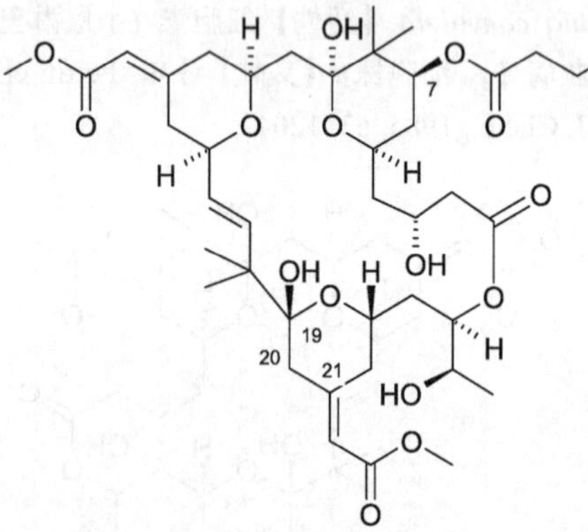

380 Bryostatin 14 苔藓虫素 14

【基本信息】$C_{42}H_{64}O_{16}$，无定形粉末，mp 174~176ºC, $[\alpha]_D^{22} = +41.3°$ (c = 0.9, 二氯甲烷).【类型】苔藓虫素类.【来源】苔藓动物多室草苔虫 *Bugula neritina*.【活性】细胞毒.【文献】G. R. Pettit, et al. Tetrahedron, 1991, 47, 3601.

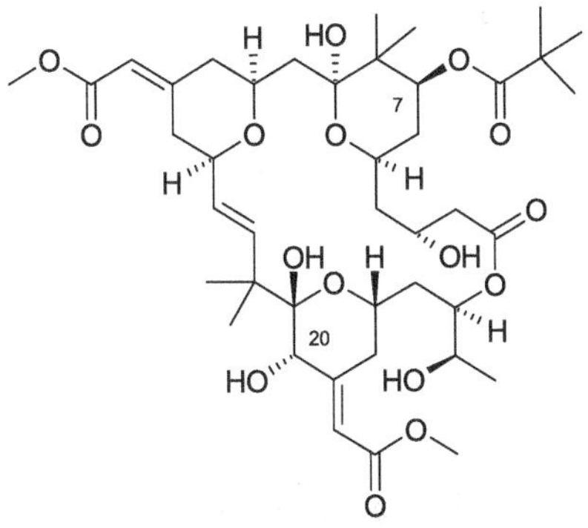

381　Bryostatin 15　苔藓虫素 15

【基本信息】$C_{47}H_{68}O_{18}$, $[\alpha]_D^{25}$ = +26° (c = 0.3, 甲醇).【类型】苔藓虫素类.【来源】苔藓动物多室草苔虫 *Bugula neritina*.【活性】细胞毒.【文献】G. R. Pettit, et al. Tetrahedron, 1991, 47, 3601.

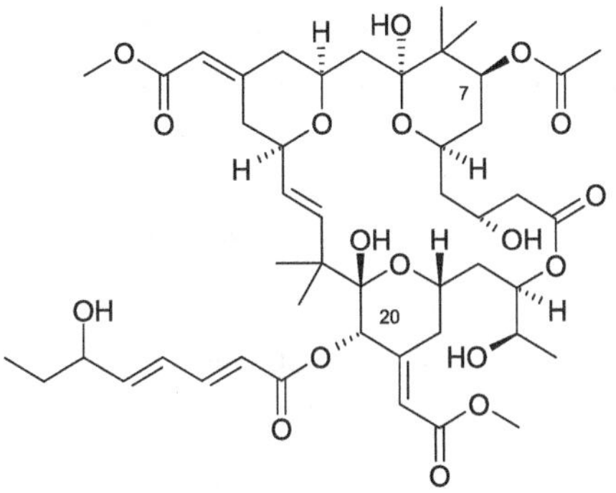

382　Bryostatin 16　苔藓虫素 16

【基本信息】$C_{42}H_{62}O_{14}$, $[\alpha]_D$ = +84° (c = 0.4, 甲醇).【类型】苔藓虫素类.【来源】苔藓动物多室草苔虫 *Bugula neritina*.【活性】细胞毒 (小鼠淋巴细胞白血病 P_{388} 细胞, ED_{50} = 9.3×10^{-3}μg/mL).【文献】G. R. Pettit, et al. JNP, 1996, 59, 286.

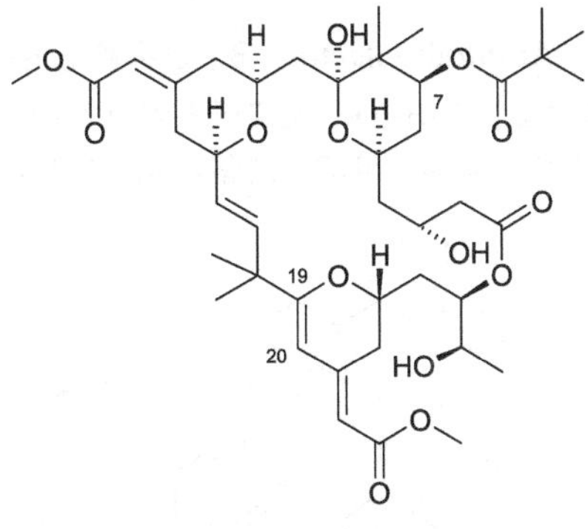

383　Bryostatin 17　苔藓虫素 17

【基本信息】$C_{42}H_{62}O_{14}$, $[\alpha]_D$ = +231° (c = 0.3, 甲醇).【类型】苔藓虫素类.【来源】苔藓动物多室草苔虫 *Bugula neritina*.【活性】细胞毒 (小鼠淋巴细胞白血病 P_{388} 细胞, ED_{50} = 1.9×10^{-2}μg/mL).【文献】G. R. Pettit, et al. JNP, 1996, 59, 286.

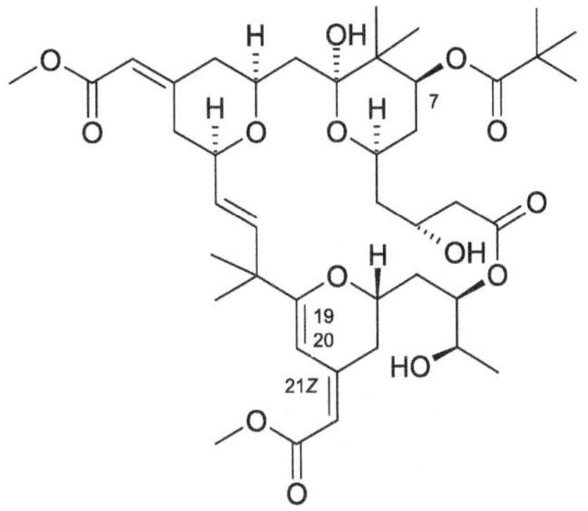

384　Bryostatin 18　苔藓虫素 18

【基本信息】$C_{42}H_{64}O_{15}$, $[\alpha]_D$ = +136° (c = 0.7, 甲醇).【类型】苔藓虫素类.【来源】苔藓动物多室草苔虫 *Bugula neritina*.【活性】细胞毒 (小鼠淋巴细胞白血病 P_{388} 细胞, ED_{50} = 3.3×10^{-3}μg/mL).【文献】G. R. Pettit, et al. JNP, 1996, 59, 286.

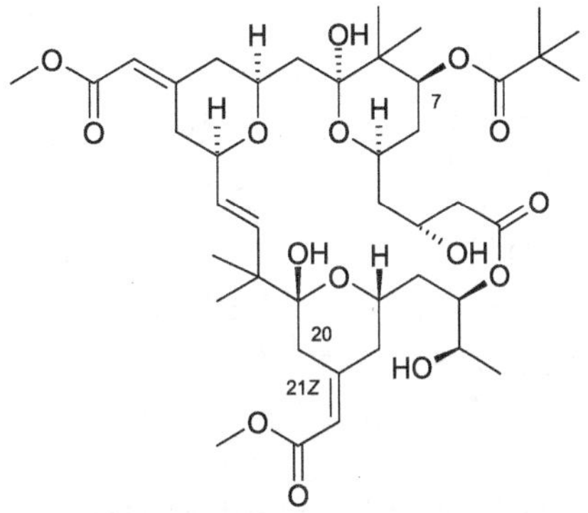

385　Miyakolide　宫部内酯*

【基本信息】$C_{36}H_{54}O_{12}$, 晶体 (二氯甲烷/甲醇), mp 197~199°C, $[\alpha]_D^{24}$ = −24° (c = 1.05, 氯仿), 溶于甲醇, 氯仿; 难溶于水.【类型】苔癣虫素类.【来源】多丝海绵属 *Polyfibrospongia* sp. (日本水域).【活性】细胞毒 (低活性); 抗肿瘤 (小鼠, 白血病 P_{388} 细胞, *in vitro* IC_{50} = 17.5μg/mL, *in vivo* 800μg/kg, *T/C* = 127%).【文献】T. Higa, et al. JACS, 1992, 114, 7587.

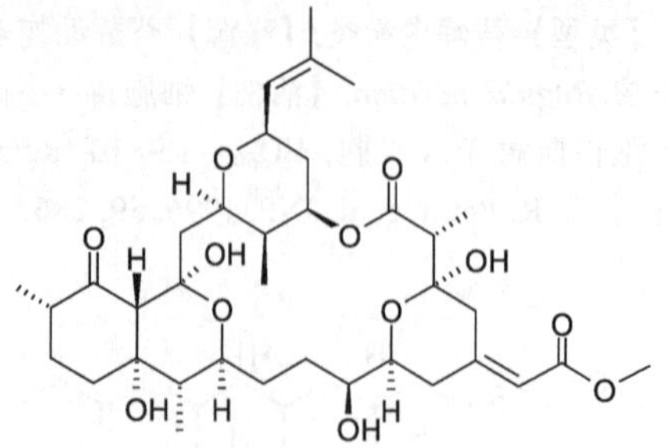

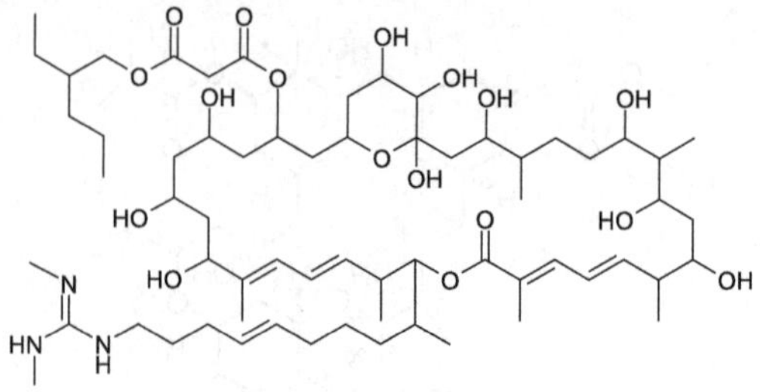

1.25 丰富霉素类

386 Azalomycin F_{4a} 2-ethylpentyl ester 阿扎霉素 F_{4a} 2-乙基戊基酯

【基本信息】$C_{63}H_{109}N_3O_{17}$，白色无定形粉末，$[\alpha]_D^{30}$ = +4.7° (*c* = 0.1，甲醇).【类型】丰富霉素类.【来源】红树导出的链霉菌属 *Streptomyces* sp. 来自红树银叶树属 *Heritiera globosa* (根际土壤，文昌，海南，中国).【活性】抗真菌 (酵母白色念珠菌 *Candida albicans,* MIC = 2.34μg/mL)；细胞毒 (HCT116 细胞株，IC_{50} = 5.64μg/mL).【文献】G. J. Yuan, et al. Chin. Chem. Lett., 2010, 21, 947; G. Yuan, et al. Magn. Reson. Chem., 2011, 49, 30.

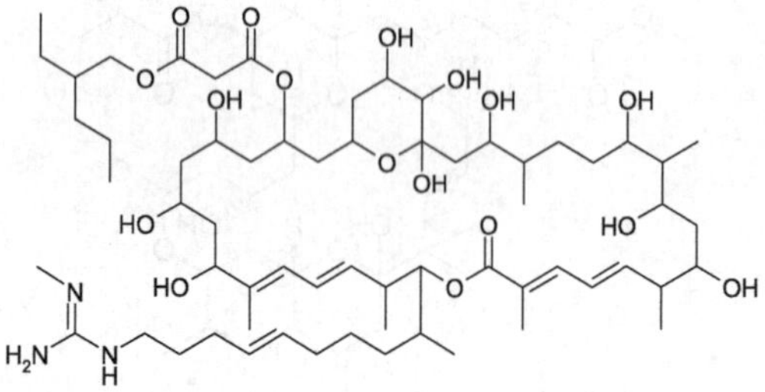

387 Azalomycin F_{5a} 2-ethylpentyl ester 阿扎霉素 F_{5a} 2-乙基戊基酯

【基本信息】$C_{64}H_{111}N_3O_{17}$，白色无定形粉末，$[\alpha]_D^{30}$ = +4.7° (*c* = 0.1，甲醇).【类型】丰富霉素类.【来源】红树导出的链霉菌属 *Streptomyces* sp.，来自红树银叶树属 *Heritiera globosa* (根际土壤，文昌，海南，中国).【活性】抗真菌 (酵母白色念珠菌 *Candida albicans,* MIC = 12.5μg/mL)；细胞毒 (HCT116 细胞株，IC_{50} = 2.58μg/mL).【文献】G. Yuan, et al. Magn. Reson. Chem., 2011, 49, 30.

1.26 福基霉素类

388 Nocardiopsin B 拟诺卡氏菌新 B*

【基本信息】$C_{33}H_{53}NO_7$，油状物，$[\alpha]_D$ = −72° (*c* = 0.1，甲醇).【类型】福基霉素类.【来源】海洋导出的放线菌拟诺卡氏放线菌属 *Nocardiopsis* sp. CMB-M0232.【活性】免疫亲和素 FKBP12 键合剂.【文献】R. Raju, et al. Chem. Eur. J., 2010, 16, 3194.

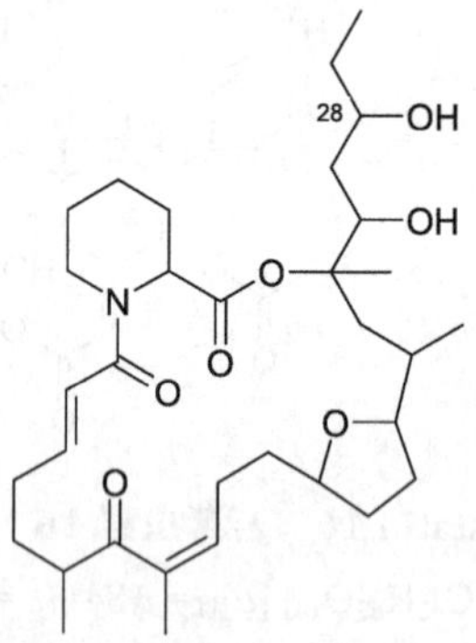

1.27 前沟藻内酯类

389 Amphidinolactone B 前沟藻属内酯 B

【基本信息】$C_{32}H_{54}O_8$，无定形固体.【类型】前沟藻内酯类.【来源】甲藻前沟藻属 *Amphidinium* sp.

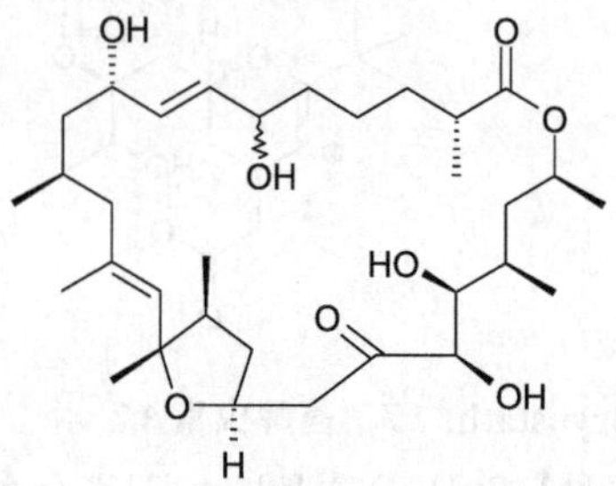

Y-25.【活性】细胞毒 (L_{1210}, IC_{50} = 3.3μg/mL; KB, IC_{50} = 5.3μg/mL)【文献】Y. Takahashi, et al. J. Antibiot., 2007, 60, 376; J. Kobayashi, et al. J. Antibiot., 2008, 61(5), 271 (Rev.).

390 Amphidinolide A 前沟藻内酯 A

【基本信息】$C_{31}H_{46}O_7$, 针状晶体, mp 130~133°C, $[\alpha]_D^{24}$ = +46° (*c* = 1, 氯仿).【类型】前沟藻内酯类.【来源】甲藻前沟藻属 *Amphidinium* sp. Y-5 来自无腔动物亚门无肠目两桩涡虫属 *Amphiscolops* sp.【活性】细胞毒 (L_{1210}, IC_{50} = 2.0μg/mL; KB, IC_{50} = 5.7μg/mL); 抗肿瘤 (多种人癌细胞).【文献】J. Kobayashi, et al. Tetrahedron Lett., 1986, 27, 5755; J. Kobayashi, et al. JNP, 1991, 54, 1435; B. M. Trost, et al. JACS, 2005, 127, 13589; 13598; J. Kobayashi, et al. J. Antibiot., 2008, 61(5), 271 (Rev.).

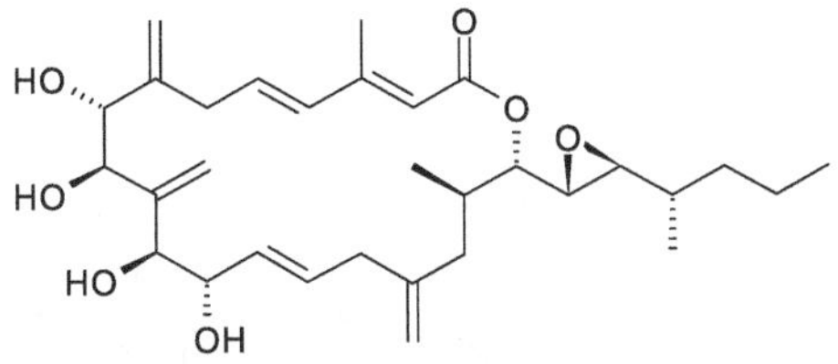

391 Amphidinolide B 前沟藻内酯 B

【别名】Amphidinolide B_1; 前沟藻内酯 B_1.【基本信息】$C_{32}H_{50}O_8$, 针状晶体 (己烷/二氯甲烷), mp 82~84°C, $[\alpha]_D^{25}$= −62.5° (*c* = 0.4, 氯仿), $[\alpha]_D^{25}$ = −45° (*c* = 1, 氯仿).【类型】前沟藻内酯类.【来源】甲藻前沟藻属 *Amphidinium* sp. (产率 = 0.14%dw).【活性】细胞毒 (人 结肠癌细胞 HCT116, IC_{50} = 0.122μg/mL) (Bauer, 1994); 细胞毒 (L_{1210}, IC_{50} = 0.14ng/mL) (Ishibashi, 1987); 细胞毒 (培养癌细胞 *in vitro*, IC_{50} = 0.00014~0.0045g/mL) (Shimbo, 2005).【文献】M. Ishibashi, et al. J. Chem. Soc. Chem. Commun. 1987, 1127.; J. Kobayashi, et al. JOC, 1991, 56, 5221; 2002, 67, 6585; I. Bauer, et al. JACS, 1994, 116, 2657; K. Shimbo, et al. BoMC, 2005, 13, 5066; J. Kobayashi, et al. J. Antibiot., 2008, 61(5), 271 (Rev.).

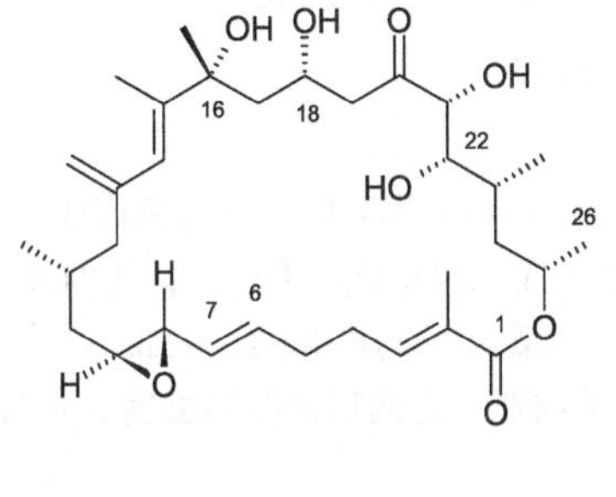

392 Amphidinolide B_2 前沟藻内酯 B_2

【基本信息】$C_{32}H_{50}O_8$, 无定形固体, $[\alpha]_D^{25}$ = −43.9° (*c* = 0.4, 氯仿).【类型】前沟藻内酯类.【来源】甲藻前沟藻属 *Amphidinium* sp.【活性】细胞毒 (HCT116, IC_{50} = 7.5μg/mL).【文献】I. Bauer, et al. JACS, 1994, 116, 2657.

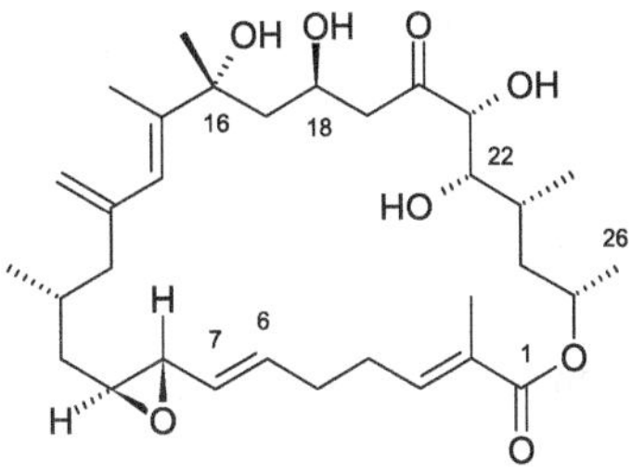

393 Amphidinolide B_3 前沟藻内酯 B_3

【基本信息】$C_{32}H_{50}O_8$, $[\alpha]_D^{25}$ = −69.4° (*c* = 0.2, 氯仿).【类型】前沟藻内酯类.【来源】甲藻前沟藻属 *Amphidinium* sp.【活性】细胞毒 (HCT116, IC_{50} = 0.206μg/mL).【文献】I. Bauer, et al. JACS, 1994, 116, 2657.

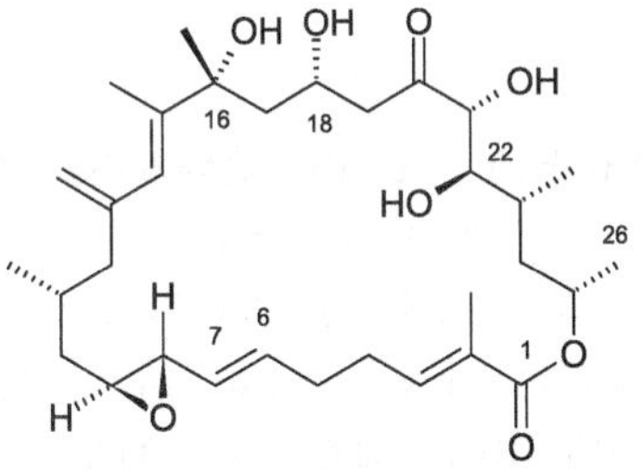

394 Amphidinolide B_4 前沟藻内酯 B_4

【别名】Amphidinolide H‡; 前沟藻内酯 H‡.【基本信息】$C_{32}H_{50}O_7$, 油状物, $[\alpha]_D^{23}$ = −13° (*c* = 0.2, 氯仿).【类型】前沟藻内酯类.【来源】甲藻前沟藻属 *Amphidinium* spp. Y-25 和甲藻前沟藻属 *Amphidinium* sp.【活性】细胞毒 (小鼠淋巴癌 L_{1210}, IC_{50} = 0.00012μg/mL; 人表皮样癌 KB 细胞, IC_{50} = 0.001μg/mL); 细胞毒 (培养癌细胞 *in vitro*, IC_{50} = 0.00014~0.0045μg/mL); 和肌动蛋白

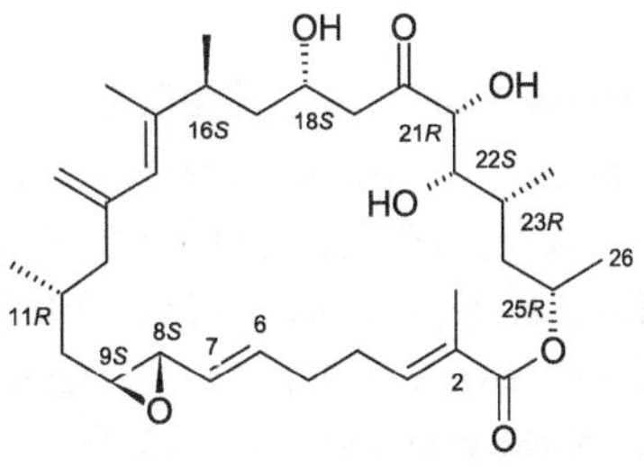

共价键合.【文献】M. Tsuda, et al. Mar. Drugs, 2005, 3, 1; K. Oguchi, et al. JNP, 2007, 70, 1676; J. Kobayashi, et al. J. Antibiot., 2008, 61(5), 271 (Rev.).

395 Amphidinolide B_5 前沟藻内酯 B_5

【基本信息】$C_{32}H_{50}O_7$，油状物，$[\alpha]_D = -25°$ ($c = 0.2$, 氯仿).【类型】前沟藻内酯类.【来源】甲藻前沟藻属 *Amphidinium* sp.【活性】细胞毒 (小鼠淋巴癌 L_{1210}, $IC_{50} = 0.0014\mu g/mL$；人表皮样癌 KB 细胞，$IC_{50} = 0.004\mu g/mL$).【文献】M. Tsuda, et al. Mar. Drugs, 2005, 3, 1; J. Kobayashi, et al. J. Antibiot., 2008, 61(5), 271 (Rev.).

396 Amphidinolide B_6 前沟藻内酯 B_6

【基本信息】$C_{32}H_{54}O_8$，油状物，$[\alpha]_D^{17} = +29°$ ($c = 0.01$, 氯仿).【类型】前沟藻内酯类.【来源】甲藻前沟藻属 *Amphidinium* sp.【活性】细胞毒 (人 B 淋巴细胞 DG-75 细胞，$IC_{50} = 0.02\mu g/mL$).【文献】K. Oguchi, et al. JNP, 2007, 70, 1676.

397 Amphidinolide B_7 前沟藻内酯 B_7.

【基本信息】$C_{32}H_{52}O_7$，油状物，$[\alpha]_D = -22°$ ($c = 0.01$, 氯仿).【类型】前沟藻内酯类.【来源】甲藻前沟藻属 *Amphidinium* sp.【活性】细胞毒 (人 B 淋巴细胞 DG-75 细胞，$IC_{50} = 0.4\mu g/mL$).【文献】K. Oguchi, et al. JNP, 2007, 70, 1676.

398 Amphidinolide C 前沟藻内酯 C

【基本信息】$C_{41}H_{62}O_{10}$，无定形物质，$[\alpha]_D^{26} = -106°$ ($c = 1$, 氯仿).【类型】前沟藻内酯类.【来源】甲藻前沟藻属 *Amphidinium* sp.【活性】细胞毒 (L_{1210}, $IC_{50} = 0.0058\mu g/mL$; KB, $IC_{50} = 0.0046\mu g/mL$); ATP 酶活化剂.【文献】J. Kobayashi, et al. JACS, 1988, 110, 490; T. Kubota, et al. Org. Lett., 2001, 3, 1363; J. Kobayashi, et al. J. Antibiot., 2008, 61(5), 271 (Rev.).

399 Amphidinolide C_2 前沟藻内酯 C_2.

【基本信息】$C_{43}H_{64}O_{11}$，无色油状物.【类型】前沟藻内酯类.【来源】甲藻前沟藻属 *Amphidinium* sp.【活性】细胞毒 (L_{1210}, $IC_{50} = 0.8\mu g/mL$; KB, $IC_{50} = 3\mu g/mL$).【文献】T. Kubota, et al. Mar. Drugs, 2004, 2, 83; J. Kobayashi, et al. J. Antibiot., 2008, 61(5), 271 (Rev.).

400 Amphidinolide C_3 前沟藻内酯 C_3

【基本信息】$C_{41}H_{60}O_{10}$.【类型】前沟藻内酯类.【来源】甲藻前沟藻属 *Amphidinium* sp. Y-56, 来自无腔动物亚门无肠目两桩涡虫属 *Amphiscolops* sp. (残波岬, 冲绳, 日本).【活性】细胞毒 (P_{388}, L_{1210} 和 KB 细胞).【文献】T. Kubota, et al. Heterocycles, 2010, 82, 333.

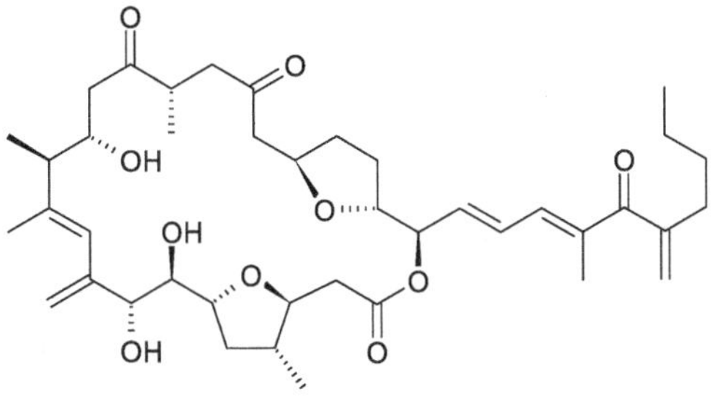

401 Amphidinolide D 前沟藻内酯 D

【基本信息】$C_{32}H_{50}O_8$, 无定形固体, $[\alpha]_D^{30} = -30°$ ($c = 0.5$, 氯仿).【类型】前沟藻内酯类.【来源】甲藻前沟藻属 *Amphidinium* sp., 无腔动物亚门无肠目两桩涡虫属 *Amphiscolops* sp.【活性】细胞毒 (L_{1210}, $IC_{50} = 0.019\mu g/mL$; KB, $IC_{50} = 0.08\mu g/mL$).【文献】J. Kobayashi, et al. JNP, 1989, 52, 1036; J. Kobayashi, et al. JOC, 2002, 67, 6585; J. Kobayashi, et al. J. Antibiot., 2008, 61(5), 271 (Rev.).

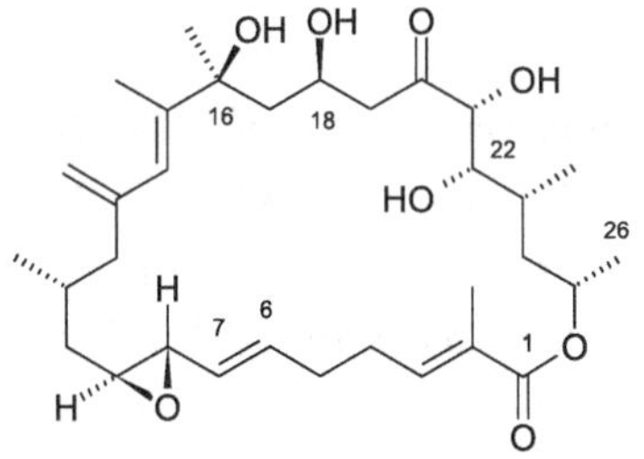

402 Amphidinolide E 前沟藻内酯 E

【基本信息】$C_{30}H_{44}O_6$, 无定形固体.【类型】前沟藻内酯类.【来源】甲藻前沟藻属 *Amphidinium* sp., 无腔动物亚门无肠目两桩涡虫属 *Amphiscolops* sp.【活性】细胞毒 (L_{1210}, $IC_{50} = 2.0\mu g/mL$; KB, $IC_{50} = 10\mu g/mL$).【文献】J. Kobayashi, et al. JOC, 1990, 55, 3421; T. Kubota, et al. JOC, 2002, 67, 1651; J. Kobayashi, et al. J. Antibiot., 2008, 61(5), 271 (Rev.).

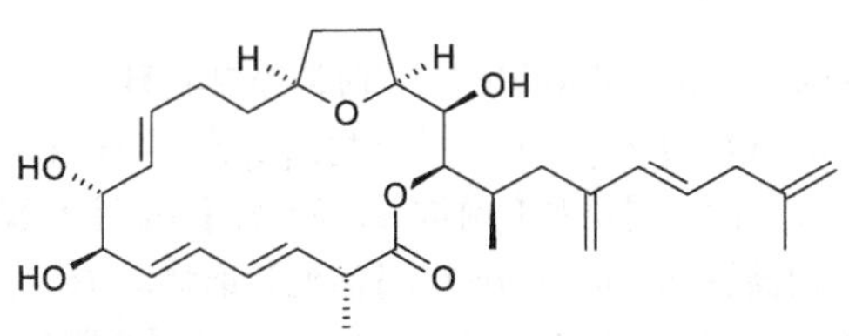

403 Amphidinolide F 前沟藻内酯 F

【基本信息】$C_{35}H_{52}O_9$, 无定形固体, $[\alpha]_D^{30} = -57°$ ($c = 0.1$, 氯仿).【类型】前沟藻内酯类.【来源】甲藻前沟藻属 *Amphidinium* sp. 来自无腔动物亚门无肠目两桩涡虫属 *Amphiscolops magniviridis*.【活性】细胞毒 (L_{1210}, $IC_{50} = 1.5\mu g/mL$; KB, $IC_{50} = 3.2\mu g/mL$).【文献】J. Kobayashi, et al. J. Antibiot., 1991, 44, 1259; 2008, 61(5), 271 (Rev.).

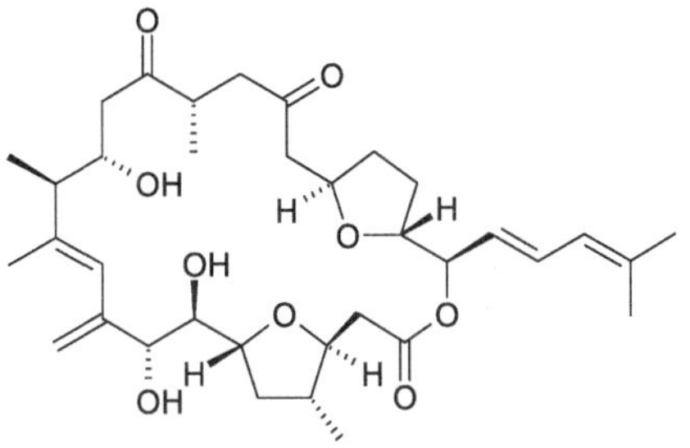

404 Amphidinolide G₁ 前沟藻内酯 G₁

【基本信息】$C_{32}H_{50}O_8$, 无定形粉末, $[\alpha]_D^{22} = -60.1°$ ($c = 0.15$, 氯仿).【类型】前沟藻内酯类.【来源】甲藻前沟藻属 *Amphidinium* sp., 无腔动物亚门无肠目两桩涡虫属 *Amphiscolops* sp.【活性】细胞毒 (L_{1210}, $IC_{50} = 0.0054\mu g/mL$; KB, $IC_{50} = 0.0059\mu g/mL$; $IC_{50} = 0.0046\mu g/mL$).【文献】J. Kobayashi, et al. JOC, 1991, 56, 5221; 2002, 67, 6585; J. Kobayashi, et al. J. Antibiot., 2008, 61(5), 271 (Rev.).

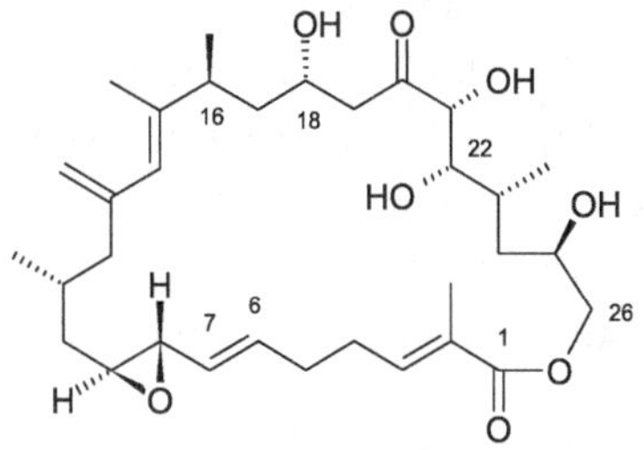

405 Amphidinolide G₂ 前沟藻内酯 G₂

【基本信息】$C_{32}H_{50}O_8$, 油状物, $[\alpha]_D^{25} = -47°$ ($c = 0.14$, 氯仿).【类型】前沟藻内酯类.【来源】甲藻前沟藻属 *Amphidinium* sp.【活性】细胞毒 (L_{1210}, $IC_{50} = 0.3\mu g/mL$; KB, $IC_{50} = 0.8\mu g/mL$).【文献】J. Kobayashi, et al. JOC, 2002, 67, 6585.

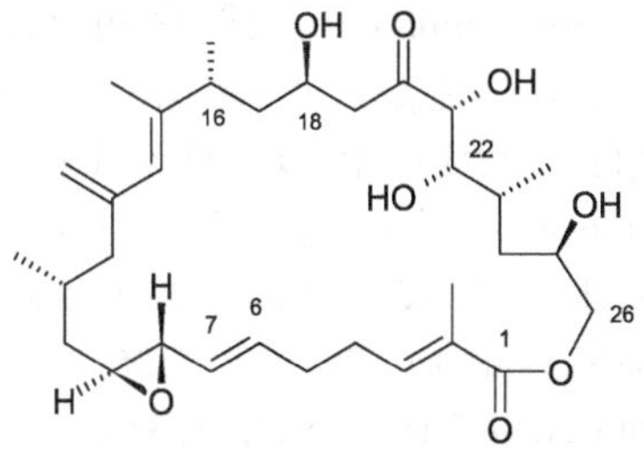

406 Amphidinolide G₃ 前沟藻内酯 G₃

【基本信息】$C_{32}H_{52}O_8$, 油状物, $[\alpha]_D^{25}= -89°$ (c = 0.14, 氯仿).【类型】前沟藻内酯类.【来源】甲藻前沟藻属 *Amphidinium* sp.【活性】细胞毒 (L_{1210}, IC_{50} = 0.72μg/mL; KB, IC_{50} = 1.3μg/mL).【文献】J. Kobayashi, et al. JOC, 2002, 67, 6585.

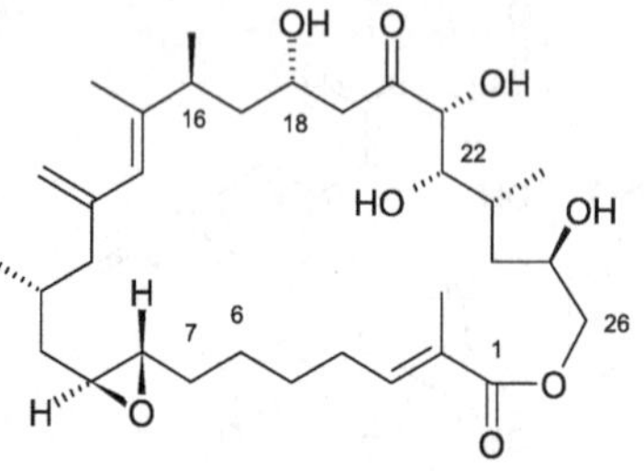

407 Amphidinolide H₁ 前沟藻内酯 H₁

【别名】Amphidinolide H; 前沟藻内酯 H*.【基本信息】$C_{32}H_{50}O_8$, 针状晶体 (苯/己烷), mp 131~132°C, $[\alpha]_D^{18}= -32.3°$ (c = 0.2, 氯仿).【类型】前沟藻内酯类.【来源】甲藻前沟藻属 *Amphidinium* sp., 无腔动物亚门无肠目两桩涡虫属 *Amphiscolops* sp.【活性】细胞毒 (L_{1210}, IC_{50} = 0.00048μg/mL; KB, IC_{50} = 0.00052μg/mL); 细胞毒 (培养癌细胞 *in vitro*, IC_{50} = 0.00014~0.0045g/mL,和肌动蛋白子区域 4 共价键合) (Shimbo, 2005).【文献】J. Kobayashi, et al. JOC, 1991, 56, 5221; 2002, 67, 6585; Kobayashi, J. et al. Org. Lett., 2000, 2, 2805; T. Usui,et al. Chem. Biol. 2004, 11, 1269; K. Shimbo, et al. BoMC, 2005, 13, 5066; J. Kobayashi, et al. J. Antibiot., 2008, 61(5), 271 (Rev.).

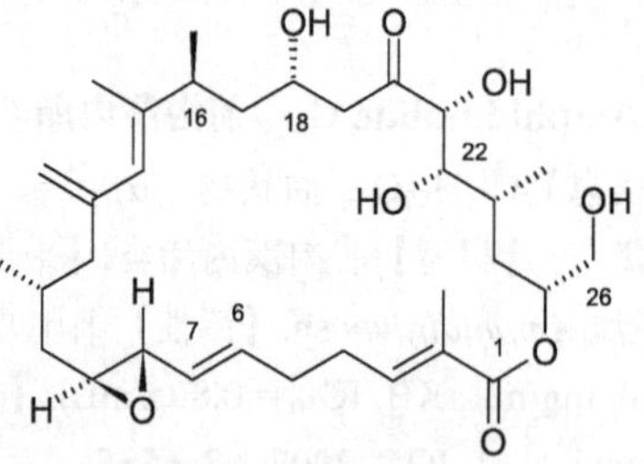

408 Amphidinolide H₂ 前沟藻内酯 H₂

【基本信息】$C_{32}H_{50}O_8$, 油状物, $[\alpha]_D^{25}= -90°$ (c = 0.1, 氯仿).【类型】前沟藻内酯类.【来源】甲藻 *Amphidinium* sp.【活性】细胞毒 (L_{1210}, IC_{50} = 0.06μg/mL; KB, IC_{50} = 0.06μg/mL).【文献】J. Kobayashi, et al. JOC, 2002, 67, 6585; J. Kobayashi, et al. Pure Appl. Chem., 2003, 75, 337.

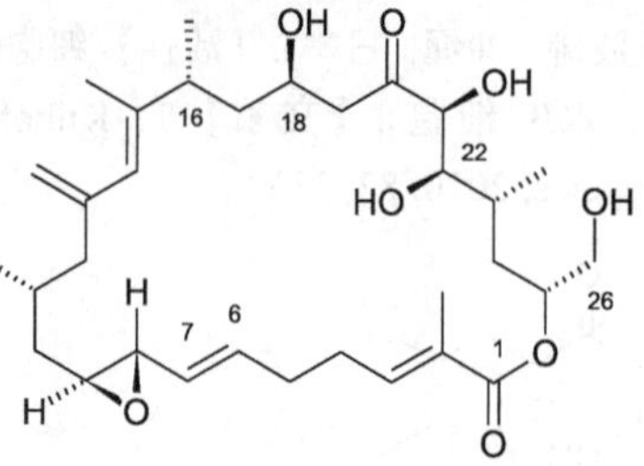

409 Amphidinolide H₃ 前沟藻内酯 H₃

【基本信息】$C_{32}H_{50}O_8$, 油状物, $[\alpha]_D^{24} = -61°$ (c = 0.05, 氯仿).【类型】前沟藻内酯类.【来源】甲藻前沟藻属 *Amphidinium* sp.【活性】细胞毒 (L_{1210}, IC_{50} = 0.002μg/mL; KB, IC_{50} = 0.022μg/mL).【文献】J. Kobayashi, et al. JOC, 2002, 67, 6585; J. Kobayashi, et al. Pure Appl. Chem., 2003, 75, 337.

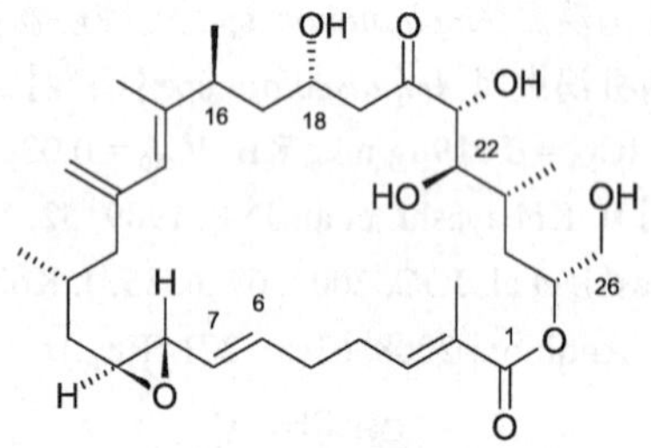

410 Amphidinolide H₄ 前沟藻内酯 H₄

【基本信息】$C_{32}H_{52}O_8$, 油状物, $[\alpha]_D^{26}= -30°$ (c = 0.1, 氯仿).【类型】前沟藻内酯类.【来源】甲藻前沟藻属 *Amphidinium* sp.【活性】细胞毒 (L_{1210}, IC_{50} = 0.18μg/mL; KB, IC_{50} = 0.23μg/mL).【文献】J. Kobayashi, et al. JOC, 2002, 67, 6585; J. Kobayashi, et al. Pure Appl. Chem., 2003, 75, 337.

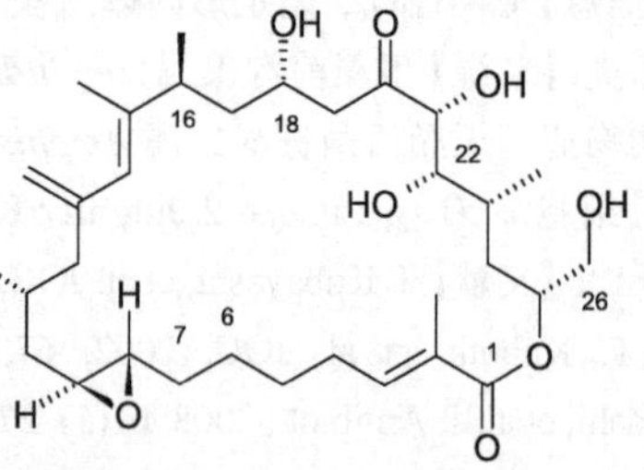

411 Amphidinolide H₅ 前沟藻内酯 H₅

【基本信息】$C_{32}H_{52}O_8$, 油状物, $[\alpha]_D^{26}= -54°$ (c = 0.14, 氯仿).【类型】前沟藻内酯类.【来源】甲藻前沟藻属 *Amphidinium* sp.【活性】细胞毒 (L_{1210}, IC_{50} = 0.2μg/mL; KB, IC_{50} = 0.6μg/mL).【文献】J. Kobayashi, et al. JOC, 2002, 67, 6585; J. Kobayashi, et al. Pure Appl. Chem., 2003, 75, 337.

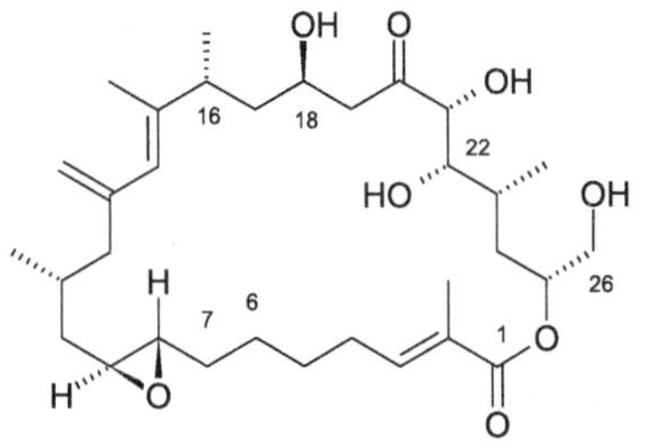

412 Amphidinolide J 前沟藻内酯 J

【基本信息】$C_{24}H_{38}O_4$，油状物，$[\alpha]_D^{26}$= +12° (*c* = 0.7，甲醇).【类型】前沟藻内酯类.【来源】甲藻前沟藻属 *Amphidinium* sp. 无腔动物亚门无肠目两桩涡虫属 *Amphiscolops* sp.【活性】细胞毒 (L_{1210}, IC_{50} = 2.7μg/mL; KB, IC_{50} = 3.9μg/mL).【文献】J. Kobayashi, et al. JOC, 1993, 58, 2645; J. Kobayashi, et al. J. Antibiot., 2008, 61(5), 271 (Rev.).

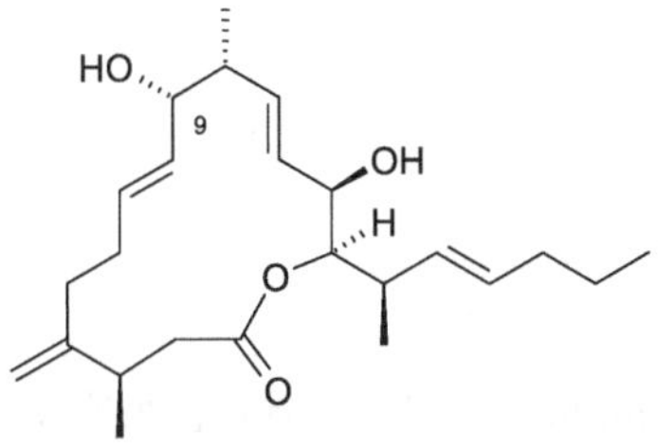

413 Amphidinolide K 前沟藻内酯 K

【基本信息】$C_{27}H_{40}O_5$，油状物，$[\alpha]_D^{21}$= −71° (*c* = 0.05，甲醇).【类型】前沟藻内酯类.【来源】甲藻前沟藻属 *Amphidinium* sp.，无腔动物亚门无肠目两桩涡虫属 *Amphiscolops* sp.【活性】细胞毒 (L_{1210}, IC_{50} = 1.65μg/mL; KB, IC_{50} = 2.9μg/mL).【文献】M. Ishibashi, et al. JOC, 1993, 58, 6928; J. Kobayashi, et al. J. Antibiot., 2008, 61(5), 271 (Rev.).

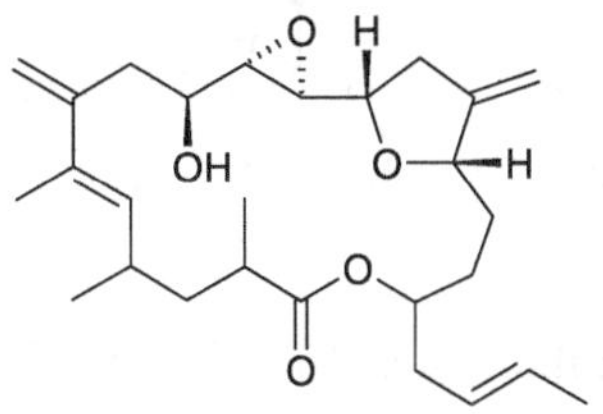

414 Amphidinolide L 前沟藻内酯 L

【基本信息】$C_{32}H_{50}O_8$，无定形固体，$[\alpha]_D^{27}$ = −50° (*c* = 0.1，C_6H_6).【类型】前沟藻内酯类.【来源】甲藻前沟藻属 *Amphidinium* sp.，无腔动物亚门无肠目两桩涡虫属 *Amphiscolops* sp.【活性】细胞毒 (L_{1210}，IC_{50} = 0.092μg/mL；KB，IC_{50} = 0.1μg/mL).【文献】M. Tsuda, et al. JOC, 1994, 59, 3734; J. Kobayashi, et al. J. Antibiot., 2008, 61(5), 271 (Rev.).

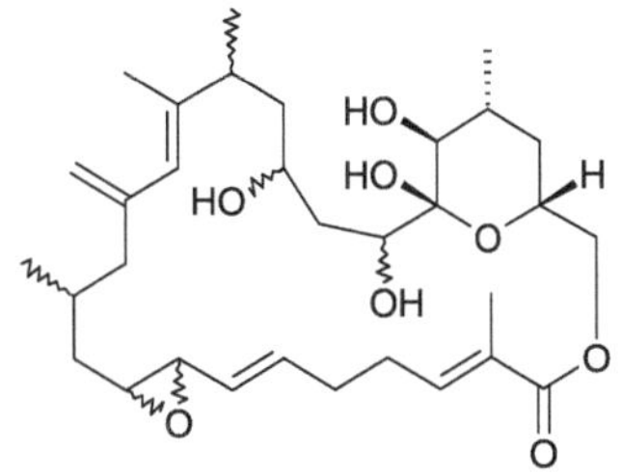

415 Amphidinolide M 前沟藻内酯 M

【基本信息】$C_{43}H_{66}O_9$，无色无定形固体，$[\alpha]_D^{26}$ = +4.5° (*c* = 1，氯仿).【类型】前沟藻内酯类.【来源】甲藻前沟藻属 *Amphidinium* sp.【活性】细胞毒 (小鼠 L_{1210} 白血病细胞, IC_{50} = 1.1μg/mL; KB 细胞 *in vitro*, IC_{50} = 0.44μg/mL).【文献】J. Kobayashi, et al. JOC, 1994, 59, 4698.

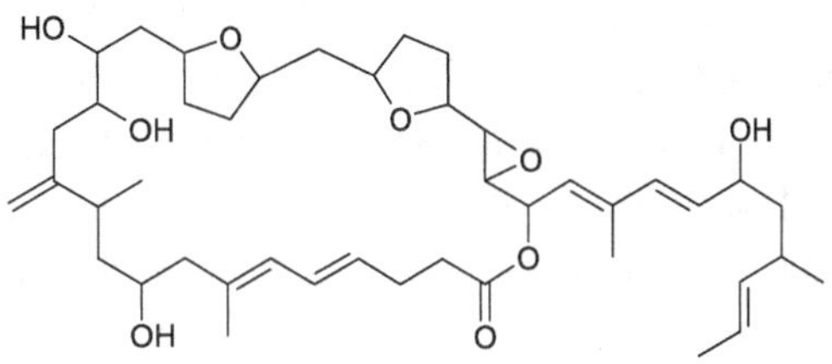

416 Amphidinolide N 前沟藻内酯 N

【基本信息】$C_{33}H_{52}O_{11}$.【类型】前沟藻内酯类.【来源】甲藻前沟藻属 *Amphidinium* sp.【活性】细胞毒 (L_{1210}, IC_{50} = 0.00005μg/mL; KB, IC_{50} = 0.00006μg/mL).【文献】M. Ishibashi, et al. J. Chem. Soc., Chem. Commun., 1994, 1455; J. Kobayashi, et al. J. Antibiot., 2008, 61(5), 271 (Rev.); Y. Takahashi, et al. J. Antibiot., 2013, 66, 277 (结构修正).

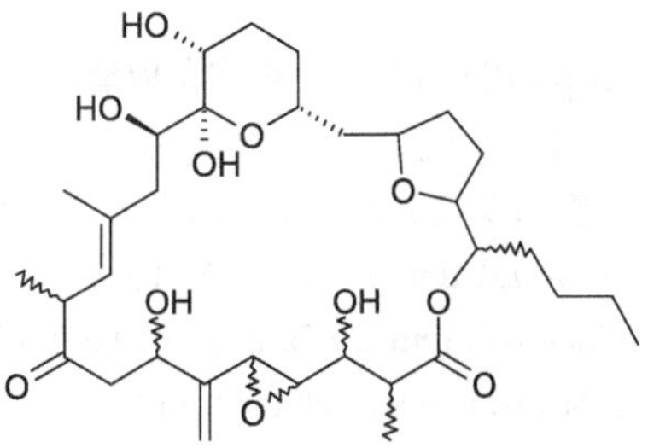

417 Amphidinolide O 前沟藻内酯 O

【基本信息】$C_{21}H_{28}O_6$，针状晶体，$[\alpha]_D^{20}$ = +6.5°

($c = 0.1$, 甲醇).【类型】前沟藻内酯类.【来源】甲藻前沟藻属 *Amphidinium* sp., 无腔动物亚门无肠目两桩涡虫属 *Amphiscolops* sp.【活性】细胞毒 (L_{1210}, $IC_{50} = 1.7\mu g/mL$; KB, $IC_{50} = 3.6\mu g/mL$).【文献】M. Ishibashi, et al. JOC, 1995, 60, 6062; J. Kobayashi, et al. J. Antibiot., 2008, 61(5), 271 (Rev.).

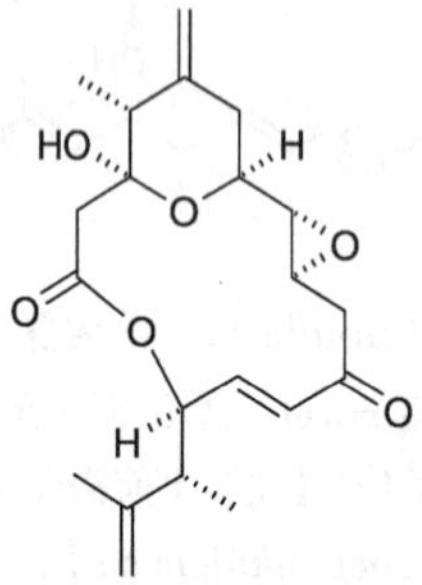

418 Amphidinolide P 前沟藻内酯 P

【基本信息】$C_{22}H_{30}O_5$, 无定形固体, $[\alpha]_D^{20} = +31^o$ ($c = 0.1$, 甲醇).【类型】前沟藻内酯类.【来源】甲藻前沟藻属 *Amphidinium* sp.【活性】细胞毒 (L_{1210}, $IC_{50} = 1.6\mu g/mL$; KB, $IC_{50} = 5.8\mu g/mL$).【文献】M. Ishibashi, et al. JOC, 1995, 60, 6062; J. Kobayashi, et al. J. Antibiot., 2008, 61(5), 271 (Rev.).

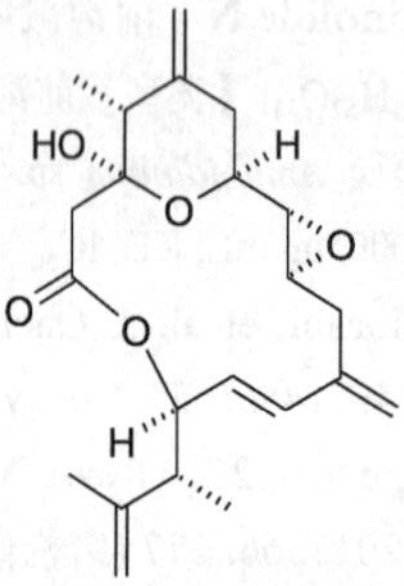

419 Amphidinolide Q 前沟藻内酯 Q

【基本信息】$C_{21}H_{34}O_4$, 油状物, $[\alpha]_D^{20} = +47^o$ ($c = 0.04$, 甲醇).【类型】前沟藻内酯类.【来源】甲藻前沟藻属 *Amphidinium* sp. Y-5.【活性】细胞毒 (L_{1210}, $IC_{50} = 6.4\mu g/mL$; KB, $IC_{50} > 10\mu g/mL$).【文献】J. Kobayashi, et al. Tetrahedron Lett., 1996, 37, 1449; J. Kobayashi, et al. J. Antibiot., 2008, 61(5), 271 (Rev.); Y. Takahashi, et al. Org. Lett., 2008, 10, 3709.

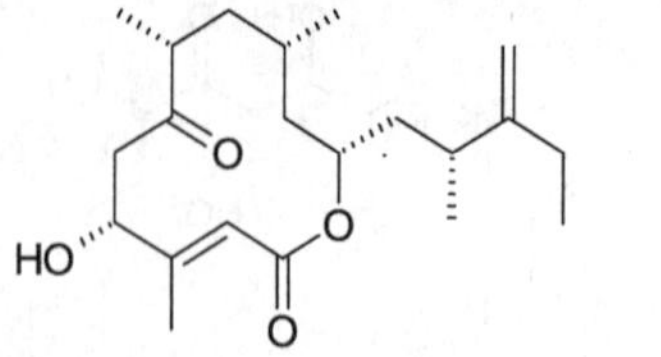

420 Amphidinolide R 前沟藻内酯 R

【基本信息】$C_{24}H_{38}O_4$, 油状物, $[\alpha]_D^{20} = +23^o$ ($c = 0.5$, 甲醇).【类型】前沟藻内酯类.【来源】甲藻前沟藻属 *Amphidinium* sp.【活性】细胞毒 (L_{1210}, $IC_{50} = 1.4\mu g/mL$; KB, $IC_{50} = 0.67\mu g/mL$).【文献】M. Ishibashi, et al. Tetrahedron, 1997, 53, 7827; J. Kobayashi, et al. J. Antibiot., 2008, 61(5), 271 (Rev.).

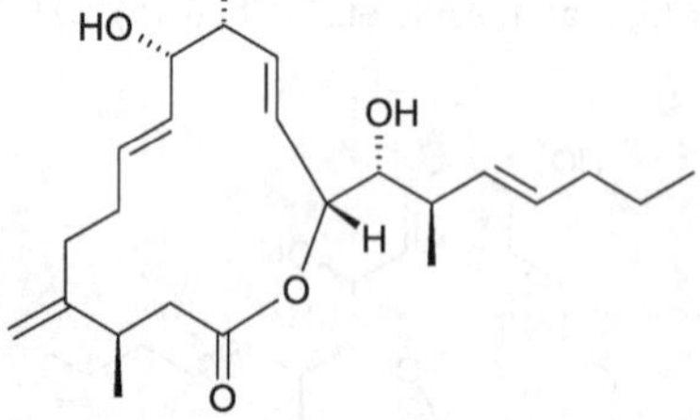

421 Amphidinolide S 前沟藻内酯 S

【基本信息】$C_{24}H_{36}O_4$, 油状物, $[\alpha]_D^{20} = +5^o$ ($c = 0.17$, 甲醇).【类型】前沟藻内酯类.【来源】甲藻前沟藻属 *Amphidinium* sp.【活性】细胞毒 (L_{1210}, $IC_{50} = 4.0\mu g/mL$; KB, $IC_{50} = 6.5\mu g/mL$).【文献】M. Ishibashi, et al. Tetrahedron, 1997, 53, 7827; J. Kobayashi, et al. J. Antibiot., 2008, 61(5), 271 (Rev.).

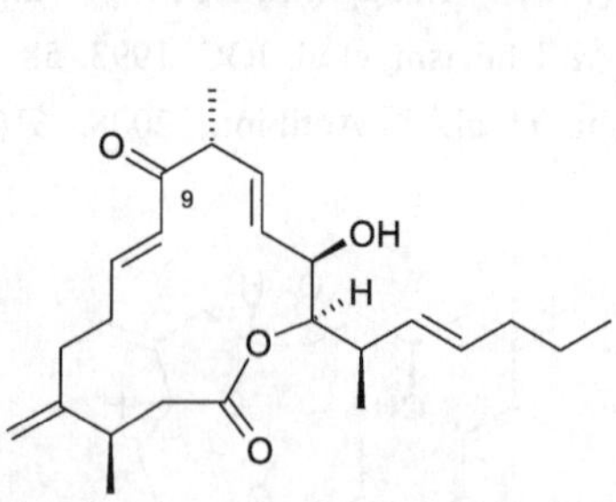

422 Amphidinolide T_1 前沟藻内酯 T_1

【别名】Amphidinolide T; 前沟藻内酯 T.【基本信息】$C_{25}H_{42}O_5$, 无色针状晶体 (甲醇-水), mp 63~66°C, $[\alpha]_D^{24} = +18^o$ ($c = 0.3$, 氯仿).【类型】前沟藻内酯类.【来源】甲藻前沟藻属 *Amphidinium* sp. Y-56, 无腔动物亚门无肠目两桩涡虫属 *Amphiscolops* sp.【活性】细胞毒 (L_{1210}, $IC_{50} = 18\mu g/mL$; KB,

IC_{50} = 35μg/mL).【文献】J. Kobayashi, et al. JOC, 2001, 66, 134; M. Tsuda, et al. JOC, 2000, 65, 1349; T. Kubota, et al. Tetrahedron, 2001, 57, 6175; J. Kobayashi, et al. J. Antibiot., 2008, 61(5), 271 (Rev.).

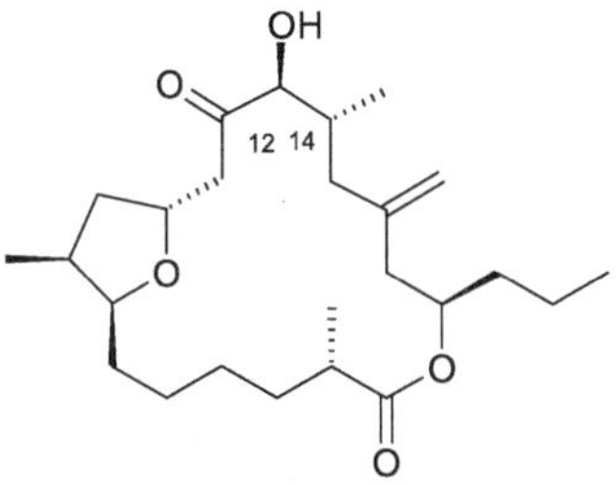

423 Amphidinolide T$_2$ 前沟藻内酯 T$_2$

【基本信息】$C_{26}H_{44}O_6$，油状物.【类型】前沟藻内酯类.【来源】甲藻前沟藻属 *Amphidinium* sp.【活性】细胞毒 (L_{1210}, IC_{50} = 10μg/mL; KB, IC_{50} = 11.5μg/mL).【文献】J. Kobayashi, et al. JOC, 2001, 66, 134.

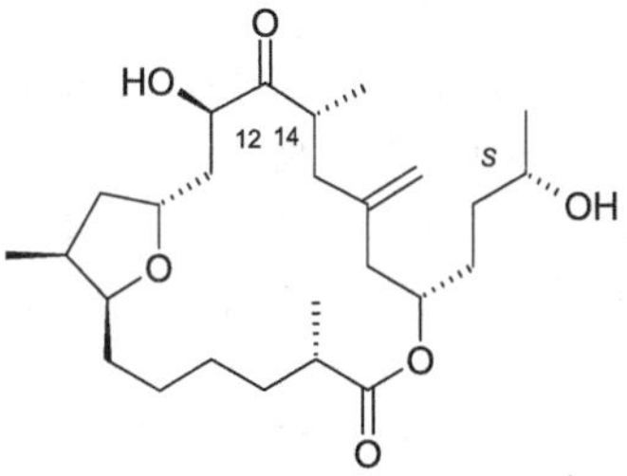

424 Amphidinolide T$_3$ 前沟藻内酯 T$_3$

【基本信息】$C_{25}H_{42}O_5$，油状物.【类型】前沟藻内酯类.【来源】甲藻前沟藻属 *Amphidinium* sp.【活性】细胞毒 (L_{1210}, IC_{50} = 7.0μg/mL; KB, IC_{50} = 10μg/mL).【文献】J. Kobayashi, et al. JOC, 2001, 66, 134.

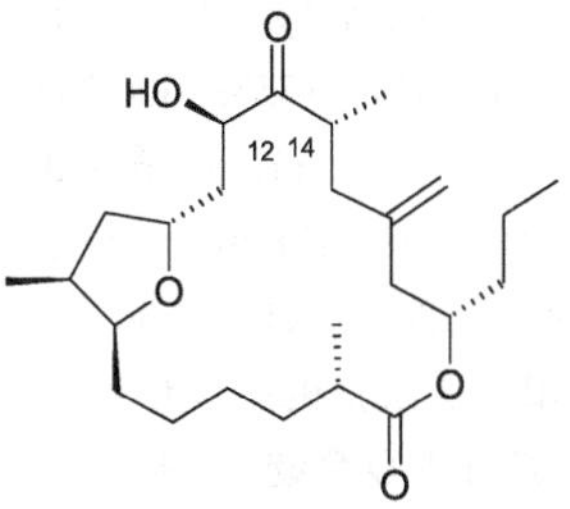

425 Amphidinolide T$_4$ 前沟藻内酯 T$_4$

【基本信息】$C_{25}H_{42}O_5$，油状物.【类型】前沟藻内酯类.【来源】甲藻前沟藻属 *Amphidinium* sp.【活性】细胞毒 (L_{1210}, IC_{50} = 11μg/mL; KB, IC_{50} = 18μg/mL).【文献】J. Kobayashi, et al. JOC, 2001, 66, 134.

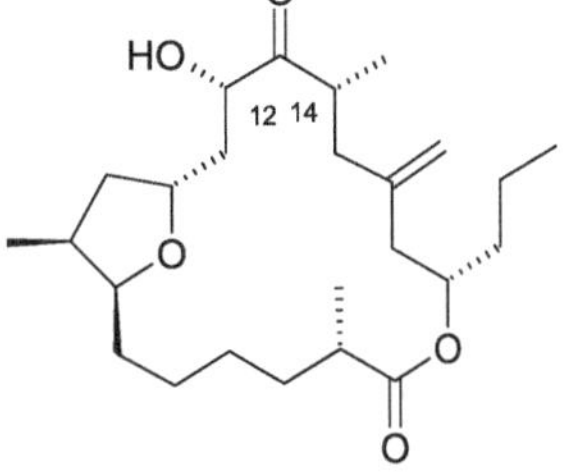

426 Amphidinolide T$_5$ 前沟藻内酯 T$_5$

【基本信息】$C_{25}H_{42}O_5$，无色油状物.【类型】前沟藻内酯类.【来源】甲藻前沟藻属 *Amphidinium* sp., 无腔动物亚门无肠目两桩涡虫属 *Amphiscolops* sp.【活性】细胞毒 (小鼠 L_{1210}, IC_{50} = 15μg/mL; 人表皮样癌 KB 细胞, IC_{50} = 20μg/mL).【文献】T. Kubota, et al. Tetrahedron, 2001, 57, 6175.

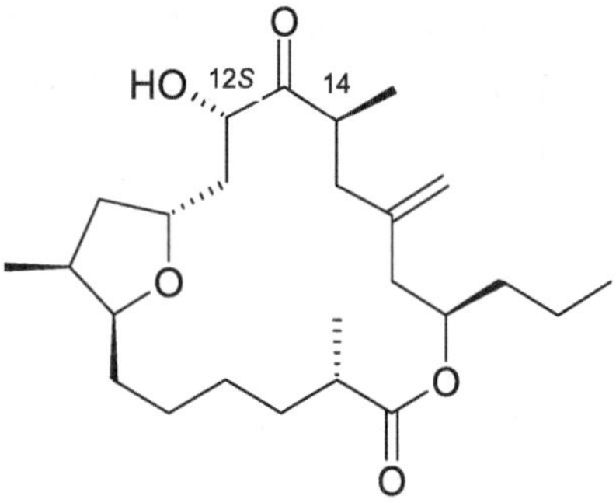

427 Amphidinolide U 前沟藻内酯 U

【基本信息】$C_{34}H_{50}O_7$.【类型】前沟藻内酯类.【来源】甲藻前沟藻属 *Amphidinium* sp.来自无腔动物亚门无肠目两桩涡虫属 *Amphiscolops* sp. (冲绳, 日本).【活性】细胞毒 (L_{1210}, IC_{50} = 12μg/mL; KB, IC_{50} > 20μg/mL).【文献】M. Tsuda, et al. Tetrahedron, 1999, 55, 14565; J. Kobayashi, et al. J. Antibiot., 2008, 61(5), 271 (Rev.).

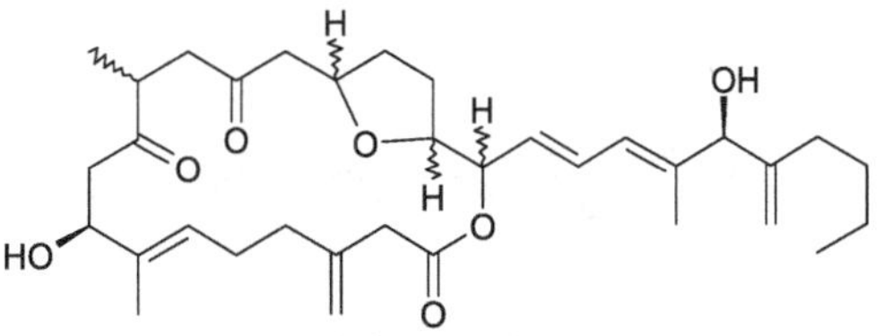

428 Amphidinolide V 前沟藻内酯 V

【基本信息】$C_{25}H_{32}O_4$，油状物，$[\alpha]_D^{20}$= −9.3° (c =

0.6, 氯仿).【类型】前沟藻内酯类.【来源】甲藻前沟藻属 *Amphidinium* sp.【活性】细胞毒 (L_{1210}, IC_{50} = 3.2μg/mL; KB, IC_{50} = 7μg/mL).【文献】T. Kubota, et al. Tetrahedron Lett., 2000, 41, 713; A. Fürstner, et al. Angew. Chem., Int. Ed., 2007, 46, 5545.

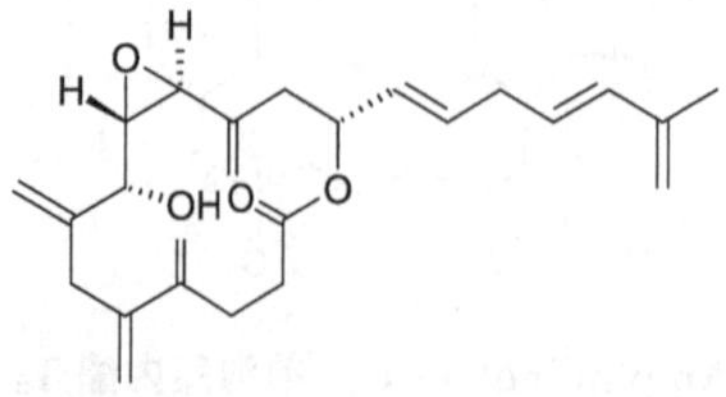

429 Amphidinolide W 前沟藻内酯 W

【基本信息】$C_{24}H_{38}O_4$, 油状物.【类型】前沟藻内酯类.【来源】甲藻前沟藻属 *Amphidinium* sp. Y-42, 无腔动物亚门无肠目两桩涡虫属 *Amphiscolops* sp.【活性】细胞毒 (L_{1210}, IC_{50} = 3.9μg/mL; KB, IC_{50} > 10μg/mL).【文献】K. Shimbo, et al. JOC, 2002, 67, 1020; A. K. Ghosh, et al. JOC, 2006, 71, 1085; J. Kobayashi, et al. J. Antibiot., 2008, 61(5), 271 (Rev.).

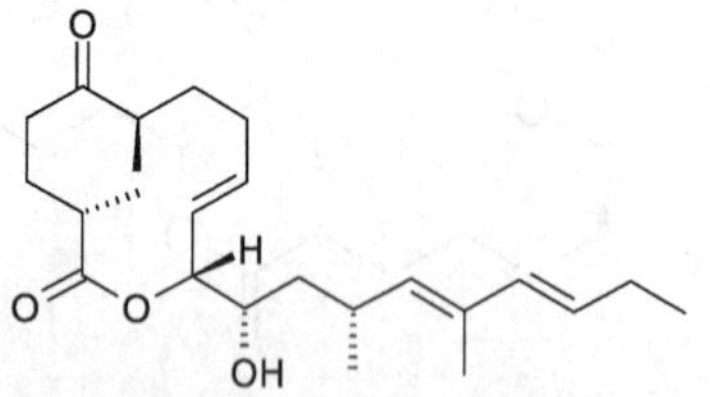

430 Amphidinolide X 前沟藻内酯 X

【基本信息】$C_{26}H_{40}O_6$, 油状物, $[\alpha]_D^{17}$= −12° (*c* = 1, 氯仿).【类型】前沟藻内酯类.【来源】甲藻前沟藻属 *Amphidinium* sp. Y-42.【活性】细胞毒 (L_{1210}, IC_{50} = 0.6μg/mL; KB, IC_{50} = 7.5μg/mL).【文献】M. Tsuda, et al. JOC, 2003, 68, 5339; J. Kobayashi, et al. J. Antibiot., 2008, 61(5), 271 (Rev.).

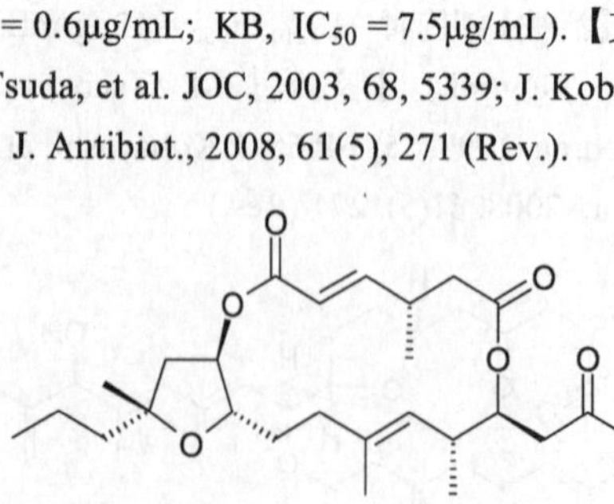

431 Amphidinolide Y 前沟藻内酯 Y

【基本信息】$C_{26}H_{42}O_6$, 油状物, $[\alpha]_D^{17}$= −33° (*c* = 1, 氯仿).【类型】前沟藻内酯类.【来源】甲藻前沟藻属 *Amphidinium* sp.【活性】细胞毒 (L_{1210}, IC_{50} = 0.8μg/mL; KB, IC_{50} = 8.0μg/mL).【文献】M. Tsuda, et al. JOC, 2003, 68, 9109; J. Kobayashi, et al. J. Antibiot., 2008, 61(5), 271 (Rev.).

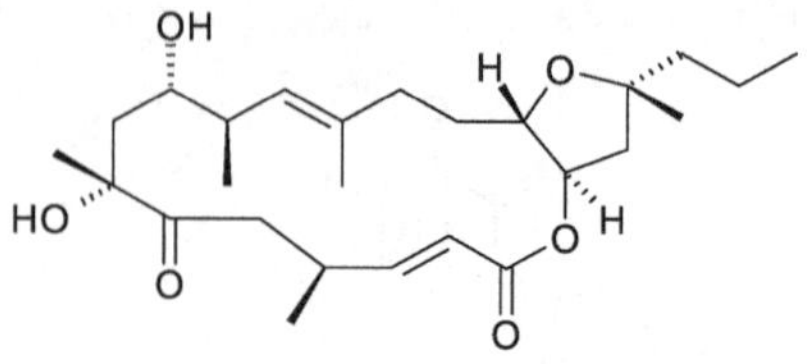

1.28 海兔罗灵碱类

432 Aplyronine A 海兔罗灵碱 A*

【别名】Aplyronine C-7-*O*-(2-dimethylamino-3-methoxypropanoyl); 7-*O*-(2-二甲氨基-3-甲氧基丙酰基)海兔罗灵碱 C*.【基本信息】$C_{59}H_{101}N_3O_{14}$, $[\alpha]_D^{28}$ = +32° (*c* = 0.26, 甲醇).【类型】海兔罗灵碱类.【来源】软体动物黑斑海兔 *Aplysia kurodai* (日本水域).【活性】细胞毒 (HeLa-S3 细胞, IC_{50} = 0.48ng/mL); 抗肿瘤 [*in vivo*, i.p. 1~5d, 海兔罗灵碱 A 溶于 0.08mg/mL 二甲亚砜, 随后用生理盐水稀释: P_{388} 白血病, 剂量 = 0.08mg/(kg•d), 0.04mg/(kg•d), 0.02mg/(kg•d), 试验/对照存活时间分别为 545%, 418%, 157%, 60d 后存活数为 4/6, 2/6, 0/6; 结肠癌 C26, 剂量 = 0.08mg/(kg•d), 0.04mg/(kg•d), 0.02mg/(kg•d), 试验/对照存活时间分别为 255%, 248%, 159%, 60d 后存活数为 0/6, 1/6, 1/6; Lewis 肺癌, 剂量 = 0.08mg/(kg•d), 0.04mg/(kg•d), 0.02mg/(kg•d), 试验/对照存活时间分别为 86%, 556%, 555%, 60d 后存活数为 0/6, 6/6, 4/6; B16 黑色素瘤, 剂量 = 0.08mg/(kg•d), 0.04mg/(kg•d), 0.02mg/(kg•d), 试验/对照存活时间分别为 43%, 201%, 185%, 60d 后存活数为 0/6, 0/6, 0/6; 埃里希腹水癌, 剂量 = 0.08mg/(kg•d), 0.04mg/(kg•d), 0.02mg/(kg•d), 试验/对照存活时间分别为 80%, 398%, 220%, 60d 后存活数为 0/6, 2/6, 1/6]; 和肌动蛋白的相互作用: ①和单体 G-肌动蛋白形成 1:1 复合物; ②抑制 G-肌动蛋白聚合为聚合物纤维状 F-肌动蛋白; ③切断解聚 F-肌动蛋白为 G-肌动蛋白.【文献】M. Ojika, et al. Tetrahedron Lett., 1993, 34, 8501+8505; K. Yamada, et al. JACS, 1993, 115, 11020; M. Ojika, et al. JACS, 1994, 116, 7441; M. Ojika, et al. Tetrahedron, 2007, 63, 3138; K. Yamada, et al. NPR, 2009, 26, 27.

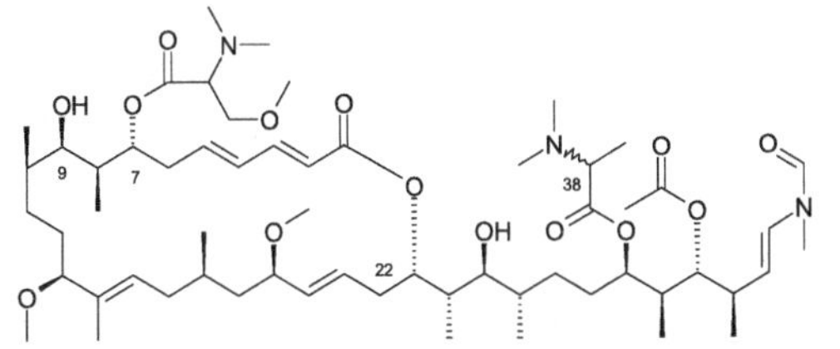

433 Aplyronine B 海兔罗灵碱 B*

【别名】Aplyronine C-9-*O*-(2-dimethylamino-3-methoxypropanoyl); 9-*O*-(2-二甲氨基-3-甲氧基丙酰基)海兔罗灵碱 C*.【基本信息】$C_{59}H_{101}N_3O_{14}$, $[\alpha]_D^{27} = +3.7°$ ($c = 0.19$, 甲醇).【类型】海兔罗灵碱类.【来源】软体动物黑斑海兔 *Aplysia kurodai*.【活性】细胞毒 (HeLa-S3 细胞, $IC_{50} = 3.11$ng/mL); 抗肿瘤(*in vivo*).【文献】K. Yamada, et al. JACS, 1993, 115, 11 020; M. Ojika, et al. Tetrahedron Lett., 1993, 34, 8501 + 8505; K. Suenaga, et al. Tetrahedron Lett., 1995, 36, 5053; M. Ojika, et al. Tetrahedron, 2007, 63, 3138; K. Yamada, et al. NPR, 2009, 26, 27.

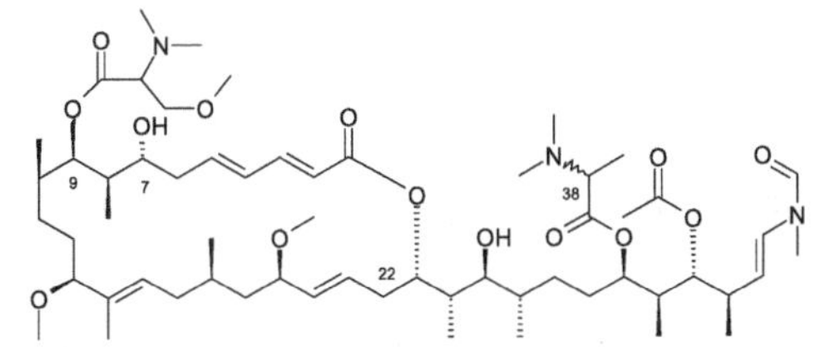

434 Aplyronine C 海兔罗灵碱 C*

【基本信息】$C_{53}H_{90}N_2O_{12}$, $[\alpha]_D^{27} = +18°$ ($c = 0.017$, 甲醇).【类型】海兔罗灵碱类.【来源】软体动物黑斑海兔 *Aplysia kurodai*【活性】细胞毒 (HeLa-S3 细胞, $IC_{50} = 21.2$ng/mL); 抗肿瘤(*in vivo*).【文献】K. Yamada, et al. JACS, 1993, 115, 11 020; M. Ojika, et al. Tetrahedron Lett., 1993, 34, 8501+ 8505; K. Suenaga, et al. Tetrahedron Lett., 1995, 36, 5053; M. Ojika, et al. Tetrahedron, 2007, 63, 3138; K. Yamada, et al. NPR, 2009, 26, 27.

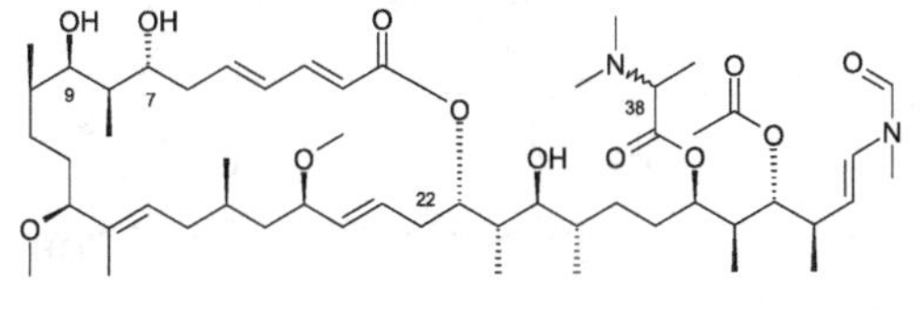

435 Aplyronine D 海兔罗灵碱 D*

【基本信息】$C_{58}H_{99}N_3O_{14}$, 白色粉末, $[\alpha]_D^{28} = +14°$ ($c = 0.09$, 甲醇).【类型】海兔罗灵碱类.【来源】软体动物黑斑海兔 *Aplysia kurodai* (三重县, 日本).【活性】细胞毒 (HeLa-S3 细胞, $IC_{50} = 0.075$nmol/L).【文献】M. Ojika, et al. Tetrahedron, 2007, 63, 3138; K. Yamada, et al. NPR, 2009, 26, 27 (Rev.); M. Ojika, et al. Tetrahedron, 2012, 68, 982.

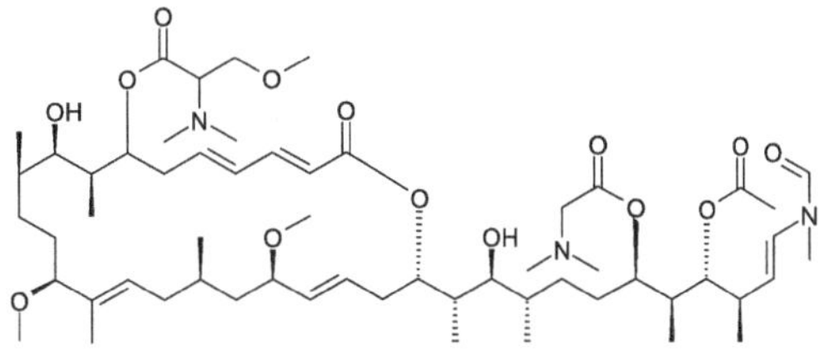

436 Aplyronine E 海兔罗灵碱 E*

【基本信息】$C_{60}H_{103}N_3O_{14}$, 白色粉末, $[\alpha]_D^{28} = +23°$ ($c = 0.19$, 甲醇).【类型】海兔罗灵碱类.【来源】软体动物黑斑海兔 *Aplysia kurodai* (三重县, 日本).【活性】细胞毒 (HeLa-S3 细胞, $IC_{50} = 0.18$nmol/L).【文献】M. Ojika, et al. Tetrahedron, 2007, 63, 3138; K. Yamada, et al. NPR, 2009, 26, 27 (Rev.); M. Ojika, et al. Tetrahedron, 2012, 68, 982.

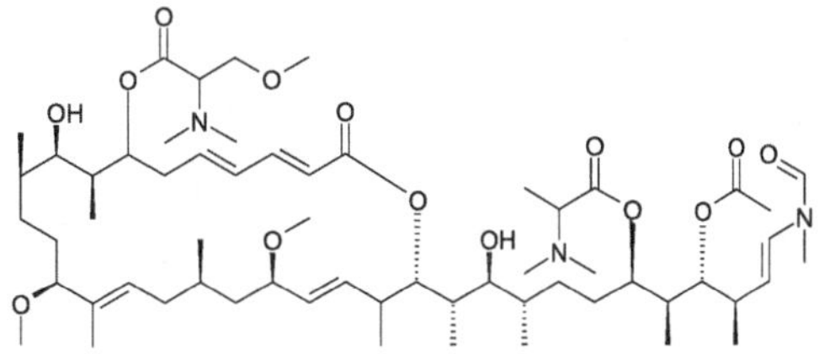

437 Aplyronine F 海兔罗灵碱 F*

【基本信息】$C_{58}H_{99}N_3O_{14}$, 白色粉末, $[\alpha]_D^{28} = +24°$ ($c = 0.05$, 甲醇).【类型】海兔罗灵碱类.【来源】软体动物黑斑海兔 *Aplysia kurodai* (三重县, 日本).【活性】细胞毒 (HeLa-S3 细胞, $IC_{50} = 0.19$nmol/L).【文献】M. Ojika, et al. Tetrahedron, 2007, 63, 3138; K. Yamada, et al. NPR, 2009, 26, 27 (Rev.); M. Ojika, et al. Tetrahedron, 2012, 68, 982.

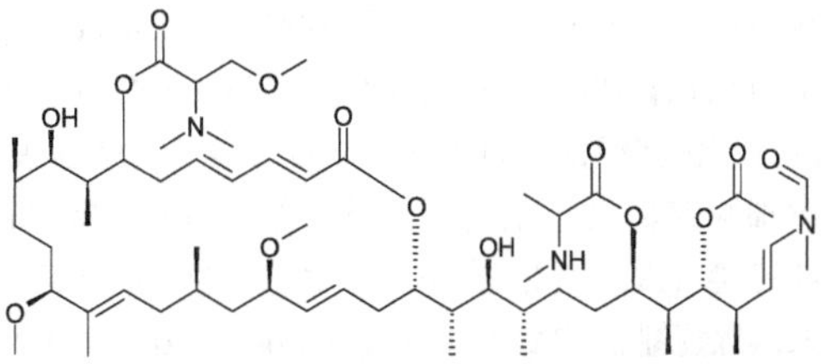

438 Aplyronine G 海兔罗灵碱 G*

【基本信息】$C_{58}H_{99}N_3O_{14}$，白色粉末，$[\alpha]_D^{28}$ = +28º (*c* = 0.13，甲醇).【类型】海兔罗灵碱类.【来源】软体动物黑斑海兔 *Aplysia kurodai* (三重县，日本).【活性】细胞毒 (HeLa-S3 细胞，IC_{50} = 0.12nmol/L).【文献】M. Ojika, et al. Tetrahedron, 2007, 63, 3138; K. Yamada, et al. NPR, 2009, 26, 27 (Rev.); M. Ojika, et al. Tetrahedron, 2012, 68, 982.

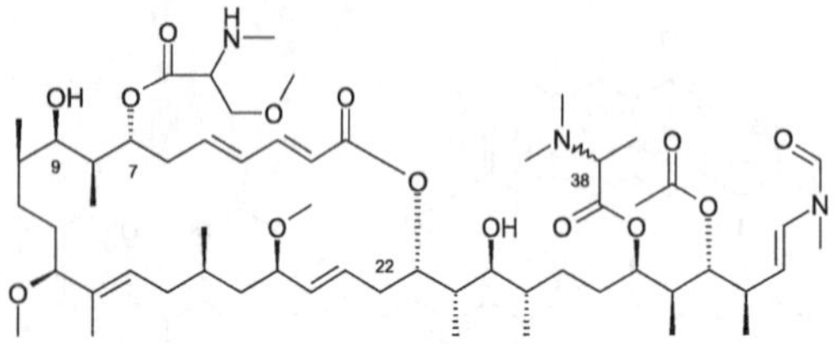

439 Aplyronine H 海兔罗灵碱 H*

【基本信息】$C_{58}H_{99}N_3O_{14}$，白色粉末，$[\alpha]_D^{28}$ = 0º (*c* = 0.05，甲醇).【类型】海兔罗灵碱类.【来源】软体动物黑斑海兔 *Aplysia kurodai* (三重县，日本).【活性】细胞毒 (HeLa-S3 细胞，IC_{50} = 9.8nmol/L).【文献】M. Ojika, et al. Tetrahedron, 2007, 63, 3138; K. Yamada, et al. NPR, 2009, 26, 27 (Rev.); M. Ojika,et al. Tetrahedron, 2012, 68, 982.

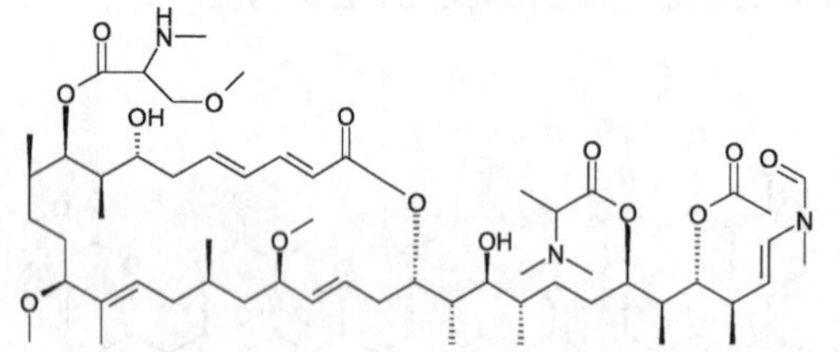

1.29 扁矛海绵内酯类

440 Lasonolide A 扁矛海绵内酯 A*

【基本信息】$C_{41}H_{60}O_9$，灰白橙色固体，$[\alpha]_D^{10}$ = +24.2º (*c* = 0.20，氯仿).【类型】扁矛海绵内酯类.【来源】钳海绵属 *Forecpia* sp. (加勒比海)，丰肉海绵属 *Acarnus* sp., Tedaniidae 科海绵 *Hemitedania* sp., 苔海绵属 *Tedania* sp.和扁矛海绵属 *Lissodendoryx* sp.【活性】PKC 抑制剂 (IC_{50} = 27nmol/L, 30min 内抑制佛波醇酯促进的 EL-4 和 IL-2 对小鼠胸腺瘤细胞的黏附)；信号转导剂；细胞黏附抑制剂；细胞毒 [人肺癌细胞 A549，IC_{50} = 0.0086μmol/L; 人胰腺癌细胞 PANC1，IC_{50} = 0.089μmol/L; 人乳腺癌细胞 NCI-ADR-Res (曾用代码 MCF7/ADR), IC_{50} = 0.49μmol/L].【文献】P. A. Horton, et al. JACS, 1994, 116, 6015; H. Y. Song, et al. JOC, 2003, 68, 8080; A. E. Wright, et al. JNP, 2004, 67, 1351; R. A. Isbrucker, et al. J. Pharmacol. Exp. Ther., 2009, 331, 733; D. Skropeta, et al. Mar. Drugs, 2011, 9, 2131 (Rev.).

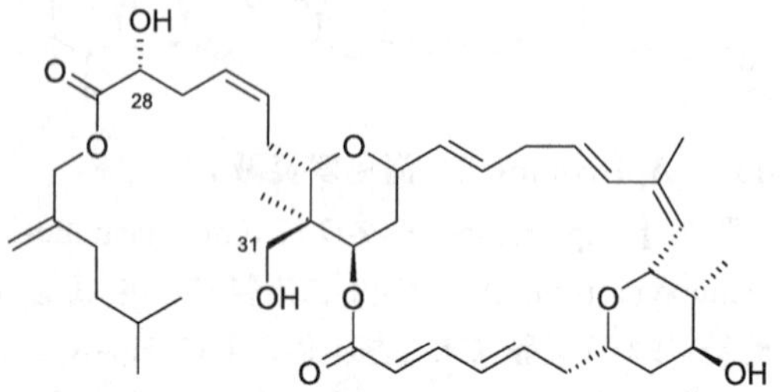

441 Lasonolide C 扁矛海绵内酯 C*

【基本信息】$C_{41}H_{60}O_{10}$，粉末，$[\alpha]_D^{20}$ = −9.8º (*c* = 0.32，氯仿).【类型】扁矛海绵内酯类.【来源】钳海绵属 *Forcepia* sp.【活性】细胞毒 (人肺癌细胞 A549，IC_{50} = 0.13μmol/L; 人胰腺癌细胞 PANC1, IC_{50} = 0.38μmol/L; 人乳腺癌细胞 NCI-ADR-Res (曾用代码 MCF7/ADR), IC_{50} = 1.12μmol/L).【文献】A. E. Wright, et al. JNP, 2004, 67, 1351.

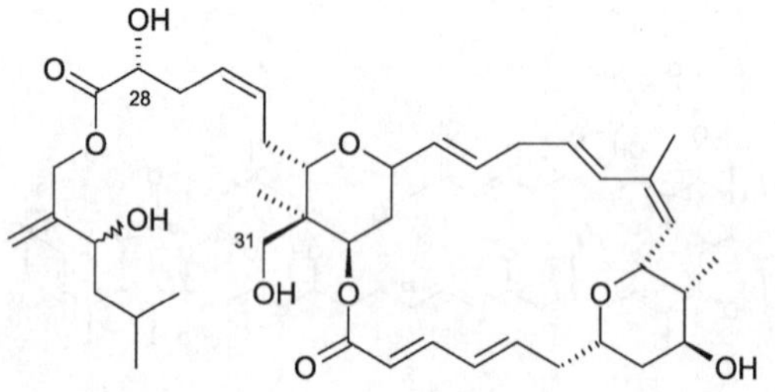

442 Lasonolide D 扁矛海绵内酯 D*

【基本信息】$C_{32}H_{46}O_7$，油状物，$[\alpha]_D^{20}$ = −5.3º (*c* = 0.34，甲醇/氯仿).【类型】扁矛海绵内酯类.【来源】钳海绵属 *Forcepia* sp.【活性】细胞毒 (人肺癌细胞 A549，IC_{50} = 4.50μmol/L; 人胰腺癌细胞 PANC1，IC_{50} = 4.89μmol/L; 人乳腺癌细胞 NCI-ADR-Res (曾用代码 MCF7/ADR), IC_{50} > 9μmol/L).【文献】A. E. Wright, et al. JNP, 2004, 67, 1351.

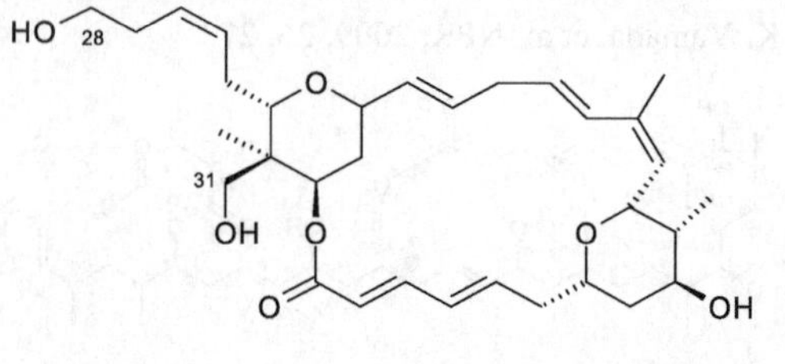

443　Lasonolide E　扁矛海绵内酯 E*

【基本信息】$C_{35}H_{50}O_9$，油状物，$[\alpha]_D^{20}= -18°$ (c = 0.3，甲醇/氯仿).【类型】扁矛海绵内酯类.【来源】钳海绵属 *Forcepia* sp.【活性】细胞毒 [人肺癌恶性上皮肿瘤 A549，IC_{50} = 0.31μmol/L；人胰腺癌细胞 PANC1，IC_{50} = 0.57μmol/L；人乳腺癌 cancer cell line NCI-ADR-Res (曾用代码 MCF7/ADR)，IC_{50} > 8μmol/L].【文献】A. E. Wright, et al. JNP, 2004, 67, 1351.

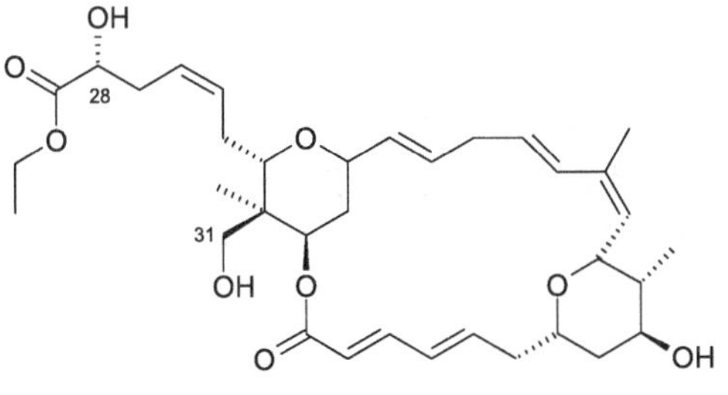

444　Lasonolide F　扁矛海绵内酯 F*

【基本信息】$C_{33}H_{46}O_9$，油状物，$[\alpha]_D^{20}= -23.5°$ (c = 0.23，甲醇).【类型】扁矛海绵内酯类.【来源】钳海绵属 *Forcepia* sp.【活性】细胞毒 [人肺癌恶性上皮肿瘤 A549，IC_{50} > 9μmol/L；人胰腺癌细胞 PANC1，IC_{50} = 15.6μmol/L；人乳腺癌细胞 NCI-ADR-Res (曾用代码 MCF7/ADR)，IC_{50} > 9μmol/L].【文献】A. E. Wright, et al. JNP, 2004, 67, 1351.

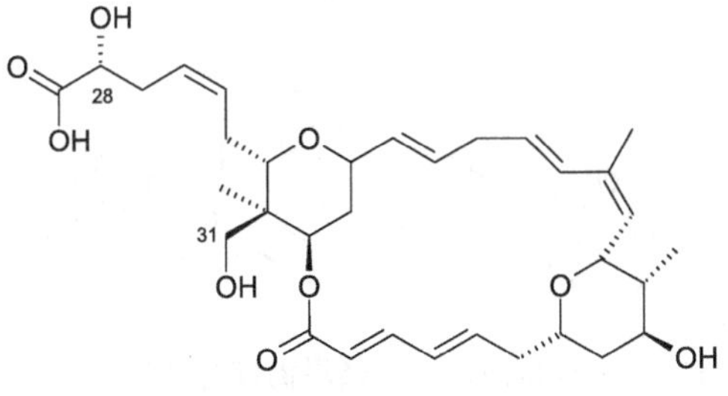

445　Lasonolide G　扁矛海绵内酯 G*

【基本信息】$C_{53}H_{82}O_{11}$【类型】扁矛海绵内酯类.【来源】钳海绵属 *Forcepia* sp.【活性】细胞毒 [人肺癌细胞 A549，IC_{50} > 6μmol/L；人胰腺癌细胞 PANC1，IC_{50} > 6μmol/L；人乳腺癌细胞 NCI-ADR-Res (曾用代码 MCF7/ADR)，IC_{50} > 6μmol/L].【文献】A. E. Wright, et al. JNP, 2004, 67, 1351.

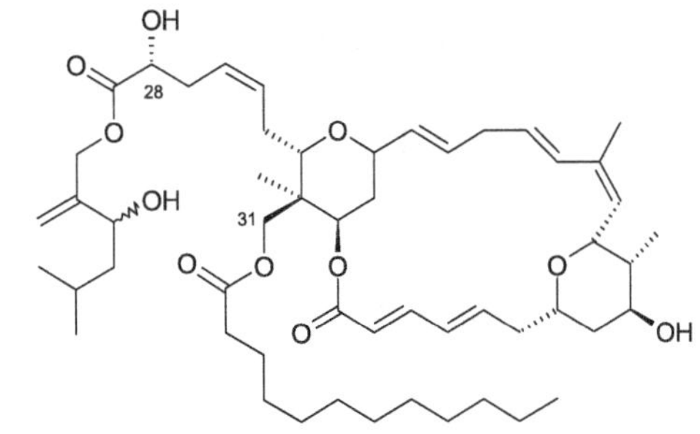

1.30　扇贝毒素类

446　Pectenotoxin 1　扇贝毒素 1

【别名】PTX1.【基本信息】$C_{47}H_{70}O_{15}$，晶体 (乙腈水溶液)，mp 208~209°C，$[\alpha]_D^{20}$ = +17.1° (c = 0.41，甲醇).【类型】扇贝毒素类.【来源】未鉴定的水生贝壳类动物.【活性】鱼毒 (贝类毒素的成分)；细胞毒.【文献】T. Yasumoto, et al. Tetrahedron, 1985, 41, 1019.

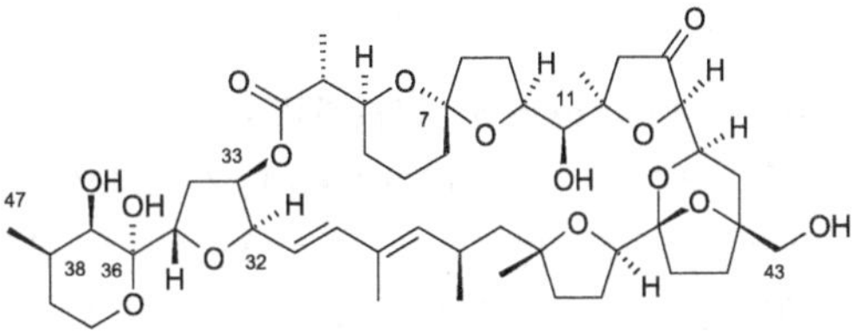

447　Pectenotoxin 2　扇贝毒素 2

【别名】PTX2.【基本信息】$C_{47}H_{70}O_{14}$，无定形物质，$[\alpha]_D^{20}$ = +16.2° (c = 0.105，甲醇).【类型】扇贝毒素类.【来源】杂星海绵属 *Poecillastra* sp.，碧玉海绵属 *Jaspis* sp.，甲藻渐尖鳍藻 *Dinophysis acuminata* 和甲藻倒卵形鳍藻 *Dinophysis fortii*.【活性】贝类毒素；鱼毒；肝脏毒素；肾毒素；细胞毒 (KB 细胞).【文献】T. Yasumoto, et al. Tetrahedron, 1985, 41, 1019; J. H. Jung, et al. JNP, 1995, 58, 1722; T. Suzuki, et al. Toxicon, 2001, 39, 507.

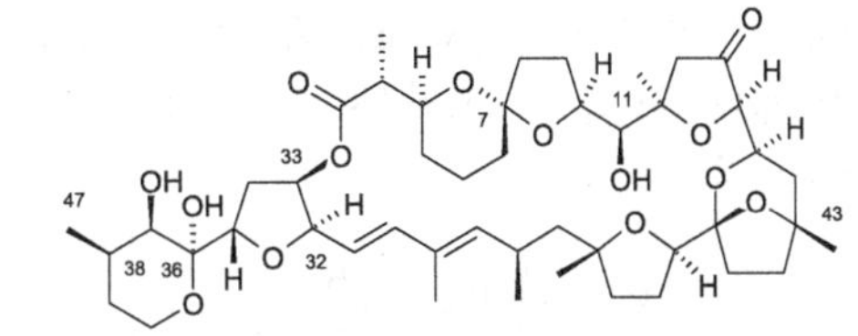

448　Pectenotoxin 3　扇贝毒素 3

【别名】PTX3.【基本信息】$C_{47}H_{68}O_{15}$，无定形物质，mp 159~160°C，$[\alpha]_D^{20}$ = +2.22° (c = 0.135，甲醇).

【类型】扇贝毒素类.【来源】甲藻渐尖鳍藻 *Dinophysis acuminata* 和甲藻倒卵形鳍藻 *Dinophysis fortii.*【活性】贝类毒素; 鱼毒.【文献】K. Sasaki, et al. JOC, 1998, 63, 2475.

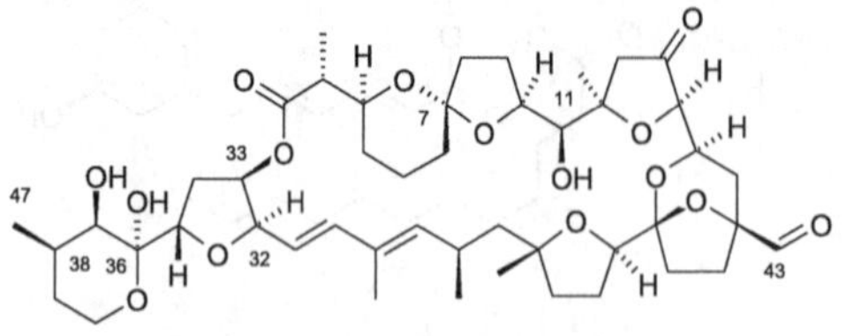

449 Pectenotoxin 4 扇贝毒素 4

【别名】PTX4.【基本信息】$C_{47}H_{70}O_{15}$, 固体, $[\alpha]_D^{20} = +2.07°$ ($c = 0.193$, 甲醇).【类型】扇贝毒素类.【来源】甲藻渐尖鳍藻 *Dinophysis acuminata*.【活性】贝类毒素; 鱼毒.【文献】K. Sasaki, et al. JOC, 1998, 63, 2475.

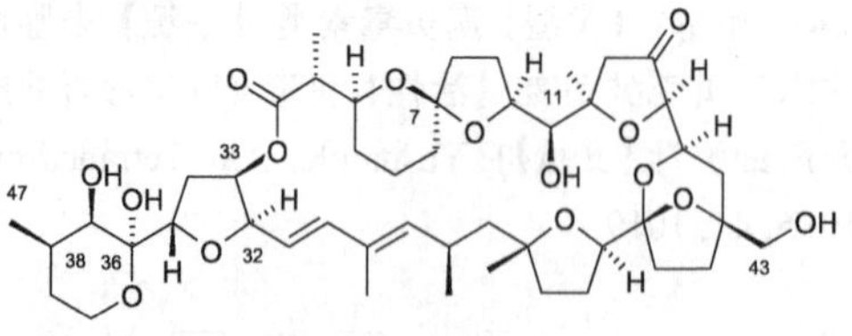

450 Pectenotoxin 6 扇贝毒素 6

【别名】PTX6.【基本信息】$C_{47}H_{68}O_{16}$, $[\alpha]_D^{20} = +8.80°$ ($c = 0.11$, 甲醇), $[\alpha]_D^{20} = +37.1°$ ($c = 0.15$, 氯仿).【类型】扇贝毒素类.【来源】甲藻鳍藻属 *Dinophysis* sp.【活性】贝类毒素; 藻毒素.【文献】J. S. Lee, et al. Bioact. Mol., 1989, 10, 327.

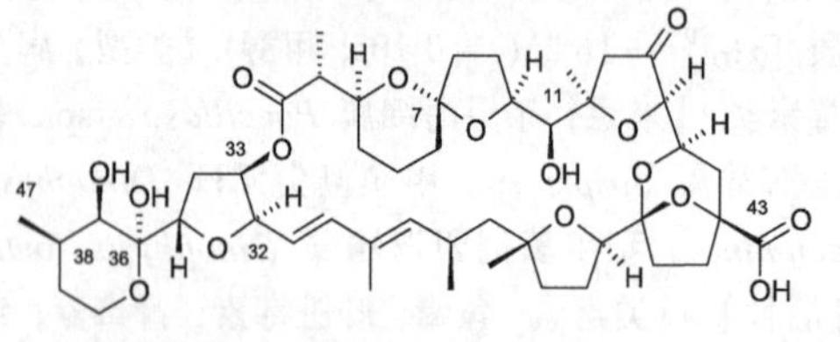

451 Pectenotoxin 7 扇贝毒素 7

【别名】PTX7.【基本信息】$C_{47}H_{68}O_{16}$, $[\alpha]_D^{20} = +11.5°$ ($c = 0.131$, 甲醇).【类型】扇贝毒素类.【来源】甲藻鳍藻属 *Dinophysis* sp.【活性】藻毒素; LD (小鼠, ip) = 770μg/kg.【文献】K. Sasaki, et al. JOC, 1998, 63, 2475.

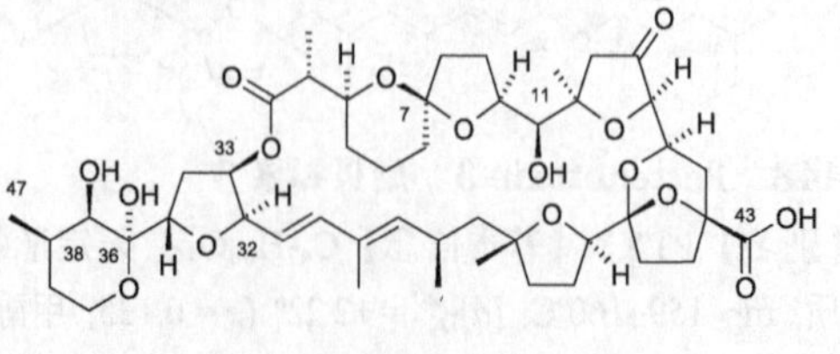

452 Pectenotoxin 11 扇贝毒素 11

【别名】PTX11.【基本信息】$C_{47}H_{70}O_{15}$.【类型】扇贝毒素类.【来源】甲藻尖鳍藻 *Dinophysis acuta.*【活性】贝类毒素.【文献】T. Suzuki, et al. Chem. Res. Toxicol., 2006, 19, 310.

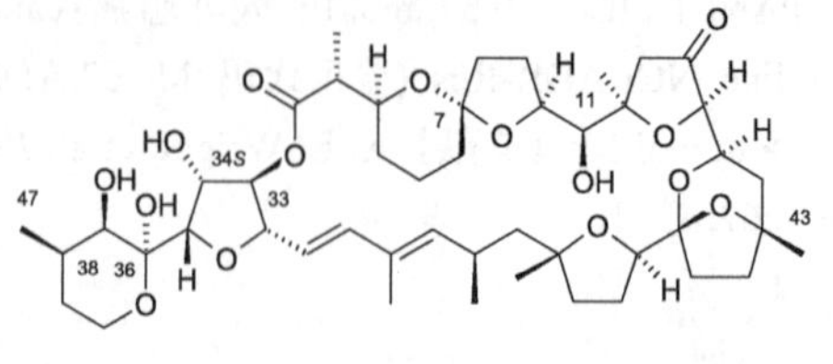

453 (36*R*)-Pectenotoxin 12 (36*R*)-扇贝毒素 12

【别名】36-*α*-OH-PTX12; 36-*α*-羟基-PTX12.【基本信息】$C_{47}H_{68}O_{14}$.【类型】扇贝毒素类.【来源】甲藻渐尖鳍藻 *Dinophysis acuminata* 和甲藻挪威鳍藻* *Dinophysis norvegica.*【活性】贝类毒素.【文献】C. O. Miles, et al. Chem. Res. Toxicol., 2004, 17, 1423.

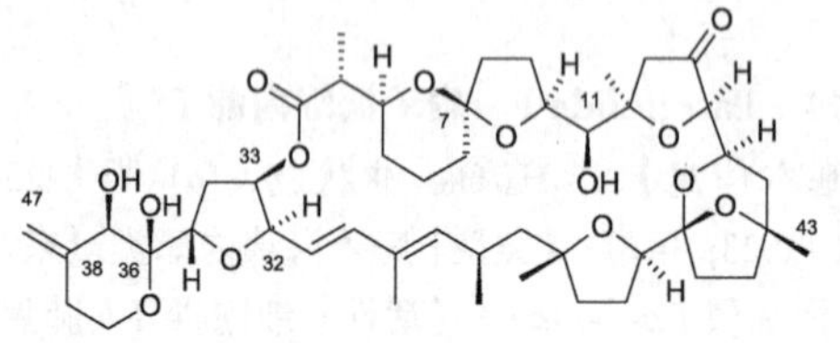

454 (36*S*)-Pectenotoxin 12 (36*S*)-扇贝毒素 12

【别名】36-*β*-OH-PTX12; 36-*β*-羟基-PTX12.【基本信息】$C_{47}H_{68}O_{14}$.【类型】扇贝毒素类.【来源】甲藻 *Dinophysis acuminata* 和甲藻 *Dinophysis norvegica.*【活性】贝类毒素.【文献】C. O. Miles, et al. Chem. Res. Toxicol., 2004, 17, 1423.

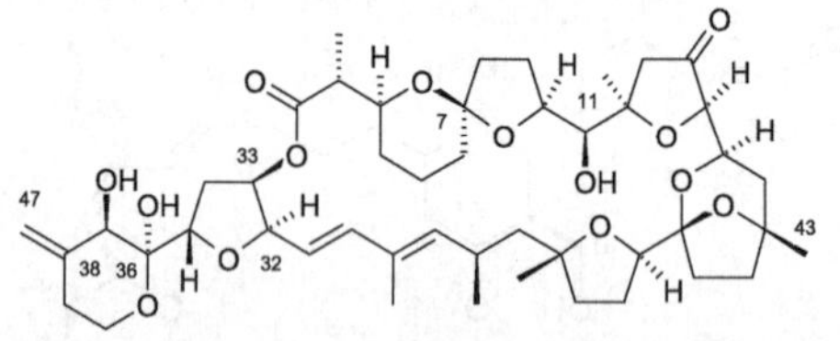

455 Poecillastrin A 杂星海绵林 A*

【别名】NSC 726108.【基本信息】$C_{79}H_{131}N_3O_{20}$, $[\alpha]_D^{27} = -8.3°$ ($c = 0.056$, 甲醇).【类型】扇贝毒素类.【来源】杂星海绵属 *Poecillastra* sp.【活性】细胞毒 (4 种人癌细胞和 2 种小鼠肥大刺胞, EC_{50} 范围从小于 25nmol/L 直到大于 10000nmol/L, 可以和地衣 *Chondropsins* 的细胞毒 EC_{50} 值相比较).【文献】A. Rashid, et al. Org. Lett., 2002, 4, 3293; E. J. J. Bowman, Biol. Chem., 2003, 278, 44147.

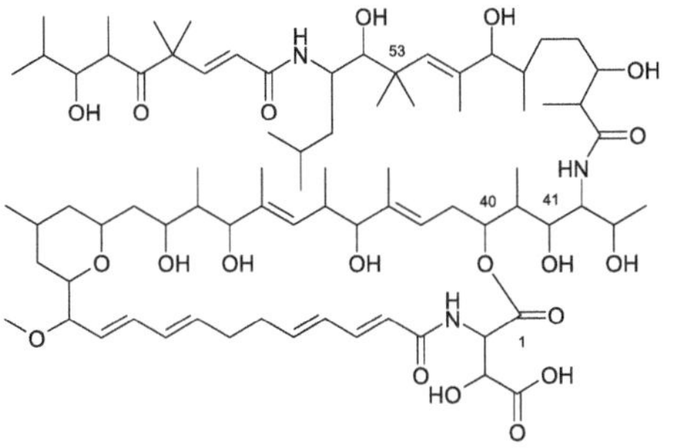

456 Poecillastrin B 杂星海绵林 B*

【基本信息】$C_{79}H_{131}N_3O_{20}$，树胶状物，$[\alpha]_D^{25}$ = +56° (c = 0.02，甲醇).【类型】扇贝毒素类.【来源】杂星海绵属 *Poecillastra* sp.【活性】细胞毒 (样本为杂星海绵林 B 和杂星海绵林 C 的混合物，人黑色素瘤细胞株 LOX, IC_{50} < 1μg/mL).【文献】E. J. J. Bowman, Biol. Chem., 2003, 278, 44147; K. Takada, et al. JNP, 2007, 70, 428.

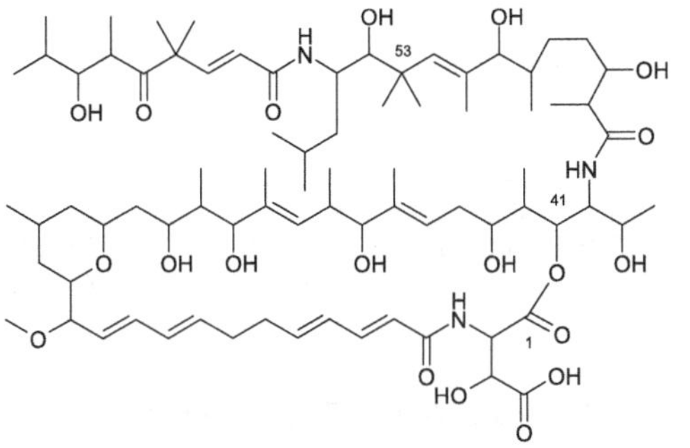

457 Poecillastrin C 杂星海绵林 C*

【基本信息】$C_{78}H_{129}N_3O_{20}$，树胶状物，$[\alpha]_D^{25}$ = +31° (c = 0.02，甲醇).【类型】扇贝毒素类.【来源】长虫碧玉海绵 *Jaspis serpentina* 和杂星海绵属 *Poecillastra* sp.【活性】细胞毒 (样本为杂星海绵林 C 和杂星海绵林 B 的混合物，人黑色素瘤细胞株 LOX, IC_{50} < 1μg/mL).【文献】E. J. J. Bowman, Biol. Chem., 2003, 278, 44147; K. Takada, et al. JNP, 2007, 70, 428; D. Takemoto, et al. Biosci., Biotechnol., Biochem., 2007, 71, 2697.

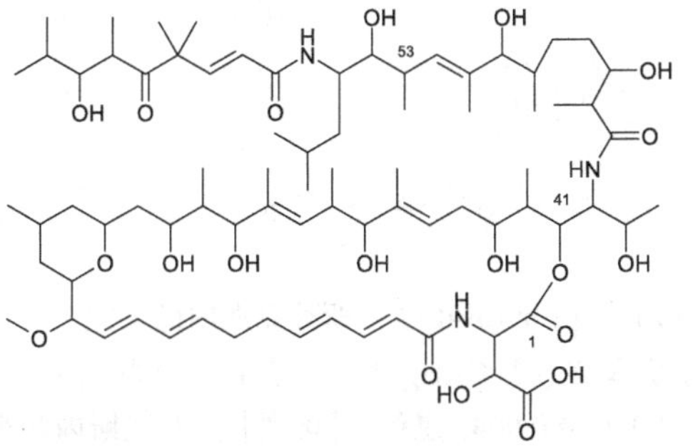

1.31 斯芬克斯内酯类

458 Reidispongiolide A 新喀里多尼亚岩屑海绵内酯 A*

【基本信息】$C_{54}H_{87}NO_{13}$, $[\alpha]_D$ = –4.8°.【类型】斯芬克斯内酯类.【来源】岩屑海绵 Phymatellidae 科海绵 *Reidispongia coerulea* [新喀里多尼亚岸外，新喀里多尼亚(法属)].【活性】细胞毒 (NSCLC-N6, IC_{50} = 0.07μg/mL; P_{388}/Dox, IC_{50} = 0.01μg/mL; P_{388}, IC_{50} = 0.16μg/mL; KB, IC_{50} = 0.10μg/mL, HT29, IC_{50} = 0.04μg/mL); 细胞毒 (键合肌动蛋白活性; 破坏肌动蛋白的细胞骨架).【文献】M. V. D'Auria, et al. Tetrahedron, 1994, 50, 4829; I. Paterson, et al. Chem.-Asian J., 2008, 3, 367; A. E. Wright, Current Opinion in Biotechnology, 2010, 21, 801; P. L. Winder, et al. Mar. Drugs, 2011, 9, 2644 (Rev.).

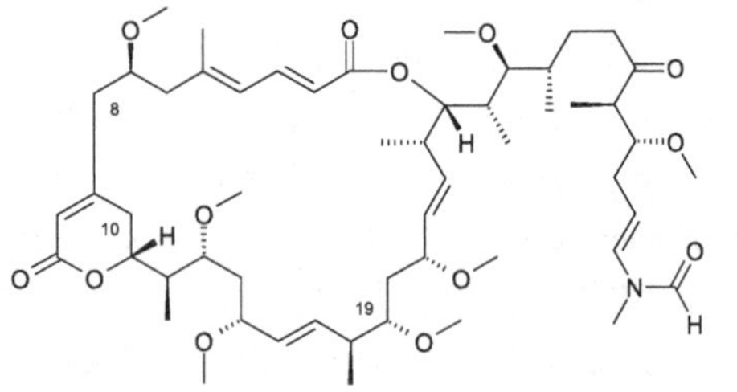

459 Reidispongiolide B 新喀里多尼亚岩屑海绵内酯 B*

【基本信息】$C_{53}H_{85}NO_{13}$, $[\alpha]_D$ = +3.5°.【类型】斯芬克斯内酯类.【来源】岩屑海绵 Phymatellidae 科海绵 *Reidispongia coerulea* [新喀里多尼亚岸外，新喀里多尼亚 (法属)].【活性】细胞毒 (NSCLC-N6, IC_{50} = 0.05μg/mL; P_{388}/Dox, IC_{50} = 0.02μg/mL; P_{388}, IC_{50} = 0.06μg/mL; KB, IC_{50} = 0.06μg/mL, HT29, IC_{50} = 0.04μg/mL); 破坏肌动蛋白的细胞骨架.【文献】M. V. D'Auria, et al. Tetrahedron, 1994, 50, 4829; A. E. Wright, Current Opinion in Biotechnology, 2010, 21, 801.

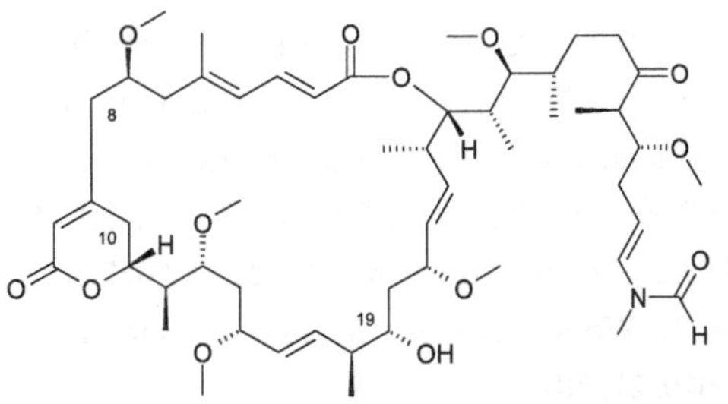

460 Reidispongiolide C 新喀里多尼亚岩屑海绵内酯 C*

【基本信息】$C_{52}H_{84}O_{14}$, 无定形粉末, $[\alpha]_D^{20} = +9.0°$ ($c = 0.006$, 氯仿).【类型】斯芬克斯内酯类.【来源】岩屑海绵 Phymatellidae 科海绵 *Reidispongia coerulea* [新喀里多尼亚岸外, 新喀里多尼亚(法属)].【活性】细胞毒 [NCI 筛选试验, 平均 lg IC_{50} (mol/L) = –6.5].【文献】S. Carbonclli, et al. Tetrahedron, 1999, 55, 14665.

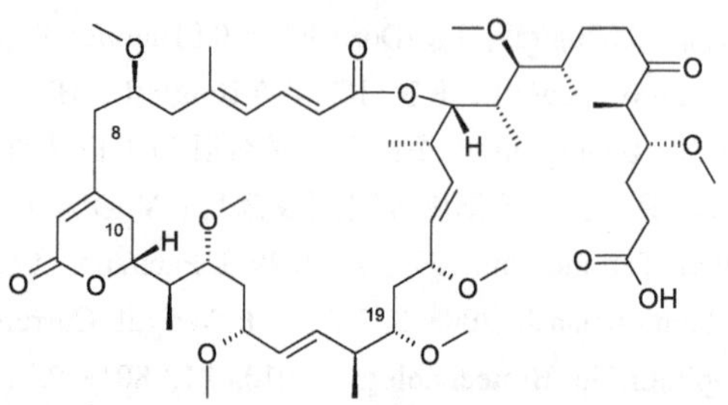

461 Sphinxolide A 斯芬克斯内酯 A*

【基本信息】$C_{54}H_{87}NO_{15}$, 微晶粉末 (乙酸乙酯), mp 90~92°C, $[\alpha]_D^{25} = –10.5°$ ($c = 0.15$, 甲醇).【类型】斯芬克斯内酯类.【来源】岩屑海绵 Rhodomelaceae 科 *Neosiphonia superstes*, 未鉴定的海洋软体动物裸鳃.【活性】抗肿瘤; 细胞凋亡诱导剂; 破坏肌动蛋白的细胞骨架.【文献】G. Guella, et al. Helv. Chim. Acta, 1989, 72, 237; M. V. D'Auria, et al. Tetrahedron, 1993, 49, 8657; 10439; A. E. Wright, Current Opinion in Biotechnology, 2010, 21, 801.

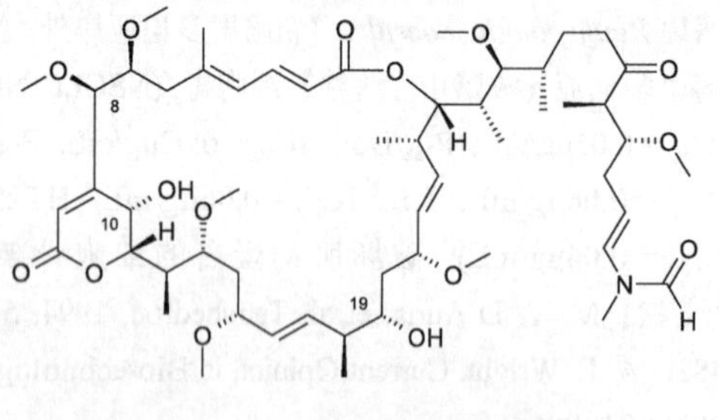

462 Sphinxolide B 斯芬克斯内酯 B*

【基本信息】$C_{53}H_{85}NO_{14}$, $[\alpha]_D = +2.8°$ (甲醇).【类型】斯芬克斯内酯类.【来源】岩屑海绵 Rhodomelaceae 科 *Neosiphonia superstes*.【活性】抗肿瘤; 破坏肌动蛋白的细胞骨架.【文献】M. V. D'Auria, et al. Tetrahedron, 1993, 49, 8657; 10439; A. E. Wright, Current Opinion in Biotechnology, 2010, 21, 801.

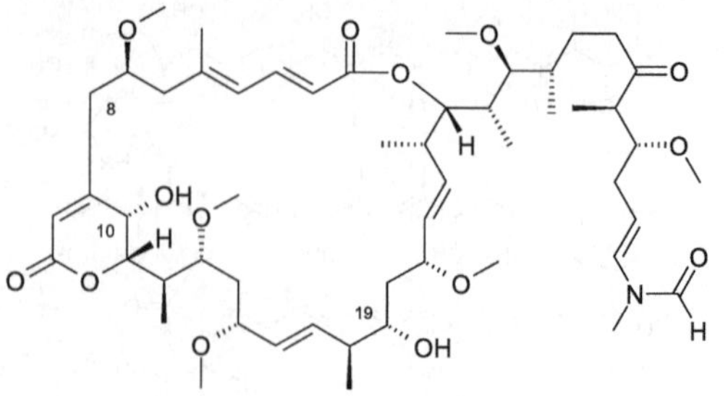

463 Sphinxolide C 斯芬克斯内酯 C*

【基本信息】$C_{55}H_{89}NO_{15}$, $[\alpha]_D = –11.8°$ (甲醇).【类型】斯芬克斯内酯类.【来源】岩屑海绵 Rhodomelaceae 科 *Neosiphonia superstes*.【活性】抗肿瘤; 细胞凋亡诱导剂; 破坏肌动蛋白的细胞骨架.【文献】M. V. D'Auria, et al. Tetrahedron, 1993, 49, 8657; 10439; A. E. Wright, Current Opinion in Biotechnology, 2010, 21, 801.

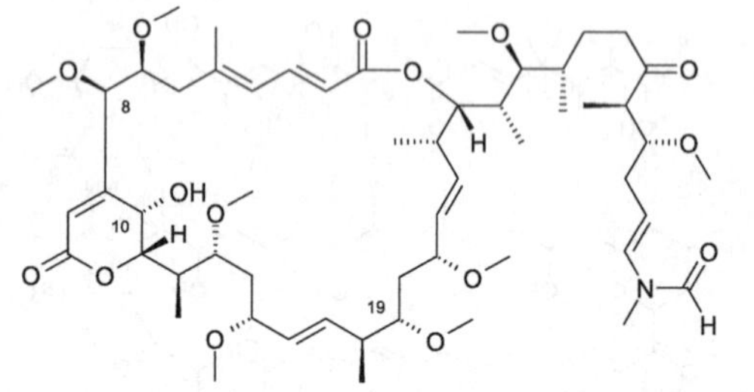

464 Sphinxolide D 斯芬克斯内酯 D*

【基本信息】$C_{54}H_{87}NO_{14}$, $[\alpha]_D = –3.2°$ (甲醇).【类型】斯芬克斯内酯类.【来源】岩屑海绵 Rhodomelaceae 科 *Neosiphonia superstes* 和岩屑海绵 Phymatellidae 科海绵 *Reidispongia coerulea*.【活性】抗肿瘤; 细胞凋亡诱导剂; 破坏肌动蛋白的细胞骨架.【文献】M. V. D'Auria, et al. Tetrahedron, 1993, 49, 8657; 10439; A. E. Wright, Current Opinion in Biotechnology, 2010, 21, 801.

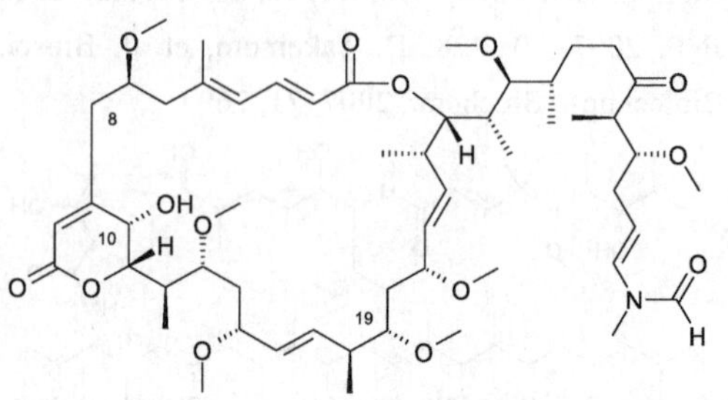

465 Sphinxolide E 斯芬克斯内酯 E*

【基本信息】$C_{55}H_{89}NO_{16}$, 无定形粉末, $[\alpha]_D^{20} = +2.9°$ ($c = 0.004$, 氯仿).【类型】斯芬克斯内酯类.

【来源】岩屑海绵 Rhodomelaceae 科 *Neosiphonia superstes*.【活性】细胞毒 (NCI 筛选试验, 平均 $lgIC_{50}$ (mol/L) = –8.1); 破坏肌动蛋白的细胞骨架.【文献】S. Carbonelli, et al. Tetrahedron, 1999, 55, 14665; A. E. Wright, Current Opinion in Biotechnology, 2010, 21, 801.

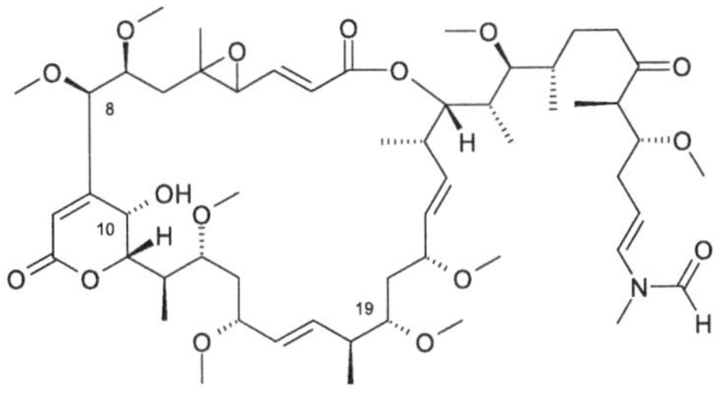

466 Sphinxolide F 斯芬克斯内酯 F*

【基本信息】$C_{52}H_{84}O_{16}$, 无定形粉末, $[\alpha]_D^{20}$ = +24.3° (c = 0.001, 氯仿).【类型】斯芬克斯内酯类.【来源】岩屑海绵 Rhodomelaceae 科 *Neosiphonia superstes* [新喀里多尼亚 (法属)].【活性】细胞毒 [NCI 筛选试验, 平均 $lgIC_{50}$ (mol/L) = –7.2].【文献】S. Carbonclli, et al. Tetrahedron, 1999, 55, 14665.

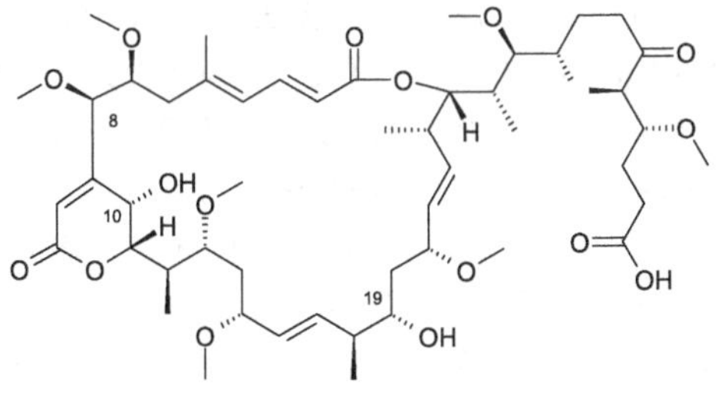

467 Sphinxolide G 斯芬克斯内酯 G*

【基本信息】$C_{52}H_{86}O_{15}$, 无定形粉末, $[\alpha]_D^{20}$ = +8.0° (c = 0.004, 氯仿).【类型】斯芬克斯内酯类.【来源】岩屑海绵 Rhodomelaceae 科 *Neosiphonia superstes* [新喀里多尼亚 (法属)].【活性】细胞毒 [NCI 筛选试验, 平均 $lgIC_{50}$ (mol/L) = –6.2].【文献】S. Carbonclli, et al. Tetrahedron, 1999, 55, 14665.

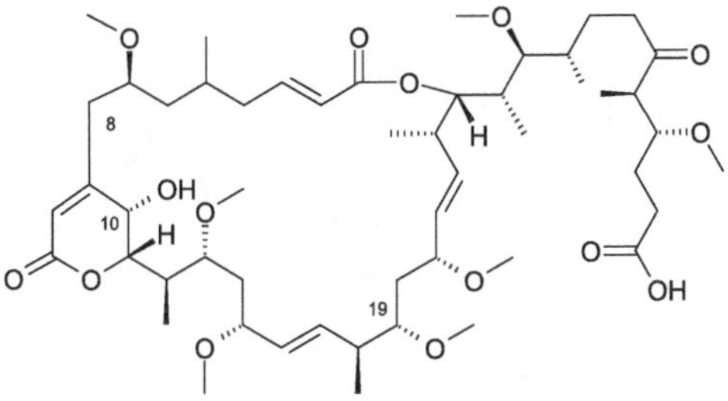

1.32 斯氏蒂壳海绵内酯类

468 Ankaraholide A 马达加斯加内酯 A*

【别名】16,16′-Didemethyl-swinholide A 7,7′-bis-*O*-(2,3-di-*O*-methyl-*β*-L-lyxopyranoside); 16,16′-双去甲基-斯氏蒂壳海绵*内酯斯氏蒂壳海绵*内酯 A 7,7′-双-*O*-(2,3-双-*O*-甲基-*β*-L-来苏吡喃糖)*.【基本信息】$C_{90}H_{152}O_{28}$, 浅黄色油状物, $[\alpha]_D^{25}$ = –47° (c = 0.12, 氯仿).【类型】斯氏蒂壳海绵内酯类.【来源】蓝细菌盖丝藻属 *Geitlerinema* sp.【活性】细胞毒 (MDA-MB-435 乳腺癌, IC_{50} = 8.9nmol/L; NCI-H460 肺癌, IC_{50} = 119nmol/L; 人 neuro-2a, IC_{50} = 262nmol/L); 抗癌细胞效应 (模型: 大鼠主动脉 A-10 细胞; 机制: 60nmol/L, 损失细丝状 F-肌动蛋白).【文献】E. H. Andrianasolo, et al. Org. Lett. 2005, 7, 1375; M. Costa, et al. Mar. Drugs, 2012, 10, 2181 (Rev.).

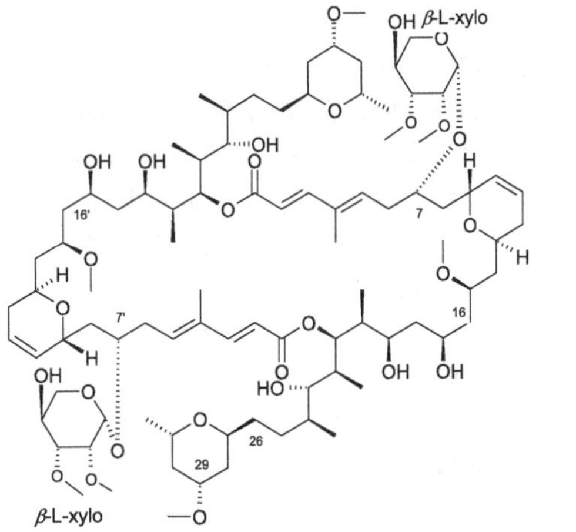

469 Ankaraholide B 马达加斯加内酯 B*

【别名】16-Demethyl-swinholide A 7,7′-bis-*O*-(2,3-di-*O*-methyl-*β*-L-lyxopyranoside); 16-去甲基-斯氏蒂壳海绵*内酯 A 7,7′-双-*O*-(2,3-双-*O*-甲基-*β*-L-来苏吡喃糖)*.【基本信息】$C_{91}H_{154}O_{28}$, 浅黄色油状物, $[\alpha]_D^{25}$ = –37° (c = 0.07, 氯仿).【类型】斯氏蒂壳海绵内酯类.【来源】蓝细菌盖丝藻属 *Geitlerinema* sp. (诺西, 米特叟-安卡拉哈岛, 马达加斯加).【活性】细胞毒 (30nmol/L 和 60nmol/L, 随着肌动蛋白细胞支架的损坏引起丝状肌动蛋白完全损失).【文献】E. H. Andrianasolo, et al. Org. Lett., 2005, 7, 1375; P. L. Winder, et al. Mar. Drugs, 2011, 9, 2644 (Rev.).

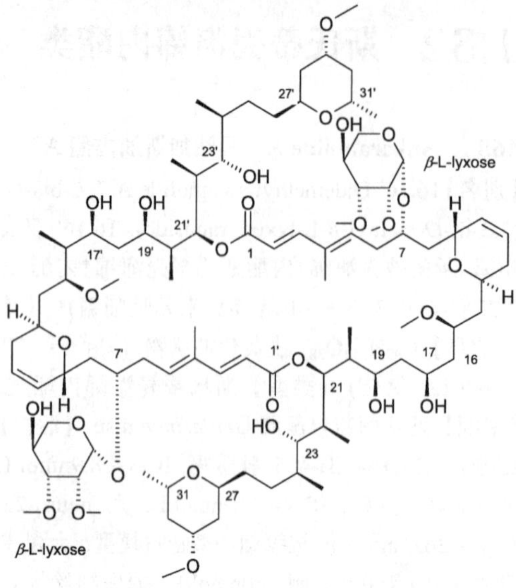

470　Bistheonellide A　双蒂壳海绵内酯 A*

【别名】Misakinolide A; 米萨肯内酯 A*.【基本信息】$C_{74}H_{128}O_{20}$, 油状物, $[\alpha]_D^{20} = -21.4°$ ($c = 5.6$, 氯仿).【类型】斯氏蒂壳海绵内酯类.【来源】岩屑海绵蒂壳海绵属 *Theonella* sp.【活性】细胞毒(癌细胞株, 浓度毫微摩尔级); 破坏肌动蛋白的细胞骨架 (以浓度依赖方式抑制 G-肌动蛋白聚合和 F-肌动蛋白解聚, 研究肌动蛋白动力学的重要的生物化学探针).【文献】R. Sakai, et al. Chem. Lett., 1986, 1499; Y. Kato, et al. Tetrahedron Lett., 1987, 28, 6225; J. Tanaka, et al. CPB, 1990, 38, 2967; T. Higa, et al. ACS Symp. Ser., 2000, 745, 12; A. E. Wright, Current Opinion in Biotechnology 2010, 21, 801.

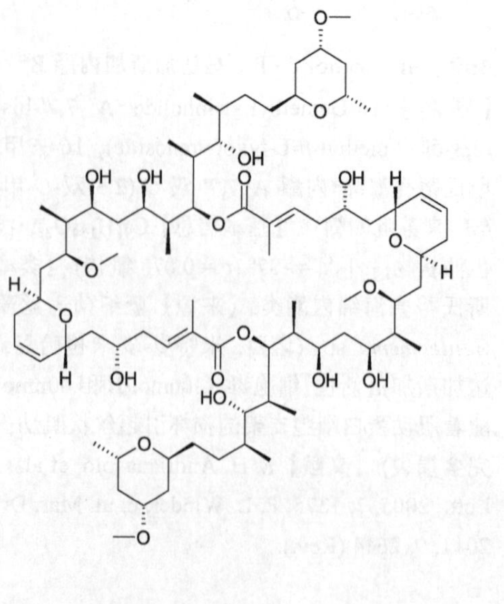

471　Bistheonellide B　双蒂壳海绵内酯 B*

【基本信息】$C_{73}H_{126}O_{20}$.【类型】斯氏蒂壳海绵内酯类.【来源】岩屑海绵蒂壳海绵属 *Theonella* sp.【活性】细胞毒.【文献】R. Sakai, et al. Chem. Lett., 1986, 1499; Y. Kato, et al. Tetrahedron Lett., 1987, 28, 6225; J. Tanaka, et al. CPB, 1990, 38, 2967; T. Higa, et al. ACS Symp. Ser., 2000, 745, 12.

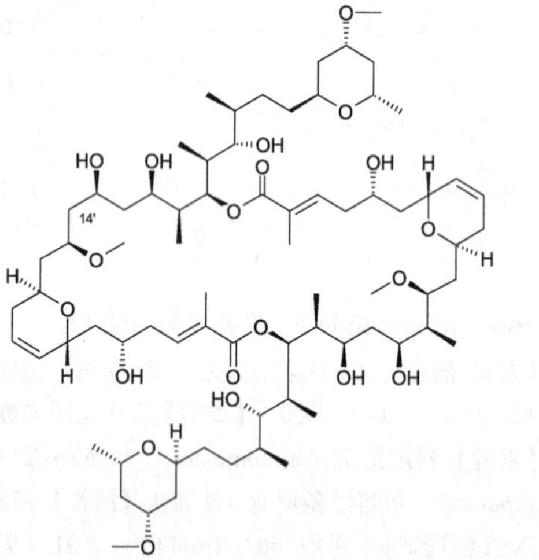

472　Hurghadolide A　埃及赫尔哈达内酯 A*

【基本信息】$C_{76}H_{130}O_{20}$, 亮黄色固体, $[\alpha]_D^{25} = -29.4°$ ($c = 0.08$, 甲醇).【类型】斯氏蒂壳海绵内酯类.【来源】岩屑海绵斯氏蒂壳海绵* *Theonella swinhoei* (赫尔哈达, 红海海岸, 埃及).【活性】细胞毒 (HCT116, *in vitro*, $IC_{50} = 5.6nmol/L$, 非常有潜力的); 细胞毒 (破坏肌动蛋白细胞骨架, 70nmol/L); 抗真菌 (酵母白色念珠菌 *Candida albicans*, $MIC = 31.3\mu g/mL$).【文献】D. T. A. Youssef, et al. JNP, 2006, 69, 154; P. L. Winder, et al. Mar. Drugs, 2011, 9, 2644 (Rev.).

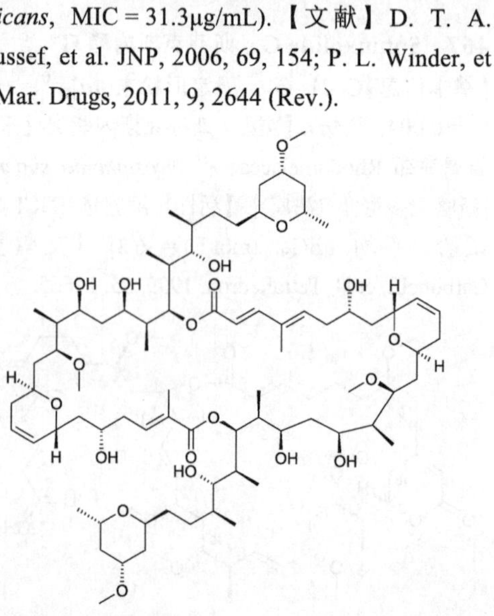

473 Isoswinholide A 异斯氏蒂壳海绵内酯 A*

【基本信息】$C_{78}H_{132}O_{20}$, 无定形粉末 (+$1H_2O$), $[\alpha]_D^{29} = -42°$ (c = 0.51, 氯仿).【类型】斯氏蒂壳海绵内酯类.【来源】岩屑海绵斯氏蒂壳海绵* *Theonella swinhoei* (红海).【活性】细胞毒 (KB 细胞株, IC_{50} = 1.1μg/mL).【文献】J. Tanaka, et al. CPB, 1990, 38, 2960; 2967.

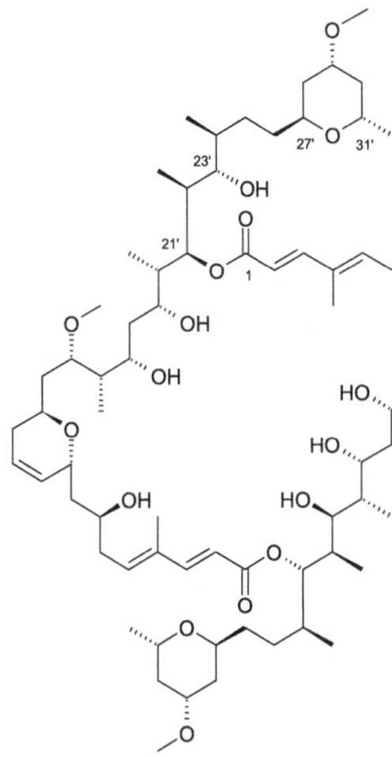

474 Swinholide A 斯氏蒂壳海绵内酯 A*

【基本信息】$C_{78}H_{132}O_{20}$, 微晶体 (+结晶水) (乙酸乙酯), mp 102°C, $[\alpha]_D^{24} = +16°$ (c = 1.3, 氯仿).【类型】斯氏蒂壳海绵内酯类.【来源】岩屑海绵斯氏蒂壳海绵* *Theonella swinhoei* (红海), 蓝细菌束藻属 *Symploca* cf. sp. (斐济).【活性】细胞毒 (KB 鼻咽表皮癌细胞, *in vitro,* IC_{50} = 1.2nmol/L, 非常有潜力的); 细胞毒 (L_{1210}细胞, IC_{50} = 0.03μg/mL; KB 细胞, IC_{50} = 0.04μg/mL); 抗真菌; 破坏肌动蛋白的细胞骨架 (快速切断 F-肌动蛋白, 研究肌动蛋白动力学的重要的生物化学探针).【文献】S. Carmely, et al. Tetrahedron Lett., 1985, 26, 511; S. Carmely, et al. Magn. Reson. Chem., 1986, 24, 343; M. Kobayashi, et al. Tetrahedron Lett., 1989, 30, 2963; I. Kitagawa, et al. JACS, 1990, 112, 3710; M. Doi, et al. JOC, 1991, 56, 3629; I. Paterson, et al. JACS., 1994, 116, 9391; A. E. Wright, Current Opinion in Biotechnology, 2010, 21, 801; P. L. Winder, et al. Mar. Drugs, 2011, 9, 2644 (Rev.); S. De Marino, et al. Mar. Drugs, 2011, 9, 1133.

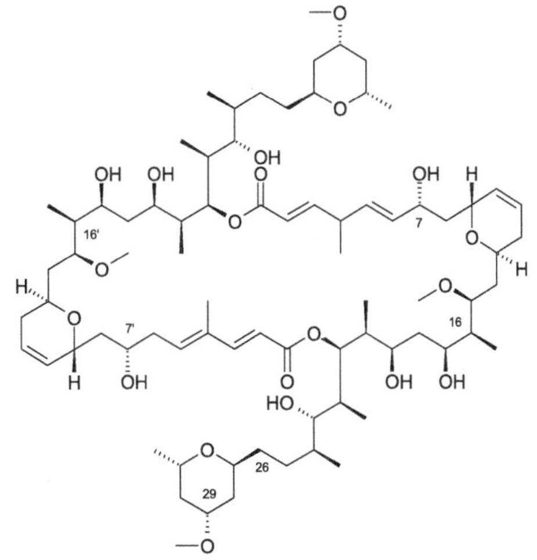

475 Swinholide B 斯氏蒂壳海绵内酯 B*

【基本信息】$C_{77}H_{130}O_{20}$, 无定形粉末 (+$1H_2O$), $[\alpha]_D^{22} = +2.5°$ (c = 6.1, 氯仿).【类型】斯氏蒂壳海绵内酯类.【来源】岩屑海绵蒂壳海绵属 *Theonella* sp. 和岩屑海绵斯氏蒂壳海绵* *Theonella swinhoei* (红海).【活性】细胞毒 (KB 细胞, IC_{50} = 0.041μg/mL).【文献】M. Kobayashi, et al. CPB, 1990, 38, 2960; 2967.

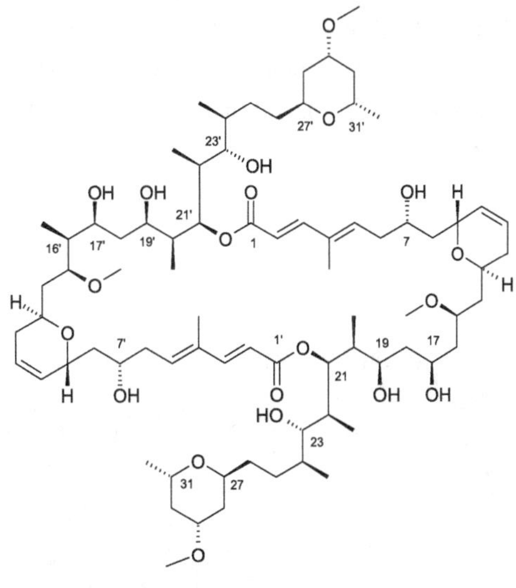

476 Swinholide C 斯氏蒂壳海绵内酯 C*

【基本信息】$C_{77}H_{130}O_{20}$, 无定形粉末 (+$2H_2O$), $[\alpha]_D^{24} = +5.4°$ (c = 5.4, 氯仿).【类型】斯氏蒂壳海绵内酯类.【来源】岩屑海绵蒂壳海绵属 *Theonella* sp.和岩屑海绵斯氏蒂壳海绵* *Theonella swinhoei* (红海).【活性】细胞毒 (KB 细胞, IC_{50} = 0.052μg/mL).【文献】M. Kobayashi, et al. CPB, 1990, 38, 2960; 2967.

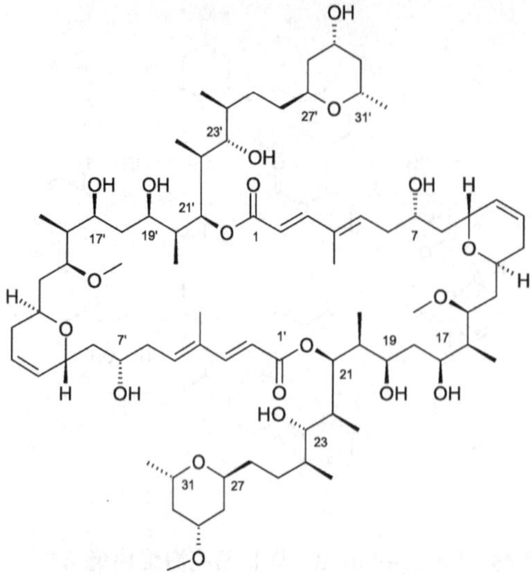

477 Swinholide H 斯氏蒂壳海绵内酯 H*

【基本信息】$C_{80}H_{136}O_{20}$, 固体, mp 90~91℃, $[\alpha]_D^{20}$ = –82° (c = 0.165, 乙醇). 【类型】斯氏蒂壳海绵内酯类.【来源】Vulcanellidae 科海绵 *Lamellomorpha strongylata* [产率 = 8.5×10^{-3}% (湿重), 新西兰]. 【活性】细胞毒 [NCI 体外 60 种癌细胞株筛选系统, 平均 $lgGI_{50}$ (mol/L) = –8.00 (Δ = 0.60, 范围 = 1.49); 平均 lgTGI (mol/L) = –6.71 (Δ = 1.90, 范围= 4.00); 平均 $lgLC_{50}$ (mol/L) = –5.60 (Δ = 1.81, 范围= 2.80)]. 【文献】E. J. Dumdei, et al. JOC, 1997, 62, 2636.

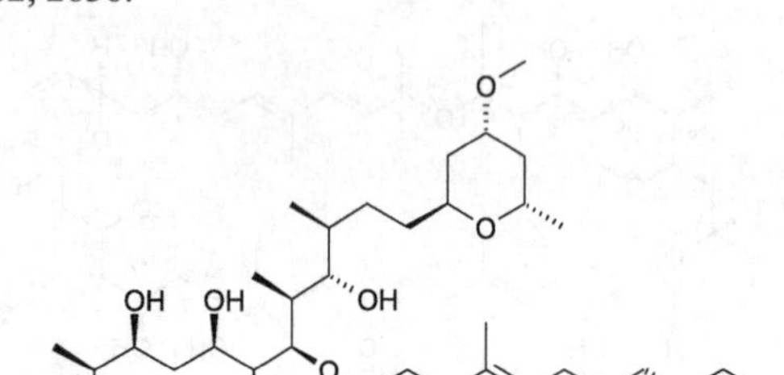

478 Swinholide I 斯氏蒂壳海绵内酯 I*

【基本信息】$C_{78}H_{132}O_{21}$, 亮黄色固体, $[\alpha]_D^{25}$ = –42.5° (c = 0.04, 甲醇). 【类型】斯氏蒂壳海绵内酯类. 【来源】岩屑海绵斯氏蒂壳海绵* *Theonella swinhoei* (赫尔格达, 红海海岸, 埃及). 【活性】细胞毒 (HCT116, *in vitro,* IC_{50} = 365nmol/L, 非常有潜力的); 细胞毒 (破坏肌动蛋白细胞骨架, 70nmol/L); 抗真菌 (酵母白色念珠菌 *Candida albicans*, MIC = 62.2μg/mL). 【文献】D. T. A. Youssef, et al. JNP, 2006, 69, 154; P. L. Winder, et al. Mar. Drugs, 2011, 9, 2644 (Rev.).

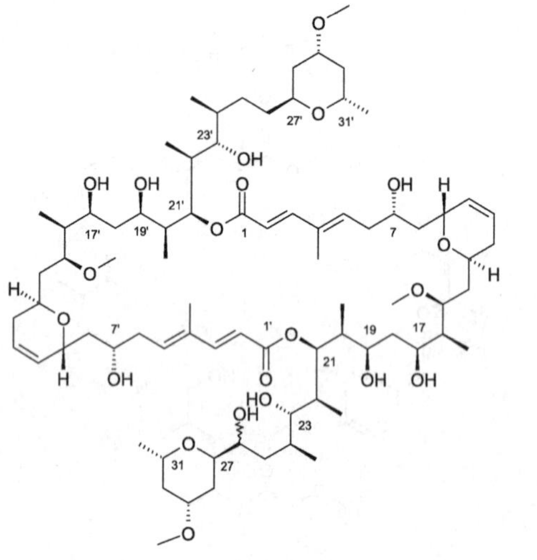

479 Swinholide K 斯氏蒂壳海绵内酯 K*

【基本信息】$C_{78}H_{132}O_{21}$. 【类型】斯氏蒂壳海绵内酯类. 【来源】岩屑海绵斯氏蒂壳海绵* *Theonella swinhoei* (布那根海洋公园, 万鸦老, 印度尼西亚) 【活性】细胞毒 (HepG2, 有值得注意的活性潜力). 【文献】A. Sinisi, et al. Bioorg. Med. Chem., 2013, 21, 5332.

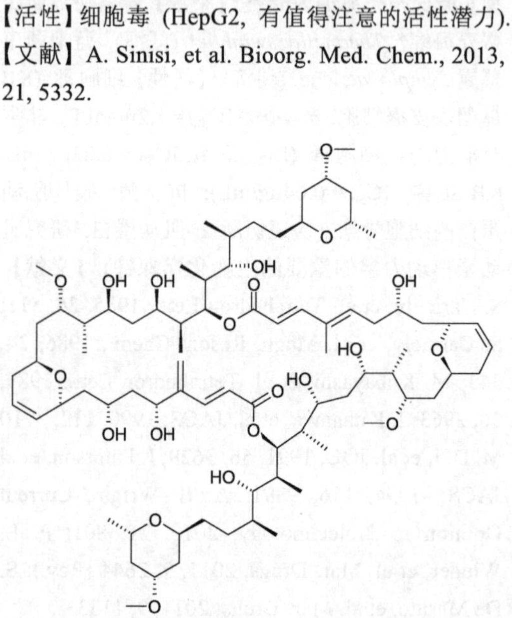

1.33 其它大环聚酮内酯

480 Acuminolide A 甲藻渐尖鳍藻内酯 A*

【基本信息】$C_{48}H_{64}O_{19}S$.【类型】其它大环聚酮内酯.【来源】甲藻渐尖鳍藻 *Dinophysis acuminata*【活性】肌动球蛋白 ATPase 酶刺激剂 (有潜力的).【文献】B. S. Hwang, et al. Org. Lett., 2014, 16, 5362.

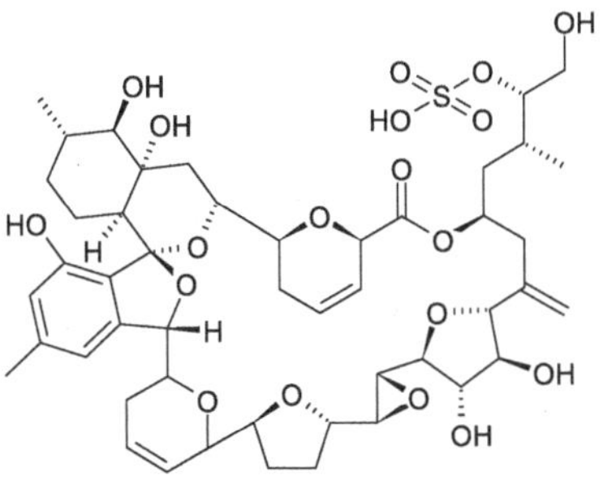

481 Altohyrtin B 冲绳钵海绵亭 B*

【基本信息】$C_{63}H_{95}BrO_{21}$, 无定形固体, $[\alpha]_D = +45°$ ($c = 0.2$, 甲醇).【类型】其它大环聚酮内酯.【来源】冲绳海绵 *Hyrtios altum* (冲绳, 日本).【活性】细胞毒 (KB, $IC_{50} = 0.02ng/mL$).【文献】M. Kobayashi, et al. Tetrahedron Lett., 1993, 34, 2795; M. Kobayashi, et al. CPB, 1993, 41, 989; M. Kobayashi, et al. Tetrahedron Lett., 1994, 35, 1243.

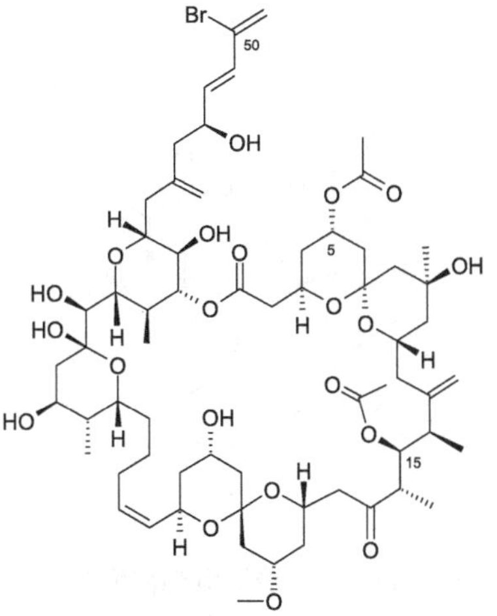

482 Amphilactam A 双御海绵内酰胺 A*

【基本信息】$C_{35}H_{51}NO_7$, 黄色油状物, $[\alpha]_D = +11.8°$ ($c = 0.35$, 氯仿).【类型】其它大环聚酮内酯.【来源】双御海绵属 *Amphimedon* sp. (南澳大利亚).【活性】杀线虫剂.【文献】S. P. B. Ovenden, et al. JOC, 1999, 64, 1140.

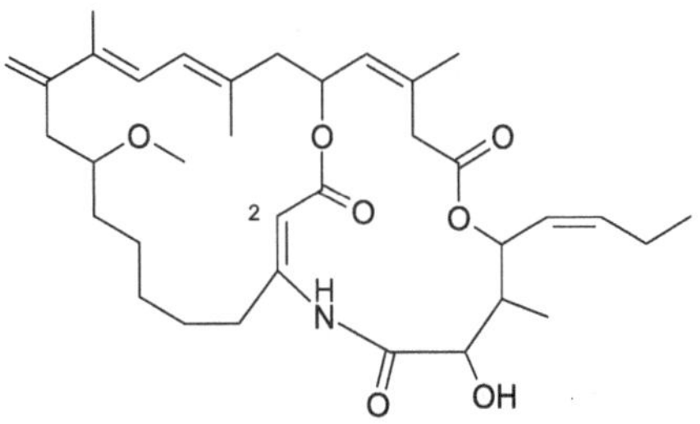

483 Amphilactam B 双御海绵内酰胺 B*

【基本信息】$C_{36}H_{53}NO_7$, 黄色油状物, $[\alpha]_D = +8.5°$ ($c = 0.38$, 氯仿).【类型】其它大环聚酮内酯.【来源】双御海绵属 *Amphimedon* sp. (南澳大利亚).【活性】杀线虫剂.【文献】S. P. B. Ovenden, et al. JOC, 1999, 64, 1140.

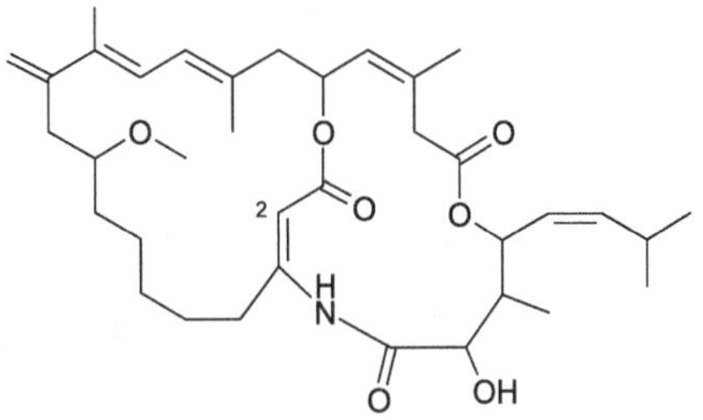

484 Amphilactam C 双御海绵内酰胺 C*

【基本信息】$C_{35}H_{51}NO_7$, 黄色油状物, $[\alpha]_D = +17.3°$ ($c = 0.48$, 氯仿).【类型】其它大环聚酮内酯.【来源】双御海绵属 *Amphimedon* sp. (南澳大利亚).【活性】杀线虫剂.【文献】S. P. B. Ovenden, et al. JOC, 1999, 64, 1140.

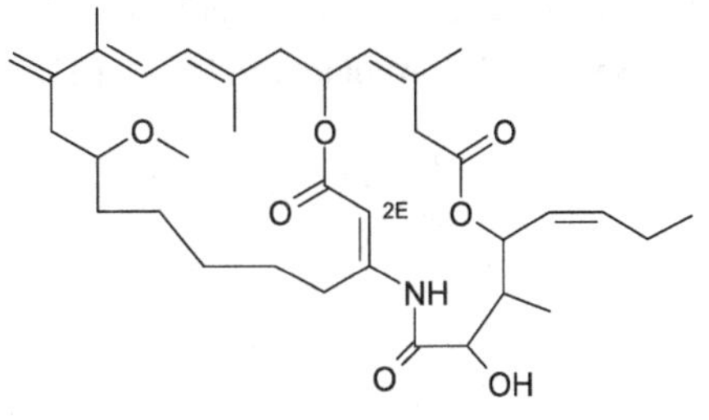

485 Amphilactam D 双御海绵内酰胺 D*

【基本信息】$C_{36}H_{53}NO_7$, 黄色油状物, $[\alpha]_D = +2.5°$ ($c = 0.03$, 氯仿).【类型】其它大环聚酮内酯.【来源】双御海绵属 *Amphimedon* sp. (南澳大利亚).【活性】杀线虫剂.【文献】S. P. B. Ovenden, et al. JOC, 1999, 64, 1140.

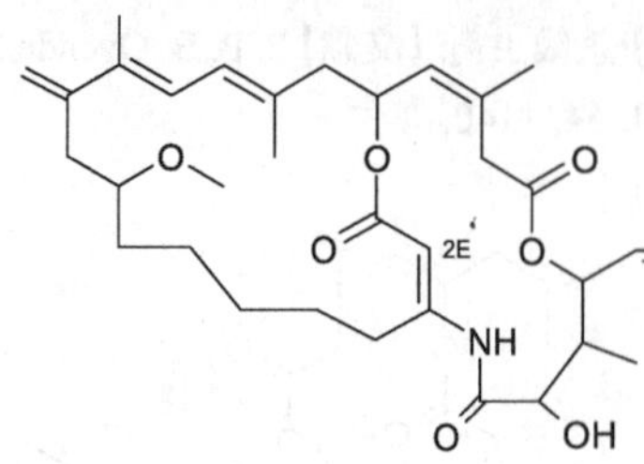

486 Antibiotics BK 223B 抗生素 BK 223B

【基本信息】$C_{32}H_{38}O_{15}$, $[\alpha]_D^{22}$ = –5° (*c* = 0.8, 甲醇). 【类型】其它大环聚酮内酯.【来源】海洋导出的真菌炭团菌属 *Hypoxylon oceanicum* LL-15G256. 【活性】抗真菌.【文献】J. Breinholt, et al. J. Antibiot., 1993, 46, 1101; G. Schlingmann, et al. Tetrahedron, 2002, 58, 6825.

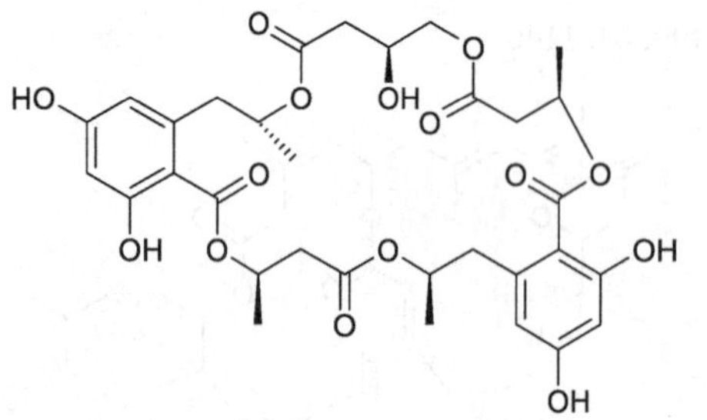

487 Aplasmomycin A 阿坡拉斯莫霉菌素 A*

【别名】Aplasmomycin; 阿坡拉斯莫霉菌素*.【基本信息】$C_{40}H_{60}BO_{14}^-$, 钠盐: 针状晶体 (甲醇), mp 283~285°C (分解), $[\alpha]_D^{22}$ = +225° (*c* = 1.24, 氯仿), 离子载体.【类型】其它大环聚酮内酯.【来源】海洋导出的灰色链霉菌 *Streptomyces griseus*. 【活性】抗菌 (革兰氏阳性菌); 杀昆虫剂; 杀螨剂. 【文献】H. Nakamura, et al. J. Antibiot., 1977, 30, 714; K. Sato, et al. J. Antibiot., 1978, 31, 632.

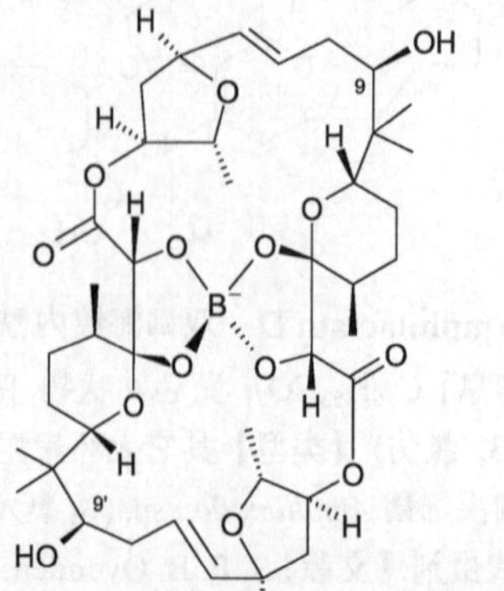

488 Aplasmomycin B 阿坡拉斯莫霉菌素 B*

【基本信息】$C_{42}H_{62}BO_{15}^-$, $[\alpha]_D$ = +188° (甲醇) (钠盐).【类型】其它大环聚酮内酯.【来源】海洋导出的灰色链霉菌 *Streptomyces griseus*.【活性】抗菌 (革兰氏阳性菌).【文献】H. Nakamura, et al. J. Antibiot., 1977, 30, 714; K. Sato, et al. J. Antibiot., 1978, 31, 632.

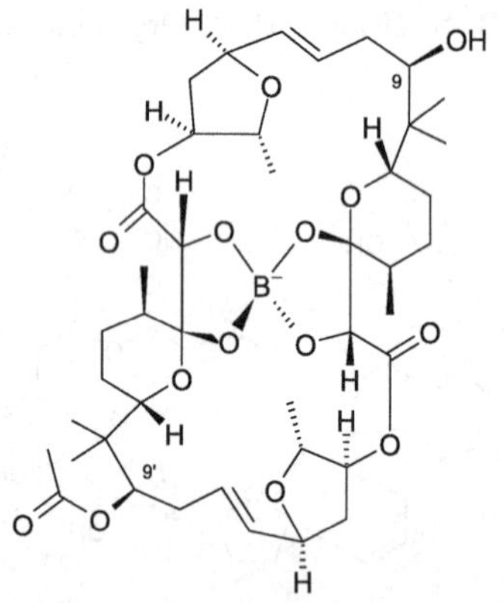

489 Aplasmomycin C 阿坡拉斯莫霉菌素 C*

【基本信息】$C_{44}H_{64}BO_{15}^-$, $[\alpha]_D$ = +134° (甲醇) (钠盐).【类型】其它大环聚酮内酯.【来源】海洋导出的灰色链霉菌 *Streptomyces griseus*.【活性】抗菌 (革兰氏阳性菌).【文献】H. Nakamura, et al. J. Antibiot., 1977, 30, 714; K. Sato, et al. J. Antibiot., 1978, 31, 632.

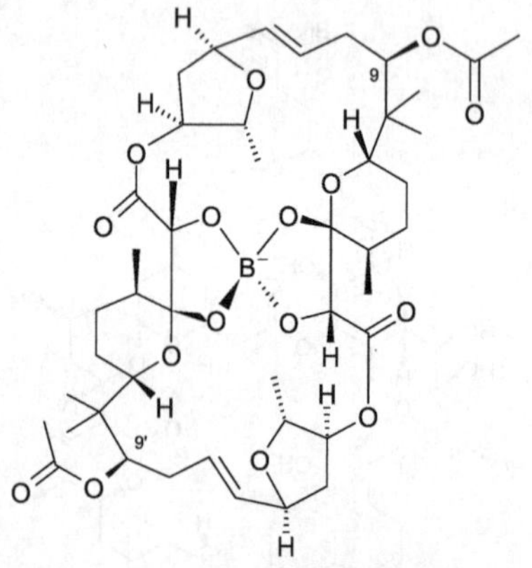

490 Arenolide 多沙掘海绵内酯*

【基本信息】$C_{25}H_{42}O_6$, 黏性油状物, $[\alpha]_D$ = +13.0° (*c* = 0.64, 氯仿).【类型】其它大环聚酮内酯.【来源】掘海绵属 *Dysidea* sp. (帕劳, 大洋洲).【活性】细胞毒 (人结肠癌 HCT116 细胞, 人卵巢癌 A2780 细胞).【文献】Q. Lu, et al. JNP, 1998, 61, 1096.

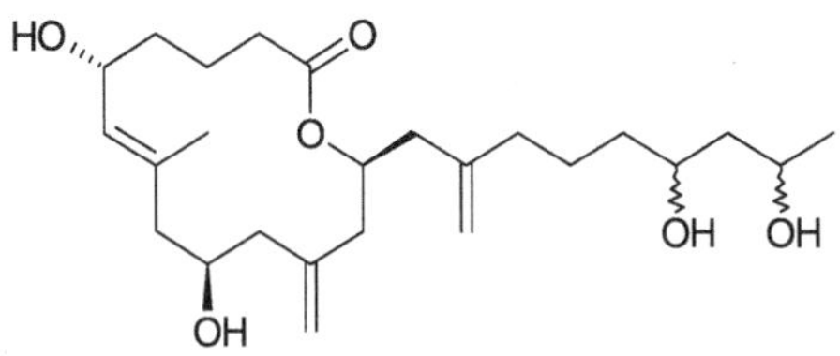

491 Belizeanolide 伯利兹原甲藻内酯*

【基本信息】$C_{81}H_{132}O_{20}$, 无定形固体, $[\alpha]_D^{25} = -9.2°$ ($c = 0.001$, 甲醇).【类型】其它大环聚酮内酯.【来源】伯利兹原甲藻* *Prorocentrum belizeanum.*【活性】细胞毒 [A2780, $GI_{50} = (3.28±0.45)\mu mol/L$; SW1573, $GI_{50} = (3.23±0.45)\mu mol/L$; HBL100, $GI_{50} = (3.23±0.38)\mu mol/L$; T47D, $GI_{50} = (3.16±0.40)\mu mol/L$; WiDr, $GI_{50} = (4.58±0.40)\mu mol/L$].【文献】J.G Napolitano, et al. Angew. Chem., Int. Ed., 2009, 48, 796.

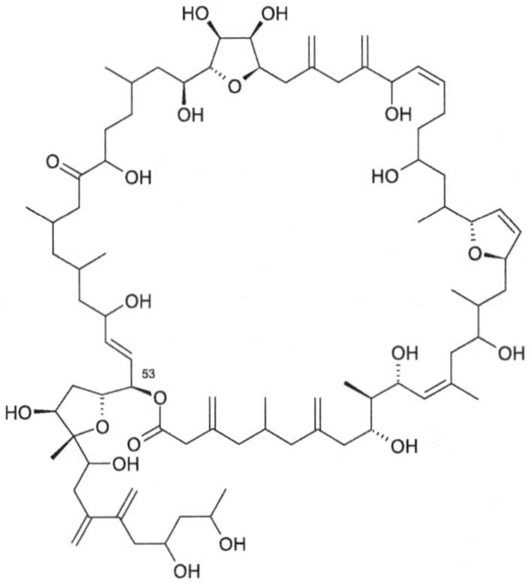

492 Belizentrin 伯利兹原甲藻林*

【基本信息】$C_{49}H_{75}NO_{17}$.【类型】其它大环聚酮内酯.【来源】伯利兹原甲藻* *Prorocentrum belizeanum.*【活性】有毒的 (在小脑细胞影响神经网络的完整性, 有效力的, 最终导致细胞死亡).【文献】H. J. Domínguez, et al. Org. Lett., 2014, 16, 4546.

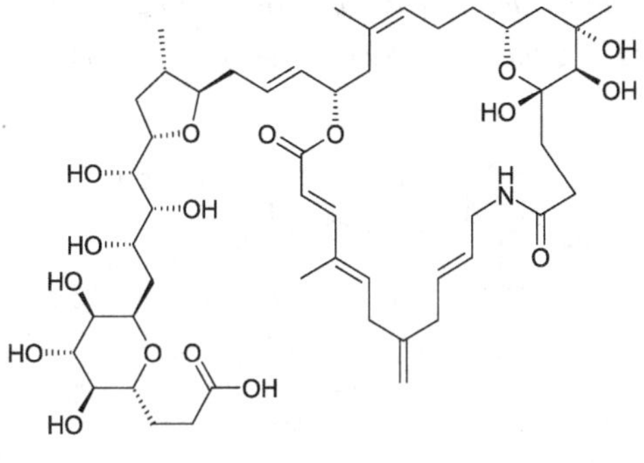

493 Biselyngbyaside 双鞘丝藻苷*

【基本信息】$C_{34}H_{52}O_9$, $[\alpha]_D^{25} = -36°$ ($c = 0.1$, 氯仿).【类型】其它大环聚酮内酯.【来源】蓝细菌鞘丝藻属 *Lyngbya* sp.【活性】细胞毒 (SRB 试验, 人 HeLa-S3 上皮细胞癌, $IC_{50} = 0.1\mu g/mL$; SNB78 中枢神经系统癌; $GI_{50} = 0.036\mu mol/L$; NCI-H522 肺癌, $GI_{50} = 0.067\mu mol/L$); 细胞毒 [以疾病为导向的一组 39 种人癌细胞株 (HCC panel), 平均 $GI_{50} = 0.60\mu mol/L$]; 细胞毒 (COMPARE 软件分析为负值, 表明没有高相关系数 ($R < 0.5$) 的标准抗癌药物, 抑制癌细胞增殖的新的机制).【文献】T. Yamori,et al. Cancer Res. 1999, 59, 4042; T. Teruya, et al. Org. Lett. 2009, 11, 2421.

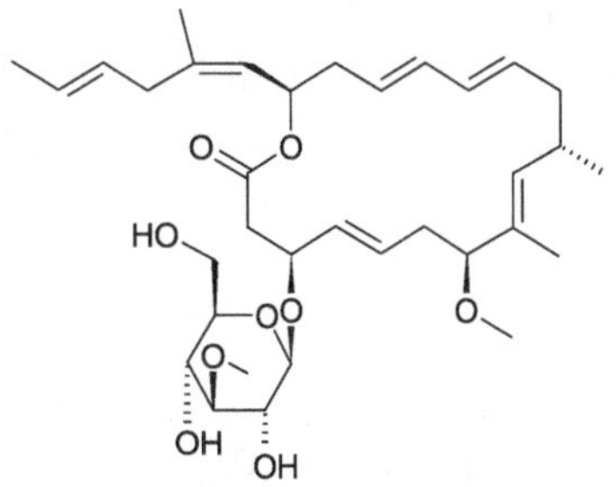

494 Biselyngbyaside B 双鞘丝藻苷 B*

【基本信息】$C_{34}H_{54}O_{10}$.【类型】其它大环聚酮内酯.【来源】蓝细菌鞘丝藻属 *Lyngbya* sp. (样本 2, 德之岛, 日本).【活性】细胞毒 (HeLa-S3 和 HL60 细胞, 抑制细胞生长和引起凋亡, 在 HeLa-S3 细胞中提高细胞溶质的 Ca^{2+}离子浓度).【文献】T. Teruya, et al. Org. Lett., 2009, 11, 2421; M. Morita, et al. Tetrahedron, 2012, 68, 5984.

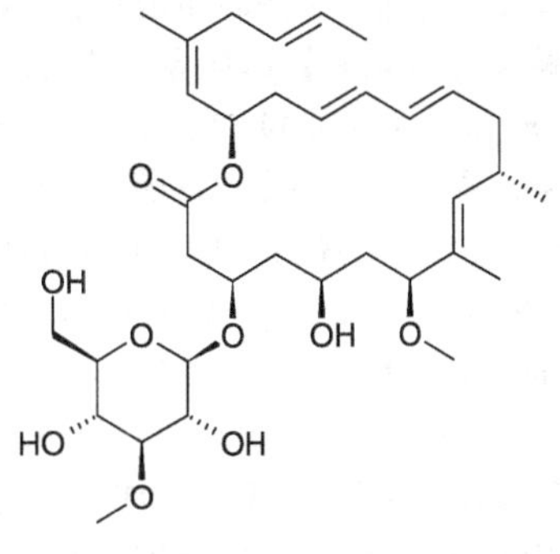

495 Biselyngbyolide A 双鞘丝藻苷 A*

【基本信息】$C_{27}H_{42}O_5$.【类型】其它大环聚酮内酯.【来源】蓝细菌鞘丝藻属 *Lyngbya* sp. (样本 1, 德之岛, 日本).【活性】细胞毒 (HeLa-S3 和 HL60

细胞，有潜力的细胞凋亡诱导剂).【文献】M. Morita, et al. Chem. Lett., 2012, 41, 165.

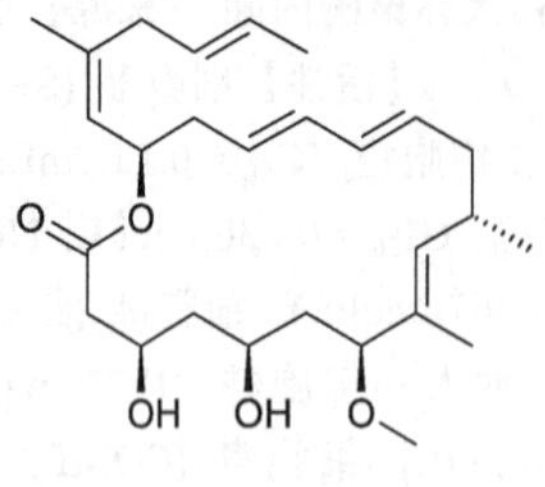

496 Borophycin 硼菲新*

【基本信息】$C_{44}H_{68}BO_{14}^-$，晶体 (二氯甲烷/甲醇) (钠盐)，$[\alpha]_D = -23.7°$ ($c = 1.4$，氯仿) (钠盐).【类型】其它大环聚酮内酯.【来源】蓝细菌林氏念珠藻* *Nostoc linckia* 和蓝细菌念珠藻属 *Nostoc spongiaeformia*.【活性】细胞毒 (有潜力的).【文献】T. Hemscheidt, et al. JOC, 1994, 59, 3467.

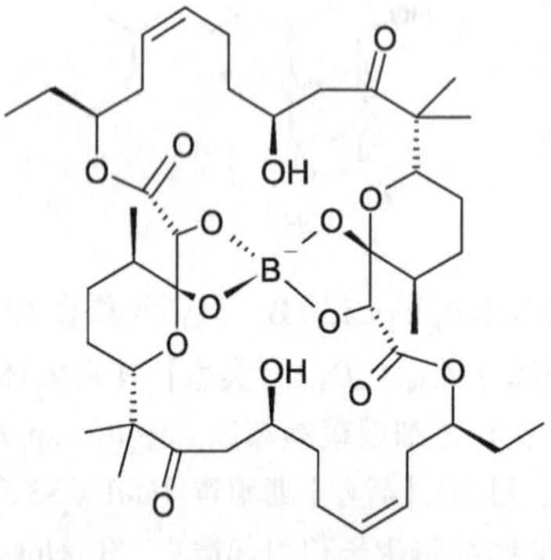

497 Brefeldin A 布雷菲德菌素 A

【别名】Ascotoxin; Cyanein; 壳二孢毒素; 蓝菌素.【基本信息】$C_{16}H_{24}O_4$，棱柱状晶体 (甲醇/乙醚)，mp 204~205°C，$[\alpha]_D^{22} = +96°$(甲醇).【类型】其它大环聚酮内酯.【来源】海洋导出的真菌青霉属 *Penicillium* sp. PSU-F44 来自柳珊瑚海扇 *Annella* sp. (泰国)，未鉴定的真菌 (土壤样本，智利，1998)，未鉴定的真菌 0GOS1620.【活性】细胞毒 (P388, $GI_{50} = 0.23\mu g/mL$; OVCAR-3, $GI_{50} = 0.041\mu g/mL$; NCI-H460, $GI_{50} = 0.28\mu g/mL$; KM20L2, $GI_{50} = 0.022\mu g/mL$; DU145, $GI_{50} = 0.13\mu g/mL$; BXPC3, $GI_{50} = 0.07\mu g/mL$; MCF7, $GI_{50} = 0.047\mu g/mL$; SF268, $GI_{50} = 0.21\mu g/mL$; SF295, $GI_{50} = 0.38\mu g/mL$)；抗菌 (MRSA SK1)；抗真菌 (MG SH-MU-4, MIC = 64μg/mL)；鱼毒素；抗-HIV；LD_{50} (小鼠，ipr) = 200mg/kg.【文献】G. R. Pettit, et al. JNP 2008, 71, 438; K. Trisuwan, et al. CPB, 2009, 57, 1100.

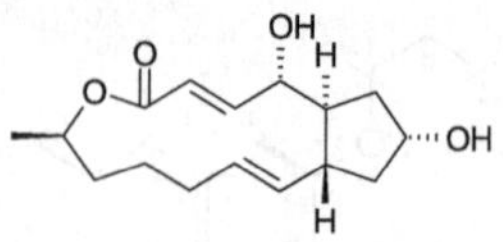

498 Calcaride A 齿梗孢霉内酯 A*

【基本信息】$C_{33}H_{40}O_{14}$.【类型】其它大环聚酮内酯.【来源】海洋真菌齿梗孢霉属 *Calcarisporium* sp.【活性】抗菌 (表皮葡萄球菌 *Staphylococcus epidermidis*, MIC = 68.8μg/mL; 油菜黄单胞菌 *Xanthomonas campestris*, MIC = 5.5μg/mL).【文献】J. Silber, et al. Mar. Drugs, 2013, 11, 3309.

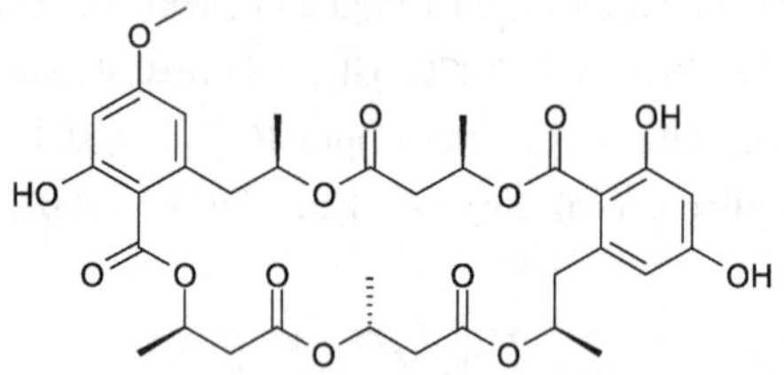

499 Calcaride B 齿梗孢霉内酯 B*

【基本信息】$C_{33}H_{40}O_{15}$.【类型】其它大环聚酮内酯.【来源】海洋真菌齿梗孢霉属 *Calcarisporium* sp.【活性】抗菌 (表皮葡萄球菌 *Staphylococcus epidermidis*, MIC = 53.2μg/mL; 油菜黄单胞菌 *Xanthomonas campestris*, MIC = 22.6μg/mL).【文献】J. Silber, et al. Mar. Drugs, 2013, 11, 3309.

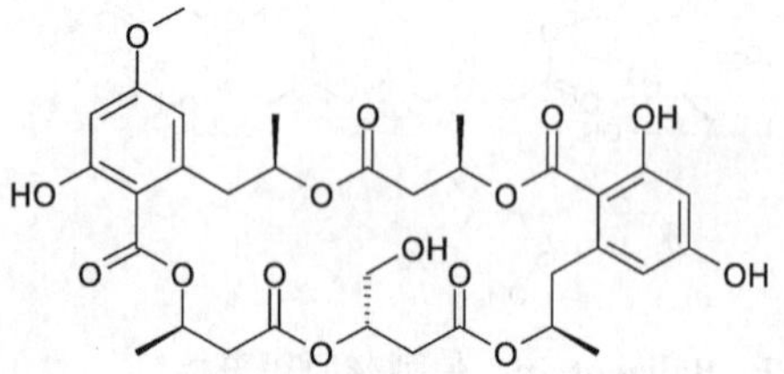

500 Calcaride C 齿梗孢霉内酯 C*

【基本信息】$C_{33}H_{40}O_{15}$.【类型】其它大环聚酮内酯.【来源】海洋真菌齿梗孢霉属 *Calcarisporium* sp.【活性】抗菌 (表皮葡萄球菌 *Staphylococcus epidermidis*, MIC = 29.6μg/mL; 油菜黄单胞菌 *Xanthomonas campestris*, MIC = 61.4μg/mL).【文献】J. Silber, et al. Mar. Drugs, 2013, 11, 3309.

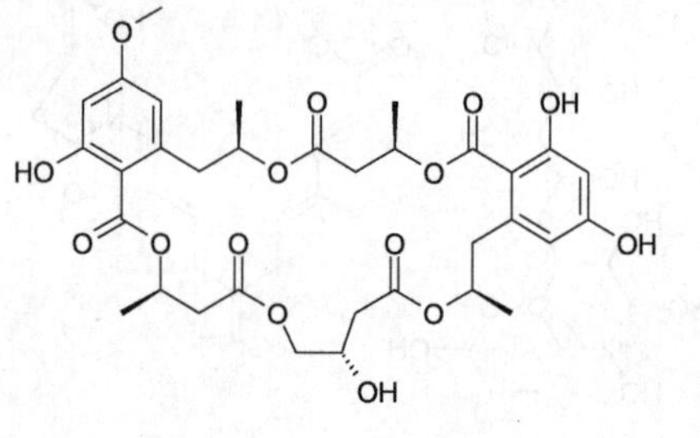

501 Calcaride E 齿梗孢霉内酯 E*

【基本信息】$C_{33}H_{42}O_{15}$.【类型】其它大环聚酮内酯.【来源】海洋真菌齿梗孢霉属 *Calcarisporium* sp.【活性】抗菌（表皮葡萄球菌 *Staphylococcus epidermidis,* MIC = 104.3μg/mL；油菜黄单胞菌 *Xanthomonas campestris,* MIC = 150μg/mL).【文献】J. Silber, et al. Mar. Drugs, 2013, 11, 3309.

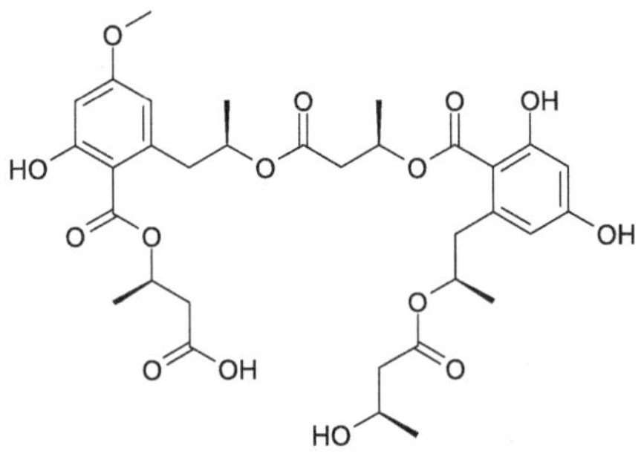

502 Callipeltoside A 新喀里多尼亚岩屑海绵糖苷 A*

【基本信息】$C_{35}H_{48}ClNO_{10}$, $[\alpha]_D = -17.6°$ (c = 0.04, 甲醇).【类型】其它大环聚酮内酯.【来源】岩屑海绵 Neopeltidae 科 *Callipelta* sp. [新喀里多尼亚岸外，新喀里多尼亚（法属）].【活性】细胞毒 (NSCLC-N6, IC_{50} = 16.6μmol/L; P_{388}, IC_{50} = 22.4μmol/L; A2780, IC_{50} = 20.0μmol/L)；细胞增殖抑制剂.【文献】A. Zampella, et al. JACS, 1996, 118, 11085; B. M. Trost, et al. JACS, 2002, 124, 10396; C. K. Skepper, et al. JACS, 2007, 129, 4150; J. B. MacMillan, et al. JOC, 2008, 73, 3699; P. L. Winder, et al. Mar. Drugs, 2011, 9, 2644 (Rev.).

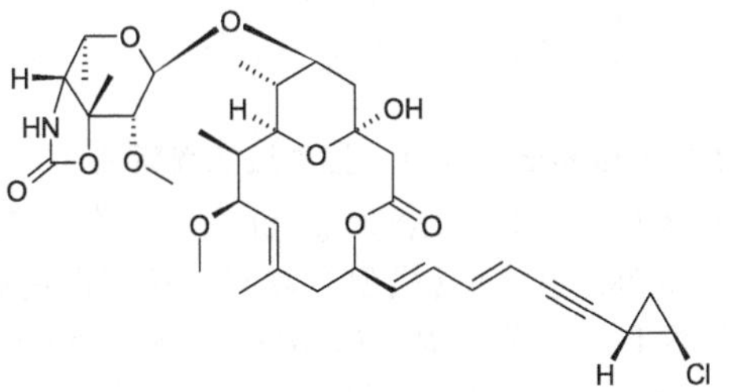

503 Callipeltoside B 新喀里多尼亚岩屑海绵糖苷 B*

【基本信息】$C_{35}H_{50}ClNO_{10}$.【类型】其它大环聚酮内酯.【来源】岩屑海绵 Neopeltidae 科 *Callipelta* sp. [新喀里多尼亚（法属）].【活性】细胞毒 (NSCLC-N6, IC_{50} = 15.1μg/mL)；细胞增殖抑制剂.【文献】A. Zampella, et al. Tetrahedron, 1997, 53, 3243; J. Carpenter, et al. Angew. Chem., Int. Ed., 2008, 47, 3568 (绝对构型修正).

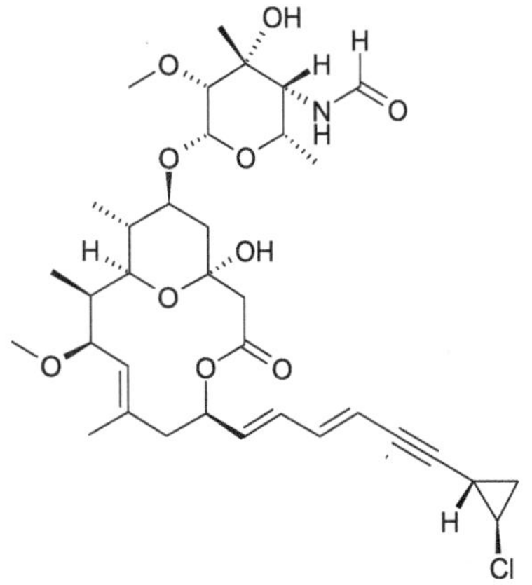

504 Callipeltoside C 新喀里多尼亚岩屑海绵糖苷 C*

【基本信息】$C_{34}H_{49}ClO_{10}$.【类型】其它大环聚酮内酯.【来源】岩屑海绵 Neopeltidae 科 *Callipelta* sp. [新喀里多尼亚（法属）].【活性】细胞毒 (NSCLC-N6, IC_{50} = 30μg/mL).【文献】A. Zampella, et al. Tetrahedron, 1997, 53, 3243; J. Carpenter, et al. Angew. Chem., Int. Ed., 2008, 47, 3568 (绝对构型修正); P. L. Winder, et al. Mar. Drugs, 2011, 9, 2644 (Rev.); CRC Press, DNP on DVD, 2012, version 20.2.

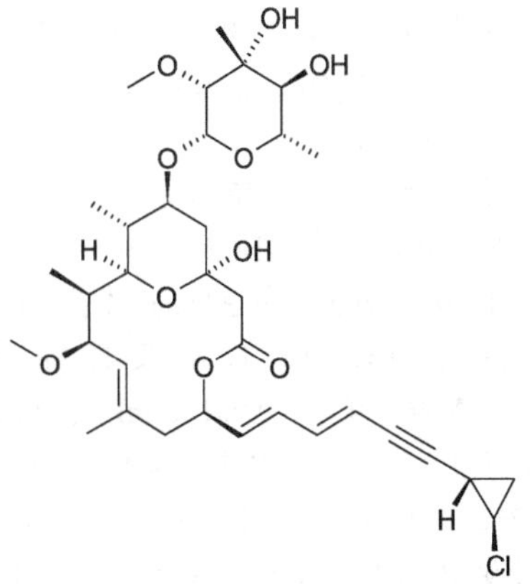

505 Candidaspongiolide A 清亮海绵内酯 A*

【基本信息】$C_{34}H_{52}O_{14}$.【类型】其它大环聚酮内酯.【来源】清亮海绵属 *Candidaspongia* sp. (巴布亚新几内亚).【活性】细胞毒 [清亮海绵内酯 A/B 混合物, A:B = 1.7:1, 黑色素瘤 UACC-257, IC_{50} = (1.6±0.5)nmol/L; 黑色素瘤 LOX-IMVI, IC_{50} < 2.0nmol/L; 黑色素瘤 M14, IC_{50} = (7.5±1.5)nmol/L; MCF7, IC_{50} < 2.0nmol/L; NCI-H460, IC_{50} = (3.4±

0.2)nmol/L].【文献】E. L. Whitson, et al. Org. Lett., 2011, 13, 3518.

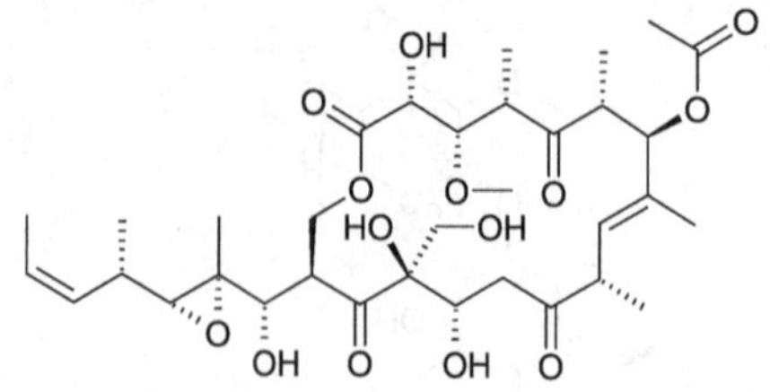

506 Candidaspongiolide B 清亮海绵内酯 B*

【基本信息】$C_{34}H_{52}O_{14}$.【类型】其它大环聚酮内酯.【来源】清亮海绵属 *Candidaspongia* sp. (巴布亚新几内亚).【活性】细胞毒 [清亮海绵内酯 A/B 混合物, A:B = 1.7:1, 黑色素瘤 UACC-257, IC_{50} = (1.6±0.5)nmol/L; 黑色素瘤 LOX-IMVI, IC_{50}< 2.0nmol/L; 黑色素瘤 M14, IC_{50} = (7.5±1.5)nmol/L; MCF7, IC_{50} < 2.0nmol/L; NCI-H460, IC_{50} = (3.4±0.2)nmol/L].【文献】E. L. Whitson, et al. Org. Lett., 2011, 13, 3518.

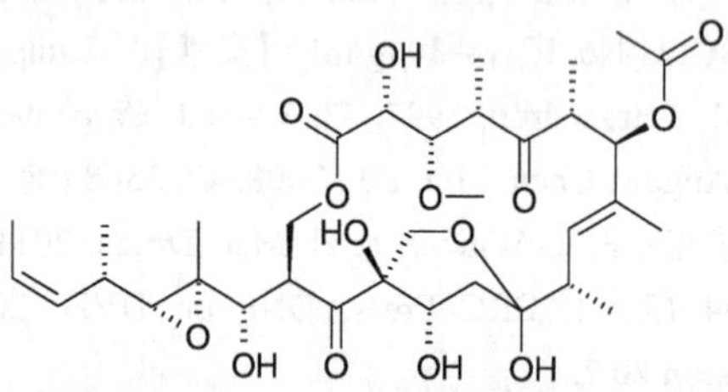

507 Caribenolide I 谷粒海绵内酯 I*

【基本信息】$C_{33}H_{52}O_{11}$, 微晶粉末 (2,2,4-三甲基戊烷/2-丙醇), $[\alpha]_D^{25}$ = +91° (c = 0.1, 二氯甲烷).【类型】其它大环聚酮内酯.【来源】甲藻前沟藻属 *Amphidinium* sp. S1-36-5 [产率 = 0.026% (干重), 圣托马斯, 美属维尔京群岛].【活性】细胞毒 [人结肠癌 HCT116 细胞及其抗药细胞 HCT116/VM46, IC_{50} = 0.001μg/mL (1.6nmol/L); 对照以前报道的最有潜力的甲藻大环内酯前沟藻内酯, HCT116, IC_{50} = 0.122μg/mL]; 抗肿瘤 (*in vivo*, 小鼠 P_{388}, 0.03mg/kg, *T/C* = 150%).【文献】I. Bauer, et al. JOC, 1995, 60, 1084.

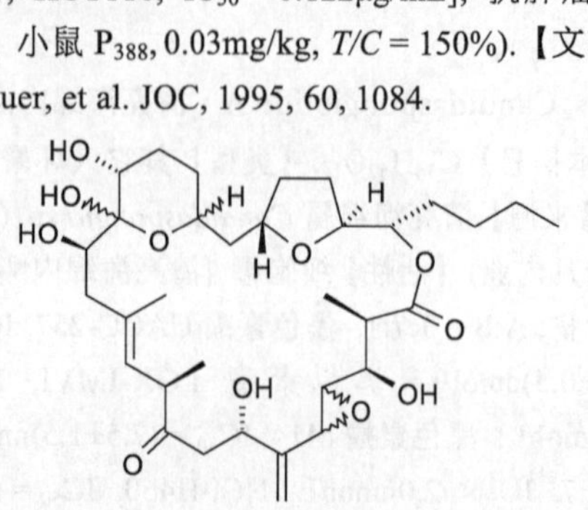

508 Caylobolide A 凯罗波内酯 A*

【基本信息】$C_{42}H_{82}O_{11}$, $[\alpha]_D$ = −9.7° (c = 0.25, 甲醇).【类型】其它大环聚酮内酯.【来源】蓝细菌稍大鞘丝藻 *Lyngbya majuscula* (巴哈马, 加勒比海)【活性】细胞毒 (人 HCT116 细胞株, IC_{50} = 9.9μmol/L).【文献】J. B. MacMillan, et al. Org. Lett., 2002, 4, 1535; L. A. Salvador, et al. JNP, 2010, 73, 1606.

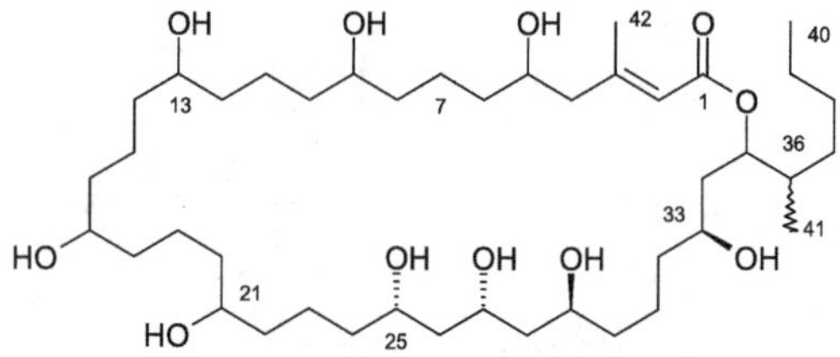

509 Caylobolide B 凯罗波内酯 B*

【基本信息】$C_{42}H_{80}O_{11}$, 无色无定形固体, $[\alpha]_D^{20}$ = −15° (c = 0.15, 甲醇).【类型】其它大环聚酮内酯.【来源】蓝细菌席藻属 *Phormidium* spp. (扎卡里泰勒堡州立公园防波堤, 美国本土最南端城市基韦斯特, 佛罗里达, 2008 年 6 月 24 日采样).【活性】细胞毒 (MTT 试验: HT29 结肠直肠恶性腺瘤, IC_{50} = 4.5μmol/L; HeLa 宫颈癌, IC_{50} = 12.2μmol/L).【文献】L. A. Salvador, et al. JNP 2010, 73, 1606.

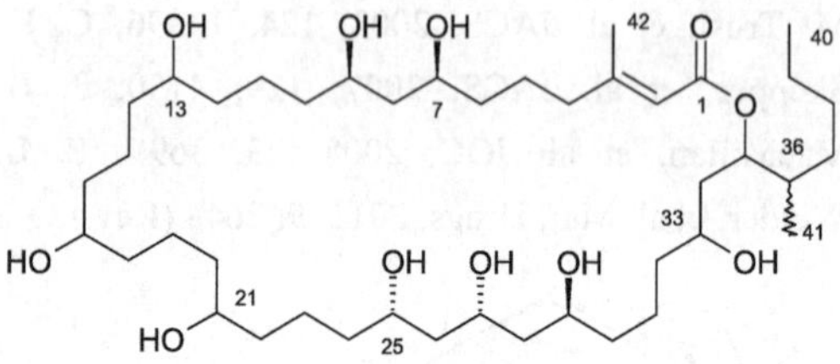

510 Chondropsin A 抽轴坡海绵新 A*

【基本信息】$C_{83}H_{133}N_3O_{26}$, 粉末, $[\alpha]_D^{27}$ = +7.1° (c = 0.28, 甲醇).【类型】其它大环聚酮内酯.【来源】树枝羊海绵* *Ircinia ramosa* (澳大利亚), Chondropsidae 科海绵 *Chondropsis* sp. 和 *Psammoclema* sp.【活性】细胞毒 (NCI 60 种癌细胞筛选程序, 平均 GI_{50} = 2.4×10^{-8}mol/L, 单个细胞相对敏感性范围 >10^3; COMPARE 算法分析显示, 对任何包含在 NCI 标准药剂数据库中的平均图谱分布没有值得注意的活性相关; 和传统抗肿瘤药物有不同的抑制肿瘤生长的机制; 对抗癌药物研究可能是一种新的结构类型).【文献】C. L.

Cantrell, et al. JACS, 2000, 122, 8825; M. A. Rashid, et al. Tetrahedron Lett., 2001, 42, 1623.

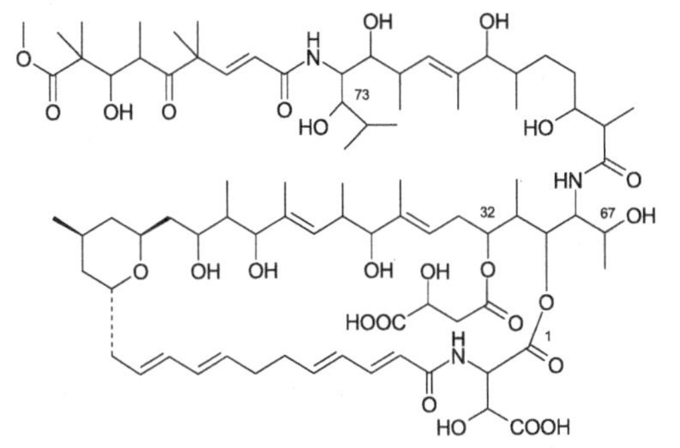

511 Chondropsin C 抽轴坡海绵新 C*

【基本信息】$C_{81}H_{131}N_3O_{23}$，粉末，$[\alpha]_D = +2.7^o$ (c = 0.3，甲醇)．【类型】其它大环聚酮内酯．【来源】羊海绵属 *Ircinia* sp. (菲律宾)．【活性】细胞毒 (*in vitro*，人黑色素瘤 LOX 细胞株，IC_{50} = 0.8ng/mL；人白血病 Molt4 细胞株，IC_{50} = 0.2ng/mL)．【文献】M. A. Rashid, et al. Tetrahedron Lett., 2001, 42, 1623.

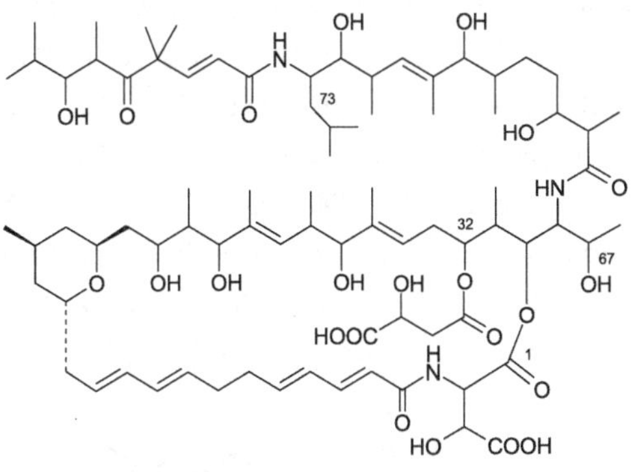

512 Chondropsin D 抽轴坡海绵新 D*

【别名】Chondropsin B-32-*O*-(3-carboxy-3-hydroxypropanoyl-(1→67)-lactone；抽轴坡海绵新 B-32-*O*-(3-羧基-3-羟基丙酰基-(1→67)-内酯*．【基本信息】$C_{83}H_{133}N_3O_{26}$，树胶状物，$[\alpha]_D^{27} = -5^o$ (c = 0.06，甲醇)．【类型】其它大环聚酮内酯．【来源】Chondropsidae 科海绵 *Chondropsis* sp. (巴斯海峡沿岸，伍伦贡，澳大利亚，采样深度 20m)．【活性】细胞毒 (2 天体外试验，人黑色素瘤 LOX 细胞株，IC_{50} = 10ng/mL；人白血病 Molt4 细胞株，IC_{50} = 250ng/mL)．【文献】M. A. Rashid, et al. JNP, 2001, 64, 1341.

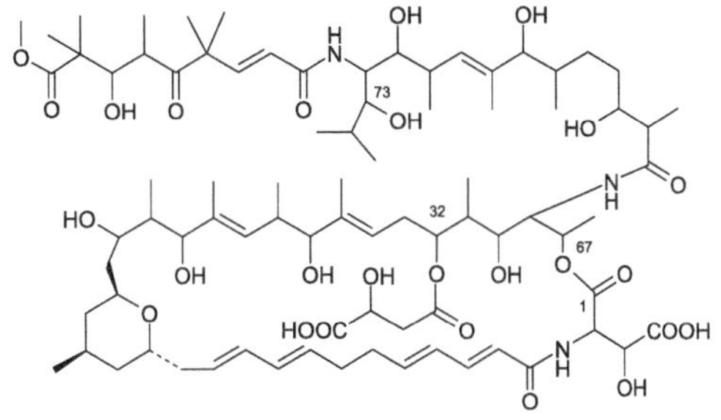

513 Dactylolide 胄甲海绵内酯*

【基本信息】$C_{23}H_{28}O_5$，无定形固体，$[\alpha]_D = +30^o$ (c = 1，甲醇)．【类型】其它大环聚酮内酯．【来源】胄甲海绵亚科 Thorectinae 海绵 *Dactylospongia* sp.【活性】细胞毒 (3.2μg/mL，L_{1210}，InRt = 63%；SK-OV-3，InRt = 40%)．【文献】A. Cutignano, et al. EurJOC, 2001, 775.

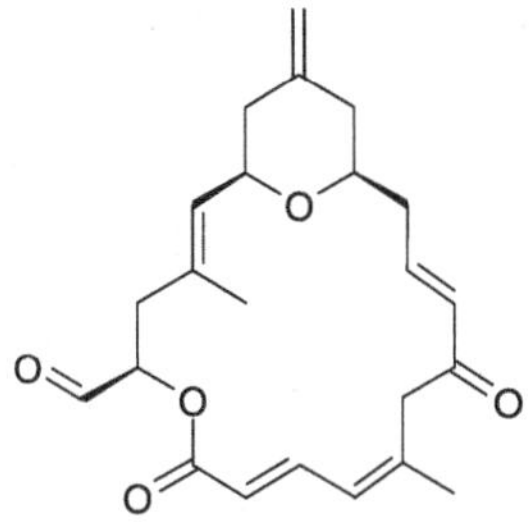

514 7-Dehydrobrefeldin A 7-去氢布雷菲德菌素 A*

【别名】7-Oxobrefeldin A；7-氧代布雷菲德菌素 A*．【基本信息】$C_{16}H_{22}O_4$．【类型】其它大环聚酮内酯．【来源】海洋导出的真菌青霉属 *Penicillium* sp. PSU-F44 来自柳珊瑚海扇 *Annella* sp. (泰国)．【活性】抗菌 (MRSA SK1)；植物毒素．【文献】K. Trisuwan, et al. CPB, 2009, 57, 1100.

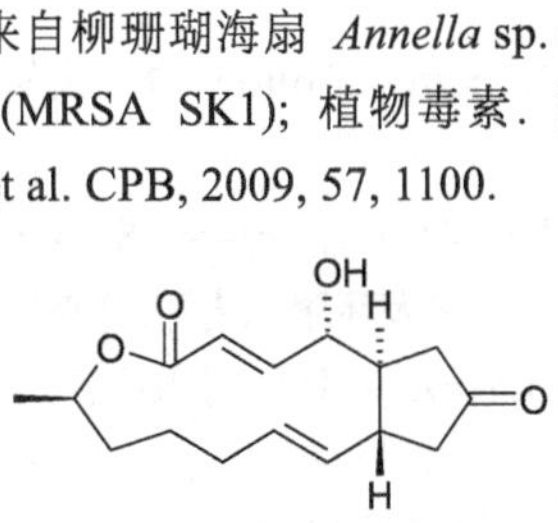

515 19-*O*-DemethylscytophycinC 19-*O*-去甲基伪枝藻菲新 C*

【基本信息】$C_{44}H_{73}NO_{11}$，无定形固体．【类型】其它大环聚酮内酯．【来源】蓝细菌伪枝藻属 *Scytonema* spp.【活性】细胞毒 (KB，MIC = 1~5ng/mL；LoVo，MIC =10~50ng/mL)；抗真菌 (琼脂扩散试验：稻米曲霉 *Aspergillus oryzae*，白色念珠菌 *Candida albicans*，特异青霉菌 *Penicillium notatum* 和酿酒

酵母 *Saccharomyces cerevisiae*).【文献】S. Carmeli, et al. JNP, 1990, 53, 1533.

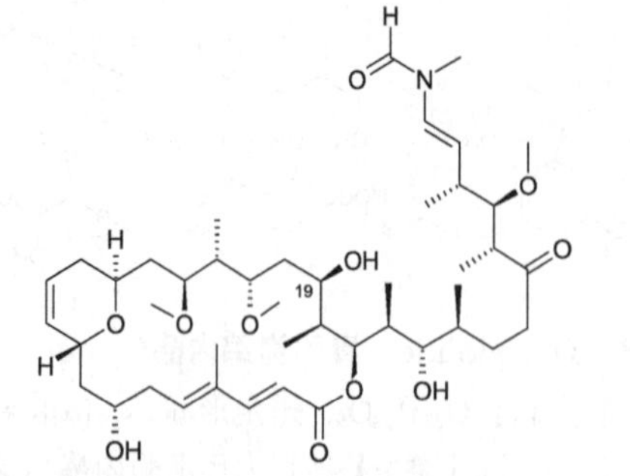

516 73-Deoxychondropsin A 73-去氧抽轴坡海绵新 A*

【基本信息】$C_{83}H_{133}N_3O_{25}$，粉末，$[\alpha]_D = +2°$ ($c = 0.3$, 甲醇).【类型】其它大环聚酮内酯.【来源】树枝羊海绵* *Ircinia ramosa* (澳大利亚).【活性】细胞毒 (*in vitro*, 人 黑色素瘤 LOX 细胞株, $IC_{50} = 0.8ng/mL$; 人白血病 Molt4 细胞株, $IC_{50} = 0.2ng/mL$).【文献】M. A. Rashid, et al. Tetrahedron Lett., 2001, 42, 1623.

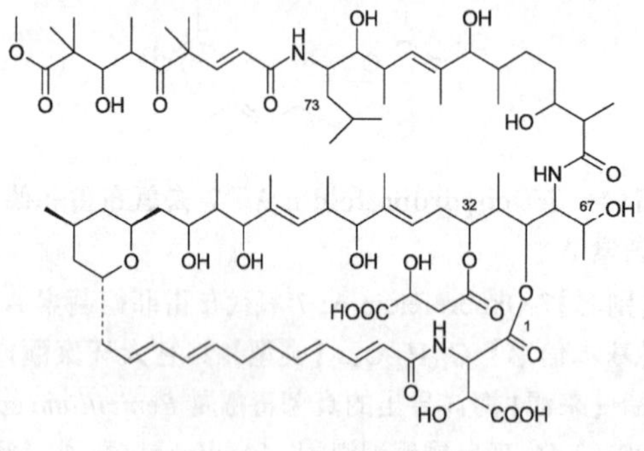

517 13-Deoxytedanolide 13-去氧居苔海绵内酯*

【基本信息】$C_{32}H_{50}O_{10}$, $[\alpha]_D = +84.4°$ ($c = 0.26$, 氯仿).【类型】其它大环聚酮内酯.【来源】黏附山海绵* *Mycale adhaerens*.【活性】细胞毒 (P_{388}, *in vitro*, $IC_{50} = 94pg/mL$); 抗肿瘤 (P_{388}, *in vivo*, 0.125mg/kg, *T/C* = 189%).【文献】N. Fusetani, et al. JOC, 1991, 56, 4971; S. Nishimura, et al. BoMC, 2005, 13, 449; 455; J. R. Dunetz, et al. JACS, 2008, 130, 16407.

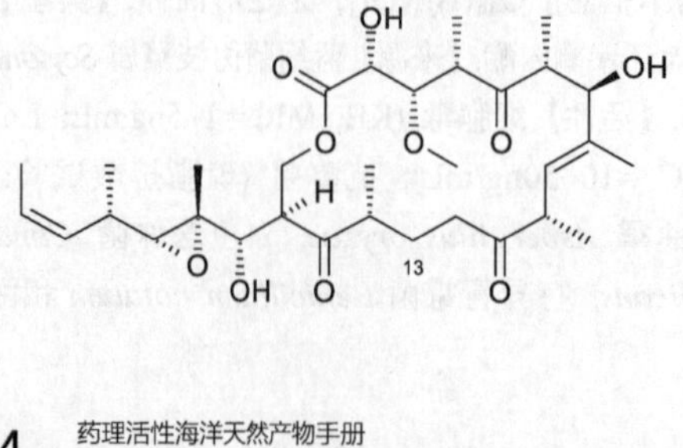

518 Dictyostatin 缺刻网架海绵他汀*

【别名】Dictyostatin-1; 缺刻网架海绵他汀-1*.【基本信息】$C_{32}H_{52}O_6$, 无定形固体, mp 87~88°C, $[\alpha]_D^{22} = -20°$ ($c = 0.1$, 甲醇).【类型】其它大环聚酮内酯.【来源】角骨海绵属 *Spongia* sp. (马尔代夫), Neopeltidae 科岩屑海绵 (牙买加北部海岸外, 使用 Johnson-Sea-Link 潜水器, 采样深度 442m).【活性】阻止细胞循环的 G_2/M 阶段; 细胞毒 (人癌细胞株: A549, $IC_{50} = 0.95nmol/L$, 对照紫杉醇, $IC_{50} = 5.13nmol/L$; MCF7, $IC_{50} = 1.5nmol/L$, 紫杉醇, $IC_{50} = 2.5nmol/L$; MES-SA, $IC_{50} = 4.1nmol/L$, 紫杉醇, $IC_{50} = 3.3nmol/L$; 多药耐药 NCI-ADR, $IC_{50} = 20nmol/L$, 紫杉醇, $IC_{50} = 3331nmol/L$; MES-SA/DX5, $IC_{50} = 11nmol/L$, 紫杉醇, $IC_{50} = 1654nmol/L$) (Isbrucker, 2004); 细胞毒 (对试验过的大部分癌细胞株, 细胞毒活性比圆皮海绵内酯大约高 10 倍并且实际上未落入通过 P-糖蛋白流出泵产生癌细胞株多重抗药性的效能范围); 细胞毒 (作用机制: 通过微管聚合和微管稳定性实现); 有潜力的微管装配促进剂 (类似于紫杉醇和圆皮海绵内酯); 抗 AD 症临床前试验 (目标: MT 稳定剂; 动物试验: CD1 小鼠; 效果: 静注 5mg/kg 后大脑的 MT 稳定性一周) (Russo, 2016).【文献】G. R. Pettit, et al. Chem. Comm., 1994, 1111; R. A. Isbrucker, et al. Biochem. Pharmacol., 2004, 66, 75; G. J. Florence, et al. NPR, 2008, 25, 342; A. E. Wright, Current Opinion in Biotechnology 2010, 21, 801; P. L. Winder, et al. Mar. Drugs, 2011, 9, 2644 (Rev.); P. Russo, et al. Mar. Drugs, 2016, 14, 5 (Rev.).

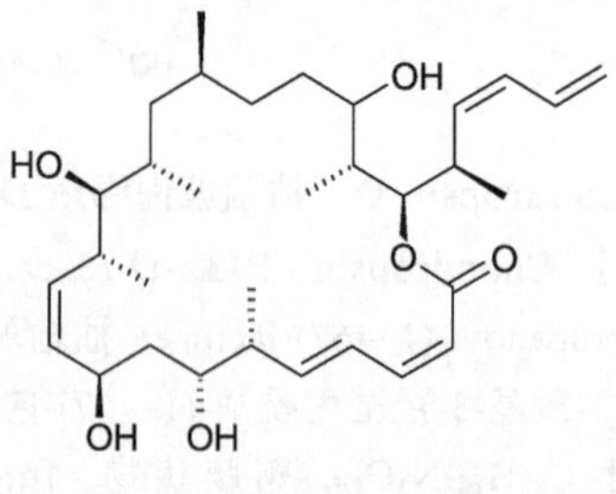

519 Dihydroprorocentrolide 二氢利马原甲藻内酯*

【基本信息】$C_{56}H_{87}NO_{13}$.【类型】其它大环聚酮内酯.【来源】利马原甲藻* *Prorocentrum lima*.【活性】麻痹性藻毒素; LD_{50} (小鼠, ipr) 0.14mg/kg.【文献】K. Torigoe, et al. JACS, 1988, 110, 7876; K. Torigoe, et al. CA, 1989, 111, 173876d.

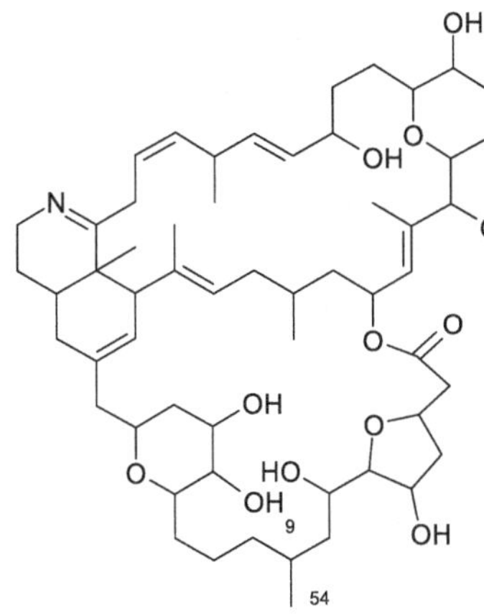

520 Dolabelide A 尾海兔内酯 A*

【基本信息】$C_{43}H_{72}O_{13}$, $[\alpha]_D^{25} = -13.5°$ ($c = 1.45$, 氯仿).【类型】其它大环聚酮内酯.【来源】软体动物耳形尾海兔 *Dolabella auricularia* [产率 = 8.8×10^{-5}% (湿重)].【活性】细胞毒 (HeLa-S3 细胞, $IC_{50} = 6.3\mu g/mL$).【文献】M. Ojika, et al. Tetrahedron Lett., 1995, 36, 7491.

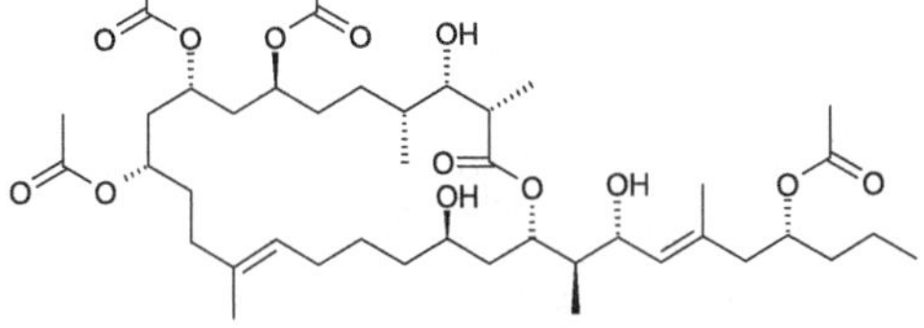

521 Dolabelide B 尾海兔内酯 B*

【基本信息】$C_{41}H_{70}O_{12}$, $[\alpha]_D^{24} = +4.0°$ ($c = 0.43$, 氯仿).【类型】其它大环聚酮内酯.【来源】软体动物耳形尾海兔 *Dolabella auricularia* [产率 = 2.4×10^{-5}% (湿重)].【活性】细胞毒 (HeLa-S3 细胞, $IC_{50} = 1.3\mu g/mL$).【文献】M. Ojika, et al. Tetrahedron Lett., 1995, 36, 7491.

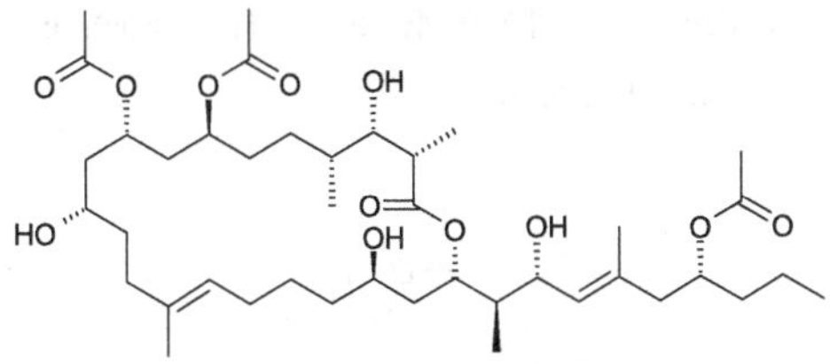

522 Dolabelide C 尾海兔内酯 C*

【基本信息】$C_{43}H_{72}O_{13}$, 油状物, $[\alpha]_D^{26} = +10°$ ($c = 0.2$, 氯仿).【类型】其它大环聚酮内酯.【来源】软体动物耳形尾海兔 *Dolabella auricularia* (日本水域).【活性】细胞毒 (HeLa-S3 细胞, $IC_{50} = 1.9\mu g/mL$).【文献】K. Suenaga, et al. JNP, 1997, 60, 155.

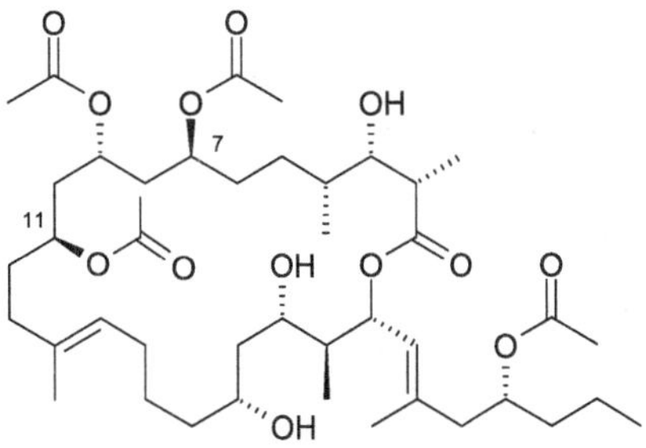

523 Dolabelide D 尾海兔内酯 D*

【基本信息】$C_{39}H_{68}O_{11}$, 油状物, $[\alpha]_D^{29} = +2.6°$ ($c = 0.3$, 氯仿).【类型】其它大环聚酮内酯.【来源】软体动物耳形尾海兔 *Dolabella auricularia* (日本水域).【活性】细胞毒 (HeLa-S3 细胞, $IC_{50} = 1.9\mu g/mL$).【文献】K. Suenaga, et al. JNP, 1997, 60, 155.

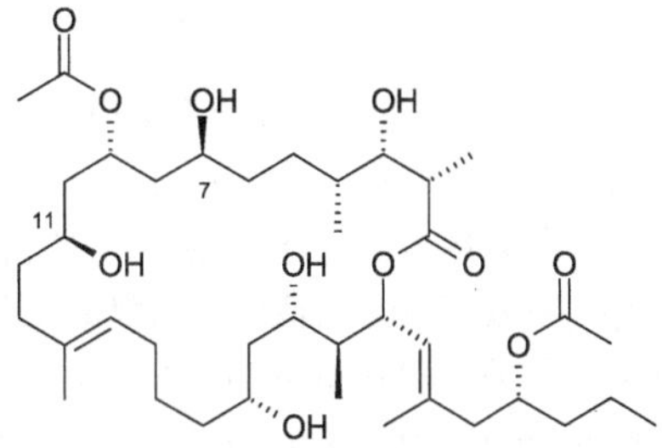

524 Fijianolide A 斐济内酯 A*

【别名】Isolaulimalide; Isolaulamide; 异劳力姆内酯*; 异劳拉内酯*.【基本信息】$C_{30}H_{42}O_7$, $[\alpha]_D^{20} = -8°$ ($c = 0.04$, 氯仿).【类型】其它大环聚酮内酯.【来源】角骨海绵属 *Spongia mycofijiensis,* 格形海绵属 *Hyattella* sp.和多裂缝束海绵 *Fasciospongia rimosa*, 软体动物裸鳃目海牛亚目多彩海牛属 *Chromodoris lochi.*【活性】微管稳定剂 (有潜力的); 细胞毒 (中等活性).【文献】Quiñoà, E. et al. JOC, 1988, 53, 3642; D. G. Corley, et al. JOC, 1988, 53, 3644; J. Tanaka, et al. Chem. Lett., 1996, 255; Gollner, et al. Chem. Eur. J., 2009, 15, 5979.

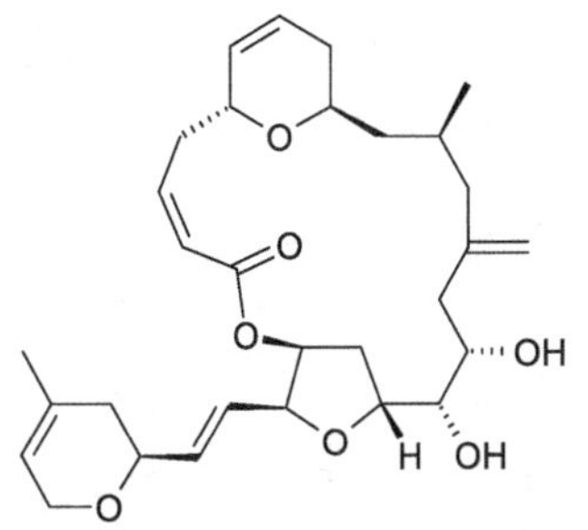

525 Goniodomin A 甲藻明 A*

【基本信息】$C_{43}H_{60}O_{12}$, $[\alpha]_D^{20}$ = +28° (c = 0.13, 甲醇).【类型】其它大环聚酮内酯.【来源】亚历山大甲藻属 *Alexandrium hiranoi* [Syn. *Goniodoma pseudogoniaulax*].【活性】抗真菌; 肌动球蛋白 ATP 酶调节器.【文献】M. Murakami, et al. Tetrahedron Lett., 1988, 29, 1149; K. I. Furukawa, et al. J. Biol. Chem., 1993, 268, 26026; Y. Takeda, et al. Org. Lett., 2008, 10, 1013.

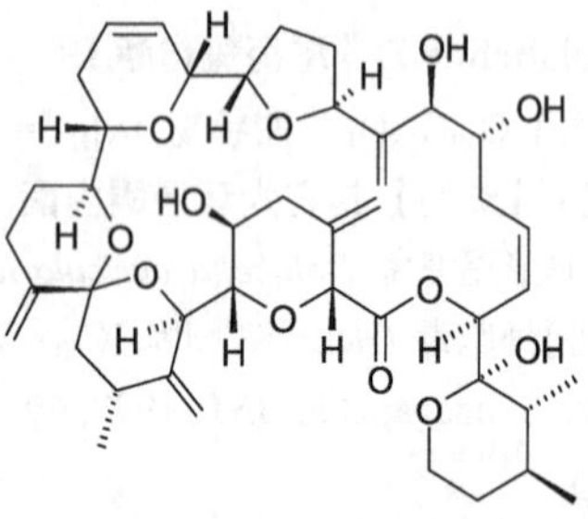

526 Haterumalide B 冲绳羊海绵内酯 B*

【基本信息】$C_{28}H_{37}ClO_9$, 油状物, $[\alpha]_D$= 0° (氯仿).【类型】其它大环聚酮内酯.【来源】羊海绵属 *Ircinia* sp. (冲绳, 日本).【活性】细胞毒 (抑制受精海胆卵细胞分裂, 0.01μg/mL).【文献】K. Ueda, et al. Tetrahedron Lett., 1999, 40, 6305; H. Kigoshi, et al. Org. Lett., 2003, 5, 957.

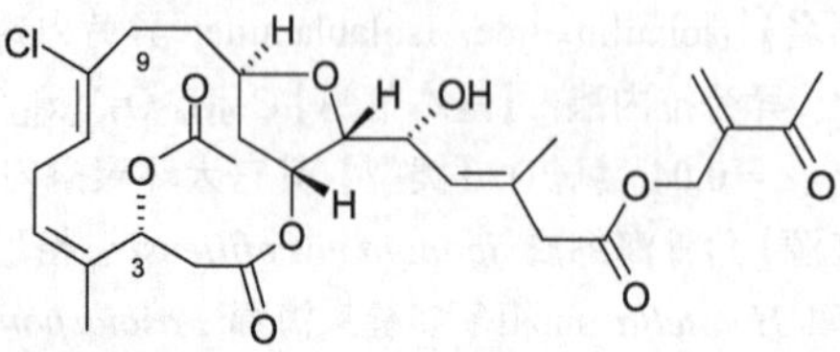

527 Haterumalide NA 冲绳羊海绵内酯 NA*

【基本信息】$C_{23}H_{31}ClO_8$, 粉末, mp 106~108°C, $[\alpha]_D^{26}$ = –3.0° (c = 0.053, 甲醇).【类型】其它大环聚酮内酯.【来源】羊海绵属 *Ircinia* sp. (冲绳, 日本).【活性】细胞毒 (P_{388} 细胞, IC_{50} = 0.32μg/mL); LD_{99} = 0.24μg/mL.【文献】N. Takada, et al. Tetrahedron Lett., 1999, 40, 6309; H. Kigoshi, et al. Org. Lett., 2003, 5, 957.

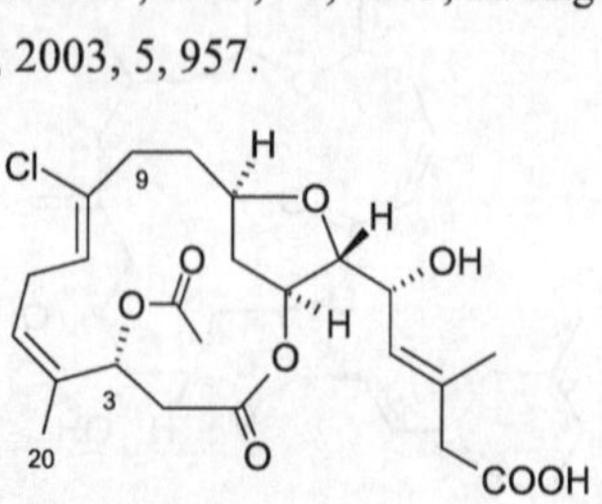

528 Haterumalide NB 冲绳羊海绵内酯 NB*

【基本信息】$C_{27}H_{39}ClO_8$, 油状物.【类型】其它大环聚酮内酯.【来源】羊海绵属 *Ircinia* sp. (冲绳, 日本).【活性】细胞毒.【文献】N. Takada, et al. Tetrahedron Lett., 1999, 40, 6309; H. Kigoshi, et al. Org. Lett., 2003, 5, 957.

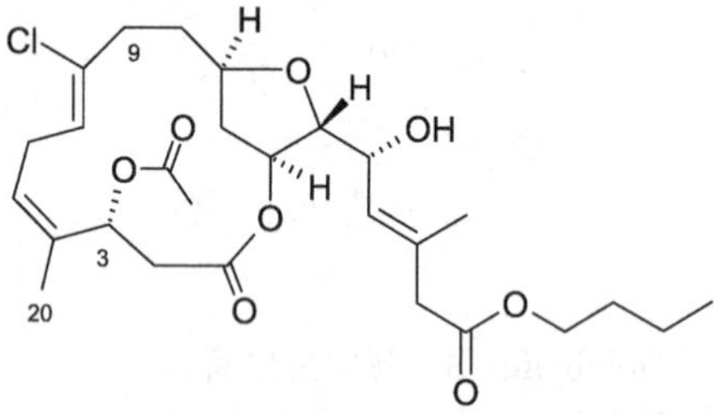

529 Haterumalide NC 冲绳羊海绵内酯 NC*

【基本信息】$C_{27}H_{39}ClO_9$, 油状物.【类型】其它大环聚酮内酯.【来源】羊海绵属 *Ircinia* sp. (冲绳, 日本).【活性】细胞毒.【文献】N. Takada, et al. Tetrahedron Lett., 1999, 40, 6309; H. Kigoshi,et al. Org. Lett., 2003, 5, 957.

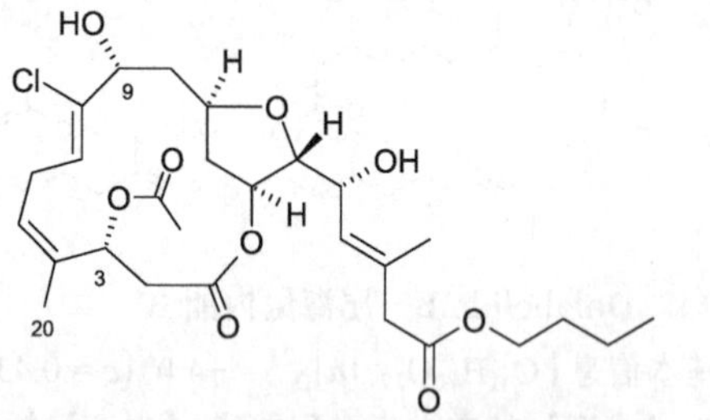

530 Haterumalide ND 冲绳羊海绵内酯 ND*

【基本信息】$C_{23}H_{31}ClO_9$, 油状物.【类型】其它大环聚酮内酯.【来源】羊海绵属 *Ircinia* sp. (冲绳, 日本).【活性】细胞毒.【文献】N. Takada, et al. Tetrahedron Lett., 1999, 40, 6309; H. Kigoshi,et al. Org. Lett., 2003, 5, 957.

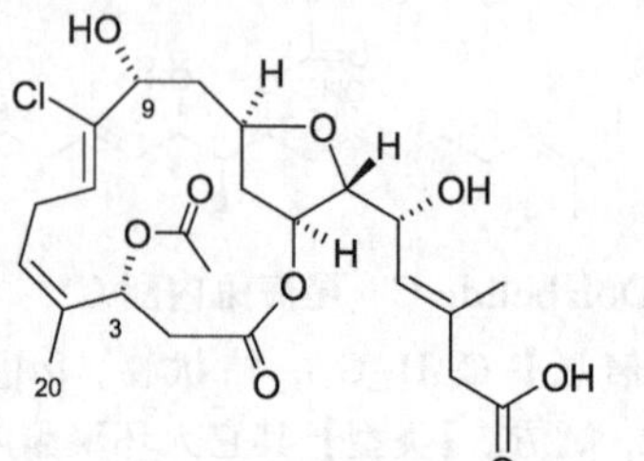

531 Haterumalide NE 冲绳羊海绵内酯 NE*

【基本信息】$C_{21}H_{29}$ ClO_7, 油状物.【类型】其它大

环聚酮内酯.【来源】羊海绵属 *Ircinia* sp. (冲绳, 日本).【活性】细胞毒; 抗真菌.【文献】N. Takada, et al. Tetrahedron Lett., 1999, 40, 6309; H. Kigoshi, et al. Org. Lett., 2003, 5, 957.

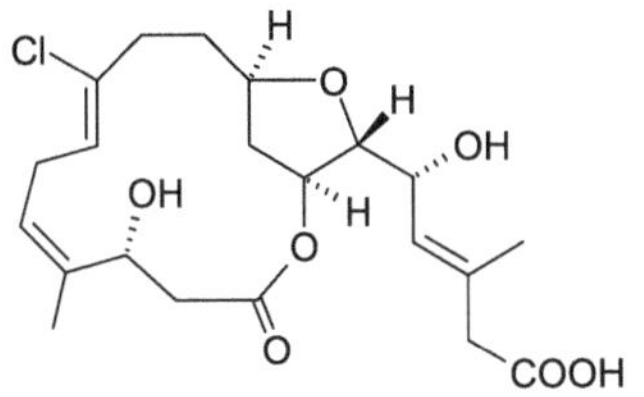

532 13-Hydroxy-15-*O*-methylenigmazole A 13-羟基-15-*O*-甲基巴新海绵唑 A*

【基本信息】$C_{30}H_{48}NO_{11}P$, 浅黄色固体, $[\alpha]_D^{25} = -7.8°$ ($c = 0.1$, 甲醇).【类型】其它大环聚酮内酯.【来源】Tetillidae 科海绵 *Cinachyrella enigmatica*.【活性】细胞毒.【文献】N. Oku, et al. JACS, 2010, 132, 10278.

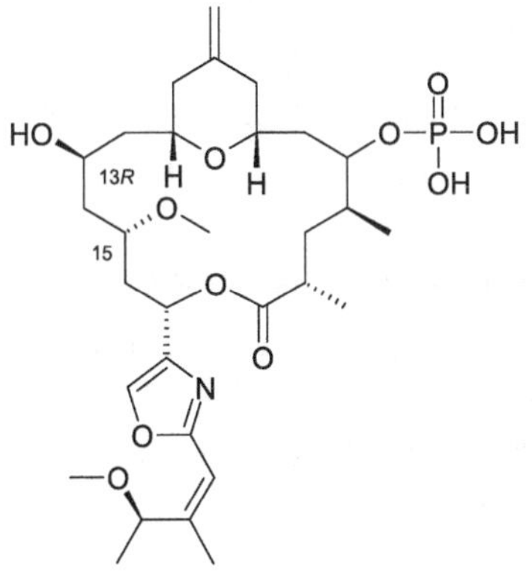

533 6-Hydroxy-7-*O*-methylscytophycin E 6-羟基-7-*O*-甲基伪枝藻菲新 E*

【基本信息】$C_{46}H_{77}NO_{13}$, 无定形固体.【类型】其它大环聚酮内酯.【来源】蓝细菌伪枝藻属 *Scytonema musicola*, 蓝细菌眼点伪枝藻 *Scytonema ocellatum*, 蓝细菌奇异伪枝藻 *Scytonema mirabile*, 蓝细菌伪枝藻属 *Scytonema burmanicum* 和蓝细菌念珠藻科筒孢藻属 *Cylindrospermum musicola*.【活性】细胞毒 (KB, MIC = 1~5ng/mL; LoVo, MIC = 10~50ng/mL); 抗真菌 (琼脂扩散试验: 稻米曲霉 *Aspergillus oryzae*, 白色念珠菌 *Candida albicans*, 特异青霉菌 *Penicillium notatum* 和酿酒酵母 *Saccharomyces cerevisiae*).【文献】S. Carmeli, et al. JNP, 1990, 53, 1533.

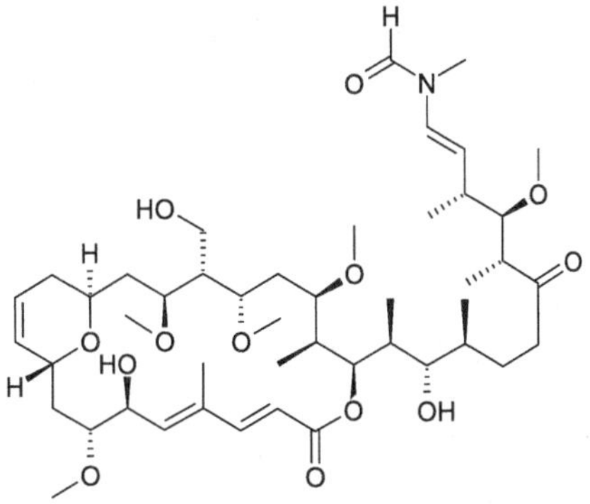

534 6-Hydroxyscytophycin B 6-羟基伪枝藻菲新 B*

【基本信息】$C_{45}H_{73}NO_{13}$, 粉末.【类型】其它大环聚酮内酯.【来源】蓝细菌伪枝藻属 *Scytonema* spp. 和蓝细菌念珠藻科筒孢藻属 *Cylindrospermum musicola*.【活性】细胞毒.【文献】J. H. Jung, et al. Phytochemistry, 1991, 30, 3615.

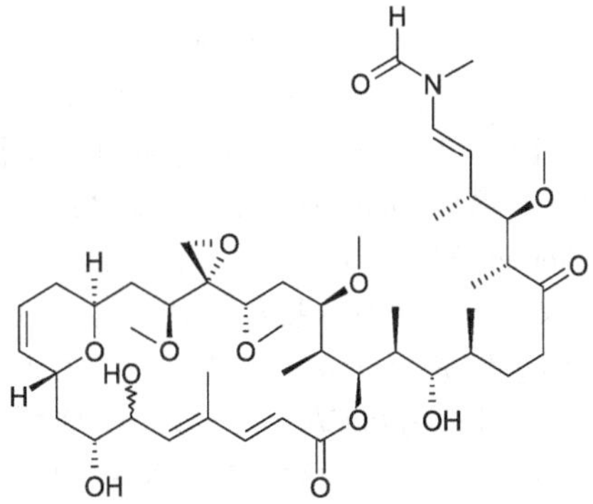

535 Iejimalide A 勒吉玛内酯 A*

【基本信息】$C_{40}H_{58}N_2O_7$, 非晶固体, mp 71~73°C, $[\alpha]_D^{23} = -36.4°$ ($c = 0.17$, 氯仿).【类型】其它大环聚酮内酯.【来源】坚挺双盘海鞘* *Eudistoma* cf. *rigida* 和 Polycitoridae 科海鞘 *Cystodytes* sp.【活性】抗肿瘤 (小鼠忍受的静脉接种过的 P_{388} 白血病, 200μg/(kg•d), T/C = 120%); 细胞毒 [39 种人癌细胞株, 平均 $\lg GI_{50}$ (mol/L) = −6.31, COMPARE 软件分析为负值, 表明没有高相关系数 ($R < 0.5$) 的标准抗癌药物].【文献】J. Kobayashi, et al. JOC, 1988, 53, 6147; K. Nozawa, et al. BoMC, 2006, 14, 1063.

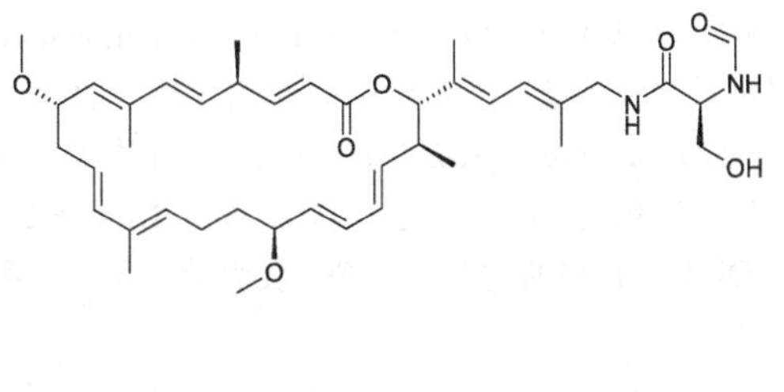

536 Iejimalide B 勒吉玛内酯 B*

【基本信息】$C_{41}H_{60}N_2O_7$, 非晶固体, mp 69~71ºC, $[\alpha]_D^{23}$ = –17.6º (*c* = 0.17, 甲醇).【类型】其它大环聚酮内酯.【来源】坚挺双盘海鞘* *Eudistoma* cf. *rigida*.【活性】抗肿瘤 (小鼠忍受的静脉接种过的 P_{388} 白血病, 200μg/(kg•d), *T/C* = 120%); 细胞毒 [39 种人癌细胞株, 平均 $lgGI_{50}$ (mol/L) = –6.67, COMPARE 软件分析为负值, 表明没有高相关系数 (*R* < 0.5) 的标准抗癌药物].【文献】J. Kobayashi, et al. JOC, 1988, 53, 6147; K. Nozawa, et al. BoMC, 2006, 14, 1063.

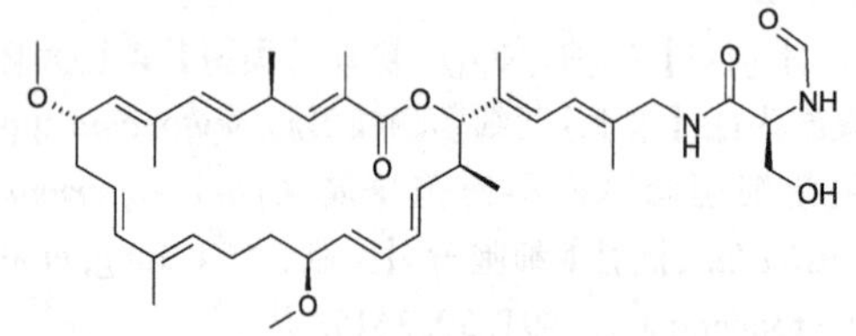

537 Iejimalide C 勒吉玛内酯 C*

【基本信息】$C_{40}H_{58}N_2O_{10}S$, $[\alpha]_D^{20}$ = –56º (*c* = 0.13, 甲醇).【类型】其它大环聚酮内酯.【来源】坚挺双盘海鞘* *Eudistoma* cf. *rigida* (钠盐) 和 Polycitoridae 科海鞘 *Cystodytes* sp.【活性】抗肿瘤 (小鼠忍受的静脉接种过的 P_{388} 白血病, 200μg/(kg•d), *T/C* = 150%); 细胞毒 [39 种人癌细胞株, 平均 $lgGI_{50}$ (mol/L) = –6.11, COMPARE 软件分析为负值, 表明没有高相关系数 (*R* < 0.5) 的标准抗癌药物].【文献】Y. Kikuchi, et al. Tetrahedron Lett., 1991, 32, 797; K. Nozawa, et al. BoMC, 2006, 14, 1063.

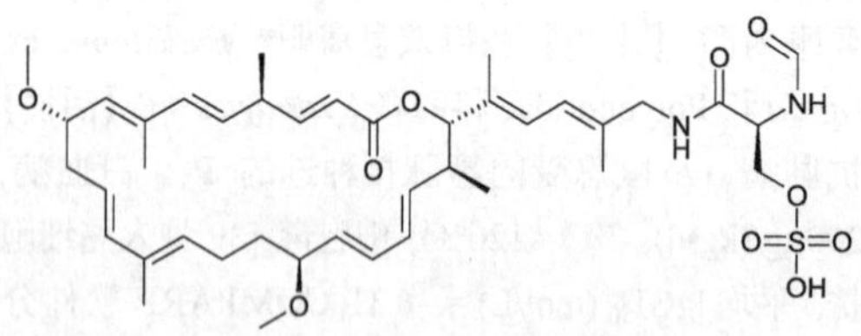

538 Iejimalide D 勒吉玛内酯 D*

【基本信息】$C_{41}H_{60}N_2O_{10}S$.【类型】其它大环聚酮内酯.【来源】坚挺双盘海鞘* *Eudistoma* cf. *rigida*.【活性】抗肿瘤 (小鼠忍受的静脉接种过的 P_{388} 白血病, 200μg/(kg•d), *T/C* = 150%); 细胞毒 [39 种人癌细胞株, 平均 $lgGI_{50}$ (mol/L) = –6.28, COMPARE 软件分析为负值, 表明没有高相关系数 (*R* < 0.5) 的标准抗癌药物].【文献】Y. Kikuchi, et al. Tetrahedron Lett., 1991, 32, 797; K. Nozawa, et al. BoMC, 2006, 14, 1063.

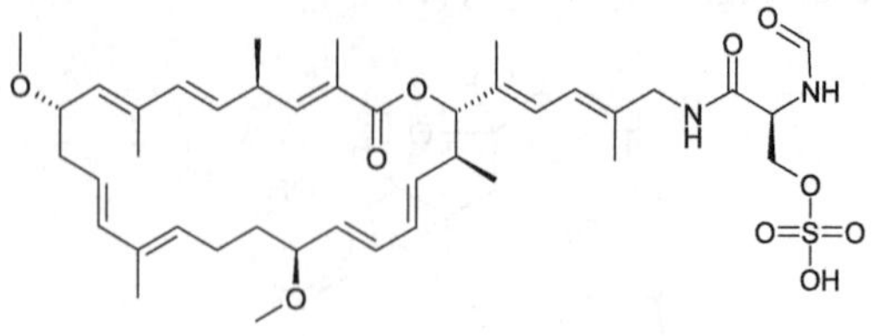

539 Iriomoteolide 4a 冲绳西表内酯 4a*

【基本信息】$C_{29}H_{48}O_7$.【类型】其它大环聚酮内酯.【来源】甲藻前沟藻属 *Amphidinium* sp. (沉积物, 西表岛, 冲绳, 日本).【活性】细胞毒 (DG-75, 中等活性).【文献】K. Kumagai,et al. Heterocycles, 2013, 87, 2615.

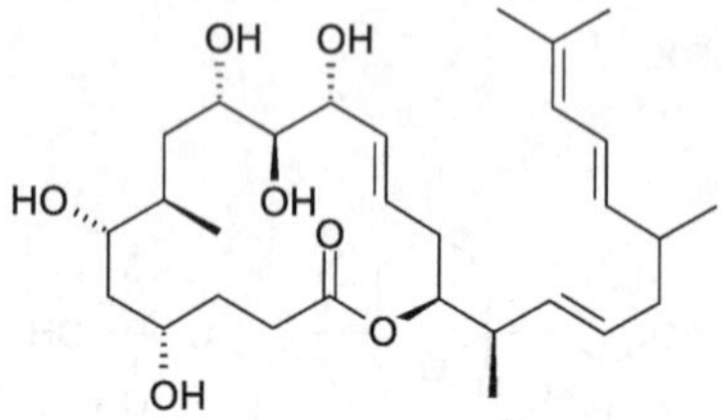

540 Iriomoteolide 5a 冲绳西表内酯 5a*

【基本信息】$C_{31}H_{52}O_7$.【类型】其它大环聚酮内酯.【来源】未鉴定的甲藻.【活性】细胞毒 (DG-75, 中等活性).【文献】K. Kumagai, et al. Heterocycles, 2013, 87, 2615.

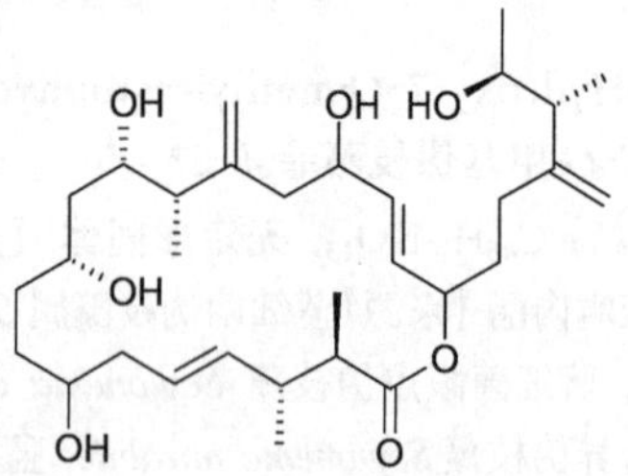

541 Laulimalide 劳力姆内酯*

【别名】Fijianolide B; Laulamide; 斐济内酯 B*; 劳拉内酯*.【基本信息】$C_{30}H_{42}O_7$, 油状物, $[\alpha]_D^{20}$ = –8º (*c* = 0.04, 氯仿).【类型】其它大环聚酮内酯.【来源】格形海绵属 *Hyattella* sp.【活性】细胞毒 (KB 细胞株, IC_{50} = 1.5ng/mL).【文献】D. G. Corley, et al. JOC, 1988, 53, 3644.

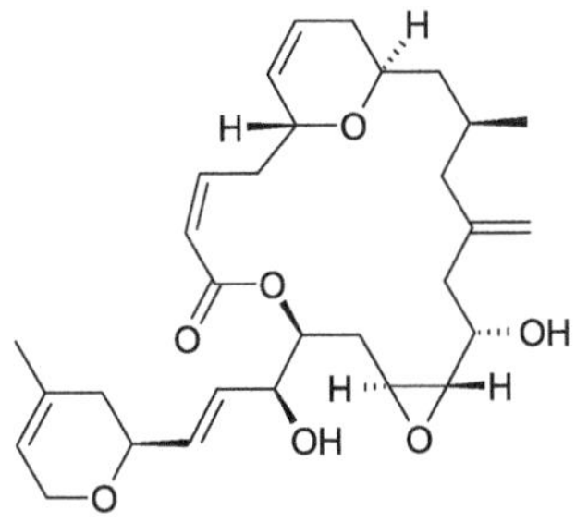

542 Levantilide A 莱凡提内酯 A*

【基本信息】$C_{30}H_{52}O_6$, 无色无定形固体, $[\alpha]_D^{20}$ = –72.4° (c = 0.145, 甲醇).【类型】其它大环聚酮内酯.【来源】海洋导出的细菌小单孢菌属 *Micromonospora* sp. M71-A77 (深海沉积物, 黎凡特海, 东地中海, 采样深度 4400m).【活性】细胞毒 (抗恶性细胞增生: GXF-251L, IC_{50} = 40.9μmol/L; LXF-529L, IC_{50} = 39.4μmol/L; MAXF-401NL, IC_{50} = 28.3μmol/L; MEXF-462NL, IC_{50} = 48.6μmol/L; PAXF-1657L, IC_{50} = 20.7μmol/L; RXF-486L, IC_{50} = 52.4μmol/L).【文献】A. Gärtner, et al. Mar. Drugs, 2011, 9, 98.

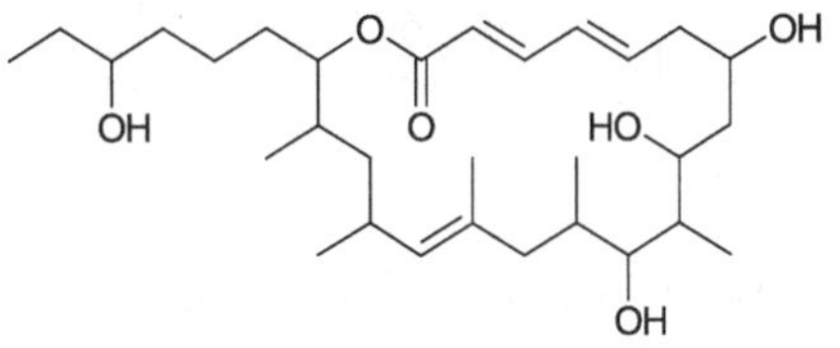

543 Lustromycin 鲁斯特霉素*

【基本信息】$C_{32}H_{38}O_{13}$, 针状晶体, mp 230~233°C.【类型】其它大环聚酮内酯.【来源】海洋导出的链霉菌属 *Streptomyces* sp. SK 1071.【活性】抗菌 (包括梭菌属 *Clostridium* sp.).【文献】H. Tomoda, et al. J. Antibiot., 1986, 39, 1205; M. Handa, et al. Heterocycles, 2003, 59, 497.

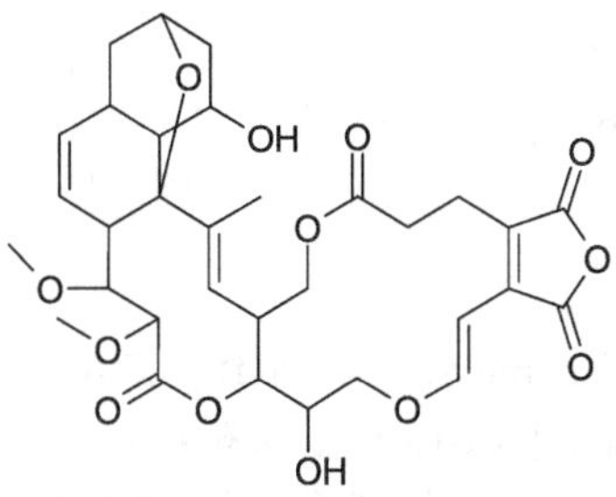

544 Lyngbouilloside 鞘丝藻巴新糖苷*

【基本信息】$C_{31}H_{52}O_{10}$, 无定形固体, $[\alpha]_D^{25}$= –38° (c = 0.46, 氯仿).【类型】其它大环聚酮内酯.【来源】蓝细菌鞘丝藻属 *Lyngbya* sp. (巴布亚新几内亚).【活性】细胞毒 (中等活性).【文献】L. T. Tan, et al. JNP, 2002, 65, 925; A. ElMarrouni, et al. Org. Lett., 2012, 14, 314.

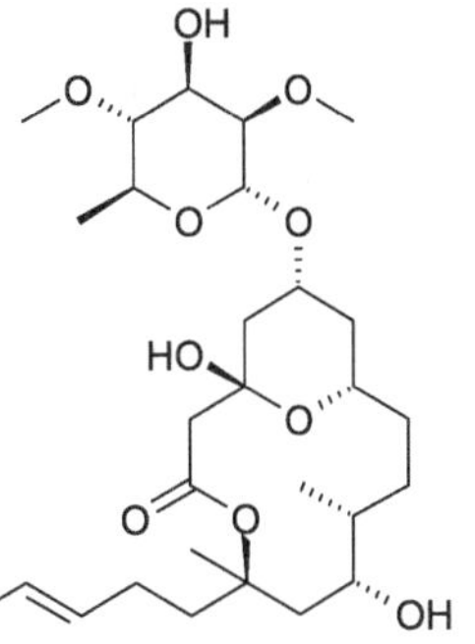

545 Lyngbyaloside 帕劳鞘丝藻糖苷*

【基本信息】$C_{31}H_{49}BrO_{10}$, 无定形固体.【类型】其它大环聚酮内酯.【来源】蓝细菌鞘丝藻属 *Lyngbya bouillonii* 和蓝细菌鞘丝藻属 *Lyngbya* sp. (帕劳, 大洋洲).【活性】细胞毒 (KB 鼻咽癌和 LoVo 结肠癌).【文献】D. Klein, et al. JNP, 1997, 60, 1057; H. Luesch, et al. JNP, 2002, 65, 1945; S. Matthew, et al. JNP, 2010, 73, 1544.

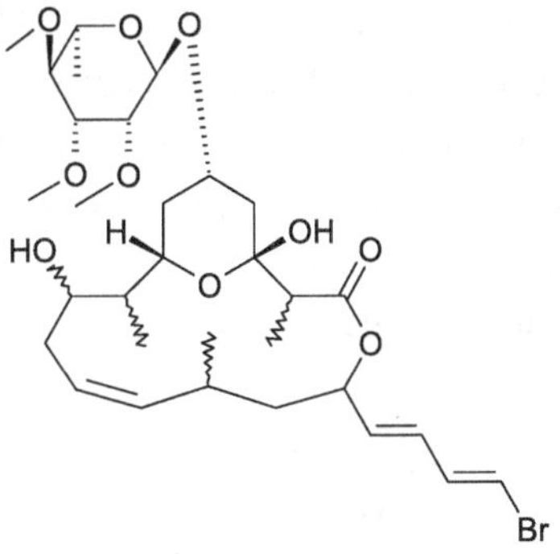

546 Maduralide 足分枝菌内酯*

【基本信息】$C_{42}H_{68}O_{13}$, 油状物, $[\alpha]_D$ = –46.3° (c = 0.32, 氯仿).【类型】其它大环聚酮内酯.【来源】Actinomycetales 目海洋放线菌, 海洋放线菌足分枝菌 Maduromycetes.【活性】抗菌 (低活性).【文献】C. Pathirana, et al. Tetrahedron Lett., 1991, 32, 2323.

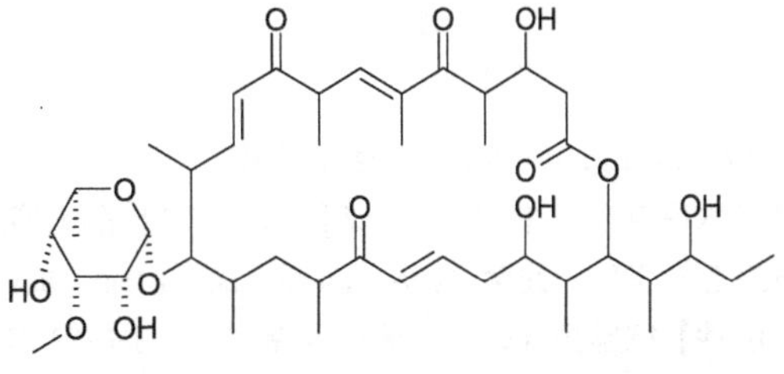

547 Mandelalide A 髌骨海鞘内酯 A*

【基本信息】$C_{34}H_{54}O_{10}$.【类型】其它大环聚酮内酯.【来源】髌骨海鞘属 *Lissoclinum* sp. (奥歌亚湾, 南非东南海岸).【活性】细胞毒 [人肺癌 NCI-H460, IC_{50} (48h) = 12nmol/L, 小鼠 neuro-2a 成神经细胞瘤, IC_{50} (48h) = 29nmol/L].【文献】J. Sikorska, et al. JOC, 2012, 77, 6066.

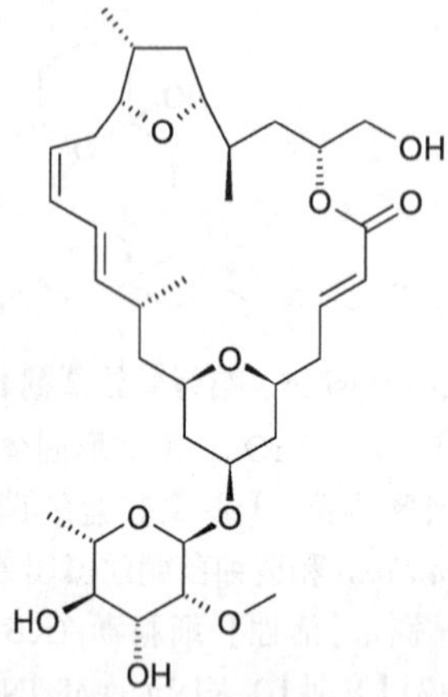

548 Mandelalide B 髌骨海鞘内酯 B*

【基本信息】$C_{37}H_{58}O_{13}$.【类型】其它大环聚酮内酯.【来源】髌骨海鞘属 *Lissoclinum* sp. (奥歌亚湾, 南非东南海岸).【活性】细胞毒 (人肺癌 NCI-H460, IC_{50} (48h) = 44nmol/L, 小鼠 neuro-2a 成神经细胞瘤, IC_{50} (48h) = 84nmol/L).【文献】J. Sikorska, et al. JOC, 2012, 77, 6066; J. Willwacher, et al. Chem. Eur. J., 2015, 21, 10416.

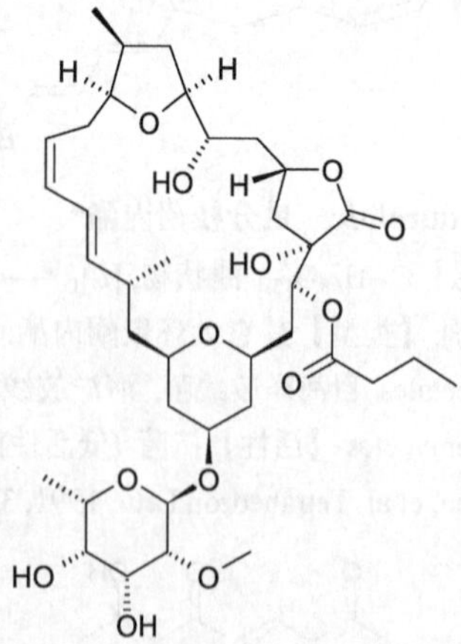

549 Mangromicin A 曼哥霉素 A*

【基本信息】$C_{22}H_{34}O_7$.【类型】其它大环聚酮内酯.【来源】罕见放线菌 *Lechevalieria aerocolonigenes*.【活性】抗锥虫 (有潜力的); 抗氧化剂 (DPPH 自由基清除剂).【文献】T. Nakashima, et al. J. Antibiot., 2014, 67, 253+ 533.

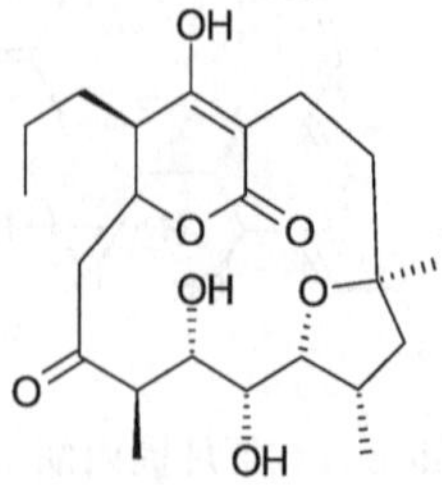

550 Marinomycin A 放线菌霉素 A*

【基本信息】$C_{58}H_{76}O_{14}$, 黄色粉末, $[\alpha]_D$= –161° (c = 0.13, 乙醇).【类型】其它大环聚酮内酯.【来源】海洋导出的放线菌 *Marinispora* sp. CNQ-140.【活性】抗菌 (金黄色葡萄球菌 *Staphylococcus aureus* 和屎肠球菌 *Enterococcus faecium*, IC_{50} = 0.1~0.6μmol/L).【文献】H. C. Kwon, et al. JACS, 2006, 128, 1622; 16410.

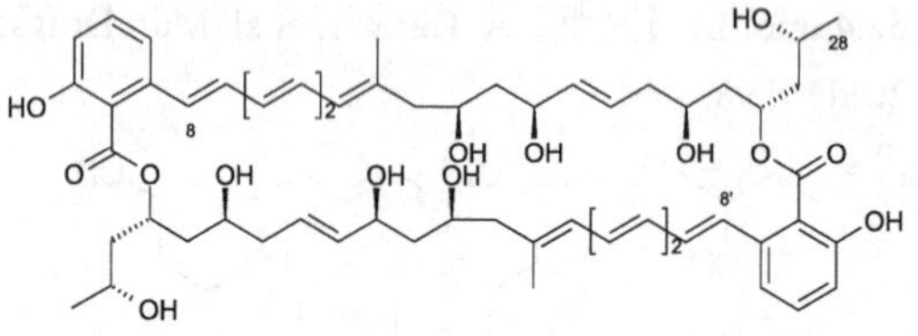

551 Marinomycin B 放线菌霉素 B*

【基本信息】$C_{58}H_{76}O_{14}$, 黄色粉末, $[\alpha]_D$= –245° (c = 0.15, 乙醇).【类型】其它大环聚酮内酯.【来源】海洋导出的放线菌 *Marinispora* sp. CNQ-140.【活性】抗菌 (金黄色葡萄球菌 *Staphylococcus aureus* 和屎肠球菌 *Enterococcus faecium*, IC_{50} = 0.1~0.6μmol/L).【文献】H. C. Kwon, et al. JACS, 2006, 128, 1622; 16410.

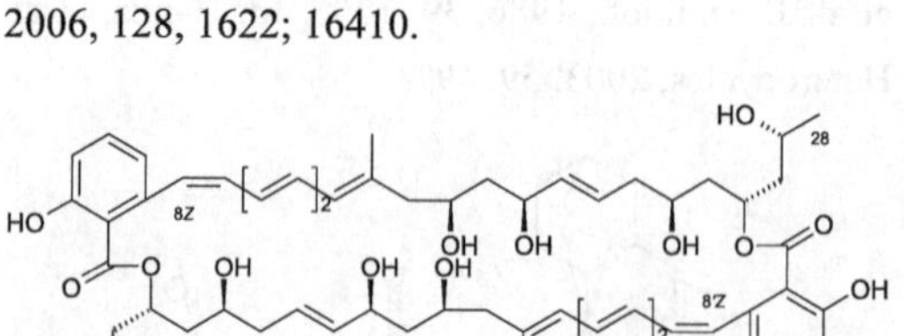

552 Marinomycin C 放线菌霉素 C*

【基本信息】$C_{58}H_{76}O_{14}$, 黄色粉末, $[\alpha]_D$ = –161° (c = 0.13, 乙醇).【类型】其它大环聚酮内酯.【来源】海洋导出的放线菌 *Marinispora* sp. CNQ-140.【活性】抗菌 (金黄色葡萄球菌 *Staphylococcus aureus* 和屎肠球菌 *Enterococcus faecium*, IC_{50} =

0.1~0.6μmol/L).【文献】H. C. Kwon, et al. JACS, 2006, 128, 1622; 16410.

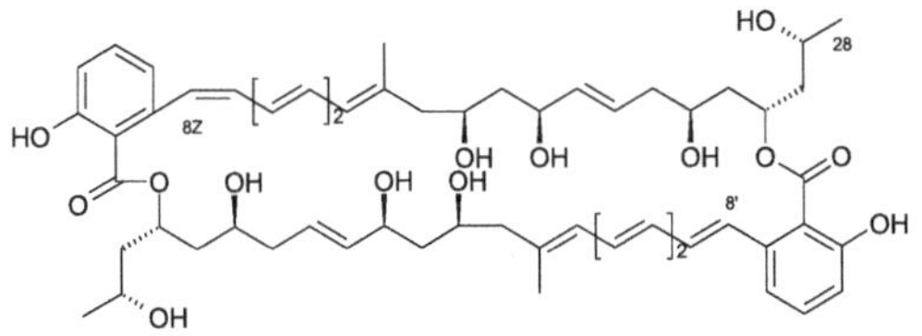

553 Marinomycin D 放线菌霉素 D*

【基本信息】$C_{59}H_{78}O_{14}$, 黄色粉末, $[\alpha]_D$= –233° (*c* = 0.03, 乙醇).【类型】其它大环聚酮内酯.【来源】海洋导出的放线菌 *Marinispora* sp. CNQ-140.【活性】抗菌 (金黄色葡萄球菌 *Staphyloccocus aureus* 和屎肠球菌 *Enterococcus faecium*, IC_{50} = 0.1~0.6μmol/L).【文献】H. C. Kwon, et al. JACS, 2006, 128, 1622; 16410.

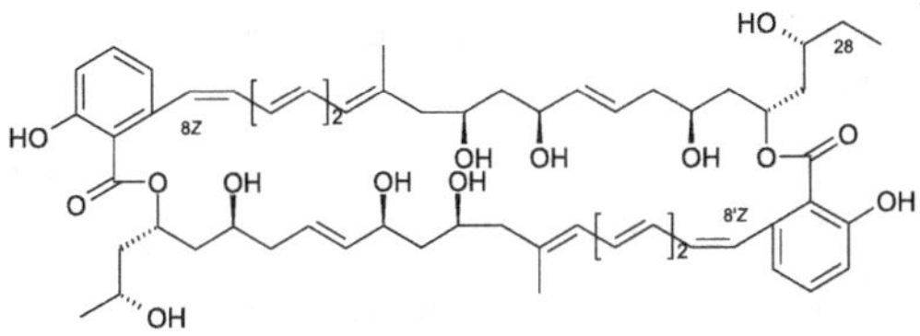

554 15-*O*-Methylenigmazole A 15-*O*-甲基巴新海绵唑 A*

【基本信息】$C_{30}H_{48}NO_{10}P$, 浅黄色固体, $[\alpha]_D^{25}$ = –13.3° (*c* = 0.1, 甲醇).【类型】其它大环聚酮内酯.【来源】Tetillidae 科海绵 *Cinachyrella enigmatica*.【活性】细胞毒.【文献】N. Oku, et al. JACS, 2010, 132, 10278.

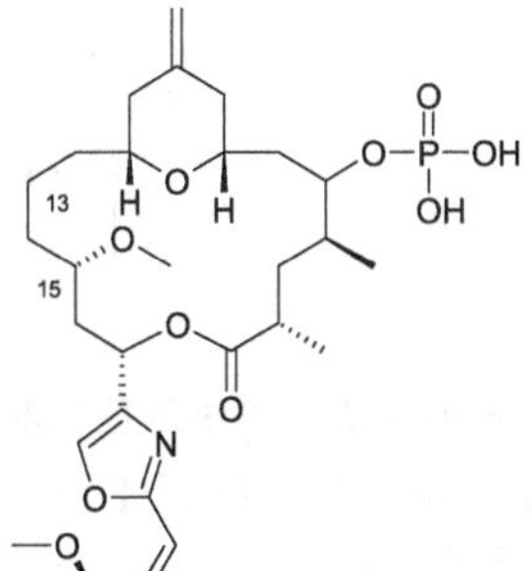

555 Mirabalin 蒂壳海绵科岩屑海绵林*

【别名】Mirabilin.【基本信息】$C_{76}H_{123}N_3O_{22}$, 浅黄色粉末, $[\alpha]_D^{25}$ = –14° (*c* = 0.05, 甲醇).【类型】其它大环聚酮内酯.【来源】岩屑海绵蒂壳海绵科 *Siliquariaspongia mirabilis* (东南部楚克潟湖, 密克罗尼西亚联邦).【活性】细胞毒 (HCT116 细胞株, IC_{50} = 0.27μmol/L, 抑制细胞生长).【文献】A. Plaza, et al. JNP, 2008, 71, 473; 2009, 72, 324; P. L. Winder, et al. Mar. Drugs, 2011, 9, 2644 (Rev.).

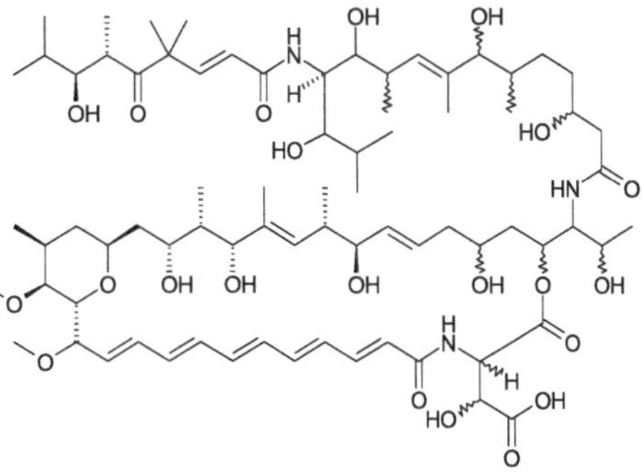

556 Neolaulimalide 新劳力姆内酯*

【基本信息】$C_{30}H_{42}O_7$, $[\alpha]_D^{26}$ = –57° (*c* = 0.09, 氯仿).【类型】其它大环聚酮内酯.【来源】多裂缝束海绵 *Fasciospongia rimosa* (冲绳, 日本).【活性】细胞毒 (P_{388}, A549, HT29, MEL28 细胞株, IC_{50} = 0.01~0.05μg/mL).【文献】J. Tanaka, et al. Chem. Lett., 1996, 255; A. Gollner, et al. Chem. Eur. J., 2009, 15, 5979.

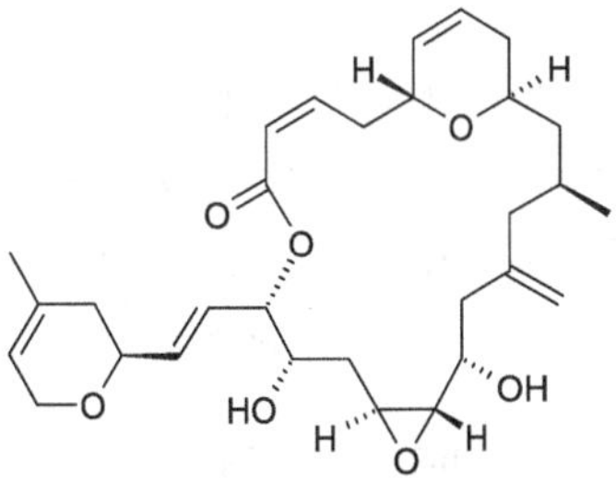

557 Neristatin I 花球藓苔虫他汀 I*

【基本信息】$C_{41}H_{60}O_{15}$, 粉末, mp 214~216°C, $[\alpha]_D$ = +98° (*c* = 0.26, 二氯甲烷).【类型】其它大环聚酮内酯.【来源】苔藓动物多室草苔虫* *Bugula neritina*.【活性】细胞毒 (P_{388}, ED_{50} = 10μg/mL, 低活性); 键合蛋白激酶 C (PKC).【文献】G. R. Pettit, et al. JACS, 1991, 113, 6693.

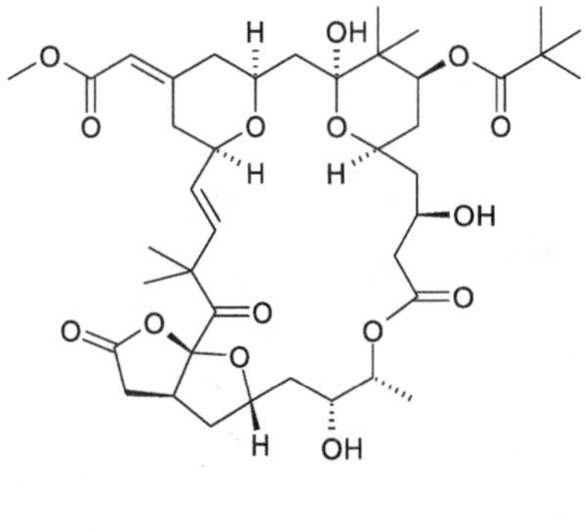

558 Octalactin A 八拉克亭 A*

【基本信息】$C_{19}H_{32}O_6$，晶体（氯仿/乙酸乙酯），mp 155~157°C，$[\alpha]_D = -14°$（$c = 1.8$，氯仿）.【类型】其它大环聚酮内酯.【来源】海洋导出的链霉菌属 *Streptomyces* sp. 来自未鉴定的柳珊瑚.【活性】细胞毒（B16-F-10，$IC_{50} = 0.0072\mu g/mL$；HCT116，$IC_{50} = 0.5\mu g/mL$）.【文献】D. M. Tapiolas, et al. JACS, 1991, 113, 4682; M. Kodama, M. et al. Chem. Lett., 1997, 117.

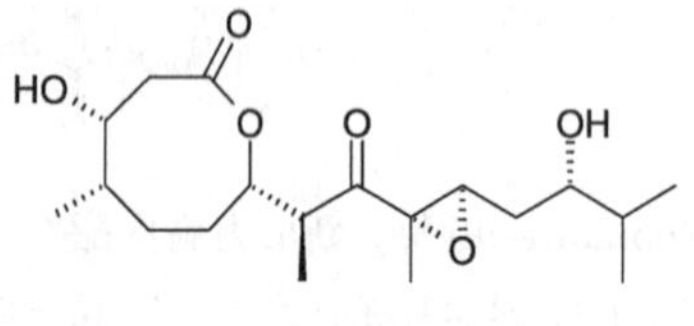

559 Orbuticin 欧布替新*

【基本信息】$C_{32}H_{38}O_{14}$，无定形固体，mp 240°C（分解）.【类型】其它大环聚酮内酯.【来源】海洋导出的真菌炭团菌属 *Hypoxylon oceanicum* LL-15G256.【活性】抗真菌.【文献】J. Breinholt, et al. J. Antibiot., 1993, 46, 1101.

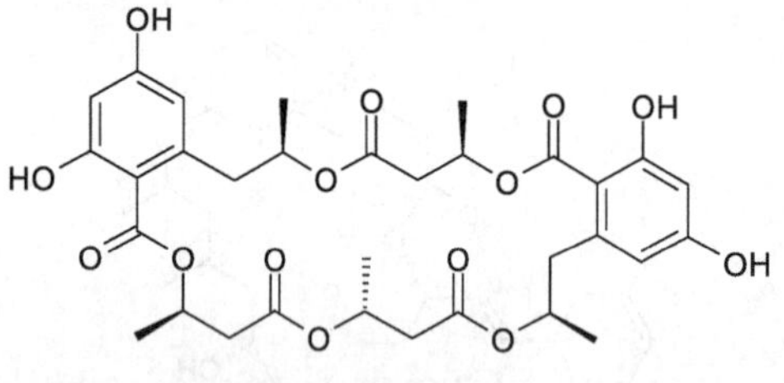

560 Oscillariolide 颤藻内酯*

【基本信息】$C_{41}H_{69}BrO_{11}$.【类型】其它大环聚酮内酯.【来源】蓝细菌颤藻属 *Oscillatoria* sp.【活性】细胞毒（抑制受精棘皮动物卵的发育）.【文献】M. Murakami, et al. Tetrahedron Lett., 1991, 32, 2391; R. T. Williamson, et al. JOC, 2002, 67, 7927.

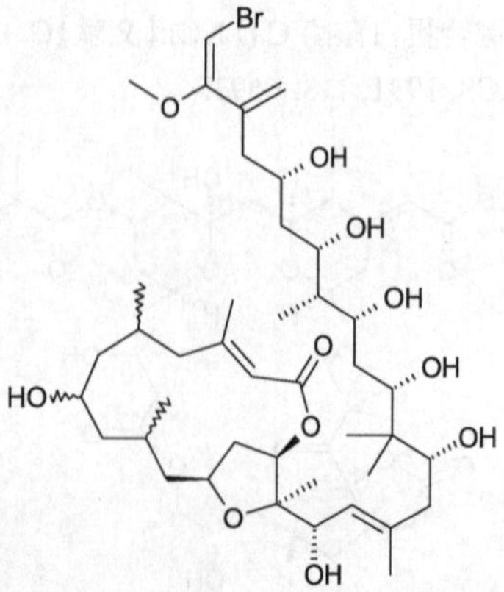

561 Paciforgin 太平洋柳珊瑚素*

【基本信息】$C_{21}H_{34}O_8$，晶体.【类型】其它大环聚酮内酯.【来源】太平洋柳珊瑚属 *Pacifigorgia* sp.【活性】抗真菌.【文献】R. M. Perez Gutierrez, et al. Drugs Exp. Clin. Res., 1990, 16, 505.

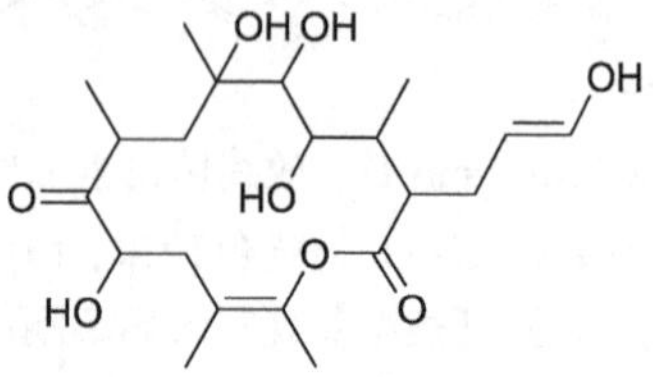

562 Palmerolide A 帕尔莫内酯 A*

【基本信息】$C_{33}H_{48}N_2O_7$，无定形固体，$[\alpha]_D^{24} = -1.6°$（$c = 0.5$，甲醇）.【类型】其它大环聚酮内酯.【来源】Polyclinidae 科海鞘 *Synoicum adareanum*（嗜冷生物，冷水水域，极地附近，靠近昂韦尔岛，南极地区），海鞘（嗜冷的极圈的群体）【活性】细胞毒（黑色素瘤，例如 UACC62，$LC_{50} = 18nmol/L$，一组 NCI 60 种癌细胞敏感度跨三个数量级，抑制液泡膜 ATP 酶，$IC_{50} = 2nmol/L$）.【文献】K. C. Nicolaou, et al. Angew. Chem., Int. Ed., 2007, 46, 5896; X. Jiang, et al. JACS, 2007, 129, 6386; M. D. Lebar, et al. Tetrahedron Lett., 2007, 48, 8009; M.D. Lebar, et al. NPR, 2007, 24, 774 (Rev.).

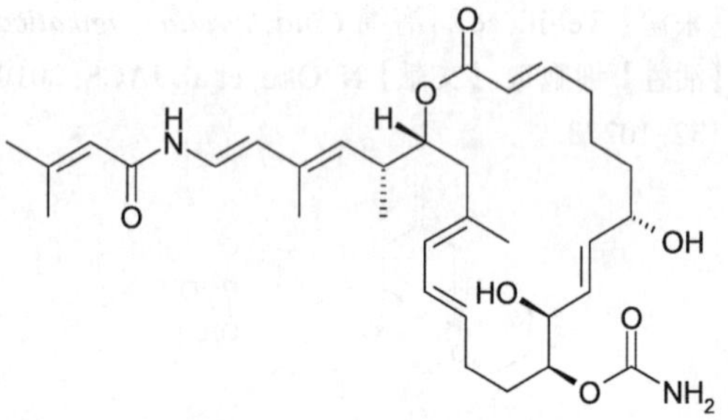

563 Palmyrolide A 巴尔米拉内酯 A*

【基本信息】$C_{20}H_{35}NO_3$.【类型】其它大环聚酮内酯.【来源】蓝细菌 Leptolyngbyoideae 亚科蓝细菌 *Leptolyngbya* cf.和 *Oscillatoria* spp.（集聚物，巴尔米拉环礁，北太平洋）.【活性】抗癌细胞效应（模型：小鼠成神经细胞瘤 neuro-2a 细胞；机制：抑制钠流入）；钠离子通道阻滞剂（neuro-2a 细胞，$IC_{50} = 5.2\mu mol/L$ 时无可觉察的细胞毒性，因为巴尔米拉内酯 A 是一种较强的藜芦碱和哇巴因引导的钠过载抑制剂，$IC_{50} = 3.70\mu mol/L$）.【文献】A. R. Pereira, et al. Org. Lett., 2010, 12, 4490.

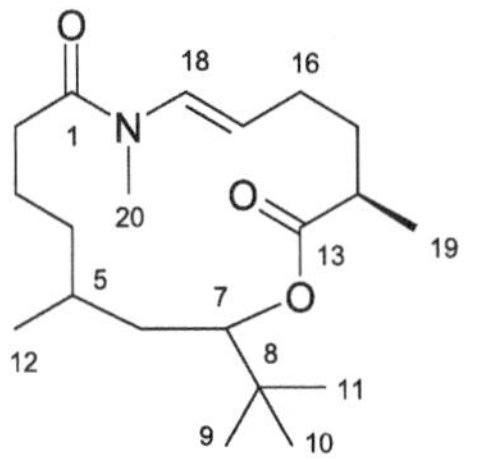

564 Peloruside A 皮鲁斯岛糖苷 A*

【基本信息】$C_{27}H_{48}O_{11}$，油状物，$[\alpha]_D^{20} = +16°$ ($c = 0.3$，二氯甲烷).【类型】其它大环聚酮内酯.【来源】山海绵属 *Mycale hentscheli*.【活性】细胞毒；抗有丝分裂 (类似紫杉醇的微管稳定活性).【文献】L. M. West, et al. JOC, 2000, 65, 445; K. A. Hood, et al. Cancer Res., 2002, 62, 3356; X. Liao, et al. Angew. Chem., Int. Ed., 2003, 42, 1648.

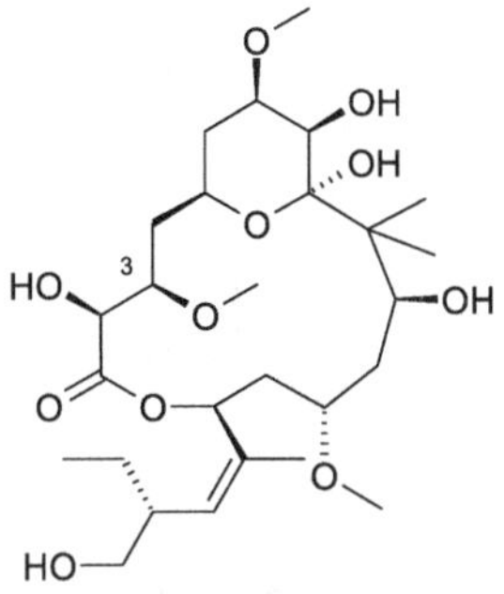

565 Peloruside B 皮鲁斯岛糖苷 B*

【基本信息】$C_{26}H_{46}O_{11}$.【类型】其它大环聚酮内酯.【来源】山海绵属 *Mycale hentscheli* (卡皮蒂岛，新西兰).【活性】细胞毒.【文献】A. J. Singh, et al. JOC, 2010, 75, 2.

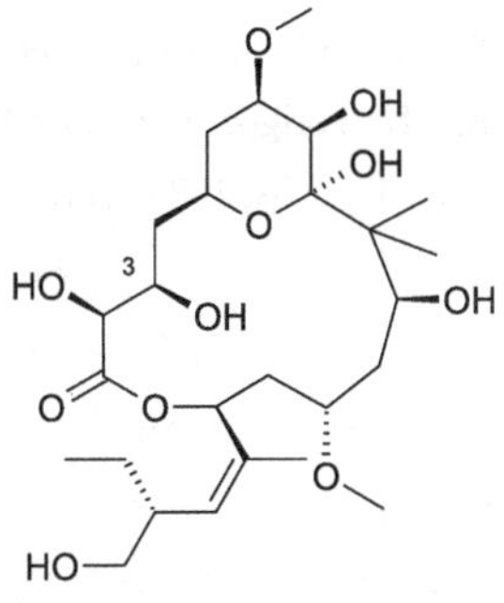

566 Phormidolide 席藻内酯*

【基本信息】$C_{59}H_{97}BrO_{12}$，油状物，$[\alpha]_D^{25} = +48°$ ($c = 0.25$，氯仿).【类型】其它大环聚酮内酯.【来源】蓝细菌席藻属 *Phormidium* sp.【活性】有毒的 (盐水丰年虾，$LC_{50} = 1.5\mu mol/L$).【文献】R. T. Williamson, et al. JOC, 2002, 67, 7927; 2003, 68, 2060.

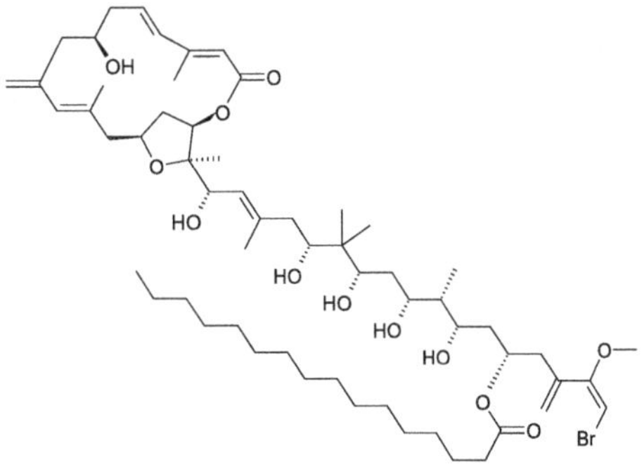

567 Polycavernoside A 红藻糖苷 A*

【基本信息】$C_{43}H_{68}O_{15}$，无定形固体.【类型】其它大环聚酮内酯.【来源】红藻江蓠属 *Polycavernosa tsudai* [Syn. *Gracilaria edulis*].【活性】毒素 (对人有毒，吃了关岛红藻 *Polycavernosa tsudai* 以后引起人的疾病暴发和死亡)；LD_{50} (小鼠，ipr) = 0.2mg/kg.【文献】M. Yotsu-Yamashita, et al. JACS, 1993, 115, 1147; M. Yotsu-Yamashita, et al. Tetrahedron Lett., 1995, 36, 5563; K. Fujiwara, et al. Chem. Lett., 1995, 191; K. Fujiwara, et al. Chem. Lett., 1995, 855; J. N. Johnson, et al. Tetrahedron Lett., 1995, 36, 4341; K. Fujiwara, et al. JACS, 1998, 120, 10770; L. A. Paquette, et al. JACS, 1999, 121, 4542; K. Fujiwara, et al. J. Synth. Org Chem. Jpn., 1999, 57, 993; L. A. Paquette, et al. JACS, 2000, 122, 619.

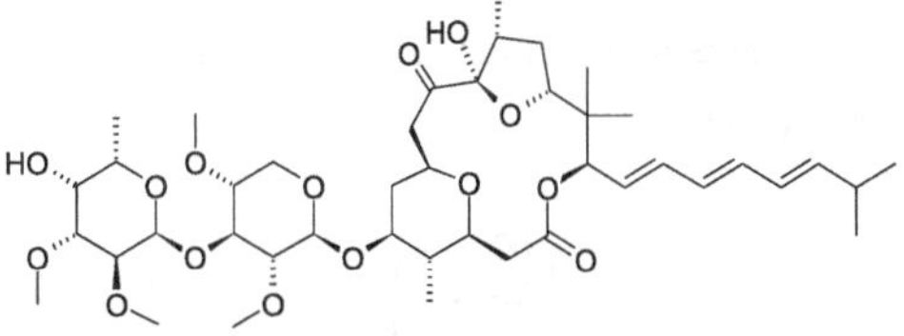

568 Polycavernoside A₂ 红藻糖苷 A₂*

【基本信息】$C_{42}H_{66}O_{15}$，油状物.【类型】其它大环聚酮内酯.【来源】红藻江蓠属 *Polycavernosa tsudai* [Syn. *Gracilaria edulis*].【活性】毒素.【文献】M. Yotsu-Yamashita, et al. Tetrahedron Lett., 1995, 36, 5563.

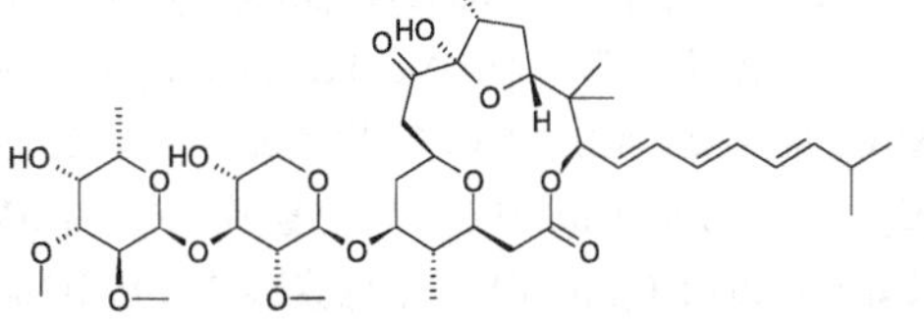

569 Polycavernoside A$_3$ 红藻糖苷 A$_3$*

【基本信息】$C_{44}H_{70}O_{15}$，油状物.【类型】其它大环聚酮内酯.【来源】红藻江蓠属 *Polycavernosa tsudai* [Syn. *Gracilaria edulis*].【活性】毒素.【文献】M. Yotsu-Yamashita, et al. Tetrahedron Lett., 1995, 36, 5563.

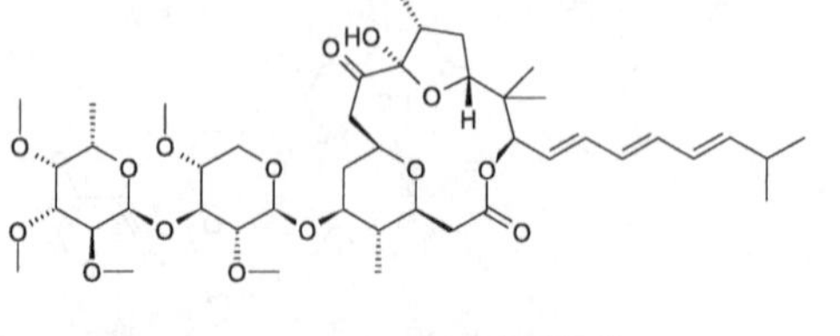

570 Polycavernoside B 红藻糖苷 B*

【基本信息】$C_{45}H_{70}O_{16}$，油状物.【类型】其它大环聚酮内酯.【来源】红藻江蓠属 *Polycavernosa tsudai* [Syn. *Gracilaria edulis*].【活性】毒素 (对人有毒).【文献】M. Yotsu-Yamashita, et al. Tetrahedron Lett., 1995, 36, 5563.

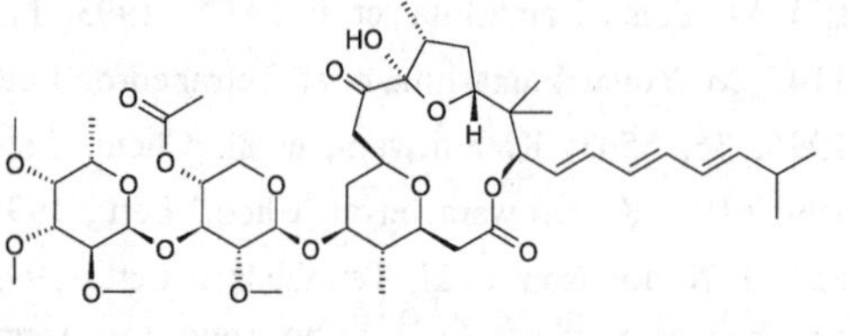

571 Polycavernoside B$_2$ 红藻糖苷 B$_2$*

【基本信息】$C_{43}H_{68}O_{15}$，油状物.【类型】其它大环聚酮内酯.【来源】红藻江蓠属 *Polycavernosa tsudai* [Syn. *Gracilaria edulis*].【活性】毒素.【文献】M. Yotsu-Yamashita, et al. Tetrahedron Lett., 1995, 36, 5563.

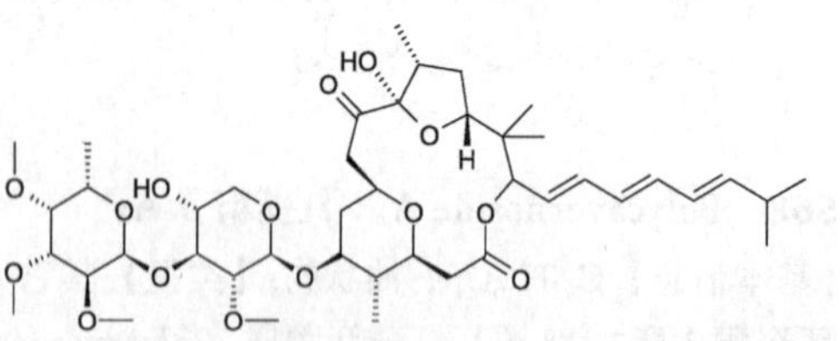

572 Precandidaspongiolide A 前清亮海绵内酯 A*

【基本信息】$C_{32}H_{50}O_{13}$.【类型】其它大环聚酮内酯.【来源】清亮海绵属 *Candidaspongia* sp. (巴布亚新几内亚).【活性】细胞毒 [样本是 Precandidaspongiolide A/B 的混合物，A:B = 4.5:1.0，黑色素瘤 UACC-257，IC_{50} = (14.2±0.2)nmol/L；黑色素瘤 LOX-IMVI，IC_{50} = (6.9±1.0)nmol/L；黑色素瘤 M14，IC_{50} = (17.9±4.4)nmol/L；MCF7，IC_{50} = (8.3±0.5)nmol/L；NCI-H460，IC_{50} = (12.3±1.0)nmol/L].【文献】E. L. Whitson, et al. Org. Lett., 2011, 13, 3518.

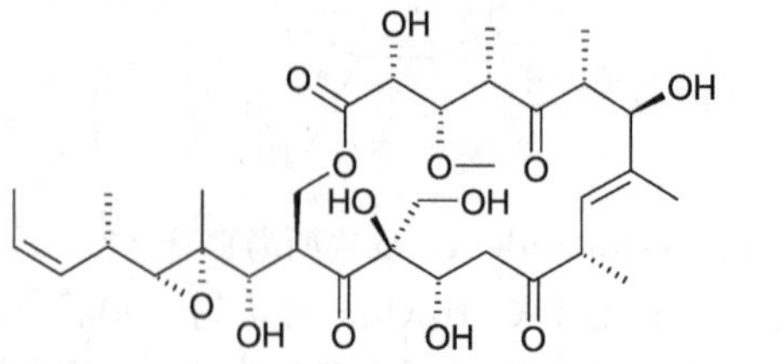

573 Precandidaspongiolide B 前清亮海绵内酯 B*

【基本信息】$C_{32}H_{50}O_{13}$.【类型】其它大环聚酮内酯.【来源】清亮海绵属 *Candidaspongia* sp. (巴布亚新几内亚).【活性】细胞毒 [样本是 Precandidaspongiolide A/B 的混合物，A:B = 4.5:1.0，黑色素瘤 UACC-257，IC_{50} = (14.2±0.2)nmol/L；黑色素瘤 LOX-IMVI，IC_{50} = (6.9±1.0)nmol/L；黑色素瘤 M14，IC_{50} = (17.9±4.4)nmol/L；MCF7，IC_{50} = (8.3±0.5)nmol/L；NCI-H460，IC_{50} = (12.3±1.0)nmol/L].【文献】E. L. Whitson, et al. Org. Lett., 2011, 13, 3518.

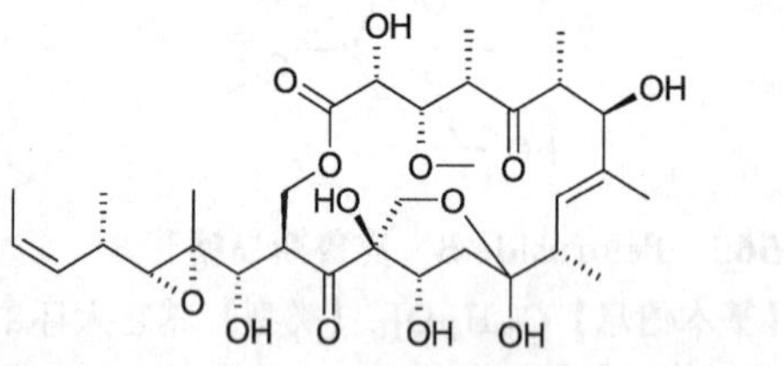

574 Prorocentrolide 原甲藻内酯*

【基本信息】$C_{56}H_{85}NO_{13}$，无定形固体，$[\alpha]_D^{23}$ = +136.5° (c = 0.147，甲醇).【类型】其它大环聚酮内酯.【来源】利马原甲藻* *Prorocentrum lima*.【活性】藻毒素.【文献】K. Torigoe, et al. JACS, 1988, 110, 7876; K. Torigoe, et al. CA, 1989, 111, 173876d.

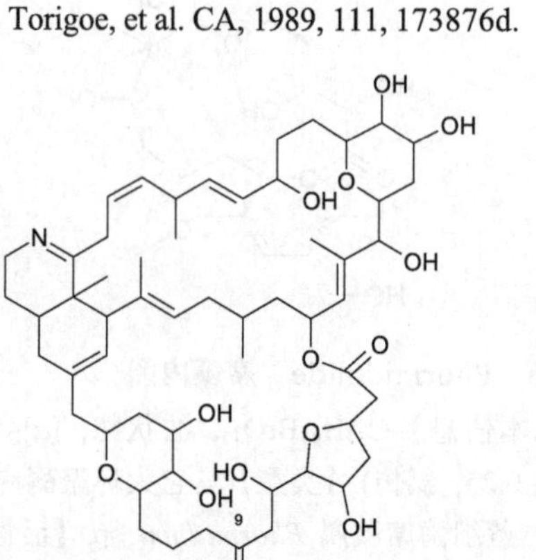

575 Prorocentrolide B 原甲藻内酯 B*

【基本信息】$C_{56}H_{85}NO_{17}S$, 固体, mp 199~201°C, $[\alpha]_D^{25}$ = +76.7° (*c* = 0.2, 甲醇)【类型】其它大环聚酮内酯.【来源】原甲藻属 *Prorocentrum maculosum.*【活性】有毒的 (作用快).【文献】T. Hu, et al. JNP, 1996, 59, 1010.

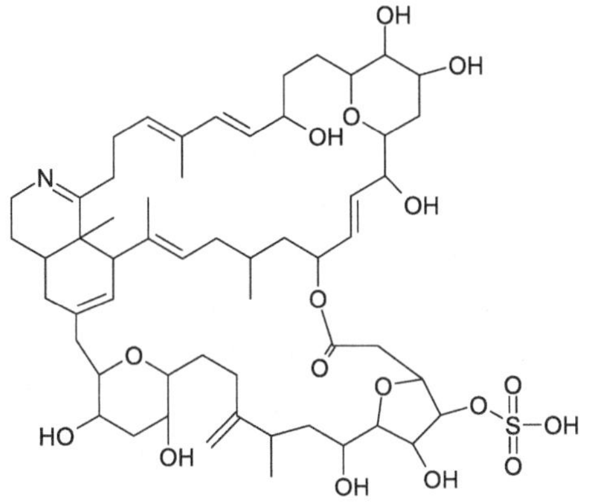

576 Salarin A 萨拉林 A*

【基本信息】$C_{35}H_{46}N_2O_{12}$, 浅黄色油状物, $[\alpha]_D^{23}$ = –57° (*c* = 0.37, 氯仿).【类型】其它大环聚酮内酯.【来源】胄甲海绵亚科 Thorectinae 海绵 *Fascaplysinopsis* sp.【活性】细胞毒 (MTT 试验: 0.5μg/mL 培养 3 天, UT7, InRt = 20%; 1μg/mL, InRt = 45%; K562, 无活性).【文献】A. Bishara, et al. Org. Lett., 2008, 10, 153; 2009, 11, 3538.

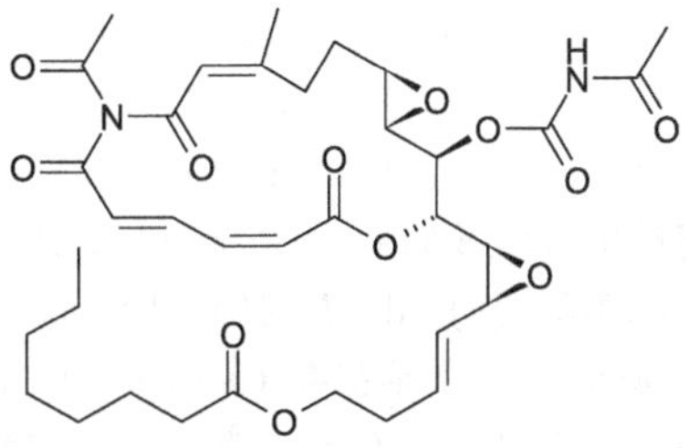

577 Scytophycin E 伪枝藻菲新 E*

【基本信息】$C_{45}H_{75}NO_{12}$, 无定形固体, $[\alpha]_D^{19}$ = –38° (*c* = 1.0, 甲醇).【类型】其它大环聚酮内酯.【来源】蓝细菌伪枝藻属 *Scytonema pseudohofmanni* 和蓝细菌念珠藻科筒孢藻属 *Cylindrospermum musicola*.【活性】细胞毒 (KB, MIC = 1~5ng/mL; LoVo, MIC =10~50ng/mL).【文献】M. Ishibashi, et al. JOC, 1986, 51, 5300; R. E. Moore, et al. CA, 1987, 106, 153049; S. Carmeli, et al. JNP, 1990, 53, 1533.

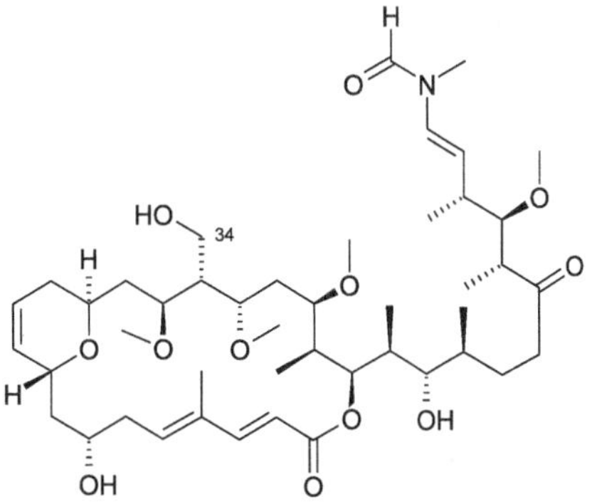

578 Spiroprorocentrimine 螺原甲藻亚胺*

【基本信息】$C_{42}H_{69}NO_{13}S$, 晶体 (甲醇), $[\alpha]_D$ = –51.4° (*c* = 0.28, 甲醇).【类型】其它大环聚酮内酯.【来源】原甲藻属 *Prorocentrum* sp. (底栖的) 来自珊瑚礁海草的附生植物. (中国台湾水域).【活性】低毒的 (腹腔注射小鼠生物测定实验, 毒性比已知其它环亚胺类毒物低得多).【文献】C.-K. Lu, et al. Tetrahedron Lett., 2001, 42, 1713.

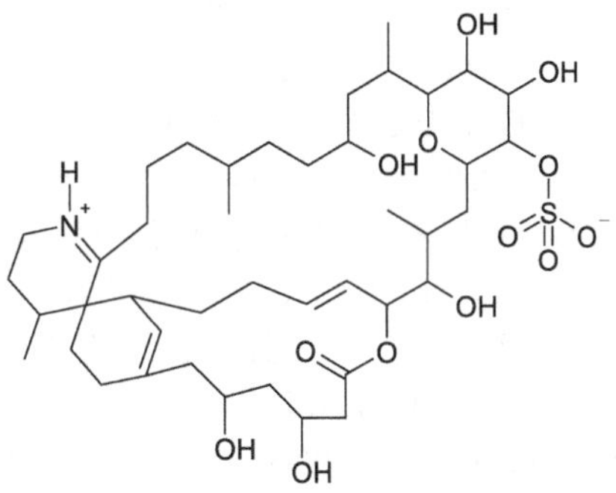

579 Spongistatin 1 角骨海绵他汀 1*

【别名】Altohyrtin A; 冲绳钵海绵亭 A*.【基本信息】$C_{63}H_{95}ClO_{21}$, 无定形粉末 (钠盐), mp 161~162°C (钠盐), $[\alpha]_D^{22}$ = +26.2° (*c* = 0.32, 甲醇) (钠盐).【类型】其它大环聚酮内酯.【来源】角骨海绵属 *Spongia* sp. (马尔代夫), 冲绳海绵 *Hyrtios altum* (冲绳, 日本).【活性】细胞毒 (*in vitro*, NCI 初级筛选试验, 平均 $GI_{50} = 1.17\times10^{-10}$mol/L, COMPARE 算法的相关系数 = 1.00); 细胞毒 (针对高度耐药肿瘤类型子集, 例如 HL60, SR; NCI-H226, NCI-H23, NCI-H460, NCI-H522; DMS114, 和 DMS273; HCT116, HT29, KM12, KM20L2 和 SW620; SF539, U251; SK-MEL-5; OVCAR-3; 和 RXF-393; GI_{50} 典型值 = 2.5×10^{-11}~3.5×10^{-11}mol/L).【文献】G. R. Pettit, et al. JOC, 1993, 58, 1302; G. R. Pettit, et al. J. Chem. Soc., Chem. Commun., 1993,

1805; G. R. Pettit, et al. J. Chem. Soc., Chem. Commun., 1993, 1166; M. Kobayashi, et al. CPB, 1993, 41, 989; 1996, 44, 2142.

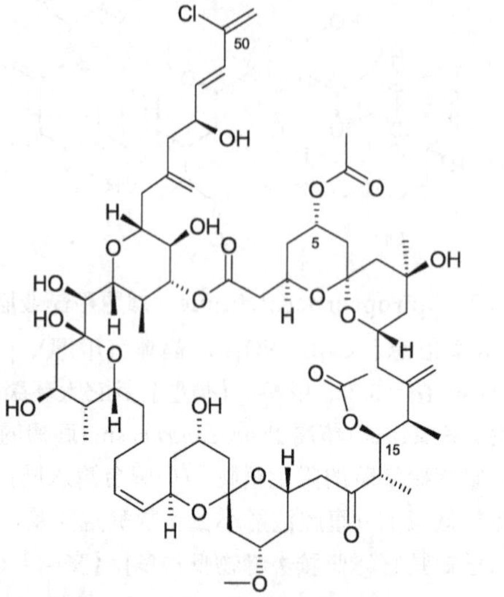

580 Spongistatin 2 角骨海绵他汀 2*

【别名】Altohyrtin C; 冲绳钵海绵亭 C*.【基本信息】$C_{63}H_{96}O_{21}$, 无定形固体, mp 140~141ºC, $[\alpha]_D = +24.5º$ ($c = 0.39$, 甲醇); $[\alpha]_D = +31º$ ($c = 0.3$, 甲醇).【类型】其它大环聚酮内酯.【来源】角骨海绵属 *Spongia* sp. (马尔代夫), 冲绳海绵 *Hyrtios altum* (冲绳, 日本).【活性】细胞毒 (KB, $IC_{50} = 0.4ng/mL$; L_{1210}, $IC_{50} = 1.3ng/mL$).【文献】G. R. Pettit, et al. JOC, 1993, 58, 1302; G. R. Pettit, et al. J. Chem. Soc., Chem. Commun., 1993, 1166; M. Kobayashi, et al. Tetrahedron Lett., 1993, 34, 2795; M. Kobayashi, et al. CPB, 1993, 41, 989; M. Kobayashi, et al. Tetrahedron Lett., 1994, 35, 1243; D. A. Evans, et al. Tetrahedron, 1999, 55, 8671.

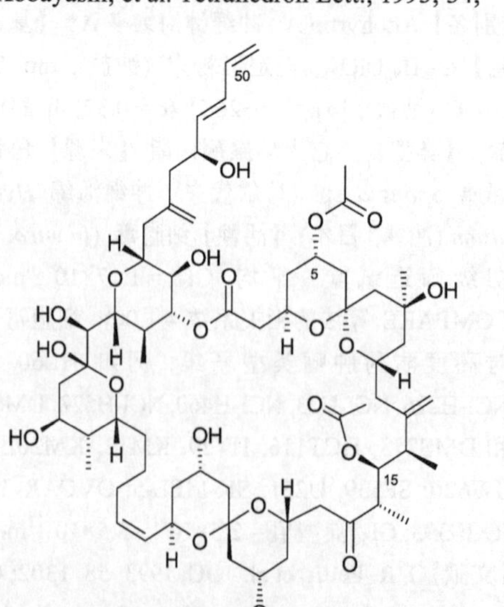

581 Spongistatin 3 角骨海绵他汀 3*

【别名】5-De-*O*-acetylaltohyrtin A; 5-去-*O*-乙酰基冲绳钵海绵亭 A*.【基本信息】$C_{61}H_{93}ClO_{20}$, 粉末, mp 148~149ºC, $[\alpha]_D = +28.1º$ ($c = 0.15$, 甲醇).【类型】其它大环聚酮内酯.【来源】角骨海绵属 *Spongia* sp. (马尔代夫), 冲绳海绵 *Hyrtios altum* (冲绳, 日本).【活性】细胞毒 (KB, $IC_{50} = 0.3ng/mL$).【文献】M. Kobayashi, et al. CPB, 1993, 41, 989; G. R. Pettit, et al. J. Chem. Soc., Chem. Commun., 1993, 1166; M. Kobayashi, et al. Tetrahedron Lett., 1994, 35, 1243.

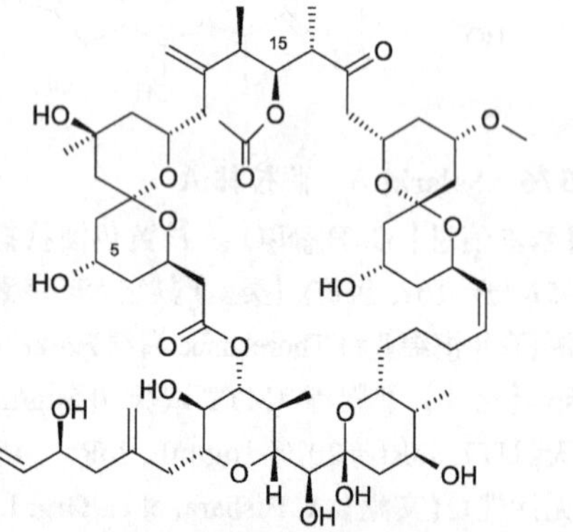

582 Spongistatin 4 角骨海绵他汀 4*

【别名】Cinachyrolide A; 拟茄海绵内酯 A*.【基本信息】$C_{61}H_{93}ClO_{20}$, 固体, mp 153~154ºC, $[\alpha]_D^{22} = +23º$ ($c = 0.2$, 甲醇).【类型】其它大环聚酮内酯.【来源】璇星海绵属 *Spirastrella spinispirulifera* (南非, 非洲南部海岸) 和拟茄海绵属* *Cinachyra* sp. (日本水域).【活性】细胞毒 (*in vitro*, NCI 初级筛选试验, 平均 $GI_{50} = 1.02\times10^{-10}mol/L$, COMPARE

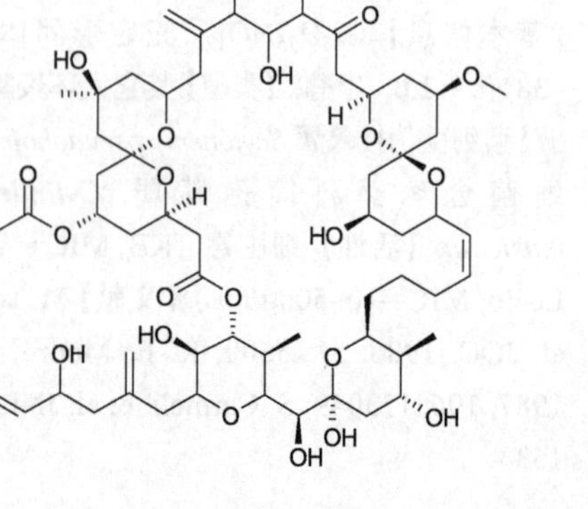

算法的相关系数 = 0.93); 细胞毒 (小鼠白血病 L_{1210} 细胞, IC_{50} < 0.6ng/mL).【文献】N. Fusetani, et al. JACS, 1993, 115, 3977; G. R. Pettit, et al. J. Chem. Soc., Chem. Commun., 1993, 1805; G. R. Pettit, et al. Nat. Prod. Lett., 1993, 3, 239.

583 Spongistatin 5 角骨海绵他汀 5*

【基本信息】$C_{59}H_{89}ClO_{19}$, mp 186~187°C, $[\alpha]_D^{22}$ = –11.1° (*c* = 0.2, 甲醇).【类型】其它大环聚酮内酯.【来源】璇星海绵属 *Spirastrella spinispirulifera* (南非, 非洲南部海岸).【活性】细胞毒 (*in vitro,* NCI 初级筛选试验, 平均 $GI_{50} = 1.23\times10^{-10}$mol/L, COMPARE 算法的相关系数 = 0.92).【文献】G. R. Pettit, et al. J. Chem. Soc., Chem. Commun., 1993, 1805; G. R. Pettit, et al. Nat. Prod. Lett., 1993, 3, 239.

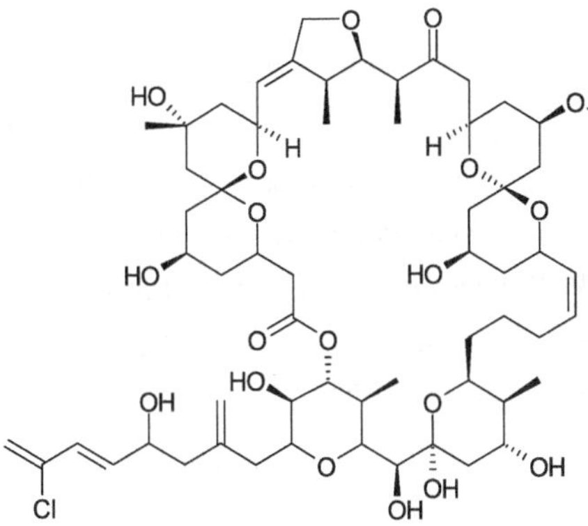

584 Spongistatin 8 角骨海绵他汀 8*

【基本信息】$C_{61}H_{92}O_{20}$, mp 158~159°C, $[\alpha]_D^{22}$ = –32° (*c* = 0.2, 甲醇).【类型】其它大环聚酮内酯.【来源】璇星海绵属 *Spirastrella spinispirulifera*.【活性】细胞毒; 谷氨酸盐诱导的微管蛋白聚合抑制剂 (有潜力的).【文献】G. R. Pettit, et al. Nat. Prod. Lett., 1993, 3, 239.

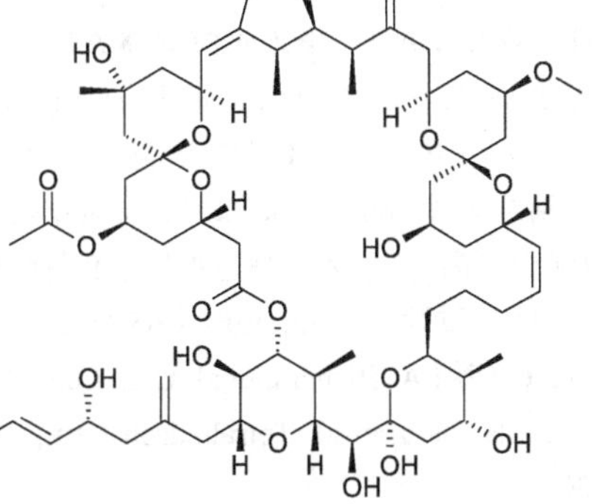

585 Spongistatin 9 角骨海绵他汀 9*

【基本信息】$C_{61}H_{91}ClO_{20}$, mp 164~165°C, $[\alpha]_D^{22}$ = –33.3° (*c* = 0.1, 甲醇).【类型】其它大环聚酮内酯.【来源】璇星海绵属 *Spirastrella spinispirulifera*.【活性】细胞毒; 谷氨酸盐诱导的微管蛋白聚合抑制剂 (有潜力的).【文献】G. R. Pettit, et al. Nat. Prod. Lett., 1993, 3, 239.

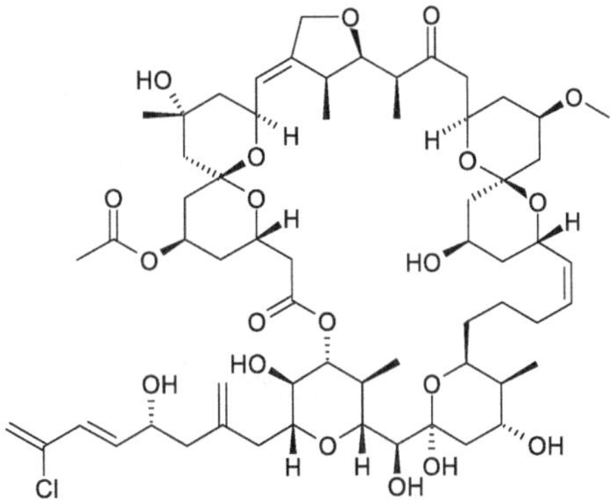

586 Superstolide A 新喀里多尼亚海绵内酯 A*

【基本信息】$C_{36}H_{52}N_2O_7$, 无定形固体, $[\alpha]_D$ = +54.1° (甲醇).【类型】其它大环聚酮内酯.【来源】Phymatellidae 科海绵 *Neosiphonia superstes* [深水域, 新喀里多尼亚岸外, 新喀里多尼亚 (法属)].【活性】细胞毒 (人支气管非小细胞肺癌 NSCLC-N6-L16 细胞, IC_{50} = 0.04μg/mL; 小鼠白血病细胞表达抑制, 对阿霉素 e P_{388}/Dox, IC_{50} = 0.02μg/mL; 小鼠白血病 P_{388} 细胞 IC_{50} = 0.003μg/mL; 人鼻咽癌 KB 细胞, IC_{50} = 0.02μg/mL; 人结肠癌 HT29 细胞, IC_{50} = 0.04μg/mL); 细胞毒 (P_{388}, IC_{50} = 5nmol/L; 人 KB 细胞, IC_{50} =8nmol/L; NSCLC-N6-L16 非小细胞肺癌细胞株, IC_{50} =6nmol/L).【文献】M. V. D'Auria, et al. JACS, 1994, 116, 6658; M. V. D'Auria, et al. JNP, 1994, 57, 1595; P. L. Winder, et al. Mar. Drugs, 2011, 9, 2644 (Rev.).

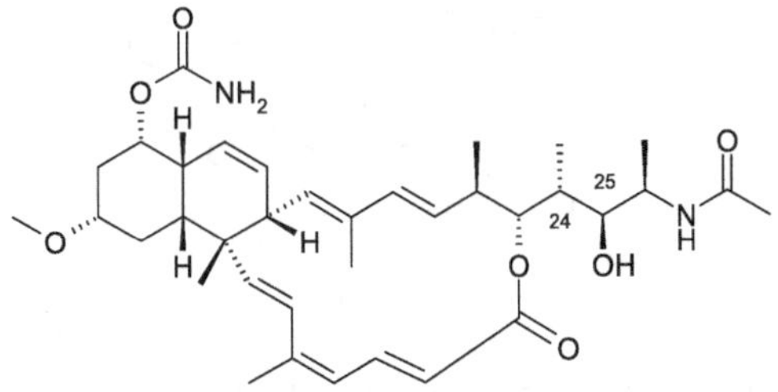

587 Superstolide B 新喀里多尼亚海绵内酯 B*

【基本信息】$C_{36}H_{50}N_2O_6$, 无定形固体, $[\alpha]_D$ = +47°

(甲醇).【类型】其它大环聚酮内酯.【来源】Phymatellidae 科海绵 *Neosiphonia superstes* (深水域，新喀里多尼亚岸外，新喀里多尼亚(法属).【活性】细胞毒 (KB, IC_{50} = 0.005μg/mL; P_{388}, IC_{50} = 0.003μg/mL; 非小细胞肺癌 NSCLC-N6-L16, IC_{50} = 0.039μg/mL).【文献】M. V. D'Auria, et al. JNP, 1994, 57, 1595.

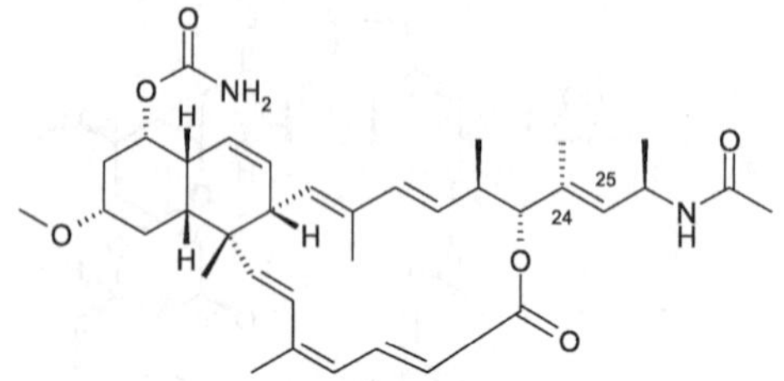

588 Tartrolone D 塔脱酮 D*

【基本信息】$C_{44}H_{68}O_{14}$, 无定形固体, $[\alpha]_D^{25}$ = +11° (*c* = 0.2, 甲醇).【类型】其它大环聚酮内酯.【来源】海洋导出的链霉菌属 *Streptomyces* sp. MDG-014-17-069 (沉积物，马达加斯加).【活性】细胞毒 (MDA-MB-231, GI_{50} = 0.79μmol/L, TGI = 3.41μmol/L, LC_{50} = 11.0μmol/L; A549, GI_{50} = 0.16μmol/L, TGI = 1.46μmol/L, LC_{50} = 8.05μmol/L; HT29, GI_{50} = 0.31μmol/L, TGI = 1.71μmol/L, LC_{50} = 8.41μmol/L; 对照阿霉素: MDA-MB-231, GI_{50} = 0.02μmol/L, TGI = 0.12μmol/L, LC_{50} = 0.86μmol/L; A549, GI_{50} = 0.08μmol/L, TGI = 0.17μmol/L, LC_{50} = 0.35μmol/L; HT29, GI_{50} = 0.07μmol/L, TGI = 0.33μmol/L, LC_{50} > 17.2μmol/L).【文献】M. Pérez, et al. JNP, 2009, 72, 2192.

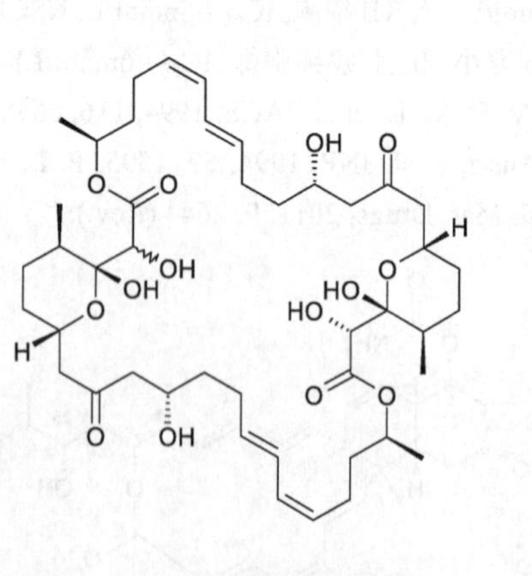

589 Tedanolide 居苔海绵内酯*

【基本信息】$C_{32}H_{50}O_{11}$, 晶体 (苯/氯仿), mp 193~194°C (分解), $[\alpha]_D$ = +18.7° (*c* = 0.08, 氯仿).【类型】其它大环聚酮内酯.【来源】清亮海绵属 *Candidaspongia* sp. (巴布亚新几内亚), 居苔海绵 *Tedania ignis* 和山海绵属 *Mycale* sp.【活性】细胞毒 [黑色素瘤 UACC-257, IC_{50} = (5.9±0.1)nmol/L; 黑色素瘤 LOX-IMVI, IC_{50} = (2.5±0.4)nmol/L; 黑色素瘤 M14, IC_{50} = (8.6±2.4)nmol/L; MCF7, IC_{50} = (3.6±0.3)nmol/L; NCI-H460, IC_{50} = (7.0±3.9)nmol/L].【文献】F. J. Schmitz, et al. JACS, 1984, 106, 7251; J. R. Dunetz, et al. JACS, 2008, 130, 16407; E. L. Whitson, et al. Org. Lett., 2011, 13, 3518.

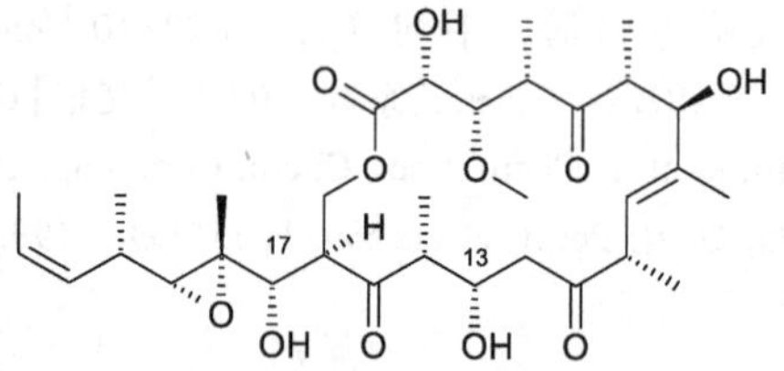

590 Tolytoxin 单歧藻毒素

【基本信息】$C_{46}H_{75}NO_{13}$, 无定形固体.【类型】其它大环聚酮内酯.【来源】蓝细菌单歧藻属 *Tolypothrix conglutinata* var. *colorata*, 蓝细菌伪枝藻属 *Scytonema* spp.【活性】抗白血病; 抗真菌; 细胞毒; LD_{50} (小鼠, ipr) = 1.5mg/kg.【文献】S. Carmeli, et al. JNP, 1990, 53, 1533.

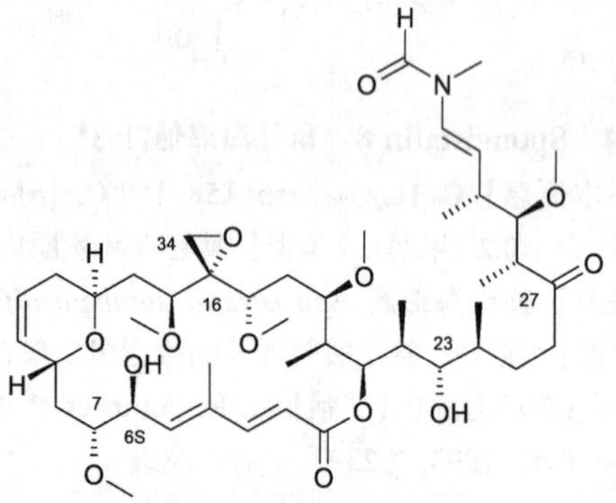

591 Tulearin A 塔莱尔海绵林 A*

【基本信息】$C_{31}H_{53}NO_6$, 油状物, $[\alpha]_D^{23}$ = −45° (*c* = 0.17, 氯仿).【类型】其它大环聚酮内酯.【来源】胄甲海绵亚科 Thorectinae 海绵 *Fascaplysinopsis* sp. (图利亚拉港，工资湾，马达加斯加).【活性】细胞毒 (MTT 试验: K562, InRt = 65%; UT7, InRt = 32%).【文献】A. Bishara, et al. Org. Lett., 2008, 10, 153; A. Bishara, et al. Tetrahedron Lett., 2009, 50, 3820.

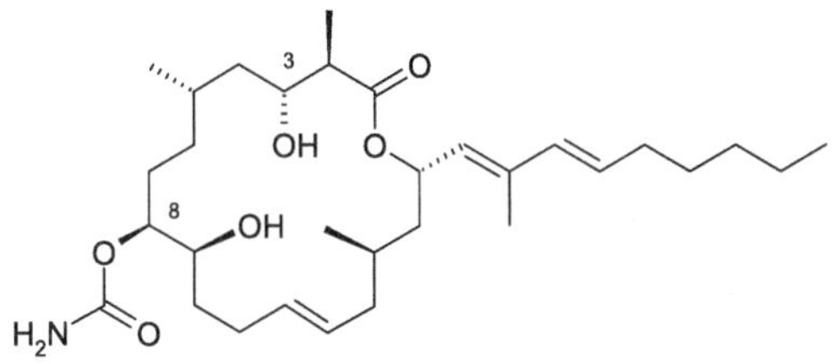

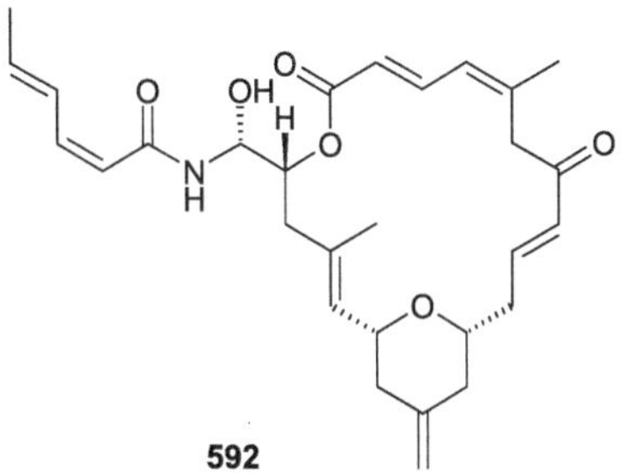

592 Zampanolide 冲绳残波岬海绵内酯*

【基本信息】$C_{29}H_{37}NO_6$, 无定形固体, $[\alpha]_D^{29} = -101°$ ($c = 0.1$, 二氯甲烷).【类型】其它大环聚酮内酯.【来源】汤加硬丝海绵* *Cacospongia mycofijiensis* (埃瓦岛, 汤加), 多裂缝束海绵 *Fasciospongia rimosa* (残波岬, 冲绳, 日本),【活性】细胞毒 (P_{388}; A549; HT29; MEL28 细胞株; $IC_{50} = 1\sim5$ng/mL).【文献】J. Tanaka, et al. Tetrahedron Lett., 1996, 37, 5535; A. B. Smith III, et al. JACS, 2001, 123, 12426; J. J. Field, et al. JMC, 2009, 52, 7328.

592

593 Zooxanthellatoxin A 卒仙得拉毒素 A*

【基本信息】$C_{140}H_{233}NO_{57}S$, 无定形固体 (钠盐+18 分子结晶水), mp 125~127°C (钠盐), $[\alpha]_D^{24} = +10°$ ($c = 0.1$, 甲醇).【类型】其它大环聚酮内酯.【来源】甲藻共生藻属 *Symbiodinium* sp. Y-6, 来自无腔动物亚门无肠目两桩涡虫属 *Amphiscolops* sp.【活性】血管收缩剂.【文献】H. Nakamura, et al. JACS, 1995, 117, 550; H. Nakamura, et al. Tetrahedron Lett., 1995, 36, 7255.

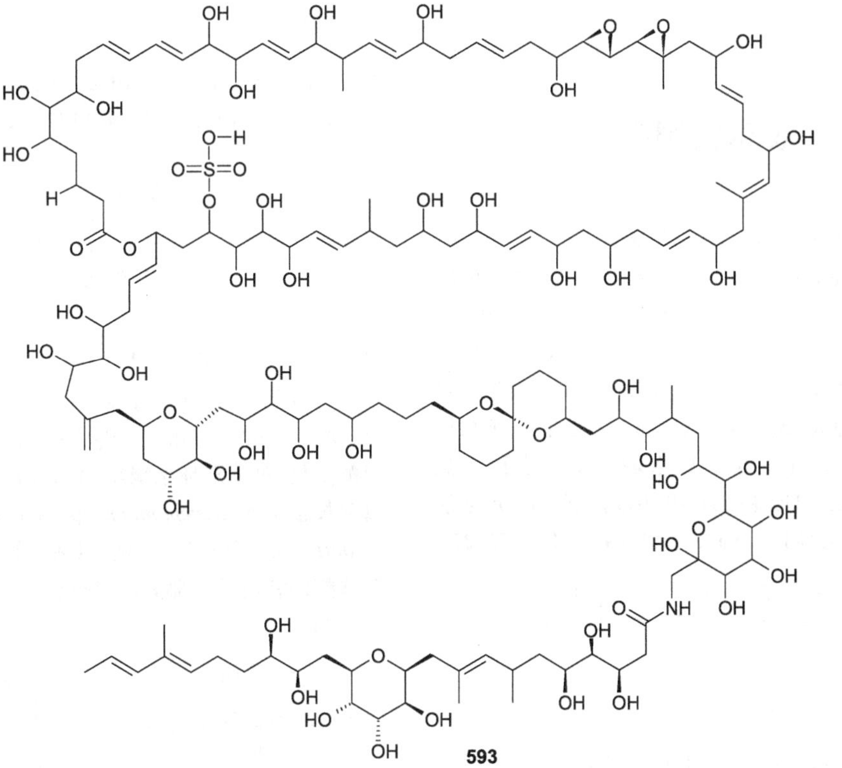

593

594 Zooxanthellatoxin B 卒仙得拉毒素 B*

【基本信息】$C_{138}H_{231}NO_{56}S$, mp 127~129°C (钠盐), $[\alpha]_D^{24} = +6.6°$ ($c = 0.2$, 甲醇) (钠盐).【类型】其它大环聚酮内酯.【来源】甲藻共生藻属 *Symbiodinium* sp. Y-6 来自无腔动物亚门无肠目两桩涡虫属 *Amphiscolops* sp.【活性】血管收缩剂.【文献】H. Nakamura, et al. JACS, 1995, 117, 550; H. Nakamura, et al. Tetrahedron Lett., 1995, 36, 7255.

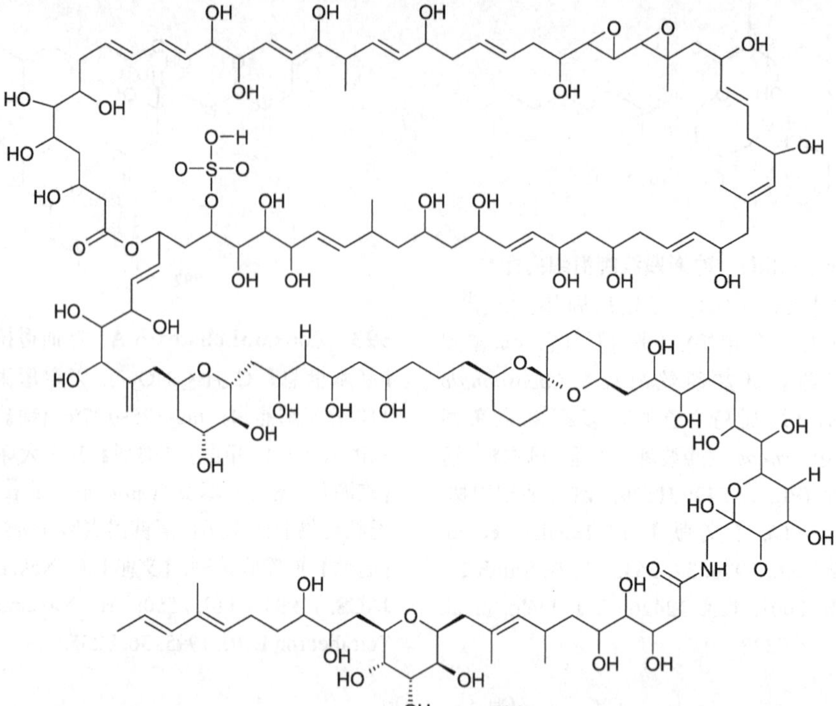

594

S. Tsukamoto, et al. BoMCL, 2004, 14, 417; M. Saleem, et al. NPR, 2007, 24, 1142 (Rev.).

1.34 双环聚酮类

595 Ascochlorin 壳二孢氯素

【基本信息】$C_{23}H_{29}ClO_4$，针状晶体 (丙酮/己烷)，mp 153~154ºC (分解)，mp 172~173ºC，$[\alpha]_D^{25}$ = –31º (c = 0.99，甲醇)，$[\alpha]_D^{25}$ = –35.8º (c = 0.50，甲醇).【类型】双环聚酮类.【来源】海洋导出的真菌枝顶孢属 *Acremonium* sp. 来自星芒海绵属 *Stelletta* sp. (朝鲜半岛水域).【活性】抗炎 (100μmol/L，NO 和 TNF-R 生成抑制剂)；抗病毒；抗生素.【文献】P. Zhang, et al. JNP , 2009, 72, 270.

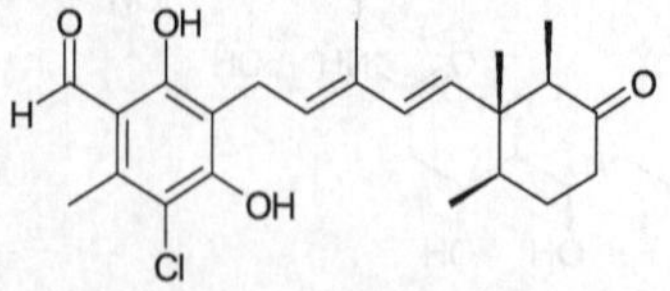

596 Aspermytin A 曲霉麦亭 A*

【基本信息】$C_{16}H_{26}O_3$，$[\alpha]_D^{25}$ = +1.2º (c = 0.1，氯仿).【类型】双环聚酮类.【来源】海洋导出的真菌曲霉菌属 *Aspergillus* sp. (培养物) 来自蓝贻贝 *Mytilus edulis* (消化腺).【活性】轴突生长强化剂 (50μmol/L，大鼠嗜铬细胞瘤 PC12 细胞).【文献】

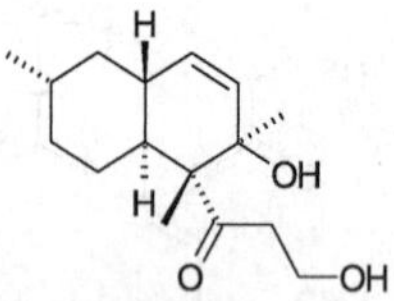

597 Cylindrol B 圆柱醇 B*

【基本信息】$C_{23}H_{30}O_4$，无定形粉末，$[\alpha]_D^{23}$ = –11.9º (c = 0.8，甲醇)，$[\alpha]_D^{25}$ = –27.8º (c = 0.38，甲醇).【类型】双环聚酮类.【来源】海洋导出的真菌枝顶孢属 *Acremonium* sp. 来自星芒海绵属 *Stelletta* sp. (朝鲜半岛水域).【活性】法呢基蛋白转移酶抑制剂.【文献】P. Zhang, et al. JNP, 2009, 72, 270.

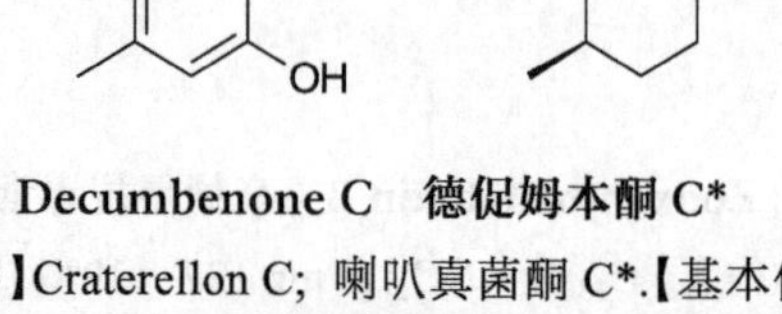

598 Decumbenone C 德促姆本酮 C*

【别名】Craterellon C；喇叭真菌酮 C*.【基本信息】$C_{16}H_{26}O_5$.【类型】双环聚酮类.【来源】海洋导出的真菌曲霉菌属 *Aspergillus sulphureus* (沉积物，

未表明取样位置)，陆地真菌芳香喇叭真菌 *Craterellus odoratus*.【活性】细胞毒 (SK-MEL-5 人黑色素瘤细胞，有潜力的).【文献】O. I. Zhuravleva,et al. Arch. Pharmacal Res., 2012, 35, 1757; H. Guo, et al. Nat. Prod. Bioprospect., 2012, 2, 170.

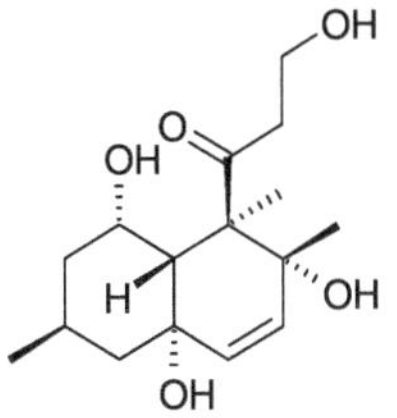

599 Dehydroxychlorofusarielin B 去羟基氯镰孢霉林 B*

【别名】2-Chloro-2-deoxyfusarielin B; 2-氯-2-去氧镰孢霉林 B*.【基本信息】$C_{25}H_{39}ClO_4$，晶体 (己烷/丙酮)，$[\alpha]_D^{20} = -125°$ ($c = 0.4$，甲醇).【类型】双环聚酮类.【来源】海洋导出的真菌曲霉菌属 *Aspergillus* sp. 来自棕藻马尾藻属 *Sargassum horneri* (表面，朝鲜半岛水域).【活性】抗菌 (金黄色葡萄球菌 *Staphylococcus aureus*, MIC = 62.5μg/mL; MRSA, MIC = 62.5μg/mL; MDRSA, MIC = 62.5μg/mL；中等活性).【文献】H. P. Nguyen, et al. JNP , 2007, 70, 1188.

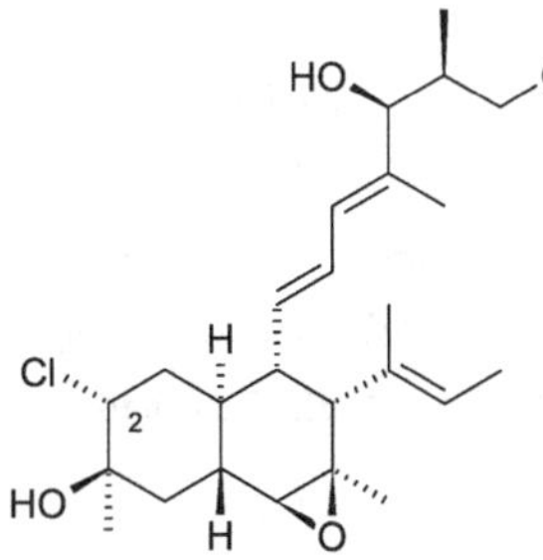

600 Dinorspiculoic acid 双去甲针茅酸*

【别名】Dinorspiculoic acid A; 双去甲针茅酸 A*.【基本信息】$C_{25}H_{32}O_3$，油状物，$[\alpha]_D^{24} = +65.4°$ ($c = 0.09$，二氯甲烷).【类型】双环聚酮类.【来源】扁板海绵属 *Plakortis zyggompha*.【活性】抗结核 (结核分枝杆菌 *Mycobacterium tuberculosis*, $MIC_{90} = 50μg/mL$).【文献】F. Berrué, et al. JNP, 2005, 68, 547; F. Berrue, et al. Tetrahedron, 2007, 63, 2328.

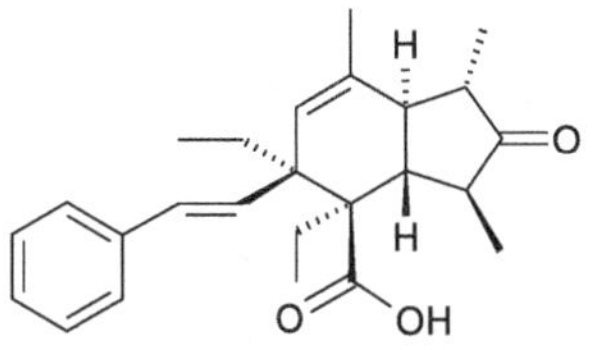

601 Fusarielin A 镰孢霉林 A*

【基本信息】$C_{25}H_{38}O_4$，粉末，mp 68~72°C, $[\alpha]_D^{25} = -132°$ ($c = 0.1$，甲醇).【类型】双环聚酮类.【来源】海洋导出的真菌三隔镰孢霉 *Fusarium tricinctum* MFB392-2 和海洋导出的真菌镰孢霉属 *Fusarium* sp. 95F858，陆地真菌镰孢霉属 *Fusarium* sp. K432.【活性】抗菌 (金黄色葡萄球菌 *Staphylococcus aureus*, MIC = 32.5μg/mL; MRSA, MIC = 32.5μg/mL; MDRSA, MIC = 62.5μg/mL；中等活性)；抗真菌.【文献】H. P. Nguyen, et al. JNP, 2007, 70, 1188.

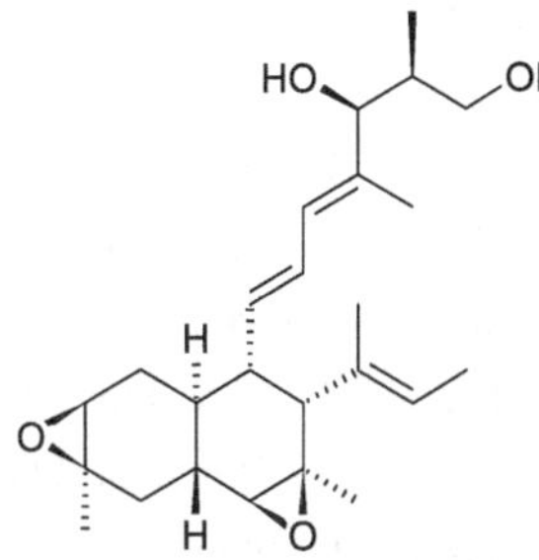

602 Fusarielin B 镰孢霉林 B*

【基本信息】$C_{25}H_{40}O_5$，粉末，mp 138~140°C, $[\alpha]_D = -100°$ ($c = 0.1$，甲醇).【类型】双环聚酮类.【来源】海洋导出的真菌镰孢霉属 *Fusarium* sp. 05JANF165，陆地真菌 (镰孢霉属 *Fusarium* sp. K432).【活性】抗菌 (金黄色葡萄球菌 *Staphylococcus aureus*, MIC = 62.5μg/mL; MRSA, MIC = 62.5μg/mL; MDRSA, MIC = 62.5μg/mL；中等活性)；抗真菌.【文献】H. Kobayashi, et al. J. Antibiot., 1995, 48, 42; H. P. Nguyen, et al. JNP , 2007, 70, 1188.

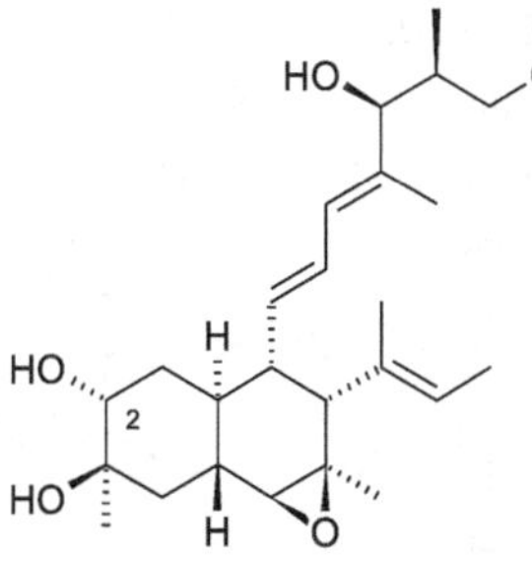

603 Fusarielin E 镰孢霉林 E*

【基本信息】$C_{25}H_{39}ClO_4$.【类型】双环聚酮类.【来源】海洋导出的真菌镰孢霉属 *Fusarium* sp. (未表明取样地点).【活性】分生孢子生长抑制剂 (稻瘟霉 *Pyricularia oryzae,* 由胀大效应和诱导菌丝的卷曲变形).【文献】Y. Gai, et al. Chin. Chem. Lett., 2007, 18, 954.

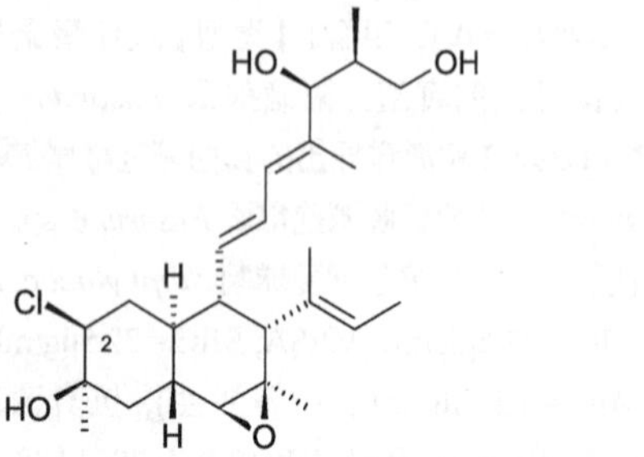

604 10-Hydroxy-18-*O*-methylbetaenone C 10-羟基-18-*O*-甲基贝塔烯酮 C*

【基本信息】$C_{22}H_{36}O_6$, 粉末, $[\alpha]_D = +16.6°$ (c = 1.25, 乙醇).【类型】双环聚酮类.【来源】海洋导出的真菌拟小球霉属 *Microsphaeropsis* sp. 来自秽色海绵属 *Aplysina aerophoba* (地中海).【活性】激酶抑制剂 (PKC-ε, IC_{50}= 36.0μmol/L; CDK4/细胞周期素 D1, IC_{50}= 11.5μmol/L; EGFR, IC_{50} = 10.5μmol/L).【文献】G. Brauers, et al. JNP, 2000, 63, 739.

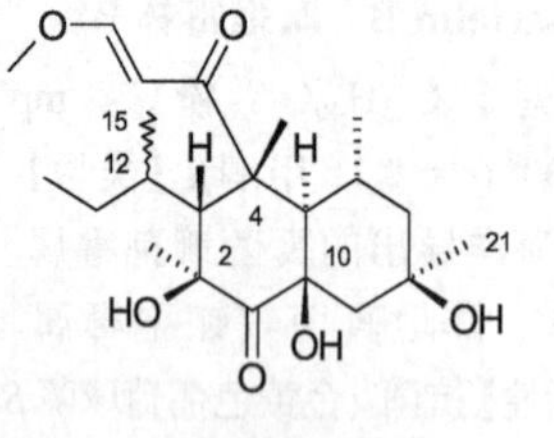

605 Ilicicolin C 伊利斯扣林 C*

【基本信息】$C_{23}H_{31}ClO_4$, 晶体 (丙酮/己烷), mp 130~131°C, $[\alpha]_D^{25} = +6°$ (c = 1, 甲醇), $[\alpha]_D^{25}$ = +5.24° (c = 0.20, 甲醇).【类型】双环聚酮类.【来源】海洋导出的真菌枝顶孢属 *Acremonium* sp. 来自星芒海绵属 *Stelletta* sp. (朝鲜半岛水域).【活性】抗炎 (100μmol/L, 选择性 NO 生成抑制剂).【文献】P. Zhang, et al. JNP, 2009, 72, 270.

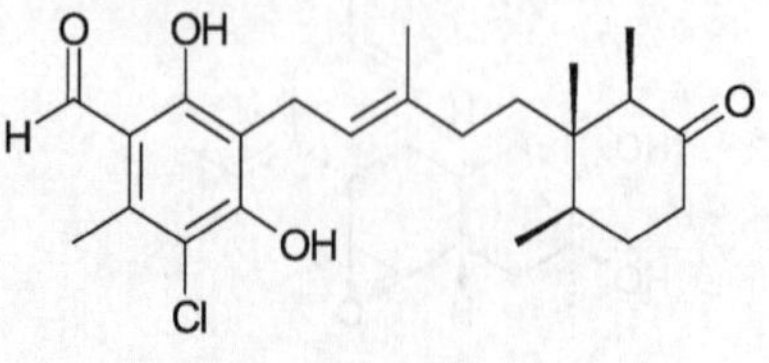

606 Iso-9,10-deoxytridachione 异-9,10-去氧特里达吡酮*

【基本信息】$C_{22}H_{30}O_3$, 油状物, $[\alpha]_D = +5.9°$ (氯仿).【类型】双环聚酮类.【来源】软体动物门腹足纲囊舌目海天牛属 *Elysia timida* (地中海).【活性】鱼毒.【文献】M. Gavagnin, et al. JNP, 1994, 57, 298.

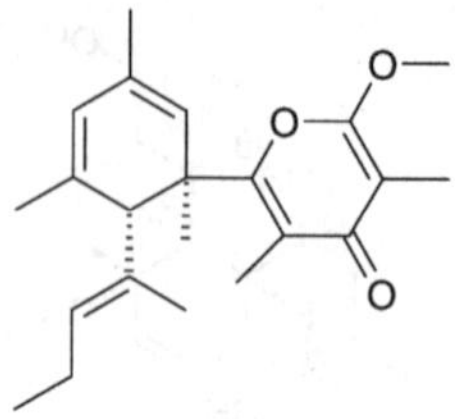

607 LL-Z 1272ε

【基本信息】$C_{23}H_{32}O_4$, $[\alpha]_D^{25} = +3.86°$ (c = 0.50, 甲醇).【类型】双环聚酮类.【来源】海洋导出的真菌枝顶孢属 *Acremonium* sp. 来自星芒海绵属 *Stelletta* sp. (朝鲜半岛水域).【活性】抗炎 (100μmol/L, 选择性 NO 生成抑制剂).【文献】Singh, S. B., et al. JOC, 1996, 61, 7727; P. Zhang, et al. JNP, 2009, 72, 270.

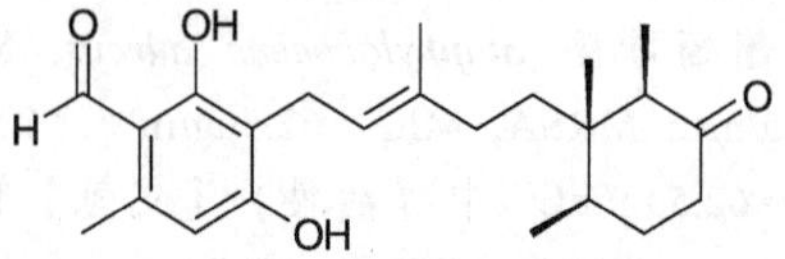

608 24-Norisospiculoic acid 24-去甲异针茅酸*

【基本信息】$C_{26}H_{34}O_3$, 油状物, $[\alpha]_D^{24} = +41.5°$ (c = 0.05, 氯仿).【类型】双环聚酮类.【来源】扁板海绵属 *Plakortis zyggompha.*【活性】抗结核 (结核分枝杆菌 *Mycobacterium tuberculosis*, MIC_{90} = 50μg/mL).【文献】F. Berrué, et al. Tetrahedron, 2007, 63, 2328.

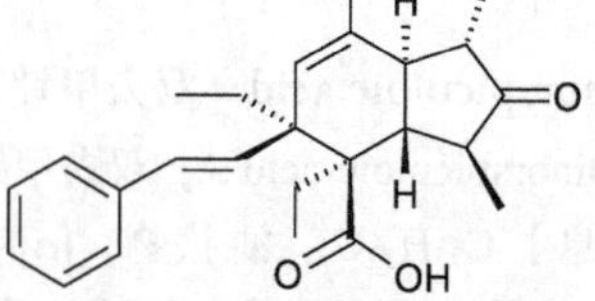

609 Norspiculoic acid A 去甲针茅酸 A*

【基本信息】$C_{26}H_{34}O_3$, 油状物, $[\alpha]_D^{24} = +147.8°$ (c = 0.11, 二氯甲烷).【类型】双环聚酮类.【来源】扁板海绵属 *Plakortis zyggompha.*【活性】抗结核 (结核分枝杆菌 *Mycobacterium tuberculosis*, MIC_{90} =

50μg/mL).【文献】F. Berrué, et al. JNP, 2005, 68, 547; F. Berrue, et al. Tetrahedron, 2007, 63, 2328.

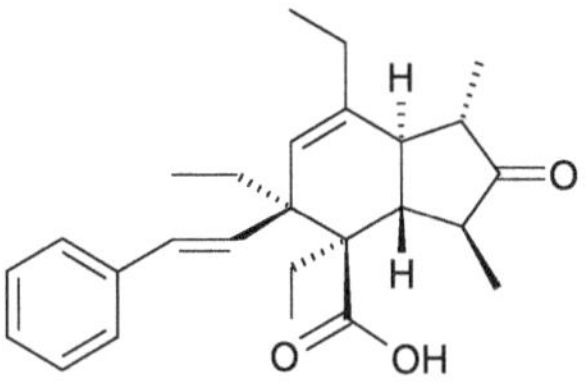

610 Spiculoic acid A 针茅酸 A*

【基本信息】$C_{27}H_{36}O_3$, 油状物, $[\alpha]_D = +110°$ (c = 0.1, 二氯甲烷).【类型】双环聚酮类.【来源】扁板海绵属 *Plakortis angulospiculatus*.【活性】细胞毒 (人乳腺癌 MCF7 细胞, IC_{50} = 8μg/mL).【文献】X.-H. Huang, et al. Org. Lett., 2004, 6, 75.

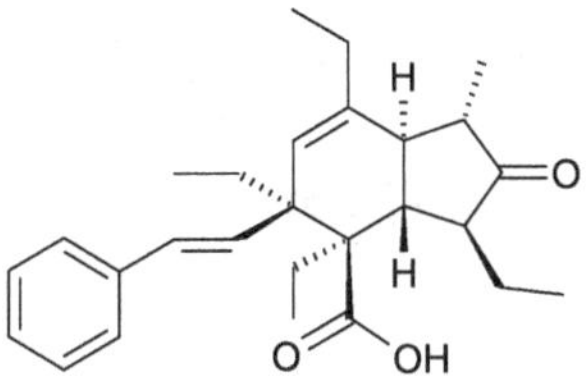

1.35 三环聚酮类

611 Akaeolide 阿卡内酯*

【基本信息】$C_{22}H_{32}O_6$.【类型】三环聚酮类.【来源】海洋导出的链霉菌属 *Streptomyces* sp. (沉积物, 宫崎骏港, 日本).【活性】细胞毒 (3Y1 大鼠成纤维细胞, 适度活性).【文献】Y. Igarashi, et al. Org. Lett., 2013, 15, 5678.

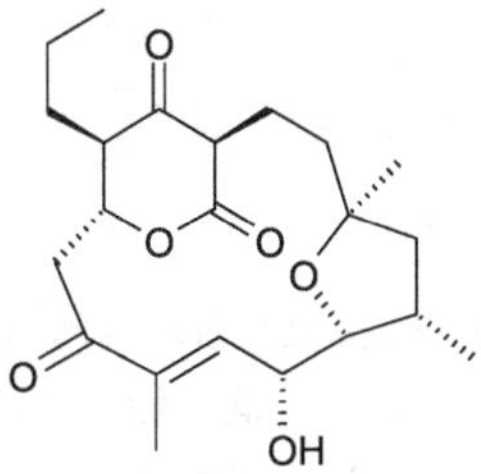

612 Diaporine 间座壳素*

【基本信息】$C_{30}H_{22}O_{14}$.【类型】三环聚酮类.【来源】海洋真菌间座壳属 *Diaporthe* sp. (内生的).【活性】抗肿瘤 (体外细胞和体内动物模型两者, 诱发和巨噬细胞相关的癌细胞从 M2 表型向 M1 表型的转化).【文献】H. C. Wu, et al. Org. Biomol. Chem., 2014, 12, 6545.

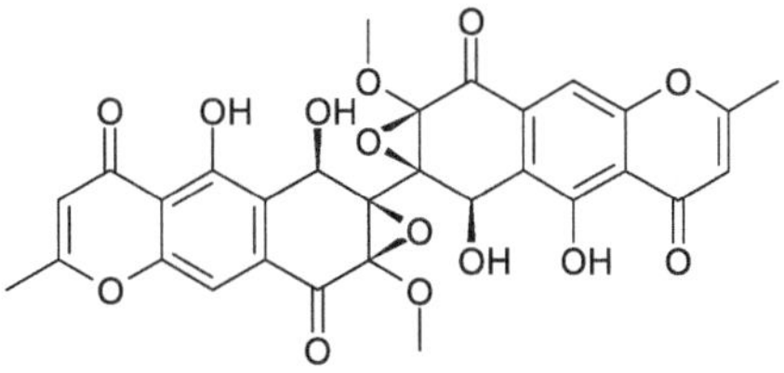

613 Discodermide 圆皮海绵内酰胺*

【基本信息】$C_{27}H_{34}N_2O_6$, mp 200°C (分解), $[\alpha]_D$ = +97.5° (c = 0.2, 氯仿/甲醇).【类型】三环聚酮类.【来源】岩屑海绵圆皮海绵属 *Discodermia dissoluta*.【活性】抗真菌; 细胞毒.【文献】S. P. Gunasekera, et al. JOC, 1991, 56, 4830.

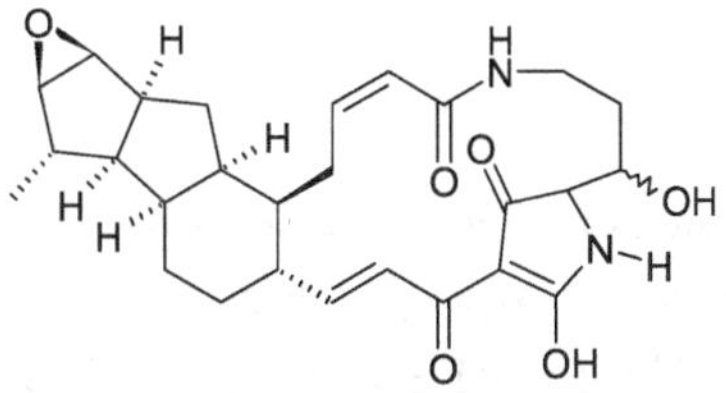

614 Herbarone 圆酵母酮*

【基本信息】$C_{16}H_{20}O_6$, 类白色无定形粉末, $[\alpha]_D^{15}$ = +10° (c = 0.04, 甲醇).【类型】三环聚酮类.【来源】海洋导出的真菌圆酵母 *Torula herbarum* 来自海兔科海兔 *Notarchus leachii* (北部湾, 广西, 中国).【活性】细胞毒 (MG63, LoVo, A549 细胞, IC_{50} > 97.4μmol/L, 对照阿霉素, IC_{50} = 2.7μmol/L).【文献】W.-L. Geng, et al. JNP, 2012, 75, 1828.

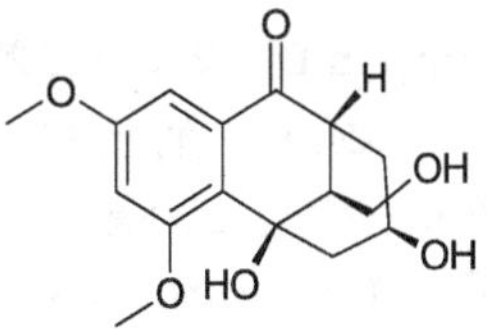

615 Indoxamycin A 艾多萨霉素 A*

【基本信息】$C_{22}H_{30}O_3$, 油状物, $[\alpha]_D = -5.1°$ (c = 0.1, 甲醇).【类型】三环聚酮类.【来源】海洋导出的链霉菌属 *Streptomyces* sp. NPS-643 (沉积物, 高知港, 日本).【活性】细胞毒 (HT29 细胞, IC_{50} = 0.59μmol/L).【文献】S. Sato, et al. JOC, 2009, 74, 5502.

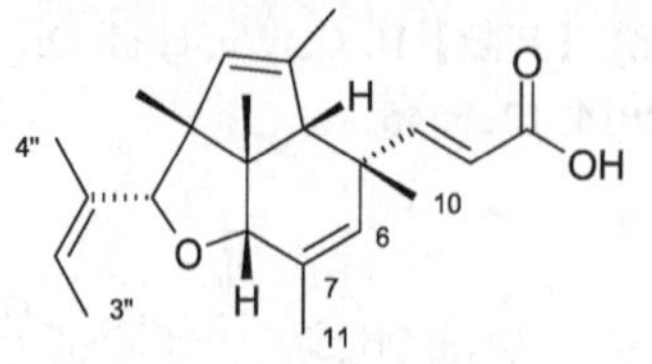

616 Indoxamycin B 艾多萨霉素 B*

【基本信息】$C_{22}H_{30}O_4$, 油状物, alpha]$_D^{20}$= –49.2º (c = 0.1, 甲醇).【类型】三环聚酮类.【来源】海洋导出的链霉菌属 *Streptomyces* sp. NPS-643 (沉积物, 高知港, 日本).【活性】细胞毒 (HT29 细胞, IC_{50} > 3μmol/L).【文献】S. Sato, et al. JOC, 2009, 74, 5502; O. F. Jeker, et al. Angew. Chem., Int. Ed., 2012, 51, 3474 (结构修正).

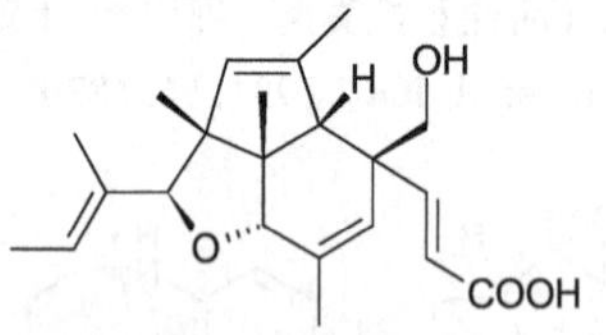

617 Indoxamycin C 艾多萨霉素 C*

【基本信息】$C_{22}H_{30}O_4$, 油状物, $[\alpha]_D$ = –20.5º (c = 0.08, 甲醇).【类型】三环聚酮类.【来源】海洋导出的链霉菌属 *Streptomyces* sp. NPS-643 (沉积物, 高知港, 日本).【活性】细胞毒 (HT29 细胞, IC_{50} > 3μmol/L).【文献】S. Sato, et al. JOC, 2009, 74, 5502.

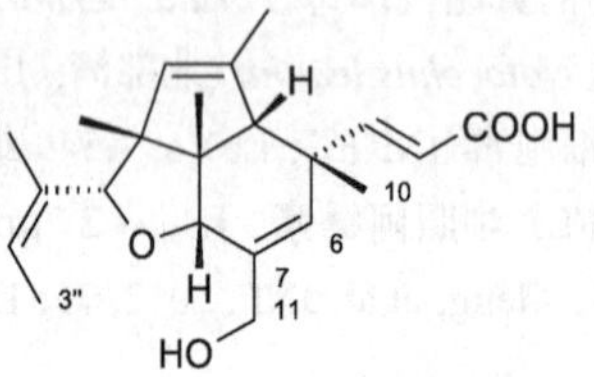

618 Indoxamycin D 艾多萨霉素 D*

【基本信息】$C_{22}H_{30}O_4$, 油状物, $[\alpha]_D$ = –36.9º (c = 0.1, 甲醇).【类型】三环聚酮类.【来源】海洋导出的链霉菌属 *Streptomyces* sp. NPS-643 (沉积物, 高知港, 日本).【活性】细胞毒 (HT29 细胞, IC_{50} > 3μmol/L).【文献】S. Sato, et al. JOC, 2009, 74, 5502.

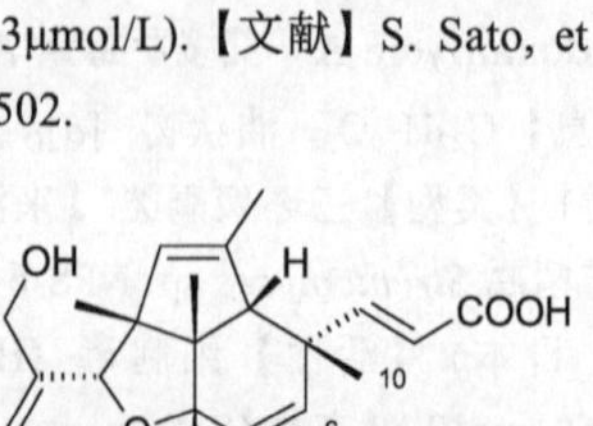

619 Indoxamycin E 艾多萨霉素 E*

【基本信息】$C_{22}H_{30}O_4$, 油状物, $[\alpha]_D$ = –30.6º (c = 0.1, 甲醇).【类型】三环聚酮类.【来源】海洋导出的链霉菌属 *Streptomyces* sp. NPS-643 (沉积物, 高知港, 日本).【活性】细胞毒 (HT29 细胞, IC_{50} > 3μmol/L).【文献】S. Sato, et al. JOC, 2009, 74, 5502.

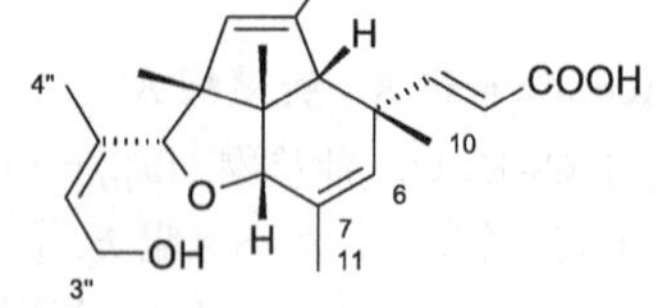

620 Indoxamycin F 艾多萨霉素 F*

【基本信息】$C_{22}H_{30}O_4$, 油状物, $[\alpha]_D$ = –55.8º (c = 0.1, 甲醇).【类型】三环聚酮类.【来源】海洋导出的链霉菌属 *Streptomyces* sp. NPS-643 (沉积物, 高知港, 日本).【活性】细胞毒 (HT29 细胞, IC_{50} = 0.31μmol/L).【文献】S. Sato, et al. JOC, 2009, 74, 5502.

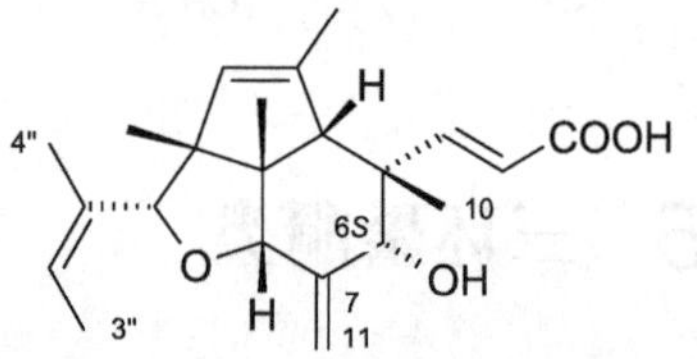

621 23-Norspiculoic acid B 23-去甲针茅酸 B*

【基本信息】$C_{35}H_{32}O_2$, 无定形固体, $[\alpha]_D^{25}$ = –18º (c = 0.23, 二氯甲烷).【类型】三环聚酮类.【来源】扁板海绵属 *Plakortis angulospiculatus*.【活性】抗炎.【文献】S. Ankisetty, et al. JNP, 2010, 73, 1494.

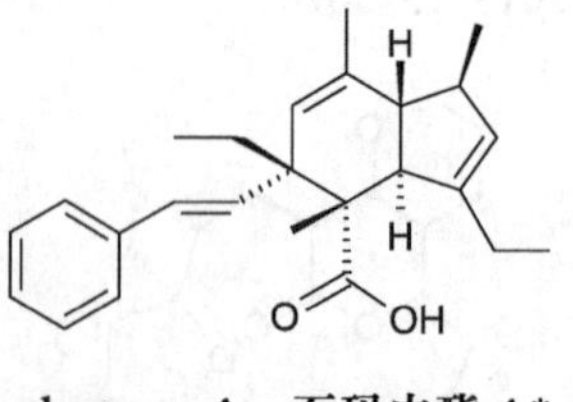

622 Shimalactone A 石玛内酯 A*

【基本信息】$C_{29}H_{40}O_4$, 油状物, $[\alpha]_D^{23}$ = +12º (c = 0.57, 甲醇).【类型】三环聚酮类.【来源】海洋导出的真菌杂色裸壳孢 *Emericella variecolor* GF10 来自沉积物样本 (日本水域).【活性】神经突生成诱导剂 (成神经细胞瘤 neuro2a 细胞, 10μg/mL); 细胞毒 (>10μg/mL).【文献】H. Wei, et al. Tetrahedron, 2005, 61, 8054.

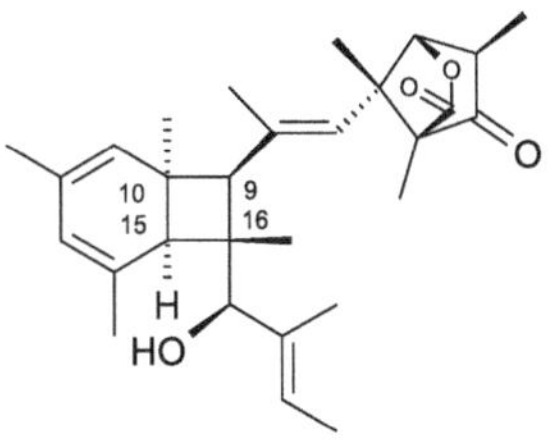

623 **Shimalactone B 石玛内酯 B***

【基本信息】$C_{29}H_{40}O_4$, 油状物, $[\alpha]_D^{23} = -48°$ ($c = 1.5$, 甲醇).【类型】三环聚酮类.【来源】海洋导出的真菌杂色裸壳孢 *Emericella variecolor* GF10 来自沉积物样本 (日本水域).【活性】神经突生成诱导剂 (成神经细胞瘤 neuro2a 细胞, 10μg/mL); 细胞毒 (> 10μg/mL).【文献】H. Wei, et al. Heterocycles, 2006, 68, 111.

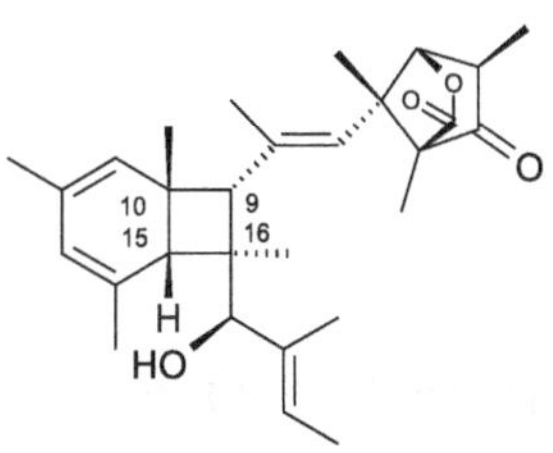

624 **Trichodermaketone A 康氏木霉酮 A***

【基本信息】$C_{16}H_{24}O_5$, 油状物, $[\alpha]_D^{20} = +73°$ ($c = 0.17$, 甲醇).【类型】三环聚酮类.【来源】海洋导出的真菌康氏木霉* *Trichoderma koningii* MF349 (海洋泥浆, 南海).【活性】抗真菌 (白色念珠菌 *Candida albicans* SC5314, 125μg/mL+0.05μg/mL 酮康唑).【文献】F. Song, et al. JNP , 2010, 73, 806.

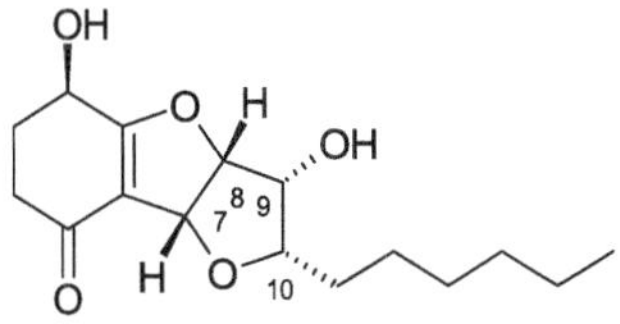

1.36 四及四以上环聚酮类

625 **Portimine 坡特亚胺***

【基本信息】$C_{23}H_{31}NO_5$.【类型】四及四以上环聚酮类.【来源】甲藻多甲藻目 *Vulcanodinium rugosum* (深海底, 北地, 新西兰)【活性】细胞毒 (P_{388}, 有潜力的).【文献】A. I. Selwood, et al. Tetrahedron Lett., 2013, 54, 4705.

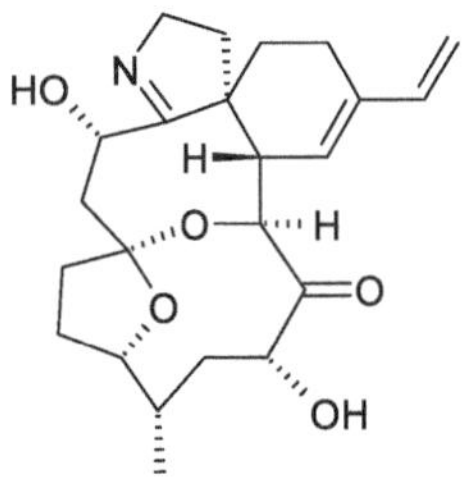

2

甾醇

2.1 孕甾醇类 (C_{21})

626 Astrosterioside C 单棘槭海星甾醇糖苷 C*

【基本信息】$C_{55}H_{88}O_{31}S$.【类型】孕甾醇类.【来源】单棘槭海星 *Astropecten monacanthus* (提取物, 猫吧岛, 海防, 越南).【活性】IL-6 生成抑制剂 (受激的骨髓源性骨树突状细胞, 温和活性).【文献】N. P. Thao, et al. JNP, 2013, 76, 1764.

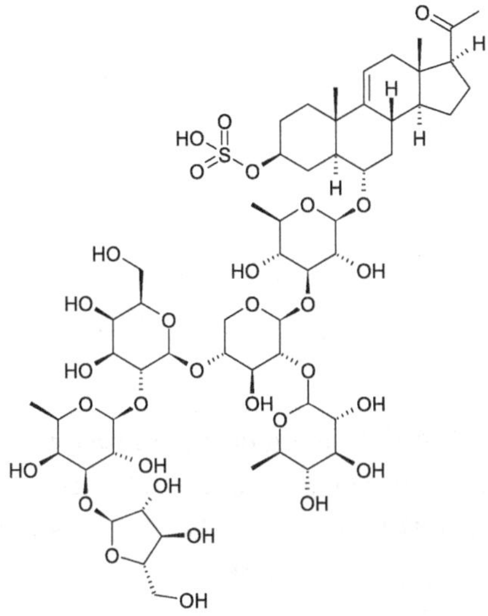

627 3,4-Dihydroxypregna-5,15-diene-20-one-19,2-carbolactone 3,4-二羟基孕甾-5,15-二烯-20-酮-19,2-碳内酯

【基本信息】$C_{21}H_{26}O_5$, $[\alpha]_D = -130°$ (c= 1.5, 氯仿)【类型】孕甾醇类.【来源】石海绵属 *Strongylophora* sp. (夏威夷, 美国).【活性】细胞毒 (KB, MIC = 1μg/mL; LoVo, MIC = 5μg/mL).【文献】J. M. Corgiat, et al. Tetrahedron, 1993, 49, 1557.

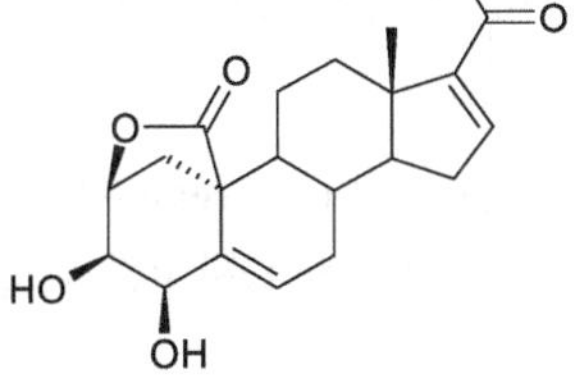

628 3α,16β-Dihydroxy-5α-pregna-1,20-diene-3,16-diacetate 3α,16β-二羟基-5α-孕甾-1,20-二烯-3,16-二乙酸酯

【基本信息】$C_{25}H_{36}O_4$, 油状物, $[\alpha]_D^{21} = +133.0°$ (c = 0.53, 氯仿).【类型】孕甾醇类.【来源】软珊瑚穗软珊瑚科 *Capnella thyrsoidea* (两种变体, 南非).【活性】刺激超氧化物生成 (兔中性粒细胞, 由于细胞裂解提高了超氧化物水平产生细胞毒).【文献】G. J. Hooper, et al. Tetrahedron, 1995, 51, 9973.

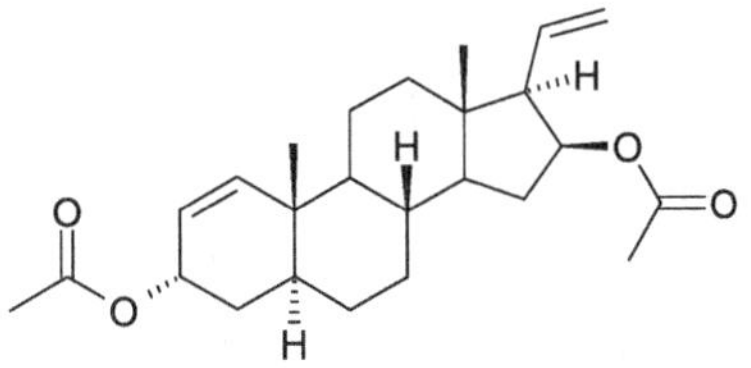

629 Forbeside E₃ 海盘车糖苷 E₃*

【别名】(3*β*,5*α*,6*α*)-3,6-Dihydroxypregn-9(11)-en-20-one 6-*O*-(6-deoxy-*β*-D-glucopyranoside)-3-*O*-sulfate; (3*β*,5*α*,6*α*)-3,6-二羟基孕甾-9(11)-烯-20-酮 6-*O*-(6-去氧-*β*-D-吡喃葡萄糖苷)-3-*O*-硫酸酯.【基本信息】$C_{27}H_{42}O_{10}S$, 粉末 (钠盐), mp 206°C (钠盐), $[\alpha]_D^{28} = -3.5°$ (c = 0.004, 水), $[\alpha]_D = +20.9°$ (c = 0.33, 甲醇).【类型】孕甾醇类.【来源】海星从福氏海盘车 *Asterias forbesi* 和海星日本滑海盘车 *Aphelasterias japonica*.【活性】溶血的.【文献】J. A. Findlay, et al. JNP, 1990, 53, 710; Z.-H. Jiang, et al. Liebigs Ann. Chem., 1993, 1179.

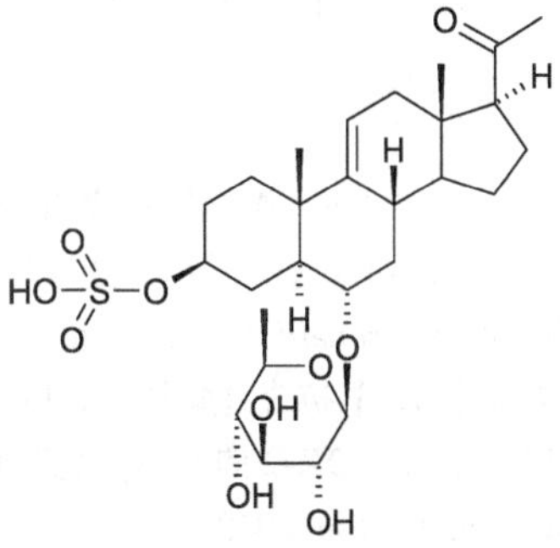

630 16β-Hydroxy-5α-pregna-1,20-dien-3-one-16-acetate 16β-羟基-5α-孕甾-1,20-二烯-3-酮-16-乙酸酯

【基本信息】$C_{23}H_{32}O_3$, 油状物, $[\alpha]_D^{21} = +91°$ (c = 0.58, 氯仿).【类型】孕甾醇类.【来源】软珊瑚穗软珊瑚科 *Capnella thyrsoidea* (两种变体, 南非).【活性】刺激超氧化物生成 (兔中性粒细胞, 由于细胞裂解提高了超氧化物水平产生细胞毒).【文献】G. J. Hooper, et al. Tetrahedron, 1995, 51, 9973.

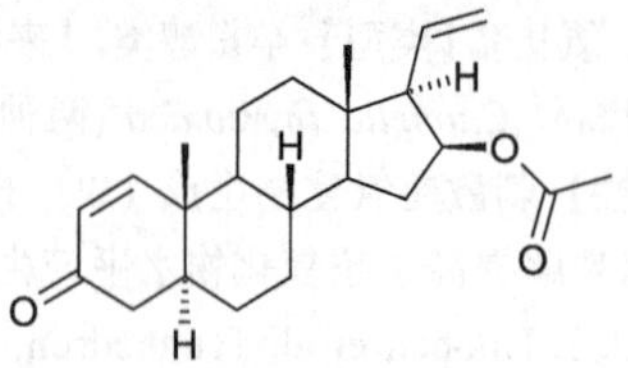

631 Pregnenolone 孕烯醇酮

【别名】3*β*-Hydroxypregn-5-en-20-one; 3*β*-羟基孕甾-5-烯-20-酮.【基本信息】$C_{21}H_{32}O_2$, 无色树胶状物, mp 192~194°C, $[\alpha]_D^{25} = +28.5$ (*c* = 1.00, 乙醇).【类型】孕甾醇类.【来源】淡红蜂海绵* *Haliclona rubens*, 豆荚软珊瑚属 *Lobophytum* sp., 微厚肉芝软珊瑚 *Sarcophyton crassocaule* 和豆荚软珊瑚属 *Lobophytum laevigatum* (庆和省, 越南), 数种植物和动物.【活性】细胞毒 (P_{388}, ED_{50} = 7.8μg/mL; KB, ED_{50} > 50μg/mL; A549, ED_{50} = 8.6μg/mL; HT29, ED_{50} = 0.7μg/mL); 上调 PPARs 的转录 (HepG2, 剂量相关方式).【文献】J. A. Ballantine, et al. Tetrahedron Lett., 1977, 1547; S. R. Ammanamanchi, et al. JNP, 2000, 63, 112; J. H. Sheu, et al. JNP, 2000, 63, 149; T. H. Quang, et al. BoMCL, 2011, 21, 2845.

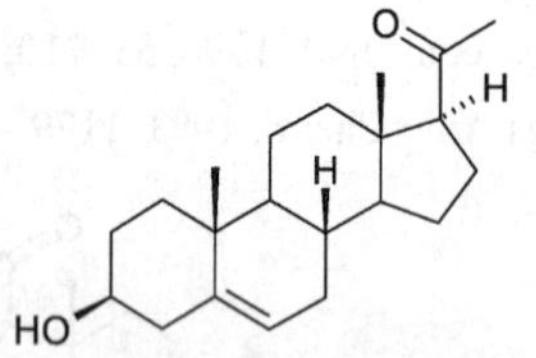

632 Sclerosteroid A 硬棘软珊瑚甾醇 A*

【基本信息】$C_{23}H_{36}O_3$.【类型】孕甾醇类.【来源】硬棘软珊瑚属 *Scleronephthya gracillimum* (绿岛, 台湾, 中国).【活性】抗炎 (抑制受激巨噬细胞中促炎蛋白 iNOS 和 COX-2 的表达).【文献】H.-Y. Fang, et al. Tetrahedron, 2012, 68, 9694.

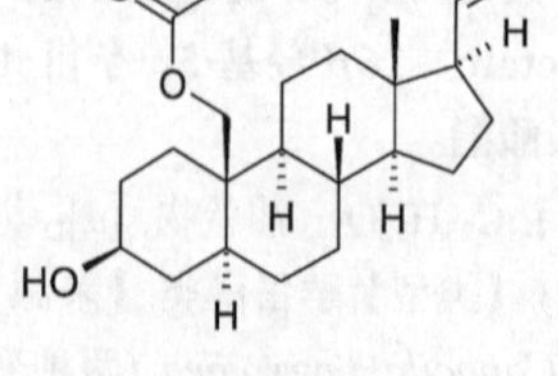

633 Sclerosteroid B 硬棘软珊瑚甾醇 B*

【基本信息】$C_{25}H_{36}O_4$.【类型】孕甾醇类.【来源】硬棘软珊瑚属 *Scleronephthya gracillimum* (绿岛, 台湾, 中国).【活性】抗炎 (抑制受激巨噬细胞中促炎蛋白 iNOS 和 COX-2 的表达).【文献】H.-Y. Fang, et al. Tetrahedron, 2012, 68, 9694.

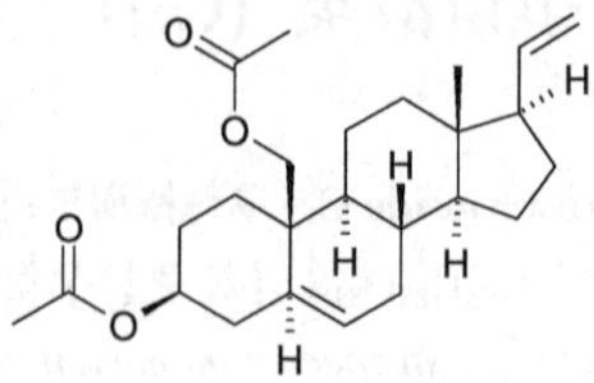

634 Sclerosteroid E 硬棘软珊瑚甾醇 E*

【基本信息】$C_{22}H_{34}O_4$.【类型】孕甾醇类.【来源】硬棘软珊瑚属 *Scleronephthya gracillimum* (绿岛, 台湾, 中国).【活性】抗炎 (抑制受激巨噬细胞中促炎蛋白 iNOS 和 COX-2 的表达).【文献】H.-Y. Fang, et al. Tetrahedron, 2012, 68, 9694.

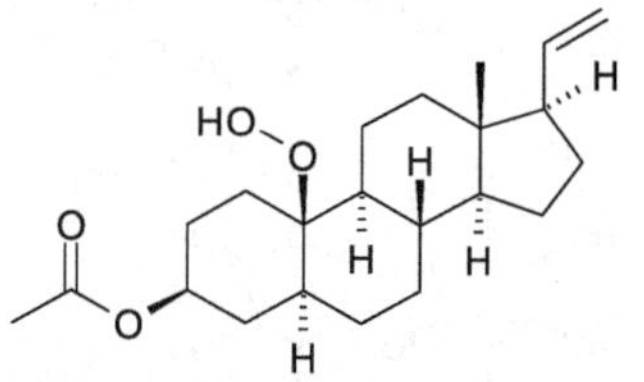

635 3-(4-*O*-Acetyl-6-deoxy-*β*-galactopyranosyloxy)-19-norpregna-1,3,5(10),20-tetraene 3-(4-*O*-乙酰基-6-去氧-*β*-吡喃半乳糖基氧)-19-去甲孕甾-1,3,5(10),20-四烯

【基本信息】$C_{28}H_{38}O_6$, $[\alpha]_D^{22} = -96.5°$ (*c* = 0.055, 二氯甲烷).【类型】19-去甲孕甾醇类.【来源】海鸡冠属软珊瑚 *Alcyonium gracillimum* (日本水域).【活性】抗污剂 (纹藤壶 *Balanus amphitrite* 介虫幼虫, LD_{100} = 100μg/mL).【文献】Y. Tomono, et al. JNP, 1999, 62, 1538.

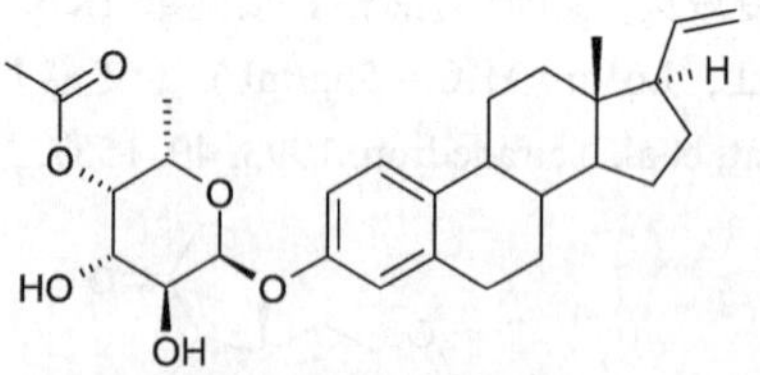

636 3-Methoxy-19-norpregna-1,3,5(10),20-tetraene 3-甲氧基-19-去甲孕甾-1,3,5(10),20-四烯

【基本信息】$C_{21}H_{28}O$, $[\alpha]_D^{22} = +19.9°$ (*c* = 0.2).【类型】19-去甲孕甾醇类.【来源】海鸡冠属软珊瑚 *Alcyonium gracillimum* (日本水域).【活性】抗污剂 (纹藤壶 *Balanus amphitrite* 介虫幼虫, LD_{100} =

100μg/mL).【文献】Y. Tomono, et al. JNP, 1999, 62, 1538.

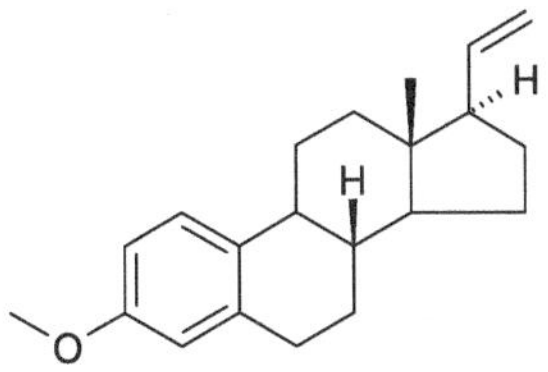

637 19-Norpregna-1,3,5(10),20-tetraen-3-*O*-*α*-D-fucopyranoside 19-去甲孕甾-1,3,5(10),20-四烯-3-*O*-*α*-D-吡喃岩藻糖苷

【基本信息】$C_{26}H_{36}O_5$, 无定形固体, $[\alpha]_D^{25} = +47°$ ($c = 0.26$, 甲醇).【类型】19-去甲孕甾醇类.【来源】硬棘软珊瑚属 *Scleronephthya pallida* (泰国).【活性】抗疟疾 (抑制恶性疟原虫 *Plasmodium falciparum* 生长, $EC_{50} = 1.5μg/mL$); 细胞毒 (乳腺癌细胞株 BCA-1, $ED_{50} = 10μg/mL$).【文献】P. Kittakoop, et al. JNP, 1999, 62, 318.

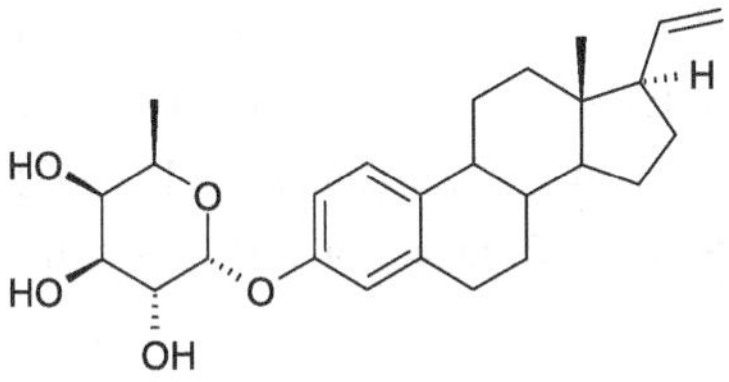

2.2 胆固醇-24-酸类甾醇

638 (20*S*,22*E*)-3-Oxochola-1,4,22-trien-24-oic acid methyl ester (20*S*,22*E*)-3-氧代胆固醇-1,4,22-三烯-24-酸甲酯

【基本信息】$C_{25}H_{34}O_3$, $[\alpha]_D^{22} = +53.6°$ ($c = 0.28$, 二氯甲烷).【类型】胆固醇-24-酸类甾醇.【来源】海鸡冠属软珊瑚 *Alcyonium gracillimum* 和软珊瑚穗软珊瑚科* *Dendronephthya* sp. (日本水域).【活性】抗污剂 (纹藤壶 *Balanus amphitrite* 介虫幼虫, $LD_{100} = 100μg/mL$).【文献】Y. Tomono, et al. JNP, 1999, 62, 1538.

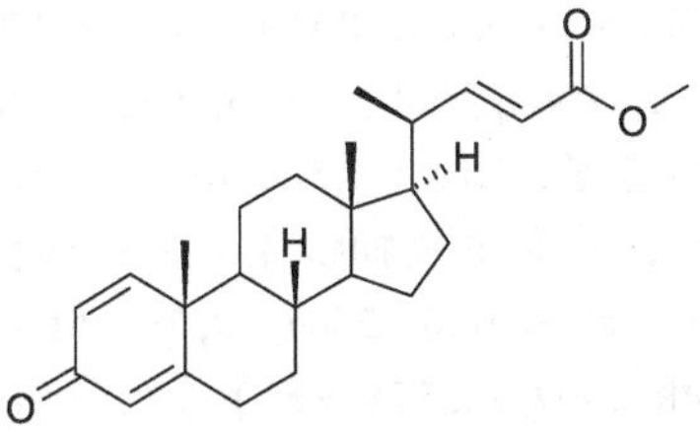

639 3-Oxochol-4-en-24-oic acid 3-氧代胆固醇-4-烯-24-酸

【基本信息】$C_{24}H_{36}O_3$, 晶体 (乙醇) 或白色固体, mp 185~187.5°C, $[\alpha]_D^{20} = +46.7°$ ($c = 0.30$, 乙醇).【类型】胆固醇-24-酸类甾醇.【来源】软珊瑚科 Alcyoniidae 软珊瑚* *Eleutherobia* sp., Deltocyathidae 科石珊瑚 *Deltocyathus magnificus*, 软体动物裸鳃目海牛亚目血红猪笼草锦叶亚种 *Aldisa sanguinea* subsp. *cooperi*.【活性】鱼毒; 拒食活性 (喂食甾族化合物抑制剂).【文献】S. W. Ayer, et al. Tetrahedron Lett., 1982, 23, 1039; A. Guerriero, et al. Helv. Chim. Acta, 1996, 79, 982; S. C. Lievens, et al. JNP, 2004, 67, 2130.

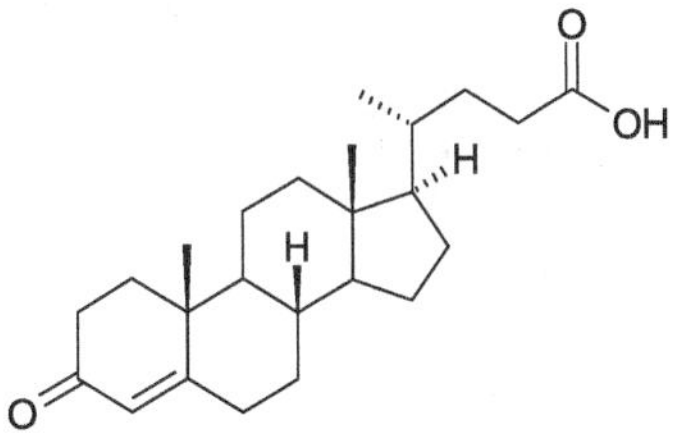

640 Solomonsterol A 所罗门甾醇 A*

【基本信息】$C_{24}H_{42}O_{12}S_3$.【类型】胆固醇-24-酸类甾醇.【来源】岩屑海绵斯氏蒂壳海绵* *Theonella swinhoei* (所罗门群岛).【活性】PXR 激动剂 (有潜力的).【文献】C. Festa, et al. JMC, 2011, 54, 401; R. Teta, et al. Mar. Drugs, 2012, 10, 1383.

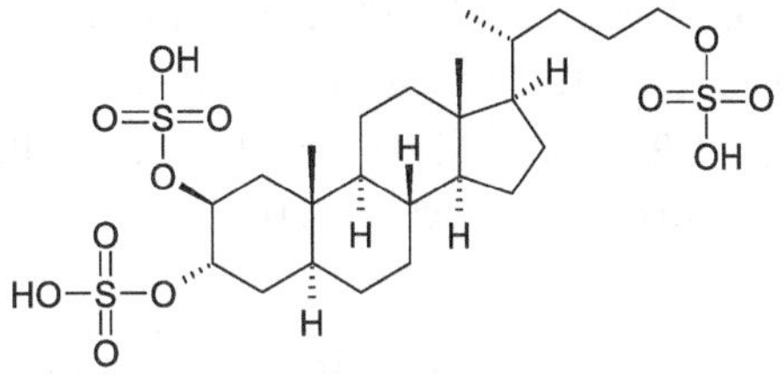

641 Solomonsterol B 所罗门甾醇 B*

【基本信息】$C_{23}H_{40}O_{12}S_3$.【类型】胆固醇-24-酸类甾醇.【来源】岩屑海绵斯氏蒂壳海绵* *Theonella swinhoei* (所罗门群岛).【活性】PXR 激动剂 (有潜力的).【文献】C. Festa, et al. JMC, 2011, 54, 401; R. Teta, et al. Mar. Drugs, 2012, 10, 1383.

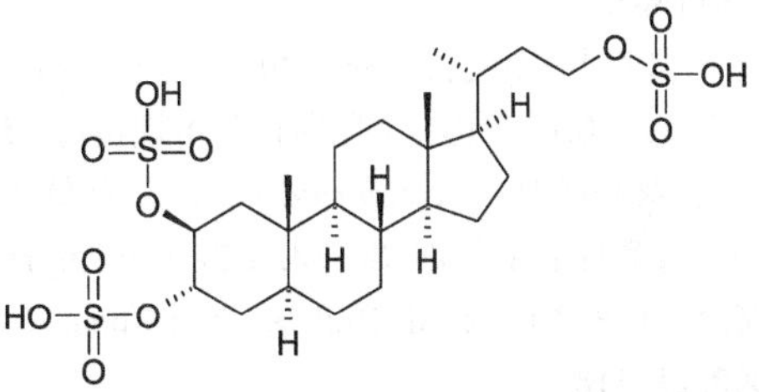

2.3 胆甾烷甾醇 (C_{27})

642 *Acalycigorgia inermis* sterol A 全裸柳珊瑚甾醇 A

【基本信息】$C_{29}H_{46}O_5$, 无定形固体, mp 183~185°C, $[\alpha]_D^{25} = -28.3°$ ($c = 0.1$, 甲醇).【类型】胆甾烷甾醇.【来源】全裸柳珊瑚 *Acalycigorgia inermis* (朝鲜半岛水域).【活性】细胞毒 (K562, $LC_{50} = 1.1\mu g/mL$).【文献】J.-R. Rho, et al. Bull. Korean Chem. Soc., 2000, 21, 518.

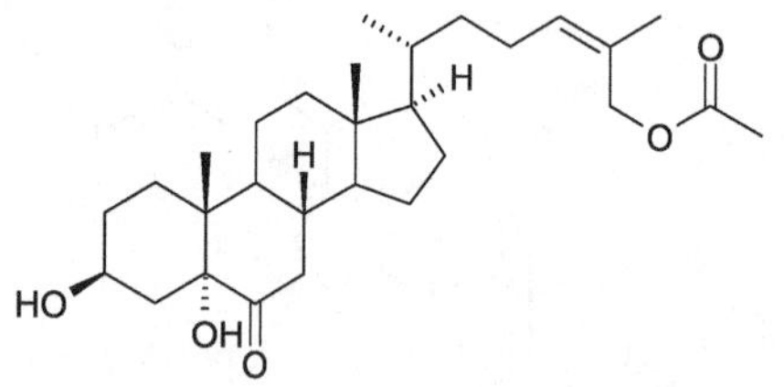

643 *Acalycigorgia inermis* sterol B 全裸柳珊瑚甾醇 B

【别名】($3\beta,5\alpha,25\xi$)-3,5-Dihydroxy-26-acetoxy-cholestan-6-one; ($3\beta,5\alpha,25\xi$)-3,5-二羟基-26-乙酰氧基-胆甾烷-6-酮.【基本信息】$C_{29}H_{48}O_5$, 无定形固体, $[\alpha]_D^{25} = -6.1°$ ($c = 0.4$, 甲醇).【类型】胆甾烷甾醇.【来源】全裸柳珊瑚 *Acalycigorgia inermis* (朝鲜半岛水域).【活性】细胞毒 (K562, $LC_{50} = 0.9\mu g/mL$).【文献】J.-R. Rho, et al. Bull. Korean Chem. Soc., 2000, 21, 518.

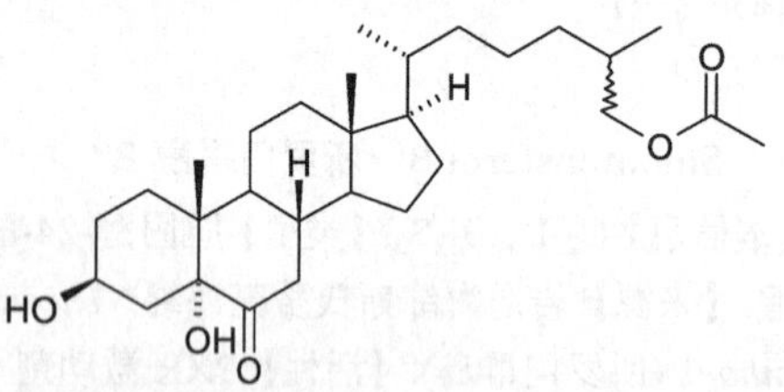

644 *Acalycigorgia inermis* sterol C 全裸柳珊瑚甾醇 C

【基本信息】$C_{28}H_{46}O_5$, mp 202~205°C, $[\alpha]_D^{25} = -28.3°$ ($c = 0.1$, 甲醇).【类型】胆甾烷甾醇.【来源】全裸柳珊瑚 *Acalycigorgia inermis* (朝鲜半岛水域).【活性】细胞毒 (K562, $LC_{50} = 9.7\mu g/mL$).【文献】J.-R. Rho, et al. Bull. Korean Chem. Soc., 2000, 21, 518.

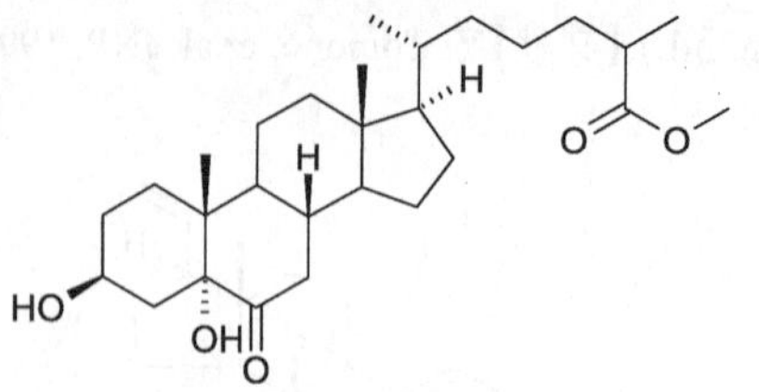

645 Acanthifolioside C 加勒比海绵糖苷 C*

【基本信息】$C_{32}H_{52}O_7$, 白色无定形固体, $[\alpha]_D^{20} = -25.0°$ ($c = 0.14$, 甲醇).【类型】胆甾烷甾醇.【来源】Microcionidae 科海绵 *Pandaros acanthifolium* [马提尼克岛 (法属), 加勒比海].【活性】细胞毒 (L-6, $IC_{50} = 31.9\mu mol/L$, 对照鬼臼毒素, $IC_{50} = 0.012\mu mol/L$); 抗原生动物 (布氏锥虫 *Trypanosoma brucei rhodesiense*, $IC_{50} = 32.3\mu mol/L$, 对照美拉申醇, $IC_{50} = 0.010\mu mol/L$; 克氏锥虫 *Trypanosoma cruzi*, $IC_{50} = 30.6\mu mol/L$, 对照苄硝唑, $IC_{50} = 2.64\mu mol/L$; 杜氏利什曼原虫 *Leishmania donovani*, $IC_{50} = 7.5\mu mol/L$, 对照米替福新, $IC_{50} = 0.51\mu mol/L$; 恶性疟原虫 *Plasmodium falciparum*, $IC_{50} = 8.8\mu mol/L$, 对照氯喹, $IC_{50} = 0.20\mu mol/L$).【文献】E. L. Regalado, et al. Tetrahedron, 2011, 67, 1011.

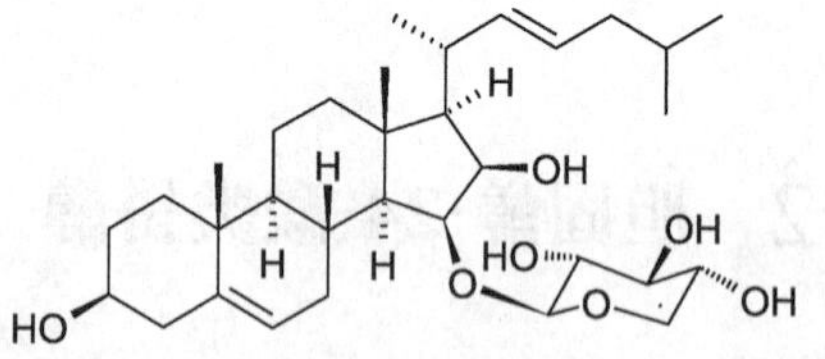

646 12*β*-Acetoxycholest-4-ene-3,24-dione 12*β*-乙酰氧基胆甾-4-烯-3,24-二酮

【基本信息】$C_{29}H_{44}O_4$, 无定形粉末, $[\alpha]_D^{25} = +68.7°$ ($c = 0.1$, 氯仿).【类型】胆甾烷甾醇.【来源】Primnoidae 科柳珊瑚 *Dasystenella acanthina* (嗜冷生物, 冷水域, 南极地区).【活性】细胞毒 (DU145, $GI_{50} = 4.2\mu g/mL$; LNCaP, $GI_{50} = 1.6\mu g/mL$; IGROV, $GI_{50} = 4.4\mu g/mL$; SKBR3, $GI_{50} = 3.5\mu g/mL$; SK-MEL-28, $GI_{50} = 3.6\mu g/mL$; A549, $GI_{50} = 4.9\mu g/mL$; K562, $GI_{50} = 1.6\mu g/mL$; PANC1, $GI_{50} = 3.3\mu g/mL$; HT29, $GI_{50} = 4.3\mu g/mL$; LoVo, $GI_{50} = 2.0\mu g/mL$; LoVo-阿霉素, $GI_{50} = 1.5\mu g/mL$; HeLa, $GI_{50} = 3.4\mu g/mL$; 细胞生长抑制剂).【文献】G. G. Mellado, et al. Steroids, 2004, 69, 291; M. D. Lebar, et al. NPR, 2007, 24, 774 (Rev.).

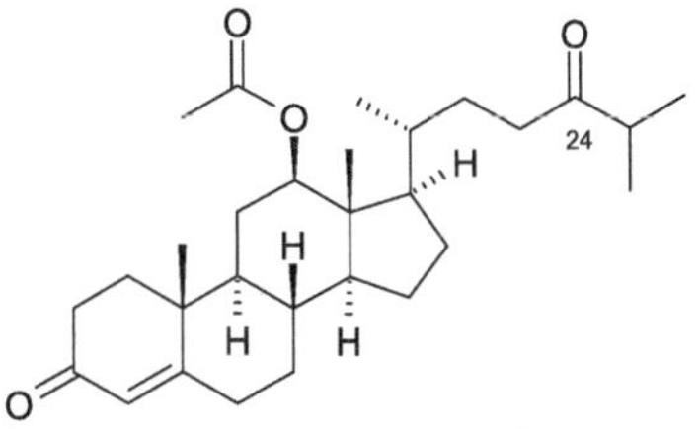

647 3α-Acetoxy-25-hydroxycholest-4-en-6-one 3α-乙酰氧基-25-羟基胆甾-4-烯-6-酮

【基本信息】$C_{29}H_{46}O_4$，无定形粉末，$[\alpha]_D^{25}$ = +76.5° (c = 0.06，氯仿).【类型】胆甾烷甾醇.【来源】Primnoidae 科柳珊瑚 *Dasystenella acanthina* (嗜冷生物，冷水域，南极地区).【活性】细胞毒 (DU145，GI_{50} = 2.6μg/mL; LNCaP，GI_{50} = 1.6μg/mL; IGROV，GI_{50} = 2.1μg/mL; SKBR3，GI_{50} = 3.0μg/mL; SK-MEL-28，GI_{50} = 1.5μg/mL; A549，GI_{50} = 3.8μg/mL; K562，GI_{50} = 1.4μg/mL; PANC1，GI_{50} = 2.1μg/mL; HT29，GI_{50} = 2.2μg/mL; LoVo，GI_{50} = 2.1μg/mL; LoVo-阿霉素，GI_{50} = 2.9μg/mL; HeLa，GI_{50} = 2.6μg/mL; 细胞生长抑制剂).【文献】G. G. Mellado, et al. Steroids, 2004, 69, 291; M. D. Lebar, et al. NPR, 2007, 24, 774 (Rev.).

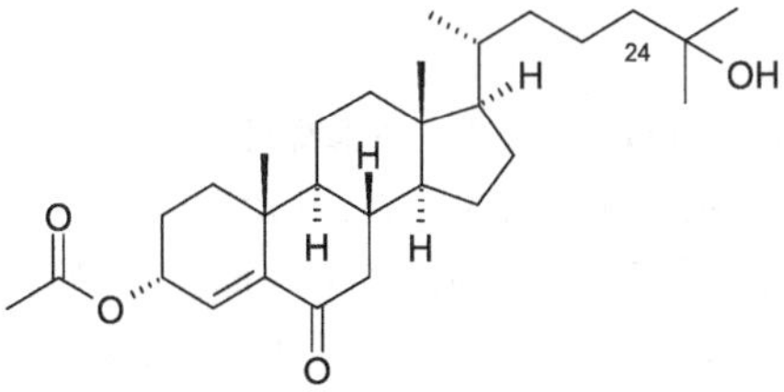

648 2-O-Acetylpinnasterol 2-O-乙酰基羽状凹顶藻甾醇*

【基本信息】$C_{29}H_{44}O_6$，晶体，mp 105~107°C，$[\alpha]_D$= +64° (甲醇).【类型】胆甾烷甾醇.【来源】红藻羽状凹顶藻* *Laurencia pinnata.*【活性】蜕皮激素.【文献】A. Fukuzawa, et al. Tetrahedron Lett., 1981, 22, 4085.

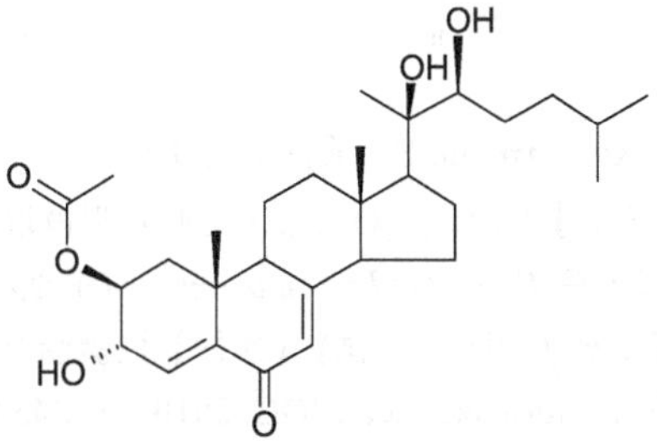

649 Agosterol A 角骨海绵甾醇 A*

【别名】(3β,4β,5α,6α,11α,22R)-Cholest-7-ene-3,4,6-triacetoxy-11,22-diol; (3β,4β,5α,6α,11α,22R)-胆甾-7-烯-3,4,6-三乙酰氧基-11,22-二醇.【基本信息】$C_{33}H_{52}O_8$，无定形固体，$[\alpha]_D$ = +27.3° (c = 0.1，甲醇).【类型】胆甾烷甾醇.【来源】角骨海绵属 *Spongia* sp. (日本水域).【活性】逆转对多种药物的抗性 (3μg/mL: KB-C2，InRt = 88%±3%; KB-CV60，InRt = 80%±2%; KB-3-1，InRt = 5%±4%).【文献】S. Aoki, et al. Tetrahedron Lett., 1998, 39, 6303; S. Aoki, et al. Tetrahedron, 1999, 55, 13965; N. Murakami, et al. Chem. Eur. J., 2001, 7, 2663.

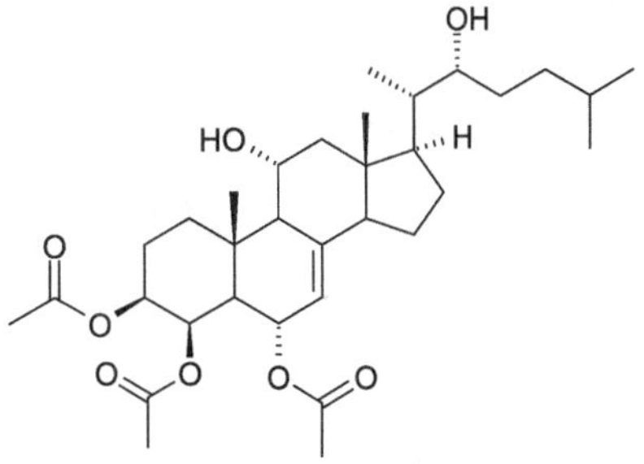

650 Agosterol B 角骨海绵甾醇 B*

【基本信息】$C_{31}H_{50}O_7$，$[\alpha]_D$ = −5.5° (c = 0.1，氯仿).【类型】胆甾烷甾醇.【来源】角骨海绵属 *Spongia* sp. (日本水域).【活性】逆转对多种药物的抗性 (3μg/mL: KB-C2，InRt = 38%±10%; KB-CV60，InRt = 77%±4%; KB-3-1，InRt = 8%±5%).【文献】S. Aoki, et al. Tetrahedron, 1999, 55, 13965.

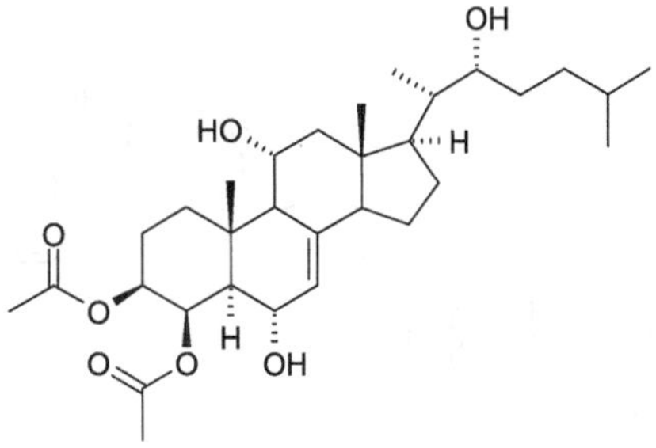

651 Agosterol C 角骨海绵甾醇 C*

【基本信息】$C_{31}H_{50}O_6$，$[\alpha]_D$ = +49.5° (c = 0.7，氯仿).【类型】胆甾烷甾醇.【来源】角骨海绵属 *Spongia* sp. (日本水域).【活性】逆转对多种药物的抗性 (10μg/mL: KB-C2，InRt = 12%±11%; KB-CV60，InRt = 8%±2%; KB-3-1，InRt = 11%±6%).【文献】S. Aoki, et al. Tetrahedron, 1999, 55, 13965.

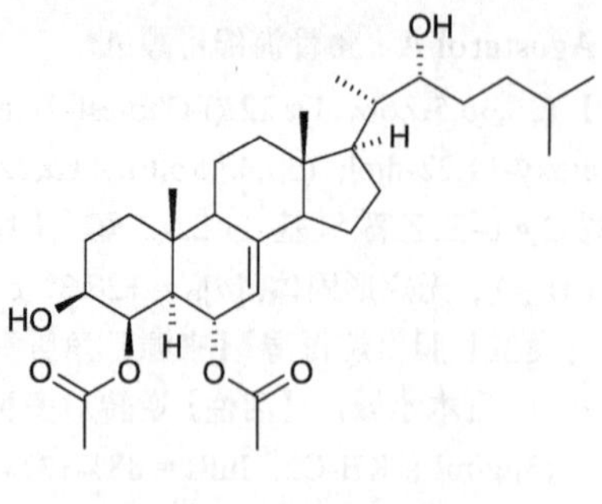

652 Agosterol D₂ 角骨海绵甾醇 D₂*

【基本信息】$C_{33}H_{52}O_8$, $[\alpha]_D = +28.0°$ ($c = 0.2$, 氯仿).【类型】胆甾烷甾醇.【来源】角骨海绵属 *Spongia* sp. (日本水域).【活性】逆转对多种药物的抗性 (10μg/mL: KB-C2, InRt = 86%±3%; KB-CV60, InRt = 73%±3%; KB-3-1, InRt = 29%±9%).【文献】S. Aoki, et al. Tetrahedron, 1999, 55, 13965.

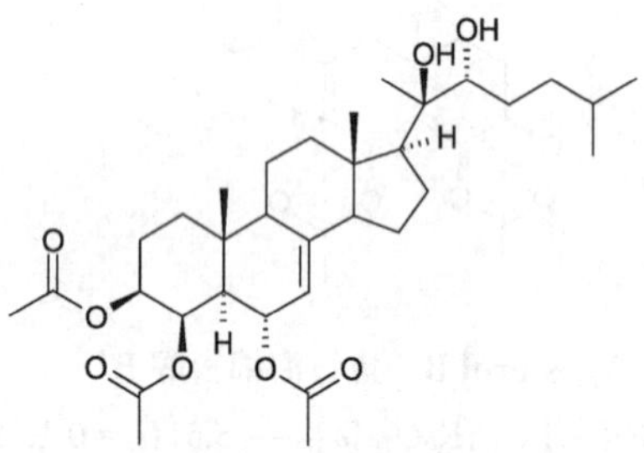

653 Amaranzole B 雏海绵唑 B*

【基本信息】$C_{37}H_{52}N_2O_{15}S_3$.【类型】胆甾烷甾醇.【来源】雏海绵属 *Phorbas amaranthus* (干礁石, 基拉戈岛, 佛罗里达, 美国).【活性】拒食活性.【文献】B. I. Morinaka, et al. JOC, 2010, 75, 2453.

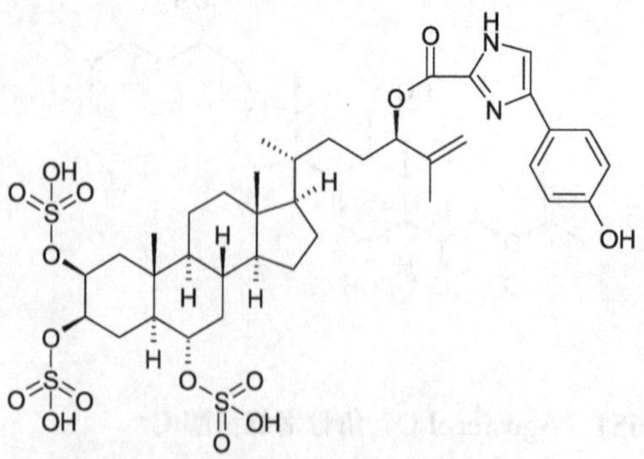

654 Amaranzole C 雏海绵唑 C*

【基本信息】$C_{36}H_{50}N_2O_{13}S_3$.【类型】胆甾烷甾醇.【来源】雏海绵属 *Phorbas amaranthus* (干礁石, 基拉戈岛, 佛罗里达, 美国).【活性】拒食活性.【文献】B. I. Morinaka, et al. JOC, 2010, 75, 2453.

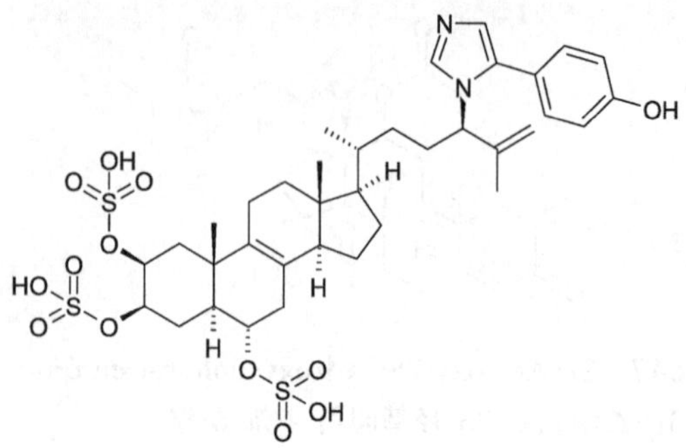

655 Amaranzole D 雏海绵唑 D*

【基本信息】$C_{36}H_{50}N_2O_{13}S_3$.【类型】胆甾烷甾醇.【来源】雏海绵属 *Phorbas amaranthus* (干礁石, 基拉戈岛, 佛罗里达, 美国).【活性】拒食活性.【文献】B. I. Morinaka, et al. JOC, 2010, 75, 2453.

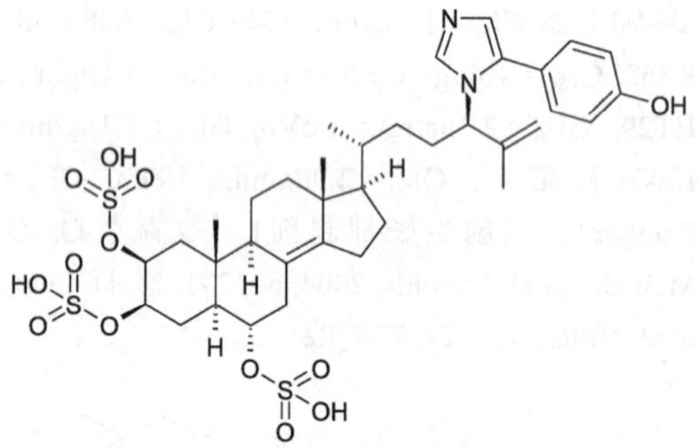

656 Amaranzole E 雏海绵唑 E*

【基本信息】$C_{37}H_{50}N_2O_{15}S_3$.【类型】胆甾烷甾醇.【来源】雏海绵属 *Phorbas amaranthus* (干礁石, 基拉戈岛, 佛罗里达, 美国).【活性】拒食活性.【文献】B. I. Morinaka, et al. JOC, 2010, 75, 2453.

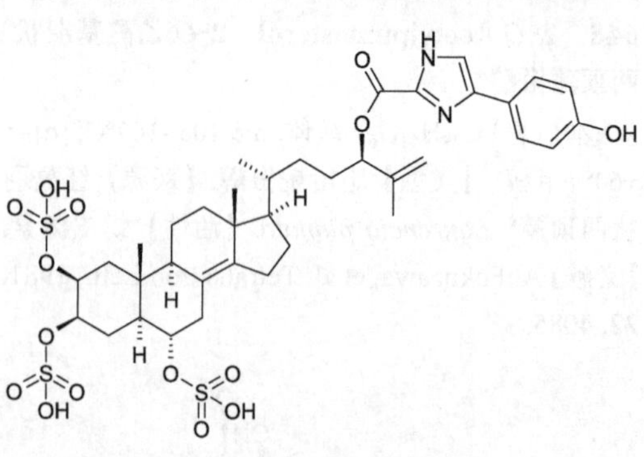

657 Amaranzole F 雏海绵唑 F*

【基本信息】$C_{37}H_{50}N_2O_{15}S_3$.【类型】胆甾烷甾醇.【来源】雏海绵属 *Phorbas amaranthus* (干礁石, 基拉戈岛, 佛罗里达, 美国).【活性】拒食活性.【文献】B. I. Morinaka, et al. JOC, 2010, 75, 2453.

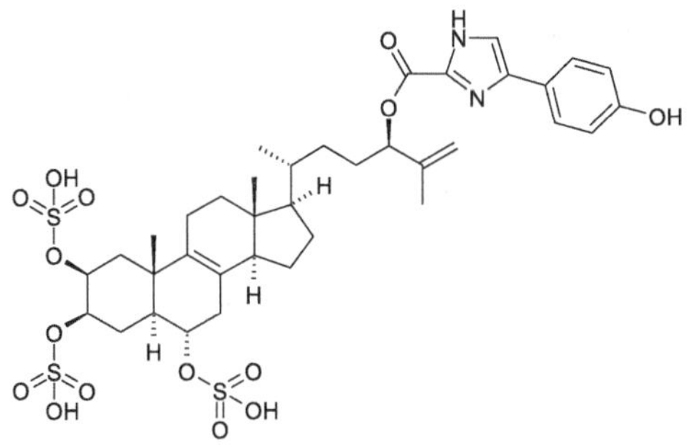

658 **Amurensoside A 多棘海盘车糖苷 A***

【别名】(3β,5α,6α,15α,24*S*)-Cholestane-3,6,15,24-tetrol 24-*O*-β-D-xylopyranoside 15-*O*-sulfate; (3β,5α,6α,15α,24*S*)-胆甾烷-3,6,15,24-四醇 24-*O*-β-D-吡喃木糖苷 15-*O*-硫酸酯.【基本信息】$C_{32}H_{56}O_{11}S$, $[\alpha]_D$ = +16.7° (甲醇).【类型】胆甾烷甾醇.【来源】海星多棘海盘车* *Asterias amurensis* 和海星兰氏海盘车* *Asterias rathbuni*.【活性】细胞生长抑制剂 (细胞分裂抑制剂, 受精海胆卵, IC_{100} = 1.9×10^{-4}mol/L).【文献】R. Riccio, et al. JCS Perkin Trans. Ⅰ, 1988, 1337; N. V. Ivanchina, et al. JNP, 2001, 64, 945.

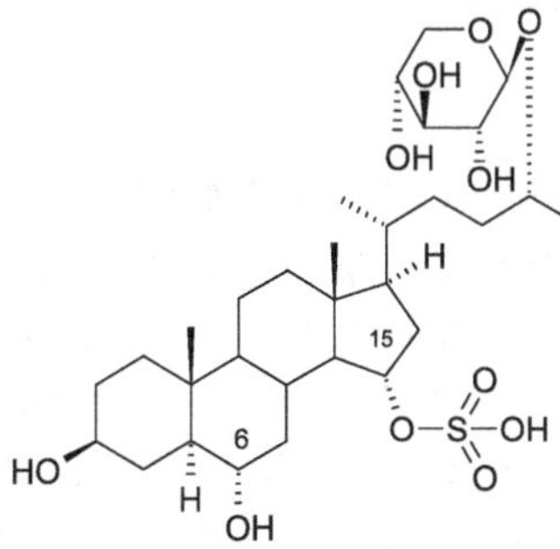

659 **Anastomosacetal A 真丛柳珊瑚胆甾醛 A***

【别名】(17α,20*R*,21*R*,24*R*)-21,24-Epoxy-17,21-dihydroxycholest-1,4-dien-3-one; (17α,20*R*,21*R*,24*R*)-21,24-环氧-17,21-二羟基胆甾-1,4-二烯-3-酮.【基本信息】$C_{27}H_{40}O_4$, 固体, mp 134~136°C, $[\alpha]_D^{25}$ = +22.3° (*c* = 0.4, 甲醇).【类型】胆甾烷甾醇.【来源】真丛柳珊瑚属 *Euplexaura anastomosans*.【活性】细胞毒 (P_{388}, 真丛柳珊瑚属 *Euplexaura anastomosans* 提取物, LC_{50} = 73.3μg/mL, 化合物无活性).【文献】Y. Seo, et al. JNP, 1996, 59, 1196.

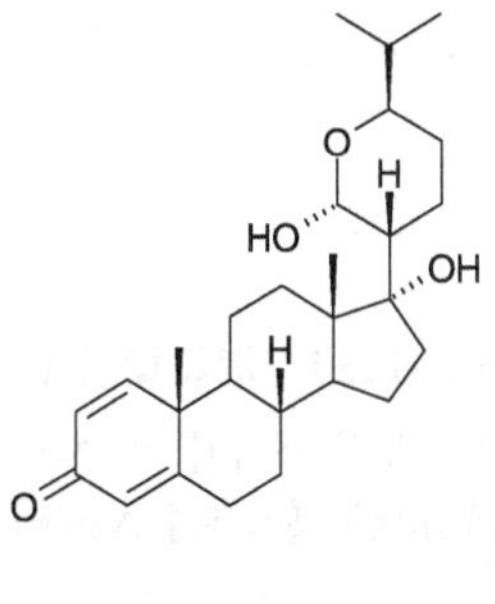

660 **Archasteroside B 飞白枫海星糖苷 B***

【别名】(3β,5α,6α,16β,20*S*)-Cholest-9(11)-ene-3,6,16,20-tetrol 6-*O*-[6-deoxy-β-D-galactopyranosyl-(1→2)-6-deoxy-β-D-glucopyranosyl-(1→4)-[6-deoxy-β-D-glucopyranosyl-(1→2)]-6-deoxy-β-D-glucopyranosyl-(1→3)-6-deoxy-β-D-glucopyranoside] 3-Sulfate; (3β,5α,6α,16β,20*S*)-胆甾-9(11)-烯-3,6,16,20-四醇 6-*O*-[6-去氧-β-D-吡喃半乳糖基-(1→2)-6-去氧-β-D-吡喃葡萄糖基-(1→4)-[6-去氧-β-D-吡喃葡萄糖基-(1→2)]-6-去氧-β-D-吡喃葡萄糖基-(1→3)-6-去氧-β-D-吡喃葡萄糖苷] 3-硫酸酯.【基本信息】$C_{57}H_{96}O_{27}S$, 无定形粉末, $[\alpha]_D^{20}$ = +9.8° (*c* = 0.3, 甲醇).【类型】胆甾烷甾醇.【来源】飞白枫海星 *Archaster typicus* (广宁省, 越南).【活性】细胞毒 (HeLa, IC_{50} = 14μmol/L; JB6 P^+CI41, IC_{50} = 18μmol/L).【文献】A. A. Kicha, et al. BoMCL, 2010, 20, 3826.

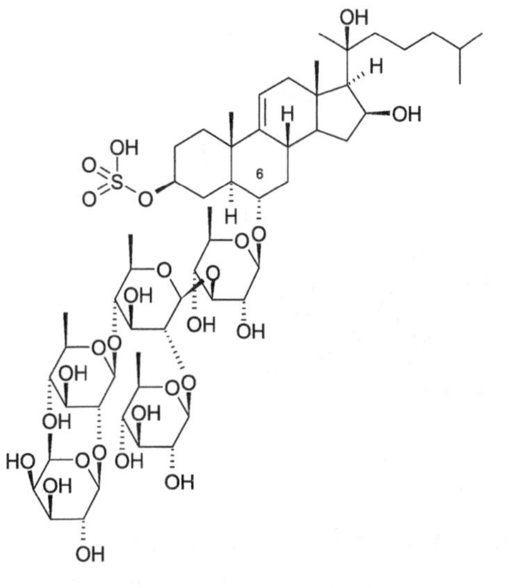

661 **Asteriidoside A 海星糖苷 A***

【基本信息】$C_{63}H_{104}O_{33}S$, $[\alpha]_D$ = +5.9° (*c* = 1, 甲醇).【类型】胆甾烷甾醇.【来源】Asteriidae 海盘车科海星.【活性】细胞毒 (NSCLC-L16, IC_{50} > 30μg/mL).【文献】S. De Marino, et al. JNP, 1998, 61, 1319.

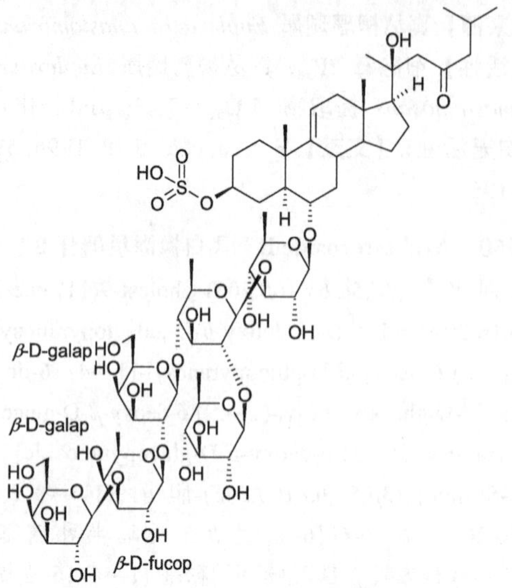

662　Asteriidoside C　海星糖苷 C*

【基本信息】$C_{62}H_{102}O_{31}S$, $[\alpha]_D = +10.7°$ ($c = 1$, 甲醇).【类型】胆甾烷甾醇.【来源】Asteriidae 海盘车科海星.【活性】细胞毒 (NSCLC-L16, $IC_{50} = 19.7\mu g/mL$).【文献】S. De Marino, et al. JNP, 1998, 61, 1319.

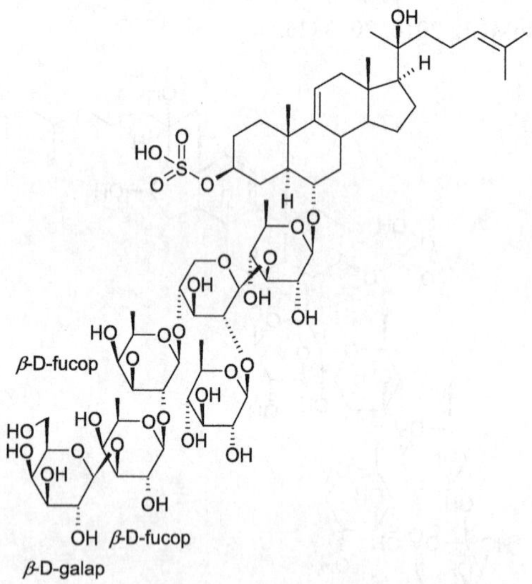

663　Asteriidoside E　海星糖苷 E*

【别名】($3\beta,5\alpha,6\alpha,20S$)-Cholest-9(11),24-diene-3,6,20-triol 6-*O*-[β-D-galactopyranosyl-(1→3)-β-D-arabinopyranosyl-(1→2)-β-D-fucopyranosyl-(1→4)-[6-deoxy-β-D-glucopyranosyl-(1→2)]-β-D-xylopyranosyl-(1→3)-6-deoxy-β-D-glucopyranoside] 3-*O*-sulfate; ($3\beta,5\alpha,6\alpha,20S$)-胆甾-9(11),24-二烯-3,6,20-三醇 6-*O*-[β-D-吡喃半乳糖基-(1→3)-β-D-吡喃阿拉伯糖基-(1→2)-β-D-吡喃岩藻糖基-(1→4)-[6-去氧-β-D-吡喃葡萄糖基-(1→2)]-β-D-吡喃木糖基-(1→3)-6-去氧-β-D-吡喃葡萄糖苷] 3-*O*-硫酸酯.【基本信息】$C_{61}H_{100}O_{31}S$, $[\alpha]_D = +8.5°$ ($c = 1$, 甲醇).【类型】胆甾烷甾醇.【来源】Asteriidae 海盘车科海星.【活性】细胞毒 (NSCLC-L16, $IC_{50} = 18.1\mu g/mL$).【文献】S. De Marino, et al. JNP, 1998, 61, 1319.

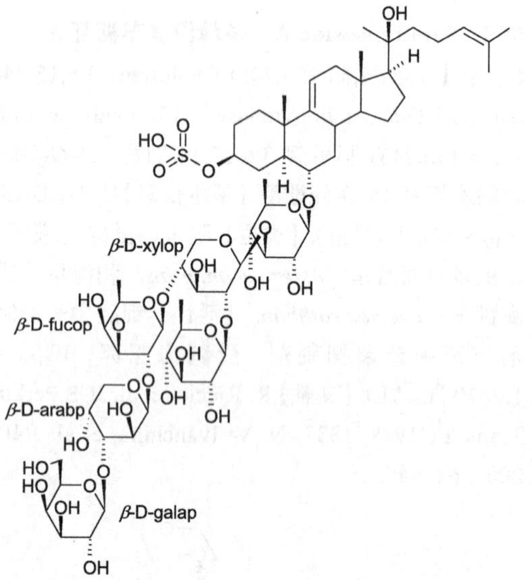

664　Asteriidoside F　海星糖苷 F*

【别名】($3\beta,5\alpha,6\alpha,15\beta,16\beta,22E,25S$)-Cholest-22-ene-3,6,8,15,16,26-hexol 3,26-di-*O*-β-D-xylopyranoside; ($3\beta,5\alpha,6\alpha,15\beta,16\beta,22E,25S$)-胆甾-22-烯-3,6,8,15,16,26-六醇 3,26-双-*O*-β-D-吡喃木糖苷.【基本信息】$C_{37}H_{62}O_{14}$, $[\alpha]_D = -8.3°$ ($c = 1$, 甲醇).【类型】胆甾烷甾醇.【来源】Asteriidae 海盘车科海星.【活性】细胞毒 (NSCLC-L16, $IC_{50} > 30\mu g/mL$).【文献】S. De Marino, et al. JNP, 1998, 61, 1319.

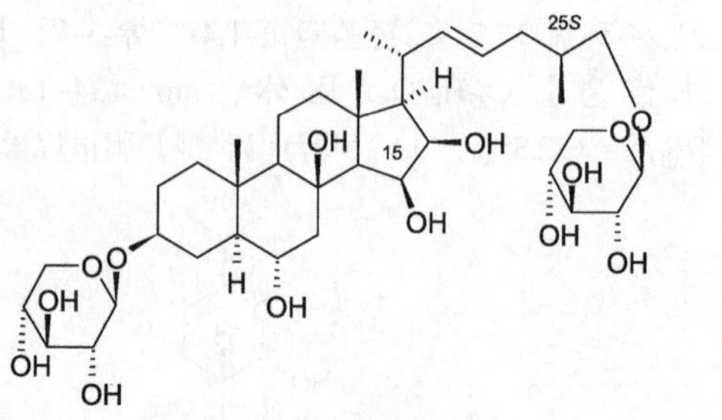

665　Asteriidoside I　海星糖苷 I*

【基本信息】$C_{37}H_{62}O_{17}S$, $[\alpha]_D = -8.8°$ ($c = 1$, 甲醇).【类型】胆甾烷甾醇.【来源】Asteriidae 海盘车科

海星 (南极地区).【活性】细胞毒 (NSCLC-L16, $IC_{50} > 30\mu g/mL$).【文献】S. De Marino, et al. JNP, 1998, 61, 1319.

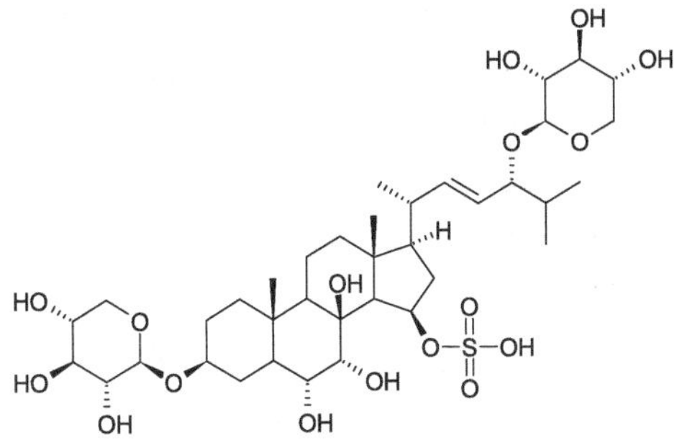

666 Astropectenol A 多棘槭海星甾醇 A*

【基本信息】$C_{27}H_{46}O_3$.【类型】胆甾烷甾醇.【来源】多棘槭海星 *Astropecten polyacanthus* (猫吧岛, 海防, 越南).【活性】细胞毒 (无活性或温和活性).【文献】N. P. Thao, et al. CPB, 2013, 61, 1044.

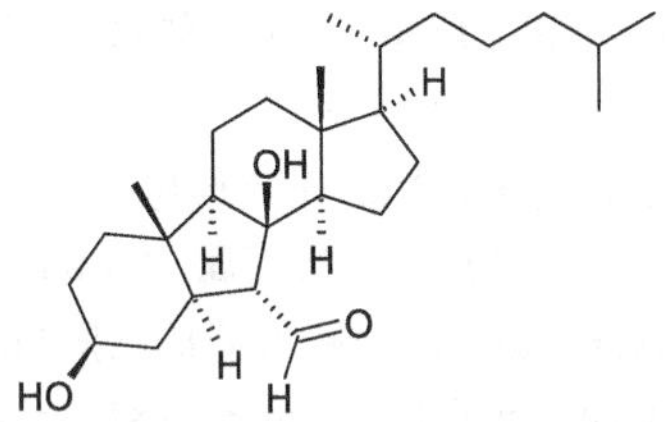

667 Astropectenol B 多棘槭海星甾醇 B*

【基本信息】$C_{27}H_{44}O_4$.【类型】胆甾烷甾醇.【来源】多棘槭海星 *Astropecten polyacanthus* (猫吧岛, 海防, 越南).【活性】细胞毒 (无活性或温和活性).【文献】N. P. Thao, et al. CPB, 2013, 61, 1044.

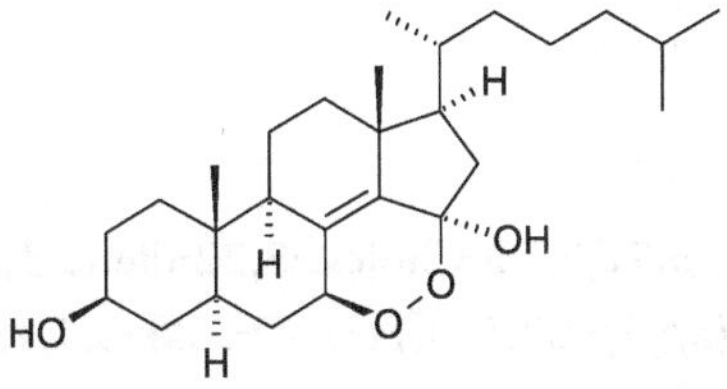

668 Astropectenol C 多棘槭海星甾醇 C*

【基本信息】$C_{27}H_{42}O_3$.【类型】胆甾烷甾醇.【来源】多棘槭海星 *Astropecten polyacanthus* (猫吧岛, 海防, 越南).【活性】细胞毒 (无活性或温和活性).【文献】N. P. Thao, et al. CPB, 2013, 61, 1044.

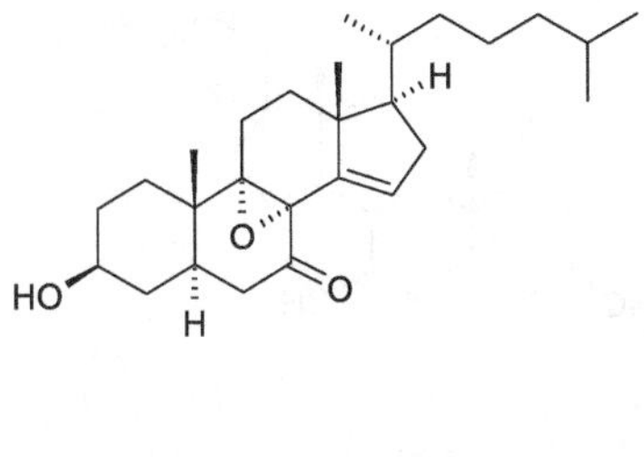

669 Astropectenol D 多棘槭海星甾醇 D*

【基本信息】$C_{27}H_{46}O_2$.【类型】胆甾烷甾醇.【来源】多棘槭海星 *Astropecten polyacanthus* (猫吧岛, 海防, 越南).【活性】细胞毒 (无活性或温和活性).【文献】N. P. Thao, et al. CPB, 2013, 61, 1044.

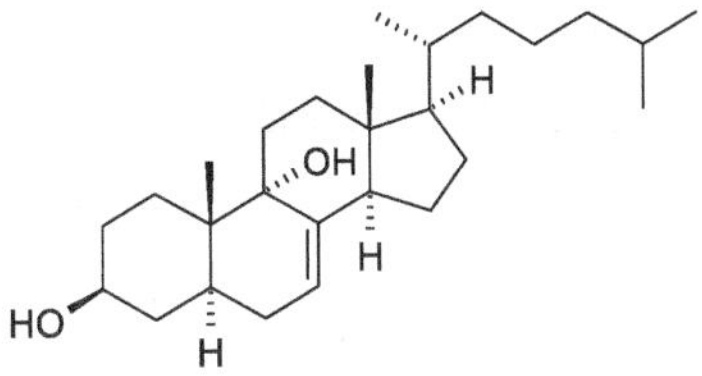

670 Astrosterioside A 单棘槭海星甾醇糖苷 A*

【基本信息】$C_{61}H_{98}O_{31}S$.【类型】胆甾烷甾醇.【来源】单棘槭海星 *Astropecten monacanthus* (提取物, 猫吧岛, 海防, 越南).【活性】IL-6 生成抑制剂 (被刺激的源于骨髓的树突状细胞, 温和活性).【文献】N. P. Thao, et al. JNP, 2013, 76, 1764.

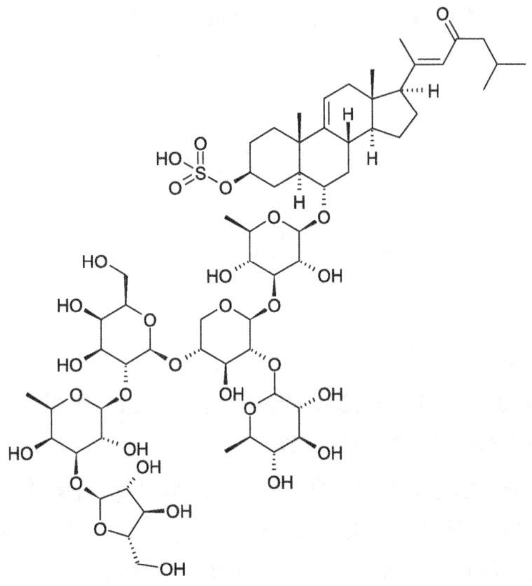

671 Blancasterol 布兰卡甾醇*

【基本信息】$C_{31}H_{50}O_8$, 无定形固体.【类型】胆甾烷甾醇.【来源】Dysideidae 掘海绵科海绵 *Pleraplysilla* sp. (温哥华, 加拿大).【活性】细胞毒 (*in vitro*, L_{1210}, ED_{50}= 8μg/mL; 药物敏感的 MCF7, ED_{50}= 3μg/mL; MCF7 Adr, ED_{50}= 10μg/mL).【文献】J. Pika, et al. Tetrahedron, 1993, 49, 8757.

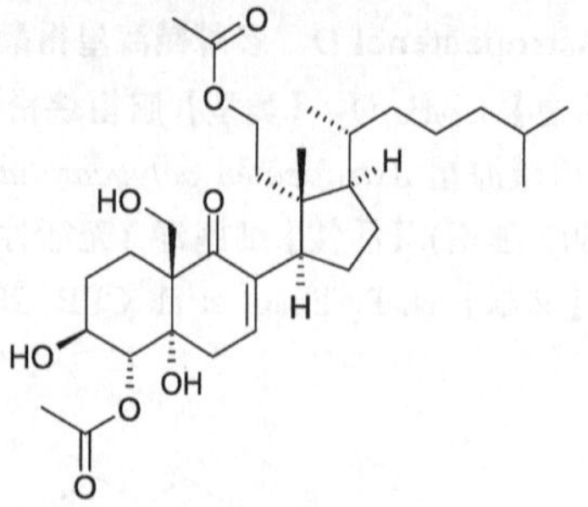

672 Carijoside A 匍匐珊瑚糖苷 A*

【别名】3β-*O*-(3′,4′-Di-*O*-acetyl-β-D-arabinopyranosyl)-25ξ-cholestane-3β,5α,6β,26-tetrol-26-acetate); 3β-*O*-(3′,4′-二-*O*-乙酰基-β-D-吡喃阿拉伯糖基)-25ξ-胆甾烷-3β,5α,6β,26-四醇-26-乙酸酯).【基本信息】$C_{38}H_{62}O_{11}$, 白色粉末, mp 171~172ºC (分解), $[\alpha]_D^{22}$ = –112º (*c*=0.06, 氯仿).【类型】胆甾烷甾醇.【来源】匍匐珊瑚目 *Carijoa* sp. (屏东县, 台湾, 中国).【活性】细胞毒 (DLD-1, ED_{50} = 9.7μg/mL; P_{388}D1, ED_{50} = 10.4μg/mL; HL60, ED_{50} = 12.0μg/mL; CCRF-CEM, ED_{50} = 13.1μg/mL); 抗炎 (人中性粒细胞: 超氧化物阴离子产生抑制剂, IC_{50} = 1.8μg/mL; 弹性蛋白酶释放抑制剂, IC_{50} = 6.8μg/mL).【文献】C.-Y. Liu, et al. Mar. Drugs, 2010, 8, 2014.

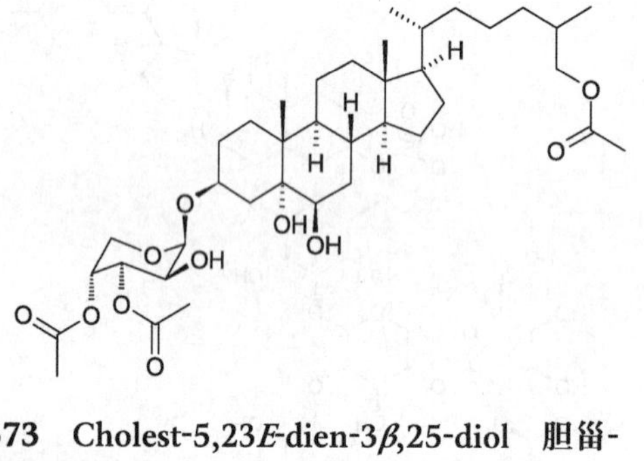

673 Cholest-5,23*E*-dien-3β,25-diol 胆甾-5,23*E*-二烯-3β,25-二醇

【基本信息】$C_{27}H_{44}O_2$.【类型】胆甾烷甾醇.【来源】红藻扁乳节藻 Galaxaura marginata (中国台湾水域).【活性】细胞毒 (P_{388}, ED_{50} = 0.15μg/mL; KB, ED_{50} = 0.61μg/mL; A549, ED_{50} = 1.08μg/mL; HT29, ED_{50} = 0.60μg/mL).【文献】J.-H. Sheu, et al. JNP, 1996, 59, 23.

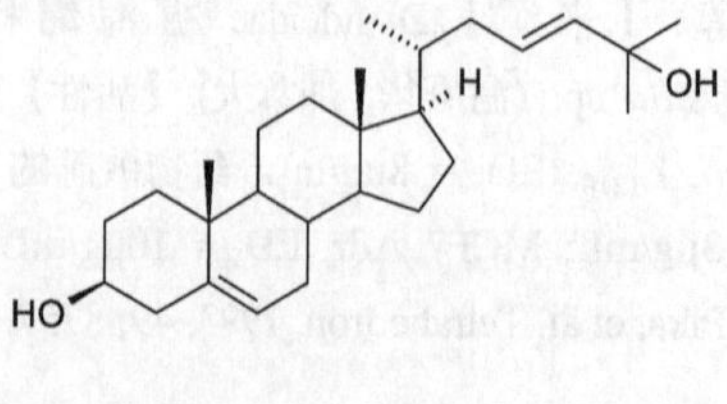

674 Cholest-5,25-diene-3β,24ξ-diol 胆甾-5,25-二烯-3β,24ξ二醇

【基本信息】$C_{27}H_{44}O_2$, 粉末, mp 193~195ºC, $[\alpha]_D^{26}$ = –37º (*c* = 0.05, 氯仿).【类型】胆甾烷甾醇.【来源】红藻扁乳节藻 Galaxaura marginata (台湾水域).【活性】细胞毒 (P_{388}, ED_{50} = 0.36μg/mL; KB, ED_{50} = 0.67μg/mL; A549, ED_{50} = 1.61μg/mL; HT29, ED_{50} = 0.37μg/mL).【文献】J.-H. Sheu, et al. JNP, 1996, 59, 23.

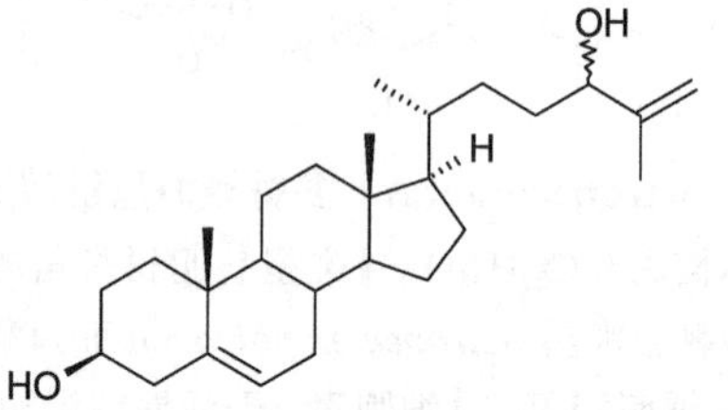

675 Cholest-5,24-diene-3-*O*-sulfate-19-carboxylic acid 胆甾-5,24-二烯-3-*O*-硫酸酯-19-羧酸

【基本信息】$C_{27}H_{42}O_6S$, 无定形粉末.【类型】胆甾烷甾醇.【来源】弓隐海绵属 *Toxadocia zumi.*【活性】抗微生物; 细胞毒; 鱼毒的; 杀幼虫剂.【文献】T. Nakatsu, et al. Experientia, 1983, 39, 759.

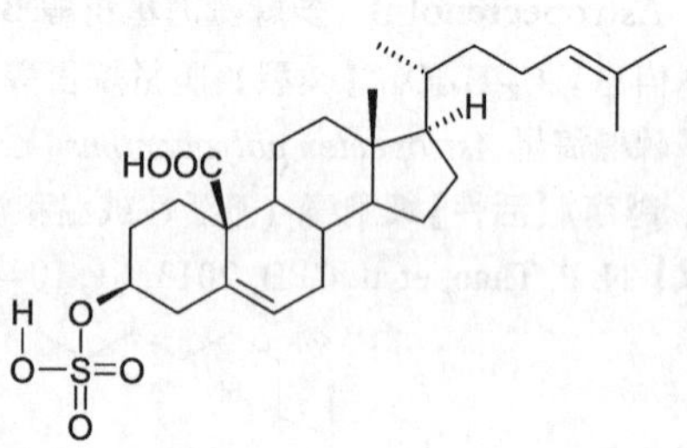

676 (3β,7β,22*E*)-Cholest-5,22-diene-3,7,19-triol (3β,7β,22*E*)-胆甾-5,22-二烯-3,7,19-三醇

【基本信息】$C_{27}H_{44}O_3$.【类型】胆甾烷甾醇.【来源】黑珊瑚角珊瑚属 *Antipathes subpinnata* (那不勒斯湾, 意大利).【活性】有毒的 (盐水丰年虾致死, IC_{50} = 30.7μg/mL).【文献】A. Aiello, et al. JNP, 1992, 55, 321.

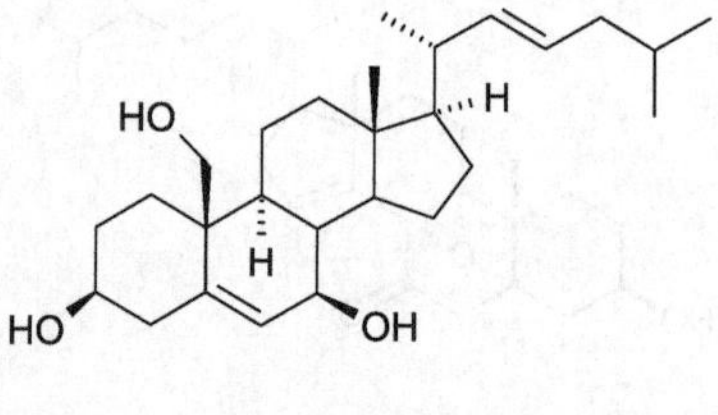

677　Cholest-7,22-diene-3*β*,5*α*,6*β*-triol　胆甾-7,22-二烯-3*β*,5*α*,6*β*-三醇

【基本信息】$C_{27}H_{44}O_3$, $[\alpha]_D = -25°$ (甲醇).【类型】胆甾烷甾醇.【来源】深海真菌木霉属 *Trichoderma* sp. GIBH-Mf082 (深海沉积物, 南海), 纤弱小针海绵* *Spongionella gracilis*, 苔藓动物裸唇纲 *Myriapora truncata*, 软体动物双壳纲扇贝科虾夷盘扇贝 *Patinopecten yessoensis*, 棘皮动物门海百合纲羽星目 *Heliometra glacialis maxima*.【活性】细胞毒 (A549, IC_{50} = 0.29mmol/L); Taq DNA 聚合酶抑制剂 (4.8mmol/L, 完全抑制, IC_{50} = 0.45mmol/L); HIV-1 蛋白酶抑制剂 (0.24mmol/L, 17.61%抑制; HIV-1 诱导的 MT-2 细胞细胞病变效应, 0.2mmol/L, 无活性).【文献】F. Cafieri, et al. JNP, 1985, 48, 944; H. Takami, et al. FEMS Microbiol. Lett., 1997, *152*, 279; L. K. Shubina, et al. Comp. Biochem. Physiol., B: Biochem. Mol. Biol., 1998, 119, 505; J. You, et al. J. Ind. Microbiol. Biotechnol., 2010, 37, 245; CRC Press, DNP on DVD, 2012, version 20.2.

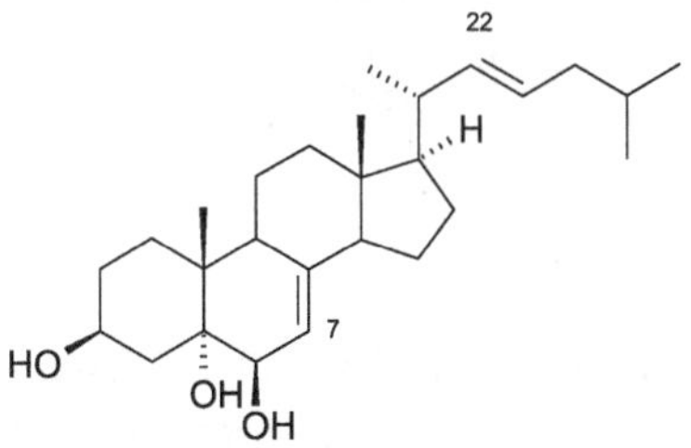

678　Cholest-5-ene-3-*O*-sulfate-19-carboxylic acid　胆甾-5-烯-3-*O*-硫酸酯-19-羧酸

【基本信息】$C_{27}H_{44}O_6S$.【类型】胆甾烷甾醇.【来源】弓隐海绵属 *Toxadocia zumi*.【活性】抗微生物; 细胞毒; 鱼毒的; 杀幼虫剂.【文献】T. Nakatsu, et al. Experientia, 1983, 39, 759.

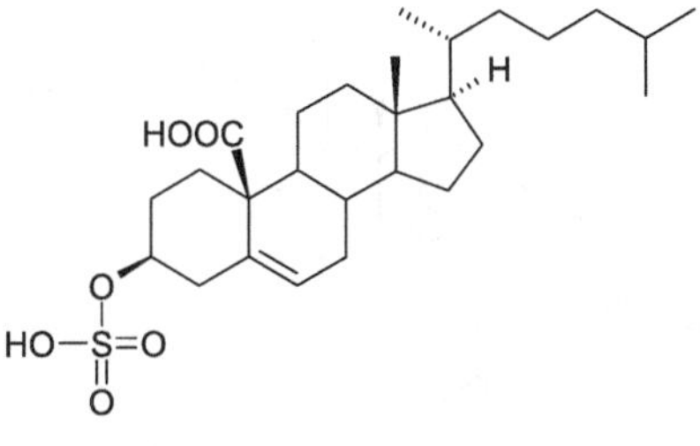

679　Cholestane-3*α*,6*α*-Diacetoxy-22*S*,25-diol　胆甾烷-3*α*,6*α*-二乙酰氧基-22*S*,25-二醇

【基本信息】$C_{31}H_{52}O_6$, 油状物, $[\alpha]_D = +37.3°$ (c = 0.67, 甲醇).【类型】胆甾烷甾醇.【来源】软珊瑚穗软珊瑚科 *Gersemia fruticosa* (嗜冷生物, 冷水水域, 北极区, 北部俄罗斯).【活性】细胞毒 (*in vitro*, 抑制 K562 细胞生长, IC_{50} = 14μmol/L; HL60, IC_{50} = 29μmol/L; P_{388}, IC_{50} = 21μmol/L); 细胞凋亡诱导剂.【文献】R. Koljak, et al. Tetrahedron, 1998, 54, 179; M. D. Lebar, et al. NPR, 2007, 24, 774 (Rev.).

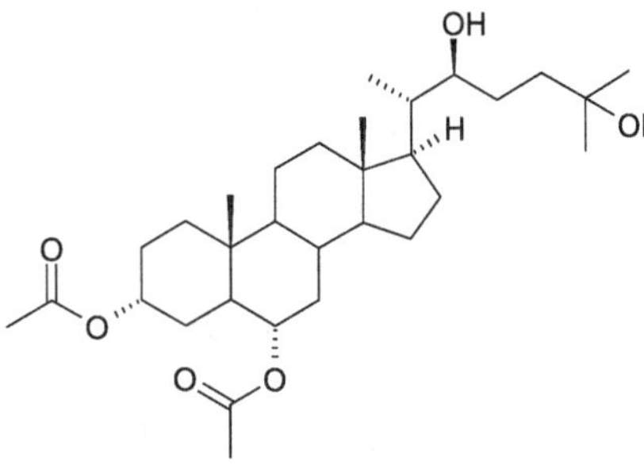

680　Cholestane-3,6,8,15,16,25,26-heptol　胆甾烷-3,6,8,15,16,25,26-六醇

【基本信息】$C_{27}H_{48}O_7$.【类型】胆甾烷甾醇.【来源】未鉴定的 *Echinasteridae* 棘海星科海星 (南极地区).【活性】细胞毒 (NSCLC-N6, IC_{50} = 3.3μg/mL).【文献】M. Iorii, et al. Tetrahedron, 1996, 52, 10 997; S. De Marino, et al. Ga. Chim. Ital., 1996, 126, 667.

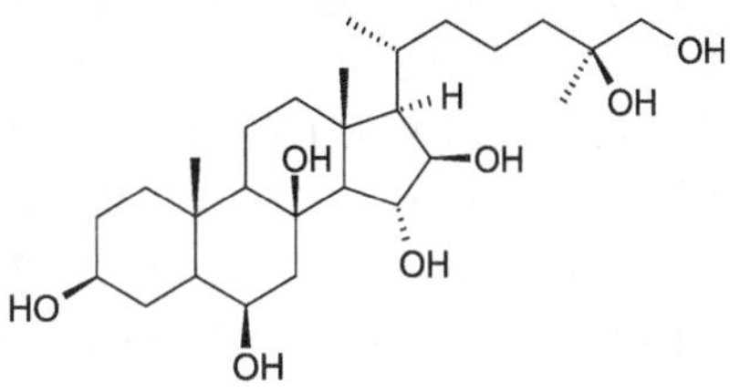

681　(3*β*,4*β*,5*α*,6*β*,8*β*,15*β*,24*R*)-Cholestane-3,4,6,8,15,24,25-heptol　(3*β*,4*β*,5*α*,6*β*,8*β*,15*β*,24*R*)-胆甾烷-3,4,6,8,15,24,25-六醇

【基本信息】$C_{27}H_{48}O_7$, 无定形粉末, $[\alpha]_D = -2.4°$ (c = 0.3, 甲醇).【类型】胆甾烷甾醇.【来源】鸡

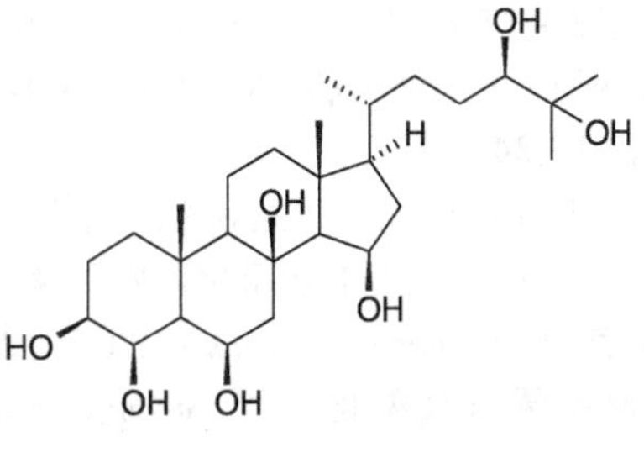

爪海星 *Henricia leviuscula* (嗜冷生物, 冷水水域, 鄂霍次克海, 俄罗斯).【活性】溶血的 (小鼠红血球细胞试验, HC_{50} = 210μmol/L).【文献】N. V. Ivanchina, et al. JNP, 2006, 69, 224; M. D. Lebar, et al. NPR, 2007, 24, 774 (Rev.).

682 (25*S*)-5*α*-Cholestane-3*β*,5,6*β*,15*α*,16*β*,26-hexaol 26-sulfate (25*S*)-5*α*-胆甾烷-3*β*,5,6*β*,15*α*,16*β*,26-六醇 26-硫酸酯

【基本信息】$C_{27}H_{48}O_9S$.【类型】胆甾烷甾醇.【来源】格子沙海星* *Luidia clathrata* (墨西哥湾).【活性】抗菌 (抑制革兰氏阳性菌生长, 枯草杆菌 *Bacillus subtilis*, 金黄色葡萄球菌 *Staphylococcus aureus*); 抗污剂 (抑制藤壶幼虫定居).【文献】M. Iorii, et al. JNP, 1995, 58, 653.

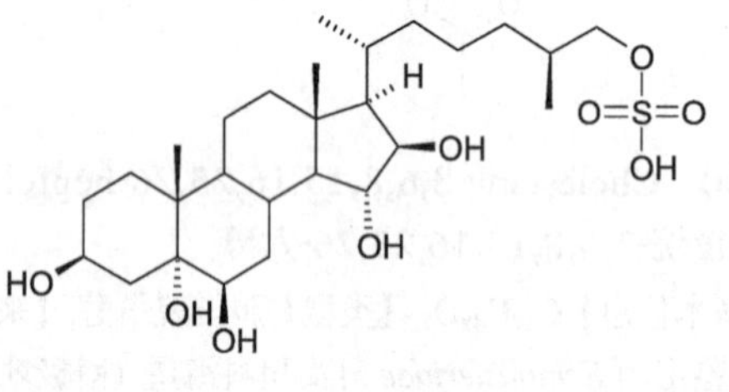

683 (25*S*)-5*α*-Cholestane-3*β*,5,6*β*,15*α*,16*β*,26-hexaol 16-sulfate (25*S*)-5*α*-胆甾烷-3*β*,5,6*β*,15*α*,16*β*,26-六醇 16-硫酸酯

【基本信息】$C_{27}H_{48}O_9S$, $[\alpha]_D$ = +16.0°.【类型】胆甾烷甾醇.【来源】格子沙海星* *Luidia clathrata* (墨西哥湾).【活性】抗菌 (抑制革兰氏阳性菌生长, 枯草杆菌 *Bacillus subtilis*, 金黄色葡萄球菌 *Staphylococcus aureus*); 抗污剂 (抑制藤壶幼虫定居).【文献】M. Iorii, et al. JNP, 1995, 58, 653.

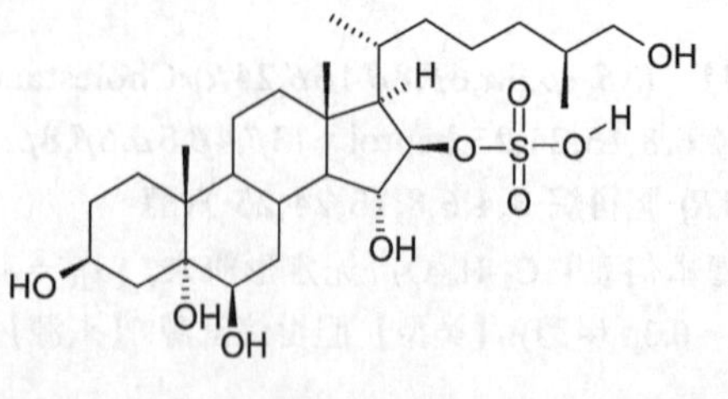

684 (3*β*,4*β*,5*α*,6*β*,15*α*,24*S*)-Cholestane-3,4,6,8,15,24-hexol (3*β*,4*β*,5*α*,6*β*,15*α*,24*S*)-胆甾烷-3,4,6,8,15,24-六醇

【基本信息】$C_{27}H_{48}O_6$, 无定形粉末, $[\alpha]_D^{25}$ = +14.7° (*c* = 0.1, 甲醇).【类型】胆甾烷甾醇.【来源】库页岛马海星* *Hippasteria kurilensis*.【活性】抑制海胆卵受精 (预孵化海胆 *Strongylocentrotus nudus* 精子的化合物, 1.3×10^{-5}mol/L, InRt = 100%).【文献】A. A. Kicha, et al. JNP, 2008, 71, 793.

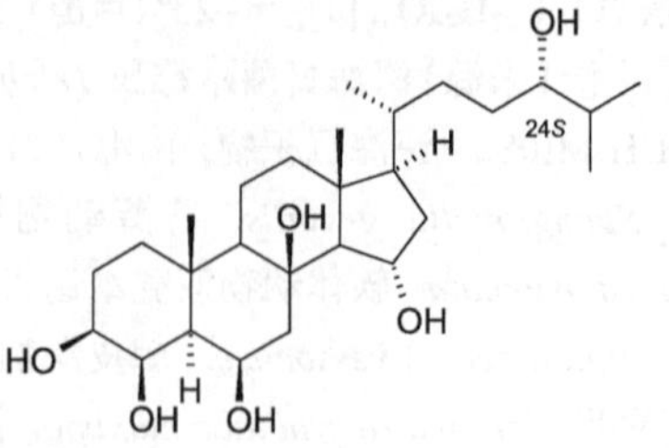

685 (3*β*,4*β*,5*α*,6*α*,15*β*,24*S*)-Cholestane-3,4,6,8,15,24-hexol (3*β*,4*β*,5*α*,6*α*,15*β*,24*S*)-胆甾烷-3,4,6,8,15,24-六醇

【基本信息】$C_{27}H_{48}O_6$, $[\alpha]_D$ = +7.2° (*c* =0.4, 甲醇).【类型】胆甾烷甾醇.【来源】乳头海星属 *Gomophia watsoni* 和疣纳多海星 *Nardoa tuberculata*.【活性】有毒的 (盐水丰年虾).【文献】CRC Press, DNP on DVD, 2012, version 20.2.

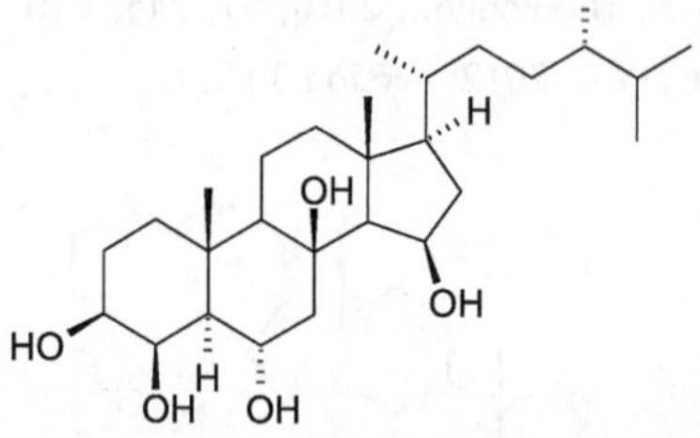

686 (3*β*,5*α*,6*β*,7*α*,15*α*,16*β*)-Cholestane-3,6,7,15,16,26-hexol (3*β*,5*α*,6*β*,7*α*,15*α*,16*β*)-胆甾烷-3,6,7,15,16,26-六醇

【基本信息】$C_{27}H_{48}O_6$, 晶体 (甲醇), mp 238~241°C, $[\alpha]_D$ = +3.8° (*c* = 0.5, 甲醇).【类型】胆甾烷甾醇.【来源】斑沙海星 *Luidia maculata* 和格子沙海星* *Luidia clathrata*.【活性】抗藤壶.【文献】L. Minale, et al. JNP, 1984, 47, 784; M. Iorii, et al. JNP, 1995, 58, 653.

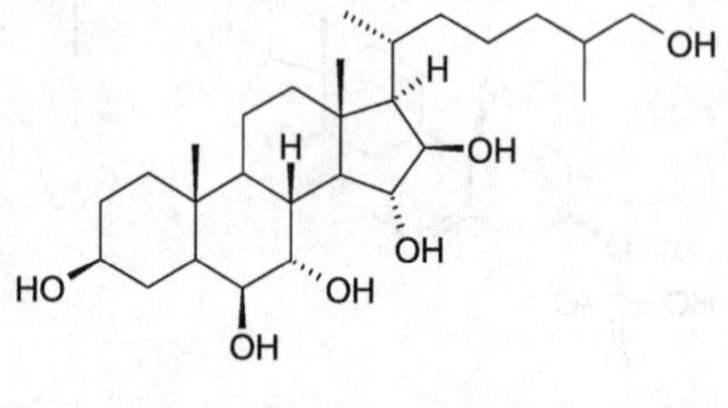

687 Cholestane-3,6,8,15,16,26-hexol 胆甾烷-3,6,8,15,16,26-六醇

【基本信息】$C_{27}H_{48}O_6$, $[\alpha]_D$ = +12.0° (甲醇).【类型】

胆甾烷甾醇.【来源】棘海星科海星 *Echinasteridae* sp. (南极地区).【活性】细胞毒 (NSCLC-N6, IC_{50} > 30μg/mL).【文献】M. Iorii, et al. Tetrahedron, 1996, 52, 10997; S. De Marino, et al. Ga. Chim. Ital., 1996, 126, 667.

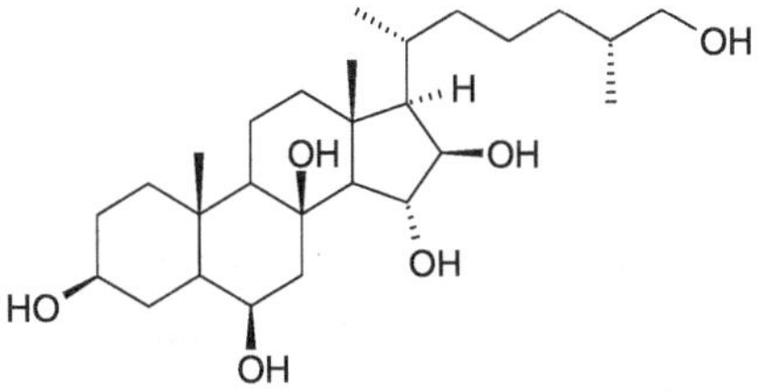

688 (25*S*)-5*β*-Cholestane-3*β*,6*β*,15*α*,16*β*,26-pentol (25*S*)-5*β*-胆甾烷-3*β*,6*β*,15*α*,16*β*,26-五醇

【基本信息】$C_{27}H_{48}O_5$, $[\alpha]_D$ = +28°.【类型】胆甾烷甾醇.【来源】格子沙海星* *Luidia clathrata* (墨西哥湾).【活性】抗菌 (抑制革兰氏阳性菌生长, 枯草杆菌 *Bacillus subtilis*, 金黄色葡萄球菌 *Staphylococcus aureus*); 抗污剂 (抑制藤壶幼虫定居).【文献】M. Iorii, et al. JNP, 1995, 58, 653.

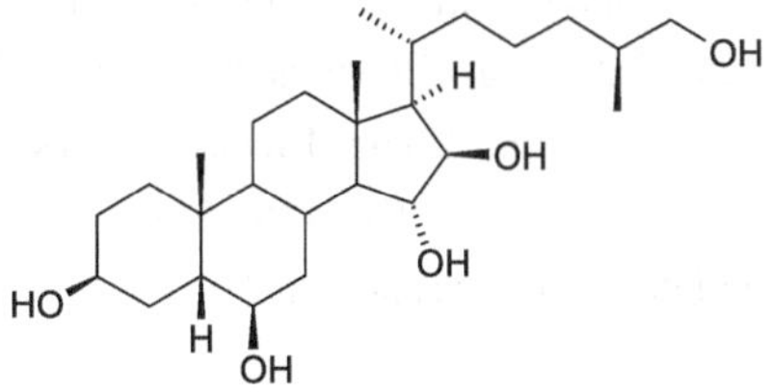

689 (25*R*)-5*α*-Cholestane-3*β*,6*β*,15*α*,16*β*,26-pentol (25*R*)-5*α*-胆甾烷-3*β*,6*β*,15*α*,16*β*,26-五醇

【基本信息】$C_{27}H_{48}O_5$, mp 133~135°C, $[\alpha]_D$ = +29.5° (*c* = 2.3, 甲醇); $[\alpha]_D$ = +5.0° (甲醇).【类型】胆甾烷甾醇.【来源】棘海星科海星 *Echinasteridae* sp. (南极地区).【活性】细胞毒 (NSCLC-N6, IC_{50} > 30μg/mL).【文献】M. lorii, et al. Tetrahedron, 1996, 52, 10997; S. De Marino, et al. Ga. Chim. Ital., 1996, 126, 667; I. Io, et al. JOC, 1998, 63, 4438.

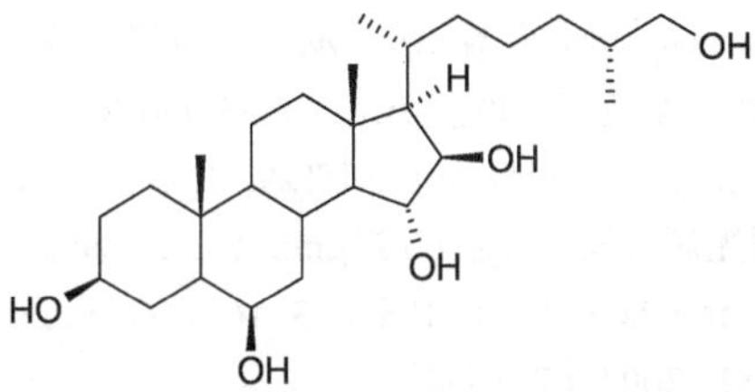

690 (24*S*)-5*α*-Cholestane-3*β*,5,6*β*,15*α*,24-pentol 15-sulfate (24*S*)-5*α*-胆甾烷-3*β*,5,6*β*,15*α*,24-五醇 15-硫酸酯

【基本信息】$C_{27}H_{48}O_8S$, $[\alpha]_D$ = +24.6°.【类型】胆甾烷甾醇.【来源】格子沙海星* *Luidia clathrata* (墨西哥湾).【活性】抗菌 (抑制革兰氏阳性菌生长, 枯草杆菌 *Bacillus subtilis*, 金黄色葡萄球菌 *Staphylococcus aureus*); 抗污剂 (抑制藤壶幼虫定居).【文献】M. Iorii, et al. JNP, 1995, 58, 653.

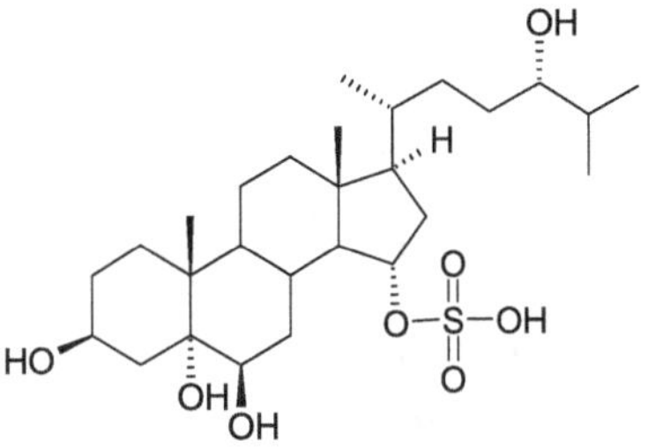

691 5*α*-Cholestane-3*β*,5,6*β*,15*α*,16*β*-pentol 16-sulfate 5*α*-胆甾烷-3*β*,5,6*β*,15*α*,16*β*-五醇 16-硫酸酯

【基本信息】$C_{27}H_{48}O_8S$, $[\alpha]_D$ = +14.5°.【类型】胆甾烷甾醇.【来源】格子沙海星* *Luidia clathrata* (墨西哥湾).【活性】抗菌 (抑制革兰氏阳性菌生长, 枯草杆菌 *Bacillus subtilis*, 金黄色葡萄球菌 *Staphylococcus aureus*); 抗污剂 (抑制藤壶幼虫定居).【文献】M. Iorii, et al. JNP, 1995, 58, 653.

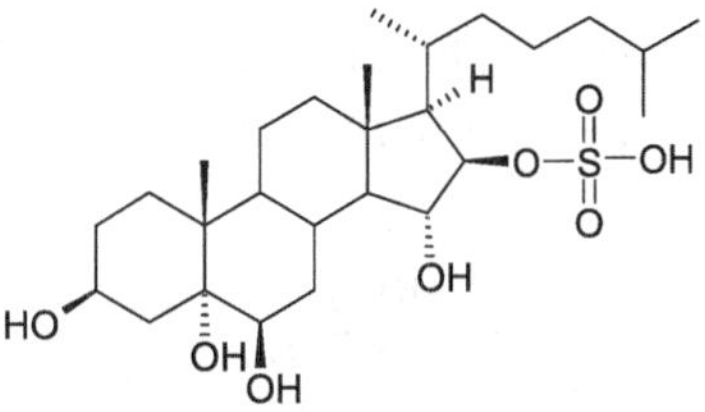

692 5*β*-Cholestane-3*α*,4*α*,11*β*,21-tetraol 3,21-disulfate 5*β*-胆甾烷-3*α*,4*α*,11*β*,21-四醇 3,21-二硫酸酯

【基本信息】$C_{27}H_{48}O_{10}S_2$, 无定形粉末, $[\alpha]_D$ = +41.3° (甲醇) (二钠盐).【类型】胆甾烷甾醇.【来源】海蛇尾齿栉蛇尾 *Ophiocoma dentata*, 海蛇尾长尾皮蛇尾* *Ophioderma longicaudum*, 海蛇尾秀丽节蛇尾 *Ophiarthrum elegans*, 海蛇尾片蛇尾属 *Ophioplocus januarii*, 海蛇尾粗壮蜘蛇尾 *Ophiarachna incrassata*, 海蛇尾蜈蚣栉蛇尾 *Ophiocoma scolopendrina*, 海蛇尾蜒蛇尾属 *Ophionereis reticulata*, 海蛇尾带蛇尾属 *Ophiozona impressa*, 海蛇尾栉蛇尾属 *Ophiocoma* *wendti* 和海蛇尾栉蛇尾属 *Ophiocoma echinata*.【活性】蛋白酪氨酸激酶抑制剂.【文献】M. V. D'Auria, et al. JOC, 1987, 52, 3947; 1989, 54, 234; M. V. D'Auria, et al. Nat. Prod. Lett., 1993, 3, 197; X. Fu, et al. JNP, 1994, 57, 1591; A. J. Roccatagliata, et al. JNP, 1996, 59, 887; CRC Press, DNP on DVD, 2012, version 20.2.

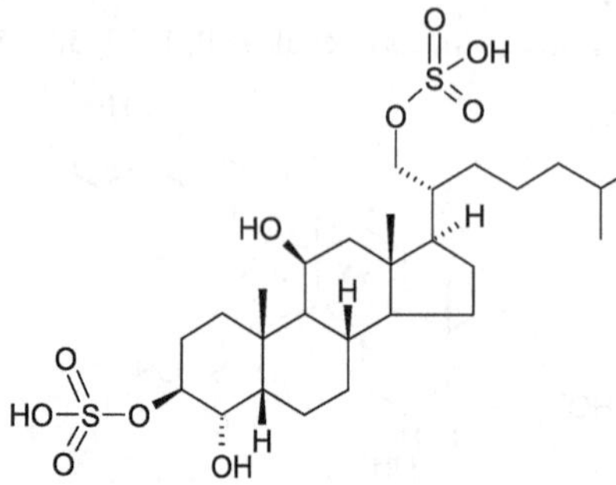

693 (3*α*,4*β*,5*α*)-Cholestane-3,4,21-triol 3,21-di-*O*-sulfate (3*α*,4*β*,5*α*)-胆甾烷-3,4,21-三醇 3,21-二-*O*-硫酸酯

【基本信息】$C_{27}H_{48}O_9S_2$, $[\alpha]_D = +6.5°$ ($c = 1.1$, 甲醇).【类型】胆甾烷甾醇.【来源】翅海星属 *Pteraster pulvillus* (嗜冷生物, 冷水水域, 千岛群岛), 海蛇尾智利筐蛇尾* *Gorgonocephalus chilensis*.【活性】溶血的 (小鼠红血球细胞试验, $HC_{50} = 4.5\times10^{-5}$mol/L).【文献】M. S. Maier, et al. Molecules, 2000, 5, 348; N. V. Ivanchina, et al. JNP, 2003, 66, 298; M. D. Lebar, et al. NPR, 2007, 24, 774 (Rev.).

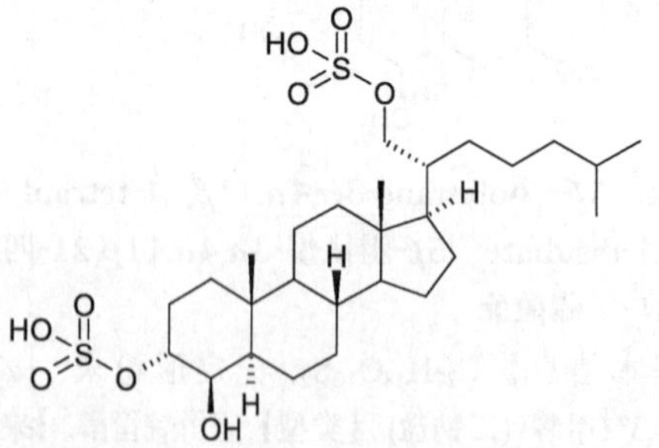

694 Cholest-4-ene-3*α*,6*β*-diol 胆甾-4-烯-3*α*,6*β*-二醇

【基本信息】$C_{27}H_{46}O_2$.【类型】胆甾烷甾醇.【来源】红藻松节藻科穗状鱼栖苔 *Acanthophora spicifera*.【活性】抗生育药; 抗病毒 (塞姆利基森林病毒).【文献】S. Wahidulla, et al. Phytochemistry, 1998, 48, 1203.

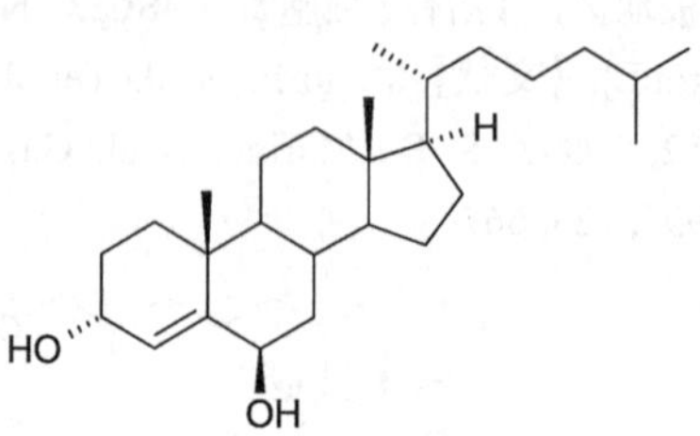

695 3*α*-Cholest-5-ene-3,21-diol 3,21-disulfate 3*α*-胆甾-5-烯-3,21-二醇 3,21-二硫酸酯

【基本信息】$C_{27}H_{46}O_8S_2$, 晶体 (甲醇), mp 176~178℃, $[\alpha]_D^{20} = -11°$ ($c = 0.1$, 乙醇).【类型】胆甾烷甾醇.【来源】海蛇尾智利筐蛇尾* *Gorgonocephalus chilensis*, 海蛇尾长尾栉蛇尾* *Ophioderma longicaudum*, 海蛇尾南极蛇尾 *Ophionotus victoriae*, 海蛇尾刺蛇尾属 *Ophiothrix fragilis*, 海蛇尾萨氏真蛇尾 *Ophiura sarsi*, 海蛇尾织纹真蛇尾 *Ophiura texturata*, 海蛇尾尖棘紫蛇尾 *Ophiopholis aculeata*, 海蛇尾黄鳞蛇尾 *Ophiolepis superba*, 海蛇尾粗壮蜘蛇尾 *Ophiarachna incrassata*, 海蛇尾带蛇尾属 *Ophiozona impressa* 和海蛇尾盖蛇尾属 *Stegophiura brachiactis*.【活性】蛋白酪氨酸激酶抑制剂.【文献】L. K. Shubina, et al. Comp. Biochem. Physiol., B: Biochem. Mol. Biol., 1998, 119, 505; CRC Press, DNP on DVD, 2012, version 20.2.

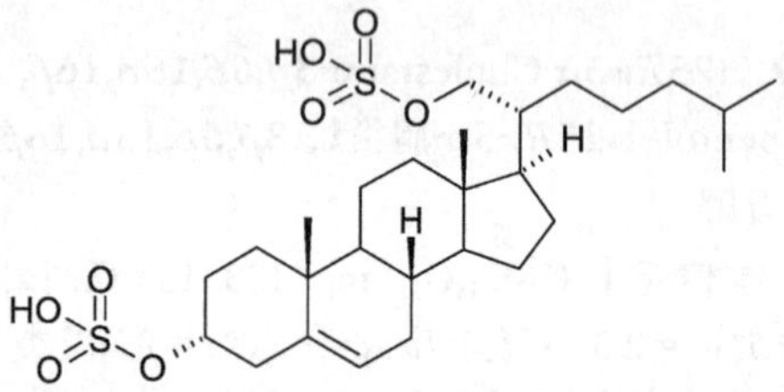

696 Cholest-4-ene-3,24-dione 胆甾-4-烯-3,24-二酮

【基本信息】$C_{27}H_{42}O_2$.【类型】胆甾烷甾醇.【来源】软珊瑚穗软珊瑚科巨大海鸡冠珊瑚* *Dendronephthya gigantean*, 意大利蜂 *Apis mellifer* (蜂王的卵巢).【活性】细胞毒 (P_{388}, $IC_{50} = 8.93$μmol/L, 对照光辉霉素, $IC_{50} = 0.15$μmol/L; HT29, $IC_{50} = 9.03$μmol/L, 对照光辉霉素, $IC_{50} = 0.21$μmol/L).【文献】M. J. Barbier, Chem. Ecol., 1987, 13, 1681; C. Y. Duh, et al. JNP, 2004, 67, 1650.

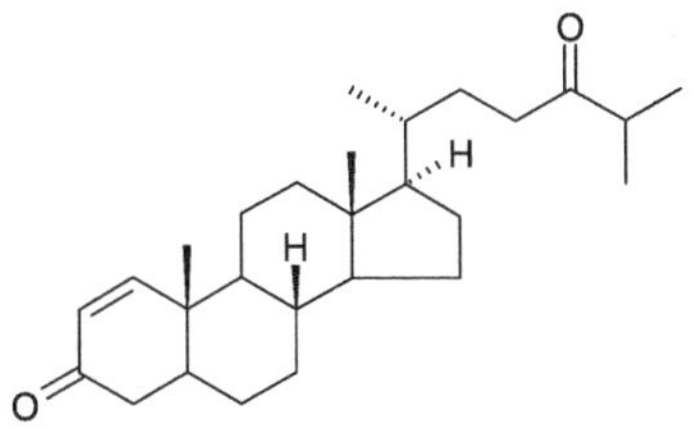

697 (3β,4β,5α,6α,7α,8β,15β,24*R*)-Cholest-22*E*-ene-3,4,6,7,8,15,24-heptol 6-*O*-sulfate (3β,4β,5α,6α,7α,8β,15β,24*R*)-胆甾-22*E*-烯-3,4,6,7,8,15,24-七醇 6-*O*-硫酸酯

【基本信息】$C_{27}H_{46}O_{10}S$, 无定形粉末, $[\alpha]_D^{25} = 0°$ ($c = 0.1$, 甲醇).【类型】胆甾烷甾醇.【来源】库页岛马海星* *Hippasteria kurilensis*.【活性】抑制海胆卵受精（预孵化海胆 *Strongylocentrotus nudus* 精子的化合物, $EC_{100} = 8.9\times10^{-5}$mol/L).【文献】A. A. Kicha, et al. JNP, 2008, 71, 793.

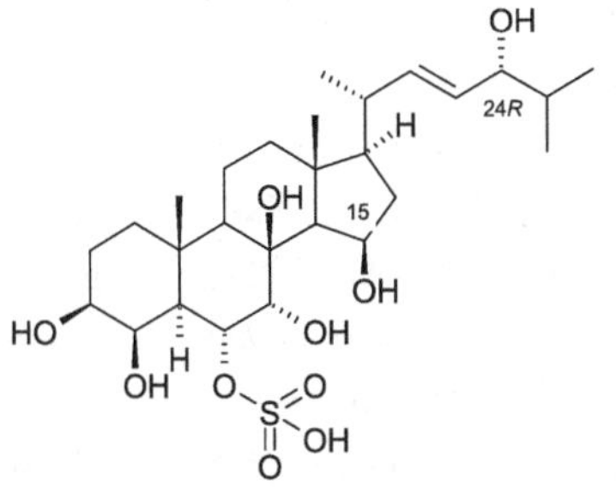

698 (3β,4β,5α,6α,8β,15β,22*E*,24*R*)-Cholest-22-ene-3,4,6,8,15,24-hexol (3β,4β,5α,6α,8β,15β,22*E*,24*R*)-胆甾-22-烯-3,4,6,8,15,24-六醇

【基本信息】$C_{27}H_{46}O_6$, $[\alpha]_D = +4.2°$ ($c = 1$, 甲醇), $[\alpha]_D = -10°$ (甲醇).【类型】胆甾烷甾醇.【来源】明显齿棘海星* *Acodontaster conspicuus* 和棘海星科海星 *Echinasteridae* sp. (南极地区).【活性】抗菌（南极海洋细菌 McM13.3 和 McM32.2, 可能在明显齿棘海星**Acodontaster conspicuus* 体壁表面的微生物污染防治中发挥生态学作用的角色).【文献】S. De Marino, et al. Ga. Chim. Ital., 1996, 126, 667; M. Iorii, et al. Tetrahedron, 1996, 52, 10997; S. De Marino, et al. JNP, 1997, 60, 959.

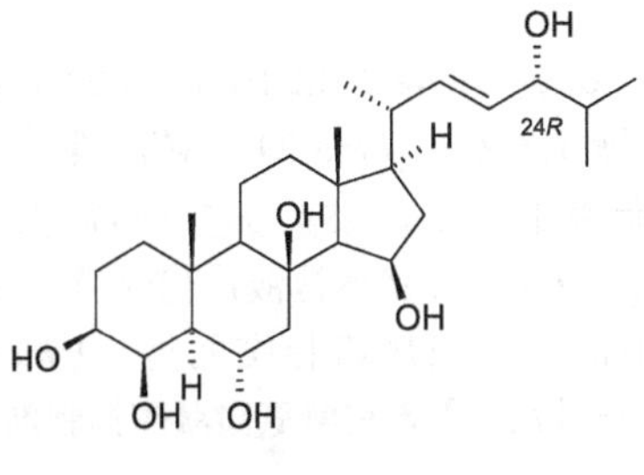

699 (25*R*)-Cholest-22-ene-3,6,8,15,16,26-hexol (25*R*)-胆甾-22-烯-3,6,8,15,16,26-六醇

【基本信息】$C_{27}H_{46}O_6$, $[\alpha]_D = +16.0°$ (甲醇).【类型】胆甾烷甾醇.【来源】棘海星科海星 *Echinasteridae* sp. (南极地区).【活性】细胞毒 (NSCLC-N6, $IC_{50} >$ 30μg/mL).【文献】M. Iorii, et al. Tetrahedron, 1996, 52, 10 997; S. De Marino, et al. Ga. Chim. Ital., 1996, 126, 667.

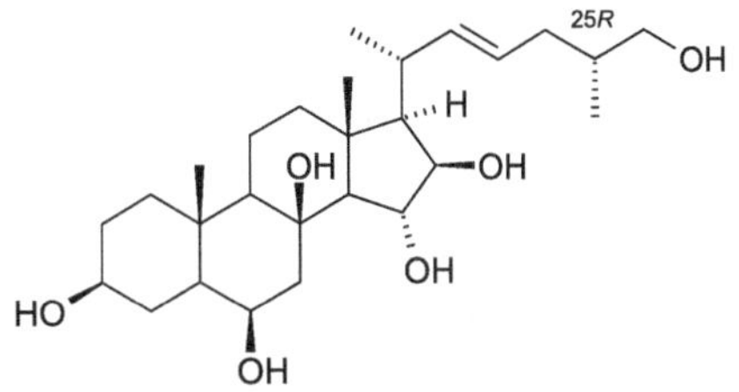

700 Cholest-22*E*-ene-3β,6β,8β,15α,24*R*-pentol 胆甾-22*E*-烯-3β,6β,8β,15α,24*R*-五醇

【基本信息】$C_{27}H_{46}O_5$, $[\alpha]_D = +12.3°$ (甲醇).【类型】胆甾烷甾醇.【来源】棘海星科海星 *Echinasteridae* sp. (南极地区).【活性】细胞毒 (NSCLC-N6, $IC_{50} >$ 30μg/mL).【文献】M. Iorii, et al. Tetrahedron, 1996, 52, 10 997; S. De Marino, et al. Ga. Chim. Ital., 1996, 126, 667.

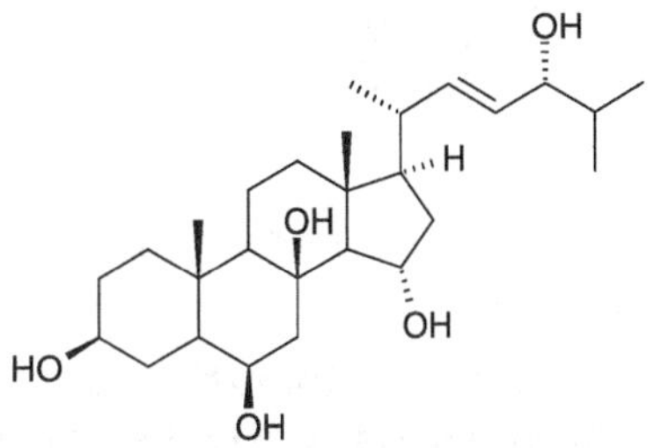

701 (3β,7β,9α)-Cholest-5-ene-3,7,9,19-tetrol (3β,7β,9α)-胆甾-5-烯-3,7,9,19-四醇

【基本信息】$C_{27}H_{46}O_4$, 晶体, mp 165~167°C.【类型】胆甾烷甾醇.【来源】黑珊瑚角珊瑚属 *Antipathes subpinnata* (那不勒斯湾, 意大利).【活性】有毒的（使盐水丰年虾致死, $IC_{50} = 7.2$μg/mL).【文献】A. Aiello, et al. JNP, 1992, 55, 321.

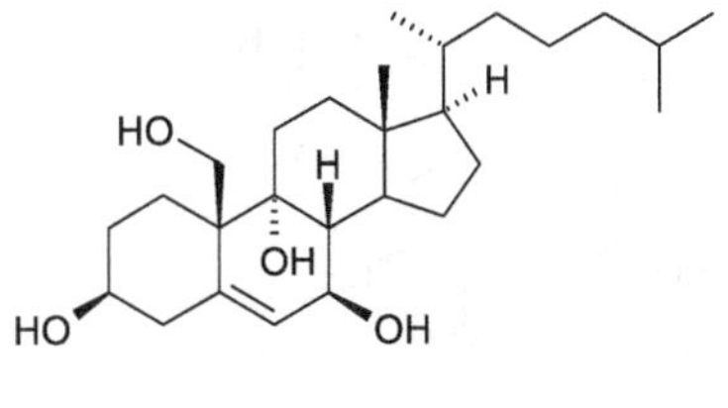

702 (20*R*)-Cholest-5-ene-2*α*,3*α*,4*β*,21-tetrol 3,21-disulfate (20*R*)-胆甾-5-烯-2*α*,3*α*,4*β*,21-四醇 3,21-二硫酸酯

【基本信息】$C_{27}H_{46}O_{10}S_2$.【类型】胆甾烷甾醇.【来源】海蛇尾长尾栉蛇尾* *Ophioderma longicaudum* (南极地区).【活性】细胞毒 (高活性).【文献】M. V. D'Auria, et al. Nat. Prod. Lett., 1993, 3, 197.

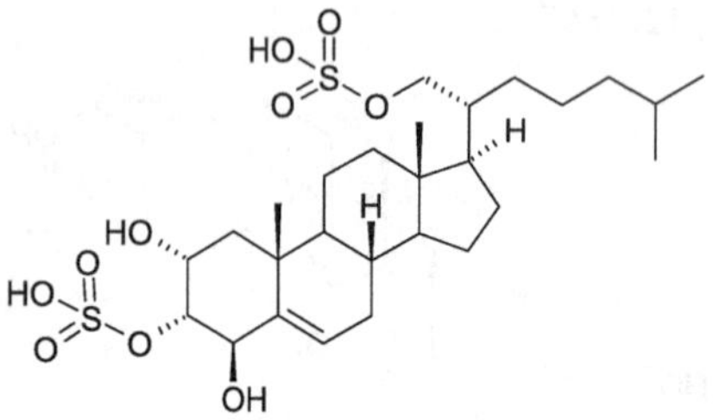

703 (3*β*,7*β*)-Cholest-5-ene-3,7,19-triol (3*β*,7*β*)-胆甾-5-烯-3,7,19-三醇

【基本信息】$C_{27}H_{46}O_3$, 晶体, mp 154~156℃.【类型】胆甾烷甾醇.【来源】黑珊瑚角珊瑚属 *Antipathes subpinnata* (那不勒斯湾, 意大利).【活性】有毒的 (使盐水丰年虾致死, IC_{50} = 55.6μg/mL).【文献】A. Aiello, et al. JNP, 1992, 55, 321.

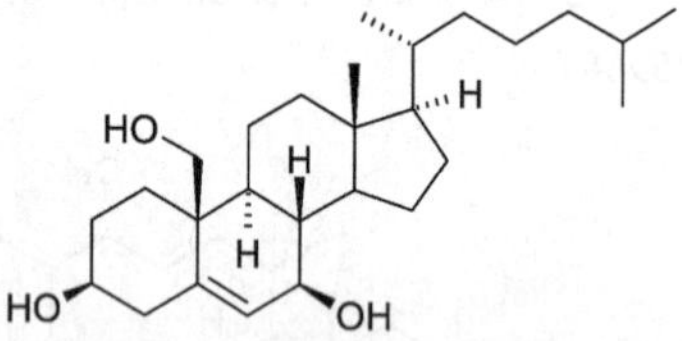

704 Cholest-24-ene-(3*α*,6*β*,7*β*)-triol 胆甾-24-烯-(3*α*,6*β*,7*β*)-三醇

【基本信息】$C_{27}H_{46}O_3$, 无定形粉末, $[\alpha]_D$ = +47.4° (*c* = 2.1, 甲醇).【类型】胆甾烷甾醇.【来源】软珊瑚穗软珊瑚科 *Gersemia fruticosa* (嗜冷生物, 冷水水域, 北极区, 北部俄罗斯).【活性】细胞毒 (*in vitro*, 抑制 K562 细胞生长, IC_{50} = 16μmol/L; HL60, IC_{50} = 18μmol/L; P_{388}, IC_{50} = 21μmol/L); 细胞凋亡诱导剂.【文献】R. Koljak, et al. Tetrahedron, 1998, 54, 179; M. D. Lebar, et al. NPR, 2007, 24, 774 (Rev.).

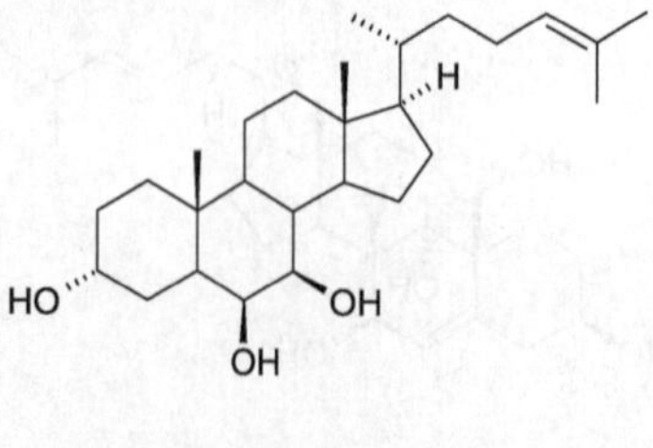

705 Cholest-7-ene-3,5,6-triol 胆甾-7-烯-3,5,6-三醇

【基本信息】$C_{27}H_{46}O_3$, $[\alpha]_D$ = −20.8° (甲醇).【类型】胆甾烷甾醇.【来源】软体动物双壳纲扇贝科虾夷盘扇贝 *Patinopecten yessoensis* 和软体动物海兔属 *Aplysia juliana*.【活性】细胞毒 (HeLa-S3, IC_{50} = 0.00016ng/mL).【文献】Y. Yamaguchi, et al. Chem. Lett., 1992, 1713.

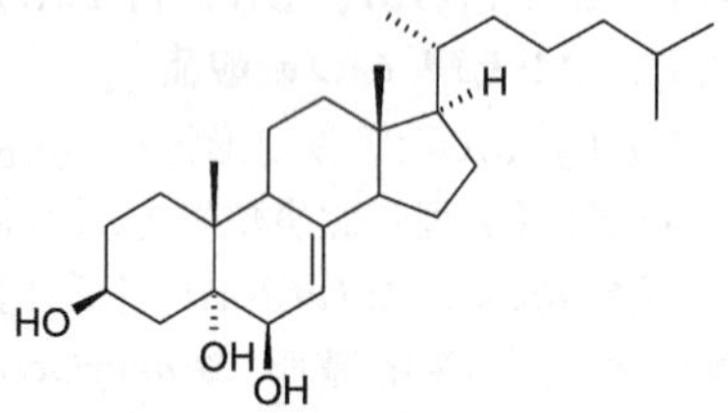

706 (2*β*,3*α*)-Cholest-5-ene-2,3,21-triol 3,21-disulfate (2*β*,3*α*)-胆甾-5-烯-2,3,21-三醇 3,21-二硫酸酯

【基本信息】$C_{27}H_{46}O_9S_2$, $[\alpha]_D$ = +8.7°.【类型】胆甾烷甾醇.【来源】海蛇尾智利筐蛇尾* *Gorgonocephalus chilensis*, 海蛇尾卡氏筐蛇尾 *Gorgonocephalus caryi*, 海蛇尾刺蛇尾属 *Ophiothrix fragilis*, 海蛇尾织纹真蛇尾 *Ophiura texturata*, 海蛇尾真蛇尾属 *Ophiura leptoctenia*, 海蛇尾长尾栉蛇尾* *Ophioderma longicaudum* (南极地区) 和海蛇尾南极蛇尾 *Ophionotus victoriae*, 格翅海星 *Pteraster tessellatus*.【活性】抗 HIV-1 病毒 (细胞保护剂).【文献】M. V. D'Auria, et al. Nat. Prod. Lett., 1993, 3, 197; M. V. D'Auria, et al. JNP, 1995, 58, 189; L. K. Shubina, et al. Comp. Biochem. Physiol., B: Biochem. Mol. Biol., 1998, 119, 505.

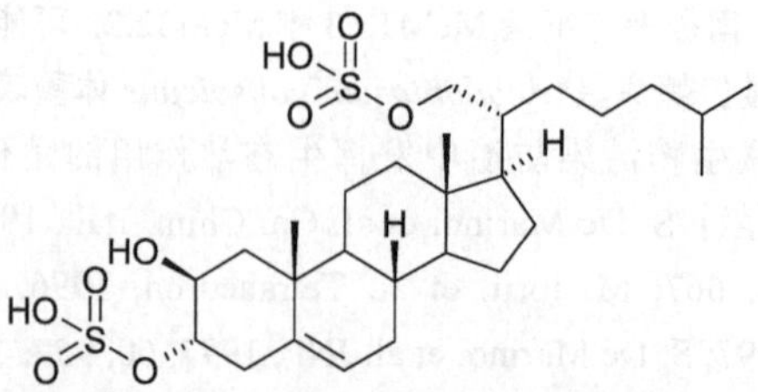

707 Cholest-5-ene-1,3,21-triol-3,21-disulfate 胆甾-5-烯-1,3,21-三醇-3,21-二硫酸酯

【基本信息】$C_{27}H_{46}O_9S_2$, 无定形固体, $[\alpha]_D$ = +16.7° (*c* = 0.62, 甲醇水溶液).【类型】胆甾烷甾醇.【来源】海蛇尾粗壮蜘蛇尾 *Ophiarachna incrassata*.【活性】蛋白酪氨酸激酶抑制剂 (蛋白

酪氨酸激酶抑制剂 pp60 的组分).【文献】X. Fu, et al. JNP, 1994, 57, 1591.

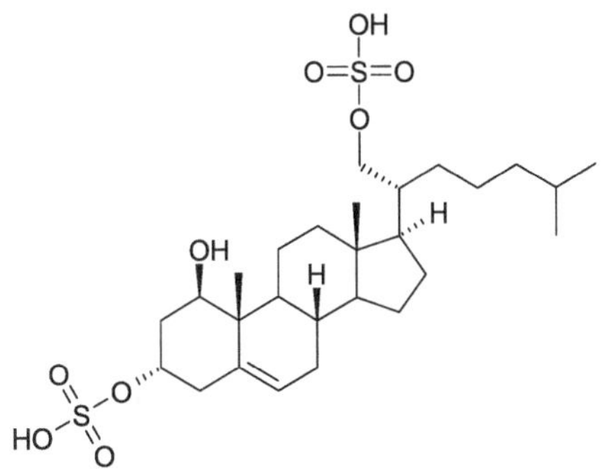

708 (3*β*,5*α*,6*α*,23*S*)-Cholest-9(11)-ene-3,6,23-triol 3,6-disulfate(disodium salt) (3*β*,5*α*,6*α*,23*S*)-胆甾-9(11)-烯-3,6,23-三醇 3,6-二硫酸酯(二钠盐)

【基本信息】$C_{27}H_{44}O_9S_2^{2-}$, $[\alpha]_D$ = +24.2° (*c* = 1, 甲醇).【类型】胆甾烷甾醇.【来源】海盘车科 Asteriidae 海星 *Plazaster borealis* 和海星日本滑海盘车 *Aphelasterias japonica* (日本水域).【活性】诱导海胆 *Strongylocentrotus nudus* 的回避反应.【文献】E. Finamore, et al. JNP, 1992, 55, 767; N. Takahashi, et al. Fish. Sci., 2000, 66, 412.

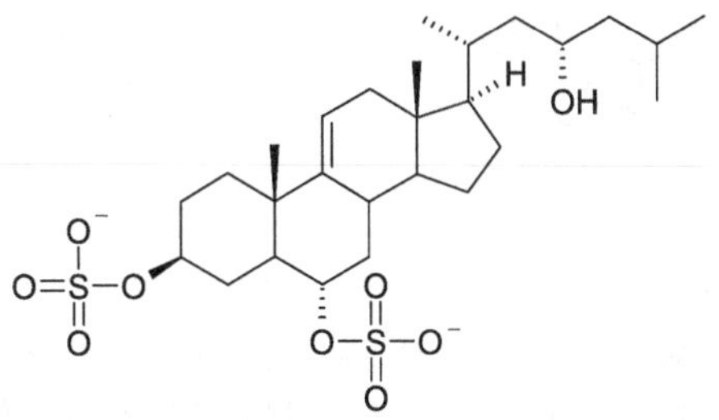

709 (3*β*,5*α*)-Cholest-7-en-3-ol (3*β*,5*α*)-胆甾-7-烯-3-醇

【别名】Lathosterol; 羊毛甾醇.【基本信息】$C_{27}H_{46}O$, 针状晶体 (丙酮), mp 125~127°C.【类型】胆甾烷甾醇.【来源】海参纲芋参科海参 *Trochostoma orientale* (可食), 海星海盘车属 *Asterias pectinifera,* 海星红海盘车 *Asterias rubens,* 血红鸡爪海星 *Henricia sanguinolenta* 和海星纲钳棘目细海盘车 *Marthasterias glacialis,* 棘皮动物门海参纲辛那参科海参 *Bathyplotes natans,* 瓜参属 *Cucumaria* sp., 硬瓜参科海参 *Eupentacta fraudatrix,* 海参属 *Holothuria nobilis,* 海参属 *Holothuria scabra* 和箱海参属 *Psolus fabricii*.【活性】抗诱变剂 (可能作为化疗预防剂有用).【文献】V. A. Stonik, et al. Comp. Biochem. Physiol., B: Biochem. Mol. Biol., 1998, 120, 337; Y. H. Han, et al. Biol. Pharm. Bull., 2000, 23, 1247.

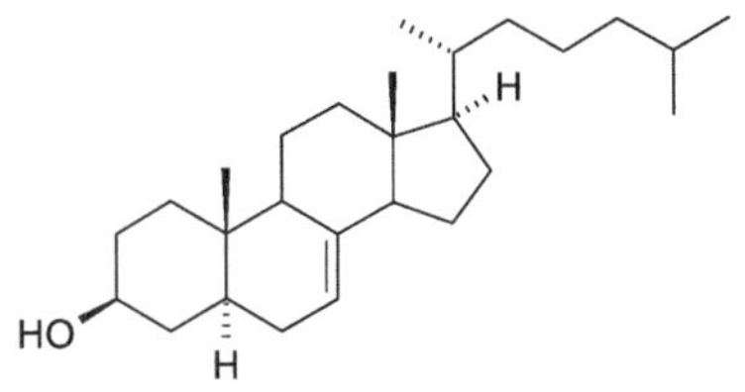

710 Cholesterol 胆固醇

【基本信息】$C_{27}H_{46}O$, 珍珠般叶片状晶体 (乙醇水溶液), mp 148.5°C (无水的), $[\alpha]_D$ = −31.12° (乙醚); 白色粉末, mp 148~149°C, $[\alpha]_D^{25}$ = −31.6° (*c* = 1.00, 乙醚).【类型】胆甾烷甾醇.【来源】环节动物门矶沙蚕科 *Eunicea fusca* (圣玛尔塔湾, 加勒比海, 哥伦比亚), 豆荚软珊瑚属 *Lobophytum laevigatum* (庆和省, 越南); 高等动物特有的甾醇, 鱼肝油, 蛋黄, 胆汁和胆结石等, 很多海洋生物都含有胆固醇.【活性】制药辅助乳化剂; 润肤剂.【文献】V. A. Stonik, et al. Comp. Biochem. Physiol., B: Biochem. Mol. Biol., 1998, 120, 337; L. Castellanos, et al. Biochem. Syst. Ecol. 2003, 31, 1163; T. H. Quang, et al. BoMCL, 2011, 21, 2845; E. Reina, et al. BoMCL, 2011, 21, 5888.

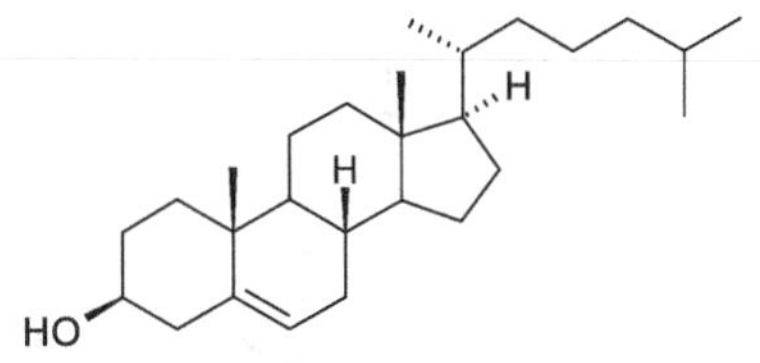

711 Crellastatin A 肉丁海绵他汀 A*

【基本信息】$C_{58}H_{88}O_{12}S$, 无定形粉末, $[\alpha]_D$ = +55° (*c* = 1,甲醇).【类型】胆甾烷甾醇.【来源】肉丁海绵属 *Crella* sp. (瓦努阿图).【活性】细胞毒 (NSCLC-N6, IC_{50} = 1.5μg/mL).【文献】M. V. D'Auria, et al. JOC, 1998, 63, 7382.

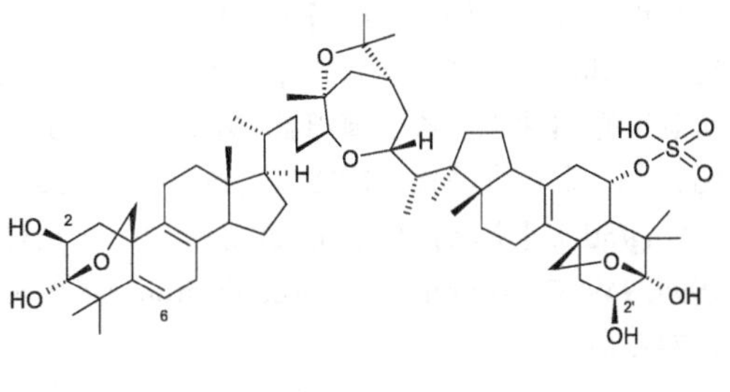

712 Crellastatin B 肉丁海绵他汀 B*

【别名】2-Deoxycrellastatin A; 2-去氧肉丁海绵他汀 A*.【基本信息】$C_{58}H_{88}O_{11}S$, 无定形粉末, $[\alpha]_D = +32°$ ($c = 0.001$, 甲醇).【类型】胆甾烷甾醇.【来源】肉丁海绵属 *Crella* sp. (瓦努阿图).【活性】抗肿瘤 (NSCLC, *in vitro*, $IC_{50} = 1.2\mu g/mL$).【文献】A. Zampella, et al. EurJOC, 1999, 949; C. Giannini, et al. Tetrahedron, 1999, 55, 13749.

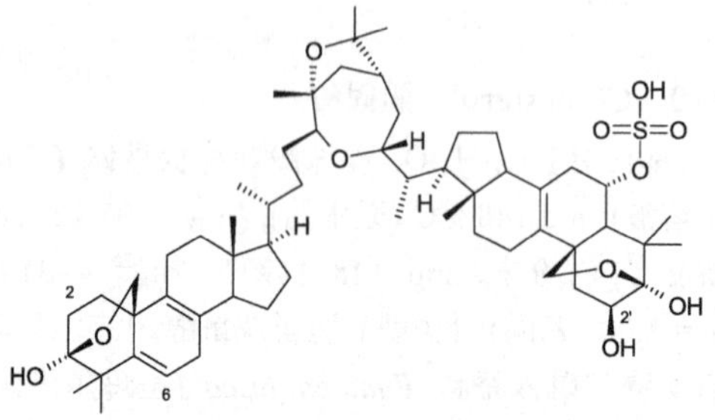

713 Crellastatin C 肉丁海绵他汀 C*

【别名】2′-Deoxycrellastatin A; 2′-去氧肉丁海绵他汀 A*.【基本信息】$C_{58}H_{88}O_{11}S$, 无定形粉末, $[\alpha]_D = +50.9°$ ($c = 0.001$, 甲醇).【类型】胆甾烷甾醇.【来源】肉丁海绵属 *Crella* sp. (瓦努阿图).【活性】抗肿瘤 (NSCLC, *in vitro*, $IC_{50} = 3.4\mu g/mL$).【文献】A. Zampella, et al. EurJOC, 1999, 949; C. Giannini, et al. Tetrahedron, 1999, 55, 13749.

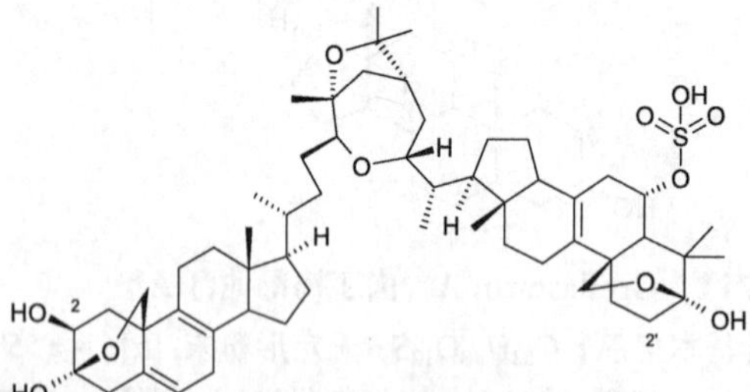

714 Crellastatin D 肉丁海绵他汀 D*

【别名】2,2′-Dideoxycrellastatin A; 2,2′-双去氧肉丁海绵他汀 A*.【基本信息】$C_{58}H_{88}O_{10}S$, 无定形粉末, $[\alpha]_D = +51.6°$ ($c = 0.001$, 甲醇).【类型】胆甾烷甾醇.【来源】肉丁海绵属 *Crella* sp. (瓦努阿图).【活性】抗肿瘤 (NSCLC, *in vitro*, $IC_{50} = 5.94\mu g/mL$).【文献】A. Zampella, et al. EurJOC, 1999, 949; C. Giannini, et al. Tetrahedron, 1999, 55, 13749.

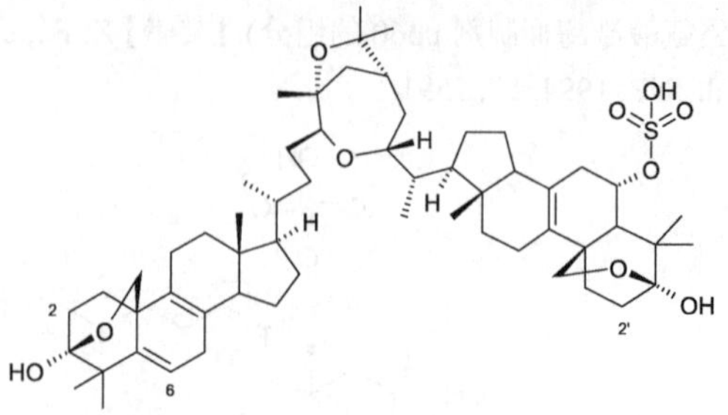

715 Crellastatin E 肉丁海绵他汀 E*

【基本信息】$C_{58}H_{88}O_{11}S$, 无定形粉末, $[\alpha]_D = +11.4°$ ($c = 0.001$, 甲醇).【类型】胆甾烷甾醇.【来源】肉丁海绵属 *Crella* sp. (瓦努阿图).【活性】抗肿瘤 (NSCLC, *in vitro*, $IC_{50} = 9.87\mu g/mL$).【文献】A. Zampella, et al. EurJOC, 1999, 949; C. Giannini, et al. Tetrahedron, 1999, 55, 13749.

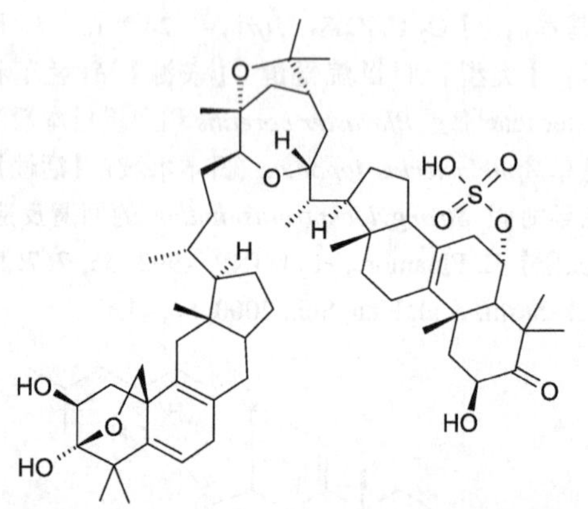

716 Crellastatin F 肉丁海绵他汀 F*

【基本信息】$C_{58}H_{90}O_{16}S_2$, 无定形粉末, $[\alpha]_D = +60.3°$ ($c = 0.001$, 甲醇).【类型】胆甾烷甾醇.【来源】肉丁海绵属 *Crella* sp. (瓦努阿图).【活性】抗肿瘤 (NSCLC, *in vitro*, $IC_{50} = 2.7\mu g/mL$).【文献】A. Zampella, et al. EurJOC, 1999, 949; C. Giannini, et al. Tetrahedron, 1999, 55, 13749.

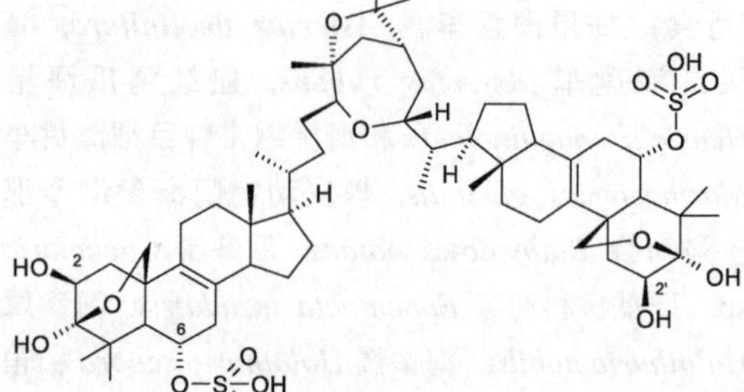

717 Crellastatin G 肉丁海绵他汀 G*

【基本信息】$C_{58}H_{90}O_{15}S_2$，无定形粉末，$[\alpha]_D = +68.7°$ ($c = 0.001$，甲醇).【类型】胆甾烷甾醇.【来源】肉丁海绵属 *Crella* sp. (瓦努阿图).【活性】抗肿瘤 (NSCLC, *in vitro*, $IC_{50} = 2.5\mu g/mL$).【文献】A. Zampella, et al. EurJOC, 1999, 949; C. Giannini, et al. Tetrahedron, 1999, 55, 13749.

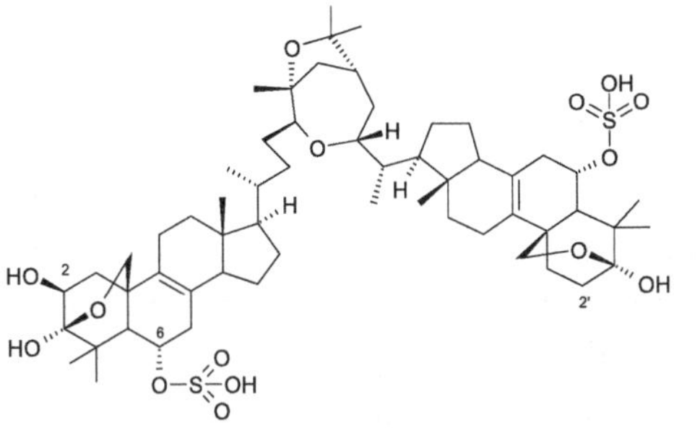

718 Crellastatin H 肉丁海绵他汀 H*

【基本信息】$C_{58}H_{90}O_{15}S_2$，无定形粉末，$[\alpha]_D = +27.8°$ ($c = 0.001$，甲醇).【类型】胆甾烷甾醇.【来源】肉丁海绵属 *Crella* sp. (瓦努阿图).【活性】抗肿瘤 (NSCLC, *in vitro*, $IC_{50} = 2.3\mu g/mL$).【文献】A. Zampella, et al. EurJOC, 1999, 949; C. Giannini, et al. Tetrahedron, 1999, 55, 13749.

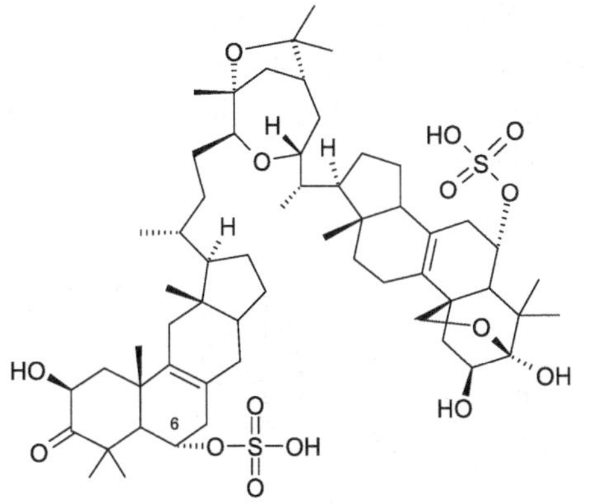

719 Crossasteroside A 轮海星固醇糖苷 A*

【别名】($3\beta,5\alpha,6\alpha,7\alpha,15\alpha,24S$)-Cholestane-3,6,7,8,15,24-hexol 24-*O*-[4-*O*-methyl-β-D-xylopyranosyl-(1→2)-3-*O*-methyl-β-D-xylopyranoside]; ($3\beta,5\alpha,6\alpha,7\alpha,15\alpha,24S$)-胆甾烷-3,6,7,8,15,24-六醇 24-*O*-[4-*O*-甲基-β-D-吡喃木糖基-(1→2)-3-*O*-甲基-β-D-吡喃木糖苷].【基本信息】$C_{39}H_{68}O_{14}$, $[\alpha]_D = -19.5°$ ($c = 1.6$，氯仿).【类型】胆甾烷甾醇.【来源】棘轮海星* *Crossaster papposus*.【活性】肌肉收缩抑制剂.【文献】L. Andersson, et al. J. Chem. Res., Synop., 1985, 366; 1987, 246.

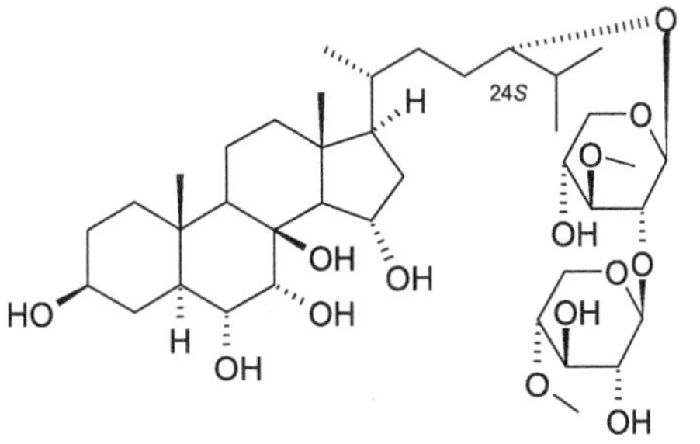

720 Crossasteroside B 轮海星固醇糖苷 B*

【别名】($3\beta,5\alpha,6\alpha,15\alpha,24S$)-Cholestane-3,6,8,15,24-pentol 24-*O*-[4-*O*-methyl-β-D-xylopyranosyl-(1→2)-3-*O*-methyl-β-D-xylopyranoside]; ($3\beta,5\alpha,6\alpha,15\alpha,24S$)-胆甾烷-3,6,8,15,24-五醇 24-*O*-[4-*O*-甲基-β-D-吡喃木糖基-(1→2)-3-*O*-甲基-β-D-吡喃木糖苷].【基本信息】$C_{39}H_{68}O_{13}$, $[\alpha]_D = -5°$ (甲醇).【类型】胆甾烷甾醇.【来源】棘轮海星* *Crossaster papposus*.【活性】肌肉收缩抑制剂.【文献】L. Andersson, et al. J. Chem. Res., Synop., 1987, 246; J. Chem. Res., Miniprint, 2085.

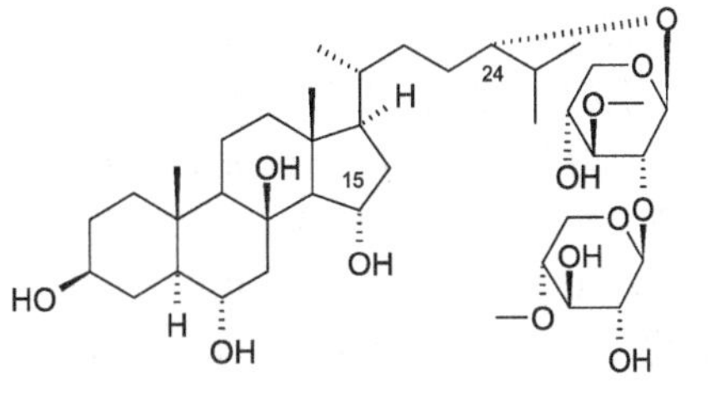

721 24-Dehydrocholesterol 24-去氢胆固醇

【基本信息】$C_{27}H_{44}O$，晶体 (丙酮/甲醇)，mp 121.5~122.5°C，$[\alpha]_D^{20} = -38.2°$ ($c = 1.143$，氯仿).【类型】胆甾烷甾醇.【来源】红藻扁乳节藻 *Galaxaura marginata* (台湾水域，中国)，红藻红皮藻属 *Rhodymenia palmata* 和红藻鳞屑囊管藻 *Halosaccion ramentaceum*，软体动物双壳纲扇贝科虾夷盘扇贝 *Patinopecten yessoensis*，并存在于许多其它海洋生物.【活性】细胞毒 (P_{388}, $ED_{50} = 33.53\mu g/mL$; KB, $ED_{50} > 50\mu g/mL$; A549, $ED_{50} > 50\mu g/mL$; HT29, $ED_{50} > 50\mu g/mL$).【文献】J.-H. Sheu, et al. JNP, 1996, 59, 23; CRC Press, DNP on DVD, 2012, version 20.2.

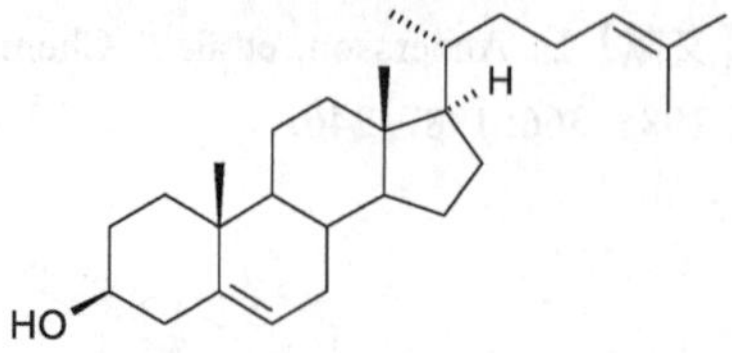

722 Dendronesterol B 巨大海鸡冠珊瑚甾醇B*

【基本信息】$C_{29}H_{50}O_6$，无定形固体，$[\alpha]_D^{25} = +1°$ ($c = 0.9$，甲醇).【类型】胆甾烷甾醇.【来源】穗软珊瑚科巨大海鸡冠珊瑚* *Dendronephthya gigantean* (日本水域).【活性】细胞毒 (L_{1210}, $IC_{50} = 5.2\mu g/mL$).【文献】K. Yoshikawa, et al. JNP, 2000, 63, 670.

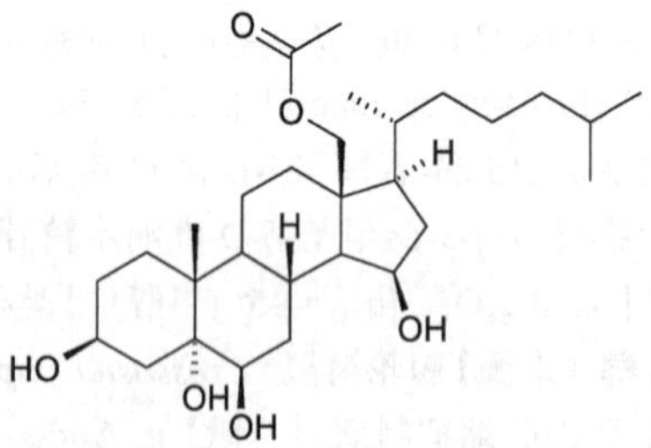

723 Dendronesterone A 巨大海鸡冠珊瑚甾酮A*

【基本信息】$C_{27}H_{42}O$，固体，$[\alpha]_D^{25} = +16°$ ($c = 0.3$，氯仿).【类型】胆甾烷甾醇.【来源】穗软珊瑚科巨大海鸡冠珊瑚* *Dendronephthya gigantean.*【活性】细胞毒 (P_{388}, $IC_{50} = 9.84\mu mol/L$，对照光辉霉素，$IC_{50} = 0.15\mu mol/L$；HT29，$IC_{50} > 100\mu mol/L$).【文献】C. Y. Duh, et al. JNP, 2004, 67, 1650.

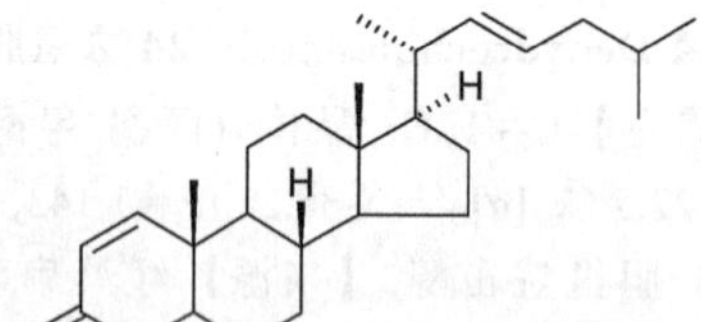

724 24-Desulfo-24-ketone-26-[(2-amino-2-carboxyethyl)thio]-squalamine 24-去磺基-24-酮-26-[(2-氨基-2-羧乙基)硫代]-角鲨胺

【基本信息】$C_{37}H_{68}N_4O_4S$，白色粉末.【类型】胆甾烷甾醇.【来源】狗鲨 *Squalus acanthias* (来自肝).【活性】抗菌 (金黄色葡萄球菌 *Staphylococcus aureus*, $IC_{50} =$ 8~16μg/mL，大肠杆菌 *Escherichia coli*, $IC_{50} = 256\mu g/mL$，铜绿假单胞菌 *Pseudomonas aeruginosa*, $IC_{50} = 256\mu g/mL$)；抗真菌 (白色念珠菌 *Candida albicans*, $IC_{50} = 128\mu g/mL$).【文献】M. N. Rao, et al. JNP, 2000, 63, 631.

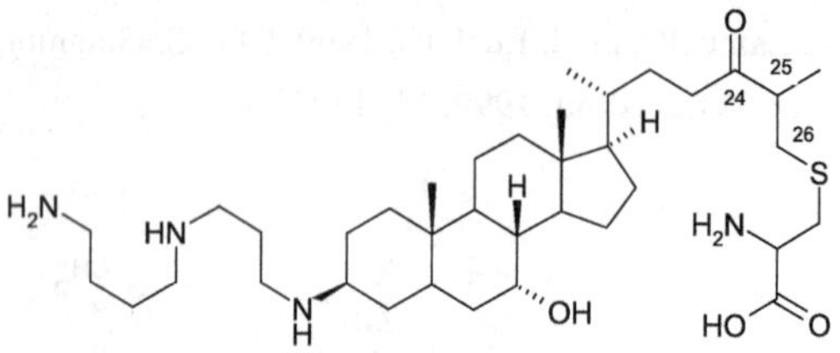

725 3α,11α-Diacetoxy-25-hydroxycholest-4-en-6-one 3α,11α-二乙酰氧基-25-羟基胆甾-4-烯-6-酮

【基本信息】$C_{31}H_{48}O_6$，无定形粉末，$[\alpha]_D^{25} = +62.4°$ ($c = 0.14$，氯仿).【类型】胆甾烷甾醇.【来源】Primnoidae 科柳珊瑚 *Dasystenella acanthina* (嗜冷生物，冷水域，南极地区).【活性】细胞毒 (DU145, $GI_{50} = 2.3\mu g/mL$; LNCaP, $GI_{50} = 2.3\mu g/mL$; IGROV, $GI_{50} = 2.2\mu g/mL$; SKBR3, $GI_{50} = 3.2\mu g/mL$; SK-MEL-28, $GI_{50} = 2.0\mu g/mL$; A549, $GI_{50} = 4.2\mu g/mL$; K562, $GI_{50} = 1.5\mu g/mL$; PANC1, $GI_{50} = 2.4\mu g/mL$; HT29, $GI_{50} = 2.9\mu g/mL$; LoVo, $GI_{50} = 2.0\mu g/mL$; LoVo-阿霉素, $GI_{50} = 1.7\mu g/mL$; HeLa, $GI_{50} = 2.9\mu g/mL$；细胞生长抑制剂).【文献】G. G. Mellado, et al. Steroids, 2004, 69, 291; M. D. Lebar, et al. NPR, 2007, 24, 774 (Rev.).

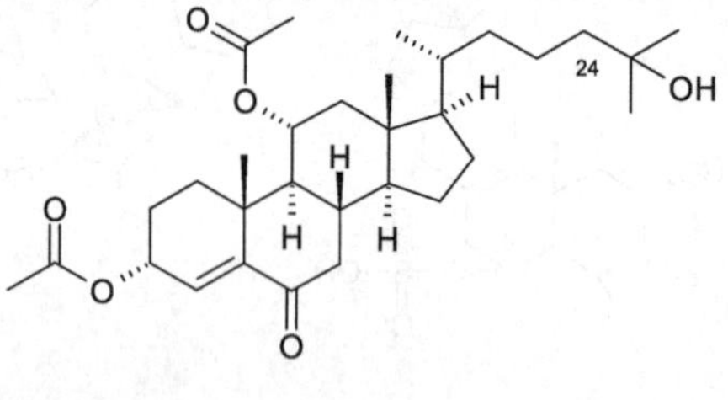

726 (20S)-18,20-Dihydroxycholesta-1,4-diene-3,16-dione (20S)-18,20-二羟基胆甾-1,4-二烯-3,16-二酮

【基本信息】$C_{27}H_{40}O_4$.【类型】胆甾烷甾醇.【来源】黑珊瑚角珊瑚属 *Antipathes subpinnata* (那不勒斯湾，意大利).【活性】有毒的 (使盐水丰年虾致死，$IC_{50} = 39.4\mu g/mL$).【文献】A. Aiello, et al. JNP, 1992, 55, 321.

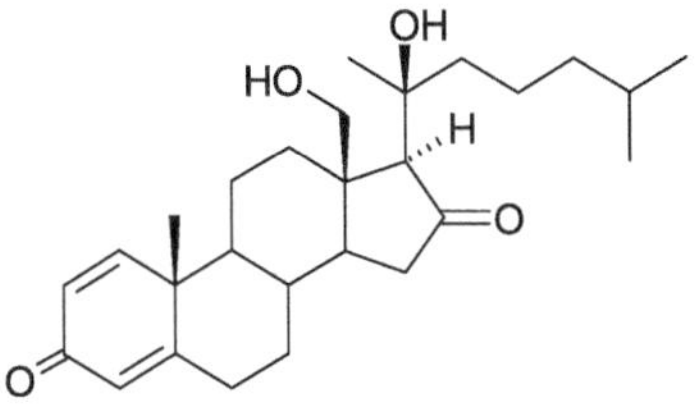

727 (5*α*,22*ξ*,23*ξ*)-22,23-Dihydroxycholesta-1,24-dien-3-one (5*α*,22*ξ*,23*ξ*)-22,23-二羟基胆甾-1,24-二烯-3-酮

【基本信息】$C_{27}H_{42}O_3$, 晶体, mp 106~109°C, $[\alpha]_D^{22}$ = –40.9° (*c* = 0.13, 二氯甲烷).【类型】胆甾烷甾醇.【来源】海鸡冠属软珊瑚 *Alcyonium gracillimum* (日本水域) 和硬棘软珊瑚属 *Scleronephthya* sp.【活性】抗污剂 (纹藤壶 *Balanus amphitrite* 介虫幼虫, LD_{100} = 100μg/mL).【文献】Y. Tomono, et al. JNP, 1999, 62, 1538.

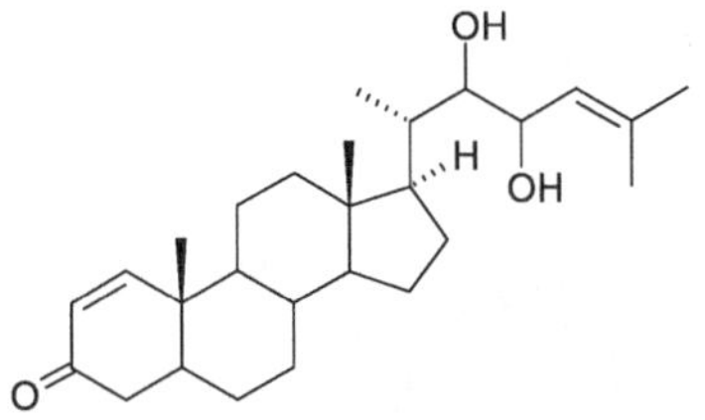

728 (3*β*,5*α*,6*α*)-3,6-Dihydroxycholesta-9(11),24-dien-23-one 3-sulfate (3*β*,5*α*,6*α*)-3,6-二羟基胆甾-9(11),24-二烯-23-酮 3-硫酸酯

【基本信息】$C_{27}H_{42}O_6S$, 无定形粉末, $[\alpha]_D$ = +4.2° (*c* = 0.65, 甲醇)【类型】胆甾烷甾醇.【来源】海星兰氏海盘车* *Asterias rathbuni* 和海盘车科 Asteriidae 海星 *Lysastrosoma anthosticta* (太平洋).【活性】细胞生长抑制剂 (细胞分裂抑制剂, 受精海胆卵, IC_{100} = 2.9×10^{-5}mol/L).【文献】N. V. Ivanchina, et al. JNP, 2001, 64, 945; E. V. Levina, et al. Russ. Chem. Bull. (Engl. Transl.), 2001, 50, 313.

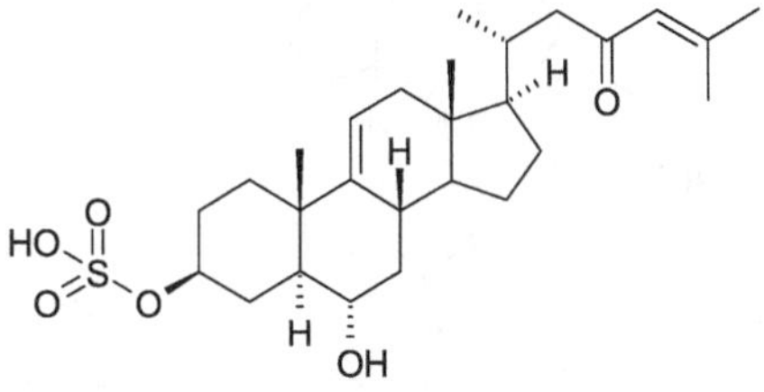

729 (16*S*,20*S*)-16,20-Dihydroxycholestan-3-one (16*S*,20*S*)-16,20-二羟基胆甾烷-3-酮

【基本信息】$C_{27}H_{46}O_3$, 白色固体, $[\alpha]_D$= +14.4° (*c* = 0.16, 氯仿).【类型】胆甾烷甾醇.【来源】柳珊瑚科柳珊瑚 *Leptogorgia sarmentosa* (西班牙).【活性】细胞毒 (P_{388}, A549, HT29 和 MEL28, 所有的 ED_{50} = 1μg/mL).【文献】L. Garrido, et al. Steroids, 2000, 65, 85.

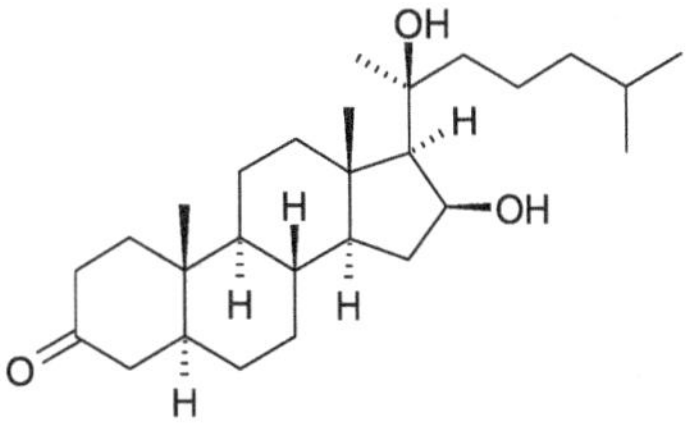

730 6*β*,16*β*-Dihydroxycholest-4-en-3-one 6*β*,16*β*-二羟基胆甾-4-烯-3-酮

【基本信息】$C_{27}H_{44}O_3$, 白色固体, mp 163°C.【类型】胆甾烷甾醇.【来源】红藻宽角叉栅藻 *Jania adhaerens* (阿-受艾巴海岸, 红海).【活性】抗遗传毒性 (人外周血细胞).【文献】W. M. Alarif, et al. Nat. Prod. Res., 2012, 26, 785.

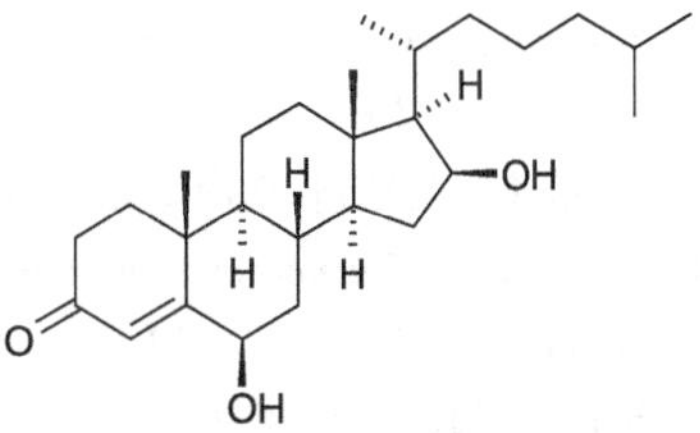

731 3,6-Dihydroxy-24-nor-9-oxo-9,11-secocholesta-7,22-dien-11-al 3,6-二羟基-24-去甲-9-氧代-9,11-断胆甾-7,22-二烯-11-醛

【基本信息】$C_{26}H_{40}O_4$, 油状物.【类型】胆甾烷甾醇.【来源】软珊瑚穗软珊瑚科 *Gersemia fruticosa* (嗜冷生物, 冷水水域, 北极区, 北部俄罗斯).【活性】细胞毒 (*in vitro*, 抑制 K562 细胞生长, IC_{50} > 60μmol/L).【文献】R. Koljak, et al. Tetrahedron, 1998, 54, 179; M. D. Lebar, et al. NPR, 2007, 24, 774 (Rev.).

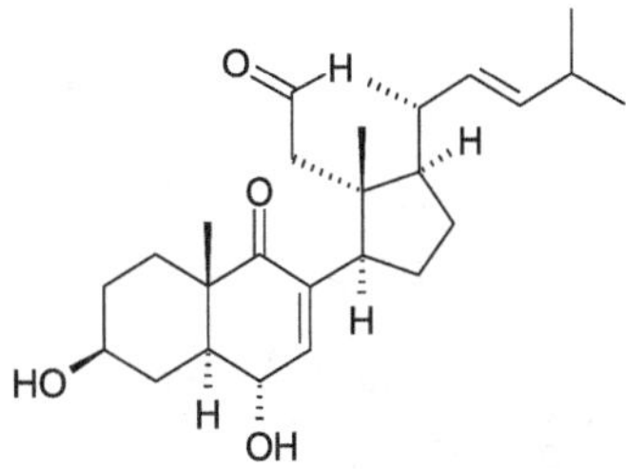

732 Dimorphoside A 双形海珊瑚糖苷 A*

【别名】3-[(3-*O*-*β*-D-Arabinofuranosyl-*β*-D-glucopyranosyl)oxy]-7-hydroxycholest-5-en-19-oic acid; 3-

[(3-*O*-*β*-D-呋喃阿拉伯糖基-*β*-D-吡喃葡萄糖基)氧]-7-羟基胆甾-5-烯-19-酸.【基本信息】$C_{38}H_{62}O_{13}$，无定形固体，$[\alpha]_D^{23}$ = –59° (c = 0.38，甲醇).【类型】胆甾烷甾醇.【来源】双形海珊瑚* *Anthoplexaura dimorpha*.【活性】细胞分裂抑制剂.【文献】N. Fusetani, et al. Tetrahedron Lett., 1987, 28, 1187.

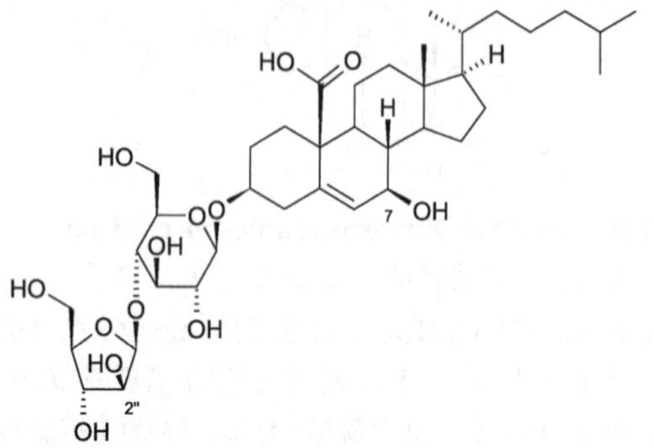

733 5,8-*epi*-Dioxycholesta-6-en-3-ol 5,8-*epi*-双氧胆甾-6-烯-3-醇

【别名】5,8-*epi*-Peroxycholesta-6-en-3-ol; 5,8-*epi*-过氧胆甾-6-烯-3-醇.【基本信息】$C_{27}H_{44}O_3$.【类型】胆甾烷甾醇.【来源】石勃卒海鞘属 *Cynthia* sp.，环节动物多毛纲蠕虫 *Perinereis aibuhitensis*.【活性】抗菌；抗真菌；细胞毒.【文献】C. V. Minh, et al. Arch. Pharmacal Res., 2004, 27, 734.

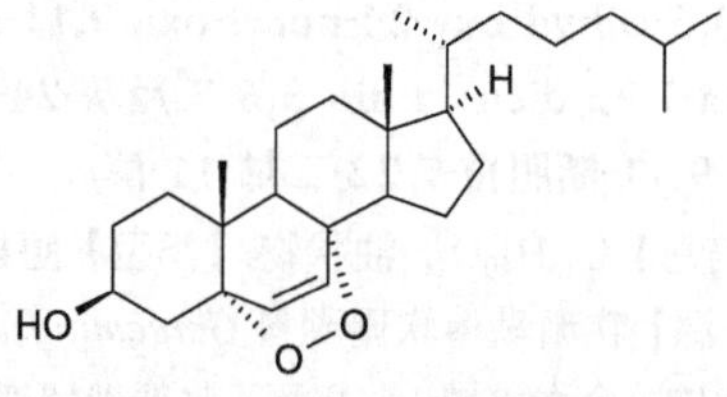

734 Diplasterioside A 南极海星糖苷 A*

【基本信息】$C_{58}H_{96}O_{27}S$.【类型】胆甾烷甾醇.【来源】海盘车科 Asteriidae 海星 *Diplasterias brucei* (南极地区，罗斯海，特拉诺瓦湾).【活性】细胞毒(人黑色素瘤细胞株，温和活性).【文献】N. V. Ivanchina, et al. Russ. J. Bioorg. Chem., 2011, 37, 499.

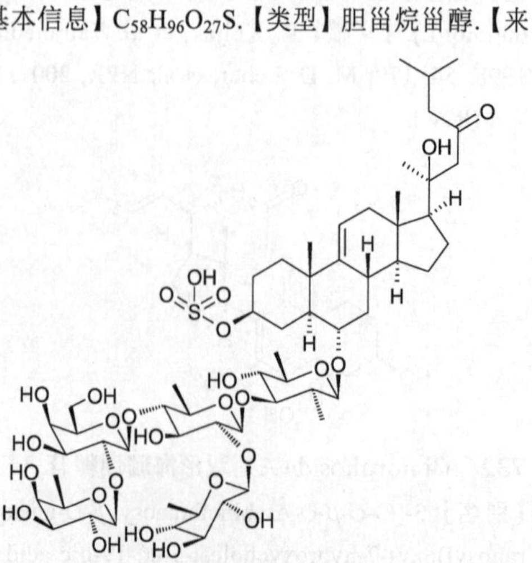

735 Dysideasterol A 掘海绵甾醇 A*

【基本信息】$C_{29}H_{46}O_6$，晶体 (氯仿/己烷)，mp 229~230°C, mp 204~205°C, $[\alpha]_D^{26}$ = +42.6° (c = 0.07，氯仿), $[\alpha]_D^{20}$ = +60° (c = 0.13，氯仿).【类型】胆甾烷甾醇.【来源】多沙掘海绵* *Dysidea arenaria* 和掘海绵属 *Dysidea* sp.【活性】细胞毒 (PS, ED_{50} = 4.9μg/mL)；在多重抗药性真菌中逆转对氟康唑耐药性.【文献】S. P. Gunasekera, et al. JOC, 1983, 48, 885; Y. Fujimoto, et al. CPB, 1985, 33, 3129; M. R. Jacob, et al. JNP, 2003, 66, 1618; X.-C. Huang, et al. Helv. Chim. Acta, 2005, 88, 281; CRC press, DNP, on DVD, 2012, version 20.2.

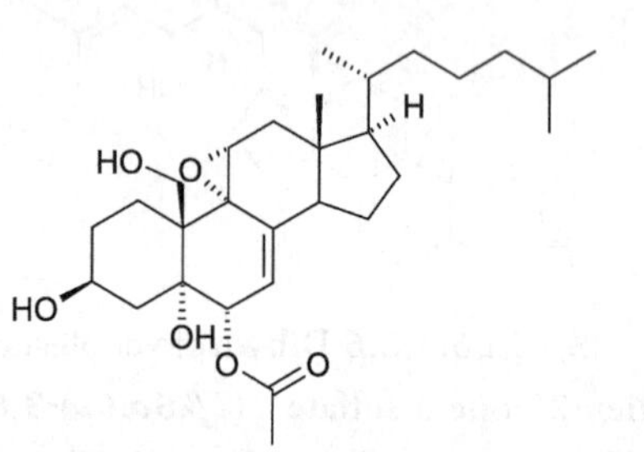

736 Dysideasterol F 掘海绵甾醇 F*

【基本信息】$C_{29}H_{46}O_6$.【类型】胆甾烷甾醇.【来源】掘海绵属 *Dysidea* sp. (石峘岛，冲绳，日本).【活性】细胞毒 (人表皮样癌细胞).【文献】S. V. S. Govindam, et al. Biosci., Biotechnol., Biochem., 2012, 76, 999.

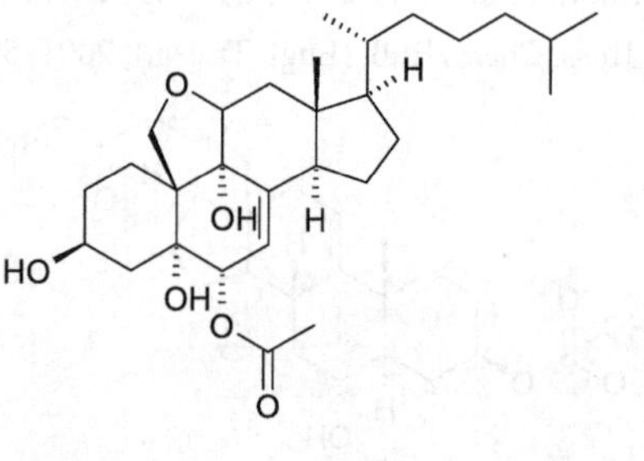

737 Dysideasterol G 掘海绵甾醇 G*

【基本信息】$C_{29}H_{44}O_5$.【类型】胆甾烷甾醇.【来源】掘海绵属 *Dysidea* sp. (石峘岛，冲绳，日本).【活性】细胞毒 (人表皮样癌细胞).【文献】S. V. S.

Govindam, et al. Biosci., Biotechnol., Biochem., 2012, 76, 999.

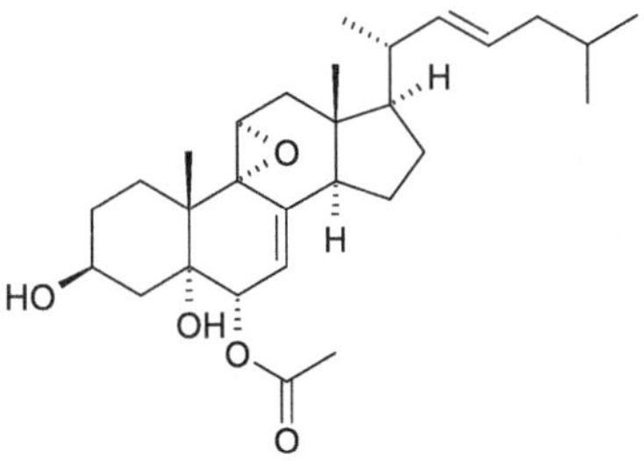

738 24ξ,25-Epoxy-12β-acetoxycholest-4-en-3-one 24ξ,25-环氧-12β-乙酰氧基胆甾-4-烯-3-酮

【基本信息】$C_{29}H_{44}O_4$, 无定形粉末, $[\alpha]_D^{25}$ = +71.8° (c = 0.03, 氯仿).【类型】胆甾烷甾醇.【来源】Primnoidae 科柳珊瑚 *Dasystenella acanthina* (嗜冷生物, 冷水域, 南极地区).【活性】细胞毒 (DU145, GI_{50} = 4.1μg/mL; LNCaP, GI_{50} = 1.5μg/mL; IGROV, GI_{50} = 5.2μg/mL; SKBR3, GI_{50} = 3.4μg/mL; SK-MEL-28, GI_{50} = 3.4μg/mL; A549, GI_{50} = 4.4μg/mL; K562, GI_{50} = 1.3μg/mL; PANC1, GI_{50}= 2.9μg/mL; HT29, GI_{50} = 3.5μg/mL; LoVo, GI_{50} = 2.2μg/mL; LoVo-阿霉素, GI_{50} = 1.9μg/mL; HeLa, GI_{50} = 3.6μg/mL; 细胞生长抑制剂).【文献】G. G. Mellado, et al. Steroids, 2004, 69, 291; M. D. Lebar, et al. NPR, 2007, 24, 774 (Rev.).

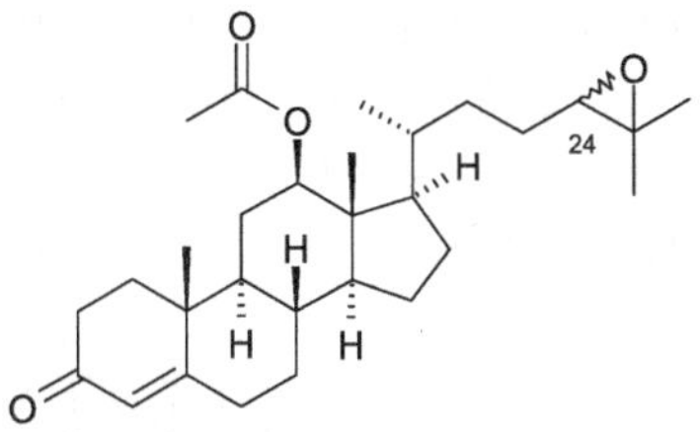

739 24ξ,25-Epoxy-23ξ-acetoxycholest-4-en-3-one 24ξ,25-环氧-23ξ-乙酰氧基胆甾-4-烯-3-酮

【基本信息】$C_{29}H_{44}O_4$, 无定形粉末, $[\alpha]_D^{25}$ = +51.4° (c = 0.12, 氯仿).【类型】胆甾烷甾醇.【来源】Primnoidae 科柳珊瑚 *Dasystenella acanthina* (嗜冷生物, 冷水域, 南极地区).【活性】细胞毒 (LNCaP, GI_{50} = 1.7μg/mL; IGROV, GI_{50} = 5.0μg/mL; SKBR3, GI_{50} = 2.2μg/mL; SK-MEL-28, GI_{50} = 3.1μg/mL; K562, GI_{50} = 1.2μg/mL; PANC1, GI_{50} = 3.1μg/mL; HT29, GI_{50} = 2.6μg/mL; LoVo, GI_{50} = 2.9μg/mL; LoVo-阿霉素, GI_{50} = 3.1μg/mL; HeLa, GI_{50} = 3.4μg/mL; 细胞生长抑制剂).【文献】G. G. Mellado, et al. Steroids, 2004, 69, 291; M. D. Lebar, et al. NPR, 2007, 24, 774 (Rev.).

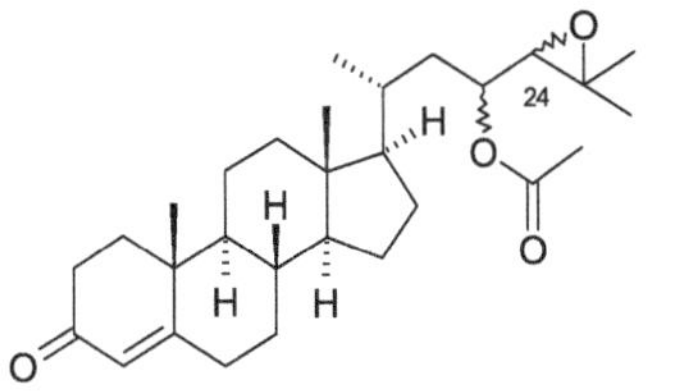

740 7α,8α-Epoxy-3β-acetoxy-5α,6α-dihydroxycholest-24-ene 7α,8α-环氧-3β-乙酰氧基-5α,6α-二羟胆甾-24-烯

【基本信息】$C_{29}H_{46}O_5$.【类型】胆甾烷甾醇.【来源】柏柳珊瑚属 *Acabaria undulata* (朝鲜半岛水域).【活性】细胞毒 (P_{388}, IC_{50} = 11.6μg/mL; DLD-1, IC_{50} = 12.6μg/mL; PLA_2, 100μg/mL, 无活性).【文献】J. Shin, et al. JNP, 1996, 59, 679.

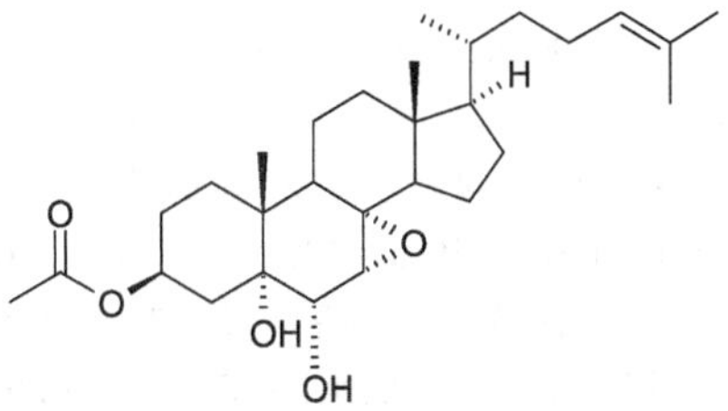

741 18,22-Epoxycholesta-1,20(22)-dien-3-one 18,22-环氧胆甾-1,20(22)-二烯-3-酮

【基本信息】$C_{27}H_{40}O_2$, 晶体, mp 52~53°C, $[\alpha]_D$ = +34.0° (c = 0.5, $CDCl_3$).【类型】胆甾烷甾醇.【来源】海鸡冠属软珊瑚 *Alcyonium gracillimum* (朝鲜半岛水域).【活性】细胞毒 (P_{388}, IC_{50} = 7.8μg/mL); 抗病毒 (HSV-1); 抗病毒 (人巨细胞病毒, IC_{50} = 7.2μg/mL).【文献】Y. Sco, et al. Tetrahedron, 1995, 51, 2497.

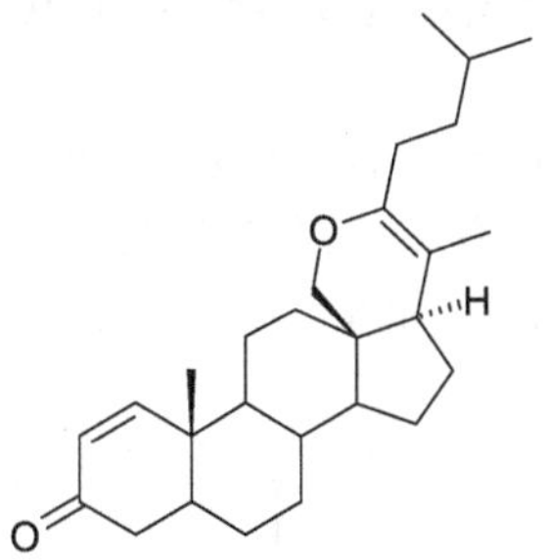

742 7,8-Epoxycholestane-3,5,6-triol 7,8-环氧胆甾烷-3,5,6-三醇

【基本信息】$C_{27}H_{46}O_4$, 白色固体, mp 169~171°C.

【类型】胆甾烷甾醇.【来源】柏柳珊瑚属 *Acabaria undulata* (朝鲜半岛水域). 【活性】细胞毒 (P_{388}, IC_{50} = 17.9μg/mL; DLD-1, IC_{50} = 19.6μg/mL; PLA_2, IC_{50} = 13.8μg/mL).【文献】J. Shin, et al. JNP, 1996, 59, 679.

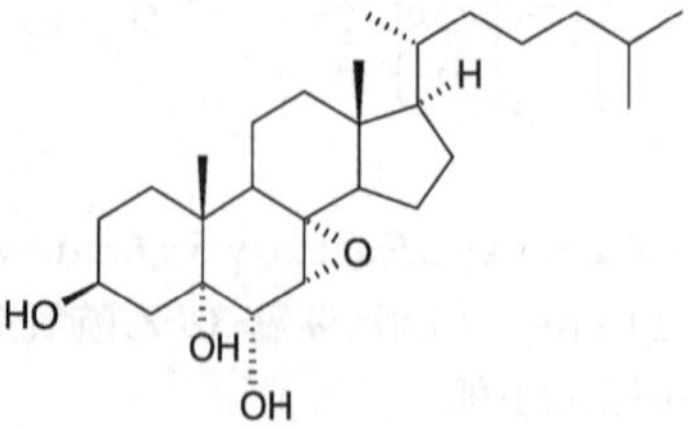

743 5β,6β-Epoxycholest-24-ene-3β,7β-diol 5β,6β-环氧胆甾-24 烯-3β,7β-二醇

【基本信息】$C_{27}H_{44}O$, 片状晶体, mp 122~123ºC, $[\alpha]_D$ = +49.5º (*c* = 2.87, 甲醇).【类型】胆甾烷甾醇.【来源】软珊瑚穗软珊瑚科 *Gersemia fruticosa* (嗜冷生物, 冷水水域, 北极区, 北部俄罗斯).【活性】细胞毒 (抑制 K562 细胞生长, IC_{50} > 60μmol/L); 细胞毒 (*in vitro*, 抑制 K562 细胞生长, IC_{50} = 21μmol/L; HL60, IC_{50} = 14μmol/L; P_{388}, IC_{50} = 18μmol/L); 细胞凋亡诱导剂 (具有典型的核小体间 DNA 降解的 K562 细胞).【文献】R. Koljak, et al. Tetrahedron, 1998, 54, 179; M. D. Lebar, et al. NPR, 2007, 24, 774 (Rev.).

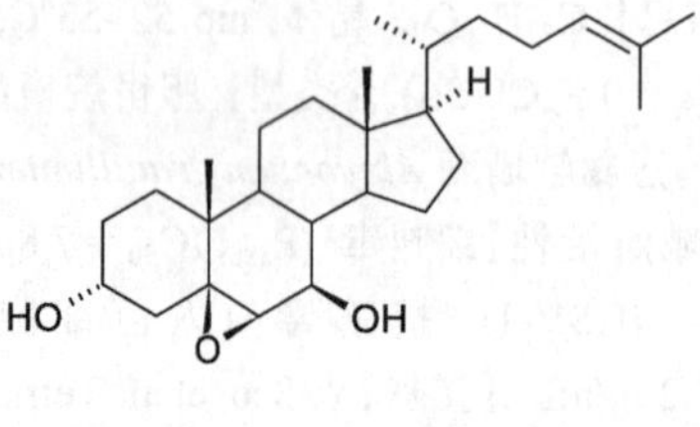

744 24,25(*R/S*)-Epoxy-6β-hydroxycholest-4-en-3-one 24,25(*R/S*)-环氧-6β-羟基胆甾-4-烯-3-酮

【基本信息】$C_{27}H_{42}O_3$, 粉末, mp 205~208ºC.【类型】胆甾烷甾醇.【来源】红藻扁乳节藻 *Galaxaura marginata* (台湾水域, 中国). 【活性】细胞毒 (P_{388}, ED_{50} = 0.75μg/mL; KB, ED_{50} = 0.30μg/mL; A549, ED_{50} = 3.14μg/mL; HT29, ED_{50} = 0.87μg/mL).【文献】J.-H. Sheu, et al. JNP, 1996, 59, 23.

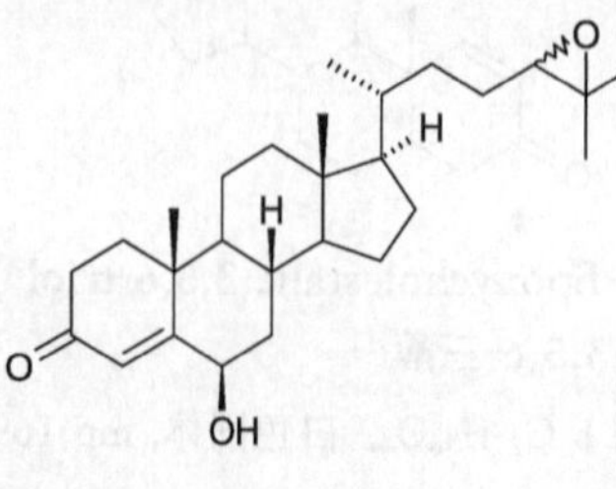

745 4,5-Epoxy-2,3,12,22-tetrahydroxy-14-methyl-cholesta-7,9(11)-diene-6,24-dione 4,5-环氧-2,3,12,22-四羟基-14-甲基胆甾-7,9(11)-二烯-6,24-二酮

【基本信息】$C_{28}H_{40}O_7$, 粉末.【类型】胆甾烷甾醇.【来源】锉海绵属 *Xestospongia sp.* (菲律宾). 【活性】HIV-1 整合酶抑制剂.【文献】M. L. Lerch, et al. Tetrahedron, 2001, 7, 4091.

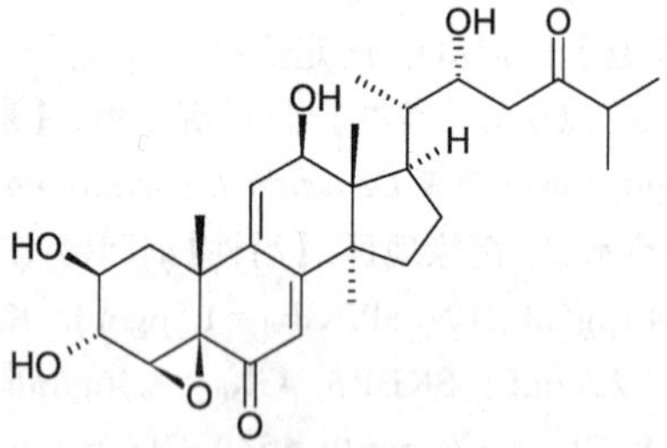

746 Eryloside A 爱丽海绵糖苷 A*

【别名】(3β,4α,5α,23*S*)-4-Methylcholesta-8,14-diene-3,23-diol 3-*O*-[β-D-galactopyranosyl-(1→2)-β-D-galactopyranoside]; (3β,4α,5α,23*S*)-4-甲基胆甾-8,14-二烯-3,23-二醇 3-*O*-[β-D-吡喃半乳糖基-(1→2)-β-D-吡喃半乳糖苷].【基本信息】$C_{40}H_{66}O_{12}$, 无定形粉末, mp 214~219ºC, mp 168~172ºC, $[\alpha]_D$ = +11º (*c* = 1.5, 氯仿).【类型】胆甾烷甾醇.【来源】爱丽海绵属 *Erylus lendenfeldi*.【活性】抗肿瘤; 抗真菌.【文献】S. Carmely, et al. JNP, 1989, 52, 167.

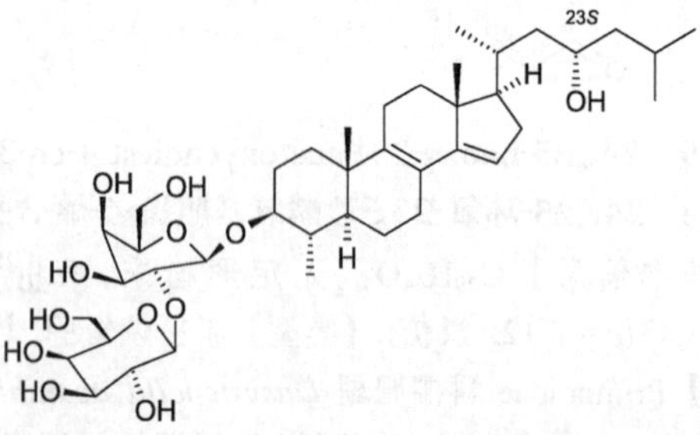

747 Euryspongiol A₁ 宽海绵甾醇 A₁*

【基本信息】$C_{27}H_{46}O_7$, $[\alpha]_D^{21}$ = –42º (*c* = 0.001, 甲醇).【类型】胆甾烷甾醇.【来源】宽海绵属 *Euryspongia* sp. [新喀里多尼亚 (法属)].【活性】抗组胺剂 (强烈抑制大鼠肥大细胞组胺释放).【文献】J. Dopeso, et al. Tetrahedron, 1994, 50, 3813.

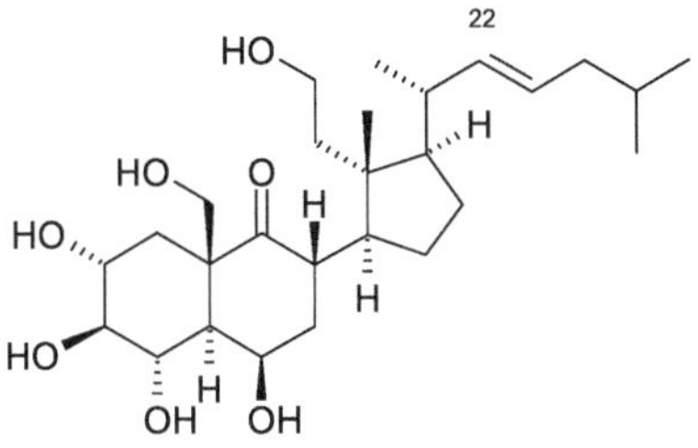

748 Euryspongiol A₂ 宽海绵甾醇 A₂*

【基本信息】$C_{27}H_{48}O_7$, $[\alpha]_D^{21} = -22°$ (c = 0.001, 甲醇).【类型】胆甾烷甾醇.【来源】宽海绵属 *Euryspongia* sp. (新喀里多尼亚(法属)).【活性】抗组胺剂 (强烈抑制大鼠肥大细胞组胺释放).【文献】J. Dopeso, et al. Tetrahedron, 1994, 50, 3813.

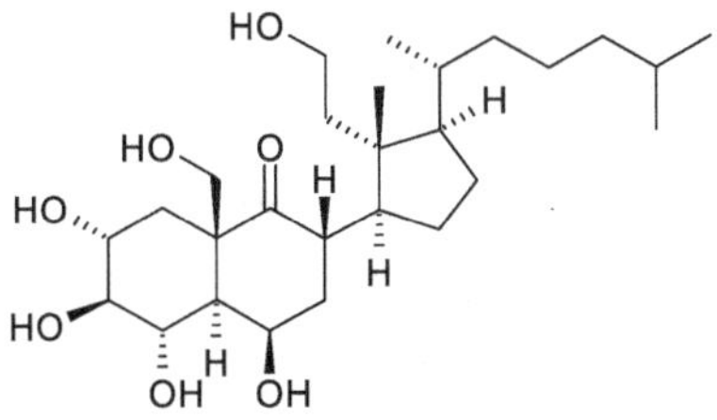

749 Fibrosterol sulfate B 纤维状扁矛海绵甾醇硫酸酯 B*

【基本信息】$C_{54}H_{88}O_{22}S_5$, 无定形固体, $[\alpha]_D^{22}$ = +19.1° (c = 0.08, 甲醇).【类型】胆甾烷甾醇.【来源】纤维状扁矛海绵* *Lissodendoryx fibrosa* [Syn. *Acanthodoryx fibrosa*] (科隆岛, 菲律宾).【活性】PKCξ 抑制剂.【文献】E. L. Whitson, et al. JOC, 2009, 74, 5902.

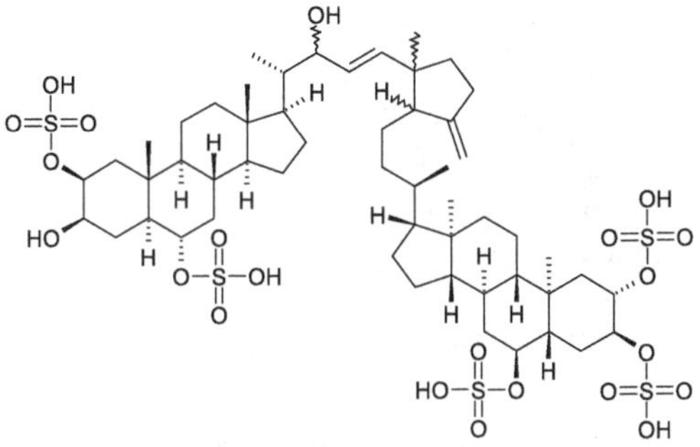

750 Fibrosterol sulfate C 纤维状扁矛海绵甾醇硫酸酯 C*

【基本信息】$C_{55}H_{90}O_{18}S_4$, 无定形固体, $[\alpha]_D^{20}$ = +29.2° (c = 0.13, 甲醇).【类型】胆甾烷甾醇.【来源】纤维状扁矛海绵* *Lissodendoryx fibrosa* [Syn. *Acanthodoryx fibrosa*] (科隆岛, 菲律宾).【活性】PKCξ 抑制剂.【文献】E. L. Whitson, et al. JOC, 2009, 74, 5902.

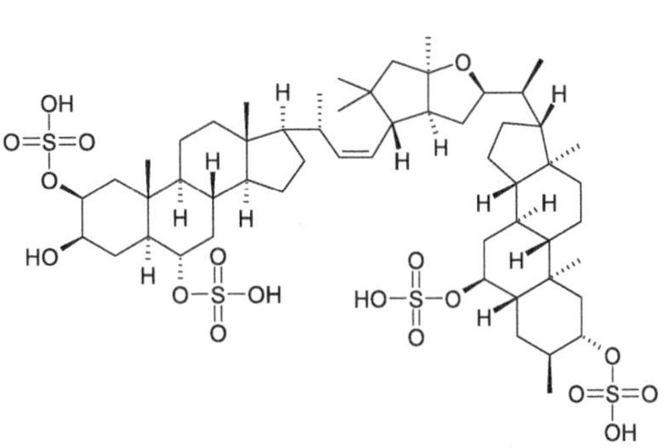

751 Fragilioside A 脆弱灯芯柳珊瑚糖苷 A*

【基本信息】$C_{36}H_{58}O_9$.【类型】胆甾烷甾醇.【来源】脆弱灯芯柳珊瑚* *Dichotella fragilis* (梅山镇, 三亚, 海南, 中国).【活性】抗污剂.【文献】Y.-M. Zhou, et al. Nat. Prod. Commun., 2011, 6, 1239.

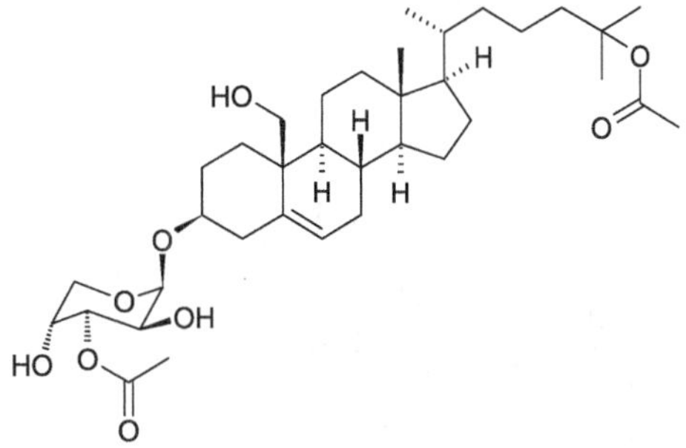

752 Fragilioside B 脆弱灯芯柳珊瑚糖苷 B*

【基本信息】$C_{36}H_{58}O_9$.【类型】胆甾烷甾醇.【来源】脆弱灯芯柳珊瑚* *Dichotella fragilis* (梅山镇, 三亚, 海南, 中国).【活性】抗污剂.【文献】Y.-M. Zhou, et al. Nat. Prod. Commun., 2011, 6, 1239.

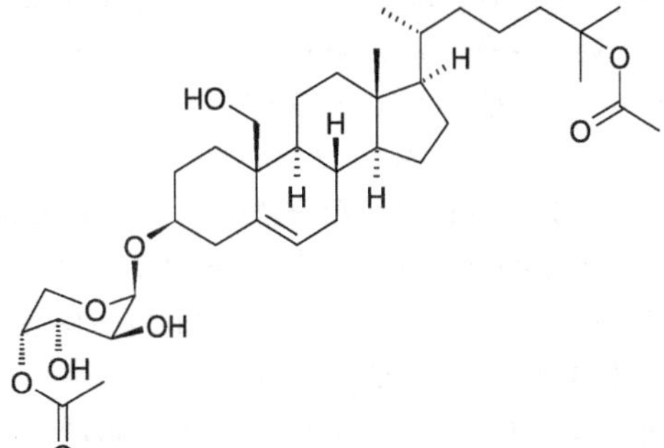

753 Gelliusterol C 结海绵甾醇 C*

【别名】3β-Hydroxycholest-5-en-23-yn-7-one; 3β-羟基胆甾-5-烯-23-炔-7-酮.【基本信息】$C_{27}H_{40}O_2$,

$[\alpha]_D$ = −36.6° (c = 0.28, 甲醇).【类型】胆甾烷甾醇.【来源】结海绵属 *Gellius* sp. (加勒比海海岸, 巴拿马).【活性】细胞毒 (HT29, 0.5μg/mL).【文献】W. A. Gallimore, et al. JNP, 2001, 64, 741.

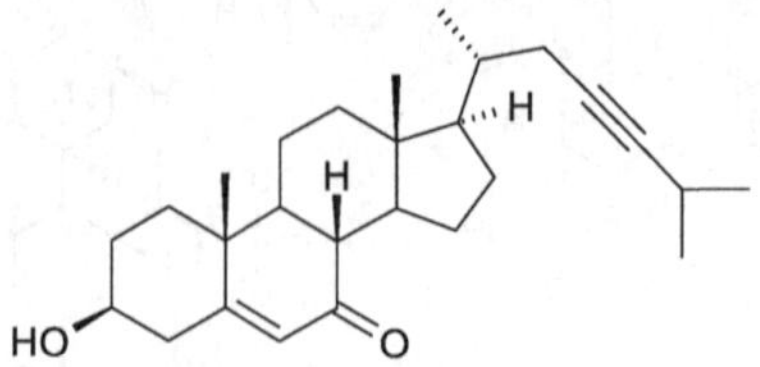

754 Glaciasterol B 3-acetate 冰秽海绵甾醇 B 3-乙酸酯*

【基本信息】$C_{29}H_{46}O_5$, 晶体 (己烷/甲醇), mp 97~99℃, $[\alpha]_D$ = +4.2° (c = 0.15, 氯仿).【类型】胆甾烷甾醇.【来源】空洞束海绵 *Fasciospongia cavernosa* (地中海).【活性】有毒的 (盐水丰年虾).【文献】S. De Rosa, et al. Nat. Prod. Lett., 1999, 13, 15.

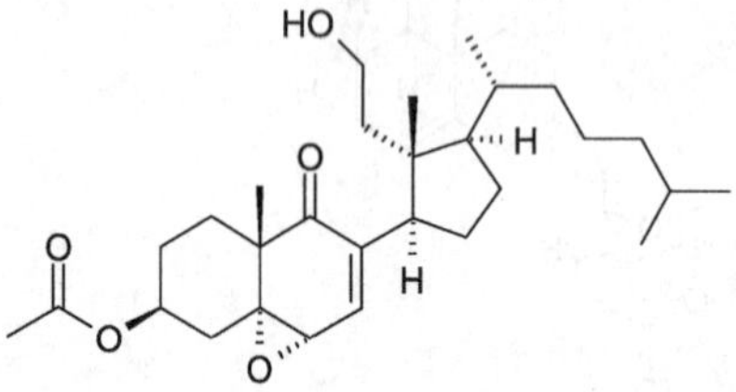

755 Goniopectenoside A 墨西哥粉红大海星糖苷 A*

【别名】(3β,5α,6α,22R)-3,6,20,25-Tetrahydroxy-cholesta-9(11),23-dien-22-one 6-O-[β-D-fucopyranosyl-(1→2)-6-deoxy-β-D-glucopyranosyl-(1→4)-[6 deoxy-3-O-methyl-β-D-glucopyranosyl-(1→2)]-β-D-xylopyranosyl-(1→3)-6-deoxy-β-D-glucopyranoside] 3-O-sulfate; (3β,5α,6α,22R)-3,6,20,25-四羟基胆甾-9(11),23-二烯-22-酮 6-O-[β-D-吡喃岩藻糖基-(1→2)-6-去氧-β-D-吡喃葡萄糖基-(1→4)-[6-去氧-3-O-甲基-β-D-吡喃葡萄糖基-(1→2)]-β-D-吡喃木糖基-(1→3)-6-去氧-β-D-吡喃葡萄糖苷] 3-O-硫酸酯.【基本信息】$C_{57}H_{92}O_{28}S$, 无定形粉末, $[\alpha]_D$ = +1.9° (c = 0.3, 甲醇).【类型】胆甾烷甾醇.【来源】Goniopectinidae 科墨西哥粉红大海星* *Goniopecten demonstrans*.【活性】抑制生物污染藻 *Hincksia irregulatus* 的定居.【文献】S. De Marino, et al. EurJOC, 2000, 4093.

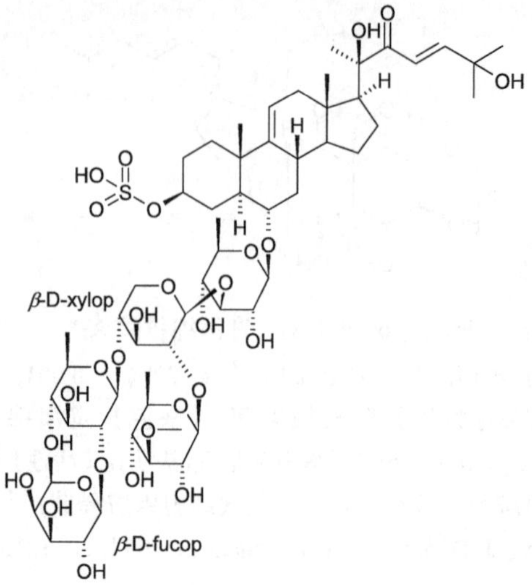

756 Goniopectenoside B 墨西哥粉红大海星糖苷 B*

【基本信息】$C_{57}H_{94}O_{27}S$, 无定形粉末, $[\alpha]_D$= −7.5° (c = 0.2, 甲醇).【类型】胆甾烷甾醇.【来源】Goniopectinidae 科墨西哥粉红大海星* *Goniopecten demonstrans*.【活性】抑制生物污染藻 *Hincksia irregulatus* 的定居.【文献】S. De Marino, et al. EurJOC, 2000, 4093.

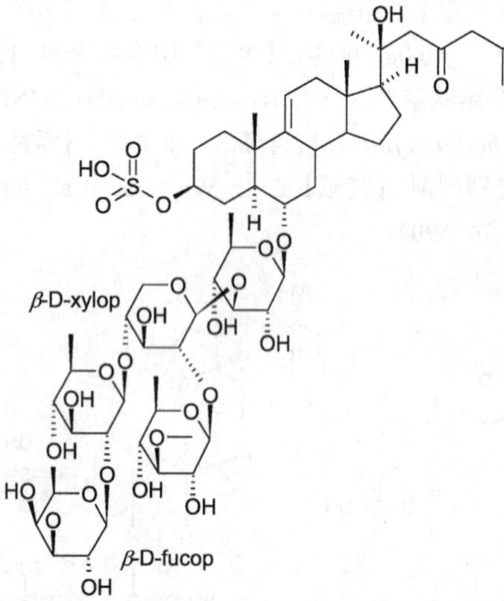

757 Goniopectenoside C 墨西哥粉红大海星糖苷 C*

【别名】(3β,6α,22R)-3,6,20-Trihydroxy-9(11),24-cholestadien-22-one 6-O-[β-D-fucopyranosyl-(1→2)-6-deoxy-β-D-glucopyranosyl-(1→4)-[6-deoxy-3-O-methyl-β-D-glucopyranosyl-(1→2)]-β-D-xylopyranosyl-(1→3)-6-deoxy-β-D-glucopyranoside] 3-O-sulfate;

$(3\beta,6\alpha,22R)$-3,6,20-三羟基-9(11),24-胆甾二烯1-22-酮* 6-*O*-[*β*-D-吡喃岩藻糖基-(1→2)-6-去氧-*β*-D-吡喃葡萄糖基-(1→4)-[6-去氧-3-*O*-甲基-*β*-D-吡喃葡萄糖基-(1→2)]-*β*-D-吡喃木糖基-(1→3)-6-去氧-*β*-D-吡喃葡萄糖苷] 3-*O*-硫酸酯.【基本信息】$C_{57}H_{92}O_{27}S$, 无定形粉末, $[\alpha]_D = +6.6°$ ($c = 0.4$, 甲醇).【类型】胆甾烷甾醇.【来源】Goniopectinidae 科墨西哥粉红大海星* *Goniopecten demonstrans*.【活性】抑制生物污染藻 *Hincksia irregulatus* 的定居.【文献】S. De Marino, et al. EurJOC, 2000, 4093.

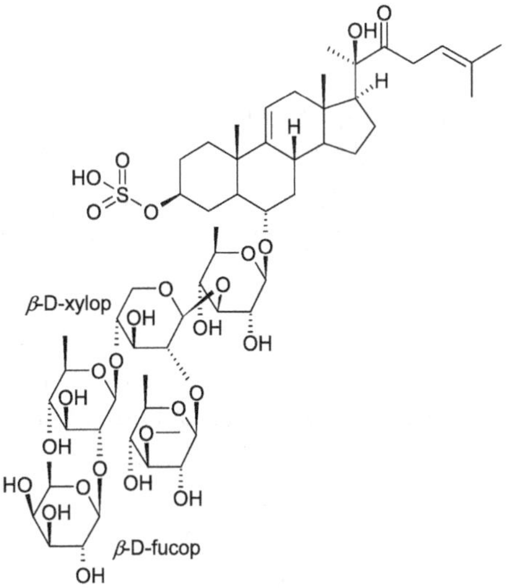

758 Halistanol sulfate C 哈里斯塔甾醇硫酸酯 C*

【基本信息】$C_{27}H_{48}O_{12}S_3$, $[\alpha]_D^{21} = +27.5°$ ($c = 1$, 甲醇).【类型】胆甾烷甾醇.【来源】外轴海绵属 *Epipolasis* sp. (日本水域).【活性】凝血酶抑制剂 ($IC_{50} = 16\mu g/mL$).【文献】S. Kanazawa, et al. Tetrahedron, 1992, 48, 5467.

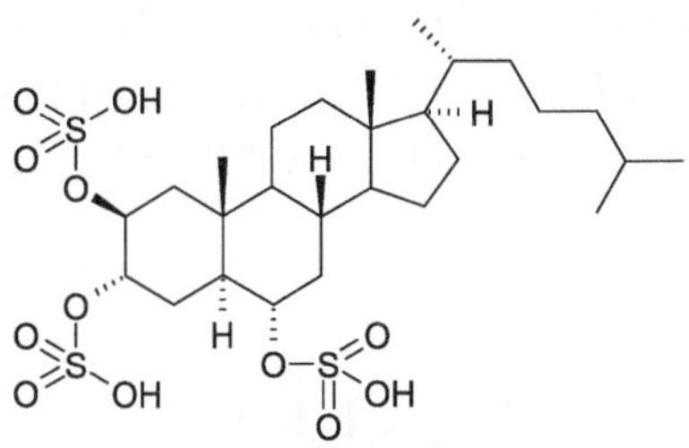

759 Halityloside F 膨海星糖苷 F*

【别名】$(3\beta,5\alpha,6\beta,15\beta,24S)$-Cholestane-3,6,8,15,24-pentol 24-*O*-[2,4-di-*O*-methyl-*β*-D-xylopyranosyl-(1→2)-*α*-L-arabinofuranoside]; $(3\beta,5\alpha,6\beta,15\beta,24S)$-胆甾烷-3,6,8,15,24-五醇 24-*O*-[2,4-二-*O*-甲基-*β*-D-吡喃木糖基-(1→2)-*α*-L-呋喃阿拉伯糖苷]【基本信息】$C_{39}H_{68}O_{13}$, $[\alpha]_D = -14.1°$ (甲醇).【类型】胆甾烷甾醇.【来源】规则膨海星* *Halityle regularis*, 面包海星 *Culcita novaeguineae*, 疣纳多海星 *Nardoa tuberculata* 和乳头海星属 *Gomophia watsoni*.【活性】有毒的 (盐水丰年虾).【文献】R. Riccio, et al. Ga. Chim. Ital., 1985, 115, 405; M. Iorii, et al. JNP, 1986, 49, 67.

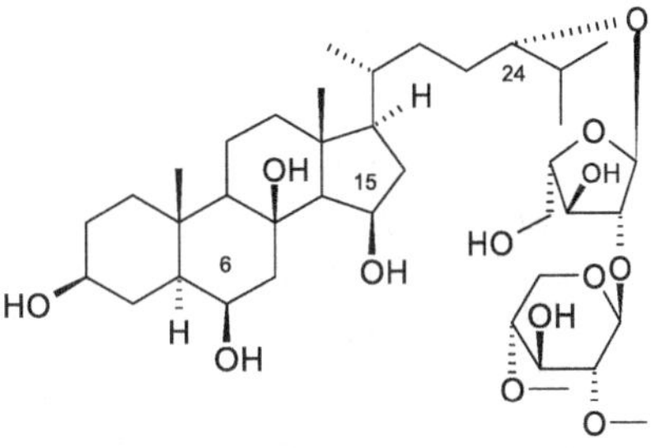

760 Herbasterol 拟草掘海绵甾醇*

【别名】$2\beta,3\alpha,6\beta$,11,19-Pentahydroxy-9,11-secocholestan-9-one; $2\beta,3\alpha,6\beta$,11,19-五羟基-9,11-开环胆甾烷-9-酮.【基本信息】$C_{27}H_{48}O_6$, 吸湿性固体, mp 113~115°C, $[\alpha]_D = +1.4°$ ($c = 8.4$, 甲醇).【类型】胆甾烷甾醇.【来源】拟草掘海绵* *Dysidea herbacea*.【活性】鱼毒; 细胞毒.【文献】R. J. Capon, et al. JOC, 1985, 50, 4771.

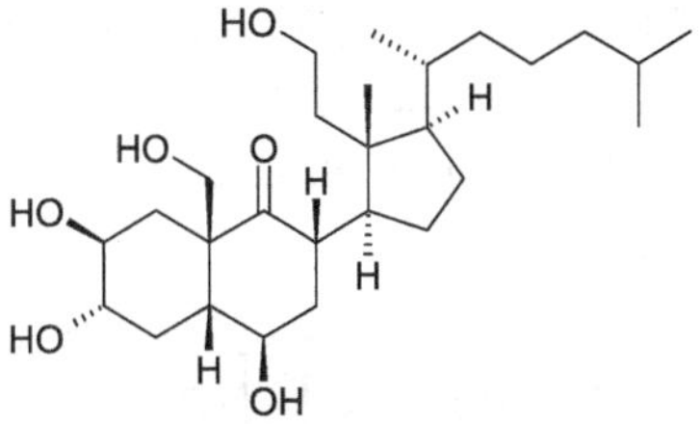

761 Hippasterioside B 马海星甾醇糖苷 B*

【别名】$(20R,22R,23S)$-22,23-Epoxy-20-hydroxy-6*α*-*O*-{*β*-D-xylopyranosyl-(1→3)-*β*-D-fucopyranosyl-(1→2)-*β*-D-quinovopyranosyl-(1→4)-[*β*-D-quinovopyranosyl-(1→2)]-*β*-D-xylopyranosyl-(1→3)-*β*-D-quinovopyranosyl}-5*α*-cholest-9(11)-en-3*β*-yl 3-sulfate; $(20R,22R,23S)$-22,23-环氧-20-羟基-6*α*-*O*-{*β*-D-吡喃木糖基-(1→3)-*β*-D-吡喃岩藻糖基-(1→2)-*β*-D-吡喃鸡纳糖基-(1→4)-[*β*-D-吡喃鸡纳糖基-(1→2)]-*β*-D-吡喃木糖基-(1→3)-*β*-D-吡喃鸡纳糖基}-5*α*-胆甾-9(11)-烯-3*β*-基 3-硫酸酯.【基

本信息】$C_{61}H_{100}O_{30}S$, 无色无定形粉末, $[\alpha]_D^{25}$ = ±0° (c = 0.1, 甲醇).【类型】胆甾烷甾醇.【来源】库页岛马海星* *Hippasteria kurilensis* (千岛群岛, 鄂霍次克海, 俄罗斯).【活性】细胞毒 (HT29, 抑制菌落形成, 减低菌落数 16%).【文献】A. A. Kicha, et al. Chem. Biodiversity, 2011, 8, 166.

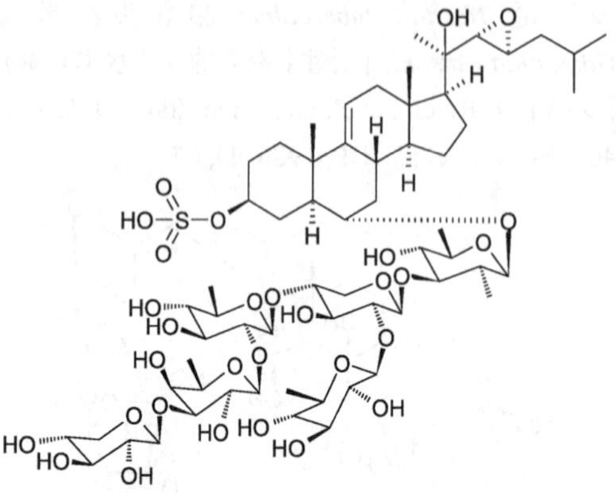

762 Hirsutosterol D 硬毛短足软珊瑚甾醇 D*

【基本信息】$C_{29}H_{48}O_5$, 白色粉末, $[\alpha]_D^{25}$ = −44° (c = 0.45, 氯仿).【类型】胆甾烷甾醇.【来源】硬毛短足软珊瑚* *Cladiella hirsuta* (台湾水域, 中国).【活性】细胞毒 (HepG2, IC_{50} = 30.9μmol/L, 对照阿霉素, IC_{50} = 0.4μmol/L; HepG3B, IC_{50} = 22.5μmol/L, 阿霉素, IC_{50} = 1.3μmol/L; Ca9-22, IC_{50} = 20.2μmol/L, 阿霉素, IC_{50} = 0.2μmol/L; A549, IC_{50} = 31.7μmol/L, 阿霉素, IC_{50} = 2.6μmol/L; MCF7, IC_{50} = 33.4μmol/L, 阿霉素, IC_{50} = 2.9μmol/L; MDA-MB-231, IC_{50} = 31.3μmol/L, 阿霉素, IC_{50} = 2.0μmol/L).【文献】B.-W. Chen, et al. Org. Biomol. Chem., 2011, 9, 3272.

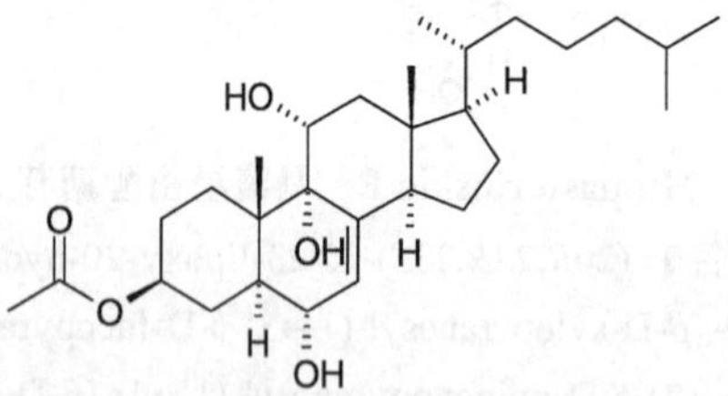

763 Hirsutosterol G 硬毛短足软珊瑚甾醇 G*

【基本信息】$C_{29}H_{46}O_5$, 白色粉末, $[\alpha]_D^{25}$ = −16° (c = 0.14, 氯仿).【类型】胆甾烷甾醇.【来源】硬毛短足软珊瑚* *Cladiella hirsuta* (台湾水域, 中国).【活性】细胞毒 (HepG2, IC_{50} = 35.0μmol/L, 对照阿霉素, IC_{50} = 0.4μmol/L; HepG3B, IC_{50} = 28.1μmol/L, 阿霉素, IC_{50} = 1.3μmol/L; Ca9-22, IC_{50} = 26.6μmol/L, 阿霉素, IC_{50} = 0.2μmol/L; A549, IC_{50} = 38.4μmol/L, 阿霉素, IC_{50} = 2.6μmol/L; MCF7, IC_{50} = 29.7μmol/L, 阿霉素, IC_{50} = 2.9μmol/L; MDA-MB-231, IC_{50} = 42.0μmol/L, 阿霉素, IC_{50} = 2.0μmol/L).【文献】B.-W. Chen, et al. Org. Biomol. Chem., 2011, 9, 3272.

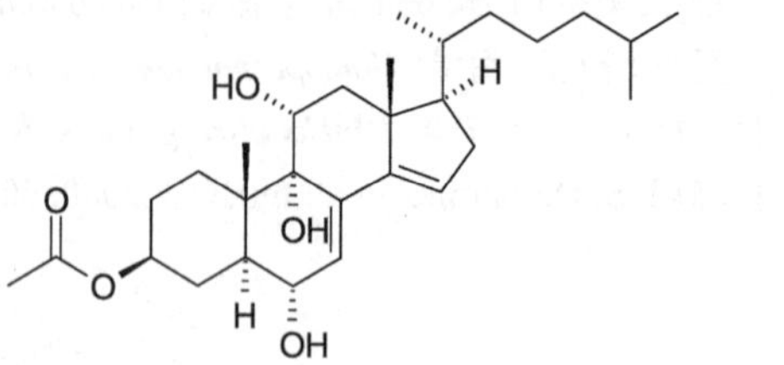

764 25-Hydroperoxycholesta-4,23-diene-3,6-dione 25-氢过氧胆甾-4,23-二烯-3,6-二酮

【基本信息】$C_{27}H_{40}O_4$, mp 185~188°C, $[\alpha]_D^{28}$ = +7.0° (c = 0.20, 氯仿).【类型】胆甾烷甾醇.【来源】红藻扁乳节藻 *Galaxaura marginata* (台湾水域, 中国).【活性】细胞毒 (P_{388}, ED_{50} = 0.14μg/mL, KB, ED_{50} = 0.45μg/mL, A549, ED_{50} = 1.54μg/mL, HT29, ED_{50} = 0.55μg/mL).【文献】J.-H. Sheu, et al. JNP, 1997, 60, 900.

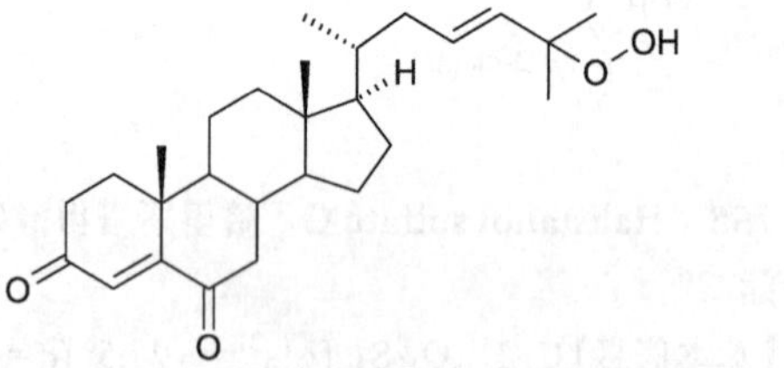

765 24ξ-Hydroperoxycholesta-4,25-diene-3,6-dione 24ξ-氢过氧胆甾-4,25-二烯-3,6-二酮

【基本信息】$C_{27}H_{40}O_4$, mp 213~214°C, $[\alpha]_D^{30}$ = +10.0° (c = 0.19, 氯仿).【类型】胆甾烷甾醇.【来源】红藻扁乳节藻 *Galaxaura marginata* (台湾水域, 中国).【活性】细胞毒 (P_{388}, ED_{50} = 0.19μg/mL; KB, ED_{50} = 0.83μg/mL; A549, ED_{50} = 2.37μg/mL;

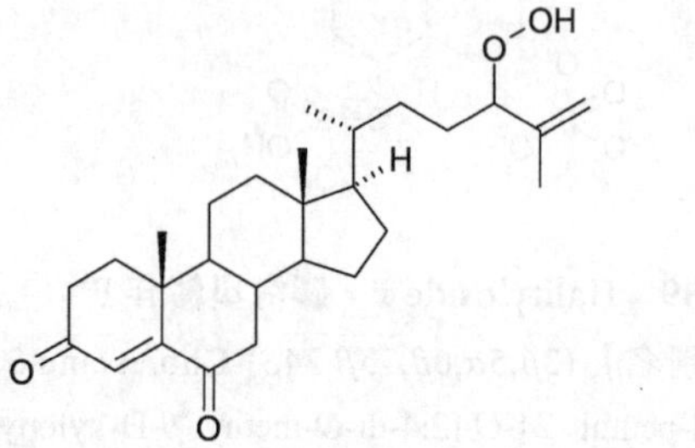

HT29, ED_{50} = 0.30μg/mL).【文献】J.-H. Sheu, et al. JNP, 1997, 60, 900.

766 25-Hydroperoxycholesta-5,(23*E*)-dien-3*β*-ol 25-氢过氧胆甾-5,(23*E*)-二烯-3*β*-醇

【基本信息】$C_{27}H_{44}O_3$, 粉末, mp 148~151°C, $[\alpha]_D^{20}$ = –41° (*c* = 0.05, 氯仿).【类型】胆甾烷甾醇.【来源】红藻扁乳节藻 *Galaxaura marginata* (台湾水域, 中国).【活性】细胞毒 (P_{388}, ED_{50} = 0.22μg/mL; KB, ED_{50} = 1.41μg/mL; A549, ED_{50} = 1.68μg/mL; HT29, ED_{50} = 1.27μg/mL).【文献】J.-H. Sheu, et al. JNP, 1996, 59, 23.

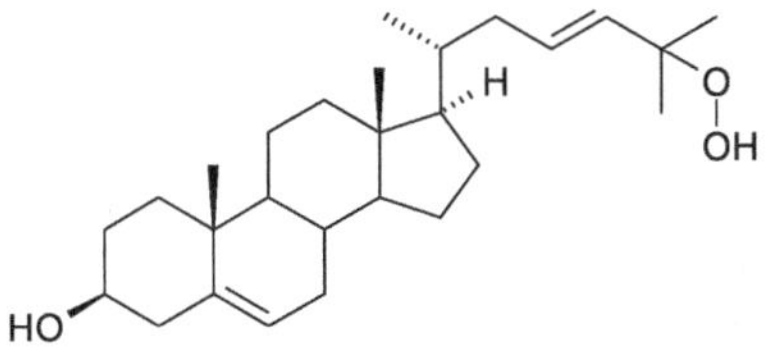

767 24*ξ*-Hydroperoxycholesta-5,25-dien-3*β*-ol 24*ξ*-氢过氧胆甾-5,25-二烯-3*β*-醇

【基本信息】$C_{27}H_{44}O_3$, 粉末, $[\alpha]_D^{24}$ = –38° (*c* = 0.2, 氯仿).【类型】胆甾烷甾醇.【来源】红藻扁乳节藻 *Galaxaura marginata* (台湾水域, 中国).【活性】细胞毒 (P_{388}, ED_{50} = 0.26μg/mL; KB, ED_{50} = 0.33μg/mL; A549, ED_{50} = 0.64μg/mL; HT29, ED_{50} = 0.43μg/mL).【文献】J.-H. Sheu, et al. JNP, 1996, 59, 23.

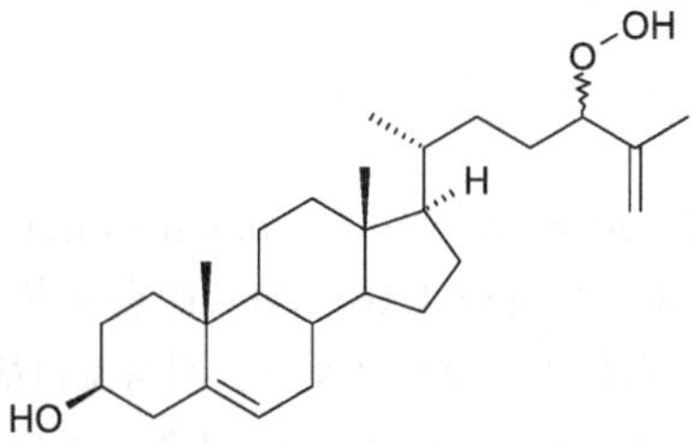

768 24*ξ*-Hydroperoxy-6*β*-hydroxycholesta-4,25-dien-3-one 24*ξ*-氢过氧-6*β*-羟基胆甾-4,25-二烯-3-酮

【基本信息】$C_{27}H_{42}O_4$, mp 166~167°C, $[\alpha]_D^{28}$ = +9.0° (*c* = 0.11, 氯仿).【类型】胆甾烷甾醇.【来源】红藻扁乳节藻 *Galaxaura marginata* (台湾水域, 中国).【活性】细胞毒 (P_{388}, ED_{50} = 0.22μg/mL, KB, ED_{50} = 0.79μg/mL, A549, ED_{50} = 0.58μg/mL, HT29, ED_{50} = 0.47μg/mL).【文献】J.-H. Sheu, et al. JNP, 1997, 60, 900.

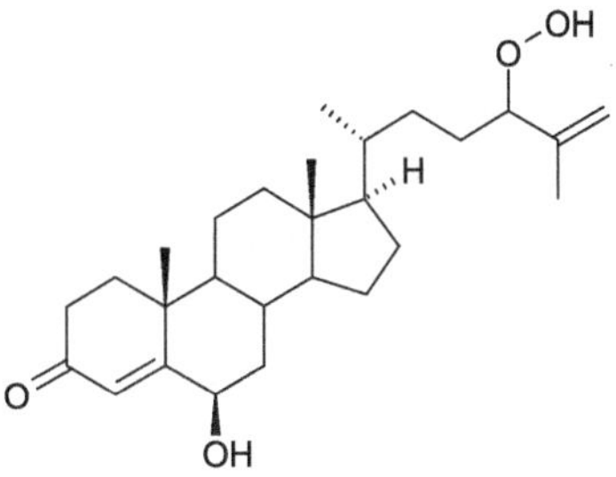

769 25-Hydroperoxy-6*β*-hydroxycholesta-4,23-dien-3-one 25-氢过氧-6*β*-羟基胆甾-4,23-二烯-3-酮

【基本信息】$C_{27}H_{42}O_4$, mp 159~160°C, $[\alpha]_D^{30}$ = +6.0° (*c* = 0.07, 氯仿).【类型】胆甾烷甾醇.【来源】红藻扁乳节藻 *Galaxaura marginata* (台湾水域, 中国).【活性】细胞毒 (P_{388}, ED_{50} = 0.28μg/mL; KB, ED_{50} = 0.40μg/mL; A549, ED_{50} = 1.00μg/mL; HT29, ED_{50} = 0.68μg/mL).【文献】J.-H. Sheu, et al. JNP, 1997, 60, 900.

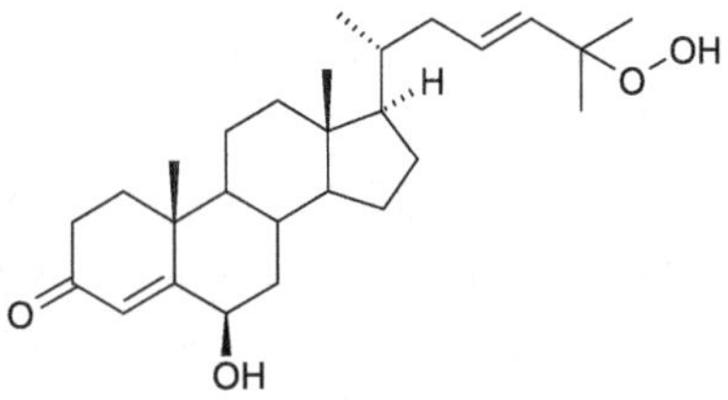

770 (24*R*)-Hydroxycholesta-4,22*E*-dien-3-one (24*R*)-羟基胆甾-4,22*E*-二烯-3-酮

【基本信息】$C_{27}H_{42}O_2$, 无定形粉末, $[\alpha]_D^{25}$ = +47.6° (*c* = 0.2, 氯仿).【类型】胆甾烷甾醇.【来源】Primnoidae 科柳珊瑚 *Dasystenella acanthina* (嗜冷生物, 冷水域, 南极地区).【活性】细胞毒 (LNCaP, GI_{50} = 2.0μg/mL; SKBR3, GI_{50} = 3.2μg/mL; SK-MEL-28, GI_{50} = 4.2μg/mL; K562, GI_{50} = 1.1μg/mL; PANC1, GI_{50} = 3.9μg/mL; HT29, GI_{50} = 3.3μg/mL; LoVo, GI_{50} = 3.6μg/mL; LoVo-阿霉素, GI_{50} = 4.0μg/mL; HeLa, GI_{50} = 4.5μg/mL; 细胞生长抑制剂).【文献】G. G. Mellado, et al. Steroids, 2004, 69, 291; M. D. Lebar, et al. NPR, 2007, 24, 774 (Rev.).

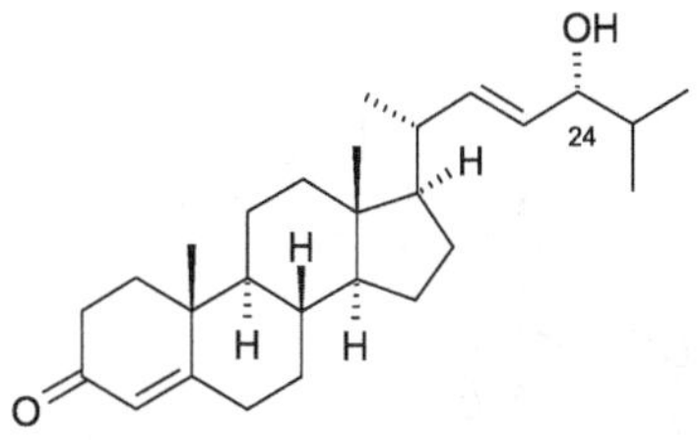

771　3*β*-Hydroxycholesta-5,24-dien-23-one　3*β*-羟基胆甾-5,24-二烯-23-酮

【基本信息】$C_{27}H_{42}O_2$，片晶，mp 103~104°C，$[\alpha]_D$ = +12.8° (c = 1.9，甲醇).【类型】胆甾烷甾醇.【来源】软珊瑚穗软珊瑚科 *Gersemia fruticosa* (嗜冷生物，冷水水域，北极区，北部俄罗斯).【活性】细胞毒 (抑制 K562 细胞生长，IC_{50} = 29μmol/L)；细胞毒 (抗其他白血病细胞恶性细胞增生: HL60，IC_{50} = 29μmol/L；P_{388}D1，IC_{50} = 21μmol/L)；细胞凋亡诱导剂.【文献】R. Koljak, et al. Tetrahedron, 1998, 54, 179; M. D. Lebar, et al. NPR, 2007, 24, 774 (Rev.).

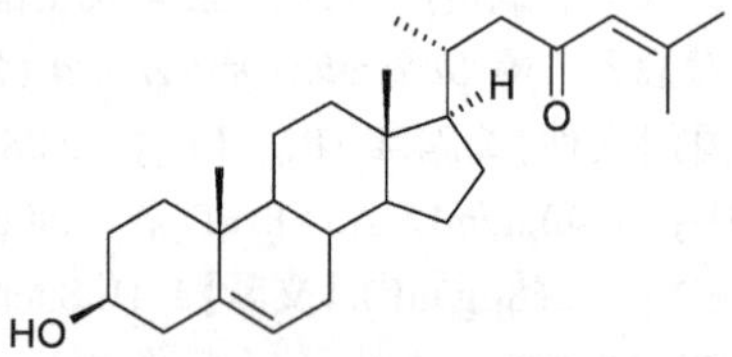

772　(20*S*)-20-Hydroxycholestane-3,16-dione　(20*S*)-20-羟基胆甾烷-3,16-二酮

【基本信息】$C_{27}H_{44}O_3$，白色固体．$[\alpha]_D$= −47.3° (c = 0.11，氯仿).【类型】胆甾烷甾醇.【来源】柳珊瑚科柳珊瑚 *Leptogorgia sarmentosa* (西班牙).【活性】细胞毒 (P_{388}, A549, HT29 和 MEL28，所有的 ED_{50} = 1μg/mL).【文献】L. Garrido, et al. Steroids, 2000, 65, 85.

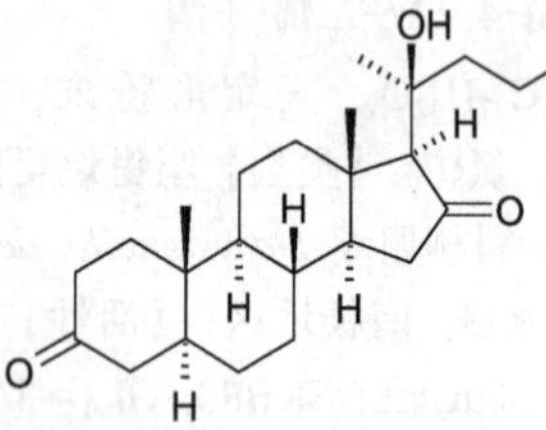

773　16*β*-Hydroxy-5*α*-cholestane-3,6-dione　16*β*-羟基-5*α*-胆甾烷-3,6-二酮

【基本信息】$C_{27}H_{44}O_3$.【类型】胆甾烷甾醇.【来源】红藻叉栅藻 *Jania rubens* (突尼斯).【活性】细胞毒 (KB, ID_{50} = 0.5μg/mL).【文献】L. Ktari, et al. BoMCL, 2000, 10, 2563.

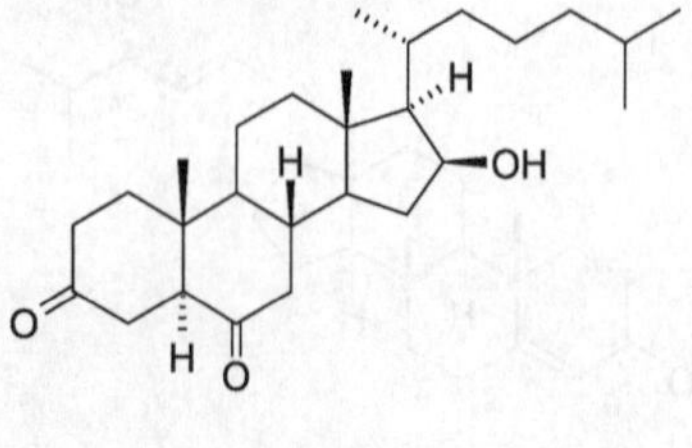

774　(20*S*)-20-Hydroxycholest-1-ene-3,16-dione　(20*S*)-20-羟基胆甾-1-烯-3,16-二酮

【基本信息】$C_{27}H_{42}O_3$，白色固体．$[\alpha]_D$ = −48.3° (c = 0.06，氯仿).【类型】胆甾烷甾醇.【来源】柳珊瑚科柳珊瑚 *Leptogorgia sarmentosa* (西班牙).【活性】细胞毒 [P_{388}, A549, HT29 和 MEL28, ED_{50} ≈ 1μg/mL (样本为包含该化合物的级分而非纯化合物)].【文献】L. Garrido, et al. Steroids, 2000, 65, 85.

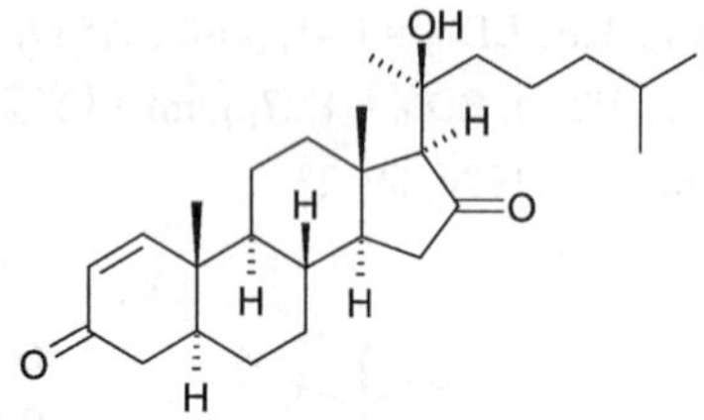

775　3*β*-Hydroxycholest-5-en-7-one　3*β*-羟基胆甾-5-烯-7-酮

【基本信息】$C_{27}H_{44}O_2$，晶体 (氯仿/乙醚)，mp 157°C 和 170°C (2 个熔点)，$[\alpha]_D$= −108° (c = 0.9，氯仿).【类型】胆甾烷甾醇.【来源】穿贝海绵属 *Cliona copiosa* (穴居海绵) 和仿鹿海绵属 *Damiriana hawaiiana*.【活性】抗肿瘤.【文献】C. Delseth, et al. Helv. Chim. Acta, 1978, 61, 1470.

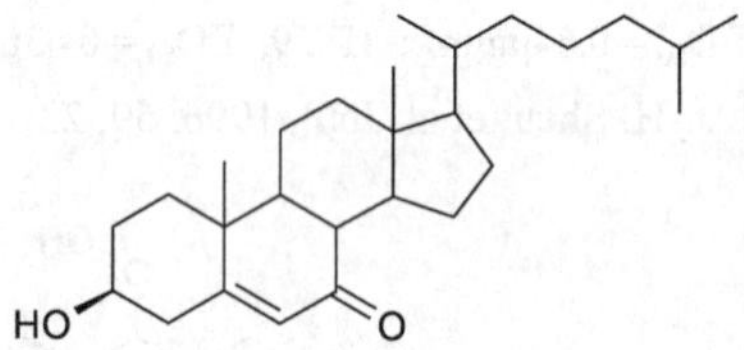

776　22(*R*)-Hydroxy-3,16-dioxocholest-4-en-18-al　22(*R*)-羟基-3,16-二氧代胆甾-4-烯-18-醛

【基本信息】$C_{27}H_{40}O_4$.【类型】胆甾烷甾醇.【来源】梳柳珊瑚属 *Ctenocella* sp. [新喀里多尼亚 (法属)].【活性】细胞毒 (KB, IC_{50} = 0.23μg/mL; NSCLC-N6, IC_{50} = 2.9μg/mL；抗癌细胞增殖).【文献】X. C. Fretté, et al. Tetrahedron Lett., 1996, 37, 2959.

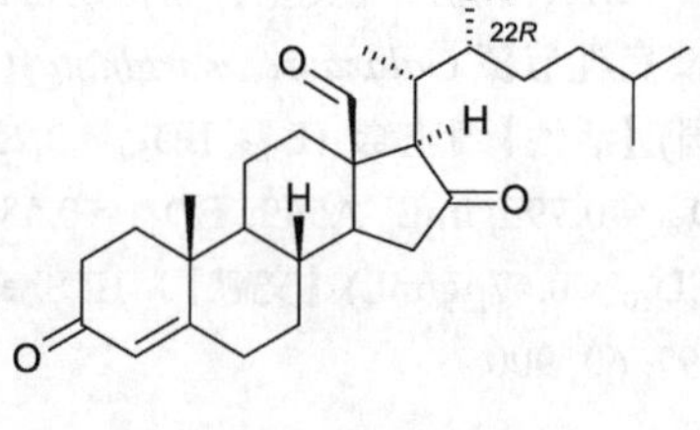

777　Incrustasterol A　硬壳掘海绵甾醇 A*

【别名】Incrusterol A.【基本信息】$C_{27}H_{44}O_5$, $[\alpha]_D = +42.7°$ ($c = 1.0$, 甲醇).【类型】胆甾烷甾醇.【来源】硬壳掘海绵 *Dysidea incrustans* (地中海).【活性】细胞毒 (人非小细胞肺癌细胞, $IC_{50} = 8\mu g/mL$; 人肾癌细胞 E39, $IC_{50} = 11\mu g/mL$; 人黑色素瘤细胞, $IC_{50} = 11.3\mu g/mL$).【文献】A. Casapullo, et al. Tetrahedron Lett., 1995, 36, 2669.

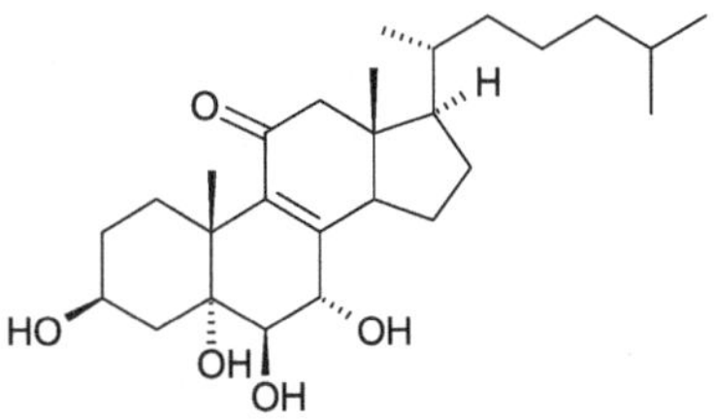

778　Incrustasterol B　硬壳掘海绵甾醇 B*

【别名】Incrusterol B.【基本信息】$C_{27}H_{42}O_5$, $[\alpha]_D = +10.6°$ ($c = 1.0$, 甲醇).【类型】胆甾烷甾醇.【来源】硬壳掘海绵 *Dysidea incrustans* (地中海).【活性】细胞毒 (人非小细胞肺癌细胞, $IC_{50} = 21\mu g/mL$; 人肾癌细胞 E39, $IC_{50} = 29\mu g/mL$; 人黑色素瘤细胞, $IC_{50} = 26.6\mu g/mL$).【文献】A. Casapullo, et al. Tetrahedron Lett., 1995, 36, 2669.

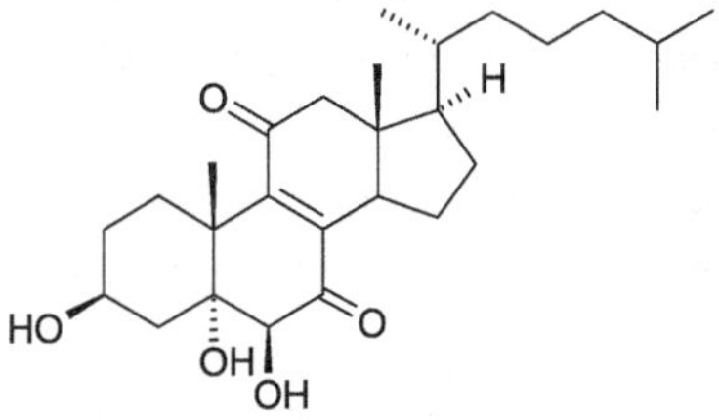

779　Isogosterone A　异地甾酮 A*

【基本信息】$C_{29}H_{42}O_5$, $[\alpha]_D^{22} = +28.3°$ ($c = 0.145$, 甲醇).【类型】胆甾烷甾醇.【来源】软珊瑚穗软珊瑚科* *Dendronephthya* sp. (伊豆半岛岸外, 日本).【活性】抗污剂 (抑制纹藤壶 *Balanus amphitrite* 幼虫定居, $EC_{50} = 2.2\mu g/mL$). [文献] Y. Tomono, et al. JOC, 1999, 64, 2272.

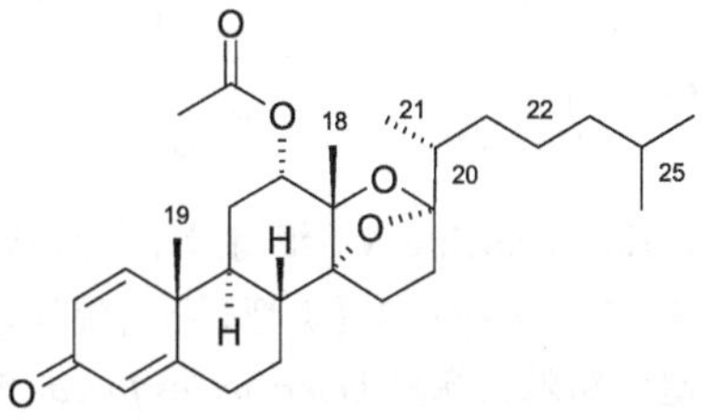

780　Isogosterone B　异地甾酮 B*

【基本信息】$C_{29}H_{42}O_7$, $[\alpha]_D^{22} = +60°$ ($c = 0.135$, 甲醇).【类型】胆甾烷甾醇.【来源】软珊瑚穗软珊瑚科* *Dendronephthya* sp. (伊豆半岛岸外, 日本).【活性】抗污剂 (抑制纹藤壶 *Balanus amphitrite* 幼虫定居, $EC_{50} = 2.2\mu g/mL$).【文献】Y. Tomono, et al. JOC, 1999, 64, 2272.

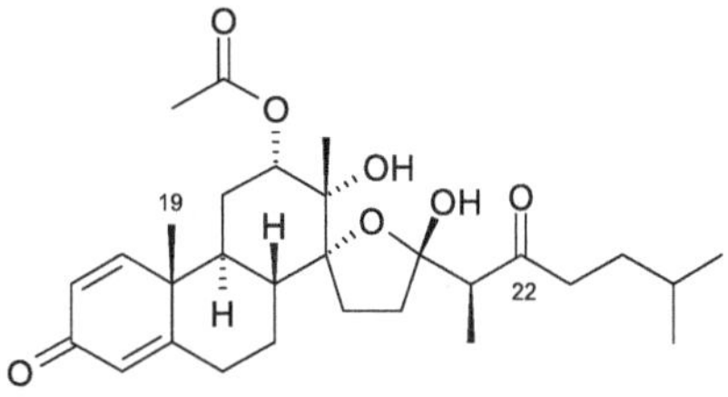

781　Isogosterone C　异地甾酮 C*

【基本信息】$C_{31}H_{46}O_8$, $[\alpha]_D^{22} = +51.4°$ ($c = 0.26$, 甲醇).【类型】胆甾烷甾醇.【来源】软珊瑚穗软珊瑚科* *Dendronephthya* sp. (伊豆半岛岸外, 日本).【活性】抗污剂 (抑制纹藤壶 *Balanus amphitrite* 幼虫定居, $EC_{50} = 2.2\mu g/mL$).【文献】Y. Tomono, et al. JOC, 1999, 64, 2272.

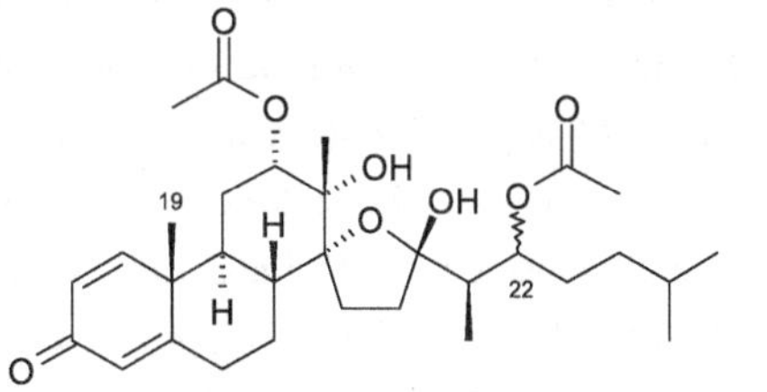

782　Isogosterone D　异地甾酮 D*

【基本信息】$C_{31}H_{44}O_7$, $[\alpha]_D^{22} = +34.3°$ ($c = 0.210$, 甲醇).【类型】胆甾烷甾醇.【来源】软珊瑚穗软珊瑚科* *Dendronephthya* sp. (伊豆半岛岸外, 日本).【活性】抗污剂 (抑制纹藤壶 *Balanus amphitrite* 幼虫定居, $EC_{50} = 2.2\mu g/mL$).【文献】Y. Tomono, et al. JOC, 1999, 64, 2272.

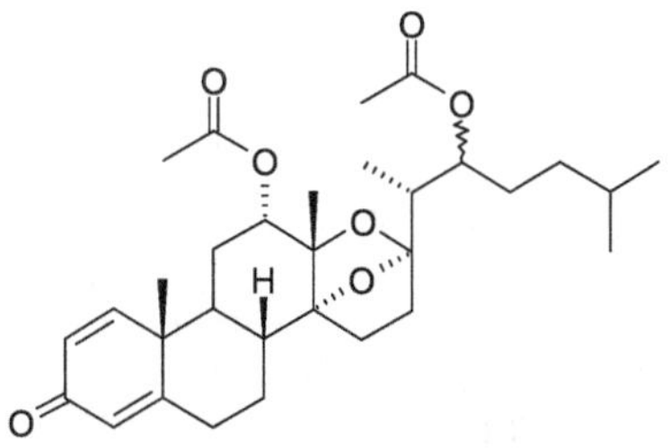

783　Kurilensoside A　库页岛马海星糖苷 A*

【别名】3-*O*-(2-*O*-Methyl-*β*-D-xylopyranosinyl)-

(3β,4β,5α,6β,15α,24*S*)-cholestane-3,4,6,8,15,24-hexol 24-*O*-[α-L-arabinofuranosyl-(1→2)-3-*O*-sulfo-α-L-arabinofuranoside]; 3-*O*-(2-*O*-甲基-β-D-吡喃木糖基)-(3β,4β,5α,6β,15α,24*S*)-胆甾烷-3,4,6,8,15,24-六醇 24-*O*-[α-L-呋喃阿拉伯糖基-(1→2)-3-*O*-磺基-α-L-呋喃阿拉伯糖苷].【基本信息】$C_{43}H_{74}O_{21}S$, 无定形粉末, $[\alpha]_D^{25}$= –48° (c = 0.1, 甲醇水溶液).【类型】胆甾烷甾醇.【来源】库页岛马海星* *Hippasteria kurilensis*.【活性】抑制海胆卵受精 (预孵化海胆 *Strongylocentrotus nudus* 精子的化合物, EC_{100} = 8.9×10^{-5}mol/L).【文献】A. A. Kicha, et al. JNP, 2008, 71, 793.

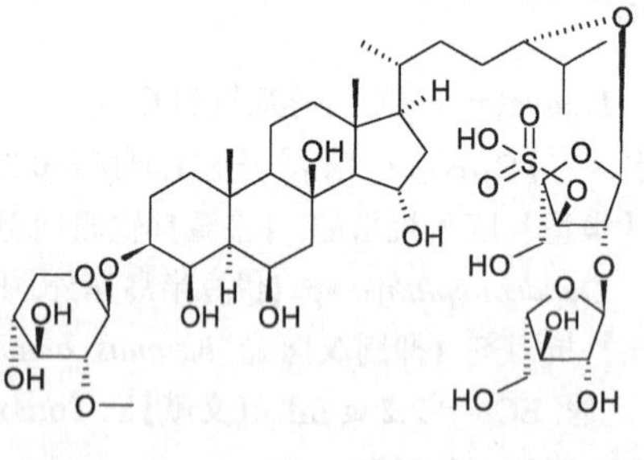

784 Kurilensoside B 库页岛马海星糖苷 B*

【别名】(3β,4β,5α,6α,7α,8β,15β,24*S*)-Cholestane-3,4,6,7,8,15,24-heptol 3-*O*-(2,4-di-*O*-methyl-β-D-xylopyranoside) 24-*O*-[β-D-xylopyranosyl-(1→5)-α-L-arabinofuranoside]; (3β,4β,5α,6α,7α,8β,15β,24*S*)-胆甾烷-3,4,6,7,8,15,24-七醇 3-*O*-(2,4-双-*O*-甲基-β-D-吡喃木糖苷) 24-*O*-[β-D-吡喃木糖基-(1→5)-α-L-呋喃阿拉伯糖苷].【基本信息】$C_{44}H_{76}O_{19}$, 无定形粉末, $[\alpha]_D^{25}$= –16.8° (c = 0.1, 甲醇水溶液).【类型】胆甾烷甾醇.【来源】库页岛马海星* *Hippasteria kurilensis*.【活性】抑制海胆卵受精 (预孵化海胆 *Strongylocentrotus nudus* 精子的化合物, EC_{100} = 5.5×10^{-5}mol/L).【文献】A. A. Kicha, et al. JNP, 2008, 71, 793.

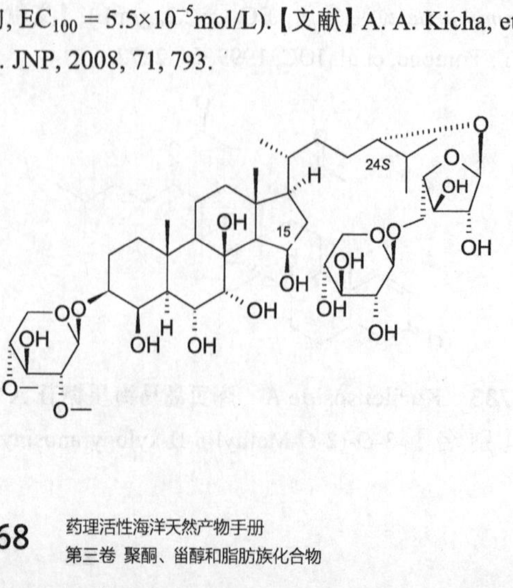

785 Kurilensoside C 库页岛马海星糖苷 C*

【别名】(3β,4β,5α,6α,7α,8β,15β,24*S*)-Cholestane-3,4,6,7,8,15,24-heptol 3-(2-*O*-methyl-β-D-xylopyranoside) 24-[2-*O*-methyl-β-D-xylopyranosyl-(1→5)-α-L-arabinofuranoside]; (3β,4β,5α,6α,7α,8β,15β,24*S*)-胆甾烷-3,4,6,7,8,15,24-七醇 3-(2-*O*-甲基-β-D-吡喃木糖苷) 24-[2-*O*-甲基-β-D-吡喃木糖基-(1→5)-α-L-呋喃阿拉伯糖苷].【基本信息】$C_{44}H_{76}O_{19}$, 无定形粉末, $[\alpha]_D^{25}$= –23.2° (c = 0.1, 甲醇水溶液).【类型】胆甾烷甾醇.【来源】库页岛马海星* *Hippasteria kurilensis*.【活性】抑制海胆卵受精 (预孵化海胆 *Strongylocentrotus nudus* 精子的化合物, EC_{100} = 5.5×10^{-5}mol/L).【文献】A. A. Kicha, et al. JNP, 2008, 71, 793.

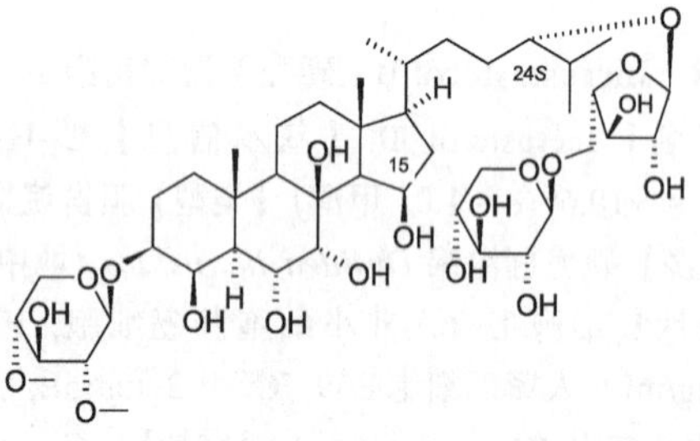

786 Kurilensoside D 库页岛马海星糖苷 D*

【别名】(3β,4β,5α,6α,15β,24*S*)-Cholestane-3,4,6,8,15,24-hexol 24-*O*-[2-*O*-methyl-β-D-xylopyranosyl-(1→5)-α-L-arabinofuranoside]; (3β,4β,5α,6α,15β,24*S*)-胆甾烷-3,4,6,8,15,24-六醇 24-*O*-[2-*O*-甲基-β-D-吡喃木糖基-(1→5)-α-L-呋喃阿拉伯糖苷].【基本信息】$C_{38}H_{66}O_{14}$, 无定形粉末, $[\alpha]_D^{25}$= –4.6° (c = 0.1, 甲醇水溶液).【类型】胆甾烷甾醇.【来源】库页岛马海星* *Hippasteria kurilensis*.【活性】抑制海胆卵受精 (预孵化海胆 *Strongylocentrotus nudus* 精子的化合物, EC_{100} = 6.7×10^{-5}mol/L).【文献】A. A. Kicha, et al. JNP, 2008, 71, 793.

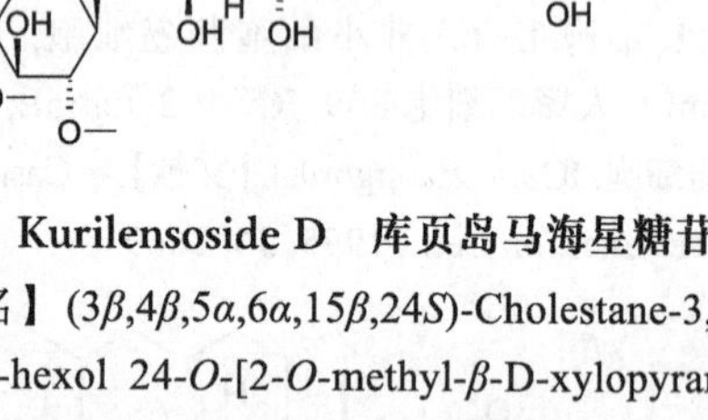

787 Lethasterioside A 细海盘车甾醇糖苷 A*

【基本信息】$C_{56}H_{92}O_{27}S$.【类型】胆甾烷甾醇.【来源】海星纲钳棘目海星 *Lethasterias fusca* (波西耶

特湾，日本海).【活性】细胞毒（低活性），抑制肿瘤细胞群落形成（软琼脂克隆试验).【文献】N. V. Ivanchina, et al. Nat. Prod. Commun., 2012, 7, 853.

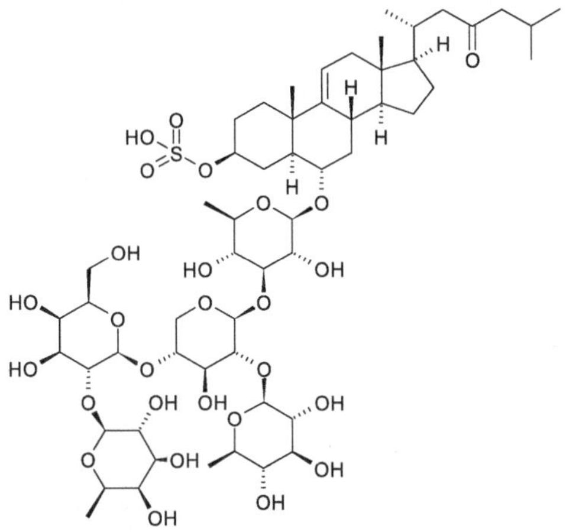

788 Linckoside L₁ 蓝指海星糖苷 L₁*

【基本信息】$C_{33}H_{58}O_{10}$.【类型】胆甾烷甾醇.【来源】蓝指海星* *Linckia laevigata*（越南).【活性】神经系统活性（轴突生长诱导剂，表观 IC_{50} = 0.3μmol/L).【文献】A. A. Kicha, et al. Nat. Prod. Commun., 2007, 2, 41.

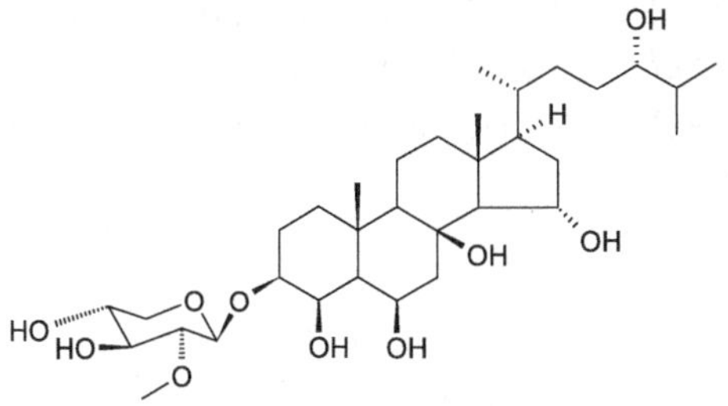

789 Linckoside L₂ 蓝指海星糖苷 L₂*

【基本信息】$C_{33}H_{58}O_8$.【类型】胆甾烷甾醇.【来源】蓝指海星* *Linckia laevigata*（越南).【活性】神经系统活性（轴突生长诱导剂，表观 IC_{50} = 0.3μmol/L).【文献】A. A. Kicha, et al. Nat. Prod. Commun., 2007, 2, 41.

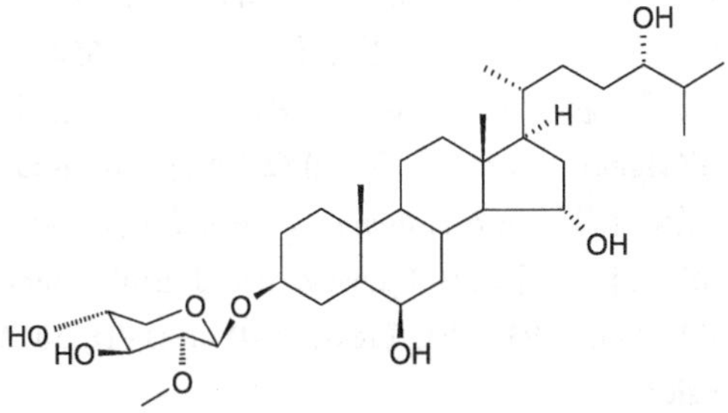

790 Marthasteroside B 马天海盘车甾醇糖苷 B*

【别名】(3*β*,5*α*,6*α*)-3,6-Dihydroxycholesta-9(11),24-dien-23-one 6-*O*-[*β*-D-fucopyranosyl-(1→2)-*β*-D-fucopyranosyl-(1→4)-[*β*-D-quinovopyranosyl-(1→2)]-*β*-D-quinovopyranosyl-(1→3)-*β*-D-glucopyranoside] 3-sulfate; (3*β*,5*α*,6*α*)-3,6-二羟基胆甾-9(11),24-二烯-23-酮 6-*O*-[*β*-D-吡喃岩藻糖基-(1→2)-*β*-D-吡喃岩藻糖基-(1→4)-[*β*-D-吡喃鸡纳糖基-(1→2)]-*β*-D-吡喃鸡纳糖基-(1→3)-*β*-D-吡喃葡萄糖苷] 3-硫酸酯.【基本信息】$C_{57}H_{92}O_{27}S$, $[\alpha]_D$ = +9°（甲醇).【类型】胆甾烷甾醇.【来源】海星筛海盘车属 *Coscinasterias tenuispina*，海星马天海盘车 *Marthasterias glacialis*，格子沙海星* *Luidia clathrata* 和斑沙海星 *Luidia maculata*.【活性】灭螺剂.【文献】I. Bruno, et al. JCS Perkin Trans. Ⅰ, 1984, 1875; R. Riccio, et al. Bull. Soc. Chim. Belg., 1986, 95, 869.

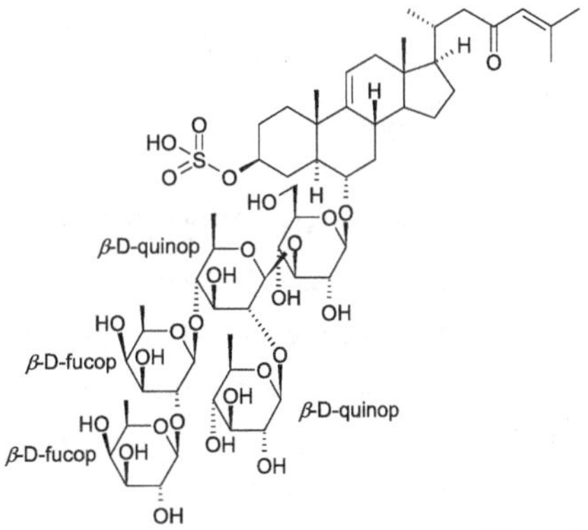

791 Mediasteroside M₁ 红海星甾醇糖苷 M₁*

【别名】(3*β*,5*α*,6*α*,15*β*,24*S*)-Cholestane-3,6,8,15,24-pentol 24-*O*-[2-*O*-methyl-*β*-D-xylopyranosyl-(1→5)-*α*-L-arabinofuranoside]; (3*β*,5*α*,6*α*,15*β*,24*S*)-胆甾烷-3,6,8,15,24-五醇 24-*O*-[2-*O*-甲基-*β*-D-吡喃木糖基-(1→5)-*α*-L-呋喃阿拉伯糖苷].【基本信息】$C_{38}H_{66}O_{13}$，无定形粉末，$[\alpha]_D$= −36° (*c* = 0.3，甲醇).【类型】胆甾烷甾醇.【来源】穆氏红海星*

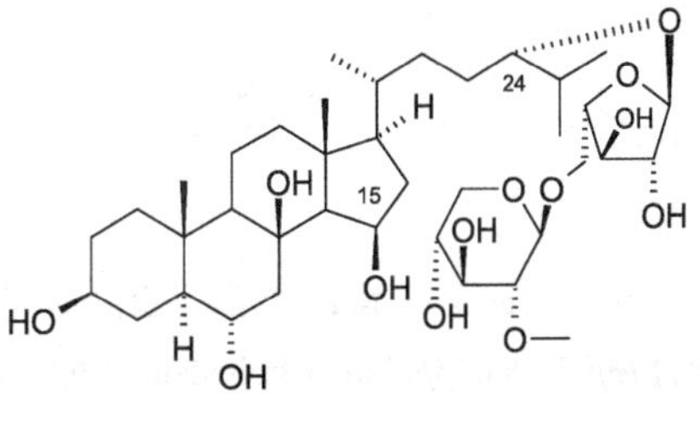

Mediaster murrayi.【活性】细胞分裂抑制剂 (受精海胆卵).【文献】A. A. Kicha, et al. JNP, 1999, 62, 279; M. Inagaki, et al. CPB, 1999, 47, 1184.

792 Mediasteroside M_2 红海星甾醇糖苷 M_2*

【别名】(3*β*,5*α*,6*α*,15*β*,24*S*)-Cholestane-3,6,8,15,24-pentol 24-*O*-[*β*-D-xylopyranosyl-(1→5)-*α*-L-arabinofuranoside]; (3*β*,5*α*,6*α*,15*β*,24*S*)-胆甾烷-3,6,8,15,24-五醇 24-*O*-[*β*-D-吡喃木糖基-(1→5)-*α*-L-呋喃阿拉伯糖苷].【基本信息】$C_{37}H_{64}O_{13}$, 无定形粉末, $[\alpha]_D = -15.8°$ (c = 1.2, 甲醇).【类型】胆甾烷甾醇.【来源】穆氏红海星* *Mediaster murrayi*.【活性】细胞分裂抑制剂 (受精海胆卵).【文献】A. A. Kicha, et al. JNP, 1999, 62, 279; M. Inagaki, et al. CPB, 1999, 47, 1184.

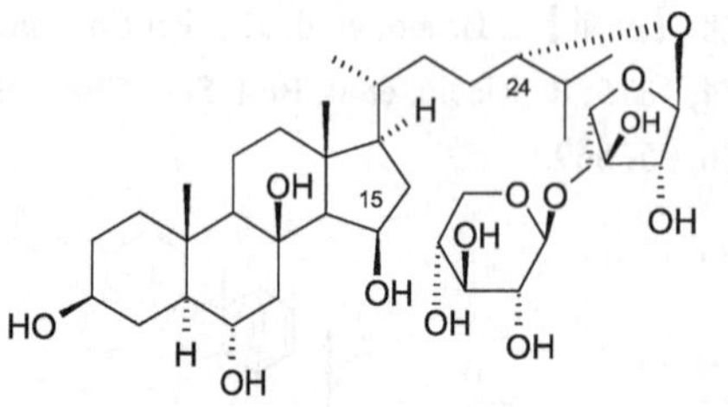

793 Mediasteroside M_3 红海星甾醇糖苷 M_3*

【别名】(3*β*,5*α*,6*α*,15*β*,24*S*)-Cholestane-3,6,8,15,24-pentol 24-*O*-[2,4-di-*O*-methyl-*β*-D-xylopyranosyl-(1→5)-*α*-L-arabinofuranoside]; (3*β*,5*α*,6*α*,15*β*,24*S*)-胆甾烷-3,6,8,15,24-五醇 24-*O*-[2,4 二-*O*-甲基-*β*-D-吡喃木糖基-(1→5)-*α*-L-呋喃阿拉伯糖苷].【基本信息】$C_{39}H_{68}O_{13}$, 无定形粉末, $[\alpha]_D = -22.5°$ (c = 0.4, 甲醇).【类型】胆甾烷甾醇.【来源】穆氏红海星* *Mediaster murrayi*.【活性】细胞分裂抑制剂 (受精海胆卵).【文献】A. A. Kicha, et al. JNP, 1999, 62, 279; M. Inagaki, et al. CPB, 1999, 47, 1184.

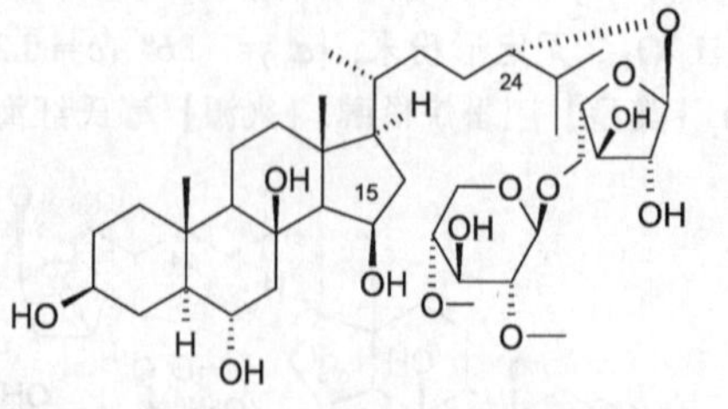

794 Mediasteroside M_4 红海星甾醇糖苷 M_4*

【别名】(3*β*,5*α*,6*α*,15*β*,24*S*)-Cholestane-3,6,8,15,24-pentol 24-*O*-[2,3-di-*O*-methyl-*β*-D-xylopyranosyl-(1→2)-*α*-L-arabinofuranoside]; (3*β*,5*α*,6*α*,15*β*,24*S*)-胆甾烷-3,6,8,15,24-五醇 24-*O*- [2,3-二-*O*-甲基-*β*-D-吡喃木糖基-(1→2)-*α*-L-呋喃阿拉伯糖苷].【基本信息】$C_{39}H_{68}O_{13}$, 无定形粉末, $[\alpha]_D = -10.4°$ (c = 0.2, 甲醇).【类型】胆甾烷甾醇.【来源】穆氏红海星* *Mediaster murrayi*.【活性】细胞分裂抑制剂 (受精海胆卵).【文献】A. A. Kicha, et al. JNP, 1999, 62, 279; M. Inagaki, et al. CPB, 1999, 47, 1184.

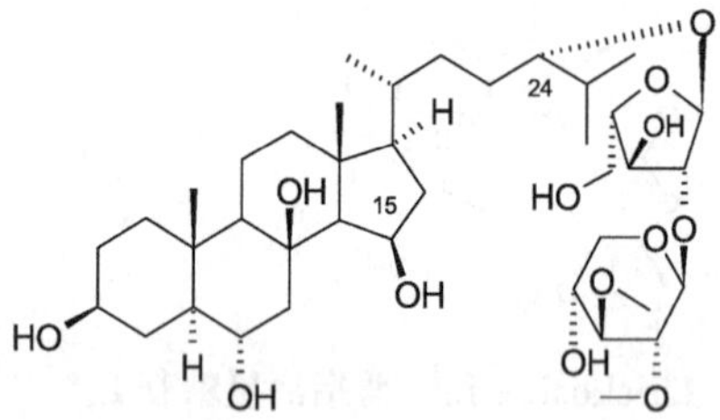

795 6-Methoxycholest-7-ene-3,5-diol 6-甲氧基胆甾-7-烯-3,5-二醇

【基本信息】$C_{28}H_{48}O_3$, $[\alpha]_D = -55.6°$ (c = 0.19, 氯仿); $[\alpha]_D = -159°$ (c = 0.02, 氯仿).【类型】胆甾烷甾醇.【来源】软体动物海兔属 *Aplysia juliana* (蛋丝带).【活性】细胞毒 (HeLa-S3, IC_{50} = 0.28μg/mL).【文献】Y. Yamaguchi, et al. Chem. Lett., 1992, 1713.

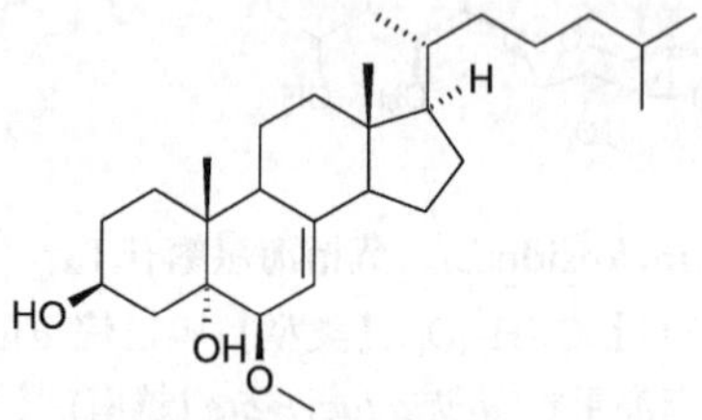

796 (3*β*,4*α*,5*α*)-4-Methylcholest-8-en-3-ol (3*β*,4*α*,5*α*)-4-甲基胆甾-8-烯-3-醇

【基本信息】$C_{28}H_{48}O$, 晶体, mp 136.5~137°C, $[\alpha]_D = 55°$ (c = 1.85, 氯仿).【类型】胆甾烷甾醇.【来源】扇状群海绵* *Agelas flabelliformis*, 乳清群海绵 *Agelas oroides* 和不同群海绵* *Agelas dispar*, 微藻紫球藻 *Porphyridium cruentum*.【活性】免疫抑制剂.【文献】R. B. Ramsey, et al. J. Biol. Chem., 1971, 246, 6393; CRC Press, DNP on DVD, 2012, version 20.2.

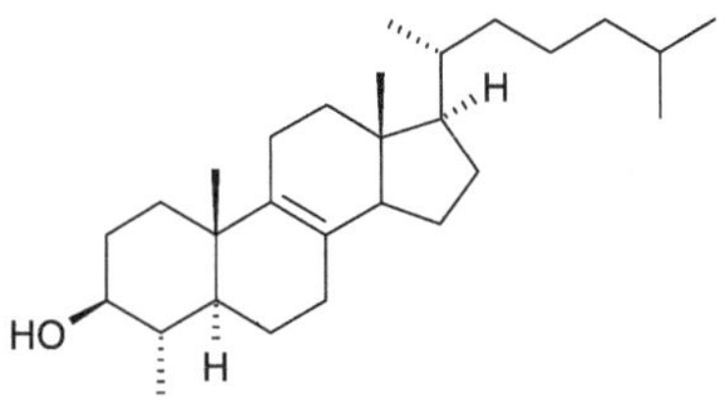

797 Minabeolide 4 米纳贝软珊瑚内酯 4*

【基本信息】$C_{27}H_{40}O_3$，无色棱晶，mp 261~262°C，$[\alpha]_D^{24}$ = +18° (*c* = 4.81，氯仿).【类型】胆甾烷甾醇.【来源】软珊瑚科 *Paraminabea acronocephala* (屏东县，台湾，中国) 和软珊瑚科 *Minabea* sp.【活性】抗炎 (蛋白质印迹免疫分析，10μmol/L，RAW264.7 巨噬细胞细胞，抑制 LPS 诱导的 iNOS 表达，降低 iNOS 到 23.2%±4.6%；抑制 LPS 诱导的 COX-2 表达，降低 COX-2 到 22.4%±9.9%).【文献】M. B. Ksebati, et al. JOC, 1988, 53, 3926; C.-H. Chao, et al. JNP, 2011, 74, 1132.

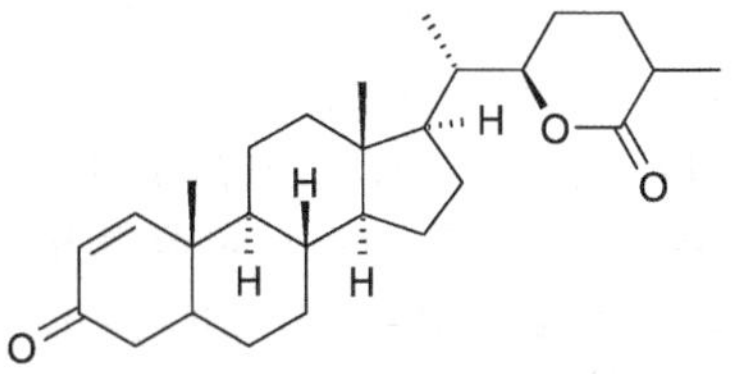

798 Minabeolide 5 米纳贝软珊瑚内酯 5*

【基本信息】$C_{29}H_{42}O_5$，无色油状物，$[\alpha]_D^{24}$ = +13° (*c* = 1.56，氯仿).【类型】胆甾烷甾醇.【来源】软珊瑚科 *Paraminabea acronocephala* (屏东县，台湾，中国) 和软珊瑚科 *Minabea* sp.【活性】抗炎 (蛋白质印迹免疫分析，10μmol/L，RAW264.7 巨噬细胞，抑制 LPS 诱导的 iNOS 表达，降低 iNOS 到 6.3%±1.5%；抑制 LPS 诱导的 COX-2 表达，降低 COX-2 到 31.3%±10.7%).【文献】M. B. Ksebati, et al. JOC, 1988, 53, 3926; C.-H. Chao, et al. JNP, 2011, 74, 1132.

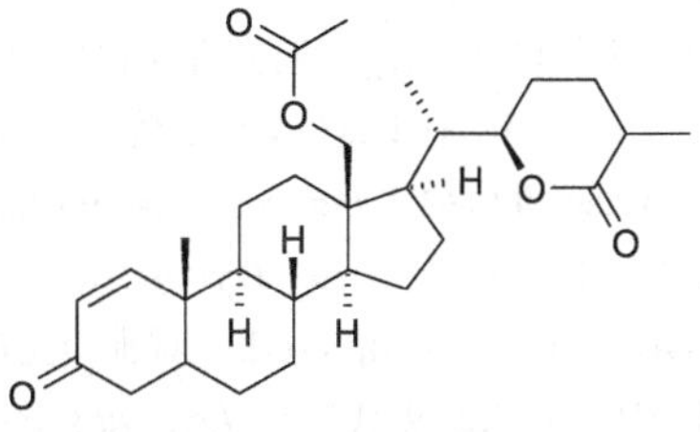

799 Minabeolide 8 米纳贝软珊瑚内酯 8*

【基本信息】$C_{29}H_{44}O_5$，无色棱晶，mp 260~261°C，$[\alpha]_D^{24}$ = +37° (*c* = 0.28，氯仿).【类型】胆甾烷甾醇.【来源】软珊瑚科 *Paraminabea acronocephala* (屏东县，台湾，中国) 和软珊瑚科 *Minabea* sp.【活性】抗炎 (蛋白质印迹免疫分析，10μmol/L，RAW264.7 巨噬细胞，抑制 LPS 诱导的 iNOS 表达，降低 iNOS 到 95%左右；抑制 LPS 诱导的 COX-2 表达，降低 COX-2 到大约 80%).【文献】M. B. Ksebati, et al. JOC, 1988, 53, 3926; C.-H. Chao, et al. JNP, 2011, 74, 1132.

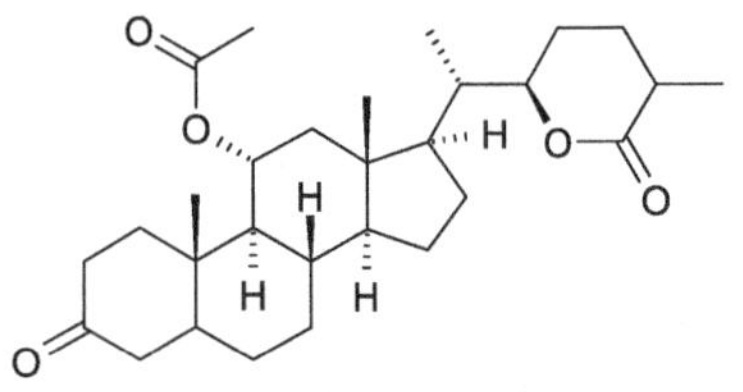

800 Nebrosteroid N 柔荑软珊瑚属甾醇 N*

【基本信息】$C_{29}H_{48}O_4$，白色无定形粉末，$[\alpha]_D^{25}$ = +12.8° (*c* = 0.1，氯仿).【类型】胆甾烷甾醇.【来源】柔荑软珊瑚属 *Nephthea chabroli* (台东县，台湾，中国).【活性】细胞毒 (A549，ED_{50} = 6.7μg/mL，对照光辉霉素，ED_{50} = 0.18μg/mL；HT29，ED_{50} = 9.5μg/mL，对照光辉霉素，ED_{50} = 0.21μg/mL；P_{388}，ED_{50} = 0.9μg/mL，对照光辉霉素，ED_{50} = 0.15μg/mL；人胚胎肺成纤维细胞 HEL，ED_{50} = 23.5μg/mL).【文献】S.-K. Wang, et al. Mar. Drugs, 2012, 10, 1288.

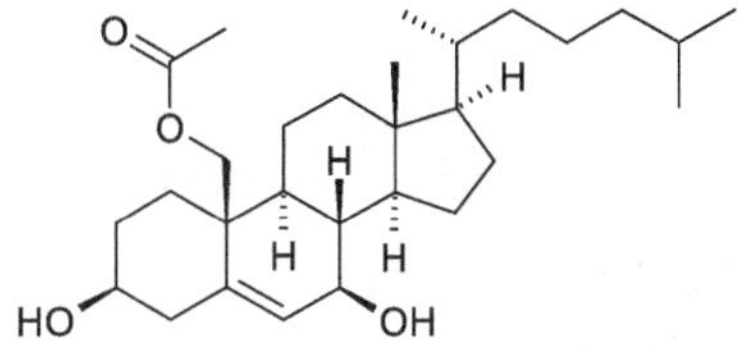

801 *N*^ω-(3-Aminopropyl)-squalamine *N*^ω-(3-氨丙基)-角鲨胺

【别名】Trodusquemine.【基本信息】$C_{37}H_{72}N_4O_5S$，白色粉末.【类型】胆甾烷甾醇.【来源】狗鲨 *Squalus acanthias* (来自肝).【活性】抗菌；食欲抑制剂.【文献】M. N. Rao, et al. JNP, 2000, 63, 631.

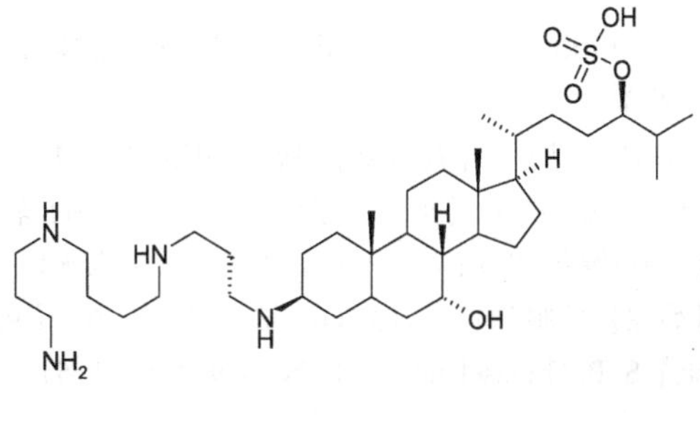

802 Ophidianoside F 蛇海星糖苷 F*

【别名】(3β,5α,6α,20*S*)-3,6,20-Trihydroxycholest-9(11)-en-23-one 6-*O*-[β-D-fucopyranosyl-(1→2)-β-D-xylopyranosyl-(1→4)-[6-deoxy-β-D-glucopyranosyl-(1→2)]-β-D-xylopyranosyl-(1→3)-6-deoxy-β-D-glucopyranoside] 3-*O*-sulfate; (3β,5α,6α,20*S*)-3,6,20-三羟基胆甾-9(11)-烯-23-酮 6-*O*-[β-D-吡喃岩藻糖基-(1→2)-β-D-吡喃木糖基-(1→4)-[6-去氧-β-D-吡喃葡萄糖基-(1→2)]-β-D-吡喃木糖基-(1→3)-6-去氧-β-D-吡喃葡萄糖苷] 3-*O*-硫酸酯.【基本信息】$C_{55}H_{90}O_{27}S$, $[\alpha]_D$ = +0.4° (甲醇).【类型】胆甾烷甾醇.【来源】网脉瘤海星* *Oreaster reticulatus*, 蛇海星* *Ophidiaster ophidianus,* 格子沙海星* *Luidia clathrata*, 蓝指海星 *Linckia laevigata*, 海星纲有瓣目 Mithrodiidae 科 *Thromidia catalai* 和海星纲钳棘目 Stichasteridae 科 *Cosmasterias lurida*.【活性】抗藤壶.【文献】R. Riccio, et al. JCS Perkin Trans. Ⅰ, 1985, 655; 1988, 1337.

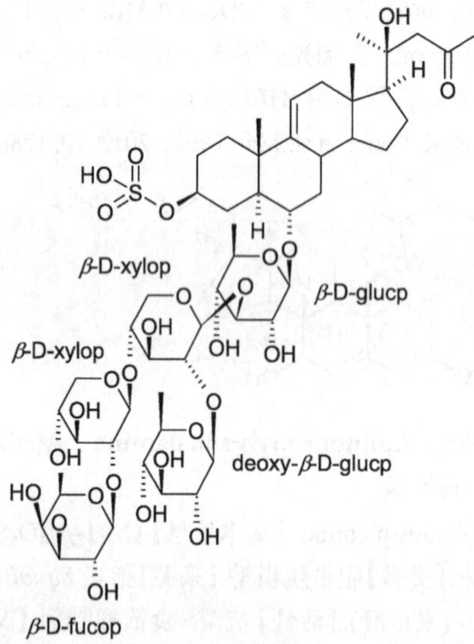

803 Ophirapstanol trisulfate 软海绵甾醇三硫酸酯*

【基本信息】$C_{31}H_{56}O_{12}S_3$, 粉末, $[\alpha]_D^{24}$ = +17.3° (*c* = 0.12, 甲醇).【类型】胆甾烷甾醇.【来源】软海绵科海绵 *Topsentia ophiraphidites* (深水水域).【活性】抑制鸟苷二磷酸/G-蛋白 RAS 交换.【文献】S. P. Gunasekera, et al. JNP, 1994, 57, 1751.

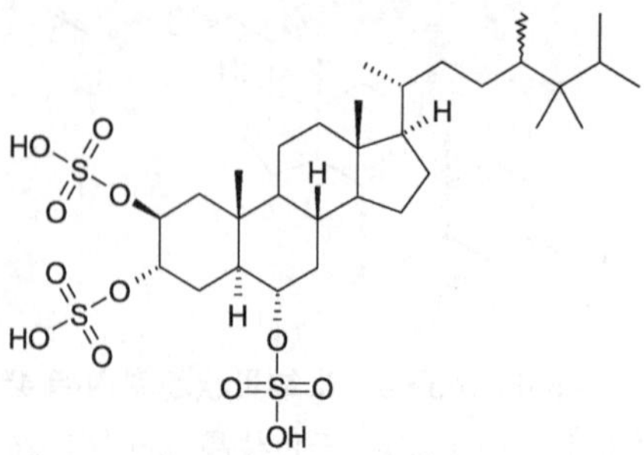

804 Pandaroside C 加勒比潘达柔斯海绵糖苷 C*

【基本信息】$C_{39}H_{60}O_{15}$, 无定形固体, $[\alpha]_D^{20}$ = +35.2° (*c* =0.1, 甲醇).【类型】胆甾烷甾醇.【来源】Microcionidae 科海绵 *Pandaros acanthifolium.*【活性】抗锥虫 (布氏锥虫 *Trypanosoma brucei rhodesiense,* IC_{50} = 66.4μmol/L, 对照美拉申醇, IC_{50} = 0.010μmol/L; 克氏锥虫 *Trypanosoma cruzi,* IC_{50} = 120μmol/L, 对照苄硝唑, IC_{50} = 2.64μmol/L); 抗利什曼原虫 (杜氏利什曼原虫 *Leishmania donovani,* IC_{50} = 120μmol/L, 对照米替福新, IC_{50} = 0.51μmol/L); 抗疟疾 (恶性疟原虫 *Plasmodium falciparum,* IC_{50} = 25μmol/L, 对照氯喹, IC_{50} = 0.2μmol/L); 细胞毒 (L-6 细胞, IC_{50} > 120μmol/L, 对照鬼臼毒素, IC_{50} = 0.012μmol/L).【文献】N. Cachet, et al. Steroids, 2009, 74, 746.

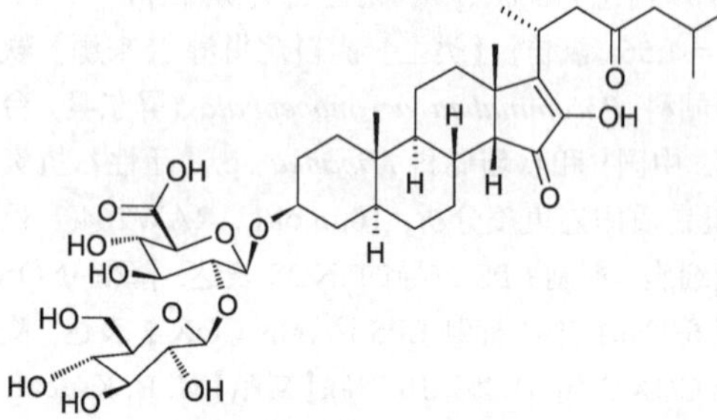

805 Pandaroside C methyl ester 加勒比潘达柔斯海绵糖苷 C 甲酯*

【基本信息】$C_{40}H_{62}O_{15}$, 无定形固体, $[\alpha]_D^{20}$ = +24.8° (*c* =0.1, 甲醇).【类型】胆甾烷甾醇.【来源】Microcionidae 科海绵 *Pandaros acanthifolium.*【活性】抗锥虫 (布氏锥虫 *Trypanosoma brucei rhodesiense,* IC_{50} = 61.4μmol/L, 对照美拉申醇, IC_{50} = 0.010μmol/L; 克氏锥虫 *Trypanosoma cruzi,* IC_{50} = 100μmol/L, 对照苄硝唑, IC_{50} = 2.64μmol/L); 抗利什曼原虫 (杜氏利什曼原虫 *Leishmania donovani,* IC_{50} = 44.2μmol/L, 对照米替福新, IC_{50} = 0.51μmol/L);

抗疟疾 (恶性疟原虫 *Plasmodium falciparum,* IC_{50} = 25μmol/L, 对照氯喹, IC_{50} = 0.2μmol/L); 细胞毒 (L-6, IC_{50} = 120μmol/L, 对照鬼臼毒素, IC_{50} = 0.012μmol/L).【文献】N. Cachet, et al. Steroids, 2009, 74, 746.

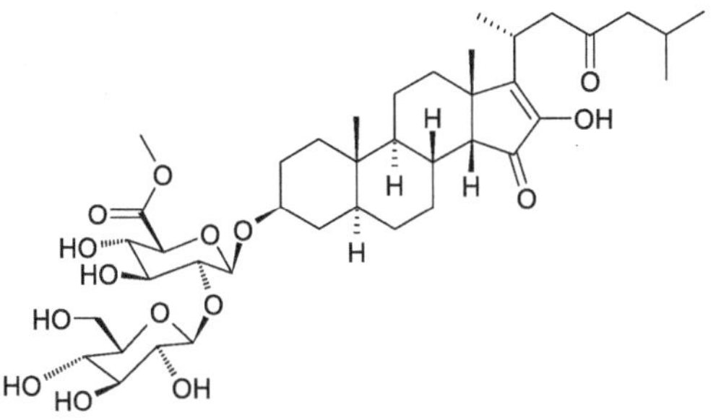

806 Pandaroside D 加勒比潘达柔斯海绵糖苷 D*

【基本信息】$C_{33}H_{50}O_{10}$, 无定形固体, $[\alpha]_D^{20}$ = +45.1° (*c* =01, 甲醇).【类型】胆甾烷甾醇.【来源】Microcionidae 科海绵 *Pandaros acanthifolium.*【活性】抗锥虫 (布氏锥虫 *Trypanosoma brucei rhodesiense,* IC_{50} = 15.3μmol/L, 对照美拉申醇, IC_{50} = 0.010μmol/L; 克氏锥虫 *Trypanosoma cruzi,* IC_{50} = 80.8μmol/L, 对照苄硝唑 IC_{50} = 2.64μmol/L); 抗利什曼原虫 (杜氏利什曼原虫 *Leishmania donovani,* IC_{50} = 31.0μmol/L, 对照米替福新, IC_{50} = 0.51μmol/L); 抗疟疾 (恶性疟原虫 *Plasmodium falciparum,* IC_{50} = 13.5μmol/L, 对照氯喹, IC_{50} = 0.2μmol/L); 细胞毒 (L-6, IC_{50} = 96.6μmol/L, 对照鬼臼毒素, IC_{50} = 0.012μmol/L).【文献】N. Cachet, et al. Steroids, 2009, 74, 746.

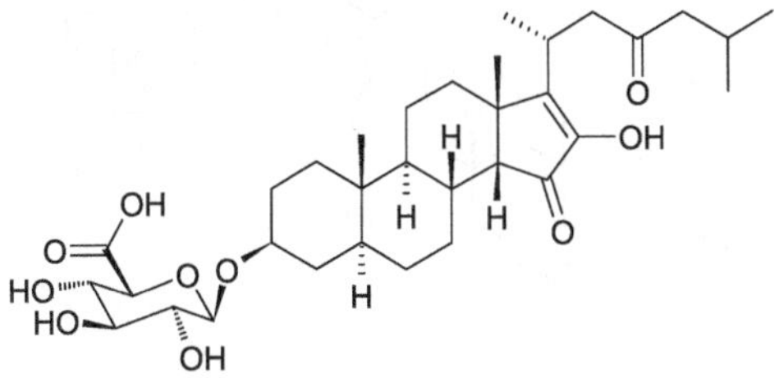

807 Pandaroside D methyl ester 加勒比潘达柔斯海绵糖苷 D 甲酯*

【基本信息】$C_{34}H_{52}O_{10}$, 无定形固体, $[\alpha]_D^{20}$ = +35° (*c* =0.1, 甲醇).【类型】胆甾烷甾醇.【来源】Microcionidae 科海绵 *Pandaros acanthifolium.*【活性】抗锥虫 (布氏锥虫 *Trypanosoma brucei rhodesiense,* IC_{50} = 40.4μmol/L, 对照美拉申醇, IC_{50} = 0.010μmol/L; 克氏锥虫 *Trypanosoma cruzi,* IC_{50} = 21.6μmol/L, 对照苄硝唑, IC_{50} = 2.64μmol/L); 抗利什曼原虫 (杜氏利什曼原虫 *Leishmania donovani,* IC_{50} = 13.7μmol/L, 对照米替福新, IC_{50} = 0.51μmol/L); 抗疟疾 (恶性疟原虫 *Plasmodium falciparum,* IC_{50} = 5.1μmol/L, 对照氯喹, IC_{50} = 0.2μmol/L); 细胞毒 (L-6, IC_{50} = 106μmol/L, 对照鬼臼毒素, IC_{50} = 0.012μmol/L).【文献】N. Cachet, et al. Steroids, 2009, 74, 746.

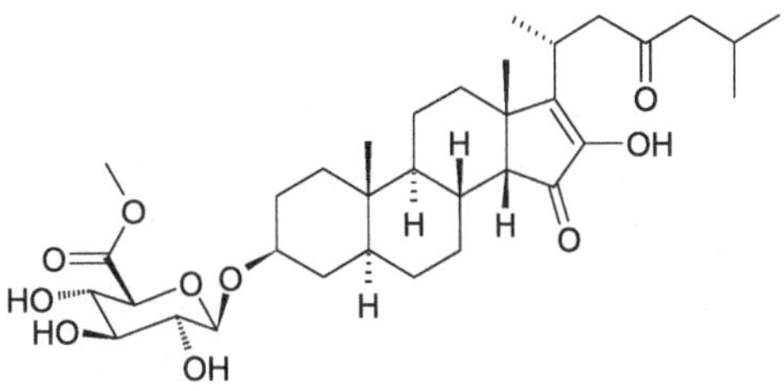

808 Phrygioside B 太平洋马海星糖苷 B*

【别名】(3*β*,5*α*,6*α*,15*α*,24*S*)-Cholestane-3,6,8,15,24-pentol 24-*O*-(3-*O*-methyl-4-*O*-sulfo-*β*-D-xylopyranoside); (3*β*,5*α*,6*α*,15*α*,24*S*)-胆甾烷-3,6,8,15,24-五醇 24-*O*-(3-*O*-甲基-4-*O*-磺基-*β*-D-吡喃木糖苷).【基本信息】$C_{33}H_{58}O_{12}S$, 无定形固体, $[\alpha]_D$ = −6.9° (*c* = 0.2, 甲醇).【类型】胆甾烷甾醇.【来源】太平洋马海星* *Hippasteria phrygiana* (嗜冷生物, 冷水水域, 鄂霍次克海, 俄罗斯).【活性】细胞凋亡诱导剂 (埃里希腹水癌细胞, EC_{50} =70μg/mL); 抑制钙离子涌入到小鼠脾细胞.【文献】E. V. Levina, et al. JNP, 2005, 68, 1541; M. D. Lebar, et al. NPR, 2007, 24, 774 (Rev.).

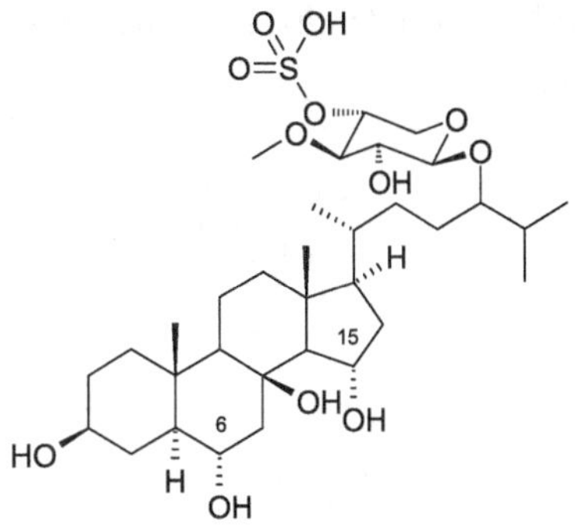

809 Pinnasterol 羽状凹顶藻甾醇*

【基本信息】$C_{27}H_{42}O_5$, 晶体, mp 198~201°C.【类型】胆甾烷甾醇.【来源】红藻羽状凹顶藻* *Laurencia pinnata.*【活性】脱皮激素; 可能保护藻

类不受甲壳类食肉动物的侵害.【文献】A. Fukuzawa, et al. Tetrahedron Lett., 1981, 22, 4085.

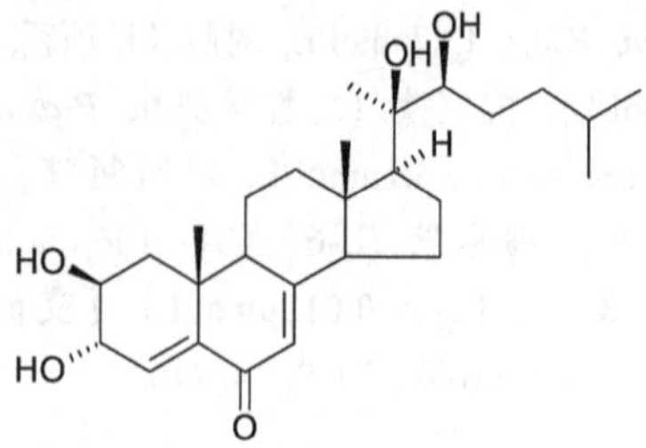

810 Punicinol A 紫红柳珊瑚甾醇 A*

【基本信息】$C_{29}H_{50}O_5$.【类型】胆甾烷甾醇.【来源】紫红柳珊瑚* *Leptogorgia punicea.*【活性】协同细胞毒 (对紫杉醇); 细胞毒 (A549, 细胞生长抑制剂).【文献】M. Moritz, et al. Mar. Drugs, 2014, 12, 5864.

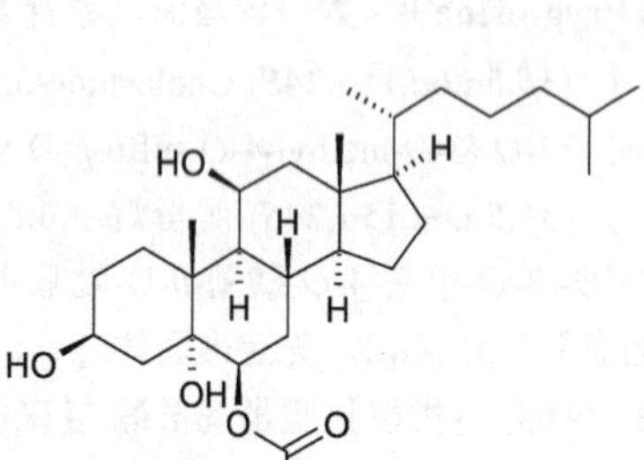

811 Punicinol B 紫红柳珊瑚甾醇 B*

【基本信息】$C_{29}H_{50}O_5$.【类型】胆甾烷甾醇.【来源】紫红柳珊瑚* *Leptogorgia punicea.*【活性】协同细胞毒 (对紫杉醇); 细胞毒 (A549, 细胞生长抑制剂).【文献】M. Moritz, et al. Mar. Drugs, 2014, 12, 5864.

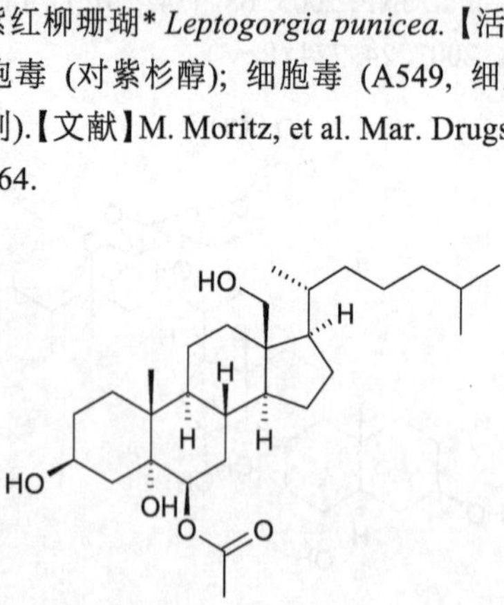

812 Rathbunioside R₁ 兰氏海盘车糖苷 R₁*

【别名】(3*β*,5*α*,6*α*,15*β*,24*S*)-Cholestane-3,6,15,24-tetrol 24-*O*-*β*-D-xylopyranoside; (3*β*,5*α*,6*α*,15*β*,24*S*)-胆甾烷-3,6,15,24-四醇 24-*O*-*β*-D-吡喃木糖苷.【基本信息】$C_{32}H_{56}O_8$, 无定形粉末, $[\alpha]_D = -0.2°$ ($c = 1.6$, 甲醇).【类型】胆甾烷甾醇.【来源】海星兰氏海盘车* *Asterias rathbuni* (嗜冷生物, 冷水域, 白令海).【活性】细胞毒 (细胞分裂抑制剂, 受精海胆卵, 7.0×10^{-5}mol/L).【文献】N. V. Ivanchina, et al. JNP, 2001, 64, 945; M. D. Lebar, et al. NPR, 2007, 24, 774 (Rev.).

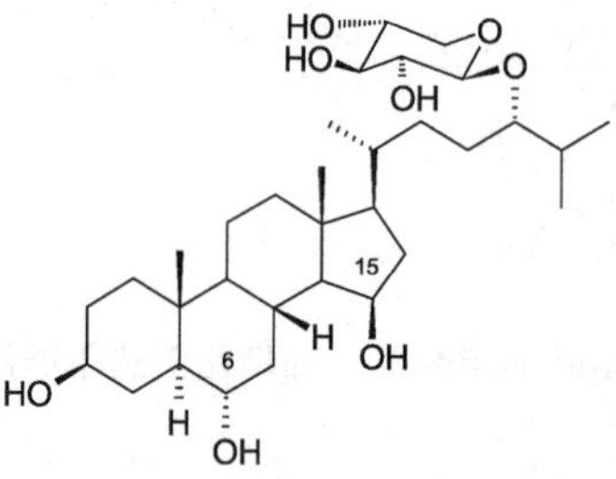

813 Rathbunioside R₂ 兰氏海盘车糖苷 R₂*

【别名】(3*β*,5*α*,6*β*,15*α*,24*S*)-Cholestane-3,5,6,15,24-pentol 24-*O*-*β*-D-xylopyranoside; (3*β*,5*α*,6*β*,15*α*,24*S*)-胆甾烷-3,5,6,15,24-五醇 24-*O*-*β*-D-吡喃木糖苷.【基本信息】$C_{32}H_{56}O_9$, 无定形粉末, $[\alpha]_D = +13.1°$ ($c = 0.45$, 甲醇).【类型】胆甾烷甾醇.【来源】海星兰氏海盘车* *Asterias rathbuni* (嗜冷生物, 冷水域, 白令海).【活性】细胞毒 (细胞分裂抑制剂, 受精海胆卵, $IC_{100} = 1.7\times10^{-4}$mol/L).【文献】N. V. Ivanchina, et al. JNP, 2001, 64, 945; M. D. Lebar, et al. NPR, 2007, 24, 774 (Rev.).

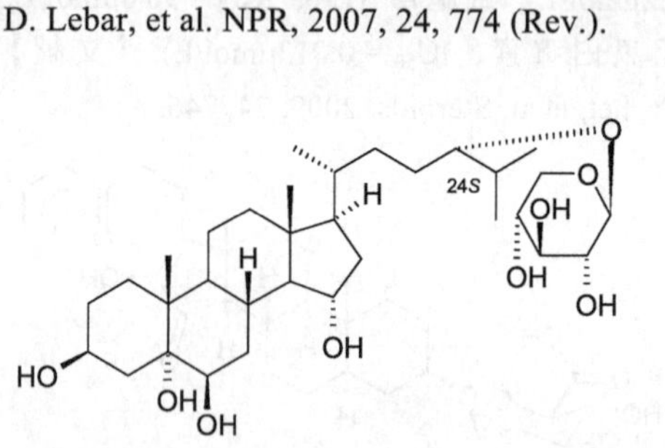

814 Riisein A 长轴珊瑚因 A*

【基本信息】$C_{36}H_{60}O_{10}$, 粉末, mp 187~189°C, $[\alpha]_D^{25} = -61°$ ($c = 0.1$, 氯仿).【类型】胆甾烷甾醇.【来源】珊瑚纲八放珊瑚亚纲匍匐珊瑚目长轴珊瑚 *Telesto riisei* (巴西).【活性】细胞毒 (HCT116, $ED_{50} = 2.0$μg/mL).【文献】L. F. Maia, et al. JNP, 2000, 63, 1427.

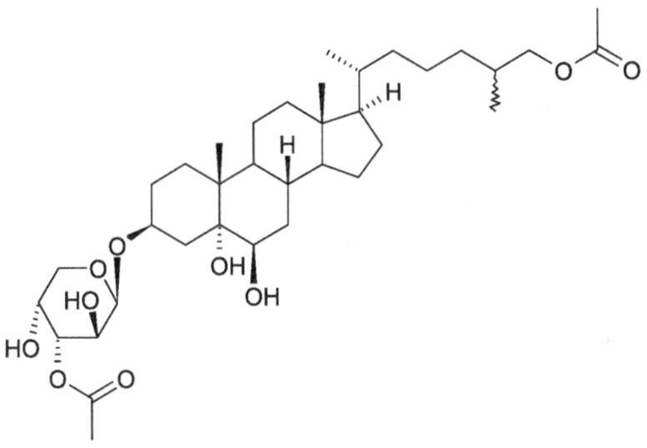

815 Riisein B 长轴珊瑚因 B*

【基本信息】$C_{36}H_{60}O_{10}$，粉末，mp 188~191°C，$[\alpha]_D^{25} = -85°$ ($c = 0.1$，氯仿).【类型】胆甾烷甾醇.【来源】珊瑚纲八放珊瑚亚纲匍匐珊瑚目长轴珊瑚 *Telesto riisei* (巴西).【活性】细胞毒 (HCT116, $ED_{50} = 2.0\mu g/mL$).【文献】L. F. Maia, et al. JNP, 2000, 63, 1427.

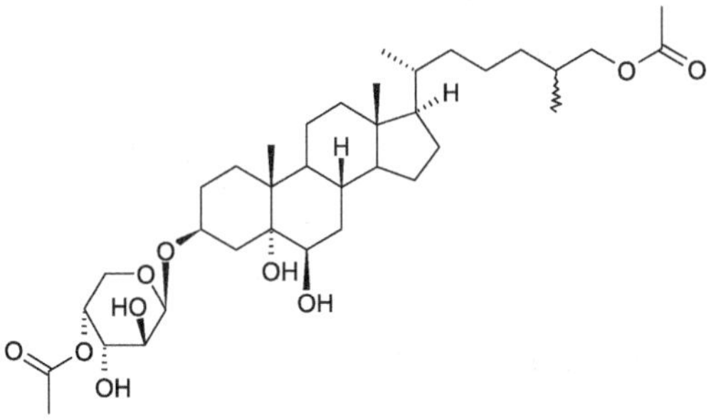

816 Sepositoside A 棘海星糖苷 A*

【基本信息】$C_{45}H_{70}O_{18}$，无定形粉末 (钠盐)，$[\alpha]_D = -68.5°$ ($c = 1$，水) (钠盐).【类型】胆甾烷甾醇.【来源】棘海星属 *Echinaster sepositus*.【活性】LD_{50} (小鼠，ipr) = 43mg/kg.【文献】F. De Simone, et al. JCS Perkin Trans. Ⅰ, 1981, 1855.

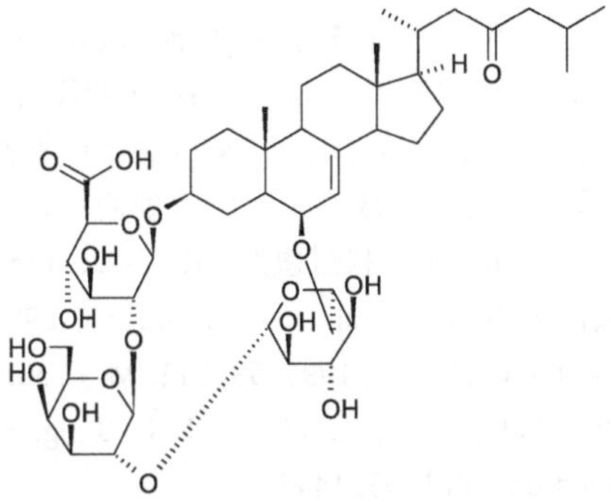

817 Stellettasterol 星芒海绵甾醇*

【别名】2β,3β,6β,11,19-Pentahydroxy-9,11-seco-cholestan-9-one；2β,3β,6β,11,19-五羟基-9,11-开环胆甾烷-9-酮.【基本信息】$C_{27}H_{48}O_6$，固体，$[\alpha]_D^{23} = -18.5°$ ($c = 0.35$，甲醇).【类型】胆甾烷甾醇.【来源】星芒海绵属 *Stelletta* sp. (日本水域).【活性】抗真菌 (拉曼被孢霉*Mortierella ramanniana*, MIC = 12.5μg/mL).【文献】H. Li, et al. Experientia, 1994, 50, 771.

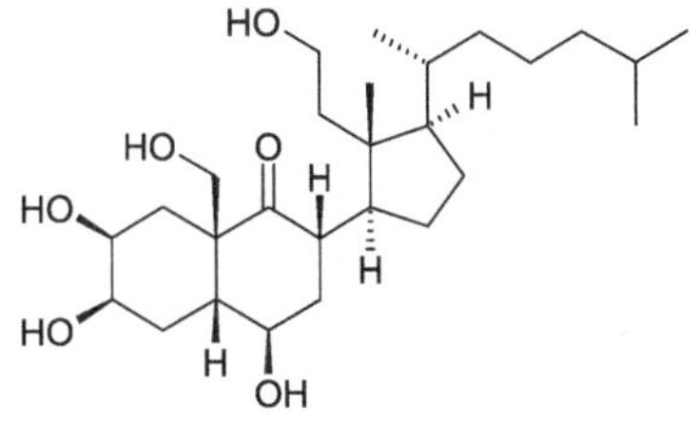

818 Streptoseolactone 首尔链霉菌内酯*

【基本信息】$C_{29}H_{42}O_5$.【类型】胆甾烷甾醇.【来源】海洋导出的链霉菌首尔链霉菌 *Streptomyces seoulensis* 来自对虾 *Penaeus orientalis* (消化道，青岛，山东，中国).【活性】神经氨酸苷酶抑制剂；神经氨酸酶.【文献】R. H. Jiao, et al. J. Appl. Microbiol., 2013, 114, 1046.

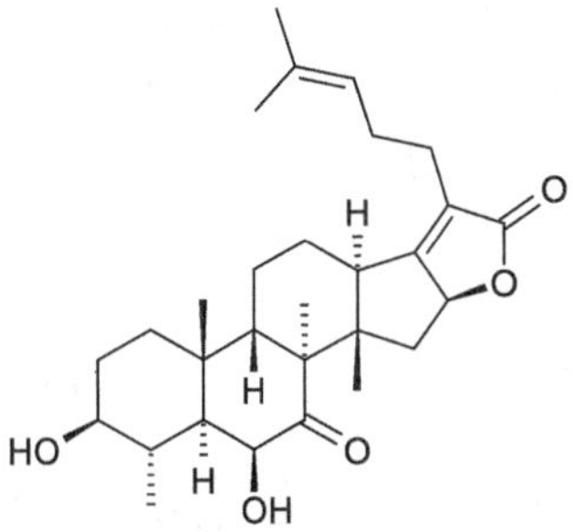

819 Thornasteroside A 叟玛甾醇糖苷 A*

【别名】Ophidianoside E；蛇海星糖苷 E*.【基本信息】$C_{56}H_{92}O_{28}S$，晶体 (丁醇) (钠盐)，mp 203~204°C (钠盐)，$[\alpha]_D^{25} = -7°$ ($c = 0.5$，水).【类型】胆甾烷甾醇.【来源】长棘海星 *Acanthaster planci* (印度-太平洋)，斑沙海星 *Luidia maculata*，蛇海星* *Ophidiaster ophidianus*，蓝指海星 *Linckia laevigata* 和海星杂色多棘海盘车* *Asterias amurensis* cf. *versicolor*.【活性】降血压的.【文献】I. Kitagawa, et al. Tetrahedron Lett., 1977, 859; I. Kitagawa, et al. CPB, 1978, 26, 1864;

T. Komori, et al. Liebigs Ann. Chem., 1983, 37; Y. Itakura, et al. Liebigs Ann. Chem., 1983, 2079; T. Komori, et al. Liebigs Ann. Chem., 1983, 2092; T. Komori, et al. Annalen, 1983, 24; L. Minale, et al. Comp. Biochem. Physiol., B, 1985, 80, 113; R. Riccio, et al. JCS Perkin Trans. Ⅰ, 1985, 655; 1988, 1337; R. Riccio, et al. JNP, 1985, 48, 97.

β-D-xylop
deoxy-β-D-glucop
β-D-galap
deoxy-β-D-glucop
β-D-fucop

820 3,6,24-Trihydroxycholestan-15-one 3,6,24-三羟基胆甾烷-15-酮*

【基本信息】$C_{27}H_{46}O_4$，晶体（甲醇），$[\alpha]_D^{20}$ = +9.1°（c = 0.6，乙醇）.【类型】胆甾烷甾醇.【来源】血红鸡爪海星 *Henricia sanguinolenta*（嗜冷生物，冷水水域）.【活性】细胞生长抑制剂（海胆受精卵，中等活性）.【文献】E. V. Levina, et al. Russ. Chem. Bull., 2003, 52, 1623; M. D. Lebar, et al. NPR, 2007, 24, 774 (Rev.).

821 Wondosterol B 杂星海绵甾醇 B*

【基本信息】$C_{38}H_{62}O_{13}$，无定形固体，$[\alpha]_D^{23}$ = +46.2°（c = 0.5，甲醇）.【类型】胆甾烷甾醇.【来源】杂星海绵属 *Poecillastra wondoensis* 和碧玉海绵属 *Jaspis wondoensis*（联合体）.【活性】细胞毒（P_{388}，IC_{50} = 46μg/mL）.【文献】G, Ryu, et al. Tetrahedron, 1999, 55, 13171.

822 Wondosterol C 杂星海绵甾醇 C*

【基本信息】$C_{38}H_{62}O_{13}$，无定形固体，$[\alpha]_D^{23}$ = +62.7°（c = 0.8，甲醇）.【类型】胆甾烷甾醇.【来源】杂星海绵属 *Poecillastra wondoensis* 和碧玉海绵属 *Jaspis wondoensis*（联合体）.【活性】抗菌（铜绿假单胞菌 *Pseudomonas aeruginosa,* 大肠杆菌 *Escherichia coli,* 10μg/盘）；细胞毒（P_{388}, IC_{50} = 46μg/mL）.【文献】G, Ryu, et al. Tetrahedron, 1999, 55, 13171.

823 Xestobergsterol A 锉海绵甾醇 A*

【基本信息】$C_{27}H_{44}O_5$，无定形白色粉末.【类型】胆甾烷甾醇.【来源】锉海绵属 *Xestospongia bergquistia* 和羊海绵属 *Ircinia* sp.（冲绳，日本）.【活性】细胞毒（L_{1210}，IC_{50} = 4.0μg/mL）；抑制抗-IgE 诱导的组胺释放（大鼠肥大细胞，*in vitro,* IC_{50} = 0.05μmol/L）；抗过敏剂（IC_{50} = 262μmol/L）.【文献】N. Shoji, et al. JOC, 1992, 57, 2996; J. Kobayashi, et al. JNP, 1995, 58, 312; M. E. Jung, et al. Org. Lett., 1999, 1, 1671; M. E. Jung, et al. Tetrahedron, 2001, 57, 1449.

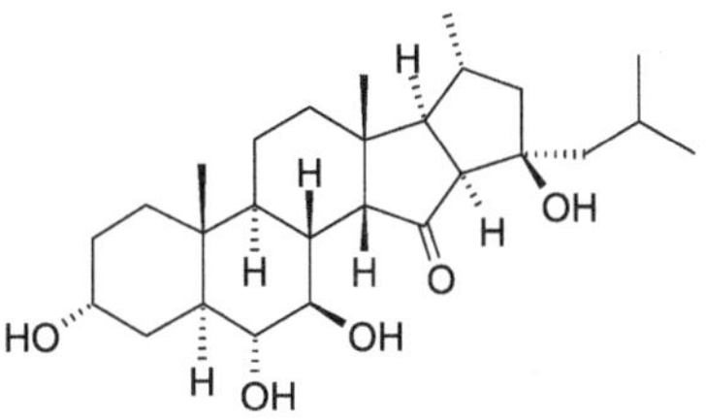

824 Xestobergsterol B 锉海绵甾醇 B*

【基本信息】$C_{27}H_{44}O_7$, 无定形白色粉末.【类型】胆甾烷甾醇.【来源】锉海绵属 *Xestospongia bergquistia* 和羊海绵属 *Ircinia* sp. (冲绳, 日本).【活性】细胞毒 (L_{1210}, $IC_{50} > 10\mu g/mL$, 低活性); 抑制抗-IgE 诱导的组胺释放 (大鼠肥大细胞).【文献】N. Shoji, et al. JOC, 1992, 57, 2996; J. Kobayashi, et al. JNP, 1995, 58, 312.

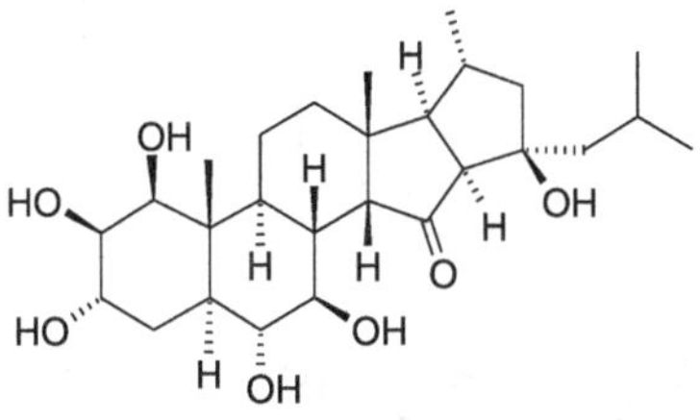

825 Xestobergsterol C 锉海绵甾醇 C*

【基本信息】$C_{27}H_{44}O_6$, 粉末, $[\alpha]_D^{22} = -18.6°$ ($c = 0.38$, 甲醇).【类型】胆甾烷甾醇.【来源】羊海绵属 *Ircinia* sp. (冲绳, 日本).【活性】细胞毒 (L_{1210}, $IC_{50} = 4.1\mu g/mL$).【文献】J. Kobayashi, et al. JNP, 1995, 58, 312.

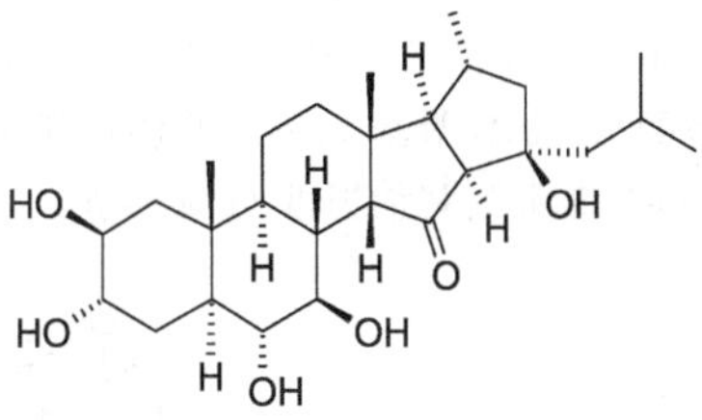

2.4 去甲和双去甲胆甾烷类甾醇

826 Astrosterioside D 单棘槭海星甾醇糖苷 D*

【基本信息】$C_{56}H_{90}O_{29}S$.【类型】去甲和双去甲胆甾烷类甾醇.【来源】单棘槭海星 *Astropecten monacanthus* (提取物, 猫吧岛, 海防, 越南).【活性】抑制 IL-6, IL-12 p40 和 TNF-α 的生成 (有潜力的).【文献】N. P. Thao, et al. JNP, 2013, 76, 1764.

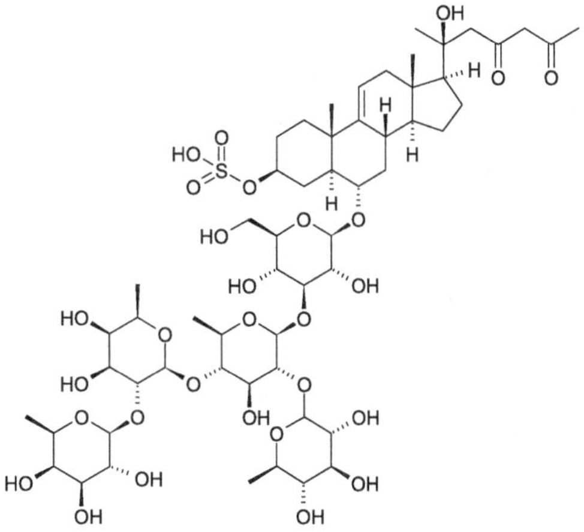

827 7,8-Epoxy-26,27-dinorergost-23-ene-3,5,6-triol 7,8-环氧-26,27-双去甲麦角甾-23-烯-3,5,6-三醇

【基本信息】$C_{26}H_{42}O_4$, 晶体, mp 184~185°C.【类型】去甲和双去甲胆甾烷类甾醇.【来源】柏柳珊瑚属 *Acabaria undulata* (朝鲜半岛水域).【活性】细胞毒 (P_{388}, $IC_{50} = 28.7\mu g/mL$; DLD-1, $IC_{50} = 24.6\mu g/mL$; PLA_2, $IC_{50} = 21.5\mu g/mL$).【文献】J. Shin, et al. JNP, 1996, 59, 679.

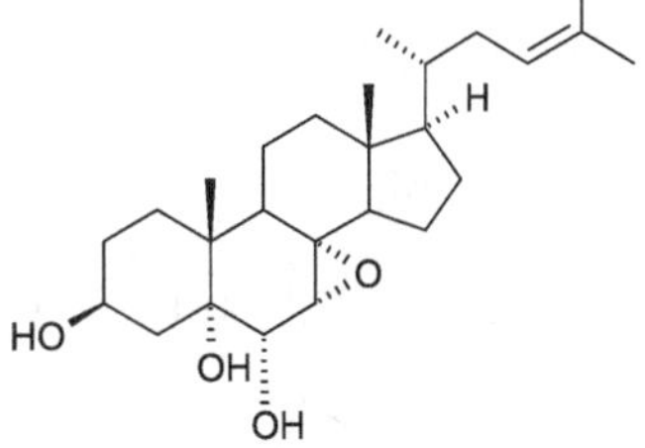

828 Gelliusterol A 结海绵甾醇 A*

【别名】(3β,7α)-26,27-Dinorcholest-5-en-23-yne-3,7-diol; (3β,7α)-26,27-双去甲胆甾-5-烯-23-炔-3,7-二醇.【基本信息】$C_{25}H_{38}O_2$, $[\alpha]_D = -25.7°$ ($c = 0.07$, 甲醇).【类型】去甲和双去甲胆甾烷类甾醇.【来源】结海绵属 *Gellius* sp. (加勒比海海岸, 巴拿马).【活性】细胞毒 (P_{388}, HT29, A549, DU145 和 MEL28, $IC_{50} > 1\mu g/mL$).【文献】W. A. Gallimore, et al. JNP, 2001, 64, 741.

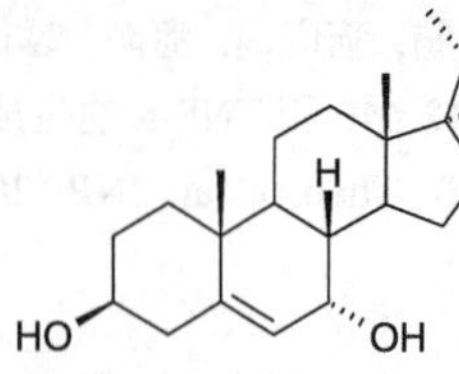

829 Gelliusterol B 结海绵甾醇 B*

【别名】3β-Hydroxy-26,27-dinorcholest-5-en-23-yn-7-one; 3β-羟基-26,27-双去甲胆甾-5-烯-23-炔-7-酮.【基本信息】$C_{25}H_{36}O_2$, $[\alpha]_D = -16.6^o$ ($c = 0.02$, 甲醇).【类型】去甲和双去甲胆甾烷类甾醇.【来源】结海绵属 *Gellius* sp. (加勒比海海岸, 巴拿马).【活性】细胞毒 (P_{388}, HT29, A549, DU145 和 MEL28, $IC_{50} > 1\mu g/mL$).【文献】W. A. Gallimore, et al. JNP, 2001, 64, 741.

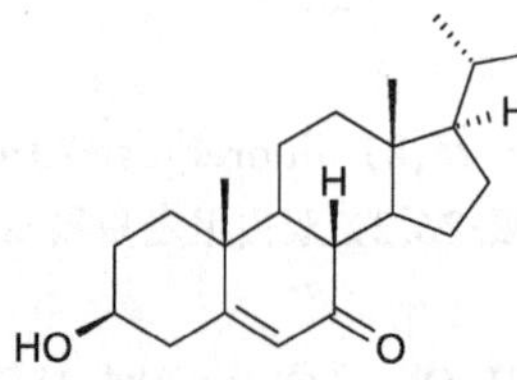

830 Glaciasterol A 冰秽海绵甾醇 A*

【基本信息】$C_{26}H_{40}O_4$, 无定形固体.【类型】去甲和双去甲胆甾烷类甾醇.【来源】冰秽海绵* *Aplysilla glacialis* (不列颠哥伦比亚, 加拿大).【活性】细胞毒 (L_{1210}, $ED_{50} = 7\mu g/mL$; 人乳腺癌细胞, $ED_{50} \approx 20\mu g/mL$).【文献】J. Pika, et al. Can. J. Chem., 1992, 70, 1506.

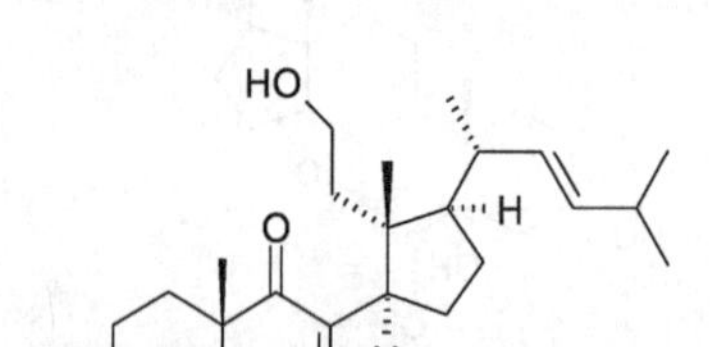

831 Halistanol sulfate B 哈里斯塔甾醇硫酸酯 B*

【基本信息】$C_{26}H_{44}O_{12}S_3$, $[\alpha]_D^{21} = +11.4^o$ ($c = 1$, 甲醇).【类型】去甲和双去甲胆甾烷类甾醇.【来源】外轴海绵属 *Epipolasis* sp. (日本水域).【活性】凝血酶抑制剂 ($IC_{50} = 23\mu g/mL$).【文献】S. Kanazawa, et al. Tetrahedron, 1992, 48, 5467.

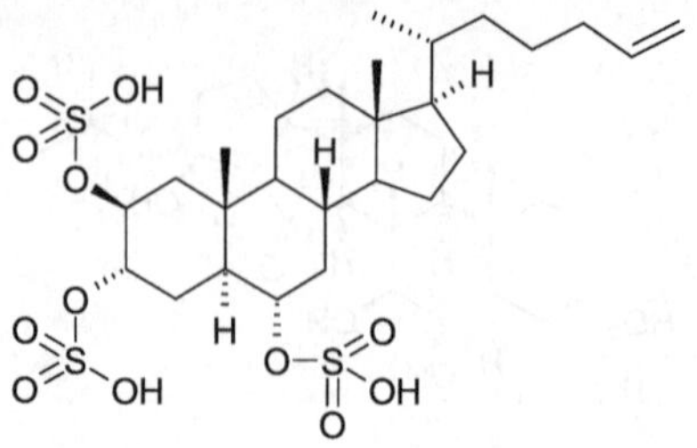

832 Halistanol sulfate D 哈里斯塔甾醇硫酸酯 D*

【基本信息】$C_{26}H_{44}O_{12}S_3$, $[\alpha]_D^{21} = +13.7^o$ ($c = 0.56$, 甲醇).【类型】去甲和双去甲胆甾烷类甾醇.【来源】外轴海绵属 *Epipolasis* sp. (日本水域).【活性】凝血酶抑制剂 ($IC_{50} = 47\mu g/mL$).【文献】S. Kanazawa, et al. Tetrahedron, 1992, 48, 5467.

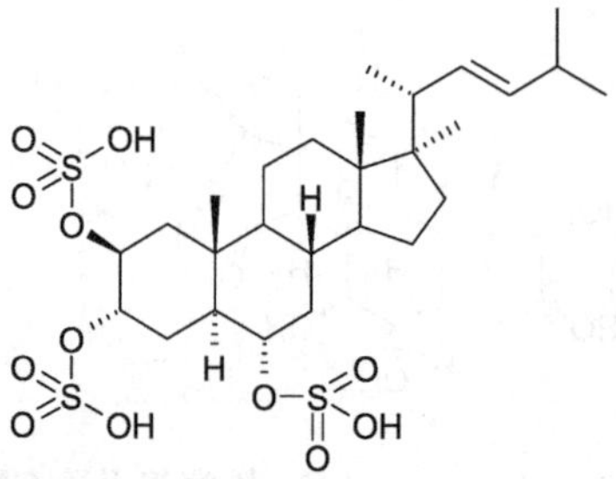

833 Hippasterioside D 马海星甾醇糖苷 D*

【别名】(20*R*,22*R*,23*S*)-22,23-Epoxy-20-hydroxy-6α-*O*-{β-D-xylopyranosyl-(1→3)-β-D-fucopyranosyl-(1→2)-β-D-quinovopyranosyl-(1→4)-[β-D-quinovopyranosyl-(1→2)]-β-D-xylopyranosyl-(1→3)-β-D-quinovopyranosyl}-24-nor-5α-cholest-9(11)-en-3β-yl sulfate; (20*R*,22*R*,23*S*)-22,23-环氧-20-羟基-6α-*O*-{β-D-吡喃木糖基-(1→3)-β-D-吡喃岩藻糖基-(1→2)-β-D-吡喃鸡纳糖基-(1→4)-[β-D-吡喃鸡

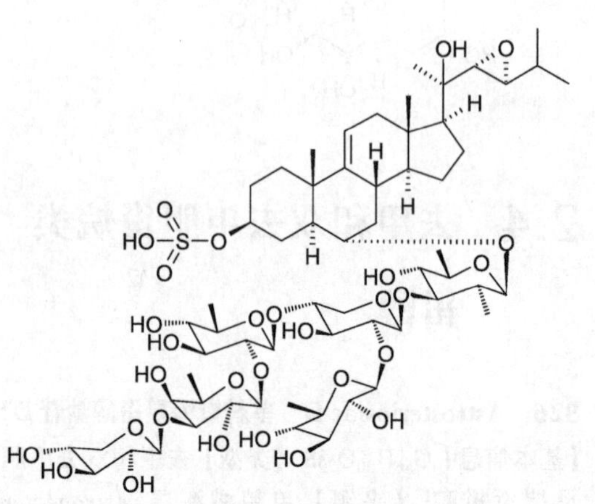

纳糖基-(1→2)]-β-D-吡喃木糖基-(1→3)-β-D-吡喃鸡纳糖基}-24-去甲-5α-胆甾-9(11)-烯-3β-基硫酸酯.【基本信息】$C_{60}H_{98}O_{30}S$, 无色无定形粉末, $[\alpha]_D^{25} = \pm0°$ ($c = 0.1$, 甲醇).【类型】去甲和双去甲胆甾烷类甾醇.【来源】库页岛马海星* *Hippasteria kurilensis* (千岛群岛, 鄂霍次克海, 俄罗斯).【活性】细胞毒 (HT29, 抑制群落形成, 降低群落数 23%).【文献】A. A. Kicha, et al. Chem. Biodiversity, 2011, 8, 166.

834 24-Hydroxy-26,27-dinorergosta-4,22*E*-dien-3-one 24-羟基-26,27-双去甲麦角甾-4,22*E*-二烯-3-酮

【基本信息】$C_{26}H_{40}O_2$, 无定形粉末, $[\alpha]_D^{25} = +45.9°$ ($c = 0.07$, 氯仿).【类型】去甲和双去甲胆甾烷类甾醇.【来源】Primnoidae 科柳珊瑚 *Dasystenella acanthina* (嗜冷生物, 冷水域, 南极地区).【活性】细胞毒 (LNCaP, GI_{50} = 1.4μg/mL; SKBR3, GI_{50} = 3.3μg/mL; SK-MEL-28, GI_{50} = 4.9μg/mL; K562, GI_{50} = 0.9μg/mL; PANC1, GI_{50} = 3.7μg/mL; HT29, GI_{50} = 5.0μg/mL; LoVo, GI_{50} = 3.5μg/mL; LoVo-阿霉素, GI_{50} = 4.4μg/mL; 细胞生长抑制剂).【文献】G. G. Mellado, et al. Steroids, 2004, 69, 291; M. D. Lebar, et al. NPR, 2007, 24, 774 (Rev.).

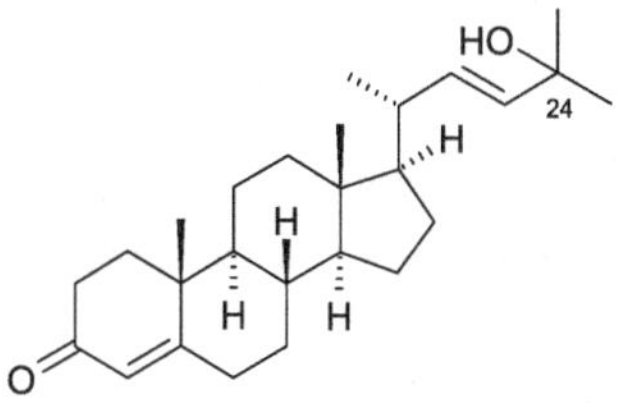

2.5 A-去甲-甾醇类

835 (2*α*,5*α*,11*β*,20*R*,22*S*,24*S*)-4(3→2)-Abeo-22,25-epoxy-11,20-dihydroxy-24-methylfurostan-3-oic acid (2*α*,5*α*,11*β*,20*R*,22*S*,24*S*)-4(3→2)- 移-22,25-环氧-11,20-二羟基-24-甲基呋甾烷-3-酸

【别名】A-nor-22-*epi*-hippurin-2α-carboxylic acid; A-去甲-22-*epi*-粗枝竹节柳珊瑚林-2α-羧酸*.【基本信息】$C_{28}H_{44}O_6$, 晶体, mp 263~264°C, $[\alpha]_D^{25} = -20°$ ($c = 1.04$, 甲醇).【类型】A-去甲-甾醇类.【来源】粗枝竹节柳珊瑚 *Isis hippuris*.【活性】细胞毒 (HepG2, ED_{50} = 3.6μg/mL; Hep3B, ED_{50} = 6.9μg/mL).【文献】J.-H. Sheu, et al. Tetrahedron Lett., 2004, 45, 6413.

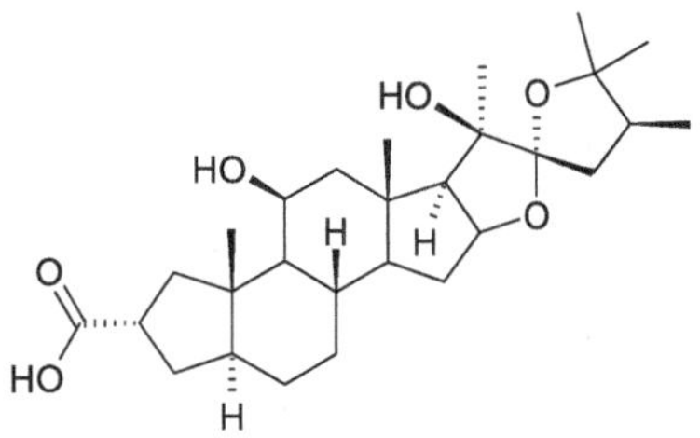

836 17*R*-Methylincisterol 17*R*-甲基缺刻网架海绵甾醇*

【别名】Volemolide.【基本信息】$C_{22}H_{34}O_3$, 针状晶体, mp 61~62°C, $[\alpha]_D^{23} = +215°$ ($c = 0.1$, 氯仿); mp 62~64°C, $[\alpha]_D = +185.72°$ ($c = 0.61$, 氯仿).【类型】A-去甲-甾醇类.【来源】缺刻网架海绵* *Dictyonella incisa*, 深海真菌萨氏曲霉菌 *Aspergillus sydowi* YH11-2 (关岛, 美国, N13′26″, E144′43″, 采样深度 1000m).【活性】细胞毒 (P_{388}, IC_{50} = 18.57μmol/L, 对照 CDDP, IC_{50} = 0.039μmol/L); LD_{50} (盐水丰年虾 *Artemia salina*) = 6.6μg/mL.【文献】P. Ciminiello, et al. JACS, 1990, 112, 3505; A. Kurek-Tylik, et al. JACS, 1995, 117, 1849; H. Mitome, et al. Tetrahedron Lett., 1995, 36, 8231; F. De Riccardis, et al. Tetrahedron Lett., 1995, 36, 4303; L. Tian, et al. Arch. Pharm. Res., 2007, 30, 1051; J.-M. Kornprobst, Encyclopedia of Marine Natural Products, 2 Edition, 2014, Vol2, P758, Wiley Blackwell.

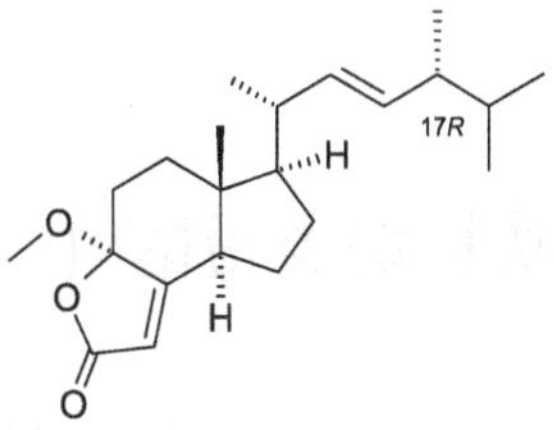

2.6 蜕皮类固醇

837 Crustecdysone 甲壳蜕皮素

【别名】(2*β*,3*β*,5*β*,20*R*,22*R*)-2,3,14,20,22,25-Hexahydroxycholest-7-en-6-one; Ecdysterone; (2*β*,3*β*,5*β*,20*R*,22*R*)-2,3,14,20,22,25-六羟基胆甾-7-烯-6-酮; 蜕皮甾酮.【基本信息】$C_{27}H_{44}O_7$, 片状晶体

(乙酸乙酯/四氢呋喃), mp 237.5~239.5ºC, mp 243ºC, $[\alpha]_D$ = +61.8º (氯仿).【类型】蜕皮类固醇.【来源】六放珊瑚亚纲 *Gerardia savaglia*, 海洋小龙虾 *Jasus lalandei* (低产率 = 2mg/t), 蚕, 陆地植物 *Polypodium vulgare* 及其它.【活性】蜕皮激素 (甲壳类动物); 抗炎; 抗心律失常药; 抗溃疡.【文献】M. N. Galbraith, et al. Chem. Commun., 1966, 905; A. Stuararo, et al. Experientia, 1982, 38, 1184.

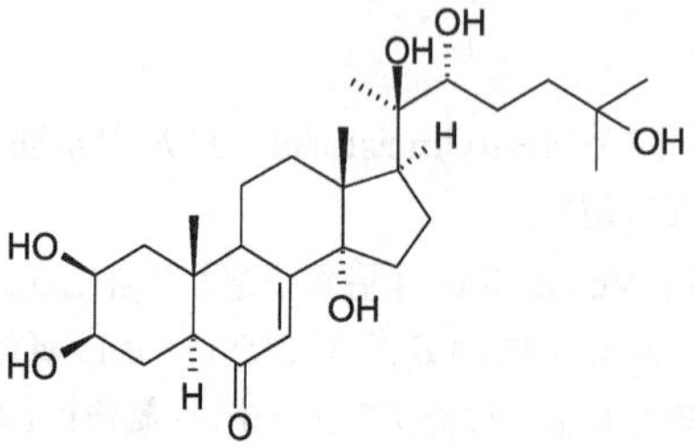

838　Muristerone A　木乐甾酮 A*

【基本信息】$C_{27}H_{44}O_8$, 晶体 (甲醇), mp 238~240ºc, $[\alpha]_D^{20}$ = +49.6º (*c* = 1, 吡啶).【类型】蜕皮类固醇.【来源】小轴海绵科海绵 *Ptilocaulis spiculifer*.【活性】蜕皮激素 (昆虫, 很高的活性).【文献】M. Diop, et al. JNP, 1996, 59, 271.

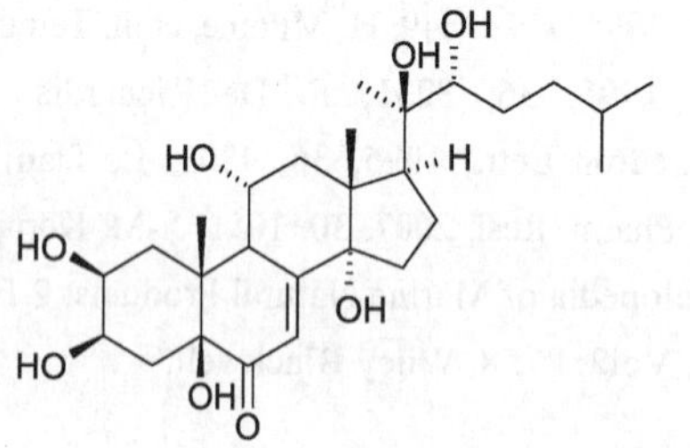

2.7　呋甾烷类甾醇 (C_{27})

839　(22*S*)-3α-Acetoxy-11β,18α-dihydroxy-24-methyl-18,20β:22,25-diepoxy-5α-furostane (22*S*)-3α-乙酰氧基-11β,18α-二羟基-24-甲基-18,20β:22,25-双环氧-5α-呋甾烷

【基本信息】$C_{30}H_{46}O_7$, 粉末, mp 269~271ºC, $[\alpha]_D$= –43º (*c* = 0.31, 氯仿).【类型】呋甾烷类甾醇.【来源】粗枝竹节柳珊瑚 *Isis hippuris*.【活性】细胞毒 (HepG2, IC_{50} > 20μg/mL; MCF7, IC_{50} = 12.72μg/mL; MDA-MB-231, IC_{50} > 20μg/mL).【文献】C.-H. Chao, et al. JNP, 2005, 68, 880.

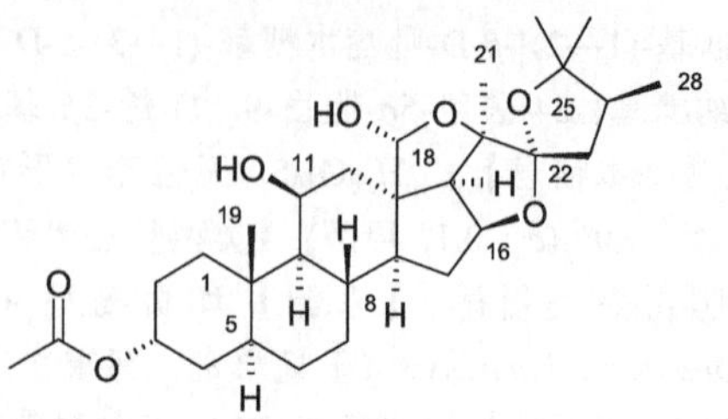

840　3-Acetyl-2-desacetyl-22*S*-*epi*-hippurin 1 3-乙酰基-2-去乙酰基-22*S*-*epi*-粗枝竹节柳珊瑚林 1*

【基本信息】$C_{30}H_{48}O_7$, 晶体, mp 248~250ºC.【类型】呋甾烷类甾醇.【来源】粗枝竹节柳珊瑚 *Isis hippuris* (印度尼西亚).【活性】细胞毒 (HepG2, IC_{50} = 2.06μg/mL; Hep3B, IC_{50} = 1.46μg/mL; MCF7, IC_{50} = 2.41μg/mL; MDA-MB-231, IC_{50} = 0.74μg/mL); 细胞毒 (P_{388}, A549, HT29, MEL28, 所有的 IC_{50} > 10μg/mL).【文献】N. Gonzalez, et al. Tetrahedron, 2001, 57, 3487; C.-H. Chao, et al. JNP, 2005, 68, 880.

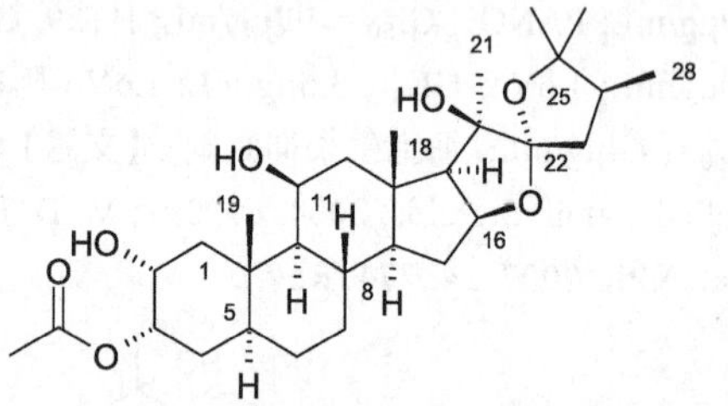

841　3-Acetyl-2-desacetyl-22*R*-*epi*-hippurin-1 3-乙酰基-2-去乙酰基-22*R*-*epi*-粗枝竹节柳珊瑚林 1*

【别名】3-Acetyl-2-desacetylhippurin 1; 3-乙酰基-2-去乙酰基粗枝竹节柳珊瑚林 1*.【基本信息】$C_{30}H_{48}O_7$, 粉末, mp > 300ºC, $[\alpha]_D$ = +27º (*c* = 0.3, 氯仿).【类型】呋甾烷类甾醇.【来源】粗枝竹节柳珊瑚 *Isis hippuris*.【活性】细胞毒 (HepG2, IC_{50} = 0.72μg/mL; Hep3B, IC_{50} = 0.46μg/mL; MCF7, IC_{50} = 1.07μg/mL; MDA-MB-231, IC_{50} = 0.21μg/mL).【文献】C.-H. Chao, et al. JNP, 2005, 68, 880.

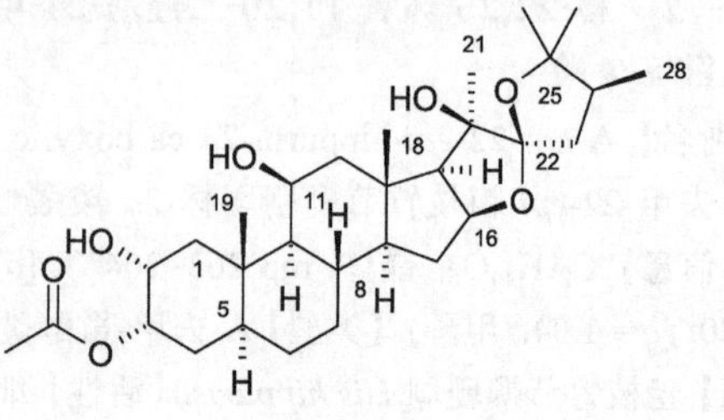

842 3-Acetyl-22-*epi*-hippuristanol 3-乙酰基-22-*epi*-粗枝竹节柳珊瑚甾烷醇*

【基本信息】$C_{30}H_{48}O_6$.【类型】呋甾烷类甾醇.【来源】粗枝竹节柳珊瑚 *Isis hippuris* (印度尼西亚).【活性】细胞毒 (P_{388}, IC_{50} = 1μg/mL; A549, IC_{50} = 0.125μg/mL; HT29, IC_{50} = 0.5μg/mL; MEL28, IC_{50} = 0.125μg/mL).【文献】N. Gonzalez, et al. Tetrahedron, 2001, 57, 3487.

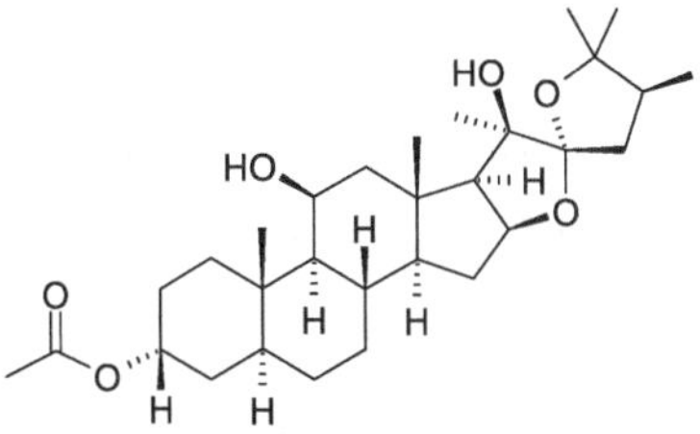

843 11-Dehydroxy-22-*epi*-hippuristanol 11-去羟基-22-*epi*-粗枝竹节柳珊瑚甾烷醇*

【基本信息】$C_{28}H_{46}O_4$, 粉末, $[\alpha]_D^{26}$ = –23.1° (c = 0.625, 氯仿).【类型】呋甾烷类甾醇.【来源】粗枝竹节柳珊瑚 *Isis hippuris* (印度尼西亚).【活性】细胞毒 (P_{388}, A549, HT29, MEL28, 所有的 IC_{50} = 5μg/mL).【文献】N. Gonzalez, et al. Tetrahedron, 2001, 57, 3487.

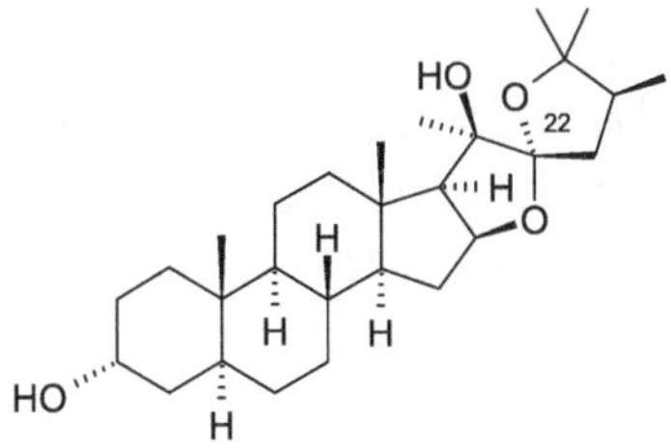

844 11-Dehydroxy-22-*epi*-hippuristanol-3-one 11-去羟基-22-*epi*-粗枝竹节柳珊瑚甾烷醇-3-酮*

【基本信息】$C_{28}H_{44}O_4$, 粉末, $[\alpha]_D^{26}$ = –41.5° (c = 0.03, 氯仿).【类型】呋甾烷类甾醇.【来源】粗枝竹节柳珊瑚 *Isis hippuris* (印度尼西亚).【活性】细胞毒 (P_{388}, A549, HT29, MEL28, 所有的 IC_{50} = 5μg/mL).【文献】N. Gonzalez, et al. Tetrahedron, 2001, 57, 3487.

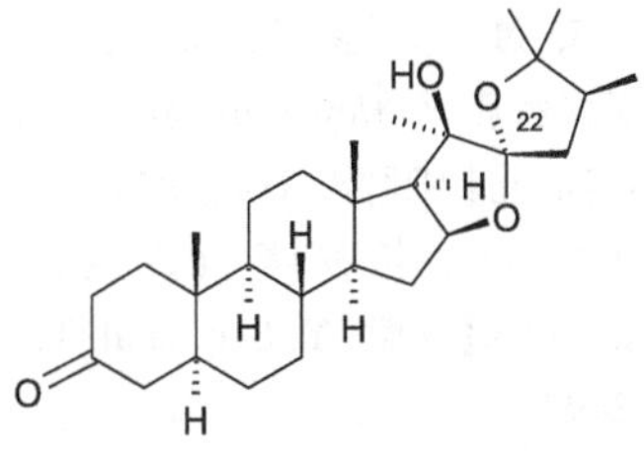

845 2-Desacetyl-22*S*-*epi*-hippurin 1 2-去乙酰基-22*S*-*epi*-粗枝竹节柳珊瑚林 1*

【基本信息】$C_{28}H_{46}O_6$, 晶体, mp 260~261°C.【类型】呋甾烷类甾醇.【来源】粗枝竹节柳珊瑚 *Isis hippuris*.【活性】细胞毒 (HepG2, IC_{50} = 0.62μg/mL; Hep3B, IC_{50} = 0.77μg/mL; MCF7, IC_{50} = 0.59μg/mL; MDA-MB-231, IC_{50} = 0.75μg/mL).【文献】T. Higa, et al. Chem. Lett., 1981, 1647; C.-H. Chao, et al. JNP, 2005, 68, 880.

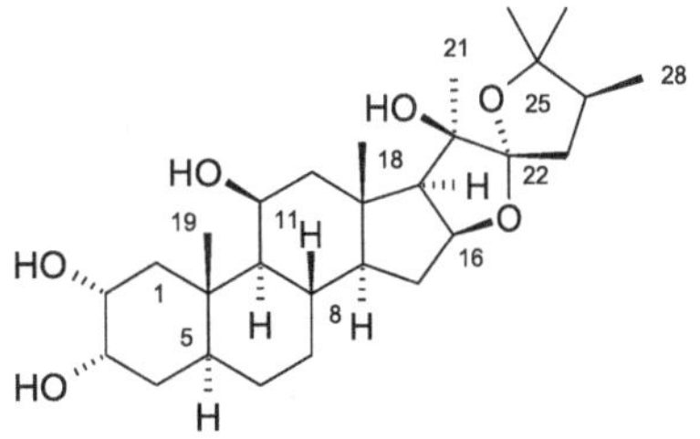

846 (22*S*)-2*α*,3*α*-Diacetoxy-11*β*,18*α*-dihydroxy-24-methyl-18,20*β*:22,25-diepoxy-5*α*-furostane (22*S*)-2*α*,3*α*-二乙酰氧基-11*β*,18*α*-二羟基-24-甲基-18,20*β*:22,25-双环氧-5*α*-呋甾烷*

【基本信息】$C_{32}H_{48}O_9$, 粉末, mp 273~275°C, $[\alpha]_D$= –23° (c = 0.38, 氯仿).【类型】呋甾烷类甾醇.【来源】粗枝竹节柳珊瑚 *Isis hippuris*.【活性】细胞毒 (HepG2, IC_{50} > 20μg/mL; MCF7, IC_{50} = 11.39μg/mL; MDA-MB-231, IC_{50} > 20μg/mL).【文献】C.-H. Chao, et al. JNP, 2005, 68, 880.

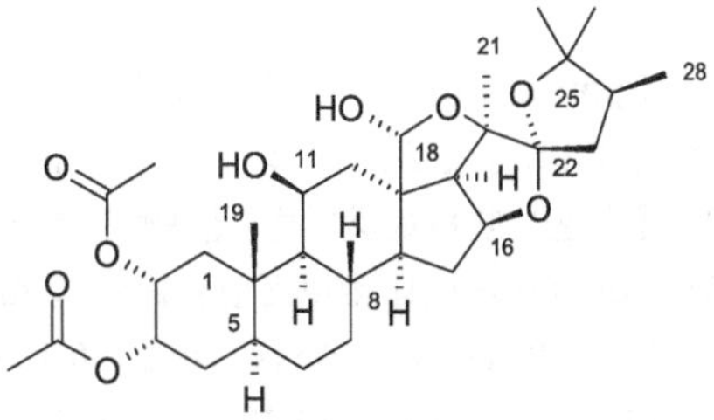

847 Hippurin 1 粗枝竹节柳珊瑚林 1*

【别名】22,25-Epoxy-24-methylfurostane-2-acetoxy-3,11,20-tirol; 22,25-环氧-24-甲基呋甾烷-2-乙酰氧基-3,11,20-三醇; 马尿素.【基本信息】$C_{30}H_{48}O_7$, 晶体 (水/石油醚), mp 183~185°C, $[\alpha]_D$= +36.2° (c = 1, 氯仿).【类型】呋甾烷类甾醇.【来源】粗枝竹节柳珊瑚 *Isis hippuris*.【活性】细胞毒 (HepG2, IC_{50} = 0.56μg/mL; Hep3B, IC_{50} = 0.10μg/mL; MCF7, IC_{50} = 0.53μg/mL; MDA-MB-231, IC_{50} = 0.41μg/mL).【文献】R. Kazlauskas, et al. Tetrahedron Lett., 1977,

18, 4439; T. Higa, et al. Chem. Lett., 1981, 1647; C. B. Rao, et al. JNP, 1988, 51, 954; C.-H. Chao, et al. JNP, 2005, 68, 880.

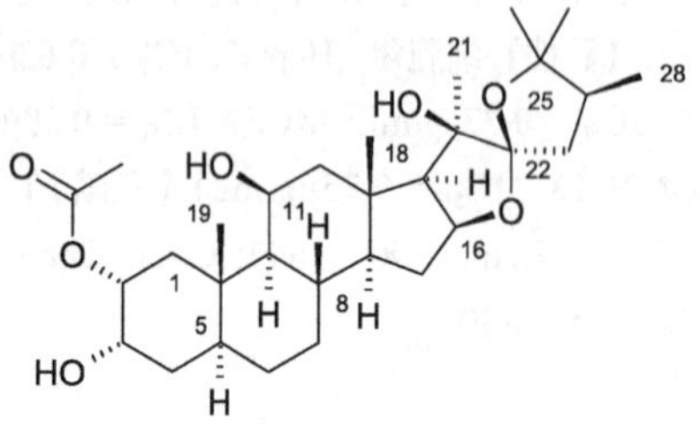

848　22-*epi*-Hippurin 1　22-*epi*-粗枝竹节柳珊瑚林 1*

【基本信息】$C_{30}H_{48}O_7$, 晶体 (甲醇), mp 243~245°C.【类型】呋甾烷类甾醇.【来源】粗枝竹节柳珊瑚 *Isis hippuris*.【活性】细胞毒 (HepG2, IC_{50} = 4.64μg/mL; Hep3B, IC_{50} = 0.68μg/mL; MCF7, IC_{50} = 4.54μg/mL; MDA-MB-231, IC_{50} = 2.64μg/mL).【文献】T. Higa, et al. Chem. Lett., 1981, 1647; C.-H. Chao, et al. JNP, 2005, 68, 880.

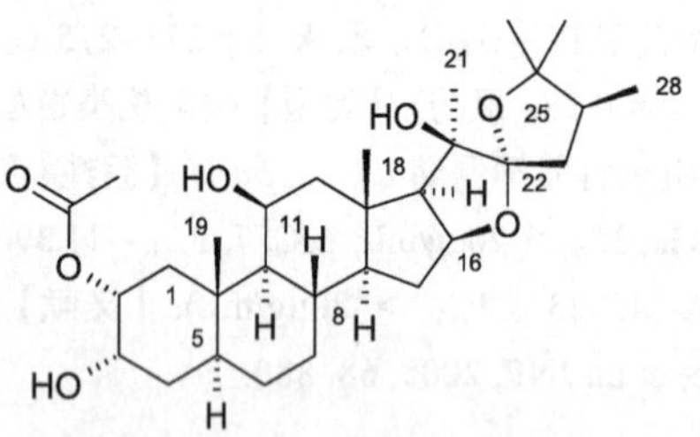

849　Hippuristanol　粗枝竹节柳珊瑚甾烷醇*

【基本信息】$C_{28}H_{46}O_5$, 晶体 (甲醇), mp 188~190°C.【类型】呋甾烷类甾醇.【来源】粗枝竹节柳珊瑚 *Isis hippuris* (印度尼西亚).【活性】细胞毒 (P_{388}, IC_{50} = 0.1μg/mL; A549, IC_{50} = 0.1μg/mL; HT29, IC_{50} = 0.1μg/mL; MEL28, IC_{50} = 0.1μg/mL).【文献】T. Higa, et al. Chem. Lett., 1981, 1647; C. B. Rao, et al. JNP, 1988, 51, 954; N. Gonzalez, et al. Tetrahedron, 2001, 57, 3487.

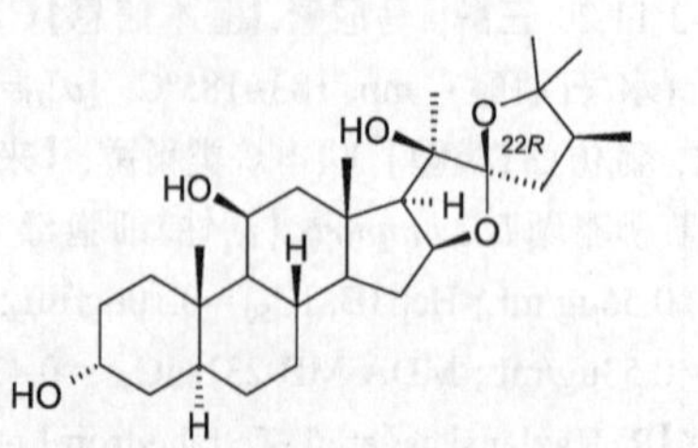

850　22-*epi*-Hippuristanol　22-*epi*-粗枝竹节柳珊瑚甾烷醇*

【基本信息】$C_{28}H_{46}O_5$, 晶体 (甲醇), mp 248~249°C.【类型】呋甾烷类甾醇.【来源】粗枝竹节柳珊瑚 *Isis hippuris* (印度尼西亚).【活性】细胞毒 (HepG2, IC_{50} = 0.08μg/mL; Hep3B, IC_{50} = 0.10μg/mL; MCF7, IC_{50} = 0.20μg/mL; MDA-MB-231, IC_{50} = 0.13μg/mL); 细胞毒 (P_{388}, IC_{50} = 0.1μg/mL; A549, IC_{50} = 0.1μg/mL; HT29, IC_{50} = 0.1μg/mL; MEL28, IC_{50} = 0.1μg/mL).【文献】T. Higa, et al. Chem. Lett., 1981, 1647; N. Gonzalez, et al. Tetrahedron, 2001, 57, 3487; C.-H. Chao, et al. JNP, 2005, 68, 880.

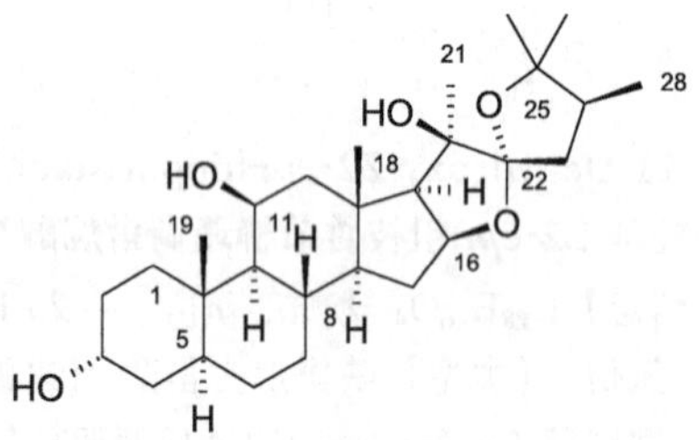

851　22*ξ*-Hydroxyfurosta-1,4-dien-3-one　22*ξ*-羟基呋甾-1,4-二烯-3-酮

【基本信息】$C_{27}H_{40}O_3$, 白色固体, mp 123~124°, $[\alpha]_D$ = −10.2° (*c* = 0.5, 氯仿).【类型】呋甾烷类甾醇.【来源】海鸡冠属软珊瑚 *Alcyonium gracillimum* (朝鲜半岛水域).【活性】细胞毒 (中等活性); 抗病毒 (中等活性).【文献】Y. Sco, et al. Tetrahedron, 1995, 51, 2497.

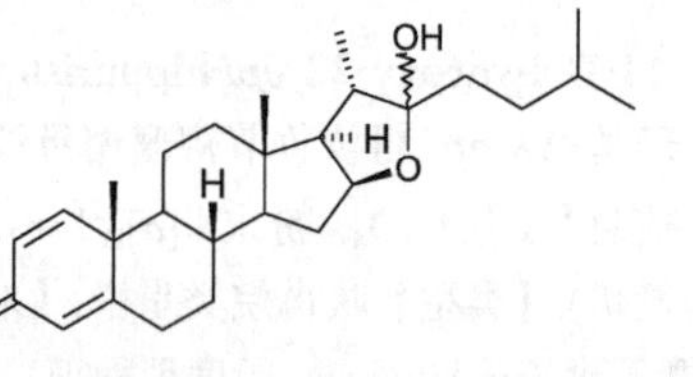

852　22*ξ*-Hydroxyfurost-1-en-3-one　22*ξ*-羟基呋甾-1-烯-3-酮

【基本信息】$C_{27}H_{42}O_3$, 固体, mp 43~45°C, $[\alpha]_D$ = −3.8° (*c* = 0.5, 氯仿).【类型】呋甾烷类甾醇.【来源】海鸡冠属软珊瑚 *Alcyonium gracillimum* (朝鲜半岛水域).【活性】细胞毒 (P_{388}, IC_{50} = 22.4μg/mL); 抗病毒 (HSV-1); 抗病毒 (人巨细胞病毒, IC_{50} = 3.7μg/mL).【文献】Y. Seo, et al. Tetrahedron, 1995, 51, 2497.

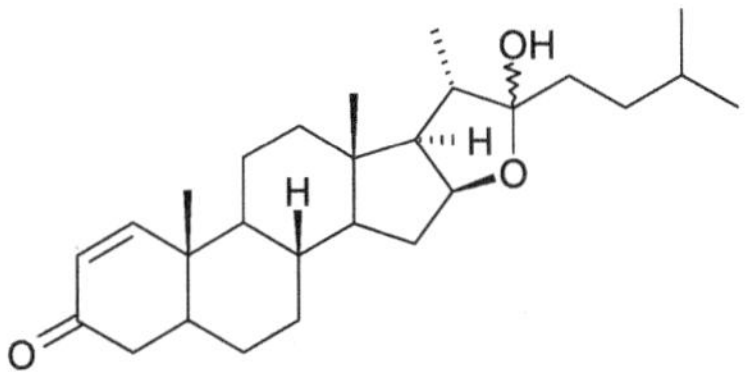

853 2α-Hydroxyhippuristanol 2α-羟基粗枝竹节柳珊瑚甾烷醇*

【基本信息】$C_{28}H_{46}O_6$, 无定形固体.【类型】呋甾烷类甾醇.【来源】粗枝竹节柳珊瑚 *Isis hippuris*.【活性】抗肿瘤.【文献】T. Higa, et al. Chem. Lett., 1981, 1647.

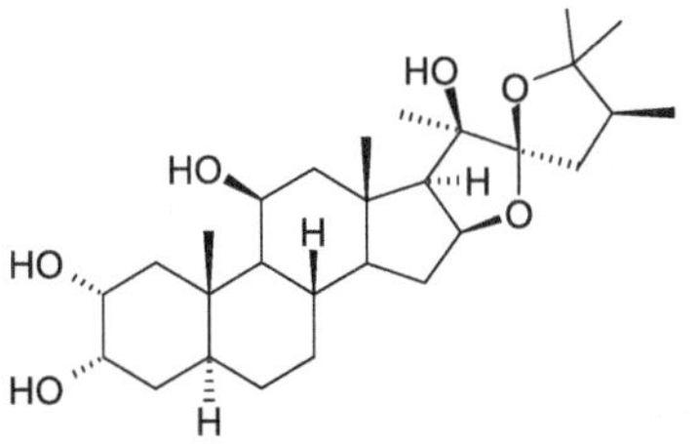

854 Manadosterol A 马那多甾醇 A*

【基本信息】$C_{55}H_{90}O_{20}S_5$.【类型】呋甾烷类甾醇.【来源】纤维状扁矛海绵* *Lissodendoryx fibrosa* (北苏拉威西, 印度尼西亚).【活性】泛素 Ubc13-Uev1a 复合体抑制剂 (潜在的抗癌药, 有潜力的).【文献】S. Ushiyama, et al. JNP, 2012, 75, 1495.

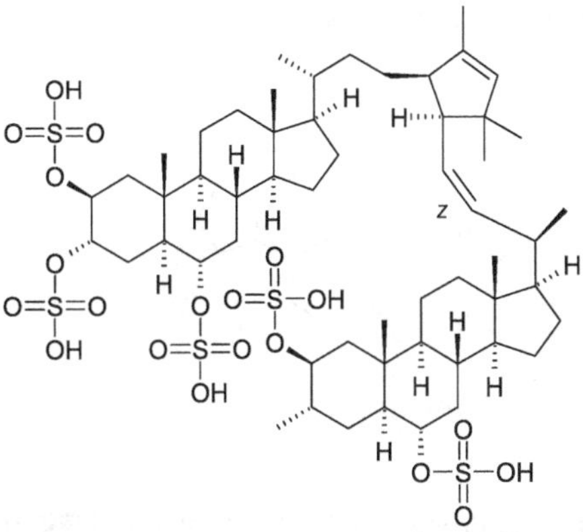

855 Manadosterol B 马那多甾醇 B*

【基本信息】$C_{55}H_{90}O_{20}S_5$.【类型】呋甾烷类甾醇.【来源】纤维状扁矛海绵* *Lissodendoryx fibrosa* (北苏拉威西, 印度尼西亚).【活性】泛素 Ubc13-Uev1a 复合体抑制剂 (潜在的抗癌药, 有潜力的).【文献】S. Ushiyama, et al. JNP, 2012, 75, 1495.

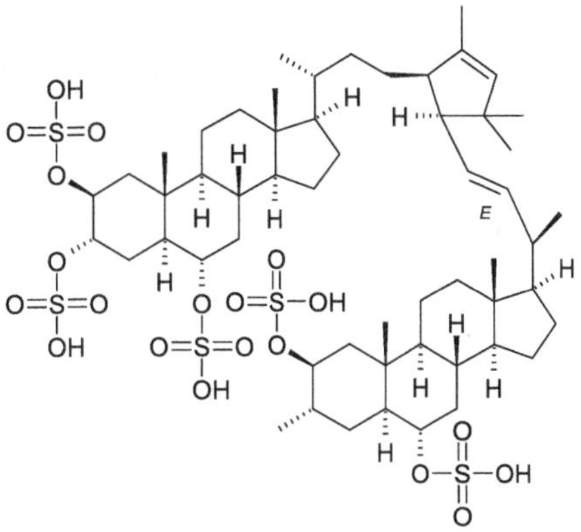

856 (22*S*,24*S*)-24-Methyl-22,25-epoxyfurost-5-ene-3β,20β-diol (22*S*,24*S*)-24-甲基-22,25-环氧呋甾-5-烯-3β,20β-二醇

【基本信息】$C_{28}H_{44}O_4$, 白色粉末, mp 213~216°C, $[\alpha]_D^{25}$ = –38.1° (c = 0.001, 氯仿).【类型】呋甾烷类甾醇.【来源】豆荚软珊瑚属 *Lobophytum laevigatum* (庆和省, 越南) 和微厚肉芝软珊瑚 *Sarcophyton crassocaule* (安达曼和尼科巴群岛, 印度洋).【活性】细胞毒 [A549, IC_{50} > 20μmol/L, 对照米托蒽醌, IC_{50} = (7.8±0.4)μmol/L; HCT116, IC_{50} = (6.9±0.8)μmol/L, 对照米托蒽醌, IC_{50} = (7.2±0.3)μmol/L; HL60, IC_{50} > 20μmol/L, 对照米托蒽醌, IC_{50} = (8.2±0.9)μmol/L]; 上调 PPARs 转录 (HepG2, 剂量相关).【文献】A. S. R. Anjaneyulu, et al. J. Chem. Res., Synop., 1997, 450; J. Chem. Res., Miniprint, 2743; T. H. Quang, et al. BoMCL, 2011, 21, 2845.

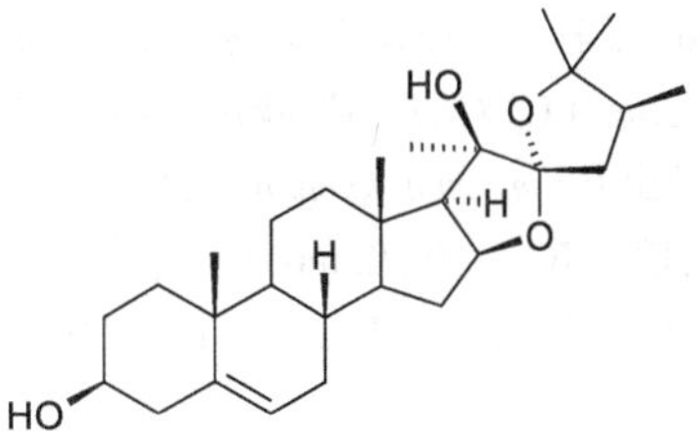

2.8 麦角甾烷类甾醇 (不含睡茄内酯) (C_{28})

857 Acanthifolioside A 加勒比海绵糖苷 A*

【基本信息】$C_{33}H_{52}O_7$, 白色无定形固体, $[\alpha]_D^{20}$ = –87.3° (c = 0.14, 甲醇).【类型】麦角甾烷类甾醇.

【来源】Microcionidae 科海绵 *Pandaros acanthifolium* [马提尼克岛 (法属), 加勒比海].【活性】细胞毒 (L-6, IC_{50} = 25.9μmol/L, 对照鬼臼毒素, IC_{50} = 0.012μmol/L); 抗原生动物 (布氏锥虫 *Trypanosoma brucei rhodesiense*, IC_{50} = 94.8μmol/L, 对照美拉申醇, IC_{50} = 0.010μmol/L; 克氏锥虫 *Trypanosoma cruzi*, IC_{50} = 27.6μmol/L, 对照苄硝唑, IC_{50} = 2.64μmol/L; 杜氏利什曼原虫 *Leishmania donovani*, IC_{50} = 20.7μmol/L, 对照米替福新, IC_{50} = 0.51μmol/L; 恶性疟原虫 *Plasmodium falciparum*, IC_{50} = 21.6μmol/L, 对照氯喹, IC_{50} = 0.20μmol/L).【文献】E. L. Regalado, et al. Tetrahedron, 2011, 67, 1011.

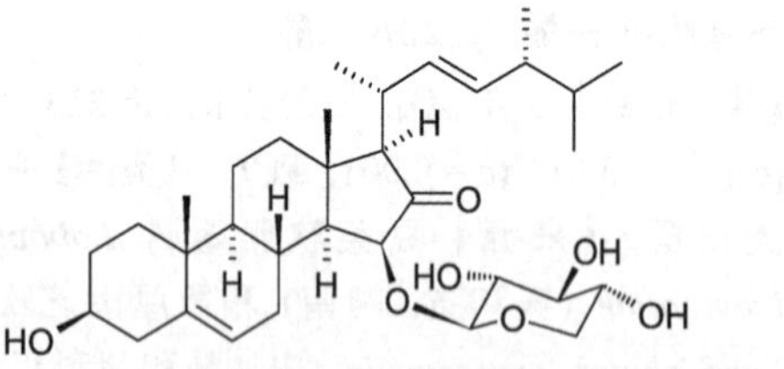

858 Acanthifolioside B 加勒比海绵糖苷 B*

【基本信息】$C_{33}H_{54}O_7$, 白色无定形固体, $[\alpha]_D^{20}$ = −22.5° (*c* = 0.16, 甲醇).【类型】麦角甾烷类甾醇.【来源】Microcionidae 科海绵 *Pandaros acanthifolium* [马提尼克岛 (法属), 加勒比海].【活性】细胞毒 (L-6, IC_{50} = 42.3μmol/L, 对照鬼臼毒素, IC_{50} = 0.012μmol/L); 抗原生动物 (布氏锥虫 *Trypanosoma brucei rhodesiense*, IC_{50} = 32.0μmol/L, 对照美拉申醇, IC_{50} = 0.010μmol/L; 克氏锥虫 *Trypanosoma cruzi*, IC_{50} = 28.6μmol/L, 对照苄硝唑, IC_{50} = 2.64μmol/L; 杜氏利什曼原虫 *Leishmania donovani*, IC_{50} = 8.5μmol/L, 对照米替福新, IC_{50} = 0.51μmol/L; 恶性疟原虫 *Plasmodium falciparum*, IC_{50} = 7.6μmol/L, 对照氯喹, IC_{50} = 0.20μmol/L).【文献】E. L. Regalado, et al. Tetrahedron, 2011, 67, 1011.

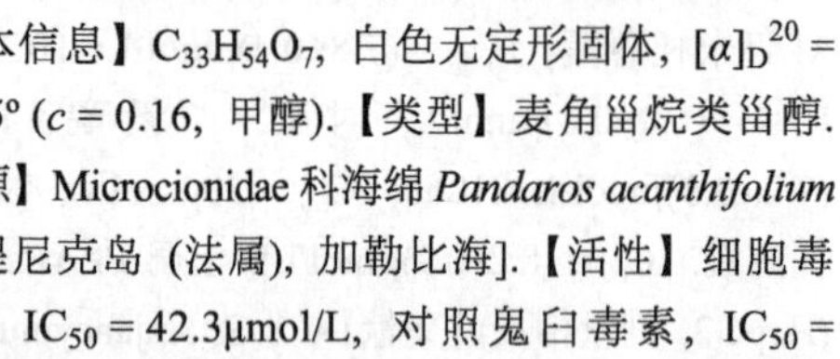

859 Acanthosterol sulfate I 印度尼西亚海绵甾醇硫酸酯 I*

【基本信息】$C_{30}H_{48}O_8S$, $[\alpha]_D^{25}$ = −11° (*c* = 0.15, 甲醇).【类型】麦角甾烷类甾醇.【来源】印度尼西亚海绵属 *Acanthodendrilla* sp. (日本水域).【活性】抗真菌 (酿酒酵母 *Saccharomyces cerevisiae* A364A 菌株, IZD = 7mm; STX338-2C 菌株, IZD = 8mm; 14028g 菌株, IZD = 9mm; GT160-45C 菌株, 无活性; RAY-3Aa 菌株, 无活性).【文献】S. Tsukamoto, et al. JNP, 1998, 61, 1374.

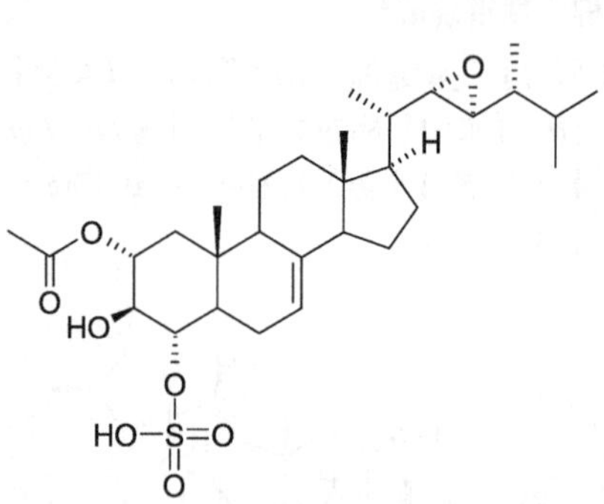

860 Acanthosterol sulfate J 印度尼西亚海绵甾醇硫酸酯 J*

【基本信息】$C_{30}H_{48}O_8S$, $[\alpha]_D^{25}$ = −25° (*c* = 0.092, 甲醇).【类型】麦角甾烷类甾醇.【来源】印度尼西亚海绵属 *Acanthodendrilla* sp. (日本水域).【活性】抗真菌 (酿酒酵母 *Saccharomyces cerevisiae* A364A 菌株, IZD = 11mm; STX338-2C 菌株, IZD = 10mm; 14028g 菌株, IZD = 11mm; GT160-45C 菌株, 无活性; RAY-3Aa 菌株, 无活性).【文献】S. Tsukamoto, et al. JNP, 1998, 61, 1374.

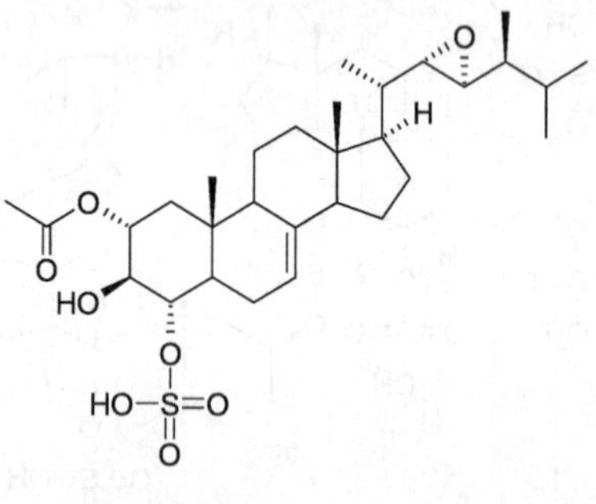

861 Acodontasteroside E 齿棘海星甾醇糖苷 E*

【别名】(3*β*,4*β*,5*α*,6*α*,8*β*,15*β*,22*E*,24*R*,25*S*)-Ergost-22-ene-3,4,6,8,15,26-hexol 26-*O*-[2-*O*-methyl-*β*-D-xylopyranosyl-(1→2)-*β*-D-xylopyranoside]; (3*β*,4*β*,5*α*,6*α*,8*β*,15*β*,22*E*,24*R*,25*S*)-麦角甾-22-烯-3,4,6,8,15,26-六醇 26-*O*-[2-*O*-甲基-*β*-D-吡喃木糖基-(1→2)-*β*-D-吡喃木糖苷].【基本信息】$C_{39}H_{66}O_{14}$.【类型】麦角甾烷类甾醇.【来源】明显齿棘海星*

Acodontaster conspicuus (南极地区).【活性】抗菌(南极海洋细菌 McM13.3 和 McM32.2, 可能在明显齿棘海星**Acodontaster conspicuus* 体壁表面的微生物污染防治中发挥生态学作用).【文献】S. De Marino, et al. JNP, 1997, 60, 959.

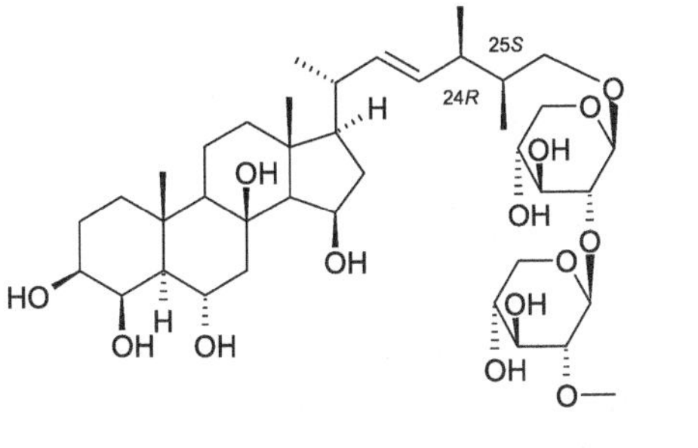

862 Acodontasteroside G 齿棘海星甾醇糖苷 G*

【基本信息】$C_{39}H_{66}O_{14}$, $[\alpha]_D = -14.4°$ ($c = 1$, 甲醇).【类型】麦角甾烷类甾醇.【来源】明显齿棘海星* *Acodontaster conspicuus* (南极地区).【活性】抗菌(南极海洋细菌 McM32.2, 可能在明显齿棘海星**Acodontaster conspicuus* 体壁表面的微生物污染防治中发挥生态学作用).【文献】S. De Marino, et al. JNP, 1997, 60, 959.

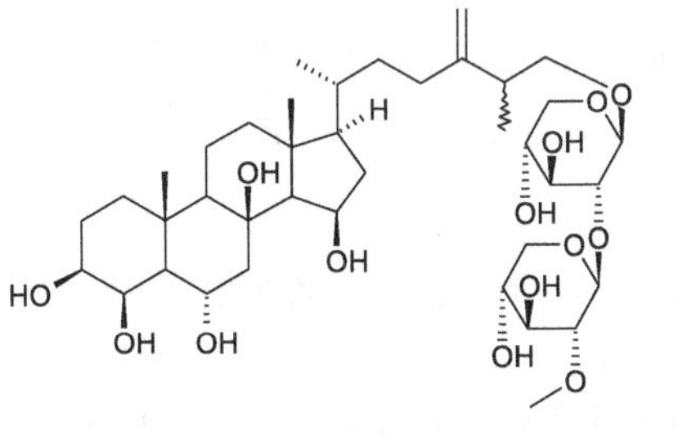

863 Acodontasteroside H 齿棘海星甾醇糖苷 H*

【别名】($3\beta,6\alpha,15\beta,22E,24R,25S$)-Ergosta-8(14),22-diene-3,6,15,26-tetrol 26-*O*-[2-*O*-Methyl-β-D-xylopyranosyl-(1→2)-β-D-xylopyranoside]; ($3\beta,6\alpha,15\beta,22E,24R,25S$)-麦角甾-8(14),22-二烯-3,6,15,26-四醇 26-*O*-[2-*O*-甲基-β-D-吡喃木糖基-(1→2)-β-D-吡喃木糖苷].【基本信息】$C_{39}H_{64}O_{12}$, $[\alpha]_D = -21.7°$ ($c = 1$, 甲醇).【类型】麦角甾烷类甾醇.【来源】明显齿棘海星* *Acodontaster conspicuus* (南极地区).【活性】抗菌(南极海洋细菌 McM11.5, 可能在明显齿棘海星**Acodontaster conspicuus* 体壁表面的微生物污染防治中发挥生态学作用).【文献】S. De Marino, et al. JNP, 1997, 60, 959.

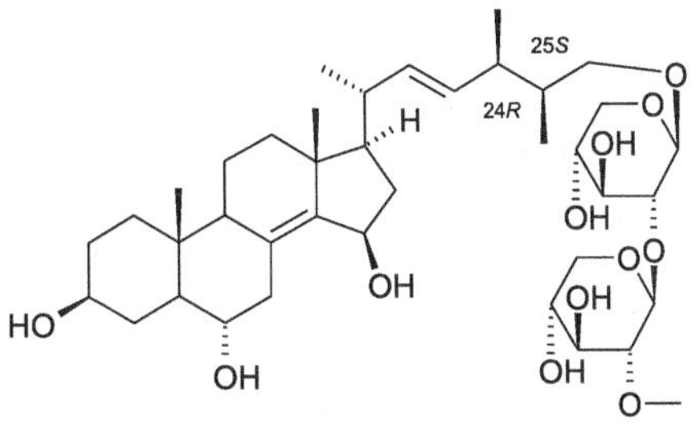

864 Agosterol A$_4$ 角骨海绵甾醇 A$_4$*

【基本信息】$C_{34}H_{52}O_8$, $[\alpha]_D = +17.5°$ ($c = 0.9$, 氯仿).【类型】麦角甾烷类甾醇.【来源】角骨海绵属 *Spongia* sp. (日本水域).【活性】逆转对多种药物的抗性 [3μg/mL: KB-C2, InRt = (78±4)%; KB-CV60, InRt = (75±1)%; KB-3-1, InRt = (1±1)%].【文献】S. Aoki, et al. Tetrahedron, 1999, 55, 13965.

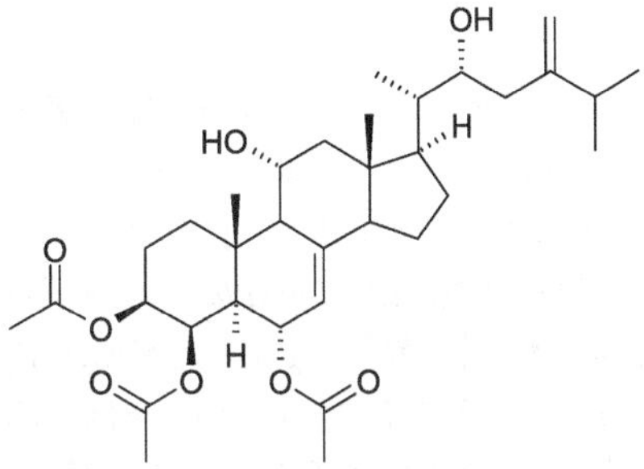

865 Agosterol A$_5$ 角骨海绵甾醇 A$_5$*

【基本信息】$C_{35}H_{54}O_8$, $[\alpha]_D = +8.2°$ ($c = 0.3$, 氯仿).【类型】麦角甾烷类甾醇.【来源】角骨海绵属 *Spongia* sp. (日本水域).【活性】逆转对多种药物的抗性 [10μg/mL: KB-C2, InRt = (90±1)%; KB-CV60, InRt = (54±7)%; KB-3-1, InRt = (23±7)%].【文献】S. Aoki, et al. Tetrahedron, 1999, 55, 13965.

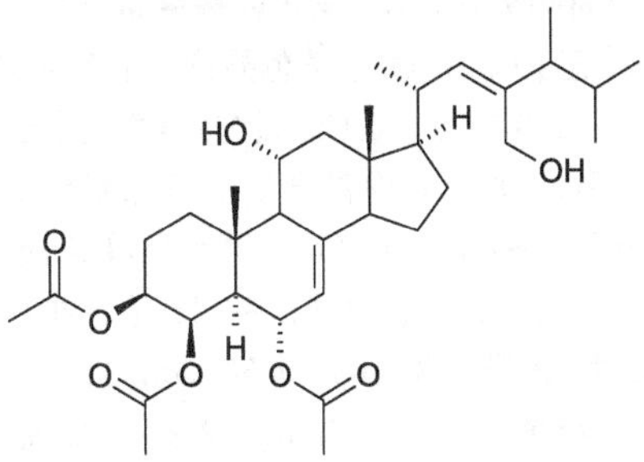

866 Anicequol 茴香醚

【基本信息】$C_{30}H_{48}O_6$, 针状晶体, mp174~175°C, $[\alpha]_D^{23} = +67.1°$ ($c = 1$, 氯仿/甲醇).【类型】麦角甾烷类甾醇.【来源】海洋导出的产黄青霉真菌

Penicillium chrysogenum 来自红藻凹顶藻属 *Laurencia* sp., 陆地真菌黄灰青霉 *Penicillium aurantiogriseum*.【活性】抗真菌 (20μg/盘, 黑曲霉菌 *Aspergillus niger*, 轻微抑制, 对照 AMPB, IZD = 24mm, 白菜黑斑病菌 *Alternaria brassicae*, IZD = 6mm, 对照 AMPB, IZD = 16mm); 细胞毒 (不依赖贴壁的肿瘤生长抑制剂).【文献】Y. Igarashi, et al. J. Antibiot., 2002, 55, 371; S.-S. Gao, et al. BoMCL, 2011, 21, 2894.

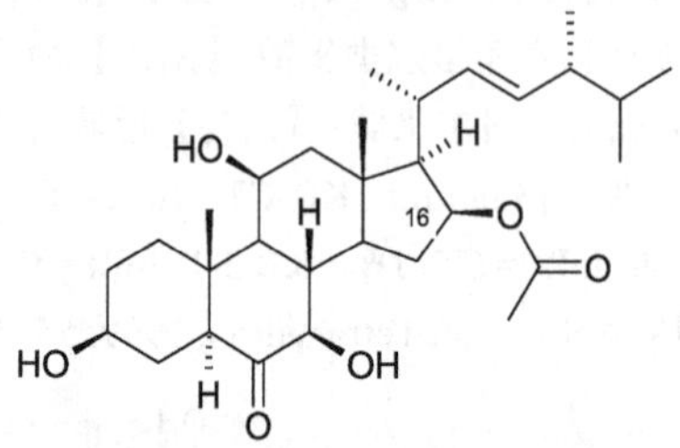

867 Annasterol sulfate 阿那甾醇硫酸酯*

【基本信息】$C_{30}H_{48}O_6S$, 晶体, mp 149~150°C, $[\alpha]_D$ = +28.6° (c = 0.35, 甲醇).【类型】麦角甾烷类甾醇.【来源】片状杂星海绵* *Poecillastra laminaris* (深水域, 太平洋).【活性】内-β-1,3-葡聚糖酶 L_0 抑制剂 (1.0μg/0.02 活性单位); 内-β-1,3-葡聚糖酶 L_{IV}^4 抑制剂 (2.8μg/0.02 活性单位).【文献】T. N. Makarieva, et al. Tetrahedron Lett., 1995, 36, 129.

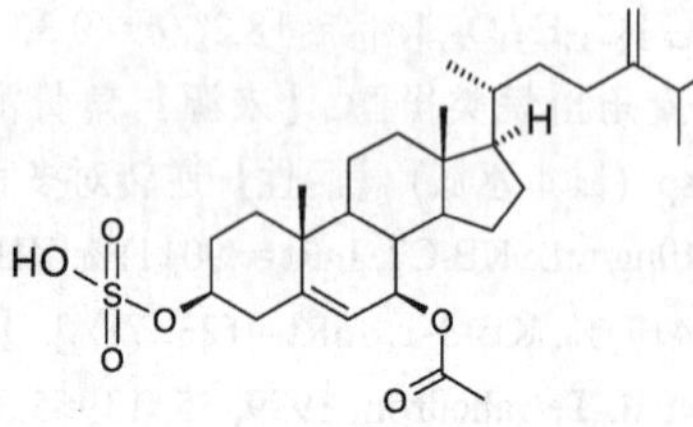

868 Asperversin A 变色曲霉菌新 A*

【基本信息】$C_{47}H_{58}O_{10}$, 黄色晶体, mp 273~275°C, $[\alpha]_D^{25}$ = −309.7° (c = 0.12, 氯仿).【类型】麦角甾烷类甾醇.【来源】海洋导出的真菌变色曲霉菌 *Aspergillus versicolor* 来自棕藻鼠尾藻 *Sargassum thunbergii* (平潭岛, 福建, 中国).【活性】抗菌 (30μg/盘: 大肠杆菌 *Escherichia coli*, IZD = 7mm, 对照氯霉素, IZD = 32mm; 金黄色葡萄球菌 *Staphylococcus aureus*, IZD = 7mm, 氯霉素, IZD = 31mm); 有毒的 (盐水丰年虾 *Artemia salina*, 30μg/盘, 致死率 = 1.8%).【文献】G.-Y. Li, et al. Org. Lett., 2009, 11, 3714; F.-P. Miao, et al. Mar. Drugs, 2012, 10, 131.

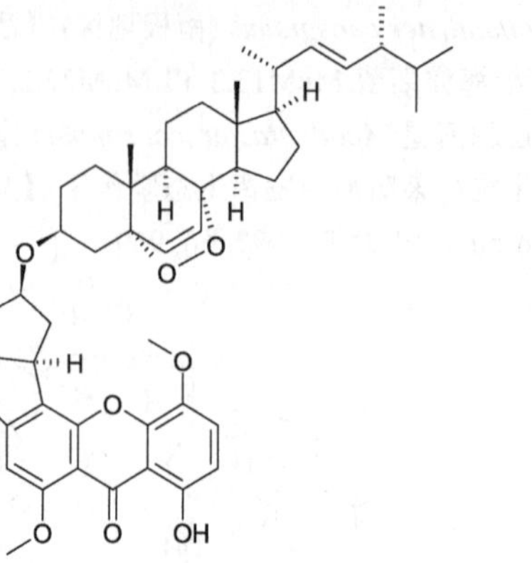

869 Asteriidoside L 海星糖苷 L*

【基本信息】$C_{33}H_{56}O_{12}S$, $[\alpha]_D$ = +5.7° (c = 1, 甲醇).【类型】麦角甾烷类甾醇.【来源】未鉴定的 Asteriidae 海盘车科海星 (南极地区).【活性】细胞毒 (NSCLC-L16, IC_{50} > 30μg/mL).【文献】S. De Marino, et al. JNP, 1998, 61, 1319.

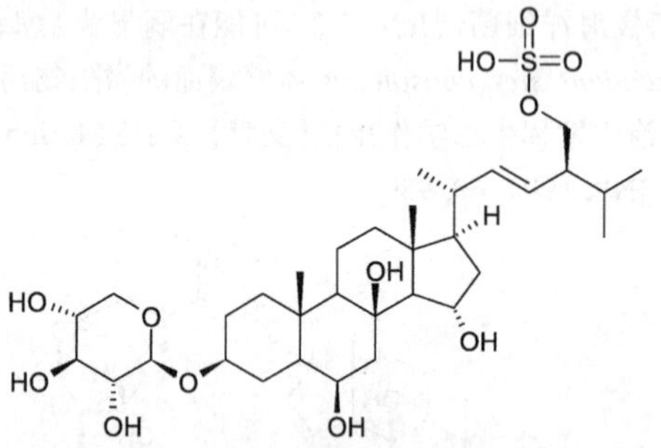

870 Biemnasterol 蓖麻海绵甾醇*

【别名】Ergosta-7,22,25-triene-3,5,6-triol; 24-Methylcholesta-7,22,25-triene-3,5,6-triol; 麦角甾-7,22,25-三烯-3,5,6-三醇*; 24-甲基胆甾-7,22,25-三烯-3,5,6-三醇.【基本信息】$C_{28}H_{44}O_3$, 晶体, mp 241~242°C, $[\alpha]_D^{19}$ = −7.6° (c = 0.43, 甲醇).【类型】麦角甾烷类甾醇.【来源】蓖麻海绵属 *Biemna* sp. (冲绳, 日本).【活性】细胞毒 (L_{1210}, IC_{50} = 3.0μg/mL; KB, IC_{50} = 1.3μg/mL).【文献】C. Zeng, et al. JNP, 1993, 56, 2016.

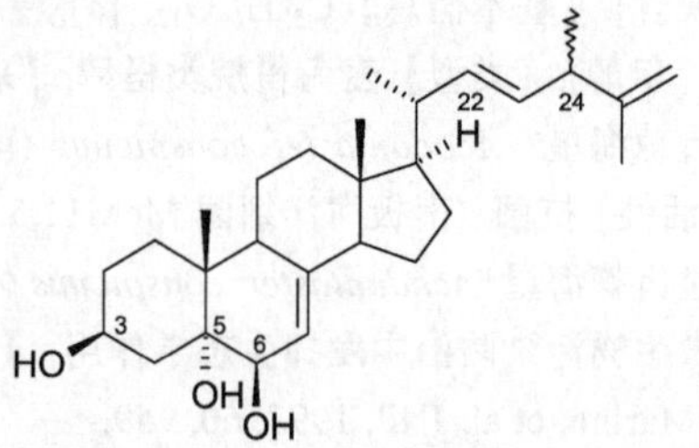

871 Cerevisterol 啤酒甾醇

【别名】Ergosta-7,22-diene-3*β*,5*α*,6*β*-triol; 麦角甾-7,22-二烯-3*β*,5*α*,6*β*-三醇.【基本信息】$C_{28}H_{46}O_3$, 晶体 (甲醇), mp 245~247°C.【类型】麦角甾烷类甾醇.【来源】深海真菌萨氏曲霉菌 *Aspergillus sydowi* YH11-2 (关岛, 美国, 采样深度 1000m, E144°43′ N13°26″), 深海真菌普通青霉菌* *Penicillium commune* SD-118, 海洋导出的真菌变色曲霉菌 *Aspergillus versicolor* 来自棕藻鼠尾藻 *Sargassum thunbergii* (平潭岛, 福建, 中国), 缺刻网架海绵* *Dictyonella incisa* 和纤弱小针海绵* *Spongionella gracilis,* 脆灯芯柳珊瑚 *Junceella juncea* (印度洋), 棘皮动物门海百合纲弓海百合目 *Gymnocrinus richeri,* 苔藓动物裸唇纲 *Myriapora truncata*.【活性】细胞毒 (P_{388}, IC_{50} = 0.12μmol/L, 对照 CDDP, IC_{50} = 0.039μmol/L).【文献】F. Cafieri, et al. JNP, 1985, 48, 944; V. J. Piccialli, Nat. Prod., 1987, 50, 915; H. Kawagishi, et al. Phytochemistry, 1988, 27, 2777; P. Ciminiello, et al. JACS, 1990, 112, 3505; A. S. R. Anjaneyulu,et al. JCS Perkin I, 1997, 959; P.-J. Sung, et al. Biochemical Systematics and Ecology, 2004, 32, 185 (Rev.); L. Tian, et al. Arch. Pharm. Res., 2007, 30, 1051; F.-P. Miao, et al. Mar. Drugs, 2012, 10, 131; Z. Shang, et al. Chin. J. Oceanol. Limnol., 2012, 30, 305.

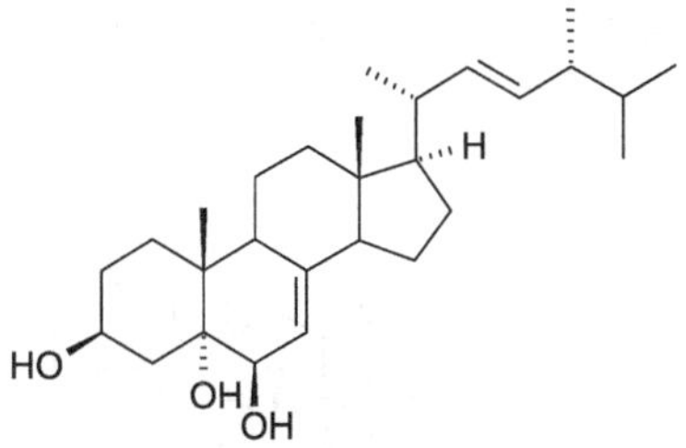

872 Chabrosterol 柔荑软珊瑚甾醇*

【基本信息】$C_{27}H_{42}O_2$, 无定形粉末, $[\alpha]_D^{25}$ = +28.5° (*c* = 0.1, 氯仿).【类型】麦角甾烷类甾醇.【来源】柔荑软珊瑚属 *Nephthea chabroli* (提取物, 小琉球岛, 台湾, 中国).【活性】抗炎 (10μmol/L, 降低 iNOS 蛋白水平 12.4%±2.9%, 降低 COX-2 蛋白水平 45.2%±5.4%).【文献】S.-Y. Cheng, et al. Tetrahedron Lett., 2009, 50, 802.

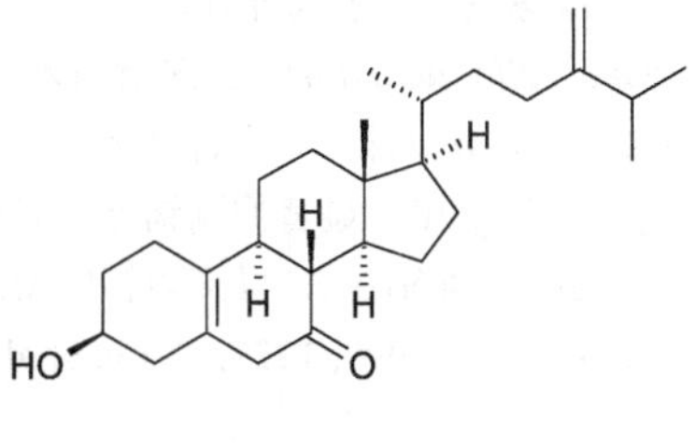

873 Conicasterol B 圆锥形褶胃海鞘甾醇 B*

【基本信息】$C_{29}H_{44}O$, 浅黄色油状物, $[\alpha]_D^{25}$ = +29° (*c* = 0.06, 甲醇).【类型】麦角甾烷类甾醇.【来源】岩屑海绵斯氏蒂壳海绵* *Theonella swinhoei* (南海; 马兰他岛和旺乌努岛, 所罗门群岛).【活性】影响核受体 (用 HepG2 细胞转染 FXR 或 PXR, FXR 的拮抗剂被鹅去氧胆酸反式激活; PXR 激动剂也在 10μmol/L 被激活); PXR 激动剂和 FXR 拮抗剂 (对此试剂暴露肝细胞导致有力的 PXR 调节基因的感应和 FXR 调节基因的调制, 在处理肝脏疾病中表现出其药理学的高度潜力).【文献】S. De Marino, et al. JMC, 2011, 54, 3065; P. L. Winder, et al. Mar. Drugs, 2011, 9, 2643 (Rev.).

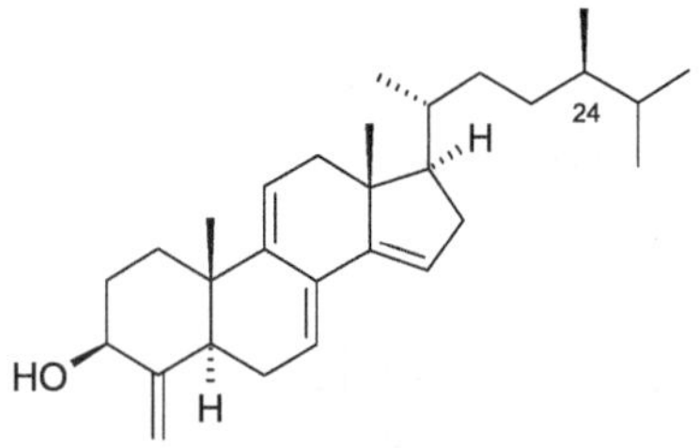

874 Conicasterol C 圆锥形褶胃海鞘甾醇 C*

【基本信息】$C_{30}H_{50}O_3$, 白色无定形固体, $[\alpha]_D^{25}$ = +43° (*c* = 0.13, 甲醇).【类型】麦角甾烷类甾醇.【来源】岩屑海绵斯氏蒂壳海绵* *Theonella swinhoei* (马兰他岛和旺乌努岛, 所罗门群岛).【活性】孕甾烷 X 受体 PXR 激动剂; 法尼醇 (胆汁酸) X 受体 FXR 拮抗剂.【文献】S. De Marino, et al. JMC, 2011, 54, 3065.

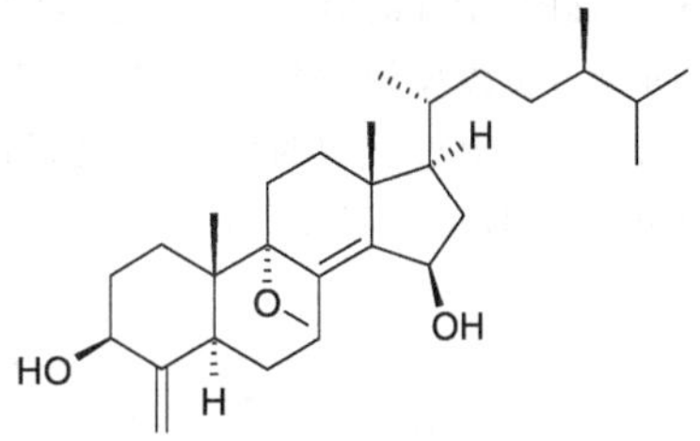

875 Conicasterol D 圆锥形褶胃海鞘甾醇 D*

【基本信息】$C_{29}H_{48}O_3$, 白色无定形固体, $[\alpha]_D^{25}$ = +33° (*c* = 0.08, 甲醇).【类型】麦角甾烷类甾醇.【来源】岩屑海绵斯氏蒂壳海绵* *Theonella swinhoei* (马兰他岛和旺乌努岛, 所罗门群岛).

【活性】孕甾烷 X 受体 PXR 激动剂；法尼醇（胆汁酸）X 受体 FXR 拮抗剂.【文献】S. De Marino, et al. JMC, 2011, 54, 3065.

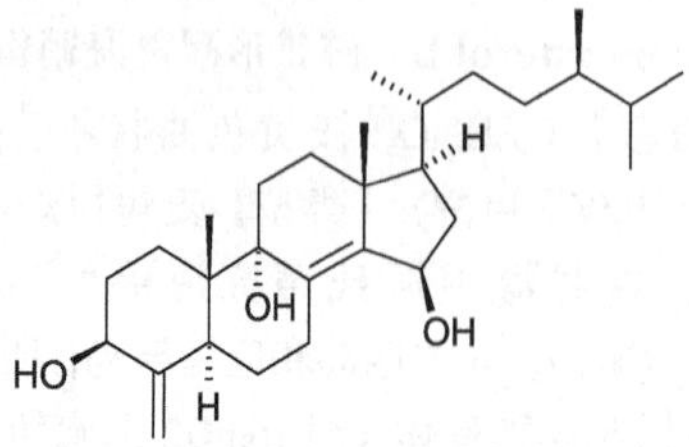

876 Crassarosterol A 粗糙短指软珊瑚麦角固醇 A*

【基本信息】$C_{28}H_{46}O_3$，白色粉末，$[\alpha]_D^{24} = -45°$ ($c = 0.66$，氯仿).【类型】麦角甾烷类甾醇.【来源】粗糙短指软珊瑚* *Sinularia crassa*（台东县，台湾，中国).【活性】细胞毒（HepG2, $IC_{50} = 14.9\mu mol/L$; HepG3, MCF7, MDA-MB-231 和 A549，无活性）；抗炎逆向作用（免疫印迹分析，RAW264.7 细胞，10μmol/L，促进 COX-2 蛋白的表达).【文献】C.-H. Chao, et al. Mar. Drugs, 2012, 10, 439.

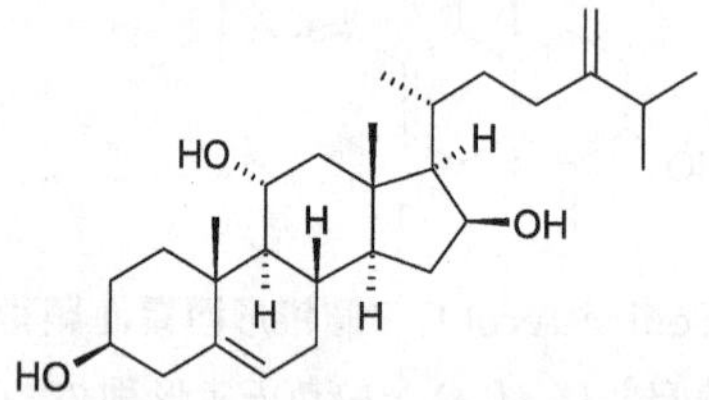

877 Crassarosteroside A 粗糙短指软珊瑚麦角固醇苷 A*

【基本信息】$C_{36}H_{58}O_8$，白色粉末，$[\alpha]_D^{24} = -34°$ ($c = 0.18$，氯仿).【类型】麦角甾烷类甾醇.【来源】粗糙短指软珊瑚* *Sinularia crassa*（台东县，台湾，中国).【活性】抗炎逆向作用（免疫印迹分析，RAW264.7 细胞，10μmol/L，促进 COX-2 蛋白的表达）；抗炎（免疫印迹分析，RAW264.7 细胞，10μmol/L，抑制 iNOS 蛋白的表达).【文献】C.-H. Chao, et al. Mar. Drugs, 2012, 10, 439.

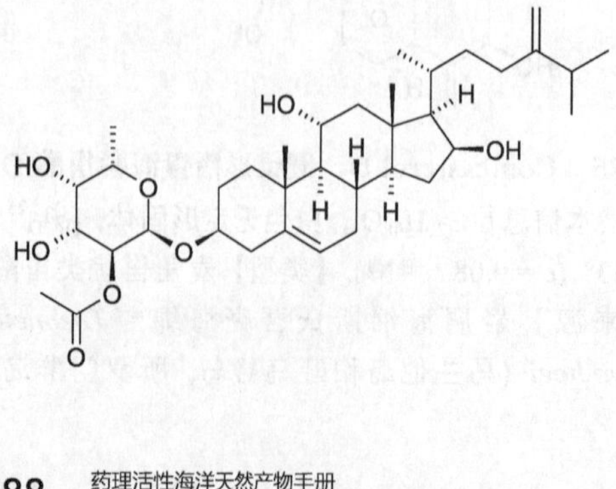

878 Crassarosteroside B 粗糙短指软珊瑚麦角固醇苷 B*

【基本信息】$C_{36}H_{58}O_8$，白色粉末，$[\alpha]_D^{24} = -17°$ ($c = 0.16$，氯仿).【类型】麦角甾烷类甾醇.【来源】粗糙短指软珊瑚* *Sinularia crassa*（台东县，台湾，中国).【活性】抗炎逆向作用（免疫印迹分析，RAW264.7 细胞，10μmol/L，促进 COX-2 蛋白的表达).【文献】C.-H. Chao, et al. Mar. Drugs, 2012, 10, 439.

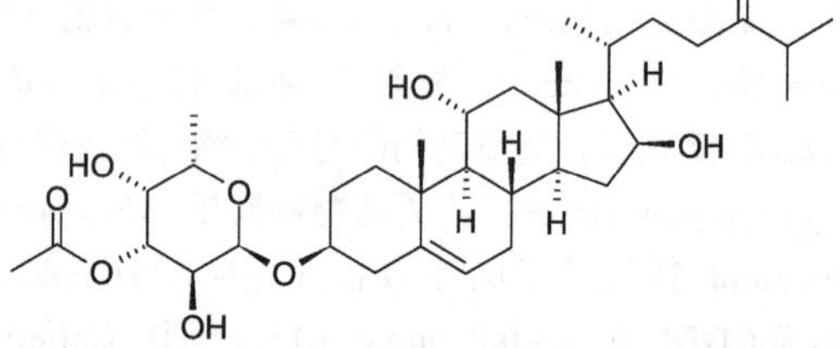

879 Crassarosteroside C 粗糙短指软珊瑚麦角固醇苷 C*

【基本信息】$C_{36}H_{58}O_8$，白色粉末，$[\alpha]_D^{24} = -52°$ ($c = 0.18$，氯仿).【类型】麦角甾烷类甾醇.【来源】粗糙短指软珊瑚* *Sinularia crassa*（台东县，台湾，中国).【活性】细胞毒（HepG2, $IC_{50} = 17.6\mu mol/L$; HepG3, $IC_{50} = 18.9\mu mol/L$; MCF7, MDA-MB-231 和 A549，无活性）；抗炎（免疫印迹分析，RAW264.7 细胞，10μmol/L，抑制 iNOS 蛋白的表达).【文献】C.-H. Chao, et al. Mar. Drugs, 2012, 10, 439.

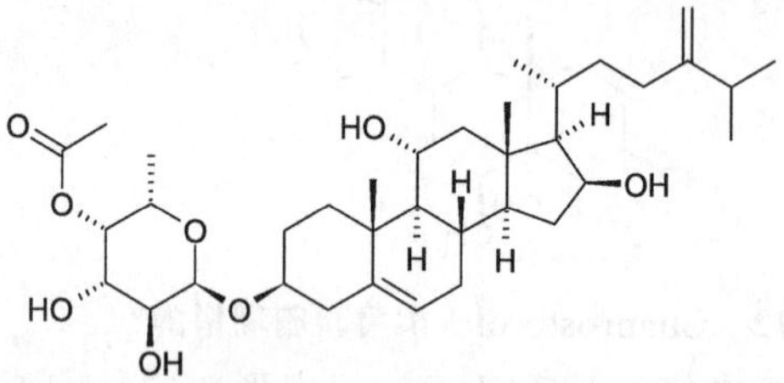

880 Dankasterone A 丹卡小裸囊菌甾酮 A*

【基本信息】$C_{28}H_{40}O_3$，晶体（甲醇），mp 133~134°C, $[\alpha]_D^{26} = +57.8°$ ($c = 0.7$，氯仿).【类型】麦角甾烷类甾醇.【来源】海洋导出的真菌小裸囊菌属 *Gymnascella dankaliensis* 来自日本软海绵 *Halichondria japonica*（日本水域).【活性】细胞毒 (P_{388}, $ED_{50} = 2.2\mu g/mL$，显著抑制细胞生长；人癌细胞株，有潜力的抑制生长).【文献】T. Amagata, et al. Chem. Comm., 1999, 1321; C. Le, et al. Chin.

J. Mar. Drugs. 1999, 18(2), 12; T. Amagata, et al. JNP, 2007, 70, 1731.

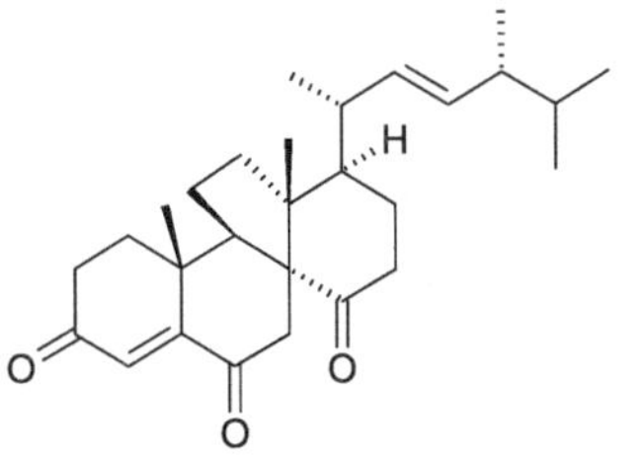

881 Dankasterone B 丹卡小裸囊菌甾酮 B*

【基本信息】$C_{28}H_{42}O_3$, 粉末, mp 182~183°C, $[\alpha]_D^{22}$ = +38.4° (*c* = 0.2, 氯仿).【类型】麦角甾烷类甾醇.【来源】海洋导出的真菌小裸囊菌属 *Gymnascella dankaliensis* 来自日本软海绵 *Halichondria japonica* (日本水域).【活性】细胞毒 (P_{388}, 显著抑制细胞生长).【文献】T. Amagata, et al. JNP, 2007, 70, 1731.

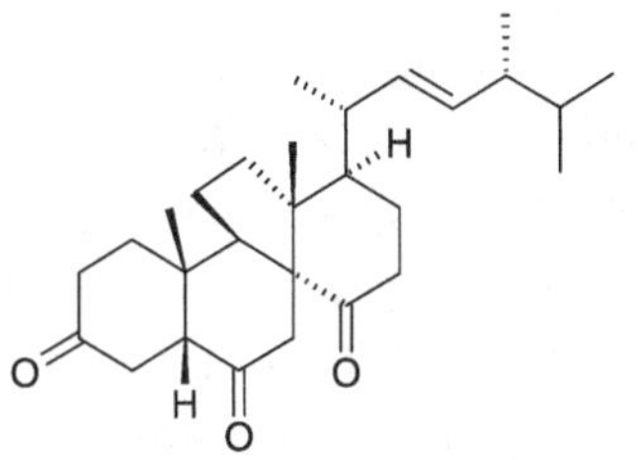

882 Dehydroconicasterol 去氢圆锥形褶胃海鞘甾醇*

【别名】4-Methyleneergosta-8(14),24(28)-dien-3-ol; 4-亚甲基麦角甾烷-8(14),24(28)-二烯-3-醇.【基本信息】$C_{29}H_{46}O$, 无定形固体, $[\alpha]_D$ = +82° (*c* = 0.2, 氯仿).【类型】麦角甾烷类甾醇.【来源】岩屑海绵斯氏蒂壳海绵* *Theonella swinhoei* (南海; 布那根海洋公园, 万鸦老, 印度尼西亚).【活性】细胞毒 (C6, HeLa 和 H9c2, MIC = 70μmol/L).【文献】R. F. Angawi, et al. JNP, 2009, 72, 2195; P. L. Winder, et al. Mar. Drugs, 2011, 9, 2643 (Rev.).

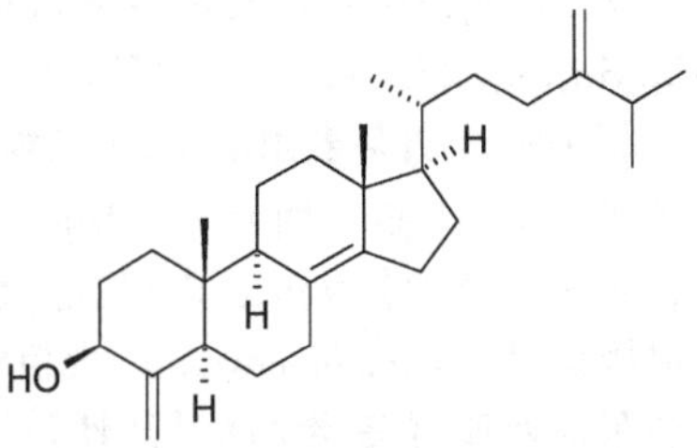

883 9(11)-Dehydroergosterol peroxide 9(11)-去氢麦角甾醇过氧化物

【别名】5*α*,8*α*-*epi*-Dioxy-24(*R*)-methylcholesta-6, 9(11),22-trien-3*β*-ol; 5*α*,8*α*-*epi*-过氧-24(*R*)-甲基胆甾-6,9(11),22-三烯-3*β*-醇.【基本信息】$C_{28}H_{42}O_3$【类型】麦角甾烷类甾醇.【来源】海洋导出的真菌根霉属 *Rhizopus* sp. 来自苔藓动物多室草苔虫属 *Bugula* sp. (中国水域), 陆地植物 *latifolia*, 深海真菌淡紫拟青霉 *Paecilomyces lilacinus* ZBY-1.【活性】细胞毒 (MTT 试验: P_{388}, IC_{50} = 7.3μmol/L; HL60, IC_{50} = 4.5μmol/L; SRB 试验: A549, IC_{50} = 60.7μmol/L; Bel7402, IC_{50} = 73.1μmol/L); 细胞毒 (K562, MCF7, HL60 和 BGC823 细胞, IC_{50} = 22.3~139.0μmol/L).【文献】F. Wang, et al. Steroids, 2008, 73, 19; X. Cui, et al. J. Int. Pharm. Res., 2013,40, 177 (中文版).

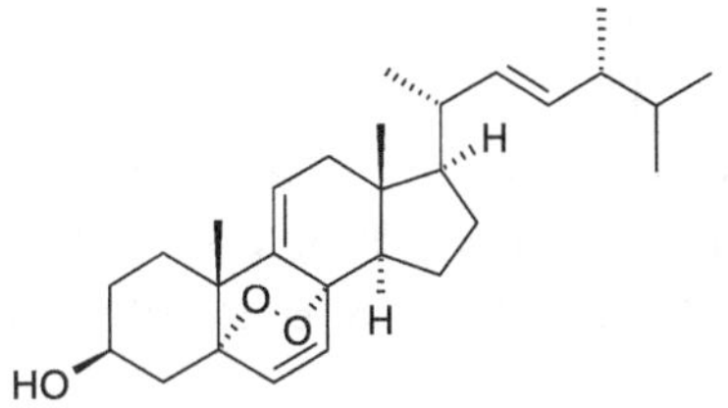

884 15-Dehydroxyconicasterol C 15-去羟基圆锥形褶胃海鞘甾醇 C*

【基本信息】$C_{30}H_{50}O_2$.【类型】麦角甾烷类甾醇.【来源】岩屑海绵斯氏蒂壳海绵* *Theonella swinhoei* (南海).【活性】影响核受体 (用 HepG2 细胞转染 FXR 或 PXR, FXR 的拮抗剂被鹅去氧胆酸反式激活; PXR 激动剂也在 10μmol/L 被激活).【文献】P. L. Winder, et al. Mar. Drugs, 2011, 9, 2643 (Rev.).

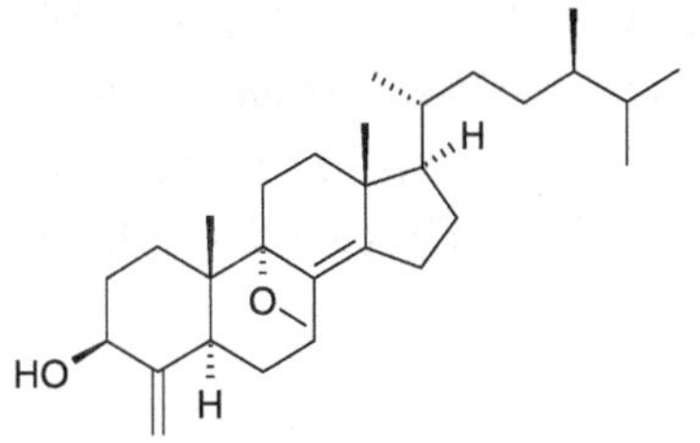

885 15-Dehydroxyconicasterol D 15-去羟基圆锥形褶胃海鞘甾醇 D*

【基本信息】$C_{29}H_{48}O_2$.【类型】麦角甾烷类甾醇.【来源】岩屑海绵斯氏蒂壳海绵* *Theonella swinhoei* (南海).【活性】影响核受体 (用 HepG2 细胞转染

FXR 或 PXR, FXR 的拮抗剂被鹅去氧胆酸反式激活; PXR 激动剂也在 10μmol/L 被激活).【文献】P. L. Winder, et al. Mar. Drugs, 2011, 9, 2643 (Rev.).

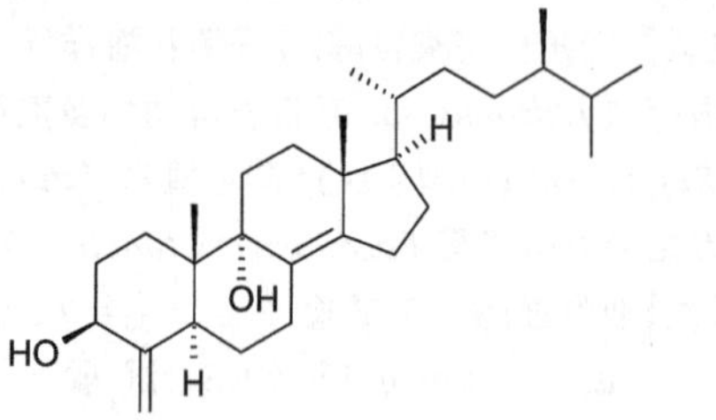

886 29-Demethylgeodisterol-3-*O*-sulfate 29-去甲基焦蒂甾醇-3-*O*-硫酸酯*

【基本信息】$C_{27}H_{40}O_6S$, 无定形固体, $[\alpha]_D^{29}$ = +14.5° (c = 0.18, 甲醇).【类型】麦角甾烷类甾醇.【来源】软海绵科海绵 *Topsentia* sp. (楚克州, 密克罗尼西亚联邦).【活性】抗真菌 (白色念珠菌 *Candida albicans* 和酿酒酵母 *Saccharomyces cerevisiae,* 作用的分子机制: MDR1 射流泵抑制). [文献] J. A. DiGirolamo, et al. JNP, 2009, 72, 1524.

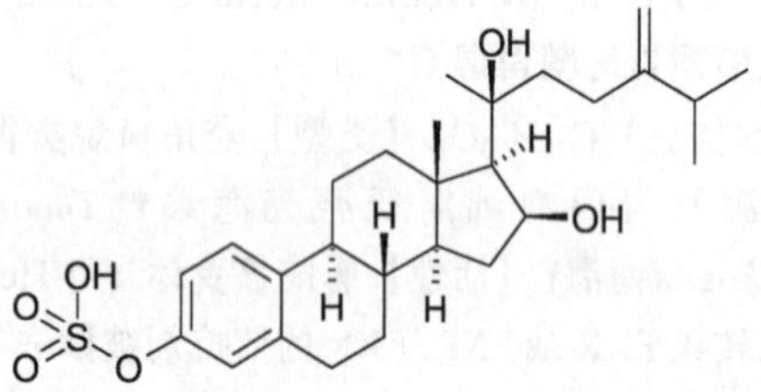

887 Desulfohaplosamate 去磺酸基似雪海绵硫磷酸盐*

【基本信息】$C_{30}H_{53}O_9P$.【类型】麦角甾烷类甾醇.【来源】松指海绵属 *Dasychalina* sp. (布那根海洋公园, 万鸦老, 印度尼西亚).【活性】大麻素 CB2-受体配体 (选择性的).【文献】G. Chianese, et al. Steroids, 2011, 76, 998.

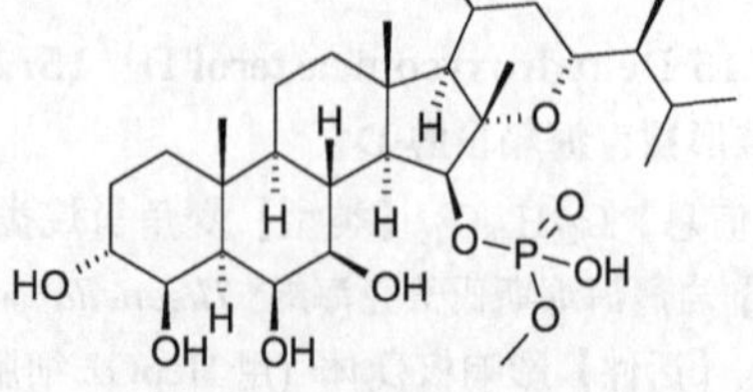

888 3*β*,15*α*-Dihydroxy-(22*E*,24*R*)-ergosta-5, 8(14),22-trien-7-one 3*β*,15*α*-二羟基-(22*E*, 24*R*)-麦角甾-5,8(14),22-三烯-7-酮

【基本信息】$C_{28}H_{42}O_3$, 无定形粉末, $[\alpha]_D^{21}$ = −217° (c = 0.12, 氯仿).【类型】麦角甾烷类甾醇.【来源】海洋导出的真菌根霉属 *Rhizopus* sp., 来自苔藓动物多室草苔虫属 *Bugula* sp. (中国水域).【活性】细胞毒 (MTT 试验: P_{388}, IC_{50} = 1.48μmol/L; HL60, IC_{50} = 0.3μmol/L; SRB 试验: A549, IC_{50} = 4.9μmol/L; Bel7402, IC_{50} = 5.2μmol/L).【文献】F. Wang, et al. Steroids, 2008, 73, 19.

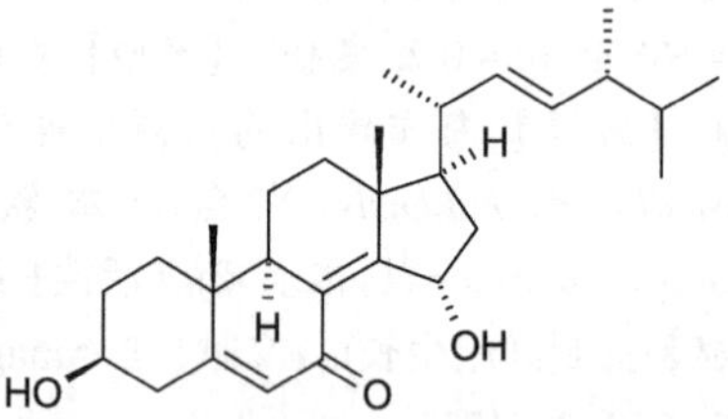

889 3*β*,15*β*-Dihydroxy-(22*E*,24*R*)-ergosta-5, 8(14),22-trien-7-one 3*β*,15*β*-二羟基-(22*E*, 24*R*)-麦角甾-5,8(14),22-三烯-7-酮

【基本信息】$C_{28}H_{42}O_3$, 无定形粉末, $[\alpha]_D^{21}$ = −144° (c = 0.12, 氯仿).【类型】麦角甾烷类甾醇.【来源】海洋导出的真菌根霉属 *Rhizopus* sp., 来自苔藓动物多室草苔虫属 *Bugula* sp., (中国水域).【活性】细胞毒 (MTT 试验: P_{388}, IC_{50} = 1.8μmol/L; HL60, IC_{50} = 0.5μmol/L; SRB 试验: A549, IC_{50} = 36.1μmol/L; Bel7402, IC_{50}= 38.5μmol/L).【文献】F. Wang, et al. Steroids, 2008, 73, 19.

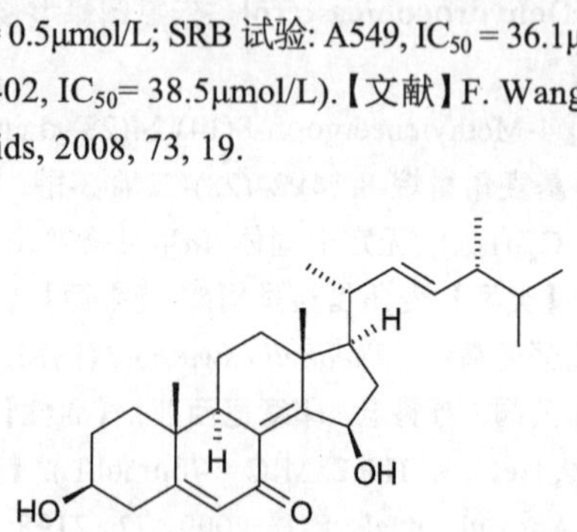

890 (3*β*,5*α*,6*α*,22*E*,24*ξ*)-3,6-Dihydroxy-11-acetoxy-27-nor-9,11-secoergosta-7,22-dien-9-one (3*β*,5*α*,6*α*,22*E*,24*ξ*)-3,6-二羟基-11-乙酰氧基-27-去甲-9,11-开环麦角甾-7,22-二烯-9-酮

【基本信息】$C_{29}H_{46}O_5$, 油状物, $[\alpha]_D^{20}$ = +27° (c = 0.2, 氯仿).【类型】麦角甾烷类甾醇.【来源】柳珊瑚科柳珊瑚 *Eunicella cavolini* (北伊维亚海岸, 利沙东尼西亚群岛,希腊).【活性】细胞毒

[MTT 试验, 10μmol/L: LNCaP 细胞在 MEM+10%FBS 中, 生长抑制 InRt = (83±2)%, IC_{50} = (5.4±0.7)μmol/L; MCF7 细胞在 MEM+10%FBS 中, 生长抑制 InRt = (49±6)%, IC_{50} = (7.0±0.5)μmol/L; MCF7 细胞在 MEM+5%DCC-FBS+1nmol/L 17*β*-雌二醇中, 生长抑制 InRt = (90±13)%, IC_{50} = (5.4±0.2)μmol/L]. [文献] E. Ioannou, et al. BoMC, 2009, 17, 4537.

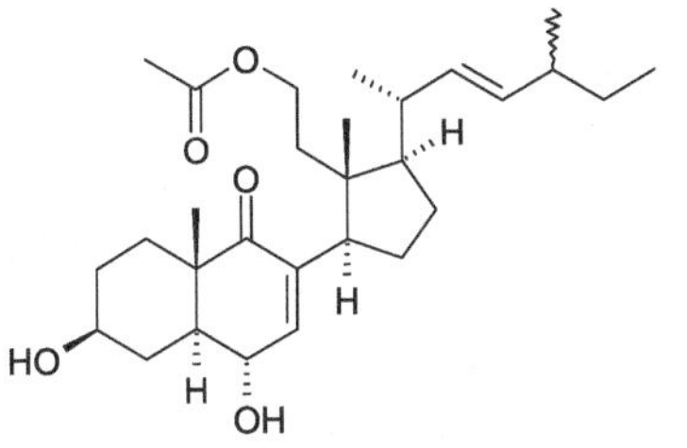

891 5*α*,8*α*-*epi*-Dioxyergosta-6,22-dien-3*β*-ol 5*α*,8*α*-*epi*-过氧麦角甾-6,22-二烯-3*β*-醇

【别名】Ergosterol peroxide; 麦角甾醇过氧化物. 【基本信息】$C_{28}H_{44}O_3$, 晶体 (甲醇), mp 181.5~183°C, mp 176~198°C, $[\alpha]_D = -29°$ (c = 0.8, 氯仿). 【类型】麦角甾烷类甾醇. 【来源】深海真菌普通青霉菌* *Penicillium commune* SD-118, 深海真菌淡紫拟青霉 *Paecilomyces lilacinus* ZBY-1, 深海真菌青霉属 *Penicillium* sp. F00120 (南海北部, 南海, 采样深度 1300m), 海洋导出的真菌根霉属 *Rhizopus* sp. 来自苔藓动物 *Bugula* sp. (中国水域), 海洋导出的真菌变色曲霉菌 *Aspergillus versicolor* 来自棕藻鼠尾藻 *Sargassum thunbergii* (平潭岛, 福建, 中国), 似大麻小轴海绵* *Axinella cannabina* 和格海绵属 *Thalysias juniperina*, 棘皮动物门海百合纲弓海百合目 *Gymnocrinus richeri*, 黑海鞘* *Ascidia nigra*, 广泛存在于真菌和地衣中. 【活性】细胞毒 (MTT 试验: P_{388}, IC_{50} = 6.7μmol/L; HL60, IC_{50} = 15.3μmol/L; SRB 试验: A549, IC_{50} = 86.0μmol/L; Bel7402, IC_{50} = 61.0μmol/L); 细胞毒 (K562, MCF7, HL60 和 BGC823 细胞, IC_{50} = 22.3~139.0μmol/L); 抗结核 (结核分枝杆菌 *Mycobacterium tuberculosis*). 【文献】A. A. C. Gunatilaka, et al. JOC, 1981, 46, 3860; M. Della Greca, et al. Ga. Chim. Ital., 1990, 120, 391; F. Wang, et al. Steroids, 2008, 73, 19; F.-P. Miao, et al. Mar. Drugs, 2012, 10, 131; Z. Shang, et al. Chin. J. Oceanol. Limnol., 2012, 30, 305; X. Lin, et al. Mar. Drugs, 2012, 10, 106; X. Cui, et al. J. Int. Pharm. Res., 2013, 40, 177 (中文版).

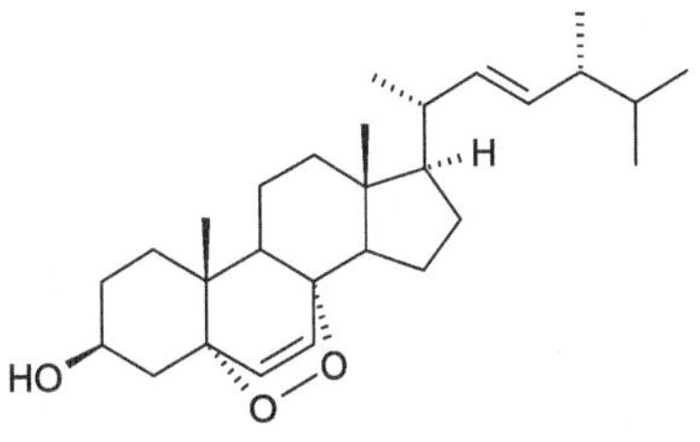

892 Diplasterioside B 南极海星糖苷 B*

【基本信息】$C_{59}H_{98}O_{27}S$. 【类型】麦角甾烷类甾醇. 【来源】海盘车科 Asteriidae 海星 *Diplasterias brucei* (南极地区, 罗斯海, 特拉诺瓦湾). 【活性】细胞毒 (人黑色素瘤细胞株, 温和活性). 【文献】N. V. Ivanchina, et al. Russ. J. Bioorg. Chem., 2011, 37, 499.

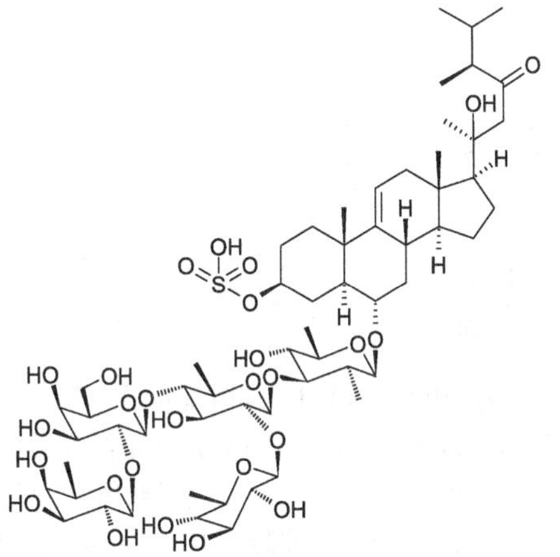

893 Downeyoside A 鸡爪海星糖苷 A*

【别名】(3*β*,6*α*,16*β*,20*R*,22*S*,23*S*,24*R*)-16,22-Epoxyergost-9(11)-ene-3,6,20,23-tetrol 3-*O*-*β*-D-glucuronopyranoside 6-sulfate; (3*β*,6*α*,16*β*,20*R*,22*S*,23*S*,24*R*)-16,22-环氧麦角甾-9(11)-烯-3,6,20,23 四醇 3-*O*-*β*-D-吡喃葡萄糖醛酸苷 6-硫酸酯. 【基本信息】$C_{34}H_{54}O_{14}S$. 【类型】麦角甾烷类甾醇. 【来源】鸡爪海星属* *Henricia downeyae* (墨西哥湾). 【活性】细胞毒 (人非小细胞肺癌细胞, IC_{50} =

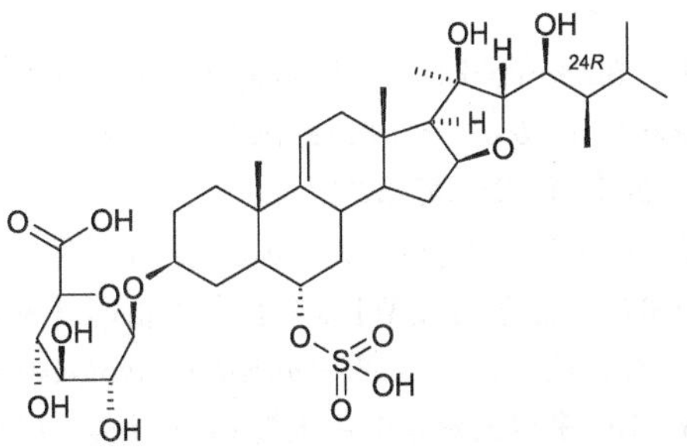

60μg/mL); 抗污剂; 拒食剂.【文献】E. Palagiano, et al. Tetrahedron, 1995, 51, 12293.

894 Downeyoside B 鸡爪海星糖苷 B*

【别名】(3*β*,6*α*,16*β*,20*R*,22*S*,23*S*,24*S*)-16,22-Epoxyergost-9(11)-ene-3,6,20,23-tetrol 3-*O*-*β*-D-glucuronopyranoside 6-sulfate; (3*β*,6*α*,16*β*,20*R*,22*S*,23*S*,24*S*)-16,22-环氧麦角甾-9(11)-烯-3,6,20,23-四醇 3-*O*-*β*-D-吡喃葡萄糖醛酸苷 6-硫酸酯.【基本信息】$C_{34}H_{54}O_{14}S$.【类型】麦角甾烷类甾醇.【来源】鸡爪海星属* *Henricia downeyae* (墨西哥湾).【活性】细胞毒 (人非小细胞肺癌细胞, IC_{50} = 36μg/mL).【文献】E. Palagiano, et al. Tetrahedron, 1995, 51, 12293.

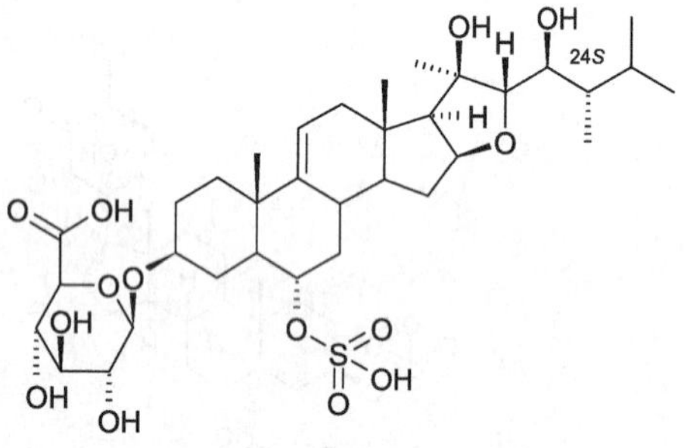

895 Dysideasterol H 掘海绵甾醇 H*

【基本信息】$C_{30}H_{48}O_6$.【类型】麦角甾烷类甾醇.【来源】掘海绵属 *Dysidea* sp. (石垣岛, 冲绳, 日本).【活性】细胞毒 (抑制人表皮样癌细胞).【文献】S. V. S. Govindam, et al. Biosci., Biotechnol., Biochem., 2012, 76, 999.

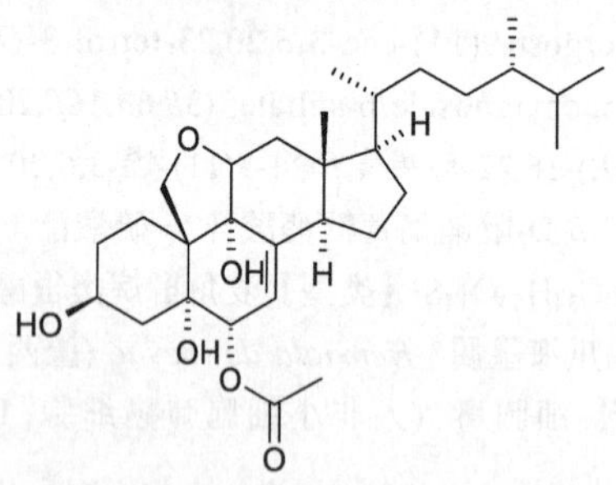

896 5*α*,8*α*-epi-Dioxy-23,24(*R*)-dimethylcholesta-6,22-dien-3*β*-ol 5*α*,8*α*-*epi*-过氧-23,24(*R*)-二甲基胆甾-6,22-二烯-3*β*-醇

【基本信息】$C_{29}H_{46}O_3$, 无定形粉末, $[\alpha]_D^{16} = -37°$ (*c* = 0.05, 氯仿).【类型】麦角甾烷类甾醇.【来源】海洋导出的真菌青霉属 *Penicillium stoloniferum* QY2-10, 来自未鉴定的中国海乌贼; 海洋导出的真菌根霉属 *Rhizopus* sp., 来自苔藓动物 *Bugula* sp. (中国水域); 陆地蘑菇香菇 *Lentinus edodes*.【活性】细胞毒 (MTT 试验: P_{388}, IC_{50} = 5.9μmol/L; HL60, IC_{50} = 8.7μmol/L; SRB 试验: A549, IC_{50} > 100μmol/L; Bel7402, IC_{50} > 100μmol/L); 细胞毒 (P_{388}, IC_{50} = 4.07μmol/L).【文献】Y. Yasunori, et al. CPB, 1998, 46, 944; Z.-H. Xin, et al. Arch. Pharmacal Res., 2007, 30, 816; F. Wang, et al. Steroids, 2008, 73, 19.

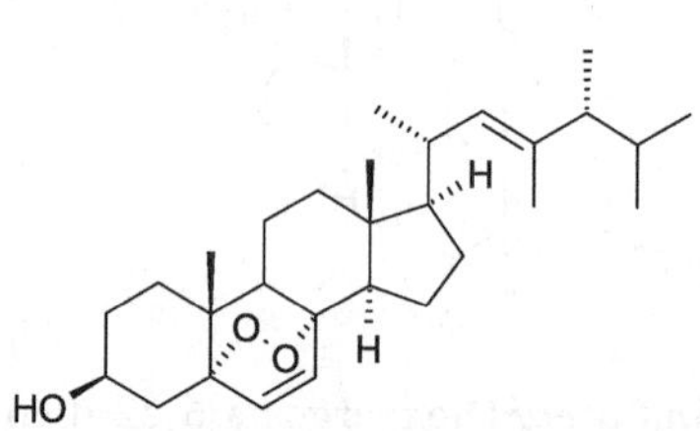

897 5,8-epi-Dioxy-23-methylergosta-6,9(11),22-trien-3-ol 5,8-*epi*-过氧-23-甲基麦角甾-6,9(11),22-三烯-3-醇

【基本信息】$C_{29}H_{44}O_3$, 无定形粉末.【类型】麦角甾烷类甾醇.【来源】海洋导出的真菌黑曲霉菌 *Aspergillus niger*; 海洋导出的真菌根霉属 *Rhizopus* sp., 来自苔藓动物多室草苔虫属 *Bugula* sp. (中国水域); 海洋导出的真菌根霉属 *Rhizopus* sp.【活性】细胞毒 (MTT 试验: P_{388}, IC_{50} = 7.9μmol/L; HL60, IC_{50} = 2.7μmol/L; SRB 试验: A549, IC_{50} > 100μmol/L; Bel7402, IC_{50} = 66.7μmol/L).【文献】Y. Yaoita, et al. CPB, 1998, 46, 944; F. Wang, et al. Steroids, 2008, 73, 19.

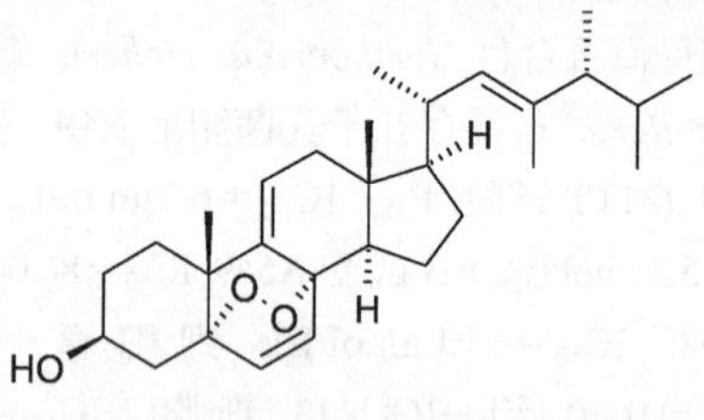

898 7,8-Epoxyergost-22-ene-3,5,6-triol 7,8-环氧麦角甾-22-烯-3,5,6-三醇

【别名】7,8-Epoxy-24-methylcholest-22-ene-3,5,6-triol; 7,8-环氧-24-甲基胆甾-22-烯-3,5,6-三醇.【基本信息】$C_{28}H_{46}O_4$, 晶体, mp 187~188°C.【类型】麦角甾烷类甾醇.【来源】柏柳珊瑚属 *Acabaria undulata* (朝鲜半岛水域).【活性】细胞毒 (P_{388}, IC_{50} = 20.2μg/mL; DLD-1, IC_{50} = 22.4μg/mL).【文献】J. Shin, et al. JNP, 1996, 59, 679.

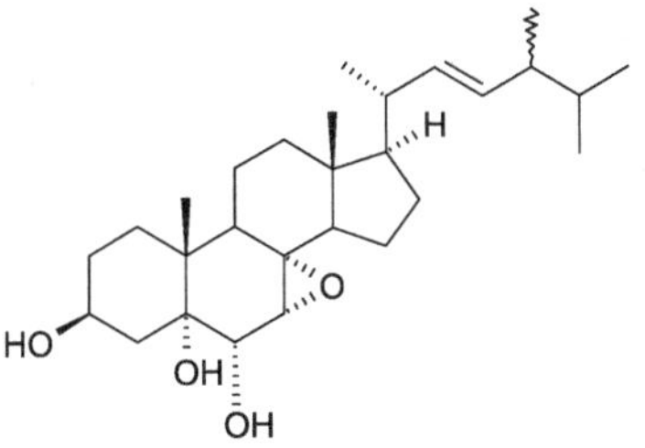

899　(22*E*,24*R*)-5*α*,6*α*-Epoxy-3*β*-hydroxyergosta-22-ene-7-one　(22*E*,24*R*)-5*α*,6*α*-环氧-3*β*-羟基麦角甾-22-烯-7-酮

【基本信息】$C_{28}H_{44}O_3$.【类型】麦角甾烷类甾醇.【来源】深海真菌淡紫拟青霉 *Paecilomyces lilacinus* ZBY-1.【活性】细胞毒 (K562, MCF7, HL60 和 BGC823 细胞, IC_{50} = 22.3~139.0μmol/L).【文献】X. Cui, et al. *J. Int. Pharm. Res.,* 2013,*40*, 177 (中文版).

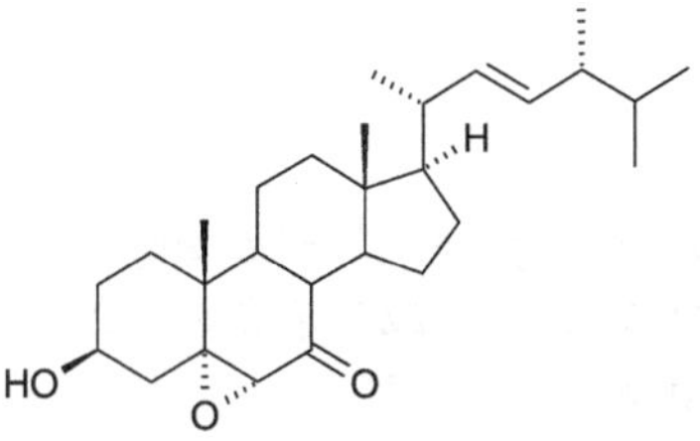

900　(3*β*,23*S*)-Ergosta-5,24(28)-diene-3,23-diol　(3*β*,23*S*)-麦角甾-5,24(28)-二烯-3,23-二醇

【基本信息】$C_{28}H_{46}O_2$.【类型】麦角甾烷类甾醇.【来源】直立柔荑软珊瑚* *Nephthea erecta* (台湾水域, 中国).【活性】抗炎 (LPS 刺激的 RAW 264.7 细胞, 10μmol/L: 和 LPS 刺激的对照细胞本身比较, 抑制促炎的 iNOS 上调到 45.8%和抑制 COX-2 上调到 68.1%; 对照咖啡酸苯乙酯 CAPE 抑制 iNOS 到 1.5%和抑制 COX-2 到 70.2%; 细胞存活状况无改变).【文献】S. Y. Cheng, et al. Chem. Biodivers. 2009, 6, 86.

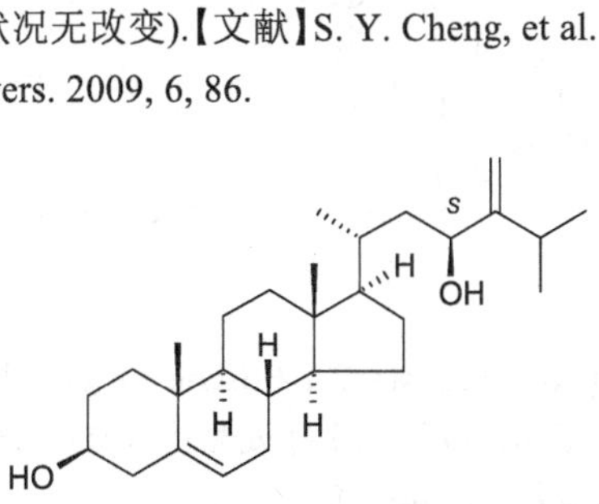

901　(3*β*,23*R*)-Ergosta-5,24(28)-diene-3,23-diol　(3*β*,23*R*)-麦角甾-5,24(28)-二烯-3,23-二醇

【基本信息】$C_{28}H_{46}O_2$.【类型】麦角甾烷类甾醇.【来源】直立柔荑软珊瑚* *Nephthea erecta* (台湾水域, 中国).【活性】抗炎 (LPS 刺激的 RAW 264.7 细胞, 10μmol/L: 抑制促炎的 iNOS 上调到 62.8%, 不抑制 COX-2 蛋白的表达; 对照咖啡酸苯乙酯 CAPE 抑制 iNOS 到 1.5%和抑制 COX-2 到 70.2%; 细胞存活状况无改变).【文献】S. Y. Cheng, et al. Chem. Biodivers., 2009, 6, 86.

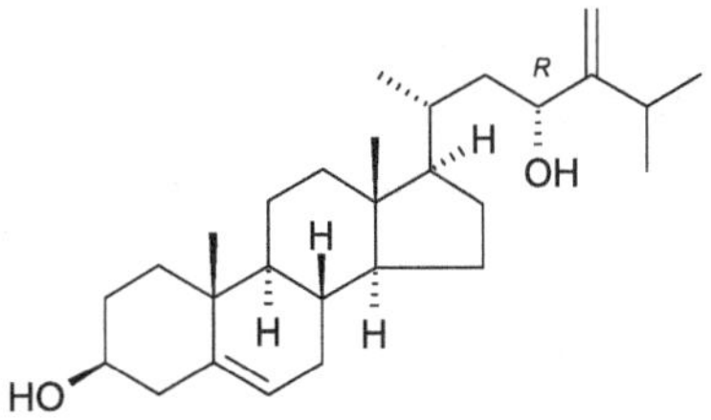

902　(3*β*,25)-Ergosta-5,24(28)-diene-3,25-diol　(3*β*,25)-麦角甾-.5,24(28)-二烯-3,25-二醇

【基本信息】$C_{28}H_{46}O_2$.【类型】麦角甾烷类甾醇.【来源】直立柔荑软珊瑚* *Nephthea erecta* (台湾水域, 中国).【活性】抗炎 (LPS 刺激的 RAW 264.7 细胞, 10μmol/L: 和 LPS 刺激的对照细胞本身比较, 抑制促炎的 iNOS 上调到 15.6%,不抑制 COX-2 蛋白的表达; 对照咖啡酸苯乙酯 CAPE 抑制 iNOS 到 1.5%和抑制 COX-2 到 70.2%; 细胞存活状况无改变).【文献】S. Y. Cheng, et al. Chem. Biodivers. 2009, 6, 86.

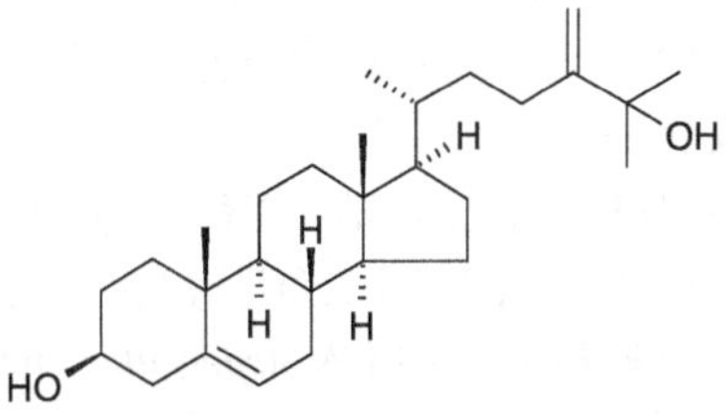

903　Ergosta-4,24(28)-diene-3*β*,6*β*-diol　麦角甾-4,24(28)-二烯-3*β*,6*β*-二醇

【基本信息】$C_{28}H_{46}O_2$, 针状晶体 (丙酮), mp 236~237°C, $[\alpha]_D$ = +20.5° (*c* = 0.15, 甲醇).【类型】麦角甾烷类甾醇.【来源】海鸡冠属软珊瑚 *Alcyonium patagonicum* (南海) 和短指软珊瑚属 *Sinularia ovispiculata* (印度水域).【活性】细胞毒 (P_{388}, IC_{50} = 1μg/mL).【文献】V. Anjaneyulu, et al. Ind. J. Chem., Sect. B, 1994, 33, 806; L. Zeng, et al. JNP, 1995, 58, 296; J. G. Cui, et al. Steroids, 2001, 66, 33.

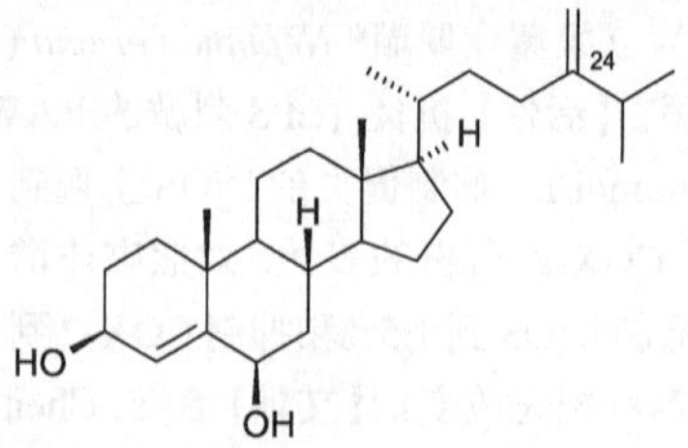

904 (22*E*)-Ergosta-7,22-diene-6*α*-hexadecanooxyl-3*β*,5*α*-diol (22*E*)-麦角甾-7,22-二烯-6*α*-十六酰氧基-3*β*,5*α*-二醇

【基本信息】$C_{44}H_{76}O_4$，油性固体，$[\alpha]_D^{24}$ = +46º (*c* = 0.17，氯仿).【类型】麦角甾烷类甾醇.【来源】海洋导出的真菌曲霉菌属 *Aspergillus awamori*，来自红树尖叶卤蕨 *Acrostichum speciosum* 周围的土壤（海南，中国）；陆地植物硬皮地星 *Astraeus hygrometricus*.【活性】细胞毒 (B16 和 SMMC-7721，温和活性).【文献】H. Gao, et al. Helv. Chim. Acta, 2007, 90, 1165.

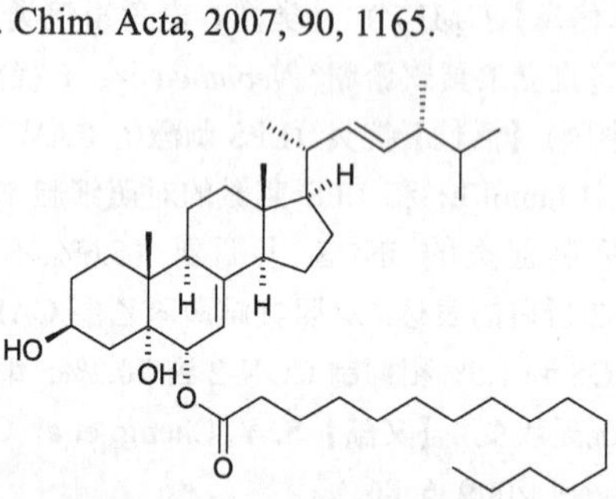

905 (22*E*)-Ergosta-7,22-diene-6*β*-hexadecanooxyl-3*β*,5*α*-diol (22*E*)-麦角甾-7,22-二烯-6*β*-十六酰氧基-3*β*,5*α*-二醇

【基本信息】$C_{44}H_{76}O_4$，油性固体，$[\alpha]_D^{25}$ = −63.4º (*c* = 0.19，氯仿).【类型】麦角甾烷类甾醇.【来源】海洋导出的真菌曲霉菌属 *Aspergillus awamori*，来自红树尖叶卤蕨尖叶卤蕨 *Acrostichum speciosum* 周围的土壤 (海南，中国).【活性】细胞毒 (B16 和 SMMC-7721，温和活性).【文献】H. Gao, et al. Helv. Chim. Acta, 2007, 90, 1165.

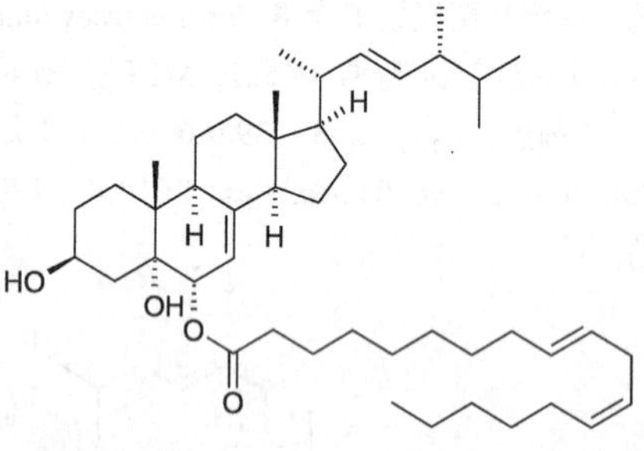

906 (22*E*)-Ergosta-7,22-diene-6*α*-9*Z*,12*Z*-octadecadienooxyl-3*β*,5*α*-diol (22*E*)-麦角甾-7,22-二烯-6*α*-9*Z*,12*Z*-十八(碳)二烯酰氧基-3*β*,5*α*-二醇

【基本信息】$C_{46}H_{76}O_4$，油性固体，$[\alpha]_D^{25}$ = +6.6º (*c* = 0.18，氯仿).【类型】麦角甾烷类甾醇.【来源】海洋导出的真菌曲霉菌属 *Aspergillus awamori*，来自红树尖叶卤蕨 *Acrostichum speciosum* 周围的土壤（海南，中国).【活性】细胞毒 (B16 和 SMMC-7721，温和活性).【文献】H. Gao, et al. Helv. Chim. Acta, 2007, 90, 1165.

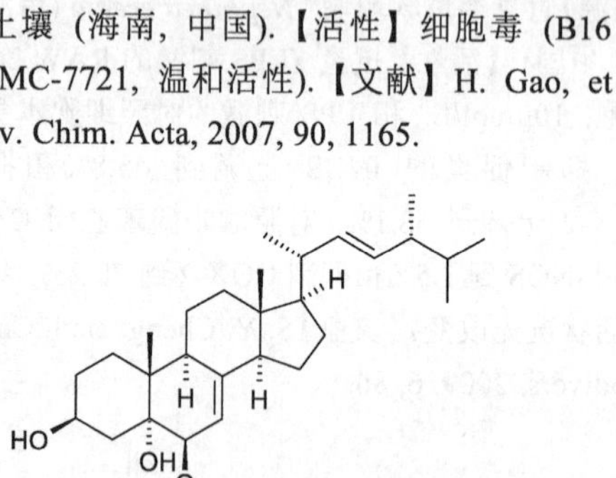

907 (22*E*)-Ergosta-7,22-diene-6*β*-octadecanooxyl-3*β*,5*α*-diol (22*E*)-麦角甾-7,22-二烯-6*β*-十八酰氧基-3*β*,5*α*-二醇

【基本信息】$C_{46}H_{80}O_4$，油性固体，$[\alpha]_D^{25}$ = −31.1º (*c* = 0.15，氯仿).【类型】麦角甾烷类甾醇.【来源】海洋导出的真菌曲霉菌属 *Aspergillus awamori*，来自红树尖叶卤蕨 *Acrostichum speciosum* 周围的土壤 (海南，中国).【活性】细胞毒 (B16 和 SMMC-7721，温和活性).【文献】H. Gao, et al. Helv. Chim. Acta, 2007, 90, 1165.

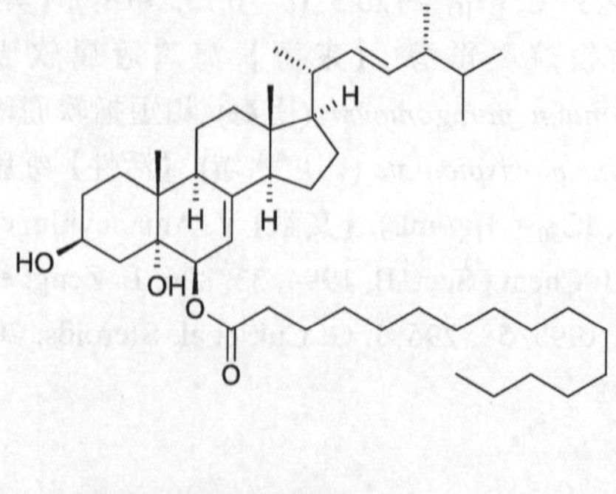

908 (22*E*)-Ergosta-7,22-diene-6*α*-octadecanooxyl-3*β*,5*α*-diol (22*E*)-麦角甾-7,22-二烯-6*α*-十八酰氧基-3*β*,5*α*-二醇

【基本信息】$C_{46}H_{80}O_4$，油性固体，$[\alpha]_D^{26}$ = +23.7º (*c* = 0.17，氯仿).【类型】麦角甾烷类甾醇.【来源】海洋导出的真菌曲霉菌属 *Aspergillus awamori*，

来自红树尖叶卤蕨 *Acrostichum speciosum* 周围的土壤 (海南, 中国).【活性】细胞毒 (B16 和 SMMC-7721, 温和活性).【文献】H. Gao, et al. Helv. Chim. Acta, 2007, 90, 1165.

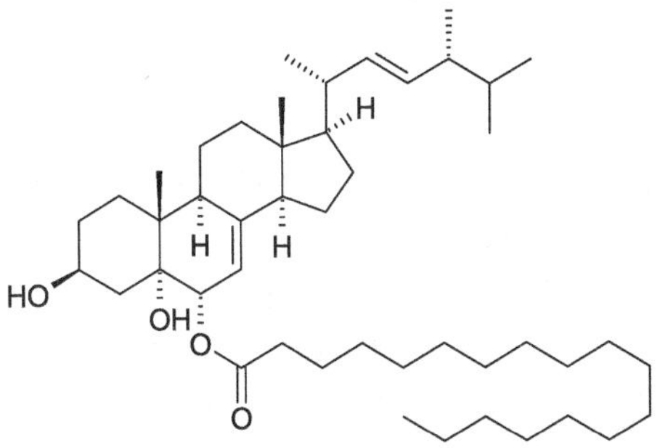

909 (22*E*)-Ergosta-7,22-diene-6*α*-9*Z*-octadecenooxyl-3*β*,5*α*-diol (22*E*)-麦角甾-7,22-二烯-6*α*-9*Z*-十八(碳)烯酰氧基-3*β*,5*α*-二醇

【基本信息】$C_{46}H_{78}O_4$, 油性固体, $[\alpha]_D^{26} = +31.4°$ (c = 0.23, 氯仿).【类型】麦角甾烷类甾醇.【来源】海洋导出的真菌曲霉菌属 *Aspergillus awamori*, 来自红树尖叶卤蕨 *Acrostichum speciosum* 周围的土壤 (海南, 中国).【活性】细胞毒 (B16 和 SMMC-7721, 温和活性).【文献】H. Gao, et al. Helv. Chim. Acta, 2007, 90, 1165.

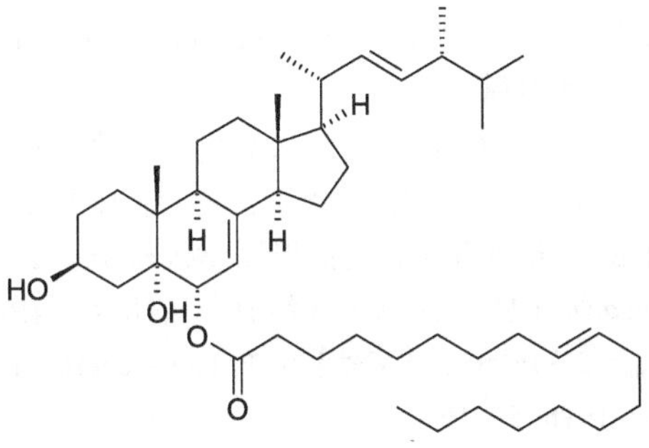

910 Ergosta-8(14),22-diene-3*β*,5*α*,6*β*,7*α*-tetraol 麦角甾-8(14),22-二烯-3*β*,5*α*,6*β*,7*α*-四醇

【基本信息】$C_{28}H_{46}O_4$, 晶体, mp 178~180°C, $[\alpha]_D^{25} = -65°$ (c = 0.2, 氯仿).【类型】麦角甾烷类甾醇.【来源】海洋导出的真菌青霉属 *Penicillium* sp., 来自未鉴定的苔藓 (南极); 陆地蘑菇 *Grifola frondosa*.【活性】细胞毒 (HepG, IC_{50} = 10.4μg/mL).【文献】T. Ishizuka, et al. CPB, 1997, 45, 1756; Y. Sun, et al. Nat. Prod. Res., 2006, 20, 381.

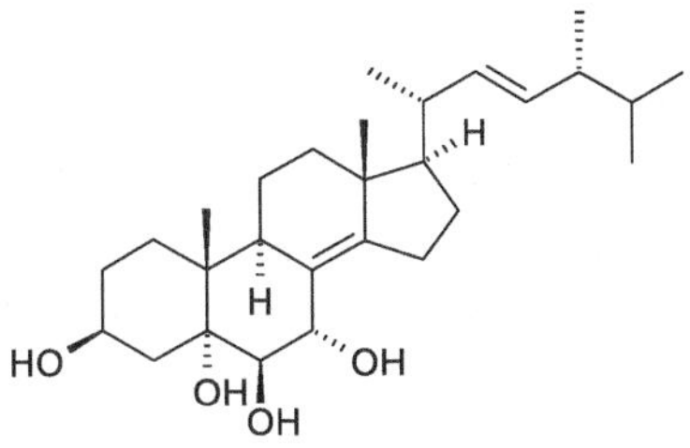

911 (3*β*,6*α*,15*β*,22*E*,24*R*,25*S*)-Ergosta-8(14),22-diene-3,6,15,26-tetrol (3*β*,6*α*,15*β*,22*E*,24*R*,25*S*)-麦角甾-8(14),22-二烯-3,6,15,26-四醇

【基本信息】$C_{28}H_{46}O_4$, $[\alpha]_D = -2.5°$ (c = 1, 甲醇).【类型】麦角甾烷类甾醇.【来源】明显齿棘海星* *Acodontaster conspicuus* (南极地区).【活性】抗菌 (南极海洋细菌 McM13.3 和 McM32.2, 可能在明显齿棘海星**Acodontaster conspicuus* 体壁表面的微生物污染防治中发挥生态学作用的角色).【文献】S. De Marino, et al. JNP, 1997, 60, 959.

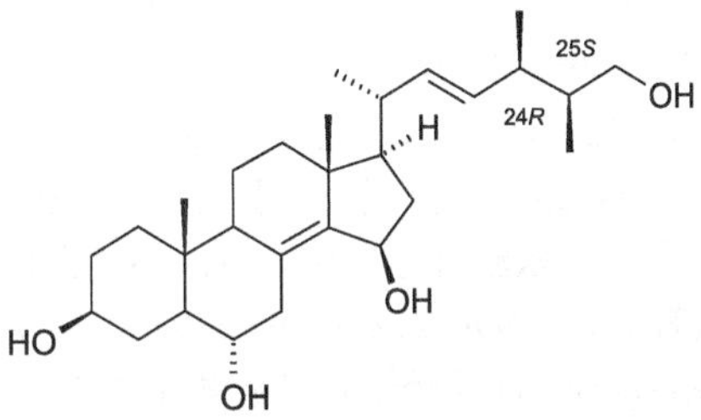

25*S*

24*R*

912 (3*β*,22*S*)-Ergosta-5,24(28)-diene-3,17,22-triol (3*β*,22*S*)-麦角甾-5,24(28)-二烯-3,17,22-三醇

【基本信息】$C_{27}H_{46}O_3$.【类型】麦角甾烷类甾醇.【来源】直立柔荑软珊瑚* *Nephthea erecta* (台湾水域, 中国).【活性】抗炎 (LPS 刺激的 RAW 264.7 细胞, 10μmol/L: 和 LPS 刺激的对照细胞本身比较, 抑制促炎的 iNOS 上调到 33.6%和抑制 COX-2 上调到 10.3%; 对照 CAPE 咖啡酸苯乙酯抑制 iNOS 到 1.5%和抑制 COX-2 到 70.2%; 细胞存活状况无改变); 细胞毒 (P_{388}, ED_{50} = 3.7, 对照光辉霉素, ED_{50} = 0.06μg/mL).【文献】S. Y. Cheng, et al. Chem. Biodivers., 2009, 6, 86.

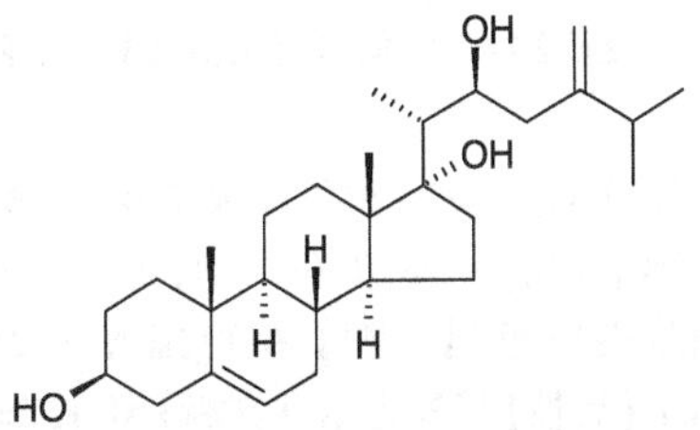

913 24*S*-Ergostane-3*β*,5*α*,6*β*,7*β*-tetrol 24*S*-麦角甾烷-3*β*,5*α*,6*β*,7*β*-四醇

【基本信息】$C_{28}H_{50}O_4$, 针状晶体, mp 212~215ºC, $[\alpha]_D = +16º$ ($c = 0.5$, 吡啶).【类型】麦角甾烷类甾醇.【来源】南非软珊瑚* *Anthelia glauca*.【活性】5*α*-氧化还原酶抑制剂.【文献】U. Sjöstrand, et al. Steroids, 1981, 38, 347; B. N. Ravi, et al. Aust. J. Chem., 1982, 35, 105.

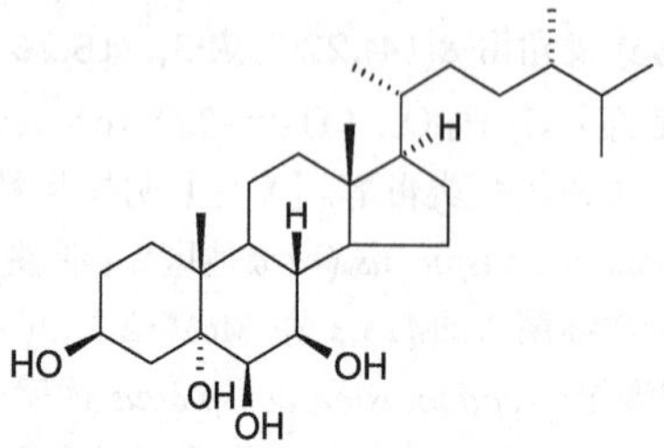

914 (3*β*,5*α*,6*β*,24*ξ*)-Ergostane-3,5,6,25-tetrol 25-acetate (3*β*,5*α*,6*β*,24*ξ*)-麦角甾烷-3,5,6,25-四醇 25-乙酸酯

【基本信息】$C_{30}H_{52}O_5$, 晶体, mp 226ºC, $[\alpha]_D = -17º$ ($c = 0.25$, 乙醇).【类型】麦角甾烷类甾醇.【来源】豆荚软珊瑚属 *Lobophytum* sp. (越南), 豆荚软珊瑚属 *Lobophytum mirabile* 和短指软珊瑚属 *Sclerophytum* sp.【活性】细胞毒 (A549, IC_{50} = 36.9μmol/L, 对照米托蒽醌, IC_{50} = 6.1μmol/L; HT29, IC_{50} = 3.7μmol/L, 对照米托蒽醌, IC_{50} = 6.5μmol/L).【文献】C. B. Rao, et al. Ind. J. Chem., Sect. B, 1990, 29, 588; H. T. Nguyen, et al. Arch. Pharm. Res., 2010, 33, 503.

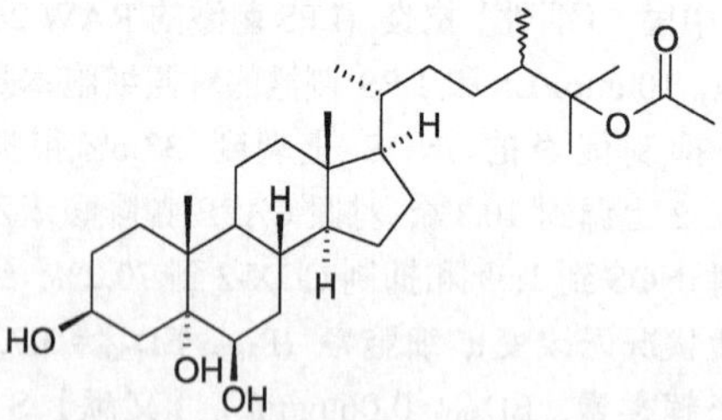

915 (22*E*,24*R*)-Ergosta-4,6,8(14),22-tetraen-3-one (22*E*,24*R*)-麦角甾-4,6,8(14),22-四烯-3-酮

【基本信息】$C_{28}H_{40}O$, 黄色片状晶体 (甲醇), mp 114~115ºC, $[\alpha]_D^{24} = +610º$ ($c = 1.1$, 氯仿).【类型】麦角甾烷类甾醇.【来源】拟草掘海绵 *Dysidea herbacea*.【活性】植物毒素.【文献】M. Kobayashi, et al. CPB, 1992, 40, 72.

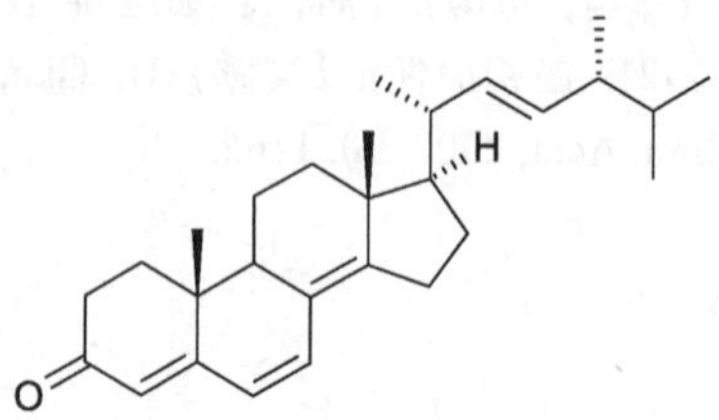

916 (24*S*)-Ergost-5-ene-3*β*,7*α*-diol (24*S*)-麦角甾-5-烯-3*β*,7*α*-二醇

【基本信息】$C_{28}H_{48}O_2$, 白色粉末, mp 210~212ºC, $[\alpha]_D^{25} = -75.2º$ ($c = 0.45$, 氯仿).【类型】麦角甾烷类甾醇.【来源】豆荚软珊瑚属 *Lobophytum laevigatum* (庆和省, 越南)和短指软珊瑚属 *Sclerophytum* sp.【活性】上调 PPARs 的转录 (HepG2, 剂量相关方式).【文献】M. Kobayashi, et al. CPB, 1993, 41, 87; T. H. Quang, et al. BoMCL, 2011, 21, 2845.

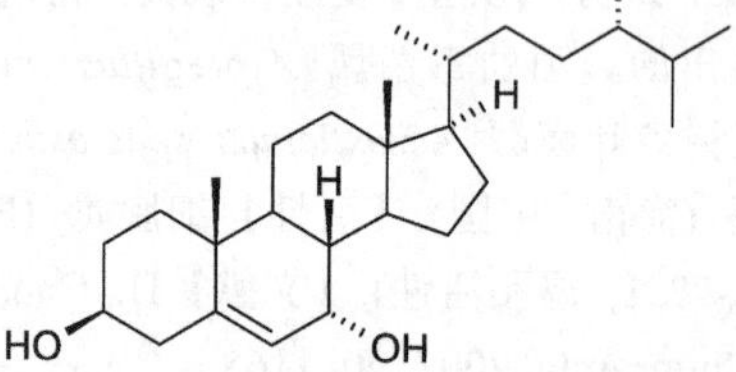

917 (3*β*,5*α*,24*R*)-Ergost-7-en-3-ol methoxymethyl ether (3*β*,5*α*,24*R*)-麦角甾-7-烯-3-醇甲氧基甲基醚

【基本信息】$C_{30}H_{52}O_2$, 树胶状物, $[\alpha]_D^{24} = +240º$ ($c = 0.03$, 二氯甲烷).【类型】麦角甾烷类甾醇.【来源】岩屑海绵硬皮海绵属 *Scleritoderma* cf. *paccardi* (加勒比海).【活性】细胞毒 (P_{388}, IC_{50} = 2.3μg/mL).【文献】S. P. Gunasekera, et al. JNP, 1996, 59, 161.

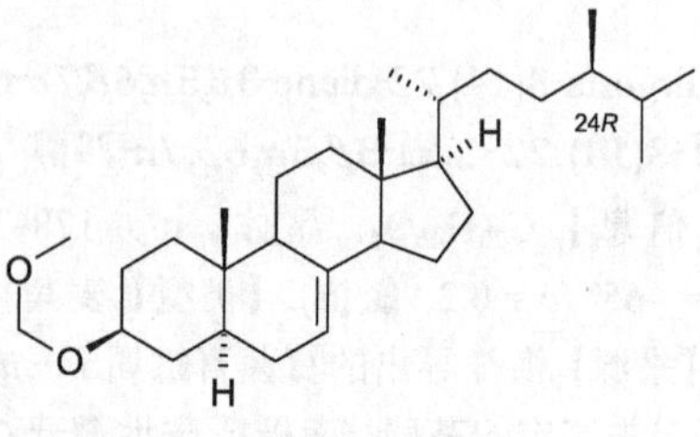

918 Fungisterol 真菌甾醇

【别名】*γ*-Ergostenol; (3*β*,5*α*,24*S*)-Ergost-7-en-3-ol; *γ*-麦角甾醇; (3*β*,5*α*,24*S*)-麦角甾-7-烯-3-醇.【基本

信息】$C_{28}H_{48}O$，晶体（乙醇），mp 152ºC，$[\alpha]_D^{20} = -0.2º$ (氯仿).【类型】麦角甾烷类甾醇.【来源】绿藻椭圆小球藻 *Chlorella ellipsoidea*，似大麻小轴海绵* *Axinella cannabina*，某些其它海绵，某些真菌.【活性】免疫增强剂；抗补体剂；免疫溶血抑制剂.【文献】G. W. Patterson, et al. Phytochemistry, 1974, 13, 191.

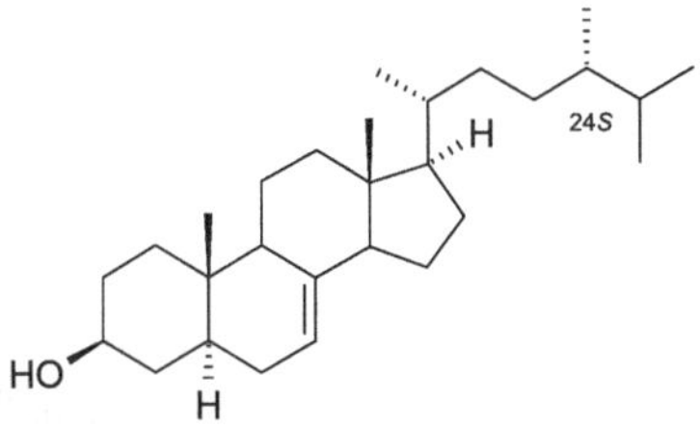

919 Gibberoepoxysterol 短指软珊瑚环氧甾醇*

【基本信息】$C_{28}H_{46}O_3$，粉末，mp 156~157ºC，$[\alpha]_D^{25} = -25º$ ($c = 1.9$，氯仿).【类型】麦角甾烷类甾醇.【来源】短指软珊瑚属 *Sinularia gibberosa* (台湾水域，中国).【活性】细胞毒 (MTT 试验：MDA-MB-231, $IC_{50} = 15.9\mu g/mL$; A549, $IC_{50} = 15.5\mu g/mL$).【文献】A. F. Ahmed, et al. JNP, 2006, 69, 1275.

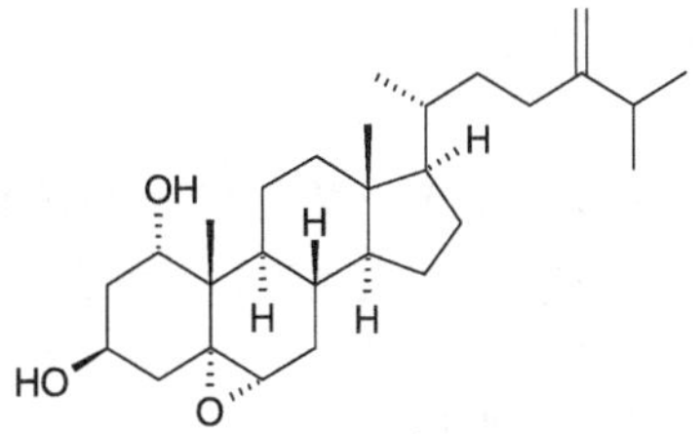

920 Gibberoketosterol 短指软珊瑚氧代甾醇*

【基本信息】$C_{28}H_{46}O_4$，晶体（乙酸乙酯），mp 140~141ºC，$[\alpha]_D^{25} = -0.7º$ ($c = 0.38$，氯仿).【类型】麦角甾烷类甾醇.【来源】短指软珊瑚属 *Sinularia gibberosa* (台湾水域，中国).【活性】细胞毒 (MTT 试验：HepG2, $IC_{50} = 13.0\mu g/mL$; MCF7, $IC_{50} = 14.1\mu g/mL$; MDA-MB-231, $IC_{50} = 14.4\mu g/mL$; A549, $IC_{50} = 14.5\mu g/mL$)；抗炎 (LPS 刺激的 RAW 264.7 细胞，10μmol/L：和 LPS 刺激的对照细胞本身比较，抑制促炎的 iNOS 上调到 44.5%和抑制促炎的 COX-2 上调到 68.3%；100μmol/L，抑制促炎蛋白 β-肌动蛋白上调到 74%).【文献】A. F. Ahmed, et al. Steroids, 2003, 68, 377; A. F. Ahmed, et al. JNP, 2006, 69, 1275.

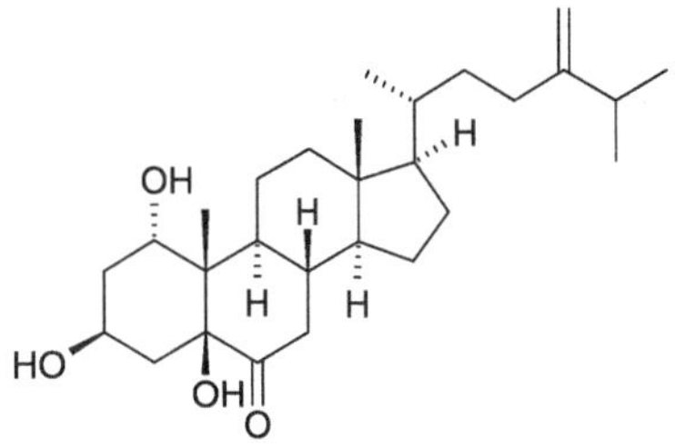

921 Gymnasterone A 小裸囊菌甾酮 A*

【基本信息】$C_{45}H_{67}NO_5$，浅黄色油状物，$[\alpha]_D = -110.7º$ ($c = 1.44$，氯仿).【类型】麦角甾烷类甾醇.【来源】海洋导出的真菌小裸囊菌属 *Gymnascella dankaliensis* 来自日本软海绵 *Halichondria japonica*.【活性】细胞毒 (P_{388}, $ED_{50} = 10.1\mu g/mL$).【文献】T. Amagata, et al. Tetrahedron Lett., 1998, 39, 3773; T. Amagata, et al. JNP, 2007, 70, 1731.

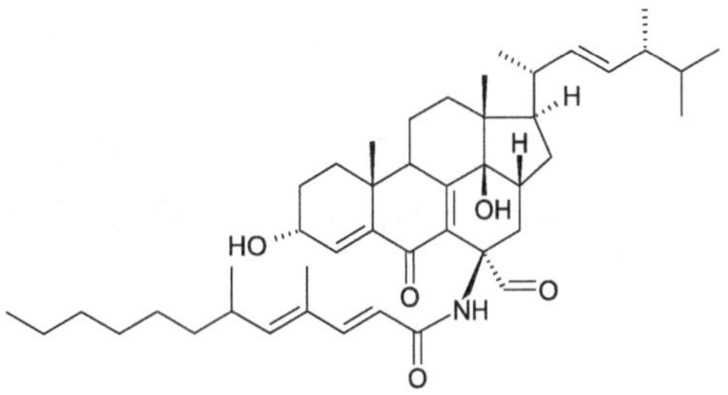

922 Gymnasterone B 小裸囊菌甾酮 B*

【基本信息】$C_{28}H_{40}O_3$，粉末，mp 197~199ºC，$[\alpha]_D = -76.3º$ ($c = 0.76$，氯仿).【类型】麦角甾烷类甾醇.【来源】海洋导出的真菌小裸囊菌属 *Gymnascella dankaliensis*，来自日本软海绵 *Halichondria japonica* (麦芽-葡萄糖-酵母介质，日本水域).【活性】细胞毒 (P_{388}, $ED_{50} = 1.6\mu g/mL$).【文献】T. Amagata, et al. Tetrahedron Lett., 1998, 39, 3773; T. Amagata, et al. JNP, 2007, 70, 1731.

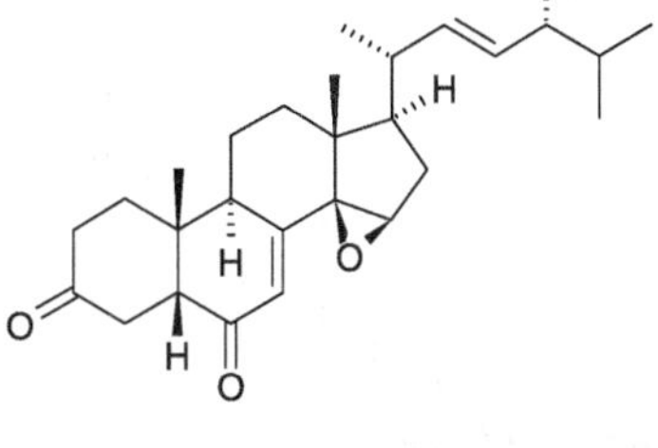

923 Gymnasterone C 小裸囊菌甾酮 C*

【基本信息】$C_{28}H_{40}O_2$，黄色晶体（甲醇），mp 197~199ºC，$[\alpha]_D^{22} = +224º$ ($c = 0.25$，氯仿).【类型】麦角甾烷类甾醇.【来源】海洋导出的真菌小

裸囊菌属 *Gymnascella dankaliensis*, 来自日本软海绵 *Halichondria japonica* (麦芽-葡萄糖-酵母介质, 日本水域).【活性】细胞毒 (P_{388}, 显著抑制细胞生长).【文献】T. Amagata, et al. JNP, 2007, 70, 1731.

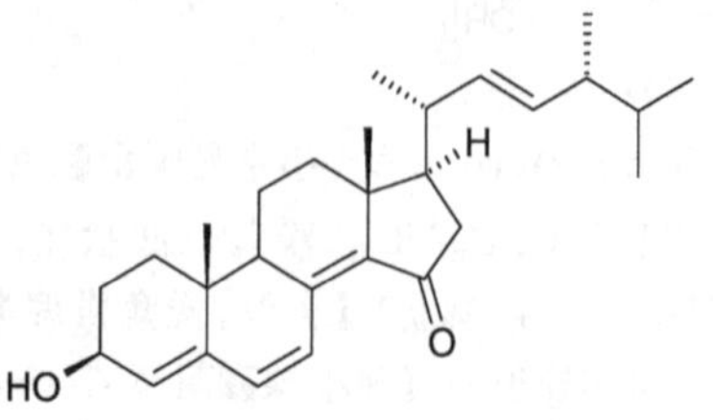

924 Gymnasterone D 小裸囊菌甾酮 D*

【基本信息】$C_{28}H_{38}O_2$, 晶体 (甲醇), mp 166~168ºC, $[\alpha]_D^{22} = +473.7º$ ($c = 0.88$, 氯仿).【类型】麦角甾烷类甾醇.【来源】海洋导出的真菌小裸囊菌属 *Gymnascella dankaliensis* 来自日本软海绵 *Halichondria japonica* (麦芽-葡萄糖-酵母介质, 日本水域).【活性】细胞毒 (P_{388}, 显著抑制细胞生长).【文献】T. Amagata, et al. JNP, 2007, 70, 1731.

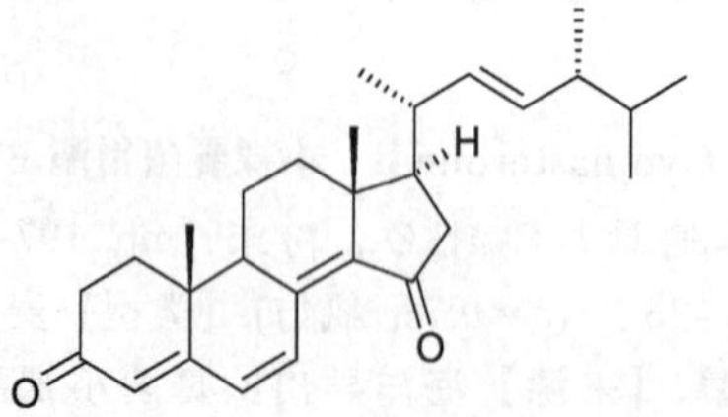

925 Halicrasterol A 厚片蜂海绵甾醇 A*

【基本信息】$C_{29}H_{50}O_4$.【类型】麦角甾烷类甾醇.【来源】厚片蜂海绵 *Haliclona crassiloba* (东山岛, 广东, 中国).【活性】抗微生物 (各种微生物病原体, 中等活性).【文献】Z.-B. Cheng, et al. Steroids, 2013, 78, 1353.

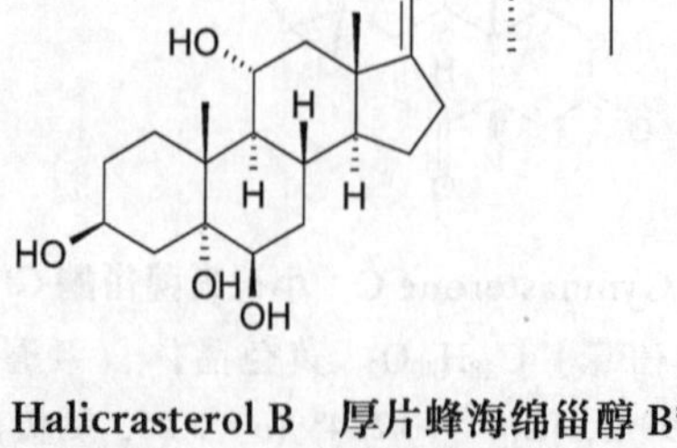

926 Halicrasterol B 厚片蜂海绵甾醇 B*

【基本信息】$C_{31}H_{52}O_6$.【类型】麦角甾烷类甾醇.【来源】厚片蜂海绵 *Haliclona crassiloba* (东山岛, 广东, 中国).【活性】抗微生物 (各种微生物病原体, 中等活性).【文献】Z.-B. Cheng, et al. Steroids, 2013, 78, 1353.

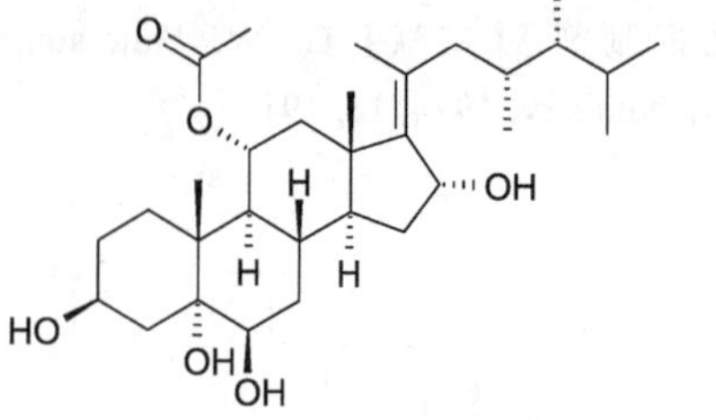

927 Halicrasterol C 厚片蜂海绵甾醇 C*

【基本信息】$C_{28}H_{48}O_4$.【类型】麦角甾烷类甾醇.【来源】厚片蜂海绵 *Haliclona crassiloba* (东山岛, 广东, 中国).【活性】抗微生物 (各种微生物病原体, 中等活性).【文献】Z.-B. Cheng, et al. Steroids, 2013, 78, 1353.

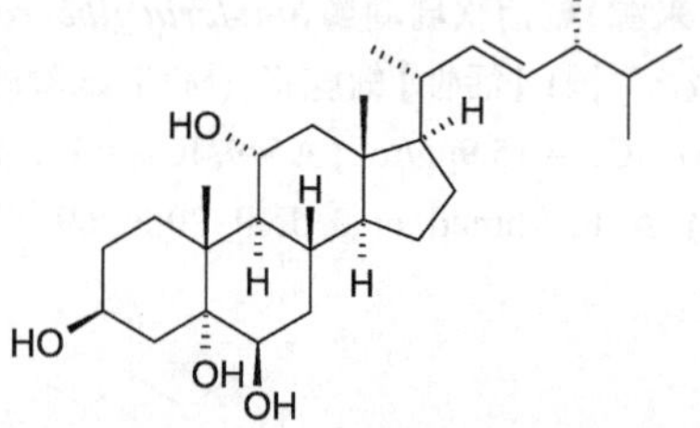

928 Halicrasterol D 厚片蜂海绵甾醇 D*

【基本信息】$C_{30}H_{50}O_5$.【类型】麦角甾烷类甾醇.【来源】厚片蜂海绵 *Haliclona crassiloba* (东山岛, 广东, 中国).【活性】抗微生物 (各种微生物病原体, 中等活性).【文献】Z.-B. Cheng, et al. Steroids, 2013, 78, 1353.

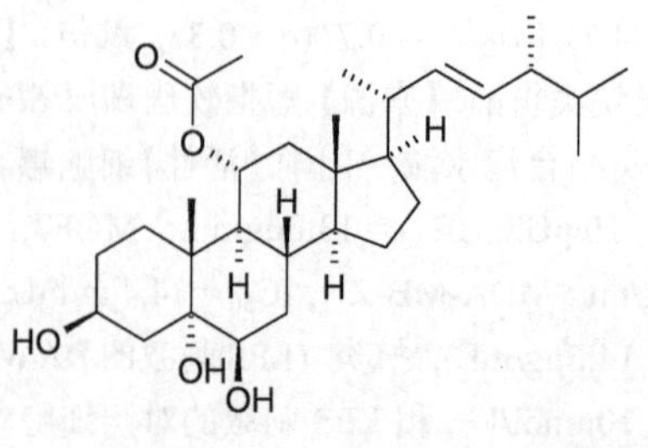

929 Halistanol sulfate 哈里斯塔甾醇硫酸酯*

【别名】25-Methylergostane-2,3,6-triol tri-*O*-sulfate; 25-甲基麦角甾烷-2,3,6-三醇 三-*O*-硫酸酯.【基本信息】$C_{29}H_{52}O_{12}S_3$, 晶体 (三钠盐), mp 159.5~160.5ºC (三钠盐), $[\alpha]_D = +17º$.【类型】麦角甾烷

类甾醇.【来源】蓟海绵属 *Aka* sp., 外轴海绵属 *Epipolasis kushimotoensis*, 外轴海绵属 *Epipolasis* sp. (日本水域), 软海绵属 *Halichondria moorei*, 软海绵属 *Halichondria* cf. *moorei*, 软海绵科海绵 *Trachyopsis* sp., 蜂海绵属 *Haliclona* sp.和软海绵科海绵 *Topsentia* sp.【活性】凝血酶抑制剂 (IC_{50} = 17μg/mL); CDK/细胞周期素 D1 抑制剂 (IC_{50} = 9.5μg/mL); 溶血的; 鱼毒的; 腺嘌呤核苷受体激动剂; 海星受精抑制剂; 抗微生物.【文献】N. Fusetani, et al. Tetrahedron Lett., 1981, 22, 1985; S. Kanazawa, et al. Tetrahedron, 1992, 48, 5467; S. Sperry, et al. JNP, 1997, 60, 29; V. Mukku, et al. JNP 2003, 66, 686; D. Skropeta, et al. Mar. Drugs, 2011, 9, 2131 (Rev.).

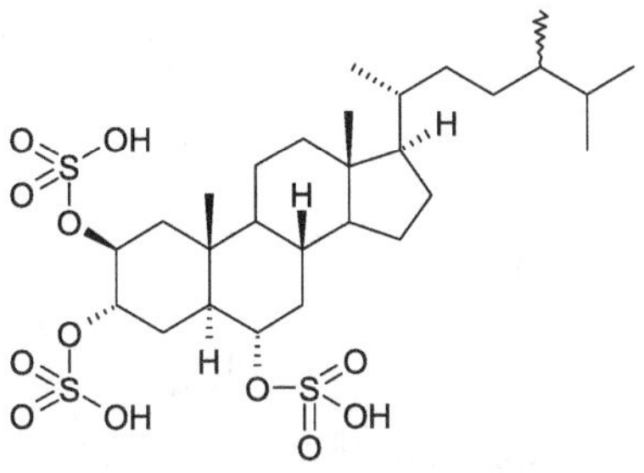

930 Halistanol sulfate A 哈里斯塔甾醇硫酸酯 A*

【基本信息】$C_{28}H_{48}O_{12}S_3$, $[\alpha]_D^{21}$ = +16.4° (*c* = 1, 甲醇).【类型】麦角甾烷类甾醇.【来源】外轴海绵属 *Epipolasis* sp. (日本水域).【活性】凝血酶抑制剂 (IC_{50} = 17μg/mL).【文献】S. Kanazawa, et al. Tetrahedron, 1992, 48, 5467.

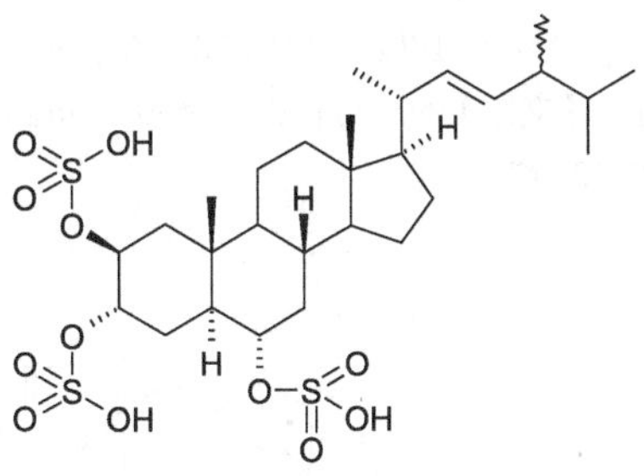

931 Halistanol sulfate E 哈里斯塔甾醇硫酸酯 E*

【基本信息】$C_{29}H_{52}O_{13}S_3$, $[\alpha]_D^{21}$ = +13.3° (*c* = 0.21, 甲醇) (三钠盐).【类型】麦角甾烷类甾醇.【来源】外轴海绵属 *Epipolasis* sp. (日本水域).【活性】凝血酶抑制剂 (IC_{50} = 90μg/mL).【文献】S. Kanazawa, et al. Tetrahedron, 1992, 48, 5467.

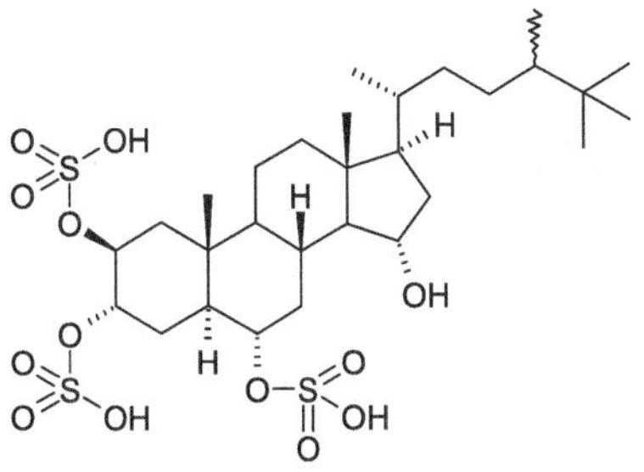

932 Halistanol sulfate F 哈里斯塔甾醇硫酸酯 F*

【基本信息】$C_{30}H_{54}O_{12}S_3$.【类型】麦角甾烷类甾醇.【来源】假海绵科海绵 *Pseudaxinyssa digitata*.【活性】抗 HIV (HIV 抑制剂 *in vitro*).【文献】G. Bifulco, et al. JNP, 1994, 57, 164.

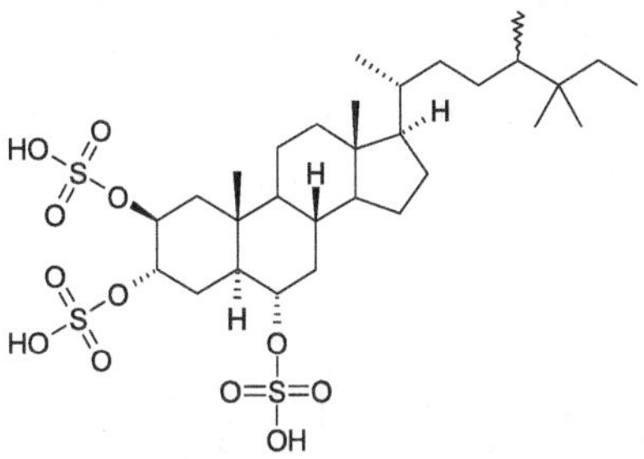

933 Halistanol sulfate G 哈里斯塔甾醇硫酸酯 G*

【基本信息】$C_{28}H_{50}O_{12}S_3$.【类型】麦角甾烷类甾醇.【来源】假海绵科海绵 *Pseudaxinyssa digitata*.【活性】抗 HIV (HIV 抑制剂, *in vitro*).【文献】G. Bifulco, et al. JNP, 1994, 57, 164.

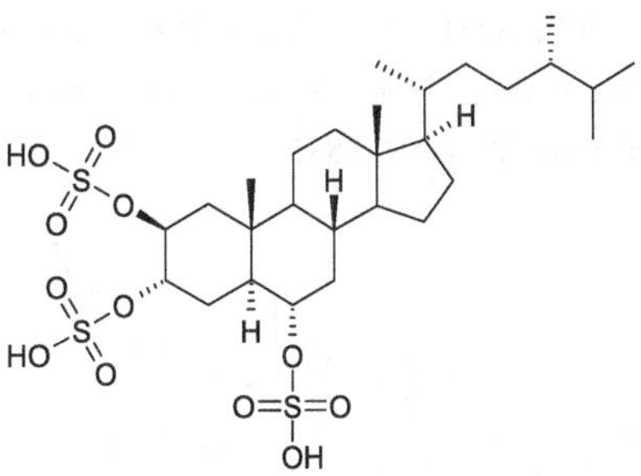

934 Halistanol sulfate H 哈里斯塔甾醇硫酸酯 H*

【基本信息】$C_{28}H_{48}O_{12}S_3$.【类型】麦角甾烷类甾醇.【来源】假海绵科海绵 *Pseudaxinyssa digitata*.【活性】抗 HIV (*in vitro*).【文献】G. Bifulco, et al. JNP, 1994, 57, 164.

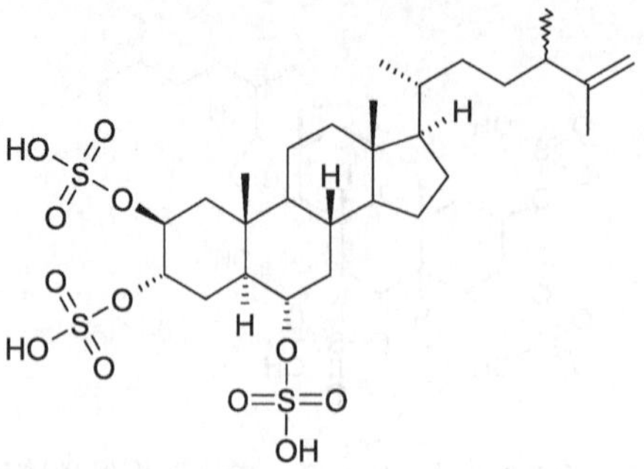

935　Haplosamate A　似雪海绵硫磷酸酯 A*

【基本信息】$C_{29}H_{51}O_{12}PS$，固体 (钠盐), mp 210℃ (分解) (钠盐), $[\alpha]_D = -32°$ ($c = 0.4$, 甲醇) (钠盐), $[\alpha]_D^{24} = -6.9°$ ($c = 2.5$, 甲醇) (钠盐).【类型】麦角甾烷类甾醇.【来源】似雪海绵属 *Cribrochalina* sp. (日本水域), 两种未鉴定的单骨海绵目海绵 (菲律宾).【活性】膜型基质金属蛋白酶抑制剂.【文献】A. Qureshi, et al. Tetrahedron, 1999, 55, 8323; M. Fujita, et al. Tetrahedron, 2001, 57, 3885.

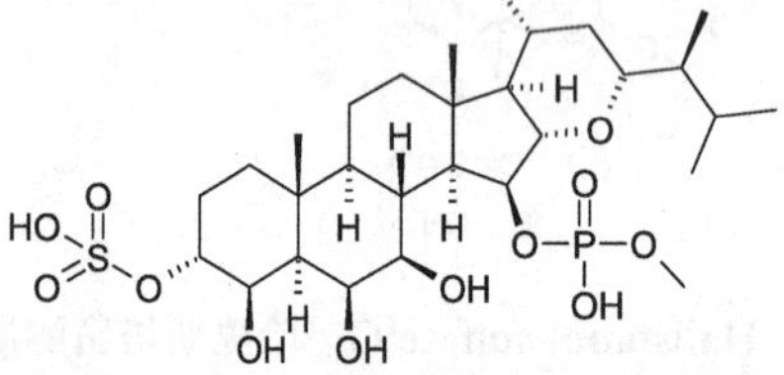

936　Haplosamate B　似雪海绵硫磷酸酯 B*

【基本信息】$C_{29}H_{52}O_{15}P_2S$，固体 (二钠盐), mp 213℃ (分解) (二钠盐), $[\alpha]_D = -8°$ ($c = 0.1$, 甲醇) (二钠盐),【类型】麦角甾烷类甾醇.【来源】似雪海绵属 *Cribrochalina* sp. (日本水域).【活性】膜型基质金属蛋白酶抑制剂.【文献】A. Qureshi, et al. Tetrahedron, 1999, 55, 8323; M. Fujita, et al. Tetrahedron, 2001, 57, 3885.

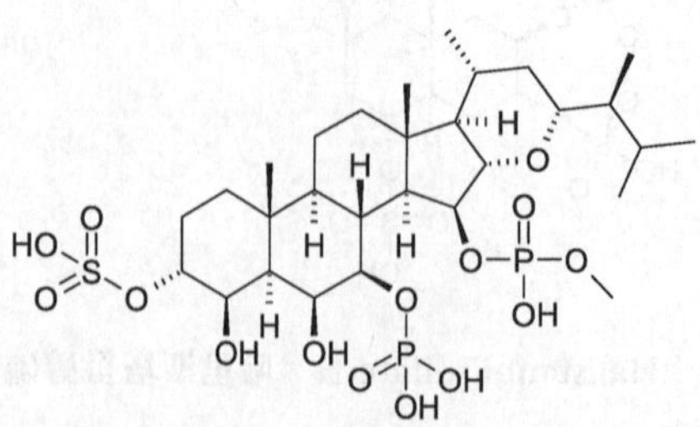

937　Hippasterioside A　马海星甾醇糖苷 A*

【别名】(20*R*,22*R*,23*S*,24*S*)-22,23-Epoxy-20-hydroxy-24-methyl-6*α*-*O*-{*β*-D-xylopyranosyl-(1→3)-*β*-D-fucopyranosyl-(1→2)-*β*-D-quinovopyranosyl-(1→4)-[*β*-D-quinovopyranosyl-(1→2)]-*β*-D-xylopyranosyl-(1→3)-*β*-D-quinovopyranosyl}-5*α*-cholest-9(11)-en-3*β*-yl sulfate; (20*R*,22*R*,23*S*,24*S*)-22,23-环氧-20-羟基-24-甲基-6*α*-*O*-{*β*-D-吡喃木塘基-(1→3)-*β*-D-吡喃岩藻糖基-(1→2)-*β*-D-吡喃鸡纳糖基-(1→4)-[*β*-D-吡喃鸡纳糖基-(1→2)]-*β*-D-吡喃木糖基-(1→3)-*β*-D-吡喃鸡纳糖基}-5*α*-胆甾-9(11)-烯-3*β*-基硫酸酯.【基本信息】$C_{62}H_{102}O_{31}S$，无色无定形粉末, $[\alpha]_D^{25} = +1.3°$ ($c = 0.2$, 水/甲醇 1:3).【类型】麦角甾烷类甾醇.【来源】库页岛马海星* *Hippasteria kurilensis* (千岛群岛, 鄂霍次克海, 俄罗斯).【活性】细胞毒 (HT29, 抑制菌落形成, 减少菌落数 17%).【文献】A. A. Kicha, et al. Chem. Biodivers., 2011, 8, 166.

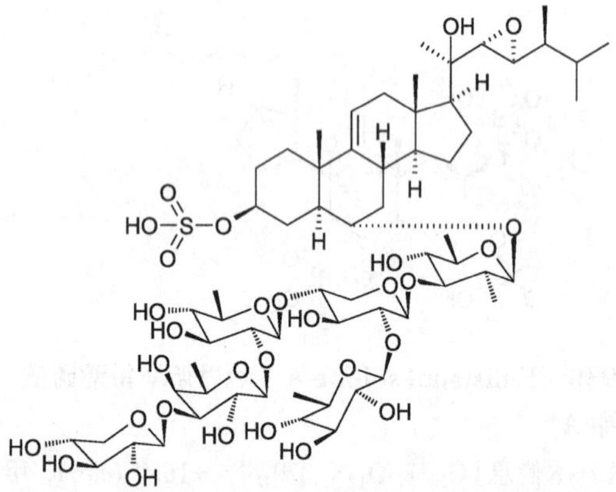

938　Hippuristerol A　粗枝竹节柳珊瑚甾醇 A*

【基本信息】$C_{33}H_{54}O_7$，粉末, $[\alpha]_D^{25} = +6.1°$ ($c = 0.4$, 氯仿).【类型】麦角甾烷类甾醇.【来源】粗枝竹节柳珊瑚 *Isis hippuris* (印度尼西亚).【活性】细胞毒 (P_{388}, A549, HT29, MEL28, 所有的 $IC_{50} = 1\mu g/mL$).【文献】N. Gonzalez, et al. Tetrahedron, 2001, 57, 3487.

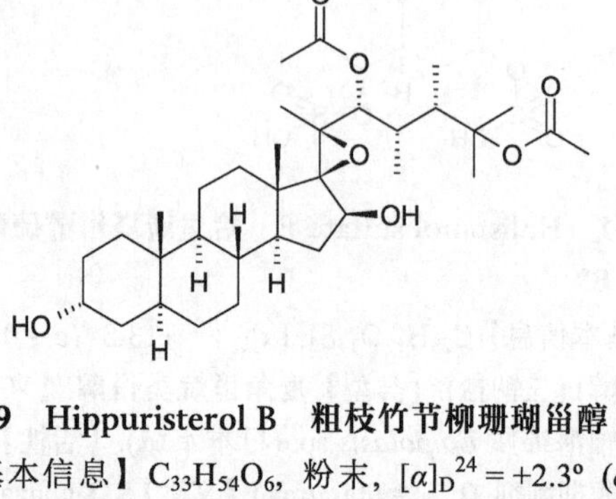

939　Hippuristerol B　粗枝竹节柳珊瑚甾醇 B*

【基本信息】$C_{33}H_{54}O_6$，粉末, $[\alpha]_D^{24} = +2.3°$ ($c = 0.225$, 氯仿).【类型】麦角甾烷类甾醇.【来源】

粗枝竹节柳珊瑚 *Isis hippuris* (印度尼西亚).【活性】细胞毒 (P_{388}, A549, HT29, MEL28, 所有的 IC_{50} = 1.25μg/mL).【文献】N. Gonzalez, et al. Tetrahedron, 2001, 57, 3487.

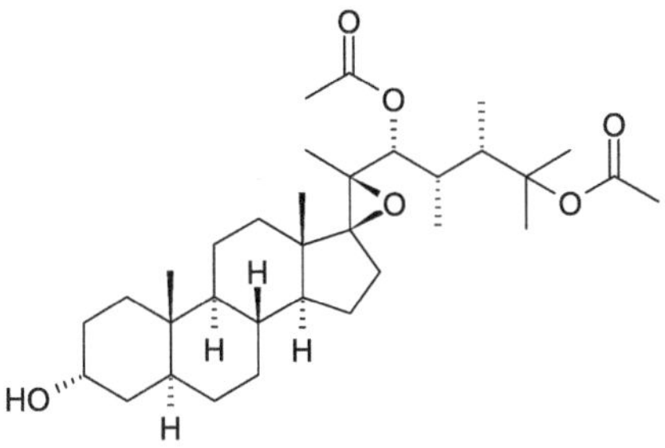

940 Hippuristerol D 粗枝竹节柳珊瑚甾醇 D*

【基本信息】$C_{32}H_{54}O_6$, 粉末, $[\alpha]_D^{27}$ = +3.7° (*c* = 0.175, 氯仿).【类型】麦角甾烷类甾醇.【来源】粗枝竹节柳珊瑚 *Isis hippuris* (印度尼西亚).【活性】细胞毒 (P_{388}, A549, HT29, MEL28, 所有的 IC_{50} > 10μg/mL).【文献】N. Gonzalez, et al. Tetrahedron, 2001, 57, 3487.

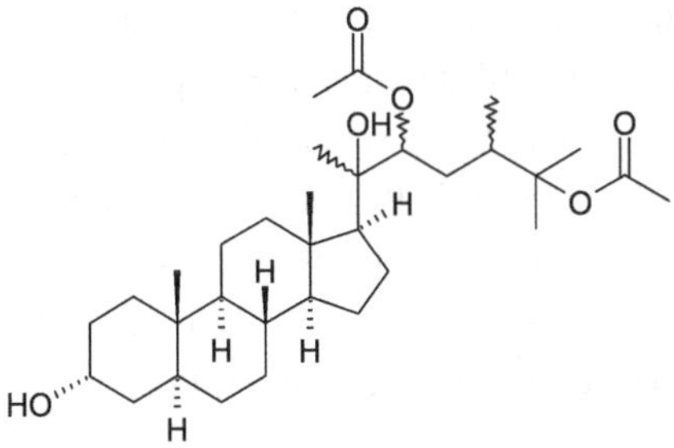

941 Hippuristerone A 粗枝竹节柳珊瑚甾酮 A*

【基本信息】$C_{33}H_{52}O_7$, 晶体, mp 153~154°C, $[\alpha]_D^{25}$ = +17° (*c* = 0.5, 氯仿).【类型】麦角甾烷类甾醇.【来源】粗枝竹节柳珊瑚 *Isis hippuris* (印度尼西亚, 台湾水域, 中国).【活性】细胞毒 (P_{388}, A549, HT29, MEL28, 所有的 IC_{50} > 10μg/mL).【文献】J.-H. Sheu, et al. Tetrahedron Lett., 2000, 41, 7885; N. Gonzalez, et al. Tetrahedron, 2001, 57, 3487.

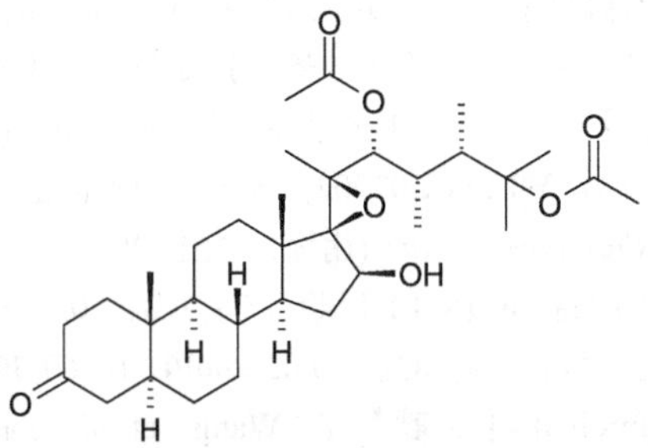

942 Hippuristerone B 粗枝竹节柳珊瑚甾酮 B*

【基本信息】$C_{33}H_{52}O_6$, 粉末, $[\alpha]_D^{28}$ = +8.7° (*c* = 0.765, 氯仿).【类型】麦角甾烷类甾醇.【来源】粗枝竹节柳珊瑚 *Isis hippuris* (印度尼西亚).【活性】细胞毒 (P_{388}, A549, HT29, MEL28, 所有的 IC_{50} > 10μg/mL).【文献】N. Gonzalez, et al. Tetrahedron, 2001, 57, 3487.

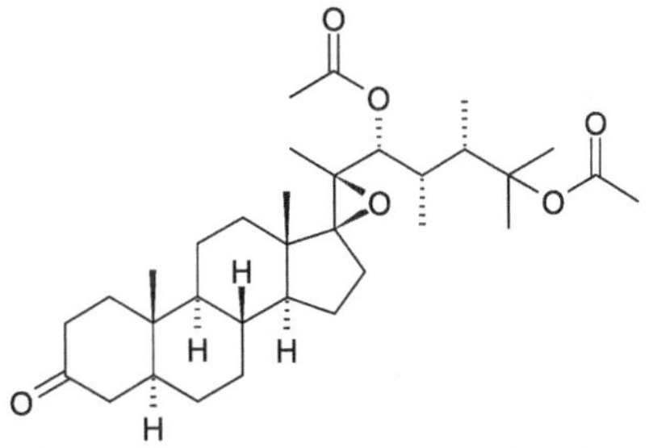

943 Hippuristerone D 粗枝竹节柳珊瑚甾酮 D*

【基本信息】$C_{32}H_{52}O_6$, 粉末, $[\alpha]_D^{23}$ = +7.38° (*c* = 0.38, 氯仿).【类型】麦角甾烷类甾醇.【来源】粗枝竹节柳珊瑚 *Isis hippuris* (印度尼西亚).【活性】细胞毒 (P_{388}, A549, HT29, MEL28, 所有的 IC_{50} > 10μg/mL).【文献】N. Gonzalez, et al. Tetrahedron, 2001, 57, 3487.

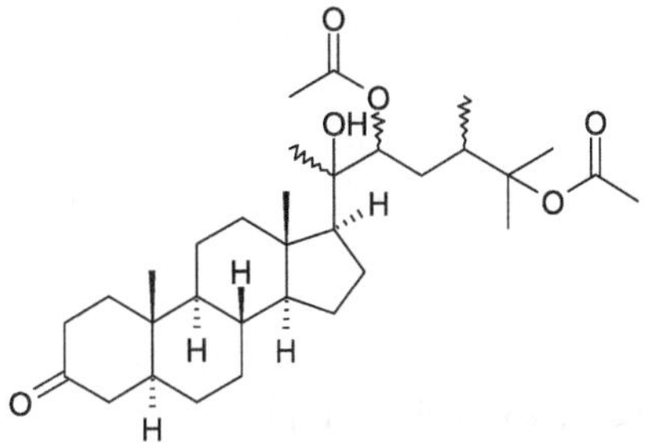

944 Hirsutosterol E 硬毛短足软珊瑚甾醇 E*

【基本信息】$C_{30}H_{50}O_5$, 白色粉末, $[\alpha]_D^{25}$ = −22° (*c* = 1.02, 氯仿).【类型】麦角甾烷类甾醇.【来源】硬毛短足软珊瑚* *Cladiella hirsuta* (台湾水域, 中国).【活性】细胞毒 (HepG2, IC_{50} > 50μmol/L, 对照阿霉素, IC_{50} = 0.4μmol/L; HepG3B, IC_{50} > 50μmol/L, 阿霉素, IC_{50} = 1.3μmol/L; Ca9-22, IC_{50} > 50μmol/L, 阿霉素, IC_{50}= 0.2μmol/L; A549, IC_{50} = 18.4μmol/L, 阿霉素, IC_{50} = 2.6μmol/L; MCF7, IC_{50} > 50μmol/L, 阿霉素, IC_{50} = 2.9μmol/L; MDA-MB-231, IC_{50} > 50μmol/L, 阿霉素, IC_{50} = 2.0μmol/L).【文献】B.-W. Chen, et al. Org. Biomol. Chem., 2011, 9, 3272.

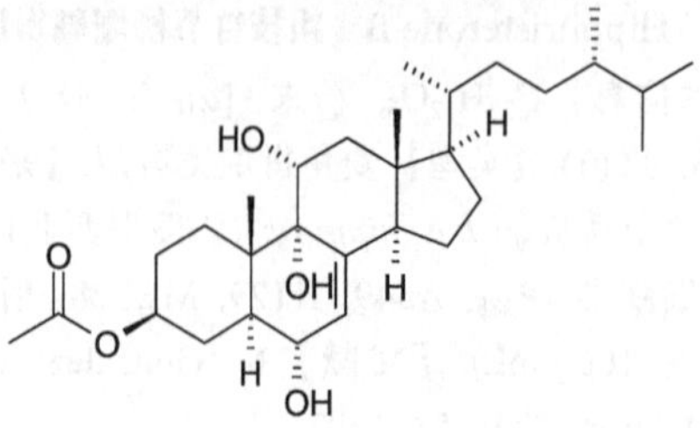

945　Hirsutosterol F　硬毛短足软珊瑚甾醇 F*

【基本信息】$C_{30}H_{48}O_5$, 白色粉末, $[\alpha]_D^{25} = -13°$ ($c = 0.42$, 氯仿).【类型】麦角甾烷类甾醇.【来源】硬毛短足软珊瑚* *Cladiella hirsuta* (台湾水域, 中国).【活性】细胞毒 (HepG2, $IC_{50} = 32.0\mu mol/L$, 对照阿霉素, $IC_{50} = 0.4\mu mol/L$; HepG3B, $IC_{50} = 15.2\mu mol/L$, 阿霉素, $IC_{50} = 1.3\mu mol/L$; Ca9-22, $IC_{50} = 17.6\mu mol/L$, 阿霉素, $IC_{50} = 0.2\mu mol/L$; A549, $IC_{50} > 50\mu mol/L$, 阿霉素, $IC_{50} = 2.6\mu mol/L$; MCF7, $IC_{50} = 34.6\mu mol/L$, 阿霉素, $IC_{50} = 2.9\mu mol/L$; MDA-MB-231, $IC_{50} = 26.8\mu mol/L$, 阿霉素, $IC_{50} = 2.0\mu mol/L$).【文献】B.-W. Chen, et al. Org. Biomol. Chem., 2011, 9, 3272.

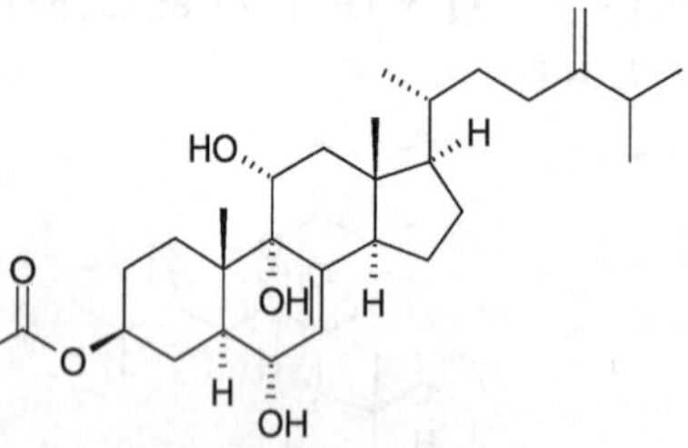

946　7β-Hydroperoxy-24-methylenecholersterol　7β-氢过氧-24-亚甲基胆甾醇

【基本信息】$C_{28}H_{46}O_3$, mp 115~117°C, $[\alpha]_D^{26} = +45°$ ($c = 0.1$, 氯仿).【类型】麦角甾烷类甾醇.【来源】短指软珊瑚属 *Sinularia* sp. (台湾水域, 中国).【活性】细胞毒 (P_{388}, $ED_{50} = 2.6\mu g/mL$; KB, $ED_{50} > 50\mu g/mL$; A549, $ED_{50} > 50\mu g/mL$; HT29, $ED_{50} > 50\mu g/mL$).【文献】J.-H. Sheu, et al. J. Chin. Chem. Soc., 1999, 46, 253.

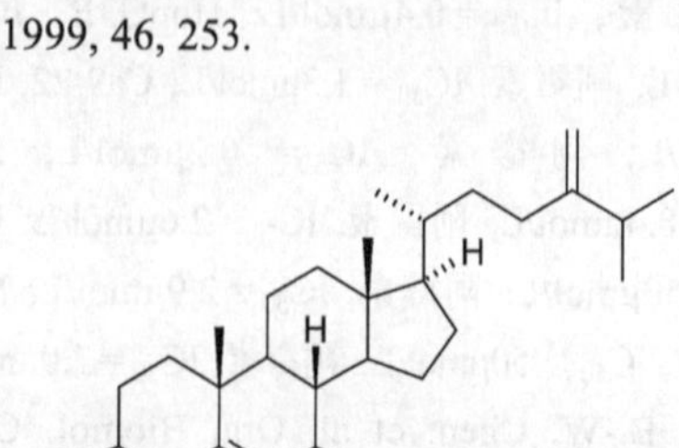

947　(22E)-3β-Hydroxy-5α,6α:14α,15α-diepoxyergosta-22-en-7-one　(22E)-3β-羟基-5α,6α:14α,15α-双环氧麦角甾-22-烯-7-酮

【基本信息】$C_{28}H_{42}O_4$.【类型】麦角甾烷类甾醇.【来源】红树导出的真菌曲霉菌属 *Aspergillus awamori*, 来自红树尖叶卤蕨 *Acrostichum speciosum* 周围的土壤 (海南, 中国).【活性】细胞毒 (A549, 低活性).【文献】H. Gao, et al. Magn. Reson. Chem., 2010, 48, 38.

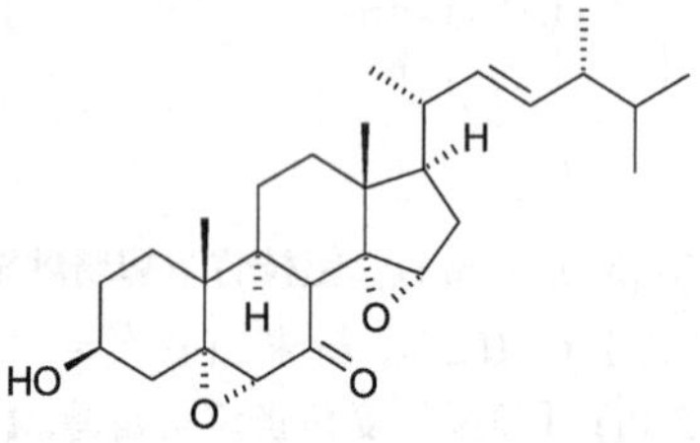

948　3β-Hydroxy-(22E,24R)-ergosta-5,8,14,22-tetraen-7-one　3β-羟基-(22E,24R)-麦角甾-5,8,14,22-四烯-7-酮

【基本信息】$C_{28}H_{40}O_2$, 无定形粉末, $[\alpha]_D^{22} = +50°$ ($c = 0.1$, 氯仿).【类型】麦角甾烷类甾醇.【来源】海洋导出的真菌根霉属 *Rhizopus* sp., 来自苔藓动物多室草苔虫属 *Bugula* sp. (中国水域).【活性】细胞毒 (MTT 试验: P_{388}, $IC_{50} = 2.0\mu mol/L$; HL60, $IC_{50} = 7.1\mu mol/L$; SRB 试验: A549, $IC_{50} > 100\mu mol/L$; Bel7402, $IC_{50} = 85.5\mu mol/L$).【文献】F. Wang, et al. Steroids, 2008, 73, 19.

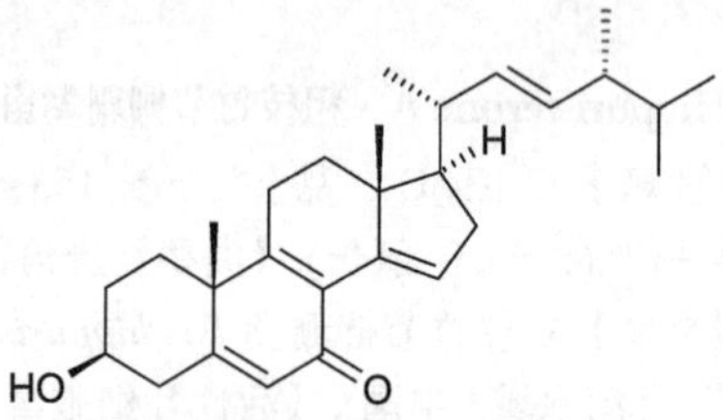

949　15α-Hydroxy-(22E,24R)-ergosta-3,5,8(14),22-tetraen-7-one　15α-羟基-(22E,24R)-麦角甾-3,5,8(14),22-四烯-7-酮

【基本信息】$C_{28}H_{40}O_2$, 无色针状晶体, $[\alpha]_D^{20} = -16.5°$ ($c = 1.0$, 氯仿).【类型】麦角甾烷类甾醇.【来源】海洋导出的真菌曲霉菌属 *Aspergillus aculeatus* HTTM-Z07002, 来自红树老鼠簕属 *Acanthus ebracteatus* (南海, 中国, 2007 年采样).【活性】细胞毒 (MTT 试验: PC3, $IC_{50} = 0.7\mu mol/L$; 锥虫蓝试验: P_{388}, $IC_{50} = 0.02\mu mol/L$; HL60, $IC_{50} = 0.04\mu mol/L$).【文献】Y, Wang, et al. Yaoxue

Xuebao, 2014, 49(1), 68.

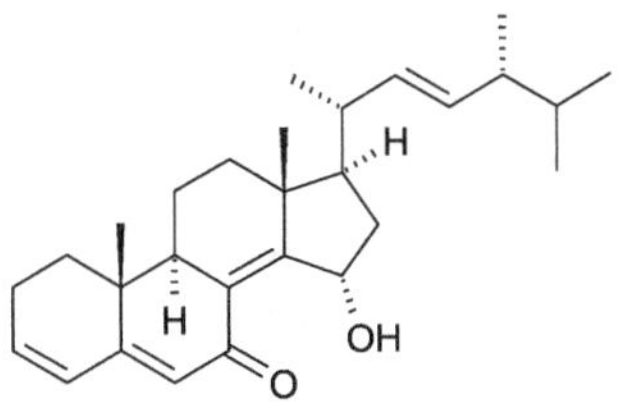

950　3β-Hydroxy-(22E,24R)-ergosta-5,8,22-triene-7,15-dione　3β-羟基-(22E,24R)-麦角甾-5,8,22-三烯-7,15-二酮

【基本信息】$C_{28}H_{40}O_3$, 浅黄色油状物, $[\alpha]_D^{22} = +17°$ ($c = 0.1$, 氯仿).【类型】麦角甾烷类甾醇.【来源】海洋导出的真菌根霉属 *Rhizopus* sp., 来自苔藓动物多室草苔虫属 *Bugula* sp. (中国水域).【活性】细胞毒 (MTT 试验: P_{388}, $IC_{50} = 9.3\mu mol/L$; HL60, $IC_{50} = 3.1\mu mol/L$; SRB 试验: A549, $IC_{50} = 17.6\mu mol/L$; Bel7402, $IC_{50} = 5.9\mu mol/L$).【文献】F. Wang, et al. Steroids, 2008, 73, 19.

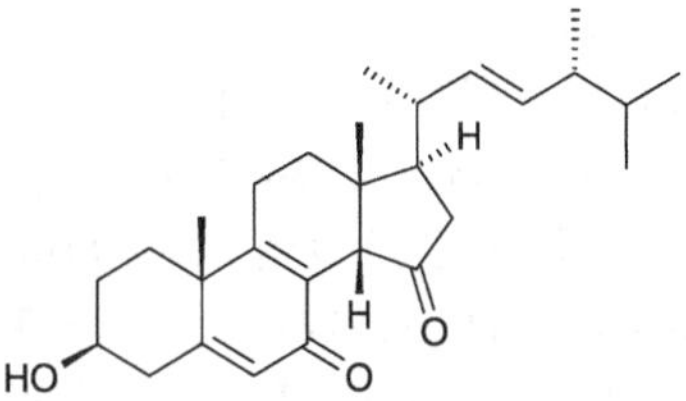

951　3β-Hydroxyl-(22E,24R)-ergosta-5,8(14),22-trien-7,15-dione　3β-羟基-(22E,24R)-麦角甾-5,8(14),22-三烯-7,15-二酮

【基本信息】$C_{28}H_{40}O_3$, 无定形粉末, $[\alpha]_D^{22} = -21°$ ($c = 0.035$, 氯仿).【类型】麦角甾烷类甾醇.【来源】海洋导出的真菌根霉属 *Rhizopus* sp., 来自苔藓动物多室草苔虫属 *Bugula* sp. (中国水域).【活性】细胞毒 (MTT 试验: P_{388}, $IC_{50} = 4.8\mu mol/L$; SRB 试验: A549, $IC_{50} = 6.6\mu mol/L$).【文献】F. Wang, et al. Steroids, 2008, 73, 19.

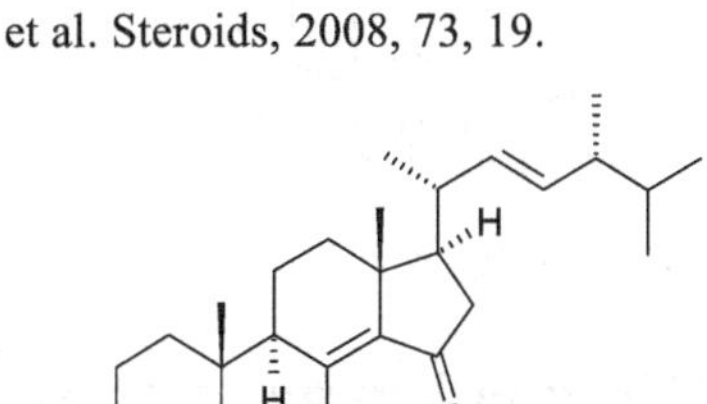

952　3β-Hydroxyl-(22E,24R)-ergosta-5,8,22-trien-7-one　3β-羟基-(22E,24R)-麦角甾-5,8,22-三烯-7-酮

【基本信息】$C_{28}H_{42}O_2$, 无定形粉末, $[\alpha]_D^{24} = -28.3°$ ($c = 0.1$, 氯仿).【类型】麦角甾烷类甾醇.【来源】海洋导出的真菌根霉属 *Rhizopus* sp., 来自苔藓动物多室草苔虫属 *Bugula* sp. (中国水域); 陆地蘑菇 *Grifola frondosa*.【活性】细胞毒 (MTT 试验: P_{388}, $IC_{50} = 3.0\mu mol/L$; HL60, $IC_{50} = 4.2\mu mol/L$; SRB 试验: A549, $IC_{50} = 23.8\mu mol/L$; Bel7402, $IC_{50} = 34.2\mu mol/L$).【文献】D. C. Burk, et al. J. Chem. Soc., 1953, 3237; T. Ishizuka, et al. CPB, 1997, 45, 1756; F. Wang, et al. Steroids, 2008, 73, 19.

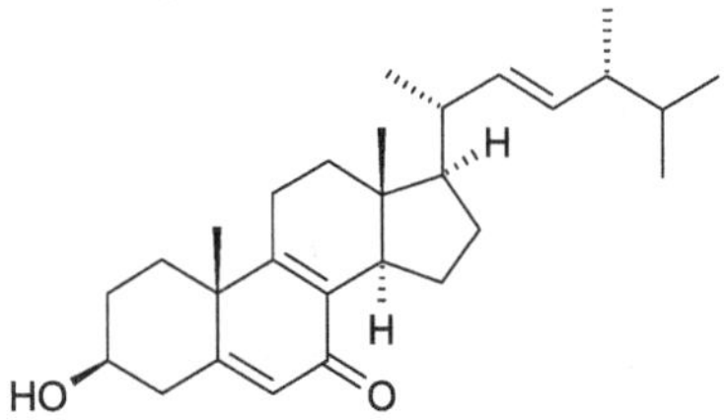

953　Hymenosulfate　膜胞藻硫酸酯*

【别名】Hymenosulphate.【基本信息】$C_{29}H_{48}O_4S$, 晶体 (甲醇) (钠盐), mp 247~250°C (钠盐), $[\alpha]_D^{22} = -23°$ ($c = 0.1$, 甲醇) (钠盐).【类型】麦角甾烷类甾醇.【来源】硅藻膜胞藻属 *Hymenomonas* sp.【活性】钙释放剂.【文献】J. Kobayashi, et al. JCS Perkin Trans. Ⅰ, 1989, 101.

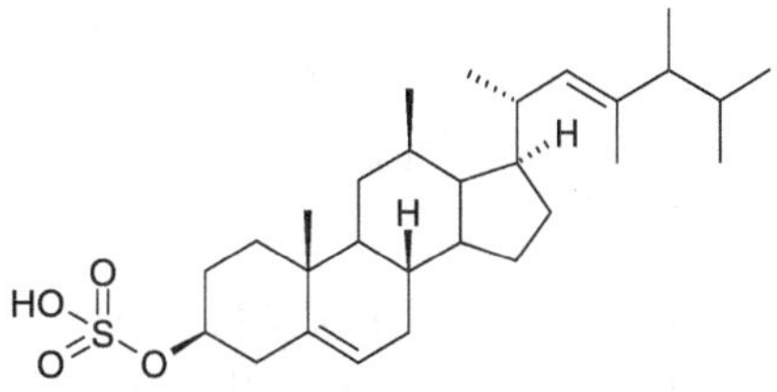

954　Ibisterol C　艾比甾醇 C*

【基本信息】$C_{30}H_{50}O_{12}S_3$.【类型】麦角甾烷类甾醇.【来源】锉海绵属 *Xestospongia* sp. (菲律宾).【活性】HIV-1 整合酶抑制剂.【文献】M. L. Lerch, et al. Tetrahedron, 2001, 7, 4091.

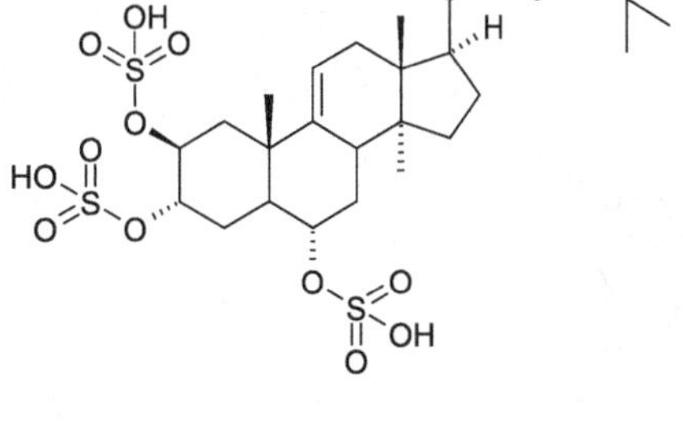

955 Ibisterol sulfate B 艾比甾醇硫酸酯 B*

【基本信息】$C_{29}H_{48}O_{12}S_3$, 粉末, $[\alpha]_D$= +50° (*c* = 0.28, 甲醇).【类型】麦角甾烷类甾醇.【来源】锉海绵属 *Xestospongia* sp. (菲律宾).【活性】HIV-1 整合酶抑制剂.【文献】M. L. Lerch, et al. Tetrahedron, 2001, 7, 4091.

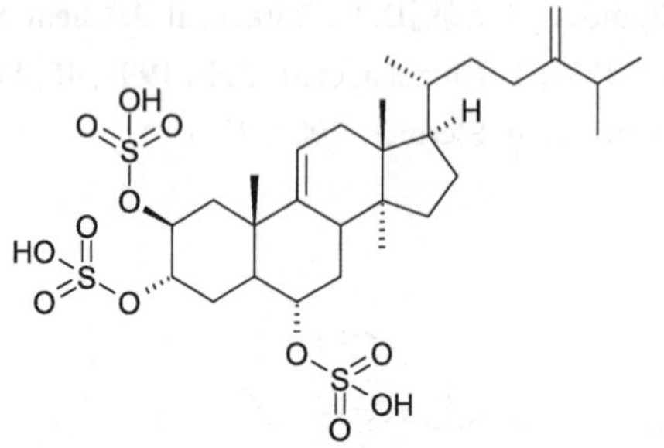

956 Isocyathisterol 异卡西甾醇*

【基本信息】$C_{28}H_{42}O_2$.【类型】麦角甾烷类甾醇.【来源】海洋导出的真菌焦曲霉* *Aspergillus ustus* cf-42 (藻上寄生的).【活性】抗菌 (30μg/盘: 大肠杆菌 *Escherichia coli*, IZ = 6.7mm; 金黄色葡萄球菌 *Staphylococcus aureus*, IZ = 5.7mm).【文献】X. H. Liu, et al. *Nat. Prod. Res.*, 2014,*28*, 1182.

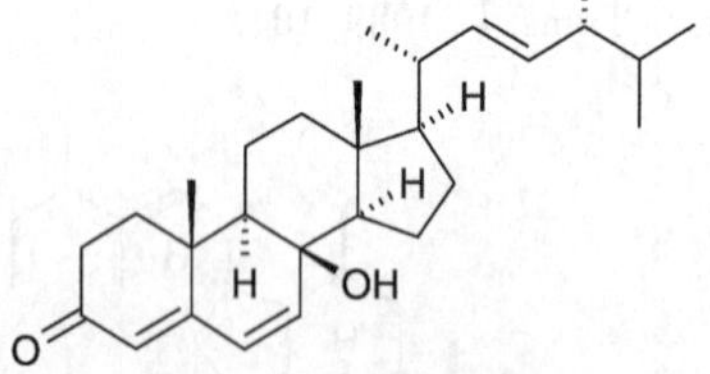

957 Linckoside M 蓝指海星糖苷 M*

【基本信息】$C_{39}H_{64}O_{14}$, 无定形固体, $[\alpha]_D^{16}$ = −35° (*c* = 0.22, 甲醇).【类型】麦角甾烷类甾醇.【来源】蓝指海星 *Linckia laevigata* (冲绳, 日本).【活性】神经系统活性 (轴突生长诱导剂, 表观 IC_{50} > 10μmol/L, 作用的分子机制: 取决于侧链上的木糖).【文献】C. Han, et al. J. Nat. Med. (Tokyo), 2007, 61, 138.

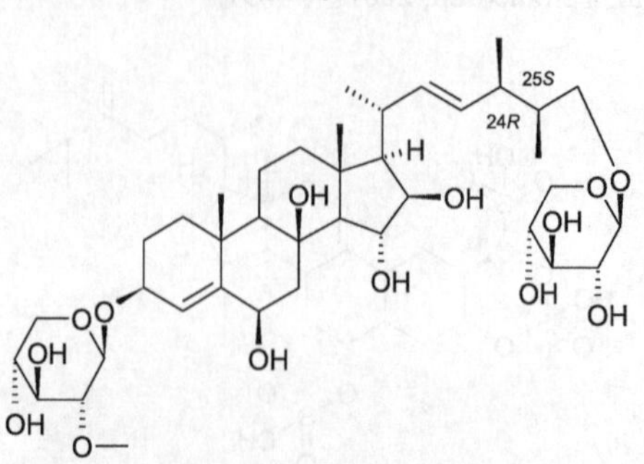

958 Linckoside Q 蓝指海星糖苷 Q*

【基本信息】$C_{33}H_{56}O_{10}$, 无定形固体, $[\alpha]_D$ = −16° (*c* = 0.25, 甲醇).【类型】麦角甾烷类甾醇.【来源】蓝指海星 *Linckia laevigata* (冲绳, 日本).【活性】神经系统活性 (轴突生长诱导剂, 表观 IC_{50} > 10μmol/L; 作用的分子机制: 取决于侧链上的木糖).【文献】C. Han, et al. J. Nat. Med. (Tokyo), 2007, 61, 138.

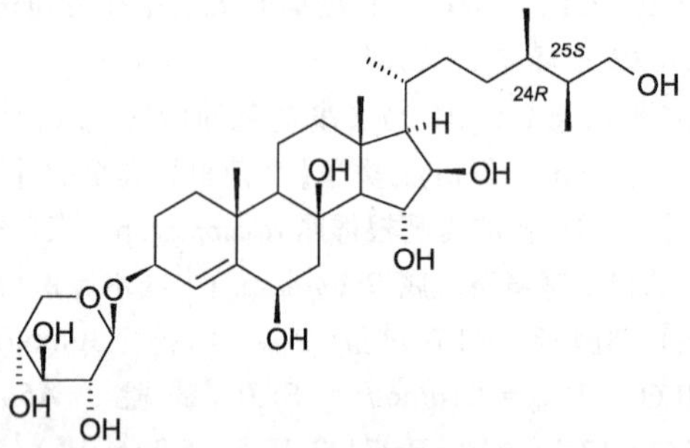

959 Litosterol 利托软珊瑚甾醇*

【别名】3*β*-Ergosta-5,24(28)-diene-3,19-diol; 3*β*-麦角甾-5,24(28)-二烯-3,19-二醇.【基本信息】$C_{28}H_{46}O_2$, 晶体, mp 147.5~150°C, $[\alpha]_D$= −25.8° (*c* = 0.24, 甲醇).【类型】麦角甾烷类甾醇.【来源】利托菲顿属软珊瑚* *Litophyton viridis* 和直立柔荑软珊瑚* *Nephthea erecta*.【活性】细胞毒 (A549, ED_{50} = 1.76μg/mL; HT29, ED_{50} = 1.31μg/mL; KB, ED_{50} = 1.10μg/mL; P_{388}, ED_{50} = 0.45μg/mL); 抗结核(结核分枝杆菌 *Mycobacterium tuberculosis* H37Rv, 12.5μg/mL, InRt = 90%, MIC =3.13μg/mL).【文献】K. Iguchi, et al. CPB, 1989, 37, 2553; C.-Y. Duh, et al. JNP, 1998, 61, 1022; A. E.-S. Khalid, et al. Tetrahedron, 2000, 56, 949.

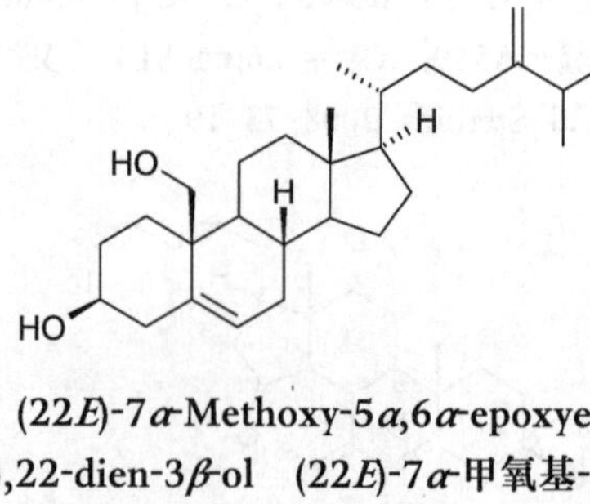

960 (22*E*)-7*α*-Methoxy-5*α*,6*α*-epoxyergosta-8(14),22-dien-3*β*-ol (22*E*)-7*α*-甲氧基-5*α*,6*α*-环氧麦角甾-8(14),22-二烯-3*β*-醇

【基本信息】$C_{29}H_{46}O_3$.【类型】麦角甾烷类甾醇.【来源】海洋导出的真菌曲霉菌属 *Aspergillus awamori*, 来自尖叶卤蕨 *Acrostichum speciosum*

周围的土壤 (海南, 中国).【活性】细胞毒 (A549, 低活性).【文献】H. Gao, et al. Magn. Reson. Chem., 2010, 48, 38.

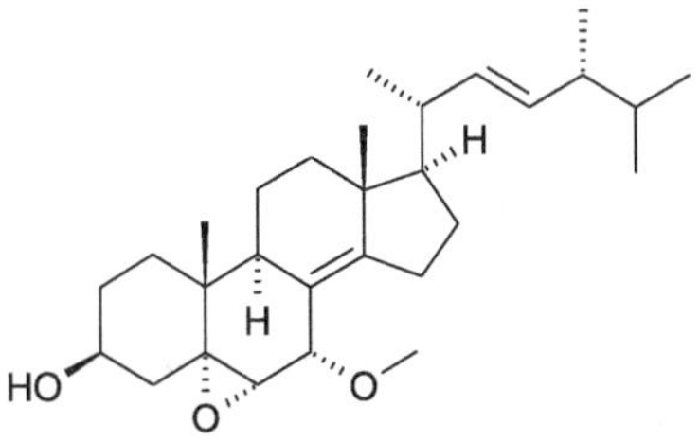

961 24-Methylcholesta-5,24(28)-diene-3*β*, 15*β*,19-triol 24-甲基胆甾-5,24(28)-二烯-3*β*, 15*β*,19-三醇

【基本信息】$C_{28}H_{46}O_3$, 棱柱状晶体, mp 204~205°C, $[\alpha]_D^{25}$ = –28.8° (*c* = 0.34, 甲醇).【类型】麦角甾烷类甾醇.【来源】直立柔荑软珊瑚* *Nephthea erecta*.【活性】细胞毒 (A549, ED_{50} = 0.41μg/mL; HT29, ED_{50} = 0.17μg/mL; KB, ED_{50} = 0.60μg/mL; P_{388}, ED_{50} = 0.07μg/mL).【文献】C.-Y. Duh, et al. JNP, 1998, 61, 1022.

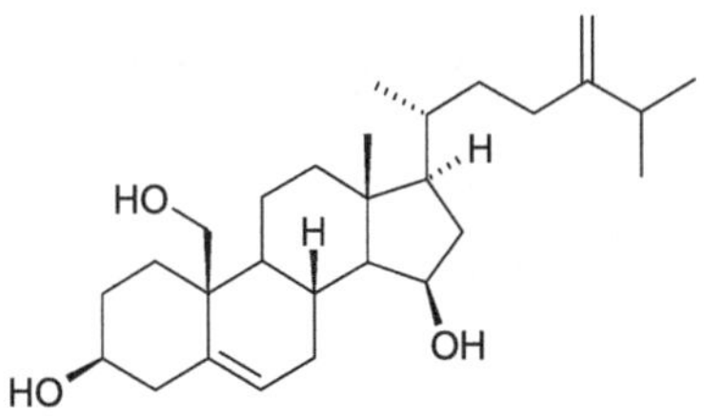

962 24-Methylcholesta-5,24(28)-diene-3*β*,19-triol-7-one 24-甲基胆甾-5,24(28)-二烯-3*β*, 19-三醇-7-酮

【基本信息】$C_{28}H_{44}O_3$, 棱柱状晶体, mp 165~167°C, $[\alpha]_D^{25}$ = –19.1° (*c* = 0.13, 甲醇).【类型】麦角甾烷类甾醇.【来源】直立柔荑软珊瑚* *Nephthea erecta*.【活性】细胞毒 (A549, ED_{50} = 4.09μg/mL; HT29, ED_{50} = 3.34μg/mL; KB, ED_{50} > 50μg/mL; P_{388}, ED_{50} = 0.4μg/mL).【文献】C.-Y. Duh, et al. Taiwan Shuichan Xuehuikan, 1997, 24, 127; C.-Y. Duh, et al. JNP, 1998, 61, 1022.

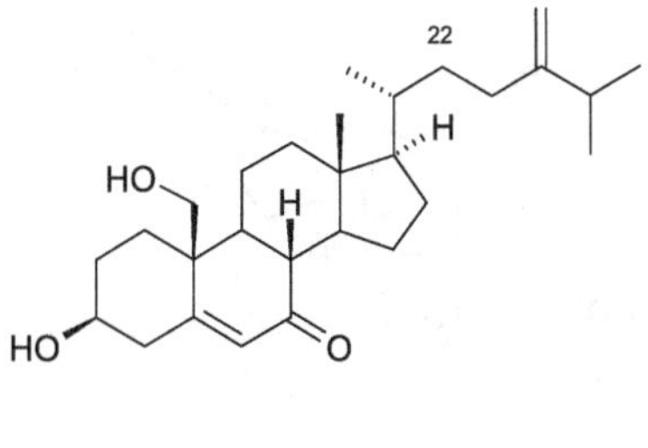

963 (24*R*)-24-Methyl-5*α*-cholestane-3*β*,5,6*β*, 15*α*,24,28-hexaol 28-sulfate (24*R*)-24-甲基-5*α*-胆甾烷-3*β*,5,6*β*,15*α*,24,28-六醇 28-硫酸酯

【基本信息】$C_{28}H_{50}O_9S$, $[\alpha]_D$ = +17.0°.【类型】麦角甾烷类甾醇.【来源】格子沙海星* *Luidia clathrata* (墨西哥湾).【活性】抗菌 (抑制革兰氏阳性菌生长, 枯草杆菌 *Bacillus subtilis*, 金黄色葡萄球菌 *Staphylococcus aureus*); 抗污剂 (抑制藤壶幼虫定居).【文献】M. Iorii, et al. JNP, 1995, 58, 653.

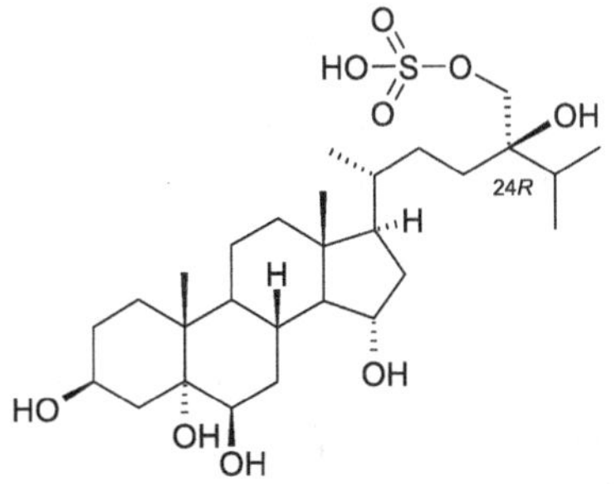

964 (24*R*,25*S*)-24-Methyl-5*α*-cholestane-3*β*, 5,6*β*,15*α*,16*β*,26-hexaol 26-sulfate (24*R*,25*S*)-24-甲基-5*α*-胆甾烷-3*β*,5,6*β*,15*α*,16*β*,26-六醇 26-硫酸酯

【基本信息】$C_{28}H_{50}O_9S$, $[\alpha]_D$ = +22.6°.【类型】麦角甾烷类甾醇.【来源】格子沙海星* *Luidia clathrata* (墨西哥湾).【活性】抗菌 (抑制革兰氏阳性菌生长, 枯草杆菌 *Bacillus subtilis*, 金黄色葡萄球菌 *Staphylococcus aureus*); 抗污剂 (抑制藤壶幼虫定居).【文献】M. Iorii, et al. JNP, 1995, 58, 653.

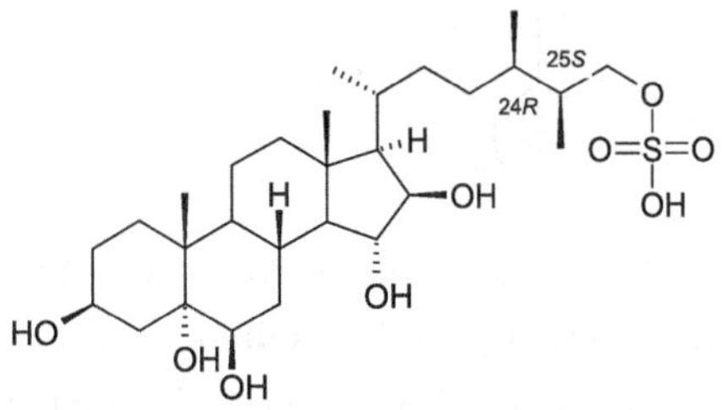

965 (24*S*)-24-Methylcholest-5-ene-3*β*,25-diol (24*S*)-24-甲基胆甾-5-烯-3*β*,25-二醇

【基本信息】$C_{28}H_{48}O_2$, 白色粉末, mp 184~188°C, $[\alpha]_D^{25}$ = –51.3° (*c* = 1.00, 氯仿).【类型】麦角甾烷类甾醇.【来源】豆荚软珊瑚属 *Lobophytum laevigatum* (庆和省, 越南), 乳白肉芝软珊瑚* *Sarcophyton glaucum* 和柔荑软珊瑚属 *Nephthea* sp.

【活性】细胞毒 [A549, IC_{50} > 20μmol/L, 对照米托蒽醌, IC_{50} = (7.8±0.4)μmol/L; HCT116, IC_{50} = (18.1±1.2)μmol/L, 米托蒽醌, IC_{50} = (7.2±0.3)μmol/L; HL60, IC_{50} > 20μmol/L, 米托蒽醌, IC_{50} = (8.2±0.9)μmol/L; 诱导细胞凋亡].【文献】J. P. Engelbrecht, et al. Steroids, 1972, 20, 121; M. Kobayashi, et al. CPB, 1983, 31, 1848; T. H. Quang, et al. BoMCL, 2011, 21, 2845.

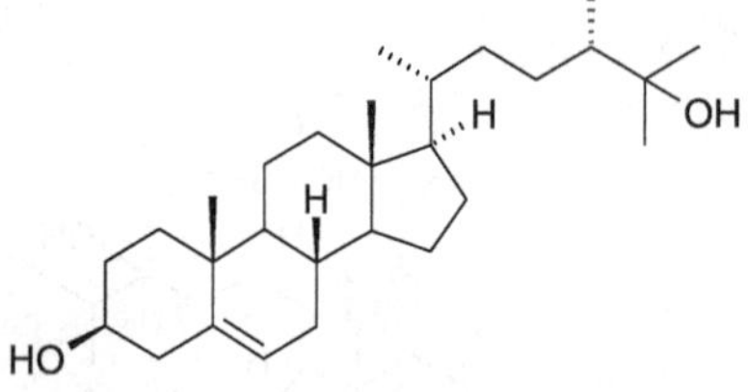

966 (22*E*,24*R*,25*S*)-24-Methyl-5*α*-cholest-22-ene-3*β*,5,6*β*,15*α*,26-pentol-26-sulfate (22*E*,24*R*,25*S*)-24-甲基-5*α*-胆甾-22-烯-3*β*,5,6*β*,15*α*,26-五醇 26-硫酸酯

【基本信息】$C_{28}H_{48}O_8S$, $[\alpha]_D$ = +24.3°.【类型】麦角甾烷类甾醇.【来源】格子沙海星* *Luidia clathrata* (墨西哥湾).【活性】抗菌 (抑制革兰氏阳性菌生长, 枯草杆菌 *Bacillus subtilis*, 金黄色葡萄球菌 *Staphylococcus aureus*); 抗污剂 (抑制藤壶幼虫定居).【文献】M. Iorii, et al. JNP, 1995, 58, 653.

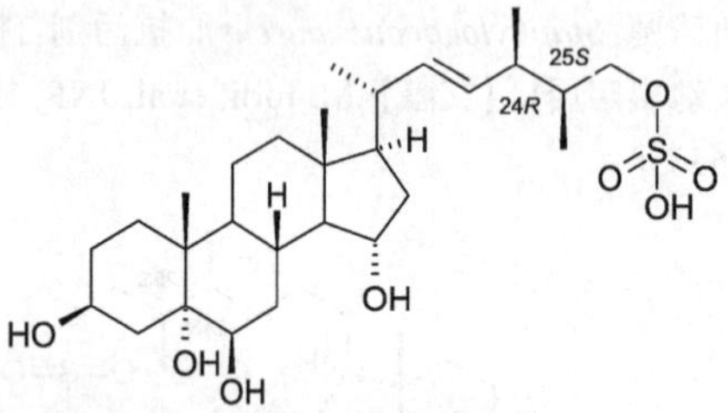

967 (22*E*,24*S*)-24-Methyl-5*α*-cholest-22-ene-3*β*,5,6*β*,15*α*,28-pentol 28-sulfate (22*E*,24*S*)-24 甲基-5*α*-胆甾-22-烯-3*β*,5,6*β*,15*α*,28-五醇 28-硫酸酯

【基本信息】$C_{28}H_{48}O_8S$, $[\alpha]_D$ = +5.4°.【类型】麦角甾烷类甾醇.【来源】格子沙海星* *Luidia clathrata* (墨西哥湾).【活性】抗菌 (抑制革兰氏阳性菌生长, 枯草杆菌 *Bacillus subtilis*, 金黄色葡萄球菌 *Staphylococcus aureus*); 抗污剂 (抑制藤壶幼虫定居).【文献】M. Iorii, et al. JNP, 1995, 58, 653.

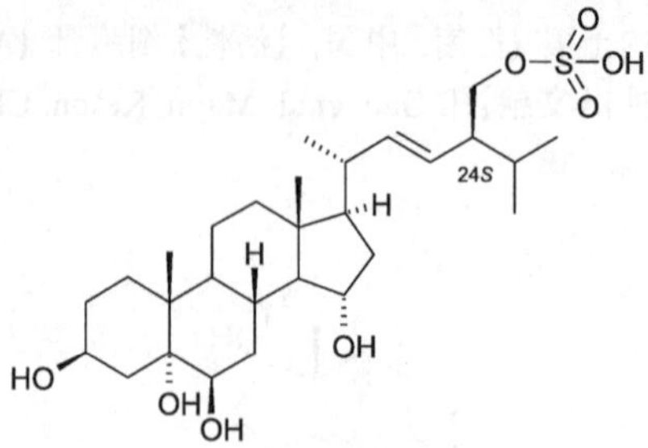

968 24-Methylenecholesterol-5-ene-3*β*,16*β*-diol-3-*O*-*α*-L-fucopyranoside 24-亚甲基胆甾醇-5-烯-3*β*,16*β*-二醇-3-*O*-*α*-L-吡喃岩藻糖苷

【基本信息】$C_{34}H_{56}O_6$, 针状晶体 (氯仿/甲醇), mp 248~251°C, $[\alpha]_D^{27}$= –122° (c = 1, 吡啶).【类型】麦角甾烷类甾醇.【来源】短指软珊瑚属 *Sinularia hirta* 和短指软珊瑚属 *Sinularia conferta*.【活性】5α-氧化还原酶抑制剂.【文献】C. Subrahmanyam, et al. Ind. J. Chem., Sect. B, 1993, 32, 1093; V. Anjaneyulu, et al. Ind. J. Chem., Sect. B, 1994, 33, 144.

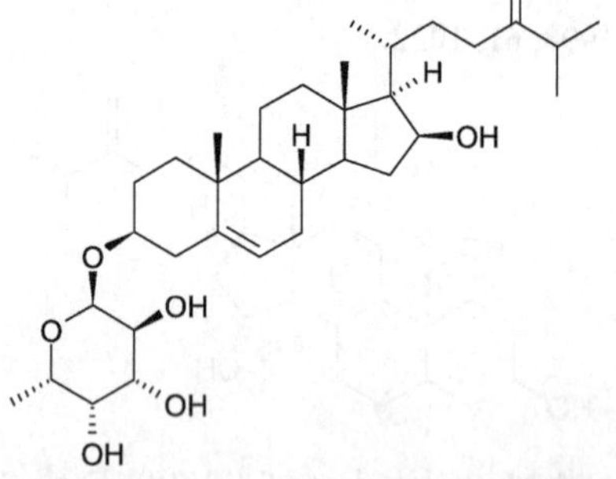

969 Nebrosteroid O 柔荑软珊瑚属甾醇 O*

【基本信息】$C_{30}H_{48}O_5$, 白色无定形粉末, $[\alpha]_D^{25}$ = –32.2° (c = 0.1, 氯仿).【类型】麦角甾烷类甾醇.【来源】柔荑软珊瑚属 *Nephthea chabroli* (台东县, 台湾, 中国).【活性】细胞毒 (A549, ED_{50} = 5.9μg/mL, 对照光辉霉素, ED_{50} = 0.18μg/mL; HT29, ED_{50} = 5.9μg/mL, 光辉霉素, ED_{50} = 0.21μg/mL; P_{388}, ED_{50} = 1.2μg/mL, 光辉霉素, ED_{50} = 0.15μg/mL; HEL, ED_{50} = 15.4μg/mL).【文献】S.-K. Wang, et al. Mar. Drugs, 2012, 10, 1288.

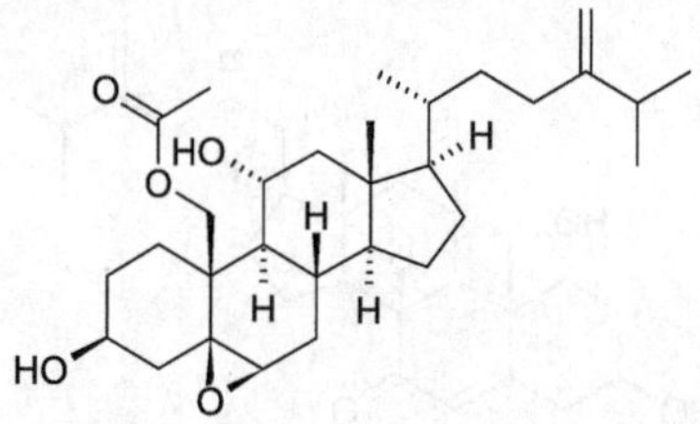

970 Nebrosteroid P 柔荑软珊瑚属甾醇 P*

【基本信息】$C_{29}H_{50}O_4$, 白色无定形粉末, $[\alpha]_D^{25}$ = –44.0° (*c* = 0.1, 氯仿).【类型】麦角甾烷类甾醇.【来源】柔荑软珊瑚属 *Nephthea chabroli* (台东县, 台湾, 中国).【活性】细胞毒 (A549, ED_{50} = 7.2μg/mL, 对照光辉霉素, ED_{50} = 0.18μg/mL; HT29, ED_{50} = 9.5μg/mL, 光辉霉素, ED_{50} = 0.21μg/mL; P_{388}, ED_{50} = 1.7μg/mL, 光辉霉素, ED_{50} = 0.15μg/mL; HEL, ED_{50} = 16.1μg/mL).【文献】S.-K. Wang, et al. Mar. Drugs, 2012, 10, 1288.

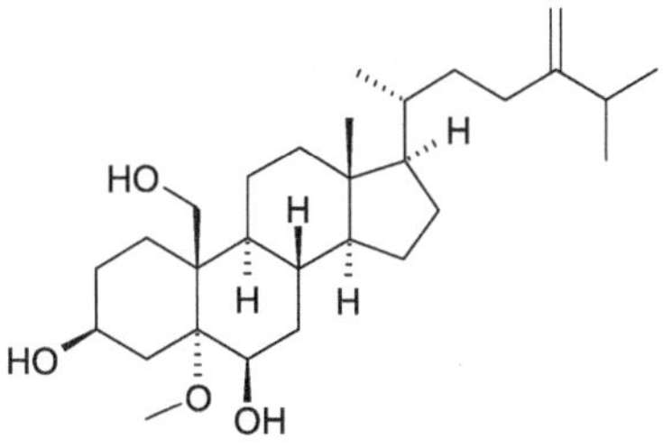

971 Nephalsterol A 淡白柔荑软珊瑚甾醇 A*

【别名】(3*β*,5*α*,6*β*)-Ergost-24(28)-ene-3,5,6,19-tetrol; 24-Methylenecholestane-3,5,6,19-tetrol; (3*β*,5*α*,6*β*)-麦角甾-24(28)-烯-3,5,6,19-四醇; 24-亚甲基胆甾醇-3,5,6,19-四醇.【基本信息】$C_{28}H_{48}O_4$, 针状晶体, mp 242~243°C.【类型】麦角甾烷类甾醇.【来源】淡白柔荑软珊瑚* *Nephthea albida*, 直立柔荑软珊瑚* *Nephthea erecta*, 柔荑软珊瑚属 *Nephthea tiexieral verseveldt* 和短指软珊瑚属 *Sinularia* sp.【活性】细胞毒 (A549, ED_{50} = 0.81μg/mL; HT29, ED_{50} = 0.93μg/mL; KB, ED_{50} = 0.39μg/mL; P_{388}, ED_{50} = 0.34μg/mL).【文献】L. Zeng, et al. Gaodeng Xuexiao Huaxue Xuebao, 1991, 12, 910; CA, 117, 87078; L.-B. Ma, et al. Acta Chim. Sinica, 1993, 51, 167; C.-Y. Duh, et al. JNP, 1998, 61, 1022.

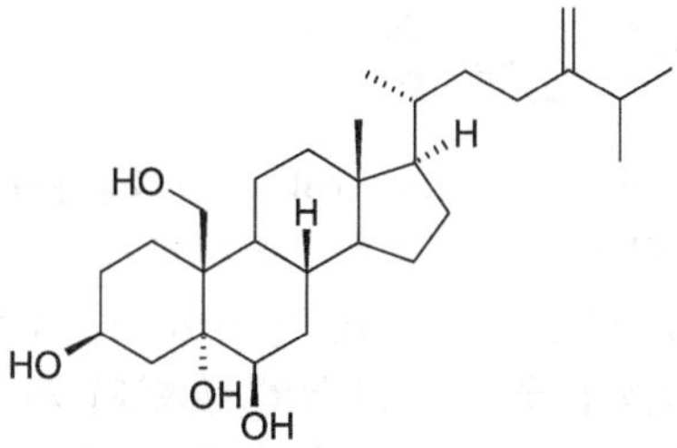

972 Nephalsterol B 淡白柔荑软珊瑚甾醇 B*

【别名】(3*β*,7*β*)-Ergosta-5,24(28)-diene-3,7,19-triol; (3*β*,7*β*)-麦角甾-5,24(28)-二烯-3,7,19-三醇.【基本信息】$C_{28}H_{46}O_3$, 小薄片结构 (丙酮), mp 160~162°C.【类型】麦角甾烷类甾醇.【来源】利托菲顿属软珊瑚* *Litophyton arboreum*, 利托菲顿属软珊瑚* *Litophyton viridis*, 直立柔荑软珊瑚* *Nephthea erecta* 和淡白柔荑软珊瑚* *Nephthea albida*.【活性】细胞毒 (A549, ED_{50} = 0.69μg/mL; HT29, ED_{50} = 0.72μg/mL; KB, ED_{50} = 0.58μg/mL; P_{388}, ED_{50} = 0.24μg/mL); 抗结核 (结核分枝杆菌 *Mycobacterium tuberculosis* H37Rv, 12.5μg/mL, InRt = 69%).【文献】M. Bortolotto, et al. Steroids, 1976, 28, 461; D. Losman, et al. Acta Cryst. B, 1978, 34, 2586; L. Zeng, et al. Gaodeng Xuexiao Huaxue Xuebao, 1991, 12, 910; J.-K. Liu, et al. Gaodeng Xuexiao Huaxue Xuebao, 1992, 13, 341; R. Li, et al. Steroids, 1994, 59, 503; C.-Y. Duh, et al. Taiwan Shuichan Xuehuikan, 1997, 24, 127; C.-Y. Duh, et al. JNP, 1998, 61, 1022; A. E.-S. Khalid, et al. Tetrahedron, 2000, 56, 949.

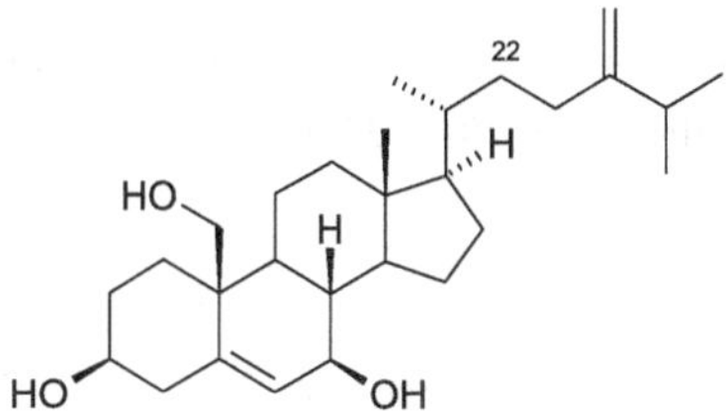

973 Nephalsterol C 淡白柔荑软珊瑚甾醇 C*

【别名】(3*β*,7*β*)-Ergosta-5,24(28)-diene-7-acetoxy-3,19-diol; (3*β*,7*β*)-麦角甾-5,24(28)-二烯-7-乙酰氧基-3,19-二醇.【基本信息】$C_{30}H_{48}O_4$.【类型】麦角甾烷类甾醇.【来源】淡白柔荑软珊瑚* *Nephthea albida* 和拟态柔荑软珊瑚* *Nephthea simulata*.【活性】抗结核 (结核分枝杆菌 *Mycobacterium tuberculosis* H37Rv, 12.5μg/mL, InRt = 96%, MIC = 12.5μg/mL).【文献】J.-K. Liu, et al. Gaodeng Xuexiao Huaxue Xuebao, 1992, 13, 341+355; A. E.-S. Khalid, et al. Tetrahedron, 2000, 56, 949.

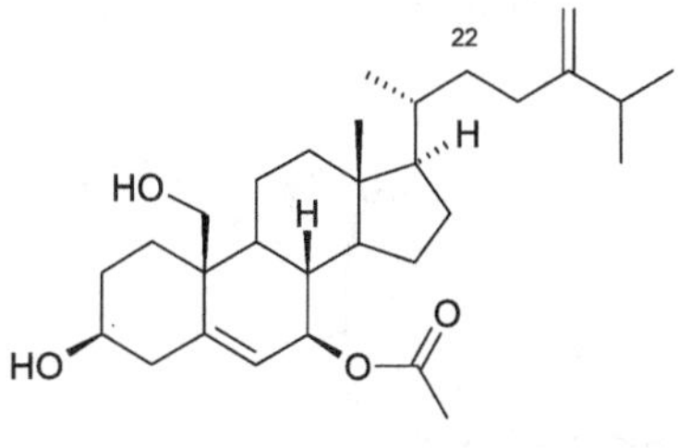

974 Nigerasterol A 黑曲霉菌甾醇 A*

【基本信息】$C_{28}H_{42}O_4$.【类型】麦角甾烷类甾醇.【来源】海洋导出的真菌黑曲霉菌 *Aspergillus niger* (内生的) 来自红树马鞭草科海榄雌 *Avicennia marina* (海南, 中国).【活性】细胞毒 (HTCLs, HL60 和 A549, 有潜力的).【文献】D. Liu, et al. Helv. Chim. Acta, 2013, 96, 1055.

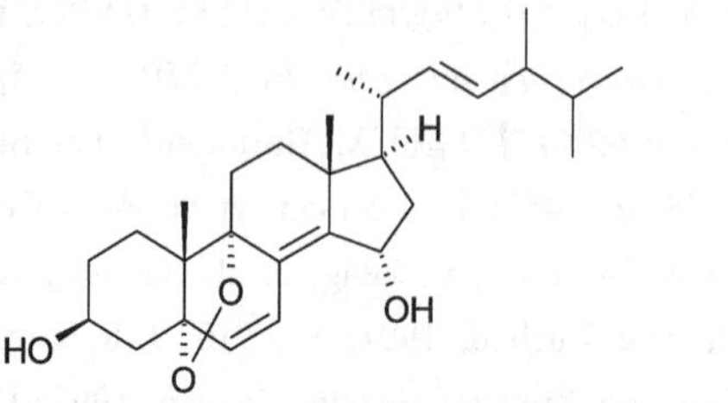

975 Nigerasterol B 黑曲霉菌甾醇 B*

【基本信息】$C_{28}H_{42}O_4$.【类型】麦角甾烷类甾醇.【来源】海洋导出的真菌黑曲霉菌 *Aspergillus niger* (内生的) 来自红树马鞭草科海榄雌 *Avicennia marina* (海南, 中国).【活性】细胞毒 (HTCLs, HL60 和 A549, 有潜力的).【文献】D. Liu, et al. Helv. Chim. Acta, 2013, 96, 1055.

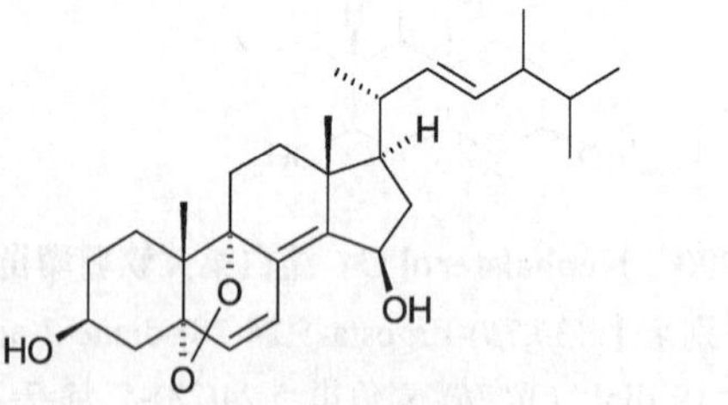

976 Norselic acid C 南极诺塞尔酸 C*

【别名】3-Oxoergosta-1,4,24(28)-trien-18-oic acid; 3-氧代麦角甾-1,4,24(28)-三烯-18-酸.【基本信息】$C_{28}H_{40}O_3$, 无定形固体, $[\alpha]_D^{20} = +43°$ ($c = 0.2$, 氯仿).【类型】麦角甾烷类甾醇.【来源】肉丁海绵属 *Crella* sp. (诺塞尔角, 帕尔默站, 南极地区).【活性】抗微生物 (低活性); 拒食活性 (中食草动物, 以海藻为食物和栖息地的小型底栖食草动物). [文献] W. S. Ma, et al. JNP, 2009, 72, 1842.

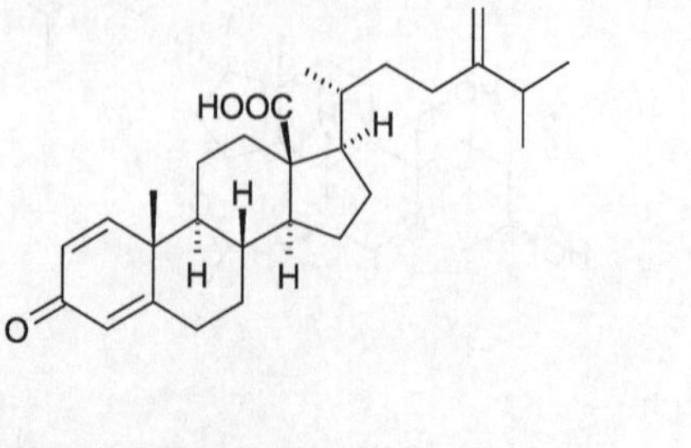

977 Numersterol A 多指短指软珊瑚甾醇 A*

【别名】(1α,3β,5α,6β)-Ergost-24(28)-ene-1,3,5,6-tetrol; (1α,3β,5α,6β)-麦角甾-24(28)-烯-1,3,5,6-四醇【基本信息】$C_{28}H_{48}O_4$, 晶体 (乙醇或甲醇), mp 297~299°C, mp 268~270°C, $[\alpha]_D^{25} = +4.5°$ ($c = 0.33$, 甲醇), $[\alpha]_D^{22.5} = +15°$ ($c = 0.02$, 乙醇).【类型】麦角甾烷类甾醇.【来源】微棒短指软珊瑚* *Sinularia microclavata*, 多指短指软珊瑚* *Sinularia numerosa* 和短指软珊瑚属 *Sinularia* sp.【活性】细胞毒 (P_{388}, $ED_{50} = 8.3\mu g/mL$; KB, $ED_{50} = 1.9\mu g/mL$; A549, $ED_{50} = 10.8\mu g/mL$; HT29, $ED_{50} = 1.5\mu g/mL$).【文献】J. Su, et al. JNP, 1989, 52, 934; R. Li, et al. Steroids, 1992, 57, 3; J. H. Sheu, et al. JNP, 2000, 63, 149.

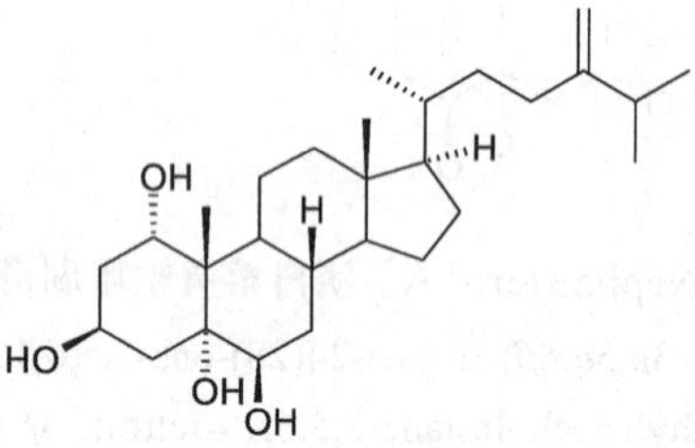

978 Orostanal 欧柔斯坦醛*

【基本信息】$C_{29}H_{48}O_3$, 无定形固体, $[\alpha]_D = +50.6°$ ($c = 0.3$, 氯仿).【类型】麦角甾烷类甾醇.【来源】星芒海绵属 *Stelletta hiwasaensis* (日本水域).【活性】细胞毒 (HL60, 10μg/mL, 细胞凋亡诱导剂; $IG_{50} = 1.7\mu g/mL$).【文献】T. Miyamoto, et al. Tetrahedron Lett., 2001, 42, 6349.

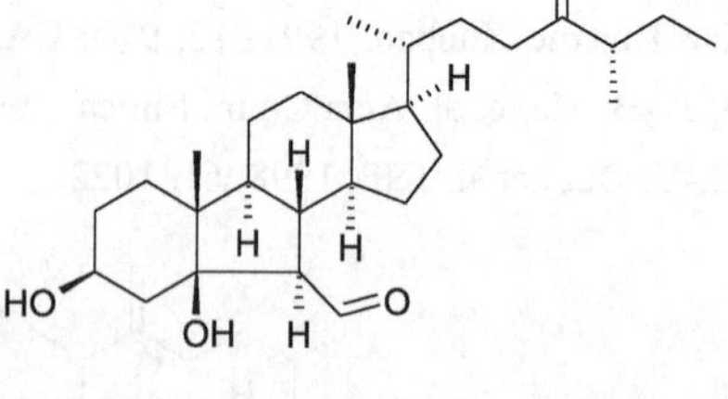

979 Orthohippurinsterol A 正交粗枝竹节柳珊瑚甾醇 A*

【基本信息】$C_{32}H_{54}O_7$, $[\alpha]_D^{23} = +2.67°$ ($c = 0.07$, 氯仿).【类型】麦角甾烷类甾醇.【来源】粗枝竹节柳珊瑚 *Isis hippuris* (印度尼西亚).【活性】细胞毒 (P_{388}, $IC_{50} = 2.5\mu g/mL$; A549, $IC_{50} = 5\mu g/mL$; HT29, $IC_{50} = 5\mu g/mL$; MEL28, $IC_{50} = 5\mu g/mL$).【文献】N. Gonzalez, et al. Tetrahedron, 2001, 57, 3487.

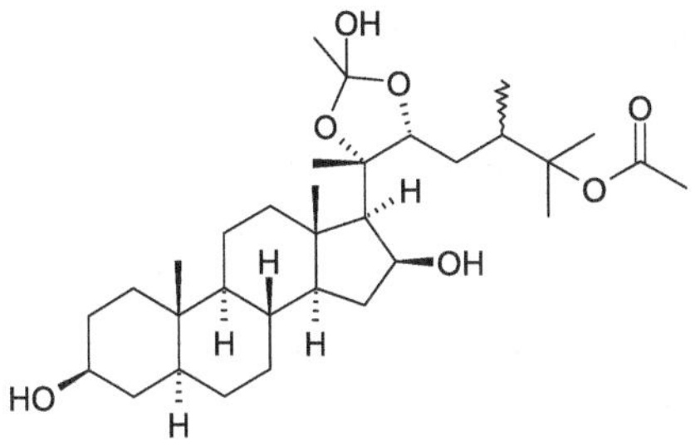

980 Orthohippurinsterol B 正交粗枝竹节柳珊瑚甾醇 B*

【基本信息】$C_{32}H_{54}O_7$, 粉末, $[\alpha]_D^{27}$= +11.7° (*c* = 0.07, 氯仿).【类型】麦角甾烷类甾醇.【来源】粗枝竹节柳珊瑚 *Isis hippuris* (印度尼西亚).【活性】细胞毒 (P_{388}, IC_{50} > 10μg/mL; A549, IC_{50} = 5μg/mL; HT29, IC_{50} = 1μg/mL; MEL28, IC_{50} > 10μg/mL).【文献】N. Gonzalez, et al. Tetrahedron, 2001, 57, 3487.

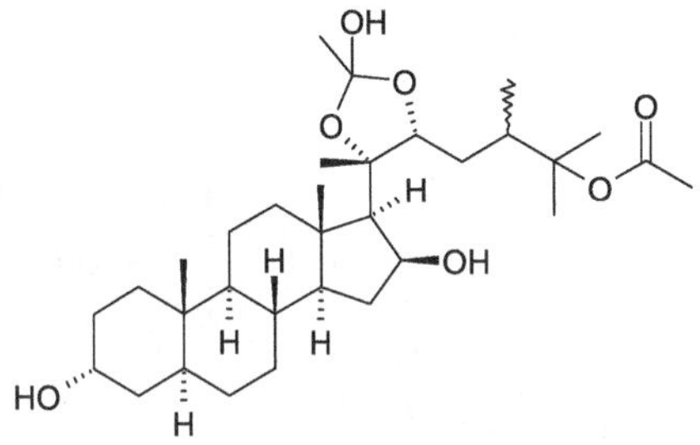

981 Orthohippurinsterone A 正交粗枝竹节柳珊瑚甾酮 A*

【基本信息】$C_{32}H_{52}O_7$, 粉末, $[\alpha]_D^{27}$= –58.5° (*c* = 0.035, 氯仿).【类型】麦角甾烷类甾醇.【来源】粗枝竹节柳珊瑚 *Isis hippuris* (印度尼西亚).【活性】细胞毒 (P_{388}, IC_{50} = 2.5μg/mL; A549, IC_{50} = 5μg/mL; HT29, IC_{50} = 5μg/mL; MEL28, IC_{50} = 5μg/mL).【文献】N. Gonzalez, et al. Tetrahedron, 2001, 57, 3487.

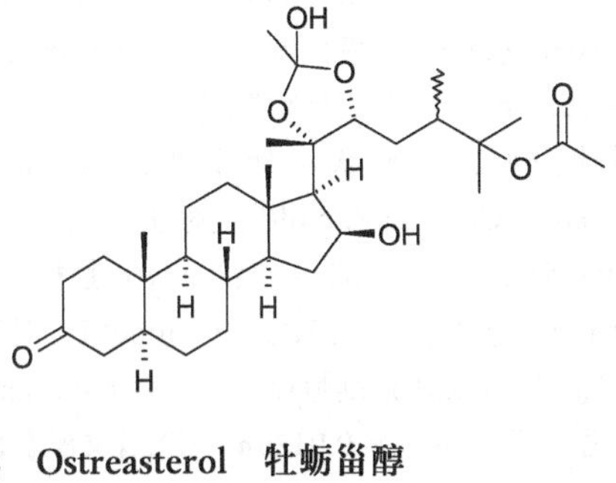

982 Ostreasterol 牡蛎甾醇

【别名】Chalinasterol; 海绵甾醇.【基本信息】$C_{28}H_{46}O$, 晶体, mp 142~143°C, $[\alpha]_D^{20}$ = –43.6° (氯仿).【类型】麦角甾烷类甾醇.【来源】绿藻黄褐盒管藻* *Capsosiphon fulvescens* (可食), 一种绿藻 (牡蛎甾醇是该绿藻的主要甾醇), 短指软珊瑚属 *Sinularia gibberosa* (台湾水域, 中国), 短指软珊瑚属 *Sinularia* sp., 棘皮动物门海百合纲羽星目二分枝海羊齿 *Antedon bifida*, 棘皮动物门真海胆亚纲海胆科秋葵海胆 *Echinus esculentus* 和棘皮动物门真海胆亚纲心形海胆目心形棘心海胆* *Echinocardium cordatum*, 硬瓜参科海参 *Eupentacta fraudatrix*, 海参属 *Holothuria nobilis* 和斑锚参 *Synapta maculata*, 以及许多海洋生物.【活性】降血糖 (醛糖还原酶抑制剂) (大鼠眼晶状体醛糖还原酶 RLAR 抑制剂 *in vitro* , IC_{50} = 345.27μmol/L, 对照槲皮素, IC_{50} = 6.80μmol/L).【文献】V. A. Stonik, et al. Comp. Biochem. Physiol., B: Biochem. Mol. Biol., 1998, 120, 337; J.-H. Sheu, et al. J. Chin. Chem. Soc. (Taipei), 1999, 46, 253; A. F. Ahmed, et al. JNP, 2006, 69, 1275; M. N. Islam, et al. *Eur. J. Nutr.*, 2014, 53, 233.

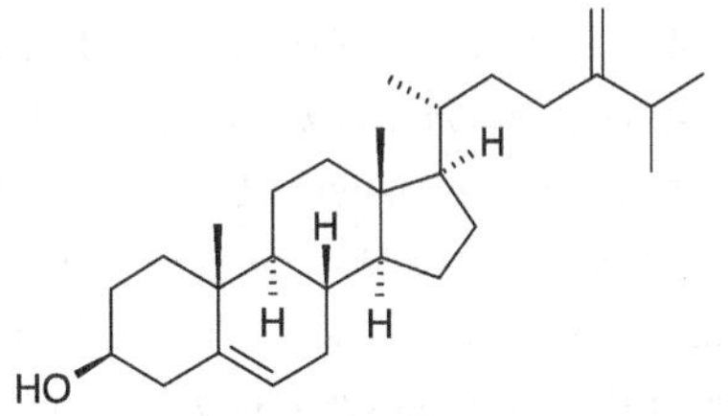

983 Pandaroside E 加勒比潘达柔斯海绵糖苷 E*

【别名】16-Hydroxy-3*β*-*O*-[*β*-D-xylopyranosyl-(1→3)-*β*-D-glucopyranosyloxyuronic acid]-5*α*,14*β*-ergosta-8,16,24(24[1])-triene-15,23-dione; 16-羟基-3*β*-*O*-[*β*-D-吡喃木糖基-(1→3)-*β*-D-吡喃葡萄糖醛酸]-5*α*,14*β*-麦角甾-8,16,24(24[1])-三烯-15,23-二酮.【基本信息】$C_{39}H_{56}O_{14}$, 白色无定形固体, $[\alpha]_D^{20}$ = +30.0° (*c* =0.10, 甲醇).【类型】麦角甾烷类甾醇.【来源】Microcionidae 科海绵 *Pandaros acanthifolium* [马提尼克岛 (法属), 加勒比海].【活性】抗锥虫 (布氏锥虫 *Trypanosoma brucei rhodesiense,* IC_{50} = 9.4μmol/L, 对照美拉申醇, IC_{50} = 0.010μmol/L; 克氏锥虫 *Trypanosoma cruzi,* IC_{50} = 71.6μmol/L, 对照苄硝唑, IC_{50} = 2.64μmol/L); 抗利什曼原虫 (杜氏利什曼原虫 *Leishmania donovani,* IC_{50} = 15.9μmol/L, 对照米替福新,

IC_{50} = 0.51μmol/L); 抗疟疾 (恶性疟原虫 *Plasmodium falciparum*, IC_{50} = 13.8μmol/L, 对照氯喹, IC_{50} = 0.2μmol/L); 细胞毒 (L-6, IC_{50} = 40.9μmol/L, 对照鬼臼毒素, IC_{50} = 0.012μmol/L). 【文献】E. L. Regalado, et al. JNP, 2010, 73, 1404.

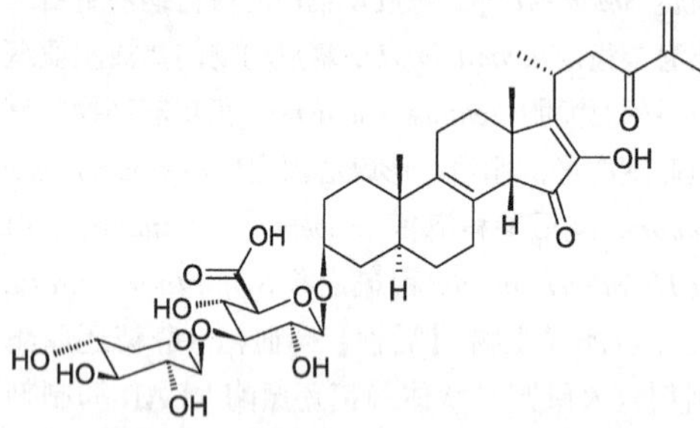

984 Pandaroside E methyl ester 加勒比潘达柔斯海绵糖苷 E 甲酯*

【基本信息】$C_{40}H_{58}O_{14}$, 白色无定形固体, $[\alpha]_D^{20}$ = +37.0° (*c* =0.10, 甲醇).【类型】麦角甾烷类甾醇.【来源】Microcionidae科海绵 *Pandaros acanthifolium* [马提尼克岛 (法属), 加勒比海].【活性】抗锥虫 (布氏锥虫 *Trypanosoma brucei rhodesiense,* IC_{50} = 14.3μmol/L, 对照美拉申醇, IC_{50} = 0.010μmol/L; 克氏锥虫 *Trypanosoma cruzi,* IC_{50} = 61.9μmol/L, 对照苄硝唑, IC_{50} = 2.64μmol/L); 抗利什曼原虫 (杜氏利什曼原虫 *Leishmania donovani,* IC_{50} = 41.3μmol/L, 对照米替福新, IC_{50} = 0.51μmol/L); 抗疟疾 (恶性疟原虫 *Plasmodium falciparum,* IC_{50} = 5.9μmol/L, 对照氯喹, IC_{50} = 0.2μmol/L); 细胞毒 (L-6, IC_{50} = 76.9μmol/L, 对照鬼臼毒素, IC_{50} = 0.012μmol/L).【文献】E. L. Regalado, et al. JNP, 2010, 73, 1404.

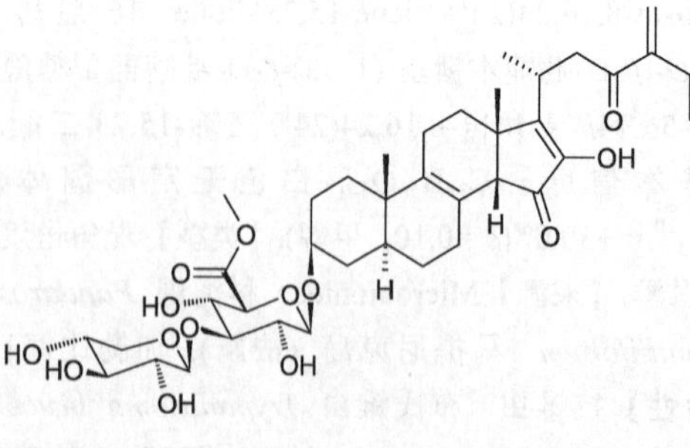

985 Pandaroside F 加勒比潘达柔斯海绵糖苷 F*

【别名】16-Hydroxy-3*β*-*O*-[*β*-D-xylopyranosyl-(1→3)-*β*-D-glucopyranosyloxyuronic acid]-5*α*,14*β*-ergost-8,16-diene-15,23-dione; 16-羟基-3*β*-*O*-[*β*-D-吡喃木糖基-(1→3)-*β*-D-吡喃葡萄糖醛酸]-5*α*,14*β*-麦角甾-8,16-二烯-15,23-二酮.【基本信息】$C_{39}H_{58}O_{14}$, 白色无定形固体, $[\alpha]_D^{20}$ = +52.7° (*c* = 0.16, 甲醇).【类型】麦角甾烷类甾醇.【来源】Microcionidae 科海绵 *Pandaros acanthifolium* (马提尼克岛(法属), 加勒比海).【活性】抗锥虫 (布氏锥虫 *Trypanosoma brucei rhodesiense,* IC_{50} = 2.4μmol/L, 对照美拉申醇, IC_{50} = 0.010μmol/L; 克氏锥虫 *Trypanosoma cruzi,* IC_{50} = 20.3μmol/L, 对照苄硝唑, IC_{50} = 2.64μmol/L); 抗利什曼原虫 (杜氏利什曼原虫 *Leishmania donovani,* IC_{50} = 4.3μmol/L, 对照米替福新, IC_{50} = 0.51μmol/L); 抗疟疾 (恶性疟原虫 *Plasmodium falciparum,* IC_{50} = 5.7μmol/L, 对照氯喹, IC_{50} = 0.2μmol/L); 细胞毒 (L-6, IC_{50} = 10.8μmol/L, 对照鬼臼毒素, IC_{50} = 0.012μmol/L).【文献】E. L. Regalado, et al. JNP, 2010, 73, 1404.

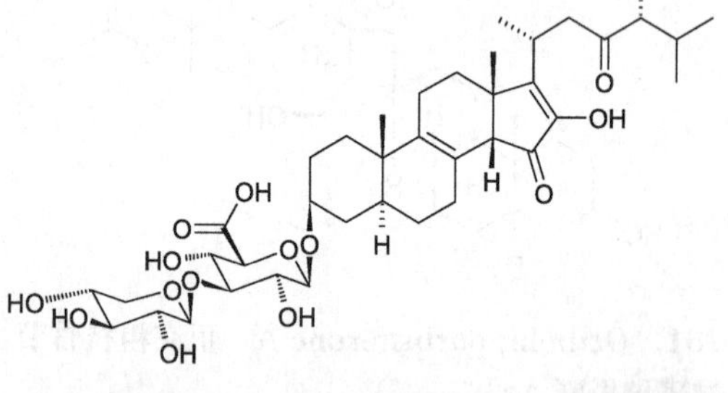

986 Pandaroside F methyl ester 加勒比潘达柔斯海绵糖苷 F 甲酯*

【基本信息】$C_{40}H_{60}O_{14}$, 白色无定形固体, $[\alpha]_D^{20}$ = +47.3° (*c* =0.10, 甲醇).【类型】麦角甾烷类甾醇.【来源】Microcionidae 科海绵 *Pandaros acanthifolium* (马提尼克岛(法属), 加勒比海).【活性】抗锥虫 (布氏锥虫 *Trypanosoma brucei rhodesiense,* IC_{50} = 54.4μmol/L, 对照美拉申醇, IC_{50} = 0.010μmol/L; 克氏锥虫 *Trypanosoma cruzi,* IC_{50} = 25.1μmol/L, 对照苄硝唑, IC_{50} = 2.64μmol/L); 抗利什曼原虫 (杜氏利什曼原虫 *Leishmania donovani,* IC_{50} = 26.8μmol/L, 对照米替福新, IC_{50} = 0.51μmol/L); 抗疟疾 (恶性疟原虫 *Plasmodium falciparum,* IC_{50} = 9.9μmol/L, 对照氯喹, IC_{50} = 0.2μmol/L); 细胞毒 (L-6, IC_{50} = 42.1μmol/L, 对照鬼臼毒素, IC_{50} = 0.012μmol/L).【文献】E. L. Regalado, et al. JNP, 2010, 73, 1404.

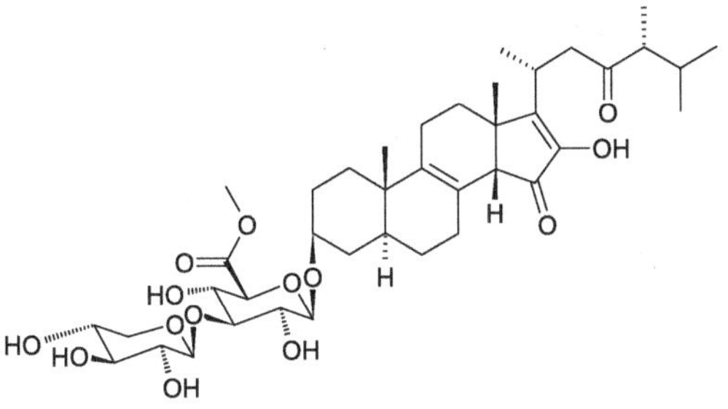

987 Parguesterol A 加勒比帕尔圭甾醇 A*

【基本信息】$C_{28}H_{44}O_2$, 油状物, $[\alpha]_D^{25}$ = –44° (c = 1, 氯仿).【类型】麦角甾烷类甾醇.【来源】Scopalinidae 科海绵 *Svenzea zeai* (加勒比海).【活性】抗结核 (结核分枝杆菌 *Mycobacterium tuberculosis*, MIC = 7.8μg/mL).【文献】X. Wei, et al. Tetrahedron Lett., 2007, 48, 8851.

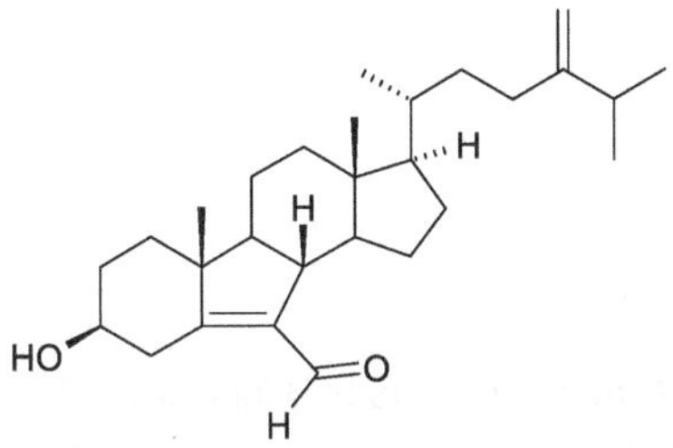

988 Parguesterol B 加勒比帕尔圭甾醇 B*

【基本信息】$C_{28}H_{46}O_3$, 油状物, $[\alpha]_D^{25}$ = +9.2° (c = 1, 氯仿).【类型】麦角甾烷类甾醇.【来源】Scopalinidae 科海绵 *Svenzea zeai* (加勒比海).【活性】抗结核 (结核分枝杆菌 *Mycobacterium tuberculosis*, MIC = 11.2μg/mL).【文献】X. Wei, et al. Tetrahedron Lett., 2007, 48, 8851.

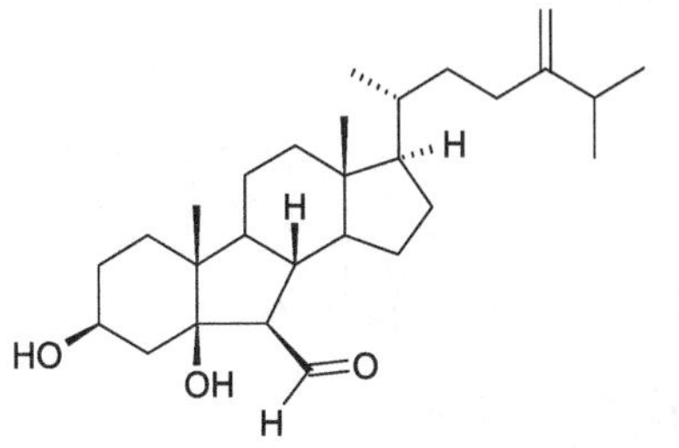

989 Patusterol A 展开豆荚软珊瑚甾醇 A*

【基本信息】$C_{28}H_{46}O_3$.【类型】麦角甾烷类甾醇.【来源】展开豆荚软珊瑚* *Lobophytum patulum* (東恩多, 肯尼亚).【活性】有毒的 (盐水丰年虾试验, 适度活性).【文献】D. Yeffet, et al. Nat. Prod. Commun., 2010, 5, 205.

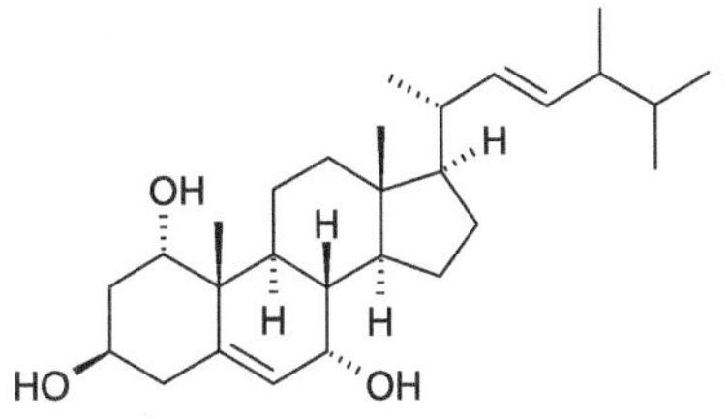

990 Pectinioside B 海燕糖苷 B*

【别名】(3β,5α,6α,20R,22R,23S,24S)-22,23-Epoxyergost-9(11)-ene-3,6,20-triol 6-*O*-[β-D-galactopyranosyl-(1→4)-[β-D-fucopyranosyl-(1→2)]-β-D-glucopyranosyl-(1→4)-[6-deoxy-β-D-glucopyranosyl-(1→2)]-β-D-xylopyranosyl-(1→3)-6-deoxy-β-D-glucopyranoside] 3-*O*-sulfate; (3β,5α,6α,20R,22R,23S,24S)-22,23-环氧麦角甾-9(11)-烯-3,6,20-三醇 6-*O*-[β-D-吡喃半乳糖苷-(1→4)-[β-D-吡喃岩藻糖基-(1→2)]-β-D-吡喃葡萄糖基-(1→4)-[6-去氧-β-D-吡喃葡萄糖基-(1→2)]-β-D-吡喃木糖基-(1→3)-6-去氧-β-D-吡喃葡萄糖苷] 3-*O*-硫酸酯.【基本信息】$C_{63}H_{104}O_{33}S$, 针状晶体, mp > 300°C (分解), $[\alpha]_D$= +5.5° (c = 1.28, 水).【类型】麦角甾烷类甾醇.【来源】海燕 *Asterina pectinifera*.【活性】抗高血压药; 镇静剂; 催眠剂.【文献】Y. Noguchi, et al. Annalen, 1987, 341.

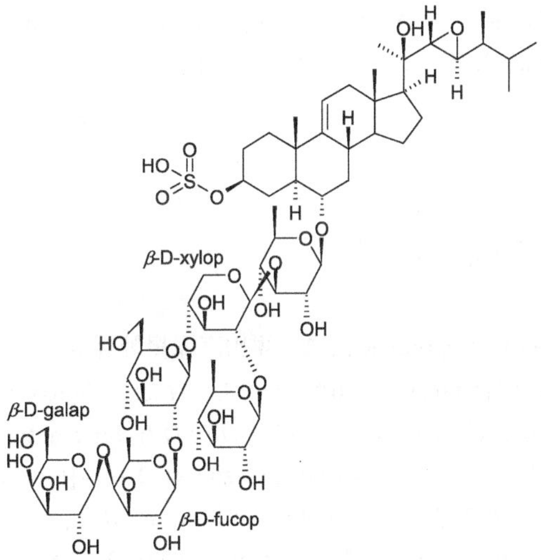

991 Penicisteroid A 海燕糖苷 A*

【基本信息】$C_{30}H_{50}O_6$.【类型】麦角甾烷类甾醇.【来源】海洋导出的产黄青霉真菌 *Penicillium chrysogenum* 来自红藻凹顶藻属 *Laurencia* sp.【活性】抗真菌 (20μg/盘, 黑曲霉菌 *Aspergillus niger*, IZD = 18mm, 对照 AMPB, IZD = 24mm, 白菜黑

斑病菌 *Alternaria brassicae*, IZD = 8mm, 对照 AMPB, IZD = 16mm); 细胞毒 (HeLa, IC_{50} = 15μg/mL; SW1990, IC_{50} = 31μg/mL; NCI-H460, IC_{50} = 40μg/mL).【文献】S.-S. Gao, et al. BoMCL, 2011, 21, 2894.

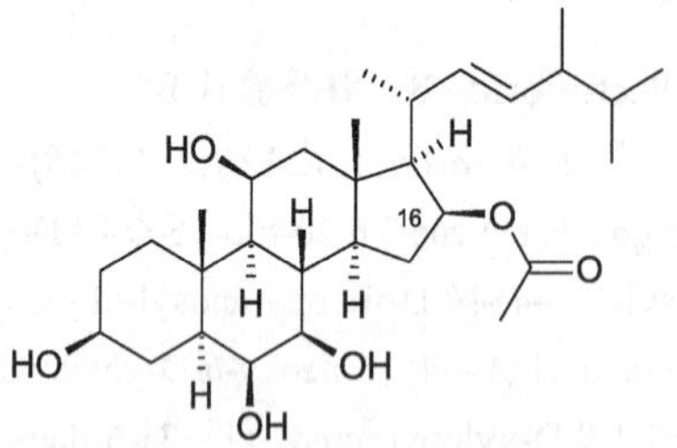

992 Polymastiamide A 多鞭海绵多鞭海绵酰胺 A*

【基本信息】$C_{38}H_{55}NO_8S$, 无定形固体 (钠盐), $[\alpha]_D^{21}$ = +67.4° (*c* = 1.1, 甲醇).【类型】麦角甾烷类甾醇.【来源】多鞭海绵属 *Polymastia boletiformis* (嗜冷生物, 冷水域, 挪威).【活性】抗菌 (*in vitro,* 1/4 英寸圆盘扩散试验, 各种病原体: 金黄色葡萄球菌 *Staphylococcus aureus,* MIC = 100μg/盘), 抗真菌 (白色念珠菌 *Candida albicans,* MIC =75μg/盘, 终极腐霉 *Pythium ultimum,* MIC =25μg/盘). [文献] F. Kong, et al. JOC, 1993, 58, 6924; M. D. Lebar, et al. NPR, 2007, 24, 774 (Rev.); S. Abbas, Mar. Drugs, 2011, 9, 2423 (Rev.).

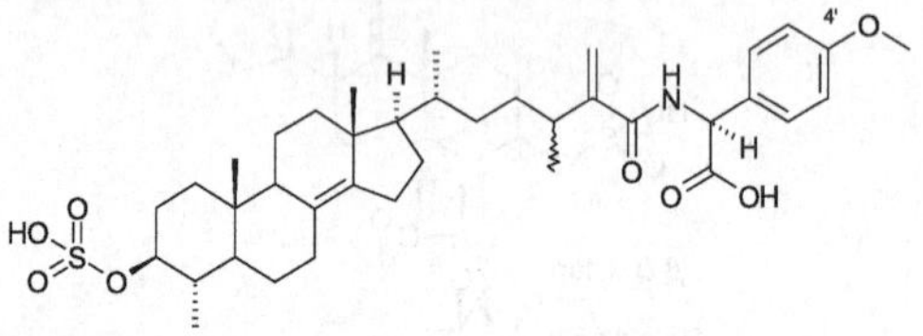

993 Regularoside A 规则膨海星糖苷 A*

【别名】(3*β*,5*α*,6*α*,20*R*,22*R*,23*S*,24*S*)-22,23-Epoxyergost-9(11)-ene-3,6,20-triol 6-*O*-[*β*-D-fucopyranosyl-(1→2)-6-deoxy-*β*-D-glucopyranosyl-(1→4)-[6-deoxy-*β*-D-glucopyranosyl-(1→2)]-6-deoxy-*β*-D-glucopyranosyl-(1→3)-*β*-D-glucopyranoside] 3-*O*-sulfate; (3*β*,5*α*,6*α*,20*R*,22*R*,23*S*,24*S*)-22,23-环氧麦角甾-9(11)-烯-3,6,20-三醇 6-*O*-[*β*-D-吡喃岩藻糖基-(1→2)-6-去氧-*β*-D-吡喃葡萄糖基-(1→4)-[6-去氧-*β*-D-吡喃葡萄糖基-(1→2)]-6-去氧-*β*-D-吡喃葡萄糖基-(1→3)-*β*-D-吡喃葡萄糖苷] 3-*O*-硫酸酯.【基本信息】$C_{58}H_{96}O_{28}S$, $[\alpha]_D$ = +12.3° (*c* = 0.5, 甲醇) (钠盐).【类型】麦角甾烷类甾醇.【来源】规则膨海星 *Halityle regularis* 和飞白枫海星 *Archaster typicus*.【活性】细胞毒 (HeLa, IC_{50} = 110μmol/L; JB6 P^+ CI41, 50μmol/L, 无活性).【文献】R. Riccio, et al. JNP, 1985, 48, 756; A. A. Kicha, et al. BoMCL, 2010, 20, 3826.

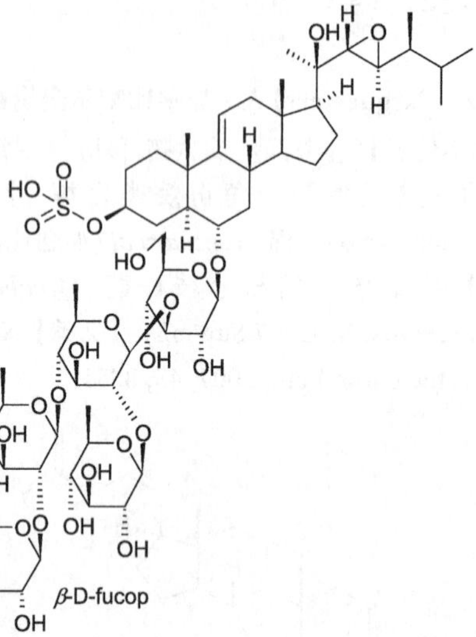

β-D-fucop

994 Remeisterol 短指软珊瑚属甾醇*

【别名】(3*β*,23*ξ*,25*ξ*)-23,26-Dimethylergosta-5,24(28)-dien-3-ol; (3*β*,23*ξ*,25*ξ*)-23,26-二甲基麦角甾-5,24(28)-二烯-3-醇.【基本信息】$C_{30}H_{50}O$.【类型】麦角甾烷类甾醇.【来源】细长枝短指软珊瑚* *Sinularia leptoclados* 和短指软珊瑚属 *Sinularia remei* (编者注: 根据 WoRMS 检索, *remei* 应为 *renei*, 此处仍从原文献作者).【活性】降压药; 抗心律不齐.【文献】K. Long, et al. CA, 1982, 97, 107456h.

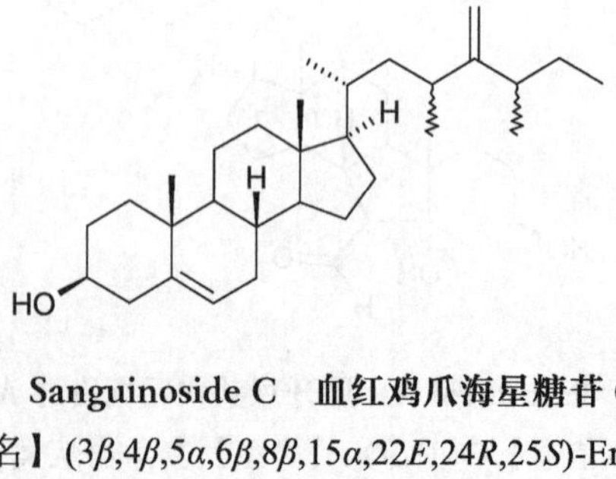

995 Sanguinoside C 血红鸡爪海星糖苷 C*

【别名】(3*β*,4*β*,5*α*,6*β*,8*β*,15*α*,22*E*,24*R*,25*S*)-Ergost-22-ene-3,4,6,8,15,26-hexol 3-*O*-(2,3,4-tri-*O*-methyl-*β*-D-xylopyranoside); (3*β*,4*β*,5*α*,6*β*,8*β*,15*α*,22*E*,24*R*,25*S*)-麦角甾-22-烯-3,4,6,8,15,26-六醇 3-*O*-(2,3,4-三-*O*-甲基-*β*-D-吡喃木糖苷).【基本信息】$C_{36}H_{62}O_{10}$,

晶体 (甲醇), mp 178~179.5°C, $[\alpha]_D^{20}$ = –13° (c = 0.1, 乙醇).【类型】麦角甾烷类甾醇.【来源】血红鸡爪海星 *Henricia sanguinolenta* (嗜冷生物, 冷水水域).【活性】细胞毒 (受精海胆卵, 中等活性).【文献】E. V. Levina, et al. Russ. Chem. Bull., 2003, 52, 1623; 2005, 31, 467; M.D. Lebar, et al. NPR, 2007, 24, 774 (Rev.).

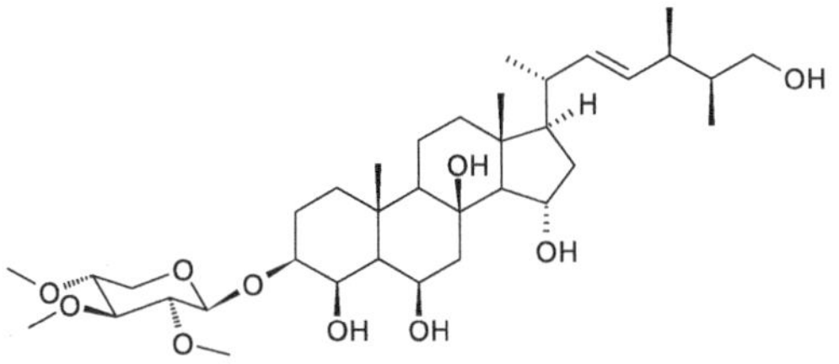

996 9,11-Seco-24-hydroxydinosterol 9,11-开环-24-羟基蒂弄甾醇*

【别名】3,11,24-Trihydroxy-4,23-dimethyl-9,11-secoergost-22-en-9-one; 3,11,24-三羟基-4,23-二甲基-9,11-开环麦角甾-22-烯-9-酮.【基本信息】$C_{30}H_{52}O_4$, 树胶状物, $[\alpha]_D$ = –11.4° (c = 0.08, 氯仿), $[\alpha]_D$ = +6.8° (c = 2.7, 甲醇).【类型】麦角甾烷类甾醇.【来源】柳珊瑚科柳珊瑚 *Pseudopterogorgia americana* 和柳珊瑚科柳珊瑚 *Pseudopterogorgia* sp. (佛罗里达, 美国).【活性】PKCs 抑制剂 (PKCα, βⅠ, *β*Ⅱ, γ, δ, ε, η和ξ, IC_{50} = 12~50μmol/L); 细胞毒 (3~13μmol/L 带氚标记的胸腺嘧啶核苷(^{3}H-T), 抑制 MCF7 细胞增殖).【文献】S. L. Miller, et al. Tetrahedron Lett., 1995, 36, 1227; H. He, et al. Tetrahedron, 1995, 51, 51.

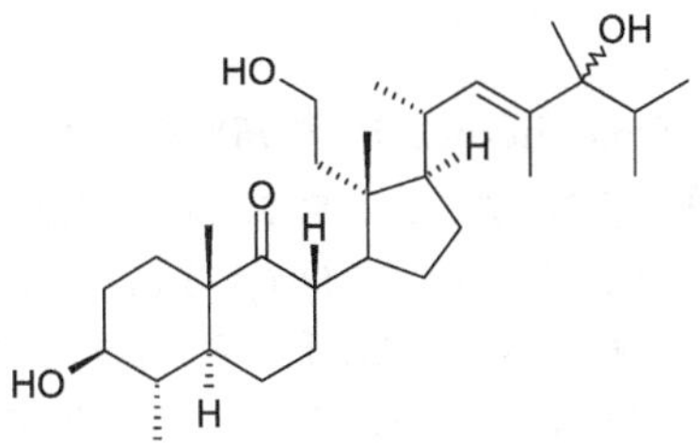

997 Sinulabasterol 分裂短指软珊瑚甾醇*

【基本信息】$C_{30}H_{46}O_6$, 无定形粉末, $[\alpha]_D^{25}$ = –17.6° (c = 0.27, 氯仿).【类型】麦角甾烷类甾醇.【来源】分裂短指软珊瑚* *Sinularia abrupta*.【活性】抗组胺剂 (高活性).【文献】N. Shoji, et al. J. Pharm. Sci., 1994, 83, 761.

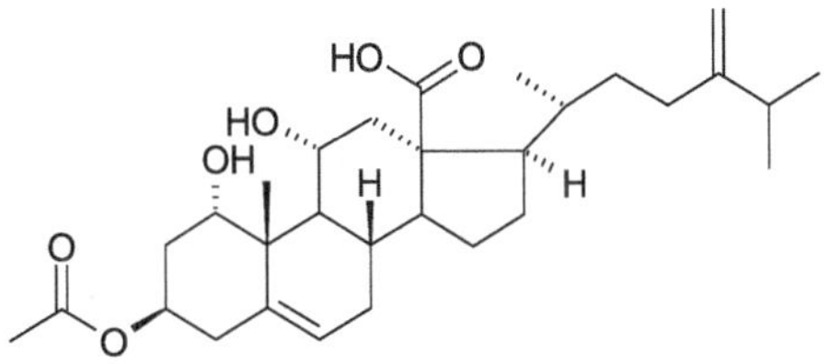

998 Sinularoside A 低矮短指软珊瑚糖苷 A*

【基本信息】$C_{34}H_{56}O_7$.【类型】麦角甾烷类甾醇.【来源】低矮短指软珊瑚* *Sinularia humilis* (南海).【活性】抗真菌; 抗微藻; 抗菌 (革兰氏阳性菌).【文献】P. Sun, et al. JNP, 2012, 75, 1656.

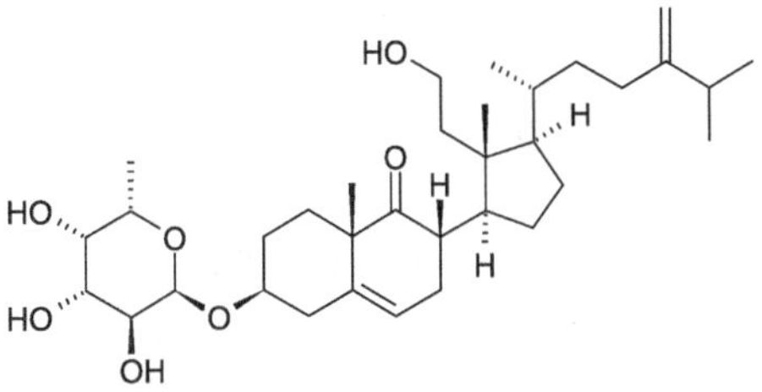

999 Sinularoside B 低矮短指软珊瑚糖苷 B*

【基本信息】$C_{36}H_{58}O_8$.【类型】麦角甾烷类甾醇.【来源】低矮短指软珊瑚* *Sinularia humilis* (南海).【活性】抗真菌; 抗微藻; 抗菌 (革兰氏阳性菌).【文献】P. Sun, et al. JNP, 2012, 75, 1656.

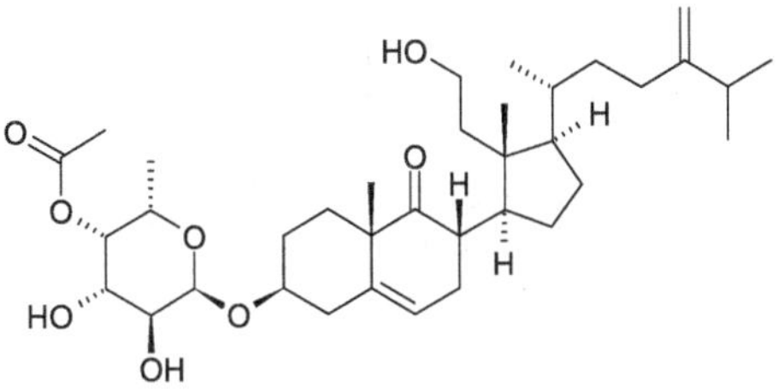

1000 Stoloniferone A 匍匐珊瑚酮 A*

【基本信息】$C_{28}H_{42}O_3$, 晶体 (乙腈), mp 148°C, $[\alpha]_D$ = +38.5° (氯仿).【类型】麦角甾烷类甾醇.【来源】匍匐珊瑚目 (根枝珊瑚目 Stolonifera) 绿色羽珊瑚 *Clavularia viridis* (冲绳, 日本).【活性】细胞毒 (P_{388}); 抗炎.【文献】M. Kobayashi, et al. Tetrahedron Lett., 1984, 25, 5925.

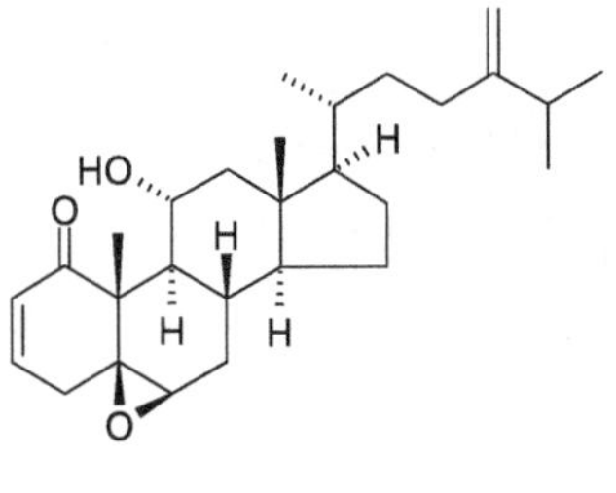

1001 Stoloniferone B 匍匐珊瑚酮 B*

【基本信息】$C_{28}H_{42}O_3$, 晶体 (乙腈), mp 150ºC, $[\alpha]_D$ = +33º (氯仿).【类型】麦角甾烷类甾醇.【来源】匍匐珊瑚目绿色羽珊瑚 *Clavularia viridis* (冲绳, 日本).【活性】细胞毒 (P_{388}); 抗炎.【文献】M. Kobayashi, et al. Tetrahedron Lett., 1984, 25, 5925.

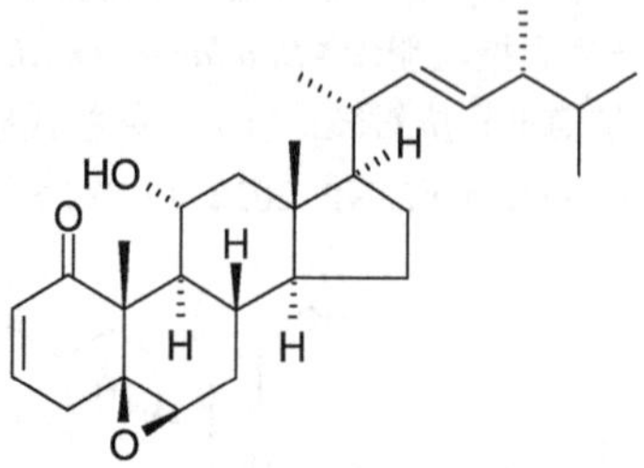

1002 Stoloniferone C 匍匐珊瑚酮 C*

【基本信息】$C_{28}H_{44}O_3$, 晶体 (乙腈), mp 148º, $[\alpha]_D$ = +40º (氯仿).【类型】麦角甾烷类甾醇.【来源】匍匐珊瑚目绿色羽珊瑚 *Clavularia viridis* (冲绳, 日本).【活性】细胞毒 (P_{388}); 抗炎.【文献】M. Kobayashi, et al. Tetrahedron Lett., 1984, 25, 5925.

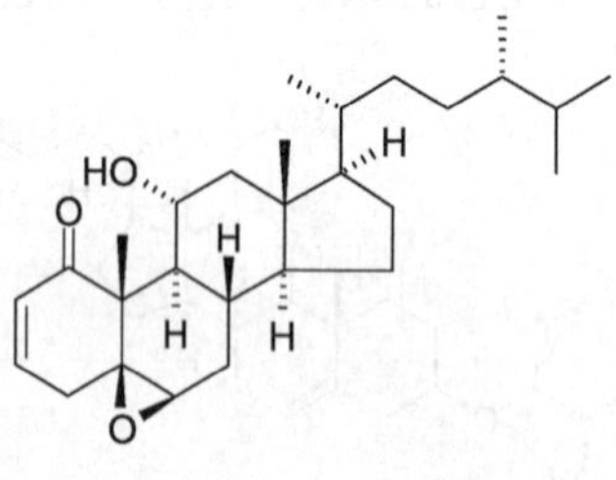

1003 Stoloniferone E 匍匐珊瑚酮 E*

【基本信息】$C_{28}H_{44}O_3$, 无定形固体, $[\alpha]_D^{25}$ = +10º (c = 0.05, 氯仿).【类型】麦角甾烷类甾醇.【来源】匍匐珊瑚目绿色羽珊瑚 *Clavularia viridis*.【活性】细胞毒 (A549, ED_{50} = 0.00032μg/mL; HT29, ED_{50} = 0.0091μg/mL; P_{388}, ED_{50} = 0.00012μg/mL).【文献】C.-Y. Duh, et al. JNP, 2002, 65, 1535.

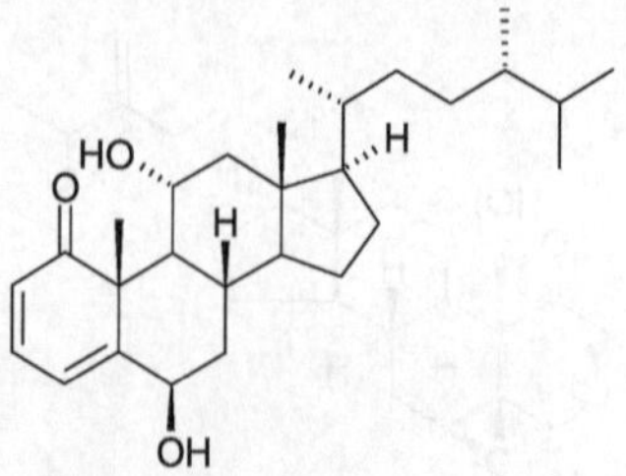

1004 Stoloniferone F 匍匐珊瑚酮 F*

【基本信息】$C_{28}H_{46}O_5$, 无定形固体, $[\alpha]_D^{25}$ = –30.6º (c = 0.11, 氯仿).【类型】麦角甾烷类甾醇.【来源】匍匐珊瑚目绿色羽珊瑚 *Clavularia viridis*.【活性】细胞毒 (A549, ED_{50} = 3.69μg/mL; HT29, ED_{50} = 6.46μg/mL; P_{388}, ED_{50} = 2.36μg/mL).【文献】C.-Y. Duh, et al. JNP, 2002, 65, 1535.

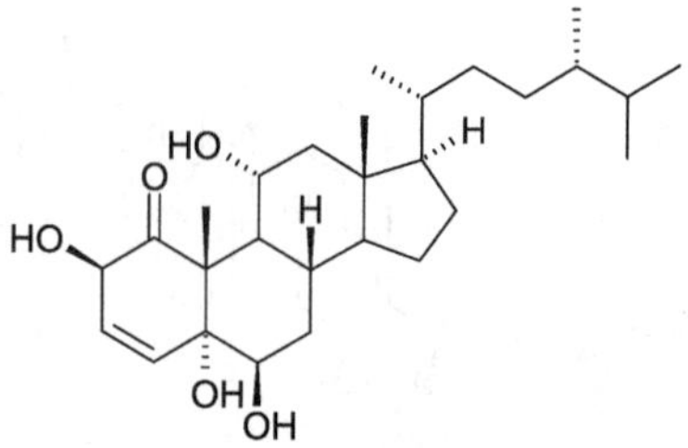

1005 Stoloniferone G 匍匐珊瑚酮 G*

【别名】2,5,6,11-Tetrahydroxyergosta-3,24(28)-dien-1-one; 2,5,6,11-四羟基麦角甾-3,24(28)-二烯-1-酮.【基本信息】$C_{28}H_{44}O_5$, 无定形固体, $[\alpha]_D^{25}$ = –21.7º (c = 0.12, 氯仿).【类型】麦角甾烷类甾醇.【来源】匍匐珊瑚目绿色羽珊瑚 *Clavularia viridis*.【活性】细胞毒 (A549, ED_{50} = 3.58μg/mL; HT29, ED_{50} = 5.86μg/mL; P_{388}, ED_{50} = 2.12μg/mL).【文献】C.-Y. Duh, et al. JNP, 2002, 65, 1535.

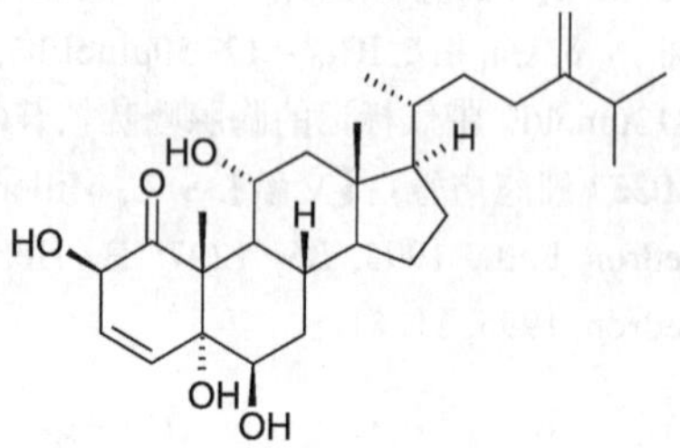

1006 Stoloniferone T 匍匐珊瑚酮 T*

【别名】(2*β*,5*β*,6*β*,11*α*,24*S*)-2,5,6,11-Tetrahydroxyergost-3-en-1-one; (2*β*,5*β*,6*β*,11*α*,24*S*)-2,5,6,11-四羟基麦角甾-3-烯-1-酮.【基本信息】$C_{28}H_{46}O_5$, 无定形固体, $[\alpha]_D^{25}$ = +61.2º (c = 0.1, 氯仿).【类型】麦角甾烷类甾醇.【来源】匍匐珊瑚目绿色羽珊瑚 *Clavularia viridis*.【活性】抗炎 (LPS 刺激的 RAW 264.7 细胞, 抑制促炎的 iNOS 和 COX-2 蛋白上调, 10μmol/L, 和 LPS 刺激的对照细胞本省相比较, 降低 iNOS 蛋白的水平 40.2%; 10μmol/L, 降低 COX-2 蛋白的水平 58.4%).【文献】C.-H. Chang, et al. Steroids, 2008, 73, 562.

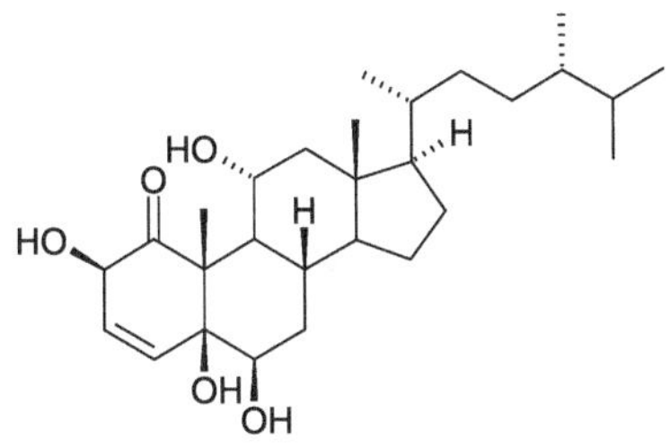

1007　Stoloniolide Ⅰ　匍匐珊瑚内酯Ⅰ*

【基本信息】$C_{28}H_{42}O_3$.【类型】麦角甾烷类甾醇.【来源】匍匐珊瑚目绿色羽珊瑚 *Clavularia viridis*.【活性】抗肿瘤.【文献】K. Iguchi, et al. Chem. Lett., 1995, 1109.

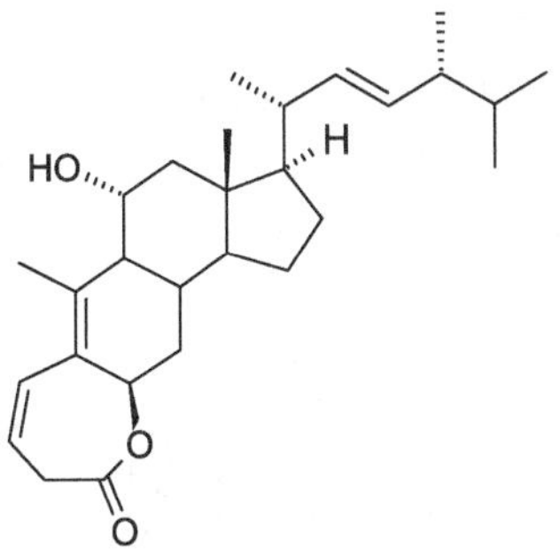

1008　Stoloniolide Ⅱ　匍匐珊瑚内酯Ⅱ*

【基本信息】$C_{28}H_{44}O_3$.【类型】麦角甾烷类甾醇.【来源】匍匐珊瑚目绿色羽珊瑚 *Clavularia viridis*.【活性】抗肿瘤.【文献】K. Iguchi, et al. Chem. Lett., 1995, 1109.

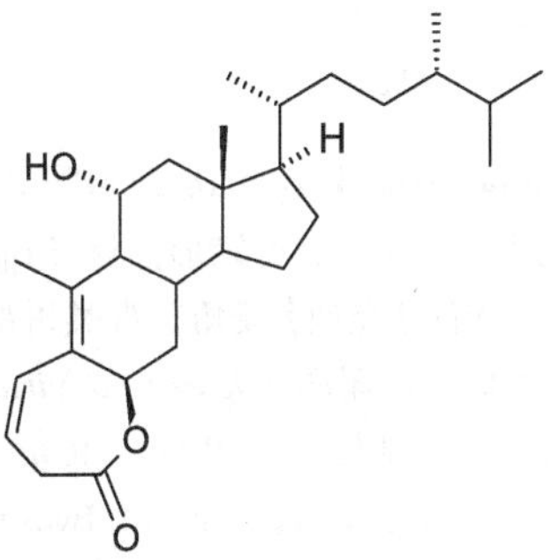

1009　Topsentiasterol sulfate A　软海绵甾醇硫酸酯 A*

【基本信息】$C_{30}H_{46}O_{16}S_3$, $[\alpha]_D = +48.4°$ ($c = 0.2$, 甲醇) (三钠盐).【类型】麦角甾烷类甾醇.【来源】软海绵科海绵 *Topsentia* sp. (冲绳, 日本).【活性】抗菌 (铜绿假单胞菌 *Pseudomonas aeruginosa* 和大肠杆菌 *Escherichia coli*, 10μg/盘).【文献】N. Fusetani, et al. Tetrahedron, 1994, 50, 7765.

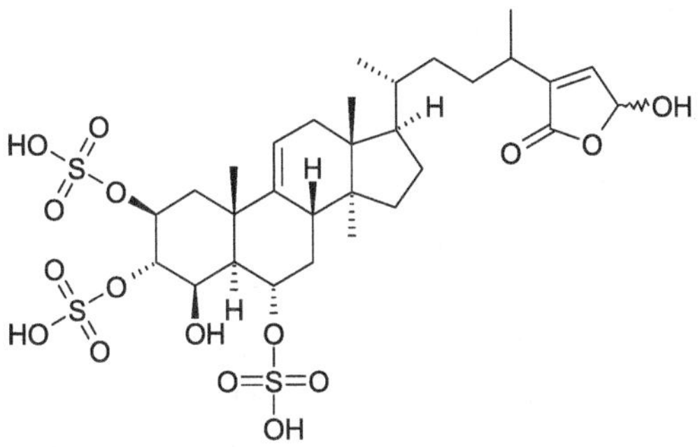

1010　Topsentiasterol sulfate B　软海绵甾醇硫酸酯 B*

【基本信息】$C_{30}H_{46}O_{16}S_3$, $[\alpha]_D = +13.1°$ ($c = 0.1$, 甲醇) (三钠盐).【类型】麦角甾烷类甾醇.【来源】软海绵科海绵 *Topsentia* sp. (冲绳, 日本).【活性】抗菌 (铜绿假单胞菌 *Pseudomonas aeruginosa* 和大肠杆菌 *Escherichia coli*, 10μg/盘).【文献】N. Fusetani, et al. Tetrahedron, 1994, 50, 7765.

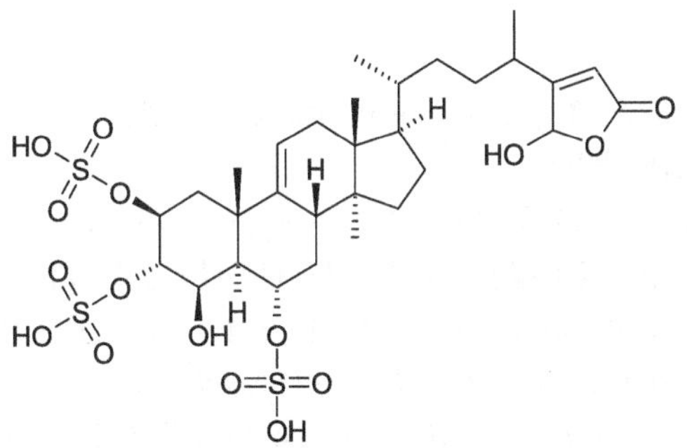

1011　Topsentiasterol sulfate C　软海绵甾醇硫酸酯 C*

【基本信息】$C_{30}H_{46}O_{15}S_3$, $[\alpha]_D = +24.8°$ ($c = 0.1$, 甲醇) (三钠盐).【类型】麦角甾烷类甾醇.【来源】软海绵科海绵 *Topsentia* sp. (冲绳, 日本).【活性】抗菌 (铜绿假单胞菌 *Pseudomonas aeruginosa* 和大肠杆菌 *Escherichia coli*, 10μg/盘).【文献】N. Fusetani, et al. Tetrahedron, 1994, 50, 7765.

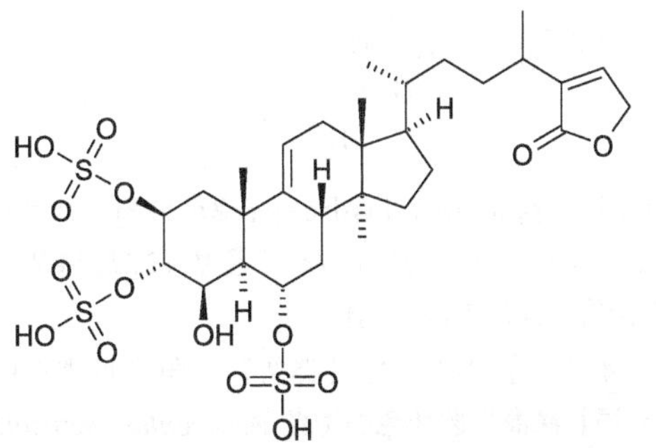

1012 Topsentiasterol sulfate D 软海绵甾醇硫酸酯 D*

【基本信息】$C_{30}H_{48}O_{14}S_3$, $[\alpha]_D$ = +9.3° (c = 0.1, 甲醇) (三钠盐).【类型】麦角甾烷类甾醇.【来源】软海绵科海绵 *Topsentia* sp. (冲绳, 日本).【活性】抗菌 (铜绿假单胞菌 *Pseudomonas aeruginosa* 和大肠杆菌 *Escherichia coli,* 10μg/盘); 抗真菌 (拉曼被孢霉 *Mortierella remannianus* 和白色念珠菌 *Candida albicans,* 10μg/盘).【文献】N. Fusetani, et al. Tetrahedron, 1994, 50, 7765.

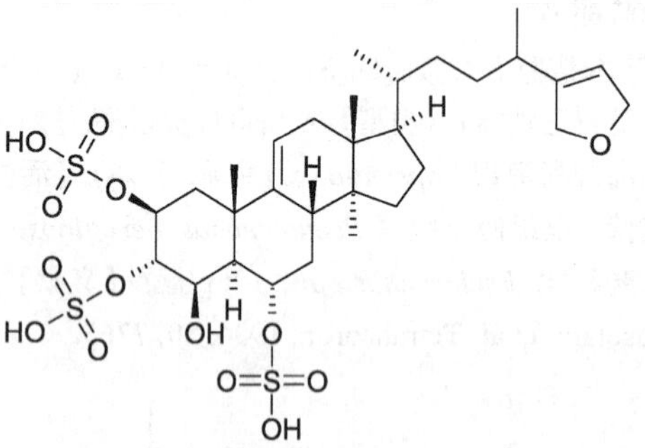

1013 Topsentiasterol sulfate E 软海绵甾醇硫酸酯 E*

【基本信息】$C_{31}H_{52}O_{13}S_3$, $[\alpha]_D$ = +58.3° (c = 0.1, 甲醇).【类型】麦角甾烷类甾醇.【来源】软海绵科海绵 *Topsentia* sp. (冲绳, 日本).【活性】抗菌 (铜绿假单胞菌 *Pseudomonas aeruginosa* 和大肠杆菌 *Escherichia coli,* 10μg/盘); 抗真菌 (拉曼被孢霉 *Mortierella remannianus* 和白色念珠菌 *Candida albicans,* 10μg/盘).【文献】N. Fusetani, et al. Tetrahedron, 1994, 50, 7765.

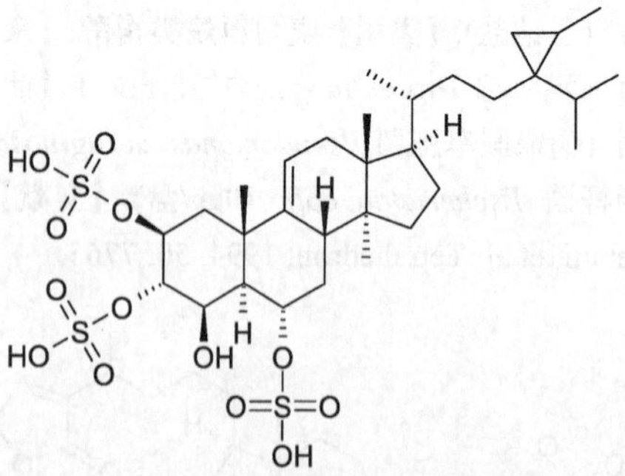

1014 3*β*,5*α*,9*α*-Trihydroxy-(22*E*,24*R*)-ergosta-7,22-dien-6-one 3*β*,5*α*,9*α*-三羟基-(22*E*,24*R*)-麦角甾-7,22-二烯-6-酮

【基本信息】$C_{28}H_{44}O_4$.【类型】麦角甾烷类甾醇.【来源】深海真菌变色曲霉菌 *Aspergillus versicolor* ZBY-3.【活性】细胞毒 (K562, 100μg/mL).【文献】Y. Dong, et al. *Mar. Drugs,* 2014, *12*, 4326.

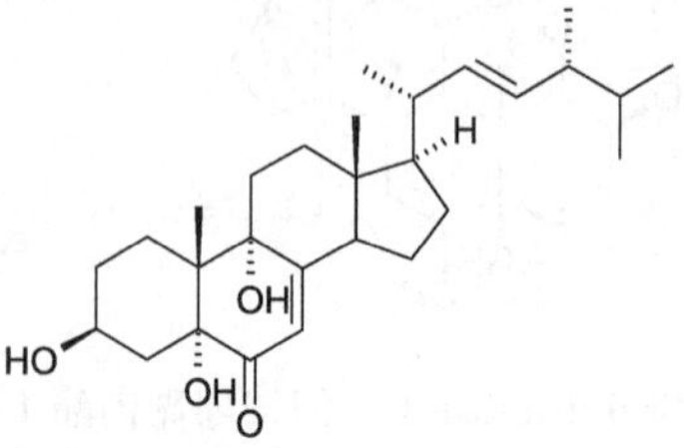

1015 Wondosterol A 杂星海绵甾醇 A*

【基本信息】$C_{39}H_{64}O_{13}$, 无定形固体, $[\alpha]_D^{23}$ = +38.4° (c = 1.2, 甲醇).【类型】麦角甾烷类甾醇.【来源】杂星海绵属 *Poecillastra wondoensis* 和碧玉海绵属 *Jaspis wondoensis* (联合体).【活性】抗菌 (铜绿假单胞菌 *Pseudomonas aeruginosa* 和大肠杆菌 *Escherichia coli,* 10μg/盘); 细胞毒 (P_{388}, IC_{50} = 46μg/mL).【文献】G, Ryu, et al. Tetrahedron, 1999, 55, 13171.

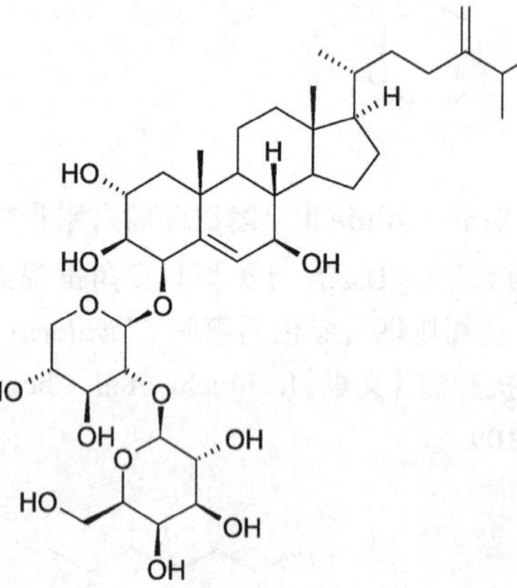

1016 Yonarasterol A 优那拉甾醇 A*

【基本信息】$C_{30}H_{46}O_5$, 无定形固体, $[\alpha]_D^{25}$ = −1.1° (c = 0.47, 氯仿).【类型】麦角甾烷类甾醇.【来源】匍匐珊瑚目绿色羽珊瑚 *Clavularia viridis* (冲绳, 日本).【活性】细胞毒 (DLDH, IC_{50}= 3μg/mL; Molt4, IC_{50}= 2.5μg/mL).【文献】M. Iwashima, et al. Steroids, 2000, 65, 130; 2001, 66, 25.

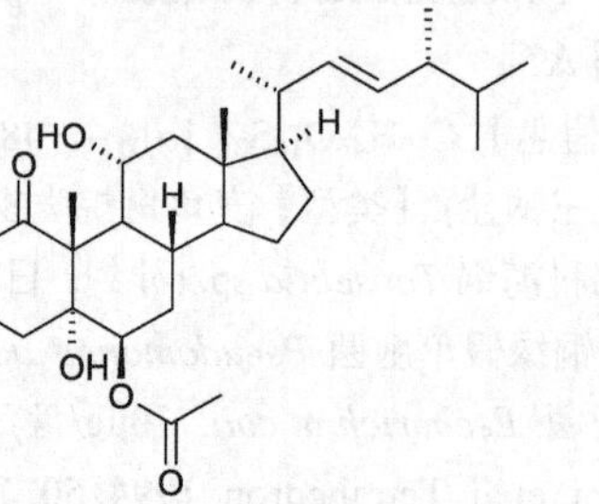

1017 Yonarasterol B 优那拉甾醇 B*

【基本信息】$C_{30}H_{48}O_5$, 无定形固体, $[\alpha]_D^{25} = +6°$ ($c = 0.4$, 氯仿).【类型】麦角甾烷类甾醇.【来源】匍匐珊瑚目绿色羽珊瑚 *Clavularia viridis* (冲绳, 日本).【活性】细胞毒 (DLDH, IC_{50}= 3μg/mL; Molt4, IC_{50}= 3μg/mL).【文献】M. Iwashima, et al. Steroids, 2000, 65, 130; 2001, 66, 25.

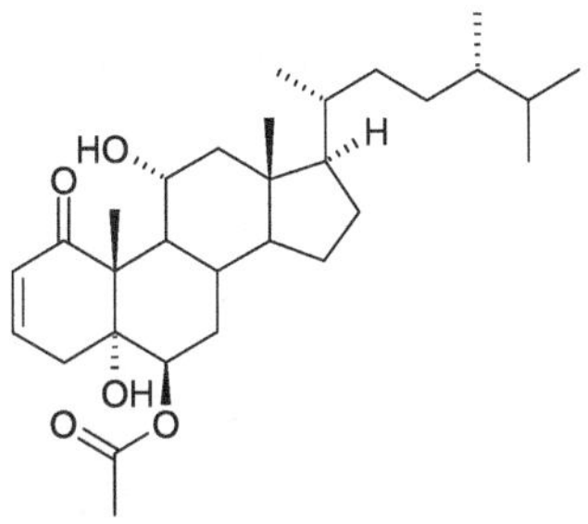

1018 6-*epi*-Yonarasterol B 6-*epi*-优那拉甾醇 B*

【基本信息】$C_{30}H_{48}O_5$, 白色粉末, mp 93~94°C, $[\alpha]_D^{25} = -22°$ ($c = 0.05$, 氯仿).【类型】麦角甾烷类甾醇.【来源】刺尖柳珊瑚属 *Echinomuricea* sp. (台湾水域, 中国).【活性】抗氧化剂 [超氧化物阴离子自由基清除剂, IC_{50} = (2.98±0.29)μg/mL; 10μg/mL, InRt = (89.76±5.63)%, 对照 DPI(二亚苯基碘), IC_{50} = (0.82±0.31)μg/mL]; 弹性蛋白酶释放抑制剂 [促进人的中性粒细胞对 fMLP/CB 的响应, IC_{50} = (1.13±0.55)μg/mL, InRt = (95.54±6.17)%, 对照弹性蛋白酶抑制剂, IC_{50} = (31.82±5.92)μg/mL].【文献】H.-M. Chung, et al. Mar. Drugs, 2012, 10, 1169.

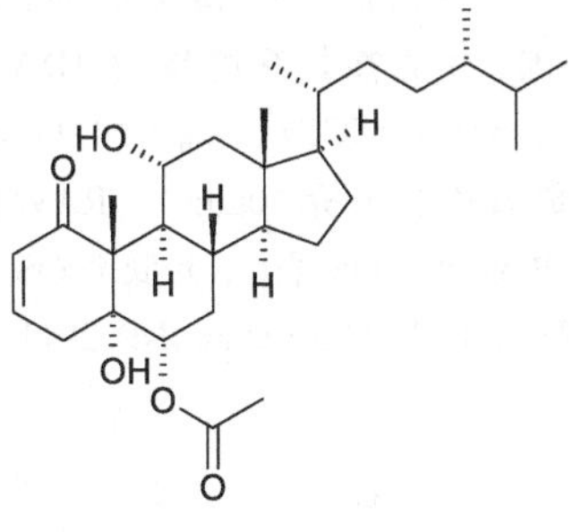

1019 Yonarasterol E 优那拉甾醇 E*

【别名】4,5-Epoxy-6,11-dihydroxyergost-2-en-1-one; 4,5-环氧-6,11-二羟基麦角甾-2-烯-1-酮.【基本信息】$C_{28}H_{44}O_4$, 无定形固体, $[\alpha]_D^{25} = -14.5°$ ($c = 0.2$, 氯仿).【类型】麦角甾烷类甾醇.【来源】匍匐珊瑚目绿色羽珊瑚 *Clavularia viridis* (冲绳, 日本).【活性】细胞毒 (DLDH, IC_{50}= 0.02μg/mL; Molt4, IC_{50}= 0.01μg/mL).【文献】M. Iwashima, et al. Steroids, 2000, 65, 130; 2001, 66, 25.

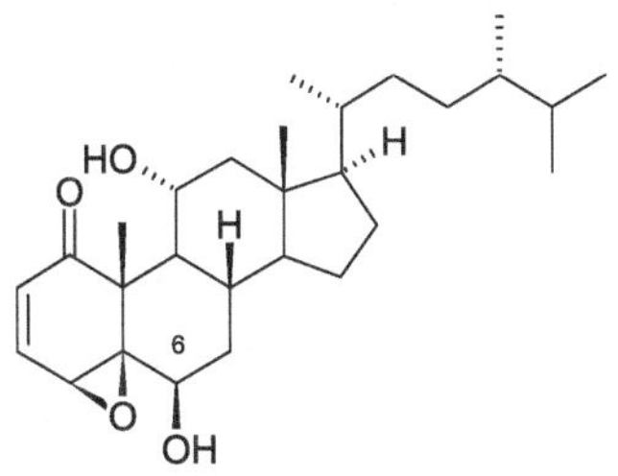

2.9 27-去甲麦角甾烷类甾醇

1020 Leviusculoside J 鸡爪海星糖苷 J*

【别名】(3*β*,6*β*,8*β*,15*α*,16*β*,22*E*,24*ξ*)-27-Norergosta-4,22-diene-3,6,8,15,16,26-hexol 3-*O*-(2,3-di-*O*-methyl-*β*-D-xylopyranoside); (3*β*,6*β*,8*β*,15*α*,16*β*,22*E*,24*ξ*)-27-去甲麦角甾-4,22-二烯-3,6,8,15,16,26-六醇 3-*O*-(2,3-二-*O*-甲基-*β*-D-吡喃木糖苷).【基本信息】$C_{34}H_{56}O_{10}$, 无定形粉末, $[\alpha]_D = -12°$ ($c = 0.1$, 甲醇).【类型】27-去甲麦角甾烷类甾醇.【来源】鸡爪海星 *Henricia leviuscula* (嗜冷生物, 冷水水域, 鄂霍次克海, 俄罗斯).【活性】溶血的 (小鼠红血球细胞试验, HC_{50} = 80μmol/L).【文献】N. V. Ivanchina, et al. JNP, 2006, 69, 224; M. D. Lebar, et al. NPR, 2007, 24, 774 (Rev.).

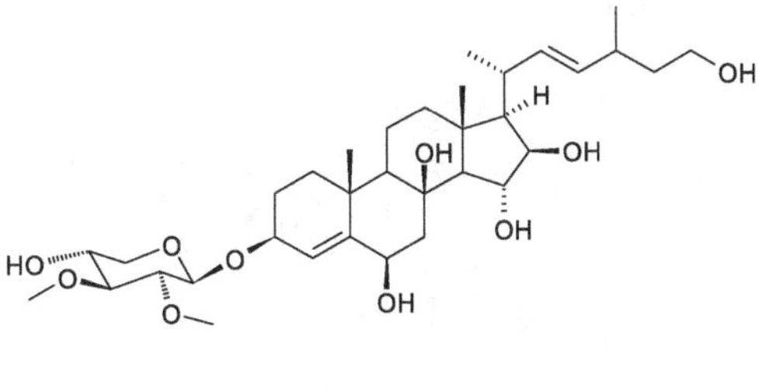

2.10 睡茄内酯类甾醇 (C_{28})

1021 Minabeolide 1 米纳贝软珊瑚内酯 1*

【别名】3-Oxowitha-1,4,24-trienolide; 3-氧代睡茄-1,4,24-三烯内酯.【基本信息】$C_{28}H_{38}O_3$, 无色油状物, $[\alpha]_D^{24} = +35°$ ($c = 0.20$, 氯仿).【类型】睡茄

内酯类甾醇.【来源】软珊瑚科 *Paraminabea acronocephala* (屏东县, 台湾, 中国) 和软珊瑚科 *Minabea* sp.【活性】细胞毒 (HepG2, Hep3B, MDA-MB-231, MCF7 和 A549; 选择性细胞毒对 HepG2 细胞, IC_{50} = 5.2μmol/L; MCF7, IC_{50} = 18.7μmol/L); 抗炎 (蛋白质印迹免疫分析, 10μmol/L, RAW264.7 细胞, 抑制 LPS 诱导的 iNOS 表达, 降低 iNOS 到 9.6%±1.9%; 抑制 LPS 诱导的 COX-2 的表达, 降低 COX-2 到 18.3%±7.2%).【文献】M. B. Ksebati, et al. JOC, 1988, 53, 3926; C.-H. Chao, et al. JNP, 2011, 74, 1132.

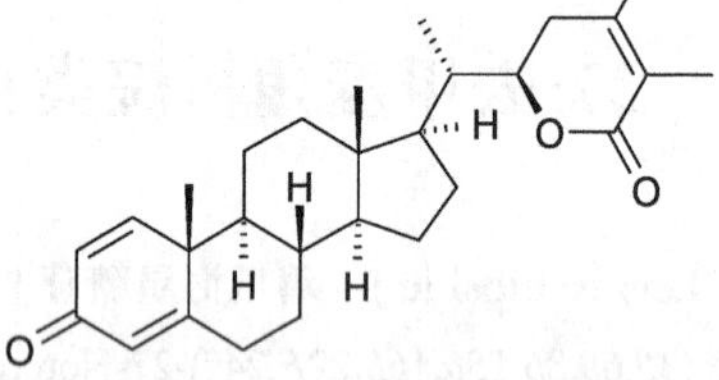

1022 Minabeolide 2 米纳贝软珊瑚内酯 2*

【基本信息】$C_{30}H_{40}O_5$, 无色油状物, $[\alpha]_D^{24}$ = +45° (c = 0.32, 氯仿).【类型】睡茄内酯类甾醇.【来源】软珊瑚科 *Paraminabea acronocephala* (屏东县, 台湾, 中国) 和软珊瑚科 *Minabea* sp.【活性】抗炎 (蛋白质印迹免疫分析, 10μmol/L, RAW264.7 细胞, 抑制 LPS 诱导的 iNOS 表达, 降低 iNOS 到 45.7%±7.7%; 抑制 LPS 诱导的 COX-2 的表达, 降低 COX-2 到 51.2%±11.5%).【文献】M. B. Ksebati, et al. JOC, 1988, 53, 3926; C.-H. Chao, et al. JNP, 2011, 74, 1132.

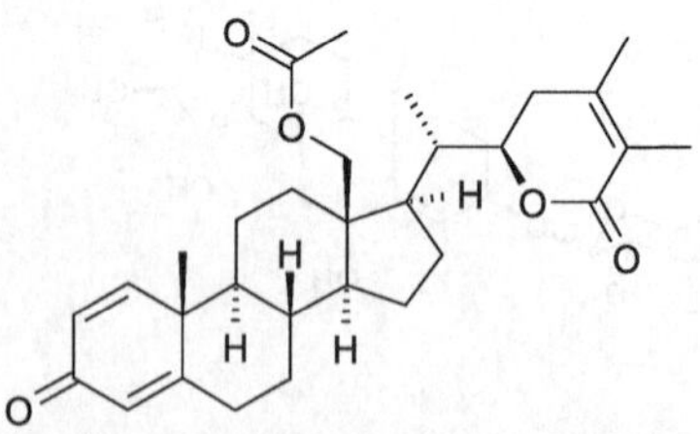

1023 Orthoesterol C disulfate 正交甾醇 C 二硫酸酯*

【基本信息】$C_{33}H_{56}O_{11}S_2$, 无定形粉末.【类型】睡茄内酯类甾醇.【来源】石海绵属 *Petrosia weinbergi*.【活性】抗病毒.【文献】J. L. Giner, et al. Steroids, 1999, 64, 820.

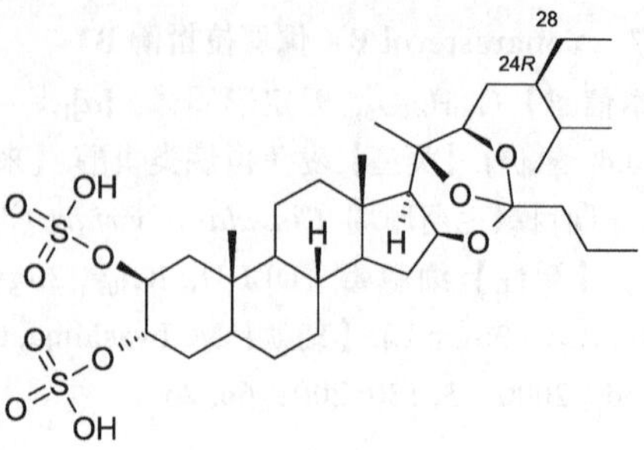

1024 Paraminabeolide A 屏东软珊瑚内酯 A*

【基本信息】$C_{28}H_{36}O_4$, 无定形固体, $[\alpha]_D^{24}$ = +83° (c = 0.18, 氯仿).【类型】睡茄内酯类甾醇.【来源】软珊瑚科 *Paraminabea acronocephala* (屏东县, 台湾, 中国).【活性】细胞毒 (HepG2, Hep3B, MDA-MB-231, MCF7 和 A549, 选择性细胞毒对 HepG2 细胞, IC_{50} = 8.0μmol/L); 抗炎 (蛋白质印迹免疫分析, 10μmol/L, RAW264.7 细胞, 抑制 LPS 诱导的 iNOS 表达, 降低 iNOS 到 11.0%±7.7%).【文献】C.-H. Chao, et al. JNP, 2011, 74, 1132.

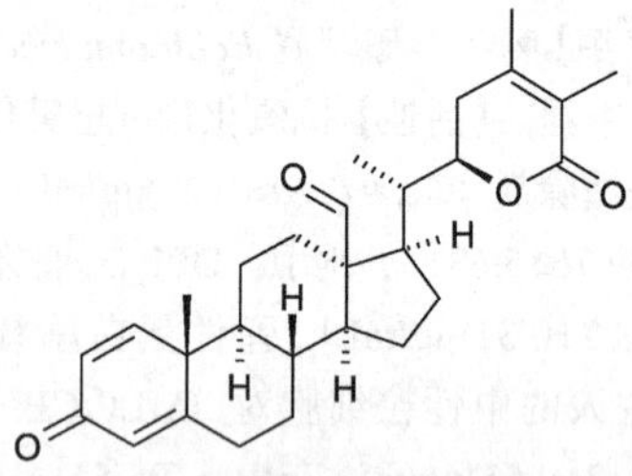

1025 Paraminabeolide B 屏东软珊瑚内酯 B*

【基本信息】$C_{30}H_{42}O_5$, 无定形固体, $[\alpha]_D^{24}$ = +8° (c = 0.09, 氯仿).【类型】睡茄内酯类甾醇.【来源】软珊瑚科 *Paraminabea acronocephala* (屏东县, 台湾, 中国).【活性】细胞毒 (MDA-MB-231, IC_{50} = 19.3μmol/L; MCF7, IC_{50} = 14.9μmol/L); 抗炎 (蛋白质印迹免疫分析, 10μmol/L, RAW264.7 细胞, 抑制 LPS 诱导的 iNOS 表达, 降低 iNOS 到 7.3%±1.0%).【文献】C.-H. Chao, et al. JNP, 2011, 74, 1132.

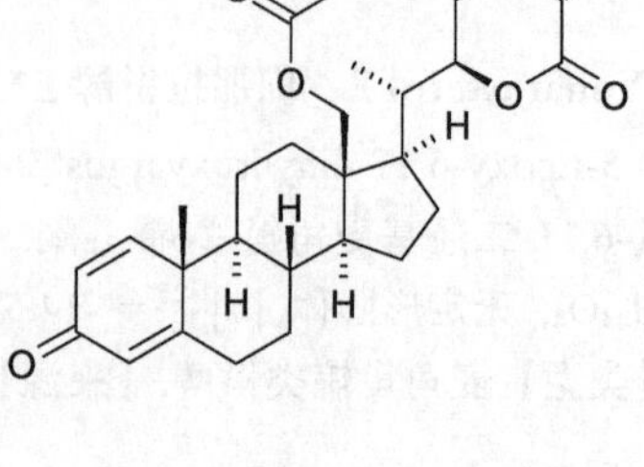

1026 Paraminabeolide C 屏东软珊瑚内酯 C*

【基本信息】$C_{30}H_{42}O_6$, 无定形固体, $[\alpha]_D^{24} = +13°$ ($c = 0.09$, 氯仿).【类型】睡茄内酯类甾醇.【来源】软珊瑚科 *Paraminabea acronocephala* (屏东县, 台湾, 中国).【活性】抗炎 (蛋白质印迹免疫分析, 10μmol/L, RAW264.7 细胞, 抑制 LPS 诱导的 iNOS 表达, 降低 iNOS 到 37.9%±9.9%).【文献】C.-H. Chao, et al. JNP, 2011, 74, 1132.

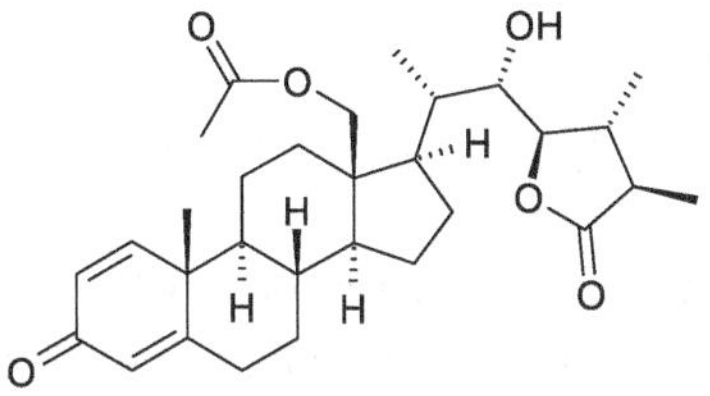

1027 Paraminabeolide D 屏东软珊瑚内酯 D*

【基本信息】$C_{28}H_{40}O_4$, 无定形固体, $[\alpha]_D^{24} = +28°$ ($c = 0.09$, 氯仿).【类型】睡茄内酯类甾醇.【来源】软珊瑚科 *Paraminabea acronocephala* (屏东县, 台湾, 中国).【活性】抗炎 (蛋白质印迹免疫分析, 10μmol/L, RAW264.7 细胞, 抑制 LPS 诱导的 iNOS 表达, 降低 iNOS 到 43.4%±9.5%).【文献】C.-H. Chao, et al. JNP, 2011, 74, 1132.

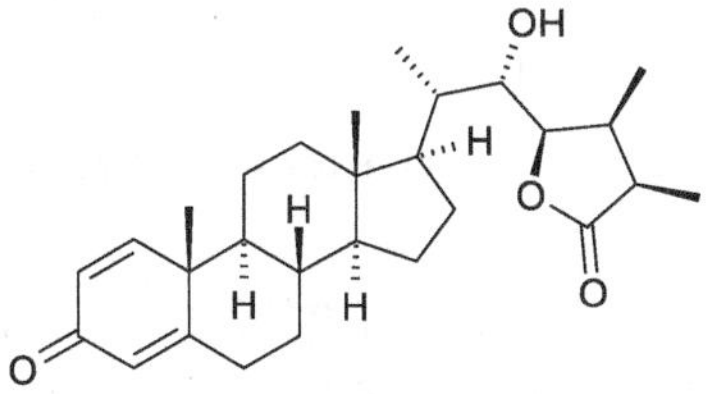

1028 Paraminabeolide E 屏东软珊瑚内酯 E*

【基本信息】$C_{28}H_{40}O_4$, 无定形固体, $[\alpha]_D^{24} = -33°$ ($c = 0.12$, 氯仿).【类型】睡茄内酯类甾醇.【来源】软珊瑚科 *Paraminabea acronocephala* (屏东县, 台湾, 中国).【活性】抗炎 (蛋白质印迹免疫分析, 10μmol/L, RAW264.7 细胞, 抑制 LPS 诱导的 iNOS 表达, 降低 iNOS 到大约 70%).【文献】C.-H. Chao, et al. JNP, 2011, 74, 1132.

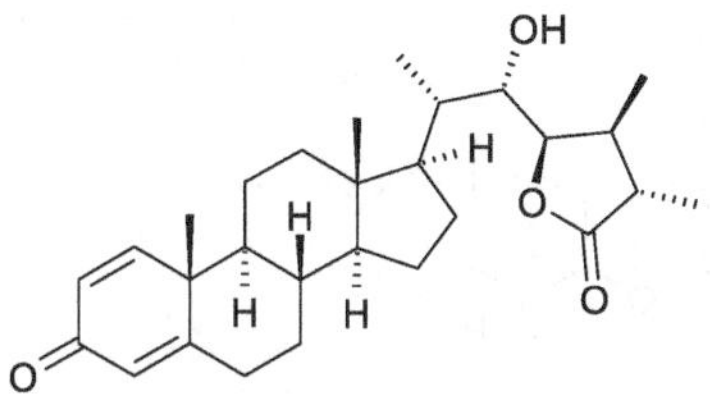

1029 Sinubrasolide A 白菜短指软珊瑚内酯 A*

【基本信息】$C_{28}H_{38}O_4$.【类型】睡茄内酯类甾醇.【来源】白菜短指软珊瑚* *Sinularia brassica* (培养样本, 中国台湾水域).【活性】细胞毒 (温和活性).【文献】C.-Y. Huang, et al. JNP, 2013, 76, 1902.

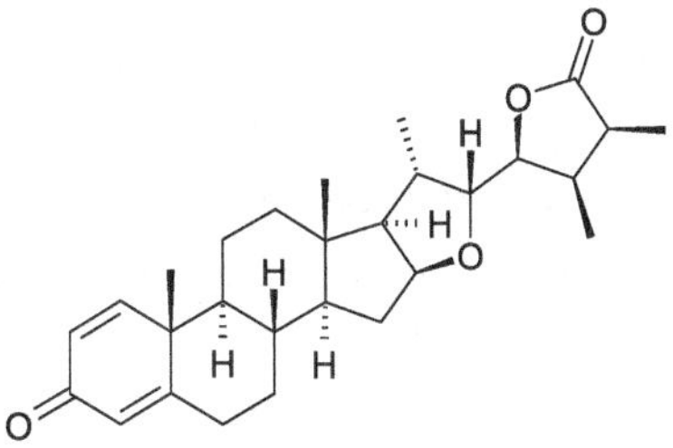

1030 Sinubrasolide B 白菜短指软珊瑚内酯 B*

【基本信息】$C_{28}H_{38}O_4$.【类型】睡茄内酯类甾醇.【来源】白菜短指软珊瑚* *Sinularia brassica* (培养样本, 中国台湾水域).【活性】细胞毒 (温和活性).【文献】C.-Y. Huang, et al. JNP, 2013, 76, 1902.

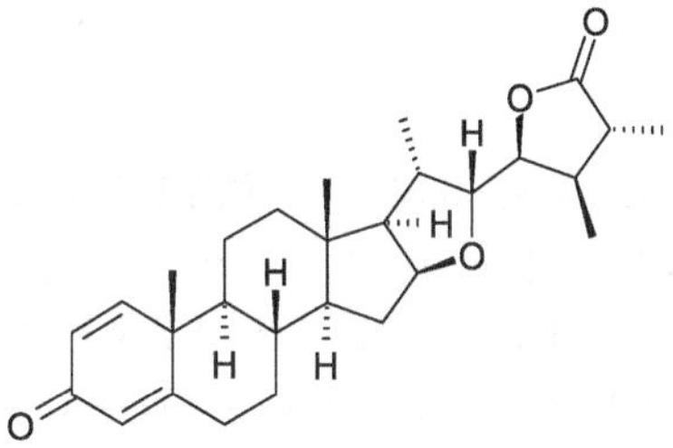

1031 Sinubrasolide E 白菜短指软珊瑚内酯 E*

【基本信息】$C_{28}H_{38}O_5$.【类型】睡茄内酯类甾醇.【来源】白菜短指软珊瑚* *Sinularia brassica* (培养样本, 台湾水域).【活性】细胞毒 (温和活性).【文献】C.-Y. Huang, et al. JNP, 2013, 76, 1902.

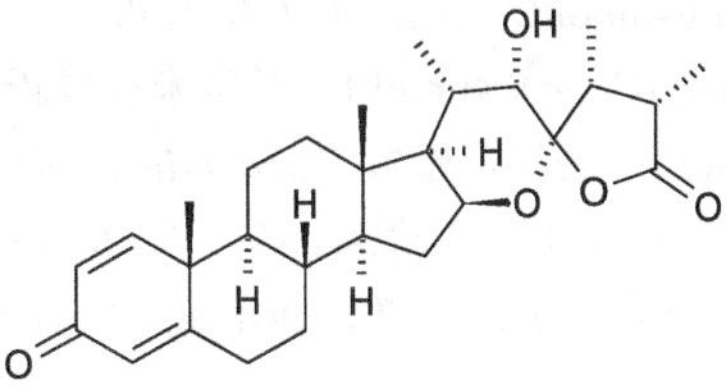

2.11 豆甾烷甾醇 (C_{29})

1032 Acanthifolioside D 加勒比海绵糖苷 D*

【基本信息】$C_{35}H_{62}O_8$, 白色无定形固体, $[\alpha]_D^{20} = -15.6°$ ($c = 0.13$, 甲醇).【类型】豆甾烷甾醇.【来

源】Microcionidae 科海绵 *Pandaros acanthifolium* [马提尼克岛 (法属), 加勒比海].【活性】细胞毒 (L-6, IC_{50} = 7.0μmol/L, 对照鬼臼毒素, IC_{50} = 0.012μmol/L); 抗原生动物 (布氏锥虫 *Trypanosoma brucei rhodesiense*, IC_{50} = 30.8μmol/L, 对照美拉申醇, IC_{50} = 0.010μmol/L; 克氏锥虫 *Trypanosoma cruzi*, IC_{50} = 15.3μmol/L, 对照苄硝唑, IC_{50} = 2.64μmol/L; 杜氏利什曼原虫 *Leishmania donovani*, IC_{50} = 5.7μmol/L, 对照米替福新, IC_{50} = 0.51μmol/L; 恶性疟原虫 *Plasmodium falciparum,* IC_{50} = 15.0μmol/L, 对照氯喹, IC_{50} = 0.20μmol/L).【文献】E. L. Regalado, et al. Tetrahedron, 2011, 67, 1011.

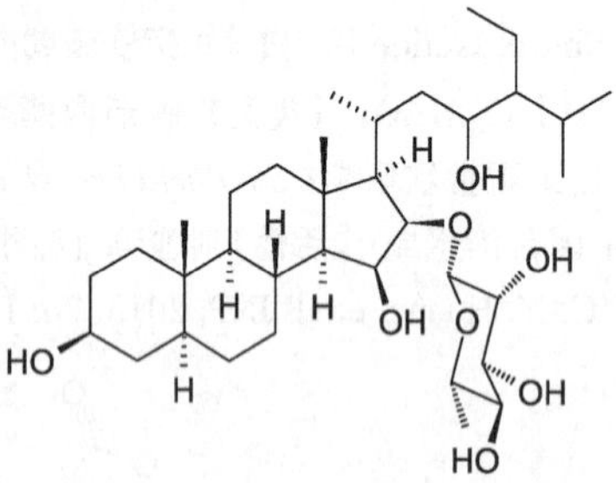

1033 Acanthifolioside E 加勒比海绵糖苷 E*

【基本信息】$C_{35}H_{60}O_8$, 白色无定形固体, $[\alpha]_D^{20}$ = −30.0° (*c* = 0.07, 甲醇).【类型】豆甾烷甾醇.【来源】Microcionidae 科海绵 *Pandaros acanthifolium* [马提尼克岛 (法属), 加勒比海].【活性】细胞毒 (L-6, IC_{50} = 8.5μmol/L, 对照鬼臼毒素, IC_{50} = 0.012μmol/L); 抗原生动物 (布氏锥虫 *Trypanosoma brucei rhodesiense*, IC_{50} = 27.4μmol/L, 对照美拉申醇, IC_{50} = 0.010μmol/L; 克氏锥虫 *Trypanosoma cruzi*, IC_{50} = 10.6μmol/L, 对照苄硝唑, IC_{50} = 2.64μmol/L; 杜氏利什曼原虫 *Leishmania donovani*, IC_{50} = 9.4μmol/L, 对照米替福新, IC_{50} = 0.51μmol/L; 恶性疟原虫 *Plasmodium falciparum,* IC_{50} = 12.9μmol/L, 对照氯喹, IC_{50} = 0.20μmol/L).【文献】E. L. Regalado, et al. Tetrahedron, 2011, 67, 1011.

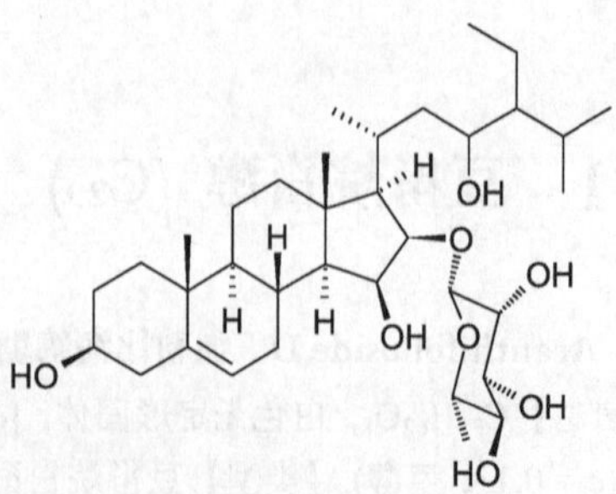

1034 Acanthifolioside F 加勒比海绵糖苷 F*

【基本信息】$C_{47}H_{80}O_{19}$, 白色无定形固体, $[\alpha]_D^{20}$ = −20.7° (*c* = 0.15, 甲醇).【类型】豆甾烷甾醇.【来源】Microcionidae 科海绵 *Pandaros acanthifolium* (马提尼克岛(法属), 加勒比海).【活性】细胞毒 (L-6, IC_{50} = 89.9μmol/L, 对照鬼臼毒素, IC_{50} = 0.012μmol/L); 抗原生动物 (布氏锥虫 *Trypanosoma brucei rhodesiense*, IC_{50} = 24.8μmol/L, 对照美拉申醇, IC_{50} = 0.010μmol/L; 克氏锥虫 *Trypanosoma cruzi*, IC_{50} = 77.4μmol/L, 对照苄硝唑, IC_{50} = 2.64μmol/L; 杜氏利什曼原虫 *Leishmania donovani*, IC_{50} = 29.0μmol/L, 对照米替福新, IC_{50} = 0.51μmol/L; 恶性疟原虫 Plasmodium falciparum, IC_{50} = 37.0μmol/L, 对照氯喹, IC_{50} = 0.20μmol/L).【文献】E. L. Regalado, et al. Tetrahedron, 2011, 67, 1011.

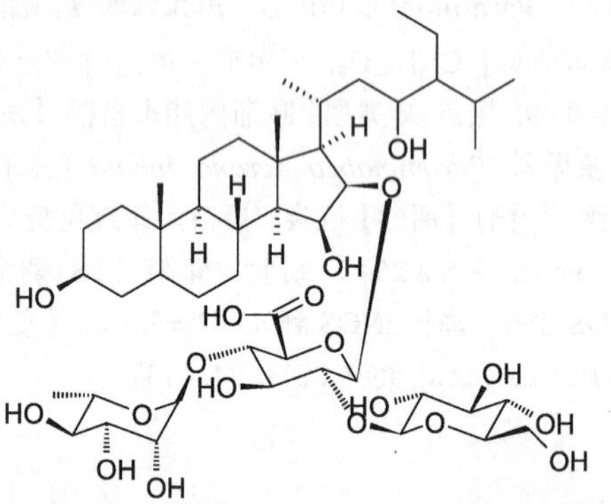

1035 Acetyltheonellasterol 乙酰蒂壳海绵甾醇*

【基本信息】$C_{32}H_{52}O_2$.【类型】豆甾烷甾醇.【来源】岩屑海绵斯氏蒂壳海绵* *Theonella swinhoei* (屏东县, 台湾, 中国).【活性】细胞毒 (DLD-1, IC_{50} > 20μg/mL; T47D, IC_{50} > 20μg/mL; HCT116, IC_{50} > 20μg/mL; MCF7, IC_{50} > 20μg/mL; MDA-MB-231, IC_{50} > 20μg/mL; K562, IC_{50} = 13.7μg/mL, 对照阿霉素, IC_{50} = 0.14μg/mL; Molt4, IC_{50} = 17.8μg/mL, 对照阿霉素, IC_{50} = 0.009μg/mL).【文献】J.-K. Guo, et al. Mar. Drugs, 2012, 10, 1536.

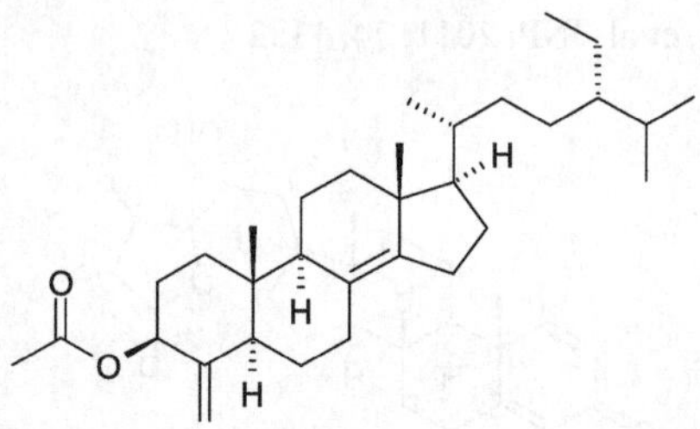

1036　Acodontasteroside D　齿棘海星甾醇糖苷 D*

【别名】(3*β*,4*β*,5*α*,6*α*,8*β*,15*β*,24*R*)-Stigmastane-3,4,6,8,15,29-hexol 29-*O*-[*β*-D-xylopyranosyl-(1→2)-*β*-D-xylopyranoside]; (3*β*,4*β*,5*α*,6*α*,8*β*,15*β*,24*R*)-豆甾烷-3,4,6,8,15,29-六醇 29-*O*-[*β*-D-吡喃木糖基-(1→2)-*β*-D-吡喃木糖苷].【基本信息】$C_{39}H_{68}O_{14}$, $[\alpha]_D = +8°$ ($c = 1$, 甲醇).【类型】豆甾烷甾醇.【来源】明显齿棘海星* *Acodontaster conspicuus* (南极地区).【活性】抗菌 (南极海洋细菌 McM13.3 和 McM32.2, 可能在明显齿棘海星**Acodontaster conspicuus* 体壁表面的微生物污染防治中发挥生态学作用).【文献】S. De Marino, et al. JNP, 1997, 60, 959.

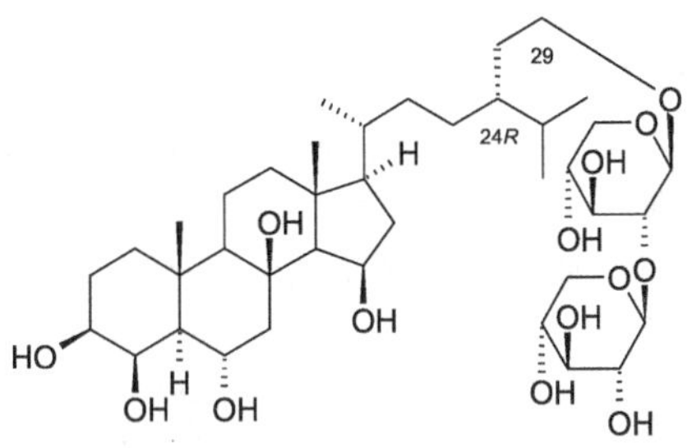

1037　Acodontasteroside F　齿棘海星甾醇糖苷 F*

【别名】(3*β*,4*β*,5*α*,6*α*,8*β*,15*β*,24*R*)-Stigmastane-3,4,6,8,15,29-hexol 29-*O*-[2-*O*-methyl-*β*-D-xylopyranosyl-(1→2)-*β*-D-xylopyranoside]; (3*β*,4*β*,5*α*,6*α*,8*β*,15*β*,24*R*)-豆甾烷-3,4,6,8,15,29-六醇 29-*O*-[2-*O*-甲基-*β*-D-吡喃木糖基-(1→2)-*β*-D-吡喃木糖苷].【基本信息】$C_{40}H_{70}O_{14}$, $[\alpha]_D = -14.4°$ ($c = 1$, 甲醇).【类型】豆甾烷甾醇.【来源】明显齿棘海星* *Acodontaster conspicuus* (南极地区).【活性】抗菌 (南极海洋细菌 McM13.3 和 McM32.2, 可能在明显齿棘海星* *Acodontaster conspicuus* 体壁表面的微生物污染防治中发挥生态学作用).【文献】S. De Marino, et al. JNP, 1997, 60, 959.

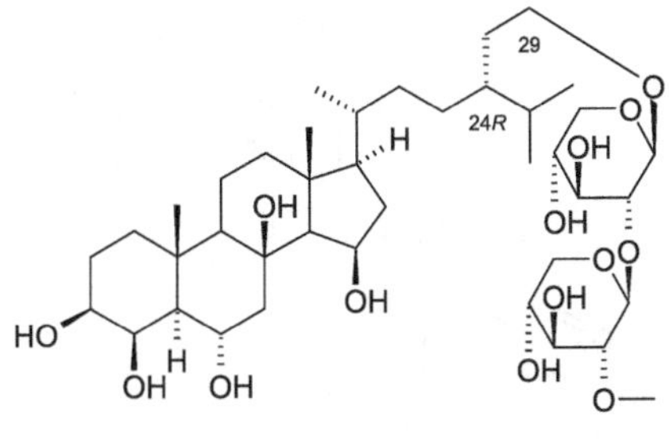

1038　Acodontasteroside I　齿棘海星甾醇糖苷 I*

【别名】(3*β*,6*α*,15*β*,24(28)*E*)-Stigmasta-8(14),24(28)-diene-3,6,15,29-tetrol 29-*O*-*β*-D-xylopyranoside; (3*β*,6*α*,15*β*,24(28)*E*)-豆甾-8(14),24(28)-二烯-3,6,15,29-四醇 29-*O*-*β*-D-吡喃木糖苷.【基本信息】$C_{34}H_{56}O_8$, $[\alpha]_D = -20.8°$ ($c = 1$, 甲醇).【类型】豆甾烷甾醇.【来源】明显齿棘海星* *Acodontaster conspicuus* (南极地区).【活性】抗菌 (南极海洋细菌 McM13.3 和 McM32.2, 可能在明显齿棘海星* *Acodontaster conspicuus* 体壁表面的微生物污染防治中发挥生态学作用).【文献】S. De Marino, et al. JNP, 1997, 60, 959.

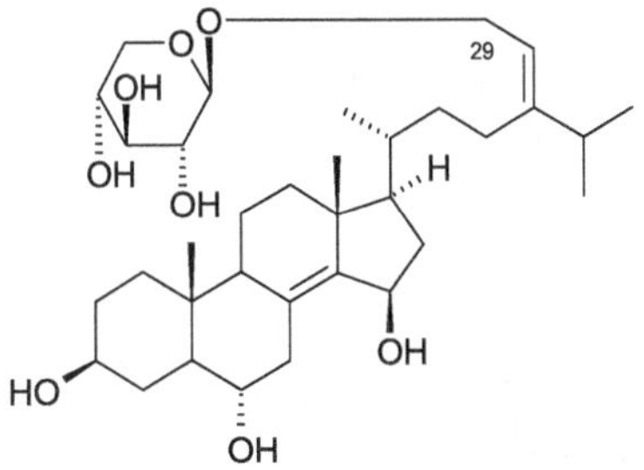

1039　Agosterol C6　角骨海绵甾醇 C6*

【基本信息】$C_{33}H_{52}O_8$, $[\alpha]_D = +37.7°$ ($c = 0.2$, 氯仿).【类型】豆甾烷甾醇.【来源】角骨海绵属 *Spongia* sp. (日本水域).【活性】逆转对多种药物的抗性 (10μg/mL: KB-C2, InRt = 15%±7%; KB-CV60, InRt = 21%±4%; KB-3-1, InRt = 19%±7%).【文献】S. Aoki, et al. Tetrahedron, 1999, 55, 13965.

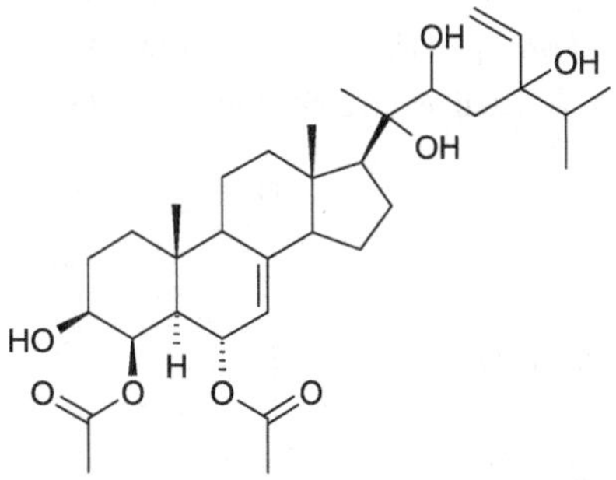

1040　Archasteroside A　飞白枫海星糖苷 A*

【别名】(3*β*,5*α*,6*α*,22*R*,23*S*,24*S*)-22,23-Epoxystigmast-9(11)-ene-3,6,20-triol 6-*O*-[*β*-D-fucopyranosyl-(1→2)-6-deoxy-*β*-D-glucopyranosyl-(1→4)-[6-deoxy-*β*-D-glucopyranosyl-(1→2)]-6-deoxy-*β*-D-glucopyranosyl-(1→3)-*β*-D-glucopyranoside] 3-*O*-sulfate;

(3β,5α,6α,22*R*,23*S*,24*S*)-22,23-环氧豆甾-9(11)-烯-3,6,20-三醇 6-*O*-[β-D-吡喃岩藻糖基-(1→2)-6-去氧-β-D-吡喃葡萄糖基-(1→4)-[6-去氧-β-D-吡喃葡萄糖基-(1→2)]-6-去氧-β-D-吡喃葡萄糖基-(1→3)-β-D-吡喃葡萄糖苷] 3-*O*-硫酸酯.【基本信息】$C_{59}H_{98}O_{28}S$, 无定形粉末, $[\alpha]_D^{20}$ = +4.8° (*c* = 0.2, 甲醇).【类型】豆甾烷甾醇.【来源】飞白枫海星 *Archaster typicus* (广宁省, 越南).【活性】细胞毒 (HeLa, IC_{50} = 24μmol/L; JB6 P^+ CI41, IC_{50} = 37μmol/L).【文献】A. A. Kicha, et al. BoMCL, 2010, 20, 3826.

1041 Clathsterol 格海绵甾醇*

【基本信息】$C_{39}H_{66}O_{15}S_2$, 粉末, $[\alpha]_D$ = +28° (*c* = 0.35, 甲醇).【类型】豆甾烷甾醇.【来源】格海绵属 *Clathria* sp.【活性】HIV-1 逆转录酶抑制剂.【文献】A. Rudi, et al. JNP, 2001, 64, 1451.

1042 (3β,5α,8α,24*R*)-5,8-epi-Dioxy-24-hydroperoxystigmasta-6,28-dien-3-ol (3β,5α,8α,24*R*)-5,8-*epi*-过氧-24-氢过氧豆甾-6,28-二烯-3-醇

【基本信息】$C_{29}H_{46}O_5$.【类型】豆甾烷甾醇.【来源】兰灯海绵属 Lendenfeldia chondrodes (帕劳, 大洋洲).【活性】抗污剂 (蓝贻贝 *Mytilus edulis galloprovincialis*).【文献】Y. Sera, et al. JNP, 1999, 62, 152.

1043 (3β,5α,8α,24*S*)-5,8-epi-Dioxy-24-hydroperoxystigmasta-6,28-dien-3-ol (3β,5α,8α,24*S*)-5,8-*epi*-过氧-24-氢过氧豆甾-6,28-二烯-3-醇

【基本信息】$C_{29}H_{46}O_5$.【类型】豆甾烷甾醇.【来源】兰灯海绵属 Lendenfeldia chondrodes (帕劳, 大洋洲).【活性】抗污剂 (蓝贻贝 *Mytilus edulis galloprovincialis*).【文献】Y. Sera, et al. JNP, 1999, 62, 152.

1044 24-Ethylcholesta-4,24(28)-diene-3,6-dione 24-乙基胆甾-4,24(28)-二烯-3,6-二酮

【基本信息】$C_{29}H_{44}O_2$, mp 134~136°C, $[\alpha]_D^{28}$ = −39° (*c* = 0.24, 氯仿).【类型】豆甾烷甾醇.【来源】棕藻小叶喇叭藻 *Turbinaria conoides* (台湾水域, 中国).【活性】细胞毒 (P_{388}, ED_{50} = 0.9μg/mL; KB, ED_{50} = 4.6μg/mL; A549, ED_{50} = 2.3μg/mL; HT29, ED_{50} = 1.2μg/mL).【文献】J.-H. Sheu, et al. JNP, 1999, 62, 224.

1045 (24*R*)-24-Ethyl-5*α*-cholestane-3*β*,5,6*β*,15*α*,29-pentol 29-sulfate (24*R*)-24-乙基-5*α*-胆甾烷-3*β*,5,6*β*,15*α*,29-五醇 29-硫酸酯

【基本信息】$C_{29}H_{52}O_8S$, $[\alpha]_D = +15.0°$.【类型】豆甾烷甾醇.【来源】格子沙海星* *Luidia clathrata* (墨西哥湾).【活性】抗菌 (抑制革兰氏阳性菌生长, 枯草杆菌 *Bacillus subtilis*, 金黄色葡萄球菌 *Staphylococcus aureus*); 抗污剂 (抑制藤壶幼虫定居).【文献】M. Iorii, et al. JNP, 1995, 58, 653.

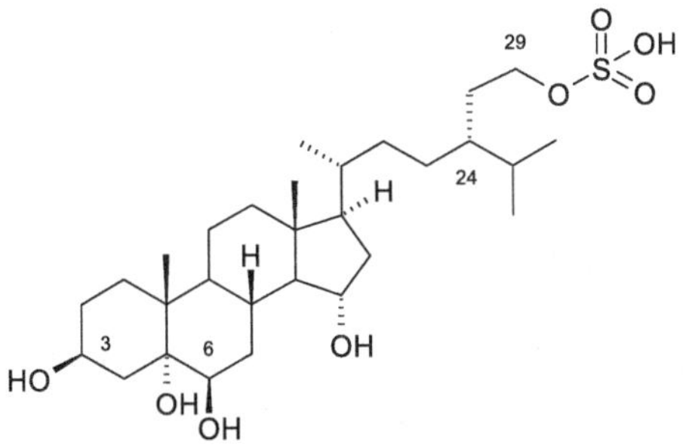

1046 (24*S*)-24-Ethyl-7*α*-hydroperoxycholesta-5,25-dien-3*β*-ol (24*S*)-24-乙基-7*α*-氢过氧胆甾-5,25-二烯-3*β*-醇

【基本信息】$C_{29}H_{48}O_3$, 白色粉末, mp 127~128°C, $[\alpha]_D^{24} = -87.6°$ ($c = 0.14$, 氯仿).【类型】豆甾烷甾醇.【来源】绿藻松藻属 *Codium arabicum*.【活性】细胞毒 (P_{388}, $ED_{50} = 0.4\mu g/mL$; KB, $ED_{50} = 1.0\mu g/mL$; A549, $ED_{50} = 0.5\mu g/mL$; HT29, $ED_{50} = 1.0\mu g/mL$).【文献】J.-H. Sheu, et al. JNP, 1995, 58, 1521.

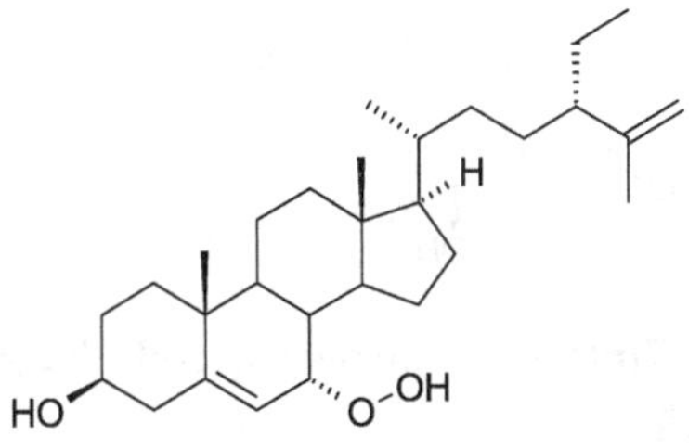

1047 (24*S*)-24-Ethyl-5*α*-hydroperoxycholesta-6,25-dien-3*β*-ol (24*S*)-24-乙基-5*α*-氢过氧胆甾-6,25-二烯-3*β*-醇

【基本信息】$C_{29}H_{48}O_3$, 白色粉末, mp 152~153°C, $[\alpha]_D^{24} = -9.1°$ ($c = 0.07$, 氯仿).【类型】豆甾烷甾醇.【来源】绿藻松藻属 *Codium arabicum*.【活性】细胞毒 (P_{388}, $ED_{50} = 0.5\mu g/mL$; KB, $ED_{50} = 1.0\mu g/mL$; A549, $ED_{50} = 1.1\mu g/mL$; HT29, $ED_{50} = 0.9\mu g/mL$).【文献】J.-H. Sheu, et al. JNP, 1995, 58, 1521.

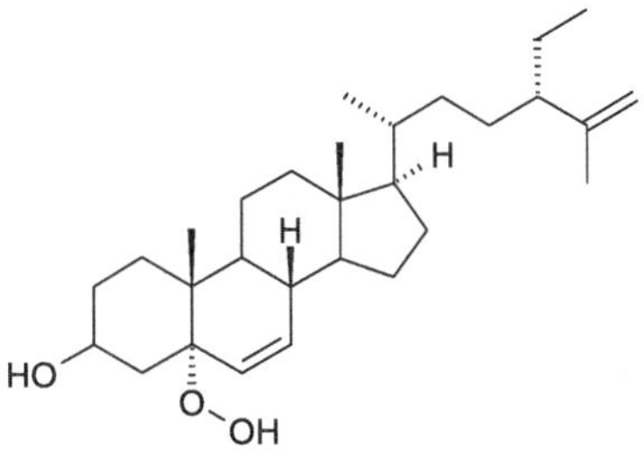

1048 (24*S*)-24-Ethyl-3-oxocholesta-4,25-dien-6*β*-ol (24*S*)-24-乙基-3-氧代胆甾-4,25-二烯-6*β*-醇

【基本信息】$C_{29}H_{46}O_2$, 白色粉末, mp 194°C.【类型】豆甾烷甾醇.【来源】绿藻松藻属 *Codium arabicum*.【活性】细胞毒 (P_{388}, $ED_{50} = 0.7\mu g/mL$; KB, $ED_{50} = 1.3\mu g/mL$; A549, $ED_{50} = 2.1\mu g/mL$; HT29, $ED_{50} = 0.3\mu g/mL$).【文献】J.-H. Sheu, et al. JNP, 1995, 58, 1521.

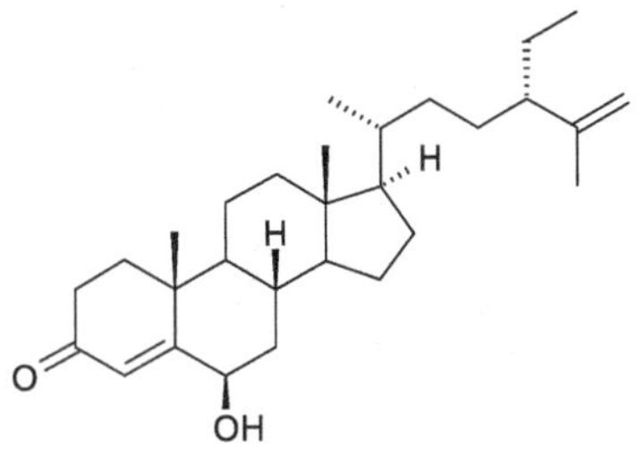

1049 Fucosterol 棕藻甾醇*

【别名】墨角藻甾醇; 岩藻甾醇.【基本信息】$C_{29}H_{48}O$, 针状晶体 (甲醇), mp 124°C, $[\alpha]_D^{20} = -38°$ (氯仿).【类型】豆甾烷甾醇.【来源】棕藻易扭转马尾藻 *Sargassum tortile,* 棕藻囊链藻属 *Cystoseira* sp., 棕藻双叉藻属 *Bifurcaria* sp.和棕藻小叶喇叭藻 *Turbinaria conoides* (Fucosterol 是棕藻特有的甾醇), 星芒海绵属 *Stelletta clarella*, 荔枝海绵属 *Tethya aurantia*, 扁矛海绵属 *Lissodendoryx noxiosa,* 蜂海绵属 *Haliclona permollis* 和蜂海绵属 *Haliclona* spp., 环节动物门矶沙蚕科 *Eunicea fusca* (圣玛尔塔湾, 加勒比海, 哥伦比亚), 软体动物双壳纲扇贝科虾夷盘扇贝 *Patinopecten yessoensis*.【活性】细胞毒 (P_{388}, $ED_{50} = 17.2\mu g/mL$, 对照依托泊苷, $ED_{50} = 0.24\mu g/mL$).【文献】I. Heilbron, et al. JCS, 1934, 1572; Y. M. Sheikh, et al. Tetrahedron, 1974, 30, 4095; W. C. M. C. Kokke, et al. JOC, 1984, 49, 3742; A. Numata, et al. CPB, 1991, 39, 2129; L. Castellanos, et al. Biochem. Syst. Ecol. 2003, 31, 1163; E. Reina, et al. BoMCL, 2011, 21, 5888.

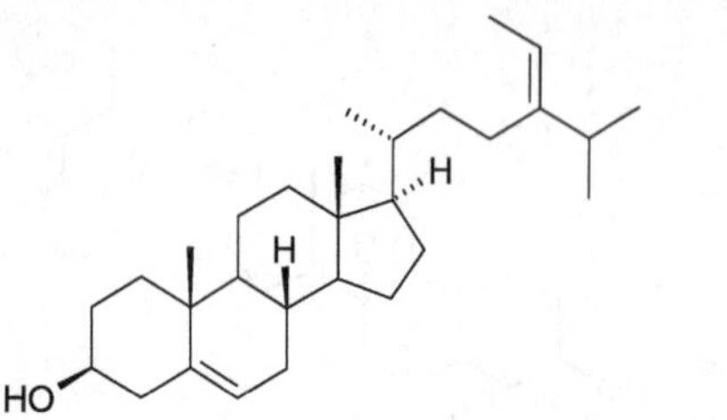

1050 24ξ-Hydroperoxy-24-ethylcholesta-4,28(29)-diene-3,6-dione 24ξ-氢过氧-24-乙基胆甾-4,28(29)-二烯-3,6-二酮

【基本信息】$C_{29}H_{44}O_4$, $[\alpha]_D^{34} = -39°$ (c = 0.075, 氯仿).【类型】豆甾烷甾醇.【来源】棕藻小叶喇叭藻 *Turbinaria conoides* (台湾水域, 中国).【活性】细胞毒 (P_{388}, ED_{50} = 0.4μg/mL; KB, ED_{50} = 1.8μg/mL; A549, ED_{50} = 1.8μg/mL; HT29, ED_{50} = 1.7μg/mL).【文献】J.-H. Sheu, et al. JNP, 1999, 62, 224.

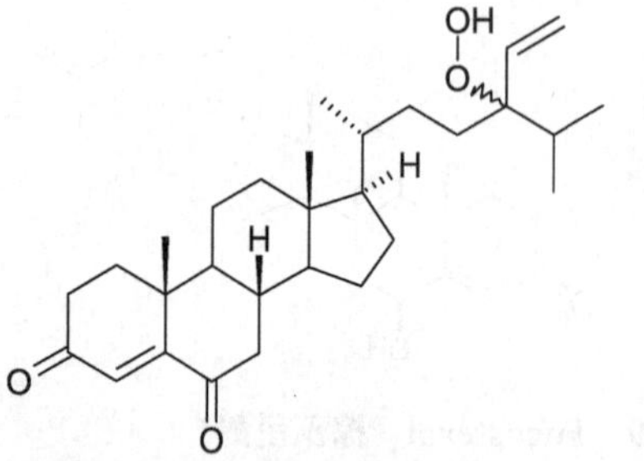

1051 24ξ-Hydroperoxy-6β-hydroxy-24-ethylcholesta-4,28(29)-dien-3-one 24ξ-氢过氧-6β-羟基-24-乙基胆甾-4,28(29)-二烯-3-酮

【基本信息】$C_{29}H_{46}O_4$, mp 151~152°C, $[\alpha]_D^{27}$ = +16° (c = 0.34, 氯仿).【类型】豆甾烷甾醇.【来源】棕藻小叶喇叭藻 *Turbinaria conoides* (台湾水域, 中国).【活性】细胞毒 (P_{388}, ED_{50} = 0.8μg/mL; KB, ED_{50} = 4.0μg/mL; A549, ED_{50} = 2.5μg/mL; HT29, ED_{50} = 1.4μg/mL).【文献】J.-H. Sheu, et al. JNP, 1999, 62, 224.

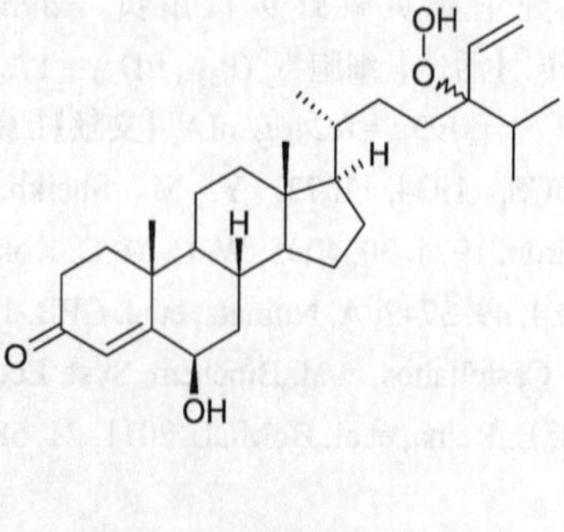

1052 24-Hydroperoxy-24-vinylcholesterol 24-氢过氧-24-乙烯基胆甾醇

【基本信息】$C_{29}H_{48}O_3$, 晶体, mp 140~145°C, $[\alpha]_D^{23} = -28.9°$ (c = 1.33, 氯仿).【类型】豆甾烷甾醇.【来源】次口海鞘属 *Phallusia mamillata* 和玻璃海鞘属 *Ciona intestinalis*.【活性】细胞毒.【文献】M. Guyot, et al. Tetrahedron Lett., 1982, 23, 1905; M. Guyot, et al. J. Chem. Res. (S), 1983, 188.

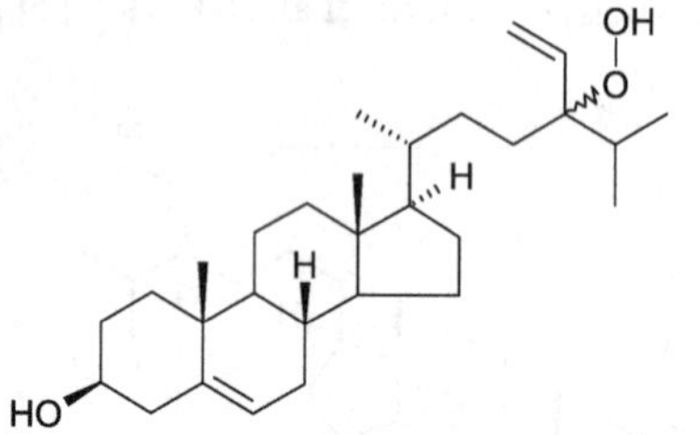

1053 6β-Hydroxy-24-ethylcholesta-4,24(28)-dien-3-one 6β-羟基-24-乙基胆甾-4,24(28)-二烯-3-酮

【基本信息】$C_{29}H_{46}O_2$, mp 171.5~173.0°C, $[\alpha]_D^{28}$ = +25° (c = 0.09, 氯仿).【类型】豆甾烷甾醇.【来源】棕藻小叶喇叭藻 *Turbinaria conoides* (台湾水域).【活性】细胞毒 (P_{388}, KB, A549, HT29, ED_{50} 分别为 0.6μg/mL, 5.9μg/mL, 3.1μg/mL, 0.4μg/mL).【文献】J.-H. Sheu, et al. JNP, 1999, 62, 224.

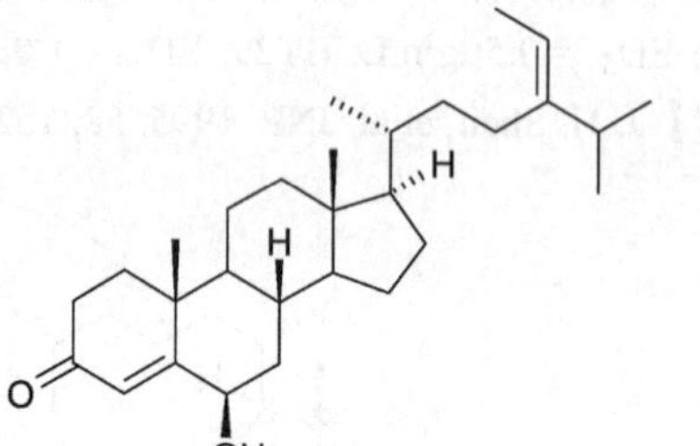

1054 7α-Hydroxytheonellasterol 7α-羟基蒂壳海绵甾醇*

【基本信息】$C_{30}H_{50}O_2$, 油状物, $[\alpha]_D$ = +19.4° (c = 0.35, 氯仿).【类型】豆甾烷甾醇.【来源】岩屑海

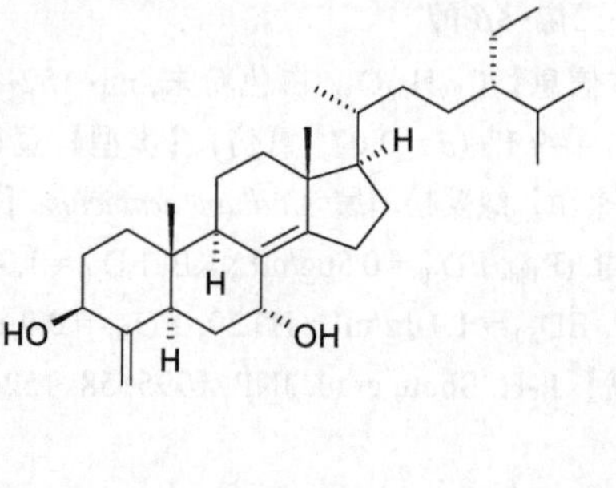

绵斯氏蒂壳海绵* *Theonella swinhoei* (南海).【活性】细胞毒 (8 种未表明身份的细胞, 平均 IC_{50} = 29.5μmol/L).【文献】P. L. Winder, et al. Mar. Drugs, 2011, 9, 2643 (Rev.).

1055 Kiheisterone A 吉黑甾酮 A*

【基本信息】$C_{29}H_{40}O_5$, 无色玻璃体, $[\alpha]_D$=+144° (c = 1.72, 甲醇).【类型】豆甾烷甾醇.【来源】未鉴定的 Poecilosclerida 异骨海绵目海绵 (毛伊岛, 美国).【活性】细胞毒 (A549 和 HT29, IC_{50} = 5.0μg/mL; P_{388}, IC_{50} = 2.5μg/mL; 非肿瘤猴肾细胞, IC_{50} = 0.2μg/mL).【文献】J. R. Carney, et al. JOC, 1992, 57, 6637.

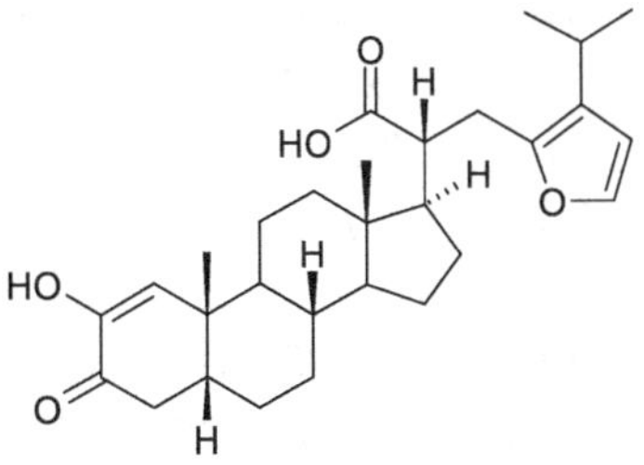

1056 Kiheisterone B 吉黑甾酮 B*

【基本信息】$C_{29}H_{40}O_5$, 白色针状细晶体, mp 223~225°C, $[\alpha]_D$ = +19° (c = 0.70, 氯仿).【类型】豆甾烷甾醇.【来源】未鉴定的 Poecilosclerida 异骨海绵目海绵 (毛伊岛, 美国).【活性】细胞毒 (A549, IC_{50} = 5.0μg/mL; HT29, IC_{50} = 5.0μg/mL; P_{388}, IC_{50} = 2.5μg/mL; 非肿瘤猴肾细胞, IC_{50} = 0.2μg/mL).【文献】J. R. Carney, et al. JOC, 1992, 57, 6637.

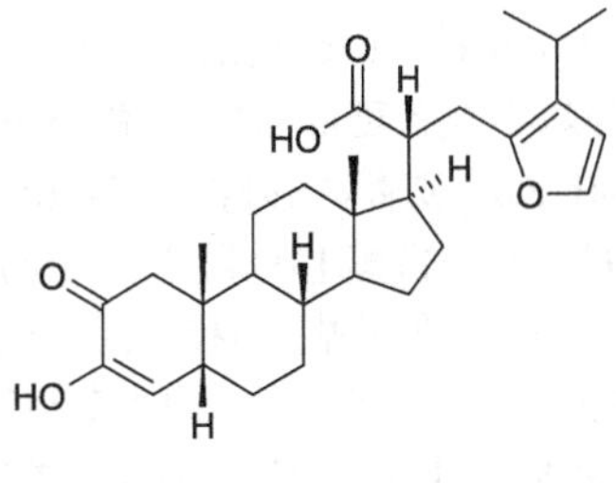

1057 Linckoside L_7 蓝指海星糖苷 L_7*

【别名】(3*β*,6*β*,15*α*,16*β*,22*E*,24*R*)-Stigmasta-4,22-diene-3,6,8,15,16,29-hexol 3-*O*-(2-*O*-methyl-*β*-D-xylopyranoside) 29-*O*-*β*-D-xylopyranoside 15-sulfate; (3*β*,6*β*,15*α*,16*β*,22*E*,24*R*)-豆甾-4,22-二烯-3,6,8,15,16,29-六醇 3-*O*-(2-*O*-甲基-*β*-D-吡喃木糖苷) 29-*O*-*β*-D-吡喃木糖苷 15-硫酸酯.【基本信息】$C_{40}H_{66}O_{17}S$, 无定形固体, $[\alpha]_D^{20}$ = –20.4° (c = 0.25, 甲醇).【类型】豆甾烷甾醇.【来源】蓝指海星 *Linckia laevigata* (越南).【活性】细胞毒 (海胆 *Strongyocentrotus intermedius* 在 8 卵裂球阶段的受精卵细胞, ED_{100} = 50μg/mL).【文献】A. A. Kicha, et al. Chem. Nat. Compd. (Engl. Transl.), 2007, 43, 76.

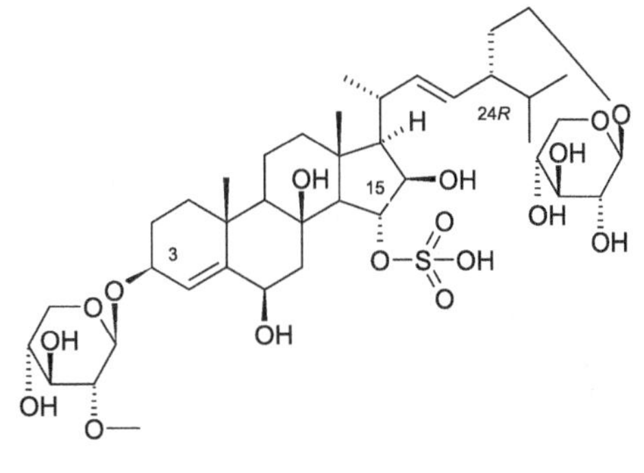

1058 Linckoside N 蓝指海星糖苷 N*

【别名】(3*β*,6*β*,15*α*,16*β*,22*E*,24*R*,25*S*)-Stigmasta-4,22-diene-3,6,8,15,16,26-hexol 3-*O*-(2-*O*-methyl-*β*-D-xylopyranoside) 26-*O*-*β*-D-xylopyranoside; (3*β*,6*β*,15*α*,16*β*,22*E*,24*R*,25*S*)-豆甾-4,22-二烯-3,6,8,15,16,26-六醇 3-*O*-(2-*O*-甲基-*β*-D-吡喃木糖苷) 26-*O*-*β*-D-吡喃木糖苷.【基本信息】$C_{40}H_{66}O_{14}$, 无定形固体, $[\alpha]_D^{23}$ = –36° (c = 0.11, 甲醇).【类型】豆甾烷甾醇.【来源】蓝指海星 *Linckia laevigata* (冲绳, 日本).【活性】神经系统活性 (轴突生长诱导剂, 表观 IC_{50} > 10μmol/L, 作用的分子机制: 取决于侧链上的木糖).【文献】C. Han, et al. J. Nat. Med. (Tokyo), 2007, 61, 138.

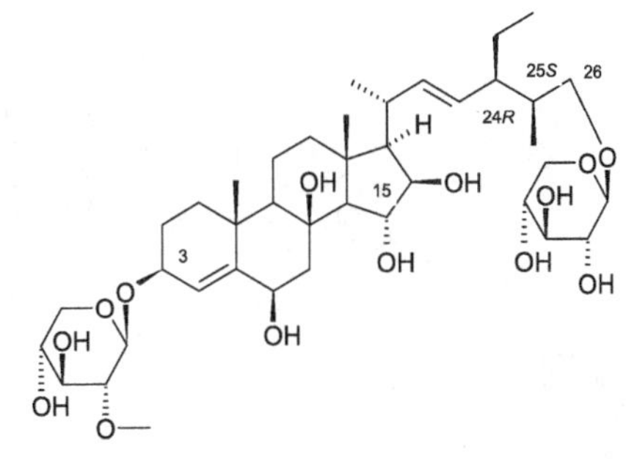

1059 Linckoside O 蓝指海星糖苷 O*

【别名】(3*β*,6*β*,15*α*,16*β*,22*E*,24*R*)-Stigmasta-4,22-diene-3,6,8,15,16,29-hexol 3-*O*-(2-*O*-methyl-*β*-D-xylopyranoside) 29-*O*-*β*-D-xylopyranoside; (3*β*,6*β*,15*α*,16*β*,22*E*,24*R*)-豆甾-4,22-二烯-3,6,8,15,16,29-六醇 3-*O*-(2-*O*-甲基-*β*-D-吡喃木糖苷) 29-*O*-*β*-D-吡喃

木糖苷.【基本信息】$C_{40}H_{66}O_{14}$, 无定形固体, $[\alpha]_D^{18}=-33°$ ($c=0.12$, 甲醇).【类型】豆甾烷甾醇.【来源】蓝指海星 *Linckia laevigata* (冲绳, 日本).【活性】神经系统活性 (轴突生长诱导剂, 表观 IC_{50} > 10μmol/L, 作用的分子机制: 取决于侧链上的木糖).【文献】C. Han, et al. J. Nat. Med. (Tokyo), 2007, 61, 138.

1060 Linckoside P 蓝指海星糖苷 P*

【别名】(3*β*,6*β*,8*β*,15*α*,16*β*,24*R*)-Stigmast-4,25-diene-3,6,8,15,16,29-hexol 3-*O*-(2-*O*-methyl-*β*-D-xylopyranoside) 29-*O*-*β*-D-xylopyranoside; (3*β*,6*β*,8*β*,15*α*,16*β*,24*R*)-豆甾-4,25-二烯-3,6,8,15,16,29-六醇 3-*O*-(2-*O*-甲基-*β*-D-吡喃木糖苷) 29-*O*-*β*-D-吡喃木糖苷.【基本信息】$C_{40}H_{66}O_{14}$, 无定形固体, $[\alpha]_D^{22}=-29°$ ($c=0.07$, 甲醇).【类型】豆甾烷甾醇.【来源】蓝指海星 *Linckia laevigata.*【活性】神经系统活性 (轴突生长诱导剂, 表观 IC_{50} > 10μmol/L; 作用的分子机制: 取决于侧链上的木糖).【文献】C. Han, et al. J. Nat. Med. (Tokyo), 2007, 61, 138.

1061 Norselic acid A 南极诺塞尔酸 A*

【别名】24-Hydroxy-3-oxostigmasta-1,4,6,25-tetraen-18-oic acid; 24-羟基-3-氧代豆甾-1,4,6,25-四烯-18-酸.【基本信息】$C_{29}H_{40}O_4$, 晶体 (二氯甲烷/己烷), mp 157~158℃, $[\alpha]_D^{20}=+53°$ ($c=0.2$, 氯仿).【类型】豆甾烷甾醇.【来源】肉丁海绵属 *Crella* sp. (诺塞尔角, 帕尔默站, 南极地区).【活性】抗微生物 (低活性); 拒食活性 (中食草动物, 以海藻为食物和栖息地的小型底栖食草动物). [文献] W. S. Ma, et al. JNP, 2009, 72, 1842.

1062 Norselic acid B 南极诺塞尔酸 B*

【别名】24-Hydroxy-3-oxostigmasta-1,25-dien-18-oic acid; 24-羟基-3-氧代豆甾-1,25-二烯-18-酸.【基本信息】$C_{29}H_{44}O_4$, 晶体, mp 201℃, $[\alpha]_D^{20}=+42°$ ($c=0.2$, 氯仿).【类型】豆甾烷甾醇.【来源】肉丁海绵属 *Crella* sp. (诺塞尔角, 帕尔默站, 南极地区).【活性】抗微生物 (低活性); 拒食活性 (中食草动物, 以海藻为食物和栖息地的小型底栖食草动物). [文献] W. S. Ma, et al. JNP, 2009, 72, 1842.

1063 Norselic acid D 南极诺塞尔酸 D*

【别名】24-Hydroxy-3-oxostigmasta-4,25-dien-18-oic acid; 24-羟基-3-氧代豆甾-4,25-二烯-18-酸.【基本信息】$C_{29}H_{44}O_4$, 玻璃体, $[\alpha]_D^{20}=+54°$ ($c=0.1$, 氯仿).【类型】豆甾烷甾醇.【来源】肉丁海绵属 *Crella* sp. (诺塞尔角, 帕尔默站, 南极地区).【活性】抗微生物 (低活性); 拒食活性 (中食草动物, 以海藻为食物和栖息地的小型底栖食草动物). [文献] W. S. Ma, et al. JNP, 2009, 72, 1842.

1064 Norselic acid E 南极诺塞尔酸 E*

【基本信息】$C_{31}H_{42}O_5$, 玻璃体, $[\alpha]_D^{20}$= +57° (c = 0.1, 氯仿).【类型】豆甾烷甾醇.【来源】肉丁海绵属 *Crella* sp. (诺塞尔角, 帕尔默站, 南极地区).【活性】抗微生物 (低活性); 拒食活性 (中食草动物, 以海藻为食物和栖息地的小型底栖食草动物).[文献] W. S. Ma, et al. JNP, 2009, 72, 1842.

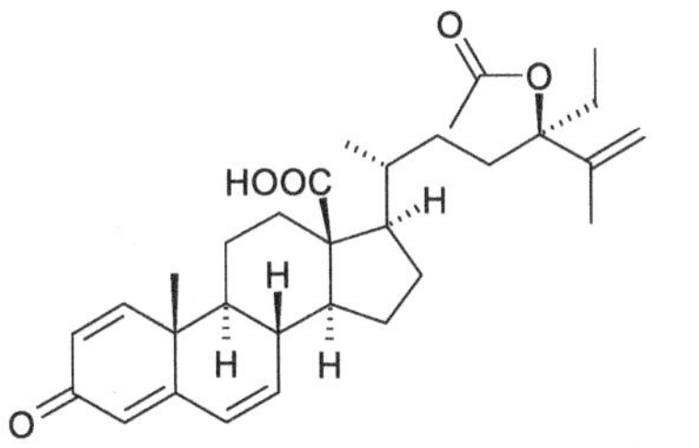

1065 Pakisterol A 帕开甾醇 A*

【基本信息】$C_{35}H_{58}O_6$.【类型】豆甾烷甾醇.【来源】豆荚软珊瑚属 *Lobophytum* sp. (越南).【活性】细胞毒 (A549, IC_{50} = 29.3μmol/L, 对照米托蒽醌, IC_{50} = 6.1μmol/L; HT29, IC_{50} = 23.8μmol/L, 对照米托蒽醌, IC_{50} = 6.5μmol/L).【文献】H. T. Nguyen, et al. Arch. Pharm. Res., 2010, 33, 503.

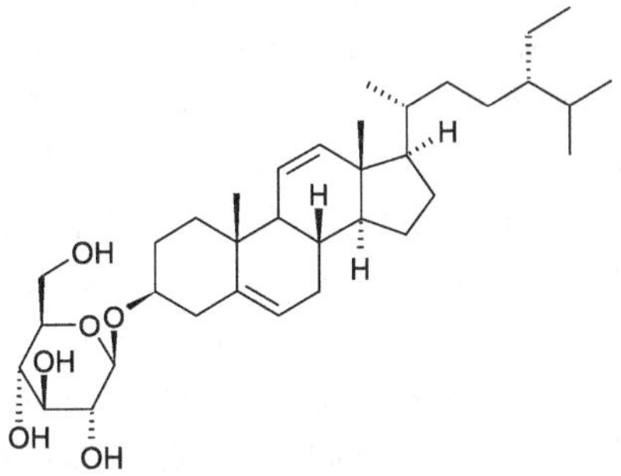

1066 Pandaroside A 加勒比潘达柔斯海绵糖苷 A*

【别名】(3*β*,5*α*,14*β*,24*R*)-3,16-Dihydroxystigmast-16-ene-15,23-dione 3-*O*-[*β*-D-glucopyranosyl-(1→2)-*β*-D-glucuronopyranoside]; (3*β*,5*α*,14*β*,24*R*)-3,16-二羟基豆甾-16-烯-15,23-二酮 3-*O*-[*β*-D-吡喃葡萄糖基-(1→2)-*β*-D-吡喃葡萄糖醛酸苷].【基本信息】$C_{41}H_{64}O_{15}$, 无定形固体, $[\alpha]_D^{20}$ = +19.1° (c =0.19, 甲醇).【类型】豆甾烷甾醇.【来源】Microcionidae 科海绵 *Pandaros acanthifolium*.【活性】抗锥虫 (布氏锥虫 *Trypanosoma brucei rhodesiense*, IC_{50} = 9.1μmol/L, 对照美拉申醇, IC_{50} = 0.010μmol/L; 克氏锥虫 *Trypanosoma cruzi*, IC_{50} = 52.2μmol/L, 对照苄硝唑, IC_{50} = 2.64μmol/L); 抗利什曼原虫 (杜氏利什曼原虫 *Leishmania donovani*, IC_{50} = 19.7μmol/L, 对照米替福新, IC_{50} = 0.51μmol/L); 抗疟疾 (恶性疟原虫 *Plasmodium falciparum*, IC_{50} = 17.6μmol/L, 对照氯喹, IC_{50} = 0.2μmol/L); 细胞毒 (L-6, IC_{50} = 48.9μmol/L, 对照鬼臼毒素, IC_{50} = 0.012μmol/L).【文献】N. Cachet, et al. Steroids, 2009, 74, 746.

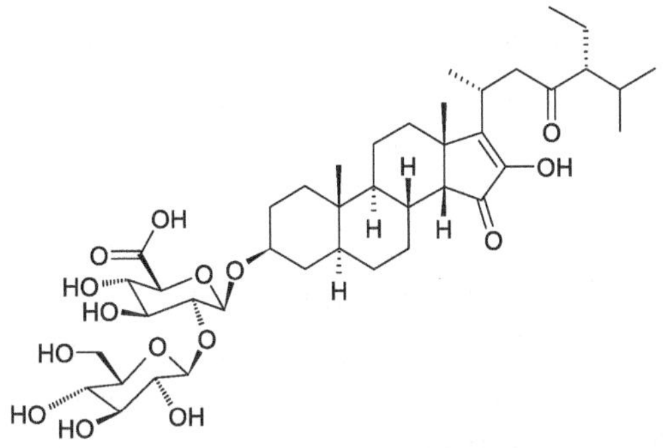

1067 Pandaroside A methyl ester 加勒比潘达柔斯海绵糖苷 A 甲酯*

【基本信息】$C_{42}H_{66}O_{15}$, 无定形固体, $[\alpha]_D^{20}$ = +7.8° (c = 0.27, 甲醇).【类型】豆甾烷甾醇.【来源】Microcionidae 科海绵 *Pandaros acanthifolium*.【活性】抗锥虫 (布氏锥虫 *Trypanosoma brucei rhodesiense*, IC_{50} = 114μmol/L, 对照美拉申醇, IC_{50} = 0.010μmol/L; 克氏锥虫 *Trypanosoma cruzi*, IC_{50} = 120μmol/L, 对照苄硝唑, IC_{50} = 2.64μmol/L); 抗利什曼原虫 (杜氏利什曼原虫 *Leishmania donovani*, IC_{50} = 66.3μmol/L, 对照米替福新, IC_{50} = 0.51μmol/L); 抗疟疾 (恶性疟原虫 *Plasmodium falciparum*, IC_{50} = 25μmol/L, 对照氯喹, IC_{50} = 0.2μmol/L); 细胞毒 (L-6, IC_{50} = 120μmol/L, 对照鬼臼毒素, IC_{50} = 0.012μmol/L).【文献】N. Cachet, et al. Steroids, 2009, 74, 746.

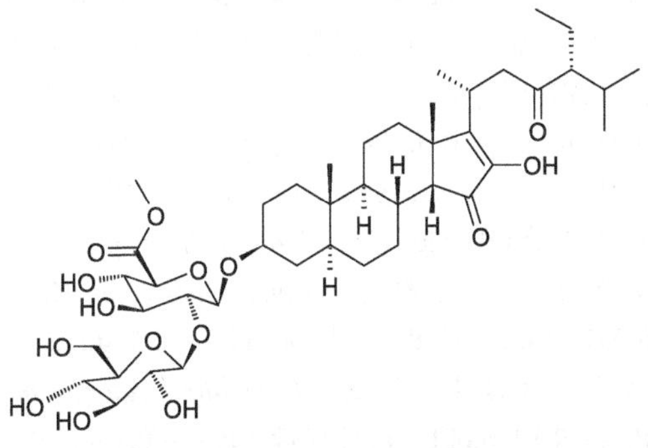

1068 Pandaroside G 加勒比潘达柔斯海绵糖苷 G*

【别名】16-Hydroxy-3*β*-*O*-[*β*-D-xylopyranosyl-(1→3)-*β*-D-glucopyranosyloxyuronic acid]-5*α*,14*β*-poriferasta-7,16-diene-15,23-dione; 16-羟基-3*β*-*O*-[*β*-D-吡喃木糖基-(1→3)-*β*-D-吡喃葡萄糖醛酸]-5*α*,14*β*-多孔动物-7,16-二烯-15,23-二酮.【基本信息】$C_{40}H_{60}O_{14}$, 白色无定形固体, $[\alpha]_D^{20}$ = +16.8° (*c* = 0.07, 甲醇).【类型】豆甾烷甾醇.【来源】Microcionidae 科海绵 *Pandaros acanthifolium* [马提尼克岛 (法属), 加勒比海].【活性】抗锥虫 (布氏锥虫 *Trypanosoma brucei rhodesiense,* IC_{50} = 0.8μmol/L, 对照美拉申醇, IC_{50} = 0.010μmol/L; 克氏锥虫 *Trypanosoma cruzi,* IC_{50} = 9.7μmol/L, 对照苄硝唑, IC_{50} = 2.64μmol/L); 抗利什曼原虫 (杜氏利什曼原虫 *Leishmania donovani,* IC_{50} = 1.3μmol/L, 对照米替福新, IC_{50} = 0.51μmol/L); 抗疟疾 (恶性疟原虫 *Plasmodium falciparum,* IC_{50} = 2.5μmol/L, 对照氯喹, IC_{50} = 0.2μmol/L); 细胞毒 (L-6, IC_{50} = 5.4μmol/L, 对照鬼臼毒素, IC_{50} = 0.012μmol/L).【文献】E. L. Regalado, et al. JNP, 2010, 73, 1404.

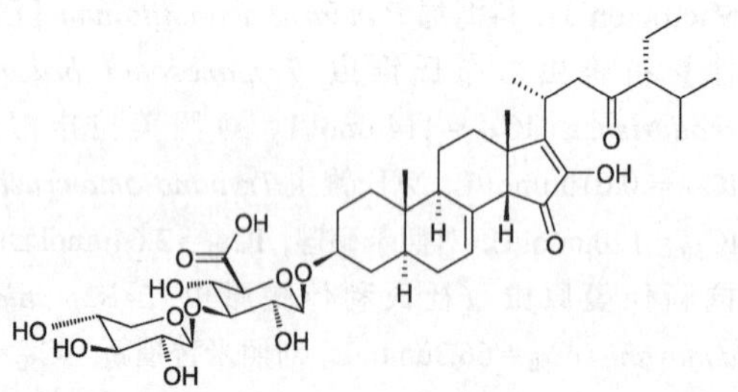

1069 Pandaroside G methyl ester 加勒比潘达柔斯海绵糖苷 G 甲酯*

【基本信息】$C_{41}H_{62}O_{14}$, 白色无定形固体, $[\alpha]_D^{20}$ = +30.0° (*c* =0.10, 甲醇).【类型】豆甾烷甾醇.【来源】Microcionidae 科海绵 *Pandaros acanthifolium* [马提尼克岛 (法属), 加勒比海].【活性】抗锥虫 (布氏锥虫 *Trypanosoma brucei rhodesiense,* IC_{50} = 0.038μmol/L, 对照美拉申醇, IC_{50} = 0.010μmol/L; 克氏锥虫 *Trypanosoma cruzi,* IC_{50} = 0.77μmol/L, 对照 Benznidazole, IC_{50} = 2.64μmol/L); 抗利什曼原虫 (杜氏利什曼原虫 *Leishmania donovani,* IC_{50} = 0.051μmol/L, 对照米替福新, IC_{50} = 0.51μmol/L); 抗疟疾 (恶性疟原虫 *Plasmodium falciparum,* IC_{50} = 0.39μmol/L, 对照氯喹, IC_{50} = 0.2μmol/L); 细胞毒 (L-6, IC_{50} = 0.22μmol/L, 对照鬼臼毒素, IC_{50} = 0.012μmol/L).【文献】E. L. Regalado, et al. JNP, 2010, 73, 1404.

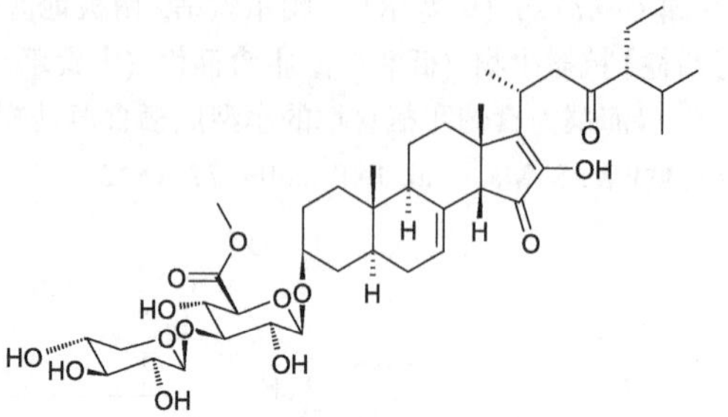

1070 Pandaroside H 加勒比潘达柔斯海绵糖苷 H*

【别名】16-Hydroxy-3*β*-*O*-[*β*-D-xylopyranosyl-(1→3)-*β*-D-glucopyranosyloxyuronic acid]-5*α*,14*β*-poriferast-16-ene-15,23-dione; 16-羟基-3*β*-*O*-[*β*-D-吡喃木糖基-(1→3)-*β*-D-吡喃葡萄糖醛酸]-5*α*,14*β*-多孔动物-16-烯-15,23-二酮.【基本信息】$C_{40}H_{62}O_{14}$, 白色无定形固体, $[\alpha]_D^{20}$ = +9.1° (*c* = 0.08, 甲醇).【类型】豆甾烷甾醇.【来源】Microcionidae 科海绵 *Pandaros acanthifolium* [马提尼克岛 (法属), 加勒比海].【活性】抗锥虫 (布氏锥虫 *Trypanosoma brucei rhodesiense,* IC_{50} = 68.4μmol/L, 对照美拉申醇, IC_{50} = 0.010μmol/L; 克氏锥虫 *Trypanosoma cruzi,* IC_{50} = 120μmol/L, 对照苄硝唑, IC_{50} = 2.64μmol/L); 抗利什曼原虫 (杜氏利什曼原虫 *Leishmania donovani,* IC_{50} = 46.7μmol/L, 对照米替福新, IC_{50} = 0.51μmol/L); 抗疟疾 (恶性疟原虫 *Plasmodium falciparum,* IC_{50} = 22.8μmol/L, 对照氯喹, IC_{50} = 0.2μmol/L); 细胞毒 (L-6, IC_{50} = 120μmol/L, 对照鬼臼毒素, IC_{50} = 0.012μmol/L).【文献】E. L. Regalado, et al. JNP, 2010, 73, 1404.

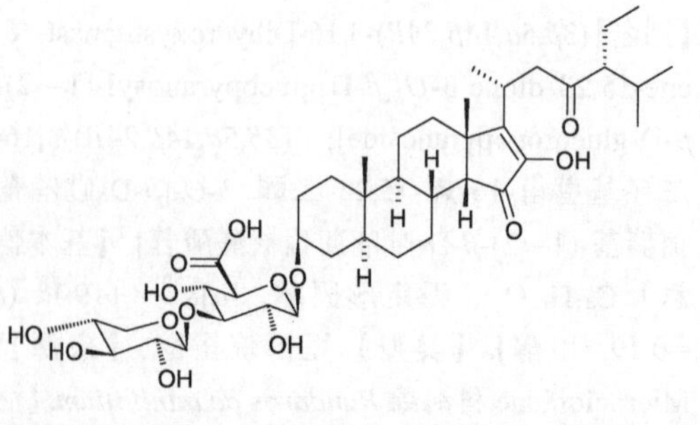

1071 Pandaroside H methyl ester 加勒比潘达柔斯海绵糖苷 H 甲酯*

【基本信息】$C_{41}H_{64}O_{14}$, 白色无定形固体, $[\alpha]_D^{20}$ =

+7.4° (c =0.08, 甲醇).【类型】豆甾烷甾醇.【来源】Microcionidae 科海绵 *Pandaros acanthifolium* [马提尼克岛 (法属), 加勒比海].【活性】抗锥虫 (布氏锥虫 *Trypanosoma brucei rhodesiense,* IC_{50} = 19.9μmol/L, 对照美拉申醇, IC_{50} = 0.010μmol/L; 克氏锥虫 *Trypanosoma cruzi,* IC_{50} = 36.1μmol/L, 对照苄硝唑, IC_{50} = 2.64μmol/L); 抗利什曼原虫 (杜氏利什曼原虫 *Leishmania donovani,* IC_{50}= 16.5μmol/L, 对照米替福新, IC_{50} = 0.51μmol/L); 抗疟疾 (恶性疟原虫 *Plasmodium falciparum,* IC_{50} = 10.2μmol/L, 对照氯喹, IC_{50} = 0.2μmol/L); 细胞毒 (L-6, IC_{50} = 43.3μmol/L, 对照鬼臼毒素, IC_{50} = 0.012μmol/L).【文献】E. L. Regalado, et al. JNP, 2010, 73, 1404.

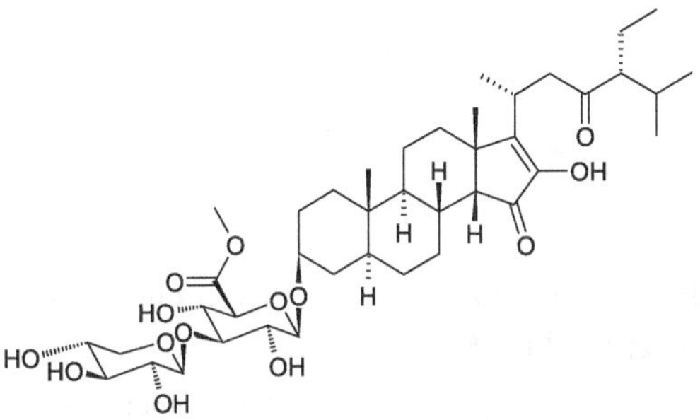

1072 Pandaroside I 加勒比潘达柔斯海绵糖苷 I*

【别名】16-Hydroxy-3*β*-*O*-[*α*-rhamnopyranosyl-(1→4)-*β*-D-glucopyranosyloxyuronic acid]-5*α*,14*β*-poriferast-16-ene-15,23-dione; 16-羟基-3*β*-*O*-[*α*-吡喃鼠李糖基-(1→4)-*β*-D-吡喃葡萄糖醛酸]-5*α*,14*β*-多孔动物-16-烯-15,23-二酮.【基本信息】$C_{41}H_{64}O_{14}$, 白色无定形固体, $[\alpha]_D^{24}$ = –13.0° (c = 0.10, 甲醇).【类型】豆甾烷甾醇.【来源】Microcionidae 科海绵 *Pandaros acanthifolium* (马提尼克岛(法属), 加勒比海).【活性】抗锥虫 (布氏锥虫 *Trypanosoma brucei rhodesiense,* IC_{50} = 19.2μmol/L, 对照美拉申醇, IC_{50} = 0.010μmol/L; 克氏锥虫 *Trypanosoma cruzi,* IC_{50} = 70.8μmol/L, 对照苄硝唑, IC_{50} = 2.64μmol/L); 抗利什曼原虫 (杜氏利什曼原虫 *Leishmania donovani,* IC_{50} = 36.0μmol/L, 对照米替福新, IC_{50} = 0.51μmol/L); 抗疟疾 (恶性疟原虫 *Plasmodium falciparum,* IC_{50} = 25μmol/L, 对照氯喹, IC_{50} = 0.2μmol/L); 细胞毒 (L-6, IC_{50} = 120μmol/L, 对照鬼臼毒素, IC_{50} = 0.012μmol/L).【文献】E. L. Regalado, et al. JNP, 2010, 73, 1404.

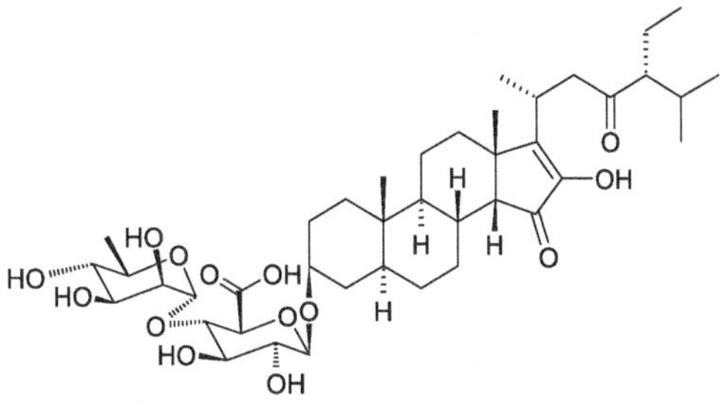

1073 Pandaroside I methyl ester 加勒比潘达柔斯海绵糖苷 I 甲酯*

【基本信息】$C_{42}H_{66}O_{14}$, 白色无定形固体, $[\alpha]_D^{20}$ = –11.7° (c =0.18, 甲醇).【类型】豆甾烷甾醇.【来源】Microcionidae 科海绵 *Pandaros acanthifolium* (马提尼克岛(法属), 加勒比海).【活性】抗锥虫 (布氏锥虫 *Trypanosoma brucei rhodesiense,* IC_{50} = 27.2μmol/L, 对照美拉申醇, IC_{50} = 0.010μmol/L; 克氏锥虫 *Trypanosoma cruzi,* IC_{50} = 21.7μmol/L, 对照苄硝唑, IC_{50} = 2.64μmol/L); 抗利什曼原虫 (杜氏利什曼原虫 *Leishmania donovani,* IC_{50} = 28.7μmol/L, 对照米替福新, IC_{50} = 0.51μmol/L); 抗疟疾 (恶性疟原虫 *Plasmodium falciparum,* IC_{50} = 13.0μmol/L, 对照氯喹, IC_{50} = 0.2μmol/L); 细胞毒 (L-6, IC_{50} = 59.6μmol/L, 对照鬼臼毒素, IC_{50} = 0.012μmol/L).【文献】E. L. Regalado, et al. JNP, 2010, 73, 1404.

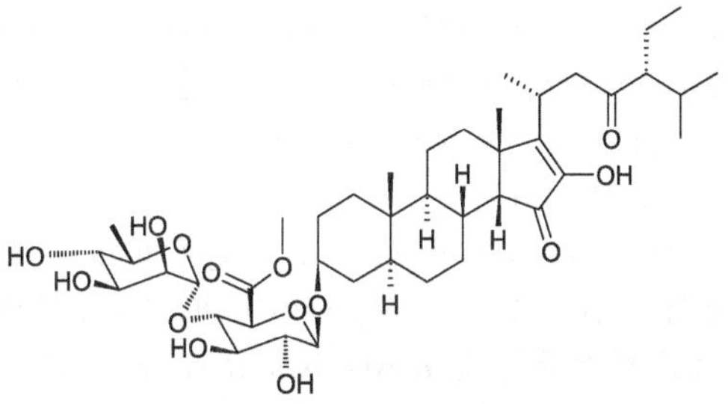

1074 Pandaroside J 加勒比潘达柔斯海绵糖苷 J*

【别名】3*β*-*O*-[*β*-D-Glucopyranosyl-(1→2)-*β*-D-glucopyranosyl oxyuronic acid]-16-hydroxy-5*α*,14*β*-poriferasta-16,24(24^1)-diene-15,23-dione; 3*β*-*O*-[*β*-D-吡喃葡萄糖基-(1→2)-*β*-D-吡喃葡萄糖醛酸]-16-羟基-5*α*,14*β*-多孔动物-16,24(24^1)-二烯-15,23-二酮.【基本信息】$C_{41}H_{62}O_{15}$, 白色无定形固体, $[\alpha]_D^{20}$ = +4.0° (c =0.10, 甲醇).【类型】豆甾烷甾醇.【来源】Microcionidae 科海绵 *Pandaros acanthifolium* [马提尼克岛 (法属), 加勒比海].

【活性】抗锥虫 (布氏锥虫 *Trypanosoma brucei rhodesiense,* IC_{50} = 14.5μmol/L, 对照美拉申醇, IC_{50} = 0.010μmol/L; 克氏锥虫 *Trypanosoma cruzi,* IC_{50} = 83.4μmol/L, 对照苄硝唑, IC_{50} = 2.64μmol/L); 抗利什曼原虫 (杜氏利什曼原虫 *Leishmania donovani,* IC_{50} = 36.1μmol/L, 对照米替福新, IC_{50} = 0.51μmol/L); 抗疟疾 (恶性疟原虫 *Plasmodium falciparum,* IC_{50} = 24.3μmol/L, 对照氯喹, IC_{50} = 0.2μmol/L); 细胞毒 (L-6, IC_{50} = 78.0μmol/L, 对照鬼臼毒素, IC_{50} = 0.012μmol/L).【文献】E. L. Regalado, et al. JNP, 2010, 73, 1404.

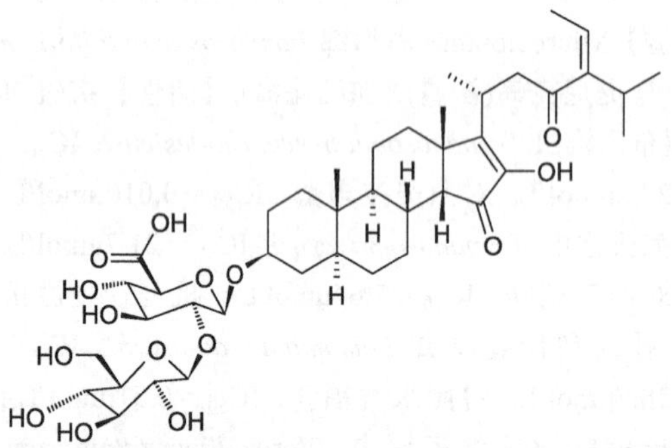

1075 Pandaroside J methyl ester 加勒比潘达柔斯海绵糖苷 J 甲酯*

【基本信息】$C_{42}H_{64}O_{15}$, 白色无定形固体, $[\alpha]_D^{20}$ = +2.4° (*c* =0.08, 甲醇).【类型】豆甾烷甾醇.【来源】Microcionidae 科海绵 *Pandaros acanthifolium* [马提尼克岛 (法属), 加勒比海].【活性】抗锥虫 (布氏锥虫 *Trypanosoma brucei rhodesiense,* IC_{50} = 15.6μmol/L, 对照美拉申醇, IC_{50} = 0.010μmol/L; 克氏锥虫 *Trypanosoma cruzi,* IC_{50} = 70.5μmol/L, 对照苄硝唑, IC_{50} = 2.64μmol/L); 抗利什曼原虫 (杜氏利什曼原虫 *Leishmania donovani,* IC_{50} = 20.7μmol/L, 对照米替福新, IC_{50} = 0.51μmol/L); 抗疟疾 (恶性疟原虫 *Plasmodium falciparum,* IC_{50} = 12.4μmol/L, 对照氯喹, IC_{50} = 0.2μmol/L); 细胞毒 (L-6, IC_{50} = 75.2μmol/L, 对照鬼臼毒素, IC_{50} = 0.012μmol/L).【文献】E. L. Regalado, et al. JNP, 2010, 73, 1404.

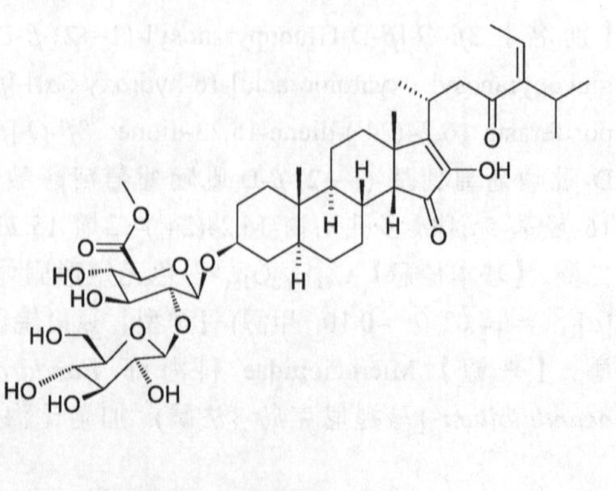

1076 (24*R*)-Stigmasta-4,25-diene-3,6-diol (24*R*)-豆甾-4,25-二烯-3,6-二醇

【基本信息】$C_{29}H_{48}O_2$, 针状晶体, mp 242~243°C.【类型】豆甾烷甾醇.【来源】红藻略大凹顶藻属 *Laurencia majuscula* (南海).【活性】细胞毒.【文献】X. Xu, et al. Tianran Chanwu Yanjiu Yu Kaifa, 2001, 13, 5.

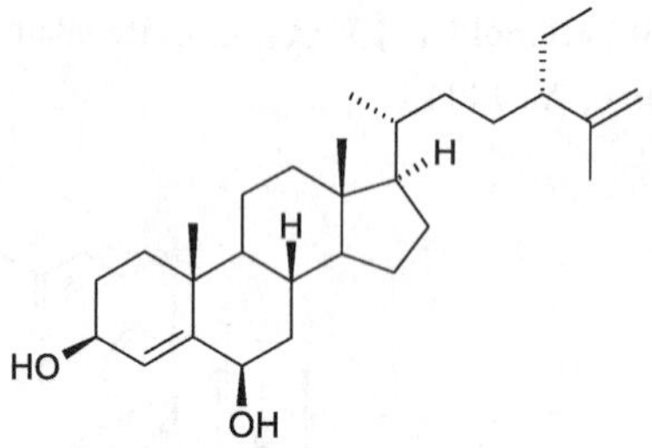

1077 Stigmasta-4,24(28)-dien-3-one 豆甾-4,24(28)-二烯-3-酮

【别名】24-Ethylidenecholest-4-en-3-one; 24-亚乙基豆甾-4-烯-3-酮.【基本信息】$C_{29}H_{46}O$, p 83~84°C, $[\alpha]_D^{26}$ = +52° (*c* = 0.24, 氯仿).【类型】豆甾烷甾醇.【来源】棕藻小叶喇叭藻 *Turbinaria conoides* (台湾水域, 中国).【活性】细胞毒 (P_{388}, KB, A549, HT29, 所有的 ED_{50} > 50μg/mL).【文献】J.-H. Sheu, et al. JNP, 1999, 62, 224.

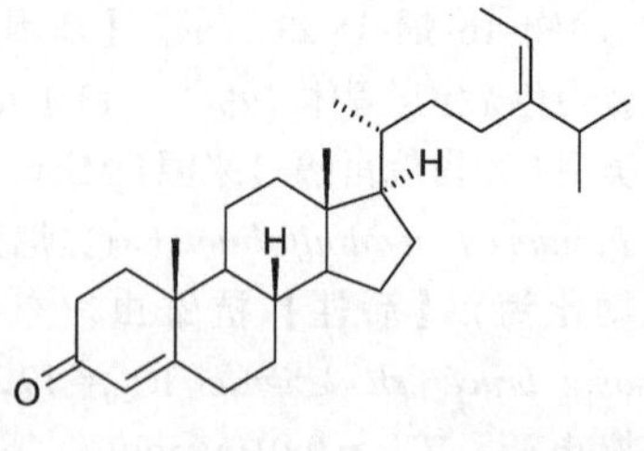

1078 Stigmast-25-ene-2,3,15,16,17,18-hexol 2-*O*-sulfate 豆甾-25-烯-2,3,15,16,17,18-六醇 2-*O*-硫酸酯

【基本信息】$C_{29}H_{50}O_9S$, 固体 (苯乙胺盐), $[\alpha]_D$ = +0.3° (*c* = 0.15, 甲醇).【类型】豆甾烷甾醇.【来源】Microcionidae 科海绵 *Echinoclathria subhispida* (南澳大利亚).【活性】抗真菌 (被孢霉属**Mortierella ranuznniun*); 细胞毒 (PC-9, IC_{50} = 600μmol/L).

【文献】H. Li, et al. Tetrahedron Lett., 1993, 34, 5733.

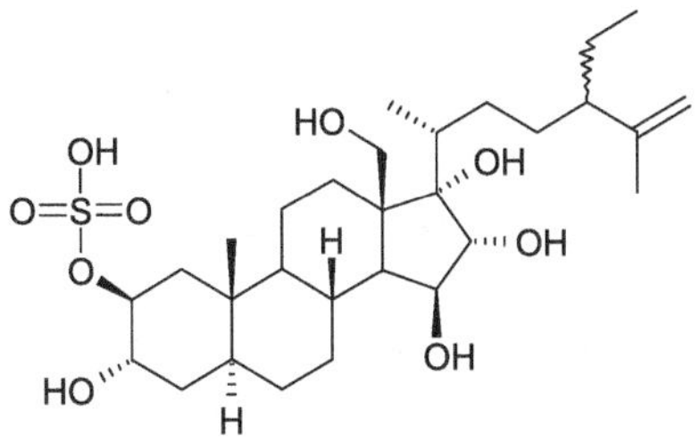

1079 Theonellasterol B 蒂壳海绵甾醇 B*
【基本信息】$C_{30}H_{46}O$，浅黄色油状物，$[\alpha]_D^{25}$ = +1.6° (c = 0.08，甲醇).【类型】豆甾烷甾醇.【来源】岩屑海绵斯氏蒂壳海绵* *Theonella swinhoei* (马莱塔岛和旺乌努岛，所罗门群岛).【活性】PXR (人孕甾烷 X 受体)-激动剂/法尼醇-X 受体拮抗剂 (肝细胞暴露于此物导致有潜力的 PXR 控制基因的感应和 FXR 控制基因的调制，显著增强其在处理肝脏疾病中的药理作用的潜力).【文献】S. De Marino, et al. JMC, 2011, 54, 3065.

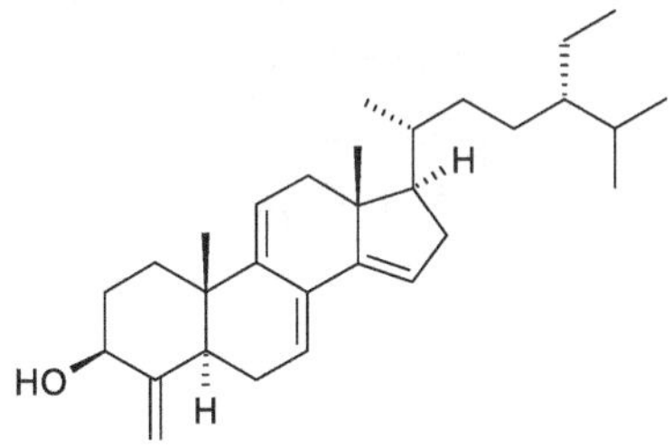

1080 Theonellasterol C 蒂壳海绵甾醇 C*
【基本信息】$C_{30}H_{48}O_2$，浅黄色油状物，$[\alpha]_D^{25}$ = +5.7° (c = 0.16，甲醇).【类型】豆甾烷甾醇.【来源】岩屑海绵斯氏蒂壳海绵* *Theonella swinhoei* (马莱塔岛和旺乌努岛，所罗门群岛；南海).【活性】影响核受体 (用人肝癌 HepG2 细胞转染法尼醇 X 受体 FXR 或孕甾烷 X 受体 PXR，本品 10μmol/L 部分激活 FXR; FXR 的拮抗剂被鹅去氧胆酸反式激活; PXR 激动剂也在 10μmol/L 被激活).【文献】S. De Marino, et al. JMC, 2011, 54, 3065; P. L. Winder, et al. Mar. Drugs, 2011, 9, 2643 (Rev.).

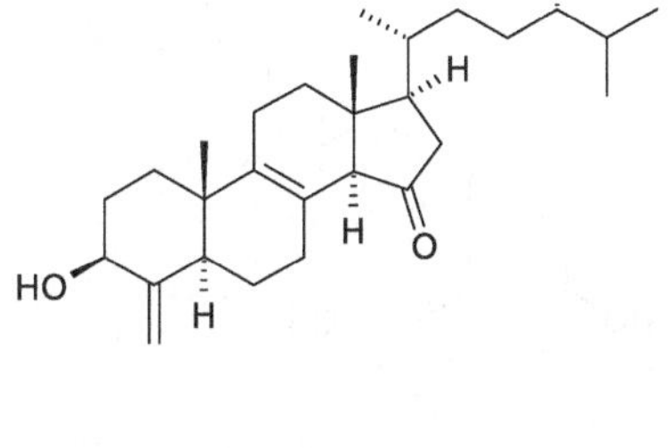

1081 Theonellasterol D 蒂壳海绵甾醇 D*
【基本信息】$C_{31}H_{52}O_3$，白色无定形固体，$[\alpha]_D^{25}$ = +3.3° (c = 0.17，甲醇).【类型】豆甾烷甾醇.【来源】岩屑海绵斯氏蒂壳海绵* *Theonella swinhoei* (马莱塔岛和旺乌努岛，所罗门群岛；南海).【活性】影响核受体 (用 HepG2 细胞转染 PXR, PXR 激动剂在 10μmol/L 被激活).【文献】S. De Marino, et al. JMC, 2011, 54, 3065; P. L. Winder, et al. Mar. Drugs, 2011, 9, 2643 (Rev.).

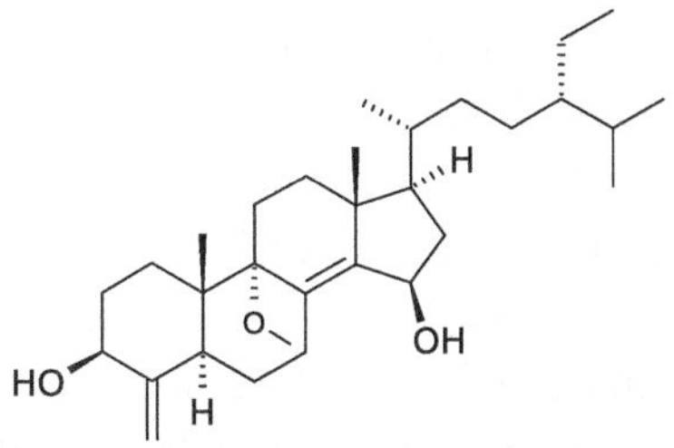

1082 Theonellasterol E 蒂壳海绵甾醇 E*
【基本信息】$C_{30}H_{50}O_3$，白色无定形固体，$[\alpha]_D^{25}$ = +34° (c = 0.1，甲醇).【类型】豆甾烷甾醇.【来源】岩屑海绵斯氏蒂壳海绵* *Theonella swinhoei* (马莱塔岛和旺乌努岛，所罗门群岛；南海).【活性】影响核受体 (用 HepG2 细胞转染 FXR 或 PXR, FXR 的拮抗剂被鹅去氧胆酸反式激活; PXR 激动剂也在 10μmol/L 被激活).【文献】S. De Marino, et al. JMC, 2011, 54, 3065; P. L. Winder, et al. Mar. Drugs, 2011, 9, 2643 (Rev.).

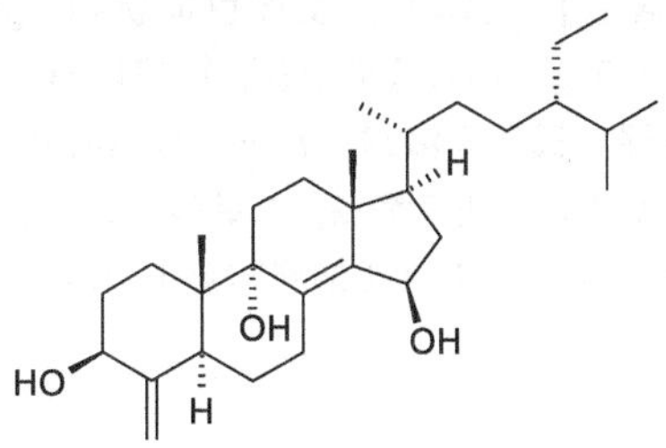

1083 Theonellasterol F 蒂壳海绵甾醇 F*
【基本信息】$C_{30}H_{50}O_3$，白色无定形固体，$[\alpha]_D^{25}$ = +4.3° (c = 0.23，甲醇).【类型】豆甾烷甾醇.【来源】岩屑海绵斯氏蒂壳海绵* *Theonella swinhoei* (马莱塔岛和旺乌努岛，所罗门群岛；南海).【活

性】影响核受体 (用 HepG2 细胞转染 PXR, PXR 激动剂在 10μmol/L 被激活).【文献】S. De Marino, et al. JMC, 2011, 54, 3065; P. L. Winder, et al. Mar. Drugs, 2011, 9, 2643 (Rev.).

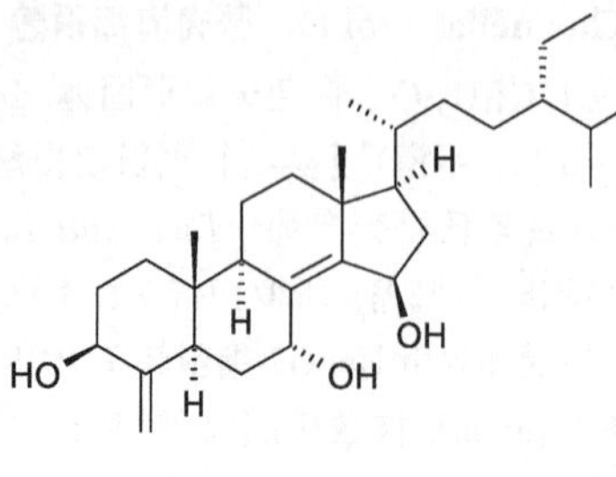

1084 Theonellasterol G 蒂壳海绵甾醇 G*

【基本信息】$C_{30}H_{50}O_4$, 浅黄色油状物, $[\alpha]_D^{25}$ = +68° (c = 1.0, 甲醇).【类型】豆甾烷甾醇.【来源】岩屑海绵斯氏蒂壳海绵* *Theonella swinhoei* (南海; 马莱塔岛和旺乌努岛, 所罗门群岛).【活性】影响核受体 (用 HepG2 细胞转染 FXR 或 PXR, FXR 的拮抗剂被鹅去氧胆酸反式激活; PXR 激动剂也在 10μmol/L 被激活).【文献】S. De Marino, et al. JMC, 2011, 54, 3065; P. L. Winder, et al. Mar. Drugs, 2011, 9, 2643 (Rev.).

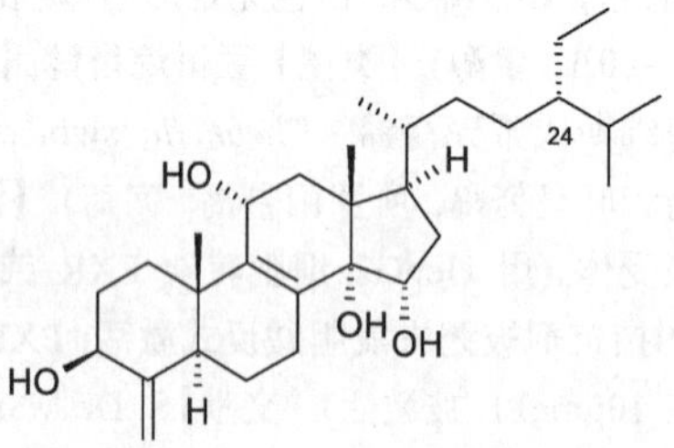

1085 Theonellasterol H 蒂壳海绵甾醇 H*

【基本信息】$C_{30}H_{50}O_4$, 浅黄色油状物, $[\alpha]_D^{25}$ = +16° (c = 0.1, 甲醇).【类型】豆甾烷甾醇.【来源】岩屑海绵斯氏蒂壳海绵* *Theonella swinhoei* (南海; 马莱塔岛和旺乌努岛, 所罗门群岛).【活性】影响核受体 (用 HepG2 细胞转染 FXR 或 PXR, FXR 的拮抗剂被鹅去氧胆酸反式激活; PXR 激动剂也在 10μmol/L 被激活).【文献】S. De Marino, et al. JMC, 2011, 54, 3065; P. L. Winder, et al. Mar. Drugs, 2011, 9, 2643 (Rev.).

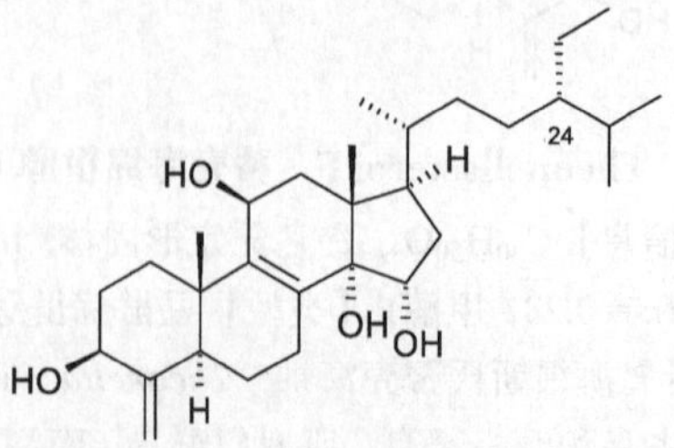

1086 Theonellasterol K 蒂壳海绵甾醇 K*

【基本信息】$C_{30}H_{50}O_3$.【类型】豆甾烷甾醇.【来源】岩屑海绵斯氏蒂壳海绵* *Theonella swinhoei* (屏东县, 台湾, 中国).【活性】细胞毒 (DLD-1, IC_{50} = 12.9μg/mL; 对照阿霉素, IC_{50} = 0.42μg/mL; T47D, IC_{50} = 12.0μg/mL, 阿霉素, IC_{50} = 0.28μg/mL; HCT116, IC_{50} = 6.3μg/mL, 阿霉素, IC_{50} = 0.89μg/mL; MCF7, IC_{50} = 11.5μg/mL, 阿霉素, IC_{50} = 2.2μg/mL; MDA-MB-231, IC_{50} = 11.4μg/mL, 阿霉素, IC_{50} = 1.3μg/mL; K562, IC_{50} = 4.3μg/mL, 阿霉素, IC_{50} = 0.14μg/mL; Molt4, IC_{50} = 6.3μg/mL, 阿霉素, IC_{50} = 0.009μg/mL).【文献】J.-K. Guo, et al. Mar. Drugs, 2012, 10, 1536.

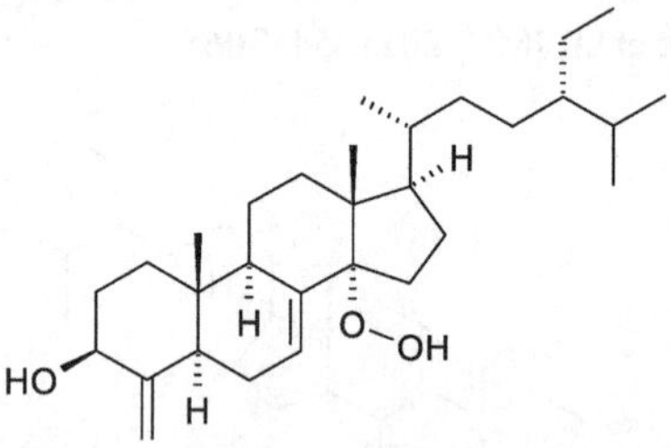

1087 Topsentinol B 软海绵醇 B*

【别名】(3*β*,7*α*,22*Z*)-24-Isopropylcholesta-5,22-diene-3,7-diol; (3*β*,7*α*,22*Z*)-24-异丙基胆甾烷-5,22-二烯-3,7-二醇.【基本信息】$C_{30}H_{50}O_2$, 针状晶体, mp 216°C, $[\alpha]_D^{27}$= −96° (c = 0.5, 氯仿).【类型】豆甾烷甾醇.【来源】软海绵科海绵 *Topsentia* sp. (冲绳, 日本).【活性】抗真菌 (须发癣菌 *Trichophyton mentagrophytes*, MIC = 56μg/mL).【文献】M, Ishibashi, et al. CPB, 1997, 45, 1435.

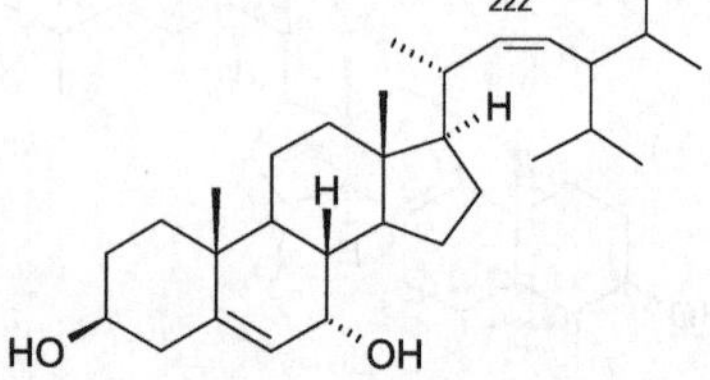

2.12 柳珊瑚烷及其它环丙烷胆甾烷类甾醇

1088 Aragusteroketal A 阿拉古甾醇缩酮 A*
【基本信息】$C_{31}H_{52}O_5$，无定形固体，$[\alpha]_D^{25}$ = +25.3° (c = 0.12，氯仿).【类型】柳珊瑚烷及其它环丙烷胆甾烷类甾醇.【来源】锉海绵属 *Xestospongia* sp. (冲绳，日本).【活性】细胞毒 (KB，IC_{50} = 0.004μg/mL).【文献】M. Kobayashi, et al. CPB, 1996, 44, 1840.

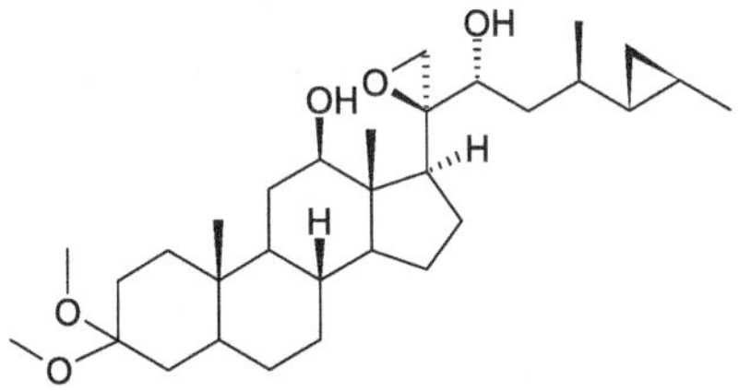

1089 Aragusteroketal C 阿拉古甾醇缩酮 C*
【基本信息】$C_{31}H_{53}ClO_5$，无定形固体，$[\alpha]_D^{25}$ = +8° (c = 1.5，氯仿).【类型】柳珊瑚烷及其它环丙烷胆甾烷类甾醇.【来源】锉海绵属 *Xestospongia* sp. (冲绳，日本).【活性】细胞毒 (KB，IC_{50} = 0.004μg/mL).【文献】M. Kobayashi, et al. CPB, 1996, 44, 1840.

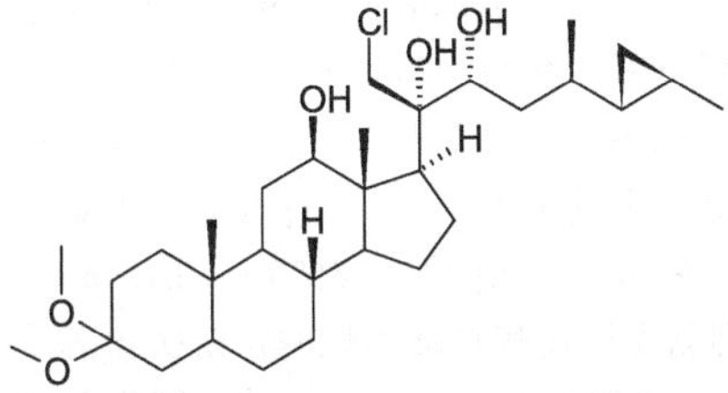

1090 Aragusterol A 阿拉古甾醇 A*
【别名】Aragusterol；阿拉古甾醇*.【基本信息】$C_{29}H_{46}O_4$，针状晶体，mp 157~158°C，$[\alpha]_D$ = +37.6° (c = 1.06，氯仿).【类型】柳珊瑚烷及其它环丙烷胆甾烷类甾醇.【来源】锉海绵属 *Xestospongia* sp. (冲绳，日本).【活性】抗肿瘤 (P_{388}, *in vivo*, 6.25mg/kg, T/C = 172%, L_{1210}, *in vivo*, 1.6mg/kg, T/C = 220%)；细胞毒 (KB，IC_{50} = 0.042μg/mL；HeLa-S3，IC_{50} = 0.16μg/mL；P_{388}，IC_{50} = 0.022μg/mL；LoVo，IC_{50} = 0.0079μg/mL；细胞增殖抑制剂).【文献】K. Iguchi, et al. Tetrahedron Lett., 1993, 34, 6277.

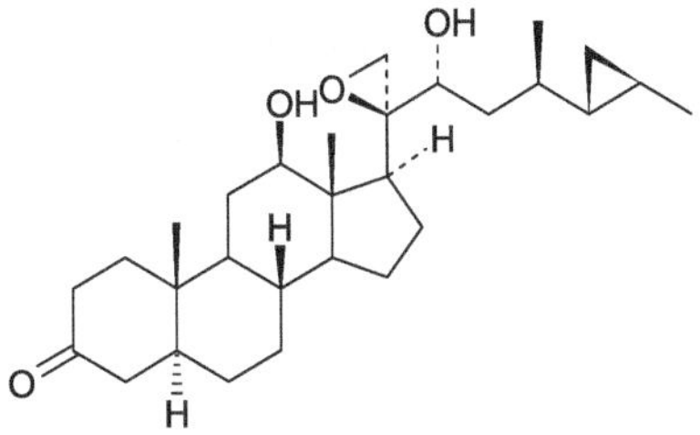

1091 Aragusterol B 阿拉古甾醇 B*
【基本信息】$C_{29}H_{48}O_3$，晶体，(乙酸乙酯/己烷)，mp 194~195°C，$[\alpha]_D$ = +4.0° (c = 1.56，氯仿).【类型】柳珊瑚烷及其它环丙烷胆甾烷类甾醇.【来源】锉海绵属 *Xestospongia* sp. (冲绳，日本).【活性】细胞毒 (KB，IC_{50} = 3.3μg/mL).【文献】H. Shimura, et al. Experientia, 1994, 50, 134; K. Iguchi, et al. JOC, 1994, 59, 7499.

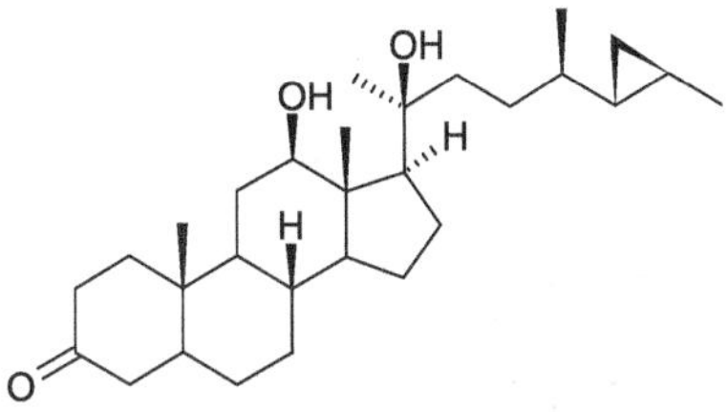

1092 Aragusterol C 阿拉古甾醇 C*
【基本信息】$C_{29}H_{47}ClO_4$，晶体，mp 204~205°C，$[\alpha]_D$ = +20.1° (c = 0.35，氯仿).【类型】柳珊瑚烷及其它环丙烷胆甾烷类甾醇.【来源】锉海绵属 *Xestospongia* sp. (冲绳，日本).【活性】细胞毒 (KB，IC_{50} = 0.041μg/mL)；抗肿瘤 (*in vivo*, L_{1210}, IC_{50} = 1.6mg/kg, T/C = 257%).【文献】H. Shimura, et al. Experientia, 1994, 50, 134; K. Iguchi, et al. JOC, 1994, 59, 7499.

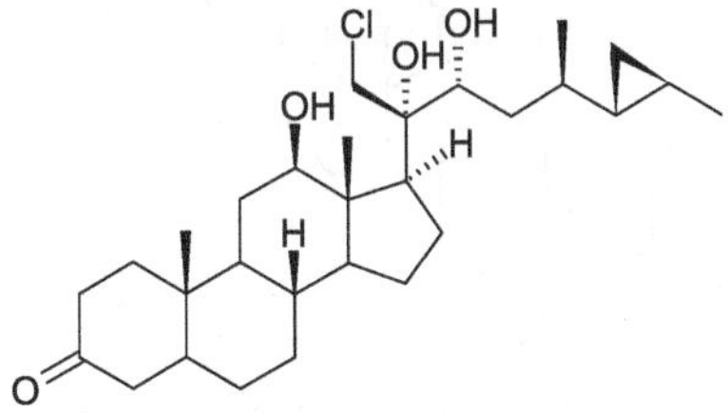

1093 Aragusterol E 阿拉古甾醇 E*
【基本信息】$C_{29}H_{46}O_3$，玻璃体，$[\alpha]_D$ = +12.1° (c = 0.24，氯仿).【类型】柳珊瑚烷及其它环丙烷胆甾烷类甾醇.【来源】锉海绵属 *Xestospongia* sp. (冲绳，日本).【活性】细胞毒 (KB，IC_{50} = 8.05μg/mL，细胞增殖抑制剂).【文献】H. Miyaoka,

et al. Tetrahedron, 1997, 53, 5403.

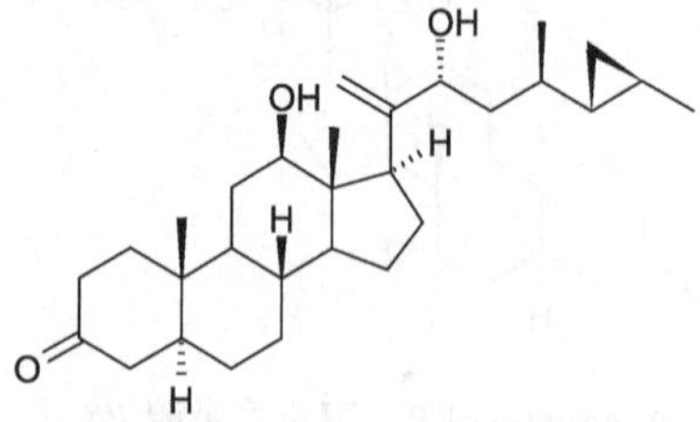

1094 Aragusterol F 阿拉古甾醇 F*

【基本信息】$C_{29}H_{48}O_3$, 片状晶体, mp 168~170°C, $[\alpha]_D$ = +20.3° (c = 0.79, 氯仿).【类型】柳珊瑚烷及其它环丙烷胆甾烷类甾醇.【来源】锉海绵属 *Xestospongia* sp. (冲绳, 日本).【活性】细胞毒 (KB, IC_{50} = 4.58μg/mL, 细胞增殖抑制剂).【文献】H. Miyaoka, et al. Tetrahedron, 1997, 53, 5403.

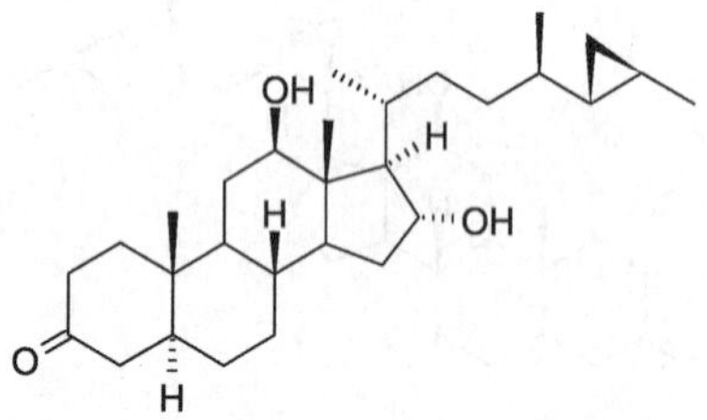

1095 Aragusterol G 阿拉古甾醇 G*

【基本信息】$C_{29}H_{50}O_3$, 玻璃体, $[\alpha]_D$ = +1.6° (c = 0.5, 氯仿).【类型】柳珊瑚烷及其它环丙烷胆甾烷类甾醇.【来源】锉海绵属 *Xestospongia* sp. (冲绳, 日本).【活性】细胞毒 (KB, IC_{50} = 6.61μg/mL, 细胞增殖抑制剂).【文献】H. Miyaoka, et al. Tetrahedron, 1997, 53, 5403.

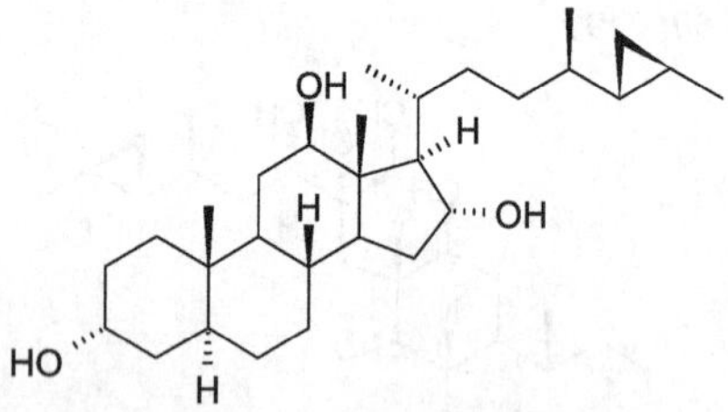

1096 Aragusterol H 阿拉古甾醇 H*

【基本信息】$C_{29}H_{50}O_3$, 棒状晶体, mp 189~190°C, $[\alpha]_D$ = −1.5° (c = 0.13, 氯仿).【类型】柳珊瑚烷及其它环丙烷胆甾烷类甾醇.【来源】锉海绵属 *Xestospongia* sp. (冲绳, 日本).【活性】细胞毒 (KB, IC_{50} = 6.48μg/mL, 细胞增殖抑制剂).【文献】H. Miyaoka, et al. Tetrahedron, 1997, 53, 5403.

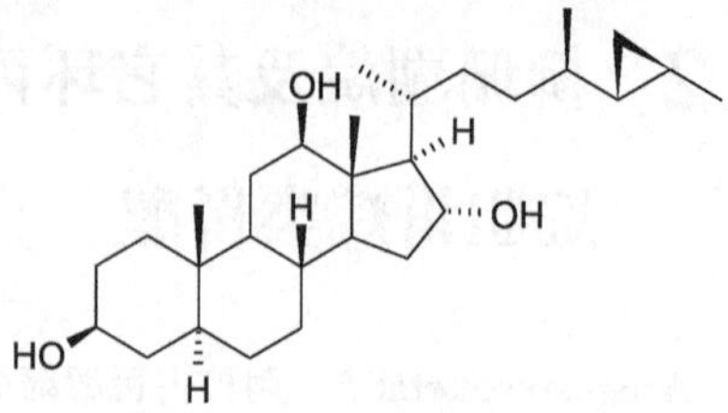

1097 Aragusterol I 阿拉古甾醇 I*

【基本信息】$C_{29}H_{50}O_3$.【类型】柳珊瑚烷及其它环丙烷胆甾烷类甾醇.【来源】似龟锉海绵* *Xestospongia testudinaria* (南威岛).【活性】抗污剂 (抑制假交替单胞菌属细菌 *Pseudoalteromonas* sp.和极地杆菌属细菌 *Polaribacter* sp.生长, 有潜力的).【文献】X. C. Nguyen, et al. JNP, 2013, 76, 1313.

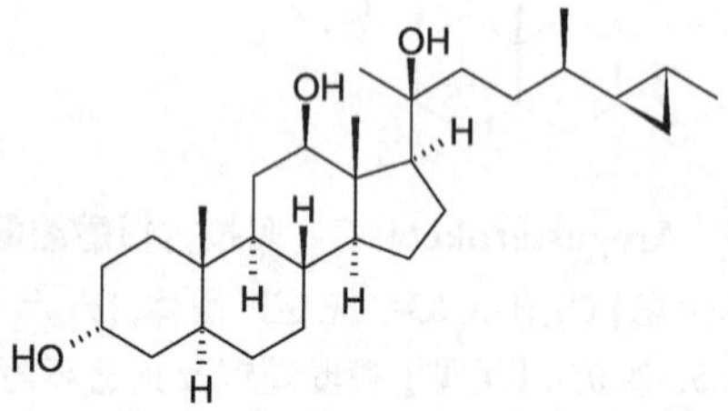

1098 (3*β*,5*α*,8*α*)-5,8-*epi*-Dioxy-33-norgorgost-6-en-3-ol (3*β*,5*α*,8*α*)-5,8-*epi*-过氧-33-去甲柳珊瑚-6-烯-3-醇

【别名】(22*R*,23*R*,24*R*)-5*α*,8*α*-*epi*-Dioxy-22,23-methylene-24-methylcholest-6-en-3*β*-ol; (22*R*,23*R*,24*R*)-5*α*,8*α*-*epi*-过氧-22,23-亚甲基-24-甲基胆甾-6-烯-3*β*-醇.【基本信息】$C_{29}H_{46}O_3$, 无定形粉末, mp 159~160°C, $[\alpha]_D^{26}$ = +35° (c = 0.1, 氯仿).【类型】柳珊瑚烷及其它环丙烷胆甾烷类甾醇.【来源】钟状羊海绵* *Ircinia campana*, 短指软珊瑚属 *Sinularia aramensis*, 短指软珊瑚属 *Sinularia flexibilis*, 短指软珊瑚属 *Sinularia* sp. (台湾水域, 中国) 和豆荚软珊瑚属 *Lobophytum sarcophytoides*.【活性】细胞毒 (P_{388}, ED_{50} = 0.4μg/mL; KB, ED_{50} = 2.1μg/mL; A549, ED_{50} = 2.7μg/mL; HT29, ED_{50} = 1.4μg/mL); 致染色体断裂的.【文献】C. Subrahmanyan, et al. Ind. J. Chem., Sect. B, 1995, 34, 1114; J. H. Sheu, et al. JNP, 2000, 63, 149; C. Gonzalez, et al. Acta Farm. Bonaerense, 2005, 25, 75; S. Yu, et al. Steroids, 2006, 71, 955; Y. Lu, et al. Tetrahedron, 2010, 66, 7129.

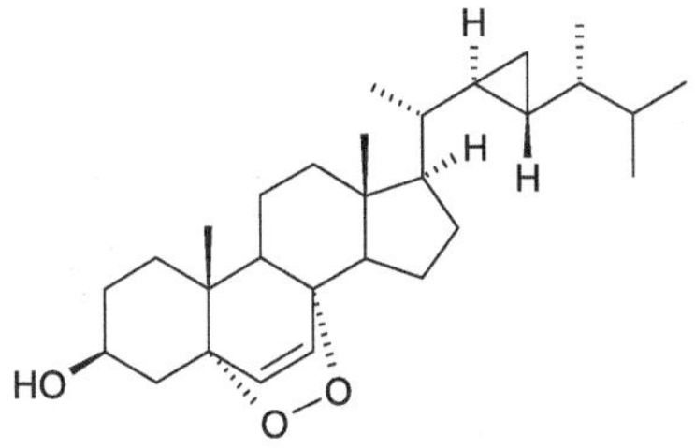

1099 5α,6α-Epoxy-petrosterol 5α,6α-环氧石海绵甾醇*

【基本信息】$C_{29}H_{48}O_2$, 固体, $[\alpha]_D^{20} = -1.9°$ (c = 0.07, 氯仿).【类型】柳珊瑚烷及其它环丙烷胆甾烷类甾醇.【来源】小紫海绵属 *Ianthella* sp. (鸿庥岛, 越南).【活性】细胞毒 (HL60, IC_{50} = 21.3μmol/L, 对照米托蒽醌, IC_{50} = 6.3μmol/L, 由细胞凋亡诱导的抑制 HL60 细胞生长; A549, IC_{50} = 9.8μmol/L, 米托蒽醌, IC_{50} = 8.0μmol/L; HT29, IC_{50} = 69.9μmol/L, 米托蒽醌, IC_{50} = 8.7μmol/L; MCF7, IC_{50} = 19.4μmol/L, 米托蒽醌, IC_{50} = 7.1μmol/L; SK-OV-3, IC_{50} = 22.6μmol/L, 米托蒽醌, IC_{50} = 9.8μmol/L; U937, IC_{50} = 1 9.9μmol/L, 米托蒽醌, IC_{50} = 6.2μmol/L).【文献】N. H. Tung, et al. BoMCL, 2009, 19, 4584.

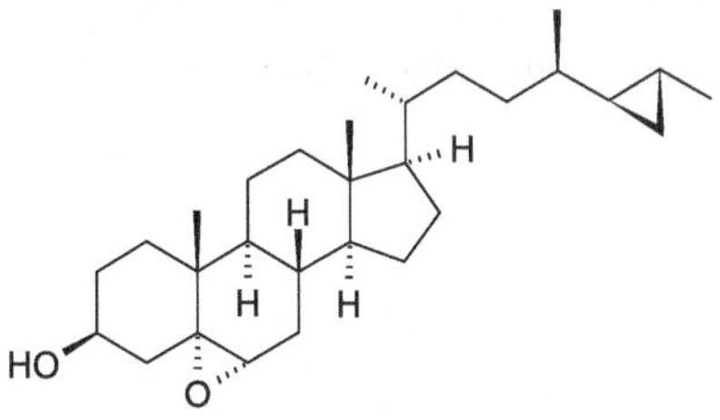

1100 5,6-Epoxy-1,3,11-trihydroxy-9,11-secogorgostan-9-one 5,6-环氧-1,3,11-三羟基-9,11-开环柳珊瑚烷-9-酮

【基本信息】$C_{30}H_{50}O_5$, 树胶状物.【类型】柳珊瑚烷及其它环丙烷胆甾烷类甾醇.【来源】Gorgoniidae 科柳珊瑚 *Pseudoptero gorgiaamericana* (加勒比海).【活性】细胞毒 (MTT 试验: LNCaP, IC_{50} = 15.49μg/mL; 肺癌细胞, IC_{50} = 11.0μg/mL).【文献】S. Naz, et al. Tetrahedron Lett., 2000, 41, 6035.

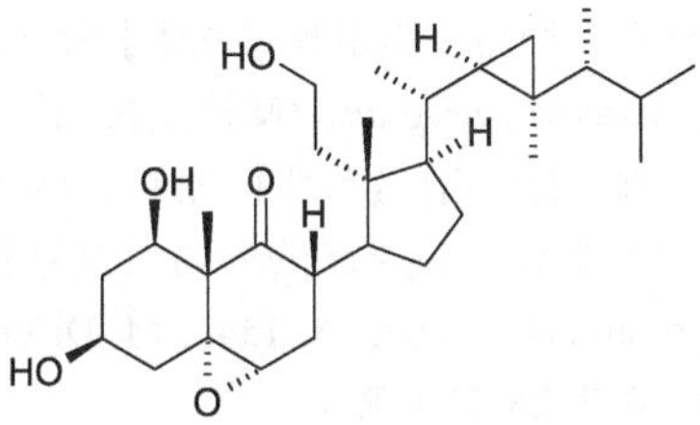

1101 Hirsutosterol C 硬毛短足软珊瑚甾醇 C*

【基本信息】$C_{31}H_{50}O_5$, 白色粉末, $[\alpha]_D^{25} = +33°$ (c = 0.11, 氯仿).【类型】柳珊瑚烷及其它环丙烷胆甾烷类甾醇.【来源】硬毛短足软珊瑚* *Cladiella hirsuta* (台湾水域, 中国).【活性】细胞毒 (HepG2, IC_{50} = 30.1μmol/L, 对照阿霉素, IC_{50} = 0.4μmol/L; HepG3B, IC_{50} = 13.9μmol/L, 阿霉素, IC_{50} = 1.3μmol/L; Ca9-22, IC_{50} = 11.6μmol/L, 阿霉素, IC_{50} = 0.2μmol/L; A549, IC_{50} = 31.3μmol/L, 阿霉素, IC_{50} = 2.6μmol/L; MCF7, IC_{50} = 39.4μmol/L, 阿霉素, IC_{50} = 2.9μmol/L; MDA-MB-231, IC_{50} = 30.1μmol/L, 阿霉素, IC_{50} = 2.0μmol/L).【文献】B.-W. Chen, et al. Org. Biomol. Chem., 2011, 9, 3272.

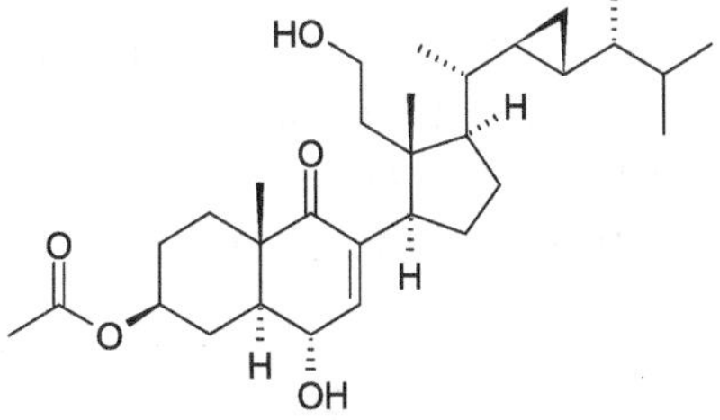

1102 7β-Hydroxypetrosterol 7β-羟基石海绵甾醇*

【基本信息】$C_{29}H_{48}O_2$.【类型】柳珊瑚烷及其它环丙烷胆甾烷类甾醇.【来源】似龟锉海绵* *Xestospongia testudinaria* (南威岛).【活性】抗污剂 (抑制假交替单胞菌属细菌 *Pseudoalteromonas* sp.和极地杆菌属细菌 *Polaribacter* sp.生长, 有潜力的).【文献】X. C. Nguyen, et al. JNP, 2013, 76, 1313.

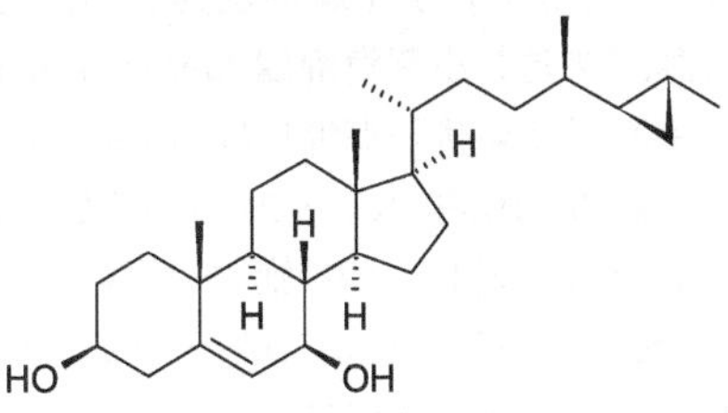

1103 Ibisterol sulfate 艾比甾醇硫酸酯*

【别名】Ibisterol tri-*O*-sulfate; 艾比甾醇三-*O*-硫酸酯*.【基本信息】$C_{31}H_{52}O_{12}S_3$.【类型】柳珊瑚烷及其它环丙烷胆甾烷类甾醇.【来源】软海绵科海绵 *Topsentia* sp. (深水水域).【活性】抗 HIV-1 病毒 (NCI 初级筛选程序, 保护细胞的).【文献】T.

C. McKee, et al. Tetrahedron Lett., 1993, 34, 389.

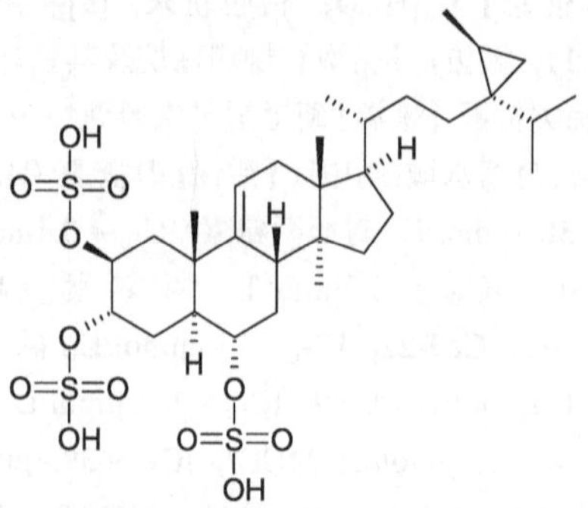

1104 21-*O*-Octadecanoyl-xestokerol A 21-*O*-十八酰基-锉海绵醇 A*

【基本信息】$C_{47}H_{82}O_6$.【类型】柳珊瑚烷及其它环丙烷胆甾烷类甾醇.【来源】似龟锉海绵* *Xestospongia testudinaria* (南威岛).【活性】抗污剂 (抑制假交替单胞菌属细菌 *Pseudoalteromonas* sp.和极地杆菌属细菌 *Polaribacter* sp.的生长, 有潜力的).【文献】X. C. Nguyen, et al. JNP, 2013, 76, 1313.

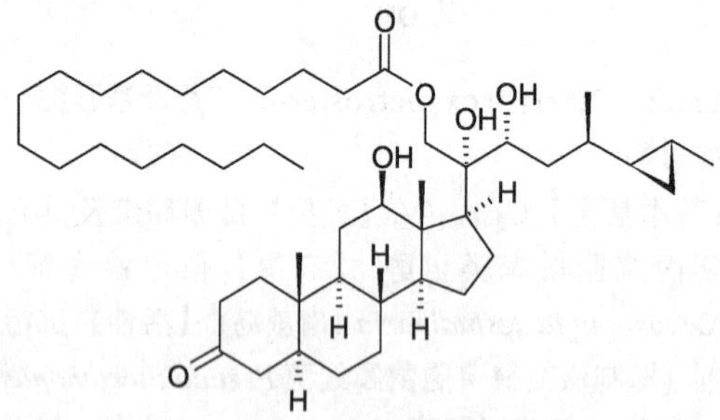

1105 Petrosterol 石海绵甾醇*

【基本信息】$C_{29}H_{48}O$, 晶体, mp 123~125°C, mp 158~160°C.【类型】柳珊瑚烷及其它环丙烷胆甾烷类甾醇.【来源】小紫海绵属 *Ianthella* sp. (鸿庥岛, 越南)和无花果状石海绵* *Petrosia ficiformis*.【活性】细胞毒 (HL60, IC_{50} = 21.5μmol/L, 米托蒽醌, IC_{50} = 6.3μmol/L, 由细胞凋亡诱导的抑制 HL60 细胞生长; A549, IC_{50} = 11.5μmol/L, 对照米托蒽醌, IC_{50} = 8.0μmol/L; HT29, IC_{50} = 46.5μmol/L, 米托蒽醌, IC_{50} = 8.7μmol/L; MCF7, IC_{50} = 16.4μmol/L, 米托蒽醌, IC_{50} = 7.1μmol/L; SK-OV-3, IC_{50} = 19.8μmol/L, 米托蒽醌, IC_{50} = 9.8μmol/L; U937, IC_{50} = 18.7μmol/L, 米托蒽醌, IC_{50} = 6.2μmol/L).【文献】C. A. Mattia, et al. Tetrahedron Lett., 1978, 3953; D. Sica, et al. Tetrahedron Lett., 1978, 19, 837; N. H. Tung, et al. BoMCL, 2009, 19, 4584.

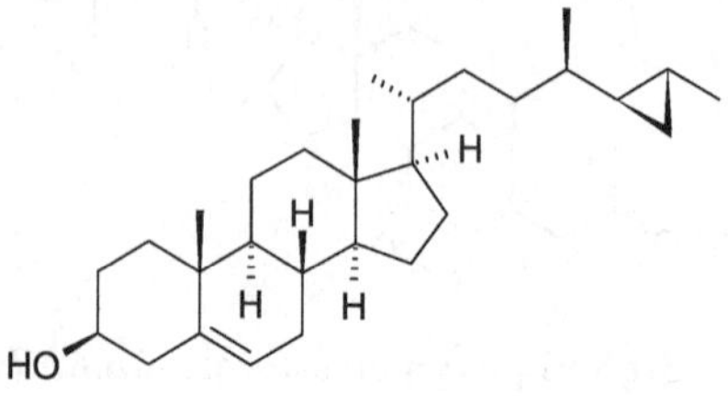

1106 Petrosterol-3,6-dione 石海绵甾醇-3,6-二酮*

【基本信息】$C_{29}H_{44}O_2$, 无定形粉末, $[\alpha]_D^{20}$ = −2.8° (c = 0.06, 氯仿).【类型】柳珊瑚烷及其它环丙烷胆甾烷类甾醇.【来源】小紫海绵属 *Ianthella* sp. (鸿庥岛, 越南).【活性】细胞毒 (HL60, IC_{50} = 19.9μmol/L, 对照米托蒽醌, IC_{50} = 6.3μmol/L, 由细胞凋亡诱导的抑制 HL60 细胞生长; A549, IC_{50} = 8.4μmol/L, 对照米托蒽醌, IC_{50} = 8.0μmol/L; HT29, IC_{50} = 48.2μmol/L, 对照米托蒽醌, IC_{50} = 8.7μmol/L; MCF7, IC_{50} = 1 7.8μmol/L, 对照米托蒽醌, IC_{50} = 7.1μmol/L; SK-OV-3, IC_{50} = 16.2μmol/L, 对照米托蒽醌, IC_{50} = 9.8μmol/L; U937, IC_{50} = 22.1μmol/L, 米托蒽醌, IC_{50} = 6.2μmol/L).【文献】N. H. Tung, et al. BoMCL, 2009, 19, 4584.

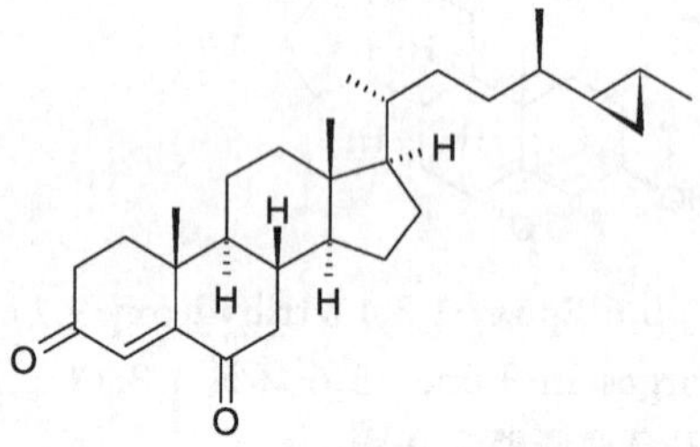

1107 Phrygiasterol 太平洋马海星甾醇*

【别名】(3*β*,5*α*,6*α*,8*β*,15*α*,16*β*,24*R*,25*R*)-24,26-Cyclocholestane-3,6,8,15,16,27-hexol; (3*β*,5*α*,6*α*,8*β*,15*α*,16*β*,24*R*,25*R*)-24,26-环丙胆甾烷-3,6,8,15,16,27-六醇.【基本信息】$C_{27}H_{46}O_6$, 无定形固体, $[\alpha]_D^{25}$ = +33.2° (c = 0.25, 甲醇).【类型】柳珊瑚烷及其它环丙烷胆甾烷类甾醇.【来源】太平洋马海星* *Hippasteria phrygiana* (嗜冷生物, 冷水水域, 鄂霍次克海, 俄罗斯).【活性】细胞毒 (埃里希恶性上皮肿瘤细胞, IC_{50} = 50μg/mL).【文献】E. V. Levina, et al. JNP, 2005, 68, 1541; M. D. Lebar, et al. NPR, 2007, 24, 774 (Rev.).

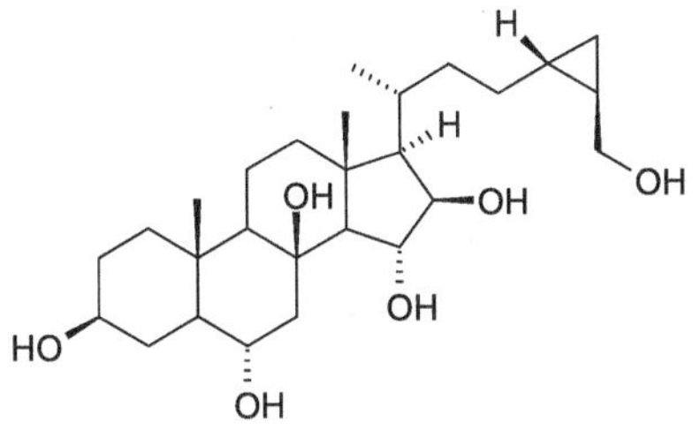

1108 Stoloniferone D 匍匐珊瑚酮 D*

【别名】5,6-Epoxy-11-hydroxy-33-norgorgost-2-en-1-one; 5,6-环氧-11-羟基-33-去甲柳珊瑚-2-烯-1-酮.【基本信息】$C_{29}H_{44}O_3$, 晶体 (乙腈), mp 142°C, $[\alpha]_D$ = +31° (氯仿).【类型】柳珊瑚烷及其它环丙烷胆甾烷类甾醇.【来源】匍匐珊瑚目绿色羽珊瑚 *Clavularia viridis* (冲绳, 日本).【活性】细胞毒 (P_{388}); 抗炎.【文献】M. Kobayashi, et al. Tetrahedron Lett., 1984, 25, 5925.

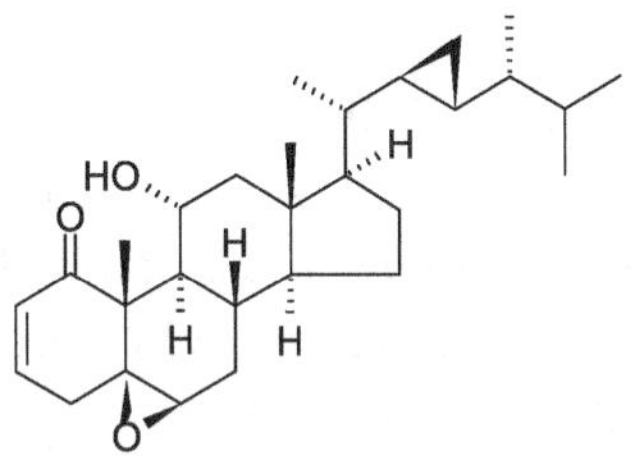

1109 3β,7β,11-Trihydroxy-5α,6α-epoxy-9,11-secogorgostan-9-one 3β,7β,11-三羟基-5α,6α环氧-9,11-开环柳珊瑚烷-9-酮*

【基本信息】$C_{30}H_{50}O_5$, 油状物, $[\alpha]_D$ = +33.3° (*c* = 0.1, 氯仿).【类型】柳珊瑚烷及其它环丙烷胆甾烷类甾醇.【来源】柳珊瑚科柳珊瑚 *Lophogorgia* sp.【活性】细胞毒 (A2780, IC_{50} = 6.3μmol/L, K562, IC_{50} = 7.1μmol/L).【文献】L. A. Morris, et al. JNP, 1998, 61, 538.

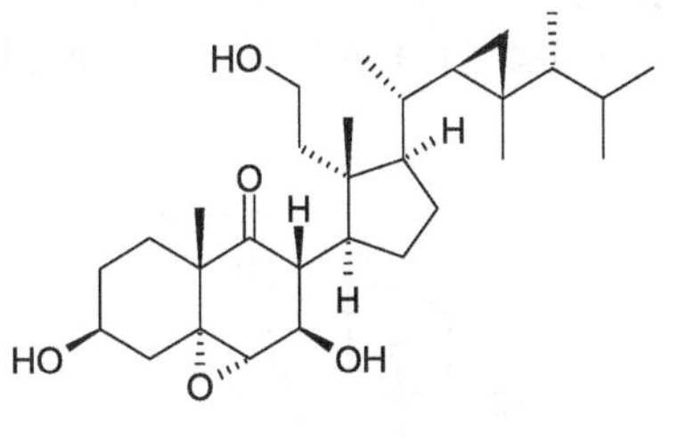

1110 (3β,24ξ)-3,11,24-Trihydroxy-9,11-secogorgost-5-en-9-one (3β,24ξ)-3,11,24-三羟基-9,11-开环柳珊瑚-5-烯-9-酮*

【基本信息】$C_{30}H_{50}O_4$, 粉末, $[\alpha]_D$ = +1.5° (*c* = 1.2, 甲醇).【类型】柳珊瑚烷及其它环丙烷胆甾烷类甾醇.【来源】柳珊瑚科柳珊瑚 *Pseudopterogorgia* sp.【活性】PKCs 抑制剂 (PKC α, βI, βII, γ, δ, ε, η 和 ξ, IC_{50} = 12~50μmol/L); 细胞毒 (3~13μmol/L 用氚标记的胸腺嘧啶核苷 (^{3}H-T), MCF7 细胞增殖抑制剂).【文献】H. He, et al. Tetrahedron, 1995, 51, 51.

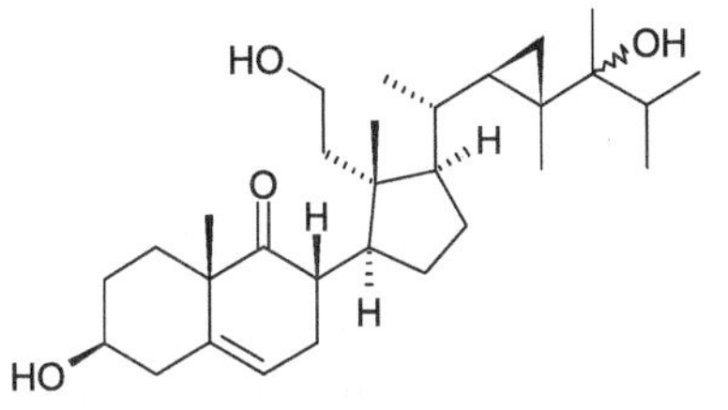

1111 Weinbersteroldisulfate A 石海绵甾醇二硫酸酯 A*

【基本信息】$C_{30}H_{52}O_{10}S_2$, 晶体 (甲醇水溶液/氯仿), mp 182°C, $[\alpha]_D$ = +20° (*c* = 1.75, 甲醇).【类型】柳珊瑚烷及其它环丙烷胆甾烷类甾醇.【来源】石海绵属 *Petrosia weinbergi*.【活性】抗病毒.【文献】H. H. Sun, et al. Tetrahedron, 1991, 47, 1185; J. L. Giner, et al. Steroids, 1999, 64, 820.

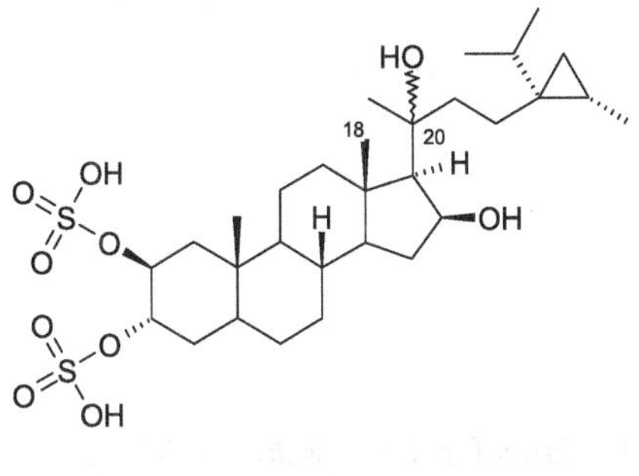

1112 Yonarasterol C 优那拉甾醇 C*

【别名】5,6,11-Trihydroxy-33-norgorgost-2-en-1-one; 5,6,11-三羟基-33-去甲柳珊瑚-2-烯-1-酮*.【基本信息】$C_{31}H_{48}O_5$, 无定形固体, $[\alpha]_D^{25}$ = +10.4°

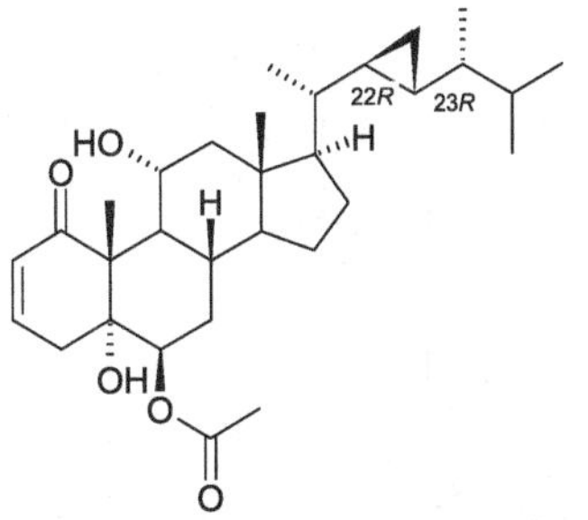

(c = 0.09, 氯仿).【类型】柳珊瑚烷及其它环丙烷胆甾烷类甾醇.【来源】匍匐珊瑚目绿色羽珊瑚 *Clavularia viridis* (冲绳, 日本).【活性】细胞毒 (DLDH, IC_{50} = 50μg/mL; Molt4, IC_{50}= 10μg/mL).【文献】M. Iwashima, et al. Steroids, 2000, 65, 130; 2001, 66, 25.

2.13 开环甾醇

1113 Astrogorgiadiol 星柳珊瑚二醇*

【基本信息】$C_{27}H_{44}O_2$, 固体, $[\alpha]_D$ = –16.4° (c = 0.058, 氯仿).【类型】9,10-开环甾醇.【来源】星柳珊瑚属 *Astrogorgia* sp.和小尖柳珊瑚属 *Muricella* sp. (朝鲜半岛水域).【活性】细胞毒 (K562, IC_{50} = 10.7μg/mL); PLA_2 抑制剂; 细胞分裂抑制剂 (海燕 *Asterina pectinifera* 受精卵).【文献】N. Fusetani, et al. Tetrahedron Lett., 1989, 30, 7079; Y. Seo, et al. JNP, 1998, 61, 1441; G. Della Sala, et al. Tetrahedron Lett., 1998, 39, 4741; D. F. Taber, et al. JOC, 2001, 66, 944.

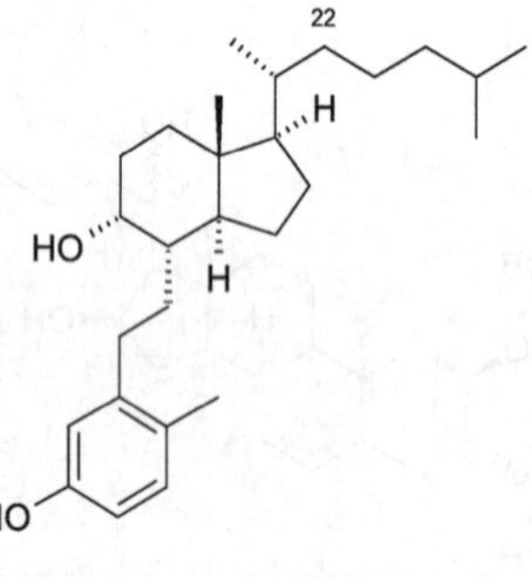

1114 Calicoferol A 柳珊瑚醇 A*

【基本信息】$C_{27}H_{40}O_2$, 固体, $[\alpha]_D^{15}$ = +4.2° (c = 0.24, 氯仿).【类型】9,10-开环甾醇.【来源】丛柳珊瑚科 Plexauridae 柳珊瑚 *Calicogorgia* sp.【活性】有毒的 (盐水丰年虾).【文献】M. Ochi, et al. Chem. Lett., 1991, 427.

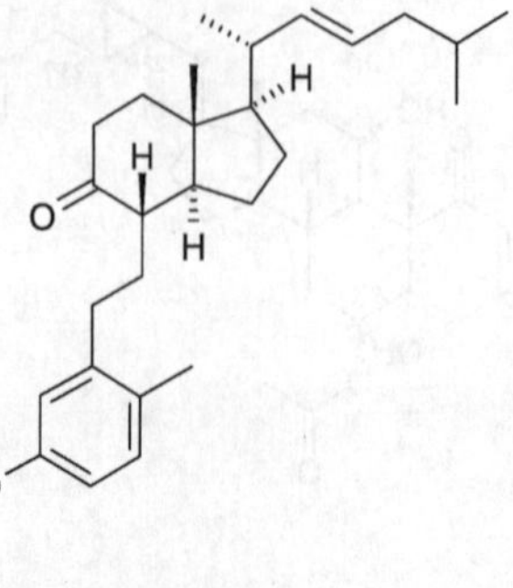

1115 Calicoferol B 柳珊瑚醇 B*

【基本信息】$C_{27}H_{44}O_3$, 油状物, $[\alpha]_D^{21}$ = −16.2° (c = 0.09, 氯仿).【类型】9,10-开环甾醇.【来源】丛柳珊瑚科 Plexauridae 柳珊瑚 *Calicogorgia* sp.【活性】有毒的 (盐水丰年虾).【文献】M. Ochi, et al. Chem. Lett., 1991, 427.

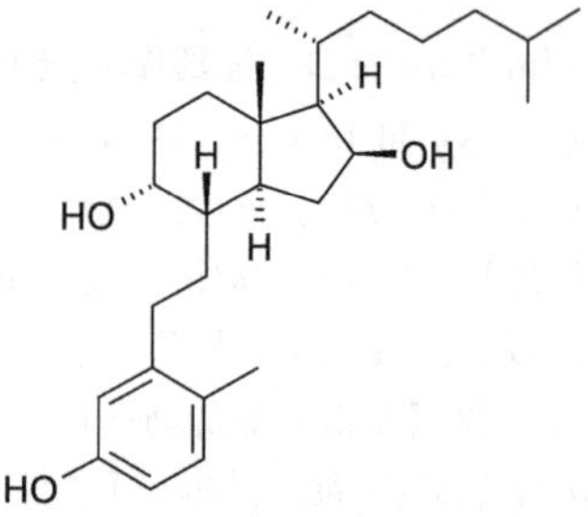

1116 Calicoferol G 柳珊瑚醇 G*

【别名】9,10-Secocholesta-1,3,5(10),24-tetraene-3, 9-diol; 9,10-开环胆甾-1,3,5(10),24-四烯-3,9-二醇.【基本信息】$C_{27}H_{42}O_2$, 油状物, $[\alpha]_D^{25}$ = –7.5° (c = 0.1, 氯仿).【类型】9,10-开环甾醇.【来源】小尖柳珊瑚属 *Muricella* sp. 【活性】细胞毒 (K562, LD_{50} = 3.2μg/mL).【文献】Y. Seo, et al. JNP, 1995, 58, 129; 1998, 61, 1441.

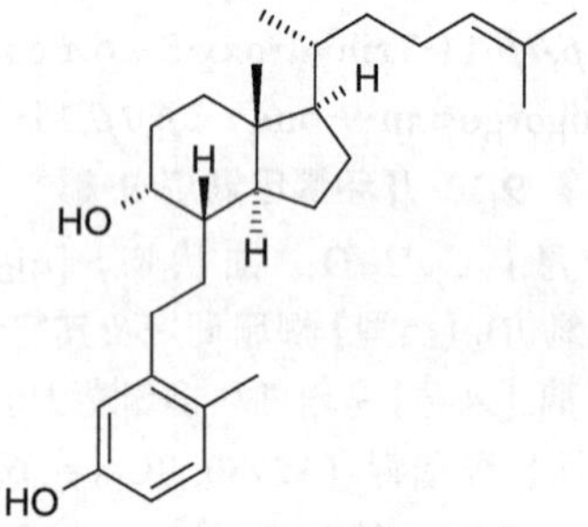

1117 Calicoferol H 柳珊瑚醇 H*

【基本信息】$C_{26}H_{40}O_2$, 油状物, $[\alpha]_D^{25}$ = –6.6° (c = 0.1, 氯仿).【类型】9,10-开环甾醇.【来源】小尖

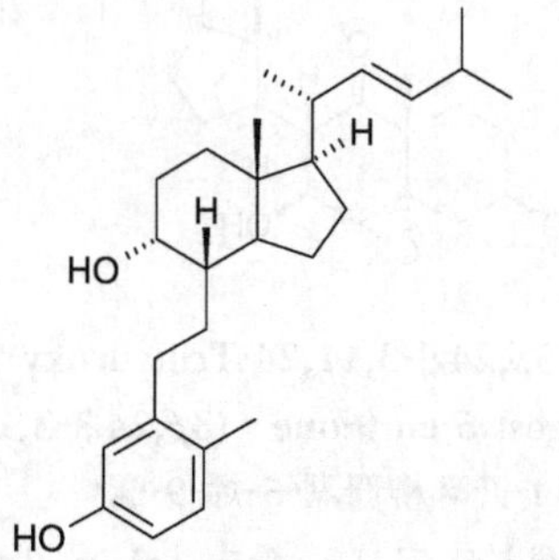

柳珊瑚属 *Muricella* sp.【活性】细胞毒 (K562, LD_{50} = 2.1μg/mL).【文献】Y. Seo, et al. JNP, 1998, 61, 1441.

1118 Calicoferol I 柳珊瑚醇 I*

【别名】3,16-Dihydroxy-9,10-secocholesta-1,3,5(10)-trien-9-one; 3,16-二羟基-9,10-开环胆甾-1,3,5(10)-三烯-9-酮.【基本信息】$C_{27}H_{42}O_3$, 油状物, $[\alpha]_D^{25}$ = +18.4° (*c* = 0.1, 氯仿).【类型】9,10-开环甾醇.【来源】小尖柳珊瑚属 *Muricella* sp.【活性】细胞毒 (K562, LD_{50} = 10.7μg/mL).【文献】Y. Seo, et al. JNP, 1995, 58, 129; 1998, 61, 1441.

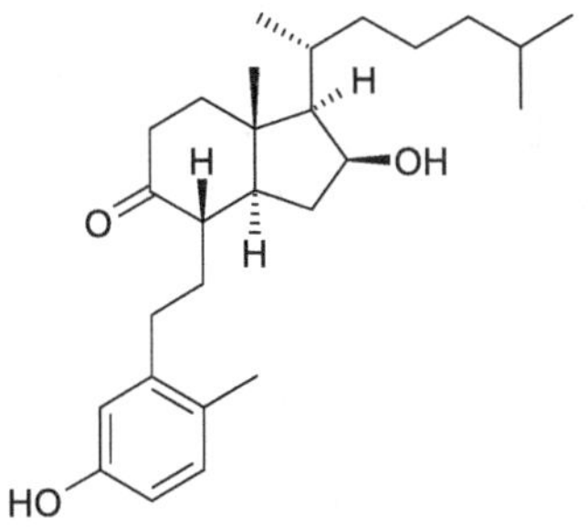

1119 Calicoferol D 柳珊瑚醇 D*

【基本信息】$C_{28}H_{42}O_2$, 晶体 (丙酮/己烷), mp 76~79°C, $[\alpha]_D^{25}$ = +13.5° (*c* = 0.4, 氯仿).【类型】9,10-开环甾醇.【来源】小尖柳珊瑚属 *Muricella* sp. (朝鲜半岛水域).【活性】抗病毒 (HSV-1, EC_{50} = 1.2μg/mL; HSV-2, EC_{50} = 1.2μg/mL; 对照脊髓灰质炎病毒, EC_{50} = 0.4μg/mL); 致死性 (盐水丰年虾).【文献】Y. Seo, et al. JNP, 1995, 58, 1291; 1998, 61, 1441.

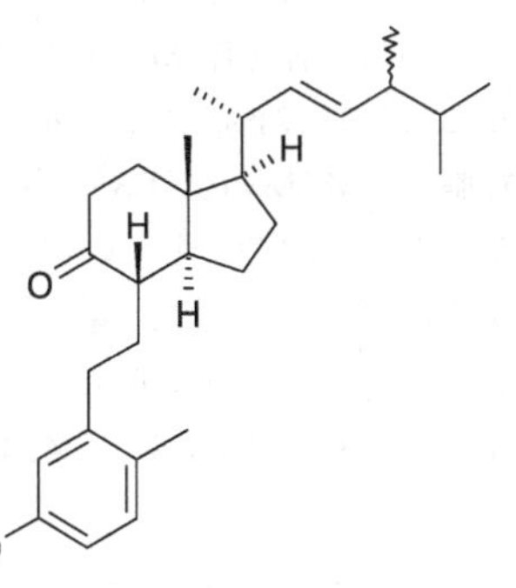

1120 Calicoferol F 柳珊瑚醇 F*

【别名】9,10-Secoergosta-1,3,5(10),22-tetraene-3,9-diol; 9,10-开环麦角甾-1,3,5(10),22-四烯-3,9-二醇.【基本信息】$C_{28}H_{44}O_6$, 油状物, $[\alpha]_D^{25}$ = +13.7° (*c* = 0.1, 氯仿).【类型】9,10-开环甾醇.【来源】小尖柳珊瑚属 *Muricella* sp. (朝鲜半岛水域).【活性】PLA_2 抑制剂; 细胞毒 (K562, IC_{50} = 12.1μg/mL).【文献】Y. Seo, et al. JNP, 1995, 58, 1291; 1998, 61, 1441.

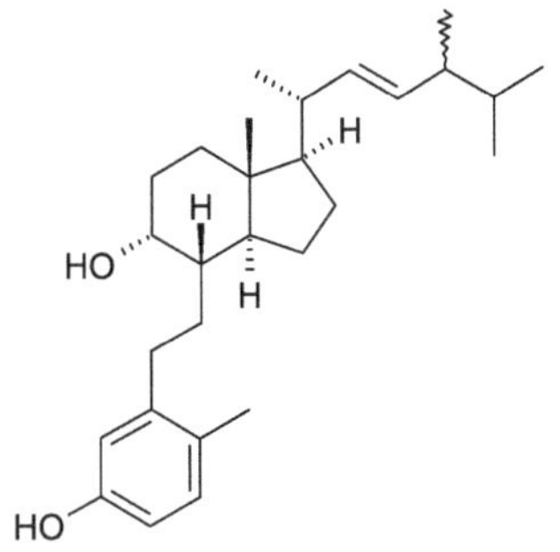

1121 (22*E*)-11-Acetoxy-3*β*,6*α*-dihydroxy-9,11-*seco*-5*α*-cholesta-7,22-dien-9-one (22*E*)-11-乙酰氧基-3*β*,6*α*-二羟基-9,11-开环-5*α*-胆甾-7,22-二烯-9-酮*

【别名】11-Acetyl-3,6,11-trihydroxy-9,11-secocholesta-7,22-dien-9-one; 11-乙酰基-3,6,11-三羟基-9,11-开环胆甾-7,22-二烯-9-酮.【基本信息】$C_{29}H_{46}O_5$, 油状物.【类型】9,11-开环甾醇.【来源】软珊瑚穗软珊瑚科 *Gersemia fruticosa* (北冰洋), 柳珊瑚科柳珊瑚 *Eunicella cavolini* (北伊维亚海岸, 利沙东尼西亚群岛, 希腊).【活性】细胞毒 (K562, IC_{50} = 21μmol/L, 细胞生长抑制剂).【文献】R. Koljak, et al. Tetrahedron, 1998, 54, 179; E. Ioannou, et al. BoMC, 2009, 17, 4537.

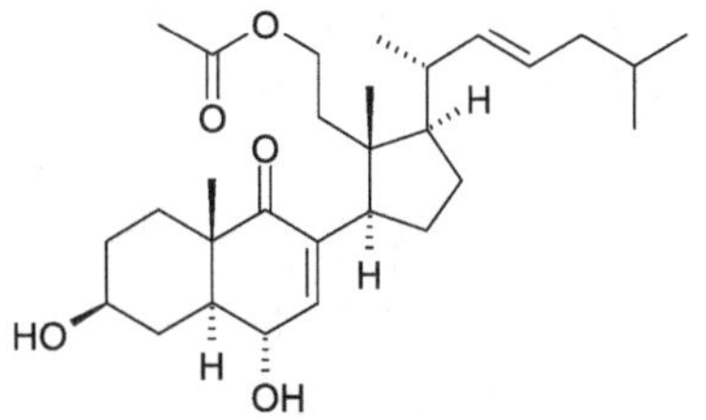

1122 (22*E*)-11-Acetoxy-3*β*,6*α*-dihydroxy-24-nor-9,11-*seco*-5*α*-cholesta-7,22-dien-9-one (22*E*)-11-乙酰氧基-3*β*,6*α*-二羟基-24-去甲-9,11-开环-5*α*-胆甾-7,22 二烯-9-酮

【基本信息】$C_{28}H_{44}O_5$, 油状物, $[\alpha]_D^{22}$ = +23° (*c* = 0.17, 甲醇).【类型】9,11-开环甾醇.【来源】软珊瑚穗软珊瑚科 *Gersemia fruticosa* (北极区, 冷水水域, 北部俄罗斯), 柳珊瑚科柳珊瑚 *Eunicella cavolini* (北伊维亚海岸, 利沙东尼西亚群岛, 希腊).【活性】细胞毒 [MTT 试验, 10μmol/L: LNCaP

细胞 在 MEM+10% FBS 中，抑制生长 InRt = (76±4)%，IC_{50} = (7.0±0.6)μmol/L；MCF7 细胞在 MEM+10% FBS 中，抑制生长 InRt = (34±5)%，IC_{50} = (7.6±0.4)μmol/L；MCF7 细胞在 MEM+5% DCC-FBS+1nmol/L 17*β*-雌二醇中，抑制生长 InRt = (86±9)%，IC_{50} = (7.4±0.2)μmol/L]；细胞毒 (K562，IC_{50} = 29μmol/L，细胞生长抑制剂)；细胞毒 (K562，IC_{50} = 3μg/mL；EAC，IC_{50} = 1μg/mL). [文献] R. Koljak, et al. Tetrahedron Lett., 1993, 34, 1985; A. Lopp, et al. Steroids, 1994, 59, 274; M. D. Lebar, et al. NPR, 2007, 24, 774 (Rev.); E. Ioannou, et al. BoMC, 2009, 17, 4537.

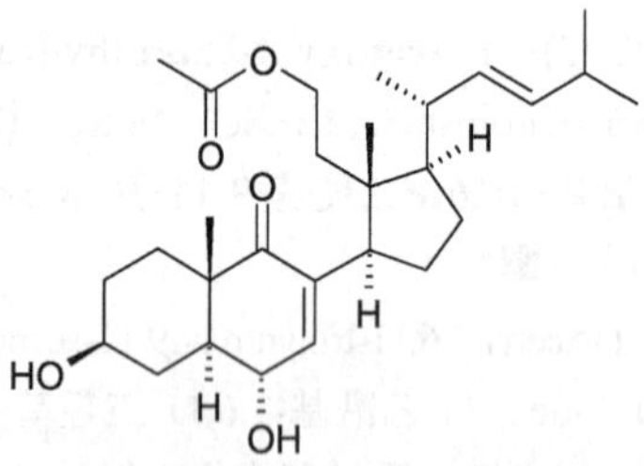

1123 3-*O*-Deacetyl-22,23-dihydro-24,28-didehydro-luffasterol B 3-*O*-去乙酰基-22,23-二氢-24,28-双去氢-小瓜海绵甾醇 B*

【基本信息】$C_{28}H_{42}O_4$，无定形固体，$[\alpha]_D^{25}$ = −29.0° (*c* = 0.1，氯仿).【类型】9,11-开环甾醇.【来源】角骨海绵属 *Spongia agaricina* (加的斯，西班牙).【活性】细胞毒 (P_{388}，IC_{50} = 1μg/mL；A549，IC_{50} = 1μg/mL；HT29，IC_{50} = 1μg/mL).【文献】A. Rueda, et al. JNP, 1998, 61, 258.

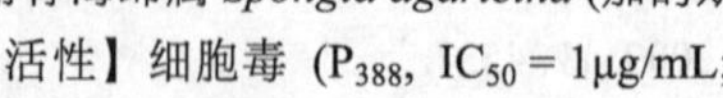

1124 3-*O*-Deacetylluffasterol B 3-*O*-去乙酰基小瓜海绵甾醇 B*

【基本信息】$C_{28}H_{42}O_4$，无定形固体，$[\alpha]_D^{25}$ = −21.4° (*c* = 0.1，氯仿).【类型】9,11-开环甾醇.【来源】角骨海绵属 *Spongia agaricina* (加的斯，西班牙).【活性】细胞毒 (P_{388}，IC_{50} = 1μg/mL，A549，IC_{50} = 1μg/mL，HT29，IC_{50} = 1μg/mL).【文献】A. Rueda, et al. JNP, 1998, 61, 258.

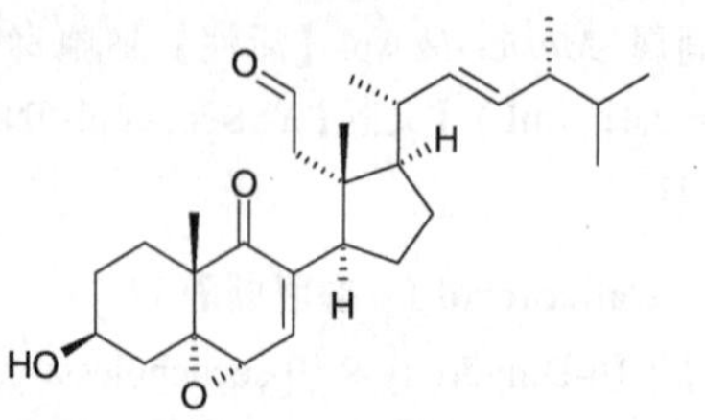

1125 (3*β*,5*α*,6*α*)-3,6-Dihydroxy-11-acetoxy-9,11-secocholest-7-en-9-one (3*β*,5*α*,6*α*)-3,6-二羟基-11-乙酰氧基-9,11-开环胆甾-7-烯-9-酮

【基本信息】$C_{29}H_{48}O_5$，油状物，$[\alpha]_D^{20}$ = +7.5° (*c* = 0.03，氯仿).【类型】9,11-开环甾醇.【来源】柳珊瑚科柳珊瑚 *Eunicella cavolini* (北伊维亚海岸，利沙东尼西亚群岛，希腊).【活性】细胞毒 (人前列腺和乳腺癌细胞株，中等活性). [文献] E. Ioannou, et al. BoMC, 2009, 17, 4537.

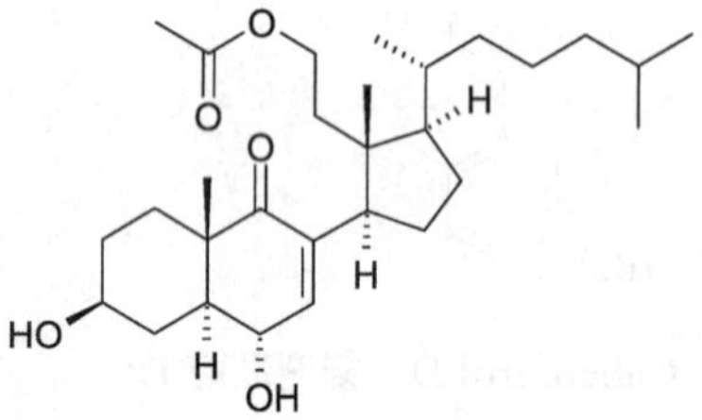

1126 (3*β*,5*α*,6*α*,22*Z*,24*ξ*)-3,6-Dihydroxy-11-acetoxy-9,11-secoergosta-7,22-dien-9-one (3*β*,5*α*,6*α*,22*Z*,24*ξ*)-3,6-二羟基-11-乙酰氧基-9,11-开环麦角甾-7,22-二烯-9-酮

【基本信息】$C_{30}H_{48}O_5$，$[\alpha]_D^{20}$ = +18° (*c* = 0.13，氯仿).【类型】9,11-开环甾醇.【来源】柳珊瑚科柳珊瑚 *Eunicella cavolini* (北伊维亚海岸，利沙东尼西亚群岛，希腊).【活性】细胞毒 [MTT 试验，10μmol/L：LNCaP 细胞在 MEM+10%FBS 中，抑制生长 InRt = (45±12)%，IC_{50} = (6.7±0.8)μmol/L；MCF7 细胞在 MEM+10%FBS 中，抑制生长 InRt = (27±3)%；MCF7 细胞在 MEM +5% DCC-FBS+1nmol/L 17*β*-雌二醇中，抑制生长 InRt = (62±12)%，IC_{50} = (6.0±0.4)μmol/L].【文献】E. Ioannou, et al. BoMC, 2009, 17, 4537.

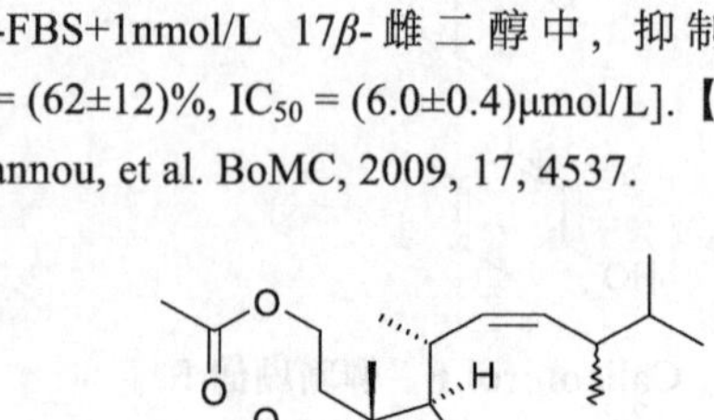

1127 (3*β*,5*α*,6*α*)-3,6-Dihydroxy-11-acetoxy-9,11-secoergosta-7,24(28)-dien-9-one (3*β*,5*α*,6*α*)-3,6-二羟基-11-乙酰氧基-9,11-开环麦角甾-7,24(28)-二烯-9-酮

【基本信息】$C_{30}H_{48}O_5$, 油状物, $[\alpha]_D^{20} = +22°$ (c = 0.1, 氯仿).【类型】9,11-开环甾醇.【来源】柳珊瑚科柳珊瑚 *Eunicella cavolini* (北伊维亚海岸, 利沙东尼西亚群岛, 希腊).【活性】细胞毒 [MTT 试验, 10μmol/L: LNCaP 细胞在 MEM+10%FBS 中, 抑制生长 InRt > 10%; MCF7 细胞在 MEM+10% FBS 中, 抑制生长 InRt ≤ 10%; MCF7 细胞在 MEM+5% DCC-FBS+1nmol/L 17*β*-雌二醇中, 抑制生长 InRt = (50±5)%, IC_{50} = (3.8±0.7)μmol/L].[文献] E. Ioannou, et al. BoMC, 2009, 17, 4537.

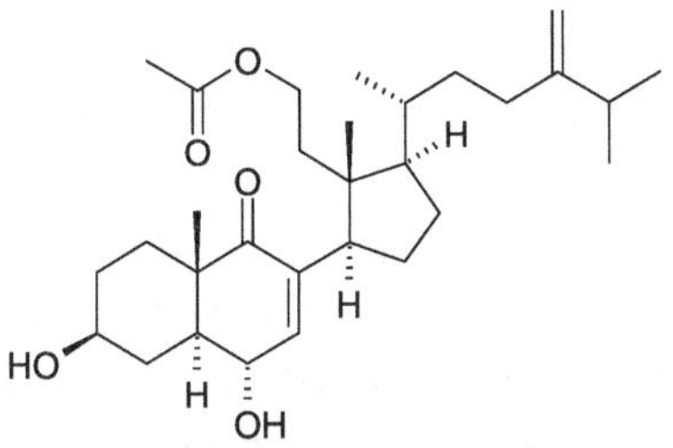

1128 (3*β*,4*α*,5*α*,22*E*,24*R*)-3,11-Dihydroxy-4,23-dimethyl-9,11-secoergost-22-en-9-one (3*β*,4*α*,5*α*,22*E*,24*R*)-3,11-二羟基-4,23-二甲基-9,11-开环麦角甾-22-烯-9-酮

【基本信息】$C_{30}H_{52}O_3$, 粉末, $[\alpha]_D = -11.5°$ (c = 1.7, 甲醇).【类型】9,11-开环甾醇.【来源】柳珊瑚科柳珊瑚 *Pseudopterogorgia* sp.【活性】PKCs 抑制剂 (PKCα, βⅠ, βⅡ, γ, δ, ε, η 和 ξ, IC_{50} = 12~50μmol/L); 细胞毒 [3~13μmol/L 用氚标记的胸腺嘧啶核苷 (^{3}H-T), MCF7 细胞增殖抑制剂].【文献】H. He, et al. Tetrahedron, 1995, 51, 51.

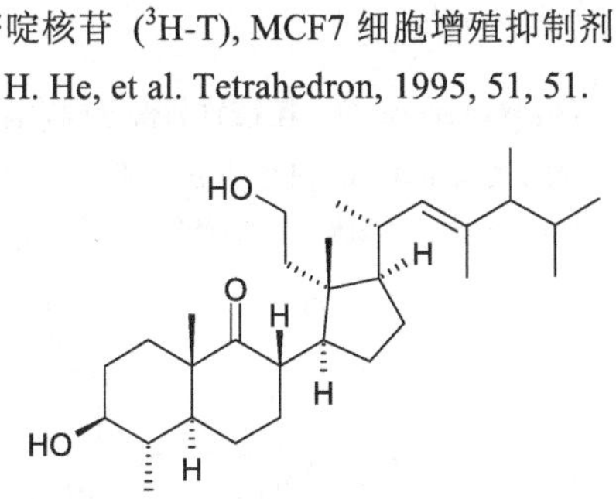

1129 Hirsutosterol A 硬毛短足软珊瑚甾醇 A*

【基本信息】$C_{30}H_{50}O_5$, 白色粉末, $[\alpha]_D^{25} = +26°$ (c = 5.78, 氯仿).【类型】9,11-开环甾醇.【来源】硬毛短足软珊瑚* *Cladiella hirsuta* (台湾水域, 中国).【活性】细胞毒 (HepG2, IC_{50} = 16.9μmol/L, 对照阿霉素, IC_{50} = 0.4μmol/L; HepG3B, IC_{50} = 9.4μmol/L, 阿霉素, IC_{50} = 1.3μmol/L; Ca9-22, IC_{50} = 8.2μmol/L, 阿霉素, IC_{50} = 0.2μmol/L; A549, IC_{50} = 18.4μmol/L, 阿霉素, IC_{50} = 2.6μmol/L; MCF7, IC_{50} = 17.8μmol/L, 阿霉素, IC_{50} = 2.9μmol/L; MDA-MB-231, IC_{50} = 16.1μmol/L, 阿霉素, IC_{50} = 2.0μmol/L).【文献】B.-W. Chen, et al. Org. Biomol. Chem., 2011, 9, 3272.

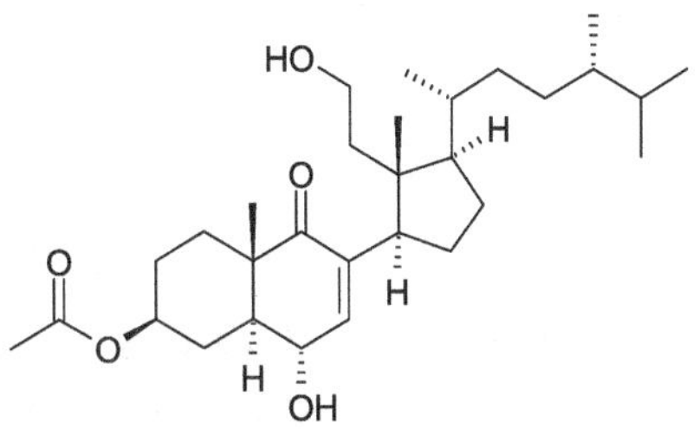

1130 Hirsutosterol B 硬毛短足软珊瑚甾醇 B*

【基本信息】$C_{30}H_{48}O_5$, 白色粉末, $[\alpha]_D^{25} = +32°$ (c = 1.56, 氯仿).【类型】9,11-开环甾醇.【来源】硬毛短足软珊瑚* *Cladiella hirsuta* (台湾水域, 中国).【活性】细胞毒 (HepG2, IC_{50} > 50μmol/L, 对照阿霉素, IC_{50} = 0.4μmol/L; HepG3B, IC_{50} = 8.6μmol/L, 阿霉素, IC_{50} = 1.3μmol/L; Ca9-22, IC_{50} = 16.0μmol/L, 阿霉素, IC_{50} = 0.2μmol/L; A549, IC_{50} > 50μmol/L, 阿霉素, IC_{50} = 2.6μmol/L; MCF7, IC_{50} > 50μmol/L, 阿霉素, IC_{50} = 2.9μmol/L; MDA-MB-231, IC_{50} > 50μmol/L, 阿霉素, IC_{50} = 2.0μmol/L).【文献】B.-W. Chen, et al. Org. Biomol. Chem., 2011, 9, 3272.

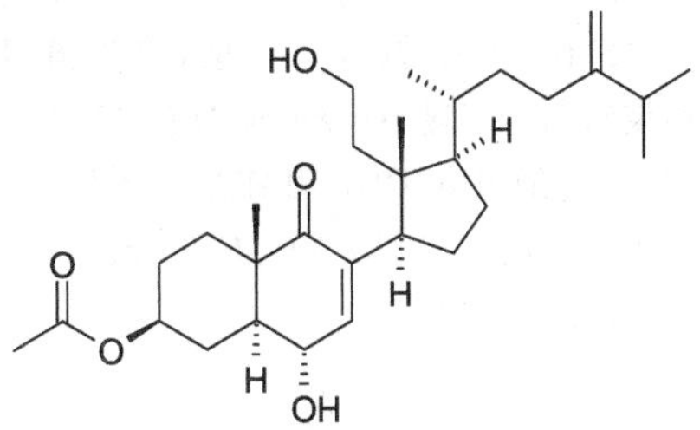

1131 3*β*-Hydroxy-5*α*,6*α*-epoxy-9-oxo-9,11-secogorgostan-11-ol 3*β*-羟基-5*α*,6*α*-环氧-9-氧代-9,11-开环柳珊瑚烷-11-醇*

【基本信息】$C_{30}H_{50}O_4$.【类型】9,11-开环甾醇.【来源】Gorgoniidae 科柳珊瑚 *Pseudoptero gorgiaamericana* (加勒比海).【活性】细胞毒 (MTT 试验: LNCaP,

IC_{50} = 18.43μg/mL; 肺癌细胞 l, IC_{50} = 12.0μg/mL).【文献】S. Naz, et al. Tetrahedron Lett., 2000, 41, 6035.

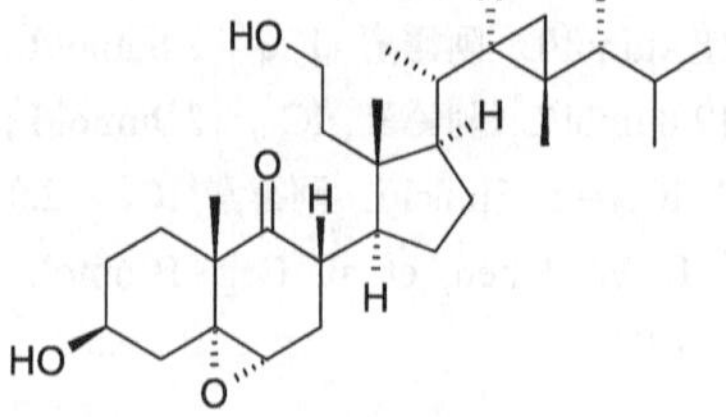

2.14 杂项甾醇

1132 Cinanthrenol A 日本大岛海绵醇 A*

【基本信息】$C_{20}H_{18}O_2$.【类型】杂项甾醇.【来源】Tetillidae 科海绵 *Cinachyrella* sp. (挖掘法收集, 新曾根大岛, 日本, 采样深度 160m).【活性】细胞毒 (各种人 HTCLs, 中等活性); 雌激素受体黏合剂 (有潜力的, 以竞争的方式取代雌二醇, IC_{50} = 10nmol/L, 改变雌激素响应的基因的表达).【文献】K. Machida, et al. Org. Lett., 2014, 16, 1539.

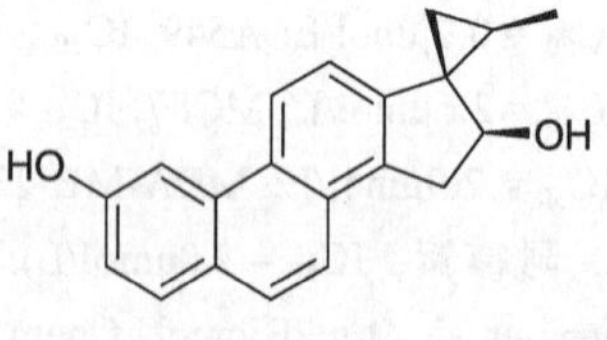

1133 Hipposterol G 粗枝竹节柳珊瑚甾醇 G*

【基本信息】$C_{35}H_{56}O_9$, 白色无定形粉末; $[\alpha]_D^{25}$ = +5° (c = 0.1, 氯仿).【类型】杂项甾醇.【来源】粗枝竹节柳珊瑚 *Isis hippuris* (兰屿岛, 台湾, 中国).【活性】细胞毒 (P_{388} 和 HT29, 无活性; HEL, IC_{50} > 50μg/mL).【文献】W.-H. Chen, et al. Mar. Drugs, 2011, 9, 1829.

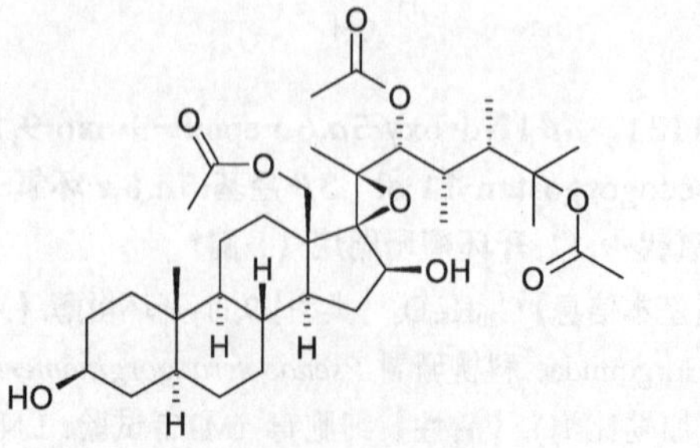

1134 Hipposterone M 粗枝竹节柳珊瑚甾酮 M*

【基本信息】$C_{33}H_{52}O_8$, 白色无定形粉末, $[\alpha]_D^{25}$ = −8° (c = 0.1, 氯仿).【类型】杂项甾醇.【来源】粗枝竹节柳珊瑚 *Isis hippuris* (兰屿岛, 台湾, 中国).【活性】细胞毒 (P_{388} 和 HT29, 无活性; HEL, IC_{50} > 50μg/mL).【文献】W.-H. Chen, et al. Mar. Drugs, 2011, 9, 1829.

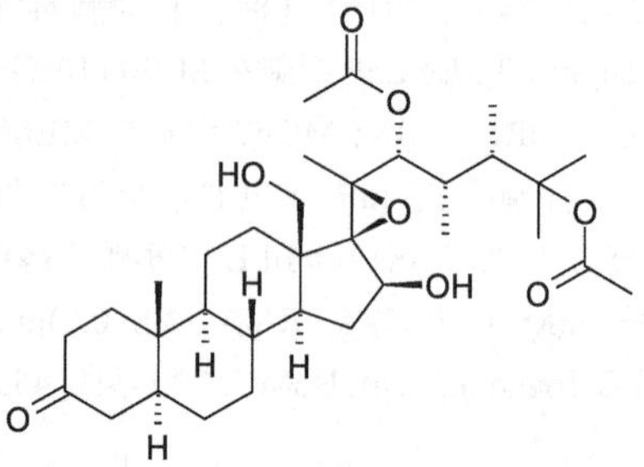

1135 Hipposterone N 粗枝竹节柳珊瑚甾酮 N*

【基本信息】$C_{31}H_{50}O_7$, 白色无定形粉末, $[\alpha]_D^{25}$ = −11° (c = 0.1, 氯仿).【类型】杂项甾醇.【来源】粗枝竹节柳珊瑚 *Isis hippuris* (兰屿岛, 台湾, 中国).【活性】抗病毒 (HCMV, EC_{50} = 6.0μg/mL, 温和活性); 细胞毒 (P_{388} 和 HT29, 无活性; HEL, IC_{50} > 50μg/mL).【文献】W.-H. Chen, et al. Mar. Drugs, 2011, 9, 1829.

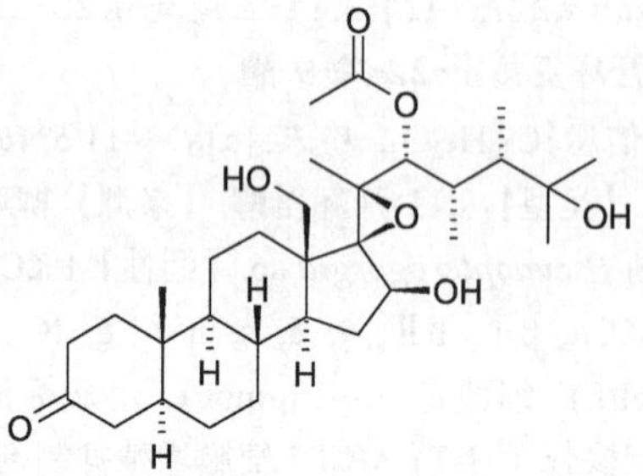

1136 Hipposterone O 粗枝竹节柳珊瑚甾酮 O*

【基本信息】$C_{35}H_{54}O_{10}$, 白色无定形粉末, $[\alpha]_D^{25}$ = −5° (c = 0.1, 氯仿).【类型】杂项甾醇. 【来源】粗

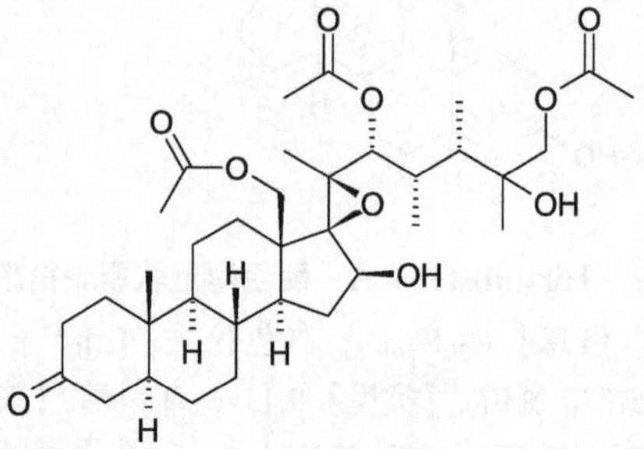

枝竹节柳珊瑚 *Isis hippuris* (兰屿岛, 台湾, 中国). 【活性】细胞毒 (P_{388}和 HT29, 无活性; HEL, IC_{50} > 50μg/mL).【文献】W.-H. Chen, et al. Mar. Drugs, 2011, 9, 1829.

1137 Hippuristeroketal A 粗枝竹节柳珊瑚甾醇缩酮 A*

【基本信息】$C_{35}H_{58}O_9$, 白色无定形粉末, $[\alpha]_D^{25}$ = +21° (*c* = 0.1, 氯仿).【类型】杂项甾醇.【来源】粗枝竹节柳珊瑚 *Isis hippuris* (兰屿岛, 台湾, 中国).【活性】细胞毒 (P_{388}和 HT29 细胞株, 无活性; HEL, IC_{50} > 50μg/mL).【文献】W.-H. Chen, et al. Mar. Drugs, 2011, 9, 1829.

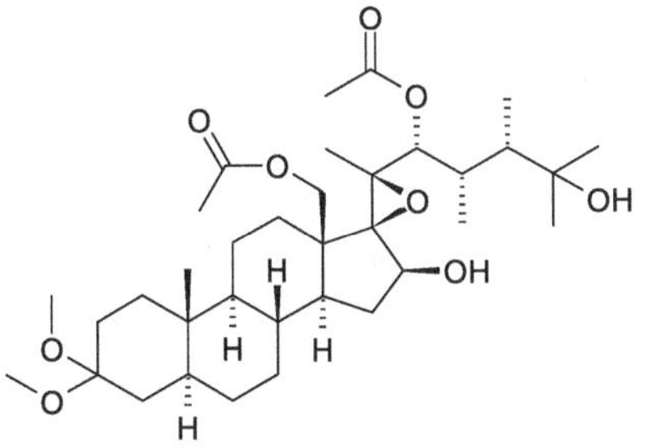

1138 Ketosteroid New 新氧代甾酮

【基本信息】$C_{30}H_{48}O_2$.【类型】杂项甾醇.【来源】绿藻瘤枝藻 *Tydemania expeditionis* (黄海, 中国).【活性】细胞毒 (前列腺癌细胞, 适度活性).【文献】J.-L. Zhang, et al. Fitoterapia, 2012, 83, 973.

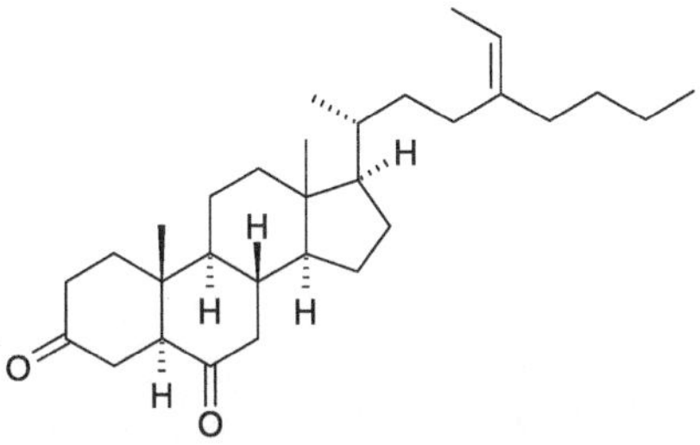

1139 Lobophytosterol‡ 豆荚软珊瑚甾醇*‡

【基本信息】$C_{30}H_{52}O_3$, 白色无定形粉末, $[\alpha]_D^{25}$ = +9.74° (*c* = 1.00, 氯仿).【类型】杂项甾醇.【来源】豆荚软珊瑚属 *Lobophytum laevigatum* (庆和省, 越南).【活性】细胞毒 [A549, IC_{50} = (4.5±0.5)μmol/L, 对照米托蒽醌, IC_{50} = (7.8±0.4)μmol/L; HCT116, IC_{50} = (3.2±0.9)μmol/L, 米托蒽醌, IC_{50} = (7.2±0.3)μmol/L; HL60, IC_{50} = (5.6±0.4)μmol/L, 米托蒽醌, IC_{50} = (8.2±0.9)μmol/L]; 细胞凋亡诱导剂 (A549, HCT116 和 HL60).【文献】T. H. Quang, et al. BoMCL, 2011, 21, 2845.

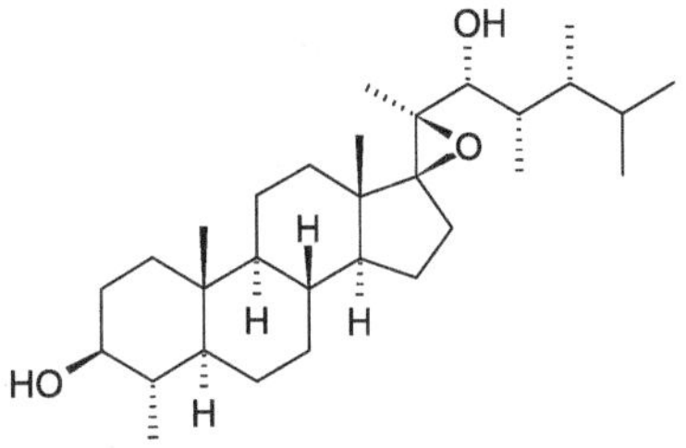

1140 Malaitasterol A 马莱塔甾醇 A*

【基本信息】$C_{30}H_{48}O_4$.【类型】杂项甾醇.【来源】岩屑海绵斯氏蒂壳海绵* *Theonella swinhoei* (马兰他岛, 所罗门群岛, 采样深度 22m).【活性】潜在的孕甾烷 X 受体 PXR 反式激活诱导剂 [10μmol/L 对法尼醇 X 受体 (FXR) 无效, 其 PXR 活性被下游 PXR 靶标的基因表达升高).【文献】S. De Marino, et al. Org. Biomol. Chem., 2011, 9, 4856; P. L. Winder, et al. Mar. Drugs, 2011, 9, 2643 (Rev.).

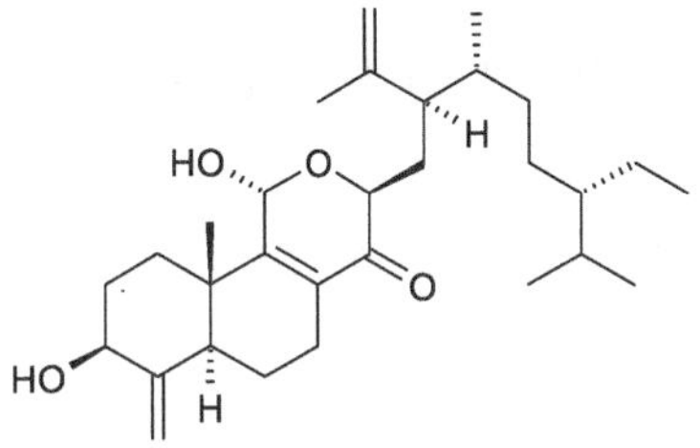

1141 Shishicrellastatin A 鹿儿岛肉丁海绵他汀 A*

【基本信息】$C_{56}H_{86}O_{16}S_3$.【类型】杂项甾醇.【来源】肉丁海绵 *Crella spinulata* (什什岛, 鹿儿岛, 日本).【活性】组织蛋白酶 B 抑制剂.【文献】S. Murayama, et al. BoMC, 2011, 19, 6594.

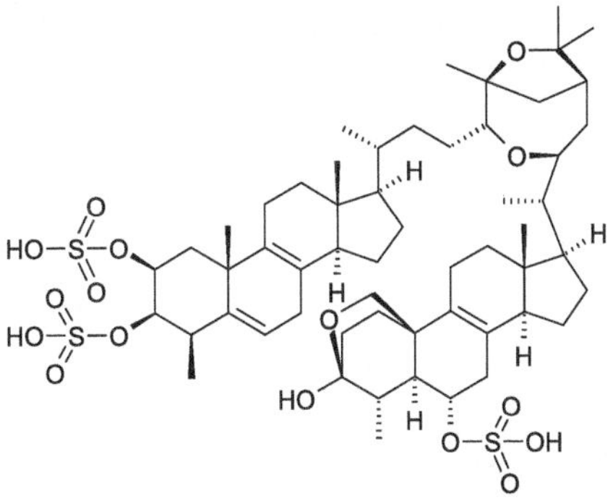

1142 Shishicrellastatin B 鹿儿岛肉丁海绵他汀 B*

【基本信息】$C_{56}H_{84}O_{16}S_3$.【类型】杂项甾醇.【来

源】肉丁海绵 *Crella spinulata* (什什岛, 鹿儿岛, 日本).【活性】组织蛋白酶 B 抑制剂.【文献】S. Murayama, et al. BoMC, 2011, 19, 6594.

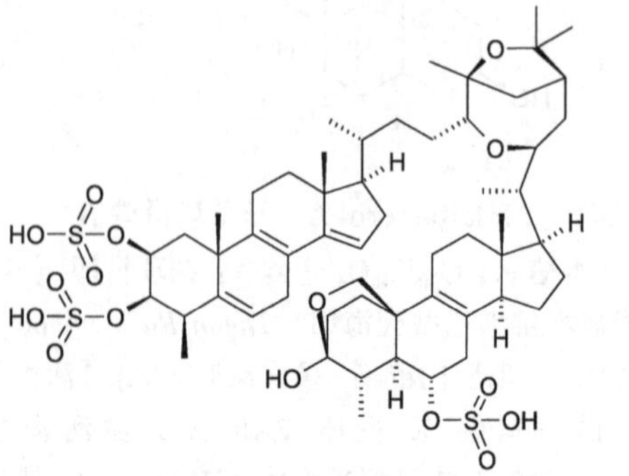

1143 Swinhoeisterol A 斯氏蒂壳海绵甾醇 A*
【基本信息】$C_{29}H_{46}O_2$.【类型】杂项甾醇.【来源】岩屑海绵斯氏蒂壳海绵* *Theonella swinhoei* (西沙群岛, 南海, 中国).【活性】组蛋白乙酰基转移酶(h)p300 抑制剂 (IC_{50} = 2.9μmol/L, 显示 9 位羟基立体化学的重要性).【文献】J. Gong, et al. Org. Lett., 2014, 16, 2224.

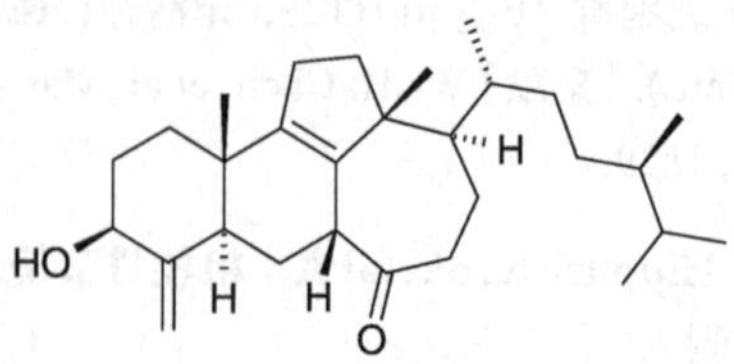

1144 Swinhoeisterol B 斯氏蒂壳海绵甾醇 B*
【基本信息】$C_{29}H_{46}O_3$.【类型】杂项甾醇.【来源】岩屑海绵斯氏蒂壳海绵* *Theonella swinhoei* (西沙群岛, 南海, 中国).【活性】组蛋白乙酰基转移酶(h)p300 抑制剂 (IC_{50} = 249μmol/L, 显示 9 位羟基立体化学的重要性).【文献】J. Gong, et al. Org. Lett., 2014, 16, 2224.

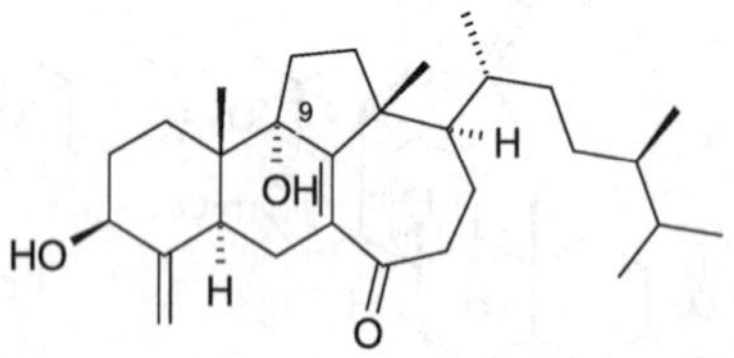

3

脂肪族化合物

3.1 饱和脂肪族链状化合物

1145 Actisonitrile 轮海牛异腈*

【基本信息】$C_{22}H_{41}NO_3$.【类型】直链饱和脂肪族化合物.【来源】软体动物裸鳃目海牛亚目乳头突起轮海牛* *Actinocyclus papillatus* (涠洲岛, 广西, 中国).【活性】细胞毒 (H9c2, IC_{50} = (23±6)μmol/L).【文献】E. Manzo, et al. Org. Lett., 2011, 13, 1897.

1146 Aureobasidin 短梗霉定*

【基本信息】$C_{23}H_{44}O_8$, 无定形粉末.【类型】直链饱和脂肪族化合物.【来源】海洋水生植物百合超目泽泻目波喜荡海藻 *Posidonia oceanica* 导出的真菌短梗霉属 *Aureobasidium* sp.【活性】抗污剂; 抑制幼虫定居 (纹藤壶 *Balanus amphitrite* 幼虫); 抗菌 (金黄色葡萄球菌 *Staphylococcus aureus*, 大肠杆菌 *Escherichia coli* 和枯草杆菌 *Bacillus subtilis*).【文献】A. Abdel-Lateff, et al. Nat. Prod. Commun., 2009, 4, 389.

1147 (2-Carboxyethyl)dimethylsulfonium(1+) (2-羧基乙基)二甲基磺酸(1+)*

【别名】Dimethyl-*β*-propiothetin; 二甲基-*β*-普罗匹妥汀*【基本信息】$C_5H_{11}O_2S^+$, 针状晶体 (乙醇)(氯化物), mp 134°C (分解), mp 129°C, pK_a 3.35.【类型】直链饱和脂肪族化合物.【来源】绿藻石莼 *Ulva lactuca* 和绿藻肠浒苔 *Enteromorpha intestinalis*.【活性】助食剂 (鱼类).【文献】S. Sciuto, et al. JNP, 1988, 51, 322.

1148 Cervicoside 鹿角短指软珊瑚苷*

【别名】1-Hexadecanol *O*-[*β*-D-arabinopyranosyl-(1→4)-*β*-D-arabinopyranosyl-(1→4)-*β*-D-arabinopyranoside]; 1-十六醇 *O*-[*β*-D-吡喃阿拉伯糖基-(1→4)-*β*-D-吡喃阿拉伯糖基-(1→4)-*β*-D-吡喃阿拉伯糖苷].【基本信息】$C_{31}H_{58}O_{13}$.【类型】直链饱和脂肪族化合物.【来源】鹿角短指软珊瑚* *Sinularia cervicornis*.【活性】细胞毒.【文献】X.-X. He, et al. Zhongshan Daxue Xuebao Ziran Kexueban, 2002, 41, 114; CA, 137, 198514j.

1149 (3*R*,5*S*)-3,5-Dihydroxydecanoic acid (3*R*,5*S*)-3,5-二羟基癸酸

【基本信息】$C_{10}H_{20}O_4$, 浅黄色油状物.【类型】直链饱和脂肪族化合物.【来源】海洋导出的真菌短梗霉属 *Aureobasidium* sp., 来自海洋水生植物百合超目泽泻目波喜荡海藻 *Posidonia oceanica*.【活性】抑制幼虫定居 (纹藤壶 *Balanus amphitrite* 幼虫); 抗菌 (金黄色葡萄球菌 *Staphylococcus aureus*, 大肠杆菌 *Escherichia coli* 和枯草杆菌 *Bacillus subtilis*).【文献】A. Abdel-Lateff, et al. Nat. Prod. Commun., 2009, 4, 389.

1150 Henicosane-1,21-diyl disulfate 正二十一烷-1,21-二基-二硫酸酯

【基本信息】$C_{21}H_{44}O_8S_2$.【类型】直链饱和脂肪族化合物.【来源】阴茎海鞘* *Ascidia mentula* (地中海).【活性】抗恶性细胞增殖的 (IGR-1, IC_{50} ≈ 100μg/mL; J774, IC_{50} ≈ 170μg/mL; WEHI-164, IC_{50} ≈ 150μg/mL; P_{388}, IC_{50} ≈ 260μg/mL).【文献】A. Aiello, et al. Tetrahedron, 1997, 53, 5877.

1151 1-Heptadecanyl-*O*-sulfate 1-十七烷基-*O*-硫酸酯

【基本信息】$C_{17}H_{36}O_4S$, 无定形固体 (钠盐).【类型】直链饱和脂肪族化合物.【来源】Polyclinidae 科海鞘 *Sidnyum turbinatum* (地中海). 【活性】抗恶性细胞增殖的 [*in vitro*, WEHI-164, IC_{50} = (400± 1)μg/mL, 对照 6-巯基嘌呤, IC_{50} = (1.30± 0.02)μg/mL].【文献】A. Aiello, et al. JNP, 2001, 64, 219.

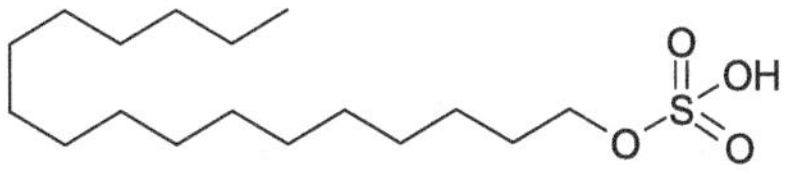

1152 *R*-3-Hydroxyundecanoic acid methyl ester-3-*O*-*α*-L-rhamnopyranoside *R*-3-羟基十一酸甲酯-3-*O*-*α*-L-吡喃鼠李糖苷

【基本信息】$C_{18}H_{34}O_7$.【类型】直链饱和脂肪族化合物.【来源】海洋导出的真菌来自红树茜草科瓶花木 *Scyphiphora hydrophyllacea* A1.【活性】抗菌 (金黄色葡萄球菌 *Staphylococcus aureus*, IZD = 9.8mm, MRSA, IZD = 10.7mm).【文献】Y. B. Zeng, et al. Mar. Drugs, 2012, 10, 598.

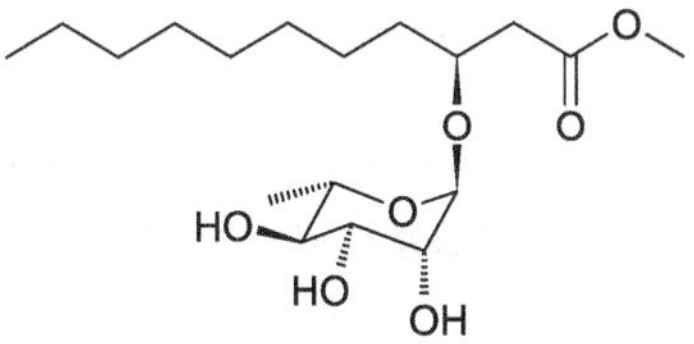

1153 Isethionic acid 羟乙基磺酸

【别名】2-Sulfoethyl alcohol; 2-磺基乙醇.【基本信息】$C_2H_6O_4S$, 糖浆状物.【类型】直链饱和脂肪族化合物.【来源】红藻软垂仙菜* *Ceramium flaccidum*, 鱿鱼. 【活性】刺激眼, 皮肤和黏膜; LD_{50} (小鼠, ipr) = 50mg/kg.【文献】K. D. Barrow, et al. Phytochemistry, 1993, 34, 1429.

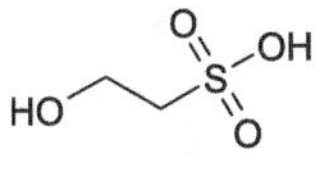

1154 Laurencione(open-chain form) 醒目凹顶藻酮 (开链形式)*

【别名】5-Hydroxy-pentane-2,3-dione; 5-羟基-戊烷-2,3-二酮.【基本信息】$C_5H_8O_3$, 亮绿色油状物.【类型】直链饱和脂肪族化合物.【来源】红藻醒目凹顶藻* *Laurencia spectabilis* (俄勒冈州, 美国).【活性】有毒的 (盐水丰年虾).【文献】M. W. Bernart, et al. Phytochemistry, 1992, 31, 1273.

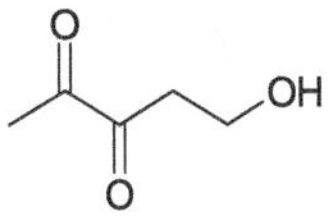

1155 (4-Methoxycarbonylbutyl)-trimethylammonium (4-甲氧基羰基丁基)-三甲基铵

【基本信息】$C_9H_{20}NO_2^+$, 晶体 (氯化物).【类型】直链饱和脂肪族化合物.【来源】乌蛤 *Austrovenus stutchburyi* (新西兰).【活性】神经毒素; LD_{50} (小鼠, ipr) = 30mg/kg.【文献】H. Ishida, et al. Toxicon, 1994, 32, 1672.

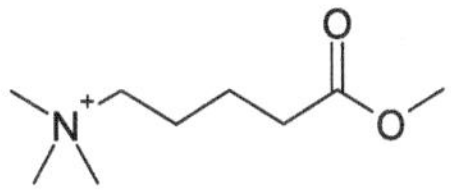

1156 2-Methoxytetradecanoic acid 2-甲氧基十四碳酸

【基本信息】$C_{15}H_{30}O_3$.【类型】直链饱和脂肪族化合物.【来源】假美丽海绵* *Callyspongia fallax* (加勒比海).【活性】抗真菌.【文献】N. M. Carballeira, et al. JNP, 2001, 64, 620.

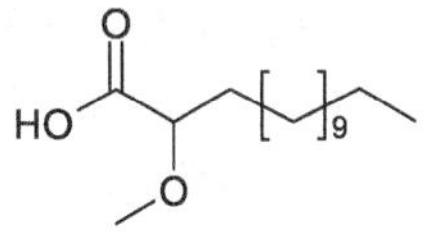

1157 Methyl myristate 十四酸甲酯

【基本信息】$C_{15}H_{30}O_2$.【类型】直链饱和脂肪族化合物.【来源】深海真菌淡紫拟青霉 *Paecilomyces lilacinus* ZBY-1.【活性】细胞毒 (100μg/mL: K562, MCF7, HL60, 和 BGC823, InRt = 30%~80%).【文献】X. Cui, et al. J. Int. Pharm. Res., 2013, 40, 765 (中文版).

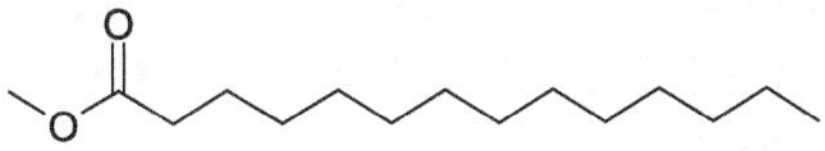

1158 Monohexyl sulfate 单己基硫酸酯

【基本信息】$C_6H_{14}O_4S$, mp 83~84.5°C (*S*-苄基硫脲盐).【类型】直链饱和脂肪族化合物.【来源】Polyclinidae 科海鞘 *Sidnyum turbinatum* (地中海).【活性】抗恶性细胞增殖的 [*in vitro*, WEHI-164, IC_{50} = (150±2)μg/mL, 对照 6-巯基嘌呤, IC_{50} = (1.30± 0.02)μg/mL].【文献】A. Aiello, et al. JNP, 2001, 64, 219.

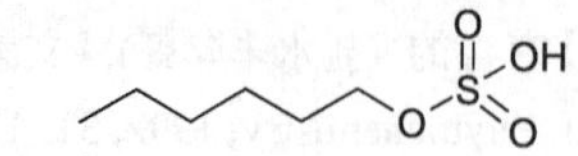

1159 Mycalol 山海绵醇*

【基本信息】$C_{29}H_{58}O_9$.【类型】直链饱和脂肪族化合物.【来源】山海绵属 *Mycale acerata* (泰拉诺瓦湾, 南极地区).【活性】细胞毒 (人退行发育甲状腺恶性上皮肿瘤的特定抑制剂); 细胞毒无活性 (对其它实体肿瘤).【文献】A. Cutignano, et al. Angew. Chem. Int. Ed., 2013, 52, 9256.

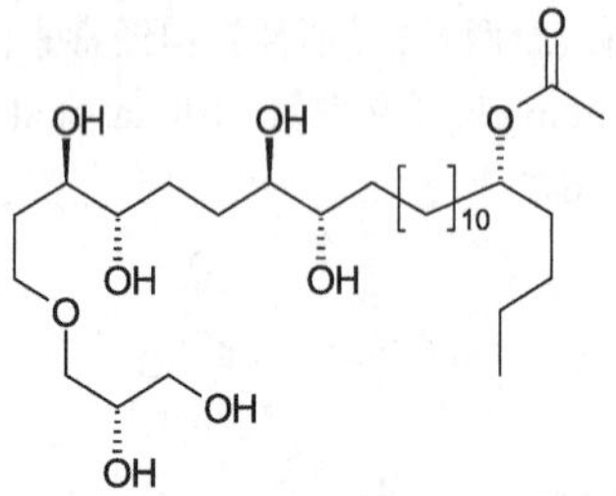

1160 Octadecyl hydrogen sulfate 十八烷基硫酸单酯

【基本信息】$C_{18}H_{38}O_4S$, 吸湿性晶体, mp 54.1~55.5°C (密封管).【类型】直链饱和脂肪族化合物.【来源】Polyclinidae 科海鞘 *Sidnyum turbinatum* (地中海).【活性】抗恶性细胞增殖的 [*in vitro*, WEHI-164, IC_{50} = (410±1)μg/mL, 对照 6-巯基嘌呤, IC_{50} = (1.30±0.02)μg/mL].【文献】A. Aiello, et al. JNP, 2001, 64, 219.

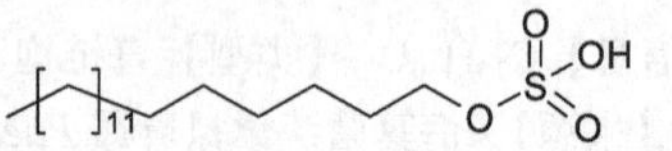

1161 Thiocyanatin A 硫氰酸亭 A*

【基本信息】$C_{18}H_{32}N_2OS_2$, 油状物.【类型】直链饱和脂肪族化合物.【来源】大洋海绵属 *Oceanapia* sp. (北洛特尼斯架外海, 澳大利亚).【活性】杀线虫剂 (商业家畜寄生的卷曲血矛线虫**Haemonchus contortus*, LD_{99} = 1.3μg/mL).【文献】R. J. Capon, et al. JOC, 2001, 66, 7765.

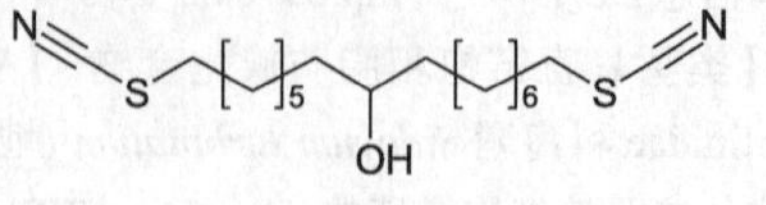

1162 Toxadocial A 弓隐海绵醛 A*

【基本信息】$C_{48}H_{96}O_{17}S_4$, 无定形固体 (四钠盐), $[\alpha]_D = -2.2°$ (*c* = 1, 甲醇) (四钠盐).【类型】直链饱和脂肪族化合物.【来源】圆筒状弓隐海绵* *Toxadocia cylindrica*.【活性】凝血酶抑制剂.*【文献】Y. Nakao, et al. Tetrahedron Lett., 1993, 34, 1511.

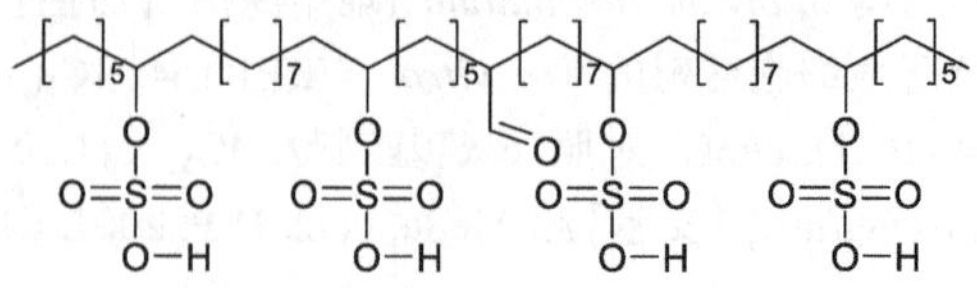

1163 2-Amino-9,13-dimethylheptadecanoic acid 2-氨基-9,13-二甲基十七烷酸

【别名】Antibiotics 1010-F1; 抗生素 1010-F1.【基本信息】$C_{19}H_{39}NO_2$.【类型】直链饱和脂肪族化合物.【来源】海洋导出的链霉菌属 *Streptomyces* sp. 1010 (冷水域, 浅水沉积物, 靠近利文斯顿岛, 南极地区).【活性】抗菌 (枯草杆菌 *Bacillus subtilis*, MIC = 50μg/mL; 藤黄色微球菌 *Micrococcus luteus*, MIC = 15μg/mL).【文献】V. Ivanova, et al. Z. Naturforsch., C, 2001, 56, 1; M. D. Lebar, et al. NPR, 2007, 24, 774 (Rev.).

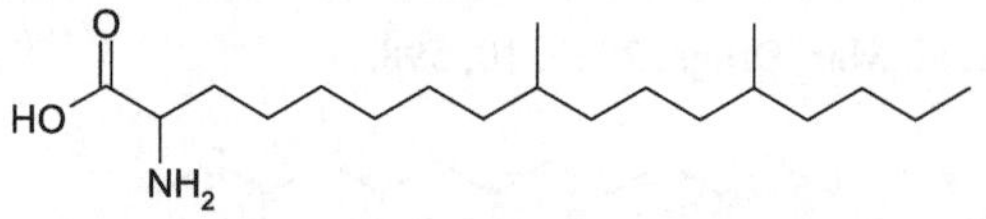

1164 1-Butoxy-2-methyl-1-(2-methylpropoxy)-2-propanol 1-丁氧基-2-甲基-1-(2-甲基丙氧基)-2-丙醇

【基本信息】$C_{12}H_{26}O_3$, 油状物, $[\alpha]_D^{25} = +0.1°$ (*c* = 0.35, 氯仿).【类型】直链饱和脂肪族化合物.【来源】海洋细菌狭窄弧菌* *Vibrio angustum* S14.【活性】诱导根癌农杆菌 *Agrobacterium tumefaciens* 的酰化高丝氨酸内酯 (AHL) 调节体系和哈维氏弧菌 *Vibrio harveyi* 的生物发光.【文献】R. De Nys, et al. JNP, 2001, 64, 531.

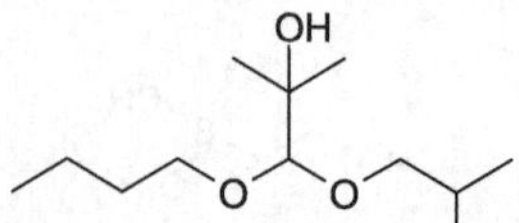

1165 2,5-Dimethyldodecanoic acid 2,5-二甲基十二碳酸

【别名】2,5-Dimethyllauric acid.【基本信息】$C_{14}H_{28}O_2$, $[\alpha]_D^{22} = -9.4°$ (*c* = 4.4, 甲醇).【类型】直链饱和脂肪族化合物.【来源】蓝细菌河口鞘丝藻* *Lyngbya* *aestuarii*.【活性】除草剂.【文献】M. Entzeroth, et al. Phytochemistry, 1985, 24, 2875.

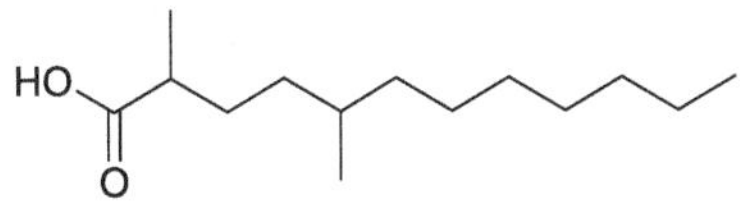

1166 2,6-Dimethylheptyl sulfate 2,6-二甲基庚基硫酸酯

【基本信息】$C_9H_{20}O_4S$, 无定形 (钠或钾盐), $[\alpha]_D$ = +4.7° (*c* = 0.01, 甲醇).【类型】直链饱和脂肪族化合物.【来源】芋海鞘科海鞘 *Halocynthia roretzi* (日本水域), 多节海鞘科 *Polycitorella adriaticus* (克罗地亚)和多节海鞘属 *Polycitor afriaticus* (地中海).【活性】细胞毒.【文献】A. Crispino, et al. JNP, 1994, 57, 1575; S. De Rosa, et al. JNP, 1997, 60,462.

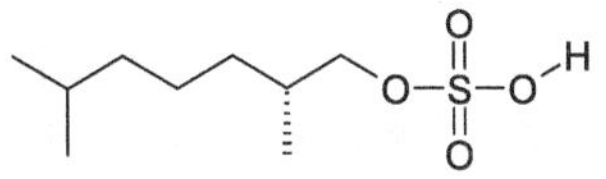

1167 Exophilin A 外瓶霉林 A*

【基本信息】$C_{30}H_{56}O_{10}$, 黏性油状物, $[\alpha]_D^{27}$ = –22.3° (*c* = 1, 氯仿).【类型】直链饱和脂肪族化合物.【来源】海洋导出的真菌外瓶霉属 *Exophiala pisciphila* N110102, 来自黏附山海绵* *Mycale adhaerens*.【活性】抗菌.【文献】J. Doshida, et al. J. Antibiot., 1996, 49, 1105.

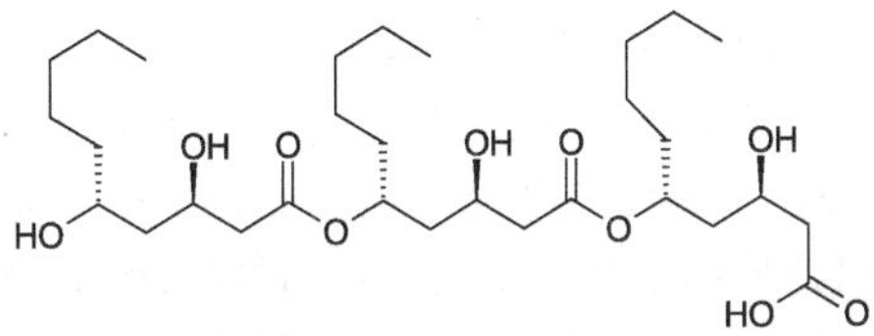

1168 Halymecin A 柔叶海膜新 A*

【基本信息】$C_{42}H_{76}O_{14}$, 油状物, $[\alpha]_D^{26}$ = –4.3° (*c* = 1.5, 二氯甲烷).【类型】直链饱和脂肪族化合物.【来源】海洋导出的真菌镰孢霉属 *Fusarium* sp. FE-71-1, 来自红藻隐丝藻科柔叶海膜* *Halymenia dilatata* (帕劳, 大洋洲).【活性】抗微生物.【文献】C. Chen, et al. J. Antibiot., 1996, 49, 998.

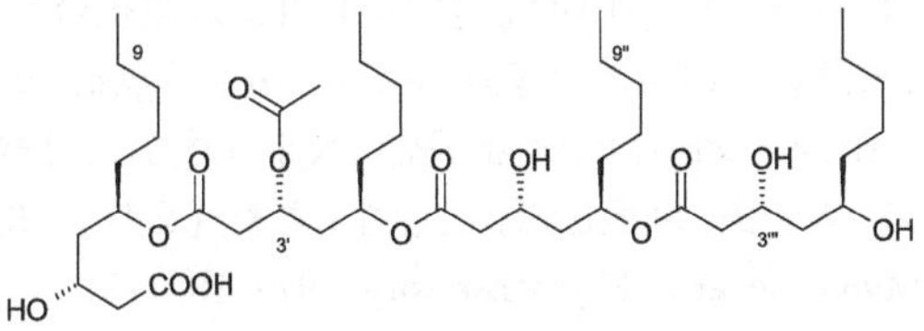

1169 Halymecin B 柔叶海膜新 B*

【基本信息】$C_{48}H_{86}O_{19}$, 油状物, $[\alpha]_D^{26}$ = –24.4° (*c* = 6.6, 二氯甲烷).【类型】直链饱和脂肪族化合物.【来源】海洋导出的真菌镰孢霉属 *Fusarium* sp. FE-71-1, 来自红藻隐丝藻科柔叶海膜* *Halymenia dilatata* (帕劳, 大洋洲).【活性】抗微生物.【文献】C. Chen, et al. J. Antibiot., 1996, 49, 998.

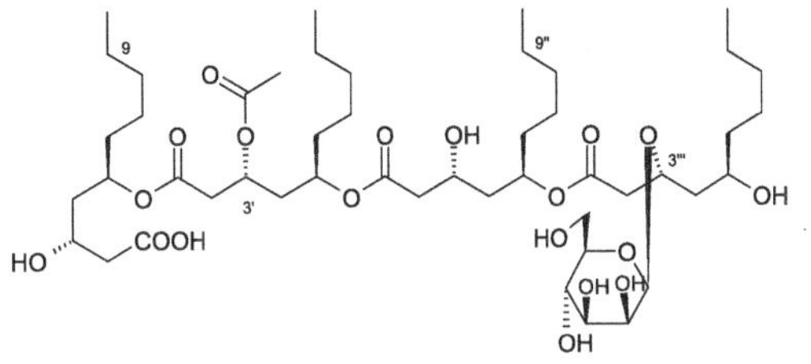

1170 6-Methylheptyl sulfate 6-甲基庚基硫酸酯

【基本信息】$C_8H_{18}O_4S$, 无色无定形固体.【类型】直链饱和脂肪族化合物.【来源】芋海鞘科海鞘 *Halocynthia papillosa* (地中海).【活性】细胞毒 [WEHI-164, IC_{50} = (15.0±1)μg/mL; C6, IC_{50} = (545.4±7.5)μg/mL].【文献】A. Aiello, et al. JNP, 2000, 63, 1590.

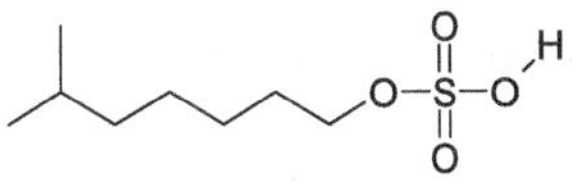

1171 Tanikolide dimer 塔尼克利内酯二聚体*

【别名】6,12-Bis(hydroxymethyl)-6,12-diundecyl-1,7-dioxacyclododecane-2,8-dione; 6,12-二(羟基甲基)-6,12-双十一基-1,7-二氧杂环十二烷-2,8-二酮.【基本信息】$C_{34}H_{64}O_6$, $[\alpha]_D^{25}$ = +2.9° (*c* = 0.25, 氯仿).【类型】直链饱和脂肪族化合物.【来源】蓝细菌稍大鞘丝藻 *Lyngbya majuscula* (塔尼克利岛, 马达加斯加).【活性】2 型人去乙酰化酶 SIRT2 抑制剂 (选择性的, 在一种试验方式下 IC_{50} = 176nmol/L, 在另一种试验方式下 IC_{50} = 2.4μmol/L, 显示有潜力的).【文献】M. Gutiérrez, et al. JOC, 2009, 74, 5267.

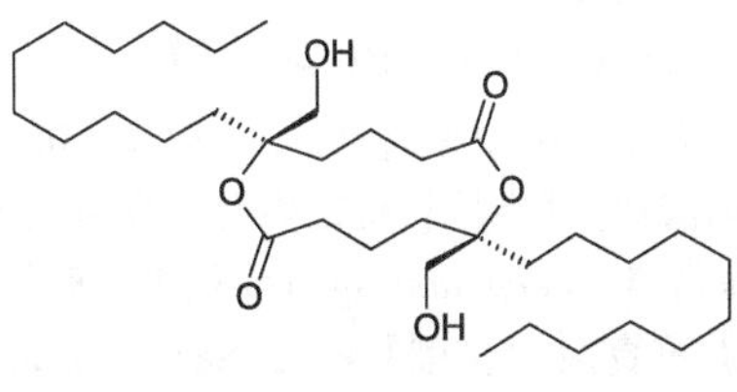

1172 Tanikolide secoacid 塔尼克利开环酸*

【别名】5-Hydroxy-5-(hydroxymethyl)hexadecanoic acid; Secotanikolide; 5-羟基-5-(羟基甲基)正十六酸; 开环塔尼克利酸*.【基本信息】$C_{17}H_{34}O_4$, 晶体, $[\alpha]_D^{25} = -10°$ ($c = 0.87$, 氯仿).【类型】直链饱和脂肪族化合物.【来源】蓝细菌稍大鞘丝藻 *Lyngbya majuscula* (塔尼克利岛, 马达加斯加).【活性】细胞毒 (H460 癌细胞株, 中等活性).【文献】M. Gutiérrez, et al. JOC, 2009, 74, 5267.

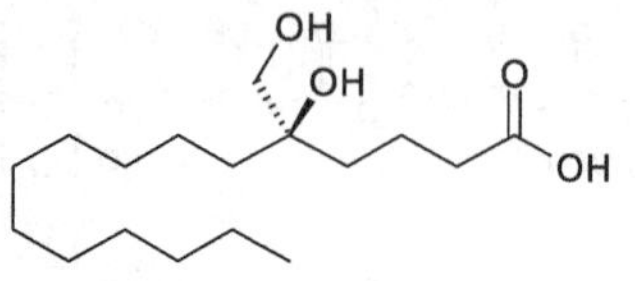

3.2 烯类化合物

1173 2-Amino-5-tetradecen-3-ol 2-氨基-5-十四(碳)烯-3-醇

【基本信息】$C_{14}H_{29}NO$.【类型】直链烯类化合物.【来源】Pseudodistomidae 科伪二气孔海鞘属* *Pseudodistoma* sp. (南非).【活性】抗微生物.【文献】G. J. Hooper, et al. Nat. Prod. Lett., 1995, 6, 31.

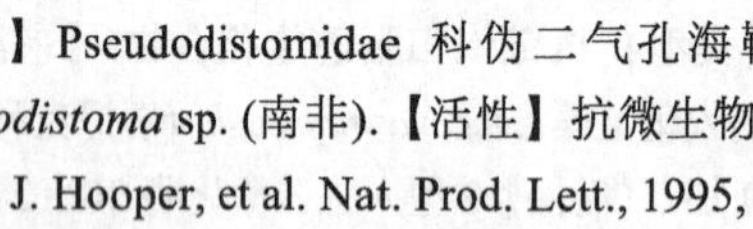

1174 1-Amino-4,12-tridecadien-2-ol 1-氨基-4,12-十三(碳)二烯-2-醇

【基本信息】$C_{13}H_{25}NO$【类型】直链烯类化合物.【来源】Pseudodistomidae 科伪二气孔海鞘属* *Pseudodistoma* sp. (南非).【活性】抗微生物.【文献】G. J. Hooper, et al. Nat. Prod. Lett., 1995, 6, 31.

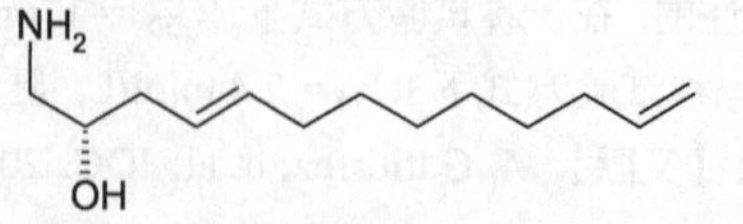

1175 (2*R*,5*E*)-1-Amino-5-tridecen-2-ol (2*R*,5*E*)-1-氨基-5-十三(碳)烯-2-醇

【基本信息】$C_{13}H_{27}NO$, $[\alpha]_D = +1.9°$ ($c = 0.4$, 甲醇) (三氟醋酸盐).【类型】直链烯类化合物.【来源】星骨海鞘属 *Didemnum* sp. (大堡礁, 澳大利亚).【活性】抗真菌.【文献】P. A. Searle, et al. JOC, 1993, 58, 7578.

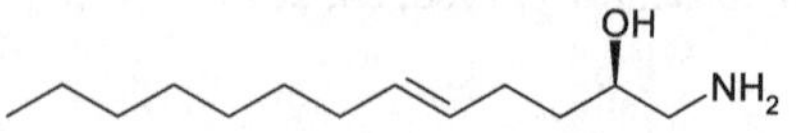

1176 (−)-(*E*)-1-Chlorotridec-1-ene-6,8-diol (−)-(*E*)-1-氯代十三(碳)-1-烯-6,8-二醇

【基本信息】$C_{13}H_{25}ClO_2$, 晶体 (戊烷), mp 55.7~58°C, $[\alpha]_D^{27} = -12.2°$ ($c = 3.3$, 氯仿).【类型】直链烯类化合物.【来源】蓝细菌钙生裂须藻* *Schizothrix calcicola* 和蓝细菌墨绿颤藻 *Oscillatoria nigroviridis*.【活性】无毒代谢物.【文献】J. S. Mynderse, et al. Phytochemistry, 1978, 17, 1325.

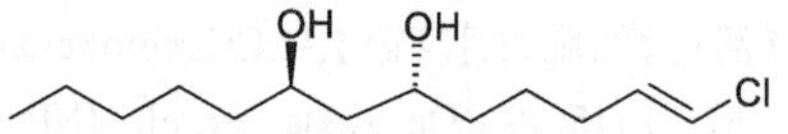

1177 Cystophorene 棕藻烯*

【别名】Galbanolene; 嘎尔巴诺烯*.【基本信息】$C_{11}H_{18}$.【类型】直链烯类化合物.【来源】棕藻马尾藻科 *Cystophora siliquosa*.【活性】精子引诱剂.【文献】D. G. Müller, et al. Naturwissenschaften, 1985, 72, 97.

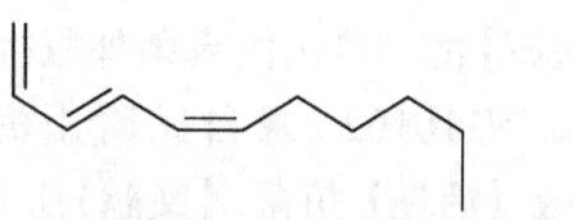

1178 4*Z*,7*Z*-Decadien-1-ol-*O*-sulfate 4*Z*,7*Z*-十(碳)二烯-1-醇-*O*-硫酸酯

【基本信息】$C_{10}H_{18}O_4S$.【类型】直链烯类化合物.【来源】芋海鞘科海鞘 *Halocynthia roretzi* (日本水域).【活性】抗微生物; 抗真菌; 种间激素.【文献】A. Crispino, et al. JNP, 1994, 57, 1575.

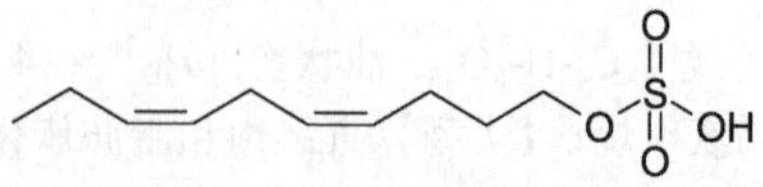

1179 4,6,8,10,12,14,16,18,20,22-Decamethoxy-1-heptacosene 4,6,8,10,12,14,16,18,20,22-十甲氧基-1-二十七(碳)烯

【基本信息】$C_{37}H_{74}O_{10}$.【类型】直链烯类化合物.【来源】蓝细菌单歧藻属 *Tolypothrix conglutinata* var. *chlorata* (范宁岛珊瑚礁, 太平洋中部莱恩群岛, 大洋洲, 基里巴斯).【活性】毒素.【文献】J. S. Mynderse, et al. Phytochemistry, 1979, 18, 1181.

1180　3*Z*,6*Z*,9-Decatrien-1-ol-*O*-sulfate　3*Z*,6*Z*,9-十(碳)三烯-1-醇-*O*-硫酸酯

【基本信息】$C_{10}H_{16}O_4S$.【类型】直链烯类化合物.【来源】芋海鞘科海鞘 *Halocynthia roretzi* (日本水域).【活性】抗微生物.【文献】S. Tsukamoto, et al. JNP, 1994, 57, 1606.

1181　Finavarrene　非那瓦尔烯*

【别名】(*3E,5Z,8Z*)-Undeca-1,3,5,8-tetraene; (*3E,5Z,8Z*)-十一(碳)-1,3,5,8-四烯.【基本信息】$C_{11}H_{16}$, 液体, n_D^{14} = 1.5285.【类型】直链烯类化合物.【来源】棕藻泡叶藻 *Ascophyllum nodosum,* 棕藻网翼藻属 *Dictyopteris plagiogramma* 和棕藻狭果藻 *Spermatochnus paradoxus.*【活性】棕藻配子的嗅诊源 (网翼藻属 *Dictyopteris* sp.和狭果藻 *Spermatochnus paradoxus*); 精子引诱剂.【文献】D. G. Müller, et al. Naturwissenschaften, 1981, 67, 478; D. G. Müller, et al. Science, 1982, 218, 1119.

1182　Fucoserratene　棕藻齿缘墨角藻烯

【别名】(*3E,5Z*)-Octa-1,3,5-triene; (*3E,5Z*)-八(碳)-1,3,5-三烯【基本信息】C_8H_{12}, bp_{40mmHg} 56°C.【类型】直链烯类化合物.【来源】棕藻齿缘墨角藻 *Fucus serratus.*【活性】雌性性引诱剂.【文献】D. G. Müller, et al. FEBS Lett., 1973, 30, 137.

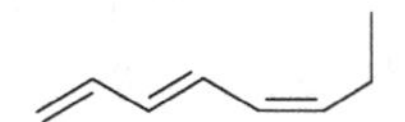

1183　Halaminol A　蜂海绵氨醇 A*

【别名】(2*S*)-Amino-13-tetradecen-(3*R*)-ol; (2*S*)-氨基-13-十四(碳)烯-(3*R*)-醇.【基本信息】$C_{14}H_{29}NO$, $[\alpha]_D$ = +1.7° (*c* = 0.04, 二氯甲烷).【类型】直链烯类化合物.【来源】蜂海绵属 *Haliclona* sp. (昆士兰).【活性】抗真菌 (标准纸盘试验, 须发癣菌 *Trichophyton mentagrophytes*, IZD = 10mm); 幼虫定居引导剂 (海鞘, 快速, 防止后续的蜕变; 对其它门动物幼虫, 抑制定居并且有毒).【文献】R. J. Clark, et al. JNP, 2001, 64, 1568.; K. E. Roper, et al. Mar. Biotechnol., 2009, 11, 188.

1184　Halaminol B　蜂海绵氨醇 B*

【别名】2-Amino-11-dodecen-3-ol; 2-氨基-11-十二(碳)烯-3-醇.【基本信息】$C_{12}H_{25}NO$, 油状物, $[\alpha]_D$ = +2.1° (*c* = 0.06, 二氯甲烷).【类型】直链烯类化合物.【来源】蜂海绵属 *Haliclona* sp. (昆士兰).【活性】抗真菌 (标准纸盘试验: 须发癣菌 *Trichophyton mentagrophytes*, IZD = 10mm).【文献】R. J. Clark, et al. JNP, 2001, 64, 1568.

1185　Hexachlorosulfolipid　六氯磺酯*

【别名】2,3,5,6,7,15-Hexachloro-14-pentadecen-4-ol; 2,3,5,6,7,15-六氯-14-十五(碳)烯-4-醇.【基本信息】$C_{15}H_{24}Cl_6O_4S$, $[\alpha]_D^{25}$ = +20.4° (*c* = 0.0015, 甲醇).【类型】直链烯类化合物.【来源】软珊瑚穗软珊瑚科* *Dendronephthya griffin,* 紫贻贝* *Mytilus galloprovincialis*.【活性】细胞毒 (J774, IC_{50} = 12.1μg/mL; WEHI-164, IC_{50} = 16.3μg/mL; P_{388}, IC_{50} = 10.4μg/mL) (Ciminiello, 2001);【文献】P. Ciminiello, et al. JOC, 2001, 66, 578; C. Nilewski, et al. Nature (London), 2009, 457, 573.

1186　4-Hydroxynon-2-enal　4-羟基壬(碳)-2-烯醛

【基本信息】$C_9H_{16}O_2$, 油状物, $bp_{0.3mmHg}$ 84~87°C.【类型】直链烯类化合物.【来源】红藻有粉粉枝藻* *Liagora farinosa.*【活性】鱼毒.【文献】V. J. Paul, et al. Tetrahedron Lett., 1980, 21, 3327.

1187 (2*E*,6*Z*,9*Z*)-2-Methyl-2,6,9-eicosatrienal (2*E*,6*Z*,9*Z*)-2-甲基-2,6,9-三烯二十醛

【基本信息】$C_{21}H_{36}O$，油状物.【类型】直链烯类化合物.【来源】钙质海绵白雪海绵属 *Leucetta microraphis*.【活性】细胞毒（中等活性).【文献】K. Watanabe, et al. JNP, 2000, 63, 258.

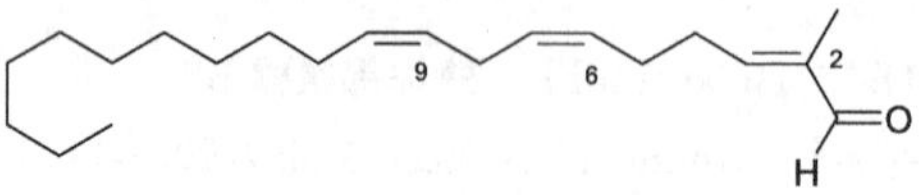

1188 4,6,8,10,12,14,16,18,20-Nonamethoxy-1-pentacosene 4,6,8,10,12,14,16,18,20-九甲氧基-1-二十五(碳)烯

【基本信息】$C_{34}H_{68}O_9$, $[\alpha]_D^{25} = +4.73°$ ($c = 0.43$，氯仿).【类型】直链烯类化合物.【来源】蓝细菌单歧藻属 *Tolypothrix conglutinata* var. *chlorata*（范宁岛珊瑚礁，太平洋中部莱恩群岛，大洋洲，基里巴斯)，蓝细菌伪枝藻属 *Scytonema burmanicum* 和蓝细菌伪枝藻属 *Scytonema mirabile*.【活性】毒素.【文献】J. S. Mynderse, et al. Phytochemistry, 1979, 18, 1181; Y. Mori, et al. JOC, 1991, 56, 631.

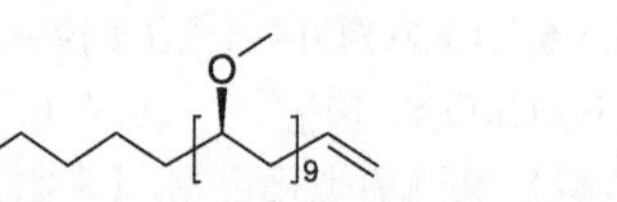

1189 4,6,8,10,12,14,16,18-Octamethoxy-1-tricosene 4,6,8,10,12,14,16,18-八甲氧基-1-二十三(碳)烯

【基本信息】$C_{31}H_{62}O_8$, $[\alpha]_D^{25} = +5.44°$ ($c = 0.5$，氯仿).【类型】直链烯类化合物.【来源】蓝细菌单歧藻属 *Tolypothrix conglutinata* var. *chlorata*（范宁岛珊瑚礁，太平洋中部莱恩群岛，大洋洲，基里巴斯)，蓝细菌伪枝藻属 *Scytonema burmanicum* 和蓝细菌伪枝藻属 *Scytonema mirabile*.【活性】毒素.【文献】J. S. Mynderse, et al. Phytochemistry, 1979, 18, 1181; Y. Mori, et al. JOC, 1991, 56, 631.

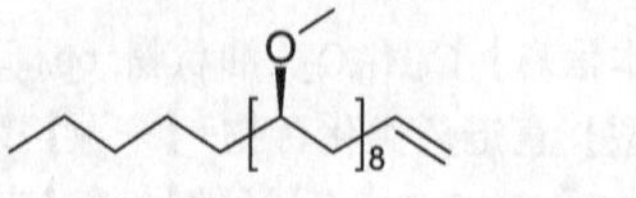

1190 (*E*)-5-Octenyl sulfate (*E*)-5-辛烯基硫酸酯*

【基本信息】$C_8H_{16}O_4S$，无色无定形固体.【类型】直链烯类化合物.【来源】芋海鞘科海鞘 *Halocynthia papillosa*（地中海).【活性】细胞毒 [WEHI-164, $IC_{50} = (12.2±0.9)μg/mL$; C6, $IC_{50} = (515.2±5.2)μg/mL$].【文献】A. Aiello, et al. JNP, 2000, 63, 1590.

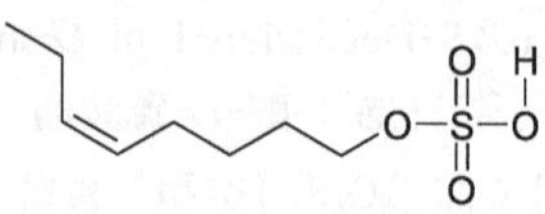

1191 Pentabromopropen-2-yl dibromoacetate 五溴丙烯-2-基二溴乙酸酯

【别名】Enol dibromoacetate; 烯醇二溴乙酸酯.【基本信息】$C_5HBr_7O_2$，油状物.【类型】直链烯类化合物.【来源】红藻海门冬 *Asparagopsis taxiformis*.【活性】醛糖还原酶抑制剂.【文献】M. Sugano, et al. Tetrahedron Lett., 1990, 31, 7015.

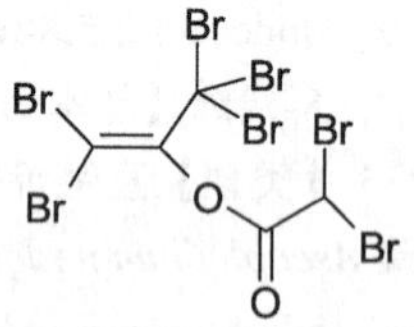

1192 Pentabromopropen-2-yl tribromoacetate 五溴丙烯-2-基三溴乙酸酯

【别名】Enol tribromoacetate; 烯醇三溴乙酸酯.【基本信息】$C_5Br_8O_2$, mp 120~121°C.【类型】直链烯类化合物.【来源】红藻海门冬 *Asparagopsis taxiformis*.【活性】醛糖还原酶抑制剂.【文献】M. Sugano, et al. Tetrahedron Lett., 1990, 31, 7015.

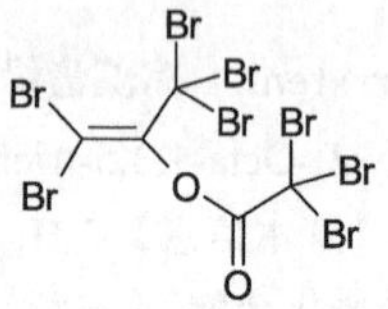

1193 Toxadocial C 弓隐海绵醛 C*

【基本信息】$C_{50}H_{98}O_{18}S_4$，无定形固体（四钠盐), $[\alpha]_D^{23} = +2.2°$ ($c = 0.2$，甲醇)（四钠盐).【类型】直链烯类化合物.【来源】圆筒状弓隐海绵* *Toxadocia cylindrica*.【活性】凝血酶抑制剂.【文献】Y. Nakao, et al. Tetrahedron, 1993, 48, 11183.

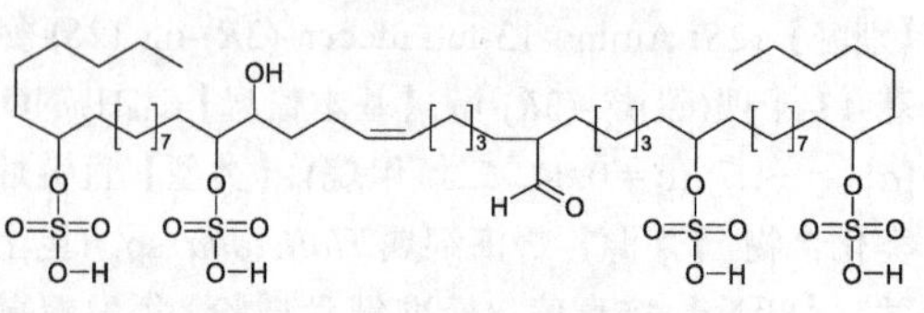

1194 Toxadocic acid 弓隐海绵酸*

【基本信息】$C_{48}H_{96}O_{18}S_4$，无定形固体，$[\alpha]_D^{23} =$

+0.6° (c = 0.36, 甲醇).【类型】直链烯类化合物.【来源】圆筒状弓隐海绵* *Toxadocia cylindrica*.【活性】凝血酶抑制剂.【文献】Y. Nakao, et al. Tetrahedron, 1993, 48, 11183.

1195 6-Acetoxylinoleic acid 6-乙酰氧基亚油酸

【基本信息】$C_{20}H_{34}O_4$, $[\alpha]_D^{23}$ = –1.04° (c = 0.5, 氯仿).【类型】直链烯酸和内酯.【来源】棕藻褐舌藻属 *Spatoglossum pacificum*.【活性】花粉生长抑制剂.【文献】H. Tazaki, et al. Agric. Biol. Chem., 1991, 55, 2149.

1196 Aplyolide A 海兔属内酯 A*

【别名】4,7,10,13-Hexadecatetraen-15-olide; 4,7,10,13-十六(碳)四烯-15-内酯.【基本信息】$C_{16}H_{22}O_2$, 油状物, $[\alpha]_D^{25}$ = –57.9° (c = 0.4, 氯仿).【类型】直链烯酸和内酯.【来源】软体动物海兔属 *Aplysia depilans* (西班牙大西洋海岸; 意大利那不勒斯海湾).【活性】鱼毒.【文献】A. Spinella, et al. JOC, 1997, 62, 5471; T. V. Hansen, et al. Tetrahedron: Asymmetry, 2001, 12, 1407.

1197 Aplyolide B 海兔属内酯 B*

【别名】15-Hydroxy-9,12-octadecadien-16-olide; 15-羟基-9,12-十八(碳)二烯-16-内酯.【基本信息】$C_{18}H_{30}O_3$, 油状物, $[\alpha]_D^{25}$ = –42.8° (c = 0.2, 氯仿).【类型】直链烯酸和内酯.【来源】软体动物海兔属 *Aplysia depilans* (西班牙大西洋海岸; 意大利那不勒斯海湾).【活性】鱼毒.【文献】A. Spinella, et al. JOC, 1997, 62, 5471.

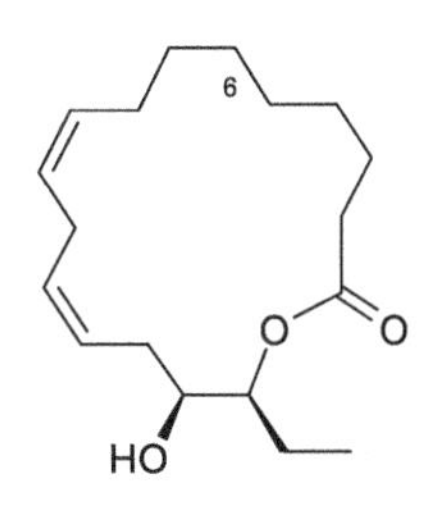

1198 Aplyolide C 海兔属内酯 C*

【别名】15-Hydroxy-6,9,12-octadecatrien-16-olide; 15-羟基-6,9,12-十八(碳)三烯-16-内酯.【基本信息】$C_{18}H_{28}O_3$, 油状物, $[\alpha]_D^{25}$ = –26.7° (c = 0.7, 氯仿).【类型】直链烯酸和内酯.【来源】软体动物海兔属 *Aplysia depilans* (西班牙大西洋海岸; 意大利那不勒斯海湾).【活性】鱼毒.【文献】A. Spinella, et al. JOC, 1997, 62, 5471.

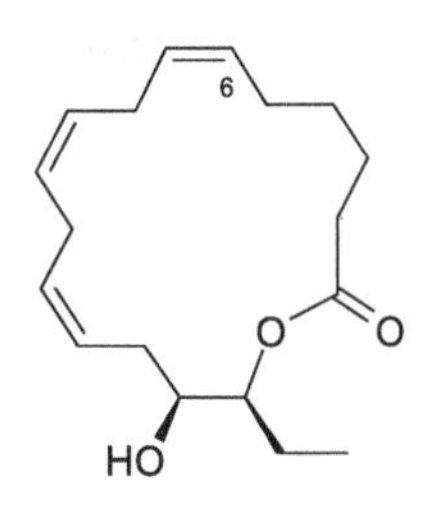

1199 Aplyolide D 海兔属内酯 D*

【别名】16-Hydroxy-9,12-octadecadien-15-olide; 16-羟基-9,12-十八(碳)二烯-15-内酯.【基本信息】$C_{18}H_{30}O_3$, 油状物, $[\alpha]_D^{25}$ = +28° (c = 0.1, 氯仿).【类型】直链烯酸和内酯.【来源】软体动物海兔属 *Aplysia depilans* (西班牙大西洋海岸; 意大利那不勒斯海湾).【活性】鱼毒.【文献】A. Spinella, et al. JOC, 1997, 62, 5471.

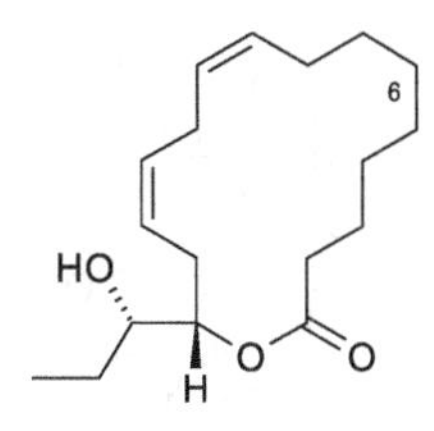

1200 Aplyolide E 海兔属内酯 E*

【别名】16-Hydroxy-6,9,12-octadecatrien-15-olide; 16-羟基-6,9,12-十八(碳)三烯-15-内酯.【基本信息】$C_{18}H_{28}O_3$, 油状物, $[\alpha]_D^{25}$ = +46.3°(c = 0.3, 氯仿).【类型】直链烯酸和内酯.【来源】软体动物海兔属 *Aplysia depilans* (西班牙大西洋海岸; 意大利那不勒斯海湾).【活性】鱼毒.【文献】A. Spinella, et al. JOC, 1997, 62, 5471.

1201 Aspergillide A 欧斯替阿奴曲霉内酯 A*

【基本信息】$C_{14}H_{22}O_4$, 油状物, $[\alpha]_D^{27} = -59.5°$ (c = 0.45, 氯仿).【类型】直链烯酸和内酯.【来源】海洋导出的真菌曲霉菌属 *Aspergillus ostianus* 01F313.【活性】细胞毒 (L_{1210}, IC_{50} = 2.1μg/mL).【文献】K. Kito, et al. Org. Lett., 2008, 10, 225; S. M. Hande, et al. Tetrahedron Lett., 2009, 50, 189; R. Ookura, et al. Chem. Lett., 2009, 38, 384.

1202 Aspergillide B 欧斯替阿奴曲霉内酯 B*

【基本信息】$C_{14}H_{22}O_4$, 晶体, $[\alpha]_D^{31} = -97.2°$ (c = 0.27, 甲醇).【类型】直链烯酸和内酯.【来源】海洋导出的真菌曲霉菌属 *Aspergillus ostianus* 01F313.【活性】细胞毒 (L_{1210}, IC_{50} = 71.0μg/mL).【文献】K. Kito, et al. Org. Lett., 2008, 10, 225; S. M. Hande, et al. Tetrahedron Lett., 2009, 50, 189; R. Ookura, et al. Chem. Lett., 2009, 38, 384.

1203 Aspergillide C 欧斯替阿奴曲霉内酯 C*

【基本信息】$C_{14}H_{20}O_4$, 油状物, $[\alpha]_D^{25} = +66.2°$ (c = 0.19, 甲醇).【类型】直链烯酸和内酯.【来源】海洋导出的真菌曲霉菌属 *Aspergillus ostianus* 01F313.【活性】细胞毒 (L_{1210}, IC_{50} = 2.0μg/mL).【文献】K. Kito, et al. Org. Lett., 2008, 10, 225; T. Nagasawa, et al. Org. Lett., 2009, 11, 761.

1204 Aurantoic acid 氯化十二(碳)五烯酸

【基本信息】$C_{12}H_{13}ClO_2$, 无定形黄色固体.【类型】直链烯酸和内酯.【来源】岩屑海绵斯氏蒂壳海绵* *Theonella swinhoei* (布纳肯海洋公园, 北苏拉威西, 万鸦老, 印度尼西亚, 采样深度 20~50m).【活性】细胞毒 (C6, HeLa, 和 H9c2 细胞, MIC = 70μmol/L).【文献】R. F. Angawi, et al. JNP, 2009, 72, 2195; P. L. Winder, et al. Mar. Drugs, 2011, 9, 2644 (Rev.).

1205 Capsofulvesin A 黄褐盒管藻新 A*

【基本信息】$C_{43}H_{66}O_{10}$.【类型】直链烯酸和内酯.【来源】绿藻黄褐盒管藻* *Capsosiphon fulvescens* (可食).【活性】降血糖 (醛糖还原酶抑制剂) (大鼠眼晶状体醛糖还原酶 RLAR 抑制剂, *in vitro*, IC_{50} = 52.53μmol/L, 对照槲皮素, IC_{50} = 6.80μmol/L).【文献】M. N. Islam, et al. Eur. J. Nutr., 2014, 53, 233.

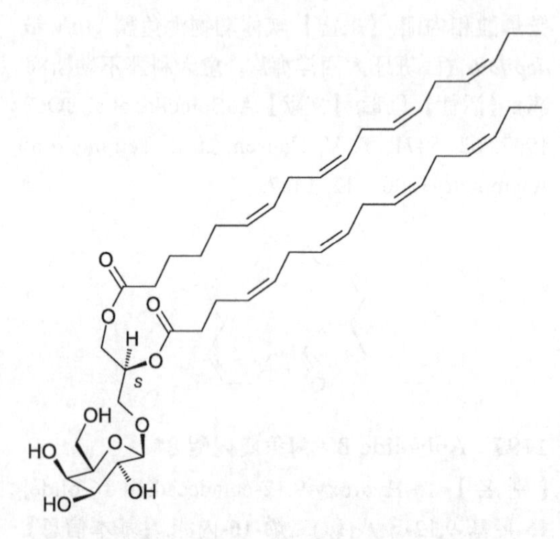

1206 Capsofulvesin B 黄褐盒管藻新 B*

【基本信息】$C_{43}H_{70}O_{10}$.【类型】直链烯酸和内酯.【来源】绿藻黄褐盒管藻* *Capsosiphon fulvescens* (可食).【活性】降血糖 (醛糖还原酶抑制剂) (大鼠眼晶状体醛糖还原酶 RLAR 抑制剂, *in vitro*,

IC_{50} = 101.92μmol/L, 对照槲皮素, IC_{50} = 6.80μmol/L).【文献】M. N. Islam, et al. Eur. J. Nutr., 2014, 53, 233.

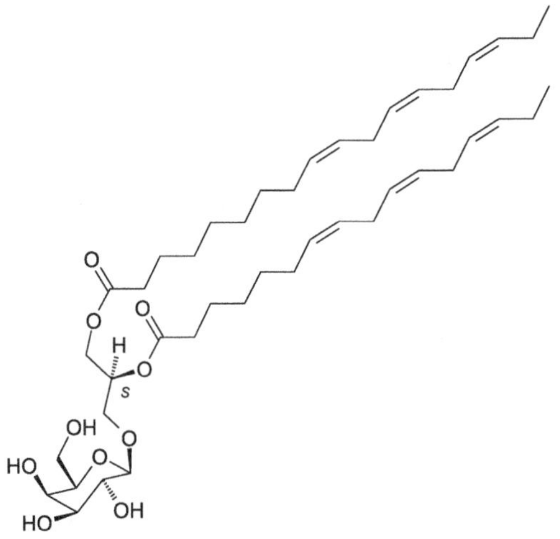

1207　Carteriosulfonic acid A　卡特海绵磺酸 A*

【基本信息】$C_{36}H_{67}NO_{11}S$, 无定形固体, $[\alpha]_D^{25}$ = –20° (c = 0.07, 甲醇).【类型】直链烯酸和内酯.【来源】卡特海绵属 *Carteriospongia* sp. (圣米格尔岛, 菲律宾).【活性】激酶 GSK-3β 抑制剂 (^{32}P 标记试验, IC_{50} = 12.5μmol/L).【文献】M. W. B. McCulloch, et al. JNP, 2009, 72, 1651; D. Skropeta, et al. Mar. Drugs, 2011, 9, 2131 (Rev.).

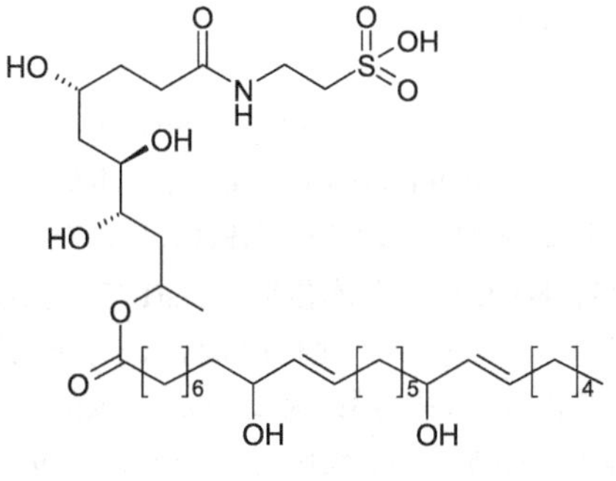

1208　Carteriosulfonic acid B　卡特海绵磺酸 B*

【基本信息】$C_{38}H_{69}NO_{12}S$, 无定形固体, $[\alpha]_D^{25}$ = –13° (c = 0.1, 甲醇).【类型】直链烯酸和内酯.【来源】卡特海绵属 *Carteriospongia* sp. (圣米格尔岛, 菲律宾).【活性】激酶 GSK-3β 抑制剂 (^{32}P 标记试验试验, IC_{50} = 6.8μmol/L).【文献】M. W. B. McCulloch, et al. JNP, 2009, 72, 1651; D. Skropeta, et al. Mar. Drugs, 2011, 9, 2131 (Rev.).

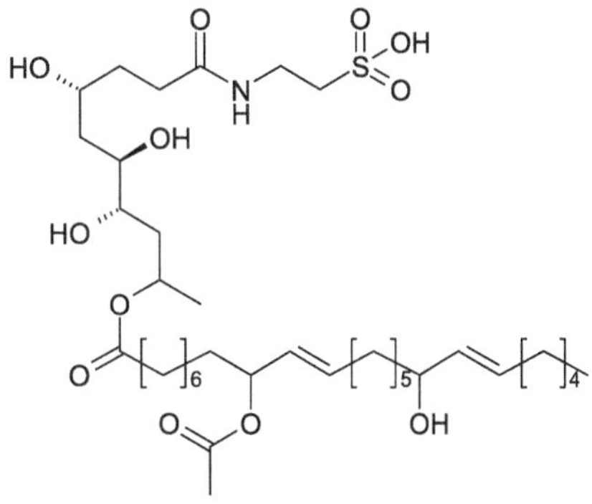

1209　Carteriosulfonic acid C　卡特海绵磺酸 C*

【基本信息】$C_{34}H_{65}NO_{10}S$, 无定形固体, $[\alpha]_D^{25}$ = –43° (c = 0.12, 甲醇).【类型】直链烯酸和内酯.【来源】卡特海绵属 *Carteriospongia* sp. (圣米格尔岛, 菲律宾).【活性】激酶 GSK-3β 抑制剂 (^{32}P 标记试验试验, IC_{50} = 6.8μmol/L).【文献】M. W. B. McCulloch, et al. JNP, 2009, 72, 1651; D. Skropeta, et al. Mar. Drugs, 2011, 9, 2131 (Rev.).

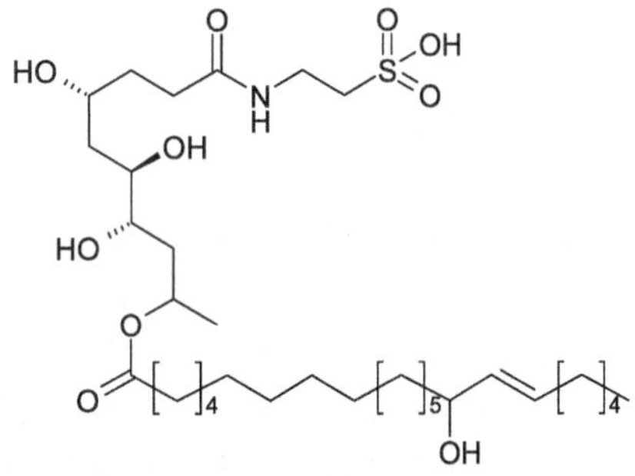

1210　(5,8,11,14,17)-Eicosapentaenoic acid (5,8,11,14,17)-二十(碳)五烯酸

【别名】EPA; Timnodonic acid; Icosapent; 二十碳五烯酸.【基本信息】$C_{20}H_{30}O_2$, 油状物.【类型】直链烯酸和内酯.【来源】红藻龙纹藻科 *Neodilsea yendoana.*【活性】抗氧化剂 (营养药); 血小板聚集抑制剂; 异株克生的.【文献】M. Suzuki, et al. Phytochemistry, 1996, 43, 63.

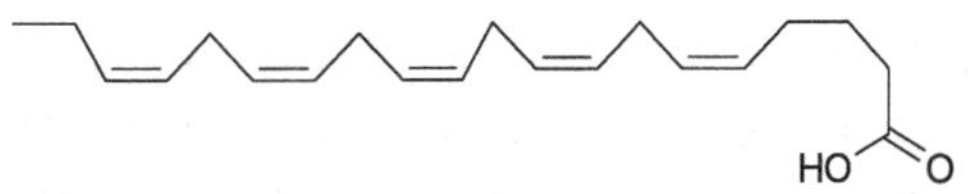

1211　(9*Z*,11*R*,12*S*,13*S*,15*Z*)-12,13-Epoxy-11-hydroxyoctadeca-9,15-dienoic acid　(9*Z*,11*R*,12*S*,13*S*,15*Z*)-12,13-环氧-11-羟基十八(碳)-9,15-二烯酸

【基本信息】$C_{18}H_{30}O_4$, 油状物, $[\alpha]_D^{27}$ = +40.3°

(c = 1.2, 氯仿).【类型】直链烯酸和内酯.【来源】绿藻软丝藻科 *Acrosiphonia coalita*.【活性】植物抗毒素.【文献】M. W. Bernart, et al. JNP, 1993, 56, 238.

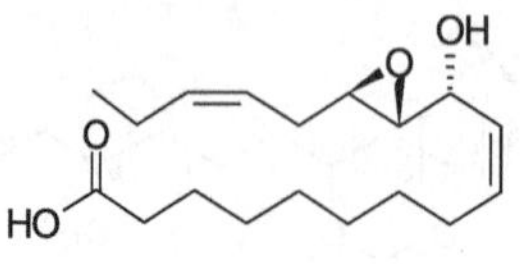

1212 Honaucin B 夏威夷本瑙瑙新 B*

【基本信息】$C_{10}H_{15}ClO_5$.【类型】直链烯酸和内酯.【来源】蓝细菌 Leptolyngbyoideae 亚科蓝细菌 *Leptolyngbya crossbyana* (火奴鲁鲁礁, 夏威夷, 美国).【活性】抑制 NO 生成和几种预炎细胞因子的表达 (RAW264.7 细胞); 抑制生物发光 (哈维氏弧菌 *Vibrio harveyi*).【文献】H. Choi, et al. Chem. Biol., 2012, 19,589.

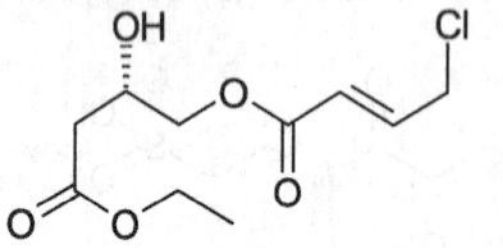

1213 Honaucin C 夏威夷本瑙瑙新 C*

【基本信息】$C_9H_{13}ClO_5$.【类型】直链烯酸和内酯.【来源】蓝细菌 Leptolyngbyoideae 亚科蓝细菌 *Leptolyngbya crossbyana* (火奴鲁鲁礁, 夏威夷, 美国).【活性】抑制 NO 生成和几种预炎细胞因子的表达 (RAW264.7 细胞); 抑制生物发光 (哈维氏弧菌 *Vibrio harveyi*).【文献】H. Choi, et al. Chem. Biol., 2012, 19,589.

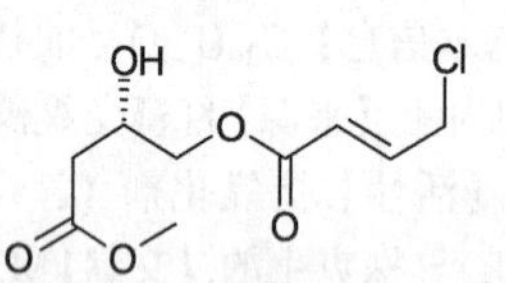

1214 15-HTPE 15-羟基二十四(碳)五烯酸

【别名】(6*Z*,9*Z*,12*Z*,15*ξ*,16*E*,18*Z*)-15-Hydroxy-6,9,12,16,18-tetracosapentaenoic acid; (6*Z*,9*Z*,12*Z*,15*ξ*,16*E*,18*Z*)-15-羟基-6,9,12,16,18-二十四(碳)五烯酸.【基本信息】$C_{24}H_{38}O_3$, 无定形固体.【类型】直链烯酸和内酯.【来源】多指短指软珊瑚* *Sinularia numerosa* (鹿儿岛地区, 日本).【活性】抗血管生成 (在人内皮细胞模型中抑制小管形成).【文献】T. Yamashita, et al. BoMC, 2009, 17, 2181.

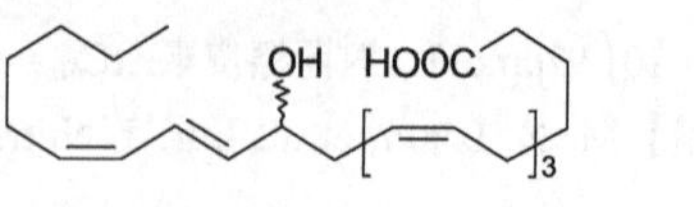

1215 (5*Z*,8*Z*,11*Z*,13*E*,15*S*)-15-Hydroperoxy-5,8,11,13-eicosatetraenoic acid (5*Z*,8*Z*,11*Z*,13*E*,15*S*)-15-氢过氧-5,8,11,13-二十(碳)四烯酸

【别名】15-HPETE.【基本信息】$C_{20}H_{32}O_4$, $[\alpha]_D$ = −4.6° (甲醇).【类型】直链烯酸和内酯.【来源】棕藻狭叶海带 *Laminaria angustata*.【活性】前列环素合成酶抑制剂.【文献】K. Boonprab, et al. Phytochemistry, 2003, 63, 669.

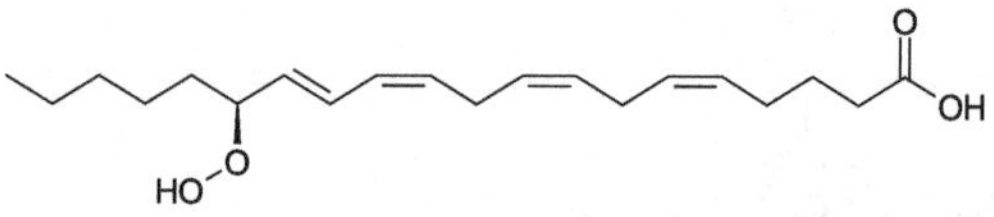

1216 (5*Z*,8*Z*,11*Z*,13*E*,15*S*)-15-Hydroperoxy-5,8,11,13-eicosatetraenoic acid methyl ester (5*Z*,8*Z*,11*Z*,13*E*,15*S*)-15-氢过氧-5,8,11,13-二十(碳)四烯酸甲酯

【基本信息】$C_{21}H_{34}O_4$, $[\alpha]_D$ = −3.5° (甲醇).【类型】直链烯酸和内酯.【来源】棕藻狭叶海带 *Laminaria angustata*.【活性】前列环素合成酶抑制剂.【文献】K. Boonprab, et al. Phytochemistry, 2003, 63, 669.

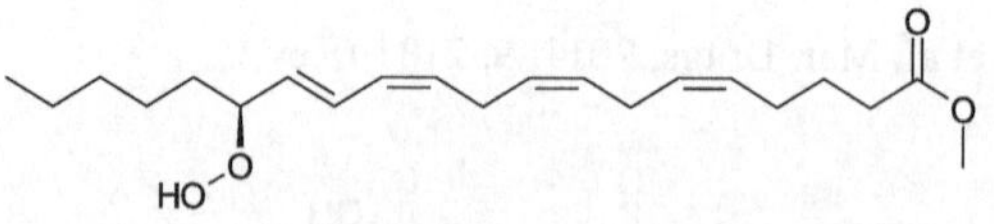

1217 (5*Z*,8*R*,9*E*,11*Z*,14*Z*,17*Z*)-8-Hydroxyicosa-5,9,11,14,17-pentaenoic acid (5*Z*,8*R*,9*E*,11*Z*,14*Z*,17*Z*)-8-羟基二十(碳)-5,9,11,14,17-五烯酸

【别名】8-HEPE.【基本信息】$C_{20}H_{30}O_3$, 油状物, $[\alpha]_D^{24}$ = +33.4° (c = 2, 氯仿) (86% ee).【类型】直链烯酸和内酯.【来源】蝠海星* *Patiria miniata*, 黑珊瑚 *Leiopathes* sp., 纹藤壶 *Balanus balanoides*.【活性】孵化因子 (纹藤壶 *Balanus balanoides* 和 *Eliminus modestus*).【文献】M. V. D'Auria, et al. Experientia, 1988, 44, 719; A. Guerriero, et al. Helv. Chim. Acta, 1988, 71, 1094; T. K. M. Shing, et al. Tetrahedron Lett., 1994, 35, 1067.

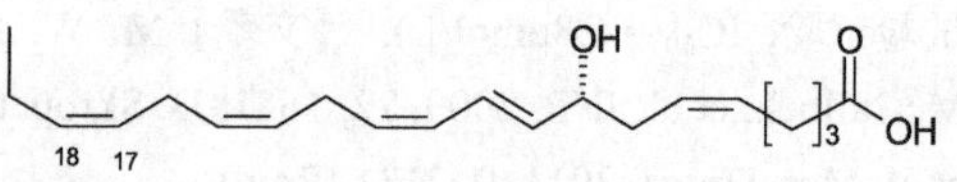

1218 (3*Z*,5*R*)-5-Hydroxy-3-decenoic acid (3*Z*,5*R*)-5-羟基-3-烯癸酸

【基本信息】$C_{10}H_{18}O_3$, 油状物.【类型】直链烯酸和内酯.【来源】海洋导出的真菌短梗霉属 *Aureobasidium* sp., 来自海洋水生植物百合超目泽泻目波喜荡海藻 *Posidonia oceanica*.【活性】抗真菌 (白色念珠菌 *Candida albicans*); 抗菌 (金黄色葡萄球菌 *Staphylococcus aureus*, 大肠杆菌 *Escherichia coli* 和枯草杆菌 *Bacillus subtilis*).【文献】A. Abdel-Lateff, et al. Nat. Prod. Commun., 2009, 4, 389.

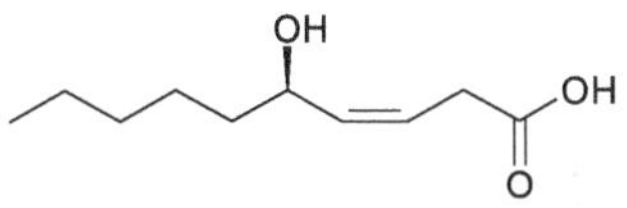

1219 (5*Z*,8*R*,9*E*,11*Z*,14*Z*)-8-Hydroxy-5,9,11,14-eicosatetraenoic acid (5*Z*,8*R*,9*E*,11*Z*,14*Z*)-8-羟基-5,9,11,14-四烯二十酸

【别名】8-HETE.【基本信息】$C_{20}H_{32}O_3$, $[\alpha]_D^{20} = +4°$ ($c = 0.48$, 氯仿).【类型】直链烯酸和内酯.【来源】辐海星* *Patiria miniata*, 黑珊瑚 *Leiopathes* sp., 北美鲎 *Limulus polyphemus*.【活性】北美鲎 *Limulus polyphemus* 的免疫响应调节器.【文献】M. V. D'Auria, et al. Experientia, 1988, 44, 719; A. Guerriero, et al. Helv. Chim. Acta, 1988, 71, 1094; J. C. MacPherson, et al. Biochim. Biophys. Acta, 1996, 1303, 127.

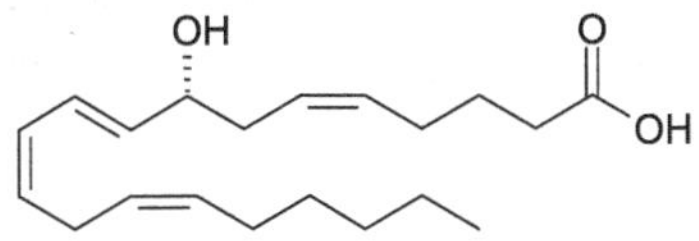

1220 (12*S*)-12-Hydroxyeicosatetraenoic acid (12*S*)-12-羟基四烯二十酸

【基本信息】$C_{20}H_{32}O_3$.【类型】直链烯酸和内酯.【来源】红藻松节藻科 *Murrayella periclados* (加勒比海).【活性】免疫激素; 细胞生长抑制剂; 促炎剂; 有毒的 (盐水丰年虾).【文献】M. W. Bernart, et al. Phytochemistry, 1994, 36, 1233.

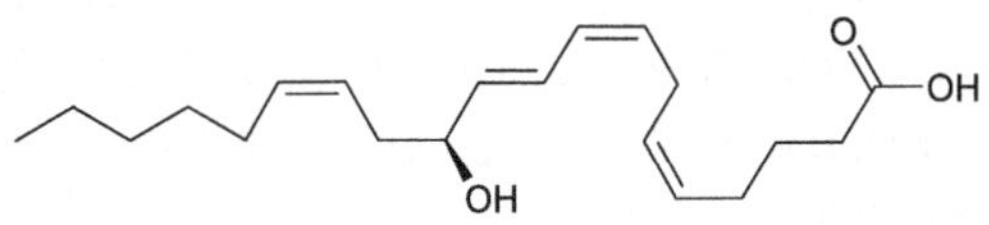

1221 (9*R*,10*E*,12*Z*,15*Z*)-9-Hydroxy-10,12,15-octadecatrienoic acid (9*R*,10*E*,12*Z*,15*Z*)-9-羟基-10,12,15-三烯十八酸

【基本信息】$C_{18}H_{30}O_3$.【类型】直链烯酸和内酯.【来源】蓝细菌水华鱼腥藻 *Anabaena flos-aquae* NIES 74.【活性】抗炎.【文献】N. Murakami, et al. Lipids, 1992, 27, 776.

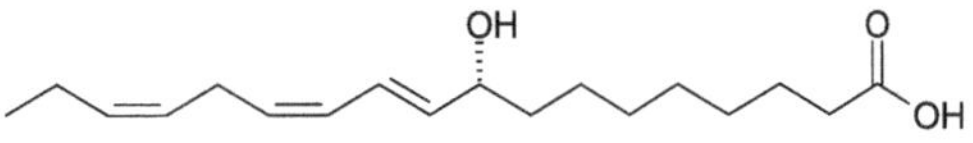

1222 Ieodomycin C 雷豆霉素 C*

【基本信息】$C_{12}H_{20}O_4$, 灰白色无定形固体, $[\alpha]_D^{23} = +18°$ ($c = 0.1$, 氯仿).【类型】直链烯酸和内酯.【来源】海洋导出的细菌芽孢杆菌属 *Bacillus* sp. (沉积物, 苏岩礁, 黄海, 中国).【活性】抗菌 (枯草杆菌 *Bacillus subtilis* 和大肠杆菌 *Escherichia coli*, MIC = 32~64μg/mL); 抗真菌 (酿酒酵母 *Saccharomyces cerevisiae*, MIC = 256μg/mL).【文献】M. A. M. Mondol, et al. JNP, 2011, 74, 1606.

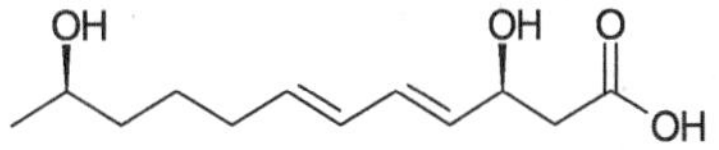

1223 Ieodomycin D 雷豆霉素 D*

【基本信息】$C_{10}H_{16}O_3$, 亮浅黄色无定形固体, $[\alpha]_D^{23} = +15°$ ($c = 0.8$, 氯仿).【类型】直链烯酸和内酯.【来源】海洋导出的细菌芽孢杆菌属 *Bacillus* sp. (沉积物, 苏岩礁, 黄海, 中国).【活性】抗菌 (枯草杆菌 *Bacillus subtilis* 和大肠杆菌 *Escherichia coli*, MIC = 32~64μg/mL); 抗真菌 (酿酒酵母 *Saccharomyces cerevisiae*, MIC = 256μg/mL).【文献】M. A. M. Mondol, et al. JNP, 2011, 74, 1606.

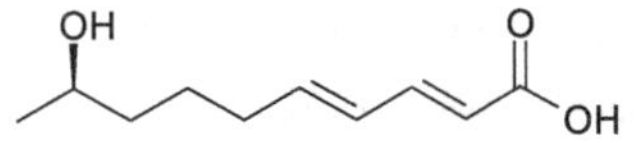

1224 Linoleate 亚油酸

【基本信息】$C_{18}H_{32}O_2$.【类型】直链烯酸和内酯.【来源】深海真菌淡紫拟青霉 *Paecilomyces lilacinus* ZBY-1.【活性】细胞毒 (100μg/mL: K562, MCF7, HL60,和 BGC823, InRt = 30%~80%).【文献】X. Cui, et al. J. Int. Pharm. Res., 2013, 40, 765 (中文版).

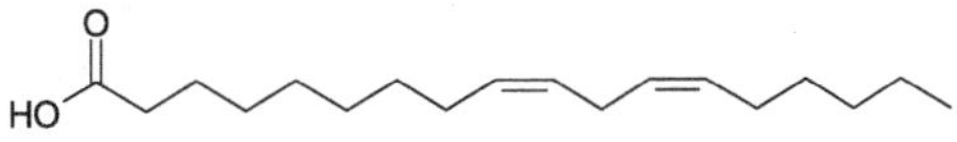

1225 Lyngbic acid 鞘丝藻酸*

【别名】(4*E*)-7-Methoxytetradec-4-enoic acid; (4*E*)-7-甲氧基-4-烯-十四酸.【基本信息】$C_{15}H_{28}O_3$, 油状物, $bp_{0.005mmHg}$ 120~130°C, $[\alpha]_D^{23} = -14.1°$ ($c =$

0.34, 氯仿), $[\alpha]_D^{20}$ = –11.3° (c = 5, 氯仿), $[\alpha]_D^{25}$ = –4.8° (c = 0.22, 二氯甲烷).【类型】直链烯酸和内酯.【来源】蓝细菌稍大鞘丝藻 *Lyngbya majuscula* (干龟岛, 布什礁,佛罗里达, 美国).【活性】抗菌 (革兰氏阳性菌 *Staphylococcus aureas*, 枯草杆菌 *Bacillus subtilis*); 有毒的 (盐水丰年虾).【文献】J. H. Cardellina, et al. Phytochemistry, 1978, 17, 2091; W. H. Gerwick, et al. Phytochemistry, 1987, 26, 1701; D. Enders, et al. Tetrahedron, 1996, 52, 5805; Y. Kan, et al. JNP, 2000, 63, 1599; H. Gross, et al. Phytochemistry 2010, 71, 1729; J. C. Kwan, et al. JNP, 2010, 73, 463.

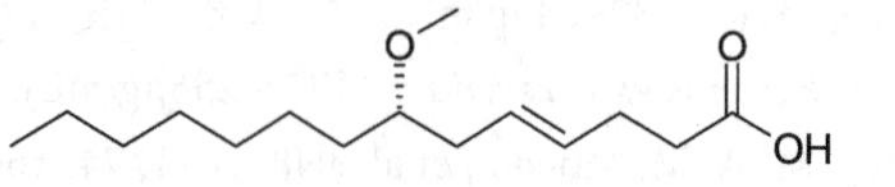

1226 (–)-7-Methoxydodec-4(*E*)-enoic acid (–)-7-甲氧基-4(*E*)-烯-十二酸

【基本信息】$C_{13}H_{24}O_3$, 浅黄色油状物, $[\alpha]_D^{20}$ = –8° (c = 1.8, 氯仿).【类型】直链烯酸和内酯.【来源】蓝细菌稍大鞘丝藻 *Lyngbya majuscula* (地中海, 法国).【活性】免疫抑制剂 (对带有刀豆球蛋白 k 和 LPS 的培养细胞, ED_{50} = 6μg/mL).【文献】C. Le, et al. Chin. J. Mar. Drugs. 1999, 18(2), 12; V. Mesguiche, et al. Tetrahedron Lett., 1999, 40, 7473.

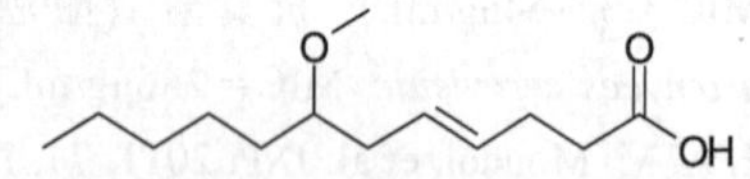

1227 (*Z*)-2-Methoxyhexadec-5-enoic acid (*Z*)-2-甲氧基-5-烯-十六酸

【基本信息】$C_{17}H_{32}O_3$.【类型】直链烯酸和内酯.【来源】山海绵属 *Mycale laxissima* (加勒比海).【活性】抗菌 (革兰氏阳性菌: 金黄色葡萄球菌 *Staphylococcus aureus*, MIC = 0.35μmol/mL; 粪链球菌 *Streptococcus faecalis*, MIC = 0.35μmol/mL).【文献】N. M. Carballiera et al. Lipids, 1992, 27, 72; N. M. Carballiera, et al. JNP, 1998, 61, 1543.

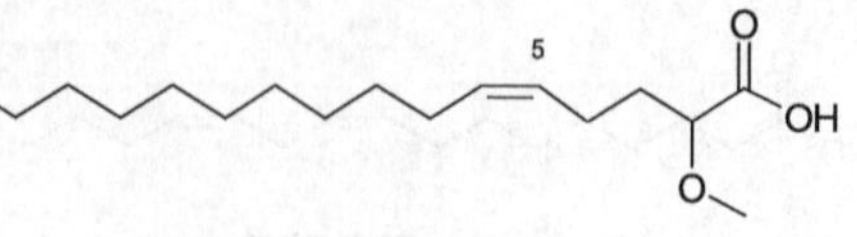

1228 (*Z*)-2-Methoxyhexadec-6-enoic acid (*Z*)-2-甲氧基-6-烯-十六酸

【基本信息】$C_{17}H_{32}O_3$.【类型】直链烯酸和内酯.【来源】Clionaidae 科海绵 *Spheciospongia cuspidifera* (加勒比海).【活性】抗菌 (革兰氏阳性菌: 金黄色葡萄球菌 *Staphylococcus aureus*, MIC = 0.35μmol/mL; 粪链球菌 *Streptococcus faecalis*, MIC = 0.35μmol/mL).【文献】N. M. Carballiera et al. Lipids, 1992, 27, 72; N. M. Carballiera, et al. JNP, 1998, 61, 1543.

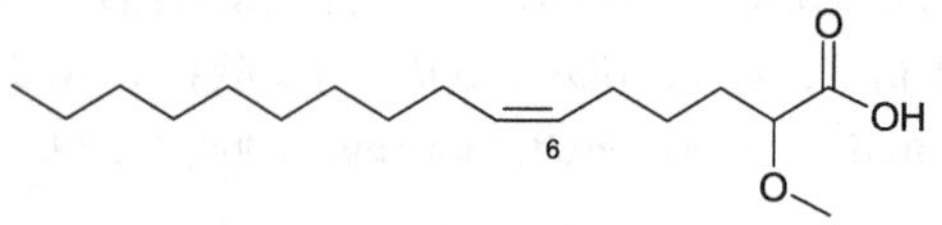

1229 Methyl linoleate 亚油酸甲酯

【基本信息】$C_{19}H_{34}O_2$.【类型】直链烯酸和内酯.【来源】深海真菌淡紫拟青霉 *Paecilomyces lilacinus* ZBY-1.【活性】细胞毒 (100μg/mL: K562, MCF7, HL60 和 BGC823, InRt = 30%~80%).【文献】X. Cui, et al. J. Int. Pharm. Res., 2013, 40, 765 (中文版).

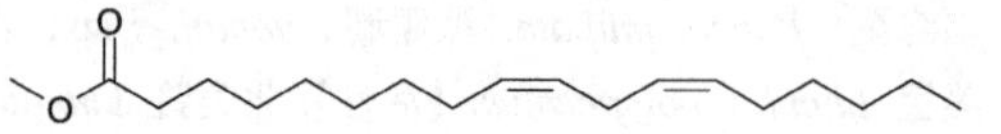

1230 Oleinic acid 油酸

【基本信息】$C_{18}H_{34}O_2$.【类型】直链烯酸和内酯.【来源】深海真菌淡紫拟青霉 *Paecilomyces lilacinus* ZBY-1.【活性】细胞毒 (100μg/mL: K562, MCF7, HL60 和 BGC823, InRt = 30%~80%).【文献】X. Cui, et al. J. Int. Pharm. Res., 2013, 40, 765 (中文版).

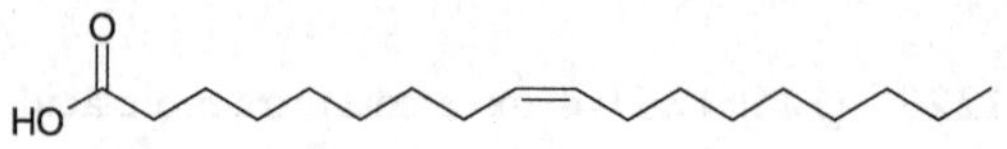

1231 9-Oxo-10-octadecenoic acid 9-氧代-10-十八(碳)烯酸

【基本信息】$C_{18}H_{32}O_3$, 油状物.【类型】直链烯酸和内酯.【来源】红藻江蓠 *Gracilaria verrucosa*.【活性】抗炎 (LPS 活化的小鼠巨噬细胞的调制, *in vitro*, 表观 IC_{50} < 20μg/mL; 作用的分子机制: 抑制 NO, IL-6 和 TNF-α).【文献】H. T. Dang, et al. JNP, 2008, 71, 232.

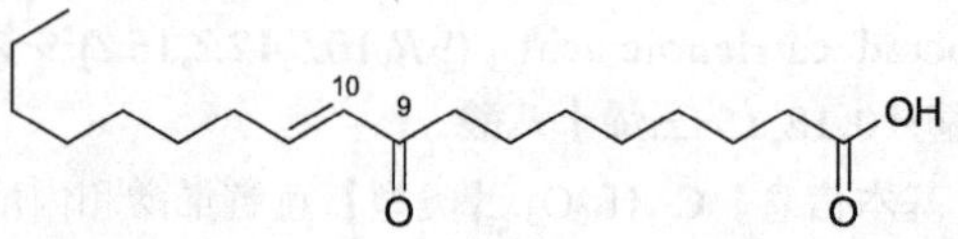

1232　10-Oxo-8-octadecenoic acid　10-氧代-8-十八(碳)烯酸

【基本信息】$C_{18}H_{32}O_3$, 油状物.【类型】直链烯酸和内酯.【来源】红藻江蓠 *Gracilaria verrucosa*.【活性】抗炎 (LPS活化的小鼠巨噬细胞的调制, *in vitro*, 表观 IC_{50} < 20μg/mL, 作用的分子机制: 抑制 NO, IL-6 和 TNF-*α*).【文献】H. T. Dang, et al. JNP, 2008, 71, 232.

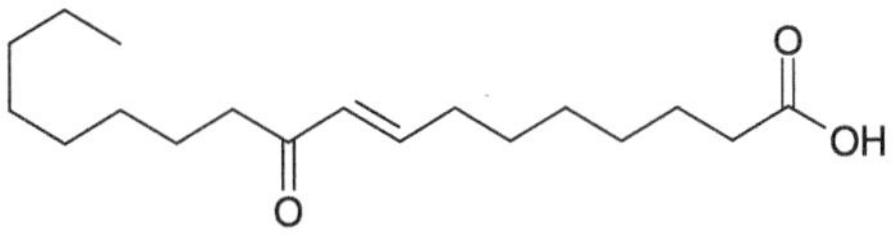

O　OH　O

1233　Phomolide A　拟茎点霉内酯 A*

【基本信息】$C_{12}H_{16}O_3$.【类型】直链烯酸和内酯.【来源】海洋导出的真菌拟茎点霉属 *Phomopsis* sp. hzla01-1.【活性】抗菌 (大肠杆菌 *Escherichia coli,* 白色念珠菌 *Candida albicans,* 酿酒酵母 *Saccharomyces cerevisiae*).【文献】X. P. Du, et al. J. Antibiot., 2008, 61, 250.

O　O　O

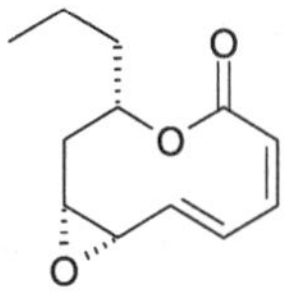

1234　Phomolide B　拟茎点霉内酯 B*

【基本信息】$C_{12}H_{18}O_4$.【类型】直链烯酸和内酯.【来源】海洋导出的真菌拟茎点霉属 *Phomopsis* sp. hzla01-1.【活性】抗菌 (大肠杆菌 *Escherichia coli,* 白色念珠菌 *Candida albicans,* 酿酒酵母 *Saccharomyces cerevisiae*).【文献】X. P. Du, et al. J. Antibiot., 2008, 61, 250.

O　O　OH　O

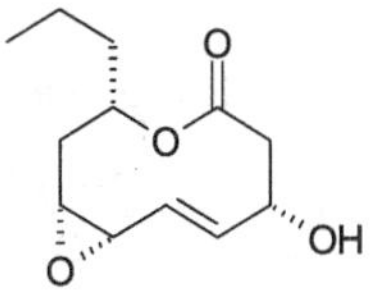

1235　Propenediester　丙烯二酯

【基本信息】$C_{24}H_{42}O_4$.【类型】直链烯酸和内酯.【来源】蓝细菌稍大鞘丝藻 *Lyngbya majuscula* (新爱尔兰, 巴布亚新几内亚) 和蓝细菌颤藻属 *Oscillatoria* sp. (阿福拉岛, 柯义巴岛国家公园, 巴拿马).【活性】中枢类大麻素受体 CB1 激动剂 (IC_{50} > 10μmol/L).【文献】M. Gutiérrez, et al. JNP, 2011, 74, 2313.

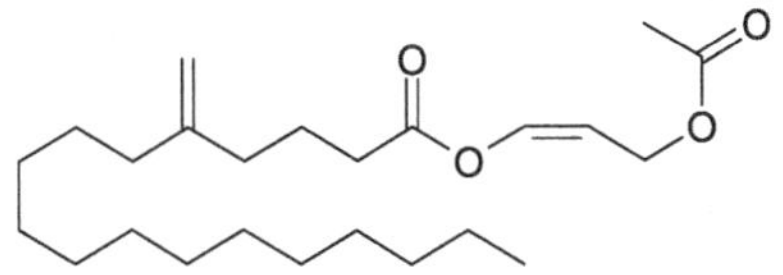

O　O　O　O

1236　Ptilodene　翼藻烯*

【基本信息】$C_{20}H_{28}O_4$.【类型】直链烯酸和内酯.【来源】红藻仙菜科羽状翼藻* *Ptilota filicina*.【活性】抗菌 (抑制数种病源的革兰氏阳性和革兰氏阴性菌); 5-脂氧合酶抑制剂 (人); 钠/钾-腺苷三磷酸酶抑制剂 (犬肾).【文献】W. H. Gerwick, et al. Tetrahedron Lett., 1988, 1505.

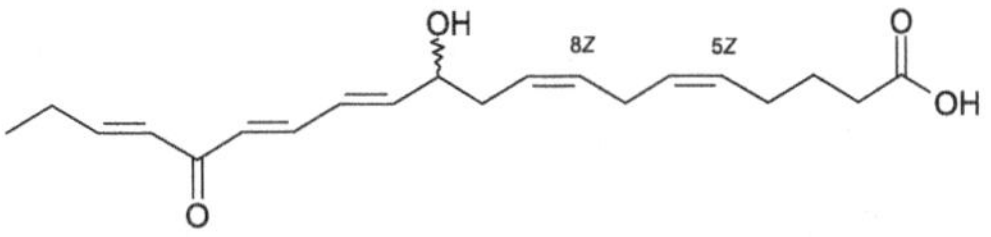

OH　8Z　5Z　O　OH　O

1237　Santacruzamate A　圣克鲁兹阿马特 A*

【基本信息】$C_{15}H_{22}N_2O_3$.【类型】直链烯酸和内酯.【来源】蓝细菌类束藻属 *Symploca-like* sp. (圣克鲁兹岛, 柯义巴岛国家公园, 巴拿马).【活性】组蛋白去乙酰化酶4抑制剂 (有潜力的和特定的); 细胞毒 (数种 HTCLs 细胞).【文献】C. M. Pavlik, et al. JNP, 2013, 76, 2026.

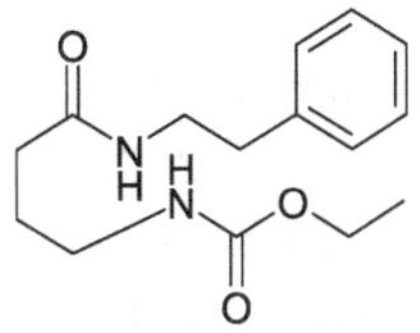

O　N H　H N　O　O

1238　Stearidonic acid　十八碳四烯酸

【基本信息】$C_{18}H_{28}O_2$, 浅黄色油状物, mp −57°C.【类型】直链烯酸和内酯.【来源】棕藻 *Undaria pinnatifida*, 绿藻裂片石莼 *Ulva fasciata*, 鲱鱼和其它鱼油.【活性】抗炎 (抑制小鼠耳发炎, IC_{50} = 160~314μg/耳; 作用的分子机制: 抑制水肿, 红疹和血流).【文献】M. A. Alamsjah, et al. Biosci. Biotechnol. Biochem., 2005, 69, 2186; M. N. Khan, et al. J. Agric. Food Chem., 2007, 55, 6984.

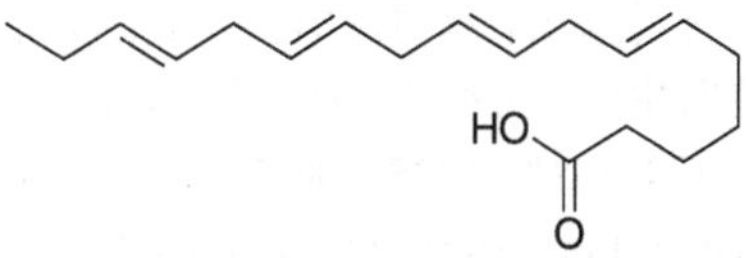

HO　O

1239 (*all-Z*)-5,9,23-Triacontatrienoic acid methyl ester (*all-Z*)-5,9,23-三十(碳)三烯酸甲酯

【基本信息】$C_{31}H_{56}O_2$，油状物.【类型】直链烯酸和内酯.【来源】岩屑海绵谷粒海绵属 *Chondrilla nucula*.【活性】弹性蛋白酶抑制剂.【文献】M. Meyer, et al. Lipids, 2002, 37, 1109.

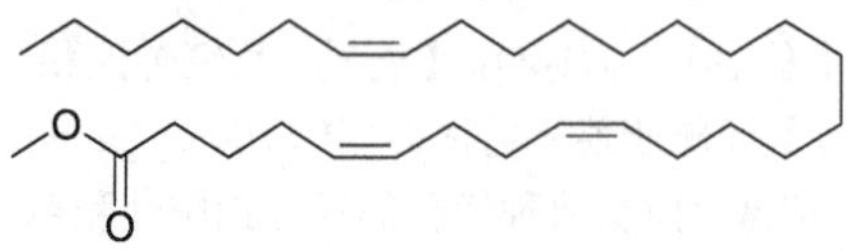

1240 Amphidinoketide Ⅰ 前沟藻烯酮Ⅰ*

【别名】2,9,12,15-Tetramethyl-2,19-eicosadiene-4,7,10,13-tetrone; 2,9,12,15-四甲基-2,19-二十(碳)二烯-4,7,10,13-四酮.【基本信息】$C_{24}H_{38}O_4$，油状物，$[\alpha]_D^{25} = +25.3°$ (二氯甲烷).【类型】支链烯酸化合物.【来源】甲藻前沟藻属 *Amphidinium* sp. S1-36-5 (圣托马斯岛，美属维尔京群岛).【活性】细胞毒 (HCT116, $IC_{50} = 4.98\mu g/mL$)；细胞毒 (抗白血病).【文献】I. Bauer, et al. Tetrahedron Lett., 1995, 36, 991; L. M. Walsh, et al. Chem. Commun., 2003, 2616.

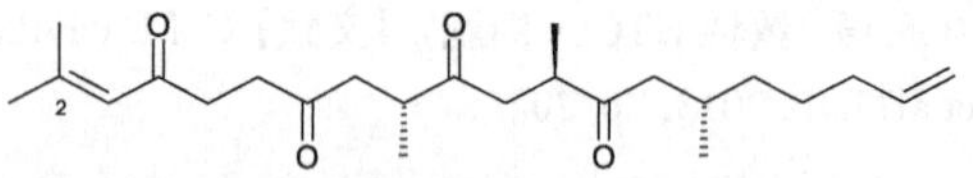

1241 Amphidinoketide Ⅱ 前沟藻烯酮Ⅱ*

【基本信息】$C_{24}H_{38}O_4$，油状物，$[\alpha]_D^{25} = +33.9°$ (二氯甲烷).【类型】支链烯酸化合物.【来源】甲藻前沟藻属 *Amphidinium* sp. S1-36-5 (圣托马斯岛，美属维尔京群岛).【活性】细胞毒 (HCT116, $IC_{50} = 73\mu g/mL$)；细胞毒 (抗白血病).【文献】I. Bauer, et al. Tetrahedron Lett., 1995, 36, 991; L. M. Walsh, et al. Chem. Comm., 2003, 2616.

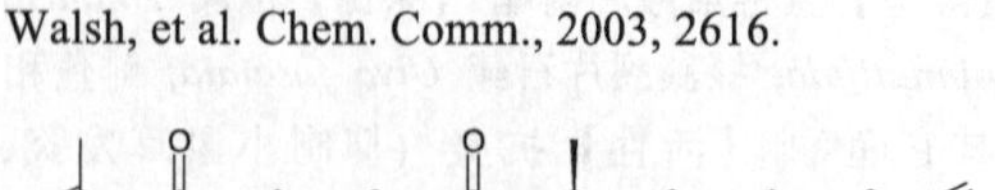

1242 Aplidiasphingosine 褶胃海鞘新*

【基本信息】$C_{22}H_{43}NO_3$，油状物.【类型】支链烯酸化合物.【来源】褶胃海鞘属 *Aplidium* spp.【活性】抗微生物；抗病毒；细胞毒.【文献】G. T. Carter, et al. JACS, 1978, 100, 7441; K. Mori, et al. Tetrahedron Lett., 1981, 22, 4429; 4433.

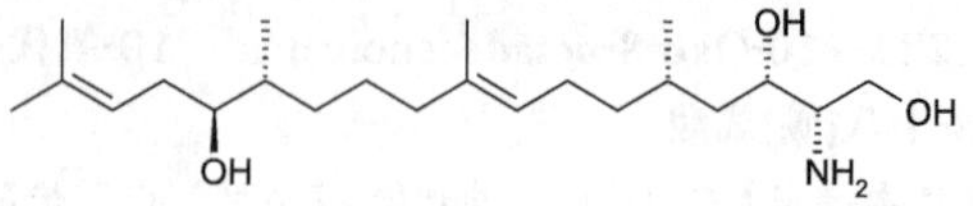

1243 *epi*-Aspinonediol *epi*-曲霉壬二烯二醇*

【基本信息】$C_9H_{14}O_3$，无色油状物 (甲醇)，$[\alpha]_D^{25} = -5.4°$ ($c = 0.14$，甲醇).【类型】支链烯酸化合物.【来源】深海真菌曲霉菌属 *Aspergillus* sp. 16-02-1,, 来自沉积物 (劳盆地深海热液喷口，西南太平洋劳盆地，采样深度 2255m，温度 114°C).【活性】细胞毒 [MTT 试验，HL60, $IC_{50} = 32.8\mu g/mL$ (192.9μmol/L); K562, $IC_{50} = 44.3\mu g/mL$ (260.6μmol/L); 100μg/mL: HL60, InRt =72.5%，对照多烯紫杉醇，InRt = 49.9%; HeLa, InRt =14.9%，多烯紫杉醇，InRt = 45.1%; K562, InRt =79.7%，多烯紫杉醇，InRt = 55.6%; BGC823, InRt =21.8%，多烯紫杉醇，InRt = 61.5%].【文献】X. Chen, et al. Mar. Drugs, 2014, 12, 3116.

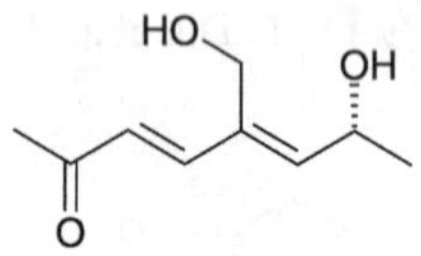

1244 Aspinonene 曲霉壬烯环氧三醇*

【别名】6,7-Epoxy-5-(hydroxymethyl)-3-octene-2,5-diol; 6,7-环氧-5-(羟甲基)-3-辛烯-2,5-二醇.【基本信息】$C_9H_{16}O$，油状物.【类型】支链烯酸化合物.【来源】海洋导出的真菌曲霉菌属 *Aspergillus ostianus* 01F313，来自未鉴定的海绵 (波纳佩岛，密克罗尼西亚联邦)，陆地真菌赭曲霉菌* *Aspergillus ochraceus* DSM 7428.【活性】细胞毒 (L_{1210}, 25μg/mL, InRt = 27%).【文献】J. Fuchser, et al. Annalen, 1994, 831; K. Kito, et al. JNP , 2007, 70, 2022.

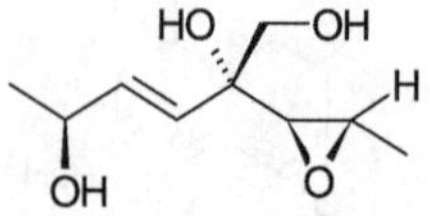

1245 Aspinotriol A 曲霉三醇 A*

【别名】(2*S*,3*Z*,5*E*,7*R*)-4-(Hydroxymethyl)-3,5-octadiene-2,7-diol; (2*S*,3*Z*,5*E*,7*R*)-4-(羟甲基)-3,5-辛二烯-2,7-二醇.【基本信息】$C_9H_{16}O_3$，油状物，$[\alpha]_D^{25} = -10.1°$ ($c = 0.23$，甲醇).【类型】支链烯酸化合物.【来源】海洋导出的真菌曲霉菌属 *Aspergillus ostianus* 01F313，来自未鉴定的海绵

(波纳佩岛，密克罗尼西亚联邦)；海深真菌曲霉菌属 *Aspergillus* sp. 16-02-1，来自沉积物 (劳盆地深海热液喷口，西南太平洋劳盆地，采样深度 2255m，温度 114°C).【活性】细胞毒 (MTT 试验，100μg/mL: HeLa, InRt =14.1%，对照多烯紫杉醇，InRt = 45.1%；K562，InRt =17.0%，对照多烯紫杉醇，InRt = 55.6%).【文献】K. Kito, et al. JNP , 2007, 70, 2022; X. Chen, et al. Mar. Drugs, 2014, 12, 3116.

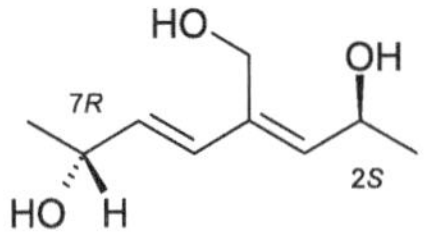

1246 Aspinotriol B 曲霉三醇 B*

【基本信息】$C_9H_{16}O_3$，油状物，$[\alpha]_D^{25}$ = +6.1° (c = 0.21，甲醇).【类型】支链烯酸化合物.【来源】海洋导出的真菌曲霉菌属 *Aspergillus ostianus* 01F313，来自未鉴定的海绵 (波纳佩岛，密克罗尼西亚联邦)；深海真菌曲霉菌属 *Aspergillus* sp. 16-02-1，来自沉积物 (劳盆地深海热液喷口，西南太平洋劳盆地，采样深度 2255m，温度 114°C).【活性】细胞毒 (MTT 试验，100μg/mL: HL60, InRt =39.4%；HeLa, InRt =12.3%；K562, InRt =20.3%，对照多烯紫杉醇，InRt = 55.6%；BGC823, InRt =15.7%).【文献】K. Kito, et al. JNP , 2007, 70, 2022; X. Chen, et al. Mar. Drugs, 2014, 12, 3116.

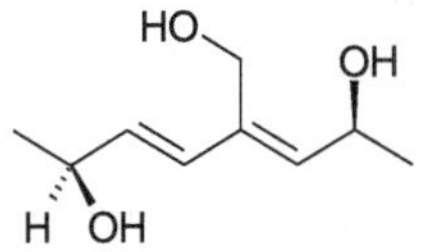

1247 Cladionol A 黏帚霉醇 A*

【基本信息】$C_{45}H_{80}O_{16}$，无定形固体，$[\alpha]_D^{22}$ = +36° (c = 0.2，甲醇).【类型】支链烯酸化合物.【来源】海洋导出的真菌黏帚霉属 *Gliocladium* sp. L049 (液体培养基)，来自百合超目泽泻目海神草科针叶藻属海草 *Syringodium isoetifolium* (真荣田岬，冲绳，日本).【活性】细胞毒 (L_{1210}, IC_{50} = 5μg/mL; KB, IC_{50} = 7μg/mL).【文献】Y. Kasai, et al. JNP, 2005, 68, 777; M. Saleem, et al. NPR, 2007, 24, 1142 (Rev.).

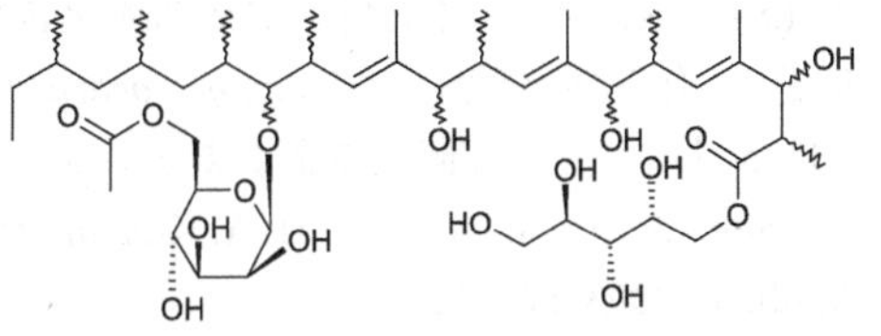

1248 Debromogrenadadiene 去溴格林纳达二烯*

【基本信息】$C_{20}H_{32}O_4$，$[\alpha]_D$ = +5° (c = 0.1，氯仿).【类型】支链烯酸化合物.【来源】蓝细菌稍大鞘丝藻 *Lyngbya majuscula* (肉眼可见的，格林纳达，中美洲).【活性】有毒的 (盐水丰年虾，LD_{50} = 5μg/mL)；大麻素受体键合活性 (K_i = 4.7μmol/L).【文献】N. Sitachitta, et al. JNP, 1998, 61, 681.

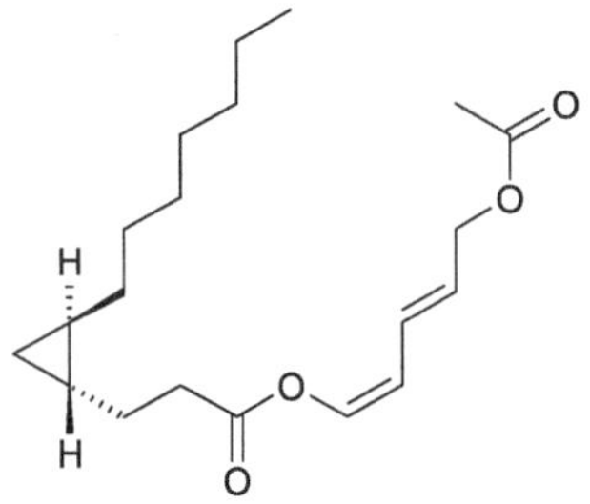

1249 (1*E*,5*Z*)-1,6-Dichloro-2-methyl-1,5-heptadien-3-ol (1*E*,5*Z*)-1,6-二氯-2-甲基-1,5-庚二烯-3-醇

【基本信息】$C_8H_{12}Cl_2O$，油状物，$[\alpha]_D^{28}$ = −9.8° (c = 0.01，氯仿).【类型】支链烯酸化合物.【来源】红藻十字形海头红* *Plocamium cruciferum* (新西兰).【活性】抗微生物.【文献】J. W. Blunt, et al. Tetrahedron Lett., 1978, 4417; P. Bates, et al. Aust. J. Chem., 1979, 32, 2545.

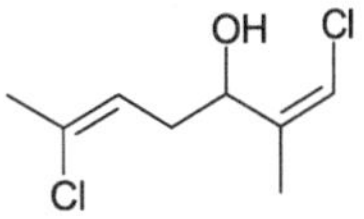

1250 2,6-Dimethyl-5-heptenal 2,6-二甲基-5-庚烯醛

【基本信息】$C_9H_{16}O$.【类型】支链烯酸化合物.【来源】软体动物裸鳃目 *Melibe leonina* (以浮游动物为食).【活性】甜味剂.【文献】S. W. Ayer, et al. Experientia, 1983, 39, 255.

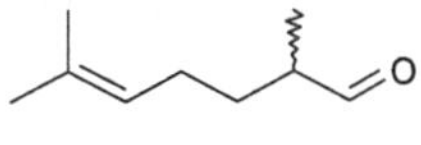

1251 (3*Z*)-4,8-Dimethylnon-3-en-1-yl sulfate (3*Z*)-4,8-二甲基壬基-3-烯-1-基硫酸酯

【基本信息】$C_{11}H_{22}O_4S$，粉末.【类型】支链烯酸化合物.【来源】小海鞘属 *Microcosmus vulgaris* (地中海)，海蛇尾栉蛇尾属 *Ophiocoma echinata* (哥伦比亚).【活性】抗恶性细胞增殖的 (GM7373,

IC_{50} = 45μg/mL; J774, IC_{50} = 110μg/mL; WEHI-164, IC_{50} = 55μg/mL; P_{388}, IC_{50} = 115μg/mL).【文献】A. Aiello, et al. Tetrahedron, 1997, 53, 11489.

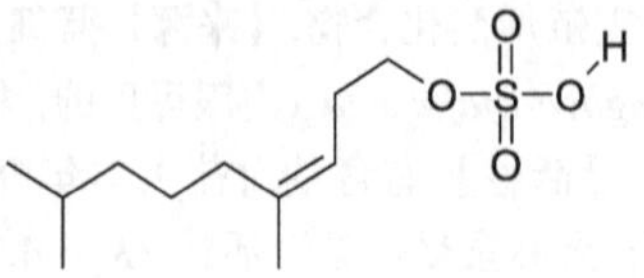

1252 Ficulinic acid A 非库利纳海绵酸 A*

【基本信息】$C_{26}H_{48}O_3$, mp 33~35°C.【类型】支链烯酸化合物.【来源】Suberitidae 科海绵 *Ficulina ficus*.【活性】细胞毒 (低活性).【文献】M. Guyot, et al. JNP, 1986, 49, 307.

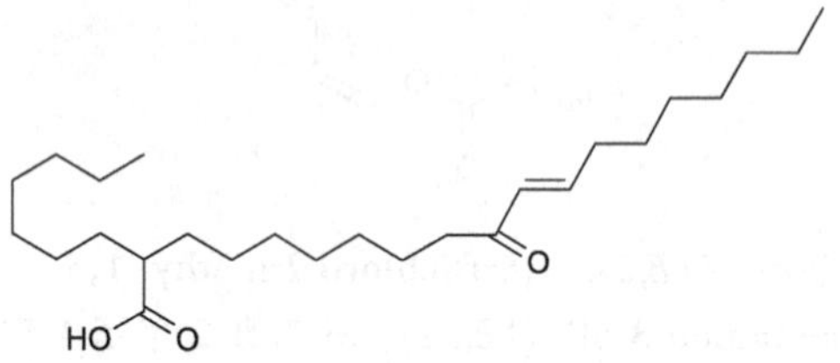

1253 Ficulinic acid B 非库利纳海绵酸 B*

【基本信息】$C_{28}H_{52}O_3$, mp 31~32°C.【类型】支链烯酸化合物.【来源】Suberitidae 科海绵 *Ficulina ficus*.【活性】细胞毒 (低活性).【文献】M. Guyot, et al. JNP, 1986, 49, 307.

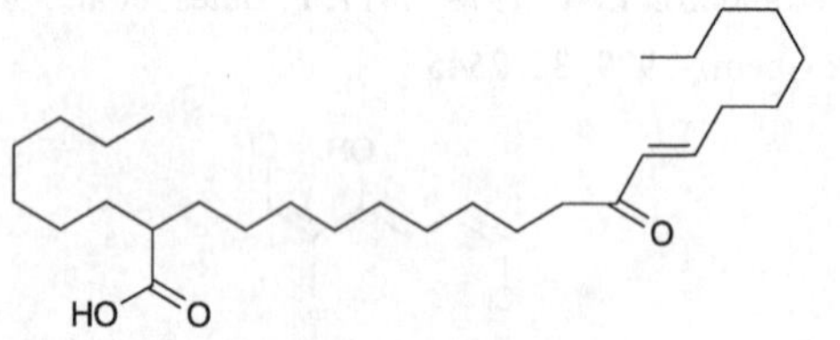

1254 Grenadadiene 格林纳达二烯*

【基本信息】$C_{20}H_{31}BrO_4$, $[\alpha]_D$ = −8° (*c* = 0.1, 氯仿).【类型】支链烯酸化合物.【来源】蓝细菌稍大鞘丝藻 *Lyngbya majuscula* (肉眼可见的, 格林纳达, 中美洲).【活性】细胞毒 (NCI 60 种癌细胞筛选程序, 有趣的细胞毒活性分布, 已被选择进行体内活性评估).【文献】N. Sitachitta, et al. JNP, 1998, 61, 681.

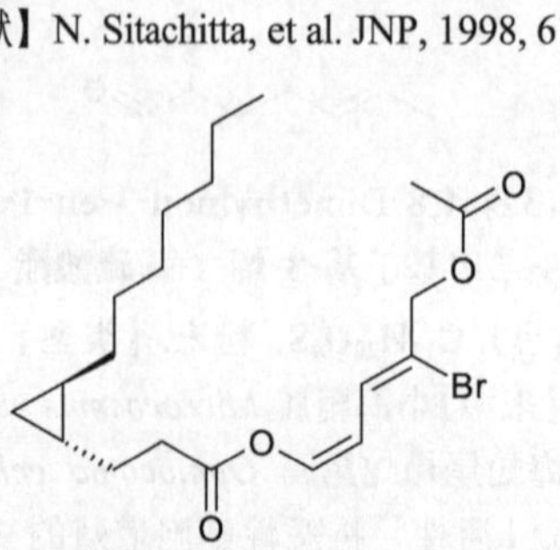

1255 Haliangicin A 海洋黏细菌新 A*

【别名】Antibiotics SMP 2; 抗生素 SMP 2.【基本信息】$C_{22}H_{32}O_5$, 亮黄色油状物, $[\alpha]_D^{22}$ = +34.6° (*c* = 0.3, 甲醇).【类型】支链烯酸化合物.【来源】海洋黏细菌 *Haliangium ochraceum* AJ13395.【活性】抗真菌 (真菌生长抑制剂).【文献】R. Fudou, et al. J. Antibiot., 2001, 54, 149; 153; B. A. Kundim, et al. J. Antibiot., 2003, 56, 630.

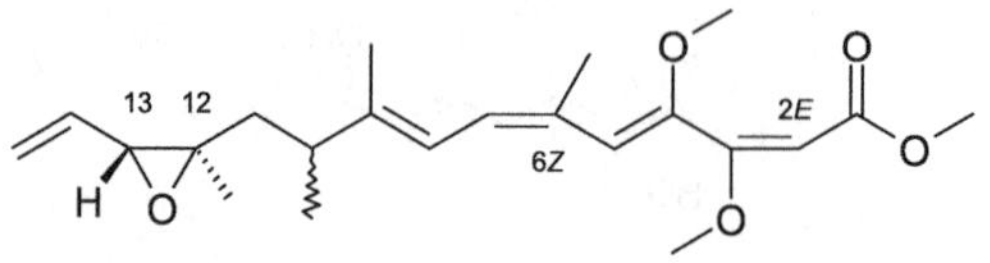

1256 *cis*-Haliangicin A *cis*-海洋黏细菌新 A*

【基本信息】$C_{22}H_{32}O_5$, 亮黄色油状物, $[\alpha]_D^{22}$ = +29.3° (*c* = 0.21, 甲醇).【类型】支链烯酸化合物.【来源】海洋黏细菌 *Haliangium ochraceum* AJ13395.【活性】抗真菌.【文献】R. Fudou, et al. J. Antibiot., 2001, 54, 149; 153; B. A. Kundim, et al. J. Antibiot., 2003, 56, 630.

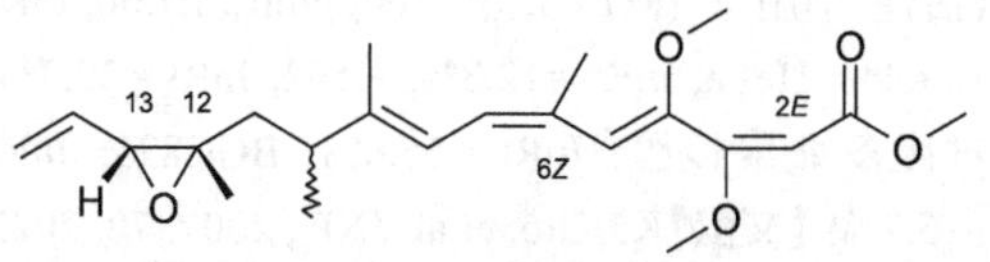

1257 Haliangicin B 海洋黏细菌新 B*

【基本信息】$C_{22}H_{32}O_5$, 亮黄色油状物, $[\alpha]_D^{22}$ = +38° (*c* = 0.11, 甲醇).【类型】支链烯酸化合物.【来源】海洋黏细菌 *Haliangium ochraceum* AJ13395.【活性】抗真菌.【文献】R. Fudou, et al. J. Antibiot., 2001, 54, 149; 153; B. A. Kundim, et al. J. Antibiot., 2003, 56, 630.

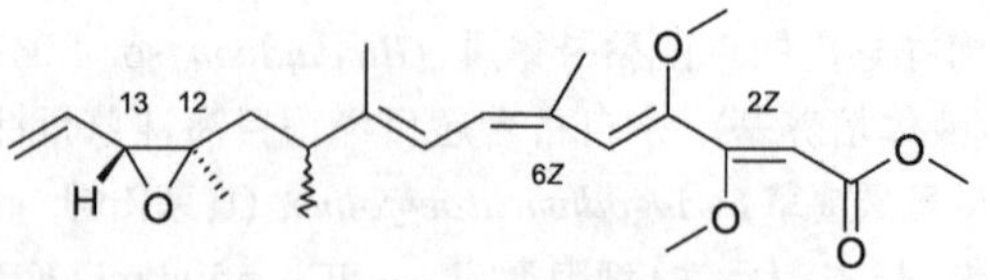

1258 Haliangicin C 海洋黏细菌新 C*

【基本信息】$C_{22}H_{32}O_5$, 亮黄色油状物, $[\alpha]_D^{22}$ = −40° (*c* = 0.04, 甲醇).【类型】支链烯酸化合物.【来源】海洋黏细菌 *Haliangium ochraceum* AJ13395.【活性】抗真菌.【文献】R. Fudou, et al. J. Antibiot., 2001, 54, 149; 153; B. A. Kundim, et al. J. Antibiot., 2003, 56, 630.

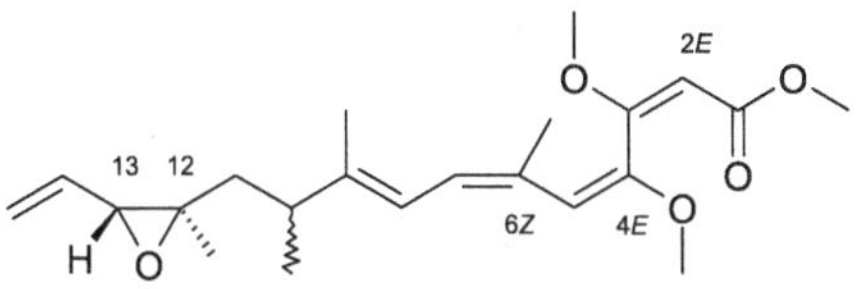

1259 Haliangicin D 海洋黏细菌新 D*

【基本信息】$C_{22}H_{32}O_5$, 亮黄色油状物, $[\alpha]_D^{22}$ = –20° (c = 0.05, 甲醇).【类型】支链烯酸化合物.【来源】海洋黏细菌 *Haliangium ochraceum* AJ13395.【活性】抗真菌.【文献】R. Fudou, et al. J. Antibiot., 2001, 54, 149; 153; B. A. Kundim, et al. J. Antibiot., 2003, 56, 630.

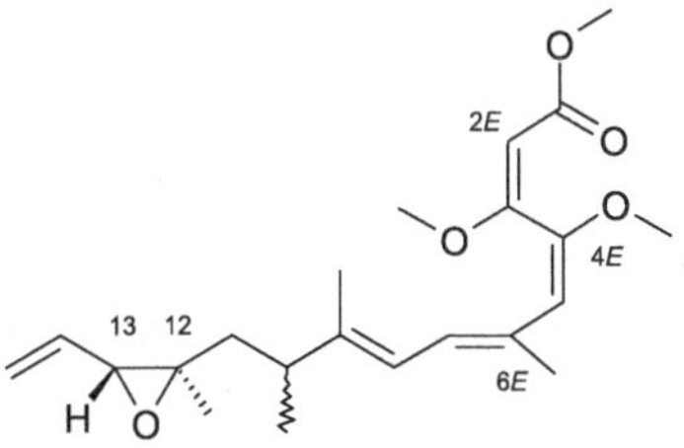

1260 Hedathiosulfonic acid A 赫达硫代磺酸 A*

【别名】8-Methyl-2-undecene-6-sulfonothioic acid; 8-甲基-2-十一(碳)烯-6-硫代磺酸*.【基本信息】$C_{12}H_{24}O_2S_2$, 油状物, $[\alpha]_D^{26}$= +2.1° (c = 0.07, 甲醇).【类型】支链烯酸化合物.【来源】棘皮动物门真海胆亚纲心形海胆目心形棘心海胆* *Echinocardium cordatum* (深水水域).【活性】有毒的 (急性毒性).【文献】N. Takada, et al. Tetrahedron Lett., 2001, 42, 6557; M. Kita, et al. Tetrahedron, 2002, 58, 6405.

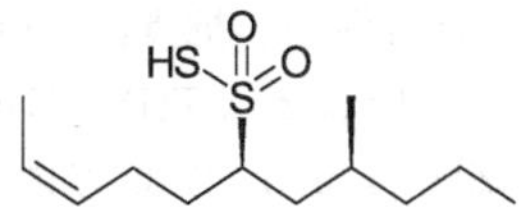

1261 Hedathiosulfonic acid B 赫达硫代磺酸 B*

【别名】3-Methyl-1-(3-pentenyl)-5-hexenesulfonothioic acid; 3-甲基-1-(3-戊烯基)-5-己烯硫代磺酸*.【基本信息】$C_{12}H_{22}O_2S_2$, 油状物, $[\alpha]_D^{26}$= –2.2° (c = 0.28, 甲醇).【类型】支链烯酸化合物.【来源】棘皮动物门真海胆亚纲心形海胆目心形棘心海胆* *Echinocardium cordatum* (深水水域).【活性】有毒的 (急性毒性).【文献】N. Takada, et al. Tetrahedron Lett., 2001, 42, 6557; M. Kita, et al. Tetrahedron, 2002, 58, 6405.

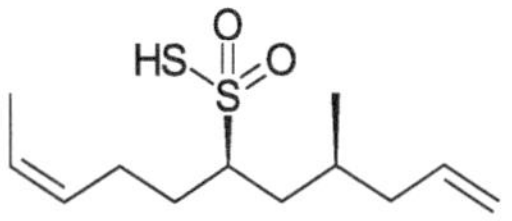

1262 2-Hexylidene-3-methylsuccinic acid 2-亚己基-3-甲基琥珀酸

【基本信息】$C_{12}H_{20}O_4$, 油状物, $[\alpha]_D^{29}$ = –15.8° (c = 0.35, 甲醇)【类型】支链烯酸化合物.【来源】海洋导出的真菌炭角菌科 *Halorosellinia oceanica* BCC5149 (泰国), 海洋真菌炭角菌科 *Halorosellinia oceanica*.【活性】细胞毒 (KB, IC_{50} = 13μg/mL; BC-1, IC_{50} = 5μg/mL).【文献】M. Chinworrungsee, et al. BoMCL, 2001, 11, 1965.

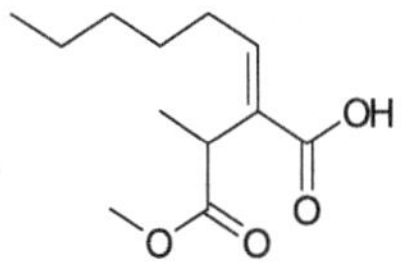

1263 (*S*)-Hexylitaconic acid (*S*)-己基衣康酸

【基本信息】$C_{11}H_{18}O_4$, 无定形固体, $[\alpha]_D^{23}$ = –17.9° (c = 0.5, 甲醇).【类型】支链烯酸化合物.【来源】海洋导出的真菌梨孢假壳属 *Apiospora montagnei* (嗜冷生物, 冷水域, 北海), 来自红藻堇紫多管藻* *Polysiphonia violacea* (内部组织, 北海).【活性】抑制肿瘤抑制剂 p53 蛋白与 HDM2 癌蛋白的相互作用 (潜在地导致 p53 重新活化和诱导癌细胞凋亡).【文献】C. Klemke, et al. JNP, 2004, 67, 1058; M. D. Lebar, et al. NPR, 2007, 24, 774 (Rev.).

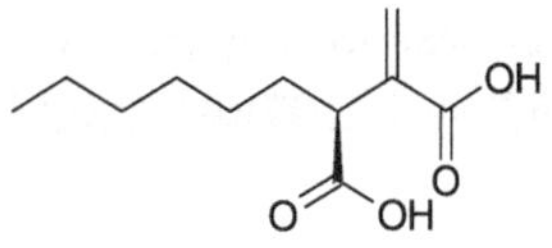

1264 Ieodomycin A 雷豆霉素 A*

【基本信息】$C_{13}H_{22}O_4$, 浅黄色无定形固体, $[\alpha]_D^{23}$ = +19° (c = 0.9, 氯仿).【类型】支链烯酸化合物.【来源】海洋导出的细菌芽孢杆菌属 *Bacillus* sp. (沉积物, 苏岩礁, 黄海, 中国).【活性】抗菌 (枯草杆菌 *Bacillus subtilis* 和大肠杆菌 *Escherichia coli*, MIC = 32~64μg/mL); 抗真菌 (酿酒酵母 *Saccharomyces cerevisiae*, MIC = 256μg/mL).【文献】M. A. M. Mondol, et al. JNP, 2011, 74, 1606.

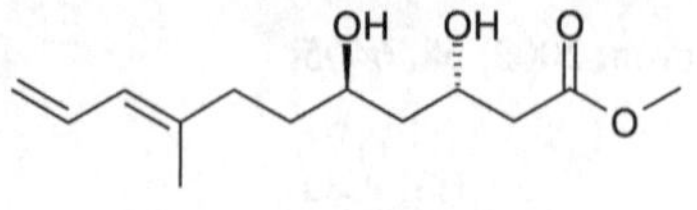

1265 Ieodomycin B 雷豆霉素 B*

【基本信息】$C_{12}H_{18}O_3$，白色无定形固体，$[\alpha]_D^{23}$ = +21° (*c* = 0.9，氯仿).【类型】支链烯酸化合物.【来源】海洋导出的细菌芽孢杆菌属 *Bacillus* sp. (沉积物，苏岩礁，黄海，中国).【活性】抗菌 (枯草杆菌 *Bacillus subtilis* 和大肠杆菌 *Escherichia coli*，MIC = 32~64μg/mL)；抗真菌 (酿酒酵母 *Saccharomyces cerevisiae*, MIC = 256μg/mL).【文献】M. A. M. Mondol, et al. JNP, 2011, 74, 1606.

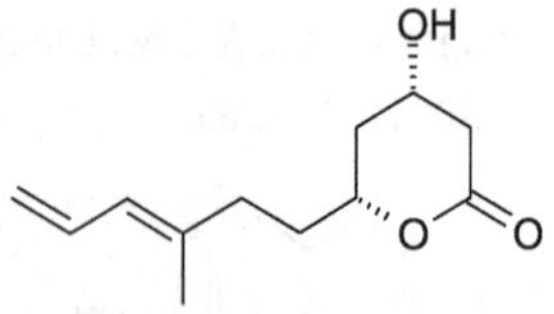

1266 Isosiphonarienolone 异菊花螺烯酮*

【别名】3-Hydroxy-4,6,8,10,12-pentamethyl-6-pentadecen-5-one; 3-羟基-4,6,8,10,12-五甲基-6-十五(碳)烯-5-酮.【基本信息】$C_{20}H_{38}O_2$，油状物，$[\alpha]_D^{25}$ = +17.6° (*c* = 0.17，氯仿).【类型】支链烯酸化合物.【来源】软体动物栉状菊花螺* *Siphonaria pectinata* (加的斯，西班牙).【活性】细胞毒 (P_{388}, A549, HT29 和 MEL28，所有的 ED_{50} ≥ 10μg/mL).【文献】M.C. Paul, et al. Tetrahedron, 1997, 53, 2303.

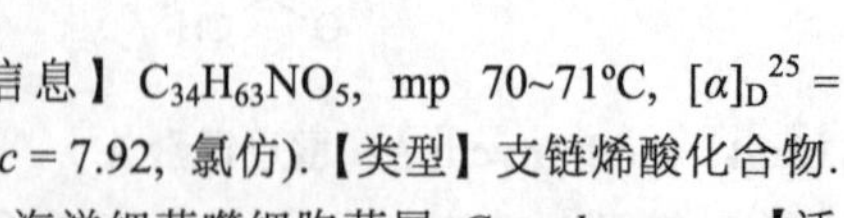

1267 *N*-[15-Methyl-3-(13-methyl-4-tetradecenoyloxy)hexadecanoyl]glycine *N*-[15-甲基-3-(13-甲基-4-十四(碳)烯基氧代)十六烷基]甘氨酸

【基本信息】$C_{34}H_{63}NO_5$，mp 70~71°C，$[\alpha]_D^{25}$ = +0.45° (*c* = 7.92，氯仿).【类型】支链烯酸化合物.【来源】海洋细菌噬细胞菌属 *Cytophaga* sp.【活性】N 型钙离子通道阻滞剂.【文献】T. Morishita, et al. J. Antibiot., 1997, 50, 457.

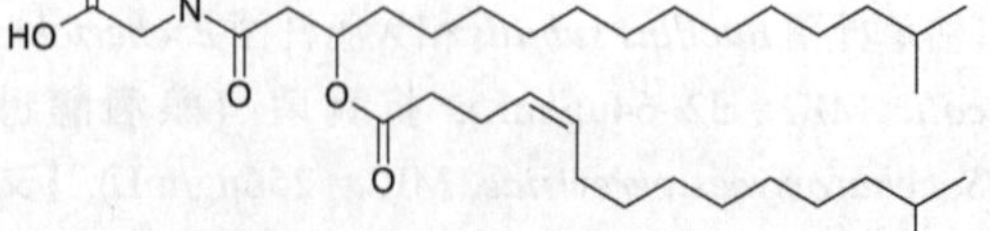

1268 7-Methyloct-4-en-3-one 7-甲基辛(碳)-4-烯-3-酮

【基本信息】$C_9H_{16}O$，油状物，bp_{30mmHg} 92~94°C.【类型】支链烯酸化合物.【来源】扁板海绵属 *Plakortis zygompha* (伯利兹，中美洲).【活性】甜味剂.【文献】D. J. Faulkner, et al. Tetrahedron Lett., 1980, 21, 23.

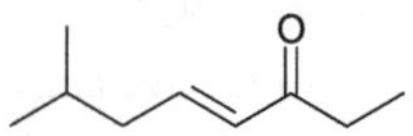

1269 Monotriajaponide A 日本扁板海绵烯酸 A*

【别名】4,6,8-Triethyl-2,4,9-dodecatrienoic acid; 4,6,8-三乙基-2,4,9-十二(碳)三烯酸.【基本信息】$C_{18}H_{30}O_2$，黏性油状物，$[\alpha]_D$ = +63° (*c* = 0.09，氯仿).【类型】支链烯酸化合物.【来源】日本扁板海绵* *Monotria japonica* [syn. *Plakortis japonica*].【活性】卵母细胞溶解活性 (选择性地溶解不成熟海燕 *Asterina pectinifera* 的卵母细胞，不影响细胞核形态，MEC = 50μg/mL).【文献】M. Yanai, et al. BoMC, 2003, 11, 1715.

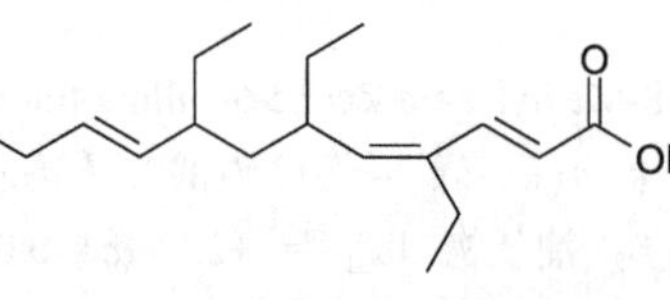

1270 Penicimonoterpene 产黄青霉单萜*

【基本信息】$C_{13}H_{22}O_5$，无色油状物，$[\alpha]_D^{20}$ = +1.4° (*c* = 0.83，甲醇).【类型】支链烯酸化合物.【来源】海洋导出的产黄青霉真菌 *Penicillium chrysogenum* QEN-24S，来自红藻凹顶藻属 *Laurencia* sp. (涠洲岛，广西，中国).【活性】抗真菌 (20μg，白菜曲霉菌**Aspergillus brassicae*，IZD = 17mm，对照两性霉素 B，IZD = 18mm；黑曲霉菌 *Aspergillus niger*，轻微抑制，两性霉素 B，IZD = 24mm).【文献】S.-S. Gao, et al. Mar. Drugs, 2011, 9, 59.

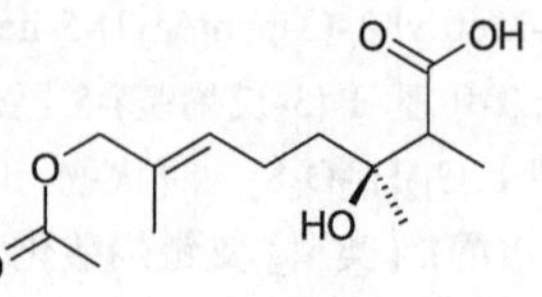

1271 Pitinoic acid A 关岛皮提酸 A*

【基本信息】$C_{11}H_{20}O_2$.【类型】支链烯酸化合物.【来源】蓝细菌似鞘丝藻属 *Lyngbya*-like sp. (皮提

湾, 关岛, 美国).【活性】抑制铜绿假单胞菌 *Pseudomonas aeruginosa* 群体感应.【文献】C. M. Pavlik, et al. JNP, 2013, 76, 2026.

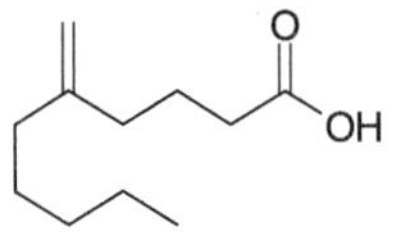

1272 Pitinoic acid B 关岛皮提酸 B*

【基本信息】$C_{16}H_{25}ClO_4$.【类型】支链烯酸化合物.【来源】蓝细菌似鞘丝藻属 *Lyngbya*-like sp. (皮提湾, 关岛, 美国).【活性】抗炎 (抑制促炎细胞因子表达的产生).【文献】C. M. Pavlik, et al. JNP, 2013, 76, 2026.

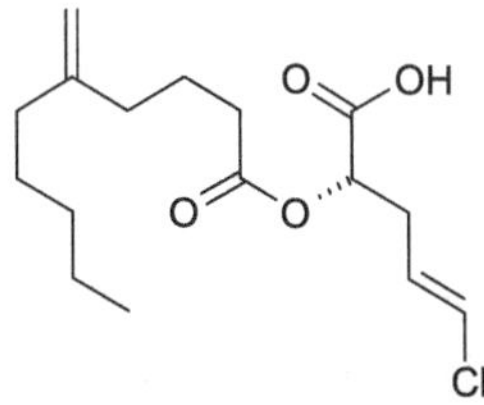

1273 Pseudoalteromone B 假交替单孢菌酮 B*

【基本信息】$C_{15}H_{26}O_3$, 无色油状物, $[\alpha]_D^{23} = -20°$ ($c = 0.03$, 氯仿).【类型】支链烯酸化合物.【来源】海洋导出的细菌假交替单胞菌属 *Pseudoalteromonas* sp. CGH2XX, 来自豆荚软珊瑚属 *Lobophytum crassum* (培养型, 台湾).【活性】抗炎 (适度活性).【文献】Y.-H. Chen, et al. Mar. Drugs, 2012, 10, 1566.

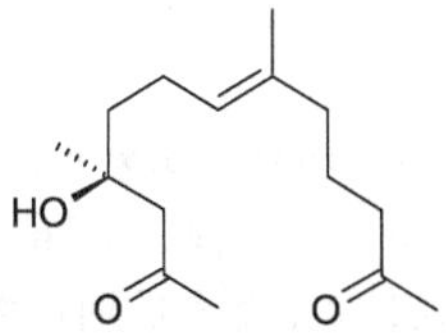

1274 Pteroenone 普特罗烯酮*

【基本信息】$C_{14}H_{24}O_2$, $[\alpha]_D = +48°$ ($c = 0.6$, 己烷).【类型】支链烯酸化合物.【来源】软体动物翼足目海若螺科南极裸海蝶 *Clione antarctica* (嗜冷生物, 冷水域, 无壳远洋软体动物翼足类).【活性】拒食活性.【文献】W. Y. Yoshida, et al. JOC, 1995, 60, 780; P. J. Bryan, et al. Mar. Biol., 1995, 122, 271; M. D. Lebar, et al. NPR, 2007, 24, 774 (Rev.).

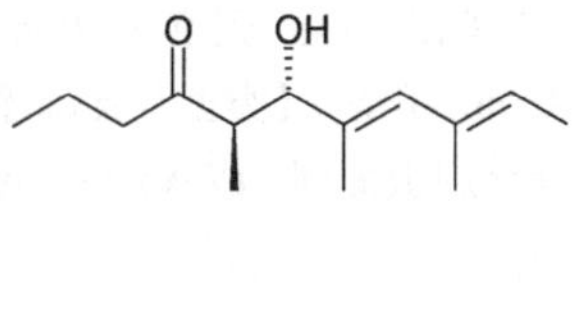

1275 Roselipin 1A 粉红黏帚霉脂 1A*

【基本信息】$C_{40}H_{72}O_{14}$, 粉末, mp 36~37°C, $[\alpha]_D^{24} = +12°$ ($c = 0.1$, 甲醇).【类型】支链烯酸化合物.【来源】海洋导出的真菌粉红黏帚霉* *Gliocladium roseum* KF-1040.【活性】二酰甘油酰基转移酶 DGAT 抑制剂.【文献】S. Omura, et al. J. Antibiol., 1999, 52, 586; H. Tomoda, et al. J. Antibiot., 1999, 52, 689; N. Tabata, et al. J. Antibiot., 1999, 52, 815.

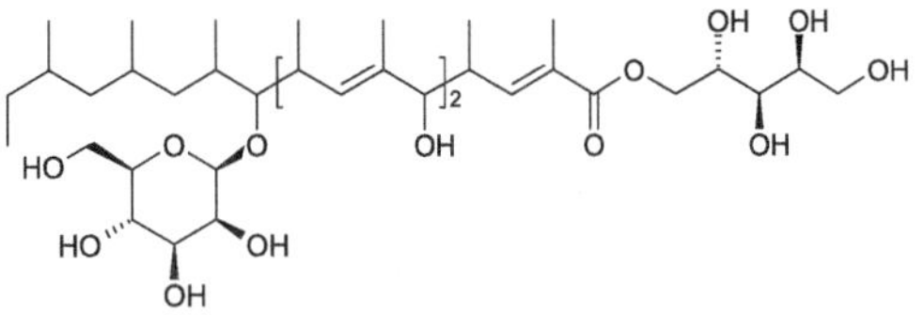

1276 Roselipin 1B 粉红黏帚霉脂 1B*

【基本信息】$C_{40}H_{72}O_{14}$, 粉末, mp 35~36°C, $[\alpha]_D^{24} = +8°$ ($c = 0.1$, 甲醇).【类型】支链烯酸化合物.【来源】海洋导出的真菌粉红黏帚霉* *Gliocladium roseum* KF-1040.【活性】二酰甘油酰基转移酶 DGAT 抑制剂.【文献】S. Omura, et al. J. Antibiol., 1999, 52, 586; H. Tomoda, et al. J. Antibiot., 1999, 52, 689; N. Tabata, et al. J. Antibiot., 1999, 52, 815.

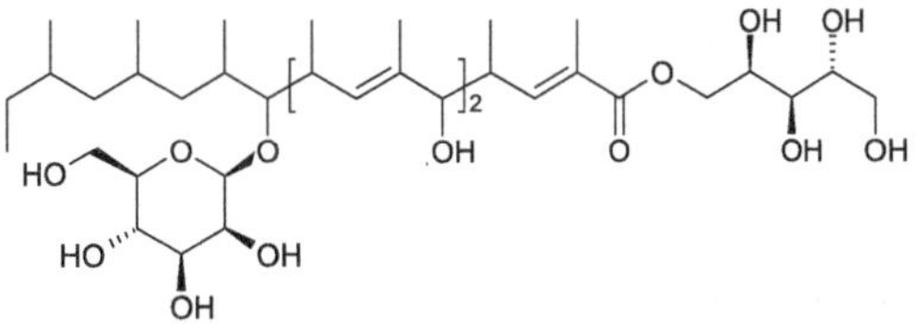

1277 Roselipin 2A 粉红黏帚霉脂 2A*

【基本信息】$C_{42}H_{74}O_{15}$, $[\alpha]_D^{24} = +22°$ ($c = 0.1$, 甲醇).【类型】支链烯酸化合物.【来源】海洋导出的真菌粉红黏帚霉* *Gliocladium roseum* KF-1040.【活性】二酰甘油酰基转移酶 DGAT 抑制剂.【文献】S. Omura, et al. J. Antibiol., 1999, 52, 586; H. Tomoda, et al. J. Antibiot., 1999, 52, 689; N. Tabata, et al. J. Antibiot., 1999, 52, 815.

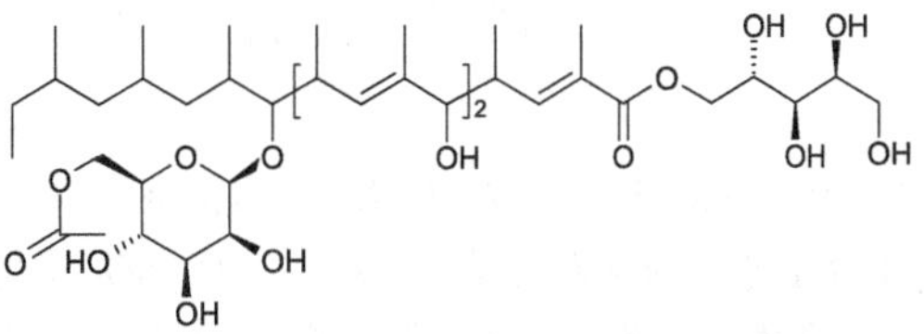

1278 Roselipin 2B 粉红黏帚霉脂 2B*

【基本信息】$C_{42}H_{74}O_{15}$, $[\alpha]_D^{24} = +10°$ ($c = 0.1$, 甲醇).【类型】支链烯酸化合物.【来源】海洋导出

的真菌粉红黏帚霉* *Gliocladium roseum* KF-1040.【活性】二酰甘油酰基转移酶 DGAT 抑制剂.【文献】S. Omura, et al. J. Antibiol., 1999, 52, 586; H. Tomoda, et al. J. Antibiot., 1999, 52, 689; N. Tabata, et al. J. Antibiot., 1999, 52, 815.

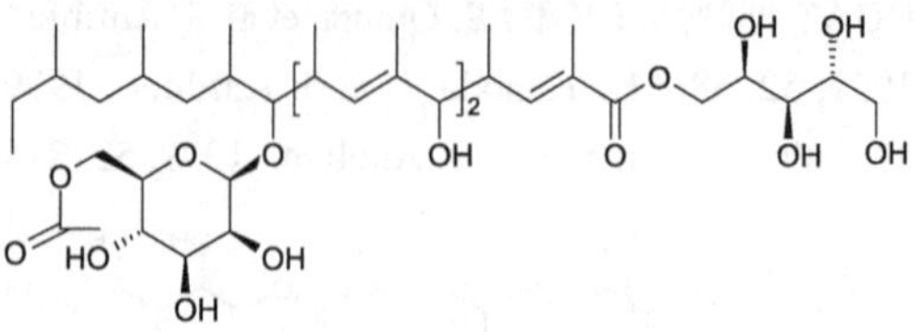

1279 Siphonarienone 菊花螺烯酮*

【别名】4,6,8,10-Tetramethyl-4-tridecen-3-one; 4,6,8,10-四甲基-4-十三(碳)烯-3-酮.【基本信息】$C_{17}H_{32}O$, 油状物, $[\alpha]_D = +13.3°$ ($c = 0.7$, 氯仿).【类型】支链烯酸化合物.【来源】软体动物桥状菊花螺* *Siphonaria pectinata* (加的斯, 西班牙, W6°18′ N36°32′) 和软体动物灰菊花螺* *Siphonaria grisea*.【活性】细胞毒 (P_{388}, A549, HT29 和 MEL28, 所有的 $ED_{50} \geqslant 10\mu g/mL$); 抗菌 (革兰氏阳性菌).【文献】M. Norte, et al. Tetrahedron, 1990, 46, 1669; M. C. Paul, et al. Tetrahedron, 1997, 53, 2303.

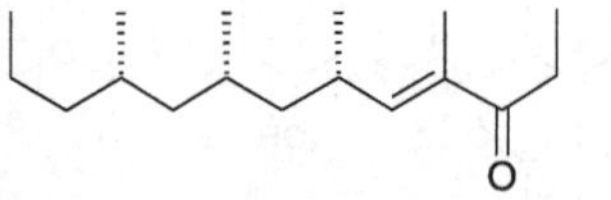

1280 4,6,8,10-Tetraethyl-4,6-dihydroxy-2,7,11-tetradecatrienoic acid 4,6,8,10-四乙基-4,6-二羟基-2,7,11-十四(碳)三烯酸

【基本信息】$C_{22}H_{38}O_4$, 油状物, $[\alpha]_D = +1.2°$ ($c = 0.33$, 氯仿).【类型】支链烯酸化合物.【来源】扁板海绵属 *Plakortis halichondrioides* (牙买加).【活性】细胞毒 (P_{388}, $IC_{50} = 10\mu g/mL$).【文献】A. Rudi, et al. JNP, 1993, 56, 1827.

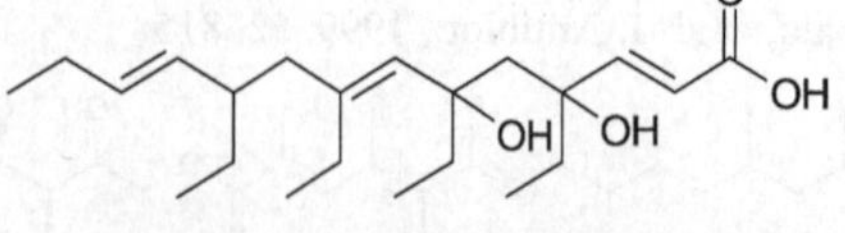

1281 Topostin B 567 屈挠杆菌真菌亭 B 567*

【别名】拓扑酶抑素.【基本信息】$C_{34}H_{65}NO_5$.【类型】支链烯酸化合物.【来源】海洋细菌噬细胞菌属 *Cytophaga johnsone* 和海洋细菌噬细胞菌属 *Cytophaga* sp., 屈挠杆菌属真菌* *Flexibacter topostinus*.【活性】N 型钙离子通道阻滞剂.【文献】T. Morishita, et al. J. Antibiot., 1997, 50, 457.

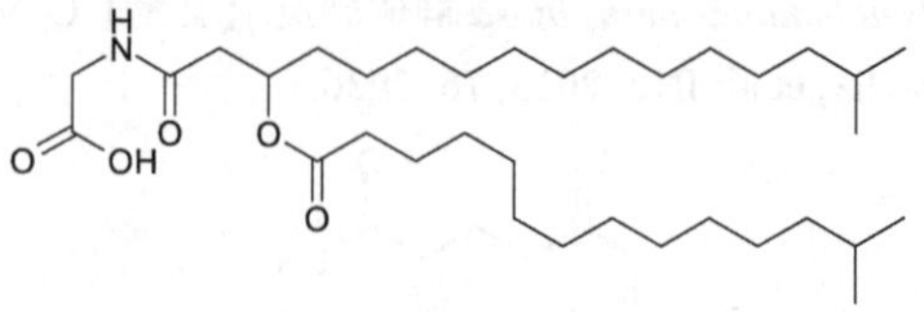

1282 (2*E*,4*E*)-2-Tridecyl-heptadeca-2,4-dienal (2*E*,4*E*)-2-十三烷基-十七(碳)-2,4-二烯醛

【基本信息】$C_{30}H_{56}O$.【类型】支链烯酸化合物.【来源】红藻珊瑚藻属 *Corallina mediterranea* (阿利坎特, 西班牙).【活性】抗炎; 细胞毒; $LD_{50} = 125\mu g/mL$.【文献】S. De Rosa, et al. Phytochemistry, 1995, 40, 995.

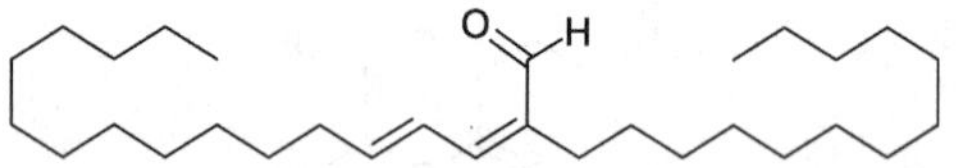

1283 4,6,10-Triethyl-4,6-dihydroxy-8-methyl-2,7,11-tetradecatrienoic acid 4,6,10-三乙基-4,6-二羟基-8-甲基-2,7,11 十四(碳)三烯酸

【基本信息】$C_{21}H_{36}O_4$, 油状物, $[\alpha]_D = +4.8°$ ($c = 0.46$, 氯仿).【类型】支链烯酸化合物.【来源】扁板海绵属 *Plakortis halichondrioides* (牙买加).【活性】细胞毒 (P_{388}, $IC_{50} = 10\mu g/mL$).【文献】A. Rudi, et al. JNP, 1993, 56, 1827.

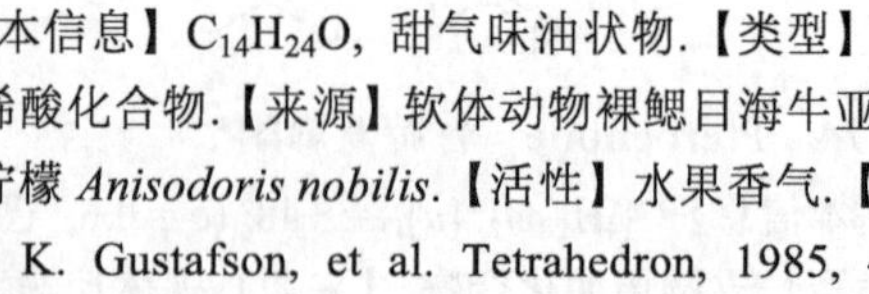

1284 2,6,10-Trimethyl-5,9-undecadienal 2,6,10-三甲基-5,9-十一(碳)二烯醛

【基本信息】$C_{14}H_{24}O$, 甜气味油状物.【类型】支链烯酸化合物.【来源】软体动物裸鳃目海牛亚目海柠檬 *Anisodoris nobilis*.【活性】水果香气.【文献】K. Gustafson, et al. Tetrahedron, 1985, 41, 1101.

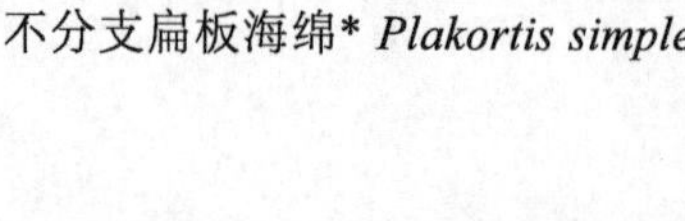

1285 Woodylide A 木质内酯 A*

【基本信息】$C_{18}H_{34}O_4$, 无色油状物, $[\alpha]_D^{22} = -15.0°$ ($c = 0.06$, 甲醇).【类型】支链烯酸化合物.【来源】不分支扁板海绵* *Plakortis simplex* (永兴

岛, 南海, 中国).【活性】抗真菌 (新型隐球酵母 *Cryptococcus neoformans* ATCC 90113, IC_{50} = 3.67μg/mL, 对照两性霉素 B, IC_{50} = 0.35μg/mL; 白色念珠菌 *Candida albicans* Y0109, MIC = 32μg/mL, 对照氟康唑, MIC = 0.25μg/mL; 红色毛癣菌 *Trichophyton rubrum*, MIC = 32μg/mL, 氟康唑, MIC = 2μg/mL; 石膏样小孢子菌 *Microsporum gypseum*, MIC = 32μg/mL, 氟康唑, MIC = 8μg/mL); 细胞毒 (A549, IC_{50} = 37.83μg/mL; HeLa, IC_{50} = 11.22μg/mL; QGY-7703, IC_{50} = 25.80μg/mL; MDA231, 无活性); 细胞毒 [HeLa, IC_{50} = (15.5±1.2)μmol/L; K562, IC_{50} = (23.8±1.2)μmol/L; A549, IC_{50} = (29.3±2.5)μmol/L; Bel7402, IC_{50} > 100μmol/L; 对照阿霉素: HeLa, IC_{50} = (0.6±0.0)μmol/L; K562, IC_{50} = (0.3±0.0)μmol/L; A549, IC_{50} = (0.2±0.0)μmol/L] (Zhang, 2013).【文献】H.-B. Yu, et al. Mar. Drugs, 2012, 10, 1027; J. Zhang, et al. JNP, 2013, 76, 600.

1286 Woodylide B 木质内酯 B*

【基本信息】$C_{19}H_{36}O_4$, 无色油状物, $[\alpha]_D^{22}$ = +5.5° (*c* = 0.06, 甲醇).【类型】支链烯酸化合物.【来源】不分支扁板海绵* *Plakortis simplex* (永兴岛, 南海, 中国).【活性】细胞毒 [HeLa, IC_{50} = (15.9±1.1)μmol/L; K562, IC_{50} = (20.0±1.9)μmol/L; A549, IC_{50} = (23.6±1.2)μmol/L; Bel7402, IC_{50} > 100μmol/L; 对照阿霉素: HeLa, IC_{50} = (0.6±0.0)μmol/L; K562, IC_{50} = (0.3±0.0)μmol/L; A549, IC_{50} = (0.2±0.0)μmol/L] (Zhang, 2013).【文献】H.-B. Yu, et al. Mar. Drugs, 2012, 10, 1027; J. Zhang, et al. JNP, 2013, 76, 600.

1287 Woodylide C 木质内酯 C*

【基本信息】$C_{17}H_{32}O_4$, 亮黄色油状物, $[\alpha]_D^{22}$ = −11.4° (*c* = 0.14, 甲醇).【类型】支链烯酸化合物.【来源】不分支扁板海绵* *Plakortis simplex* (永兴岛, 南海, 中国).【活性】抗真菌 (新型隐球酵母 *Cryptococcus neoformans* ATCC 90113, IC_{50} = 10.85μg/mL, 对照两性霉素 B, IC_{50} = 0.35μg/mL; 白色念珠菌 *Candida albicans* Y0109, 无活性, 对照氟康唑, MIC = 0.25μg/mL; 红色毛癣菌 *Trichophyton rubrum*, MIC = 32μg/mL, 对照氟康唑, MIC = 2μg/mL; 石膏样小孢子菌 *Microsporum gypseum*, MIC = 32μg/mL, 对照氟康唑, MIC = 8μg/mL); 细胞毒 (HCT116, IC_{50} = 9.4μg/mL); PTP1B 抑制剂 (IC_{50} = 4.7μg/mL, 对照原钒酸钠, IC_{50} = 88.46μg/mL).【文献】H.-B. Yu, et al. Mar. Drugs, 2012, 10, 1027.

3.3 炔类化合物

1288 Callyberyne A 美丽海绵波炔 A*

【别名】Callypentayne; (*Z,Z*)-12,18-Henicosadiene-1,3,8,10,20-pentayne; 美丽海绵五炔*; (*Z,Z*)-12,18 二十一(碳)二烯-1,3,8,10,20-五炔.【基本信息】$C_{21}H_{20}$, 油状物.【类型】炔烃类化合物.【来源】截型美丽海绵* *Callyspongia truncata* (日本水域) 和美丽海绵属 *Callyspongia* sp.【活性】诱导变态 (海鞘幼虫 *Halocynthia roretzi*, ED_{100} = 0.25μg/mL).【文献】S. Tsukamoto, et al. JNP, 1997, 60, 126.

1289 Callyberyne B 美丽海绵波炔 B*

【别名】3,12,18-Henicosatriene-1,8,10,20-tetrayne; 3,12,18-二十一(碳)三烯-1,8,10,20-四炔.【基本信息】$C_{21}H_{22}$, 油状物.【类型】炔烃类化合物.【来源】美丽海绵属 *Callyspongia* sp. (日本水域).【活性】诱导变态 (海鞘幼虫 *Halocynthia roretzi*, ED_{100} = 0.13μg/mL); 抗污剂 (纹藤壶 *Balanus amphitrite*, ED_{50} = 0.24μg/mL).【文献】A. Umeyama, et al. JNP, 1997, 60, 131.

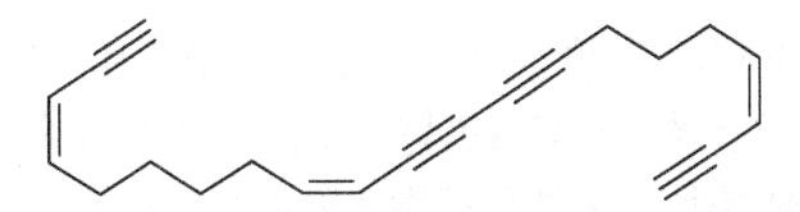

1290 Callytetrayne 美丽海绵四炔*

【基本信息】$C_{21}H_{24}$, 油状物.【类型】炔烃类化合物.【来源】截型美丽海绵* *Callyspongia truncata* (日本水域)和美丽海绵属 *Callyspongia* sp. nov【活性】诱导变态 (海鞘幼虫 *Halocynthia roretzi*, ED_{100} = 0.25μg/mL); 抗污剂 (ED_{50} = 30μg/mL).【文献】S. Tsukamoto, et al. JNP, 1997, 60, 126; A. Umeyama, et al. JNP, 1997, 60, 131.

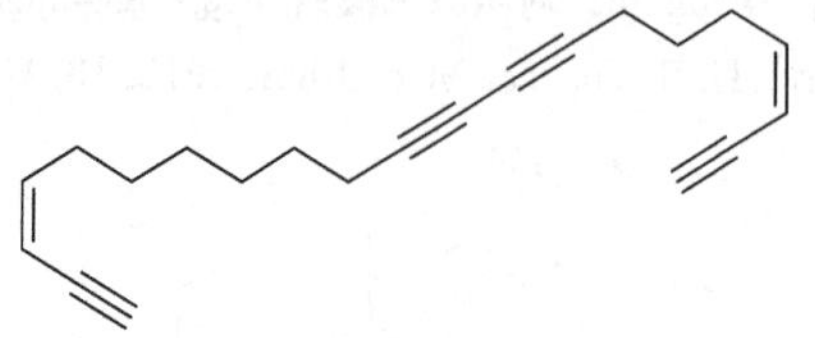

1291 (3*E*,15*Z*)-3,15-Docosadien-1-yne (3*E*,15*Z*)-3,15-二十二(碳)二烯-1-炔

【基本信息】$C_{22}H_{38}$.【类型】炔烃类化合物.【来源】似雪海绵属 *Cribrochalina vasculum* (巴哈马, 加勒比海).【活性】有毒的 (盐水丰年虾).【文献】A. Aiello, et al. JNP, 1992, 55, 1275.

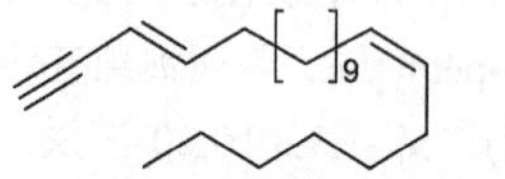

1292 Adociacetylene D 隐海绵乙酰烯 D*

【别名】3,28-Dihydroxy-4,26-triacontadiene-1,12,18,29-tetrayne-14,17-dione; 3,28-二羟基-4,26-三十(碳)二烯-1,12,18,29-四炔-14,17-二酮.【基本信息】$C_{30}H_{38}O_4$, 浅黄色油状物, $[\alpha]_D^{22}$ = +18.1° (*c* = 1, 氯仿), $[\alpha]_D^{22}$ = +6° (*c* = 0.1, 氯仿),【类型】炔醇类.【来源】隐海绵属 *Adocia* sp. (冲绳, 日本).【活性】细胞毒 (内皮素细胞-中性粒细胞白细胞黏附素试验, 肿瘤坏死因子-α (5JRU/mL) 刺激的内皮细胞, 1μg/mL).【文献】M. Kobayashi, et al. CPB, 1996, 44, 720.

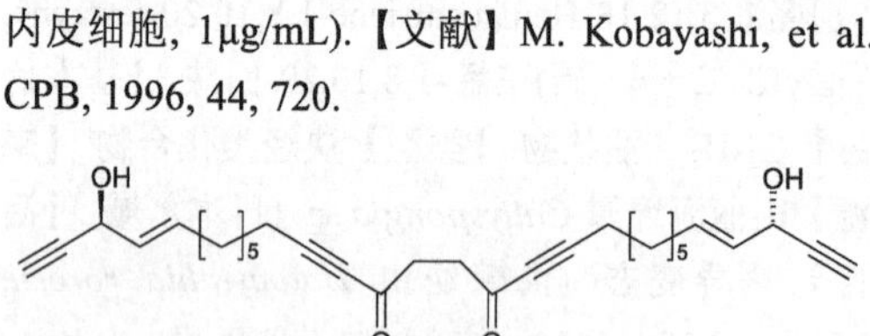

1293 Callytriol A 美丽海绵三醇 A*

【别名】14,20-Tricosadiene-3,5,10,12,22-pentayne-1,2,9-triol; 14,20-二十三(碳)二烯-3,5,10,12,22-五炔-1,2,9-三醇【基本信息】$C_{23}H_{24}O_3$, 黄色油状物.【类型】炔醇类.【来源】截型美丽海绵* *Callyspongia truncata* (日本水域).【活性】诱导变态 (海鞘幼虫 *Halocynthia roretzi*, ED_{100} = 0.25μg/mL); 抗污剂 (纹藤壶 *Balanus amphitrite*, ED_{50} = 4.5μg/mL).【文献】S. Tsukamoto, et al. JNP, 1997, 60, 126.

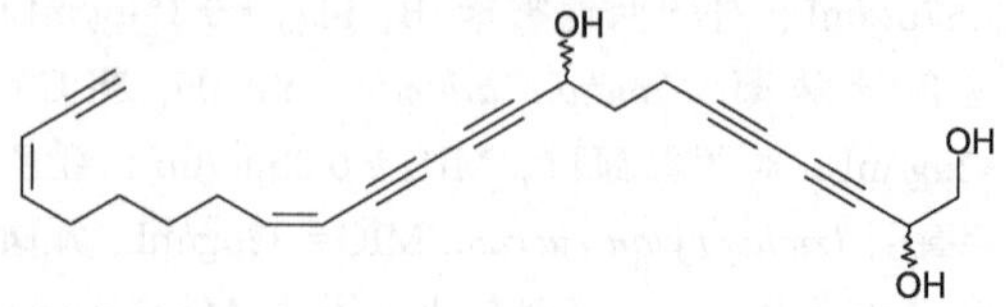

1294 Callytriol B 美丽海绵三醇 B*

【基本信息】$C_{23}H_{24}O_3$, 黄色油状物, $[\alpha]_D^{25}$ = +0.96° (*c* = 0.078, 甲醇).【类型】炔醇类.【来源】截型美丽海绵* *Callyspongia truncata* (日本水域).【活性】诱导变态 (海鞘幼虫 *Halocynthia roretzi*, ED_{100} = 1.3μg/mL); 抗污剂 (纹藤壶 *Balanus amphitrite*, ED_{50} = 0.43μg/mL).【文献】S. Tsukamoto, et al. JNP, 1997, 60, 126.

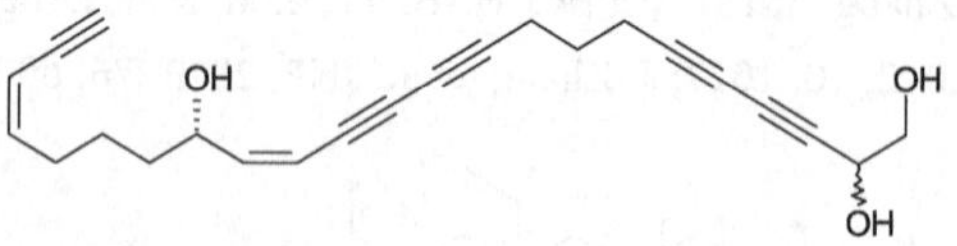

1295 Callytriol C 美丽海绵三醇 C*

【基本信息】$C_{23}H_{24}O_3$, 黄色油状物, $[\alpha]_D^{25}$ = −4.5° (*c* = 0.05, 甲醇).【类型】炔醇类.【来源】截型美丽海绵* *Callyspongia truncata* (日本水域).【活性】诱导变态 (海鞘幼虫 *Halocynthia roretzi*, ED_{100} = 1.3μg/mL); 抗污剂 (纹藤壶 *Balanus amphitrite*, ED_{50} = 0.63μg/mL).【文献】S. Tsukamoto, et al. JNP, 1997, 60, 126.

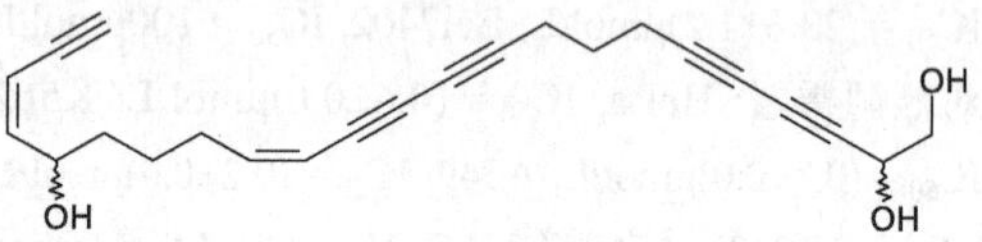

1296 Callytriol D 美丽海绵三醇 D*

【基本信息】$C_{23}H_{24}O_3$, 黄色油状物, $[\alpha]_D^{25}$ = −1.5° (*c* = 0.03, 甲醇).【类型】炔醇类.【来源】截型美丽海绵* *Callyspongia truncata* (日本水域).【活性】诱导变态 (海鞘幼虫 *Halocynthia roretzi*, ED_{100} = 0.13μg/mL); 抗污剂 (纹藤壶 *Balanus amphitrite*, ED_{50} = 0.24μg/mL).【文献】S. Tsukamoto, et al. JNP, 1997, 60, 126.

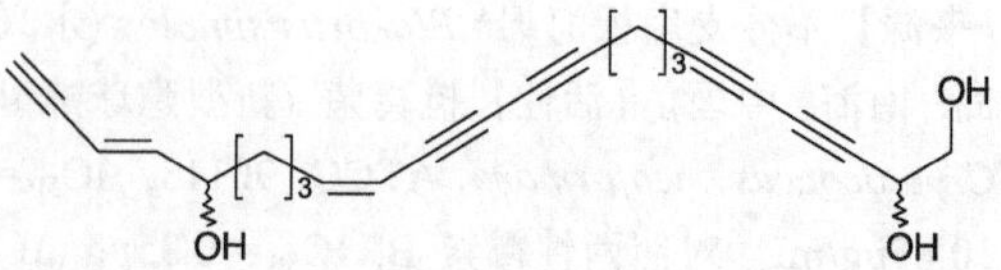

1297 Callytriol E 美丽海绵三醇 E*

【别名】(2ξ,14*E*,16ξ,20*Z*)-14,20-Tricosadiene-3,5,10,12,22-pentayne-1,2,16-triol; (2ξ,14*E*,16ξ,20*Z*)-14,20-二十三(碳)二烯-3,5,10,12,22-五炔-1,2,16-三醇.【基本信息】$C_{23}H_{24}O_3$, 黄色油状物, $[\alpha]_D^{25} = -1.6°$ ($c = 0.046$, 甲醇).【类型】炔醇类.【来源】截型美丽海绵* *Callyspongia truncata* (日本水域).【活性】诱导变态 (海鞘幼虫 *Halocynthia roretzi*, $ED_{100} = 1.3\mu g/mL$); 抗污剂 (纹藤壶 *Balanus amphitrite*, $ED_{50} = 0.38\mu g/mL$).【文献】S. Tsukamoto, et al. JNP, 1997, 60, 126.

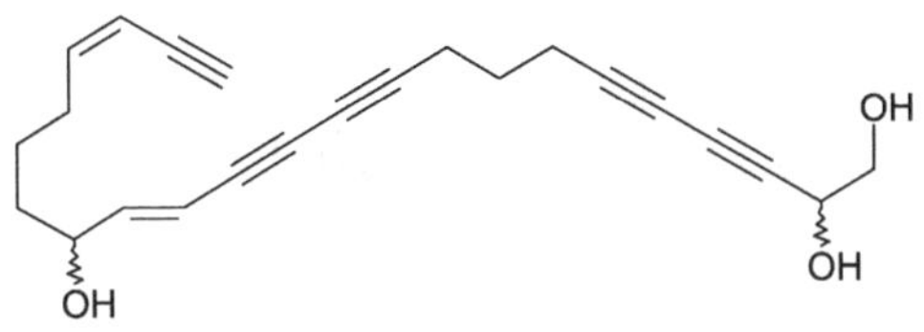

1298 Dideoxypetrosynol D 二去氧石海绵炔醇 D*

【别名】15-Triacontene-1,12,18,29-tetrayne-3,28-diol; 15-三十(碳)烯-1,12,18,29-四炔-3,28-二醇.【基本信息】$C_{30}H_{44}O_2$, 无定形固体, $[\alpha]_D^{23} = +38°$ ($c = 0.05$, 氯仿).【类型】炔醇类.【来源】石海绵属 *Petrosia* sp. (朝鲜半岛水域).【活性】细胞毒 (人: A549, SK-OV-3, SK-MEL-2, XF498, HCT15).【文献】A. Guerriero, et al. Tetrahedron Lett., 1998, 39, 6395; J. S. Kim, et al. Tetrahedron, 1999, 55, 2113.

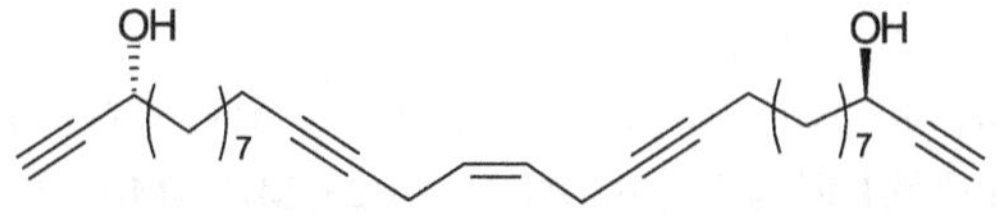

1299 Dideoxypetrosynol F 二去氧石海绵炔醇 F*

【基本信息】$C_{30}H_{44}O_2$, 无定形固体.【类型】炔醇类.【来源】石海绵属 *Petrosia* sp. (朝鲜半岛水域).【活性】细胞毒 (A549, SK-OV-3, SK-MEL-2, XF498, HCT15, 所有的 $ED_{50} > 3.0\mu g/mL$).【文献】J. S. Kim, et al. JNP, 1999, 62, 554; Y. J. Lim, et al. JNP, 1999, 62, 1215.

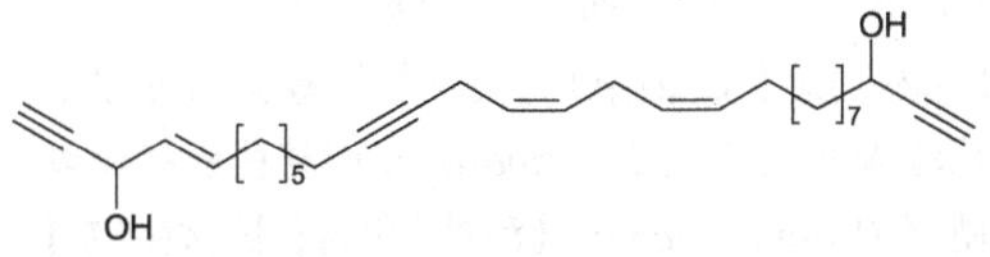

1300 Dihomopetrocortyne A 二高石海绵扣特炔 A*

【基本信息】$C_{48}H_{74}O_2$.【类型】炔醇类.【来源】石海绵属 *Petrosia* sp. (朝鲜半岛水域).【活性】细胞毒 (A549, $ED_{50} = 5.2\mu g/mL$; SK-OV-3, $ED_{50} = 5.1\mu g/mL$; SK-MEL-2, $ED_{50} = 1.6\mu g/mL$; XF498, $ED_{50} = 5.8\mu g/mL$; HCT15, $ED_{50} = 3.9\mu g/mL$; 对照顺铂: A549, $ED_{50} = 0.7\mu g/mL$; SK-OV-3, $ED_{50} = 1.3\mu g/mL$; SK-MEL-2, $ED_{50} = 1.0\mu g/mL$; XF498, $ED_{50} = 0.7\mu g/mL$; HCT15, $ED_{50} = 1.1\mu g/mL$); DNA 复制抑制剂 (SV40 DNA 复制, 20μmol/L, InRt = 21%; 40μmol/L, InRt = 38%).【文献】Y. J. Lim, et al. JNP, 2001, 64, 1565.

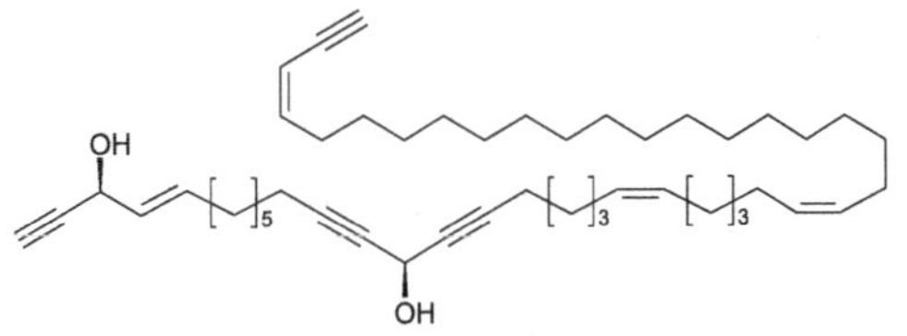

1301 4,5-Dihydroisopetroformyne 3 4,5-二氢异石海绵佛母炔 3*

【别名】12,23,27-Hexatetracontatriene-1,18,21,45-tetrayne-3,20-diol; 12,23,27-四十六(碳)三烯-1,18,21,45-四炔-3,20-二醇.【基本信息】$C_{46}H_{72}O_2$, 油状物, $[\alpha]_D^{21} = +1.8°$ ($c = 0.2$, 氯仿).【类型】炔醇类.【来源】无花果状石海绵* *Petrosia ficiformis* (地中海).【活性】有毒的 (盐水丰年虾).【文献】Y. Guo, et al. JNP, 1995, 58, 712.

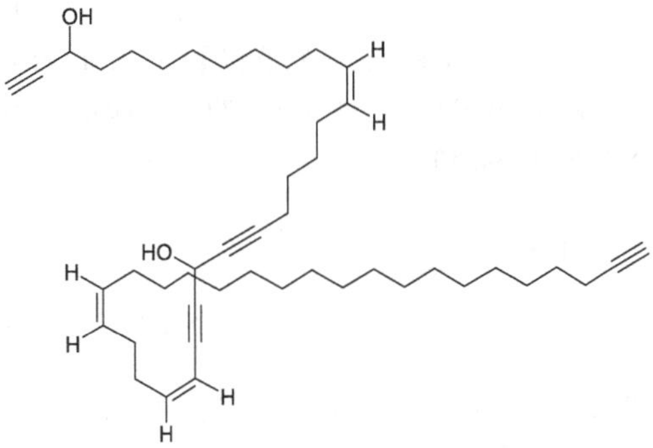

1302 14,15-Dihydrosiphonodiol 14,15-二氢管指海绵二醇*

【基本信息】$C_{23}H_{26}O_2$.【类型】炔醇类.【来源】管指海绵属 *Siphonochalina truncata*.【活性】氢/钾-腺苷三磷酸酶抑制剂.【文献】N. Fusetani, et al. Tetrahedron Lett., 1987, 28, 4311.

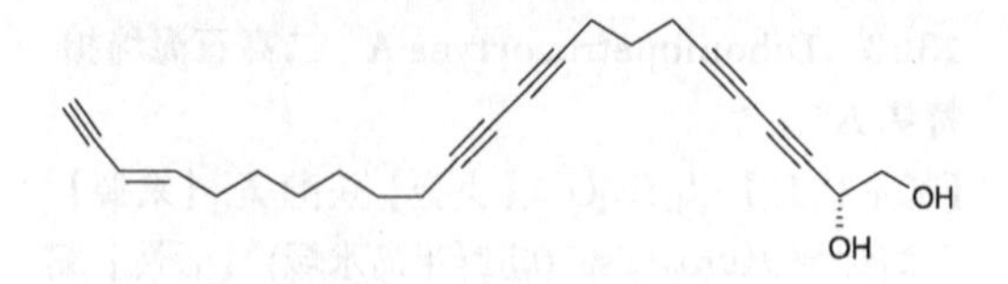

1303　4,15-Docosadien-1-yn-3-ol　4,15-二十二(碳)二烯-1-炔-3-醇

【基本信息】$C_{22}H_{38}O$, $[\alpha]_D = -44°$ ($c = 0.2$, 甲醇).【类型】炔醇类.【来源】似雪海绵属 *Cribrochalina vasculum*.【活性】抑制免疫力的; 细胞毒.【文献】S. P. Gunasekera, et al. JOC, 1990, 55, 6223; A. Aiello, et al. JNP, 1992.55, 1275; B. A. Kulkarni, et al. JOC, 1993, 58, 5964; Y. F. Hallock, et al. JNP, 1995, 58, 1801; T. Ohtani, et al. JCS Perkin Trans. Ⅰ, 1996, 961.

1304　2,4-Dodecadiyn-1-ol　2,4-十二(碳)二炔-1-醇

【别名】Dodecane-2,4-diyn-1-ol; 十二(碳)-2,4-二炔-1-醇.【基本信息】$C_{12}H_{18}O$, mp 34~36°C.【类型】炔醇类.【来源】指状表孔珊瑚石珊瑚 *Montipora digitata* (卵).【活性】细胞毒 (A549, ED_{50} = 5.48μg/mL; SK-OV-3, ED_{50} = 4.63μg/mL; SK-MEL-2, ED_{50} = 4.45μg/mL; XF498, ED_{50} = 5.59μg/mL; HCT15, ED_{50} = 5.90μg/mL; 对照顺铂: A549, ED_{50} = 0.75μg/mL; SK-OV-3, ED_{50} = 1.09μg/mL; SK-MEL-2, ED_{50} = 2.18μg/mL; XF498, ED_{50} = 1.18μg/mL; HCT15, ED_{50} = 0.85μg/mL)【文献】J. C. Coll, et al. Mar. Biol. (Berlin), 1994, 118, 177; N. Alam, et al. JNP, 2001, 64, 1059.

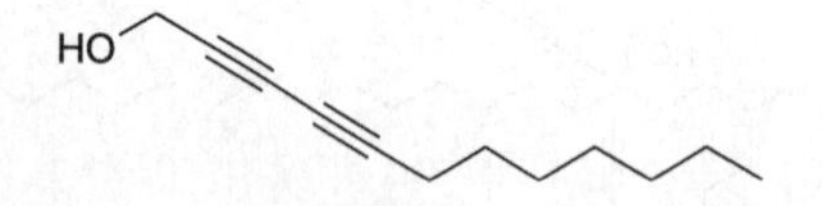

1305　(3*S*,4*E*)-Eicos-4-en-1-yn-3*β*-ol　(3*S*,4*E*)-二十碳-4-烯-1-炔-3*β*-醇

【基本信息】$C_{20}H_{36}O$, 固体, $[\alpha]_D = +18.3°$ ($c = 0.4$, 甲醇) (+3.8).【类型】炔醇类.【来源】似雪海绵属 *Cribrochalina vasculum*.【活性】细胞毒 (H522 和 IGROV1).【文献】Y. F. Hallock, et al. JNP, 1995, 58, 1801; A. Sharma et al. Tetrahedron: Asymmetry, 1998, 9, 2635; W. Lu, et al. Tetrahedron, 1999, 55, 4649; J. Garcia, et al. Tetrahedron: Asymmetry, 1999, 10, 2617.

1306　Fulvinol　黄褐色矶海绵醇*

【别名】4,11,23,35,42-Hexatetracontapentaene-1,45-diyne-3,44-diol; 4,11,23,35,42-四十六(碳)五烯-1,45-二炔-3,44-二醇.【基本信息】$C_{46}H_{76}O_2$, 晶体 (石油醚/乙酸乙酯), mp 35~37°C, $[\alpha]_D^{25} = -14.8°$ ($c = 0.4$, 氯仿).【类型】炔醇类.【来源】黄褐色矶海绵* *Reniera fulva* (西班牙).【活性】细胞毒 (P_{388}, A549, HT29 和 MEL28, 所有的 ED_{50} = 1μg/mL).【文献】M. J. Ortega, et al. JNP, 1996, 59, 1069.

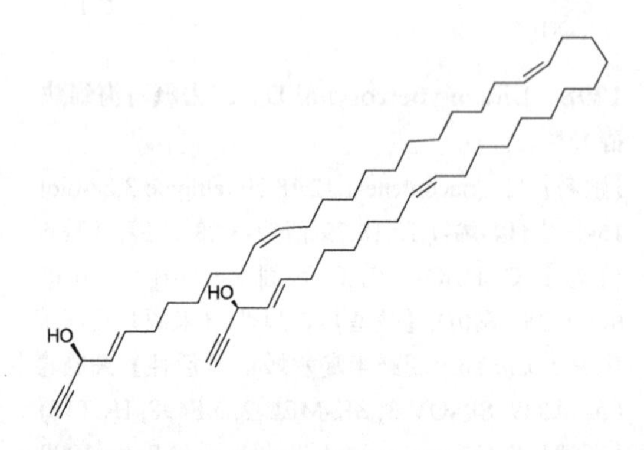

1307　(3*Z*,5*ξ*)-3-Heptatriaconten-1-yn-5-ol　(3*Z*,5*ξ*)-3-三十七(碳)烯-1-炔-5-醇

【基本信息】$C_{37}H_{70}O$, $[\alpha]_D = -18.3°$ ($c = 0.8$, 甲醇).【类型】炔醇类.【来源】小轴海绵科海绵 *Reniochalina* sp. (楚克州, 密克罗尼西亚联邦).【活性】细胞毒 (ACHN, NCI-H23, MDA-MB-231, HCT15, NUGC-3 和 PC3, 所有的 GI_{50} > 10μg/mL, 对照阿霉素, GI_{50} = 0.198~0.708μg/mL).【文献】H.-S. Lee, et al. Lipids, 2009, 44, 71.

1308　13,15-Hexadecadiene-2,4-diyn-1-ol　13,15-十六(碳)二烯-2,4-二炔-1-醇

【基本信息】$C_{16}H_{22}O$.【类型】炔醇类.【来源】表孔珊瑚属石珊瑚 *Montipora* sp.和莴苣梳状珊瑚石珊瑚 *Pectinia lactuca*.【活性】鱼毒; 抗微生物.【文

献】T. Higa, et al. Chem. Lett., 1990, 145.

1309 Homo-(3*S*,14*S*)-petrocortyne A 高-(3*S*,14*S*)-石海绵扣特炔 A*

【基本信息】$C_{47}H_{72}O_2$, 黄色油状物.【类型】炔醇类.【来源】石海绵属 *Petrosia* sp. (朝鲜半岛水域).【活性】DNA 复制抑制剂 (猿猴病毒 SV40, 125μmol/L, InRt = 59%; 250μmol/L, InRt = 86%; 500μmol/L, InRt = 100%); 细胞毒 (A549, ED_{50}= 11.3μg/mL; SK-OV-3, ED_{50}= 2.2μg/mL; SK-MEL-2, ED_{50} = 0.8μg/mL; XF498, ED_{50}= 2.5μg/mL; HCT15, ED_{50} = 1.7μg/mL; 对照顺铂: A549, ED_{50} = 0.6μg/mL; SK-OV-3, ED_{50} = 0.9μg/mL; SK-MEL-2, ED_{50} = 0.7μg/mL; XF498, ED_{50} = 0.6μg/mL; HCT15, ED_{50} = 0.6μg/mL).【文献】Y. J. Lim, et al. JNP, 2001, 64, 46.

1310 (3*S*,4*E*)-3-Hydroxyhenicos-4-en-1-yne (3*S*,4*E*)-3-羟基二十一(碳)-4-烯-1-炔

【基本信息】$C_{21}H_{38}O$, 固体, $[\alpha]_D$ = +11.0° (*c* = 0.21, 甲醇).【类型】炔醇类.【来源】似雪海绵属 *Cribrochalina vasculum*.【活性】细胞毒 (in vitro, H522 和 IGROV1).【文献】Y. F. Hallock, et al. JNP, 1995, 58, 1801.

1311 (5*S*,3*Z*)-5-Hydroxy-16-methyleicos-3-en-1-yne (5*S*,3*Z*)-5-羟基-16-甲基二十(碳)-3-烯-1-炔

【基本信息】$C_{21}H_{38}O$, 油状物, $[\alpha]_D$ = −23.1° (*c* = 0.33, 甲醇).【类型】炔醇类.【来源】似雪海绵属 *Cribrochalina vasculum*.【活性】细胞毒 (*in vitro*, H522 和 IGROV1).【文献】Y. F. Hallock, et al. JNP, 1995, 58, 1801.

1312 (−)-(3*R*,4*E*,16*E*,18*R*)-Eicosa-4,16-diene-1,19-diyne-3,18-diol (−)-(3*R*,4*E*,16*E*,18*R*)-二十(碳)-4,16-二烯-1,19-二炔-3,18-二醇

【基本信息】$C_{20}H_{30}O_2$, 白色无定形粉末, $[\alpha]_D^{24}$ = −30.0° (*c* = 0.13, 甲醇).【类型】炔醇类.【来源】美丽海绵属 *Callyspongia* sp. (西表岛, 冲绳, 日本).【活性】细胞毒 (温度敏感大鼠淋巴内皮 TR-Le 细胞, IC_{50} = 0.11μmol/L, 1-炔-3-醇部分是必要的药效团).【文献】T. Shirouzu, et al. JNP, 2013, 76, 1337.

1313 (+)-(3*S*,4*E*,16*E*,18*S*)-Eicosa-4,16-diene-1,19-diyne-3,18-diol (+)-(3*S*,4*E*,16*E*,18*S*)-二十(碳)-4,16-二烯-1,19-二炔-3,18-二醇

【基本信息】$C_{20}H_{30}O_2$, 白色无定形粉末, $[\alpha]_D^{24}$ = +24.5° (*c* = 0.10, 甲醇).【类型】炔醇类.【来源】美丽海绵属 *Callyspongia* sp. (西表岛, 冲绳, 日本).【活性】细胞毒 (温度敏感大鼠淋巴内皮 TR-Le 细胞, IC_{50} = 0.47μmol/L, 1-炔-3-醇部分是必要的药效团).【文献】T. Shirouzu, et al. JNP, 2013, 76, 1337.

1314 Isopetroformyne 3 异石海绵佛母炔 3*

【基本信息】$C_{46}H_{70}O_2$, 浅黄色油状物, $[\alpha]_D^{21}$ = +20° (*c* = 0.06, 氯仿).【类型】炔醇类.【来源】无花果状石海绵* *Petrosia ficiformis* (地中海).【活性】有毒的 (盐水丰年虾).【文献】Y. Guo, et al. JNP, 1995, 58, 712.

1315 Isopetroformyne 4 异石海绵佛母炔 4*

【基本信息】$C_{46}H_{68}O_2$, 浅黄色油状物, $[\alpha]_D^{21}$ = +25° (c = 0.10, 氯仿).【类型】炔醇类.【来源】无花果状石海绵* *Petrosia ficiformis* (地中海).【活性】有毒的 (盐水丰年虾).【文献】Y. Guo, et al. JNP, 1995, 58, 712.

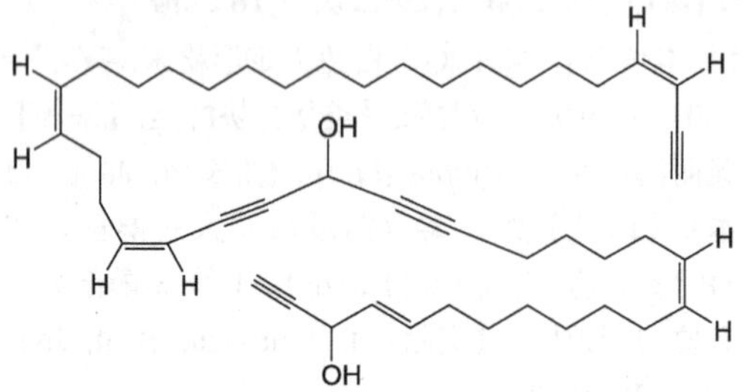

1316 (3*R*,4*E*,14*ξ*)-14-Methyl-4-docosen-1-yn-3-ol (3*R*,4*E*,14*ξ*)-14-甲基-4-二十二(碳)烯-1-炔-3-醇

【基本信息】$C_{23}H_{42}O$, $[\alpha]_D$ = +1.8° (c = 2.5, 甲醇).【类型】炔醇类.【来源】似雪海绵属 *Cribrochalina vasculum* (巴哈马, 加勒比海).【活性】有毒的 (盐水丰年虾).【文献】A. Aiello, et al. JNP, 1992, 55, 1275.

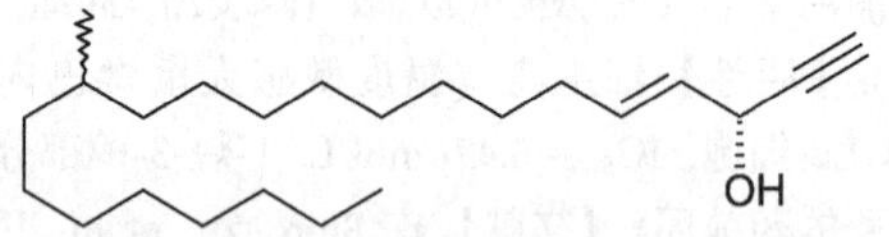

1317 (*R*)-19-Methyl-1-eicosyn-3-ol (*R*)-19-甲基-1-二十(碳)炔-3-醇

【基本信息】$C_{21}H_{40}O$, $[\alpha]_D$ = +1.9° (c = 2, 甲醇).【类型】炔醇类.【来源】似雪海绵属 *Cribrochalina vasculum* (巴哈马, 加勒比海).【活性】有毒的 (盐水丰年虾).【文献】A. Aiello, et al. JNP, 1992, 55, 1275.

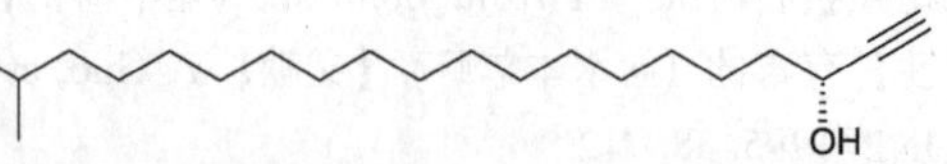

1318 (3*R*,16*ξ*)-16-Methyl-1-eicosyn-3-ol (3*R*,16*ξ*)-16-甲基-1-二十(碳)炔-3-醇

【基本信息】$C_{21}H_{40}O$, $[\alpha]_D$ = +2.1° (c = 1.7, 甲醇).【类型】炔醇类.【来源】似雪海绵属 *Cribrochalina vasculum* (巴哈马, 加勒比海).【活性】有毒的 (盐水丰年虾).【文献】A. Aiello, et al. JNP, 1992, 55, 1275.

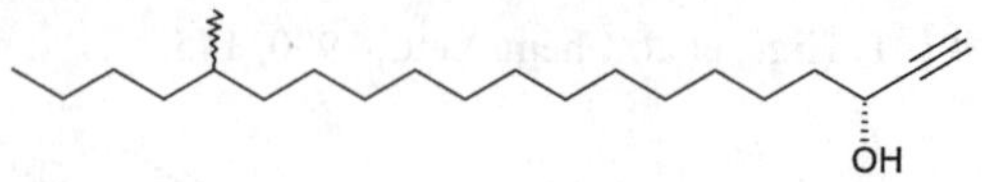

1319 Miyakosyne A 宫部炔醇 A*

【基本信息】$C_{29}H_{48}O_2$, 无色固体, $[\alpha]_D^{24}$ = −28° (c = 0.42, 甲醇).【类型】炔醇类.【来源】石海绵属 *Petrosia* sp.【活性】细胞毒 (HeLa, IC_{50} = 0.10μg/mL).【文献】Y. Hitora, et al. Tetrahedron, 2011, 67, 4530; Y. Hitora, et al. Tetrahedron, 2013, 69, 11070.

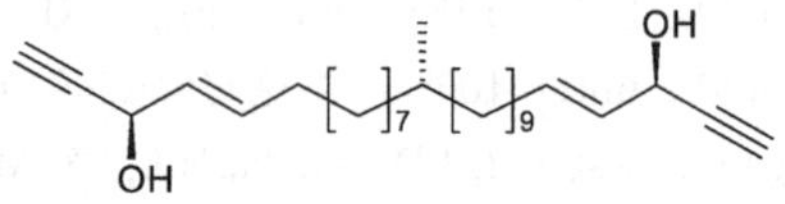

1320 Miyakosyne B 宫部炔醇 B*

【基本信息】$C_{30}H_{50}O_2$, 无色固体, $[\alpha]_D^{26}$ = −27° (c = 0.60, 甲醇).【类型】炔醇类.【来源】石海绵属 *Petrosia* sp.【活性】细胞毒 (HeLa, IC_{50} = 0.13μg/mL).【文献】Y. Hitora, et al. Tetrahedron, 2011, 67, 4530.

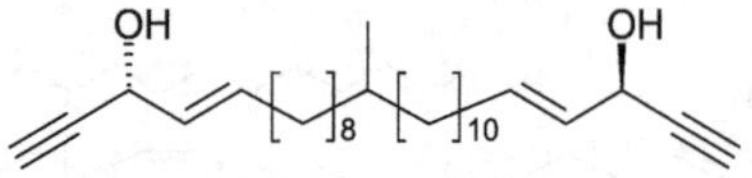

1321 Miyakosyne C 宫部炔醇 C*

【基本信息】$C_{31}H_{52}O_2$, 无色固体, $[\alpha]_D^{24}$ = −28° (c = 0.72, 甲醇).【类型】炔醇类.【来源】石海绵属 *Petrosia* sp.【活性】细胞毒 (HeLa, IC_{50} = 0.04μg/mL).【文献】Y. Hitora, et al. Tetrahedron, 2011, 67, 4530.

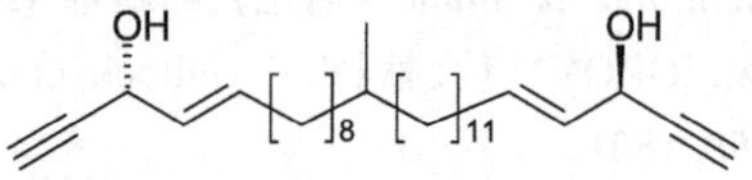

1322 Miyakosyne D 宫部炔醇 D*

【基本信息】$C_{32}H_{54}O_2$, 无色固体, $[\alpha]_D^{26}$ = −25° (c = 0.35, 甲醇).【类型】炔醇类.【来源】石海绵属 *Petrosia* sp.【活性】细胞毒 (HeLa, IC_{50} = 0.15μg/mL).【文献】Y. Hitora, et al. Tetrahedron, 2011, 67, 4530.

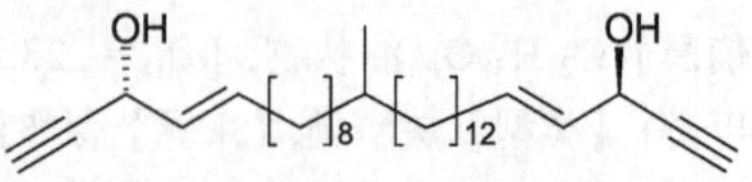

1323 Miyakosyne E 宫部炔醇 E*

【基本信息】$C_{31}H_{52}O_2$, 无色固体, $[\alpha]_D^{25}$ = −34°

($c = 0.32$，甲醇). 【类型】炔醇类. 【来源】石海绵属 *Petrosia* sp. 【活性】细胞毒 (和宫部炔醇 F 的混合物, HeLa, $IC_{50} = 0.30\mu g/mL$). 【文献】Y. Hitora, et al. Tetrahedron, 2011, 67, 4530.

1324　Miyakosyne F　宫部炔醇 F*

【基本信息】$C_{31}H_{52}O_2$，无色固体，$[\alpha]_D^{25} = -34°$ ($c = 0.32$，甲醇). 【类型】炔醇类. 【来源】石海绵属 *Petrosia* sp. 【活性】细胞毒 (和宫部炔醇 E 的混合物, HeLa, $IC_{50} = 0.30\mu g/mL$). 【文献】Y. Hitora, et al. Tetrahedron, 2011, 67, 4530.

1325　Montiporyne G　石珊瑚炔 G*

【基本信息】$C_{12}H_{16}O$，亮黄色油状物. 【类型】炔醇类. 【来源】表孔珊瑚属石珊瑚 *Montipora* sp. 【活性】细胞毒 (A549, $ED_{50} = 13.78\mu g/mL$; SK-OV-3, $ED_{50} = 9.79\mu g/mL$; SK-MEL-2, $ED_{50} = 9.56\mu g/mL$; XF498, $ED_{50} = 10.78\mu g/mL$; HCT15, $ED_{50} = 12.93\mu g/mL$; 对照顺铂: A549, $ED_{50} = 0.75\mu g/mL$; SK-OV-3, $ED_{50} = 1.09\mu g/mL$; SK-MEL-2, $ED_{50} = 2.18\mu g/mL$; XF498, $ED_{50} = 1.18\mu g/mL$; HCT15, $ED_{50} = 0.85\mu g/mL$). 【文献】N. Alam, et al. JNP, 2001, 64, 1059.

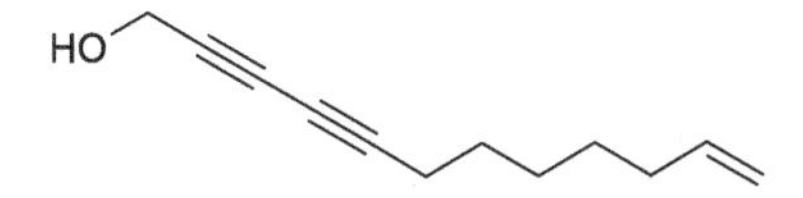

1326　Montiporyne H　石珊瑚炔 H*

【别名】2-(11-Dodecene-2,4-diynyloxy)ethanol; 2-(11-十二(碳)烯-2,4-二炔基氧)乙醇. 【基本信息】$C_{14}H_{20}O_2$，黄色油状物. 【类型】炔醇类. 【来源】表孔珊瑚属石珊瑚 *Montipora* sp. 【活性】细胞毒 (A549, $ED_{50} = 22.73\mu g/mL$; SK-OV-3, $ED_{50} = 17.94\mu g/mL$; SK-MEL-2, $ED_{50} = 25.08\mu g/mL$; XF498, $ED_{50} = 16.88\mu g/mL$; HCT15, $ED_{50} = 24.05\mu g/mL$; 对照顺铂: A549, $ED_{50} = 0.75\mu g/mL$; SK-OV-3, $ED_{50} = 1.09\mu g/mL$; SK-MEL-2, $ED_{50} = 2.18\mu g/mL$; XF498, $ED_{50} = 1.18\mu g/mL$; HCT15, $ED_{50} = 0.85\mu g/mL$). 【文献】N. Alam, et al. JNP, 2001, 64, 1059.

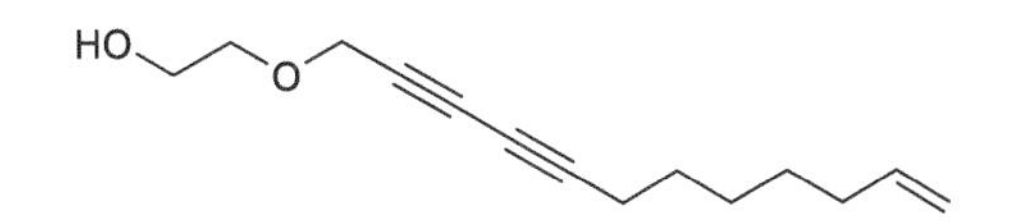

1327　Neopetroformyne A　新石海绵佛母炔 A*

【别名】4,17,21,27,42-Hexatetracontapentaene-1,12,15,45-tetrayne-3,14,44-triol; 4,17,21,27,42-四十六(碳)五烯-1,12,15,45-四炔-3,14,44-三醇. 【基本信息】$C_{46}H_{68}O_3$，浅黄色油状物，$[\alpha]_D^{20} = +19°$ ($c = 0.45$，甲醇). 【类型】炔醇类. 【来源】石海绵属 *Petrosia* sp. (黑石洞, 八条岛, 韩国, 采样深度 150m). 【活性】细胞毒 (P_{388}, $IC_{50} = 0.089\mu g/mL$). 【文献】R. Ueoka, et al. Tetrahedron, 2009, 65, 5204.

1328　Neopetroformyne B　新石海绵佛母炔 B*

【基本信息】$C_{45}H_{66}O_3$，浅黄色油状物，$[\alpha]_D^{20} = +21°$ ($c = 0.06$，甲醇). 【类型】炔醇类. 【来源】石海绵属 *Petrosia* sp. (黑石洞, 八条岛, 韩国, 采样深度 150m). 【活性】细胞毒 (P_{388}, $IC_{50} = 0.2\mu g/mL$). 【文献】R. Ueoka, et al. Tetrahedron, 2009, 65, 5204.

1329　Neopetroformyne C　新石海绵佛母炔 C*

【基本信息】$C_{45}H_{68}O_3$，油状物，$[\alpha]_D^{22} = -15°$ ($c = 0.01$，甲醇). 【类型】炔醇类. 【来源】石海绵属 *Petrosia* sp. (黑石洞, 八条岛, 韩国, 采样深度 150m). 【活性】细胞毒 (P_{388}, $IC_{50} = 0.45\mu g/mL$). 【文献】R. Ueoka, et al. Tetrahedron, 2009, 65, 5204.

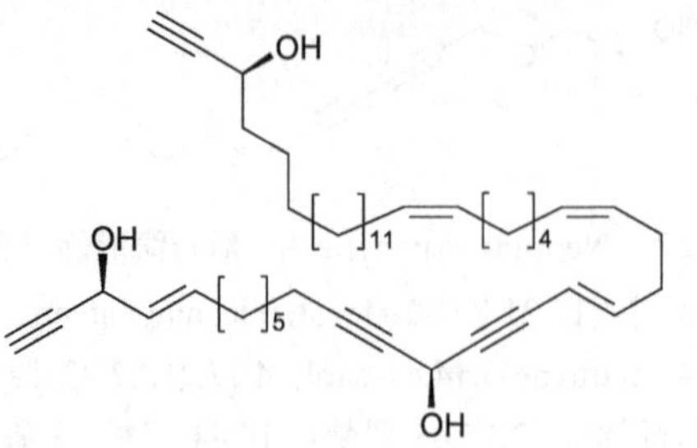

1330 Neopetroformyne D 新石海绵佛母炔 D*

【基本信息】$C_{45}H_{66}O_4$, 油状物, $[\alpha]_D^{21}$ = +20° (*c* = 0.01, 甲醇).【类型】炔醇类.【来源】石海绵属 *Petrosia* sp. (黑石洞, 八条岛, 韩国, 采样深度 150m).【活性】细胞毒 (P_{388}, IC_{50} = 0.45μg/mL).【文献】R. Ueoka, et al. Tetrahedron, 2009, 65, 5204.

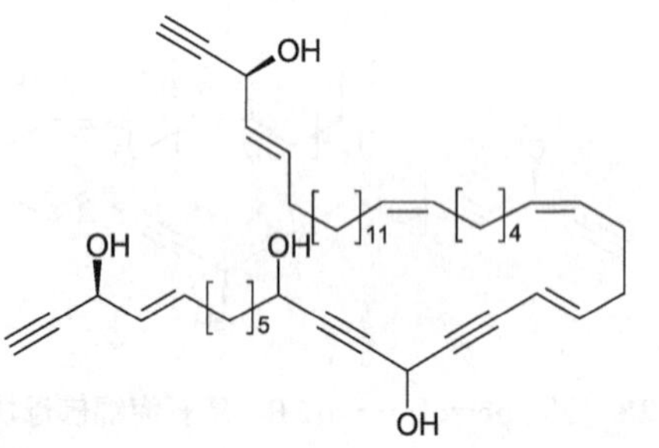

1331 Nor-(3*S*,14*S*)-petrocortyne A 去甲-(3*S*,14*S*)-石海绵扣特炔 A*

【基本信息】$C_{45}H_{68}O_2$, 黄色油状物, $[\alpha]_D^{23}$ = +10° (*c* = 1, 甲醇).【类型】炔醇类.【来源】石海绵属 *Petrosia* sp. (朝鲜半岛水域).【活性】DNA 复制抑制剂 (猿猴病毒 SV40, 125μmol/L, InRt = 12%; 250μmol/L, InRt = 47%; 500μmol/L, InRt = 70%); 细胞毒 (A549, ED_{50} = 7.3μg/mL; SK-OV-3, ED_{50} = 4.4μg/mL; SK-MEL-2, ED_{50} = 3.8μg/mL; XF498, ED_{50} = 6.1μg/mL; HCT15, ED_{50} = 3.5μg/mL; 对照顺铂: A549, ED_{50} = 0.4μg/mL; SK-OV-3, ED_{50} = 0.6μg/mL; SK-MEL-2, ED_{50} = 0.9μg/mL; XF498, ED_{50} = 0.2μg/mL; HCT15, ED_{50} = 1.8μg/mL).【文献】J. S. Kim, et al. JNP, 1999, 62, 554; Y. J. Lim, et al. JNP, 1999, 62, 1215; Y. J. Lim, et al. JNP, 2001, 64, 46.

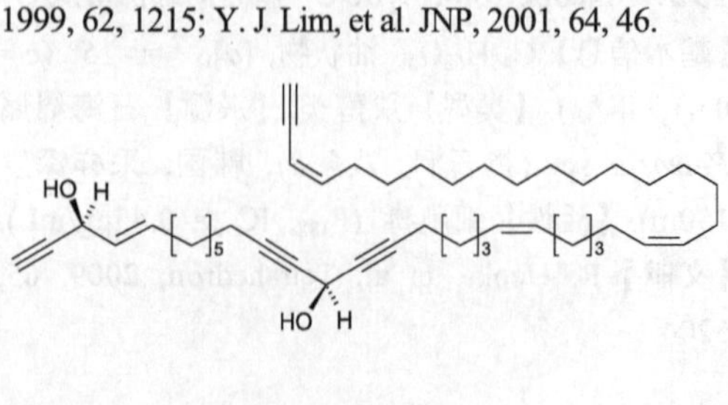

1332 (3*R*,4*E*)-4-Octatriaconten-1-yn-3-ol (3*R*,4*E*)-4-三十八(碳)烯-1-炔-3-醇

【基本信息】$C_{38}H_{72}O$, $[\alpha]_D$ = −21.2° (*c* = 1.2, 甲醇).【类型】炔醇类.【来源】小轴海绵科海绵 *Reniochalina* sp. (楚克州, 密克罗尼西亚联邦).【活性】细胞毒 (ACHN, GI_{50} = 0.156μg/mL, 对照阿霉素, GI_{50} = 0.198μg/mL; NCI-H23, GI_{50} = 0.117μg/mL, 阿霉素, GI_{50} = 0.248μg/mL; MDA-MB-231, GI_{50} = 0.386μg/mL, 阿霉素, GI_{50} = 0.278μg/mL; HCT15, GI_{50} = 0.345μg/mL, 阿霉素, GI_{50} = 0.708μg/mL; NUGC-3, GI_{50} = 1.493μg/mL, 阿霉素, GI_{50} = 0.198μg/mL; PC3, GI_{50} = 0.732μg/mL, 阿霉素, GI_{50} = 0.488μg/mL).【文献】H.-S. Lee, et al. Lipids, 2009, 44, 71.

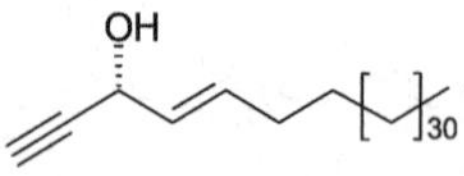

1333 Pellynol A 皮条海绵炔醇 A*

【基本信息】$C_{33}H_{52}O_3$, $[\alpha]_D$ = −8.5° (*c* = 1.0, 氯仿).【类型】炔醇类.【来源】三角皮条海绵* *Pellina triangulata* (楚克环礁, 密克罗尼西亚联邦) 和皮条海绵属 *Pellina* sp. (南非).【活性】细胞毒 (LOX, IC_{50} = 0.39μg/mL; OVCAR-3, IC_{50} = 2.23μg/mL).【文献】X. Fu, et al. Tetrahedron, 1997, 53, 799; M. A. Rashid, et al. Nat. Prod. Lett., 2000, 14, 387.

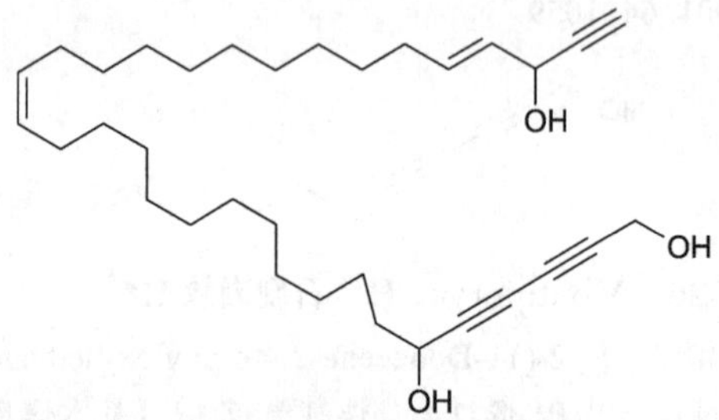

1334 Pellynol B 皮条海绵炔醇 B*

【基本信息】$C_{32}H_{50}O_3$, $[\alpha]_D$ = −7.6° (*c* = 0.28, 氯仿).【类型】炔醇类.【来源】三角皮条海绵* *Pellina triangulata* (楚克环礁, 密克罗尼西亚联邦) 和皮条海绵属 *Pellina* sp. (南非).【活性】细胞毒 (LOX, IC_{50} = 0.15μg/mL; OVCAR-3, IC_{50} = 1.54μg/mL).【文献】X. Fu, et al. Tetrahedron, 1997, 53, 799; M. A. Rashid, et al. Nat. Prod. Lett., 2000, 14, 387.

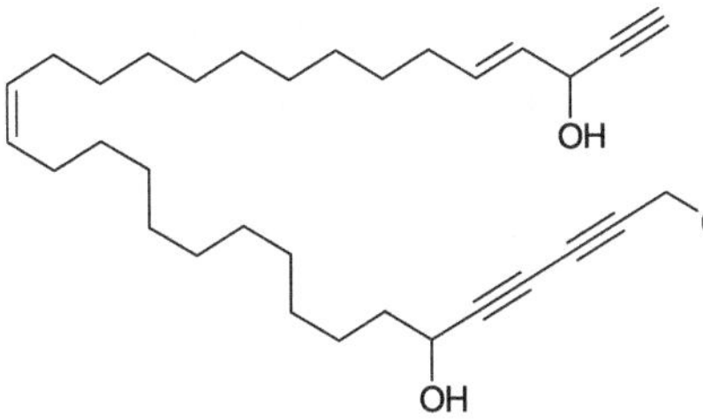

1335 Pellynol C 皮条海绵炔醇 C*

【基本信息】$C_{33}H_{48}O_3$, $[\alpha]_D = -11.2°$ ($c = 2.38$, 氯仿).【类型】炔醇类.【来源】三角皮条海绵* *Pellina triangulata* (楚克环礁, 密克罗尼西亚联邦) 和皮条海绵属 *Pellina* sp. (南非).【活性】细胞毒 (LOX, $IC_{50} = 0.14\mu g/mL$; OVCAR-3, $IC_{50} = 1.0\mu g/mL$).【文献】X. Fu, et al. Tetrahedron, 1997, 53, 799; M. A. Rashid, et al. Nat. Prod. Lett., 2000, 14, 387.

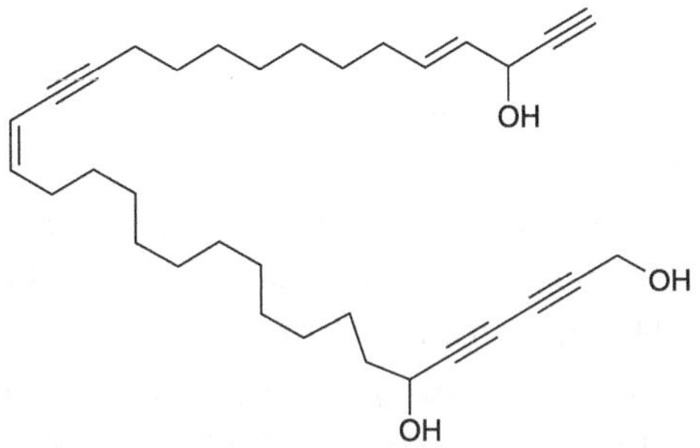

1336 Pellynol D 皮条海绵炔醇 D*

【基本信息】$C_{35}H_{52}O_3$, $[\alpha]_D = -9.8°$ ($c = 0.64$, 甲醇).【类型】炔醇类.【来源】三角皮条海绵* *Pellina triangulata* (楚克环礁, 密克罗尼西亚联邦)和皮条海绵属 *Pellina* sp. (南非).【活性】细胞毒 (LOX, $IC_{50} = 0.12\mu g/mL$; OVCAR-3, $IC_{50} = 1.75\mu g/mL$).【文献】X. Fu, et al. Tetrahedron, 1997, 53, 799; M. A. Rashid, et al. Nat. Prod. Lett., 2000, 14, 387.

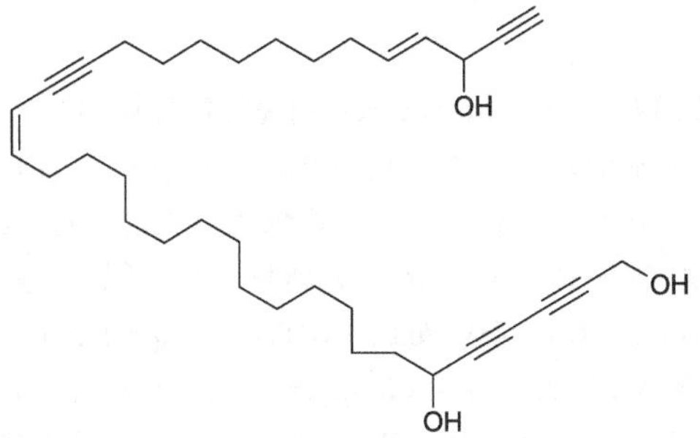

1337 Pellynol F 皮条海绵炔醇 F*

【基本信息】$C_{33}H_{50}O_3$.【类型】炔醇类.【来源】皮条海绵属 *Pellina* sp. (南非), 岩屑海绵蒂壳海绵属 *Theonella* sp. (楚克环礁, 密克罗尼西亚联邦).【活性】细胞毒 (LOX, $IC_{50} = 0.08\mu g/mL$; OVCAR-3, $IC_{50} = 1.7\mu g/mL$).【文献】X. Fu, et al. JNP, 1999, 62, 1336; M. A. Rashid, et al. Nat. Prod. Lett., 2000, 14, 387.

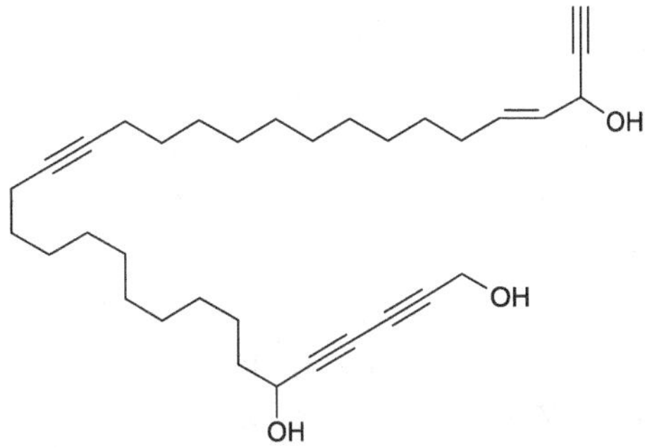

1338 (3*S*,14*S*)-Petrocortyne A (3*S*,14*S*)-石海绵扣特炔 A*

【基本信息】$C_{46}H_{70}O_2$, 黄色油状物, $[\alpha]_D^{23} = +10.8°$ ($c = 1.9$, 甲醇).【类型】炔醇类.【来源】石海绵属 *Petrosia* sp. (朝鲜半岛水域).【活性】细胞毒 (A549, $ED_{50} = 1.1\mu g/mL$; SK-OV-3, $ED_{50} = 0.6\mu g/mL$; SK-MEL-2, $ED_{50} = 1.1\mu g/mL$; XF498, $ED_{50} = 1.7\mu g/mL$; HCT15, $ED_{50} = 1.0\mu g/mL$).【文献】J. S. Kim, et al. JNP, 1999, 62, 554; Y. J. Lim, et al. JNP, 1999, 62, 1215.

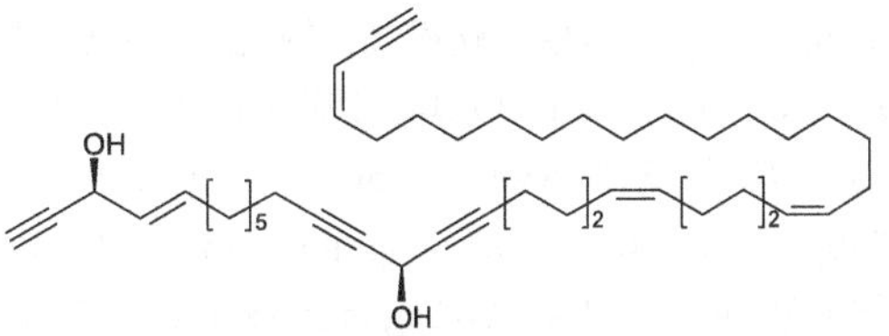

1339 Petrocortyne A 石海绵扣特炔 A*

【基本信息】$C_{46}H_{70}O_2$, $[\alpha]_D^{25} = +6.4°$ ($c = 0.25$, 甲醇).【类型】炔醇类.【来源】石海绵属 *Petrosia* sp. (朝鲜半岛水域).【活性】RNA 裂开活性; PLA_2 抑制剂; 钠/钾-腺苷三磷酸酶抑制剂; 毒素 (盐水丰年虾, 有值得注意的致命毒性).【文献】Y. Seo, et al. Tetrahedron, 1998, 54, 447; J. Shin, et al. JNP, 1998, 61, 1268.

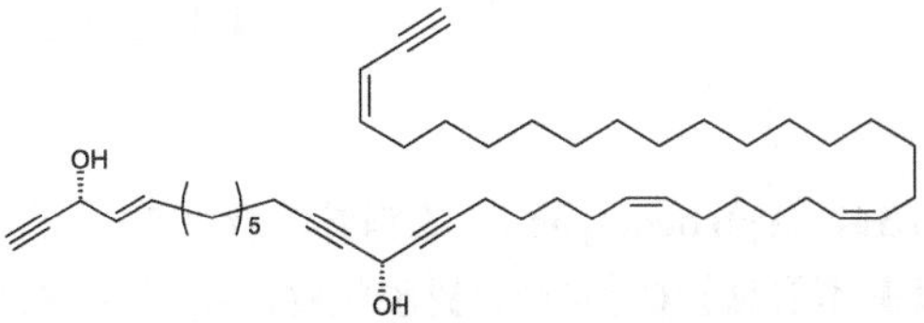

1340 (3*S*,14*S*)-Petrocortyne B (3*S*,14*S*)-石海绵扣特炔 B*

【基本信息】$C_{46}H_{72}O_2$，黄色油状物，$[\alpha]_D^{23}$ = +2° (*c* = 0.26，甲醇).【类型】炔醇类.【来源】石海绵属 *Petrosia* sp. (朝鲜半岛水域).【活性】DNA 复制抑制剂 (猿猴病毒 SV40，125μmol/L，InRt = 40%，250μmol/L，InRt = 70%，500μmol/L，InRt = 100%)；细胞毒 (A549, ED_{50} >10μg/mL; SK-OV-3, ED_{50} = 1.5μg/mL; SK-MEL-2, ED_{50} = 1.5μg/mL; XF498, ED_{50} = 5.8μg/mL; HCT15, ED_{50} = 2.5μg/mL; 对照顺铂：A549, ED_{50} = 0.8μg/mL; SK-OV-3, ED_{50} = 1.2μg/mL; SK-MEL-2, ED_{50} = 1.5μg/mL; XF498, ED_{50} = 0.7μg/mL; HCT15, ED_{50} = 1.5μg/mL).【文献】Y. J. Lim, et al. JNP, 2001, 64, 46.

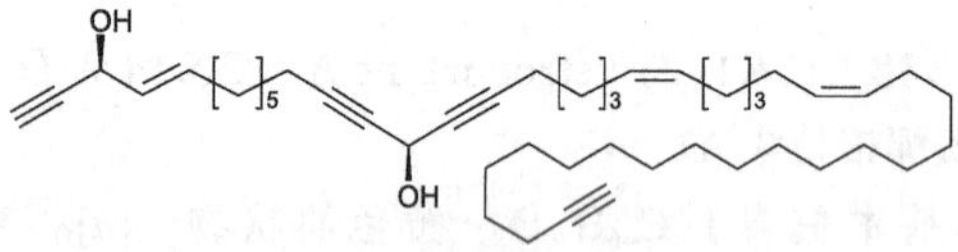

1341 (3*S*,14*R*)-Petrocortyne E (3*S*,14*R*)-石海绵扣特炔 E*

【别名】(3*S*,4*E*,14*R*,21*ξ*,22*E*,27*Z*,43*Z*)-4,22,27,43-Hexatetracontatetraene-1,12,15,45-tetrayne-3,14,21-triol; (3*S*,4*E*,14*R*,21*ξ*,22*E*,27*Z*,43*Z*)-4,22,27,43-四十六(碳)四烯-1,12,15,45-四炔-3,14,21-三醇.【基本信息】$C_{46}H_{70}O_3$，树胶状物，$[\alpha]_D^{25}$ = +3° (*c* = 0.15，甲醇).【类型】炔醇类.【来源】石海绵属 *Petrosia* sp. (朝鲜半岛水域).【活性】DNA 复制抑制剂 (猿猴病毒 SV40：125μmol/L，InRt = 79%; 250μmol/L, InRt = 94%; 500μmol/L, InRt = 100%)；细胞毒 (A549, ED_{50}= 26.3μg/mL; SK-OV-3, ED_{50} = 1.9μg/mL; SK-MEL-2, ED_{50} = 2.3μg/mL; XF498, ED_{50} = 8.0μg/mL; HCT15, ED_{50} = 5.0μg/mL; 对照顺铂，A549, ED_{50} = 0.9μg/mL; SK-OV-3, ED_{50} = 1.6μg/mL; SK-MEL-2, ED_{50} = 1.0μg/mL; XF498, ED_{50} = 0.9μg/mL; HCT15, ED_{50} = 1.9μg/mL).【文献】Y. J. Lim, et al. JNP, 2001, 64, 46; B. Sui, et al. JOC, 2010, 75, 2942.

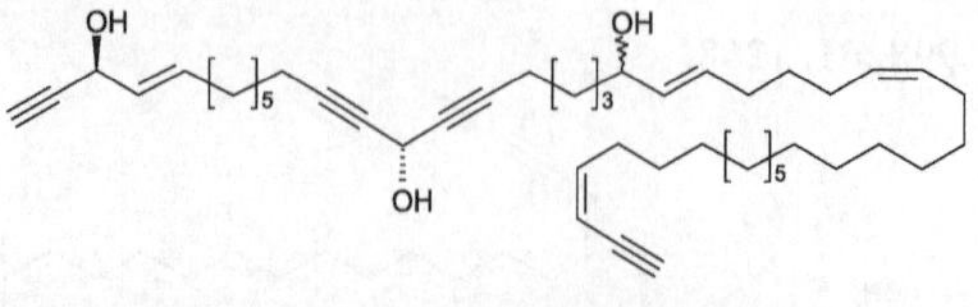

1342 Petrocortyne F 石海绵扣特炔 F*

【基本信息】$C_{46}H_{70}O_3$，树胶状物，$[\alpha]_D^{25}$ = +8.5° (*c* = 0.03，甲醇).【类型】炔醇类.【来源】石海绵属 *Petrosia* sp. (朝鲜半岛水域).【活性】细胞毒 (A549, ED_{50} = 10.0μg/mL; SK-OV-3, ED_{50} = 1.8μg/mL; SK-MEL-2, ED_{50} = 1.3μg/mL; XF498, ED_{50} = 4.7μg/mL; HCT15, ED_{50} = 4.0μg/mL; 对照顺铂：A549, ED_{50} = 0.7μg/mL; SK-OV-3, ED_{50} = 1.3μg/mL; SK-MEL-2, ED_{50} = 1.0μg/mL; XF498, ED_{50} = 0.7μg/mL; HCT15, ED_{50} = 1.1μg/mL)；DNA 复制抑制剂 (SV40 DNA 复制：20μmol/L, InRt = 9%; 40μmol/L, InRt = 36%).【文献】Y. J. Lim, et al. JNP, 2001, 64, 1565.

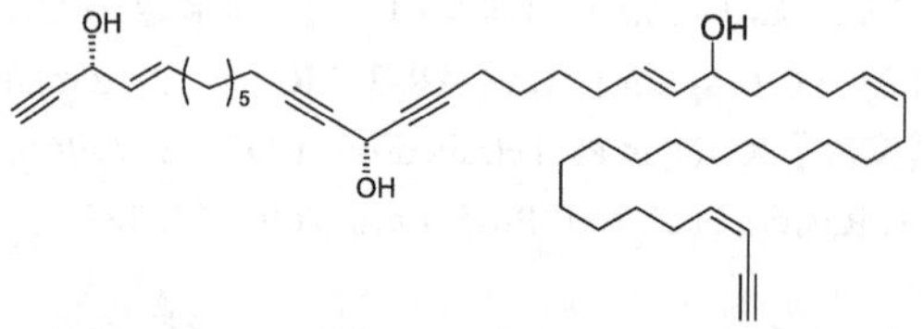

1343 Petrocortyne G 石海绵扣特炔 G*

【基本信息】$C_{46}H_{70}O_3$，树胶状物，$[\alpha]_D^{25}$ = +8.3° (*c* = 0.04，甲醇).【类型】炔醇类.【来源】石海绵属 *Petrosia* sp. (朝鲜半岛水域).【活性】细胞毒 (A549, ED_{50} = 4.0μg/mL; SK-OV-3, ED_{50} = 1.2μg/mL; SK-MEL-2, ED_{50} = 0.5μg/mL; XF498, ED_{50} = 3.5μg/mL; HCT15, ED_{50} = 1.4μg/mL; 对照顺铂: A549, ED_{50} = 0.7μg/mL; SK-OV-3, ED_{50} = 1.3μg/mL; SK-MEL-2, ED_{50} = 1.0μg/mL; XF498, ED_{50} = 0.7μg/mL; HCT15, ED_{50} = 1.1μg/mL)；DNA 复制抑制剂 (SV40 DNA 复制; 20μmol/L, InRt = 8%; 40μmol/L, InRt = 55%).【文献】Y. J. Lim, et al. JNP, 2001, 64, 1565.

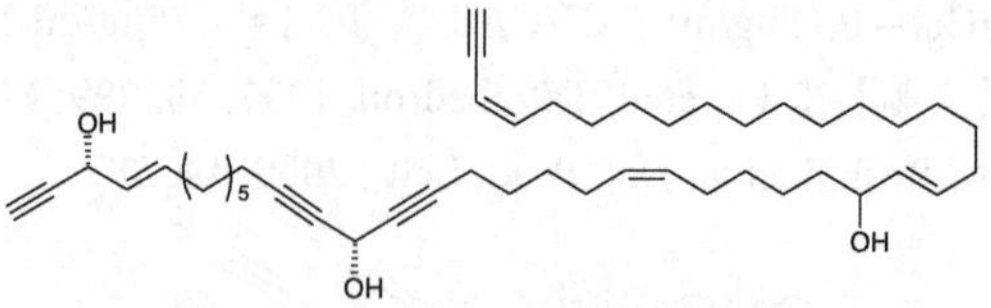

1344 Petrocortyne H 石海绵扣特炔 H*

【基本信息】$C_{46}H_{70}O_3$，树胶状物，$[\alpha]_D^{25}$ = +4.4° (*c* = 0.07，甲醇).【类型】炔醇类.【来源】石海绵属 *Petrosia* sp. (朝鲜半岛水域).【活性】细胞毒 (A549, ED_{50} = 4.0μg/mL; SK-OV-3, ED_{50} = 1.2μg/mL; SK-MEL-2, ED_{50} = 0.5μg/mL; XF498, ED_{50} = 3.5μg/mL; HCT15, ED_{50} = 1.4μg/mL; 对照顺铂: A549, ED_{50} = 0.7μg/mL; SK-OV-3, ED_{50} = 1.3μg/mL; SK-MEL-2, ED_{50} = 1.0μg/mL; XF498, ED_{50} = 0.7μg/mL; HCT15, ED_{50} = 1.1μg/mL)；DNA 复制

抑制剂 (SV40 DNA 复制: 20μmol/L, InRt = 8%; 40μmol/L, InRt = 55%).【文献】Y. J. Lim, et al. JNP, 2001, 64, 1565.

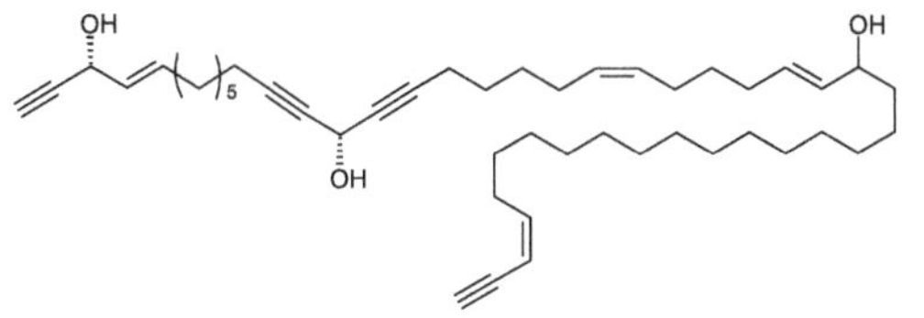

1345 Petroraspailyne A₁ 石海绵拉丝海绵炔 A₁*

【基本信息】$C_{15}H_{24}O_3$, $[\alpha]_D^{25}$ = –3.2° (c = 0.08, 甲醇).【类型】炔醇类.【来源】石海绵属 *Petrosia* sp. (朝鲜半岛水域).【活性】细胞毒 (K562, LC_{50} = 9.2μg/mL).【文献】Y. Seo, et al. JNP, 1999, 62, 122.

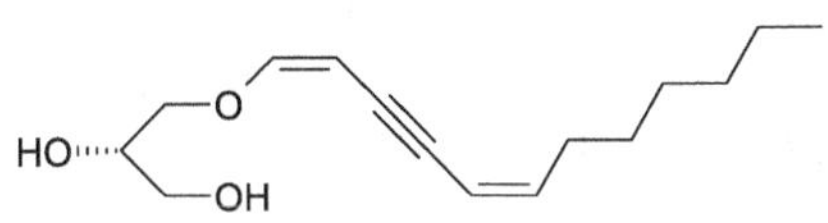

1346 Petroraspailyne A₂ 石海绵拉丝海绵炔 A₂*

【基本信息】$C_{16}H_{26}O_3$, $[\alpha]_D^{25}$ = –3.2° (c = 0.40, 甲醇).【类型】炔醇类.【来源】石海绵属 *Petrosia* sp. (朝鲜半岛水域).【活性】细胞毒 (K562, LC_{50} = 57μg/mL).【文献】Y. Seo, et al. JNP, 1999, 62, 122.

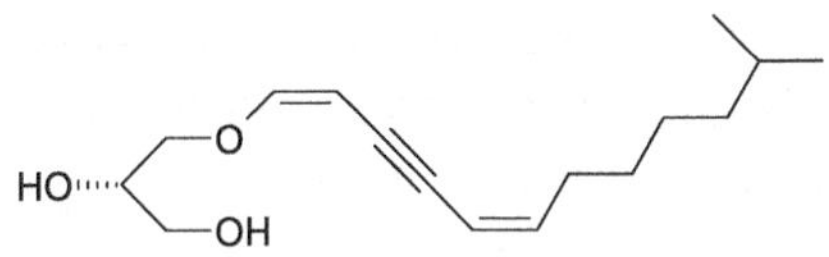

1347 Petroraspailyne A₃ 石海绵拉丝海绵炔 A₃*

【基本信息】$C_{17}H_{28}O_3$, $[\alpha]_D^{25}$ = +2.6° (c = 0.05, 甲醇).【类型】炔醇类.【来源】石海绵属 *Petrosia* sp. (朝鲜半岛水域).【活性】细胞毒 (K562, LC_{50} = 29μg/mL).【文献】Y. Seo, et al. JNP, 1999, 62, 122.

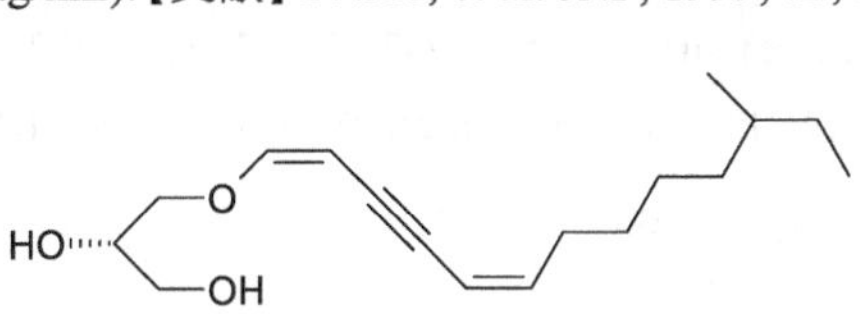

1348 Petrosiacetylene A 石海绵乙炔 A*

【别名】Dideoxypetrosynol A; 二去氧石海绵炔醇 A*.【基本信息】$C_{30}H_{40}O_2$, $[\alpha]_D^{25}$ = 0° (c = 0.63, 甲醇).【类型】炔醇类.【来源】石海绵属 *Petrosia* sp. (朝鲜半岛水域). 【活性】RNA 裂开活性; PLA_2 抑制剂; 钠/钾-腺苷三磷酸酶抑制剂; 细胞毒 (人: A549, SK-OV-3, SK-MEL-2, XF498, HCT15); 毒素 (盐水丰年虾, 有值得注意的致命毒性).【文献】Y. Seo, et al. Tetrahedron, 1998, 54, 447; J. S. Kim, et al. Tetrahedron, 1999, 55, 2113]

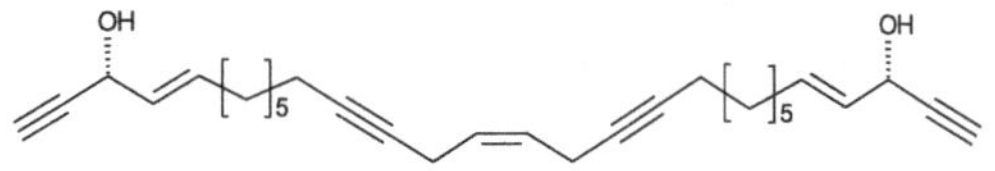

1349 Petrosiacetylene B 石海绵乙炔 B*

【别名】Dideoxypetrosynol C; 二去氧石海绵炔醇 C*.【基本信息】$C_{30}H_{42}O_2$, $[\alpha]_D^{25}$ = 0.3° (c = 0.49, 甲醇).【类型】炔醇类.【来源】石海绵属 *Petrosia* sp. (朝鲜半岛水域).【活性】RNA 裂开活性; PLA_2 抑制剂; 钠/钾-腺苷三磷酸酶抑制剂; 细胞毒 (人: A549, SK-OV-3, SK-MEL-2, XF498, HCT15); 毒素 (盐水丰年虾, 有值得注意的致命毒性).【文献】Y. Seo, et al. Tetrahedron, 1998, 54, 447; J.S. Kim, et al. Tetrahedron, 1999, 55, 2113]

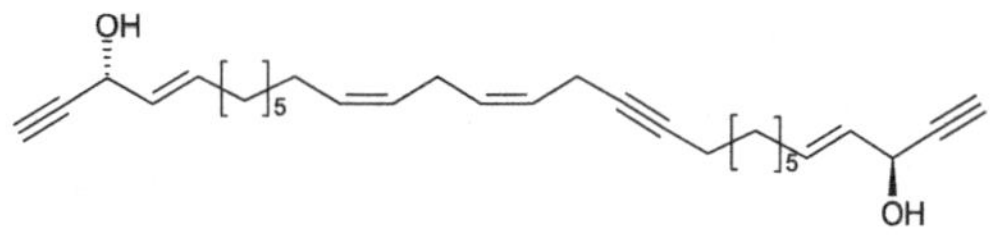

1350 Petrosiacetylene C 石海绵乙炔 C*

【别名】Dideoxypetrosynol B; 二去氧石海绵炔醇 B*.【基本信息】$C_{30}H_{42}O_2$, $[\alpha]_D^{25}$ = 0.2° (c = 0.15, 甲醇).【类型】炔醇类.【来源】石海绵属 *Petrosia* sp. (朝鲜半岛水域).【活性】RNA 裂开活性; PLA_2 抑制剂; 钠/钾-腺苷三磷酸酶抑制剂; 细胞毒 (人: A549, SK-OV-3, SK-MEL-2, XF498, HCT15); 毒素 (盐水丰年虾, 有值得注意的致命毒性).【文献】Y. Seo, et al. Tetrahedron, 1998, 54, 447; J.S. Kim, et al. Tetrahedron, 1999, 55, 2113]

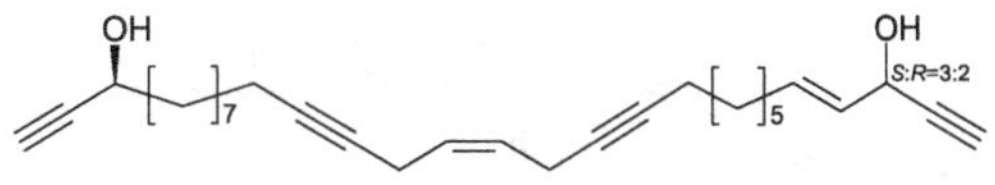

1351 Petrosiacetylene D 石海绵乙炔 D*

【基本信息】$C_{30}H_{44}O_2$, $[\alpha]_D^{25}$ = +5.2° (c = 0.27, 甲醇).【类型】炔醇类.【来源】石海绵属 *Petrosia* sp. (朝鲜半岛水域).【活性】RNA 裂开活性; PLA_2 抑制剂; 钠/钾-腺苷三磷酸酶抑制剂; 有毒的 (盐水丰年虾, 致命毒性).【文献】Y. Seo, et al. Tetrahedron, 1998, 54, 447.

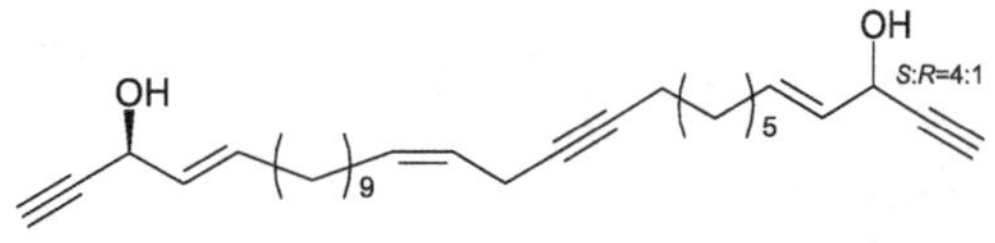

1352 Petrosiacetylene E 石海绵乙炔 E*

【基本信息】$C_{30}H_{40}O_3$.【类型】炔醇类.【来源】石海绵属 *Petrosia* sp. (独岛, 郁陵郡, 庆尚北道, 韩国)【活性】细胞毒 (多种 HTCLs, 亚 μmol/L 浓度抑制剂).【文献】Y.-J. Lee, et al. Lipids, 2013, 48, 87.

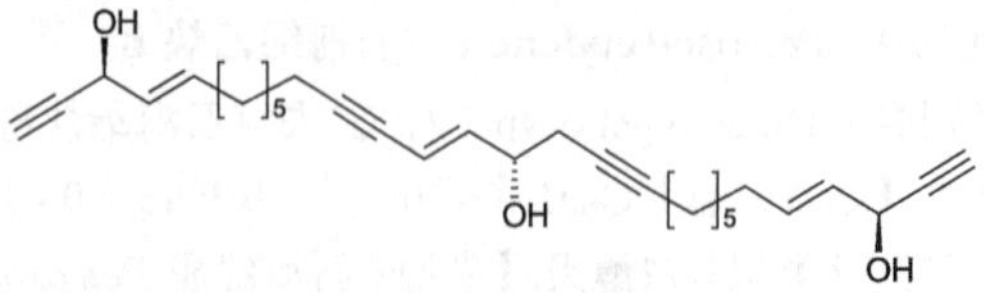

1353 Petrosiol A 石海绵醇 A*

【基本信息】$C_{25}H_{42}O_4$.【类型】炔醇类.【来源】石海绵属 *Petrosia strongylata* (石峘岛, 冲绳, 日本).【活性】类神经生长因子诱导剂 (PC12 细胞的神经分化); 抑制源于血小板的生长因子诱导的血管平滑肌细胞的增殖和迁移, 因此可作为治疗血管疾病药物的先导化合物).【文献】K. Horikawa, et al. Tetrahedron, 2013, 69, 101; B.-K. Choi, et al. Bioorg. Med. Chem., 2013, 21, 1804.

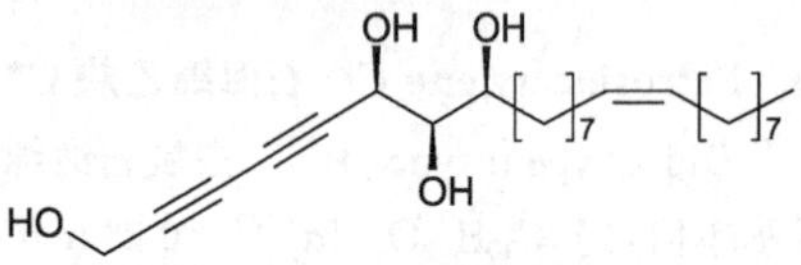

1354 Petrosiol B 石海绵醇 B*

【基本信息】$C_{26}H_{44}O_4$.【类型】炔醇类.【来源】石海绵属 *Petrosia strongylata* (石峘岛, 冲绳, 日本).【活性】类神经生长因子诱导剂 (PC12 细胞的神经分化).【文献】K. Horikawa, et al. Tetrahedron, 2013, 69, 101.

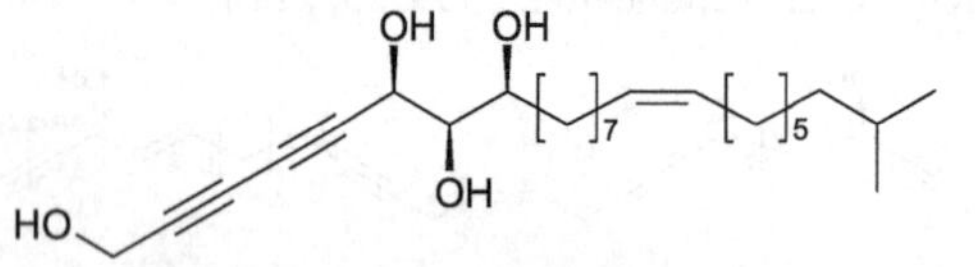

1355 Petrosiol C 石海绵醇 C*

【基本信息】$C_{31}H_{48}O_4$.【类型】炔醇类.【来源】石海绵属 *Petrosia strongylata* (石峘岛, 冲绳, 日本).【活性】类神经生长因子诱导剂 (PC12 细胞的神经分化).【文献】K. Horikawa, et al. Tetrahedron, 2013, 69, 101.

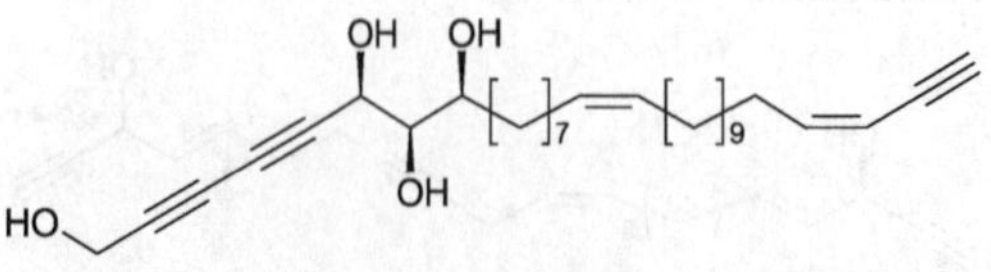

1356 Petrosiol D 石海绵醇 D*

【基本信息】$C_{26}H_{44}O_4$.【类型】炔醇类.【来源】石海绵属 *Petrosia strongylata* (石峘岛, 冲绳, 日本).【活性】类神经生长因子诱导剂 (PC12 细胞的神经分化).【文献】K. Horikawa, et al. Tetrahedron, 2013, 69, 101; A. S. Reddy, et al. Tetrahedron Lett., 2013, 54, 6370.

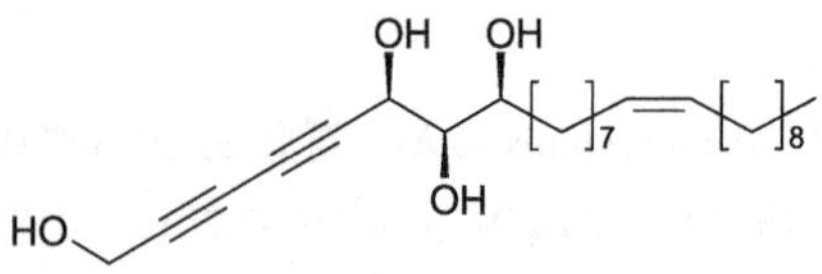

1357 Petrosiol E 石海绵醇 E*

【基本信息】$C_{25}H_{44}O_4$.【类型】炔醇类.【来源】石海绵属 *Petrosia strongylata* (石峘岛, 冲绳, 日本).【活性】类神经生长因子诱导剂 (PC12 细胞的神经分化).【文献】K. Horikawa, et al. Tetrahedron, 2013, 69, 101.

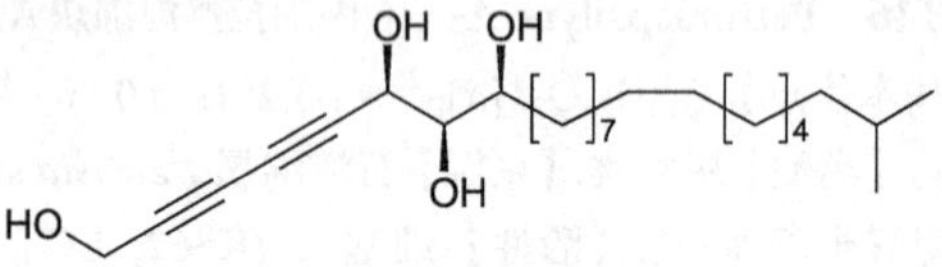

1358 Petrosynol 石海绵炔醇*

【别名】4,15,26-Triacontatriene-1,12,18,29-tetrayne-3,14,17,28-tetrol; 4,15,26-三十(碳)三烯-1,12,18,29-四炔-3,14,17,28-四醇.【基本信息】$C_{30}H_{40}O_4$, 油状物, $[\alpha]_D^{23} = +107°$ ($c = 0.37$, 氯仿), $[\alpha]_D^{22} = +111°$ ($c = 1.3$, 氯仿).【类型】炔醇类.【来源】石海绵属 *Petrosia* sp. (冲绳, 日本; 红海) 和隐海绵属 *Adocia* sp.【活性】HIV-rt 逆转录酶抑制剂; 抗真菌; 细胞分裂抑制剂 (扁红海胆**Pseudocentrotus depressus* 受精卵, 1μg/mL).【文献】N. Fusetani, et al. Tetrahedron Lett., 1983, 24, 2771; 1987, 28, 4313; S. Isaacs, et al. Tetrahedron, 1993, 49, 10435.

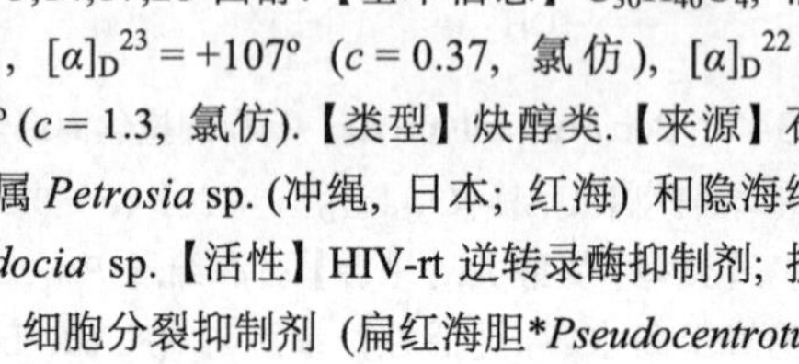

1359 Petrotetrayndiol A 石海绵四炔二醇 A*

【基本信息】$C_{46}H_{68}O_2$, 黄色油状物, $[\alpha]_D^{23} = +7.3°$ ($c = 0.12$, 甲醇).【类型】炔醇类.【来源】石海绵属 *Petrosia* sp. (朝鲜半岛水域).【活性】细胞毒

(A549, ED_{50} = 1.6μg/mL, SK-OV-3, ED_{50} = 0.5μg/mL, SK-MEL-2, ED_{50} = 0.9μg/mL, XF498, ED_{50} = 1.7μg/mL, HCT15, ED_{50} = 1.0μg/mL).【文献】J. S. Kim, et al. JNP, 1999, 62, 554; Y. J. Lim, et al. JNP, 1999, 62, 1215.

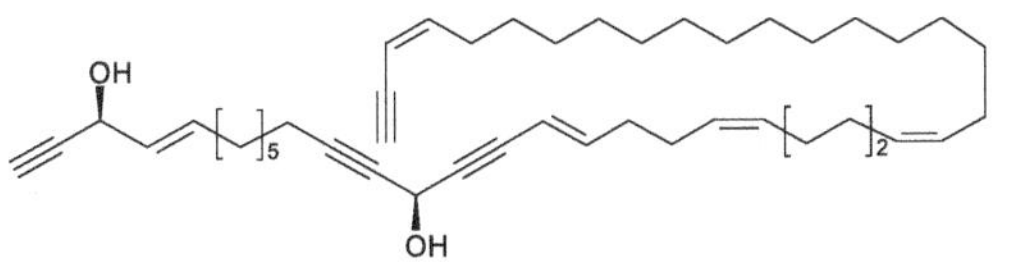

1360 Petrotetrayndiol B 石海绵四炔二醇 B*
【基本信息】$C_{46}H_{72}O_2$, 油状物, $[\alpha]_D^{23}$ = +3.8° (*c* = 0.17, 甲醇).【类型】炔醇类.【来源】石海绵属 *Petrosia* sp. (朝鲜半岛水域).【活性】细胞毒 (A549, ED_{50} = 1.7μg/mL, SK-OV-3, ED_{50} = 2.2μg/mL, SK-MEL-2, ED_{50} = 1.9μg/mL, XF498, ED_{50} > 3.0μg/mL, HCT15, ED_{50} = 3.7μg/mL).【文献】J. S. Kim, et al. JNP, 1999, 62, 554; Y. J. Lim, et al. JNP, 1999, 62, 1215.

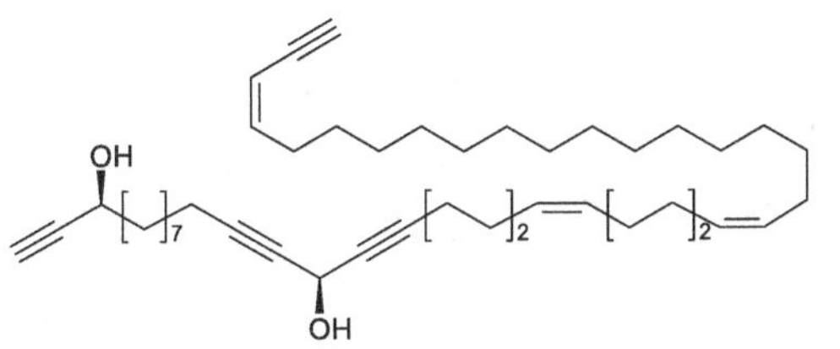

1361 Petrotetrayndiol C 石海绵四炔二醇 C*
【基本信息】$C_{46}H_{68}O_3$, 油状物.【类型】炔醇类.【来源】石海绵属 *Petrosia* sp. (朝鲜半岛水域).【活性】DNA 复制抑制剂 (猿猴病毒 SV40, 125μmol/L, InRt = 45%, 250μmol/L, InRt = 46%, 500μmol/L, InRt = 81%); 细胞毒 (A549, ED_{50} > 10μg/mL; SK-OV-3, ED_{50} = 4.2μg/mL; SK-MEL-2, ED_{50} = 4.1μg/mL; XF498, ED_{50} = 12.7μg/mL; HCT15, ED_{50} = 5.7μg/mL; 对照顺铂: A549, ED_{50} = 0.4μg/mL; SK-OV-3, ED_{50} = 0.6μg/mL; SK-MEL-2, ED_{50} = 0.9μg/mL; XF498, ED_{50} = 0.2μg/mL; HCT15, ED_{50} = 1.8μg/mL).【文献】J. S. Kim, et al. JNP, 1999, 62, 554; Y. J. Lim, et al. JNP, 1999, 62, 1215; Y. J. Lim, et al. JNP, 2001, 64, 46.

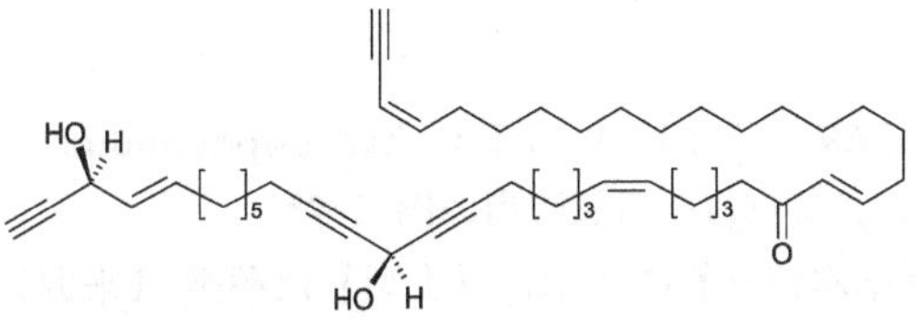

1362 Petrotetrayndiol E 石海绵四炔二醇 E*
【别名】(3*S*,4*E*,14*S*,17*E*,21*Z*,27*Z*)-4,17,21,27-Hexatetracontatetraene-1,12,15,45-tetrayne-3,14-diol; (3*S*,4*E*,14*S*,17*E*,21*Z*,27*Z*)-4,17,21,27-四十六(碳)三烯-1,12,15,45 四炔-3,14-二醇.【基本信息】$C_{46}H_{70}O_2$, 油状物.【类型】炔醇类.【来源】石海绵属 *Petrosia* sp. (朝鲜半岛水域).【活性】DNA 复制抑制剂 (猿猴病毒 SV40: 125μmol/L, InRt = 62%; 250μmol/L, InRt = 83%; 500μmol/L, InRt = 100%); 细胞毒 (A549, ED_{50}= 24.5μg/mL; SK-OV-3, ED_{50}= 1.7μg/mL; SK-MEL-2, ED_{50}= 1.1μg/mL; XF498, ED_{50}= 3.4μg/mL; HCT15, ED_{50} = 1.8μg/mL; 对照顺铂: A549, ED_{50} = 0.6μg/mL; SK-OV-3, ED_{50} = 0.9μg/mL; SK-MEL-2, ED_{50} = 0.7μg/mL; XF498, ED_{50} = 0.6μg/mL; HCT15, ED_{50} = 0.6μg/mL).【文献】Y. J. Lim, et al. JNP, 2001, 64, 46.

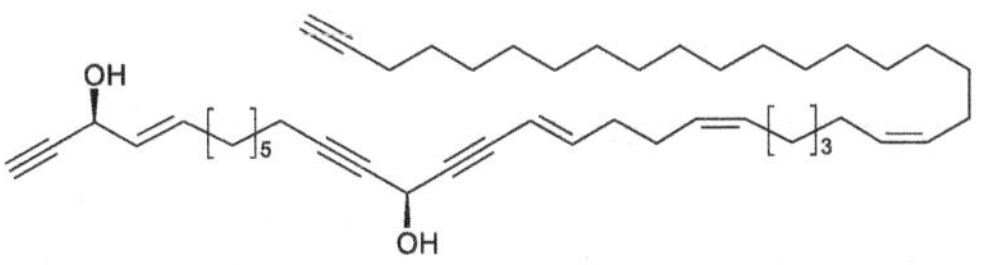

1363 Petrotetrayndiol F 石海绵四炔二醇 F*
【基本信息】$C_{47}H_{76}O_2$, 黄色油状物.【类型】炔醇类.【来源】石海绵属 *Petrosia* sp. (朝鲜半岛水域).【活性】细胞毒 (A549, ED_{50} = 3.7μg/mL; SK-OV-3, ED_{50} = 3.8μg/mL; SK-MEL-2, ED_{50} = 1.1μg/mL; XF498, ED_{50} = 4.3μg/mL; HCT15, ED_{50} = 3.4μg/mL; 对照顺铂: A549, ED_{50} = 0.7μg/mL; SK-OV-3, ED_{50} = 1.3μg/mL; SK-MEL-2, ED_{50} = 1.0μg/mL; XF498, ED_{50} = 0.7μg/mL; HCT15, ED_{50} = 1.1μg/mL); DNA 复制抑制剂 (猿猴病毒 SV40 DNA 复制: 20μmol/L, InRt = 16%; 40μmol/L, InRt = 48%).【文献】Y. J. Lim, et al. JNP, 2001, 64, 1565.

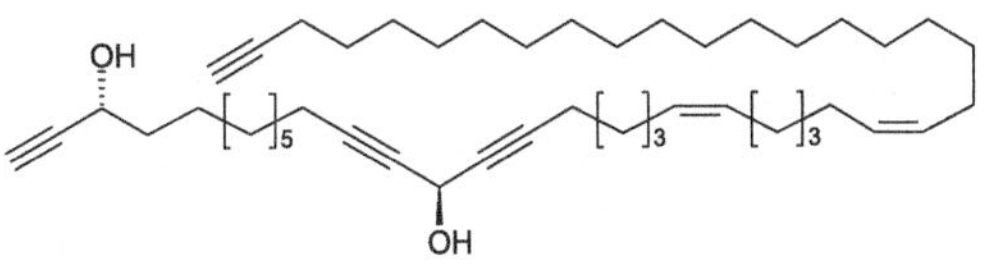

1364 Petrotetrayntriol A 石海绵四炔三醇 A*
【别名】(3*S*,4*E*,14*ξ*,17*ξ*,21*Z*,27*Z*,43*Z*)-4,21,27,43-Hexatetracontatetraene-1,12,15,45-tetrayne-3,14,17-triol; (3*S*,4*E*,14*ξ*,17*ξ*,21*Z*,27*Z*,43*Z*)-4,21,27,43-四十六(碳)四烯-1,12,15,45-四炔-3,14,17-三醇.【基本信息】$C_{46}H_{70}O_3$, 黄色油状物, $[\alpha]_D^{23}$ = +7.3° (*c* = 0.12, 甲醇).【类型】炔醇类.【来源】石海绵

属 *Petrosia* sp. (朝鲜半岛水域).【活性】DNA 复制抑制剂 (猿猴病毒 SV40: 125μmol/L, InRt = 63%; 250μmol/L, InRt = 77%; 500μmol/L, InRt = 100%); 细胞毒 (A549, ED_{50} > 30μg/mL; SK-OV-3, ED_{50} = 4.2μg/mL; SK-MEL-2, ED_{50} = 3.9μg/mL; XF498, ED_{50} = 18.5μg/mL; HCT15, ED_{50} = 12.9μg/mL; 对照顺铂: A549, ED_{50} = 0.9μg/mL; SK-OV-3, ED_{50} = 1.6μg/mL; SK-MEL-2, ED_{50} = 1.0μg/mL; XF498, ED_{50} = 0.9μg/mL; HCT15, ED_{50} = 1.9μg/mL).【文献】Y. J. Lim, et al. JNP, 2001, 64, 46.

1365 Petrotriyndiol A 石海绵三炔二醇 A*

【别名】(3*S*,4*E*,14*R*,15*Z*,21*Z*,27*Z*,43*Z*)-4,15,21,27,43-Hexatetracontapentaene-1,12,45-triyne-3,14-diol; (3*S*,4*E*,14*R*,15*Z*,21*Z*,27*Z*,43*Z*)-4,15,21,27,43-四十六(碳)五烯-1,12,45-三炔-3,14-二醇.【基本信息】$C_{46}H_{72}O_2$, 黄色油状物, $[\alpha]_D^{23}$ = +7° (*c* = 0.05, 甲醇).【类型】炔醇类.【来源】石海绵属 *Petrosia* sp. (朝鲜半岛水域).【活性】DNA 复制抑制剂 (猿猴病毒 SV40: 125μmol/L, InRt = 62%; 250μmol/L, InRt = 90%; 500μmol/L, InRt = 100%); 细胞毒 (A549, ED_{50} = 1.8μg/mL; SK-OV-3, ED_{50} = 0.8μg/mL; SK-MEL-2, ED_{50} = 0.6μg/mL; XF498, ED_{50} = 1.3μg/mL; HCT15, ED_{50} = 0.8μg/mL; 对照顺铂: A549, ED_{50} = 0.6μg/mL; SK-OV-3, ED_{50} = 0.9μg/mL; SK-MEL-2, ED_{50} = 0.7μg/mL; XF498, ED_{50} = 0.6μg/mL; HCT15, ED_{50} = 0.6μg/mL).【文献】Y. J. Lim, et al. JNP, 2001, 64, 46.

1366 Raspailyne A 拉丝海绵炔 A*

【别名】3-(18-Hydroxy-1,5-octadecadien-3-ynyl) oxy-1,2-propanediol; 3-(18-羟基-1,5-十八(碳)二烯-3-炔基)氧-1,2-丙二醇.【基本信息】$C_{21}H_{36}O_4$, 无定形固体 (甲醇), mp 54~55°C, $[\alpha]_D^{25}$ = +5.6° (*c* = 0.9, 甲醇).【类型】炔醇类.【来源】矮小拉丝海绵 *Raspailia pumila* 和拉丝海绵属 *Raspailia ramosa*.【活性】除草剂.【文献】G. Guella, et al. Chem. Commun., 1986, 77; Guella, G. et al. Helv. Chim. Acta, 1987, 70, 1050.

1367 Siphonodiol 管指海绵二醇*

【别名】(2*R*,14*Z*,20*Z*)-14,20-Tricosadiene-3,5,10,12,22-pentayne-1,2-diol; (2*R*,14*Z*,20*Z*)-14,20-二十三(碳)二烯-3,5,10,12,22-五炔-1,2-二醇.【基本信息】$C_{23}H_{24}O_2$, 晶体, mp 31~32°C【类型】炔醇类.【来源】管指海绵属 *Siphonochalina truncata*.和美丽海绵属* *Callyspongia* sp.【活性】抗菌; 氢/钾-腺苷三磷酸酶抑制剂.【文献】N. Fusetani, et al. Tetrahedron Lett., 1987, 28, 4311; S. Umeyana, et al. JNP, 1997, 60, 131.

1368 13-Tetradecene-2,4-diyn-1-ol 13-十四(碳)烯-2,4-二炔-1-醇

【基本信息】$C_{14}H_{20}O$.【类型】炔醇类.【来源】表孔珊瑚属石珊瑚 *Montipora* spp.和状珊瑚属石珊瑚 *Pectinia lactuca*.【活性】细胞毒 (A549, ED_{50} = 3.90μg/mL; SK-OV-3, ED_{50} = 3.23μg/mL; SK-MEL-2, ED_{50} = 3.94μg/mL; XF498, ED_{50} = 5.26μg/mL; HCT15, ED_{50} = 3.32μg/mL; 对照顺铂: A549, ED_{50} = 0.75μg/mL; SK-OV-3, ED_{50} = 1.09μg/mL; SK-MEL-2, ED_{50} = 2.18μg/mL; XF498, ED_{50} = 1.18μg/mL; HCT15, ED_{50} = 0.85μg/mL); 鱼毒; 抗菌 (某些细菌); 抗真菌 (某些真菌).【文献】T. Higa, et al. Chem. Lett., 1990, 145; N. Alam, et al. JNP, 2001, 64, 1059.

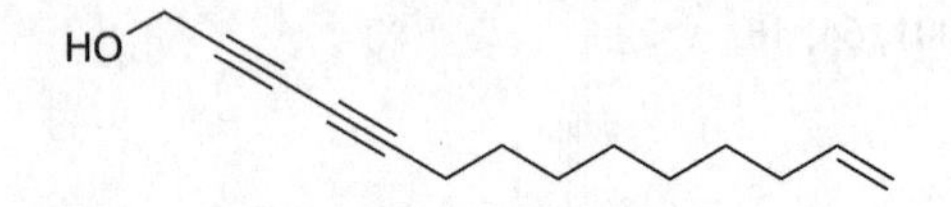

1369 12,13,14,15-Tetrahydrosiphonodiol 12,13,14,15-四氢管指海绵二醇*

【基本信息】$C_{23}H_{28}O_2$.【类型】炔醇类.【来源】

管指海绵属 *Siphonochalina truncata*.【活性】氢/钾-腺苷三磷酸酶抑制剂.【文献】N. Fusetani, et al. Tetrahedron Lett., 1987, 28, 4311.

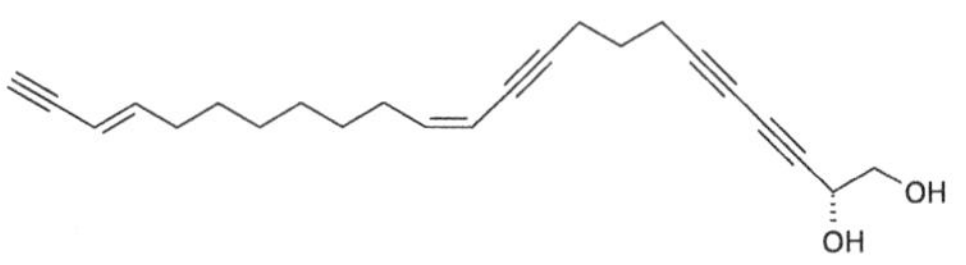

1370 (all-*R*)-1,12,18,29-Triacontatetrayne-3,14,17,28-tetrol (all-*R*)-1,12,18,29-三十(碳)四炔-3,14,17,28-四醇

【基本信息】$C_{30}H_{46}O_4$, 无定形固体, $[\alpha]_D^{22} = +10°$ ($c = 0.1$, 氯仿).【类型】炔醇类.【来源】石海绵属 *Petrosia* sp. (日本水域).【活性】细胞分裂抑制剂 (受精海鞘卵); 有毒的 (盐水丰年虾).【文献】M. Ochi, et al. Chem. Lett., 1994, 89.

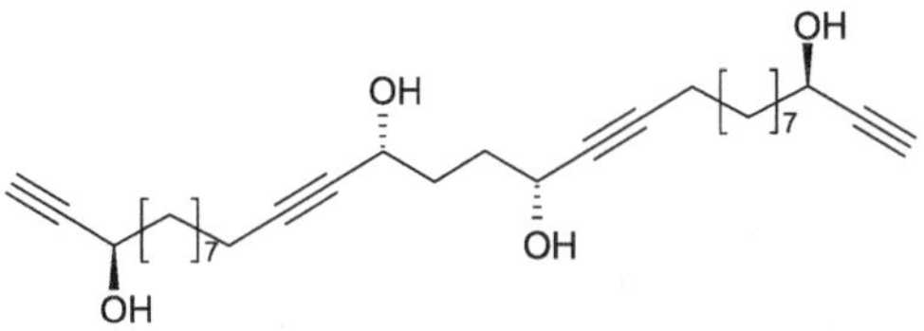

1371 3*Z*,15*Z*,27*Z*-Triacontatriene-1,29-diyn-5*S*-ol 3*Z*,15*Z*,27*Z*-三十(碳)三烯-1,29-二炔-5*S*-醇

【基本信息】$C_{30}H_{48}O$, 浅黄色油状物, $[\alpha]_D^{20} = -14°$ ($c = 0.3$, 氯仿).【类型】炔醇类.【来源】石海绵属 *Petrosia* sp. (日本水域).【活性】细胞分裂抑制剂 (受精海鞘卵); 有毒的 (盐水丰年虾).【文献】M. Ochi, et al. Chem. Lett., 1994, 89.

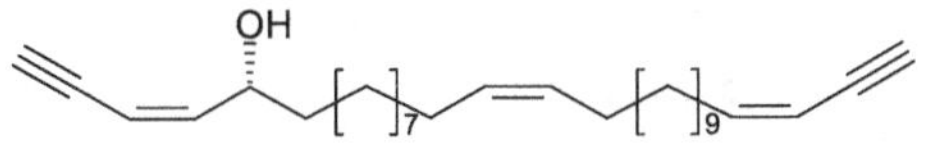

1372 Triangulyne A 三角皮条海绵炔 A*

【基本信息】$C_{32}H_{46}O_3$, 粉末, $[\alpha]_D = -15°$ ($c = 1.6$, 氯仿).【类型】炔醇类.【来源】三角皮条海绵* *Pellina triangulata* (特鲁克岛, 密克罗尼西亚联邦).【活性】细胞毒 (NCI 一组人癌细胞, 白血病, 结肠癌和黑色素瘤为敏感细胞; 全组平均 $GI_{50} = 0.5\mu mol/L$, $TGI = 2.0\mu mol/L$ 和 $LC_{50} = 12\mu mol/L$; 数据详情见 Dai, 1996).【文献】J.-R. Dai, et al. JNP, 1996, 59, 860.

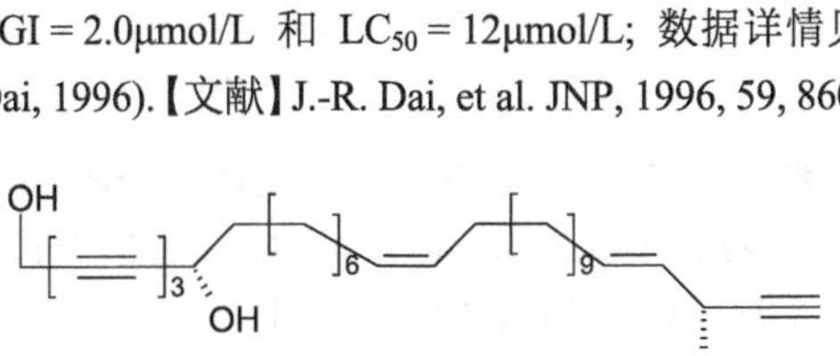

1373 Triangulyne B 三角皮条海绵炔 B*

【基本信息】$C_{33}H_{48}O_3$, 粉末, $[\alpha]_D = -14°$ ($c = 0.8$, 氯仿).【类型】炔醇类.【来源】三角皮条海绵* *Pellina triangulata* (特鲁克岛, 密克罗尼西亚联邦).【活性】细胞毒 (NCI 一组人癌细胞, 白血病, 结肠癌和黑色素瘤为敏感细胞).【文献】J.-R. Dai, et al. JNP, 1996, 59, 860.

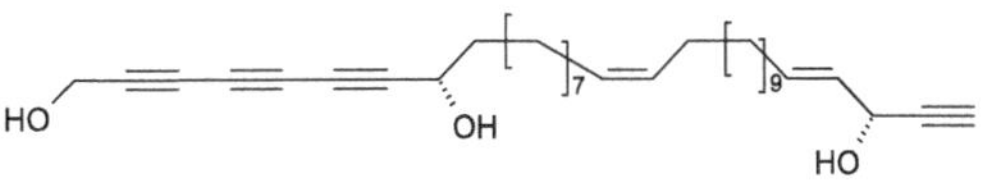

1374 Triangulyne C 三角皮条海绵炔 C*

【基本信息】$C_{31}H_{44}O_3$, 粉末, $[\alpha]_D = -19°$ ($c = 0.7$, 氯仿).【类型】炔醇类.【来源】三角皮条海绵* *Pellina triangulata* (特鲁克岛, 密克罗尼西亚联邦).【活性】细胞毒 (NCI 一组人癌细胞, 白血病, 结肠癌和黑色素瘤为敏感细胞).【文献】J.-R. Dai, et al. JNP, 1996, 59, 860.

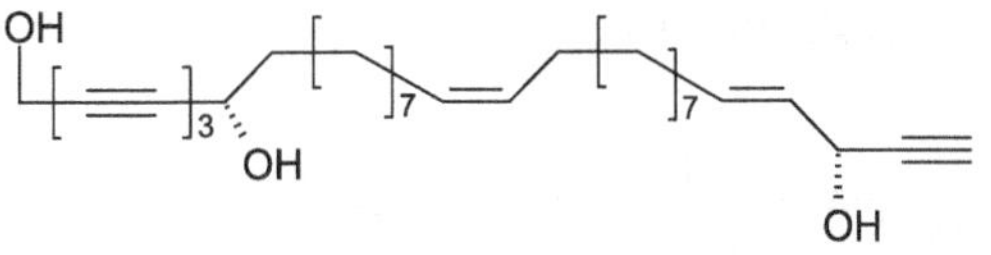

1375 Triangulyne D 三角皮条海绵炔 D*

【基本信息】$C_{41}H_{64}O_3$, 油状物, $[\alpha]_D = -10.7°$ ($c = 0.01$, 氯仿).【类型】炔醇类.【来源】三角皮条海绵* *Pellina triangulata* (特鲁克岛, 密克罗尼西亚联邦).【活性】细胞毒 (NCI 一组人癌细胞, 白血病, 结肠癌和黑色素瘤为敏感细胞).【文献】J.-R. Dai, et al. JNP, 1996, 59, 860.

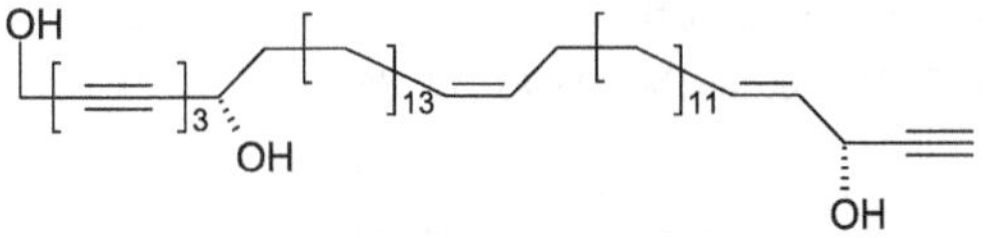

1376 Triangulyne E 三角皮条海绵炔 E*

【基本信息】$C_{32}H_{42}O_3$, 粉末, $[\alpha]_D = -11.4°$ ($c = 0.4$, 氯仿).【类型】炔醇类.【来源】三角皮条海绵* *Pellina triangulata* (特鲁克岛, 密克罗尼西亚联邦).【活性】细胞毒 (NCI 一组人癌细胞, 白血病, 结肠癌和黑色素瘤为敏感细胞).【文献】J.-R. Dai, et al. JNP, 1996, 59, 860.

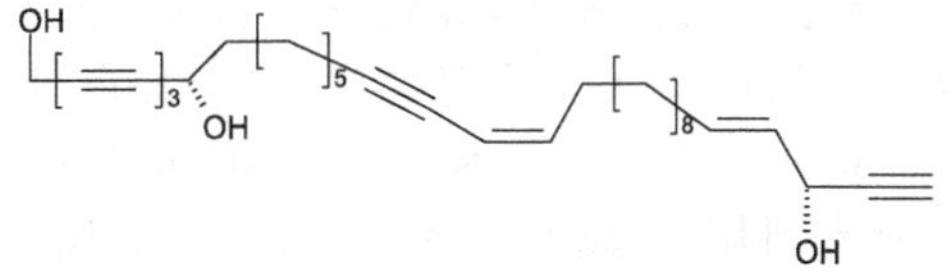

1377 Triangulyne F 三角皮条海绵炔 F*

【基本信息】$C_{34}H_{46}O_3$，粉末，$[\alpha]_D = -10.6°$ ($c = 1.1$，氯仿).【类型】炔醇类.【来源】三角皮条海绵* *Pellina triangulata* (特鲁克岛，密克罗尼西亚联邦).【活性】细胞毒 (NCI 一组人癌细胞，白血病，结肠癌和黑色素瘤为敏感细胞).【文献】J.-R. Dai, et al. JNP, 1996, 59, 860.

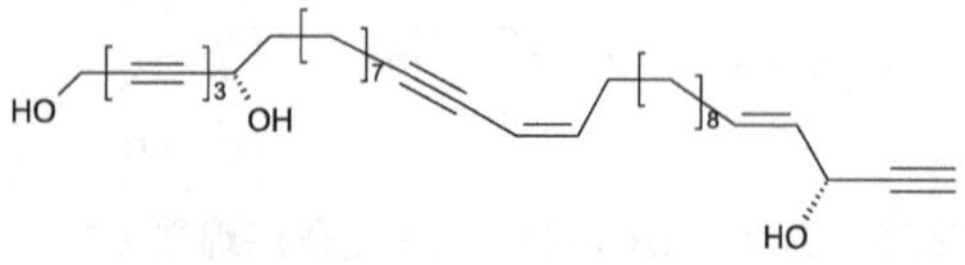

1378 Triangulyne G 三角皮条海绵炔 G*

【基本信息】$C_{34}H_{46}O_2$，粉末，$[\alpha]_D = -10.5°$ ($c = 0.4$，氯仿).【类型】炔醇类.【来源】三角皮条海绵* *Pellina triangulata* (特鲁克岛，密克罗尼西亚联邦).【活性】细胞毒 (NCI 一组人癌细胞，白血病，结肠癌和黑色素瘤为敏感细胞).【文献】J.-R. Dai, et al. JNP, 1996, 59, 860.

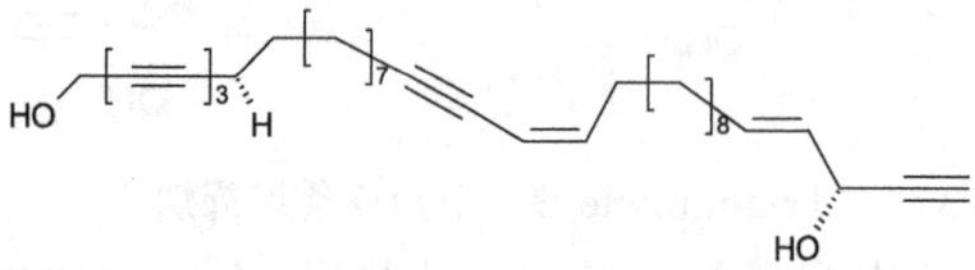

1379 Triangulyne H 三角皮条海绵炔 H*

【基本信息】$C_{37}H_{56}O_3$，油状物，$[\alpha]_D = -23.7°$ ($c = 0.3$，氯仿).【类型】炔醇类.【来源】三角皮条海绵* *Pellina triangulata* (特鲁克岛，密克罗尼西亚联邦).【活性】细胞毒 (NCI 一组人癌细胞，白血病，结肠癌和黑色素瘤为敏感细胞).【文献】J.-R. Dai, et al. JNP, 1996, 59, 860.

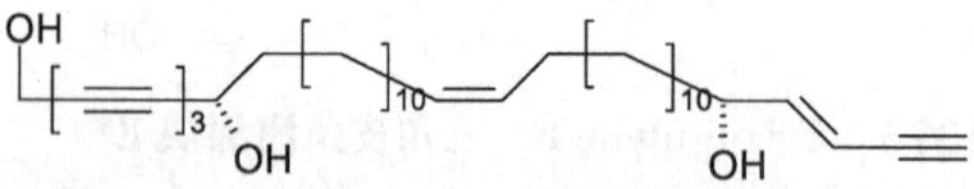

1380 Adociacetylene A 隐海绵乙酰烯 A*

【别名】14,17,28-Trihydroxy-4,15,26-triacontatriene-1,12,18,29-tetrayn-3-one; 14,17,28-三羟基-4,15,26-三十(碳)三烯-1,12,18,29-四炔-3-酮.【基本信息】$C_{30}H_{38}O_4$，$[\alpha]_D^{22} = +110°$ ($c = 0.33$，氯仿).【类型】炔酮类.【来源】隐海绵属 *Adocia* sp. (冲绳，日本).【活性】细胞毒 (内皮素细胞-中性粒细胞白细胞黏附素试验，肿瘤坏死因子-α (5JRU/mL) 刺激的内皮细胞，1μg/mL)；细胞毒 (KB，IC_{50} = 0.8μg/mL)；抗菌 (50μg/盘 (IZD = 8mm)，大肠杆菌 *Escherichia coli*, IZD = 10mm；枯草杆菌 *Bacillus subtilis*, IZD = 11mm).【文献】M. Kobayashi, et al. CPB, 1996, 44, 720.

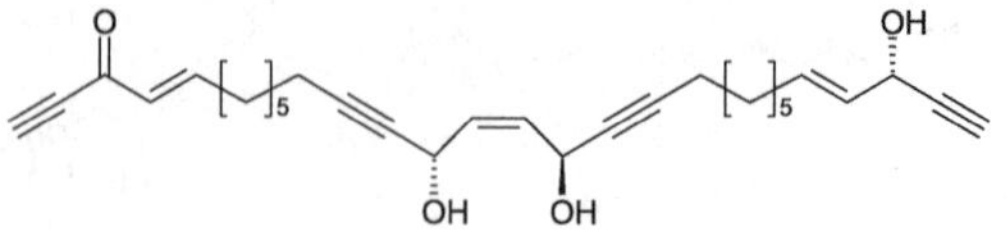

1381 23,24-Dihydropetroformyne 6 23,24-二氢无花果状石海绵炔 6*

【基本信息】$C_{46}H_{70}O_2$，浅黄色油状物，$[\alpha]_D^{21} = -3.8°$ ($c = 0.42$，氯仿).【类型】炔酮类.【来源】无花果状石海绵* *Petrosia ficiformis* (地中海).【活性】有毒的 (盐水丰年虾).【文献】Y. Guo, et al. JNP, 1995, 58, 712.

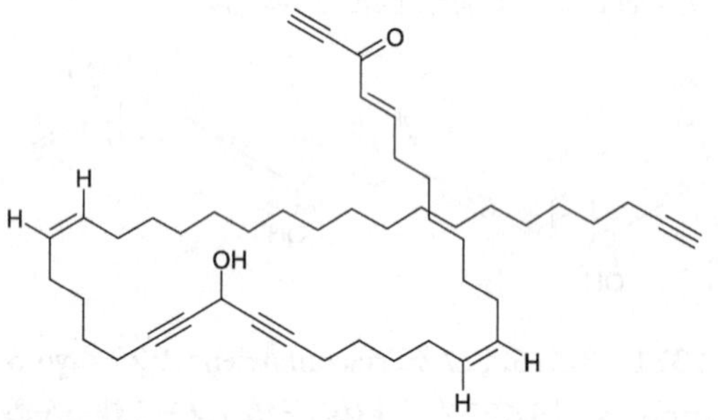

1382 23,24-Dihydropetroformyne 7 23,24-二氢无花果状石海绵炔 7*

【基本信息】$C_{46}H_{68}O_2$，浅黄色油状物，$[\alpha]_D^{21} = -16.4°$ ($c = 0.24$，氯仿).【类型】炔酮类.【来源】无花果状石海绵* *Petrosia ficiformis* (地中海).【活性】有毒的 (盐水丰年虾).【文献】Y. Guo, et al. JNP, 1995, 58, 712.

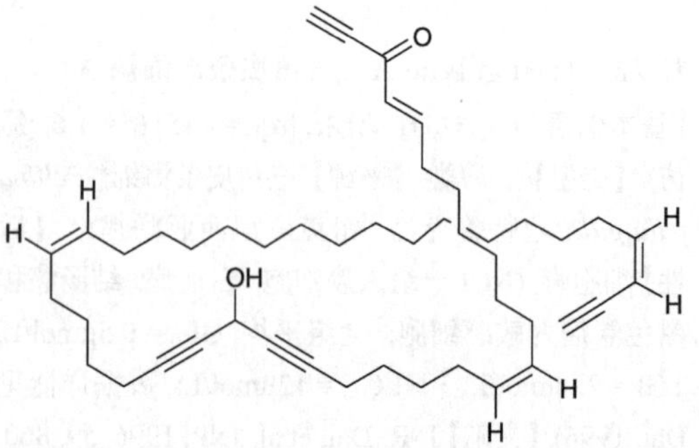

1383 3α,28α-Dihydroxy-1,12,18,29-triacontatetrayne-14,17-dione 3α,28α-二羟基-1,12,18,29-三十(碳)四炔-14,17-二酮

【基本信息】$C_{30}H_{42}O_4$.【类型】炔酮类.【来源】

石海绵属 *Petrosia* sp. (日本水域).【活性】细胞分裂抑制剂 (受精海鞘卵); 有毒的 (盐水丰年虾).【文献】M. Ochi, et al. Chem. Lett., 1994, 89.

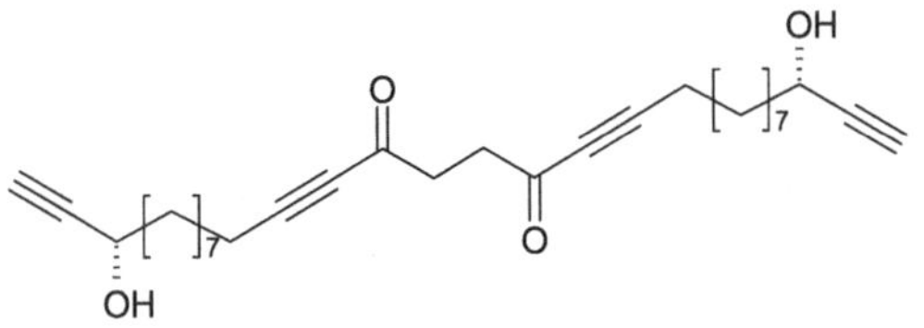

1384 3*β*,28*β*-Dihydroxy-1,12,18,29-triacontatetrayne-14,17-dione 3*β*,28*β*-二羟基-1,12,18,29-三十(碳)四炔-14,17-二酮

【基本信息】$C_{30}H_{42}O_4$.【类型】炔酮类.【来源】石海绵属 *Petrosia* sp. (日本水域).【活性】细胞分裂抑制剂 (受精海鞘卵); 有毒的 (盐水丰年虾).【文献】M. Ochi, et al. Chem. Lett., 1994, 89.

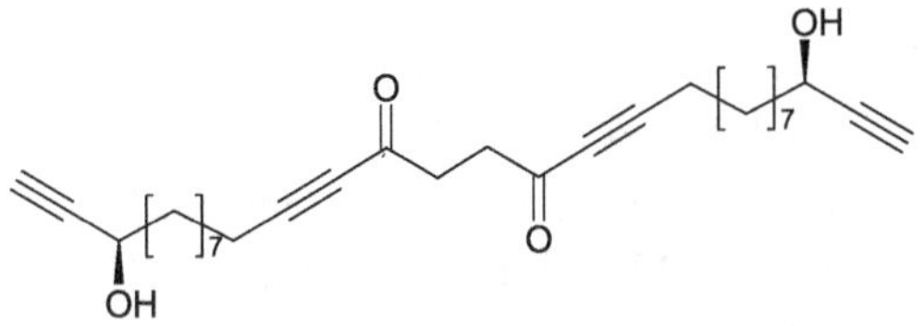

1385 3,44-Dioxopetroformyne 1 3,44-二氧代无花果状石海绵炔 1*

【基本信息】$C_{46}H_{64}O_3$, 浅黄色油状物, $[\alpha]_D^{21}$ = −2.5° (*c* = 0.86, 氯仿).【类型】炔酮类.【来源】无花果状石海绵* *Petrosia ficiformis* (地中海).【活性】有毒的 (盐水丰年虾).【文献】Y. Guo, et al. JNP, 1995, 58, 712.

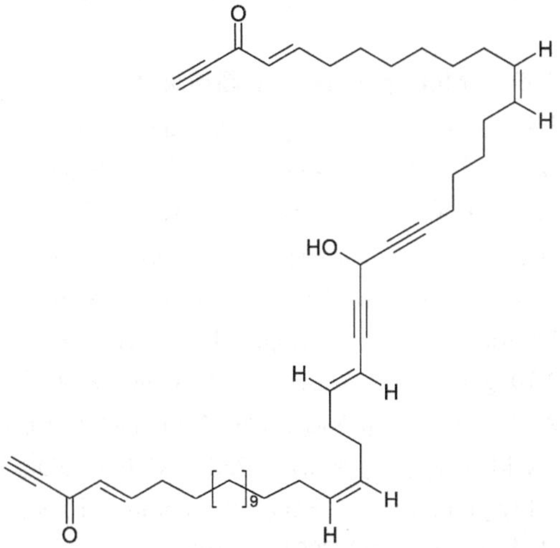

1386 3,44-Dioxopetroformyne 2 3,44-二氧代无花果状石海绵炔 2*

【基本信息】$C_{46}H_{62}O_3$, 油状物, $[\alpha]_D^{21}$ = +2.3° (*c* = 0.57, 氯仿).【类型】炔酮类.【来源】无花果状石海绵* *Petrosia ficiformis* (地中海).【活性】有毒的 (盐水丰年虾).【文献】Y. Guo, et al. JNP, 1995, 58, 712.

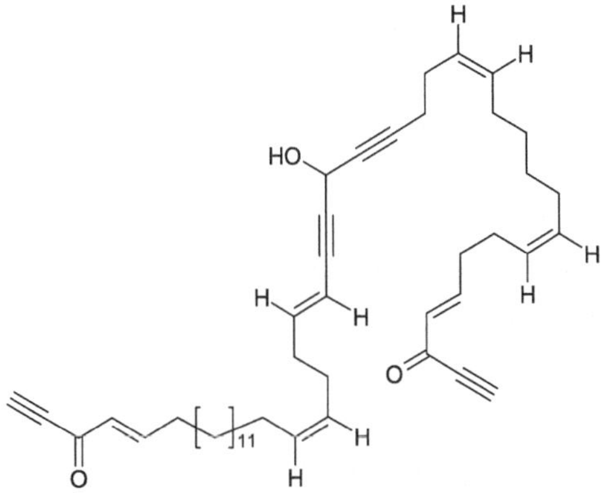

1387 Isopetroformyne 6 异无花果状石海绵炔 6*

【基本信息】$C_{46}H_{68}O_2$, $[\alpha]_D^{21}$ = +2.6° (*c* = 0.27, 氯仿).【类型】炔酮类.【来源】无花果状石海绵* *Petrosia ficiformis* (地中海).【活性】有毒的 (盐水丰年虾).【文献】Y. Guo, et al. JNP, 1995, 58, 712.

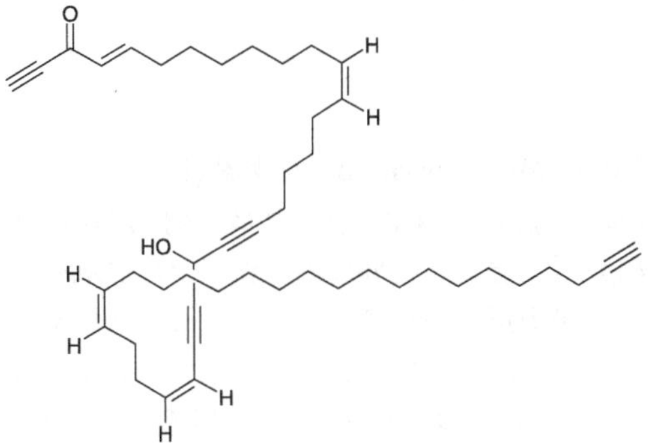

1388 Isopetroformyne 7 异无花果状石海绵炔 7*

【基本信息】$C_{46}H_{66}O_2$, $[\alpha]_D^{21}$ = +2.5° (*c* = 0.13, 氯仿).【类型】炔酮类.【来源】无花果状石海绵* *Petrosia ficiformis* (地中海).【活性】有毒的 (盐水丰年虾).【文献】Y. Guo, et al. JNP, 1995, 58, 712.

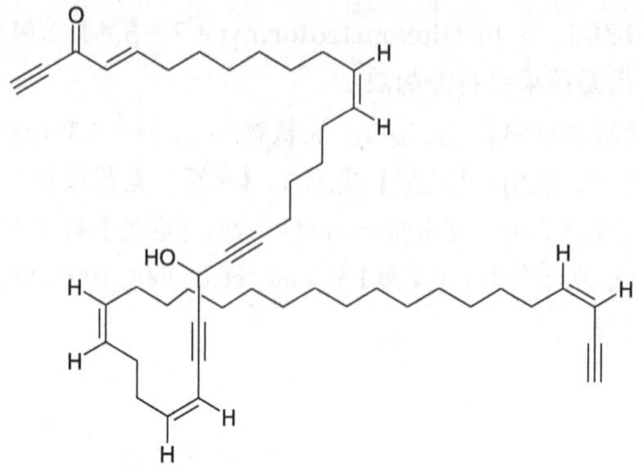

1389 Montiporyne A 石珊瑚炔 A*

【别名】3*E*-Pentadecaene-5,7-diyn-2-one; 3*E*-十五(碳)烯-5,7-二炔-2-酮.【基本信息】$C_{15}H_{20}O$, 黄色树胶状物.【类型】炔酮类.【来源】表孔珊瑚属石珊瑚 *Montipora* sp. (沿蒙多海岸, 济州, 韩国, 深度 8m, 1996 年 11 月 4 日采样).【活性】细胞毒 (人实体肿瘤细胞 *in vitro*: A549, ED_{50} > 50μg/mL; SK-OV-3, ED_{50} = 3.2μg/mL; SK-MEL-2, ED_{50} = 1.4μg/mL; XF498, ED_{50} = 1.9μg/mL; HCT15, ED_{50} = 3.7μg/mL; 对照顺铂; ED_{50} 分别为 0.8μg/mL, 1.2μg/mL, 1.5μg/mL, 0.7μg/mL 和 1.5μg/mL); 细胞循环抑制剂 (流动细胞计数法, HCT116 细胞用 100μg/mL 的石珊瑚炔 A 处理 24h, 细胞凋亡分数提高 19%).【文献】N. Alam, et al. JNP, 2000, 63, 1511; 2001, 64, 1059.

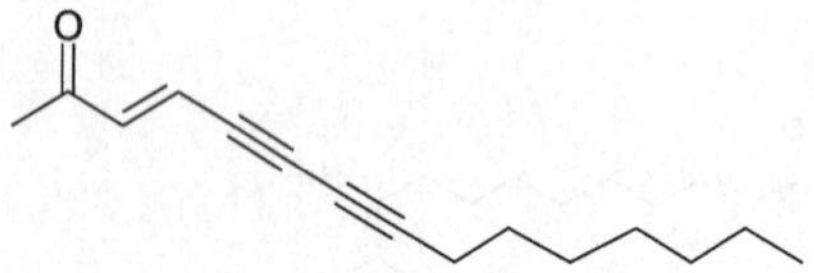

1390 Montiporyne B 石珊瑚炔 B*

【基本信息】$C_{15}H_{20}O$, 黄色树胶状物.【类型】炔酮类.【来源】表孔珊瑚属石珊瑚 *Montipora* sp. (沿蒙多海岸, 济州, 韩国, 深度 8m, 1996 年 11 月 4 日采样).【活性】细胞毒 (人实体肿瘤细胞 *in vitro*: A549, ED_{50} > 50μg/mL; SK-OV-3, ED_{50} = 25.9μg/mL; SK-MEL-2, ED_{50} = 42.6μg/mL; XF498, ED_{50} > 50μg/mL; HCT15, ED_{50} > 50μg/mL; 对照顺铂: ED_{50} 分别为 0.6μg/mL, 0.9μg/mL, 0.7μg/mL, 0.6μg/mL 和 0.6μg/mL).【文献】B. H. Bae, et al. JNP, 2000, 63, 1511.

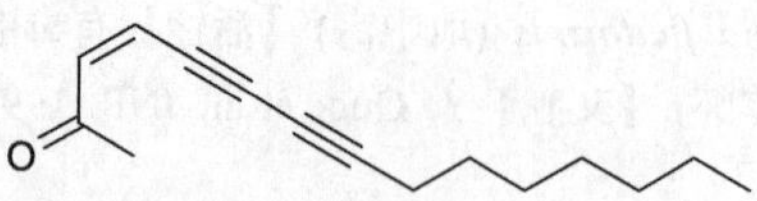

1391 Montiporyne C 石珊瑚炔 C*

【基本信息】$C_{17}H_{22}O$, 黄色油状物.【类型】炔酮类.【来源】表孔珊瑚属石珊瑚 *Montipora* sp. (沿蒙多海岸, 济州, 韩国, 深度 8m, 1996 年 11 月 4 日采样).【活性】细胞毒 (人实体肿瘤细胞 *in vitro*: A549, ED_{50} >50μg/mL; SK-OV-3, ED_{50} = 2.5μg/mL; SK-MEL-2, ED_{50} = 1.5μg/mL; XF498, ED_{50} = 3.2μg/mL; HCT15, ED_{50} = 5.2μg/mL; 对照顺铂: ED_{50} 分别为 0.8μg/mL, 1.2μg/mL, 1.5μg/mL, 0.7μg/mL 和 1.5μg/mL).【文献】B. H. Bae, et al. JNP, 2000, 63, 1511.

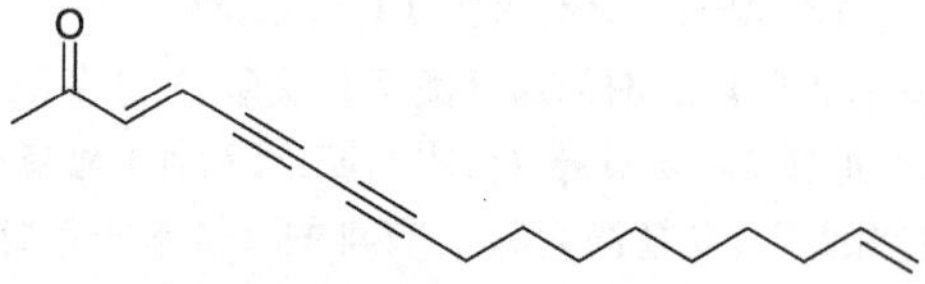

1392 Montiporyne D 石珊瑚炔 D*

【基本信息】$C_{17}H_{22}O$, 浅黄色油状物.【类型】炔酮类.【来源】表孔珊瑚属石珊瑚 *Montipora* sp. (沿蒙多海岸, 济州, 韩国, 深度 8m, 1996 年 11 月 4 日采样).【活性】细胞毒 (人实体肿瘤细胞 *in vitro*: A549, ED_{50} > 50μg/mL; SK-OV-3, ED_{50} = 45.1μg/mL; SK-MEL-2, ED_{50} = 43.1μg/mL; XF498, ED_{50} > 50μg/mL; HCT15, ED_{50} > 50μg/mL; 对照顺铂: ED_{50} 分别为 0.6μg/mL, 0.9μg/mL, 0.7μg/mL, 0.6μg/mL 和 0.6μg/mL).【文献】B. H. Bae, et al. JNP, 2000, 63, 1511.

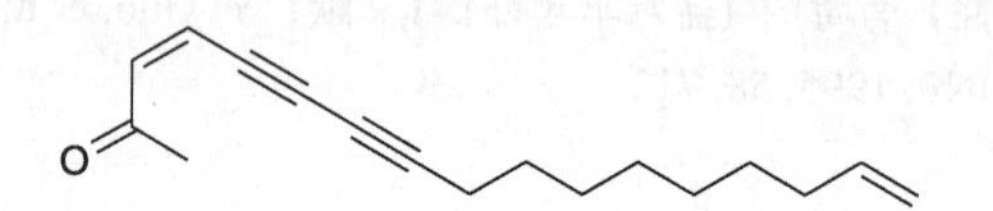

1393 Montiporyne I 石珊瑚炔 I*

【别名】4-Hydroxy-5,7-pentadecadiyn-2-one; 4-羟基-5,7-十五碳二炔-2-酮.【基本信息】$C_{15}H_{22}O_2$, 亮黄色油状物.【类型】炔酮类.【来源】表孔珊瑚属石珊瑚 *Montipora* sp.【活性】细胞毒 (A549, ED_{50} = 4.17μg/mL; SK-OV-3, ED_{50} = 1.81μg/mL; SK-MEL-2, ED_{50} = 1.40μg/mL; XF498, ED_{50} = 3.70μg/mL; HCT15, ED_{50} = 3.73μg/mL; 对照顺铂: A549, ED_{50} = 0.75μg/mL; SK-OV-3, ED_{50} = 1.09μg/mL; SK-MEL-2, ED_{50} = 2.18μg/mL; XF498, ED_{50} = 1.18μg/mL; HCT15, ED_{50} = 0.85μg/mL).【文献】N. Alam, et al. JNP, 2001, 64, 1059.

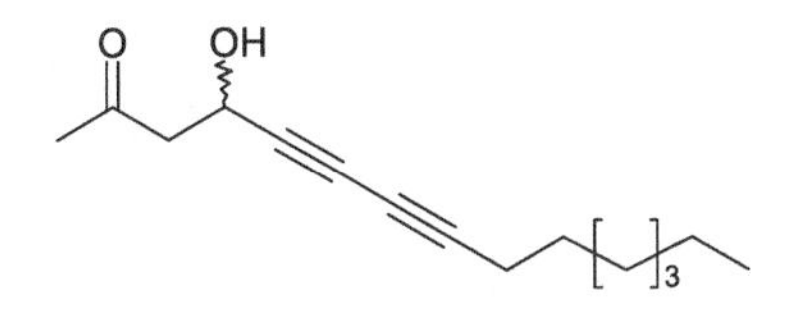

1394 Montiporyne J 石珊瑚炔 J*

【别名】4-Hydroxy-14-pentadecene-5,7-diyn-2-one; 4-羟基-14-十五(碳)烯-5,7-二炔-2-酮.【基本信息】$C_{15}H_{20}O_2$, 亮黄色油状物【类型】炔酮类.【来源】表孔珊瑚属石珊瑚 *Montipora* sp.【活性】细胞毒 (A549, ED_{50} = 4.97μg/mL; SK-OV-3, ED_{50} = 3.85μg/mL; SK-MEL-2, ED_{50} = 3.74μg/mL; XF498, ED_{50} = 3.87μg/mL; HCT15, ED_{50} = 3.42μg/mL; 对照顺铂: A549, ED_{50} = 0.75μg/mL; SK-OV-3, ED_{50} = 1.09μg/mL; SK-MEL-2, ED_{50} = 2.18μg/mL; XF498, ED_{50} = 1.18μg/mL; HCT15, ED_{50}= 0.85μg/mL).【文献】N. Alam, et al. JNP, 2001, 64, 1059.

1395 Montiporyne K 石珊瑚炔 K*

【别名】4-Hydroxy-16-heptadecene-5,7-diyn-2-one; 4-羟基-16-十七(碳)烯-5,7-二炔-2-酮.【基本信息】$C_{17}H_{24}O_2$, 亮黄色油状物.【类型】炔酮类.【来源】表孔珊瑚属石珊瑚 *Montipora* sp.【活性】细胞毒 (A549, ED_{50} = 4.91μg/mL; SK-OV-3, ED_{50} = 3.34μg/mL; SK-MEL-2, ED_{50} = 3.52μg/mL; XF498, ED_{50} = 4.45μg/mL; HCT15, ED_{50} = 4.18μg/mL; 对照顺铂: A549, ED_{50} = 0.75μg/mL; SK-OV-3, ED_{50} = 1.09μg/mL; SK-MEL-2, ED_{50} = 2.18μg/mL; XF498, ED_{50} = 1.18μg/mL; HCT15, ED_{50} = 0.85μg/mL).【文献】N. Alam, et al. JNP, 2001, 64, 1059.

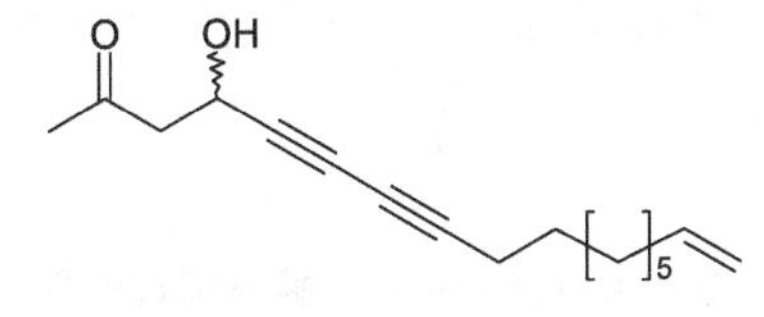

1396 Montiporyne L 石珊瑚炔 L*

【别名】3*E*,14-Pentadecadiene-5,7-diyn-2-one; 3*E*, 14-十五(碳)二烯-二炔-2-酮.【基本信息】$C_{15}H_{18}O$, 亮黄色油状物.【类型】炔酮类.【来源】表孔珊瑚属石珊瑚 *Montipora* sp.【活性】细胞毒 (A549, ED_{50} = 6.39μg/mL; SK-OV-3, ED_{50} = 3.52μg/mL; SK-MEL-2, ED_{50} = 4.21μg/mL; XF498, ED_{50} = 5.50μg/mL; HCT15, ED_{50} = 4.56μg/mL; 对照顺铂: A549, ED_{50} = 0.75μg/mL; SK-OV-3, ED_{50} = 1.09μg/mL; SK-MEL-2, ED_{50} = 2.18μg/mL; XF498, ED_{50} = 1.18μg/mL; HCT15, ED_{50} = 0.85μg/mL).【文献】N. Alam, et al. JNP, 2001, 64, 1059.

1397 Montiporyne M 石珊瑚炔 M*

【别名】3*Z*,14-Pentadecadiene-5,7-diyn-2-one; 3*Z*, 14-十五(碳)二烯-二炔-2-酮.【基本信息】$C_{15}H_{18}O$, 亮黄色油状物.【类型】炔酮类.【来源】表孔珊瑚属石珊瑚 *Montipora* sp.【活性】细胞毒 (A549, ED_{50} > 30μg/mL; SK-OV-3, ED_{50} = 5.23μg/mL; SK-MEL-2, ED_{50} = 4.61μg/mL; XF498, ED_{50} = 29.16μg/mL; HCT15, ED_{50} = 11.30μg/mL; 对照顺铂: A549, ED_{50} = 0.75μg/mL; SK-OV-3, ED_{50} = 1.09μg/mL; SK-MEL-2, ED_{50} = 2.18μg/mL; XF498, ED_{50} = 1.18μg/mL; HCT15, ED_{50} = 0.85μg/mL).【文献】N. Alam, et al. JNP, 2001, 64, 1059.

1398 20-Oxopetroformyne 3 20-氧代无花果状石海绵炔 3*

【基本信息】$C_{46}H_{68}O_2$, 浅黄色油状物, $[\alpha]_D^{20}$ = −1.0° (*c* = 0.3, 氯仿).【类型】炔酮类.【来源】无花果状石海绵* *Petrosia ficiformis* (地中海).【活性】有毒的 (盐水丰年虾).【文献】Y. Guo, et al. JNP, 1995, 58, 712.

1399 Petroacetylene 石海绵乙炔*

【基本信息】$C_{30}H_{34}O_4$.【类型】炔酮类.【来源】坚硬石海绵* *Petrosia solida* (奄美大岛, 日本).【活性】抑制海星胚胎囊胚形成.【文献】S. Ohta, et al. Nat. Prod. Res., 2013, 27, 1842.

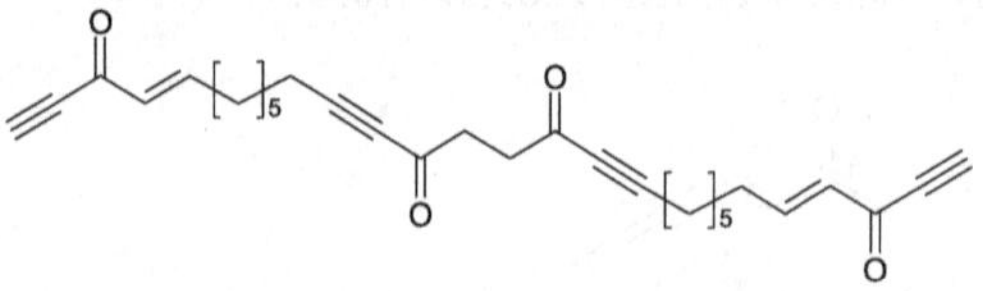

1400 Petroformyne 10 无花果状石海绵炔 10*

【基本信息】$C_{46}H_{66}O_3$, 浅黄色油状物, $[\alpha]_D^{21}$ = –3.5º (c = 1.0, 氯仿).【类型】炔酮类.【来源】无花果状石海绵* *Petrosia ficiformis* (地中海).【活性】有毒的 (盐水丰年虾).【文献】Y. Guo, et al. JNP, 1995, 58, 712.

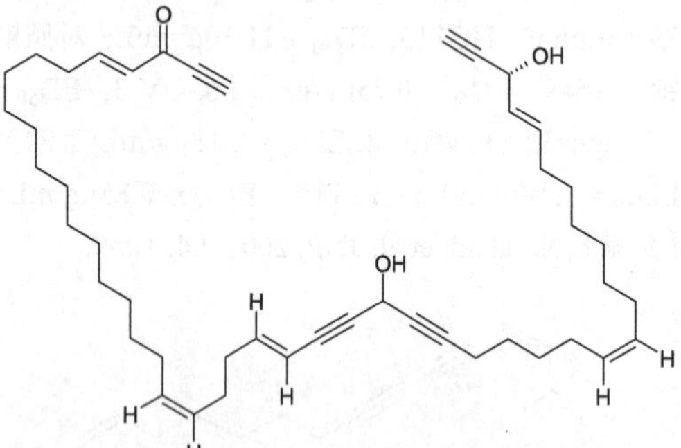

1401 Petrosynone 石海绵炔酮*

【别名】4,15,26-Triacontatriene-1,12,18,29-tetrayne-3,14,17,28-tetrone; 4,15,26-三十(碳)三烯-1,12,18,29-四炔-3,14,17,28-四酮.【基本信息】$C_{30}H_{32}O_4$, 黄色油状物.【类型】炔酮类.【来源】石海绵属 *Petrosia* sp.【活性】抗菌 (枯草杆菌 *Bacillus subtilis*).【文献】M. Ochi, et al. Chem. Lett., 1994, 89.

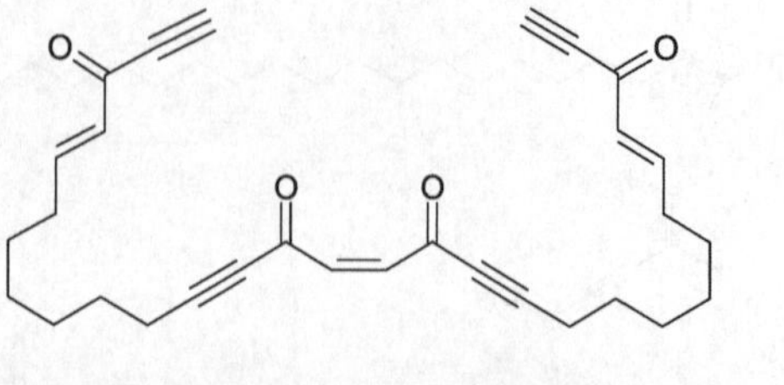

1402 Petrotetrayndiol D 石海绵四炔二醇 D*

【基本信息】$C_{46}H_{70}O_3$, 黄色油状物.【类型】炔酮类.【来源】石海绵属 *Petrosia* sp. (朝鲜半岛水域).【活性】DNA 复制抑制剂 (猿猴病毒 SV40: 125μmol/L, InRt = 66%; 250μmol/L, InRt = 80%; 500μmol/L, InRt = 100%); 细胞毒 (A549, ED_{50} > 10μg/mL; SK-OV-3, ED_{50} > 10μg/mL; SK-MEL-2, ED_{50} > 10μg/mL; XF498, ED_{50} > 10μg/mL; HCT15, ED_{50} > 10μg/mL; 对照顺铂: A549, ED_{50} = 0.8μg/mL; SK-OV-3, ED_{50} = 1.2μg/mL; SK-MEL-2, ED_{50} = 1.5μg/mL; XF498, ED_{50} = 0.7μg/mL; HCT15, ED_{50} = 1.5μg/mL).【文献】Y. J. Lim, et al. JNP, 2001, 64, 46.

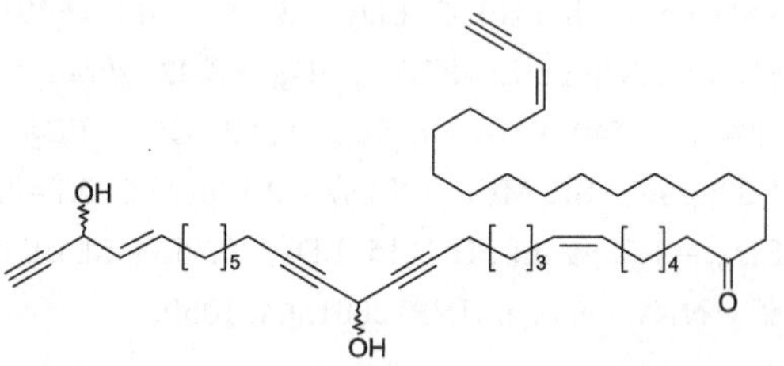

1403 Petrotetraynol A 石海绵四炔醇 A*

【基本信息】$C_{46}H_{68}O_2$, 黄色油状物.【类型】炔酮类.【来源】石海绵属 *Petrosia* sp. (朝鲜半岛水域).【活性】DNA 复制抑制剂 (猿猴病毒 SV40: 125μmol/L, InRt = 76%; 250μmol/L, InRt = 100%; 500μmol/L, InRt = 100%); 细胞毒 (A549, ED_{50} > 30μg/mL; SK-OV-3, ED_{50}= 4.6μg/mL; SK-MEL-2, ED_{50}= 5.2μg/mL; XF498, ED_{50} > 30μg/mL; HCT15, ED_{50} > 30μg/mL; 对照顺铂: A549, ED_{50} = 0.6μg/mL; SK-OV-3, ED_{50} = 0.9μg/mL; SK-MEL-2, ED_{50} = 0.7μg/mL; XF498, ED_{50} = 0.6μg/mL; HCT15, ED_{50} = 0.6μg/mL).【文献】Y. J. Lim, et al. JNP, 2001, 64, 46.

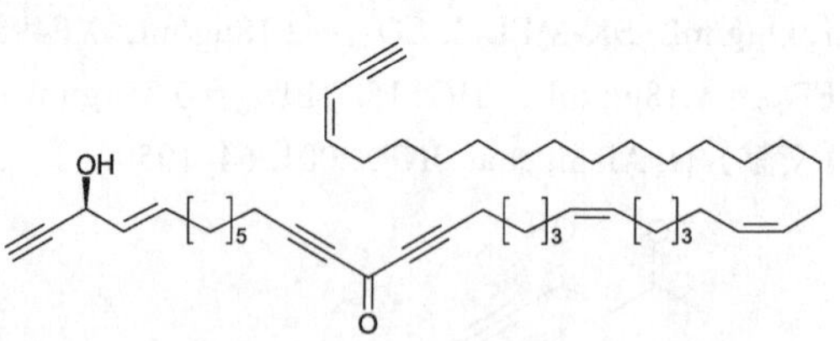

1404 Adociacetylene C 隐海绵乙酰烯 C*

【基本信息】$C_{32}H_{42}O_5$, $[\alpha]_D^{20}$ = +90º (c = 0.5, 氯仿).【类型】炔酸和酯类.【来源】隐海绵属 *Adocia* sp. (冲绳, 日本).【活性】细胞毒 (内皮素细胞-中性粒细胞白细胞黏附素试验, 肿瘤坏死因子-α (5JRU/mL) 刺激的内皮细胞, 1μg/mL).【文献】M. Kobayashi, et al. CPB, 1996, 44, 720.

1405 22-Bromo-17*E*,21*E*-docosadiene-9,11,19-triynoic acid 22-溴-17*E*,21*E*-二十二(碳)二烯-9,11,19-三炔酸

【基本信息】$C_{22}H_{27}BrO_2$, 无定形粉末.【类型】炔酸和酯类.【来源】似龟锉海绵* *Xestospongia testudinaria.*【活性】脂肪生成促进剂 (前脂肪细胞分化诱导活性 (30μmol/L, 3+, 130μmol/L, 3+).【文献】T. Akiyama, et al. Tetrahedron, 2013, 69, 6560.

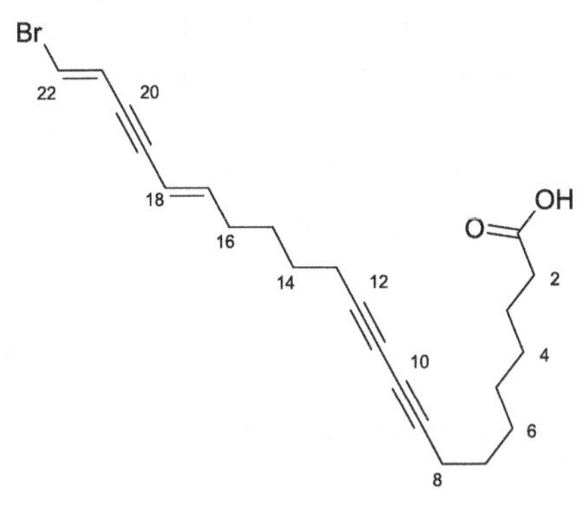

1406 22-Bromo-17*E*,21*Z*-docosadiene-9,11,19-triynoic acid 22-溴-17*E*,21*Z*-二十二(碳)二烯-9,11,19-三炔酸

【基本信息】$C_{22}H_{27}BrO_2$, 无定形粉末.【类型】炔酸和酯类.【来源】似龟锉海绵* *Xestospongia testudinaria.*【活性】脂肪生成促进剂 (前成脂肪细胞分化诱导活性 (130μmol/L, 3+).【文献】T. Akiyama, et al. Tetrahedron, 2013, 69, 6560.

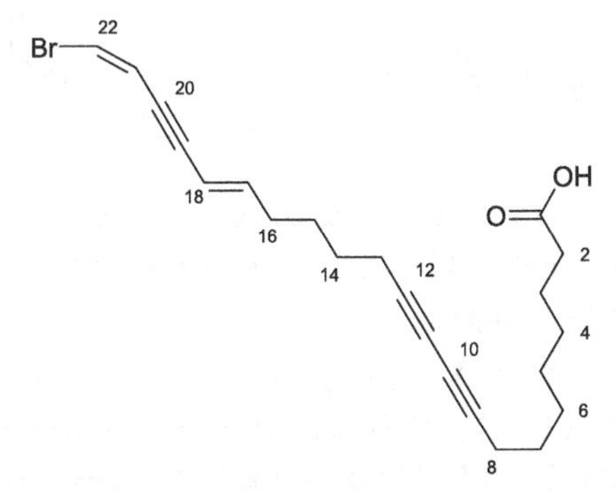

1407 (all-*E*)-20-Bromo-5,11,15,19-eicosatetraene-9,17-diynoic acid (all-*E*)-20-溴-5,11,15,19-二十(碳)四烯-9,17-二炔酸

【基本信息】$C_{20}H_{23}BrO_2$, 无定形粉末.【类型】炔酸和酯类.【来源】锉海绵属 *Xestospongia* sp. (一个海绵细胞和细菌的联合体)和似龟锉海绵* *Xestospongia testudinaria.*【活性】脂肪生成促进剂(前成脂肪细胞分化诱导活性: 8μmol/L, 3+; 30μmol/L, 3+; 130μmol/L, 3+); 负责产生海绵 *Dysidea herbacea* 中的三氯一烯代谢物.【文献】S. E. Brantley, et al. Tetrahedron, 1995, 51, 7667; T. Akiyama, et al. Tetrahedron, 2013, 69, 6560.

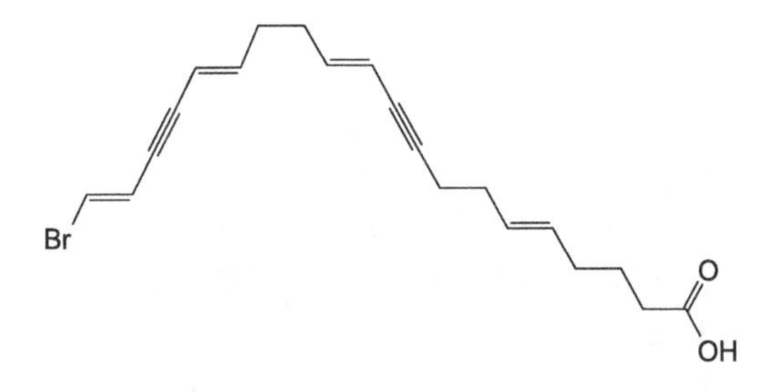

1408 (all-*E*)-20-Bromo-11,15,19-eicosatriene-9,17-diynoic acid (all-*E*)-20-溴-11,15,19-二十(碳)三烯-9,17-二炔酸

【基本信息】$C_{20}H_{25}BrO_2$, 无定形粉末.【类型】炔酸和酯类.【来源】似龟锉海绵* *Xestospongia testudinaria.*【活性】脂肪生成促进剂 (前成脂肪细胞分化诱导活性: 2μmol/L, 2+; 8μmol/L, 3+; 30μmol/L, 3+; 130μmol/L, 3+).【文献】T. Akiyama, et al. Tetrahedron, 2013, 69, 6560.

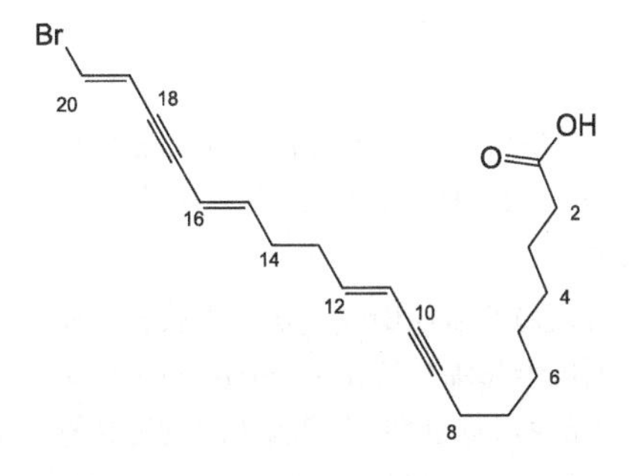

1409 16-Bromo-7,15-hexadecadiene-5-ynoic acid 16-溴-7,15-十六(碳)二烯-5-炔酸

【基本信息】$C_{16}H_{23}BrO_2$, 无色油状物.【类型】炔酸和酯类.【来源】似龟锉海绵* *Xestospongia testudinaria.*【活性】脂肪生成促进剂 (前成脂肪细胞分化诱导活性: 30μmol/L, 2+; 130μmol/L, 3+).【文献】T. Akiyama, et al. Tetrahedron, 2013, 69, 6560.

1410 18-Bromo-9*E*,17*E*-octadecadiene-5,7-diynoic acid 18-溴-9*E*,17*E*-十八(碳)二烯-5,7-二炔酸

【基本信息】$C_{18}H_{23}BrO_2$，针状晶体.【类型】炔酸和酯类.【来源】变化锉海绵* *Xestospongia muta* (巴哈马，加勒比海).【活性】HIV-1 蛋白酶抑制剂 (抑制 HIV-1 蛋白酶催化的乳酸脱氢酶蛋白水解, IC_{50} = 12μmol/L).【文献】A. D. Patil, et al. JNP, 1992, 55, 1170.

1411 18-Bromo-9*E*,17*E*-octadecadiene-7,15-diynoic acid 18-溴-9*E*,17*E*-十八(碳)二烯-7,15-二炔酸

【基本信息】$C_{18}H_{23}BrO_2$，晶体 (甲醇水溶液), mp 66~67°C，溶于甲醇，氯仿；难溶于水.【类型】炔酸和酯类.【来源】似龟锉海绵* *Xestospongia testudinaria* (澳大利亚)和似龟锉海绵* *Xestospongia testudinaria*.【活性】脂肪生成促进剂(前成脂肪细胞分化诱导活性 (8μmol/L, +, 30μmol/L, 3+, 130μmol/L, 3+).【文献】R. J. Quinn, et al. Tetrahedron Lett., 1985, 26, 1671; T. Akiyama, et al. Tetrahedron, 2013, 69, 6560.

1412 18-Bromo-9*Z*,17*E*-octadecadiene-7,15-diynoic acid 18-溴-9*Z*,17*E*-十八(碳)二烯-7,15-二炔酸

【基本信息】$C_{18}H_{23}BrO_2$.【类型】炔酸和酯类.【来源】似龟锉海绵* *Xestospongia testudinaria.*【活性】脂肪生成促进剂(前成脂肪细胞分化诱导活性 (30μmol/L, 3+, 130μmol/L, 3+).【文献】R. J. Quinn,et al. JNP, 1991, 54, 290; T. Akiyama, et al. Tetrahedron, 2013, 69, 6560.

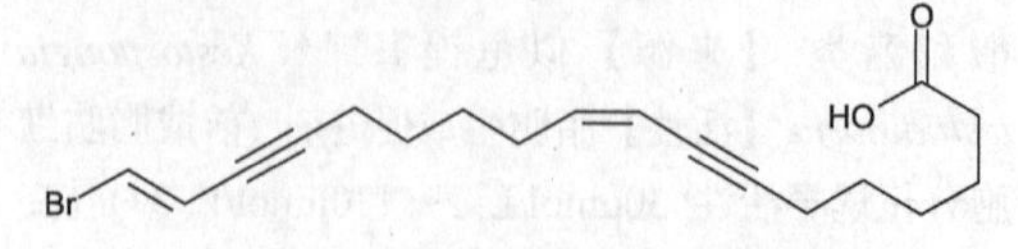

1413 18-Bromo-9*E*,15*E*-octadecadiene-5,7,17-triynoic acid 18-溴-9*E*,15*E*-十八(碳)二烯-5,7,17-三炔酸

【基本信息】$C_{18}H_{19}BrO_2$，棕色粉末.【类型】炔酸和酯类.【来源】变化锉海绵* *Xestospongia muta* (巴哈马，加勒比海).【活性】HIV-1 蛋白酶抑制剂 (抑制 HIV-1 蛋白酶催化的乳酸脱氢酶蛋白水解, IC_{50} = 7μmol/L).【文献】A. D. Patil, et al. JNP, 1992, 55, 1170.

1414 18-Bromo-9*E*,17*E*-octadecadiene-5,7,15-triynoic acid 18-溴-9*E*,17*E*-十八(碳)二烯-5,7,15-三炔酸

【基本信息】$C_{18}H_{19}BrO_2$，粉末.【类型】炔酸和酯类.【来源】变化锉海绵* *Xestospongia muta* (巴哈马，加勒比海).【活性】HIV-1 蛋白酶抑制剂 (抑制 HIV-1 蛋白酶催化的乳酸脱氢酶蛋白水解, IC_{50} = 8μmol/L).【文献】A. D. Patil, et al. JNP, 1992, 55, 1170.

1415 18-Bromo-13*E*,17*E*-octadecadiene-5,7,15-triynoic acid 18-溴-13*E*,17*E*-十八(碳)二烯-5,7,15-三炔酸

【基本信息】$C_{18}H_{19}BrO_2$，油状物.【类型】炔酸和酯类.【来源】火山石海绵* *Petrosia volcano* (日本水域).【活性】抗真菌.【文献】N. Fusetani, et al. Tetrahedron, 1993, 49, 1203.

1416 18-Bromo-13*E*,17*Z*-octadecadiene-5,7,15-triynoic acid 18-溴-13*E*,17*Z*-十八(碳)二烯-5,7,15-三炔酸

【基本信息】$C_{18}H_{19}BrO_2$，油状物.【类型】炔酸和酯类.【来源】火山石海绵* *Petrosia volcano* (日本水域).【活性】抗真菌.【文献】N. Fusetani, et al. Tetrahedron, 1993, 49, 1203.

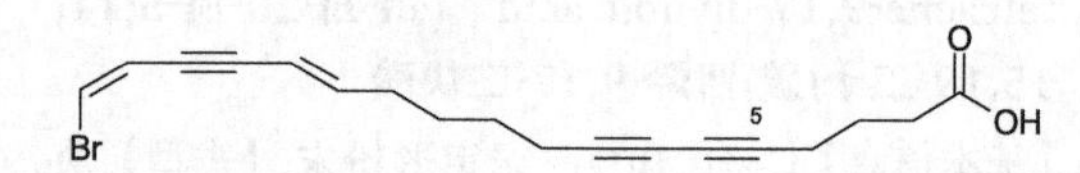

1417　18-Bromo-13*Z*,17*E*-octadecadiene-5,7,15-triynoic acid　18-溴-13*Z*,17*E*-十八(碳)二烯-5,7,15-三炔酸

【基本信息】$C_{18}H_{19}BrO_2$, 油状物.【类型】炔酸和酯类.【来源】火山石海绵* *Petrosia volcano* (日本水域).【活性】抗真菌.【文献】N. Fusetani, et al. Tetrahedron, 1993, 49, 1203.

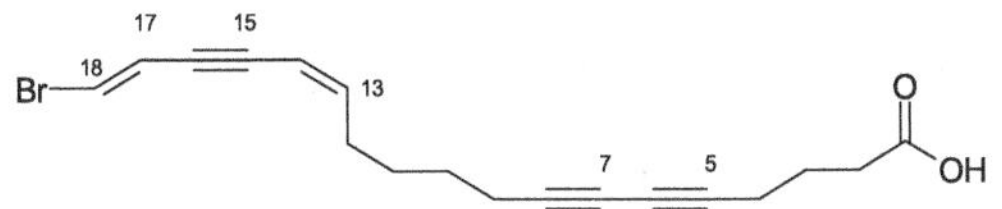

1418　18-Bromo-9,17*E*-octadecadiene-5,7,15-triynoic acid　18-溴-9,17*E*-十八(碳)二烯-5,7,15-三炔酸

【基本信息】$C_{18}H_{19}BrO_2$, 油状物.【类型】炔酸和酯类.【来源】火山石海绵* *Petrosia volcano* (日本水域).【活性】抗真菌.【文献】N. Fusetani, et al. Tetrahedron, 1993, 49, 1203.

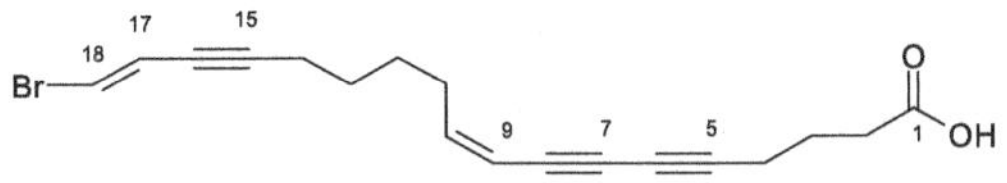

1419　18-Bromo-9,17*Z*-octadecadiene-5,7,15-triynoic acid　18-溴-9,17*Z*-十八(碳)二烯-5,7,15-三炔酸

【基本信息】$C_{18}H_{19}BrO_2$, 油状物.【类型】炔酸和酯类.【来源】火山石海绵* *Petrosia volcano* (日本水域).【活性】抗真菌.【文献】N. Fusetani, et al. Tetrahedron, 1993, 49, 1203.

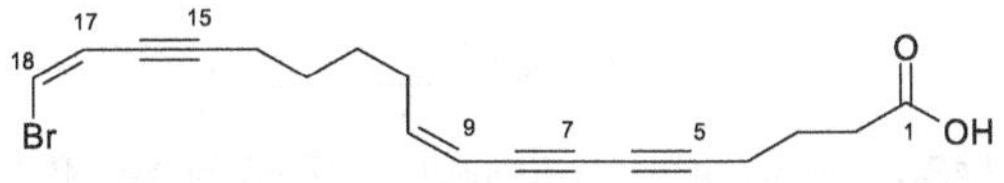

1420　18-Bromo-17*Z*-octadecadiene-5,7,15-triynoic acid　18-溴-17*Z*-十八(碳)二烯-5,7,15-三炔酸

【基本信息】$C_{18}H_{21}BrO_2$, 油状物.【类型】炔酸和酯类.【来源】火山石海绵* *Petrosia volcano* (日本水域).【活性】抗真菌.【文献】N. Fusetani, et al. Tetrahedron, 1993, 49, 1203.

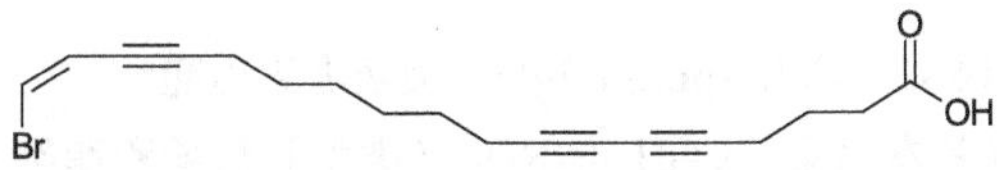

1421　18-Bromo-17*E*-octadecadiene-5,7,15-triynoic acid　18-溴-17*E*-十八(碳)二烯-5,7,15-三炔酸

【别名】Xestospongic acid; 锉海绵酸*.【基本信息】$C_{18}H_{21}BrO_2$.【类型】炔酸和酯类.【来源】似龟锉海绵* *Xestospongia testudinaria* (科摩罗群岛, 马约特岛, 马达加斯加海峡)和似龟锉海绵* *Xestospongia testudinaria*.【活性】抗菌 (金黄色葡萄球菌 *Staphylococcus aureus*, 100μg/盘, IZD = 12mm, 低活性); 脂肪生成促进剂 (前成脂肪细胞分化诱导活性: 130μmol/L, 3+).【文献】M. L. Bourguet-Kondracki, et al. Tetrahedron Lett., 1992, 33, 225; T. Akiyama, et al. Tetrahedron, 2013, 69, 6560.

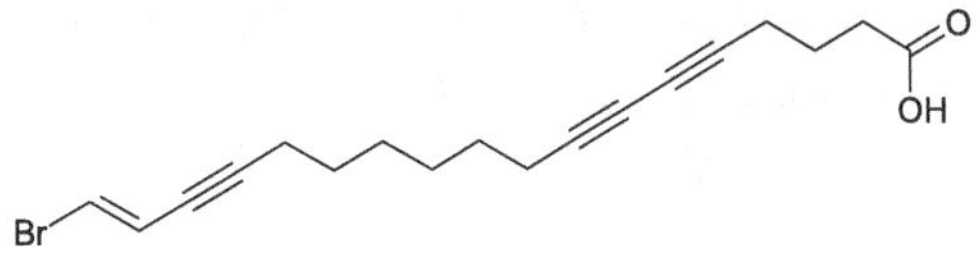

1422　18-Bromo-5*Z*,17*E*-octadecadien-7-ynoic acid　18-溴-5*Z*,17*E*-十八(碳)二烯-7-炔酸

【基本信息】$C_{18}H_{27}BrO_2$.【类型】炔酸和酯类.【来源】锉海绵属 *Xestospongia* sp. (冲绳, 日本).【活性】细胞毒 (L_{1210}和 KB).【文献】Y. Li, et al. J. Chem. Res. (S), 1995, 126; J. Chem. Res. (M), 1995, 0901.

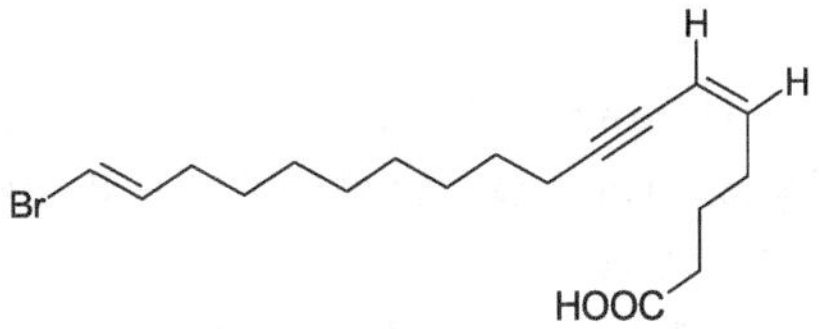

1423　18-Bromo-5*Z*,17*E*-octadecadien-7-ynoic acid methyl ester　18-溴-5*Z*,17*E*-十八(碳)二烯-7-炔酸甲酯

【基本信息】$C_{19}H_{29}BrO_2$.【类型】炔酸和酯类.【来源】锉海绵属 *Xestospongia* sp. (冲绳, 日本).【活性】细胞毒 (L_{1210}和 KB).【文献】Y. Li, et al. J. Chem. Res. (S), 1995, 126; J. Chem. Res. (M), 1995, 0901.

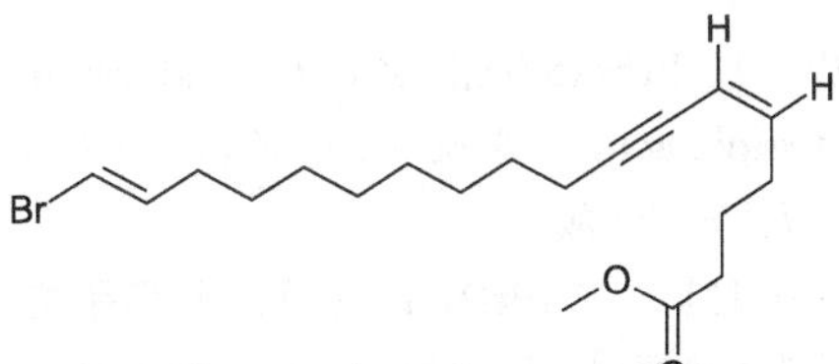

1424　18-Bromo-5*Z*,9*E*,17*E*-octadecatriene-7,15-diynoic acid　18-溴-5*Z*,9*E*,17*E*-十八(碳)三烯-7,15-二炔酸

【基本信息】$C_{18}H_{21}BrO_2$.【类型】炔酸和酯类.【来源】似龟锉海绵* *Xestospongia testudinaria.*【活性】脂肪生成促进剂 (前成脂肪细胞分化诱导活性: 8μmol/L, +; 30μmol/L, 3+; 130μmol/L, 3+).【文献】M. Taniguchi,et al. CPB, 2008, 56, 378; T. Akiyama, et al. Tetrahedron, 2013, 69, 6560.

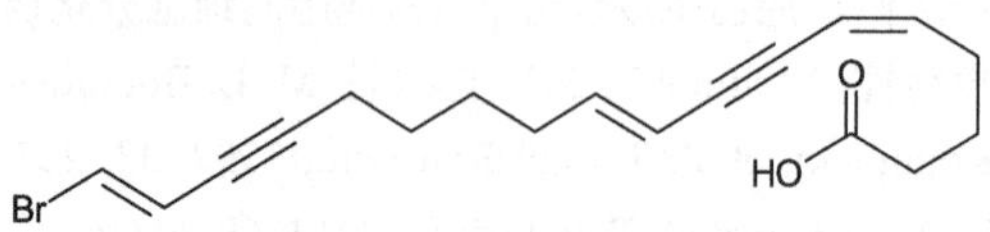

1425　18-Bromo-7*E*,13*E*,17*E*-octadecatriene-5,15-diynoic acid　18-溴-7*E*,13*E*,17*E*-十八(碳)三烯-5,15-二炔酸

【基本信息】$C_{18}H_{21}BrO_2$, 粉末.【类型】炔酸和酯类.【来源】变化锉海绵* *Xestospongia muta* (巴哈马).【活性】HIV-1 蛋白酶抑制剂 (抑制 HIV-1 蛋白酶催化的乳酸脱氢酶蛋白水解, IC_{50} = 10μmol/L).【文献】A. D. Patil, et al. JNP, 1992, 55, 1170.

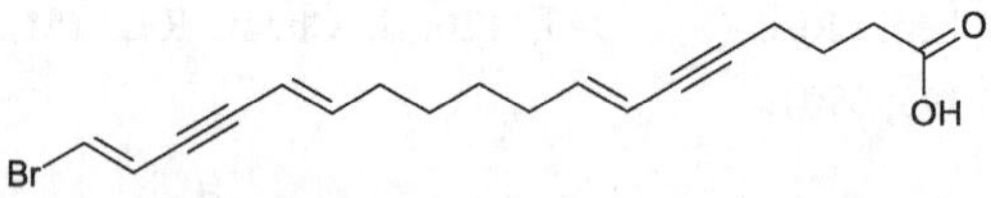

1426　18-Bromo-9*E*,13*E*,17*E*-octadecatriene-7,15-diynoic acid　18-溴-9*E*,13*E*,17*E*-十八(碳)三烯-7,15-二炔酸

【基本信息】$C_{18}H_{21}BrO_2$.【类型】炔酸和酯类.【来源】似龟锉海绵* *Xestospongia testudinaria.*【活性】脂肪生成促进剂 (前成脂肪细胞分化诱导活性: 8μmol/L, 3+; 30μmol/L, 3+; 130μmol/L, 3+).【文献】M. Taniguchi, et al. CPB, 2008, 56, 378; T. Akiyama, et al. Tetrahedron, 2013, 69, 6560.

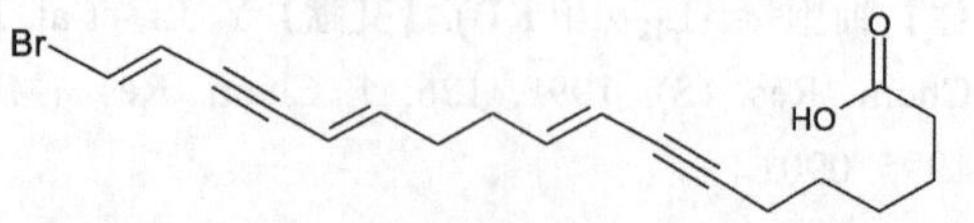

1427　18-Bromo-9*E*,13*Z*,17*E*-octadecatriene-7,15-diynoic acid　18-溴-9*E*,13*Z*,17*E*-十八(碳)三烯-7,15-二炔酸

【基本信息】$C_{18}H_{21}BrO_2$.【类型】炔酸和酯类.【来源】似龟锉海绵* *Xestospongia testudinaria.*【活性】脂肪生成促进剂 (前成脂肪细胞分化诱导活性: 30μmol/L, +; 130μmol/L, 3+).【文献】M. Taniguchi, et al. CPB, 2008, 56, 378; T. Akiyama, et al. Tetrahedron, 2013, 69, 6560.

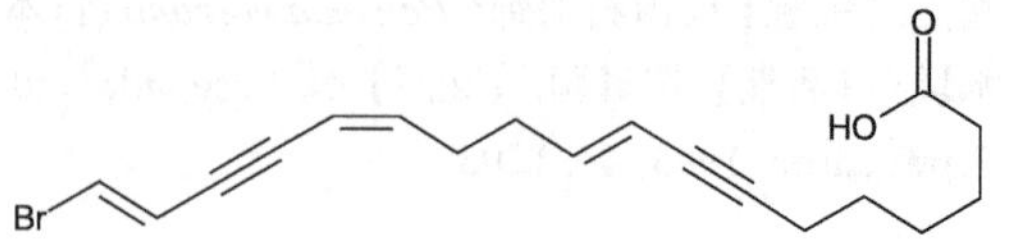

1428　18-Bromo-9*E*,13*E*,17*E*-octadecatriene-5,7,15-triynoic acid　18-溴-9*E*,13*E*,17*E*-十八(碳)三烯-5,7,15-三炔酸

【基本信息】$C_{18}H_{17}BrO_2$, 无定形粉末.【类型】炔酸和酯类.【来源】变化锉海绵* *Xestospongia muta* (巴哈马).【活性】HIV-1 蛋白酶抑制剂 (抑制 HIV-1 蛋白酶催化的乳酸脱氢酶蛋白水解, IC_{50} = 6μmol/L).【文献】A. D. Patil, et al. JNP, 1992, 55, 1170.

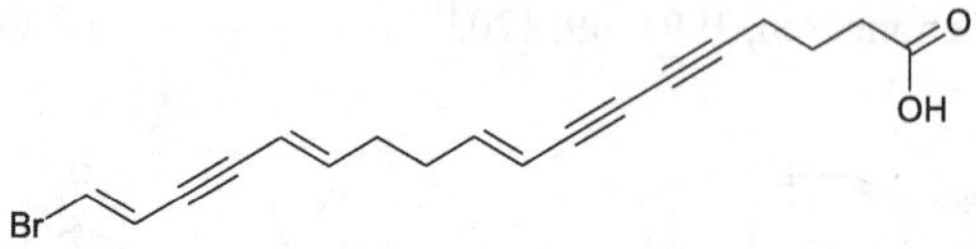

1429　18-Bromo-9,13,17-octadecatriene-5,7,15-triynoic acid　18-溴-9,13,17-十八(碳)三烯-5,7,15-三炔酸

【基本信息】$C_{18}H_{17}BrO_2$, 油状物.【类型】炔酸和酯类.【来源】火山石海绵* *Petrosia volcano* (日本水域).【活性】抗真菌.【文献】N. Fusetani, et al. Tetrahedron, 1993, 49, 1203.

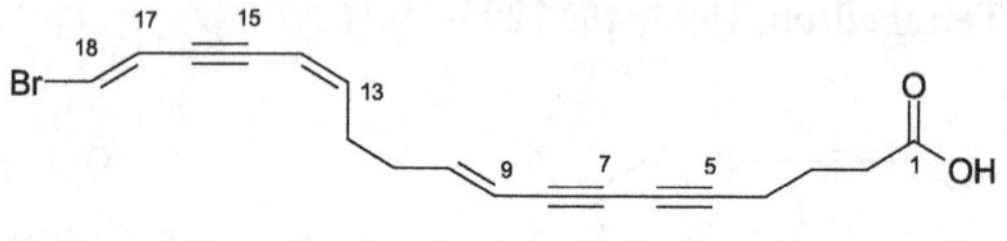

1430　Bromotheoynic acid　溴蒂壳海绵炔酸*

【基本信息】$C_{17}H_{21}BrO_2$.【类型】炔酸和酯类.【来源】岩屑海绵斯氏蒂壳海绵* *Theonella swinhoei* (种子岛, 鹿儿岛, 日本).【活性】海星卵成熟的抑制剂.【文献】N. Aoki, et al. Nat. Prod. Res., 2013, 27, 117.

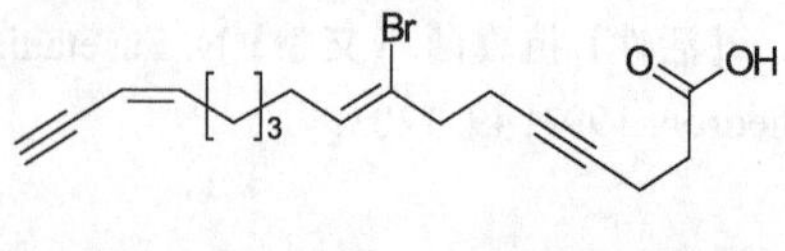

1431　Callyspongiolide　美丽海绵内酯*

【基本信息】$C_{33}H_{44}BrNO_6$.【类型】炔酸和酯类.

【来源】美丽海绵属 *Callyspongia* sp. (安汶岛, 印度尼西亚).【活性】细胞毒 (三种 HTCLs 细胞, IC_{50} = 60~320nmol/L, 有潜力的, 值得注意的是, 使用愈伤组织海绵内酯处理的细胞系的生存能力不受半胱氨酸天冬氨酸蛋白酶抑制剂 QVD-OPh 的影响, 由此建议该化合物以独立于半胱天冬酶的方式诱导细胞毒).【文献】C.-D. Pham, et al. Org. Lett., 2014, 16, 266.

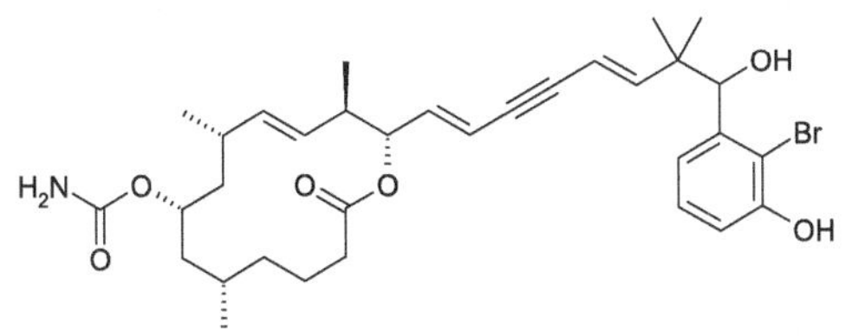

1432 Callyspongynic acid 美丽海绵炔酸*

【别名】(*S*,*E*)-30-Hydroxy-28-dotriacontene-2,9,14,19,21,31-hexaynoic acid; (*S*,*E*)-30-羟基-28-三十二(碳)烯-2,9,14,19,21,31-己炔酸.【基本信息】$C_{32}H_{38}O_3$, 油状物, $[\alpha]_D$ = +5.4° (*c* = 0.5, 乙醇).【类型】炔酸和酯类.【来源】截型美丽海绵* *Callyspongia truncata*.【活性】α-葡萄糖苷酶抑制剂.【文献】Y. Nakao, et al. JNP, 2002, 65, 922.

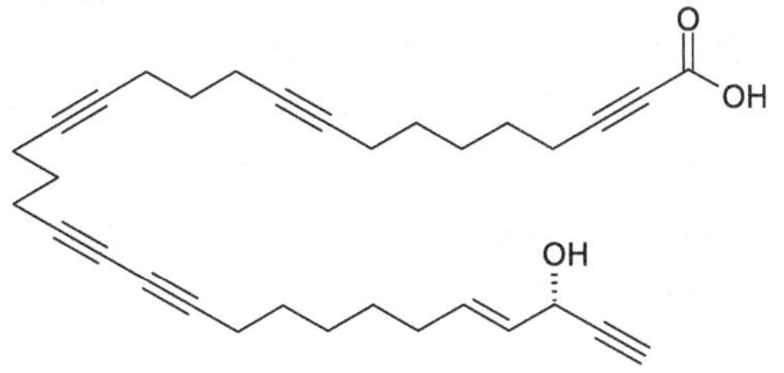

1433 Corticatic acid A 外皮石海绵酸 A*

【别名】(4*Z*,17*Z*,27*E*,29*R*)-29-Hydroxy-4,17,27-hentriacontatriene-2,20,30-triynoic acid; (4*Z*,17*Z*,27*E*,29*R*)-29-羟基-4,17,27-三十一(碳)三烯-2,20,30-三炔酸.【基本信息】$C_{31}H_{44}O_3$, 油状物, $[\alpha]_D^{23}$ = +28° (*c* = 0.1, 氯仿).【类型】炔酸和酯类.【来源】外皮石海绵* *Petrosia corticata* (日本水域).【活性】抗真菌 (拉曼被孢霉**Mortierella ramanniana*).【文献】H.-Y. Li, et al. JNP, 1994, 57, 1464.

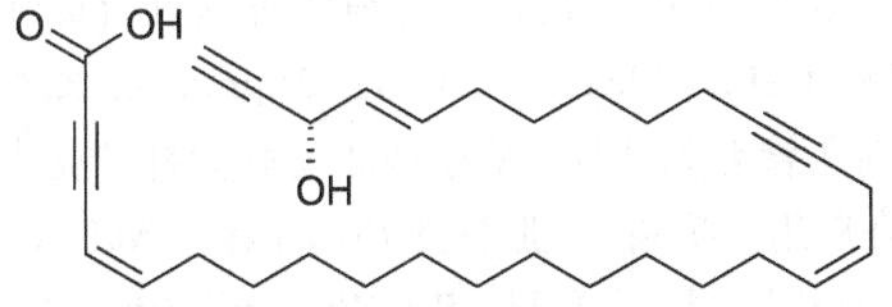

1434 Corticatic acid B 外皮石海绵酸 B*

【基本信息】$C_{31}H_{44}O_3$, 油状物, $[\alpha]_D^{23}$ = +9° (*c* = 0.04, 氯仿).【类型】炔酸和酯类.【来源】外皮石海绵* *Petrosia corticata* (日本水域).【活性】抗真菌 (拉曼被孢霉**Mortierella ramanniana*).【文献】H.-Y. Li, et al. JNP, 1994, 57, 1464.

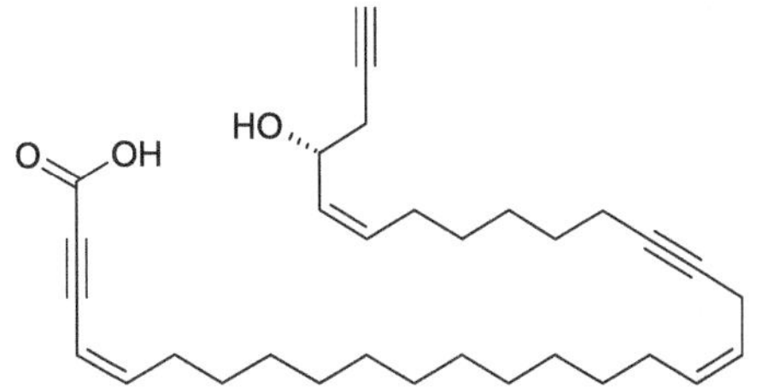

1435 (5*Z*,11*E*,15*E*,19*E*)-6,20-Dibromoeicosa-5,11,15,19-tetraene-9,17-diynoic acid (5*Z*,11*E*,15*E*,19*E*)-6,20-二溴二十(碳)-5,11,15,19-四烯-9,17-二炔酸

【基本信息】$C_{20}H_{22}Br_2O_2$, 无定形粉末.【类型】炔酸和酯类.【来源】细菌真杆菌 *Eubacteria* sp. (西印度洋), 来自锉海绵属 *Xestospongia* sp. (组织), 似龟锉海绵* *Xestospongia testudinaria*.【活性】脂肪生成促进剂 (前成脂肪细胞分化诱导活性: 8μmol/L, +; 30μmol/L, 3+; 130μmol/L, 3+).【文献】S. E. Brantley, et al. Tetrahedron, 1995, 51, 7667; T. Akiyama, et al. Tetrahedron, 2013, 69, 6560.

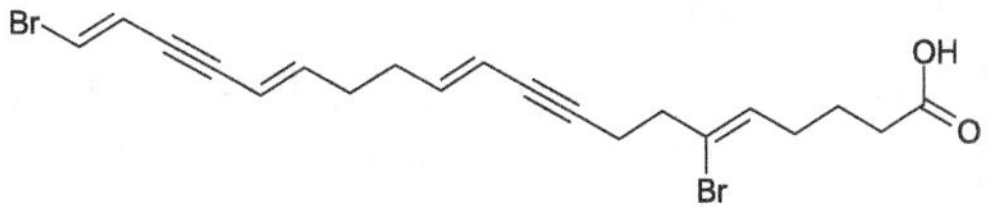

1436 (7*E*,15*Z*)-14,16-Dibromo-7,13,15-hexadecatrien-5-ynoic acid (7*E*,15*Z*)-14,16-二溴-7,13,15-十六(碳)三烯-5-炔酸

【基本信息】$C_{16}H_{20}Br_2O_2$, 油状物.【类型】炔酸和酯类.【来源】变化锉海绵* *Xestospongia muta*.【活性】细胞毒; 中枢神经系统活性 (*in vivo*).【文献】F. J. Schmitz, et al. Tetrahedron Lett., 1978, 3637.

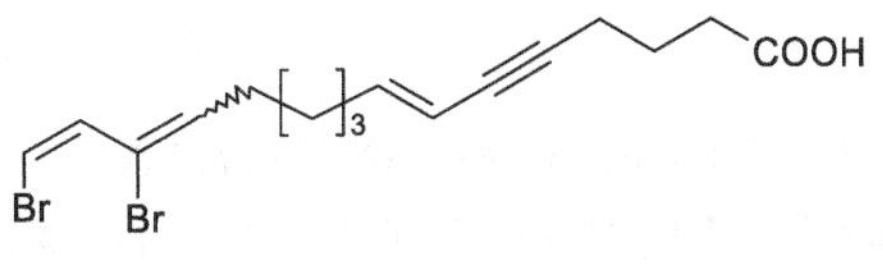

1437 18,18-Dibromo-9*Z*,17*E*-octadecadiene-5,7-diynoic acid 18,18-二溴-9*Z*,17*E*-十八(碳)二烯-5,7-二炔酸

【基本信息】$C_{18}H_{22}Br_2O_2$.【类型】炔酸和酯类.

【来源】似龟锉海绵* *Xestospongia testudinaria.*【活性】脂肪生成促进剂 (前成脂肪细胞分化诱导活性. 30μmol/L, +; 130μmol/L, 3+).【文献】M. Taniguchi,et al. CPB, 2008, 56, 378; T. Akiyama, et al. Tetrahedron, 2013, 69, 6560.

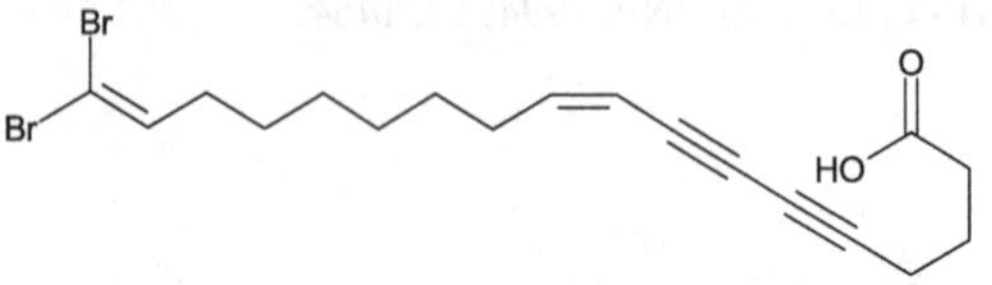

1438 (*Z*)-18,18-Dibromo-5,17-octadecadien-7-ynoic acid (*Z*)-18,18-二溴-5,17-十八(碳)二烯-7-炔酸

【基本信息】$C_{18}H_{26}Br_2O_2$.【类型】炔酸和酯类.【来源】锉海绵属 *Xestospongia* sp. (冲绳, 日本).【活性】细胞毒 (L_{1210}和 KB).【文献】Y. Li, et al. J. Chem. Res. (S), 1995, 126; J. Chem. Res. (M), 1995, 0901.

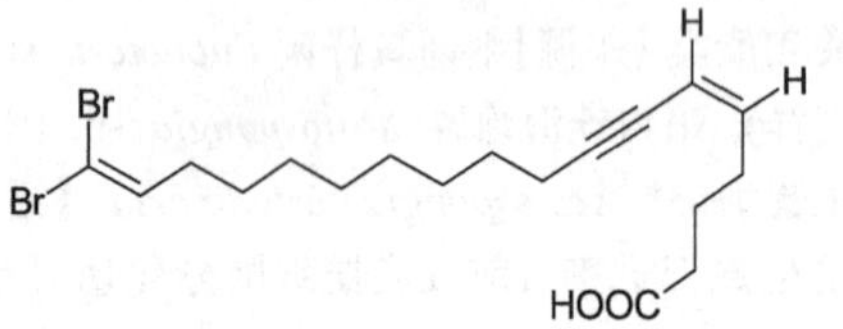

1439 18,18-Dibromo-5*Z*,17-octadecadien-7-ynoic acid methyl ester 18,18-二溴-5*Z*,17-十八(碳)二烯-7-炔酸甲酯

【基本信息】$C_{19}H_{28}Br_2O_2$.【类型】炔酸和酯类.【来源】锉海绵属 *Xestospongia* sp. (冲绳, 日本).【活性】细胞毒 (L_{1210}和 KB).【文献】Y. Li, et al. J. Chem. Res. (S), 1995, 126; J. Chem. Res. (M), 1995, 0901.

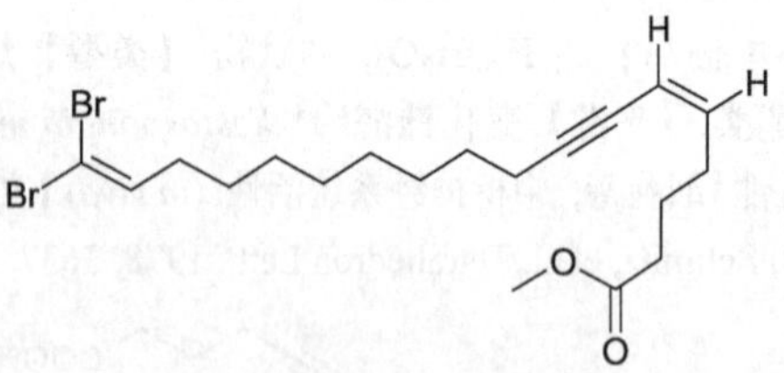

1440 Heterofibrin A₁ 异纤维蛋白 A₁

【基本信息】$C_{18}H_{26}O_2$, 浅黄色油状物.【类型】炔酸和酯类.【来源】角骨海绵属 *Spongia* sp. (大澳大利亚湾, 澳大利亚).【活性】脂质小滴形成抑制剂 (成纤维细胞, 10μmol/L, InRt = 52%, 在类似浓度下无细胞毒); 无细胞毒活性 (成纤维细胞, HeLa 和 MDA-MB-231, 30μmol/L, 此类抑制剂在管理肥胖症, 糖尿病和动脉粥样硬化中有潜在应用); 抗菌 (大肠杆菌 *Escherichia coli,* IC_{90} > 50μmol/L; 枯草杆菌 *Bacillus subtilis*, IC_{90} = 22μmol/L; 金黄色葡萄球菌 *Staphylococcus aureus,* IC_{90} = 45μmol/L, 铜绿假单胞菌 *Pseudomonas aeruginosa*, IC_{90} >50μmol/L); 抗真菌 (白色念珠菌 *Candida albicans*, IC_{90} >50μmol/L).【文献】A. A. Salim, et al. Org. Biomol. Chem., 2010, 8, 3188.

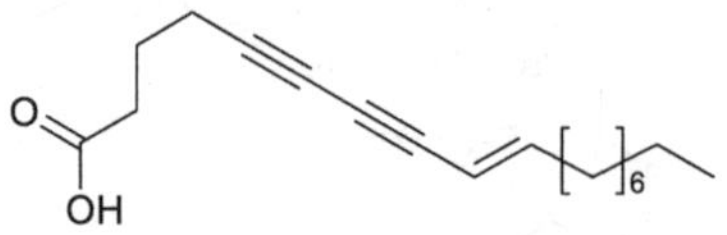

1441 Heterofibrin A₂ 异纤维蛋白 A₂

【基本信息】$C_{21}H_{30}O_4$, 浅黄色油状物, $[\alpha]_D^{20}$ = –9.2° (*c* = 0.25, 氯仿).【类型】炔酸和酯类.【来源】角骨海绵属 *Spongia* sp. (大澳大利亚湾, 澳大利亚).【活性】脂质小滴形成抑制剂 (成纤维细胞, 10μmol/L, InRt = 0%); 无细胞毒活性 (成纤维细胞, HeLa 和 MDA-MB-231, 30μmol/L, 此类抑制剂在管理肥胖症, 糖尿病和动脉粥样硬化中有潜在应用); 抗菌 (大肠杆菌 *Escherichia coli,* IC_{90} > 50μmol/L; 枯草杆菌 *Bacillus subtilis*, IC_{90}= 26μmol/L; 金黄色葡萄球菌 *Staphylococcus aureus,* IC_{90} > 50μmol/L; 铜绿假单胞菌 *Pseudomonas aeruginosa,* IC_{90}>50μmol/L); 抗真菌 (白色念珠菌 *Candida albicans*, IC_{90}>50μmol/L).【文献】A. A. Salim, et al. Org. Biomol. Chem., 2010, 8, 3188.

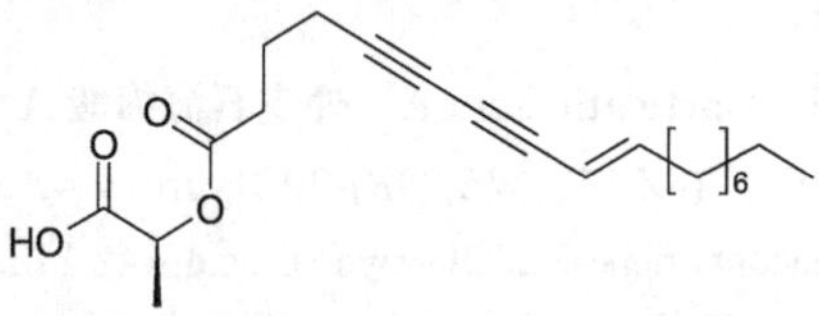

1442 Heterofibrin A₃ 异纤维蛋白 A₃

【基本信息】$C_{24}H_{34}O_6$, 浅黄色油状物, $[\alpha]_D^{20}$ = +11° (*c* = 0.05, 氯仿).【类型】炔酸和酯类.【来源】角骨海绵属 *Spongia* sp. (大澳大利亚湾, 澳大利亚).【活性】脂质小滴形成抑制剂 (成纤维细胞, 10μmol/L, InRt = 14%); 无细胞毒活性 (成纤维细胞, HeLa 和 MDA-MB-231, 30μmol/L, 此类抑制剂在管理肥胖症, 糖尿病和动脉粥样硬化中有潜在应用); 抗菌 (大肠杆菌 *Escherichia coli,* IC_{90} > 50μmol/L; 枯草杆菌 *Bacillus subtilis*, IC_{90} =

29μmol/L; 金黄色葡萄球菌 *Staphylococcus aureus*, IC_{90} > 50μmol/L; 铜绿假单胞菌 *Pseudomonas aeruginosa*, IC_{90} >50μmol/L); 抗真菌 (白色念珠菌 *Candida albicans*, IC_{90} >50μmol/L).【文献】A. A. Salim, et al. Org. Biomol. Chem., 2010, 8, 3188.

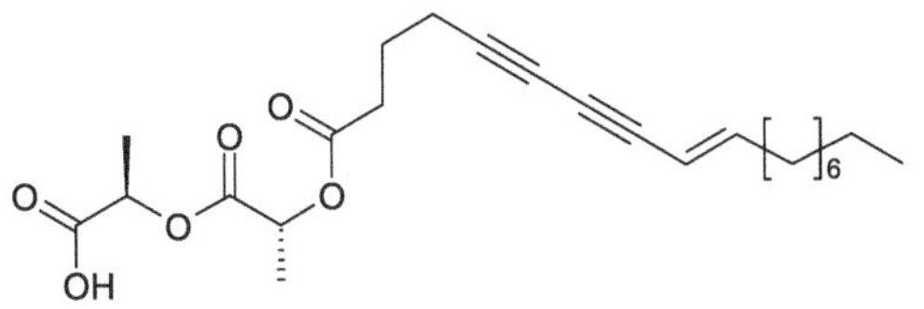

1443 Heterofibrin B₁ 异纤维蛋白 B₁

【基本信息】$C_{19}H_{28}O_2$, 浅黄色油状物.【类型】炔酸和酯类.【来源】角骨海绵属 *Spongia* sp. (大澳大利亚湾, 澳大利亚).【活性】脂质小滴形成抑制剂 (成纤维细胞, 10μmol/L, InRt = 60%, 在类似浓度下无细胞毒); 无细胞毒活性 (成纤维细胞, HeLa 和 MDA-MB-231, 30μmol/L, 此类抑制剂在管理肥胖症, 糖尿病和动脉粥样硬化中有潜在应用); 抗菌 (大肠杆菌 *Escherichia coli*, IC_{90} > 50μmol/L; 枯草杆菌 *Bacillus subtilis*, IC_{90}= 10μmol/L; 金黄色葡萄球菌 *Staphylococcus aureus*, IC_{90}= 21μmol/L; 铜绿假单胞菌 *Pseudomonas aeruginosa*, IC_{90}>50μmol/L); 抗真菌 (白色念珠菌 *Candida albicans*, IC_{90}>50μmol/L).【文献】A. A. Salim, et al. Org. Biomol. Chem., 2010, 8, 3188.

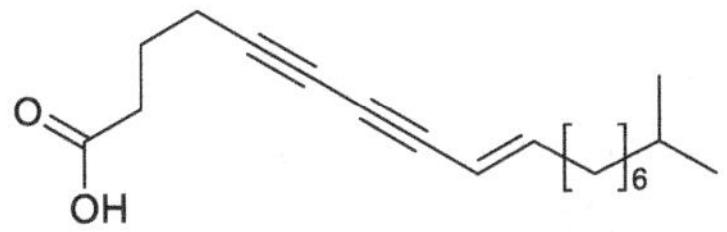

1444 Heterofibrin B₂ 异纤维蛋白 B₂

【基本信息】$C_{22}H_{32}O_4$, 浅黄色油状物, $[\alpha]_D^{20}$ = −10° (c = 0.13, 氯仿).【类型】炔酸和酯类.【来源】角骨海绵属 *Spongia* sp. (大澳大利亚湾, 澳大利亚).【活性】脂质小滴形成抑制剂 (成纤维细胞, 10μmol/L, InRt = 24%); 无细胞毒活性 (成纤维细胞, HeLa 和 MDA-MB-231, 30μmol/L, 此类抑制剂在管理肥胖症, 糖尿病和动脉粥样硬化中有潜在应用); 抗菌 (大肠杆菌 *Escherichia coli*, IC_{90} > 50μmol/L; 枯草杆菌 *Bacillus subtilis*, IC_{90} = 17μmol/L; 金黄色葡萄球菌 *Staphylococcus aureus*, IC_{90} > 50μmol/L; 铜绿假单胞菌 *Pseudomonas aeruginosa*, IC_{90} > 50μmol/L); 抗真菌 (白色念珠菌 *Candida albicans*, IC_{90} >50μmol/L).【文献】A. A. Salim, et al. Org. Biomol. Chem., 2010, 8, 3188.

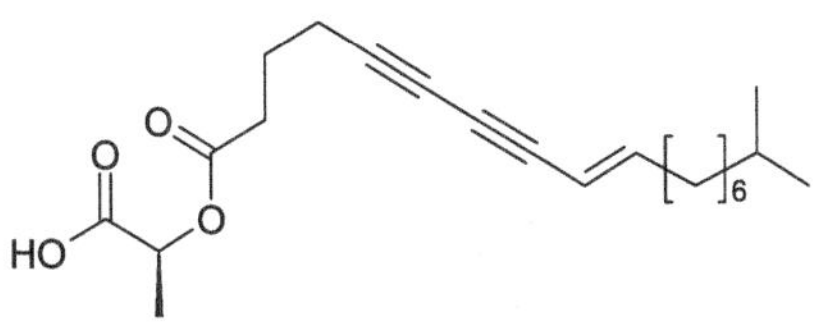

1445 Heterofibrin B₃ 异纤维蛋白 B₃.

【基本信息】$C_{25}H_{36}O_6$, 浅黄色油状物, $[\alpha]_D^{20}$ = +16° (c = 0.13, 氯仿).【类型】炔酸和酯类.【来源】角骨海绵属 *Spongia* sp. (大澳大利亚湾, 澳大利亚).【活性】脂质小滴形成抑制剂 (成纤维细胞, 10μmol/L, InRt = 24%); 细胞毒无活性 (成纤维细胞, HeLa 和 MDA-MB-231, 30μmol/L, 此类抑制剂在管理肥胖症, 糖尿病和动脉粥样硬化中有潜在应用); 抗菌 (大肠杆菌 *Escherichia coli*, IC_{90} > 50μmol/L, 枯草杆菌 *Bacillus subtilis*, IC_{90}= 27μmol/L, 金黄色葡萄球菌 *Staphylococcus aureus*, IC_{90} > 50μmol/L), 铜绿假单胞菌 *Pseudomonas aeruginosa*, IC_{90} > 50μmol/L); 抗真菌 (白色念珠菌 *Candida albicans*, IC_{90}>50μmol/L).【文献】A. A. Salim, et al. Org. Biomol. Chem., 2010, 8, 3188.

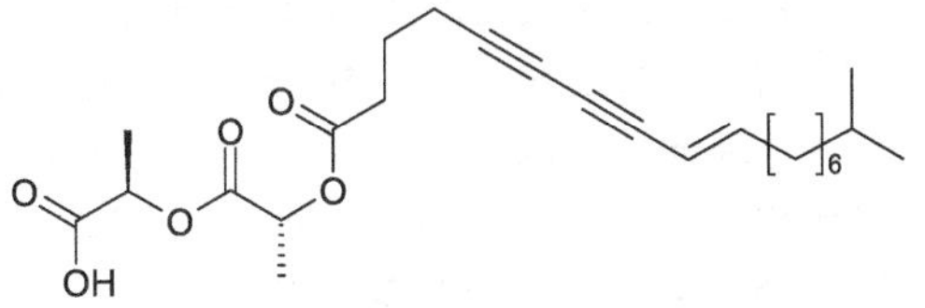

1446 (9*Z*,12*Z*)-7-Hydroxyoctadeca-9,12-dien-5-ynoic acid (9*Z*,12*Z*)-7-羟基十八(碳)-9,12-二烯-5-炔酸

【基本信息】$C_{18}H_{28}O_3$, $[\alpha]_D$ = +6.8° (c = 1.5, 氯仿).【类型】炔酸和酯类.【来源】红藻有粉粉枝藻* *Liagora farinosa*.【活性】鱼毒.【文献】V. J. Paul, et al. Tetrahedron Lett., 1980, 21, 3327.

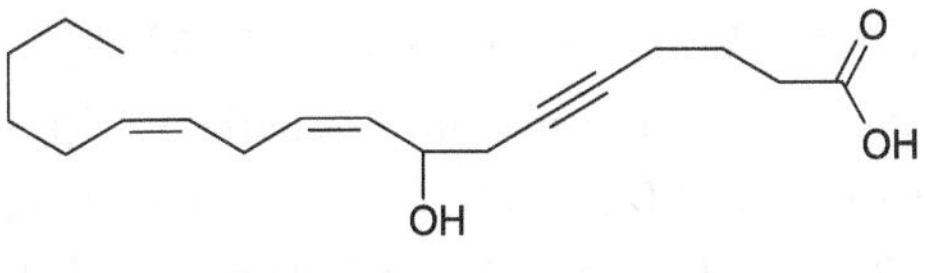

1447 Liagoric acid 粉枝藻酸*

【基本信息】$C_{18}H_{26}O_2$, 溶于氯仿, 己烷; 难溶于水.【类型】炔酸和酯类.【来源】红藻有粉粉枝藻* *Liagora farinosa*.【活性】鱼毒; 前列腺素生物合成抑制剂.【文献】V. J. Paul, et al. Tetrahedron

Lett., 1980, 21, 3327.

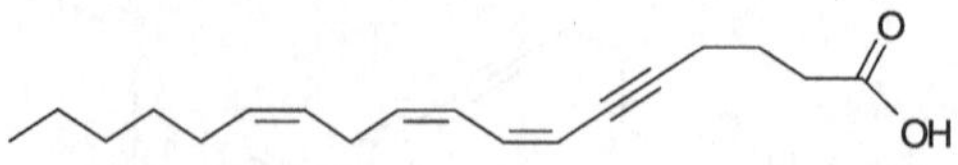

1448 Methyl-18-bromo-9*E*,17*E*-octadecadiene-5, 7-diynoate 甲基-18-溴-9*E*,17*E*-十八(碳)二烯-5,7-二炔酸甲酯

【基本信息】$C_{19}H_{25}BrO_2$，针状晶体.【类型】炔酸和酯类.【来源】变化锉海绵* *Xestospongia muta* (巴哈马，加勒比海).【活性】HIV-1 蛋白酶抑制剂 (抑制 HIV-1 蛋白酶催化的乳酸脱氢酶蛋白水解, IC_{50} = 10μmol/L).【文献】A. D. Patil, et al. JNP, 1992, 55, 1170.

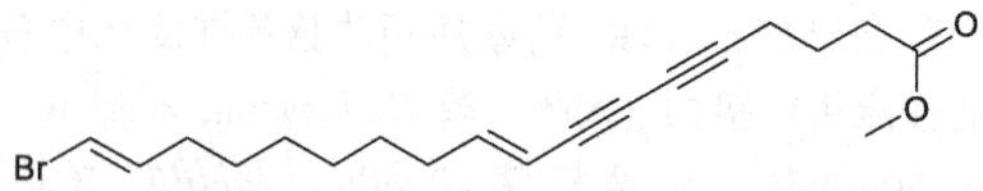

1449 Methyl montiporate A 石珊瑚酸甲酯 A*

【基本信息】$C_{15}H_{22}O_3$，黄色油状物.【类型】炔酸和酯类.【来源】表孔珊瑚属石珊瑚 *Montipora* sp.【活性】细胞毒 (A549, ED_{50} > 30μg/mL; SK-OV-3, ED_{50} = 20.52μg/mL; SK-MEL-2, ED_{50} > 30μg/mL; XF498, ED_{50} > 30μg/mL; HCT15, ED_{50} = 25.61μg/mL; 对照顺铂：A549, ED_{50} = 0.75μg/mL; SK-OV-3, ED_{50} = 1.09μg/mL; SK-MEL-2, ED_{50} = 2.18μg/mL; XF498, ED_{50} = 1.18μg/mL; HCT15, ED_{50} = 0.85μg/mL)【文献】N. Alam, et al. JNP, 2001, 64, 1059.

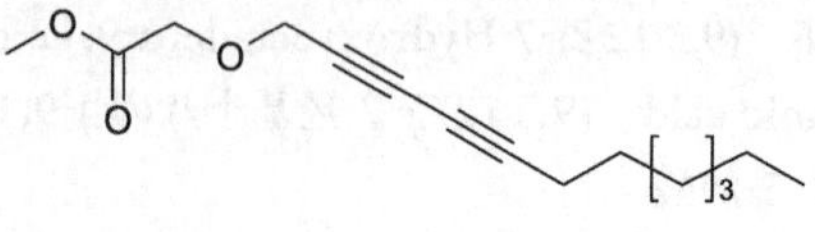

1450 Montiporic acid A 石珊瑚酸 A*

【基本信息】$C_{14}H_{20}O_3$，油状物.【类型】炔酸和酯类.【来源】指状表孔珊瑚石珊瑚 *Montipora digitata* (卵)，鹿角珊瑚 *Madrepora oculata* 和表孔珊瑚属石珊瑚 *Montipora* sp.【活性】细胞毒 (A549, ED_{50} = 6.31μg/mL; SK-OV-3, ED_{50} = 7.50μg/mL; SK-MEL-2, ED_{50} = 7.97μg/mL; XF498, ED_{50} = 7.72μg/mL; HCT15, ED_{50} = 8.30μg/mL; 对照顺铂：A549, ED_{50} = 0.75μg/mL; SK-OV-3, ED_{50} = 1.09μg/mL; SK-MEL-2, ED_{50} = 2.18μg/mL; XF498, ED_{50} = 1.18μg/mL; HCT15, ED_{50} = 0.85μg/mL)；细胞毒 (P_{388}, IC_{50} = 5.0μg/mL)；抗菌 (大肠杆菌 *Escherichia coli*)；水产诱食剂 (前鳃虫 *Drupella cornus*).【文献】N. Fusetani, et al. JNP, 1996, 59, 796; H. A. Stefani, et al. Tetrahedron Lett., 1999, 40, 9215; N. Alam, et al. JNP, 2001, 64, 1059; M. Kita, et al. Tetrahedron Lett., 2005, 46, 8583.

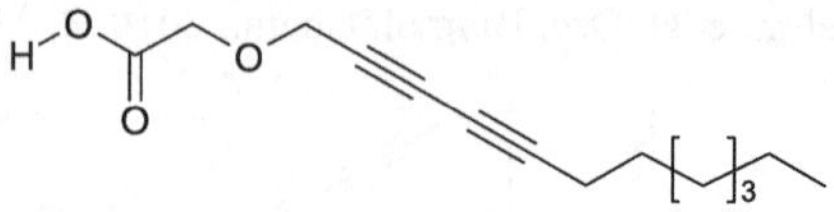

1451 Montiporic acid B 石珊瑚酸 B*

【基本信息】$C_{16}H_{22}O_3$，油状物 (钠盐).【类型】炔酸和酯类.【来源】表孔珊瑚属石珊瑚 *Montipora digitata* (卵)，和 *Montipora* sp.【活性】细胞毒 (A549, ED_{50} = 6.26μg/mL; SK-OV-3, ED_{50} = 4.88μg/mL; SK-MEL-2, ED_{50} = 4.68μg/mL; XF498, ED_{50} = 4.96μg/mL; HCT15, ED_{50} = 4.47μg/mL; 对照顺铂：A549, ED_{50} = 0.75μg/mL; SK-OV-3, ED_{50} = 1.09μg/mL; SK-MEL-2, ED_{50} = 2.18μg/mL; XF498, ED_{50} = 1.18μg/mL; HCT15, ED_{50} = 0.85μg/mL)；细胞毒 (P_{388}, IC_{50} = 12.0μg/mL)；抗菌 (大肠杆菌 *Escherichia coli*).【文献】N. Fusetani, et al. JNP, 1996, 59, 796; H. A. Stefani, et al. Tetrahedron Lett., 1999, 40, 9215; N. Alam, et al. JNP, 2001, 64, 1059.

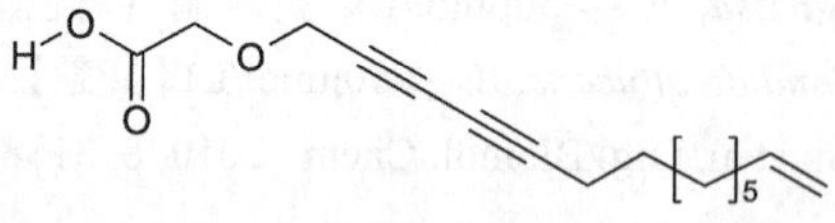

1452 6-[5-(5-Octen-7-ynyl)-2-thienyl]-5-hexynoic acid 6-[5-(5-八(碳)烯-7-炔基)-2-噻吩基]-5-六炔酸

【基本信息】$C_{18}H_{20}O_2S$，油状物.【类型】炔酸和酯类.【来源】毛壶属钙质海绵 *Grantia* cf. *waguensis* (冲绳，日本).【活性】细胞毒 (NBT-T2, IC_{50} > 20μg/mL)；抗菌 (金黄色葡萄球菌 *Staphylococcus aureus* IAM 12084, MIC = 64μg/mL，对照利福平, MIC = 64μg/mL; 大肠杆菌 *Escherichia coli* ATCC 12600, MIC = 128μg/mL，对照利福平, MIC = 64μg/mL).【文献】M. D. B. Tianero, et al. Chem. Biodiversity, 2009, 6, 1374.

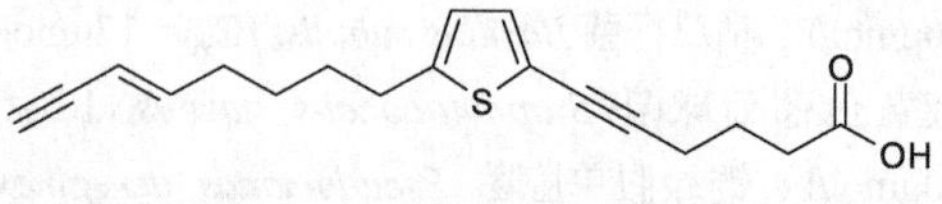

1453 Osirisyne A 奥西里斯蜂海绵炔 A*

【基本信息】$C_{47}H_{72}O_{11}$，固体，mp 118~120℃,

$[\alpha]_D^{25} = +11.8°$ ($c = 0.15$, 甲醇).【类型】炔酸和酯类.【来源】奥西里斯蜂海绵* *Haliclona osiris* (朝鲜半岛水域).【活性】细胞毒 (K562, LC_{50} = 25μmol/L).【文献】J. Shin, et al. Tetrahedron, 1998, 54, 8711.

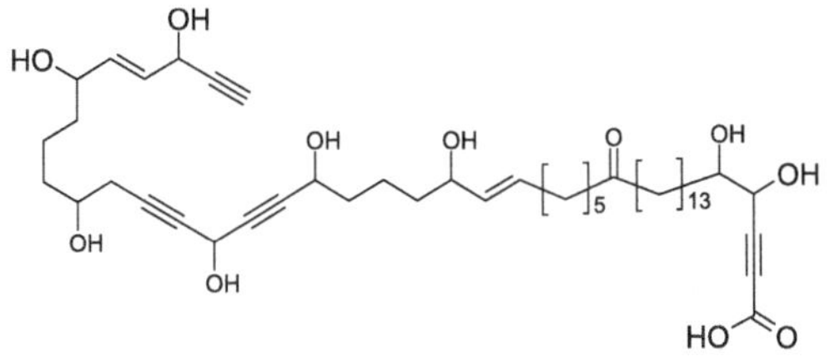

1454 Osirisyne B 奥西里斯蜂海绵炔 B*

【基本信息】$C_{47}H_{72}O_{10}$, 固体, mp 123~124°C, $[\alpha]_D^{25} = +16.1°$ ($c = 0.12$, 甲醇).【类型】炔酸和酯类.【来源】奥西里斯蜂海绵* *Haliclona osiris* (朝鲜半岛水域).【活性】细胞毒 (K562, LC_{50} = 48μmol/L).【文献】J. Shin, et al. Tetrahedron, 1998, 54, 8711.

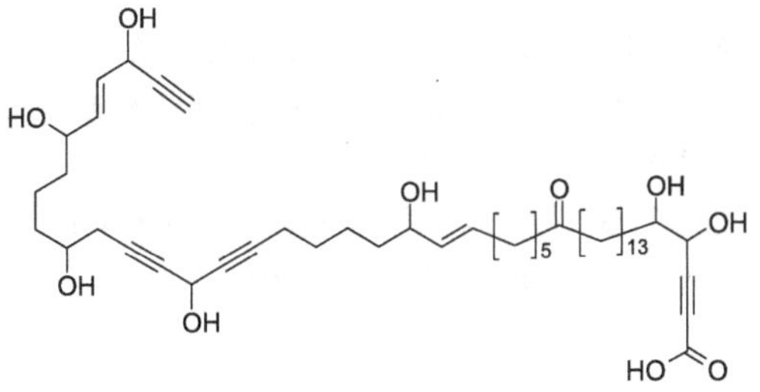

1455 Osirisyne C 奥西里斯蜂海绵炔 C*

【基本信息】$C_{47}H_{72}O_{11}$, 固体, mp 121~122°C, $[\alpha]_D^{25} = +13.4°$ ($c = 0.17$, 甲醇).【类型】炔酸和酯类.【来源】奥西里斯蜂海绵* *Haliclona osiris* (朝鲜半岛水域).【活性】细胞毒 (K562, LC_{50} = 52μmol/L); 钠/钾-腺苷三磷酸酶抑制剂和逆转录酶(RT) 抑制剂, 1μg/10μL).【文献】J. Shin, et al. Tetrahedron, 1998, 54, 8711.

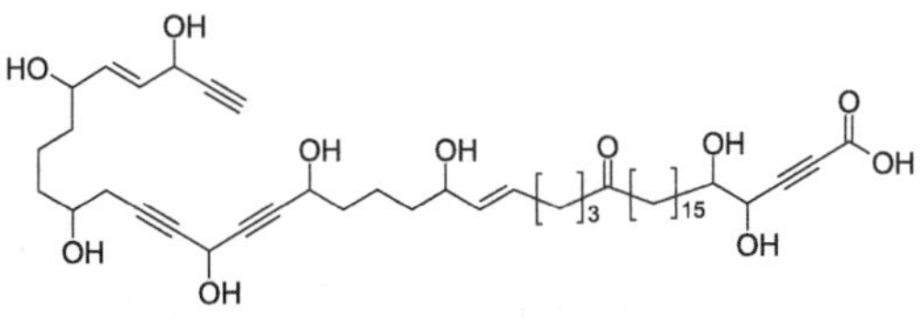

1456 Osirisyne D 奥西里斯蜂海绵炔 D*

【基本信息】$C_{47}H_{72}O_{10}$, 固体, mp 138~140°C, $[\alpha]_D^{25} = +10.3°$ ($c = 0.12$, 甲醇).【类型】炔酸和酯类.【来源】奥西里斯蜂海绵* *Haliclona osiris* (朝鲜半岛水域).【活性】细胞毒 (K562, LC_{50} = 25μmol/L).【文献】J. Shin, et al. Tetrahedron, 1998, 54, 8711.

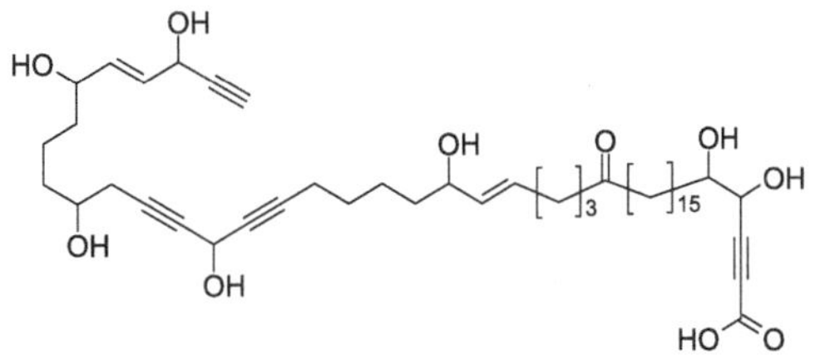

1457 Osirisyne E 奥西里斯蜂海绵炔 E*

【基本信息】$C_{47}H_{72}O_{10}$, 固体, mp 126~128°C, $[\alpha]_D^{25} = +18.5°$ ($c = 0.10$, 甲醇).【类型】炔酸和酯类.【来源】奥西里斯蜂海绵* *Haliclona osiris* (朝鲜半岛水域).【活性】细胞毒 (K562, LC_{50} = 20μmol/L); 钠/钾-腺苷三磷酸酶抑制剂和逆转录酶(RT)抑制剂, 1μg/10μL).【文献】J. Shin, et al. Tetrahedron, 1998, 54, 8711.

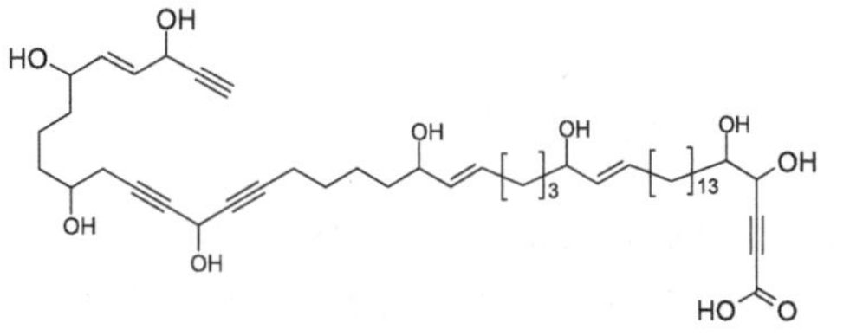

1458 Osirisyne F 奥西里斯蜂海绵炔 F*

【基本信息】$C_{47}H_{72}O_{12}$, 固体, mp 138~140°C, $[\alpha]_D^{25} = +6.8°$ ($c = 0.09$, 甲醇).【类型】炔酸和酯类.【来源】奥西里斯蜂海绵* *Haliclona osiris* (朝鲜半岛水域).【活性】细胞毒 (K562, LC_{50} = 20μmol/L); 钠/钾-腺苷三磷酸酶抑制剂和逆转录酶(RT) 抑制剂, 1μg/10μL).【文献】J. Shin, et al. Tetrahedron, 1998, 54, 8711.

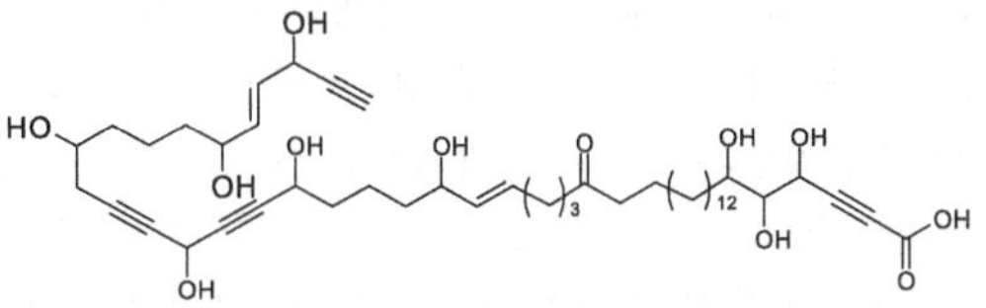

1459 Pellynic acid 皮条海绵酸*

【基本信息】$C_{33}H_{52}O_3$, 树胶状物, $[\alpha]_D = -10.5°$ ($c = 0.34$, 氯仿/甲醇, 1:1).【类型】炔酸和酯类.【来源】三角皮条海绵* *Pellina triangulata* (楚克环礁, 密克罗尼西亚联邦).【活性】肌苷单磷酸盐脱氢酶 IMPDH 抑制剂 (IC_{50} = 1.03μmol/L).【文

献】X. Fu, et al. Tetrahedron, 1997, 53, 799.

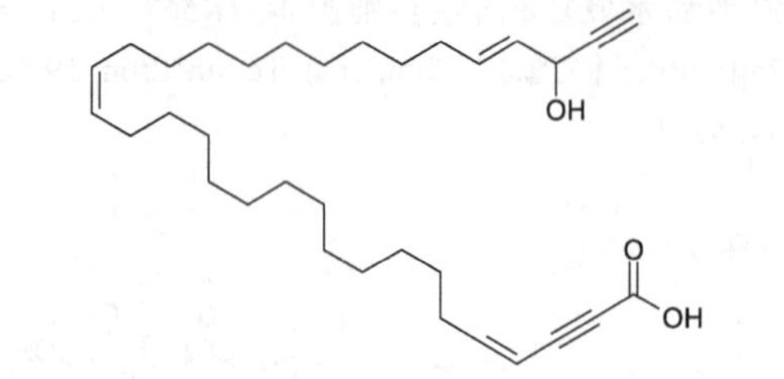

1460　Petrosolic acid　石海绵酸*

【基本信息】$C_{44}H_{64}O_{11}$, 无定形粉末, $[\alpha]_D^{22} = +7°$ ($c = 2.9$, 甲醇).【类型】炔酸和酯类.【来源】石海绵属 *Petrosia* sp. (红海).【活性】HIV-rt 逆转录酶抑制剂.【文献】S. Isaacs, et al. Tetrahedron, 1993, 49, 10435.

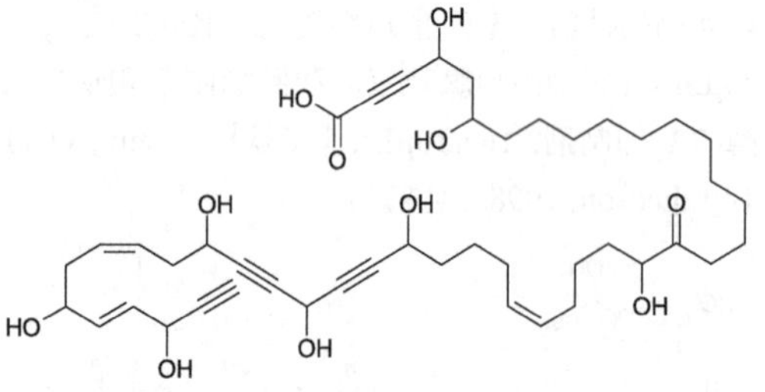

1461　Petrosynic acid A　石海绵炔酸 A*

【基本信息】$C_{31}H_{48}O_3$.【类型】炔酸和酯类.【来源】石海绵属 *Petrosia* sp. (太平洋图图伊拉岛, 美属萨摩亚).【活性】细胞毒 (各种人肿瘤细胞 HTCLs 和非增殖期人成纤维细胞, 没有治疗窗口).【文献】E. J. Mejia, et al. JNP, 2013, 76, 425.

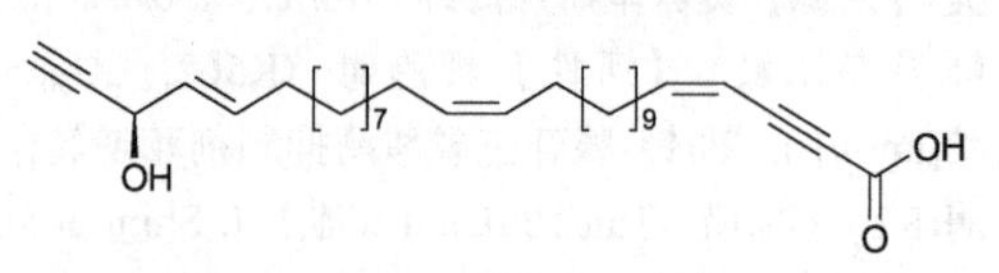

1462　Petrosynic acid B　石海绵炔酸 B*

【基本信息】$C_{33}H_{50}O_3$.【类型】炔酸和酯类.【来源】石海绵属 *Petrosia* sp. (太平洋图图伊拉岛, 美属萨摩亚).【活性】细胞毒 (各种人肿瘤细胞 HTCLs 和非增殖期人成纤维细胞, 没有治疗窗口).【文献】E. J. Mejia, et al. JNP, 2013, 76, 425.

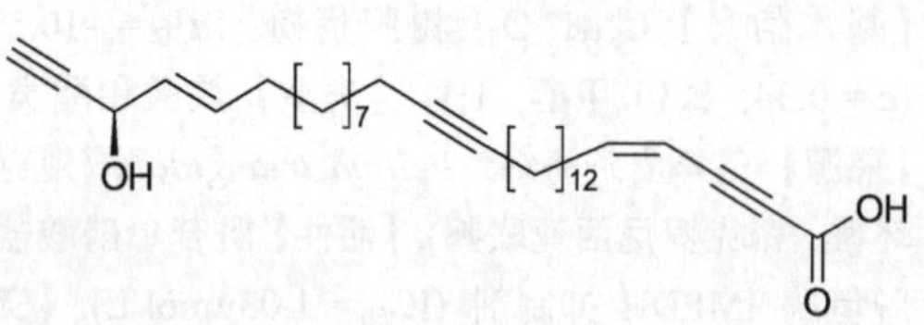

1463　Petrosynic acid C　石海绵炔酸 C*

【基本信息】$C_{33}H_{48}O_3$.【类型】炔酸和酯类.【来源】石海绵属 *Petrosia* sp. (太平洋图图伊拉岛, 美属萨摩亚).【活性】细胞毒 (各种人肿瘤细胞 HTCLs 和非增殖期人成纤维细胞, 没有治疗窗口).【文献】E. J. Mejia, et al. JNP, 2013, 76, 425.

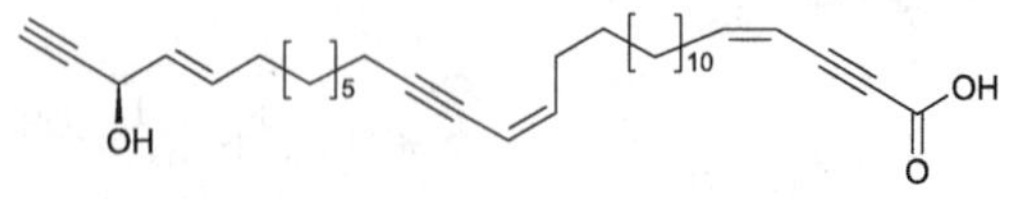

1464　Petrosynic acid D　石海绵炔酸 D*

【基本信息】$C_{33}H_{52}O_4$.【类型】炔酸和酯类.【来源】石海绵属 *Petrosia* sp. (太平洋图图伊拉岛, 美属萨摩亚).【活性】细胞毒 (各种人肿瘤细胞 HTCLs 和非增殖期人成纤维细胞, 因此没有治疗窗口).【文献】E. J. Mejia, et al. JNP, 2013, 76, 425.

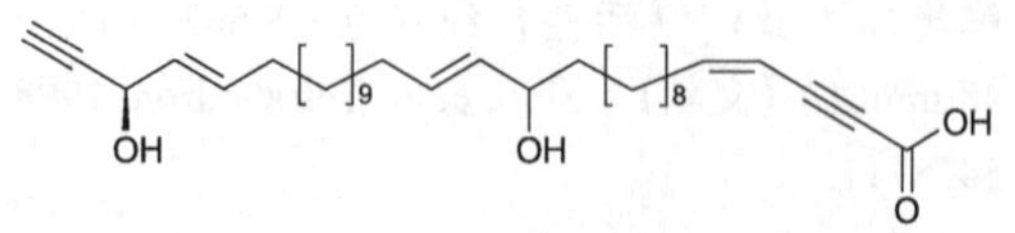

1465　Peyssonenyne A　耳壳藻烯炔 A*

【基本信息】$C_{23}H_{30}O_6$, 油状物.【类型】炔酸和酯类.【来源】红藻耳壳藻* *Peyssonnelia caulifera*.【活性】DNA 甲基转移酶抑制剂.【文献】K. L. McPhail, et al. JNP, 2004, 67, 1010.

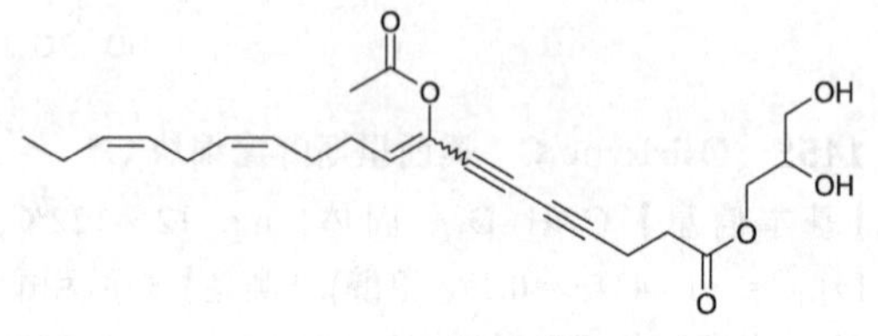

1466　Peyssonenyne B　耳壳藻烯炔 B*

【基本信息】$C_{23}H_{30}O_6$, 油状物.【类型】炔酸和酯类.【来源】红藻耳壳藻* *Peyssonnelia caulifera*.【活性】DNA 甲基转移酶抑制剂.【文献】K. L. McPhail, et al. JNP, 2004, 67, 1010.

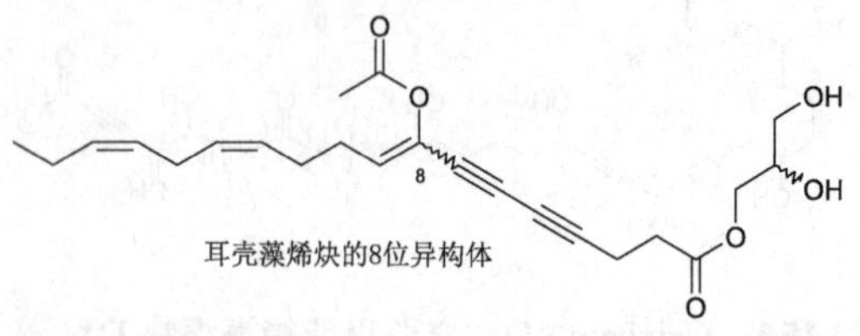

耳壳藻烯炔的8位异构体

1467　Taurospongin A　牛磺马海绵素 A*

【基本信息】$C_{40}H_{71}NO_9S$, 无定形固体, $[\alpha]_D^{27} =$

+2.4° (c = 0.2, 甲醇).【类型】炔酸和酯类.【来源】马海绵属 *Hippospongia* sp. (冲绳, 日本).【活性】DNA 聚合酶 β 抑制剂 (IC_{50} = 7.0μmol/L); HIV-rt 逆转录酶抑制剂 (IC_{50} = 6.5μmol/L).【文献】H. Ishiyama, et al. JOC, 1997, 62, 3831.

1468 Testafuran A 似龟锉海绵呋喃 A*

【基本信息】$C_{18}H_{25}BrO_3$.【类型】炔酸和酯类.【来源】似龟锉海绵* *Xestospongia testudinaria* (硫磺岛, 鹿儿岛, 日本).【活性】诱导脂肪生成 (刺激前脂肪细胞向脂肪细胞分化), 可作为治疗心血管疾病药物的先导化合物.【文献】T. Akiyama, et al. Tetrahedron, 2013, 69, 6560.

1469 Triangulynic acid 三角皮条海绵炔酸*

【基本信息】$C_{33}H_{52}O_3$, 油状物, $[\alpha]_D$ = −12.9° (c = 1.2, 氯仿).【类型】炔酸和酯类.【来源】三角皮条海绵* *Pellina triangulata* (特鲁克岛, 密克罗尼西亚联邦).【活性】细胞毒 (比化合物三角皮条海绵炔 A~H 较少潜力, 且不具备微分细胞毒性).【文献】J.-R. Dai, et al. JNP, 1996, 59, 860.

1470 Xestospongic acid ethyl ester 似龟锉海绵酸乙酯*

【基本信息】$C_{20}H_{25}BrO_2$, 浅黄色油状物.【类型】炔酸和酯类.【来源】似龟锉海绵* *Xestospongia testudinaria* (科摩罗群岛, 马约特岛, 马达加斯加海峡).【活性】钠/钾-腺苷三磷酸酶抑制剂 (ID_{50} = 0.1~1.0μmol/L); 抗菌 (金黄色葡萄球菌 *Staphylococcus aureus*, 500μg/盘时, IZD = 15mm, 低活性).【文献】M. L. Bourguet-Kondracki, et al. Tetrahedron Lett., 1992, 33, 225.

3.4 杂项炔类化合物

1471 Callyspongin A 美丽海绵因 A*

【别名】(2*R*,14*Z*,20*Z*)-14,20-Tricosadiene-3,5,10,12,22-pentayne-1,2-diol-di-*O*-sulfate; (2*R*,14*Z*,20*Z*)-14,20-二十三(碳)二烯-3,5,10,12,22-五炔-1,2-二醇-二-*O*-硫酸酯.【基本信息】$C_{23}H_{24}O_8S_2$, $[\alpha]_D^{25}$ = −40.3° (c = 1, 水).【类型】杂项炔类化合物.【来源】截型美丽海绵* *Callyspongia truncata*.【活性】抑制海星多棘海盘车**Asterias amurensis* 配子受精.【文献】M. Uno, et al. JNP, 1996, 59, 1146.

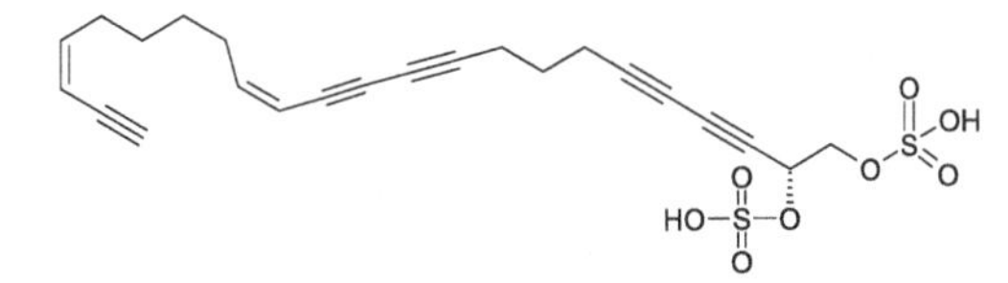

1472 Callyspongin B 美丽海绵因 B*

【基本信息】$C_{23}H_{24}O_5S$, $[\alpha]_D^{25}$ = +3.1° (c = 0.4, 二甲亚砜).【类型】杂项炔类化合物.【来源】截型美丽海绵* *Callyspongia truncata* (日本水域).【活性】抑制海星多棘海盘车**Asterias amurensis* 配子受精.【文献】M. Uno, et al. JNP, 1996, 59, 1146.

1473 Callysponginol sulfate A 美丽海绵醇硫酸酯 A*

【基本信息】$C_{24}H_{42}O_6S$, 粉末, $[\alpha]_D^{24}$ = −0.2° (c = 0.1, 甲醇).【类型】杂项炔类化合物.【来源】截型美丽海绵* *Callyspongia truncata*.【活性】膜类型 1 基质金属蛋白酶 MT1-MMP 抑制剂.【文献】M. Fujita, et al. JNP, 2003, 66, 569.

1474 Clathrynamide A 格海绵炔酰胺 A*

【别名】11-Bromo-3,12-dihydroxy-2,2,4,10-tetramethyl-4,6,8,10,14,16-eicosahexaen-18-ynamide; 11-溴-3,12-二羟基-2,2,4,10-四甲基-4,6,8,10,14,16-二十(碳)六烯-18-炔酰胺.【基本信息】$C_{24}H_{32}BrNO_3$, 浅黄色油状物, $[\alpha]_D^{23}$ = +149° (c = 0.022, 甲醇).【类

型】杂项炔类化合物.【来源】格海绵属 *Clathria* sp. (日本水域). 【活性】细胞分裂抑制剂 (受精海星卵).【文献】S. Ohta, et al. Tetrahedron Lett., 1993, 34, 5935.

1475 Clathrynamide B 格海绵炔酰胺 B*

【基本信息】$C_{30}H_{44}BrNO_4$, 树胶状物, $[\alpha]_D^{25}$ = +76° (c = 0.0033, 甲醇).【类型】杂项炔类化合物.【来源】格海绵属 *Clathria* sp. (日本水域).【活性】细胞分裂抑制剂 (受精海星卵).【文献】S. Ohta, et al. Tetrahedron Lett., 1993, 34, 5935.

1476 Clathrynamide C 格海绵炔酰胺 C*

【基本信息】$C_{30}H_{42}BrNO_4$, 树胶状物.【类型】杂项炔类化合物.【来源】格海绵属 *Clathria* sp. (日本水域).【活性】细胞分裂抑制剂 (受精海星卵).【文献】S. Ohta, et al. Tetrahedron Lett., 1993, 34, 5935.

1477 (12*Z*,15*Z*)-19-Ethyl-2,6-epoxy-1-oxacyclononadeca-2,5,12,15,18-pentaen-9-yn-4-one (12*Z*,15*Z*)-19-乙基-2,6-环氧-1-氧杂环十九(碳)-2,15,18-五烯-9-炔-4-酮

【基本信息】$C_{20}H_{22}O_3$, 油状物.【类型】杂项炔类化合物.【来源】红藻雉尾藻属 *Phacelocarpus labillardieri*.【活性】神经肌肉阻滞剂.【文献】R. Kazlauskas, et al. Aust. J. Chem., 1982, 35, 113; L. Murray, et al. Aust. J. Chem., 1995, 48, 1485.

1478 Montiporyne E 石珊瑚炔 E*

【基本信息】$C_{17}H_{23}NO$, 浅黄色树胶状物.【类型】杂项炔类化合物.【来源】表孔珊瑚属石珊瑚 *Montipora* sp. (沿蒙多海岸, 济州, 韩国, 深度 8m, 1996 年 11 月 4 日采样). 【活性】细胞毒 (人实体肿瘤细胞 *in vitro*: A549, ED_{50} > 50μg/mL; SK-OV-3, ED_{50} > 50μg/mL; SK-MEL-2, ED_{50} > 50μg/mL; XF498, ED_{50} > 50μg/mL; HCT15, ED_{50} > 50μg/mL; 对照顺铂: ED_{50} 分别为 0.8μg/mL, 1.2μg/mL, 1.5μg/mL, 0.7μg/mL 和 1.5μg/mL).【文献】B. H. Bae, et al. JNP, 2000, 63, 1511.

1479 Peroxyacarnoic acid A 过氧丰肉海绵酸 A*

【别名】6-(6,15-Hexadecadien-4-ynyl)-6-methoxy-1,2-dioxane-3-acetic acid methyl ester; 6-(6,15-十六(碳)二烯-4-炔基)-6-甲氧基-1,2-二氧六环-3-乙酸甲酯.【基本信息】$C_{24}H_{38}O_5$, 油状物 (甲酯), $[\alpha]_D$ = −26° (c = 0.2, 氯仿) (甲酯).【类型】杂项炔类化合物.【来源】丰肉海绵属 *Acarnus* cf. *bergquistae* (厄立特里亚).【活性】细胞毒 (P_{388}, A549, 和 HT29, IC_{50} = 0.1μg/mL).【文献】T. Yosief, et al. JNP, 1998, 61, 491.

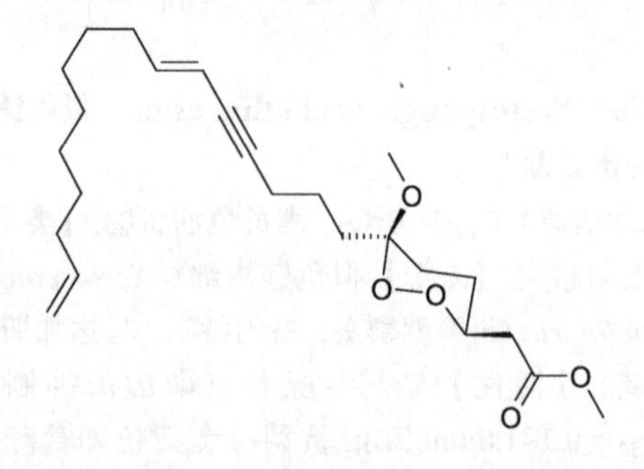

1480 Peroxyacarnoic acid B 过氧丰肉海绵酸 B*

【别名】6-(6-Hexadecene-4,15-diynyl)-6-methoxy-1,2-dioxane-3-acetic acid methyl ester; 6-(6-十六(碳)烯-4,15-二炔基)-6-甲氧基-1,2-二氧六环-3-乙酸甲酯.【基本信息】$C_{24}H_{36}O_5$, 油状物 (甲酯),

$[\alpha]_D = -26°$ ($c = 0.2$, 氯仿) (甲酯).【类型】杂项炔类化合物.【来源】丰肉海绵属 *Acarnus* cf. *bergquistae* (厄立特里亚).【活性】细胞毒 (P_{388}, A549, 和 HT29, $IC_{50} = 0.1\mu g/mL$).【文献】T. Yosief, et al. JNP, 1998, 61, 491.

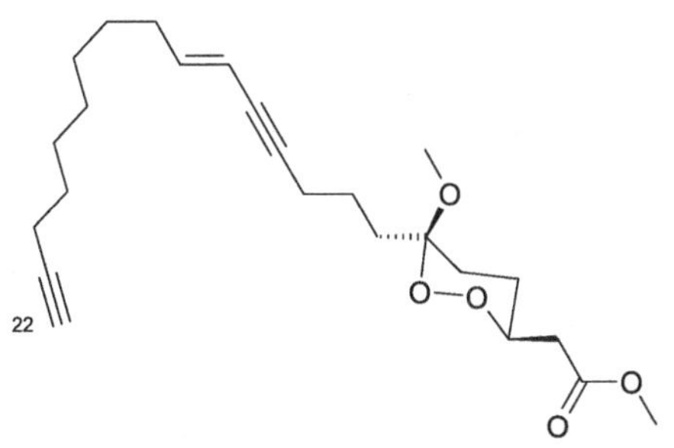

1481　Petrocortyne C　石海绵扣特炔 C*

【基本信息】$C_{46}H_{70}O_3$, $[\alpha]_D^{25} = +6.2°$ ($c = 0.25$, 甲醇).【类型】杂项炔类化合物.【来源】石海绵属 *Petrosia* sp. (朝鲜半岛水域).【活性】DNA 复制抑制剂 (猿猴病毒 SV40: 125μmol/L, InRt = 89%; 250μmol/L, InRt = 100%; 500μmol/L, InRt = 100%) (Lim, 2001); 细胞毒 (A549, ED_{50} > 10μg/mL; SK-OV-3, ED_{50} = 0.7μg/mL; SK-MEL-2, ED_{50} = 2.4μg/mL; XF498, ED_{50} > 10μg/mL; HCT15, ED_{50} = 7.5μg/mL; 对照顺铂: A549, ED_{50} = 0.6μg/mL; SK-OV-3, ED_{50} = 0.9μg/mL; SK-MEL-2, ED_{50} = 0.7μg/mL; XF498, ED_{50} = 0.6μg/mL; HCT15, ED_{50} = 0.6μg/mL) (Lim, 2001); RNA 裂开活性; PLA_2 抑制剂; 钠/钾-腺苷三磷酸酶抑制剂; 有毒的 (盐水丰年虾, 致命毒性).【文献】Y. Seo, et al. Tetrahedron, 1998, 54, 447; J. Shin, et al. JNP, 1998, 61, 1268; Y. J. Lim, et al. JNP, 2001, 64, 46.

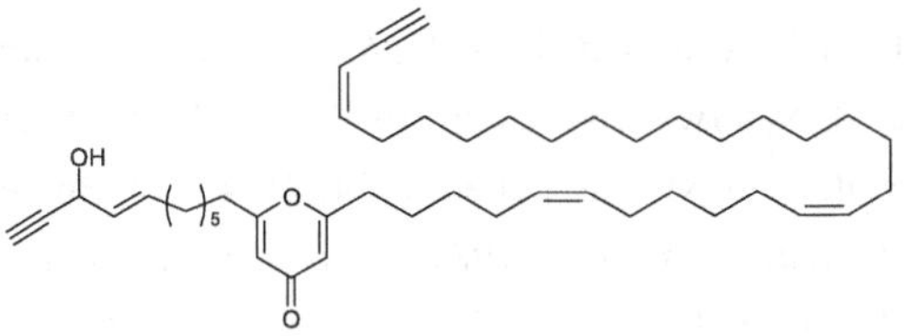

1482　Phosphoiodyn A　磷酸炔 A*

【基本信息】$C_{16}H_{24}IO_4P$.【类型】杂项炔类化合物.【来源】平板海绵属 *Placospongia* sp. (统营市, 庆尚南道, 韩国).【活性】hPPARd (人过氧化物酶体增殖物激活受体 δ) 抑制剂 (有潜力的, 选择性超过其它过氧化物酶体磷酸盐活化受体 (PPAR) 200 倍, 是一种酯和糖类代谢的有潜力的调节剂, 处理Ⅱ型糖尿病或其它代谢病的潜在的先导化合物).【文献】H. Kim, et al. Org. Lett., 2013, 15, 100; H. Kim, et al. Org. Lett., 2013, 15, 5614.

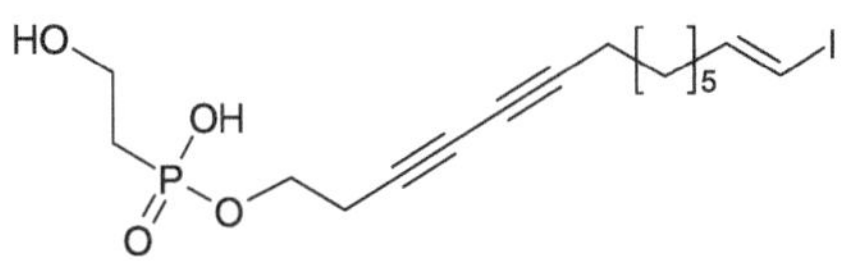

1483　Phosphoiodyn B　磷酸炔 B*

【基本信息】$C_{15}H_{22}IO_5P$.【类型】杂项炔类化合物.【来源】平板海绵属 *Placospongia* sp. (统营市, 庆尚南道, 韩国).【活性】hPPARd (人过氧化物酶体增殖物激活受体 δ) 抑制剂 无活性.【文献】H. Kim, et al. Org. Lett., 2013, 15, 100; H. Kim, et al. Org. Lett., 2013, 15, 5614.

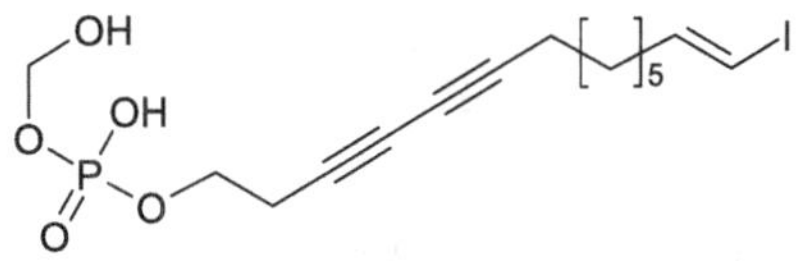

1484　Siccayne　斯卡炔*

【别名】2-(3-Methyl-3-buten-1-ynyl)-1,4-benzenediol; 2-(3-甲基-3-丁烯-1-炔基)-1,4-苯二酚; 干蠕孢菌素.【基本信息】$C_{11}H_{10}O_2$, 晶体 (苯), mp 115~116°C.【类型】杂项炔类化合物.【来源】海洋导出的真菌 basidiomycete 担子菌 *Halocyphina villosa*.【活性】抗菌 (革兰氏阳性菌); 抗真菌.【文献】J. Kupka, et al. J. Antibiot., 1981, 34, 298.

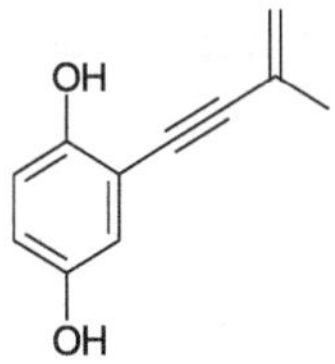

3.5　单碳环化合物

1485　(+)-(3*S*,4*S*)-3-*n*-Butyl-4-vinylcyclopentene　(+)-(3*S*,4*S*)-3-*n*-丁基-4-乙烯基环戊烯

【基本信息】$C_{11}H_{18}$, $[\alpha]_D^{20} = -17°$ ($c = 0.909$, 戊烷).【类型】单碳环烯烃类.【来源】棕藻育叶网翼藻

Dictyopteris prolifera (日本水域) 和棕藻绒绳藻绒绳藻* *Chorda tomentosa*.【活性】精子引诱剂 (信息素).【文献】I. Maier, et al. Naturwissenschaften, 1984, 71, 48; T. Kajiwara, et al. Phytochemistry, 1997, 45, 529.

1486 Caudoxirene 棕藻环氧烯*

【基本信息】$C_{11}H_{14}O$, 油状物, $[\alpha]_D$ = +238.3° (二氯甲烷).【类型】单碳环烯烃类.【来源】棕藻 Sporochnaceae 科 *Perithalia caudata*.【活性】配子释放因子 (阈值浓度 = 30pmol/L)【文献】D. G. Müller, et al. Biol. Chem. Hoppe-Seyler, 1988, 369, 655; D. Wirth, et al. Helv. Chim. Acta, 1992, 75, 751.

1487 Desmarestene 棕藻酸藻烯*

【别名】6-(1,3-Butadienyl)-1,4-cycloheptadiene; 6-(1,3-丁二烯基 l)-1,4-环庚二烯.【基本信息】$C_{11}H_{14}$, $[\alpha]_D^{22}$ = +168° (c = 1.4, 二氯甲烷).【类型】单碳环烯烃类.【来源】棕藻刺酸藻 *Desmarestia aculeata*, 棕藻酸藻属 *Desmarestia firma* 和棕藻绿酸藻 *Desmarestia viridis*.【活性】引诱剂 (棕藻刺酸藻 *Desmarestia aculeata* 和棕藻酸藻属棕藻酸藻属 *Desmarestia firma*, 配子释放和配子吸引信息素).【文献】D. G. Müller, et al. Naturwissenschaften, 1982, 69, 290; S. Pantke-Böcker, et al. Tetrahedron, 1995, 51, 7927.

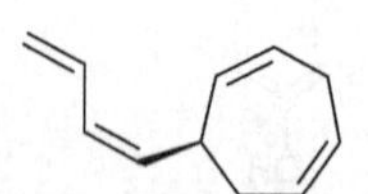

1488 Dictyopterene A 棕藻网翼藻烯 A*

【基本信息】$C_{11}H_{18}$, 油状物, $[\alpha]_D^{21}$ = +77° (c = 0.5, 乙醇).【类型】单碳环烯烃类.【来源】棕藻网翼藻属 *Dictyopteris* spp.和棕藻狭果藻 *Spermatochnus paradoxus*.【活性】配子引诱剂.【文献】J. A. Pettus, et al. J. Chem. Soc., Chem. Commun., 1970, 1093; R. E. Moore, et al. JOC, 1974, 39, 2201; D. G. Miiller, et al. R. E. Moore, acc. Chem. Res., 1977, 10, 40; J. Buckingham (executive editor), et al. Dictionary of Natural Products, Vol 8, first supplement, pp238, 1995, Champman & Hall.London; T. Itoh, et al. Bull. Chem. Soc. Jpn., 2000, 73, 409.

1489 (*R*)-Dictyopterene C′ (*R*)-棕藻网翼藻烯 C′*

【别名】6-Butyl-1,4-cycloheptadiene; Dictyotene; 6-丁基-1,4-环七(碳)二烯; 棕藻网地藻烯*.【基本信息】$C_{11}H_{18}$, 油状物, $[\alpha]_D^{25}$ = –13° (c = 7.32, 氯仿).【类型】单碳环烯烃类.【来源】棕藻网地藻 *Dictyota dichotoma* 和棕藻网翼藻属 *Dictyopteris* spp.【活性】精子引诱剂 (藻类精细胞).【文献】J. A. Pettus, et al. JACS, 1971, 93, 3087; R. E. Moore, et al. JOC, 1974, 39, 2201; D. G. Müller, et al. Science, 1981, 212, 1040; D. Wirth, et al. Helv. Chim. Acta, 1992, 75, 734; H. Imogai, et al. Helv. Chim. Acta, 1998, 81, 1754.

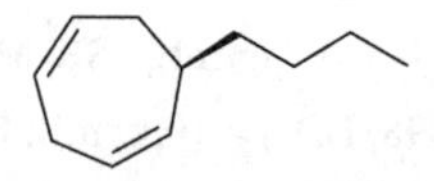

1490 Ectocarpene 棕藻水云烯*

【基本信息】$C_{11}H_{16}$, $[\alpha]_D^{25}$ = +75° (c = 0.15, 二氯甲烷).【类型】单碳环烯烃类.【来源】棕藻长囊水云 *Ectocarpus siliculosus*, 棕藻马边藻 *Cutleria multifida*, 棕藻 *Desmarestia viridis* 和棕藻绒绳藻 * *Chorda tomentosa*. 【活性】配子引诱剂 (棕藻长囊水云 *Ectocarpus siliculosus* 的信息素).【文献】D. G. Müller, et al. Science, 1971, 171, 815; L. Jaenicke, et al. JACS, 1974, 96, 3324; D. G. Müller, et al. Naturwissenschafien, 1982, 69, 290; I. Maier, et al. Naturwissenschaften, 1984, 71, 48; W. Bol, et al. Helr. Chim. Acta, 1984, 67, 616; W. Boland, et al. Angew. Chem., Int. Ed. Eng., 1995, 34, 1602; G. Pohnert, et al. Tetrahedron, 1997, 53, 13681.

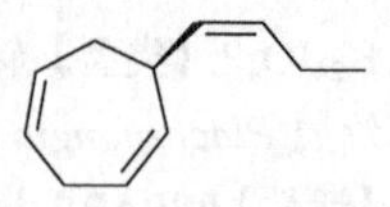

1491 Hormosirene 棕藻索链藻烯*

【别名】Dictyopterene B; 网翼藻烯 B*.【基本信

息】$C_{12}H_{18}$, 油状物, $bp_{0.3mmHg}$ 62°C, $[\alpha]_D^{24}$ = –43° (*c* = 10.1, 氯仿).【类型】单碳环烯烃类.【来源】棕藻长囊水云 *Ectocarpus siliculosus* 和棕藻索链藻属 *Hormosira banksii*.【活性】精子引诱剂.【文献】D. G. Müller, et al. Naturwissenschaften, 1985, 72, 97; G. Pohnert, et al. Tetrahedron, 1997, 53, 13681.

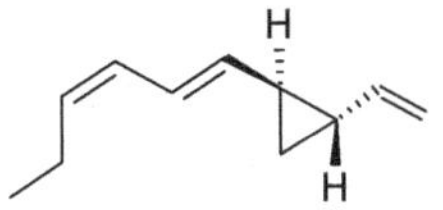

1492 (+)-(*E*)-(3*S*,4*S*)-Multifidene (+)-(*E*)-(3*S*,4*S*)-多种棕藻烯*(马鞭藻烯)

【基本信息】$C_{11}H_{16}$, $[\alpha]_D^{20}$ = –246° (*c* = 1.76, 氯仿).【类型】单碳环烯烃类.【来源】棕藻 (各种棕藻).【活性】信息素 (多种棕藻的信息素成分).【文献】W. Wirth,et al. Helv. Chim. Acta, 1992, 75, 734.

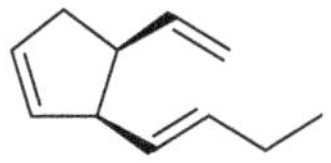

1493 (+)-(*Z*)-(3*S*,4*S*)-Multifidene (+)-(*Z*)-(3*S*,4*S*)-多种棕藻烯*(马鞭藻烯)

【基本信息】$C_{11}H_{16}$, $[\alpha]_D^{20}$ = +261° (*c* = 0.82, 四氯化碳); $[\alpha]_D^{23.5}$ = +28° (*c* = 0.0036, 氯仿).【类型】单碳环烯烃类.【来源】棕藻马鞭藻 *Cutleria multifida*, 棕藻绒绳藻* *Chorda tomentosa*, 各种棕藻.【活性】信息素 (多种棕藻的信息素成分).【文献】L. Jaenicke, et al. JACS, 1974, 96, 3324; L. Jaenicke, et al. Angew. Chem., Int. Ed. Eng., 1982, 21, 643; I. Maier, et al. Naturwissenschaften, 1984, 71, 48; J. E. Burks, Jr., et al. JOC, 1984, 49, 4663; W. Bol, et al. Helr. Chim. Acta, 1984, 67, 616; P. Kramp, et al. J. Chem. Soc., Chem. Commun., 1993, 551; S. Hemamalini, et al. Helv. Chim. Acta, 1995, 78, 447.

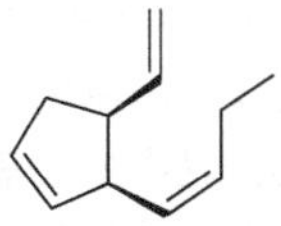

1494 Nigrosporanene A 黑孢烯 A*

【基本信息】$C_{14}H_{22}O_4$.【类型】单碳环醇类.【来源】海洋导出的真菌黑孢属 *Nigrospora* sp. PSU-F11, 来自柳珊瑚海扇 *Annella* sp. (泰国).【活性】细胞毒 (MCF7, IC_{50} = 9.37μg/mL; Vero, IC_{50} = 5.42μg/mL); 抗氧化剂 (DPPH 自由基清除剂, IC_{50} = 0.34mg/mL, 对照 2,6-二叔丁基-4-甲基酚, IC_{50} = 0.02mg/mL).【文献】V. Rukachaisirikul, et al. Arch. Pharmacal Res., 2010, 33, 375.

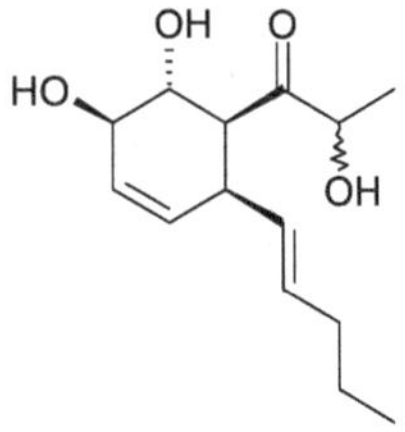

1495 Nigrosporanene B 黑孢烯 B*

【基本信息】$C_{14}H_{22}O_4$.【类型】单碳环醇类.【来源】海洋导出的真菌黑孢属 *Nigrospora* sp. PSU-F11, 来自柳珊瑚海扇 *Annella* sp. (泰国).【活性】抗氧化剂 (DPPH 自由基清除剂, IC_{50} = 0.24mg/mL, 对照 2,6-二叔丁基-4-甲基酚, IC_{50} = 0.02mg/mL).【文献】V. Rukachaisirikul, et al. Arch. Pharmacal Res., 2010, 33, 375.

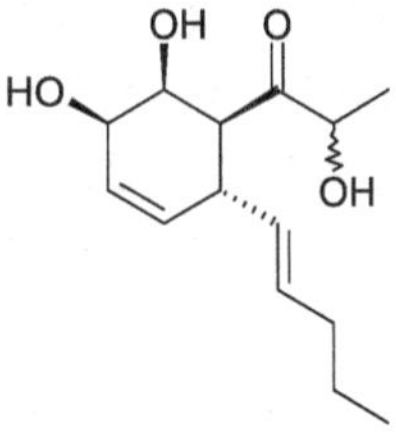

1496 Leptosphaerone C 勒波投斯法尔酮 C*

【基本信息】$C_8H_{12}O_3$, 油状物, $[\alpha]_D^{25}$ = –0.8° (*c* = 0.3, 甲醇).【类型】单碳环醇类.【来源】红树导出的真菌青霉属 *Penicillium* sp. JP-1, 来自红树桐花树 *Aegiceras corniculatum* (中国水域).【活性】细胞毒 (MTT 试验: A549, IC_{50} = 1.45μmol/L).【文献】Z. J. Lin, et al. Phytochemistry, 2008, 69, 1273.

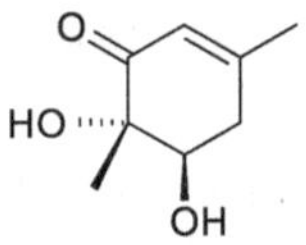

1497 Lobophytone T 豆荚软珊瑚酮 T*

【基本信息】$C_{22}H_{34}O_5$, 无色油状物, $[\alpha]_D^{25}$= +36.5° (*c* = 0.27, 氯仿).【类型】单碳环醇类.【来源】疏指豆荚软珊瑚* *Lobophytum pauciflorum* (三亚湾, 海南, 中国).【活性】LPS 诱导的 NO 生成抑制剂

(小鼠腹膜巨噬细胞, IC_{50} > 10μmol/L, 低活性); 细胞毒 (小鼠腹膜巨噬细胞, IC_{50} > 10μmol/L, 低活性); 抗菌 (金黄色葡萄球菌 *Staphylococcus aureus*, 肺炎葡萄球菌 *Staphylococcus pneumoniae* 和酿酒酵母 *Saccharomyces cerevisiae,* 20μg/mL, InRt = 90%; 铜绿假单胞菌 *Pseudomonas aeruginosa* 和大肠杆菌 *Escherichia coli*, 低活性); 抗真菌 (白色念珠菌 *Candida albicans* 和烟曲霉菌 *Aspergillus fumigatus*, 低活性).【文献】P. Yan, et al. Mar. Drugs, 2010, 8, 2837.

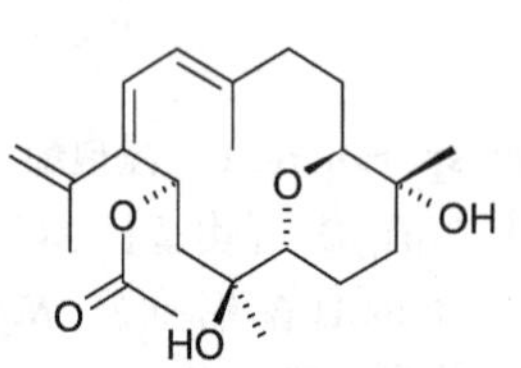

1498 Spartinol C 枯壳针孢醇 C*

【别名】6-(1,2-Dihydroxypropyl)-5-(7-methyl-1,3,5-nonatrienyl)-3-cyclohexene-1,2-diol; 6-(1,2-二羟基丙基)-5-(7-甲基-1,3,5-壬三烯基)-3-环己烯-1,2-二醇.【基本信息】$C_{19}H_{30}O_4$, 黄棕色粉末, $[\alpha]_D^{24}$ = –55° (c = 0.28, 丙酮).【类型】单碳环醇类.【来源】海洋导出的真菌枯壳针孢属 *Phaeosphaeria spartinae* 777 (内生菌), 来自红藻仙菜属 *Ceramium* sp. (北海, 比苏母, 德国).【活性】HLE 抑制剂 (IC_{50} = 17.7μg/mL, 低活性).【文献】M. F. Elsebai, et al. Nat. Prod. Commun., 2009, 4, 1463.

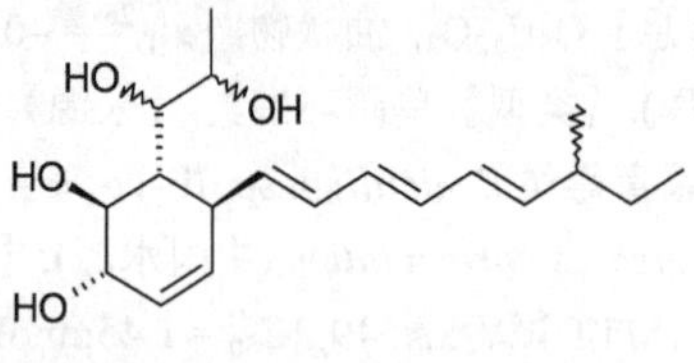

1499 4-Acetoxy-2-bromo-5,6-epoxy-2-cyclohexen-1-one 4-乙酰氧基-2-溴-5,6-环氧-2-环己烯-1-酮

【基本信息】$C_8H_7BrO_4$, 针状晶体 (乙酸乙酯/己烷), mp 93~94°C, $[\alpha]_D^{19}$ = +265°, (c = 0.12, 氯仿).【类型】单碳环醛酮类.【来源】半索动物翅翼柱头虫属 *Ptychodera* sp.【活性】抗肿瘤.【文献】T. Higa, et al. Tetrahedron, 1987, 43, 1063; J. M. Corgiat, et al. Comp. Biochem. Physiol., B: Comp. Biochem., 1993, 106, 83.

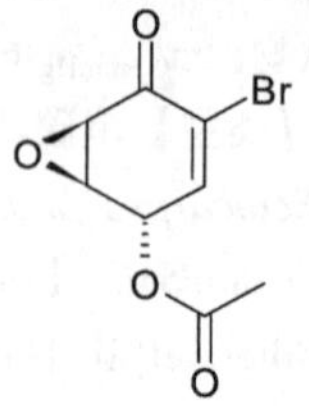

1500 Clavirin Ⅰ 绿色羽珊瑚林Ⅰ*

【基本信息】$C_{17}H_{22}O_4$, 油状物, $[\alpha]_D^{25}$ = –17.1° (c = 0.48, 氯仿).【类型】单碳环醛酮类.【来源】匍匐珊瑚目绿色羽珊瑚 *Clavularia viridis* (冲绳, 日本).【活性】细胞生长抑制剂 (HeLa-S3 细胞).【文献】M. Iwashima, et al. Tetrahedron Lett., 1999, 40, 6455.

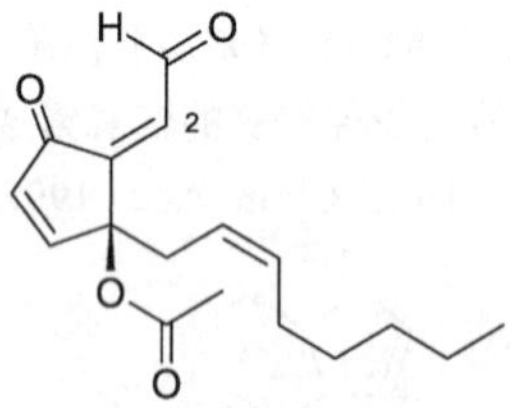

1501 Clavirin Ⅱ 绿色羽珊瑚林Ⅱ*

【基本信息】$C_{17}H_{22}O_4$, 油状物, $[\alpha]_D^{25}$ = –33.7° (c = 0.43, 氯仿).【类型】单碳环醛酮类.【来源】匍匐珊瑚目绿色羽珊瑚 *Clavularia viridis* (冲绳, 日本).【活性】细胞生长抑制剂 (HeLa-S3 细胞).【文献】M. Iwashima, et al. Tetrahedron Lett., 1999, 40, 6455.

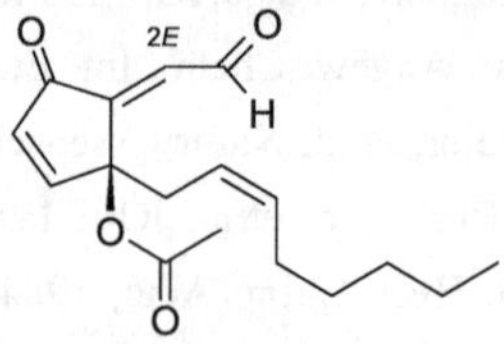

1502 22-Deacetoxyyanuthone A 22-去乙酰氧基亚努松 A*

【别名】7-Deacetoxyyanuthone A; 7-去乙酰氧基亚努松 A*【基本信息】$C_{22}H_{32}O_3$, 黄色油状物, $[\alpha]_D$= +3.1° (c = 0.5, 氯仿).【类型】单碳环醛酮类.【来源】海洋导出的真菌青霉属 *Penicillium* sp.【活性】细胞毒 (*in vitro,* 一组 5 种人癌细胞株, 中等活性); 抗菌 (*in vitro*, MRSA 和 MDRSA, MIC = 50μg/mL).【文献】X. Li, et al. JNP, 2003, 66, 1499; M. Saleem, et al. NPR, 2007, 24, 1142 (Rev.).

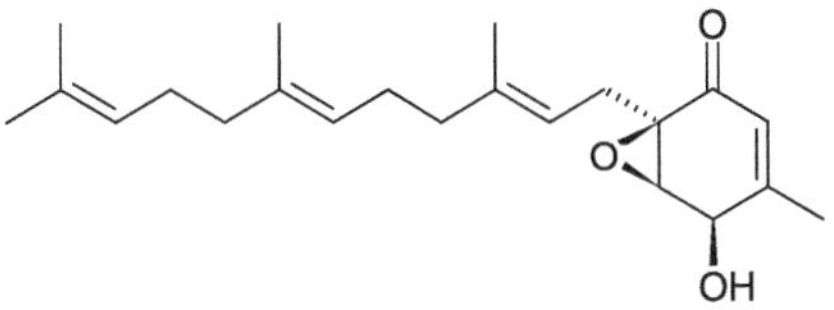

1503　Dichloroverongiaquinol　二氯真海绵醌醇*

【基本信息】$C_8H_7Cl_2NO_3$, 晶体, mp 162~163°C. 【类型】单碳环醛酮类.【来源】秽色海绵属 *Aplysina cavernicola* 和秽色海绵属 *Aplysina fistularis* (地中海).【活性】抗菌 (革兰氏阳性菌和革兰氏阴性菌). 【文献】Y. M. Goo, et al. Arch. Pharmacal Res., 1985, 8, 21.

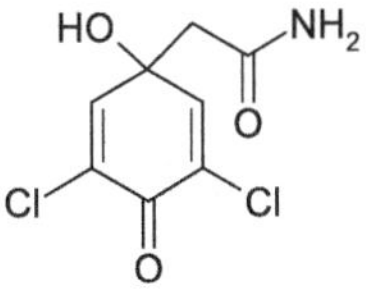

1504　Didemnenone A　星骨海鞘烯酮 A*

【基本信息】$C_{11}H_{12}O_4$.【类型】单碳环醛酮类.【来源】膜海鞘属 *Trididemnum cyanophorum* 和星骨海鞘属 *Didemnum voeltzkowi*.【活性】抗真菌 (病源海洋真菌链壶菌属 *Lagenidium callinectes*); 抗菌 (多种微生物).【文献】N. Lindquist, et al. JACS, 1988, 110, 1308; C. J. Forsyth, et al. JACS, 1988, 110, 5911.

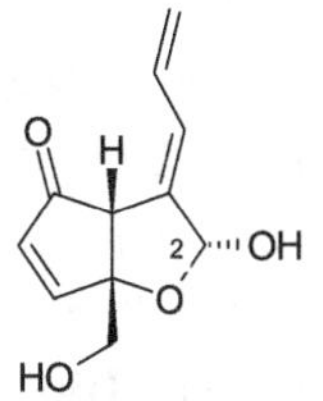

1505　Didemnenone B　星骨海鞘烯酮 B*

【基本信息】$C_{11}H_{12}O_4$.【类型】单碳环醛酮类.【来源】膜海鞘属 *Trididemnum cyanophorum*.【活性】抗真菌 (病源海洋真菌链壶菌属 *Lagenidium callinectes*); 抗菌 (多种微生物).【文献】N. Lindquist, et al. JACS, 1988, 110, 1308; C. J. Forsyth, et al. JACS, 1988, 110, 5911.

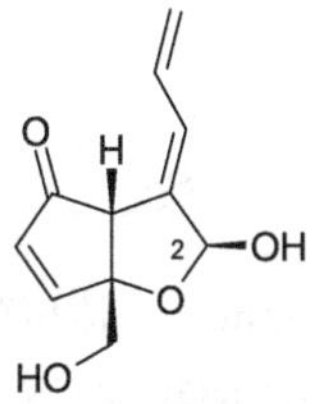

1506　Didemnenone C　星骨海鞘烯酮 C*

【别名】4-Hydroxy-4-(hydroxymethyl)-5-[1-(hydroxymethyl)-1,3-butadienyl]-2-cyclopenten-1-one; 4-羟基-4-(羟甲基)-5-[1-(羟甲基)-1,3-丁二烯基]-2-环戊烯-1-酮.【基本信息】$C_{11}H_{14}O_4$, $[\alpha]_D = -25.3°$ ($c = 0.08$, 甲醇).【类型】单碳环醛酮类.【来源】星骨海鞘属 *Didemnum voeltzkowi*.【活性】细胞毒 (L_{1210}, $IC_{50} = 5.6\mu g/mL$).【文献】N. Lindquist, et al. JACS, 1988, 110, 1308; T. Sugahara, et al. CPB, 1995, 43, 147.

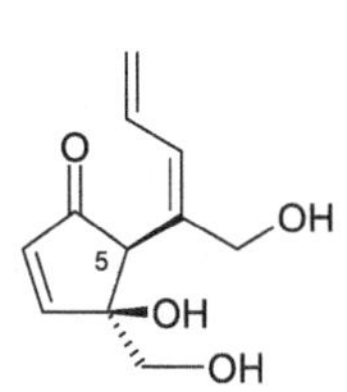

1507　Didemnenone D　星骨海鞘烯酮 D*

【基本信息】$C_{11}H_{14}O_4$, $[\alpha]_D = -12.6°$ ($c = 0.15$, 甲醇).【类型】单碳环醛酮类.【来源】星骨海鞘属 *Didemnum voeltzkowi*.【活性】细胞毒 (L_{1210}, $IC_{50} = 5.6\mu g/mL$).【文献】N. Lindquist, et al. JACS, 1988, 110, 1308; T. Sugahara, et al. CPB, 1995, 43, 147.

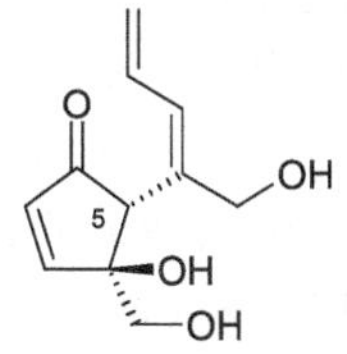

1508　(+)-Epoxydon　(+)-顶环氧菌素

【别名】5-Hydroxy-3-(hydroxymethyl)-7-oxabicyclo[4.1.0]hept-3-en-2-one; 5-羟基-3-(羟甲基)-7-氧杂双环[4.1.0]七-3-烯-2-酮.【基本信息】$C_7H_8O_4$, 晶体 (丙酮/乙醚), mp 40~45°C, $[\alpha]_D^{22} = +93°$ ($c = 0.29$, 甲醇).【类型】单碳环醛酮类.【来源】海洋导出的真菌黑孢属 *Nigrospora* sp. PSU-F5, 来自柳珊瑚海扇 *Annella* sp. (泰国)和真菌寄生曲霉 *Aspergillus parasiticus*, 陆地真菌 *Phoma* spp.【活性】抗菌 (金黄色葡萄球菌 *Staphylococcus aureus* ATCC 25923, MIC = 128μg/mL; MRSA, MIC = 128μg/mL); 抗氧化剂 (游离自由基清除剂: DPPH 自由基, $IC_{50} = 57.0\mu mol/L$; $ONOO^-$自由基, $IC_{50} = 52.6\mu mol/L$; $O_2^{\bullet -}$自由基, $NO^{\bullet}$自由基); 抗菌.【文献】A. Closse, et al. Helv. Chim. Acta, 1966, 49, 204; B. W. Son, et al. JNP, 2002, 65, 794; G.

Mehta, et al. Tetrahedron Lett., 2005, 46, 3373; M. Saleem, et al. NPR, 2007, 24, 1142 (Rev.); K. Trisuwan, et al. JNP, 2008, 71, 1323.

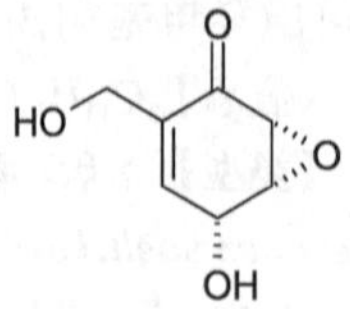

1509 (+)-*epi*-Epoxydon (+)-*epi*-顶环氧菌素

【基本信息】$C_7H_8O_4$，晶体，$[\alpha]_D^{24} = +194^o$ (c = 1.57，乙醇)，$[\alpha]_D^{25} = +261^o$ (c = 1，甲醇)，【类型】单碳环醛酮类.【来源】海洋导出的真菌青霉属 *Penicillium* sp. OUPS-79 来自绿藻肠浒苔 *nteromorpha intestinalis*. 【活性】细胞毒 (P_{388}, ED_{50} = 0.2μg/mL).【文献】T. Nagata, et al. Biosci., Biotechnol., Biochem., 1992, 56, 810; C. Iwamoto, et al. Tetrahedron, 1999, 55, 14353.

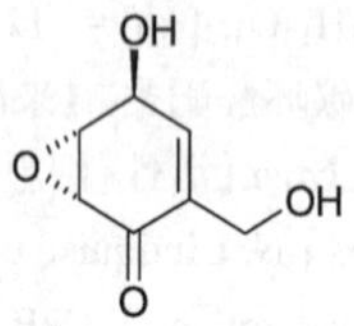

1510 2,3-Hydro-7-deacetoxyyanuthone A 2,3-氢-7-去乙酰氧基亚努松 A*

【基本信息】$C_{22}H_{34}O_4$，油状物，$[\alpha]_D = -2.1^o$ (c = 0.3，氯仿).【类型】单碳环醛酮类.【来源】海洋导出的真菌青霉属 *Penicillium* sp.【活性】细胞毒 (*in vitro*, 一组 5 种人癌细胞株，中等活性).【文献】X. Li, et al. JNP, 2003, 66, 1499; M. Saleem, et al. NPR, 2007, 24, 1142 (Rev.).

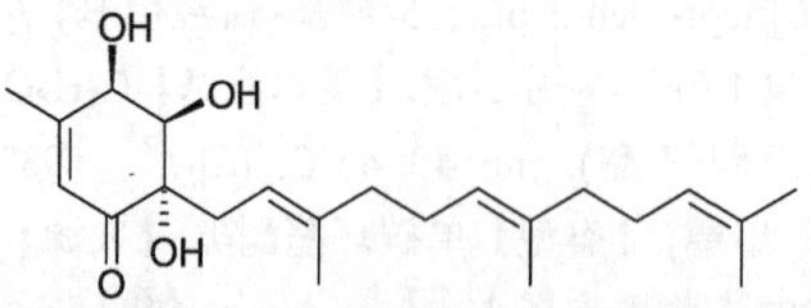

1511 5*β*-Hydroxy-3,4-dimethyl-5-pentyl-2(5*H*)-furanon 5*β*-羟基-3,4-二甲基-5-戊基-2(5*H*)-呋喃酮

【基本信息】$C_{11}H_{18}O_3$【类型】单碳环醛酮类.【来源】短指软珊瑚属 *Sinularia* sp. (海南，中国).【活性】抗污剂 (*in vitro*, 纹藤壶 *Balanus amphitrite* 幼虫，EC_{50} = 3.84μg/mL，LC_{50} > 50μg/mL，LC_{50}/EC_{50} > 13.02).【文献】H. Shi, et al. Mar. Drugs, 2012, 10, 1331.

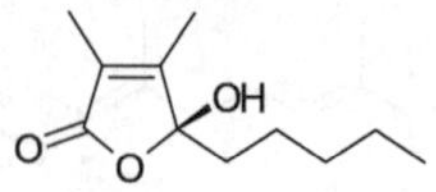

1512 1-Hydroxy-4-oxo-2,5-cyclohexadiene-1-acetic acid 1-羟基-4-氧代-2,5-环己二烯-1-乙酸

【基本信息】$C_8H_8O_4$，晶体（乙酸乙酯），mp 103~104ºC.【类型】单碳环醛酮类.【来源】红藻红叶藻 *Delesseria sanguinea.*【活性】杀幼虫剂；抗利什曼原虫.【文献】G. M. Sharma, et al. J. Antibiot., Ser. A, 1967, 20, 200.

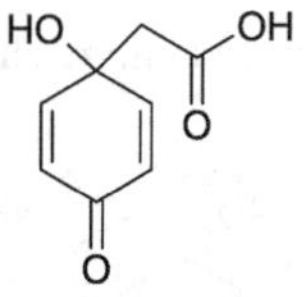

1513 Jacaranone 甲卡拉酮*

【基本信息】$C_9H_{10}O_4$，晶体（氯仿/己烷），mp 80~81ºC, mp 76~77ºC.【类型】单碳环醛酮类.【来源】红藻红叶藻 *Delesseria sanguinea*.【活性】细胞毒；变态诱导剂（扇贝 *Pecten* sp.幼虫).【文献】J. C. Yvin, et al. JNP, 1985, 48, 814.

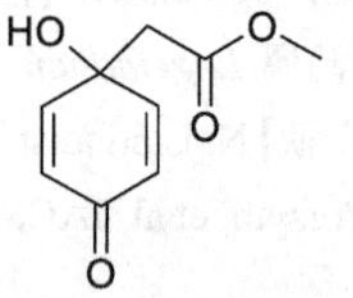

1514 Montiporyne F 石珊瑚炔 F*

【基本信息】$C_{18}H_{24}O$，浅黄色树胶状物.【类型】单碳环醛酮类.【来源】表孔珊瑚属石珊瑚 *Montipora* sp. (沿蒙多海岸，济州，韩国，深度 8m, 1996 年 11 月 4 日采样). 【活性】细胞毒（人实体肿瘤细胞 *in vitro*: A549, ED_{50} > 50μg/mL; SK-OV-3, ED_{50} = 29.2μg/mL; SK-MEL-2, ED_{50} = 36.7μg/mL; XF498, ED_{50} = + 31.3μg/mL; HCT15, ED_{50} = 45.1μg/mL; 对照顺铂：ED_{50} 分别为 0.6μg/mL, 0.9μg/mL, 0.7μg/mL, 0.6μg/mL,和 0.6μg/mL).【文献】B. H. Bae, et al. JNP, 2000, 63, 1511.

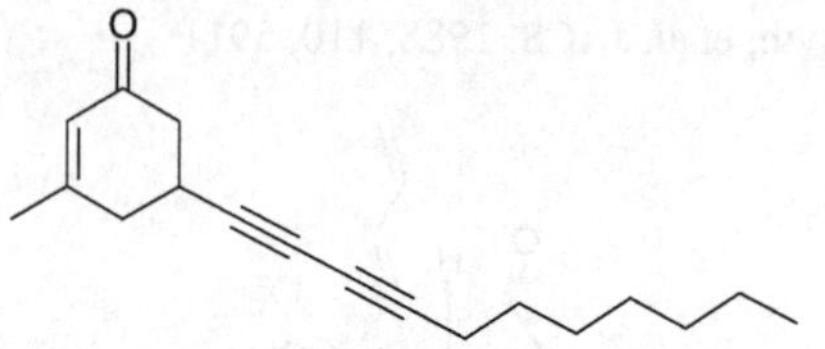

1515 Myrothenone A 漆斑菌酮 A*

【基本信息】$C_8H_9NO_3$，油状物，$[\alpha]_D^{20} = +61^o$

(c = 0.6, 甲醇).【类型】单碳环醛酮类.【来源】海洋导出的真菌漆斑菌属 *Myrothecium* sp.【活性】酪氨酸酶抑制剂 (IC_{50} = 6.6μmol/L, 对照曲酸, IC_{50} = 7.7μmol/L).【文献】M. Saleem, et al. NPR, 2007, 24, 1142 (Rev.).

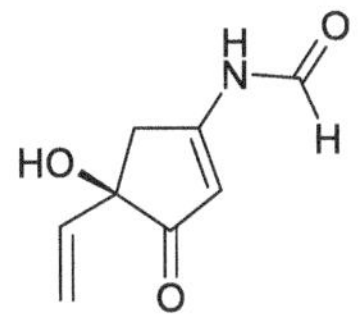

1516 Nakienone A 纳奇烯酮 A*

【基本信息】$C_{11}H_{14}O_3$.【类型】单碳环醛酮类.【来源】蓝细菌集胞藻属 *Synechocystis* sp., 来自鹿角珊瑚属石珊瑚 *Acropora* sp. (冲绳, 日本).【活性】细胞毒 (KB, LD_{50} = 5μg/mL; HCT116, LD_{50} = 20μg/mL).【文献】D. G. Nagle, et al. Tetrahedron Lett., 1995, 36, 849; M. Pour, et al. Tetrahedron Lett., 1997, 38, 525.

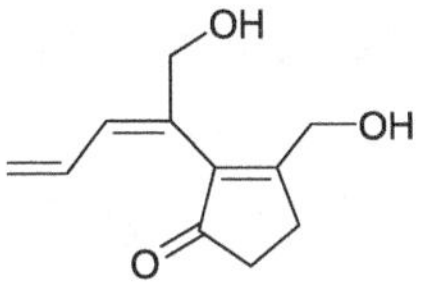

1517 Nakienone B 纳奇烯酮 B*

【基本信息】$C_{11}H_{14}O_3$, $[\alpha]_D^{25}$ = +123° (c = 0.1, 甲醇) (二乙酸酯).【类型】单碳环醛酮类.【来源】蓝细菌集胞藻属 *Synechocystis* sp., 来自鹿角珊瑚属石珊瑚 *Acropora* sp. (冲绳, 日本).【活性】细胞毒 (非选择性地修复 DNA 缺陷细胞系: 拓扑异构酶Ⅰ敏感中国仓鼠卵巢癌细胞株 EM9, 拓扑异构酶Ⅱ敏感中国仓鼠卵巢癌细胞株 XRS-6, UV20 敏感的 DNA 交联剂, 以及能胜任 DNA 修复的 BR1 细胞株, LD_{50} ≈ 20μg/mL).【文献】D. G. Nagle, et al. Tetrahedron Lett., 1995, 36, 849; M. Pour, et al. Tetrahedron Lett., 1996, 37, 4679.

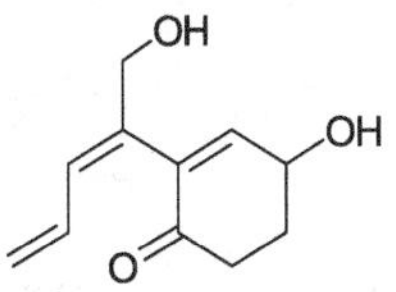

1518 Nigrospoxydon A 黑孢素 A*

【基本信息】$C_{22}H_{28}O_8$, 无定形固体, mp 173.6~173.8°C, $[\alpha]_D^{29}$ = +10° (c = 0.06, 乙醇).【类型】单碳环醛酮类.【来源】海洋导出的真菌黑孢属 *Nigrospora* sp. PSU-F5, 来自柳珊瑚海扇 *Annella* sp. (泰国).【活性】抗菌 (金黄色葡萄球菌 *Staphylococcus aureus* ATCC 25923, MIC = 64μg/mL, MRSA, MIC > 128μg/mL).【文献】K. Trisuwan, et al. JNP, 2008, 71, 1323.

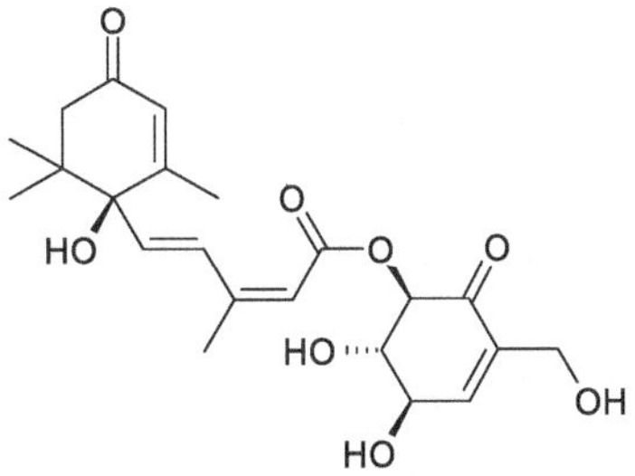

1519 Penicillenone 青霉烯酮*

【基本信息】$C_{16}H_{16}O_6$, 无定形红色固体, $[\alpha]_D^{25}$ = +24° (c = 0.1, 甲醇).【类型】单碳环醛酮类.【来源】红树导出的真菌青霉属 *Penicillium* sp. JP-1 来自红树桐花树 *Aegiceras corniculatum* (中国水域).【活性】细胞毒 (MTT 试验: P_{388}, IC_{50} = 1.38μmol/L).【文献】Z. J. Lin, et al. Phytochemistry, 2008, 69, 1273.

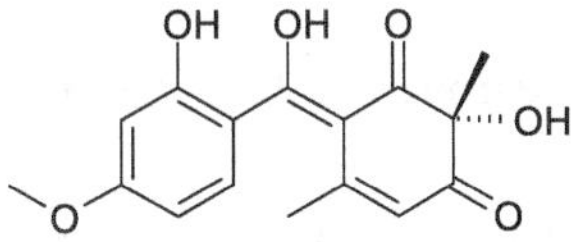

1520 Sinularone A(2012) 短指软珊瑚酮 A(2012)*

【基本信息】$C_{15}H_{24}O_2$, 无色油状物, $[\alpha]_D^{23}$ = +7.26° (c = 0.27, 甲醇).【类型】单碳环醛酮类.【来源】短指软珊瑚属 *Sinularia* sp. (海南, 中国).【活性】抗污剂 (*in vitro*, 纹藤壶 *Balanus amphitrite* 幼虫, EC_{50} = 13.86μg/mL, LC_{50} > 50μg/mL, LC_{50}/EC_{50} > 3.61).【文献】H. Shi, et al. Mar. Drugs, 2012, 10, 1331.

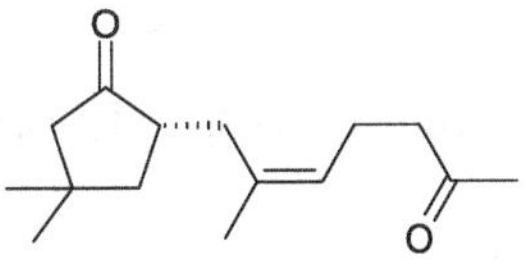

1521 Sinularone B(2012) 短指软珊瑚酮 B(2012)*

【基本信息】$C_{16}H_{26}O_4$, 无色油状物, $[\alpha]_D^{23}$ = +0.60° (c = 0.43, 甲醇), 可能是合成的.【类型】单碳环醛酮类.【来源】短指软珊瑚属 *Sinularia* sp.

(海南，中国).【活性】抗污剂 (*in vitro*, 纹藤壶 *Balanus amphitrite* 幼虫，EC_{50} = 23.50μg/mL, LC_{50} > 50μg/mL, LC_{50}/EC_{50} > 2.13).【文献】H. Shi, et al. Mar. Drugs, 2012, 10, 1331.

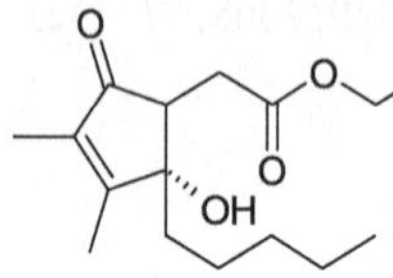

1522 Sinularone G(2012) 短指软珊瑚酮 G(2012)*

【基本信息】$C_{11}H_{16}O_5$，无色油状物，$[\alpha]_D^{23}$ = +4.03° (*c* = 0.10，甲醇)，可能是合成的.【类型】单碳环醛酮类.【来源】短指软珊瑚属 *Sinularia* sp. (海南，中国).【活性】抗污剂 (*in vitro*, 纹藤壶 *Balanus amphitrite* 幼虫，EC_{50} = 18.65μg/mL, LC_{50} > 50μg/mL, LC_{50}/EC_{50} > 2.69).【文献】H. Shi, et al. Mar. Drugs, 2012, 10, 1331.

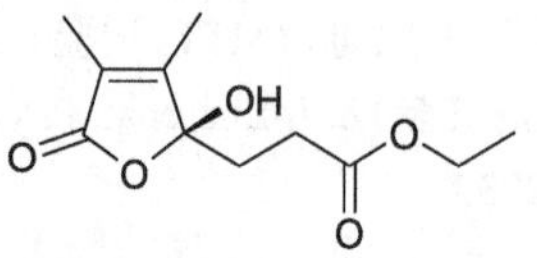

1523 Sinularone H(2012) 短指软珊瑚酮 H(2012)*

【基本信息】$C_{12}H_{18}O_5$，无色油状物，$[\alpha]_D^{23}$ = +3.70° (*c* = 0.12，甲醇).【类型】单碳环醛酮类.【来源】短指软珊瑚属 *Sinularia* sp. (海南，中国).【活性】抗污剂 (*in vitro*, 纹藤壶 *Balanus amphitrite* 幼虫，EC_{50} = 21.39μg/mL, LC_{50} > 50μg/mL, LC_{50}/EC_{50} > 2.34).【文献】H. Shi, et al. Mar. Drugs, 2012, 10, 1331.

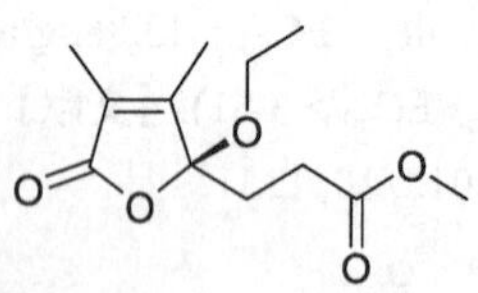

1524 Sinularone I(2012) 短指软珊瑚酮 I(2012)*

【基本信息】$C_{21}H_{36}O_5$，无色油状物，$[\alpha]_D^{23}$ = +5.44° (*c* = 0.18，甲醇).【类型】单碳环醛酮类.【来源】短指软珊瑚属 *Sinularia* sp. (海南，中国).【活性】抗污剂 (*in vitro*, 纹藤壶 *Balanus amphitrite* 幼虫，EC_{50} = 12.58μg/mL, LC_{50} > 50μg/mL, LC_{50}/EC_{50} > 3.97).【文献】H. Shi, et al. Mar. Drugs, 2012, 10, 1331.

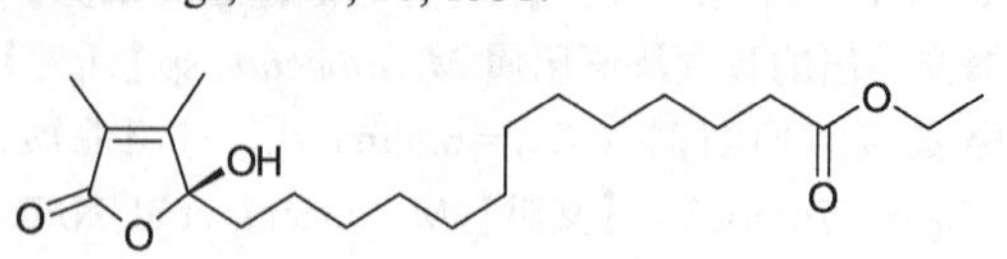

1525 (+)-Terrein (+)-土曲菌酮*

【别名】4,5-Dihydroxy-3-(1-propenyl)-2-cyclopenten-1-one; 4,5-二羟基-3-(1-丙烯基)-2-环戊烯-1-酮; 土曲霉酮.【基本信息】$C_8H_{10}O_3$, mp 123°C, $[\alpha]_{Hg}^{20}$ = +185° (*c* = 1，水).【类型】单碳环醛酮类.【来源】海洋导出的真菌土色曲霉菌* *Aspergillus terreus* PT06-2 (生长在 10%盐度的介质中)，海洋导出的真菌土色曲霉菌* *Aspergillus terreus*，陆地真菌土色曲霉菌 *Aspergillus terreus*.【活性】抗菌 (产气肠杆菌 *Enterobacter aerogenes*，金黄色葡萄球菌 *Staphylococcus aureus* 和铜绿假单胞菌 *Pseudomonas aeruginosa*，所有的 MICs > 100μmol/L); 抗真菌 (白色念珠菌 *Candida albicans*, MIC > 100μmol/L，对照酮康唑，MIC = 5μmol/L); 植物毒素.【文献】Y. Wang, et al. Mar. Drugs, 2011, 9, 1368.

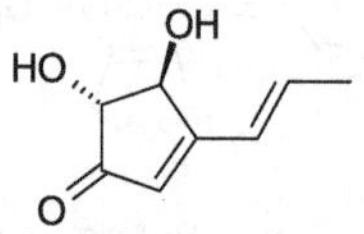

1526 (2*R*)-2-(2,3,6-Tribromo-4,5-dihydroxybenzyl)cyclohexanone (2*R*)-2-(2,3,6-三溴-4,5-二羟基苄基)环己酮

【基本信息】$C_{13}H_{13}Br_3O_3$，白色无定形粉末，$[\alpha]_D^{23}$ = +7.27° (*c* = 0.11，甲醇).【类型】单碳环醛酮类.【来源】红藻鸭毛藻 *Symphyocladia latiuscula* (朝鲜半岛水域).【活性】细胞毒 (IC_{50} = 8.5μg/mL); 抗氧化剂 (DPPH 自由基清除剂).【文献】J. S. Choi, et al. JNP, 2000, 63, 1705.

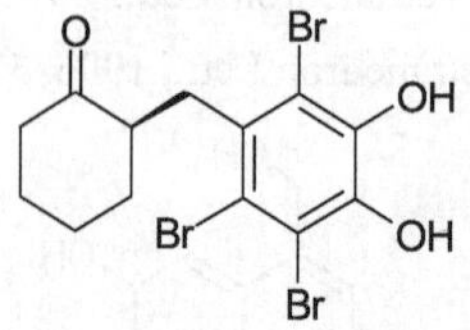

1527 Trichodenone A 单碳环木霉酮 A*

【别名】4-Hydroxy-4-vinyl-2-cyclopenten-1-one; 4-羟基-4-乙烯基-2-环戊烯-1 酮.【基本信息】$C_7H_8O_2$，油状物，$[\alpha]_D^{28}$ = +56.3° (*c* = 0.7，二氯甲烷).【类型】单碳环醛酮类.【来源】海洋导出的真菌哈茨

木霉* *Trichoderma harzianum* OUPS-N115, 来自冈田软海绵* *Halichondria okadai*.【活性】细胞毒(P_{388}, ED_{50} = 0.21μg/mL, 适度活性).【文献】T. Amagata, et al. J. Antibiot., 1998, 51, 33; Y. Usami, et al. Synlett, 1999, 723; Y. Usami, et al. Tetrahedron: Asymmetry, 2000, 11, 3711.

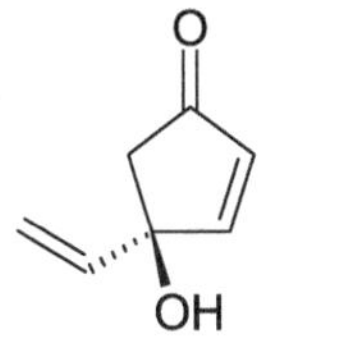

1528 Trichodenone B 单碳环木霉酮 B*

【别名】2-Chloro-4-hydroxy-4-(1-hydroxyethyl)-2-cyclopenten-1-one; 2-氯-4-羟基-4-(1-羟乙基)-2-环戊烯-1-酮.【基本信息】$C_7H_9ClO_3$, 油状物, $[\alpha]_D^{28}$ = −30.4° (*c* = 0.34, 氯仿).【类型】单碳环醛酮类.【来源】海洋导出的真菌哈茨木霉* *Trichoderma harzianum* OUPS-N115, 来自冈田软海绵* *Halichondria okadai*.【活性】细胞毒 (P_{388}, ED_{50}= 1.21μg/mL, 适度活性).【文献】T. Amagata, et al. J. Antibiot., 1998, 51, 33; Y. Usami, et al. Synlett, 1999, 723; Y. Usami, et al. Tetrahedron: Asymmetry, 2000, 11, 3711.

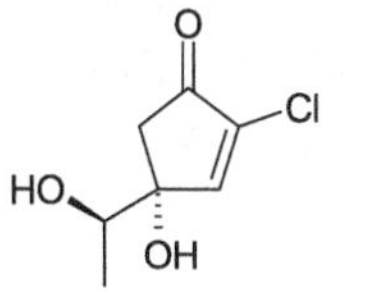

1529 (*R*)-Trichodenone C (*R*)-单碳环木霉酮 C*

【基本信息】$C_7H_9ClO_2$, 油状物, $[\alpha]_D^{28}$ = −10.8° (*c* = 1.12, 氯仿).【类型】单碳环醛酮类.【来源】海洋导出的真菌哈茨木霉* *Trichoderma harzianum* OUPS-N115, 来自冈田软海绵* *Halichondria okadai*.【活性】细胞毒 (P_{388}, ED_{50}= 1.45μg/mL, 适度活性).【文献】T. Amagata, et al. J. Antibiot., 1998, 51, 33; Y. Usami, et al. Synlett, 1999, 723; Y. Usami, et al. Tetrahedron: Asymmetry, 2000, 11, 3711.

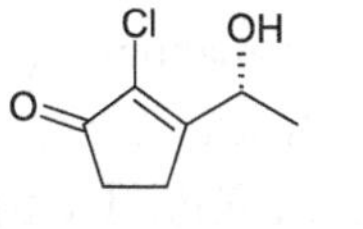

1530 Trichoderone 单碳环木霉酮*

【别名】(−)-(4*R**,5*S**)-3-Ethyl-4,5-dihydroxycyclopent-2-enone; (-)-(4*R**,5*S**)-3-乙基-4,5-二羟环戊-2-烯酮.【基本信息】$C_7H_{10}O_3$, 无定形固体, $[\alpha]_D^{20}$ = −4.84° (*c* = 0.93, 氯仿).【类型】单碳环醛酮类.【来源】深海真菌木霉属 *Trichoderma* sp. (深海沉积物, 南海).【活性】细胞毒 (A549, IC_{50} = 50.2μmol/L, 对照顺铂, IC_{50} = 17.5μmol/L; NCI-H460, IC_{50} = 164μmol/L, 顺铂, IC_{50} = 20.4μmol/L; MCF7, IC_{50} = 63.5μmol/L, 顺铂, IC_{50} = 85.1μmol/L; MDA-MB-435, IC_{50} = 617μmol/L, 顺铂, IC_{50} = 67μmol/L; HeLa, IC_{50} = 85.6μmol/L; DU145, IC_{50} = 43.2μmol/L; HLF, IC_{50} > 7020μmol/L, 顺铂, IC_{50} = 15.4μmol/L; 可能通过诱导细胞凋亡来抑制癌细胞的生长) (You, 2010); 细胞毒 (A549 和 NCI-H460, InRt > 80%, SI > 100); HIV 蛋白酶抑制剂; Taq DNA 聚合酶抑制剂.【文献】H. Takami, et al. FEMS Microbiol. Lett., 1997, 152, 279; J. L. You, et al. J. Ind. Microbiol. Biotechnol., 2010, 37, 245.

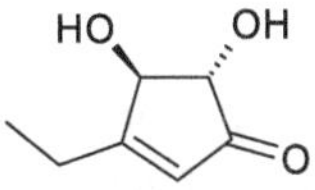

1531 Wailupemycin A 外鲁坡霉素*

【基本信息】$C_{21}H_{22}O_8$, $[\alpha]_D$ = +30.0° (*c* = 0.4, 甲醇).【类型】单碳环醛酮类.【来源】海洋导出的链霉菌属 *Streptomyces* sp. BD-26T (夏威夷岛上的浅水沉积物, 美国).【活性】抗菌 (革兰氏阴性菌大肠杆菌 *Escherichia coli*).【文献】N. Sitachitta, et al. Tetrahedron, 1996, 52, 8073.

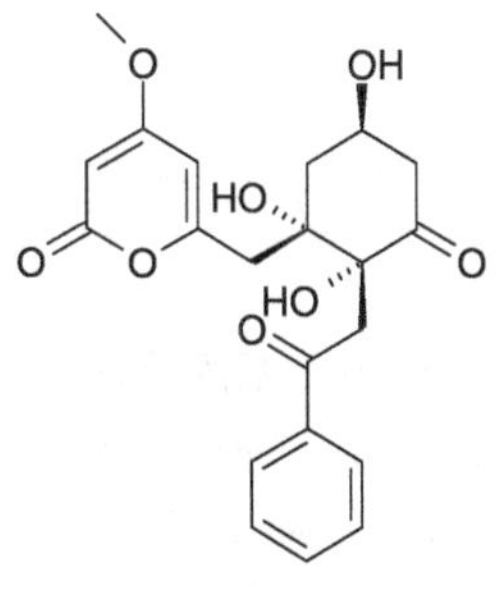

1532 Yanuthone D 亚努松 D*

【基本信息】$C_{28}H_{38}O_8$.【类型】单碳环醛酮类.【来源】海洋导出的真菌黑曲霉菌 *Aspergillus niger* F97S11, 来自褶胃海鞘属 *Aplidium* sp.【活性】抗菌 (MRSA, 和 MSSA 比较活性最强的; VREF).【文献】T. S. Bugni, et al. JOC, 2000, 65, 7195; T. S. Bugni, et al. NPR, 2004, 21, 143 (Rev.).

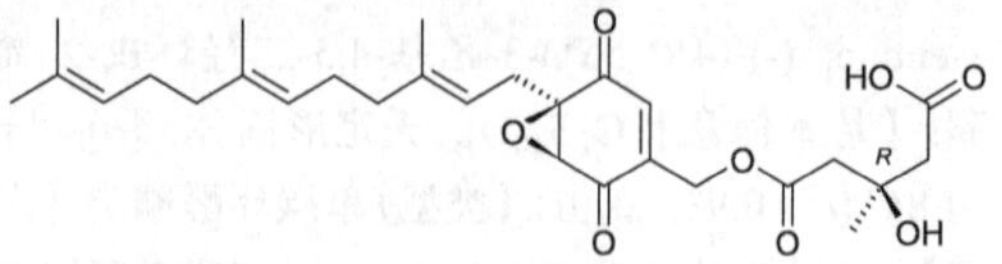

1533 Gonyauline 膝沟藻素*

【别名】2-(Dimethylsulfonio)cyclopropanecarboxylate; 2-(二甲基二氢硫基)环丁烷羧酸盐.【基本信息】$C_6H_{10}O_2S$, $[\alpha]_D = +214°$ ($c = 0.83$, 甲醇).【类型】单碳环羧酸和内酯类.【来源】甲藻膝沟藻 *Gonyaulax polyedra*.【活性】宿主生物生理节奏钟的缩短阶段.【文献】T. Roenneberg, et al. Experientia, 1990, 47, 103; H. Nakamura, JCS Perkin Trans. Ⅰ, 1990, 3219; H. Nakamura, et al. Tetrahedron Lett., 1992, 33, 2821.

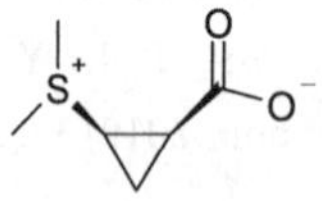

1534 2-Heptyl-1-cyclopropanepropanoic acid 2-庚基-1-环丙基丙酸

【基本信息】$C_{13}H_{24}O_2$.【类型】单碳环羧酸和内酯类.【来源】蓝细菌稍大鞘丝藻 *Lyngbya* cf. *majuscula* (主要代谢物, 印地安河潟湖, 佛罗里达, 美国).【活性】抗菌 (群体感应, $IC_{50} = 100\mu mol/L$, 作用的分子机制: 抑制高丝氨酸内酯受体 LasR); 革兰氏阴性菌中, 酰基高丝氨酸内酯 (AHLs) 介导的群体感应通路的干扰物.【文献】J. C. Kwan, et al. Mol. Biosyst. 2011, 7, 1205.

1535 Homothallin 后膜萨林*

【别名】3-(3-Isocyanocyclopenten-1-ylidene)propanoic acid; 3-(3-异氰基环戊烯-1-亚基)丙酸.【基本信息】$C_9H_9NO_2$, 不稳定的棱镜状晶体.【类型】单碳环羧酸和内酯类.【来源】海洋导出的真菌木霉 *Trichoderma hamatum* 和海洋导出的真菌哈茨木霉* *Trichoderma harzianum*, 丛柳珊瑚科 Plexauridae 柳珊瑚 *Plexaura homomalla*.【活性】抗菌; 抑制人消化纤维素的组织.【文献】D. Brewer, et al. Can. J. Microbiol., 1982, 28, 1252; R. J. Parry, et al. Tetrahedron Lett., 1982, 23, 1435; P. J. Scheuer, et al. Science (Washington, D.C.), 1990, 248, 173; C. H. Lee, et al. J. Antibiot., 1997, 50, 469; S. Yamamoto, et al. Biochem. Biophys. Res. Commun., 2005, 330, 622.

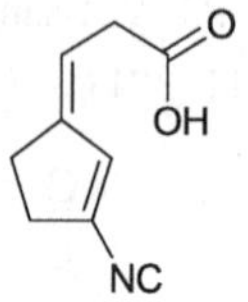

1536 Iriomoteolide 3a 冲绳西表内酯 3a*

【基本信息】$C_{25}H_{38}O_6$, 无定形固体, $[\alpha]_D^{22} = +24°$ ($c = 0.18$, 氯仿).【类型】单碳环羧酸和内酯类.【来源】甲藻前沟藻属 *Amphidinium* sp. HYA024【活性】细胞毒 (DG-75 细胞, $IC_{50} = 0.08\mu g/mL$; Raji 细胞, $IC_{50} = 0.05\mu g/mL$).【文献】K. Oguchi, et al. JOC, 2008, 73, 1567.

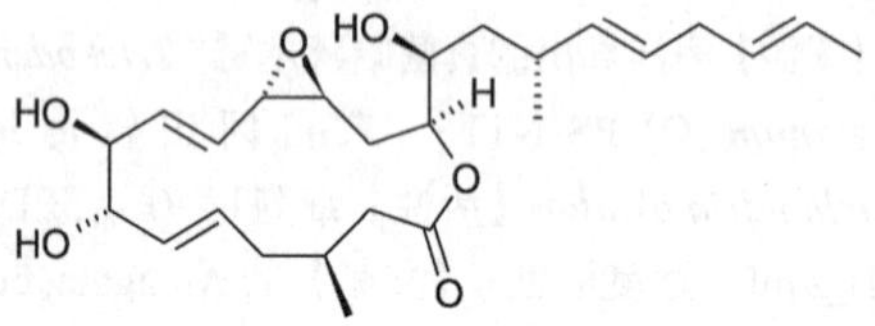

1537 (*R*)-Kjellmanianone (*R*)-海黍子酮*

【基本信息】$C_8H_{10}O_5$, 晶体, mp 157~158°C, $[\alpha]_D = -133°$ ($c = 1.15$, 氯仿).【类型】单碳环羧酸和内酯类.【来源】棕藻海黍子 *Sargassum kjellmanianum* 和棕藻易扭转马尾藻 *Sargassum tortile*.【活性】抗菌 (革兰氏阳性菌大肠杆菌 *Escherichia coli* 和枯草杆菌 *Bacillus subtilis*); 细胞毒 (P_{388}, $ED_{50} = 15.3\mu g/mL$, 对照依托泊苷, $ED_{50} = 0.24\mu g/mL$).【文献】M. Nakayama, et al. Chem. Lett., 1980, 1243; Numata, et al. CPB, 1991, 39, 2129; J. Zhu, et al. Tetrahedron, 1994, 50, 10597.

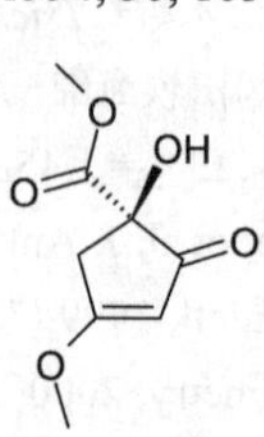

1538 (+)-Kjellmanianone (+)-海黍子酮*

【基本信息】$C_8H_{10}O_5$, 晶体, mp 139~139.5°C, $[\alpha]_D = +1.6°$ ($c = 1.8$, 氯仿).【类型】单碳环羧酸和内酯类.【来源】棕藻海黍子 *Sargassum kjellmanianum*.【活性】抗菌 (革兰氏阳性菌, 大肠杆菌

Escherichia coli 和枯草杆菌 *Bacillus subtilis*).【文献】M. Nakayama, et al. Chem. Lett., 1980, 1243; B.-C. Chen, et al. Tetrahedron, 1991, 47, 173.

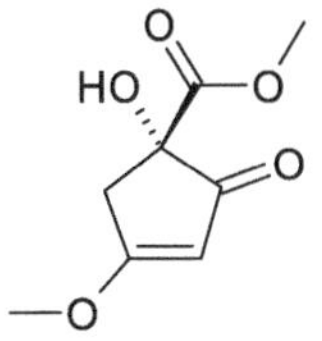

1539　Pericosine A　黑团孢素 A*

【基本信息】$C_8H_{11}ClO_5$, 片状晶体 (甲醇), mp 95~97°C, $[\alpha]_D = +57°$ ($c = 3.2$, 乙醇), $[\alpha]_D^{22} = +104°$ ($c = 0.04$, 乙醇).【类型】单碳环羧酸和内酯类.【来源】海洋导出的真菌细丝黑团孢霉 *Periconia byssoides* OUPS-N133, 来自软体动物黑斑海兔 *Aplysia kurodai* (胃肠道).【活性】细胞毒 (一组 38 种人病源癌细胞株 (日本 HCC 组), MG-MID (对所有实验细胞的 lg GI_{50} 平均值) = −4.82, Δ (最敏感细胞和 MG-MID 的 lg GI_{50} 差值) = 2.45, 范围 (最敏感和最不敏感细胞的 lg GI_{50} 差值) = 2.66); 细胞毒 (P_{388}, 抑制生长, ED_{50} = 0.1μg/mL); 细胞毒 (对 HBC5 选择性的, lg GI_{50} = −5.22; SNB75, lg GI_{50} = −7.27), 抗肿瘤 (*in vivo* P_{388}); 蛋白激酶 EGFR 抑制剂; 拓扑异构酶Ⅱ抑制剂.【文献】A. Numata, et al. Tetrahedron Lett., 1997, 38, 8215; Y. Usami, et al. JOC, 2007, 72, 6127; T. Yamada, et al. Org. Biomol. Chem., 2007, 5, 3979.

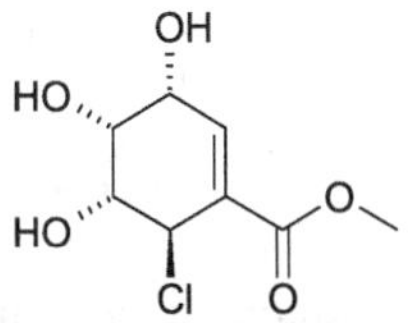

1540　Pericosine B　黑团孢素 B*

【基本信息】$C_9H_{14}O_6$, 油状物, $[\alpha]_D = +22.3°$ ($c = 0.82$, 乙醇).【类型】单碳环羧酸和内酯类.【来源】海洋导出的真菌细丝黑团孢霉 *Periconia byssoides* OUPS-N133 来自软体动物黑斑海兔 *Aplysia kurodai* (胃肠道).【活性】细胞毒 (P_{388}, 细胞生长抑制剂, ED_{50} = 4.0μg/mL).【文献】A. Numata, et al. Tetrahedron Lett., 1997, 38, 8215; T. J. Donohoe, et al. Tetrahedron Lett., 1998, 39, 8755; T. Yamada, et al. Org. Biomol. Chem., 2007, 5, 3979.

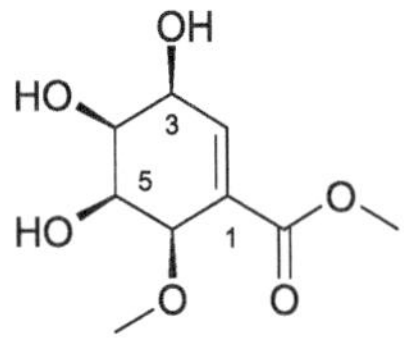

1541　Pericosine D　黑团孢素 D*

【基本信息】$C_8H_{11}ClO_5$, 油状物, $[\alpha]_D^{25} = -273.6°$ ($c = 0.01$, 乙醇).【类型】单碳环羧酸和内酯类.【来源】海洋导出的真菌细丝黑团孢霉 *Periconia byssoides* OUPS-N133 来自软体动物黑斑海兔 *Aplysia kurodai*.【活性】细胞毒 (P_{388}, 细胞生长抑制剂, ED_{50} = 3.0μg/mL).【文献】T. Yamada, et al. Org. Biomol. Chem., 2007, 5, 3979.

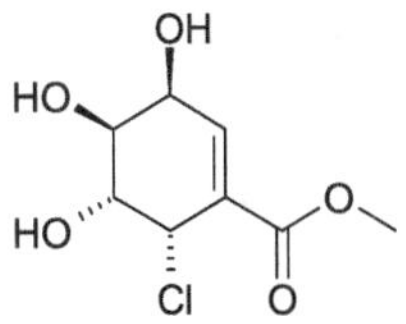

1542　Pericosine E　黑团孢素 E*

【基本信息】$C_{16}H_{21}ClO_{10}$, 片状晶体 (甲醇), mp 213~215°C, $[\alpha]_D = -31.5°$ ($c = 0.43$, 乙醇).【类型】单碳环羧酸和内酯类.【来源】海洋导出的真菌细丝黑团孢霉 *Periconia byssoides* OUPS-N133 来自软体动物黑斑海兔 *Aplysia kurodai*.【活性】细胞毒 (一组 38 种人病源癌细胞株 (日本 HCC 组), MG-MID (对所有实验细胞的 lg GI_{50} 平均值) = −4.01, Δ (最敏感细胞和 MG-MID 的 lg GI_{50} 差值) = 0.16, 范围 (最敏感和最不敏感细胞的 lg GI_{50} 差值) = 0.17).【文献】T. Yamada, et al. Org. Biomol. Chem., 2007, 5, 3979.

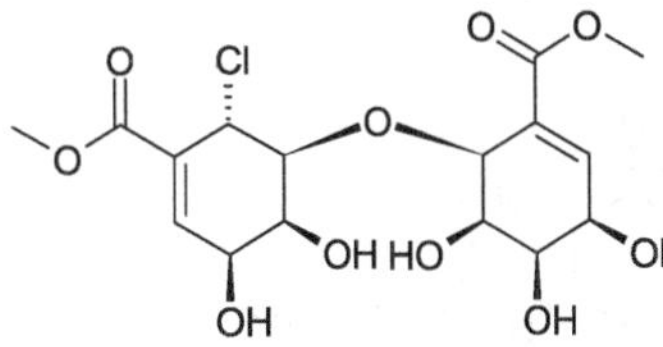

3.6　多碳环醛和酮

1543　Gymnastatin F　小裸囊菌斯他汀 F*

【基本信息】$C_{24}H_{35}Cl_2NO_5$, 粉末, $[\alpha]_D^{26} = -77.7°$ ($c = 0.16$, 氯仿).【类型】多碳环醛和酮.【来源】海洋导出的真菌小裸囊菌属 *Gymnascella dankaliensis*

来自日本软海绵 *Halichondria japonica* (大阪外海, 日本).【活性】细胞毒 (P_{388}, 作用显著).【文献】T. Amagata, et al. JNP, 2006, 69, 1384.

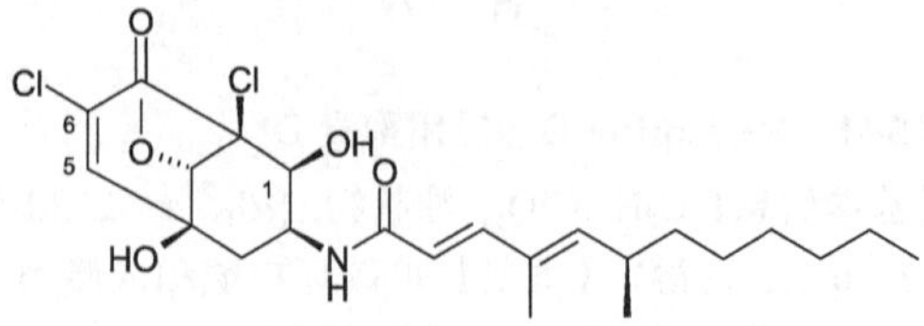

1544 Gymnastatin G 小裸囊菌斯他汀 G*

【基本信息】$C_{23}H_{34}ClNO_6$, 粉末, $[\alpha]_D = -53.1°$ (c = 1.5, 氯仿).【类型】多碳环醛和酮.【来源】海洋导出的真菌小裸囊菌属 *Gymnascella dankaliensis* 来自日本软海绵 *Halichondria japonica* (大阪外海, 日本).【活性】细胞毒 (P_{388}, 作用显著).【文献】T. Amagata, et al. JNP, 2006, 69, 1384.

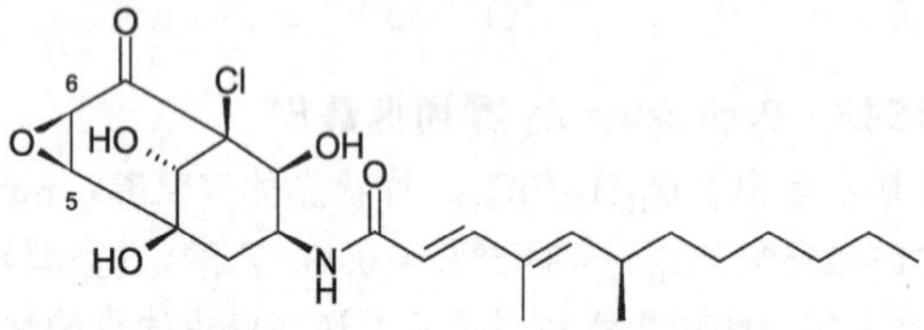

1545 Gymnastatin R 小裸囊菌斯他汀 R*

【基本信息】$C_{23}H_{33}Cl_2NO_4$, 粉末, mp 79~82°C, $[\alpha]_D^{23} = -104.5°$ (c = 0.48, 乙醇).【类型】多碳环醛和酮.【来源】海洋导出的真菌小裸囊菌属 *Gymnascella dankaliensis* 来自日本软海绵 *Halichondria japonica* (大阪外海, 日本).【活性】细胞毒 (P_{388}, 细胞生长抑制剂).【文献】T. Amagata, et al. JNP, 2008, 71, 340.

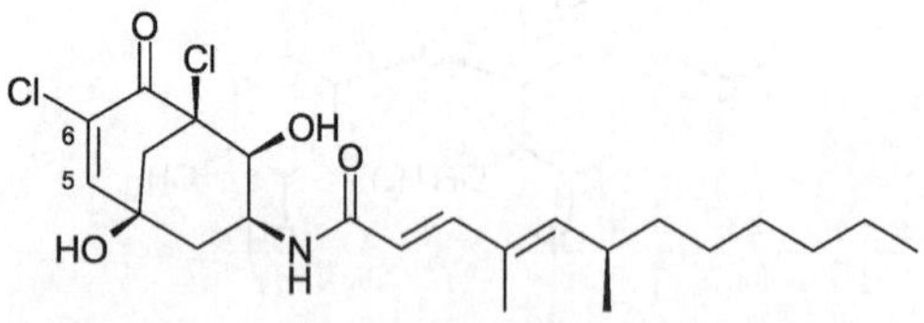

1546 Lobophytone A 豆荚软珊瑚酮 A*

【基本信息】$C_{41}H_{64}O_9$.【类型】多碳环醛和酮.【来源】疏指豆荚软珊瑚 *Lobophytum pauciflorum* (三亚湾, 海南, 中国).【活性】抗 6-羟基多巴胺 (6-OHDA) 细胞毒效应 (SH-SY5Y 成神经细胞瘤细胞).【文献】P. Yan, et al. Org. Lett., 2010, 12, 2484.

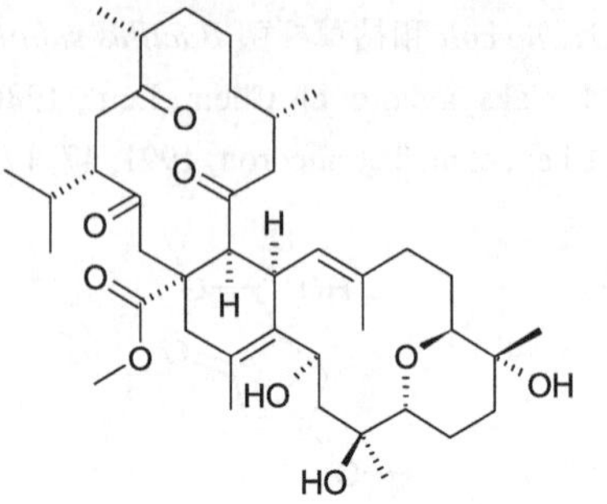

1547 Lobophytone O 豆荚软珊瑚酮 O*

【基本信息】$C_{41}H_{64}O_9$, 无定形粉末, $[\alpha]_D^{25}$= +140.4° (c = 1.25, 氯仿).【类型】多碳环醛和酮.【来源】疏指豆荚软珊瑚 *Lobophytum pauciflorum* (三亚湾, 海南, 中国).【活性】LPS 诱导的 NO 生成抑制剂 (小鼠腹膜巨噬细胞, IC_{50} > 10μmol/L, 低活性); 细胞毒 (小鼠腹膜巨噬细胞, IC_{50} > 10μmol/L, 低活性); 抗菌 (铜绿假单胞菌 *Pseudomonas aeruginosa* 和大肠杆菌 *Escherichia coli*, 低活性); 抗真菌 (白色念珠菌 *Candida albicans* 和烟曲霉菌 *Aspergillus fumigatus*, 低活性).【文献】P. Yan, et al. Mar. Drugs, 2010, 8, 2837.

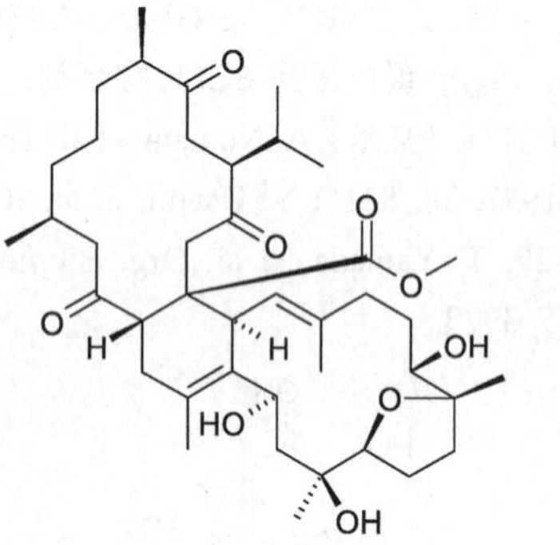

1548 Lobophytone P 豆荚软珊瑚酮 P*

【基本信息】$C_{43}H_{66}O_{10}$, 无定形粉末, $[\alpha]_D^{25}$= +133.7° (c = 0.33, 氯仿).【类型】多碳环醛和酮.【来源】疏指豆荚软珊瑚 *Lobophytum pauciflorum* (三亚湾, 海南, 中国).【活性】LPS 诱导的 NO 生成抑制剂 (小鼠腹膜巨噬细胞, IC_{50} > 10μmol/L, 低活性); 细胞毒 (小鼠腹膜巨噬细胞, IC_{50} > 10μmol/L, 低活性); 抗菌 (铜绿假单胞菌 *Pseudomonas aeruginosa* 和大肠杆菌 *Escherichia coli*, 低活性); 抗真菌 (白色念珠菌 *Candida albicans*, 烟曲霉菌 *Aspergillus fumigatus*, 低活性).【文献】P. Yan, et al. Mar. Drugs, 2010, 8, 2837.

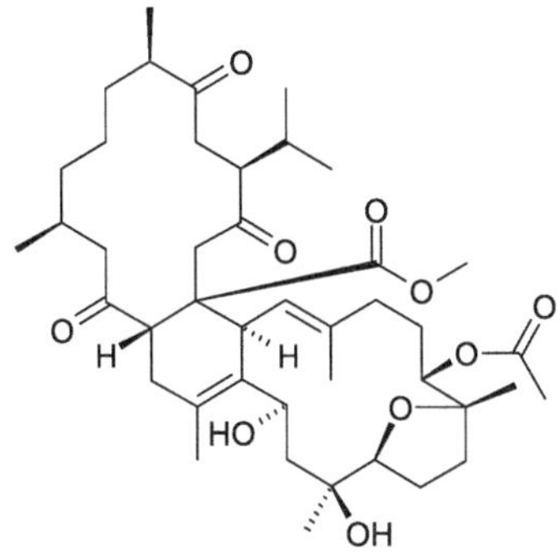

1549 Lobophytone Q 豆荚软珊瑚酮 Q*

【基本信息】$C_{41}H_{63}ClO_8$, 无定形粉末, $[\alpha]_D^{25}$= +121.2° (c = 1.30, 氯仿).【类型】多碳环醛和酮.【来源】疏指豆荚软珊瑚 *Lobophytum pauciflorum* (三亚湾, 海南, 中国).【活性】LPS 诱导的 NO 生成抑制剂 (小鼠腹膜巨噬细胞, IC_{50} = 2.8μmol/L); 细胞毒 (小鼠腹膜巨噬细胞, IC_{50} > 10μmol/L, 低活性); 抗菌 (金黄色葡萄球菌 *Staphylococcus aureus*, 肺炎葡萄球菌 *Staphylococcus pneumoniae* 和酿酒酵母 *Saccharomyces cerevisiae*, 20μg/mL, InRt = 90%; 铜绿假单胞菌 *Pseudomonas aeruginosa* 和大肠杆菌 *Escherichia coli*, 低活性); 抗真菌 (白色念珠菌 *Candida albicans* 和烟曲霉菌 *Aspergillus fumigatus*, 低活性).【文献】P. Yan, et al. Mar. Drugs, 2010, 8, 2837.

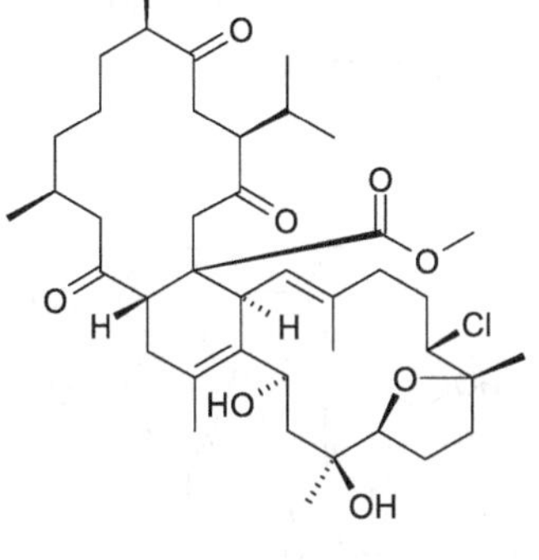

1550 Lobophytone R 豆荚软珊瑚酮 R*

【基本信息】$C_{41}H_{64}O_8$, 无定形粉末, $[\alpha]_D^{25}$= +151.1° (c = 0.51, 氯仿).【类型】多碳环醛和酮.【来源】疏指豆荚软珊瑚 *Lobophytum pauciflorum* (三亚湾, 海南, 中国).【活性】LPS 诱导的 NO 生成抑制剂 (小鼠腹膜巨噬细胞, IC_{50} > 10μmol/L, 低活性); 细胞毒 (小鼠腹膜巨噬细胞, IC_{50} > 10μmol/L, 低活性); 抗菌 (铜绿假单胞菌 *Pseudomonas aeruginosa* 和大肠杆菌 *Escherichia coli*, 低活性); 抗真菌 (白色念珠菌 *Candida albicans* 和烟曲霉菌 *Aspergillus fumigatus*, 低活性).【文献】P. Yan, et al. Mar. Drugs, 2010, 8, 2837.

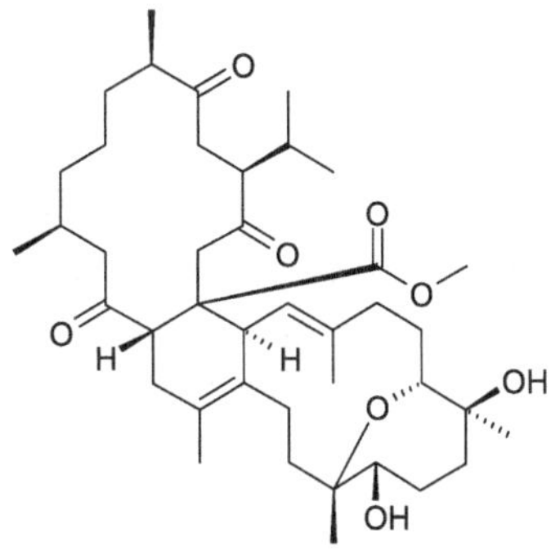

1551 Lobophytone S 豆荚软珊瑚酮 S*

【基本信息】$C_{41}H_{62}O_7$, 无定形粉末, $[\alpha]_D^{25}$= +101.1° (c = 0.60, 氯仿).【类型】多碳环醛和酮.【来源】疏指豆荚软珊瑚 *Lobophytum pauciflorum* (三亚湾, 海南, 中国).【活性】LPS 诱导的 NO 生成抑制剂 (小鼠腹膜巨噬细胞, IC_{50} > 10μmol/L, 低活性); 细胞毒 (小鼠腹膜巨噬细胞, IC_{50} > 10μmol/L, 低活性); 抗菌 (铜绿假单胞菌 *Pseudomonas aeruginosa* 和大肠杆菌 *Escherichia coli*, 低活性); 抗真菌 (白色念珠菌 *Candida albicans* 和烟曲霉菌 *Aspergillus fumigatus*, 低活性).【文献】P. Yan, et al. Mar. Drugs, 2010, 8, 2837.

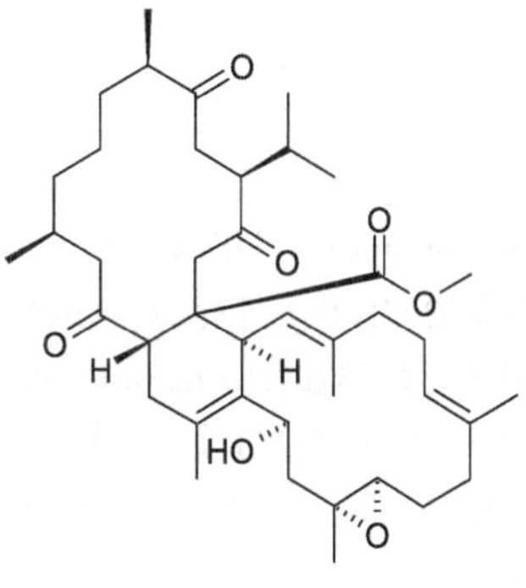

1552 Penicillone A 青霉酮 A*

【基本信息】$C_{14}H_{18}O_4$, 片状晶体 (丙酮), mp 200~201°C, $[\alpha]_D^{20}$ = +169.7° (c = 0.2, 甲醇).【类型】多碳环醛和酮.【来源】海洋导出的真菌青霉属 *Penicillium terrestre*.【活性】细胞毒 (P_{388} 和 A549, 低活性).【文献】W.-H. Liu, et al. Tetrahedron Lett., 2005, 46, 4993; M. Saleem, et al. NPR, 2007, 24, 1142 (Rev.).

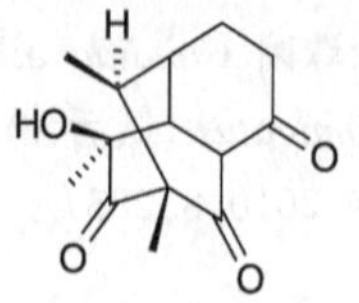

1553 Penostatin F 青霉他汀 F*

【基本信息】$C_{22}H_{32}O_3$, $[\alpha]_D = -12.5°$ ($c = 0.24$, 氯仿).【类型】多碳环醛和酮.【来源】海洋导出的真菌青霉属 *Penicillium* sp. 菌株 OUPS-79, 来自绿藻肠浒苔 *Enteromorpha intestinalis*.【活性】细胞毒 (P_{388}, $ED_{50} = 1.4\mu g/mL$).【文献】C. lwamoto, et al. JCS Perkin Trans. Ⅰ, 1998, 449.

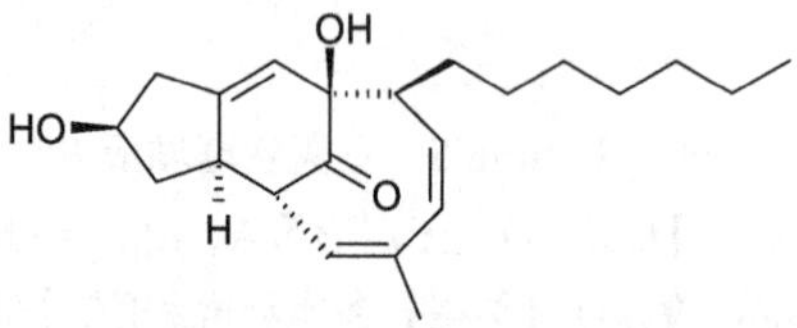

1554 Penostatin I 青霉他汀 I*

【基本信息】$C_{22}H_{32}O_3$, $[\alpha]_D = +13.3°$ ($c = 0.30$, 氯仿).【类型】多碳环醛和酮.【来源】海洋导出的真菌青霉属 *Penicillium* sp. 菌株 OUPS-79, 来自绿藻肠浒苔 *Enteromorpha intestinalis*.【活性】细胞毒 (P_{388}, $ED_{50} = 1.2\mu g/mL$).【文献】C. lwamoto, et al. JCS Perkin Trans. Ⅰ, 1998, 449.

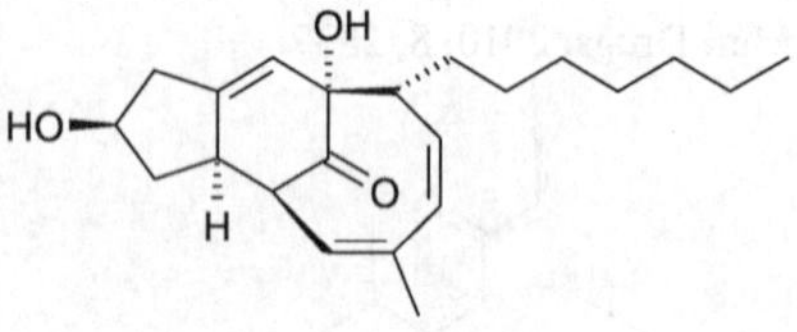

1555 Sargussumol 马尾藻醇*

【基本信息】$C_{20}H_{20}O_{13}$.【类型】多碳环醛和酮.【来源】棕藻马尾藻属 *Sargassum micracanthum* (莞岛郡, 全罗南道, 韩国).【活性】抗氧化剂 (自由基清除剂).【文献】C. Kim, et al. J. Antibiot., 2012, 65, 87.

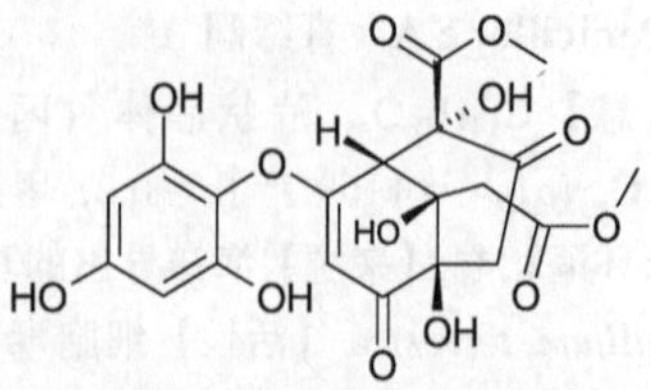

1556 Sporothrin A 孢子丝菌林 A*

【别名】Dalesconol A; 光轮层炭壳菌醇 A*.【基本信息】$C_{29}H_{18}O_6$, 红色针状结晶, mp 283~284°C.【类型】多碳环醛和酮.【来源】红树导出的真菌孢子丝菌属* *Sporothrix* sp. 4335 和真菌光轮层炭壳菌* *Daldinia eschscholzii* IFB-TL01.【活性】AChE 抑制剂 ($IC_{50} = 1.05\mu mol/L$); 细胞毒 (HepG2, $IC_{50} = 50\mu g/mL$); 免疫抑制剂.【文献】Y. L. Zhang, et al. Angew. Chem. Int. Ed., 2008, 47, 5823; L. Wen, et al. JOC, 2009, 74, 1093; M. E. Rateb, et al. NPR, 2011, 28, 290 (Rev.).

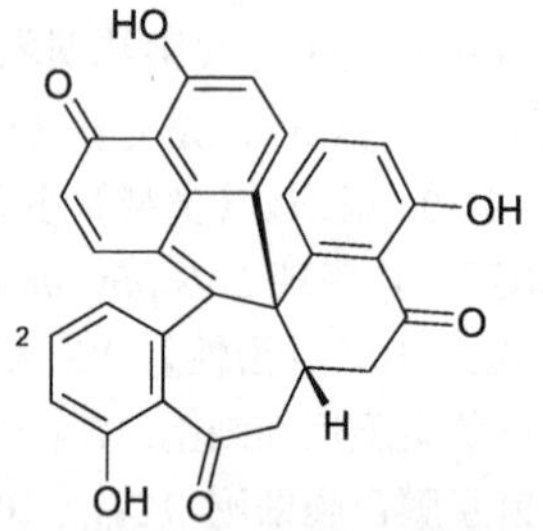

1557 Sporothrin B 孢子丝菌林 B*

【别名】Dalesconol B; 光轮层炭壳菌醇 B*.【基本信息】$C_{29}H_{18}O_7$, 红色针状结晶, mp 280~282°C.【类型】多碳环醛和酮.【来源】红树导出的真菌孢子丝菌属* *Sporothrix* sp. 4335 和真菌光轮层炭壳菌* *Daldinia eschscholzii* IFB-TL01.【活性】细胞毒 (HepG2, $IC_{50}= 20\mu g/mL$).【文献】Y. L. Zhang, et al. Angew. Chem. Int. Ed., 2008, 47, 5823; L. Wen, et al. JOC, 2009, 74, 1093; M. E. Rateb, et al. NPR, 2011, 28, 290 (Rev.).

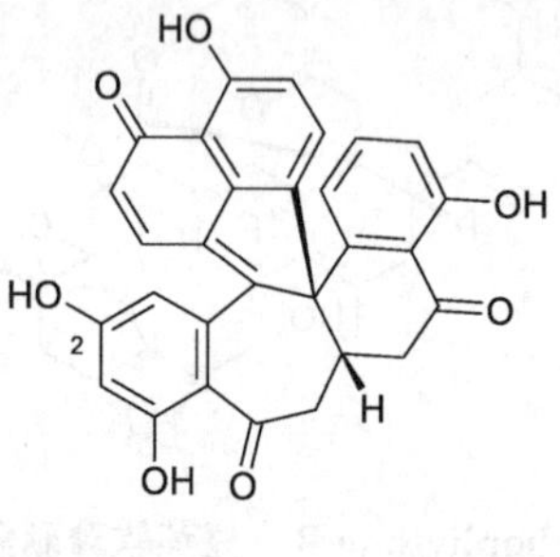

3.7 杂脂环

1558 Motualevic acid F 斐济蒂壳海绵酸 F*

【基本信息】$C_{16}H_{23}Br_2NO_2$, 浅黄色固体, $[\alpha]_D = -74°$ ($c = 0.1$, 甲醇).【类型】简单单氮杂脂环类.【来源】岩屑海绵蒂壳海绵 Theonellidae 科

Siliquariaspongia sp. (莫图阿勒乌暗礁，斐济).【活性】抗菌 [微生物培养液稀释试验：金黄色葡萄球菌 *Staphylococcus aureus*, MIC_{50} = (1.2±0.3)μg/mL; MRSA, MIC_{50} = (3.9±1.0)μg/mL]; 抗菌 [琼脂盘扩散实验：金黄色葡萄球菌 *Staphylococcus aureus*, 2μg/mL, IZD = 8~11mm; MRSA, 5μg/mL, IZD = 8~11mm].【文献】J. L. Keffer, et al. Org. Lett., 2009, 11, 1087; P. L. Winder, et al. Mar. Drugs, 2011, 9, 2644 (Rev.).

1559 Dihydrothiopyranone 二氢噻喃酮

【别名】2-Hexadecyl-2,3-dihydro-4*H*-thiopyran-4-one; 2-十六烷基-2,3-二氢-4*H*-噻喃-4-酮.【基本信息】$C_{21}H_{38}OS$, $[\alpha]_D$ = −14.6° (*c* = 0.9, 甲醇).【类型】简单单硫杂脂环类.【来源】小轴海绵科海绵 *Reniochalina* sp. (楚克州，密克罗尼西亚联邦).【活性】细胞毒 [ACHN, NCI-H23, MDA-MB-231, HCT15, NUGC-3 和 PC3, 所有的 GI_{50} > 10μg/mL, 对照阿霉素, GI_{50} = (0.198~0.708)μg/mL].【文献】H.-S. Lee, et al. Lipids, 2009, 44, 71.

1560 Thiopalmyrone 硫代巴尔米拉酮*

【基本信息】$C_7H_{10}O_3S$.【类型】简单单硫杂脂环类.【来源】蓝细菌颤藻属 *Oscillatoria* cf.和蓝细菌颤藻 Oscillatoriaceae 科 *Hormoscilla* spp. (集聚物，北部海滩，巴尔米拉环礁，太平洋).【活性】灭螺剂 (海洋无毛双脐螺**Biomphalaria glabrata*, 有潜力的).【文献】A. R. Pereira, et al. JNP, 2011, 74, 1175.

1561 Aikupikoxide B 艾库皮克氧化物 B*

【别名】(3*S*,4*S*,7*S*,10*ξ*)-10,15-Cyclo-4,7-epoxy-10-hydroxy-1-nor-11(18)-phyten-2-oic acid methyl ester; (3*S*,4*S*,7*S*,10*ξ*)-10,15-环-4,7-环氧-10-羟基-1-去甲-11(18)-植烯-2-酸甲酯.【基本信息】$C_{20}H_{34}O_5$, 油状物, $[\alpha]_D$= +76° (*c* = 0.5, 二氯甲烷).【类型】简单双氧杂脂环类.【来源】Podospongiidae 科海绵 *Diacarnus erythraenus* (红海).【活性】细胞毒 (P_{388} ATCC:CCL46, A549 ATCC:CCL8 和 HT29 ATCC:HTB38, IC_{50} > 1μg/mL).【文献】D. T. A. Youssef, et al. JNP, 2001, 64, 1332.

1562 Aikupikoxide C 艾库皮克氧化物 C*

【基本信息】$C_{20}H_{34}O_6$, 油状物, $[\alpha]_D$= +88° (*c* = 2.0, 二氯甲烷).【类型】简单双氧杂脂环类.【来源】Podospongiidae 科海绵 *Diacarnus erythraenus* (红海).【活性】细胞毒 (P_{388} ATCC:CCL46, A549 ATCC:CCL8 和 HT29 ATCC:HTB38, IC_{50} > 1μg/mL).【文献】D. T. A. Youssef, et al. JNP, 2001, 64, 1332.

1563 Aikupikoxide D 艾库皮克氧化物 D*

【基本信息】$C_{20}H_{34}O_6$, 油状物, $[\alpha]_D$= +69° (*c* = 0.45, 二氯甲烷).【类型】简单双氧杂脂环类.【来源】Podospongiidae 科海绵 *Diacarnus erythraenus* (红海).【活性】细胞毒 (P_{388} ATCC: CCL46, A549 ATCC: CCL8 和 HT29 ATCC: HTB38, IC_{50} > 1μg/mL).【文献】D. T. A. Youssef, et al. JNP, 2001, 64, 1332.

1564 Andavadoic acid 安达瓦豆克酸*

【别名】3,5-Dimethyl-5-(10-phenyldecyl)-1,2-dioxolane-

3-acetic acid; 3,5-二甲基-5-(10-苯基癸基)-1,2-二氧戊环-3-乙酸.【基本信息】$C_{23}H_{36}O_4$, 油状物, $[\alpha]_D = +34.7°$ ($c = 0.004$, 氯仿).【类型】简单双氧杂脂环类.【来源】不分支扁板海绵* *Plakortis* aff. *simplex*.【活性】细胞毒 (13 种癌细胞, GI_{50} 在亚微摩尔范围).【文献】A. Rudi, et al. JNP, 2003, 66, 682.

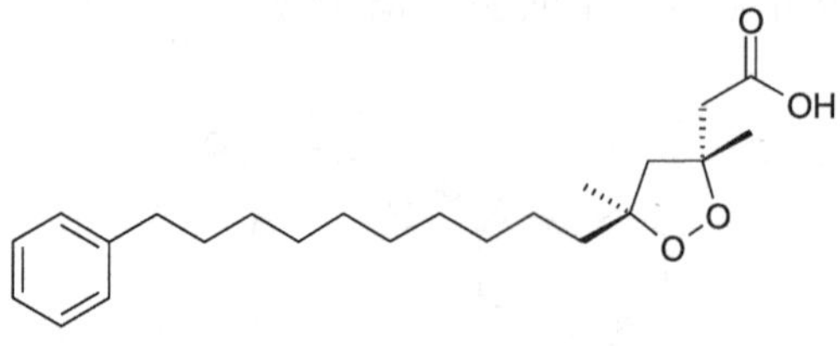

1565 6-Butyl-4,6-diethyl-1,2-dioxan-3-acetic acid 6-丁基-4,6-二乙基-1,2-二氧杂环己烷-3-乙酸

【基本信息】$C_{14}H_{26}O_4$, 树胶状物, $[\alpha]_D = +48°$ ($c = 0.5$, 氯仿).【类型】简单双氧杂脂环类.【来源】美丽海绵属 *Callyspongia* sp. (巴布亚新几内亚).【活性】细胞毒 (P_{388}, $ED_{50} = 2.6\mu g/mL$).【文献】S. I. Toth, et al. JNP, 1994, 57, 123.

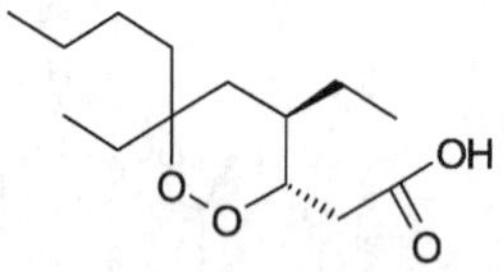

1566 6-Butyl-6-ethyl-4-ethylidene-1,2-dioxan-3-acetic acid 6-丁基-6-乙基-4-亚乙基-1,2 二氧杂环己烷-乙酸

【基本信息】$C_{14}H_{24}O_4$, 淡黄色树胶状物, $[\alpha]_D = +50°$ ($c = 0.7$, 氯仿).【类型】简单双氧杂脂环类.【来源】美丽海绵属 *Callyspongia* sp. (巴布亚新几内亚).【活性】细胞毒 (P_{388}, $ED_{50} = 5.5\mu g/mL$).【文献】S. I. Toth, et al. JNP, 1994, 57, 123.

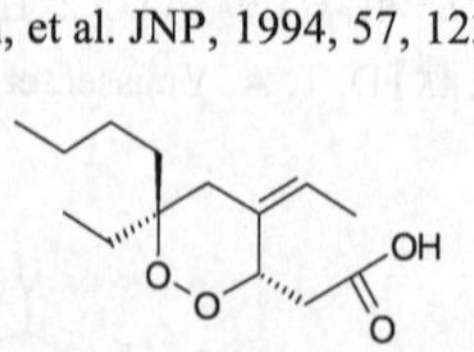

1567 Capucinoic acid A 卡普斯诺克酸 A*

【基本信息】$C_{21}H_{28}O_4$.【类型】简单双氧杂脂环类.【来源】Plakinidae 多板海绵科海绵 *Plakinastrella onkodes* (多米尼加).【活性】细胞毒 (B16F1, $IC_{50} = 12\mu g/mL$).【文献】D. E. Williams, et al. JNP, 2001, 64, 281.

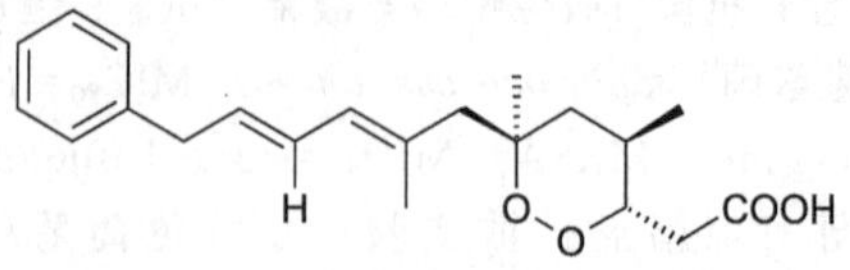

1568 Capucinoic acid B 卡普斯诺克酸 B*

【基本信息】$C_{22}H_{30}O_4$, 油状物 (甲酯), $[\alpha]_D^{25} = -48.7°$ ($c = 0.37$, 二氯甲烷) (甲酯).【类型】简单双氧杂脂环类.【来源】Plakinidae 多板海绵科海绵 *Plakinastrella onkodes* 和扁板海绵属 *Plakortis* sp.【活性】细胞毒.【文献】D. E. Williams, et al. JNP, 2001, 64, 281.

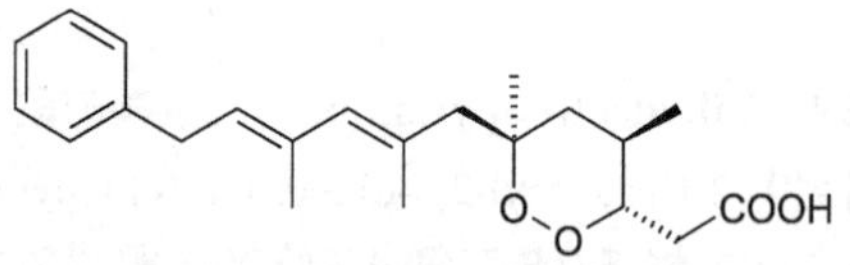

1569 Chondrillin 谷粒海绵林*

【别名】(3*R*,6*S*)-Methyl-6-hexadecyl-3,6-dihydro-6-methoxy-1,2-dioxin-3-acetate; (3*R*,6*S*)-甲基-6-十六烷基-3,6-二氢-6-甲氧基-1,2-二氧杂环己烯-3-乙酸酯.【基本信息】$C_{24}H_{44}O_5$, 浅黄色油 (形成蜡样固体), mp 30°C, $[\alpha]_D^{20} = +144°$.【类型】简单双氧杂脂环类.【来源】岩屑海绵谷粒海绵属 *Chondrilla* sp. (大堡礁) 和岩屑海绵谷粒海绵属 *Chondrilla* spp., 不分支扁板海绵* *Plakortis simplex* (中国台湾水域), 扁板海绵属 *Plakortis lita*, 扁板海绵属 *Plakortis* spp.和 Plakinidae 多板海绵科海绵 *Plakinastrella onkodes* (墨西哥湾).【活性】细胞毒 (KB16, $IC_{50} = 0.74\mu g/mL$; Colon250, 无活性); 细胞毒 (A549, $IC_{50} = 0.3\mu g/mL$; P_{388}, $IC_{50} = 2.4\mu g/mL$); 细胞黏附诱导剂 (EL-4, $IC_{50} = 0.4\mu g/mL$); PKC 同工酶适度的拮抗剂 (α, $IC_{50} = 36\mu g/mL$; βⅠ, $IC_{50} = 49\mu g/mL$; βⅡ, $IC_{50} = 49\mu g/mL$; δ, $IC_{50} = 23\mu g/mL$; ε, $IC_{50} = 30\mu g/mL$; γ, $IC_{50} > 150\mu g/mL$; ζ, $IC_{50} = 43\mu g/mL$).【文献】R. J. Wells, Tetrahedron Lett., 1976, 2637; S. Sakemi, et al. Tetrahedron, 1987, 43, 263; T. Murayama, et al. Experientia, 1989, 45, 898; F. S. De Guzman, et al. JNP, 1990, 53, 926; B. B. Snider, et al. JACS, 1992, 114, 1790; P. A. Horton, et al. JNP, 1994, 57, 1374; P. H. Dussault, et al. JACS, 1997, 119, 3824; P. H. Dussault, et al. JOC, 1999, 64, 1789; Y. C. Shen, et al. JNP, 2001, 64, 324.

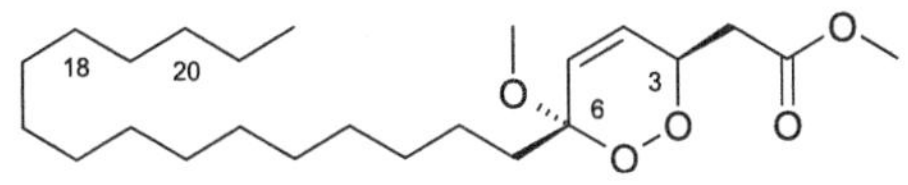

1570 10,15-Cyclo-4,7-*epi*-dioxy-1-nor-11(18)-phyten-2-oic acid 10,15-环-4,7-*epi*-过氧-1-去甲-11(18)-植烯-2-酸

【基本信息】$C_{19}H_{32}O_4$, 清亮无色油状物, $[\alpha]_D$ = +45° (c = 0.46, 氯仿).【类型】简单双氧杂脂环类.【来源】Podospongiidae 科海绵 *Diacarnus* cf. *spinopoculum* (所罗门群岛和巴布亚新几内亚).【活性】微分细胞毒性 (软琼脂实验, 50μg/盘, 250 地区差单位就期望有"选择性活性", C38-L_{1210}, 70 地区差单位; M17-L_{1210}, 100 地区差单位); 细胞毒 (HL60, GI_{50} = 1.63μmol/L; Molt4, GI_{50} = 2.16μmol/L; A549/ATCC, GI_{50} = 3.05μmol/L; KM12, GI_{50} = 4.82μmol/L; LOX-IMVI, GI_{50} = 0.25μmol/L; IGROV1, GI_{50} = 0.63μmol/L; 786-0, GI_{50} = 0.94μmol/L; BT-549, GI_{50} = 1.05μmol/L).【文献】S, Sperry, et al. JNP, 1998, 61, 241.

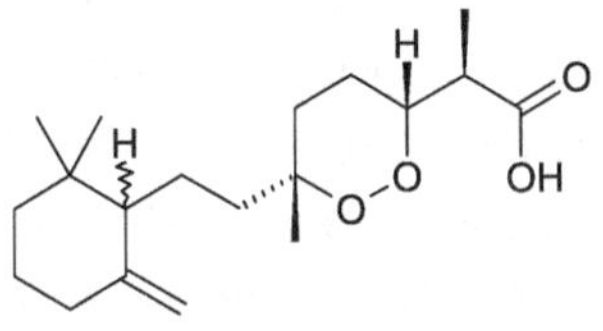

1571 2-Demethyl-4-peroxyplakoenoic acid A_1 methyl ester 2-去甲基-4-过氧扁板海绵烯酸 A_1 甲酯*

【基本信息】$C_{18}H_{28}O_5$, $[\alpha]_D^{23}$ = +52° (c = 0.25, 氯仿).【类型】简单双氧杂脂环类.【来源】不分支扁板海绵* *Plakortis* aff. *simplex* (南非).【活性】细胞毒 (P_{388}, IC_{50} < 0.1μg/mL).【文献】A. Rudi, et al. JNP, 1993, 56, 2178.

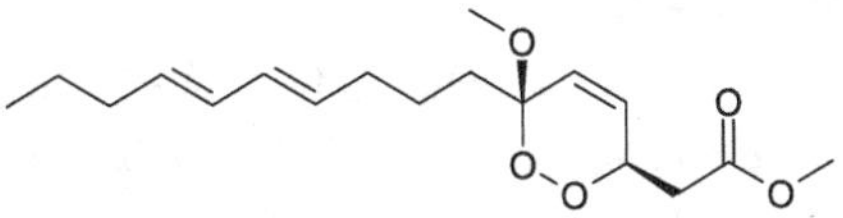

1572 4,6-Diethyl-3,6-dihydro-6-(2-methylhexyl)-1,2-dioxin-3-acetic acid 4,6-二乙基-3,6-二氢-6-(2-甲基己基)-1,2-二噁英-3-乙酸

【基本信息】$C_{17}H_{30}O_4$, 油状物, $[\alpha]_D$ = −19.8° (c = 0.89, 氯仿).【类型】简单双氧杂脂环类.【来源】扁板海绵属 *Plakortis* aff. *angulospiculatus* (帕劳, 大洋洲).【活性】抗利什曼原虫 (引起 *Leishmania mexicana* 前鞭毛体增殖, 在 1μg/mL, 24 小时后细胞膜水解, LD_{50} = 0.29μg/mL; 对照 1 为海绵代谢物伊马喹酮, LD_{50} =5.6μg/mL, 对照 2 为酮康唑, LD_{50} = 0.06μg/mL).【文献】R. S. Compagnone, et al. Tetrahedron, 1998, 54, 3057.

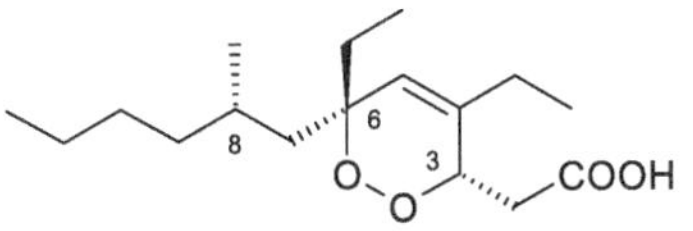

1573 (3*S*,6*R*,8*S*)-4,6-Diethyl-3,6-dihydro-6-(2-methylhexyl)-1,2-dioxin-3-acetic acid ethyl ester (3*S*,6*R*,8*S*)-4,6-二乙基-3,6-二氢-6-(2-甲基己基)-1,2-二噁英-3-乙酸乙酯*

【基本信息】$C_{19}H_{34}O_4$, 无定形固体, $[\alpha]_D^{20}$ = −25° (c = 0.1, 己烷)【类型】简单双氧杂脂环类.【来源】扁板海绵属 *Plakortis* sp. (亚伯丁群岛, 塞舌尔).【活性】有毒的 (盐水丰年虾 *Artemia* sp.幼虫, LD_{50} > 100μg/mL).【文献】J. C. Braekman, et al. JNP, 1998, 61, 1038.

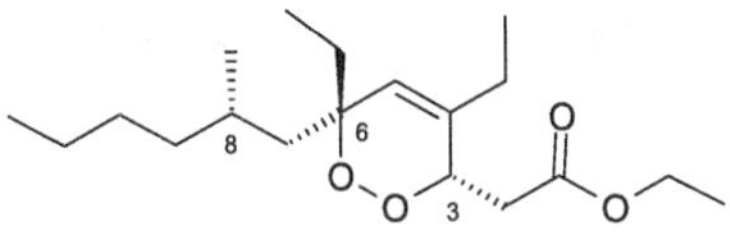

1574 4,6-Diethyl-6-(2-ethyl-4-methyloctyl)-1,2-dioxane-3-acetic acid 4,6-二乙基-6-(2-乙基-4-甲基辛基)-1,2-二氧六环-3-乙酸

【别名】3,6-*epi*-Dioxy-4,6,8-triethyl-10-methyltetradecanoic acid; 3,6-*epi*-过氧-4,6,8-三乙基-10-甲基十四烷酸.【基本信息】$C_{21}H_{40}O_4$, 无定形固体, $[\alpha]_D^{20}$ = −168° (c = 1.5, 二氯甲烷)【类型】简单双氧杂脂环类.【来源】扁板海绵属 *Plakortis* sp. (亚伯丁群岛, 塞舌尔).【活性】有毒的 (盐水丰年虾 *Artemia* sp. 幼虫, LD_{50} = 15μg/mL).【文献】J. C. Braekman, et al. JNP, 1998, 61, 1038.

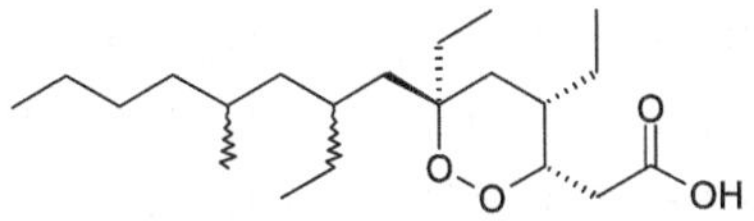

1575 4,6-Diethyl-6-hexyl-3,6-dihydro-1,2-dioxin-3-acetic acid methyl ester 4,6-二乙基-6-己基-3,6-二氢-1,2-二噁英-3-乙酸甲酯

【基本信息】$C_{17}H_{30}O_4$【类型】简单双氧杂脂环类.【来源】不分支扁板海绵* *Plakortis simplex* (嗜冷

生物, 挪威, 冷水水域).【活性】细胞毒 (*in vitro*, 6 种人实体癌细胞株, IC_{50} = 7~15μg/mL).【文献】M.Holzwarth, et al. JNP, 2005, 68, 759; M. D. Lebar, et al. NPR, 2007, 24, 774 (Rev.); S. Abbas, Mar. Drugs, 2011, 9, 2423 (Rev.).

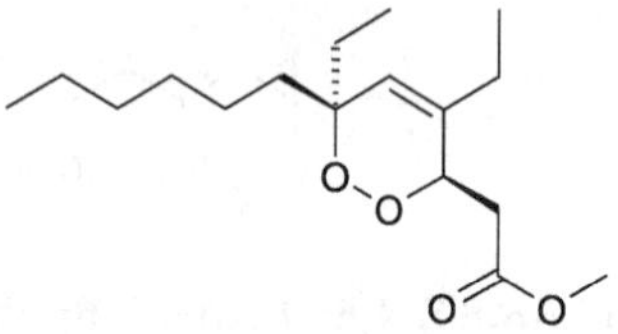

1576 (1′*E*,3*S*,4*R*,4′*R*,5′*E*,6*S*)-6-(2,4-Diethyl-1,5-octadienyl)-4,6-diethyl-1,2-dioxane-3-acetic acid (1′*E*,3*S*,4*R*,4′*R*,5′*E*,6*S*)-6-(2,4-二乙基-1,5-辛(碳)二烯基)-4,6-二乙基-1,2-二氧六环-3-乙酸

【基本信息】$C_{22}H_{38}O_4$, 浅黄色油状物, $[\alpha]_D^{23}$ = +76.2° (*c* = 1.6, 氯仿).【类型】简单双氧杂脂环类.【来源】扁板海绵属 *Plakortis* sp. (冲绳, 日本).【活性】细胞毒 (KB, IC_{50} = 0.4μg/mL, L_{1210}, IC_{50} = 1.1μg/mL).【文献】A. Fontana, et al. Tetrahedron, 1998, 54, 2041; A. Fontana, et al. JNP, 1998, 61, 1427.

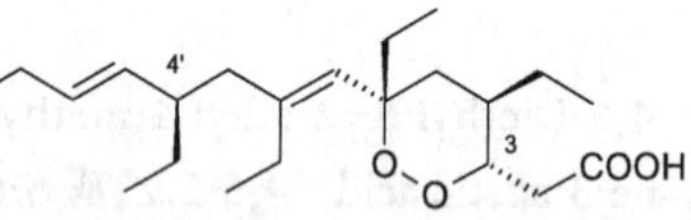

1577 6-(2,4-Diethyl-1-octenyl)-4,6-diethyl-1,2-dioxane-3-acetic acid 6-(2,4-二乙基-1-辛烯基)-4,6-二乙基-1,2-二氧六环-3-乙酸

【基本信息】$C_{22}H_{40}O_4$, 油状物 (甲酯), $[\alpha]_D^{23}$ = +12.4° (*c* = 0.4, 氯仿) (甲酯).【类型】简单双氧杂脂环类.【来源】日本扁板海绵* *Monotria japonica* [syn. *Plakortis japonica*]和扁板海绵属 *Plakortis* sp. (冲绳, 日本)【活性】卵母细胞裂解活性 (选择性地裂解海燕 *Asterina pectinifera* 不成熟的卵母细胞, 不影响核的形态, MEC = 13μg/mL).【文献】M. Yanai, et al. BoMC, 2003, 11, 1715; A. Fontana, et al. Tetrahedron, 1998, 54, 2041; A. Fontana, et al. JNP, 1998, 61, 1427.

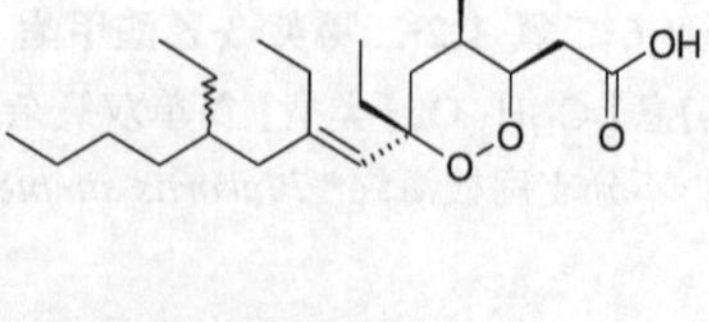

1578 3,6-*epi*-Dioxy-4,6,8,10-tetraethyltetradeca-7,11-dienoic acid 3,6-*epi*-过氧-4,6,8,10-四乙基十四(碳)-7,11-二烯酸

【基本信息】$C_{22}H_{38}O_4$, 油状物, $[\alpha]_D$ = +164° (*c* = 2.4, 氯仿).【类型】简单双氧杂脂环类.【来源】扁板海绵属 *Plakortis* aff. *angulospiculatus* (帕劳, 大洋洲).【活性】抗利什曼原虫 (影响利什曼原虫 *Leishmania mexicana* 前鞭毛体增殖, LD_{50} = 1.00μg/mL; 对照 1 为海绵代谢物伊马喹酮, LD_{50} = 5.6μg/mL, 对照 2 为酮康唑, LD_{50} = 0.06μg/mL).【文献】R. S. Compagnone, et al. Tetrahedron, 1998, 54, 3057.

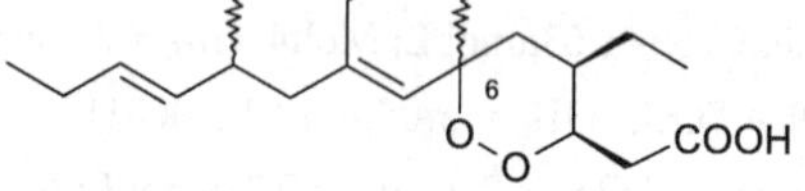

1579 (−)-9,10-Epoxy muqublin A isomer (−)-9,10-环氧穆库宾 A 同分异构体*

【基本信息】$C_{24}H_{40}O_5$, 无色油状物, $[\alpha]_D^{25}$ = −26.2° (*c* = 0.20, 氯仿).【类型】简单双氧杂脂环类.【来源】Podospongiidae 科海绵 *Diacarnus erythraeanus* (埃尔法那迪尔岛, 赫尔格达, 埃及).【活性】细胞毒 (神经胶质瘤: Hs683, IC_{50} = 3μmol/L, U373, IC_{50} = 4μmol/L; 黑色素瘤: SK-MEL-28, IC_{50} = 15μmol/L; 恶性上皮肿瘤: A549, IC_{50} = 3μmol/L, MCF7, IC_{50} = 4μmol/L, PC3, IC_{50} = 1μmol/L).【文献】F. Lefranc, et al. JNP, 2013, 76, 1541.

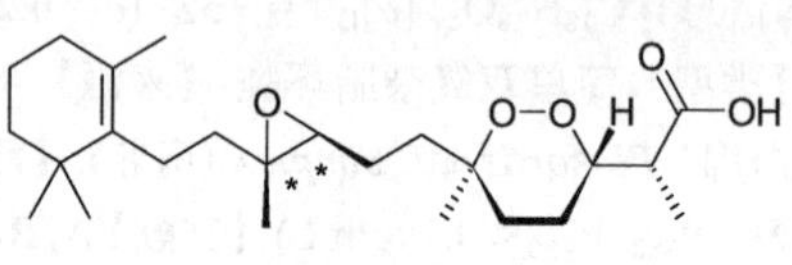

1580 (−)-13,14-Epoxymuqublin A (−)-13,14-环氧穆库宾 A*

【基本信息】$C_{24}H_{40}O_5$, 无色油状物, $[\alpha]_D^{25}$ = −47.8° (*c* = 0.10, 氯仿).【类型】简单双氧杂脂环类.【来源】Podospongiidae 科海绵 *Diacarnus erythraeanus* (埃尔法那迪尔岛, 赫尔格达, 埃及).【活性】细胞毒 (神经胶质瘤: Hs683, IC_{50} = 3μmol/L; U373, IC_{50} = 7μmol/L. 黑色素瘤: SK-MEL-28, IC_{50} = 22μmol/L. 恶性上皮肿瘤: A549, IC_{50} = 3μmol/L; MCF7, IC_{50} = 6μmol/L; PC3, IC_{50} = 2μmol/L).【文献】F. Lefranc, et al. JNP, 2013, 76, 1541.

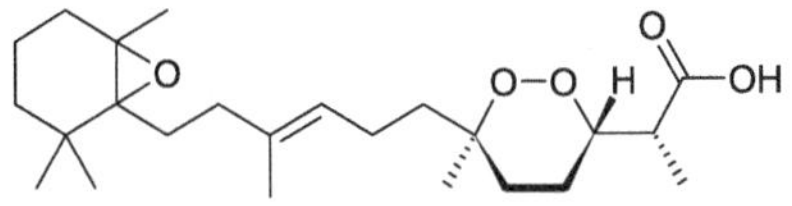

1581 Ethyl didehydroplakortide Z 乙基双去氢扁板海绵酯 Z*

【基本信息】$C_{16}H_{28}O_4$，黄色油状物，$[\alpha]_D^{25}$ = +81.5° (*c* = 1.7, 二氯甲烷).【类型】简单双氧杂脂环类.【来源】扁板海绵属 *Plakortis lita* (巴布亚新几内亚).【活性】细胞毒 (*in vitro* 实体肿瘤，选择性的).【文献】B. Harrison, et al. JNP, 1998, 61, 1033.

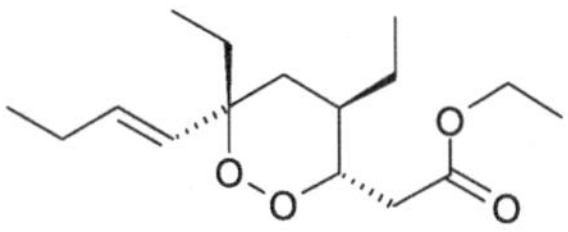

1582 Ethyl plakortide Z 乙基扁板海绵酯 Z*

【基本信息】$C_{16}H_{30}O_4$，黄色油状物，$[\alpha]_D^{25}$ = +58.8° (*c* = 6.8, 二氯甲烷).【类型】简单双氧杂脂环类.【来源】扁板海绵属 *Plakortis lita* (巴布亚新几内亚).【活性】细胞毒 (实体肿瘤和 L_{1210}, *in vitro*).【文献】B. Harrison, et al. JNP, 1998, 61, 1033.

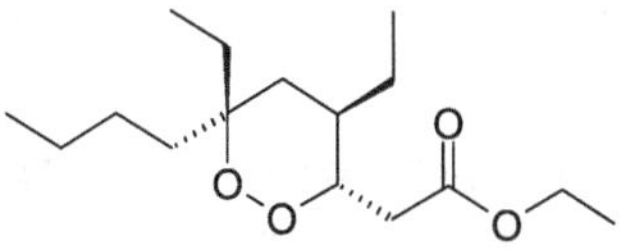

1583 Haterumadioxin A 冲绳二噁英 A*

【基本信息】$C_{18}H_{30}O_4$，油状物，$[\alpha]_D^{29}$ = −102° (*c* = 1.56, 甲醇).【类型】简单双氧杂脂环类.【来源】扁板海绵属 *Plakortis lita* [产率 = 0.038% (湿重)，冲绳，日本].【活性】细胞毒 (P_{388}, IC_{50} = 11ng/mL).【文献】N. Takada, et al. JNP, 2001, 64, 356.

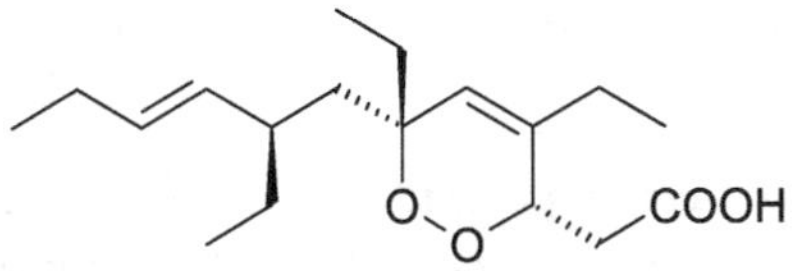

1584 Haterumadioxin B 冲绳二噁英 B*

【基本信息】$C_{18}H_{32}O_4$，油状物，$[\alpha]_D^{29}$ = −28° (*c* = 0.42, 甲醇).【类型】简单双氧杂脂环类.【来源】扁板海绵属 *Plakortis lita* [产率 = 0.008% (湿重)，冲绳，日本].【活性】细胞毒 (P_{388}, IC_{50} = 5.5ng/mL).【文献】N. Takada, et al. JNP, 2001, 64, 356.

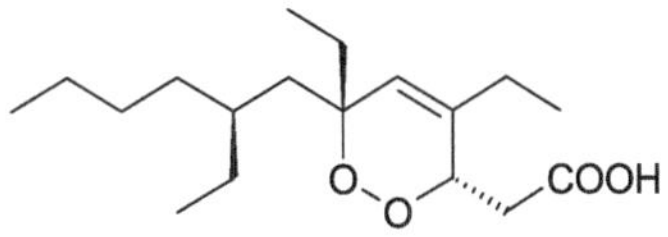

1585 Hurghaperoxide 赫尔格达过氧化物*

【基本信息】$C_{25}H_{42}O_5$.【类型】简单双氧杂脂环类.【来源】Podospongiidae 科海绵 *Diacarnus erythraeanus* (埃尔法那迪尔岛，赫尔格达，埃及).【活性】细胞毒 (神经胶质瘤：Hs683, IC_{50} = 37μmol/L; U373, IC_{50} = 83μmol/L, U251, IC_{50} = 87μmol/L. 黑色素瘤：SK-MEL-28, IC_{50} = 73μmol/L. 恶性上皮肿瘤：A549, IC_{50} = 31μmol/L; MCF7, IC_{50} = 45μmol/L; PC3, IC_{50} = 73μmol/L).【文献】F. Lefranc, et al. JNP, 2013, 76, 1541.

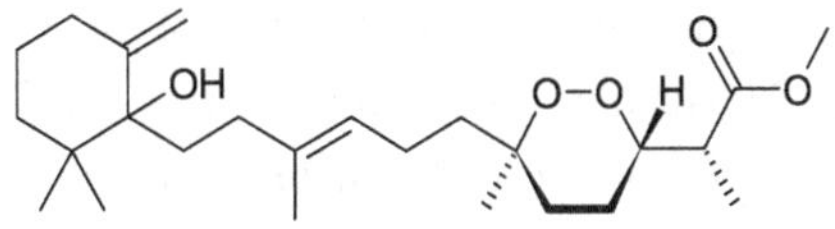

1586 12-Isomanadoperoxide B 12-异马那多过氧化物 B*

【基本信息】$C_{19}H_{32}O_5$，无色固体，$[\alpha]_D^{25}$ −5.0 (*c* = 0.2, 氯仿).【类型】简单双氧杂脂环类.【来源】扁板海绵属 *Plakortis lita* (布纳肯岛，万鸦老，印度尼西亚).【活性】抗锥虫 [布氏锥虫 *Trypanosoma brucei rhodesiense,* IC_{50} = 0.011μg/mL (0.032μmol/L)，极有潜力的，对照美拉申醇，IC_{50} = 2.0ng/mL (5.0nmol/L)]；细胞毒 [L-6, IC_{50} = 3.80μg/mL (11.18μmol/L)，对照鬼臼毒素，IC_{50} = 0.004μg/mL (0.0096μmol/L)].【文献】G. Chianese, ET AL. Mar. Drugs, 2013, 11, 3297.

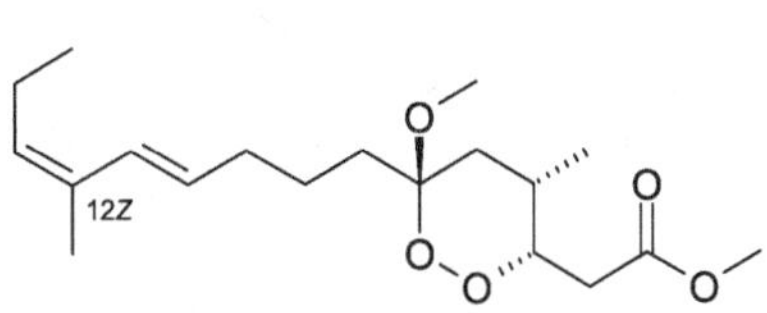

12Z

1587 Manadic acid A 马那多酸 A*

【基本信息】$C_{17}H_{28}O_5$，油状物，$[\alpha]_D^{18}$ = +83.9° (*c* = 43.8, 甲醇).【类型】简单双氧杂脂环类.【来源】扁板海绵属 *Plakortis* sp. (印度尼西亚).【活性】免疫调节 (MLR, IC_{50} = 0.015μg/mL; LCV, IC_{50} = 0.55μg/mL)；细胞毒 (P_{388}, IC_{50} = 0.5μg/mL;

A549, IC_{50} = 1μg/mL; HT29, IC_{50} = 2μg/mL; MEL28, IC_{50} = 5μg/mL).【文献】T. Ichiba, et al. Tetrahedron, 1995, 51, 12195.

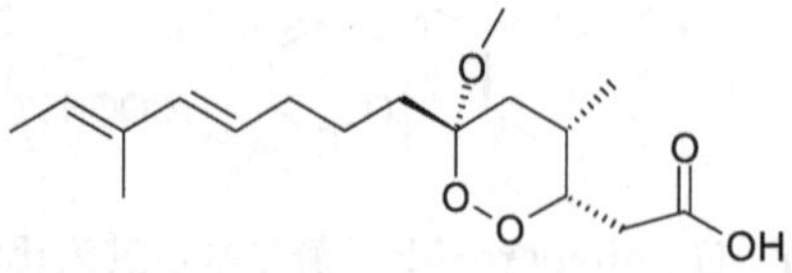

1588 (−)-Manadic acid B (−)-马那多酸 B*

【别名】Manadoperoxidic acid B; 马那多过氧化物酸 B*.【基本信息】$C_{18}H_{30}O_5$, 无色固体, $[\alpha]_D^{25}$ = −23.0° (*c* = 0.1, 氯仿).【类型】简单双氧杂脂环类.【来源】扁板海绵属 *Plakortis lita* (布纳肯岛, 万鸦老, 印度尼西亚).【活性】抗锥虫 [布氏锥虫 *Trypanosoma brucei rhodesiense*, IC_{50} = 1.87μg/mL (5.74μmol/L), 极有潜力的, 对照美拉申醇, IC_{50} = 2.0ng/mL (5.0nmol/L)]; 细胞毒 [L-6, IC_{50} = 7.12μg/mL (21.84μmol/L), 对照鬼臼毒素, IC_{50} = 0.004μg/mL (0.0096μmol/L)].【文献】G. Chianese, ET AL. Mar. Drugs, 2013, 11, 3297.

12*E*

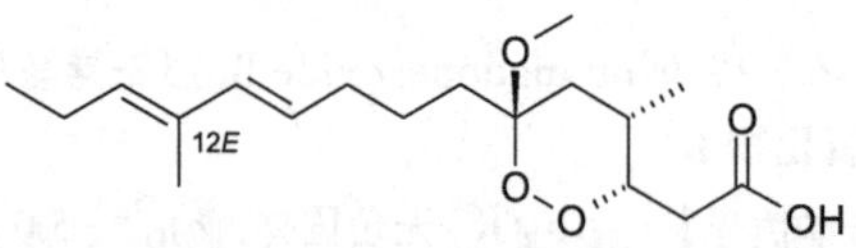

1589 (+)-Manadic acid B (+)-马那多酸 B*

【基本信息】$C_{18}H_{30}O_5$, 油状物, $[\alpha]_D^{18}$ = +130.3° (*c* = 43.8, 甲醇).【类型】简单双氧杂脂环类.【来源】扁板海绵属 *Plakortis* sp. (印度尼西亚).【活性】细胞毒 (P_{388}, IC_{50} = 0.5μg/mL; A549, IC_{50} = 1μg/mL; HT29, IC_{50} = 2μg/mL; MEL28, IC_{50} = 2.5μg/mL).【文献】T. Ichiba, et al. Tetrahedron, 1995, 51, 12195.

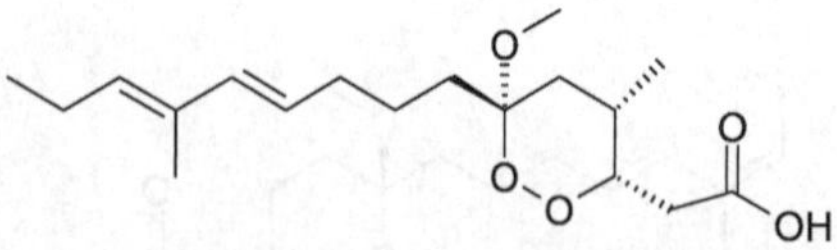

1590 Manadoperoxide B 马那多过氧化物 B*

【基本信息】$C_{19}H_{32}O_5$, 无色无定形固体, $[\alpha]_D^{25}$ −7.5° (*c* = 0.1, 氯仿).【类型】简单双氧杂脂环类.【来源】扁板海绵属 *Plakortis lita* (布纳肯岛, 万鸦老, 印度尼西亚).【活性】抗锥虫 [布氏锥虫 *Trypanosoma brucei rhodesiense*, IC_{50} = 3.0ng/mL (8.8nmol/L), 极有潜力的, 最有潜力的天然产物之一, 对照美拉申醇, IC_{50} = 2.0ng/mL (5.0nmol/L)]; 细胞毒 [HMEC1, IC_{50} = 10.8μg/mL (31.76μmol/L), 对照鬼臼毒素, IC_{50} = 0.004μg/mL (0.0096μmol/L)].【文献】G. Chianese, et al. Org. Biomol. Chem. 2012, 10, 7197; G. Chianese, et al. Mar. Drugs, 2013, 11, 3297.

12*E*

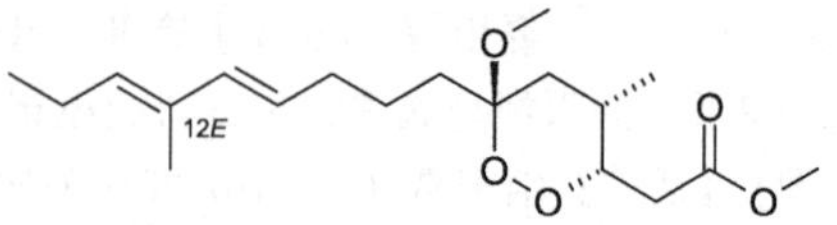

1591 Manadoperoxide C 马那多过氧化物 C*

【别名】Peroxyplakoric ester C; 过氧化扁板海绵酯 C*.【基本信息】$C_{16}H_{26}O_6$.【类型】简单双氧杂脂环类.【来源】不分支扁板海绵* *Plakortis* cf. *simplex* (布纳肯岛, 万鸦老, 印度尼西亚) 和扁板海绵属 *Plakortis lita* (布纳肯, 苏拉威西, 印度尼西亚).【活性】抗锥虫 (布氏锥虫 *Trypanosoma brucei rhodesiense*).【文献】C. Fattorusso, et al. JNP, 2010, 73, 1138; G. Chianese, et al. Org. Biomol. Chem., 2012, 10, 7197.

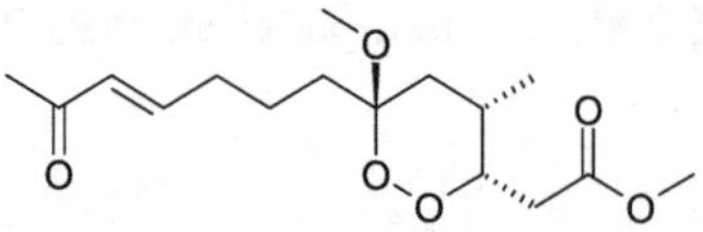

1592 Manadoperoxide E 马那多过氧化物 E*

【基本信息】$C_{19}H_{34}O_7$.【类型】简单双氧杂脂环类.【来源】扁板海绵属 *Plakortis lita* (万鸦老, 布那根, 苏拉威西, 印度尼西亚).【活性】抗锥虫 (布氏锥虫 *Trypanosoma brucei rhodesiense*).【文献】G. Chianese, et al. Org. Biomol. Chem., 2012, 10, 7197.

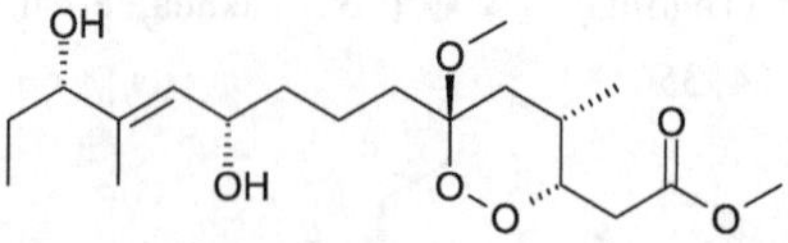

1593 Manadoperoxide F 马那多过氧化物 F*

【基本信息】$C_{19}H_{34}O_7$.【类型】简单双氧杂脂环类.【来源】扁板海绵属 *Plakortis lita* (万鸦老, 布那根, 苏拉威西, 印度尼西亚).【活性】抗锥虫 (布氏锥虫 *Trypanosoma brucei rhodesiense*).【文献】G. Chianese, et al. Org. Biomol. Chem., 2012, 10, 7197.

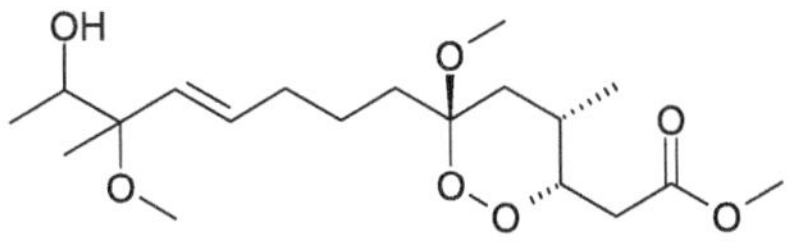

1594 Manadoperoxide G 马那多过氧化物 G*

【基本信息】$C_{16}H_{26}O_7$.【类型】简单双氧杂脂环类.【来源】扁板海绵属 *Plakortis lita* (万鸦老，布那根，苏拉威西，印度尼西亚).【活性】抗锥虫 (布氏锥虫 *Trypanosoma brucei rhodesiense*).【文献】G. Chianese, et al. Org. Biomol. Chem., 2012, 10, 7197.

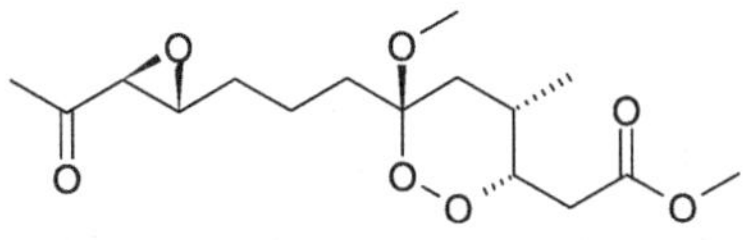

1595 Manadoperoxide H 马那多过氧化物 H*

【基本信息】$C_{19}H_{34}O_6$.【类型】简单双氧杂脂环类.【来源】扁板海绵属 *Plakortis lita* (万鸦老，布那根，苏拉威西，印度尼西亚).【活性】抗锥虫 (布氏锥虫 *Trypanosoma brucei rhodesiense*).【文献】G. Chianese, et al. Org. Biomol. Chem., 2012, 10, 7197.

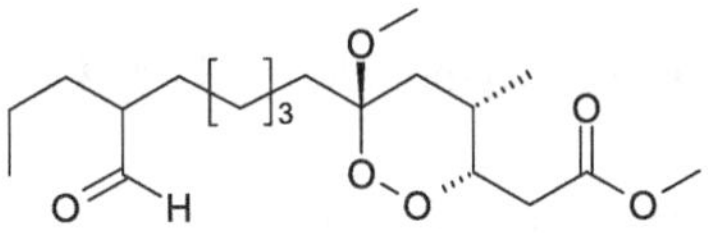

1596 Manadoperoxide I 马那多过氧化物 I*

【基本信息】$C_{18}H_{30}O_7$.【类型】简单双氧杂脂环类.【来源】扁板海绵属 *Plakortis lita* (万鸦老，布那根，苏拉威西，印度尼西亚).【活性】抗锥虫 (布氏锥虫 *Trypanosoma brucei rhodesiense*).【文献】G. Chianese, et al. Org. Biomol. Chem., 2012, 10, 7197.

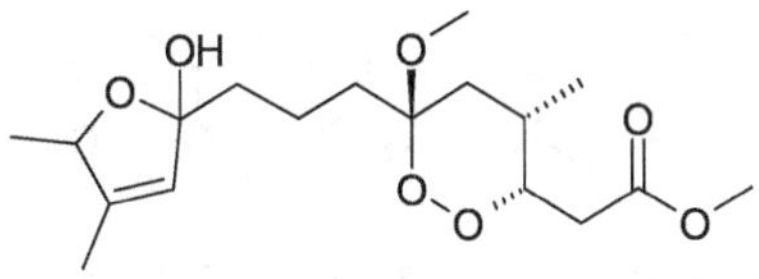

1597 Manadoperoxide J 马那多过氧化物 J*

【基本信息】$C_{19}H_{31}ClO_7$.【类型】简单双氧杂脂环类.【来源】扁板海绵属 *Plakortis lita* (万鸦老，布那根，苏拉威西，印度尼西亚).【活性】抗锥虫 (布氏锥虫 *Trypanosoma brucei rhodesiense*).【文献】G. Chianese, et al. Org. Biomol. Chem., 2012, 10, 7197.

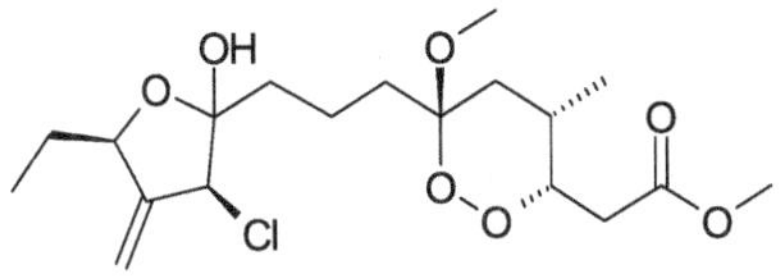

1598 Manadoperoxide K 马那多过氧化物 K*

【基本信息】$C_{20}H_{35}ClO_7$.【类型】简单双氧杂脂环类.【来源】扁板海绵属 *Plakortis lita* (万鸦老，布那根，苏拉威西，印度尼西亚).【活性】抗锥虫 (布氏锥虫 *Trypanosoma brucei rhodesiense*).【文献】G. Chianese, et al. Org. Biomol. Chem., 2012, 10, 7197.

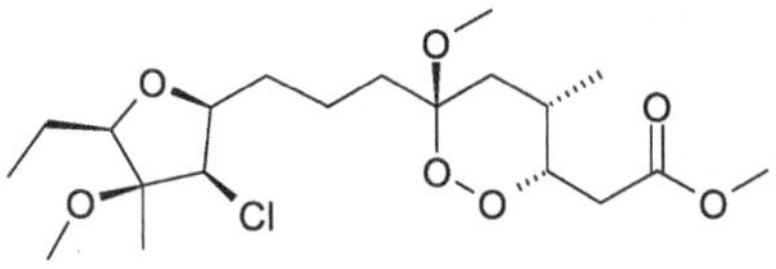

1599 Methyl capucinoate A 甲基卡普斯诺克酸 A*

【基本信息】$C_{22}H_{30}O_4$，油状物 (甲酯)，$[\alpha]_D^{25} = -44.8°$ ($c = 0.67$，二氯甲烷) (甲酯).【类型】简单双氧杂脂环类.【来源】扁板海绵属 *Plakortis halichondrioides* (多米尼加).【活性】细胞毒 (B16F1, $IC_{50} = 12\mu g/mL$).【文献】D. E. Williams, et al. JNP, 2001, 64, 281.

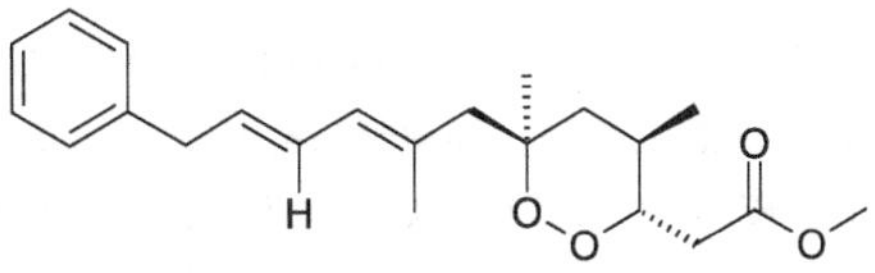

1600 Methyl 3,6-epi-dioxy-6-methoxy-4,16,18-eicosatrienoate 3,6-*epi*-过氧-6-甲氧基-4,16,18-二十(碳)三烯甲酯

【基本信息】$C_{22}H_{36}O_5$，固体，mp 47.5°C，$[\alpha]_D^{20} = +36.4°$ ($c = 1.1$，甲醇).【类型】简单双氧杂脂环类.【来源】扁板海绵属 *Plakortis lita* (冲绳，日本).【活性】细胞毒.【文献】S. Sakemi, et al. Tetrahedron, 1987, 43, 263.

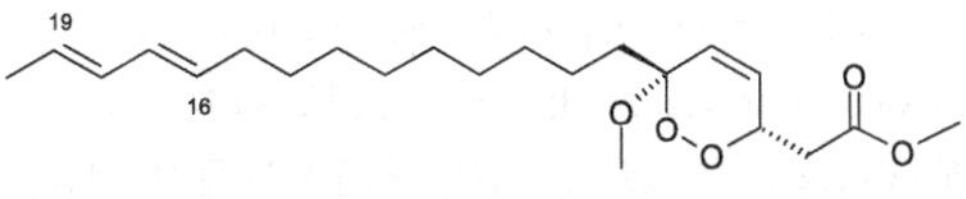

1601 Methyl 3,6-*epi*-dioxy-6-methoxy-4,14,16-octadecatrienoate 3,6-*epi*-过氧-6-甲氧基-4,14,16-十八(碳)三烯甲酯

【基本信息】$C_{20}H_{32}O_5$，固体，mp 38~39°C，$[\alpha]_D^{20}$ =

+40.8° (c = 4.9, 甲醇).【类型】简单双氧杂脂环类.【来源】扁板海绵属 *Plakortis lita* (冲绳, 日本).【活性】细胞毒.【文献】S. Sakemi, et al. Tetrahedron, 1987, 43, 263.

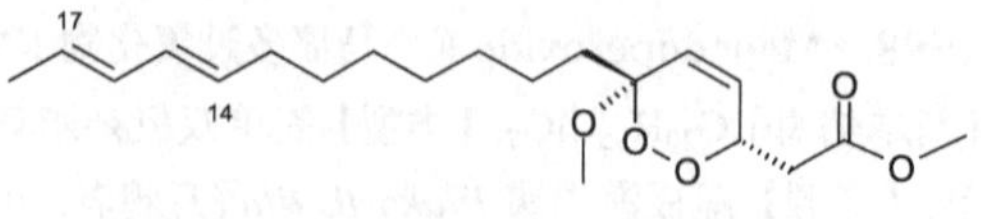

1602 Methyl-6-methoxy-3,6:10,13-diperoxy-4,11-hexadecadienoate 甲基-6-甲氧基-3,6:10,13-双过氧-4,11-十六(碳)二烯甲酯

【基本信息】$C_{18}H_{28}O_7$.【类型】简单双氧杂脂环类.【来源】不分支扁板海绵* *Plakortis* aff. *simplex* (南非).【活性】细胞毒 (P_{388}, IC_{50} < 0.1μg/mL).【文献】A. Rudi, et al. JNP, 1993, 56, 2178.

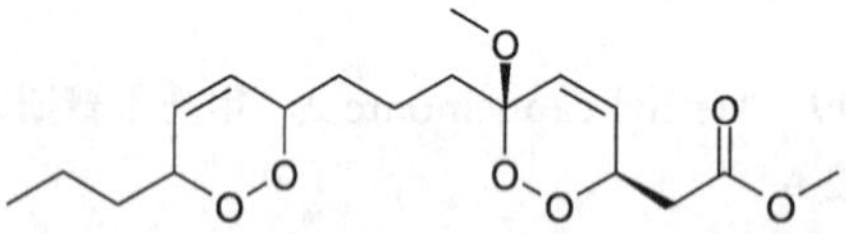

1603 Methyl-nuapapuanoate 努阿帕普甲酯

【别名】Nuapapuin A methyl ester; 努阿帕普因 A 甲酯*.【基本信息】$C_{20}H_{34}O_4$.【类型】简单双氧杂脂环类.【来源】Podospongiidae 科海绵 *Diacarnus erythraeanus* (埃尔法那迪尔岛, 赫尔格达, 埃及).【活性】细胞毒 (神经胶质瘤: Hs683, IC_{50} = 38μmol/L; U373, IC_{50} = 99μmol/L; U251, IC_{50} = 91μmol/L. 黑色素瘤: SK-MEL-28, IC_{50} = 80μmol/L. 恶性上皮肿瘤: A549, IC_{50} = 25μmol/L; MCF7, IC_{50} = 51μmol/L; PC3, IC_{50} = 80μmol/L).【文献】F. Lefranc, et al. JNP, 2013, 76, 1541.

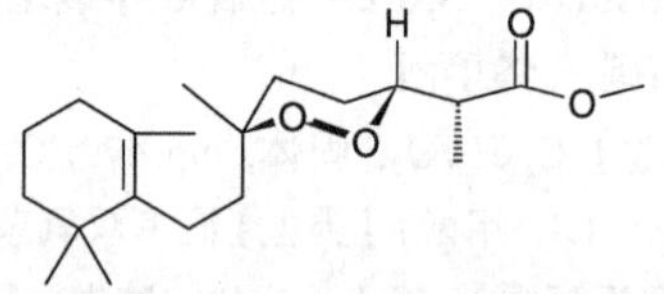

1604 Monotriajaponide B 日本扁板海绵烯酸 B*

【别名】4,6-Diethyl-6-(4-methyl-1-octenyl)-1,2-dioxane-3-acetic acid; 4,6-二乙基-6-(4-甲基-1-辛烯基)-1,2-二氧六环-3-乙酸*.【基本信息】$C_{19}H_{34}O_4$, 黏性油状物, $[\alpha]_D^{25}$ = +127° (c = 0.52, 氯仿).【类型】简单双氧杂脂环类.【来源】日本扁板海绵* *Monotria japonica* [syn. *Plakortis japonica*].【活性】卵母细胞裂解活性 (选择性的裂解海燕 *Asterina pectinifera* 不成熟的卵母细胞, 不影响核的形态, MEC = 6.3μg/mL).【文献】M. Yanai, et al. BoMC, 2003, 11, 1715.

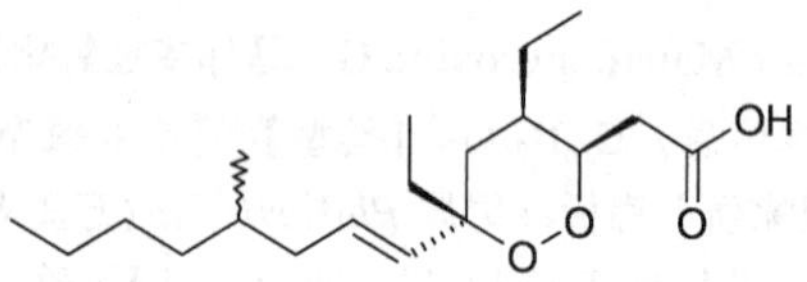

1605 Monotriajaponide C 日本扁板海绵烯酸 C*

【基本信息】$C_{20}H_{36}O_4$, 黏性油状物, $[\alpha]_D^{25}$ = +64° (c = 0.6, 氯仿).【类型】简单双氧杂脂环类.【来源】日本扁板海绵* *Monotria japonica* [syn. *Plakortis japonica*].【活性】卵母细胞裂解活性 (选择性的裂解海燕 *Asterina pectinifera* 不成熟的卵母细胞, 不影响核的形态, MEC = 6.3μg/mL).【文献】M. Yanai, et al. BoMC, 2003, 11, 1715.

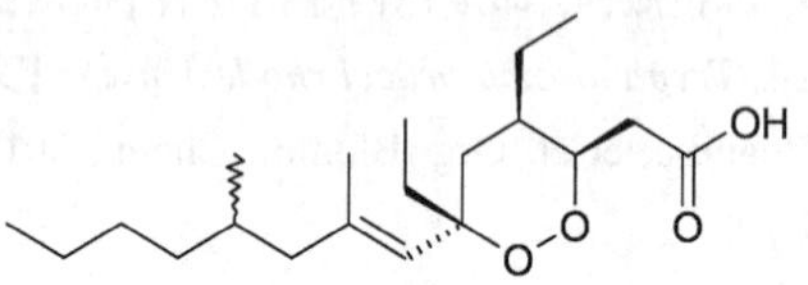

1606 Monotriajaponide D 日本扁板海绵烯酸 D*

【基本信息】$C_{21}H_{38}O_4$, 黏性油状物, $[\alpha]_D^{25}$ = +108° (c = 0.9, 氯仿).【类型】简单双氧杂脂环类.【来源】日本扁板海绵* *Monotria japonica* [syn. *Plakortis japonica*].【活性】卵母细胞裂解活性 (选择性的裂解海燕 *Asterina pectinifera* 不成熟的卵母细胞, 不影响核的形态, MEC = 6.3μg/mL).【文献】M. Yanai, et al. BoMC, 2003, 11, 1715.

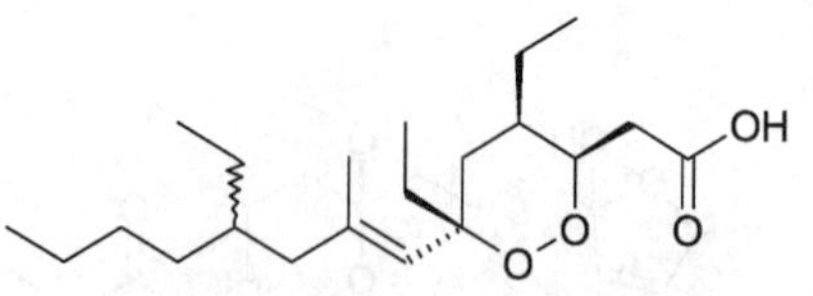

1607 (−)-Muqublin A (−)-穆库宾 A*

【基本信息】$C_{24}H_{40}O_4$, 无色油状物, $[\alpha]_D^{25}$= −32.7° (c = 0.34, 氯仿).【类型】简单双氧杂脂环类.【来源】Podospongiidae 科海绵 *Diacarnus erythraeanus* (埃尔法那迪尔岛, 赫尔格达, 埃及).【活性】细胞毒 (神经胶质瘤: Hs683, IC_{50} = 4μmol/L; U373, IC_{50}= 7μmol/L; U251, IC_{50} = 8μmol/L. 黑色素瘤: SK-MEL-28, IC_{50} = 8μmol/L. 恶性上皮肿瘤: A549,

IC_{50} = 3μmol/L; MCF7, IC_{50} = 7μmol/L; PC3, IC_{50} = 8μmol/L).【文献】F. Lefranc, et al. JNP, 2013, 76, 1541.

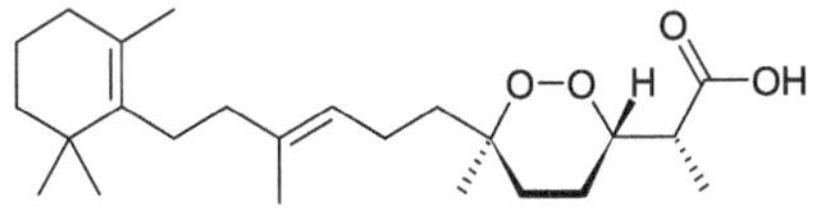

1608 Nuapapuin A 努阿帕普因 A*

【基本信息】$C_{19}H_{32}O_4$, $[\alpha]_D$ = +35.2° (c = 0.2, 氯仿).【类型】简单双氧杂脂环类.【来源】Podospongiidae 科海绵 *Diacarnus* cf. *spinopoculum* (所罗门群岛和巴布亚新几内亚) 和 Podospongiidae 科海绵 *Sigmosceptrella* sp.【活性】微分细胞毒性 (软琼脂实验, 50μg/盘, 250 地区差单位就期望有"选择性活性", C38-L_{1210}, 300 地区差单位; M17-L_{1210}, 0 地区差单位).【文献】L.V.Manes, et al. Tetrahedron Lett., 1984, 25, 93; S, Sperry, et al. JNP, 1998, 61, 241.

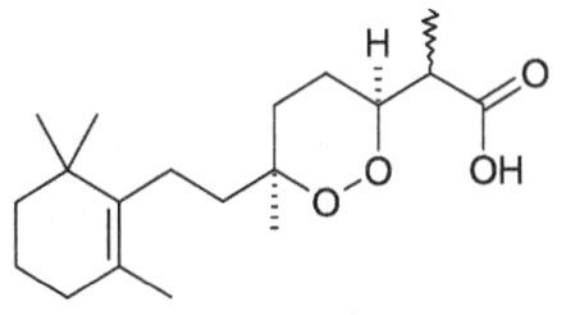

1609 Nuapapuin B 努阿帕普因 B*

【基本信息】$C_{20}H_{34}O_4$, 油状物, $[\alpha]_D$ = +39° (c = 1.74, 氯仿).【类型】简单双氧杂脂环类.【来源】Podospongiidae 科海绵 *Diacarnus* cf. *spinopoculum* (所罗门群岛和巴布亚新几内亚).【活性】微分细胞毒性 (软琼脂实验: 50μg/盘, 250 地区差单位就期望有"选择性活性"; C38-L_{1210}, 120 地区差单位; M17-L_{1210}, 80 地区差单位); 细胞毒 (HL60, GI_{50} = 1.60μmol/L; Molt4, GI_{50} > 5.0μmol/L; A549/ATCC, GI_{50} = 0.64μmol/L; KM12, GI_{50} = 0.40μmol/L; LOX-IMVI, GI_{50} = 0.47μmol/L; IGROV1, GI_{50} = 0.50μmol/L; 786-0, GI_{50} = 0.27μmol/L; BT-549, GI_{50} = 4.95μmol/L).【文献】S, Sperry, et al. JNP, 1998, 61, 241.

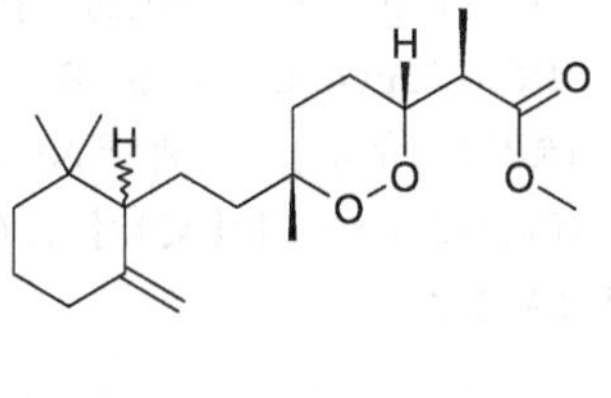

1610 *epi*-Nuapapuin B *epi*-努阿帕普因 B*

【基本信息】$C_{20}H_{34}O_4$, 清亮无色油状物, $[\alpha]_D$ = −41.6° (c = 1.5, 氯仿).【类型】简单双氧杂脂环类.【来源】Podospongiidae 科海绵 *Diacarnus* cf. *spinopoculum* (所罗门群岛和巴布亚新几内亚).【活性】微分细胞毒性 (软琼脂实验; 50μg/盘, 250 地区差单位就期望有"选择性活性"; M17-L_{1210}, 50 地区差单位); 细胞毒 (HL60, GI_{50} = 2.06μmol/L; Molt4, GI_{50} > 5.0μmol/L; A549/ATCC, GI_{50} > 5.0μmol/L; KM12, GI_{50} > 5.0μmol/L; IGROV1, GI_{50} = 1.73μmol/L; 786-0, GI_{50} > 5.0μmol/L; BT-549, GI_{50} > 5.0μmol/L).【文献】S, Sperry, et al. JNP, 1998, 61, 241.

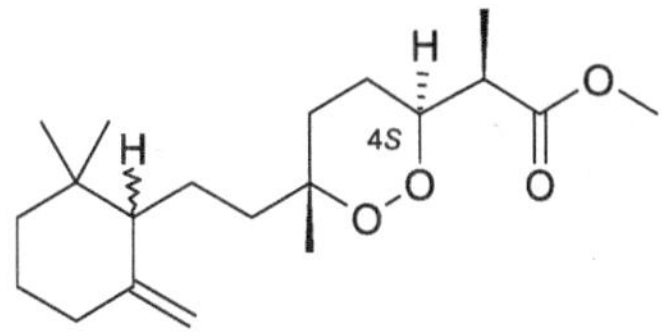

1611 Peroxyplakoric acid A_1 过氧扁板海绵酸 A_1*

【基本信息】$C_{19}H_{32}O_5$, $[\alpha]_D$ = −164° (氯仿) (甲酯).【类型】简单双氧杂脂环类.【来源】扁板海绵属 *Plakortis* sp. (冲绳, 日本).【活性】抗真菌.【文献】M. Kobayashi, et al. CPB, 1993, 41, 1324.

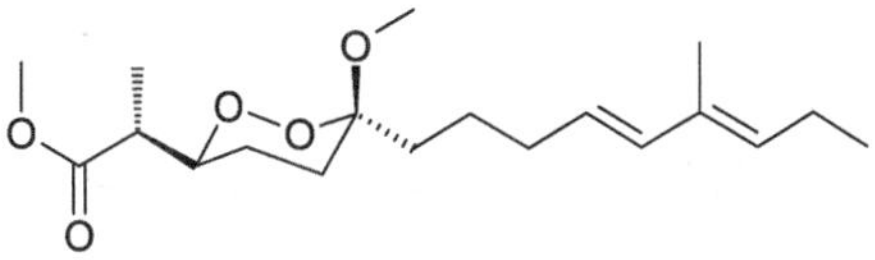

1612 Peroxyplakoric acid A_2 过氧扁板海绵酸 A_2*

【基本信息】$C_{18}H_{30}O_5$, $[\alpha]_D$ = −163° (氯仿) (甲酯).【类型】简单双氧杂脂环类.【来源】扁板海绵属 *Plakortis* sp. (冲绳, 日本).【活性】抗真菌.【文献】M. Kobayashi, et al. CPB, 1993, 41, 1324.

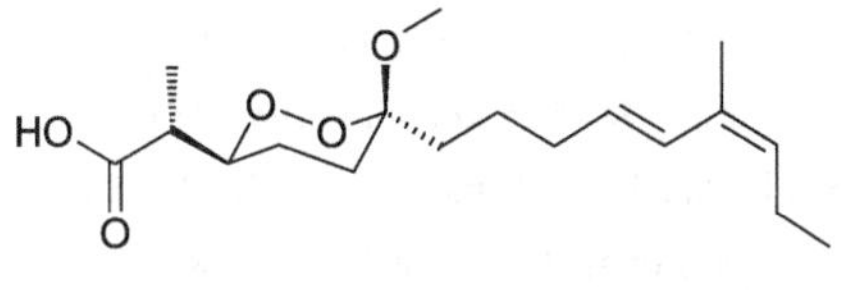

1613 Peroxyplakoric acid A_3 过氧扁板海绵酸 A_3*

【基本信息】$C_{17}H_{28}O_5$, $[\alpha]_D$ = −167° (氯仿, 甲酯).【类型】简单双氧杂脂环类.【来源】扁板海绵属

Plakortis sp. (冲绳, 日本).【活性】抗真菌.【文献】M. Kobayashi, et al. CPB, 1993, 41, 1324.

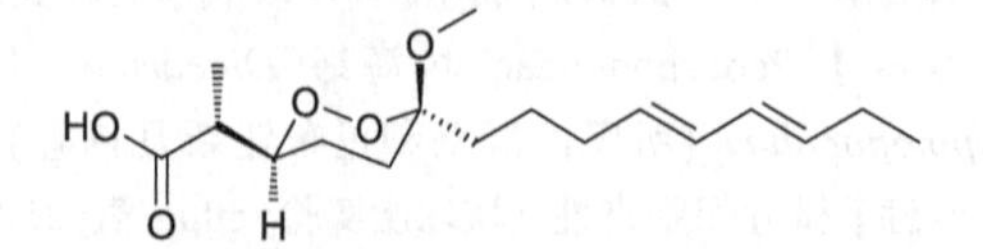

1614 Peroxyplakoric acid B₁ 过氧扁板海绵酸 B₁*

【基本信息】$C_{18}H_{30}O_5$, $[\alpha]_D = -197°$ (氯仿) (甲酯).【类型】简单双氧杂脂环类.【来源】扁板海绵属 *Plakortis* sp. (冲绳, 日本).【活性】抗真菌.【文献】M. Kobayashi, et al. CPB, 1993, 41, 1324.

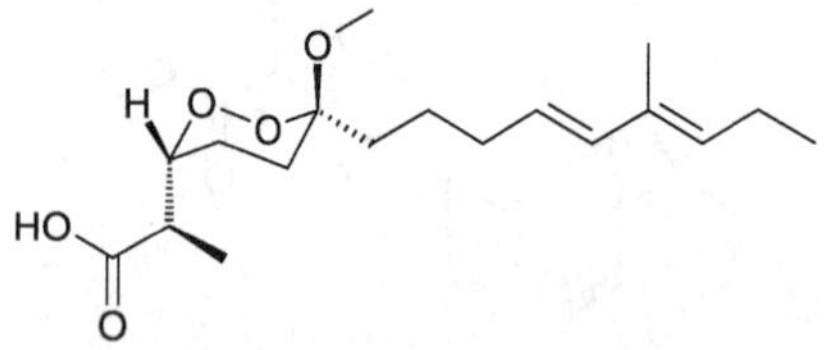

1615 Peroxyplakoric acid B₃ 过氧扁板海绵酸 B₃*

【基本信息】$C_{17}H_{28}O_5$, $[\alpha]_D = -191°$ (氯仿) (甲酯).【类型】简单双氧杂脂环类.【来源】扁板海绵属 *Plakortis* sp. (冲绳, 日本).【活性】抗真菌.【文献】M. Kobayashi, et al. CPB, 1993, 41, 1324.

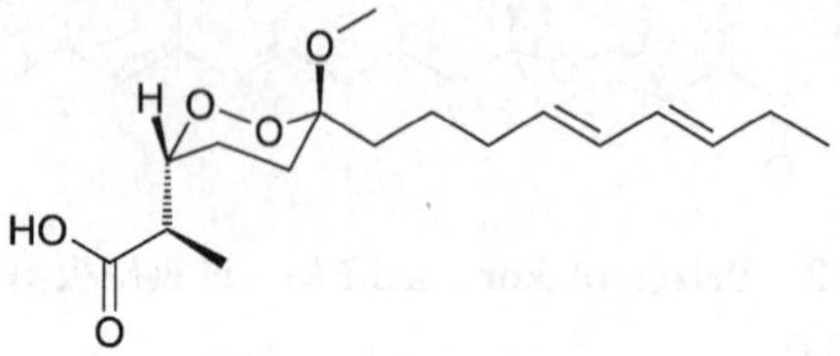

1616 Plakinic acid A 扁板海绵酸 A*

【基本信息】$C_{23}H_{32}O_4$, $[\alpha]_D^{21} = -57.8°$ (甲酯).【类型】简单双氧杂脂环类.【来源】未鉴定的多板海绵科海绵 (加勒比海).【活性】抗真菌 (*in vitro*, 100μg/盘, 酿酒酵母 *Saccharomyces cerevisiae*, IZD = 24mm; 真菌 *P. atrouenetum*, IZD = 25mm).【文献】D. W. Jr. Phillipson, et al. JACS, 1983, 105, 7735; P. Dai, et al. JOC, 2006, 71, 2283.

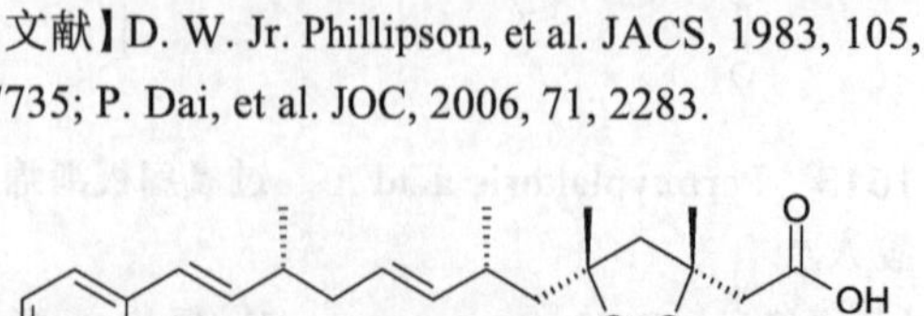

1617 Plakinic acid B 扁板海绵酸 B*

【基本信息】$C_{24}H_{34}O_4$.【类型】简单双氧杂脂环类.【来源】未鉴定的多板海绵科海绵 (加勒比海).【活性】抗真菌 (*in vitro,* 100μg/盘, 酿酒酵母 *Saccharomyces cerevisiae,* IZD = 20mm; *P. atrouenetum,* IZD = 18mm).【文献】D. W. Jr. Phillipson, et al. JACS, 1983, 105, 7735.

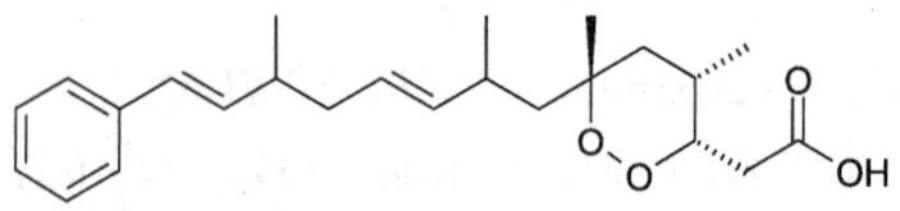

1618 *epi*-Plakinic acid E methyl ester *epi*-扁板海绵酸 E 甲酯*

【基本信息】$C_{23}H_{36}O_4$, 油状物, $[\alpha]_D = +7.5°$ (c = 0.6, $CDCl_3$).【类型】简单双氧杂脂环类.【来源】Plakinidae 多板海绵科海绵 *Plakinastrella onkodes* (墨西哥湾).【活性】细胞毒 (A549, IC_{50} = 2.0μg/mL; P_{388}, IC_{50} = 2.5μg/mL); 抑制细胞黏附 (EL-4, IC_{50} = 4.6μg/mL).【文献】P. A. Horton, et al. JNP, 1994, 57, 1374.

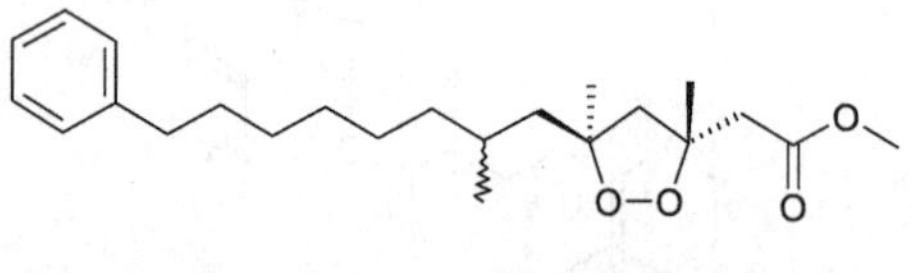

1619 Plakinic acid F 扁板海绵酸 F*

【基本信息】$C_{23}H_{38}O_4$, 油状物.【类型】简单双氧杂脂环类.【来源】Plakinidae 多板海绵科海绵 *Plakinastrella* sp. (塞舌尔).【活性】抗真菌 (白色念珠菌 *Candida albicans*, MIC = 25μg/mL (SDB 介质), MIC = 3.1μg/mL (RPMI 介质)); 烟曲霉菌 *Aspergillus fumigatus,* IC_{90} = 25μg/mL).【文献】Y. Chen, et al. JNP, 2001, 64, 262.

HOOC 5 5 5-β-Me

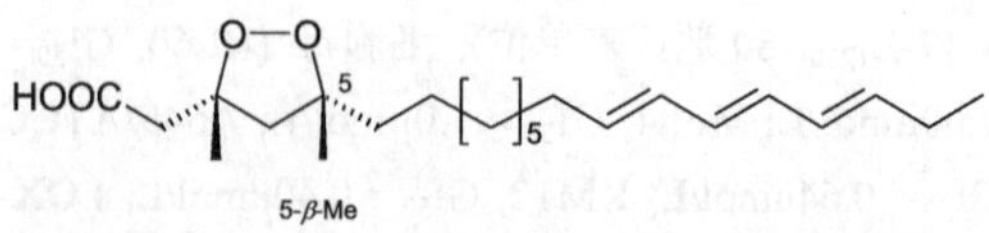

1620 *epi*-Plakinic acid F *epi*-扁板海绵酸 F*

【基本信息】$C_{23}H_{38}O_4$.【类型】简单双氧杂脂环类.【来源】Plakinidae 多板海绵科海绵 *Plakinastrella* sp. (塞舌尔).【活性】抗真菌 [白色念珠菌 *Candida albicans*, MIC = 25μg/mL (SDB 介质), MIC = 6.5μg/mL (RPMI 介质); 烟曲霉菌 *Aspergillus fumigatus,* IC_{90} = 25μg/mL].【文献】Y. Chen, et al. JNP, 2001, 64, 262.

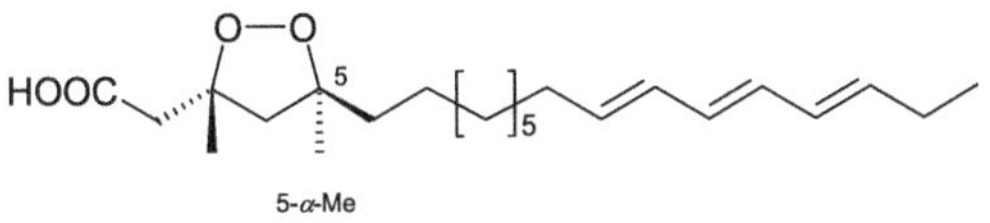

1621 Plakinic acid G 扁板海绵酸 G*

【别名】*epi*-Plakinic acid H; *epi*-扁板海绵酸 H*.【基本信息】$C_{27}H_{44}O_4$, 油状物, $[\alpha]_D = +33°$ ($c = 0.07$, 甲醇).【类型】简单双氧杂脂环类.【来源】黑扁板海绵* *Plakortis nigra* (帕劳, 大洋洲, 采样深度 116m).【活性】细胞毒 (HCT116, $IC_{50} = 0.39\mu mol/L$).【文献】J. S. Sandler, et al. JNP, 2002, 65, 1258.

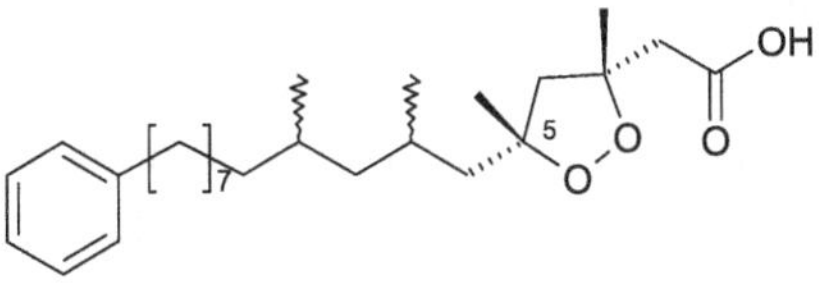

1622 *epi*-Plakinic acid G *epi*-扁板海绵酸 G*

【基本信息】$C_{27}H_{44}O_4$, 油状物, $[\alpha]_D = -17.2°$ ($c = 0.3$, 甲醇).【类型】简单双氧杂脂环类.【来源】黑扁板海绵* *Plakortis nigra* (帕劳, 大洋洲, 采样深度 116m).【活性】细胞毒 (HCT116, $IC_{50} = 0.16\mu mol/L$).【文献】J. S. Sandler, et al. JNP, 2002, 65, 1258.

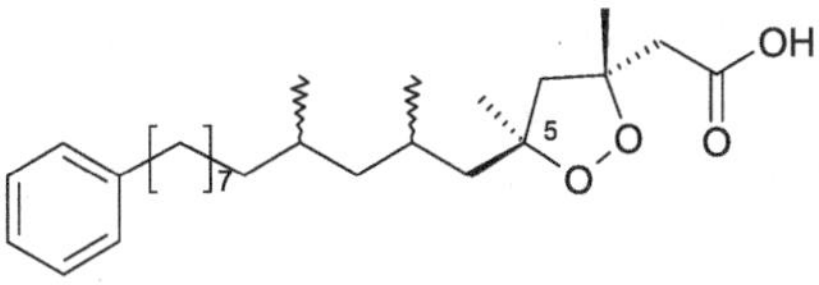

1623 Plakorin 扁板海绵林*

【别名】6-*epi*-Chondrillin; 6-*epi*-谷粒海绵林*.【基本信息】$C_{24}H_{44}O_5$, 固体, mp 42.5~43.5°C, $[\alpha]_D^{30} = +30.5°$ ($c = 1.09$, 氯仿), $[\alpha]_D^{27} = +44.3°$ ($c = 0.2$, 氯仿); $[\alpha]_D = +26°$ ($c = 0.5$, 甲醇).【类型】简单双氧杂脂环类.【来源】不分支扁板海绵* *Plakortis simplex* (台湾水域, 中国) 和扁板海绵属 *Plakortis* spp.【活性】钙 ATPase 酶活化剂; 细胞毒 (L_{1210}, $IC_{50} = 0.85\mu g/mL$; KB, $IC_{50} = 1.8\mu g/mL$).【文献】S. Sakemi, et al. Tetrahedron, 1987, 43. 263; T. Murayama, et al. Experientia, 1989.45, 898; P. H. Dussault, et al. JACS, 1997, 119, 3824; P. H. Dussault, et al. JOC, 1999, 64, 1789; Y. C. Shen, et al. JNP, 2001, 64, 324.

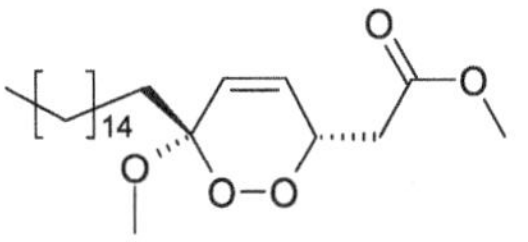

1624 Plakortic acid 扁板海绵酸*

【基本信息】$C_{17}H_{30}O_4$.【类型】简单双氧杂脂环类.【来源】扁板海绵属 *Plakortis halichondrioides* (牙买加) 和扁板海绵属 *Plakortis zyggompha*.【活性】抗菌; 抗真菌.【文献】D. W. Phillipson, et al. JACS, 1983, 105, 7735; A. Rudi, et al. JNP, 1993, 56, 1827.

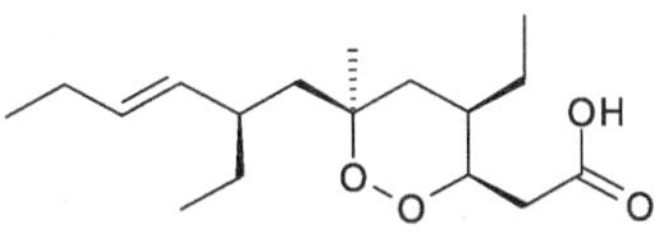

1625 Plakortide F 扁板海绵酯 F*

【基本信息】$C_{21}H_{38}O_4$, 油状物 (甲酯), $[\alpha]_D = -161.6°$ ($c = 0.04$, 氯仿).【类型】简单双氧杂脂环类.【来源】扁板海绵属 *Plakortis halichondrioides* (牙买加).【活性】心脏 SR-Ca^{2+}泵入 ATPase 酶激活剂; 杀疟原虫的 (恶性疟原虫 *Plasmodium falciparum* D6 克隆, *in vitro*, $IC_{50} = 480ng/mL$, 对照青蒿素, $IC_{50} = 12ng/mL$; CRPF W2 克隆, *in vitro*, $IC_{50} = 390ng/mL$, 对照青蒿素, $IC_{50} = 7ng/mL$); 细胞毒 (P_{388}, $IC_{50} = 1.25\mu g/mL$; HT29, $IC_{50} = 1.25\mu g/mL$, 对照泰莫西芬, $IC_{50} = 1.86\mu g/mL$; A549, $IC_{50} = 2.5\mu g/mL$, 对照泰莫西芬, $IC_{50} = 1.86\mu g/mL$; MEL28, $IC_{50} = 2.5\mu g/mL$, 对照泰莫西芬, $IC_{50} = 1.86\mu g/mL$; 人原代肿瘤细胞, $IC_{50} = 3.4$~$3.9\mu g/mL$, 对照阿霉素, $IC_{50} = 25nmol/L$); 抗 HIV ($EC_{50} = 13$~$42\mu mol/L$, 对照 AZT, $EC_{50} = 0.004\mu mol/L$); 抗乙型肝炎 ($EC_{50} > 100\mu g/mL$, 对照 3TC, $EC_{50} = 0.062$~$0.065\mu g/mL$); 抗结核 (结核分枝杆菌 *Mycobacterium tuberculosis*, 6.25μg/mL, InRt = 29% ; 对照利福平, MIC = 0.25μg/mL); 抗弓形虫 (刚地弓形虫 *Toxoplasma gondii*, 1μmol/L, InRt = 67%; 对照阿莫地喹, 1μmol/L, InRt = 100%).【文献】A. D. Patil, et al. JNP, 1996, 59, 219; A. D. Patil, et al. Tetrahedron, 1996, 52, 377; D. J. Gochfeld, et al. JNP, 2001, 64, 1477.

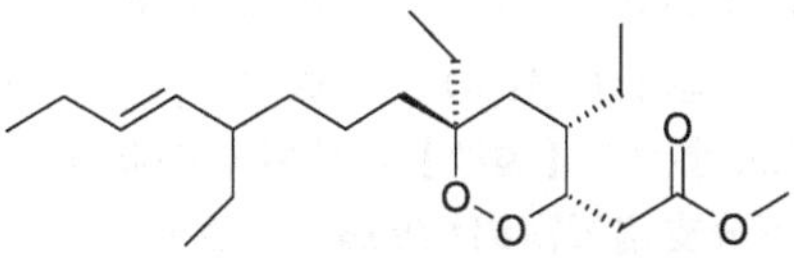

1626 Plakortide G 扁板海绵酯 G*

【基本信息】$C_{21}H_{38}O_4$，油状物（甲酯），$[\alpha]_D^{25}$ = +67.2°（甲酯）.【类型】简单双氧杂脂环类.【来源】扁板海绵属 *Plakortis halichondrioides*（牙买加）.【活性】心脏 SR-Ca^{2+}泵入 ATPase 激活剂；细胞毒（P_{388}, IC_{50} = 0.5μg/mL）.【文献】A. Rudi, et al. JNP, 1993, 56, 1827; A. D. Patil, et al. JNP, 1996, 59, 219; A. D. Patil, et al. Tetrahedron, 1996, 52, 377.

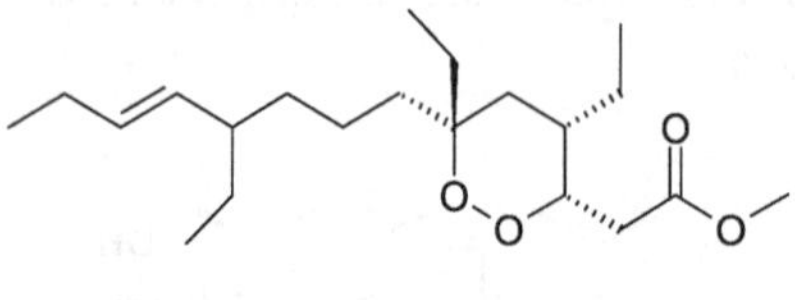

1627 (4*S*)-Plakortide H (4*S*)-扁板海绵酯 H*

【基本信息】$C_{22}H_{38}O_4$，油状物（甲酯），$[\alpha]_D^{25}$ = +5.5°（*c* = 2.9，氯仿）（甲酯）.【类型】简单双氧杂脂环类.【来源】扁板海绵属 *Plakortis halichondrioides*（牙买加）和不分支扁板海绵* *Plakortis simplex*.【活性】心脏 SR-Ca^{2+}泵入 ATPase 酶激活剂.【文献】A. D. Patil, et al. JNP, 1996, 59, 219; A. D. Patil, et al. Tetrahedron, 1996, 52, 377.

6 4S 3 COOH

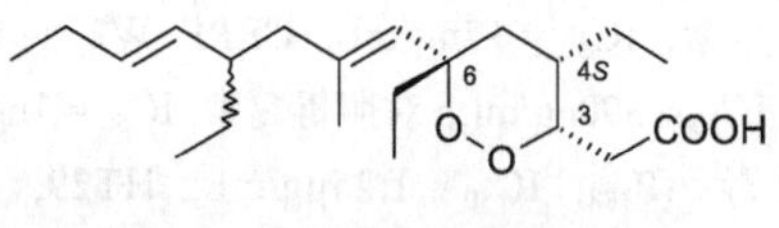

1628 Plakortide P 扁板海绵酯 P*

【基本信息】$C_{22}H_{38}O_4$，油状物，$[\alpha]_D^{24}$ = −275°（*c* = 0.52，氯仿）.【类型】简单双氧杂脂环类.【来源】扁板海绵属 *Plakortis angulospiculatus*（巴西）.【活性】抗利什曼原虫和抗锥虫（利什曼原虫 *Leishmania chagasi* 和克氏锥虫 *Trypanosoma cruzi*, IC_{50} = 0.5~2.3μg/mL，尽管不涉及 NO）；抗炎（LPS 激活的脑小胶质细胞的调节，*in vitro*, IC_{50} = 0.93μmol/L，分子作用机制：TXB2 抑制）.【文献】M. H. Kossuga, et al. JNP, 2008, 71, 334.

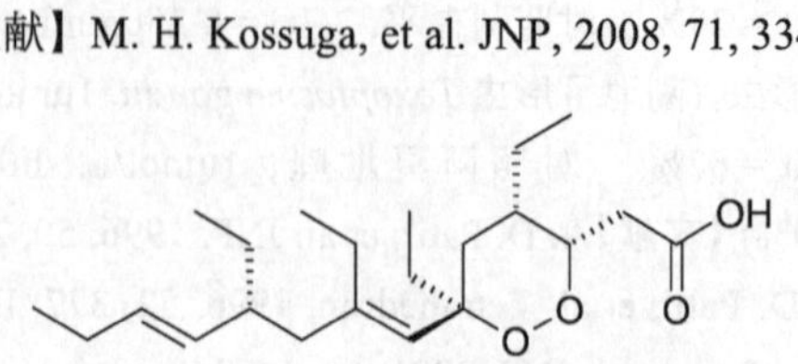

OH

1629 Plakortide Q 扁板海绵酯 Q*

【基本信息】$C_{21}H_{40}O_4$，油状物，$[\alpha]_D^{25}$ = +10.3°（*c* = 2.5，氯仿）.【类型】简单双氧杂脂环类.【来源】不分支扁板海绵* *Plakortis simplex*.【活性】抗疟疾（恶性疟原虫 *Plasmodium falciparum* D10 和 W2, IC_{50} = 0.5~1μmol/L）.【文献】C. Campagnuolo, et al. EurJOC, 2005, 5077.

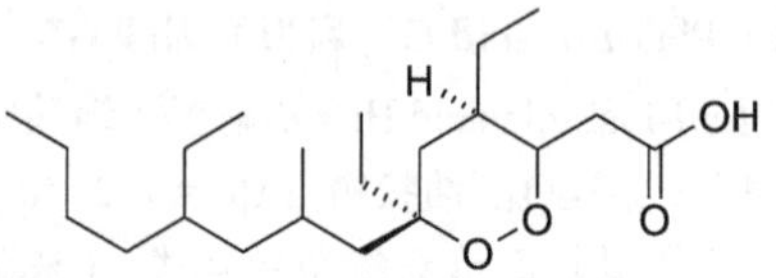

H OH

1630 Plakortide R 扁板海绵酯 R*

【基本信息】$C_{19}H_{32}O_4$，亮黄色油状物，$[\alpha]_D^{25}$ = −29.8°（*c* = 0.26，氯仿）.【类型】简单双氧杂脂环类.【来源】Plakinidae 多板海绵科海绵 *Plakinastrella mamillaris*（斐济）.【活性】杀疟原虫的（[³H]-次黄嘌呤(Amersham-France)合并法，CRPF FcM29 菌株，IC_{50} = 5~50μmol/L，活性低于 Plakortidn U）.【文献】C. Festa, et al. Tetrahedron, 2013, 69, 3706.

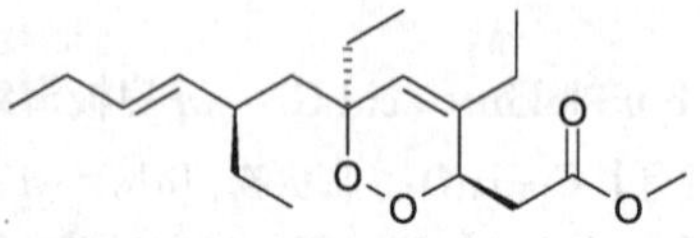

1631 Plakortide S 扁板海绵酯 S*

【基本信息】$C_{22}H_{40}O_4$，亮黄色油状物，$[\alpha]_D^{25}$ = −149.8°（*c* = 3.45，氯仿）.【类型】简单双氧杂脂环类.【来源】Plakinidae 多板海绵科海绵 *Plakinastrella mamillaris*（斐济）.【活性】杀疟原虫的（[³H]-次黄嘌呤（Amersham-France）合并法，CRPF FcM29 菌株，IC_{50} = 5~50μmol/L，活性低于 Plakortidn U）.【文献】C. Festa, et al. Tetrahedron, 2013, 69, 3706.

OH

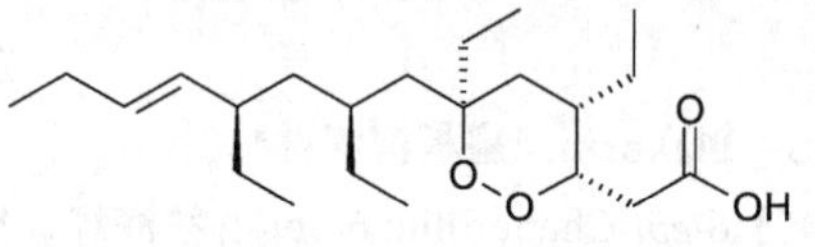

1632 Plakortide T 扁板海绵酯 T*

【基本信息】$C_{23}H_{42}O_4$，亮黄色油状物，$[\alpha]_D^{25}$ = −144.6°（*c* = 0.13，氯仿）.【类型】简单双氧杂脂环类.【来源】Plakinidae 多板海绵科海绵 *Plakinastrella mamillaris*（斐济）.【活性】杀疟原虫的（[³H]-次黄嘌呤（Amersham-France）合并法，CRPF FcM29 菌株，IC_{50} = 5~50μmol/L，活性低于 Plakortidn U）.【文献】C. Festa, et al. Tetrahedron, 2013, 69, 3706.

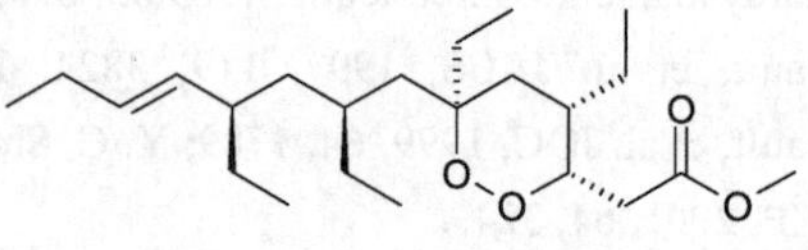

1633 Plakortide U 扁板海绵酯 U*

【基本信息】$C_{22}H_{42}O_4$，亮黄色油状物，$[\alpha]_D^{25} = -109.0°$ ($c = 0.09$，氯仿).【类型】简单双氧杂脂环类.【来源】Plakinidae 多板海绵科海绵 *Plakinastrella mamillaris* (斐济).【活性】杀疟原虫的 ([^{3}H]-次黄嘌呤 (Amersham-France) 合并法，CRPF FcM29 菌株，$IC_{50} = 0.80\mu mol/L$).【文献】C. Festa, et al. Tetrahedron, 2013, 69, 3706.

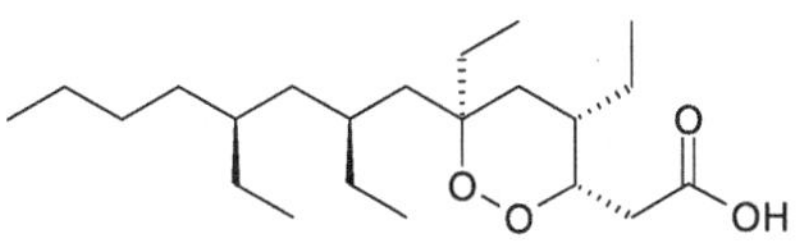

1634 Plakortin 扁板海绵亭*

【基本信息】$C_{18}H_{32}O_4$，$[\alpha]_D^{20} = +189°$ ($c = 2.9$，氯仿)，溶于甲醇，苯.【类型】简单双氧杂脂环类.【来源】不分支扁板海绵* *Plakortis simplex* (加勒比海) 和扁板海绵属 *Plakortis halichondrioides*.【活性】细胞毒 (WEHI-164, $IC_{50} = 7.0\mu g/mL$)；杀疟原虫的 (恶性疟原虫 *Plasmodium falciparum* D10 和 W2，分子作用机制：有毒的碳自由基).【文献】M. D. Higgs, et al. JOC, 1978, 43, 3454; F. Cafieri, et al. Tetrahedron, 1999, 55, 7045; O. Taglialatela-Scafati, et al. Org. Biomol. Chem., 2010, 8, 846.

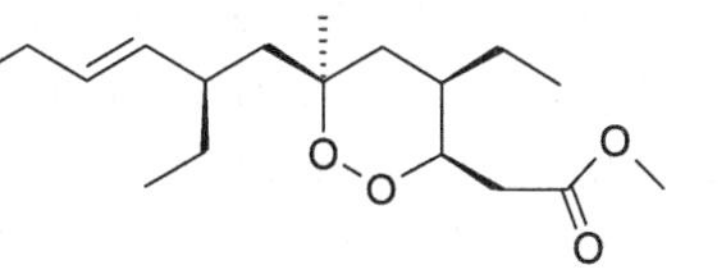

1635 Plakortisinic acid 扁板海绵斯尼克酸*

【基本信息】$C_{22}H_{36}O_4$，黄色油状物，$[\alpha]_D^{25} = +120°$ ($c = 0.1$，氯仿).【类型】简单双氧杂脂环类.【来源】扁板海绵属 *Plakortis* cf. *angulospiculatus* (牙买加).【活性】抗真菌.【文献】R. Mohammed, et al. Aust. J. Chem., 2010, 63, 877.

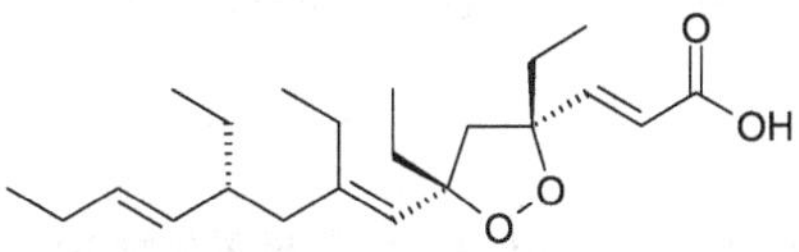

1636 Sigmosceptrellin B methyl ester 斯格默色浦垂林 B 甲酯*

【基本信息】$C_{25}H_{42}O_4$.【类型】简单双氧杂脂环类.【来源】Podospongiidae 科海绵 *Diacarnus erythraeanus* (埃尔法那迪尔岛，赫尔格达，埃及).【活性】细胞毒 (神经胶质瘤：Hs683, $IC_{50} = 35\mu mol/L$; U373, $IC_{50} = 53\mu mol/L$; U251, $IC_{50} = 54\mu mol/L$. 黑色素瘤：SK-MEL-28, $IC_{50} = 44\mu mol/L$. 恶性上皮肿瘤：A549, $IC_{50} = 24\mu mol/L$; MCF7, $IC_{50} = 36\mu mol/L$; PC3, $IC_{50} = 44\mu mol/L$).【文献】F. Lefranc, et al. JNP, 2013, 76, 1541.

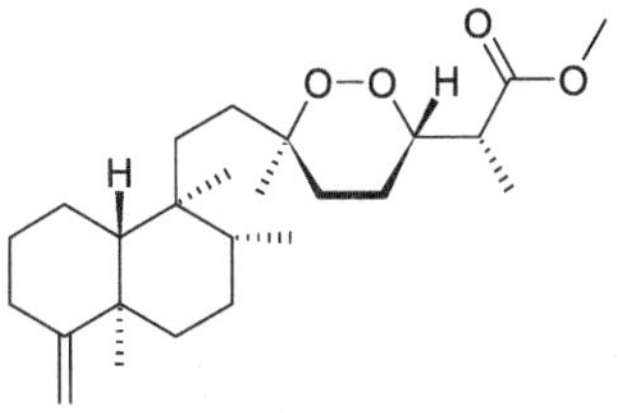

1637 Stolonic acid A 海鞘酸 A*

【基本信息】$C_{26}H_{42}O_5$，浅黄色油状物，$[\alpha]_D = -30.5°$ ($c = 0.43$，氯仿).【类型】简单双氧杂脂环类.【来源】海鞘科海鞘 *Stolonica* sp.【活性】细胞毒 (LOX 和 OVCAR-3, $IC_{50} = 0.05\mu g/mL$).【文献】M. T. Davies-Coleman, et al. JNP, 2000, 63, 1411.

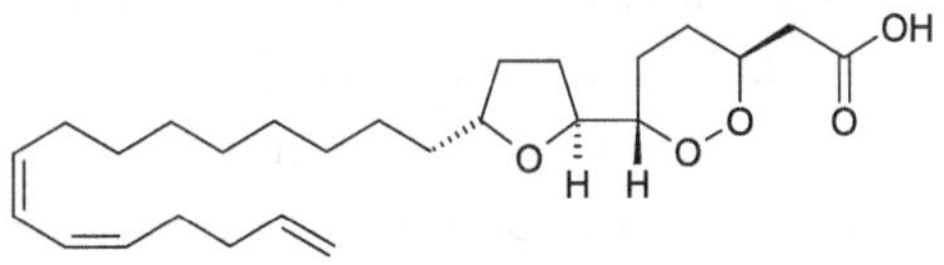

1638 Stolonic acid B 海鞘酸 B*

【基本信息】$C_{26}H_{44}O_5$，浅黄色油状物，$[\alpha]_D = -18.4°$ ($c = 0.42$，氯仿).【类型】简单双氧杂脂环类.【来源】海鞘科海鞘 *Stolonica* sp.【活性】细胞毒 (LOX 和 OVCAR-3, $IC_{50} = 0.09\mu g/mL$).【文献】M. T. Davies-Coleman, et al. JNP, 2000, 63, 1411.

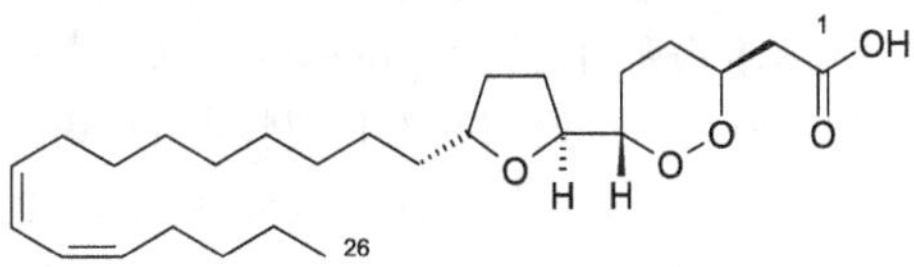

1639 Stolonoxide A 海鞘过氧化物 A*

【别名】3,6-*epi*-Dioxy-7,10-epoxy-17,19,23-hexadecatrienoic acid; 3,6-*epi*-过氧-7,10-环氧-17,19,23-二十六(碳)三烯酸.【基本信息】$C_{26}H_{42}O_5$，无色油状物，$[\alpha]_D^{25} = -50.8°$ ($c = 0.39$，氯仿).【类型】简单双氧杂脂环类.【来源】海鞘科海鞘 *Stolonica socialis* (塔里法岛，加的斯，西班牙).【活性】细胞毒 (海鞘过氧化物 A 和海鞘过氧化物 B 的 9:1

混合物, P_{388}, IC_{50} = 0.01μg/mL; A549, IC_{50} = 0.10μg/mL; HT29, IC_{50} = 0.10μg/mL; MEL28, IC_{50} = 0.10μg/mL; DU145, IC_{50} = 0.10μg/mL; 对照阿霉素, P_{388}, IC_{50} = 0.02μg/mL; A549, IC_{50} = 0.002μg/mL; HT29, IC_{50} = 0.05μg/mL; MEL28, IC_{50} = 0.02μg/mL).【文献】R. Durán, et al. Tetrahedron, 2000, 56, 6031; A. Fontana, et al. Tetrahedron Lett., 2000, 41, 429.

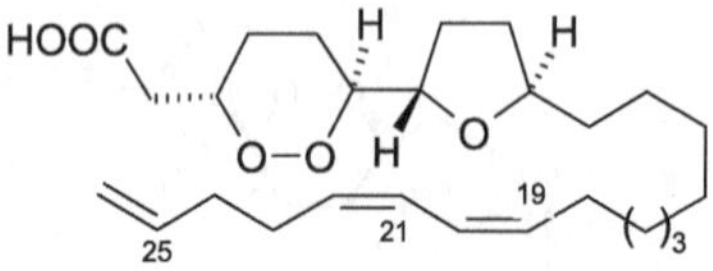

1640 Stolonoxide B 海鞘过氧化物 B*

【基本信息】$C_{27}H_{44}O_5$, 无色油状物, $[\alpha]_D^{25}$ = –37.7° (c = 0.26, 氯仿).【类型】简单双氧杂脂环类.【来源】海鞘科海鞘 *Stolonica socialis* (塔里法岛, 加的斯, 西班牙).【活性】细胞毒 (海鞘过氧化物 A 和海鞘过氧化物 B 的 9:1 混合物, P_{388}, IC_{50} = 0.01μg/mL; A549, IC_{50} = 0.10μg/mL; HT29, IC_{50} = 0.10μg/mL; MEL28, IC_{50} = 0.10μg/mL; DU145, IC_{50} = 0.10μg/mL; 对照阿霉素, P_{388}, IC_{50} = 0.02μg/mL; A549, IC_{50} = 0.002μg/mL; HT29, IC_{50} = 0.05μg/mL; MEL28, IC_{50} = 0.02μg/mL); 抑制线粒体呼吸链 (有潜力的).【文献】A. Fontana, et al. Tetrahedron Lett., 2000, 41, 429; R. Durán, et al. Tetrahedron, 2000, 56, 6031; A. Fontana, et al. JMC, 2001, 44, 2362.

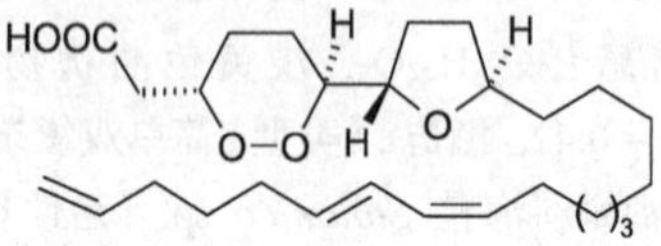

1641 Stolonoxide C 海鞘过氧化物 C*

【基本信息】$C_{24}H_{38}O_5$.【类型】简单双氧杂脂环类.【来源】海鞘科海鞘 *Stolonica socialis* (塔里法岛, 加的斯, 西班牙).【活性】细胞毒 (海鞘过氧化物 C 和海鞘过氧化物 D 的 6:4 混合物, P_{388}, IC_{50} = 0.01μg/mL; A549, IC_{50} = 0.01μg/mL; HT29, IC_{50} = 0.05μg/mL; MEL28, IC_{50} = 0.10μg/mL; DU145, IC_{50} = 0.10μg/mL; 对照阿霉素, P_{388}, IC_{50} = 0.02μg/mL; A549, IC_{50} = 0.002μg/mL; HT29, IC_{50} = 0.05μg/mL; MEL28, IC_{50} = 0.02μg/mL); 抑制线粒体呼吸链(有潜力的).【文献】A. Fontana, et al. Tetrahedron Lett., 2000, 41, 429; R. Durán, et al. Tetrahedron, 2000, 56, 6031; A. Fontana, et al. JMC, 2001, 44, 2362.

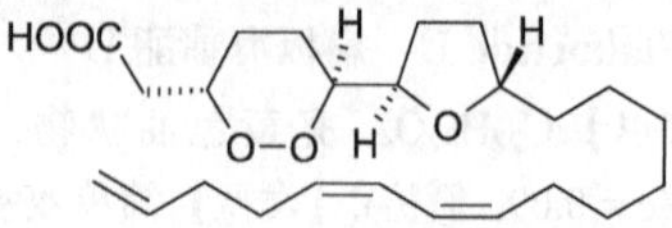

1642 Stolonoxide D 海鞘过氧化物 D*

【基本信息】$C_{27}H_{44}O_5$.【类型】简单双氧杂脂环类.【来源】海鞘科海鞘 *Stolonica socialis* (塔里法岛, 加的斯, 西班牙).【活性】细胞毒 (海鞘过氧化物 C 和海鞘过氧化物 D 的 6:4 混合物, P_{388}, IC_{50} = 0.01μg/mL; A549, IC_{50} = 0.01μg/mL; HT29, IC_{50} = 0.05μg/mL; MEL28, IC_{50} = 0.10μg/mL; DU145, IC_{50} = 0.10μg/mL; 对照阿霉素, P_{388}, IC_{50} = 0.02μg/mL; A549, IC_{50} = 0.002μg/mL; HT29, IC_{50} = 0.05μg/mL; MEL28, IC_{50} = 0.02μg/mL)【文献】A. Fontana, et al. Tetrahedron Lett., 2000, 41, 429; R. Durán, et al. Tetrahedron, 2000, 56, 6031.

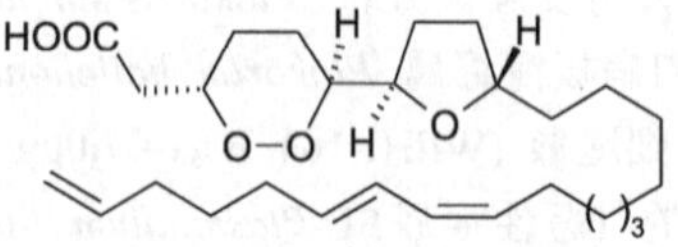

1643 Stolonoxide E 海鞘过氧化物 E*

【基本信息】$C_{24}H_{36}O_5$, 油状物, $[\alpha]_D^{25}$ = –33.4° (c = 0.09, 氯仿).【类型】简单双氧杂脂环类.【来源】海鞘科海鞘 *Stolonica socialis*.【活性】细胞毒 (MDA-MB-231, GI_{50} = 4.94μmol/L, TGI = 5.44μmol/L, LC_{50} = 6.18μmol/L, 对照阿霉素, GI_{50} = 0.038μmol/L, TGI = 0.31μmol/L, LC_{50} = 2.41μmol/L; HT29, GI_{50} = 3.96μmol/L, TGI = 5.19μmol/L, LC_{50} = 6.67μmol/L, 阿霉素, GI_{50} = 0.066μmol/L, TGI = 0.40μmol/L, LC_{50} = 17.2μmol/L); A549, GI_{50} = 7.91μmol/L, TGI = 8.16μmol/L, LC_{50} = 8.65μmol/L, 阿霉素, GI_{50} = 0.062μmol/L, TGI = 0.26μmol/L, LC_{50} = 1.57μmol/L).【文献】F. Reyes, et al. JNP, 2010, 73, 83.

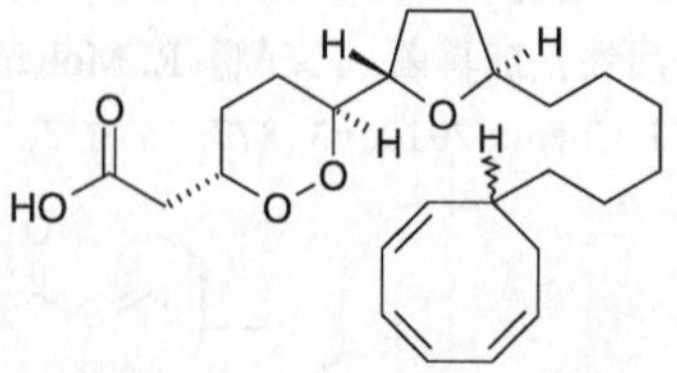

1644 Stolonoxide F 海鞘过氧化物 F*

【基本信息】$C_{24}H_{36}O_5$, 油状物, $[\alpha]_D^{25}$ = +18.5° (c = 0.13, 氯仿).【类型】简单双氧杂脂环类.【来源】海鞘科海鞘 *Stolonica socialis*.【活性】细胞毒 (MDA-MB-231, GI_{50} = 4.70μmol/L, TGI = 5.44μmol/L,

LC_{50} = 6.18μmol/L, 对照阿霉素, GI_{50} = 0.038μmol/L, TGI = 0.31μmol/L, LC_{50} = 2.41μmol/L; HT29, GI_{50} = 2.72μmol/L, TGI = 3.21μmol/L, LC_{50} = 3.71μmol/L, 阿霉素, GI_{50} = 0.066μmol/L, TGI = 0.40μmol/L, LC_{50} = 17.2μmol/L); A549, GI_{50} = 5.44μmol/L, TGI = 5.93μmol/L, LC_{50} = 6.67μmol/L, 阿霉素, GI_{50} = 0.062μmol/L, TGI = 0.26μmol/L, LC_{50} = 1.57μmol/L).【文献】F. Reyes, et al. JNP, 2010, 73, 83.

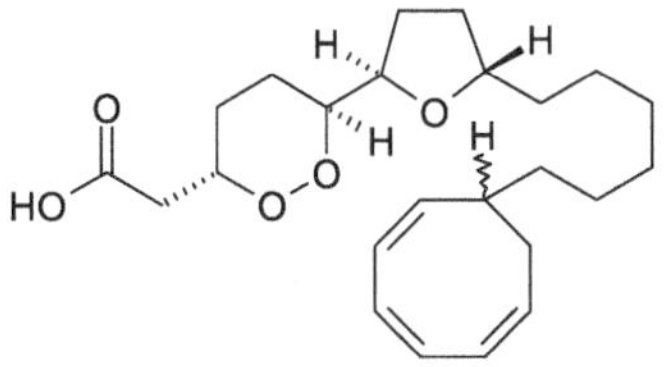

1645 Lissoclibadin 3 暗褐髌骨海鞘啶 3*

【基本信息】$C_{26}H_{38}N_2O_4S_4$.【类型】简单双硫杂脂环类.【来源】暗褐髌骨海鞘* *Lissoclinum* cf. *badium*.【活性】细胞毒 [V79, IC_{50} = 0.34μmol/L (0.19μg/mL), 抑制菌落形成; L_{1210}, IC_{50} = 2.79μmol/L (1.59μg/mL), 抑制细胞增殖] (Wang, 2009).【文献】H. Liu, et al. Tetrahedron, 2005, 61, 8611; W. Wang, et al. Tetrahedron, 2009, 65, 9598.

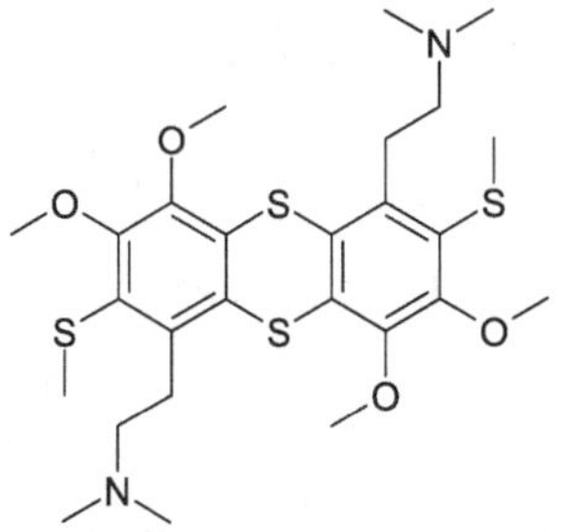

1646 Lissoclibadin 11 暗褐髌骨海鞘啶 11*

【基本信息】$C_{22}H_{30}N_2O_4S_2$, 黄色薄膜 (双三氟醋酸盐).【类型】简单双硫杂脂环类.【来源】暗褐髌骨海鞘* *Lissoclinum* cf. *badium* (万鸦老, 印度尼西亚).【活性】细胞毒 [V79, IC_{50} > 20.0μmol/L (> 9.0μg/mL), 抑制菌落形成; L_{1210}, IC_{50} > 20.0μmol/L (> 9.0μg/mL), 抑制细胞增殖].【文献】W. Wang, et al. Tetrahedron, 2009, 65, 9598.

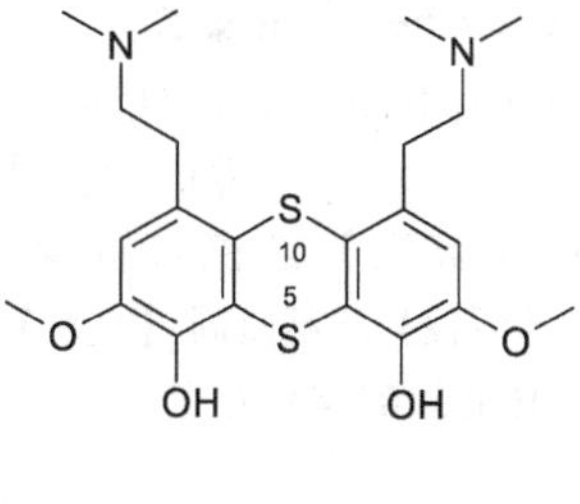

1647 Lissoclibadin 12 暗褐髌骨海鞘啶 12*

【基本信息】$C_{22}H_{30}N_2O_4S_2$, 黄色薄膜 (双三氟醋酸盐).【类型】简单双硫杂脂环类.【来源】暗褐髌骨海鞘* *Lissoclinum* cf. *badium* (万鸦老, 印度尼西亚).【活性】细胞毒 [V79, IC_{50} = 7.90μmol/L (3.56μg/mL), 抑制菌落形成; L_{1210}, IC_{50} > 20.0μmol/L (>9.0μg/mL), 抑制细胞增殖].【文献】W. Wang, et al. Tetrahedron, 2009, 65, 9598.

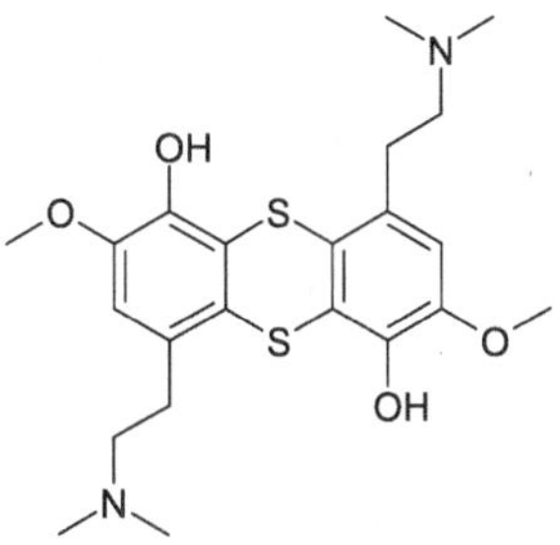

1648 Dankastatin A 小裸囊菌他汀 A*

【基本信息】$C_{24}H_{35}Cl_2NO_5$, 粉末, mp 169~171°C, $[\alpha]_D^{22}$ = +114.4° (c = 0.18, 氯仿).【类型】双环单氧杂脂环类.【来源】海洋导出的真菌小裸囊菌属 *Gymnascella dankaliensis* OUPS-N134 来自日本软海绵 *Halichondria japonica* (大阪外海, 日本).【活性】细胞毒 (P_{388}, 细胞生长抑制剂).【文献】T. Amagata, et al. JNP, 2008, 71, 340.

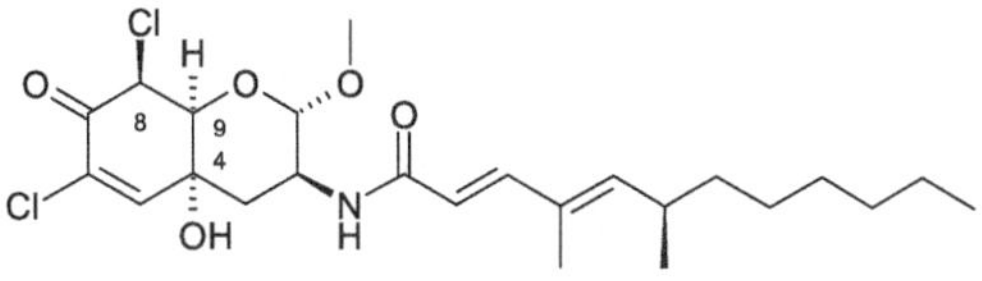

1649 Dankastatin B 小裸囊菌他汀 B*

【基本信息】$C_{23}H_{33}Cl_2NO_4$, 粉末, mp 90~92.5°C, $[\alpha]_D^{22}$= −157.4° (c = 0.18, 氯仿).【类型】双环单氧杂脂环类.【来源】海洋导出的真菌小裸囊菌属 *Gymnascella dankaliensis* OUPS-N134 来自日本软海绵 *Halichondria japonica* (大阪外海, 日本).【活性】细胞毒 (P_{388}, 细胞生长抑制剂).【文献】T. Amagata, et al. JNP, 2008, 71, 340.

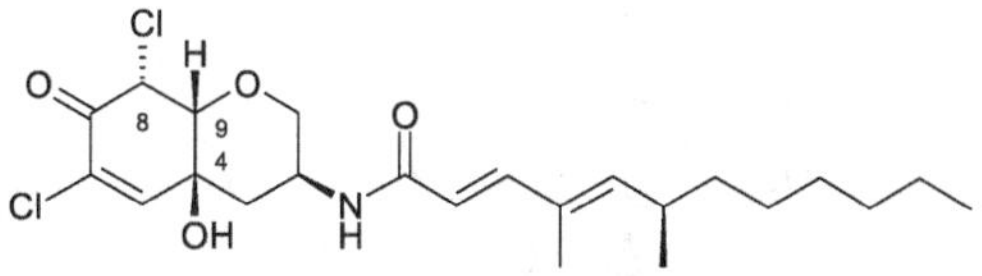

1650 (*E*)-7,7*a*-Dihydro-5-hydroxy-7-(2-propenylidene)cyclopenta[*c*]pyran-6(2*H*)-one (*E*)-7,7*a*-二氢-5-羟基-7-(2-亚丙烯基)环戊烯并[*c*]吡喃-6(2*H*)-酮

【基本信息】$C_{11}H_{10}O_3$, 浅黄色粉末, $[\alpha]_D^{21}$ = +4.1° (*c* = 0.15, 甲醇), 很不稳定.【类型】双环单氧杂脂环类.【来源】Esperiopsidae 科海绵 *Ulosa* sp.【活性】细胞毒; 抗微生物 (*in vitro,* 简易聚合).【文献】S. J. Wratten, et al. Tetrahedron Lett., 1978, 961.

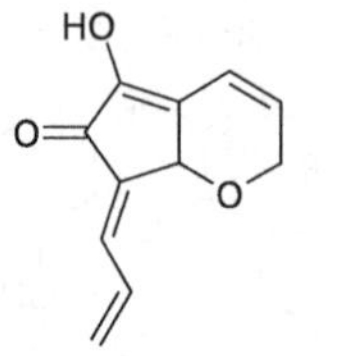

1651 (*Z*)-7,7*a*-Dihydro-5-hydroxy-7-(2-propenylidene)cyclopenta[*c*]pyran-6(2*H*)-one (*Z*)-7,7*a*-二氢-5-羟基-7-(2-亚丙烯基)环戊烯并[*c*]吡喃-6(2*H*)-酮

【基本信息】$C_{11}H_{10}O_3$, 浅黄色粉末, $[\alpha]_D^{21}$ = +11° (*c* = 0.32, 甲醇), 很不稳定.【类型】双环单氧杂脂环类.【来源】Esperiopsidae 科海绵 *Ulosa* sp.【活性】细胞毒; 抗微生物 (*in vitro,* 简易聚合).【文献】S. J. Wratten, et al. Tetrahedron Lett., 1978, 961.

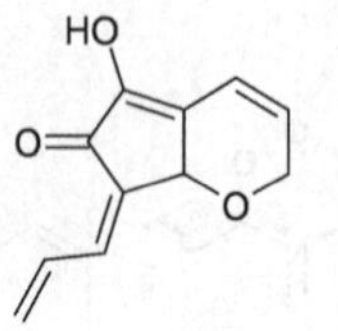

1652 Sequoiatone B 色库欧酮 B*

【基本信息】$C_{22}H_{30}O_5$, 无定形黄色固体, $[\alpha]_D^{25}$ = +72.7° (*c* = 0.11, 甲醇).【类型】双环单氧杂脂环类.【来源】红树导出的真菌青霉属 *Penicillium* sp. JP-1, 来自红树桐花树 *Aegiceras corniculatum* (中国水域).【活性】细胞毒 (乳腺癌细胞株, GI_{50} = 4~10μmol/L, LC_{50} >100μmol/L).【文献】Z. J. Lin, et al. Phytochemistry, 2008, 69, 1273.

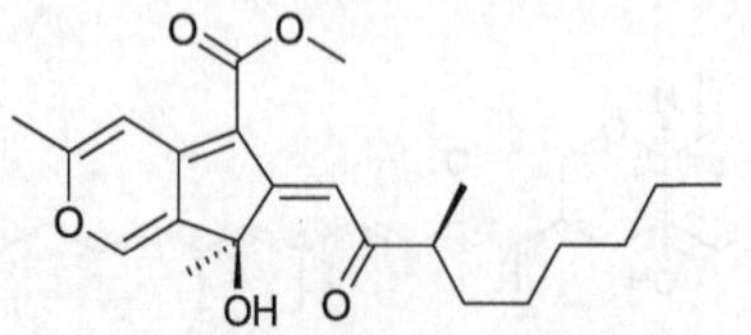

1653 Spartinoxide 枯壳针孢氧化物*

【基本信息】$C_{16}H_{22}O_3$.【类型】双环单氧杂脂环类.【来源】海洋导出的真菌枯壳针孢属 *Phaeosphaeria spartinae*, 来自红藻仙菜属 *Ceramium* sp. (北海, 比苏母, 德国).【活性】白细胞弹性蛋白酶抑制剂 (人, 有潜力的).【文献】M. F. Elsebai, et al. Nat. Prod. Commun., 2010, 5, 1071.

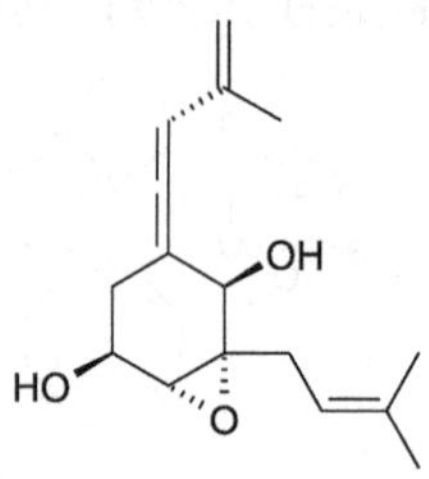

1654 4-Azoniaspiro[3.3]庚烷-2,6-diol 4-氮阳离子螺环[3.3]庚烷-2,6-二醇*

【别名】Charamin; 球状轮藻明*.【基本信息】$C_6H_{12}NO_2^+$.【类型】双环单氮杂脂环类.【来源】绿藻球状轮藻 *Chara globularis*.【活性】抗菌.【文献】U. Anthoni, et al. JOC, 1987, 52, 694.

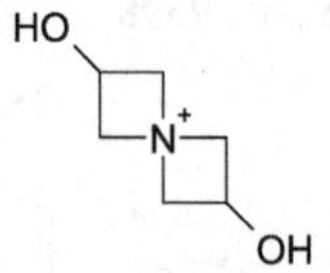

1655 Attenol B 丝鳃醇 B*

【基本信息】$C_{22}H_{38}O_5$.【类型】双环双氧杂脂环类.【来源】双壳软体动物丝鳃 *Pinna attenuata* (中国水域).【活性】细胞毒 (P_{388}, IC_{50} = 12μg/mL).【文献】N. Takada, et al. Chem. Lett., 1999, 1025; K. Suenaga, et al. Org. Lett., 2001, 3, 527.

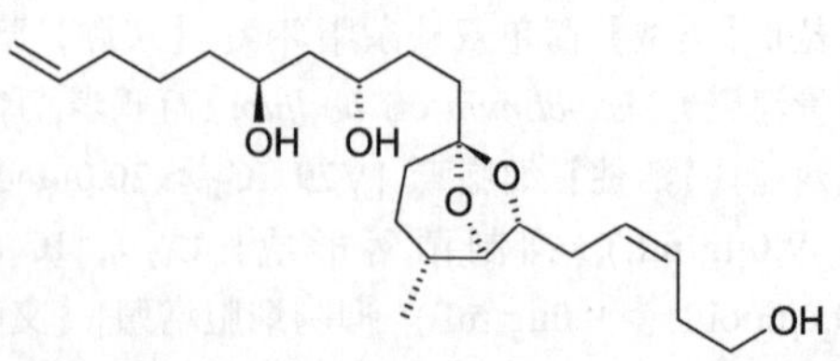

1656 Delesserine 红叶藻素*

【基本信息】$C_{14}H_{16}O_7$, 晶体 (甲醇), mp 117°C, $[\alpha]_D^{20}$ = +36° (*c* = 0.72, 甲醇).【类型】双环双氧杂脂环类.【来源】红藻红叶藻 *Delesseria sanguinea.*【活性】抗凝血剂.【文献】J.-C. Yvin, et al. JACS, 1982, 104, 4497.

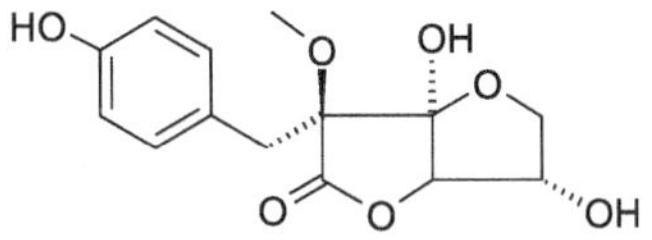

1657 Dysiherbaine 拟草掘海绵素*

【基本信息】$C_{12}H_{20}N_2O_7$, $[\alpha]_D^{25}$ = –3.5° (c = 0.4, 水).【类型】双环双氧杂脂环类.【来源】拟草掘海绵 *Dysidea herbacea* (雅浦岛, 密克罗尼西亚联邦).【活性】神经毒素 [抑制大鼠大脑突触膜, [³H]KA 键合, IC_{50} = (59±7.8)nmol/L 和[³H]AMPA 键合, IC_{50} = (224±22)nmol/L, 但不与[³H]CGS-19755 键合, 是一种 NMDA 拮抗剂 (IC_{50} > 10000nmol/L), 一种神经系统非 NMDA 类型的谷氨酸受体选择性激动剂].【文献】R. Sakai, et al. JACS, 1997, 119, 4112.

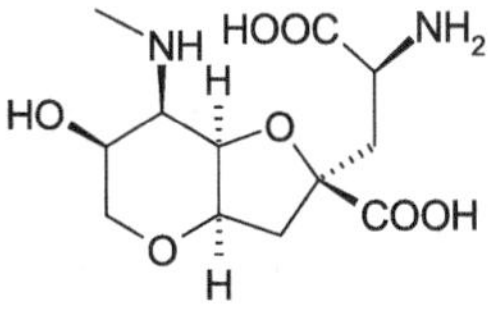

1658 Nafuredin 那福热定*

【基本信息】$C_{22}H_{32}O_4$, 粉末, mp 105°C, $[\alpha]_D^{25}$ = +35.3°, $[\alpha]_D^{25}$ = +89.9° (c = 0.1, 氯仿).【类型】双环双氧杂脂环类.【来源】海洋导出的真菌黑曲霉菌 *Aspergillus niger*, 来自未鉴定的海绵 (帕劳, 大洋洲).【活性】厌氧电子传递抑制剂; NADH-富马酸还原酶 NFRD 抑制剂 (猪蛔虫 *Ascaris suum*, 高度选择性的).【文献】H. Ui, et al. J. Antibiot., 2001, 54, 234.

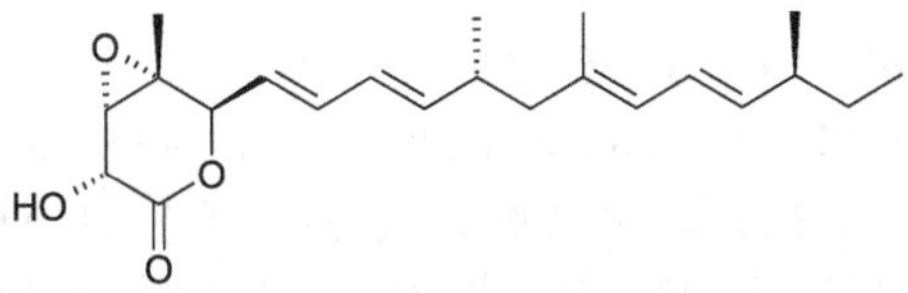

1659 Neodysiherbaine A 新拟草掘海绵素 A*

【基本信息】$C_{11}H_{17}NO_8$, 浅黄色固体, $[\alpha]_D$23 = –6.5° (c = 0.75, 水).【类型】双环双氧杂脂环类.【来源】拟草掘海绵 *Dysidea herbacea* (密克罗尼西亚联邦).【活性】神经活性 (有潜力的).【文献】R. Sakai, et al. Org. Lett., 2001, 3, 1479.

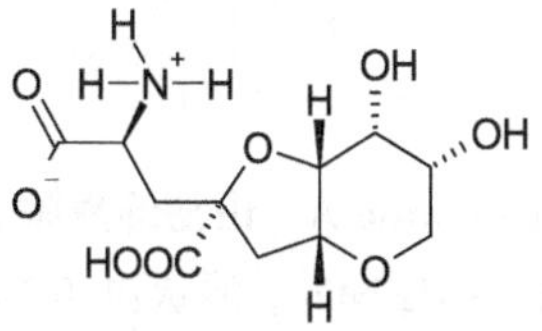

1660 Ophiodilactone A 栉蛇尾双内酯 A*

【基本信息】$C_{34}H_{30}O_5$, 黄色粉末, $[\alpha]_D^{21}$ = –67° (c = 0.07, 甲醇).【类型】双环双氧杂脂环类.【来源】海蛇尾蜈蚣栉蛇尾 *Ophiocoma scolopendrina* (潮间带).【活性】细胞毒 (P_{388}, IC_{50} = 5.0μg/mL).【文献】R. Ueoka, et al. JOC, 2009, 74, 4396.

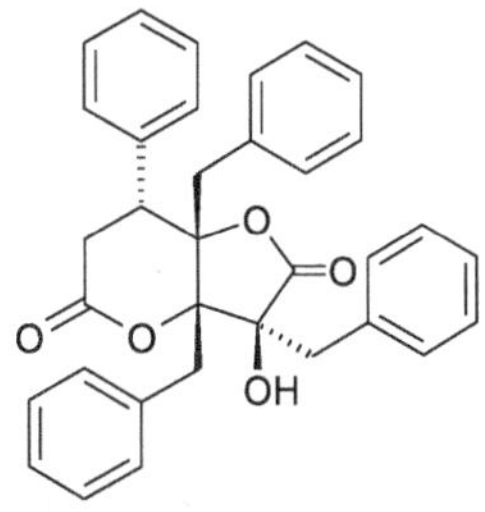

1661 Patulin 展青霉素

【基本信息】$C_7H_6O_4$, 棱柱状或片状晶体 (乙醚或氯仿), mp 111°C, $[\alpha]_D^{21}$ = –6.2° (氯仿).【类型】双环双氧杂脂环类.【来源】海洋导出的真菌青霉属 *Penicillium* sp. OUPS-79, 来自绿藻肠浒苔 *Enteromorpha intestinalis* 和海洋导出的真菌曲霉菌属 *Aspergillus varians*.【活性】细胞毒 (P_{388}, ED_{50} = 0.06μg/mL; BSY1, ED_{50} = 0.04μg/mL; MCF7, ED_{50} = 0.65μg/mL; HCC2998, ED_{50} = 1.54μg/mL; NCI-H522, ED_{50} = 0.30μg/mL; DMS114, ED_{50} = 0.57μg/mL; OVCAR-3, ED_{50} = 0.37μg/mL; MKN1, ED_{50} = 0.39μg/mL); 种子发芽抑制剂; 抗菌; 肝炎 C 病毒蛋白酶抑制剂; 真菌毒素; LD_{50} (大鼠, orl) = 27.8mg/kg.【文献】C. Iwamoto, et al. Tetrahedron, 1999, 55, 14353.

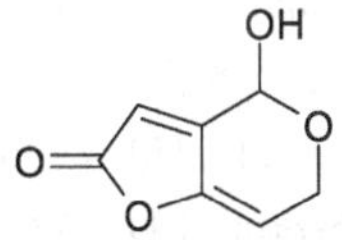

1662 Plakortone A 扁板海绵酮 A*

【基本信息】$C_{22}H_{36}O_3$, $[\alpha]_D^{25}$ = –21.1° (c = 0.038, 氯仿).【类型】双环双氧杂脂环类.【来源】扁板海绵属 *Plakortis halichondrioides* (牙买加).【活性】心脏 SR-Ca^{2+}泵入 ATPase 酶激活剂.【文献】A. D. Patil, et al. JNP, 1996, 59, 219; A. D. Patil, et al. Tetrahedron, 1996, 52, 377.

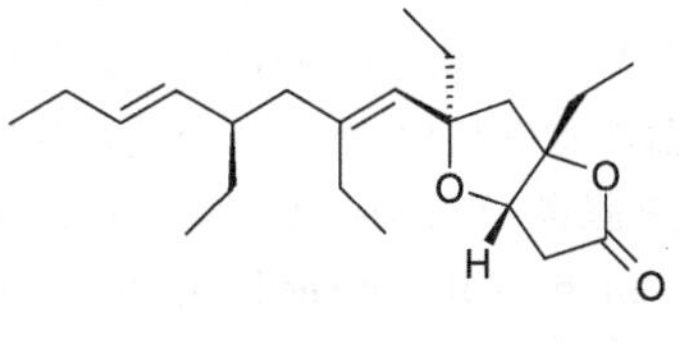

1663 Plakortone B 扁板海绵酮 B*

【基本信息】$C_{21}H_{34}O_3$, 油状物, $[\alpha]_D^{25} = -9.2°$ (*c* = 0.7, 氯仿).【类型】双环双氧杂脂环类.【来源】扁板海绵属 *Plakortis halichondrioides* (牙买加).【活性】心脏 SR-Ca^{2+}泵入 ATPase 酶激活剂.【文献】A. D. Patil, et al. JNP, 1996, 59, 219; A. D. Patil, et al. Tetrahedron, 1996, 52, 377.

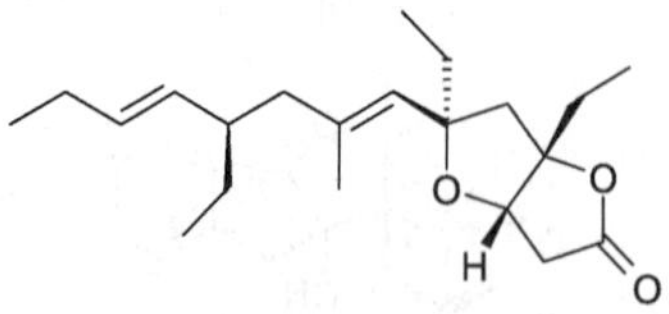

1664 Plakortone C 扁板海绵酮 C*

【基本信息】$C_{21}H_{36}O_3$, 油状物, $[\alpha]_D^{25} = -24.9°$ (*c* = 1.23, 氯仿).【类型】双环双氧杂脂环类.【来源】扁板海绵属 *Plakortis halichondrioides* (牙买加).【活性】心脏 SR-Ca^{2+}泵入 ATPase 酶激活剂.【文献】A. D. Patil, et al. JNP, 1996, 59, 219; A. D. Patil, et al. Tetrahedron, 1996, 52, 377.

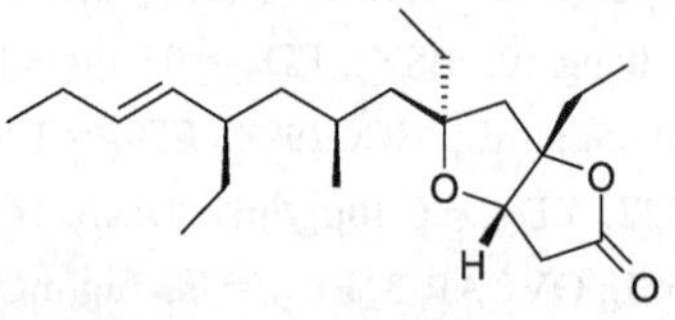

1665 Plakortone D 扁板海绵酮 D*

【基本信息】$C_{20}H_{34}O_3$, 油状物, $[\alpha]_D^{25} = -26.3°$ (*c* = 1.27, 氯仿).【类型】双环双氧杂脂环类.【来源】扁板海绵属 *Plakortis halichondrioides* (牙买加).【活性】心脏 SR-Ca^{2+}泵入 ATPase 酶激活剂.【文献】A. D. Patil, et al. JNP, 1996, 59, 219; A. D. Patil, et al. Tetrahedron, 1996, 52, 377.

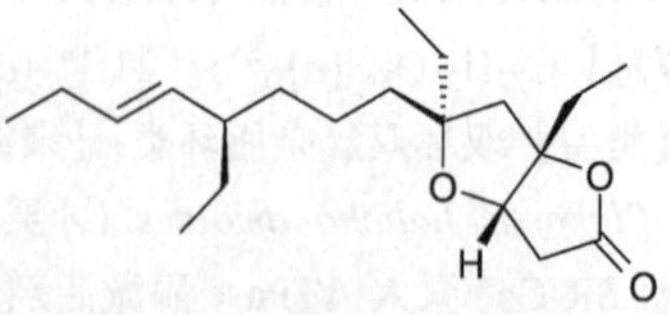

1666 Plakortone E 扁板海绵酮 E*

【基本信息】$C_{18}H_{30}O_3$, 油状物, $[\alpha]_D^{25} = -10°$ (*c* = 0.001, 氯仿).【类型】双环双氧杂脂环类.【来源】不分支扁板海绵* *Plakortis simplex* (加勒比海).【活性】细胞毒 (WEHI-164, $IC_{50} = 8.0\mu g/mL$).【文献】F. Cafieri, et al. Tetrahedron, 1999, 55, 13831.

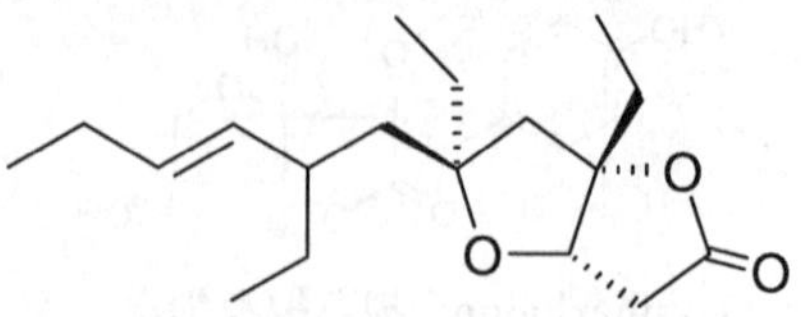

1667 Plakortone F 扁板海绵酮 F*

【基本信息】$C_{21}H_{38}O_3$, 油状物, $[\alpha]_D^{25} = -11°$ (*c* = 0.001, 氯仿).【类型】双环双氧杂脂环类.【来源】不分支扁板海绵* *Plakortis simplex* (加勒比海).【活性】细胞毒 (WEHI-164, $IC_{50} = 11.0\mu g/mL$).【文献】F. Cafieri, et al. Tetrahedron, 1999, 55, 13831.

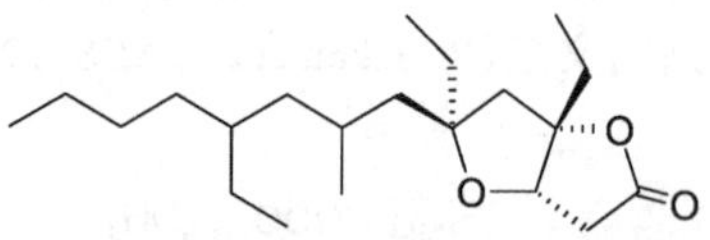

1668 Awajanomycin 枝顶孢加诺霉素*

【基本信息】$C_{17}H_{27}NO_5$, 树胶状物, $[\alpha]_D^{25} = +78°$ (*c* = 0.1, 甲醇).【类型】双环单氧单氮杂脂环类.【来源】海洋导出的真菌枝顶孢属 *Acremonium* sp. AWA16-1 (海泥样本, 日本水域).【活性】细胞毒 (A549, 中等活性).【文献】J.-H. Jang, et al. JNP, 2006, 69, 1358.

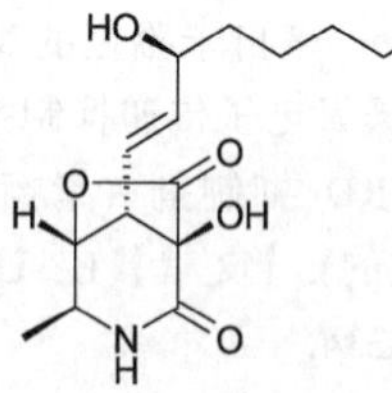

1669 Coixol 薏苡醇

【别名】6-Methoxy-2(3*H*)-benzoxazolinone); 6-甲氧基-2(3*H*)-苯并噁唑啉酮).【基本信息】$C_8H_7NO_3$【类型】双环单氧单氮杂脂环类.【来源】大洋海绵属 *Oceanapia* sp. (印度水域), 陆地植物小麦 *Triticum aestivum*, 玉米 *Zea mays*, 黑麦 *Secale cereal* 和薏米 *Coix lacryma jobi* 根.【活性】有毒的 (盐水丰年虾).【文献】Y. Venkateswarlu, et al. Biochem. Syst. EcoL, 1999, 27, 519.

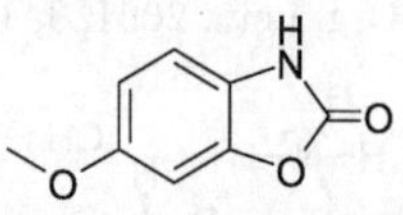

1670 Mycalamide A 山海绵酰胺 A

【基本信息】$C_{24}H_{41}NO_{10}$, 油状物, $[\alpha]_{365.00} = +110°$

($c = 0.2$, 氯仿).【类型】双环三氧杂脂环类.【来源】山海绵属 *Mycale* sp.和柱海绵属 *Stylinos* sp.【活性】细胞毒 (P_{388}, $IC_{50} = 1.1ng/mL$) (Simpson, 2000); 细胞毒 [LLC-PK_1, $IC_{50} = (0.65±0.27)nmol/L$; H441, $IC_{50} = (0.46±0.14)nmol/L$; SH-SY5Y, $IC_{50} = (0.52±0.22)nmol/L$] (Lyndon, 2000); 抗肿瘤 (1994 年在美国 NCI 进行过临床实验).【文献】N. B. Perry, et al. JOC, 1990, 55, 223; C. Y. Hong, et al. JOC, 1990, 55, 4242; J. S. Simpson, et al. JNP, 2000, 63, 704; M. W. Lyndon, et al. JNP, 2000, 63, 707; K. A. Hood, et al. Apoptosis, 2001, 6, 207.

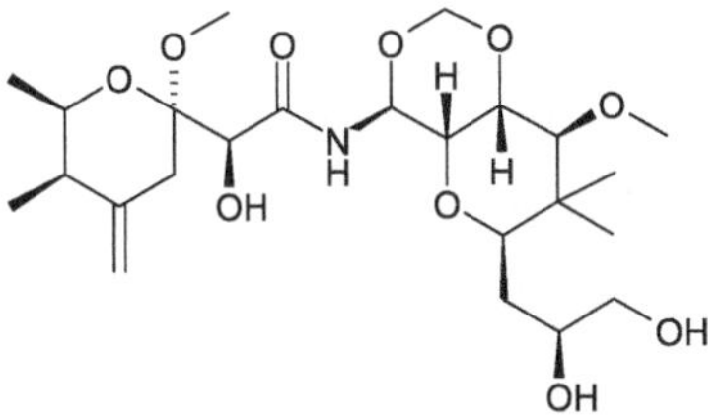

1671 Mycalamide B 山海绵酰胺 B

【基本信息】$C_{25}H_{43}NO_{10}$, 油状物, $[\alpha]_D = +39°$ ($c = 0.2$, 氯仿).【类型】双环三氧杂脂环类.【来源】山海绵属 *Mycale* sp. (新西兰).【活性】抗病毒 (最低活性剂量 1~2ng/盘); 细胞毒 [P_{388}, $IC_{50} = (0.7±0.3)ng/mL$]; 抗肿瘤 (P_{388}).【文献】N. B. Perry, et al. JOC, 1990, 55, 223; P. J. Kocienski, et al. Synlett, 1998, 869; P. J. Kocienski, et al. Synlett, 1998, 1432.

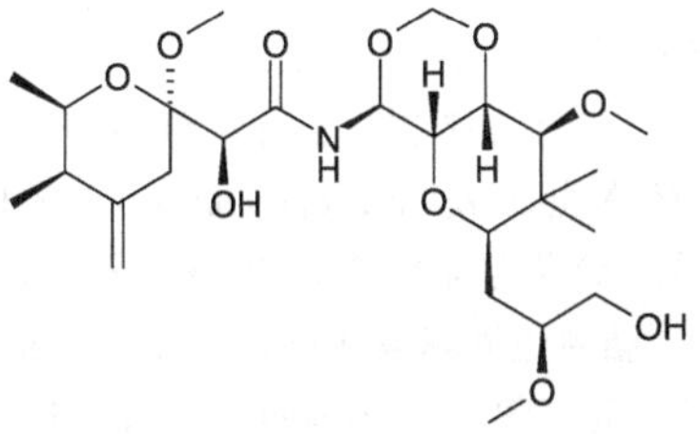

1672 Mycalamide D 山海绵酰胺 D

【基本信息】$C_{23}H_{39}NO_{10}$, 油状物, $[\alpha]_D^{20} = +41°$ ($c = 0.3$, 氯仿).【类型】双环三氧杂脂环类.【来源】山海绵属 *Mycale* sp.和柱海绵属 *Stylinos* sp.【活性】细胞毒 (P_{388}, $IC_{50} = 35ng/mL$) (Simpson, 2000); 细胞毒 [LLC-PK_1, $IC_{50} = (19.43±10.76)nmol/L$; H441, $IC_{50} = (9.30±3.96)nmol/L$; SH-SY5Y, $IC_{50} = (6.42±1.65)nmol/L$] (Lyndon, 2000).【文献】J. S. Simpson, et al. JNP, 2000, 63, 704; M. W. Lyndon, et al. JNP, 2000, 63, 707.

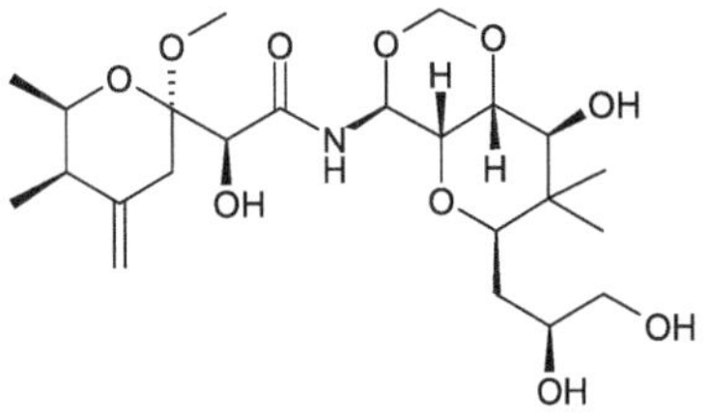

1673 Mycalamide E 山海绵酰胺 E

【基本信息】$C_{23}H_{39}NO_{10}$.【类型】双环三氧杂脂环类.【来源】山海绵属 *Mycale hentscheli* (皮鲁斯岛海峡, 新西兰).【活性】蛋白质合成抑制剂.【文献】V. Venturi, et al. J. Biochem. Mol. Toxicol., 2012, 26, 94.

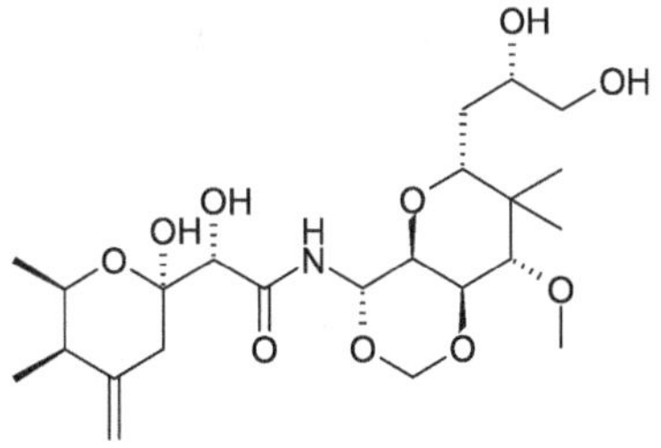

1674 Plakortolide 扁板海绵内酯*

【基本信息】$C_{25}H_{34}O_4$, 亮橙色油状物, $[\alpha]_D = +5.6°$ ($c = 0.014$, 氯仿).【类型】双环三氧杂脂环类.【来源】扁板海绵属 *Plakortis* sp.和 Plakinidae 多板海绵科海绵 *Plakinastrella onkodes*.【活性】细胞毒; 抗弓形虫 (高活性).【文献】B. S. Davidson, Tetrahedron Lett., 1991, 32, 7167; T. L. Perry, et al. Tetrahedron, 2001, 57, 1483.

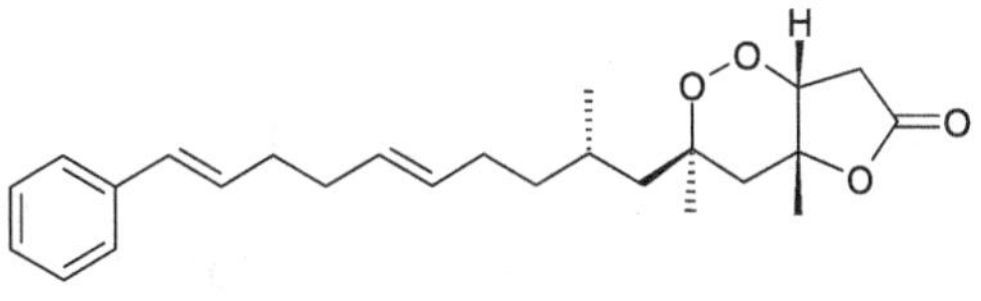

1675 Plakortolide B 扁板海绵内酯 B*

【基本信息】$C_{25}H_{38}O_4$, 油状物, $[\alpha]_D = -4.7°$ ($c = 0.1$, $CDCl_3$).【类型】双环三氧杂脂环类.【来源】Plakinidae 多板海绵科海绵 *Plakinastrella onkodes* (墨西哥湾).【活性】细胞毒 (A549, IC50 = 1.3μg/mL; P388, IC50 = 0.4μg/mL); 细胞黏附诱导剂 (EL-4, $IC_{50} = 4.4μg/mL$; IL-2, 与信号转导活性相关); PKC 同工酶温和激动剂 (50μg/mL: α, +19%; βI, +13%; βII, +27%; δ, +9%; ε, +38%; γ, +9%).【文献】P. A. Horton, et al. JNP, 1994, 57, 1374; T. L. Perry, et al. Tetrahedron, 2001, 57,

1483; D. S. Dalisay, et al. Angew. Chem., Int. Ed., 2009, 48, 4367.

1676 Plakortolide D 扁板海绵内酯 D*

【基本信息】$C_{26}H_{40}O_4$, 油状物, $[\alpha]_D = +61.1°$ (c = 0.04, $CDCl_3$).【类型】双环三氧杂脂环类.【来源】Plakinidae 多板海绵科海绵 *Plakinastrella onkodes* (墨西哥湾).【活性】细胞毒 (A549, IC_{50} = 3.8μg/mL; P_{388}, IC_{50} = 0.8μg/mL); 抑制细胞黏附 (EL-4, IC_{50} = 15.8μg/mL).【文献】P. A. Horton, et al. JNP, 1994, 57, 1374.

1677 Plakortolide E 扁板海绵内酯 E*

【基本信息】$C_{24}H_{36}O_4$, 棕色蜡样固体, $[\alpha]_D$ = +10.0° (c = 0.09, 二氯甲烷).【类型】双环三氧杂脂环类.【来源】扁板海绵属 *Plakortis* sp. (斐济).【活性】细胞毒 (一组 NCI 60 种癌细胞, 对黑色素瘤和乳腺癌有选择性).【文献】M. Varoglu, et al. JNP, 1995, 58, 27; J. W. Blunt, et al. NPR, 2014, 31, 160 (Rev.).

1678 Plakortolide F 扁板海绵内酯 F*

【基本信息】$C_{23}H_{34}O_5$【类型】双环三氧杂脂环类.【来源】Plakinidae 多板海绵科海绵 *Plakinastrella* sp. (塞舌尔).【活性】抗真菌 (白色念珠菌 *Candida albicans*, MIC > 125μg/mL (SDB 和 RPMI 介质)); 烟曲霉菌 *Aspergillus fumigatus*, IC_{90} > 125μg/mL).【文献】Y. Chen, et al. JNP, 2001, 64, 262.

1679 Plakortolide F‡ 扁板海绵内酯 F‡*

【基本信息】$C_{24}H_{34}O_5$, 油状物, $[\alpha]_D$ = −59.2° (c = 0.025, 氯仿).【类型】双环三氧杂脂环类.【来源】Plakinidae 多板海绵科海绵 *Plakinastrella onkodes*.【活性】抗菌 (革兰氏阳性菌 *Toxoplasma* sp.).【文献】T. L. Perry, et al. Tetrahedron, 2001, 57, 1483.

1680 Acremostrictin 枝顶孢亭*

【基本信息】$C_{13}H_{16}O_5$.【类型】三环单氧杂脂环类.【来源】海洋导出的真菌枝顶孢属 *Acremonium strictum*, 来自未鉴定的海绵 (日向礁, 黄海, 中国).【活性】抗氧化剂 (DPPH 自由基清除试验, 抑制过氧化氢导致的人角化 HaCaT 细胞死亡, 中等活性); 抗菌 (藤黄色微球菌 *Micrococcus luteus*, MIC = 50μg/mL; 鼠伤寒沙门氏菌 *Salmonella typhimurium*, MIC = 50μg/mL; 普通变形杆菌 *Proteus vulgaris*, MIC = 12.5μg/mL).【文献】E. Julianti, et al. JNP, 2011, 74, 2592.

1681 Bruguierol C 木榄醇 C*

【基本信息】$C_{12}H_{14}O_3$, 无定形固体, $[\alpha]_D^{20}$ = +4° (c = 0.5, 甲醇).【类型】三环单氧杂脂环类.【来源】红树木榄 *Bruguiera gymnorrhiza* (树干).【活性】抗菌 (金黄色葡萄球菌 *Staphylococcus aureus* SG 511, 藤黄色微球菌 *Micrococcus luteus* ATCC 10240, 粪肠球菌 *Enterococcus faecalis* 1528 vanA, 大肠杆菌 *Escherichia coli* SG 458 和牛牛分枝杆菌 *Mycobacterium vaccae* MT 10670, MIC = 12.5μg/mL).【文献】D. M. Solorio, et al. JOC, 2007, 72, 6621.

1682 Dehydroeuryspongin A 去氢宽海绵素 A*

【基本信息】$C_{15}H_{18}O$, 浅黄色油状物, $[\alpha]_D^{20}$ =

+55.9° (c = 0.46, 氯仿).【类型】三环单氧杂脂环类.【来源】宽海绵属 *Euryspongia* sp. (宽海绵素 A 的脱水产品, 在 NMR 管中形成的).【活性】PTP1B 抑制剂 (处理Ⅱ型糖尿病的重要靶标酶, IC_{50} = 3.6μmol/L, 对照齐墩果酸, IC_{50} = 1.1μmol/L).【文献】H. Yamazaki, et al. Bioorg. Med. Chem. Lett., 2013, 23, 2151.

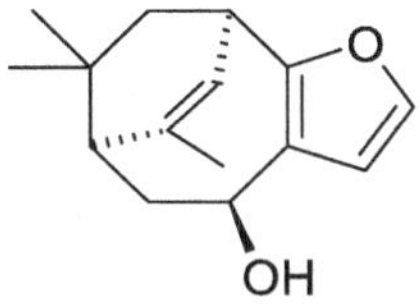

1683 3-epi-Deoxyenterocin 3-*epi*-去氧肠道菌素

【基本信息】$C_{22}H_{20}O_9$, $[\alpha]_D$ = −22.9° (c = 1.0, 甲醇).【类型】三环单氧杂脂环类.【来源】海洋导出的链霉菌属 *Streptomyces* sp. BD-26T (20) (夏威夷岛上的浅水沉积物, 美国).【活性】抗菌 (抑制金黄色葡萄球菌 *Staphylococcus aureus* 生长).【文献】N. Sitachitta, et al. Tetrahedron, 1996, 52, 8073.

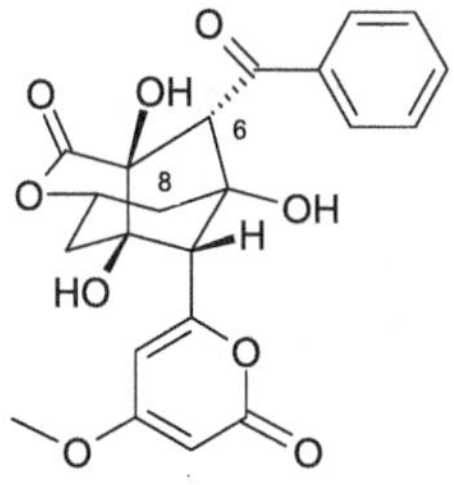

1684 Hippolachnin A 马海绵宁 A*

【基本信息】$C_{19}H_{30}O_3$, 无色油状物.【类型】三环单氧杂脂环类.【来源】马海绵属 *Hippospongia lachne* (西沙群岛, 南海, 中国).【活性】抗真菌 (病源真菌: 新型隐球酵母 *Cryptococcus neoformans*, MIC = 0.41μmol/L, 对照伏力康唑(VCZ), MIC = 0.18μmol/L; 红色毛癣菌 *Trichophyton rubrum*, MIC = 0.41μmol/L, 伏力康唑, MIC = 0.09μmol/L; 石膏样小孢子菌 *Microsporum gypseum*, MIC = 0.41μmol/L, 伏力康唑, MIC = 0.18μmol/L; 光滑念珠菌 *Candida glabrata*, MIC = 1.63μmol/L, 伏力康唑, MIC = 0.18μmol/L; 假隐球菌**Cryptococcus parapsilosis*, MIC = 1.63μmol/L, 伏力康唑, MIC = 0.18μmol/L; 白色念珠菌 *Candida albicans*, MIC = 13.1μmol/L, 伏力康唑, MIC = 0.18μmol/L; 烟曲霉菌 *Aspergillus fumigatus*, MIC = 13.1μmol/L, 伏力康唑, MIC = 5.73μmol/L).【文献】S.-J. Piao, et al. Org. Lett., 2013, 15, 3526.

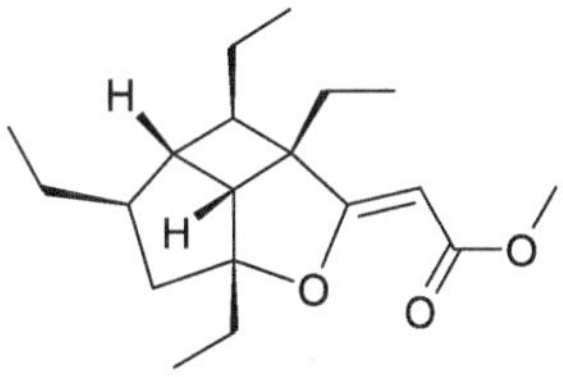

1685 JBIR-58 抗生素 JBIR-58

【基本信息】$C_{14}H_{15}NO_7$, 黄色粉末, $[\alpha]_D^{24}$ = +72.3° (c = 0.1, 氯仿).【类型】三环双氧杂脂环类.【来源】海洋导出的链霉菌属 *Streptomyces* sp. SpD081030ME-02, 来自未鉴定的海绵 (石垣岛, 冲绳, 日本).【活性】细胞毒 (WST-8 比色试验, 48 小时, HeLa, IC_{50} = 28μmol/L).【文献】J. Ueda, et al. J. Antibiot., 2010, 63, 267.

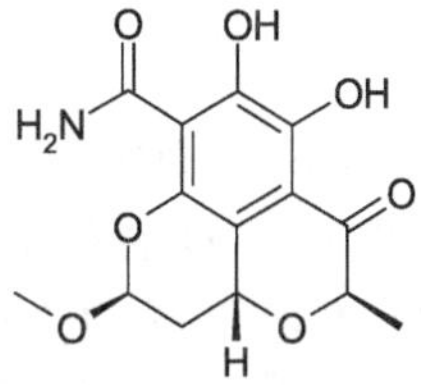

1686 Paeciloxocin A 拟青霉属新 A*

【基本信息】$C_{21}H_{24}O_6$.【类型】三环双氧杂脂环类.【来源】红树导出的真菌拟青霉属 *Paecilomyces* sp., 来自未鉴定的红树 (树皮, 台湾水域, 中国).【活性】细胞毒 (HepG2, IC_{50} = 1μg/mL); 抗真菌 (新月弯孢霉 *Curvularia lunata*, IZD = 12mm; 白色念珠菌 *Candida albicans*, IZD = 10mm).【文献】L. Wen, et al. Russ. Chem. Bull., 2010, 59, 1656.

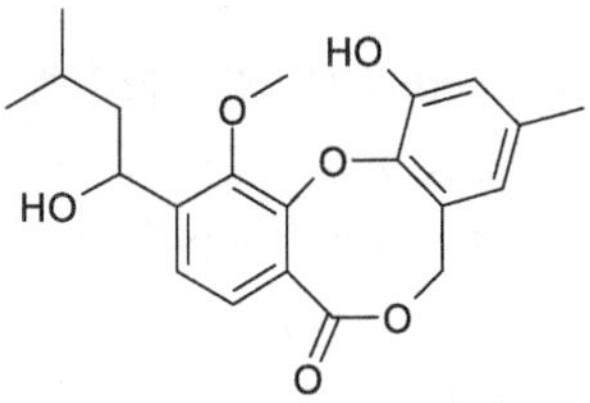

1687 Penicitrinol E 橘青霉醇 E*

【基本信息】$C_{16}H_{22}O_4$【类型】三环双氧杂脂环类.【来源】海洋导出的真菌橘青霉 *Penicillium citrinum* (沉积物, 兰奇岛, 福建, 中国水域)【活性】细胞毒 (HL60, 低活性).【文献】L. Chen, et al. CPB, 2011, 59, 515.

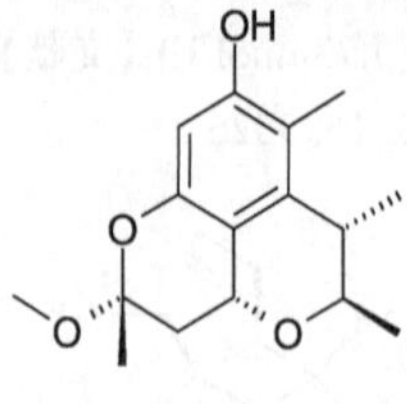

1688 Penicitrinol K 橘青霉醇 K*

【基本信息】$C_{16}H_{20}O_6$.【类型】三环双氧杂脂环类.【来源】海洋导出的真菌青霉属 *Penicillium* sp. ML226.【活性】抗菌 (20μg/盘, 金黄色葡萄球菌 *Staphylococcus aureus* CMCC26003, IZ = 3mm).【文献】M. L. Wang, et al. Molecules, 2013, 18, 5723.

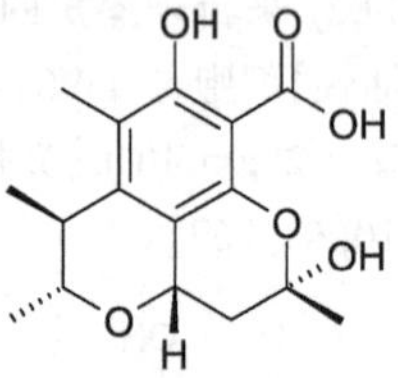

1689 Sequoiatone A 色库欧酮 A*

【基本信息】$C_{23}H_{30}O_6$, 黄色晶体, mp 93.4~95.3°C, $[\alpha]_D^{25} = -750°$ ($c = 0.26$, 甲醇).【类型】三环双氧杂脂环类.【来源】红树导出的真菌青霉属 *Penicillium* sp. JP-1, 来自红树桐花树 *Aegiceras corniculatum* (中国水域).【活性】细胞毒 (乳腺癌细胞株, $GI_{50} = 4\sim10\mu mol/L$, $LC_{50} > 100\mu mol/L$).【文献】Z. J. Lin, et al. Phytochemistry, 2008, 69, 1273.

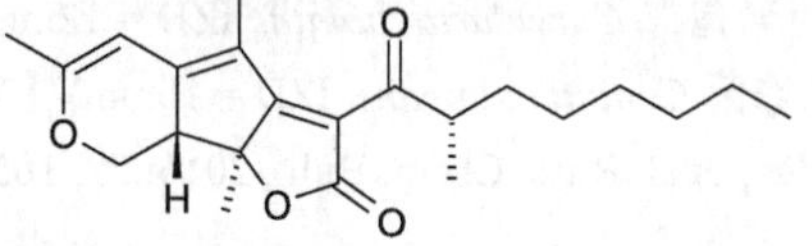

1690 Gracilioether H 纤细群海绵素 H*

【基本信息】$C_{16}H_{26}O_4$.【类型】三环三氧杂脂环类.【来源】Plakinidae 多板海绵科海绵 *Plakinastrella mamillaris* (斐济).【活性】杀疟原虫的 (恶性疟原虫 *Plasmodium falciparum*).【文献】C. Festa, et al. Tetrahedron, 2012, 68, 10157.

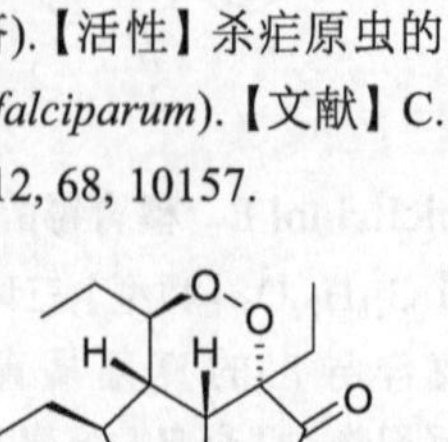

1691 Tirandamycin A 提朗达霉素 A

【基本信息】$C_{22}H_{27}NO_7$, mp 98~102°C, $[\alpha]_D^{25} = +51°$ (乙醇).【类型】三环三氧杂脂环类.【来源】海洋导出的链霉菌属 *Streptomyces* sp. 307-9.【活性】抗菌 (革兰氏阳性菌; RNA 聚合酶抑制剂 (有潜力的); LD_{50} (小鼠, scu) = 370mg/kg.【文献】D. J. Duchamp, et al. JACS, 1973, 95, 4077.

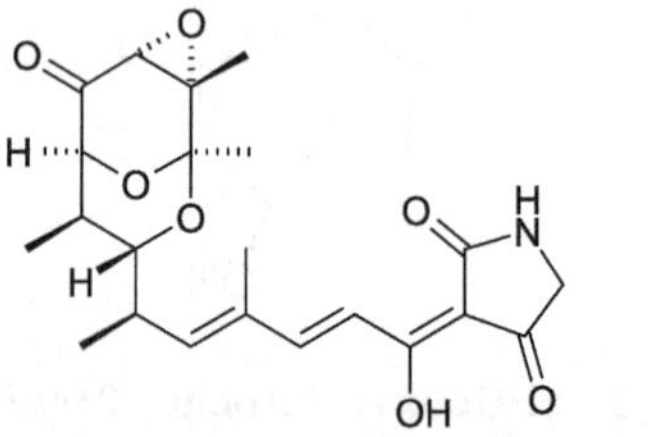

1692 Tirandamycin B 提朗达霉素 B

【基本信息】$C_{22}H_{27}NO_8$, 黄色粉末, mp 92~96°C.【类型】三环三氧杂脂环类.【来源】海洋导出的链霉菌属 *Streptomyces* sp. 307-9.【活性】抗菌 (革兰氏阳性菌); RNA 聚合酶抑制剂.【文献】H. Hagenmaier, et al. Arch. Microbiol., 1976, 109, 65.

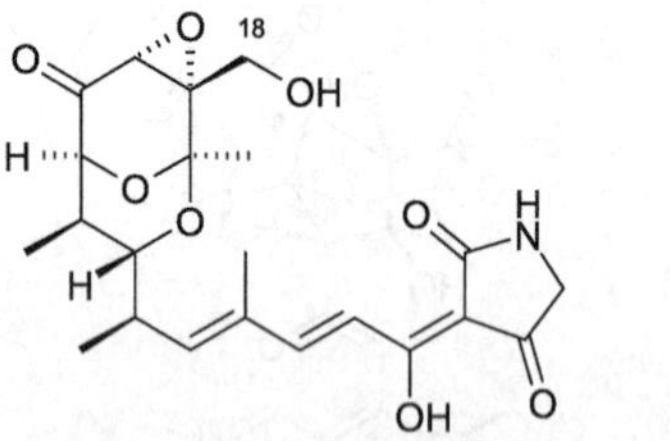

1693 Abyssomicin J 阿百叟米森 J*

【基本信息】$C_{38}H_{46}O_{11}S$.【类型】多环杂脂环类.【来源】海洋导出的细菌疣孢菌属 *Verrucosispora* sp. (深海沉积物, 南海).【活性】抗结核抗生素前药 (一经氧化活化, 将选择性转转变为阿百叟米森 C).【文献】Q. Wang, et al. Angew. Chem., Int. Ed., 2013, 52, 1231.

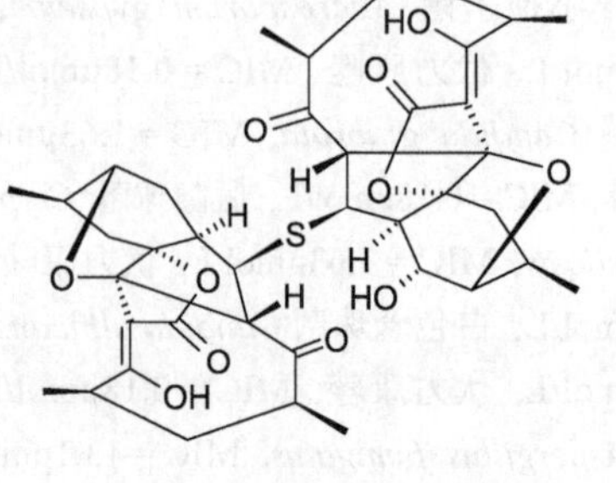

1694 Botryosphaerin F

【基本信息】$C_{16}H_{20}O_5$.【类型】多环杂脂环类.【来源】红树导出的真菌土色曲霉菌* *Aspergillus terreus* (内生菌), 来自红树木榄 *Bruguiera gymnorrhiza* (树枝, 广西, 中国).【活性】细胞毒 (人肿瘤细胞 HTCLs).【文献】C. Deng, et al. Nat. Prod. Res., 2013, 27, 1882.

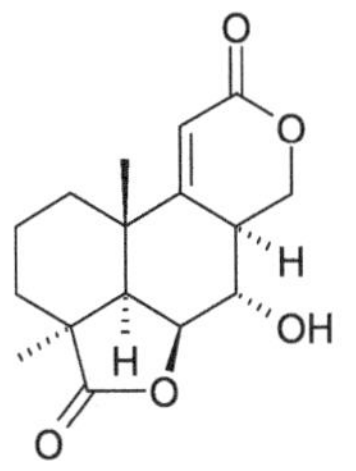

1695 Gracilioether K 纤细群海绵素 K*

【基本信息】$C_{19}H_{30}O_6$.【类型】多环杂脂环类.【来源】Plakinidae 多板海绵科海绵 *Plakinastrella mamillaris* (斐济).【活性】孕甾烷 X 受体 PXR 激动剂 (对接研究建议一种和其它纤细群海绵素同源物的类似主体模式).【文献】C. Festa, et al. Mar. Drugs, 2013, 11, 2314.

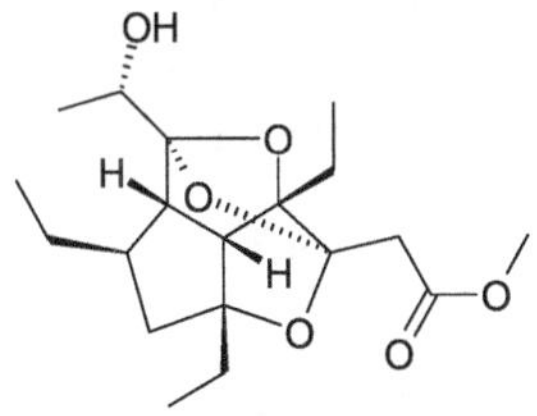

1696 Insuetolide A 因苏吐斯曲霉内酯 A*

【基本信息】$C_{25}H_{32}O_6$, 玻璃状材料, $[\alpha]_D^{30} = -68°$ ($c = 0.35$, 氯仿).【类型】多环杂脂环类.【来源】海洋导出的真菌曲霉菌属 *Aspergillus insuetus* OY-207, 来自 Irciniidae 科海绵 *Psammocinia* sp. (Sdot-Yam, 以色列).【活性】抗真菌 (粉色面包霉菌 *Neurospora crassa,* MIC = 140μmol/L).【文献】E. Cohen, et al. BoMC, 2011, 19, 6587.

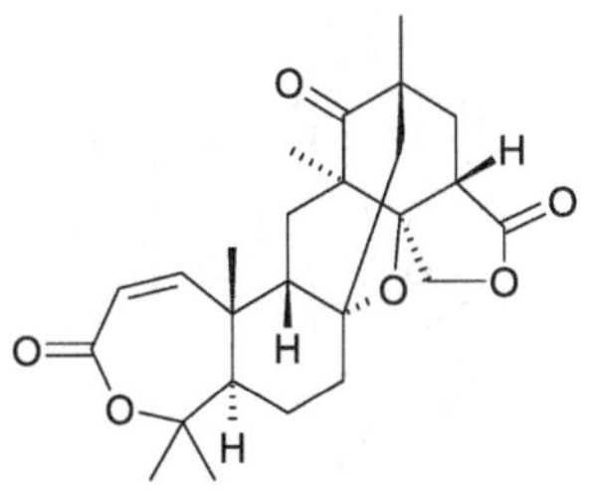

1697 Ophiodilactone B 栉蛇尾双内酯 B*

【基本信息】$C_{34}H_{28}O_5$, 黄色粉末, $[\alpha]_D^{20} = -222°$ ($c = 0.04$, 甲醇).【类型】多环杂脂环类.【来源】海蛇尾蜈蚣栉蛇尾 *Ophiocoma scolopendrina* (潮间带).【活性】细胞毒 (P_{388}, $IC_{50} = 2.2μg/mL$).【文献】R. Ueoka, et al. JOC, 2009, 74, 4396.

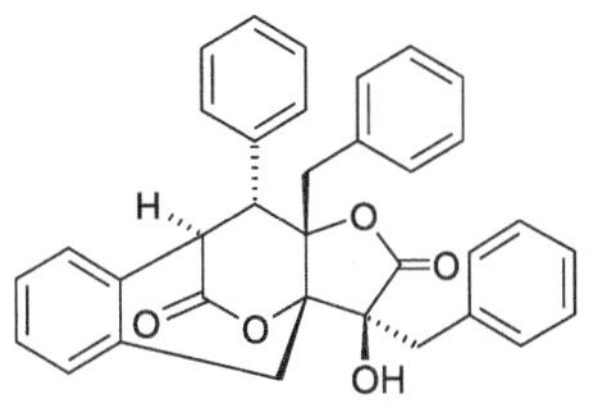

1698 Penicitrinol J 橘青霉醇 J*

【基本信息】$C_{24}H_{26}O_7$.【类型】多环杂脂环类.【来源】海洋导出的真菌青霉属 *Penicillium* sp. ML226.【活性】抗菌 (20μg/盘, 金黄色葡萄球菌 *Staphylococcus aureus* CMCC26003, IZ = 4mm).【文献】M. L. Wang, et al. Molecules, 2013, 18, 5723.

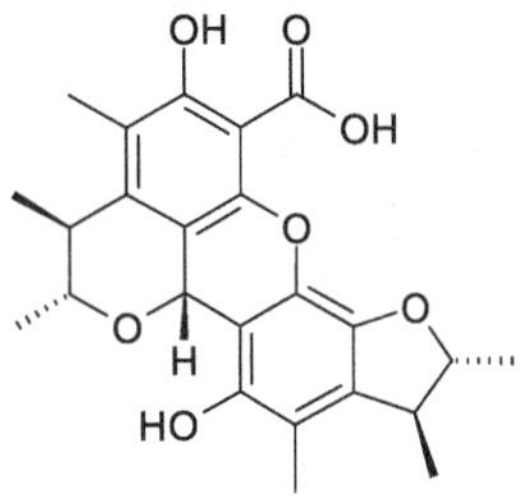

1699 Penicitrinone A 橘青霉酮 A*

【基本信息】$C_{23}H_{24}O_5$, 橙色晶体 (苯/己烷), mp 150~152°C, $[\alpha]_D^{17} = +106.9°$ ($c = 0.36$, 氯仿).【类型】多环杂脂环类.【来源】深海真菌曲霉菌属 *Aspergillus* sp. SCSIOW3, 真菌桔青霉 *Penicillium citrinum* IFM 53298 和真菌特异青霉菌 *Penicillium notatum* B-52.【活性】抗-Aβ 肽聚集抑制 (Aβ42 聚集活性, 100μmol/L, 40.3%~72.3%).【文献】D. Wakana, et al. J. Nat. Med. (Tokyo), 2006, 60, 279; H. Liu, et al. Chin. J. Mar. Drugs, 2014, 33, 71 (中文版).

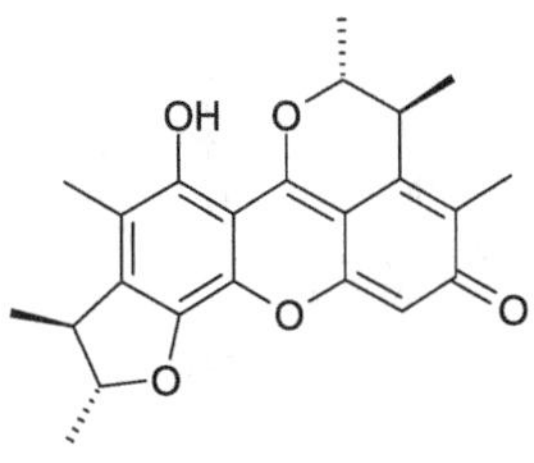

1700 Penostatin G 青霉他汀 G*

【基本信息】$C_{23}H_{34}O_5$, $[\alpha]_D = -35.1°$ (c = 0.29, 氯仿).【类型】多环杂脂环类.【来源】海洋导出的真菌青霉属 *Penicillium* sp. 菌株 OUPS-79 来自绿藻肠浒苔 *Enteromorpha intestinalis*.【活性】细胞毒 (P_{388}, ED_{50} = 0.5μg/mL).【文献】C. lwamoto, et al. JCS Perkin Trans. Ⅰ, 1998, 449.

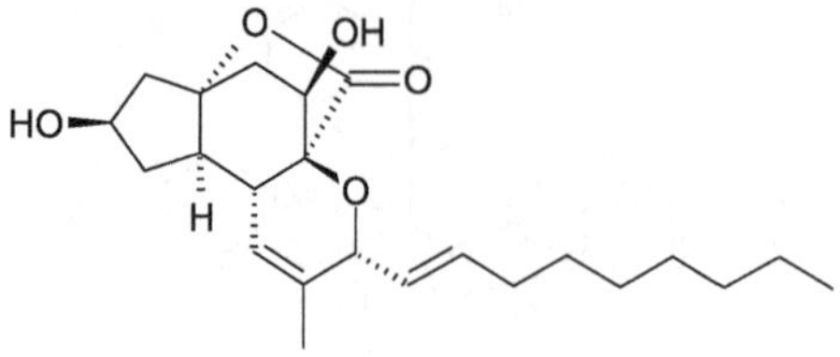

1701 Penostatin H 青霉他汀 H*

【基本信息】$C_{23}H_{34}O_5$, $[\alpha]_D = -11.4°$ (c = 0.18, 氯仿).【类型】多环杂脂环类.【来源】海洋导出的真菌青霉属 *Penicillium* sp. 菌株 OUPS-79, 来自绿藻肠浒苔 *Enteromorpha intestinalis*.【活性】细胞毒 (P_{388}, ED_{50} = 0.8μg/mL).【文献】C. lwamoto, et al. JCS Perkin Trans. Ⅰ, 1998, 449.

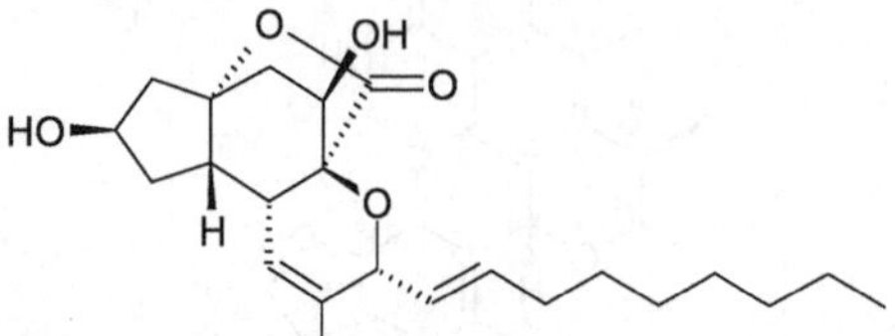

1702 Pyripyropene A 啶南平 A

【基本信息】$C_{31}H_{37}NO_{10}$, 粉末, $[\alpha]_D^{18} = +65.8°$ (c = 1, 氯仿).【类型】多环杂脂环类.【来源】海洋导出的真菌萨氏曲霉菌 *Aspergillus sydowi* PFW1-13, 来自腐木样本 (中国水域) 和真菌曲霉菌属 *Aspergillus* sp. GF-5.【活性】杀昆虫剂; MDR翻转活性.【文献】H. Tomoda, et al. JACS, 1994, 116, 12097; M. Zhang, et al. JNP, 2008, 71, 985; A. Hayashi, et al. Biol. Pharm. Bull., 2009, 32, 1261.

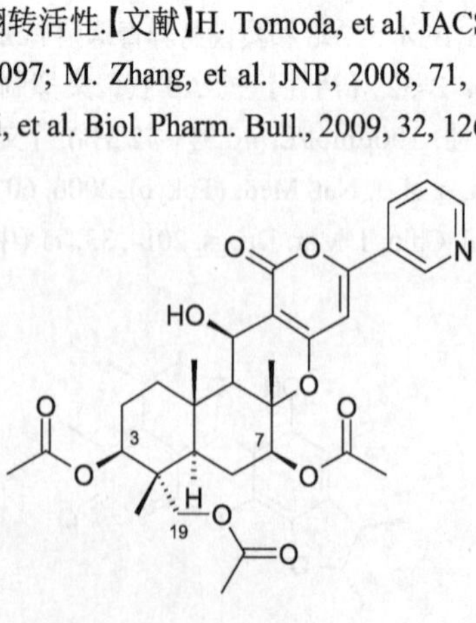

1703 Pyripyropene E 啶南平 E

【别名】Antibiotics GERI-BP001 M; 抗生素 GERI-BP001 M.【基本信息】$C_{27}H_{33}NO_5$, 晶体 (甲醇), mp 174~176°C, $[\alpha]_D^{18} = +146°$ (c = 0.5, 氯仿), $[\alpha]_D^{28} = +113°$ (c = 1, 甲醇).【类型】多环杂脂环类.【来源】海洋导出的真菌萨氏曲霉菌 *Aspergillus sydowi* PFW1-13 (来自腐木样本, 中国水域).【活性】ACAT (酰基辅酶 α-胆固醇酰基转移酶) 抑制剂.【文献】H. Tomoda, et al. J. Antibiot. 1995, 48, 495; M. Zhang, et al. JNP, 2008, 71, 985.

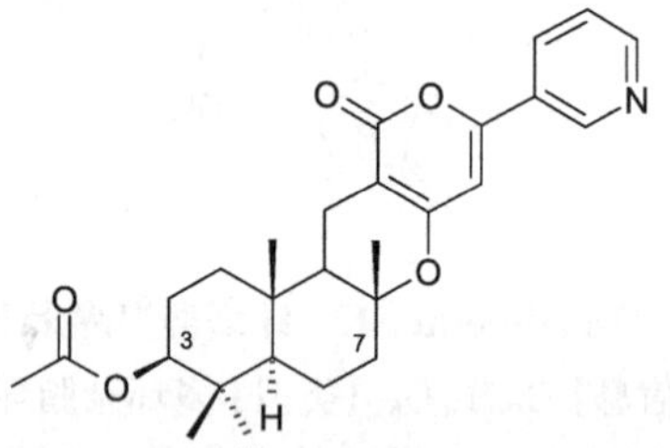

1704 Trichodermatide A 里氏木霉酮 A*

【基本信息】$C_{22}H_{32}O_7$, 油状物, $[\alpha]_D^{20} = -62.5°$ (c = 0.04, 甲醇).【类型】多环杂脂环类.【来源】海洋导出的真菌里氏木霉* *Trichoderma reesei* (沉积物样本, 中国水域).【活性】细胞毒 (MTT 试验, A375-S2, IC_{50} = 102.2μg/mL).【文献】Y.Sun, et al. Org. Lett., 2008, 10, 393.

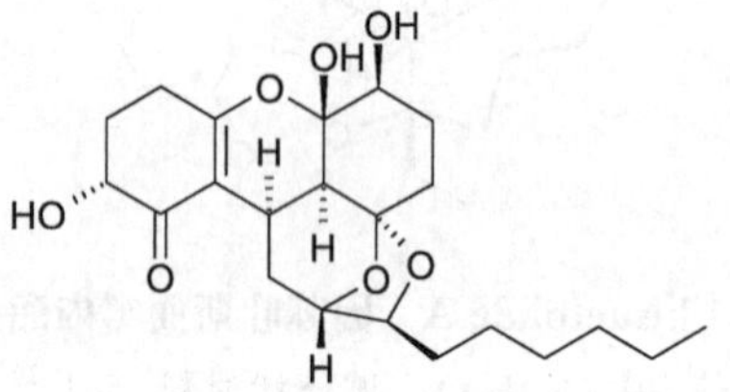

1705 Xyloketal A 炭角菌素 A*

【基本信息】$C_{27}H_{36}O_6$, 晶体, mp 164~166°C, $[\alpha]_D^{25} = -4.9°$ (c = 0.2, 氯仿).【类型】多环杂脂环类.【来源】红树导出的真菌炭角菌属 *Xylaria* sp. 2508.【活性】乙酰胆碱酯酶抑制剂.【文献】Y. C. Lin, et al. JOC, 2001, 66, 6252.

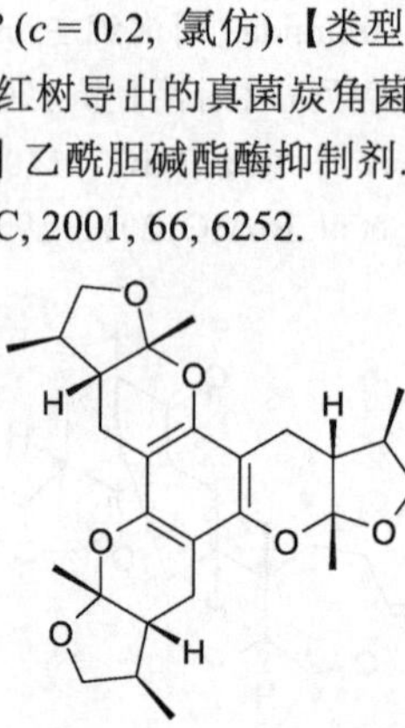

1706 Xyloketal F 炭角菌素 F*

【基本信息】$C_{41}H_{52}O_{10}$, 针状晶体 (乙酸乙酯/石油醚), mp 160~162°C, $[\alpha]_D^{25} = -50.6°$ (c = 0.2, 甲醇).【类型】多环杂脂环类.【来源】红树导出的真菌炭角菌属 *Xylaria* sp. 2508.【活性】L 型钙离子通道阻滞剂.【文献】X.-Y. Wu, et al. EurJOC, 2005, 4061.

3.8 前列腺素类

1707 Methyl 9,15-dioxo-5,8(12)-prostadienoate 9,15-二氧-5,8(12)-前列二烯酸甲酯

【别名】Prostaglandins; 前列腺素.【基本信息】$C_{21}H_{32}O_4$, 浅黄色油状物.【类型】前列腺素类.【来源】微厚肉芝软珊瑚 *Sarcophyton crassocaule* (印度洋).【活性】高度降低眼压.【文献】A. S. R. Anjaneyulu, et al. JNP, 2000, 63, 1425.

1708 (5*Z*)-Prostaglandin A_2 (5*Z*)-前列腺素 A_2

【别名】(5*Z*)-PGA$_2$.【基本信息】$C_{20}H_{30}O_4$, 油状物, $[\alpha]_D^{20} = +140°$ (c = 1.15, 氯仿).【类型】前列腺素类.【来源】丛柳珊瑚科 Plexauridae 柳珊瑚 *Plexaura homomalla* 和存在于人的血清与精浆中.【活性】LD_{50} (小鼠, ipr) 93mg/kg.【文献】A. J. Weinheimer, et al. Tetrahedron Lett., 1969, 5185; W. P. Schneider, et al. JACS, 1972, 94, 2122; A. E. Greene, et al. JOC, 1978, 43, 4377; A. D. Rodríguez, Tetrahedron, 1995, 51, 4571(Rev.); S. M. Verbitski, et al. JMC, 2004, 47, 2062.

1709 Prostaglandin B_2 前列腺素 B_2

【别名】PGB$_2$.【基本信息】$C_{20}H_{30}O_4$, 晶体, $[\alpha]_D^{25}$= +16.3° (c = 0.024, 氯仿).【类型】前列腺素类.【来源】微厚肉芝软珊瑚 *Sarcophyton crassocaule*, 日本刺参* *Stichopus japonicus*, 海星日本长腕海盘车 *Distolasterias nippon*, 芋海鞘科海鞘 *Halocynthia aurantium*, 蓝贻贝 *Mytilus edulis* (消化腺, 可食), 贻贝偏顶蛤属 *Modiolus difficilis*, 羊鲍 *Haliotis ovina*, 黄尾鱼 *Seriola quinqueradiata* 和海贻贝 *Crenomytilus grayanus*, 人的精浆 (PGB$_2$是最丰富的来自成骨细胞的前列腺素).【活性】抑制子宫运动性 (*in vitro*).【文献】J. H. M. Feyen, et al. Prostaglandins, 1984, 28, 769; O. D. Karotchenko, et al. Chem. Nat. Compd. (Engl. Transl.), 1999, 35, 612; S. R. Ammanamanchi, et al. JNP, 2000, 63, 112.

1710 Prostaglandin D_2 前列腺素 D_2

【别名】PGD$_2$.【基本信息】$C_{20}H_{32}O_5$, 晶体, mp 68°C.【类型】前列腺素类.【来源】丛柳珊瑚科 Plexauridae 柳珊瑚 *Plexaura homomalla*, 软珊瑚穗软珊瑚科 *Gersemia fruticosa* 和存在于人体组织中.【活性】支气管收缩药; 血小板聚集抑制剂.【文献】B. J. R. Whittle, et al. Adv. Exp. Med. Biol., 1985, 192, 109 (Rev.); H. Giles, et al. Prostaglandins, 1988, 35, 277; K. Varvas, et al. Tetrahedron Lett., 1993, 34, 3643.

1711 Prostaglandin E₁ 前列腺素 E₁

【别名】PGE_1.【基本信息】$C_{20}H_{34}O_5$, 晶体 (乙酸乙酯), mp 114~116.5ºC, $[\alpha]_D^{24} = -53.2^o$ ($c = 0.977$, 四氢呋喃).【类型】前列腺素类.【来源】丛柳珊瑚科 Plexauridae 柳珊瑚 *Plexaura homomalla,* 和存在于人的血清和精浆中.【活性】血管扩张剂和血小板聚集抑制剂; LD_{50} (大鼠, orl) = 228mg/kg.【文献】J. Mai, et al. Prostaglandins, 1980, 20, 187.

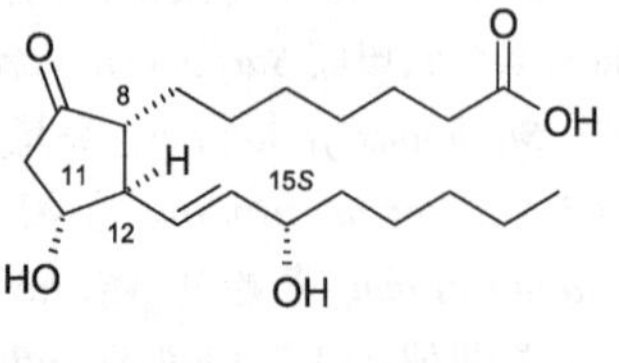

1712 Prostaglandin E₂ 前列腺素 E₂

【别名】PGE_2.【基本信息】$C_{20}H_{32}O_5$, 晶体, mp 66~68ºC, $[\alpha]_D^{26} = -61^o$ ($c = 1$, 四氢呋喃).【类型】前列腺素类.【来源】红藻江蓠属 *Gracilaria lichenoide* 和红藻江蓠属 *Gracilaria* spp., 软珊瑚穗软珊瑚科 *Gersemia fruticosa*, 贻贝偏顶蛤属 *Modiolus demissus*, 日本刺参* *Stichopus japonicus,* 海星日本长腕海盘车 *Distolasterias nippon*, 芋海鞘科海鞘 *Halocynthia aurantium*, 黄尾鰤 *Seriola quinqueradiata*, 哺乳动物组织.【活性】催产剂; 堕胎药和血管扩张剂; 溶黄体的; LD_{50} (大鼠, orl) = 500mg/kg.【文献】R. P. Gregson, et al. Tetrahedron Lett., 1979, 4505; K. Varvas, et al. Tetrahedron Lett., 1993, 34, 3643; O. D. Karotchenko, et al. Chem. Nat. Compd. (Engl. Transl.), 1999, 35, 612.

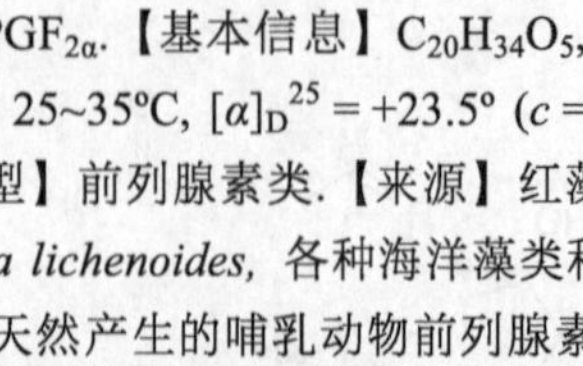

1713 Prostaglandin F₂α 前列腺素 F₂α

【别名】$PGF_{2\alpha}$.【基本信息】$C_{20}H_{34}O_5$, 油状物或固体, mp 25~35ºC, $[\alpha]_D^{25} = +23.5^o$ ($c = 1$, 四氢呋喃).【类型】前列腺素类.【来源】红藻菊花江蓠 *Gracilaria lichenoides,* 各种海洋藻类和无脊椎动物, 常见天然产生的哺乳动物前列腺素.【活性】堕胎药; 催产剂; 平滑肌兴奋剂; LD_{50} (大鼠, 口服) = 1170mg/kg.【文献】R. P. Gregson, et al. Tetrahedron Lett., 1979, 4505; O. D. Karotchenko, et al. Chem. Nat. Compd. (Engl. Transl.), 1999, 35, 612.

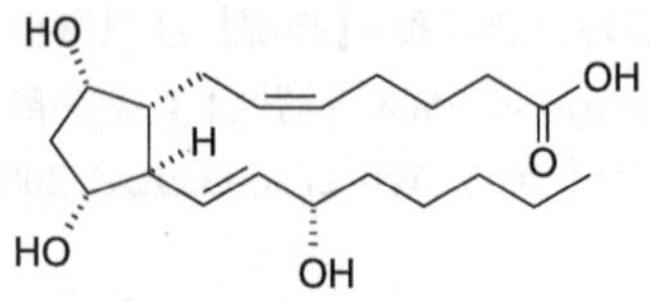

1714 15-*epi*-Prostaglandin A₂ 15-*epi*-前列腺素 A₂

【别名】(5*Z*,8*R*,12*S*,13*E*,15*R*)-15-Hydroxy-9-oxo-5,10,13-prostatrien-1-oic acid; (5*Z*,8*R*,12*S*,13*E*,15*R*)-15-羟基-9-氧代-5,10,13-前列三烯-1-酸.【基本信息】$C_{20}H_{30}O_4$.【类型】前列腺素类.【来源】丛柳珊瑚科 Plexauridae 柳珊瑚 *Plexaura homomalla* [产率 = 0.2%(干重)].【活性】抗炎.【文献】A. J. Weinheimer, et al. Tetrahedron Lett., 1969, 5185.

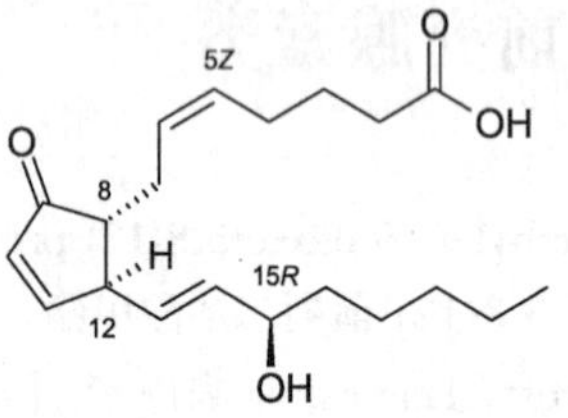

3.9 氧脂类 (不包括花生酸类)

1715 Amphimic acid A 双御海绵酸 A*

【基本信息】$C_{28}H_{50}O_2$, 针状晶体 (乙腈/乙醚), mp 39~39.5ºC, $[\alpha]_D^{22} = +7.7^o$ ($c = 0.49$, 甲醇).【类型】环丙基氧脂类.【来源】双御海绵属 *Amphimedon* sp. (澳大利亚).【活性】细胞毒 (P_{388}, IC_{50} = 1.8μmol/L); 人 DNA 拓扑异构酶 I 抑制剂.【文献】T. Nemoto, et al. Tetrahedron Lett., 1997, 38, 5667; T. Nemoto, et al. Tetrahedron, 1997, 53, 16699.

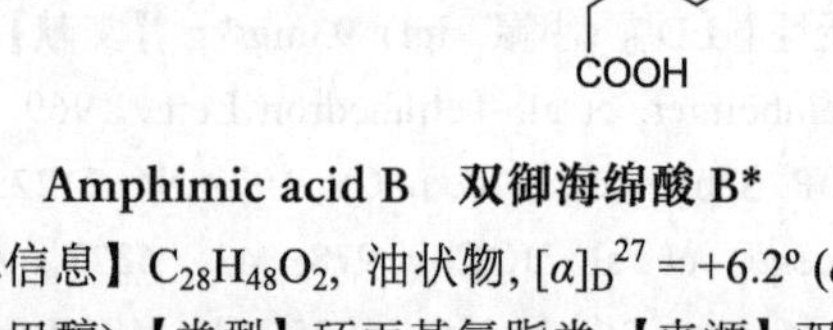

1716 Amphimic acid B 双御海绵酸 B*

【基本信息】$C_{28}H_{48}O_2$, 油状物, $[\alpha]_D^{27} = +6.2^o$ (c = 0.98, 甲醇).【类型】环丙基氧脂类.【来源】双御海绵属 *Amphimedon* sp. (澳大利亚).【活性】人

DNA 拓扑异构酶 I 抑制剂.【文献】T. Nemoto, et al. Tetrahedron Lett., 1997, 38, 5667; T. Nemoto, et al. Tetrahedron, 1997, 53, 16699.

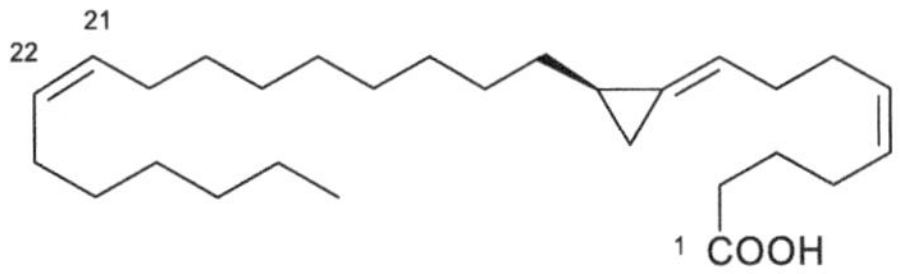

1717 Amphimic acid C 双御海绵酸 C*

【基本信息】$C_{27}H_{48}O_2$, 油状物, $[\alpha]_D^{27} = +6.3°$ (c = 0.11, 甲醇).【类型】环丙基氧脂类.【来源】双御海绵属 *Amphimedon* sp. (澳大利亚).【活性】DNA 拓扑异构酶 I 抑制剂.【文献】T. Nemoto, et al. Tetrahedron Lett., 1997, 38, 5667; T. Nemoto, et al. Tetrahedron, 1997, 53, 16699.

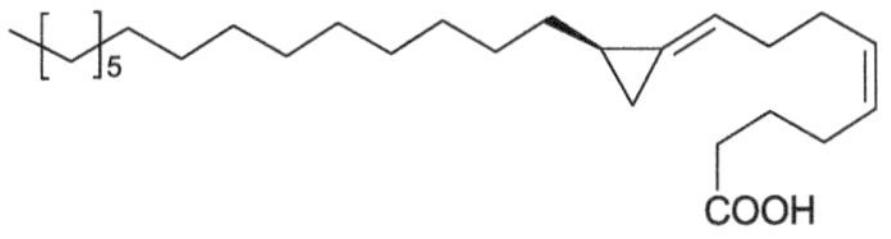

1718 Grenadamide A 格林纳达酰胺 A*

【别名】Grenadamide; 格林纳达酰胺*.【基本信息】$C_{21}H_{33}NO$, $[\alpha]_D = -11°$ (c = 0.1, 氯仿).【类型】环丙基氧脂类.【来源】蓝细菌稍大鞘丝藻 *Lyngbya majuscula* (肉眼可见的, 格林纳达, 中美洲).【活性】有毒的 (盐水丰年虾, LD_{50} = 5μg/mL), 键合大麻素受体 (K_i = 4.7μmol/L, 适度活性).【文献】N. Sitachitta, et al. JNP, 1998, 61, 681.

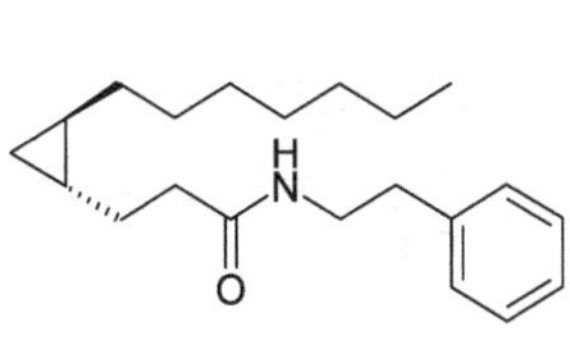

1719 (−)-Halicholactone (−)-软海绵内酯*

【基本信息】$C_{20}H_{32}O_4$, 油状物, $[\alpha]_D^{23} = -85.4°$.【类型】环丙基氧脂类.【来源】冈田软海绵* *Halichondria okadai.*【活性】5-脂氧合酶抑制剂 (豚鼠, 多形核白细胞 PMNL, IC_{50} = 630μmol/L).【文献】H. Niwa, et al. Tetrahedron Lett., 1989, 30, 4543; H. Kigoshi, et al. Tetrahedron Lett., 1991, 32, 2427; P. J. Proteau, et al. JNP, 1994, 57, 1717; Y. Baba, et al. JOC, 2001, 66, 81.

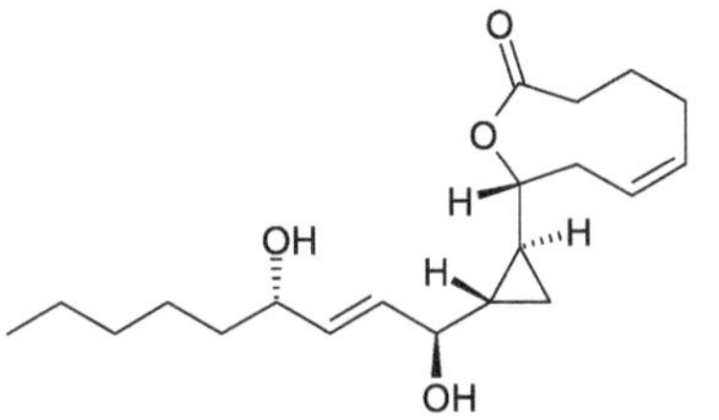

1720 Neohalicholactone 新软海绵内酯*

【基本信息】$C_{20}H_{30}O_4$, 晶体 (乙醚/戊烷), mp 69~70°C, $[\alpha]_D^{16} = -54.2°$ (c = 0.73, 氯仿).【类型】环丙基氧脂类.【来源】棕藻海带属 *Laminaria sinclairii*, 来自冈田软海绵* *Halichondria okadai.*【活性】酯氧合酶活性 (低活性).【文献】H. Niwa, K. Et al. Tetrahedron Lett., 1989, 30, 4543; H. Kigoshi, et al. Tetrahedron Lett., 1991, 32, 2427; P. J. Proteau, et al. JNP, 1994, 57, 1717; D. J. Critcher, et al. Tetrahedron Lett., 1995, 36, 3763; M. Bischop, et al. Synthesis, 2010, 527.

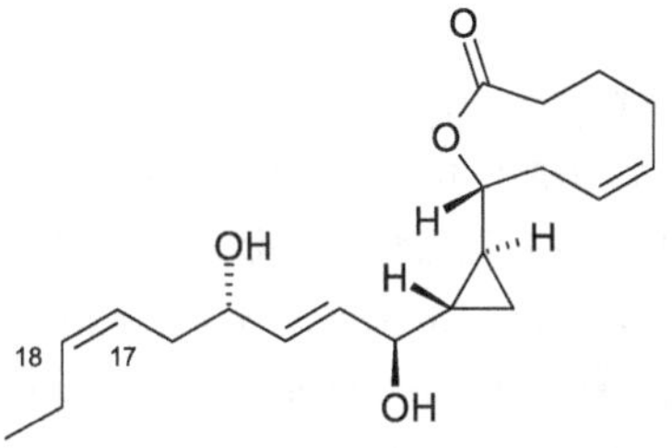

1721 Solandelactone C 水螅内酯 C*

【基本信息】$C_{21}H_{32}O_4$, 油状物, $[\alpha]_D^{25} = +2.9°$ (c = 0.2, 甲醇).【类型】环丙基氧脂类.【来源】水螅纲软水母亚纲头螅水母亚目水螅 *Solanderia secunda.*【活性】法尼基蛋白转移酶 FPT 抑制剂 (100μg/mL, InRt = 69%, FPT 是和细胞分化及细胞增殖相联系的, PFT 的抑制作用可能是新的抗癌药物的靶标).【文献】Y. W. Seo, et al. Tetrahedron 1996, 52, 10583.

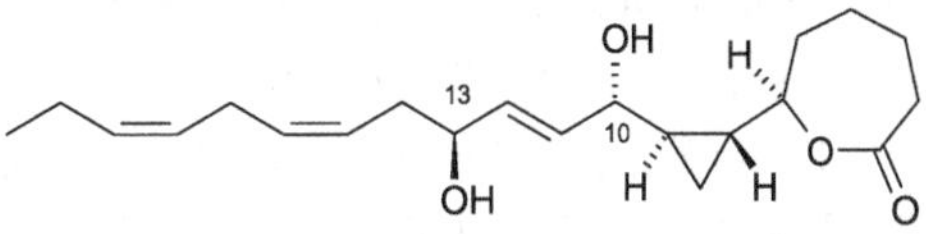

1722 Solandelactone D 水螅内酯 D*

【基本信息】$C_{21}H_{32}O_4$, 油状物, $[\alpha]_D^{25} = +5.7°$ (c = 0.2, 甲醇).【类型】环丙基氧脂类.【来源】水螅纲软水母亚纲头螅水母亚目水螅 *Solanderia secunda.*【活性】FPT 抑制剂 (100μg/mL, InRt =

89%).【文献】Y. W. Seo, et al. Tetrahedron 1996, 52, 10583.

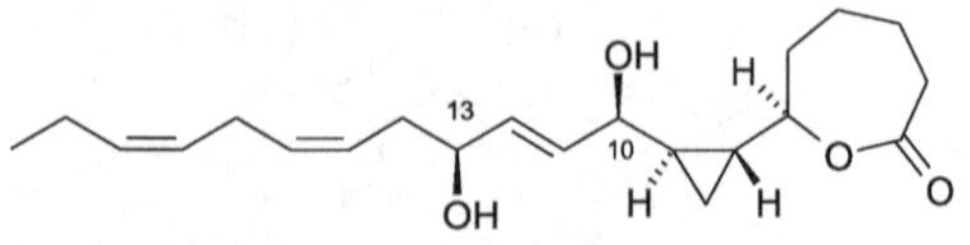

1723 Solandelactone G 水螅内酯 G*

【基本信息】$C_{21}H_{30}O_4$, 油状物, $[\alpha]_D^{25} = +3.7°$ (c = 0.8, 甲醇).【类型】环丙基氧脂类.【来源】水螅纲软水母亚纲头螅水母亚目水螅 *Solanderia secunda*.【活性】FPT 抑制剂 (100μg/mL, InRt = 61%).【文献】Y. W. Seo, et al. Tetrahedron 1996, 52, 10583.

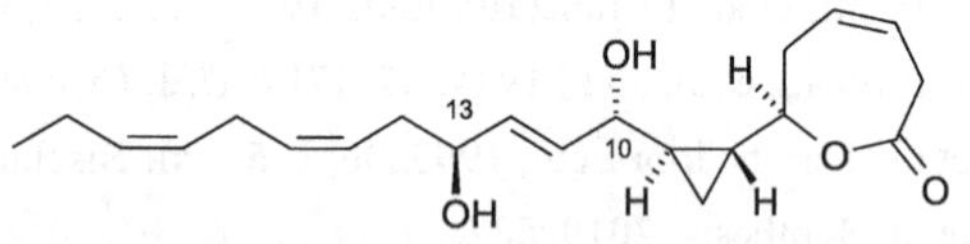

1724 Bacillariolide Ⅰ 芽孢杆菌内酯Ⅰ*

【基本信息】$C_{20}H_{28}O_3$, 无色油状物, $[\alpha]_D = -23.6°$ (c = 0.55, 甲醇); $[\alpha]_D^{24} = -25.9°$ (c = 0.21, 甲醇).【类型】环戊基氧脂类.【来源】硅藻多列伪菱形藻* *Pseudonitzschia multiseries* 和硅藻尖刺菱形藻多列变种* *Nitzschia pungens* f. *multiseries*.【活性】PLA_2 抑制剂 (有值得注意的活性); 有毒的 (引起记忆缺失性贝中毒).【文献】Y. Shimizu, et al. Pure Appl. Chem., 1989, 61, 513; R. Wang, et al. J. Chem. Soc., Chem. Commun., 1993, 397; H. Miyaoka, et al. Tetrahedron, 2000, 56, 8083.

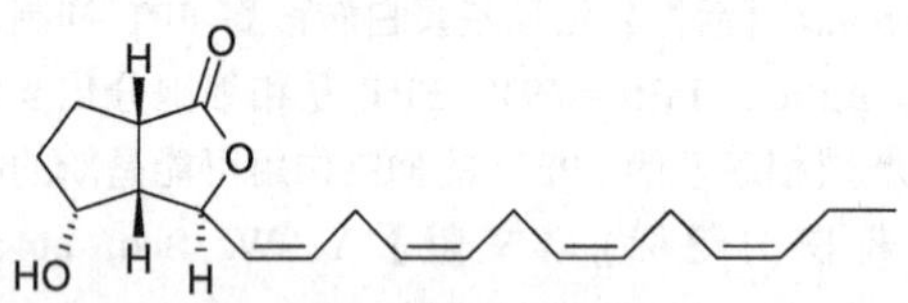

1725 Bacillariolide Ⅱ 芽孢杆菌内酯Ⅱ*

【基本信息】$C_{20}H_{28}O_3$, 无色油状物, $[\alpha]_D = -58.5°$ (c = 0.33, 甲醇); $[\alpha]_D^{23} = -59.2°$ (c = 0.33, 甲醇).【类型】环戊基氧脂类.【来源】硅藻多列伪菱形藻* *Pseudonitzschia multiseries* 和硅藻尖刺菱形藻多列变种* *Nitzschia pungens* f. *multiseries*.【活性】毒素 (引起记忆缺失性贝中毒).【文献】Y. Shimizu, et al. Pure Appl. Chem., 1989, 61, 513; R. Wang, et al. J. Chem. Soc., Chem. Commun., 1993, 397; H. Miyaoka, et al. Tetrahedron, 2000, 56, 8083.

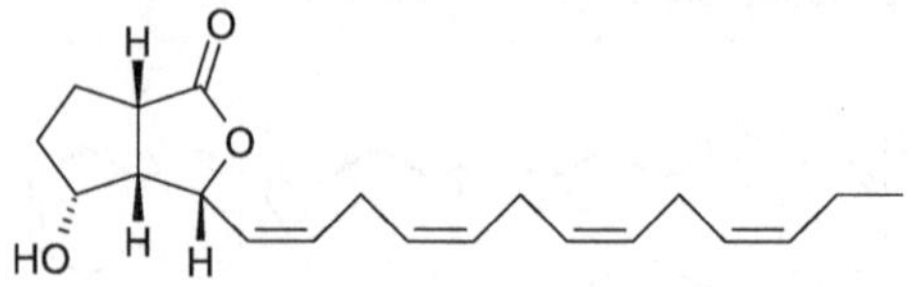

1726 Bromovulone Ⅰ 溴乌隆Ⅰ*

【基本信息】$C_{21}H_{29}BrO_4$, 油状物.【类型】环戊基氧脂类.【来源】匍匐珊瑚目绿色羽珊瑚 *Clavularia viridis* (日本水域).【活性】抗肿瘤, 抗恶性细胞增生.【文献】K. Iguchi, et al. Chem. Comm., 1986, 981.

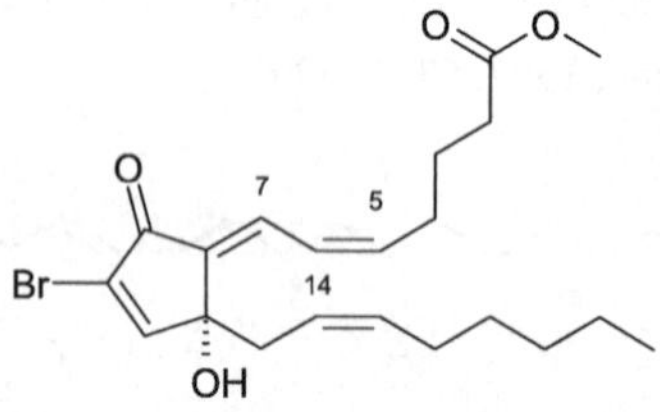

1727 Bromovulone Ⅱ 溴乌隆Ⅱ*

【基本信息】$C_{21}H_{29}BrO_4$, 浅黄色油状物, $[\alpha]_D^{25}$ = +23° (c = 0.25, 二氯甲烷).【类型】环戊基氧脂类.【来源】匍匐珊瑚目绿色羽珊瑚 *Clavularia viridis* (台湾水域, 中国).【活性】细胞毒 (PC3, IC_{50} = 5.6μmol/L, 对照氯喹Ⅱ, IC_{50} = 0.8μmol/L; HT29, IC_{50} = 5.4μmol/L, 对照氯喹Ⅲ, IC_{50} = 2.7μmol/L).【文献】Y.-C. Shen, et al. JNP, 2004, 67, 542.

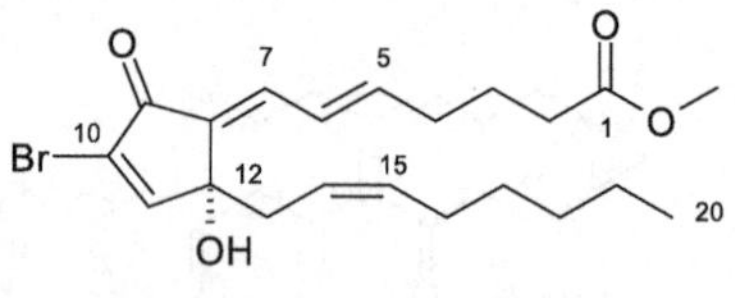

1728 Bromovulone Ⅲ 溴乌隆Ⅲ*

【基本信息】$C_{21}H_{29}BrO_4$, 浅黄色油状物, $[\alpha]_D^{25}$ = +39° (c = 0.38, 二氯甲烷).【类型】环戊基氧脂类.【来源】匍匐珊瑚目绿色羽珊瑚 *Clavularia viridis* (台湾水域, 中国).【活性】细胞毒 (PC3, IC_{50} = 0.5μmol/L, 对照氯喹Ⅱ, IC_{50} = 0.8μmol/L; HT29, IC_{50} = 0.5μmol/L, 对照氯喹Ⅲ, IC_{50} = 2.7μmol/L, 依次诱导凋亡信号通路).【文献】Y.-C. Shen, et al. JNP, 2004, 67, 542; P.-C. Chiang, et al. J. Hepatol. 2005, 43, 679.

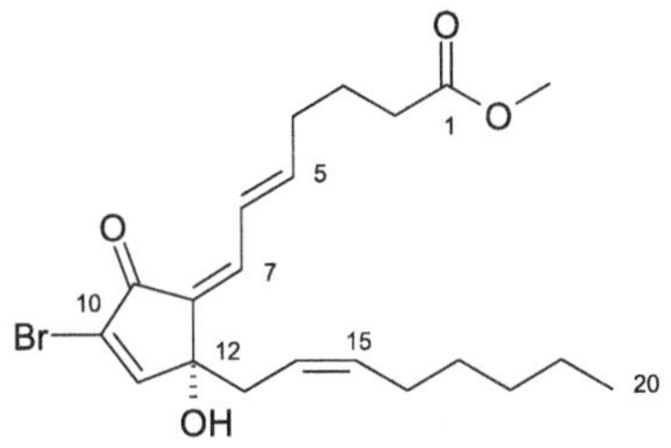

1729 Chlorovulone Ⅰ 氯乌隆Ⅰ*

【基本信息】$C_{21}H_{29}ClO_4$, 油状物, $[\alpha]_D = -1.2°$ ($c = 0.17$, 氯仿).【类型】环戊基氧脂类.【来源】匍匐珊瑚目绿色羽珊瑚 *Clavularia viridis*.【活性】抗肿瘤.【文献】K. Iguchi, et al. Tetrahedron Lett., 1985, 26, 5787; K. Iguchi, et al. Chem. Comm., 1986, 981.

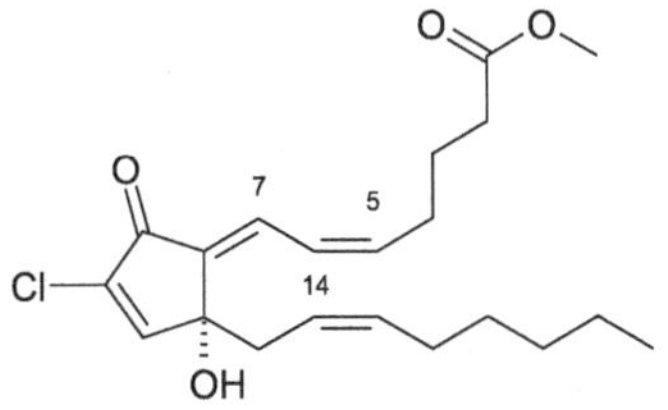

1730 Chlorovulone Ⅱ 氯乌隆Ⅱ*

【基本信息】$C_{21}H_{29}ClO_4$, $[\alpha]_D = +22.7°$ ($c = 0.75$, 氯仿).【类型】环戊基氧脂类.【来源】匍匐珊瑚目绿色羽珊瑚 *Clavularia viridis* 和匍匐珊瑚目绿色羽珊瑚 *Clavularia viridis* (台湾水域, 中国).【活性】细胞毒 (HL60, $IC_{50} = 30nmol/L$; PC3, $IC_{50} = 0.8\mu mol/L$).【文献】K. Iguchi, et al. Tetrahedron Lett., 1985, 26, 5787; K. Iguchi, et al. Chem. Comm., 1986, 981; M. A. Ciufolini, et al. JOC, 1998, 63, 1668; Y.-C. Shen, et al. JNP, 2004, 67, 542.

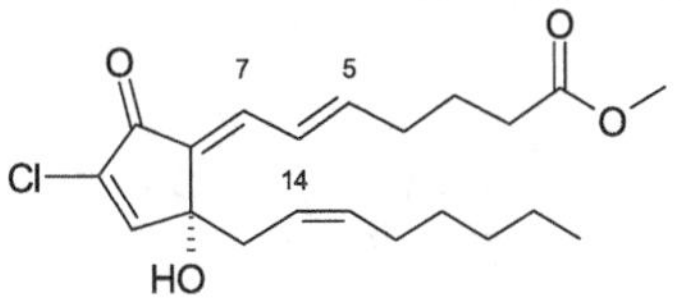

1731 Chlorovulone Ⅲ 氯乌隆Ⅲ*

【基本信息】$C_{21}H_{29}ClO_4$, $[\alpha]_D = +27.3°$ ($c = 0.033$, 氯仿).【类型】环戊基氧脂类.【来源】匍匐珊瑚绿色羽珊瑚目 *Clavularia viridis* 和匍匐珊瑚目绿色羽珊瑚 *Clavularia viridis* (台湾水域, 中国).【活性】细胞毒 (PC3, $IC_{50} = 1.9\mu mol/L$; HT29, $IC_{50} = 2.7\mu mol/L$).【文献】K. Iguchi, et al. Tetrahedron Lett., 1985, 26, 5787; K. Iguchi, et al. Chem. Comm., 1986, 981; Y.-C. Shen, et al. JNP, 2004, 67, 542.

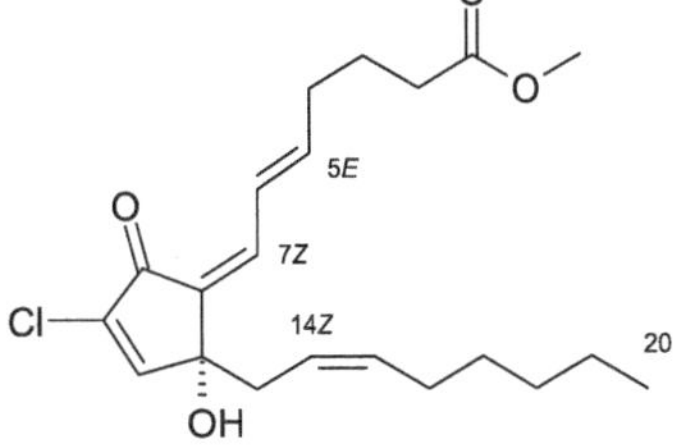

1732 Claviridenone E 绿色羽珊瑚烯酮 E*

【基本信息】$C_{23}H_{32}O_5$, 油状物, $[\alpha]D^{25} = +8.6°$ ($c = 0.3$, 氯仿).【类型】环戊基氧脂类.【来源】匍匐珊瑚目绿色羽珊瑚 *Clavularia viridis* (台湾水域, 中国).【活性】细胞毒 (A549, $ED_{50} = 0.41\mu g/mL$; HT29, $ED_{50} = 1.02\mu g/mL$; P_{388}, $ED_{50} = 0.11\mu g/mL$); 细胞毒 (PC3, $IC_{50} = 3.5\mu mol/L$, 对照氯喹Ⅱ, $IC_{50} = 0.8\mu mol/L$; HT29, $IC_{50} > 10\mu mol/L$, 对照氯喹Ⅱ, $IC_{50} = 2.7\mu mol/L$).【文献】C.-Y. Duh, et al. JNP, 2002, 65, 1535; Y.-C. Shen, et al. JNP, 2004, 67, 542.

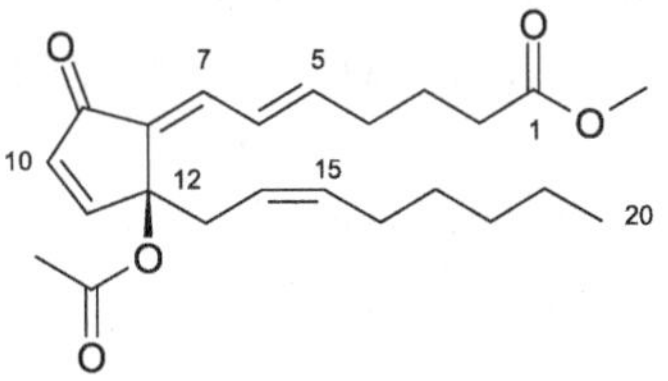

1733 Claviridenone F 绿色羽珊瑚烯酮 F*

【基本信息】$C_{23}H_{32}O_5$, 无定形固体, $[\alpha]_D^{25} = +6.7°$ ($c = 0.3$, 氯仿).【类型】环戊基氧脂类.【来源】匍匐珊瑚目绿色羽珊瑚 *Clavularia viridis* 和匍匐珊瑚目羽珊瑚属 *Clavularia violacea*.【活性】细胞毒 (A549, $ED_{50} = 0.0050\mu g/mL$; HT29, $ED_{50} = 0.051\mu g/mL$; P_{388}, $ED_{50} = 0.52pg/mL$).【文献】C.-Y. Duh, et al. JNP, 2002, 65, 1535.

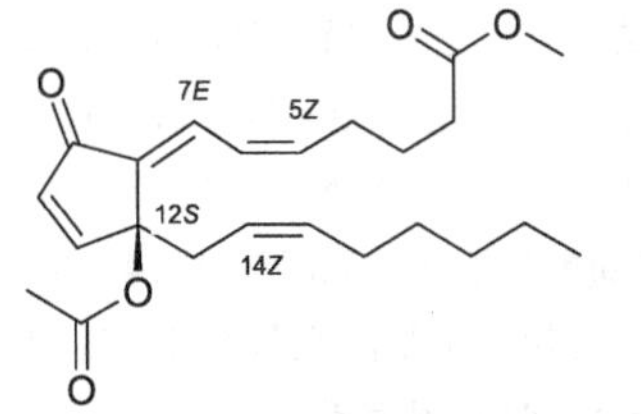

1734 Claviridenone G 绿色羽珊瑚烯酮 G*

【基本信息】$C_{23}H_{32}O_5$, 油状物, $[\alpha]_D^{25} = +5.4°$ ($c =$

0.1, 氯仿).【类型】环戊基氧脂类.【来源】匍匐珊瑚目绿色羽珊瑚 *Clavularia viridis*.【活性】细胞毒 (A549, ED_{50} = 0.051μg/mL; HT29, ED_{50} = 1.22μg/mL; P_{388}, ED_{50} = 0.26μg/mL).【文献】C.-Y. Duh, et al. JNP, 2002, 65, 1535.

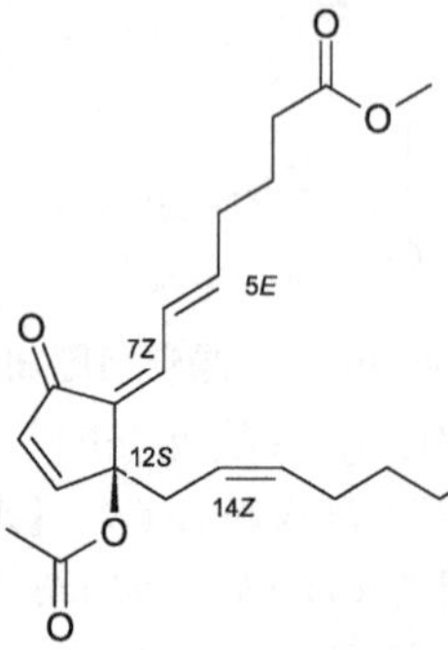

1735 Claviridic acid A 绿色羽珊瑚酸 A*

【基本信息】$C_{22}H_{30}O_5$, 油状物, $[\alpha]_D^{26}$ = −33.6° (*c* = 0.1, 二氯甲烷).【类型】环戊基氧脂类.【来源】匍匐珊瑚目绿色羽珊瑚 *Clavularia viridis*.【活性】抑制 PHA 诱导的正常人周围血单核细胞 PBMC 增殖 (药物 10μg/mL: PHA 0.2μg/mL; InRt = 80.4%, PHA 5μg/mL, InRt = 87.9%, 一种抗炎机制); 细胞毒 [AGS, IC_{50}= (1.73±0.03)μg/mL, 对照阿霉素, IC_{50} = (0.1±0.01)μg/mL].【文献】Y.-S. Lin, et al. Chem. Biodivers., 2008, 5, 784.

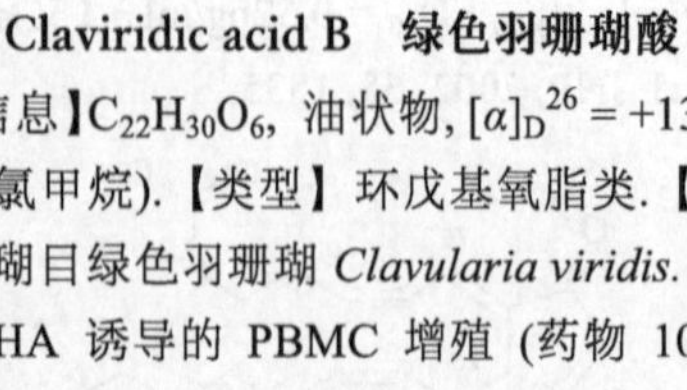

1736 Claviridic acid B 绿色羽珊瑚酸 B*

【基本信息】$C_{22}H_{30}O_6$, 油状物, $[\alpha]_D^{26}$ = +13.2° (*c* = 0.1, 二氯甲烷).【类型】环戊基氧脂类.【来源】匍匐珊瑚目绿色羽珊瑚 *Clavularia viridis*.【活性】抑制 PHA 诱导的 PBMC 增殖 (药物 10μg/mL: PHA 0.2μg/mL, InRt = 65.9%; PHA 5μg/mL, InRt = 69.5%, 一种抗炎机制); 细胞毒 [AGS, IC_{50} = (3.75±0.13)μg/mL, 对照阿霉素, IC_{50} = (0.1±0.01)μg/mL].【文献】K. Watanabe, et al. JNP, 1996, 59, 980; Y.-S. Lin, et al. Chem. Biodivers., 2008, 5, 784.

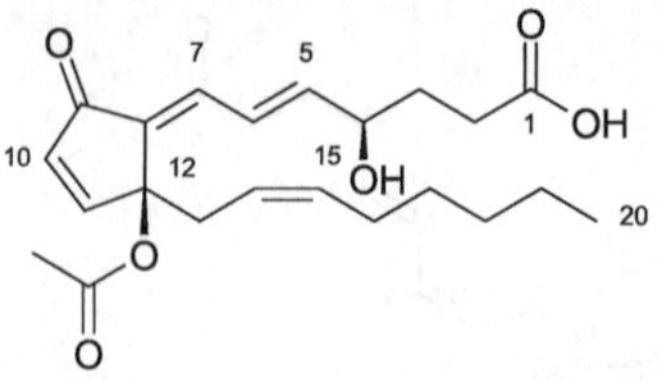

1737 Claviridic acid C 绿色羽珊瑚酸 C*

【基本信息】$C_{24}H_{32}O_7$, 油状物, $[\alpha]_D^{26}$ = −36.8° (*c* = 0.1, 二氯甲烷).【类型】环戊基氧脂类.【来源】匍匐珊瑚目绿色羽珊瑚 *Clavularia viridis*.【活性】抑制 PHA 诱导的 PBMC 增殖 (药物 10μg/mL: PHA 0.2μg/mL, InRt = 46.5%; PHA 5μg/mL, InRt = 61.6%, 一种抗炎机制); 细胞毒 [AGS, IC_{50} = (7.78±0.43)μg/mL, 对照阿霉素, IC_{50} = (0.1±0.01)μg/mL].【文献】Y.-S. Lin, et al. Chem. Biodivers., 2008, 5, 784.

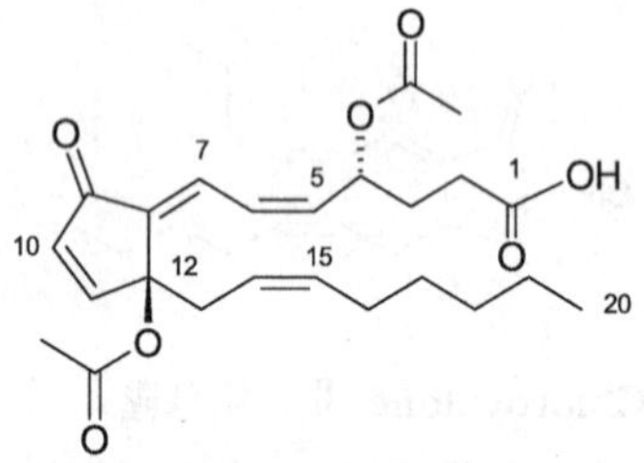

1738 Claviridic acid D 绿色羽珊瑚酸 D*

【基本信息】$C_{24}H_{32}O_7$, 油状物, $[\alpha]_D^{26}$ = +13.2° (*c* = 0.1, 二氯甲烷).【类型】环戊基氧脂类.【来源】匍匐珊瑚目绿色羽珊瑚 *Clavularia viridis*.【活性】抑制 PHA 诱导的 PBMC 增殖 (药物 10μg/mL: PHA 0.2μg/mL, InRt = 77.2%; PHA 5μg/mL, InRt = 79.8%; 一种抗炎机制); 细胞毒 [AGS, IC_{50} = (3.14±0.16)μg/mL, 对照阿霉素, IC_{50} = (0.1±0.01)μg/mL].【文献】Y.-S. Lin, et al. Chem. Biodivers., 2008, 5, 784.

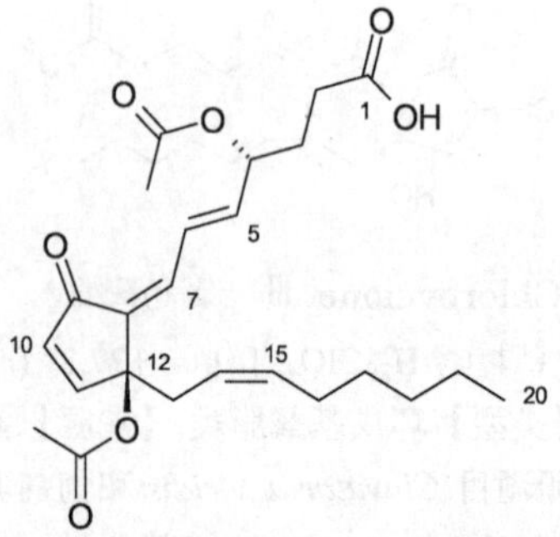

1739 Claviridic acid E 绿色羽珊瑚酸 E*

【基本信息】$C_{24}H_{32}O_7$, 油状物, $[\alpha]_D^{26}$ = −15.6°

($c = 0.1$, 二氯甲烷).【类型】环戊基氧脂类.【来源】匍匐珊瑚目绿色羽珊瑚 *Clavularia viridis*.【活性】抑制 PHA 诱导的 PBMC 增殖 (药物 10μg/mL: PHA 0.2μg/mL, InRt = 76.9%, PHA 5μg/mL, InRt = 81.2%; 一种抗炎机制), 细胞毒 [AGS, IC_{50} = (4.22±0.28)μg/mL, 对照阿霉素, IC_{50} = (0.1±0.01)μg/mL].【文献】Y.-S. Lin, et al. Chem. Biodiversity, 2008, 5, 784.

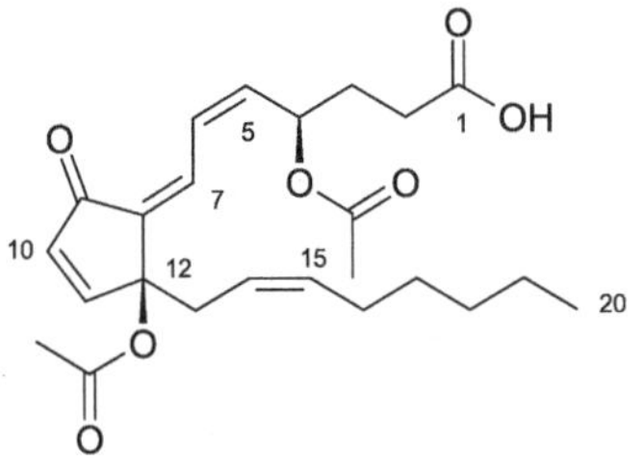

1740 Claviridin A 绿色羽珊瑚因 A*

【基本信息】$C_{25}H_{34}O_8$.【类型】环戊基氧脂类.【来源】匍匐珊瑚目绿色羽珊瑚 *Clavularia viridis* (台湾南海岸, 垦丁县, 台湾, 中国).【活性】细胞毒 (Hep2, ED_{50} = 0.19μg/mL, 对照 CPT, ED_{50} = 0.06μg/mL; 人成神经管细胞瘤细胞 Doay, ED_{50} = 0.18μg/mL, CPT, ED_{50} = 0.15μg/mL; WiDr 人结肠癌腺瘤, ED_{50} = 0.34μg/mL, CPT, ED_{50} = 0.05μg/mL; HeLa 人子宫颈恶性上皮肿瘤细胞, ED_{50} = 0.59μg/mL, CPT, ED_{50} = 0.19μg/mL).【文献】Y.-C. Shen, et al. Chem. Biodiversity, 2010, 7, 2702.

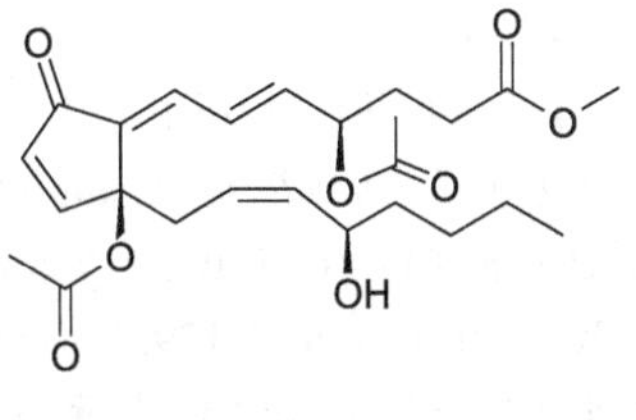

1741 Claviridin B 绿色羽珊瑚因 B*

【基本信息】$C_{27}H_{36}O_9$.【类型】环戊基氧脂类.【来源】匍匐珊瑚目绿色羽珊瑚 *Clavularia viridis* (台湾南海岸, 垦丁县, 台湾, 中国).【活性】细胞毒 (Hep2, ED_{50} = 0.16μg/mL, 对照 CPT, ED_{50} = 0.06μg/mL; 人成神经管细胞瘤细胞 Doay, ED_{50} = 0.25μg/mL, CPT, ED_{50} = 0.15μg/mL; WiDr, ED_{50} = 0.31μg/mL, CPT, ED_{50} = 0.05μg/mL; HeLa, ED_{50} = 0.88μg/mL, CPT, ED_{50} = 0.19μg/mL).【文献】Y.-C. Shen, et al. Chem. Biodivers., 2010, 7, 2702.

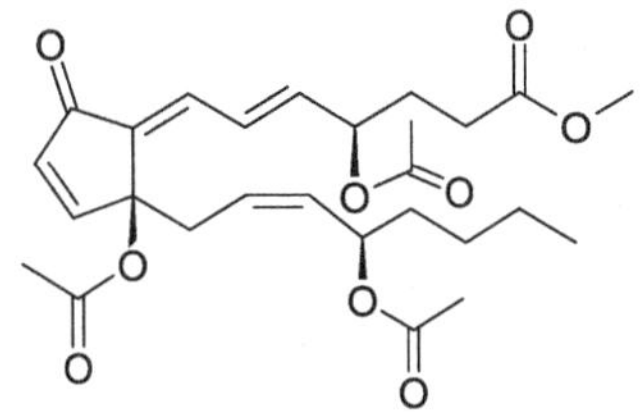

1742 Claviridin C 绿色羽珊瑚因 C*

【基本信息】$C_{25}H_{34}O_8$.【类型】环戊基氧脂类.【来源】匍匐珊瑚目绿色羽珊瑚 *Clavularia viridis* (台湾南海岸, 垦丁县, 台湾, 中国).【活性】细胞毒 (Hep2, ED_{50} = 0.35μg/mL, 对照 CPT, ED_{50} = 0.06μg/mL; 人成神经管细胞瘤细胞 Doay, ED_{50} = 0.29μg/mL, CPT, ED_{50} = 0.15μg/mL; WiDr, ED_{50} = 0.25μg/mL, CPT, ED_{50} = 0.05μg/mL; HeLa, ED_{50} = 0.31μg/mL, CPT, ED_{50} = 0.19μg/mL).【文献】Y.-C. Shen, et al. Chem. Biodivers., 2010, 7, 2702.

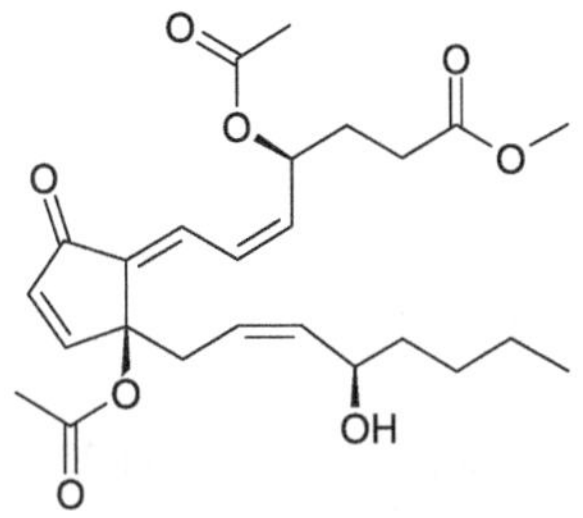

1743 Claviridin D 绿色羽珊瑚因 D*

【基本信息】$C_{27}H_{36}O_9$.【类型】环戊基氧脂类.【来源】匍匐珊瑚目绿色羽珊瑚 *Clavularia viridis* (台湾南海岸, 垦丁县, 台湾, 中国).【活性】细胞毒 (Hep2, ED_{50} = 0.25μg/mL, 对照 CPT, ED_{50} = 0.06μg/mL; 人成神经管细胞瘤细胞 Doay, ED_{50} = 0.23μg/mL, CPT, ED_{50} = 0.15μg/mL; WiDr, ED_{50} = 0.22μg/mL, CPT, ED_{50} = 0.05μg/mL; HeLa, ED_{50} = 0.45μg/mL, CPT, ED_{50} = 0.19μg/mL).【文献】Y.-C. Shen, et al. Chem. Biodivers., 2010, 7, 2702.

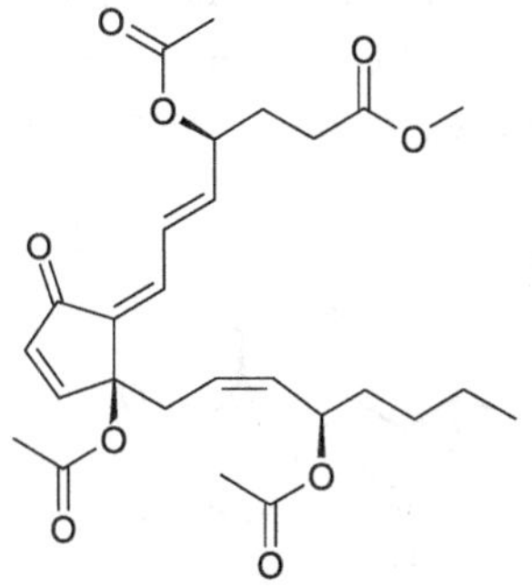

1744 Clavulone Ⅰ 绿色羽珊瑚乌隆Ⅰ*

【别名】Claviridenone D; 绿色羽珊瑚烯酮 D*.【基本信息】$C_{25}H_{34}O_7$, 浅黄色油状物, $[\alpha]_D = -28.9°$ (氯仿).【类型】环戊基氧脂类.【来源】匍匐珊瑚目绿色羽珊瑚 *Clavularia viridis*.【活性】抑制 PHA 诱导的 PBMC 增殖 (药物 10μg/mL: PHA 0.2μg/mL, InRt = 79.6%; PHA 5μg/mL, InRt = 85.2%; 一种抗炎机制), 细胞毒 (AGS, IC_{50} = (1.14±0.02)μg/mL, 对照阿霉素, IC_{50} = (0.1±0.01)μg/mL).【文献】H. Kikuchi, et al. Tetrahedron Lett., 1982, 23, 5171; M. Kobayashi, et al. Tetrahedron Lett., 1982, 23, 5331; M. Kobayashi, et al. CPB, 1983, 31, 1440; I. Kitagawa, et al. Tetrahedron, 1985, 41,995; Y.-S. Lin, et al. Chem. Biodiversity, 2008, 5, 784.

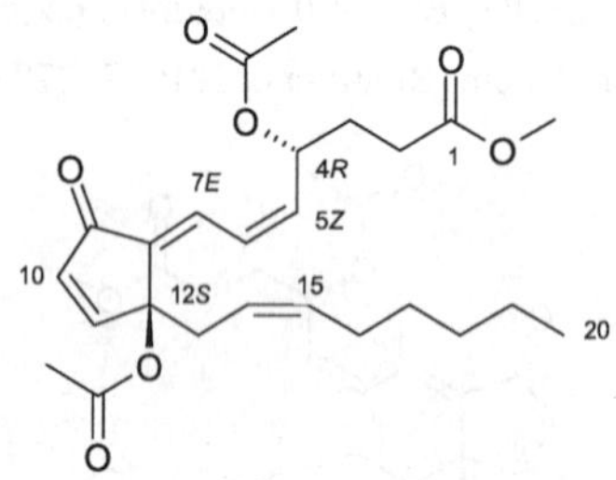

1745 Clavulone Ⅱ 绿色羽珊瑚乌隆Ⅱ*

【别名】Claviridenone C; 绿色羽珊瑚烯酮 C*.【基本信息】$C_{25}H_{34}O_7$, 浅黄色油状物, $[\alpha]_D = +10.9°$ (氯仿).【类型】环戊基氧脂类.【来源】匍匐珊瑚目绿色羽珊瑚 *Clavularia viridis*.【活性】抑制 PHA 诱导的 PBMC 增殖 (药物 10μg/mL: PHA 0.2μg/mL, InRt = 74.4%; PHA 5μg/mL, InRt = 81.6%; 一种抗炎机制), 细胞毒 [AGS, IC_{50} = (0.98±0.19)μg/mL, 对照阿霉素, IC_{50} = (0.1±0.01)μg/mL].【文献】H. Kikuchi, et al. Tetrahedron Lett., 1982, 23, 5171; M. Kobayashi, et al. Tetrahedron Lett., 1982, 23, 5331; M. Kobayashi, et al. CPB, 1983, 31, 1440; H. Nagaoka, et al. Tetrahedron Lett., 1984, 25, 3621; I. Kitagawa, et al. Tetrahedron, 1985, 41,995; Y.-S. Lin, et al. Chem. Biodivers., 2008, 5, 784.

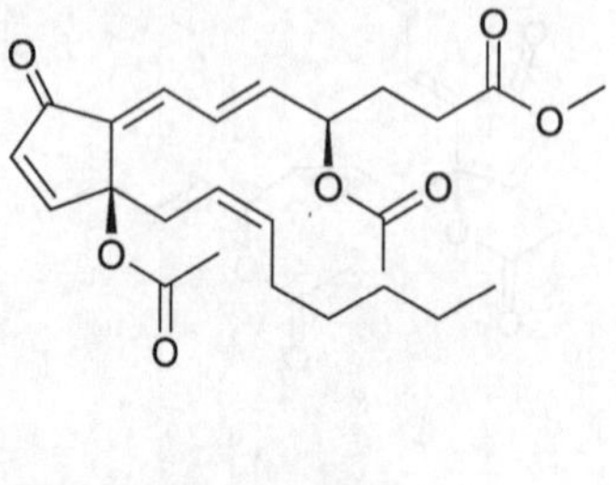

1746 Clavulone Ⅲ 绿色羽珊瑚乌隆Ⅲ*

【别名】Claviridenone B; 绿色羽珊瑚烯酮 B*.【基本信息】$C_{25}H_{34}O_7$, 浅黄色油状物, $[\alpha]_D = +45.5°$ (氯仿).【类型】环戊基氧脂类.【来源】匍匐珊瑚目绿色羽珊瑚 *Clavularia viridis*.【活性】抑制 PHA 诱导的 PBMC 增殖 (药物 10μg/mL: PHA 0.2μg/mL, InRt = 75.8%; PHA 5μg/mL, InRt = 79.8%; 一种抗炎机制), 细胞毒 [AGS, IC_{50} = (3.12±0.15)μg/mL, 对照阿霉素, IC_{50} = (0.1±0.01)μg/mL].【文献】H. Kikuchi, et al. Tetrahedron Lett., 1982, 23, 5171; M. Kobayashi, et al. Tetrahedron Lett., 1982, 23, 5331; M. Kobayashi, et al. CPB, 1983, 31, 1440I. Kitagawa, et al. Tetrahedron, 1985, 41,995; Y.-S. Lin, et al. Chem. Biodivers., 2008, 5, 784.

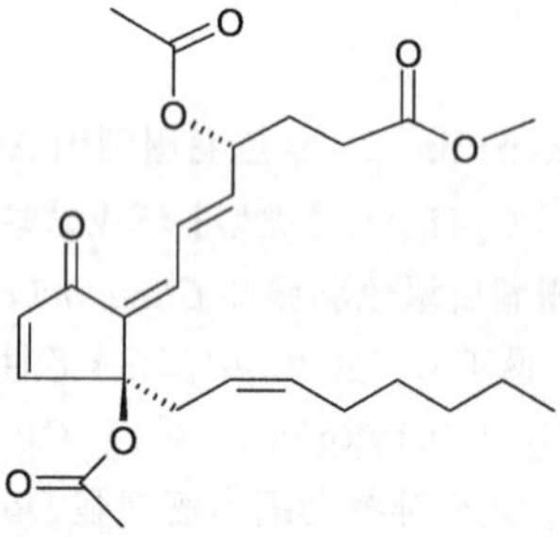

1747 4-Deacetoxyl-12-*O*-deacetylclavulone Ⅰ 4-去乙酰氧基-12-*O*-去乙酰基绿色羽珊瑚乌隆Ⅰ*

【别名】Methyl(5*Z*,7*E*,12*S*,14*Z*)-12-hydroxy-9-oxo-5,7,10,14-prostatetraenoate; (5*Z*,7*E*,12*S*,14*Z*)-12-羟基-9-氧代-5,7,10,14-前列四烯甲酯.【基本信息】$C_{21}H_{30}O_4$, 浅黄色油状物, $[\alpha]_D^{25} = +24°$ (c = 0.4, 二氯甲烷).【类型】环戊基氧脂类.【来源】匍匐珊瑚目绿色羽珊瑚 *Clavularia viridis* (台湾水域, 中国).【活性】细胞毒 (PC3, IC_{50} = 7.2μmol/L, 对照氯喹Ⅱ, IC_{50} = 0.8μmol/L; HT29, IC_{50} = 6.0μmol/L, 对照氯喹Ⅲ, IC_{50} = 2.7μmol/L).【文献】Y.-C. Shen, et al. JNP, 2004, 67, 542.

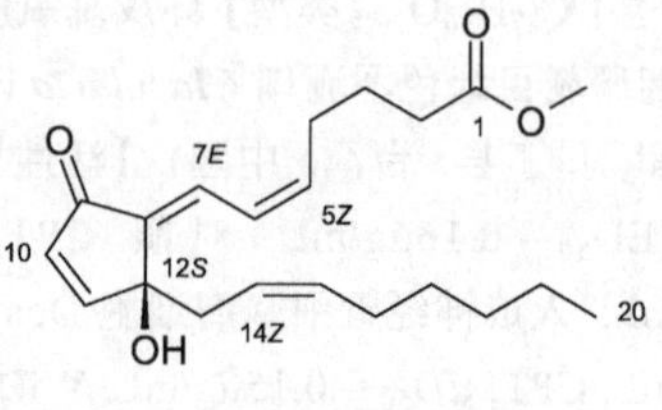

1748 4-Deacetoxyl-12-*O*-deacetylclavulone Ⅱ 4-去乙酰氧基-12-*O*-去乙酰基绿色羽珊瑚乌隆Ⅱ*

【别名】Methyl(5*E*,7*E*,12*S*,14*Z*)-12-hydroxy-9-oxo-

5,7,10,14-prostatetraenoate; (5*E*,7*E*,12*S*,14*Z*)-12-羟基-9-氧代-5,7,10,14-前列四烯甲酯.【基本信息】$C_{21}H_{30}O_4$, 浅黄色油状物, $[\alpha]_D^{25} = +54°$ ($c = 0.8$, 二氯甲烷).【类型】环戊基氧脂类.【来源】匍匐珊瑚目绿色羽珊瑚 *Clavularia viridis* (台湾水域, 中国).【活性】细胞毒 (PC3, $IC_{50} = 5.4\mu mol/L$, 对照氯喹Ⅱ, $IC_{50} = 0.8\mu mol/L$; HT29, $IC_{50} = 4.1\mu mol/L$, 对照氯喹Ⅲ, $IC_{50} = 2.7\mu mol/L$).【文献】Y.-C. Shen, et al. JNP, 2004, 67, 542.

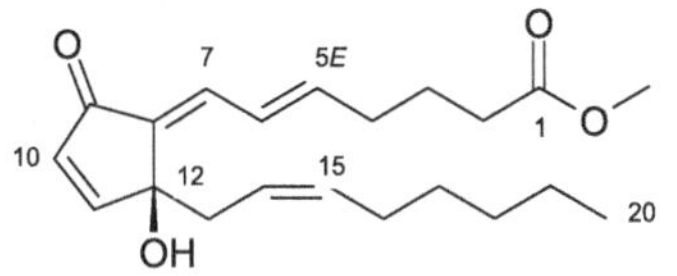

1749 4-Deacetoxyl-12-*O*-deacetylclavulone Ⅲ 4-去乙酰氧基-12-*O*-去乙酰基绿色羽珊瑚乌隆Ⅲ*

【别名】Methyl(5*E*,7*Z*,12*S*,14*Z*)-12-hydroxy-9-oxo-5,7,10,14-prostatetraenoate; (5*E*,7*Z*,12*S*,14*Z*)-12-羟基-9-氧代-5,7,10,14-前列四烯甲酯.【基本信息】$C_{21}H_{30}O_4$, 浅黄色油状物, $[\alpha]_D^{25} = +15°$ ($c = 0.8$, 二氯甲烷).【类型】环戊基氧脂类.【来源】匍匐珊瑚目绿色羽珊瑚 *Clavularia viridis* (台湾水域, 中国).【活性】细胞毒 (PC3, $IC_{50} = 3.9\mu mol/L$, 对照氯喹Ⅱ, $IC_{50} = 0.8\mu mol/L$; HT29, $IC_{50} = 7.9\mu mol/L$, 对照氯喹Ⅲ, $IC_{50} = 2.7\mu mol/L$).【文献】Y.-C. Shen, et al. JNP, 2004, 67, 542.

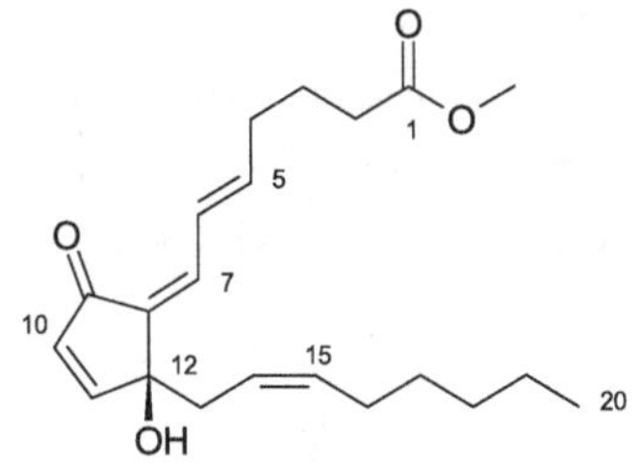

1750 Ecklonialactone A 昆布内酯 A*

【基本信息】$C_{18}H_{26}O_3$, 晶体 (乙醇), mp 96~98°C, $[\alpha]_D = -87.7°$ ($c = 1.02$, 氯仿).【类型】环戊基氧脂类.【来源】棕藻匍匐茎昆布* *Ecklonia stolonifera*.【活性】拒食活性.【文献】K. Kurata, et al. Chem. Lett., 1989, 267; J. S. Todd, et al. JNP, 1994, 57, 171.

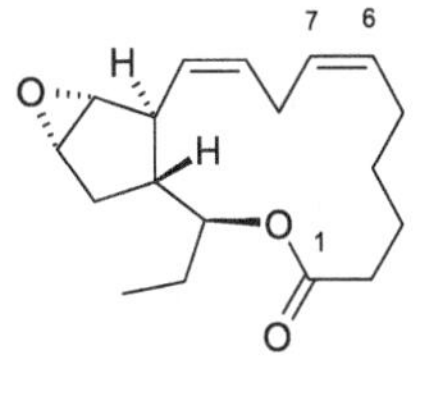

1751 Ecklonialactone B 昆布内酯 B*

【基本信息】$C_{18}H_{28}O_3$, 晶体 (乙醇), mp 64~66°C, $[\alpha]_D = -49.3°$ ($c = 1.08$, 氯仿).【类型】环戊基氧脂类.【来源】棕藻匍匐茎昆布* *Ecklonia stolonifera*.【活性】拒食活性.【文献】K. Kurata, et al. Chem. Lett., 1989, 267; J. S. Todd, et al. JNP, 1994, 57, 171.

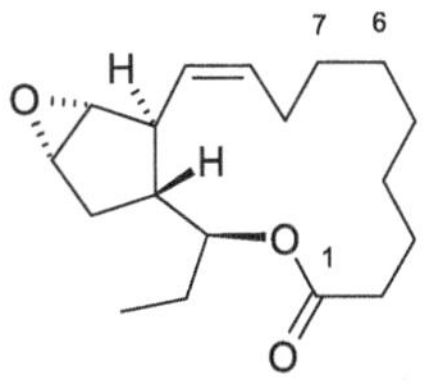

1752 (5*Z*)-Iodopunaglandin 8 (5*Z*)-碘普那格兰丁 8*

【基本信息】$C_{23}H_{33}IO_6$, 油状物, $[\alpha]_D = +22.7°$ ($c = 0.67$, 氯仿).【类型】环戊基氧脂类.【来源】匍匐珊瑚目绿色羽珊瑚 *Clavularia viridis* (冲绳, 日本).【活性】细胞毒 (Molt4, IC_{50}= 0.52μg/mL; DLD-1, IC_{50}= 0.6μg/mL; IMR-90, IC_{50}= 4.5μg/mL).【文献】H. Yamaue, et al. Eur. J. Cancer, 1991, 27, 1258; K. Watanabe, et al. JNP, 2001, 64, 1421; Y.-C. Shen, et al. JNP, 2004, 67, 542.

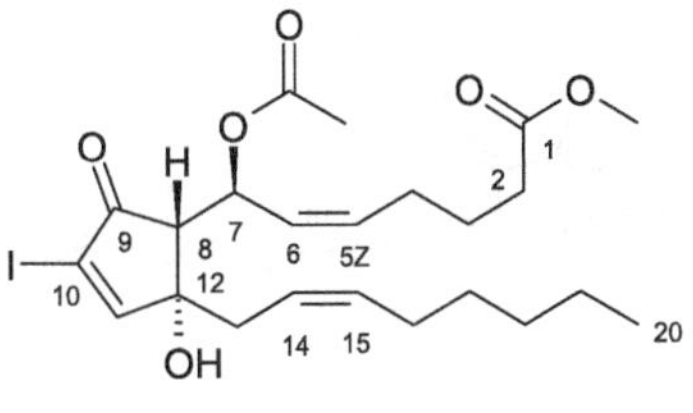

1753 Iodovulone Ⅰ 碘乌隆Ⅰ*

【基本信息】$C_{21}H_{29}IO_4$, 油状物.【类型】环戊基

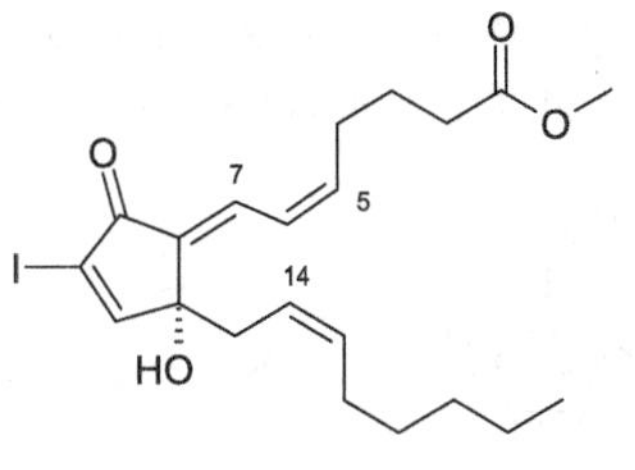

氧酯类.【来源】匍匐珊瑚目绿色羽珊瑚 *Clavularia viridis*.【活性】抗肿瘤，抗恶性细胞增生.【文献】K. Iguchi, et al. Chem. Comm., 1986, 981.

1754 Iodovulone Ⅱ 碘乌隆Ⅱ*

【基本信息】$C_{21}H_{29}IO_4$，油状物，$[\alpha]_D^{25} = +44.6°$ ($c = 0.9$，二氯甲烷)，$[\alpha]_D^{25} = +23.7°$ ($c = 0.07$，氯仿).【类型】环戊基氧脂类.【来源】匍匐珊瑚目绿色羽珊瑚 *Clavularia viridis* (台湾水域，中国).【活性】细胞毒 (PC3, $IC_{50} = 3.9\mu mol/L$，对照氯喹Ⅱ, $IC_{50} = 0.8\mu mol/L$; HT29, $IC_{50} = 6.5\mu mol/L$，对照氯喹Ⅲ, $IC_{50} = 2.7\mu mol/L$).【文献】Y.-C. Shen, et al. JNP, 2004, 67, 542.

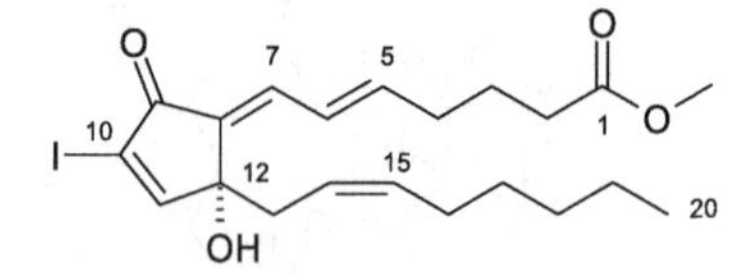

1755 Iodovulone Ⅲ 碘乌隆Ⅲ*

【基本信息】$C_{21}H_{29}IO_4$，油状物，$[\alpha]_D^{25} = +25°$ ($c = 0.02$，氯仿)，$[\alpha]_D^{25} = +8.6°$ ($c = 0.27$，二氯甲烷).【类型】环戊基氧脂类.【来源】匍匐珊瑚目绿色羽珊瑚 *Clavularia viridis* (台湾水域，中国).【活性】细胞毒 (PC3, $IC_{50} = 6.7\mu mol/L$，对照氯喹Ⅱ, $IC_{50} = 0.8\mu mol/L$; HT29, $IC_{50} > 10\mu mol/L$，对照氯喹Ⅲ, $IC_{50} = 2.7\mu mol/L$).【文献】Y.-C. Shen, et al. JNP, 2004, 67, 542.

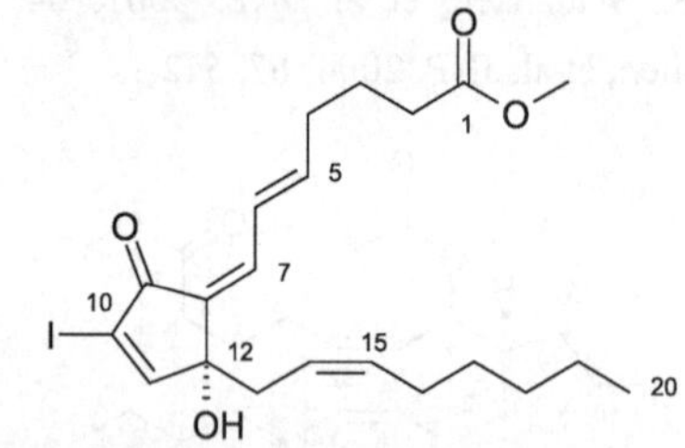

1756 Plakevulin A 扁板海绵乌林 A*

【基本信息】$C_{23}H_{42}O_4$, $[\alpha]_D^{22} = -25°$ ($c = 0.1$，氯仿).【类型】环戊基氧脂类.【来源】扁板海绵属 *Plakortis* sp.【活性】DNA 聚合酶抑制剂.【文献】M. Saito, et al. Tetrahedron Lett., 2004, 45, 8069.

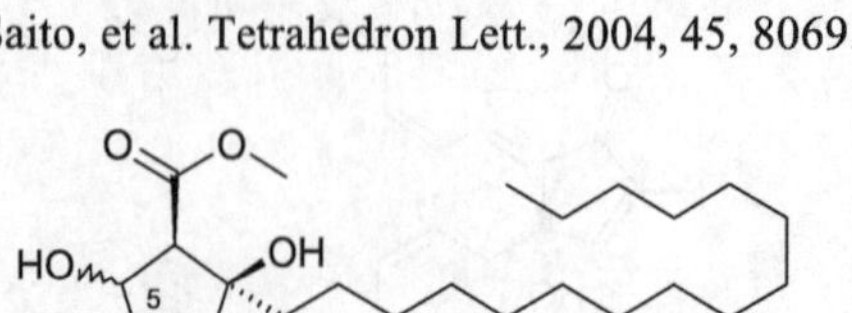

1757 Punaglandin 1 普那格兰丁 1*

【别名】Methyl 5,6,7-tris(acetyloxy)-10-chloro-12-hydroxy-9-oxoprosta-10,14,17-trien-1-oate; 5,6,7-三(乙酰氧基)-10-氯-12-羟基-9-氧前列-10,14,17-三烯-1-甲酯.【基本信息】$C_{27}H_{37}ClO_{10}$, $[\alpha]_D = +10.6°$ ($c = 2.4$，甲醇).【类型】环戊基氧脂类.【来源】珊瑚纲八放珊瑚亚纲匍匐珊瑚目长轴珊瑚 *Telesto riisei* (日本水域)，匍匐珊瑚目 *Carijoa* sp. (印度-太平洋).【活性】细胞毒 (L_{1210}，细胞增殖抑制剂)；抗炎.【文献】B. J. Baker, et al. JACS, 1985, 107, 2976; H. Sasai, et al. Tetrahedron Lett., 1987, 28, 333; B.J.Baker, et al. JNP, 1994, 57, 1346; M.L.Ciavatta, et al. Tetrahedron Lett., 2004, 45, 7745.

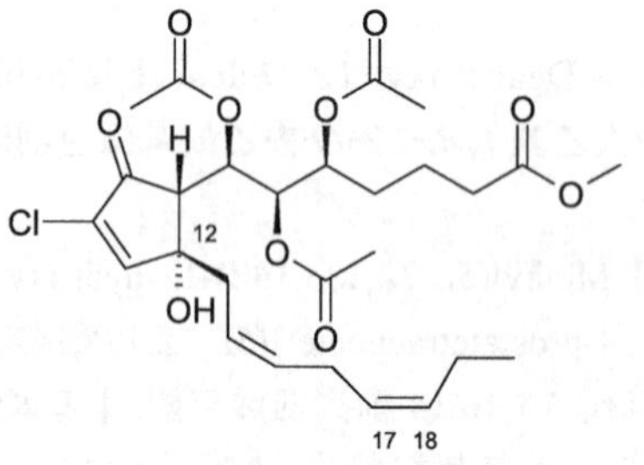

1758 Punaglandin 2 普那格兰丁 2*

【基本信息】$C_{27}H_{39}ClO_{10}$, $[\alpha]_D = +8.8°$ ($c = 1.9$，甲醇).【类型】环戊基氧脂类.【来源】珊瑚纲八放珊瑚亚纲匍匐珊瑚目长轴珊瑚 *Telesto riisei* (夏威夷，美国).【活性】细胞毒 [HCT116, $EC_{50} = (0.040\sim0.047)\mu mol/L$ (4 种情况：有/无 p53，有/无 p21)，能引起和 p53 无关的细胞凋亡]；抗炎.【文献】B. J. Baker, et al. JACS, 1985, 107, 2976; H. Sasai, et al. Tetrahedron Lett., 1987, 28, 333; B.J.Baker, et al. JNP, 1994, 57, 1346; S. M. Verbitski, et al. JMC, 2004, 47, 2062.

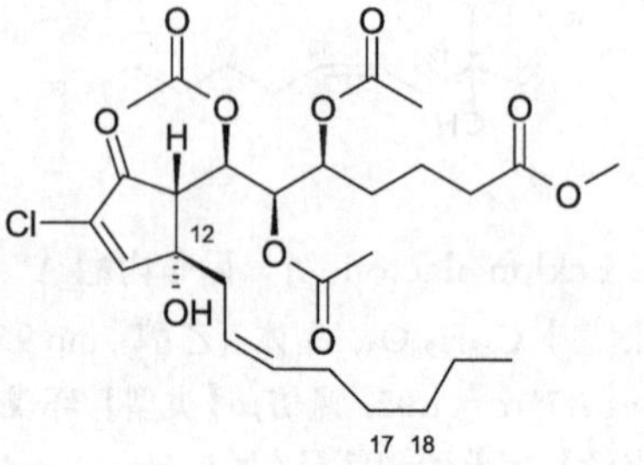

1759 Punaglandin 2 acetate 普那格兰丁 2 乙酸酯*

【基本信息】$C_{29}H_{41}ClO_{11}$, $[\alpha]_D = +10°$ ($c = 0.6$，甲

醇).【类型】环戊基氧脂类.【来源】珊瑚纲八放珊瑚亚纲匍匐珊瑚目长轴珊瑚 *Telesto riisei*.【活性】抗炎.【文献】B. J. Baker, et al. JNP, 1994, 57, 1346.

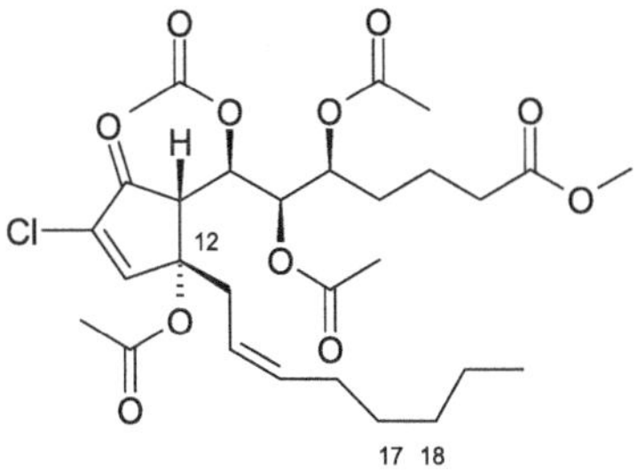

1760 (*Z*)-Punaglandin 3 (*Z*)-普那格兰丁 3*

【基本信息】$C_{25}H_{33}ClO_8$, 油状物.【类型】环戊基氧脂类.【来源】珊瑚纲八放珊瑚亚纲匍匐珊瑚目长轴珊瑚 *Telesto riisei* (夏威夷, 美国).【活性】细胞毒 (有潜力的); 抗炎 (有潜力的).【文献】B. J. Baker, et al. JNP, 1994, 57, 1346.

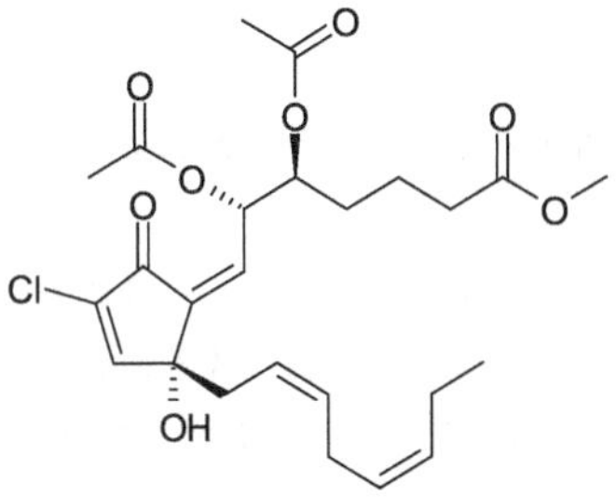

1761 (*E*)-Punaglandin 3 (*E*)-普那格兰丁 3*

【别名】Methyl 5,6-bis(acetyloxy)-10-chloro-12-hydroxy-9-oxoprosta-7,10,14,17-tetraen-1-oate; 5,6-双(乙酰氧基)-10-氯-12-羟基-9-氧前列-7,10,14,17-四烯-1 甲酯.【基本信息】$C_{25}H_{33}ClO_8$, 油状物, $[\alpha]_D = +66.8°$ ($c = 0.5$, 甲醇).【类型】环戊基氧脂类.【来源】珊瑚纲八放珊瑚亚纲匍匐珊瑚目长轴珊瑚 *Telesto riisei* (日本水域) 和珊瑚纲八放珊瑚亚纲匍匐珊瑚目长轴珊瑚 *Telesto riisei* (夏威夷, 美国), 匍匐珊瑚目 *Carijoa* sp. (印度-太平洋).【活性】细胞毒 [HCT116, EC_{50} = 0.29~0.37μmol/L (4种情况: 有/无 p53, 有/无 p21), 能引起和 p53 无关的细胞凋亡]; 抗炎.【文献】B. J. Baker, et al. JACS, 1985, 107, 2976; H. Sasai, et al. Tetrahedron Lett., 1987, 28, 333; B. J. Baker, et al. JNP, 1994, 57, 1346; M. L. Ciavatta, et al. Tetrahedron Lett., 2004, 45, 7745; S. M. Verbitski, et al. JMC, 2004, 47, 2062.

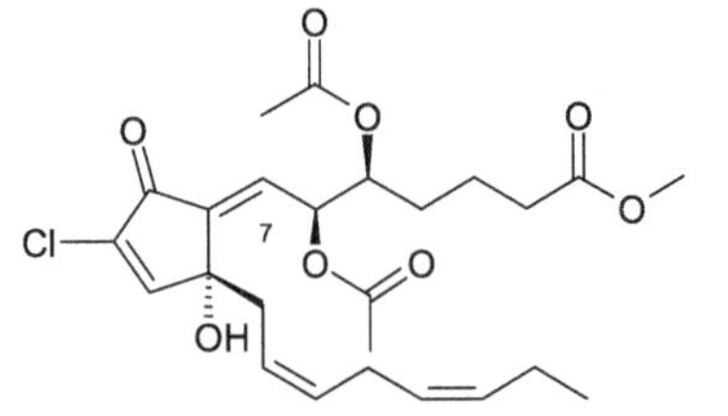

1762 (*Z*)-Punaglandin 3 acetate (*Z*)-普那格兰丁 3 乙酸酯*

【基本信息】$C_{27}H_{35}ClO_9$, $[\alpha]_D = +19°$ ($c = 1.8$, 氯仿).【类型】环戊基氧脂类.【来源】珊瑚纲八放珊瑚亚纲匍匐珊瑚目长轴珊瑚 *Telesto riisei*, 匍匐珊瑚目 *Carijoa* sp.【活性】抗炎.【文献】B. J. Baker, et al. JNP, 1994, 57, 1346; M. L. Ciavatta, et al. Tetrahedron Lett., 2004, 45, 7745.

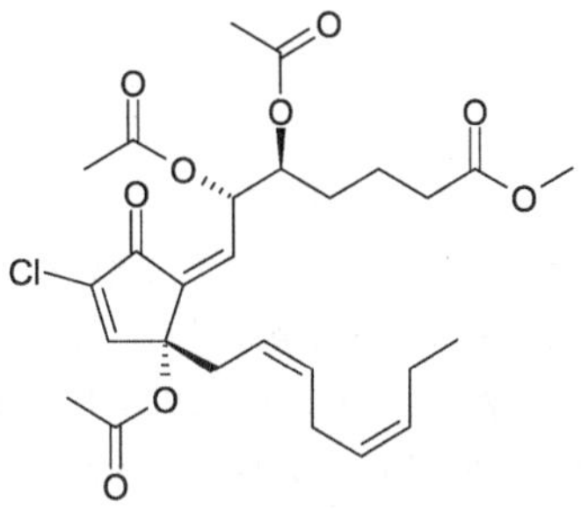

1763 (*E*)-Punaglandin 3 acetate (*E*)-普那格兰丁 3 乙酸盐*

【基本信息】$C_{27}H_{35}ClO_9$, $[\alpha]_D = +31°$ ($c = 2.7$, 氯仿).【类型】环戊基氧脂类.【来源】珊瑚纲八放珊瑚亚纲匍匐珊瑚目长轴珊瑚 *Telesto riisei* (印度-太平洋), 匍匐珊瑚目 *Carijoa* sp. (印度-太平洋).【活性】抗炎.【文献】B. J. Baker, et al. JNP, 1994, 57, 1346; M. L. Ciavatta, et al. Tetrahedron Lett., 2004, 45, 7745.

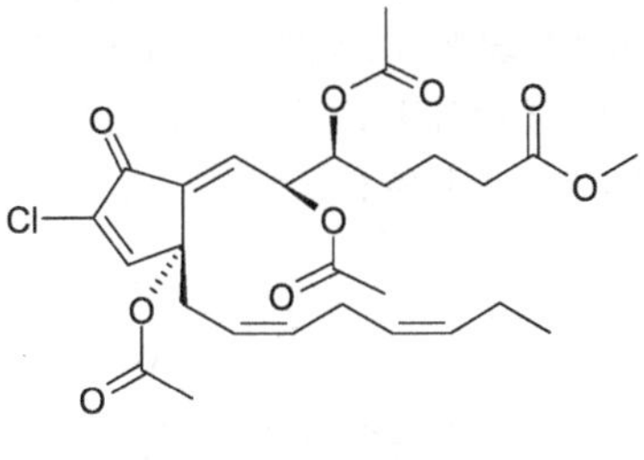

1764 (*E*)-Punaglandin 3 epoxide (*E*)-普那格兰丁 3 环氧化物*

【基本信息】$C_{25}H_{33}ClO_9$, $[\alpha]_D = +16°$ ($c = 3$, 甲醇).【类型】环戊基氧脂类.【来源】珊瑚纲八放珊瑚

亚纲筒螅珊瑚目长轴珊瑚 *Telesto riisei* (夏威夷, 美国).【活性】抗炎.【文献】B. J. Baker, et al. JNP, 1994, 57, 1346.

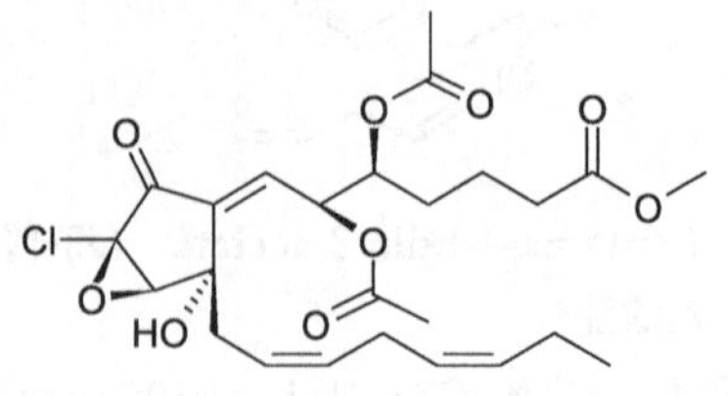

1765 (*E*)-Punaglandin 4 (*E*)-普那格兰丁 4*

【基本信息】$C_{25}H_{35}ClO_8$, 油状物, $[\alpha]_D^{24} = +72.3°$ ($c = 0.52$, 氯仿).【类型】环戊基氧脂类.【来源】珊瑚纲八放珊瑚亚纲筒螅珊瑚目长轴珊瑚 *Telesto riisei* (夏威夷, 美国).【活性】细胞毒 [HCT116, $EC_{50} = 0.28$~$0.35\mu mol/L$ (4 种情况: 有/无 p53, 有/无 p21), 能引起和 p53 无关的细胞凋亡]; 细胞毒 (RKO, $EC_{50} = 0.31\mu mol/L$; RKO-E6, $EC_{50} = 0.37\mu mol/L$; 普那格兰丁类化合物细胞毒作用机制和 p53 无关: 带足够的 p53 的 RKO 细胞和带破裂的 p53 的 RKO-E6 细胞); 抗炎.【文献】B. J. Baker, et al. JACS, 1985, 107, 2976; B. J. Baker, et al. JNP, 1994, 57, 1346; S. M. Verbitski, et al. JMC, 2004, 47, 2062.

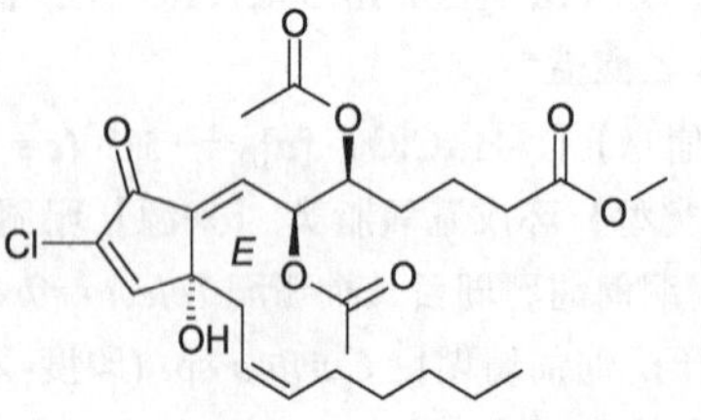

1766 (*Z*)-Punaglandin 4 (*Z*)-普那格兰丁 4*

【别名】(*Z*)-PNG 4.【基本信息】$C_{25}H_{35}ClO_8$, 油状物.【类型】环戊基氧脂类.【来源】珊瑚纲八放珊瑚亚纲筒螅珊瑚目长轴珊瑚 *Telesto riisei* (夏威夷, 美国).【活性】细胞毒 [HCT116, $EC_{50} = 0.027$~$0.032\mu mol/L$ (4 种情况: 有/无 p53, 有/无 p21), 能引起和 p53 无关的细胞凋亡].【文献】B. J. Baker, et al. JACS, 1985, 107, 2976; B. J. Baker, et al. JNP, 1994, 57, 1346; S. M. Verbitski, et al. JMC, 2004, 47, 2062.

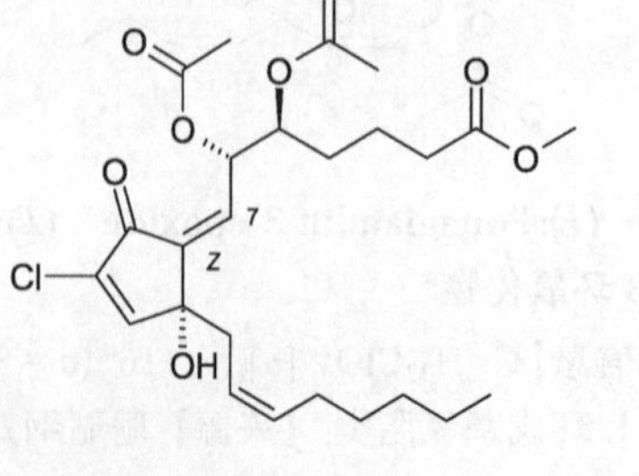

1767 (*E*)-Punaglandin 4 acetate (*E*)-普那格兰丁 4 乙酸酯*

【基本信息】$C_{27}H_{37}ClO_9$.【类型】环戊基氧脂类.【来源】珊瑚纲八放珊瑚亚纲筒螅珊瑚目长轴珊瑚 *Telesto riisei*, 筒螅珊瑚目 *Carijoa* sp.【活性】抗炎.【文献】B. J. Baker, et al. JNP, 1994, 57, 1346; M. L. Ciavatta, et al. Tetrahedron Lett., 2004, 45, 7745.

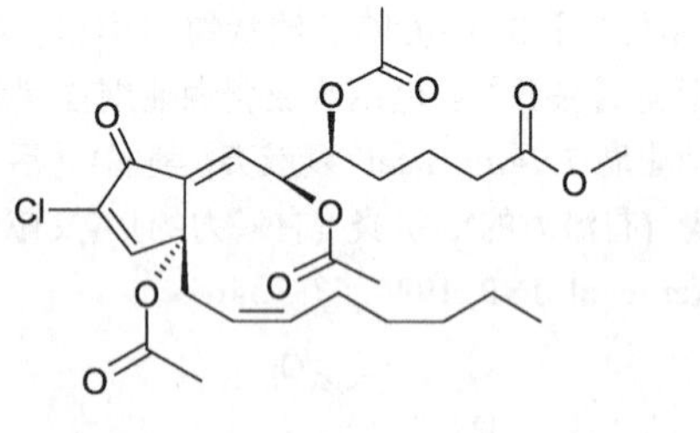

1768 (*Z*)-Punaglandin 4 acetate (*Z*)-普那格兰丁 4 乙酸酯*

【基本信息】$C_{27}H_{37}ClO_9$, $[\alpha]_D = +11°$ ($c = 1.8$, 氯仿).【类型】环戊基氧脂类.【来源】珊瑚纲八放珊瑚亚纲筒螅珊瑚目长轴珊瑚 *Telesto riisei*, 筒螅珊瑚目 *Carijoa* sp.【活性】抗炎.【文献】B. J. Baker, et al. JNP, 1994, 57, 1346; M. L. Ciavatta, et al. Tetrahedron Lett., 2004, 45, 7745.

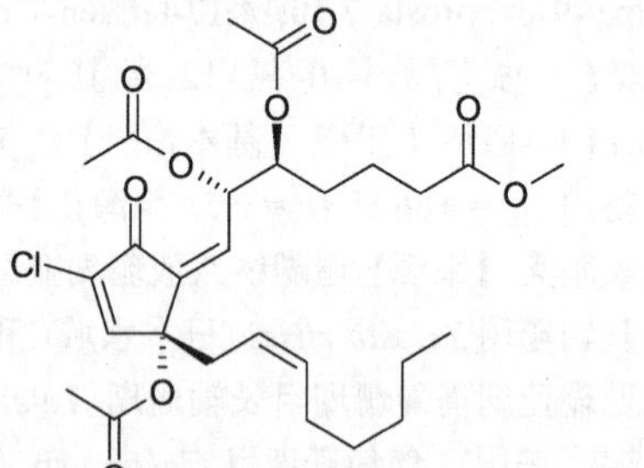

1769 (*E*)-Punaglandin 4 epoxide (*E*)-普那格兰丁 4 环氧化物*

【基本信息】$C_{25}H_{35}ClO_9$, $[\alpha]_D = +22.5°$ ($c = 0.8$, 甲醇).【类型】环戊基氧脂类.【来源】珊瑚纲八放珊瑚亚纲筒螅珊瑚目长轴珊瑚 *Telesto riisei* (夏威夷, 美国).【活性】抗炎.【文献】B. J. Baker, et al. JNP, 1994, 57, 1346.

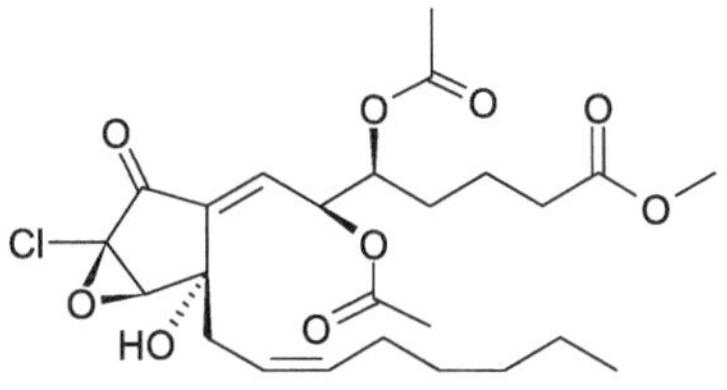

1770　Punaglandin 5　普那格兰丁 5*

【基本信息】$C_{25}H_{35}ClO_8$, $[\alpha]_D = +10.2°$ (c = 4.7, 氯仿).【类型】环戊基氧脂类.【来源】珊瑚纲八放珊瑚亚纲匍匐珊瑚目长轴珊瑚 *Telesto riisei* (夏威夷, 美国).【活性】细胞毒.【文献】B. J. Baker, et al. JNP, 1994, 57, 1346.

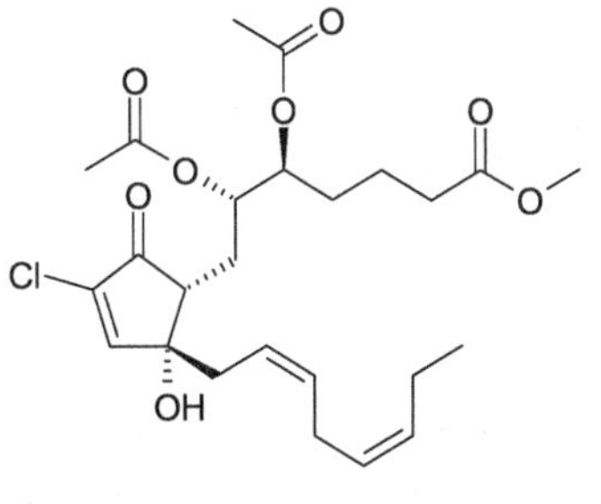

1771　Punaglandin 5 acetate　普那格兰丁 5 乙酸酯*

【基本信息】$C_{27}H_{37}ClO_9$, $[\alpha]_D = +8°$ (c = 1.2, 甲醇).【类型】环戊基氧脂类.【来源】珊瑚纲八放珊瑚亚纲匍匐珊瑚目长轴珊瑚 *Telesto riisei*.【活性】抗炎.【文献】B. J. Baker, et al. JNP, 1994, 57, 1346.

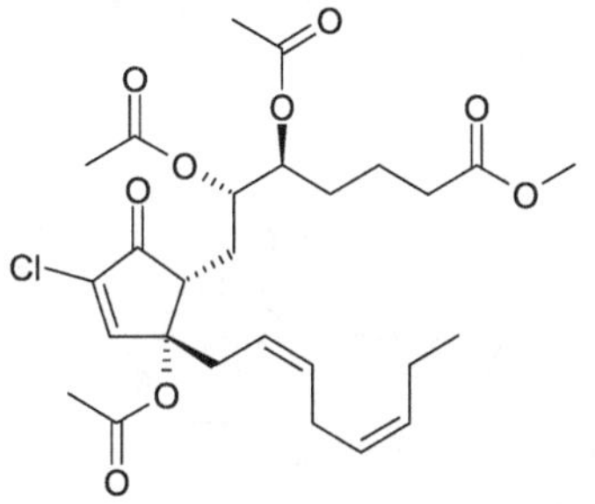

1772　Punaglandin 6　普那格兰丁 6*

【基本信息】$C_{25}H_{37}ClO_8$, $[\alpha]_D = +14°$ (c = 0.9, 氯仿).【类型】环戊基氧脂类.【来源】珊瑚纲八放珊瑚亚纲匍匐珊瑚目长轴珊瑚 *Telesto riisei* (夏威夷, 美国).【活性】细胞毒 [HCT116, EC_{50} = 0.32~0.36μmol/L (4种情况: 有/无 p53, 有/无 p21), 能引起和 p53 无关的细胞凋亡]; 细胞毒 (RKO, EC_{50} = 0.44μmol/L; RKO-E6, EC_{50} = 0.47μmol/L; 普那格兰丁类化合物细胞毒作用机制和 p53 无关: 带足够的 p53 的 RKO 细胞和带破裂的 p53 的 RKO-E6 细胞); 抗炎.【文献】B. J. Baker, et al. JNP, 1994, 57, 1346; S. M. Verbitski, et al. JMC, 2004, 47, 2062.

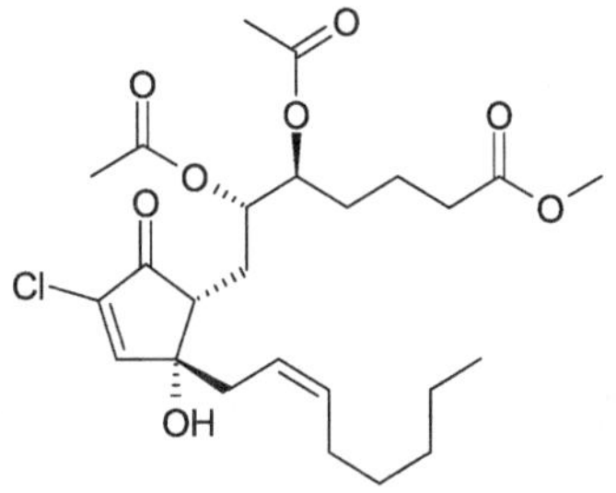

1773　Punaglandin 7　普那格兰丁 7*

【基本信息】$C_{23}H_{31}ClO_6$.【类型】环戊基氧脂类.【来源】珊瑚纲八放珊瑚亚纲匍匐珊瑚目长轴珊瑚 *Telesto riisei*.【活性】细胞毒; 抗炎.【文献】B.J.Baker, et al. JNP, 1994, 57, 1346.

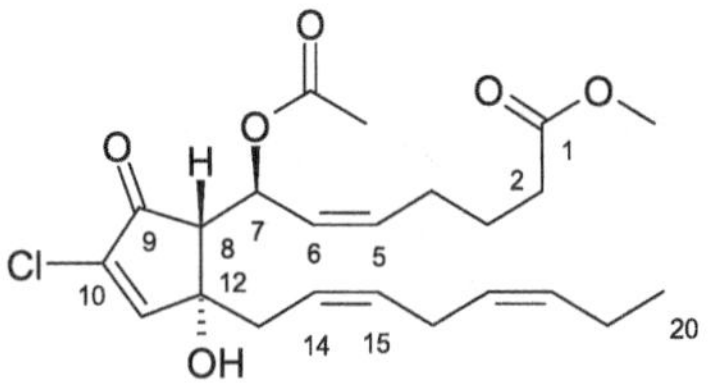

1774　(5Z)-Punaglandin 8　(5Z)-普那格兰丁 8*

【别名】7-Acetoxy-7,8-dihydrochlorovulone; 7-乙酰氧基-7,8-二氢氯乌隆*.【基本信息】$C_{23}H_{33}ClO_6$, 油状物, $[\alpha]_D = +43.9°$ (c = 0.04, 氯仿).【类型】环戊基氧脂类.【来源】匍匐珊瑚目绿色羽珊瑚 *Clavularia viridis* (冲绳, 日本), 珊瑚纲八放珊瑚亚纲匍匐珊瑚目长轴珊瑚 *Telesto riisei*.【活性】细胞毒; 抗炎.【文献】B. J. Baker, et al. JNP, 1994, 57, 1346; K. Watanabe, et al. JNP, 2001, 64, 1421.

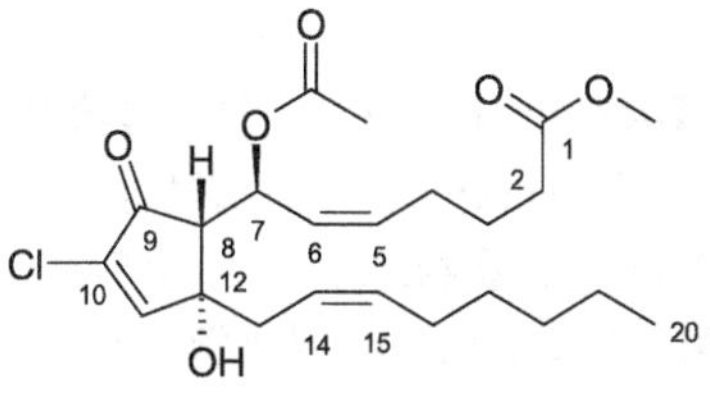

1775　Punaglandin 1 acetate　普那格兰丁 1 乙酸酯*

【基本信息】$C_{29}H_{39}ClO_{11}$.【类型】环戊基氧脂类.【来源】珊瑚纲八放珊瑚亚纲匍匐珊瑚目长轴珊瑚

Telesto riisei.【活性】抗炎.【文献】B.J.Baker, et al. JNP, 1994, 57, 1346.

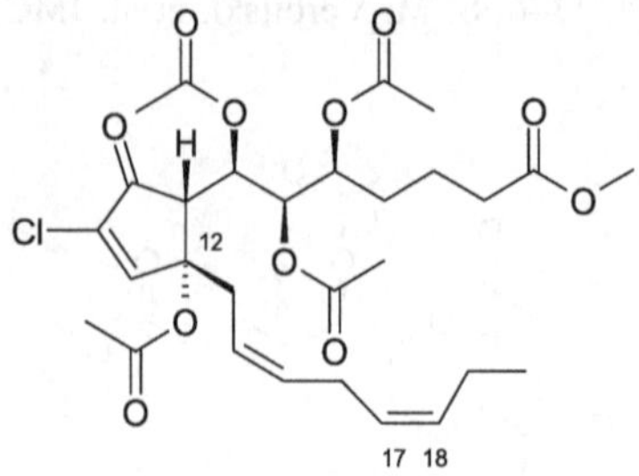

1776 Amphidinolactone A 二羟四烯前沟藻内酯 A*

【基本信息】$C_{20}H_{30}O_4$, $[\alpha]_D = -62°$ (苯).【类型】氧脂内酯类.【来源】甲藻前沟藻属 *Amphidinium* sp.【活性】细胞毒 (L_{1210}, $IC_{50} = 8\mu g/mL$; KB, $IC_{50} > 10\mu g/mL$)【文献】Y. Takahashi, et al. Heterocycles, 2007, 72, 567; J. Kobayashi, et al. J. Antibiot., 2008, 61(5), 271 (Rev.).

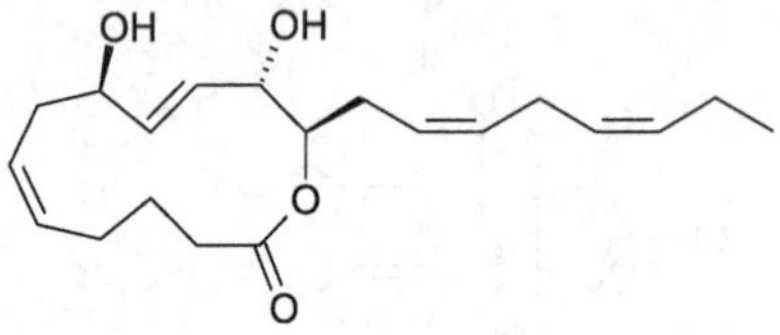

1777 Ascidiatrienolide A 海鞘三烯内酯 A*

【基本信息】$C_{20}H_{30}O_3$, $[\alpha]_D = -14.8°$ ($c = 4.5$, 氯仿).【类型】氧脂内酯类.【来源】白色星骨海鞘* *Didemnum candidum*.【活性】PLA_2 抑制剂.【文献】N. Lindquist, et al. Tetrahedron Lett., 1989, 30, 2735; M. S. Congreve, et al. JACS, 1993, 115, 5815.

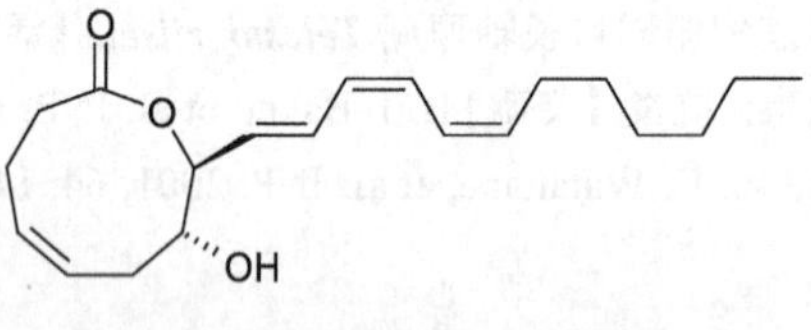

1778 Didemnilactone A 星骨海鞘内酯 A*

【别名】Didemnilactone; 星骨海鞘内酯*.【基本信息】$C_{20}H_{28}O_3$, 油状物, $[\alpha]_D^{22} = -190°$ ($c = 0.18$, 甲醇).【类型】氧脂内酯类.【来源】莫氏星骨海鞘 *Didemnum moseleyi*.【活性】5-脂氧合酶抑制剂 (PMNL, $IC_{50} = 9.4\mu mol/L$); 15-脂氧合酶抑制剂 (PMNL, $IC_{50} = 41\mu mol/L$); 键合白三烯 B_4 受体 (人中性粒细胞 PMNL, $IC_{50} = 38\mu mol/L$).【文献】H. Niwa, et al. Tetrahedron, 1994, 50, 7385.

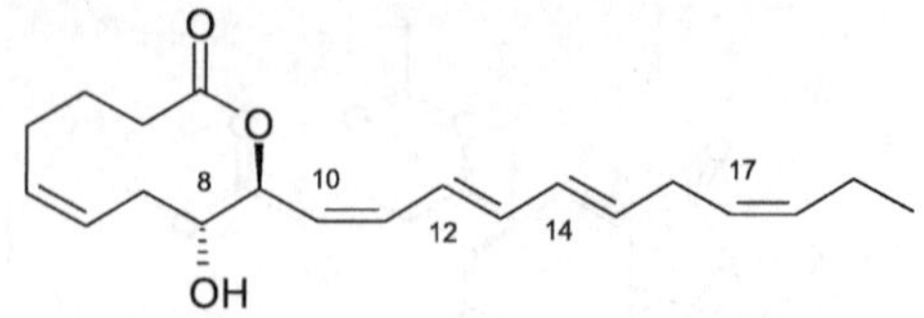

1779 Didemnilactone B 星骨海鞘内酯 B*

【基本信息】$C_{20}H_{28}O_3$, 油状物, $[\alpha]_D^{25} = -378°$ ($c = 0.005$, 甲醇).【类型】氧脂内酯类.【来源】莫氏星骨海鞘 *Didemnum moseleyi* (日本水域).【活性】5-脂氧合酶抑制剂; 15-脂氧合酶抑制剂; 键合白三烯 B4 受体 (弱活性).【文献】H. Niwa, et al. Tetrahedron, 1994, 25, 7385.

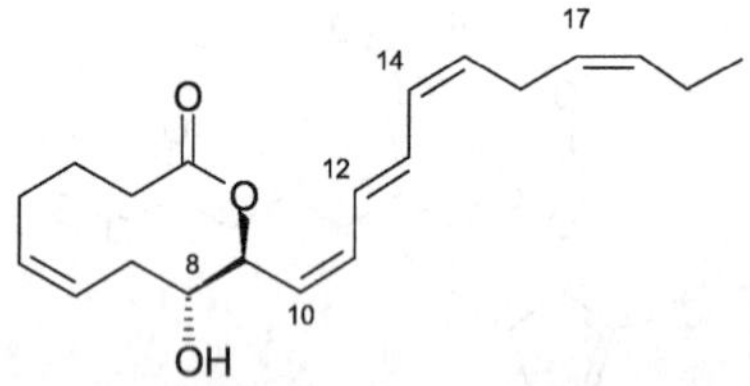

1780 Latrunculinoside A 寇海绵库林糖苷 A*

【别名】Latrunculin A 8-*O*-[2,3,6-trideoxy-*α*-L-*erythro*-hexopyranosyl-(1→4)-2,6-dideoxy-*β*-D-arabino-hexopyranosyl-(1→4)-2,6-dideoxy-*β*-L-*ribo*-hexopyranoside].【基本信息】$C_{40}H_{59}ClO_{12}$, 粉末, $[\alpha]_D^{23} = +72°$ ($c = 0.13$, 甲醇).【类型】氧脂内酯类.【来源】树皮寇海绵* *Latrunculia corticata* (红海).【活性】拒食活性 (玻璃缸试验, 喂给金鱼糖苷处理过的小丸).【文献】T. Rezanka, et al. EurJOC, 2003, 2144.

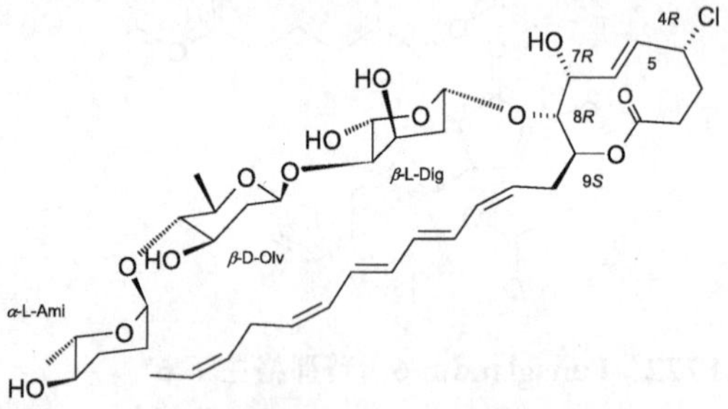

1781 Latrunculinoside B 寇海绵库林糖苷 B*

【别名】(5*Z*)-Latrunculin A 8-*O*-[2,6-dideoxy-*β*-D-*lyxo*-hexopyranosyl-(1→3)-2,6-dideoxy-*β*-D-*lyxo*-hexopyranoside].【基本信息】$C_{34}H_{49}ClO_{10}$, 粉末, $[\alpha]_D^{22} = -18.5°$ ($c = 0.09$, 甲醇).【类型】氧脂内酯类.【来源】树皮寇海绵* *Latrunculia corticata* (红海).【活性】拒食活性 (玻璃缸试验,喂给金鱼糖

苷处理过的小丸).【文献】T. Rezanka, et al. EurJOC, 2003, 2144.

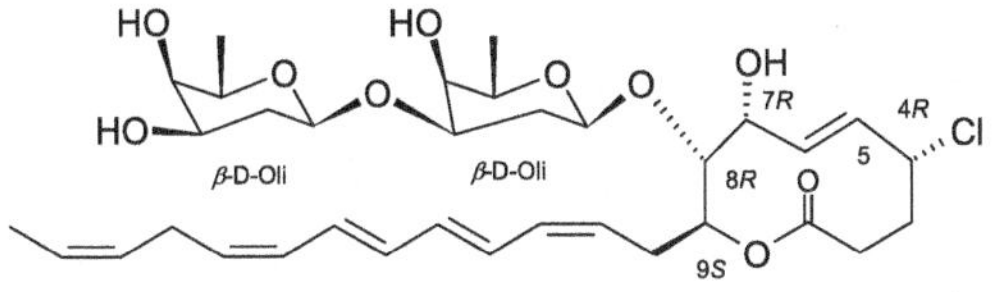

1782 Mueggelone 木埃隆*

【别名】Gloeolactone; 胶刺藻内酯*.【基本信息】$C_{18}H_{28}O_3$, 油状物, $[\alpha]_D^{25}$ = +13.00° (c = 0.01, 甲醇), $[\alpha]_D^{25}$ = +28.30° (c = 0.6, 氯仿).【类型】氧脂内酯类.【来源】蓝细菌水华束丝藻 *Aphanizomenon flos-aquae* 和蓝细菌胶刺藻属 *Gloeotrichia* sp.【活性】鱼类发育抑制剂; 抗分枝杆菌.【文献】O. Papendorf, et al. JNP, 1997, 60, 1298; D. B. Stierle, et al. JNP, 1998, 61, 251; G. M. Koenig, et al. PM, 2000, 66, 337.

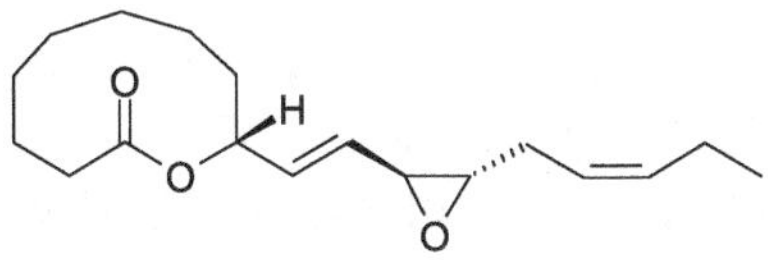

1783 Neodidemnilactone 新星骨海鞘内酯*

【基本信息】$C_{20}H_{30}O_3$, 油状物, $[\alpha]_D^{22}$ = −200° (c = 0.17, 甲醇).【类型】氧脂内酯类.【来源】莫氏星骨海鞘 *Didemnum moseleyi*.【活性】键合白三烯 B_4 受体 (人中性粒细胞白细胞 PMNL, IC_{50} = 38μmol/L).【文献】H. Niwa, et al. Tetrahedron, 1994, 50, 7385.

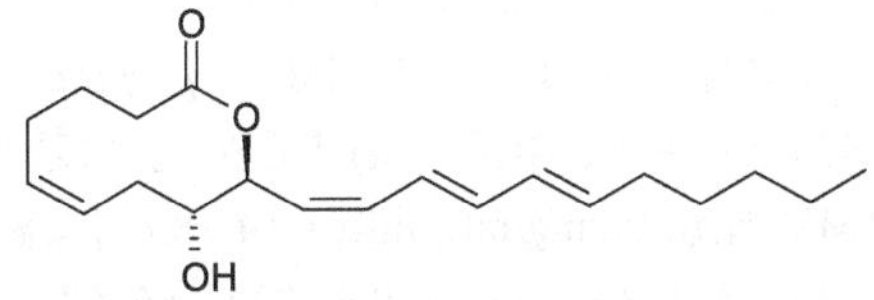

1784 Topsentolide A₁ 软海绵内酯 A₁*

【基本信息】$C_{20}H_{30}O_3$, 油状物, $[\alpha]_D^{24}$ = +59.4° (c = 0.11, 甲醇).【类型】氧脂内酯类.【来源】软海绵科海绵 *Topsentia* sp.【活性】细胞毒 (中等活性).【文献】X. Luo, et al. JNP, 2006, 69, 567; M. Kobayashi, et al. Tetrahedron Lett., 2010, 51, 2762.

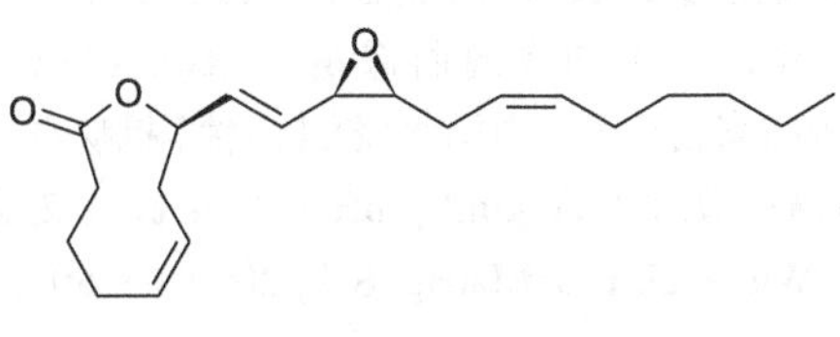

1785 Aplydilactone 黑斑海兔内酯*

【基本信息】$C_{40}H_{58}O_7$, 油状物, $[\alpha]_D^{27}$ = −1.63° (c = 1.00, 氯仿).【类型】双碳环氧脂类.【来源】软体动物黑斑海兔 *Aplysia kurodai*.【活性】PLA_2 活化剂.【文献】M.Ojika, et al. Tetrahedron Lett., 1990, 31, 4907.

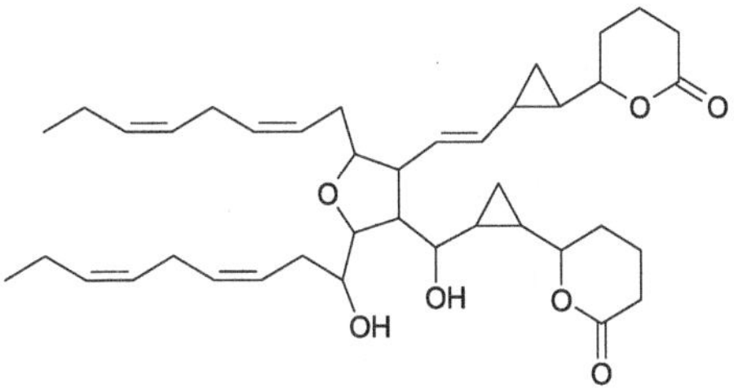

1786 Clavubicyclone 羽珊瑚双环酮*

【基本信息】$C_{25}H_{34}O_7$, 油状物, $[\alpha]_D^{25}$ = −59.4° (c = 0.53, 氯仿).【类型】双碳环氧脂类.【来源】匍匐珊瑚目绿色羽珊瑚 *Clavularia viridis*.【活性】前列腺素类有关氧脂.【文献】Iwashima, M. et al. JOC, 2002, 67, 2977.

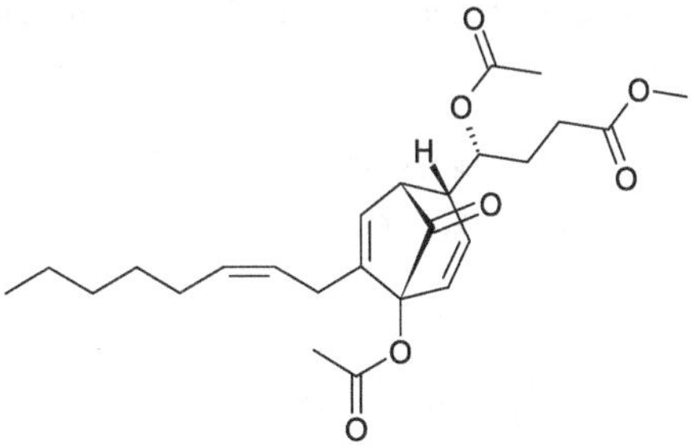

1787 Manzamenone A 曼杂蒙酮 A*

【基本信息】$C_{46}H_{78}O_7$, 无色油状物, $[\alpha]_D^{17}$ = −3.0° (c = 1.3, 氯仿).【类型】双碳环氧脂类.【来源】扁板海绵属 *Plakortis* sp. (冲绳, 日本).【活性】PKC 抑制剂.【文献】S. Tsukamoto, et al. JOC, 1992, 57, 5255.

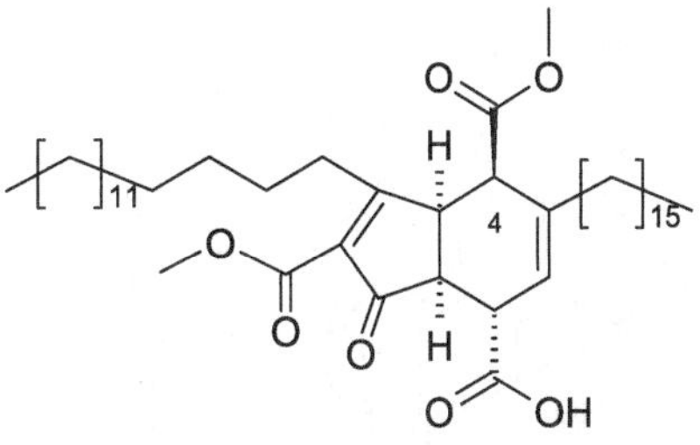

1788 Manzamenone M 曼杂蒙酮 M*

【基本信息】$C_{46}H_{78}O_8$.【类型】双碳环氧脂类.【来

源】扁板海绵属 *Plakortis* sp. (万座毛, 冲绳, 日本).【活性】抗菌 (大肠杆菌 *Escherichia coli,* 金黄色葡萄球菌 *Staphylococcus aureus*); 抗真菌 (新型隐球酵母 *Cryptococcus neoformans*).【文献】T. Kubota, et al. Bioorg. Med. Chem. Lett., 2013, 23, 244.

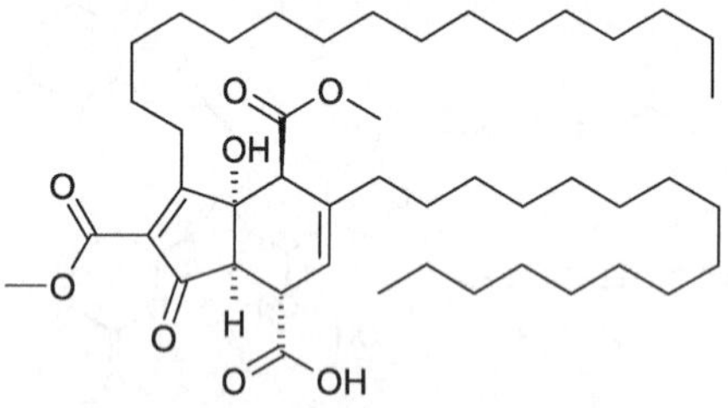

1789 Manzamenone N 曼杂蒙酮 N*

【基本信息】$C_{47}H_{80}O_7$.【类型】双碳环氧脂类.【来源】扁板海绵属 *Plakortis* sp. (万座毛, 冲绳, 日本).【活性】抗菌 (大肠杆菌 *Escherichia coli,* 金黄色葡萄球菌 *Staphylococcus aureus*); 抗真菌 (新型隐球酵母 *Cryptococcus neoformans*).【文献】T. Kubota, et al. Bioorg. Med. Chem. Lett., 2013, 23, 244.

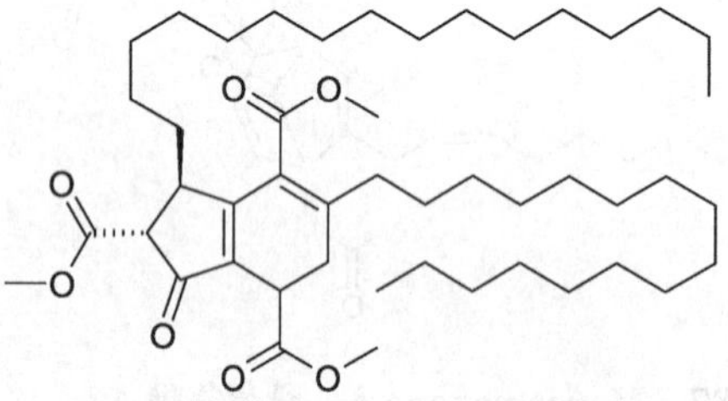

1790 Manzamenone O 曼杂蒙酮 O*

【基本信息】$C_{66}H_{116}O_9$.【类型】双碳环氧脂类.【来源】扁板海绵属 *Plakortis* sp. (万座毛, 冲绳, 日本).【活性】抗微生物 (中等活性).【文献】N. Tanaka, et al. Org. Lett., 2013, 15, 2518.

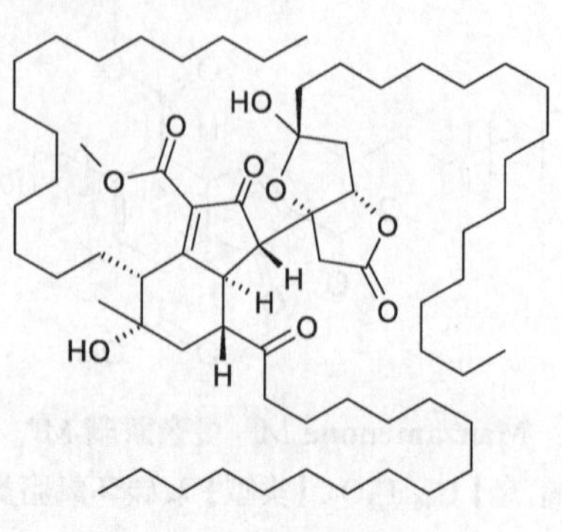

3.10 酰基甘油类

1791 Mooreamide A 博罗尼鞘丝藻酰胺 A*

【基本信息】$C_{24}H_{39}NO_3$.【类型】单酰基甘油类.【来源】蓝细菌博罗尼鞘丝藻* *Moorea bouillonii*.【活性】神经受体 CB1 抑制剂 (迄今为止报道的最有潜力的源于海洋的 CB1 抑制剂).【文献】E. Mevers, et al. Lipids, 2014, 49, 1127.

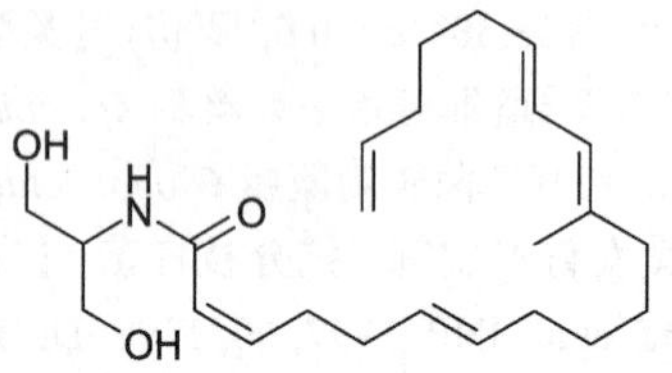

1792 Unsaturated fatty acid glycerol ester 3 不饱和脂肪酸甘油酯 3*

【基本信息】$C_{21}H_{38}O_4$.【类型】单酰基甘油类.【来源】海洋导出的真菌曲霉菌属 *Aspergillus* sp. MF-93 (来自海水, 中国水域).【活性】抗病毒 (抑制 TMV 增殖, 0.2mg/mL, InRt = 12.5%).【文献】Z.-J. Wu, et al. Pest Manag. Sci., 2009, 65, 60.

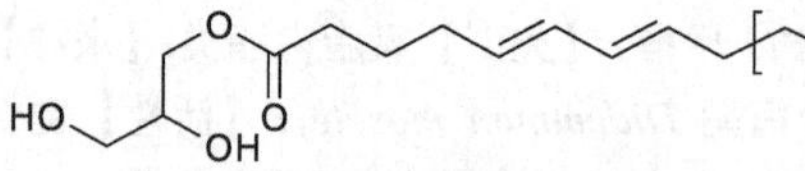

1793 Unsaturated fatty acid glycerol ester 4 不饱和脂肪酸甘油酯 4*

【基本信息】$C_{22}H_{40}O_4$.【类型】单酰基甘油类.【来源】海洋导出的真菌曲霉菌属 *Aspergillus* sp. MF-93 (来自海水, 中国水域).【活性】抗病毒 (抑制 TMV 增殖, 0.2mg/mL, InRt = 14.9%).【文献】Z.-J. Wu, et al. Pest Manag. Sci., 2009, 65, 60.

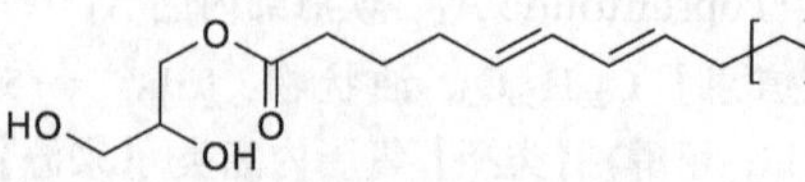

1794 Unsaturated fatty acid glycerol ester 5 不饱和脂肪酸甘油酯 5*

【基本信息】$C_{37}H_{66}O_4$.【类型】单酰基甘油类.【来源】海洋导出的真菌曲霉菌属 *Aspergillus* sp. MF-93 (来自海水, 中国水域).【活性】抗病毒 (抑制 TMV 增殖, 0.2mg/mL, InRt = 17.4%).【文献】Z.-J. Wu, et al. Pest Manag. Sci., 2009, 65, 60.

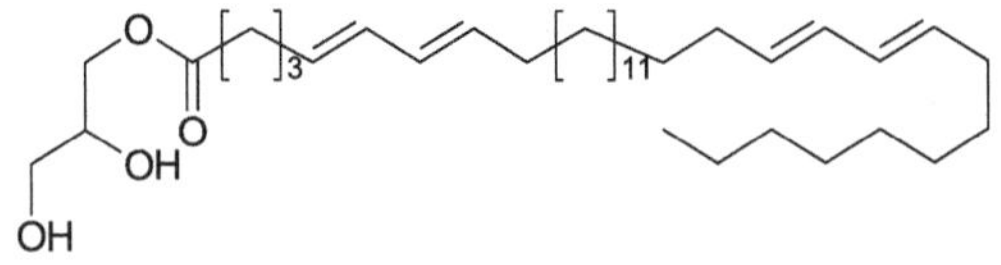

1795 Unsaturated fatty acid glycerol ester 6 不饱和脂肪酸甘油酯 6*

【基本信息】$C_{18}H_{32}O_4$.【类型】单酰基甘油类.【来源】海洋导出的真菌曲霉菌属 *Aspergillus* sp. MF-93 (来自海水, 中国水域).【活性】抗病毒 (抑制 TMV 增殖, 0.2mg/mL, InRt = 14.2%).【文献】Z.-J. Wu, et al. Pest Manag. Sci., 2009, 65, 60.

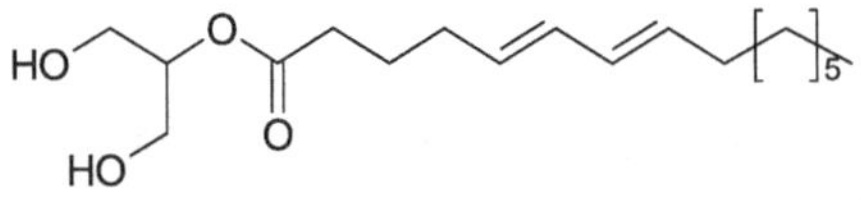

1796 Unsaturated fatty acid glycerol ester 7 不饱和脂肪酸甘油酯 7*

【基本信息】$C_{37}H_{68}O_4$.【类型】单酰基甘油类.【来源】海洋导出的真菌曲霉菌属 *Aspergillus* sp. MF-93 (来自海水, 中国水域).【活性】抗病毒 (抑制 TMV 增殖, 0.2mg/mL, InRt = 13.9%).【文献】Z.-J. Wu, et al. Pest Manag. Sci., 2009, 65, 60.

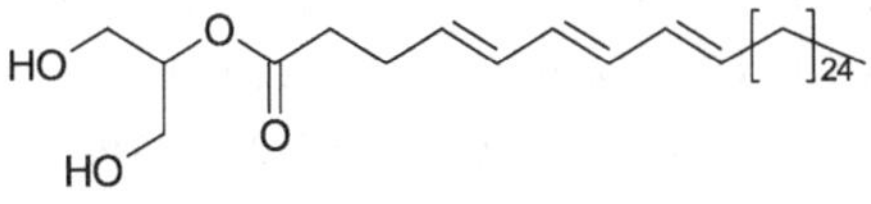

1797 Unsaturated fatty acid glycerol ester 8 不饱和脂肪酸甘油酯 8*

【基本信息】$C_{37}H_{66}O_4$.【类型】单酰基甘油类.【来源】海洋导出的真菌曲霉菌属 *Aspergillus* sp. MF-93 (来自海水, 中国水域).【活性】抗病毒 (抑制 TMV 增殖, 0.2mg/mL, InRt = 14.3%).【文献】Z.-J. Wu, et al. Pest Manag. Sci., 2009, 65, 60.

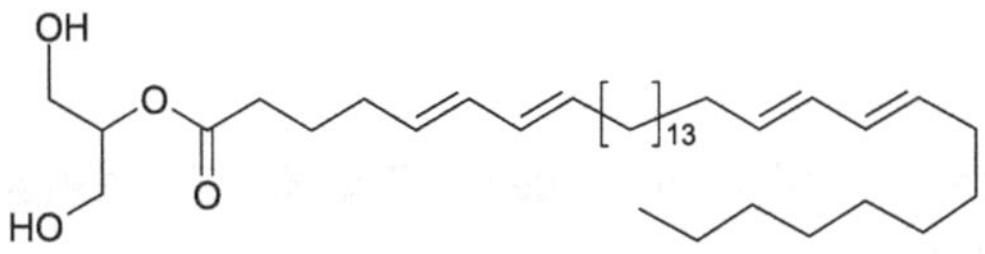

1798 Unsaturated fatty acid glycerol ester 9 不饱和脂肪酸甘油酯 9*

【基本信息】$C_{37}H_{70}O_4$.【类型】单酰基甘油类.【来源】海洋导出的真菌曲霉菌属 *Aspergillus* sp. MF-93 (来自海水, 中国水域).【活性】抗病毒 (抑制 TMV 增殖, 0.2mg/mL, InRt = 16.3%).【文献】Z.-J. Wu, et al. Pest Manag. Sci., 2009, 65, 60.

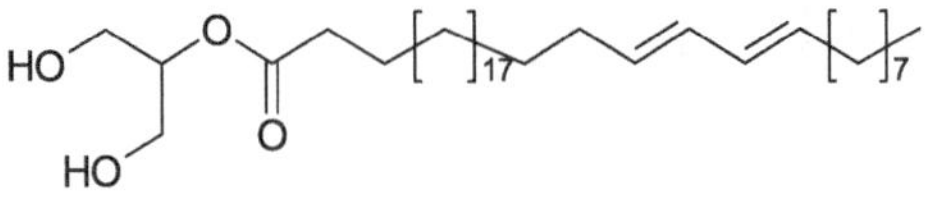

1799 Archidorin 裸鳃因*

【基本信息】$C_{28}H_{46}O_5$, 无定形粉末, $[\alpha]_D^{25}$ = +12.1° (c = 0.3, 氯仿).【类型】二酰基甘油类.【来源】软体动物裸鳃海牛亚目海牛科 *Archidoris tuberculata* 和软体动物裸鳃海牛亚目海牛科 *Archidoris pseudoargus*.【活性】鱼毒.【文献】G. Cimino, et al. JNP, 1993, 56, 1642.

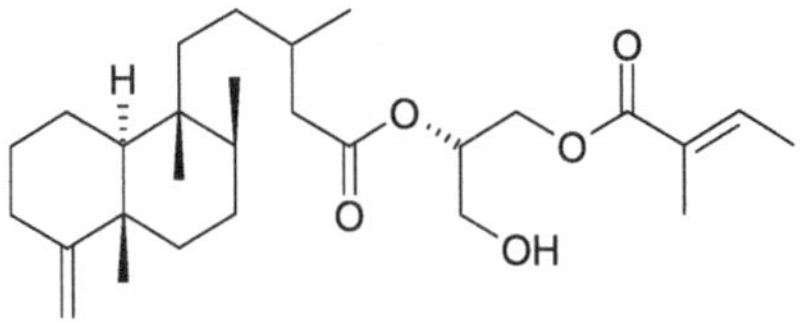

1800 Umbraculumin A 侧鳃伞螺明 A*

【别名】Glycerol 2-(3-methyl-2-butenoate) 1-(2,4, 11-tridecatrienoate); 甘油 2-(3-甲基-2-丁烯酸酯) 1-(2,4,11 十三(碳)三烯酸酯).【基本信息】$C_{20}H_{30}O_5$, $[\alpha]_D$ = −24.3° (c = 0.8, 氯仿).【类型】二酰基甘油类.【来源】软体动物伞螺科伞螺属* *Umbraculum mediterraneum*.【活性】鱼毒.【文献】G. Cimino, et al. Tetrahedron Lett., 1988, 29, 3613; E. F. De Madeiros, et al. JCS Perkin Trans. Ⅰ, 1991, 2725.

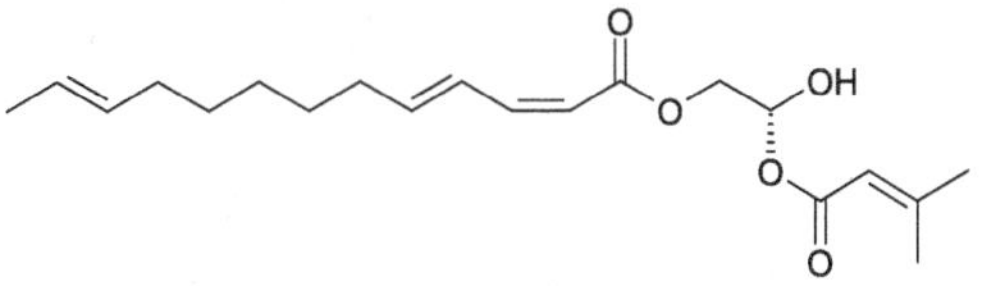

1801 Umbraculumin C 侧鳃伞螺明 C*

【别名】Glycerol 2-(3-methylthio-2-propenoate) 1-(2,4,11-tridecatrienoate); 甘油 2-(3-甲硫基-2-丙烯酸酯) 1-(2,4,11-十三(碳)三烯酸酯).【基本信息】$C_{19}H_{28}O_5S$, $[\alpha]_D$ = +7° (c = 0.5, 氯仿).【类型】二酰基甘油类.【来源】软体动物伞螺科伞螺属* *Umbraculum mediterraneum*.【活性】鱼毒.【文献】G. Cimino, et al. Tetrahedron Lett., 1988, 29, 3613; E. F. De Madeiros, et al. JCS Perkin Trans. Ⅰ, 1991, 2725.

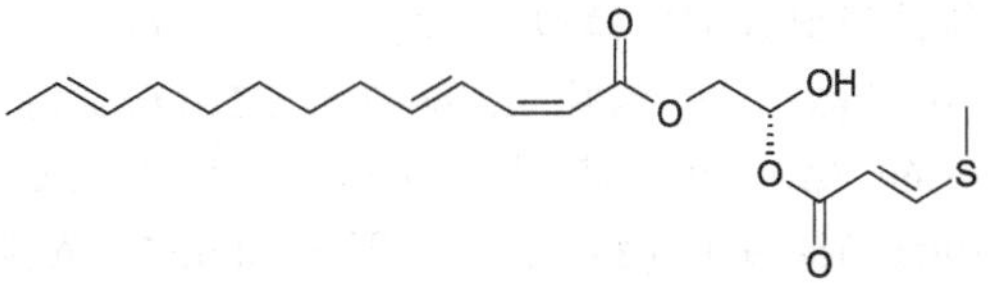

3.11 磷脂类

1802 Calyculin A 花萼圆皮海绵诱癌素 A

【基本信息】$C_{50}H_{81}N_4O_{15}P$, 针状晶体 (丙酮/乙醚/己烷), mp 247~249°C, $[\alpha]_D^{15}$ = +59.8° (*c* = 0.12, 乙醇).【类型】磷脂类.【来源】岩屑海绵花萼圆皮海绵* *Discodermia calyx*, Vulcanellidae 科海绵 *Lamellomorpha strongylata*.【活性】丝氨酸-苏氨酸磷酸酶抑制剂; 细胞毒 (L_{1210}, IC_{50} = 0.00074μg/mL); 细胞生长抑制剂 (海燕 *Asterina pectinifera*, IC_{50} = 0.02μg/mL; 海胆 *Hemicentrotus pulcherrimus* 卵, IC_{50} = 0.01μg/mL); 抗肿瘤 (小鼠埃里希腹水癌和 P_{388}, 15μg/kg, *T/C* 分别为 245.8%和 144.4%); PP1 抑制剂 (IC_{50} = 0.4~2.0nmol/L); PP2A 抑制剂 (IC_{50} = 0.25~3.0nmol/L); 细胞凋亡诱导剂.【文献】Y. Kato, et al. JACS, 1986, 108, 2780; Y. Kato, et al. JOC, 1988, 53, 3930; S. Matsunaga, et al. Tetrahedron, 1991, 47, 2999; B. Smith Ⅲ, et al. JOC, 1998, 63, 7596; A. K. Ogawa, et al. JACS, 1998, 120, 12435; A. B. Smith Ⅲ, et al. JACS, 1999, 121, 10478; A. E. Fagerholm, et al. Mar. Drugs, 2010, 8, 122.

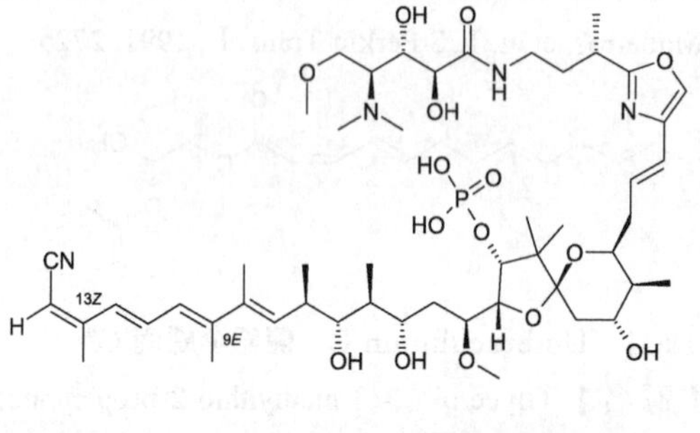

1803 Calyculinamide A 花萼圆皮海绵诱癌素酰胺 A

【基本信息】$C_{50}H_{83}N_4O_{16}P$, $[\alpha]_D$ = –18° (*c* = 0.005, 甲醇), $[\alpha]_D$ = –41° (*c* = 0.5, 乙醇).【类型】磷脂类.【来源】岩屑海绵花萼圆皮海绵* *Discodermia calyx* (日本水域), Vulcanellidae 科海绵 *Lamellomorpha strongylata* (新西兰).【活性】细胞毒 (NCI60 种体外癌细胞筛选模型, 平均 lg GI_{50} (mol/L) = –10.14 (Δ = 0.46, 范围 = 1.49); 平均 lg TGI (mol/L) = –9.60 (Δ = 1.00, 范围 = 3.04); 平均 lg LC_{50} (mol/L) = –9.09 (Δ = 1.51, 范围 = 4.00); PP2A 抑制剂.【文献】E. J. Dumdei, et al. JOC, 1997, 62, 2636; Matsunaga, S. et al. JOC, 1997, 62, 2640; S. Matsunaga, et al. JOC, 1997, 62, 9388; S. Matsunaga, et al. Tetrahedron Lett., 1997, 38, 3763; A. E. Fagerholm, et al. Mar. Drugs, 2010, 8, 122.

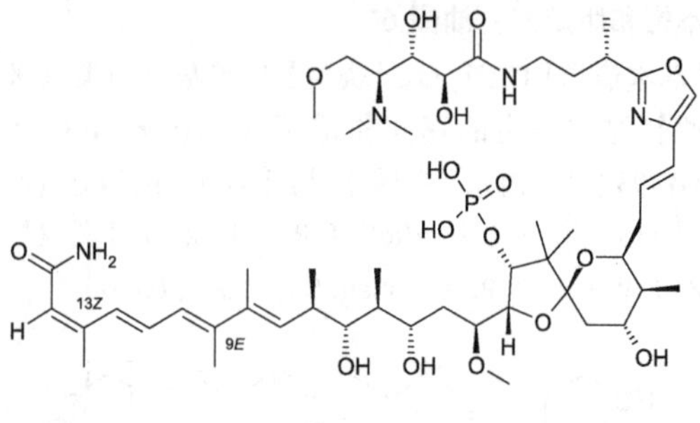

1804 Calyculinamide B 花萼圆皮海绵诱癌素酰胺 B

【基本信息】$C_{50}H_{83}N_4O_{16}P$, 无定形固体, $[\alpha]_D^{20}$ = –27° (*c* = 0.145, 乙醇).【类型】磷脂类.【来源】Vulcanellidae 科海绵 *Lamellomorpha strongylata* (新西兰).【活性】细胞毒 (NCI 的 60 种体外癌细胞筛选模型, 平均 lg GI_{50} (mol/L) = –10.14 (Δ = 0.46, 范围 = 1.49); 平均 lg TGI (mol/L) = –9.60 (Δ = 1.00, 范围 = 3.04); 平均 lg LC_{50} (mol/L) = –9.09 (Δ = 1.51, 范围 = 4.00); PP 抑制剂.【文献】E. J. Dumdei, et al. JOC, 1997, 62, 2636; Matsunaga, S. et al. JOC, 1997, 62, 2640; A. E. Fagerholm, et al. Mar. Drugs, 2010, 8, 122.

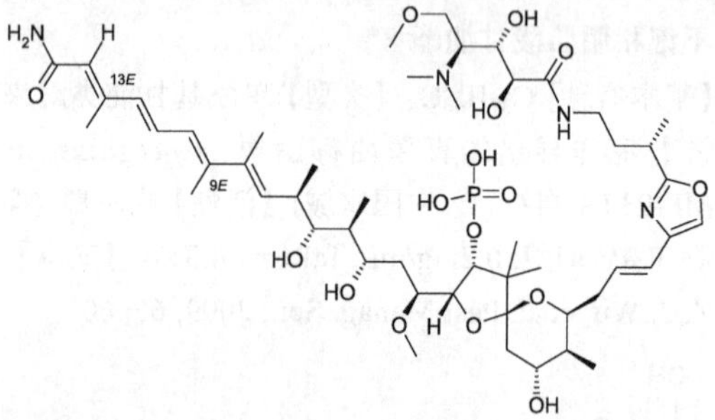

1805 Calyculinamide F 花萼圆皮海绵诱癌素酰胺 F

【基本信息】$C_{50}H_{83}N_4O_{16}P$, 无定形固体, $[\alpha]_D^{20}$ = –23° (*c* = 0.01, 甲醇).【类型】磷脂类.【来源】岩屑海绵花萼圆皮海绵* *Discodermia calyx*.【活性】PP 抑制剂.【文献】E. J. Dumdei, et al. JOC, 1997, 62, 2636; S. Matsunaga, et al. JOC, 1997, 62, 2640; A. E. Fagerholm, et al. Mar. Drugs, 2010, 8, 122.

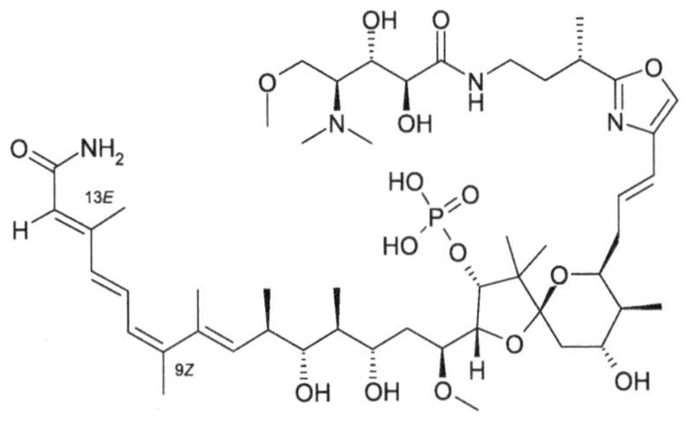

1806 Calyculin B 花萼圆皮海绵诱癌素 B

【基本信息】$C_{50}H_{81}N_4O_{15}P$, 无定形物质, $[\alpha]_D = -61°$ ($c = 0.05$, 乙醇).【类型】磷脂类.【来源】岩屑海绵花萼圆皮海绵* *Discodermia calyx*, Vulcanellidae 科海绵 *Lamellomorpha strongylata*.【活性】丝氨酸-苏氨酸磷酸酶抑制剂; 细胞生长抑制剂 (海燕 *Asterina pectinifera*, IC_{50} = 0.02μg/mL, 海胆 *Hemicentrotus pulcherrimus*, IC_{50} = 0.01μg/mL); 细胞毒 (L_{1210}, IC_{50} = 0.00088μg/mL).【文献】Y. Kato, et al. JACS, 1986, 108, 2780; Y. Kato, et al. 1988, 53, 3930; B. Smith Ⅲ, et al. JOC, 1998, 63, 7596; A. K. Ogawa, et al. JACS, 1998, 120, 12435; A. B. Smith Ⅲ, et al. JACS, 1999, 121, 10478; A. E. Fagerholm, et al. Mar. Drugs, 2010, 8, 122.

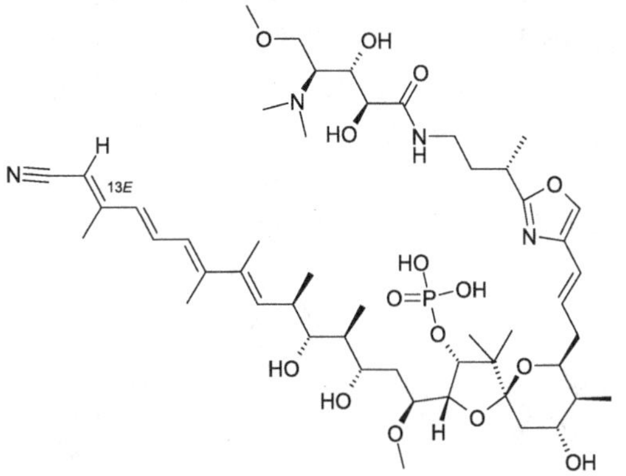

1807 Calyculin C 花萼圆皮海绵诱癌素 C

【基本信息】$C_{51}H_{83}N_4O_{15}P$, 无定形物质, $[\alpha]_D = -65°$ ($c = 0.05$, 乙醇).【类型】磷脂类.【来源】岩屑海绵花萼圆皮海绵 *Discodermia calyx*.【活性】细胞毒 (L_{1210}); 平滑肌收缩剂; PP1 抑制剂 (IC_{50} = 0.6nmol/L); PP2A 抑制剂 (IC_{50} = 2.8nmol/L).【文献】Y. Kato, et al. JACS, 1986, 108, 2780; Y. Kato, et al. JOC, 1988, 53, 3930; B. Smith Ⅲ, et al. JOC, 1998, 63, 7596; A. K. Ogawa, et al. JACS, 1998, 120, 12435; A. E. Fagerholm, et al. Mar. Drugs, 2010, 8, 122.

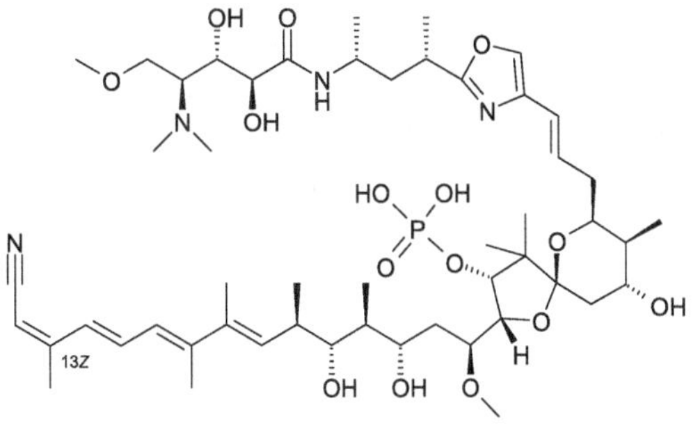

1808 Calyculin D 花萼圆皮海绵诱癌素 D

【基本信息】$C_{51}H_{83}N_4O_{15}P$, 无定形物质, $[\alpha]_D = -41°$ ($c = 0.05$, 乙醇).【类型】磷脂类.【来源】岩屑海绵花萼圆皮海绵* *Discodermia calyx*.【活性】抗肿瘤; 平滑肌收缩剂; 蛋白磷酸酶抑制剂.【文献】Y. Kato, et al. JOC, 1988, 53, 3930; A. E. Fagerholm, et al. Mar. Drugs, 2010, 8, 122.

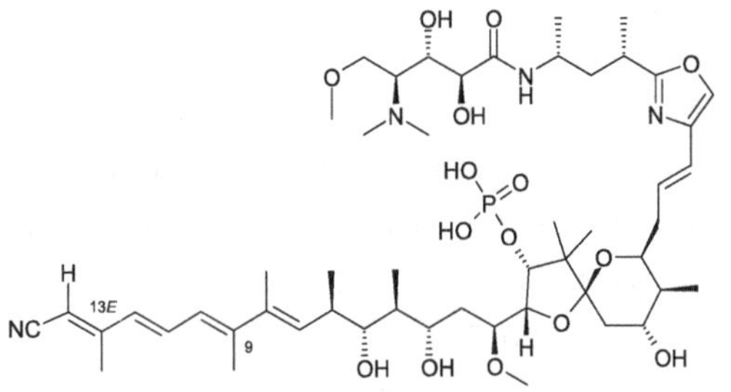

1809 Calyculin G 花萼圆皮海绵诱癌素 G

【基本信息】$C_{51}H_{83}N_4O_{15}P$, $[\alpha]_D^{23} = -81°$ ($c = 0.1$, 乙醇).【类型】磷脂类.【来源】岩屑海绵花萼圆皮海绵 *Discodermia calyx*.【活性】平滑肌收缩剂; 蛋白磷酸酶抑制剂.【文献】S. Matsunaga, et al. Tetrahedron, 1991, 47, 2999; A. E. Fagerholm, et al. Mar. Drugs, 2010, 8, 122.

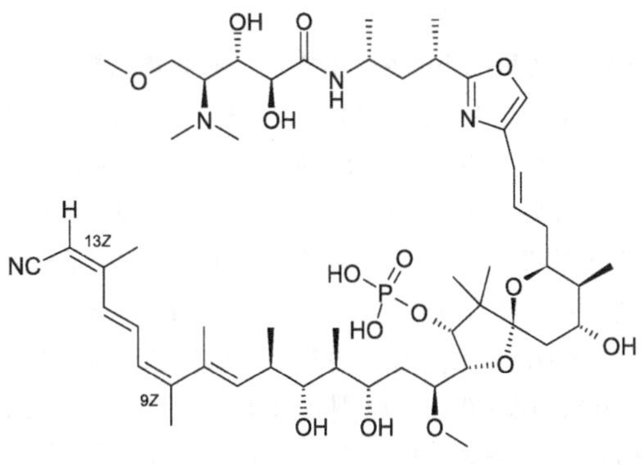

1810 Calyculin H 花萼圆皮海绵诱癌素 H

【基本信息】$C_{51}H_{83}N_4O_{15}P$, $[\alpha]_D^{23} = -36°$ ($c = 0.05$, 乙醇).【类型】磷脂类.【来源】岩屑海绵花萼圆

皮海绵* *Discodermia calyx*.【活性】平滑肌收缩剂；蛋白磷酸酶抑制剂.【文献】S. Matsunaga, et al. Tetrahedron, 1991, 47, 2999; A. E. Fagerholm, et al. Mar. Drugs, 2010, 8, 122.

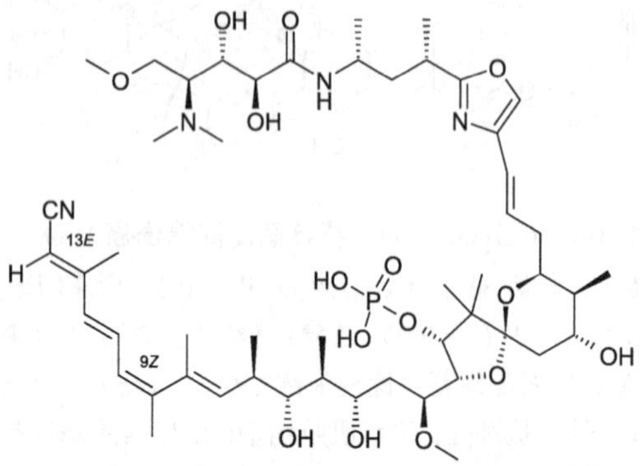

1811 Calyculin J 花萼圆皮海绵诱癌素 J

【基本信息】$C_{50}H_{80}BrN_4O_{15}P$，黄色固体，$[\alpha]_D^{20}$ = –10º (*c* = 0.08，甲醇).【类型】磷脂类.【来源】岩屑海绵花萼圆皮海绵* *Discodermia calyx* (日本水域).【活性】PP 抑制剂.【文献】S. Matsunaga,et al. JOC, 1997, 62, 9388; S. Matsunaga, et al. Tetrahedron Lett., 1997, 38, 3763.

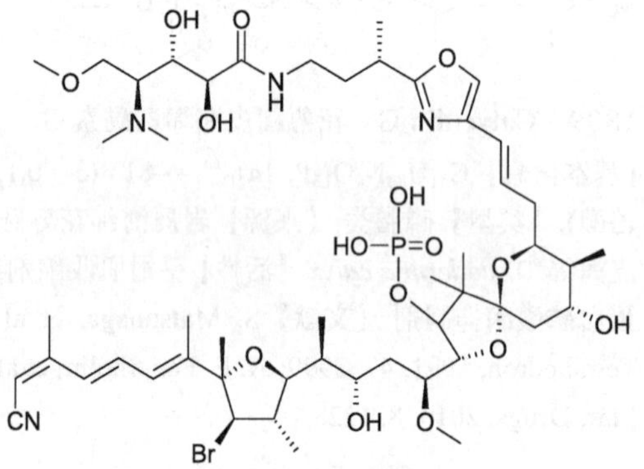

1812 Clavosine A 小棒万星海绵新 A*

【基本信息】$C_{60}H_{101}N_4O_{20}P$，粉末，$[\alpha]_D$ = –5.0º (*c* = 0.36，二氯甲烷).【类型】磷脂类.【来源】小棒万星海绵 *Myriastra clavosa* (楚克州，密克罗尼西亚联邦).【活性】细胞毒 (NCI 60 种癌细胞筛选程序，非常有潜力的，平均 lg GI_{50} (mol/L) = –10.90 (Δ = 0.01，范围 = 0.34)；平均 lg TGI (mol/L) = –10.52 (Δ = 0.39，范围 = 4.00)；平均 lg LC_{50} (mol/L) = –9.80 (Δ = 1.10，范围= 4.00)；蛋白磷酸酶抑制剂 (来自兔骨骼肌肉的本地蛋白磷酸酶-1 PP-1c，IC_{50} = 0.25nmol/L；来自大肠杆菌的人重组 PP-1cγ，IC_{50} = 0.5nmol/L；来自牛心脏的 PP2A (PP-2Ac) 催化亚单位，IC_{50} = 0.6nmol/L).【文献】X. Fu, et al. JOC, 1998, 63, 7957.

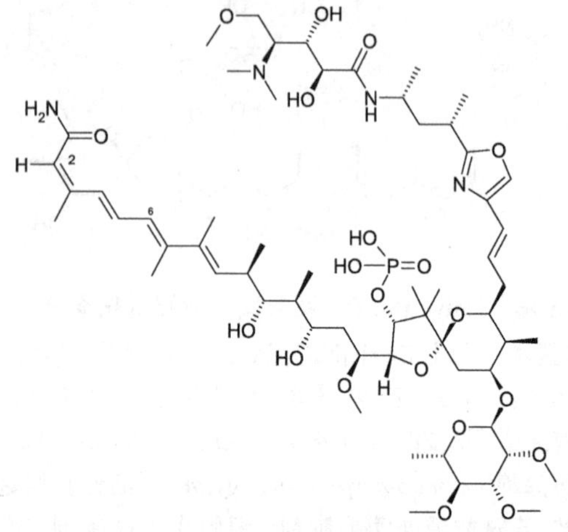

1813 Clavosine B 小棒万星海绵新 B*

【基本信息】$C_{60}H_{101}N_4O_{20}P$，粉末，$[\alpha]_D$ = –3.2º (*c* = 0.62，二氯甲烷).【类型】磷脂类.【来源】小棒万星海绵 *Myriastra clavosa* (楚克州，密克罗尼西亚联邦).【活性】细胞毒 (NCI 60 种癌细胞筛选程序，非常有潜力的，平均 lg GI_{50} (mol/L) = –10.79 (Δ = 0.11，范围= 2.64)；平均 lg TGI (mol/L) = –10.28 (Δ = 0.62，范围= 4.00)；平均 lg LC_{50} (mol/L) = –9.28 (Δ = 1.62，范围= 4.00)；蛋白磷酸酶抑制剂 (来自兔骨骼肌肉的本地蛋白磷酸酶-1 PP-1c，IC_{50} = 13nmol/L；来自大肠杆菌的人重组 PP-1cγ，IC_{50} = 1.0nmol/L；来自牛心脏的 PP2A (PP-2Ac) 催化亚单位，IC_{50} = 1.2nmol/L).【文献】X. Fu, et al. JOC, 1998, 63, 7957.

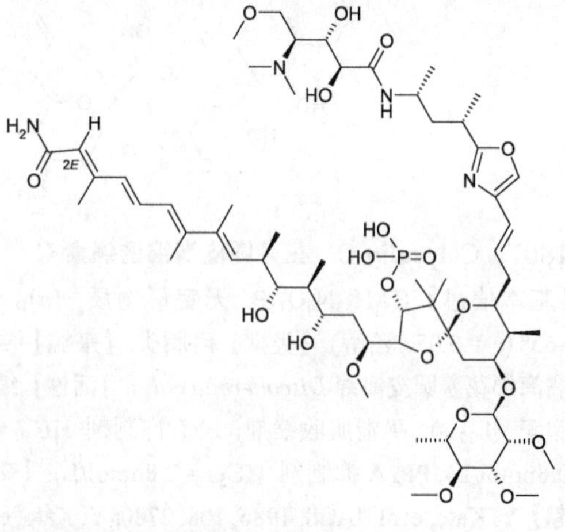

1814 Diphenyl-cyclooctylphosphoramidate 二苯基-环辛基氨基磷酸酯

【别名】PB-1.【基本信息】$C_{20}H_{26}NO_3P$.【类型】

磷脂类.【来源】甲藻短裸甲藻 *Ptychodiscus brevis* [Syn. *Gymnodinium breve*].【活性】毒素.【文献】M. DiNovi, et al. Tetrahedron Lett., 1983, 24, 855.

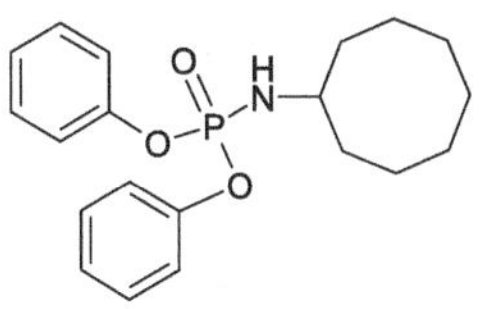

1815 1-*O*-(13′*Z*-Eicosaenoyl)-sn-glycero-3-phosphocholine 1-*O*-(13′*Z*-二十(碳)烯酰基)-sn-丙三氧基-3-磷酸胆碱*

【基本信息】$C_{28}H_{56}NO_7P$, 无定形固体.【类型】磷脂类.【来源】旋星海绵属 *Spirastrella abata* (朝鲜半岛水域).【活性】胆固醇生物合成抑制剂 (IC_{50} = 21μg/mL).【文献】B. A. Shin, et al. JNP, 1999, 62, 1554.

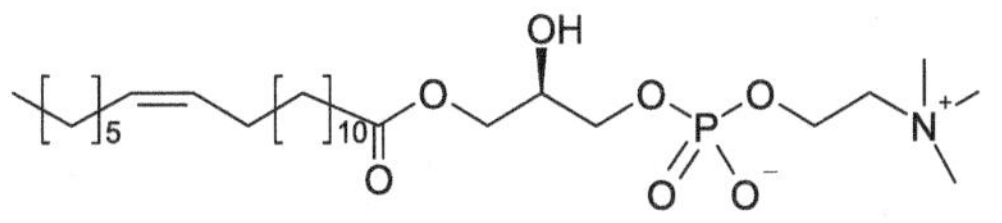

1816 Franklinolide A 富兰克林内酯 A*

【基本信息】$C_{29}H_{39}ClO_{11}P^-$.【类型】磷脂类.【来源】钵海绵属 *Geodia* sp.和软海绵属 *Halichondria* sp. (复合物, 大澳大利亚湾, 澳大利亚).【活性】细胞毒.【文献】H. Zhang, et al. Angew. Chem. Int. Ed., 2010, 49, 9904.

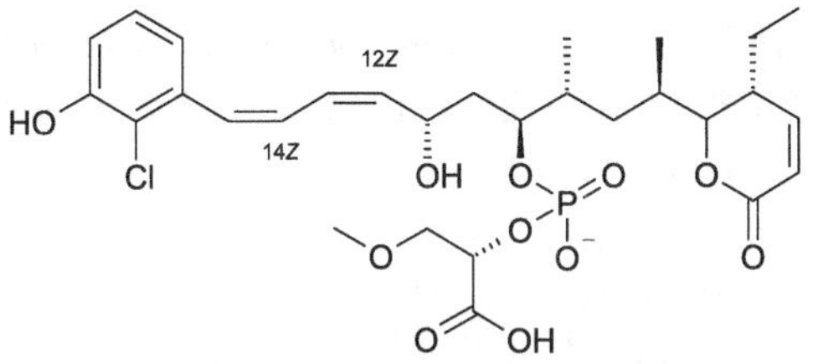

1817 Franklinolide B 富兰克林内酯 B*

【基本信息】$C_{29}H_{39}ClO_{11}P^-$.【类型】磷脂类.【来源】钵海绵属 *Geodia* sp.和软海绵属 *Halichondria* sp. (复合物, 大澳大利亚湾, 澳大利亚).【活性】细胞毒.【文献】H. Zhang, et al. Angew. Chem. Int. Ed., 2010, 49, 9904.

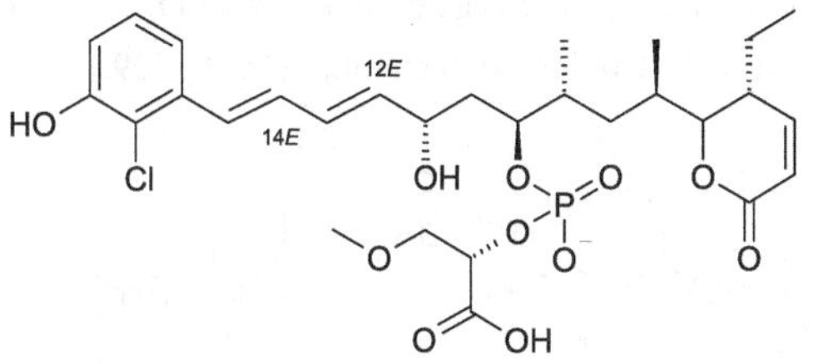

1818 Franklinolide C 富兰克林内酯 C*

【基本信息】$C_{29}H_{39}ClO_{11}P^-$.【类型】磷脂类.【来源】钵海绵属 *Geodia* sp.和软海绵属 *Halichondria* sp. (复合物, 大澳大利亚湾, 澳大利亚).【活性】细胞毒.【文献】H. Zhang, et al. Angew. Chem. Int. Ed., 2010, 49, 9904.

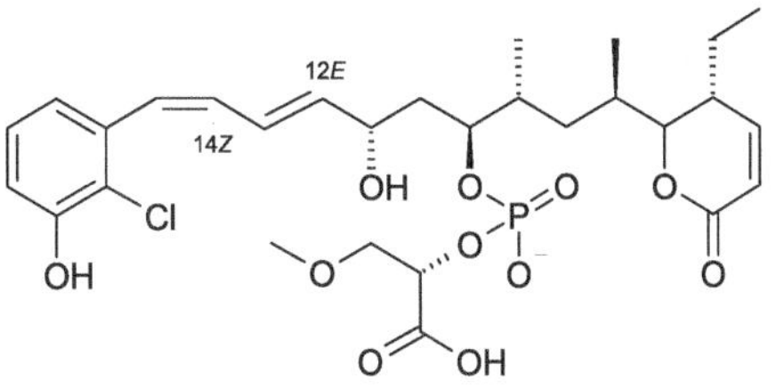

1819 Geometricin A 几何小瓜海绵新 A*

【基本信息】$C_{39}H_{63}N_2O_{12}P$, 无定形固体, $[\alpha]_D^{23}$ = −36.3° (*c* = 0.29, 甲醇).【类型】磷脂类.【来源】几何小瓜海绵* *Luffariella geometrica*.【活性】细胞毒 (HM02, GI_{50} = 1.7μg/mL; HepG2, GI_{50} = 2.8μg/mL); 抗藻 (50μg 水平, IZD = 5mm).【文献】S. Kehraus, et al. JNP, 2002, 65, 1056.

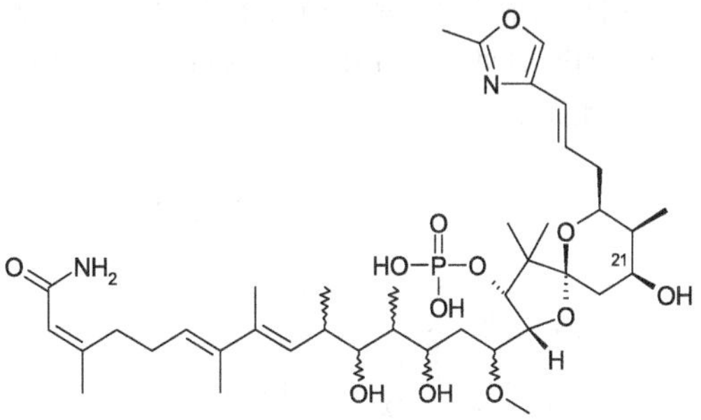

1820 Hemicalyculin 半花萼圆皮海绵诱癌素*

【基本信息】$C_{37}H_{59}N_2O_{10}P$.【类型】磷脂类.【来源】岩屑海绵花萼圆皮海绵* *Discodermia calyx* (东京都新岛村式根岛岸外, 日本).【活性】PP1 抑制剂 (IC_{50} = 14.2nmol/L); PP2A 抑制剂 (IC_{50} = 1.0nmol/L).【文献】P. L. Winder, et al. Mar. Drugs, 2011, 9, 2644 (Rev.).

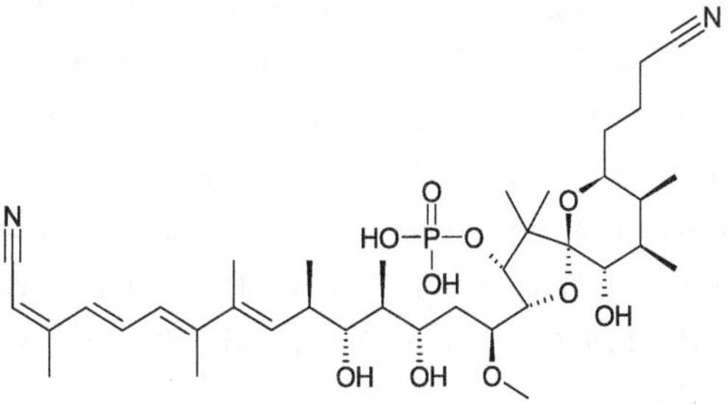

1821　1-(3*Z*-Hexadecenyl)glycero-3-phosphocholine　1-(3*Z*-十六(碳)烯基)丙三氧基-3-磷酸胆碱*

【基本信息】$C_{24}H_{50}NO_6P$.【类型】磷脂类.【来源】璇星海绵属 *Spirastrella abata* (朝鲜半岛水域).【活性】胆固醇生物合成抑制剂.【文献】B. A. Shin, et al. JNP, 1999, 62, 1554; N. Alam, et al. JNP, 2001, 64, 533.

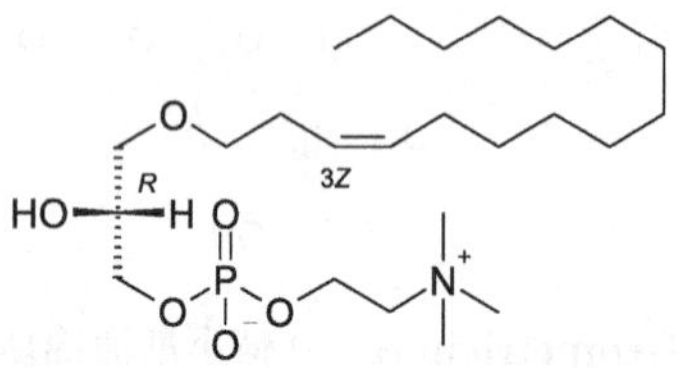

1822　1-(4*Z*-Hexadecenyl)glycero-3-phosphocholine　1-(4*Z*-十六(碳)烯基)丙三氧基-3-磷酸胆碱*

【基本信息】$C_{24}H_{50}NO_6P$.【类型】磷脂类.【来源】璇星海绵属 *Spirastrella abata* (朝鲜半岛水域).【活性】胆固醇生物合成抑制剂.【文献】B. A. Shin, et al. JNP, 1999, 62, 1554; N. Alam, et al. JNP, 2001, 64, 533.

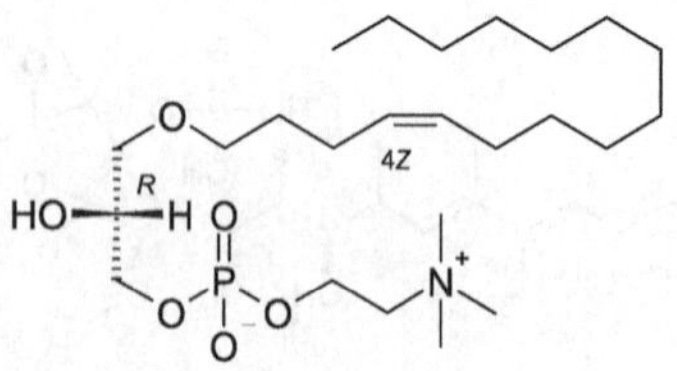

1823　1-Hexadecylglycero-3-phosphocholine　1-十六烷基丙三氧基-3-磷酸胆碱*

【基本信息】$C_{24}H_{52}NO_6P$, 粉末, mp 250°C (分解), $[\alpha]_D^{25} = -6.09°$ (c = 1.04, 氯仿/甲醇).【类型】磷脂类.【来源】璇星海绵属 *Spirastrella abata* 和肉丁海绵属 *Crella incrustans* (澳大利亚), 水螅纲软水母亚纲头螅水母亚目水螅 *Solanderia secunda*.【活性】抗污剂 (海鞘 *Clavelina moluccensis* 幼虫); 抑制海鞘, 藤壶, 苔藓虫和藻类的定居.【文献】N. Fusetani, et al. Comp. Biochem. Physiol., B: Comp. Biochem., 1986, 83, 511; A. J. Butler, et al. J. Chem. Ecol., 1996, 22, 2041; B. A. Shin, et al. JNP, 1999, 62, 1554; N. Alam, et al. JNP, 2001, 64, 533.

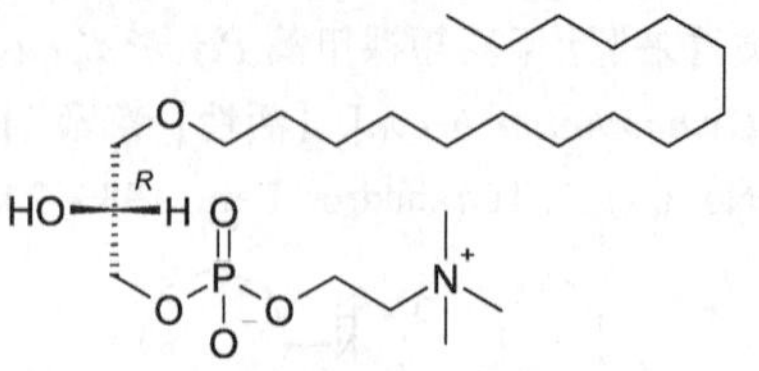

1824　1-[7-(2-Hexyl-3-methylcyclopropyl)heptyl]lysoplasmanylinositol　1-[7-(2-己基-3-甲基环丙基)庚基]溶菌酶血浆基肌醇*

【别名】Lysoplasmanylinositol 1; 溶菌酶血浆基肌醇*.【基本信息】$C_{26}H_{51}O_{11}P$, 固体, $[\alpha]_D^{20} = -10°$ (c = 0.03, 甲醇).【类型】磷脂类.【来源】岩屑海绵斯氏蒂壳海绵* *Theonella swinhoei* (八丈岛外海, 日本).【活性】抗微生物.【文献】S. Matsunaga, et al. JNP, 2001, 64, 816; P. L. Winder, et al. Mar. Drugs, 2011, 9, 2644 (Rev.).

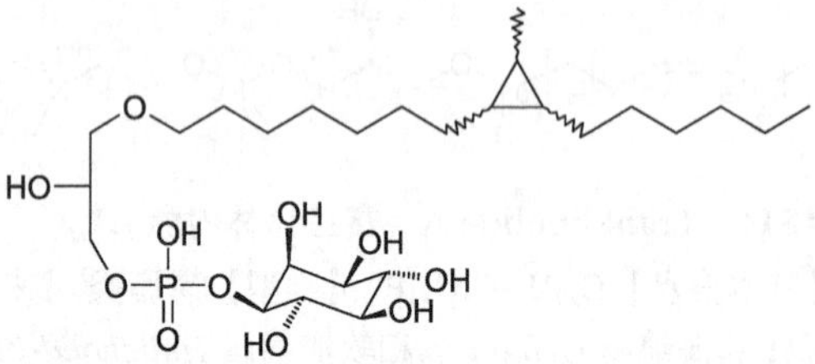

1825　Lysophosphatidyl inositol JMB99-709A　溶菌酶磷酯酰肌醇 JMB99-709A*

【基本信息】$C_{25}H_{49}O_{12}P$【类型】磷脂类.【来源】海洋导出的链霉菌属 *Streptomyces* sp. M428 (来自海洋沉积物).【活性】抗真菌.【文献】K. W. Cho, et al. J. Microbiol. Biotechnol., 1999, 9, 709.

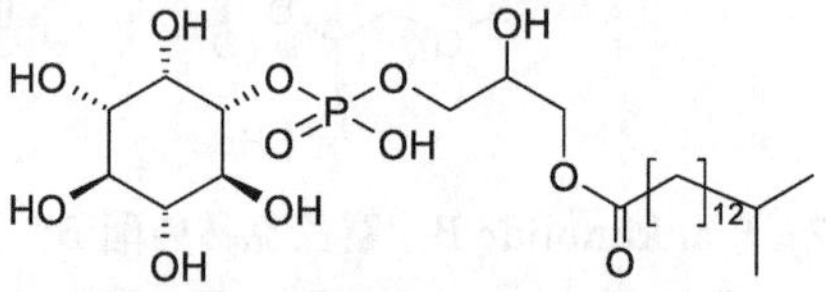

1826　Lysophosphatidyl inositol JMB99-709B　溶菌酶磷酯酰肌醇 JMB99-709B*

【基本信息】$C_{24}H_{47}O_{12}P$.【类型】磷脂类.【来源】海洋导出的链霉菌属 *Streptomyces* sp. M428 (来自海洋沉积物).【活性】抗真菌.【文献】K. W. Cho, et al. J. Microbiol. Biotechnol., 1999, 9, 709.

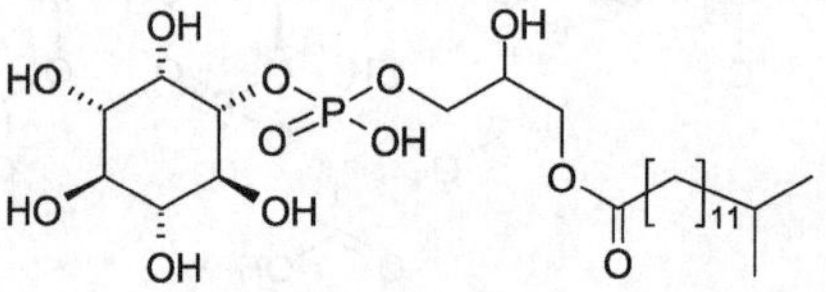

1827 1-*O*-(*cis*-11′,12′-Methylene)-octadecanoylglycero-3-phosphocholine 1-*O*-(*cis*-11′,12′-亚甲基)-十八酰基三氧基-3-磷酸胆碱*

【基本信息】$C_{27}H_{54}NO_7P$, 无定形固体.【类型】磷脂类.【来源】旋星海绵属 *Spirastrella abata* (朝鲜半岛水域).【活性】胆固醇生物合成抑制剂 (IC_{50} = 60μg/mL).【文献】B. A. Shin, et al. JNP, 1999, 62, 1554.

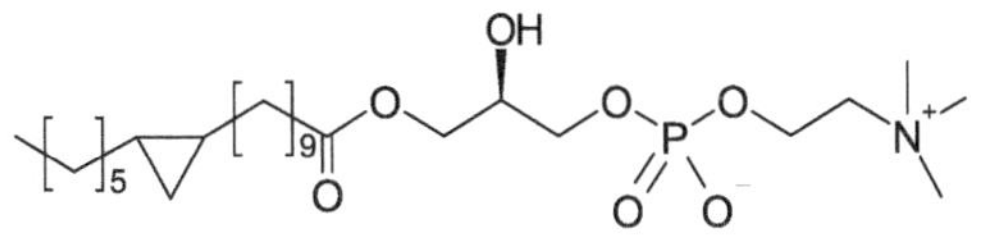

1828 1-(9-Methylhexadecyl)lysoplasmanylinositol 1-(9-甲基十六烷基)溶菌酶血浆基肌醇*

【别名】Lysoplasmanylinositol 2; 溶菌酶血浆基肌醇*.【基本信息】$C_{26}H_{53}O_{11}P$, 固体, $[\alpha]_D^{20}$ = −8.9° (*c* = 0.03, 甲醇).【类型】磷脂类.【来源】岩屑海绵斯氏蒂壳海绵* *Theonella swinhoei* (八丈岛外海, 日本).【活性】抗菌 (大肠杆菌 *Escherichia coli*, 50μg/盘, IZD = 12mm).【文献】S. Matsunaga, et al. JNP, 2001, 64, 816; P. L. Winder, et al. Mar. Drugs, 2011, 9, 2644 (Rev.).

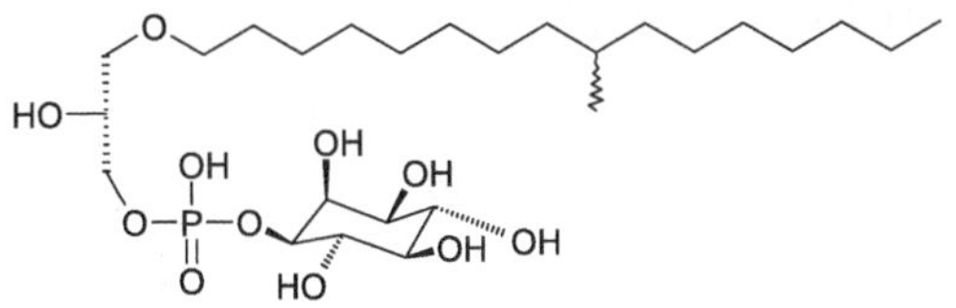

1829 1-*O*-(3′*Z*-Octadecenyl)glycero-3-phosphocholine 1-*O*-(3′*Z*-十八(碳)烯基)丙三氧基-3-磷酸胆碱*

【基本信息】$C_{26}H_{54}NO_6P$, 无定形固体.【类型】磷脂类.【来源】旋星海绵属 *Spirastrella abata* (朝鲜半岛水域).【活性】胆固醇生物合成抑制剂 (IC_{50} = 174μg/mL).【文献】B. A. Shin, et al. JNP, 1999, 62, 1554; N. Alam, et al. JNP, 2001, 64, 533.

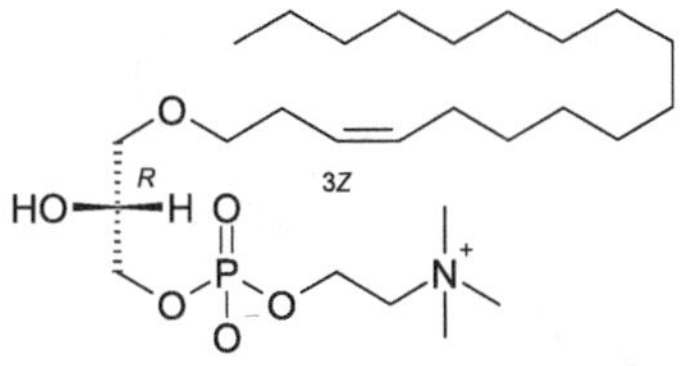

1830 1-*O*-(4′*Z*-Octadecenyl)glycero-3-phospho-choline 1-*O*-(4′*Z*-十八(碳)烯基)丙三氧基-3-磷酸胆碱*

【基本信息】$C_{26}H_{54}NO_6P$, 无定形固体.【类型】磷脂类.【来源】旋星海绵属 *Spirastrella abata* (朝鲜半岛水域).【活性】胆固醇生物合成抑制剂 (IC_{50} = 121μg/mL).【文献】B. A. Shin, et al. JNP, 1999, 62, 1554; N. Alam, et al. JNP, 2001, 64, 533.

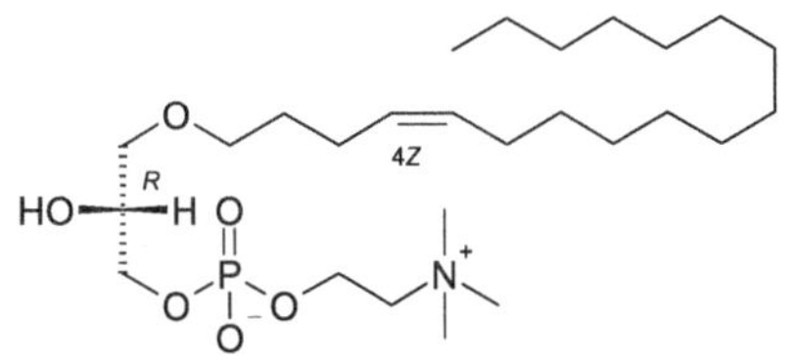

1831 Phosphocalyculin C 磷酸花萼圆皮海绵诱癌素 C*

【基本信息】$C_{51}H_{84}N_4O_{18}P_2$.【类型】磷脂类.【来源】岩屑海绵花萼圆皮海绵* *Discodermia calyx*.【活性】细胞毒 (P_{388}, IC_{50} = 36nmol/L, 毒性是 calyculinC 的 1/5000).【文献】Y. Egami, et al. Bioorg. Med. Chem. Lett., 2014, 24, 5150.

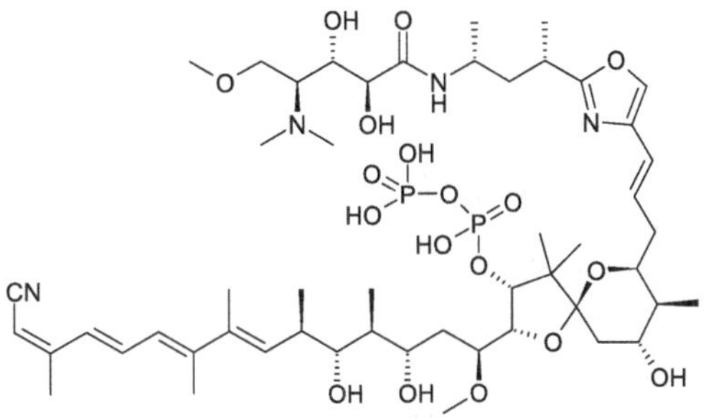

1832 Pokepola ester 坡科坡拉酯*

【基本信息】$C_{23}H_{38}NO_8P$, 油状物, $[\alpha]_D$ = −4.5° (*c* = 0.5, 甲醇).【类型】磷脂类.【来源】角骨海绵属 *Spongia oceania* (摩尔, 夏威夷群岛, 夏威夷, 美国).【活性】抗-HIV.【文献】R. S. Kalidindi, et al. Tetrahedron Lett., 1994, 35, 5579.

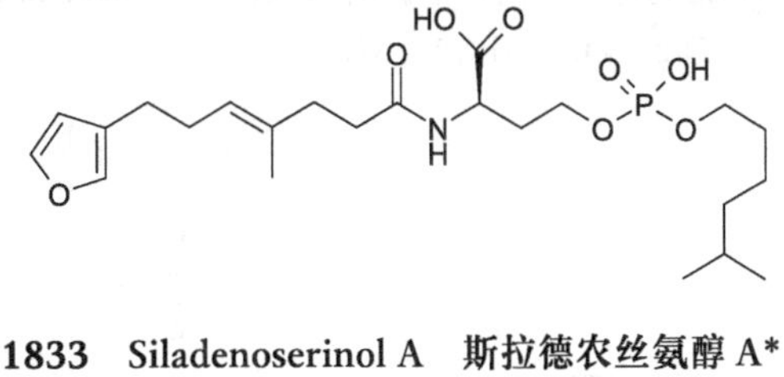

1833 Siladenoserinol A 斯拉德农丝氨醇 A*

【基本信息】$C_{43}H_{79}N_2O_{17}PS$.【类型】磷脂类.【来源】星骨海鞘科海鞘 (北苏拉威西, 印度尼西亚).【活性】抑制肿瘤抑制因子 p53 与 HDM2 的相互作用 (潜在导致癌细胞中肿瘤抑制因子 p53 和细胞凋亡诱导作用的重新激活).【文献】Y. Nakamura, et al. Org. Lett., 2013, 15, 322.

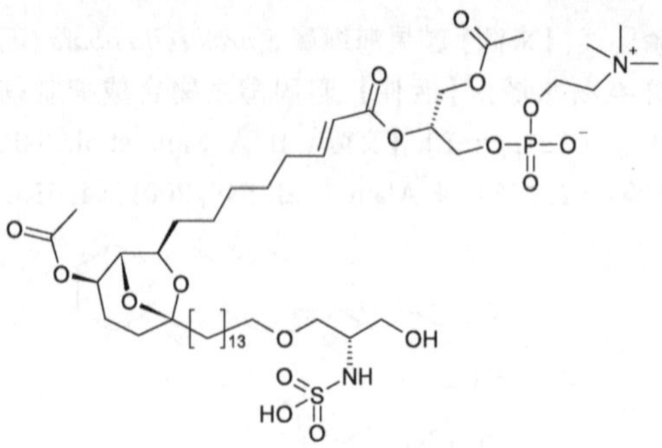

1834 Siladenoserinol B 斯拉德农丝氨醇 B*

【基本信息】$C_{40}H_{73}N_2O_{17}PS$.【类型】磷脂类.【来源】星骨海鞘科海鞘 (北苏拉威西, 印度尼西亚).【活性】抑制肿瘤抑制因子 p53 与 HDM2 的相互作用 (潜在导致癌细胞中肿瘤抑制因子 p53 和细胞凋亡诱导作用的重新激活).【文献】Y. Nakamura, et al. Org. Lett., 2013, 15, 322.

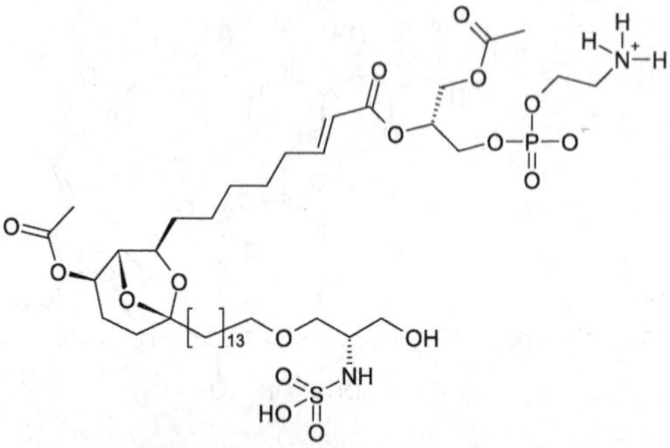

1835 Siladenoserinol C 斯拉德农丝氨醇 C*

【基本信息】$C_{38}H_{71}N_2O_{16}PS$.【类型】磷脂类.【来源】星骨海鞘科海鞘 (北苏拉威西, 印度尼西亚).【活性】抑制肿瘤抑制因子 p53 与 HDM2 的相互作用 (潜在导致癌细胞中肿瘤抑制因子 p53 和细胞凋亡诱导作用的重新激活).【文献】Y. Nakamura, et al. Org. Lett., 2013, 15, 322.

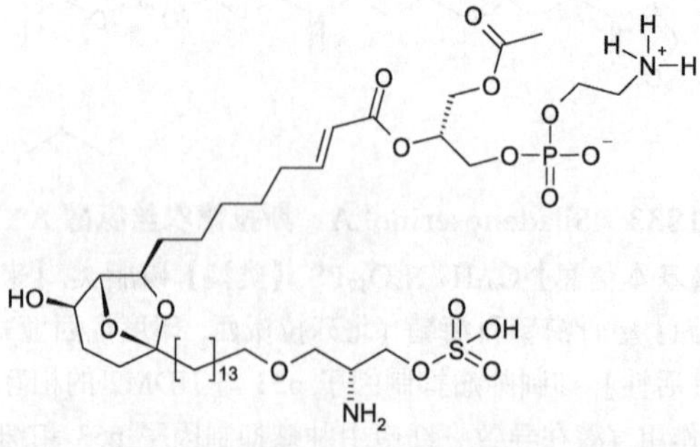

1836 Siladenoserinol D 斯拉德农丝氨醇 D*

【基本信息】$C_{41}H_{77}N_2O_{16}PS$.【类型】磷脂类.【来源】星骨海鞘科海鞘 (北苏拉威西, 印度尼西亚).【活性】抑制肿瘤抑制因子 p53 与 HDM2 的相互作用 (潜在导致癌细胞中肿瘤抑制因子 p53 和细胞凋亡诱导作用的重新激活).【文献】Y. Nakamura, et al. Org. Lett., 2013, 15, 322.

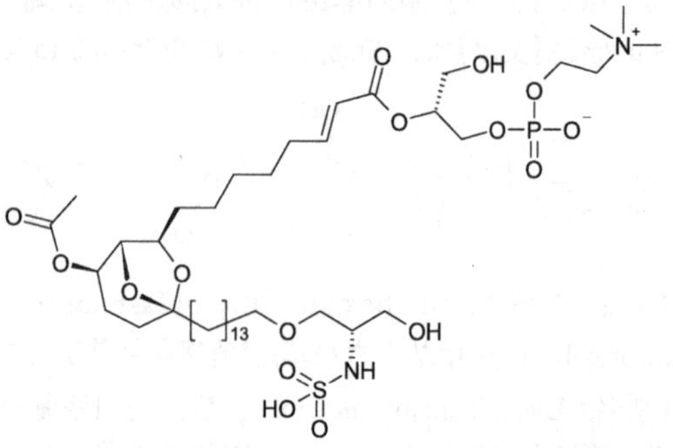

1837 Siladenoserinol E 斯拉德农丝氨醇 E*

【基本信息】$C_{41}H_{77}N_2O_{16}PS$.【类型】磷脂类.【来源】星骨海鞘科海鞘 (北苏拉威西, 印度尼西亚).【活性】抑制肿瘤抑制因子 p53 与 HDM2 的相互作用 (潜在导致癌细胞中肿瘤抑制因子 p53 和细胞凋亡诱导作用的重新激活).【文献】Y. Nakamura, et al. Org. Lett., 2013, 15, 322.

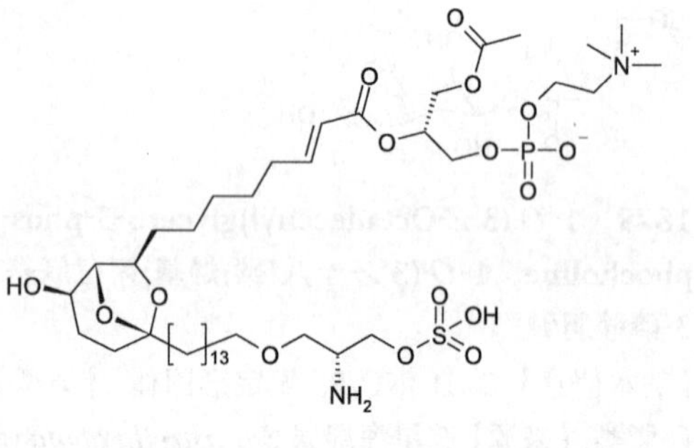

1838 Siladenoserinol F 斯拉德农丝氨醇 F*

【基本信息】$C_{41}H_{77}N_2O_{16}PS$.【类型】磷脂类.【来源】星骨海鞘科海鞘 (北苏拉威西, 印度尼西亚).

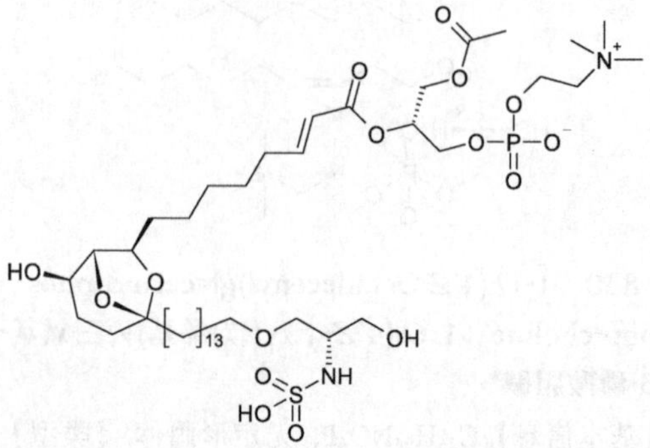

【活性】抑制肿瘤抑制因子 p53 与 HDM2 的相互作用 (潜在导致癌细胞中肿瘤抑制因子 p53 和细胞凋亡诱导作用的重新激活).【文献】Y. Nakamura, et al. Org. Lett., 2013, 15, 322.

1839 Siladenoserinol G 斯拉德农丝氨醇 G*
【基本信息】$C_{43}H_{79}N_2O_{17}PS$.【类型】磷脂类.【来源】星骨海鞘科海鞘 (北苏拉威西, 印度尼西亚).【活性】抑制肿瘤抑制因子 p53 与 HDM2 的相互作用 (潜在导致癌细胞中肿瘤抑制因子 p53 和细胞凋亡诱导作用的重新激活).【文献】Y. Nakamura, et al. Org. Lett., 2013, 15, 322.

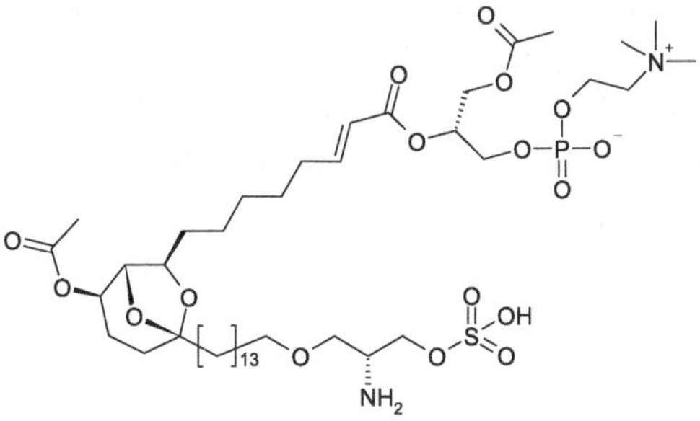

1840 Siladenoserinol H 斯拉德农丝氨醇 H*
【基本信息】$C_{41}H_{77}N_2O_{16}PS$.【类型】磷脂类.【来源】星骨海鞘科海鞘 (北苏拉威西, 印度尼西亚).【活性】抑制肿瘤抑制因子 p53 与 HDM2 的相互作用 (潜在导致癌细胞中肿瘤抑制因子 p53 和细胞凋亡诱导作用的重新激活).【文献】Y. Nakamura, et al. Org. Lett., 2013, 15, 322.

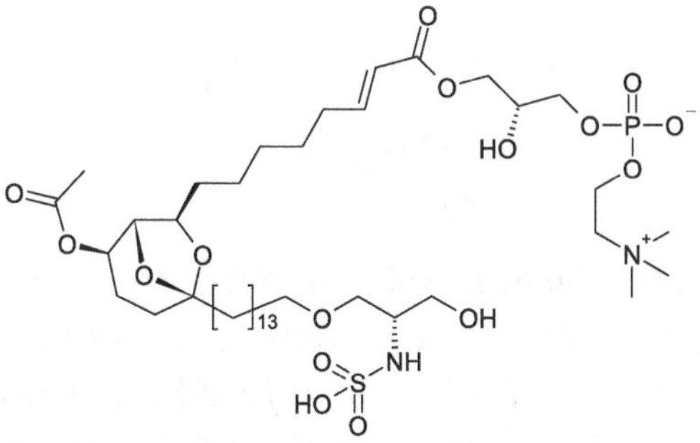

1841 Siladenoserinol I 斯拉德农丝氨醇 I*
【基本信息】$C_{41}H_{77}N_2O_{16}PS$.【类型】磷脂类.【来源】星骨海鞘科海鞘 (北苏拉威西, 印度尼西亚).【活性】抑制肿瘤抑制因子 p53 与 HDM2 的相互作用 (潜在导致癌细胞中肿瘤抑制因子 p53 和细胞凋亡诱导作用的重新激活).【文献】Y. Nakamura, et al. Org. Lett., 2013, 15, 322.

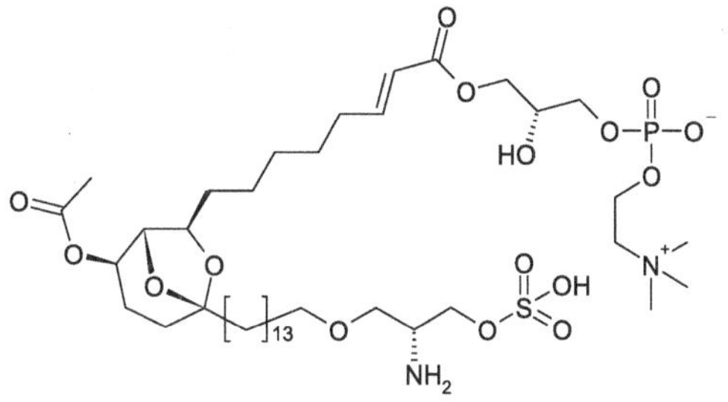

1842 Siladenoserinol J 斯拉德农丝氨醇 J*
【基本信息】$C_{36}H_{69}N_2O_{15}PS$.【类型】磷脂类.【来源】星骨海鞘科海鞘 (北苏拉威西, 印度尼西亚).【活性】抑制肿瘤抑制因子 p53 与 HDM2 的相互作用 (潜在导致癌细胞中肿瘤抑制因子 p53 和细胞凋亡诱导作用的重新激活).【文献】Y. Nakamura, et al. Org. Lett., 2013, 15, 322.

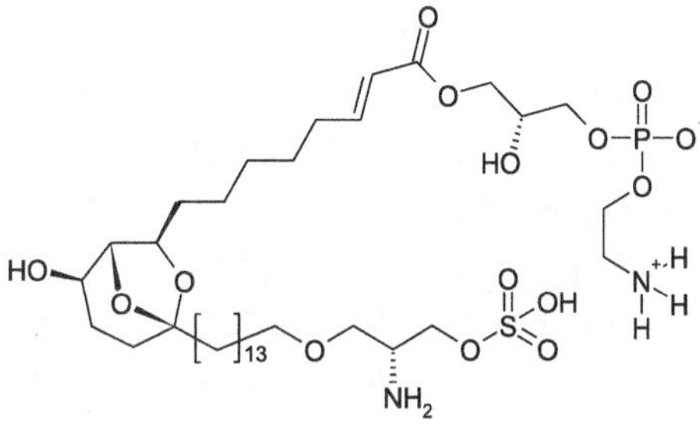

1843 Siladenoserinol K 斯拉德农丝氨醇 K*
【基本信息】$C_{39}H_{75}N_2O_{15}PS$.【类型】磷脂类.【来源】星骨海鞘科海鞘 (北苏拉威西, 印度尼西亚).【活性】抑制肿瘤抑制因子 p53 与 HDM2 的相互作用 (潜在导致癌细胞中肿瘤抑制因子 p53 和细胞凋亡诱导作用的重新激活).【文献】Y. Nakamura, et al. Org. Lett., 2013, 15, 322.

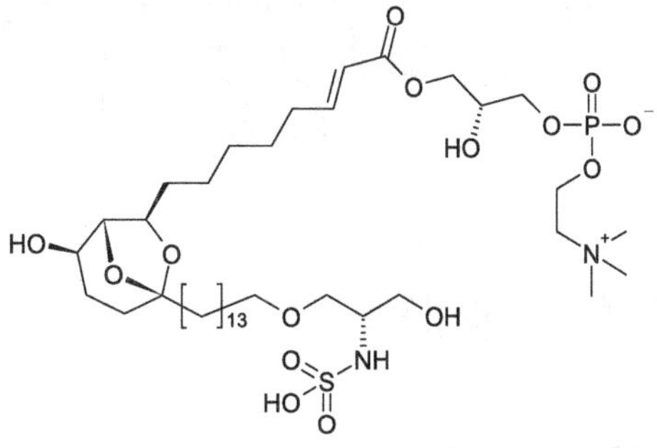

1844 Siladenoserinol L 斯拉德农丝氨醇 L*
【基本信息】$C_{39}H_{75}N_2O_{15}PS$.【类型】磷脂类.【来源】星骨海鞘科海鞘 (北苏拉威西, 印度尼西亚).【活性】抑制肿瘤抑制因子 p53 与 HDM2 的相互作用

作用 (潜在导致癌细胞中肿瘤抑制因子 p53 和细胞凋亡诱导作用的重新激活).【文献】Y. Nakamura, et al. Org. Lett., 2013, 15, 322.

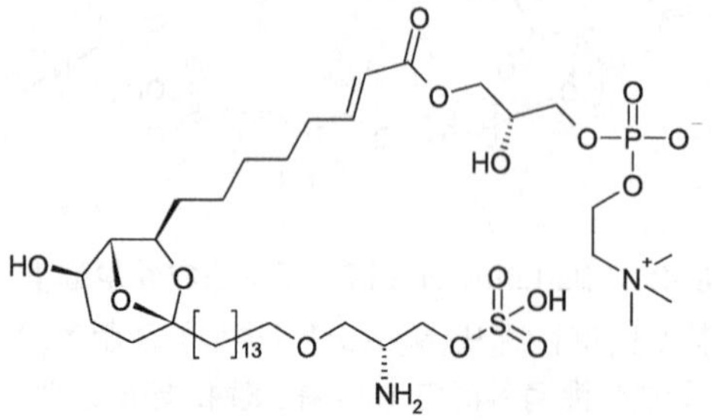

1845 Swinhoeiamide A 斯氏蒂壳海绵酰胺 A*

【基本信息】$C_{40}H_{65}N_2O_{12}P$, 粉末, $[\alpha]_D^{20} = -21.6°$ ($c = 0.35$, 乙醇).【类型】磷脂类.【来源】岩屑海绵斯氏蒂壳海绵* *Theonella swinhoei* (卡卡岛海岸, 巴布亚新几内亚).【活性】杀昆虫剂 (昆虫 *Spodoptera littoralis* 新生幼虫, 长期喂养生物测定实验, $ED_{50} = 2.11\mu g/mL$, $LD_{50} = 2.98\mu g/mL$; 抗真菌 (白色念珠菌 *Candida albicans*, MIC = 1.2μg/mL; 烟曲霉菌 *Aspergillus fumigatus*, MIC = 1.0μg/mL); 细胞毒 (剂量相关, 各种身份不明的细胞和组织, $IC_{50} = 20\sim90ng/mL$, 细胞增殖抑制剂).【文献】K.G. Steube, et al. Anticancer Res., 1998, 18, 129; R. A. Edrada, et al. JNP, 2002, 65, 1168; P. L. Winder, et al. Mar. Drugs, 2011, 9, 2644 (Rev.).

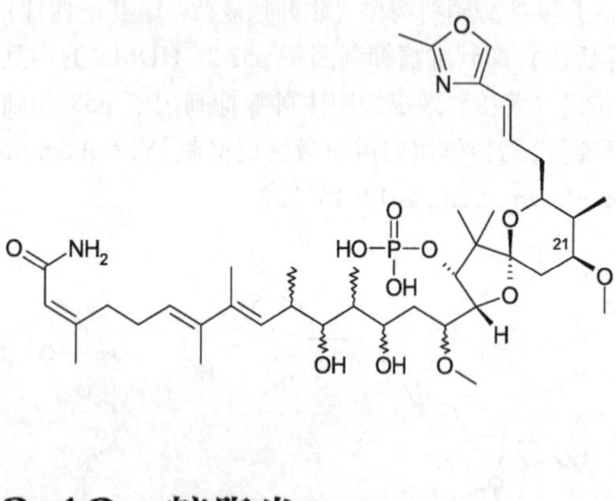

3.12 糖脂类

1846 1-*O*-(4-Amino-4-deoxy-α-D-mannopyranosyl)glycerol 1-*O*-(4-氨基-4-去氧-α-D-吡喃甘露糖基)甘油

【基本信息】$C_9H_{19}NO_7$.【类型】糖脂类.【来源】红藻鹧鸪菜 *Caloglossa leprieurii*.【活性】驱虫剂.【文献】X.-H. et al. Acta Sci. Nat. Univ. Sunyatseni, 1997, 36, 1 17.

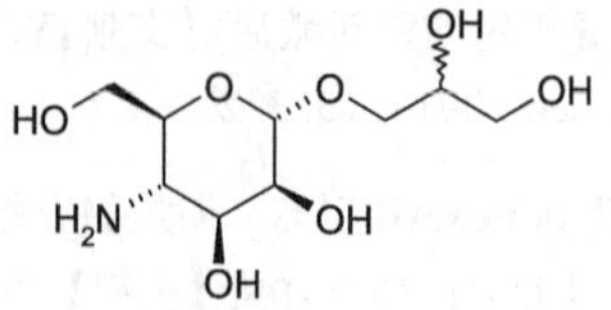

1847 Batilol 鲨肝醇

【别名】3-(Octadecyloxy)-1,2-propanediol; 3-(十八烷基氧)-1,2-丙二醇.【基本信息】$C_{21}H_{44}O_3$, mp 70.5~71.5°C.【类型】糖脂类.【来源】结沙海绵属 *Desmapsamma anchorata* 和山海绵属 *Mycale mytilorum*, 六放珊瑚亚纲沙群海葵属 *Palythoa liscia*, 短指软珊瑚属 *Sinularia* sp., 丛柳珊瑚科 Plexauridae 柳珊瑚 *Plexaura flexuosa*, 鱼肝油.【活性】辐射防护剂; LD_{50} (小鼠, ipr) = 750mg/kg.【文献】G. Bala Show Reddy, et al. BoMC, 2000, 8, 27.

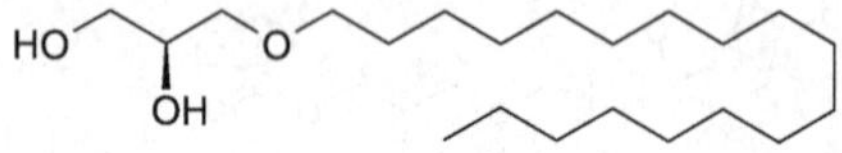

1848 Batyl alcohol-3-*O*-α-L-fucopyranoside 鲨肝醇-3-*O*-α-L-吡喃岩藻糖苷

【基本信息】$C_{27}H_{54}O_7$, 棱柱状晶体 (甲醇), mp 135~138°C, $[\alpha]_D^{30} = -73°$ ($c = 0.1$, 甲醇).【类型】糖脂类.【来源】短指软珊瑚属 *Sinularia* sp. (伦格特岛, 印度).【活性】抗菌 (短小芽孢杆菌 *Bacillus pumilis*, 500μg/mL).【文献】C. Subrahmanyam, et al. Indi. J. Chem., Sect B, 1999, 38, 1388.

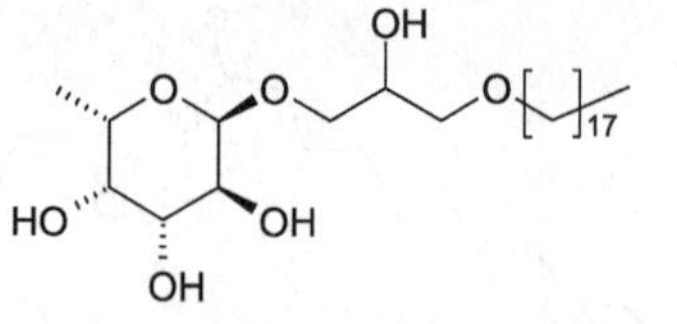

1849 Ceratodictyol A 角网藻醇 A*

【基本信息】$C_{19}H_{36}O_4$, 油状物, $[\alpha]_D^{23} = -33°$ ($c = 0.01$, 甲醇).【类型】糖脂类.【来源】红藻角网藻 *Ceratodictyon spongiosum* 和蜂海绵属 *Haliclona cymaeformis*.【活性】细胞毒 (HeLa, $IC_{50} = 67\mu mol/L$).【文献】T. Akiyama, et al. JNP, 2009, 72, 1552.

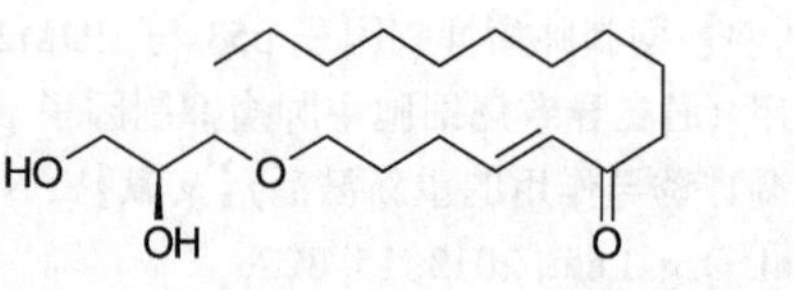

1850　Ceratodictyol B　角网藻醇 B*

【基本信息】$C_{19}H_{36}O_4$，油状物，$[\alpha]_D^{23}= -27°$ (c = 0.02，甲醇).【类型】糖脂类.【来源】红藻角网藻 *Ceratodictyon spongiosum* 和蜂海绵属 *Haliclona cymaeformis*.【活性】细胞毒 (HeLa，IC_{50} = 67μmol/L).【文献】T. Akiyama, et al. JNP, 2009, 72, 1552.

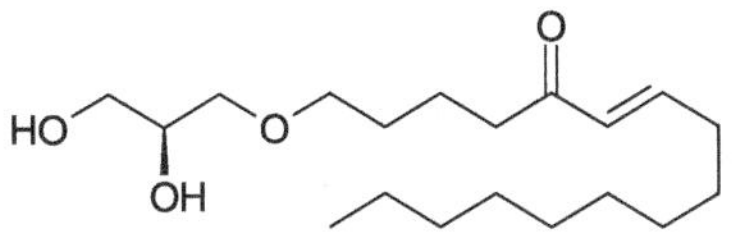

1851　Ceratodictyol C　角网藻醇 C*

【基本信息】$C_{19}H_{38}O_4$，和化合物 Ceratodictyol D 的差向异构体混合物，油状物，$[\alpha]_D^{24} = -27°$ (c = 0.01，甲醇).【类型】糖脂类.【来源】红藻角网藻 *Ceratodictyon spongiosum* 和蜂海绵属 *Haliclona cymaeformis*.【活性】细胞毒 (和化合物角网藻醇 D 的混合物，HeLa，IC_{50} = 67μmol/L).【文献】T. Akiyama, et al. JNP, 2009, 72, 1552.

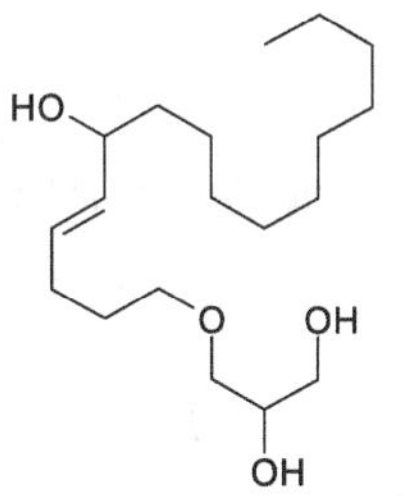

1852　Ceratodictyol D　角网藻醇 D*

【别名】Ceratodictyol C 6′-epimer；角网藻醇 C 6′-差向异构体*.【基本信息】$C_{19}H_{38}O_4$，和化合物 Ceratodictyol C 的差向异构体混合物，油状物，$[\alpha]_D^{24} = -27°$ (c = 0.01，甲醇).【类型】糖脂类.【来源】红藻角网藻 *Ceratodictyon spongiosum* 和蜂海绵属 *Haliclona cymaeformis*.【活性】细胞毒 (和化合物角网藻醇 C 的混合物，HeLa，IC_{50} = 67μmol/L).【文献】T. Akiyama, et al. JNP, 2009, 72, 1552.

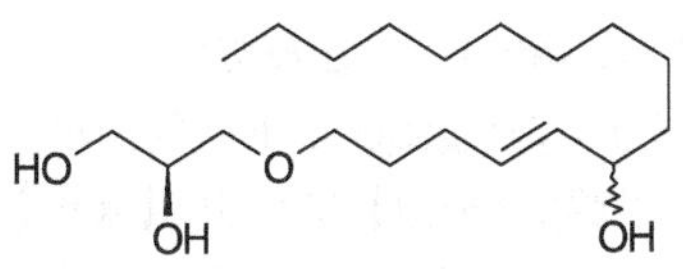

1853　Ceratodictyol E　角网藻醇 E*

【基本信息】$C_{19}H_{38}O_4$，和化合物 Ceratodictyol C 的差向异构体混合物，油状物，$[\alpha]_D^{24}= -26°$ (c = 0.01，甲醇).【类型】糖脂类.【来源】红藻角网藻 *Ceratodictyon spongiosum* 和蜂海绵属 *Haliclona cymaeformis*.【活性】细胞毒 (和化合物角网藻醇 F 的混合物，HeLa，IC_{50} = 67μmol/L).【文献】T. Akiyama, et al. JNP, 2009, 72, 1552.

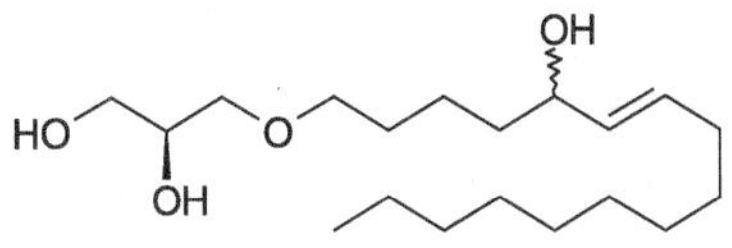

1854　Ceratodictyol F　角网藻醇 F*

【基本信息】$C_{19}H_{38}O_4$，和化合物 Ceratodictyol E 的差向异构体混合物，油状物，$[\alpha]_D^{24}= -26°$ (c = 0.01，甲醇).【类型】糖脂类.【来源】红藻角网藻 *Ceratodictyon spongiosum* 和蜂海绵属 *Haliclona cymaeformis*.【活性】细胞毒 (和化合物角网藻醇 E 的混合物，HeLa，IC_{50} = 67μmol/L).【文献】T. Akiyama, et al. JNP, 2009, 72, 1552.

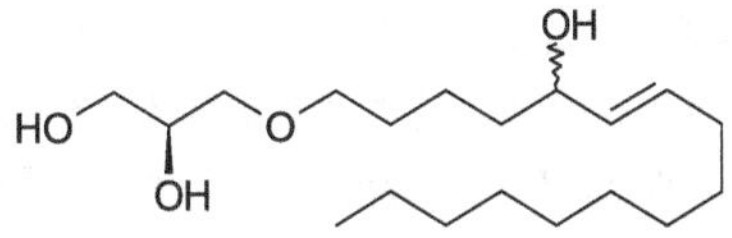

1855　(*R*)-Chimyl alcohol　(*R*)-鲛肝醇

【基本信息】$C_{19}H_{40}O_3$，mp 64.5~65.5°C.【类型】糖脂类.【来源】软体动物裸鳃目 *Tritoniella belli* (南极地区)和匍匐珊瑚目 *Clavularia frankliniana* (共生体).【活性】拒食活性 (南极杂食海星 **Odontaster validus*).【文献】J. B. McClintock, et al. J. Chem. Ecol., 1994, 20, 3361.

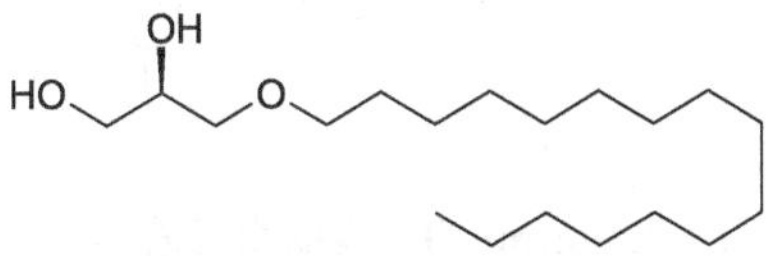

1856　3-Eicosyloxy-1,2-propanediol　3-二十烷基氧-1,2-丙二醇

【基本信息】$C_{23}H_{48}O_3$.【类型】糖脂类.【来源】软体动物裸鳃目 *Tritoniella belli* (南极地区) 和匍匐珊瑚目 *Clavularia frankliniana* (共生体).【活性】拒食活性 (南极杂食海星 **Odontaster validus*).【文献】J. B. McClintock, et al. J. Chem. Ecol., 1994, 20, 3361.

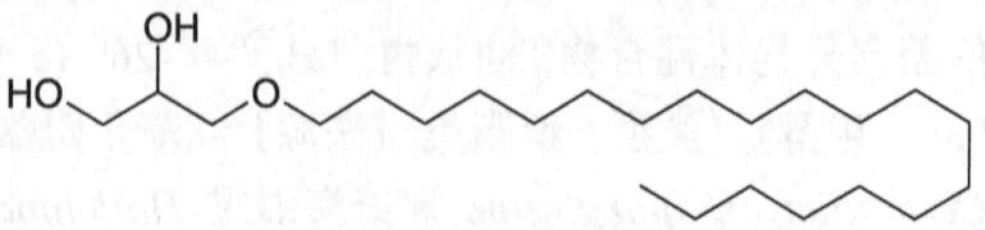

1857 Erylusamine B 爱丽海绵胺 B*

【基本信息】$C_{62}H_{108}N_2O_{24}$，树胶状物，$[\alpha]_D^{20}$ = –5.5° (c = 0.2, 甲醇).【类型】糖脂类.【来源】圆瓶爱丽海绵 *Erylus placenta* (日本水域).【活性】IL-6 受体拮抗剂 (抑制 IL-6 与其受体捆绑结合, IC_{50} = 66μg/mL); 细胞分裂素.【文献】N. Fusetani, et al. Tetrahedron Lett., 1993, 34, 4067; N. Sata, et al. Tetrahedron, 1994, 50, 1105.

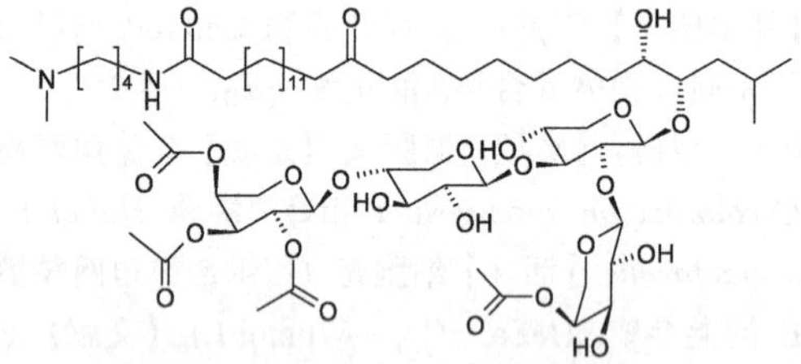

1858 Erylusamine C 爱丽海绵胺 C*

【基本信息】$C_{64}H_{110}N_2O_{25}$，无色油状物，$[\alpha]_D^{20}$ = –9.6° (c = 0.3, 甲醇).【类型】糖脂类.【来源】圆瓶爱丽海绵 *Erylus placenta* (日本水域).【活性】IL-6 受体拮抗剂 (抑制 IL-6 与其受体捆绑结合, IC_{50} = 33μg/mL).【文献】N. Sata, et al. Tetrahedron, 1994, 50, 1105.

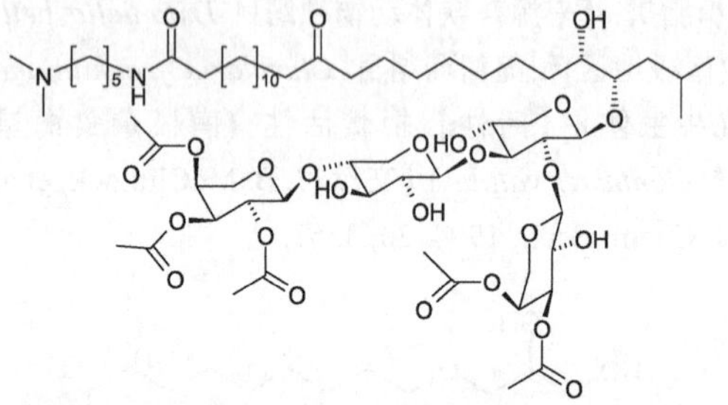

1859 Erylusamine D 爱丽海绵胺 D*

【基本信息】$C_{64}H_{110}N_2O_{25}$，无色油状物，$[\alpha]_D^{20}$ = –6.0° (c = 0.1, 甲醇).【类型】糖脂类.【来源】圆瓶爱丽海绵 *Erylus placenta* (日本水域).【活性】IL-6 受体拮抗剂 (抑制 IL-6 与其受体捆绑结合, IC_{50} = 37μg/mL).【文献】N. Sata, et al. Tetrahedron, 1994, 50, 1105.

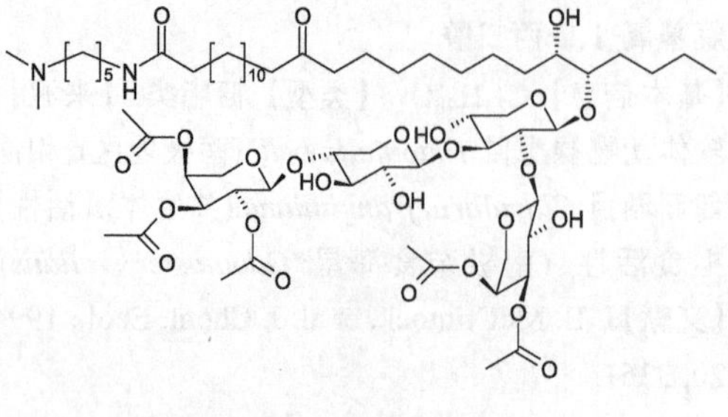

1860 Erylusamine E 爱丽海绵胺 E*

【基本信息】$C_{65}H_{112}N_2O_{25}$，无色油状物，$[\alpha]_D^{20}$ = –8.0° (c = 0.2, 甲醇).【类型】糖脂类.【来源】圆瓶爱丽海绵 *Erylus placenta* (日本水域).【活性】IL-6 受体拮抗剂 (抑制 IL-6 与其受体捆绑结合，IC_{50} = 17μg/mL).【文献】N. Sata, et al. Tetrahedron, 1994, 50, 1105.

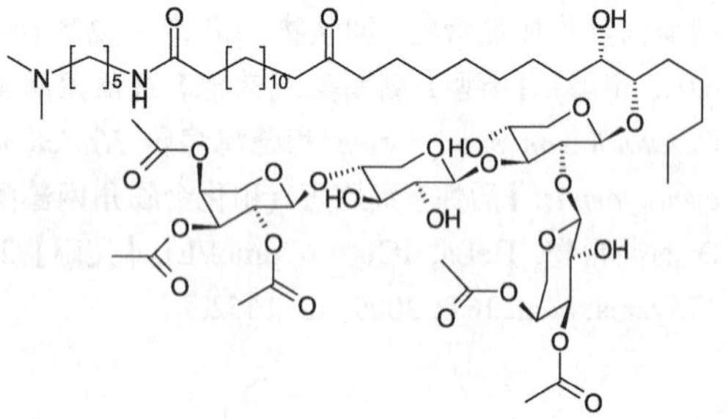

1861 Erylusamine TA 爱丽海绵胺 TA*

【基本信息】$C_{54}H_{100}N_2O_{20}$，油状物，$[\alpha]_D^{25}$ = +28° (c = 2.9, 甲醇).【类型】糖脂类.【来源】爱丽海绵属 *Erylus* cf. *lendenfeldi* (红海).【活性】细胞毒.【文献】R. Goobes, et al. Tetrahehron, 1996, 52, 7921.

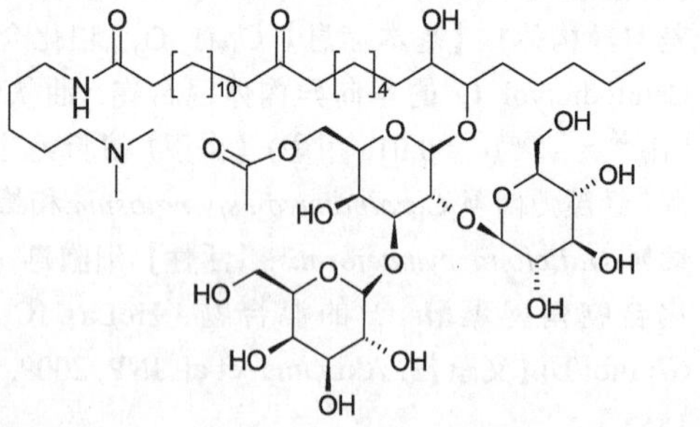

1862 Erylusidine 爱丽海绵碱*

【基本信息】$C_{56}H_{104}N_4O_{20}$，油状物，$[\alpha]_D^{25}$ = –4.1° (c = 4.7, 甲醇).【类型】糖脂类.【来源】爱丽海绵属 *Erylus* cf. *lendenfeldi* (红海).【活性】细胞毒.【文献】R. Goobes, et al. Tetrahehron, 1996, 52, 7921.

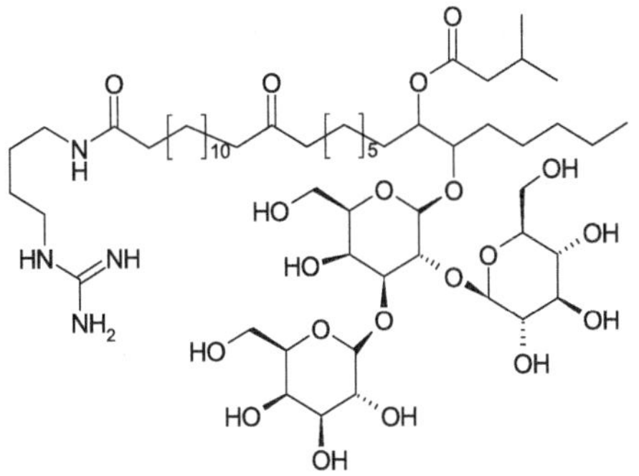

1863 Erylusine 爱丽海绵新*

【基本信息】$C_{57}H_{107}N_3O_{20}$, 油状物, $[\alpha]_D^{25} = +1.9°$ ($c = 4.3$, 甲醇).【类型】糖脂类.【来源】爱丽海绵属 *Erylus* cf. *lendenfeldi* (红海).【活性】细胞毒.【文献】R. Goobes, et al. Tetrahehron, 1996, 52, 7921.

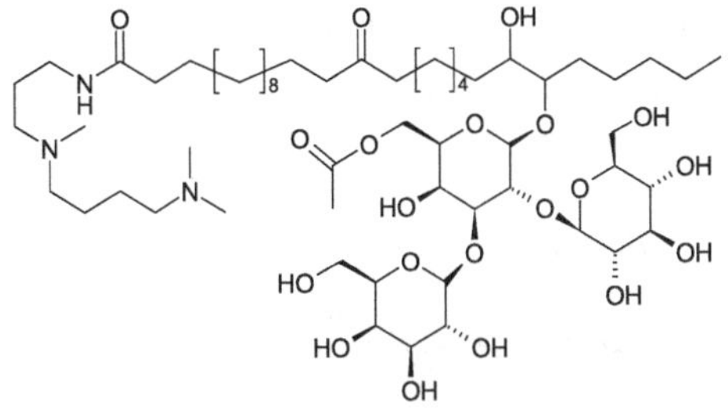

1864 Glycerol-1-(7*Z*,10*Z*,13*Z*-hexadecatrienoate),2-(9*Z*,12*Z*,15*Z*-octadecatrienoate)-(2*R*)-3-*O*-*β*-D-Galactopyranoside 甘油-1-(7*Z*,10*Z*,13*Z*-十六(碳)三烯酸酯),2-(9*Z*,12*Z*,15*Z*-十八(碳)三烯酸酯)-(2*R*)-3-*O*-*β*-D-吡喃半乳糖苷

【基本信息】$C_{43}H_{70}O_{10}$, 油状物, $[\alpha]_D^{25} = -2.8°$ ($c = 0.2$, 氯仿).【类型】糖脂类.【来源】绿藻杉叶蕨藻 *Caulerpa taxifolia* (地中海).【活性】细胞毒.【文献】I. Mancini, et al. Helv. Chim. Acta, 1998, 81, 1681.

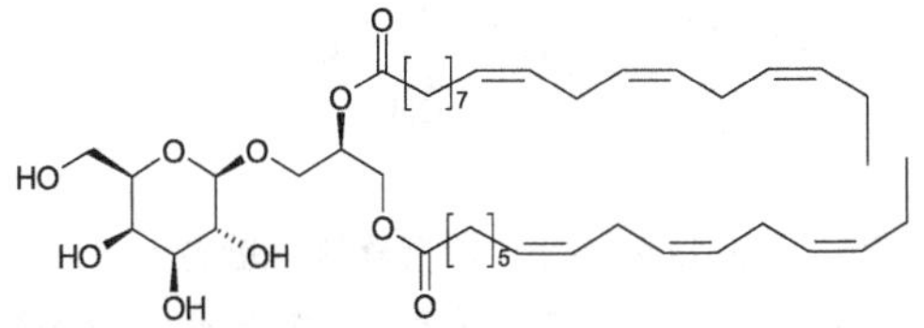

1865 Glycerol 1-hexadecyl ether diacetate 甘油 1-十六烷基醚二乙酸酯

【基本信息】$C_{23}H_{44}O_5$, $[\alpha]_D^{20} = -12.8°$ ($c = 0.2$, 己烷).【类型】糖脂类.【来源】软体动物黑斑海兔 *Aplysia kurodai.*【活性】轻泻剂.【文献】T. Miyamoto, et al. Annalen, 1988, 585.

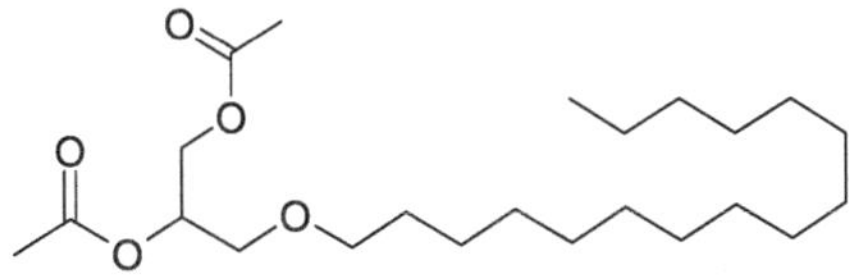

1866 Glycerol 1-(2*R*-methoxyhexadecyl) ether 甘油 1-(2*R*-甲氧基十六烷基)醚

【基本信息】$C_{20}H_{42}O_4$, mp 39.5°C, mp 44.2~44.7°C (同质二形), $[\alpha]_D^{20} = -3.3°$ ($c = 5$, 四氢呋喃).【类型】糖脂类.【来源】玻璃鹰嘴贝 (腕足类贻贝) *Gryphus vitreu*, 鲨鱼鱼肝油.【活性】细胞毒.【文献】M. D'Ambrosio, et al. Experientia, 1996, 52, 624.

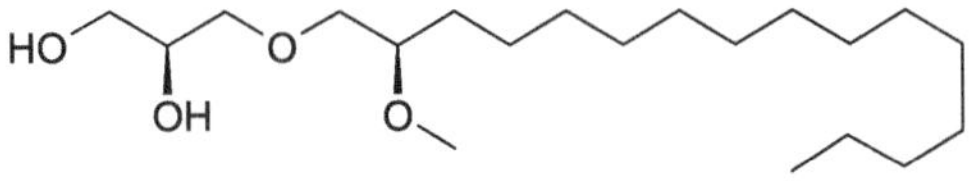

1867 Ishigoside 铁钉菜苷

【基本信息】$C_{41}H_{79}NO_9$.【类型】糖脂类.【来源】棕藻铁钉菜 *Ishige okamurae* (釜山, 韩国).【活性】抗氧化剂 (自由基清除剂, 用 ESR 方法评估).【文献】Y. Zou, et al. Biotechnol. Bioprocess Eng., 2009, 14, 20.

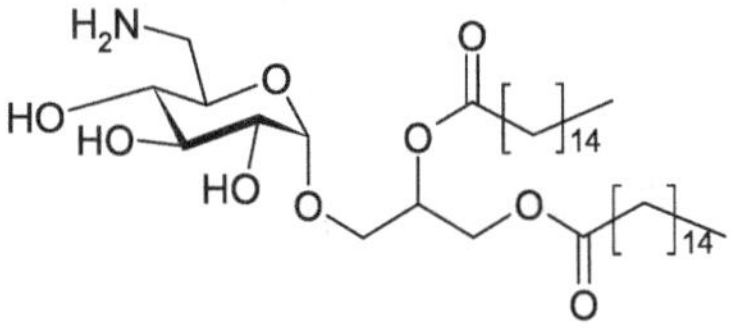

1868 1-*O*-(2-Methoxyhexadecyl)glycerol 1-*O*-(2-甲氧基十六烷基)甘油

【基本信息】$C_{21}H_{44}O_4$.【类型】糖脂类.【来源】软体动物裸鳃目 *Tritoniella belli* (南极地区) 和匍匐珊瑚目 *Clavularia frankliniana* (共生体).【活性】拒食活性 (南极杂食海星**Odontaster validus*).【文献】J. B. McClintock, et al. J. Chem. Ecol., 1994, 20, 3361.

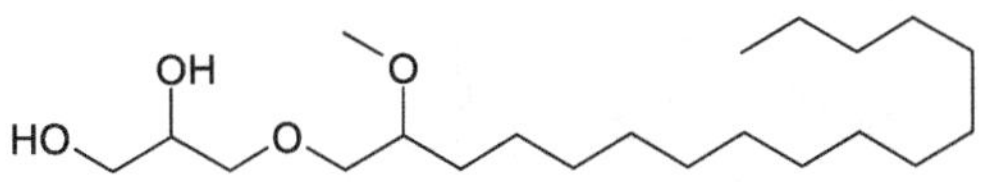

1869 Myrmekioside A 海绵糖苷 A*

【基本信息】$C_{36}H_{68}O_{17}$, 无定形固体, $[\alpha]_D = -19.8°$ ($c = 0.50$, 甲醇).【类型】糖脂类.【来源】

Heteroxyidae 科海绵 *Myrmekioderma* sp. (日本水域).【活性】翻转黑色素瘤 H-*ras* 转换的正常成纤维细胞 NIH3T3 的表现型 (5μg/mL).【文献】S. Aoki, et al. Tetrahedron, 1999, 55, 14865.

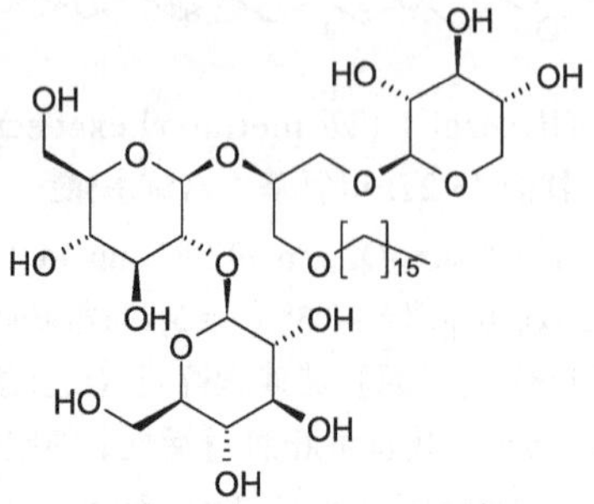

1870 Myrmekioside B 海绵糖苷 B*

【基本信息】$C_{37}H_{70}O_{17}$, 无定形固体, $[\alpha]_D = -19.5°$ ($c = 0.50$, 甲醇).【类型】糖脂类.【来源】Heteroxyidae 科海绵 *Myrmekioderma* sp. (日本水域).【活性】翻转黑色素瘤 H-*ras* 转换的正常成纤维细胞 NIH3T3 的表现型 (5μg/mL).【文献】S. Aoki, et al. Tetrahedron, 1999, 55, 14865.

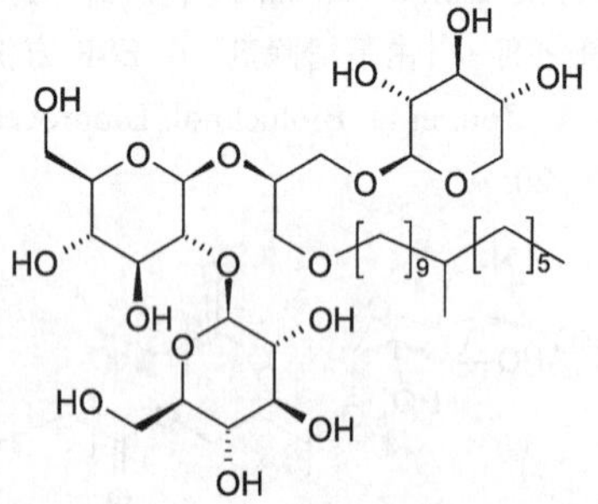

1871 Myrmekioside E 海绵糖苷 E*

【基本信息】$C_{35}H_{67}NO_{13}$.【类型】糖脂类.【来源】Heteroxyidae 科海绵 *Myrmekioderma dendyi* (埃皮岛, 瓦努阿图).【活性】细胞毒 (肺癌细胞, 中等活性).【文献】F. Farokhi, et al. Eur. J. Med. Chem., 2012, 49, 406.

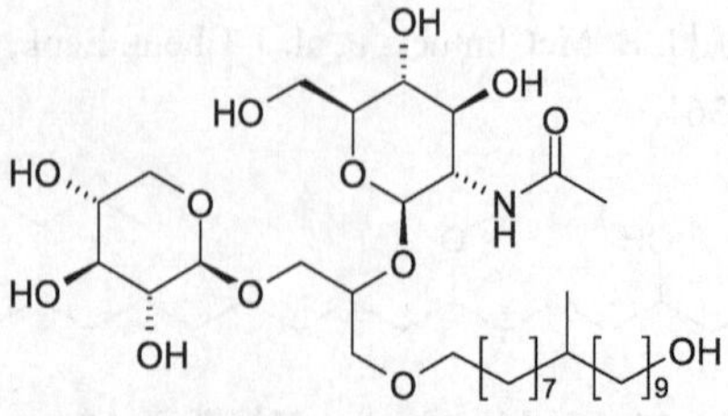

1872 Sarcoglycoside A 肉芝软珊瑚糖苷 A*

【基本信息】$C_{33}H_{54}O_{14}$, 无定形粉末, $[\alpha]_D^{22} = +20.8°$ ($c = 0.3$, 甲醇).【类型】糖脂类.【来源】漏斗肉芝软珊瑚* *Sarcophyton infundibuliforme* (南中国水域).【活性】有毒的 (盐水丰年虾 *Artemia salina*).【文献】L. Li, et al. Helv. Chim. Acta, 2009, 92, 1495.

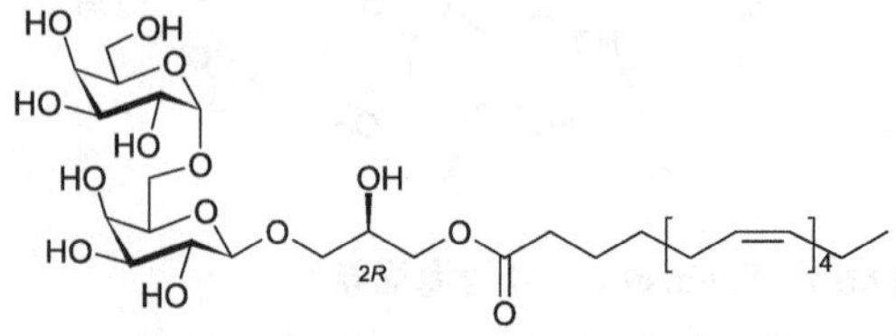

1873 Sarcoglycoside B 肉芝软珊瑚糖苷 B*

【基本信息】$C_{24}H_{48}O_7$, 无定形粉末, $[\alpha]_D^{25} = -41.2°$ ($c = 0.5$, 氯仿).【类型】糖脂类.【来源】漏斗肉芝软珊瑚* *Sarcophyton infundibuliforme* (南中国水域).【活性】有毒的 (盐水丰年虾 *Artemia salina*).【文献】L. Li, et al. Helv. Chim. Acta, 2009, 92, 1495.

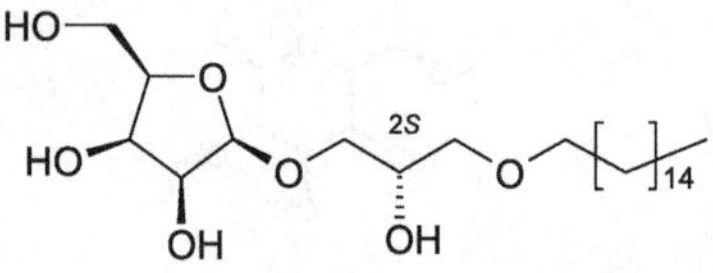

1874 Sarcoglycoside C 肉芝软珊瑚糖苷 C*

【基本信息】$C_{24}H_{48}O_7$, 无定形粉末, $[\alpha]_D^{25} = -58.5°$ ($c = 0.5$, 氯仿).【类型】糖脂类.【来源】漏斗肉芝软珊瑚* *Sarcophyton infundibuliforme* (南中国水域).【活性】有毒的 (盐水丰年虾 *Artemia salina*).【文献】L. Li, et al. Helv. Chim. Acta, 2009, 92, 1495.

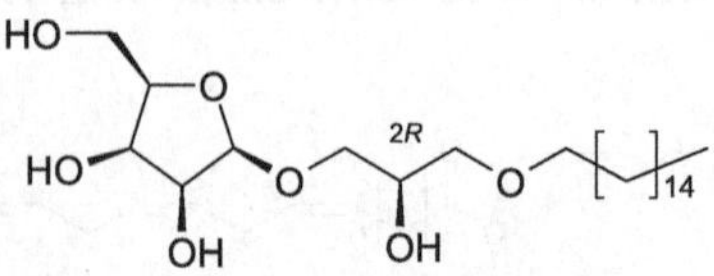

1875 Sinularioside 短指软珊瑚糖苷*

【基本信息】$C_{30}H_{52}O_{12}$.【类型】糖脂类.【来源】短指软珊瑚属 *Sinularia* sp. (万鸦老, 北苏拉威西, 印度尼西亚).【活性】NO 释放抑制剂 (LPS 刺激的巨噬细胞).【文献】M. Y. Putra, et al. BoMCL, 2012, 22, 2723; M. Y. Putra, et al. Tetrahedron Lett., 2012, 53, 3937.

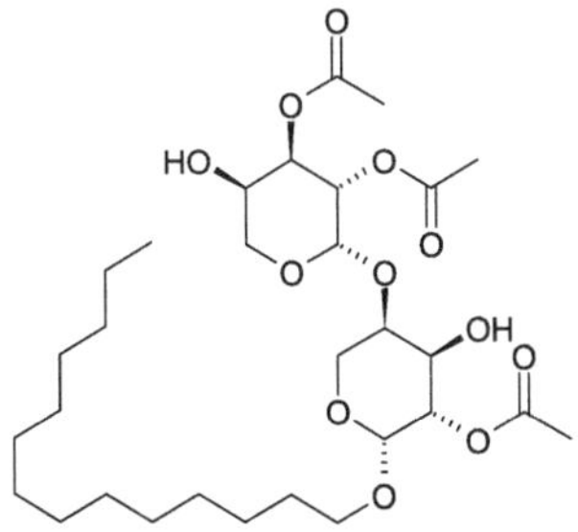

1876 Spongilipid 角骨海绵脂*

【基本信息】$C_{25}H_{48}O_9$, 无定形粉末, mp 119~121°C, $[\alpha]_D^{31} = +9.2°$ ($c = 0.8$, 甲醇).【类型】糖脂类.【来源】角骨海绵属 *Spongia* cf. *hispida* (新加坡).【活性】抗菌 (抑制粪肠球菌 *Enterococcus faecalis*, MIC = 25~50μg/盘).【文献】G. R. Pettit, et al. Can. J. Chem., 1997, 75, 920.

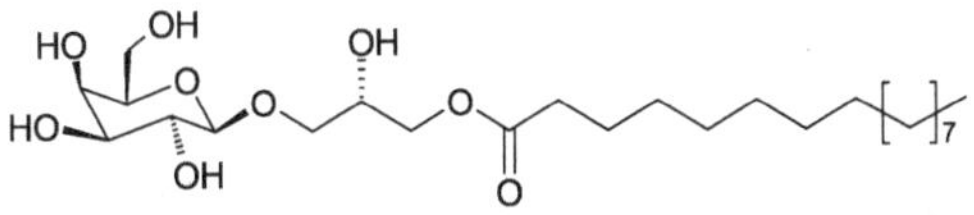

1877 (6-Sulfoquinovopyranosyl)-(1→3′)-1′-(5,8,11,14,17-eicosapentaenoyl)-2′-hexadecanoylglycerol (6-磺基吡喃鸡纳糖基)-(1→3′)-1′-(5,8,11,14,17-二十(碳)五烯酰基)-2′-十六酰基甘油

【基本信息】$C_{45}H_{76}O_{12}S$, 无定形固体, $[\alpha]_D = +57°$ ($c = 0.1$, 甲醇).【类型】糖脂类.【来源】红藻杉藻属 *Gigartina tenella* (日本水域).【活性】DNA 聚合酶抑制剂 (真核生物的); HIV1-*rt* 逆转录酶抑制剂.【文献】K. Ohta, et al. CPB, 1998, 46, 684.

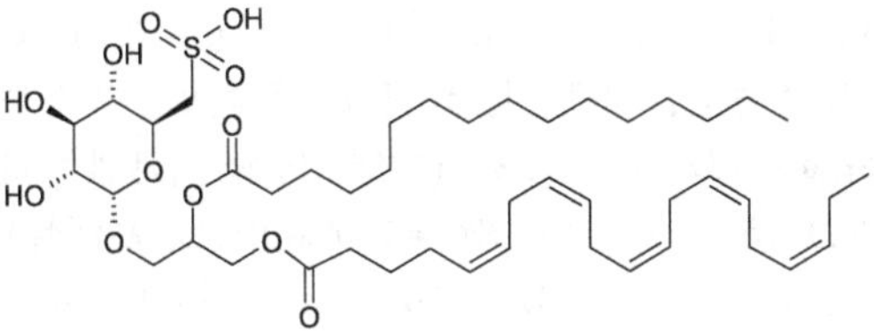

3.13 神经鞘脂类

1878 Acanthacerebroside A 长棘海星脑苷脂 A*

【基本信息】$C_{46}H_{91}NO_{10}$, 针状晶体 + $3H_2O$ (甲醇), mp 209~210°C, $[\alpha]_D = +2.4°$ ($c = 0.81$, 丙醇).【类型】神经鞘脂类.【来源】长棘海星 *Acanthaster planci*.【活性】细胞毒; 免疫刺激剂; 神经突起伸长活性; 细胞生长抑制剂.【文献】Y. Kawano, et al. Annalen, 1988, 19; S. Sugiyama, et al. Annalen, 1988, 619; 1990, 1063; R. Higuchi, et al. Liebigs Ann. Chem., 1990, 659; N. Chida, et al. Bull. Chem. Soc. Jpn., 1998, 71, 259.

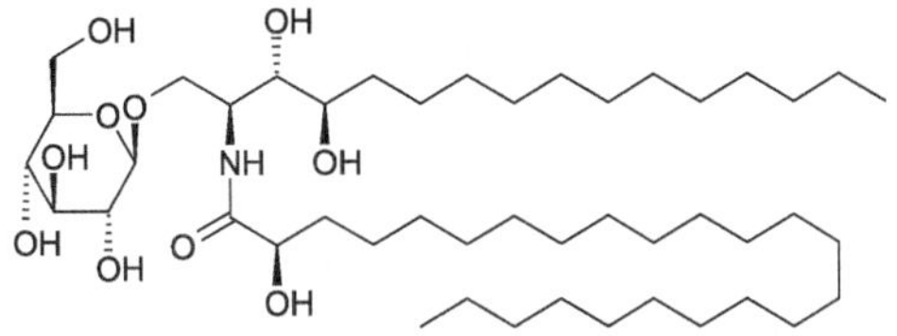

1879 Agelagalastatin 群海绵半乳他汀*

【基本信息】$C_{60}H_{115}NO_{20}$, 无定形粉末, $[\alpha]_D = +59°$ ($c = 0.65$, 氯仿) ($m = 10$ 或 11, $n = 21$ 或 20).【类型】神经鞘脂类.【来源】群海绵属 *Agelas* sp. (巴布亚新几内亚).【活性】细胞毒 (NCI-H460, GI_{50} = 0.77μg/mL, OVCAR-3, GI_{50} = 2.8μg/mL).【文献】G. R. Pettit, et al. Chem. Comm., 1999, 915.

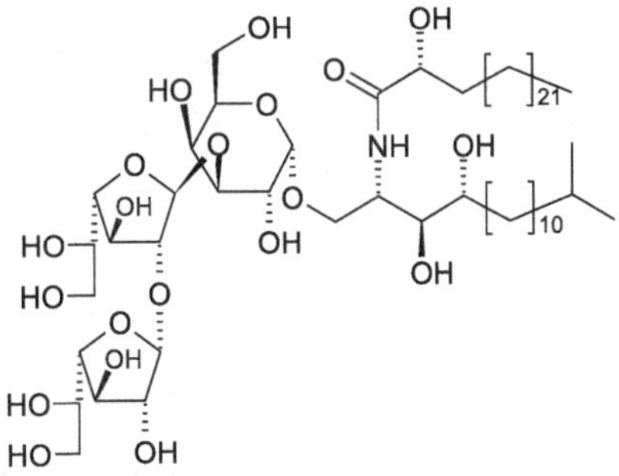

1880 Agelasphin 11 群海绵芬 11*

【别名】*N*-(2*R*-Hydroxytetracosanoyl)-(2*S*,3*S*,4*R*,16*ξ*)-2-amino-16-methyl-1,3,4-octadecanetriol 1-*O*-*α*-D-galactopyranoside; *N*-(2*R*-羟基二十四烷酰基)-(2*S*,3*S*,4*R*,16*ξ*)-2-氨基-16-甲基-1,3,4-十八烷三醇 1-*O*-*α*-D-吡喃半乳糖苷.【基本信息】$C_{49}H_{97}NO_{10}$, mp 189.5~190.5°C, $[\alpha]_D^{24} = +51.9°$ ($c = 1$, 吡啶).【类型】神经鞘脂类.【来源】毛里塔尼亚群海绵 *Agelas mauritianus* (冲绳, 日本).【活性】抗肿瘤 (*in vivo*, B16, *T/C* = 160%~190%, 高活性); 细胞毒 (*in vitro*, B16, 20μg/mL, 无活性); 免疫刺激剂.【文献】T. Natori, et al. Tetrahedron Lett., 1993, 34, 5591; T. Natori, et al. Tetrahedron, 1994, 50, 2771; Z. Motoki, et al. BoMCL, 1995, 5, 705; E. Kobayashi, et al. Biol. Pharm. Bull., 1996, 19, 350.

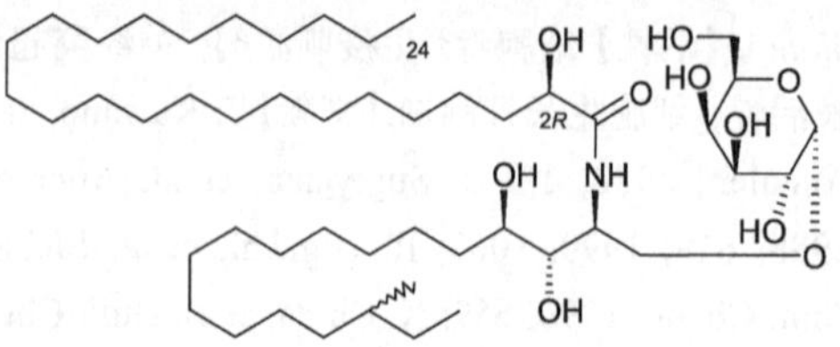

1881 Agelasphin 13 群海绵芬 13*

【别名】*N*-(2*R*-Hydroxypentacosanoyl)-(2*S*,3*S*,4*R*,16*ξ*)-2-amino-16-methyl-1,3,4-octadecanetriol 1-*O*-*α*-D-galactopyranoside; *N*-(2*R*-羟基二十五烷酰基)-(2*S*,3*S*,4*R*,16*ξ*)-2-氨基-16-甲基-1,3,4-十八烷三醇 1-*O*-*α*-D-吡喃半乳糖苷.【基本信息】$C_{50}H_{99}NO_{10}$, mp 215.5~218.0ºC, $[\alpha]_D^{24}$ = +48.8º (*c* = 0.5, 吡啶).【类型】神经鞘脂类.【来源】毛里塔尼亚群海绵 *Agelas mauritianus* (冲绳, 日本).【活性】抗肿瘤 (*in vivo,* B16, *T/C* = 160%~190%, 高活性); 细胞毒 (*in vitro,* B16, 20μg/mL, 无活性); 免疫刺激剂.【文献】T. Natori, et al. Tetrahedron Lett., 1993, 34, 5591; T. Natori, et al. Tetrahedron, 1994, 50, 2771; Z. Motoki, et al. BoMCL, 1995, 5, 705.

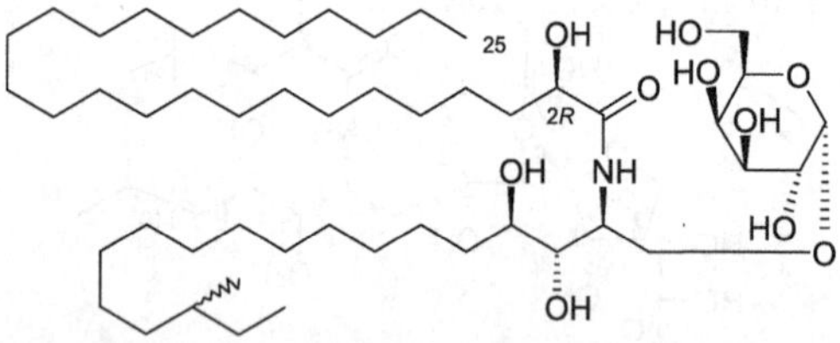

1882 Agelasphin 7A 群海绵芬 7A*

【别名】*N*-(2*R*-Hydroxytetracosanoyl)-(2*S*,3*S*,4*R*)-2-amino-1,3,4-hexadecanetriol 1-*O*-*α*-D-galactopyranoside; *N*-(2*R*-羟基二十四烷酰基)-(2*S*,3*S*,4*R*)-2-氨基-1,3,4-十六烷三醇 1-*O*-*α*-D-吡喃半乳糖苷.【基本信息】$C_{46}H_{91}NO_{10}$, mp 193.5~195.0ºC, $[\alpha]_D^{24}$ = +52.3º (*c* = 0.10, 吡啶).【类型】神经鞘脂类.【来源】毛里塔尼亚群海绵 *Agelas mauritianus* (冲绳, 日本).【活性】抗肿瘤 (*in vivo,* B16, *T/C* = 160%~190%, 高活性); 细胞毒 (*in vitro,* B16, 20μg/mL, 无活性).【文献】T. Natori, et al. Tetrahedron Lett., 1993, 34, 5591; T. Natori, et al. Tetrahedron, 1994, 50, 2771.

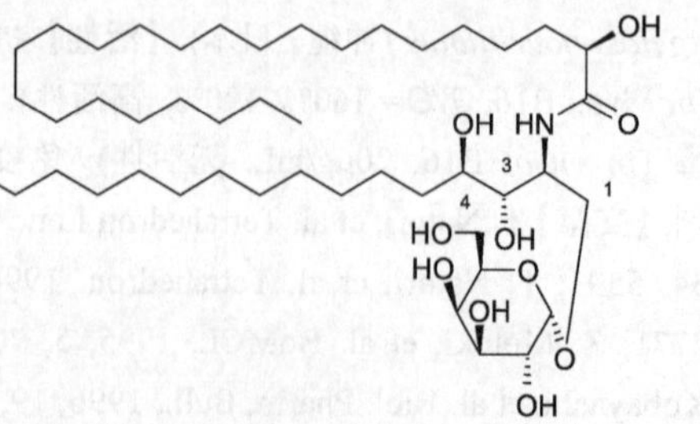

1883 Agelasphin 9A 群海绵芬 9A*

【别名】*N*-(2*R*-Hydroxytetracosanoyl)-(2*S*,3*S*,4*R*)-2-amino-1,3,4-heptadecanetriol 1-*O*-*α*-D-galactopyranoside; *N*-(2*R*-羟基二十四烷酰基)-(2*S*,3*S*,4*R*)-2-氨基-1,3,4-十七烷三醇 1-*O*-*α*-D-吡喃半乳糖苷.【基本信息】$C_{47}H_{93}NO_{10}$, mp 201.0~203.5ºC, $[\alpha]_D^{24}$ = +49.9º (*c* = 0.10, 吡啶).【类型】神经鞘脂类.【来源】毛里塔尼亚群海绵 *Agelas mauritianus* (冲绳, 日本).【活性】抗肿瘤 (*in vivo,* B16, *T/C* = 160%~190%, 高活性); 细胞毒 (*in vitro,* B16, 20μg/mL, 无活性); 免疫刺激剂.【文献】T. Natori, et al. Tetrahedron Lett., 1993, 34, 5591; T. Natori, et al. Tetrahedron, 1994, 50, 2771.

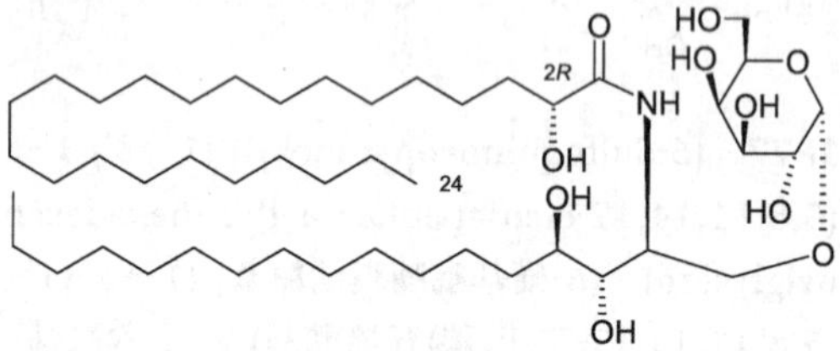

1884 Agelasphin 9B 群海绵芬 9B*

【别名】*N*-(2*R*-Hydroxytetracosanoyl)-(2*S*,3*S*,4*R*)-2-amino-16-methyl-1,3,4-heptadecanetriol 1-*O*-*α*-D-galactopyranoside; *N*-(2*R*-羟基二十四烷酰基)-(2*S*,3*S*,4*R*)-2-氨基-16-甲基-1,3,4-十七烷三醇 1-*O*-*α*-D-吡喃半乳糖苷.【基本信息】$C_{48}H_{95}NO_{10}$, mp 211.0~212.0ºC, $[\alpha]_D^{24}$ = +55.0º (*c* = 0.10, 吡啶).【类型】神经鞘脂类.【来源】毛里塔尼亚群海绵 *Agelas mauritianus* (冲绳, 日本).【活性】抗肿瘤 (*in vivo,* B16, *T/C* = 160%~190%, 高活性); 细胞毒 (*in vitro,* B16, 20μg/mL, 无活性); 免疫刺激剂.【文献】T. Natori, et al. Tetrahedron Lett., 1993, 34, 5591; K. Akimoto, et al. Tetrahedron Lett., 1993, 34, 5593; T. Natori, et al. Tetrahedron, 1994, 50, 2771.

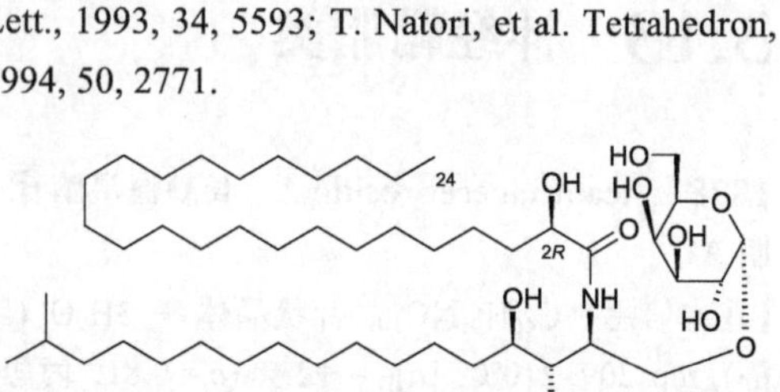

1885　Alternaroside A　链格孢糖苷 A*

【基本信息】$C_{43}H_{77}NO_{10}$, 无定形粉末, $[\alpha]_D^{20} = -11°$ ($c = 0.6$, 甲醇).【类型】神经鞘脂类.【来源】海洋导出的真菌链格孢属 *Alternaria raphani* THW-18 (耐盐的, 来自沉积物, 中国海盐场, 中国).【活性】抗菌 (大肠杆菌 *Escherichia coli* 和枯草杆菌 *Bacillus subtilis,* 非常弱的活性); 抗真菌 (白色念珠菌 *Candida albicans*, 非常弱的活性).【文献】W. L. Wang, et al. JNP , 2009, 72, 1695.

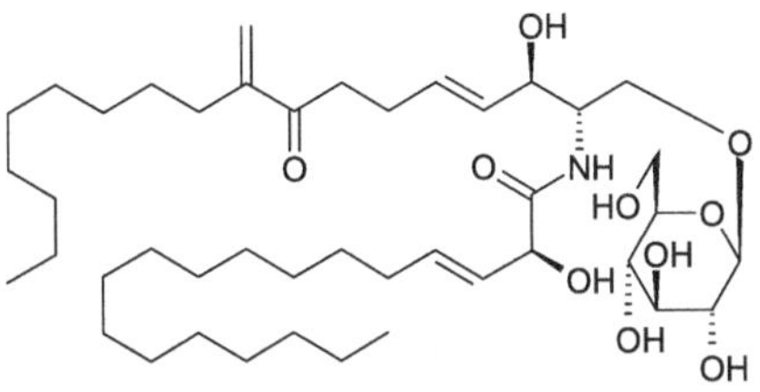

1886　Alternaroside B　链格孢糖苷 B*

【基本信息】$C_{42}H_{77}NO_9$, 无定形粉末, $[\alpha]_D^{20} = -9°$ ($c = 0.1$, 甲醇).【类型】神经鞘脂类.【来源】海洋导出的真菌链格孢属 *Alternaria raphani* THW-18 (耐盐的, 来自沉积物, 中国海盐场, 中国).【活性】抗菌 (大肠杆菌 *Escherichia coli* 和枯草杆菌 *Bacillus subtilis,* 非常弱的活性); 抗真菌 (白色念珠菌 *Candida albicans*, 非常弱的活性).【文献】W. L. Wang, et al. JNP, 2009, 72, 1695.

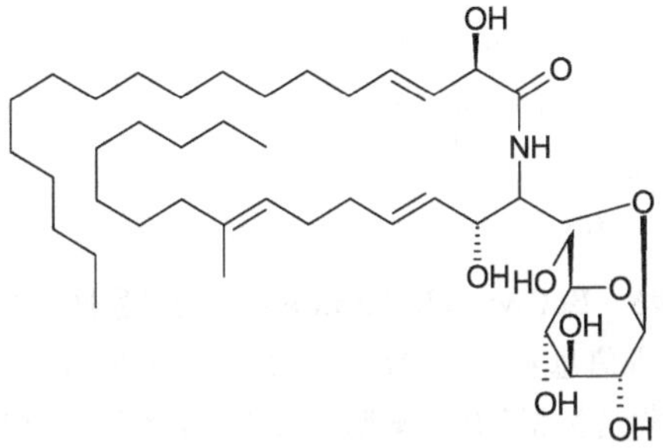

1887　Alternaroside C　链格孢糖苷 C*

【基本信息】$C_{42}H_{77}NO_9$, 无定形粉末, $[\alpha]_D^{20} = -4°$ ($c = 0.1$, 甲醇).【类型】神经鞘脂类.【来源】海洋导出的真菌链格孢属 *Alternaria raphani* THW-18 (耐盐的, 来自沉积物, 中国海盐场, 中国).【活性】抗菌 (大肠杆菌 *Escherichia coli* 和枯草杆菌 *Bacillus subtilis,* 非常弱的活性); 抗真菌 (白色念珠菌 *Candida albicans*, 非常弱的活性).【文献】W. L. Wang, et al. JNP, 2009, 72, 1695.

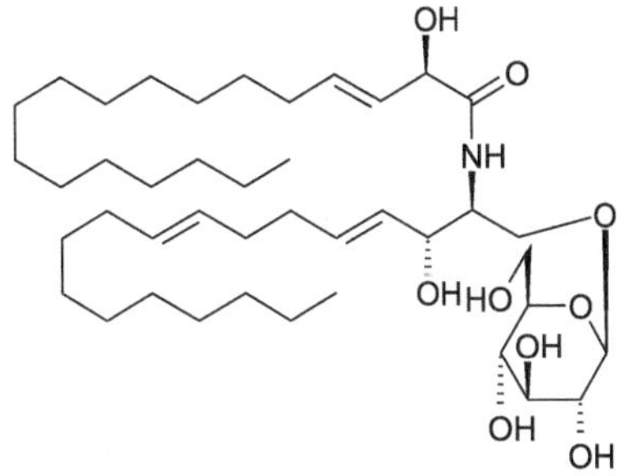

1888　(2*R*,3*R*)-Aminotetradeca-5,7-dien-3-ol (2*R*,3*R*)-氨基十四(碳)-5,7-二烯-3-醇

【基本信息】$C_{14}H_{27}NO$.【类型】神经鞘脂类.【来源】锉海绵属 *Xestospongia* sp.【活性】抗真菌.【文献】N. K. Gulavita, et al. JOC, 1989, 54, 366; N. Langlois, et al. Tetrahedron Lett., 2001, 42, 5709; L. Garrido, et al. Tetrahedron, 2001, 57, 4579.

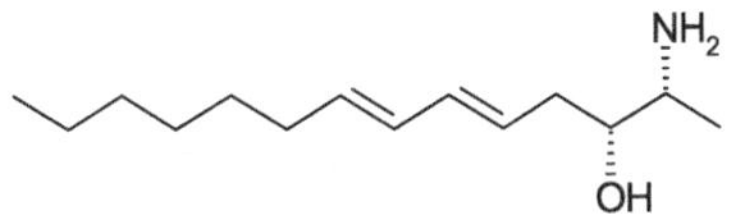

1889　(2*R*,3*S*)-Aminotetradeca-5,7-dien-3-ol (2*R*,3*S*)-氨基十四(碳)-5,7-二烯-3-醇

【基本信息】$C_{14}H_{27}NO$.【类型】神经鞘脂类.【来源】锉海绵属 *Xestospongia* sp.【活性】抗真菌.【文献】N. K. Gulavita, et al. JOC, 1989, 54, 366; N. Langlois, et al. Tetrahedron Lett., 2001, 42, 5709; L. Garrido, et al. Tetrahedron, 2001, 57, 4579.

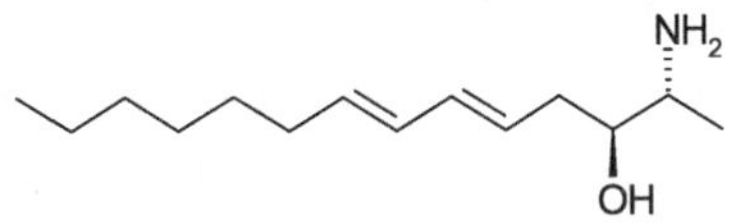

1890　(2*S*,4*E*)-1-Amino-4-tridecen-2-ol (2*S*,4*E*)-1-氨基-4-十三(碳)烯-2-醇

【基本信息】$C_{13}H_{27}NO$.【类型】神经鞘脂类.【来源】Pseudodistomidae 科伪二气孔海鞘属* *Pseudodistoma* sp. (南非).【活性】抗微生物.【文献】G. J. Hooper, et al. Nat. Prod. Lett., 1995, 6, 31.

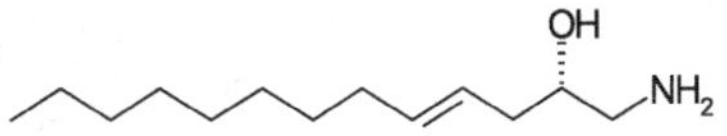

1891　Asperamide A　曲霉酰胺 A*

【基本信息】$C_{36}H_{67}NO_4$, 无定形粉末, mp 64~66°C, $[\alpha]_D = -5.6°$ ($c = 0.6$, 氯仿).【类型】神经鞘脂类.【来源】海洋导出的真菌黑曲霉菌 *Aspergillus* *niger* EN-13, 来自棕藻囊藻* *Colpomenia sinuosa* (中国水域).【活性】抗真菌 (白色念珠菌 *Candida albicans*, 中等活性).【文献】Y. Zhang, et al. Lipids, 2007, 42, 759.

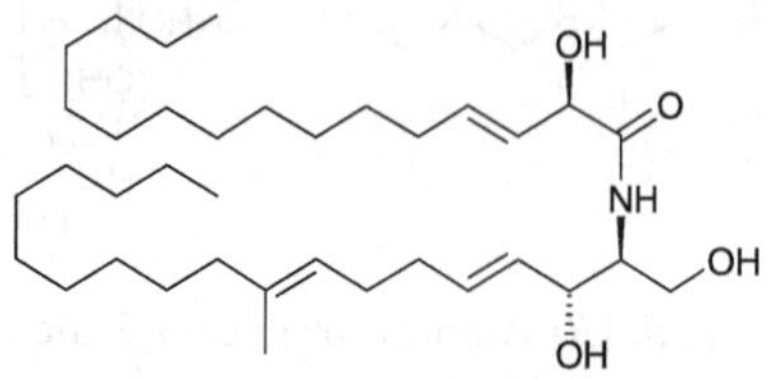

1892 Asperamide B 曲霉酰胺 B*

【基本信息】$C_{42}H_{75}NO_9$, 无定形粉末, $[\alpha]_D^{21} = -5°$ (c = 0.7, 甲醇).【类型】神经鞘脂类.【来源】海洋导出的真菌黑曲霉菌 *Aspergillus niger*, 来自海水 (中国水域).【活性】抗病毒无活性 (TMV).【文献】Z. J. Wu, et al, Chin. J. Chem., 2008, 26, 759.

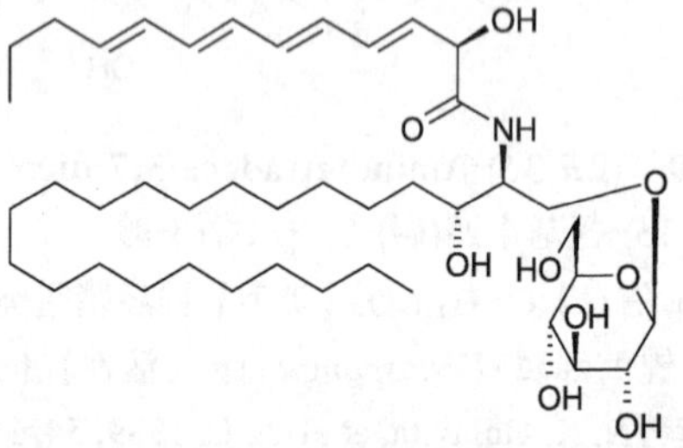

1893 Asperamide B (Zhang, 2007) 曲霉酰胺 B* (张, 2007)

【基本信息】$C_{43}H_{79}NO_9$, 无定形粉末, mp 184~186°C, $[\alpha]_D = -1.2°$ (c = 0.36, 甲醇).【类型】神经鞘脂类.【来源】海洋导出的真菌黑曲霉菌 *Aspergillus niger* EN-13, 来自棕藻囊藻* *Colpomenia sinuosa* (中国水域).【活性】抗真菌无活性 (白色念珠菌 *Candida albicans*).【文献】Y. Zhang, et al. Lipids, 2007, 42, 759.

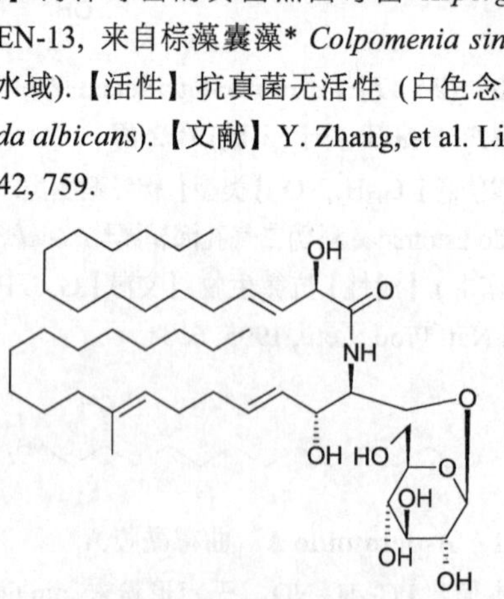

1894 Asperamide C 曲霉酰胺 C*

【基本信息】$C_{45}H_{83}NO_9$, 无定形粉末, $[\alpha]_D^{21} = -1.5°$ (c = 0.05, 甲醇).【类型】神经鞘脂类.【来源】海洋导出的真菌黑曲霉菌 *Aspergillus niger*, 来自海水 (中国水域).【活性】抗病毒无活性 (TMV).【文献】Z. J. Wu, et al, Chin. J. Chem., 2008, 26, 759.

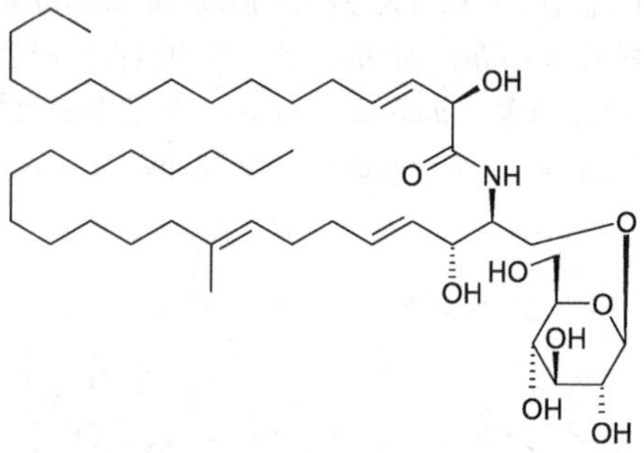

1895 Astrocerebroside A 槭海星脑苷脂 A*

【基本信息】$C_{43}H_{83}NO_{10}$, 针状晶体+1 分子结晶水 (甲醇), mp 189~192°C, $[\alpha]_D^{25} = +10.3°$ (c = 1, 1-丙醇).【类型】神经鞘脂类.【来源】扁棘槭海星 *Astropecten latespinosus* (氯仿/甲醇提取物).【活性】细胞毒; 免疫刺激剂; 神经突起伸长活性; 细胞生长抑制剂.【文献】Y. Kawano, et al. Liebigs Ann. Chem., 1988, 19; R. Higuchi, et al. Liebigs Ann. Chem., 1990, 659; N. Chida, et al. Bull. Chem. Soc. Jpn., 1998, 71, 259.

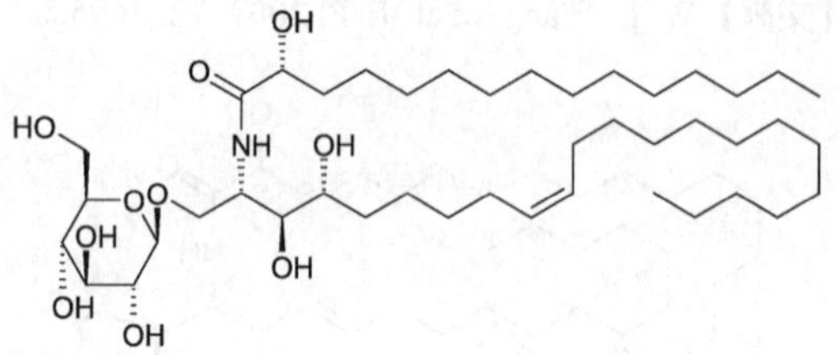

1896 Bathymodiolamide A 贻贝酰胺 A*

【基本信息】$C_{49}H_{89}NO_7$, $[\alpha]_D^{24} = +10.8°$ (c = 0.08, 甲醇).【类型】神经鞘脂类.【来源】贻贝 Mytilidae 科 *Bathymodiolus thermophilus* (靠近深海热液喷口, 中大西洋海脊, 采样深度 1700m).【活性】细胞毒 (细胞凋亡诱导试验, HeLa, IC_{50} = 0.4μmol/L; MCF7, IC_{50} = 0.1μmol/L).【文献】E. H. Andrianasolo, et al. JNP, 2011, 74, 842.

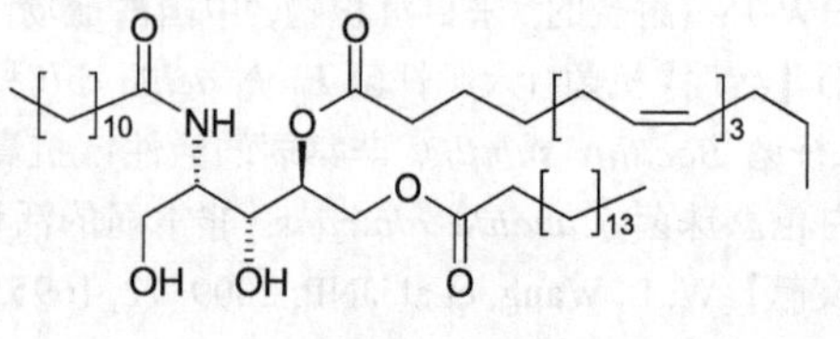

1897 Bathymodiolamide B 贻贝酰胺 B*

【基本信息】$C_{42}H_{77}NO_7$, $[\alpha]_D^{24} = +10.9°$ ($c = 0.08$, 甲醇).【类型】神经鞘脂类.【来源】贻贝 Mytilidae 科 *Bathymodiolus thermophilus* (靠近深海热液喷口, 中大西洋海脊, 采样深度 1700m).【活性】细胞毒 (细胞凋亡诱导试验: HeLa, $IC_{50} = 0.5\mu mol/L$; MCF7, $IC_{50} = 0.2\mu mol/L$).【文献】E. H. Andrianasolo, et al. JNP, 2011, 74, 842.

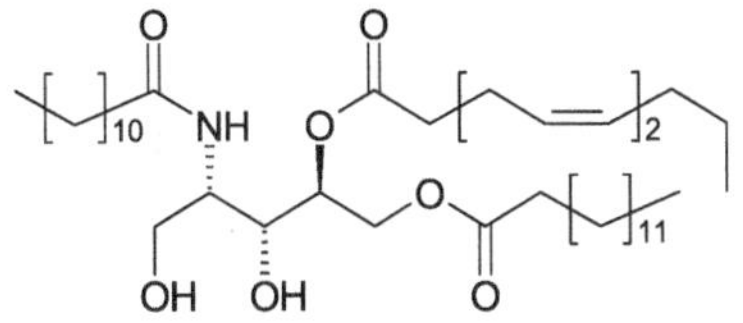

1898 Calicogorgin A 柳珊瑚素 A*

【基本信息】$C_{23}H_{41}NO_3$, 光学活性黏性油状物, $[\alpha]_D^{22} = +7.2°$ ($c = 0.25$, 氯仿).【类型】神经鞘脂类.【来源】丛柳珊瑚科 Plexauridae 柳珊瑚 *Calicogorgia* sp. (日本水域).【活性】有毒的 (抵制前鳃虫 *Drupella fragum*).【文献】M. Ochi, et al. Tetrahedron Lett., 1992, 33, 7531.

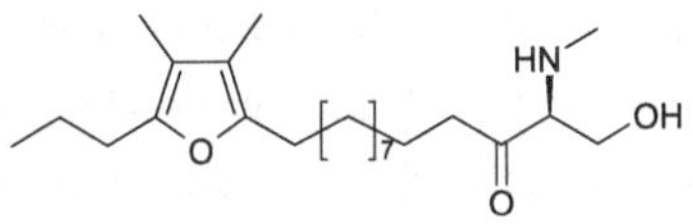

1899 Calicogorgin B 柳珊瑚素 B*

【基本信息】$C_{26}H_{45}NO_4$, 无色油状物, $[\alpha]_D^{21} = +7.6°$ ($c = 0.05$, 氯仿).【类型】神经鞘脂类.【来源】丛柳珊瑚科 Plexauridae 柳珊瑚 *Calicogorgia* sp. (日本水域).【活性】有毒的 (抵制前鳃虫 *Drupella fragum*).【文献】M. Ochi, et al. Tetrahedron Lett., 1992, 33, 7531.

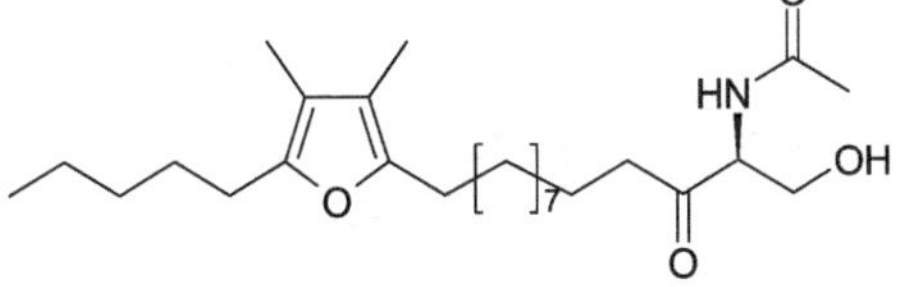

1900 Calicogorgin C 柳珊瑚素 C*

【基本信息】$C_{25}H_{43}NO_4$, 无色油状物, $[\alpha]_D^{22} = +5.0°$ ($c = 0.24$, 氯仿).【类型】神经鞘脂类.【来源】丛柳珊瑚科 Plexauridae 柳珊瑚 *Calicogorgia* sp. (日本水域).【活性】有毒的 (抵制前鳃虫 *Drupella fragum*).【文献】M. Ochi, et al. Tetrahedron Lett., 1992, 33, 7531.

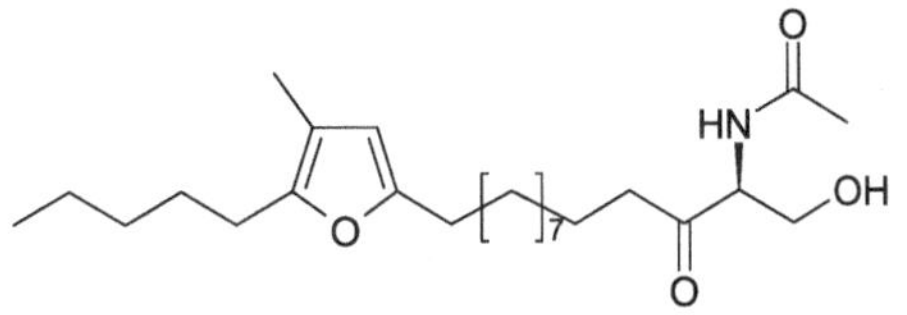

1901 Calyceramide A 花萼圆皮海绵神经酰胺 A*

【基本信息】$C_{34}H_{67}NO_7S$, 固体 (钠盐), $[\alpha]_D^{20} = +24.8°$ ($c = 0.1$, 甲醇) (钠盐).【类型】神经鞘脂类.【来源】岩屑海绵花萼圆皮海绵* *Discodermia calyx* (东京都新岛村式根岛岸外, 日本).【活性】神经氨酸苷酶抑制剂 ($IC_{50} = 0.63\mu mol/L$).【文献】Y. Nakao, et al. Tetrahedron, 2001, 57, 3013; P. L. Winder, et al. Mar. Drugs, 2011, 9, 2644 (Rev.).

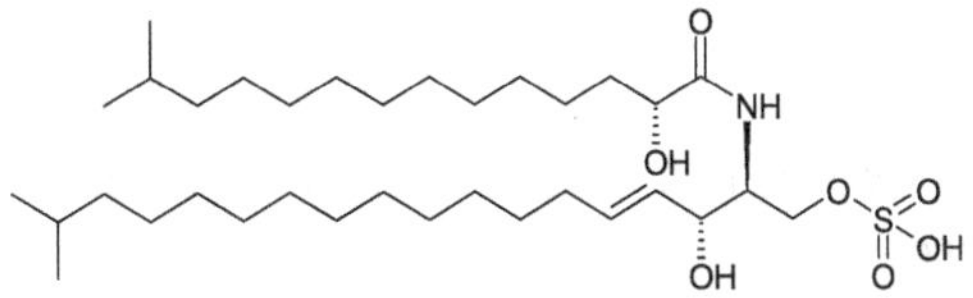

1902 Calyceramide B 花萼圆皮海绵神经酰胺 B*

【基本信息】$C_{34}H_{67}NO_7S$, 固体 (钠盐), $[\alpha]_D^{20} = +14.5°$ ($c = 0.1$, 甲醇) (钠盐).【类型】神经鞘脂类.【来源】岩屑海绵花萼圆皮海绵* *Discodermia calyx* (东京都新岛村式根岛岸外, 日本).【活性】神经氨酸苷酶抑制剂 ($IC_{50} = 0.32\mu mol/L$).【文献】Y. Nakao, et al. Tetrahedron, 2001, 57, 3013; P. L. Winder, et al. Mar. Drugs, 2011, 9, 2644 (Rev.).

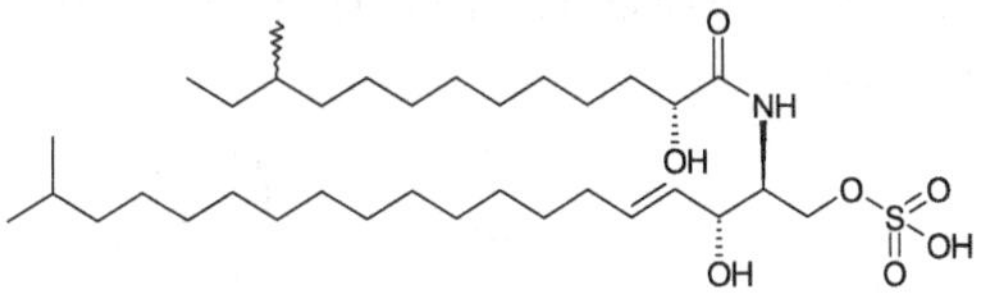

1903 Calyceramide C 花萼圆皮海绵神经酰胺 C*

【基本信息】$C_{34}H_{67}NO_7S$, 固体 (钠盐), $[\alpha]_D^{20} = +16.9°$ ($c = 0.1$, 甲醇) (钠盐).【类型】神经鞘脂类.【来源】岩屑海绵花萼圆皮海绵* *Discodermia calyx* (东京都新岛村式根岛岸外, 日本).【活性】神经氨酸苷酶抑制剂 ($IC_{50} = 1.3\mu mol/L$).【文献】Y. Nakao, et al. Tetrahedron, 2001, 57, 3013; P. L. Winder, et al. Mar. Drugs, 2011, 9, 2644 (Rev.).

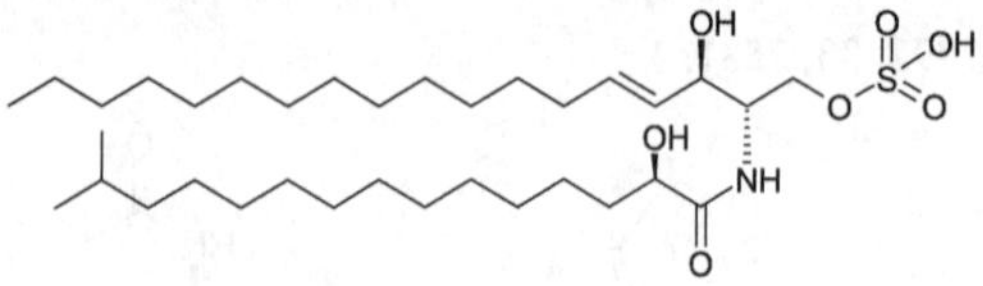

1904 Calyxoside 花萼圆皮海绵糖苷*

【基本信息】$C_{34}H_{68}N_2O_9$, 无色凝胶状结构, $[\alpha]_D^{25}$ = –15.8° (c = 0.312, 甲醇).【类型】神经鞘脂类.【来源】岩屑海绵花萼圆皮海绵* *Discodermia calyx* (苏拉威西, 印度尼西亚).【活性】DNA 损伤剂 (RS322 酵母菌株, IC_{12} = 36μg/mL; RS321 酵母菌株, IC_{12} = 62μg/mL; RS188N 酵母菌株, IC_{12} > 1000μg/mL; 不作为拓扑异构酶Ⅰ或拓扑异构酶Ⅱ抑制剂起作用); 细胞毒 (哺乳动物细胞: HFF, IC_{50} = 20μg/mL; MRC-5, IC_{50} = 20μg/mL; SW480, IC_{50} = 5.0μg/mL; HT29, IC_{50} = 10μg/mL; Saos-2, IC_{50} = 5.0μg/mL; DLD-1, IC_{50} = 5.0μg/mL; H460, IC_{50} = 3.0μg/mL; 相对弱的细胞毒活性, 无任何明显选择性).【文献】B. N. Zhou, et al. Tetrahedron, 2001, 57, 9549.

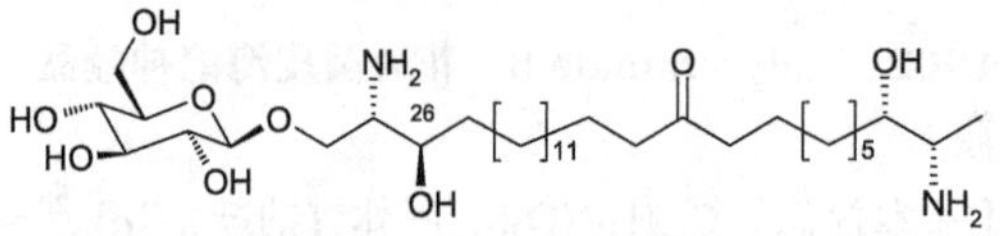

1905 Caulerpicin A 蕨藻皮新 A*

【别名】*N*-Pentadecanoyl-(2*S*,3*R*,4*E*)-2-amino-4-octadecene-1,3-diol; *N*-十五烷酰基-(2*S*,3*R*,4*E*)-2-氨基-4-十八(碳)烯-1,3-二醇.【基本信息】$C_{33}H_{65}NO_3$.【类型】神经鞘脂类.【来源】绿藻总状花序蕨藻* *Caulerpa racemosa*.【活性】毒素.【文献】M. Mahendran, et al. Phytochemistry, 1979, 18, 1885.

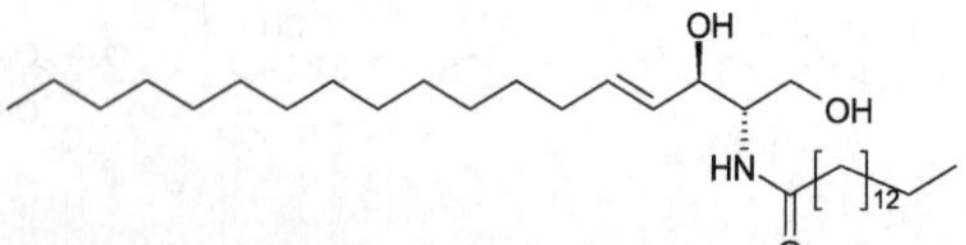

1906 Caulerpicin B 蕨藻皮新 B*

【别名】*N*-Heptadecanoyl-(2*S*,3*R*,4*E*)-2-amino-4-octadecene-1,3-diol; *N*-十七烷酰基-(2*S*,3*R*,4*E*)-2-氨基-4-十八(碳)烯-1,3-二醇.【基本信息】$C_{35}H_{69}NO_3$, 晶体.【类型】神经鞘脂类.【来源】绿藻总状花序蕨藻* *Caulerpa racemosa*.【活性】毒素.【文献】M. Mahendran, et al. Phytochemistry, 1979, 18, 1885.

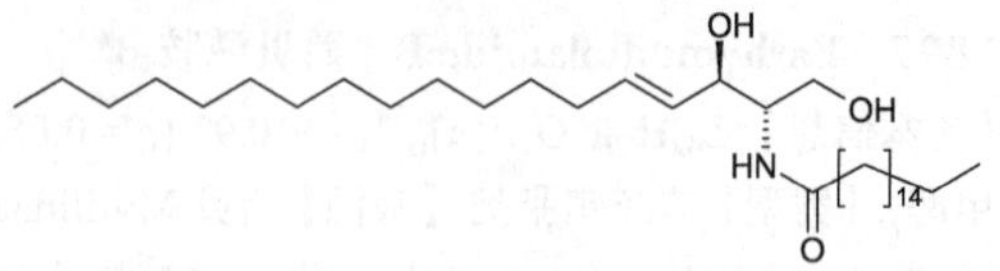

1907 Caulerpicin C 蕨藻皮新 C*

【别名】*N*-Tricosanoyl-(2*ξ*,3*ξ*,4*E*)-2-amino-4-octadecene-1,3-diol; *N*-二十三烷酰基-(2*ξ*,3*ξ*,4*E*)-2-氨基-4-十八(碳)烯-1,3-二醇.【基本信息】$C_{41}H_{81}NO_3$, 无定形粉末 (丙酮), mp 95~96°C.【类型】神经鞘脂类.【来源】绿藻总状花序蕨藻* *Caulerpa racemosa* 和绿藻棒叶蕨藻 *Caulerpa sertularioides*.【活性】毒素.【文献】M. Mahendran, et al. Phytochemistry, 1979, 18, 1885; S.-H. Xu, et al. Chin. Chem. Lett., 1997, 8, 419.

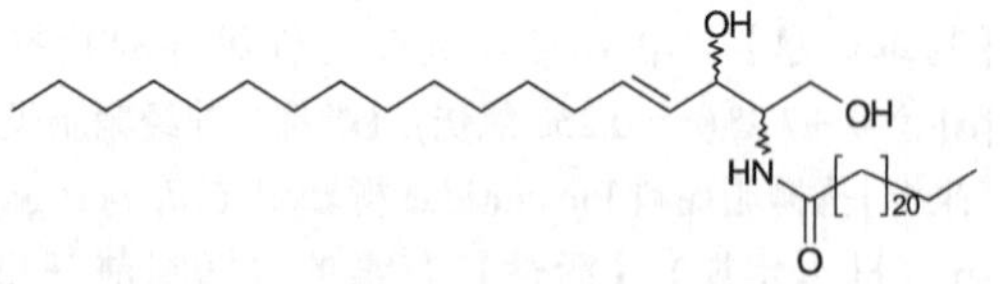

1908 CEG 3 神经鞘脂 CEG 3

【别名】(2*S*,3*R*,4*E*,14*ξ*)-N^2-(2′*R*-Hydroxydocosanoyl)-2-imino-14-methyl-4-hexadecene-1,3-diol 1-*O*-[*N*-(4-*O*-acetyl-*α*-L-fucopyranosyloxy)acetyl-*α*-D-neuraminopyranosyl-(2→6)-*β*-D-glucopyranoside]; (2*S*,3*R*,4*E*,14*ξ*)-N^2-(2′*R*-羟基二十二烷酰基)-2-亚氨基-14-甲基-4-十六(碳)烯-1,3-二醇 1-*O*-[*N*-(4-*O*-乙酰-*α*-L-吡喃岩藻糖基氧)乙酰基-*α*-D-吡喃神经氨基糖基-(2→6)-*β*-D-吡喃葡萄糖苷].【基本信息】$C_{64}H_{116}N_2O_{23}$, 无定形粉末.【类型】神经鞘脂类.【来源】直刺瓜参* *Cucumaria echinata*.【活性】神经突起伸长活性 (NGF 存在下的大鼠嗜铬细胞瘤细胞株 PC-12, 最有潜力的).【文献】F. Kisa, et al. CPB, 2006, 54, 982.

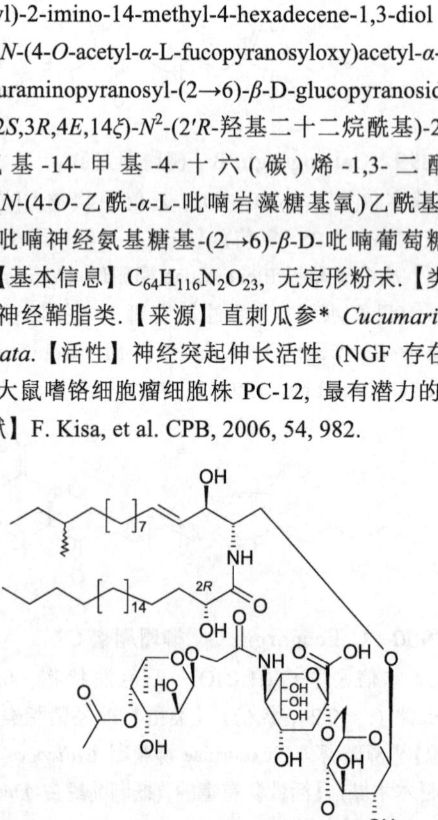

1909　CEG 4　神经鞘脂 CEG 4

【别名】(2*S*,3*R*,4*E*,14ξ)-N^2-Octadecanoyl-2-imino-14-methyl-4-hexadecene-1,3-diol 1-*O*-[*N*-(α-L-fucopyranosyloxy)acetyl-α-D-neuraminopyranosyl-(2→6)-β-D-glucopyranoside]; (2*S*,3*R*,4*E*,14ξ)-N^2-十八烷酰基-2-亚氨基-14-甲基-4-十六(碳)烯-1,3-二醇 1-*O*-[*N*-(α-L-吡喃岩藻糖基氧)乙酰基-α-D-吡喃神经氨基糖基-(2→6)-β-D-吡喃葡萄糖苷].【基本信息】$C_{58}H_{106}N_2O_{21}$, 无定形粉末.【类型】神经鞘脂类.【来源】直刺瓜参* *Cucumaria echinata*.【活性】神经突起伸长活性 (NGF存在下的大鼠嗜铬细胞瘤细胞株 PC-12).【文献】F. Kisa, et al. CPB, 2006, 54, 982.

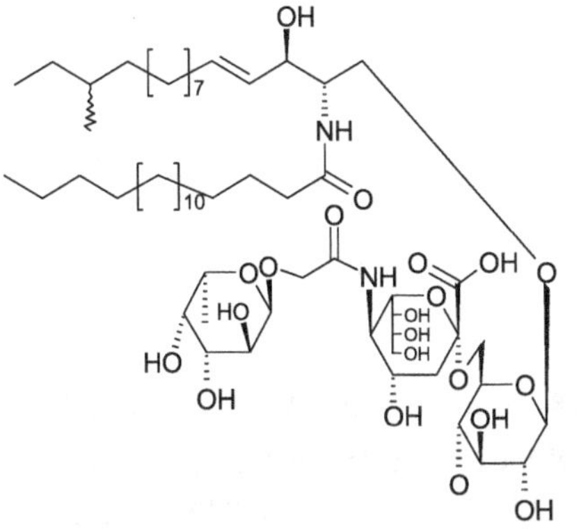

1910　CEG 5　神经鞘脂 CEG 5

【别名】(2*S*,3*S*,4*R*,14ξ)-N^2-(2'*R*-Hydroxydocosanoyl)-2-imino-14-methyl-1,3,4-hexadecanetriol 1-*O*-[*N*-(α-L-fucopyranosyloxy)acetyl-α-D-neuraminopyranosyl-(2→6)-β-D-glucopyranoside]; (2*S*,3*S*,4*R*,14ξ)-N^2-(2'*R*-羟基二十二烷酰基)-2-亚氨基-14-甲基-1,3,4-十六烷三醇 1-*O*-[*N*-(α-L-吡喃岩藻糖基氧)乙酰基-α-D-吡喃神经氨基糖基-(2→6)-β-D-吡喃葡萄糖苷].【基本信息】$C_{62}H_{116}N_2O_{23}$, 无定形粉末.【类型】神经鞘脂类.【来源】直刺瓜参* *Cucumaria echinata*.【活性】神经突起伸长活性 (NGF 存在下的大鼠嗜铬细胞瘤细胞株 PC-12).【文献】F. Kisa, et al. CPB, 2006, 54, 982.

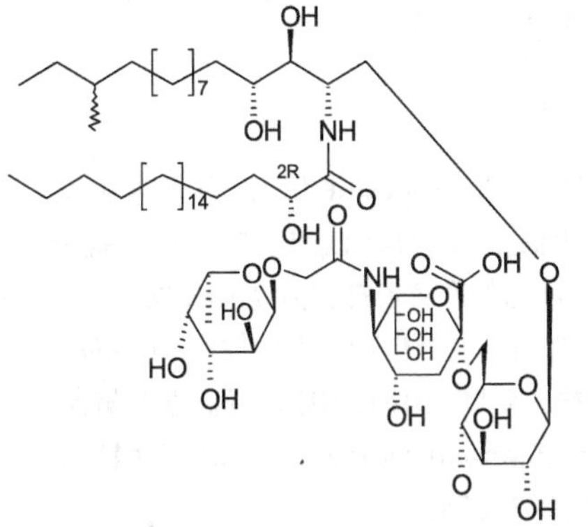

1911　CEG 6　神经鞘脂 CEG 6

【别名】(2*S*,3*R*,4*E*,14ξ)-N^2-Docosanoyl-2-imino-14-methyl-4-hexadecene-1,3-diol 1-*O*-[α-L-fucopyranosyl-(1→2')-*N*-glycolyl-α-D-neuraminopyranosyl-(2→4)-*N*-acetyl-α-D-neuraminopyranosyl-(2→6)-β-D-glucopyranoside]; (2*S*,3*R*,4*E*,14ξ)-N^2-二十二烷酰基-2-亚氨基-14-甲基-4-十六(碳)烯-1,3-二醇 1-*O*-[α-L-吡喃岩藻糖基-(1→2')-*N*-乙醇酰基-α-D-吡喃神经氨基糖基-(2→4)-*N*-乙酰-α-D-吡喃神经氨基糖基-(2→6)-β-D-吡喃葡萄糖苷].【基本信息】$C_{74}H_{133}N_3O_{29}$, 无定形粉末.【类型】神经鞘脂类.【来源】直刺瓜参* *Cucumaria echinata* (主要成分).【活性】神经突起伸长活性 (NGF 存在下的大鼠嗜铬细胞瘤细胞株 PC-12).【文献】F. Kisa, et al. CPB, 2006, 54, 1293.

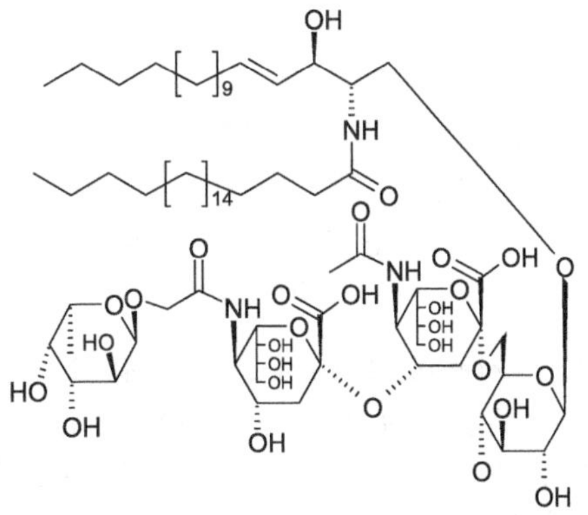

1912　Ceramide 1　神经酰胺 1

【别名】*N*-Hexadecanoyl-2-amino-4,8-octadecadiene-1,3-diol; *N*-十六烷酰基-2-氨基-4,8-十八(碳)二烯-1,3-二醇.【基本信息】$C_{34}H_{65}NO_3$, 固体, mp 82~83°C, $[\alpha]_D^{25} = -8°$ (c = 0.5, 氯仿).【类型】神经鞘脂类.【来源】绿藻裂片石莼 *Ulva fasciata* (印度水域), 柏柳珊瑚属 *Acabaria undulata*.【活性】抗病毒.【文献】J. Shin, et al. JNP, 1995, 58, 948; M. Sharma, et al. Bot. Mar., 1996, 39, 213.

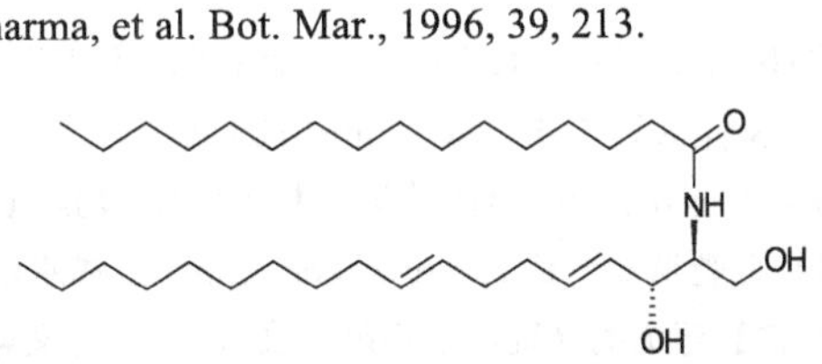

1913 Cerebroside A 脑苷脂 A

【基本信息】$C_{41}H_{75}NO_9$.【类型】神经鞘脂类.【来源】深海真菌淡紫拟青霉 *Paecilomyces lilacinus* ZBY-1.【活性】细胞毒 (K562, MCF7, HL60 和 BGC823 细胞, IC_{50} = 22.3~139.0μmol/L).【文献】X. Cui, et al. J. Int. Pharm. Res., 2013, 40, 177 (中文版).

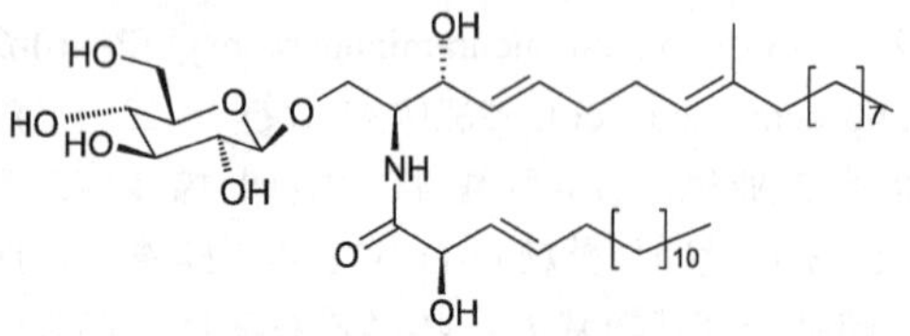

1914 Cerebroside B 脑苷脂 B

【基本信息】$C_{41}H_{77}NO_9$.【类型】神经鞘脂类.【来源】深海真菌淡紫拟青霉 *Paecilomyces lilacinus* ZBY-1.【活性】细胞毒 (K562, MCF7, HL60 和 BGC823 细胞, IC_{50} = 22.3~139.0μmol/L).【文献】X. Cui, et al. J. Int. Pharm. Res., 2013, 40, 177 (中文版).

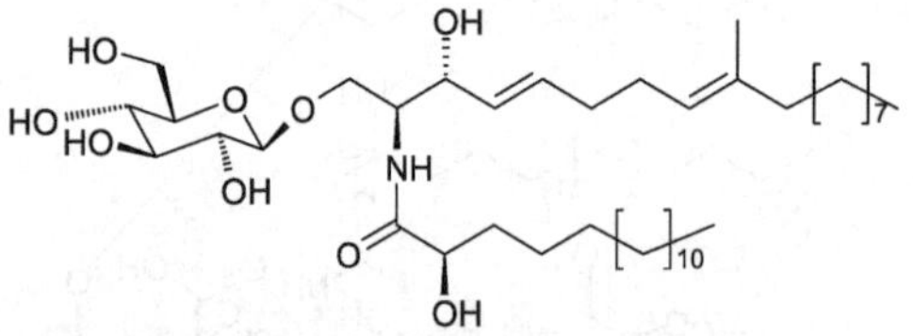

1915 Cerebroside CE-1-2 脑苷脂 CE-1-2

【基本信息】$C_{48}H_{89}NO_8$, 无定形粉末, mp 136~137ºC, $[\alpha]_D = -1.9º$ (c = 0.33, PrOH).【类型】神经鞘脂类.【来源】直刺瓜参* *Cucumaria echinata* (日本水域).【活性】有毒的 (盐水丰年虾, 致命毒性).【文献】K. Yamada, et al. EurJOC, 1998, 371.

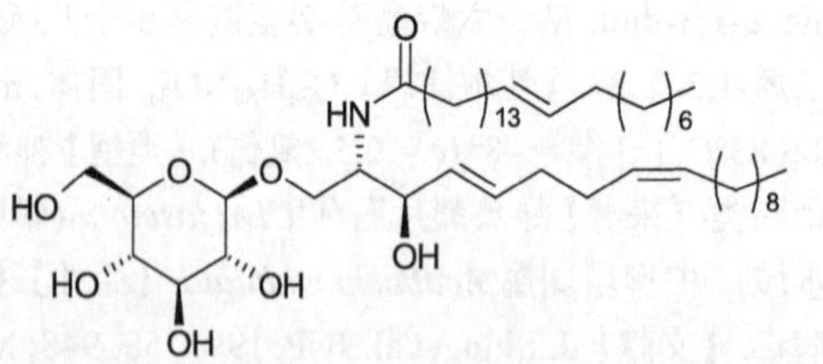

1916 Cerebroside CE-1-3 脑苷脂 CE-1-3

【基本信息】$C_{48}H_{91}NO_8$, mp 128~129ºC, $[\alpha]_D$ = –0.4º (c = 0.15, PrOH).【类型】神经鞘脂类.【来源】直刺瓜参* *Cucumaria echinata* (日本水域).【活性】有毒的 (盐水丰年虾, 致命毒性).【文献】K. Yamada, et al. EurJOC, 1998, 371.

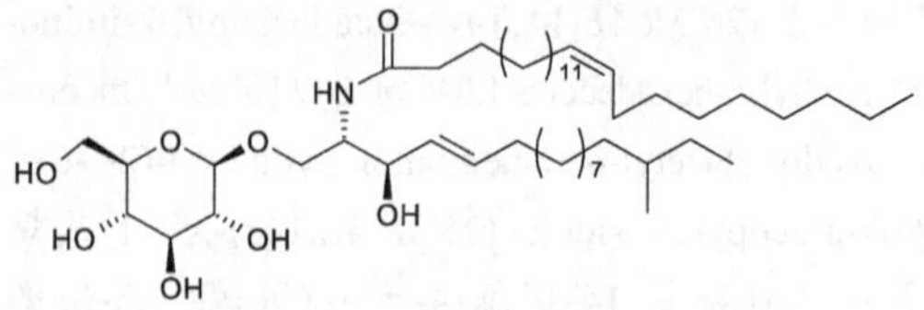

1917 Cerebroside D 脑苷脂 D

【基本信息】$C_{43}H_{81}NO_9$.【类型】神经鞘脂类.【来源】深海真菌淡紫拟青霉 *Paecilomyces lilacinus* ZBY-1.【活性】细胞毒 (K562, MCF7, HL60 和 BGC823 细胞, IC_{50} = 22.3~139.0μmol/L).【文献】X. Cui, et al. J. Int. Pharm. Res., 2013, 40, 177 (中文版).

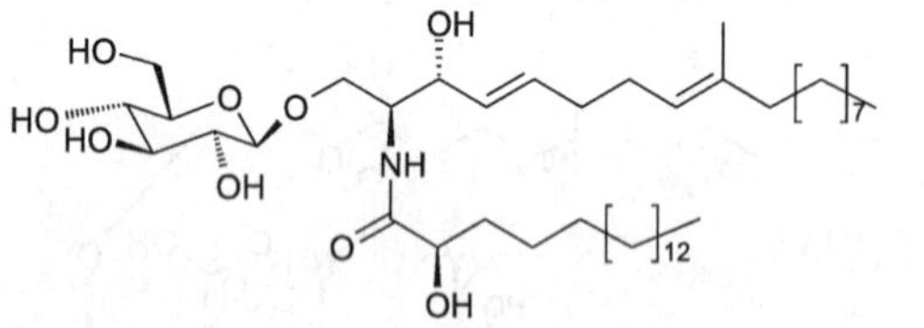

1918 Cerebroside PA-0-5 脑苷脂 PA-0-5

【别名】Cerebroside CE-1-1; 脑苷脂 CE-1-1.【基本信息】$C_{45}H_{87}NO_8$, 无定形粉末, mp 138~140ºC, mp 135~136ºC, $[\alpha]_D = -7.6º$ (c = 0.89, 正丙醇), $[\alpha]_D = -5.2º$ (c = 1.42, 正丙醇).【类型】神经鞘脂类.【来源】南方五角瓜参* *Pentacta australis* 和直刺瓜参* *Cucumaria echinata* (日本水域).【活性】有毒的 (盐水丰年虾).【文献】R. Higuchi, et al. Liebigs Ann. Chem., 1994, 653; K. Yamada, et al. EurJOC, 1998, 371.

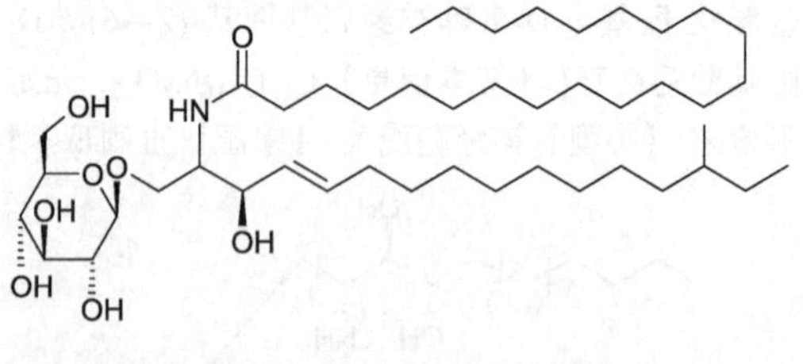

1919 Chrysogeside B 产黄青霉苷 B*

【基本信息】$C_{41}H_{75}NO_9$.【类型】神经鞘脂类.【来源】红树导出的产黄青霉真菌 *Penicillium chrysogenum* (耐盐的), 来自红树红海兰 *Rhizophora stylosa* (树根, 文昌, 海南, 中国).【活性】抗菌 (产气肠杆菌 *Enterobacter aerogenes*).【文献】X. Peng, et al. JNP, 2011, 74, 1298.

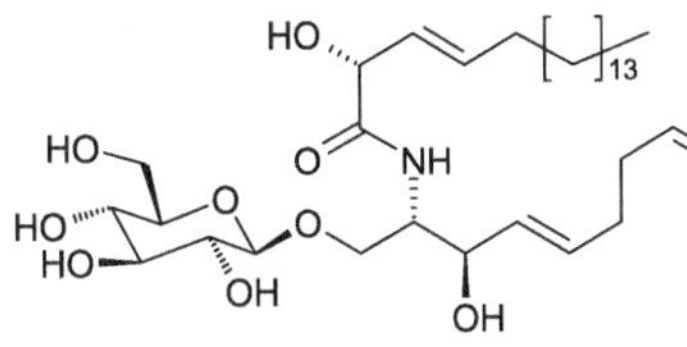

1920　2,29-Diamino-4,6,10,13,16,19,22,26-triacontaoctaene-3,28-diol　2,29-二氨基-4,6,10,13,16,19,22,26-三十(碳)八烯-3,28-二醇

【基本信息】$C_{30}H_{48}N_2O_2$.【类型】神经鞘脂类.【来源】钙质海绵白雪海绵属 *Leucetta microraphis* (澳大利亚).【活性】PKC 抑制剂 (IC_{50} = 98μmol/L); 抑制佛波醇酯的结合 (IC_{50} = 9μmol/L).【文献】R. H. Willis, et al. Toxicon; 1997, 35, 1125; S. Kehraus, et al. JOC, 2002, 67, 4989; D. Skropeta, et al. Mar. Drugs, 2011, 9, 2131 (Rev.).

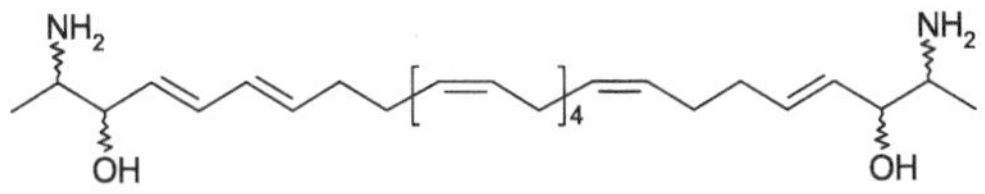

1921　(2*S*,3*R*)-1,3-Dihydroxy-2-docosanoyl-amino-4*E*-hexacocaene　(2*S*,3*R*)-1,3-二羟基-2-二十酰基-氨基-4*E*-二十六(碳)烯

【基本信息】$C_{46}H_{91}NO_3$.【类型】神经鞘脂类.【来源】短指软珊瑚属 *Sinularia candidula* (塞法杰港, 埃及, 红海).【活性】抗病毒 (最有潜力的抗 H5N1 病毒剂).【文献】S. Ahmed, et al. Tetrahedron Lett., 2013, 54, 2377.

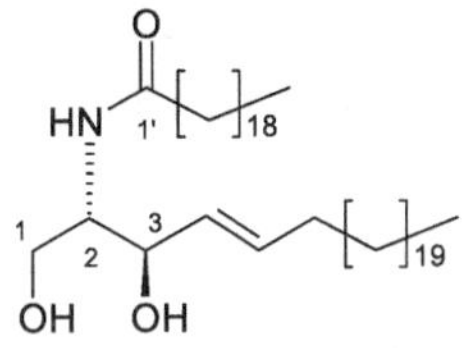

1922　(2*S*,3*R*)-1,3-Dihydroxy-2-octadecanoyl-amino-4*E*,8*E*-hexadecadiene　(2*S*,3*R*)-1,3-二羟基-2-十八酰基-氨基-4*E*,8*E*-十六(碳)二烯

【基本信息】$C_{34}H_{65}NO_3$, 晶体 (氯仿/甲醇), mp 98~100°C, $[\alpha]_D^{25}$ = +2.8° (*c* = 0.5, 氯仿).【类型】神经鞘脂类.【来源】短指软珊瑚属 *Sinularia* sp. (安达曼群岛, 印度洋) 和粗糙短指软珊瑚* *Sinularia crassa* (安达曼和尼科巴群岛, 印度洋).【活性】抗菌 (大肠杆菌 *Escherichia coli,* 50μg/mL, IZD = 11mm, 100μg/mL, IZD = 13mm, 200μg/mL, IZD = 16mm; 枯草杆菌 *Bacillus subtilis*, 50μg/mL, IZD = 13mm, 100μg/mL, IZD = 15mm, 200μg/mL, IZD = 18mm; 短芽孢杆菌 *Bacillus pumilus*, 50μg/mL, IZD = 12mm, 100μg/mL, IZD = 14mm, 200μg/mL, IZD = 16mm, 铜绿假单胞菌 *Pseudomonas aeruginosa*, 50μg/mL, IZD = 12mm, 100μg/mL, IZD = 15mm, 200μg/mL, IZD = 17mm); 抗真菌 (黑曲霉菌 *Aspergillus niger*, 50μg/mL, IZD = 12mm, 100μg/mL, IZD = 15mm, 200μg/mL, IZD = 16mm; 稻根霉菌 **Rhizopus oryzae,* 50μg/mL, IZD = 11mm, 100μg/mL, IZD = 13mm, 200μg/mL, IZD = 15mm; 酵母白色念珠菌 *Candida albicans,* 50μg/mL, IZD = 8mm, 100μg/mL, IZD = 10mm, 200μg/mL, IZD = 11mm).【文献】V. Anjaneyulu, et al. Ind. J. Chem., Sect B, 1999, 38, 457; A.S.Dmitrenok, et al. Russ. Chem. Bull., 2003, 52, 1868.

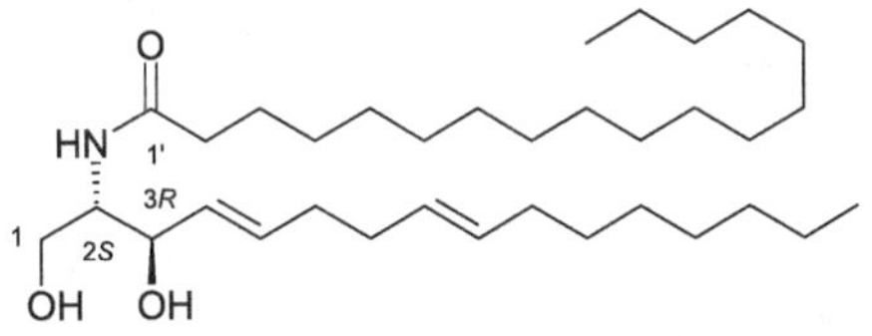

1923　*N*-Docosanoyl-D-*erythro*-(2*S*,3*R*)-16-methyl-heptadecasphing-4(*E*)-enine　*N*-二十二碳酰基-D-*erythro*-(2*S*,3*R*)-16-甲基-十七烷-4(*E*)-烯

【基本信息】$C_{40}H_{79}NO_3$, 粉末, $[\alpha]_D^{25}$ = −6.0° (*c* = 0.01, 氯仿).【类型】神经鞘脂类.【来源】蜂海绵 *Haliclona koremella* (帕劳, 大洋洲).【活性】抗污剂 (聚合型石莼 *Ulva conglobata* 的孢子); 抗微生物.【文献】T. Hattori, K. et al. JNP, 1998, 61, 823.

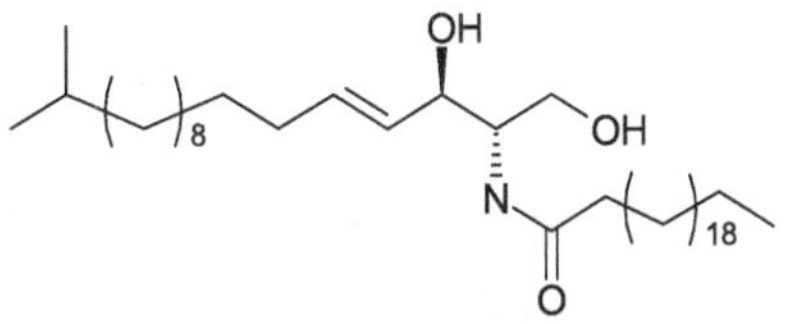

1924　Flavicerebroside A　黄柄曲霉脑苷脂 A*

【基本信息】$C_{43}H_{81}NO_9$.【类型】神经鞘脂类.【来源】海洋导出的真菌黄柄曲霉* *Aspergillus flavipes* (菌丝体), 来自珊瑚纲海葵目太平洋侧花海葵属 *Anthopleura xanthogrammica*.【活性】细胞毒 (KB).【文献】M. Saleem, et al. NPR, 2007, 24, 1142 (Rev.).

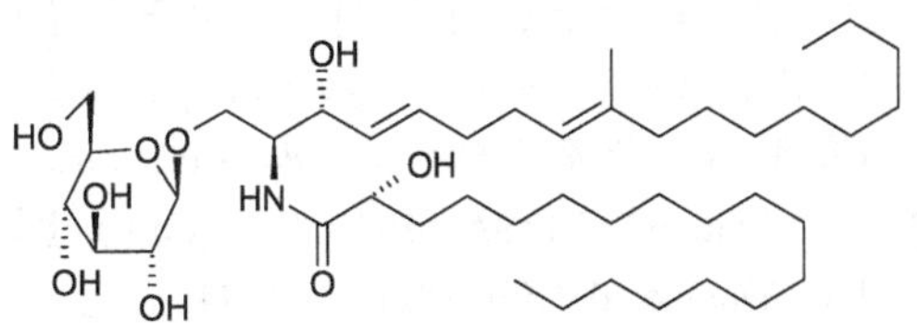

1925 Flavicerebroside B 黄柄曲霉脑苷脂 B*

【别名】Cerebroside C; 脑苷脂 C.【基本信息】$C_{43}H_{79}NO_9$, 晶体, mp 159~169°C.【类型】神经鞘脂类.【来源】海洋导出的真菌拟小球霉属 *Microsphaeropsis olivacea,* 来自未鉴定的海绵 (佛罗里达, 美国); 深海真菌淡紫拟青霉 *Paecilomyces lilacinus* ZBY-1; 海洋导出的真菌黄柄曲霉* *Aspergillus flavipes* (菌丝体), 来自珊瑚纲海葵目太平洋侧花海葵属 *Anthopleura xanthogrammica*.【活性】细胞分化诱导剂; 抗真菌; 细胞毒 (KB, K562, MCF7, HL60和BGC823 细胞, IC_{50} = 22.3~139.0μmol/L).【文献】M. Keusgen, et al. Biochem. Syst. Ecol., 1996, 24, 465; M. Saleem, et al. NPR, 2007, 24, 1142 (Rev.). X. Cui, et al. J. Int. Pharm. Res., 2013, 40, 177 (中文版).

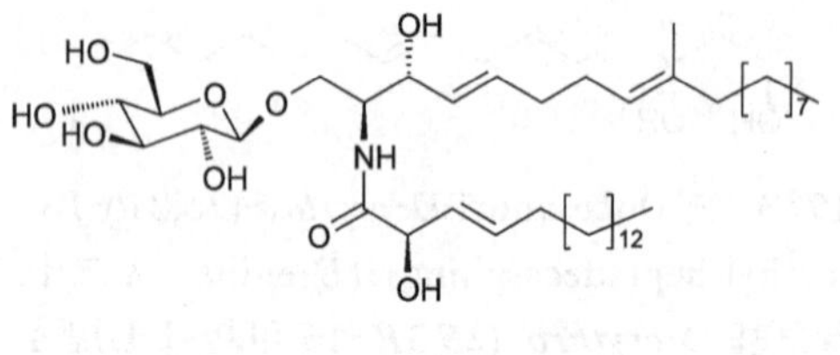

1926 Flavuside A 黄曲霉糖苷 A*

【基本信息】$C_{43}H_{81}NO_9$.【类型】神经鞘脂类.【来源】海洋导出的真菌黄曲霉 *Aspergillus flavus*.【活性】抗菌 (金黄色葡萄球菌 *Staphylococcus aureus,* MIC =15.6μg/mL; MRSA, MIC = 31.2μg/mL).【文献】G. Yang, et al. CPB, 2011, 59, 1174.

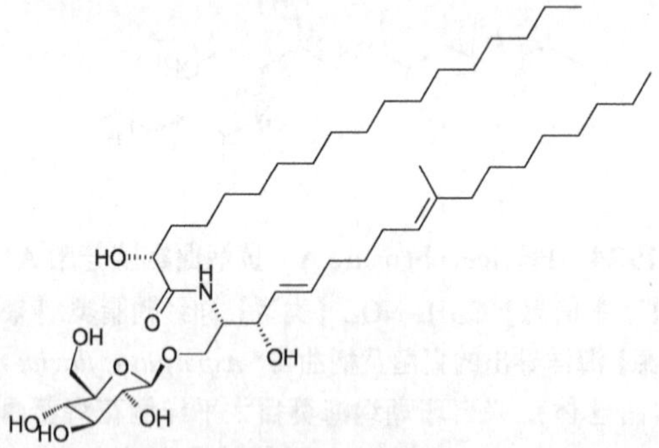

1927 Flavuside B 黄曲霉糖苷 B*

【基本信息】$C_{43}H_{79}NO_9$.【类型】神经鞘脂类.【来源】海洋导出的真菌黄曲霉 *Aspergillus flavus*.【活性】抗菌 (金黄色葡萄球菌 *Staphylococcus aureus,* MIC =15.6μg/mL; MRSA, MIC = 31.2μg/mL).【文献】G. Yang, et al. CPB, 2011, 59, 1174.

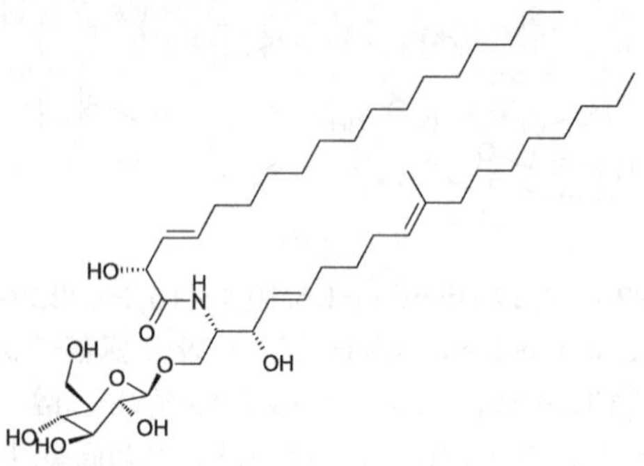

1928 Ganglioside CG-1 神经节苷脂 CG-1

【基本信息】$C_{54}H_{102}N_2O_{22}S$, mp 129~130°C.【类型】神经鞘脂类.【来源】直刺瓜参* *Cucumaria echinata* (日本水域).【活性】有毒的 (盐水丰年虾, 致命毒性); 神经突起伸长活性 (大鼠嗜铬细胞瘤细胞株 PC-12).【文献】K. Yamada, et al. EurJOC, 1998, 371.

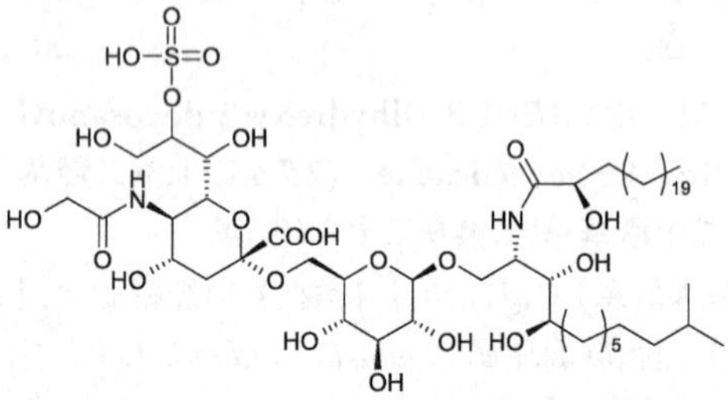

1929 Ganglioside HPG-1 神经节苷脂 HPG-1

【基本信息】$C_{74}H_{135}N_3O_{31}$, mp 261~270°C.【类型】神经鞘脂类.【来源】海参属 *Holothuria pervicax* (日本水域).【活性】神经突起伸长活性 (大鼠嗜铬细胞瘤细胞株 PC-12).【文献】K. Yamada, et al. EurJOC, 1998, 2519.

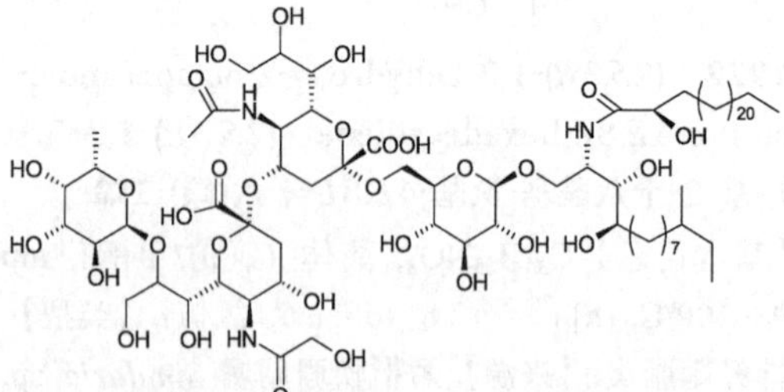

1930 Ganglioside SJG-1 神经节苷脂 SJG-1

【基本信息】$C_{52}H_{98}N_2O_{18}$, mp 159~160°C.【类型】神经鞘脂类.【来源】日本刺参 *Stichopus japonicus* (日本水域).【活性】神经突起伸长活性 (大鼠嗜铬细胞瘤细胞株 PC-12, 10μg/mL).【文献】M. Kaneko, et al. EurJOC, 1999, 3171.

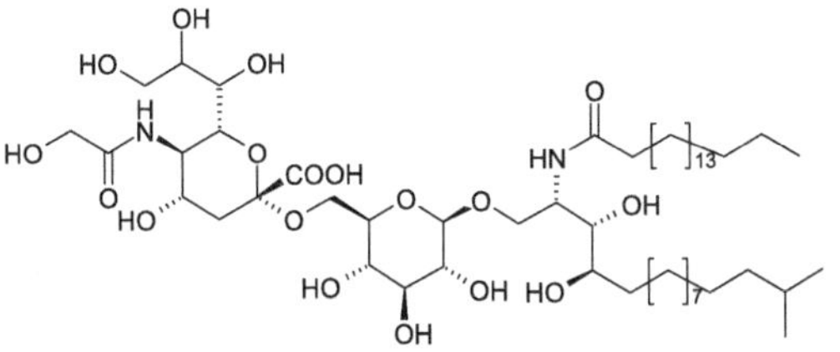

1931 Halicylindroside A$_1$ 圆筒软海绵糖苷 A$_1$*

【别名】*N*-Docosanoyl-(2*S*,3*S*,4*R*)-2-amino-16-methyl-1,3,4-heptadecanetriol 1-*O*-(2-acetamido-2-deoxy-*β*-D-glucopyranoside); *N*-二十二碳酰基-(2*S*,3*S*,4*R*)-2-氨基-16-甲基-1,3,4-十七烷三醇 1-*O*-(2-乙酰氨基-2-去氧-*β*-D-吡喃葡萄糖苷).【基本信息】$C_{48}H_{94}N_2O_9$, 固体, $[\alpha]_D^{23} = -20.2°$ (吡啶).【类型】神经鞘脂类.【来源】圆筒软海绵* *Halichondria cylindrata* (日本水域).【活性】抗真菌 (拉曼被孢霉**Mortierella ramanniana,* 250μg/盘); 细胞毒 (P_{388}, 6.8μg/mL).【文献】H. Li, et al. Tetrahedron, 1995, 51, 2773.

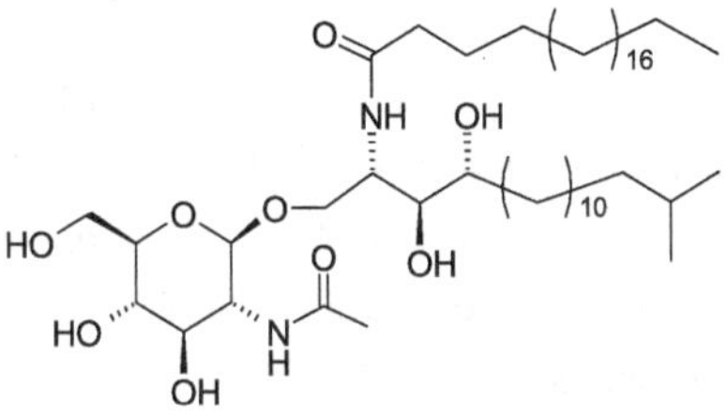

1932 Halicylindroside A$_2$ 圆筒软海绵糖苷 A$_2$*

【基本信息】$C_{49}H_{96}N_2O_9$, 固体, $[\alpha]_D^{23} = -21.1°$ (吡啶).【类型】神经鞘脂类.【来源】圆筒软海绵* *Halichondria cylindrata* (日本水域).【活性】抗真菌 (拉曼被孢霉**Mortierella ramanniana,* 250μg/盘); 细胞毒 (P_{388}, 6.8μg/mL).【文献】H. Li, et al. Tetrahedron, 1995, 51, 2773.

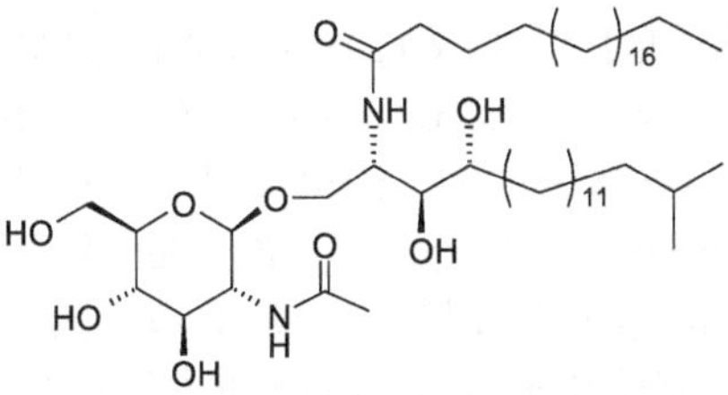

1933 Halicylindroside A$_3$ 圆筒软海绵糖苷 A$_3$*

【基本信息】$C_{50}H_{98}N_2O_9$, 固体, $[\alpha]_D^{23} = -19.5°$ (吡啶).【类型】神经鞘脂类.【来源】圆筒软海绵* *Halichondria cylindrata* (日本水域).【活性】抗真菌 (拉曼被孢霉**Mortierella ramanniana,* 250μg / 盘); 细胞毒 (P_{388}, 6.8μg/mL).【文献】H. Li, et al. Tetrahedron, 1995, 51, 2773.

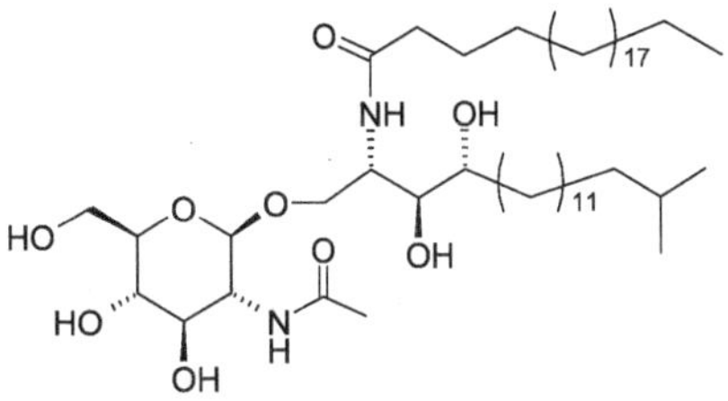

1934 Halicylindroside A$_4$ 圆筒软海绵糖苷 A$_4$*

【基本信息】$C_{51}H_{100}N_2O_9$, 固体, $[\alpha]_D^{23} = -22.3°$ (吡啶).【类型】神经鞘脂类.【来源】圆筒软海绵* *Halichondria cylindrata* (日本水域).【活性】抗真菌 (拉曼被孢霉**Mortierella ramanniana,* 250μg/盘); 细胞毒 (P_{388}, 6.8μg/mL).【文献】H. Li, et al. Tetrahedron, 1995, 51, 2773.

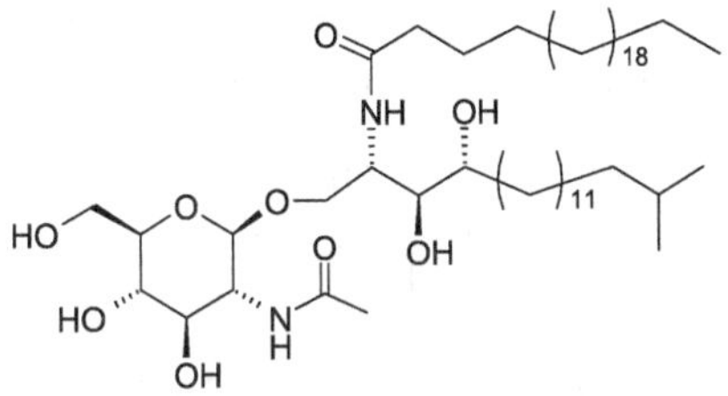

1935 Halicylindroside B$_1$ 圆筒软海绵糖苷 B$_1$*

【基本信息】$C_{46}H_{90}N_2O_{10}$, 固体, $[\alpha]_D^{23} = -9.2°$ (吡啶).【类型】神经鞘脂类.【来源】圆筒软海绵* *Halichondria cylindrata* (日本水域).【活性】抗真菌 (拉曼被孢霉**Mortierella ramanniana,* 250μg/盘); 细胞毒 (P_{388}, 6.8μg/mL).【文献】H. Li, et al. Tetrahedron, 1995, 51, 2773.

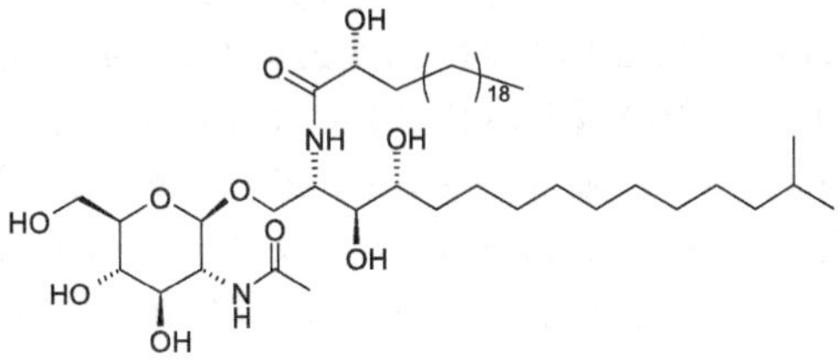

1936 Halicylindroside B$_2$ 圆筒软海绵糖苷 B$_2$*

【基本信息】$C_{47}H_{92}N_2O_{10}$, 固体, $[\alpha]_D^{23} = -9.0°$ (吡啶).【类型】神经鞘脂类.【来源】圆筒软海绵* *Halichondria cylindrata* (日本水域).【活性】抗真菌 (拉曼被孢霉**Mortierella ramanniana,* 250μg/盘); 细胞毒 (P_{388}, 6.8μg/mL).【文献】H. Li, et al. Tetrahedron, 1995, 51, 2773.

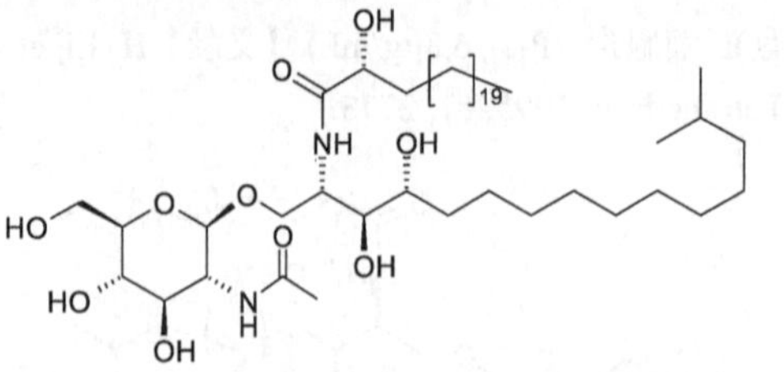

1937 Halicylindroside B$_3$ 圆筒软海绵糖苷 B$_3$*

【别名】*N*-(2*R*-Hydroxydocosanoyl)-(2*S*,3*S*,4*R*)-2-amino-15-methyl-1,3,4-hexadecanetriol 1-*O*-(2-acetamido-2-deoxy-*β*-D-glucopyranoside); *N*-(2*R*-羟基二十二(碳)酰基)-(2*S*,3*S*,4*R*)-2-亚氨基-15-甲基-1,3,4-十六烷三醇 1-*O*-(2-乙酰氨基-2-去氧-*β*-D-吡喃葡萄糖苷).【基本信息】$C_{47}H_{92}N_2O_{10}$, 固体, $[\alpha]_D^{23} = -9.7°$ (吡啶).【类型】神经鞘脂类.【来源】圆筒软海绵* *Halichondria cylindrata* (日本水域).【活性】抗真菌 (拉曼被孢霉**Mortierella ramanniana,* 250μg/盘); 细胞毒 (P_{388}, 6.8μg/mL).【文献】H. Li, et al. Tetrahedron, 1995, 51, 2773.

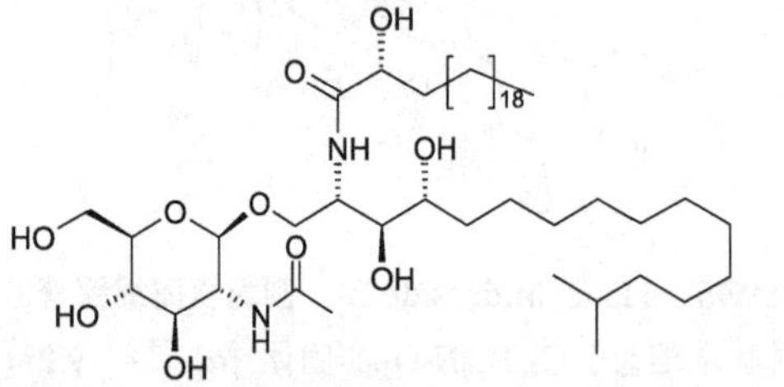

1938 Halicylindroside B$_4$ 圆筒软海绵糖苷 B$_4$*

【别名】*N*-(2*R*-Hydroxydocosanoyl)-(2*S*,3*S*,4*R*)-2-amino-16-methyl-1,3,4-heptadecanetriol 1-*O*-(2-acetamido-2-deoxy-*β*-D-glucopyranoside); *N*-(2*R*-羟基二十二(碳)酰基)-(2*S*,3*S*,4*R*)-2-氨基-16-甲基-1,3,4-十七烷三醇 1-*O*-(2-乙酰氨基-2-去氧-*β*-D-吡喃葡萄糖苷).【基本信息】$C_{48}H_{94}N_2O_{10}$, 固体, $[\alpha]_D^{23} = -8.5°$ (吡啶).【类型】神经鞘脂类.【来源】圆筒软海绵* *Halichondria cylindrata* (日本水域).【活性】抗真菌 (拉曼被孢霉**Mortierella ramanniana,* 250μg/盘); 细胞毒 (P_{388}, 6.8μg/mL).【文献】H. Li, et al. Tetrahedron, 1995, 51, 2773.

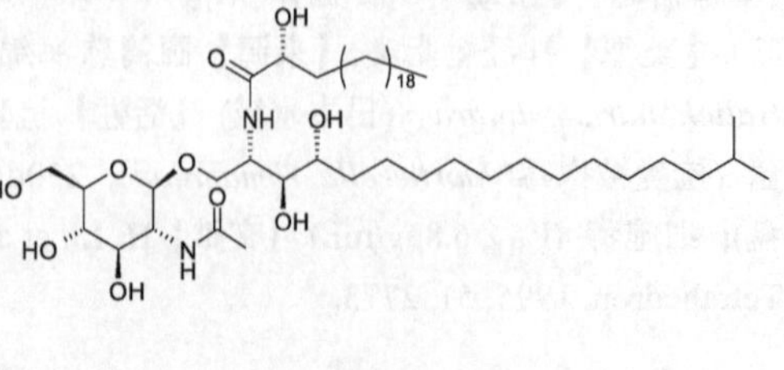

1939 Halicylindroside B$_5$ 圆筒软海绵糖苷 B$_5$*

【别名】*N*-(2*R*-Hydroxytricosanoyl)-(2*S*,3*S*,4*R*)-2-amino-15-methyl-1,3,4-hexadecanetriol 1-*O*-(2-acetamido-2-deoxy-*β*-D-glucopyranoside); *N*-(2*R*-羟基二十三(碳)酰基)-(2*S*,3*S*,4*R*)-2-氨基-15-甲基-1,3,4-十六烷三醇 1-*O*-(2-乙酰氨基-2-去氧-*β*-D-吡喃葡萄糖苷).【基本信息】$C_{48}H_{94}N_2O_{10}$, 固体, $[\alpha]_D^{23} = -8.6°$ (吡啶).【类型】神经鞘脂类.【来源】圆筒软海绵* *Halichondria cylindrata* (日本水域).【活性】抗真菌 (拉曼被孢霉**Mortierella ramanniana,* 250μg/盘); 细胞毒 (P_{388}, 6.8μg/mL).【文献】H. Li, et al. Tetrahedron, 1995, 51, 2773.

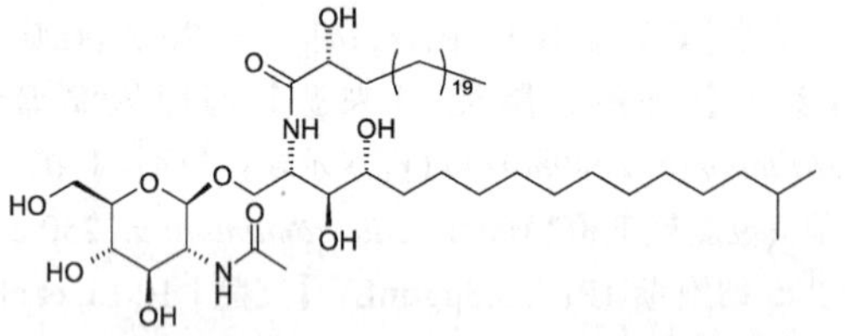

1940 Halicylindroside B$_6$ 圆筒软海绵糖苷 B$_6$*

【基本信息】$C_{49}H_{96}N_2O_{10}$, 固体, $[\alpha]_D^{23} = -8.3°$ (吡啶).【类型】神经鞘脂类.【来源】圆筒软海绵* *Halichondria cylindrata* (日本水域).【活性】抗真菌 (拉曼被孢霉**Mortierella ramanniana,* 250μg/盘); 细胞毒 (P_{388}, 6.8μg/mL).【文献】H. Li, et al. Tetrahedron, 1995, 51, 2773.

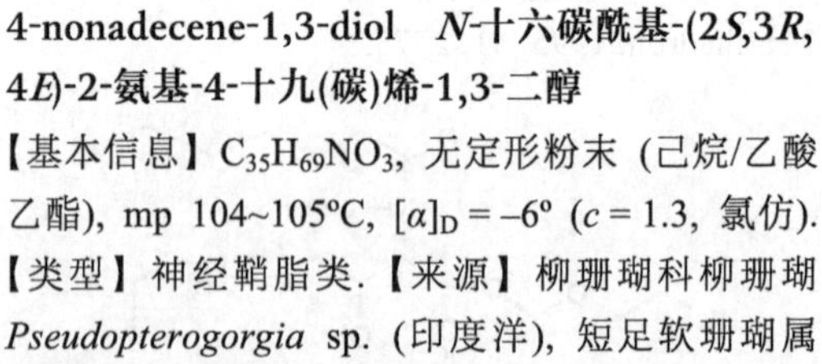

1941 *N*-Hexadecanoyl-(2*S*,3*R*,4*E*)-2-amino-4-nonadecene-1,3-diol *N*-十六碳酰基-(2*S*,3*R*,4*E*)-2-氨基-4-十九(碳)烯-1,3-二醇

【基本信息】$C_{35}H_{69}NO_3$, 无定形粉末 (己烷/乙酸乙酯), mp 104~105°C, $[\alpha]_D = -6°$ (c = 1.3, 氯仿).【类型】神经鞘脂类.【来源】柳珊瑚科柳珊瑚 *Pseudopterogorgia* sp. (印度洋), 短足软珊瑚属 *Cladiella* sp.【活性】抗菌 (1mg/mL, 革兰氏阳性菌: 短小芽孢杆菌 *Bacillus pumilis,* 枯草杆菌 *Bacillus subtilis,* 表皮葡萄球菌 *Staphylococcus epidermidis,* MIC = 100μg/mL; 革兰氏阴性菌: 大肠杆菌 *Escherichia coli* 和铜绿假单胞菌 *Pseudomonas aeruginosa*).【文献】M. Vanisree, et al. J. Asian Nat. Prod. Res., 2001, 3, 23.

1942 (*all-ξ*)-*N*-Hexadecanoyl-2-imino-1,3,4,5-octadecanetetrol (*all-ξ*)-*N*-十六碳酰基-2-亚氨基-1,3,4,5-十八烷四醇

【基本信息】$C_{34}H_{69}NO_5$, mp 143~144°C, $[\alpha]_D = +182°$ ($c = 0.5$, 甲醇).【类型】神经鞘脂类.【来源】绿藻裂片石莼 *Ulva fasciata* (印度水域).【活性】抗病毒 (小鼠, *in vivo*, SFV).【文献】H. S. Garg, et al. Tetrahedron Lett., 1992, 33, 1641.

1943 *N*-(2-Hydroxydocosanoyl)-2-amino-9-methyl-4-octadecene-1,3-diol *N*-(2-羟基二十二(碳)酰基)-2-氨基-9-甲基-4-十八(碳)烯-1,3-二醇

【基本信息】$C_{41}H_{81}NO_3$.【类型】神经鞘脂类.【来源】蜂海绵属 *Haliclona* sp. (吉达市, 沙特阿拉伯).【活性】细胞毒 (正常成纤维细胞 NIH3T3, $IC_{50} = 20\mu mol/L$; 病毒地转换形成 KA3IT, $IC_{50} = 10\mu mol/L$).【文献】S.-E. N. Ayyad, et al. Nat. Prod. Res., 2009, 23, 44.

1944 *N*-(2*R*-Hydroxydocosanoyl)-2-amino)-14-methyl-1,3,4-pentadecanetriol *N*-(2*R*-羟基二十二(碳)酰基)-2-氨基)-14-甲基-1,3,4-十五烷三醇

【基本信息】$C_{38}H_{77}NO_5$, 无定形粉末, $[\alpha]_D = +9.6°$ ($c = 0.05$, 甲醇).【类型】神经鞘脂类.【来源】Polycitoridae 科海鞘 *Cystodytes* cf. *dellechiajei* (突尼斯).【活性】PLA_2 抑制剂.【文献】A. Loukaci, et al. JNP, 2000, 63, 799.

1945 *N*-(2*R*-Hydroxyhexadecanoyl)-2-amino-4,8-octadecadiene-1,3-diol 1-*O*-sulfate *N*-(2*R*-羟基十六(碳)酰基)-2-氨基-4,8-十八(碳)二烯-1,3-二醇 1-*O*-硫酸酯

【基本信息】$C_{34}H_{65}NO_7S$, $[\alpha]_D = +17°$ ($c = 0.06$, 氯仿).【类型】神经鞘脂类.【来源】苔藓动物裸唇纲 *Watersipora cucullata* (日本水域).【活性】DNA 拓扑异构酶 I 抑制剂.【文献】M. Ojika, et al. Tetrahedron Lett., 1997, 38, 4235.

1946 *N*-(2*R*-Hydroxy-21-methyldocosanoyl)-2-amino-1,3,4-pentadecanetriol *N*-(2*R*-羟基-21-甲基二十二(碳)酰基)-2-氨基-1,3,4-十五烷三醇

【基本信息】$C_{38}H_{77}NO_5$.【类型】神经鞘脂类.【来源】伊氏毛甲蟹 *Erimacrus isenbeckii*.【活性】信息素.【文献】N. Asai, et al. Tetrahedron, 2000, 56, 9895.

1947 *N*-(2*R*-Hydroxy-23-methyltetracosanoyl)-(2*S*,3*S*,4*R*)-2-amino-1,3,4-heptadecanetriol *N*-(2*R*-羟基-23-甲基二十四(碳)酰基)-(2*S*,3*S*,4*R*)-2-氨基-1,3,4-十七烷三醇

【基本信息】$C_{42}H_{85}NO_5$.【类型】神经鞘脂类.【来源】伊氏毛甲蟹 *Erimacrus isenbeckii*.【活性】性信息素.【文献】N. Asai, et al. Tetrahedron, 2000, 56, 9895.

1948 *N*-(2*R*-Hydroxyoctadecanoyl)-2-amino-9-methyl-4,8,10-octadecatriene-1,3-diol-1-*O*-sulfate *N*-(2*R*-羟基十八碳酰基)-2-氨基-9-甲基-4,8,10-十八(碳)三烯-1,3-二醇-1-*O*-硫酸酯

【基本信息】$C_{37}H_{69}NO_7S$, $[\alpha]_D^{25} = +16°$ ($c = 0.05$,

甲醇).【类型】神经鞘脂类.【来源】苔藓动物裸唇纲 *Watersipora cucullata* (日本水域).【活性】DNA 拓扑异构酶 I 抑制剂.【文献】M. Ojika, et al. Tetrahedron Lett., 1997, 38, 4235.

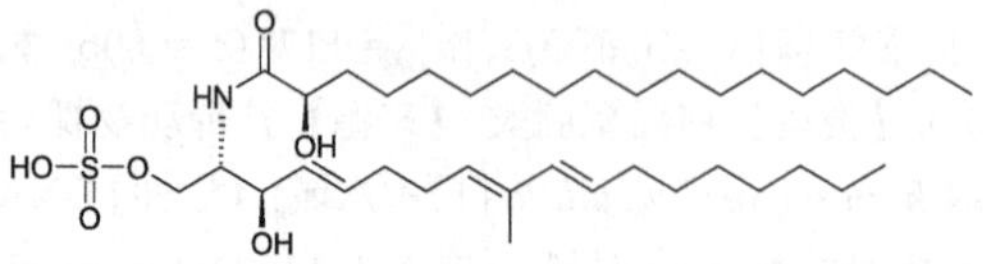

1949 N-(2ξ-Hydroxytricosanoyl)-2-amino-9-methyl-4,8,10-octadecatriene-1,3-diol N-(2ξ-羟基二十三碳酰基)-2-氨基-9-甲基-4,8,10-十八(碳)三烯-1,3-二醇

【基本信息】$C_{42}H_{79}NO_4$, 无色油状物.【类型】神经鞘脂类.【来源】蜂海绵属 *Haliclona* sp. (吉达市, 沙特阿拉伯).【活性】细胞毒 (正常成纤维细胞 NIH3T3, IC_{50} = 18μmol/L; 病毒地转换形成 KA3IT, IC_{50} = 8μmol/L).【文献】S.-E. N. Ayyad, et al. Nat. Prod. Res., 2009, 23, 44.

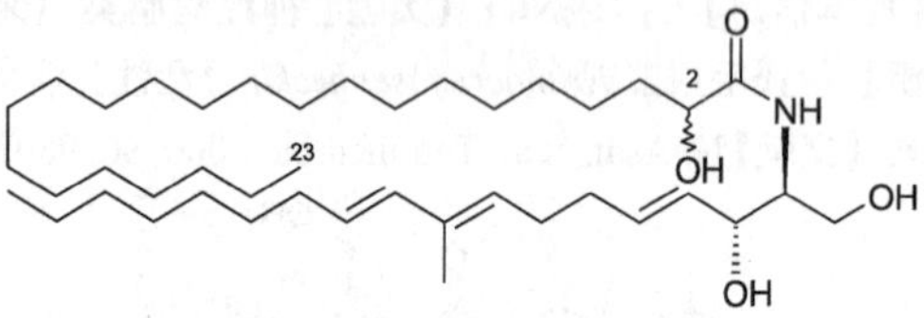

1950 N-(2-Hydroxytricosanoyl)-2-amino-9-methyl-4-octadecene-1,3-diol N-(2-羟基二十三碳酰基)-2-氨基-9-甲基-4-十八碳烯-1,3-二醇

【基本信息】$C_{42}H_{83}NO_4$, 无色油状物.【类型】神经鞘脂类.【来源】蜂海绵属 *Haliclona* sp. (吉达市, 沙特阿拉伯).【活性】细胞毒 (正常成纤维细胞 NIH3T3, IC_{50} = 18μmol/L; 病毒地转换形成 KA3IT, IC_{50} = 8μmol/L).【文献】S.-E. N. Ayyad, et al. Nat. Prod. Res., 2009, 23, 44.

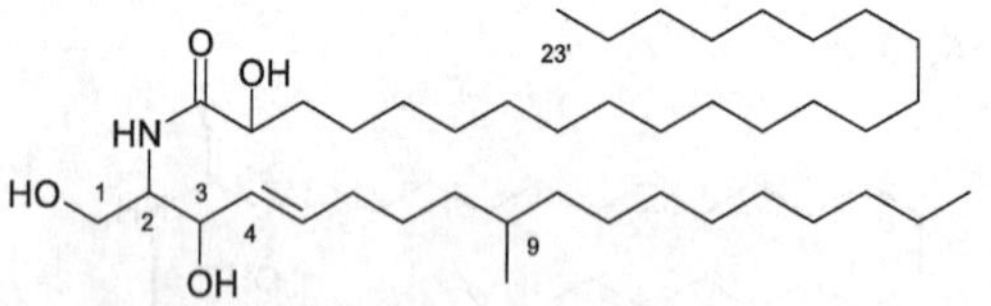

1951 Iotroridoside A 绣球海绵糖苷 A*

【别名】*N*-(2*R*-Hydroxy-4*Z*-tetracosenoyl)-(2*S*,3*S*,4*R*)-2-amino-1,3,4-octadecanetriol 1-*O*-*β*-D-glucopyranoside; *N*-(2*R*-羟基-4*Z*-二十四(碳)烯酰基)-(2*S*,3*S*,4*R*)-2-氨基-1,3,4-十八烷三醇 1-*O*-*β*-D-吡喃葡萄糖苷【基本信息】$C_{48}H_{93}NO_{10}$, 无定形固体, $[\alpha]_D^{25} = -7.2°$ (c = 0.003, 吡啶).【类型】神经鞘脂类.【来源】绣球海绵属* *Iotrochota* sp. (靠近海南岛的南海, 中国水域).【活性】细胞毒 (L_{1210}, ED_{50} = 0.08μg/mL).【文献】S.-Z. Deng, et al. Chin. J. Chem., 2001, 19, 362.

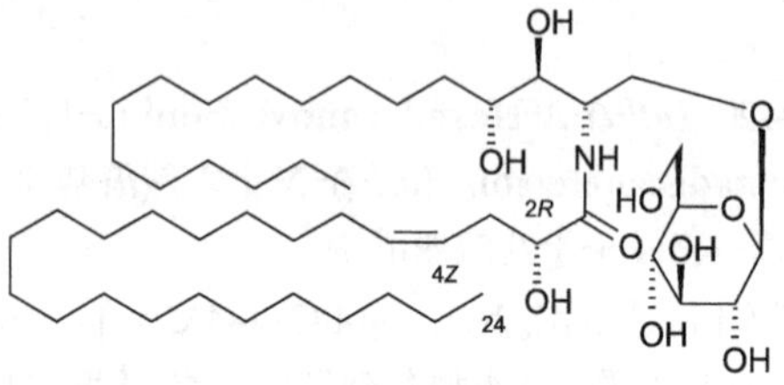

1952 Jaspine A 碧玉海绵素 A*

【基本信息】$C_{22}H_{43}NO_3$, 无定形粉末.【类型】神经鞘脂类.【来源】碧玉海绵属 *Jaspis* sp.【活性】细胞毒 (A549, IC_{50} = 0.34μmol/L).【文献】V. Ledroit, et al. Tetrahedron Lett., 2003, 44, 225.

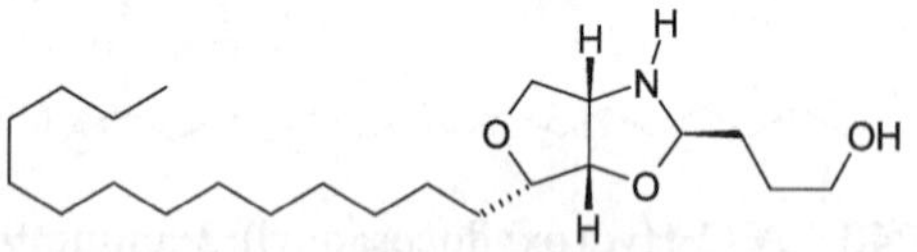

1953 Jaspine B 碧玉海绵素 B*

【别名】Pachastrissamine; 厚芒海绵胺*.【基本信息】$C_{18}H_{37}NO_2$, 粉末, $[\alpha]_D = +7°$ (c = 0.1, 氯仿), $[\alpha]_D = +18°$ (c = 0.1, 乙醇).【类型】神经鞘脂类.【来源】碧玉海绵属 *Jaspis* sp. 和厚芒海绵属 *Pachastrissa* sp.【活性】细胞毒 (MDA231, HeLa 和 CNE, 高活性); 神经鞘磷脂合成酶抑制剂 (人黑色素瘤细胞, 提高神经酰胺水平并因此触发细胞凋亡, 是这些化合物有细胞毒活性的原因).【文献】I. Kuroda, et al. JNP, 2002, 65, 1505; V. Ledroit, et al. Tetrahedron Lett., 2003, 44, 225; Y. Salma, et al. Biochem. Pharmacol., 2009, 78, 477.

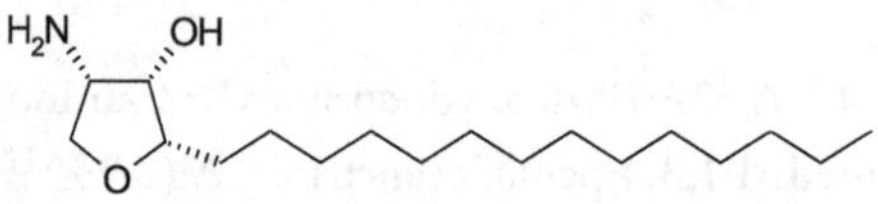

1954 Leucettamol A 白雪海绵醇 A*

【基本信息】$C_{30}H_{52}N_2O_2$, 浅黄色油状物, $[\alpha]_D = -3.8°$ (c = 4.4, 甲醇).【类型】神经鞘脂类.【来源】钙质海绵白雪海绵属 *Leucetta microraphis* 和钙质海绵白雪海绵属 *Leucetta* aff. *microraphis*.【活性】泛素 Ubc13-Uev1a 复合体抑制剂 (潜在的抗癌剂, 有潜力的); 短暂受体势 (TRP) 离子通道的非亲电子活化剂; 疼痛调节剂 (有潜力的).【文献】S. Tsukamoto, et al. BoMCL, 2008, 24, 6319; D. S. Dalisay, et al. JNP, 2009, 72, 353; G. Chianese, et al. Mar. Drugs, 2012, 10, 2435.

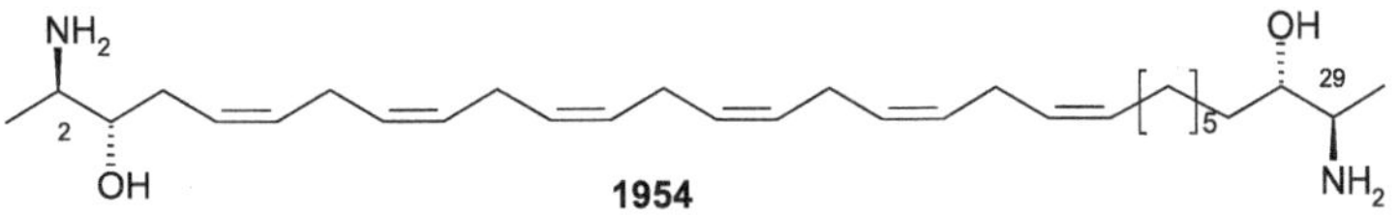

1954

1955 Leucettamol B 白雪海绵醇 B*

【基本信息】$C_{30}H_{52}N_2O_3$, 浅黄色油状物.【类型】神经鞘脂类.【来源】钙质海绵白雪海绵属 *Leucetta microraphis* (波纳佩岛, 密克罗尼西亚联邦).【活性】短暂受体势 (TRP) 离子通道的非亲电子活化剂; 疼痛调节剂 (有潜力的); 抗菌 (枯草杆菌 *Bacillus subtilis*).【文献】F. Kong , et al. JOC, 1993, 58, 970; G. Chianese, et al. Mar. Drugs, 2012, 10, 2435.

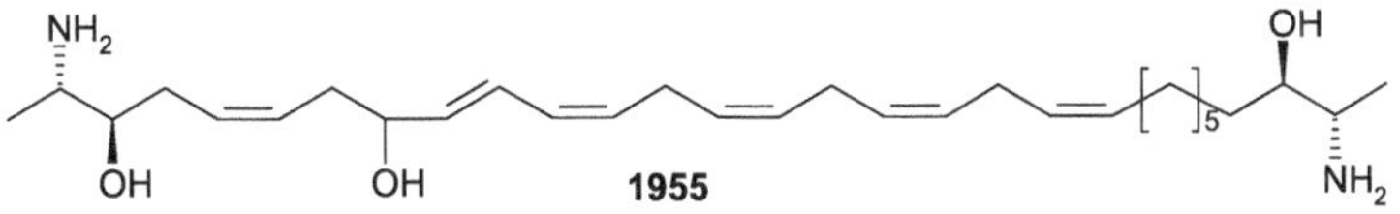

1955

1956 *Luidia maculata* Ganglioside 1 斑沙海星神经节苷脂 1

【别名】LMG 1; 斑沙海星神经节苷脂 LMG 1.【基本信息】$C_{59}H_{113}NO_{23}S$, 无定形粉末.【类型】神经鞘脂类.【来源】斑沙海星* *Luidia maculata*.【活性】具有神经突起伸长活性; 促进骨形成.【文献】S. Kawatake, et al. Liebigs Ann./Recl., 1997, 1797; CRC Press, DNP on DVD, 2012, version 20.2.

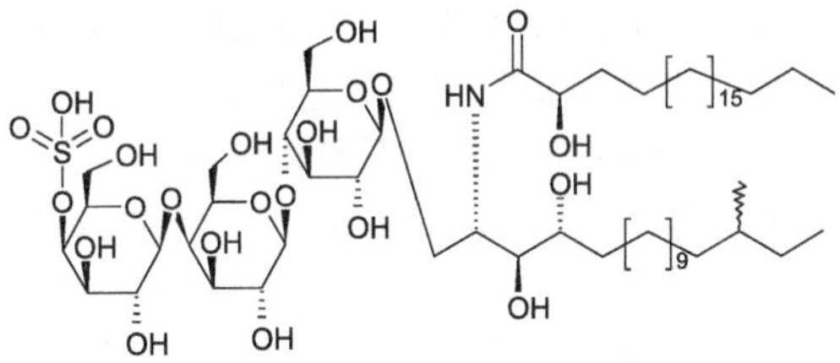

1957 Oceanalin A 大洋海绵林 A*

【基本信息】$C_{41}H_{72}N_2O_9$, 无定形固体, $[\alpha]_D = -5.7°$ ($c = 0.14$, 乙醇).【类型】神经鞘脂类.【来源】大洋海绵属 *Oceanapia* sp.【活性】抗真菌 (光滑念珠菌 *Candida glabrata,* MIC = 30μg/mL).【文献】T. N. Makarieva, et al. Org. Lett., 2005, 7, 2897.

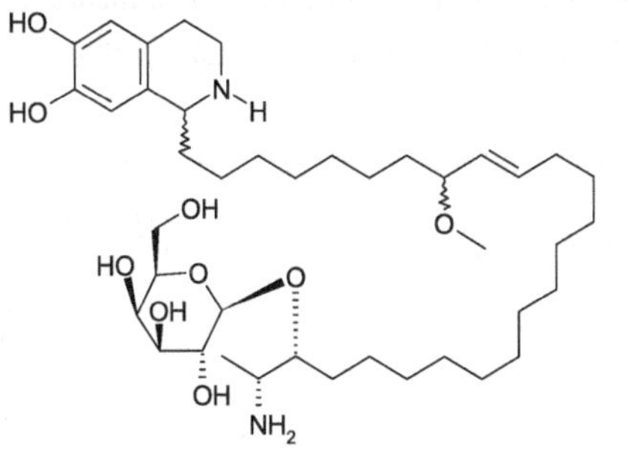

1958 Oceanapiside 大洋海绵糖苷*

【基本信息】$C_{34}H_{68}N_2O_9$, 无定形固体, $[\alpha]_D = -5.5°$ ($c = 1.2$, 甲醇).【类型】神经鞘脂类.【来源】大洋海绵属 *Oceanapia phillipensis* (南澳大利亚).【活性】抗真菌 (光滑念珠菌 *Candida glabrata,* MIC = 10μg/mL).【文献】G. M. Nicholas, et al. JNP, 1999, 62, 1678.

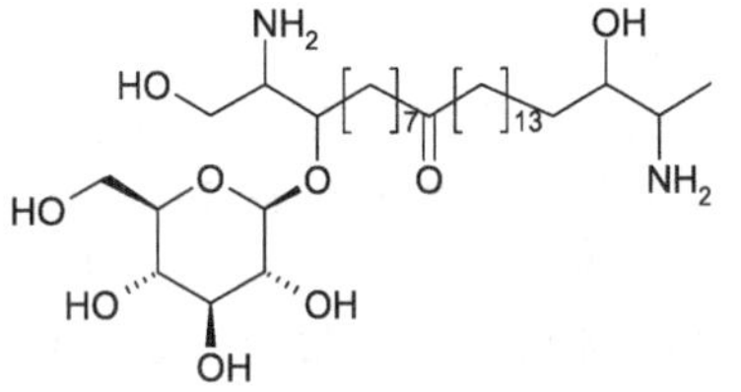

1959 Ophidiacerebroside A 蛇海星脑苷脂 A*

【别名】*N*-(2*R*-Hydroxyeicosanoyl)-(2*S*,3*R*,4*E*,8*E*,10*E*)-2-amino-9-methyl-4,8,10-octadecatriene-1,3-diol 1-*O*-*β*-D-glucopyranoside; *N*-(2*R*-羟基二十碳酰基)-(2*S*,3*R*,4*E*,8*E*,10*E*)-2-氨基-9-甲基-4,8,10-十八(碳)三烯-1,3-二醇 1-*O*-*β*-D-吡喃葡萄糖苷.【基本信息】$C_{45}H_{83}NO_9$.【类型】神经鞘脂类.【来源】蛇海星属 *Ophidiaster ophidiamus* (地中海).【活性】细胞毒 (L_{1210}, 2μg/mL, InRt = 92%).【文献】W. Jin, et al. JOC, 1994, 59, 144.

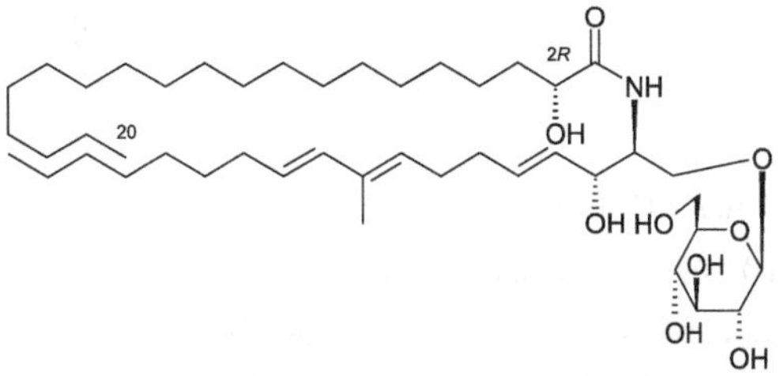

1960 Ophidiacerebroside B 蛇海星脑苷脂 B*

【别名】*N*-(2*R*-Hydroxyhenicosanoyl)-(2*S*,3*R*,4*E*,

8E,10E)-2-amino-9-methyl-4,8,10-octadecatriene-1,3-diol 1-O-β-D-glucopyranoside; N-(2R-羟基二十一碳酰基)-(2S,3R,4E,8E,10E)-2-氨基-9-甲基-4,8,10-十八碳三烯-1,3-二醇 1-O-β-D-吡喃葡萄糖苷.【基本信息】$C_{46}H_{85}NO_9$, 无色.【类型】神经鞘脂类.【来源】蛇海星属 *Ophidiaster ophidiamus* (地中海).【活性】细胞毒 (L_{1210}, 2μg/mL, InRt = 70%).【文献】W. Jin, et al. JOC, 1994, 59, 144.

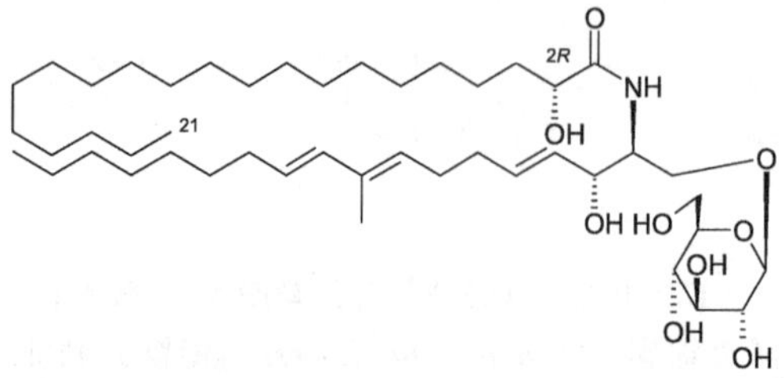

1961 Ophidiacerebroside C 蛇海星脑苷脂 C*

【别名】*Stellaster* Cerebroside S-1-3; N-(2R-Hydroxydocosanoyl)-(2S,3R,4E,8E,10E)-2-amino-9-methyl-4,8,10-octadecatriene-1,3-diol 1-O-β-D-glucopyranoside; 章海星脑苷脂 S-1-3; N-(2R-羟基二十二碳酰基)-(2S,3R,4E,8E,10E)-2-氨基-9-甲基-4,8,10-十八碳三烯-1,3-二醇 1-O-β-D-吡喃葡萄糖苷*.【基本信息】$C_{47}H_{87}NO_9$, 无定形粉末, mp 103~105ºC, $[\alpha]_D = +9.5^o$ ($c = 0.2$, 正丙醇).【类型】神经鞘脂类.【来源】蛇海星属 *Ophidiaster ophidiamus* (地中海), 网脉瘤海星* *Oreaster reticulatus* 和骑士章海星 *Stellaster equestris*.【活性】细胞毒 (L_{1210}, 2μg/mL, InRt = 96%).【文献】W. Jin, et al. JOC, 1994, 59, 144; R. Higuchi, et al. Annalen, 1996, 593.

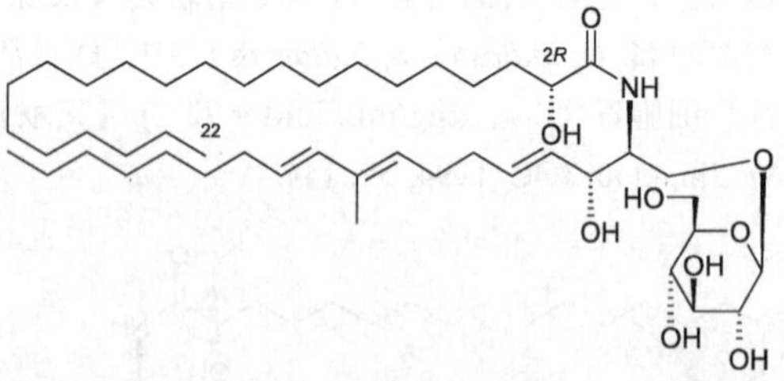

1962 Ophidiacerebroside D 蛇海星脑苷脂 D*

【别名】*Stellaster* Cerebroside S-1-4; N-(2R-Hydroxytricosanoyl)-(2S,3R,4E,8E,10E)-2-amino-9-methyl-4,8,10-octadecatriene-1,3-diol 1-O-β-D-glucopyranoside; 章海星脑苷脂 S-1-4*; N-(2R-羟基二十三碳酰基)-(2S,3R,4E,8E,10E)-2-氨基-9-甲基-4,8,10-十八(碳)三烯-1,3-二醇 1-O-β-D-吡喃葡萄糖苷*.【基本信息】$C_{48}H_{89}NO_9$, 无定形粉末, mp 109~111ºC, $[\alpha]_D = +9.9^o$ ($c = 0.2$, 正丙醇).【类型】神经鞘脂类.【来源】蛇海星属 *Ophidiaster ophidiamus* (地中海), 网脉瘤海星* *Oreaster reticulatus* 和骑士章海星 *Stellaster equestris*.【活性】细胞毒 (L_{1210}, 2μg/mL, InRt = 90%).【文献】W. Jin, et al. JOC, 1994, 59, 144; R. Higuchi, et al. Annalen, 1996, 593.

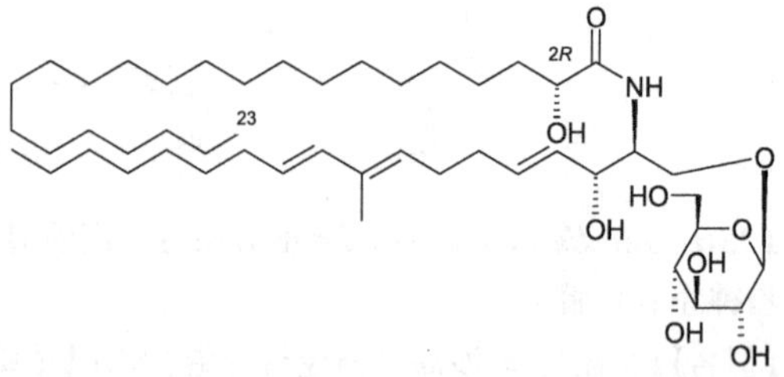

1963 Ophidiacerebroside E 蛇海星脑苷脂 E*

【别名】*Stellaster* Cerebroside S-1-5; Agelasphin 10; N-(2R-Hydroxytetracosanoyl)-(2S,3R,4E,8E,10E)-2-amino-9-methyl-4,8,10-octadecatriene-1,3-diol 1-O-β-D-glucopyranoside; 章海星脑苷脂 S-1-5*; 群海绵芬 10*; N-(2R-羟基二十四碳酰基)-(2S,3R,4E,8E,10E)-2-氨基-9-甲基-4,8,10-十八(碳)三烯-1,3-二醇 1-O-β-D-吡喃葡萄糖苷*.【基本信息】$C_{49}H_{91}NO_9$, 无定形粉末, mp 141~142ºC, mp 98~100ºC, $[\alpha]_D^{24} = +3.0^o$ ($c = 0.10$, 吡啶), $[\alpha]_D^{28} = -1.6^o$ ($c = 1.0$, 正丙醇), $[\alpha]_D = +9.6^o$ ($c = 0.2$, 正丙醇); $[\alpha]_D = -1.6^o$ ($c =1$, 正丙醇).【类型】神经鞘脂类.【来源】毛里塔尼亚群海绵 *Agelas mauritianus*, 蛇海星属 *Ophidiaster ophidiamus* (地中海), 网脉瘤海星* *Oreaster reticulatus* 和骑士章海星 *Stellaster equestris*.【活性】免疫刺激剂; 细胞毒 (L_{1210}, 2μg/mL, InRt = 84%).【文献】W. Jin, et al. JOC, 1994, 59, 144; T. Natori, et al. Tetrahedron, 1994, 50, 2771; R. Higuchi, et al. Annalen, 1996, 593.

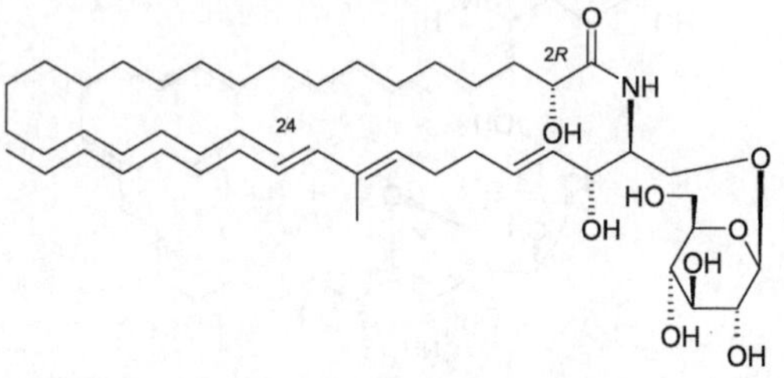

1964 Penaresidin A 佩纳海绵啶 A*

【基本信息】$C_{19}H_{39}NO_3$, 和佩纳海绵啶 B 不能分离的混合物.【类型】神经鞘脂类.【来源】佩纳海绵属 *Penares* sp. (冲绳, 日本).【活性】PKC 抑制剂; 肌动球蛋白腺苷三磷酸酶 ATPase 抑制剂.【文献】J. Kobayashi, et al. JCS Perkin Ⅰ, 1991, 1135; J. Kobayashi, et al. Tetrahedron Lett., 1996, 37, 6775; D.-G. Liu, et al. Tetrahedron Lett., 1999, 40, 337.

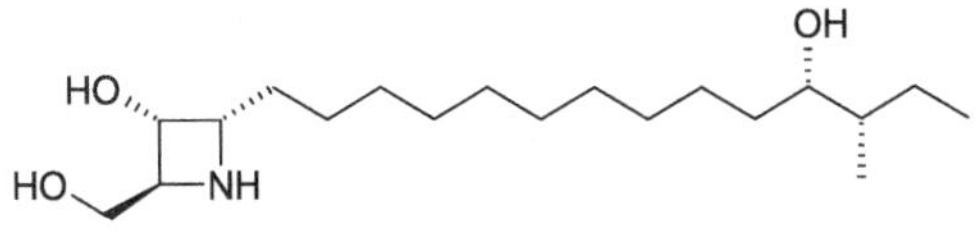

1965 Penaresidin B 佩纳海绵啶 B*

【基本信息】$C_{19}H_{39}NO_3$, 和佩纳海绵啶 A 的不能分离的混合物.【类型】神经鞘脂类.【来源】佩纳海绵属 *Penares* sp. (冲绳, 日本)和佩纳海绵属 *Penares* sp. 【活性】PKC 抑制剂; 肌动球蛋白腺苷三磷酸酶 ATPase 抑制剂.【文献】J. Kobayashi, et al. JCS Perkin Trans. Ⅰ, 1991, 1135; J. Kobayashi, et al. Tetrahedron Lett., 1996, 37, 6775.

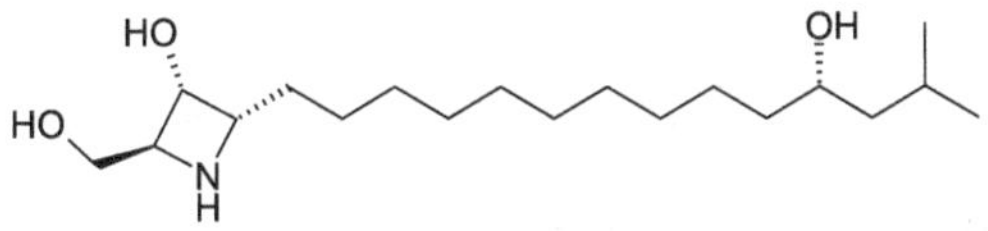

1966 Penazetidine A 佩纳海绵吖丁啶 A*

【别名】3-Hydroxy-4-(12-methyloctadecyl)-2-azetidinemethanol; 3-羟基-4-(12-甲基十八烷基)-2-吖丁啶甲醇*.【基本信息】$C_{23}H_{47}NO_2$, $[\alpha]_D = -16.9°$ ($c = 0.04$, 甲醇).【类型】神经鞘脂类.【来源】佩纳海绵属 *Penares sollasi* (印度-太平洋).【活性】PKC 抑制剂 ($IC_{50} = 1\mu mol/L$); 细胞毒 (A549, HT29, B16-F-10 和 P_{388}).【文献】K. A. Alvi, et al. BoMCL, 1994, 4, 2447; A. Yajima, et al. Liebigs Ann. Chem., 1996, 1083; D. Skropeta, et al. Mar. Drugs, 2011, 9, 2131 (Rev.).

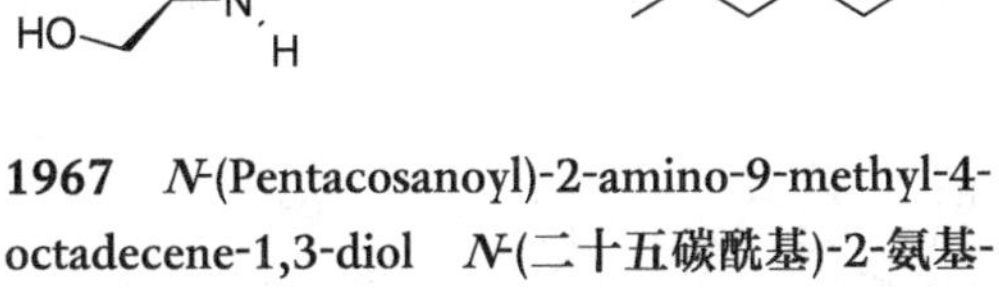

1967 *N*-(Pentacosanoyl)-2-amino-9-methyl-4-octadecene-1,3-diol *N*-(二十五碳酰基)-2-氨基-9-甲基-4-十八(碳)烯-1,3-二醇

【基本信息】$C_{44}H_{87}NO_3$.【类型】神经鞘脂类.【来源】蜂海绵属 *Haliclona* sp. (吉达市, 沙特阿拉伯).【活性】细胞毒 (正常成纤维细胞 NIH3T3, $IC_{50} = 20\mu mol/L$; 病毒地转换形成 KA3IT, $IC_{50} = 10\mu mol/L$).【文献】S.-E. N. Ayyad, et al. Nat. Prod. Res., 2009, 23, 44.

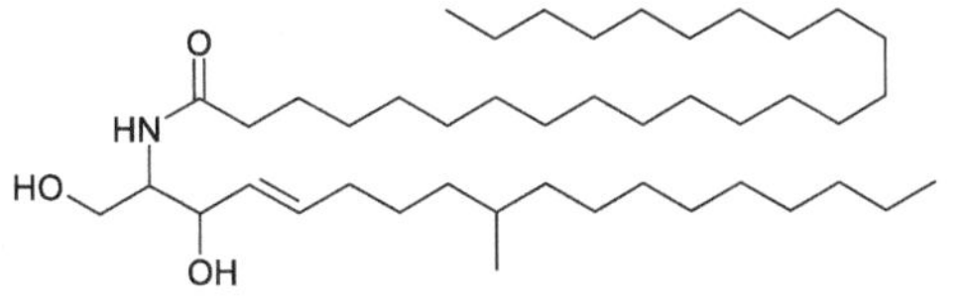

1968 Plakoside A 扁板海绵糖苷 A*

【基本信息】$C_{57}H_{105}NO_9$, 无定形固体, $[\alpha]_D^{25} = +7°$ ($c = 0.5$, 甲醇).【类型】神经鞘脂类.【来源】不分支扁板海绵* *Plakortis simplex* (巴哈马, 加勒比海).【活性】免疫抑制剂 (活化 T 细胞, 显著抑制淋巴结细胞对 0.5μg/mL 辅酶 A 的增生性反应, 在所有剂量 0.01~10μg/mL 范围内, $IP_{50} \approx 0.1\mu g/mL$).【文献】V. Costantino, et al. JACS, 1997, 119, 12465; M. Seki, et al. Tetrahedron Lett., 2001, 42, 2357; M. Seki, et al. EurJOC, 2001, 3797.

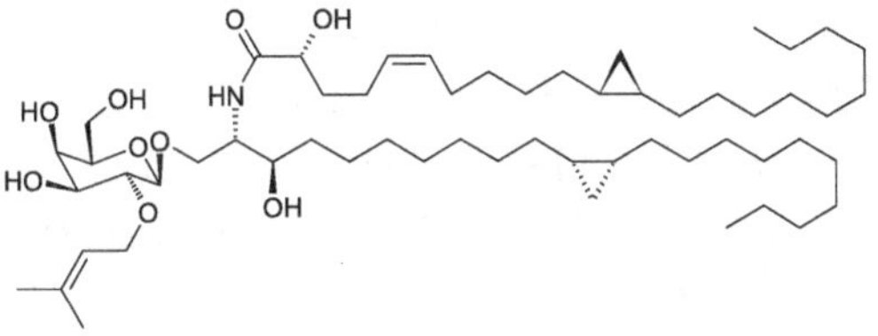

1969 Plakoside B 扁板海绵糖苷 B*

【基本信息】$C_{59}H_{107}NO_9$, 无定形固体, $[\alpha]_D^{25} = +7°$ ($c = 0.2$, 甲醇).【类型】神经鞘脂类.【来源】不分支扁板海绵* *Plakortis simplex* (巴哈马, 加勒比海).【活性】免疫抑制剂 (活化 T 细胞, 显著抑制淋巴结细胞对 0.5μg/mL 辅酶 A 的增生性反应, 在所有剂量 0.01~10μg/mL 范围内, $IP_{50} \approx 0.05\mu g/mL$).【文献】V. Costantino, et al. JACS, 1997, 119, 12465.

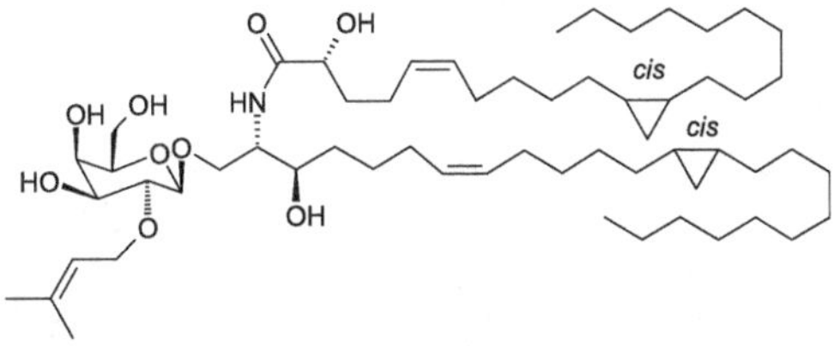

1970 Rhizochalin 皮网海绵林*

【基本信息】$C_{34}H_{68}N_2O_8$, 晶体 (乙醇/乙酸乙酯), mp 124~126°C, $[\alpha]_{578.00} = -5°$.【类型】神经鞘脂类.

【来源】大洋海绵属 *Oceanapia ramsayi* 和皮网海绵科海绵 *Rhizochalina incrustata*.【活性】抗菌; 细胞毒.【文献】T. N. Makarieva, et al. Tetrahedron Lett., 1989, 30, 6581; J. Bensemhoun, et al. Molecules, 2008, 13, 772.

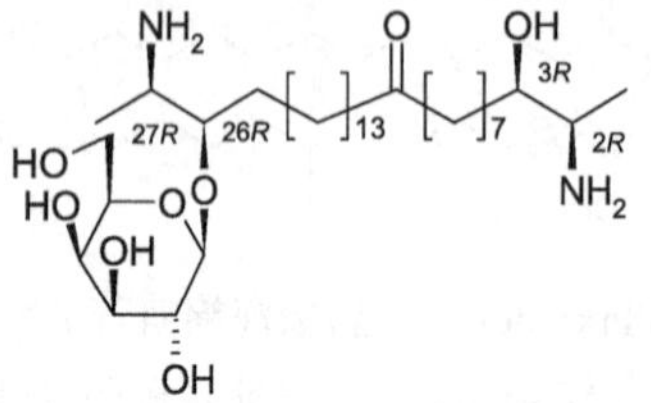

1971 Sarcoehrenoside A 埃伦伯格肉芝软珊瑚糖苷 A*

【别名】*N*-(2*R*-Hydroxy-3*E*-octadecenoyl)-(2*S*,3*R*,4*E*,8*E*,10*E*)-2-amino-9-methyl-4,8,10-octadecatriene-1,3-diol 1-*O*-*α*-D-glucopyranoside; *N*-(2*R*-羟基-3*E*-十八(碳)烯酰基)-(2*S*,3*R*,4*E*,8*E*,10*E*)-2-氨基-9-甲基-4,8,10-十八(碳)三烯-1,3-二醇 1-*O*-*α*-D-吡喃葡萄糖苷.【基本信息】$C_{43}H_{77}NO_9$, 无定形粉末, $[\alpha]_D^{23} = +77°$ ($c = 0.2$, 甲醇).【类型】神经鞘脂类.【来源】埃伦伯格肉芝软珊瑚* *Sarcophyton ehrenbergi*.【活性】抗炎; iNOS 表达的减速剂 (小鼠巨噬细胞株).【文献】S.-Y. Cheng, et al. JNP, 2009, 72, 465.

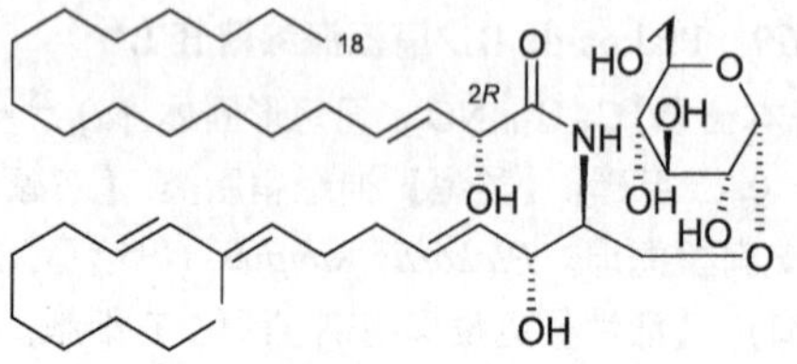

1972 Sarcoehrenoside B 埃伦伯格肉芝软珊瑚糖苷 B*

【基本信息】$C_{46}H_{87}NO_9$, 无定形粉末, $[\alpha]_D^{23} = +51.3°$ ($c = 0.3$, 甲醇).【类型】神经鞘脂类.【来源】埃伦伯格肉芝软珊瑚* *Sarcophyton ehrenbergi* (东沙群岛, 中国南海).【活性】iNOS 表达的减速剂 (小鼠巨噬细胞株).【文献】S.-Y. Cheng, et al. JNP, 2009, 72, 465.

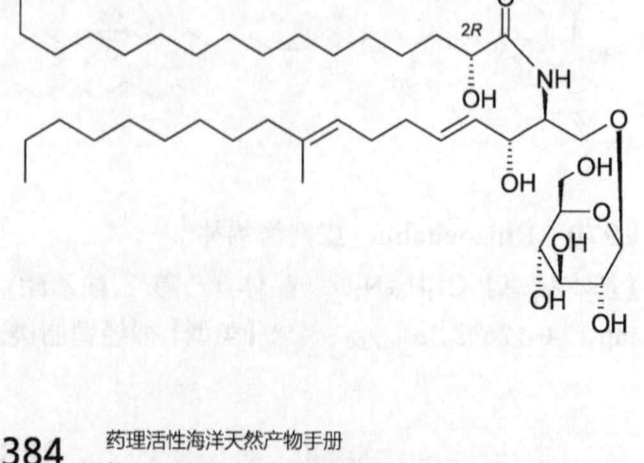

1973 Symbioramide 共生藻酰胺*

【基本信息】$C_{36}H_{71}NO_4$, 晶体, mp 105~107°C, $[\alpha]_D^{22} = +5.8°$ ($c = 1$, 氯仿).【类型】神经鞘脂类.【来源】蓝细菌颤藻属 *Oscillatoria crythraea* (昆士兰), 甲藻共生藻属 *Symbiodinium* sp., 来自未鉴定的双壳软体动物.【活性】钙-ATPase 酶活化剂; 钙离子通道活化剂; 毒素 (类似雪卡毒素).【文献】C. B. Rao, et al. JACS, 1984, 106, 7983; J. Kobayashi, et al. Experientia, 1988, 44, 800; M. Nakagawa, et al. Chem. Lett., 1990, 1407; S. T. Hahn, et al. Food Additives and Contaminants, 1992, 9, 351; K. Mori, et al. Liebigs Ann. Chem., 1994, 41.

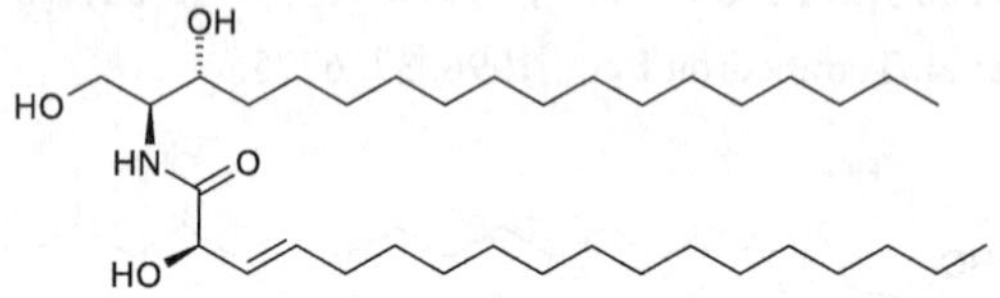

1974 Syriacin 叙利亚轮海绵新*

【基本信息】$C_{62}H_{109}NO_{10}S$, 粉末, $[\alpha]_D^{23} = -18.3°$ ($c = 0.04$, 甲醇).【类型】神经鞘脂类.【来源】叙利亚轮海绵* *Ephydatia syriaca* (淡水).【活性】拒食活性 (鱼类).【文献】T. Rezanza, et al. Tetrahedron, 2006, 62, 5937.

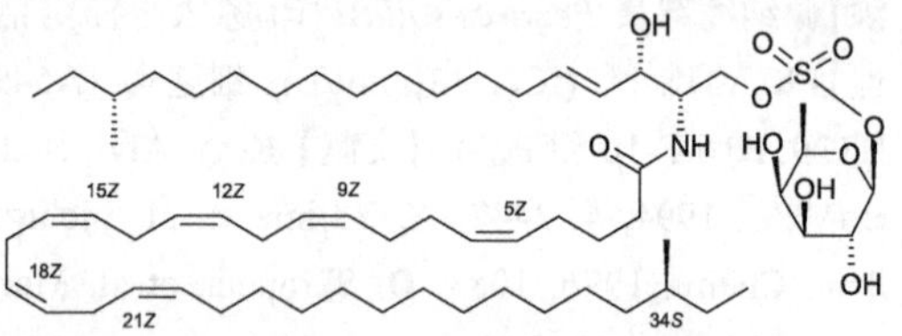

1975 Terpioside B 皮壳海绵糖苷 B*

【基本信息】$C_{73}H_{137}NO_{28}$, 无色无定形固体.【类型】神经鞘脂类.【来源】皮壳海绵属 *Terpios* sp. (基

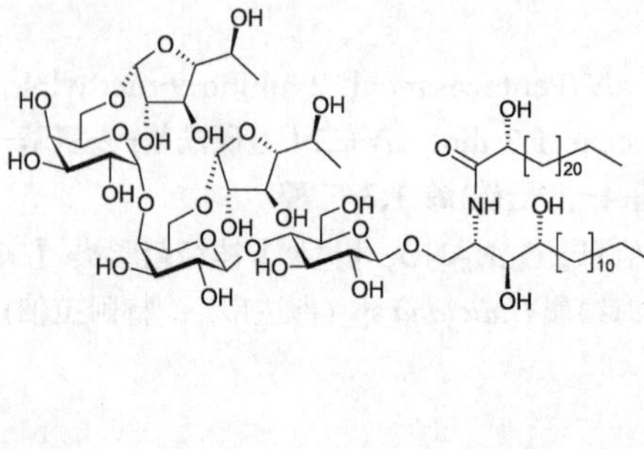

拉戈，佛罗里达，美国).【活性】LPS-诱导的 NO 释放抑制剂 (有潜力的).【文献】V. Costantino, et al. BoMC, 2010, 18, 5310.

1976 ***N*-(Tetracosanoyl)-2-amino-9-methyl-4-octadecene-1,3-diol *N*-(二十四碳酰基)-2-氨基-9-甲基-4-十八(碳)烯-1,3-二醇**

【基本信息】$C_{43}H_{85}NO_3$.【类型】神经鞘脂类.【来源】蜂海绵属 *Haliclona* sp. (吉达，沙特阿拉伯).【活性】细胞毒 (正常成纤维细胞 NIH3T3, IC_{50} = 20μmol/L; 转换形成KA3IT, IC_{50} = 10μmol/L).【文献】S.-E. N. Ayyad, et al. Nat. Prod. Res., 2009, 23, 44.

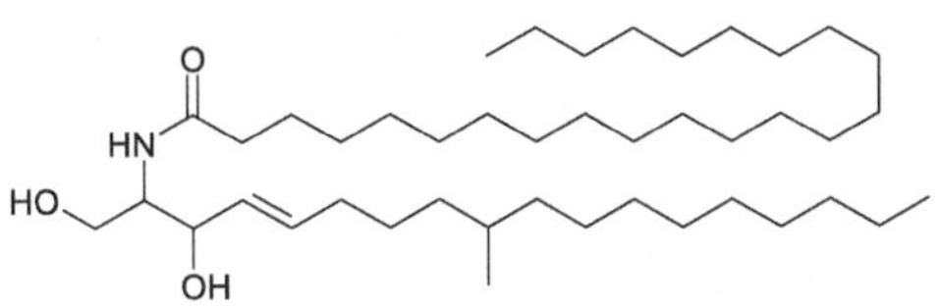

1977 **(2*S*,3*S*,4*R*)-1,3,4-Triacetoxy-2-[(*R*-2′-acetoxyocatadecanoyl)amino]octadecane (2*S*,3*S*,4*R*)-1,3,4-三乙酰氧基-2-[(*R*-2′-乙酰氧基十八碳酰基)氨基]十八烷**

【基本信息】$C_{44}H_{81}NO_9$, mp 54~57°C, $[\alpha]_D^{28}$ = +8° (*c* = 0.1, 氯仿).【类型】神经鞘脂类.【来源】细长枝短指软珊瑚* *Sinularia leptoclados* (南印度).【活性】抗菌 (革兰氏阴性菌, MIC = 200μg/mL).【文献】G. B. S. Reddy, et al. CPB, 1999, 47, 1214.

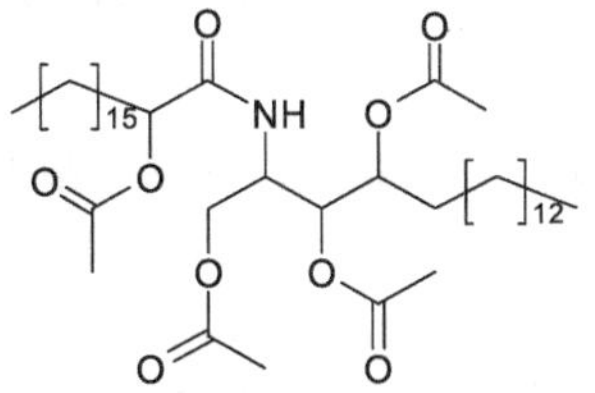

1978 ***N*-(Tricosanoyl)-2-amino-9-methyl-4-octadecene-1,3-diol *N*-(二十三碳酰基)-2-氨基-9-甲基-4-十八(碳)烯-1,3-二醇**

【基本信息】$C_{42}H_{83}NO_3$.【类型】神经鞘脂类.【来源】蜂海绵属 *Haliclona* sp. (吉达，沙特阿拉伯).【活性】细胞毒 (正常成纤维细胞 NIH3T3, IC_{50} = 20μmol/L; 病毒地转换形成KA3IT, IC_{50} = 10μmol/L).【文献】S.-E. N. Ayyad, et al. Nat. Prod. Res., 2009, 23, 44.

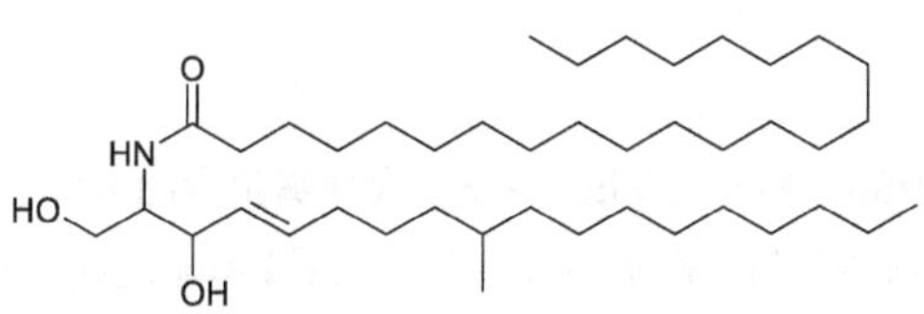

1979 **(2*S*,3*S*,4*R*)-1,3,4-Trihydroxy-2-(2-(*R*)-hydroxyoctadecanoyl-amino)octadec-8*E*-ene (2*S*,3*S*,4*R*)-1,3,4-三羟基-2-(2-(*R*)-羟基十八碳酰基-氨基)十八(碳)-8*E*-烯**

【基本信息】$C_{36}H_{71}NO_5$, 晶体 (氯仿/甲醇), mp 128~130°C.【类型】神经鞘脂类.【来源】短指软珊瑚属 *Sinularia grandilobata* (安达曼群岛，印度洋).【活性】抗菌 (大肠杆菌 *Escherichia coli,* 50μg/mL, IZD = 11mm, 100μg/mL, IZD = 12mm, 200μg/mL, IZD = 15mm; 枯草杆菌 *Bacillus subtilis*, 50μg/mL, IZD = 12mm, 100μg/mL, IZD = 13mm, 200μg/mL, IZD = 16mm; 短芽孢杆菌 *Bacillus pumilus*, 50μg/mL, IZD = 11mm, 100μg/mL, IZD = 14mm, 200μg/mL, IZD = 16mm, 铜绿假单胞菌 *Pseudomonas aeruginosa*, 50μg/mL, IZD = 11mm, 100μg/mL, IZD = 13mm, 200μg/mL, IZD = 14mm); 抗真菌 (黑曲霉菌 *Aspergillus niger*, 50μg/mL, IZD = 10mm, 100μg/mL, IZD = 13mm, 200μg/mL, IZD = 15mm; 稻根霉菌**Rhizopus oryzae,* 50μg/mL, IZD = 10mm, 100μg/mL, IZD = 13mm, 200μg/mL, IZD = 14mm; 白色念珠菌 *Candida albicans,* 50μg/mL, IZD = 11mm, 100μg/mL, IZD = 13mm, 200μg/mL, IZD = 16mm).【文献】A.S. Dmitrenok, et al. Russ. Chem. Bull., 2003, 52, 1868.

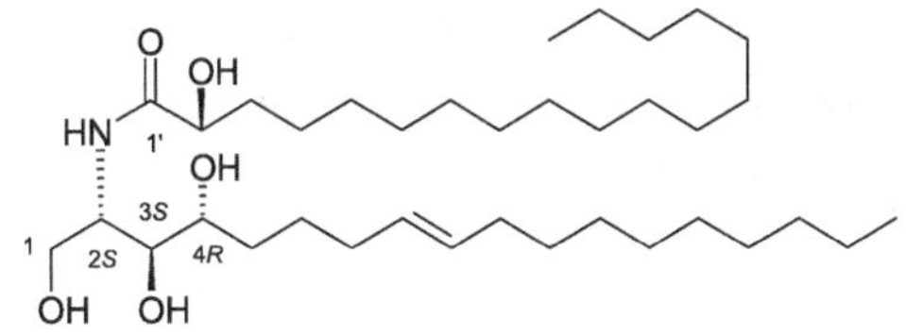

1980 **(2*S*,3*S*,4*R*)-1,3,4-Trihydroxy-2-[(*R*-2′-hydroxytetradecanoyl)amino]tricosane (2*S*,3*S*,4*R*)-1,3,4-三羟基-2-[(*R*-2′-羟基十四碳酰基)氨基]二十三烷**

【基本信息】$C_{37}H_{75}NO_5$, 无定形粉末, mp 105~107°C, $[\alpha]_D^{28}$ = +7.0° (*c* = 0.1, 氯仿)【类型】神经鞘脂类.【来源】细长枝短指软珊瑚* *Sinularia leptoclados* (南印度).【活性】抗菌 (革兰氏阴性菌, MIC = 200μg/mL).【文献】G. B. S. Reddy, et al. CPB, 1999, 47, 1214.

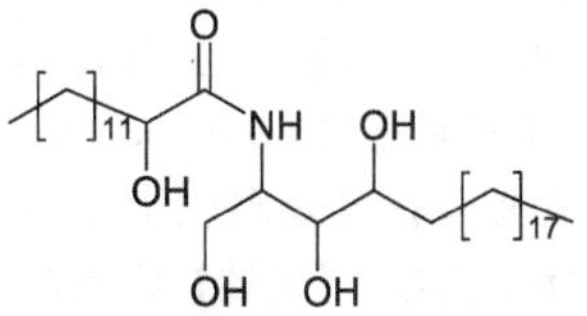

1981 Trisialo-ganglioside HPG-1 三唾液酸-神经节苷脂 HPG-1*

【基本信息】$C_{84}H_{150}N_4O_{39}$, 无定形粉末, mp 261~270°C.【类型】神经鞘脂类.【来源】海参属 *Holothuria pervicax* (日本水域).【活性】神经突起伸长活性 (大鼠嗜铬细胞瘤细胞株 PC-12).【文献】K. Yamada, et al. CPB, 2000, 48, 157.

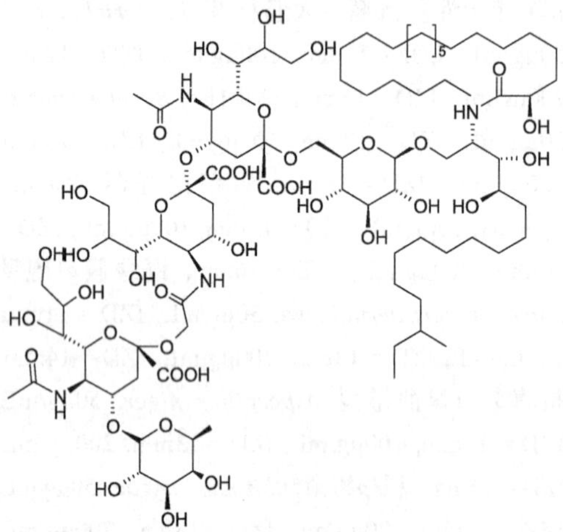

1982 Yendolipin 红藻脂*

【基本信息】$C_{48}H_{78}N_2O_5$, 浅黄色油状物, $[\alpha]_D^{25}$ = +6.69° (c = 1.0, 氯仿).【类型】神经鞘脂类.【来源】红藻龙纹藻科 *Neodilsea yendoana* (北海道, 日本).【活性】抑制叶状绿藻尖种礁膜 *Monostroma oxyspermum* 的形态生成.【文献】R. Ishida, et al. Chem. Lett., 1994, 2427.

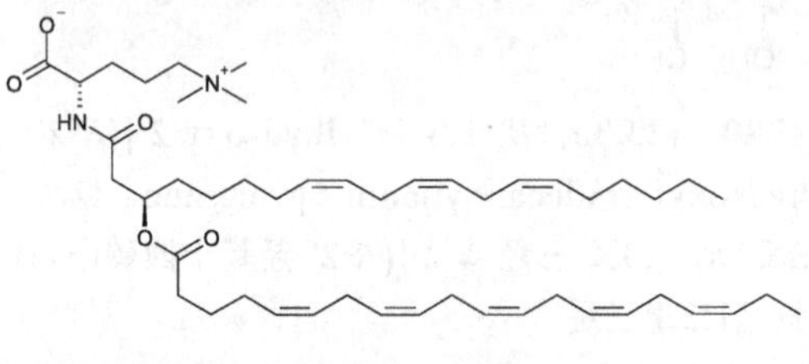

3.14 枝孢环内酯类

1983 Sporiolide A 枝孢内酯 A*

【基本信息】$C_{19}H_{24}O_6$, 无定形固体, $[\alpha]_D^{25}$ = −14° (c = 0.2, 甲醇).【类型】枝孢环内酯类.【来源】海洋导出的真菌枝孢属 *Cladosporium* sp. (液体培养基), 来自棕藻黏皮藻科辐毛藻 *Actinotrichia fragilis* (冲绳, 日本).【活性】细胞毒 (L_{1210}); 抗真菌 (新型隐球酵母 *Cryptococcus neoformans* 和粉色面包霉菌 *Neurospora crassa*).【文献】H. Shigemori, et al. Mar. Drugs, 2004, 2, 164; M. Saleem, et al. NPR, 2007, 24, 1142 (Rev.).

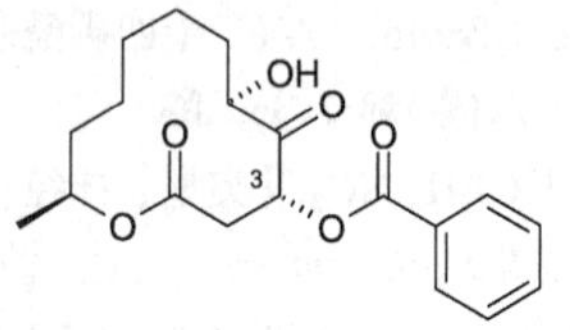

1984 Sporiolide B 枝孢内酯 B*

【基本信息】$C_{13}H_{22}O_5$, 无定形固体, $[\alpha]_D^{25}$ = −33° (c = 0.3, 甲醇).【类型】枝孢环内酯类.【来源】海洋导出的真菌枝孢属 *Cladosporium* sp. (液体培养基), 来自棕藻黏皮藻科辐毛藻 *Actinotrichia fragilis* (冲绳, 日本).【活性】细胞毒 (L_{1210}).【文献】H. Shigemori, et al. Mar. Drugs, 2004, 2, 164; M. Saleem, et al. NPR, 2007, 24, 1142 (Rev.).

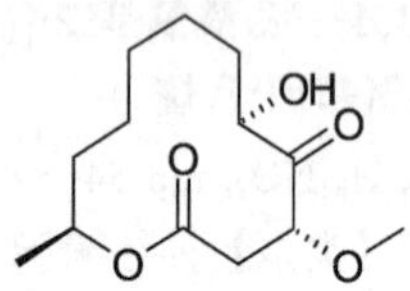

3.15 真菌源大环三内酯类

1985 Macrosphelide A 大环真菌内酯 A*

【别名】黏连抑制剂 A.【基本信息】$C_{16}H_{22}O_8$, 针状晶体, mp 141~142°C, $[\alpha]_D^{23}$ = +84.1° (c = 0.6, 甲醇).【类型】真菌源大环三内酯类.【来源】海洋导出的真菌拟小球霉属 *Microsphaeropsis* sp. FO-5050.【活性】细胞-细胞黏附抑制剂; 抗转移剂.【文献】M. Hayashi, et al. J. Antibiot., 1995, 48, 1435; S. Takamatsu, et al. J. Antibiot., 1996, 49, 95; 1997, 50, 878.

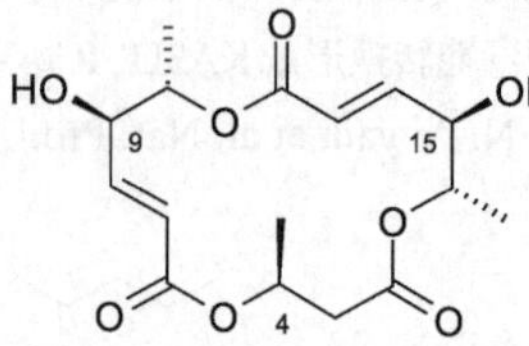

1986 Macrosphelide E 大环真菌内酯 E*

【别名】黏连抑制剂 E.【基本信息】$C_{16}H_{22}O_8$, 无

色油状物，$[\alpha]_D^{22}$ = +78.5° (c = 0.21，乙醇)；$[\alpha]_D$ = +56.8° (c = 0.46，乙醇).【类型】真菌源大环三内酯类.【来源】海洋导出的真菌细丝黑团孢霉 *Periconia byssoides* OUPS-N133，来自软体动物黑斑海兔 *Aplysia kurodai* (胃肠道).【活性】细胞毒 (P_{388}, ED_{50} > 100μg/mL)；抑制 HL60 细胞对人脐静脉内皮细胞 (HUVEC) 的黏附.【文献】A. Numata, et al. Tetrahedron Lett., 1997, 38, 8215; M. Ono, et al. Tetrahedron: Asymmetry, 2000, 11, 2753; T. Yamada, et al. JCS Perkin Trans. Ⅰ, 2001, 3046.

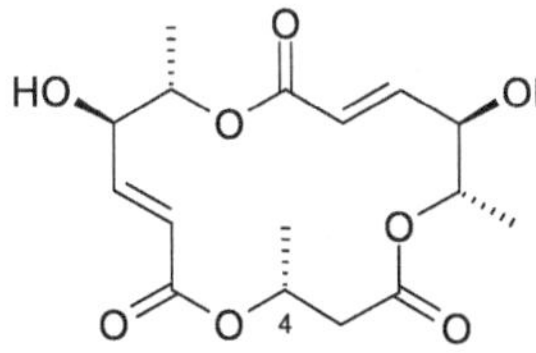

1987 Macrosphelide F 大环真菌内酯 F*

【别名】黏连抑制剂 F.【基本信息】$C_{16}H_{22}O_7$，油状物，$[\alpha]_D$ = +23.3° (c = 0.09，甲醇).【类型】真菌源大环三内酯类.【来源】海洋导出的真菌细丝黑团孢霉 *Periconia byssoides* OUPS-N133，来自软体动物黑斑海兔 *Aplysia kurodai* (胃肠道).【活性】细胞毒；抑制 HL60 细胞对人脐静脉内皮细胞 (HUVEC) 的黏附.【文献】A. Numata, et al. Tetrahedron Lett., 1997, 38, 8215; T. Yamada, et al. JCS Perkin I, 2001, 3046.

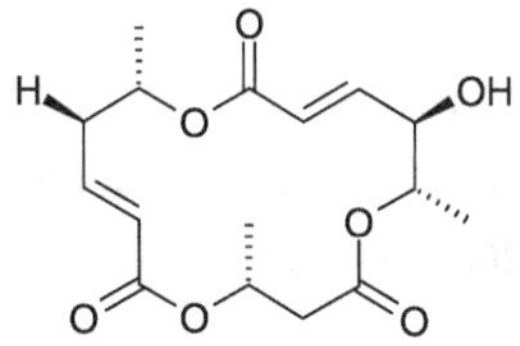

1988 Macrosphelide G 大环真菌内酯 G*

【别名】黏连抑制剂 G.【基本信息】$C_{16}H_{22}O_7$，油状物，$[\alpha]_D$ = +66.7° (c = 0.5，乙醇).【类型】真菌源大环三内酯类.【来源】海洋导出的真菌细丝黑团孢霉 *Periconia byssoides* OUPS-N133，来自软体动物黑斑海兔 *Aplysia kurodai* (胃肠道).【活性】细胞毒；抑制 HL60 细胞对人脐静脉内皮细胞 (HUVEC) 的黏附.【文献】A. Numata, et al. Tetrahedron Lett., 1997, 38, 8215; T. Yamada, et al. JCS Perkin Trans. Ⅰ, 2001, 3046.

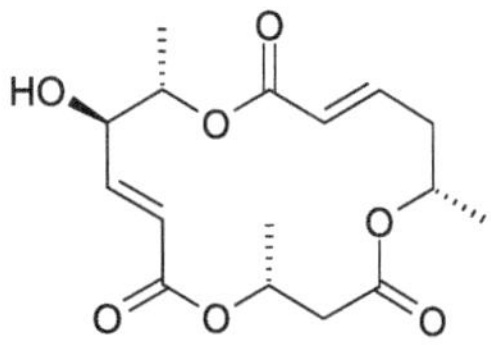

1989 Macrosphelide H 大环真菌内酯 H*

【别名】黏连抑制剂 H.【基本信息】$C_{18}H_{24}O_8$，油状物，$[\alpha]_D$ = +41.7° (c = 0.22，乙醇).【类型】真菌源大环三内酯类.【来源】海洋导出的真菌细丝黑团孢霉 *Periconia byssoides* OUPS-N133，来自软体动物黑斑海兔 *Aplysia kurodai* (胃肠道).【活性】细胞毒；免疫系统活性 (细胞黏附抑制剂，抑制 HL60 细胞对人脐静脉内皮细胞 HUVEC 的黏附).【文献】A. Numata, et al. Tetrahedron Lett., 1997, 38, 8215; T. Yamada, et al. JCS Perkin I, 2001, 3046; T. Yamada, et al. J. Antibiot., 2002, 55, 147.

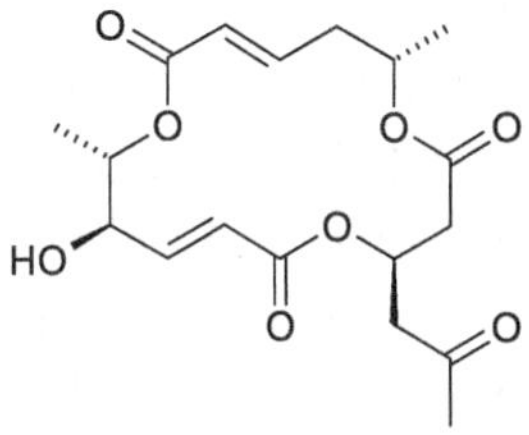

1990 Macrosphelide L 大环真菌内酯 L*

【别名】黏连抑制剂 L.【基本信息】$C_{16}H_{22}O_8$，油状物，$[\alpha]_D^{21}$ = −24.2° (c = 0.33，乙醇).【类型】真菌源大环三内酯类.【来源】海洋导出的真菌细丝黑团孢霉 *byssoides* OUPS-N133，来自软体动物黑斑海兔 *Aplysia kurodai* (胃肠道).【活性】细胞-细胞黏附抑制剂.【文献】T. Yamada, et al. J. Antibiot., 2002, 55, 147.

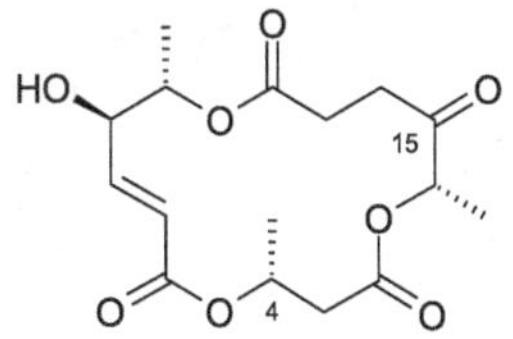

1991 Macrosphelide M 大环真菌内酯 M*

【基本信息】$C_{16}H_{22}O_8$，浅黄色油状物，$[\alpha]_D^{22}$ = +5.5° (c = 0.3，乙醇).【类型】真菌源大环三内酯类.【来源】海洋导出的真菌细丝黑团孢霉 *Periconia byssoides* OUPS-N133.【活性】免疫系统活性 (细胞黏附抑制剂，IC_{50} = 33.2μmol/L).【文献】T. Yamada, et al. J. Antibiot., 2007, 60, 370.

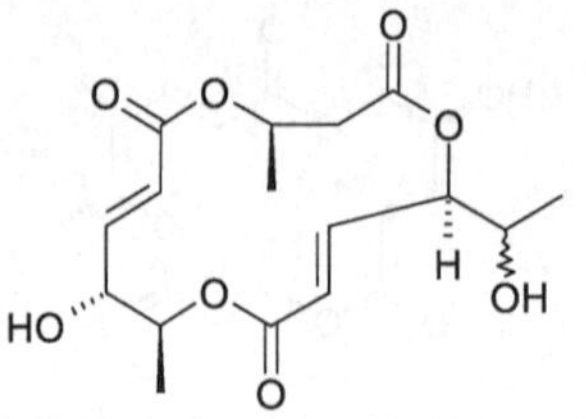

3.16 大环细菌源内酯类

1992 Macrolactin A 大环细菌内酯 A*

【基本信息】$C_{24}H_{34}O_5$, 片状晶体 (乙酸乙酯/2,3,3-三甲基戊烷), mp 75~78ºC, $[\alpha]_D = -9.6º$ ($c = 1.86$, 甲醇).【类型】大环细菌源内酯类.【来源】未鉴定的海洋细菌 (嗜冷生物, 冷水域, 革兰氏阳性, 无菌泥浆, 海水和沉积物沉积物核, 北太平洋, 采样深度 980m). 未鉴定的海洋细菌 (深水水域), 海洋细菌海洋芽孢杆菌 *Bacillus marinus*.【活性】抗菌 (标准琼脂平板-测定盘法, 枯草杆菌 *Bacillus subtilis*, 5μg/盘; 金黄色葡萄球菌 *Staphylococcus aureus*, 20μg/盘); 细胞毒 (B16-F-10, $IC_{50} = 3.5μg/mL$); 细胞毒 (Hep2 和 MA-104 载体细胞株); 抗病毒 (HSV-1, $IC_{50} = 5.0μg/mL$; HSV-2, $IC_{50} = 8.3μg/mL$); T-成淋巴细胞保护剂 (抗人 HIV 病毒复制, 10μg/mL); 神经元细胞保护剂.【文献】K. Gustafson, et al. JACS, 1989 111, 7519; 1992, 114, 671; Y. Kim, et al. Angew. Chem., Int. Ed., 1998, 37, 1261; C. Jaruchoktaweechai, et al. JNP, 2000, 63, 984; M. D. Lebar, et al. NPR, 2007, 24, 774 (Rev.).

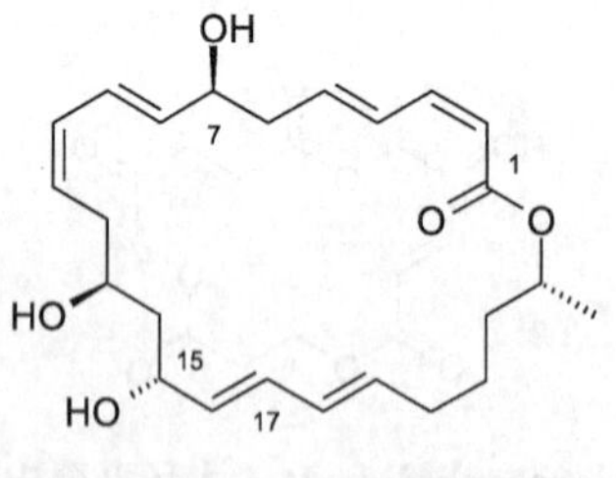

1993 Macrolactin F 大环细菌内酯 F*

【基本信息】$C_{24}H_{34}O_5$, $[\alpha]_D = -30.1º$ ($c = 1.31$, 甲醇).【类型】大环细菌源内酯类.【来源】未鉴定的海洋细菌 (嗜冷生物, 冷水域, 革兰氏阳性菌, 无菌泥浆, 海水和沉积物沉积物核, 北太平洋, 采样深度 980m).【活性】抗菌.【文献】K. Gustafson, et al. JACS, 1989 111, 7519; 1992, 114, 671; C. Jaruchoktaweechai, et al. JNP, 2000, 63, 984; M. D. Lebar, et al. NPR, 2007, 24, 774 (Rev.).

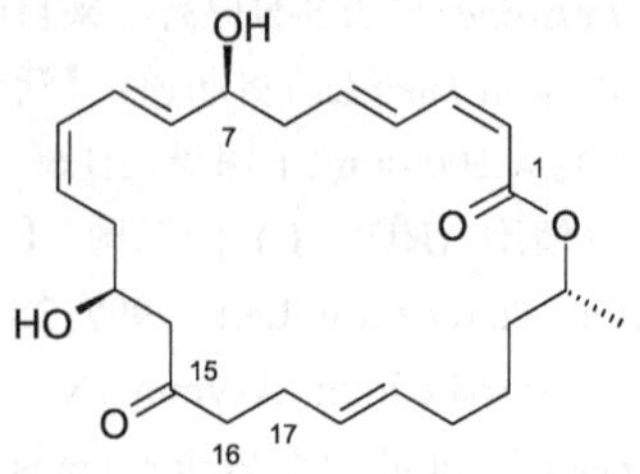

1994 Macrolactin G 大环细菌内酯 G*

【基本信息】$C_{24}H_{34}O_5$, $[\alpha]_D^{25} = -109.1º$ ($c = 0.03$, 甲醇).【类型】大环细菌源内酯类.【来源】海洋导出的细菌芽孢杆菌属 *Bacillus* sp. PP19-H3, 来自红藻裂膜藻 *Schizymenia dubyi*.【活性】抗微生物 (选择性的).【文献】K. Gustafson, et al. JACS, 1989, 111, 7519; T. Nagao, et al. J. Antibiot., 2001, 54, 333.

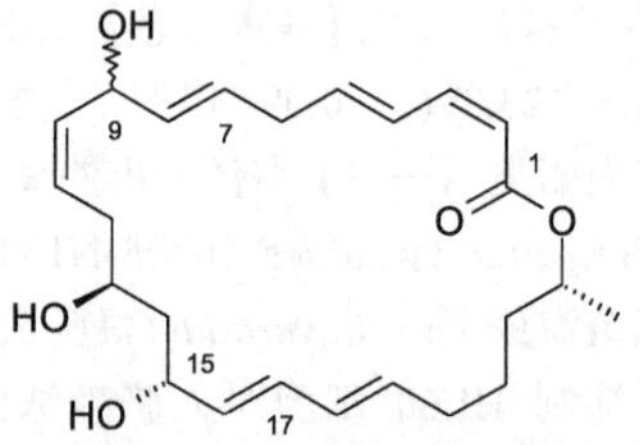

1995 Macrolactin H 大环细菌内酯 H*

【基本信息】$C_{22}H_{32}O_5$, $[\alpha]_D^{25} = -92.2º$ ($c = 0.06$, 甲醇).【类型】大环细菌源内酯类.【来源】海洋导出的细菌芽孢杆菌属 *Bacillus* sp. PP19-H3 (液体培养基), 来自红藻裂膜藻 *Schizymenia dubyi*.【活性】抗微生物 (选择性的).【文献】T. Nagao, et al. J. Antibiot., 2001, 54, 333.

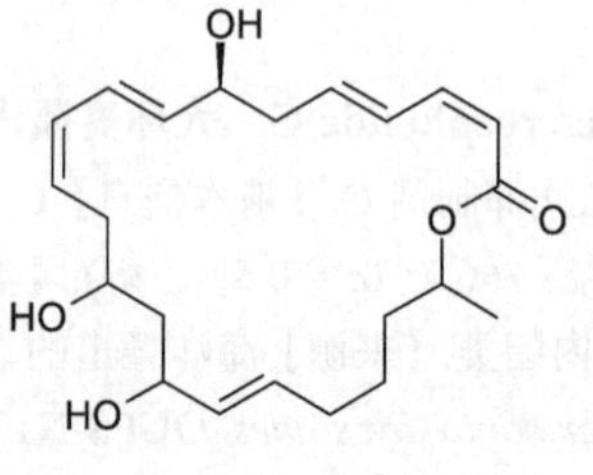

1996 Macrolactin I 大环细菌内酯 I*

【基本信息】$C_{24}H_{34}O_5$, $[\alpha]_D = -137.7º$ ($c = 0.17$, 甲醇).【类型】大环细菌源内酯类.【来源】海洋导出的细菌芽孢杆菌属 *Bacillus* sp. PP19-H3, 来自

红藻裂膜藻 *Schizymenia dubyi*.【活性】抗微生物 (选择性的).【文献】K. Gustafson, et al. JACS, 1989, 111, 7519; T. Nagao, et al. J. Antibiot., 2001, 54, 333.

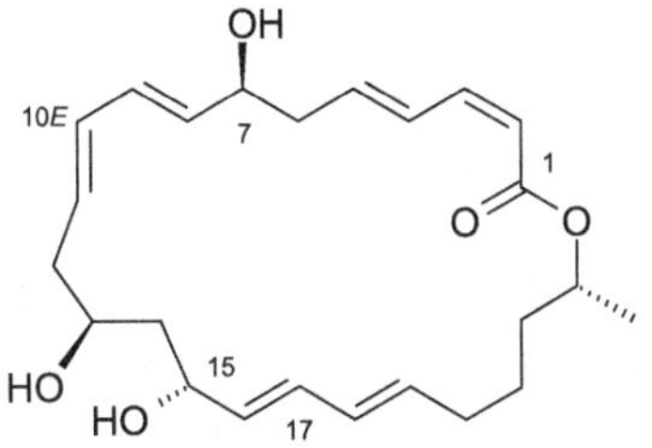

1997　Macrolactin J　大环细菌内酯 J*

【基本信息】$C_{24}H_{34}O_5$, $[\alpha]_D^{25} = -85.5°$ ($c = 0.08$, 甲醇).【类型】大环细菌源内酯类.【来源】海洋导出的细菌芽孢杆菌属 *Bacillus* sp. PP19-H3, 来自红藻裂膜藻 *Schizymenia dubyi*.【活性】抗微生物 (选择性的).【文献】K. Gustafson, et al. JACS, 1989, 111, 7519; T. Nagao, et al. J. Antibiot., 2001, 54, 333.

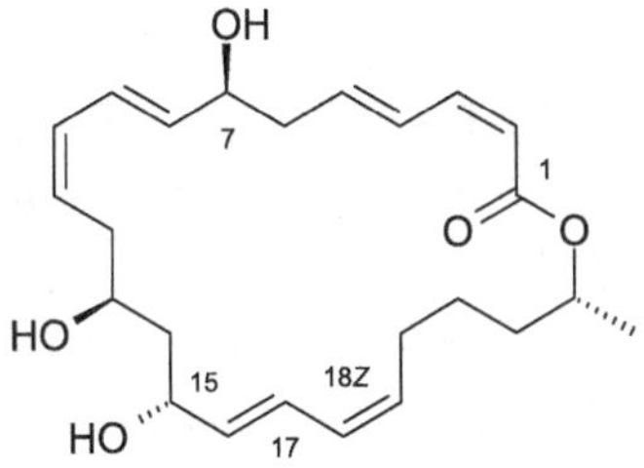

1998　Macrolactin K　大环细菌内酯 K*

【基本信息】$C_{24}H_{34}O_5$, $[\alpha]_D^{25} = -169.8°$ ($c = 0.11$, 甲醇).【类型】大环细菌源内酯类.【来源】海洋导出的细菌芽孢杆菌属 *Bacillus* sp. PP19-H3, 来自红藻裂膜藻 *Schizymenia dubyi*.【活性】抗微生物 (选择性的).【文献】K. Gustafson, et al. JACS, 1989, 111, 7519; T. Nagao, et al. J. Antibiot., 2001, 54, 333.

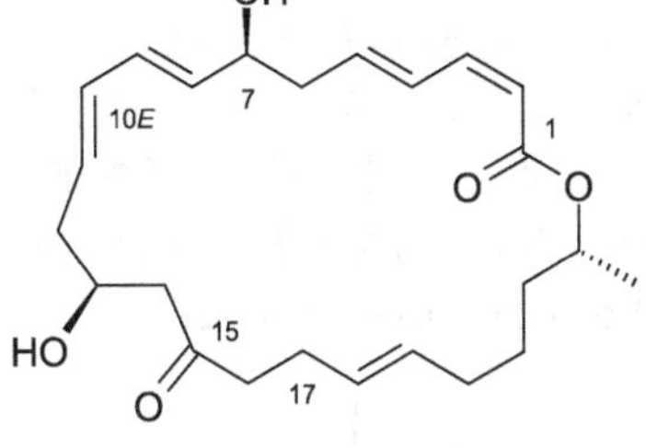

1999　Macrolactin L　大环细菌内酯 L*

【基本信息】$C_{24}H_{34}O_5$, $[\alpha]_D^{25} = -139.5°$ ($c = 0.04$, 甲醇).【类型】大环细菌源内酯类.【来源】海洋导出的细菌芽孢杆菌属 *Bacillus* sp. PP19-H3 (液体培养基), 来自红藻裂膜藻 *Schizymenia dubyi*.【活性】抗微生物 (选择性的).【文献】T. Nagao, et al. J. Antibiot., 2001, 54, 333.

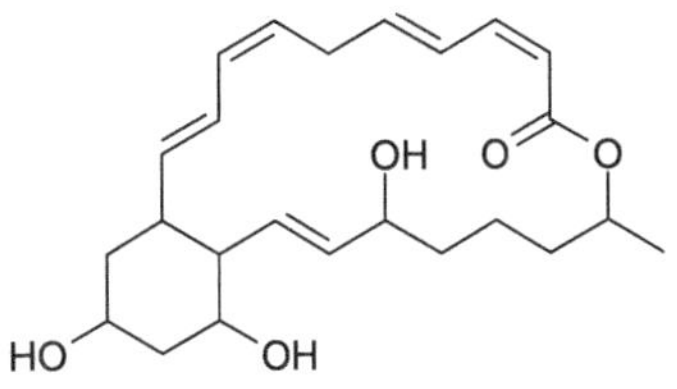

2000　Macrolactin M　大环细菌内酯 M*

【基本信息】$C_{25}H_{36}O_5$, $[\alpha]_D^{25} = -43.2°$ ($c = 0.04$, 甲醇).【类型】大环细菌源内酯类.【来源】海洋导出的细菌芽孢杆菌属 *Bacillus* sp. PP19-H3, 来自红藻裂膜藻 *Schizymenia dubyi*.【活性】抗微生物 (选择性的).【文献】K. Gustafson, et al. JACS, 1989, 111, 7519; Japan Pat., 1997, 97 301 970; CA, 128, 74381h; T. Nagao, et al. J. Antibiot., 2001, 54, 333.

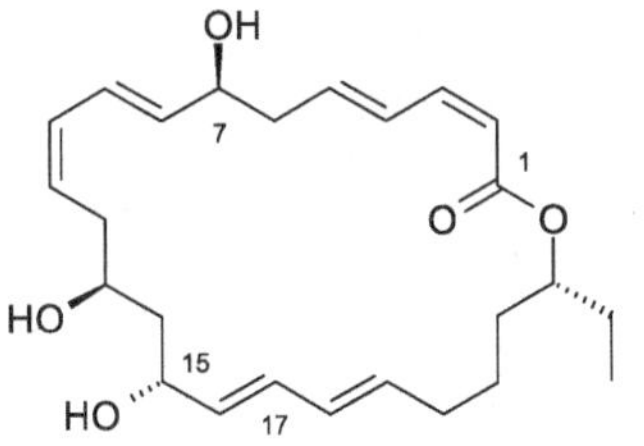

2001　Macrolactin V　大环细菌内酯 V*

【基本信息】$C_{24}H_{34}O_6$.【类型】大环细菌源内酯类.【来源】海洋导出的细菌解淀粉芽孢杆菌 *Bacillus amyloliquefaciens*, 来自脆灯芯柳珊瑚 *Junceella juncea* (三亚, 海南, 中国水域).【活性】抗菌 (高活性).【文献】E. Klarmann, et al. JACS, 1932, 54, 298.

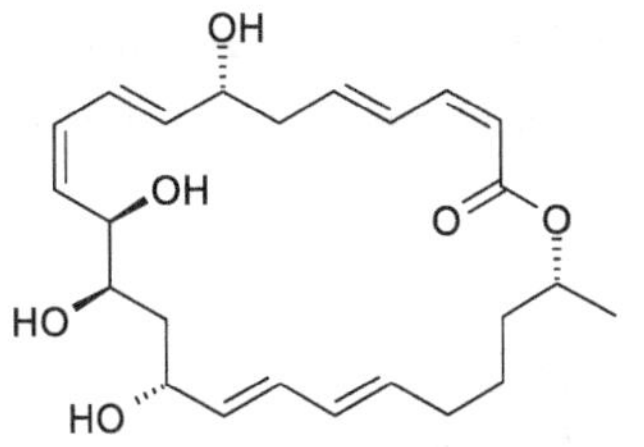

2002　Macrolactin W　大环细菌内酯 W*

【基本信息】$C_{34}H_{48}O_{13}$.【类型】大环细菌源内酯类.【来源】海洋导出的细菌芽孢杆菌属 *Bacillus* sp. (沉积物, 苏岩礁, 黄海, 中国).【活性】抗菌 (革

兰氏阳性菌和革兰氏阴性菌, 有潜力的).【文献】M. A. M. Mondol, et al. BoMCL, 2011, 21, 3832.

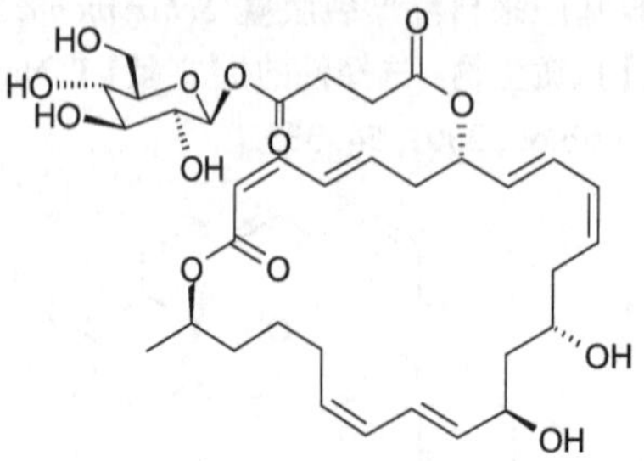

2003 7-*O*-Succinoylmacrolactin F 7-*O*-琥珀酸酰大环细菌内酯 F*

【基本信息】$C_{28}H_{38}O_8$, 无定形固体, $[\alpha]_D^{25} = -24.4°$ ($c = 0.5$, 甲醇).【类型】大环细菌源内酯类.【来源】海洋导出的细菌芽孢杆菌属 *Bacillus* sp. Sc026 (来自海洋沉积物).【活性】抗菌 (枯草杆菌 *Bacillus subtilis* 和金黄色葡萄球菌 *Staphylococcus aureus*).【文献】C. Jaruchoktaweechai, et al. JNP, 2000, 63, 984.

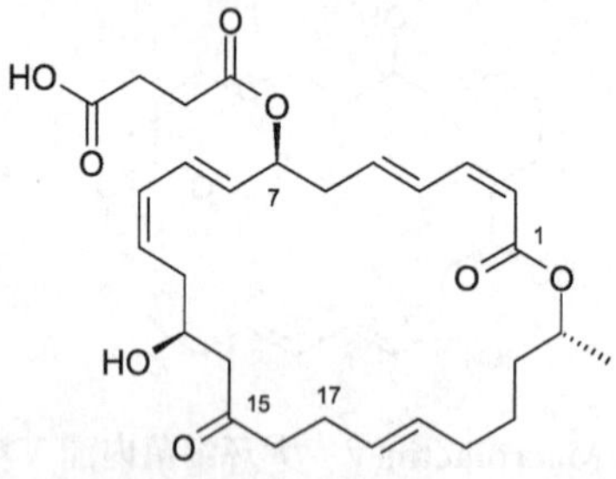

2004 7-*O*-Succinylmacrolactin A 7-*O*-琥珀酸酰大环细菌内酯 A*

【基本信息】$C_{28}H_{38}O_8$, 无定形固体, $[\alpha]_D^{25} = -9.6°$ ($c = 0.18$, 甲醇).【类型】大环细菌源内酯类.【来源】海洋导出的细菌芽孢杆菌属 *Bacillus* sp. Sc026 (来自海洋沉积物).【活性】抗菌 (枯草杆菌 *Bacillus subtilis* 和金黄色葡萄球菌 *Staphylococcus aureus*).【文献】C. Jaruchoktaweechai, et al. JNP, 2000, 63, 984.

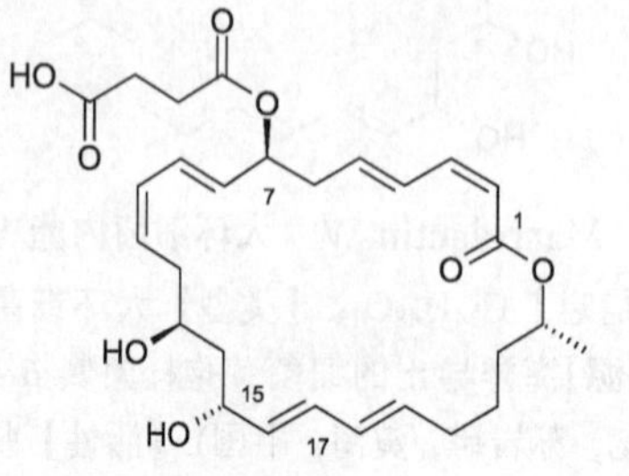

3.17 长链芳香系统

2005 1-Acetoxy-4-(10-acetoxy-3,5,7-decatrienyl)benzene 1-乙酰氧-4-(10-乙酰氧-3,5,7-十(碳)三烯基)苯

【基本信息】$C_{20}H_{24}O_4$.【类型】长链芳香系统.【来源】软体动物头足目葡萄螺属 *Haminoea callidegenita* (地中海).【活性】报警信息素 (结构和解剖学位置有力地支持作为报警信息素的有效防卫角色); 细胞毒; 抗菌; DNA 链断裂活性.【文献】A. Spinella, et al. Tetrahedron Lett., 1998, 39, 2005; I. Izzo, et al. Tetrahedron Lett., 2000, 41, 3975.

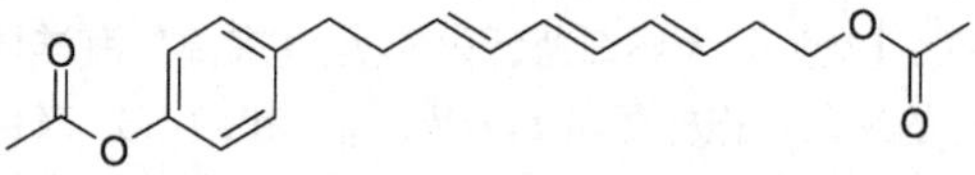

2006 4-(10-Acetoxy-3,5,7-decatrienyl)phenol. 4-(10-乙酰氧-3,5,7-十(碳)三烯基)苯酚

【基本信息】$C_{18}H_{22}O_3$.【类型】长链芳香系统.【来源】软体动物头足目葡萄螺属 *Haminoea callidegenita* (地中海).【活性】报警信息素 (结构和解剖学位置有力地支持作为报警信息素的有效防卫角色); 细胞毒; 抗菌; DNA 链断裂活性.【文献】A. Spinella, et al. Tetrahedron Lett., 1998, 39, 2005; I. Izzo, et al. Tetrahedron Lett., 2000, 41, 3975.

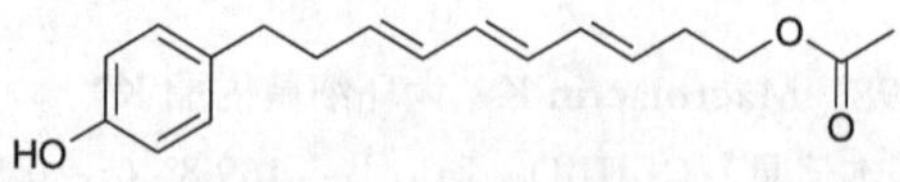

2007 (4*R*,7*S*,*E*)-10-Benzyl-5,7-dimethylundeca-1,5,10-trien-4-ol (4*R*,7*S*,*E*)-10-苯甲基-5,7-二甲基十一碳-1,5,10-三烯-4-醇

【基本信息】$C_{20}H_{28}O$, 无色油状物.【类型】长链芳香系统.【来源】胄甲海绵亚科 Thorectinae 海绵 *Smenospongia aurea,* 胄甲海绵亚科 Thorectinae 海绵 *Smenospongia cerebriformis*, 和 Aplysinidae 科海绵 *Verongula rigida* (三种海绵混合物; 佛罗里达, 美国).【活性】细胞毒 (HL60 人白血病细胞, $IC_{50} = 8.1\mu mol/L$, 通过抑制微管活性来匹配丙种球蛋白的药效团).【文献】I. H. Hwang, et al. Tetrahedron Lett., 2013, 54, 3872.

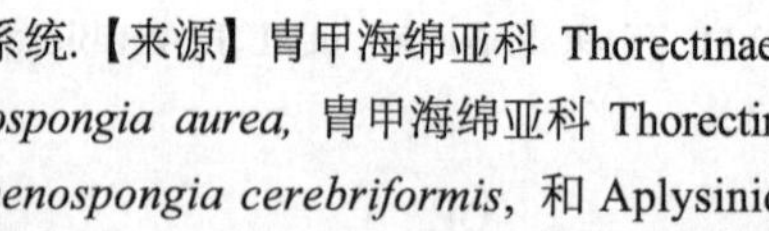

2008　10-(3,4-Dihydroxyphenyl)-3,5,7-decatrien-1-ol 1,3′-diacetate　10-(3,4-二羟苯基)-3,5,7-十(碳)三烯基-1-醇 1,3′-二乙酸酯

【基本信息】$C_{20}H_{24}O_5$.【类型】长链芳香系统.【来源】软体动物头足目葡萄螺属 *Haminoea callidegenita* (地中海).【活性】报警信息素 (结构和解剖学位置有力地支持作为报警信息素的有效防卫角色); 细胞毒; 抗菌; DNA 链断裂活性.【文献】A. Spinella, et al. Tetrahedron Lett., 1998, 39, 2005; I. Izzo, et al. Tetrahedron Lett., 2000, 41, 3975.

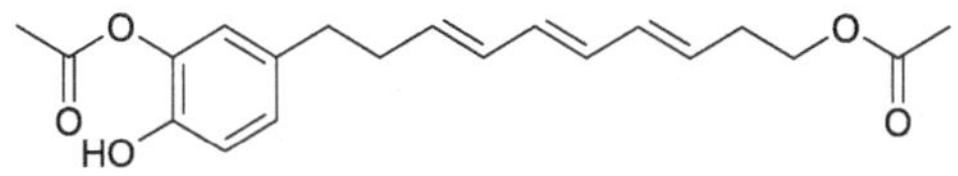

2009　10-(3,4-Dihydroxyphenyl)-3,5,7-decatrien-1-ol 1,4′-diacetate　10-(3,4-二羟基苯基)-3,5,7-十(碳)三烯基-1-醇 1,4′-二乙酸酯

【基本信息】$C_{20}H_{24}O_5$.【类型】长链芳香系统.【来源】软体动物头足目葡萄螺属 *Haminoea callidegenita* (地中海).【活性】报警信息素 (结构和解剖学位置有力地支持作为报警信息素的有效防卫角色); 细胞毒; 抗菌; DNA 链断裂活性.【文献】A. Spinella, et al. Tetrahedron Lett., 1998, 39, 2005; I. Izzo, et al. Tetrahedron Lett., 2000, 41, 3975.

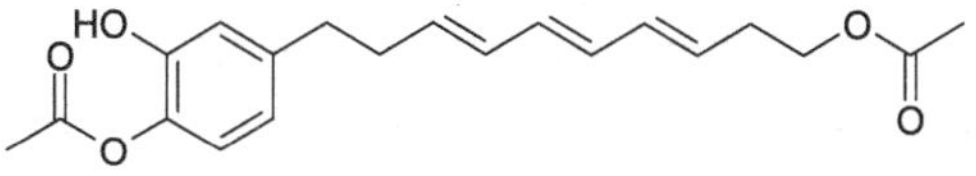

2010　10-(3,4-Dihydroxyphenyl)-3,5,7-decatrien-1-ol triacetate　10-(3,4-二羟基苯基)-3,5,7-十(碳)三烯基-1-醇 三乙酸酯

【基本信息】$C_{22}H_{26}O_6$.【类型】长链芳香系统.【来源】软体动物头足目葡萄螺属 *Haminoea callidegenita* (地中海).【活性】报警信息素 (结构和解剖学位置有力地支持作为报警信息素的有效防卫角色); 细胞毒; 抗菌; DNA 链断裂活性.【文献】A. Spinella, et al. Tetrahedron Lett., 1998, 39, 2005; I. Izzo, et al. Tetrahedron Lett., 2000, 41, 3975.

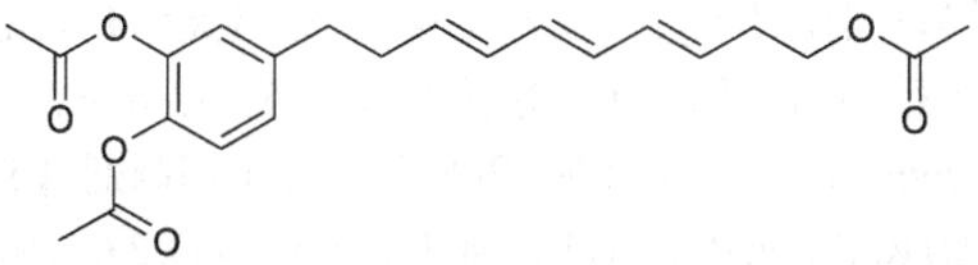

2011　(2*S,4*R**)-2,4-Dimethyl-4-hydroxy-16-phenylhexadecanoic acid 1,4-lactone　(2*S**,4*R**)-2,4-二甲基-4-羟基-16-苯基正十六酸 1,4-内酯**

【基本信息】$C_{24}H_{38}O_2$, 油状物, $[\alpha]_D = -7.1°$ (c = 0.13, 甲醇).【类型】长链芳香系统.【来源】黑扁板海绵* *Plakortis nigra* (帕劳, 大洋洲, 采样深度 380ft).【活性】细胞毒 (HCT116, IC_{50} = 14.5μmol/L).【文献】J. S. Sandler, et al. JNP, 2002, 65, 1258.

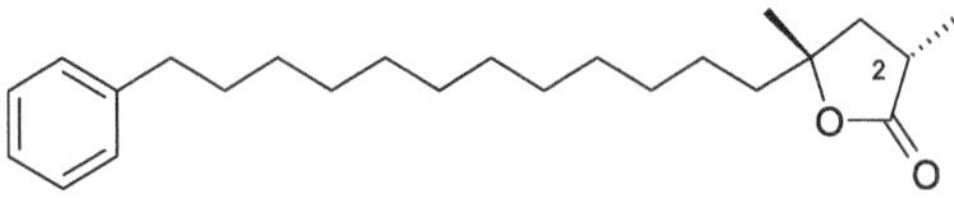

2012　(2*R,4*R**)-2,4-Dimethyl-4-hydroxy-16-phenylhexadecanoic acid 1,4-lactone　(2*R**,4*R**)-2,4-二甲基-4-羟基-16-苯基正十六酸 1,4-内酯**

【基本信息】$C_{24}H_{38}O_2$, 油状物, $[\alpha]_D = +19.3°$ (c = 0.05, 甲醇).【类型】长链芳香系统.【来源】黑扁板海绵* *Plakortis nigra* (帕劳, 大洋洲, 采样深度 380ft).【活性】细胞毒 (HCT116, 温和活性).【文献】J. S. Sandler, et al. JNP, 2002, 65, 1258.

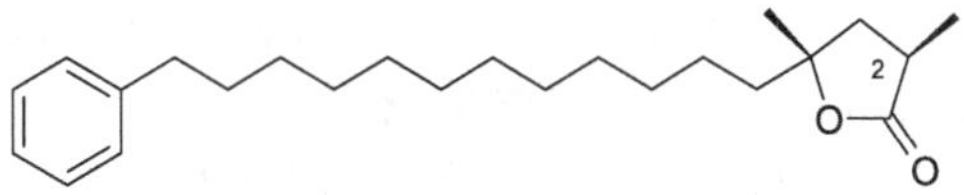

2013　Elenic acid　哦雷尼克酸*

【别名】*R*-2,4-Dimethyl-22-(*p*-hydroxyphenyl)-docos-3(*E*)-enoic acid; *R*-2,4-二甲基-22-(*p*-羟苯基)-二十二碳-3(*E*)-烯乌苏酸*.【基本信息】$C_{30}H_{50}O_3$, 无定形粉末, $[\alpha]_D = -27.2°$ (c = 2.2, 氯仿).【类型】长链芳香系统.【来源】扁板海绵属 *Plakortis* spp.和 Plakinidae 多板海绵科海绵 *Plakinastrella* sp. (印度尼西亚).【活性】细胞毒 (P_{388}, A549 和 MEL28, IC_{50} = 5μg/mL); 拓扑异构酶Ⅱ抑制剂 (IC_{50} = 0.1μg/mL).【文献】E. G. Juagdan, et al. Tetrahedron Lett., 1995, 36, 2905; S. Takanashi, et al. JCS Perkin Trans.Ⅰ, 1998, 1603; R. C. Hoye, et al. JOC, 1999, 64, 2450.

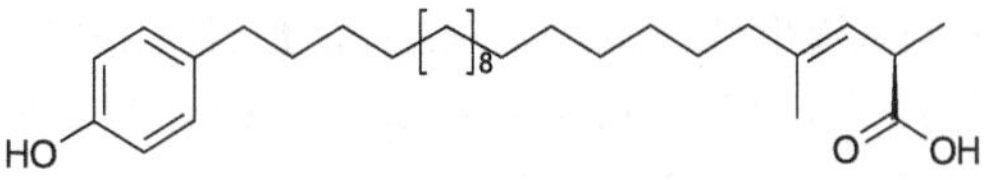

2014　Hierridin A　海瑞定 A*

【基本信息】$C_{25}H_{44}O_3$, 晶体 (甲醇), mp 77.7~

79.1ºC, mp 748~773ºC.【类型】长链芳香系统.【来源】蓝细菌席藻属 *Phormidium ectocarpi*.【活性】杀疟原虫的 (和海瑞定 B 的混合物, CRPF, IC_{50} = 5.2μg/mL); 抗氧化剂.【文献】O. Papendorf, et al. Phytochemistry, 1998, 49, 2383.

OH
15

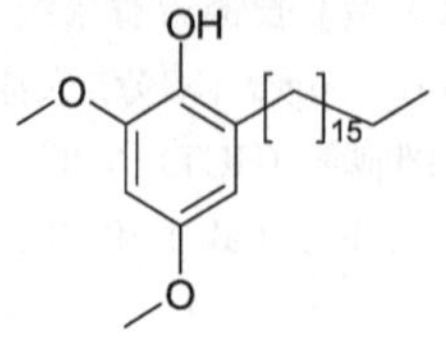

2015 Hierridin B 海瑞定 B*

【基本信息】$C_{23}H_{40}O_3$.【类型】长链芳香系统.【来源】蓝细菌席藻属 *Phormidium ectocarpi*.【活性】杀疟原虫的 (和海瑞定 A 的混合物, CRPF, IC_{50} = 5.2μg/mL).【文献】O. Papendorf, et al. Phytochemistry, 1998, 49, 2383.

OH

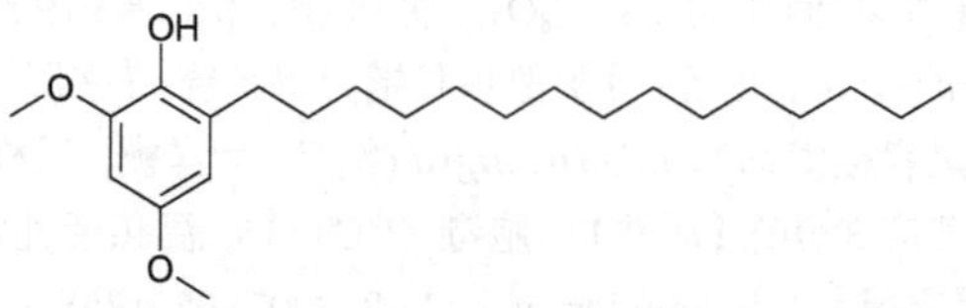

2016 2-(4-Hydroxy-3-tetraprenyl)-acetic acid 2-(4-羟基-3-四异戊二烯基)-乙酸

【基本信息】$C_{28}H_{40}O_3$, 油状物.【类型】长链芳香系统.【来源】蝇状羊海绵* *Ircinia muscarum*.【活性】拓扑异构酶Ⅱ抑制剂.【文献】J. P. Baz, et al. JNP, 1996, 59, 960.

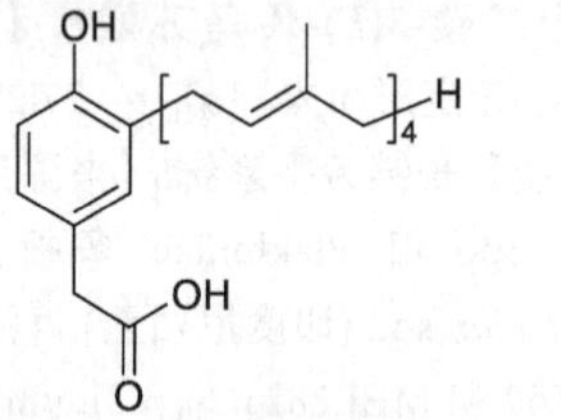

OH
H
4
OH
O

2017 Navenone B 头足类酮 B*

【基本信息】$C_{16}H_{16}O$, 晶体 (二氯甲烷), mp 125~140ºC.【类型】长链芳香系统.【来源】软体动物头足目葡萄螺属 *Navanax inermis* 和软体动物头足目拟海牛科 *Haminoea navicula*.【活性】报警信息素.【文献】H. L. Sleeper, et al. JACS, 1977, 99, 2367; W. Fenical, et al. Pure Appl. Chem., 1979, 51, 1865; G. Cimino, et al. Experientia, 1991, 47, 61; A. Spinella, et al. Tetrahedron, 1993, 49, 1307; D. Soullez, et al. Nat. Prod. Lett., 1994, 4, 203; R. Alvarez, et al. Tetrahedron: Asymmetry, 1998, 9, 3065; R. Alvarez, et al. Tetrahedron, 1998, 54, 6793.

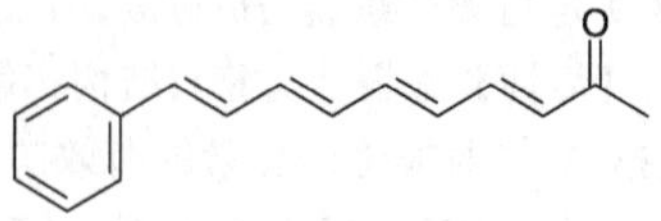

O

2018 Navenone C 头足类酮 C*

【基本信息】$C_{16}H_{16}O_2$.【类型】长链芳香系统.【来源】软体动物头足目拟海牛科 *Navanax inermis*.【活性】报警信息素.【文献】H. L. Sleeper, et al. JACS, 1977, 99, 2367; D. Soullez, et al. Nat. Prod. Lett., 1994, 4, 203.

O
HO

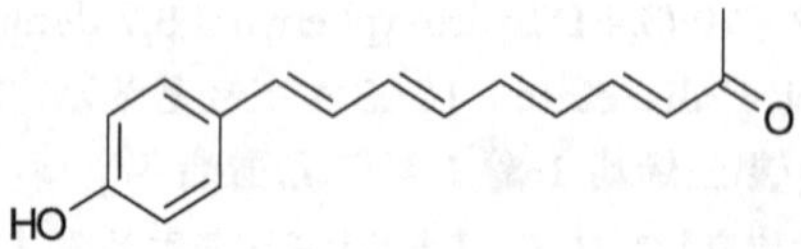

2019 5-(12-Sulfooxyheptadecyl)-1,3-benzenediol 5-(12-磺基氧十七烷基)-1,3-邻苯二酚

【基本信息】$C_{23}H_{40}O_6S$, 油状物.【类型】长链芳香系统.【来源】海洋导出的真菌接柄孢属 *Zygosporium* sp. KNC52, 来自未鉴定的硬珊瑚 (帕劳, 大洋洲).【活性】分裂蛋白鸟苷三磷酸酶 FtsZ GTPase 抑制剂 (IC_{50} = 25μg/mL, 25μg/mL 几乎完全抑制 FtsZ 的聚合作用, 分裂蛋白 FtsZ 是类似于微管蛋白的真核微管蛋白的结构同源物, 是一种鸟苷三磷酸酶 GTPase, 以 GTP 调节的方式使之聚合); 抗分枝杆菌 (结核分枝杆菌 *Mycobacterium tuberculosis* MDR-TB, 牛型分枝杆菌 *Mycobacterium bovis* BCG, *Mycobacterium avium*, 所有的 MIC = 166μg/mL); 抗菌 (铜绿假单胞菌 *Pseudomonas aeruginosa* MDRP, MIC = 50μg/mL, MRSA, MIC = 12.5μg/mL).【文献】K. Kanoh, et al. J. Antibiot., 2008, 61, 192.

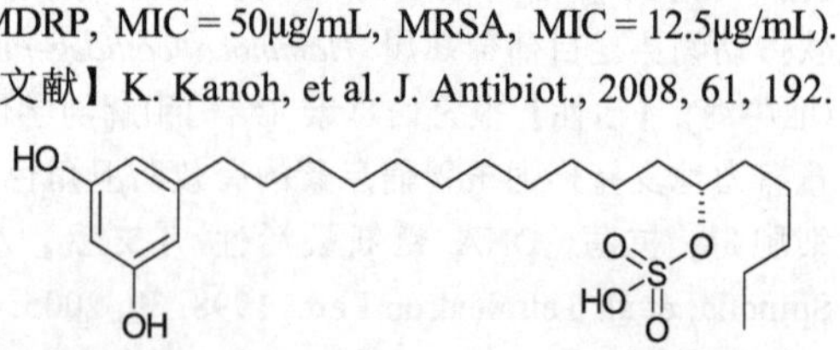

HO
OH
O
HO-S-O
O

2020 3-Tridecylphenol 3-十三烷基苯酚

【基本信息】$C_{19}H_{32}O$, mp 44~45ºC.【类型】长链芳香系统.【来源】棕藻马尾藻科 *Caulocystis cephalornithos*.【活性】磷酸酯酶 Cγ1 抑制剂.【文献】R. Kazlauskas, et al. Aust. J. Chem., 1980, 33, 2097.

OH

2021 6-Tridecylsalicylic acid 6-十三烷基水杨酸

【基本信息】$C_{20}H_{32}O_3$, 片状晶体 (正己烷), mp 85~86°C, mp 73~74°C, 溶于甲醇, 苯; 相当溶于己烷; 难溶于水.【类型】长链芳香系统.【来源】棕藻马尾藻科 *Caulocystis cephalornithos*.【活性】抗炎.【文献】R. Kazlauskas, et al. Aust. J. Chem., 1980, 33, 2097.

OH OH O

3.18 海洋多聚乙酰类

2022 Aplyparvunin 黑边海兔宁*

【基本信息】$C_{15}H_{19}Br_3O_3$, 棒状晶体 (氯仿), mp 138~139°C, $[\alpha]_D^{22}$ = −131.4° (c = 1.5, 氯仿).【类型】海洋多聚乙酰类.【来源】软体动物黑边海兔 *Aplysia parvula*.【活性】鱼毒 (食蚊鱼); LC_{100} (食蚊鱼, 24h) = 3μg/mL.【文献】T. Miyamoto, et al. Tetrahedron Lett., 1995, 36, 6073.

HO Br H Br O O H Br

2023 Brasilenyne 巴西海兔烯炔*

【基本信息】$C_{15}H_{19}ClO$, 晶体 (戊烷), mp 37~38°C, $[\alpha]_D^{21}$ = +216° (c = 0.017, 氯仿).【类型】海洋多聚乙酰类.【来源】软体动物巴西海兔 *Aplysia brasiliana*.【活性】拒食剂 (鱼).【文献】R. B. Kinnel, et al. Proc. Natl. Acad. Sci. USA, 1979, 76, 3576.

Cl O

2024 (3*Z*)-Chlorofucin (3*Z*)-氯富辛

【基本信息】$C_{15}H_{20}BrClO_2$, 油状物, $[\alpha]_D^{24}$ = −11.3° (c = 0.6, 氯仿).【类型】海洋多聚乙酰类.【来源】红藻 *Laurencia pannosa* (马来西亚).【活性】抗菌 (青紫色素杆菌 *Chromobacterium violaceum*, MIC = 100μg/盘).【文献】M. Suzuki, et al. JNP, 2001, 64, 597.

Cl O Br O H

2025 Chondriol 谷粒海绵醇*

【基本信息】$C_{15}H_{18}BrClO_2$, 油状物.【类型】海洋多聚乙酰类.【来源】红藻山田凹顶藻 *Laurencia yamada*.【活性】抗生素.【文献】W. Fenical, et al. Tetrahedron Lett., 1974, 1507.

Cl HO O Br

2026 *cis*-Dactylyne *cis*-黑指纹海兔炔*

【基本信息】$C_{15}H_{19}Br_2ClO$, 晶体, mp 62.2~63.3°C, $[\alpha]_D^{25}$ = −36° (c = 15.2, 氯仿).【类型】海洋多聚乙酰类.【来源】软体动物黑指纹海兔 *Aplysia dactylomela*.【活性】中枢神经系统镇静剂; 细胞色素抑制剂.【文献】F. J. McDonard, et al. JOC, 1975, 40, 665; D. J. Vanderah, et al. JOC, 1976, 41, 3480; L. Gao, et al. Tetrahedron Lett., 1992, 33, 4349.

Br Cl Br O

2027 Isodactylyne 异黑指纹海兔炔*

【别名】*trans*-Dactylyne; *trans*-黑指纹海兔炔*.【基本信息】$C_{15}H_{19}Br_2ClO$, 油状物, $[\alpha]_D^{24}$= −8.06° (c = 7.97, 氯仿).【类型】海洋多聚乙酰类.【来源】软体动物黑指纹海兔 *Aplysia dactylomela*.【活性】抗生素.【文献】F. J. McDonald, et al. JOC, 1975, 40, 665; D. J. Vanderah, et al. JOC, 1976, 41, 3480; L. Gao, et al. Tetrahedron Lett., 1992, 33, 4349.

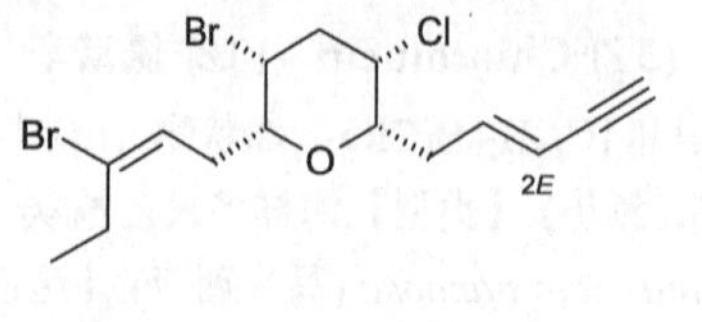

2028 ***cis*-Isodihydrorhodophytin**

【基本信息】$C_{15}H_{20}BrClO$, 油状物, $[\alpha]_D^{25} = +71.4°$ ($c = 0.0042$, 氯仿).【类型】海洋多聚乙酰类.【来源】红藻 *Laurencia pinnatifida,* 软体动物巴西海兔 *Aplysia brasiliana.*【活性】拒食剂 (鱼, 有潜力的). 【文献】R. B. Kinnel, et al. Proc. Natl. Acad. Sci. USA, 1979, 76, 3576.

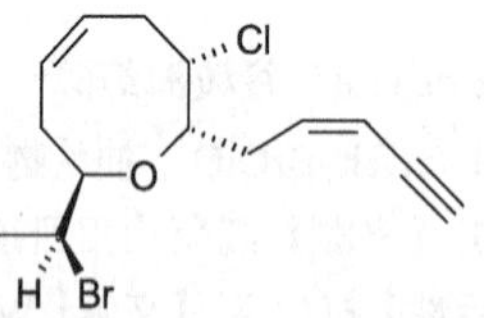

2029 Isolaurepinnacin 异羽状凹顶藻新*

【基本信息】$C_{15}H_{20}BrClO$, 油状物, $[\alpha]_D = -6.2°$ (氯仿).【类型】海洋多聚乙酰类.【来源】红藻羽状凹顶藻* *Laurencia pinnata.*【活性】杀昆虫剂.【文献】A. Fukuzawa, et al. Tetrahedron Lett., 1981, 22, 4081; H. Kotsuki, et al. JOC, 1989, 54, 5153.

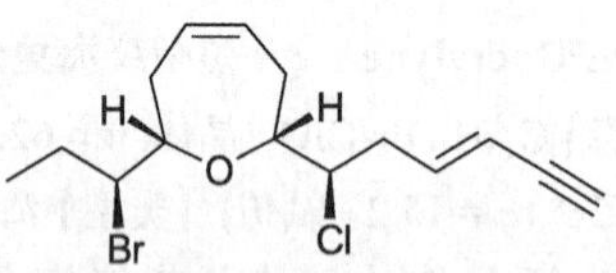

2030 Laurefurenyne F 凹顶藻呋喃烯炔 F*

【基本信息】$C_{15}H_{21}BrO_3$, 无定形固体, $[\alpha]_D^{25} = +17°$ ($c = 0.1$, 甲醇).【类型】海洋多聚乙酰类.【来源】红藻凹顶藻属 *Laurencia* sp.【活性】细胞毒 (温和活性和非选择性的, 60μg/盘, L_{1210}, 地区差 = 250; Colon38, 地区差 = 450; CFU-GM, 地区差 = 400; H116, 地区差 = 200; H125, 地区差 = 100; 人 CFU-GM, 地区差 = 0).【文献】W. M. Abdel-Mageed, et al. Tetrahedron, 2010, 66, 2855.

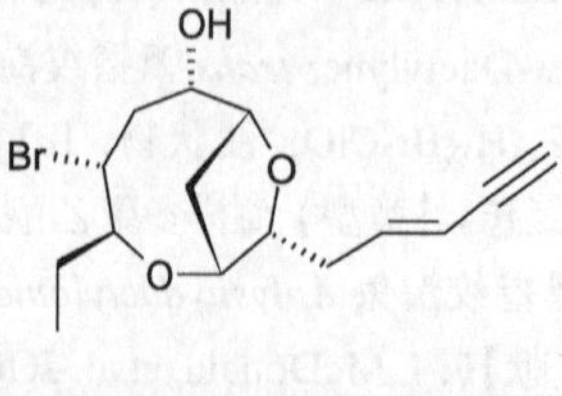

2031 Laurepinnacin 羽状凹顶藻新*

【基本信息】$C_{15}H_{20}BrClO$, 油状物, $[\alpha]_D = -35.3°$ (氯仿).【类型】海洋多聚乙酰类.【来源】红藻羽状凹顶藻* *Laurencia pinnata.*【活性】杀昆虫剂.【文献】A. Fukuzawa, et al. Tetrahedron Lett., 1981,22, 4081.

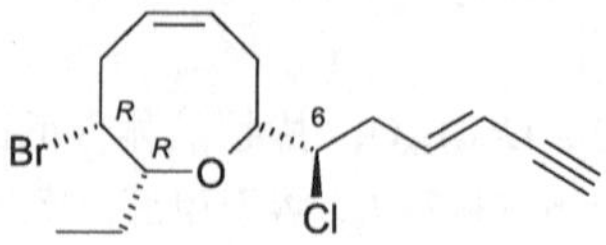

2032 (12*E*)-Lembyne A (12*E*)-勒姆波炔 A*

【基本信息】$C_{15}H_{16}BrClO_2$, 油状物, $[\alpha]_D^{24} = +42°$ ($c = 0.02$, 氯仿).【类型】海洋多聚乙酰类.【来源】红藻凹顶藻属 *Laurencia mariannensis* (冲绳, 日本).【活性】抗菌 (纸盘扩散实验, 海水产碱杆菌 *Alcaligenes aquamarinus,* 敏捷氮单胞菌 *Azomonas agilis,* 解淀粉欧文氏菌 *Erwinia amylovora* 和大肠杆菌 *Escherichia coli*, MIC = 20~30μg/盘).【文献】C. S. Vairappan, et al. Phytochemistry, 2001, 58, 517.

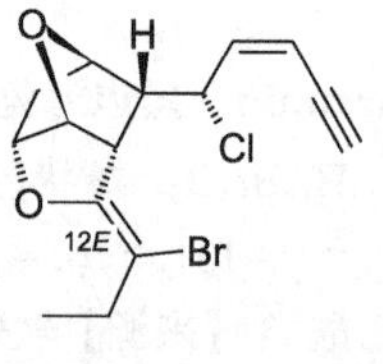

2033 (12*Z*)-Lembyne A (12*Z*)-勒姆波炔 A*

【基本信息】$C_{15}H_{16}BrClO_2$, mp 95~96°C, $[\alpha]_D^{24} = +197.6°$ ($c = 0.70$, 氯仿).【类型】海洋多聚乙酰类.【来源】红藻凹顶藻属 *Laurencia* sp. (马来西亚水域).【活性】抗菌 (纸盘扩散实验, 所有在马来西亚水域收集的细菌, 90μg/盘: 少纤维二糖梭菌 *Clostridium cellobioparum* IZD = 12~18mm, 青紫色素杆菌 *Chromobacterium violaceum* IZD = 7~12mm, 黄杆菌属 *Flavobacterium helmiphilum* IZD = 7~12mm, 奇异变形杆菌 *Proteus mirabilis* IZD = 7~12mm, 副溶血弧菌 *Vibrio parahaemolyticus* IZD = 7~12mm, MIC = 20~60μg/盘; 90μg/盘, 对以下细菌无活性: 谲诈梭菌 *Clostridium fallax,* 诺氏梭菌 *Clostridium novyi,* 索氏梭菌 *Clostridium sordellii,* 产气肠杆菌 *Enterobacter aerogenes,* 弗氏志贺菌 *Shigella flexneri,* 霍乱弧菌 *Vibrio cholerae* 和创伤弧菌 *Vibrio vulnificus*).【文献】C. S. Vairappan, et al. Phytochemistry, 2001, 58, 291.

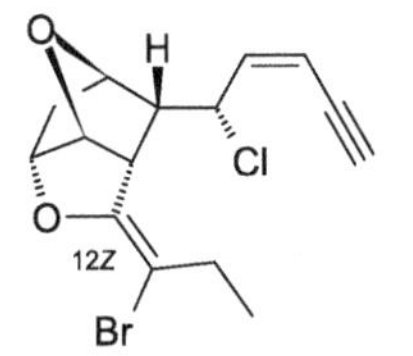

2034　Panacene　人参萜

【基本信息】$C_{15}H_{15}BrO_2$, 油状物, $[\alpha]_D^{21} = +382°$. 【类型】海洋多聚乙酰类.【来源】软体动物巴西海兔 *Aplysia brasiliana*.【活性】拒食剂 (鲨鱼); 镇痛; 安定药.【文献】R. Kinnel, et al. Tetrahedron Lett., 1977, 3913; K. S. Feldman, et al. JACS, 1982, 104, 4011; K. S. Feldman, Tetrahedron Lett., 1982, 23, 3031.

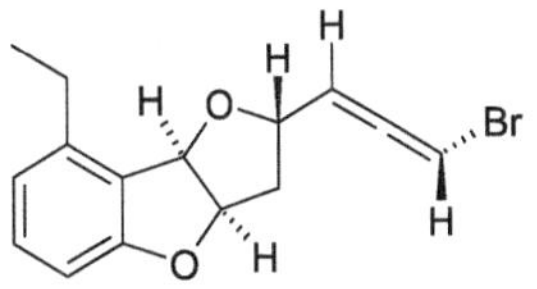

附　　录

附录 1　缩略语和符号表

缩写或符号	名称
[^{3}H]AMPA	[^{3}H]-1-氨基-3-羟基-5-甲基-4-异噁唑丙酸
[^{3}H]CGS-19755	*N*-甲基-D-天冬氨酸 (NMDA) 受体拮抗剂
[^{3}H]CPDPX	[^{3}H]-1,3-二丙基-8-环戊基黄嘌呤
[^{3}H]DPDPE	阿片样肽
[^{3}H]KA	[^{3}H]-红藻氨酸 (海人草酸; 2-羧甲基-3-异丙烯脯氨酸)
‡	同名异物标记
5-FU	氟尿嘧啶
5-HT	5-羟色胺 (血清素)
5-HT2A	5-羟色胺 2A
5-HT2C	5-羟色胺 2C
6-MP	6-巯基嘌呤
6-OHDA	6-羟基多巴胺
AAI	抗氧化剂活性指标 (最终 DPPH 浓度/半数有效浓度 EC_{50})
ABRCA	耐两性霉素 B 的白色念珠菌 *Candida albicans*
ABTS$^{\bullet+}$	2,2′-连氮-双-(3-乙基苯基噻唑啉-6-磺酸) 阳离子自由基
ACAT	酰基辅酶 A: 胆固醇酰基转移酶
ACE	血管紧张素转换酶
AChE	乙酰胆碱酯酶
ADAM10	ADAM 蛋白酶 10
ADAM9	ADAM 蛋白酶 9
ADM	阿霉素
AGE	改进的糖化作用终端产物
AIDS	获得性免疫缺陷综合征
AKT	核糖体蛋白激酶
AKT1	AKT1 蛋白激酶
ALK	ALK 蛋白激酶
AP-1	活化蛋白-1 转录因子
APOBEC3G	人先天细胞内的抗病毒因子 (重组蛋白)
aq	水溶液
ARCA	耐两性霉素的白色念珠菌 *Candida albicans*

缩写或符号	名称
ARK5	ARK5 蛋白激酶
ATCC	美国型培养菌种集
ATP	腺苷三磷酸
ATPase	腺苷三磷酸酶
Aurora-B	Aurora-B 蛋白激酶
AXL	AXL 蛋白激酶
BACE	β-分泌酶
BACE1	β-分泌酶 1 (被广泛相信是阿尔兹海默病病理学中的中心角色)
BCG	卡介苗
Bcl-2	细胞存活促进因子
BoMC	杂志 *Bioorg. Med. Chem.* 的进一步缩写
BoMCL	杂志 *Bioorg. Med. Chem. Lett.* 的进一步缩写
bp	沸点
BV2	神经胶质细胞
c	浓度
CaMKⅢ	CaMKⅢ蛋白激酶
cAMP	环腺苷单磷酸
CAPE	咖啡酸苯乙酯
Caspase-2	胱天蛋白酶-2
Caspase-3	胱天蛋白酶-3
Caspase-8	胱天蛋白酶-8
Caspase-9	胱天蛋白酶-9
CB	细胞松弛素 B
CB1	神经受体
CB1	中枢类大麻素受体
CC_{50}	半数细胞毒浓度
CCR5	趋化因子受体 5
CD	使酶 (诱导) 活性加倍所需的浓度
CD-4	细胞分化抗原 CD-4
CD45	细胞分化抗原 CD45
Cdc2	细胞分裂周期蛋白 Cdc2, 依赖细胞周期蛋白的激酶
Cdc25	细胞分裂周期蛋白 Cdc25, 人体的酪氨酸蛋白磷酸酶

续表

缩写或符号	名称
Cdc25a	细胞分裂周期蛋白 Cdc25a，人体酪氨酸蛋白磷酸酶
Cdc25b	细胞分裂周期蛋白 Cdc25b，人体重组磷酸酶
CDDP	顺-二胺二氯铂（顺铂）
CDK	细胞周期蛋白依赖激酶
CDK1	细胞周期蛋白依赖激酶 1
CDK2	细胞周期蛋白依赖激酶 2
CDK4	细胞周期蛋白依赖激酶 4
CDK4/cyclin D1	在与其活化剂细胞周期蛋白 D1 的复合物中的细胞周期蛋白依赖激酶 4
CDK5/p25	细胞周期蛋白依赖激酶 5/p25 蛋白
CDK7	细胞周期蛋白依赖激酶 7
c-erbB-2	*c*-erbB-2 蛋白激酶
CETP	胆固醇酯转移蛋白
cGMP	环鸟苷酸，环鸟苷一磷酸
CGRP	降钙素基因相关蛋白
ChAT	胆碱乙酰转移酶
CMV	巨细胞病毒
CNS	中枢神经系统
COMPARE	COMPARE 是一种数据分析算法的名称
ConA	伴刀豆球蛋白 A
COX-1	环加氧酶-1（组成型环加氧酶）
COX-2	环加氧酶-2（促分裂原诱导性环加氧酶）
CPB	杂志 *Chem. Pharm. Bull.* 的进一步缩写
$cPLA_2$	细胞溶质的 85kDa 磷酸酯酶
CPT	喜树碱
c-Raf	KRAS 肿瘤驱动中最重要的 RAF 亚型
CRPF	抗氯喹的恶性疟原虫 *Plasmodium falciparum*
CRPF FcM29	抗氯喹的恶性疟原虫 *Plasmodium falciparum* FcM29
CSF 诱导物	CSF 诱导物
CSPF	对氯喹敏感的恶性疟原虫 *Plasmodium falciparum*
Cyp1A	芳香化酶细胞色素 P450 1A
CYP1A	细胞色素 P450 1A
CYP450 1A	细胞色素 P450 1A
Cytokines	细胞因子
d	天
D	直径（mm）
ddy	ddy 小鼠（一种自发的人类 IgA 肾病动物模型）

缩写或符号	名称
Delta	Δ，最敏感细胞株 lg GI_{50} (mol/L) 值和 MG-MID 值之差
DGAT	二酰甘油酰基转移酶
DHFR	二氢叶酸还原酶
DHT	二羟基睾丸素
DMSO	二甲亚砜
DNA	去氧核糖核酸
DPI	二亚苯基碘
DPPH	1,1-联苯基-2-间-苦基偕腙肼自由基
DRPF	耐药的恶性疟原虫 *Plasmodium falciparum*
DRS	耐药的葡萄球菌属细菌 *Staphylococcus* sp.
DSPF	对药物敏感的恶性疟原虫 *Plasmodium falciparum*
EBV	爱泼斯坦-巴尔病毒（Epstein-Barr virus）
EC	有效浓度
EC_{50}	半数有效浓度
ED_{50}	半数有效剂量
EGF	表皮生长因子
EGFR	表皮生长因子受体
EL-4	抵抗天然杀手细胞的淋巴肉瘤细胞株
ELISA	和酶相关的免疫吸附剂试验；细胞有丝分裂率的测定采用的特异性微板免疫分析法
EPI	表阿霉素
ERK	细胞外信号调解蛋白激酶
Erk1	细胞外信号调解蛋白激酶 1
Erk2	细胞外信号调解蛋白激酶 2
ESBLs	扩展谱 *β*-内酰胺酶
EurJOC	杂志 *Eur. J. Org. Chem.* 的进一步缩写
Fab Ⅰ	Fab Ⅰ 蛋白
FAK	黏着斑蛋白激酶
FBS	牛胎血清
FLT3	FLT3 蛋白质酪氨酸激酶
Flu	流感病毒
Flu-A	流感病毒 A
fMLP/CB	*N*-甲酰-L-甲硫氨酰-L-亮氨酰-L-苯丙氨酸/细胞松弛素 B
formyl-Met-Leu-Phe	甲酰-甲硫氨酰-亮氨酰-苯丙氨酸
FOXO1a	分叉头框蛋白 1a，是 PTEN 肿瘤抑制基因的下游靶标
FPT	法尼基蛋白转移酶（PFT 的抑制作用可能是新的抗癌药物的靶标）

续表

缩写或符号	名称	缩写或符号	名称
FRCA	抗氟康唑的白色念珠菌 *Candida albicans*	HIV-1-rt	人免疫缺损病毒 1 反转录酶
FtsZ	真核生物微管蛋白的结构同系物，一种鸟苷三磷酸酶	HIV-2	人免疫缺损病毒 2
FXR	法尼醇（胆汁酸）X 受体	HIV-rt	人免疫缺损病毒反转录酶（艾滋病毒逆转录酶）
GABA	γ-氨基丁酸	HLE	人白细胞弹性蛋白酶
GI_{50}	半数抑制生长浓度	HMG-CoA	3-羟基-3-甲基戊二酰辅酶 A 还原酶
GLUT4	葡萄糖转运蛋白	hmn	人
GlyR	甘氨酸门控氯离子通道受体	HNE	人嗜中性粒细胞弹性蛋白酶
gp41	一种 HIV-1 的跨膜蛋白（重组蛋白）	$HO^{\bullet}$	羟基自由基
gpg	荷兰猪	hRCE	人 Ras 转换酶
GPR12	G 蛋白耦合受体 12（可以是处理多种神经性疾病的重要的分子靶标）	hPPARd	人过氧化物酶体增殖物激活受体 δ
GRP78	GRP78 分子伴侣	HSV	单纯性疱疹病毒
GSK3-α	糖原合成激酶-3α	HSV-1	单纯性疱疹病毒 1
GSK3-β	糖原合成激酶-3β	HSV-2	单纯性疱疹病毒 2
GST	谷胱甘肽硫转移酶	hTopo I	hTopo I 异构酶
GTP	鸟嘌呤核苷三磷酸盐	HXB2	HXB2 T 细胞湿热病毒株
GU4	白色念珠菌 *Candida albicans* 敏感的 GU4 株	IC_{100}	绝对抑制浓度
GU5	白色念珠菌 *Candida albicans* 敏感的 GU5 株	IC_{50}	半数抑制浓度
h	小时	IC_{90}	90%抑制时的浓度
H1N1	H1N1 流感病毒	ICR	印记对照区小鼠
H3N2	H3N2 流感病毒	ID	抑制区直径（mm）
HBV	乙型肝炎病毒	ID_{50}	抑制中剂量
HC_{50}	溶血中浓度	IDE	胰岛素降解酶
HCMV	人巨细胞病毒	IDO	吲哚胺双加氧酶
HCV	丙型肝炎病毒	IFV	流感病毒
HD	一种对照化合物，原始论文（J. Qin, et al. BoMCL, 2010, 20, 7152）中无具体说明	IgE	免疫球蛋白 E
		IGF1-R	IGF1-R 蛋白激酶
		IgM	免疫球蛋白 M
hdm2	*hdm2* 癌基因是鼠基因 *mdm2* 在人的同源基因	IL-1β	白介素-1β
		IL-2	白介素-2
HDM2	HDM2 蛋白（主要功能是调节 *p53* 抑癌基因的活性）	IL-4	白介素-4
		IL-5	白介素-5
HER2	HER2 酪氨酸激酶	IL-6	白介素-6
HF	超敏反应因子	IL-8	白介素-8
HIF-1	缺氧诱导型因子-1	IL-12	白介素-12
HIV	人免疫缺损病毒（艾滋病毒）	IL-13	白介素-13
HIV-1	人免疫缺损病毒 1	IM	免疫调节剂
HIV-1 ⅢB	人免疫缺损病毒 1 ⅢB	IMP	次黄苷一磷酸
HIV-1 in	人免疫缺损病毒 1 整合酶	IMPDH	肌苷单磷酸盐脱氢酶
$HIV\text{-}1_{RF}$	人免疫缺损病毒 1 RF	IN	整合酶
		iNOS	诱导型氮氧化物合酶
		InRt	抑制率
		ip	腹膜内注射

续表

缩写或符号	名称
ipr	腹膜内注射
iv	静脉注射
ivn	静脉注射
IZ	抑制区 (mm)
IZD	抑制区直径 (mm)
IZR	抑制区半径 (mm)
JACS	杂志 *J. Am. Chem. Soc.* 的进一步缩写
Jak2	Janus 激酶 2
JCS Perkin Trans. Ⅰ	杂志 *J. Chem. Soc., Perkin Trans. I* 的进一步缩写
JMC	杂志 *J. Med. Chem.* 的进一步缩写
JNK	*c*-Jun-氨基末端激酶
JNP	杂志 *J. Nat. Prod.* 的进一步缩写
JOC	杂志 *J. Org. Chem.*的进一步缩写
KDR	KDR 蛋白酪氨酸激酶
KU-812	人嗜碱性粒细胞
L-6	大白鼠骨骼肌肌母细胞
LAV	LAV T 细胞湿热病毒株
LC_{50}	细胞生存 50%时的浓度
LCV	淋巴细胞生存能力
LD	致死剂量
LD_{100}	100%致死剂量
LD_{50}	50%致死剂量
LD_{99}	99%致死剂量
LDH	乳酸盐脱氢酶
LOX	脂氧合酶
LPS	脂多糖
LTB_4	白三烯 B_4
LTC_4	白三烯 C_4
LY294002	磷脂酰肌醇-3-激酶抑制剂 (抗炎试验中的阳性对照物)
MABA	微平板阿拉马尔蓝试验 (一种抗结核试验)
MAGI 试验	也叫单生命周期试验, 只反映感染第一轮的情况
MAPKAPK-2	分裂素活化的蛋白激酶-2
MAPKK	促分裂原活化蛋白激酶激酶
MBC	最低杀菌浓度
MBC_{90}	杀菌 90%的最低浓度
$MBEC_{90}$	杀菌 90%最小生物膜清除计数
MCV	疸病毒 *Molluscum contagiosum*
MDR	对多种药物的抗性
MDR1	主要促进者超家族 1; 是白色念珠菌 *Candida albicans* 流出泵的一种类型, 其功能是作为一种氢离子的反向运转体
MDRPF	多重耐药恶性疟原虫 *Plasmodium falciparum*
MDRSA	多重耐药金黄色葡萄球菌 *Staphylococcus aureus*
MDRSP	多重耐药肺炎链球菌
MEK1 wt	MEK1 wt 蛋白激酶
MET wt	MET wt 蛋白激酶
MG-MID	对所有细胞株试验的平均 lg GI_{50} 值 (mol/L)
MIA	最小抑制量 (μg/盘)
MIC	最小抑制浓度
MIC_{50}	抑制 50%的最低浓度
MIC_{80}	抑制 80%的最低浓度
MIC_{90}	抑制 90%的最低浓度
MID	最低抑制剂量
min	分钟
MLD	最低致死剂量
MLR	混合淋巴细胞反应
MMP	基质金属蛋白酶类
MMP-2	基质金属蛋白酶-2
MoBY-ORF	分子条形码酵母菌开放阅读框文库方法
mp	熔点
MPtpA	结核分枝杆菌 *Mycobacterium tuberculosis* 蛋白酪氨酸磷酸酶 A
MPtpB	结核分枝杆菌 *Mycobacterium tuberculosis* 蛋白酪氨酸磷酸酶 B
MREC	耐甲氧西林的大肠杆菌 (大肠埃希菌) *Escherichia coli*
MRSA	耐甲氧西林的金黄色葡萄球菌 *Staphylococcus aureus*
MRSE	耐甲氧西林的表皮葡萄球菌 *Staphylococcus epidermidis*
MSK1	应激活化的激酶
MSR	巨噬细胞清除剂受体
MSSA	对甲氧西林敏感的金黄色葡萄球菌 *Staphylococcus aureus*
MSSE	对甲氧西林敏感的表皮葡萄球菌 *Staphylococcus epidermidis*
MT	金属硫蛋白
MT1-MMP	1 型膜基质金属蛋白酶
MT4	含 HIV-1 IIIB 病毒的 MT4 细胞
MTT	3-(4,5-二甲基噻唑-2-基)-2,5-二苯基四唑溴化物

续表

缩写或符号	名称
MTT assay	一种基于四唑比色反应的测量体外抗癌（细胞毒）活性的方法（参见 L. V. Rubinstein, et al. Nat. Cancer Inst., 1990, 82, 1113-1118）
mus	小鼠，鼠
n	平行试验次数
nACh	烟碱型乙酰胆碱
NADH	还原型烟酰胺腺嘌呤二核苷酸（还原型辅酶Ⅰ）
NDM-1	新德里金属-*β*-内酰胺酶 1
NEK2	NEK2 蛋白激酶
NEK6	NEK2 蛋白激酶
NF-κB	核转录因子-κB
NFRD	NADH-延胡索酸还原酶
NGF	神经生长因子
NMDA	*N*-甲基-D-天冬氨酸盐
NO$^{\bullet}$	一氧化氮自由基
NPR	杂志 *Nat. Prod. Rep.* 的进一步缩写
$O_2^{\bullet-}$	超氧化物自由基
ONOO^{-}	过氧亚硝酸盐自由基
ORAC	氧自由基吸收能力
orl	口服
p24	p24 蛋白（一种 24kDa 可溶性视网膜蛋白，新的 EF 手性钙结合蛋白）
p25	p25 蛋白［1 型人体免疫缺陷病毒(HIV-1) 的核心蛋白］
P2X$_7$	胞外核苷酸P2 嘌呤受体的离子通道受体（结构和功能和其它亚型相比有显著差异，它在多种病理状态下表达上调，P2X$_7$ 受体及其介导的信号通路在中枢神经系统疾病中发挥关键作用，可能成为中枢神经系统疾病的潜在药物靶点，如帕金森病，阿尔茨海默病，肌肉萎缩侧索硬化，抑郁症和失眠等）
P2Y	另一种类型的嘌呤 G 蛋白偶联受体，包括腺苷受体 P1 和 P2 受体
P2Y$_{11}$	P2Y 八种亚型之一
P450	细胞色素 P450
p53	抑癌基因（编码抑癌蛋白 p53）
p56lck	酪氨酸激酶 p56lck
PAcF	血小板活化因子
PAF	血小板聚合因子
PARP	多 ADP-核糖聚合酶（一种DNA 修复酶）
pD$_2$ (= pEC$_{50}$)	把最大响应 EC$_{50}$ 值降低 50%所需要的摩尔浓度的负对数

缩写或符号	名称
PDE5	磷酸二酯酶 5
PDGF	血小板导出的生长因子
PfGSK-3	PfGSK-3 激酶
Pfnek-1	恶性疟原虫 *Plasmodium falciparum* 和 NIMA 相关的蛋白激酶
PfPK5	PfPK5 激酶
PfPK7	PfPK7 激酶
PGE$_2$	前列腺素 E$_2$
P-gp	P-糖蛋白
PHK	原代人角蛋白细胞
PIM1	PIM1 蛋白激酶
PK	蛋白激酶
PKA	蛋白激酶 A
PKC	蛋白激酶 C
PKC-δ	蛋白激酶 C-δ
PKC-ε	蛋白激酶 C-ε
PKD	PKD 核糖体蛋白
PKG	蛋白激酶 G
PLA	磷脂酶 A
PLA$_2$	磷脂酶 A$_2$
PLCγ1	PLCγ1 核糖体蛋白
PLK1	PLK1 蛋白激酶
PM	杂志 *Planta Med.* 的进一步缩写
PMA (= TPA)	佛波醇-12-豆蔻酸酯-13-乙酸酯
PMNL	人多形核白细胞
PMNL	人中性粒细胞白细胞
PP	蛋白磷酸酶
PP1	蛋白磷酸酶 PP1
PP2A	蛋白磷酸酶 PP2A
pp60^{V-SRC}	pp60^{V-SRC} 酪氨酸激酶
PPAR	过氧化物酶体磷酸盐活化受体
PPARγ	过氧化物酶体增殖物激活受体 γ
PPDK	丙酮酸磷酸双激酶
PR	PR 蛋白酶
PRK1	PRK1 蛋白激酶
PRNG	抗盘尼西林奈瑟氏淋球菌 *Neisseria gonorrheae*
PRSP	抗盘尼西林肺炎葡萄球菌 *Staphylococcus pneumoniae*
PTEN	PTEN 肿瘤抑制基因（一种已经识别的位于人的染色体 10q23.3 的肿瘤抑制基因）
PTK	蛋白酪氨酸激酶（一类催化 ATP 上 γ-磷酸转移到蛋白酪氨酸残基上的激酶，能催化多种底物蛋白质酪氨酸残基磷酸化，在细胞生长、增殖、分化中具有重要作用）

续表

缩写或符号	名称
PTP1B	蛋白酪氨酸磷酸酶 1B (一种处理Ⅱ型糖尿病的靶标)
PTPB	蛋白酪氨酸磷酸酶 B
PTPS2	蛋白酪氨酸磷酸酶 S2
PV-1	小儿麻痹病毒，脊髓灰质炎病毒
PXR	孕甾烷 X 受体
QR	醌还原酶
Range	最敏感细胞株和最不敏感细胞株的 lg GI_{50} (mol/L) 的差值范围
rat	大鼠
rbt	兔
RCE	Ras-转换酶
RI	抗性索引
RLAR	大鼠晶状体醛糖还原酶
RNA	核糖核酸
ROS	活性氧自由基 (涉及癌、动脉硬化、风湿和衰老的发生)
RS321	编码为 RS321 的酵母
RSV	呼吸系统多核体病毒
RT	逆转录酶
RU	对 HIV-1 靶标结合力的响应单位，$1RU = 1pg/mm^2$
RyR1-FKBP12	RyR1-FKBP12 钙离子通道 (一种约为 2000kDa 的通道蛋白 RyR1 和 12kDa 的免疫亲和蛋白 FKBP12 相关联的四聚的异二聚体通道蛋白)
S6	S6 核糖体蛋白
SAK	SAK 蛋白激酶
SARS	严重急性呼吸系统综合征
SCID	重症联合免疫缺欠
ScRt	清除比率
SF162	SF162 亲巨核细胞的病毒株
SI	试验细胞和人脐静脉血管内皮细胞 IC_{50} 值之比
SI	选择性指数：细胞毒 CC_{50} 值和靶标 EC_{50} 值之比
SI	选择性指数：细胞毒 CC_{50} 值和靶标 IC_{50} 值之比
SI	选择性指数：细胞毒 CC_{50} 值和靶标 MIC 值之比
SI	选择性指数：细胞毒 TC_{50} 值和靶标 IC_{50} 值之比
SIRT2	人 2 型去乙酰化酶 (一种依赖于 NAD^+ 的胞浆蛋白，它和 HDAC6 共存于微管处；已经表明 SIRT2 在细胞循环周期中对 α-微管蛋白去乙酰化并控制有丝分裂的退出)

缩写或符号	名称
sp.	物种
spp.	物种 (复数)
SR	肌浆内质网
SRB	磺酰罗丹明 B 试验
SRC	SRC 蛋白激酶
SV40	SV40 病毒
Syn.	同义词
T/C	存活期之比 (处理动物存活时间 *T* 和对照动物存活时间 *C* 之比，用百分比表示)
TACE	α-分泌酶 (一种丝氨酸蛋白酶)
Taq DNA polymerase	来自耐热细菌 *Thermus aquaticus* 的一种 DNA 聚合酶
TBARS	硫代巴比妥酸反应物试验
TC_{50}	50%细胞毒的浓度
TEAC	Trolox (奎诺二甲基丙烯酸酯, 6-羟基-2,5,7,8-四甲基色烷-2-羧酸) 当量抗氧化剂能力
TGI	100%生长抑制
TMV	烟草花叶病病毒
TNF-α	肿瘤坏死因子 α
TPA (= PMA)	佛波醇-12-豆蔻酸酯-13-乙酸酯
TPK	酪氨酸蛋白激酶
TRP	瞬时型受体电位阳离子通道
TRPA1	A1 亚科瞬时型受体电位阳离子通道
TRPV1	V1 亚科瞬时型受体电位阳离子通道
TRPV1	瞬时型受体电位辣椒素-1 通道
TRPV3	V3 亚科瞬时型受体电位阳离子通道
TXB_2	凝血噁烷 B_2，血栓素 B_2
TZM-bl	人免疫缺损病毒 1 中和反应试验中的 TZM-bl 宿主细胞株
USP7	在泛素 C 端水解异构肽键的去泛素化酶 (癌的新靶标)
VCAM	血管细胞黏附分子
VCAM-1	血管细胞黏附分子-1
VCR	长春新碱
VEGF	血管内皮细胞生长因子
VEGF-A	血管内皮细胞生长因子 A
VEGFR2	酪氨酸激酶 VEGFR2
VE-PTP	VE-PTP 蛋白磷酸酶
VGSC	电压控制钠通道
VHR	VHR 蛋白磷酸酶 (人基因编码的双重底物特异性蛋白酪氨酸磷酸酶)
Vif	HIV-1 的病毒感染因子

续表

缩写或符号	名称	缩写或符号	名称
VP-16	细胞毒实验阳性对照物依托泊苷	VZV	水痘带状疱疹病毒
VRE	耐万古霉素的肠球菌属 *Enterococci* sp.	WST-8	(2-(2-甲氧基-4-硝基苯基)-3-(4-硝基苯基)-5-(2,4-二硫-苯基)-2*H*-四唑单钠盐
VREF	耐万古霉素的粪肠球菌 *Enterococcus faecium*	XTT	3′-[1-(苯基氨基羰基)-3,4-四唑鎓双(4-甲氧基-6-硝基苯)磺酸钠
VSE	万古霉素敏感肠球菌属 *Enterococci* sp.		
VSSC	电压敏感钠通道	YU2-V3	YU2-V3 病毒株
VSV	水泡口腔炎病毒	YycG/YycF-TCS	植物必需基因 YycG/YycF 双组分系统

附录 2　癌细胞代码表

(含部分正常细胞代码)

细胞代码	细胞名称	细胞代码	细胞名称
293T	肾上皮细胞	BCA-1	人乳腺癌(细胞)
3T3-L1	鼠成纤维细胞	BEAS2B	正常人肺支气管细胞
3Y1	大鼠成纤维细胞	Bel7402	人肝癌(细胞)
5637	表浅膀胱癌(细胞)	BG02	正常人胚胎干细胞
786-0	人肾癌细胞	BGC823	人胃癌(细胞)
9KB	人表皮鼻咽癌细胞	BOWES	人细胞
A-10	大鼠主动脉细胞	BR1	有 DNA 修复能力的中国仓鼠卵巢(细胞)
A2058	人黑色素瘤(细胞)		
A278	人卵巢癌(细胞)	BSC	正常猴肾细胞
A2780	人卵巢癌(细胞)	BSC-1	正常非洲绿猴肾细胞
A2780/DDP	人卵巢癌(细胞)	BSY1	乳腺癌(细胞)
A2780/Tax	人卵巢癌(细胞)	BT-483	人乳腺癌(细胞)
A2780CisR	人卵巢癌(细胞)	BT549	人乳腺癌(细胞)
A375	人黑色素瘤(细胞)	BT-549	人乳腺癌(细胞)
A375-S2	人黑色素瘤(细胞)	BXF-1218L	人膀胱癌(细胞)
A431	人表皮癌(细胞)	BXF-T24	人膀胱癌(细胞)
A498	人肾癌(细胞)	BXPC	人胰腺癌(细胞)
A549	人非小细胞肺癌(细胞)	BXPC3	人胰腺癌(细胞)
A549 NSCL	人非小细胞肺癌(细胞)	C26	人结肠癌(细胞)
A549/ATCC	人非小细胞肺癌	C38	鼠结肠腺癌(细胞)
ACC-MESO-1	人恶性胸膜间皮细胞瘤(细胞)	C6	大鼠神经胶质瘤(细胞)
ACHN	人肾癌(细胞)	CA46	人伯基特淋巴瘤(细胞)
AGS	胃腺癌(细胞)	Ca9-22	人牙龈癌(细胞)
AsPC-1	人胰腺癌(细胞)	CaCo-2	人上皮结直肠腺癌(细胞)
B16	小鼠黑色素瘤(细胞)	CAKI-1	人肾癌(细胞)
B16F1	小鼠黑色素瘤(细胞)	Calu	前列腺癌(细胞)
B16-F-10	小鼠黑色素瘤(细胞)	Calu3	非小细胞肺癌(细胞)
BC	人乳腺癌(细胞)	CCRF-CEM	人 T 细胞急性淋巴细胞白血病(细胞)
BC-1	人乳腺癌(细胞)	CCRF-CEMT	人 T 细胞急性淋巴细胞白血病(细胞)

续表

细胞代码	细胞名称	细胞代码	细胞名称
CEM	人白血病(细胞)	Fem-X	黑色素瘤(细胞)
CEM-TART	表达 HIV-1 tat 和 rev 的 T 细胞	Fl	人羊膜上皮细胞
CFU-GM	人/鼠造血祖细胞	FM3C	鼠乳腺肿瘤(细胞)
CHO	中国仓鼠卵巢(细胞)	G402	人肾成平滑肌瘤
CHO-K1	正常中国仓鼠卵巢细胞的亚克隆	GM7373	牛血管内皮(细胞)
CML K562	慢性骨髓性白血病(细胞)	GR-Ⅲ	恶性腺瘤(细胞)
CNE	人鼻咽癌(细胞)	GXF-251L	人胃癌(细胞)
CNE2	人鼻咽癌(细胞)	H116	人结直肠癌(细胞)
CNS SF295	人脑肿瘤(细胞)	H125	人结直肠癌(细胞)
CNXF-498NL	人恶性胶质瘤(细胞)	H1299	人肺腺癌(细胞)
CNXF-SF268	人恶性胶质瘤(细胞)	H1325	人非小细胞肺癌(细胞)
Colo320	人结直肠癌(细胞)	H1975	人癌(细胞)
Colo357	人结直肠癌(细胞)	H2122	人非小细胞肺癌(细胞)
Colon205	结直肠癌(细胞)	H2887	人非小细胞肺癌(细胞)
Colon250	结直肠癌(细胞)	H441	人肺腺癌(细胞)
Colon26	结直肠癌(细胞)	H460	人肺癌(细胞)
Colon38	鼠结直肠癌(细胞)	H522	人非小细胞肺癌(细胞)
CV-1	猴肾成纤维细胞	H69AR	多重耐药小细胞肺癌(细胞)
CXF-HCT116	人结肠癌(细胞)	H929	人骨髓瘤(细胞)
CXF-HT29	人结肠癌(细胞)	H9c2	大鼠心肌成纤维细胞
DAMB	人乳腺癌(细胞)	HBC4	乳腺癌(细胞)
DG-75	人 B 淋巴细胞	HBC5	乳腺癌(细胞)
DLAT	道尔顿淋巴腹水肿瘤(细胞)	HBL100	乳腺癌(细胞)
DLD-1	人结直肠腺癌(细胞)	HCC2998	人结直肠癌(细胞)
DLDH	人结直肠腺癌(细胞)	HCC366	人非小细胞肺癌(细胞)
DMS114	人肺癌(细胞)	HCC-S102	肝细胞癌(细胞)
DMS273	人小细胞肺癌(细胞)	HCT	人结直肠癌(细胞)
Doay	人成神经管细胞瘤(细胞)	HCT116	人结直肠癌(细胞)
Dox40	人骨髓瘤(细胞)	HCT116/mdr+	超表达 mdr+人结直肠癌(细胞)
DU145	前列腺癌(细胞)	HCT116/topo	耐依托泊苷结直肠癌(细胞)
DU4475	乳腺癌(细胞)	HCT116/VM46	多重耐药结直肠癌(细胞)
E39	人肾癌(细胞)	HCT15	人结直肠癌(细胞)
EAC	埃里希腹水癌(细胞)	HCT29	人结肠腺癌(细胞)
EKVX	人非小细胞肺癌(细胞)	HCT8	人结直肠癌(细胞)
EM9	拓扑异构酶 I 敏感的中国仓鼠卵巢(细胞)	HEK-293	正常人上皮肾细胞
		HEL	人胚胎肺成纤维细胞
EMT-6	鼠肿瘤细胞	HeLa	人子宫颈恶性上皮肿瘤(细胞)
EPC	鲤鱼上皮组织(细胞)	HeLa-APL	人子宫颈上皮癌(细胞)
EVLC-2	使 SV40 大 t 抗原不朽的人脐部静脉细胞	HeLa-S3	人子宫颈上皮癌(细胞)
		Hep2	人肝癌(细胞)
FADU	咽鳞状细胞癌(细胞)	Hep3B	人肝癌(细胞)
Farage	人淋巴瘤(细胞)	HepA	人肝癌腹水(细胞)

续表

细胞代码	细胞名称
Hepa1c1c7	人肝癌(细胞)
HepG	人肝癌(细胞)
HepG2	人肝癌(细胞)
HepG3	人肝癌(细胞)
HepG3B	人肝癌(细胞)
HEY	人卵巢肿瘤(细胞)
HFF	人包皮成纤维细胞
HL60	人早幼粒细胞白血病(细胞)
HL7702	人肝肿瘤(细胞)
HLF	人肺成纤维细胞
HM02	人胃腺癌(细胞)
HMEC	人微血管内皮细胞
HMEC1	人微血管内皮细胞
HNXF-536L	人头颈癌(细胞)
HOP-18	人非小细胞肺癌(细胞)
HOP-62	人非小细胞肺癌(细胞)
HOP-92	人非小细胞肺癌(细胞)
Hs578T	人乳腺癌(细胞)
Hs683	人(细胞)
HSV-1	良性细胞
HT	人淋巴癌(细胞)
HT1080	人纤维肉瘤(细胞)
HT115	人结直肠癌(细胞)
HT29	人结直肠癌(细胞)
HT460	人肿瘤(细胞)
HTC116	人急性早幼粒细胞白血病(细胞)
HTCLs	人肿瘤(细胞)
HuCCA-1	人胆管癌(细胞); 人胆管细胞型肝癌(细胞)
Huh7	人肝癌(细胞)
HUVEC	人脐静脉内皮细胞
HUVECs	人脐静脉内皮细胞
IC-2^{WT}	鼠细胞株
IGR-1	人黑色素瘤(细胞)
IGROV	人卵巢癌(细胞)
IGROV1	人卵巢癌(细胞)
IGROV-ET	人卵巢癌(细胞)
IMR-32	人成神经细胞瘤(细胞)
IMR-90	人双倍体肺成纤维细胞
J774	小鼠单核细胞/巨噬细胞(细胞)
J774.1	小鼠单核细胞/巨噬细胞(细胞)
J774.A1	小鼠单核细胞/巨噬细胞(细胞)

细胞代码	细胞名称
JB6 CI41	小鼠表皮细胞
JB6 P^+CI41	小鼠表皮细胞
JurKat	人白血病(细胞)
JurKat-T	人 T-细胞白血病(细胞)
K462	人白血病(细胞)
K562	人慢性骨髓性白血病(细胞)
KB	人鼻咽癌(细胞)
KB16	人鼻咽癌(细胞)
KB-3	人表皮样癌(细胞)
KB-3-1	人表皮样癌(细胞)
KB-C2	人恶性上皮肿瘤(细胞)
KB-CV60	人恶性上皮肿瘤(细胞)
KBV200	多药耐药性鼻咽癌(细胞)
Ketr3	人肾癌(细胞)
KM12	人结直肠癌(细胞)
KM20L2	人结直肠癌(细胞)
KMS34	人骨髓瘤(细胞)
KU812F	人白血病(细胞)
KV/MDR	耐多重药物的癌(细胞)
KYSE180	人食管癌(细胞)
KYSE30	人食管癌(细胞)
KYSE520	人食管癌(细胞)
KYSE70	人食管癌(细胞)
L_{1210}	小鼠淋巴细胞白血病(细胞)
L_{1210}/Dx	耐阿霉素小鼠淋巴细胞白血病(细胞)
L363	人骨髓瘤(细胞)
L-428	白血病(细胞)
L5178	小鼠淋巴肉瘤(细胞)
L5178Y	小鼠淋巴肉瘤(细胞)
L-6	大鼠骨骼肌成肌细胞(细胞)
L929	小鼠成纤维细胞
LLC-PK_1	猪肾细胞
LMM3	小鼠乳腺腺癌(细胞)
LNCaP	人前列腺癌(细胞)
LO2	人肝脏细胞
LoVo	人结直肠癌(细胞)
LoVo-Dox	人结直肠癌(细胞)
LOX	人黑色素瘤(细胞)
LOX-IMVI	人黑色素瘤(细胞)
LX-1	人肺癌(细胞)
LXF-1121L	人肺癌(细胞)
LXF-289L	人肺癌(细胞)

续表

细胞代码	细胞名称	细胞代码	细胞名称
LXF-526L	人肺癌(细胞)	MEXF-394NL	人黑色素瘤(细胞)
LXF-529L	人肺癌(细胞)	MEXF-462NL	人黑色素瘤(细胞)
LXF-629L	人肺癌(细胞)	MEXF-514L	人黑色素瘤(细胞)
LXFA-629L	肺腺癌(细胞)	MEXF-520L	人黑色素瘤(细胞)
LXF-H460	人肺癌(细胞)	MG63	人骨肉瘤(细胞)
M14	黑色素瘤(细胞)	MGC-803	人癌(细胞)
M16	小鼠结肠腺癌(细胞)	MiaPaCa	人胰腺癌(细胞)
M17	耐阿霉素乳腺癌(细胞)	Mia-PaCa-2	人胰腺癌(细胞)
M17-Adr	耐阿霉素乳腺癌(细胞)	MKN1	人胃癌(细胞)
M21	黑色素瘤(细胞)	MKN28	人胃癌(细胞)
M5076	卵巢肉瘤(细胞)	MKN45	人胃癌(细胞)
MAGI	内含 HIV-1 ⅢB 病毒的 Hela-CD4-LTR-β-gal 指示器细胞	MKN7	人胃癌(细胞)
		MKN74	人胃癌(细胞)
MALME-3	黑色素瘤(细胞)	MM1S	人骨髓瘤(细胞)
MALME-3M	黑色素瘤(细胞)	Molt3	白血病(细胞)
MAXF-401	人乳腺癌(细胞)	Molt4	人 T 淋巴细胞白血病(细胞)
MAXF-401NL	人乳腺癌(细胞)	Mono-Mac-6	单核细胞
MAXF-MCF7	人乳腺癌(细胞)	MPM ACC-MESO-1	人恶性胸膜间皮瘤
MCF	人乳腺癌(细胞)	MRC-5	正常的人双倍体胚胎细胞
MCF-10A	人正常乳腺上皮(细胞)	MRC5CV1	猴空泡病毒 40 转化的人成纤维细胞
MCF12	人食管癌(细胞)	MS-1	小鼠内皮细胞
MCF7	人乳腺癌(细胞)	MX-1	人乳腺癌异种移植物
MCF7 Adr	耐药人乳腺癌(细胞)	N18-RE-105	神经元杂交瘤(细胞)
MCF7/Adr	耐药人乳腺癌(细胞)	N18-T62	小鼠成神经瘤细胞(细胞)
MCF7/ADR-RES	耐药人乳腺癌(细胞)	NAMALWA	白血病(细胞)
MDA231	人乳腺癌(细胞)	NBT-T2 (BRC-1370)	大鼠膀胱上皮细胞
MDA361	人乳腺癌(细胞)	NCI-ADR	人卵巢肉瘤(细胞)
MDA435	人乳腺癌(细胞)	NCI-ADR-Res	人卵巢肉瘤(细胞)
MDA468	人乳腺癌(细胞)	NCI-H187	人小细胞肺癌(细胞)
MDA-MB	人乳腺癌(细胞)	NCI-H226	人非小细胞肺癌(细胞)
MDA-MB-231	人乳腺癌(细胞)	NCI-H23	人非小细胞肺癌(细胞)
MDA-MB-231/ATCC	人乳腺癌(细胞)	NCI-H322M	人非小细胞肺癌(细胞)
		NCI-H446	人肺癌(细胞)
MDA-MB-435	人乳腺癌(细胞)	NCI-H460	人非小细胞肺癌(细胞)
MDA-MB-435s	人乳腺癌(细胞)	NCI-H510	人肺癌(细胞)
MDA-MB-468	人乳腺癌(细胞)	NCI-H522	人非小细胞肺癌(细胞)
MDA-N	人乳腺癌(细胞)	NCI-H69	人肺癌(细胞)
MDCK	犬肾细胞	NCI-H82	人肺癌(细胞)
ME180	子宫颈癌(细胞)	neuro-2a	成神经细胞瘤(细胞)
MEL28	人黑色素瘤(细胞)	NFF	非恶性新生儿包皮成纤维细胞
MES-SA	人子宫(细胞)	NHDF	正常的人真皮成纤维细胞
MES-SA/DX5	人子宫(细胞)	NIH3T3	非转化成纤维细胞
MEXF-276L	人黑色素瘤(细胞)		

续表

细胞代码	细胞名称	细胞代码	细胞名称
NIH3T3	正常的成纤维细胞	QGY-7701	人肝细胞性肝癌(细胞)
NMuMG	非转化上皮细胞	QGY-7703	人肝癌(细胞)
NOMO-1	人急性骨髓白血病	Raji	人EBV转化的Burkitt淋巴瘤B细胞
NS-1	小鼠细胞	RAW264.7	小鼠巨噬细胞
NSCLC	人支气管和肺非小细胞肺癌	RB	人前列腺癌(细胞)
NSCLC HOP-92	人非小细胞肺癌(细胞)	RBL-2H3	大鼠嗜碱性细胞
NSCLC-L16	人支气管和肺非小细胞肺癌	RF-24	乳头瘤病毒16 E6/E7无限增殖人脐静脉细胞
NSCLC-N6	人支气管和肺非小细胞肺癌(细胞)		
NSCLC-N6-L16	人支气管和肺非小细胞肺癌	RKO	人结肠癌(细胞)
NUGC-3	人胃癌(细胞)	RKO-E6	人结肠癌(细胞)
OCILY17R	人淋巴瘤(细胞)	RPMI7951	人恶性黑色素瘤(细胞)
OCIMY5	人骨髓瘤(细胞)	RPMI8226	人骨髓瘤(细胞)
OPM2	人骨髓瘤(细胞)	RXF-1781L	肾癌(细胞)
OVCAR-3	卵巢腺癌(细胞)	RXF-393	肾癌(细胞)
OVCAR-4	卵巢腺癌(细胞)	RXF-393NL	肾癌(细胞)
OVCAR-5	卵巢腺癌(细胞)	RXF-486L	肾癌(细胞)
OVCAR-8	卵巢腺癌(细胞)	RXF-631L	肾癌(细胞)
OVXF-1619L	卵巢癌(细胞)	RXF-944L	肾癌(细胞)
OVXF-899L	卵巢癌(细胞)	S_{180}	小鼠肉瘤(细胞)
OVXF-OVCAR3	卵巢癌(细胞)	S_{180}A	肉瘤腹水细胞
P_{388}	小鼠淋巴细胞白血病(细胞)	SAS	人口腔癌
P_{388}/ADR	耐阿霉素小鼠淋巴细胞白血病(细胞)	SCHABEL	小鼠淋巴癌(细胞)
P_{388}/Dox	耐阿霉素小鼠淋白血病细胞	SF268	人脑癌(细胞)
P_{388}D1	小鼠巨噬细胞	SF295	人脑癌(细胞)
PANC1	人胰腺癌(细胞)	SF539	人脑癌(细胞)
PANC89	胰腺癌(细胞)	SGC7901	人胃癌(细胞)
PAXF-1657L	人胰腺癌(细胞)	SH-SY5Y	人成神经细胞瘤(细胞)
PAXF-PANC1	人胰腺癌(细胞)	SK5-MEL	人黑色素瘤(细胞)
PBMC	正常人周围血单核细胞	SKBR3	人乳腺癌(细胞)
PC12	人肺癌(细胞)	SK-Hep1	人肝癌(细胞)
PC-12	大鼠嗜铬细胞瘤(细胞) (交感神经肿瘤)	SK-MEL-2	人黑色素瘤(细胞)
		SK-MEL-28	人黑色素瘤(细胞)
PC3	人前列腺癌(细胞)	SK-MEL-5	人黑色素瘤(细胞)
PC3M	人前列腺癌(细胞)	SK-MEL-S	人黑色素瘤(细胞)
PC3MM2	人前列腺癌(细胞)	SK-N-SH	成神经细胞瘤(细胞)
PC-9	人肺癌(细胞)	SK-OV-3	卵巢腺癌(细胞)
PRXF-22RV1	人前列腺癌(细胞)	SMMC-7721	人肝癌(细胞)
PRXF-DU145	人前列腺癌(细胞)	SN12C	人肾癌(细胞)
PRXF-LNCAP	人前列腺癌(细胞)	SN12k1	人肾癌(细胞)
PRXF-PC3M	人前列腺癌(细胞)	SNB19	人脑肿瘤(细胞)
PS (= P_{388})	小鼠淋巴细胞白血病 P_{388} (细胞)	SNB75	人中枢神经系统癌(细胞)
PV1	良性细胞	SNB78	人脑肿瘤(细胞)
PXF-1752L	间皮细胞癌(细胞)	SNU-C4	人癌(细胞)
QG56	人肺癌(细胞)	SR	白血病(细胞)

续表

细胞代码	细胞名称	细胞代码	细胞名称
St4	胃癌(细胞)	U-87-MG	高加索恶性胶质瘤(细胞)
stromal cell	骨髓基质细胞	U937	人单核细胞白血病(细胞)
SUP-B15	白血病(细胞)	UACC-257	黑色素瘤(细胞)
Sup-T1	T 细胞淋巴癌细胞	UACC62	黑色素瘤(细胞)
SW1573	人非小细胞肺癌(细胞)	UO-31	人肾癌(细胞)
SW1736	人甲状腺癌(细胞)	UT7	人白血病(细胞)
SW1990	人胰腺癌(细胞)	UV20	和DNA交联相关的中国仓鼠卵巢(细胞)
SW480	人结直肠癌(细胞)		
SW620	人结直肠癌(细胞)	UXF-1138L	人子宫癌(细胞)
T24	人肝癌(细胞)	V79	中国仓鼠(细胞)
T-24	人膀胱移行细胞癌(细胞)	Vero	绿猴肾肿瘤(细胞)
T47D	人乳腺癌(细胞)	WEHI-164	小鼠纤维肉瘤(细胞)
THP-1	人急性单核细胞白血病(细胞)	WHCO1	人食管癌(细胞)
TK10	人肾癌(细胞)	WHCO5	人食管癌(细胞)
tMDA-MB-231	人乳腺癌(细胞)	WHCO6	人食管癌(细胞)
tsFT210	小鼠癌(细胞)	WI26	人肺成纤维细胞
TSU-Pr1	浸润性膀胱癌(细胞)	WiDr	人结肠腺癌(细胞)
TSU-Pr1-B1	浸润性膀胱癌(细胞)	WMF	人前列腺癌(细胞)
TSU-Pr1-B2	浸润性膀胱癌(细胞)	XF498	人中枢神经系统癌(细胞)
U251	中枢神经系统肿瘤/胶质瘤(细胞)	XRS-6	拓扑异构酶Ⅱ敏感的中国仓鼠卵巢(细胞)
U266	骨髓瘤(细胞)		
U2OS	人骨肉瘤(细胞)	XVS	拓扑异构酶Ⅱ敏感的中国仓鼠卵巢(细胞)
U373	成胶质细胞瘤/星型细胞瘤(细胞)		
U373MG	人脑癌(细胞)	ZR-75-1	人乳腺癌(细胞)

索　引

索引 1　化合物中文名称索引

化合物中文名称按汉字拼音排序（包括 2376 个中文正名及别名，中文正名 2034 个，中文别名 342 个）。等号（=）后对应的是该化合物在本卷中的唯一代码（**1~2034**）。化合物名称中的 D-, L-, *dl*, *R*-, *S*-, *E*-, *Z*-, *O*-, *N*-, *C*-, *H*-, *cis*-, *trans*-, *ent*-, *epi*-, *meso*-, *erythro*-, *threo*-, *sec*-, *seco*-, *m*-, *o*-, *p*-, *n*-, *α*-, *β*-, *γ*-, *δ*-, *ε*-, *κ*-, *ξ*-, *ψ*-, *ω*-, (+), (−), (±) 等，以及 0, 1, 2, 3, 4, 5, 6, 7, 8, 9 等数字及标点符号都不参加排序；异、别、正、邻、间、对、移等文字参加排序。标星号（*）的中文名是本书编者命名的。

阿百叟米森 J* = **1693**
阿卡内酯* = **611**
阿拉古甾醇* = **1090**
阿拉古甾醇 A* = **1090**
阿拉古甾醇 B* = **1091**
阿拉古甾醇 C* = **1092**
阿拉古甾醇 E* = **1093**
阿拉古甾醇 F* = **1094**
阿拉古甾醇 G* = **1095**
阿拉古甾醇 H* = **1096**
阿拉古甾醇 I* = **1097**
阿拉古甾醇缩酮 A* = **1088**
阿拉古甾醇缩酮 C* = **1089**
阿那甾醇硫酸酯* = **867**
阿坡拉斯莫霉菌素* = **487**
阿坡拉斯莫霉菌素 A* = **487**
阿坡拉斯莫霉菌素 B* = **488**
阿坡拉斯莫霉菌素 C* = **489**
阿扎霉素 F_{4a} 2-乙基戊基酯 = **386**
阿扎霉素 F_{5a} 2-乙基戊基酯 = **387**
埃及赫尔哈达内酯 A* = **472**
埃伦伯格肉芝软珊瑚糖苷 A* = **1971**
埃伦伯格肉芝软珊瑚糖苷 B* = **1972**
艾比甾醇 C* = **954**
艾比甾醇硫酸酯* = **1103**
艾比甾醇硫酸酯 B* = **955**
艾比甾醇三-*O*-硫酸酯* = **1103**
艾多萨霉素 A* = **615**
艾多萨霉素 B* = **616**
艾多萨霉素 C* = **617**
艾多萨霉素 D* = **618**
艾多萨霉素 E* = **619**
艾多萨霉素 F* = **620**
艾库皮克氧化物 B* = **1561**
艾库皮克氧化物 C* = **1562**
艾库皮克氧化物 D* = **1563**
艾斯坡瑞新 A* = **22**
艾斯坡瑞新 C* = **23**
爱丽海绵胺 B* = **1857**
爱丽海绵胺 C* = **1858**
爱丽海绵胺 D* = **1859**
爱丽海绵胺 E* = **1860**
爱丽海绵胺 TA* = **1861**
爱丽海绵碱* = **1862**
爱丽海绵糖苷 A* = **746**
爱丽海绵新* = **1863**
安达瓦豆克酸* = **1564**
N^{ω}-(3-氨丙基)-角鲨胺 = **801**
2-氨基-9,13-二甲基十七烷酸 = **1163**
1-*O*-(4-氨基-4-去氧-*α*-D-吡喃甘露糖基)甘油 = **1846**
2-氨基-11-十二(碳)烯-3-醇 = **1184**
1-氨基-4,12-十三(碳)二烯-2-醇 = **1174**
(2*R*,5*E*)-1-氨基-5-十三(碳)烯-2-醇 = **1175**
(2*S*,4*E*)-1-氨基-4-十三(碳)烯-2-醇 = **1890**
(2*R*,3*R*)-氨基十四(碳)-5,7-二烯-3-醇 = **1888**
(2*R*,3*S*)-氨基十四(碳)-5,7-二烯-3-醇 = **1889**
2-氨基-5-十四(碳)烯-3-醇 = **1173**
(2*S*)-氨基-13-十四(碳)烯-(3*R*)-醇 = **1183**
暗褐髌骨海鞘啶 11* = **1646**
暗褐髌骨海鞘啶 12* = **1647**
暗褐髌骨海鞘啶 3* = **1645**
凹顶藻呋喃烯炔 F* = **2030**
4Z-奥恩酰胺 A* = **93**
奥恩酰胺 A* = **94**
奥恩酰胺 B* = **95**
奥恩酰胺 C* = **96**

奥恩酰胺 D* = **97**
奥恩酰胺 F* = **98**
奥佛尼红素 = **261**
奥西里斯蜂海绵炔 A* = **1453**
奥西里斯蜂海绵炔 B* = **1454**
奥西里斯蜂海绵炔 C* = **1455**
奥西里斯蜂海绵炔 D* = **1456**
奥西里斯蜂海绵炔 E* = **1457**
奥西里斯蜂海绵炔 F* = **1458**
4,6,8,10,12,14,16,18-八甲氧基-1-二十三(碳)烯 = **1189**
八拉克亭 A* = **558**
(*3E,5Z*)-八(碳)-1,3,5-三烯 = **1182**
6-[5-(5-八(碳)烯-7-炔基)-2-噻吩基]-5-六炔酸 = **1452**
巴尔米拉内酯 A* = **563**
巴佛洛霉素 D* = **309**
巴佛洛霉素 F* = **310**
巴佛洛霉素 G* = **311**
巴佛洛霉素 I* = **312**
巴哈马内酯 A* = **117**
巴西海兔烯炔* = **2023**
白菜短指软珊瑚内酯 A* = **1029**
白菜短指软珊瑚内酯 B* = **1030**
白菜短指软珊瑚内酯 E* = **1031**
白雪海绵醇 A* = **1954**
白雪海绵醇 B* = **1955**
斑沙海星神经节苷脂 1 = **1956**
斑沙海星神经节苷脂 LMG 1 = **1956**
半短裸甲藻毒素 B = **181**
半花萼圆皮海绵诱癌素* = **1820**
半缩醛杂色曲霉素 = **264**
孢子丝菌林 A* = **1556**
孢子丝菌林 B* = **1557**
(4*R*,7*S*,*E*)-10-苯甲基-5,7-二甲基十一碳-1,5,10-三烯-4-醇 = **2007**
3*β*-*O*-[*β*-D-吡喃葡萄糖基-(1→2)-*β*-D-吡喃葡萄糖醛酸]-16-羟基-5*α*,14*β*-多孔动物-16,24(24[1])-二烯-15,23-二酮 = **1074**
蓖麻海绵甾醇* = **870**
碧玉海绵素 A* = **1952**
碧玉海绵素 B* = **1953**
扁板海绵林* = **1623**
扁板海绵内酯* = **1674**
扁板海绵内酯 B* = **1675**
扁板海绵内酯 D* = **1676**
扁板海绵内酯 E* = **1677**
扁板海绵内酯 F* = **1678**
扁板海绵内酯 F‡* = **1679**
扁板海绵斯尼克酸* = **1635**
扁板海绵酸* = **1624**
扁板海绵酸 A* = **1616**
扁板海绵酸 B* = **1617**
epi-扁板海绵酸 E 甲酯* = **1618**
扁板海绵酸 F* = **1619**
epi-扁板海绵酸 F* = **1620**
扁板海绵酸 G* = **1621**
epi-扁板海绵酸 G* = **1622**
epi-扁板海绵酸 H* = **1621**
扁板海绵糖苷 A* = **1968**
扁板海绵糖苷 B* = **1969**
扁板海绵亭* = **1634**
扁板海绵酮 A* = **1662**
扁板海绵酮 B* = **1663**
扁板海绵酮 C* = **1664**
扁板海绵酮 D* = **1665**
扁板海绵酮 E* = **1666**
扁板海绵酮 F* = **1667**
扁板海绵乌林 A* = **1756**
扁板海绵酯 F* = **1625**
扁板海绵酯 G* = **1626**
(4*S*)-扁板海绵酯 H* = **1627**
扁板海绵酯 P* = **1628**
扁板海绵酯 Q* = **1629**
扁板海绵酯 R* = **1630**
扁板海绵酯 S* = **1631**
扁板海绵酯 T* = **1632**
扁板海绵酯 U* = **1633**
扁虫醇 A* = **31**
扁矛海绵内酯 A* = **440**
扁矛海绵内酯 C* = **441**
扁矛海绵内酯 D* = **442**
扁矛海绵内酯 E* = **443**
扁矛海绵内酯 F* = **444**
扁矛海绵内酯 G* = **445**
变色曲霉菌新 A* = **868**
变色曲霉新* = **260**
膑骨海鞘内酯 A* = **547**
膑骨海鞘内酯 B* = **548**
冰秽海绵甾醇 A* = **830**
冰秽海绵甾醇 B 3-乙酸酯* = **754**
丙烯二酯 = **1235**
柄曲霉素 = **268**
波罗的海内酯* = **1**
伯利兹原甲藻林* = **492**
伯利兹原甲藻内酯* = **491**

伯利兹原甲藻酸* = **24**
博罗尼鞘丝藻酰胺 A* = **1791**
不饱和脂肪酸甘油酯 3* = **1792**
不饱和脂肪酸甘油酯 4* = **1793**
不饱和脂肪酸甘油酯 5* = **1794**
不饱和脂肪酸甘油酯 6* = **1795**
不饱和脂肪酸甘油酯 7* = **1796**
不饱和脂肪酸甘油酯 8* = **1797**
不饱和脂肪酸甘油酯 9* = **1798**
不分支扁板海绵啶 A* = **40**
布兰卡甾醇* = **671**
布雷非德菌素 A = **497**
侧鳃伞螺明 A* = **1800**
侧鳃伞螺明 C* = **1801**
产黄青霉单萜* = **1270**
产黄青霉苷 B* = **1919**
颤藻内酯* = **560**
长棘海星脑苷脂 A* = **1878**
长崎裸甲藻新 A* = **169**
长崎裸甲藻新 A_2* = **170**
长崎裸甲藻新 B* = **171**
长轴珊瑚因 A* = **814**
长轴珊瑚因 B* = **815**
齿梗孢霉内酯 A* = **498**
齿梗孢霉内酯 B* = **499**
齿梗孢霉内酯 C* = **500**
齿梗孢霉内酯 E* = **501**
齿棘海星甾醇糖苷 D* = **1036**
齿棘海星甾醇糖苷 E* = **861**
齿棘海星甾醇糖苷 F* = **1037**
齿棘海星甾醇糖苷 G* = **862**
齿棘海星甾醇糖苷 H* = **863**
齿棘海星甾醇糖苷 I* = **1038**
冲绳钵海绵亭 A* = **579**
冲绳钵海绵亭 B* = **481**
冲绳钵海绵亭 C* = **580**
冲绳残波岬海绵内酯* = **592**
冲绳二噁英 A* = **1583**
冲绳二噁英 B* = **1584**
冲绳西表内酯 3a* = **1536**
冲绳西表内酯 4a* = **539**
冲绳西表内酯 5a* = **540**
冲绳羊海绵内酯 B* = **526**
冲绳羊海绵内酯 NA* = **527**
冲绳羊海绵内酯 NB* = **528**
冲绳羊海绵内酯 NC* = **529**
冲绳羊海绵内酯 ND* = **530**
冲绳羊海绵内酯 NE* = **531**
抽轴坡海绵新 A* = **510**
抽轴坡海绵新 B-32-*O*-(3-羧基-3-羟基丙酰基-(1→67)-内酯* = **512**
抽轴坡海绵新 C* = **511**
抽轴坡海绵新 D* = **512**
雏海绵苷 A* = **305**
雏海绵苷 C* = **306**
雏海绵苷 D* = **307**
雏海绵苷 E* = **308**
雏海绵唑 B* = **653**
雏海绵唑 C* = **654**
雏海绵唑 D* = **655**
雏海绵唑 E* = **656**
雏海绵唑 F* = **657**
粗糙短指软珊瑚麦角固醇 A* = **876**
粗糙短指软珊瑚麦角固醇苷 A* = **877**
粗糙短指软珊瑚麦角固醇苷 B* = **878**
粗糙短指软珊瑚麦角固醇苷 C* = **879**
粗枝竹节柳珊瑚林 1* = **847**
22-*epi*-粗枝竹节柳珊瑚林 1* = **848**
粗枝竹节柳珊瑚甾醇 A* = **938**
粗枝竹节柳珊瑚甾醇 B* = **939**
粗枝竹节柳珊瑚甾醇 D* = **940**
粗枝竹节柳珊瑚甾醇 G* = **1133**
粗枝竹节柳珊瑚甾醇缩酮 A* = **1137**
粗枝竹节柳珊瑚甾酮 A* = **941**
粗枝竹节柳珊瑚甾酮 B* = **942**
粗枝竹节柳珊瑚甾酮 D* = **943**
粗枝竹节柳珊瑚甾酮 M* = **1134**
粗枝竹节柳珊瑚甾酮 N* = **1135**
粗枝竹节柳珊瑚甾酮 O* = **1136**
粗枝竹节柳珊瑚甾烷醇* = **849**
22-*epi*-粗枝竹节柳珊瑚甾烷醇* = **850**
脆弱灯芯柳珊瑚糖苷 A* = **751**
脆弱灯芯柳珊瑚糖苷 B* = **752**
锉海绵酸* = **1421**
锉海绵甾醇 A* = **823**
锉海绵甾醇 B* = **824**
锉海绵甾醇 C* = **825**
大环细菌内酯 A* = **1992**
大环细菌内酯 F* = **1993**
大环细菌内酯 G* = **1994**
大环细菌内酯 H* = **1995**
大环细菌内酯 I* = **1996**
大环细菌内酯 J* = **1997**
大环细菌内酯 K* = **1998**

大环细菌内酯 L* = **1999**
大环细菌内酯 M* = **2000**
大环细菌内酯 V* = **2001**
大环细菌内酯 W* = **2002**
大环真菌内酯 A* = **1985**
大环真菌内酯 E* = **1986**
大环真菌内酯 F* = **1987**
大环真菌内酯 G* = **1988**
大环真菌内酯 H* = **1989**
大环真菌内酯 L* = **1990**
大环真菌内酯 M* = **1991**
大洋海绵林 A* = **1957**
大洋海绵糖苷* = **1958**
丹卡小裸囊菌甾酮 A* = **880**
丹卡小裸囊菌甾酮 B* = **881**
单棘槭海星甾醇糖苷 A* = **670**
单棘槭海星甾醇糖苷 C* = **626**
单棘槭海星甾醇糖苷 D* = **826**
单己基硫酸酯 = **1158**
单歧藻毒素 = **590**
单碳环木霉酮* = **1530**
单碳环木霉酮 A* = **1527**
单碳环木霉酮 B* = **1528**
(*R*)-单碳环木霉酮 C* = **1529**
胆固醇 = **710**
胆甾-5,23*E*-二烯-3β,25-二醇 = **673**
胆甾-5,25-二烯-3β,24ξ-二醇 = **674**
胆甾-5,24-二烯-3-*O*-硫酸酯-19-羧酸 = **675**
(3β,7β,22*E*)-胆甾-5,22-二烯-3,7,19-三醇 = **676**
胆甾-7,22-二烯-3β,5α,6β-三醇 = **677**
(3β,5α,6α,20*S*)-胆甾-9(11),24-二烯-3,6,20-三醇 6-*O*-[β-D-吡喃半乳糖基-(1$\rightarrow$3)-β-D-吡喃阿拉伯糖基-(1$\rightarrow$2)-β-D-吡喃岩藻糖基-(1$\rightarrow$4)-[6-去氧-β-D-吡喃葡萄糖基-(1$\rightarrow$2)]-β-D-吡喃木糖基-(1$\rightarrow$3)-6-去氧-β-D-吡喃葡萄糖苷] 3-*O*-硫酸酯 = **663**
胆甾烷-3α,6α-二乙酰氧基-22*S*,25-二醇 = **679**
胆甾烷-3,6,8,15,16,25,26-六醇 = **680**
(3β,4β,5α,6β,15α,24*S*)-胆甾烷-3,4,6,8,15,24-六醇 = **684**
(3β,4β,5α,6β,8β,15β,24*R*)-胆甾烷-3,4,6,8,15,24,25-六醇 = **681**
(3β,4β,5α,6α,15β,24*S*)-胆甾烷-3,4,6,8,15,24-六醇 = **685**
(3β,5α,6β,7α,15α,16β)-胆甾烷-3,6,7,15,16,26-六醇 = **686**
胆甾烷-3,6,8,15,16,26-六醇 = **687**
(3β,4β,5α,6α,15β,24*S*)-胆甾烷-3,4,6,8,15,24-六醇 24-*O*-[2-*O*-甲基-β-D-吡喃木糖基-(1$\rightarrow$5)-α-L-呋喃阿拉伯糖苷] = **786**
(3β,5α,6α,7α,15α,24*S*)-胆甾烷-3,6,7,8,15,24-六醇 24-*O*-[4-*O*-甲基-β-D-吡喃木糖基-(1$\rightarrow$2)-3-*O*-甲基-β-D-吡喃木糖苷] = **719**
(25*S*)-5α-胆甾烷-3β,5,6β,15α,16β,26-六醇 26-硫酸酯 = **682**
(25*S*)-5α-胆甾烷-3β,5,6β,15α,16β,26-六醇 16-硫酸酯 = **683**
(3β,4β,5α,6α,7α,8β,15β,24*S*)-胆甾烷-3,4,6,7,8,15,24-七醇 3-(2-*O*-甲基-β-D-吡喃木糖苷) 24-[2-*O*-甲基-β-D-吡喃木糖基-(1$\rightarrow$5)-α-L-呋喃阿拉伯糖苷] = **785**
(3β,4β,5α,6α,7α,8β,15β,24*S*)-胆甾烷-3,4,6,7,8,15,24-七醇 3-*O*-(2,4-双-*O*-甲基-β-D-吡喃木糖苷) 24-*O*-[β-D-吡喃木糖基-(1$\rightarrow$5)-α-L-呋喃阿拉伯糖苷] = **784**
(3α,4β,5α)-胆甾烷-3,4,21-三醇 3,21-二-*O*-硫酸酯 = **693**
(3β,5α,6α,15β,24*S*)-胆甾烷-3,6,15,24-四醇 24-*O*-β-D-吡喃木糖苷 = **812**
(3β,5α,6α,15α,24*S*)-胆甾烷-3,6,15,24-四醇 24-*O*-β-D-吡喃木糖苷 15-*O*-硫酸酯 = **658**
5β-胆甾烷-3α,4α,11β,21-四醇 3,21-二硫酸酯 = **692**
(25*S*)-5β-胆甾烷-3β,6β,15α,16β,26-五醇 = **688**
(25*R*)-5α-胆甾烷-3β,6β,15α,16β,26-五醇 = **689**
(3β,5α,6β,15α,24*S*)-胆甾烷-3,5,6,15,24-五醇 24-*O*-β-D-吡喃木糖苷 = **813**
(3β,5α,6α,15β,24*S*)-胆甾烷-3,6,8,15,24-五醇 24-*O*-[β-D-吡喃木糖基-(1$\rightarrow$5)-α-L-呋喃阿拉伯糖苷] = **792**
(3β,5α,6β,15β,24*S*)-胆甾烷-3,6,8,15,24-五醇 24-*O*-[2,4-二-*O*-甲基-β-D-吡喃木糖基-(1$\rightarrow$2)-α-L-呋喃阿拉伯糖苷] = **759**
(3β,5α,6α,15β,24*S*)-胆甾烷-3,6,8,15,24-五醇 24-*O*-[2,4-二-*O*-甲基-β-D-吡喃木糖基-(1$\rightarrow$5)-α-L-呋喃阿拉伯糖苷] = **793**
(3β,5α,6α,15β,24*S*)-胆甾烷-3,6,8,15,24-五醇 24-*O*-[2,3-二-*O*-甲基-β-D-吡喃木糖基-(1$\rightarrow$2)-α-L-呋喃阿拉伯糖苷] = **794**
(3β,5α,6α,15β,24*S*)-胆甾烷-3,6,8,15,24-五醇 24-*O*-[2-*O*-甲基-β-D-吡喃木糖基-(1$\rightarrow$5)-α-L-呋喃阿拉伯糖苷] = **791**
(3β,5α,6α,15α,24*S*)-胆甾烷-3,6,8,15,24-五醇 24-*O*-[4-*O*-甲基-β-D-吡喃木糖基-(1$\rightarrow$2)-3-*O*-甲基-β-D-吡喃木糖苷] = **720**
(3β,5α,6α,15α,24*S*)-胆甾烷-3,6,8,15,24-五醇 24-*O*-(3-*O*-甲基-4-*O*-磺基-β-D-吡喃木糖苷) = **808**
(24*S*)-5α-胆甾烷-3β,5,6β,15α,24-五醇 15-硫酸酯 = **690**
5α-胆甾烷-3β,5,6β,15α,16β-五醇 16-硫酸酯 = **691**
(3β,5α)-胆甾-7-烯-3-醇 = **709**
胆甾-4-烯-3α,6β-二醇 = **694**
3α-胆甾-5-烯-3,21-二醇 3,21-二硫酸酯 = **695**
胆甾-4-烯-3,24-二酮 = **696**
胆甾-5-烯-3-*O*-硫酸酯-19-羧酸 = **678**

(3β,4β,5α,6α,8β,15β,22E,24R)-胆甾-22-烯-3,4,6,8,15,24-六醇 = **698**
(25R)-胆甾-22-烯-3,6,8,15,16,26-六醇 = **699**
(3β,5α,6α,15β,16β,22E,25S)-胆甾-22-烯-3,6,8,15,16,26-六醇 3,26-双-O-β-D-吡喃木糖苷 = **664**
(3β,4β,5α,6α,7α,8β,15β,24R)-胆甾-22E-烯-3,4,6,7,8,15,24-七醇 6-O-硫酸酯 = **697**
(3β,7β)-胆甾-5-烯-3,7,19-三醇 = **703**
胆甾-24-烯-(3α,6β,7β)-三醇 = **704**
胆甾-7-烯-3,5,6-三醇 = **705**
(2β,3α)-胆甾-5-烯-2,3,21-三醇 3,21-二硫酸酯 = **706**
胆甾-5-烯-1,3,21-三醇-3,21-二硫酸酯 = **707**
(3β,5α,6α,23S)-胆甾-9(11)-烯-3,6,23-三醇 3,6-二硫酸酯(二钠盐) = **708**
(3β,4β,5α,6α,11α,22R)-胆甾-7-烯-3,4,6-三乙酰氧基-11,22-二醇 = **649**
(3β,7β,9α)-胆甾-5-烯-3,7,9,19-四醇 = **701**
(20R)-胆甾-5-烯-2α,3α,4β,21-四醇 3,21-二硫酸酯 = **702**
(3β,5α,6α,16β,20S)-胆甾-9(11)-烯-3,6,16,20-四醇 6-O-[6-去氧-β-D-吡喃半乳糖基-(1→2)-6-去氧-β-D-吡喃葡萄糖基-(1→4)-[6-去氧-β-D-吡喃葡萄糖基-(1→2)]-6-去氧-β-D-吡喃葡萄糖基-(1→3)-6-去氧-β-D-吡喃葡萄糖苷] 3-硫酸酯 = **660**
胆甾-22E-烯-3β,6β,8β,15α,24R-五醇 = **700**
淡白柔荑软珊瑚甾醇 A* = **971**
淡白柔荑软珊瑚甾醇 B* = **972**
淡白柔荑软珊瑚甾醇 C* = **973**
4-氮阳离子螺环[3.3]庚烷-2,6-二醇* = **1654**
德促姆本酮 C* = **598**
低矮短指软珊瑚糖苷 A* = **998**
低矮短指软珊瑚糖苷 B* = **999**
蒂壳海绵科岩屑海绵林* = **555**
蒂壳海绵林 A* = **102**
蒂壳海绵林 B* = **103**
蒂壳海绵林 C* = **104**
蒂壳海绵林 D* = **105**
蒂壳海绵林 E* = **106**
蒂壳海绵林 F* = **107**
蒂壳海绵林 G* = **108**
蒂壳海绵林 H* = **109**
蒂壳海绵林 I* = **110**
蒂壳海绵林 J* = **111**
蒂壳海绵林 K* = **112**
蒂壳海绵林 L* = **113**
蒂壳海绵甾醇 B* = **1079**
蒂壳海绵甾醇 C* = **1080**
蒂壳海绵甾醇 D* = **1081**
蒂壳海绵甾醇 E* = **1082**
蒂壳海绵甾醇 F* = **1083**
蒂壳海绵甾醇 G* = **1084**
蒂壳海绵甾醇 H* = **1085**
蒂壳海绵甾醇 K* = **1086**
蒂斯卡拉酰胺 A* = **112**
蒂斯卡拉酰胺 B* = **113**
(5Z)-碘普那格兰丁 8* = **1752**
碘乌隆Ⅰ* = **1753**
碘乌隆Ⅱ* = **1754**
碘乌隆Ⅲ* = **1755**
6-(1,3-丁二烯基 l)-1,4-环庚二烯 = **1487**
6-丁基-4,6-二乙基-1,2-二氧杂环己烷-3-乙酸 = **1565**
6-丁基-1,4-环七(碳)二烯 = **1489**
6-丁基-6-乙基-4-亚乙基-1,2 二氧杂环己烷-乙酸 = **1566**
(+)-(3S,4S)-3-n-丁基-4-乙烯基环戊烯 = **1485**
1-丁氧基-2-甲基-1-(2-甲基丙氧基)-2-丙醇 = **1164**
(+)-顶环氧菌素 = **1508**
(+)-epi-顶环氧菌素 = **1509**
定鞭金藻毒素 1 = **207**
定鞭金藻毒素 2 = **208**
啶南平 A = **1702**
啶南平 E = **1703**
豆荚软珊瑚酮 A* = **1546**
豆荚软珊瑚酮 O* = **1547**
豆荚软珊瑚酮 P* = **1548**
豆荚软珊瑚酮 Q* = **1549**
豆荚软珊瑚酮 R* = **1550**
豆荚软珊瑚酮 S* = **1551**
豆荚软珊瑚酮 T* = **1497**
豆荚软珊瑚甾醇*‡ = **1139**
(24R)-豆甾-4,25-二烯-3,6-二醇 = **1076**
(3β,6β,15α,16β,22E,24R,25S)-豆甾-4,22-二烯-3,6,8,15,16,26-六醇 3-O-(2-O-甲基-β-D-吡喃木糖苷) 26-O-β-D-吡喃木糖苷 = **1058**
(3β,6β,15α,16β,22E,24R)-豆甾-4,22-二烯-3,6,8,15,16,29-六醇 3-O-(2-O-甲基-β-D-吡喃木糖苷) 29-O-β-D-吡喃木糖苷 = **1059**
(3β,6β,8β,15α,16β,24R)-豆甾-4,25-二烯-3,6,8,15,16,29-六醇 3-O-(2-O-甲基-β-D-吡喃木糖苷) 29-O-β-D-吡喃木糖苷 = **1060**
(3β,6β,15α,16β,22E,24R)-豆甾-4,22-二烯-3,6,8,15,16,29-六醇 3-O-(2-O-甲基-β-D-吡喃木糖苷) 29-O-β-D-吡喃木糖苷 15-硫酸酯 = **1057**
(3β,6α,15β,24(28)E)-豆甾-8(14),24(28)-二烯-3,6,15,29-四醇 29-O-β-D-吡喃木糖苷 = **1038**
豆甾-4,24(28)-二烯-3-酮 = **1077**

(3β,4β,5α,6α,8β,15β,24R)-豆甾烷-3,4,6,8,15,29-六醇 29-O-[β-D-吡喃木糖基-(1→2)-β-D-吡喃木糖苷] = 1036
(3β,4β,5α,6α,8β,15β,24R)-豆甾烷-3,4,6,8,15,29-六醇 29-O-[2-O-甲基-β-D-吡喃木糖基-(1→2)-β-D-吡喃木糖苷] = 1037
豆甾-25-烯-2,3,15,16,17,18-六醇 2-O-硫酸酯 = 1078
毒素 GB1 = 146
短梗霉定* = 1146
短裸甲藻 N = 181
短裸甲藻毒素 A = 146
短裸甲藻毒素 B = 147
短裸甲藻毒素 B$_{1}$ = 148
短裸甲藻毒素 B$_{2}$ = 149
短裸甲藻毒素 B$_{3a}$ = 150
短裸甲藻毒素 B$_{3b}$ = 151
短裸甲藻毒素 B$_{4b}$ = 152
短裸甲藻毒素 C = 156
短裸甲藻毒素 PbTx5 = 153
短裸甲藻毒素 PbTx6 = 154
短裸甲藻毒素 PbTx7 = 155
短裸甲藻毒素 PbTx8 = 156
短指软珊瑚环氧甾醇* = 919
短指软珊瑚属甾醇* = 994
短指软珊瑚糖苷* = 1875
短指软珊瑚酮 A(2012)* = 1520
短指软珊瑚酮 B(2012)* = 1521
短指软珊瑚酮 G(2012)* = 1522
短指软珊瑚酮 H(2012)* = 1523
短指软珊瑚酮 I(2012)* = 1524
短指软珊瑚氧代甾醇* = 920
多鞭海绵多鞭海绵酰胺 A* = 992
多棘海盘车糖苷 A* = 658
多棘槭海星甾醇 A* = 666
多棘槭海星甾醇 B* = 667
多棘槭海星甾醇 C* = 668
多棘槭海星甾醇 D* = 669
多沙掘海绵内酯* = 490
多指短指软珊瑚甾醇 A* = 977
(+)-(E)-(3S,4S)-多种棕藻烯*(马鞭藻烯) = 1492
(+)-(Z)-(3S,4S)-多种棕藻烯*(马鞭藻烯) = 1493
耳壳藻烯炔 A* = 1465
耳壳藻烯炔 B* = 1466
2,29-二氨基-4,6,10,13,16,19,22,26-三十(碳)八烯-3,28-二醇 = 1920
二苯基-环辛基氨基磷酸酯 = 1814
二高石海绵扣特炔 A* = 1300
7-O-(2-二甲氨基-3-甲氧基丙酰基)海兔罗灵碱 C* = 432
9-O-(2-二甲氨基-3-甲氧基丙酰基)海兔罗灵碱 C* = 433
3,5-二甲基-5-(10-苯基癸基)-1,2-二氧戊环-3-乙酸 = 1564
2-(二甲基二氢硫基)环丁烷羧酸盐 = 1533
2,6-二甲基庚基硫酸酯 = 1166
2,6-二甲基-5-庚烯醛 = 1250
(3β,23ξ,25ξ)-23,26-二甲基麦角甾-5,24(28)-二烯-3-醇 = 994
二甲基-β-普罗匹妥汀* = 1147
R-2,4-二甲基-22-(p-羟苯基)-二十二碳-3(E)-烯乌苏酸* = 2013
(2S*,4R*)-2,4-二甲基-4-羟基-16-苯基正十六酸 1,4-内酯 = 2011
(2R*,4R*)-2,4-二甲基-4-羟基-16-苯基正十六酸 1,4-内酯 = 2012
(3Z)-4,8-二甲基壬基-3-烯-1-基硫酸酯 = 1251
2,5-二甲基十二烷酸 = 1165
(1E,5Z)-1,6-二氯-2-甲基-1,5-庚二烯-3-醇 = 1249
二氯真海绵醌醇* = 1503
10-(3,4-二羟苯基)-3,5,7-十(碳)三烯基-1-醇 1,3′-二乙酸酯 = 2008
10-(3,4-二羟基苯基)-3,5,7-十(碳)三烯基-1-醇 1,4′-二乙酸酯 = 2009
10-(3,4-二羟基苯基)-3,5,7-十(碳)三烯基-1-醇 三乙酸酯 = 2010
6-(1,2-二羟基丙基)-5-(7-甲基-1,3,5-壬三烯基)-3-环己烯-1,2-二醇 = 1498
4,5-二羟基-3-(1-丙烯基)-2-环戊烯-1-酮 = 1525
(20S)-18,20-二羟基胆甾-1,4-二烯-3,16-二酮 = 726
(5α,22ξ,23ξ)-22,23-二羟基胆甾-1,24-二烯-3-酮 = 727
(3β,5α,6α)-3,6-二羟基胆甾-9(11),24-二烯-23-酮 6-O-[β-D-吡喃岩藻糖基-(1→2)-β-D-吡喃岩藻糖基-(1→4)-[β-D-吡喃鸡纳糖基-(1→2)]-β-D-吡喃鸡纳糖基-(1→3)-β-D-吡喃葡萄糖苷] 3-硫酸酯 = 790
(3β,5α,6α)-3,6-二羟基胆甾-9(11),24-二烯-23-酮 3-硫酸酯 = 728
(16S,20S)-16,20-二羟基胆甾烷-3-酮 = 729
6β,16β-二羟基胆甾-4-烯-3-酮 = 730
(3β,5α,14β,24R)-3,16-二羟基豆甾-16-烯-15,23-二酮 3-O-[β-D-吡喃葡萄糖基-(1→2)-β-D-吡喃葡萄糖醛酸苷] = 1066
(3β,4α,5α,22E,24R)-3,11-二羟基-4,23-二甲基-9,11-开环麦角甾-22-烯-9-酮 = 1128
(2S,3R)-1,3-二羟基-2-二十酰基-氨基-4E-二十六(碳)烯 = 1921
(3R,5S)-3,5-二羟基癸酸 = 1149
6,12-二(羟基甲基)-6,12-双十一基-1,7-二氧杂环十二烷-2,8-

二酮 = **1171**
3,16-二羟基-9,10-开环胆甾-1,3,5(10)-三烯-9-酮 = **1118**
3*β*,15*a*-二羟基-(22*E*,24*R*)-麦角甾-5,8(14),22-三烯-7-酮 = **888**
3*β*,15*β*-二羟基-(22*E*,24*R*)-麦角甾-5,8(14),22-三烯-7-酮 = **889**
3,6-二羟基-24-去甲-9-氧代-9,11-断胆甾-7,22-二烯-11-醛 = **731**
3,28-二羟基-4,26-三十(碳)二烯-1,12,18,29-四炔-14,17-二酮 = **1292**
3*α*,28*α*-二羟基-1,12,18,29-三十(碳)四炔-14,17-二酮 = **1383**
3*β*,28*β*-二羟基-1,12,18,29-三十(碳)四炔-14,17-二酮 = **1384**
(2*S*,3*R*)-1,3-二羟基-2-十八酰基-氨基-4*E*,8*E*-十六(碳)二烯 = **1922**
(3*β*,5*α*,25*ξ*)-3,5-二羟基-26-乙酰氧基-胆甾烷-6-酮 = **643**
(3*β*,5*α*,6*α*)-3,6-二羟基-11-乙酰氧基-9,11-开环胆甾-7-烯-9-酮 = **1125**
(3*β*,5*α*,6*α*,22*Z*,24*ξ*)-3,6-二羟基-11-乙酰氧基-9,11-开环麦角甾-7,22-二烯-9-酮 = **1126**
(3*β*,5*α*,6*α*)-3,6-二羟基-11-乙酰氧基-9,11-开环麦角甾-7,24(28)-二烯-9-酮 = **1127**
(3*β*,5*α*,6*α*,22*E*,24*ξ*)-3,6-二羟基-11-乙酰氧基-27-去甲-9,11-开环麦角甾-7,22-二烯-9-酮 = **890**
3*α*,16*β*-二羟基-5*α*-孕甾-1,20-二烯-3,16-二乙酸酯 = **628**
3,4-二羟基孕甾-5,15-二烯-20-酮-19,2-碳内酯 = **627**
(3*β*,5*α*,6*α*)-3,6-二羟基孕甾-9(11)-烯-20-酮 6-*O*-(6-去氧-*β*-D-吡喃葡萄糖苷) 3-*O*-硫酸酯 = **629**
二羟皿烯前沟藻内酯 A* = **1776**
6,7-二氢奥恩酰胺 A* = **68**
二氢短裸甲藻毒素 B = **162**
2,3-二氢-2,3-二羟基西加毒素 3C = **163**
14,15-二氢管指海绵二醇* = **1302**
9,10-二氢扣来投二醇* = **62**
二氢利马原甲藻内酯* = **519**
二氢木霉醇* = **282**
二氢木霉内酯* = **281**
14,15-二氢鳍藻毒素 1 = **217**
(*E*)-7,7*a*-二氢-5-羟基-7-(2-亚丙烯基)环戊烯并[*c*]吡喃-6(2*H*)-酮 = **1650**
(*Z*)-7,7*a*-二氢-5-羟基-7-(2-亚丙烯基)环戊烯并[*c*]吡喃-6(2*H*)-酮 = **1651**
二氢去甲基叟比西林* = **278**
二氢噻喃酮 = **1559**
2″,3″-二氢双沃汀醇酮* = **277**
10,11-二氢双沃汀醇酮* = **277**
2′,3′-二氢叟比西林* = **280**
23,24-二氢无花果状石海绵炔 6* = **1381**
23,24-二氢无花果状石海绵炔 7* = **1382**
6,7-二氢-11-氧代奥恩酰胺 A* = **69**
二氢氧代叟比对苯二酚* = **279**
10,11-二氢氧代叟比对苯二酚* = **279**
4,5-二氢异石海绵佛母炔 3* = **1301**
13,19-二去甲基斯毕罗毒素内酯 C* = **216**
9,10-二去氢-3,6-环氧-4,6,8-三乙基-2,4-十二(碳)二烯酸甲酯 = **10**
二去氧石海绵炔醇 A* = **1348**
二去氧石海绵炔醇 B* = **1350**
二去氧石海绵炔醇 C* = **1349**
二去氧石海绵炔醇 D* = **1298**
二去氧石海绵炔醇 F* = **1299**
(3*E*,15*Z*)-3,15-二十二(碳)二烯-1-炔 = **1291**
4,15-二十二(碳)二烯-1-炔-3-醇 = **1303**
N-二十二碳酰基-(2*S*,3*S*,4*R*)-2-氨基-16-甲基-1,3,4-十七烷三醇 1-*O*-(2-乙酰氨基-2-去氧-*β*-D-吡喃葡萄糖苷) = **1931**
N-二十二碳酰基-D-*erythro*-(2*S*,3*R*)-16-甲基-十七烷-4(*E*)-烯 = **1923**
(2*S*,3*R*,4*E*,14*ξ*)-N^2-二十二烷酰基-2-亚氨基-14-甲基-4-十六(碳)烯-1,3-二醇 1-*O*-[*α*-L-吡喃岩藻糖基-(1→2′)-*N*-乙醇酰基-*α*-D-吡喃神经氨基糖基-(2→4)-*N*-乙酰-*α*-D-吡喃神经氨基糖基-(2→6)-*β*-D-吡喃葡萄糖苷] = **1911**
(2*R*,14*Z*,20*Z*)-14,20-二十三(碳)二烯-3,5,10,12,22-五炔-1,2-二醇 = **1367**
(2*R*,14*Z*,20*Z*)-14,20-二十三(碳)二烯-3,5,10,12,22-五炔-1,2-二醇-二-*O*-硫酸酯 = **1471**
14,20-二十三(碳)二烯-3,5,10,12,22-五炔-1,2,9-三醇 = **1293**
(2*ξ*,14*E*,16*ξ*,20*Z*)-14,20-二十三(碳)二烯-3,5,10,12,22-五炔-1,2,16-三醇 = **1297**
N-(二十三碳酰基)-2-氨基-9-甲基-4-十八(碳)烯-1,3-二醇 = **1978**
N-二十三烷酰基-(2*ξ*,3*ξ*,4*E*)-2-氨基-4-十八(碳)烯-1,3-二醇 = **1907**
N-(二十四碳酰基)-2-氨基-9-甲基-4-十八(碳)烯-1,3-二醇 = **1976**
(−)-(3*R*,4*E*,16*E*,18*R*)-二十(碳)-4,16-二烯-1,19-二炔-3,18-二醇 = **1312**
(+)-(3*S*,4*E*,16*E*,18*S*)-二十(碳)-4,16-二烯-1,19-二炔-3,18-二醇 = **1313**
(5,8,11,14,17)-二十(碳)五烯酸 = **1210**
二十碳五烯酸 = **1210**
(3*S*,4*E*)-二十碳-4-烯-1-炔-3*β*-醇 = **1305**

1-*O*-(13′*Z*-二十(碳)烯酰基)-sn-丙三氧基-3-磷酸胆碱* = **1815**
3-二十烷基氧-1,2-丙二醇 = **1856**
N-(二十五碳酰基)-2-氨基-9-甲基-4-十八(碳)烯-1,3-二醇 = **1967**
(*Z*,*Z*)-12,18 二十一(碳)二烯-1,3,8,10,20-五炔 = **1288**
3,12,18-二十一(碳)三烯-1,8,10,20-四炔 = **1289**
(5*Z*,11*E*,15*E*,19*E*)-6,20-二溴二十(碳)-5,11,15,19-四烯-9,17-二炔酸 = **1435**
19,21-二溴墨绿颤藻毒素 A* = **248**
17,19-二溴墨绿颤藻毒素 A* = **248**
18,18-二溴-9*Z*,17*E*-十八(碳)二烯-5,7-二炔酸 = **1437**
(*Z*)-18,18-二溴-5,17-十八(碳)二烯-7-炔酸 = **1438**
18,18-二溴-5*Z*,17-十八(碳)二烯-7-炔酸甲酯 = **1439**
(7*E*,15*Z*)-14,16-二溴-7,13,15-十六(碳)三烯-5-炔酸 = **1436**
3,44-二氧代无花果状石海绵炔 1* = **1385**
3,44-二氧代无花果状石海绵炔 2* = **1386**
9,15-二氧-5,8(12)-前列二烯酸甲酯 = **1707**
4,6-二乙基-3,6-二氢-6-(2-甲基己基)-1,2-二噁英-3-乙酸 = **1572**
(3*S*,6*R*,8*S*)-4,6-二乙基-3,6-二氢-6-(2-甲基己基)-1,2-二噁英-3-乙酸乙酯* = **1573**
4,6-二乙基-6-己基-3,6-二氢-1,2-二噁英-3-乙酸甲酯 = **1575**
4,6-二乙基-6-(4-甲基-1-辛烯基)-1,2-二氧六环-3-乙酸* = **1604**
(1′*E*,3*S*,4*R*,4′*R*,5′*E*,6*S*)-6-(2,4-二乙基-1,5-辛(碳)二烯基)-4,6-二乙基-1,2-二氧六环-3-乙酸 = **1576**
6-(2,4-二乙基-1-辛烯基)-4,6-二乙基-1,2-二氧六环-3-乙酸 = **1577**
2-[3,5-二乙基-5-(2-乙基己基)-2(5*H*)-呋喃亚基]乙酸甲酯 = **11**
2-[3,5-二乙基-5-(2-乙基-3-己烯-1-基)-2(5*H*)-呋喃亚基]乙酸甲酯 = **10**
4,6-二乙基-6-(2-乙基-4-甲基辛基)-1,2-二氧六环-3-乙酸 = **1574**
3*β*-*O*-(3′,4′-二-*O*-乙酰基-*β*-D-吡喃阿拉伯糖基)-25*ξ*-胆甾烷-3*β*,5*α*,6*β*,26-四醇-26-乙酸盐) = **672**
(22*S*)-2*α*,3*α*-二乙酰氧基-11*β*,18*α*-二羟基-24-甲基-18,20*β*:22,25-双环氧-5*α*-呋甾烷* = **846**
3*α*,11*α*-二乙酰氧基-25-羟基胆甾-4-烯-6-酮 = **725**
放线菌霉素 A* = **550**
放线菌霉素 B* = **551**
放线菌霉素 C* = **552**
放线菌霉素 D* = **553**
飞白枫海星糖苷 A* = **1040**
飞白枫海星糖苷 B* = **660**
非格里索内酯 C* = **46**
非格里索内酯 D* = **47**
非库利纳海绵酸 A* = **1252**
非库利纳海绵酸 B* = **1253**
非那瓦尔烯* = **1181**
斐济蒂壳海绵酸 F* = **1558**
斐济内酯 A* = **524**
斐济内酯 B* = **541**
分裂短指软珊瑚甾醇* = **997**
粉红黏帚霉脂 1A* = **1275**
粉红黏帚霉脂 1B* = **1276**
粉红黏帚霉脂 2A* = **1277**
粉红黏帚霉脂 2B* = **1278**
粉枝藻酸* = **1447**
蜂海绵氨醇 A* = **1183**
蜂海绵氨醇 B* = **1184**
3-[(3-*O*-*β*-D-呋喃阿拉伯糖基-*β*-D-吡喃葡萄糖基)氧]-7-羟基胆甾-5-烯-19-酸 = **732**
富兰克林内酯 A* = **1816**
富兰克林内酯 B* = **1817**
富兰克林内酯 C* = **1818**
嘎尔巴诺烯* = **1177**
干蠕孢菌素 = **1484**
甘比尔鞭毛虫醇* = **168**
甘比尔鞭毛虫酸 A* = **164**
甘比尔鞭毛虫酸 B* = **165**
甘比尔鞭毛虫酸 C* = **166**
甘比尔鞭毛虫酸 D* = **167**
甘油 2-(3-甲基-2-丁烯酸酯) 1-(2,4,11 十三(碳)三烯酸酯) = **1800**
甘油 2-(3-甲硫基-2-丙烯酸酯) 1-(2,4,11-十三(碳)三烯酸酯) = **1801**
甘油 1-(2*R*-甲氧基十六烷基)醚 = **1866**
甘油-1-(7*Z*,10*Z*,13*Z*-十六(碳)三烯酸酯),2-(9*Z*,12*Z*,15*Z*-十八(碳)三烯酸酯)-(2*R*)-3-*O*-*β*-D-吡喃半乳糖苷 = **1864**
甘油 1-十六烷基醚二乙酸酯 = **1865**
冈田软海绵素 B = **172**
冈田软海绵素 B-1020 = **173**
冈田软海绵素 B-1076 = **174**
冈田软海绵素 B-1092 = **175**
冈田软海绵素 B-1140 = **176**
冈田软海绵素 C = **177**
高冈田软海绵素 A = **182**
高冈田软海绵素 B = **183**
高冈田软海绵素 C = **184**
1*α*-高扇贝毒素 = **203**

高-(3*S*,14*S*)-石海绵扣特炔 A* = **1309**
高无活菌素基高无活菌素酯* = **47**
格海绵炔酰胺 A* = **1474**
格海绵炔酰胺 B* = **1475**
格海绵炔酰胺 C* = **1476**
格海绵甾醇* = **1041**
格拉哈米霉素 A* = **61**
格拉哈米霉素 A_1* = **63**
格林卡霉素 A* = **121**
格林卡霉素 B* = **122**
格林卡霉素 C* = **123**
格林卡霉素 D* = **124**
格林卡霉素 E* = **125**
格林卡霉素 F* = **126**
格林纳达二烯* = **1254**
格林纳达酰胺* = **1718**
格林纳达酰胺 A* = **1718**
2-庚基-1-环丙基丙酸 = **1534**
弓隐海绵醛 A* = **1162**
弓隐海绵醛 C* = **1193**
弓隐海绵酸* = **1194**
宫部内酯* = **385**
宫部炔醇 A* = **1319**
宫部炔醇 B* = **1320**
宫部炔醇 C* = **1321**
宫部炔醇 D* = **1322**
宫部炔醇 E* = **1323**
宫部炔醇 F* = **1324**
共生体多醇 = **142**
共生藻属内酯* = **118**
共生藻酰胺* = **1973**
谷粒海绵醇* = **2025**
谷粒海绵林* = **1569**
6-*epi*-谷粒海绵林* = **1623**
谷粒海绵内酯 I* = **507**
关岛皮提酸 A* = **1271**
关岛皮提酸 B* = **1272**
管指海绵二醇* = **1367**
光轮层炭壳菌醇 A* = **1556**
光轮层炭壳菌醇 B* = **1557**
规则膨海星糖苷 A* = **993**
过氧扁板海绵酸 A_1* = **1611**
过氧扁板海绵酸 A_2* = **1612**
过氧扁板海绵酸 A_3* = **1613**
过氧扁板海绵酸 B_1* = **1614**
过氧扁板海绵酸 B_3* = **1615**
5,8-*epi*-过氧胆甾-6-烯-3-醇 = **733**
5*α*,8*α*-*epi*-过氧-23,24(*R*)-二甲基胆甾-6,22-二烯-3*β*-醇 = **896**
过氧丰肉海绵酸 A* = **1479**
过氧丰肉海绵酸 B* = **1480**
过氧化扁板海绵酯 C* = **1591**
3,6-*epi*-过氧-7,10-环氧-17,19,23-二十六(碳)三烯酸 = **1639**
5*α*,8*α*-*epi*-过氧-24(*R*)-甲基胆甾-6,9(11),22-三烯-3*β*-醇 = **883**
5,8-*epi*-过氧-23-甲基麦角甾-6,9(11),22-三烯-3-醇 = **897**
3,6-*epi*-过氧-6-甲氧基-4,16,18-二十(碳)三烯甲酯 = **1600**
3,6-*epi*-过氧-6-甲氧基-4,14,16-十八(碳)三烯甲酯 = **1601**
5*α*,8*α*-*epi*-过氧麦角甾-6,22-二烯-3*β*-醇 = **891**
(3*β*,5*α*,8*α*,24*R*)-5,8-*epi*-过氧-24-氢过氧豆甾-6,28-二烯-3-醇 = **1042**
(3*β*,5*α*,8*α*,24*S*)-5,8-*epi*-过氧-24-氢过氧豆甾-6,28-二烯-3-醇 = **1043**
(3*β*,5*α*,8*α*)-5,8-*epi*-过氧-33-去甲柳珊瑚-6-烯-3-醇 = **1098**
3,6-*epi*-过氧-4,6,8-三乙基-10-甲基十四烷酸 = **1574**
3,6-*epi*-过氧-4,6,8,10-四乙基十四(碳)-7,11-二烯酸 = **1578**
(22*R*,23*R*,24*R*)-5*α*,8*α*-*epi*-过氧-22,23-亚甲基-24-甲基胆甾-6-烯-3*β*-醇 = **1098**
哈里斯塔甾醇硫酸酯* = **929**
哈里斯塔甾醇硫酸酯 A* = **930**
哈里斯塔甾醇硫酸酯 B* = **831**
哈里斯塔甾醇硫酸酯 C* = **758**
哈里斯塔甾醇硫酸酯 D* = **832**
哈里斯塔甾醇硫酸酯 E* = **931**
哈里斯塔甾醇硫酸酯 F* = **932**
哈里斯塔甾醇硫酸酯 G* = **933**
哈里斯塔甾醇硫酸酯 H* = **934**
哈里他汀 1* = **178**
哈里他汀 2* = **179**
哈里他汀 3* = **180**
海笔素 A* = **189**
海笔素 B* = **190**
海笔素 C* = **191**
海葵毒素 = **132**
海绵糖苷 A* = **1869**
海绵糖苷 B* = **1870**
海绵糖苷 E* = **1871**
海绵甾醇 = **982**
海盘车糖苷 E_3* = **629**

海鞘过氧化物 A* = **1639**
海鞘过氧化物 B* = **1640**
海鞘过氧化物 C* = **1641**
海鞘过氧化物 D* = **1642**
海鞘过氧化物 E* = **1643**
海鞘过氧化物 F* = **1644**
海鞘三烯内酯 A* = **1777**
海鞘酸 A* = **1637**
海鞘酸 B* = **1638**
海瑞定 A* = **2014**
海瑞定 B* = **2015**
(3*R*,5*R*)-海桑内酯* = **344**
(3*R*,5*S*)-海桑内酯* = **345**
(*R*)-海黍子酮* = **1537**
(+)-海黍子酮* = **1538**
海兔毒素 = **244**
海兔罗灵碱 A* = **432**
海兔罗灵碱 B* = **433**
海兔罗灵碱 C* = **434**
海兔罗灵碱 D* = **435**
海兔罗灵碱 E* = **436**
海兔罗灵碱 F* = **437**
海兔罗灵碱 G* = **438**
海兔罗灵碱 H* = **439**
海兔属内酯 A* = **1196**
海兔属内酯 B* = **1197**
海兔属内酯 C* = **1198**
海兔属内酯 D* = **1199**
海兔属内酯 E* = **1200**
海兔酰胺* = **101**
海星糖苷 A* = **661**
海星糖苷 C* = **662**
海星糖苷 E* = **663**
海星糖苷 F* = **664**
海星糖苷 I* = **665**
海星糖苷 L* = **869**
海燕糖苷 A* = **991**
海燕糖苷 B* = **990**
海洋红树真菌霉素 A* = **332**
海洋红树真菌霉素 D* = **333**
海洋红树真菌霉素 E* = **334**
海洋黏细菌新 A* = **1255**
cis-海洋黏细菌新 A* = **1256**
海洋黏细菌新 B* = **1257**
海洋黏细菌新 C* = **1258**
海洋黏细菌新 D* = **1259**
海猪鱼霉素* = **27**
赫达硫代磺酸 A* = **1260**
赫达硫代磺酸 B* = **1261**
赫尔格达过氧化物* = **1585**
黑斑海兔内酯* = **1785**
黑孢素 A* = **1518**
黑孢烯 A* = **1494**
黑孢烯 B* = **1495**
黑边海兔宁* = **2022**
黑曲霉菌甾醇 A* = **974**
黑曲霉菌甾醇 B* = **975**
黑团孢素 A* = **1539**
黑团孢素 B* = **1540**
黑团孢素 D* = **1541**
黑团孢素 E* = **1542**
cis-黑指纹海兔炔* = **2026**
trans-黑指纹海兔炔* = **2027**
红海星甾醇糖苷 M_1* = **791**
红海星甾醇糖苷 M_2* = **792**
红海星甾醇糖苷 M_3* = **793**
红海星甾醇糖苷 M_4* = **794**
红叶藻素* = **1656**
红藻糖苷 A* = **567**
红藻糖苷 A_2* = **568**
红藻糖苷 A_3* = **569**
红藻糖苷 B* = **570**
红藻糖苷 B_2* = **571**
红藻脂* = **1982**
后膜萨林* = **1535**
厚芒海绵胺* = **1953**
厚片蜂海绵甾醇 A* = **925**
厚片蜂海绵甾醇 B* = **926**
厚片蜂海绵甾醇 C* = **927**
厚片蜂海绵甾醇 D* = **928**
7-*O*-琥珀酸酰大环细菌内酯 A* = **2004**
7-*O*-琥珀酸酰大环细菌内酯 F* = **2003**
花萼圆皮海绵神经酰胺 A* = **1901**
花萼圆皮海绵神经酰胺 B* = **1902**
花萼圆皮海绵神经酰胺 C* = **1903**
花萼圆皮海绵糖苷* = **1904**
花萼圆皮海绵诱癌素 A = **1802**
花萼圆皮海绵诱癌素 B = **1806**
花萼圆皮海绵诱癌素 C = **1807**
花萼圆皮海绵诱癌素 D = **1808**
花萼圆皮海绵诱癌素 G = **1809**
花萼圆皮海绵诱癌素 H = **1810**
花萼圆皮海绵诱癌素 J = **1811**
花萼圆皮海绵诱癌素酰胺 A = **1803**

花萼圆皮海绵诱癌素酰胺 B = 1804
花萼圆皮海绵诱癌素酰胺 F = 1805
花球藓苔虫他汀 I* = 557
滑皮海绵内酯* = 317
(3*β*,5*α*,6*α*,8*β*,15*α*,16*β*,24*R*,25*R*)-24,26-环丙胆甾烷-3,6,8,15,16,27-六醇 = 1107
10,15-环-4,7-*epi*-过氧-1-去甲-11(18)-植烯-2-酸 = 1570
(3*S*,4*S*,7*S*,10*ξ*)-10,15-环-4,7-环氧-10-羟基-1-去甲-11(18)-植烯-2-酸甲酯 = 1561
18,22-环氧胆甾-1,20(22)-二烯-3-酮 = 741
7,8-环氧胆甾烷-3,5,6-三醇 = 742
5*β*,6*β*-环氧胆甾-24 烯-3*β*,7*β*-二醇 = 743
(3*β*,5*α*,6*α*,22*R*,23*S*,24*S*)-22,23-环氧豆甾-9(11)-烯-3,6,20-三醇 6-*O*-[*β*-D-吡喃岩藻糖基-(1→2)-6-去氧-*β*-D-吡喃葡萄糖基-(1→4)-[6-去氧-*β*-D-吡喃葡萄糖基-(1→2)]-6-去氧-*β*-D-吡喃葡萄糖基-(1→3)-*β*-D-吡喃葡萄糖苷] 3-*O*-硫酸酯 = 1040
(17*α*,20*R*,21*R*,24*R*)-21,24-环氧-17,21-二羟基胆甾-1,4-二烯-3-酮 = 659
4,5-环氧-6,11-二羟基麦角甾-2-烯-1-酮 = 1019
7,8-环氧-24-甲基胆甾-22-烯-3,5,6-三醇 = 898
22,25-环氧-24-甲基呋甾烷-2-乙酰氧基-,3,11,20-三醇 = 847
7,8-环氧麦角甾-22-烯-3,5,6-三醇 = 898
(3*β*,5*α*,6*α*,20*R*,22*R*,23*S*,24*S*)-22,23-环氧麦角甾-9(11)-烯-3,6,20-三醇 6-*O*-[*β*-D-吡喃半乳糖苷-(1→4)-[*β*-D-吡喃岩藻糖基-(1→2)]-*β*-D-吡喃葡萄糖基-(1→4)-[6-去氧-*β*-D-吡喃葡萄糖基-(1→2)]-*β*-D-吡喃木糖基-(1→3)-6-去氧-*β*-D-吡喃葡萄糖苷] 3-*O*-硫酸酯 = 990
(3*β*,5*α*,6*α*,20*R*,22*R*,23*S*,24*S*)-22,23-环氧麦角甾-9(11)-烯-3,6,20-三醇 6-*O*-[*β*-D-吡喃岩藻糖基-(1→2)-6-去氧-*β*-D-吡喃葡萄糖基-(1→4)-[6-去氧-*β*-D-吡喃葡萄糖基-(1→2)]-6-去氧-*β*-D-吡喃葡萄糖基-(1→3)-*β*-D-吡喃葡萄糖苷] 3-*O*-硫酸酯 = 993
(3*β*,6*α*,16*β*,20*R*,22*S*,23*S*,24*R*)-16,22-环氧麦角甾-9(11)-烯-3,6,20,23-四醇 3-*O*-*β*-D-吡喃葡萄糖醛酸苷 6-硫酸酯 = 893
(3*β*,6*α*,16*β*,20*R*,22*S*,23*S*,24*S*)-16,22-环氧麦角甾-9(11)-烯-3,6,20,23-四醇 3-*O*-*β*-D-吡喃葡萄糖醛酸苷 6-硫酸酯 = 894
(−)-13,14-环氧穆库宾 A* = 1580
(−)-9,10-环氧穆库宾 A 同分异构体* = 1579
(20*R*,22*R*,23*S*)-22,23-环氧-20-羟基-6*α*-*O*-{*β*-D-吡喃木糖基-(1→3)-*β*-D-吡喃岩藻糖基-(1→2)-*β*-D-吡喃鸡纳糖基-(1→4)-[*β*-D-吡喃鸡纳糖基-(1→2)]-*β*-D-吡喃木糖基-(1→3)-*β*-D-吡喃鸡纳糖基}-5*α*-胆甾-9(11)-烯-3*β*-基 3-硫酸酯 = 761
(20*R*,22*R*,23*S*)-22,23-环氧-20-羟基-6*α*-*O*-{*β*-D-吡喃木糖基-(1→3)-*β*-D-吡喃岩藻糖基-(1→2)-*β*-D-吡喃鸡纳糖基-(1→4)-[*β*-D-吡喃鸡纳糖基-(1→2)]-*β*-D-吡喃木糖基-(1→3)-*β*-D-吡喃鸡纳糖基}-24-去甲-5*α*-胆甾-9(11)-烯-3*β*-基 硫酸酯 = 833
24,25(*R/S*)-环氧-6*β*-羟基胆甾-4-烯-3-酮 = 744
(20*R*,22*R*,23*S*,24*S*)-22,23-环氧-20-羟基-24-甲基-6*α*-*O*-{*β*-D-吡喃木塘基-(1→3)-*β*-D-吡喃岩藻糖基-(1→2)-*β*-D-吡喃鸡纳糖基-(1→4)-[*β*-D-吡喃鸡纳糖基-(1→2)]-*β*-D-吡喃木糖基-(1→3)-*β*-D-吡喃鸡纳糖基}-5*α*-胆甾-9(11)-烯-3*β*-基 硫酸酯 = 937
(22*E*,24*R*)-5*α*,6*α*-环氧-3*β*-羟基麦角甾-22-烯-7-酮 = 899
5,6-环氧-11-羟基-33-去甲柳珊瑚-2-烯-1-酮 = 1108
(9*Z*,11*R*,12*S*,13*S*,15*Z*)-12,13-环氧-11-羟基十八(碳)-9,15-二烯酸 = 1211
6,7-环氧-5-(羟甲基)-3-辛烯-2,5-二醇 = 1244
5,6-环氧-1,3,11-三羟基-9,11-开环柳珊瑚烷-9-酮 = 1100
(2*Z*,6*R*,8*S*)-3,6-环氧-4,6,8-三乙基十二(碳)-2,4-二烯酸甲酯 = 11
5*α*,6*α*-环氧石海绵甾醇* = 1099
7,8-环氧-26,27-双去甲麦角甾-23-烯-3,5,6-三醇 = 827
4,5-环氧-2,3,12,22-四羟基-14-甲基胆甾-7,9(11)-二烯-6,24-二酮 = 745
环氧叟比西林醇* = 283
24*ξ*,25-环氧-12*β*-乙酰氧基胆甾-4-烯-3-酮 = 738
24*ξ*,25-环氧-23*ξ*-乙酰氧基胆甾-4-烯-3-酮 = 739
7*α*,8*α*-环氧-3*β*-乙酰氧基-5*α*,6*α*-二羟基胆甾-24-烯 = 740
黄柄曲霉脑苷脂 A* = 1924
黄柄曲霉脑苷脂 B* = 1925
黄褐盒管藻新 A* = 1205
黄褐盒管藻新 B* = 1206
黄褐色矾海绵醇* = 1306
黄曲霉糖苷 A* = 1926
黄曲霉糖苷 B* = 1927
10-*O*-磺基-KmTx1 = 143
10-*O*-磺基-KmTx3 = 144
(6-磺基吡喃鸡纳糖基)-(1→3′)-1′-(5,8,11,14,17-二十(碳)五烯酰基)-2′-十六酰基甘油 = 1877
5-(12-磺基氧十七烷基)-1,3-邻苯二酚 = 2019
2-磺基乙醇 = 1153
茴香醚 = 866
鸡爪海星糖苷 A* = 893
鸡爪海星糖苷 B* = 894
鸡爪海星糖苷 J* = 1020
吉黑甾酮 A* = 1055
吉黑甾酮 B* = 1056
棘海星糖苷 A* = 816

几何小瓜海绵新 A* = **1819**
1-[7-(2-己基-3-甲基环丙基)庚基]溶菌酶血浆基肌醇* = **1824**
(*S*)-己基衣康酸 = **1263**
寄端霉素 = **341**
加勒比海绵酸* = **213**
加勒比海绵糖苷 A* = **857**
加勒比海绵糖苷 B* = **858**
加勒比海绵糖苷 C* = **645**
加勒比海绵糖苷 D* = **1032**
加勒比海绵糖苷 E* = **1033**
加勒比海绵糖苷 F* = **1034**
加勒比海绵新* = **213**
加勒比海西加毒素 1 = **159**
加勒比海西加毒素 2 = **160**
加勒比帕尔圭甾醇 A* = **987**
加勒比帕尔圭甾醇 B* = **988**
加勒比潘达柔斯海绵糖苷 A* = **1066**
加勒比潘达柔斯海绵糖苷 A 甲酯* = **1067**
加勒比潘达柔斯海绵糖苷 C* = **804**
加勒比潘达柔斯海绵糖苷 C 甲酯* = **805**
加勒比潘达柔斯海绵糖苷 D* = **806**
加勒比潘达柔斯海绵糖苷 D 甲酯* = **807**
加勒比潘达柔斯海绵糖苷 E* = **983**
加勒比潘达柔斯海绵糖苷 E 甲酯* = **984**
加勒比潘达柔斯海绵糖苷 F* = **985**
加勒比潘达柔斯海绵糖苷 F 甲酯* = **986**
加勒比潘达柔斯海绵糖苷 G* = **1068**
加勒比潘达柔斯海绵糖苷 G 甲酯* = **1069**
加勒比潘达柔斯海绵糖苷 H* = **1070**
加勒比潘达柔斯海绵糖苷 H 甲酯* = **1071**
加勒比潘达柔斯海绵糖苷 I* = **1072**
加勒比潘达柔斯海绵糖苷 I 甲酯* = **1073**
加勒比潘达柔斯海绵糖苷 J* = **1074**
加勒比潘达柔斯海绵糖苷 J 甲酯* = **1075**
6-*O*-甲基奥佛尼红素 = **266**
15-*O*-甲基巴新海绵唑 A* = **554**
3-*O*-(2-*O*-甲基-*β*-D-吡喃木糖基)-(3*β*,4*β*,5*α*,6*β*,15*α*,24*S*)-胆甾烷-3,4,6,8,15,24-六醇 24-*O*-[*α*-L-呋喃阿拉伯糖基-(1→2)-3-*O*-磺基-*α*-L-呋喃阿拉伯糖苷] = **783**
(3*β*,4*α*,5*α*,23*S*)-4-甲基胆甾-8,14-二烯-3,23-二醇 3-*O*-[*β*-D-吡喃半乳糖基-(1→2)-*β*-D-吡喃半乳糖苷] = **746**
24-甲基胆甾-5,24(28)-二烯-3*β*,15*β*,19-三醇 = **961**
24-甲基胆甾-5,24(28)-二烯-3*β*,19-三醇-7-酮 = **962**
24-甲基胆甾-7,22,25-三烯-3,5,6-三醇 = **870**
(24*R*)-24-甲基-5*α*-胆甾烷-3*β*,5*α*,6*β*,15*α*,24,28-六醇 28-硫酸酯 = **963**
(24*R*,25*S*)-24-甲基-5*α*-胆甾烷-3*β*,5*α*,6*β*,15*α*,16*β*,26-六醇 26-硫酸酯 = **964**
(3*β*,4*α*,5*α*)-4-甲基胆甾-8-烯-3-醇 = **796**
(24*S*)-24-甲基胆甾-5-烯-3*β*,25-二醇 = **965**
(22*E*,24*R*,25*S*)-24-甲基-5*α*-胆甾-22-烯-3*β*,5*α*,6*β*,15*α*,26-五醇 26-硫酸酯 = **966**
(22*E*,24*S*)-24 甲基-5*α*-胆甾-22-烯-3*β*,5*α*,6*β*,15*α*,28-五醇 28-硫酸酯 = **967**
2-(3-甲基-3-丁烯-1-炔基)-1,4-苯二酚 = **1484**
(3*R*,4*E*,14*ξ*)-14-甲基-4-二十二(碳)烯-1-炔-3-醇 = **1316**
(*R*)-19-甲基-1-二十(碳)炔-3-醇 = **1317**
甲基(2*Z*,6*R*,8*S*)-4,6-二乙基-3,6-环氧-8-甲基十二(碳)-2,4-二烯酸甲酯 = **14**
(3*R*,16*ξ*)-16-甲基-1-二十(碳)炔-3-醇 = **1318**
6-甲基庚基硫酸酯 = **1170**
甲基-3,6-环氧-4*R*,8*R*-二乙基-6*S*-甲基-2*Z*,9*E*-十二(碳)二烯酸甲酯 = **15**
甲基-3,6-环氧-4,8-二乙基-6-甲基-2-十二(碳)烯酸甲酯 = **16**
(22*S*,24*S*)-24-甲基-22,25-环氧呋甾-5-烯-3*β*,20*β*-二醇 = **856**
N-[15-甲基-3-(13-甲基-4-十四(碳)烯基氧代)十六烷基]甘氨酸 = **1267**
甲基-6-甲氧基-3,6:10,13-双过氧-4,11-十六(碳)二烯甲酯 = **1602**
甲基卡普斯诺克酸 A* = **1599**
25-甲基麦角甾烷-2,3,6-三醇 三-*O*-硫酸酯 = **929**
17*R*-甲基缺刻网架海绵甾醇* = **836**
(2*E*,6*Z*,9*Z*)-2-甲基-2,6,9-三烯二十醛 = **1187**
(3*R*,6*S*)-甲基-6-十六烷基-3,6-二氢-6-甲氧基-1,2-二氧杂环己烯-3-乙酸酯 = **1569**
1-(9-甲基十六烷基)溶菌酶血浆基肌醇* = **1828**
8-甲基-2-十一(碳)烯-6-硫代磺酸* = **1260**
20-甲基斯毕罗毒素内酯 G* = **223**
3-甲基-1-(3-戊烯基)-5-己烯硫代磺酸* = **1261**
7-甲基辛(碳)-4-烯-3-酮 = **1268**
甲基-18-溴-9*E*,17*E*-十八(碳)二烯-5,7-二炔酸甲酯 = **1448**
55-*O*-甲基异高冈田软海绵素 B = **194**
甲卡拉酮* = **1513**
甲壳蜕皮素 = **837**
6-甲氧基-2(3*H*)-苯并噁唑啉酮) = **1669**
6-甲氧基胆甾-7-烯-3,5-二醇 = **795**
5-甲氧基二氢杂色曲霉素* = **265**
3-甲氧基海兔毒素 = **252**
(22*E*)-7*α*-甲氧基-5*α*,6*α*-环氧麦角甾-8(14),22-二烯-3*β*-醇 = **960**
3-甲氧基-19-去甲孕甾-1,3,5(10),20-四烯 = **636**
3-甲氧基去溴海兔毒素 = **253**
1-*O*-(2-甲氧基十六烷基)甘油 = **1868**

2-甲氧基十四碳酸 = **1156**
(4-甲氧基羰基丁基)-三甲基铵 = **1155**
(–)-7-甲氧基-4(*E*)-烯-十二酸 = **1226**
(*Z*)-2-甲氧基-5-烯-十六酸 = **1227**
(*Z*)-2-甲氧基-6-烯-十六酸 = **1228**
(4*E*)-7-甲氧基-4-烯-十四酸 = **1225**
53-甲氧基-新异高冈田软海绵素 B = **193**
甲藻渐尖鳍藻内酯 A* = **480**
甲藻明 A* = **525**
假交替单孢菌酮 B* = **1273**
间座壳素* = **612**
胶刺藻内酯* = **1782**
(*R*)-鲛肝醇 = **1855**
角骨海绵他汀 1* = **579**
角骨海绵他汀 2* = **580**
角骨海绵他汀 3* = **581**
角骨海绵他汀 4* = **582**
角骨海绵他汀 5* = **583**
角骨海绵他汀 8* = **584**
角骨海绵他汀 9* = **585**
角骨海绵新* = **19**
角骨海绵甾醇 A* = **649**
角骨海绵甾醇 A_4* = **864**
角骨海绵甾醇 A_5* = **865**
角骨海绵甾醇 B* = **650**
角骨海绵甾醇 C* = **651**
角骨海绵甾醇 C_6^* = **1039**
角骨海绵甾醇 D_2* = **652**
角骨海绵脂* = **1876**
角网藻醇 A* = **1849**
角网藻醇 B* = **1850**
角网藻醇 C* = **1851**
角网藻醇 C 6′-差向异构体* = **1852**
角网藻醇 D* = **1852**
角网藻醇 E* = **1853**
角网藻醇 F* = **1854**
结海绵甾醇 A* = **828**
结海绵甾醇 B* = **829**
结海绵甾醇 C* = **753**
金黄回旋链霉菌内酰胺* = **2**
4,6,8,10,12,14,16,18,20-九甲氧基-1-二十五(碳)烯 = **1188**
居苔海绵内酯* = **589**
橘青霉醇 E* = **1687**
橘青霉醇 J* = **1698**
橘青霉醇 K* = **1688**
橘青霉酮 A* = **1699**
菊花螺烯醇酮* = **44**
菊花螺烯二酮* = **41**
Z-菊花螺烯呋喃酮* = **42**
菊花螺烯呋喃酮* = **43**
菊花螺烯酮* = **1279**
巨大海鸡冠珊瑚甾醇 B* = **722**
巨大海鸡冠珊瑚甾酮 A* = **723**
掘海绵甾醇 A* = **735**
掘海绵甾醇 F* = **736**
掘海绵甾醇 G* = **737**
掘海绵甾醇 H* = **895**
蕨藻皮新 A* = **1905**
蕨藻皮新 B* = **1906**
蕨藻皮新 C* = **1907**
卡拉通格醇 A* = **29**
卡罗藻毒素 3* = **140**
卡普斯诺克酸 A* = **1567**
卡普斯诺克酸 B* = **1568**
卡特海绵磺酸 A* = **1207**
卡特海绵磺酸 B* = **1208**
卡特海绵磺酸 C* = **1209**
9,10-开环胆甾-1,3,5(10),24-四烯-3,9-二醇 = **1116**
9,10-开环麦角甾-1,3,5(10),22-四烯-3,9-二醇 = **1120**
9,11-开环-24-羟基蒂弄甾醇* = **996**
凯罗波内酯 A* = **508**
凯罗波内酯 B* = **509**
康氏木霉酮 A* = **624**
抗霉素 A_{19} = **349**
抗霉素 A_{20} = **350**
抗生素 B_2 = **351**
抗生素 1010-F1 = **1163**
抗生素 3D5 = **309**
抗生素 A300 = **121**
抗生素 BK 223B = **486**
抗生素 GERI-BP001 M = **1703**
抗生素 IB 96212 = **49**
抗生素 JBIR-124 = **284**
抗生素 JBIR-58 = **1685**
抗生素 JBIR-59 = **270**
抗生素 ML 449 = **116**
抗生素 MT 332 = **32**
抗生素 SMP 2 = **1255**
抗生素 SS-228Y = **120**
柯洛西醇丙* = **8**
柯洛西醇甲* = **7**
柯洛西醇戊* = **9**
壳二孢毒素 = **497**
壳二孢氯素 = **595**

克罗克坦螺酮 A* = 275
克罗克坦螺酮 B* = 276
扣来投克特醇* = 61
扣西卡内酯* = 6
寇海绵库林糖苷 A* = 1780
寇海绵库林糖苷 B* = 1781
枯壳针孢醇 C* = 1498
枯壳针孢氧化物* = 1653
库页岛马海星糖苷 A* = 783
库页岛马海星糖苷 B* = 784
库页岛马海星糖苷 C* = 785
库页岛马海星糖苷 D* = 786
宽海绵甾醇 A_1* = 747
宽海绵甾醇 A_2* = 748
昆布内酯 A* = 1750
昆布内酯 B* = 1751
拉丝海绵炔 A* = 1366
喇叭真菌酮 C* = 598
莱凡提内酯 A* = 542
濑良垣酮 A* = 119
兰氏海盘车糖苷 R_1* = 812
兰氏海盘车糖苷 R_2* = 813
兰细菌鞘丝藻内酯 A* = 3
蓝菌素 = 497
蓝指海星糖苷 L_1* = 788
蓝指海星糖苷 L_2* = 789
蓝指海星糖苷 L_7* = 1057
蓝指海星糖苷 M* = 957
蓝指海星糖苷 N* = 1058
蓝指海星糖苷 O* = 1059
蓝指海星糖苷 P* = 1060
蓝指海星糖苷 Q* = 958
劳拉内酯* = 541
劳力姆内酯* = 541
勒波投斯法尔酮 C* = 1496
勒吉玛内酯 A* = 535
勒吉玛内酯 B* = 536
勒吉玛内酯 C* = 537
勒吉玛内酯 D* = 538
(12*E*)-勒姆波炔 A* = 2032
(12*Z*)-勒姆波炔 A* = 2033
雷豆霉素 A* = 1264
雷豆霉素 B* = 1265
雷豆霉素 C* = 1222
雷豆霉素 D* = 1223
里氏木霉酮 A* = 1704
利福霉素 S = 114
利托软珊瑚甾醇* = 959
蛎甲藻醇 A* = 17
蛎甲藻新 D* = 141
镰孢霉林 A* = 601
镰孢霉林 B* = 602
镰孢霉林 E* = 603
链霉菌巴克亭* = 362
链格孢糖苷 A* = 1885
链格孢糖苷 B* = 1886
链格孢糖苷 C* = 1887
裂江瑶毒素 A* = 229
裂江瑶毒素 B* = 230
裂江瑶毒素 C* = 231
裂江瑶毒素 D* = 232
磷酸花萼圆皮海绵诱癌素 C* = 1831
磷酸炔 A* = 1482
陵水醇* = 30
硫代巴尔米拉酮* = 1560
硫氰酸亭 A* = 1161
柳珊瑚醇 A* = 1114
柳珊瑚醇 B* = 1115
柳珊瑚醇 D* = 1119
柳珊瑚醇 F* = 1120
柳珊瑚醇 G* = 1116
柳珊瑚醇 H* = 1117
柳珊瑚醇 I* = 1118
柳珊瑚素 A* = 1898
柳珊瑚素 B* = 1899
柳珊瑚素 C* = 1900
六氯磺酯* = 1185
2,3,5,6,7,15-六氯-14-十五(碳)烯-4-醇 = 1185
(2*β*,3*β*,5*β*,20*R*,22*R*)-2,3,14,20,22,25-六羟基胆甾-7-烯-6-酮 = 837
鲁斯特霉素* = 543
鹿儿岛肉丁海绵他汀 A* = 1141
鹿儿岛肉丁海绵他汀 B* = 1142
鹿角短指软珊瑚苷* = 1148
绿色羽珊瑚林 Ⅰ* = 1500
绿色羽珊瑚林 Ⅱ* = 1501
绿色羽珊瑚酸 A* = 1735
绿色羽珊瑚酸 B* = 1736
绿色羽珊瑚酸 C* = 1737
绿色羽珊瑚酸 D* = 1738
绿色羽珊瑚酸 E* = 1739
绿色羽珊瑚乌隆 Ⅰ* = 1744
绿色羽珊瑚乌隆 Ⅱ* = 1745
绿色羽珊瑚乌隆 Ⅲ* = 1746

绿色羽珊瑚烯酮 B* = **1746**
绿色羽珊瑚烯酮 C* = **1745**
绿色羽珊瑚烯酮 D* = **1744**
绿色羽珊瑚烯酮 E* = **1732**
绿色羽珊瑚烯酮 F* = **1733**
绿色羽珊瑚烯酮 G* = **1734**
绿色羽珊瑚因 A* = **1740**
绿色羽珊瑚因 B* = **1741**
绿色羽珊瑚因 C* = **1742**
绿色羽珊瑚因 D* = **1743**
(65*E*)-氯-KmTx1 = **138**
(64*E*)-氯-KmTx3 = **139**
(–)-(*E*)-1-氯代十三(碳)-1-烯-6,8-二醇 = **1176**
(3*Z*)-氯富辛 = **2024**
氯化十二(碳)五烯酸 = **1204**
2-氯-4-羟基-4-(1-羟乙基)-2-环戊烯-1-酮 = **1528**
2-氯-2-去氧镰孢霉林 B* = **599**
N-[2-(氯亚甲基)-6-(2,5-二氢-4-甲氧基-2 氧代-1*H*-吡咯-1-基)-4-甲氧基-6-氧代-4-己烯基]-7-甲氧基-*N*-甲基-4-十四酰胺 = **76**
氯乌隆Ⅰ* = **1729**
氯乌隆Ⅱ* = **1730**
氯乌隆Ⅲ* = **1731**
卵形蛎甲藻新 a* = **45**
轮海牛异腈* = **1145**
轮海星固醇糖苷 A* = **719**
轮海星固醇糖苷 B* = **720**
螺原甲藻亚胺* = **578**
裸鳃因* = **1799**
马达加斯加内酯 A* = **468**
马达加斯加内酯 B* = **469**
马尔霉素 A* = **127**
马尔霉素 B* = **128**
马海绵宁 A* = **1684**
马海星甾醇糖苷 A* = **937**
马海星甾醇糖苷 B* = **761**
马海星甾醇糖苷 D* = **833**
马克拉方斤* = **50**
马莱塔甾醇 A* = **1140**
马那多过氧化物 B* = **1590**
马那多过氧化物 C* = **1591**
马那多过氧化物 E* = **1592**
马那多过氧化物 F* = **1593**
马那多过氧化物 G* = **1594**
马那多过氧化物 H* = **1595**
马那多过氧化物 I* = **1596**
马那多过氧化物 J* = **1597**
马那多过氧化物 K* = **1598**
马那多过氧化物酸 B* = **1588**
马那多酸 A* = **1587**
(–)-马那多酸 B* = **1588**
(+)-马那多酸 B* = **1589**
马那多甾醇 A* = **854**
马那多甾醇 B* = **855**
马尿素 = **847**
马天海盘车甾醇糖苷 B* = **790**
马尾藻醇* = **1555**
马亚霉素* = **129**
迈脱毒素 (MTX) = **192**
γ-麦角甾 = **918**
麦角甾醇过氧化物 = **891**
(3*β*,23*S*)-麦角甾-5,24(28)-二烯-3,23-二醇 = **900**
3*β*-麦角甾-5,24(28)-二烯-3,19-二醇 = **959**
(3*β*,23*R*)-麦角甾-5,24(28)-二烯-3,23-二醇 = **901**
(3*β*,25)-麦角甾-5,24(28)-二烯-3,25-二醇 = **902**
麦角甾-4,24(28)-二烯-3*β*,6*β*-二醇 = **903**
麦角甾-7,22-二烯-3*β*,5*α*,6*β*-三醇 = **871**
(3*β*,22*S*)-麦角甾-.5,24(28)-二烯-3,17,22-三醇 = **912**
(3*β*,7*β*)-麦角甾-5,24(28)-二烯-3,7,19-三醇 = **972**
(22*E*)-麦角甾-7,22-二烯-6*α*-9*Z*,12*Z*-十八(碳)二烯酰氧基-3*β*,5*α*-二醇 = **906**
(22*E*)-麦角甾-7,22-二烯-6*α*-9*Z*-十八(碳)烯酰氧基-3*β*,5*α*-二醇 = **909**
(22*E*)-麦角甾-7,22-二烯-6*β*-十八酰氧基-3*β*,5*α*-二醇 = **907**
(22*E*)-麦角甾-7,22-二烯-6*α*-十八酰氧基-3*β*,5*α*-二醇 = **908**
(22*E*)-麦角甾-7,22-二烯-6*α*-十六酰氧基-3*β*,5*α*-二醇 = **904**
(22*E*)-麦角甾-7,22-二烯-6*β*-十六酰氧基-3*β*,5*α*-二醇 = **905**
麦角甾-8(14),22-二烯-3*β*,5*α*,6*β*,7*α*-四醇 = **910**
(3*β*,6*α*,15*β*,22*E*,24*R*,25*S*)-麦角甾-8(14),22-二烯-3,6,15,26-四醇 = **911**
(3*β*,6*α*,15*β*,22*E*,24*R*,25*S*)-麦角甾-8(14),22-二烯-3,6,15,26-四醇 26-*O*-[2-*O*-甲基-*β*-D-吡喃木糖基-(1→2)-*β*-D-吡喃木糖苷] = **863**
(3*β*,7*β*)-麦角甾-5,24(28)-二烯-7-乙酰氧基-3,19-二醇 = **973**
麦角甾-7,22,25-三烯-3,5,6-三醇* = **870**
(22*E*,24*R*)-麦角甾-4,6,8(14),22-四烯-3-酮 = **915**
24*S*-麦角甾烷-3*β*,5*α*,6*β*,7*β*-四醇 = **913**
(3*β*,5*α*,6*β*,24*ξ*)-麦角甾烷-3,5,6,25-四醇 25-乙酸酯 = **914**
(3*β*,5*α*,24*S*)-麦角甾-7-烯-3-醇 = **918**

(3β,5α,24*R*)-麦角甾-7-烯-3-醇 甲氧基甲基醚 = 917
(24*S*)-麦角甾-5-烯-3β,7α-二醇 = 916
(3β,4β,5α,6α,8β,15β,22*E*,24*R*,25*S*)-麦角甾-22-烯-3,4,6,8,15,26-六醇 26-*O*-[2-*O*-甲基-β-D-吡喃木糖基-(1→2)-β-D-吡喃木糖苷] = 861
(3β,4β,5α,6β,8β,15α,22*E*,24*R*,25*S*)-麦角甾-22-烯-3,4,6,8,15,26-六醇 3-*O*-(2,3,4-三-*O*-甲基-β-D-吡喃木糖苷) = 995
(3β,5α,6β)-麦角甾-24(28)-烯-3,5,6,19-四醇 = 971
(1α,3β,5α,6β)-麦角甾-24(28)-烯-1,3,5,6-四醇 = 977
曼哥霉素 A* = 549
曼杂蒙酮 A* = 1787
曼杂蒙酮 M* = 1788
曼杂蒙酮 N* = 1789
曼杂蒙酮 O* = 1790
美丽海绵波炔 A* = 1288
美丽海绵波炔 B* = 1289
美丽海绵醇硫酸酯 A* = 1473
美丽海绵内酯* = 1431
美丽海绵炔酸* = 1432
美丽海绵三醇 A* = 1293
美丽海绵三醇 B* = 1294
美丽海绵三醇 C* = 1295
美丽海绵三醇 D* = 1296
美丽海绵三醇 E* = 1297
美丽海绵四炔* = 1290
美丽海绵五炔* = 1288
美丽海绵因 A* = 1471
美丽海绵因 B* = 1472
美那优阿里得 A* = 249
美那优阿里得 B* = 250
美那优阿里得 C* = 251
米纳贝软珊瑚内酯 1* = 1021
米纳贝软珊瑚内酯 2* = 1022
米纳贝软珊瑚内酯 4* = 797
米纳贝软珊瑚内酯 5* = 798
米纳贝软珊瑚内酯 8* = 799
米萨肯内酯 A* = 470
膜胞藻硫酸酯* = 953
墨角藻甾醇 = 1049
墨绿颤藻毒素 A* = 255
墨绿颤藻毒素 B_1* = 256
墨绿颤藻毒素 B_2* = 257
墨西哥粉红大海星糖苷 A* = 755
墨西哥粉红大海星糖苷 B* = 756
墨西哥粉红大海星糖苷 C* = 757
牡蛎甾醇 = 982
木埃隆* = 1782
木榄醇 C* = 1681
木乐甾酮 A* = 838
木霉醇* = 300
木质内酯 A* = 1285
木质内酯 B* = 1286
木质内酯 C* = 1287
(−)-穆库宾 A* = 1607
那福热定* = 1658
纳奇烯酮 A* = 1516
纳奇烯酮 B* = 1517
南极海星糖苷 A* = 734
南极海星糖苷 B* = 892
南极诺塞尔酸 A* = 1061
南极诺塞尔酸 B* = 1062
南极诺塞尔酸 C* = 976
南极诺塞尔酸 D* = 1063
南极诺塞尔酸 E* = 1064
脑苷脂 A = 1913
脑苷脂 B = 1914
脑苷脂 C = 1925
脑苷脂 CE-1-1 = 1918
脑苷脂 CE-1-2 = 1915
脑苷脂 CE-1-3 = 1916
脑苷脂 D = 1917
脑苷脂 PA-0-5 = 1918
尼都绛酯* = 267
拟草掘海绵素* = 1657
拟草掘海绵甾醇* = 760
拟茎点霉内酯 A* = 1233
拟茎点霉内酯 B* = 1234
拟诺卡氏菌新 B* = 388
拟茄海绵内酯 A* = 582
拟青霉属新 A* = 1686
黏连抑制剂 A = 1985
黏连抑制剂 E = 1986
黏连抑制剂 F = 1987
黏连抑制剂 G = 1988
黏连抑制剂 H = 1989
黏连抑制剂 L = 1990
黏帚霉醇 A* = 1247
黏帚霉二醇* = 60
牛磺马海绵素 A* = 1467
努阿帕普甲酯 = 1603
努阿帕普因 A* = 1608
努阿帕普因 A 甲酯* = 1603
努阿帕普因 B* = 1609

epi-努阿帕普因 B* = 1610
哦雷尼克酸* = 2013
欧布替新* = 559
欧柔斯坦醛* = 978
欧斯替阿奴曲霉内酯 A* = 1201
欧斯替阿奴曲霉内酯 B* = 1202
欧斯替阿奴曲霉内酯 C* = 1203
帕尔莫内酯 A* = 562
帕开甾醇 A* = 1065
帕劳鞘丝藻糖苷* = 545
佩纳海绵吖丁啶 A* = 1966
佩纳海绵啶 A* = 1964
佩纳海绵啶 B* = 1965
硼菲新* = 496
膨海星糖苷 F* = 759
皮壳海绵糖苷 B* = 1975
皮鲁斯岛糖苷 A* = 564
皮鲁斯岛糖苷 B* = 565
皮条海绵炔醇 A* = 1333
皮条海绵炔醇 B* = 1334
皮条海绵炔醇 C* = 1335
皮条海绵炔醇 D* = 1336
皮条海绵炔醇 F* = 1337
皮条海绵酸* = 1459
皮网海绵林* = 1970
啤酒甾醇 = 871
屏东软珊瑚内酯 A* = 1024
屏东软珊瑚内酯 B* = 1025
屏东软珊瑚内酯 C* = 1026
屏东软珊瑚内酯 D* = 1027
屏东软珊瑚内酯 E* = 1028
坡科坡拉酯* = 1832
坡特亚胺* = 625
匍匐珊瑚内酯Ⅰ* = 1007
匍匐珊瑚内酯Ⅱ* = 1008
匍匐珊瑚糖苷 A* = 672
匍匐珊瑚酮 A* = 1000
匍匐珊瑚酮 B* = 1001
匍匐珊瑚酮 C* = 1002
匍匐珊瑚酮 D* = 1108
匍匐珊瑚酮 E* = 1003
匍匐珊瑚酮 F* = 1004
匍匐珊瑚酮 G* = 1005
匍匐珊瑚酮 T* = 1006
普那格兰丁 1* = 1757
普那格兰丁 1 乙酸酯* = 1775
普那格兰丁 2* = 1758
普那格兰丁 2 乙酸酯* = 1759
(*Z*)-普那格兰丁 3* = 1760
(*E*)-普那格兰丁 3* = 1761
(*E*)-普那格兰丁 3 环氧化物* = 1764
(*Z*)-普那格兰丁 3 乙酸酯* = 1762
(*E*)-普那格兰丁 3 乙酸酯* = 1763
(*E*)-普那格兰丁 4* = 1765
(*Z*)-普那格兰丁 4* = 1766
(*E*)-普那格兰丁 4 环氧化物* = 1769
(*E*)-普那格兰丁 4 乙酸酯* = 1767
(*Z*)-普那格兰丁 4 乙酸酯* = 1768
普那格兰丁 5* = 1770
普那格兰丁 5 乙酸酯* = 1771
普那格兰丁 6* = 1772
普那格兰丁 7* = 1773
(5*Z*)-普那格兰丁 8* = 1774
普特罗烯酮* = 1274
漆斑菌酮 A* = 1515
鳍藻毒素 1 = 218
鳍藻毒素 2 = 219
鳍藻毒素 4 = 220
鳍藻毒素 5a = 221
鳍藻毒素 5b = 222
槭海星脑苷脂 A* = 1895
前沟藻醇* = 133
前沟藻醇 1* = 133
前沟藻醇 17* = 137
前沟藻醇 2* = 134
前沟藻醇 5* = 135
前沟藻醇 6* = 136
前沟藻内酯 A = 390
前沟藻内酯 B = 391
前沟藻内酯 B_1 = 391
前沟藻内酯 B_2 = 392
前沟藻内酯 B_3 = 393
前沟藻内酯 B_4 = 394
前沟藻内酯 B_5 = 395
前沟藻内酯 B_6 = 396
前沟藻内酯 B_7 = 397
前沟藻内酯 C = 398
前沟藻内酯 C_2 = 399
前沟藻内酯 C_3 = 400
前沟藻内酯 D = 401
前沟藻内酯 E = 402
前沟藻内酯 F = 403
前沟藻内酯 G_1 = 404
前沟藻内酯 G_2 = 405

前沟藻内酯 G_3 = **406**
前沟藻内酯 H* = **407**
前沟藻内酯 H‡ = **394**
前沟藻内酯 H_1 = **407**
前沟藻内酯 H_2 = **408**
前沟藻内酯 H_3 = **409**
前沟藻内酯 H_4 = **410**
前沟藻内酯 H_5 = **411**
前沟藻内酯 J = **412**
前沟藻内酯 K = **413**
前沟藻内酯 L = **414**
前沟藻内酯 M = **415**
前沟藻内酯 N = **416**
前沟藻内酯 O = **417**
前沟藻内酯 P = **418**
前沟藻内酯 Q = **419**
前沟藻内酯 R = **420**
前沟藻内酯 S = **421**
前沟藻内酯 T = **422**
前沟藻内酯 T_1 = **422**
前沟藻内酯 T_2 = **423**
前沟藻内酯 T_3 = **424**
前沟藻内酯 T_4 = **425**
前沟藻内酯 T_5 = **426**
前沟藻内酯 U = **427**
前沟藻内酯 V = **428**
前沟藻内酯 W = **429**
前沟藻内酯 X = **430**
前沟藻内酯 Y = **431**
前沟藻宁 A* = **20**
前沟藻瑞欧宁 4* = **21**
前沟藻属内酯 B = **389**
前沟藻烯酮 Ⅰ* = **1240**
前沟藻烯酮 Ⅱ* = **1241**
前列腺素 = **1707**
(5*Z*)-前列腺素 A_2 = **1708**
15-*epi*-前列腺素 A_2 = **1714**
前列腺素 B_2 = **1709**
前列腺素 D_2 = **1710**
前列腺素 E_1 = **1711**
前列腺素 E_2 = **1712**
前列腺素 $F_{2\alpha}$ = **1713**
前清亮海绵内酯 A* = **572**
前清亮海绵内酯 B* = **573**
4-羟基-4-(羟甲基)-5-[1-(羟甲基)-1,3-丁二烯基]-2-环戊烯-1-酮 = **1506**
51-羟基 CTX 3C = **185**
36-*α*-羟基-PTX12 = **453**
36-*β*-羟基-PTX12 = **454**
16-羟基-3*β*-*O*-[*β*-D-吡喃木糖基-(1→3)-*β*-D-吡喃葡萄糖醛酸]-5*α*,14*β*-多孔动物-7,16-二烯-15,23-二酮 = **1068**
16-羟基-3*β*-*O*-[*β*-D-吡喃木糖基-(1→3)-*β*-D-吡喃葡萄糖醛酸]-5*α*,14*β*-多孔动物-16-烯-15,23-二酮 = **1070**
16-羟基-3*β*-*O*-[*β*-D-吡喃木糖基-(1→3)-*β*-D-吡喃葡萄糖醛酸]-5*α*,14*β*-麦角甾-8,16,24(24^1)-三烯-15,23-二酮 = **983**
16-羟基-3*β*-*O*-[*β*-D-吡喃木糖基-(1→3)-*β*-D-吡喃葡萄糖醛酸]-5*α*,14*β*-麦角甾-8,16-二烯-15,23-二酮 = **985**
16-羟基-3*β*-*O*-[*α*-吡喃鼠李糖基-(1→4)-*β*-D-吡喃葡萄糖醛酸]-5*α*,14*β*-多孔动物-16-烯-15,23-二酮 = **1072**
2*α*-羟基粗枝竹节柳珊瑚甾烷醇* = **853**
(24*R*)-羟基胆甾-4,22*E*-二烯-3-酮 = **770**
3*β*-羟基胆甾-5,24-二烯-23-酮 = **771**
(20*S*)-20-羟基胆甾烷-3,16-二酮 = **772**
16*β*-羟基-5*α*-胆甾烷-3,6-二酮 = **773**
(20*S*)-20-羟基胆甾-1-烯-3,16-二酮 = **774**
3*β*-羟基胆甾-5-烯-23-炔-7-酮 = **753**
3*β*-羟基胆甾-5-烯-7-酮 = **775**
7*α*-羟基蒂壳海绵甾醇* = **1054**
5*β*-羟基-3,4-二甲基-5-戊基-2(5*H*)-呋喃酮 = **1511**
N-(2*R*-羟基二十二碳酰基)-(2*S*,3*R*,4*E*,8*E*,10*E*)-2-氨基-9-甲基-4,8,10-十八碳三烯-1,3-二醇 1-*O*-*β*-D-吡喃葡萄糖苷* = **1961**
N-(2-羟基二十二(碳)酰基)-2-氨基-9-甲基-4-十八(碳)烯-1,3-二醇 = **1943**
N-(2*R*-羟基二十二(碳)酰基)-(2*S*,3*S*,4*R*)-2-氨基-16-甲基-1,3,4-十七烷三醇 1-*O*-(2-乙酰氨基-2-去氧-*β*-D-吡喃葡萄糖苷) = **1938**
N-(2*R*-羟基二十二(碳)酰基)-2-氨基)-14-甲基-1,3,4-十五烷三醇 = **1944**
N-(2*R*-羟基二十二(碳)酰基)-(2*S*,3*S*,4*R*)-2-亚氨基-15-甲基-1,3,4-十六烷三醇 1-*O*-(2-乙酰氨基-2-去氧-*β*-D-吡喃葡萄糖苷) = **1937**
(2*S*,3*R*,4*E*,14*ξ*)-N^2-(2′*R*-羟基二十二烷酰基)-2-亚氨基-14-甲基-4-十六(碳)烯-1,3-二醇 1-*O*-[*N*-(4-*O*-乙酰-*α*-L-吡喃岩藻糖基氧)乙酰基-*α*-D-吡喃神经氨基糖基-(2->6)-*β*-D-吡喃葡萄糖苷] = **1908**
(2*S*,3*S*,4*R*,14*ξ*)-N^2-(2′*R*-羟基二十二烷酰基)-2-亚氨基-14-甲基-1,3,4-十六烷三醇 1-*O*-[*N*-(*α*-L-吡喃岩藻糖基氧)乙酰基-*α*-D-吡喃神经氨基糖基-(2→6)-*β*-D-吡喃葡萄糖苷] = **1910**
N-(2*ξ*-羟基二十三碳酰基)-2-氨基-9-甲基-4,8,10-十八(碳)三烯-1,3-二醇 = **1949**
N-(2*R*-羟基二十三碳酰基)-(2*S*,3*R*,4*E*,8*E*,10*E*)-2-氨基-9-甲

基-4,8,10-十八(碳)三烯-1,3-二醇 1-*O*-*β*-D-吡喃葡萄糖苷* = **1962**
N-(2-羟基二十三碳酰基)-2-氨基-9-甲基-4-十八碳烯-1,3-二醇 = **1950**
N-(2*R*-羟基二十三(碳)酰基)-(2*S*,3*S*,4*R*)-2-氨基-15-甲基-1,3,4-十六烷三醇 1-*O*-(2-乙酰氨基-2-去氧-*β*-D-吡喃葡萄糖苷) = **1939**
15-羟基二十四(碳)五烯酸 = **1214**
(6*Z*,9*Z*,12*Z*,15*ξ*,16*E*,18*Z*)-15-羟基-6,9,12,16,18-二十四(碳)五烯酸 = **1214**
N-(2*R*-羟基-4*Z*-二十四(碳)烯酰基)-(2*S*,3*S*,4*R*)-2-氨基-1,3,4-十八烷三醇 1-*O*-*β*-D-吡喃葡萄糖苷 = **1951**
N-(2*R*-羟基二十四碳酰基)-(2*S*,3*R*,4*E*,8*E*,10*E*)-2-氨基-9-甲基-4,8,10-十八(碳)三烯-1,3-二醇 1-*O*-*β*-D-吡喃葡萄糖苷* = **1963**
N-(2*R*-羟基二十四烷酰基)-(2*S*,3*S*,4*R*,16*ξ*)-2-氨基-16-甲基-1,3,4-十八烷三醇 1-*O*-*α*-D-吡喃半乳糖苷 = **1880**
N-(2*R*-羟基二十四烷酰基)-(2*S*,3*S*,4*R*)-2-氨基-16-甲基-1,3,4-十七烷三醇 1-*O*-*α*-D-吡喃半乳糖苷 = **1884**
N-(2*R*-羟基二十四烷酰基)-(2*S*,3*S*,4*R*)-2-氨基-1,3,4-十六烷三醇 1-*O*-*α*-D-吡喃半乳糖苷 = **1882**
N-(2*R*-羟基二十四烷酰基)-(2*S*,3*S*,4*R*)-2-氨基-1,3,4-十七烷三醇 1-*O*-*α*-D-吡喃半乳糖苷 = **1883**
(5*Z*,8*R*,9*E*,11*Z*,14*Z*,17*Z*)-8-羟基二十(碳)-5,9,11,14,17-五烯酸 = **1217**
N-(2*R*-羟基二十碳酰基)-(2*S*,3*R*,4*E*,8*E*,10*E*)-2-氨基-9-甲基-4,8,10-十八(碳)三烯-1,3-二醇 1-*O*-*β*-D-吡喃葡萄糖苷 = **1959**
N-(2*R*-羟基二十五烷酰基)-(2*S*,3*S*,4*R*,16*ξ*)-2-氨基-16-甲基-1,3,4-十八烷三醇 1-*O*-*α*-D-吡喃半乳糖苷 = **1881**
(3*S*,4*E*)-3-羟基二十一(碳)-4-烯-1-炔 = **1310**
N-(2*R*-羟基二十一碳酰基)-(2*S*,3*R*,4*E*,8*E*,10*E*)-2-氨基-9-甲基-4,8,10-十八碳三烯-1,3-二醇 1-*O*-*β*-D-吡喃葡萄糖苷 = **1960**
22(*R*)-羟基-3,16-二氧代胆甾-4-烯-18-醛 = **776**
22*ξ*-羟基呋甾-1,4-二烯-3-酮 = **851**
22*ξ*-羟基呋甾-1-烯-3-酮 = **852**
10-羟基冈田软海绵素 B = **178**
3*β*-羟基-5*α*,6*α*-环氧-9-氧代-9,11-开环柳珊瑚烷-11-醇* = **1131**
13-羟基-15-*O*-甲基巴新海绵唑 A* = **532**
10-羟基-18-*O*-甲基贝塔烯酮 C* = **604**
N-(2*R*-羟基-21-甲基二十二(碳)酰基)-2-氨基-1,3,4-十五烷三醇 = **1946**
N-(2*R*-羟基-23-甲基二十四碳酰基)-(2*S*,3*S*,4*R*)-2-氨基-1,3,4-十七烷三醇 = **1947**
(5*S*,3*Z*)-5-羟基-16-甲基二十(碳)-3-烯-1-炔 = **1311**
3-羟基-4-(12-甲基十八烷基)-2-吖丁啶甲醇* = **1966**
6-羟基-7-*O*-甲基伪枝藻菲新 E* = **533**
5-羟基甲基圆皮海绵醇酯* = **28**
3*β*-羟基-(22*E*,24*R*)-麦角甾-5,8,22-三烯-7,15-二酮 = **950**
3*β*-羟基-(22*E*,24*R*)-麦角甾-5,8(14),22-三烯-7,15-二酮 = **951**
3*β*-羟基-(22*E*,24*R*)-麦角甾-5,8,22-三烯-7-酮 = **952**
3*β*-羟基-(22*E*,24*R*)-麦角甾-5,8,14,22-四烯-7-酮 = **948**
15*α*-羟基-(22*E*,24*R*)-麦角甾-3,5,8(14),22-四烯-7-酮 = **949**
5-羟基-5-(羟基甲基)正十六酸;开环塔尼克利酸* = **1172**
N-[2-羟基-2-(4-羟基-3,5,5-三甲基-6-氧代-1-环己烯-1-基)-1-(甲氧甲基)乙基]-7-甲氧基-9-甲基-4-十六(碳)烯酰胺 = **81**
5-羟基-3-(羟甲基)-7-氧杂双环[4.1.0]七-3-烯-2-酮 = **1508**
4-羟基壬(碳)-2-烯醛 = **1186**
(*S*,*E*)-30-羟基-28-三十二(碳)烯-2,9,14,19,21,31-己炔酸 = **1432**
(4*Z*,17*Z*,27*E*,29*R*)-29-羟基-4,17,27-三十一(碳)三烯-2,20,30-三炔酸 = **1433**
(9*R*,10*E*,12*Z*,15*Z*)-9-羟基-10,12,15-三烯十八酸 = **1221**
45-羟基扇贝毒素 = **186**
15-羟基-9,12-十八(碳)二烯-16-内酯 = **1197**
16-羟基-9,12-十八(碳)二烯-15-内酯 = **1199**
3-(18-羟基-1,5-十八(碳)二烯-3-炔基)氧-1,2-丙二醇 = **1366**
(9*Z*,12*Z*)-7-羟基十八(碳)-9,12-二烯-5-炔酸 = **1446**
15-羟基-6,9,12-十八(碳)三烯-16-内酯 = **1198**
16-羟基-6,9,12-十八(碳)三烯-15-内酯 = **1200**
N-(2*R*-羟基-3*E*-十八(碳)烯酰基)-(2*S*,3*R*,4*E*,8*E*,10*E*)-2-氨基-9-甲基-4,8,10-十八(碳)三烯-1,3-二醇 1-*O*-*α*-D-吡喃葡萄糖苷 = **1971**
N-(2*R*-羟基十八碳酰基)-2-氨基-9-甲基-4,8,10-十八(碳)三烯-1,3-二醇 1-*O*-硫酸酯 = **1948**
N-(2*R*-羟基十六(碳)酰基)-2-氨基-4,8-十八(碳)二烯-1,3-二醇 1-*O*-硫酸酯 = **1945**
4-羟基-16-十七(碳)烯-5,7-二炔-2-酮 = **1395**
4-羟基-5,7-十五(碳)二炔-2-酮 = **1393**
4-羟基-14-十五(碳)烯-5,7-二炔-2-酮 = **1394**
R-3-羟基十一酸甲酯-3-*O*-*α*-L-吡喃鼠李糖苷 = **1152**
7*β*-羟基石海绵甾醇* = **1102**
(22*E*)-3*β*-羟基-5*α*,6*α*:14*α*,15*α*-双环氧麦角甾-22-烯-7-酮 = **947**
3*β*-羟基-26,27-双去甲胆甾-5-烯-23-炔-7-酮 = **829**
42-羟基-3,26-双去甲基-19,44-双去氧海葵毒素 = **141**
24-羟基-26,27-双去甲麦角甾-4,22*E*-二烯-3-酮 = **834**
(5*Z*,8*R*,9*E*,11*Z*,14*Z*)-8-羟基-5,9,11,14-四烯二十酸 = **1219**

(12*S*)-12-羟基四烯二十酸 = **1220**
2-(4-羟基-3-四异戊二烯基)-乙酸 = **2016**
11*α*-羟基弯孢霉菌素 = **339**
11*β*-羟基弯孢霉菌素 = **340**
6-羟基伪枝藻菲新 B* = **534**
3-羟基-4,6,8,10,12-五甲基-6-十五(碳)烯-5-酮 = **1266**
5-羟基-戊烷-2,3-二酮 = **1154**
51-羟基西加毒素 3C = **185**
(3*Z*,5*R*)-5-羟基-3-烯癸酸 = **1218**
24-羟基-3-氧代豆甾-1,25-二烯-18-酸 = **1062**
24-羟基-3-氧代豆甾-4,25-二烯-18-酸 = **1063**
24-羟基-3-氧代豆甾-1,4,6,25-四烯-18-酸 = **1061**
1-羟基-4-氧代-2,5-环己二烯-1-乙酸 = **1512**
(5*Z*,8*R*,12*S*,13*E*,15*R*)-15-羟基-9-氧代-5,10,13-前列三烯-1-酸 = **1714**
(5*Z*,7*E*,12*S*,14*Z*)-12-羟基-9-氧代-5,7,10,14-前列四烯甲酯 = **1747**
(5*E*,7*E*,12*S*,14*Z*)-12-羟基-9-氧代-5,7,10,14-前列四烯甲酯 = **1748**
(5*E*,7*Z*,12*S*,14*Z*)-12-羟基-9-氧代-5,7,10,14-前列四烯甲酯 = **1749**
6*β*-羟基-24-乙基胆甾-4,24(28)-二烯-3-酮 = **1053**
4-羟基-4-乙烯基-2-环戊烯-1 酮 = **1527**
16*β*-羟基-5*α*-孕甾-1,20-二烯-酮-16-乙酸酯 = **630**
3*β*-羟基孕甾-5-烯-20-酮 = **631**
(2*S*,3*Z*,5*E*,7*R*)-4-(羟甲基)-3,5-辛二烯-2,7-二醇 = **1245**
羟乙基磺酸 = **1153**
鞘丝藻巴新糖苷* = **544**
鞘丝藻酸* = **1225**
青霉拉林 A* = **346**
青霉拉林 B* = **347**
青霉拉林 C* = **348**
青霉他汀 F* = **1553**
青霉他汀 G* = **1700**
青霉他汀 H* = **1701**
青霉他汀 I* = **1554**
青霉酮 A* = **1552**
青霉烯酮* = **1519**
25-氢过氧胆甾-5,(23*E*)-二烯-3*β*-醇 = **766**
24*ξ*-氢过氧胆甾-5,25-二烯-3*β*-醇 = **767**
25-氢过氧胆甾-4,23-二烯-3,6-二酮 = **764**
24*ξ*-氢过氧胆甾-4,25-二烯-3,6-二酮 = **765**
(5Z,8Z,11Z,13E,15S)-15-氢过氧-5,8,11,13-二十(碳)四烯酸 = **1215**
(5*Z*,8*Z*,11*Z*,13*E*,15*S*)-15-氢过氧-5,8,11,13-二十(碳)四烯酸甲酯 = **1216**
24*ξ*-氢过氧-6*β*-羟基胆甾-4,25-二烯-3-酮 = **768**
25-氢过氧-6*β*-羟基胆甾-4,23-二烯-3-酮 = **769**
24*ξ*-氢过氧-6*β*-羟基-24-乙基胆甾-4,28(29)-二烯-3-酮 = **1051**
7*β*-氢过氧-24-亚甲基胆甾醇 = **946**
24*ξ*-氢过氧-24-乙基胆甾-4,28(29)-二烯-3,6-二酮 = **1050**
24-氢过氧-24-乙烯基胆甾醇 = **1052**
2,3-氢-7-去乙酰氧基亚努松 A* = **1510**
清亮海绵内酯 A* = **505**
清亮海绵内酯 B* = **506**
球状轮藻明* = **1654**
屈挠杆菌真菌亭 B 567* = **1281**
曲霉麦亭 A* = **596**
曲霉内酯 A* = **1201**
曲霉内酯 B* = **1202**
曲霉内酯 C* = **1203**
epi-曲霉壬二烯二醇* = **1243**
曲霉壬烯环氧三醇* = **1244**
曲霉三醇 A* = **1245**
曲霉三醇 B* = **1246**
曲霉呫吨酮* = **259**
曲霉酰胺 A* = **1891**
曲霉酰胺 B* = **1892**
曲霉酰胺 B*(张, 2007) = **1893**
曲霉酰胺 C* = **1894**
1-去磺基扇贝毒素 = **161**
24-去磺基-24-酮-26-[(2-氨基-2-羧乙基)硫代]-角鲨胺 = **724**
去磺酸基似雪海绵硫磷酸盐* = **887**
A-去甲-22-*epi*-粗枝竹节柳珊瑚林-2*α*-羧酸* = **835**
去甲冈田软海绵素 A = **196**
去甲冈田软海绵素 B = **197**
去甲冈田软海绵素 C = **198**
15-去-*O*-甲基奥恩酰胺* = **67**
2-去甲基-4-过氧扁板海绵烯酸 A_1 甲酯* = **1571**
29-去甲基焦蒂甾醇-3-*O*-硫酸酯* = **886**
13-去甲基斯毕罗毒素内酯 C* = **214**
16-去甲基-斯氏蒂壳海绵*内酯 A 7,7′-双-*O*-(2,3-双-*O*-甲基-*β*-L-来苏黄糖)* = **469**
19-*O*-去甲基伪枝藻菲新 C* = **515**
(3*β*,6*β*,8*β*,15*α*,16*β*,22*E*,24*ξ*)-27-去甲麦角甾-4,22-二烯-3,6,8,15,16,26-六醇 3-*O*-(2,3-二-*O*-甲基-*β*-D-吡喃木糖苷) = **1020**
31-去甲墨绿颤藻毒素 B* = **254**
去甲-(3*S*,14*S*)-石海绵扣特炔 A* = **1331**
24-去甲异针茅酸* = **608**
19-去甲孕甾-1,3,5(10),20-四烯-3-*O*-*α*-D-吡喃岩藻糖苷 = **637**

去甲针茅酸 A* = 609
23-去甲针茅酸 B* = 621
11-去羟基-22-*epi*-粗枝竹节柳珊瑚甾烷醇* = 843
11-去羟基-22-*epi*-粗枝竹节柳珊瑚甾烷醇-3-酮* = 844
去羟基氯镰孢霉林 B* = 599
15-去羟基圆锥形褶胃海鞘甾醇 C* = 884
15-去羟基圆锥形褶胃海鞘甾醇 D* = 885
7-去氢布雷菲德菌素 A* = 514
24-去氢胆固醇 = 721
去氢宽海绵素 A* = 1682
9(11)-去氢麦角甾醇过氧化物 = 883
10,11-去氢-13-羟基弯孢霉菌素 = 338
10,11-去氢弯孢霉菌素 = 337
11′,12′-去氢伊来欧菲林* = 313
去氢圆锥形褶胃海鞘甾醇* = 882
去溴格林纳达二烯* = 1248
去溴海兔毒素 = 247
3^{B}-去-*O*-洋地黄毒糖基基雅尼霉素* = 323
3-*epi*-去氧肠道菌素 = 1683
73-去氧抽轴坡海绵新 A* = 516
13-去氧居苔海绵内酯* = 517
2-去氧肉丁海绵他汀 A* = 712
2′-去氧肉丁海绵他汀 A* = 713
7-去氧软海绵酸* = 215
5-去-*O*-乙酰基冲绳钵海绵亭 A* = 581
2-去乙酰基-22*S*-*epi*-粗枝竹节柳珊瑚林 1* = 845
3-*O*-去乙酰基-22,23-二氢-24,28-双去氢-小瓜海绵甾醇 B* = 1123
3-*O*-去乙酰基小瓜海绵甾醇 B* = 1124
去乙酰氧海兔酰胺* = 89
4-去乙酰氧基-12-*O*-去乙酰基绿色羽珊瑚乌隆Ⅰ* = 1747
4-去乙酰氧基-12-*O*-去乙酰基绿色羽珊瑚乌隆Ⅱ* = 1748
4-去乙酰氧基-12-*O*-去乙酰基绿色羽珊瑚乌隆Ⅲ* = 1749
22-去乙酰氧基亚努松 A* = 1502
7-去乙酰氧基亚努松 A* = 1502
全裸柳珊瑚甾醇 A = 642
全裸柳珊瑚甾醇 B = 643
全裸柳珊瑚甾醇 C = 644
缺刻网架海绵他汀* = 518
缺刻网架海绵他汀-1* = 518
群海绵半乳他汀* = 1879
群海绵芬 11* = 1880
群海绵芬 13* = 1881
群海绵芬 7A* = 1882
群海绵芬 9A* = 1883
群海绵芬 9B* = 1884
群海绵芬 10* = 1963
人参萜 = 2034
日本扁板海绵烯酸 A* = 1269
日本扁板海绵烯酸 B* = 1604
日本扁板海绵烯酸 C* = 1605
日本扁板海绵烯酸 D* = 1606
日本大岛海绵醇 A* = 1132
溶菌酶磷酯酰肌醇 JMB99-709A* = 1825
溶菌酶磷酯酰肌醇 JMB99-709B* = 1826
溶菌酶血浆基肌醇* = 1824
溶菌酶血浆基肌醇* = 1828
柔叶海膜新 A* = 1168
柔叶海膜新 B* = 1169
柔黄软珊瑚属甾醇 N* = 800
柔黄软珊瑚属甾醇 O* = 969
柔黄软珊瑚属甾醇 P* = 970
柔黄软珊瑚甾醇* = 872
肉丁海绵他汀 A* = 711
肉丁海绵他汀 B* = 712
肉丁海绵他汀 C* = 713
肉丁海绵他汀 D* = 714
肉丁海绵他汀 E* = 715
肉丁海绵他汀 F* = 716
肉丁海绵他汀 G* = 717
肉丁海绵他汀 H* = 718
肉芝软珊瑚糖苷 A* = 1872
肉芝软珊瑚糖苷 B* = 1873
肉芝软珊瑚糖苷 C* = 1874
软海绵醇 B* = 1087
(–)-软海绵内酯* = 1719
软海绵内酯 A_1* = 1784
软海绵酸 = 224
19-*epi*-软海绵酸 = 225
软海绵酸 7-羟基-2,4-二甲基-2*E*,4*E*-庚二烯酯 = 226
软海绵酸 7-羟基-4-甲基-2-亚甲基-4*E*-庚烯基酯 = 227
软海绵甾醇硫酸酯 A* = 1009
软海绵甾醇硫酸酯 B* = 1010
软海绵甾醇硫酸酯 C* = 1011
软海绵甾醇硫酸酯 D* = 1012
软海绵甾醇硫酸酯 E* = 1013
软海绵甾醇三硫酸酯* = 803
萨拉林 A* = 576
赛亚森醇 A* = 36
赛亚森醇 B* = 37
三比那尔亭* = 363
2,6,10-三甲基-5,9-十一(碳)二烯醛 = 1284
三角皮条海绵炔 A* = 1372
三角皮条海绵炔 B* = 1373

三角皮条海绵炔 C* = **1374**
三角皮条海绵炔 D* = **1375**
三角皮条海绵炔 E* = **1376**
三角皮条海绵炔 F* = **1377**
三角皮条海绵炔 G* = **1378**
三角皮条海绵炔 H* = **1379**
三角皮条海绵炔酸* = **1469**
(3*β*,6*α*,22*R*)-3,6,20-三羟基-9(11),24-胆甾二烯 1-22-酮* 6-*O*-[*β*-D-吡喃岩藻糖基-(1→2)-6-去氧-*β*-D-吡喃葡萄糖基-(1→4)-[6-去氧-3-*O*-甲基-*β*-D-吡喃葡萄糖基-(1→2)]-*β*-D-吡喃木糖基-(1→3)-6-去氧-*β*-D-吡喃葡萄糖苷] 3-*O*-硫酸酯 = **757**
3,6,24-三羟基胆甾烷-15-酮* = **820**
(3*β*,5*α*,6*α*,20*S*)-3,6,20-三羟基胆甾-9(11)-烯-23-酮 6-*O*-[*β*-D-吡喃岩藻糖基-(1→2)-*β*-*D* 吡喃木糖基-(1→4)-[6-去氧-*β*-D-吡喃葡萄糖基-(1→2)]-*β*-D-吡喃木糖基-(1→3)-6-去氧-*β*-D-吡喃葡萄糖苷] 3-*O*-硫酸酯 = **802**
3,11,24-三羟基-4,23-二甲基-9,11-开环麦角甾-22-烯-9-酮 = **996**
3*β*,7*β*,11-三羟基-5*α*,6*α* 环氧-9,11-开环柳珊瑚烷-9-酮* = **1109**
(3*β*,24*ξ*)-3,11,24-三羟基-9,11-开环柳珊瑚-5-烯-9-酮* = **1110**
3*β*,5*α*,9*α*-三羟基-(22*E*,24*R*)-麦角甾-7,22-二烯-6-酮 = **1014**
(2*S*,3*S*,4*R*)-1,3,4-三羟基-2-(2-(*R*)-羟基十八碳酰基-氨基)十八(碳)-8*E*-烯 = **1979**
(2S,3S,4*R*)-1,3,4-三羟基-2-[(*R*-2′-羟基十四碳酰基)氨基]二十三烷 = **1980**
5,6,11-三羟基-33-去甲柳珊瑚-2-烯-1-酮* = **1112**
14,17,28-三羟基-4,15,26-三十(碳)三烯-1,12,18,29-四炔-3-酮 = **1380**
45,46,47-三去甲扇贝毒素 = **211**
(3*R*,4*E*)-4-三十八(碳)烯-1-炔-3-醇 = **1332**
(3*Z*,5*ξ*)-3-三十七(碳)烯-1-炔-5-醇 = **1307**
3*Z*,15*Z*,27*Z*-三十(碳)三烯-1,29-二炔-5*S*-醇 = **1371**
4,15,26-三十(碳)三烯-1,12,18,29-四炔-3,14,17,28-四醇 = **1358**
4,15,26-三十(碳)三烯-1,12,18,29-四炔-3,14,17,28-四酮 = **1401**
(*all-Z*)-5,9,23-三十(碳)三烯酸甲酯 = **1239**
(all-*R*)-1,12,18,29-三十(碳)四炔-3,14,17,28-四醇 = **1370**
15-三十(碳)烯-1,12,18,29-四炔-3,28-二醇 = **1298**
三叟比西林酮 A* = **301**
三叟比西林酮 B* = **302**
三叟比西林酮 C* = **303**
三叟比西林酮 D* = **304**
三唾液酸-神经节苷脂 HPG-1* = **1981**
(2*R*)-2-(2,3,6-三溴-4,5-二羟基苄基)环己酮 = **1526**
4,6,10-三乙基-4,6-二羟基-8-甲基-2,7,11 十四(碳)三烯酸 = **1283**
4,6,8-三乙基-2,4,9-十二(碳)三烯酸 = **1269**
5,6,7-三(乙酰氧基)-10-氯-12-羟基-9-氧前列-10,14,17-三烯-1-甲酯 = **1757**
(2*S*,3*S*,4*R*)-1,3,4-三乙酰氧基-2-[(*R*-2′-乙酰氧基十八碳酰基)氨基]十八烷 = **1977**
色库欧酮 A* = **1689**
色库欧酮 B* = **1652**
鲨肝醇 = **1847**
鲨肝醇-3-*O*-*α*-L-吡喃岩藻糖苷 = **1848**
山海绵醇* = **1159**
山海绵酰胺 A = **1670**
山海绵酰胺 B = **1671**
山海绵酰胺 D = **1672**
山海绵酰胺 E = **1673**
扇贝毒素 = **212**
扇贝毒素 1 = **446**
扇贝毒素 2 = **447**
扇贝毒素 3 = **448**
扇贝毒素 4 = **449**
扇贝毒素 6 = **450**
扇贝毒素 7 = **451**
扇贝毒素 11 = **452**
(36*R*)-扇贝毒素 12 = **453**
(36*S*)-扇贝毒素 12 = **454**
稍大鞘丝藻酰胺 2* = **73**
稍大鞘丝藻酰胺 3* = **74**
稍大鞘丝藻酰胺 4* = **75**
稍大鞘丝藻酰胺 A* = **76**
稍大鞘丝藻酰胺 B* = **77**
稍大鞘丝藻酰胺 C* = **78**
8-*epi*-稍大鞘丝藻酰胺 C* = **79**
稍大鞘丝藻酰胺 D* = **80**
稍大鞘丝藻酰胺 E* = **81**
稍大鞘丝藻酰胺 F* = **82**
稍大鞘丝藻酰胺 H* = **83**
稍大鞘丝藻酰胺 I* = **84**
稍大鞘丝藻酰胺 J* = **85**
稍大鞘丝藻酰胺 K* = **86**
稍大鞘丝藻酰胺 L* = **87**
稍大鞘丝藻酰胺 M* = **88**
稍大鞘丝藻酰胺 N* = **89**
稍大鞘丝藻酰胺 O* = **90**
稍大鞘丝藻酰胺 R* = **91**

稍大鞘丝藻酰胺 X* = **92**
蛇海星脑苷脂 A* = **1959**
蛇海星脑苷脂 B* = **1960**
蛇海星脑苷脂 C* = **1961**
蛇海星脑苷脂 D* = **1962**
蛇海星脑苷脂 E* = **1963**
蛇海星糖苷 E* = **819**
蛇海星糖苷 F* = **802**
神经节苷脂 CG-1 = **1928**
神经节苷脂 HPG-1 = **1929**
神经节苷脂 SJG-1 = **1930**
神经鞘脂 CEG 3 = **1908**
神经鞘脂 CEG 4 = **1909**
神经鞘脂 CEG 5 = **1910**
神经鞘脂 CEG 6 = **1911**
神经酰胺 1 = **1912**
圣克鲁兹阿马特 A* = **1237**
十八碳四烯酸 = **1238**
1-*O*-(3′*Z*-十八(碳)烯基)丙三氧基-3-磷酸胆碱* = **1829**
1-*O*-(4′*Z*-十八(碳)烯基)丙三氧基-3-磷酸胆碱* = **1830**
十八烷基硫酸单酯 = **1160**
3-(十八烷基氧)-1,2-丙二醇 = **1847**
(2*S*,3*R*,4*E*,14*ξ*)-N^2-十八烷酰基-2-亚氨基-14-甲基-4-十六(碳)烯-1,3-二醇 1-*O*-[*N*-(*α*-L-吡喃岩藻糖基氧)乙酰基-*α*-D-吡喃神经氨基糖基-(2→6)-*β*-D-吡喃葡萄糖苷] = **1909**
21-*O*-十八酰基-锉海绵醇 A* = **1104**
2,4-十二(碳)二炔-1-醇 = **1304**
十二(碳)-2,4-二炔-1-醇 = **1304**
2-(11-十二(碳)烯-2,4-二炔基氧)乙醇 = **1326**
4,6,8,10,12,14,16,18,20,22-十甲氧基-1-二十七(碳)烯 = **1179**
1-十六醇 *O*-[*β*-D-吡喃阿拉伯糖基-(1→4)-*β*-D-吡喃阿拉伯糖基-(1→4)-*β*-D-吡喃阿拉伯糖苷] = **1148**
13,15-十六(碳)二烯-2,4-二炔-1-醇 = **1308**
6-(6,15-十六(碳)二烯-4-炔基)-6-甲氧基-1,2-二氧六环-3-乙酸甲酯 = **1479**
4,7,10,13-十六(碳)四烯-15-内酯 = **1196**
6-(6-十六(碳)烯-4,15-二炔基)-6-甲氧基-1,2-二氧六环-3-乙酸甲酯 = **1480**
1-(3*Z*-十六(碳)烯基)丙三氧基-3-磷酸胆碱* = **1821**
1-(4*Z*-十六(碳)烯基)丙三氧基-3-磷酸胆碱* = **1822**
N-十六碳酰基-(2*S*,3*R*,4*E*)-2-氨基-4-十九(碳)烯-1,3-二醇 = **1941**
(*all*-*ξ*)-*N*-十六碳酰基-2-亚氨基-1,3,4,5 十八烷四醇 = **1942**
1-十六烷基丙三氧基-3-磷酸胆碱* = **1823**
2-十六烷基-2,3-二氢-4*H*-噻喃-4-酮 = **1559**
N-十六烷酰基-2-氨基-4,8-十八(碳)二烯-1,3-二醇 = **1912**
1-十七烷基-*O*-硫酸酯 = **1151**
N-十七烷酰基-(2*S*,3*R*,4*E*)-2-氨基-4-十八(碳)烯-1,3-二醇 = **1906**
3-十三烷基苯酚 = **2020**
(2*E*,4*E*)-2-十三烷基-十七(碳)-2,4-二烯醛 = **1282**
6-十三烷基水杨酸 = **2021**
十四酸甲酯 = **1157**
13-十四(碳)烯-2,4-二炔-1-醇 = **1368**
4*Z*,7*Z*-十(碳)二烯-1-醇-*O*-硫酸酯 = **1178**
3*Z*,6*Z*,9-十(碳)三烯-1-醇-*O*-硫酸酯 = **1180**
3*E*,14-十五(碳)二烯-二炔-2-酮 = **1396**
3*Z*,14-十五(碳)二烯-二炔-2-酮 = **1397**
3*E*-十五(碳)烯-5,7-二炔-2-酮 = **1389**
N-十五烷酰基-(2*S*,3*R*,4*E*)-2-氨基-4-十八(碳)烯-1,3-二醇 = **1905**
(3*E*,5*Z*,8*Z*)-十一(碳)-1,3,5,8-四烯 = **1181**
石海绵醇 A* = **1353**
石海绵醇 B* = **1354**
石海绵醇 C* = **1355**
石海绵醇 D* = **1356**
石海绵醇 E* = **1357**
(3*S*,14*S*)-石海绵扣特炔 A* = **1338**
石海绵扣特炔 A* = **1339**
(3*S*,14*S*)-石海绵扣特炔 B* = **1340**
石海绵扣特炔 C* = **1481**
(3*S*,14*R*)-石海绵扣特炔 E* = **1341**
石海绵扣特炔 F* = **1342**
石海绵扣特炔 G* = **1343**
石海绵扣特炔 H* = **1344**
石海绵拉丝海绵炔 A_1* = **1345**
石海绵拉丝海绵炔 A_2* = **1346**
石海绵拉丝海绵炔 A_3* = **1347**
石海绵炔醇* = **1358**
石海绵炔酸 A* = **1461**
石海绵炔酸 B* = **1462**
石海绵炔酸 C* = **1463**
石海绵炔酸 D* = **1464**
石海绵炔酮* = **1401**
石海绵三炔二醇 A* = **1365**
石海绵四炔醇 A* = **1403**
石海绵四炔二醇 A* = **1359**
石海绵四炔二醇 B* = **1360**
石海绵四炔二醇 C* = **1361**
石海绵四炔二醇 D* = **1402**

石海绵四炔二醇 E* = **1362**
石海绵四炔二醇 F* = **1363**
石海绵四炔三醇 A* = **1364**
石海绵酸* = **1460**
石海绵乙炔* = **1399**
石海绵乙炔 A* = **1348**
石海绵乙炔 B* = **1349**
石海绵乙炔 C* = **1350**
石海绵乙炔 D* = **1351**
石海绵乙炔 E* = **1352**
石海绵甾醇* = **1105**
石海绵甾醇二硫酸酯 A* = **1111**
石海绵甾醇-3,6-二酮* = **1106**
石瑪内酯 A* = **622**
石瑪内酯 B* = **623**
石珊瑚炔 A* = **1389**
石珊瑚炔 B* = **1390**
石珊瑚炔 C* = **1391**
石珊瑚炔 D* = **1392**
石珊瑚炔 E* = **1478**
石珊瑚炔 F* = **1514**
石珊瑚炔 G* = **1325**
石珊瑚炔 H* = **1326**
石珊瑚炔 I* = **1393**
石珊瑚炔 J* = **1394**
石珊瑚炔 K* = **1395**
石珊瑚炔 L* = **1396**
石珊瑚炔 M* = **1397**
石珊瑚酸 A* = **1450**
石珊瑚酸 B* = **1451**
石珊瑚酸甲酯 A* = **1449**
似龟锉海绵呋喃 A* = **1468**
似龟锉海绵酸乙酯* = **1470**
似雪海绵硫磷酸酯 A* = **935**
似雪海绵硫磷酸酯 B* = **936**
首尔链霉菌内酯* = **818**
双蒂壳海绵内酯 A* = **470**
双蒂壳海绵内酯 B* = **471**
6,8-双-*O*-甲基奥佛尼红素 = **262**
6,8-双-*O*-甲基尼都绛酯* = **263**
双木霉喹啉内酯* = **271**
双鞘丝藻苷* = **493**
双鞘丝藻苷 A* = **495**
双鞘丝藻苷 B* = **494**
(3β,7α)-26,27-双去甲胆甾-5-烯-23-炔-3,7-二醇 = **828**
16,16′-双去甲基-斯氏蒂壳海绵*内酯斯氏蒂壳海绵*内酯 A 7,7′-双-*O*-(2,3-双-*O*-甲基-β-L-来苏黄糖)* = **468**
双去甲针茅酸* = **600**
双去甲针茅酸 A* = **600**
4,5-双去氧海笔素 C* = **189**
2,2′-0-双去氧肉丁海绵他汀 A* = **714**
双去氧稍大鞘丝藻酰胺 C* = **86**
双叟比丁烯酸内酯* = **271**
双叟比西林醇* = **272**
双沃替醌醇* = **274**
双沃汀醇酮* = **273**
双形海珊瑚糖苷 A* = **732**
5,8-*epi*-双氧胆甾-6-烯-3-醇 = **733**
5,6-双(乙酰氧基)-10-氯-12-羟基-9-氧前列-7,10,14,17-四烯-1-甲酯 = **1761**
双御海绵内酰胺 A* = **482**
双御海绵内酰胺 B* = **483**
双御海绵内酰胺 C* = **484**
双御海绵内酰胺 D* = **485**
双御海绵酸 A* = **1715**
双御海绵酸 B* = **1716**
双御海绵酸 C* = **1717**
水螅内酯 C* = **1721**
水螅内酯 D* = **1722**
水螅内酯 G* = **1723**
水杨酸基蜂海绵酰胺 A* = **342**
水杨酸基蜂海绵酰胺 B* = **343**
丝鳃醇 B* = **1655**
斯毕罗毒素内酯 A* = **236**
斯毕罗毒素内酯 B* = **237**
斯毕罗毒素内酯 C* = **238**
斯毕罗毒素内酯 D* = **239**
斯毕罗毒素内酯 E* = **240**
斯毕罗毒素内酯 F* = **241**
斯毕罗毒素内酯 G* = **242**
斯芬克斯内酯 A* = **461**
斯芬克斯内酯 B* = **462**
斯芬克斯内酯 C* = **463**
斯芬克斯内酯 D* = **464**
斯芬克斯内酯 E* = **465**
斯芬克斯内酯 F* = **466**
斯芬克斯内酯 G* = **467**
斯格默色浦垂林 B 甲酯* = **1636**
斯卡炔* = **1484**
斯拉德农丝氨醇 A* = **1833**
斯拉德农丝氨醇 B* = **1834**
斯拉德农丝氨醇 C* = **1835**
斯拉德农丝氨醇 D* = **1836**
斯拉德农丝氨醇 E* = **1837**

斯拉德农丝氨醇 F* = **1838**
斯拉德农丝氨醇 G* = **1839**
斯拉德农丝氨醇 H* = **1840**
斯拉德农丝氨醇 I* = **1841**
斯拉德农丝氨醇 J* = **1842**
斯拉德农丝氨醇 K* = **1843**
斯拉德农丝氨醇 L* = **1844**
斯普列诺新 A* = **352**
斯普列诺新 B* = **353**
斯普列诺新 C* = **354**
斯普列诺新 D* = **355**
斯普列诺新 E* = **356**
斯普列诺新 F* = **357**
斯普列诺新 G* = **358**
斯普列诺新 H* = **359**
斯普列诺新 I* = **360**
斯普列诺新 J* = **361**
斯氏蒂壳海绵内酯 A* = **474**
斯氏蒂壳海绵内酯 B* = **475**
斯氏蒂壳海绵内酯 C* = **476**
斯氏蒂壳海绵内酯 H* = **477**
斯氏蒂壳海绵内酯 I* = **478**
斯氏蒂壳海绵内酯 K* = **479**
斯氏蒂壳海绵酰胺 A* = **1845**
斯氏蒂壳海绵甾醇 A* = **1143**
斯氏蒂壳海绵甾醇 B* = **1144**
2,9,12,15-四甲基-2,19-二十(碳)二烯-4,7,10,13-四酮 = **1240**
4,6,8,10-四甲基-4-十三(碳)烯-3 酮 = **1279**
(3*β*,5*α*,6*α*,22*R*)-3,6,20,25-四羟基胆甾-9(11),23-二烯-22-酮 6-*O*-[*β*-D-吡喃岩藻糖基-(1→2)-6-去氧-*β*-D-吡喃葡萄糖基-(1→4)-[6-去氧-3-*O*-甲基-*β*-D-吡喃葡萄糖基-(1→2)]-*β*-D-吡喃木糖基-(1→3)-6-去氧-*β*-D-吡喃葡萄糖苷] 3-*O*-硫酸酯 = **755**
2,5,6,11-四羟基麦角甾-3,24(28)-二烯-1-酮 = **1005**
(2*β*,5*β*,6*β*,11*α*,24*S*)-2,5,6,11-四羟基麦角甾-3-烯-1-酮 = **1006**
12,13,14,15-四氢管指海绵二醇* = **1369**
12,23,27-四十六(碳)三烯-1,18,21,45-四炔-3,20-二醇 = **1301**
(3*S*,4*E*,14*S*,17*E*,21*Z*,27*Z*)-4,17,21,27-四十六(碳)三烯-1,12,15,45 四炔-3,14-二醇 = **1362**
(3*S*,4*E*,14*R*,21*ξ*,22*E*,27*Z*,43*Z*)-4,22,27,43-四十六(碳)四烯-1,12,15,45-四炔-3,14,21-三醇 = **1341**
(3*S*,4*E*,14*ξ*,17*ξ*,21*Z*,27*Z*,43*Z*)-4,21,27,43-四十六(碳)四烯-1,12,15,45-四炔-3,14,17-三醇 = **1364**
4,11,23,35,42-四十六(碳)五烯-1,45-二炔-3,44-二醇 = **1306**
(3*S*,4*E*,14*R*,15*Z*,21*Z*,27*Z*,43*Z*)-4,15,21,27,43-四十六(碳)五烯-1,12,45-三炔-3,14-二醇 = **1365**
4,17,21,27,42-四十六(碳)五烯-1,12,15,45-四炔-3,14,44-三醇 = **1327**
4,6,8,10-四乙基-4,6-二羟基-2,7,11-十四(碳)三烯酸 = **1280**
叟比邻苯二酚 A* = **286**
叟比邻苯二酚 B* = **287**
叟比青霉林 A* = **296**
叟比西林* = **295**
叟比西林胺 A* = **289**
(*R*)-叟比西林胺 B* = **290**
(*S*)-叟比西林胺 B* = **291**
叟比西林胺 C* = **292**
叟比西林胺 D* = **293**
叟比西林胺 E* = **294**
叟比西林聚合物类木霉酮 A* = **297**
叟比西林聚合物类木霉酮 B* = **298**
叟比西林聚合物类木霉酮 C* = **299**
叟比西林内酯 A* = **288**
叟瑪甾醇糖苷 A* = **819**
(2-羧基乙基)二甲基磺酸(1+)* = **1147**
所罗门甾醇 A* = **640**
所罗门甾醇 B* = **641**
塔莱尔海绵林 A* = **591**
塔木短凯伦藻酰胺 A* = **209**
塔木短凯伦藻酰胺 B* = **210**
塔尼克利开环酸* = **1172**
塔尼克利内酯二聚体* = **1171**
塔脱酮 D* = **588**
台湾原甲藻多醇 A* = **4**
台湾原甲藻多醇 B* = **5**
苔藓动物酮 3* = **32**
苔藓动物酮 4* = **33**
苔藓虫素 1 = **366**
苔藓虫素 2 = **367**
苔藓虫素 3 = **369**
20-*epi*-苔藓虫素 3 = **368**
苔藓虫素 4 = **370**
苔藓虫素 5 = **371**
苔藓虫素 6 = **372**
苔藓虫素 7 = **373**
苔藓虫素 8 = **374**
苔藓虫素 9 = **375**
苔藓虫素 10 = **376**
苔藓虫素 11 = **377**
苔藓虫素 12 = **378**

苔藓虫素 13 = **379**
苔藓虫素 14 = **380**
苔藓虫素 15 = **381**
苔藓虫素 16 = **382**
苔藓虫素 17 = **383**
苔藓虫素 18 = **384**
太平洋柳珊瑚素* = **561**
太平洋马海星糖苷 B* = **808**
太平洋马海星甾醇* = **1107**
太平洋西加毒素 1 = **199**
太平洋西加毒素 2 = **200**
太平洋西加毒素 3C = **201**
太平洋西加毒素 4B = **202**
炭角菌素 A* = **1705**
炭角菌素 F* = **1706**
特脱霉素 1* = **327**
特脱霉素 2* = **328**
特脱霉素 3* = **329**
特脱霉素 4* = **330**
特脱霉素 B* = **331**
提朗达霉素 A = **1691**
提朗达霉素 B = **1692**
铁钉菜苷 = **1867**
头足类酮 A* = **34**
头足类酮 B* = **35**
头足类酮 B* = **2017**
头足类酮 C* = **2018**
土贝霉素* = **309**
(+)-土曲菌酮* = **1525**
土曲霉酮 = **1525**
蜕皮甾酮 = **837**
脱水去溴海兔毒素 = **243**
拓扑酶抑素 = **1281**
外鲁坡霉素* = **1531**
外皮石海绵酸 A* = **1433**
外皮石海绵酸 B* = **1434**
外瓶霉林 A* = **1167**
弯孢霉酮 A* = **335**
弯孢霉酮 B* = **336**
网翼藻烯 B* = **1491**
网状原角藻亭Ⅰ* = **203**
网状原角藻亭Ⅱ* = **204**
网状原角藻亭Ⅲ* = **205**
网状原角藻亭Ⅳ* = **206**
韦腊霉素 = **48**
伪枝藻菲新 E* = **577**
尾海兔内酯 A* = **520**
尾海兔内酯 B* = **521**
尾海兔内酯 C* = **522**
尾海兔内酯 D* = **523**
乌尔达霉素 E* = **130**
乌尔达霉素酮 G* = **131**
乌龙霉素 A* = **364**
乌龙霉素 B* = **365**
无花果状石海绵炔 10* = **1400**
无活菌素 = **48**
无活菌素基高无活菌素酯* = **46**
2β,3α,6β,11,19-五羟基-9,11-开环胆甾烷-9-酮 = **760**
2β,3β,6β,11,19-五羟基-9,11-开环胆甾烷-9-酮 = **817**
五溴丙烯-2-基二溴乙酸酯 = **1191**
五溴丙烯-2-基三溴乙酸酯 = **1192**
西加毒素 2A1 = **163**
烯醇二溴乙酸酯 = **1191**
烯醇三溴乙酸酯 = **1192**
膝沟藻素* = **1533**
席藻内酯* = **566**
细齿菊花螺亭 A* = **25**
细齿菊花螺亭 B* = **26**
细海盘车甾醇糖苷 A* = **787**
细棘海猪鱼内酯 A* = **314**
细棘海猪鱼内酯 B* = **315**
细棘海猪鱼内酯 C* = **316**
夏威夷本瑙瑙新 B* = **1212**
夏威夷本瑙瑙新 C* = **1213**
纤维状扁矛海绵甾醇硫酸酯 B* = **749**
纤维状扁矛海绵甾醇硫酸酯 C* = **750**
纤细群海绵素 B* = **12**
纤细群海绵素 C* = **13**
纤细群海绵素 H* = **1690**
纤细群海绵素 K* = **1695**
小棒万星海绵新 A* = **1812**
小棒万星海绵新 B* = **1813**
小单孢菌内酯 A* = **318**
小单孢菌内酯 B* = **319**
小单孢菌内酯 C* = **320**
小裸囊菌斯他汀 F* = **1543**
小裸囊菌斯他汀 G* = **1544**
小裸囊菌斯他汀 R* = **1545**
小裸囊菌他汀 A* = **1648**
小裸囊菌他汀 B* = **1649**
小裸囊菌甾酮 A* = **921**
小裸囊菌甾酮 B* = **922**
小裸囊菌甾酮 C* = **923**
小裸囊菌甾酮 D* = **924**

(*E*)-5-辛烯基硫酸酯* = **1190**
新高冈田软海绵素 B = **180**
新喀里多尼亚海绵内酯 A* = **586**
新喀里多尼亚海绵内酯 B* = **587**
新喀里多尼亚岩屑海绵内酯 A* = **458**
新喀里多尼亚岩屑海绵内酯 B* = **459**
新喀里多尼亚岩屑海绵内酯 C* = **460**
新喀里多尼亚岩屑海绵糖苷 A* = **502**
新喀里多尼亚岩屑海绵糖苷 B* = **503**
新喀里多尼亚岩屑海绵糖苷 C* = **504**
新劳力姆内酯* = **556**
新马克拉方斤 A* = **51**
新马克拉方斤 B* = **52**
新马克拉方斤 C* = **53**
新马克拉方斤 D* = **54**
新马克拉方斤 E* = **55**
新马克拉方斤 F* = **56**
新马克拉方斤 G* = **57**
新马克拉方斤 H* = **58**
新马克拉方斤 I* = **59**
新拟草掘海绵素 A* = **1659**
新去甲冈田软海绵素 B = **195**
新软海绵内酯* = **1720**
新石海绵佛母炔 A* = **1327**
新石海绵佛母炔 B* = **1328**
新石海绵佛母炔 C* = **1329**
新石海绵佛母炔 D* = **1330**
新星骨海鞘内酯* = **1783**
新氧代甾酮 = **1138**
星骨海鞘内酯* = **1778**
星骨海鞘内酯 A* = **1778**
星骨海鞘内酯 B* = **1779**
星骨海鞘烯酮 A* = **1504**
星骨海鞘烯酮 B* = **1505**
星骨海鞘烯酮 C* = **1506**
星骨海鞘烯酮 D* = **1507**
星柳珊瑚二醇* = **1113**
星芒海绵甾醇* = **817**
醒目凹顶藻酮* = **1154**
绣球海绵糖苷 A* = **1951**
溴蒂壳海绵炔酸* = **1430**
11-溴-3,12-二羟基-2,2,4,10-四甲基-4,6,8,10,14,16-二十(碳)六烯-18-炔酰胺 = **1474**
22-溴-17*E*,21*E*-二十二(碳)二烯-9,11,19-三炔酸 = **1405**
22-溴-17*E*,21*Z*-二十二(碳)二烯-9,11,19-三炔酸 = **1406**
(all-*E*)-20-溴-11,15,19-二十(碳)三烯-9,17-二炔酸 = **1408**
(all-*E*)-20-溴-5,11,15,19-二十(碳)四烯-9,17-二炔酸 = **1407**
19 溴海兔毒素 = **245**
17-溴墨绿颤藻毒素 A* = **246**
18-溴-9*E*,17*E*-十八(碳)二烯-5,7-二炔酸 = **1410**
18-溴-9*E*,17*E*-十八(碳)二烯-7,15-二炔酸 = **1411**
18-溴-9*Z*,17*E*-十八(碳)二烯-7,15-二炔酸 = **1412**
18-溴-5*Z*,17*E*-十八(碳)二烯-7-炔酸 = **1422**
18-溴-5*Z*,17*E*-十八(碳)二烯-7-炔酸甲酯 = **1423**
18-溴-9*E*,15*E*-十八(碳)二烯-5,7,17-三炔酸 = **1413**
18-溴-9*E*,17*E*-十八(碳)二烯-5,7,15-三炔酸 = **1414**
18-溴-13*E*,17*E*-十八(碳)二烯-5,7,15-三炔酸 = **1415**
18-溴-13*E*,17*Z*-十八(碳)二烯-5,7,15-三炔酸 = **1416**
18-溴-13*Z*,17*E*-十八(碳)二烯-5,7,15-三炔酸 = **1417**
18-溴-9,17*E*-十八(碳)二烯-5,7,15-三炔酸 = **1418**
18-溴-9,17*Z*-十八(碳)二烯-5,7,15-三炔酸 = **1419**
18-溴-17*Z*-十八(碳)二烯-5,7,15-三炔酸 = **1420**
18-溴-17*E*-十八(碳)二烯-5,7,15-三炔酸 = **1421**
18-溴-5*Z*,9*E*,17*E*-十八(碳)三烯-7,15-二炔酸 = **1424**
18-溴-7*E*,13*E*,17*E*-十八(碳)三烯-5,15-二炔酸 = **1425**
18-溴-9*E*,13*E*,17*E*-十八(碳)三烯-7,15-二炔酸 = **1426**
18-溴-9*E*,13*Z*,17*E*-十八(碳)三烯-7,15-二炔酸 = **1427**
18-溴-9*E*,13*E*,17*E*-十八(碳)三烯-5,7,15-三炔酸 = **1428**
18-溴-9,13,17-十八(碳)三烯-5,7,15-三炔酸 = **1429**
16-溴-7,15-十六(碳)二烯-5-炔酸 = **1409**
溴乌隆Ⅰ* = **1726**
溴乌隆Ⅱ* = **1727**
溴乌隆Ⅲ* = **1728**
叙利亚轮海绵新* = **1974**
旋孢腔菌霉素 A* = **321**
血红鸡爪海星糖苷 C* = **995**
芽孢杆菌内酯Ⅰ* = **1724**
芽孢杆菌内酯Ⅱ* = **1725**
亚德里亚海毒素* = **145**
2-亚己基-3-甲基琥珀酸 = **1262**
24-亚甲基胆甾醇-3,5,6,19-四醇 = **971**
24-亚甲基胆甾醇-5-烯-3*β*,16*β*-二醇-3-*O*-*α*-L-吡喃岩藻糖苷 = **968**
4-亚甲基麦角甾烷-8(14),24(28)-二烯-3-醇 = **882**
1-*O*-(*cis*-11′,12′-亚甲基)-十八酰基三氧基-3-磷酸胆碱* = **1827**
亚努松 D* = **1532**
24-亚乙基豆甾-4-烯-3-酮 = **1077**
亚油酸 = **1224**
亚油酸甲酯 = **1229**
岩藻甾醇 = **1049**
盐水孢菌霉素* = **115**
盐水孢菌醛 A* = **38**
盐水孢菌醛 B* = **39**

羊毛甾醇 = **709**
11-氧代奥恩酰胺 A* = **99**
17-氧代奥恩酰胺 B* = **100**
7-氧代布雷菲德菌素 A* = **514**
(20*S*,22*E*)-3-氧代胆固醇-1,4,22-三烯-24-酸甲酯 = **638**
3-氧代胆固醇-4-烯-24-酸 = **639**
3-氧代麦角甾-1,4,24(28)-三烯-18-酸 = **976**
9-氧代-10-十八(碳)烯酸 = **1231**
10-氧代-8-十八(碳)烯酸 = **1232**
3-氧代睡茄-1,4,24-三烯内酯 = **1021**
氧代叟比对苯二酚* = **285**
20-氧代无花果状石海绵炔 3* = **1398**
腰鞭毛藻醛 F* = **158**
腰鞭毛藻新* = **157**
伊利斯扣林 C* = **605**
贻贝酰胺 A* = **1896**
贻贝酰胺 B* = **1897**
(2α,5α,11β,20*R*,22*S*,24*S*)-4(3→2)-移-22,25-环氧-11,20-二羟基-24-甲基呋甾烷-3-酸 = **835**
乙基扁板海绵酯 Z* = **1582**
24-乙基胆甾-4,24(28)-二烯-3,6-二酮 = **1044**
(24*R*)-24-乙基-5α-胆甾烷-3β,5,6β,15α,29-五醇 29-硫酸酯 = **1045**
(−)-(4*R**,5*S**)-3-乙基-4,5-二羟环戊基-2-烯酮 = **1530**
(12*Z*,15*Z*)-19-乙基-2,6-环氧-1-氧杂环十九(碳)-2,15,18-五烯-9-炔-4-酮 = **1477**
(24*S*)-24-乙基-7α-氢过氧胆甾-5,25-二烯-3β-醇 = **1046**
(24*S*)-24-乙基-5α-氢过氧胆甾-6,25-二烯-3β-醇 = **1047**
乙基双去氢扁板海绵酯 Z* = **1581**
(24*S*)-24-乙基-3-氧代胆甾-4,25-二烯-6β-醇 = **1048**
乙酰蒂壳海绵甾醇* = **1035**
3-乙酰基-22-*epi*-粗枝竹节柳珊瑚甾烷醇* = **842**
5-乙酰基海笔素 C* = **190**
8-*O*-乙酰基鞘丝藻酰胺 C* = **64**
8-*O*-乙酰基-8-*epi*-鞘丝藻酰胺 C* = **65**
6-*O*-乙酰基鞘丝藻酰胺 F* = **66**
3-(4-*O*-乙酰基-6-去氧-β-吡喃半乳糖基氧)-19-去甲孕甾-1,3,5(10),20-四烯 = **635**
3-乙酰基-2-去乙酰基-22*S*-*epi*-粗枝竹节柳珊瑚林 1* = **840**
3-乙酰基-2-去乙酰基粗枝竹节柳珊瑚林 1* = **841**
3-乙酰基-2-去乙酰基-22*R*-*epi*-粗枝竹节柳珊瑚林 1* = **841**
11-乙酰基-3,6,11-三羟基-9,11-开环胆甾-7,22-二烯-9-酮 = **1121**
2-*O*-乙酰基羽状凹顶藻甾醇* = **648**
12β-乙酰氧基胆甾-4-烯-3,24-二酮 = **646**
(22*S*)-3α-乙酰氧基-11β,18α-二羟基-24-甲基-18,20β:22,25-双环氧-5α-呋甾烷 = **839**
(22*E*)-11-乙酰氧基-3β,6α-二羟基-9,11-开环-5α-胆甾-7,22-二烯-9-酮* = **1121**
(22*E*)-11-乙酰氧基-3β,6α-二羟基-24-去甲-9,11-开环-5α-胆甾-7,22 二烯-9-酮 = **1122**
7-乙酰氧基-7,8-二氢氯乌隆* = **1774**
3α-乙酰氧基-25-羟基胆甾-4-烯-6-酮 = **647**
乙酰氧基小圆齿网地藻内酯* = **101**
4-乙酰氧基-2-溴-5,6-环氧-2-环己烯-1-酮 = **1499**
6-乙酰氧基亚油酸 = **1195**
4-(10-乙酰氧-3,5,7-十(碳)三烯基)苯酚 = **2006**
1-乙酰氧-4-(10-乙酰氧-3,5,7-十(碳)三烯基)苯 = **2005**
(3β,7α,22*Z*)-24-异丙基胆甾烷-5,22-二烯-3,7-二醇 = **1087**
异地甾酮 A* = **779**
异地甾酮 B* = **780**
异地甾酮 C* = **781**
异地甾酮 D* = **782**
异冈田软海绵素 C = **178**
异高冈田软海绵素 B = **187**
38-*epi*-异高冈田软海绵素 B = **188**
异黑指纹海兔炔* = **2027**
异菊花螺烯酮* = **1266**
异卡西甾醇* = **956**
异劳拉内酯* = **524**
异劳力姆内酯* = **524**
12-异马那多过氧化物 B* = **1586**
异鞘丝藻酰胺 A* = **70**
异鞘丝藻酰胺 A_1* = **71**
异鞘丝藻酰胺 B* = **72**
3-(3-异氰基环戊烯-1-亚基)丙酸 = **1535**
异-9,10-去氧特里达吡酮* = **606**
异石海绵佛母炔 3* = **1314**
异石海绵佛母炔 4* = **1315**
异斯氏蒂壳海绵内酯 A* = **473**
异无花果状石海绵炔 6* = **1387**
异无花果状石海绵炔 7* = **1388**
异纤维蛋白 A_1 = **1440**
异纤维蛋白 A_2 = **1441**
异纤维蛋白 A_3 = **1442**
异纤维蛋白 B_1 = **1443**
异纤维蛋白 B_2 = **1444**
异纤维蛋白 B_3 = **1445**
异羽状凹顶藻新* = **2029**
薏苡醇 = **1669**
翼藻烯* = **1236**
因苏吐斯曲霉内酯 A* = **1696**

隐海绵乙酰烯 A* = 1380
隐海绵乙酰烯 C* = 1404
隐海绵乙酰烯 D* = 1292
印度尼西亚海绵甾醇硫酸酯 I* = 859
印度尼西亚海绵甾醇硫酸酯 J* = 860
硬棘软珊瑚甾醇 A* = 632
硬棘软珊瑚甾醇 B* = 633
硬棘软珊瑚甾醇 E* = 634
硬壳掘海绵甾醇 A* = 777
硬壳掘海绵甾醇 B* = 778
硬毛短足软珊瑚甾醇 A* = 1129
硬毛短足软珊瑚甾醇 B* = 1130
硬毛短足软珊瑚甾醇 C* = 1101
硬毛短足软珊瑚甾醇 D* = 762
硬毛短足软珊瑚甾醇 E* = 944
硬毛短足软珊瑚甾醇 F* = 945
硬毛短足软珊瑚甾醇 G* = 763
优那拉甾醇 A* = 1016
优那拉甾醇 B* = 1017
6-*epi*-优那拉甾醇 B* = 1018
优那拉甾醇 C* = 1112
优那拉甾醇 E* = 1019
油酸 = 1230
羽珊瑚双环酮* = 1786
羽状凹顶藻新* = 2031
羽状凹顶藻甾醇* = 809
原甲藻醇* = 18
原甲藻内酯* = 574
原甲藻内酯 B* = 575
圆酵母酮* = 614
圆皮海绵内酰胺* = 613
圆筒软海绵糖苷 A_1* = 1931
圆筒软海绵糖苷 A_2* = 1932
圆筒软海绵糖苷 A_3* = 1933
圆筒软海绵糖苷 A_4* = 1934
圆筒软海绵糖苷 B_1* = 1935
圆筒软海绵糖苷 B_2* = 1936
圆筒软海绵糖苷 B_3* = 1937
圆筒软海绵糖苷 B_4* = 1938
圆筒软海绵糖苷 B_5* = 1939
圆筒软海绵糖苷 B_6* = 1940
圆柱醇 B* = 597
圆锥形褶胃海鞘甾醇 B* = 873
圆锥形褶胃海鞘甾醇 C* = 874
圆锥形褶胃海鞘甾醇 D* = 875
孕烯醇酮 = 631
杂色曲霉素 C = 269
杂星海绵林 A* = 455
杂星海绵林 B* = 456
杂星海绵林 C* = 457
杂星海绵甾醇 A* = 1015
杂星海绵甾醇 B* = 821
杂星海绵甾醇 C* = 822
展开豆荚软珊瑚甾醇 A* = 989
展青霉素 = 1661
章海星脑苷脂 S-1-3 = 1961
章海星脑苷脂 S-1-4* = 1962
章海星脑苷脂 S-1-5* = 1963
褶胃海鞘新* = 1242
针茅酸 A* = 610
珍珠贝毒素 A* = 233
珍珠贝毒素 B* = 234
珍珠贝毒素 C* = 235
真丛柳珊瑚胆甾醛 A* = 659
真菌甾醇 = 918
正二十一烷-1,21-二基-二硫酸酯 = 1150
正交粗枝竹节柳珊瑚甾醇 A* = 979
正交粗枝竹节柳珊瑚甾醇 B* = 980
正交粗枝竹节柳珊瑚甾酮 A* = 981
正交甾醇 C 二硫酸酯* = 1023
枝孢内酯 A* = 1983
枝孢内酯 B* = 1984
枝顶孢加诺霉素* = 1668
枝顶孢亭* = 1680
酯酰半缩醛杂色曲霉素* = 258
栉蛇尾双内酯 A* = 1660
栉蛇尾双内酯 B* = 1697
青甲海绵内酯* = 513
紫红柳珊瑚甾醇 A* = 810
紫红柳珊瑚甾醇 B* = 811
17-*O*-棕榈酰基-20-甲基斯毕罗毒素内酯 G* = 228
棕藻齿缘墨角藻烯 = 1182
棕藻环氧烯* = 1486
棕藻水云烯* = 1490
棕藻酸藻烯* = 1487
棕藻索链藻烯* = 1491
棕藻网地藻烯* = 1489
棕藻网翼藻烯 A* = 1488
(*R*)-棕藻网翼藻烯 C′* = 1489
棕藻烯* = 1177
棕藻旋卷匍扇藻林 A* = 322
棕藻旋卷匍扇藻林 B* = 323

棕藻旋卷匍扇藻林 G*　=　**324**
棕藻旋卷匍扇藻林 H*　=　**325**
棕藻旋卷匍扇藻林 I*　=　**326**
棕藻甾醇*　=　**1049**
足分枝菌内酯*　=　**546**
卒仙得拉毒素 A*　=　**593**
卒仙得拉毒素 B*　=　**594**

索引 2　化合物英文名称索引

化合物英文名称按英文字母排序（包括英文正名及别名 2428 个，英文正名 2034 个，英文别名 394 个）。等号（=）后对应的是该化合物在本卷中的唯一代码 **(1~2034)**。化合物名称中的D-, L-, *d-*, *l-*, *R-*, *S-*, *E-*, *Z-*, *O-*, *N-*, *C-*, *H-*, *cis-*, *trans-*, *ent-*, *epi-*, *meso-*, *erythro-*, *threo-*, *sec-*, *seco-*, *m-*, *o-*, *p-*, *n-*, *α-*, *β-*, *γ-*, *δ-*, *ε-*, *κ-*, *ξ-*, *ψ-*, *ω-*, (+), (−), (±) 等，以及 0, 1, 2, 3, 4, 5, 6, 7, 8, 9 等数字及标点符号都不参加排序。

(2*α*,5*α*,11*β*,20*R*,22*S*,24*S*)-4(3→2)-Abeo-22,25-epoxy-11,20-dihydroxy-24-methylfurostan-3-oic acid = **835**

Abyssomicin J = **1693**

Acalycigorgia inermis sterol A = **642**

Acalycigorgia inermis sterol B = **643**

Acalycigorgia inermis sterol C = **644**

Acanthacerebroside A = **1878**

Acanthifolic acid = **213**

Acanthifolicin = **213**

Acanthifolioside A = **857**

Acanthifolioside B = **858**

Acanthifolioside C = **645**

Acanthifolioside D = **1032**

Acanthifolioside E = **1033**

Acanthifolioside F = **1034**

Acanthosterol sulfate I = **859**

Acanthosterol sulfate J = **860**

1-Acetoxy-4-(10-acetoxy-3,5,7-decatrienyl)benzene = **2005**

4-Acetoxy-2-bromo-5,6-epoxy-2-cyclohexen-1-one = **1499**

12*β*-Acetoxycholest-4-ene-3,24-dione = **646**

Acetoxycrenulide = **101**

4-(10-Acetoxy-3,5,7-decatrienyl)phenol. = **2006**

7-Acetoxy-7,8-dihydrochlorovulone = **1774**

(22*S*)-3*α*-Acetoxy-11*β*,18*α*-dihydroxy-24-methyl-18,20*β*:22,25-diepoxy-5*α*-furostane = **839**

(22*E*)-11-Acetoxy-3*β*,6*α*-dihydroxy-24-nor-9,11-*seco*-5*α*-cholesta-7,22-dien-9-one = **1122**

(22*E*)-11-Acetoxy-3*β*,6*α*-dihydroxy-9,11-*seco*-5*α*-cholesta-7,22-dien-9-one = **1121**

3*α*-Acetoxy-25-hydroxycholest-4-en-6-one = **647**

6-Acetoxylinoleic acid = **1195**

3-(4-*O*-Acetyl-6-deoxy-*β*-galactopyranosyloxy)-19-norpregna-1,3,5(10),20-tetraene = **635**

3-Acetyl-2-desacetyl-22*S*-*epi*-hippurin 1 = **840**

3-Acetyl-2-desacetyl-22*R*-*epi*-hippurin-1 = **841**

3-Acetyl-2-desacetylhippurin 1 = **841**

3-Acetyl-22-*epi*-hippuristanol = **842**

5-Acetyl-lituarine C = **190**

8-*O*-Acetylmalyngamide C = **64**

8-*O*-Acetyl-8-*epi*-malyngamide C = **65**

6-*O*-Acetylmalyngamide F = **66**

2-*O*-Acetylpinnasterol = **648**

Acetyltheonellasterol = **1035**

11-Acetyl-3,6,11-trihydroxy-9,11-secocholesta-7,22-dien-9-one = **1121**

Acodontasteroside D = **1036**

Acodontasteroside E = **861**

Acodontasteroside F = **1037**

Acodontasteroside G = **862**

Acodontasteroside H = **863**

Acodontasteroside I = **1038**

Acremostrictin = **1680**

Actisonitrile = **1145**

Acuminolide A = **480**

Acyl-hemiacetal sterigmatocystin = **258**

Adociacetylene A = **1380**

Adociacetylene C = **1404**

Adociacetylene D = **1292**

Adriatoxin = **145**

Agelagalastatin = **1879**

Agelasphin 11 = **1880**

Agelasphin 13 = **1881**

Agelasphin 7A = **1882**

Agelasphin 9A = **1883**

Agelasphin 9B = **1884**

Agelasphin 10 = **1963**

Agosterol A = **649**

Agosterol A_4 = **864**

Agosterol A_5 = **865**

Agosterol B = **650**

Agosterol C = **651**

Agosterol C_6 = **1039**

Agosterol D_2 = **652**

Aigialomycin A = **332**

Aigialomycin D = **333**

Aigialomycin E = **334**

Aikupikoxide B = **1561**

Aikupikoxide C = **1562**

Aikupikoxide D = **1563**
Akaeolide = **611**
Alternaroside A = **1885**
Alternaroside B = **1886**
Alternaroside C = **1887**
Altohyrtin A = **579**
Altohyrtin B = **481**
Altohyrtin C = **580**
AM17 = **137**
Amaranzole B = **653**
Amaranzole C = **654**
Amaranzole D = **655**
Amaranzole E = **656**
Amaranzole F = **657**
1-*O*-(4-Amino-4-deoxy-*α*-D-mannopyranosyl)glycerol = **1846**
2-Amino-9,13-dimethylheptadecanoic acid = **1163**
2-Amino-11-dodecen-3-ol = **1184**
N^{ω}-(3-Aminopropyl)-squalamine = **801**
(2*R*,3*R*)-Aminotetradeca-5,7-dien-3-ol = **1888**
(2*R*,3*S*)-Aminotetradeca-5,7-dien-3-ol = **1889**
2-Amino-5-tetradecen-3-ol = **1173**
(2*S*)-Amino-13-tetradecen-(3*R*)-ol = **1183**
1-Amino-4,12-tridecadien-2-ol = **1174**
(2*R*,5*E*)-1-Amino-5-tridecen-2-ol = **1175**
(2*S*,4*E*)-1-Amino-4-tridecen-2-ol = **1890**
Amphidinin A = **20**
Amphidinoketide I = **1240**
Amphidinoketide Ⅱ = **1241**
Amphidinol = **133**
Amphidinol 1 = **133**
Amphidinol 17 = **137**
Amphidinol 2 = **134**
Amphidinol 5 = **135**
Amphidinol 6 = **136**
Amphidinolactone A = **1776**
Amphidinolactone B = **389**
Amphidinolide A = **390**
Amphidinolide B = **391**
Amphidinolide B_1 = **391**
Amphidinolide B_2 = **392**
Amphidinolide B_3 = **393**
Amphidinolide B_4 = **394**
Amphidinolide B_5 = **395**
Amphidinolide B_6 = **396**
Amphidinolide B_7 = **397**
Amphidinolide C = **398**
Amphidinolide C_2 = **399**
Amphidinolide C_3 = **400**
Amphidinolide D = **401**
Amphidinolide E = **402**
Amphidinolide F = **403**
Amphidinolide G_1 = **404**
Amphidinolide G_2 = **405**
Amphidinolide G_3 = **406**
Amphidinolide H = **407**
Amphidinolide H‡ = **394**
Amphidinolide H_1 = **407**
Amphidinolide H_2 = **408**
Amphidinolide H_3 = **409**
Amphidinolide H_4 = **410**
Amphidinolide H_5 = **411**
Amphidinolide J = **412**
Amphidinolide K = **413**
Amphidinolide L = **414**
Amphidinolide M = **415**
Amphidinolide N = **416**
Amphidinolide O = **417**
Amphidinolide P = **418**
Amphidinolide Q = **419**
Amphidinolide R = **420**
Amphidinolide S = **421**
Amphidinolide T = **422**
Amphidinolide T_1 = **422**
Amphidinolide T_2 = **423**
Amphidinolide T_3 = **424**
Amphidinolide T_4 = **425**
Amphidinolide T_5 = **426**
Amphidinolide U = **427**
Amphidinolide V = **428**
Amphidinolide W = **429**
Amphidinolide X = **430**
Amphidinolide Y = **431**
Amphilactam A = **482**
Amphilactam B = **483**
Amphilactam C = **484**
Amphilactam D = **485**
Amphimic acid A = **1715**
Amphimic acid B = **1716**
Amphimic acid C = **1717**
Amphirionin 4 = **21**
Amurensoside A = **658**
Anastomosacetal A = **659**
Andavadoic acid = **1564**
Anhydrodebromoaplysiatoxin = **243**

Anicequol = **866**
Ankaraholide A = **468**
Ankaraholide B = **469**
Annasterol sulfate = **867**
A-nor-22-*epi*-hippurin-2α-carboxylic acid = **835**
Antibiotics 1010-F1 = **1163**
Antibiotics 3D5 = **309**
Antibiotics A300 = **121**
Antibiotics BK 223B = **486**
Antibiotics GERI-BP001 M = **1703**
Antibiotics IB 96212 = **49**
Antibiotics JBIR 59 = **270**
Antibiotics ML 449 = **116**
Antibiotics MT 332 = **32**
Antibiotics SMP 2 = **1255**
Antibiotics SS-228Y = **120**
Antimycin A_{19} = **349**
Antimycin A_{20} = **350**
Antimycin B_2 = **351**
Aplasmomycin = **487**
Aplasmomycin A = **487**
Aplasmomycin B = **488**
Aplasmomycin C = **489**
Aplidiasphingosine = **1242**
Aplydilactone = **1785**
Aplyolide A = **1196**
Aplyolide B = **1197**
Aplyolide C = **1198**
Aplyolide D = **1199**
Aplyolide E = **1200**
Aplyparvunin = **2022**
Aplyronine A = **432**
Aplyronine B = **433**
Aplyronine C = **434**
Aplyronine C-7-*O*-(2-dimethylamino-3-methoxypropanoyl) = **432**
Aplyronine C-9-*O*-(2-dimethylamino-3-methoxypropanoyl) = **433**
Aplyronine D = **435**
Aplyronine E = **436**
Aplyronine F = **437**
Aplyronine G = **438**
Aplyronine H = **439**
Aplysiatoxin = **244**
3-[(3-*O*-β-D-Arabinofuranosyl-β-D-glucopyranosyl)oxy]-7-hydroxycholest-5-en-19-oic acid = **732**
Aragusteroketal A = **1088**
Aragusteroketal C = **1089**
Aragusterol = **1090**
Aragusterol A = **1090**
Aragusterol B = **1091**
Aragusterol C = **1092**
Aragusterol E = **1093**
Aragusterol F = **1094**
Aragusterol G = **1095**
Aragusterol H = **1096**
Aragusterol I = **1097**
Archasteroside A = **1040**
Archasteroside B = **660**
Archidorin = **1799**
Arenolide = **490**
Ascidiatrienolide A = **1777**
Ascochlorin = **595**
Ascotoxin = **497**
Asperamide A = **1891**
Asperamide B = **1892**
Asperamide B (Zhang, 2007) = **1893**
Asperamide C = **1894**
Aspergillide A = **1201**
Aspergillide B = **1202**
Aspergillide C = **1203**
Aspericin A = **22**
Aspericin C = **23**
Aspermytin A = **596**
Asperversin A = **868**
Asperxanthone = **259**
epi-Aspinonediol = **1243**
Aspinonene = **1244**
Aspinotriol A = **1245**
Aspinotriol B = **1246**
Asteriidoside A = **661**
Asteriidoside C = **662**
Asteriidoside E = **663**
Asteriidoside F = **664**
Asteriidoside I = **665**
Asteriidoside L = **869**
Astrocerebroside A = **1895**
Astrogorgiadiol = **1113**
Astropectenol A = **666**
Astropectenol B = **667**
Astropectenol C = **668**
Astropectenol D = **669**
Astrosterioside A = **670**
Astrosterioside C = **626**

Astrosterioside D = **826**
Attenol B = **1655**
Aurantoic acid = **1204**
Aureobasidin = **1146**
Aureoverticillactam = **2**
Aversin = **260**
Averufin = **261**
Awajanomycin = **1668**
Azalomycin F_{4a} 2-ethylpentyl ester = **386**
Azalomycin F_{5a} 2-ethylpentyl ester = **387**
4-Azoniaspiro[3. 3]heptane-2,6-diol = **1654**
Bacillariolide Ⅰ = **1724**
Bacillariolide Ⅱ = **1725**
Bafilomycin D = **309**
Bafilomycin F = **310**
Bafilomycin G = **311**
Bafilomycin I = **312**
Bahamaolide A = **117**
Balticolide = **1**
Bathymodiolamide A = **1896**
Bathymodiolamide B = **1897**
Batilol = **1847**
Batyl alcohol-3-*O*-*α*-L-fucopyranoside = **1848**
Belizeanolic acid = **24**
Belizeanolide = **491**
Belizentrin = **492**
(4*R*,7*S*,*E*)-10-Benzyl-5,7-dimethylundeca-1,5,10-trien-4-ol = **2007**
Biemnasterol = **870**
Biselyngbyaside = **493**
Biselyngbyaside B = **494**
Biselyngbyolide A = **495**
6,12-Bis(hydroxymethyl)-6,12-diundecyl-1,7-dioxacyclododecane-2,8-dione = **1171**
Bislongiquinolide = **271**
Bisorbibutenolide = **271**
Bisorbicillinol = **272**
Bistheonellide A = **470**
Bistheonellide B = **471**
Bisvertinolone = **273**
Bisvertinoquinol = **274**
Blancasterol = **671**
Borophycin = **496**
Botryosphaerin F = **1694**
Brasilenyne = **2023**
Brefeldin A = **497**
Brevetoxin A = **146**
Brevetoxin B = **147**
Brevetoxin B_1 = **148**
Brevetoxin B_2 = **149**
Brevetoxin B_{3a} = **150**
Brevetoxin B_{3b} = **151**
Brevetoxin B_{4b} = **152**
Brevetoxin C = **156**
Brevetoxin PbTx5 = **153**
Brevetoxin PbTx6 = **154**
Brevetoxin PbTx7 = **155**
Brevetoxin PbTx8 = **156**
Brevisin = **157**
Brevisulcenal F = **158**
19-Bromoaplysiatoxin = **245**
11-Bromo-3,12-dihydroxy-2,2,4,10-tetramethyl-4,6,8,10,14,16-eicosahexaen-18-ynamide = **1474**
22-Bromo-17*E*,21*E*-docosadiene-9,11,19-triynoic acid = **1405**
22-Bromo-17*E*,21*Z*-docosadiene-9,11,19-triynoic acid = **1406**
(all-*E*)-20-Bromo-5,11,15,19-eicosatetraene-9,17-diynoic acid = **1407**
(all-*E*)-20-Bromo-11,15,19-eicosatriene-9,17-diynoic acid = **1408**
16-Bromo-7,15-hexadecadiene-5-ynoic acid = **1409**
18-Bromo-9*E*,17*E*-octadecadiene-5,7-diynoic acid = **1410**
18-Bromo-9*E*,17*E*-octadecadiene-7,15-diynoic acid = **1411**
18-Bromo-9*Z*,17*E*-octadecadiene-7,15-diynoic acid = **1412**
18-Bromo-9*E*,15*E*-octadecadiene-5,7,17-triynoic acid = **1413**
18-Bromo-9*E*,17*E*-octadecadiene-5,7,15-triynoic acid = **1414**
18-Bromo-13*E*,17*E*-octadecadiene-5,7,15-triynoic acid = **1415**
18-Bromo-13*E*,17*Z*-octadecadiene-5,7,15-triynoic acid = **1416**
18-Bromo-13*Z*,17*E*-octadecadiene-5,7,15-triynoic acid = **1417**
18-Bromo-9,17*E*-octadecadiene-5,7,15-triynoic acid = **1418**
18-Bromo-9,17*Z*-octadecadiene-5,7,15-triynoic acid = **1419**
18-Bromo-17*Z*-octadecadiene-5,7,15-triynoic acid = **1420**
18-Bromo-17*E*-octadecadiene-5,7,15-triynoic acid = **1421**
18-Bromo-5*Z*,17*E*-octadecadien-7-ynoic acid = **1422**
18-Bromo-5*Z*,17*E*-octadecadien-7-ynoic acid methyl ester = **1423**
18-Bromo-5*Z*,9*E*,17*E*-octadecatriene-7,15-diynoic acid = **1424**
18-Bromo-7*E*,13*E*,17*E*-octadecatriene-5,15-diynoic acid = **1425**
18-Bromo-9*E*,13*E*,17*E*-octadecatriene-7,15-diynoic acid = **1426**
18-Bromo-9*E*,13*Z*,17*E*-octadecatriene-7,15-diynoic acid = **1427**
18-Bromo-9*E*,13*E*,17*E*-octadecatriene-5,7,15-triynoic acid = **1428**
18-Bromo-9,13,17-octadecatriene-5,7,15-triynoic acid = **1429**
17-Bromooscillatoxin A = **246**
Bromotheoynic acid = **1430**

Bromovulone Ⅰ = **1726**
Bromovulone Ⅱ = **1727**
Bromovulone Ⅲ = **1728**
Bruguierol C = **1681**
Bryostatin 1 = **366**
Bryostatin 2 = **367**
Bryostatin 3 = **369**
20-*epi*-Bryostatin 3 = **368**
Bryostatin 4 = **370**
Bryostatin 5 = **371**
Bryostatin 6 = **372**
Bryostatin 7 = **373**
Bryostatin 8 = **374**
Bryostatin 9 = **375**
Bryostatin 10 = **376**
Bryostatin 11 = **377**
Bryostatin 12 = **378**
Bryostatin 13 = **379**
Bryostatin 14 = **380**
Bryostatin 15 = **381**
Bryostatin 16 = **382**
Bryostatin 17 = **383**
Bryostatin 18 = **384**
BTXB1 = **148**
BTXB2 = **149**
BTXB3A = **150**
BTXB3B = **151**
6-(1,3-Butadienyl)-1,4-cycloheptadiene = **1487**
1-Butoxy-2-methyl-1-(2-methylpropoxy)-2-propanol = **1164**
6-Butyl-1,4-cycloheptadiene; Dictyotene = **1489**
6-Butyl-4,6-diethyl-1,2-dioxan-3-acetic acid = **1565**
6-Butyl-6-ethyl-4-ethylidene-1,2-dioxan-3-acetic acid = **1566**
(+)-(3*S*,4*S*)-3-*n*-Butyl-4-vinylcyclopentene = **1485**
Calcaride A = **498**
Calcaride B = **499**
Calcaride C = **500**
Calcaride E = **501**
Calicoferol A = **1114**
Calicoferol B = **1115**
Calicoferol D = **1119**
Calicoferol F = **1120**
Calicoferol G = **1116**
Calicoferol H = **1117**
Calicoferol I = **1118**
Calicogorgin A = **1898**
Calicogorgin B = **1899**
Calicogorgin C = **1900**
Callipeltoside A = **502**
Callipeltoside B = **503**
Callipeltoside C = **504**
Callyberyne A = **1288**
Callyberyne B = **1289**
Callyspongin A = **1471**
Callyspongin B = **1472**
Callysponginol sulfate A = **1473**
Callyspongiolide = **1431**
Callyspongynic acid = **1432**
Callytetrayne = **1290**
Callytriol A = **1293**
Callytriol B = **1294**
Callytriol C = **1295**
Callytriol D = **1296**
Callytriol E = **1297**
Calyceramide A = **1901**
Calyceramide B = **1902**
Calyceramide C = **1903**
Calyculin A = **1802**
Calyculinamide A = **1803**
Calyculinamide B = **1804**
Calyculinamide F = **1805**
Calyculin B = **1806**
Calyculin C = **1807**
Calyculin D = **1808**
Calyculin G = **1809**
Calyculin H = **1810**
Calyculin J = **1811**
Calyxoside = **1904**
Candidaspongiolide A = **505**
Candidaspongiolide B = **506**
Capsofulvesin A = **1205**
Capsofulvesin B = **1206**
Capucinoic acid A = **1567**
Capucinoic acid B = **1568**
(2-Carboxyethyl)dimethylsulfonium (1+) = **1147**
Caribbean ciguatoxin 1 = **159**
Caribbean ciguatoxin 2 = **160**
Caribenolide I = **507**
Carijoside A = **672**
Carteriosulfonic acid A = **1207**
Carteriosulfonic acid B = **1208**
Carteriosulfonic acid C = **1209**
Caudoxirene = **1486**
Caulerpicin A = **1905**
Caulerpicin B = **1906**

Caulerpicin C = **1907**
Caylobolide A = **508**
Caylobolide B = **509**
C-CTX-1 = **159**
C-CTX-2 = **160**
CEG 3 = **1908**
CEG 4 = **1909**
CEG 5 = **1910**
CEG 6 = **1911**
Ceramide 1 = **1912**
Ceratodictyol A = **1849**
Ceratodictyol B = **1850**
Ceratodictyol C = **1851**
Ceratodictyol C 6'-epimer = **1852**
Ceratodictyol D = **1852**
Ceratodictyol E = **1853**
Ceratodictyol F = **1854**
Cerebroside A = **1913**
Cerebroside B = **1914**
Cerebroside C = **1925**
Cerebroside CE-1-1 = **1918**
Cerebroside CE-1-2 = **1915**
Cerebroside CE-1-3 = **1916**
Cerebroside D = **1917**
Cerebroside PA-0-5 = **1918**
Cerevisterol = **871**
Cervicoside = **1148**
Chabrosterol = **872**
Chalinasterol = **982**
Charamin = **1654**
(*R*)-Chimyl alcohol = **1855**
Chloctanspirone A = **275**
Chloctanspirone B = **276**
2-Chloro-2-deoxyfusarielin B = **599**
(3*Z*)-Chlorofucin = **2024**
2-Chloro-4-hydroxy-4-(1-hydroxyethyl)-2-cyclopenten-1-one = **1528**
(65*E*)-Chloro-KmTx1 = **138**
(64*E*)-Chloro-KmTx3 = **139**
N-[2-(Chloromethylene)-6-(2,5-dihydro-4-methoxy-2-oxo-1*H*-pyrrol-1-yl)-4-methoxy-6-oxo-4-hexenyl]-7-methoxy-*N*-methyl-4-tetradecenamide = **76**
(–)-(*E*)-1-Chlorotridec-1-ene-6,8-diol = **1176**
Chlorovulone I = **1729**
Chlorovulone II = **1730**
Chlorovulone III = **1731**
Cholestane-3α,6α-Diacetoxy-22*S*,25-diol = **679**
Cholestane-3,6,8,15,16,25,26-heptol = **680**
(3β,4β,5α,6β,8β,15β,24*R*)-Cholestane-3,4,6,8,15,24,25-heptol = **681**
(3β,4β,5α,6α,7α,8β,15β,24*S*)-Cholestane-3,4,6,7,8,15,24-heptol 3-*O*-(2,4-di-*O*-methyl-β-D-xylopyranoside) 24-*O*-[β-D-xylopyranosyl-(1→5)-α-L-arabinofuranoside] = **784**
(3β,4β,5α,6α,7α,8β,15β,24*S*)-Cholestane-3,4,6,7,8,15,24-heptol 3-(2-*O*-methyl-β-D-xylopyranoside) 24-[2-*O*-methyl-β-D-xylopyranosyl-(1→5)-α-L-arabinofuranoside] = **785**
(25*S*)-5α-Cholestane-3β,5,6β,15α,16β,26-hexaol 26-sulfate = **682**
(25*S*)-5α-Cholestane-3β,5,6β,15α,16β,26-hexaol 16-sulfate = **683**
(3β,4β,5α,6β,15α,24*S*)-Cholestane-3,4,6,8,15,24-hexol = 684
(3β,4β,5α,6α,15β,24*S*)-Cholestane-3,4,6,8,15,24-hexol = **685**
(3β,5α,6β,7α,15α,16β)-Cholestane-3,6,7,15,16,26-hexol = **686**
Cholestane-3,6,8,15,16,26-hexol = **687**
(3β,4β,5α,6α,15β,24*S*)-Cholestane-3,4,6,8,15,24-hexol 24-*O*-[2-*O*-methyl-β-D-xylopyranosyl-(1→5)-α-L-arabinofuranoside] = **786**
(3β,5α,6α,7α,15α,24*S*)-Cholestane-3,6,7,8,15,24-hexol 24-*O*-[4-*O*-methyl-β-D-xylopyranosyl-(1→2)-3-*O*-methyl-β-D-xylopyranoside] = **719**
(25*S*)-5β-Cholestane-3β,6β,15α,16β,26-pentol = **688**
(25*R*)-5α-Cholestane-3β,6β,15α,16β,26-pentol = **689**
(3β,5α,6β,15β,24*S*)-Cholestane-3,6,8,15,24-pentol 24-*O*-[2,4-di-*O*-methyl-β-D-xylopyranosyl-(1→2)-α-L-arabinofuranoside] = **759**
(3β,5α,6α,15β,24*S*)-Cholestane-3,6,8,15,24-pentol 24-*O*-[2,4-di-*O*-methyl-β-D-xylopyranosyl-(1→5)-α-L-arabinofuranoside] = **793**
(3β,5α,6α,15β,24*S*)-Cholestane-3,6,8,15,24-pentol 24-*O*-[2,3-di-*O*-methyl-β-D-xylopyranosyl-(1→2)-α-L-arabinofuranoside] = **794**
(3β,5α,6α,15α,24*S*)-Cholestane-3,6,8,15,24-pentol 24-*O*-(3-*O*-methyl-4-*O*-sulfo-β-D-xylopyranoside) = **808**
(3β,5α,6α,15β,24*S*)-Cholestane-3,6,8,15,24-pentol 24-*O*-[2-*O*-methyl-β-D-xylopyranosyl-(1→5)-α-L-arabinofuranoside] = **791**
(3β,5α,6α,15α,24*S*)-Cholestane-3,6,8,15,24-pentol 24-*O*-[4-*O*-methyl-β-D-xylopyranosyl-(1→2)-3-*O*-methyl-β-D-xylopyranoside] = **720**
(24*S*)-5α-Cholestane-3β,5,6β,15α,24-pentol 15-sulfate = **690**
5α-Cholestane-3β,5,6β,15α,16β-pentol 16-sulfate = **691**
(3β,5α,6β,15α,24*S*)-Cholestane-3,5,6,15,24-pentol 24-*O*-β-D-xylopyranoside = **813**
(3β,5α,6α,15β,24*S*)-Cholestane-3,6,8,15,24-pentol 24-*O*-[β-D-

xylopyranosyl-(1→5)-α-L-arabinofuranoside] = **792**
5β-Cholestane-3α,4α,11β,21-tetraol 3,21-disulfate = **692**
(3β,5α,6α,15β,24*S*)-Cholestane-3,6,15,24-tetrol 24-*O*-β-D-xylopyranoside = **812**
(3β,5α,6α,15α,24*S*)-Cholestane-3,6,15,24-tetrol 24-*O*-β-D-xylopyranoside 15-*O*-sulfate = **658**
(3α,4β,5α)-Cholestane-3,4,21-triol 3,21-di-*O*-sulfate = **693**
Cholest-5,23*E*-dien-3β,25-diol = **673**
Cholest-5,25-diene-3β,24ξ-diol = **674**
Cholest-5,24-diene-3-*O*-sulfate-19-carboxylic acid = **675**
(3β,7β,22*E*)-Cholest-5,22-diene-3,7,19-triol = **676**
Cholest-7,22-diene-3β,5α,6β-triol = **677**
(3β,5α,6α,20*S*)-Cholest-9(11),24-diene-3,6,20-triol 6-*O*-[β-D-galactopyranosyl-(1→3)-β-D-arabinopyranosyl-(1→2)-β-D-fucopyranosyl-(1→4)-[6-deoxy-β-D-glucopyranosyl-(1→2)]-β-D-xylopyranosyl-(1→3)-6-deoxy-β-D-glucopyranoside] 3-*O*-sulfate = **663**
Cholest-4-ene-3α,6β-diol = **694**
3α-Cholest-5-ene-3,21-diol 3,21-disulfate = **695**
Cholest-4-ene-3,24-dione = **696**
(3β,4β,5α,6α,7α,8β,15β,24*R*)-Cholest-22*E*-ene-3,4,6,7,8,15,24-heptol 6-*O*-sulfate = **697**
(3β,4β,5α,6α,8β,15β,22*E*,24*R*)-Cholest-22-ene-3,4,6,8,15,24-hexol = **698**
(25*R*)-Cholest-22-ene-3,6,8,15,16,26-hexol = **699**
(3β,5α,6α,15β,16β,22*E*,25*S*)-Cholest-22-ene-3,6,8,15,16,26-hexol 3,26-di-*O*-β-D-xylopyranoside = **664**
Cholest-22*E*-ene-3β,6β,8β,15α,24*R*-pentol = **700**
Cholest-5-ene-3-*O*-sulfate-19-carboxylic acid = **678**
(3β,7β,9α)-Cholest-5-ene-3,7,9,19-tetrol = **701**
(3β,5α,6α,16β,20*S*)-Cholest-9(11)-ene-3,6,16,20-tetrol 6-*O*-[6-deoxy-β-D-galactopyranosyl-(1→2)-6-deoxy-β-D-glucopyranosyl-(1→4)-[6-deoxy-β-D-glucopyranosyl-(1→2)]-6-deoxy-β-D-glucopyranosyl-(1→3)-6-deoxy-β-D-glucopyranoside] 3-Sulfate = **660**
(20*R*)-Cholest-5-ene-2α,3α,4β,21-tetrol 3,21-disulfate = **702**
(3β,4β,5α,6α,11α,22*R*)-Cholest-7-ene-3,4,6-triacetoxy-11,22-diol = **649**
(3β,7β)-Cholest-5-ene-3,7,19-triol = **703**
Cholest-24-ene-(3α,6β,7β)-triol = **704**
Cholest-7-ene-3,5,6-triol = **705**
(2β,3α)-Cholest-5-ene-2,3,21-triol 3,21-disulfate = **706**
Cholest-5-ene-1,3,21-triol-3,21-disulfate = **707**
(3β,5α,6α,23*S*)-Cholest-9(11)-ene-3,6,23-triol 3,6-disulfate (disodium salt) = **708**
(3β,5α)-Cholest-7-en-3-ol = **709**
Cholesterol = **710**
Chondrillin = **1569**
6-*epi*-Chondrillin = **1623**
Chondriol = **2025**
Chondropsin A = **510**
Chondropsin B-32-*O*-(3-carboxy-3-hydroxypropanoyl-(1→67)-lactone = **512**
Chondropsin C = **511**
Chondropsin D = **512**
Chrysogeside B = **1919**
Ciguatoxin 2A1 = **163**
Cinachyrolide A = **582**
Cinanthrenol A = **1132**
Cladionol A = **1247**
Clathrynamide A = **1474**
Clathrynamide B = **1475**
Clathrynamide C = **1476**
Clathsterol = **1041**
Claviridenone B = **1746**
Claviridenone C = **1745**
Claviridenone D = **1744**
Claviridenone E = **1732**
Claviridenone F = **1733**
Claviridenone G = **1734**
Claviridic acid A = **1735**
Claviridic acid B = **1736**
Claviridic acid C = **1737**
Claviridic acid D = **1738**
Claviridic acid E = **1739**
Claviridin A = **1740**
Claviridin B = **1741**
Claviridin C = **1742**
Claviridin D = **1743**
Clavirin Ⅰ = **1500**
Clavirin Ⅱ = **1501**
Clavosine A = **1812**
Clavosine B = **1813**
Clavubicyclone = **1786**
Clavulone Ⅰ = **1744**
Clavulone Ⅱ = **1745**
Clavulone Ⅲ = **1746**
Clonostachydiol = **60**
Cochliomycin A = **321**
Coixol = **1669**
Colletoketol = **61**
Colopsinol A = **7**
Colopsinol C = **8**
Colopsinol E = **9**

Conicasterol B = **873**
Conicasterol C = **874**
Conicasterol D = **875**
Corticatic acid A = **1433**
Corticatic acid B = **1434**
Crassarosterol A = **876**
Crassarosteroside A = **877**
Crassarosteroside B = **878**
Crassarosteroside C = **879**
Craterellon C = **598**
Crellastatin A = **711**
Crellastatin B = **712**
Crellastatin C = **713**
Crellastatin D = **714**
Crellastatin E = **715**
Crellastatin F = **716**
Crellastatin G = **717**
Crellastatin H = **718**
Crossasteroside A = **719**
Crossasteroside B = **720**
Crustecdysone = **837**
Curvulone A = **335**
Curvulone B = **336**
Cyanein = **497**
Cyanolide A = **3**
(3*β*,5*α*,6*α*,8*β*,15*α*,16*β*,24*R*,25*R*)-24,26-Cyclocholestane-3,6,8,15,16,27-hexol = **1107**
10,15-Cyclo-4,7-*epi*-dioxy-1-nor-11(18)-phyten-2-oic acid = **1570**
(3*S*,4*S*,7*S*,10*ξ*)-10,15-Cyclo-4,7-epoxy-10-hydroxy-1-nor-11(18)-phyten-2-oic acid methyl ester = **1561**
Cylindrol B = **597**
Cystophorene = **1177**
Dactylolide = **513**
cis-Dactylyne = **2026**
trans-Dactylyne = **2027**
Dalesconol A = **1556**
Dalesconol B = **1557**
Dankastatin A = **1648**
Dankastatin B = **1649**
Dankasterone A = **880**
Dankasterone B = **881**
22-Deacetoxyanuthone A = **1502**
7-Deacetoxyanuthone A = **1502**
4-Deacetoxyl-12-*O*-deacetylclavulone Ⅰ = **1747**
4-Deacetoxyl-12-*O*-deacetylclavulone Ⅱ = **1748**
4-Deacetoxyl-12-*O*-deacetylclavulone Ⅲ = **1749**
Deacetoxystylocheilamide = **89**
5-De-*O*-acetylaltohyrtin A = **581**
3-*O*-Deacetyl-22,23-dihydro-24,28-didehydro luffasterol B = **1123**
3-*O*-Deacetylluffasterol B = **1124**
Debromoaplysiatoxin = **247**
Debromogrenadadiene = **1248**
4*Z*,7*Z*-Decadien-1-ol-*O*-sulfate = **1178**
4,6,8,10,12,14,16,18,20,22-Decamethoxy-1-heptacosene = 1179
3*Z*,6*Z*,9-Decatrien-1-ol-*O*-sulfate = **1180**
Decumbenone C = **598**
3^B-De-*O*-digitoxosylkijanimicin = **323**
7-Dehydrobrefeldin A = **514**
24-Dehydrocholesterol = **721**
Dehydroconicasterol = **882**
10,11-Dehydrocurvularin = **337**
11′,12′-Dehydroelaiophylin = **313**
9(11)-Dehydroergosterol peroxide = **883**
Dehydroeuryspongin A = **1682**
10,11-Dehydro-13-hydroxycurvularin = **338**
Dehydroxychlorofusarielin B = **599**
15-Dehydroxyconicasterol C = **884**
15-Dehydroxyconicasterol D = **885**
11-Dehydroxy-22-*epi*-hippuristanol = **843**
11-Dehydroxy-22-*epi*-hippuristanol-3-one = **844**
Delesserine = **1656**
29-Demethylgeodisterol-3-*O*-sulfate = **886**
15-De-*O*-methylonnamide = **67**
2-Demethyl-4-peroxyplakoenoic acid A_1 methyl ester = **1571**
19-*O*-DemethylscytophycinC = **515**
13-Demethylspirolide C = **214**
16-Demethyl-swinholide A 7,7′-bis-*O*-(2,3-di-*O*-methyl-*β*-L-lyxopyranoside) = **469**
Dendronesterol B = **722**
Dendronesterone A = **723**
Denticulatin A = **25**
Denticulatin B = **26**
73-Deoxychondropsin A = **516**
2-Deoxycrellastatin A = **712**
2′-Deoxycrellastatin A = **713**
3-*epi*-Deoxyenterocin = **1683**
7-Deoxyokadaic acid = **215**
13-Deoxytedanolide = **517**
2-Desacetyl-22*S*-*epi*-hippurin 1 = **845**
Desmarestene = **1487**
Desulfohaplosamate = **887**
24-Desulfo-24-ketone-26-[(2-amino-2-carboxyethyl)thio]-squ-

alamine = **724**

1-Desulfoyessotoxin = **161**

(22*S*)-2*α*,3*α*-Diacetoxy-11*β*,18*α*-dihydroxy-24-methyl-18,20*β*:22,25-diepoxy-5*α*-furostane = **846**

3*α*,11*α*-Diacetoxy-25-hydroxycholest-4-en-6-one = **725**

3*β*-*O*-(3′,4′-Di-*O*-acetyl-*β*-D-arabinopyranosyl)-25*ξ*-cholestane-3*β*,5*α*,6*β*,26-tetrol-26-acetate) = **672**

2,29-Diamino-4,6,10,13,16,19,22,26-triacontaoctaene-3,28-diol = **1920**

Diaporine = **612**

(5*Z*,11*E*,15*E*,19*E*)-6,20-Dibromoeicosa-5,11,15,19-tetraen-9,17-diynoic acid = **1435**

(7*E*,15*Z*)-14,16-Dibromo-7,13,15-hexadecatrien-5-ynoic acid = **1436**

18,18-Dibromo-9*Z*,17*E*-octadecadiene-5,7-diynoic acid = **1437**

(*Z*)-18,18-Dibromo-5,17-octadecadien-7-ynoic acid = **1438**

18,18-Dibromo-5*Z*,17-octadecadien-7-ynoic acid methyl ester = **1439**

17,19-Dibromooscillatoxin A = **248**

19,21-Dibromooscillatoxin A = **248**

(1*E*,5*Z*)-1,6-Dichloro-2-methyl-1,5-heptadien-3-ol = **1249**

Dichloroverongiaquinol = **1503**

Dictyopterene A = **1488**

Dictyopterene B = **1491**

(*R*)-Dictyopterene C′ = **1489**

Dictyostatin = **518**

Dictyostatin-1 = **518**

13,19-Didemethylspirolide C = **216**

16,16′-Didemethyl-swinholide A 7,7′-bis-*O*-(2,3-di-*O*-methyl-*β*-L-lyxopyranoside) = **468**

Didemnenone A = **1504**

Didemnenone B = **1505**

Didemnenone C = **1506**

Didemnenone D = **1507**

Didemnilactone = **1778**

Didemnilactone A = **1778**

Didemnilactone B = **1779**

2,2′-DideoxycrellastatinA = **714**

4,5-Dideoxy-lituarine C = **189**

Dideoxymalyngamide C = **86**

Dideoxypetrosynol A = **1348**

Dideoxypetrosynol B = **1350**

Dideoxypetrosynol C = **1349**

Dideoxypetrosynol D = **1298**

Dideoxypetrosynol F = **1299**

4,6-Diethyl-3,6-dihydro-6-(2-methylhexyl)-1,2-dioxin-3-acetic acid = **1572**

(3*S*,6*R*,8*S*)-4,6-Diethyl-3,6-dihydro-6-(2-methylhexyl)-1,2-dioxin-3-acetic acid ethyl ester = **1573**

2-[3,5-Diethyl-5-(2-ethyl-3-hexen-1-yl)-2(5*H*)-furanylidene] acetic acid methyl ester = **10**

2-[3,5-Diethyl-5-(2-ethylhexyl)-2(5*H*)-furanylidene]acetic acid methyl ester = **11**

4,6-Diethyl-6-(2-ethyl-4-methyloctyl)-1,2-dioxane-3-acetic acid = **1574**

4,6-Diethyl-6-hexyl-3,6-dihydro-1,2-dioxin-3-acetic acid methyl ester = **1575**

4,6-Diethyl-6-(4-methyl-1-octenyl)-1,2-dioxane-3-acetic acid = **1604**

(1′*E*,3*S*,4*R*,4′*R*,5′*E*,6*S*)-6-(2,4-Diethyl-1,5-octadienyl)-4,6-diethyl-1,2-dioxane-3-acetic acid = **1576**

6-(2,4-Diethyl-1-octenyl)-4,6-diethyl-1,2-dioxane-3-acetic acid = **1577**

Dihomopetrocortyne A = **1300**

10,11-Dihydrobisvertinolone = **277**

2″,3″-Dihydrobisvertinolone = **277**

Dihydrobrevetoxin B = **162**

9,10-Dihydrocolletodiol = **62**

Dihydrodemethylsorbicillin = **278**

2,3-Dihydro-2,3-dihydroxyciguatoxin 3C = **163**

14,15-Dihydrodinophysistoxin 1 = **217**

(*E*)-7,7*a*-Dihydro-5-hydroxy-7-(2-propenylidene)cyclopenta[*c*]pyran-6(2*H*)-one = **1650**

(*Z*)-7,7*a*-Dihydro-5-hydroxy-7-(2-propenylidene)cyclopenta[*c*]pyran-6(2*H*)-one = **1651**

4,5-Dihydroisopetroformyne 3 = **1301**

6,7-Dihydroonnamide A = **68**

6,7-Dihydro-11-oxoonnamide A = **69**

10,11-Dihydro-oxosorbiquinol = **279**

Dihydrooxosorbiquinol = **279**

23,24-Dihydropetroformyne 6 = **1381**

23,24-Dihydropetroformyne 7 = **1382**

Dihydroprorocentrolide = **519**

14,15-Dihydrosiphonodiol = **1302**

2′,3′-Dihydrosorbicillin = **280**

Dihydrothiopyranone = **1559**

Dihydrotrichodermolide = **281**

Dihydrotrichodimerol = **282**

(3*β*,5*α*,25*ξ*)-3,5-Dihydroxy-26-acetoxy-cholestan-6-one = **643**

(3*β*,5*α*,6*α*,22*E*,24*ξ*)-3,6-Dihydroxy-11-acetoxy-27-nor-9,11-secoergosta-7,22-dien-9-one = **890**

(3*β*,5*α*,6*α*)-3,6-Dihydroxy-11-acetoxy-9,11-secocholest-7-en-9-one = **1125**

(3*β*,5*α*,6*α*,22*Z*,24*ξ*)-3,6-Dihydroxy-11-acetoxy-9,11-seco-

ergosta-7,22-dien-9-one = **1126**
(3*β*,5*α*,6*α*)-3,6-Dihydroxy-11-acetoxy-9,11-secoergosta-7,24(28)-dien-9-one = **1127**
(20*S*)-18,20-Dihydroxycholesta-1,4-diene-3,16-dione = **726**
(5*α*,22*ξ*,23*ξ*)-22,23-Dihydroxycholesta-1,24-dien-3-one = **727**
(3*β*,5*α*,6*α*)-3,6-Dihydroxycholesta-9(11),24-dien-23-one 6-*O*-[*β*-D-fucopyranosyl-(1→2)-*β*-D-fucopyranosyl-(1→4)-[*β*-D-quinovopyranosyl-(1→2)]-*β*-D-quinovopyranosyl-(1→3)-*β*-D-glucopyranoside] 3-sulfate = **790**
(3*β*,5*α*,6*α*)-3,6-Dihydroxycholesta-9(11),24-dien-23-one 3-sulfate = **728**
(16*S*,20*S*)-16,20-Dihydroxycholestan-3-one = **729**
6*β*,16*β*-Dihydroxycholest-4-en-3-one = **730**
(3*R*,5*S*)-3,5-Dihydroxydecanoic acid = **1149**
(3*β*,4*α*,5*α*,22*E*,24*R*)-3,11-Dihydroxy-4,23-dimethyl-9,11-secoergost-22-en-9-one = **1128**
(2*S*,3*R*)-1,3-Dihydroxy-2-docosanoyl-amino-4*E*-hexacocaene = **1921**
3*β*,15*α*-Dihydroxy-(22*E*,24*R*)-ergosta-5,8(14),22-trien-7-one = **888**
3*β*,15*β*-Dihydroxy-(22*E*,24*R*)-ergosta-5,8(14),22-trien-7-one = **889**
3,6-Dihydroxy-24-nor-9-oxo-9,11-secocholesta-7,22-dien-11-al = **731**
(2*S*,3*R*)-1,3-Dihydroxy-2-octadecanoyl-amino-4*E*,8*E*-hexadecadiene = **1922**
10-(3,4-Dihydroxyphenyl)-3,5,7-decatrien-1-ol 1,3′-diacetate = **2008**
10-(3,4-Dihydroxyphenyl)-3,5,7-decatrien-1-ol 1,4′-diacetate = **2009**
10-(3,4-Dihydroxyphenyl)-3,5,7-decatrien-1-ol triacetate = **2010**
3*α*,16*β*-Dihydroxy-5*α*-pregna-1,20-diene-3,16-diacetate = **628**
3,4-Dihydroxypregna-5,15-diene-20-one-19,2-carbolactone = **627**
(3*β*,5*α*,6*α*)-3,6-Dihydroxypregn-9(11)-en-20-one 6-*O*-(6-deoxy-*β*-D-glucopyranoside) 3-*O*-sulfate = **629**
4,5-Dihydroxy-3-(1-propenyl)-2-cyclopenten-1-one = **1525**
6-(1,2-Dihydroxypropyl)-5-(7-methyl-1,3,5-nonatrienyl)-3-cyclohexene-1,2-diol = **1498**
3,16-Dihydroxy-9,10-secocholesta-1,3,5(10)-trien-9-one = **1118**
(3*β*,5*α*,14*β*,24*R*)-3,16-Dihydroxystigmast-16-ene-15,23-dione 3-*O*-[*β*-D-glucopyranosyl-(1→2)-*β*-D-glucuronopyranoside] = **1066**
3,28-Dihydroxy-4,26-triacontadiene-1,12,18,29-tetrayne-14,17-dione = **1292**
3*α*,28*α*-Dihydroxy-1,12,18,29-triacontatetrayne-14,17-dione = **1383**
3*β*,28*β*-Dihydroxy-1,12,18,29-triacontatetrayne-14,17-dione = **1384**
6,8-Di-*O*-methylaverufin = **262**
2,5-Dimethyldodecanoic acid = **1165**
(3*β*,23*ξ*,25*ξ*)-23,26-Dimethylergosta-5,24(28)-dien-3-ol = **994**
2,6-Dimethyl-5-heptenal = **1250**
2,6-Dimethylheptyl sulfate = **1166**
R-2,4-Dimethyl-22-(*p*-hydroxyphenyl)-docos-3(*E*)-enoic acid = **2013**
(2*S**,4*R**)-2,4-Dimethyl-4-hydroxy-16-phenylhexadecanoic acid 1,4-lactone = **2011**
(2*R**,4*R**)-2,4-Dimethyl-4-hydroxy-16-phenylhexadecanoic acid 1,4-lactone = **2012**
2,5-Dimethyllauric acid = **1165**
6,8-Di-*O*-methylnidurufin = **263**
(3*Z*)-4,8-Dimethylnon-3-en-1-yl sulfate = **1251**
3,5-Dimethyl-5-(10-phenyldecyl)-1,2-dioxolane-3-acetic acid = **1564**
Dimethyl-*β*-propiothetin = **1147**
2-(Dimethylsulfonio)cyclopropanecarboxylate = **1533**
Dimorphoside A = **732**
Dinophysistoxin 1 = **218**
Dinophysistoxin 2 = **219**
Dinophysistoxin 4 = **220**
Dinophysistoxin 5a = **221**
Dinophysistoxin 5b = **222**
(3*β*,7*α*)-26,27-Dinorcholest-5-en-23-yne-3,7-diol = **828**
Dinorspiculoic acid = **600**
Dinorspiculoic acid A = **600**
3,44-Dioxopetroformyne 1 = **1385**
3,44-Dioxopetroformyne 2 = **1386**
5,8-*epi*-Dioxycholesta-6-en-3-ol = **733**
5*α*,8*α*-*epi*-Dioxy-23,24(*R*)-dimethylcholesta-6,22-dien-3*β*-ol = **896**
3,6-*epi*-Dioxy-7,10-epoxy-17,19,23-hexadecatrienoic acid = **1639**
5*α*,8*α*-*epi*-Dioxyergosta-6,22-dien-3*β*-ol = **891**
(3*β*,5*α*,8*α*,24*R*)-5,8-*epi*-Dioxy-24-hydroperoxystigmasta-6,28-dien-3-ol = **1042**
(3*β*,5*α*,8*α*,24*S*)-5,8-*epi*-Dioxy-24-hydroperoxystigmasta-6,28-dien-3-ol = **1043**
5*α*,8*α*-*epi*-Dioxy-24(*R*)-methylcholesta-6,9(11),22-trien-3*β*-ol = **883**
(22*R*,23*R*,24*R*)-5*α*,8*α*-*epi*-Dioxy-22,23-methylene-24-methylcholest-6-en-3*β*-ol = **1098**
5,8-*epi*-Dioxy-23-methylergosta-6,9(11),22-trien-3-ol = **897**

(3*β*,5*α*,8*α*)-5,8-*epi*-Dioxy-33-norgorgost-6-en-3-ol = **1098**
3,6-*epi*-Dioxy-4,6,8,10-tetraethyltetradeca-7,11-dienoic acid = **1578**
3,6-*epi*-Dioxy-4,6,8-triethyl-10-methyltetradecanoic acid = **1574**
Diphenyl-cyclooctylphosphoramidate = **1814**
Diplasterioside A = **734**
Diplasterioside B = **892**
Discalamide A = **112**
Discalamide B = **113**
Discodermide = **613**
(3*E*,15*Z*)-3,15-Docosadien-1-yne = **1291**
4,15-Docosadien-1-yn-3-ol = **1303**
N-Docosanoyl-(2*S*,3*S*,4*R*)-2-amino-16-methyl-1,3,4-heptadecanetriol 1-*O*-(2-acetamido-2-deoxy-*β*-D-glucopyranoside) = **1931**
(2*S*,3*R*,4*E*,14*ξ*)-N^2-Docosanoyl-2-imino-14-methyl-4-hexadecene-1,3-diol 1-*O*-[*α*-L-fucopyranosyl-(1- >2')-*N*-glycolyl-*α*-D-neuraminopyranosyl-(2- >4)-*N*-acetyl-*α*-D-neuraminopyranosyl-(2- >6)-*β*-D-glucopyranoside] = **1911**
N-Docosanoyl-D-*erythro*-(2*S*,3*R*)-16-methyl-heptadecasphing-4(*E*)-enine = **1923**
2,4-Dodecadiyn-1-ol = **1304**
Dodecane-2,4-diyn-1-ol = **1304**
2-(11-Dodecene-2,4-diynyloxy)ethanol = **1326**
Dolabelide A = **520**
Dolabelide B = **521**
Dolabelide C = **522**
Dolabelide D = **523**
Downeyoside A = **893**
Downeyoside B = **894**
DTX1 = **218**
DTX2 = **219**
DTX4 = **220**
DTX5a = **221**
DTX5b = **222**
Dysideasterol A = **735**
Dysideasterol F = **736**
Dysideasterol G = **737**
Dysideasterol H = **895**
Dysiherbaine = **1657**
Ecdysterone = **837**
Ecklonialactone A = **1750**
Ecklonialactone B = **1751**
Ectocarpene = **1490**
(−)-(3*R*,4*E*,16*E*,18*R*)-Eicosa-4,16-diene-1,19-diyne-3,18-diol = **1312**
(+)-(3*S*,4*E*,16*E*,18*S*)-Eicosa-4,16-diene-1,19-diyne-3,18-diol = **1313**
1-*O*-(13'*Z*-Eicosaenoyl)-sn-glycero-3-phosphocholine = **1815**
(5,8,11,14,17)-Eicosapentaenoic acid = **1210**
(3*S*,4*E*)-Eicos-4-en-1-yn-3*β*-ol = **1305**
3-Eicosyloxy-1,2-propanediol = **1856**
Elenic acid = **2013**
Enol dibromo acetate = **1191**
Enol tribromo acetate = **1192**
EPA; Timnodonic acid; Icosapent = **1210**
24*ξ*,25-Epoxy-12*β*-acetoxycholest-4-en-3-one = **738**
24*ξ*,25-Epoxy-23*ξ*-acetoxycholest-4-en-3-one = **739**
7*α*,8*α*-Epoxy-3*β*-acetoxy-5*α*,6*α*-dihydroxycholest-24-ene = **740**
18,22-Epoxycholesta-1,20(22)-dien-3-one = **741**
7,8-Epoxycholestane-3,5,6-triol = **742**
5*β*,6*β*-Epoxycholest-24-ene-3*β*,7*β*-diol = **743**
(17*α*,20*R*,21*R*,24*R*)-21,24-Epoxy-17,21-dihydroxycholest-1,4-dien-3-one = **659**
4,5-Epoxy-6,11-dihydroxyergost-2-en-1-one = **1019**
7,8-Epoxy-26,27-dinorergost-23-ene-3,5,6-triol = **827**
(+)-Epoxydon = **1508**
(+)-*epi*-Epoxydon = **1509**
(3*β*,6*α*,16*β*,20*R*,22*S*,23*S*,24*R*)-16,22-Epoxyergost-9(11)-ene-3,6,20,23-tetrol 3-*O*-*β*-D-glucuronopyranoside 6-sulfate = **893**
(3*β*,6*α*,16*β*,20*R*,22*S*,23*S*,24*S*)-16,22-Epoxyergost-9(11)-ene-3,6,20,23-tetrol 3-*O*-*β*-D-glucuronopyranoside 6-sulfate = **894**
7,8-Epoxyergost-22-ene-3,5,6-triol = **898**
(3*β*,5*α*,6*α*,20*R*,22*R*,23*S*,24*S*)-22,23-Epoxyergost-9(11)-ene-3,6,20-triol 6-*O*-[*β*-D-fucopyranosyl-(1→2)-6-deoxy-*β*-D-glucopyranosyl-(1→4)-[6-deoxy-*β*-D-glucopyranosyl-(1→2)]-6-deoxy-*β*-D-glucopyranosyl-(1→3)-*β*-D-glucopyranoside] 3-*O*-sulfate = **993**
(3*β*,5*α*,6*α*,20*R*,22*R*,23*S*,24*S*)-22,23-Epoxyergost-9(11)-ene-3,6,20-triol 6-*O*-[*β*-D-galactopyranosyl-(1→4)-[*β*-D-fucopyranosyl-(1→2)]-*β*-D-glucopyranosyl-(1→4)-[6-deoxy-*β*-D-glucopyranosyl-(1→2)]-*β*-D-xylopyranosyl-(1→3)-6-deoxy-*β*-D-glucopyranoside] 3-*O*-sulfate = **990**
24,25(*R/S*)-Epoxy-6*β*-hydroxycholest-4-en-3-one = **744**
(22*E*,24*R*)-5*α*,6*α*-Epoxy-3*β*-hydroxyergosta-22-ene-7-one = **899**
6,7-Epoxy-5-(hydroxymethyl)-3-octene-2,5-diol = **1244**
(20*R*,22*R*,23*S*,24*S*)-22,23-Epoxy-20-hydroxy-24-methyl-6*α*-*O*-{*β*-D-xylopyranosyl-(1→3)-*β*-D-fucopyranosyl-(1→2)-*β*-D-quinovopyranosyl-(1→4)-[*β*-D-quinovopyranosyl-

(1→2)]-β-D-xylopyranosyl-(1→3)-β-D-quinovopyranosyl}-5α-cholest-9(11)-en-3β-yl sulfate = **937**
5,6-Epoxy-11-hydroxy-33-norgorgost-2-en-1-one = **1108**
(9Z,11R,12S,13S,15Z)-12,13-Epoxy-11-hydroxyoctadeca-9,15-dienoic acid = **1211**
(20R,22R,23S)-22,23-Epoxy-20-hydroxy-6α-O-{β-D-xylopyranosyl-(1→3)-β-D-fucopyranosyl-(1→2)-β-D-quinovopyranosyl-(1→4)-[β-D-quinovopyranosyl-(1→2)]-β-D-xylopyranosyl-(1→3)-β-D-quinovopyranosyl}-5α-cholest-9(11)-en-3β-yl 3-sulfate = **761**
(20R,22R,23S)-22,23-Epoxy-20-hydroxy-6α-O-{β-D-xylopyranosyl-(1→3)-β-D-fucopyranosyl-(1→2)-β-D-quinovopyranosyl-(1→4)-[β-D-quinovopyranosyl-(1→2)]-β-dxylopyranosyl-(1→3)-β-D-quinovopyranosyl}-24-nor-5α-cholest-9(11)-en-3β-yl sulfate = **833**
7,8-Epoxy-24-methylcholest-22-ene-3,5,6-triol = **898**
22,25-Epoxy-24-methylfurostane-2-acetoxy-,3,11,20-tirol = **847**
(−)-13,14-Epoxymuqublin A = **1580**
(−)-9,10-Epoxy muqublin A isomer = **1579**
5α,6α-Epoxy-petrosterol = **1099**
Epoxysorbicillinol = **283**
(3β,5α,6α,22R,23S,24S)-22,23-Epoxystigmast-9(11)-ene-3,6,20-triol 6-O-[β-D-fucopyranosyl-(1→2)-6-deoxy-β-D-glucopyranosyl-(1→4)-[6-deoxy-β-D-glucopyranosyl-(1→2)]-6-deoxy-β-D-glucopyranosyl-(1→3)-β-D-glucopyranoside] 3-O-sulfate = **1040**
4,5-Epoxy-2,3,12,22-tetrahydroxy-14-methylcholesta-7,9(11)-diene-6,24-dione = **745**
5,6-Epoxy-1,3,11-trihydroxy-9,11-secogorgostan-9-one = **1100**
(3β,7β)-Ergosta-5,24(28)-diene-7-acetoxy-3,19-diol = **973**
(3β,23S)-Ergosta-5,24(28)-diene-3,23-diol = **900**
3β-Ergosta-5,24(28)-diene-3,19-diol = **959**
(3β,23R)-Ergosta-5,24(28)-diene-3,23-diol = **901**
(3β,25)-Ergosta-5,24(28)-diene-3,25-diol = **902**
Ergosta-4,24(28)-diene-3β,6β-diol = **903**
(22E)-Ergosta-7,22-diene-6α-hexadecanooxyl-3β,5α-diol = **904**
(22E)-Ergosta-7,22-diene-6β-hexadecanooxyl-3β,5α-diol = **905**
(22E)-Ergosta-7,22-diene-6α-9Z,12Z-octadecadienooxyl-3β,5α-diol = **906**
(22E)-Ergosta-7,22-diene-6β-octadecanooxyl-3β,5α-diol = **907**
(22E)-Ergosta-7,22-diene-6α-octadecanooxyl-3β,5α-diol = **908**
(22E)-Ergosta-7,22-diene-6α-9Z-octadecenooxyl-3β,5α-diol = **909**
Ergosta-8(14),22-diene-3β,5α,6β,7α-tetraol = **910**
(3β,6α,15β,22E,24R,25S)-Ergosta-8(14),22-diene-3,6,15,26-tetrol = **911**
(3β,6α,15β,22E,24R,25S)-Ergosta-8(14),22-diene-3,6,15,26-tetrol 26-O-[2-O-Methyl-β-D-xylopyranosyl-(1→2)-β-D-xylopyranoside] = **863**
Ergosta-7,22-diene-3β,5α,6β-triol = **871**
(3β,22S)-Ergosta-5,24(28)-diene-3,17,22-triol = **912**
(3β,7β)-Ergosta-5,24(28)-diene-3,7,19-triol = **972**
24S-Ergostane-3β,5α,6β,7β-tetrol = **913**
(3β,5α,6β,24ξ)-Ergostane-3,5,6,25-tetrol 25-acetate = **914**
(22E,24R)-Ergosta-4,6,8(14),22-tetraen-3-one = **915**
Ergosta-7,22,25-triene-3,5,6-triol = **870**
(24S)-Ergost-5-ene-3β,7α-diol = **916**
(3β,4β,5α,6α,8β,15β,22E,24R,25S)-Ergost-22-ene-3,4,6,8,15,26-hexol 26-O-[2-O-methyl-β-D-xylopyranosyl-(1→2)-β-D-xylopyranoside] = **861**
(3β,4β,5α,6β,8β,15α,22E,24R,25S)-Ergost-22-ene-3,4,6,8,15,26-hexol 3-O-(2,3,4-tri-O-methyl-β-D-xylopyranoside) = **995**
(3β,5α,6β)-Ergost-24(28)-ene-3,5,6,19-tetrol = **971**
(1α,3β,5α,6β)-Ergost-24(28)-ene-1,3,5,6-tetrol = **977**
γ-Ergostenol = **918**
(3β,5α,24S)-Ergost-7-en-3-ol = **918**
(3β,5α,24R)-Ergost-7-en-3-ol methoxymethyl ether = **917**
Ergosterol peroxide = **891**
Eryloside A = **746**
Erylusamine B = **1857**
Erylusamine C = **1858**
Erylusamine D = **1859**
Erylusamine E = **1860**
Erylusamine TA = **1861**
Erylusidine = **1862**
Erylusine = **1863**
24-Ethylcholesta-4,24(28)-diene-3,6-dione = **1044**
(24R)-24-Ethyl-5α-cholestane-3β,5,6β,15α,29-pentol 29-sulfate = **1045**
Ethyl didehydroplakortide Z = **1581**
(−)-(4R*,5S*)-3-Ethyl-4,5-dihydroxycyclopent-2-enone = **1530**
(12Z,15Z)-19-Ethyl-2,6-epoxy-1-oxacyclononadeca-2,5,12,15,18-pentaen-9-yn-4-one = **1477**
(24S)-24-Ethyl-7α-hydroperoxycholesta-5,25-dien-3β-ol = **1046**
(24S)-24-Ethyl-5α-hydroperoxycholesta-6,25-dien-3β-ol = **1047**

24-Ethylidenecholest-4-en-3-one = **1077**
(24*S*)-24-Ethyl-3-oxocholesta-4,25-dien-6*β*-ol = **1048**
Ethyl plakortide Z = **1582**
Euryspongiol A_1 = **747**
Euryspongiol A_2 = **748**
Exophilin A = **1167**
Feigrisolide C = **46**
Feigrisolide D = **47**
Fibrosterol sulfate B = **749**
Fibrosterol sulfate C = **750**
Ficulinic acid A = **1252**
Ficulinic acid B = **1253**
Fijianolide A = **524**
Fijianolide B = **541**
Finavarrene = **1181**
Flavicerebroside A = **1924**
Flavicerebroside B = **1925**
Flavuside A = **1926**
Flavuside B = **1927**
Forbeside E_3 = **629**
Formosalide A = **4**
Formosalide B = **5**
Fragilioside A = **751**
Fragilioside B = **752**
Franklinolide A = **1816**
Franklinolide B = **1817**
Franklinolide C = **1818**
Fucoserratene = **1182**
Fucosterol = **1049**
Fulvinol = **1306**
Fungisterol = **918**
Fusarielin A = **601**
Fusarielin B = **602**
Fusarielin E = **603**
GA-A = **164**
GA-B = **165**
GA-C = **166**
GA-D = **167**
Galbanolene = **1177**
Gambieric acid A = **164**
Gambieric acid B = **165**
Gambieric acid C = **166**
Gambieric acid D = **167**
Gambierol = **168**
Ganglioside CG-1 = **1928**
Ganglioside HPG-1 = **1929**
Ganglioside SJG-1 = **1930**
GB-N = **181**
Gelliusterol A = **828**
Gelliusterol B = **829**
Gelliusterol C = **753**
Geometricin A = **1819**
Gibberoepoxysterol = **919**
Gibberoketosterol = **920**
Glaciasterol A = **830**
Glaciasterol B 3-acetate = **754**
Gloeolactone = **1782**
3*β*-*O*-[*β*-D-Glucopyranosyl-(1→2)-*β*-D-glucopyranosyl oxyuronic acid]-16-hydroxy-5*α*,14*β*-poriferasta-16,24(24^1)-diene-15,23-dione = **1074**
Glycerol-1-(7*Z*,10*Z*,13*Z*-hexadecatrienoate),2-(9*Z*,12*Z*,15*Z*-octadecatrienoate)-(2*R*)-3-*O*-*β*-D-Galactopyranoside = **1864**
Glycerol 1-hexadecyl ether diacetate = **1865**
Glycerol 1-(2*R*-methoxyhexadecyl) ether = **1866**
Glycerol 2-(3-methyl-2-butenoate) 1-(2,4,11-tridecatrienoate) = **1800**
Glycerol 2-(3-methylthio-2-propenoate) 1-(2,4,11-tridecatrienoate) = **1801**
Goniodomin A = **525**
Goniopectenoside A = **755**
Goniopectenoside B = **756**
Goniopectenoside C = **757**
Gonyauline = **1533**
Gracilioether B = **12**
Gracilioether C = **13**
Gracilioether H = **1690**
Gracilioether K = **1695**
Grahamimycin A = **61**
Grahamimycin A_1 = **63**
Grenadadiene = **1254**
Grenadamide = **1718**
Grenadamide A = **1718**
Grincamycin A = **121**
Grincamycin B = **122**
Grincamycin C = **123**
Grincamycin D = **124**
Grincamycin E = **125**
Grincamycin F = **126**
Gymnastatin F = **1543**
Gymnastatin G = **1544**
Gymnastatin R = **1545**
Gymnasterone A = **921**
Gymnasterone B = **922**

Gymnasterone C = **923**
Gymnasterone D = **924**
Gymnocin A = **169**
Gymnocin A_2 = **170**
Gymnocin B = **171**
Halaminol A = **1183**
Halaminol B = **1184**
Haliangicin A = **1255**
cis-Haliangicin A = **1256**
Haliangicin B = **1257**
Haliangicin C = **1258**
Haliangicin D = **1259**
Halichoblelide A = **314**
Halichoblelide B = **315**
Halichoblelide C = **316**
(–)-Halicholactone = **1719**
Halichomycin = **27**
Halichondrin B = **172**
Halichondrin B-1020 = **173**
Halichondrin B-1076 = **174**
Halichondrin B-1092 = **175**
Halichondrin B-1140 = **176**
Halichondrin C = **177**
Halicrasterol A = **925**
Halicrasterol B = **926**
Halicrasterol C = **927**
Halicrasterol D = **928**
Halicylindroside A_1 = **1931**
Halicylindroside A_2 = **1932**
Halicylindroside A_3 = **1933**
Halicylindroside A_4 = **1934**
Halicylindroside B_1 = **1935**
Halicylindroside B_2 = **1936**
Halicylindroside B_3 = **1937**
Halicylindroside B_4 = **1938**
Halicylindroside B_5 = **1939**
Halicylindroside B_6 = **1940**
Halistanol sulfate = **929**
Halistanol sulfate A = **930**
Halistanol sulfate B = **831**
Halistanol sulfate C = **758**
Halistanol sulfate D = **832**
Halistanol sulfate E = **931**
Halistanol sulfate F = **932**
Halistanol sulfate G = **933**
Halistanol sulfate H = **934**
Halistatin 1 = **178**
Halistatin 2 = **179**
Halistatin 3 = **180**
Halityloside F = **759**
Halymecin A = **1168**
Halymecin B = **1169**
Haplosamate A = **935**
Haplosamate B = **936**
Haterumadioxin A = **1583**
Haterumadioxin B = **1584**
Haterumalide B = **526**
Haterumalide NA = **527**
Haterumalide NB = **528**
Haterumalide NC = **529**
Haterumalide ND = **530**
Haterumalide NE = **531**
Hedathiosulfonic acid A = **1260**
Hedathiosulfonic acid B = **1261**
Hemiacetal sterigmatocystin = **264**
Hemibrevetoxin B = **181**
Hemicalyculin = **1820**
(*Z*,*Z*)-12,18-Henicosadiene-1,3,8,10,20-pentayne = **1288**
Henicosane-1,21-diyl disulfate = **1150**
3,12,18-Henicosatriene-1,8,10,20-tetrayne = **1289**
8-HEPE = **1217**
N-Heptadecanoyl-(2*S*,3*R*,4*E*)-2-amino-4-octadecene-1,3-diol = **1906**
1-Heptadecanyl-*O*-sulfate = **1151**
(3*Z*,5*ξ*)-3-Heptatriaconten-1-yn-5-ol = **1307**
2-Heptyl-1-cyclopropanepropanoic acid = **1534**
Herbarone = **614**
Herbasterol = **760**
8-HETE = **1219**
Heterofibrin A_1 = **1440**
Heterofibrin A_2 = **1441**
Heterofibrin A_3 = **1442**
Heterofibrin B_1 = **1443**
Heterofibrin B_2 = **1444**
Heterofibrin B_3 = **1445**
2,3,5,6,7,15-Hexachloro-14-pentadecen-4-ol = **1185**
Hexachlorosulfolipid = **1185**
13,15-Hexadecadiene-2,4-diyn-1-ol = **1308**
6-(6,15-Hexadecadien-4-ynyl)-6-methoxy-1,2-dioxane-3-acetic acid methyl ester = **1479**
1-Hexadecanol *O*-[*β*-D-arabinopyranosyl-(1→4)-*β*-D-arabinopyranosyl-(1→4)-*β*-D-arabinopyranoside] = **1148**
N-Hexadecanoyl-(2*S*,3*R*,4*E*)-2-amino-4-nonadecene-1,3-diol = **1941**

N-Hexadecanoyl-2-amino-4,8-octadecadiene-1,3-diol = **1912**
(*all-ξ*)-*N*-Hexadecanoyl-2-imino-1,3,4,5-octadecanetetrol = **1942**
4,7,10,13-Hexadecatetraen-15-olide = **1196**
6-(6-Hexadecene-4,15-diynyl)-6-methoxy-1,2-dioxane-3-acetic acid methyl ester = **1480**
1-(3*Z*-Hexadecenyl)glycero-3-phosphocholine = **1821**
1-(4*Z*-Hexadecenyl)glycero-3-phosphocholine = **1822**
2-Hexadecyl-2,3-dihydro-4*H*-thiopyran-4-one = **1559**
1-Hexadecylglycero-3-phosphocholine = **1823**
(2*β*,3*β*,5*β*,20*R*,22*R*)-2,3,14,20,22,25-Hexahydroxycholest-7-en-6-one = **837**
4,11,23,35,42-Hexatetracontapentaene-1,45-diyne-3,44-diol = **1306**
4,17,21,27,42-Hexatetracontapentaene-1,12,15,45-tetrayne-3,14,44-triol = **1327**
(3*S*,4*E*,14*R*,15*Z*,21*Z*,27*Z*,43*Z*)-4,15,21,27,43-Hexatetracontapentaene-1,12,45-triyne-3,14-diol = **1365**
(3*S*,4*E*,14*S*,17*E*,21*Z*,27*Z*)-4,17,21,27-Hexatetracontatetraene-1,12,15,45-tetrayne-3,14-diol = **1362**
(3*S*,4*E*,14*R*,21*ξ*,22*E*,27*Z*,43*Z*)-4,22,27,43-Hexatetracontatetraene-1,12,15,45-tetrayne-3,14,21-triol = **1341**
(3*S*,4*E*,14*ξ*,17*ξ*,21*Z*,27*Z*,43*Z*)-4,21,27,43-Hexatetracontatetraene-1,12,15,45-tetrayne-3,14,17-triol = **1364**
12,23,27-Hexatetracontatriene-1,18,21,45-tetrayne-3,20-diol = **1301**
2-Hexylidene-3-methylsuccinic acid = **1262**
(*S*)-Hexylitaconic acid = **1263**
1-[7-(2-Hexyl-3-methylcyclopropyl)heptyl]lysoplasmanyl-inositol = **1824**
Hierridin A = **2014**
Hierridin B = **2015**
Hippasterioside A = **937**
Hippasterioside B = **761**
Hippasterioside D = **833**
Hippolachnin A = **1684**
Hipposterol G = **1133**
Hipposterone M = **1134**
Hipposterone N = **1135**
Hipposterone O = **1136**
Hippurin 1 = **847**
22-*epi*-Hippurin 1 = **848**
Hippuristanol = **849**
22-*epi*-Hippuristanol = **850**
Hippuristeroketal A = **1137**
Hippuristerol A = **938**
Hippuristerol B = **939**
Hippuristerol D = **940**
Hippuristerone A = **941**
Hippuristerone B = **942**
Hippuristerone D = **943**
Hirsutosterol A = **1129**
Hirsutosterol B = **1130**
Hirsutosterol C = **1101**
Hirsutosterol D = **762**
Hirsutosterol E = **944**
Hirsutosterol F = **945**
Hirsutosterol G = **763**
Homohalichondrin A = **182**
Homohalichondrin B = **183**
Homohalichondrin C = **184**
Homononactyl homononactoate = **47**
Homo-(3*S*,14*S*)-petrocortyne A = **1309**
Homothallin = **1535**
1*a*-Homoyessotoxin = **203**
Honaucin B = **1212**
Honaucin C = **1213**
Hormosirene = **1491**
15-HPETE = **1215**
15-HTPE = **1214**
Hurghadolide A = **472**
Hurghaperoxide = **1585**
2,3-Hydro-7-deacetoxyyanuthone A = **1510**
25-Hydroperoxycholesta-4,23-diene-3,6-dione = **764**
24*ξ*-Hydroperoxycholesta-4,25-diene-3,6-dione = **765**
25-Hydroperoxycholesta-5,(23*E*)-dien-3*β*-ol = **766**
24*ξ*-Hydroperoxycholesta-5,25-dien-3*β*-ol = **767**
(5*Z*,8*Z*,11*Z*,13*E*,15*S*)-15-Hydroperoxy-5,8,11,13-eicosatetraenoic acid = **1215**
(5*Z*,8*Z*,11*Z*,13*E*,15*S*)-15-Hydroperoxy-5,8,11,13-eicosatetraenoic acid methyl ester = **1216**
24*ξ*-Hydroperoxy-24-ethylcholesta-4,28(29)-diene-3,6-dione = **1050**
24*ξ*-Hydroperoxy-6*β*-hydroxycholesta-4,25-dien-3-one = **768**
25-Hydroperoxy-6*β*-hydroxycholesta-4,23-dien-3-one = **769**
24*ξ*-Hydroperoxy-6*β*-hydroxy-24-ethylcholesta-4,28(29)-dien-3-one = **1051**
7*β*-Hydroperoxy-24-methylenecholersterol = **946**
24-Hydroperoxy-24-vinylcholesterol = **1052**
(24*R*)-Hydroxycholesta-4,22*E*-dien-3-one = **770**
3*β*-Hydroxycholesta-5,24-dien-23-one = **771**
(20*S*)-20-Hydroxycholestane-3,16-dione = **772**
16*β*-Hydroxy-5*α*-cholestane-3,6-dione = **773**

(20*S*)-20-Hydroxycholest-1-ene-3,16-dione = **774**
3*β*-Hydroxycholest-5-en-7-one = **775**
3*β*-Hydroxycholest-5-en-23-yn-7-one = **753**
(5*Z*,8*R*,9*E*,11*Z*,14*Z*,17*Z*)-8-Hydroxycicosa-5,9,11,14,17-pentaenoic acid = **1217**
51-Hydroxyciguatoxin 3C = **185**
51-HydroxyCTX 3C = **185**
11*α*-Hydroxycurvularin = **339**
11*β*-Hydroxycurvularin = **340**
(3*Z*,5*R*)-5-Hydroxy-3-decenoic acid = **1218**
42-Hydroxy-3,26-didemethyl-19,44-dideoxypalytoxin = **141**
(22*E*)-3*β*-Hydroxy-5*α*,6*α*:14*α*,15*α*-diepoxyergosta-22-en-7-one = **947**
5*β*-Hydroxy-3,4-dimethyl-5-pentyl-2(5*H*)-furanon = **1511**
3*β*-Hydroxy-26,27-dinorcholest-5-en-23-yn-7-one = **829**
24-Hydroxy-26,27-dinorergosta-4,22*E*-dien-3-one = **834**
22(*R*)-Hydroxy-3,16-dioxocholest-4-en-18-al = **776**
N-(2*R*-Hydroxydocosanoyl)-(2*S*,3*S*,4*R*)-2-amino-16-methyl-1,3,4-heptadecanetriol 1-*O*-(2-acetamido-2-deoxy-*β*-D-glucopyranoside) = **1938**
N-(2*R*-Hydroxydocosanoyl)-(2*S*,3*S*,4*R*)-2-amino-15-methyl-1,3,4-hexadecanetriol 1-*O*-(2-acetamido-2-deoxy-*β*-D-glucopyranoside) = **1937**
N-(2-Hydroxydocosanoyl)-2-amino-9-methyl-4-octadecene-1,3-diol = **1943**
N-(2*R*-Hydroxydocosanoyl)-2-amino)-14-methyl-1,3,4-pentadecanetriol = **1944**
(2*S*,3*S*,4*R*,14*ξ*)-N^2-(2′R-Hydroxydocosanoyl)-2-imino-14-methyl-1,3,4-hexadecanetriol 1-*O*-[*N*-(*α*-L-fucopyranosyloxy) acetyl-*α*-D-neuraminopyranosyl-(2→6)-*β*-D-glucopyranoside] = **1910**
(2*S*,3*R*,4*E*,14*ξ*)-N^2-(2′*R*-Hydroxydocosanoyl)-2-imino-14-methyl-4-hexadecene-1,3-diol 1-*O*-[*N*-(4-*O*-acetyl-*α*-L-fucopyranosyloxy)acetyl-*α*-D-neuraminopyranosyl-(2→6)-*β*-D-glucopyranoside] = **1908**
(*S*,*E*)-30-Hydroxy-28-dotriacontene-2,9,14,19,21,31-hexaynoic acid = **1432**
N-(2*R*-Hydroxyeicosanoyl)-(2*S*,3*R*,4*E*,8*E*,10*E*)-2-amino-9-methyl-4,8,10-octadecatriene-1,3-diol 1-*O*-*β*-D-glucopyranoside = **1959**
(5*Z*,8*R*,9*E*,11*Z*,14*Z*)-8-Hydroxy-5,9,11,14-eicosatetraenoic acid = **1219**
(12*S*)-12-Hydroxyeicosatetraenoic acid = **1220**
3*β*-Hydroxy-5*α*,6*α*-epoxy-9-oxo-9,11-secogorgostan-11-ol = **1131**
3*β*-Hydroxy-(22*E*,24*R*)-ergosta-5,8,14,22-tetraen-7-one = **948**
15*α*-Hydroxy-(22*E*,24*R*)-ergosta-3,5,8(14),22-tetraen-7-one = **949**
3*β*-Hydroxy-(22*E*,24*R*)-ergosta-5,8,22-triene-7,15-dione = **950**
6*β*-Hydroxy-24-ethylcholesta-4,24(28)-dien-3-one = **1053**
22*ξ*-Hydroxyfurosta-1,4-dien-3-one = **851**
22*ξ*-Hydroxyfurost-1-en-3-one = **852**
10-Hydroxyhalichondrin B = **178**
N-(2*R*-Hydroxyhenicosanoyl)-(2*S*,3*R*,4*E*,8*E*,10*E*)-2-amino-9-methyl-4,8,10-octadecatriene-1,3-diol 1-*O*-*β*-D-glucopyranoside = **1960**
(3*S*,4*E*)-3-Hydroxyhenicos-4-en-1-yne = **1310**
(4*Z*,17*Z*,27*E*,29*R*)-29-Hydroxy-4,17,27-hentriacontatriene-2,20,30-triynoic acid = **1433**
4-Hydroxy-16-heptadecene-5,7-diyn-2-one = **1395**
N-(2*R*-Hydroxyhexadecanoyl)-2-amino-4,8-octadecadiene-1,3-diol 1-*O*-sulfate = **1945**
2*α*-Hydroxyhippuristanol = **853**
5-Hydroxy-5-(hydroxymethyl)hexadecanoic acid;Secotanikolide = **1172**
4-Hydroxy-4-(hydroxymethyl)-5-[1-(hydroxymethyl)-1,3-butadienyl]-2-cyclopenten-1-one = **1506**
5-Hydroxy-3-(hydroxymethyl)-7-oxabicyclo[410]hept-3-en-2-one = **1508**
N-[2-Hydroxy-2-(4-hydroxy-3,5,5-trimethyl-6-oxo-1-cyclohexen-1-yl)-1-(methoxymethyl)ethyl]-7-methoxy-9-methyl-4-hexadecenamide = **81**
3*β*-Hydroxyl-(22*E*,24*R*)-ergosta-5,8(14),22-trien-7,15-dione = **951**
3*β*-Hydroxyl-(22*E*,24*R*)-ergosta-5,8,22-trien-7-one = **952**
10-Hydroxy-18-*O*-methylbetaenone C = **604**
5-Hydroxymethyl-discodermolate = **28**
N-(2*R*-Hydroxy-21-methyldocosanoyl)-2-amino-1,3,4-pentadecanetriol = **1946**
(5*S*,3*Z*)-5-Hydroxy-16-methyleicos-3-en-1-yne = **1311**
13-Hydroxy-15-*O*-methylenigmazole A = **532**
3-Hydroxy-4-(12-methyloctadecyl)-2-azetidinemethanol = **1966**
(2*S*,3*Z*,5*E*,7*R*)-4-(Hydroxymethyl)-3,5-octadiene-2,7-diol = **1245**
6-Hydroxy-7-*O*-methylscytophycin E = **533**
N-(2*R*-Hydroxy-23-methyltetracosanoyl)-(2*S*,3*S*,4*R*)-2-amino-1,3,4-heptadecanetriol = **1947**
4-Hydroxynon-2-enal = **1186**
15-Hydroxy-9,12-octadecadien-16-olide = **1197**
16-Hydroxy-9,12-octadecadien-15-olide = **1199**
(9*Z*,12*Z*)-7-Hydroxyoctadeca-9,12-dien-5-ynoic acid = **1446**
3-(18-Hydroxy-1,5-octadecadien-3-ynyl)oxy-1,2-propanediol = **1366**
N-(2*R*-Hydroxyoctadecanoyl)-2-amino-9-methyl-4,8,10-octa-

decatriene-1,3-diol-1-*O*-sulfate = **1948**
(9R,10E,12Z,15Z)-9-Hydroxy-10,12,15-octadecatrienoic acid = **1221**
15-Hydroxy-6,9,12-octadecatrien-16-olide = **1198**
16-Hydroxy-6,9,12-octadecatrien-15-olide = **1200**
N-(2*R*-Hydroxy-3*E*-octadecenoyl)-(2*S*,3*R*,4*E*,8*E*,10*E*)-2-amino-9-methyl-4,8,10-octadecatriene-1,3-diol 1-*O*-*α*-D-glucopyranoside = **1971**
1-Hydroxy-4-oxo-2,5-cyclohexadiene-1-acetic acid = **1512**
(5*Z*,8*R*,12*S*,13*E*,15*R*)-15-Hydroxy-9-oxo-5,10,13-prostatrien-1-oic acid = **1714**
24-Hydroxy-3-oxostigmasta-1,25-dien-18-oic acid = **1062**
24-Hydroxy-3-oxostigmasta-4,25-dien-18-oic acid = **1063**
24-Hydroxy-3-oxostigmasta-1,4,6,25-tetraen-18-oic acid = **1061**
N-(2*R*-Hydroxypentacosanoyl)-(2*S*,3*S*,4*R*,16*ξ*)-2-amino-16-methyl-1,3,4-octadecanetriol 1-*O*-*α*-D-galactopyranoside = **1881**
4-Hydroxy-5,7-pentadecadiyn-2-one = **1393**
4-Hydroxy-14-pentadecene-5,7-diyn-2-one = **1394**
3-Hydroxy-4,6,8,10,12-pentamethyl-6-pentadecen-5-one = **1266**
5-Hydroxy-pentane-2,3-dione = **1154**
7*β*-Hydroxypetrosterol = **1102**
16*β*-Hydroxy-5*α*-pregna-1,20-dien-3-one-16-acetate = **630**
3*β*-Hydroxypregn-5-en-20-one = **631**
16-Hydroxy-3*β*-*O*-[*α*-rhamnopyranosyl-(1→4)-*β*-D-glucopyranosyloxyuronic acid]-5*α*,14*β*-poriferast-16-ene-15,23-dione = **1072**
6-Hydroxyscytophycin B = **534**
N-(2*R*-Hydroxytetracosanoyl)-(2*S*,3*S*,4*R*)-2-amino-1,3,4-heptadecanetriol 1-*O*-*α*-D-galactopyranoside = **1883**
N-(2*R*-Hydroxytetracosanoyl)-(2*S*,3*S*,4*R*)-2-amino-1,3,4-hexadecanetriol 1-*O*-*α*-D-galactopyranoside = **1882**
N-(2*R*-Hydroxytetracosanoyl)-(2*S*,3*S*,4*R*)-2-amino-16-methyl-1,3,4-heptadecanetriol 1-*O*-*α*-D-galactopyranoside = **1884**
N-(2*R*-Hydroxytetracosanoyl)-(2*S*,3*S*,4*R*,16*ξ*)-2-amino-16-methyl-1,3,4-octadecanetriol 1-*O*-*α*-D-galactopyranoside = **1880**
N-(2*R*-Hydroxytricosanoyl)-(2*S*,3*R*,4*E*,8*E*,10*E*)-2-amino-9-methyl-4,8,10-octadecatriene-1,3-diol 1-*O*-*β*-D-glucopyranoside = **1962**
N-(2*R*- Hydroxytetracosanoyl)-(2*S*,3*R*,4*E*,8*E*,10*E*)-2-amino-9-methyl-4,8,10-octadecatriene-1,3-diol 1-*O*-*β*-D-glucopyranoside = **1963**
N-(2*R*-Hydroxydocosanoyl)-(2*S*, 3*R*,4*E*,8*E*,10*E*)-2-amino-9-methyl-4,8,10-octadecatriene-1,3-diol 1-*O*-*β*-D-glucopyranoside = **1961**
(6*Z*,9*Z*,12*Z*,15*ξ*,16*E*,18*Z*)-15-Hydroxy-6,9,12,16,18-tetracosapentaenoic acid = **1214**
N-(2*R*-Hydroxy-4*Z*-tetracosenoyl)-(2*S*,3*S*,4*R*)-2-amino-1,3,4-octadecanetriol 1-*O*-*β*-D-glucopyranoside = **1951**
2-(4-Hydroxy-3-tetraprenyl)-acetic acid = **2016**
7*α*-Hydroxytheonellasterol = **1054**
N-(2*R*-Hydroxytricosanoyl)-(2*S*,3*S*,4*R*)-2-amino-15-methyl-1,3,4-hexadecanetriol 1-*O*-(2-acetamido-2-deoxy-*β*-D-glucopyranoside) = **1939**
N-(2*ξ*-Hydroxytricosanoyl)-2-amino-9-methyl-4,8,10-octadecatriene-1,3-diol = **1949**
N-(2-Hydroxytricosanoyl)-2-amino-9-methyl-4-octadecene-1,3-diol = **1950**
R-3-Hydroxyundecanoic acid methylester-3-*O*-*α*-L-rhamnopyranoside = **1152**
4-Hydroxy-4-vinyl-2-cyclopenten-1-one = **1527**
16-Hydroxy-3*β*-*O*-[*β*-D-xylopyranosyl-(1→3)-*β*-D-glucopyranosyloxyuronic acid]-5*α*,14*β*-ergosta-8,16,24(24^1)-triene-15,23-dione = **983**
16-Hydroxy-3*β*-*O*-[*β*-D-xylopyranosyl-(1→3)-*β*-D-glucopyranosyloxyuronic acid]-5*α*,14*β*-ergost-8,16-diene-15,23-dione = **985**
16-Hydroxy-3*β*-*O*-[*β*-D-xylopyranosyl-(1→3)-*β*-D-glucopyranosyloxyuronic acid]-5*α*,14*β*-poriferasta-7,16-diene-15,23-dione = **1068**
16-Hydroxy-3*β*-*O*-[*β*-D-xylopyranosyl-(1→3)-*β*-D-glucopyranosyloxyuronic acid]-5*α*,14*β*-poriferast-16-ene-15,23-dione = **1070**
45-Hydroxyyessotoxin = **186**
Hymenosulfate = **953**
Hymenosulphate = **953**
Hypothemycin = **341**
Ibisterol C = **954**
Ibisterol sulfate = **1103**
Ibisterol sulfate B = **955**
Ibisterol tri-*O*-sulfate = **1103**
Idoxamycin A = **615**
Idoxamycin B = **616**
Idoxamycin C = **617**
Idoxamycin D = **618**
Idoxamycin E = **619**
Idoxamycin F = **620**
Iejimalide A = **535**
Iejimalide B = **536**
Iejimalide C = **537**

Iejimalide D = **538**
Ieodomycin A = **1264**
Ieodomycin B = **1265**
Ieodomycin C = **1222**
Ieodomycin D = **1223**
Ilicicolin C = **605**
Incrustasterol A = **777**
Incrustasterol B = **778**
Incrusterol A = **777**
Incrusterol B = **778**
Indoxamycin A = **615**
Indoxamycin B = **616**
Indoxamycin C = **617**
Indoxamycin D = **618**
Indoxamycin E = **619**
Indoxamycin F = **620**
Insuetolide A = **1696**
(5*Z*)-Iodopunaglandin 8 = **1752**
Iodovulone Ⅰ = **1753**
Iodovulone Ⅱ = **1754**
Iodovulone Ⅲ = **1755**
Iotroridoside A = **1951**
Iriomoteolide 3a = **1536**
Iriomoteolide 4a = **539**
Iriomoteolide 5a = **540**
Isethionic acid = **1153**
Ishigoside = **1867**
3-(3-Isocyanocyclopenten-1-ylidene)propanoic acid = **1535**
Isocyathisterol = **956**
Isodactylyne = **2027**
Iso-9,10-deoxytridachione = **606**
cis-Isodihydrorhodophytin = **2028**
Isogosterone A = **779**
Isogosterone B = **780**
Isogosterone C = **781**
Isogosterone D = **782**
Isohalichondrin C = **178**
Isohomohalichondrin B = **187**
38-*epi*-Isohomohalichondrin B = **188**
Isolaulamide = **524**
Isolaulimalide = **524**
Isolaurepinnacin = **2029**
Isomalyngamide A = **70**
Isomalyngamide A_1 = **71**
Isomalyngamide B = **72**
12-Isomanadoperoxide B = **1586**
Isopetroformyne 3 = **1314**
Isopetroformyne 4 = **1315**
Isopetroformyne 6 = **1387**
Isopetroformyne 7 = **1388**
(3*β*,7*α*,22*Z*)-24-Isopropylcholesta-5,22-diene-3,7-diol = **1087**
Isosiphonarienolone = **1266**
Isoswinholide A = **473**
Jacaranone = **1513**
Jaspine A = **1952**
Jaspine B = **1953**
JBIR 124 = **284**
JBIR 58 = **1685**
JBIR-59 = **270**
Karatungiol A = **29**
Karlotoxin 3 = **140**
Ketosteroid New = **1138**
Kiheisterone A = **1055**
Kiheisterone B = **1056**
(*R*)-Kjellmanianone = **1537**
(+)-Kjellmanianone = **1538**
KmTx3 = **140**
Koshikalide = **6**
Kurilensoside A = **783**
Kurilensoside B = **784**
Kurilensoside C = **785**
Kurilensoside D = **786**
Lasonolide A = **440**
Lasonolide C = **441**
Lasonolide D = **442**
Lasonolide E = **443**
Lasonolide F = **444**
Lasonolide G = **445**
Lathosterol = **709**
(5*Z*)-Latrunculin A 8-*O*-[2,6-dideoxy-*β*-D-*lyxo*-hexopyranosyl-(1→3)-2,6-dideoxy-*β*-D-*lyxo*-hexopyranoside] = **1781**
Latrunculin A 8-*O*-[2,3,6-trideoxy-*α*-L-*erythro*-hexopyranosyl-(1→4)-2,6-dideoxy-*β*-D-arabino-hexopyranosyl-(1→4)-2,6-dideoxy-*β*-L-ribo-hexopyranoside] = **1780**
Latrunculinoside A = **1780**
Latrunculinoside B = **1781**
Laulamide = **541**
Laulimalide = **541**
Laurefurenyne F = **2030**
Laurencione = **1154**
Laurepinnacin = **2031**
Leiodermatolide = **317**
(12*E*)-Lembyne A = **2032**
(12*Z*)-Lembyne A = **2033**

Leptosphaerone C = **1496**
Lethasterioside A = **787**
Leucettamol A = **1954**
Leucettamol B = **1955**
Levantilide A = **542**
Leviusculoside J = **1020**
Liagoric acid = **1447**
Linckoside L_1 = **788**
Linckoside L_2 = **789**
Linckoside L_7 = **1057**
Linckoside M = **957**
Linckoside N = **1058**
Linckoside O = **1059**
Linckoside P = **1060**
Linckoside Q = **958**
Lingshuiol = **30**
Linoleate = **1224**
Lissoclibadin 11 = **1646**
Lissoclibadin 12 = **1647**
Lissoclibadin 3 = **1645**
Litosterol = **959**
Lituarine A = **189**
Lituarine B = **190**
Lituarine C = **191**
LL-Z 1272 ε = **607**
LMG 1 = **1956**
Lobophorin A = **322**
Lobophorin B = **323**
Lobophorin G = **324**
Lobophorin H = **325**
Lobophorin I = **326**
Lobophytone A = **1546**
Lobophytone O = **1547**
Lobophytone P = **1548**
Lobophytone Q = **1549**
Lobophytone R = **1550**
Lobophytone S = **1551**
Lobophytone T = **1497**
Lobophytosterol‡ = **1139**
Luidia maculata Ganglioside 1 = **1956**
Lustromycin = **543**
Luteophanol A = **31**
Lyngbic acid = **1225**
Lyngbouilloside = **544**
Lyngbyaloside = **545**
Lysophosphatidyl inositol JMB99-709A = **1825**
Lysophosphatidyl inositol JMB99-709B = **1826**
Lysoplasmanylinositol 1 = **1824**
Lysoplasmanylinositol 2 = **1828**
Maclafungin = **50**
Macrolactin A = **1992**
Macrolactin F = **1993**
Macrolactin G = **1994**
Macrolactin H = **1995**
Macrolactin I = **1996**
Macrolactin J = **1997**
Macrolactin K = **1998**
Macrolactin L = **1999**
Macrolactin M = **2000**
Macrolactin V = **2001**
Macrolactin W = **2002**
Macrosphelide A = **1985**
Macrosphelide E = **1986**
Macrosphelide F = **1987**
Macrosphelide G = **1988**
Macrosphelide H = **1989**
Macrosphelide L = **1990**
Macrosphelide M = **1991**
Maduralide = **546**
Maitotoxin = **192**
Malaitasterol A = **1140**
Malyngamide 2 = **73**
Malyngamide 3 = **74**
Malyngamide 4 = **75**
Malyngamide A = **76**
Malyngamide B = **77**
Malyngamide C = **78**
8-*epi*-Malyngamide C = **79**
Malyngamide D = **80**
Malyngamide E = **81**
Malyngamide F = **82**
Malyngamide H = **83**
Malyngamide I = **84**
Malyngamide J = **85**
Malyngamide K = **86**
Malyngamide L = **87**
Malyngamide M = **88**
Malyngamide N = **89**
Malyngamide O = **90**
Malyngamide R = **91**
Malyngamide X = **92**
Manadic acid A = **1587**
(−)-Manadic acid B = **1588**
(+)-Manadic acid B = **1589**

Manadoperoxide B = **1590**

Manadoperoxide C = **1591**

Manadoperoxide E = **1592**

Manadoperoxide F = **1593**

Manadoperoxide G = **1594**

Manadoperoxide H = **1595**

Manadoperoxide I = **1596**

Manadoperoxide J = **1597**

Manadoperoxide K = **1598**

Manadoperoxidic acid B = **1588**

Manadosterol A = **854**

Manadosterol B = **855**

Manauealide A = **249**

Manauealide B = **250**

Manauealide C = **251**

Mandelalide A = **547**

Mandelalide B = **548**

Mangromicin A = **549**

Manzamenone A = **1787**

Manzamenone M = **1788**

Manzamenone N = **1789**

Manzamenone O = **1790**

Marinomycin A = **550**

Marinomycin B = **551**

Marinomycin C = **552**

Marinomycin D = **553**

Marmycin A = **127**

Marmycin B = **128**

Marthasteroside B = **790**

Mayamycin = **129**

Mediasteroside M_1 = **791**

Mediasteroside M_2 = **792**

Mediasteroside M_3 = **793**

Mediasteroside M_4 = **794**

3-Methoxyaplysiatoxin = **252**

6-Methoxy-2(3*H*)-benzoxazolinone) = **1669**

(4-Methoxycarbonylbutyl)-trimethylammonium = **1155**

6-Methoxycholest-7-ene-3,5-diol = **795**

3-Methoxydebromoaplysiatoxin = **253**

5-Methoxydihydrosterigmatocystin = **265**

(–)-7-Methoxydodec-4(*E*)-enoic acid = **1226**

(22*E*)-7*α*-Methoxy-5*α*,6*α*-epoxyergosta-8(14),22-dien-3*β*-ol = **960**

(*Z*)-2-Methoxyhexadec-5-enoic acid = **1227**

(*Z*)-2-Methoxyhexadec-6-enoic acid = **1228**

1-*O*-(2-Methoxyhexadecyl)glycerol = **1868**

53-Methoxy-neoisohomohalichondrin B = **193**

3-Methoxy-19-norpregna-1,3,5(10),20-tetraene = **636**

2-Methoxytetradecanoic acid = **1156**

(4*E*)-7-Methoxytetradec-4-enoic acid = **1225**

Methyl 5,6-bis(acetyloxy)-10-chloro-12-hydroxy-9-oxoprosta-7,10,14,17-tetraen-1-oate = **1761**

6-*O*-Methylaverufin = **266**

Methyl-18-bromo-9*E*,17*E*-octadecadiene-5,7-diynoate = **1448**

2-(3-Methyl-3-buten-1-ynyl)-1,4-benzenediol = **1484**

Methyl capucinoate A = **1599**

(3*β*,4*α*,5*α*,23*S*)-4-Methylcholesta-8,14-diene-3,23-diol 3-*O*-[*β*-D-galactopyranosyl-(1→2)-*β*-D-galactopyranoside] = **746**

24-Methylcholesta-5,24(28)-diene-3*β*,15*β*,19-triol = **961**

24-Methylcholesta-5,24(28)-diene-3*β*,19-triol-7-one = **962**

(24*R*)-24-Methyl-5*α*-cholestane-3*β*,5*α*,6*β*,15*α*,24,28-hexaol 28-sulfate = **963**

(24*R*,25*S*)-24-Methyl-5*α*-cholestane-3*β*,5*α*,6*β*,15*α*,16*β*,26-hexaol 26-sulfate = **964**

24-Methylcholesta-7,22,25-triene-3,5,6-triol = **870**

(24*S*)-24-Methylcholest-5-ene-3*β*,25-diol = **965**

(22*E*,24*R*,25*S*)-24-Methyl-5*α*-cholest-22-ene-3*β*,5*α*,6*β*,15*α*,26-pentol-26-sulfate = **966**

(22*E*,24*S*)-24-Methyl-5*α*-cholest-22-ene-3*β*,5*α*,6*β*,15*α*,28-pentol 28-sulfate = **967**

(3*β*,4*α*,5*α*)-4-Methylcholest-8-en-3-ol = **796**

Methyl 9,10-didehydro-3,6-epoxy-4,6,8-triethyl-2,4-dodecadienoic acid ester = **10**

Methyl(2*Z*,6*R*,8*S*)-4,6-diethyl-3,6-epoxy-8-methyldodeca-2,4-dienoate = **14**

Methyl 9,15-dioxo-5,8(12)-prostadienoate = **1707**

Methyl 3,6-*epi*-Dioxy-6-methoxy-4,16,18-eicosatrienoate = **1600**

Methyl 3,6-*epi*-Dioxy-6-methoxy-4,14,16-octadecatrienoate = **1601**

(3*R*,4*E*,14*ξ*)-14-Methyl-4-docosen-1-yn-3-ol = **1316**

(2*E*,6*Z*,9*Z*)-2-Methyl-2,6,9-eicosatrienal = **1187**

(*R*)-19-Methyl-1-eicosyn-3-ol = **1317**

(3*R*,16*ξ*)-16-Methyl-1-eicosyn-3-ol = **1318**

24-Methylenecholestane-3,5,6,19-tetrol = **971**

24-Methylenecholesterol-5-ene-3*β*,16*β*-diol-3-*O*-*α*-L-fucopyranoside = **968**

4-Methyleneergosta-8(14),24(28)-dien-3-ol = **882**

1-*O*-(*cis*-11′,12′-Methylene)-octadecanoylglycero-3-phosphocholine = **1827**

15-*O*-Methylenigmazole A = **554**

Methyl-3,6-epoxy-4*R*,8*R*-diethyl-6*S*-methyl-2*Z*,9*E*-dodecadienoate = **15**

Methyl-3,6-epoxy-4,8-diethyl-6-methyl-2-dodecenoate = **16**
(22*S*,24*S*)-24-Methyl-22,25-epoxyfurost-5-ene-3*β*,20*β*-diol = **856**
Methyl (2*Z*,6*R*,8*S*)-3,6-epoxy-4,6,8-triethyldodeca-2,4-dienoate = **11**
25-Methylergostane-2,3,6-triol tri-*O*-sulfate = **929**
6-Methylheptyl sulfate = **1170**
(3*R*,6*S*)-Methyl-6-hexadecyl-3,6-dihydro-6-methoxy-1,2-dioxin-3-acetate = **1569**
1-(9-Methylhexadecyl)lysoplasmanylinositol = **1828**
Methyl(5*Z*,7*E*,12*S*,14*Z*)-12-hydroxy-9-oxo-5,7,10,14-prostatetraenoate = **1747**
Methyl(5*E*,7*E*,12*S*,14*Z*)-12-hydroxy-9-oxo-5,7,10,14-prostatetraenoate = **1748**
Methyl(5*E*,7*Z*,12*S*,14*Z*)-12-hydroxy-9-oxo-5,7,10,14-prostatetraenoate = **1749**
17*R*-Methylincisterol = **836**
55-*O*-Methylisohomohalichondrin B = **194**
Methyl linoleate = **1229**
Methyl-6-methoxy-3,6:10,13-diperoxy-4,11-hexadecadienoate = **1602**
N-[15-Methyl-3-(13-methyl-4-tetradecenoyloxy)hexadecanoyl] glycine = **1267**
Methyl montiporate A = **1449**
Methyl myristate = **1157**
Methyl-nuapapuanoate = **1603**
7-Methyloct-4-en-3-one = **1268**
3-Methyl-1-(3-pentenyl)-5-hexenesulfonothioic acid = **1261**
20-Methylspirolide G = **223**
Methyl 5,6,7-tris(acetyloxy)-10-chloro-12-hydroxy-9-oxoprosta-10,14,17-trien-1-oate = **1757**
8-Methyl-2-undecene-6-sulfonothioic acid = **1260**
3-*O*-(2-*O*-Methyl-*β*-D-xylopyranosinyl)-(3*β*,4*β*,5*α*,6*β*,15*α*,24*S*)-cholestane-3,4,6,8,15,24-hexol 24-*O*-[*α*-L-arabinofuranosyl-(1→2)-3-*O*-sulfo-*α*-L-arabinofuranoside] = **783**
Micromonospolide A = **318**
Micromonospolide B = **319**
Micromonospolide C = **320**
Minabeolide 1 = **1021**
Minabeolide 2 = **1022**
Minabeolide 4 = **797**
Minabeolide 5 = **798**
Minabeolide 8 = **799**
Mirabalin = **555**
Mirabilin = **555**
Misakinolide A = **470**
Miyakolide = **385**
Miyakosyne A = **1319**
Miyakosyne B = **1320**
Miyakosyne C = **1321**
Miyakosyne D = **1322**
Miyakosyne E = **1323**
Miyakosyne F = **1324**
Monohexyl sulfate = **1158**
Monotriajaponide A = **1269**
Monotriajaponide B = **1604**
Monotriajaponide C = **1605**
Monotriajaponide D = **1606**
Montiporic acid A = **1450**
Montiporic acid B = **1451**
Montiporyne A = **1389**
Montiporyne B = **1390**
Montiporyne C = **1391**
Montiporyne D = **1392**
Montiporyne E = **1478**
Montiporyne F = **1514**
Montiporyne G = **1325**
Montiporyne H = **1326**
Montiporyne I = **1393**
Montiporyne J = **1394**
Montiporyne K = **1395**
Montiporyne L = **1396**
Montiporyne M = **1397**
Mooreamide A = **1791**
Motualevic acid F = **1558**
Mueggelone = **1782**
(+)-(*E*)-(3*S*,4*S*)-Multifidene = **1492**
(+)-(*Z*)-(3*S*,4*S*)-Multifidene = **1493**
(−)-Muqublin A = **1607**
Muristerone A = **838**
Mycalamide A = **1670**
Mycalamide B = **1671**
Mycalamide D = **1672**
Mycalamide E = **1673**
Mycalol = **1159**
Myriaporone 3 = **32**
Myriaporone 4 = **33**
Myrmekioside A = **1869**
Myrmekioside B = **1870**
Myrmekioside E = **1871**
Myrothenone A = **1515**
Nafuredin = **1658**
Nakienone A = **1516**
Nakienone B = **1517**

Navenone B = **2017**
Navenone C = **2018**
Nebrosteroid N = **800**
Nebrosteroid O = **969**
Nebrosteroid P = **970**
Neodidemnilactone = **1783**
Neodysiherbaine A = **1659**
Neohalicholactone = **1720**
Neohomohalichondrin B = **180**
Neolaulimalide = **556**
Neomaclafungin A = **51**
Neomaclafungin B = **52**
Neomaclafungin C = **53**
Neomaclafungin D = **54**
Neomaclafungin E = **55**
Neomaclafungin F = **56**
Neomaclafungin G = **57**
Neomaclafungin H = **58**
Neomaclafungin I = **59**
Neonorhalichondrin B = **195**
Neopetroformyne A = **1327**
Neopetroformyne B = **1328**
Neopetroformyne C = **1329**
Neopetroformyne D = **1330**
Nephalsterol A = **971**
Nephalsterol B = **972**
Nephalsterol C = **973**
Neristatin I = **557**
Nidurufin = **267**
Nigerasterol A = **974**
Nigerasterol B = **975**
Nigrosporanene A = **1494**
Nigrosporanene B = **1495**
Nigrospoxydon A = **1518**
Niuhinone A = **34**
Niuhinone B = **35**
Nocardiopsin B = **388**
Nonactin = **48**
Nonactyl homononactoate = **46**
4,6,8,10,12,14,16,18,20-Nonamethoxy-1-pentacosene = **1188**
(3*β*,6*β*,8*β*,15*α*,16*β*,22*E*,24*ξ*)-27-Norergosta-4,22-diene-3,6,8,15,16,26-hexol 3-*O*-(2,3-di-*O*-methyl-*β*-D-xylopyranoside) = **1020**
Norhalichondrin A = **196**
Norhalichondrin B = **197**
Norhalichondrin C = **198**
24-Norisospiculoic acid = **608**
31-Noroscillatoxin B = **254**
Nor-(3*S*,14*S*)-petrocortyne A = **1331**
19-Norpregna-1,3,5(10),20-tetraen-3-*O*-*α*-D-fucopyranoside = **637**
Norselic acid A = **1061**
Norselic acid B = **1062**
Norselic acid C = **976**
Norselic acid D = **1063**
Norselic acid E = **1064**
Norspiculoic acid A = **609**
23-Norspiculoic acid B = **621**
NSC 362617 = **372**
NSC 726108 = **455**
Nuapapuin A = **1608**
Nuapapuin A methyl ester = **1603**
Nuapapuin B = **1609**
epi-Nuapapuin B = **1610**
Numersterol A = **977**
Oceanalin A = **1957**
Oceanapiside = **1958**
(2*S*,3*R*,4*E*,14*ξ*)-N^2-Octadecanoyl-2-imino-14-methyl-4-hexadecene-1,3-diol 1-*O*-[*N*-(*α*-L-fucopyranosyloxy)acetyl-*α*-D-neuraminopyranosyl-(2→6)-*β*-D-glucopyranoside] = **1909**
21-*O*-Octadecanoyl-xestokerol A = **1104**
1-*O*-(3′*Z*-Octadecenyl)glycero-3-phosphocholine = **1829**
1-*O*-(4′*Z*-Octadecenyl)glycero-3-phosphocholine = **1830**
Octadecyl hydrogen sulfate = **1160**
3-(Octadecyloxy)-1,2-propanediol = **1847**
Octalactin A = **558**
4,6,8,10,12,14,16,18-Octamethoxy-1-tricosene = **1189**
(3*R*,4*E*)-4-Octatriaconten-1-yn-3-ol = **1332**
(3*E*,5*Z*)-Octa-1,3,5-triene = **1182**
(*E*)-5-Octenyl sulfate = **1190**
6-[5-(5-Octen-7-ynyl)-2-thienyl]-5-hexynoic acid = **1452**
36-*α*-*OH*-PTX12 = **453**
36-*β*-*OH*-PTX12 = **454**
Okadaic acid = **224**
19-*epi*-Okadaic acid = **225**
Okadaic acid 7-hydroxy-2,4-dimethyl-2*E*,4*E*-heptadienyl ester = **226**
Okadaic acid 7-hydroxy-4-methyl-2-methylene-4*E*-heptenyl ester = **227**
Oleinic acid = **1230**
4Z-Onnamide A = **93**
Onnamide A = **94**
Onnamide B = **95**

Onnamide C = **96**
Onnamide D = **97**
Onnamide F = **98**
Ophidiacerebroside A = **1959**
Ophidiacerebroside B = **1960**
Ophidiacerebroside C = **1961**
Ophidiacerebroside D = **1962**
Ophidiacerebroside E = **1963**
Ophidianoside E = **819**
Ophidianoside F = **802**
Ophiodilactone A = **1660**
Ophiodilactone B = **1697**
Ophirapstanol trisulfate = **803**
Orbuticin = **559**
Orostanal = **978**
Orthoesterol C disulfate = **1023**
Orthohippurinsterol A = **979**
Orthohippurinsterol B = **980**
Orthohippurinsterone A = **981**
Oscillariolide = **560**
Oscillatoxin A = **255**
Oscillatoxin B_1 = **256**
Oscillatoxin B_2 = **257**
Osirisyne A = **1453**
Osirisyne B = **1454**
Osirisyne C = **1455**
Osirisyne D = **1456**
Osirisyne E = **1457**
Osirisyne F = **1458**
Ostreasterol = **982**
Ostreocin D = **141**
Ostreol A = **17**
7-Oxobrefeldin A = **514**
(20*S*,22*E*)-3-Oxochola-1,4,22-trien-24-oic acid methyl ester = **638**
3-Oxochol-4-en-24-oic acid = **639**
3-Oxoergosta-1,4,24(28)-trien-18-oic acid = **976**
9-Oxo-10-octadecenoic acid = **1231**
10-Oxo-8-octadecenoic acid = **1232**
11-Oxoonnamide A = **99**
17-Oxoonnamide B = **100**
20-Oxopetroformyne 3 = **1398**
Oxosorbiquinol = **285**
3-Oxowitha-1,4,24-trienolide = **1021**
Pachastrissamine = **1953**
Pacific ciguatoxin 1 = **199**
Pacific ciguatoxin 2 = **200**
Pacific ciguatoxin 3C = **201**
Pacific ciguatoxin 4B = **202**
Paciforgin = **561**
Paeciloxocin A = **1686**
Pakisterol A = **1065**
Palmerolide A = **562**
17-*O*-Palmitoyl-20-methylspirolide G = **228**
Palmyrolide A = **563**
Palytoxin = **132**
Panacene = **2034**
Pandaroside A = **1066**
Pandaroside A methyl ester = **1067**
Pandaroside C = **804**
Pandaroside C methyl ester = **805**
Pandaroside D = **806**
Pandaroside D methyl ester = **807**
Pandaroside E = **983**
Pandaroside E methyl ester = **984**
Pandaroside F = **985**
Pandaroside F methyl ester = **986**
Pandaroside G = **1068**
Pandaroside G methyl ester = **1069**
Pandaroside H = **1070**
Pandaroside H methyl ester = **1071**
Pandaroside I = **1072**
Pandaroside I methyl ester = **1073**
Pandaroside J = **1074**
Pandaroside J methyl ester = **1075**
Paraminabeolide A = **1024**
Paraminabeolide B = **1025**
Paraminabeolide C = **1026**
Paraminabeolide D = **1027**
Paraminabeolide E = **1028**
Parguesterol A = **987**
Parguesterol B = **988**
Patulin = **1661**
Patusterol A = **989**
PB-1 = **1814**
PbTx1 = **146**
PbTx2 = **147**
PbTx3 = **162**
PbTx5 = **153**
PbTx6 = **154**
PbTx7 = **155**
PbTx8 = **156**
P-CTX 1 = **199**
P-CTX 2 = **200**

P-CTX 3C = **201**
Pectenotoxin 1 = **446**
Pectenotoxin 11 = **452**
(36*R*)-Pectenotoxin 12 = **453**
(36*S*)-Pectenotoxin 12 = **454**
Pectenotoxin 2 = **447**
Pectenotoxin 3 = **448**
Pectenotoxin 4 = **449**
Pectenotoxin 6 = **450**
Pectenotoxin 7 = **451**
Pectinioside B = **990**
Pellynic acid = **1459**
Pellynol A = **1333**
Pellynol B = **1334**
Pellynol C = **1335**
Pellynol D = **1336**
Pellynol F = **1337**
Peloruside A = **564**
Peloruside B = **565**
Penaresidin A = **1964**
Penaresidin B = **1964**
Penazetidine A = **1965**
Penicillenone = **1519**
Penicillone A = **1552**
Penicimonoterpene = **1270**
Penicisteroid A = **991**
Penicitrinol E = **1687**
Penicitrinol J = **1698**
Penicitrinol K = **1688**
Penicitrinone A = **1699**
Penostatin F = **1553**
Penostatin G = **1700**
Penostatin H = **1701**
Penostatin I = **1554**
Pentabromopropen-2-yl dibromoacetate = **1191**
Pentabromopropen-2-yl tribromoacetate = **1192**
N-(Pentacosanoyl)-2-amino-9-methyl-4-octadecene-1,3-diol = **1967**
3*E*,14-Pentadecadiene-5,7-diyn-2-one = **1396**
3*Z*,14-Pentadecadiene-5,7-diyn-2-one = **1397**
3*E*-Pentadecaene-5,7-diyn-2-one = **1389**
N-Pentadecanoyl-(2*S*,3*R*,4*E*)-2-amino-4-octadecene-1,3-diol = **1905**
2*β*,3*α*,6*β*,11,19-Pentahydroxy-9,11-secocholestan-9-one = **760**
2*β*,3*β*,6*β*,11,19-Pentahydroxy-9,11-secocholestan-9-one = **817**
Pericosine A = **1539**
Pericosine B = **1540**
Pericosine D = **1541**
Pericosine E = **1542**
Peroxyacarnoic acid A = **1479**
Peroxyacarnoic acid B = **1480**
5,8-*epi*-Peroxycholesta-6-en-3-ol = **733**
Peroxyplakoric acid A_1 = **1611**
Peroxyplakoric acid A_2 = **1612**
Peroxyplakoric acid A_3 = **1613**
Peroxyplakoric acid B_1 = **1614**
Peroxyplakoric acid B_3 = **1615**
Peroxyplakoric ester C = **1591**
Petroacetylene = **1399**
(3*S*,14*S*)-Petrocortyne A = **1338**
Petrocortyne A = **1339**
(3*S*,14*S*)-Petrocortyne B = **1340**
Petrocortyne C = **1481**
(3*S*,14*R*)-Petrocortyne E = **1341**
Petrocortyne F = **1342**
Petrocortyne G = **1343**
Petrocortyne H = **1344**
Petroformyne 10 = **1400**
Petroraspailyne A_1 = **1345**
Petroraspailyne A_2 = **1346**
Petroraspailyne A_3 = **1347**
Petrosiacetylene A = **1348**
Petrosiacetylene B = **1349**
Petrosiacetylene C = **1350**
Petrosiacetylene D = **1351**
Petrosiacetylene E = **1352**
Petrosiol A = **1353**
Petrosiol B = **1354**
Petrosiol C = **1355**
Petrosiol D = **1356**
Petrosiol E = **1357**
Petrosolic acid = **1460**
Petrosterol = **1105**
Petrosterol-3,6-dione = **1106**
Petrosynic acid A = **1461**
Petrosynic acid B = **1462**
Petrosynic acid C = **1463**
Petrosynic acid D = **1464**
Petrosynol = **1358**
Petrosynone = **1401**
Petrotetrayndiol A = **1359**
Petrotetrayndiol B = **1360**
Petrotetrayndiol C = **1361**
Petrotetrayndiol D = **1402**

Petrotetrayndiol E = **1362**
Petrotetrayndiol F = **1363**
Petrotetraynol A = **1403**
Petrotetrayntriol A = **1364**
Petrotriyndiol A = **1365**
Peyssonenyne A = **1465**
Peyssonenyne B = **1466**
(5*Z*)-PGA_2 = **1708**
PGB_2 = **1709**
PGD_2 = **1710**
PGE_1 = **1711**
PGE_2 = **1712**
$PGF_{2\alpha}$ = **1713**
Phomolide A = **1233**
Phomolide B = **1234**
Phorbaside A = **305**
Phorbaside C = **306**
Phorbaside D = **307**
Phorbaside E = **308**
Phormidolide = **566**
Phosphocalyculin C = **1831**
Phosphoiodyn A = **1482**
Phrygiasterol = **1107**
Phrygioside B = **808**
Pinnasterol = **809**
Pinnatoxin A = **229**
Pinnatoxin B = **230**
Pinnatoxin C = **231**
Pinnatoxin D = **232**
Pitinoic acid A = **1271**
Pitinoic acid B = **1272**
Plakevulin A = **1756**
Plakinic acid A = **1616**
Plakinic acid B = **1617**
epi-Plakinic acid E methyl ester = **1618**
Plakinic acid F = **1619**
epi-Plakinic acid F = **1620**
Plakinic acid G = **1621**
epi-Plakinic acid G = **1622**
epi-Plakinic acid H = **1621**
Plakorin = **1623**
Plakortic acid = **1624**
Plakortide F = **1625**
Plakortide G = **1626**
(4*S*)-Plakortide H = **1627**
Plakortide P = **1628**
Plakortide Q = **1629**
Plakortide R = **1630**
Plakortide S = **1631**
Plakortide T = **1632**
Plakortide U = **1633**
Plakortin = **1634**
Plakortisinic acid = **1635**
Plakortolide = **1674**
Plakortolide B = **1675**
Plakortolide D = **1676**
Plakortolide E = **1677**
Plakortolide F = **1678**
Plakortolide F‡ = **1679**
Plakortone A = **1662**
Plakortone B = **1663**
Plakortone C = **1664**
Plakortone D = **1665**
Plakortone E = **1666**
Plakortone F = **1667**
Plakoside A = **1968**
Plakoside B = **1969**
(*Z*)-PNG 4 = **1766**
Poecillastrin A = **455**
Poecillastrin B = **456**
Poecillastrin C = **457**
Pokepola ester = **1832**
Polycavernoside A = **567**
Polycavernoside A_2 = **568**
Polycavernoside A_3 = **569**
Polycavernoside B = **570**
Polycavernoside B_2 = **571**
Polymastiamide A = **992**
Portimine = **625**
Precandidaspongiolide A = **572**
Precandidaspongiolide B = **573**
Pregnenolone = **631**
Propenediester = **1235**
Prorocentrol = **18**
Prorocentrolide = **574**
Prorocentrolide B = **575**
(5*Z*)-Prostaglandin A_2 = **1708**
15-*epi*-Prostaglandin A_2 = **1714**
Prostaglandin B_2 = **1709**
Prostaglandin D_2 = **1710**
Prostaglandin E_1 = **1711**
Prostaglandin E_2 = **1712**
Prostaglandin $F_{2\alpha}$ = **1713**
Prostaglandins = **1707**

Protoceratin Ⅰ = **203**
Protoceratin Ⅱ = **204**
Protoceratin Ⅲ = **205**
Protoceratin Ⅳ = **206**
Prymnesin 1 = **207**
Prymnesin 2 = **208**
Pseudoalteromone B = **1273**
Pteriatoxin A = **233**
Pteriatoxin B = **234**
Pteriatoxin C = **235**
Pteroenone = **1274**
Ptilodene = **1236**
PTX = **132**
PTX1 = **446**
PTX11 = **452**
PTX2 = **447**
PTX3 = **448**
PTX4 = **449**
PTX6 = **450**
PTX7 = **451**
Punaglandin 1 = **1757**
Punaglandin 1 acetate = **1775**
Punaglandin 2 = **1758**
Punaglandin 2 acetate = **1759**
(*Z*)-Punaglandin 3 = **1760**
(*E*)-Punaglandin 3 = **1761**
(*Z*)-Punaglandin 3 acetate = **1762**
(*E*)-Punaglandin 3 acetate = **1763**
(*E*)-Punaglandin 3 epoxide = **1764**
(*E*)-Punaglandin 4 = **1765**
(*Z*)-Punaglandin 4 = **1766**
(*E*)-Punaglandin 4 acetate = **1767**
(*Z*)-Punaglandin 4 acetate = **1768**
(*E*)-Punaglandin 4 epoxide = **1769**
Punaglandin 5 = **1770**
Punaglandin 5 acetate = **1771**
Punaglandin 6 = **1772**
Punaglandin 7 = **1773**
(5*Z*)-Punaglandin 8 = **1774**
Punicinol A = **810**
Punicinol B = **811**
Pyripyropene A = **1702**
Pyripyropene E = **1703**
Raspailyne A = **1366**
Rathbunioside R_1 = **812**
Rathbunioside R_2 = **813**
Regularoside A = **993**
Reidispongiolide A = **458**
Reidispongiolide B = **459**
Reidispongiolide C = **460**
Remeisterol = **994**
Rhizochalin = **1970**
Rifamycin S = **114**
Riisein A = **814**
Riisein B = **815**
Roselipin 1A = **1275**
Roselipin 1B = **1276**
Roselipin 2A = **1277**
Roselipin 2B = **1278**
Saiyacenol A = **36**
Saiyacenol B = **37**
Salarin A = **576**
Salicylihalamide A = **342**
Salicylihalamide B = **343**
Saliniketal A = **38**
Saliniketal B = **39**
Salinisporamycin = **115**
Sanguinoside C = **995**
Santacruzamate A = **1237**
Sarcoehrenoside A = **1971**
Sarcoehrenoside B = **1972**
Sarcoglycoside A = **1872**
Sarcoglycoside B = **1873**
Sarcoglycoside C = **1874**
Sargussumol = **1555**
Sclerosteroid A = **632**
Sclerosteroid B = **633**
Sclerosteroid E = **634**
Scytophycin E = **577**
9,10-Secocholesta-1,3,5(10),24-tetraene-3,9-diol = **1116**
9,10-Secoergosta-1,3,5(10),22-tetraene-3,9-diol = **1120**
9,11-Seco-24-hydroxydinosterol = **996**
Sepositoside A = **816**
Sequoiatone A = **1689**
Sequoiatone B = **1652**
Seragakinone A = **119**
Shimalactone A = **622**
Shimalactone B = **623**
Shishicrellastatin A = **1141**
Shishicrellastatin B = **1142**
Siccayne = **1484**
Sigmosceptrellin B methyl ester = **1636**
Siladenoserinol A = **1833**
Siladenoserinol B = **1834**

Siladenoserinol C = **1835**
Siladenoserinol D = **1836**
Siladenoserinol E = **1837**
Siladenoserinol F = **1838**
Siladenoserinol G = **1839**
Siladenoserinol H = **1840**
Siladenoserinol I = **1841**
Siladenoserinol J = **1842**
Siladenoserinol K = **1843**
Siladenoserinol L = **1844**
Simplakidine A = **40**
Sinubrasolide A = **1029**
Sinubrasolide B = **1030**
Sinubrasolide E = **1031**
Sinulabasterol = **997**
Sinularioside = **1875**
Sinularone A (2012) = **1520**
Sinularone B (2012) = **1521**
Sinularone G (2012) = **1522**
Sinularone H (2012) = **1523**
Sinularone I (2012) = **1524**
Sinularoside A = **998**
Sinularoside B = **999**
Siphonarienedione = **41**
Z-Siphonarienfuranone = **42**
Siphonarienfuranone = **43**
Siphonarienolone = **44**
Siphonarienone = **1279**
Siphonodiol = **1367**
Solandelactone C = **1721**
Solandelactone D = **1722**
Solandelactone G = **1723**
Solomonsterol A = **640**
Solomonsterol B = **641**
(3*R*,5*R*)-Sonnerlactone = **344**
(3*R*,5*S*)-Sonnerlactone = **345**
Sorbicatechol A = **286**
Sorbicatechol B = **287**
Sorbicillactone A = **288**
Sorbicillamine A = **289**
(*R*)-Sorbicillamine B = **290**
(*S*)-Sorbicillamine B = **291**
Sorbicillamine C = **292**
Sorbicillamine D = **293**
Sorbicillamine E = **294**
Sorbicillin = **295**
Sorbiterrin A = **296**
Spartinol C = **1498**
Spartinoxide = **1653**
Sphinxolide A = **461**
Sphinxolide B = **462**
Sphinxolide C = **463**
Sphinxolide D = **464**
Sphinxolide E = **465**
Sphinxolide F = **466**
Sphinxolide G = **467**
Spiculoic acid A = **610**
Spirolide A = **236**
Spirolide B = **237**
Spirolide C = **238**
Spirolide D = **239**
Spirolide E = **240**
Spirolide F = **241**
Spirolide G = **242**
Spiroprorocentrimine = **578**
Splenocin A = **352**
Splenocin B = **353**
Splenocin C = **354**
Splenocin D = **355**
Splenocin E = **356**
Splenocin F = **357**
Splenocin G = **358**
Splenocin H = **359**
Splenocin I = **360**
Splenocin J = **361**
Spongidepsin = **19**
Spongilipid = **1876**
Spongistatin 1 = **579**
Spongistatin 2 = **580**
Spongistatin 3 = **581**
Spongistatin 4 = **582**
Spongistatin 5 = **583**
Spongistatin 8 = **584**
Spongistatin 9 = **585**
Sporiolide A = **1983**
Sporiolide B = **1984**
Sporothrin A = **1556**
Sporothrin B = **1557**
SPX = **214**
Stearidonic acid = **1238**
Stellaster Cerebroside S-1-4 = **1962**
Stellaster Cerebroside S-1-5 = **1963**
Stellaster Cerebroside S-1-3 = **1961**
Stellettasterol = **817**

Sterigmatocystin = **268**
(24*R*)-Stigmasta-4,25-diene-3,6-diol = **1076**
(3*β*,6*β*,15*α*,16*β*,22*E*,24*R*,25*S*)-Stigmasta-4,22-diene-3,6,8,15,16,26-hexol 3-*O*-(2-*O*-methyl-*β*-D-xylopyranoside) 26-*O*-*β*-D-xylopyranoside = **1058**
(3*β*,6*β*,15*α*,16*β*,22*E*,24*R*)-Stigmasta-4,22-diene-3,6,8,15,16,29-hexol 3-*O*-(2-*O*-methyl-*β*-D-xylopyranoside) 29-*O*-*β*-D-xylopyranoside = **1059**
(3*β*,6*β*,15*α*,16*β*,22*E*,24*R*)-Stigmasta-4,22-diene-3,6,8,15,16,29-hexol 3-*O*-(2-*O*-methyl-*β*-D-xylopyranoside) 29-*O*-*β*-D-xylopyranoside 15-sulfate = **1057**
(3*β*,6*α*,15*β*,24(28)*E*)-Stigmasta-8(14),24(28)-diene-3,6,15,29-tetrol 29-*O*-*β*-D-xylopyranoside = **1038**
Stigmasta-4,24(28)-dien-3-one = **1077**
(3*β*,4*β*,5*α*,6*α*,8*β*,15*β*,24*R*)-Stigmastane-3,4,6,8,15,29-hexol 29-*O*-[2-*O*-methyl-*β*-D-xylopyranosyl-(1→2)-*β*-D-xylopyranoside] = **1037**
(3*β*,4*β*,5*α*,6*α*,8*β*,15*β*,24*R*)-Stigmastane-3,4,6,8,15,29-hexol 29-*O*-[*β*-D-xylopyranosyl-(1→2)-*β*-D-xylopyranoside] = **1036**
(3*β*,6*β*,8*β*,15*α*,16*β*,24*R*)-Stigmast-4,25-diene-3,6,8,15,16,29-hexol 3-*O*-(2-*O*-methyl-*β*-D-xylopyranoside) 29-*O*-*β*-D-xylopyranoside = **1060**
Stigmast-25-ene-2,3,15,16,17,18-hexol 2-*O*-sulfate = **1078**
Stolonic acid A = **1637**
Stolonic acid B = **1638**
Stoloniferone A = **1000**
Stoloniferone B = **1001**
Stoloniferone C = **1002**
Stoloniferone D = **1108**
Stoloniferone E = **1003**
Stoloniferone F = **1004**
Stoloniferone G = **1005**
Stoloniferone T = **1006**
Stoloniolide I = **1007**
Stoloniolide II = **1008**
Stolonoxide A = **1639**
Stolonoxide B = **1640**
Stolonoxide C = **1641**
Stolonoxide D = **1642**
Stolonoxide E = **1643**
Stolonoxide F = **1644**
Streptobactin = **362**
Streptoseolactone = **818**
Stylocheilamide = **101**
7-*O*-Succinoylmacrolactin F = **2003**
7-*O*-Succinylmacrolactin A = **2004**
2-Sulfoethyl alcohol = **1153**
10-*O*-Sulfo-KmTx1 = **143**
10-*O*-Sulfo-KmTx3 = **144**
5-(12-Sulfooxyheptadecyl)-1,3-benzenediol = **2019**
(6-Sulfoquinovopyranosyl)-(1→3′)-1′-(5,8,11,14,17-eicosapentaenoyl)-2′-hexadecanoylglycerol = **1877**
Sumalarin A = **346**
Sumalarin B = **347**
Sumalarin C = **348**
Superstolide A = **586**
Superstolide B = **587**
Swinhoeiamide A = **1845**
Swinhoeisterol A = **1143**
Swinhoeisterol B = **1144**
Swinholide A = **474**
Swinholide B = **475**
Swinholide C = **476**
Swinholide H = **477**
Swinholide I = **478**
Swinholide K = **479**
Symbiodinolide = **118**
Symbiopolyol = **142**
Symbioramide = **1973**
Syriacin = **1974**
Tamulamide A = **209**
Tamulamide B = **210**
Tanikolide dimer = **1171**
Tanikolide secoacid = **1172**
Tartrolone D = **588**
Taurospongin A = **1467**
Tedanolide = **589**
Terpioside B = **1975**
(+)-Terrein = **1525**
Testafuran A = **1468**
N-(Tetracosanoyl)-2-amino-9-methyl-4-octadecene-1,3-diol = **1976**
13-Tetradecene-2,4-diyn-1-ol = **1368**
4,6,8,10-Tetraethyl-4,6-dihydroxy-2,7,11-tetradecatrienoic acid = **1280**
12,13,14,15-Tetrahydrosiphonodiol = **1369**
(3*β*,5*α*,6*α*,22*R*)-3,6,20,25-Tetrahydroxycholesta-9(11),23-dien-22-one 6-*O*-[*β*-D-fucopyranosyl-(1→2)-6-deoxy-*β*-D-glucopyranosyl-(1→4)-[6-deoxy-3-*O*-methyl-*β*-D-glucopyranosyl-(1→2)]-*β*-D-xylopyranosyl-(1→3)-6-deoxy-*β*-D-glucopyranoside] 3-*O*-sulfate = **755**
2,5,6,11-Tetrahydroxyergosta-3,24(28)-dien-1-one = **1005**
(2*β*,5*β*,6*β*,11*α*,24*S*)-2,5,6,11-Tetrahydroxyergost-3-en-1-one = **1006**

2,9,12,15-Tetramethyl-2,19-eicosadiene-4,7,10,13-tetrone = **1240**
4,6,8,10-Tetramethyl-4-tridecen-3-one = **1279**
Tetromycin 1 = **327**
Tetromycin 2 = **328**
Tetromycin 3 = **329**
Tetromycin 4 = **330**
Tetromycin B = **331**
Theonellasterol B = **1079**
Theonellasterol C = **1080**
Theonellasterol D = **1081**
Theonellasterol E = **1082**
Theonellasterol F = **1083**
Theonellasterol G = **1084**
Theonellasterol H = **1085**
Theonellasterol K = **1086**
Theopederin A = **102**
Theopederin B = **103**
Theopederin C = **104**
Theopederin D = **105**
Theopederin E = **106**
Theopederin F = **107**
Theopederin G = **108**
Theopederin H = **109**
Theopederin I = **110**
Theopederin J = **111**
Theopederin K = **112**
Theopederin L = **113**
Thiocyanatin A = **1161**
Thiopalmyrone = **1560**
Thornasteroside A = **819**
Tirandamycin A = **1691**
Tirandamycin B = **1692**
Tolytoxin = **590**
Topostin B 567 = **1281**
Topsentiasterol sulfate A = **1009**
Topsentiasterol sulfate B = **1010**
Topsentiasterol sulfate C = **1011**
Topsentiasterol sulfate D = **1012**
Topsentiasterol sulfate E = **1013**
Topsentinol B = **1087**
Topsentolide A_1 = **1784**
Toxadocial A = **1162**
Toxadocial C = **1193**
Toxadocic acid = **1194**
Toxin GB1 = **146**
(2*S*,3*S*,4*R*)-1,3,4-Triacetoxy-2-[(*R*-2′-acetoxyoctadecanoyl) amino]octadecane = **1977**
(all-*R*)-1,12,18,29-Triacontatetrayne-3,14,17,28-tetrol = **1370**
3*Z*,15*Z*,27*Z*-Triacontatriene-1,29-diyn-5*S*-ol = **1371**
4,15,26-Triacontatriene-1,12,18,29-tetrayne-3,14,17,28-tetrol = **1358**
4,15,26-Triacontatriene-1,12,18,29-tetrayne-3,14,17,28-tetrone = **1401**
(all-*Z*)-5,9,23-Triacontatrienoic acid methyl ester = **1239**
15-Triacontene-1,12,18,29-tetrayne-3,28-diol = **1298**
Triangulyne A = **1372**
Triangulyne B = **1373**
Triangulyne C = **1374**
Triangulyne D = **1375**
Triangulyne E = **1376**
Triangulyne F = **1377**
Triangulyne G = **1378**
Triangulyne H = **1379**
Triangulynic acid = **1469**
Tribenarthin = **363**
(2*R*)-2-(2,3,6-Tribromo-4,5-dihydroxybenzyl)cyclohexanone = **1526**
Trichodenone A = **1527**
Trichodenone B = **1528**
(*R*)-Trichodenone C = **1529**
Trichodermaketone A = **624**
Trichodermanone A = **297**
Trichodermanone B = **298**
Trichodermanone C = **299**
Trichodermatide A = **1704**
Trichoderone = **1530**
Trichodimerol = **300**
(2*R*,14*Z*,20*Z*)-14,20-Tricosadiene-3,5,10,12,22-pentayne-1,2-diol = **1367**
(2*R*,14*Z*,20*Z*)-14,20-Tricosadiene-3,5,10,12,22-pentayne-1,2-diol-di-*O*-sulfate = **1471**
14,20-Tricosadiene-3,5,10,12,22-pentayne-1,2,9-triol = **1293**
(2*ξ*,14*E*,16*ξ*,20*Z*)-14,20-Tricosadiene-3,5,10,12,22-pentayne-1,2,16-triol = **1297**
N-(Tricosanoyl)-2-amino-9-methyl-4-octadecene-1,3-diol = **1978**
N-Tricosanoyl-(2*ξ*,3*ξ*,4*E*)-2-amino-4-octadecene-1,3-diol = **1907**
(2*E*,4*E*)-2-Tridecyl-heptadeca-2,4-dienal = **1282**
3-Tridecylphenol = **2020**
6-Tridecylsalicylic acid = **2021**
4,6,10-Triethyl-4,6-dihydroxy-8-methyl-2,7,11-tetradecatrienoic acid = **1283**

4,6,8-Triethyl-2,4,9-dodecatrienoic acid = **1269**
(3*β*,6*α*,22*R*)-3,6,20-Trihydroxy-9(11),24-cholestadien-22-one 6-*O*-[*β*-D-fucopyranosyl-(1→2)-6-deoxy-*β*-D-glucopyranosyl-(1→4)-[6-deoxy-3-*O*-methyl-*β*-D-glucopyranosyl-(1→2)]-*β*-D-xylopyranosyl-(1→3)-6-deoxy-*β*-D-glucopyranoside] 3-*O*-sulfate = **757**
3,6,24-Trihydroxycholestan-15-one = **820**
(3*β*,5*α*,6*α*,20*S*)-3,6,20-Trihydroxycholest-9(11)-en-23-one 6-*O*-[*β*-D-fucopyranosyl-(1→2)-*β*-D-xylopyranosyl-(1→4)-[6-deoxy-*β*-D-glucopyranosyl-(1→2)]-*β*-D-xylopyranosyl-(1→3)-6-deoxy-*β*-D-glucopyranoside] 3-*O*-sulfate = **802**
3,11,24-Trihydroxy-4,23-dimethyl-9,11-secoergost-22-en-9-one = **996**
3*β*,7*β*,11-Trihydroxy-5*α*,6*α*-epoxy-9,11-secogorgostan-9-one = **1109**
3*β*,5*α*,9*α*-Trihydroxy-(22*E*,24*R*)-ergosta-7,22-dien-6-one = **1014**
(2*S*,3*S*,4*R*)-1,3,4-Trihydroxy-2-(2-(*R*)-hydroxyoctadecanoylamino)octadec-8*E*-ene = **1979**
(2*S*,3*S*,4*R*)-1,3,4-Trihydroxy-2-[(*R*-2′-hydroxytetradecanoyl)amino]tricosane = **1980**
5,6,11-Trihydroxy-33-norgorgost-2-en-1-one = **1112**
(3*β*,24*ξ*)-3,11,24-Trihydroxy-9,11-secogorgost-5-en-9-one = **1110**
14,17,28-Trihydroxy-4,15,26-triacontatriene-1,12,18,29-tetrayn-3-one = **1380**
2,6,10-Trimethyl-5,9-undecadienal = **1284**
45,46,47-Trinoryessotoxin = **211**
Trisialo-ganglioside HPG-1 = **1981**
Trisorbicillinone A = **301**
Trisorbicillinone B = **302**
Trisorbicillinone C = **303**
Trisorbicillinone D = **304**
Trodusquemine = **801**
Tubaymycin = **309**
Tulearin A = **591**
Umbraculumin A = **1800**
Umbraculumin C = **1801**
(*3E,5Z,8Z*)-Undeca-1,3,5,8-tetraene = **1181**
Unsaturated fatty acid glycerol ester 3 = **1792**
Unsaturated fatty acid glycerol ester 4 = **1793**
Unsaturated fatty acid glycerol ester 5 = **1794**
Unsaturated fatty acid glycerol ester 6 = **1795**
Unsaturated fatty acid glycerol ester 7 = **1796**
Unsaturated fatty acid glycerol ester 8 = **1797**
Unsaturated fatty acid glycerol ester 9 = **1798**
Urauchimycin A = **364**
Urauchimycin B = **365**
Urdamycin E = **130**
Urdamycinone G = **131**
Vatoxin-a = **45**
Versicolorin C = **269**
Volemolide = **836**
Wailupemycin A = **1531**
Weinbersteroldisulfate A = **1111**
Werramycin = **48**
Wondosterol A = **1015**
Wondosterol B = **821**
Wondosterol C = **822**
Woodylide A = **1285**
Woodylide B = **1286**
Woodylide C = **1287**
Xestobergsterol A = **823**
Xestobergsterol B = **824**
Xestobergsterol C = **825**
Xestospongic acid = **1421**
Xestospongic acid ethyl ester = **1470**
Xyloketal A = **1705**
Xyloketal F = **1706**
Yanuthone D = **1532**
Yendolipin = **1982**
Yessotoxin(YTX) = **212**
Yonarasterol A = **1016**
Yonarasterol B = **1017**
6-*epi*-Yonarasterol B = **1018**
Yonarasterol C = **1112**
Yonarasterol E = **1019**
YTX = **212**
Zampanolide = **592**
Zooxanthellatoxin A = **593**
Zooxanthellatoxin B = **594**

索引 3 化合物分子式索引

本索引按照 Hill 约定顺序制作，在分子式后面，紧接着出现的是所有有关化合物在本卷中的唯一代码。

C_2

$C_2H_6O_4S$ **1153**

C_5

$C_5Br_8O_2$ **1192**

$C_5HBr_7O_2$ **1191**

$C_5H_8O_3$ **1154**

$C_5H_{11}O_2S^+$ **1147**

C_6

$C_6H_{10}O_2S$ **1533**

$C_6H_{12}NO_2^+$ **1654**

$C_6H_{14}O_4S$ **1158**

C_7

$C_7H_6O_4$ **1661**

$C_7H_8O_2$ **1527**

$C_7H_8O_4$ **1508, 1509**

$C_7H_9ClO_2$ **1529**

$C_7H_9ClO_3$ **1528**

$C_7H_{10}O_3$ **1530**

$C_7H_{10}O_3S$ **1560**

C_8

$C_8H_7BrO_4$ **1499**

$C_8H_7Cl_2NO_3$ **1503**

$C_8H_7NO_3$ **1669**

$C_8H_8O_4$ **1512**

$C_8H_9NO_3$ **1515**

$C_8H_{10}O_3$ **1525**

$C_8H_{10}O_5$ **1537, 1538**

$C_8H_{11}ClO_5$ **1539, 1541**

C_8H_{12} **1182**

$C_8H_{12}Cl_2O$ **1249**

$C_8H_{12}O_3$ **1496**

$C_8H_{16}O_4S$ **1190**

$C_8H_{18}O_4S$ **1170**

C_9

$C_9H_9NO_2$ **1535**

$C_9H_{10}O_4$ **1513**

$C_9H_{13}ClO_5$ **1213**

$C_9H_{14}O_3$ **1243**

$C_9H_{14}O_6$ **1540**

$C_9H_{16}O$ **1250, 1268**

$C_9H_{16}O_2$ **1186**

$C_9H_{16}O_3$ **1245, 1246**

$C_9H_{16}O_4$ **1244**

$C_9H_{19}NO_7$ **1846**

$C_9H_{20}NO_2^+$ **1155**

$C_9H_{20}O_4S$ **1166**

C_{10}

$C_{10}H_{15}ClO_5$ **1212**

$C_{10}H_{16}O_3$ **1223**

$C_{10}H_{16}O_4S$ **1180**

$C_{10}H_{18}O_3$ **1218**

$C_{10}H_{18}O_4S$ **1178**

$C_{10}H_{20}O_4$ **1149**

C_{11}

$C_{11}H_{10}O_2$ **1484**

$C_{11}H_{10}O_3$ **1650, 1651**

$C_{11}H_{12}O_4$ **1504, 1505**

$C_{11}H_{14}$ **1487**

$C_{11}H_{14}O$ **1486**

$C_{11}H_{14}O_3$ **1516, 1517**

$C_{11}H_{14}O_4$ **1506, 1507**

$C_{11}H_{16}$ **1181, 1490, 1492, 1493**

$C_{11}H_{16}O_5$ **1522**

$C_{11}H_{17}NO_8$ **1659**

$C_{11}H_{18}$ **1177, 1485, 1488, 1489**

$C_{11}H_{18}O_3$ **1511**

$C_{11}H_{18}O_4$ **1263**

$C_{11}H_{20}O_2$ **1271**

$C_{11}H_{22}O_4S$ **1251**

C_{12}

$C_{12}H_{13}ClO_2$ **1204**

$C_{12}H_{14}O_3$ **1681**

$C_{12}H_{16}O$ **1325**

$C_{12}H_{16}O_3$ **1233**

$C_{12}H_{16}O_4$ **1**

$C_{12}H_{18}$ **1491**

$C_{12}H_{18}O$ **1304**

$C_{12}H_{18}O_3$ **1265**

$C_{12}H_{18}O_4$ **1234**

$C_{12}H_{18}O_5$ **1523**

$C_{12}H_{20}N_2O_7$ **1657**

$C_{12}H_{20}O_4$ **1222, 1262**

$C_{12}H_{22}O_2S_2$ **1261**

$C_{12}H_{24}O_2S_2$ **1260**

$C_{12}H_{25}NO$ **1184**

$C_{12}H_{25}NO_4$ **1975**

$C_{12}H_{26}O_3$ **1164**

C_{13}

$C_{13}H_{13}Br_3O_3$ **1526**

$C_{13}H_{16}O_3$ **278**

$C_{13}H_{16}O_5$ **1680**

$C_{13}H_{22}O_4$ **1264**

$C_{13}H_{22}O_5$ **1270, 1984**

$C_{13}H_{24}O_2$ **1534**

$C_{13}H_{24}O_3$ **1226**

$C_{13}H_{25}ClO_2$ **1176**

$C_{13}H_{25}NO$ **1174**

$C_{13}H_{27}NO$ **1175, 1890**

C_{14}

$C_{14}H_{15}NO_7$ **1685**

$C_{14}H_{16}O_3$ **295**

$C_{14}H_{16}O_5$ **283**

$C_{14}H_{16}O_7$ **1656**

$C_{14}H_{18}O_3$ **280**

$C_{14}H_{18}O_4$ **1552**

$C_{14}H_{18}O_5$ **344, 345**

$C_{14}H_{18}O_6$ **61, 63**

$C_{14}H_{20}O$ **1368**

$C_{14}H_{20}O_2$ **1326**

$C_{14}H_{20}O_3$ **1450**

$C_{14}H_{20}O_4$ **1203**

$C_{14}H_{20}O_6$ **60**

$C_{14}H_{22}O_4$ **1201, 1202, 1494, 1495**

$C_{14}H_{22}O_6$ **62**

$C_{14}H_{24}O$ **1284**

$C_{14}H_{24}O_2$ **1274**

$C_{14}H_{24}O_4$ **1566**

$C_{14}H_{26}O_4$ **1565**

$C_{14}H_{27}NO$ **1888, 1889**

$C_{14}H_{28}O_2$ **1165**

$C_{14}H_{29}NO$ **1173, 1183**

C_{15}

$C_{15}H_{15}BrO_2$ **2034**

$C_{15}H_{16}BrClO_2$ **2032, 2033**

$C_{15}H_{18}BrClO_2$ **2025**

$C_{15}H_{18}O$ **1396, 1397, 1682**

$C_{15}H_{19}Br_2ClO$ **2026, 2027**

$C_{15}H_{19}Br_3O_3$ **2022**

$C_{15}H_{19}ClO$ **2023**

$C_{15}H_{20}BrClO$ **2028, 2029, 2031**

$C_{15}H_{20}BrClO_2$ **2024**

$C_{15}H_{20}O$ **1389, 1390**

$C_{15}H_{20}O_2$ **1394**

$C_{15}H_{21}BrO_3$ **2030**

$C_{15}H_{22}IO_5P$ **1483**

$C_{15}H_{22}N_2O_3$ **1237**

$C_{15}H_{22}O_2$ **1393**

$C_{15}H_{22}O_3$ **1449**

$C_{15}H_{24}Cl_6O_4S$ **1185**

$C_{15}H_{24}O_2$ **1520**

$C_{15}H_{24}O_3$ **1345**

$C_{15}H_{26}O_3$ **1273**

$C_{15}H_{28}O_3$ **1225**

$C_{15}H_{30}O_2$ **1157**

$C_{15}H_{30}O_3$ **1156**

C_{16}

$C_{16}H_{16}O$ **2017**

$C_{16}H_{16}O_2$ **2018**

$C_{16}H_{16}O_6$ **335, 1519**

$C_{16}H_{18}O_5$ **337**

$C_{16}H_{18}O_6$ **338**

$C_{16}H_{20}Br_2O_2$ **1436**

$C_{16}H_{20}O_5$ **1694**

$C_{16}H_{20}O_6$ **339, 340, 614, 1688**

$C_{16}H_{20}O_8$ **1990**

$C_{16}H_{21}ClO_{10}$ **1542**

$C_{16}H_{22}O$ **1308**

$C_{16}H_{22}O_2$ **1196**

$C_{16}H_{22}O_3$ **1451, 1653**

$C_{16}H_{22}O_4$ **514, 1687**

$C_{16}H_{22}O_7$ **1987, 1988**

$C_{16}H_{22}O_8$ **1985, 1986, 1990, 1991**

$C_{16}H_{23}Br_2NO_2$ **1558**

$C_{16}H_{23}BrO_2$ **1409**

$C_{16}H_{24}IO_4P$ **1482**

$C_{16}H_{24}O_4$ **497**

$C_{16}H_{24}O_5$ **624**

$C_{16}H_{25}ClO_4$ **1272**

$C_{16}H_{26}O_3$ **596, 1346**

$C_{16}H_{26}O_4$ **1521, 1690**

$C_{16}H_{26}O_5$ **598**

$C_{16}H_{26}O_6$ **1591**

$C_{16}H_{26}O_7$ **1594**

$C_{16}H_{28}O_4$ **1581**

$C_{16}H_{30}O_4$ **1582**

C_{17}

$C_{17}H_{21}BrO_2$ **1430**

$C_{17}H_{22}O$ **1391, 1392**

$C_{17}H_{22}O_4$ **1500, 1501**

$C_{17}H_{22}O_6$ **336**

$C_{17}H_{23}NO$ **1478**

$C_{17}H_{24}O_2$ **1395**

$C_{17}H_{26}O_4$ **6**

$C_{17}H_{27}NO_5$ **1668**

$C_{17}H_{28}O_3$ **1347**

$C_{17}H_{28}O_5$ **1587, 1613, 1615**

$C_{17}H_{30}O_4$ **22, 23, 1572, 1575, 1624**

$C_{17}H_{32}O$ **1279**

$C_{17}H_{32}O_3$ **1227, 1228**

$C_{17}H_{32}O_4$ **1287**

$C_{17}H_{34}O_4$ **1172**

$C_{17}H_{36}O_4S$ **1151**

C_{18}

$C_{18}H_{12}O_6$ **259, 268**

$C_{18}H_{12}O_7$ **269**

$C_{18}H_{14}O_7$ **264**

$C_{18}H_{17}BrO_2$ **1428, 1429**

$C_{18}H_{19}BrO_2$ **1413~1419**

$C_{18}H_{20}O_2S$ **1452**

$C_{18}H_{21}BrO_2$ **1420, 1421, 1424~1427**

$C_{18}H_{22}Br_2O_2$ **1437**

$C_{18}H_{22}O_3$ **2006**

$C_{18}H_{22}O_6$ **333, 334**

$C_{18}H_{23}BrO_2$ **1410~1412**

$C_{18}H_{23}NO_4$ **289**

$C_{18}H_{24}O$ **1514**

$C_{18}H_{24}O_8$ **1989**

$C_{18}H_{25}BrO_3$ **1468**

$C_{18}H_{26}Br_2O_2$ **1438**

$C_{18}H_{26}O_2$ **1440, 1447**

$C_{18}H_{26}O_3$ **1750**

$C_{18}H_{27}BrO_2$ **1422**

$C_{18}H_{28}O_2$ **1238**

$C_{18}H_{28}O_3$ **1198, 1200, 1446, 1751, 1782**

$C_{18}H_{28}O_5$ **1571**

$C_{18}H_{28}O_7$ **1602**

$C_{18}H_{30}O_2$ **1269**

$C_{18}H_{30}O_3$ **14, 15, 1197, 1199, 1221, 1666**

$C_{18}H_{30}O_4$ **1211, 1583**

$C_{18}H_{30}O_5$ **1588, 1589, 1612, 1614**

$C_{18}H_{30}O_7$ **1596**

$C_{18}H_{32}N_2OS_2$ **1161**

$C_{18}H_{32}O_2$ **1224**

$C_{18}H_{32}O_3$ **16, 1231, 1232**

$C_{18}H_{32}O_4$ **1584, 1634, 1795**

$C_{18}H_{34}O_2$ **1230**

$C_{18}H_{34}O_4$ **1285**

$C_{18}H_{34}O_7$ **1152**

$C_{18}H_{37}NO_2$ **1953**

$C_{18}H_{38}O_4S$ **1160**

C_{19}

$C_{19}H_{14}O_6$ **120**

$C_{19}H_{16}O_7$ **265**

$C_{19}H_{22}O_8$ **332, 341**

$C_{19}H_{24}O_6$ **1983**

$C_{19}H_{24}O_8S$ **348**

$C_{19}H_{25}BrO_2$ **1448**

$C_{19}H_{28}Br_2O_2$ **1439**

$C_{19}H_{28}O_2$ **1443**

$C_{19}H_{28}O_4$ **12**

$C_{19}H_{28}O_5S$ **1801**

$C_{19}H_{29}BrO_2$ **1423**

$C_{19}H_{30}O_3$ **10, 1684**

$C_{19}H_{30}O_4$ **13, 1498**

$C_{19}H_{30}O_6$ **1695**

$C_{19}H_{31}ClO_7$ **1597**

$C_{19}H_{32}O$ **2020**

$C_{19}H_{32}O_3$ **11**

$C_{19}H_{32}O_4$ **1570, 1608, 1630**

$C_{19}H_{32}O_5$ **1586, 1590, 1611**

$C_{19}H_{32}O_6$ 558
$C_{19}H_{32}O_7$ 32, 33
$C_{19}H_{34}O_2$ 1229
$C_{19}H_{34}O_4$ 1573, 1604
$C_{19}H_{34}O_6$ 1595
$C_{19}H_{34}O_7$ 1592, 1593
$C_{19}H_{36}O_4$ 1286, 1849, 1850
$C_{19}H_{38}O_4$ 1851~1854
$C_{19}H_{39}NO_2$ 1163
$C_{19}H_{39}NO_3$ 1964, 1965
$C_{19}H_{40}O_3$ 1855

C_{20}
$C_{20}H_{16}O_7$ 260, 261, 267
$C_{20}H_{16}O_8$ 258
$C_{20}H_{18}O_2$ 1132
$C_{20}H_{20}O_{13}$ 1555
$C_{20}H_{20}O_6$ 296
$C_{20}H_{22}Br_2O_2$ 1435
$C_{20}H_{22}O_3$ 1477
$C_{20}H_{23}BrO_2$ 1407
$C_{20}H_{24}O_4$ 2005
$C_{20}H_{24}O_5$ 2008, 2009
$C_{20}H_{25}BrO_2$ 1408, 1470
$C_{20}H_{26}NO_3P$ 1814
$C_{20}H_{26}O_8$ 299
$C_{20}H_{26}O_8S$ 346
$C_{20}H_{28}O$ 2007
$C_{20}H_{28}O_3$ 1724, 1725, 1778, 1779
$C_{20}H_{28}O_4$ 1236
$C_{20}H_{30}O_2$ 1210, 1312, 1313
$C_{20}H_{30}O_3$ 1217, 1777, 1783, 1784
$C_{20}H_{30}O_4$ 1708, 1709, 1714, 1720, 1776
$C_{20}H_{30}O_5$ 1800
$C_{20}H_{31}BrO_4$ 1254
$C_{20}H_{32}O_3$ 1219, 1220, 2021
$C_{20}H_{32}O_4$ 1215, 1248, 1719
$C_{20}H_{32}O_5$ 1601, 1710, 1712
$C_{20}H_{34}O_3$ 42, 43, 1665
$C_{20}H_{34}O_4$ 1195, 1603, 1609, 1610
$C_{20}H_{34}O_5$ 1561, 1711, 1713
$C_{20}H_{34}O_6$ 1562, 1563
$C_{20}H_{35}ClO_7$ 1598
$C_{20}H_{35}NO_3$ 563
$C_{20}H_{36}O$ 1305
$C_{20}H_{36}O_2$ 41
$C_{20}H_{36}O_4$ 1605
$C_{20}H_{38}O_2$ 44, 1266
$C_{20}H_{42}O_4$ 1866

C_{21}
$C_{21}H_{18}O_7$ 266
$C_{21}H_{20}$ 1288
$C_{21}H_{22}$ 1289
$C_{21}H_{22}O_8$ 1531
$C_{21}H_{23}ClO_7$ 275, 276
$C_{21}H_{23}NO_8$ 288
$C_{21}H_{24}$ 1290
$C_{21}H_{24}O_6$ 1686
$C_{21}H_{26}O_5$ 627
$C_{21}H_{28}O$ 636
$C_{21}H_{28}O_4$ 1567
$C_{21}H_{28}O_6$ 417
$C_{21}H_{28}O_8$ 297, 298
$C_{21}H_{29}BrO_4$ 1726~1728
$C_{21}H_{29}ClO_4$ 1729~1731
$C_{21}H_{29}IO_4$ 1753~1755
$C_{21}H_{29}O_7Cl$ 531
$C_{21}H_{30}O_4$ 1441, 1723, 1747~1749
$C_{21}H_{32}O_2$ 631
$C_{21}H_{32}O_4$ 1707, 1721, 1722
$C_{21}H_{33}NO$ 1718
$C_{21}H_{34}O_3$ 1663
$C_{21}H_{34}O_4$ 419, 1216
$C_{21}H_{34}O_8$ 561
$C_{21}H_{36}O$ 1187
$C_{21}H_{36}O_3$ 1664
$C_{21}H_{36}O_4$ 1283, 1366
$C_{21}H_{36}O_5$ 1524
$C_{21}H_{36}O_7$ 46
$C_{21}H_{38}O$ 1310, 1311
$C_{21}H_{38}OS$ 1559
$C_{21}H_{38}O_3$ 1667
$C_{21}H_{38}O_4$ 1606, 1625, 1626, 1792
$C_{21}H_{40}O$ 1317, 1318
$C_{21}H_{40}O_4$ 1574, 1629
$C_{21}H_{44}O_3$ 1847
$C_{21}H_{44}O_4$ 1868
$C_{21}H_{44}O_8S_2$ 1150

C_{22}
$C_{22}H_{20}O_7$ 262
$C_{22}H_{20}O_8$ 263
$C_{22}H_{20}O_9$ 1683
$C_{22}H_{26}O_6$ 2010
$C_{22}H_{27}BrO_2$ 1405, 1406
$C_{22}H_{27}NO_7$ 1691
$C_{22}H_{27}NO_8$ 1692
$C_{22}H_{28}O_7$ 321
$C_{22}H_{28}O_8$ 1518
$C_{22}H_{30}N_2O_4S_2$ 1646, 1647
$C_{22}H_{30}N_2O_8$ 364, 365
$C_{22}H_{30}O_3$ 606, 615
$C_{22}H_{30}O_4$ 616~620, 1568, 1599
$C_{22}H_{30}O_5$ 418, 1652, 1735
$C_{22}H_{30}O_6$ 1736
$C_{22}H_{32}O_3$ 1502, 1553, 1554
$C_{22}H_{32}O_4$ 1444, 1658
$C_{22}H_{32}O_5$ 1255~1259, 1995
$C_{22}H_{32}O_6$ 611
$C_{22}H_{32}O_7$ 1704
$C_{22}H_{34}O_3$ 836
$C_{22}H_{34}O_4$ 634, 1510
$C_{22}H_{34}O_5$ 1497
$C_{22}H_{34}O_7$ 549
$C_{22}H_{36}O_3$ 1662
$C_{22}H_{36}O_4$ 1635
$C_{22}H_{36}O_5$ 1600
$C_{22}H_{36}O_6$ 604
$C_{22}H_{37}NO_5$ 38
$C_{22}H_{37}NO_6$ 39
$C_{22}H_{37}NO_9$ 106
$C_{22}H_{38}$ 1291
$C_{22}H_{38}O$ 1303
$C_{22}H_{38}O_4$ 20, 1280, 1576, 1578, 1627, 1628
$C_{22}H_{38}O_5$ 1655
$C_{22}H_{38}O_7$ 47
$C_{22}H_{40}O_4$ 1577, 1631, 1793
$C_{22}H_{41}NO_3$ 1145
$C_{22}H_{42}O_4$ 1633
$C_{22}H_{43}NO_3$ 1242, 1952

C_{23}
$C_{23}H_{24}O_2$ 1367
$C_{23}H_{24}O_3$ 1293~1297
$C_{23}H_{24}O_5$ 1699
$C_{23}H_{24}O_5S$ 1472
$C_{23}H_{24}O_8S_2$ 1471
$C_{23}H_{26}O_2$ 1302

$C_{23}H_{26}O_6$ **286, 287**
$C_{23}H_{28}O_2$ **1369**
$C_{23}H_{28}O_5$ **513**
$C_{23}H_{28}O_7$ **270**
$C_{23}H_{29}ClO_4$ **595**
$C_{23}H_{30}O_4$ **597**
$C_{23}H_{30}O_6$ **1465, 1466, 1689**
$C_{23}H_{31}ClO_4$ **605**
$C_{23}H_{31}ClO_6$ **1773**
$C_{23}H_{31}ClO_8$ **527**
$C_{23}H_{31}ClO_9$ **530**
$C_{23}H_{31}NO_5$ **625**
$C_{23}H_{32}O_3$ **630**
$C_{23}H_{32}O_4$ **607, 1616**
$C_{23}H_{32}O_5$ **1732~1734**
$C_{23}H_{33}ClO_6$ **1774**
$C_{23}H_{33}Cl_2NO_4$ **1545, 1649**
$C_{23}H_{33}IO_6$ **1752**
$C_{23}H_{34}ClNO_6$ **1544**
$C_{23}H_{34}O_5$ **1678, 1700, 1701**
$C_{23}H_{36}O_3$ **632**
$C_{23}H_{36}O_4$ **1564, 1618**
$C_{23}H_{38}NO_8P$ **1832**
$C_{23}H_{38}O_4$ **1619, 1620**
$C_{23}H_{39}NO_{10}$ **1672, 1673**
$C_{23}H_{40}O_{12}S_3$ **641**
$C_{23}H_{40}O_3$ **2015**
$C_{23}H_{40}O_5$ **25, 26**
$C_{23}H_{40}O_6S$ **2019**
$C_{23}H_{41}NO_3$ **1898**
$C_{23}H_{42}O$ **1316**
$C_{23}H_{42}O_4$ **1632, 1756**
$C_{23}H_{44}O_5$ **1865**
$C_{23}H_{44}O_8$ **1146**
$C_{23}H_{47}NO_2$ **1966**
$C_{23}H_{48}O_3$ **1856**

C_{24}

$C_{24}H_{26}N_2O_8$ **361**
$C_{24}H_{26}O_7$ **1698**
$C_{24}H_{30}O_5$ **281**
$C_{24}H_{32}BrNO_3$ **1474**
$C_{24}H_{32}N_2O_9$ **350**
$C_{24}H_{32}O_7$ **1737~1739**
$C_{24}H_{34}O_4$ **1617**
$C_{24}H_{34}O_5$ **1679, 1992~1994, 1996~1999**
$C_{24}H_{34}O_6$ **1442, 2001**
$C_{24}H_{35}Cl_2NO_5$ **1543, 1648**
$C_{24}H_{36}O_3$ **34, 639**
$C_{24}H_{36}O_4$ **421, 1677**
$C_{24}H_{36}O_5$ **1480, 1643, 1644**
$C_{24}H_{37}NO_6$ **40**
$C_{24}H_{38}ClNO_3$ **86**
$C_{24}H_{38}ClNO_4$ **82**
$C_{24}H_{38}ClNO_5$ **78, 79**
$C_{24}H_{38}O_2$ **2011, 2012**
$C_{24}H_{38}O_3$ **1214**
$C_{24}H_{38}O_4$ **420, 412, 429, 1240, 1241**
$C_{24}H_{38}O_5$ **1479**
$C_{24}H_{39}NO_3$ **1791**
$C_{24}H_{40}O_4$ **1607**
$C_{24}H_{40}O_5$ **1579, 1580**
$C_{24}H_{41}NO_{10}$ **1670**
$C_{24}H_{42}O_4$ **1235**
$C_{24}H_{42}O_6S$ **1473**
$C_{24}H_{42}O_{12}S_3$ **640**
$C_{24}H_{44}O_5$ **1569, 1623**
$C_{24}H_{47}O_{12}P$ **1826**
$C_{24}H_{48}O_7$ **1873, 1874**
$C_{24}H_{50}NO_6P$ **1821, 1822**
$C_{24}H_{52}NO_6P$ **1823**

C_{25}

$C_{25}H_{32}O_3$ **600**
$C_{25}H_{32}O_4$ **428**
$C_{25}H_{32}O_6$ **284, 1696**
$C_{25}H_{32}O_{11}S$ **347**
$C_{25}H_{33}ClO_8$ **1760, 1761**
$C_{25}H_{33}ClO_9$ **1764**
$C_{25}H_{34}O_3$ **638**
$C_{25}H_{34}O_4$ **1674**
$C_{25}H_{34}O_7$ **1744~1746, 1786**
$C_{25}H_{34}O_8$ **1740, 1742**
$C_{25}H_{35}ClO_8$ **1765, 1766, 1770**
$C_{25}H_{35}ClO_9$ **1769**
$C_{25}H_{36}O_2$ **829**
$C_{25}H_{36}O_4$ **628, 633**
$C_{25}H_{36}O_5$ **2000**
$C_{25}H_{36}O_6$ **1445**
$C_{25}H_{37}ClO_8$ **1772**
$C_{25}H_{38}O_2$ **828**
$C_{25}H_{38}O_3$ **35**
$C_{25}H_{38}O_4$ **601, 1675**
$C_{25}H_{38}O_6$ **1536**
$C_{25}H_{39}ClO_4$ **599, 603**
$C_{25}H_{40}O_5$ **602**
$C_{25}H_{42}ClNO_5$ **90**
$C_{25}H_{42}ClNO_6$ **73**
$C_{25}H_{42}O_4$ **1353, 1636**
$C_{25}H_{42}O_5$ **422, 424~426, 1585**
$C_{25}H_{42}O_6$ **490**
$C_{25}H_{43}NO_4$ **1900**
$C_{25}H_{43}NO_{10}$ **1671**
$C_{25}H_{44}O_3$ **2014**
$C_{25}H_{44}O_4$ **1357**
$C_{25}H_{48}O_9$ **1876**
$C_{25}H_{49}O_{12}P$ **1825**

C_{26}

$C_{26}H_{22}ClNO_4$ **128**
$C_{26}H_{23}NO_4$ **127**
$C_{26}H_{25}NO_7$ **129**
$C_{26}H_{26}O_9S$ **131**
$C_{26}H_{26}O_{12}$ **119**
$C_{26}H_{28}N_2O_9$ **352, 355**
$C_{26}H_{30}N_2O_{10}$ **351**
$C_{26}H_{33}NO_5$ **342, 343**
$C_{26}H_{34}O_3$ **608, 609**
$C_{26}H_{36}O_5$ **637**
$C_{26}H_{38}N_2O_4S_4$ **1645**
$C_{26}H_{40}ClNO_3$ **88**
$C_{26}H_{40}ClNO_4$ **89**
$C_{26}H_{40}ClNO_5$ **66**
$C_{26}H_{40}ClNO_6$ **64, 65**
$C_{26}H_{40}O_2$ **834, 1117**
$C_{26}H_{40}O_3$ **21**
$C_{26}H_{40}O_4$ **731, 830, 1676**
$C_{26}H_{40}O_6$ **430**
$C_{26}H_{41}NO_4$ **83**
$C_{26}H_{41}NO_{10}$ **105**
$C_{26}H_{42}ClNO_4$ **87**
$C_{26}H_{42}ClNO_5$ **84**
$C_{26}H_{42}O_4$ **827**
$C_{26}H_{42}O_5$ **1637, 1639**
$C_{26}H_{42}O_6$ **431**
$C_{26}H_{44}O_4$ **1354, 1356**
$C_{26}H_{44}O_5$ **1638**
$C_{26}H_{44}O_6$ **423**
$C_{26}H_{44}O_{12}S_3$ **831, 832**
$C_{26}H_{45}NO_4$ **1899**

$C_{26}H_{46}O_{11}$ **565**
$C_{26}H_{48}O_3$ **1252**
$C_{26}H_{51}O_{11}P$ **1824**
$C_{26}H_{53}O_{11}P$ **1828**
$C_{26}H_{54}NO_6P$ **1829, 1830**

C_{27}
$C_{27}H_{33}NO_5$ **1703**
$C_{27}H_{34}N_2O_6$ **613**
$C_{27}H_{35}ClO_9$ **1762, 1763**
$C_{27}H_{36}O_3$ **610**
$C_{27}H_{36}O_6$ **1705**
$C_{27}H_{36}O_9$ **1741, 1743**
$C_{27}H_{37}ClO_9$ **1767, 1768, 1771**
$C_{27}H_{37}ClO_{10}$ **1757**
$C_{27}H_{39}ClO_8$ **528**
$C_{27}H_{39}ClO_9$ **529**
$C_{27}H_{39}ClO_{10}$ **1758**
$C_{27}H_{39}NO_3$ **19**
$C_{27}H_{40}O_2$ **741, 753, 1114**
$C_{27}H_{40}O_3$ **797, 851**
$C_{27}H_{40}O_4$ **659, 726, 764~776**
$C_{27}H_{40}O_5$ **413**
$C_{27}H_{40}O_6S$ **886**
$C_{27}H_{42}O$ **723**
$C_{27}H_{42}O_2$ **696, 770, 771, 872, 1116**
$C_{27}H_{42}O_3$ **668, 727, 744, 774, 852, 1118**
$C_{27}H_{42}O_4$ **768, 769**
$C_{27}H_{42}O_5$ **495, 778, 809**
$C_{27}H_{42}O_6S$ **675, 728**
$C_{27}H_{42}O_{10}S$ **629**
$C_{27}H_{43}NO_{10}$ **104**
$C_{27}H_{44}O$ **721**
$C_{27}H_{44}O_2$ **673, 674, 775, 1113**
$C_{27}H_{44}O_3$ **676, 677, 730, 733, 743, 766, 767, 772, 773, 1115**
$C_{27}H_{44}O_4$ **667, 1621, 1622**
$C_{27}H_{44}O_5$ **777, 823, 1640, 1642**
$C_{27}H_{44}O_6$ **825**
$C_{27}H_{44}O_6S$ **678**
$C_{27}H_{44}O_7$ **824, 837**
$C_{27}H_{44}O_8$ **838**
$C_{27}H_{44}O_9S_2^{2-}$ **708**
$C_{27}H_{45}NO_{10}$ **102**
$C_{27}H_{46}O$ **709, 710**
$C_{27}H_{46}O_2$ **669, 694**
$C_{27}H_{46}O_3$ **666, 703~705, 729, 912**
$C_{27}H_{46}O_4$ **701, 742, 820**
$C_{27}H_{46}O_5$ **700**
$C_{27}H_{46}O_6$ **698, 699, 1107**
$C_{27}H_{46}O_7$ **747**
$C_{27}H_{46}O_8S_2$ **695**
$C_{27}H_{46}O_9S_2$ **706, 707**
$C_{27}H_{46}O_{10}S$ **697**
$C_{27}H_{46}O_{10}S_2$ **702**
$C_{27}H_{47}NO_{10}$ **107**
$C_{27}H_{48}O_2$ **1717**
$C_{27}H_{48}O_5$ **688, 689**
$C_{27}H_{48}O_6$ **684~687, 760, 817**
$C_{27}H_{48}O_7$ **680, 681, 748**
$C_{27}H_{48}O_8S$ **690, 691**
$C_{27}H_{48}O_9S$ **682, 683**
$C_{27}H_{48}O_9S_2$ **693**
$C_{27}H_{48}O_{10}S_2$ **692**
$C_{27}H_{48}O_{11}$ **564**
$C_{27}H_{48}O_{12}S_3$ **758**
$C_{27}H_{54}NO_7P$ **1827**
$C_{27}H_{54}O_7$ **1848**

C_{28}
$C_{28}H_{32}N_2O_9$ **353, 356**
$C_{28}H_{32}O_8$ **271, 272, 300**
$C_{28}H_{32}O_9$ **285, 294**
$C_{28}H_{33}NO_8$ **292**
$C_{28}H_{34}O_8$ **273, 274, 282**
$C_{28}H_{34}O_9$ **277, 279**
$C_{28}H_{35}NO_8$ **290, 291**
$C_{28}H_{36}O_4$ **1024**
$C_{28}H_{37}ClO_9$ **526**
$C_{28}H_{38}O_2$ **924**
$C_{28}H_{38}O_3$ **1021**
$C_{28}H_{38}O_4$ **1029, 1030**
$C_{28}H_{38}O_5$ **1031**
$C_{28}H_{38}O_6$ **635**
$C_{28}H_{38}O_8$ **1532, 2003, 2004**
$C_{28}H_{39}NO_4$ **2**
$C_{28}H_{40}N_2O_8$ **349**
$C_{28}H_{40}O$ **915**
$C_{28}H_{40}O_2$ **923, 948, 949**
$C_{28}H_{40}O_3$ **880, 922, 950, 951, 976, 2016**
$C_{28}H_{40}O_4$ **1027, 1028**
$C_{28}H_{40}O_7$ **745**
$C_{28}H_{42}O_2$ **952, 956, 1119**
$C_{28}H_{42}O_3$ **881, 883, 888, 889, 1000, 1001, 1007**
$C_{28}H_{42}O_4$ **947, 974, 975, 1123, 1124**
$C_{28}H_{42}O_7$ **181**
$C_{28}H_{43}ClN_2O_6$ **71**
$C_{28}H_{43}ClN_2O_5$ **75**
$C_{28}H_{44}ClNO_6$ **101**
$C_{28}H_{44}O_2$ **987**
$C_{28}H_{44}O_3$ **870, 891, 899, 962, 1003, 1002, 1008**
$C_{28}H_{44}O_4$ **844, 856, 1014, 1019**
$C_{28}H_{44}O_5$ **1005, 1122**
$C_{28}H_{44}O_6$ **835, 1120**
$C_{28}H_{45}ClN_2O_6$ **72, 77**
$C_{28}H_{46}O$ **982**
$C_{28}H_{46}O_2$ **900~903, 959**
$C_{28}H_{46}O_3$ **871, 876, 919, 946, 961, 972, 988, 989**
$C_{28}H_{46}O_4$ **843, 898, 910, 911, 920**
$C_{28}H_{46}O_5$ **644, 849, 850, 1004, 1006, 1799**
$C_{28}H_{46}O_6$ **845, 853**
$C_{28}H_{47}NO_{11}$ **103**
$C_{28}H_{48}O$ **796, 918**
$C_{28}H_{48}O_2$ **916, 965, 1716**
$C_{28}H_{48}O_3$ **795**
$C_{28}H_{48}O_4$ **927, 971, 977**
$C_{28}H_{48}O_8S$ **966, 967**
$C_{28}H_{48}O_{12}S_3$ **930, 934**
$C_{28}H_{50}O_2$ **1715**
$C_{28}H_{50}O_4$ **913**
$C_{28}H_{50}O_9S$ **963, 964**
$C_{28}H_{50}O_{12}S_3$ **933**
$C_{28}H_{52}O_3$ **1253**
$C_{28}H_{56}NO_7P$ **1815**

C_{29}
$C_{29}H_{18}O_6$ **1556**
$C_{29}H_{18}O_7$ **1557**
$C_{29}H_{34}N_2O_9$ **354, 357**
$C_{29}H_{37}NO_6$ **592**
$C_{29}H_{39}ClO_{11}$ **1775**
$C_{29}H_{39}ClO_{11}P^-$ **1816~1818**
$C_{29}H_{39}NO_3$ **116**
$C_{29}H_{40}O_4$ **622, 623, 1061**
$C_{29}H_{40}O_5$ **1055, 1056**

$C_{29}H_{41}ClO_{11}$ **1759**

$C_{29}H_{42}O_5$ **779, 798, 818**

$C_{29}H_{42}O_7$ **780**

$C_{29}H_{44}O$ **873**

$C_{29}H_{44}O_2$ **1044, 1106**

$C_{29}H_{44}O_3$ **897, 1108**

$C_{29}H_{44}O_4$ **646, 738, 739, 1050, 1062, 1063**

$C_{29}H_{44}O_5$ **737, 799**

$C_{29}H_{44}O_6$ **648**

$C_{29}H_{45}ClN_2O_6$ **70, 76**

$C_{29}H_{46}O$ **882, 1077**

$C_{29}H_{46}O_2$ **1048, 1053, 1143**

$C_{29}H_{46}O_3$ **896, 960, 1093, 1098, 1144**

$C_{29}H_{46}O_4$ **647, 1051, 1090**

$C_{29}H_{46}O_5$ **642, 740, 754, 763, 890, 1042, 1043, 1121**

$C_{29}H_{46}O_6$ **735, 736**

$C_{29}H_{47}ClO_4$ **1092**

$C_{29}H_{48}ClNO_7$ **74**

$C_{29}H_{48}O$ **1049, 1105**

$C_{29}H_{48}O_2$ **885, 1076, 1099, 1102, 1319**

$C_{29}H_{48}O_3$ **875, 978, 1046, 1047, 1052, 1091, 1094**

$C_{29}H_{48}O_4$ **800**

$C_{29}H_{48}O_4S$ **953**

$C_{29}H_{48}O_5$ **643, 762, 1125**

$C_{29}H_{48}O_7$ **539**

$C_{29}H_{48}O_{12}S_3$ **955**

$C_{29}H_{50}O_3$ **1095~1097**

$C_{29}H_{50}O_4$ **925, 970**

$C_{29}H_{50}O_5$ **810, 811**

$C_{29}H_{50}O_6$ **722**

$C_{29}H_{50}O_9S$ **1078**

$C_{29}H_{51}O_{12}PS$ **935**

$C_{29}H_{52}O_8S$ **1045**

$C_{29}H_{52}O_{12}S_3$ **929**

$C_{29}H_{52}O_{13}S_3$ **931**

$C_{29}H_{52}O_{15}P_2S$ **936**

$C_{29}H_{58}O_9$ **1159**

C_{30}

$C_{30}H_{22}O_{14}$ **612**

$C_{30}H_{32}O_4$ **1401**

$C_{30}H_{34}O_4$ **1399**

$C_{30}H_{36}N_2O_9$ **358**

$C_{30}H_{38}O_4$ **1292, 1380**

$C_{30}H_{40}O_2$ **1348**

$C_{30}H_{40}O_3$ **1352**

$C_{30}H_{40}O_4$ **1358**

$C_{30}H_{40}O_5$ **1022**

$C_{30}H_{42}BrNO_4$ **1476**

$C_{30}H_{42}O_2$ **1349, 1350**

$C_{30}H_{42}O_4$ **1383, 1384**

$C_{30}H_{42}O_5$ **1025**

$C_{30}H_{42}O_6$ **1026**

$C_{30}H_{42}O_7$ **524, 541, 556**

$C_{30}H_{44}BrNO_4$ **1475**

$C_{30}H_{44}O_2$ **1298, 1299, 1351**

$C_{30}H_{44}O_6$ **402**

$C_{30}H_{45}NO_{11}$ **109**

$C_{30}H_{46}O$ **1079**

$C_{30}H_{46}O_4$ **1370**

$C_{30}H_{46}O_5$ **1016**

$C_{30}H_{46}O_6$ **997**

$C_{30}H_{46}O_7$ **839**

$C_{30}H_{46}O_{15}S_3$ **1011**

$C_{30}H_{46}O_{16}S_3$ **1009, 1010**

$C_{30}H_{47}ClN_2O_7$ **91**

$C_{30}H_{47}NO_{11}$ **108**

$C_{30}H_{48}NO_{10}P$ **554**

$C_{30}H_{48}NO_{11}P$ **532**

$C_{30}H_{48}N_2O_2$ **1920**

$C_{30}H_{48}O$ **1371**

$C_{30}H_{48}O_2$ **1080, 1138**

$C_{30}H_{48}O_4$ **973, 1140**

$C_{30}H_{48}O_5$ **945, 969, 1017, 1018, 1126, 1127, 1130**

$C_{30}H_{48}O_6$ **842, 866, 895**

$C_{30}H_{48}O_6S$ **867**

$C_{30}H_{48}O_7$ **840, 841, 847, 848**

$C_{30}H_{48}O_8S$ **859, 860**

$C_{30}H_{48}O_{14}S_3$ **1012**

$C_{30}H_{50}O$ **994**

$C_{30}H_{50}O_2$ **884, 1054, 1087, 1320**

$C_{30}H_{50}O_3$ **874, 1082, 1083, 1086, 2013**

$C_{30}H_{50}O_4$ **1084, 1085, 1110, 1131**

$C_{30}H_{50}O_5$ **928, 944, 1100, 1109, 1129**

$C_{30}H_{50}O_6$ **991**

$C_{30}H_{50}O_{12}S_3$ **954**

$C_{30}H_{51}BrO_6$ **36, 37**

$C_{30}H_{52}N_2O_2$ **1954**

$C_{30}H_{52}N_2O_3$ **1955**

$C_{30}H_{52}O_2$ **917**

$C_{30}H_{52}O_3$ **1128, 1139**

$C_{30}H_{52}O_4$ **996**

$C_{30}H_{52}O_5$ **914**

$C_{30}H_{52}O_6$ **542**

$C_{30}H_{52}O_{10}S_2$ **1111**

$C_{30}H_{52}O_{12}$ **1875**

$C_{30}H_{53}O_9P$ **887**

$C_{30}H_{54}O_{12}S_3$ **932**

$C_{30}H_{56}O$ **1282**

$C_{30}H_{56}O_{10}$ **1167**

C_{31}

$C_{31}H_{30}N_2O_9$ **360**

$C_{31}H_{37}NO_{10}$ **1702**

$C_{31}H_{38}N_2O_9$ **359**

$C_{31}H_{42}O_5$ **1064**

$C_{31}H_{44}Br_2O_{10}$ **248**

$C_{31}H_{44}O_3$ **1374, 1433, 1434**

$C_{31}H_{44}O_7$ **782**

$C_{31}H_{44}O_{10}$ **254**

$C_{31}H_{45}BrO_{10}$ **246**

$C_{31}H_{46}O_7$ **390**

$C_{31}H_{46}O_8$ **781**

$C_{31}H_{46}O_{10}$ **255**

$C_{31}H_{47}NO_{11}$ **113**

$C_{31}H_{48}O_3$ **1461**

$C_{31}H_{48}O_4$ **1355**

$C_{31}H_{48}O_5$ **1112**

$C_{31}H_{48}O_6$ **725**

$C_{31}H_{49}BrO_{10}$ **545**

$C_{31}H_{50}O_5$ **1101**

$C_{31}H_{50}O_6$ **651**

$C_{31}H_{50}O_7$ **650, 1135**

$C_{31}H_{50}O_8$ **671**

$C_{31}H_{51}NO_{10}$ **98**

$C_{31}H_{52}O_2$ **1321, 1323, 1324**

$C_{31}H_{52}O_3$ **1081**

$C_{31}H_{52}O_5$ **1088**

$C_{31}H_{52}O_6$ **679, 926**

$C_{31}H_{52}O_7$ **540**

$C_{31}H_{52}O_{10}$ **544**

$C_{31}H_{52}O_{12}S_3$ **1103**

$C_{31}H_{52}O_{13}S_3$ **1013**

$C_{31}H_{53}ClO_5$ **1089**

$C_{31}H_{53}NO_6$ **591**

$C_{31}H_{55}NO_6$ **81**

$C_{31}H_{56}O_2$ **1239**

$C_{31}H_{56}O_{12}S_3$ **803**

$C_{31}H_{57}NO_7$ **80**

$C_{31}H_{58}O_{13}$ **1148**

$C_{31}H_{62}O_8$ **1189**

C_{32}

$C_{32}H_{38}O_3$ **1432**

$C_{32}H_{38}O_{13}$ **543**

$C_{32}H_{38}O_{14}$ **559**

$C_{32}H_{38}O_{15}$ **486**

$C_{32}H_{42}O_3$ **1376**

$C_{32}H_{42}O_5$ **1404**

$C_{32}H_{46}Br_2O_{10}$ **245**

$C_{32}H_{46}O_3$ **1372**

$C_{32}H_{46}O_7$ **442**

$C_{32}H_{46}O_9$ **243**

$C_{32}H_{46}O_{10}$ **256, 257**

$C_{32}H_{47}BrO_{10}$ **244, 250**

$C_{32}H_{47}ClO_{10}$ **249**

$C_{32}H_{48}O_9$ **846**

$C_{32}H_{48}O_{10}$ **247**

$C_{32}H_{49}NO_{11}$ **110, 112**

$C_{32}H_{50}O_3$ **1334**

$C_{32}H_{50}O_7$ **394, 395**

$C_{32}H_{50}O_8$ **391~393, 401, 404, 405, 407~409, 414**

$C_{32}H_{50}O_9$ **4**

$C_{32}H_{50}O_{10}$ **517**

$C_{32}H_{50}O_{11}$ **589**

$C_{32}H_{50}O_{13}$ **572, 573**

$C_{32}H_{52}O_2$ **1035**

$C_{32}H_{52}O_6$ **518, 943**

$C_{32}H_{52}O_7$ **397, 645, 981**

$C_{32}H_{52}O_8$ **406, 410, 411**

$C_{32}H_{54}O_2$ **1322**

$C_{32}H_{54}O_6$ **940**

$C_{32}H_{54}O_7$ **979, 980**

$C_{32}H_{54}O_8$ **389, 396**

$C_{32}H_{56}O_8$ **812**

$C_{32}H_{56}O_9$ **813**

$C_{32}H_{56}O_{11}S$ **658**

C_{33}

$C_{33}H_{40}O_{14}$ **498**

$C_{33}H_{40}O_{15}$ **499, 500**

$C_{33}H_{42}O_{15}$ **501**

$C_{33}H_{43}NO_9$ **115**

$C_{33}H_{44}BrNO_6$ **1431**

$C_{33}H_{46}O_9$ **444**

$C_{33}H_{48}N_2O_7$ **562**

$C_{33}H_{48}O_3$ **1335, 1373, 1463**

$C_{33}H_{49}BrO_{10}$ **252**

$C_{33}H_{49}ClO_{10}$ **305**

$C_{33}H_{49}NO_5$ **27**

$C_{33}H_{50}O_3$ **1337, 1462**

$C_{33}H_{50}O_{10}$ **253, 806**

$C_{33}H_{52}O_3$ **1333, 1459, 1469**

$C_{33}H_{52}O_4$ **1464**

$C_{33}H_{52}O_6$ **942**

$C_{33}H_{52}O_7$ **857, 941**

$C_{33}H_{52}O_8$ **649, 652, 1039, 1134**

$C_{33}H_{52}O_9$ **5**

$C_{33}H_{52}O_{11}$ **416, 507**

$C_{33}H_{53}NO_7$ **388**

$C_{33}H_{53}NO_9$ **85**

$C_{33}H_{54}O_6$ **939**

$C_{33}H_{54}O_7$ **858, 938**

$C_{33}H_{54}O_{14}$ **1872**

$C_{33}H_{56}O_{10}$ **958**

$C_{33}H_{56}O_{11}S_2$ **1023**

$C_{33}H_{56}O_{12}S$ **869**

$C_{33}H_{57}N_3O_7$ **92**

$C_{33}H_{58}O_8$ **789**

$C_{33}H_{58}O_{10}$ **788**

$C_{33}H_{58}O_{12}S$ **808**

$C_{33}H_{65}NO_3$ **1905**

C_{34}

$C_{34}H_{28}O_5$ **1697**

$C_{34}H_{30}O_5$ **1660**

$C_{34}H_{43}NO_9$ **210**

$C_{34}H_{46}O_2$ **1378**

$C_{34}H_{46}O_3$ **1377**

$C_{34}H_{46}O_5$ **331**

$C_{34}H_{48}ClNO_{10}$ **307**

$C_{34}H_{48}O_{13}$ **2002**

$C_{34}H_{49}ClO_{10}$ **504, 1781**

$C_{34}H_{50}O_7$ **427**

$C_{34}H_{50}O_{11}$ **251**

$C_{34}H_{51}NO_8$ **317**

$C_{34}H_{51}NO_{11}$ **111**

$C_{34}H_{52}O_8$ **864**

$C_{34}H_{52}O_9$ **493**

$C_{34}H_{52}O_{10}$ **807**

$C_{34}H_{52}O_{14}$ **505, 506**

$C_{34}H_{54}O_{10}$ **494, 547**

$C_{34}H_{54}O_{14}S$ **893, 894**

$C_{34}H_{56}O_6$ **968**

$C_{34}H_{56}O_7$ **998**

$C_{34}H_{56}O_8$ **1038**

$C_{34}H_{56}O_{10}$ **1020**

$C_{34}H_{59}NO_9$ **28**

$C_{34}H_{63}NO_5$ **1267**

$C_{34}H_{64}O_6$ **1171**

$C_{34}H_{65}NO_3$ **1912, 1922**

$C_{34}H_{65}NO_5$ **1281**

$C_{34}H_{65}NO_7S$ **1945**

$C_{34}H_{65}NO_{10}S$ **1209**

$C_{34}H_{67}NO_7S$ **1901~1903**

$C_{34}H_{68}N_2O_8$ **1970**

$C_{34}H_{68}N_2O_9$ **1904, 1958**

$C_{34}H_{68}O_9$ **1188**

$C_{34}H_{69}NO_5$ **1942**

C_{35}

$C_{35}H_{32}O_2$ **621**

$C_{35}H_{45}NO_9$ **209**

$C_{35}H_{46}N_2O_{12}$ **576**

$C_{35}H_{48}ClNO_{10}$ **502**

$C_{35}H_{50}ClNO_{10}$ **503**

$C_{35}H_{50}O_9$ **443**

$C_{35}H_{51}NO_7$ **482, 484**

$C_{35}H_{52}O_3$ **1336**

$C_{35}H_{52}O_9$ **403**

$C_{35}H_{54}O_8$ **865**

$C_{35}H_{54}O_{10}$ **1136**

$C_{35}H_{56}O_8$ **309**

$C_{35}H_{56}O_9$ **1133**

$C_{35}H_{58}O_6$ **1065**

$C_{35}H_{58}O_9$ **1137**

$C_{35}H_{60}O_8$ **1033**

$C_{35}H_{62}O_8$ **1032**

$C_{35}H_{69}NO_3$ **1906, 1941**

$C_{35}H_{67}NO_{13}$ **1871**

C_{36}

$C_{36}H_{50}N_2O_6$ **587**

$C_{36}H_{50}N_2O_{13}S_3$ **654, 655**

$C_{36}H_{52}N_2O_7$ **586**

$C_{36}H_{53}NO_7$ **483, 485**
$C_{36}H_{54}O_{12}$ **385**
$C_{36}H_{56}O_7$ **312**
$C_{36}H_{58}O_8$ **877~879, 999**
$C_{36}H_{58}O_9$ **751, 752**
$C_{36}H_{60}O_9$ **311**
$C_{36}H_{60}O_{10}$ **814, 815**
$C_{36}H_{62}O_{10}$ **995**
$C_{36}H_{67}NO_4$ **1891**
$C_{36}H_{67}NO_{11}S$ **1207**
$C_{36}H_{68}O_{17}$ **1869**
$C_{36}H_{69}N_2O_{15}PS$ **1842**
$C_{36}H_{71}NO_4$ **1973**
$C_{36}H_{71}NO_5$ **1979**

C$_{37}$
$C_{37}H_{44}O_{14}$ **123**
$C_{37}H_{45}NO_{12}$ **114**
$C_{37}H_{50}N_2O_{15}S_3$ **656, 657**
$C_{37}H_{52}N_2O_{15}S_3$ **653**
$C_{37}H_{56}O_3$ **1379**
$C_{37}H_{56}O_8$ **320**
$C_{37}H_{58}O_9$ **319**
$C_{37}H_{58}O_{13}$ **548**
$C_{37}H_{59}N_2O_{10}P$ **1820**
$C_{37}H_{59}N_5O_{12}$ **100**
$C_{37}H_{61}N_5O_{12}$ **95**
$C_{37}H_{62}O_{14}$ **664**
$C_{37}H_{62}O_{17}S$ **665**
$C_{37}H_{64}O_{13}$ **792**
$C_{37}H_{66}O_4$ **1794, 1797**
$C_{37}H_{68}N_4O_4S$ **724**
$C_{37}H_{68}O_4$ **1796**
$C_{37}H_{69}NO_7S$ **1948**
$C_{37}H_{70}O$ **1307**
$C_{37}H_{70}O_4$ **1798**
$C_{37}H_{70}O_{17}$ **1870**
$C_{37}H_{72}N_4O_5S$ **801**
$C_{37}H_{74}O_{10}$ **1179**
$C_{37}H_{75}NO_5$ **1980**

C$_{38}$
$C_{38}H_{46}O_{11}S$ **1693**
$C_{38}H_{55}NO_8S$ **992**
$C_{38}H_{55}NO_9$ **189**
$C_{38}H_{55}NO_{11}$ **191**
$C_{38}H_{61}N_5O_{12}$ **67**
$C_{38}H_{62}O_{11}$ **672**
$C_{38}H_{62}O_{13}$ **732, 821, 822**
$C_{38}H_{63}N_5O_{11}$ **97**
$C_{38}H_{66}O_{13}$ **791**
$C_{38}H_{66}O_{14}$ **786**
$C_{38}H_{69}NO_{12}S$ **1208**
$C_{38}H_{71}N_2O_{16}PS$ **1835**
$C_{38}H_{72}O$ **1332**
$C_{38}H_{77}NO_5$ **1944, 1946**

C$_{39}$
$C_{39}H_{56}O_{14}$ **983**
$C_{39}H_{58}O_{14}$ **985**
$C_{39}H_{58}O_{15}$ **377**
$C_{39}H_{60}O_{15}$ **804**
$C_{39}H_{61}N_5O_{12}$ **99**
$C_{39}H_{61}N_5O_{14}$ **96**
$C_{39}H_{62}O_{11}$ **157**
$C_{39}H_{63}N_2O_{12}P$ **1819**
$C_{39}H_{63}N_5O_{12}$ **69, 93, 94**
$C_{39}H_{64}O_{11}$ **117**
$C_{39}H_{64}O_{12}$ **863**
$C_{39}H_{64}O_{13}$ **1015**
$C_{39}H_{64}O_{14}$ **957**
$C_{39}H_{65}N_5O_{12}$ **68**
$C_{39}H_{66}O_{14}$ **861, 862**
$C_{39}H_{66}O_{15}S_2$ **1041**
$C_{39}H_{68}O_{11}$ **523**
$C_{39}H_{68}O_{13}$ **720, 759, 793, 794**
$C_{39}H_{68}O_{14}$ **719, 1036**
$C_{39}H_{75}N_2O_{15}PS$ **1843, 1844**

C$_{40}$
$C_{40}H_{57}NO_{12}$ **190**
$C_{40}H_{58}N_2O_7$ **535**
$C_{40}H_{58}N_2O_{10}S$ **537**
$C_{40}H_{58}O_7$ **1785**
$C_{40}H_{58}O_{14}$ **984**
$C_{40}H_{59}ClO_{12}$ **1780**
$C_{40}H_{60}BO_{14}^-$ **487**
$C_{40}H_{60}O_{14}$ **986, 1068**
$C_{40}H_{61}ClO_{14}$ **306, 308**
$C_{40}H_{62}O_{14}$ **1070**
$C_{40}H_{62}O_{15}$ **805**
$C_{40}H_{64}O_{12}$ **48**
$C_{40}H_{65}N_2O_{12}P$ **1845**
$C_{40}H_{66}O_{12}$ **746**
$C_{40}H_{66}O_{14}$ **1058~1060**
$C_{40}H_{66}O_{17}S$ **1057**
$C_{40}H_{70}O_{14}$ **1037**
$C_{40}H_{71}NO_9S$ **1467**
$C_{40}H_{72}O_{14}$ **1275, 1276**
$C_{40}H_{73}N_2O_{17}PS$ **1834**
$C_{40}H_{79}NO_3$ **1923**

C$_{41}$
$C_{41}H_{52}O_{10}$ **1706**
$C_{41}H_{59}NO_7$ **216, 536**
$C_{41}H_{60}N_2O_{10}S$ **538**
$C_{41}H_{60}O_9$ **440**
$C_{41}H_{60}O_{10}$ **400, 441**
$C_{41}H_{60}O_{15}$ **557**
$C_{41}H_{60}O_{17}$ **373**
$C_{41}H_{61}NO_9$ **229**
$C_{41}H_{62}O_7$ **1551**
$C_{41}H_{62}O_{10}$ **398**
$C_{41}H_{62}O_{14}$ **1069**
$C_{41}H_{62}O_{15}$ **379, 1074**
$C_{41}H_{63}ClO_8$ **1549**
$C_{41}H_{64}O_3$ **1375**
$C_{41}H_{64}O_8$ **1550**
$C_{41}H_{64}O_9$ **1546, 1547**
$C_{41}H_{64}O_{14}$ **1071, 1072**
$C_{41}H_{64}O_{15}$ **1066**
$C_{41}H_{69}BrO_{11}$ **560**
$C_{41}H_{70}O_{12}$ **521**
$C_{41}H_{72}N_2O_9$ **1957**
$C_{41}H_{75}NO_9$ **1913, 1919**
$C_{41}H_{77}NO_9$ **1914**
$C_{41}H_{77}N_2O_{16}PS$ **1836~1838, 1840, 1841**
$C_{41}H_{79}NO_9$ **1867**
$C_{41}H_{81}NO_3$ **1907, 1943**

C$_{42}$
$C_{42}H_{48}O_{12}$ **304**
$C_{42}H_{48}O_{13}$ **301~303**
$C_{42}H_{49}NO_{12}$ **293**
$C_{42}H_{61}NO_7$ **214, 236, 242**
$C_{42}H_{62}BO_{15}^-$ **488**
$C_{42}H_{62}O_{14}$ **382, 383**
$C_{42}H_{63}NO_8$ **240**
$C_{42}H_{64}NO_7^+$ **237**
$C_{42}H_{64}N_2O_9$ **230, 231**

$C_{48}H_{68}N_2O_{15}$ **326**
$C_{48}H_{74}O_2$ **1300**
$C_{48}H_{78}N_2O_5$ **1982**
$C_{48}H_{82}O_7$ **1789**
$C_{48}H_{86}O_{19}$ **1169**
$C_{48}H_{89}NO_8$ **1915**
$C_{48}H_{89}NO_9$ **1962**
$C_{48}H_{91}NO_8$ **1916**
$C_{48}H_{93}NO_{10}$ **1951**
$C_{48}H_{94}N_2O_9$ **1931**
$C_{48}H_{94}N_2O_{10}$ **1938, 1939**
$C_{48}H_{95}NO_{10}$ **1884**
$C_{48}H_{96}O_{17}S_4$ **1162**
$C_{48}H_{96}O_{18}S_4$ **1194**

C_{49}
$C_{49}H_{60}O_{17}$ **125**
$C_{49}H_{62}O_{14}$ **329, 330**
$C_{49}H_{62}O_{18}$ **121, 122**
$C_{49}H_{69}ClO_{14}$ **156**
$C_{49}H_{70}O_{13}$ **146**
$C_{49}H_{72}O_{13}$ **155**
$C_{49}H_{72}O_{17}$ **378**
$C_{49}H_{75}NO_{17}$ **492**
$C_{49}H_{89}NO_7$ **1896**
$C_{49}H_{91}NO_9$ **1963**
$C_{49}H_{96}N_2O_9$ **1932**
$C_{49}H_{96}N_2O_{10}$ **1940**
$C_{49}H_{97}NO_{10}$ **1880**

C_{50}
$C_{50}H_{64}O_{14}$ **328**
$C_{50}H_{65}NO_{13}$ **327**
$C_{50}H_{70}O_{14}$ **147**
$C_{50}H_{70}O_{15}$ **154**
$C_{50}H_{72}O_{14}$ **162**
$C_{50}H_{80}BrN_4O_{15}P$ **1811**
$C_{50}H_{81}N_4O_{15}P$ **1802, 1806**
$C_{50}H_{82}O_{15}$ **316**
$C_{50}H_{83}N_4O_{16}P$ **1803~1805**
$C_{50}H_{98}N_2O_9$ **1933**
$C_{50}H_{98}O_{18}S_4$ **1193**
$C_{50}H_{99}NO_{10}$ **1881**

C_{51}
$C_{51}H_{69}N_{15}O_{18}$ **362**
$C_{51}H_{71}N_{15}O_{19}$ **363**
$C_{51}H_{75}NO_{17}S$ **149**
$C_{51}H_{83}N_4O_{15}P$ **1807~1810**
$C_{51}H_{84}N_4O_{18}P_2$ **1831**
$C_{51}H_{84}O_{15}$ **315**
$C_{51}H_{100}N_2O_9$ **1934**

C_{52}
$C_{52}H_{72}O_{15}$ **153**
$C_{52}H_{75}NO_{17}S$ **148**
$C_{52}H_{78}O_{21}S_2$ **211**
$C_{52}H_{84}O_{14}$ **460**
$C_{52}H_{84}O_{16}$ **466**
$C_{52}H_{86}O_{15}$ **467**
$C_{52}H_{98}N_2O_{18}$ **1930**

C_{53}
$C_{53}H_{82}O_{11}$ **445**
$C_{53}H_{82}O_{14}$ **226, 227**
$C_{53}H_{85}NO_{13}$ **459**
$C_{53}H_{85}NO_{14}$ **462**
$C_{53}H_{90}N_2O_{12}$ **434**

C_{54}
$C_{54}H_{87}NO_{13}$ **458**
$C_{54}H_{87}NO_{14}$ **464**
$C_{54}H_{87}NO_{15}$ **461**
$C_{54}H_{88}O_{22}S_5$ **749**
$C_{54}H_{94}O_{16}$ **49**
$C_{54}H_{100}N_2O_{20}$ **1861**
$C_{54}H_{102}N_2O_{22}S$ **1928**

C_{55}
$C_{55}H_{80}O_{18}$ **169, 170**
$C_{55}H_{82}O_{18}S$ **161**
$C_{55}H_{82}O_{21}S_2$ **212**
$C_{55}H_{82}O_{22}S_2$ **186**
$C_{55}H_{88}O_{18}$ **314**
$C_{55}H_{88}O_{31}S$ **626**
$C_{55}H_{89}NO_{15}$ **463**
$C_{55}H_{89}NO_{16}$ **465**
$C_{55}H_{90}O_{18}S_4$ **750**
$C_{55}H_{90}O_{20}S_5$ **854, 855**
$C_{55}H_{90}O_{27}S$ **802**

C_{56}
$C_{56}H_{76}O_{17}$ **173**
$C_{56}H_{84}O_{16}S_3$ **1142**
$C_{56}H_{84}O_{21}S_2$ **203**
$C_{56}H_{85}NO_{13}$ **574**
$C_{56}H_{85}NO_{17}S$ **575**
$C_{56}H_{86}O_{16}S_3$ **1141**
$C_{56}H_{87}NO_{13}$ **519**
$C_{56}H_{90}O_{15}$ **313**
$C_{56}H_{90}O_{29}S$ **826**
$C_{56}H_{92}O_{27}S$ **787**
$C_{56}H_{92}O_{28}S$ **819**
$C_{56}H_{104}N_4O_{20}$ **1862**

C_{57}
$C_{57}H_{66}O_{20}$ **126**
$C_{57}H_{82}O_{16}$ **201**
$C_{57}H_{82}O_{17}$ **185**
$C_{57}H_{84}O_{18}$ **163**
$C_{57}H_{92}O_{27}S$ **757, 790**
$C_{57}H_{92}O_{28}S$ **755**
$C_{57}H_{94}O_{27}S$ **756**
$C_{57}H_{96}O_{27}S$ **660**
$C_{57}H_{105}NO_9$ **1968**
$C_{57}H_{107}N_3O_{20}$ **1863**

C_{58}
$C_{58}H_{76}O_{14}$ **550~552**
$C_{58}H_{88}O_{10}S$ **714**
$C_{58}H_{88}O_{11}S$ **712, 713, 715**
$C_{58}H_{88}O_{12}S$ **711**
$C_{58}H_{90}O_{15}S_2$ **717, 718**
$C_{58}H_{90}O_{16}S_2$ **716**
$C_{58}H_{96}O_{27}S$ **734**
$C_{58}H_{96}O_{28}S$ **993**
$C_{58}H_{99}N_3O_{14}$ **435, 437~439**
$C_{58}H_{106}N_2O_{21}$ **1909**

C_{59}
$C_{59}H_{78}O_{14}$ **553**
$C_{59}H_{80}O_{18}$ **174**
$C_{59}H_{82}O_{19}$ **197**
$C_{59}H_{82}O_{20}$ **198**
$C_{59}H_{82}O_{21}$ **196**
$C_{59}H_{84}O_{19}$ **195**
$C_{59}H_{89}ClO_{19}$ **583**
$C_{59}H_{92}O_{16}$ **164**
$C_{59}H_{93}NO_8$ **228**
$C_{59}H_{97}BrO_{12}$ **566**
$C_{59}H_{98}O_{27}S$ **892**

$C_{59}H_{98}O_{28}S$ **1040**
$C_{59}H_{101}N_3O_{14}$ **432, 433**
$C_{59}H_{107}NO_9$ **1969**
$C_{59}H_{113}NO_{23}S$ **1956**

C_{60}
$C_{60}H_{84}O_{16}$ **202**
$C_{60}H_{86}O_{18}$ **200**
$C_{60}H_{86}O_{19}$ **172, 199**
$C_{60}H_{86}O_{20}$ **177, 178**
$C_{60}H_{94}O_{16}$ **165**
$C_{60}H_{98}O_{30}S$ **833**
$C_{60}H_{100}O_{23}S$ **142**
$C_{60}H_{101}N_4O_{20}P$ **1812, 1813**
$C_{60}H_{102}O_{25}S$ **31**
$C_{60}H_{103}N_3O_{14}$ **436**
$C_{60}H_{115}NO_{20}$ **1879**

C_{61}
$C_{61}H_{85}ClO_{18}$ **176**
$C_{61}H_{86}O_{17}$ **175**
$C_{61}H_{86}O_{19}$ **183, 187, 188**
$C_{61}H_{86}O_{20}$ **179, 184**
$C_{61}H_{86}O_{21}$ **182**
$C_{61}H_{87}N_2O_{20}$ **325**
$C_{61}H_{88}O_{19}$ **180**
$C_{61}H_{90}N_2O_{21}$ **323**
$C_{61}H_{91}ClO_{20}$ **585**
$C_{61}H_{92}N_2O_{19}$ **322**
$C_{61}H_{92}O_{20}$ **584**
$C_{61}H_{92}O_{25}S_2$ **205**
$C_{61}H_{93}ClO_{20}$ **581, 582**
$C_{61}H_{98}O_{31}S$ **670**
$C_{61}H_{100}O_{30}S$ **761**
$C_{61}H_{100}O_{31}S$ **663**

C_{62}
$C_{62}H_{88}O_{19}$ **193, 194**
$C_{62}H_{92}O_{19}$ **159, 160**
$C_{62}H_{92}O_{20}$ **171**
$C_{62}H_{102}O_{31}S$ **662, 937**
$C_{62}H_{104}O_{20}S$ **8**
$C_{62}H_{108}N_2O_{24}$ **1857**
$C_{62}H_{109}NO_{10}S$ **1974**
$C_{62}H_{116}N_2O_{23}$ **1910**

C_{63}
$C_{63}H_{84}N_2O_{20}$ **324**
$C_{63}H_{95}BrO_{21}$ **481**
$C_{63}H_{95}ClO_{21}$ **579**
$C_{63}H_{96}O_{21}$ **580**
$C_{63}H_{104}O_{33}S$ **661, 990**
$C_{63}H_{109}N_3O_{17}$ **386**
$C_{63}H_{110}O_{24}S$ **137**

C_{64}
$C_{64}H_{96}O_{17}$ **150**
$C_{64}H_{110}N_2O_{25}$ **1858, 1859**
$C_{64}H_{111}N_3O_{17}$ **387**
$C_{64}H_{116}N_2O_{23}$ **1908**

C_{65}
$C_{65}H_{100}O_{19}$ **166**
$C_{65}H_{101}NO_{27}S_2$ **221**
$C_{65}H_{110}O_{20}S$ **9**
$C_{65}H_{112}N_2O_{25}$ **1860**

C_{66}
$C_{66}H_{100}O_{17}$ **151**
$C_{66}H_{100}O_{29}S_2$ **204**
$C_{66}H_{102}O_{19}$ **167**
$C_{66}H_{103}NO_{27}S_2$ **222**
$C_{66}H_{104}O_{30}S_3$ **220**
$C_{66}H_{116}O_9$ **1790**

C_{67}
$C_{67}H_{112}N_2O_{23}$ **17**

C_{68}
$C_{68}H_{114}O_{34}$ **18**
$C_{68}H_{123}ClO_{24}$ **139**
$C_{68}H_{124}O_{24}$ **140**
$C_{68}H_{124}O_{27}S$ **144**

C_{69}
$C_{69}H_{109}NO_{18}S$ **152**
$C_{69}H_{122}O_{25}$ **30**
$C_{69}H_{125}ClO_{24}$ **138**
$C_{69}H_{126}O_{27}S$ **143**

C_{70}
$C_{70}H_{120}O_{24}$ **136**

C_{71}
$C_{71}H_{108}O_{33}S_2$ **206**
$C_{71}H_{120}O_{25}S$ **7**
$C_{71}H_{122}O_{25}$ **134**

C_{72}
$C_{72}H_{122}O_{24}$ **135**

C_{73}
$C_{73}H_{126}O_{20}$ **471**
$C_{73}H_{126}O_{27}S$ **133**
$C_{73}H_{132}O_{28}$ **29**

C_{74}
$C_{74}H_{128}O_{20}$ **470**
$C_{74}H_{133}N_3O_{29}$ **1911**
$C_{74}H_{135}N_3O_{31}$ **1929**

C_{76}
$C_{76}H_{123}N_3O_{22}$ **555**
$C_{76}H_{130}O_{20}$ **472**

C_{77}
$C_{77}H_{130}O_{20}$ **475, 476**

C_{78}
$C_{78}H_{129}N_3O_{20}$ **457**
$C_{78}H_{132}O_{20}$ **473, 474**
$C_{78}H_{132}O_{21}$ **478, 479**

C_{79}
$C_{79}H_{131}N_3O_{20}$ **455, 456**

C_{80}及以上
$C_{80}H_{136}O_{20}$ **477**
$C_{81}H_{131}N_3O_{23}$ **511**
$C_{81}H_{132}O_{20}$ **491**
$C_{81}H_{134}O_{21}$ **24**
$C_{83}H_{133}N_3O_{25}$ **516**
$C_{83}H_{133}N_3O_{26}$ **510, 512**
$C_{84}H_{150}N_4O_{39}$ **1981**
$C_{90}H_{152}O_{28}$ **468**
$C_{91}H_{154}O_{28}$ **469**
$C_{96}H_{136}Cl_3NO_{35}$ **208**
$C_{107}H_{154}Cl_3NO_{44}$ **207**
$C_{107}H_{160}O_{38}$ **158**
$C_{127}H_{219}N_3O_{53}$ **141**
$C_{129}H_{223}N_3O_{54}$ **132**
$C_{132}H_{228}N_2O_{51}$ **45**
$C_{137}H_{233}NO_{57}S$ **118**
$C_{138}H_{231}NO_{56}S$ **594**
$C_{140}H_{233}NO_{57}S$ **593**
$C_{164}H_{258}O_{68}S_2$ **192**

索引 4　化合物药理活性索引

按照汉字的拼音顺序排序。在药理活性术语中，开头的阿拉伯数字 1, 2, 3, …，英文字母 A, B, C, …等及希腊字母 α, β, γ, …不参加排序。本索引使用了一套格式化的药理活性数据代码，特别对所有类型的癌细胞，详见两个附录“缩略语和符号表”和“癌细胞的代码”。请读者注意，代码“细胞毒”代表体外实验结果，而代码“抗肿瘤”表示体内抗癌实验结果。

安定药　**2034**
螯合铁活性　**362**
白细胞弹性蛋白酶抑制剂，人，有潜力的　**1653**
白细胞介素-6 受体拮抗剂，抑制 IL-6 与其受体捆绑结合　**1857~1860**
半数致死剂量 LD_{50}　**1282**
孢子发芽抑制剂　**63**
保护细胞的　**1103**
报警信息素　**2017, 2018**
报警信息素，结构和解剖学位置有力地支持作为报警信息素的有效防卫角色　**2005, 2006, 2008~2010**
贝类毒素　**447~450, 452~454**
变态诱导剂，扇贝 *Pecten* sp.幼虫　**1513**
T-成淋巴细胞保护剂，抗人 HIV 病毒复制　**1991**
除草剂　**309, 1165, 1366**
处理Ⅱ型糖尿病的重要靶标酶　**1682**
处理Ⅱ型糖尿病或其它代谢病的潜在的先导化合物　**1482**
雌激素受体黏合剂，有潜力的，以竞争的方式取代雌二醇，改变雌激素响应的基因的表达　**1132**
雌性性引诱剂　**1182**
刺激超氧化物生成，兔中性粒细胞　**628, 630**
刺激剂　**247**
刺激眼，皮肤和黏膜　**1153**
促进骨形成　**1959**
促炎剂　**1220**
催产剂　**1712, 1713**
催眠剂　**990**
大鼠眼晶状体醛糖还原酶 RLAR 抑制剂　**982, 1205, 1206**
大麻酚酸模拟物，降低毛喉素诱导的 cAMP 积累　**77**
大麻素 CB2-受体配体，选择性的　**887**
大麻素受体键合活性　**1248**
胆固醇生物合成抑制剂　**1815, 1821, 1822**
胆固醇生物合成抑制剂无活性　**1827, 1829, 1830**
蛋白激酶 Cξ 抑制剂　**749, 750**
蛋白激酶 C 键合剂　**370**
蛋白激酶 C 调节器，有潜力的　**366**
蛋白激酶 C 同工酶适度的拮抗剂，α, βⅠ, βⅡ, δ, ε, γ 和 ζ　**1569**
蛋白激酶 C 同工酶温和激动剂，α, βⅠ, βⅡ, δ, ε, γ　**1675**
蛋白激酶 C 抑制剂　**440, 1787, 1920, 1964~1966**
蛋白激酶 EGFR 抑制剂　**1539**
蛋白激酶激活剂　**192**
蛋白激酶抑制剂，蛋白激酶 Cα, βⅠ, βⅡ, γ, δ, ε, η 和 ξ　**996, 1110, 1128**
蛋白酪氨酸激酶抑制剂　**692, 695, 707**
蛋白酪氨酸磷酸酶 1B 抑制剂　**1287, 1682**
蛋白磷酸化作用刺激剂　**370**
蛋白磷酸酶 1 和蛋白磷酸酶 2A 抑制剂，分子作用机制：软海绵酸键合到蛋白 OABP1 和 OABP2　**224**
蛋白磷酸酶 2A 抑制剂　**225**
蛋白磷酸酶 PP1 抑制剂　**1802, 1807, 1820**
蛋白磷酸酶 PP2A 抑制剂　**1802, 1803, 1807, 1820**
蛋白磷酸酶 PPs 抑制剂　**1808**
来自大肠杆菌的人重组 PP-1cγ　**1812, 1813**
来自牛心脏的 PP2A (PP-2Ac) 催化亚单位　**1812, 1813**
来自兔骨骼肌肉的本地蛋白磷酸酶-1 PP-1c　**1812, 1813**
蛋白磷酸酶 PP 抑制剂　**1804, 1805, 1811**
蛋白磷酸酶抑制剂　**213, 1809, 1810**
蛋白质合成抑制剂　**1673**
低毒的，毒性比已知其它环亚胺类毒物低得多　**578**
电压控制钠离子通道 VGSC 激活活性　**64, 66, 78**
电压控制钠离子通道 VGSC 激活活性 无活性　**64, 66, 78**
电压控制钠离子通道 VGSC 阻断活性　**65, 66, 83, 85**
电压控制钠离子通道 VGSC 阻断活性 无活性　**65, 66, 83, 85**
电压依赖型 N 型钙离子通道激活剂，分子作用机制：环氧合酶 1 抑制剂　**118**
毒素　**145, 152, 156, 161, 163, 168, 181, 239, 243~251, 254, 256, 257, 567~569, 571, 1179, 1188, 1189, 1814, 1905~1907**
　类似雪卡毒素　**1973**
　裂江瑶毒素家族中活性最高者　**230, 231**
　盐水丰年虾，致命毒性　**1339, 1348~1351**
　引起记忆缺失性贝中毒　**1725**
　引起西加鱼毒食物中毒　**159, 160**
　鱼　**497**
短暂受体势 (TRP) 离子通道的非亲电子活化剂　**1954, 1955**
对哺乳类动物比其它裂江瑶毒素毒性低　**232**

对抗癌药物研究可能是一种新的结构类型 510
对耐药肿瘤可能具有有益的治疗潜力 344, 345
对植物有毒的 364
多巴胺 β-羟基化酶抑制剂 120
多种药物抗性 MDR 翻转活性 1702
堕胎药 1712, 1713
二酰甘油酰基转移酶 DGAT 抑制剂 1275~1278
法尼基蛋白转移酶 FPT 是和细胞分化, 细胞增殖相联系的 1721
法尼基蛋白转移酶 FPT 抑制剂 597, 1721, 1722, 1723
法尼基蛋白转移酶 PFT 的抑制作用可能是新的抗癌药物的靶标 1721
翻转黑色素瘤 H-*ras* 转换的正常成纤维细胞 NIH3T3 的表现型 1869, 1870
泛素 Ubc13-Uev1a 复合体抑制剂, 潜在的抗癌药, 有潜力的 854, 855, 1954
分裂蛋白 FtsZ 是类似于微管蛋白的真核微管蛋白的结构同源物, 是一种鸟苷三磷酸酶 GTPase 2019
分裂蛋白鸟苷三磷酸酶 FtsZ GTPase 抑制剂, 几乎完全抑制 FtsZ 的聚合作用 2019
分生孢子生长抑制剂, 稻瘟霉 *Pyricularia oryzae*, 由胀大效应和诱导菌丝的卷曲变形 603
孵化因子, 纹藤壶 *Balanus balanoides* 和 *Eliminus modestus* 1217
辐射防护剂 1847
负责产生三氯一烯代谢物, 海绵 *Dysidea herbacea* 中的 1407, 1435
NADH-富马酸还原酶 NFRD 抑制剂, 猪蛔虫 *Ascaris suum*, 高度选择性的 1658
钙 ATPase 酶活化剂 192, 1623, 1973
钙释放剂 953
钙离子通道激活剂 192, 229, 232, 1973
L 型, 低活性 237, 239
钙离子通道阻滞剂(L 型) 1706
钙离子通道阻滞剂(N 型) 1267, 1281
肝炎 C 病毒蛋白酶抑制剂 1661
肝脏毒素 447
高度降低眼血压 1707
革兰氏阴性菌中, 酰基高丝氨酸内酯 (AHLs) 介导的群体感应通路的干扰物 1534
共价键合肌动蛋白 394
共价键合肌动蛋白子区域 4 407
谷氨酸盐毒性抑制剂, 神经元杂交瘤细胞 N18-RE-105 细胞 270
谷氨酸盐诱导的微管蛋白聚合抑制剂, 有潜力的 584, 585
海星卵成熟的抑制剂 1430
海星受精抑制剂 929
和传统抗肿瘤药物有不同的抑制肿瘤生长的机制 510
和肌动蛋白相互作用,
和单体 G-肌动蛋白形成 1:1 复合物 432
切断解聚 F-肌动蛋白为 G-肌动蛋白 432
抑制 G-肌动蛋白聚合为聚合物纤维状 F-肌动蛋白 432
和裸甲藻毒素-3 竞争结合键位, 大鼠大脑突触体, 不伴随裸甲藻毒素类的毒性 209, 210
核糖核酸 RNA 聚合酶抑制剂 1692
有潜力的 1691
核糖核酸 RNA 裂开活性 1339, 1348~1351, 1481
核糖核酸 RNA 生物合成抑制剂 378
花粉生长抑制剂 1195
肌动球蛋白 ATPase 酶刺激剂 480
肌动球蛋白 ATPase 酶活化剂 1965
肌动球蛋白 ATPase 酶调节器 525
肌动球蛋白 ATPase 抑制剂 1964
肌苷单磷酸盐脱氢酶 IMPDH 抑制剂 1459
肌肉收缩抑制剂 719, 720
激酶 GSK-3β 抑制剂, ^{32}P 标记试验试验 1207~1209
激酶 MEK 抑制剂 341
激酶抑制剂, CDK4/cyclin D1 604
激酶抑制剂, EGFR 604
激酶抑制剂, PKC-ε 604
N-甲基-D-天冬氨酸盐 NMDA 拮抗剂 1657
钾离子膜转运体 48
简易聚合 1650, 1651
键合白三烯 B_4 受体 1778, 1779, 1783
键合大麻素受体 1718
键合蛋白激酶 C 557
键合肌动蛋白活性, 破坏肌动蛋白的细胞骨架 458
降血糖, 醛糖还原酶抑制剂 982
降血压的 819, 994
金鱼 LD_{50} 84
精子引诱剂 1177, 1181, 1491
信息素 1485
藻类精细胞 1489
精子运动抑制剂 132
拒食活性 653~657, 1274, 1750, 1751
玻璃缸试验, 喂给金鱼糖苷处理过的小丸 1780, 1781
南极杂食海星 *Odontaster validus* 1855, 1856, 1868
喂食甾族化合物抑制剂 639
用海兔 *Stylocheilus longicauda* 进行饮食偏好研究, 低浓度摄取量增加, 高浓度摄取量降低 76, 77
鱼 1974, 2023, 2028, 2034
中食草动物(以海藻为食物和栖息地的小型底栖食草动物) 976, 1061~1064
拒食剂 893

剧毒　**201**
聚醚类海洋毒素　**148, 150, 151**
抗6-羟基多巴胺 (6-OHDA) 细胞毒效应, SH-SY5Y 成神经细胞瘤细胞　**1546**
抗 AD 临床实验, 3 项临床实验正在进行　**366**
抗 AD 临床实验, 临床前实验　**214, 518**
抗-Aβ 肽聚集抑制, Aβ42 聚集活性　**1699**
抗 HIV　**497, 934, 288, 1832, 1625**
　HIV 抑制剂　**932, 933**
抗 HIV-1, NCI 初级筛选程序, 保护细胞的　**1103**
抗 HIV-1, 细胞保护剂　**706**
抗 HSV-1　**1**
抗癌细胞效应　**468, 563**
抗白血病　**590**
抗病毒　**94, 595, 851, 1023, 1111, 1242, 1671, 1912**
　H5N1　**1921**
　HCMV　**1135**
　HSV-1　**741, 852, 1119, 1992**
　HSV-1 和 VSV　**217**
　HSV-2　**1119, 1992**
　TMV 病毒　**261, 267**
　基孔肯雅热病毒抑制剂　**252, 253**
　流感病毒 IFV　**286, 287**
　人巨细胞病毒　**741, 852**
　塞姆利基森林病毒　**694**
　小鼠, *in vivo*, SFV　**1942**
　抑制 TMV 增殖　**1792~1798**
抗病毒, 无活性　**1892, 1894**
抗补体剂　**918**
抗恶性细胞增生　**1726, 1753**
　无活性, GM7373　**1251**
　无活性, IGR-1　**1150**
　无活性, J774　**1150, 1251**
　无活性, P_{388}　**1150, 1251**
　无活性, WEHI-164　**1150, 1151, 1158, 1160, 1251**
抗分枝杆菌　**1782**
　无活性, *Mycobacterium avium*　**2019**
　无活性, 结核分枝杆菌 *Mycobacterium tuberculosis* MDR-TB　**2019**
　无活性, 牛型分枝杆菌 *Mycobacterium bovis* BCG　**2019**
抗高血压药　**990**
抗弓形虫　**1674**
　刚地弓形虫 *Toxoplasma gondii*　**1625**
抗过敏剂　**823**
抗寄生虫药, 蠕虫类和线虫类　**311**
抗结核, 结核分枝杆菌 *Mycobacterium tuberculosis*　**130, 131, 324, 600, 608, 609, 891, 987, 988, 1625**
抗结核, 结核分枝杆菌 *Mycobacterium tuberculosis* H37Rv　**959, 972, 973**
抗结核抗生素前药　**1693**
抗菌　**46, 47, 546, 698, 733, 861~863, 911, 1036~1038, 1167, 1367, 1508, 1535, 1624, 1654, 1661, 1970, 1993, 2001, 2005, 2006, 2008~2010**
　MDRSA　**1502**
　MRSA　**129, 313, 601, 1152, 1502, 1532, 1558, 1926, 1927**
　MRSA SK1　**497, 514**
　MRSA, 临床分离的 309　**258, 260**
　VRE　**313**
　VREF　**1532**
　白色念珠菌 *Candida albicans*　**1233, 1234**
　包皮垢分枝杆菌 *Mycobacterium smegmatis*　**81**
　表皮短杆菌 *Brevibacterium epidermidis*　**129**
　表皮葡萄球菌 *Staphylococcus epidermidis*　**129, 499, 500**
　产气肠杆菌 *Enterobacter aerogenes*　**1919**
　痤疮丙酸杆菌 *Propionibacterium acnes*　**129**
　大肠杆菌 *Escherichia coli*　**260, 262, 263, 266, 822, 868, 956, 1009~1013, 1015, 1146, 1149, 1218, 1222~1234, 1264, 1265, 1380, 1440~1445, 1450, 1451, 1497, 1531, 1537, 1538, 1547~1551, 1788, 1789, 1828, 1885~1887, 1922, 1941, 1979, 2032**
　大肠杆菌 *Escherichia coli* SG 458　**1681**
　短芽孢杆菌 *Bacillus pumilus*　**1922, 1979**
　多种微生物　**1504, 1505**
　肺炎克雷伯菌 *Klebsiella pneumonia*　**129**
　肺炎葡萄球菌 *Staphylococcus pneumoniae*　**1497, 1549**
　粪肠球菌 *Enterococcus faecalis* 1528 vanA　**1681**
　粪链球菌 *Streptococcus faecalis*　**1227, 1228**
　副溶血弧菌 *Vibrio parahaemolyticus*　**2033**
　革兰氏阳性菌和革兰氏阴性菌　**1503, 2002**
　革兰氏阳性菌　**41~44, 48, 120, 309, 487~489, 998, 999, 1227, 1228, 1279, 1484, 1538, 1691, 1692**
　革兰氏阳性菌 *Toxoplasma* sp.　**1679**
　革兰氏阳性菌和革兰氏阴性菌　**63**
　海黄噬细胞菌 *Cytophaga marinoflava* IFO 14170　**114**
　海水产碱杆菌 *Alcaligenes aquamarinus*　**2032**
　缓慢葡萄球菌 *Staphylococcus lentus*　**129**
　黄杆菌属 *Flavobacterium helmiphilum*　**2033**
　结膜干燥棒状杆菌 *Corynebacterium xerosis* IFM 2057　**119**
　解淀粉欧文氏菌 *Erwinia amylovora*　**2032**
　金黄色葡萄球菌 *Staphylococcus aureus*　**31, 129, 260, 262, 263, 266, 321, 325, 326, 351, 550~553, 601, 682,**

683, 688, 690, 691, 724, 868, 956, 963, 964, 966, 967, 1045, 1146, 1149, 1152, 1218, 1225, 1227, 1228, 1421, 1440~1445, 1470, 1497, 1547~1549, 1558, 1683, 1788, 1789, 1926, 1927, 1992, 2003, 2004
金黄色葡萄球菌 *Staphylococcus aureus* 209P **119**
金黄色葡萄球菌 *Staphylococcus aureus* ATCC 6538 **265, 260**
金黄色葡萄球菌 *Staphylococcus aureus* CMCC26003 **1688, 1698**
金黄色葡萄球菌 *Staphylococcus aureus* IFO 12732 **38, 114, 115**
金黄色葡萄球菌 *Staphylococcus aureus* SG 511 **1681**
巨大芽孢杆菌 *Bacillus megaterium* **335, 336, 337, 340**
枯草杆菌 *Bacillus subtilis* **81, 119, 129, 324~326, 682, 683, 688, 690, 691, 963, 964, 966, 967, 1045, 1146, 1149, 1163, 1218, 1222, 1223, 1225, 1264, 1265, 1380, 1401, 1440~1445, 1537, 1538, 1885~1887, 1922, 1955, 1979, 2003, 2004**
枯草杆菌 *Bacillus subtilis* ATCC 6633 **260, 265**
枯草杆菌 *Bacillus subtilis* IFO 3134 **114**
敏捷氮单胞菌 *Azomonas agilis* **2032**
某些细菌 **1368**
牡牛分枝杆菌 *Mycobacterium vaccae* MT 10670 **1681**
南极海洋细菌 McM115 **863**
南极海洋细菌 McM133 **698, 861, 911, 1036~ 1038**
南极海洋细菌 McM322 **698, 861, 862, 911, 1036~1038**
酿酒酵母 *Saccharomyces cerevisiae* **1233, 1234, 1497, 1549**
牛型分枝杆菌 *Mycobacterium bovis* **324**
普通变形杆菌 *Proteus vulgaris* **1680**
奇异变形杆菌 *Proteus mirabilis* **2033**
青紫色素杆菌 *Chromobacterium violaceum* **2033, 2024**
群体感应, 分子作用机制: 抑制高丝氨酸内酯受体 LasR **1534**
人皮肤棒状杆菌 *Dermabacter hominis* **129**
少纤维二糖梭菌 *Clostridium cellobioparum* **2033**
屎肠球菌 *Enterococcus faecium* **550~553**
所有在马来西亚水域收集的细菌 **2033**
藤黄八叠球菌 *Sarcina lutea* **31**
藤黄色微球菌 *Micrococcus luteus* **116, 1163**
藤黄色微球菌 *Micrococcus luteus* ATCC 10240 **1681**
藤黄色微球菌 *Micrococcus luteus* IFM 2066 **119**
铜绿假单胞菌 *Pseudomonas aeruginosa* **129, 822, 1009~1013, 1015, 1440~1445, 1497, 1547~1549, 1550, 1551, 1922, 1941, 1979, 2019**
铜绿假单胞菌 *Pseudomonas aeruginosa* ATCC 15692 **260**
香港鸥杆菌 *Laribacter hongkongensis* **351**
抑制粪肠球菌 *Enterococcus faecalis* **1876**
抑制数种病源的革兰氏阳性菌和革兰氏阴性菌 **1236**
油菜黄单胞菌 *Xanthomonas campestris* **498, 129, 499**
抗菌 无活性,
MDRSA **599, 601, 602**
MRSA **1508, 1518**
MRSA 临床分离的 309 **258, 264, 265**
TMV **1892, 1894**
白色念珠菌 *Candida albicans* **1893**
表皮葡萄球菌 *Staphylococcus epidermidis* **498, 501, 1941**
产气肠杆菌 *Enterobacter aerogenes* **1525, 2033**
创伤弧菌 *Vibrio vulnificus* **2033**
大肠杆菌 *Escherichia coli* **724**
大肠杆菌 *Escherichia coli* ATCC 12600 **1452**
大肠杆菌 *Escherichia coli* IFO 3301 **38, 114, 115**
短小芽孢杆菌 *Bacillus pumilis* **1848, 1941**
弗氏志贺氏菌 *Shigella flexneri* **2033**
革兰氏阴性菌 **1977, 1980**
海黄噬细胞菌 *Cytophaga marinoflava* IFO 14170 **38, 115**
霍乱弧菌 *Vibrio cholera* **2033**
金黄色葡萄球菌 *Staphylococcus aureus* **599, 602, 992, 1525**
金黄色葡萄球菌 *Staphylococcus aureus* ATCC 6538 **258, 264**
金黄色葡萄球菌 *Staphylococcus aureus* ATCC 25923 **1494, 1495, 1508, 1518**
金黄色葡萄球菌 *Staphylococcus aureus* IAM 12084 **1452**
谲诈梭菌 *Clostridium fallax* **2033**
枯草杆菌 *Bacillus subtilis* **31, 1941**
枯草杆菌 *Bacillus subtilis* ATCC 6633 **258, 264**
枯草杆菌 *Bacillus subtilis* IFO 3134 **38, 115**
铜绿假单胞菌 *Pseudomonas aeruginosa* **724, 1525**
铜绿假单胞菌 *Pseudomonas aeruginosa* ATCC 15692 **258, 264, 265**
铜绿假单胞菌 *Pseudomonas aeruginosa* IFO 3446 **38, 114, 115**
诺氏梭菌 *Clostridium novyi* **2033**
鼠伤寒沙门氏菌 *Salmonella typhimurium* **1680**
索氏梭菌 *Clostridium sordellii* **2033**
藤黄色微球菌 *Micrococcus luteus* **1680**
油菜黄单孢菌 *Xanthomonas campestris* **500, 501**
抗溃疡 **837**
抗蓝细菌 **63**

抗利什曼原虫　**1512**
杜氏利什曼原虫 *Leishmania donovani*　**804~807, 983~986, 1066~1075**
利什曼原虫 *Leishmania chagasi*，不涉及一氧化氮　**1628**
墨西哥利什曼原虫 *Leishmania mexicana* 前鞭毛体　**11, 14, 1572, 1578**
主要利什曼原虫 *Leishmania major*　**327~331, 12**
抗凝血剂　**1656**
抗疟疾　**13**
恶性疟原虫 *Plasmodium falciparum*　804~807, **983~986, 1066~1075**
恶性疟原虫 *Plasmodium falciparum* D10　**1629**
恶性疟原虫 *Plasmodium falciparum* K1　**130, 131**
恶性疟原虫 *Plasmodium falciparum* W2　**1629**
抑制恶性疟原虫 *Plasmodium falciparum* 生长　**637**
抗生素　**595, 2025, 2027**
抗生育药　**694**
抗藤壶　**686, 802**
抗微生物　**121, 675, 678, 929, 976, 1061~1064, 1173, 1174, 1178, 1180, 1242, 1249, 1308, 1650, 1651, 1790, 1824, 1890**
各种微生物病原体　**925~928**
选择性的　**1994~2000**
抗微藻　**998, 999, 1923, 1168, 1169**
抗污剂　**751, 752, 893**
海鞘 *Clavelina moluccensis* 幼虫　**1823**
聚合型石莼 *Ulva conglobata* 的孢子　**1923**
蓝贻贝 *Mytilus edulis galloprovincialis*　**1042, 1043**
纹藤壶 *Balanus amphitrite* 幼虫　**321, 1511, 1520~1524**
纹藤壶 *Balanus amphitrite*　**1289, 1290, 1293~1297**
纹藤壶 *Balanus amphitrite* 介虫幼虫　**635, 636, 638, 727**
纹藤壶 *Balanus amphitrite* 幼虫定居　**1146**
抑制假交替单胞菌属细菌 *Pseudoalteromonas* sp.和极地杆菌属细菌 *Polaribacter* sp.生长　**1097, 1102, 1104**
抑制藤壶幼虫定居　**682, 683, 688, 690, 691, 963, 964, 966, 967, 1045**
抑制纹藤壶 *Balanus amphitrite* 幼虫定居　**779~782**
抗心律不齐　**994**
抗心律失常药　**837**
抗血管生成，在人内皮细胞模型中抑制小管形成　**1214**
抗炎　**621, 837, 1000~1002, 1108, 1221, 1273, 1282, 1714, 1757, 1758~1765, 1767~1769, 1771~1775, 1971, 2021**
LPS 刺激的 RAW 2647 细胞，抑制促炎蛋白 β-actin 上调　**920**
LPS 刺激的 RAW 2647 细胞，抑制促炎的 iNOS 蛋白 COX-2 蛋白上调　**920**
LPS 刺激的 RAW 2647 细胞，抑制促炎的 iNOS 蛋白上调，不抑制 COX-2 表达，细胞存活状况无改变　**901, 902**
LPS 刺激的 RAW 2647 细胞，抑制促炎的 iNOS 和 COX-2 蛋白上调，降低 iNOS 蛋白和 COX-2 蛋白的水平　**1006**
LPS 刺激的 RAW 2647 细胞，抑制促炎的 iNOS 和 COX-2 蛋白上调，细胞存活状况无改变　**900, 912**
LPS 活化的小鼠巨噬细胞的调制，分子作用机制：抑制 NO, IL-6 和 TNF-α　**1231, 1232**
LPS 激活的脑小胶质细胞的调节，作用的分子机制：TXB2 抑制　**1628**
NO 和 TNF-R 生成抑制剂　**595**
NO 生成试验，LPS-诱导的 RAW 巨噬细胞，仅有适度细胞毒活性　**73**
RAW 2647 细胞，抑制 LPS 诱导的 iNOS 和 COX-2 表达，降低 iNOS 和 COX-2　**797~799, 1022**
蛋白质印迹免疫分析, RAW2647 细胞，抑制 LPS 诱导的 iNOS 表达　**1024, 1025**
蛋白质印迹免疫分析, RAW2647 细胞，抑制 LPS 诱导的 iNOS 和 COX-2 表达　**1021**
蛋白质印迹免疫分析，, RAW 2647 细胞，抑制 LPS 诱导的 iNOS 表达，降低 iNOS　**1026~1028**
降低 iNOS 蛋白和 COX-2 蛋白水平　**872**
免疫印迹分析，RAW2647 细胞，抑制 iNOS 蛋白的表达　**877, 879**
人中性粒细胞，超氧化物阴离子产生抑制剂　**672**
小鼠耳试验，抑制 PMA 诱导的局部水肿　**322, 323**
选择性 NO 生成抑制剂　**605, 607**
抑制促炎细胞因子表达的产生　**1272**
抑制促炎细胞因子的生成，TH2 T 淋巴细胞细胞因子白介素-5　**353**
抑制促炎细胞因子的生成，TH2 T 淋巴细胞细胞因子白介素-5 和白介素-13　**352, 354~361**
抑制受激巨噬细胞中促炎蛋白 iNOS 和 COX-2 的表达　**632, 633, 634**
抑制小鼠耳发炎,分子作用机制：抑制水肿，红疹和血流　**1238**
抗炎逆向作用，免疫印迹分析，RAW2647 细胞，促进 COX-2 蛋白的表达　**876~878**
抗氧化剂　**270, 2014**
DPPH 自由基清除剂　**272, 273, 284, 295, 297~300, 549, 1494, 1495, 1508, 1526, 1680**
$NO^{\bullet}$自由基清除剂　**1508**
$O_2^{\bullet-}$自由基清除剂　**1508**
$ONOO^-$自由基清除剂　**1508**
超氧化物阴离子$^{\bullet}O_2^-$清除剂　**1018**
抑制过氧化氢导致的人角化 HaCaT 细胞死亡　**1680**

营养药 **1210**
自由基清除剂 **1555, 1867**
抗遗传毒性, 人外周血细胞 **730**
抗乙型肝炎 **1625**
抗有丝分裂 **187**
类似紫杉醇的微管稳定活性 **564**
引起细胞积累, 阻止有丝分裂 **172, 178, 183**
和其它 G_2/M 阻断剂比较有独特的作用模式, 有潜力的 **317**
抗诱变剂, 可能作为化疗预防剂有用 **709**
抗原生动物,
布氏锥虫 *Trypanosoma brucei rhodesiense* **1032~1034, 645, 857, 858**
杜氏利什曼原虫 *Leishmania donovani* **1032~1034, 645, 857, 858**
恶性疟原虫 *Plasmodium falciparum* **1032~1034, 645, 857, 858**
克氏锥虫 *Trypanosoma cruzi* **1032~1034, 645, 857, 858**
抗藻 **61, 1819**
绿藻暗色小球藻 *Chlorella fusca* **268, 335~337, 340**
抗真菌 **29, 41, 44, 50, 98, 108~111, 164~167, 191, 309, 364, 474, 486, 525, 531, 559, 561, 590, 601, 602, 613, 733, 746, 998, 999, 1156, 1175, 1178, 1256~1259, 1358, 1415~1420, 1429, 1484, 1611~1615, 1624, 1635, 1825, 1826, 1888, 1889, 1925**
erg6 突变的酿酒酵母 *Saccharomyces cerevisiae* 生长 **107**
白菜黑斑病菌 *Alternaria brassicae* **866, 991**
抗真菌, 白菜曲霉菌 *Aspergillus brassicae* **1270**
抗真菌, 白色念珠菌 *Candida albicans* **116, 349, 350, 386, 387, 472, 515, 533, 1012, 1013, 1218, 1440~1445, 1497, 1547~1551, 1619, 1620, 1686, 1845, 1885~1887, 1891, 1922, 1979**
白色念珠菌 *Candida albicans* IFO 1060 **38**
白色念珠菌 *Candida albicans* SC5314 **624**
白色念珠菌 *Candida albicans*. 分子作用机制: MDR1 射流泵抑制 **886**
被孢霉属 *Mortierella ranuznniun* **1078**
病源海洋真菌链壶菌属 *Lagenidium callinectes* **1504, 1505**
病源真菌白色念珠菌 *Candida albicans* **1684**
病源真菌光滑念珠菌 (光滑假丝酵母) *Candida glabrata* **1684**
病源真菌红色毛癣菌 *Trichophyton rubrum* **1684**
病源真菌假隐球菌 *Cryptococcus parapsilosis* **1684**
病源真菌石膏样小孢子菌 *Microsporum gypseum* **1684**
病源真菌新型隐球酵母 *Cryptococcus neoformans* **1684**
病源真菌烟曲霉菌 *Aspergillus fumigatus* **1684**
稻根霉菌 *Rhizopus oryzae* **1922, 1979**
稻米曲霉 *Aspergillus oryzae* **515, 533**
粉色面包霉菌 *Neurospora crassa* **1696, 1983**
光滑念珠菌 (光滑假丝酵母) *Candida glabrata* **116**
黑曲霉菌 *Aspergillus niger* **133, 134, 215, 866, 991, 1270, 1922, 1979**
抗原生动物和植物致病真菌 **341**
拉曼被孢霉 *Mortierella ramanniana* **817, 1433, 1434, 1931~1940**
拉曼被孢霉 *Mortierella ramannianus* **1012, 1013**
某些真菌 **1368**
酿酒酵母 *Saccharomyces cerevisiae* **515, 533, 1222, 1223, 1264, 1265, 1616, 1671**
酿酒酵母 *Saccharomyces cerevisiae* 14028g **859, 860**
酿酒酵母 *Saccharomyces cerevisiae* A364A **859, 860**
酿酒酵母 *Saccharomyces cerevisiae* STX338-2C **859, 860**
酿酒酵母 *Saccharomyces cerevisiae*, 分子作用机制: MDR1 射流泵抑制 **886**
匍匐散囊菌原变种 *Eurotium repens* **62**
索状青霉 *Penicillium funiculosum* **215**
特异青霉菌 *Penicillium notatum* **515, 533**
小孢子蒲头霉 *Mycotypha microspore* **268**
小麦壳针孢 *Septoria tritici* **335~337, 340**
新型隐球酵母 *Cryptococcus neoformans* **1788, 1789, 1983**
新型隐球酵母 *Cryptococcus neoformans* ATCC 90113 **1285**
新月弯孢霉 *Curvularia lunata* **1686**
须发癣菌 *Trichophyton mentagrophytes* **51~59, 1183, 1184**
烟曲霉菌 *Aspergillus fumigatus* **1497, 1547~1551, 1619, 1620, 1845**
野生型酿酒酵母 *Saccharomyces cerevisiae* **107**
真菌 *Microbotryum violaceum* **335~337, 340**
真菌 *P. atrouenetum* **1616, 1617**
真菌生长抑制剂 **62, 1255**
终极腐霉 *Pythium ultimum* **992**
皱褶假丝酵母 *Candida rugosa* **215**
抗真菌 无活性,
MG SH-MU-4 **497**
白色念珠菌 *Candida albicans* **478, 724, 992, 1525, 1678, 1893**
白色念珠菌 *Candida albicans* ATCC 90028 **119**
白色念珠菌 *Candida albicans* IFO 1060 **114, 115**
白色念珠菌 *Candida albicans* Y0109 **1285, 1287**

光滑念珠菌 (光滑假丝酵母) *Candida glabrata* **1957, 1958**
红色毛癣菌 *Trichophyton rubrum* **1285, 1287**
酿酒酵母 *Saccharomyces cerevisiae* GT160-45C **859, 860**
酿酒酵母 *Saccharomyces cerevisiae* RAY-3Aa **859, 860**
石膏样小孢子菌 *Microsporum gypseum* **1285, 1287**
新型隐球酵母 *Cryptococcus neoformans* ATCC 90113 **1286, 1287**
须发癣菌 *Trichophyton mentagrophytes* **1087**
烟曲霉菌 *Aspergillus fumigatus* **1678**
1994 年在美国 NCI 进行过临床实验 **1670**
抗肿瘤。抗肿瘤, *in vivo* **191, 366~368, 375, 433, 434, 461~464, 746, 775, 853, 1007, 1008, 1499, 1726, 1729, 1753, 1808**
B16 **1880~1884**
L_{1210} **1090, 1092**
Lewis 肺癌 **432**
NSCLC **712~718**
P_{388} **102, 103, 369, 372, 374, 385, 432, 507, 517, 535~538, 1090, 1539, 1671, 1802**
P_{388} 淋巴细胞白血病 PS 细胞 **377~379**
埃里希腹水癌 **432**
多种人癌细胞 **390**
黑色素瘤 B16 **432**
结肠癌 C26 **432**
体外细胞和体内动物模型两者 **612**
小鼠 **105, 106**
小鼠埃里希腹水癌 **1802**
用作生长刺激剂或处理球虫症 **213**
新一类有潜力的抗肿瘤剂 **342, 343**
抗转移剂 **1985**
抗锥虫 **549**
布氏锥虫 *Trypanosoma brucei brucei* **327~331**
布氏锥虫 *Trypanosoma brucei rhodesiense* **804~807, 983~986, 1066~1075, 1586, 1588, 1590~1598**
克氏锥虫 *Trypanosoma cruzi* **804~807, 983~986, 1066~1075**
不涉及一氧化氮 **1628**
抗组胺剂 **997**
强烈抑制大鼠肥大细胞组胺释放 **747, 748**
酪氨酸酶抑制剂 **1515**
类神经生长因子诱导剂, PC12 细胞的神经分化 **1353~1357**
类似组织蛋白酶 L-的蛋白酶抑制剂,
SARS-CoV-PL **331, 330**
半胱氨酸蛋白酶 Falcipain-2 **329, 331, 330**
半胱氨酸蛋白酶 Rhodesain **329, 331, 330**
组织蛋白酶 Cathepsin B **329, 331, 330**
组织蛋白酶 Cathepsin L **329, 331, 330**
离子载体 **213**
磷酸酶 PP1 抑制剂 **220~222**
磷酸酶 PP2A 抑制剂 **220~222**
磷酸酯酶 Cγ1 抑制剂 **2020**
磷脂酶 A_2 活化剂 **1785**
磷脂酶 A_2 抑制剂 **1113, 1120, 1339, 1348~1351, 1481, 1724, 1777, 1944**
卵母细胞裂解活性, 海燕 *Asterina pectinifera*, 非选择性地溶解未成熟海星的卵母细胞, 裂解卵母细胞的质膜和核膜 **10**
卵母细胞裂解活性, 选择性地裂解海燕 *Asterina pectinifera* 不成熟的卵母细胞, 不影响核的形态 **1269, 1577, 1604~1606**
麻痹性藻毒素 **519**
酶抑制剂 **226, 227**
免疫刺激剂 **1878, 1880, 1881, 1883, 1884, 1895, 1963**
免疫激素 **1220**
免疫亲和素 FKBP12 键合剂 **388**
免疫溶血抑制剂 **918**
免疫调节, LCV **1587**
免疫调节, MLR **1587**
免疫系统活性 **1989**
细胞黏附抑制剂 **1991**
免疫响应调节器, 北美鲎 *Limulus polyphemus* **1219**
免疫抑制剂 **796, 1556**
对带有刀豆球蛋白 k 和 LPS 的培养细胞 **1226**
活化 T 细胞, 显著抑制淋巴结细胞对辅酶 A 的增生性反应 **1968, 1969**
免疫增强剂 **918**
灭螺剂 **790**
光滑双脐螺 *Biomphalaria glabrata* **3**
海洋无毛双脐螺**Biomphalaria glabrata*, 有潜力的 **1560**
膜类型 1 基质金属蛋白酶 MT1-MMP 抑制剂 **1473**
膜型基质金属蛋白酶 MT1-MMP 抑制剂 **935, 936**
墨西哥利什曼原虫 *Leishmania mexicana* 前鞭毛体 LD_{50} **11, 14, 1572, 1578**
钠/钾-腺苷三磷酸酶抑制剂 **132, 1339, 1348~1351, 1455, 1457, 1458, 1470, 1481**
钠/钾-腺苷三磷酸酶抑制剂, 犬肾 **1236**
钠离子通道激活剂, **73, 147, 159, 160**
neuro-2a 细胞 **73**
准不可逆地结合到电压敏感钠离子通道 VSSC 的位点 5 **159, 160**
钠离子通道阻滞剂, neuro-2a 细胞, 无可觉察的细胞毒性 **563**

内-β-1,3-葡聚糖酶 L_0 抑制剂　**867**
内-β-1,3-葡聚糖酶 L_{IV}^4 抑制剂　**867**
能引起和 p53 无关的细胞凋亡　**1758, 1761, 1765, 1766, 1772**
逆转对多种药物的抗性,
KB-3-1　**649~652, 864, 865, 1039**
KB-C2　**649~652, 864, 865, 1039**
KB-CV60　**649~652, 864, 865, 1039**
逆转录酶 RT 抑制剂　**1455, 1457, 1458**
鸟氨酸脱羧酶诱导抑制剂　**38, 39**
凝血酶抑制剂　**758, 831, 832, 929~931, 1162, 1193, 1194**
配子释放因子　**1486**
配子引诱剂　**1488**
棕藻长囊水云 *Ectocarpus siliculosus* 的信息素　**1490**
平滑肌收缩剂　**213, 229, 1807~1810**
平滑肌兴奋剂　**1713**
破坏肌动蛋白的细胞骨架　**458, 461~464, 459, 465**
快速切断 F-肌动蛋白　**474**
以浓度依赖方式抑制 G-肌动蛋白聚合和 F-肌动蛋白解聚　**470**
葡萄糖苷酶抑制剂 α　**1432**
前列环素合成酶抑制剂　**1215, 1216**
前列腺素类有关氧脂　**1786**
前列腺素生物合成抑制剂　**1447**
潜在的孕甾烷 X 受体 PXR 反式激活诱导剂, 对法尼醇 X 受体 FXR 无效　**1140**
轻泻剂　**1865**
氢/钾-腺苷三磷酸酶抑制剂　**1302, 1367, 1369**
驱蠕虫药　**60, 1846**
去除含有胆固醇的脂质膜　**135, 136**
去氧核糖核酸 DNA 复制抑制剂, 猿猴病毒 SV40　**1300, 1309, 1331, 1340~1344, 1361~1365, 1402, 1403, 1481**
去氧核糖核酸 DNA 甲基转移酶抑制剂　**1465, 1466**
去氧核糖核酸 DNA 聚合酶 α 抑制剂　**7**
去氧核糖核酸 DNA 聚合酶 β 抑制剂　**7, 1467**
去氧核糖核酸 DNA 聚合酶抑制剂　**1756**
真核生物的　**1877**
去氧核糖核酸 DNA 链断裂活性　**2005, 2006, 2008~2010**
去氧核糖核酸 DNA 损伤剂,
RS188N 酵母菌株, 不作为拓扑异构酶 Ⅰ 或拓扑异构酶 Ⅱ 抑制剂起作用　**1904**
RS321 酵母菌株, 不作为拓扑异构酶 Ⅰ 或拓扑异构酶 Ⅱ 抑制剂起作用　**1904**
RS322 酵母菌株, 不作为拓扑异构酶 Ⅰ 或拓扑异构酶 Ⅱ 抑制剂起作用　**1904**
去氧核糖核酸 DNA 拓扑异构酶 Ⅰ 抑制剂　**1945, 1948**
去氧核糖核酸 DNA 拓扑异构酶 Ⅰ 抑制剂, 人　**1715~1717**
去氧核糖核酸 Taq DNA 聚合酶抑制剂　**677, 1530**
醛糖还原酶抑制剂　**1191, 1192**
人过氧化物酶体增殖物激活受体 δ (hPPARd) 抑制剂, 有潜力的, 选择性超过其它过氧化物酶体磷酸盐活化受体 (PPAR) 200 倍　**1482**
人免疫缺损病毒 1 (HIV-1) 蛋白酶抑制剂, 抑制 HIV-1 蛋白酶催化的乳酸脱氢酶蛋白水解　**1410, 1413, 1414, 1425, 1428, 1448**
人免疫缺损病毒 HIV-1 蛋白酶抑制剂　**677, 745, 954, 955, 1041**
人免疫缺损病毒 HIV-1 逆转录酶抑制剂　**626, 670, 1877**
人免疫缺损病毒 HIV 蛋白酶抑制剂　**1530**
人免疫缺损病毒逆转录酶 HIV-rt 抑制剂　**1358, 1460, 1467**
人胚胎肺成纤维细胞 HLE 抑制剂　**1498**
人去乙酰化酶 SIRT2 抑制剂, 选择性的　**1171**
溶黄体的　**1712**
溶血的　**138~141, 143, 144, 207, 208, 629, 929**
人红细胞, 比对照皂苷活性高数百倍　**134**
人红血球细胞　**137**
小鼠红血球细胞　**133, 681, 693, 1020**
润肤剂　**710**
色素　**283**
杀贝剂, 控制血吸虫病传播的关键角色　**3**
杀昆虫剂　**309, 311, 487, 1702, 2029, 2031**
昆虫 *Spodoptera littoralis* 新生幼虫, 长期喂养生物测定实验　**1845**
杀螨剂　**487**
杀疟原虫的,
CRPF　**2014, 2015**
CRPF FcM29　**1630~1633**
CRPF W2　**1625**
恶性疟原虫 *Plasmodium falciparum*　**333, 341, 1690**
恶性疟原虫 *Plasmodium falciparum* D10 和 W2, 作用的分子机制: 有毒的碳自由基　**1634**
恶性疟原虫 *Plasmodium falciparum* D6　**1625**
恶性疟原虫 *Plasmodium falciparum* ItG　**12**
杀线虫剂　**98, 482~485**
商业家畜寄生的卷曲血矛线虫 *Haemonchus contortus*　**1161**
杀幼虫剂　**675, 678, 1512**
杀藻剂　**134**
杀藻剂, 硅藻 *Nitzschia* sp.　**18**
上调 PPARs 转录, HepG2　**631, 916**
上调 PPARs 转录, HepG2, 剂量相关　**856**
神经氨酸苷酶抑制剂　**818, 1901~1903**

神经毒素 146, 154, 155, 162, 192, 202, 1155
抑制大鼠大脑突触膜, [^{3}H]KA 键合和[^{3}H]AMPA 键合, 但不和[^{3}H]CGS-19755 键合 1657
神经活性, 有潜力的 1659
神经肌肉阻断剂 1477
神经鞘磷脂合成酶抑制剂, 人黑色素瘤细胞, 提高神经酰胺水平并因此触发细胞凋亡 1953
神经受体 CB1 抑制剂 1791
神经突起伸长活性 1878, 1895, 1956
NGF 存在下的大鼠嗜铬细胞瘤细胞株 PC-12 1909~1911
NGF 存在下的大鼠嗜铬细胞瘤细胞株 PC-12, 最有潜力的 1908
大鼠嗜铬细胞瘤细胞株 PC-12 1928~1930, 1981
神经突生成诱导剂, 成神经细胞瘤 neuro-2a 细胞 622, 623
神经系统活性, 轴突生长诱导剂 788, 789, 957, 958, 1058~1060
神经元细胞保护剂 1992
肾毒素 447
水产诱食剂, 前鳃虫 *Drupella cornus* 1450
水果香气 1284
丝氨酸-苏氨酸磷酸酶抑制剂 1802, 1806
弹性蛋白酶释放抑制剂 672
弹性蛋白酶释放抑制剂, 促进人的中性粒细胞对 fMLP/CB 的响应 1018
弹性蛋白酶抑制剂 1239
特异性蛋白磷酸酶 PP 抑制剂, 丝氨酸/苏氨酸-特异性 215
疼痛调节剂 1954, 1955
提高细胞在亚-G_1部分的百分数 271~274, 277, 280, 282, 295, 300
甜味剂 1250, 1268
铁载体 362, 363
通过抑制微管活性来匹配丙种球蛋白的药效团 2007
兔口服 LD_{50} 1661, 1711~1713
蜕皮激素 648
甲壳类动物 837
昆虫, 很高的活性 838
可能保护藻类不受甲壳类食肉动物的侵害 809
拓扑异构酶Ⅱ抑制剂 1539, 2013, 2016
α-2, 3-唾液酸转移酶抑制剂, 大鼠肝 70, 71
微分细胞毒性,
软琼脂实验, C38-L_{1210} 1570, 1608, 1609
软琼脂实验, M17-L_{1210} 1570, 1608~1610
圆盘扩散软琼脂菌落形成试验, C38 和 L_{1210}, 地区差单位 < 250 64~66, 85, 86
微管蛋白聚合抑制剂 178, 179, 187
微管稳定剂, 有潜力的 524
微藻毒素 214, 216, 223, 228, 236, 238, 240~242
纹藤壶 *Balanus amphitrite* 介虫幼虫 LD_{100} 635, 636, 638, 727
无毒代谢物 1176
细胞凋亡诱导剂 461, 463, 464, 771, 978, 679, 704, 1802
A549, HCT116 和 HL60 细胞 1139
具有典型的核小体间 DNA 降解的 K562 细胞 743
有潜力的 495
细胞毒 13, 36, 37, 49, 82, 92, 141, 177, 182, 215, 380, 381, 446, 458, 471, 524, 528~532, 534, 544, 554, 564, 565, 584, 585, 590, 613, 628, 630, 675, 678, 733, 760, 851, 1029~1031, 1052, 1076, 1148, 1166, 1187, 1242, 1282, 1303, 1436, 1513, 1526, 1530, 1568, 1600, 1601, 1650, 1651, 1674, 1770, 1773, 1774, 1784, 1816~1818, 1861~1864, 1866, 1878, 1895, 1970, 1987~1989, 2005, 2006, 2008~2010
12 种人肿瘤细胞株 (乳腺癌, 前列腺癌, 结肠癌, 肺癌和白血病), 平均 IC_{50} = 0.022μmol/L, 范围 IC_{50} = 0.007~0.058μmol/L 127
12 种人肿瘤细胞株 (乳腺癌, 前列腺癌, 结肠癌, 肺癌和白血病), 平均 IC_{50} = 3.5μmol/L, 范围 IC_{50} = 1.0~4.4μmol/L 128
13 种癌细胞, GI_{50}在亚微摩尔范围 1564
293T 327~331
36 种人肿瘤细胞, 平均 IC_{50} = 12.99μmol/L 340
36 种人肿瘤细胞, 平均 IC_{50} =125μmol/L 337
36 种人肿瘤细胞, 平均 IC_{50} =3006μmol/L 338
36 种人肿瘤细胞, 平均 IC_{50} =609μmol/L 339
38 种人病源癌细胞株, 日本 HCC 组, MG-MID (对所有实验细胞的 lg GI_{50} 平均值) = −4.01 1542
38 种人病源癌细胞株, 日本 HCC 组, MG-MID (对所有实验细胞的 lg GI_{50} 平均值) = −4.82 1539
39 种人肿瘤细胞, 平均 lg GI_{50} mol/L = –5.72 315
39 种人肿瘤细胞, 平均 lg GI_{50} mol/L = –5.75 314
39 种人肿瘤细胞, 平均 lg GI_{50} mol/L = –5.93 316
39 种人肿瘤细胞, 平均 lg GI_{50} mol/L = –6.11 537
39 种人肿瘤细胞, 平均 lg GI_{50} mol/L = –6.28 538
39 种人肿瘤细胞, 平均 lg GI_{50} mol/L = –6.31 535
39 种人肿瘤细胞, 平均 lg GI_{50} mol/L = –6.67 536
3Y1 611
4 种情况: 有/无 p53, 有/无 p21 1758, 1761, 1765, 1766, 1772
4 种人癌细胞和 2 种小鼠肥大刺胞 455
5 种人癌细胞株, 中等活性 1502, 1510
6-MP 19, 19
6 种人实体癌细胞株 1575

786-0 **1570, 1609**
8 种未表明身份的细胞 **1054**
A2780 **24, 490, 491, 502, 1109**
A498 **180**
A549 **28, 30, 42~44, 90, 112, 113, 115, 314~317, 440~445, 518, 556, 588, 592, 631, 646, 647, 673, 674, 725, 729, 738, 744, 764~769, 772, 774, 800, 810, 811, 828, 829, 840, 842~844, 849, 850, 888, 919, 920, 938, 939, 944, 947, 950~952, 959~962, 969~972, 974, 975, 979~981, 1003~1005, 1021, 1024, 1044, 1046~1048, 1050, 1051, 1053, 1055, 1056, 1065, 1098, 1099, 1101, 1105, 1106, 1123, 1124, 1129, 1139, 1285, 1286, 1298~1300, 1304, 1306, 1331, 1338, 1342~1344, 1348~1350, 1359, 1360, 1363, 1365, 1368, 1393~1396, 1450, 1451, 1479, 1480, 1496, 1530, 1552, 1569, 1579, 1580, 1587, 1589, 1603, 1607, 1618, 1625, 1636, 1639~1642, 1643, 1644, 1668, 1675, 1676, 1732~1734, 1952, 1966, 2013**
A549/ATCC **1570, 1609**
A549/ATCC: CCL8 **1561~1563**
ACHN **1332**
AGS **1735~1739, 1744~1746**
B16 **121, 122, 124, 125, 904~909, 1880~1884**
B16F1 **1567, 1599**
B16-F-10 **2, 558, 1966, 1992**
BC-1 **341, 1262**
BCA-1 **637**
Bel7402 **285, 289~294, 888, 950**
BGC823 **883, 891, 1157, 1224, 1229, 1230, 1243, 1246, 1925**
BGC823
BSC **1055, 1056**
BSY1 **314~316, 1661**
BT-549 **1570, 1609**
BXF-1218L **337~340**
BXF-T24 **337, 339, 340**
BXPC3 **497**
Ca9-22 **762, 763, 945, 1101, 1129, 1130**
CCRF-CEM **4, 5, 672**
CFU-GM **2030**
CNE **1953**
CNXF-498NL **337~340**
CNXF-SF268 **337~340**
Colon38 **2030**
CXF-HCT116 **337, 339, 340**
CXF-HT29 **337, 339, 340**
DG-75 **396, 397, 539, 540, 1536**
DLD-1 **4, 5, 317, 672, 740, 742, 1086, 1752, 1904**
DLDH **1016, 1017, 1019, 1112**
DMS114 **314~316, 1661**
DMS273 **314~316**
DU145 **314~316, 497, 646, 647, 725, 738, 828, 829, 1639~1642**
E39 **777**
EAC **1122**
GXF-251L **129, 337, 339, 340**
H116 **2030**
H125 **2030**
H441 **1670, 1672**
H460 **73, 1172, 1904**
H522 **1305, 1310, 1311**
H9c2 **1145**
HBC4 **314~316**
HBC5 **314~316**
HBL100 **24, 491**
HCC2998 **314~316, 1661**
HCT116 **64, 78, 127, 128, 289~294, 305, 306, 308, 314~316, 386, 387, 391~393, 490, 507, 508, 555, 558, 814, 815, 856, 965, 1086, 1139, 1240, 1287, 1516, 1621, 1622, 1758, 1761, 1765, 1766, 1772, 2011, 2012**
HCT116, 非常有潜力的 **472, 478**
HCT116/VM46 **507**
HCT15 **314~316, 1298~1300, 1304, 1309, 1331, 1332, 1338, 1340~1344, 1348~1350, 1359~1363, 1365, 1368, 1389, 1391, 1393~1396, 1450, 1451, 1481**
HEK-293 **19, 289~294**
HEL **969, 970**
HeLa **10, 11, 121, 122, 124, 125, 289~294, 509, 646, 647, 660, 725, 738, 739, 770, 1243, 1245, 1246, 1285, 1286, 1319~1322, 1685, 1740~1743, 1896, 1897, 1953**
HeLa-S3 **432~439, 493~495, 520~523, 705, 795, 1090**
Hep2 **1740~1743, 1992**
Hep3B **850, 841, 845, 848, 835, 840, 847, 1021, 1024**
HepG **910**
HepG2 **121, 122, 124, 125, 129, 835, 840, 841, 845, 847, 848, 850, 876, 879, 920, 1021, 1024, 1101, 1129, 1556, 1557, 1686, 1819**
  选择性的 **1021, 1024**
  有值得注意的活性潜力 **479**
HepG3 **879**
HepG3B **762, 1130, 763, 945, 1129, 1101**
HL60 **23, 30, 273, 275, 279, 285, 295, 300, 301, 494, 495, 672, 679, 704, 743, 771, 883, 888, 889, 891, 896, 897, 948~950, 952, 974, 975, 978, 1099, 1105, 1106,**

1139, 1157, 1224, 1229, 1230, 1243, 1246, 1570, 1609, 1610, 1687, 1730, 1925, 2007

HM02 **1819**

HMEC1 **1590**

HNXF-536L **337~340**

Hs683 **1579, 1580, 1607**

HT29 **2, 42~44, 78, 79, 90, 129, 314~316, 458, 459, 509, 556, 586, 588, 592, 615~620, 631, 646, 647, 673, 674, 696, 725, 729, 738, 739, 744, 753, 761, 764~770, 772, 800, 828, 829, 833, 834, 840, 842~844, 849, 850, 914, 937~939, 959, 961, 962, 969~972, 977, 979~981, 1003~1005, 1044, 1046~1048, 1050, 1051, 1053, 1055, 1056, 1065, 1098, 1123, 1124, 1306, 1479, 1480, 1587, 1589, 1625, 1639~1644, 1727, 1728, 1731~1734, 1747~1749, 1754, 1966**

HT29 ATCC: HTB38 **1561~1563**

HT29，样本为包含该化合物的级分而非纯化合物 **774**

HTCLs **974, 975, 1431, 1694**

IGROV **646, 647, 725, 738, 739**

IGROV1 **1305, 1310, 1311, 1570, 1609, 1610**

IMR-90 **1752**

J774 **1185**

J7741 **327~331**

J774A1 **19**

JB6 P^{+}CI41 **660**

JurKat **2**

K562 **10, 11, 278, 281, 591, 642~644, 646, 647, 679, 704, 725, 738, 739, 770, 771, 834, 883, 891, 1035, 1086, 1109, 1113, 1116~1118, 1120~1122, 1243, 1245, 1246, 1285, 1286, 1345, 1347, 1453~1458, 1925**

K562, 100μg/mL **1157, 1224, 1229, 1230**

KB **20, 68, 69, 93, 94, 99, 189~191, 213, 333, 341, 389, 390, 394, 395, 398~401, 403~418, 420, 421, 428, 430, 431, 447, 458, 459, 473~476, 481, 515, 533, 541, 545, 577, 580, 581, 586, 587, 627, 673, 674, 744, 764~769, 773, 776, 870, 959, 961, 971, 972, 977, 1044, 1046~1048, 1050, 1051, 1053, 1088~1096, 1098, 1247, 1380, 1422, 1423, 1438, 1439, 1516, 1576, 1623, 1924, 1925**

KB，非常有潜力的 **474**

KB16 **1569**

KM12 **314~316, 1570, 1609**

KM20L2 **497**

KV/MDR **344, 345**

L_{1210} **32, 33, 1201, 1203, 1244, 1247, 1422, 1423, 1438, 1439, 1506, 1507, 1576, 1582, 1623, 1645~1647, 1757, 1776, 1802, 1806, 1807, 1951, 1959~1963, 1983, 1984, 2030**

L-6 **804~807, 857, 983~986, 1032, 1033, 1066~1075, 1586, 1588**

LLC-PK_1 **1670, 1672**

LNCaP **646, 647, 725, 738, 739, 770, 834, 1100, 1131**

LNCaP 细胞在 MEM+10%FBS 中 **890, 1122, 1126, 1127**

LoVo **515, 533, 545, 577, 627, 646, 647, 725, 738, 739, 770, 834, 1090**

LoVo-DOX **646, 647, 725, 738, 739, 770, 834**

LOX **456, 457, 511, 512, 516, 1333~1337, 1637, 1638**

LOX-IMVI **314~316, 505, 506, 572, 573, 589, 1570, 1609**

LXF-1121L **337~340**

LXF-289L **337, 339, 340**

LXF-526L **337, 339, 340**

LXF-529L **129, 337, 339, 340**

LXF-629L **337, 339, 340**

LXF-H460 **337, 339, 340**

M14 **505, 506, 572, 573, 589**

MA-104 **1992**

MAXF-401NL **129, 337~340, 542**

MAXF-MCF7 **337, 339, 340**

MCF7 **74, 121~126, 314~316, 497, 505, 506, 518, 572, 573, 589, 610, 763, 839~841, 845~848, 850, 883, 891, 920, 1021, 1024, 1025, 1086, 1099, 1105, 1106, 1129, 1494, 1579, 1580, 1607, 1661, 1896, 1897, 1925**

MCF7 Adr **671**

MCF7 细胞在 MEM+10%FBS 中 **890, 1122, 1126, 1127**

MCF7, 100μg/mL **1157, 1224, 1229, 1230**

MCF7，抗增殖 **70, 71**

MCF7，选择性的 **1021**

MCF7 细胞在 MEM+5%DCC-FBS+1nmol/L 17*β*-雌二醇中 **890, 1122, 1126, 1127**

MDA231 **1953**

MDA-MB-231 **314~316, 588, 840, 841, 845, 847, 848, 850, 919, 920, 945, 1021, 1024, 1025, 1086, 1101, 1129, 1332, 1643, 1644**

MDA-MB-231，抗增殖和抑制迁移 **70, 71**

MDA-MB-435 **468**

MEL28 **42~44, 556, 592, 729, 772, 774, 828, 829, 840, 842~844, 849, 850, 938, 939, 979, 981, 1306, 1587, 1589, 1625, 1639~1642, 2013**

MES-SA **518**

MES-SA/DX5 **518**

MEXF-276L **337~340**

MEXF-394NL **337~340**

MEXF-462NL **129, 337, 339, 340**

MEXF-514L **337, 339, 340**

MEXF-520L **337~340**

MKN1 **314~316, 1661**

MKN28 **314~316**

MKN45 **314~316**

MKN7 **314~316**

MKN74 **314~316**

Molt4 **511, 512, 516, 1016, 1017, 1019, 1035, 1086, 1112, 1570, 1752**

NCI 60 种癌细胞, 敏感度跨三个数量级 **562**

NCI 60 种癌细胞, 平均 $GI_{50} = 1.17 \times 10^{-10}$mol/L **579**

NCI60 种癌细胞筛选程序, 非常有潜力的, 平均 $\log_{10} GI_{50}$ (mol/L) = –10.79 **1813**

NCI60 种癌细胞筛选程序, 非常有潜力的, 平均 $\log_{10} GI_{50}$ (mol/L) = –10.90 **1812**

NCI60 种癌细胞筛选程序, 有趣的细胞毒活性分布, 已被选择进行体内活性评估 **1254**

NCI60 种人癌细胞, 平均 $GI_{50} = 1.02 \times 10^{-10}$mol/L **582**

NCI60 种人癌细胞, 平均 $GI_{50} = 1.23 \times 10^{-10}$mol/L **583**

NCI60 种人癌细胞, 平均 $GI_{50} = 2.4 \times 10^{-8}$mol/L **510**

NCI60 种人癌细胞, 平均 $GI_{50} = 7 \times 10^{-10}$mol/L **178**

NCI60 种人癌细胞, 平均 $\log_{10} GI_{50}$(mol/L) = –800 **477**

NCI-ADR-Res **317, 440~445**

NCI-H226 **314~316**

NCI-H23 **314~316, 1332**

NCI-H460 **64~66, 78, 79, 85, 86, 121, 314~316, 468, 497, 505, 506, 547, 548, 572, 573, 589, 1530, 1879**

NCI-H522 **314~316, 493, 1661**

NCI 筛选试验, 平均 $\log_{10} IC_{50}$ mol/L = –6.2 **467**

NCI 筛选试验, 平均 $\log_{10} IC_{50}$ mol/L = –6.5 **460**

NCI 筛选试验, 平均 $\log_{10} IC_{50}$ mol/L = –7.2 **466**

NCI 筛选试验, 平均 $\log_{10} IC_{50}$ mol/L = –8.1 **465**

NCI 一组人癌细胞, 平均 GI_{50} = 0.5μmol/L, 白血病, 结肠癌和黑色素瘤为敏感细胞 **1372**

NCI 一组人癌细胞, 白血病, 结肠癌和黑色素瘤为敏感细胞 **1373~1379**

neuro-2a **64~66, 78, 79, 85, 86, 468, 547, 548**

NIH3T3 **1943, 1949, 1950, 1967, 1976, 1978**

NSCLC-L16 **662, 663**

NSCLC-N6 **458, 459, 502, 503, 680, 711, 776**

NSCLC-N6-L16 **586, 587**

NUGC-3 **1332**

OVCAR-3 **180, 314~316, 497, 1333~1337, 1637, 1638, 1661, 1879**

OVCAR-4 **314~316**

OVCAR-5 **314~316**

OVCAR-8 **314~316**

OVXF-1619L **337, 339, 340**

OVXF-899L **337, 339, 340**

OVXF-OVCAR3 **337, 339, 340**

P_{388} **18, 23, 27, 28, 42~44, 67, 68, 90, 94~97, 100, 102~113, 158, 169~176, 178, 180, 183, 187, 188, 193~195, 213, 232, 278, 281, 285, 289~294, 301, 317, 370, 371, 373, 374, 376, 382~384, 400, 458, 459, 497, 502, 517, 527, 556, 557, 586, 587, 592, 625, 631, 673, 674, 679, 696, 704, 723, 729, 740~744, 764~769, 772, 774, 800, 828, 829, 836, 840, 842~844, 849, 850, 871, 880, 881, 883, 888, 889, 891, 896, 897, 903, 912, 917, 922~924, 938, 939, 946, 948~952, 959, 961, 962, 969~972, 977, 979, 981, 1000~1005, 1044, 1046~1048, 1050, 1051, 1053, 1055, 1056, 1090, 1098, 1108, 1123, 1124, 1185, 1306, 1323, 1324, 1327~1330, 1450, 1479, 1480, 1509, 1519, 1527~1529, 1537, 1539~1541, 1545, 1552~1554, 1565, 1566, 1569, 1571, 1583, 1584, 1587, 1589, 1602, 1618, 1625, 1626, 1639~1642, 1648, 1649, 1655, 1660, 1661, 1670~1672, 1675, 1676, 1697, 1700, 1701, 1715, 1732~1734, 1966, 2013**

P_{388} ATCC: CCL46 **1561~1563**

$P_{388,}$ IC_{50} = 36nmol/L **1831**

1639, 1640

P_{388}, 作用显著 **1543, 1544**

P_{388}/Dox **458, 459, 586**

P_{388}D1 **672, 771**

PANC1 **317, 440~445, 646, 647, 725, 738, 739, 770, 834**

PAXF-1657L **129, 337, 339, 340, 542**

PAXF-PANC1 **337, 339, 340**

PC3 **314~316, 949, 1332, 1579, 1580, 1607, 1727, 1728, 1730~1732, 1747~1749, 1754, 1755**

PLA_2 **742**

PRXF-22RV1 **337, 339, 340**

PRXF-DU145 **337, 339, 340**

PRXF-LNCAP **337, 339, 340**

PRXF-PC3M **337, 339, 340**

PS (= P_{388}) **376~379, 735**

PXF-1752L **337~340**

RKO **1765, 1772**

RKO-E6 **1765, 1772**

RXF-1781L **337, 339, 340**

RXF-393NL **337, 339, 340**

RXF-486L **129, 337, 339, 340**

RXF-631L **314~316**

RXF-944L **337, 339, 340**
Saos-2 **1904**
SF268 **314~316, 497**
SF295 **180, 314~316, 497**
SF539 **314~316**
SH-SY5Y **1670, 1672**
SKBR3 **646, 647, 725, 738, 739, 770, 834**
SK-MEL-2 **1298~1300, 1304, 1309, 1325, 1326, 1331, 1338, 1340~1344, 1348~1350, 1359~1365, 1368, 1389, 1391, 1393~1397, 1403, 1450, 1451, 1481**
SK-MEL-28 **646, 647, 725, 738, 739, 770, 834, 1579, 1580, 1607**
SK-MEL-5 **180**
SK-MEL-5, 有潜力的 **598**
SK-OV-3 **314~316, 513, 1099, 1105, 1106, 1298~1300, 1304, 1309, 1325, 1331, 1338, 1340~1344, 1348~1350, 1359~1365, 1368, 1389, 1391, 1393~1397, 1403, 1450, 1451, 1481**
SMMC-7721 **904~909**
SNB75 **314~316**
SNB75, 选择性的 **1539**
SNB78 **314~316, 493**
St4 **314~316**
SW1573 **24, 491**
SW1990 **121, 122, 124, 125**
SW480 **1904**
T47D **24, 491, 1086**
U251 **314~316, 1607**
U373 **1579, 1580, 1607**
U937 **1099, 1105, 1106**
UACC-257 **505, 506, 572, 573, 589**
UT7 **576, 591**
UV20 敏感的 DNA 交联剂 **1517**
UXF-1138L **337, 339, 340**
V79 **1645, 1647**
Vero **332, 333, 341, 1494**
WEHI-164 **15, 16, 19, 1170, 1185, 1190, 1634, 1666, 1667**
WiDr **24, 491, 1740~1743**
XF498 **1298~1300, 1304, 1309, 1331, 1338, 1340~1344, 1348~1350, 1359~1363, 1365, 1368, 1389, 1391, 1393~1396, 1450, 1451**
癌细胞株, 浓度毫微摩尔级 **470**
病毒地转换形成 KA3IT **1943, 1949, 1950, 1967, 1976, 1978**
不依赖贴壁的肿瘤生长抑制剂 **866**
成神经细胞瘤细胞, 通过钠离子通道起作用, 活化效力是 PbTx-3 效力的三分之一 **149**
低活性 **40, 385, 787, 1252, 1253**
对 HBC5 选择性的 **1539**
对试验过的大部分癌细胞株, 细胞毒活性比圆皮海绵内酯大约高 10 倍并且实际上未落入通过 P-糖蛋白流出泵产生癌细胞株多重抗药性的效能范围 **518**
多药耐药 NCI-ADR **518**
多种 HTCLs 细胞 **1352**
非选择性地修复 DNA 缺陷细胞系 **1517**
肺癌细胞 **1100, 1131, 1871**
高活性 **702**
各种人 HTCLs 细胞 **1132**
各种人肿瘤细胞 HTCLs 和非增殖期人成纤维细胞, 因此没有治疗窗口 **1461~1464**
各种身份不明的细胞和组织 **1845**
海胆 *Strongyocentrotus intermedius* 在 8 卵裂球阶段的受精卵细胞 **1057**
黑色素瘤 **562**
抗白血病 **1240, 1241**
抗恶性细胞增生 **19, 542, 771**
内皮素细胞-中性粒细胞白细胞黏附素试验, 肿瘤坏死因子-α 刺激的内皮细胞 **1292, 1380, 1404**
能胜任 DNA 修复的 BR1 细胞株 **1517**
培养癌细胞 **391, 394, 407**
培养的小鼠成神经细胞瘤细胞, 引起特定的约数 **181**
破坏肌动蛋白细胞骨架 **472, 478**
前列腺癌细胞 **1138**
清亮海绵内酯 A/B 混合物, **505, 506**
人癌细胞株, 显示某些细胞株的选择性 **203~206**
人表皮样癌细胞 **224, 736, 737**
人成神经管细胞瘤细胞 Doay **1740~1743**
人非小细胞肺癌细胞 **777**
人黑色素瘤细胞株 **734, 777, 892**
人前列腺癌细胞株 **1125**
人乳腺癌细胞株 **1125**
人退行发育甲状腺恶性上皮肿瘤的特定抑制剂 **1159**
人原代肿瘤细胞 **1625**
乳腺癌细胞株 **1652, 1689**
三种 HTCLs 细胞, 有潜力的, 值得注意的 **1431**
肾癌 ACHN **314~316**
实体肿瘤 **1582**
实体肿瘤, 选择性的 **1581**
受精海胆卵 **995**
数种 HTCLs 细胞 **75, 346, 347, 348**
数种 HTCLs 细胞 **1237**
随着肌动蛋白细胞支架的损坏引起丝状肌动蛋白完全损失 **469**

通过微管聚合和微管稳定性实现 **518**
拓扑异构酶Ⅱ敏感中国仓鼠卵巢癌细胞株 XRS-6 **1517**
拓扑异构酶Ⅰ敏感中国仓鼠卵巢癌细胞株 EM9 **1517**
温度敏感大鼠淋巴内皮 TR-Le 细胞 **1312, 1313**
细胞凋亡诱导试验 **1896, 1897**
细胞分裂抑制剂, 受精海胆卵 **812, 813**
小鼠成神经细胞瘤细胞 **89, 101**
小鼠腹膜巨噬细胞 **1497, 1547, 1548~1551**
药物敏感的 MCF7 **671**
一组 38 种人病源癌细胞株, 日本 HCC 组 **1539, 1542**
一组 NCI 60 种癌细胞, 对黑色素瘤和乳腺癌有选择性 **1677**
一组 NCl 人癌细胞, 平均 $GI_{50} = 1.15\times10^{-10}$mol/L **187**
一组 NCl 人癌细胞, 平均 $GI_{50} = 1.38\times10^{-10}$mol/L **172**
一组 NCl 人癌细胞, 平均 $GI_{50} = 1.58\times10^{-10}$mol/L **183**
抑制 MCF7 细胞增殖 **996, 1110, 1128**
抑制人表皮样癌细胞 **895**
抑制受精海胆卵细胞分裂 **526**
抑制受精棘皮动物卵的发育 **560**
有潜力的 **496, 1760**
在细胞循环 G_1 期诱导适度活性的细胞凋亡和终止 **127**
肿瘤坏死因子-α 刺激的内皮细胞 **1292, 1380, 1404**
作用的分子机制: 微管解聚 **172, 177, 182~184, 196~198**
以疾病为导向的 39 种人癌细胞株, 平均 $GI_{50} = 0.60$μmol/L **493**
细胞毒 无活性 **622, 623**
786-0 **1610**
A375-S2 **1704**
A549 **10, 11, 22, 23, 41, 275, 276, 279, 285, 301, 614, 631, 677, 721, 762, 763, 856, 876, 879, 883, 889, 891, 896, 897, 914, 940~943, 945, 946, 948, 965, 977, 1077, 1130, 1266, 1279, 1285, 1309, 1325, 1326, 1340, 1341, 1361, 1362, 1364, 1389~1392, 1402, 1403, 1449, 1478, 1481, 1514, 1530, 1585**
A549/ATCC **1610**
ACHN **1307, 1559**
B16 **126**
BC-1 **332~334**
Bel7402 **10, 11, 22, 23, 279, 301, 883, 889, 891, 896, 897, 948, 952, 1285, 1286**
BGC823 **899, 1913, 1914, 1917**
BT-549 **1610**
BXF-T24 **338**
C6 **882, 1170, 1190, 1204**
Ca9-22 **944**
Colon250 **1569**
CXF-HCT116 **338**
CXF-HT29 **338**
DLD-1 **827, 898, 1035**
DU145 **1530**
E39 **778**
EAC **1107**
GXF-251L **338, 542**
H9c2 **882, 1204**
HCT116 **66, 83, 85, 86, 307, 1035, 1241**
HCT15 **1307, 1325, 1326, 1364, 1390, 1392, 1397, 1402, 1403, 1449, 1478, 1514, 1559**
HEL **800, 1133~1137**
HeLa **126, 882, 991, 993, 1040, 1204, 1285, 1440~1445, 1530, 1849, 1850**
HeLa, 和化合物角网藻醇 C 的混合物 **1852**
HeLa, 和化合物角网藻醇 D 的混合物 **1851**
HeLa, 和化合物角网藻醇 E 的混合物 **1854**
HeLa, 和化合物角网藻醇 F 的混合物 **1853**
HeLa-S3 **6**
HepG2 **123, 126, 762, 763, 839, 846, 944, 945, 1130**
HepG3 **876**
HepG3B **944**
HFF **1904**
HL60 **22, 271, 272, 274, 276, 277, 280, 282, 856, 899, 965, 1913, 1914, 1917**
HLF **1530**
Hs683 **1585, 1603, 1636**
HT29 **41, 74, 721, 723, 940~943, 946, 1077, 1099, 1105, 1106, 1133~1137, 1266, 1279, 1755, 1904**
JB6 P^+ CI41 **993, 1040**
K562 **279, 285, 301~304, 576, 731, 743, 899, 1014, 1243, 1346, 1913, 1914, 1917**
KB **80, 332, 334, 402, 419, 422~427, 429, 631, 721, 946, 962, 1077, 1262, 1776**
KM12 **1610**
L_{1210} **422, 423, 425~427, 1202**
L-6 **645, 858, 1034**
LoVo **614**
LXF-289L **338**
LXF-526L **338**
LXF-529L **338, 542**
LXF-629L **338**
LXF-H460 **338**
MAXF-MCF7 **338**
MCF7 **762, 839, 876, 879, 899, 944, 945, 1035, 1101, 1130, 1530, 1585, 1603, 1636, 1913, 1914, 1917**
MDA231 **1285**
MDA-MB-231 **762, 763, 839, 846, 876, 879, 944, 1035,**

1130, 1307, 1440~1445, 1559
MDA-MB-435 1530
MEL28 41, 940~943, 980, 1266, 1279
MEXF-462NL 338, 542
MEXF-514L 338
MG63 614
Molt4 1609, 1610
MRC-5 1904
NBT-T2 1452
NCI-H23 1307, 1559
NCI-H460 122, 124, 126, 991, 1530
NSCLC-L16 661, 664, 665, 869
NSCLC-N6 504, 687, 689, 699, 700
NUGC-3 1307, 1559
OVXF-1619L 338
OVXF-899L 338
OVXF-OVCAR3 338
P_{388} 22, 41, 279, 302~304, 659, 721, 821, 822, 827, 852, 898, 921, 940~943, 980, 1015, 1049, 1077, 1133~1137, 1266, 1279, 1280, 1283, 1451, 1931~1940, 1986
PAXF-1657L 338
PAXF-PANC1 338
PC3 1307, 1559, 1585, 1603, 1636
PC-9 1078
PLA_2 740, 827
PRXF-22RV1 338
PRXF-DU145 338
PRXF-LNCAP 338
PRXF-PC3M 338
QGY-7703 1285
RXF-1781L 338
RXF-393NL 338
RXF-486L 338, 542
RXF-944L 338
SK-MEL-2 1326, 1390, 1392, 1402, 1449, 1478, 1514
SK-MEL-28 1585, 1603, 1636
SK-OV-3 1326, 1390, 1392, 1402, 1449, 1478, 1514
SW1990 123, 126, 991
T47D 1035
U251 1585, 1603, 1636
U373 1585, 1603, 1636
UXF-1138L 338
V79 1646
Vero 334
XF498 1325, 1326, 1364, 1390, 1392, 1397, 1402, 1403, 1449, 1478, 1481, 1514
成纤维细胞 1440~1445
人非小细胞肺癌细胞 778, 893, 894
人黑色素瘤细胞 778
人胚胎肺成纤维细胞 HEL 800
人乳腺癌细胞 830
实体肿瘤 1159
小鼠成神经细胞瘤细胞 88
细胞毒 无活性或温和活性 666~669
细胞毒性 LD_{50} 352~361
细胞分化诱导剂 1925
细胞分裂素 1857
细胞分裂抑制剂 732
扁红海胆 *Pseudocentrotus depressus* 受精卵 1358
海燕 *Asterina pectinifera* 受精卵 1113
受精海胆卵 791~794
受精海鞘卵 1370, 1371, 1383, 1384
受精海星卵 1474~1476
细胞色素抑制剂 2026
细胞生长促进剂, 小鼠骨髓基质细胞 ST-2, 非常有效且有选择性 21
细胞生长抑制剂 646, 647, 725, 738, 739, 770, 834, 1121, 1122, 1220, 1540, 1541, 1545, 1648, 1649, 1878, 1895
A549 810, 811
HeLa-S3 细胞 1500, 1501
L5178Y 288
海胆 *Hemicentrotus pulcherrimus* 卵 1802, 1806
海胆受精卵 820
海燕 *Asterina pectinifera* 1802, 1806
人癌细胞株 880
细胞分裂抑制剂, 受精海胆卵 658, 728
细胞-细胞黏附抑制剂 1985, 1990
细胞循环抑制剂, 流动细胞计数法, HCT116 细胞用石珊瑚炔 A 处理, 细胞凋亡分数提高 1389
细胞增殖抑制剂 1090, 502, 503, 776, 1093~1096, 1757, 1845
细胞黏附抑制剂 440
抑制 HL60 细胞对人脐静脉内皮细胞 HUVEC 的黏附 1989
EL-4 1569, 1675
IL-2 1675
与信号转导活性相关 1675
细胞周期蛋白依赖激酶 CDK/细胞周期素 D1 抑制剂 929
酰基辅酶 α-胆固醇酰基转移酶 ACAT 抑制剂 1703
腺苷三磷酸酶活化剂 398
腺嘌呤核苷受体激动剂 929
小鼠 185
小鼠 LD_{50} 220
小鼠 scu LD_{50} 1691
小鼠腹膜内注射 LD 451

小鼠腹膜内注射 LD_{100} **244**
小鼠腹膜内注射 LD_{50} **120, 132, 141, 186, 192, 201, 211, 212, 224, 230, 231, 247, 497, 519, 567, 590, 816, 1153, 1155, 1708, 1847**
小鼠腹膜内注射 LD_{50}, 急性毒性 **229, 232**
小鼠腹腔内注射最低致死剂量 MLD **148**
小鼠静注 LD_{50} **120, 132, 213**
协同细胞毒, 对紫杉醇 **810, 811**
蟹 LD_{50} **132**
心脏 SR-Ca^{2+}泵入 ATPase 酶激活剂 **1625~1627, 1662~1665**
心脏毒素 **200, 202**
心脏中毒 **147**
心脏中毒和溶血剂 **132**
信号转导剂 **440**
信息素 **1946**
信息素, 棕藻 **1492, 1493**
形态变异抑制剂 **365**
性信息素, 伊氏毛甲蟹 *Erimacrus isenbeckii* **1947**
宿主生物生理节奏钟的缩短阶段 **1533**
选择性铵配合物, 铊和钾离子, 用于特定的铵电极 **48**
血管扩张剂 **1711, 1712**
血管收缩剂 **593, 594**
　冠状血管 **132**
血小板聚集抑制剂 **1210, 1710, 1711**
研究肌动蛋白动力学的重要的生物化学探针 **470, 474**
盐水丰年虾 *Artemia salina* LD_{50} **84, 91, 836, 1248, 1573, 1574, 1718**
厌氧电子传递抑制剂 **1658**
氧化还原酶抑制剂 5*α*- **913, 968**
一氧化氮 NO 释放抑制剂, LPS 刺激的巨噬细胞 **1875**
依次诱导凋亡信号通路 **1728**
乙酰胆碱酯酶 AChE 抑制剂 **296, 1556, 1705**
异柠檬酸裂解酶抑制剂, 白色念珠菌 *Candida albicans*, 高活性 **117**
异株克生的 **1210**
抑制 HIV-1 蛋白酶催化的乳酸脱氢酶蛋白水解 **1410, 1413, 1414, 1425, 1428, 1448**
抑制 HL60 细胞对人脐静脉内皮细胞 HUVEC 的黏附 **1986~1989**
抑制 IL-12 生成 **826**
抑制 IL-6 生成 **826**
抑制 NO 生成和几种预炎细胞因子的表达, RAW2647 细胞 **1212, 1213**
抑制 p40 生成 **826**
抑制 PHA 诱导的正常人周围血单核细胞 PBMC 增殖, 一种抗炎机制 **1735~1739, 1744~1746**
抑制 TNF-*α* 生成 **826**
抑制癌细胞增殖的新的机制 **493**
抑制多重抗药性癌细胞株 KV/MDR 生长 **345**
抑制放射性标记的长春花碱和三磷酸鸟苷 GTP 对微管蛋白的结合 **172, 178, 183**
抑制佛波醇酯促进的 EL-4 和 IL-2 对小鼠胸腺瘤细胞的黏附 **440**
抑制佛波醇酯的结合 **1920**
抑制钙离子涌入到小鼠脾细胞 **808**
抑制海胆卵受精, 预孵化海胆 *Strongylocentrotus nudus* 精子的化合物 **684, 697, 783~786**
抑制海鞘, 藤壶, 苔藓虫和藻类的定居 **1823**
抑制海星的原肠胚形成, 海燕 *Asterina pectinifera* 胚胎 **318~320**
抑制海星多棘海盘车**Asterias amurensis* 配子受精 **1471, 1472**
抑制海星胚胎囊胚形成 **1399**
抑制菌落形成 **1645~1647**
抑制菌落形成, 减低菌落数 **761, 833, 937**
抑制抗 IgE 诱导的组胺释放, 大鼠肥大细胞 **823, 824**
抑制裸甲藻毒素-3 与电压敏感钠离子通道的结合, 大鼠大脑突触体 **157**
抑制免疫力的 **1303**
抑制鸟苷二磷酸/G-蛋白 RAS 交换. **803**
抑制人消化纤维素的组织 **1535**
抑制生物发光, 哈维氏弧菌 *Vibrio harveyi*) **1212, 1213**
抑制生物污染藻 *Hincksia irregulatus* 的定居 **755~757**
抑制铜绿假单胞菌 *Pseudomonas aeruginosa* 群体感应 **1271**
抑制细胞生长 **555, 679, 704, 731, 881, 923, 924**
抑制细胞生长, HL60 细胞, 细胞凋亡诱导的 **1099, 1105, 1106**
抑制细胞生长, KV/MDR **344**
抑制细胞增殖 **1645~1647**
抑制细胞黏附, EL-4 **1618, 1676**
抑制细菌群体感应, 采访基因试验 **78, 79**
抑制线粒体呼吸链, 有潜力的 **1640, 1641**
抑制血管细胞黏附分子-1 (VCAM-1) 的表达, 人脐静脉内皮细胞 HUVEC 模型 **142**
抑制叶状绿藻尖种礁膜 *Monostroma oxyspermum* 的形态生成 **1982**
抑制液泡膜 ATP 酶 **562**
抑制幼虫定居, 纹藤壶 *Balanus amphitrite* 幼虫 **1149**
抑制源于血小板的生长因子诱导的血管平滑肌细胞的增殖和迁移 **1353**
抑制肿瘤细胞群落形成, 软琼脂克隆试验 **787**
抑制肿瘤抑制剂 p53 蛋白与 HDM2 癌蛋白的相互作用, 潜在地导致 p53 重新活化和诱导癌细胞凋亡 **1263, 1833~1844**

抑制子宫运动性 **1709**
引起腹泻, 小鼠 **243**
引诱剂, 配子释放和配子吸引信息素, 棕藻刺酸藻 *Desmarestia aculeata* 和棕藻酸藻属 *Desmarestia firma* **1487**
影响核受体, 用 HepG2 细胞转染 FXR 或 PXR **873, 884, 885, 1080, 1082, 1084, 1085**
影响核受体, 用 HepG2 细胞转染 PXR **1081, 1083**
有毒的 **211, 226, 227, 232, 237**
  in vivo, 小鼠, 在很短的时间内就会死亡, 还会导致肢体瘫痪 **45**
  贝类毒性, 高活性 **229**
  当食用热带岩鱼例如海鳗, 鳗鱼时引起人中毒 **199**
  抵制前鳃虫 *Drupella fragum* **1898~1900**
  对人有毒 **570**
  腹泻性贝毒 **218, 219**
  急性毒性 **1260, 1261**
  裂江瑶毒素家族中活性最高者 **230, 231**
  扇贝的有毒成分 **212**
  受精海胆卵实验 **376**
  小鼠, 来自双壳类企鹅珍珠贝 *Pteria penguin,* 急性毒性 **233, 234, 235**
  盐水丰年虾 **3, 17, 34, 35, 85~87, 91, 376, 566, 685, 754, 759, 989, 1114, 1115, 1154, 1220, 1225, 1248, 1291, 1301, 1314~1318, 1370, 1371, 1381~1388, 1398, 1400, 1669, 1718, 1918**
  盐水丰年虾, 致命毒性 **1481, 1915, 1916, 1928**
  盐水丰年虾 *Artemia salina* **260, 262, 263, 266, 868, 1872~1874**
  盐水丰年虾 *Artemia* sp. 幼虫 **1573, 1574**
  盐水丰年虾致死 **676, 701, 703, 726**
  引起记忆缺失性贝中毒 **1724**
  引起西加鱼毒食品中毒, 甲藻毒性甘比尔鞭毛虫 *Gambierdiscus toxicus* 是中毒的根源 **199**
  在小脑细胞影响神经网络的完整性, 有效力的, 最终导致细胞死亡 **492**
  主要对大鼠肝细胞 **134, 30**
  主要有毒代谢物 **255**
  最大的 (3422Da) 和最毒的毒素, 最有效力的非蛋白毒素之一 **192**
  最致命的非蛋白类毒素 **132**
  作用快 **575**
有潜力的微管装配促进剂, 类似于紫杉醇和圆皮海绵内酯 **518**
幼虫定居引导剂, 对其它门动物幼虫 **1183**
幼虫定居引导剂, 海鞘, 防止后续的蜕变 **1183**
诱导 p38 激酶和 JNK 活化 **94, 103**
诱导变态, 海鞘幼虫 *Halocynthia roretzi* **1288~1290, 1293~1297**
诱导根癌农杆菌 *Agrobacterium tumefaciens* 的酰化高丝氨酸内酯 (AHL) 调节体系和哈维氏弧菌 *Vibrio harveyi* 的生物发光 **1164**
诱导海胆 *Strongylocentrotus nudus* 的回避反应 **708**
诱导细胞凋亡 **965**
诱导细胞凋亡, 埃里希腹水癌细胞 **808**
诱导细胞凋亡, 在 HeLa-S3 细胞中提高细胞溶质的 Ca^{2+} 离子浓度 **494**
诱导型氮氧化物合酶 iNOS 表达的减速剂, 小鼠巨噬细胞株 **1971, 1972**
诱导脂肪生成, 刺激前脂肪细胞向脂肪细胞分化 **1468**
诱发和巨噬细胞相关的癌细胞从 M2 表型向 M1 表型的转化 **612**
鱼毒 **25, 26, 83, 85~87, 146, 147, 153~155, 162, 202, 207, 208, 213, 447~449, 606, 639, 675, 678, 760, 929, 1186, 1196~1200, 1308, 1368, 1446, 1447, 1799~1801**
鱼毒, 贝类毒素的成分 **446**
鱼毒, 食蚊鱼 **2022**
鱼类发育抑制剂 **1782**
孕甾烷 X 受体 PXR 激动剂 **640, 641, 874, 875, 1695**
孕甾烷 X 受体 PXR 激动剂/法尼醇 X 受体 FXR 拮抗剂 **1079**
孕甾烷 X 受体 PXR 激动剂和法尼醇 X 受体 FXR 拮抗剂 **873**
甾类生成刺激剂, 使用荧光测定法的甾类生成试验: 原代培养的牛肾上腺皮质细胞 **376**
在处理肝脏疾病中的药理作用有潜力 **1079**
在多重抗药性真菌中逆转对氟康唑耐药性 **735**
在美国国家癌症研究所进行临床前实验 (1994) **172**
藻毒素 **31, 192, 213, 237, 450, 451, 574**
真菌毒素 **260, 268, 269**
镇静剂 **990**
镇痛 **2034**
支气管收缩药 **1710**
脂多糖 LPS 诱导的 NO 生成抑制剂, 小鼠腹膜巨噬细胞 **1497, 1547~1551**
脂多糖 LPS-诱导的 NO 释放抑制剂, 有潜力的 **1975**
脂肪生成促进剂, 前脂肪细胞分化诱导活性 **1405~1409, 1411, 1412, 1421, 1424, 1426, 1427, 1435, 1437**
5-脂氧合酶抑制剂 **1779**
5-脂氧合酶抑制剂, PMNL **1778**
15-脂氧合酶抑制剂, PMNL **1778**
5-脂氧合酶抑制剂, 人 **1236**
5-脂氧合酶抑制剂, 豚鼠, 多形核白细胞 PMNL **1719**
15-脂氧合酶抑制剂 **1779**
脂质小滴形成抑制剂, 成纤维细胞 **1445**
脂质小滴形成抑制剂, 成纤维细胞, 无细胞毒活性 **1440~1444**

脂质小滴形成抑制剂, 此类抑制剂在管理肥胖症, 糖尿病和动脉粥样硬化中有潜在应用 **1440~1445**
植物毒素 **514, 915, 1525**
植物抗毒素 **1211**
酯和糖类代谢的有潜力的调节剂 **1482**
酯氧合酶活性 **1720**
制药辅助乳化剂 **710**
治疗血管疾病药物的先导化合物 **1353, 1468**
致染色体断裂的 **1098**
致死毒性, 小龙虾 *Procambarus clarkia* **70, 72**
致死性, 小鼠 **158**
致死性, 盐水丰年虾 **1119**
中枢类大麻素受体 CB1 激动剂 **1235**
中枢神经系统活性 *in vivo* **1436**
中枢神经系统镇静剂 **2026**
中性粒细胞白血球活化剂 **370**
肿瘤促进剂 **226, 227, 243, 247**
种间激素 **1178**
种子发芽抑制剂 **1661**
轴突生长强化剂, 大鼠嗜铬细胞瘤 PC12 细胞 **596**
助食剂, 鱼类 **1147**
自噬抑制剂 **310, 312**
棕藻配子的嗅诊源, 网翼藻属 *Dictyopteris* sp. 和狭果藻 *Spermatochnus paradoxus* **1181**
阻止细胞循环的 G_2/M 阶段 **518**
组蛋白去乙酰化酶 4 抑制剂, 有潜力的和特定的 **1237**
组蛋白乙酰基转移酶(h)p300 抑制剂, 显示 9 位羟基立体化学的重要性 **1143, 1144**
组织蛋白酶 B 抑制剂 **1141, 1142**
最有潜力的天然产物之一 **1590**

索引 5　海洋生物拉丁学名及其成分索引

按拉丁文字母顺序列出了本卷中所有海洋生物的拉丁学名名称，中文名称，最后给出其化学成分对应的唯一编码。本书规定：对蓝细菌、红藻、绿藻、棕藻、甲藻、金藻、红树、半红树、石珊瑚、兰珊瑚等生物类别，把类别名加在中文名称前面。

A

Acabaria undulata 柏柳珊瑚属 **740, 742, 827, 898, 1912**

Acalycigorgia inermis 全裸柳珊瑚 **642~644**

Acanthaster planci 长棘海星 **819, 1878**

Acanthodendrilla sp. 印度尼西亚海绵属 **859, 860**

Acanthophora spicifera 红藻松节藻科穗状鱼栖苔 **337~340, 694**

Acanthus ebracteatus 红树老鼠簕属 **949**

Acarnus cf,*bergquistae* 丰肉海绵属 **1479, 1480**

Acarnus sp. 丰肉海绵属 **440**

Acodontaster conspicuus 明显齿棘海星 **698, 861~863, 911, 1036~1038**

Acremonium sp. AWA16-1 海洋导出的真菌枝顶孢属 **1668**

Acremonium sp. 海洋导出的真菌枝顶孢属 **595, 597, 605, 607**

Acremonium strictum 海洋导出的真菌枝顶孢属 **1680**

Acropora sp. 石珊瑚鹿角珊瑚属 **1516, 1517**

Acrosiphonia coalita 绿藻软丝藻科 **1211**

Acrostichum speciosum 红树尖叶卤蕨 **904~909, 947, 960**

Actinoalloteichus sp. 海洋导出的放线菌异壁放线菌属 **51~59**

Actinocyclus papillatus 软体动物裸鳃目海牛亚目乳头突起轮海牛 **1145**

Actinotrichia fragilis 棕藻黏皮藻科辐毛藻 **1983, 1984**

Adocia sp. 隐海绵属 **1292, 1358, 1380, 1404**

Aegiceras corniculatum 红树桐花树 **1496, 1519, 1652, 1689**

Agelas dispar 群海绵属 **297~299, 796**

Agelas flabelliformis 扇状群海绵 **796**

Agelas gracilis 纤细群海绵 **12, 13**

Agelas mauritianus 毛里塔尼亚群海绵 **1880~1884, 1963**

Agelas oroides 乳清群海绵 **796**

Agelas sp. 群海绵属 **1879**

Aigialus parvus BCC 5311 海洋导出的真菌格孢菌目 Aigialaceae 科海洋红树真菌 **332~334, 341**

Aka sp. 蓟海绵属 **929**

Alcyonium gracillimum 海鸡冠属软珊瑚 **635, 636, 638, 727, 741, 851, 852**

Alcyonium patagonicum 海鸡冠属软珊瑚 **903**

Aldisa sanguinea subsp. *cooperi* 软体动物裸鳃目海牛亚目血红猪笼草锦叶亚种 **639**

Alexandrium hiranoi 亚历山大甲藻属 **525**

Alexandrium ostenfeldii 亚历山大甲藻属 **214, 216, 223, 228, 236~242**

Alpysilla glacialis 冰秽海绵 **830**

Alternaria raphani THW-18 海洋导出的真菌链格孢属 **1885~1887**

Amathia convoluta 苔藓动物旋花愚苔虫 **366, 367, 370~374**

Amphidinium carterae 甲藻前沟藻属 **137**

Amphidinium klebsii 甲藻克氏前沟藻 **133~136**

Amphidinium sp. HYA024 甲藻前沟藻属 **1536**

Amphidinium sp. S1-36-5 甲藻前沟藻属 **507, 1240, 1241**

Amphidinium sp. Y-25 甲藻前沟藻属 **389**

Amphidinium sp. Y-42 甲藻前沟藻属 **429, 430**

Amphidinium sp. Y-5 甲藻前沟藻属 **7~9, 390, 419**

Amphidinium sp. Y-52 甲藻前沟藻属 **31**

Amphidinium sp. Y-56 甲藻前沟藻属 **400, 422**

Amphidinium sp. 甲藻前沟藻属 **20, 21, 29, 30, 142, 391~399, 401~418, 420, 421, 423~428, 431, 539, 1776**

Amphidinium spp. Y-25 甲藻前沟藻属 **394**

Amphimedon sp. 双御海绵属 **482~485, 1715~1717**

Amphiscolops magniviridis 无腔动物亚门无肠目两桩涡虫属 **403**

Amphiscolops sp. 无腔动物亚门无肠目两桩涡虫属 **390, 400~402, 404, 407, 412~414, 417, 422, 426, 427, 429, 593, 594**

Anabaena flos-aquae NIES 74 蓝细菌水华鱼腥藻 **1221**

Analipus japonicus 棕藻萱藻科 Scytosiphonaceae **362, 363**

Anisodoris nobilis 软体动物裸鳃目海牛亚目海柠檬 **1284**

Annella sp. 柳珊瑚海扇 **497, 514, 1494, 1495, 1508, 1518**

Antedon bifida 棘皮动物门海百合纲羽星目二分枝海羊齿 **982**

Anthelia glauca 南非软珊瑚 **913**

Anthopleura xanthogrammica 珊瑚纲海葵目太平洋侧花海葵属 **1924, 1925**

Anthoplexaura dimorpha 双形海珊瑚 **732**

Antipathes subpinnata 黑珊瑚角珊瑚属 **676, 701, 703, 726**

Aphanizomenon flos-aquae 蓝细菌水华束丝藻 **1782**
Aphelasterias japonica 海星日本滑海盘车 **629, 708**
Apiospora montagnei 海洋导出的真菌梨孢假壳属 **1263**
Apis mellifer 意大利蜂 **696**
Aplidium californicum 褶胃海鞘属 **370, 371**
Aplidium sp. 褶胃海鞘属 **1532**
Aplidium spp. 褶胃海鞘属 **1242**
Aplysia brasiliana 软体动物巴西海兔 **2023, 2028, 2034**
Aplysia dactylomela 软体动物黑指纹海兔 **2026, 2027**
Aplysia depilans 软体动物海兔属 **1196~1200**
Aplysia juliana 软体动物海兔属 **705, 795**
Aplysia kurodai 软体动物黑斑海兔 **432~439, 1539~1542, 1785, 1865, 1986~1990**
Aplysia parvula 软体动物黑边海兔 **2022**
Aplysia vaccaria 软体动物海兔属 **101**
Aplysina aerophoba 秽色海绵属 **604**
Aplysina cavernicola 秽色海绵属 **1503**
Aplysina fistularis 秽色海绵属 **1503**
Archaster typicus 飞白枫海星 **660, 993, 1040**
Archidoris pseudoargus 软体动物裸鳃目海牛亚目海牛科 **1799**
Archidoris tuberculata 软体动物裸鳃目海牛亚目海牛科 **1799**
Ascidia mentula 阴茎海鞘 **1150**
Ascidia nigra 黑海鞘 **891**
Ascophyllum nodosum 棕藻泡叶藻 **1181**
Asparagopsis taxiformis 红藻海门冬 **1191, 1192**
Aspergillus aculeatus HTTM-Z07002 海洋导出的真菌曲霉菌属 **949**
Aspergillus awamori 海洋导出的真菌曲霉菌属 **904~909, 947, 960**
Aspergillus flavipes 海洋导出的真菌黄柄曲霉 **1924, 1925**
Aspergillus flavus 海洋导出的真菌黄曲霉 **1926, 1927**
Aspergillus insuetus OY-207 海洋导出的真菌异常曲霉菌 **1696**
Aspergillus niger 海洋导出的真菌黑曲霉菌 **261, 267, 897, 974, 975, 1658, 1892, 1894**
Aspergillus niger EN-13 海洋导出的真菌黑曲霉菌 **1891, 1893**
Aspergillus niger F97S11 海洋导出的真菌黑曲霉菌 **1532**
Aspergillus ostianus 01F313 海洋导出的真菌曲霉菌属 **1201~1203, 1244~1246**
Aspergillus parasiticus 真菌寄生曲霉 **1508**
Aspergillus sp. 16-02-1 海洋导出的真菌曲霉菌属 **1243, 1245, 1246**
Aspergillus sp. GF-5 海洋导出的真菌曲霉菌属 **1702**
Aspergillus sp. MF-93 海洋导出的真菌曲霉菌属 **259, 1792~1798**
Aspergillus sp. SCSIOW3 海洋导出的真菌曲霉菌属 **1699**
Aspergillus sp. 海洋导出的真菌曲霉菌属 **596, 599**
Aspergillus sulphureus 海洋导出的真菌曲霉菌属 **598**
Aspergillus sydowi PFW1-13 海洋导出的真菌萨氏曲霉菌 **1702, 1703**
Aspergillus sydowi YH11-2 海洋导出的真菌萨氏曲霉菌 **836, 871**
Aspergillus terreus 海洋导出的真菌土色曲霉菌 **1525, 1694**
Aspergillus terreus PT06-2 海洋导出的真菌土色曲霉菌 **1525**
Aspergillus ustus cf-42 海洋导出的真菌焦曲霉 **956**
Aspergillus varians 海洋导出的真菌曲霉菌属 **1661**
Aspergillus versicolor 海洋导出的真菌变色曲霉菌 **260, 262, 263, 266, 868, 871, 891**
Aspergillus versicolor MF359 海洋导出的真菌变色曲霉菌 **258, 260, 264, 265**
Aspergillus versicolor ZBY-3 深海真菌变色曲霉菌 **1014**
Asterias amurensis 海星多棘海盘车 **658**
Asterias amurensis cf,*versicolor* 海星杂色多棘海盘车 **819**
Asterias forbesi 海星从福氏海盘车 **629**
Asterias pectinifera 海星海盘车属 **709**
Asterias rathbuni 海星兰氏海盘车 **658, 728, 812, 813**
Asterias rubens 海星红海盘车 **709**
Asterina pectinifera 海燕 **990**
Astrogorgia sp. 星柳珊瑚属 **1113**
Astropecten latespinosus 扁棘槭海星 **1895**
Astropecten monacanthus 单棘槭海星 **626, 670, 826**
Astropecten polyacanthus 多棘槭海星 **666~669**
Aureobasidium sp. 海洋导出的真菌短梗霉属 **1146, 1149, 1218**
Austrovenus stutchburyi 乌蛤 **148, 1155**
Avicennia marina 红树马鞭草科海榄雌 **351**
Avicennia marina 红树马鞭草科海榄雌 **974, 975**
Axinella cannabina 似大麻小轴海绵 **891, 918**
Axinella carteri 卡特里小轴海绵 **178, 179, 183**
Axinella polypoides 小轴海绵属 **327~331**
Axinella sp. 小轴海绵属 **182**
Axinella spp. 小轴海绵属 **172**

B

Bacillus amyloliquefaciens 海洋导出的细菌解淀粉芽孢杆菌 **2001**
Bacillus marinus 海洋细菌海洋芽孢杆菌 **1992**

Bacillus sp. PP19-H3 海洋导出的细菌芽孢杆菌属 **1994~2000**
Bacillus sp. Sc026 海洋导出的细菌芽孢杆菌属 **2003, 2004**
Bacillus sp. 海洋导出的细菌芽孢杆菌属 **1222, 1223, 1264, 1265, 2002**
Balanus balanoides 纹藤壶 **1217**
Bathymodiolus thermophilus 贻贝 Mytilidae 科 **1896, 1897**
Bathyplotes natans 棘皮动物门海参纲辛那参科 **709**
Biemna sp. 蓖麻海绵属 **870**
Bifurcaria sp. 棕藻双叉藻属 **1049**
Bruguiera gymnorrhiza 红树木榄 **1681, 1694**
Bugula neritina 苔藓动物多室草苔虫 **366~384, 557**
Bugula sp. 苔藓动物多室草苔虫属 **22, 23, 883, 888, 889, 891, 896, 897, 948, 950~952**
Bulla gouldiana 头甲鱼属 **35**
Bulla occidentalis 头甲鱼属 **34, 35**
Bursatella leachii 软体动物海兔科海兔 **92**

C

Cacospongia mycofijiensis 汤加硬丝海绵 **592**
Calcarisporium sp. 海洋真菌齿梗孢霉属 **498~501**
Calicogorgia sp. 丛柳珊瑚科 Plexauridae 柳珊瑚 **1114, 1115, 1898~1900**
Callipelta sp. 岩屑海绵 Neopeltidae 科 **502~504**
Callyspongia fallax 假美丽海绵 **1156**
Callyspongia sp,nov. 美丽海绵属 **1290**
Callyspongia sp. 美丽海绵属 **1288, 1289, 1312, 1313, 1367, 1431, 1565, 1566**
Callyspongia truncata 截型美丽海绵 **1288, 1290, 1293~1297, 1432, 1471~1473**
Caloglossa leprieurii 红藻鹧鸪菜 **1846**
Candidaspongia sp. 清亮海绵属 **505, 506, 572, 573, 589**
Capnella thyrsoidea 软珊瑚穗软珊瑚科 **628, 630**
Capsosiphon fulvescens 绿藻黄褐盒管藻 **982, 1205, 1206**
Caranx latus 大眼鲷 **159, 160**
Carijoa sp. 匍匐珊瑚目 **672, 1757, 1761~1763, 1767, 1768**
Carteriospongia sp. 卡特海绵属 **1207~1209**
Caulerpa racemosa 绿藻总状花序蕨藻 **1905~1907**
Caulerpa sertularioides 绿藻棒叶蕨藻 **1907**
Caulerpa taxifolia 绿藻杉叶蕨藻 **1864**
Caulocystis cephalornithos 棕藻马尾藻科马尾藻科 **2020, 2021**
Ceramium flaccidum 红藻软垂仙菜 **1153**
Ceramium sp. 红藻仙菜属 **1498, 1653**
Ceratodictyon spongiosum 红藻角网藻 **119, 1849~1854**
Chainia spp. 海洋真菌钦氏菌属 **120**
Chara globularis 绿藻球状轮藻 **1654**
Chlorella ellipsoidea 绿藻椭圆小球藻 **918**
Chondrilla nucula 岩屑海绵谷粒海绵属 **1239**
Chondrilla sp. 岩屑海绵谷粒海绵属 **1569**
Chondrilla spp. 岩屑海绵谷粒海绵属 **1569**
Chondropsis sp. 海绵 Chondropsidae 科 **510, 512**
Chorda tomentosa 棕藻绒绳藻绒绳藻 **1485, 1490, 1493**
Chromodoris lochi 软体动物裸鳃目海牛亚目多彩海牛属 **524**
Cinachyra sp. 拟茄海绵属 **582**
Cinachyrella enigmatica 海绵 Tetillidae 科 **532, 554**
Cinachyrella sp. 海绵 Tetillidae 科 **1132**
Ciona intestinalis 玻璃海鞘属 **1052**
Cladiella hirsuta 硬毛短足软珊瑚 **762, 763, 944, 945, 1101, 1129, 1130**
Cladiella sp. 短足软珊瑚属 **1941**
Cladosporium sp. 海洋导出的真菌枝孢属 **1983, 1984**
Clathria sp. 格海绵属 **1041, 1474~1476**
Clavularia frankliniana 匍匐珊瑚目 **1855, 1856, 1868**
Clavularia violacea 匍匐珊瑚目羽珊瑚属 **1733**
Clavularia viridis 匍匐珊瑚目绿色羽珊瑚 **1000~1008, 1016, 1017, 1019, 1108, 1112, 1500, 1501, 1726~1749, 1752~1755, 1774, 1786**
Cliona copiosa 穿贝海绵属 (穴居海绵) **775**
Clione antarctica 软体动物翼足目海若螺科南极裸海蝶 **1274**
Cochliobolus lunatus 海洋导出的真菌旋孢腔菌属 **321**
Codium arabicum 绿藻松藻属 **1046~1048**
Codium fragile 绿藻刺松藻 **1893, 1894**
Colpomenia sinuosa 棕藻囊藻 **1891**
Corallina mediterranea 红藻珊瑚藻属 **1282**
Coscinasterias tenuispina 海星筛海盘车属 **790**
Cosmasterias lurida 海星钳棘目 Stichasteridae 科 **802**
Crassostrea gigas 长巨牡蛎 **229, 232**
Crella incrustans 肉丁海绵属 **1823**
Crella sp. 肉丁海绵属 **711~718, 976, 1061~1064**
Crella spinulata 肉丁海绵 **1141, 1142**
Crenomytilus grayanus 海贻贝 **1709**
Cribrochalina sp. 似雪海绵属 **935, 936**
Cribrochalina vasculum 似雪海绵属 **1291, 1303, 1305, 1310, 1311, 1316~1318**
Crossaster papposus 棘轮海星 **719, 720**
Ctenocella sp. 梳柳珊瑚属 **776**
Cucumaria echinata 直刺瓜参 **1908~1911, 1915, 1916, 1918, 1928**
Cucumaria sp. 瓜参属 **709**
Culcita novaeguineae 面包海星 **759**

Curvularia sp. 6540 海洋导出的真菌弯孢霉属 **335~337, 340**
Curvularia sp. 768 海洋导出的真菌弯孢霉属 **337~340**
Cutleria multifida 棕藻马边藻 **1490, 1493**
Cylindrospermum musicola 蓝细菌念珠藻科筒孢藻属 **533, 534, 577**
Cynthia sp. 石勃卒海鞘属 **733**
Cystodytes cf. *dellechiajei* 海鞘 Polycitoridae 科 **1944**
Cystodytes sp. 海鞘 Polycitoridae 科 **535, 537**
Cystophora siliquosa 棕藻马尾藻科 **1177**
Cystoseira sp. 棕藻囊链藻属 **1049**
Cytophaga johnsone 海洋细菌噬细胞菌属 **1281**
Cytophaga sp. 海洋细菌噬细胞菌属 **1267, 1281**

D

Dactylospongia sp. 胄甲海绵亚科 Thorectinae 海绵 **513**
Daldinia eschscholzii IFB-TL01 真菌光轮层炭壳菌 **1556, 1557**
Damiriana hawaiiana 仿鹿海绵属 **775**
Dasychalina sp. 松指海绵属 **887**
Dasystenella acanthina 柳珊瑚 Primnoidae 科 **646, 647, 725, 738, 739, 770, 834**
Delesseria sanguinea 红藻红叶藻 **1512, 1513, 1656**
Deltocyathus magnificus 石珊瑚 Deltocyathidae 科 **639**
Dendronephthya gigantean 软珊瑚穗软珊瑚科巨大海鸡冠珊瑚 **696, 722, 723**
Dendronephthya griffin 软珊瑚穗软珊瑚科 **1185**
Dendronephthya sp. 软珊瑚穗软珊瑚科 **638, 779~782**
Desmapsamma anchorata 结沙海绵属 **1847**
Desmarestia aculeata 棕藻刺酸藻 **1487**
Desmarestia firma 棕藻酸藻属 **1487**
Desmarestia viridis 棕藻绿酸藻 **1487, 1490**
Diacarnus cf. *spinopoculum* 海绵 Podospongiidae 科 **1570, 1608~1610**
Diacarnus erythraeanus 海绵 Podospongiidae 科 **1579, 1580, 1585, 1603, 1607, 1636**
Diacarnus erythraenus 海绵 Podospongiidae 科 **1561, 1562, 1563**
Diaporthe sp. 海洋真菌间座壳属 **612**
Dichotella fragilis 脆弱灯芯柳珊瑚 **751, 752**
Dichotella gemmacea 灯芯柳珊瑚 **321**
Dictyonella incisa 缺刻网架海绵 **836, 871**
Dictyopteris plagiogramma 棕藻网翼藻属 **1181**
Dictyopteris prolifera 棕藻育叶网翼藻 **1485**
Dictyopteris spp. 棕藻网翼藻属 **1488, 1489**
Dictyota crenulata 棕藻小圆齿网地藻 **101**
Dictyota dichotoma 棕藻网地藻 **1489**
Didemnum candidum 白色星骨海鞘 **1777**
Didemnum moseleyi 莫氏星骨海鞘 **1778, 1779, 1783**
Didemnum sp. 星骨海鞘属 **1175**
Didemnum voeltzkowi 星骨海鞘属 **1504, 1506, 1507**
Dinophysis acuminata 甲藻渐尖鳍藻 **447~449, 453, 454, 480**
Dinophysis acuta 甲藻尖鳍藻 **452**
Dinophysis fortii 甲藻倒卵形鳍藻 **218, 447, 448**
Dinophysis norvegica 甲藻挪威鳍藻 **453, 454**
Dinophysis sp. 甲藻鳍藻属 **450, 451**
Dinophysis spp. 甲藻鳍藻属 **219**
Diplasterias brucei 海盘车科 Asteriidae 海星 **734, 892**
Discodermia calyx 岩屑海绵花萼圆皮海绵 **1802, 1803, 1805~1811, 1820, 1831, 1901~1904**
Discodermia dissoluta 岩屑海绵圆皮海绵属 **613**
Discodermia sp. 岩屑海绵圆皮海绵属 **28, 112, 113**
Distolasterias nippon 海星日本长腕海盘车 **1709, 1712**
Dolabella auricularia 软体动物耳形尾海兔 **520~523**
Dysidea arenaria 多沙掘海绵 **735**
Dysidea herbacea 拟草掘海绵 **760, 915, 1657, 1659**
Dysidea incrustans 硬壳掘海绵 **777, 778**
Dysidea sp. 掘海绵属 **490, 735~737, 895**

E

Echinaster sepositus 棘海星属 **816**
Echinocardium cordatum 棘皮动物门真海胆亚纲心形海胆目心形棘心海胆 **982, 1260, 1261**
Echinoclathria subhispida 海绵 Microcionidae 科 **1078**
Echinomuricea sp. 刺尖柳珊瑚属 **1018**
Echinus esculentus 棘皮动物门真海胆亚纲海胆科秋葵海胆 **982**
Ecklonia stolonifera 棕藻匍匐茎昆布 **1750, 1751**
Ectocarpus siliculosus 棕藻长囊水云 **1490, 1491**
Eleutherobia sp. 软珊瑚科 **639**
Elysia timida 软体动物门腹足纲囊舌目海天牛属 **606**
Emericella variecolor GF10 海洋导出的真菌杂色裸壳孢 **622, 623**
Enteromorpha intestinalis 绿藻肠浒苔 **1147, 1509, 1553, 1554, 1661, 1700, 1701**
Ephydatia syriaca 叙利亚轮海绵 **1974**
Epipolasis kushimotoensis 外轴海绵属 **929**
Epipolasis sp. 外轴海绵属 **758, 831, 832, 929~931**
Erimacrus isenbeckii 伊氏毛甲蟹 **1946, 1947**
Erylus cf,*lendenfeldi* 爱丽海绵属 **1861~1863**
Erylus lendenfeldi 爱丽海绵属 **746**
Erylus placenta 圆瓶爱丽海绵 **1857~1860**
Eubacteria sp. 细菌真杆菌 **1435**

Eudistoma cf,*rigida* 坚挺双盘海鞘 **535~538**
Eunicea fusca 环节动物门矶沙蚕科 **710, 1049**
Eunicella cavolini 柳珊瑚科柳珊瑚 **890, 1121, 1122, 1125~1127**
Eupentacta fraudatrix 硬瓜参科海参 **709, 982**
Euplexaura anastomosans 网结真丛柳珊瑚 **659**
Euryspongia sp. 宽海绵属 **747, 748, 1682**
Exophiala pisciphila N110102 海洋导出的真菌外瓶霉属 **1167**

F

Fascaplysinopsis sp. 胄甲海绵亚科 Thorectinae 海绵 **576, 591**
Fasciospongia cavernosa 空洞束海绵 **754**
Fasciospongia rimosa 多裂缝束海绵 **524, 556, 592**
Ficulina ficus 海绵 Suberitidae 科 **1252, 1253**
Flexibacter topostinus 屈挠杆菌属真菌 **1281**
Forcepia sp. 钳海绵属 **440~445**
Fucus serratus 棕藻齿缘墨角藻 **1182**
Fusarium sp. 05JANF165 海洋导出的真菌镰孢霉属 **602**
Fusarium sp. 95F858 海洋导出的真菌镰孢霉属 **601**
Fusarium sp. FE-71-1 海洋导出的真菌镰孢霉属 **1168, 1169**
Fusarium sp. 海洋导出的真菌镰孢霉属 **603**
Fusarium tricinctum MFB392-2 海洋导出的真菌三隔镰孢霉 **601**

G

Galaxaura marginata 红藻扁乳节藻 **673, 674, 721, 744, 764~769**
Gambierdiscus toxicus 甲藻毒性甘比尔鞭毛虫 **163~168, 185, 199, 201, 202**
Gambierdiscus toxicus GII-1 甲藻毒性甘比尔鞭毛虫 **192**
Geitlerinema sp. 蓝细菌盖丝藻属 **468, 469**
Gellius sp. 结海绵属 **753, 828, 829**
Geodia sp. 钵海绵属 **1816~1818**
Gerardia savaglia 六放珊瑚亚纲 **837**
Gersemia fruticosa 软珊瑚穗软珊瑚科 **679, 704, 731, 743, 771, 1121, 1122, 1710, 1712**
Gigartina tenella 红藻杉藻属 **1877**
Gliocladium roseum KF-1040 海洋导出的真菌粉红黏帚霉 **1275~1278**
Gliocladium sp. L049 海洋导出的真菌黏帚霉属 **1247**
Gliocladium sp. 海洋导出的真菌黏帚霉属 **60**
Gloeotrichia sp. 蓝细菌胶刺藻属 **1782**
Gomophia watsoni 乳头海星属 **685, 759**
Goniopecten demonstrans 墨西哥粉红大海星 Goniopectinidae 科 **755~757**
Gonyaulax polyedra 甲藻膝沟藻 **1533**
Gonyaulax spinifer 甲藻刺膝沟藻 **212**
Gorgonocephalus caryi 海蛇尾卡氏筐蛇尾 **706**
Gorgonocephalus chilensis 海蛇尾智利筐蛇尾 **693, 695, 706**
Gracilaria coronopifolia 红藻伞房江蓠 **88, 89, 243**
Gracilaria edulis [Syn. *Polycavernosa tsudai*] 红藻江蓠 **567~569, 570, 571**
Gracilaria lichenoide 红藻江蓠属 **1712**
Gracilaria lichenoides 红藻菊花江蓠 **1713**
Gracilaria sp. 红藻江蓠属 **335~337, 340**
Gracilaria spp. 红藻江蓠属 **1712**
Gracilaria verrucosa 红藻江蓠 **1231, 1232**
Grantia cf,*waguensis* 毛壶属钙质海绵 **1452**
Gryphus vitreu 玻璃鹰嘴贝 (腕足类贻贝) **1866**
Gymnascella dankaliensis 海洋导出的真菌小裸囊菌属 **880, 881, 921~924, 1543~1545**
Gymnascella dankaliensis OUPS-N134 海洋导出的真菌小裸囊菌属 **1648, 1649**
Gymnocrinus richeri 棘皮动物门海百合纲弓海百合目 **871, 891**
Gymnodinium breve 甲藻短裸甲藻 **181**
Gymnodinium breve [Syn. *Ptychodiscus brevis*] 甲藻短裸甲藻 **146, 147, 153~156, 162, 1814**
Gymnodinium mikimotoi [Syn. *Karenia mikimotoi*] 长崎裸甲藻 [甲藻米氏凯伦藻] **169~171**
Gymnothorax javanicus 裸胸海鳝 **199**

H

Haliangium ochraceum AJ13395 海洋黏细菌 **1255~1259**
Halichoeres bleekeri 细棘海猪鱼 **27, 314~316**
Halichondria cf. *moorei* 软海绵属 **929**
Halichondria cylindrata 圆筒软海绵 **1931~1940**
Halichondria japonica 日本软海绵 **880, 881, 921~924**
Halichondria japonica 日本软海绵 **1543~1545, 1648, 1649**
Halichondria melanodocia 软海绵属 **224**
Halichondria moorei 软海绵属 **929**
Halichondria okadai 冈田软海绵 **172, 177, 182~184, 196~198, 224**
Halichondria okadai 冈田软海绵 **1527~1529, 1719, 1720**
Halichondria panicea 面包软海绵 **129**
Halichondria sp. 软海绵属 **1816~1818**
Haliclona crassiloba 厚片蜂海绵 **925~928**
Haliclona cymaeformis 蜂海绵属 **1849~1854**
Haliclona koremella 蜂海绵 **1923**

Haliclona osiris 奥西里斯蜂海绵 **1453~1458**
Haliclona permollis 蜂海绵属 **1049**
Haliclona rubens 淡红蜂海绵 **631**
Haliclona sp. 蜂海绵属 **283, 342, 343, 929, 1183, 1184, 1943, 1949, 1950, 1967, 1976, 1978**
Haliclona spp. 蜂海绵属 **1049**
Haliotis ovina 羊鲍 **1709**
Halityle regularis 规则膨海星 **759, 993**
Halocynthia aurantium 芋海鞘科海鞘 **1709, 1712**
Halocynthia papillosa 芋海鞘科海鞘 **1170, 1190**
Halocynthia roretzi 芋海鞘科海鞘 **1166, 1178, 1180**
Halocyphina villosa 海洋导出的真菌 basidiomycete 担子菌 **1484**
Halorosellinia oceanica 海洋真菌炭角菌科 **1262**
Halorosellinia oceanica BCC5149 海洋导出的真菌炭角菌科 **1262**
Halosaccion ramentaceum 红藻鳞屑囊管藻 **721**
Halymenia dilatata 红藻隐丝藻科柔叶海膜 **1168, 1169**
Haminoea callidegenita 软体动物头足目葡萄螺属 **2005, 2006, 2008~2010**
Haminoea navicula 软体动物头足目葡萄螺属 **2017**
Heliometra glacialis maxima 棘皮动物门海百合纲羽星目 **677**
Hemitedania sp. 海绵 Tedaniidae 科 **440**
Henricia downeyae 鸡爪海星属 **893, 894**
Henricia leviuscula 鸡爪海星 **681, 1020**
Henricia sanguinolenta 血红鸡爪海星 **709, 820, 995**
Heritiera globosa 红树银叶树属 **386, 387**
Hippasteria kurilensis 库页岛马海星 **684, 697, 761, 783~786, 833, 937**
Hippasteria phrygiana 太平洋马海星 **808, 1107**
Hippospongia lachne 马海绵属 **1684**
Hippospongia sp. 马海绵属 **1467**
Holothuria nobilis 海参属 **709, 982**
Holothuria pervicax 海参属 **1929, 1981**
Holothuria scabra 海参属 **709**
Hormoscilla spp. 蓝细菌颤藻 Oscillatoriaceae 科 **1560**
Hormosira banksii 棕藻索链藻属 **1491**
Hyatella sp. 格形海绵属 **524, 541**
Hymenomonas sp. 硅藻膜胞藻属 **953**
Hypoxylon aceanicum LL-15G256 海洋导出的真菌链团菌属 **486, 559**
Hyrtios altum 冲绳海绵 **481, 579~581**

I

Ianthella sp. 小紫海绵属 **1099, 1105, 1106**
Ircinia campana 钟状羊海绵 **1098**
Ircinia fasciculata 簇生束状羊海绵 **288**
Ircinia muscarum 蝇状羊海绵 **2016**
Ircinia ramosa 树枝羊海绵 **510, 516**
Ircinia sp. 羊海绵属 **511, 526~531, 823~825**
Ishige okamurae 棕藻铁钉菜 **1867**
Isis hippuris 粗枝竹节柳珊瑚 **835, 839~850, 853, 938~943, 979~981, 1133~1137**

J

Jania adhaerens 红藻宽角叉栅藻 **730**
Jania rubens 红藻叉栅藻 **773**
Jaspis serpentina 长虫碧玉海绵 **457**
Jaspis sp. 碧玉海绵属 **447, 1952, 1953**
Jaspis wondoensis 碧玉海绵属 **821, 822, 1015**
Jasus lalandei 海洋小龙虾 **837**
Junceella juncea 脆灯芯柳珊瑚 **871, 2001**

K

Karenia brevis 甲藻短凯伦藻 **157, 209, 210**
Karenia brevisulcata 甲藻凯伦藻属 **158**
Karenia mikimotoi [Syn. *Gymnodinium mikimotoi*] 甲藻米氏凯伦藻(长崎裸甲藻) **169~171**
Karlodinium veneficum CCMP 2936 甲藻剧毒卡罗藻 **138~140, 143, 144**

L

Lamellomorpha strongylata 海绵 Vulcanellidae 科 **477, 1802~1804, 1806**
Laminaria angustata 棕藻狭叶海带 **1215, 1216**
Laminaria sinclairii 棕藻海带属 **1720**
Latrunculia corticata 树皮寇海绵 **1780, 1781**
Laurencia majuscula 红藻略大凹顶藻 **1076**
Laurencia mariannensis 红藻凹顶藻属 **2032**
Laurencia pannosa 红藻帕诺萨凹顶藻 **2024**
Laurencia pinnata 红藻羽状凹顶藻 **648, 809**
Laurencia pinnata 红藻羽状凹顶藻 **2029, 2031**
Laurencia pinnatifida 红藻凹顶藻属 **2028**
Laurencia sp. 红藻凹顶藻属 **866, 991, 1270, 2030, 2033**
Laurencia spectabilis 红藻醒目凹顶藻 **1154**
Laurencia viridis 红藻绿色凹顶藻 **36, 37**
Laurencia yamada 红藻山田凹顶藻 **2025**
Lechevalieria aerocolonigenes 罕见放线菌 **549**
Leiodermatium sp. 岩屑海绵滑皮海绵属 **317**
Leiopathes sp. 黑珊瑚 **1217, 1219**
Lendenfeldia chondrodes 兰灯海绵属 **1042, 1043**
Leptogorgia punicea 紫红柳珊瑚 **810, 811**
Leptogorgia sarmentosa 柳珊瑚科柳珊瑚 **729, 772, 774**

Leptolyngbya cf. 蓝细菌Leptolyngbyoideae亚科蓝细菌 **563**
Leptolyngbya crossbyana 蓝细菌 Leptolyngbyoideae 亚科蓝细菌 **1212, 1213**
Lethasterias fusca 海星纲钳棘目海星 **787**
Leucetta aff. *microraphis* 钙质海绵白雪海绵属 **1954**
Leucetta microraphis 钙质海绵白雪海绵属 **1187, 1920, 1954, 1955**
Liagora farinosa 红藻有粉粉枝藻 **1186, 1446, 1447**
Limulus polyphemus 北美鲎 **1219**
Linckia laevigata 蓝指海星 **788, 789, 802, 819, 957, 958, 1057~1060**
Lissoclinum cf. *badium* 暗褐膜骨海鞘 **1645~1647**
Lissoclinum sp. 膜骨海鞘属 **547, 548**
Lissodendoryx fibrosa 纤维状扁矛海绵 **749, 750, 854, 855**
Lissodendoryx isodictyalis 等网扁矛海绵 **370~372**
Lissodendoryx noxiosa 扁矛海绵属 **1049**
Lissodendoryx sp. 扁矛海绵属 **172~176, 180, 183, 187, 188, 193~195, 197, 440**
Litophyton arboreum 利托菲顿属软珊瑚 **972**
Litophyton viridis 利托菲顿属软珊瑚 **959, 972**
Lituaria australasiae 珊瑚纲八放珊瑚亚纲海鳃目新喀里多尼亚海笔 **189~191**
Lobophora convolute 棕藻旋卷匍扇藻 **322, 323**
Lobophytum crassum 粗厚豆荚软珊瑚 **1273**
Lobophytum laevigatum 豆荚软珊瑚属 **631, 710, 856, 916, 965, 1139**
Lobophytum mirabile 豆荚软珊瑚属 **914**
Lobophytum patulum 展开豆荚软珊瑚 **989**
Lobophytum pauciflorum 疏指豆荚软珊瑚 **1497, 1546~1551**
Lobophytum sarcophytoides 豆荚软珊瑚属 **1098**
Lobophytum sp. 豆荚软珊瑚属 **631, 914, 1065**
Lophogorgia sp. 柳珊瑚科柳珊瑚 **1109**
Luffariella geometrica 几何小瓜海绵 **1819**
Luidia clathrata 格子沙海星 **682, 683, 686, 688, 690, 691, 790, 802, 963, 964, 966, 967, 1045**
Luidia maculata 斑沙海星 **686, 790, 819, 1956**
Lumnitzera racemosa 红树总状花序榄李 **346~348**
Lycodontis javanicus 狼齿海鳝 **200**
Lyngbya aestuarii 蓝细菌河口鞘丝藻 **1165**
Lyngbya bouillonii 蓝细菌鞘丝藻属 **3, 545**
Lyngbya cf,*majuscula* 蓝细菌稍大鞘丝藻 **1534**
Lyngbya gracilis 蓝细菌鞘丝藻属 **247**
Lyngbya majuscula 蓝细菌稍大鞘丝藻 **64~66, 70~72, 74, 76~87, 90, 91, 244, 247, 249~251, 256, 257, 508, 1171, 1172, 1225, 1226, 1235, 1248, 1254, 1718**
Lyngbya sordida 蓝细菌暗鞘丝藻 **73**
Lyngbya sp. 蓝细菌鞘丝藻属 **6, 77, 493~495, 544, 545**
Lyngbya-like sp. 蓝细菌似鞘丝藻属 **1271, 1272**
Lysastrosoma anthosticta 海盘车科 Asteriidae 海星 **728**

M

Madrepora oculata 鹿角珊瑚 **1450**
Marinispora sp. CNQ-140 海洋导出的放线菌 **550~553**
Marthasterias glacialis 海星纲钳棘目细海盘车 **709**
Marthasterias glacialis 海星马天海盘车 **790**
Mastigias papua 水母 **142**
Mediaster murrayi 穆氏红海星 **791~794**
Melibe leonina 软体动物裸腮目 **1250**
Microcosmus vulgaris 小海鞘属 **1251**
Micromonospora sp. M71-A77 海洋导出的细菌小单孢菌属 **542**
Micromonospora sp. 海洋导出的细菌小单孢菌属 **49, 318~320**
Microsphaeropsis olivacea 海洋导出的真菌拟小球霉属 **1925**
Microsphaeropsis sp. FO-5050 海洋导出的真菌拟小球霉属 **1985**
Microsphaeropsis sp. 海洋导出的真菌拟小球霉属 **604**
Minabea sp. 软珊瑚科 **797~799, 1021, 1022**
Modiolus demissus 贻贝偏顶蛤属 **1712**
Modiolus difficilis 贻贝偏顶蛤属 **1709**
Monotria japonica 日本扁板海绵 **10, 1269, 1577, 1604~1606**
Montipora digitata 石珊瑚指状表孔珊瑚 **1304, 1450, 1451**
Montipora sp. 石珊瑚表孔珊瑚属 **1308, 1325, 1326, 1389~1397, 1449~1451, 1478, 1514**
Montipora spp. 石珊瑚表孔珊瑚属 **1368**
Moorea bouillonii 蓝细菌博罗尼鞘丝藻 **1791**
Moorea producens 蓝细菌鞘丝藻属 **75**
Muricella sp. 小尖柳珊瑚属 **1113, 1116~1120**
Murrayella periclados 红藻松节藻科 **1220**
Mycale acerata 山海绵属 **1159**
Mycale adhaerens 黏附山海绵 **517, 1167**
Mycale hentscheli 山海绵属 **564, 565**
Mycale hentscheli 山海绵属 **1673**
Mycale laxissima 山海绵属 **1227**
Mycale mytilorum 山海绵属 **1847**
Mycale sp. 山海绵属 **589, 1670~1672**
Myriapora truncata 苔藓动物裸唇纲 **32, 33, 677, 871**
Myriastra clavosa 小棒万星海绵 **1812, 1813**
Myrmekioderma dendyi 海绵 Heteroxyidae 科 **1871**
Myrmekioderma sp. 海绵 Heteroxyidae 科 **1869, 1870**
Myrothecium sp. 海洋导出的真菌漆斑菌属 **1515**
Mytilus edulis 蓝贻贝 **161, 219, 596, 1709**

Mytilus galloprovincialis 紫贻贝 **145, 186, 212, 1185**

N

Nardoa tuberculata 疣纳多海星 **685, 759**
Navanax inermis 软体动物头足目拟海牛科 **35, 2017, 2018**
Neodilsea yendoana 红藻龙纹藻科 **1210, 1982**
Neosiphonia superstes 岩屑海绵Rhodomelaceae科 **461~467, 586, 587**
Nephthea albida 淡白柔荑软珊瑚 **971~973**
Nephthea chabroli 柔荑软珊瑚属 **800, 872, 969, 970**
Nephthea erecta 直立柔荑软珊瑚 **900~902, 912, 959, 961, 962, 971, 972**
Nephthea simulata 拟态柔荑软珊瑚 **973**
Nephthea sp. 柔荑软珊瑚属 **965**
Nephthea tiexieral verseveldt 柔荑软珊瑚属 **971**
Nigrospora sp. PSU-F11 海洋导出的真菌黑孢属 **1494, 1495**
Nigrospora sp. PSU-F5 海洋导出的真菌黑孢属 **1508, 1518**
Nitzschia pungens f. *multiseries* 硅藻尖刺菱形藻多列变种 **1724, 1725**
Nocardiopsis sp. CMB-M0232 海洋导出的放线菌拟诺卡氏放线菌属 **388**
Nostoc linckia 蓝细菌林氏念珠藻 **496**
Nostoc spongiaeformia 蓝细菌念珠藻属 **496**
Notarchus leachii 海兔科海兔 **614**

O

Occurs in brown algae 存在于各种棕藻中 **1492, 1493**
Occurs in contaminated shellfish 存在于污染的甲壳类动物 **216, 223, 228, 239~242**
Occurs in contaminated shellfishes, such as *Mytilus edulis*. *Placopecten magellanicus* 存在于各种污染的扇贝中, 如兰贻贝 *Mytilus edulis*, 海扇贝 *Placopecten magellanicus* 等 **237**
Occurs in cyanobacteria 存在于蓝细菌中 **247**
Occurs in fish and shellfish esp. coral reef spp. carnivorous fishes 存在于鱼类和甲壳类, 珊瑚礁鱼类, 肉食性鱼类中 **199**
Occurs in fungi 存在于真菌中 **918**
Occurs in fungi and lichens 存在于真菌和地衣中 **891**
Occurs in green algae 存在于绿藻中 **982**
Occurs in herring and other fish oils 存在于鲱鱼和其它鱼油中 **1238**
Occurs in higher animals. fish liver oils. egg yolk. bile and gallstones etc. 存在于高等动物, 鱼肝油, 蛋黄, 胆汁和胆结石等 **710**
Occurs in hmn both blood serum and seminal plasma 存在于人的血清和精浆中 **1708, 1711**
Occurs in hmn seminal plasma 存在于人的精浆中 **1709**
Occurs in hmn tissues 存在于人体组织中 **1710**
Occurs in mammalian tissues 存在于哺乳动物组织中 **1712**
Occurs in marine algae and invertebrates 存在于海洋藻类和无脊椎动物中 **1713**
Occurs in marine organisms 存在于海洋生物中 **710, 721, 982**
Occurs in mussels 存在于双壳类中 **218**
Occurs in plants and animals 存在于植物和动物中 **631**
Occurs in shark liver oil 存在于鱼肝油中 **1847, 1866**
Occurs in silkworm 存在于家蚕中 **837**
Occurs in sponges 存在于海绵中 **213, 918**
Occurs in squid 存在于鱿鱼中 **1153**
Oceanapia phillipensis 大洋海绵属 **1958**
Oceanapia ramsayi 大洋海绵属 **1970**
Oceanapia sp. 大洋海绵属 **1161, 1669, 1957**
Ophiarachna incrassata 海蛇尾粗壮蜘蛇尾 **692, 695, 707**
Ophiarthrum elegans 海蛇尾秀丽节蛇尾 **692**
Ophidiaster ophidianus 蛇海星属 **802, 819, 1959~1963**
Ophiocoma dentata 海蛇尾齿栉蛇尾 **692**
Ophiocoma echinata 海蛇尾栉蛇尾属 **692, 1251**
Ophiocoma scolopendrina 海蛇尾蜈蚣栉蛇尾 **692, 1660, 1697**
Ophiocoma wendti 海蛇尾栉蛇尾属 **692**
Ophioderma longicaudum 海蛇尾长尾皮蛇尾 **692, 695, 702, 706**
Ophiolepis superba 海蛇尾黄鳞蛇尾 **695**
Ophionereis reticulata 海蛇尾蜒蛇尾属 **692**
Ophionotus victoriae 海蛇尾南极蛇尾 **695, 706**
Ophiopholis aculeata 海蛇尾尖棘紫蛇尾 **695**
Ophioplocus januarii 海蛇尾片蛇尾属 **692**
Ophiothrix fragilis 海蛇尾刺蛇尾属 **695, 706**
Ophiozona impressa 海蛇尾带蛇尾属 **692, 695**
Ophiura leptoctenia 海蛇尾真蛇尾属 **706**
Ophiura sarsi 海蛇尾萨氏真蛇尾 **695**
Ophiura texturata 海蛇尾织纹真蛇尾 **695, 706**
Oreaster reticulatus 网脉瘤海星 **802, 1961~1963**
Oscillatoria cf. 蓝细菌颤藻属 **1560**
Oscillatoria crythraea 蓝细菌颤藻属 **1973**
Oscillatoria nigroviridis 蓝细菌墨绿颤藻 **245, 246, 248, 254, 255, 1176**
Oscillatoria sp. 蓝细菌颤藻属 **560, 1235**
Oscillatoria spp. 蓝细菌颤藻属 **563**
Ostreopsis cf,*ovata* 甲藻卵形蛎甲藻 **17**
Ostreopsis ovata 甲藻卵形蛎甲藻 **45**

Ostreopsis siamensis 甲藻蛎甲藻属 **141**
Ovary of queen honeybee 蜂王的卵巢 **696**

P

Pachastrissa sp. 厚芒海绵属 **1953**
Pacifigorgia sp. 太平洋柳珊瑚属 **561**
Paecilomyces lilacinus ZBY-1 深海真菌淡紫拟青霉 **883, 891, 899, 1157, 1224, 1229, 1230, 1913, 1914, 1917, 1925**
Paecilomyces sp. 红树导出的真菌拟青霉属 **1686**
Palythoa liscia 六放珊瑚亚纲沙群海葵属 **1847**
Palythoa sp. 六放珊瑚亚纲沙群海葵属 **132**
Palythoa toxica 六放珊瑚亚纲有毒沙群海葵 **132**
Palythoa tuberculosa 六放珊瑚亚纲结核沙群海葵 **132**
Pandaros acanthifolium 加勒比海绵 Microcionidae 科 **213, 645, 804~807, 857, 858, 983~986, 1032~1034, 1066~1075**
Paraminabea acronocephala 软珊瑚科 **797~799, 1021, 1022, 1024~1028**
Patinopecten yessoensis 软体动物双壳纲扇贝科虾夷盘扇贝 **186, 211, 212, 218, 677, 705, 721, 1049**
Patiria miniata 蝠海星 **1217, 1219**
Pectinia lactuca 石珊瑚莴苣梳状珊瑚 **1308, 1368**
Pellina sp. 皮条海绵属 **1333~1337**
Pellina triangulate 三角皮条海绵 **1333~1336, 1372~1379, 1459, 1469**
Penaeus orientalis 对虾 **818**
Penares sollasi 佩纳海绵属 **1966**
Penares sp. 佩纳海绵属 **1964, 1965**
Penicillium chrysogenum 海洋导出的产黄青霉真菌 **273, 288, 866, 991**
Penicillium chrysogenum 红树导出的产黄青霉真菌 **1919**
Penicillium chrysogenum PJX-17 海洋导出的产黄青霉真菌 **286, 287**
Penicillium chrysogenum QEN-24S 海洋导出的产黄青霉真菌 **1270**
Penicillium citrinum 海洋导出的真菌桔青霉 **284, 1687**
Penicillium citrinum IFM 53298 真菌桔青霉 **1699**
Penicillium citrinum SpI080624G1f01 海洋导出的真菌桔青霉 **270**
Penicillium commune SD-118 深海真菌普通青霉菌 **871, 891**
Penicillium flavidorsum SHK1-27 海洋导出的真菌青霉属 **262**
Penicillium notatum B-52 真菌特异青霉菌 **1699**
Penicillium sp. F00120 深海真菌青霉属 **891**
Penicillium sp. F23-2 深海真菌青霉属 **289~294**
Penicillium sp. JP-1 红树导出的真菌青霉属 **1496, 1519, 1652, 1689**
Penicillium sp. ML226 海洋导出的真菌青霉属 **1688, 1698**
Penicillium sp. OUPS-79 海洋导出的真菌青霉属 **1509, 1553, 1554, 1661, 1700, 1701**
Penicillium sp. PSU-F44 海洋导出的真菌青霉属 **497, 514**
Penicillium sp. 海洋导出的真菌青霉属 **910, 1502, 1510**
Penicillium stoloniferum QY2-10 海洋导出的真菌青霉属 **896**
Penicillium sumatrense 红树导出的真菌青霉属 **346~348**
Penicillium terrestre 海洋导出的真菌青霉属 **275, 276, 282, 296, 300, 1552**
Pentacta australis 南方五角瓜参 **1918**
Periconia byssoides OUPS-N133 海洋导出的真菌细丝黑团孢霉 **1539~1542, 1986~1991**
Perinereis aibuhitensis 环节动物多毛纲蠕虫 **733**
Perithalia caudata 棕藻 Sporochnaceae 科 **1486**
Perna canaliculus 小管股贻贝 **149~152**
Pertosia corticata 外皮石海绵 **1433, 1434**
Petrosia ficiformis 无花果状石海绵 **1105, 1301, 1314, 1315, 1381, 1382, 1385~1388, 1398, 1400**
Petrosia solida 坚硬石海绵* **1399**
Petrosia sp. 石海绵属 **1298~1300, 1309, 1319~1324, 1327~1331, 1338~1352, 1358~1365, 1370, 1371, 1383, 1384, 1401~1403, 1460~1464, 1481**
Petrosia strongylata 石海绵属 **1353~1357**
Petrosia volcano 火山石海绵 **1415~1420, 1429**
Petrosia weinbergi 石海绵属 **1023, 1111**
Peyssonnelia caulifera 红藻耳壳藻 **1465, 1466**
Phacelocarpus labillardieri 红藻雉尾藻属 **1477**
Phaeosphaeria spartinae 海洋导出的真菌枯壳针孢属 **1653**
Phaeosphaeria spartinae 777 海洋导出的真菌枯壳针孢属 **1498**
Phakellia carteri 卡特里扁海绵 **172, 178, 183**
Phakellia sp. 扁海绵属 **180, 217**
Phallusia mamillata 次口海鞘属 **1052**
Phialocephala sp. FL30r 深海真菌 **279, 285, 301~304**
Phialocephala sp. 海洋导出的真菌 **278, 281**
Philinopsis speciosa 软体动物头足目拟海牛科 **34, 35**
Phomopsis sp. hzla01-1 海洋导出的真菌拟茎点霉属 **1233, 1234**
Phorbas amaranthus 雏海绵属 **653~657**
Phorbas sp. 雏海绵属 **305~308**
Phormidium ectocarpi 蓝细菌席藻属 **2014, 2015**
Phormidium sp. 蓝细菌席藻属 **566**

Phormidium spp. 蓝细菌席藻属 **509**
Pinna atropurpurea 紫色裂江瑶 **229, 232**
Pinna attenuata 细长裂江瑶 **229, 232, 1655**
Pinna muricata 多棘裂江瑶 **229~232**
Placospongia sp. 平板海绵属 **1482**
Plakinastrella mamillaris 多板海绵科 Plakinidae 海绵 **1630~1633, 1690, 1695**
Plakinastrella onkodes 多板海绵科 Plakinidae 海绵 **1567~1569, 1618, 1674~1676, 1679**
Plakinastrella sp. 多板海绵科 Plakinidae 海绵 **1619, 1620, 1678, 2013**
Plakortis aff. *angulospiculatus* 扁板海绵属 **11, 14, 1572, 1578**
Plakortis aff. *simplex* 不分支扁板海绵 **1564, 1571, 1602**
Plakortis angulospiculatus 扁板海绵属 **610, 621, 1628**
Plakortis cf. *angulospiculatus* 扁板海绵属 **1635**
Plakortis cf. *simplex* 不分支扁板海绵 **1591**
Plakortis halichondrioides 扁板海绵属 **10, 1280, 1283, 1599, 1624~1627, 1634, 1662~1665**
Plakortis lita 扁板海绵属 **1569, 1581~1584, 1586, 1588, 1590~1598, 1600, 1601**
Plakortis nigra 黑扁板海绵 **1621, 1622, 2011, 2012**
Plakortis simplex 不分支扁板海绵 **10, 11, 15, 16, 40, 1285~1287, 1569, 1575, 1623, 1627, 1629, 1634, 1666, 1667, 1968, 1969**
Plakortis sp. 扁板海绵属 **1568, 1573, 1574, 1576, 1577, 1587, 1589, 1611~1615, 1674, 1677, 1756, 1787~1790**
Plakortis spp. 扁板海绵属 **1569, 1623, 2013**
Plakortis zyggompha 扁板海绵属 **600, 608, 609, 1268, 1624**
Plazaster borealis 海盘车科 Asteriidae 海星 **708**
Pleraplysilla sp. 掘海绵科 Dysideidae 海绵 **671**
Plexaura flexuosa 丛柳珊瑚科 Plexauridae 柳珊瑚 **1847**
Plexaura homomalla 丛柳珊瑚科 Plexauridae 柳珊瑚 **1535, 1708, 1710, 1711, 1714**
Plocamium cruciferum 红藻十字海头红 **1249**
Poecillastra laminaris 片状杂星海绵 **867**
Poecillastra sp. 杂星海绵属 **447, 455~457**
Poecillastra wondoensis 杂星海绵属 **821, 822, 1015**
Polycavernosa tsudae [Syn, *Gracilaria edulis*] 红藻江蓠属 **567~571**
Polycitor afriaticus 多节海鞘属 **1166**
Polycitorella adriaticus 多节海鞘科 **1166**
Polyfibrospongia sp. 多丝海绵属 **385**
Polymastia boletiformis 多鞭海绵属 **992**
Polysiphonia violacea 红藻堇紫多管藻 **1263**
Porphyridium cruentum 微藻紫球藻 **796**
Posidonia oceanica 海洋水生植物百合超目泽泻目波喜荡海藻 **1146, 1149, 1218**
Prorocentrum belizeanum 伯利兹原甲藻 **24, 225, 491, 492**
Prorocentrum hoffmannianum CCMP683 原甲藻属 **18**
Prorocentrum lima 利马原甲藻 **215, 519, 574**
Prorocentrum lima PL2 利马原甲藻 **226, 227**
Prorocentrum maculosum 原甲藻属 **575**
Prorocentrum sp. 原甲藻属 **4, 5, 578**
Protocentrum lima 原甲藻属 **220, 224**
Protocentrum maculusum 原甲藻属 **221, 222**
Protoceratium reticulatum 甲藻网状原角藻 **203~206, 212**
Prymnesium parvum (class Haptophyceae) 金藻小定鞭金藻 (定鞭藻 Haptophyceae 纲) **207, 208**
Psammocinia sp. 海绵 Irciniidae 科 **1696**
Psammoclemma sp. 海绵 Chondropsidae 科 **510**
Pseudaphanostoma luteocoloris 内肛动物门无肠目海洋扁虫 **31**
Pseudaxinyssa digitata. 假海绵科海绵 **932~934**
Pseudoalteromonas sp,CGH2XX 海洋导出的细菌假交替单孢菌属 **1273**
Pseudodistoma sp. 伪二气孔海鞘属 Pseudodistomidae 科 **1173, 1174, 1890**
Pseudonitzschia multiseries 硅藻多列伪菱形藻 **1724, 1725**
Pseudoptero gorgiaamericana 柳珊瑚 Gorgoniidae 科 **1100, 1131**
Pseudopterogorgia americana 柳珊瑚科柳珊瑚 **996**
Pseudopterogorgia sp. 柳珊瑚科柳珊瑚 **996, 1110, 1128, 1941**
Psolus fabricii 箱海参属 **709**
Pteraster pulvillus 翅海星属 **693**
Pteraster tessellatus 格翅海星 **706**
Pteria penguin 企鹅珍珠贝 **233~235**
Ptilocaulis spiculifer 小轴海绵科海绵 **838**
Ptilota filicina 红藻仙菜科羽状翼藻 **1236**
Ptychodera sp. 半索动物翅翼柱头虫属 **1499**
Ptychodiscus brevis [Syn. *Gymnodinium breve*] 甲藻短裸甲藻 **146, 147, 153~156, 162, 1814**

R

Raspailia pumila 矮小拉丝海绵 **1366**
Raspailia ramosa 拉丝海绵属 **1366**
Reidispongia coerulea 岩屑海绵 Phymatellidae 科海绵 **458~460, 464**
Reniera fulva 黄褐色矶海绵 **1306**

Reniochalina sp. 小轴海绵科海绵 **1307, 1332, 1559**
Rhizochalina incrustata 皮网海绵科海绵 **1970**
Rhizophora stylosa 红树红海兰 **1919**
Rhizopus sp. 2-PDA-61 海洋导出的真菌根霉属 **22, 23**
Rhizopus sp. 海洋导出的真菌根霉属 **883, 888, 889, 891, 896, 897, 948, 950~952**
Rhodymenia palmata 红藻红皮藻属 **721**

S

Salinispora arenicola CNH643 海洋导出的放线菌栖沙盐水孢菌 (模式种) **115**
Salinispora arenicola YM23-082 海洋导出的放线菌栖沙盐水孢菌 (模式种) **38, 114**
Sarcophyton crassocaule 微厚肉芝软珊瑚 **631, 856, 1707, 1709**
Sarcophyton ehrenbergi 埃伦伯格肉芝软珊瑚 **1971, 1972**
Sarcophyton glaucum 乳白肉芝软珊瑚 **965**
Sarcophyton infundibuliforme 漏斗肉芝软珊瑚 **1872~1874**
Sargassum horneri 棕藻马尾藻属 **599**
Sargassum kjellmanianum 棕藻海黍子 **1537, 1538**
Sargassum micracanthum 棕藻马尾藻属 **1555**
Sargassum thunbergii 棕藻鼠尾藻 **260, 262, 263, 266, 868, 871, 891**
Sargassum tortile 棕藻易扭转马尾藻 **1049, 1537**
Schizothrix calcicola 蓝细菌钙生裂须藻 **245, 246, 248, 254, 255, 1176**
Schizymenia dubyi 红藻裂膜藻 **1994~2000**
Scleritoderma cf,*paccardi* 岩屑海绵硬皮海绵属 **917**
Scleronephthya gracillimum 硬棘软珊瑚属 **632~634**
Scleronephthya pallida 硬棘软珊瑚属 **637**
Scleronephthya sp. 硬棘软珊瑚属 **727**
Sclerophytum sp. 短指软珊瑚属 **914, 916**
Scyphiphora hydrophyllacea A1 红树茜草科瓶花木 **1152**
Scytonema burmanicum 蓝细菌伪枝藻属 **533, 1188, 1189**
Scytonema mirabile 蓝细菌奇异伪枝藻 **533, 1188, 1189**
Scytonema musicola 蓝细菌伪枝藻属 **533**
Scytonema ocellatum 蓝细菌眼点伪枝藻 **533**
Scytonema pseudohofmanni 蓝细菌伪枝藻属 **577**
Scytonema spp. 蓝细菌伪枝藻属 **515, 534, 590**
Seriola quinqueradiata 黄尾鱼 **1709, 1712**
Sidnyum turbinatum 海鞘 Polyclinidae 科 **1151, 1158, 1160**
Sigmosceptrella sp. 海绵 Podospongiidae 科 **1608**
Siliquariaspongia mirabilis 岩屑海绵蒂壳海绵科 **555**
Siliquariaspongia sp. 岩屑海绵蒂壳海绵 Theonellidae 科 **1558**
Sinularia abrupta 分裂短指软珊瑚 **997**
Sinularia aramensis 短指软珊瑚属 **1098**
Sinularia brassica 白菜短指软珊瑚 **1029~1031**
Sinularia candidula 短指软珊瑚属 **1921**
Sinularia cervicornis 鹿角短指软珊瑚 **1148**
Sinularia conferta 短指软珊瑚属 **968**
Sinularia crassa 粗糙短指软珊瑚 **876~879, 1922**
Sinularia flexibilis 短指软珊瑚属 **1098**
Sinularia gibberosa 短指软珊瑚属 **919, 920, 982**
Sinularia grandilobata 短指软珊瑚属 **1979**
Sinularia hirta 短指软珊瑚属 **968**
Sinularia humilis 低矮短指软珊瑚 **998, 999**
Sinularia leptoclados 细长枝短指软珊瑚 **994, 1977, 1980**
Sinularia microclavata 微棒短指软珊瑚 **977**
Sinularia numerosa 多指短指软珊瑚 **977, 1214**
Sinularia ovispiculata 短指软珊瑚属 **903**
Sinularia remei 短指软珊瑚属 **994**
Sinularia sp. 短指软珊瑚属 **946, 971, 977, 982, 1098, 1511, 1520~1524, 1847, 1848, 1875, 1922**
Siphonaria denticulata 软体动物细齿菊花螺 **25, 26**
Siphonaria grisea 软体动物灰菊花螺 **41~44, 1279**
Siphonaria pectinata 软体动物栉状菊花螺 **41~44, 1266, 1279**
Siphonochalina truncata 管指海绵属 **1302, 1367, 1369**
Smenospongia aurea 胄甲海绵亚科 Thorectinae 海绵 **2007**
Smenospongia cerebriformis 胄甲海绵亚科 Thorectinae 海绵 **2007**
Solanderia secunda 水螅纲软水母亚纲头螅水母亚目水螅 **1721~1723, 1823**
Sonneratia apetala 红树无花瓣海桑 **344, 345**
Spatoglossum pacificum 棕藻褐舌藻属 **1195**
Spermatochnus paradoxus 棕藻狭果藻 **1181, 1488**
Spheciospongia cuspidifera 海绵 Clionaidae 科 **1228**
Spirastrella abata 璇星海绵属 **1815, 1821~1823, 1827, 1829, 1830**
Spirastrella spinispirulifera 璇星海绵属 **582~585**
Spongia agaricina 角骨海绵属 **1123, 1124**
Spongia cf. *hispida* 角骨海绵属 **1876**
Spongia mycofijiensis 角骨海绵属 **524**
Spongia oceania 角骨海绵属 **1832**
Spongia sp. 角骨海绵属 **19, 518, 579~581, 649~652, 864, 865, 1039, 1440~1445**
Spongionella gracilis 纤弱小针海绵 **677, 871**
Sporothrix sp. 4335 红树导出的真菌孢子丝菌属 **1556, 1557**
Squalus acanthias 狗鲨 **724**
Stegophiura brachiactis 海蛇尾盖蛇尾属 **695**
Stellaster equestris 骑士章海星 **1961~1963**

Stelletta clarella 星芒海绵属 **1049**
Stelletta hiwasaensis 星芒海绵属 **978**
Stelletta sp. 星芒海绵属 **595, 597, 605, 607, 817**
Stichopus japonicus 日本刺参 **1709, 1712, 1930**
Stolonica socialis 海鞘科海鞘 **1639~1644**
Stolonica sp. 海鞘科海鞘 **1637, 1638**
Streptomyces antibioticus 海洋导出的链霉菌抗生链霉菌 **349, 350**
Streptomyces arenicola CNR-005 海洋导出的链霉菌属 **38**
Streptomyces arenicola CNR-059 海洋导出的链霉菌属 **39**
Streptomyces aureoverticillatus NPS001583 海洋导出的链霉菌金黄回旋链霉菌 **2**
Streptomyces axinellae Pol001 海洋导出的链霉菌海洋海绵链霉菌 **327~331**
Streptomyces griseus 海洋导出的灰色链霉菌 **309, 487~489**
Streptomyces hygroscopicus 海洋导出的吸水链霉菌 **27, 309, 315, 316**
Streptomyces hygroscopicus OUPS-N92 海洋导出的吸水链霉菌 **314**
Streptomyces lusitanus 红树导出的链霉菌葡萄牙链霉菌 **351**
Streptomyces lusitanus SCSIO LR32 海洋导出的链霉菌葡萄牙链霉菌 **121~126**
Streptomyces seoulensis 海洋导出的链霉菌首尔链霉菌 **818**
Streptomyces sp. 1010 海洋导出的链霉菌属 **1163**
Streptomyces sp. 307-9 海洋导出的链霉菌属 **1691, 1692**
Streptomyces sp. B1751 海洋导出的链霉菌属 **365**
Streptomyces sp. BD-26T 海洋导出的链霉菌属 **1531**
Streptomyces sp. BD-26T(20) 海洋导出的链霉菌属 **1683**
Streptomyces sp. CNQ-431 海洋导出的链霉菌属 **352~361**
Streptomyces sp. HB202 海洋导出的链霉菌属 **129**
Streptomyces sp. KORDI-3238 海洋导出的链霉菌属 **48**
Streptomyces sp. M428 海洋导出的链霉菌属 **1825, 1826**
Streptomyces sp. MDG-014-17-069 海洋导出的链霉菌属 **588**
Streptomyces sp. MP39-85 海洋导出的链霉菌属 **116**
Streptomyces sp. Ni-80 海洋导出的链霉菌属 **364, 365**
Streptomyces sp. NPS-643 海洋导出的链霉菌属 **615~620**
Streptomyces sp. RJA635 海洋导出的链霉菌属 **309, 310**
Streptomyces sp. RJA71 海洋导出的链霉菌属 **311, 312**
Streptomyces sp. SK 1071 海洋导出的链霉菌属 **543**
Streptomyces sp. SpD081030ME-02 海洋导出的链霉菌属 **1685**
Streptomyces sp. 海洋导出的链霉菌属 **46, 47, 117, 127, 128, 130, 131, 313, 324~326, 362, 363, 386, 387, 558, 611**
Strongylophora sp. 石海绵属 **627**
Stylinos sp. 柱海绵属 **1670, 1672**
Stylocheilus longicauda 软体动物 Aplyciidae 科海兔 **89, 101, 244, 247**
Svenzea zeai 海绵 Scopalinidae 科 **987, 988**
Symbiodinium sp. Y-6 甲藻共生藻属 **593, 594**
Symbiodinium sp. 甲藻共生藻属 **118, 1973**
Symphyocladia latiuscula 红藻鸭毛藻 **1526**
Symploca cf. sp. 蓝细菌束藻属 **474**
Symploca-like sp. 蓝细菌类束藻属 **1237**
Synapta maculata 斑锚参 **982**
Synechocystis sp. 蓝细菌集胞藻属 **1516, 1517**
Synoicum adareanum 海鞘 Polyclinidae 科 **562**
Syringodium isoetifolium 百合超目泽泻目海神草科针叶藻属海草 **1247**

T

Tedania ignis 居苔海绵 **589**
Tedania sp. 苔海绵属 **440**
Telesto riisei 珊瑚纲八放珊瑚亚纲匍匐珊瑚目长轴珊瑚 **814, 815, 1757~1775**
Terpios sp. 皮壳海绵属 **1975**
Terrestrial fungi *Phoma* spp. 陆地真菌 **1508**
Terrestrial fungus *Aspergillus ochraceus* DSM 7428 陆地真菌赭曲霉菌 **1244**
Terrestrial fungus *Aspergillus terreus* 陆地真菌土色曲霉菌 **1525**
Terrestrial fungus *Craterellus odoratus* 陆地真菌芳香喇叭真菌 **598**
Terrestrial fungus *Fusarium* sp. K432 陆地真菌镰孢霉属 **601, 602**
Terrestrial fungus *Penicillium aurantiogriseum* 陆地真菌黄灰青霉 **866**
Terrestrial mushroom *Grifola frondosa* 陆地蘑菇 **910, 952**
Terrestrial mushroom *Lentinus edodes* 陆地蘑菇香菇 **896**
Terrestrial plant *Astraeus hygrometricus* 陆地植物硬皮地星 **904**
Terrestrial plant *Polypodium vulgare* 陆地植物 **837**
Terrestrial plant *Typha latifolia* 陆地植物 **883**
Terrestrial plants 陆地植物 **837**
Terrestrial plants, wheat *Triticum aestivum*, corn *Zea mays*, rye *Secale cereal* and *Coix lacryma jobi* roots 陆地植物小麦, 玉米, 黑麦和薏米根 **1669**
Terrestrial streptomycete *Streptomyces* sp. MK67-CF9 陆地链霉菌属 **331**
Tethya aurantia 荔枝海绵属 **1049**
Thalysias juniperina 格海绵属 **891**

Theonella sp. 岩屑海绵蒂壳海绵属 **67~69, 93~97, 99, 100, 102~106, 470, 471, 475, 476, 1337**
Theonella swinhoei 岩屑海绵斯氏蒂壳海绵 **94, 102~104, 106~111, 472~476, 478, 479, 640, 641, 873~875, 882, 884, 885, 1035, 1054, 1079~1086, 1140, 1143, 1144, 1204, 1430, 1824, 1828, 1845**
Thromidia catalai 海星纲有瓣目 Mithrodiidae 科 **802**
Tolypothrix conglutinata var. *chlorata* 蓝细菌单歧藻属 **1179, 1188, 1189**
Tolypothrix conglutinata var. *colorata* 蓝细菌单歧藻属 **590**
Topsentia ophiraphidites 软海绵科海绵 **803**
Topsentia sp. 软海绵科海绵 **886, 929, 1009~1013, 1087, 1103, 1784**
Torula herbarum 海洋导出的真菌圆酵母 **614**
Toxadocia cylindrica 圆筒状弓隐海绵 **1162, 1193, 1194**
Toxadocia zumi 弓隐海绵属 **675, 678**
Trachycladus laevispirulifer 粗枝海绵属 **98**
Trachyopsis sp. 软海绵科海绵 **929**
Trichoderma hamatum 海洋导出的真菌木霉 **1535**
Trichoderma harzianum 海洋导出的真菌哈茨木霉 **1535**
Trichoderma harzianum OUPS-N115 海洋导出的真菌哈茨木霉 **1527~1529**
Trichoderma koningii MF349 海洋导出的真菌康氏木霉 **624**
Trichoderma longibrachiatum 海洋导出的真菌木霉属 **283**
Trichoderma reesei 海洋导出的真菌里氏木霉 **1704**
Trichoderma sp. f-13 海洋导出的真菌木霉属 **271~274, 277, 280, 282, 295, 300**
Trichoderma sp. GIBH-Mf082 深海真菌木霉属 **677**
Trichoderma sp. 海洋导出的真菌木霉属 **297~299**
Trichoderma sp. 深海真菌木霉属 **1530**
Trichodesmium erythraeum 蓝细菌红海红颤藻 **252, 253**
Trididemnum cyanophorum 膜海鞘属 **1504, 1505**
Tritoniella belli 软体动物裸鳃目 **1855, 1856, 1868**
Trochostoma orientale 海参纲芋参科海参 **709**
Turbinaria conoides 棕藻小叶喇叭藻 **1044, 1049~1051, 1053, 1077**
Tydemania expeditionis 绿藻瘤枝藻 **1138**

U

Ulosa sp. 海绵 Esperiopsidae 科 **1650, 1651**
Ulva fasciata 绿藻裂片石莼 **1238, 1912, 1942**
Ulva lactuca 绿藻石莼 **1147**
Umbraculum mediterraneum 软体动物伞螺科伞螺属 **1800, 1801**
Undaria pinnatifida 棕藻裙带菜 **1238**
Unidendified moss 未鉴定的苔藓 **910**
Unidentified actinomycete Y-8521050 未鉴定的放线菌 **50**
Unidentified ascidian (family Didemnidae) 未鉴定的海鞘 **1833~1844**
Unidentified ascomycetous fungus 未鉴定的子囊菌类真菌 **1**
Unidentified bivalve 未鉴定的双壳软体动物 **1973**
Unidentified Chinese sea squirt 未鉴定的中国海乌贼 **896**
Unidentified contaminated scallops 未鉴定的污染的扇贝 **214**
Unidentified contaminated scallops 未鉴定的污染的扇贝 **236, 238**
Unidentified dinoflagellate 未鉴定的甲藻 **540**
Unidentified fungus 未鉴定的真菌 **497**
Unidentified fungus 0GOS1620 未鉴定的真菌 **497**
Unidentified fungus B00853 未鉴定的真菌 **282**
Unidentified gorgonian 未鉴定的柳珊瑚 **558**
Unidentified hard coral 未鉴定的硬珊瑚 **2019**
Unidentified lithistid sponge (family Neopeltidae) 未鉴定的 Neopeltidae 科岩屑海绵 **518**
Unidentified mangrove 未鉴定的红树 **267, 269, 332~334, 1686**
Unidentified mangrove-derived fungus 1850 未鉴定的红树导出的真菌 1850 **268**
Unidentified mangrove-derived fungus 2526 未鉴定的红树导出的真菌 2526 **267, 269**
Unidentified mangrove-derived fungus Zh6-B1 未鉴定的红树导出的真菌 Zh6-B1 **344, 345**
Unidentified marine bacterium 未鉴定的海洋细菌 **1992, 1993**
Unidentified marine bacterium (Actinomycetales and Maduromycetes) 未鉴定的海洋细菌 (放线菌目和足分枝菌) **546**
Unidentified marine nudibranch 未鉴定的海洋软体动物裸鳃 **461**
Unidentified marine-derived actinomycete CNB-837 未鉴定的海洋导出的放线菌 CNB-837 **322, 323**
Unidentified marine-derived fungus 未鉴定的海洋导出的真菌 **1152**
Unidentified marine-derived fungus K063 未鉴定的海洋导出的真菌 K063 **119**
Unidentified mussels 未鉴定的贻贝 **203**
Unidentified phytoplankton 未鉴定的浮游植物 **214, 236, 238**
Unidentified phytoplankton assemblages 未鉴定的浮游植物集聚物 **214, 236, 238**
Unidentified shellfish 未鉴定的贝壳类动物 **446**
Unidentified sponge 未鉴定的海绵 **284, 1244~1246,**

1658, 1680, 1685, 1925
Unidentified sponge (class Demospongiae) 未鉴定的寻常海绵纲海绵 **270**
Unidentified sponge (family Plakinidae) 未鉴定的多板海绵科海绵 **1616, 1617**
Unidentified sponge (order Poecilosclerida) 未鉴定的异骨海绵目海绵 **1055, 1056**
Unidentified sponges (order Haplosclerida) 未鉴定的单骨海绵目海绵 **935**
Unidentified starfish (family Asteriidae) 未鉴定的海盘车科海星 **661~665, 869**
Unidentified starfish (family Echinasteridae) 未鉴定的棘海星科海星 **680, 687, 689, 698~700**

V

Varicosporina ramulosa 海洋导出的真菌分枝变枕孢 **61~63**
Verongula rigida 海绵 Aplysinidae 科 **2007**
Verrucosispora sp. 海洋导出的细菌疣孢菌属 **1693**
Vibrio angustum S14 海洋细菌狭窄弧菌 **1164**
Vulcanodinium rugosum 甲藻多甲藻目 **625**

W

Watersipora cucullata 苔藓动物裸唇纲 **1945, 1948**

X

Xestospongia bergquistia 锉海绵属 **823, 824**
Xestospongia muta 变化锉海绵 **1410, 1413, 1414, 1425, 1428, 1436, 1448**
Xestospongia sp. 锉海绵属 **130, 131, 745, 954, 955, 1088~1096, 1407, 1422, 1423, 1435, 1438, 1439, 1888, 1889**
Xestospongia testudinaria 似龟锉海绵 **1097, 1102, 1104, 1405~1409, 1411, 1412, 1421, 1424, 1426, 1427, 1435, 1437, 1468, 1470**
Xylaria sp. 2508 红树导出的真菌炭角菌属 **1705, 1706**

Z

Zygosporium sp. KNC52 海洋导出的真菌接柄孢属 **2019**

索引 6　海洋生物中-拉 (英) 捆绑名称及成分索引

按汉字拼音顺序列出了本卷中所有海洋生物的中文及拉丁文捆绑名称，随后给出其化学成分的唯一代码。本书规定：对蓝细菌、红藻、绿藻、棕藻、甲藻、金藻、红树、半红树、石珊瑚、兰珊瑚等生物类别，把类别名加在中文名称前面。

埃伦伯格肉芝软珊瑚 *Sarcophyton ehrenbergi* **1971, 1972**

矮小拉丝海绵 *Raspailia pumila* **1366**

爱丽海绵属 *Erylus lendenfeldi* **746**

爱丽海绵属 *Erylus* cf. *lendenfeldi* **1861~1863**

暗褐膜骨海鞘 *Lissoclinum* cf. *badium* **1645~1647**

奥西里斯蜂海绵 *Haliclona osiris* **1453~1458**

白菜短指软珊瑚 *Sinularia brassica* **1029~1031**

白色星骨海鞘 *Didemnum candidum* **1777**

百合超目泽泻目海神草科针叶藻属海草 *Syringodium isoetifolium* **1247**

柏柳珊瑚属 *Acabaria undulata* **740, 742, 827, 898, 1912**

斑锚参 *Synapta maculata* **982**

斑沙海星 *Luidia maculata* **686, 790, 819, 1956**

半索动物翅翼柱头虫属 *Ptychodera* sp. **1499**

北美鲎 *Limulus polyphemus* **1219**

蓖麻海绵属 *Biemna* sp. **870**

碧玉海绵属 *Jaspis wondoensis* **821, 822, 1015**

碧玉海绵属 *Jaspis* sp. **447, 1952, 1953**

扁板海绵属 *Plakortis* cf. *angulospiculatus* **1635**

扁板海绵属 *Plakortis angulospiculatus* **610, 621, 1628**

扁板海绵属 *Plakortis* aff. *angulospiculatus* **11, 14, 1572, 1578**

扁板海绵属 *Plakortis zyggompha* **600, 608, 609, 1268, 1624**

扁板海绵属 *Plakortis* spp. **1569, 1623, 2013**

扁板海绵属 *Plakortis halichondrioides* **10, 1280, 1283, 1599, 1624~1627, 1634, 1662~1665**

扁板海绵属 *Plakortis lita* **1569, 1581~1584, 1586, 1588, 1590~1598, 1600, 1601**

扁板海绵属 *Plakortis* sp. **1568, 1573, 1574, 1576, 1577, 1587, 1589, 1611~1615, 1674, 1677, 1756, 1787~1790**

扁海绵属 *Phakellia* sp. **180, 217**

扁棘槭海星 *Astropecten latespinosus* **1895**

扁矛海绵属 *Lissodendoryx noxiosa* **1049**

扁矛海绵属 *Lissodendoryx* sp. **172~176, 180, 183, 187, 188, 193~195, 197, 440**

变化锉海绵 *Xestospongia muta* **1410, 1413, 1414, 1425, 1428, 1436, 1448**

膜骨海鞘属 *Lissoclinum* sp. **547, 548**

冰秽海绵 *Alpysilla glacialis* **830**

玻璃海鞘属 *Ciona intestinalis* **1052**

玻璃鹰嘴贝 (腕足类贻贝) *Gryphus vitreu* **1866**

钵海绵属 *Geodia* sp. **1816~1818**

伯利兹原甲藻 *Prorocentrum belizeanum* **24, 225, 491, 492**

不分支扁板海绵 *Plakortis* cf. *simplex* **1591**

不分支扁板海绵 *Plakortis* aff. *simplex* **1564, 1571, 1602**

不分支扁板海绵 *Plakortis simplex* **10, 11, 15, 16, 40, 1285~1287, 1569, 1575, 1623, 1627, 1629, 1634, 1666, 1667, 1968, 1969**

翅海星属 *Pteraster pulvillus* **693**

冲绳海绵 *Hyrtios altum* **481, 579~581**

雏海绵属 *Phorbas* sp. **305~308**

雏海绵属 *Phorbas amaranthus* **653~657**

穿贝海绵属 (穴居海绵) *Cliona copiosa* **775**

次口海鞘属 *Phallusia mamillata* **1052**

刺尖柳珊瑚属 *Echinomuricea* sp. **1018**

丛柳珊瑚科 Plexauridae 柳珊瑚 *Plexaura flexuosa* **1847**

丛柳珊瑚科 Plexauridae 柳珊瑚 *Calicogorgia* sp. **1114, 1115, 1898~1900**

丛柳珊瑚科 Plexauridae 柳珊瑚 *Plexaura homomalla* **1535, 1708, 1710, 1711, 1714**

粗糙短指软珊瑚 *Sinularia crassa* **876~879, 1922**

粗厚豆荚软珊瑚 *Lobophytum crassum* **1273**

粗枝海绵属 *Trachycladus laevispirulifer* **98**

粗枝竹节柳珊瑚 *Isis hippuris* **835, 839~850, 853, 938~943, 979~981, 1133~1137**

簇生束状羊海绵 *Ircinia fasciculata* **288**

脆灯芯柳珊瑚 *Junceella juncea* **871, 2001**

脆弱灯芯柳珊瑚 *Dichotella fragilis* **751, 752**

存在于哺乳动物组织中 Occurs in mammalian tissues **1712**

存在于鲱鱼和其它鱼油中 Occurs in herring and other fish oils **1238**

存在于高等动物，鱼肝油，蛋黄，胆汁和胆结石等 Occurs in higher animals, fish liver oils, egg yolk, bile and gallstones etc. **710**

存在于各种污染的扇贝中，如兰贻贝 *Mytilus edulis*，海扇贝 *Placopecten magellanicus* 等 Occurs in contaminated shellfishes, such as *Mytilus edulis*, *Placopecten magellanicus* **237**

存在于各种棕藻中 Occurs in brown algae **1492, 1493**
存在于海绵中 Occurs in sponges **213, 918**
存在于海洋生物中 Occurs in marine organisms **710, 721, 982**
存在于海洋藻类和无脊椎动物中 Occurs in marine algae and invertebrates **1713**
存在于家蚕中 Occurs in silkworm **837**
存在于蓝细菌中 Occurs in cyanobacteria **247**
存在于绿藻中 Occurs in green algae **982**
存在于人的精浆中 Occurs in hmn seminal plasma **1709**
存在于人的血清和精浆中 Occurs in hmn both blood serum and seminal plasma **1708, 1711**
存在于人体组织中 Occurs in hmn tissues **1710**
存在于双壳类中 Occurs in mussels **218**
存在于污染的甲壳类动物 Occurs in contaminated shellfish **216, 223, 228, 239~242**
存在于鱿鱼中 Occurs in squid **1153**
存在于鱼肝油中 Occurs in shark liver oil **1847, 1866**
存在于鱼类和甲壳类，珊瑚礁鱼类，肉食性鱼类中 Occurs in fish and shellfish esp. coral reef spp. carnivorous fishes **199**
存在于真菌和地衣中 Occurs in fungi and lichens **891**
存在于真菌中 Occurs in fungi **918**
存在于植物和动物中 Occurs in plants and animals **631**
锉海绵属 *Xestospongia bergquistia* **823, 824**
锉海绵属 *Xestospongia* sp. **130, 131, 745, 954, 955, 1088~1096, 1407, 1422, 1423, 1435, 1438, 1439, 1888, 1889**
大眼鲷 *Caranx latus* **159, 160**
大洋海绵属 *Oceanapia phillipensis* **1958**
大洋海绵属 *Oceanapia ramsayi* **1970**
大洋海绵属 *Oceanapia* sp. **1161, 1669, 1957**
单棘槭海星 *Astropecten monacanthus* **626, 670, 826**
淡白柔荑软珊瑚 *Nephthea albida* **971~973**
淡红蜂海绵 *Haliclona rubens* **631**
灯芯柳珊瑚 *Dichotella gemmacea* **321**
等网扁矛海绵 *Lissodendoryx isodictyalis* **370~372**
低矮短指软珊瑚 *Sinularia humilis* **998, 999**
豆荚软珊瑚属 *Lobophytum mirabile* **914**
豆荚软珊瑚属 *Lobophytum sarcophytoides* **1098**
豆荚软珊瑚属 *Lobophytum* sp. **631, 914, 1065**
豆荚软珊瑚属 *Lobophytum laevigatum* **631, 710, 856, 916, 965, 1139**
短指软珊瑚属 *Sinularia ovispiculata* **903**
短指软珊瑚属 *Sinularia conferta* **968**
短指软珊瑚属 *Sinularia hirta* **968**
短指软珊瑚属 *Sinularia remei* **994**
短指软珊瑚属 *Sinularia aramensis* **1098**
短指软珊瑚属 *Sinularia flexibilis* **1098**
短指软珊瑚属 *Sclerophytum* sp. **914, 916**
短指软珊瑚属 *Sinularia candidula* **1921**
短指软珊瑚属 *Sinularia grandilobata* **1979**
短指软珊瑚属 *Sinularia gibberosa* **919, 920, 982**
短指软珊瑚属 *Sinularia* sp. **946, 971, 977, 982, 1098, 1511, 1520~1524, 1847, 1848, 1875, 1922**
短足软珊瑚属 *Cladiella* sp. **1941**
对虾 *Penaeus orientalis* **818**
多板海绵科 Plakinidae 海绵 *Plakinastrella* sp. **1619, 1620, 1678, 2013**
多板海绵科 Plakinidae 海绵 *Plakinastrella mamillaris* **1630~1633, 1690, 1695**
多板海绵科 Plakinidae 海绵 *Plakinastrella onkodes* **1567~1569, 1618, 1674~1676, 1679**
多鞭海绵属 *Polymastia boletiformis* **992**
多棘裂江瑶 *Pinna muricata* **229~232**
多棘槭海星 *Astropecten polyacanthus* **666~669**
多节海鞘科 *Polycitorella adriaticus* **1166**
多节海鞘属 *Polycitor afriaticus* **1166**
多裂缝束海绵 *Fasciospongia rimosa* **524, 556, 592**
多沙掘海绵 *Dysidea arenaria* **735**
多丝海绵属 *Polyfibrospongia* sp. **385**
多指短指软珊瑚 *Sinularia numerosa* **977, 1214**
仿鹿海绵属 *Damiriana hawaiiana* **775**
飞白枫海星 *Archaster typicus* **660, 993, 1040**
分裂短指软珊瑚 *Sinularia abrupta* **997**
丰肉海绵属 *Acarnus* sp. **440**
丰肉海绵属 *Acarnus* cf. *bergquistae* **1479, 1480**
蜂海绵 *Haliclona koremella* **1923**
蜂海绵属 *Haliclona permollis* **1049**
蜂海绵属 *Haliclona* spp. **1049**
蜂海绵属 *Haliclona cymaeformis* **1849~1854**
蜂海绵属 *Haliclona* sp. **283, 342, 343, 929, 1183, 1184, 1943, 1949, 1950, 1967, 1976, 1978**
蜂王的卵巢 Ovary of queen honeybee **696**
蝠海星 *Patiria miniata* **1217, 1219**
钙质海绵白雪海绵属 *Leucetta* aff. *microraphis* **1954**
钙质海绵白雪海绵属 *Leucetta microraphis* **1187, 1920, 1954, 1955**
冈田软海绵 *Halichondria okadai* **172, 177, 182~184, 196~198, 224**
冈田软海绵 *Halichondria okadai* **1527~1529, 1719, 1720**
格翅海星 *Pteraster tessellatus* **706**
格海绵属 *Thalysias juniperina* **891**
格海绵属 *Clathria* sp. **1041, 1474~1476**

格形海绵属 *Hyatella* sp. **524, 541**
格子沙海星 *Luidia clathrata* **682, 683, 686, 688, 690, 691, 790, 802, 963, 964, 966, 967, 1045**
弓隐海绵属 *Toxadocia zumi* **675, 678**
狗鲨 *Squalus acanthias* **724**
瓜参属 *Cucumaria* sp. **709**
管指海绵属 *Siphonochalina truncata* **1302, 1367, 1369**
规则膨海星 *Halityle regularis* **759, 993**
硅藻多列伪菱形藻 *Pseudonitzschia multiseries* **1724, 1725**
硅藻尖刺菱形藻多列变种 *Nitzschia pungens* f. *multiseries* **1724, 1725**
硅藻膜胞藻属 *Hymenomonas* sp. **953**
海参纲芋参科海参 *Trochostoma orientale* **709**
海参属 *Holothuria scabra* **709**
海参属 *Holothuria nobilis* **709, 982**
海参属 *Holothuria pervicax* **1929, 1981**
海鸡冠属软珊瑚 *Alcyonium patagonicum* **903**
海鸡冠属软珊瑚 *Alcyonium gracillimum* **635, 636, 638, 727, 741, 851, 852**
海绵 Aplysinidae 科 *Verongula rigida* **2007**
海绵 Chondropsidae 科 *Psammoclemma* sp. **510**
海绵 Chondropsidae 科 *Chondropsis* sp. **510, 512**
海绵 Clionaidae 科 *Spheciospongia cuspidifera* **1228**
海绵 Esperiopsidae 科 *Ulosa* sp. **1650, 1651**
海绵 Heteroxyidae 科 *Myrmekioderma dendyi* **1871**
海绵 Heteroxyidae 科 *Myrmekioderma* sp. **1869, 1870**
海绵 Irciniidae 科 *Psammocinia* sp. **1696**
海绵 Microcionidae 科 *Echinoclathria subhispida* **1078**
海绵 Podospongiidae 科 *Sigmosceptrella* sp. **1608**
海绵 Podospongiidae 科 *Diacarnus erythraenus* **1561~1563**
海绵 Podospongiidae 科 *Diacarnus* cf. *spinopoculum* **1570, 1608~1610**
海绵 Podospongiidae 科 *Diacarnus erythraeanus* **1579, 1580, 1585, 1603, 1607, 1636**
海绵 Scopalinidae 科 *Svenzea zeai* **987, 988**
海绵 Suberitidae 科 *Ficulina ficus* **1252, 1253**
海绵 Tedaniidae 科 *Hemitedania* sp. **440**
海绵 Tetillidae 科 *Cinachyrella enigmatica* **532, 554**
海绵 Tetillidae 科 *Cinachyrella* sp. **1132**
海绵 Vulcanellidae 科 *Lamellomorpha strongylata* **477, 1802~1804, 1806**
海盘车科 Asteriidae 海星 *Plazaster borealis* **708**
海盘车科 Asteriidae 海星 *Lysastrosoma anthosticta* **728**
海盘车科 Asteriidae 海星 *Diplasterias brucei* **734, 892**
海鞘 Polycitoridae 科 *Cystodytes* sp. **535, 537**
海鞘 Polycitoridae 科 *Cystodytes* cf. *dellechiajei* **1944**
海鞘 Polyclinidae 科 *Synoicum adareanum* **562**
海鞘 Polyclinidae 科 *Sidnyum turbinatum* **1151, 1158, 1160**
海鞘科海鞘 *Stolonica* sp. **1637, 1638**
海鞘科海鞘 *Stolonica socialis* **1639~1644**
海蛇尾齿栉蛇尾 *Ophiocoma dentata* **692**
海蛇尾刺蛇尾属 *Ophiothrix fragilis* **695, 706**
海蛇尾粗壮蜘蛇尾 *Ophiarachna incrassata* **692, 695, 707**
海蛇尾带蛇尾属 *Ophiozona impressa* **692, 695**
海蛇尾盖蛇尾属 *Stegophiura brachiactis* **695**
海蛇尾黄鳞蛇尾 *Ophiolepis superba* **695**
海蛇尾尖棘紫蛇尾 *Ophiopholis aculeata* **695**
海蛇尾卡氏筐蛇尾 *Gorgonocephalus caryi* **706**
海蛇尾南极蛇尾 *Ophionotus victoriae* **695, 706**
海蛇尾片蛇尾属 *Ophioplocus januarii* **692**
海蛇尾萨氏真蛇尾 *Ophiura sarsi* **695**
海蛇尾蜈蚣栉蛇尾 *Ophiocoma scolopendrina* **692, 1660, 1697**
海蛇尾秀丽节蛇尾 *Ophiarthrum elegans* **692**
海蛇尾蜒蛇尾属 *Ophionereis reticulata* **692**
海蛇尾长尾皮蛇尾 *Ophioderma longicaudum* **692, 695, 702, 706**
海蛇尾真蛇尾属 *Ophiura leptoctenia* **706**
海蛇尾织纹真蛇尾 *Ophiura texturata* **695, 706**
海蛇尾栉蛇尾属 *Ophiocoma wendti* **692**
海蛇尾栉蛇尾属 *Ophiocoma echinata* **692, 1251**
海蛇尾智利筐蛇尾 *Gorgonocephalus chilensis* **693, 695, 706**
海兔科海兔 *Notarchus leachii* **614**
海星从福氏海盘车 *Asterias forbesi* **629**
海星多棘海盘车 *Asterias amurensis* **658**
海星纲钳棘目 Stichasteridae 科 *Cosmasterias lurida* **802**
海星纲钳棘目海星 *Lethasterias fusca* **787**
海星纲钳棘目细海盘车 *Marthasterias glacialis* **709**
海星纲有瓣目 Mithrodiidae 科 *Thromidia catalai* **802**
海星海盘车属 *Asterias pectinifera* **709**
海星红海盘车 *Asterias rubens* **709**
海星兰氏海盘车 *Asterias rathbuni* **658, 728, 812, 813**
海星马天海盘车 *Marthasterias glacialis* **790**
海星日本滑海盘车 *Aphelasterias japonica* **629, 708**
海星日本长腕海盘车 *Distolasterias nippon* **1709, 1712**
海星筛海盘车属 *Coscinasterias tenuispina* **790**
海星杂色多棘海盘车 *Asterias amurensis* cf. *versicolor* **819**
海燕 *Asterina pectinifera* **990**
海洋导出的产黄青霉真菌 *Penicillium chrysogenum* PJX-17 **286, 287**
海洋导出的产黄青霉真菌 *Penicillium chrysogenum* QEN-24S **1270**

海洋导出的产黄青霉真菌 *Penicillium chrysogenum* **273, 288, 866, 991**
海洋导出的放线菌 *Marinispora* sp. CNQ-140 **550~553**
海洋导出的放线菌拟诺卡氏放线菌属 *Nocardiopsis* sp. CMB-M0232 **388**
海洋导出的放线菌栖沙盐水孢菌（模式种）*Salinispora arenicola* CNH643 **115**
海洋导出的放线菌栖沙盐水孢菌（模式种）*Salinispora arenicola* YM23-082 **38, 114**
海洋导出的放线菌异壁放线菌属 *Actinoalloteichus* sp. **51~59**
海洋导出的灰色链霉菌 *Streptomyces griseus* **309, 487~489**
海洋导出的链霉菌海洋海绵链霉菌 *Streptomyces axinellae* Pol001 **327~331**
海洋导出的链霉菌金黄回旋链霉菌 *Streptomyces aureoverticillatus* NPS001583 **2**
海洋导出的链霉菌抗生链霉菌 *Streptomyces antibioticus* **349, 350**
海洋导出的链霉菌葡萄牙链霉菌 *Streptomyces lusitanus* SCSIO LR32 **121~126**
海洋导出的链霉菌首尔链霉菌 *Streptomyces seoulensis* **818**
海洋导出的链霉菌属 *Streptomyces arenicola* CNR-005 **38**
海洋导出的链霉菌属 *Streptomyces arenicola* CNR-059 **39**
海洋导出的链霉菌属 *Streptomyces* sp. KORDI-3238 **48**
海洋导出的链霉菌属 *Streptomyces* sp. MP39-85 **116**
海洋导出的链霉菌属 *Streptomyces* sp. HB202 **129**
海洋导出的链霉菌属 *Streptomyces* sp. B1751 **365**
海洋导出的链霉菌属 *Streptomyces* sp. SK 1071 **543**
海洋导出的链霉菌属 *Streptomyces* sp. MDG-014-17-069 **588**
海洋导出的链霉菌属 *Streptomyces* sp. RJA635 **309, 310**
海洋导出的链霉菌属 *Streptomyces* sp. RJA71 **311, 312**
海洋导出的链霉菌属 *Streptomyces* sp. Ni-80 **364, 365**
海洋导出的链霉菌属 *Streptomyces* sp. 1010 **1163**
海洋导出的链霉菌属 *Streptomyces* sp. BD-26T **1531**
海洋导出的链霉菌属 *Streptomyces* sp. BD-26T(20) **1683**
海洋导出的链霉菌属 *Streptomyces* sp. SpD081030ME-02 **1685**
海洋导出的链霉菌属 *Streptomyces* sp. **46, 47, 117, 127, 128, 130, 131, 313, 324~326, 362, 363, 386, 387, 558, 611**
海洋导出的链霉菌属 *Streptomyces* sp. 307-9 **1691, 1692**
海洋导出的链霉菌属 *Streptomyces* sp. CNQ-431 **352~361**
海洋导出的链霉菌属 *Streptomyces* sp. M428 **1825, 1826**
海洋导出的链霉菌属 *Streptomyces* sp. NPS-643 **615~620**
海洋导出的吸水链霉菌 *Streptomyces hygroscopicus* OUPS-N92 **314**
海洋导出的吸水链霉菌 *Streptomyces hygroscopicus* **27, 309, 315, 316**
海洋导出的细菌假交替单胞菌属 *Pseudoalteromonas* sp. CGH2XX **1273**
海洋导出的细菌解淀粉芽孢杆菌 *Bacillus amyloliquefaciens* **2001**
海洋导出的细菌小单孢菌属 *Micromonospora* sp. M71-A77 **542**
海洋导出的细菌小单孢菌属 *Micromonospora* sp. **49, 318~320**
海洋导出的细菌芽孢杆菌属 *Bacillus* sp. Sc026 **2003, 2004**
海洋导出的细菌芽孢杆菌属 *Bacillus* sp. **1222, 1223, 1264, 1265, 2002**
海洋导出的细菌芽孢杆菌属 *Bacillus* sp. PP19-H3 **1994~2000**
海洋导出的细菌疣孢菌属 *Verrucosispora* sp. **1693**
海洋导出的真菌 *Phialocephala* sp. **278, 281**
海洋导出的真菌 basidiomycete 担子菌 *Halocyphina villosa* **1484**
海洋导出的真菌变色曲霉菌 *Aspergillus versicolor* MF359 **258, 260, 264, 265**
海洋导出的真菌变色曲霉菌 *Aspergillus versicolor* **260, 262, 263, 266, 868, 871, 891**
海洋导出的真菌短梗霉属 *Aureobasidium* sp. **1146, 1149, 1218**
海洋导出的真菌分枝变枕孢 *Varicosporina ramulosa* **61~63**
海洋导出的真菌粉红黏帚霉 *Gliocladium roseum* KF-1040 **1275~1278**
海洋导出的真菌格孢菌目 Aigialaceae 科海洋红树真菌 *Aigialus parvus* BCC 5311 **332~334, 341**
海洋导出的真菌根霉属 *Rhizopus* sp. 2-PDA-61 **22, 23**
海洋导出的真菌根霉属 *Rhizopus* sp. **883, 888, 889, 891, 896, 897, 948, 950~952**
海洋导出的真菌哈茨木霉 *Trichoderma harzianum* **1535**
海洋导出的真菌哈茨木霉 *Trichoderma harzianum* OUPS-N115 **1527~1529**
海洋导出的真菌黑孢属 *Nigrospora* sp. PSU-F11 **1494, 1495**
海洋导出的真菌黑孢属 *Nigrospora* sp. PSU-F5 **1508, 1518**
海洋导出的真菌黑曲霉菌 *Aspergillus niger* **261, 267, 897, 974, 975, 1658, 1892, 1893**
海洋导出的真菌黑曲霉菌 *Aspergillus niger* F97S11 **1532**
海洋导出的真菌黑曲霉菌 *Aspergillus niger* EN-13 **1891**
海洋导出的真菌黄柄曲霉 *Aspergillus flavipes* **1924, 1925**
海洋导出的真菌黄曲霉 *Aspergillus flavus* **1926, 1927**

海洋导出的真菌焦曲霉 *Aspergillus ustus* cf-42 **956**
海洋导出的真菌接柄孢属 *Zygosporium* sp. KNC52 **2019**
海洋导出的真菌橘青霉 *Penicillium citrinum* SpI080624G1f01 **270**
海洋导出的真菌橘青霉 *Penicillium citrinum* **284, 1687**
海洋导出的真菌康氏木霉 *Trichoderma koningii* MF349 **624**
海洋导出的真菌枯壳针孢属 *Phaeosphaeria spartinae* 777 **1498**
海洋导出的真菌枯壳针孢属 *Phaeosphaeria spartinae* **1653**
海洋导出的真菌梨孢假壳属 *Apiospora montagnei* **1263**
海洋导出的真菌里氏木霉 *Trichoderma reesei* **1704**
海洋导出的真菌镰孢霉属 *Fusarium* sp. 95F858 **601**
海洋导出的真菌镰孢霉属 *Fusarium* sp. 05JANF165 **602**
海洋导出的真菌镰孢霉属 *Fusarium* sp. **603**
海洋导出的真菌镰孢霉属 *Fusarium* sp. FE-71-1 **1168, 1169**
海洋导出的真菌链格孢属 *Alternaria raphani* THW-18 **1885~1887**
海洋导出的真菌木霉 *Trichoderma hamatum* **1535**
海洋导出的真菌木霉属 *Trichoderma longibrachiatum* **283**
海洋导出的真菌木霉属 *Trichoderma* sp. **297~299**
海洋导出的真菌木霉属 *Trichoderma* sp. f-13 **271~274, 277, 280, 282, 295, 300**
海洋导出的真菌拟茎点霉属 *Phomopsis* sp. hzla01-1 **1233, 1234**
海洋导出的真菌拟小球霉属 *Microsphaeropsis* sp. **604**
海洋导出的真菌拟小球霉属 *Microsphaeropsis olivacea* **1925**
海洋导出的真菌拟小球霉属 *Microsphaeropsis* sp. FO-5050 **1985**
海洋导出的真菌黏帚霉属 *Gliocladium* sp. **60**
海洋导出的真菌黏帚霉属 *Gliocladium* sp. L049 **1247**
海洋导出的真菌漆斑菌属 *Myrothecium* sp. **1515**
海洋导出的真菌青霉属 *Penicillium flavidorsum* SHK1-27 **262**
海洋导出的真菌青霉属 *Penicillium stoloniferum* QY2-10 **896**
海洋导出的真菌青霉属 *Penicillium* sp. PSU-F44 **497, 514**
海洋导出的真菌青霉属 *Penicillium terrestre* **275, 276, 282, 296, 300, 1552**
海洋导出的真菌青霉属 *Penicillium* sp. ML226 **1688, 1698**
海洋导出的真菌青霉属 *Penicillium* sp. **910, 1502, 1510**
海洋导出的真菌青霉属 *Penicillium* sp. OUPS-79 **1509, 1553, 1554, 1661, 1700, 1701**
海洋导出的真菌曲霉菌属 *Aspergillus sulphureus* **598**
海洋导出的真菌曲霉菌属 *Aspergillus aculeatus* HTTM-Z07002 **949**
海洋导出的真菌曲霉菌属 *Aspergillus* sp. **596, 599**
海洋导出的真菌曲霉菌属 *Aspergillus varians* **1661**
海洋导出的真菌曲霉菌属 *Aspergillus* sp. SCSIOW3 **1699**
海洋导出的真菌曲霉菌属 *Aspergillus* sp. GF-5 **1702**
海洋导出的真菌曲霉菌属 *Aspergillus* sp. 16-02-1 **1243, 1245, 1246**
海洋导出的真菌曲霉菌属 *Aspergillus ostianus* 01F313 **1201~1203, 1244~1246**
海洋导出的真菌曲霉菌属 *Aspergillus awamori* **904~909, 947, 960**
海洋导出的真菌曲霉菌属 *Aspergillus* sp. MF-93 **259, 1792~1798**
海洋导出的真菌萨氏曲霉菌 *Aspergillus sydowi* YH11-2 **836, 871**
海洋导出的真菌萨氏曲霉菌 *Aspergillus sydowi* PFW1-13 **1702, 1703**
海洋导出的真菌三隔镰孢霉 *Fusarium tricinctum* MFB392-2 **601**
海洋导出的真菌炭角菌科 *Halorosellinia oceanica* BCC5149 **1262**
海洋导出的真菌炭团菌属 *Hypoxylon aceanicum* LL-15G256 **486, 559**
海洋导出的真菌土色曲霉菌 *Aspergillus terreus* PT06-2 **1525**
海洋导出的真菌土色曲霉菌 *Aspergillus terreus* **1525, 1694**
海洋导出的真菌外瓶霉属 *Exophiala pisciphila* N110102 **1167**
海洋导出的真菌弯孢霉属 *Curvularia* sp. 6540 **335~337, 340**
海洋导出的真菌弯孢霉属 *Curvularia* sp. 768 **337~340**
海洋导出的真菌细丝黑团孢霉 *Periconia byssoides* OUPS-N133 **1539~1542, 1986~1991**
海洋导出的真菌小裸囊菌属 *Gymnascella dankaliensis* OUPS-N134 **1648, 1649**
海洋导出的真菌小裸囊菌属 *Gymnascella dankaliensis* **880, 881, 921~924, 1543~1545**
海洋导出的真菌旋孢腔菌属 *Cochliobolus lunatus* **321**
海洋导出的真菌异常曲霉菌 *Aspergillus insuetus* OY-207 **1696**
海洋导出的真菌圆酵母 *Torula herbarum* **614**
海洋导出的真菌杂色裸壳孢 *Emericella variecolor* GF10 **622, 623**

海洋导出的真菌枝孢属 *Cladosporium* sp. **1983, 1984**
海洋导出的真菌枝顶孢属 *Acremonium* sp. AWA16-1 **1668**
海洋导出的真菌枝顶孢属 *Acremonium strictum* **1680**
海洋导出的真菌枝顶孢属 *Acremonium* sp. **595, 597, 605, 607**
海洋水生植物百合超目泽泻目波喜荡海藻 *Posidonia oceanica* **1146, 1149, 1218**
海洋细菌海洋芽孢杆菌 *Bacillus marinus* **1992**
海洋细菌噬细胞菌属 *Cytophaga johnsone* **1281**
海洋细菌噬细胞菌属 *Cytophaga* sp. **1267, 1281**
海洋细菌狭窄弧菌 *Vibrio angustum* S14 **1164**
海洋小龙虾 *Jasus lalandei* **837**
海洋黏细菌 *Haliangium ochraceum* AJ13395 **1255~1259**
海洋真菌齿梗孢霉属 *Calcarisporium* sp. **498~501**
海洋真菌间座壳属 *Diaporthe* sp. **612**
海洋真菌钦氏菌属 *Chainia* spp. **120**
海洋真菌炭角菌科 *Halorosellinia oceanica* **1262**
海贻贝 *Crenomytilus grayanus* **1709**
罕见放线菌 *Lechevalieria aerocolonigenes* **549**
黑扁板海绵 *Plakortis nigra* **1621, 1622, 2011, 2012**
黑海鞘 *Ascidia nigra* **891**
黑珊瑚 *Leiopathes* sp. **1217, 1219**
黑珊瑚角珊瑚属 *Antipathes subpinnata* **676, 701, 703, 726**
红树导出的产黄青霉真菌 *Penicillium chrysogenum* **1919**
红树导出的链霉菌葡萄牙链霉菌 *Streptomyces lusitanus* **351**
红树导出的真菌孢子丝菌属 *Sporothrix* sp. 4335 **1556, 1557**
红树导出的真菌拟青霉属 *Paecilomyces* sp. **1686**
红树导出的真菌青霉属 *Penicillium sumatrense* **346~348**
红树导出的真菌青霉属 *Penicillium* sp. JP-1 **1496, 1519, 1652, 1689**
红树导出的真菌炭角菌属 *Xylaria* sp. 2508 **1705, 1706**
红树红海兰 *Rhizophora stylosa* **1919**
红树尖叶卤蕨 *Acrostichum speciosum* **904~909, 947, 960**
红树老鼠簕属 *Acanthus ebracteatus* **949**
红树马鞭草科海榄雌 *Avicennia marina* **351**
红树马鞭草科海榄雌 *Avicennia marina* **974, 975**
红树木榄 *Bruguiera gymnorrhiza* **1681, 1694**
红树茜草科瓶花木 *Scyphiphora hydrophyllacea* A1 **1152**
红树桐花树 *Aegiceras corniculatum* **1496, 1519, 1652, 1689**
红树无花瓣海桑 *Sonneratia apetala* **344, 345**
红树银叶树属 *Heritiera globosa* **386, 387**
红树总状花序榄李 *Lumnitzera racemosa* **346~348**
红藻凹顶藻属 *Laurencia pinnatifida* **2028**
红藻凹顶藻属 *Laurencia mariannensis* **2032**
红藻凹顶藻属 *Laurencia* sp. **866, 991, 1270, 2030, 2033**
红藻扁乳节藻 *Galaxaura marginata* **673, 674, 721, 744, 764~769**
红藻叉枏藻 *Jania rubens* **773**
红藻耳壳藻 *Peyssonnelia caulifera* **1465, 1466**
红藻海门冬 *Asparagopsis taxiformis* **1191, 1192**
红藻红皮藻属 *Rhodymenia palmata* **721**
红藻红叶藻 *Delesseria sanguinea* **1512, 1513, 1656**
红藻江蓠 *Gracilaria verrucosa* **1231, 1232**
红藻江蓠 *Gracilaria edulis* [Syn. *Polycavernosa tsudai*] **567~571**
红藻江蓠属 *Gracilaria* sp. **335~337, 340**
红藻江蓠属 *Gracilaria lichenoide* **1712**
红藻江蓠属 *Gracilaria* spp. **1712**
红藻江蓠属 *Polycavernosa tsudae* [Syn,*Gracilaria edulis*] **567~571**
红藻角网藻 *Ceratodictyon spongiosum* **119, 1849~1854**
红藻堇紫多管藻 *Polysiphonia violacea* **1263**
红藻菊花江蓠 *Gracilaria lichenoides* **1713**
红藻宽角叉枏藻 *Jania adhaerens* **730**
红藻裂膜藻 *Schizymenia dubyi* **1994~2000**
红藻鳞屑囊管藻 *Halosaccion ramentaceum* **721**
红藻龙纹藻科 *Neodilsea yendoana* **1210, 1982**
红藻绿色凹顶藻 *Laurencia viridis* **36, 37**
红藻略大凹顶藻 *Laurencia majuscula* **1076**
红藻帕诺萨凹顶藻 *Laurencia pannosa* **2024**
红藻软垂仙菜 *Ceramium flaccidum* **1153**
红藻伞房江蓠 *Gracilaria coronopifolia* **88, 89, 243**
红藻山田凹顶藻 *Laurencia yamada* **2025**
红藻杉藻属 *Gigartina tenella* **1877**
红藻珊瑚藻属 *Corallina mediterranea* **1282**
红藻十字海头红 *Plocamium cruciferum* **1249**
红藻松节藻科 *Murrayella periclados* **1220**
红藻松节藻科穗状鱼栖苔 *Acanthophora spicifera* **337~340, 694**
红藻仙菜科羽状翼藻 *Ptilota filicina* **1236**
红藻仙菜属 *Ceramium* sp. **1498, 1653**
红藻醒目凹顶藻 *Laurencia spectabilis* **1154**
红藻鸭毛藻 *Symphyocladia latiuscula* **1526**
红藻隐丝藻科柔叶海膜 *Halymenia dilatata* **1168, 1169**
红藻有粉粉枝藻 *Liagora farinosa* **1186, 1446, 1447**
红藻羽状凹顶藻 *Laurencia pinnata* **648, 809**
红藻羽状凹顶藻 *Laurencia pinnata* **2029, 2031**
红藻鹧鸪菜 *Caloglossa leprieurii* **1846**
红藻雉尾藻属 *Phacelocarpus labillardieri* **1477**
厚芒海绵属 *Pachastrissa* sp. **1953**
厚片蜂海绵 *Haliclona crassiloba* **925~928**

环节动物多毛纲蠕虫 *Perinereis aibuhitensis* **733**
环节动物门矶沙蚕科 *Eunicea fusca* **710, 1049**
黄褐色矶海绵 *Reniera fulva* **1306**
黄尾鱼 *Seriola quinqueradiata* **1709, 1712**
秽色海绵属 *Aplysina aerophoba* **604**
秽色海绵属 *Aplysina cavernicola* **1503**
秽色海绵属 *Aplysina fistularis* **1503**
火山石海绵 *Petrosia volcano* **1415~1420, 1429**
鸡爪海星 *Henricia leviuscula* **681, 1020**
鸡爪海星属 *Henricia downeyae* **893, 894**
棘海星属 *Echinaster sepositus* **816**
棘轮海星 *Crossaster papposus* **719, 720**
棘皮动物门海百合纲弓海百合目 *Gymnocrinus richeri* **871, 891**
棘皮动物门海百合纲羽星目 *Heliometra glacialis maxima* **677**
棘皮动物门海百合纲羽星目二分枝海羊齿 *Antedon bifida* **982**
棘皮动物门海参纲辛那参科 *Bathyplotes natans* **709**
棘皮动物门真海胆亚纲海胆科秋葵海胆 *Echinus esculentus* **982**
棘皮动物门真海胆亚纲心形海胆目心形棘心海胆 *Echinocardium cordatum* **982, 1260, 1261**
几何小瓜海绵 *Luffariella geometrica* **1819**
蓟海绵属 *Aka* sp. **929**
加勒比海绵Microcionidae科 *Pandaros acanthifolium* **213, 645, 804~807, 857, 858, 983~986, 1032~1034, 1066~1075**
甲藻刺膝沟藻 *Gonyaulax spinifer* **212**
甲藻倒卵形鳍藻 *Dinophysis fortii* **218, 447, 448**
甲藻毒性甘比尔鞭毛虫 *Gambierdiscus toxicus* GII-1 **192**
甲藻毒性甘比尔鞭毛虫 *Gambierdiscus toxicus* **163~168, 185, 199, 201, 202**
甲藻短凯伦藻 *Karenia brevis* **157, 209, 210**
甲藻短裸甲藻 *Gymnodinium breve* **181**
甲藻短裸甲藻 *Gymnodinium breve* [Syn. *Ptychodiscus brevis*] **146, 147, 153~156, 162, 1814**
甲藻短裸甲藻 *Ptychodiscus brevis* [Syn. *Gymnodinium breve*] **146, 147, 153~156, 162, 1814**
甲藻多甲藻目 *Vulcanodinium rugosum* **625**
甲藻共生藻属 *Symbiodinium* sp. Y-6 **593, 594**
甲藻共生藻属 *Symbiodinium* sp. **118, 1973**
甲藻尖鳍藻 *Dinophysis acuta* **452**
甲藻渐尖鳍藻 *Dinophysis acuminata* **447~449, 453, 454, 480**
甲藻剧毒卡罗藻 *Karlodinium veneficum* CCMP 2936 **138~140, 143, 144**
甲藻凯伦藻属 *Karenia brevisulcata* **158**
甲藻克氏前沟藻 *Amphidinium klebsii* **133~136**
甲藻蛎甲藻属 *Ostreopsis siamensis* **141**
甲藻卵形蛎甲藻 *Ostreopsis* cf. *ovata* **17**
甲藻卵形蛎甲藻 *Ostreopsis ovata* **45**
甲藻米氏凯伦藻(长崎裸甲藻) *Karenia mikimotoi* [Syn. *Gymnodinium mikimotoi*) **169~171**
甲藻挪威鳍藻 *Dinophysis norvegica* **453, 454**
甲藻鳍藻属 *Dinophysis* sp. **450, 451**
甲藻鳍藻属 *Dinophysis* spp. **219**
甲藻前沟藻属 *Amphidinium* sp. Y-52 **31**
甲藻前沟藻属 *Amphidinium carterae* **137**
甲藻前沟藻属 *Amphidinium* sp. Y-25 **389**
甲藻前沟藻属 *Amphidinium* spp. Y-25 **394**
甲藻前沟藻属 *Amphidinium* sp. Y-56 **400, 422**
甲藻前沟藻属 *Amphidinium* sp. Y-5 **7~9, 390, 419**
甲藻前沟藻属 *Amphidinium* sp. Y-42 **429, 430**
甲藻前沟藻属 *Amphidinium* sp. HYA024 **1536**
甲藻前沟藻属 *Amphidinium* sp. S1-36-5 **507, 1240, 1241**
甲藻前沟藻属 *Amphidinium* sp. **20, 21, 29, 30, 142, 391~399, 401~418, 420, 421, 423~428, 431, 539, 1776**
甲藻网状原角藻 *Protoceratium reticulatum* **203~206, 212**
甲藻膝沟藻 *Gonyaulax polyedra* **1533**
假海绵科海绵 *Pseudaxinyssa digitata* **932~934**
假美丽海绵 *Callyspongia fallax* **1156**
坚挺双盘海鞘 *Eudistoma* cf. *rigida* **535~538**
坚硬石海绵* *Petrosia solida* **1399**
角骨海绵属 *Spongia mycofijiensis* **524**
角骨海绵属 *Spongia oceania* **1832**
角骨海绵属 *Spongia* cf. *hispida* **1876**
角骨海绵属 *Spongia agaricina* **1123, 1124**
角骨海绵属 *Spongia* sp. **19, 518, 579~581, 649~652, 864, 865, 1039, 1440~1445**
结海绵属 *Gellius* sp. **753, 828, 829**
结沙海绵属 *Desmapsamma anchorata* **1847**
截型美丽海绵 *Callyspongia truncata* **1288, 1290, 1293~1297, 1432, 1471~1473**
金藻小定鞭金藻 (定鞭藻 Haptophyceae 纲) *Prymnesium parvum* (class Haptophyceae) **207, 208**
居苔海绵 *Tedania ignis* **589**
掘海绵科 Dysideidae 海绵 *Pleraplysilla* sp. **671**
掘海绵属 *Dysidea* sp. **490, 735~737, 895**
卡特海绵属 *Carteriospongia* sp. **1207~1209**
卡特里扁海绵 *Phakellia carteri* **172, 178, 183**
卡特里小轴海绵 *Axinella carteri* **178, 179, 183**
空洞束海绵 *Fasciospongia cavernosa* **754**
库页岛马海星 *Hippasteria kurilensis* **684, 697, 761, 783~786, 833, 937**

宽海绵属 *Euryspongia* sp. **747, 748, 1682**
拉丝海绵属 *Raspailia ramosa* **1366**
兰灯海绵属 *Lendenfeldia chondrodes* **1042, 1043**
蓝细菌 Leptolyngbyoideae 亚科蓝细菌 *Leptolyngbya* cf. **563**
蓝细菌 Leptolyngbyoideae 亚科蓝细菌 *Leptolyngbya crossbyana* **1212, 1213**
蓝细菌暗鞘丝藻 *Lyngbya sordida* **73**
蓝细菌博罗尼鞘丝藻 *Moorea bouillonii* **1791**
蓝细菌颤藻 Oscillatoriaceae 科 *Hormoscilla* spp. **1560**
蓝细菌颤藻属 *Oscillatoria* spp. **563**
蓝细菌颤藻属 *Oscillatoria* cf. **1560**
蓝细菌颤藻属 *Oscillatoria* sp. **560, 1235**
蓝细菌颤藻属 *Oscillatoria crythraea* **1973**
蓝细菌单歧藻属 *Tolypothrix conglutinata* var. *colorata* **590**
蓝细菌单歧藻属 *Tolypothrix conglutinata* var. *chlorata* **1179, 1188, 1189**
蓝细菌钙生裂须藻 *Schizothrix calcicola* **245, 246, 248, 254, 255, 1176**
蓝细菌盖丝藻属 *Geitlerinema* sp. **468, 469**
蓝细菌河口鞘丝藻 *Lyngbya aestuarii* **1165**
蓝细菌红海红颤藻 *Trichodesmium erythraeum* **252, 253**
蓝细菌集胞藻属 *Synechocystis* sp. **1516, 1517**
蓝细菌胶刺藻属 *Gloeotrichia* sp. **1782**
蓝细菌类束藻属 *Symploca-like* sp. **1237**
蓝细菌林氏念珠藻 *Nostoc linckia* **496**
蓝细菌墨绿颤藻 *Oscillatoria nigroviridis* **245, 246, 248, 254, 255, 1176**
蓝细菌念珠藻科筒孢藻属 *Cylindrospermum musicola* **533, 534, 577**
蓝细菌念珠藻属 *Nostoc spongiaeformia* **496**
蓝细菌奇异伪枝藻 *Scytonema mirabile* **533, 1188, 1189**
蓝细菌鞘丝藻属 *Moorea producens* **75**
蓝细菌鞘丝藻属 *Lyngbya gracilis* **247**
蓝细菌鞘丝藻属 *Lyngbya bouillonii* **3, 545**
蓝细菌鞘丝藻属 *Lyngbya* sp. **6, 77, 493~495, 544, 545**
蓝细菌稍大鞘丝藻 *Lyngbya majuscula* **64~66, 70~72, 74, 76~87, 90, 91, 244, 247, 249~251, 256, 257, 508, 1171, 1172, 1225, 1226, 1235, 1248, 1254, 1718**
蓝细菌稍大鞘丝藻 *Lyngbya* cf. *majuscula* **1534**
蓝细菌似鞘丝藻属 *Lyngbya*-like sp. **1271, 1272**
蓝细菌束藻属 *Symploca* cf. sp. **474**
蓝细菌水华束丝藻 *Aphanizomenon flos-aquae* **1782**
蓝细菌水华鱼腥藻 *Anabaena flos-aquae* NIES 74 **1221**
蓝细菌伪枝藻属 *Scytonema musicola* **533**
蓝细菌伪枝藻属 *Scytonema pseudohofmanni* **577**
蓝细菌伪枝藻属 *Scytonema* spp. **515, 534, 590**
蓝细菌伪枝藻属 *Scytonema burmanicum* **533, 1188, 1189**
蓝细菌席藻属 *Phormidium* spp. **509**
蓝细菌席藻属 *Phormidium* sp. **566**
蓝细菌席藻属 *Phormidium ectocarpi* **2014, 2015**
蓝细菌眼点伪枝藻 *Scytonema ocellatum* **533**
蓝贻贝 *Mytilus edulis* **161, 219, 596, 1709**
蓝指海星 *Linckia laevigata* **788, 789, 802, 819, 957, 958, 1057~1060**
狼齿海鳝 *Lycodontis javanicus* **200**
利马原甲藻 *Prorocentrum lima* PL2 **226, 227**
利马原甲藻 *Prorocentrum lima* **215, 519, 574**
利托菲顿属软珊瑚 *Litophyton arboreum* **972**
利托菲顿属软珊瑚 *Litophyton viridis* **959, 972**
荔枝海绵属 *Tethya aurantia* **1049**
柳珊瑚 Gorgoniidae 科 *Pseudoptero gorgiaamericana* **1100, 1131**
柳珊瑚 Primnoidae 科 *Dasystenella acanthina* **646, 647, 725, 738, 739, 770, 834**
柳珊瑚海扇 *Annella* sp. **497, 514, 1494, 1495, 1508, 1518**
柳珊瑚科柳珊瑚 *Pseudopterogorgia americana* **996**
柳珊瑚科柳珊瑚 *Lophogorgia* sp. **1109**
柳珊瑚科柳珊瑚 *Leptogorgia sarmentosa* **729, 772, 774**
柳珊瑚科柳珊瑚 *Pseudopterogorgia* sp. **996, 1110, 1128, 1941**
柳珊瑚科柳珊瑚 *Eunicella cavolini* **890, 1121, 1122, 1125~1127**
六放珊瑚亚纲 *Gerardia savaglia* **837**
六放珊瑚亚纲结核沙群海葵 *Palythoa tuberculosa* **132**
六放珊瑚亚纲沙群海葵属 *Palythoa* sp. **132**
六放珊瑚亚纲沙群海葵属 *Palythoa liscia* **1847**
六放珊瑚亚纲有毒沙群海葵 *Palythoa toxica* **132**
漏斗肉芝软珊瑚 *Sarcophyton infundibuliforme* **1872~1874**
陆地链霉菌属 Terrestrial streptomycete *Streptomyces* sp. MK67-CF9 **331**
陆地蘑菇 Terrestrial mushroom *Grifola frondosa* **910, 952**
陆地蘑菇香菇 Terrestrial mushroom *Lentinus edodes* **896**
陆地真菌 Terrestrial fungi *Phoma* spp. **1508**
陆地真菌芳香喇叭真菌 Terrestrial fungus *Craterellus odoratus* **598**
陆地真菌黄灰青霉 Terrestrial fungus *Penicillium aurantiogriseum* **866**
陆地真菌镰孢霉属 Terrestrial fungus *Fusarium* sp. K432 **601, 602**
陆地真菌土色曲霉菌 Terrestrial fungus *Aspergillus terreus* **1525**
陆地真菌赭曲霉菌 Terrestrial fungus *Aspergillus ochraceus* DSM 7428 **1244**
陆地植物 Terrestrial plant *Polypodium vulgare* **837**

陆地植物 Terrestrial plants **837**
陆地植物 Terrestrial plant *Typha latifolia* **883**
陆地植物小麦，玉米，黑麦和薏米根. Terrestrial plants, wheat *Triticum aestivum*, corn *Zea mays*, rye *Secale cereal* and *Coix lacryma jobi* roots **1669**
陆地植物硬皮地星 Terrestrial plant *Astraeus hygrometricus* **904**
鹿角短指软珊瑚 *Sinularia cervicornis* **1148**
鹿角珊瑚 *Madrepora oculata* **1450**
裸胸海鳝 *Gymnothorax javanicus* **199**
绿藻棒叶蕨藻 *Caulerpa sertularioides* **1907**
绿藻肠浒苔 *Enteromorpha intestinalis* **1147, 1509, 1553, 1554, 1661, 1700, 1701**
绿藻黄褐盒管藻 *Capsosiphon fulvescens* **982, 1205, 1206**
绿藻裂片石莼 *Ulva fasciata* **1238, 1912, 1942**
绿藻瘤枝藻 *Tydemania expeditionis* **1138**
绿藻球状轮藻 *Chara globularis* **1654**
绿藻软丝藻科 *Acrosiphonia coalita* **1211**
绿藻杉叶蕨藻 *Caulerpa taxifolia* **1864**
绿藻石莼 *Ulva lactuca* **1147**
绿藻松藻属 *Codium arabicum* **1046~1048**
绿藻椭圆小球藻 *Chlorella ellipsoidea* **918**
绿藻总状花序蕨藻 *Caulerpa racemosa* **1905~1907**
马海绵属 *Hippospongia* sp. **1467**
马海绵属 *Hippospongia lachne* **1684**
毛壶属钙质海绵 *Grantia* cf. *waguensis* **1452**
毛里塔尼亚群海绵 *Agelas mauritianus* **1880~1884, 1963**
美丽海绵属 *Callyspongia* sp,nov. **1290**
美丽海绵属 *Callyspongia* sp. **1288, 1289, 1312, 1313, 1367, 1431, 1565, 1566**
面包海星 *Culcita novaeguineae* **759**
面包软海绵 *Halichondria panicea* **129**
明显齿棘海星 *Acodontaster conspicuus* **698, 861~863, 911, 1036~1038**
膜海鞘属 *Trididemnum cyanophorum* **1504, 1505**
莫氏星骨海鞘 *Didemnum moseleyi* **1778, 1779, 1783**
墨西哥粉红大海星 Goniopectinidae 科 *Goniopecten demonstrans* **755~757**
穆氏红海星 *Mediaster murrayi* **791~794**
南方五角瓜参 *Pentacta australis* **1918**
南非软珊瑚 *Anthelia glauca* **913**
内肛动物门无肠目海洋扁虫 *Pseudaphanostoma luteocoloris* **31**
拟草掘海绵 *Dysidea herbacea* **760, 915, 1657, 1659**
拟茄海绵属 *Cinachyra* sp. **582**
拟态柔荑软珊瑚 *Nephthea simulata* **973**
佩纳海绵属 *Penares sollasi* **1966**
佩纳海绵属 *Penares* sp. **1964, 1965**
皮壳海绵属 *Terpios* sp. **1975**
皮条海绵属 *Pellina* sp. **1333~1337**
皮网海绵科海绵 *Rhizochalina incrustata* **1970**
片状杂星海绵 *Poecillastra laminaris* **867**
平板海绵属 *Placospongia* sp. **1482, 1483**
匍匐珊瑚目 *Clavularia frankliniana* **1855, 1856, 1868**
匍匐珊瑚目 *Carijoa* sp. **672, 1757, 1761~1763, 1767, 1768**
匍匐珊瑚目绿色羽珊瑚 *Clavularia viridis* **1000~1008, 1016, 1017, 1019, 1108, 1112, 1500, 1501, 1726~1749, 1752~1755, 1774, 1786**
匍匐珊瑚目羽珊瑚属 *Clavularia violacea* **1733**
骑士章海星 *Stellaster equestris* **1961~1963**
企鹅珍珠贝 *Pteria penguin* **233~235**
钳海绵属 *Forcepia* sp. **440~445**
清亮海绵属 *Candidaspongia* sp. **505, 506, 572, 573, 589**
屈挠杆菌属真菌 *Flexibacter topostinus* **1281**
全裸柳珊瑚 *Acalycigorgia inermis* **642~644**
缺刻网架海绵 *Dictyonella incisa* **836, 871**
群海绵属 *Agelas dispar* **297~299, 796**
群海绵属 *Agelas* sp. **1879**
日本扁板海绵 *Monotria japonica* **10, 1269, 1577, 1604~1606**
日本刺参 *Stichopus japonicus* **1709, 1712, 1930**
日本软海绵 *Halichondria japonica* **880, 881, 921~924**
日本软海绵 *Halichondria japonica* **1543~1545, 1648, 1649**
柔荑软珊瑚属 *Nephthea* sp. **965**
柔荑软珊瑚属 *Nephthea tiexieral verseveldt* **971**
柔荑软珊瑚属 *Nephthea chabroli* **800, 872, 969, 970**
肉丁海绵 *Crella spinulata* **1141, 1142**
肉丁海绵属 *Crella incrustans* **1823**
肉丁海绵属 *Crella* sp. **711~718, 976, 1061~1064**
乳白肉芝软珊瑚 *Sarcophyton glaucum* **965**
乳清群海绵 *Agelas oroides* **796**
乳头海星属 *Gomophia watsoni* **685, 759**
软海绵科海绵 *Topsentia ophiraphidites* **803**
软海绵科海绵 *Trachyopsis* sp. **929**
软海绵科海绵 *Topsentia* sp. **886, 929, 1009~1013, 1087, 1103, 1784**
软海绵属 *Halichondria melanodocia* **224**
软海绵属 *Halichondria* cf. *moorei* **929**
软海绵属 *Halichondria moorei* **929**
软海绵属 *Halichondria* sp. **1816~1818**
软珊瑚科 *Eleutherobia* sp. **639**
软珊瑚科 *Minabea* sp. **797~799, 1021, 1022**
软珊瑚科 *Paraminabea acronocephala* **797~799, 1021, 1022, 1024~1028**

软珊瑚穗软珊瑚科 *Dendronephthya griffin* **1185**
软珊瑚穗软珊瑚科 *Capnella thyrsoidea* **628, 630**
软珊瑚穗软珊瑚科 *Dendronephthya* sp. **638, 779~782**
软珊瑚穗软珊瑚科 *Gersemia fruticosa* **679, 704, 731, 743, 771, 1121, 1122, 1710, 1712**
软珊瑚穗软珊瑚科巨大海鸡冠珊瑚 *Dendronephthya gigantean* **696, 722, 723**
软体动物 Aplyciidae 科海兔 *Stylocheilus longicauda* **89, 101, 244, 247**
软体动物巴西海兔 *Aplysia brasiliana* **2023, 2028, 2034**
软体动物耳形尾海兔 *Dolabella auricularia* **520~523**
软体动物海兔科海兔 *Bursatella leachii* **92**
软体动物海兔属 *Aplysia vaccaria* **101**
软体动物海兔属 *Aplysia juliana* **705, 795**
软体动物海兔属 *Aplysia depilans* **1196~1200**
软体动物黑斑海兔 *Aplysia kurodai* **432~439, 1539~1542, 1785, 1865, 1986~1990**
软体动物黑边海兔 *Aplysia parvula* **2022**
软体动物黑指纹海兔 *Aplysia dactylomela* **2026, 2027**
软体动物灰菊花螺 *Siphonaria grisea* **41~44, 1279**
软体动物裸鳃目 *Melibe leonina* **1250**
软体动物裸鳃目 *Tritoniella belli* **1855, 1856, 1868**
软体动物裸鳃目海牛亚目多彩海牛属 *Chromodoris lochi* **524**
软体动物裸鳃目海牛亚目海柠檬 *Anisodoris nobilis* **1284**
软体动物裸鳃目海牛亚目海牛科 *Archidoris pseudoargus* **1799**
软体动物裸鳃目海牛亚目海牛科 *Archidoris tuberculata* **1799**
软体动物裸鳃目海牛亚目血红猪笼草锦叶亚种 *Aldisa sanguinea* subsp,*cooperi* **639**
软体动物裸鳃目海牛亚目乳头突起轮海牛 *Actinocyclus papillatus* **1145**
软体动物门腹足纲囊舌目海天牛属 *Elysia timida* **606**
软体动物伞螺科伞螺属 *Umbraculum mediterraneum* **1800, 1801**
软体动物双壳纲扇贝科虾夷盘扇贝 *Patinopecten yessoensis* **186, 211, 212, 218, 677, 705, 721, 1049**
软体动物头足目拟海牛科 *Philinopsis speciosa* **34, 35**
软体动物头足目拟海牛科 *Navanax inermis* **35, 2017, 2018**
软体动物头足目葡萄螺属 *Haminoea navicula* **2017**
软体动物头足目葡萄螺属 *Haminoea callidegenita* **2005, 2006, 2008~2010**
软体动物细齿菊花螺 *Siphonaria denticulata* **25, 26**
软体动物翼足目海若螺科南极裸海蝶 *Clione antarctica* **1274**
软体动物栉状菊花螺 *Siphonaria pectinata* **41~44, 1266, 1279**
三角皮条海绵 *Pellina triangulate* **1333~1336, 1372~1379, 1459, 1469**
山海绵属 *Mycale hentscheli* **564, 565**
山海绵属 *Mycale acerata* **1159**
山海绵属 *Mycale laxissima* **1227**
山海绵属 *Mycale hentscheli* **1673**
山海绵属 *Mycale mytilorum* **1847**
山海绵属 *Mycale* sp. **589, 1670~1672**
珊瑚纲八放珊瑚亚纲海鳃目新喀里多尼亚海笔 *Lituaria australasiae* **189~191**
珊瑚纲八放珊瑚亚纲匍匐珊瑚目长轴珊瑚 *Telesto riisei* **814, 815, 1757~1775**
珊瑚纲海葵目太平洋侧花海葵属 *Anthopleura xanthogrammica* **1924, 1925**
扇状群海绵 *Agelas flabelliformis* **796**
蛇海星属 *Ophidiaster ophidianus* **802, 819, 1959~1963**
深海真菌 *Phialocephala* sp. FL30r **279, 285, 301~304**
深海真菌变色曲霉菌 *Aspergillus versicolor* ZBY-3 **1014**
深海真菌淡紫拟青霉 *Paecilomyces lilacinus* ZBY-1 **883, 891, 899, 1157, 1224, 1229, 1230, 1913, 1914, 1917, 1925**
深海真菌木霉属 *Trichoderma* sp. GIBH-Mf082 **677**
深海真菌木霉属 *Trichoderma* sp. **1530**
深海真菌普通青霉菌 *Penicillium commune* SD-118 **871, 891**
深海真菌青霉属 *Penicillium* sp. F00120 **891**
深海真菌青霉属 *Penicillium* sp. F23-2 **289, 290~294**
石勃卒海鞘属 *Cynthia* sp. **733**
石海绵属 *Strongylophora* sp. **627**
石海绵属 *Petrosia weinbergi* **1023, 1111**
石海绵属 *Petrosia strongylata* **1353~1357**
石海绵属 *Petrosia* sp. **1298~1300, 1309, 1319~1324, 1327~1331, 1338~1352, 1358~1365, 1370, 1371, 1383, 1384, 1401~1403, 1460~1464, 1481**
石珊瑚 Deltocyathidae 科 *Deltocyathus magnificus* **639**
石珊瑚表孔珊瑚属 *Montipora* spp. **1368**
石珊瑚表孔珊瑚属 *Montipora* sp. **1308, 1325, 1326, 1389~1397, 1449~1451, 1478, 1514**
石珊瑚鹿角珊瑚属 *Acropora* sp. **1516, 1517**
石珊瑚莴苣梳状珊瑚 *Pectinia lactuca* **1308, 1368**
石珊瑚指状表孔珊瑚 *Montipora digitata* **1304, 1450, 1451**
似大麻小轴海绵 *Axinella cannabina* **891, 918**
似龟锉海绵 *Xestospongia testudinaria* **1097, 1102, 1104, 1405~1409, 1411, 1412, 1421, 1424, 1426, 1427, 1435, 1437, 1468, 1470**
似雪海绵属 *Cribrochalina* sp. **935, 936**

似雪海绵属 *Cribrochalina vasculum* **1291, 1303, 1305, 1310, 1311, 1316~1318**
梳柳珊瑚属 *Ctenocella* sp. **776**
疏指豆荚软珊瑚 *Lobophytum pauciflorum* **1497, 1546~1551**
树皮寇海绵 *Latrunculia corticata* **1780, 1781**
树枝羊海绵 *Ircinia ramosa* **510, 516**
双形海珊瑚 *Anthoplexaura dimorpha* **732**
双御海绵属 *Amphimedon* sp. **482~485, 1715~1717**
水母 *Mastigias papua* **142**
水螅纲软水母亚纲头螅水母亚目水螅 *Solanderia secunda* **1721~1723, 1823**
松指海绵属 *Dasychalina* sp. **887**
苔海绵属 *Tedania* sp. **440**
苔藓动物多室草苔虫 *Bugula neritina* **366~384, 557**
苔藓动物多室草苔虫属 *Bugula* sp. **22, 23, 883, 888, 889, 891, 896, 897, 948, 950~952**
苔藓动物裸唇纲 *Myriapora truncata* **32, 33, 677, 871**
苔藓动物裸唇纲 *Watersipora cucullata* **1945, 1948**
苔藓动物旋花愚苔虫 *Amathia convoluta* **366, 367, 370~374**
太平洋柳珊瑚属 *Pacifigorgia* sp. **561**
太平洋马海星 *Hippasteria phrygiana* **808, 1107**
汤加硬丝海绵 *Cacospongia mycofijiensis* **592**
头甲鱼属 *Bulla gouldiana* **35**
头甲鱼属 *Bulla occidentalis* **34, 35**
外皮石海绵 *Pertosia corticata* **1433, 1434**
外轴海绵属 *Epipolasis kushimotoensis* **929**
外轴海绵属 *Epipolasis* sp. **758, 831, 832, 929~931**
网结真丛柳珊瑚 *Euplexaura anastomosans* **659**
网脉瘤海星 *Oreaster reticulatus* **802, 1961~1963**
微棒短指软珊瑚 *Sinularia microclavata* **977**
微厚肉芝软珊瑚 *Sarcophyton crassocaule* **631, 856, 1707, 1709**
微藻紫球藻 *Porphyridium cruentum* **796**
伪二气孔海鞘属 Pseudodistomidae 科 *Pseudodistoma* sp. **1173, 1174, 1890**
未鉴定的 Neopeltidae 科岩屑海绵 Unidentified lithistid sponge (family Neopeltidae) **518**
未鉴定的贝壳类动物 Unidentified shellfish **446**
未鉴定的单骨海绵目海绵 Unidentified sponges (order Haplosclerida) **935**
未鉴定的多板海绵科海绵 Unidentified sponge (family Plakinidae) **1616, 1617**
未鉴定的放线菌 Unidentified actinomycete Y-8521050 **50**
未鉴定的浮游植物 Unidentified phytoplankton **214, 236, 238**
未鉴定的海绵 Unidentified sponge **284, 1244~1246, 1658, 1680, 1685, 1925**
未鉴定的海盘车科海星 Unidentified starfish (family Asteriidae) **661~665, 869**
未鉴定的海鞘 Unidentified ascidian (family Didemnidae) **1833~1844**
未鉴定的海洋导出的放线菌 CNB-837 Unidentified marine-derived actinomycete CNB-837 **322, 323**
未鉴定的海洋导出的真菌 Unidentified marine-derived fungus **1152**
未鉴定的海洋导出的真菌 K063 Unidentified marine-derived fungus K063 **119**
未鉴定的海洋软体动物裸鳃 Unidentified marine nudibranch **461**
未鉴定的海洋细菌 Unidentified marine bacterium **1992, 1993**
未鉴定的海洋细菌(放线菌目和足分枝菌) Unidentified marine bacterium (Actinomycetales and Maduromycetes) **546**
未鉴定的红树 Unidentified mangrove **267, 269, 332~334, 1686**
未鉴定的红树导出的真菌 1850 Unidentified mangrove-derived fungus 1850 **268**
未鉴定的红树导出的真菌 2526 Unidentified mangrove-derived fungus 2526 **267, 269**
未鉴定的红树导出的真菌 Zh6-B1 Unidentified mangrove-derived fungus Zh6-B1 **344, 345**
未鉴定的棘海星科海星 Unidentified starfish (family Echinasteridae) **680, 687, 689, 698~700**
未鉴定的甲藻 Unidentified dinoflagellate **540**
未鉴定的柳珊瑚 Unidentified gorgonian **558**
未鉴定的双壳软体动物 Unidentified bivalve **1973**
未鉴定的苔藓 Unidendified moss **910**
未鉴定的污染的扇贝 Unidentified contaminated scallops **214**
未鉴定的污染的扇贝 Unidentified contaminated scallops **236, 238**
未鉴定的寻常海绵纲海绵 Unidentified sponge (class Demospongiae) **270**
未鉴定的贻贝 Unidentified mussels **203**
未鉴定的异骨海绵目海绵 Unidentified sponge (order Poecilosclerida) **1055, 1056**
未鉴定的硬珊瑚 Unidentified hard coral **2019**
未鉴定的真菌 Unidentified fungus B00853 **282**
未鉴定的真菌 Unidentified fungus **497**
未鉴定的真菌 Unidentified fungus 0GOS1620 **497**
未鉴定的中国海乌贼 Unidentified Chinese sea squirt **896**
未鉴定的子囊菌类真菌 Unidentified ascomycetous fungus **1**

纹藤壶 *Balanus balanoides* **1217**
乌蛤 *Austrovenus stutchburyi* **148, 1155**
无花果状石海绵 *Petrosia ficiformis* **1105, 1301, 1314, 1315, 1381, 1382, 1385~1388, 1398, 1400**
无腔动物亚门无肠目两桩涡虫属 *Amphiscolops magniviridis* **403**
无腔动物亚门无肠目两桩涡虫属 *Amphiscolops* sp. **390, 400~402, 404, 407, 412~414, 417, 422, 426, 427, 429, 593, 594**
细棘海猪鱼 *Halichoeres bleekeri* **27, 314~316**
细菌真杆菌 *Eubacteria* sp. **1435**
细长裂江珧 *Pinna attenuata* **229, 232, 1655**
细长枝短指软珊瑚 *Sinularia leptoclados* **994, 1977, 1980**
纤弱小针海绵 *Spongionella gracilis* **677, 871**
纤维状扁矛海绵 *Lissodendoryx fibrosa* **749, 750, 854, 855**
纤细群海绵 *Agelas gracilis* **12, 13**
箱海参属 *Psolus fabricii* **709**
小棒万星海绵 *Myriastra clavosa* **1812, 1813**
小管股贻贝 *Perna canaliculus* **149~152**
小海鞘属 *Microcosmus vulgaris* **1251**
小尖柳珊瑚属 *Muricella* sp. **1113, 1116~1120**
小轴海绵科海绵 *Ptilocaulis spiculifer* **838**
小轴海绵科海绵 *Reniochalina* sp. **1307, 1332, 1559**
小轴海绵属 *Axinella* spp. **172**
小轴海绵属 *Axinella* sp. **182**
小轴海绵属 *Axinella polypoides* **327~331**
小紫海绵属 *Ianthella* sp. **1099, 1105, 1106**
星骨海鞘属 *Didemnum* sp. **1175**
星骨海鞘属 *Didemnum voeltzkowi* **1504, 1506, 1507**
星柳珊瑚属 *Astrogorgia* sp. **1113**
星芒海绵属 *Stelletta hiwasaensis* **978**
星芒海绵属 *Stelletta clarella* **1049**
星芒海绵属 *Stelletta* sp. **595, 597, 605, 607, 817**
叙利亚轮海绵 *Ephydatia syriaca* **1974**
璇星海绵属 *Spirastrella spinispirulifera* **582~585**
璇星海绵属 *Spirastrella abata* **1815, 1821~1823, 1827, 1829, 1830**
血红鸡爪海星 *Henricia sanguinolenta* **709, 820, 995**
亚历山大甲藻属 *Alexandrium hiranoi* **525**
亚历山大甲藻属 *Alexandrium ostenfeldii* **214, 216, 223, 228, 236~242**
岩屑海绵 Neopeltidae 科 *Callipelta* sp. **502~504**
岩屑海绵 Phymatellidae 科海绵 *Reidispongia coerulea* **458~460, 464**
岩屑海绵 Rhodomelaceae 科 *Neosiphonia superstes* **461~467, 586, 587**
岩屑海绵蒂壳海绵 Theonellidae 科 *Siliquariaspongia* sp. **1558**
岩屑海绵蒂壳海绵科 *Siliquariaspongia mirabilis* **555**
岩屑海绵蒂壳海绵属 *Theonella* sp. **67~69, 93~97, 99, 100, 102~106, 470, 471, 475, 476, 1337**
岩屑海绵谷粒海绵属 *Chondrilla nucula* **1239**
岩屑海绵谷粒海绵属 *Chondrilla* sp. **1569**
岩屑海绵谷粒海绵属 *Chondrilla* spp. **1569**
岩屑海绵花萼圆皮海绵 *Discodermia calyx* **1802, 1803, 1805~1811, 1820, 1831, 1901~1904**
岩屑海绵滑皮海绵属 *Leiodermatium* sp. **317**
岩屑海绵斯氏蒂壳海绵 *Theonella swinhoei* **94, 102~104, 106~111, 472~476, 478, 479, 640, 641, 873~875, 882, 884, 885, 1035, 1054, 1079~1086, 1140, 1143, 1144, 1204, 1430, 1824, 1828, 1845**
岩屑海绵硬皮海绵属 *Scleritoderma* cf. *paccardi* **917**
岩屑海绵圆皮海绵属 *Discodermia* sp. **28, 112, 113**
岩屑海绵圆皮海绵属 *Discodermia dissoluta* **613**
羊鲍 *Haliotis ovina* **1709**
羊海绵属 *Ircinia* sp. **511, 526~531, 823~825**
伊氏毛甲蟹 *Erimacrus isenbeckii* **1946, 1947**
贻贝 Mytilidae 科 *Bathymodiolus thermophilus* **1896, 1897**
贻贝偏顶蛤属 *Modiolus difficilis* **1709**
贻贝偏顶蛤属 *Modiolus demissus* **1712**
意大利蜂 *Apis mellifer* **696**
阴茎海鞘 *Ascidia mentula* **1150**
隐海绵属 *Adocia* sp. **1292, 1358, 1380, 1404**
印度尼西亚海绵属 *Acanthodendrilla* sp. **859, 860**
蝇状羊海绵 *Ircinia muscarum* **2016**
硬瓜参科海参 *Eupentacta fraudatrix* **709, 982**
硬棘软珊瑚属 *Scleronephthya pallida* **637**
硬棘软珊瑚属 *Scleronephthya* sp. **727**
硬棘软珊瑚属 *Scleronephthya gracillimum* **632~634**
硬壳掘海绵 *Dysidea incrustans* **777, 778**
硬毛短足软珊瑚 *Cladiella hirsuta* **762, 763, 944, 945, 1101, 1129, 1130**
疣纳多海星 *Nardoa tuberculata* **685, 759**
芋海鞘科海鞘 *Halocynthia papillosa* **1170, 1190**
芋海鞘科海鞘 *Halocynthia aurantium* **1709, 1712**
芋海鞘科海鞘 *Halocynthia roretzi* **1166, 1178, 1180**
原甲藻属 *Prorocentrum hoffmannianum* CCMP683 **18**
原甲藻属 *Protocentrum maculusum* **221, 222**
原甲藻属 *Protocentrum lima* **220, 224**
原甲藻属 *Prorocentrum maculosum* **575**
原甲藻属 *Prorocentrum* sp. **4, 5, 578**
圆瓶爱丽海绵 *Erylus placenta* **1857~1860**
圆筒软海绵 *Halichondria cylindrata* **1931~1940**
圆筒状弓隐海绵 *Toxadocia cylindrica* **1162, 1193, 1194**

杂星海绵属 *Poecillastra* sp. **447, 455~457**
杂星海绵属 *Poecillastra wondoensis* **821, 822, 1015**
黏附山海绵 *Mycale adhaerens* **517, 1167**
展开豆荚软珊瑚 *Lobophytum patulum* **989**
长虫碧玉海绵 *Jaspis serpentina* **457**
长棘海星 *Acanthaster planci* **819, 1878**
长巨牡蛎 *Crassostrea gigas* **229, 232**
长崎裸甲藻[甲藻米氏凯伦藻] *Gymnodinium mikimotoi* [Syn. *Karenia mikimotoi*] **169~171**
褶胃海鞘属 *Aplidium californicum* **370, 371**
褶胃海鞘属 *Aplidium* spp. **1242**
褶胃海鞘属 *Aplidium* sp. **1532**
真菌光轮层炭壳菌 *Daldinia eschscholzii* IFB-TL01 **1556, 1557**
真菌寄生曲霉 *Aspergillus parasiticus* **1508**
真菌桔青霉 *Penicillium citrinum* IFM 53298 **1699**
真菌特异青霉菌 *Penicillium notatum* B-52 **1699**
直刺瓜参 *Cucumaria echinata* **1908~1911, 1915, 1916, 1918, 1928**
直立柔荑软珊瑚 *Nephthea erecta* **900~902, 912, 959, 961, 962, 971, 972**
钟状羊海绵 *Ircinia campana* **1098**
胄甲海绵亚科 Thorectinae 海绵 *Dactylospongia* sp. **513**
胄甲海绵亚科 Thorectinae 海绵 *Fascaplysinopsis* sp. **576, 591**
胄甲海绵亚科 Thorectinae 海绵 *Smenospongia aurea* **2007**
胄甲海绵亚科 Thorectinae 海绵 *Smenospongia cerebriformis* **2007**
柱海绵属 *Stylinos* sp. **1670, 1672**
紫红柳珊瑚 *Leptogorgia punicea* **810, 811**
紫色裂江瑶 *Pinna atropurpurea* **229, 232**
紫贻贝 *Mytilus galloprovincialis* **145, 186, 212, 1185**
棕藻 Sporochnaceae 科 *Perithalia caudata* **1486**
棕藻齿缘墨角藻 *Fucus serratus* **1182**
棕藻刺酸藻 *Desmarestia aculeata* **1487**
棕藻海带属 *Laminaria sinclairii* **1720**
棕藻海黍子 *Sargassum kjellmanianum* **1537, 1538**
棕藻褐舌藻属 *Spatoglossum pacificum* **1195**
棕藻绿酸藻 *Desmarestia viridis* **1487, 1490**
棕藻马边藻 *Cutleria multifida* **1490, 1493**
棕藻马尾藻科 *Cystophora siliquosa* **1177**
棕藻马尾藻科马尾藻科 *Caulocystis cephalornithos* **2020, 2021**
棕藻马尾藻属 *Sargassum horneri* **599**
棕藻马尾藻属 *Sargassum micracanthum* **1555**
棕藻囊鏈藻属 *Cystoseira* sp. **1049**
棕藻囊藻 *Colpomenia sinuosa* **1891**
棕藻泡叶藻 *Ascophyllum nodosum* **1181**
棕藻匍匐茎昆布 *Ecklonia stolonifera* **1750, 1751**
棕藻裙带菜 *Undaria pinnatifida* **1238**
棕藻绒绳藻绒绳藻 *Chorda tomentosa* **1485, 1490, 1493**
棕藻鼠尾藻 *Sargassum thunbergii* **260, 262, 263, 266, 868, 871, 891**
棕藻双叉藻属 *Bifurcaria* sp. **1049**
棕藻酸藻属 *Desmarestia firma* **1487**
棕藻索鏈藻属 *Hormosira banksii* **1491**
棕藻铁钉菜 *Ishige okamurae* **1867**
棕藻网地藻 *Dictyota dichotoma* **1489**
棕藻网翼藻属 *Dictyopteris plagiogramma* **1181**
棕藻网翼藻属 *Dictyopteris* spp. **1488, 1489**
棕藻狭果藻 *Spermatochnus paradoxus* **1181, 1488**
棕藻狭叶海带 *Laminaria angustata* **1215, 1216**
棕藻小叶喇叭藻 *Turbinaria conoides* **1044, 1049~1051, 1053, 1077**
棕藻小圆齿网地藻 *Dictyota crenulata* **101**
棕藻萱藻科 Scytosiphonaceae *Analipus japonicus* **362, 363**
棕藻旋卷匍扇藻 *Lobophora convolute* **322, 323**
棕藻易扭转马尾藻 *Sargassum tortile* **1049, 1537**
棕藻育叶网翼藻 *Dictyopteris prolifera* **1485**
棕藻黏皮藻科辐毛藻 *Actinotrichia fragilis* **1983, 1984**
棕藻长囊水云 *Ectocarpus siliculosus* **1490, 1491**

索引 7 化合物取样地理位置索引

本索引的建立是编著者统计海洋天然产物生物来源取样地理位置的一项新的尝试，此项工作过去没有人系统地做过，读者使用本索引可以方便地查找在某一地理位置处发现的全部海洋天然产物化合物，并可进一步通过浏览本索引，从而在统计的意义上知道世界上哪些地方是研究和发现新海洋天然产物的热点地区。

在本卷中有 1319 个化合物有取样地理位置信息，分别属于 252 个取样地理位置，这些地理位置都分别归入：亚洲，大洋洲、欧洲、非洲、美洲、太平洋、大西洋以及南北极地区 8 个区域，在每一区域内，按汉语拼音顺序列出全部相关地理位置的详细文本，而相关化合物的代码序列紧跟其后。

亚洲

白令海 **812, 813**

朝鲜半岛水域 **595, 597, 599, 605, 607, 642~644, 740~742, 827, 851, 852, 898, 1113, 1119, 1120, 1298~1300, 1309, 1331, 1338~1351, 1359~1365, 1402, 1403, 1453~1458, 1481, 1526, 1815, 1821, 1822, 1827, 1829, 1830**

菲律宾 **511, 745, 954, 955**

菲律宾，克隆岛 **749, 750**

菲律宾，圣米格尔岛 **1207~1209**

韩国，釜山 **1867**

韩国，黑石洞，八条岛 **1327~1330**

韩国，济州岛 **17**

韩国，济州岛，沿蒙多海岸 **1389~1392, 1478, 1514**

韩国，庆尚北道，郁陵郡，独岛 **1352**

韩国，庆尚南道，统营市 **1482, 1483**

韩国，全罗南道，莞岛郡 **1555**

琉球群岛，庆连间群岛外海 **102~104, 106,~111**

马尔代夫 **518, 579~581**

马来西亚 **2024**

马来西亚水域 **2033**

日本，八丈岛外海 **1824, 1828**

日本，北海道 **1982**

日本，冲绳 **68, 84, 119, 229~231, 233~235, 427, 481, 526~531, 556, 579~581, 823~825, 870, 957, 958, 1000~1002, 1009~1013, 1016, 1017, 1019, 1058, 1059, 1087~1096, 1108, 1112, 1292, 1358, 1380, 1404, 1422, 1423, 1438, 1439, 1452, 1467, 1500, 1501, 1516, 1517, 1576, 1577, 1583, 1584, 1600, 1601, 1611~1615, 1752, 1774, 1787, 1880~1884, 1964, 1965, 1983, 1984, 2032**

日本，冲绳，残波岬 **400, 592**

日本，冲绳，庆连间群岛 **94**

日本，冲绳，庆连间群岛外海 **68, 69, 93, 99**

日本，冲绳，石峘岛 **132, 270, 284, 736, 737, 895, 1353~1357, 1685**

日本，冲绳，万座毛 **1788~1790**

日本，冲绳，西表岛 **539, 1312, 1313**

日本，冲绳，真荣田岬 **1247**

日本，大阪外海 **1543~1545, 1648, 1649**

日本，德之岛 **494, 495**

日本，东京都新岛村式根岛岸外 **1820, 1901~1903**

日本，高知港 **615~620**

日本，高知县 **142**

日本，高知县，乌萨湾 **51~59**

日本，宫崎骏港 **611**

日本，和歌山市，串本町 **170**

日本，鹿儿岛，硫磺岛 **1468**

日本，鹿儿岛，什什岛 **1141, 1142**

日本，鹿儿岛，种子岛 **1430**

日本，鹿儿岛地区 **1214**

日本，日本水域 **104, 105, 224, 385, 432, 522, 523, 582, 622, 623, 635, 636, 638, 649~652, 708, 722, 727, 758, 817, 831, 832, 859, 860, 864, 865, 880, 881, 922~924, 929~931, 935, 936, 978, 1039, 1166, 1178, 1180, 1288~1290, 1293~1297, 1370, 1371, 1383, 1384, 1415~1420, 1429, 1433, 1434, 1472, 1474~1476, 1485, 1668, 1726, 1757, 1761, 1779, 1803, 1811, 1857~1860, 1869, 1870, 1877, 1898~1900, 1915, 1916, 1918, 1928~1940, 1945, 1948, 1981**

日本，三重县 **435~439**

日本，室兰港口，查拉苏奈海滩 **362, 363**

日本，新曾根大岛 **12, 13, 1132**

日本，奄美大岛 **1399**

日本，伊豆半岛外海 **779~782**

日本海，波西耶特湾 **787**

塞舌尔，亚伯丁群岛 **1573, 1574**

沙特阿拉伯，吉达市 **75, 1943, 1949, 1950, 1967, 1976, 1978**

泰国 **497, 514, 637, 1262, 1494, 1495, 1508, 1518**

泰国，春武里府，西昌岛 **130, 131**

西印度洋 **1435**

新加坡 **1876**

以色列，海法，Sdot-Yam **1696**

印度，伦格特岛 **1848**

印度，南印度　**1977, 1980**
印度尼西亚　**283, 840, 842~844, 849, 850, 938~943, 979~981, 1587, 1589, 2013**
印度尼西亚，安汶岛　**1431**
印度尼西亚，北苏拉威西　**854, 855, 1833~1844**
印度尼西亚，苏拉威西　**1904**
印度尼西亚，万鸦老　**1646, 1647**
印度尼西亚，万鸦老，北苏拉威西　**1875**
印度尼西亚，万鸦老，布那根，苏拉威西　**1591~1598**
印度尼西亚，万鸦老，布那根岛　**1586, 1588, 1590, 1591**
印度尼西亚，万鸦老，布那根海洋公园　**479, 882, 887**
印度尼西亚，万鸦老，布那根海洋公园，北苏拉威西　**1204**
印度水域　**903, 1669, 1912, 1942**
印度-太平洋　**819, 1757, 1761, 1763, 1966**
印度洋　**871, 1707, 1941**
印度洋，安达曼和尼科巴群岛　**856, 1922**
印度洋，安达曼群岛　**1922, 1979**
越南　**788, 789, 914, 1057, 1065**
越南，广宁省　**660, 1040**
越南，海防，猫吧岛　**626, 666~670, 826**
越南，鸿庥岛　**1099, 1105, 1106**
越南，庆和省　**631, 710, 856, 916, 965, 1139**
中国，北部湾，广西　**614**
中国，东沙群岛，南海　**1972**
中国，福建　**351**
中国，福建，兰奇岛　**1687**
中国，福建，平潭岛　**260, 262, 263, 266, 868, 871, 891**
中国，广东　**349, 350**
中国，广东，东山岛　**925~928**
中国，广东，珠海　**344, 345**
中国，广西　**1694**
中国，广西，涠州礁，南海　**321**
中国，广西，涠洲岛　**1145, 1270**
中国，海南　**904~909, 947, 960, 974, 975, 1511, 1520~1524**
中国，海南，三亚　**2001**
中国，海南，三亚，梅山镇　**751, 752**
中国，海南，三亚湾　**1497, 1546~1551**
中国，海南，文昌　**346~348, 386, 387, 1919**
中国，黄海　**1138**
中国，黄海，日向礁　**1680**
中国，黄海，苏岩礁　**1222, 1223, 1264, 1265, 2002**
中国，南海　**121~126, 267, 269, 324~326, 624, 677, 873, 882, 884, 885, 903, 949, 998, 999, 1054, 1076, 1080~1085, 1530, 1693**
中国，南海，靠近海南　**1951**
中国，南海，南海北部　**891**
中国，南海，西沙群岛　**1143, 1144, 1684**
中国，南海，永兴岛　**10, 11, 1285~1287**
中国，南沙群岛，南威岛　**1097, 1102, 1104**
中国，山东，大连，黑石礁湾　**313**
中国，山东，胶州湾　**275, 276, 296**
中国，山东，青岛　**818**
中国台湾，垦丁县，台湾南海岸　**1740~1743**
中国台湾，兰屿岛　**1133~1137**
中国台湾，绿岛　**632~634**
中国台湾，南湾，台湾南部　**4, 5**
中国台湾，屏东县　**672, 797~799, 1021, 1022, 1024~1028, 1035, 1086**
中国台湾，台东县　**800, 876~879, 969, 970**
中国台湾，台湾水域　**70~72, 578, 673, 674, 721, 744, 762~769, 900~902, 912, 919, 920, 941, 944~946, 982, 1018, 1029~1031, 1044, 1050, 1051, 1053, 1077, 1098, 1101, 1129, 1130, 1273, 1569, 1623, 1686, 1727, 1728, 1730~1732, 1747~1749, 1754, 1755**
中国台湾，小琉球岛　**872**
中国，中国海盐场　**1885~1887**
中国水域　**22, 23, 259, 261, 267, 883, 888, 889, 891, 896, 897, 948, 950~952, 1496, 1519, 1652, 1655, 1689, 1702~1704, 1792~1798, 1872~1874, 1891~1894**

大洋洲

澳大利亚　**510, 516, 1411, 1715~1717, 1823, 1920**
澳大利亚，巴斯海峡沿岸，伍轮贡　**512**
澳大利亚，北洛特尼斯架外海　**1161**
澳大利亚，大澳大利亚湾　**1440~1445, 1816~1818**
澳大利亚，大堡礁　**1175, 1569**
巴布亚新几内亚　**505, 506, 544, 572, 573, 589, 1565, 1566, 1570, 1581, 1582, 1608~1610, 1879**
巴布亚新几内亚，达奇斯岛　**73**
巴布亚新几内亚，鸽子岛　**3**
巴布亚新几内亚，卡卡岛海岸　**1845**
巴布亚新几内亚，新爱尔兰　**1235**
斐济　**474, 1630~1633, 1677, 1690, 1695**
斐济，莫图阿勒乌暗礁　**1558**
基里巴斯，大洋洲，太平洋中部莱恩群岛，范宁岛珊瑚礁　**1179, 1188, 1189**
昆士兰　**1183, 1184, 1973**
密克罗尼西亚联邦　**1659**
密克罗尼西亚联邦，波纳佩岛　**1244~1246, 1955**
密克罗尼西亚联邦，楚克环礁　**1333~1337, 1459**
密克罗尼西亚联邦，楚克州　**886, 1307, 1332, 1559, 1812, 1813**
密克罗尼西亚联邦，东南部楚克潟湖　**555**

密克罗尼西亚联邦，特鲁克岛　1372~1379, 1469
密克罗尼西亚联邦，雅浦岛　1657
南澳大利亚　98, 482~485, 1078, 1958
南澳大利亚，南澳大利亚太平洋　229, 232
帕劳，大洋洲　11, 14, 490, 545, 1042, 1043, 1168, 1169, 1572, 1578, 1621, 1622, 1658, 1923, 2011, 2012, 2019
波利尼西亚 (法属)，大洋洲　168, 199
所罗门群岛　640, 641, 1570, 1608~1610
所罗门群岛，马兰他岛　1140
所罗门群岛，马兰他岛，旺乌努岛　873~875, 1079~1085
瓦努阿图　19, 711~718
瓦努阿图，埃皮岛　1871
西澳大利亚　342, 343
新西兰　149, 152, 477, 1155, 1249, 1671, 1803, 1804
新西兰，北地，深海底　625
新西兰，惠灵顿　158
新西兰，卡皮蒂岛　565
新西兰，凯库拉　173~176
新西兰，南岛，凯库拉海岸外海　172, 180, 183, 187, 188, 193~195, 197
新西兰，皮鲁斯岛海峡　1673

欧洲

北海　1263, 1263
波罗的海　129
德国，北海，比苏母　1498, 1653
德国，波罗的海，格赖夫斯瓦尔德,格赖夫斯瓦尔德湾　1
地中海　604, 606, 754, 777, 778, 1150, 1151, 1158, 1160, 1166, 1170, 1190, 1251, 1301, 1314, 1315, 1381, 1382, 1385~1388, 1398, 1400, 1503, 1864, 1959~1963, 2005, 2006, 2008~2010
地中海，东地中海，黎凡特海　542
法国，滨海巴纽尔斯自由城　327~331
法国，地中海　1226
克罗地亚　1166
挪威　161, 992, 1575
西班牙　729, 772, 774, 1306
西班牙，阿利坎特　1282
西班牙，加的斯　41~44, 1123, 1124, 1266, 1279
西班牙，加纳利群岛，卡亚俄萨尔瓦赫，特内里费岛　36, 37
西班牙，加纳利群岛，特内里费岛　61
西班牙，塔里法岛，加的斯　1639~1642
西班牙，西班牙大西洋海岸　1196~1200
希腊，北伊维亚海岸，利沙东尼西亚群岛　890, 1121, 1122, 1125~1127
意大利，第勒尼安海，第勒尼安海岸　45
意大利，那不勒斯湾　676, 701, 703, 726, 1196~1200
意大利，亚得里亚海意大利海岸　45, 145

非洲

埃及，赫尔格达，埃尔法那迪尔岛　1579, 1580, 1585, 1603, 1607, 1636
埃及，红海海岸，赫尔格达　472, 478
埃及，塞法杰港，红海　1921
厄立特里亚　1479, 1480
红海　473~476, 1358, 1460, 1561~1563, 1780, 1781, 1861~1863
红海，阿-受艾巴海岸　730
科摩罗群岛　172, 178, 183
科摩罗群岛，马约特岛，马达加斯加海峡　1421, 1470
肯尼亚，束恩多　989
马达加斯加　91, 588
马达加斯加，工资湾，图利亚拉港　591
马达加斯加，诺西，米特叟-安卡拉哈岛　469
马达加斯加，塔尼克利岛　1171, 1172
南非　628, 630, 1173, 1174, 1333~1337, 1571, 1602, 1890
南非，奥歌亚湾，南非东南海岸　547, 548
南非，非洲南部海岸　582, 583
塞舌尔　1619, 1620, 1678
突尼斯　773, 1944

美洲

巴哈马，北卡特岛　117
巴哈马，加勒比海　28, 508, 1291, 1316~1318, 1410, 1413, 1414, 1425, 1428, 1448, 1968, 1969
巴拿马，巴拿马加勒比海岸　753, 828, 829
巴拿马，科伊巴国家公园，阿福拉岛　1235
巴拿马，科伊巴国家公园，圣科鲁兹岛　1237
巴西　814, 815, 1628
伯利兹，中美洲　322, 323, 1268
多米尼加　1567, 1599
哥伦比亚　1251
哥伦比亚，圣玛尔塔湾，加勒比海　710, 1049
格林纳达，中美洲　1248, 1254, 1718
洪都拉斯，洪都拉斯北海岸外海　112, 113
加勒比海　15, 16, 224, 297~299, 440, 917, 987, 988, 1100, 1131, 1156, 1220, 1227, 1228, 1616, 1617, 1634, 1666, 1667
加拿大，不列颠哥伦比亚　830
加拿大，温哥华　671
加拿大，新斯科舍省　214, 236, 238
库拉索岛，加勒比海　87
马提尼克岛 (法属)，加勒比海　645, 857, 858, 983~986, 1032~1034, 1068~1075
美国，俄勒冈州　1154

美国，佛罗里达　**146, 147, 153~155, 162, 996, 1925, 2007**
美国，佛罗里达，布什礁，干龟岛　**79, 1225**
美国，佛罗里达，干礁石，基拉戈岛　**653~657**
美国，佛罗里达，基拉戈　**1975**
美国，佛罗里达，迈阿密平台，佛罗里达海峡　**317**
美国，佛罗里达，墨西哥湾，马德拉海滩，圣约翰走廊　**335~337, 340**
美国，佛罗里达，印第安河潟湖　**1534**
美国，佛罗里达，扎卡里泰勒堡州立公园，基韦斯特　**509**
美国，格林纳达，特鲁兰湾　**65**
美国，关岛　**338, 339, 836, 871**
美国，关岛，科科斯潟湖　**74**
美国，关岛，皮提湾　**1271, 1272**
美国，关岛，皮提湾弹洞　**77**
美国，加利福尼亚，拉霍亚　**352~361**
美国，毛伊岛　**1055, 1056**
美国，缅因州，缅因州海岸　**217**
美国，特拉华湾　**138~140, 143, 144**
美国，维尔京群岛，圣托马斯岛　**1240, 1241**
美国，夏威夷　**89, 101, 244, 627, 1531, 1683, 1758, 1760, 1761, 1764~1766, 1769, 1770, 1772**
美国，夏威夷，火奴鲁鲁礁　**1212, 1213**
美国，夏威夷，夏威夷群岛，摩尔　**1832**
美属萨摩亚，太平洋图图伊拉岛　**1461~1464**
美属维尔京群岛，圣托马斯　**507**
墨西哥湾　**682, 683, 688, 690, 691, 893, 894, 963, 964, 966, 967, 1045, 1569, 1618, 1675, 1676**
牙买加　**1280, 1283, 1624~1627, 1635, 1662~1665**
牙买加北部海岸外　**518**
尤卡坦海岸，墨西哥湾　**34, 35**
智利　**497**

太平洋

巴尔米拉环礁，北太平洋　**563**
北太平洋　**1992, 1993**
东太平洋　**278, 281**
俄罗斯，鄂霍次克海　**681, 808, 1020, 1107**
千岛群岛　**693**
千岛群岛，鄂霍次克海，俄罗斯　**761, 833, 937**
太平洋　**728, 867**
太平洋，巴尔米拉环礁，北部海滩　**1560**
西南太平洋劳盆地，劳盆地热液喷口　**1243, 1245, 1246**
新喀里多尼亚（法属）　**19, 189~191, 466, 467, 503, 504, 747, 748, 776**
新喀里多尼亚（法属），新喀里多尼亚海岸外　**458~460, 502, 586, 587**

大西洋

大西洋，靠近中大西洋海峭热液喷口　**1896, 1897**

南北极地区

北冰洋　**1121**
北极地区，北俄罗斯　**679, 704, 731, 743, 771, 1122**
南极　**910**
南极地区　**646, 647, 665, 680, 687, 689, 698~700, 702, 706, 725, 738, 739, 770, 834, 861~863, 869, 911, 1036~1038, 1855, 1856, 1868**
南极地区，靠近昂韦尔岛，极地附近　**562**
南极地区，靠近利文斯顿岛　**1163**
南极地区，罗斯海，泰拉诺瓦湾　**734, 892**
南极地区，诺塞尔点，帕尔默站　**976, 1061~1064**
南极地区，泰拉诺瓦湾　**1159**